U0260324

“十二五”国家重点图书出版规划项目

世界兽医经典著作译丛

兽医产科学

Veterinary Reproduction and Obstetrics

第9版

[英] David E. Noakes　[新西兰] Timothy J. Parkinson　[英] Gary C. W. England　编著

赵兴绪　主译

中国农业出版社

图书在版编目（CIP）数据

兽医产科学 ： 第9版 / （英） 诺克 （Noakes, D. E.），（新西兰） 帕金森 （Parkinson, T. J.），（英） 英格兰 （England, G. C. W.） 编著 ； 赵兴绪主译. — 北京 ： 中国农业出版社， 2014.1
（世界兽医经典著作译丛）
ISBN 978-7-109-15973-0

Ⅰ. ①兽… Ⅱ. ①诺… ②帕… ③英… ④赵… Ⅲ. ①家畜产科 Ⅳ. ①S857.2

中国版本图书馆CIP数据核字（2011）第161568号

中国农业出版社出版
（北京市朝阳区农展馆北路2号）
（邮政编码100125）
责任编辑 邱利伟 黄向阳 雷春寅

北京通州皇家印刷厂印刷 新华书店北京发行所发行
2014年1月第1版 2014年1月北京第1次印刷

开本：889mm × 1194mm 1/16 印张：53.75 插页：24
字数：1709 千字
定价：280.00元
（凡本版图书出现印刷、装订错误，请向出版社发行部调换）

本书译者

田文儒　芮　荣　张　勇　张家骅　赵兴绪　黄群山　魏彦明　魏锁成

本书作者

Nazir Ahmad
Professor of Animal Reproduction,
Department of Animal Reproduction,
University of Agriculture,
Faisalabad, Pakistan

Marzook Al-Eknah
Professor of Theriogenology,
College of Veterinary Medicine and Animal Resources,
King Faisal University, Al-Ahsa,
Kingdom of Saudi Arabia

Mr David C. Barrett
Senior Lecturer in Farm Animal Health,
Division of Veterinary Animal Production and Public Health,
University of Glasgow Veterinary School,
Glasgow, UK

Ingrid Brück Bøgh
Professor of Veterinary Reproduction and Obstetrics,
Department of Large Animal Sciences,
Faculty of Life Sciences,
University of Copenhagen,
Fredericksberg, Denmark

Gary C.W. England
Founding Dean and Professor of Veterinary Reproduction,
School of Veterinary Medicine and Science,
University of Nottingham,
Loughborough, UK

Torben Greve
Professor of Domestic Animal Reproduction,
Department of Large Animal Sciences,
Faculty of Life Sciences,
University of Copenhagen,
Fredericksberg, Denmark

Bas Kemp
Professor of Adaptation Physiology,
Department of Animal Sciences,
Wageningen University,
Wageningen, Netherlands

Dr Susan E. Long
Honorary Senior Lecturer,
Department of Veterinary Clinical Sciences,
University of Bristol,
Clarendon Veterinary Centre,
Weston-super-Mare, UK

David E. Noakes
Professor Emeritus of Veterinary Obstetrics and Diseases of Reproduction,
Royal Veterinary College,
University of London, London, UK;
Special Professor of Veterinary Reproduction,
University of Nottingham,
Loughborough, UK

Dale L. Paccamonti
Professor and Head,
Department of Veterinary Clinical Sciences,
School of Veterinary Medicine,
Louisiana State University, Baton Rouge, LA, USA

Timothy J. Parkinson
Professor of Farm Animal Reproduction and Health,
Institute of Veterinary, Animal and Biomedical Science,
Massey University, Palmerston North, New Zealand

Olli Peltoniemi
Adjunct Professor of Domestic Animal Reproduction,
Department of Production Animal Medicine,
University of Helsinki,
Saarentaus, Finland

Dr Jonathan F. Pycock
Director,
Equine Reproductive Services, Malton,
North Yorkshire, UK

Ms Sharon P. Redrobe
Honorary Senior Lecturer,
Department of Veterinary Clinical Sciences,
University of Bristol;
Head of Veterinary Services,
Bristol Zoo Gardens,
Bristol, UK

Dr Keith C. Smith
Tiverton, Devon, UK

Marcel A.M. Taverne
Distinguished Professor of Fetal and Perinatal Biology,
Department of Farm Animal Health,
Faculty of Veterinary Medicine,
Utrecht University,
Utrecht, The Netherlands

Dr Jos J. Vermunt
Registered Veterinary Specialist in Cattle Medicine,
Wellington, New Zealand

本书有关声明

兽医科学是一门不断发展的科学，特别是各个国家对药物、产品的使用和规定存在差异，本书属于引进的国外专著，出版社和译者本着忠于原著的原则翻译，书中介绍的治疗方案和用药剂量等内容仅供读者参考。在具体临床应用中，请读者遵守我国兽医相关法律法规，根据国内临床药物使用说明应用（如盐酸克伦特罗，我国严禁使用，国外有的国家可以应用）。出版社和译者对因治疗动物疾病中所发生的风险和损失不承担任何责任。

中国农业出版社

《世界兽医经典著作译丛》译审委员会

支持单位

农业部兽医局
中国动物卫生与流行病学中心
中国农业科学院哈尔滨兽医研究所
青岛易邦生物工程有限公司
中农威特生物科技股份有限公司
中牧集团
中国动物疫病预防控制中心
中国农业科学院兰州兽医研究所
中国兽医协会
哈尔滨维科生物技术开发公司
大连三仪集团

《世界兽医经典著作译丛》总序

引进翻译一套经典兽医著作是很多兽医工作者的一个长期愿望。我们倡导、发起这项工作的目的很简单，也很明确，概括起来主要有三点：一是促进兽医基础教育；二是推动兽医科学研究；三是加快兽医人才培养。对这项工作的热情和动力，我想这套译丛的很多组织者和参与者与我一样，来源于“见贤思齐”。正因为了解我们在一些兽医学科、工作领域尚存在不足，所以希望多做些基础工作，促进国内兽医工作与国际兽医发展保持同步。

回顾近年来我国的兽医工作，我们取得了很多成绩。但是，对照国际相关规则标准，与很多国家相比，我国兽医事业发展水平仍然不高，需要我们博采众长、学习借鉴，积极引进、消化吸收世界兽医发展文明成果，加强基础教育、科学技术研究，进一步提高保障养殖业健康发展、保障动物卫生和兽医公共卫生安全的能力和水平。为此，农业部兽医局着眼长远、统筹规划，委托中国农业出版社组织相关专家，本着“权威、经典、系统、适用”的原则，从世界范围遴选出兽医领域优秀教科书、工具书和参考书50余部，集合形成《世界兽医经典著作译丛》，以期为我国兽医学科发展、技术进步和产业升级提供技术支撑和智力支持。

我们深知，优秀的兽医科技、学术专著需要智慧积淀和时间积累，需要实践检验和读者认可，也需要具有稳定性和连续性。为了在浩如烟海、林林总总的著作中选择出真正的经典，我们在设计《世界兽医经典著作译丛》过程中，广泛征求、听取行业专家和读者意见，从促进兽医学科发展、提高兽医服务水平的需要出发，对书目进行了严格挑选。总的来看，所选书目除了涵盖基础兽医学、预防兽医学、临床兽医学等领域以外，还包括动物福利等当前国际热点问题，基本囊括了国外兽医著作的精华。

目前，《世界兽医经典著作译丛》已被列入“十二五”国家重点图书出版规划项目，成为我国文化出版领域的重点工程。为高质量完成翻译和出版工作，我们专门组织成立了高规格的译审委员会，协调组织翻译出版工作。每部专著的翻译工作都由兽医各学科的权威专家、学者担纲，翻译稿件需经翻译质量委员会审查合格后才能定稿付梓。尽管如此，由于很多书籍涉及的知识点多、面广，难免存在理解不透彻、翻译不准确的问题。对此，译者和审校人员真诚希望广大读者予以批评指正。

我们真诚地希望这套丛书能够成为兽医科技文化建设的一个重要载体，成为兽医领域和相关行业广大学生及从业人员的有益工具，为推动兽医教育发展、技术进步和兽医人才培养发挥积极、长远的作用。

农业部兽医局局长

《世界兽医经典著作译丛》主任委员 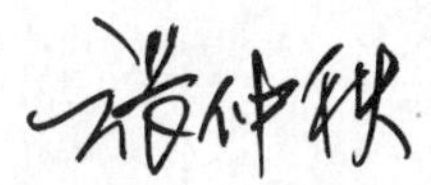

译者序

由Noakes等17位国际知名专家编撰的《Veterinary Reproduction and Obstetrics》第9版的出版，无疑对兽医产科学的教学和临床实践具有重要的指导作用。我国农业院校动物医学专业均开设有兽医产科学，目前均采用我们编写的国家高等教育“十一五”规划教材《兽医产科学》（第4版）。为了弥补我国在教材建设中的不足及为临床兽医工作者提供更为详尽的参考指南，中国农业出版社引进本书翻译出版，这对我国本领域的发展必将起到积极的推动作用。

本书从第1版到第9版的出版经历了70多年的时间，基本反映了现代兽医产科学从建立到发展壮大的历程。第1版《Veterinary Obstetrics》是Benesch教授撰写的德文版《Geburtshife bei Rind und Pferd》翻译而成，于1938年出版。第2版由Bensch F和Wright JG教授共同完成，于1951年出版。第3版的书名改为《Wright's Veterinary Obstetrics, Including Diseases of Reproduction》，由Arthur GH教授编写，于1964年出版。书名的修改是为了纪念在本领域的杰出专家及本书的作者之一Wright JG教授的退休。第4版书名改为《Veterinary Reproduction & Obstetrics》，于1975年出版。第5版由Arthur GH，Noakes DE和Pearson H共同编写，书名为《Veterinary Reproduction & Obstetrics（Theriogenology）》，于1982年出版，并以同样的书名，同样的主编于1989年出版第6版。第7版于1996年由Arthur GH，Noakes DE，Pearson H及Parkinson TJ共同主编。第8版出版于2001年，书名改为《Arthur's Veterinary Reproduction and Obstetrics》，由Noakes DE，Parkinson TJ，England GCW及Arthur GH共同主编。现翻译出版的为第9版，由Noakes DE，Parkinson TJ和England GCW共同主编，于2009年出版。从版次及书名的更替可以看出，本书的内容基本相当于我国学科分类中的“兽医产科学”，或更为宽广的“动物产科学（Theriogenology）”。因此，在翻译时我们将书名定为《兽医产科学》。本书作为兽医标准的参考书已经在全球应用几十年，同时也可作为动物科学和相关学科的教学参考书及临床兽医的重要参考资料。第9版涵盖了前几个版本的基本内容，包括了常见及不太常见的家畜（如美洲驼、羊驼及骆驼等）正常的生殖生理及生殖障碍和生殖疾病，同时也包括了最新的生殖生物学、生殖内分泌学的研究进展及生殖疾病的病因和治疗的研究进展。

第9版对以前的内容全面进行了修订，包括了生殖生物学和生殖内分泌学的新进展，包括人工调控繁殖的新技术等，介绍了生殖疾病及繁殖障碍的原因、发病机理、临床症状、诊断、治疗及预防等方面的最新进展，还介绍了现代辅助繁殖技术的应用。涵盖了常见及不太常见的家畜正常繁殖、繁殖疾病及产科学的主要方面。全书采用实用的临床方法，并由基本的科学原理支撑；新的作者确保了本书的当代性及国际化特征。

在翻译过程中，我们对原著进行反复推敲，再三斟酌。为便于中文读者的阅读，我们在翻译中对每章按照原文的编写层次分节分层，同时对原文中明显的错误进行了改正，对有些错误之处查阅原文引用的参考文献进行了改正，书后添加了英汉名词对照。另外，为了保持原书文献引用的完整性，英制单位保留，请读者自己换算。在翻译中力争忠实于原文，注重对读者负责，力求文字通顺流畅。但由于译者学术水平所限，疏漏谬误之处恳请同行专家和读者批评指正。

赵兴绪

第9版序

《兽医产科学》第9版的出版令我们感到十分高兴和如释重负。遗憾的是，Geoffrey Arthur教授未能看到这本书的出版，他于2007年3月刚庆祝完91岁寿诞后逝世。在他近70年的兽医生涯中，作为激励学生的教师和导师，以及作为兽医临床研究的先驱，他对本学科的发展作出了巨大的贡献。特将本书献给他，以为纪念。

与前几个版本相比，本书第9版一个最明显的特点在于其更多的作者来自英国之外。我们尽力使本书的作者国际化，因此作者来自8个国家。本书的基本概念仍是基于1938年在John George Wright教授的关注下，由Franz Benesch教授的德文版《Geburtshife bei Rind und Pferd》翻译成英文的第1版。当时本书被认为是本领域最具权威的教科书，而Franz Benesch教授也是维也纳高等兽医学校的产科学教授和产科临床主任。随后 J.G.Wright也成为《Veterinary Obstetrics》的作者之一，而本书也是当时真正意义上的产科学教科书。该书出版于1951年，作者为Benesch和Wright教授，全书455页中55%的内容是关于临床兽医产科学。虽然第9版变化很多，但我们仍保留了某些原来的插图。在本书第1版中，许多关于各种胎位异常的精美插图是由已故的A.C.Shuttleworth先生绘制的，他当时是利物浦大学J. G. Wright教授指导下的兽医解剖学高级讲师，最初的照相铜版及细致的绘图是根据屠宰后的动物标本制成的。A.C.Shuttleworth是一位非常优秀的艺术家，因此因这些插图遗作将他作为本书的绘图人员也是很合适的。此外，我们也保留了在以前版本中由已故教授Geoffrey Arthur和Harold Pearson 使用的许多照片。

编写这个新版本的意图是主要满足兽医本科学生的学习需要，但毫无疑问，本书对其他读者也很有用处。新版对所有章节都进行了更新，有些则由作者进行了完全的修订或重写。关于分娩的第3章和第6章主要由Marcel Taverne编写，关于农畜和马剖宫产的第20章由Jos Vermunt进行了大量修订并负责完成，他还编写了另外一章关于正在迅速消失、但仍非常实用的截胎术。在1951年出版的本书第一版中，总共455页中的56页就是关于截胎术的。这些章节的新插图由Peter Parkinson绘制，他也对本节进行了修改。关于猪的低育和不育的一章，是由Olli Peltoniemi和Bas Kemp完全重写的，而第34章是关于小型哺乳宠物的正常繁殖和繁殖疾病的，由Sharon Redrobe完全重写。Dale Paccamonti和Jonathan Pycock合作，完成了马的不育和低育一章的撰写，David Barrett与Tim Parkinson合作，撰写了群体不育的兽医防治一章。最后，参与本版撰写的新作者还有Ingrid Brück Bøgh和Torben Greve，他们新增辅助繁殖技术一章，因此使得关于胚胎移植的内容有了很大的扩充。

最后，我们还要感谢Elsevier出版社的出版小组，他们对本书新版的出版给予了很多帮助。出版技术的进展使得本书中许多插图以彩色图片出版。我们特别感谢项目编辑Louisa Welch，项目经理Jane Dingwall；版权编辑Sukie Hunter以及许多为本书的出版付出耐心和帮助的人士。

David E. Noakes

Timothy J. Pakinson

Gray C.W. England

目录
CONTENTS

第三篇　难产及其他分娩期疾病

第四篇　手术干预

第五篇　低育和不育

第六篇 公 畜

第七篇 外来动物

第八篇 辅助繁殖

第一篇

卵巢正常的周期性活动及调控

Normal cyclical ovarian activity and its control

第 1 章

卵巢周期性活动的内源性及外源性调控

David Noakes / 编　　赵兴绪 / 译

自然状态下，动物繁殖的一般规律是每年繁殖一次，分娩发生在最适合于后代生存的春季，因为这个季节光照及温度开始增加，饲料供应最为丰富，能够确保母体充足的泌乳。由于驯养而采用饲喂及舍饲等条件的改变，动物的繁殖季节有延长的趋势，因此有些动物，特别是牛，可在全年任何时间配种，但所有家畜均一直表现出回归自然繁殖季节的趋势。例如，猪在夏季和秋初其生育力会降低。

动物要繁殖后代，雌性必须要交配，必须能吸引雄性动物，必须要处于性接受状态（发情）。所有家畜均具有重复发生的性接受期或称为发情周期（oestrous cycles），这个周期与卵巢上一个或数个格拉夫卵泡的成熟密切相关（图1.1），以排出1个或数个卵子时达到高峰。如果发生可受孕的交配则动物妊娠。

1.1　初情期及周期性活动的开始

雌性动物在幼年时不出现周期性发生的性接受期，但当其达到性成熟而能够繁殖时则开始表现性接受行为，这称为初情期（puberty）。在雌性家畜，初情期出现在体成熟发育之前，此时虽然能够繁殖，但繁殖效率，特别是其生育力（fecundity）尚未达到最大。

由于雌性动物出生时就具有周期性繁殖的潜能，因此初情期的启动在很大程度上是其年龄和成熟程度的功能反应。如果此时环境条件适宜，繁殖的生物钟一旦启动，则只要条件有利就会一直持续。所有的家畜均不存在类似于人的绝经期（menopause）的生理变化。

在表现非季节性多个发情周期的动物（non-seasonal polycyclic animals），如牛和猪，妊娠、泌乳及病理状况可中断重复发生的卵巢周期性活动。表现季节性多次发情（seasonally polycyclic）的马、绵羊、鹿、山羊及猫，或单次发情（monocyclic）的动物，如犬等，则存在性静止期或乏情期（anoestrus）。

雌性动物达到初情期时，生殖器官体积增大。在初情期前，生殖器官的生长与其他器官非常相似，但达到初情期后生殖器官的生长速度明显加快，这在小母猪尤为明显，其在169 ~ 186日龄之间子宫角的平均长度增加58%，子宫的平均重量增加72%，卵巢平均重量增加32%（Lasley，1968）。母畜达到初情期的时间为：

- 母马: 1 ~ 2 岁
- 牛: 7 ~ 18 月龄
- 绵羊: 6 ~ 15 月龄
- 山羊： 4 ~ 8 月龄
- 猪: 6 ~ 8 月龄

- 犬: 6 ~ 20 月龄
- 猫: 7 ~ 12 月龄

初情期时发生的变化直接与卵巢的活动有关，而卵巢主要有两个功能，即产生雌性配子和合成激素。以小母牛卵巢发生的变化为例，出生时，每个卵巢含有大约150 000个初级或原始卵泡（primary or primordial follicles）；每个卵泡由一个卵母细胞和周围的一层上皮细胞组成，但不含有壁细胞。卵巢在出生后不久开始发育，产生生长卵泡，其由一个卵母细胞和2层以上的粒细胞及一层基膜组成。刺激这些卵泡发育的因素主要是卵巢内各种因子，小母牛达到初情期时，这些卵泡发育达到具有壁内层的阶段，然后开始闭锁。这一过程依赖于促性腺激素的刺激，这些卵泡进一步发育形成成熟的格拉夫卵泡或有腔卵泡（antral follicles）。小母牛达到初情期时，卵巢上有大约200个生长卵泡（图1.1）。虽然不表现发情周期，但采用直肠内超声探查发现，犊牛从2周龄开始就有卵泡生长，此时就可检测到和成年期相似的因卵泡刺激素（FSH）的分泌而出现的卵泡波，单个卵泡的发育表现为生长期、静止期及退化期等基本特点（Adams，1994）。

绵羊广泛用于研究初情期启动的机理，但必须要强调的是，季节对绵羊的初情期具有决定性影响（见下）。初情期开始的标志是发生第一次发情或第一次排卵；在绵羊羔，由于第一次排卵前通常并不出现行为上的发情，因此发情与排卵并不同时出现。性成熟的绵羊在正常的繁殖季节开始时也可见到同样的反应。

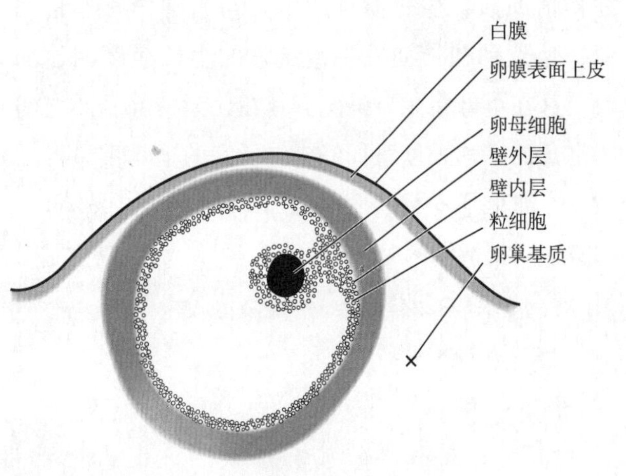

图1.1 格拉夫卵泡的切面

促进卵巢开始周期性活动从而影响初情期的激素主要是促黄体素（LH）。成年绵羊在正常繁殖季节，LH的基础浓度上升，同时分泌的LH波动频率在卵泡生长达到最大时增加至每小时一次，由此导致卵泡发育到排卵前阶段，卵泡产生的雌二醇激活LH排卵峰而引起排卵和黄体形成。在初情期前的绵羊羔，LH波动的幅度与此类似，但频率要低许多（每2 ~ 3h一次），因此卵泡的生长不足以激活卵泡最后成熟及排卵所需要的LH峰值。

对初情期前的绵羊羔进行的实验研究表明，其卵泡能够对外源性促性腺激素的刺激发生反应，垂体分泌LH的频率也足以刺激排卵。初情期前的绵羊羔不能发生排卵及表现发情的主要原因是由于雌二醇正反馈作用的阈值较高，因此不能出现LH峰值。初情期时，这种阈值降低，因此使得垂体能够发生反应。这种机制有时也称为“性腺静止（gonadostat）”理论。

其他因素也对初情期的启动具有重要作用。LH分泌的频率依赖于丘脑下部产生的促性腺激素释放激素（GnRH），其由丘脑下部称为神经性GnRH脉冲发生器（neural GnRH pulse generator）的区域控制。大脑形态及神经元细胞结构与年龄相关的变化也极为重要，因为对大鼠的研究表明，细胞体和树突具有脊状突的GnRH细胞数量明显增加。此外，类阿片活性肽对LH分泌的抑制作用随着年龄的增加而降低，由此可以从神经化学的角度解释初情期时发生的垂体对雌二醇反馈作用敏感性的变化（Bhanot和Wilkinson，1983；Wray和Hoffman-Small，1986）。

达到初情期的动物第一次发情时表现安静发情，其原因可能在于中枢神经系统必须要有孕酮的允许作用，才能发生反应，动物才能表现行为上的发情。第一次排卵的发情周期在小母牛要较短（7.7 ± 0.2d），第一个黄体（CL）不仅寿命较短，而且体积较小。出现这种现象的原因之一是，发生第一次排卵的优势卵泡已经进入生长的静止期。以后的排卵间隔则会正常（Adams 1999）。如本章后面所要讨论，一旦达到初情期，大多数家畜就会出现卵泡生长与退化的卵泡波。但是，即使在初情期前的动物，也有卵泡波出现，这在小母牛（Evans等，1994a，b）及小母马（Nogueria和Ginther，2000）均有报道。

1.2 影响初情期开始时间的外因

初情期开始的时间由个体基因型决定，体格较小的动物达到初情期的时间较早，但这种遗传所决定的启动时间受许多外部因素的影响。

1.2.1 营养

大量的研究表明，大多数家畜初情期的开始与关键体重以及最小体脂百分比或代谢体重（metabolic mass）紧密相关（Frisch，1984），因此营养是一个极为重要的影响因素。饲喂良好生长速度快的动物达到初情期的时间要比饲喂不良生长速度慢的动物早。但是，如果动物并未发生严重的营养不良，卵巢最终会出现周期性活动。脂肪组织中白脂肪细胞分泌的蛋白瘦素（见下）可能是动物的代谢状态和神经内分泌轴系之间的连接桥梁。虽然许多研究表明瘦素处理可以使限制饲喂及自由采食的动物初情期提前（Barash等，1996，Ahima等，1997），猪（Qian等，1999）和小母牛（Garcia等，2002）血清瘦素水平也会增加，但一般认为，瘦素并非是初情期的启动信号，而是促使初情期发生的允许信号（permissive signal）（Barb和Kraeling，2004）。“瘦素发挥代谢门户的作用，随着在初情期发育过程中血循中瘦素浓度增加，血清瘦素水平达到一个可能的刺激阈值，激活下丘脑-垂体-性腺轴系，同时引起雌二醇对下丘脑-垂体轴系的负反馈作用减小，刺激脂肪组织瘦素基因的表达。”（Barb 和 Kraeling，2004）。

1.2.2 季节

在大多数季节性繁殖的动物，如绵羊、马和猫，达到初情期时的年龄受季节的影响。例如，年初出生的小母马，即元月份或二月份出生时，其第一次发情可出现在翌年的5月份或6月份，即达到16或17月龄时。如果是在后半年，即7月份或8月份出生的小母马，一直要到21月龄或22月龄时才能出现第一次发情。绵羊也是如此，其第一次发情的时间取决于出生时间，可早至6月龄或者迟至18月龄达到初情期。

1.2.3 公畜的接触

对绵羊和猪的研究表明，暴露于同种动物的公畜可提早初情期开始的时间，这种现象称为“公羊或公猪效应（ram or boar effect）”，可能受影响下丘脑GnRH分泌的外激素及其他感觉信号的调控。

1.2.4 气候

仿真外推法（anthropomorphic extrapolation）观点认为，生活在热带地区的动物达到初情期的年龄比生活在温带地区的动物早。但在赞比亚进行的研究表明，在牛并非如此。

1.2.5 疾病

影响生长速度的所有疾病，或者直接，或者由于干扰饲喂及营养的利用，均会延迟初情期的开始。

1.3 发情周期及其分期

传统上可将发情周期分为几个期。

1.3.1 前情期

前情期（pro-oestrus）为发情期前的一个时期，主要特点为生殖系统的活动明显增加，卵泡生长增加，前一个发情周期（多周期动物）的黄体退化。子宫出现非常轻微的增大，子宫内膜充血水肿，子宫腺分泌活动增加，阴道黏膜充血，上皮的细胞层数开始增加，表皮层角化。母犬表现前情期的外部症状，阴门水肿，充血，出现血红色的分泌物。

1.3.2 发情期

发情期（oestrus）即母畜对公畜表现性接受的时期。发情期的开始及结束也是发情周期唯一可准确测定的时间点，因此常用作确定发情周期长短的基点。母畜在发情期时常常寻找公畜，站立等待其交配。子宫、子宫颈及阴道腺体分泌的黏液量增加，阴道上皮及子宫内膜充血水肿，子宫颈松弛。

除牛外，所有家畜的排卵均发生在发情期，而牛的排卵发生在发情结束后12h。猫、兔和骆驼的排卵是由于交配刺激而诱导发生，而其他所有家畜的排卵均为自发性的。

在前情期及发情期，卵巢缺乏功能性黄体，卵泡生长，卵巢产生的主要激素为雌激素。前情期和发情期常总称为发情周期的卵泡期（follicular phase of the cycle）。

1.3.3 后情期

后情期（metoestrus）为发情期后的一个时期，在此阶段排卵卵泡的粒细胞转变为黄体细胞，形成黄体。子宫、子宫颈和阴道腺体的分泌物减少。

1.3.4 间情期

间情期（dioestrus）即黄体期。在此阶段子宫腺增生肥大，子宫颈收缩，生殖道分泌物少而黏稠；阴道黏膜苍白。在此阶段黄体具有完全的功能，分泌大量的孕酮。

发情周期中如果一段时间卵巢上有功能性黄体，则有时也称为发情周期的黄体期（luteal phase of the cycle），以便与发情周期的卵泡期相区别。由于在大多数家畜，发情期是发情周期中唯一较易鉴别的时期，因此有些情况下将多周期动物的发情周期划分为发情期和发情间期（interoestrus），发情间期由前情期、后情期和间情期组成。另外一种划分方法是将发情周期划分为卵泡期和黄体期。

1.3.5 乏情期

乏情期（anoestrus）为较长时间的性静止期，在此期间生殖系统主要处于静止状态，卵泡的发育最小，虽然能检测到黄体，但其已经退化而不再有功能。生殖道分泌物少而黏稠，子宫颈收缩，阴道黏膜苍白。

1.4 周期活动的自然调节

雌性动物卵巢周期活动的调节是一个很复杂的过程。随着新技术的进展，特别是激素分析技术及新的分子生物学技术的应用，对卵巢周期性活动的调控机理的认识也在不断加深。虽然早期的研究大多是在实验动物，即大鼠和豚鼠进行的，但近年来对家畜的研究也获得了很大的进展，只是仍有一些领域，特别是在犬，还有许多问题不太清楚。

参与调控卵巢周期性活动的主要是丘脑下部-垂体-卵巢轴系，该轴系的一端是由丘脑下部外区域，即大脑皮质、丘脑和中脑发挥影响，同时由一些刺激，如光照、嗅觉和触觉等发挥作用（Ellendorff, 1978），而轴系的另外一端是由子宫对卵巢产生影响。

1.4.1 褪黑素及其他松果腺多肽

松果腺在调控季节性繁殖动物的繁殖中发挥重要作用，也通过影响FSH、LH和促乳素的释放而影响初情期启动的时间。虽然在对松果腺的研究中，研究的热门领域是吲哚胺褪黑素（melatonin），但对其他松果腺多肽激素的研究也越来越多，例如对精氨酸催产素（arginine vasotocin）、促性腺激素及促乳素释放及抑制激素的研究等。有研究表明，褪黑素可能并不直接作用于丘脑下部/垂体前叶，而是间接通过其他松果腺多肽激素发挥作用。

褪黑素控制诱导性光照周期对绵羊繁殖性能的影响（Bittman等，1983）。成年绵羊节律性注射褪黑素的作用与延长暗期诱导繁殖季节开始的作用类似（Arendt等，1983），也可引起血浆促乳素浓度发生改变，这种改变与绵羊暴露到短日照后的变化相似（Kennaway等，1983）。在绵羊，改变白昼光照范型后，对正常的光照周期发生反应需要有完整的松果腺参与，但摘除松果腺的绵羊仍能表现季节性繁殖，说明其他季节性的环境因素也极为重要（Lincoln，1985）。

马是季节性繁殖的动物，但其繁殖的启动是由于白昼的增加所引起。在此过程中松果腺也发挥作用，如果摘除松果腺，则母马不能对光周期的变化发生反应。正常母马褪黑素浓度在暗期增加（Grubaugh等，1982）。有研究表明，马驹在早期处于空调控制的条件下，则从7周龄开始会建立褪黑素的分泌范型（Kilmer等，1982）。

1.4.2 丘脑下部及垂体前叶激素

丘脑下部通过特异性的释放及抑制物质，调控垂体前叶促性腺激素的释放，这些物质由丘脑下部神经元分泌，通过丘脑下部-垂体门脉系统转运到丘脑下部的正中隆起。1971年确定了猪GnRH的分子结构为十肽（Matsuo等，1971），随后成功合成（Geiger等，1971）。虽然注射GnRH可引起家畜释放FSH和LH，但在体内条件下GnRH是否能引起FSH和LH两者的释放仍有争论（Lamming等，1979）。另外，截至目前，尚未鉴定到类似于促乳素抑制因子的促性腺激素特异性抑制因子。

特异性神经递质也参与对垂体激素释放的调控。例如，去甲肾上腺素刺激FSH和LH的释放；抑制多巴胺转变为去甲肾上腺素可阻止雌二醇诱导的LH释放，而这种释放对排卵是必需的。5-羟色胺能抑制LH的基础分泌，也可调控其他神经分泌系统。多巴胺对控制促乳素的释放具有重要的调节作用。

大量的研究表明，在家畜，FSH和LH的分泌受两种功能不同但互有重合的系统所控制，即①突发性/兴奋性分泌系统（episoidic/tonic system），该系统主要引起促性腺激素连续性的基础分泌及刺激卵巢生殖细胞及内分泌细胞的生长；②峰值分泌系统（surge system），该系统控制促性腺激素，特别是引起排卵的LH短暂的大量分泌。下丘脑有两个中心参与对这两个系统的调控（图1.2）。

除了猫、兔和驼科动物外，所有的家畜均为自发性排卵的动物。在这三类动物，排卵是由于交配时刺激阴道和子宫颈的感受器（sensory receptor）所诱导的，这种刺激启动神经-内分泌反射，最后激活峰值中心的GnRH神经元，释放LH峰值。

垂体前叶不仅通过刺激卵泡生成、卵泡成熟、排卵及黄体形成而直接影响卵巢功能，而且卵巢也可影响下丘脑和垂体的功能，这种影响作用是通过成熟卵泡产生的雌二醇和黄体产生的孕酮发挥的。下丘脑突发/紧张中心（episodic/tonic hypothalamic release centre）受雌二醇和孕酮负反馈作用的影响。低水平的孕酮对该中心具有调节作用，这在反

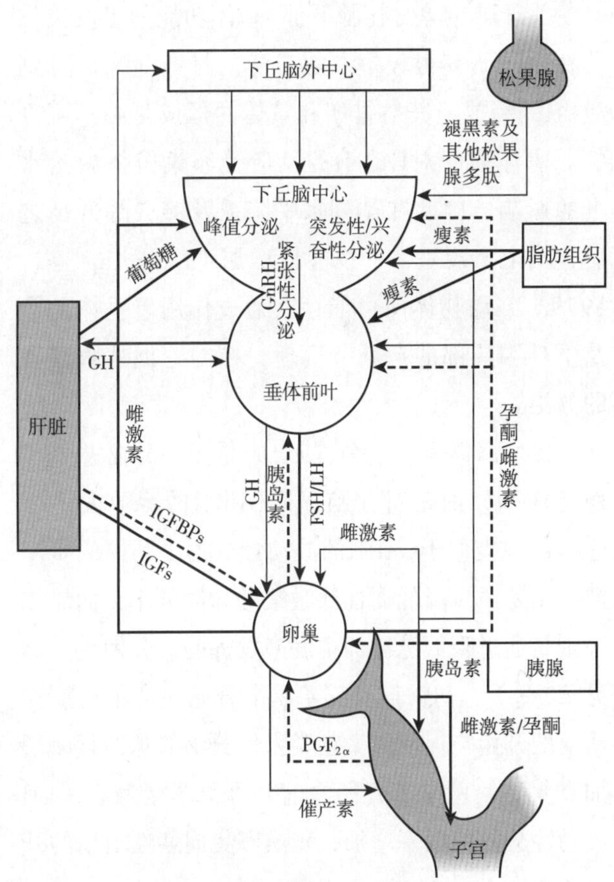

图1.2　周期性繁殖活动的内分泌调控

实线（——）表示刺激作用，虚线（-------）表示抑制作用；GH，生长激素；IGFs，胰岛素样生长因子；IGFBPs，胰岛素样生长因子结合蛋白；PGF$_{2\alpha}$，前列腺素F$_{2\alpha}$（引自Lamming等，1979）

当动物显得尤为重要（Lamming 等，1979）。在牛、绵羊和猪（可能还有其他家畜），FSH的分泌也受卵巢产生的许多多肽激素的调控。已有研究发现的第一个这类多肽激素是由大的有腔卵泡粒细胞产生的抑制素（inhibin），其也可从卵泡液中分离到（图1.1），也可从睾丸及精清中分离到（参见第29章）。抑制素和雌二醇发挥协同作用，抑制FSH的分泌。由所有有腔卵泡产生的抑制素半寿期较长，确定了总的负反馈作用的水平，而雌二醇则只是由具有排卵潜能的有腔卵泡产生，其只是引起FSH每天的波动性变化（Baird 等，1991）。从卵泡液中分离到的另外两种多肽激素分别称为活化素（activin）和卵泡抑素（follistatin），前者刺激FSH的分泌，而后者则抑制FSH的分泌，它们在调控卵泡生长中的作用还不十分清楚。

关于雌二醇对丘脑下部-垂体功能的正反馈作用在农畜研究得较多，雌二醇的排卵前峰值可刺激LH的释放，其对排卵和黄体的形成是必不可少的。垂体前叶对GnRH的反应受卵巢甾体激素水平的影响，因此在孕酮水平降低及雌二醇升高之后，马上出现垂体的反应性增加（Lamming 等，1979）。动物体内可能存在通过作用于垂体前叶及下丘脑局部的自调节机理，控制着促性腺激素的分泌。

促性腺激素，特别是LH的紧张性分泌并不呈稳定速率，而是对丘脑下部GnRH的释放发生反应，出现类似于GnRH的波动性分泌。孕酮的负反馈作用是通过降低促性腺激素的脉冲频率，而雌二醇则是通过降低脉冲的幅度来发挥的。分娩后（参见第7章）、初情期及繁殖季节开始时卵巢周期性活动的开始与促性腺激素紧张性分泌的脉冲频率增加有关。繁殖季节开始之前公母绵羊接触后，LH波动性分泌的频率增加，刺激卵巢周期性活动的开始（Karsch，1984）。

1.4.3 瘦素

最近数年来的研究表明，瘦素不仅在调节人和家畜的摄食中具有重要作用，而且在调控繁殖中发挥重要作用，其对初情期启动的调控作用本章已有介绍。瘦素为一种16kDa的蛋白，由140个氨基酸组成，由脂肪组织的白脂肪细胞合成，其作用位点主要为丘脑下部，但在垂体前叶也发挥作用，在这两个位点均已鉴定到瘦素受体（Dyer 等，1997；Lin 等，2000）。通过检查急性限食及慢性限制摄食对血清瘦素和LH水平的影响，可以研究摄食与丘脑下部-垂体轴系的相互作用。在牛和绵羊，瘦素和LH两者的水平均会降低（Amstalden 等，2000；Henry等，2001；Morrison等，2001）；但在猪，24h急性限食可引起瘦素下降，但对LH则没有影响（Barb 等，2001）；因此说明这种反应可能具有动物种类的差异，同时也表明将研究结果从一种动物外推到另外一种动物是很危险的。

1.4.4 孕酮的作用与排卵

孕酮在抑制绵羊LH的紧张性分泌中发挥极为重要的作用（Karsch等，1978），因此是调控绵羊以及也有可能包括其他动物发情周期的主要调节激素。随着黄体退化，血循中孕酮浓度降低，垂体前叶释放LH。LH升高启动雌二醇的分泌，雌二醇的这种突然升高启动峰值中心释放LH。LH的这种突然升高，引起成熟卵泡排卵（Karsch等，1978）。

有些动物，特别是牛（参见图1.29），同时也会出现FSH峰值。虽然目前对FSH峰值的作用尚不清楚，但其可能是排卵诱导激素复合物（ovulation-inducing hormone complex）的组成部分，因此认为这两种促性腺激素具有其他特定的生理作用可能是不正确的。虽然LH和FSH两者可启动排卵及甾体激素生成，但可能只有FSH能诱导早期卵泡生长，因此当粒细胞成熟，能对内源性LH发生反应时，就会形成完全发育的有腔卵泡。牛和猪的卵泡液和粒细胞中也含有大量的类似于睾丸Sertoli细胞产生的抑制素的多肽激素，这种激素可能选择性地抑制垂体前叶释放FSH，但也可能在调控卵巢功能中发挥局部作用。研究表明，在牛，该激素能抑制FSH与粒细胞的结合（Sato等，1982）。

1.4.5　卵泡生成

在整个发情周期、妊娠期及其他生殖阶段，均会出现连续性的卵泡生长和闭锁的动态变化。卵泡的生长模式基本有两类（Fortune，1994）。在马、牛、绵羊、山羊和水牛，在正常的周期性卵巢活动中的卵泡发育；在驼科动物生殖活动期间的卵泡发育，这些动物的卵泡发育均表现为组织良好的波状发育模式，因此在整个发情周期，包括黄体期，卵巢上总是有有腔卵泡存在，其大小常接近于排卵前卵泡。但在猪，目前的研究表明其不出现波状卵泡发育模式，但存在有30～50个中等大小的卵泡（直径为2～7mm），其中大约平均有20个将要排卵的卵泡在发情周期的第14～16天开始生长，而此时黄体（CLs）开始退化。出现这种卵泡生成系统的原因可能是这种动物在非常短的时间段内大量的卵泡发生排卵。各种动物卵泡发育的模式将在下面分别加以讨论，目前一般采用下列术语来描述卵泡生成（Webb等，1999）：

- 卵泡征募（recruitment）——促性腺激素刺激一组快速生长的卵泡
- 卵泡选择（selection）——征募的一个或数个卵泡被选择进一步发育的过程
- 卵泡优势化（dominance）—— 一个（优势卵泡）或数个卵泡在其他卵泡的生长发育受到抑制的环境条件下快速发育的机理

对卵泡发育的动态变化已有文献总结，特别是Adams（1999）对反刍动物卵泡发育的动力学特点的论述很准确，现将其引用如下：

“①卵泡以波的形式生长；②血循中FSH的周期性峰值与卵泡波的出现有关；③优势卵泡的选择与FSH的下降及获得对LH的反应性之间密切相关；④在出现LH排卵峰之前一直会出现不排卵卵泡的发育波；⑤在同种动物，发情周期的长短与卵泡波的数量呈正相关；⑥孕酮对LH的分泌和优势卵泡的生长具有抑制作用；⑦卵泡波波间间隔时间的长短反映了卵泡优势化的功能，与血循中FSH浓度呈负相关；⑧在发情周期的第一个及最后一个卵泡波，所有动物的卵泡优势化均较为明显；⑨妊娠期、初情期前及季节性乏情期间，均可出现有规律的周期性的FSH峰值和不排卵卵泡波。”

即使在妊娠期、乏情期及产后期，也存在卵泡的生长和退化。牛、绵羊、山羊、南美驼和骆驼在妊娠期、产后期及卵巢恢复周期性活动之前，均存在卵泡波。但卵泡的直径要比未孕个体小。

1.4.6　胰岛素样生长因子系统及其在卵泡生成中的作用

在过去的6～7年间，多个研究小组对大多数家畜“胰岛素样生长因子系统”在卵泡的生长和选择中的作用进行了研究（参见Mazerbourg等2003的综述）。该系统由几个密切相关的不同元件组成，包括：①胰岛素样生长因子（IGF）-1和IGF-2两种配体；②1型和2型受体；③6种IGF-结合蛋白（IGFBPs），这些蛋白对结合IGF-1和IGF-2具有很高的亲和力，遍布于包括卵泡液在内的所有的生物体液中。此外，该系统还包括一种称为妊娠相关血浆蛋白（pregnancy-associated plasma protein，PAPP）-A的蛋白酶，它能降解卵泡液中的IGFBP。因此，当IGF-1和IGF-2与其结合蛋白结合时，其生物可利用性降低，但PAPP-A发挥作用，降解结合蛋白，因此释放游离的具有生物活性的IGF-1和IGF-2后，它们的生物可利用性增加。对胰岛素样生长因子系统的作用机理进行的研究表明，IGFs引起卵泡生长及成熟，同时也能通过敏化卵泡粒细胞对FSH的作用而引起优势卵泡的出现。目前已从牛、马、绵羊和猪的排卵前卵泡中鉴定到PAPP-A（Lawrence等，1999；Rivera 和 Fortune，2003）。在牛的研究也表明，生长激素（GH）也具有调节卵巢功能的作用，这种作用直接或间接通过刺激肝脏合成及分泌IGF-1而发挥（Lucy等，1999）。

1.4.7 黄体的形成

排卵后从格拉夫卵泡很快形成黄体，黄体主要由粒细胞和壁细胞形成，例如在绵羊，黄体组织量在12d的时间内增加20倍（Reynolds和Redmer，1999）。以前曾有人假设认为，黄体一旦形成，其会保持相对静止的结构，但现在的研究表明，黄体达到功能成熟后，其细胞发生快速周转，但其体积则变化不大。完全形成的黄体由许多不同类型的细胞组成，包括分泌甾体激素的大小黄体细胞、成纤维细胞、平滑肌细胞、周细胞及内皮细胞等，黄体也是所有器官中每单位组织血液供应最多的器官（Reynolds和Redmer，1999）。在绵羊，根据黄体的大小计算，大黄体细胞约占25%~35%，小黄体细胞占12%~18%，血管成分占11%（Rodgers等，1984）。虽然黄体发育是排卵的结果，但有些动物，特别是犬，卵泡在排卵之前就具有卵泡黄体化的早期征象。黄体形成及维持的刺激因素可能在动物之间不尽相同，最有可能发挥作用的激素包括促乳素和LH，但有研究表明这两种激素可能共同参与，同时也可能与FSH一同发挥作用。虽然这三种激素可能均参与粒细胞黄体化的诱导，但目前的研究表明黄体功能的维持可能不需要 FSH的参与，但动物之间存在明显的不同。研究表明，LH可延长猪黄体的功能，但促乳素则没有这种作用（Denamur等，1966；Anderson等，1967）。但是在绵羊，促乳素可能是更重要的促黄体化激素，而LH只是在发情周期的第10~12天灌注时才具有作用。

1.4.8 黄体退化（黄体溶解）

由于功能性黄体的存在，其通过产生的孕酮，对垂体前叶发挥负反馈作用，抑制动物发情，这在妊娠期尤其明显（参见第3章）。在正常未孕动物，发情及排卵以非常有规律的间隔发生，控制这种周期性活动的主要因素是CL。也有研究表明，CL可通过增加卵巢上小的有腔卵泡的数量而在卵巢内发挥作用（Pierson和Ginther，1987）。

虽然早在80多年前就已经清楚，有些动物的子宫影响卵巢功能（Loeb，1923），但对这种影响的完整机理目前仍不完全清楚（参见综述，Weems等，2006）。

在许多动物的研究表明，部分或全部摘除子宫可引起CL的寿命延长（du Mesnil du Buisson，1961；Rowson和Moor，1967），这些动物包括牛、马、绵羊、山羊和猪。在人、犬和猫，即使缺乏子宫也不能改变CL的正常寿命。在牛、绵羊和山羊，子宫角的溶黄体作用直接与黄体接近卵巢的程度密切相关（Ginther，1974）。因此，如果用手术方法摘除含有黄体的卵巢侧的子宫角，则黄体仍能存在，如果摘除对侧的子宫角，则黄体会在正常时间退化。显然在这些动物，溶黄体物质直接从子宫转运到卵巢。在绵羊进行的实验表明，转运这种物质最有可能的途径是子宫中静脉，因为当卵巢和子宫之间所有其他结构均被破坏后，CL仍能正常退化（Baird和Land，1973）。

在马，尚未发现局部作用，如果将卵巢移植到盆腔外，黄体仍能退化（Ginther和 First，1971）。一般认为，在这种动物，溶黄素（luteolysin）是通过体循环转运的。

在猪，溶黄体物质是局部转运的（du Mesnil du Buisson，1961），但并非专门限于卵巢附近。研究表明，手术摘除部分子宫角后，如果留下前部至少1/4的子宫角，则双侧卵巢的CLs均会退化。如果摘除3/4的子宫角，则CLs的退化只发生在临近完整子宫角的卵巢。在犬，控制CLs寿命的机理还不完全清楚。这种动物即使没有妊娠，黄体期总会延长，这在传统上称为后情期（metoestrus）。

虽然已经证明子宫中静脉在转运溶黄体物质中的重要性，但对溶黄体物质到达卵巢的机理尚未在所有动物获得结论，只是在绵羊和牛进行的详细研究较多。对绵羊的研究表明，子宫动脉与子宫卵巢静脉之间的临近极为重要，特别是在这两个血管接近的位点上血管的壁最薄，但没有吻合支发生（Coudert等，1974），这允许溶黄体物质从子宫静脉渗透到卵巢动脉，由此而到达卵巢，这是通过在血管壁形成一种逆流交换而完成的。研究表明（Ginther，1974），各种动物对部分或者完全摘除子宫后反应所出现的差别可能是由于子宫和卵巢血管之间关系的差异所造成的。

一直到 1969年，研究发现大鼠在注射前列腺素（PG）$F_{2\alpha}$（$PGF_{2\alpha}$）后假孕期缩短，人们才鉴定出了引起黄体溶解的物质。随后的研究表明，这种物质在绵羊、山羊、牛、猪和马均具有溶解黄体的活性。虽然只是在反刍动物和豚鼠证实这就是天然的溶黄素，但在其他动物也是如此。

$PGF_{2\alpha}$为不饱和羟基酸亚麻油酸和花生四烯酸的衍生物，其名称的获得是由于最早是从新鲜精液中分离到，而且人们假定是由前列腺产生的。$PGF_{2\alpha}$由许多动物的子宫内膜合成（Horton和Poyser，1976），对绵羊的研究表明，其在黄体溶解时及溶解前后浓度增加（Bland等，1971）。

可从两个方面认识黄体溶解。首先，其功能性退化很快，因此孕酮的分泌快速下降。其次，当CL体积缩小时可看作其结构退化，这一过程所需要的时间比功能退化更长。黄体溶解开始的主要位点是大黄体细胞，其体积变小后小黄体细胞开始退化。在反刍动物，黄体的退化是由于子宫以大约6h的间隔波动性地释放$PGF_{2\alpha}$所引起，而这种释放是由CL分泌的催产素所诱导；因此，每个$PGF_{2\alpha}$的波动性释放都伴发有催产素的波动性释放。此外，$PGF_{2\alpha}$可刺激卵巢进一步分泌催产素。有人认为，黄体中大量的不产生甾体激素的内皮细胞可调节$PGF_{2\alpha}$的作用，黄体物理性的消失是由于侵入的巨噬细胞分泌细胞因子，如肿瘤坏死因子（tumour necrosis factor，TNF）-α（Meidan等，1999）。近来的研究表明，一氧化氮在黄体溶解中也发挥作用（Jaroszewki和 Hansel，2000；Skarzynski等，2003）。

子宫对催产素的敏感性由子宫内膜催产素受体的浓度所决定。绵羊在黄体溶解时，催产素受体浓度升高约500倍（Flint等，1992）。催产素受体浓度由孕酮和雌二醇的作用所决定，因此CL形成之后高浓度的孕酮可减少受体的数量，在绵羊正常的发情周期，催产素受体浓度在周期第12天开始升高。外源性雌二醇可提早诱导催产素受体，导致黄体提早溶解（Flint等，1992）。在非反刍类动物，关于黄体溶解的机理还了解不多。

随着黄体的老化，其对$PGF_{2\alpha}$的溶黄体作用更加敏感。早期黄体对$PGF_{2\alpha}$没有反应（见图1.41）。

1.4.9 促乳素

对促乳素在许多动物繁殖调控中的作用在很大程度上是推测性的，在许多情况下，也只能将从传统的实验动物获得的结果外推。垂体前叶其他激素需要丘脑下部的刺激作用，但促乳素与此不同，其分泌为自发性的，在很大程度上受来自丘脑下部的促乳素抑制因子（prolactin inhibitory factor，PIF）的调控，一般认为这种抑制因子为多巴胺。有研究表明，多巴胺具有双向作用，也可刺激促乳素的分泌，而不仅仅是发挥促乳素抑制因子的作用。

1.4.10 内源性类阿片活性肽的作用

近年来，人们对一些具有阿片活性的内源性多肽，如β-内啡肽（β-endorphin）和蛋-内啡肽（met-enkephalin）的作用研究的兴趣很大，这些物质以高浓度存在于丘脑下部-垂体门脉血液中。注射外源性类阿片肽可抑制FSH和LH的分泌，但可刺激促乳素的分泌。如果灌注阿片肽颉颃剂如纳洛酮（naloxone），则血浆中促性腺激素浓度升高，促性腺激素的波动性分泌的频率增加。类阿片肽的作用可能受动物甾体激素环境的影响。例如绵羊在高孕酮环境下，纳洛酮可引起绵羊血浆LH的平均浓度升高，波动性分泌的频率增加。但在摘除卵巢或用雌二醇埋植处理的绵羊，纳洛酮则没有作用（Brooks等，1986）。孕酮对LH释放的负反馈作用（见下）可能受类阿片肽的介导（Brooks等，1986）。

1.5 母马的发情周期

1.5.1 发情周期的周期性

小母马常在其出生后的第二个春夏（即1周岁时）表现发情，但在自然情况下它们在3岁以上时才可产驹。母马通常为季节性繁殖的动物，繁殖的周期性活动发生在春季到秋季；冬季时通常表现为乏情。但研究表明，有些母马，特别是本地的小型品种，可在全年表现有规律的发情周期，如果天气阴冷时母马舍饲并添加饲料，白昼短时增加光照，则可使这种趋势明显加强。

马的繁育受纯种马赛马需求的影响，因为在北半球，马驹从1月1日开始计算年龄而无视其真正的出生日期。因此，一个多世纪以来，母马的繁殖季节由相关当局确定为元月15日到7月1日。由于自然情况下马的繁殖季节要到4月中旬才开始，一直到7月份卵巢的活动才达到最大，显然大量的全血马是在其生育力没有达到最大时配种的（参见第26章）。

母马在冬季乏情之后，开始向有规律的周期性活动过渡，在此过渡期间，发情持续的时间或没有规律，或者很长，有时可达1月以上。过渡期发情表现常常不典型，因此难以通过观察确定母马的繁殖状态。另外，在第一次排卵之前，发情行为与卵巢活动的相关性较差，通常在早期发情时卵巢上一般无大卵泡，有些母马在春季表现长期发情时多为不排卵性发情。但是，一旦发生了排卵，则随后会出现有规律的发情周期。

马的发情周期平均为 20～23d，春季时周期较长，而从6月份到9月份则周期最短。母马典型的发情持续 6d，乏情期为15d。排卵发生在发情的最后1～2d，其与发情结束的关系十分恒定，而与发情周期的长短或发情期的长短无关。例如 Hammond（1938）发现，用手挤破成熟卵泡可在24h内终止马的发情。 成熟卵泡的直径为3～7cm。在排卵前的最后一天，卵泡的紧张度通常降低，触诊时可感觉到大而波动的卵泡，这是即将发生排卵的确定征兆。

产驹后发情开始于第5～10天，产后发情有时很短促，仅持续2～4d。传统上多在母马产驹后第9天配种。产后头两个发情周期要比随后的周期长数天。

发情时母马通常排出一个卵子，以左侧卵巢排卵者较多。Arthur（1958）对792例母马生殖道剖检，根据CLs的数量分析双侧卵巢的功能活动，发现左侧卵巢排卵者占52.2%。母马排双卵的情况较为常见，Burkhardt（1948）对6～7月份的屠宰样本进行的分析发现，排双卵者占27%；Arthur（1958）发现排双卵者占18.5%，夏季时达到峰值，为37.5%。但是，母马排双卵的情况明显受品种的影响，全血马易于排双卵，而矮种马很少排双卵。Van Niekerk和Gernaeke（1966）进行的研究表明，只有受精卵才能到达子宫，未受精的卵子则在输卵管中存留数月，在该部位缓慢崩解。母马的所有排卵均发生在排卵凹，只是在卵巢门偶尔可见到突出的黄体，但是由于卵巢有弯曲及临近有坚实的输卵管伞，这些突起在直肠检查时很难发现。

1.5.2 卵泡生成

母马的卵泡波可分为主卵泡波（major waves）和次卵泡波（minor waves）。在主卵泡波，卵泡分化为优势卵泡（dominant follicle）和亚优势卵泡（subordinate follicle），这与其他排单卵的动物相似；在次卵泡波，卵泡的发育没有差别（Ginther和 Bergfelt，1992）。主卵泡波可进一步分为初级卵泡波（primary waves）和次级卵泡波（secondary waves），在初级卵泡波中优势卵泡发生排卵，在次级卵泡波中，优势卵泡或者不排卵，或者延迟到发情结束后排卵（Ginther，1993）。次卵泡波及次级卵泡波最常见于繁殖季节开始时的过渡期。

早年研究马繁殖的学生Day（1939）根据屠宰场收集的卵巢绘制了一系列母马在发情周期卵巢变化的图片（图1.3~图1.7，为原图大小的一半）；发情周期的阶段事先通过临床检查确定，而图1.8~图1.13 则为全卵巢、卵巢切面及卵巢的B超图片。

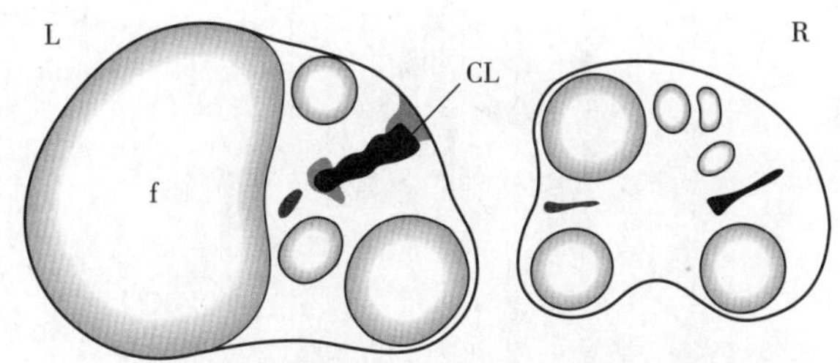

图1.3　5岁农用母马发情期的卵巢
注意左侧卵巢（L）上优势化的排卵前卵泡（f），直径4～5cm；左侧卵巢有退化中的黄体（CL），其颜色为亮黄色

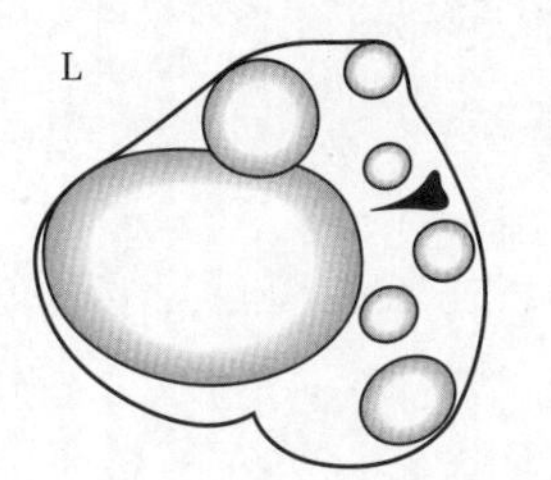

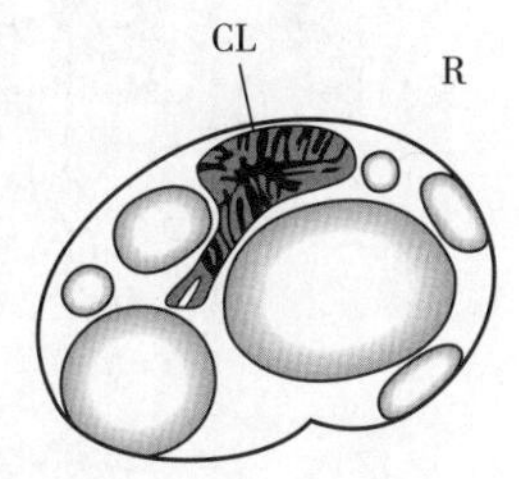

图1.4　9岁农用母马间情期的卵巢
注意右侧卵巢（R）存在数个大小不等的卵泡和黄体（CL），其颜色为橘黄色，黄体组织为松散的褶状

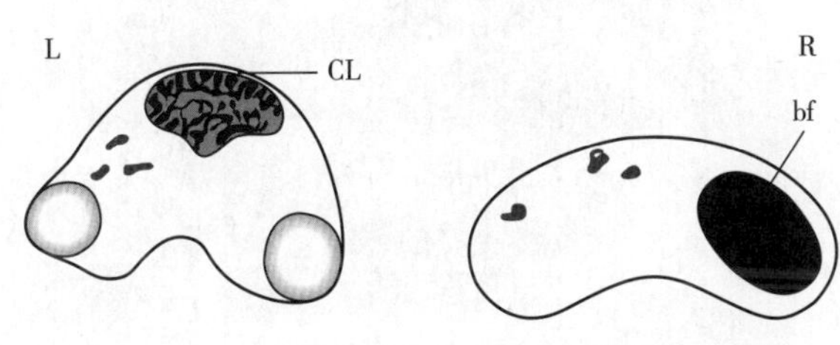

图1.5　4岁北约克郡母马（shire mare）间情期的卵巢
左侧卵巢（L）的黄体（CL）为棕红色，黄体组织明显成褶。右侧卵巢（R）含有充满血液的卵泡（bf）

在发情开始前，卵巢上数个卵泡增大到1～3cm。在发情的第1天，一个卵泡（优势卵泡）通常明显要比其他卵泡大，直径达到3.0～4.5cm。在发情期，这个卵泡成熟，直径达到 4.0～5.5cm时排卵（Ginther，1993）。排卵之后其他卵泡退化，一直到间情期的头4～9d及在此期间，卵巢上不可能存在有直径超过1cm的卵泡。排卵前数小时，成熟卵泡紧张度降低，破裂的卵泡通过卵巢表面的凹陷重新组织。排卵时通常会发生些许出血进入卵泡，在随后的24h内凝固变硬。排卵后很快触诊卵巢时，

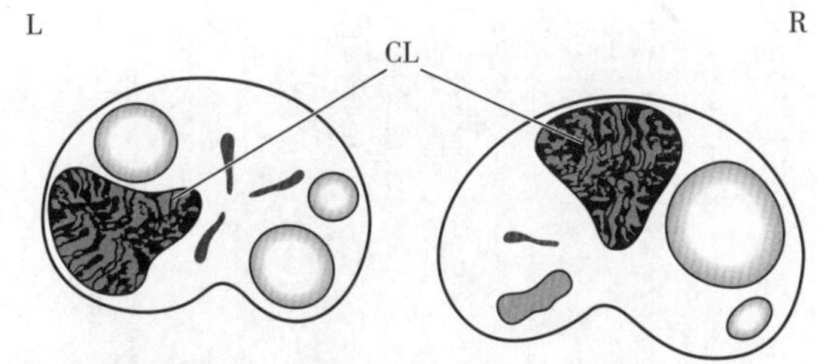

图1.6　6岁农用母马间情期卵巢
双侧卵巢均有一个黄体（CL），两者均为橘黄色，黄体组织明显呈褶

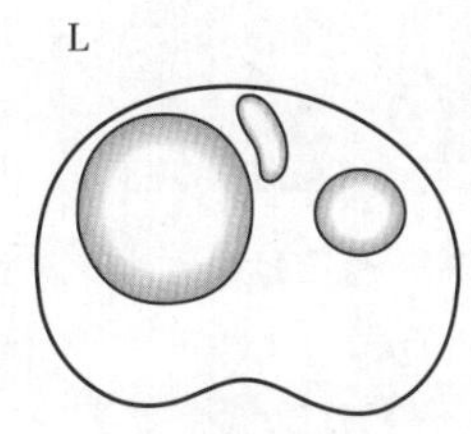

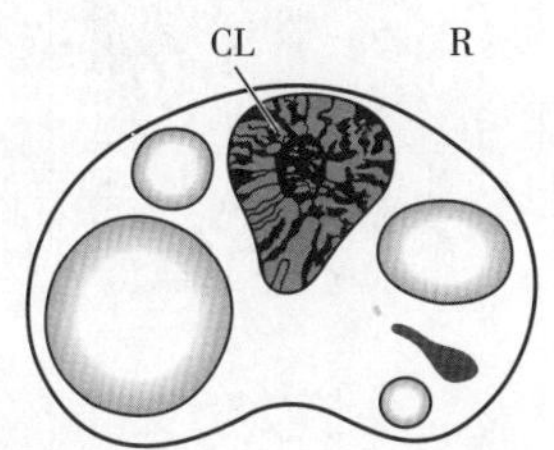

图1.7　6岁猎用母马间情期卵巢
右侧卵巢（R）的黄体（CL）颜色为浅黄色，黄体组织明显成褶，具有小的中心腔体

母马常常会表现不适的症状。因为在排卵前卵泡腔充满卵泡液，在排卵后很快，卵泡就充满血液，因此如果不进行系列的直肠触诊或超声检查，有时会将成熟卵泡与早期血体混淆，有时会将母马错误地诊断为不能排卵。在随后3d，可感觉到正在黄体化的组织呈有弹性的局灶，但随后其质地与卵巢的其他部分相同。但在矮种马，Allen（1974）的研究发现，如果根据每天的检查已知其繁殖史，则可以通过触诊判断黄体的生长情况，这是因为在矮种马，在较小的卵巢上通常形成较大体积的黄体。CL在4～5d时达到最大，但不突出于卵巢表面。在卵巢切面上，黄体为棕色，随后变为黄色，呈三角状或圆锥状，末端狭窄，与排卵凹紧密接触。黄体的中心通常含有不等数量的暗棕色纤维蛋白。周期黄体在发情周期的第12天开始退化，与此同时出现的是血液孕酮浓度降低。从第12天之后再次发生前述的各种事件。排卵及随后的黄体形成并非总能发生，卵泡可发生退化或者有时发生黄体化（参见图1.11b）。

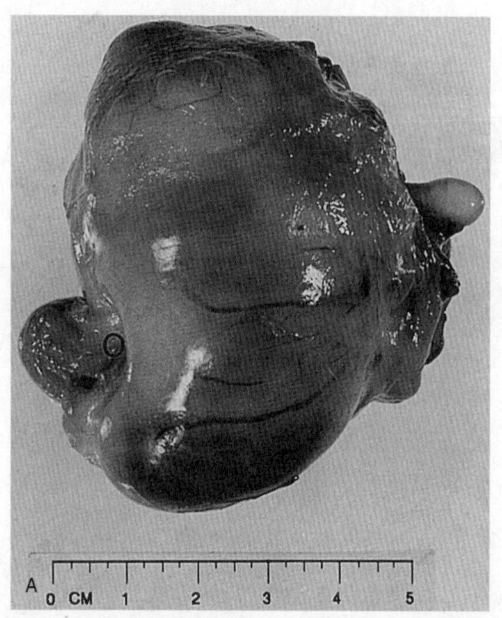

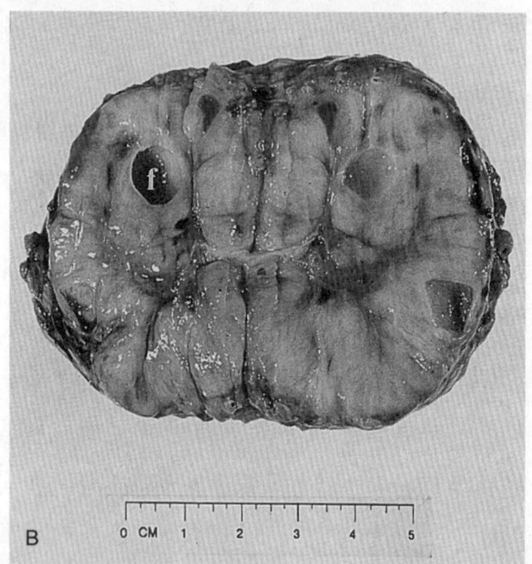

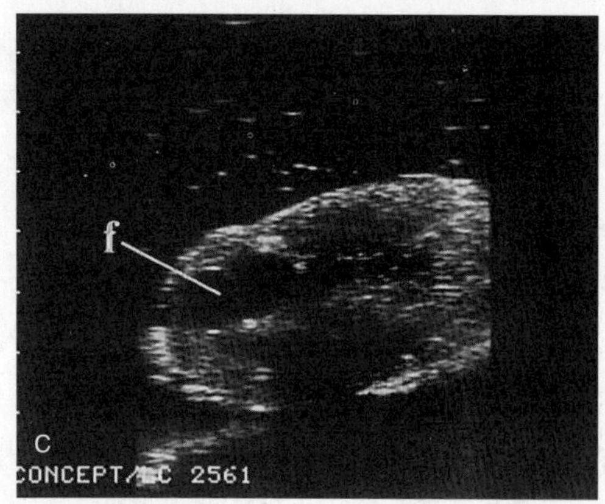

图1.8 乏情母马的卵巢

A. 卵巢触诊坚硬，无卵泡活动迹象。注意排卵凹（o） B. 卵巢切面，注意卵巢基质中含有数个直径小于1cm 的小卵泡（f） C. 同一卵巢的B超扫描，图中直径小于1cm的小的无回声区为卵泡（f）

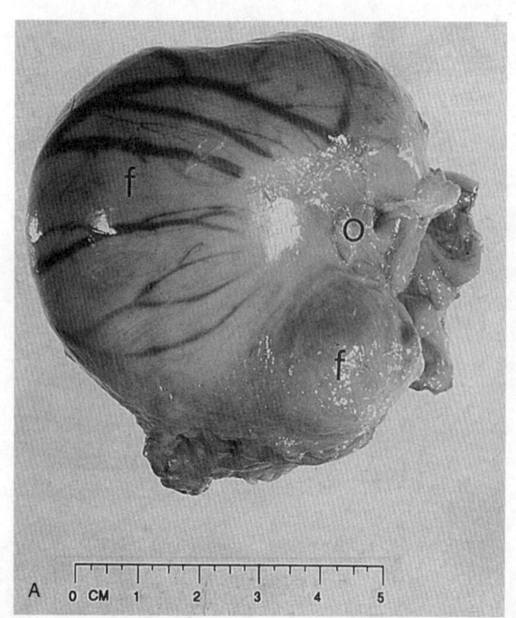

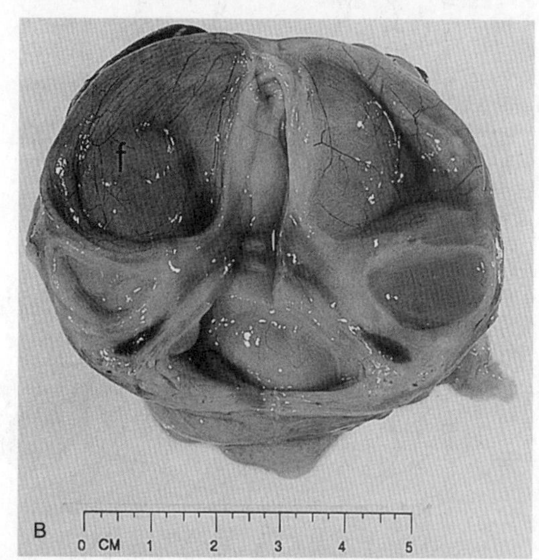

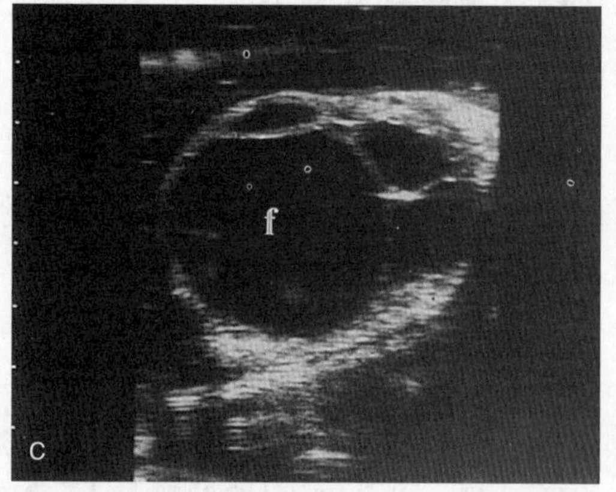

图1.9 卵泡期早期母马的卵巢

A. 卵巢触诊柔软，卵巢表面具有大卵泡（f）的迹象。注意排卵凹（o） B. 卵巢切面，注意三个至少直径达到2cm的卵泡 C. 同一卵巢的B超扫描图，一个直径大约为3.5cm的大的无回声区（黑色）为卵泡（f），同时有三个小卵泡

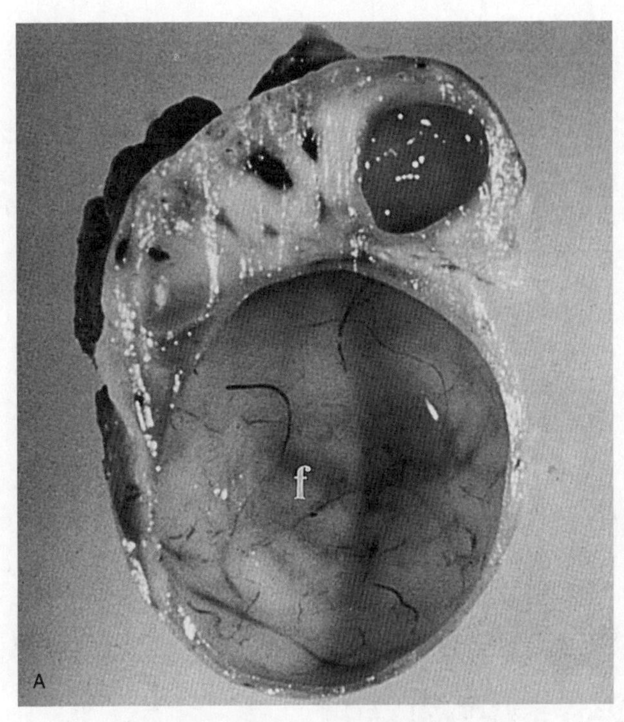

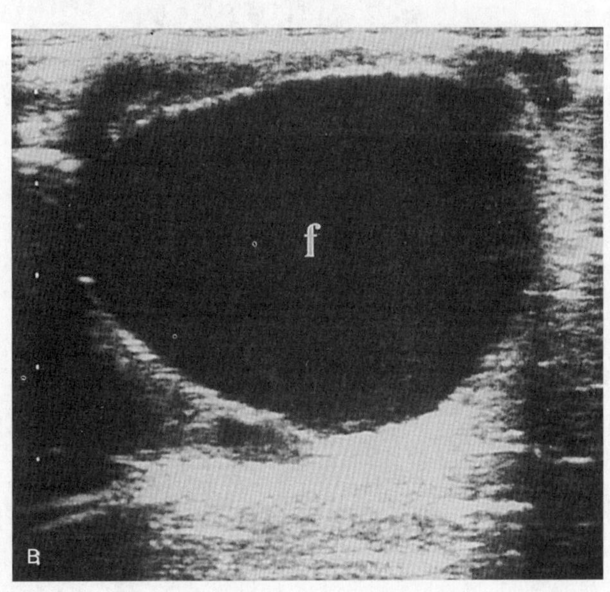

图1.10 母马的卵巢具有一个大的排卵前卵泡

A. 卵巢切面，具有一个直径为4cm的卵泡（f） B. 另一卵巢的B超图，一个 4～5cm的排卵前卵泡（f）呈一大的无回声区（黑色）

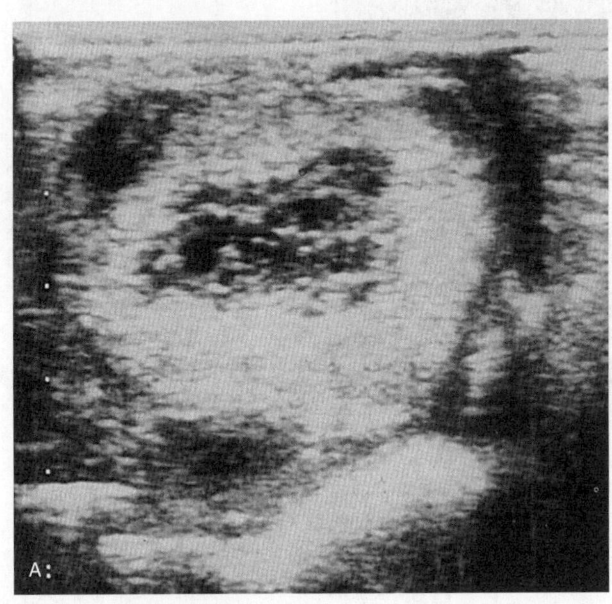

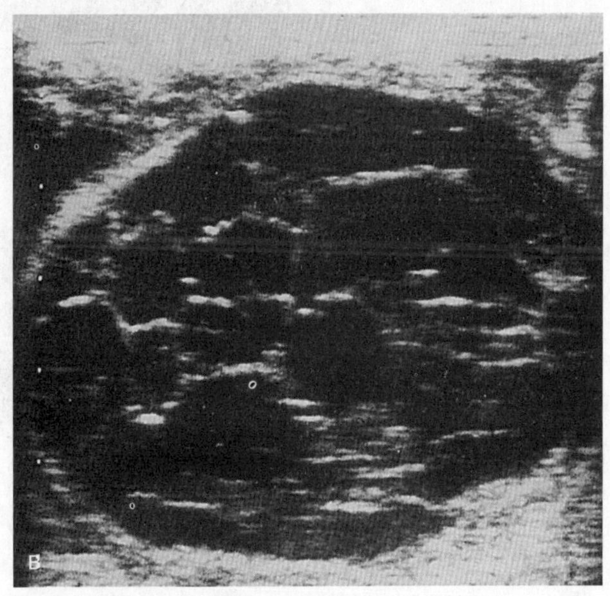

图1.11 卵巢的B超图

A. B超图，卵巢上含有血体 B. B超图，一个5cm的不排卵卵泡正在发生黄体化

采用直肠探头进行B超扫描可以对卵泡发育进行可视化研究（图1.8～图1.13），这在确定排双卵及确定排卵的时间上极为有用。Ginther（1986）观察到，在排卵前期，卵泡的形状及卵泡壁的厚度发生改变，这些变化结合对卵巢大小的评判可以用于预测排卵的时间。他还采用这种技术对黄体进行了检查，发现CL如果存在血体则表现不同的回声特性，这种情况占他观察的50%。

在冬季乏情时，双侧卵巢均小而呈豆状，一般大小为，两端之间6cm，从卵巢门到游离缘 4cm，

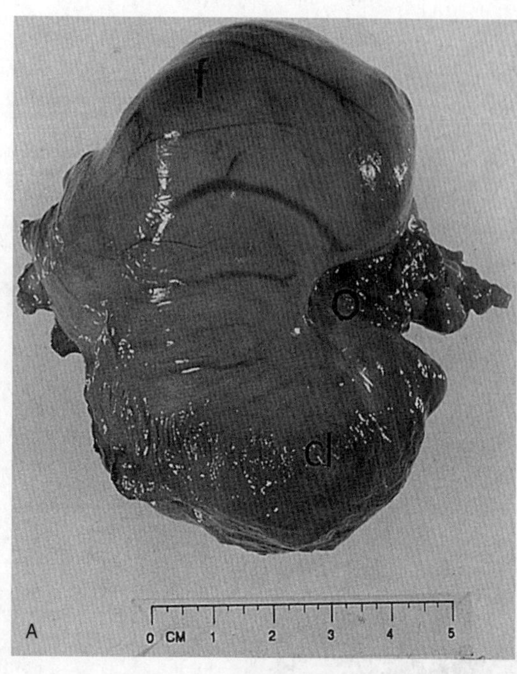

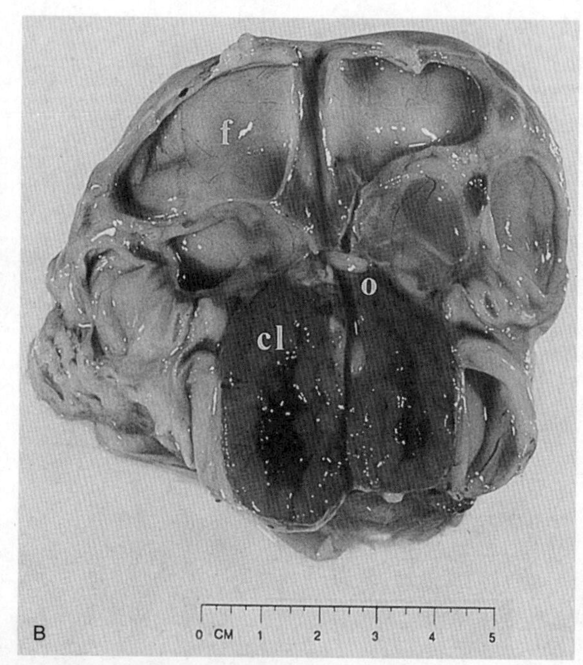

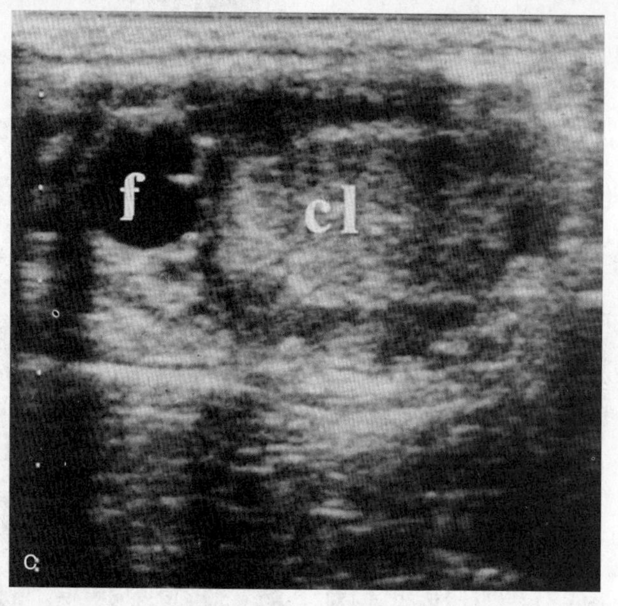

图1.12 间情期早期母马的卵巢

A. 黄体（cl）虽然存在，但外部触诊难以检查到，而卵泡（f）则可检查到。注意排卵凹（o） B. 同一卵巢的切面，注意黄体（cl），其中心仍具有血凝块，与发生排卵的排卵凹（o）紧密接触。另外还可观察到一个大卵泡（f）和数个小卵泡 C. 另一卵巢的B超图，可观察到黄体（cl）和卵泡（f）

两侧之间为3cm。但在早春或晚秋，常见乏情期卵巢呈中等大小，由于含有大量的直径1～1.5cm的卵泡而表面突起。在发情周期中，由于卵泡的数量及大小不同，因此卵巢的大小有很大的变化。在发情期，全血马的卵巢可含有两个或甚至三个卵泡，每个大小为4~5.5cm，这些卵泡以及其他小卵泡使得卵巢体积明显增大。但在间情期，因黄体进入活动期且只有闭锁的卵泡，卵巢可能要比乏情期略大。

通过采用具有照明装置的内窥镜，可以视觉检查阴道和子宫颈，因此能够确定排卵前期。在间情期，子宫颈小，收缩而坚硬，其与阴道的颜色均为浅红色，黏液少而黏稠。在发情期，生殖道的血管分布增加，子宫颈松弛，子宫颈口开张。随着发情的进展及排卵的临近，子宫颈非常松弛，可见其突

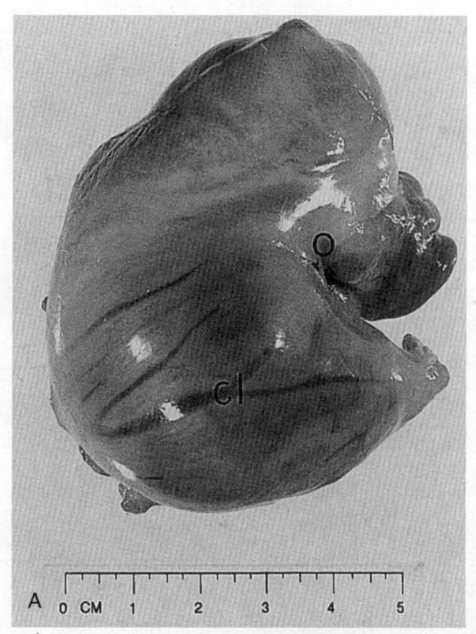

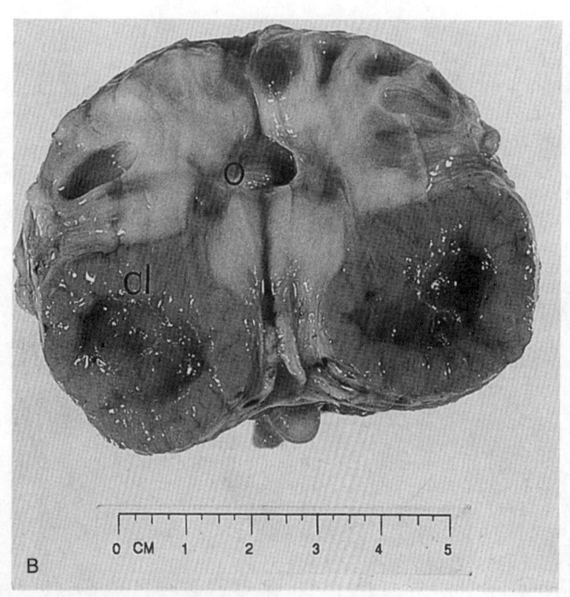

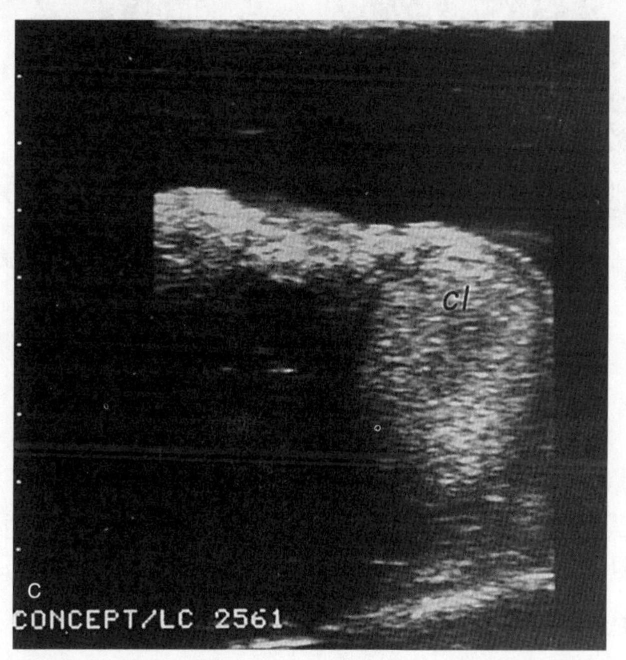

图1.13　间情期中期母马的卵巢

A. 虽然存在黄体（cl），但外部触诊难以检查到，没有任何卵泡发育。注意排卵凹（o）　B. 同一卵巢的切面，注意黄体（cl）与发生排卵的排卵凹（o）紧密联系　C. 同一卵巢的B超图，有斑点的区域相当于黄体（cl）

出位于阴道平面上，其皱褶明显水肿；阴道壁因清亮滑润的黏液而光亮。排卵后逐渐恢复到间情期的外观。

在乏情期，与妊娠期一样，阴道和子宫颈均颜色变白；子宫颈收缩，逐渐转向离开中线，子宫颈外口充满黏稠的黏液。

直检触诊子宫时可检查到其周期性的变化。随着CL的发育，子宫的张力及厚度增加，但CL退化时这些特性消失。发情时子宫张力不增加。乏情期及排卵后前几天，子宫松软。

在间情期、妊娠期及假孕时，直检可发现子宫颈为一狭窄而坚硬的管状结构；发情时其软而宽。临时性的气膣（pneumovagina）有助于进行这种检查（Allen，1978）。

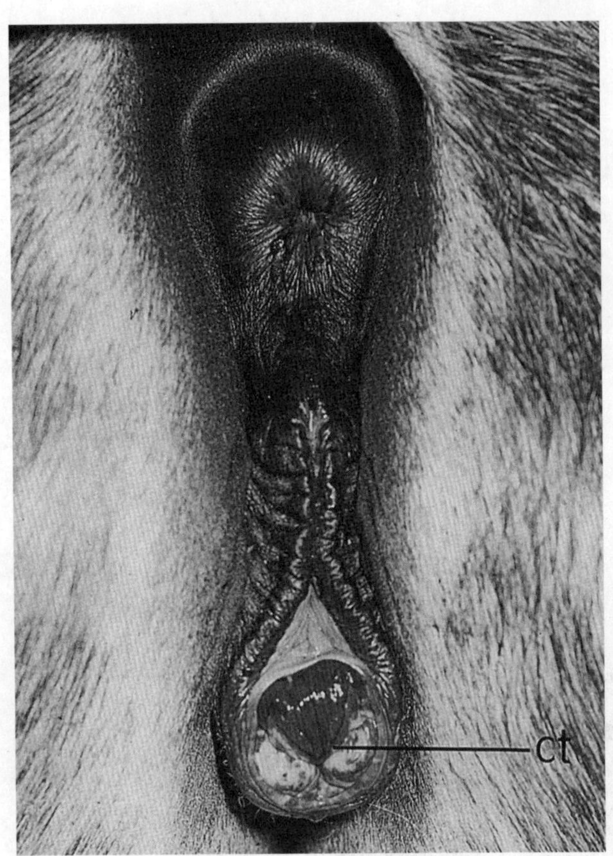

图1.14 母马对试情发生反应而暴露阴蒂（ct）

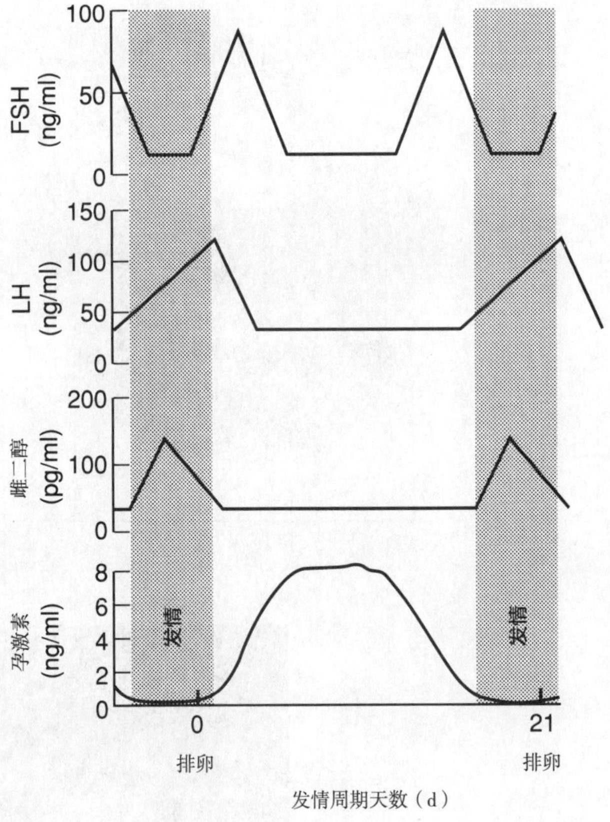

图1.15 母马发情周期外周血浆激素浓度的变化趋势

1.5.3 发情症状

发情时母马焦躁不安，易怒；常采取排尿姿势但无尿液排出，反复闪露阴蒂（图1.14）。引入公马或试情公马后这种姿势更为明显；母马经常将尾举于一侧，后驱降低。阴门轻度水肿，可排出不等量的黏液。未发情的母马通常剧烈抗拒公马的接近，因此在对母马试情时应在大门口或者棚舍门口或围栏进行。如果母马处于发情阶段，则公马通常表现性嗅反射（flehmen）。良好的种用管理需要母马适应这些措施，而且由于上次发情结束与下次发情开始之间的间隔时间，母马应该在上次发情结束后15~16d试情。

1.5.4 发情周期的内分泌变化

母马发情周期的内分泌变化趋势见图1.15。FSH呈双相分泌，间隔10~12d出现峰值，第一个峰值出现在排卵之后，第二个峰值出现在间情期中后期，即下次排卵前10d。有人认为这种FSH分泌的增加是马所特有，对促进新一代卵泡的发育发挥重要作用，这一代卵泡中有一个将在下次发情时排卵（Evans 和 Irvine，1975）。母马 LH的分泌范型也很独特，不出现突然发生的峰值，而是逐渐增加，高水平持续5~6d，或者在排卵前，或在排卵后。外周血循中雌激素在发情时达到峰值，但孕酮和其他孕激素的浓度则随CL的变化而发生变化。

1.6 牛的发情周期

1.6.1 发情周期的周期性

在驯养状态下，正常及管理良好的牛为全年多次发情。第一次发情或初情期的年龄受营养和出生季节的影响，一般为7 ~ 18月龄，平均为10月龄。

一些小母牛在第一次发情时不发生排卵，而大多数小母牛第一次排卵的发情多为安静发情（Morrow等，1969）。饲养管理不善及犊牛疾病可延迟初情期的发生。除了在妊娠期、产犊后3～6周、产奶高峰期（特别是如果发生摄食不足时）以及一些病理情况下（参见第22章），牛在达到初情期后可持续出现有规律的发情周期。有些成牛和小母牛虽然不能表现明显的发情症状，但却具有正常的发情周期循环，这种情况称为安静发情（silent heat）或亚发情（suboestrus），这种情况可能是由于饲养人员未能观察到发情症状，而并非是由于母牛不能表现发情症状所致。

小母牛发情周期的平均时间为20d，成年牛为21d，正常范围分别为18~22d和18~24d。多年来人们一直认为，牛发情持续的时间平均为15h，范围为2～30h，但大量的研究表明，现代荷斯坦牛和娟姗牛，如果与小母牛相比，发情持续时间要短得多，平均只有8h。有人采用无线电频率数据通讯系统，称为"Heat Watch"（Nebel等，1997）进行研究，其结果总结于表1.1。

影响发情持续时间的因素很多，如品种、季节、是否有公牛存在、营养、产奶量、泌乳次数等，其中最为重要的可能是同一时间发情母牛的数量（Wishart，1972；Esslemont和Bryant，1974；Hurnik等，1975）。大量的研究表明，更多的发情症状是在傍晚观察到的，这可能是由于此时动物受到的干扰较少（Williamson等，1972；Esslemont和Bryant，1976）。

牛的排卵为自发性的，发生于发情结束后平均12h。

1.6.2　发情症状

采用人工授精技术时，由饲养管理人员准确进行发情鉴定对确保最高的生育力至关重要。发情鉴定失误可能是影响延迟配种最为重要的原因（Wood，1976），Barr（1975）在美国进行的研究表明，在俄亥俄州的奶牛群中，奶农由于不能鉴定到发情而损失的天数是因不能受胎损失的天数的2倍。

牛发情症状的强度在个体之间存在很大差异，这种情况在小母牛比成年母牛更为明显。但一般来说，成年牛或小母牛表现发情最为可靠的指征是其会站立等待其他牛的爬跨（Williamson等，1972；Esslemont和Bryant，1974；Foote，1975）。

发情的牛表现不安，更为活跃。Kiddy（1977）采用计步器进行的研究表明，牛在发情时其活动平均增加393%。Lewis和Newman（1984）发现，计步器检测到的活动，发情时是发情周期的黄体期的2倍。在他们的研究中，75%的奶牛在发情开始当天计步器检测到的活动达到峰值，而25%的牛在发情后1d达到峰值。表现性活动的个体有成组聚集的趋势，母牛采食、休息和反刍的时间减少，常常可见到产奶量降低。研究表明，产奶量降低是发情开始的可靠指证，但下次挤奶时产奶量会出现补偿性的回弹（Horrell等，1984）。研究发现，在本研究的73头奶牛中，如果奶牛的产奶量达到其通常产奶量的75%，则有50%的可能性处于发情状

表1.1　发情持续时间及出现站立发情现象的次数（平均数及标准差），由发情观察发情测定系统"Heat Watch"测定（引自Nebel等，1997）

	未产小母牛		经产母牛	
	荷斯坦	娟姗	荷斯坦	娟姗
动物数量	114	46	307	128
发情持续时间（h）	11.3 ± 6.9	13.9 ± 6.1	7.3 ± 7.2	7.8 ± 5.4
站立发情次数	18.8 ± 12.8	30.4 ± 17.3	7.2 ± 7.2	9.6 ± 7.4

态。在极少数情况下，产奶量降低到25%，此时奶牛肯定处于发情状态。奶牛临近发情时，其总是寻找其他发情奶牛，舔闻会阴部。在此阶段及发情过程中和发情刚结束时，牛会试图爬跨其他奶牛，在其爬跨之前，常常将下颌置于其他牛的臀部或腰部来判断性接受状态。如果被爬跨的牛对此有反应且站立，则发情牛会爬跨，有时表现骨盆推插的征象（Esslemont和Bryant，1974）。如果被爬跨的牛不是处于发情状态，则其会走开，常常会顶撞爬跨的牛。阳性爬跨反应持续大约5s（Hurnik等，1975）；但如果两头牛均处于发情状态，则这种反应会增加到7.5s。Esslemont和Bryant（1976）对60头奶牛组成的牛群进行的观察表明，33头牛平均被爬跨56次。

有时阴门会出现透明的黏液性分泌物，其弹性很大，因此分泌物呈完全透明的带状，可从阴门悬垂于地面，也可黏附到尾部及腹胁部。阴门轻微肿胀充血，体温略有升高，尾巴轻抬，由于被其他牛爬跨，因此尾根被毛杂乱，尾根部皮肤常常有擦伤，后躯常有污泥。放牧时，发情牛常常离群，隔离时常常哞叫。发情母牛与公牛共处时常互相舔闻，母牛常常在被公牛爬跨前爬跨公牛。交配后短时间内，发情母牛仍会站立，抬尾弓腰，如果未真正观察到交配，则这种姿势表示已经发生了交配。

配种后2d内，有时可观察到阴门有黄白色分泌物，这为来自子宫的含有中性粒细胞的黏液。发情后大约48h，无论是否配种，小母牛及许多成年母牛均会出现亮血红色的分泌物，其中的血液主要来自子宫肉阜。

发情前一天奶牛的体温会下降约0.5℃，发情时升高，排卵时下降约0.38℃。发情前一天阴道温度最低，为 37.74℃，发情当天升高0.8℃，随后6d体温升高，直到达到平台期，之后从发情前7d开始逐渐降低（Lewis和Newman，1984）。虽然在实践中检测温度的这些变化很为繁琐，但将来可采用微波遥感测定系统监测体温的变化进行发情鉴定（Bobbett等，1977）。也有人采用在挤奶间监测奶温的自动化系统测定奶温的升高，用于发情鉴定（Maatie，1976；Ball，1977）。

在整个发情周期中阴道 pH也发生波动，发情当天达到最低，为7.32（Lewis和Newman，1984）。

1.6.3 阴道的周期性变化

主要变化是阴道前端的上皮细胞和子宫颈腺体的分泌功能（Hammond，1927；Cole，1930）。发情时，高柱状分泌黏液的表皮细胞生长，由于细胞分裂，因此阴道前端上皮明显变厚。在间情期，这些细胞从扁平状变为低柱状。发情后2～5d阴道黏膜白细胞的浸润达到最大。发情前1d左右子宫颈及阴道前端开始分泌大量的黏液性分泌物，但发情后第4天逐渐消失。黏液透明且易于流动。

与子宫颈黏液这些特性相关的是其结晶形态所发生的改变，这在黏液涂片干燥后显微镜下观察时可检测到。发情时以及此后数天，结晶呈清晰的树枝状结构，但在发情周期的其他时间则没有这种特性。这一现象以及子宫颈黏液的特性及数量变化均依赖于雌激素的浓度。发情后的阴道黏液含有由粒细胞组成的絮状物，而且如前所述，可常见到血液。

从前情期到发情期，阴道和子宫颈黏膜的充血呈渐进性变化，子宫颈的阴道突出部肿胀松弛，可允许1~2个手指插入子宫颈内口。在后情期，血管分布迅速减少，发情后3~5d黏膜苍白及静止，子宫颈外口收缩，黏液少而黏稠，呈浅黄色或棕色。阴道导热性及阴道 pH也出现周期性变化，前者在发情前升高（Abrams等，1975）。如果将pH电极置于阴道的子宫颈端，则在第一次出现发情行为的前1d，pH从7.0降到6.72，发情开始时再度降低到6.54（Schilling和 Zust，1968）。

1.6.4 子宫的周期性变化

在发情期，子宫充血，子宫内膜上因有水肿液而使其表面光亮。子宫肌层可发生生理性收缩，因此直检触诊子宫时可引起子宫肌兴奋。同时由于血管分布明显增加，触诊的手指可明显感觉到由于子宫肿胀而引起的张力增加；可感觉到子宫角竖起而卷曲。这种特征性的张力出现在发情前和发情后1d，但在发情时达到最大，检查者若有经验，则依靠这种症状就可鉴定发情。发情后24~48h之间，子宫肉阜出现斑点性出血，并由此造成发情后阴道排出带血的分泌物。在小母牛，常常伴发有子宫周浆膜下瘀点。间情期时，子宫内膜覆盖有少量子宫腺分泌物。

1.6.5　卵巢的周期性变化

通常在每次发情之后有一个卵泡排卵，排出一个卵子，但牛排双卵的情况可占4%~5%，排三卵的情况则更少。在奶牛，大约60%的排卵发生在右侧卵巢，但肉牛双侧卵巢的功能差别不大。

卵巢的大小和质地取决于发情周期的阶段。研究卵巢大小的变化时，最好可从研究成年的未配种小母牛开始，屠宰后剖检卵巢可以更详细地研究卵巢的结构变化，其中最有意义的结构是格拉夫卵泡和CLs。

1.6.6　卵泡生长发育

牛发情周期一个显著特点是整个发情周期都具有卵泡的生长和闭锁（Matton等，1983）。Bane和Rajakoski（1961）进行的研究发现，牛的发情周期有两个卵泡生长波，第一波开始于发情周期的第3和第4天，第二波开始于周期的第12~14天，因此在周期的第5~11天卵巢上存在有直径为9~13mm的正常卵泡，之后该卵泡闭锁。在第二个卵泡波，排卵卵泡发育，在周期的第15~20天其直径达到 9~13mm；排卵卵泡在排卵前第3天得到选择（Pierson和Ginther，1988）。还有研究发现，牛的大多数发情周期具有3个卵泡发育波（Sirois和 Fortune 1988；Savio等，1990）。因此，卵泡波分别出现在发情周期的第2和11天或者第2、9和16天。有些母牛还会出现4波周期，但这种情况通常和黄体溶解延迟及发情周期间隔时间超过24d有关。在瘤牛（*Bos indicus*），4波周期更为常见（Bo等，2003）。最为明显的特点是每个发情周期卵泡生长波数的规律性，这种规律性可能反映了遗传或环境的影响。泌乳的荷斯坦奶牛倾向于在每个发情周期具有2个卵泡波（Townson等，2002），而肉牛和奶牛小母牛则具有2个或3个卵泡波（Sirois和Fortune，1988）。每个发情周期具有2个卵泡波的个体与具有3个卵泡波的个体相比，前者更倾向于发情间隔时间较短，排出的卵泡较大，生育力较低。Sartori等（2004）对荷斯坦小母牛和泌乳母牛进行系统的直肠超声检查，研究发现胎次和/或泌乳对卵泡生成、排卵、CL形成和血清雌激素及孕酮浓度具有明显影响，最应该注意的特点是，与小母牛相比，成年母牛排多卵的情况更为多见，两者分别为17.9%和1.9%（表1.2，1.3），这在以前的研究中也有发现（Kinsel等，1998）。

FSH的升高能启动卵泡波，如果FSH不升高或升高延迟，则不会出现卵泡波或者其出现延迟。研究表明，将要成为优势卵泡的卵泡要比其他卵泡更大和具有更多的血液供应，因此能对FSH的升高发生反应，产生更多的雌二醇和雄激素，其中产生的雌二醇对卵泡选择而发生优势化是极为关键的（Fortune等，2001）。大量的研究表明，IGF系统在牛优势卵泡的选择中具有关键作用，这在前面已有介绍。IGFs刺激优势卵泡的粒细胞生长并与FSH发挥协同作用（参见综述，Fortine等，2001；Mazerbourg等，2003）。

因此，在间情期可见到多个直径为0.7～1.5cm的大卵泡，这些卵泡虽然不能改变卵巢的椭圆形外观，但可引起卵巢大小发生明显变化。直检触诊这些卵泡的难易程度取决于卵泡的大小、突出程度及与黄体的关系。

在前情期及发情期，将要发生排卵的卵泡增大，在其大小达到1.2～2.0cm时发生排卵（Fortune等，1998；Savio等，1988；Ginther等，1989）。发情时直检触诊卵泡，常常可检查到成熟卵泡为卵巢上轻微凸出、光滑柔软的区域，但采用直肠内

表1.2 未繁殖的小母牛（n=27）和泌乳母牛（n＝14）卵泡波及排多卵的比较；平均数±SEM（Sartori等，2004）

	小母牛	母　牛
排卵间隔时间（d）	22.0±0.4	22.9±0.7
每个发情周期2个卵泡波所占百分比	55.6	78.6
每个发情周期3个卵泡波所占百分比	33.3	14.3
每个发情周期4个卵泡波所占百分比	11.1	7.1
从黄体溶解到发生排卵的天数	4.6±0.1	5.2±0.2
排多卵率（%）	1.9	17.9

表1.3 荷斯坦小母牛与泌乳奶牛单卵泡优势化及排卵数据（平均数±SEM）的比较（引自Sartori等，2004）

	小母牛	母　牛
黄体溶解时排卵卵泡的大小（mm）	11.0±0.5	13.1±0.7
排卵卵泡的最大体积（mm）	15.0±0.2	17.2±0.5
排卵前血清雌二醇最高浓度（pg/ml）	11.4±0.6	7.3±0.8
只有一个黄体的动物黄体组织的最大量（mm^3）	7303±308	11248±776
只有一个黄体动物血清孕酮的最高浓度（ng/ml）	7.3±0.4	5.8±0.6

超声探查更易检查到。排卵可发生于卵巢表面的任何部位，因此卵巢的形状随后随着CL的发育而主要受排卵位点的影响。排卵点通常为卵泡壁的无血管区，排卵后发生的出血并非是牛排卵最显著的特点，但在排卵点周围会出现明显的排卵后充血，有时在新CL的中央可见到小的血凝块。

1.6.7 发情周期黄体

卵泡破裂后，卵子通过卵泡表面的小裂口排出，随后从大量的卵泡液中脱离，卵泡塌陷。如果在发情期及其随后的24h重复进行直肠检查，则可检查到卵泡的这种塌陷，常常会感觉到卵巢扁平，松软。如果在屠宰后检查到这个阶段的卵巢，则在大多数情况下可见到排卵的卵巢表面皱缩，可能还染有血液。CL通过内衬卵泡粒细胞的肥大和黄体化而发育，黄体增大的速度很快。排卵后第48h，黄体直径达到大约1.4cm。在此阶段触诊时，可感觉到发育的黄体松软，按压时出现凹陷。黄体的颜色为暗奶油色，可见黄体化的细胞形成松散的皱褶。CL在间情期的第7～8天达到最大（图1.16）。此时黄体细胞形成的皱褶相对致密，黄体由或多或少均质化的组织所形成，颜色为黄色到橘黄色，其形状差别很大，大多数为椭圆形，有些为不规则的正方形或者长方形。发育完全的黄体其最大直径为2.0~2.5cm；黄体大小的变化见图1.17。其重量也有变化，在作者进行的系列研究中发现，完全发育的CLs重4.1～7.4g。（妊娠黄体的重量也会发生类似的变化，重量范围为3.9～7.5g）。有时黄体的中心被一腔体所占据（图1.18和图1.28），在作者收集的标本中 25%的标本有这种情况。腔体的大小有一定变化，大多数情况下腔体较小，直径平均为0.4cm，但偶尔腔体也很大，直径可达到1cm以上，腔体中充满黄色的液体。在上述情况下，如果在卵巢表面突起的中心有针头大小的凹陷，则说明发生了排卵，这种特点可用于区别CL与奶牛的卵巢异常，即卵泡壁黄体化而不发生排卵。但是，这种情况也可能就是以前所描述的囊肿黄体（cystic corpus luteum），被认为是病理性的，腔体正常情况下就存在。

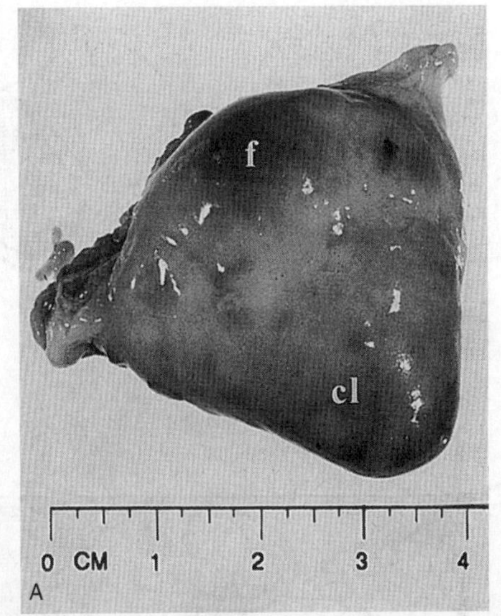

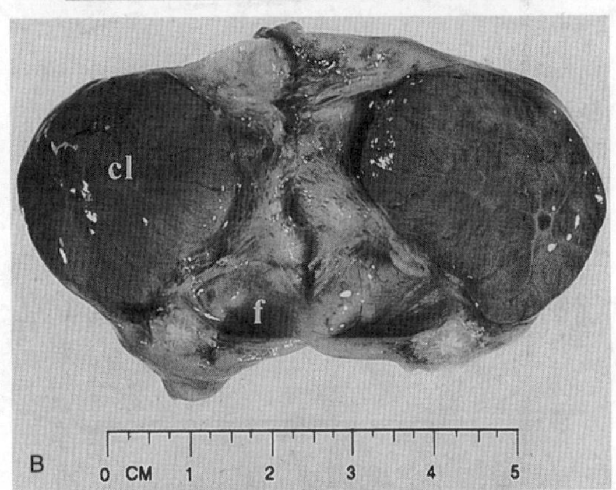

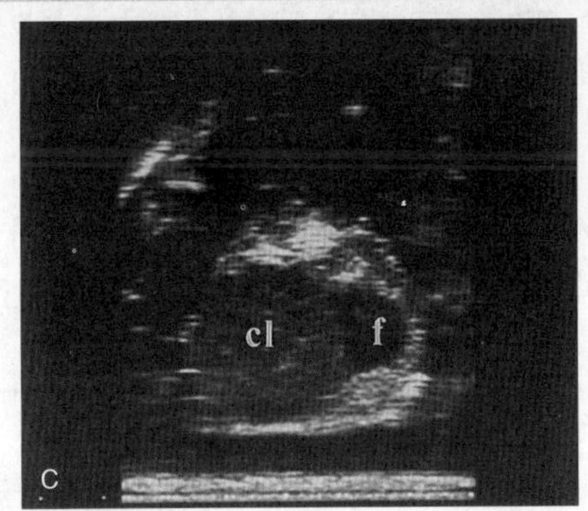

图1.16　间情期中期奶牛的卵巢

A. 可较易触诊到具有排卵乳头的成熟黄体（cl）及周期中期的卵泡（f）　B. 同一卵巢的切面，图示为实心的黄体（cl）和周期中期的卵泡（f）　C. 同一卵巢的B超图，有斑点的区域相当于黄体（cl）和周期中期的卵泡（f）

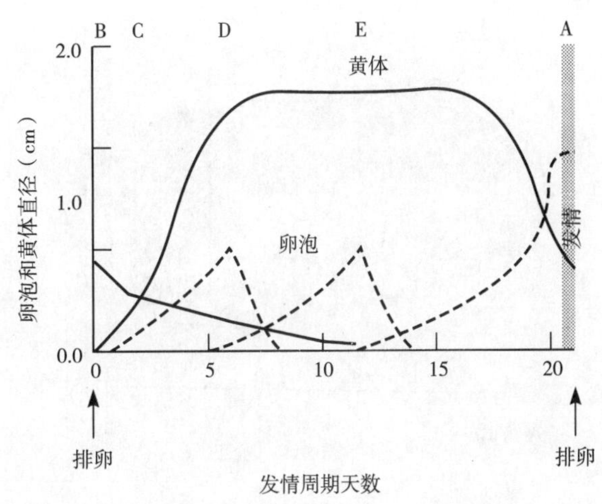

图1.17　牛发情周期卵泡波（－－－－）和黄体（——）的发育（A～E引自图1.19～图1.27）

1.6.7.1　黄体从卵巢表面突起

随着CL的增大，其倾向于自身从卵巢推出，拉伸卵巢表面，一直到其达到最大发育时，黄体常常形成一个明显的突起，这种突起的程度及类型有一定变化。大多数情况下，这种突起为一明显的肿起，直径大约为 1cm，与卵巢实质连接处形成一清晰的束紧带。但在有些情况下，这种突起呈乳头状（图1.16）。第三种类型的突起不清晰，而是弥散占据卵巢的大部分。因此，发育中的突起其类型可能取决于卵泡在排卵之前占据的卵巢表面的范围。图1.19~图1.27为牛发情周期的卵巢[1]（正常大小）。

1.6.7.2　黄体退化

前情期开始前，即发情开始前24h，CL一直保持其最大体积而且外观也没有明显变化。此后，黄体明显缩小，颜色及外观均发生变化。发情期中期，黄体的直径减小到1.5cm，其突起明显变小而逐渐不太明显，而颜色则变为亮黄色（这种颜色明显与有活性的黄体差别很大）。其质地致密，疤痕组织开始侵入。在间情期的第2天，黄体直径减小到只有1cm，外观已经变得不规则。此时颜色变成棕色。间情期中期时，黄体皱缩，直径只有0.5cm，其表面突起只有针头大小。随着黄体的老化，其颜色变为红色或深红色，小而呈红色的残余黄体组织可存留达数个月。

[1] 在全书中，牛卵巢的草图表示的是从附着缘到游离缘通过两极的切面，在这些情况下，该切面并不通过黄体或最大卵泡的最大直径，虽然按此绘制草图，但并未明显改变卵巢的大小。

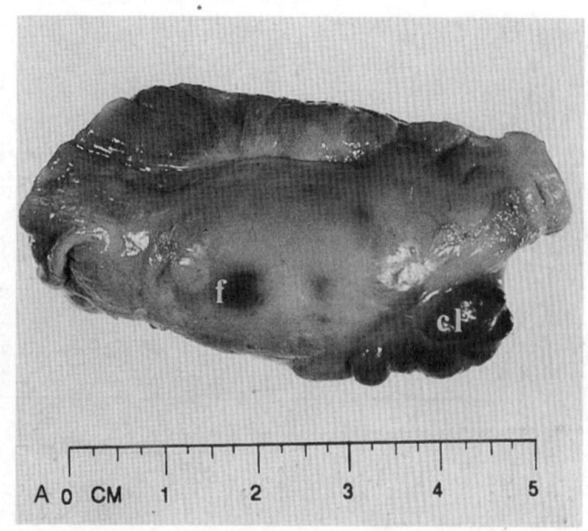

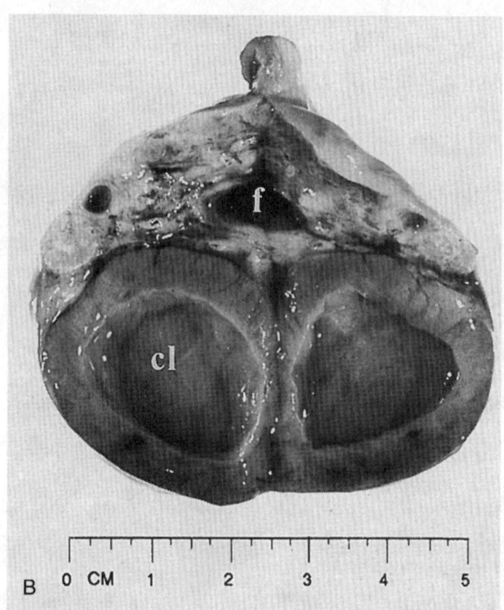

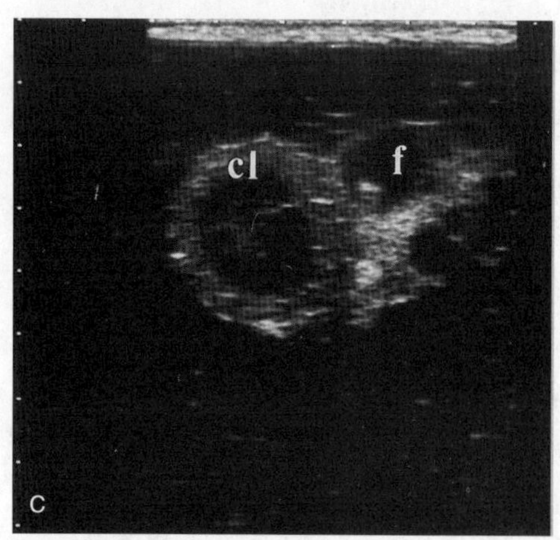

图1.18 牛间情期中期的卵巢

A. 具有突起的排卵乳头的成熟黄体（cl）和周期中期的卵泡（f） B. 同一卵巢的切面，表示具有中心腔体的黄体（cl），其腔体中充满橘黄色液体，以及周期中期的卵泡（f）。注意黄体的壁，黄体组织厚度至少达5mm C. 同一卵巢的 B超图，有斑点的区域相当于黄体（cl）壁、中心腔体以及周期中期的卵泡（f）

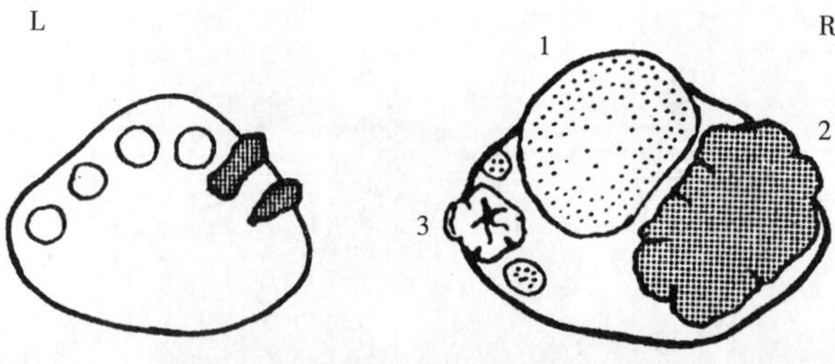

图1.19 头胎小母牛发情期的卵巢

1. 成熟卵泡 2. 退化中的黄体，亮黄色 3. 白体。图1.17中的A阶段

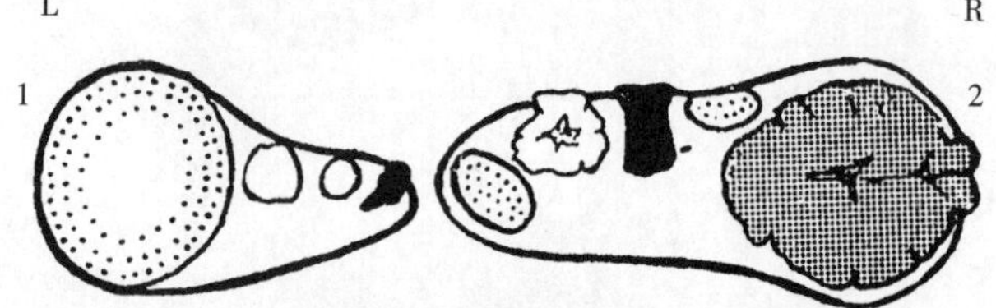

图1.20 头胎小母牛发情期的卵巢

1. 成熟卵泡 2. 退化中的黄体。图1.17中的A阶段

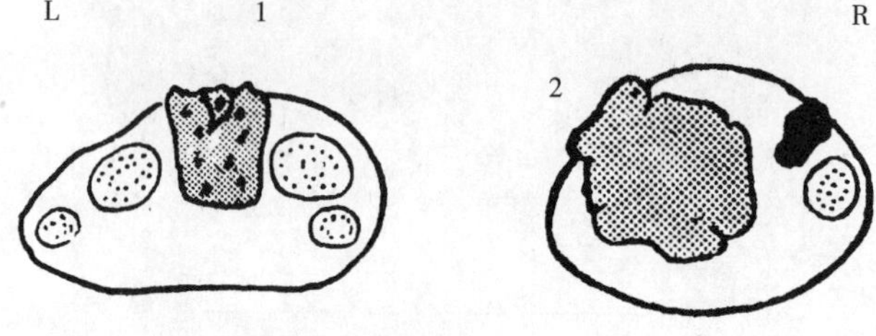

图1.21 未经产小母牛排卵后的卵巢

1. 塌陷的卵泡，表面皱缩，卵泡壁上有染血的斑点 2. 退化中的黄体，亮黄色。图1.17中的B阶段

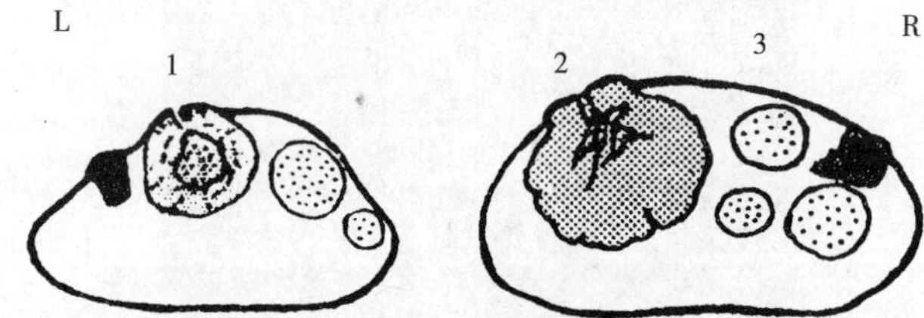

图1.22 青年母牛排卵后第1天的卵巢

1. 发育中的黄体，皱褶松散，为淡奶油色，中心有腔体 2. 退化中的黄体，亮橘黄色，中央充满结缔组织 3. 白体。图1.17中的B阶段

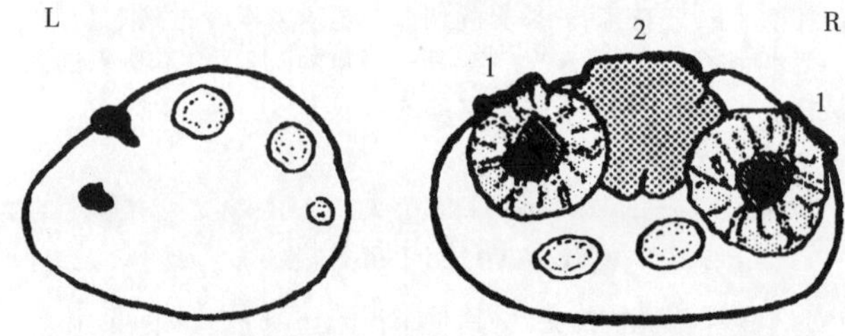

图1.23 青年母牛排卵后2天的卵巢

1. 双黄体，有些出血 2. 退化中的黄体，亮黄色。图1.17中的C阶段

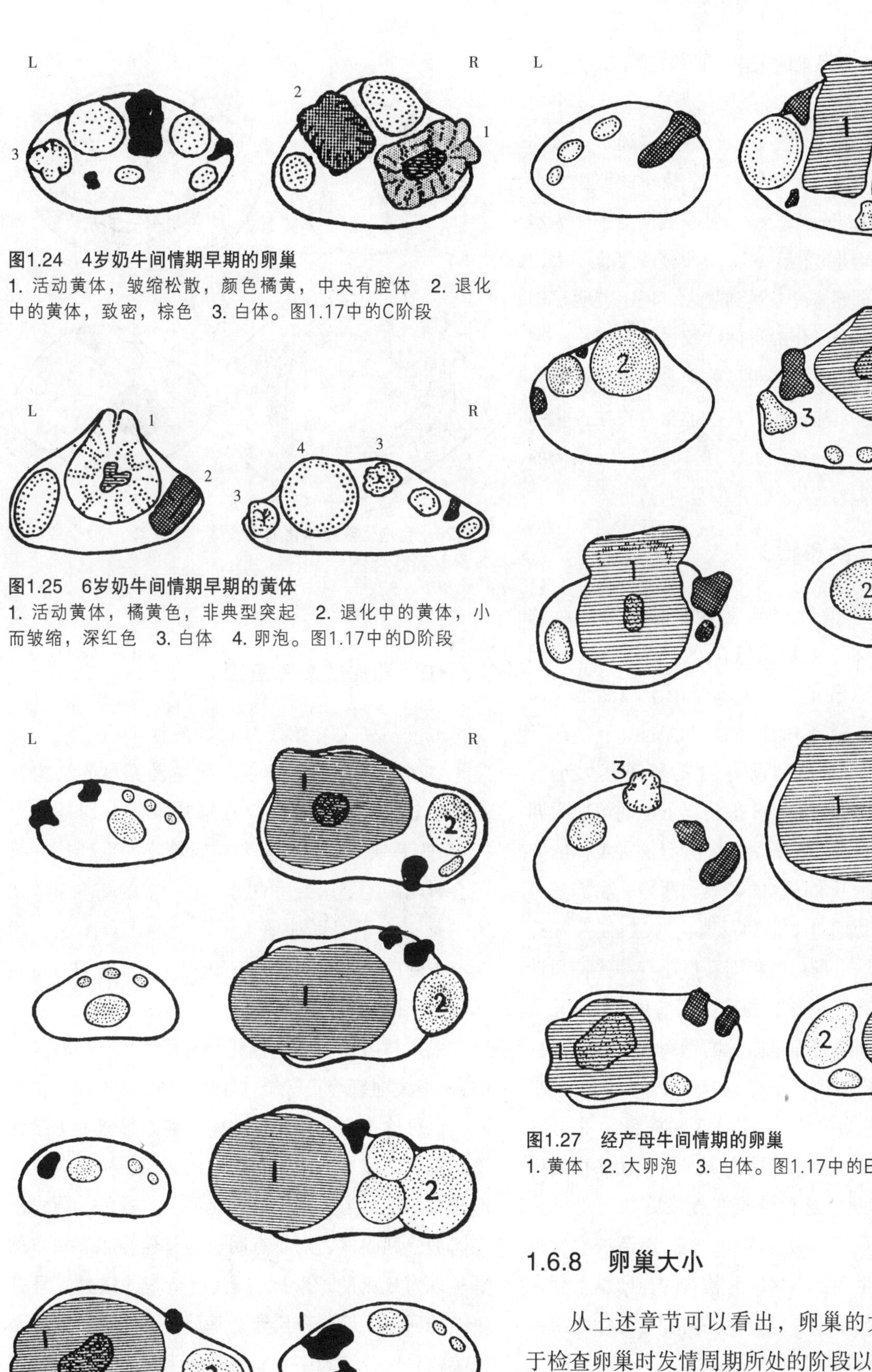

图1.24　4岁奶牛间情期早期的卵巢

1. 活动黄体，皱缩松散，颜色橘黄，中央有腔体　2. 退化中的黄体，致密，棕色　3. 白体。图1.17中的C阶段

图1.25　6岁奶牛间情期早期的黄体

1. 活动黄体，橘黄色，非典型突起　2. 退化中的黄体，小而皱缩，深红色　3. 白体　4. 卵泡。图1.17中的D阶段

图1.26　未经产小母牛间情期卵巢

1. 黄体　2. 大卵泡。图1.17中的E阶段

图1.27　经产母牛间情期的卵巢

1. 黄体　2. 大卵泡　3. 白体。图1.17中的E阶段

1.6.8　卵巢大小

从上述章节可以看出，卵巢的大小主要取决于检查卵巢时发情周期所处的阶段以及卵巢上是否含有活动的CL。卵泡的存在相比较而言对于卵巢的大小影响不大，在大多数情况下，在间情期的第6～18天检查小母牛和青年母牛，一个卵巢总会比

另外一个大。较大卵巢的大小在两极之间为3.5cm，从附着缘到游离缘为3cm，两侧间为 2.8cm（本书中所有关于卵巢的大小都是以上述顺序描述）。黄体从卵巢表面的某些部位开始突起。较小的卵巢大小大约为2.5cm × 1.5cm × 1.2cm，从一侧向另一侧为扁平状。在发情间期的前4 ~ 5d，卵巢体积变化不大，这是因为发育的黄体尚未达到很大，还不能明显影响卵巢的大小，而退化的黄体体积也明显减小。在发情期，卵巢大小也没有明显差别。如果卵巢上含有排卵前增大的卵泡，同时其上也含有正在退化的黄体（经常见到这种情况），则含有这两种结构的卵巢要比其他卵巢略大，但并不很明显。

1.6.9 经产牛的卵巢

正常经产牛的卵巢与小母牛或产第一胎的牛的卵巢没有多大差别，但在许多情况下其体积略大，体积的这种增大一方面是由于功能延长而引起的瘢痕组织逐渐增加，有时也是由于存在有大量的小卵泡。常见到没有CL的卵巢其大小为4cm × 3cm × 2cm。但是，一般情况下在间情期中期可以检查到CL，黄体明显突起，含有这种黄体的卵巢呈李子状，而不含黄体的卵巢则两侧为扁平状。在这种卵巢的切面上，活动及退化的CLs以及接近成熟的卵泡均与小母牛的相同，但还有一些特征性的结构，即存在以前妊娠的旧的瘢痕性的CLs。这些黄体通常在卵巢表面呈白色的针头大小的突起，在切面上主要由瘢痕组织组成，外观不规则，大小为 0.5cm，颜色为白色（白体）或白棕色。牛分娩之后妊娠黄体的退化不像周期黄体那样在停止发挥功能后很快萎缩，这种结构在分娩后数周仍可见到，颜色为棕色，直径约为1cm。其逐渐被疤痕组织侵入，可终生存留。屠宰后检查时，卵巢上存在白体可将母牛与小母牛区分，在前者通过计数白体的数量可以计算其所产犊牛的数量。

第7天时可存在完全发育的黄体，一直到第19或20天前情期开始时没有多大的变化。图1.28 为几种不太常见的牛黄体。

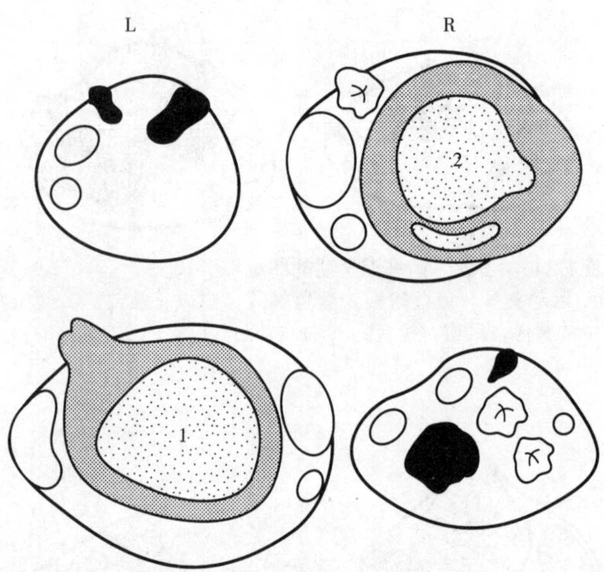

图1.28 空泡化或腔体化的牛黄体，含有单个（1）或有时为多个（2）腔体

1.6.10 卵巢的超声表现

本章前一节介绍了卵巢的质地（通过触诊确定）、外观（屠宰后解剖确定）及卵巢的结构。直肠内B超实时灰度超声扫描技术，特别是采用7.5 MHz探头，可以对卵巢进行精确的系列检查而不会影响牛的健康或生育力。该技术的基本原理见第三章，为了更详细地了解卵巢的回声图像，读者可查阅Pierson和Ginther（1984）及Boyd和Omran（1991）的有关文献。

采用超声技术可检查到卵巢基质、有腔卵泡、CLs和卵巢血管等正常结构（图1.16，图1.18）。此外，也可检查到一些病理结构，如卵巢囊肿（参见第22章）。卵巢基质为有斑点的回声结构，有腔卵泡较易鉴别，为不同大小的无回声（黑色）结构，在卵泡壁和腔体之间具有明显的分界。卵泡并非总是呈现有规则的球形。CLs具有清晰的边界，呈有斑点的回声，但回声比卵巢基质低；充满液体的卵泡腔较易区分，为中心呈黑色的无回声区。区分正在发育和正在退化的CL较为困难。卵巢血管易于和有腔卵泡混淆，其为黑色无回声的结构。移动探头可检测到血管延长的外观。

1.6.11　发情周期的内分泌变化

外周血循中生殖激素浓度的变化趋势见图1.29；应该特别强调的是，激素是以波动性方式分泌的，而且波动很大。Peters（1985a，b）对发情周期激素变化进行了详细的介绍。在开始出现发情行为之前，血浆雌激素浓度突然升高，特别是雌二醇的升高更为明显，其峰值浓度出现在发情开始时，随后在排卵时降低到基础水平。在发情周期的其他时间，其浓度具有波动性变化，但在周期的第6天出现分立峰（discrete peak）（Glencross等，1973），这可能与第一个卵泡生长波的出现有关（Ireland和Roche，1983）。前情期雌激素的升高刺激垂体分泌LH而出现峰值，其对卵泡成熟、排卵和CL的形成是必需的。第二个不太分立的峰值出现在促性腺激素排卵峰后24h（Dobson，1978）。

孕酮浓度的变化与CL的物理性变化密切相关。在许多牛，CL产生或分泌孕酮可能出现延迟（Lamming等，1979），但这可能对生育力不会产生不利的影响。排卵后第7天及第8天孕酮浓度达到峰值，第18天之后很快下降。当孕酮浓度降低到很低的基础浓度时，可解除对垂体前叶的抑制作用，使得促性腺激素突然释放。由于保定采样等应激就足以引起促乳素水平升高，因此对促乳素在其中所起的作用目前还不很清楚。

1.7　绵羊的发情周期

在英国，大多数品种的绵羊其繁殖季节为从10月份到翌年2月份，在此期间可有 8～10个发情周期。对每年繁殖活动的开始具有刺激作用的是白昼长度的缩短。随着纬度的增加，季节性繁殖的程度降低。因此，赤道地区的绵羊可在全年任何时间繁殖配种，而在高纬度地区，即在北半球和南半球，繁殖季节明显而严格，分娩之后有一较长的乏情期。绵羊的品种也影响繁殖季节的长短，例如有角陶赛特（Dorset Horns）的繁殖季节明显比其他品种的绵羊长，因此在两年内可获得三次产羔；但

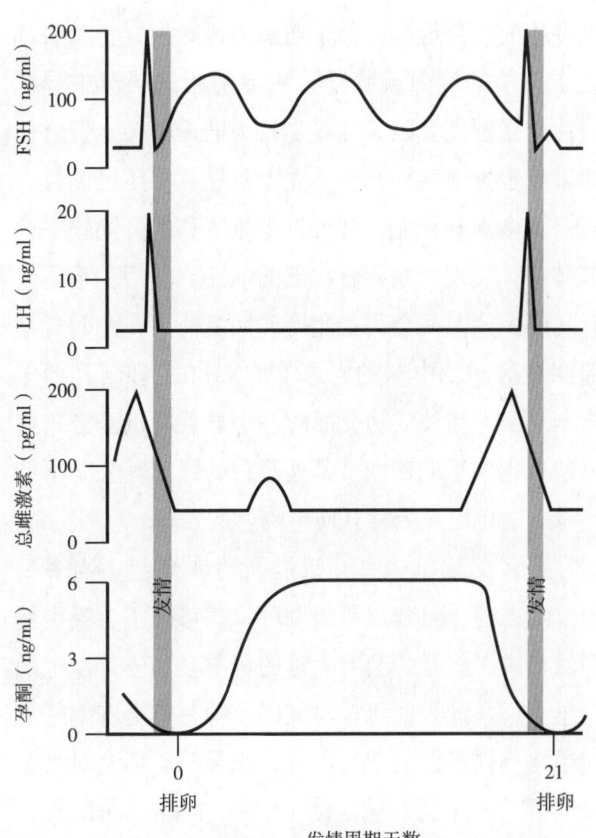

图1.29　牛发情周期具有三个卵泡波时的外周血浆激素浓度的变化趋势

在山地品种，如威尔士山地羊（Welsh Mountain）和苏格兰黑面羊（Scottish Blackface）则繁殖季节较短。中欧的一些本地品种及澳大利亚的美利奴（Merino）可能不出现年度性的乏情。另外英国的普通绵羊品种，如克伦森林羊（Clun Forest），正常情况下具有明显的季节性繁殖活动，但全年的任何月份均可发生成功配种（Lees，1969）。羔羊（Ewe-lambs）及周岁绵羊繁殖季节比老龄绵羊短。季节性繁殖活动的开始可通过人工调控光照周期及采用激素处理而提前（本章后面专有介绍）。

成年绵羊发情的持续时间在英国品种平均为30h，而在未成年绵羊至少短10h。美利奴绵羊的发情可持续 48h。排卵发生在发情快结束时，发情周期持续的时间平均为17d。

1.7.1　发情症状及交配行为

发情母羊表现不安，寻找公羊，随后形成一

雄多雌的小群母羊。公羊通过前蹄触摸，将其头部置于母羊的侧面或咬紧其被毛来测试同群中母羊的性接受程度。没有性接受行为的母羊会走开，但如果处于发情盛期则会站立，摇尾并将尾巴侧移。阴门轻微水肿充血，常可见少量清亮的分泌物。公羊爬跨，表现一系列骨盆部的前冲，然后爬下。之后间隔一定时间会再次爬跨，阴茎插入，此时骨盆部明显前冲。中东的内志羊（Najdi）和阿瓦西羊（Awassi）品种成功交配的一个显著特点是公羊将母羊的肥尾推向侧面。其他品种的绵羊其公羊不能将母羊的尾巴充分移开而将阴茎插入。

更多的绵羊选择在清晨及傍晚交配。当多只公羊随群时，可建立等级制度，优势公羊会吸引更多的母羊，但是仍会有大量的母羊会和一只以上的公羊交配。此外，母羊对其同品种公羊会有偏好，如果将不同来源的羊只组群，则母羊也仍会对其原来同群的公羊具有偏好性（Lees 和Weatherhead，1970）。发情母羊接受交配的次数大约在4次左右。公羊则每天可交配8～38只母羊。

1.7.2 卵巢的变化

绵羊的卵巢比牛的小，形状近球形。在乏情期，卵巢大小约为1.3cm × 1.1cm × 0.8cm，最大的卵泡直径为0.2～0.6cm。由于对绵羊进行直肠内超声探查卵巢要更为困难，因此研究卵泡生成要比在牛和马困难得多。但采用超声检查或剖腹检查进行的研究表明，绵羊与牛相似，通常每个发情周期有3～4个卵泡波；如果有三个卵泡波，则两个出现在黄体期，一个出现在卵泡期（Noel等，1993；Leyva等，1995）。关于调控卵泡生成的内分泌机理还不很肯定，但研究表明，启动卵泡波出现的刺激是FSH的过渡性升高，上面介绍的牛的IGF系统也可能参与对优势卵泡选择的调节。由于多胎绵羊经常排出双卵或多卵，因此排卵的卵泡可能来自同一或者不同的卵泡波。甚至在乏情期，也可生成卵泡，卵泡能达到在发情周期时的大小（Bartlewski等，1995）。

将要排卵的卵泡直径为0.6～0.7cm，而亚优势的不排卵卵泡则较小（0.5～0.7cm）。卵泡壁较薄，透明，卵泡液呈紫红色。Grant （1934）的研究表明，在排卵之前卵巢表面有小的乳头状突起，排卵是在发情开始后24h，此时这些乳头状结构破裂。CL发育的速度很快，从排卵后第2～12天呈线性增长（Jablonka-Shariff等，1993）；在间情期的第5天，其直径达到0.6cm，在其中央出现腔体时黄体最大，直径为0.9cm（Roux，1936）。随着间情期的发展，黄体从血红色变为浅桃红色，其大小在下次发情前保持不变。下次发情开始时黄体迅速退化，其颜色先为黄色，之后为棕黄色。绵羊黄体溶解的机理与牛的类似，在间情期结束时，由于雌二醇和孕酮的作用，子宫催产素受体的数量增加，同时黄体催产素刺激子宫$PGF_{2\alpha}$的分泌，反之亦然（Mann和Lamming，1995）。繁殖季节开始时，第一次排卵后形成的 CLs寿命要比随后形成的短。排双卵时，CLs可位于同一或双侧卵巢。妊娠时，CL直径为 0.7～0.9cm，其颜色为浅桃红色，但中央腔体消失，中间填充有白色组织。

在绵羊乏情期末期以及新的繁殖季节第一次排卵时，可发生排卵和形成CL，但不出现发情症状。另外，就发情时排出的卵子数量而言，遗传和营养因素对此发挥重要作用。英国的山地绵羊一般都产单羔，但如果将它们转移到低地草场，饲草丰盛时（繁殖季节开始之前），则常可见到产双羔。低地品种一般期望每只母羊产1.5羔。 Roux（1936）在南非进行的研究表明，年龄是影响双胎发生的另一因素，母羊在5～6岁时产双羔率达到最大，之后保持恒定。初产绵羊不大可能会比经产绵羊更能产双羔。边区来斯特羊（Border Leicester）和Lleyn品种是英国绵羊中最多产的绵羊品种，它们通常产三羔。芬兰兰德瑞斯（Finnish Landrace）和剑桥（Cambridge）绵羊通常每胎产2～4羔。

1.7.3 发情周期的内分泌变化

绵羊发情周期的内分泌变化见图1.30。在发情开始前，外周血循中雌激素升高，特别是17β-雌二醇的升高很明显，之后突然出现LH峰，其在排卵前14h达到高峰，与这种峰值同时出现的是 FSH升高。排卵后2d可出现第二个FSH峰值。

孕酮浓度与黄体的物理变化密切相关，但其最大浓度要比牛的低，为2.5~4 ng/ml。促乳素在整个发情周期发生波动，但在发情及排卵时升高，说明这种激素在CLs形成中可能发挥作用。

1.8 山羊的发情周期

在英国，山羊的繁殖季节为从8月份到翌年2月份，最为活跃的是10月、11月和12月份。在近赤道地区，没有证据表明山羊的繁殖具有季节性，而是持续表现繁殖活动。母山羊为多次发情的动物，发情间隔时间为20~21d，但在繁殖季节开始时非常没有规律。发情期为30~40h，排卵发生在发情开始后12~36h。

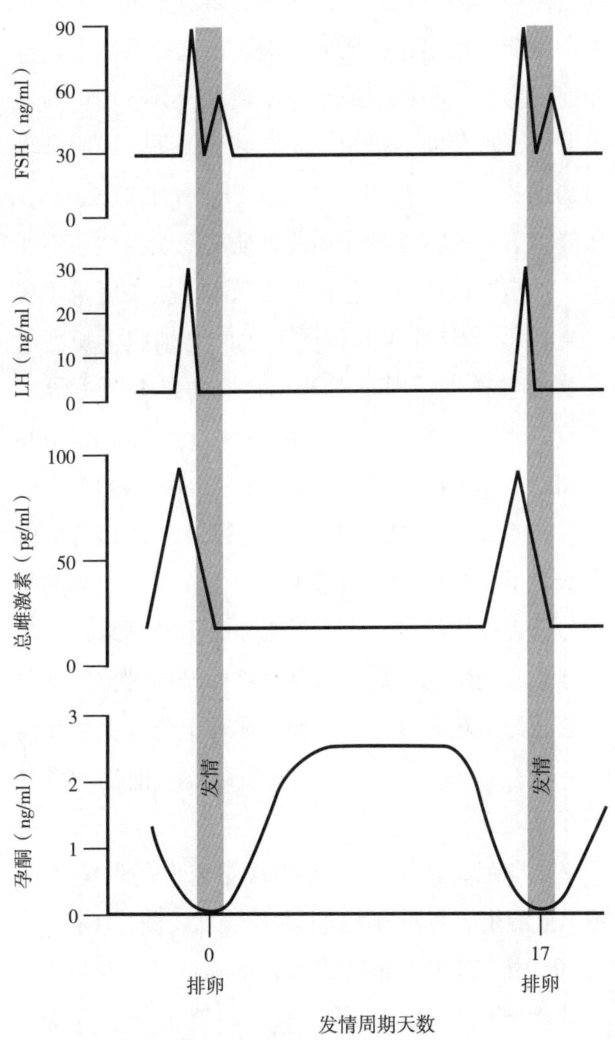

图1.30 绵羊发情周期外周血循中激素变化趋势

山羊的发情鉴定在羊群中没有公羊存在时较为困难。阴门有一定程度的水肿和充血；尾巴左右上下摇摆（这也是最为可靠的指证，Llewelyn等，1993）；母羊表现不安，咩叫增多，食欲及产奶量下降，表现爬跨行为。公山羊产生的外激素可从臭腺（scentgland）转移到布料上，因此可利用其强化发情症状。

卵巢的形状有一定差别，这主要依赖于其上的结构，最长径约为 2.2cm，排卵前卵泡直径为0.6~0.9cm。当这些卵泡突出于卵巢表面时常常呈浅蓝色。超声波检查发现，山羊有2~6个卵泡波，但3~4个卵泡波的情况更为多见（参见综述，Evans，2003）。如果发生排多卵的情况，则排卵的卵泡通常来自同一卵泡波。但是，有时这些卵泡则来自前后的卵泡波。黄体为桃红色。

外周血循中检测到的内分泌变化与绵羊的相似。

1.9 猪的发情周期

小母猪在7月龄时达到初情期，但日粮、品种（包括近亲繁殖的程度）及出生季节均会影响到初情期的开始。第一次发情时，排卵数量较少，但之后增加，因此如果延迟到第三次发情时配种，则窝产仔数会较多。近亲品系的杂交可增加排卵率，预计发情之前11~14d提供高能饲料也有此效果；但配种后持续使用这种日粮可增加胚胎死亡率。第四到第七次妊娠时，生育力最高。

虽然一般认为家猪为多次发情的动物，但野猪则为季节性繁殖，主要的繁殖季节开始于晚秋，第二个峰值出现在4月份（Claus和 Weiler，1985）。有研究表明，光照周期对家猪的繁殖具有明显的影响。例如，在夏季乏情较为多见，而在2月份和3月份则较少，排卵率在夏季较低。Claus和Weiler（1985）的研究表明，5月份到8月份通过人工缩短光照长度可将从断奶到发情的间隔时间从23.6d

减少为5.7d。在大多数情况下，发情周期平均为21d，但发情周期的循环可因妊娠和泌乳而打断。发情的持续时间平均为 53h，自发性排卵发生在发情开始后的38～42h（Signoret，1971）。在泌乳期，吮乳的生理刺激可抑制发情活动，但许多猪可在产仔后2d表现不排卵发情。5～6周后断奶时，母猪可在4～6d内表现发情。但如提早断奶，可使这个间隔时间略为延长。

1.9.1 发情症状

从发情开始的前3d起，阴门逐渐肿大充血；这些特征可持续存在于整个发情期，发情期结束后3d逐渐消失。母猪表现不安是临近发情的可靠指证，母猪也会发出持续不断的呼噜声。如果有其他母猪，则处于前情期的母猪会嗅闻阴门，并试图爬跨它们，或者接受其他母猪的爬跨。母猪会找寻公猪，如果有公猪在场，则前情期的母猪会嗅闻其睾丸和腹胁部，也会爬跨公猪，但拒绝被爬跨。发情处于高峰期时，母猪会静立不动，姿态强硬，耳朵竖起，对其所处环境的警觉性降低。交配持续平均 5～7min，交配期间母猪静立不动，如果与体重很重的公猪交配，则小母猪会表现不安。Burger（1952）发现，如果用双手的手掌紧压母猪的腰部可鉴定发情，发情母猪会站立不动，耳朵竖立，而未处于发情的母猪则不采取这种姿势。如果检查人员骑在母猪上，也可诱发同样站立不动的姿势，播放公猪的声音或散布公猪的气味等也可产生同样的结果。产生公猪气味的物质是5α-雄甾酮（5α-andost-16-ene-3-one），由唾液腺分泌，可以以气溶胶的形式喷洒在母猪周围以促进发情时的站立反应。猪的发情周期中有2%为安静发情。

1.9.2 卵巢的周期性变化

性成熟母猪的卵巢相对较大，呈桑葚状（图1.31），由于大卵泡和CLs的凸出而表面分叶，成熟的排卵前卵泡直径为0.7～0.9cm。研究猪的卵泡发育的动力学特点要比牛和马困难得多。首先，在大量的卵泡中鉴定单个的卵泡很困难；其次，在近年来小型的直肠内B超探头出现之前，几乎不可能对同一头母猪的卵泡发育的动态变化进行系列研究。与其他家畜不同的是，猪没有卵泡波存在。研究表明，除了在发情周期的卵泡期外，卵泡总是处于连续的增生和闭锁变化中，因此常常存在30～50个直径为2～7mm的卵泡群。这种现象与血浆FSH浓度的变化没有任何关系（Gunthrie和Cooper，1996）。猪缺乏卵泡发育波可能是由于CLs产生的不同激素，如雌二醇和抑制素等，对FSH的分泌发挥负反馈作用所致（Driancourt，2001）。在发情周期的第14~16天，出现卵泡的协调募集，这可能是由于孕酮的下降和其负反馈作用的解除，诱导促性腺激素的刺激所致。一定数量的这些卵泡将来会发生排卵，但一直到发情周期的第21至第22天几乎都不可能鉴定出排卵前的卵泡。被选择的卵泡在排卵前的生长与小卵泡的迅速闭锁以及其在增殖的卵泡群中不被替换的机制之间有密切关系，说明卵巢内的调控机制可能发挥作用（Foxcroft和Hunter，1985）。对发挥这种作用的物质的精确性质还不清楚，提出的候补因子包括甾体激素、生长因子（表皮生长因子/转化生长因子、成纤维细胞生长因子及胰岛素样生长因子）及其相应的结合蛋白等，还有其他调节物质，包括卵泡调节蛋白（follicle regulatory protein）（Hunter 和Picton，1999），也有可能是IGFBPs或PAPP-A（参见1.4.6 胰岛素样生长因子系统及其在卵泡生成中的作用）。成熟卵泡为贝壳样桃红色，表面毛细血管形成网络，同时还有非常透明的局灶，这就是将要排卵的排卵点。出血性卵泡较为常见。排卵后卵巢上仍有大量直径0.4cm左右的卵泡，其中有些在第18天前逐渐增大到 0.9cm。

排卵后，破裂的卵泡很快被充血的凹陷所代替，血凝块的蓄积很快使其呈圆锥状（图1.31A）。第3天时，其腔体充满暗黑色的血凝块，第6天时由结缔组织栓塞所代替，或者由淡黄色的液体所代替，血凝块可持续存在至第12天，而液体可一直存在到第18天。黄体在第12～15天时达到最大，之后一直到下次发情前逐渐退化。第3天前黄体呈暗红色，然后变为酒红色一直到第15天（图1.31B）。随着黄体在第15~18天之间的退化，其颜色迅速从酒红色变为黄色、奶油黄色或米黄色（图1.31C）。对猪黄体溶解的机理目前还不很清楚，虽然子宫早在周期的第12～16天就可分泌 PGF_{2a}，这要比其他动物早（Bazer等，1982）；直到排卵后12～23d，CLs对外源性的PGF_{2a}才有反应。在黄体溶解过程中，巨噬细胞侵入CLs，巨噬细胞产生的肿瘤坏死因子（TNF）可能与 PGF_{2a}发生联系而引起黄体溶解（Wuttke等，1995）。此外还有研究表明，TNF 可抑制雌二醇的产生，因此抑制了其促黄体化作用。

在下次发情时黄体更为快速地退化，但在随后的整个间情期，CLs一直作为一个独特的实体而存在，之后黄体很快退化为针头大小的灰色局灶。因此表现发情周期的母猪如果在间情期的前半期屠宰，则卵巢上含有本次周期的酒黄色的CLs，同时也含有前一周期的小而苍白的CLs 和呈灰色斑点的第三代CLs。在发情周期的黄体期，雌激素具有很强烈的促黄体化作用，因此可延长黄体的寿命达数周，由此而导致假孕（Dzuik，1977）。

1.9.3 发情周期的内分泌变化

猪发情周期的内分泌变化见图1.32。在CLs开始退化时外周血循中雌激素开始升高，发情开始前48h达到峰值。排卵前LH峰出现在发情开始时，即雌激素峰值后8～15h，在发情周期的其他时间LH浓度较低而有波动。 FSH浓度变化很大，但其分泌也有一定的特点。Brinkley等（1973）发现FSH有两个峰值，一个与LH峰值同时出现，另外一个峰较大，出现在周期的第2或第3天；Van de Wiel等（1981）发现FSH的分泌与此类似，其峰值与雌二醇的最低浓度同时出现。猪与其他动物一样，孕酮浓度与CLs的物理变化密切相关。排卵后头8d孕酮水平与CLs的数量密切相关，但在第12天时，这种关系已不太明显（Dzuik，1977）。

发情周期促乳素有两个峰值（Brinkley 等，1973；Van de Wiel等，1981），一个与排卵前LH

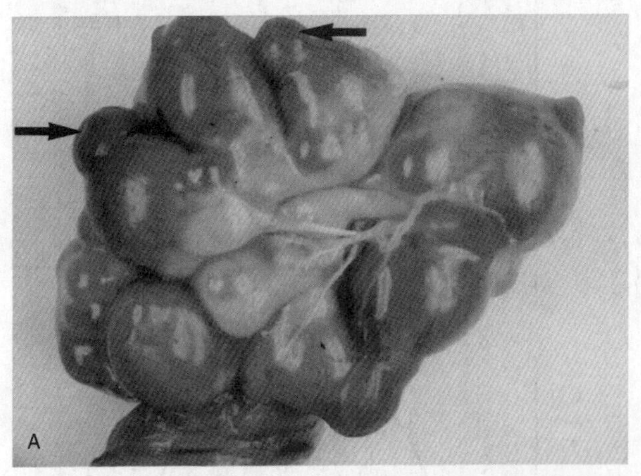

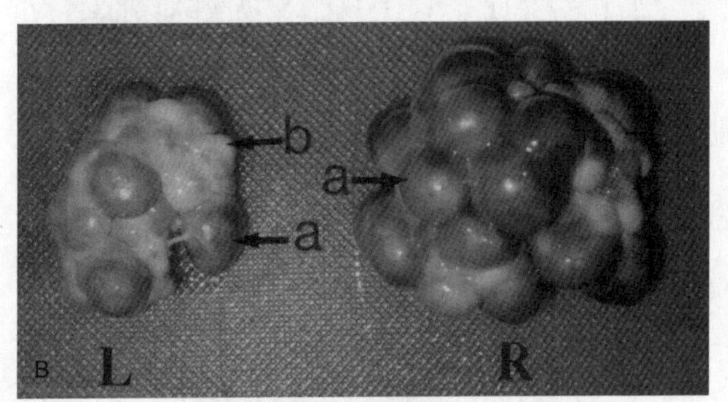

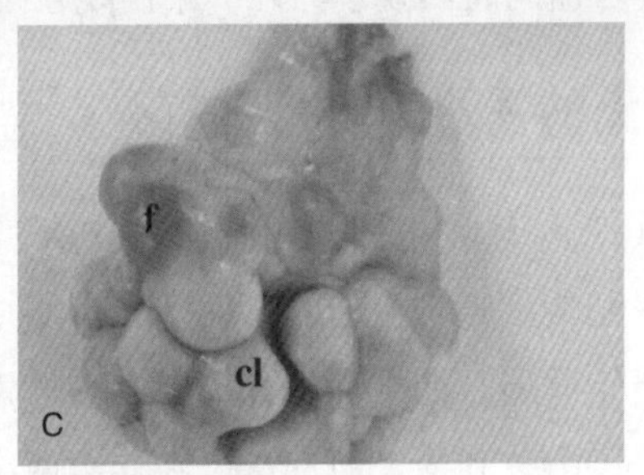

图1.31 猪的卵巢（见彩图1）*
A. 母猪排卵后数天的卵巢，存在有大量粉红色的CLs，其中有些可见到排卵乳头（箭头所示），因此使其呈圆锥状 B. 母猪间情期中期的左（L）和右（R）卵巢，在左侧卵巢上有5个而在右侧卵巢上有15个本次发情周期的CLs（箭头a），在左侧卵巢上有4个而在右侧卵巢上有5个前次发情周期的CLs，其颜色为白色/奶油色（箭头b） C. 发情周期第15天至第18天的母猪卵巢，具有典型的奶油黄CLs（cl），也可见到几个卵泡（f）。引自M. Nevel

*本图为彩色。为了方便阅读，本书彩图统一集中排于书后。

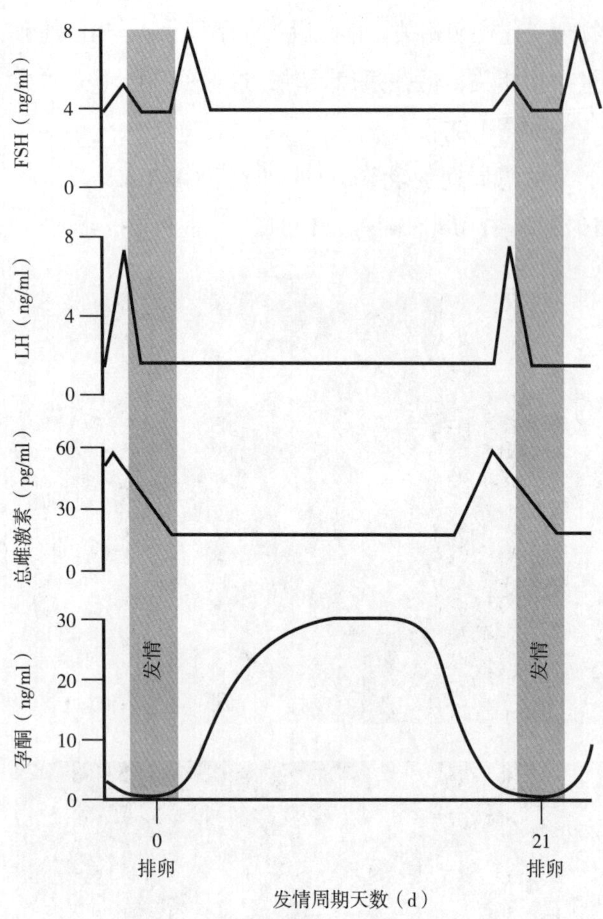

图1.32 猪发情周期外周血液循环中激素浓度的变化趋势

及雌激素峰值同时出现，另外一个出现在发情时。

1.10 犬的发情周期

与其他多周期动物的繁殖不同，犬的繁殖活动不出现经常重复发生的发情期。在多周期动物，发情可全年循环，如牛和猪，或者季节性发生，如马、绵羊、山羊和猫。所有母犬在连续两次发情期间均具有较长的乏情期或性静止期，而与它们是否妊娠无关；这种特性称为单周期（monocyclic）（Jöchle 和Andersen，1977）。虽然进行了大量的研究，但只是在最近人们才对调控乏情期持续时间及母犬进入发情的机理开始有了比较深入的认识。此外，特别应该强调的是，与许多对犬的其他生殖生理特性的研究一样，对这种机理的研究大多是在实验用比格犬种群进行的，这可能或不一定代表了犬的一般生殖生理特性。大量的研究表明，多巴胺能物质参与启动卵泡生成，启动母犬从乏情期向前情期及发情期的过渡具有调节作用。虽然用多巴胺激动剂，如嗅麦角环肽（bromocriptine）和卡麦角林（cabergoline）处理可缩短乏情期的持续时间，这种作用可能是通过抑制促乳素的分泌而发挥的，但有研究表明，内源性多巴胺能物质对调节GnRH的分泌具有直接作用，因此刺激FSH的基础分泌，启动卵泡生成（参见综述，Okkens和Kooistra，2006）。

母犬连续两次发情之间的平均间隔时间为7个月，但有很大差异，有研究表明犬的品种对此有明显的影响。例如，在粗毛柯利牧羊犬（Rough collie）为 37周，而德国牧羊犬为26周（Christie和Bell，1971）；在研究过的其他品种，发情间隔时间则介于两者之间。交配似乎对这个间隔时间没有影响，但妊娠可使其略有增加（Christie和Bell，1971）。季节对犬的繁殖功能似乎没有影响，其发情在全年的分布十分均衡（Sokolowski等，1977）。

传统上将犬的发情周期分为四个阶段（Heape，1900）。

前情期 犬具有真正的前情期，其主要特点是阴门水肿，具有染血的分泌物，但有些母犬由于爱干净而会经常清洁其会阴部，因此观察不到有分泌物存在。在前情期，母犬对公犬有吸引力，但不接受公犬。

发情期 母犬接受公犬，采取交配姿势。阴门水肿不太明显，分泌物变为清亮，染血减少，黏稠度降低。前情期和发情期的时间相加总共为 18d，即每个阶段为9d，但差别可能很大，有些母犬几乎不表现前情期任何的症状就表现性接受行为及采取交配姿势，而有些母犬可在真正的发情期产生大量的带血的分泌物。有些母犬甚至表现偏好公犬的行为，因此影响发情开始的时间。排卵通常发生在发情开始后1d或2d，但采用剖腹检查发现，有些卵泡可在发情后14d仍能排卵（Wildt等，1977）。

后情期 后情期开始时，母犬停止表现接受

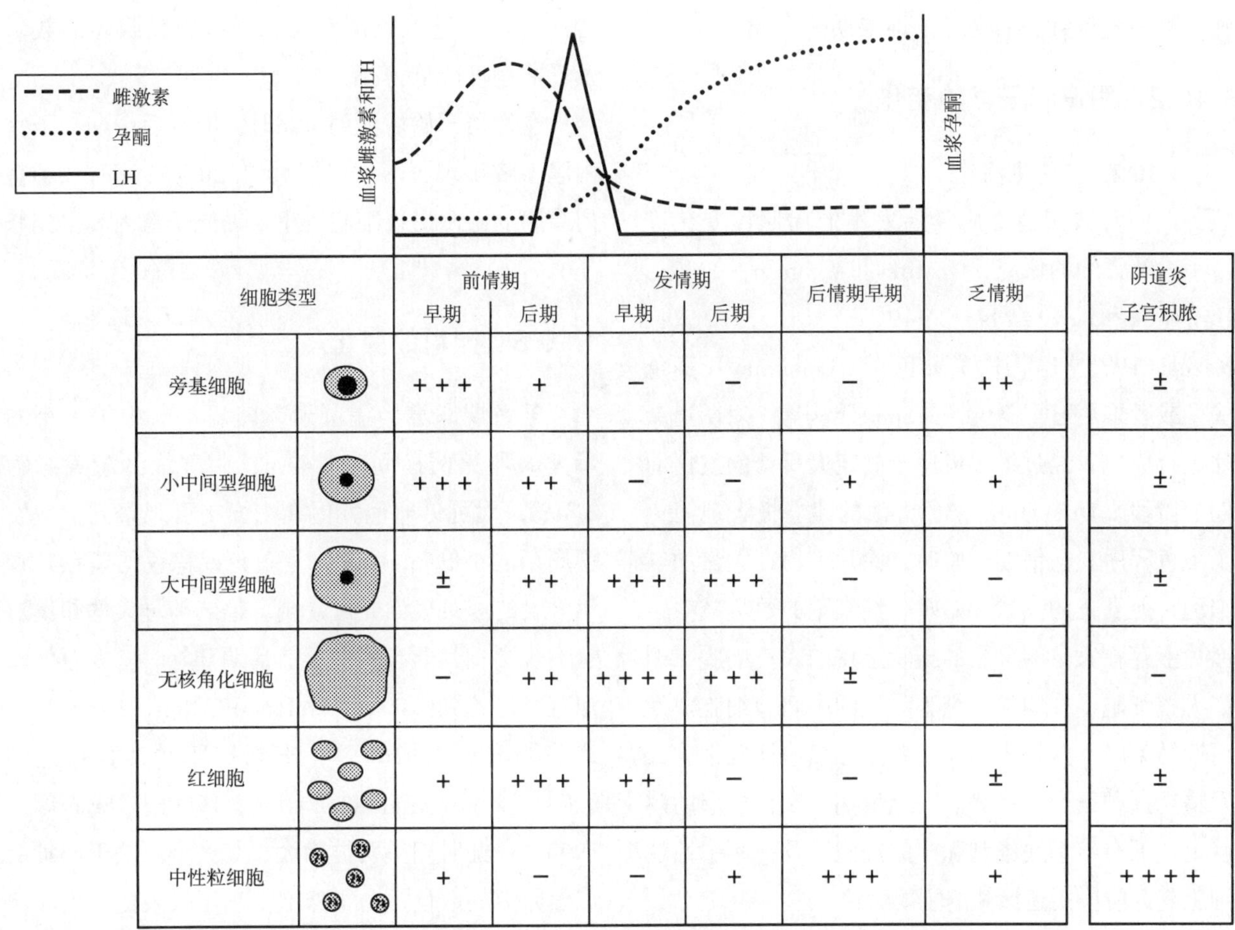

细胞类型		前情期		发情期		后情期早期	乏情期	阴道炎子宫积脓
		早期	后期	早期	后期			
旁基细胞		+++	+	−	−	−	++	±
小中间型细胞		+++	++	−	−	+	+	±
大中间型细胞		±	++	+++	+++	−	−	±
无核角化细胞		−	++	++++	+++	±	−	−
红细胞		+	+++	++	−	−	±	±
中性粒细胞		+	−	−	+	+++	+	++++

图1.33　母犬在发情周期各阶段阴道涂片的细胞类型及其相对数量的变化以及外周血浆雌激素和LH水平的变化

行为，但关于这个阶段持续时间的长短仍有争论。有人认为，其结束于黄体在第70～80天退化时，有人则根据子宫内膜恢复所需要的时间计算，为130～140d。

乏情期　后情期结束时，母犬进入乏情期，其不表现任何外部症状，正常妊娠分娩后也有这种情况。该阶段持续2～10个月，之后母犬恢复到前情期。

1.10.1　发情症状

母犬到达前情期时最早出现的症状是阴门轻微肿胀，这种变化一般出现在阴门开始出血前数天。在前情期，阴门肿胀是渐进性的。出血可在前情期早期达到最大，保持这一水平至发情期早期。在前情期的大部分时间，母犬虽然对公犬有吸引力，但多对公犬的注意没有兴趣，不会站立等待其交配。如果公犬试图爬跨，母犬会采取攻击的态度。大约在前情期结束前一天，母犬的态度会发生改变，会对公犬表现求偶行为，会突然出现奔跑行为，奔跑结束后会蹲伏，四肢紧张，面部表情机警，出现吠叫，但在公犬接近时会突然移开，仍不允许公犬爬跨。随着发情期的开始，其求偶的要求十分明显，会以交配的姿势站立，尾巴轻微抬高或者偏向一侧。公犬爬跨及交配时保持安静。交配持续15～25min，在交配的后期阶段，母犬表现不安，易急躁，试图脱离交配姿势，因此使得公犬在身体上不适。发情后头2d，性欲逐渐降低，但在公犬的反复引诱下仍会接受交配，一直到该阶段结束。阴门出血虽然减少，但可一直持续到发情期，在发情期，分泌物变为黄色。在性接受阶段，阴门的肿胀最为明显。在发情期，肿大的阴门质地柔软。有时阴唇肿大可一直持续到后情期的前半期。

1.10.2 阴道和子宫的变化

1.10.2.1 阴道涂片

人们对犬阴道细胞学所发生的周期性变化进行了大量详细的研究（Griffiths和Amoroso，1939；Hancock和Rowlands，1949；Schutte，1967；Rozel，1975）。用简单染色，如Leishman氏染色法，或者采用三重染色，如Shorr氏法等，对阴道涂片进行染色，经过练习可用于确定犬所处的发情周期的阶段。Diff-Quik 染色方法的建立极大地简化了染色程序。前情期开始时，涂片上存在大量的红细胞；但真正的发情开始时，红细胞的数量减少，涂片上存在大量的分层的鳞状上皮的表皮细胞，例如无核细胞、核固缩的细胞和大的中间型细胞。发情期结束时，涂片中出现一些多形核中性粒细胞，后情期这种细胞占优势。在乏情期，来自分层的鳞状上皮的有核基底细胞和中间细胞以及一些中性粒细胞是此阶段阴道涂片的主要特征。

图1.33表示细胞类型的周期性变化，图1.34为染色后的阴道涂片。

1.10.2.2 阴道上皮

乏情期的阴道上皮为低柱状，立方形，只有2～3层细胞。在前情期，上皮细胞变为高的鳞状分层，这种形式可一直保持到发情期的后期阶段。角质层及其下的细胞层由于前情期及发情期形成鳞片化而消失，留下低的鳞状结构，发情结束后1～3周转变为柱状上皮。后情期（及妊娠期）与乏情期相比，上皮呈高柱状。.

在前情期、发情期及后情期早期，上皮及固有层有大量的中性粒细胞浸润，这些细胞最后进入阴道腔。

1.10.2.3 子宫内膜

发情周期子宫内膜会发生很大的变化，前情期和发情期的子宫内膜腺体松散卷曲，具有明显的腔体和较深的上皮衬里。在后情期，腺体增大，腔体变小，子宫内膜基底层的卷曲部分更加弯曲。母犬进入乏情期时，子宫内膜腺体的数量及卷曲程度降低。

在发情开始后大约 98d时，即在后情期，子宫内膜上皮出现脱落，但在大约120～130d时，子宫内膜腺的腺窝出现细胞增生，因此子宫内膜得到修复。

1.10.3 卵巢的变化

乏情期卵巢为椭圆形，略扁平。中等大小的母犬，卵巢两极间为1.4cm，附着缘到游离缘为0.8cm，无可见卵泡，但在切面上可观察到上次发情周期的小的CLs残留，呈黄色或棕色的斑点。青年母犬的卵巢表面光滑规则，但老龄母犬的卵巢形状不规则，其上有瘢痕。前情期开始时，发育的卵泡直径已达到0.4cm（England和Allen，1989a）。这些卵泡逐渐增大，一直到排卵时其直径达到0.7～ 1.1cm（England和Allen，1989b；Hayer等，1993）。此时卵巢明显增大，其大小取决于卵巢上成熟卵泡的数量，由于卵泡凸出于其表面，因此卵巢的形状不规则。由于卵泡壁变厚，因此很难区分卵泡与CLs。排卵前卵泡表面出现略为突起的针头大小的丘疹状突起，其上的上皮为棕色，而卵泡的其他部位为肉色，由此形成鲜明的对比。母犬成熟卵泡最为明显的特点是由于粒细胞肥大及折叠而使卵泡壁增厚，这在卵巢的切面上肉眼就可见到，这也是排卵前卵泡黄体化的指证。犬的排卵为自发性的，发生在发情期出现性接受行为后1d或2d。大多数卵泡会在48h内破裂排卵（Wildt等，1977）。排卵后108h内卵母细胞受精（Tsutsui和Shimizu，1975）。 CL开始时含有一中心腔体，但在排卵后第10天被致密的黄体化细胞填充，此时黄体达到最大（0.6～1cm）， CLs组成了卵巢组织的绝大部分。一般来说，双侧卵巢上CLs的数量基本相等，但偶尔可出现明显差别（在这种情况下，应该注意的是，妊娠的各子宫角胎儿的数量常常与相应一侧卵巢上 CLs的数量不同）。胚胎向对侧子宫角的迁移较为常见。在切面上，CL为略带黄色的粉红色；

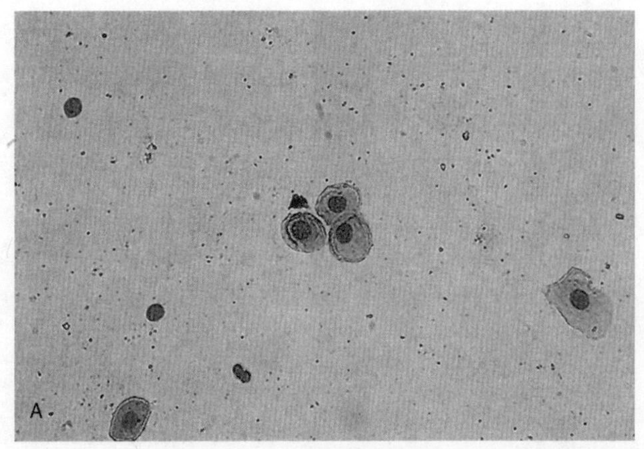

A. 乏情期：主要为旁基上皮细胞和小的中间型上皮细胞

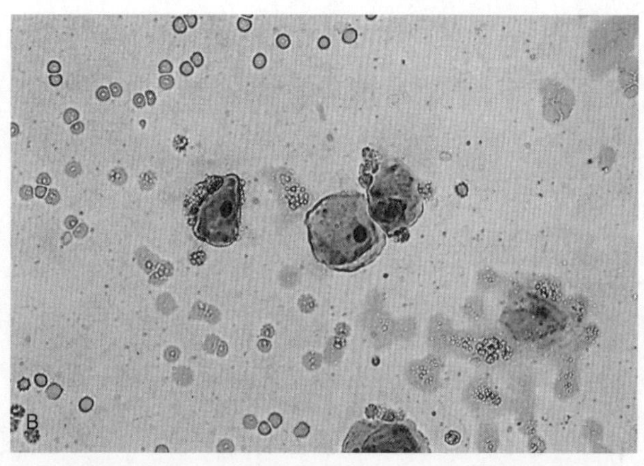

B. 前情期：小的中间型上皮细胞、大的中间型上皮细胞和红细胞。在发情周期的这个阶段也可见到少量的多形核白细胞，但在本图中没有表示

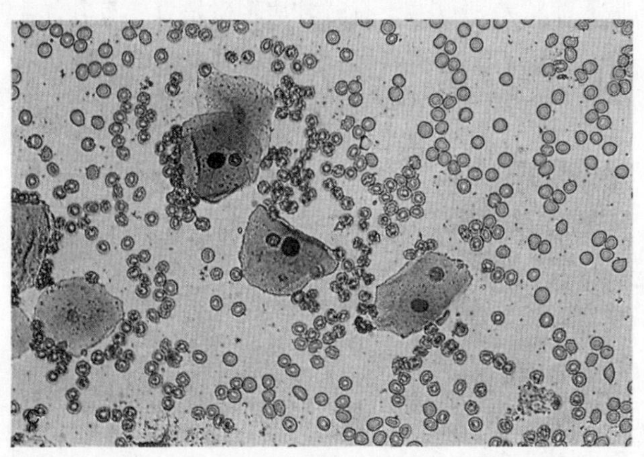

C. 发情期早期：大的中间型上皮细胞、无核的上皮细胞和红细胞。在发情周期的这个阶段通常没有多形核白细胞

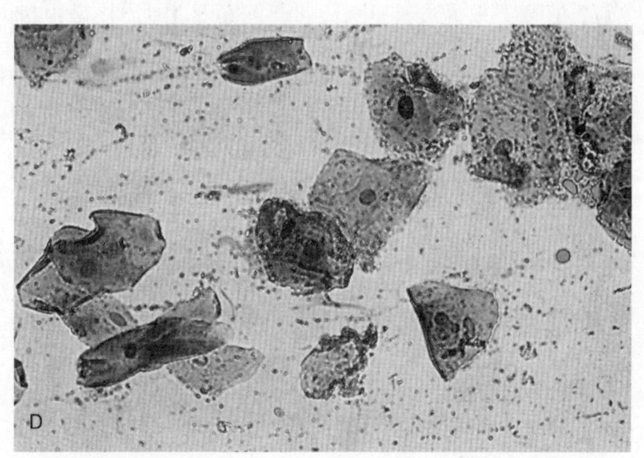

D. 发情期：无核上皮细胞、大的中间型上皮细胞和红细胞，无核细胞所占的比例较高

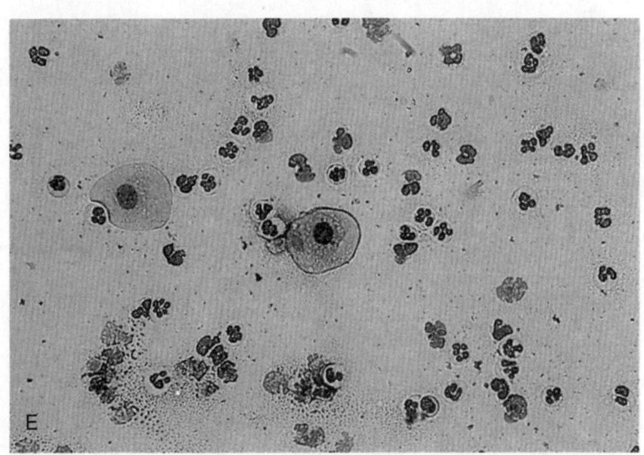

E. 后情期（放大倍数比 A–D大）：小的中间型上皮细胞和大量的多形核白细胞。在后情期早期，可能存在大的中间型上皮细胞，大量的旁基上皮细胞增加，经常存在大量的背景杂质

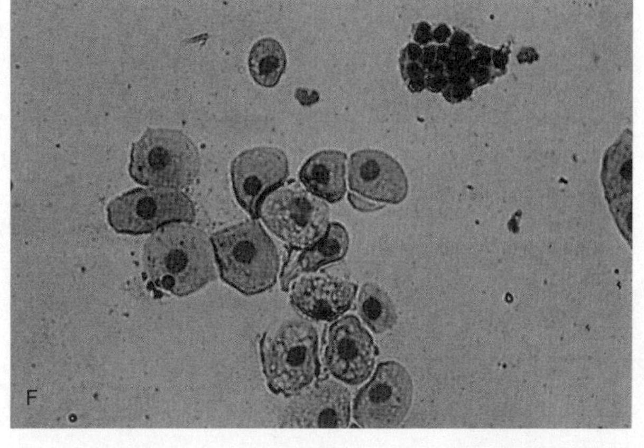

F. 后情期后期（放大倍数比A–D大）：旁基上皮细胞和小的空泡化上皮细胞为这一阶段的典型变化，但也见于乏情期，很少见于前情期

图1.34　母犬发情周期不同阶段阴道脱落细胞的显微照片（涂片用改良的瑞特氏–吉姆萨染色）（见彩图2）

在未孕母犬，黄体在排卵后第30天之前没有变化，之后逐渐萎缩。但在整个乏情期，一直能观察到黄体的残余部分。在整个妊娠期，黄体一直以最大体积存在，但分娩之后很快退化。

1.10.4 卵巢的超声外观

England和Allen（1989）对前情期开始时卵巢的变化进行了研究，母犬采用站立位，以7.5 MHz实时线扫探针在腹胁部探查，发现此时卵巢为圆形，无回声，含有发育的有腔卵泡。母犬发情时，卵泡增大，在第13天增至最大，直径达4~13mm（第0天为前情期开始的时间）。从第10天起，卵泡壁变厚，这可能是由于排卵前黄体化所引起；排卵时无明显的卵泡塌陷。前情期开始后25 ~ 30d，卵巢难以鉴别。

1.10.5 发情周期的内分泌变化

母犬发情周期的内分泌变化趋势见图1.35。与前述动物的主要区别是，犬的黄体期较长，因此外周血液中持续存在高浓度的孕酮。应该注意的是，在排卵前就出现孕酮浓度的升高，由此也证明成熟卵泡在排卵前60 ~ 70h就在形态上发生了黄体化（Concannon等，1977）。排卵前孕酮浓度的升高可刺激母犬接受公犬（Concannon等，1975）。此外，孕酮浓度的变化也可用于确定人工授精的时间，当外周血浆孕酮浓度大于2 ~ 3 ng/ml时，就不应再延迟输精的时间（Jeffcoate 和 Lindsay，1989；参见第 28章）。

站立发情开始前雌激素快速升高，其与LH峰值同时出现，或者在LH峰值出现后迅速出现（de Gier 等，2006），LH峰值持续的时间要比其他动物长得多（36 ± 55h，de Gier等，2006）；排卵发生在LH峰值之后 24 ~ 96h（Phemister等，1973；Wildt等，1977）。排卵前LH峰值有时为双立峰（de Gier等，2006），常常伴随着FSH峰值的出现，而FSH峰值通常在LH排卵峰值前25 ~ 30h出现，但有时FSH峰值出现在LH峰值前12h。发情时FSH浓度达到一个峰值，该峰值与LH峰值同时出现，但持续的时间更长（110 ± 8h；de Gier等，2006）。促乳素与孕酮浓度呈负相关，在后情期结束或者妊娠结束时，孕酮浓度降低，此时促乳素浓度增加，而促乳素是犬最主要的促黄体化激素。

1.10.6 假孕

大多数母犬在后情期都表现假孕的症状，但强度及症状差别很大，因此最好将这种情况称为隐性假孕（covert pseudopregnancy），而母犬处于后情期，但不表现，或者很少表现症状时，则称为显性假孕（overt pseudopregnancy）。在后一种情况下，临床症状差别很大，有时乳房轻微发育，有乳汁生成，有时母犬表现妊娠时的所有外部症状，最后会

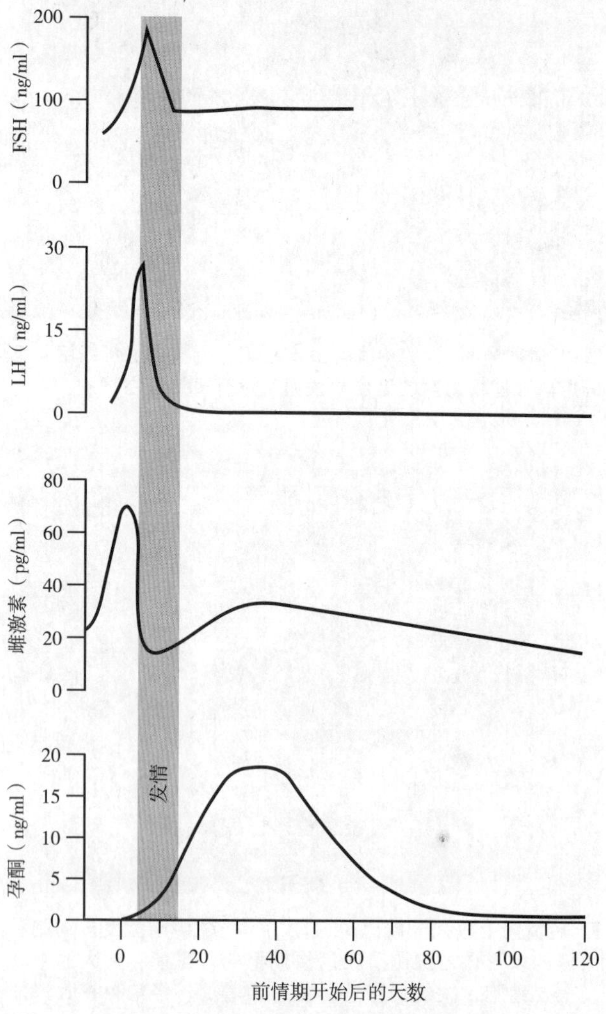

图1.35 母犬在发情周期外周血浆激素浓度的变化趋势 （根据Jeffcoafe 1998及de Gier等2006绘制）

发生假性的分娩，表现筑窝、食欲丧失、努责、对无生命的物体表现情感依恋及重度泌乳等。

最早人们认为，假孕是由于后情期加强及延长所致；但后来许多研究表明表现或不表现假孕的母犬其外周血浆孕酮浓度没有明显差别。促乳素可能在启动这些变化中发挥重要作用，在孕酮浓度下降时促乳素水平升高。如果母犬在假孕时施行卵巢子宫摘除术，则这种情况可加强及延长。此外，抗促乳素药物如嗅麦角环肽和卡麦角林已成功用于减缓假孕的症状，目前已广泛用于兽医临床实践。

1.11 猫的发情周期

体重是决定非纯系猫初情期的最重要的因素（Scott，1970）。母猫通常在7月龄体重达到2.3～2.5 kg时第一次表现发情。公猫的初情期要迟1～2个月，此时的体重大约为3.5 kg。初情期也受出生季节的影响；当年出生早的母猫可在同年的秋季成熟，而出生晚的母猫正常要到第二年的春季才表现发情（Gruffydd-Jones，1982）。纯系猫的初情期差别更大（Jemmett 和 Evans，1977）。东方母猫（如暹罗猫和缅甸猫）可在5月龄之前表现第一次发情，而纯系的长毛母猫一直要到一岁以上才成熟。

自由生活的非纯系母猫及野猫为季节性多周期的动物，乏情期开始于秋末。增加光照是诱导母猫繁殖活动恢复的最为重要的因素，第一次发情通常会在全年最短的一天之后立即开始。如果每天提供恒定的14h的光照，则全年均可表现性活动，这种调控光照周期的方法可改变褪黑素产生的昼夜节律（Leyva等，1985）。如果光照节律从14h转变为8h，则繁殖的周期性活动会立即停止（Leyva等，1989）。在夏初可能存在类似乏情的时期，但这可能相当于当年早期交配后的妊娠或泌乳，而并非真正的乏情。

在母猫，发情之后的结局基本有四类：（1）如果发生可以受胎的交配，则会发生排卵、CL形成，之后发生妊娠；（2）可能会发生排卵，CL形成，但不能受精，因此发生假孕；（3）可能不发生排卵，之后发生卵泡退化和闭锁，在长达数天的发情间期后恢复到发情；在有些情况下发情间隔时间很短，因此有些个体似乎持续处于发情状态；（4）在繁殖季节结束时，不发生排卵，母猫表现乏情。有些非纯系的母猫的发情周期具有规律性，可持续3周，但有些母猫的发情周期没有规律（Shille等，1979）。发情期持续7～10d，交配并不明显缩短发情期（Shille等，1979；Gruffydd-Jones，1982）。在纯系母猫，发情周期的范型变化更大。长毛母猫每年可能只有1～2个发情周期，而发情持续的时间在东方母猫可能很长，其发情间隔时间可能很短。发情时，雌激素浓度从60 pmol/L的基础浓度急剧增加，在24h内其浓度可加2倍，达到300 pmol/L的峰值（Shille等，1979）（图1.36）。卵巢产生的主要雌激素为17β-雌二醇。母猫通常不表现明显的前情期，雌激素浓度的迅速升高引起行为的突然改变，表明母猫处于发情期。母猫发情表现的主要特点是嚎叫增加，摩擦，打滚。母猫通常更为活跃，会设法吸引公猫的注意。母猫可对公猫或偶尔自发性出现反应而表现交配姿势，前躯降低，后腿伸展，脊柱前弯，尾巴竖立并轻轻偏向一侧。偶尔可出现少量的阴道浆液性分泌物，但外生殖器通常没有明显的变化。母猫表现发情的行为个体之间差异很大，但一般来说在东方母猫较为明显。

1.11.1 交配与排卵

在交配期间，公猫爬跨母猫，并用牙齿抓紧

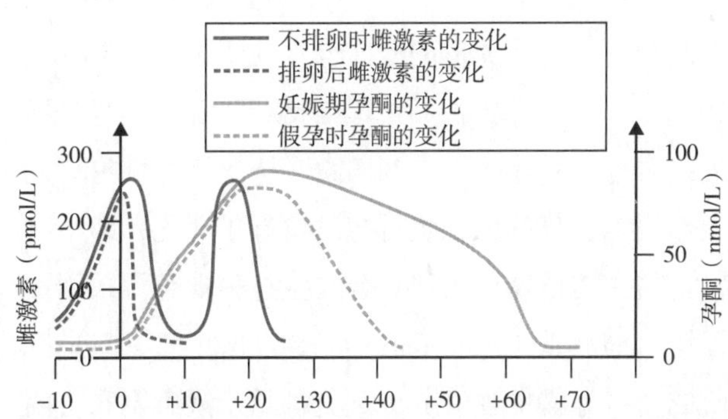

图1.36 母猫外周血浆孕酮（妊娠前及假孕期）和雌激素（缺乏排卵及排卵之后）平均浓度的变化

母猫的颈部。在公猫调整姿势时，母猫的后腿划动，在交配过程中这种动作更为快速。交配过程持续大约10s。交配过程中母猫喊叫，在公猫爬下时母猫可能会攻击公猫，表现典型的激怒反应（rage reaction）。之后一段时间母猫表现发狂似的打滚，舔闻其会阴部。这种交配后的反应一停止，公猫通常会试图再次爬跨母猫，因此在头30～60min内会出现多次交配。

母猫在发情时，双侧卵巢上有5～8个卵泡，排卵时卵泡的直径为3～4cm（Wildt等，1980；Shille等，1983）。猫为诱导排卵型动物，因此交配对启动排卵是极为重要的。母猫的阴门存在受体，在交配过程中刺激该受体，最后引起垂体释放LH。一次交配后只有大约50%的母猫可发生排卵，因此为确保LH的充分释放而诱导排卵，需要有多次交配（Concannon等，1980）。交配后数分钟即可诱导出现LH排卵峰，2h内达到最高峰，8h内恢复到基础值。LH峰值浓度可超过 90 ng/ml（Tsutsui 和 Stabenfeldt，1993）。LH浓度达到峰值之前继续交配可引起LH进一步增加，但在4h或更长的时间内多次交配后，再次交配则不能引起LH浓度的进一步增加，这可能是由于垂体LH的储存耗竭或者对GnRH产生不应性所引起（Johnson和Gay，1981）。

排卵为一次性的过程，只要达到足够的 LH 浓度，所有成熟卵泡均会破裂排卵（Wildt等，1980）。非纯系母猫的平均排卵率大约为4个，但在纯系猫则变化很大。

排卵偶尔发生于不和公猫有任何接触的情况下。与阴门受体类似的受体也存在于腰部（Rose，1978），因此母猫被其他母猫爬跨或者被去势公猫爬跨时，该受体也可受到刺激，按抚该区域也有刺激作用。去势的公猫也可与发情母猫交配，即使这些公猫在初情期前去势也会发生这种现象。采用美国短毛猫品系（American short-haired cats）进行研究，将母猫单独饲养，避免触觉刺激后躯和会阴部，发现母猫依然会发生排卵，发生排卵的猫的其外周血循中孕酮浓度≥4.8 nmol/L。在该研究中，母猫能够看到及听到其他猫，包括公猫的存在。值得注意的是，排卵的7只猫中有6只在7岁以上（Lawler等，1993）。

1.11.2 假孕

能成功诱导排卵而不能生育的交配均可诱导假孕，由此引起的孕酮的变化与妊娠头3周的变化非常相似（图1.36），之后孕酮水平逐渐降低，第7周时达到基础值（Paape等，1975；Shille 和 Stabenfeldt，1979）（图1.36）。之后会很快出现发情。

在假孕猫极少能观察到筑窝行为和产奶，但与妊娠一样，乳头的充血通常很明显。母猫的食欲可能增加，由于脂肪的重新分布，可引起腹部增大。

1.12 周期性繁殖活动的人工调控

在家畜或伴侣动物的管理中，常常需要对正常的繁殖活动进行调控，以确保最佳的生产，或者便于管理。对季节性繁殖的动物而言，在繁殖季节外生产后代，或者提早繁殖活动开始的时间对于提高繁殖率都具有十分重要的意义。在这些动物，调控动物个体或者群体的发情周期，阻止其在不适宜的时间发情，或者诱导在同一时期发情，充分发掘母畜的繁殖潜力。目前用于调控动物繁殖的方法可分为两类，第一类为不采用激素的方法，第二类为采用激素的方法。

1.12.1 非激素处理法

1.12.1.1 光照

马、绵羊、山羊和猫，周期性繁殖活动的开始依赖于白昼长度的变化。增加光照周期可刺激母马和母猫的繁殖活动，而在绵羊和山羊，缩短光照才可发挥刺激作用。

在绵羊和山羊，增加日照长度可以控制繁殖季节开始的时间，而缩短日照长度其实是引起启动卵巢周期性活动的内分泌事件同步化。在舍饲条件下提供人工控制光照可以使繁殖季节提前或发生改变，甚至提供类似于赤道地区的光照，可以使它们在全年都能够繁殖。目前可供采用的方法有两种：①逐渐改变光照；②突然改变光照。在前一种情况下，逐渐缩短日照长度，最后固定光照长度。在后一种情况下，山羊和绵羊在处理的第一天采用自然光照，第二天突然减少，之后一直维持这种光照长度，直到其开始繁殖。另一种不必采用特殊的避光舍饲的方法是，绵羊在妊娠后期或者在分娩时，采用人工光源使其接受22h的光照，然后减少到自然光照下的光照长度。或者在妊娠后期使绵羊接受18h的光照1个月，之后突然恢复到8h的光照。这种处理方法可使母羊在产羔后3个月具有可繁殖的发情活动。改变光照处理的方法目前在商业生产中尚未广泛使用，因为这种方法可能存在问题，而且母羊对这种处理的反应差别很大，这可通过测定周期性卵巢活动开始的时间来判断。

如果北半球的母马在12月底舍饲，则可采用人工光照的处理方法，特别是通过增加光照持续期，则可提早正常周期性繁殖活动的开始，因此会发生发情和排卵。

光照处理可采用钨光及荧光，但以前者较好。每个厩舍用200W白炽灯就足以发挥作用，如果采用自动定时装置控制，使得光照的时间每周增加25～30min，则繁殖活动可在母马每天接受15～16h的光照时启动（Kenney等，1975）。

1.12.1.2　营养

在季节性繁殖的动物，营养在繁殖活动启动中的作用还不清楚。有研究表明，在马厩舍饲及提供良好的饲料有助于刺激母马在早春开始繁殖活动。Allen（1978）进行的研究也证实了这种情况，发现圈养在院子中的母马在新鲜的春季草场上放牧时，80%会在14d内发生发情和排卵。此外，他的研究还表明，在冬季和春季如果空怀及处女母马的运动场具有足够干草的话，则母马处于乏情的时间要比在草场放牧的马长。发生这种现象的原因很难解释，但可能与饲料中β-胡萝卜素的含量有关，新鲜的春季饲草中含有大量的这种物质。

改进营养可增加成熟及排卵卵泡的数量，从而对卵巢功能具有很大的影响，这种作用称为“突击营养（flushing）”，是一种多年用于低地绵羊的实用方法。在母绵羊与公羊接触之前通过增加日粮摄入，特别是增加能量物质，可以增加母羊的产羔数。同样的方法也可用于猪以增加窝产仔数。但目前还没有证据表明，即使母羊能够充足饲喂，也能用这种方法提早繁殖季节。

关于营养对猪繁殖的影响目前获得的结果互有矛盾。一般认为，发情前4～6d突击饲喂小母猪及成母猪可增加排卵率，从而增加其多产性（Dailey等，1972）。在充足饲喂的个体是否会发生这种情况还很难确定（Aherne和Kirkwood，1985）。

1.12.1.3　其他非激素处理法

雄性动物的存在可影响雌性动物的繁殖周期，这在绵羊的研究中已经充分证实。在绵羊，繁殖季节开始时引入结扎输精管的公羊可刺激大多数母羊发情周期的开始，而且还可引起一定程度的周期同步化（参见第24章）。

在母猪和小母猪，仔猪的断奶可加速产后卵巢周期性活动的恢复。如果将多个母猪的仔猪同时断奶，则可引起一定程度的发情同步化。

研究还表明，在小母猪和母猪，环境的变化或者运输转运引起的应激可刺激产后发情的开始。

1.12.2　激素处理法

人们采用各种各样的激素来调控家畜的周期性活动，其中有些方法是基于尽可能模拟发情周期的内分泌变化而建立的，但有些方法则更多的是基于实验观察。

这些激素可分为以下几类：①刺激垂体前叶激素释放的制剂；②替代或者补充垂体前叶促性腺激素的制剂；③雌激素；④孕激素；⑤前列腺素；⑥褪黑素。

1.12.2.1　刺激垂体前叶激素释放的制剂

卵巢甾体激素，特别是雌激素，对垂体前叶和丘脑下部具有正反馈调节作用（图1.2）。人们用许多天然的及合成的雌激素来刺激发情，它们的作用可能只是直接刺激发情行为及引起生殖道的变化，但也可能刺激垂体促性腺激素的释放。可采用合成的GnRH刺激内源性促性腺激素的释放。例如在小母猪，在用马绒毛膜促性腺激素（eCG）刺激后，可以再用GnRH处理，诱导初情期提前出现（Webel，1978）。GnRH也可用于刺激牛产后发情的开始（Lamming等，1979），但是尚未表明其能有效诱导季节性乏情母马的发情（Allen和Alexiev，1979）。近年来，以埋置剂形式（德舍瑞林，deslorelin）使用的GnRH激动剂广泛用于马（虽然尚未在欧盟注册使用）。虽然最初的研究表明，这种合成的GnRH能引起促性腺激素释放的暂时性增加，但之后会出现对FSH和LH分泌的抑制作用，使得发情间隔时间延长。人们试图采用这种处理方法抑制卵巢的周期性活动，这与采用孕酮处理时相同（见下）。

1.12.2.2 替代或补充垂体促性腺激素的制剂

可以从屠宰场采集垂体，从其中提取纯化 FSH和LH，但采用这种方法制备促性腺激素时，要获得足够量而用于日常的商业生产，而不仅仅是用于超数排卵和胚胎移植，这一过程十分昂贵且费时，此外还具有传播疾病的风险，如传播牛海绵样脑病（bovine spongiform encephalitis，BSE）等。但是，目前可采用三种易于获得的替代品:（1）从妊娠马的血清获得的 eCG，具有类似于FSH的作用，也具有一些类似于LH的活性；（2）从妊娠妇女的尿液中获得的人绒毛膜促性腺激素（hCG），主要具有类似于LH的作用，但也具有一些类似于FSH的作用；（3）人绝经期促性腺激素（human menopausalgonadotrophin，hMG），主要具有类似于FSH的作用，这种激素在家畜的使用还不广泛。

结扎输精管的公猫与母猫交配可引起假孕，或者通过拭子刺激阴道模拟交配而引起。也可采用注射hCG来诱导排卵。假孕母猫在4～8周内不会再次恢复发情。

如前所述，在大多数家畜可采用注射eCG的方法使初情期提前到来。但是，这两种促性腺激素也成功用于调控卵巢的周期性活动。在乏情的小母猪和母猪，eCG单独或与hCG合用可促进卵泡生长及发情（400 IU eCG和200 IU hCG），72h后第二次注射hCG可确保排卵的发生。同样的方法也已用于使卵巢的周期性活动同步化，特别是如果与孕激素或其他阻止垂体活动的物质合用，则效果更好（见下）。

单独采用eCG诱导季节性乏情绵羊的发情效果不是很好，但如果在注射eCG之前注射孕酮，则可使处理后的绵羊发情和排卵同步化。但用这种方法刺激泌乳绵羊尽早恢复卵巢的周期性活动，特别是当绵羊处于高度泌乳阶段时难度很大。

在乏情奶牛，可以采用hCG处理法刺激卵泡生长和排卵，但是剂量与反应之间差别很大，常常可引起排多卵。因此，用这种方法诱导发情后不应进行输精。但在许多情况下，牛会恢复到乏情状态。

eCG/hCG合用可用于诱导乏情母犬的发情，有时还可与雌激素合用。采用这种方法可很好地诱导发情行为，但排卵及随后受胎母犬的数量一般较少。

令人惊奇的是，如果用eCG处理冬季乏情的母马，则不能刺激卵巢活动，出现这种反应的原因有两个，其一是，此时需要刺激卵泡发育的剂量可能较大；其二是，eCG单独不能刺激妊娠早期的副卵泡出现卵泡波（wave of accessory follicles）。hMG是从绝经期妇女的尿液中提取获得，具有较强的FSH样作用，可用于牛的超排而用于胚胎移植，但是否还有其他用途，仍不清楚。

1.12.2.3 雌激素

注射合成或天然的雌激素可用于诱导乏情动物的发情，特别是在犬效果较好。在大多数情况下雌激素对生殖道及行为具有直接作用，但对于启动卵巢活动及排卵的作用仍有疑问。事实上，大剂量的雌激素可能对垂体具有抑制作用。在许多国家，食用动物禁止使用雌激素。

1.12.2.4 孕酮

孕酮及孕激素类物质在家畜生产中广泛用于控制发情周期，特别是用于雌性动物的同期发情。一般来说，这种处理方法的基本原理是，外源性孕激素与CL的作用一样，对垂体前叶发挥负反馈抑制作用，抑制促性腺激素释放所启动的卵巢周期活动。当无孕激素来源或者其作用消失后，动物会恢复发情周期。

1.12.2.4.1 *在马的应用*

有些比赛用马和超越障碍的骑手，希望能够阻止母马在不适宜的时间发情；在有些情况下，可能会希望使一群马的发情同步化。但重要的是，应该记住，孕激素具有合成代谢的作用，因此比赛用马可能禁用这类激素。每天以0.3mg/kg的剂量注射孕酮可有效阻止发情，处理停止后3～7d母马可恢复到正常发情（Van Niekerk，1973）。目前可高效口服孕激素抑制母马发情，停止服用后可引起同期发情（Webel，1975）。其中烯丙群勃龙（allyltrenbolone）或烯丙孕素（altrenogest）已成功地以多种方式使用:

• 刺激卵巢周期性活动的开始。这种激素如果整合到清亮黄色的植物油中，以0.044mg/kg体重的剂量混合在饲料中，用药10d后停药。如果在乏情期向周期性活动的过渡期晚期用药，此时由于有卵泡存在，因此效果较好。如果同时增加光照，则效果更好。

• 抑制发情。例如可用于表演或者其他用途的马，应以0.044mg/kg的剂量饲喂15d。

• 抑制发情期延长或其他性行为异常的母马的发情。

• 控制发情时间，以便更有效地使用公马或人工授精技术。可用上述激素饲喂15d，然后停药，以便母马在2～3d后发情。

1.12.2.4.2 *在牛的应用*

与马一样，孕激素也可用于抑制牛的发情，但用于这种目的的情况较少。大量的研究表明，这种激素可用于牛的同期发情而用于人工授精和克服发情鉴定中存在的困难。

早在1948年，孕酮首次通过每天注射用于牛的同期发情（Christian和 Casida，1948），此后采用许多合成的孕酮，一般认为随机将处于周期循环的牛用这些激素处理18～21d，在停止处理后4～6d会出现很好的同期发情。但是与其他动物一样，第一次发情后的生育力可能低于正常，其最可能的原因是由于停止使用孕酮后，激素非典型性的平衡，使得精子的转运受阻。

Wishart 和 Young（1974）采用合成的孕激素（诺孕美特，Norgestamet）处理，两次定时输精可获得较好的同期发情及生育力。将这种激素进行皮下埋置，同时注射苯甲酸雌二醇，9d后除去埋置，之后在第48和60小时进行两次输精，受胎率可达到65%。但是由于2006年颁布了在食用动物禁止使用雌激素的禁令，该产品已不再在EU使用。这种处理方法的主要缺点是需要将牛第二次保定来除去埋置物。

使用孕激素的另外一种方法是以阴道内孕酮释放装置（PRID）的形式用药，其含有1.55g孕酮（图1.37），或者内部药物控释装置（CIDR-type B），其含有1.38g孕酮（图1.38）。PRID为不锈钢线圈，表面覆盖有整合孕酮的惰性人造橡胶，可采用特制的内窥镜或“枪”（图1.39）将其置于阴道内，在阴道内孕酮被吸收，从而孕酮的浓度在外周血浆达到最大，类似于间情期孕酮的水平。12d后除去线圈，如果牛没有持久黄体组织，则会在2～3d内发情。最早试用时，线圈上也装有含苯甲酸雌二醇的明胶胶囊，雌二醇释放时可引起黄体溶解。但是，由于世界上许多国家，包括所有EU国家，禁止在食用动物使用雌激素，因此目前一般在除去埋置物前24h使用$PGF_{2\alpha}$来确保黄体的消退。如果在除去线圈后57h和74h两次定时输精，可获得较好的受胎率。CIDR为一种T形装置，在易于弯曲的臂部灌注有孕酮，发挥作用的方式与PRID类似，在撤除之前也需要使用$PGF_{2\alpha}$。其处理方法是，在第0天插入PRID，第6天用$PGF_{2\alpha}$处理，第7天除去CIDR。在美国使用的一种处理方法称为Fastback程序，用于奶牛，对不能受胎的牛辅助进行早期发情鉴定，其处理方法是：牛在观察到发情时（第

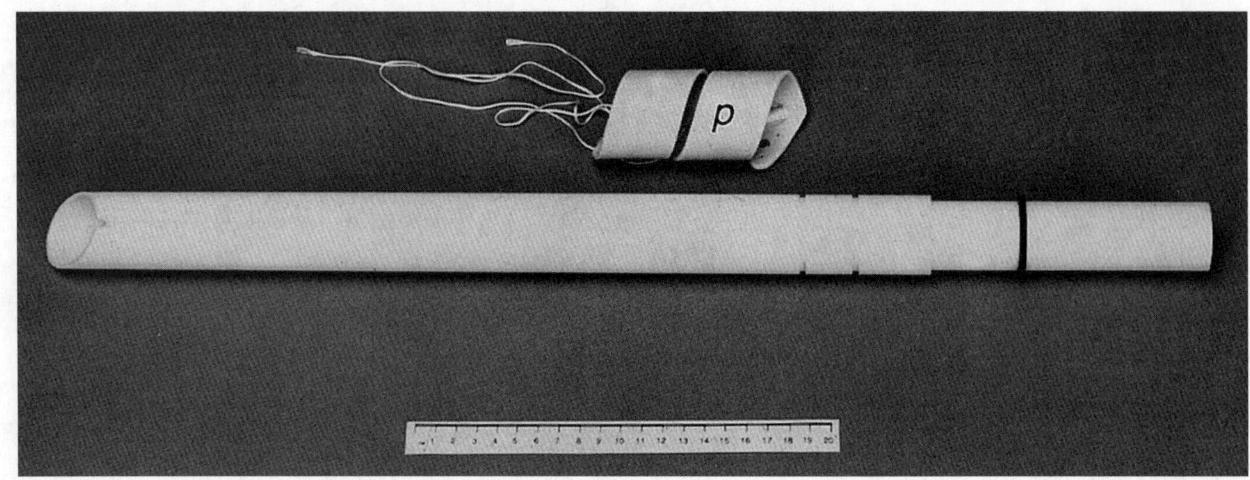

图1.37 阴道内孕酮释放装置（PRID）（p）及内窥镜/塞药器

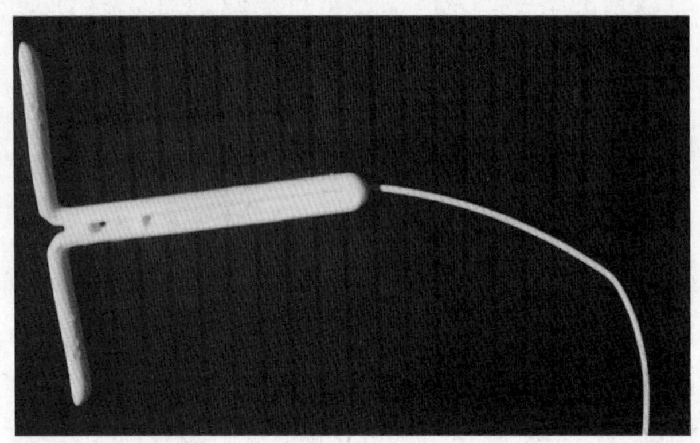
图1.38 内部药物控释装置（CIDR）

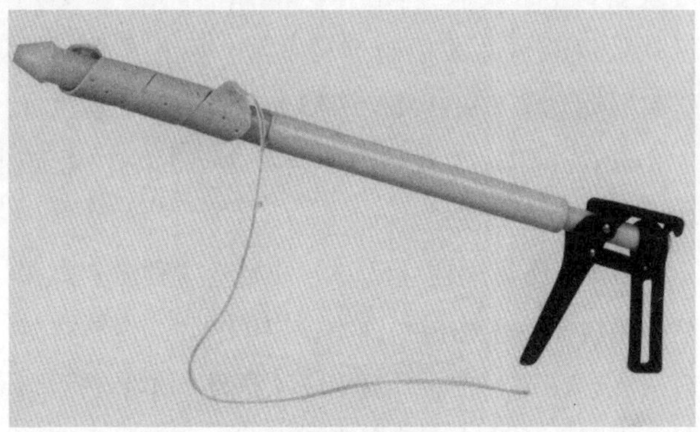
图1.39 插入阴道前与枪连接的PRID

0天）输精，第14天植入CIDR，第21天撤除，第22～25天如果未孕时鉴定发情，如果发情则再次输精。如果奶牛妊娠，这种处理也不会影响妊娠，牛也不会返情。

在一项对插入PRID时发情周期阶段的影响及同期化程度进行的比较研究表明，在周期的第13或14天置入，效果明显比第2～4天置入好（Cumming等，1982）。当置入PRIDs 12d，撤除之前24h注射$PGF_{2\alpha}$时，可获得很好的同期发情效果（Roche 和Ireland，1981；Folman等，1983），在第56小时定时输精，可获得67%的妊娠率。

同样的PRID也成功地用于诱导乏情奶牛和哺乳肉牛的发情（Lamming和Bulman，1976），对此将在第22章进行详细讨论。

1.12.2.4.3 在绵羊的应用

孕激素广泛用于控制绵羊的繁殖，可单独使用，也可与其他激素合用，可用于诱导非繁殖季节乏情母羊的发情，也可用于已经表现周期活动的母羊的同期发情。大多数孕激素类药物是以浸药海绵或卫生棉垫的形式通过阴道内途径给药（图1.40）。如果孕酮能以合适的方式整合到海绵中，则可以保证孕酮以足够的速度被吸收，以确保其对垂体功能的负反馈作用。虽然在开始时孕酮是以海绵的方式用药，但其短效类似物，特别是醋酸氟孕酮（fluorogestone acetate，FGA）及乙酸甲孕酮（MAP）的使用已逐渐增多。

在正常的繁殖季节外使用阴道内海绵时，必须要在孕激素处理末期用eCG作为促性腺激素进行处理。可在处理前数周，通过在羊群中引入一只或多只结扎输精管的公羊来确定正常的周期性活动是否已开始，应该在这些试情公羊的胸部涂抹彩色涂料，或者在轭具上放置有染料的物件，因此当公羊爬跨母羊时，将会把颜色标记在母羊的荐部或尾根部。但也可采用简单的经验法则（rule-of-thumb）计算法来确定是否需要eCG，即根据一群未同期化处理的绵羊群的产羔记录，计算50%的母羊产羔的日期，如果不将海绵在当年同一日期前150d之前插入，则不需要用eCG处理（Henderson，1985）。

使用的eCG剂量应该能刺激发情和排卵，但不应引起超排。一些大致的剂量见表1.4。

关于注射eCG的时间，人们有不同的观点。虽然有人认为在撤除海绵前48h注射可获得较好的结果，但这种处理方法的优势不大，而且还需要额外处理母羊，使得成本效益降低。

如果母羊在第一次同期发情时配种，则生育力会降低，这可能是由于从海绵吸收孕酮不足，或者甾体激素不平衡而影响了精子的转运和生存所致。但是，如果母羊在第一次发情时不能受胎，通常在第二次发情时受胎会更加同步化，有可能获得更高的受胎率。

试图诱导产后期早期或者泌乳期的绵羊发情目前还未获得成功。

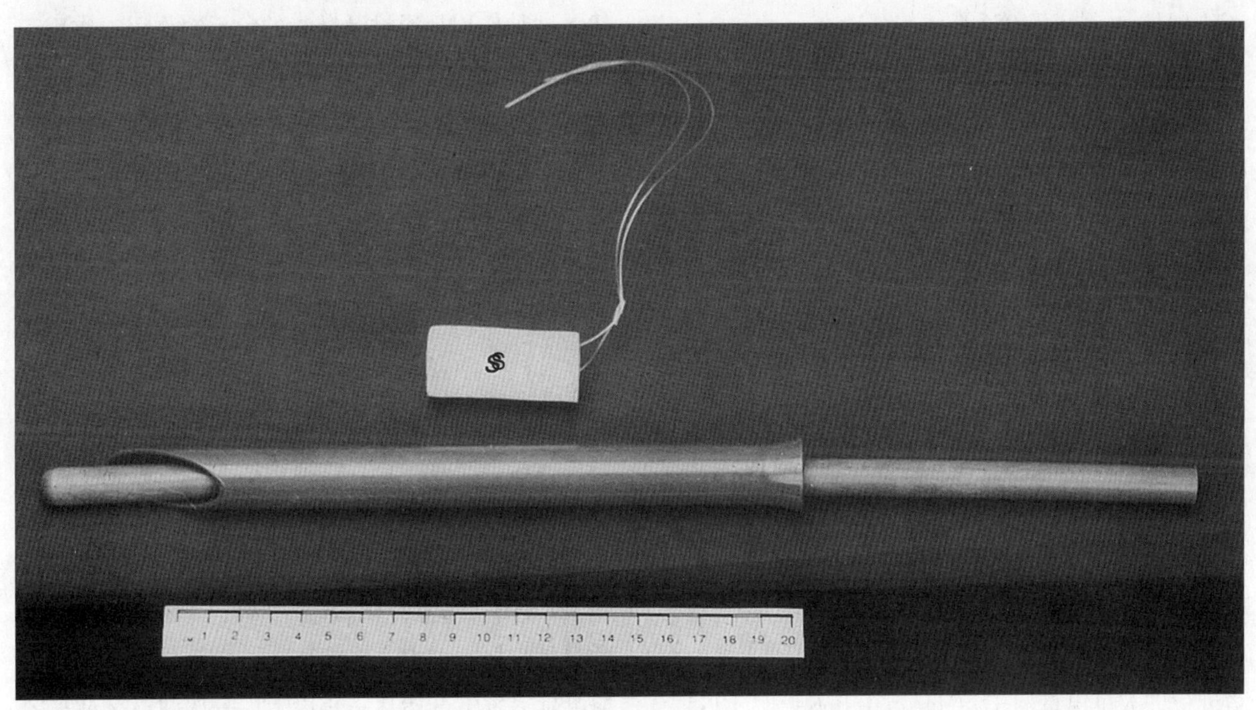

图1.40 浸有孕酮的阴道内海绵或卫生棉条（s）及内窥镜和导入器

表1.4 绵羊在繁殖季节外撤除孕酮海绵后用eCG诱导发情时的剂量（IU）（引自Henderson，1985）

月 份	无角陶赛特/Finn/陶赛特	萨福克、萨福克与灰面羊的杂种	苏格兰混血杂种羊
7月份	600～500	750～600	效果不佳
8月份	400～300	500～400	750～600
9月份	0	300～0	500～300
10月份	0	0	0

1.12.2.4.4　在山羊的应用

在绵羊所采用的同类型的海绵在山羊也可用于诱导同期发情，与 eCG合用，在正常乏情期能有效启动发情。有些厂商制造了专门用于山羊的海绵，其含有更高剂量的孕激素。山羊对插入海绵，特别是塞药器要比绵羊更加反感，尤其是处女山羊，最好只用一个手指插入带有润滑剂的海绵（Henderson，1985）。山羊在撤除海绵后36～48h会表现强烈的发情。在澳大利亚，成功采用了一种专门设计的CIDR用于山羊（Rita等，1989）（图1.38）。

如果采用 eCG刺激发情，在7月份时剂量应该为500～600 IU，8月份时应该为400～500IU，9月份应该小于0～300IU，从10月份以后，则不再需要eCG（Henderson，1985）。

1.12.2.4.5　在猪的应用

人们试图采用各种孕激素进行母猪和小母猪的同期发情，但未获成功。目前许多国家销售烯丙孕素/烯丙群勃龙，用于猪的同期发情，这种孕激素如果每天以15～20mg的剂量饲喂，能有效抑制卵泡成熟，但对黄体的寿命没有明显影响。如果以较低的剂量，即2.5～5mg，每天饲喂，则卵泡的生长不受抑制，开始处理后第10天会出现卵泡囊肿（Martinat-Botte等，1985）。采用其他孕激素处理时也会有这种问题。

烯丙群勃龙或烯丙孕素以油剂形式在加压的容器中出售，其剂量校正为每个5ml容器（0.4 w/v）就含有所需要的剂量。在对1223头不同品种的小母猪进行的大范围试验中，Martinat-Botte等（1985）发现，饲喂这种孕激素 18d，在停止饲喂后5～7d会出现很好的同期发情反应，但同期化程度在不同品种间差别很大。在杂交品种的小母猪，在停止饲喂孕激素后6～7d定时输精可获得较高的产仔率（平均为64%～73%）；窝产仔数平均为9.5～9.8个。当纯种和杂种小母猪在观察到发情时输精，则总产仔率会提高。

有人用 2215头小母猪和母猪研究饲喂烯丙孕素/烯丙群勃龙可否能在断奶后改进同期发情率。研究表明，断奶前3d以20mg的剂量短期饲喂，可改进同期发情率，特别是引入公猪后效果更为明显。同样的孕激素如果在耳基部皮下埋置也可获得成功（Selgrath 和Ebert，1993）。

人们发现了一种非孕激素类的垂体抑制物质，之后对孕激素类物质的兴趣大大降低，这种物质称为美他硫脲（methallibure），它能有效调节卵巢的周期性活动，用它处理母猪和小母猪后均具有较高的生育力。但如果给妊娠动物饲喂，则可对发育的胎儿产生严重的致畸作用，因此出于安全原因已经撤出市场。

1.12.2.4.6　在犬和猫的应用

多年来人们就采用孕激素来抑制犬和猫的发情，这种作用是通过孕激素的负反馈作用，作用于丘脑下部/垂体轴系。虽然孕激素可引起外周血循中FSH浓度降低，但对LH的浓度则没有明显影响，只是对GnRH的反应性降低。这类孕激素可能通过阻止促性腺激素的分泌而发挥作用，而促性腺激素则是启动发情周期从一个阶段进展到另一个阶段的重要因子（England，1998）。

各种孕激素，如醋酸甲地孕酮、普罗孕酮和醋酸甲孕酮等，均被用来抑制犬的发情；这些药物可以作为片剂口服，也可注射使用。在乏情期用药，可用于延迟发情的开始，也可阻止在前情期第一阶段时就出现发情症状，但后一种情况在犬较易达到。如果以3～5个月的时间间隔注射孕激素，或者每天口服，共40d，或者口服片剂，每周两次，均可延迟发情开始达一年以上。一次注射孕激素，或以高于延迟发情的剂量但以较短的时间口服孕激素，可阻止发情的出现。

但是，如果不连续处理，则在用孕激素处理之后，下次发情开始的时间很难预测。此外还有研究表明，连续及经常性地使用这种制剂易引起生殖功能异常，特别是易发生囊肿性子宫内膜增生。对于这一问题，畜主应该了解可能的危险，特别是如果还希望以后母犬仍用于繁殖时更应如此。

在猫，需要抑制发情的原因很多，特别是对于在全年中计划产仔的母猫，为了使母猫在产仔后有一段时间的性休止期，能获得足够好的体况，以便能再次繁殖，更应在适当的时机抑制发情。如果允许母猫反复嚎叫而不交配，则母猫由于发情时食欲降低而体况下降，这在东方母猫尤其明显，其具有较短的发情间隔时间和较长的发情期。此外，有人发现，连续嚎叫的母猫有时配种较为困难，因此可长时间得不到配种。

抑制发情最广泛采用的方法是使用孕激素。普罗孕酮和醋酸甲孕酮均有注射剂，可以在一次注射后抑制发情长达7个月，可以每5个月重复用药，以达到永久性抑制发情。偶尔可见注射部位色素脱落的情况。口服孕激素的主要优点是使用灵活，最常用的为醋酸甲地孕酮，可在观察到发情症状时立即注射5mg而阻止个体发情期的出现。但由于猫的发情行为会突然很快开始，因此这种处理方法在猫的适应性不如在犬。依处理时母猫处在繁殖季节或者处在乏情期的不同，可每天或者每周用药2.5mg用于延迟发情，但在有些母猫，低剂量时效果更好。

孕激素处理后许多母猫会出现行为的改变，最常见的为昏睡及增重（Øen，1977）。有些母猫也会发生子宫内膜炎。有些母猫会出现更为严重的，有时是不可逆转的副作用，即出现糖尿病（Moise和Reimers，1983）。

1.12.2.5　前列腺素

由于大多数家畜的发情间隔时间是由CL的寿命控制的，因此诱导黄体提早溶解，例如采用 $PGF_{2\alpha}$ 或其类似物，可用于调控正常的发情周期。

牛、马、猪、绵羊和山羊的CLs一般能对外源性前列腺素发生反应，但犬和猫的CLs除非重复用药，否则反应性不好。对前5种动物来说，极为重要的是检查 CLs具有反应性或者不应性的时间，4种动物的基本情况见图1.41。在牛、马、绵羊和山羊，其基本特性非常相似，新的正在发育中的黄体在排卵后 3～5d对前列腺素具有不应性，但有研究表明，在马，大剂量的$PGF_{2\alpha}$在排卵后2d可引起黄体溶解。在发情周期结束时，CL也不受外源性促性腺激素的影响，因为它已经在自身内源性溶黄素的作用下正在发生退化，没有研究结果表明外源性促性腺激素可以加速该过程。因此，在牛、山羊、马和绵羊的发情周期，CL分别在周期的第13、10和9天具有反应性，但猪则明显不同，其CL在排卵后长达11d的时间均没有反应性，因此其对$PGF_{2\alpha}$的反应性只有7d或8d。

由于前列腺素具有引产的作用，因此不能用于可能妊娠的动物。如果对此有疑问，则必须要进行妊娠诊断。

1.12.2.5.1　*在牛的应用*

前列腺素在牛已成功地用于母牛和小母牛的同期发情，这种技术也可用于肉牛母牛和小母牛及奶牛小母牛，因为其发情鉴定很困难，因此日常工作中常采用定时人工授精配种。在这种情况下采用人工授精可以充分利用遗传上优良公畜的精液，因此可改进后代的遗传性状。

研究表明，如果给处于发情周期任意阶段的母牛或小母牛间隔11d两次注射 $PGF_{2\alpha}$或其合成的类似物氯前列醇（cloprostenol）、地诺前列素（dinoprost）、依替前列通（etiproston）、鲁前列醇（luprostiol），则第二次注射后3～5d所有处理动物会开始发情，同时会发生排卵。研究还表明，如果这些动物在第二次注射后72及96h或72及90h两次定时输精，则受胎率与自然发情时人工授精或自然配种时相当。一般来说，一次定时输精时受胎率较低。图1.42表示在发情周期的不同阶段两次注射前列腺素处理后其发情同期化的程度。第一次注射时CL对前列腺素敏感的动物，如奶牛B，3～5d后会出现诱导的发情，如果能观察到这种发情，则可在此时输精而无需第二次注射$PGF_{2\alpha}$。从最后一次注射 $PGF_{2\alpha}$到发情及排卵的间隔时间取决于注射时卵泡的发育阶段。采用超声探查进行系列研究表明，第一个卵泡波的优势卵泡在达到发育的平台后期或退化期时，如果此时诱导黄体溶解，则卵泡会丧失排卵的能力（Fortune等，1991），因此该卵泡

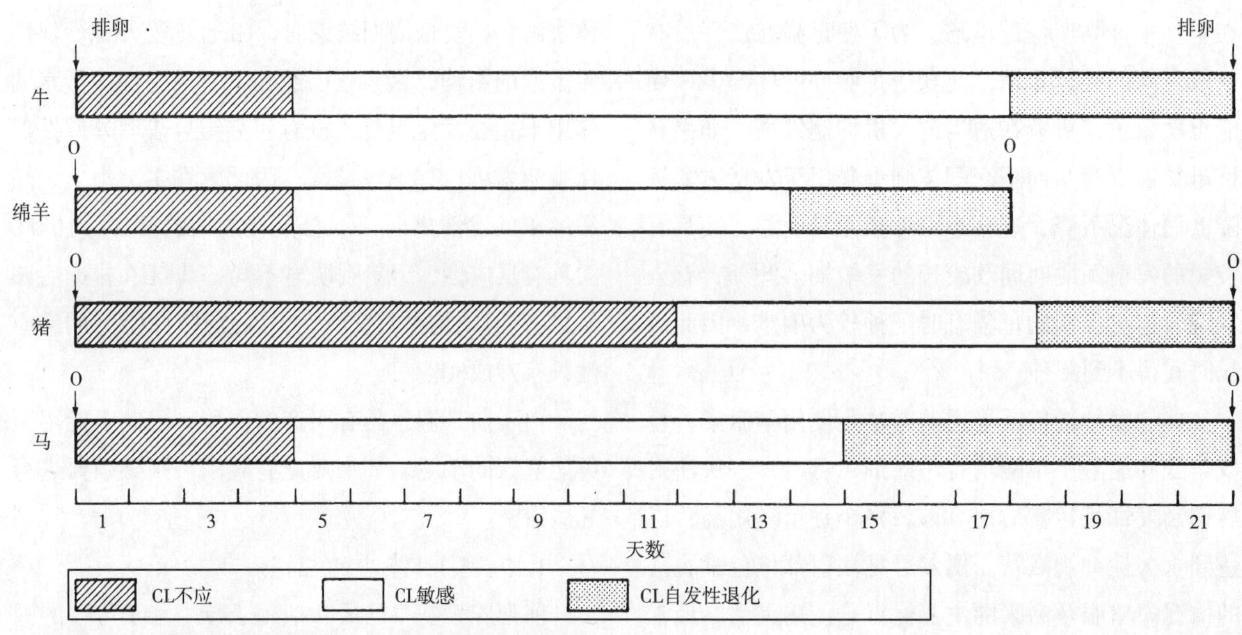

图1.41 发情周期不同动物的黄体（CL）对$PGF_{2\alpha}$的敏感性

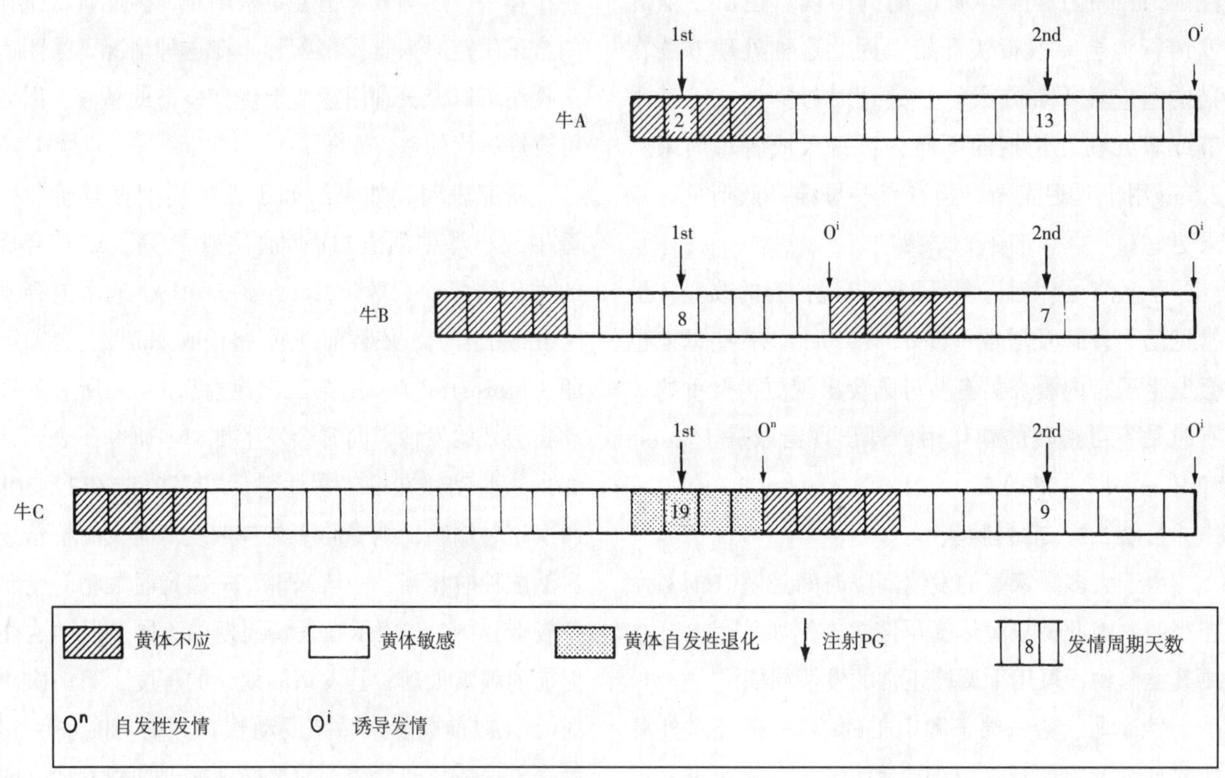

图1.42 牛间隔11d两次注射$PGF_{2\alpha}$或其类似物的同期发情

会成为下一波的优势卵泡而生长排卵，由此造成的间隔时间要比优势卵泡在发育的静止期中期诱导黄体溶解时长。因此如果第二次注射$PGF_{2\alpha}$的时间尽可能在优势卵泡生长期的末期，则发情和排卵的同步化程度会明显得到改进，这也与孕激素和$PGF_{2\alpha}$合用时效果明显较好有关（Garcia等，1999）。

两次注射后同期发情效果通常在小母牛比成年母牛好，但对出现这种结果的精确机理还不清楚，其原因之一可能是成年母牛与小母牛不同，成年母牛排卵后孕酮浓度经常在长时间内保持低浓度，这种现象称为“长期低孕酮（long-low progesterone）”，在有些牛群可占成年母牛的15%。可能是由于CL达到敏感期阶段的延迟干扰了图1.42所示的同期发情处理方案的效果。

为了大幅度降低成本及提高妊娠率，有人采用了一种折中的方法。所有动物在同一天注射$PGF_{2\alpha}$，随后5d观察其发情情况，对所有观察到发情的动物进行正常输精，未观察到发情的动物再次注射前列腺素，之后定时进行人工授精。这种方法有时称为“一半法”。定时输精后数天仍表现发情的所有个体应该再次输精。

有人认为，在采用前列腺素诱导发情后，如果根据观察到的发情进行输精，则妊娠率明显增加。McIntosh等（1984）对采用氯前列醇进行的17次试验发现，13个试验妊娠率明显增加。出现这种反应很难从生理学的角度解释，但作者认为这可能是一种管理现象，可以在一段很严格管理的时段内预测发情，因此发情的多个动物之间有机会发生互作，由此可调整进行人工授精的时间。采用更为复杂的激素处理提高生育力的方法将在本章专门讨论。

有几个关键点仍需进一步考虑。首先，如果一定数量的动物其发情周期以及排卵的时间需要同步化，最为重要的是要与本地的人工授精（AI）组织进行联系，之后再开始处理，这样可确保能够使用足够剂量的精液，必要时就能进行输精。其次，如果在农场进行 DIY AI，则如果输精人员经验不足，就会由于疲劳而影响输精效果。第三，特别是在小母牛，如果饲喂不足，则会降低受胎率，因此必须要保证它们能够接受到足够的营养（参见第22章）。采用前列腺素克服发情鉴定中存在的问题及处理病理情况将在后面加以介绍（参见第 22章）。

1.12.2.5.2　*在马的应用*

对母马或小母马进行同期发情处理的情况不多，但有时随着对马采用AI及胚胎移植的增多，将来对同期发情技术的采用可能增加（参见第31和35章）。采用这种技术时，在处理后3d，可获得较好的同期发情的效果，但随后发生的排卵时间跨度为7～12d（Allen，1978）。在诱导发情的第二或第三天注射 hCG或GnRH，可明显改进效果（Allen和Rowson，1973）。

$PGF_{2\alpha}$及合成的前列腺素类似物氯前列醇均可用于母马的繁殖管理。如果要使母马在预计的时间配种或进行人工授精，这种处理方法极为有用，这样可避免为了配种而长途运输母马或公马，也可避免经常对母马试情。另外，如果错过了一次发情，特别是在产后发情时，由于可以诱导提早发情，这样可避免等待下次自然发情的时间，因此也可采用这种方法诱导发情。

1.12.2.5.3　*在绵羊的应用*

在绵羊的CLs对$PGF_{2\alpha}$敏感时注射$PGF_{2\alpha}$或其类似物，发情可在注射后36～46h发生（Haresign 和Acritopolou，1978）。为了对处于发情周期不同阶段的母羊进行同期发情，必须要间隔8或9d进行两次注射。自然配种后的受胎率和产羔率与未进行同期发情处理的母羊相当（Haresign 和Acritopolou，1978），但结合AI使用这种技术，可充分利用羊群中遗传优良的公羊，因此具有很明显的优势。

1.12.2.5.4　*在山羊的应用*

每次2.5mgPGF_{2a}或100mg 氯前列醇，间隔10或11d两次注射可有效地使山羊达到同期发情。如果在第二次注射后72h进行一次定时AI，则可获得44.7%的妊娠率（Simplicio 和 Machado，1991）。

1.12.2.5.5　*在猪的应用*

对成年母猪和小母猪进行可靠的同期发情具有很多用途，特别是结合使用AI，可使母猪同期产仔。但是，前列腺素及其类似物一直要到发情周期的第11或12天才发挥溶黄体作用，因此对处于发情周期任何阶段的动物都采用注射的方法，可能有时达不到同期发情。

但是，在猪可在发情周期的第10～14天采用注射雌激素的方法延长黄体寿命，之后在5～20d后注射前列腺素，4～6d后会诱导出现发情（Guthrie 和

Polge，1976）。目前采用的另外一种方法是，在发情周期的任何阶段通过注射eCG或hCG产生附黄体，再采用前列腺素诱导这类黄体溶解（Caldwell等，1969）。

1.12.2.5.6 *在犬和猫的应用*

前列腺素不易引起犬和猫黄体的溶解。

1.12.2.6 激素合用

在牛的应用

牛的发情及排卵很难只简单的采用前列腺素或孕激素来诱导使其达到精确的同步化（Coulson等，1979），因此进行定时输精时，经产牛比初产小母牛妊娠率更低（Peters和Ball，1994）。出现这种现象的原因有两个，其一是，由于排卵后CL对溶黄体的不应期存在较大差异；其二是，由于牛卵泡波的复杂性和可变性。因此为了调控卵泡生产，可采用各种不同的处理方案，现总结如下：

• 已经采用了一段时间的综合处理方案是，阴道内孕酮处理，如采用PRID 或 CIDR 7~9d，之后在撤出孕酮前一天注射$PGF_{2\alpha}$或其类似物。这种处理方案可引起 95%的牛在5d内发情（参见综述，Odde，1990及图1.43A）。

• 其他方法可采用GnRH类似物或者雌二醇等，这种方法更为复杂，却可以更加精确地控制卵泡生成和排卵。采用GnRH时，在第0天用GnRH处理，第7天（有时在第6天）用$PGF_{2\alpha}$处理，第8、9或10天再用GnRH处理，17~24h后进行AI（图1.43B）。依据卵泡发育波的阶段，首次剂量的GnRH处理可诱导排卵或者引起优势卵泡闭锁，新的卵泡波出现，随后发生排卵及黄体形成，而这种黄体在7d后用$PGF_{2\alpha}$处理时可对$PGF_{2\alpha}$发生反应。此外，这种处理方法也可延长间情期后期黄体的寿命，使其仍然对7d后注射$PGF_{2\alpha}$发生反应（Peters等，1999）。第二次注射GnRH可以通过刺激排卵前LH峰值而使排卵同步化（Coulson等，1980）。这种处理方法有时也称为“同期排卵处理方案（ovsynch programme）”，主要是为了应用于奶牛而建立的，在小母牛，结果很不理想。在许多研究中，小母牛采用同期排卵处理方案处理后定时输精，与在发情时输精相比，其妊娠率要低20%~40%（Pursley等，1995；Schmitt等，1996）。在Mawhinney等（1999）所采用的方法中，母牛在前列腺素处理后68~72h输精一次，妊娠率可达44%，而发情时输精的对照牛为52%。最近对两个农场的荷斯坦奶牛的生育力参数与发情时输精的牛进行了比较，结果表明，两个牛群第一次配种后的妊娠率分别为34.5%和35.6%，进行同期发情处理和未处理的牛群分别为45.1%和49.8%（Tenhagen等，2004）。Revera等（2004）对处理方法略微进行了改进，在第6天注射$PGF_{2\alpha}$，第8天第二次注射GnRH，第8天进行定时AI。同期发情组第一次输精后的受胎率为38.3%，而除去“尾巴粉笔（Tail chalk）（一种发情鉴定的颜色标记）”后输精的牛为46.5%。这种同期化处理方法就激素制剂而言比较昂贵，由于需要经常性地处理动物，因此代价较高。Tenhagen等（2004）对德国奶牛采用同期排卵处理方案，然后与观察鉴定发情时进行AI的

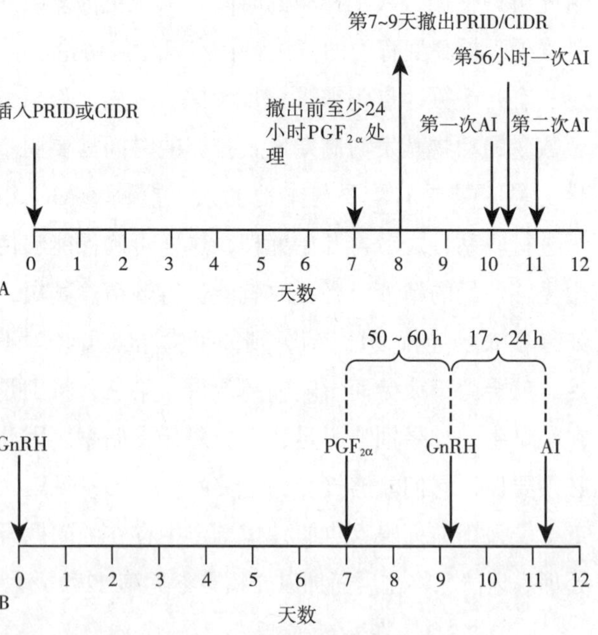

图1.43 激素合用以诱导牛的发情和排卵

A. 小母牛或母牛PRID或CIDR与$PGF_{2\alpha}$合用，之后一次或两次定时AI的同期发情处理方法 B. 小母牛或母牛GnRH与$PGF_{2\alpha}$合用，之后一次或两次定时输精（Ovsynch programme）的同期发情处理法

投资效益进行比较，得出结论认为，就研究的牛群繁殖性能的提高而言，这种处理方法具有明显的优势，这种优势可表现在空怀天数及由于不育而淘汰的牛数上（参见第22、24章）。这种方法在一个牛群可能投资效益比很高，但在其他的牛群则可能不是，这可能很好地反映了两个牛群发情鉴定的质量不同。

- 外源性甾体激素可改变卵泡生成。雌二醇可用于抑制优势卵泡对其他卵泡生长的抑制作用，因此使新的卵泡波出现。雌二醇与孕激素合用可取得更好的结果，主要是由于可以抑制FSH和LH的分泌，抑制卵泡生成。因此，当它们的作用消失时，无论处理时处于发情周期的哪个阶段，都会在预订的时间有新的卵泡波出现（Garcia等，1999）。在第8天（注射$PGF_{2\alpha}$后24h）用环戊丙酸雌二醇代替GnRH进行处理，这种方法有时称为“同期发情处理方案（heatsynch programme）”（Lopes 等，2000；Stevenson 和 Tiffany，2004），在小母牛和成年母牛应用该方案，与观察鉴定发情时进行AI相比，均可获得较高的妊娠率。但由于在EU，食用动物禁止使用雌激素类制剂，在美国也不再使用环戊丙酸雌二醇，因此这种同期处理方法已经成为历史。

- 在插入CIDR时用GnRH处理，10d后撤除CIDR，撤除前24h注射$PGF_{2\alpha}$。由于GnRH能刺激卵泡生成，因此在用 $PGF_{2\alpha}$处理时，就可能存在有一个优势卵泡，该优势卵泡在撤除CIDR而使孕酮的负反馈作用除去后便能成熟排卵。

这种激素合用的处理方法可减少重复输精的必要，但能确保较高的妊娠率，但是，这些方法可能昂贵，也需要对动物进行更多次的额外处理。重要的是，应该在使用这些处理方法之前向农工强调这些因素。Mawhinney等（1999）采用PGF_{2a}和两次GnRH处理方法，进行的研究表明，这种处理方法使季节性产犊的牛群在产犊后以一定的时间间隔水平，增加产犊牛的数量，减少产犊-受胎的时间间隔达15d。但是，他们也强调在生育力为平均水平或低于平均水平的牛群，可能比具有良好生育力的牛群效果更好。

1.12.2.7　促乳素抑制因子/颉颃剂

在犬，采用促乳素抑制因子，如在乏情期采用卡麦角林和溴麦角环肽可诱导母犬发情，如果配种可获得正常的妊娠率，但对其作用的机理还不清楚，有人推测这可能是由于其对乏情期母犬卵巢上残留的CLs产生的孕酮抑制作用所致。

1.12.2.8　雄激素

在乏情期或在预计的前情期开始前至少30d用雄激素处理，可以阻止母犬恢复到发情，但如果在前情期或发情期用药，则没有效果。其作用的方式可能是通过对丘脑下部-垂体轴系的负反馈作用发挥的；处理停止之后很快出现前情期，之后出现发情期。雄激素通常用缓释装置给药，而且不应长时间用药，否则会发生阴蒂肿大等副作用。

1.12.2.9　褪黑素

在季节性繁殖的动物，如绵羊、山羊、马和猫，松果腺通过分泌的褪黑素控制繁殖活动。但是褪黑素不能用于调控马的季节性繁殖活动，这可能并不奇怪，是因为必须要抑制褪黑素的分泌或者中和其作用才能提早繁殖活动开始的时间。但在短日照的山羊和绵羊，褪黑素在生产中已用于提早季节性繁殖开始的时间，处理时将含有18mg褪黑素的埋植物埋植在耳基部的皮下。

最为关键的是，公羊应该与母羊隔离，以便母羊在埋植处理前至少7d在视觉、听觉和嗅觉上与公羊完全隔离，至少应该隔离30d而不长于40d，之后引入公羊。交配活动的高峰期出现在25～35d后。绵羊羔不应使用褪黑素。

采用这种方法处理，繁殖季节可成功提早2～3个月，而且具有很高的生育力。

1.12.2.10　免疫方法

1.12.2.10.1　抗GnRH法

在雄性动物，针对GnRH的免疫可诱导免疫去势，因此使其不育，同时也能减少攻击行为，阻止第二性征发育，阻止雄性动物肉的难闻气味等，这在青年公猪尤其是一个突出的问题，人们对这种技术的兴趣也越来越大。

有些小母马和成年母马在发情时，有时甚至在间情期，难以训练或控制。虽然对大多数个体，可通过改变其行为进行控制，但在有些个体则不能，摘除卵巢或使用孕激素处理是唯一可供选择的方法。前一种方法不可逆转，但后一种方法则由于孕酮的合成代谢作用而具有提高其比赛行为的特点，因此在有些竞赛动物被禁止使用（Stout 和Colenbrander，2004）。针对内源性GnRH的免疫是抑制周期性卵巢活动的有效方法。最近Elhay等（2007）进行的研究表明，24匹母马用常规双剂量免疫方法处理之后，能有效抑制发情行为达3个月。

1.12.2.10.2 抗雄烯二酮法

将天然的卵巢激素雄烯二酮的衍生物与人血清白蛋白偶联，制备的免疫原免疫之后可有效提高产羔率。给母羊注射后，这种偶合物可刺激产生雄烯二酮的抗体，抗体能结合血液中游离的天然雄烯二酮，从而引起排卵率增加和产羔数增加，但对其作用的精确方式还不清楚（Scaramuzzi等，1983；Harding等，1984）。

这种结合物可在配种前的第8周和第4周注射两次，但如果母羊在前一个繁殖季节已经处理过，则只需要注射一次（配种前第4周）。免疫效果是可使产羔率增加约25%。

重要的是，只有在妊娠期饲喂充足的绵羊才应进行这种处理，主要是由于可能会发生妊娠毒血症的危险，因此，山地及丘陵品种不应采用这种方法处理。

1.12.2.10.3 抗抑制素法

在实验中，用抑制素对动物进行免疫，可增加牛和绵羊的排卵率，这很可能会成为一种商用的处理方法。

第二篇

妊娠和分娩

Pregnancy and parturition

第2章

孕体的发育

David Noakes / 编　　黄群山 / 译

2.1　孕体在输卵管中的发育

成熟卵泡快要破裂排卵时，输卵管末端的输卵管伞贴向卵泡。排卵时卵泡液和卵子从卵泡排放出来。在多种家畜，精子通过雌性生殖管道后聚集在输卵管的峡部，排卵开始时精子从输卵管峡部释放出来迁徙到输卵管的壶腹部（受精发生的部位）。所以，精子在输卵管中是向着壶腹部上行，卵母细胞在输卵管中则是向着壶腹部下行，精子和卵母细胞在输卵管中以相反的方向向着同一目标同时运动。受精只需要一个精子与一个卵母细胞的胞核物质融合。输卵管峡部同时释放出聚集的成千上万个精子，因此受精时输卵管壶腹部会有很多精子存在。卵母细胞具有阻止一个以上精子受精（多精子受精，polyspermy）的机制。多精子受精会导致胚胎发育异常，因此卵母细胞的这种作用称为"多精阻滞（polyspermic block）"（参见第4章）。

受精后合子开始卵裂。随着输卵管的蠕动收缩和纤毛摆动，合子渐渐地向子宫移动。胚胎到达子宫所用的时间，牛为3～4d，犬和猫为5～8d。到达子宫后合子由16～32个细胞组成，呈桑葚状。随着合子进一步的细胞分裂和定向生长，桑葚胚中间出现腔体，形成胚泡（blastocyst），胚泡的壁由内外两层组成，内面为内胚层（endoderm），外面是外胚层（ectoderm）；形成的腔体称为囊胚腔（blastocoele）（图2.1，2.2a）。胚胎从外胚层的一个增厚区形成胚结或胚盘（embryonic knot or disc）（图2.1，2.2a，b），外胚层的其余部分则称为滋养层（trophoblast，来自希腊语，意为富于营养的层），对后来胎盘的形成有重要作用（Perry，1981）。

到了第9天透明带脱落（经常称为孵出）时（图2.1），哺乳动物的卵子与最初直径0.14mm相比，几乎没有明显的绝对增长。绵羊的受精卵在第3天到达子宫，此时受精卵分裂为8个细胞；猪的受精卵在排卵后2d之内到达子宫，此时受精卵分裂为4～8个细胞（图2.1）。马的受精卵在输卵管里要运行5～6d，已经发育到胚泡阶段。但Van Niekerk和 Gernaike（1966）的研究表明，马未受精的卵子会在输卵管里停留好几个月，在输卵管中慢慢退化。不同家畜的受精卵在输卵管中运行的时间差异很大，这可能是由于输卵管肌层和输卵管内纤毛活动的促进作用及输卵管峡部和宫管结合部平滑肌收缩的抑制作用所决定的。促进作用和抑制作用可能均受卵巢类固醇激素浓度变化的调节，也可能受局部产生的前列腺素的影响。

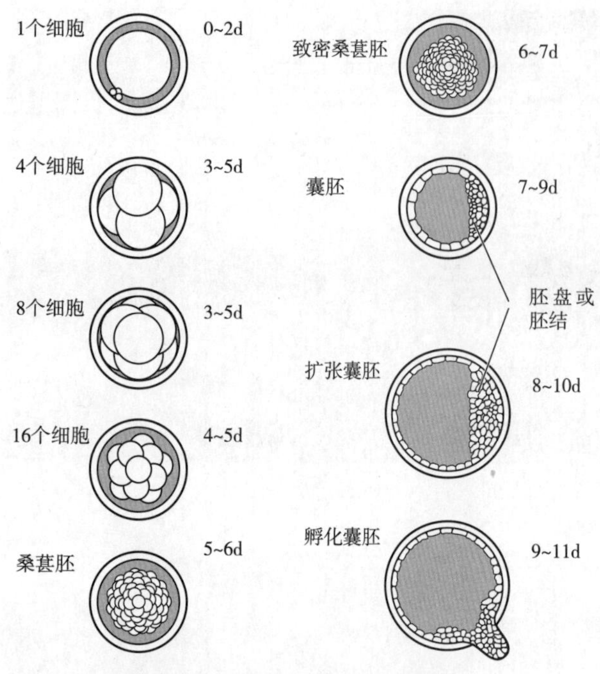

图2.1 家畜早期胚胎的发育阶段及大致的时间

2.2 孕体在子宫中的发育

从受精卵到达子宫起直到附着到子宫为止，受精卵一直在子宫腔内迁徙移动，由称为子宫乳（uterine milk）的子宫腺外分泌物提供营养支持。在多胎动物，胚泡可以在两个子宫角之间自由移动，因此可分布于整个子宫，以有效地利用子宫空间，因此无论排卵发生的位置如何，胚泡可在两个子宫角间自由迁移，从而可以有效地利用子宫空间；对于单胎动物的牛而言，胚胎在两个子宫角之间的自由迁徙很少发生，但在绵羊这种运动较为常见，而在马，这种迁移运动经常发生（见下文）。反刍动物和猪的胚泡在第9天以后迅速增长延长。例如，绵羊的胚泡在第12天时还只有1cm长，到13d时长3cm，14d时长10cm。猪胚泡在第10天时刚刚孵化出，直径8～10mm，在第13天时每个胚泡的表观长度就达到了20～30cm，但由于子宫黏膜表面皱壁凸凹不平，胚泡的实际长度可能会达一米甚至更长；相比较而言，胚泡的直径则很小。猪的胚泡增长的特征性的特点是其总是沿着子宫附着于阔韧带面的子宫黏膜伸长发育。到第21天时，马胚泡大小为7cm×6.5cm，但牛胚泡一直沿着子宫的孕角延伸。各种动物的胚胎附着于子宫的时间大约是：牛12d；猪18d；绵羊15d；犬和猫13～17d；马35～40d。

在排卵后6～23d，马胚泡外面包围着一层坚硬而有弹性的糖蛋白，这层糖蛋白为胚胎在子宫内的迁徙运动提供物理支持，同时也蓄积子宫乳的某些成分（Allen和 Stewart，2001）。Leith和 Ginther（1984）用 B超通过直肠内实时扫描观察到了马胚胎在子宫内的这种很独特的迁徙运动。在排卵后9～17d，每天观察2h，一共观察到了7匹马胎囊的位置。胚泡的运动性在第9～12d增强，胚泡高运动的平台期一直持续到第14天。之后到第15天，胚泡位置几乎不发生变动；在第16和17天，胚泡也不发生位置变动，说明其位置已经固定，即胚胎已经附植。附植发生在一侧子宫角的基部，是由于子宫张力增加所致。在排卵后第9和第10天，胎囊位于子宫体中的时间至少是位于子宫角中的时间的两倍；在第11～14天，这个比例倒了过来；在第15天之后，胚胎总是位于子宫角。

2.2.1 胎膜的形成

大约在胚泡开始孵出时，胚胎膜[（embryonic membranes），随后则为胎膜（fetal membranes）]开始发育，这些胚胎膜有卵黄囊、羊膜、绒毛膜和尿膜，其中有的膜在胎盘形成中起主要作用。双层胚泡的内层细胞（内胚层）（图2.2C）通常由胚盘的少数细胞在外围分裂（tangential division）而形成，胚泡孵出后很快，该内层细胞沿着外胚层内表面和胚泡迁徙形成卵黄囊（图2.2D）。对于真哺乳亚纲的哺乳动物，即所有的家畜而言，卵黄囊并不含有明显的卵黄。例如在猪，在第18天时卵黄囊达到最大体积，但到了第20天时，卵黄囊皱缩，可能与其和滋养层的分开有关，（图2.2D，图2.3；Perry，1981）。在马、犬和猫，卵黄囊持续的时间比较长。羊膜发育成外胚层和中胚层的一个信封样褶皱，最后融合起来将胚盘、胚胎和胎儿完全包围（图2.2E，图2.3）。例如猪的这个过程是在第17

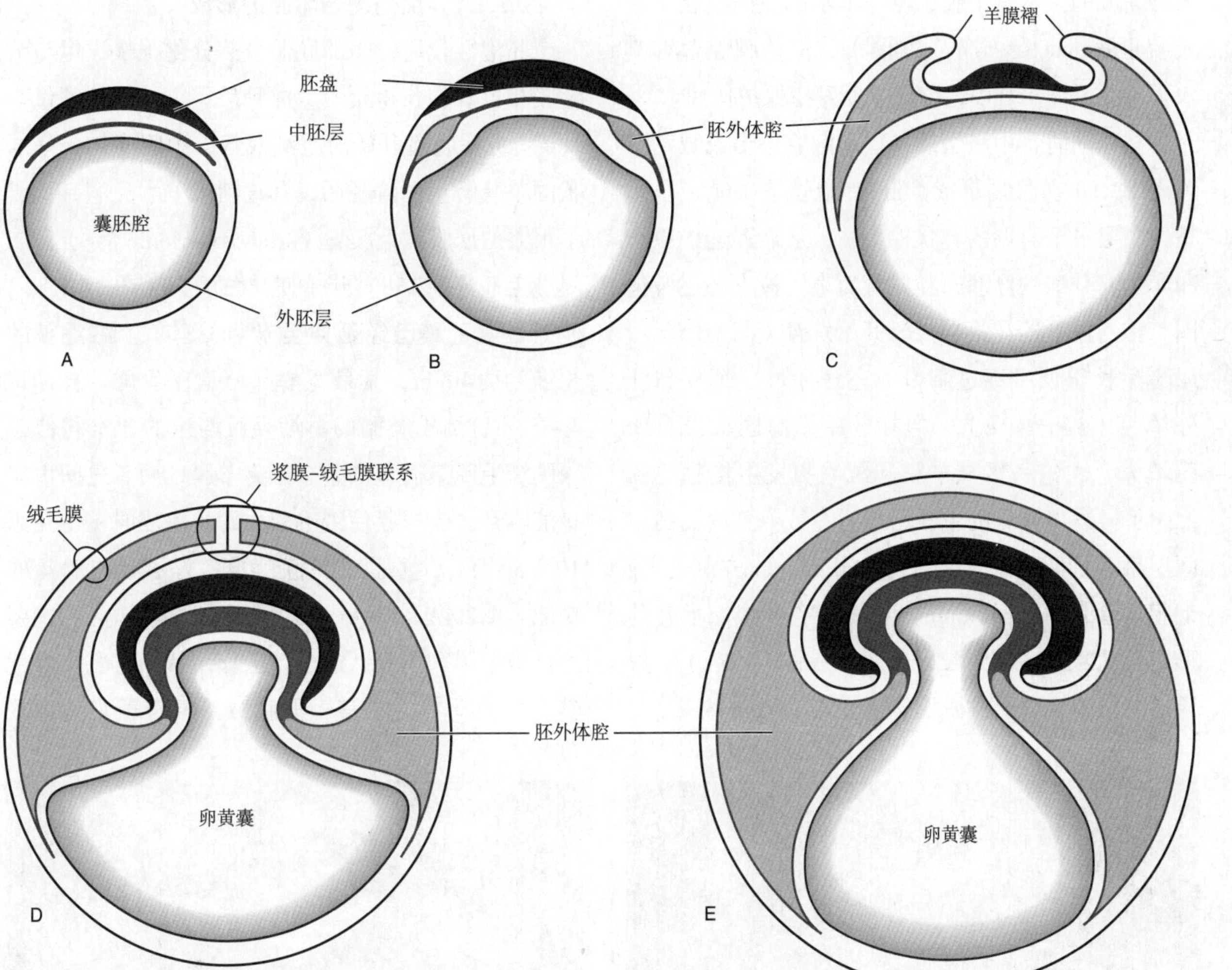

图2.2　猪羊膜和绒毛膜的发育以及卵黄囊外围的胚外体腔延伸的横切面图

D. 羊膜褶相遇在一起但还没有融合，羊毛膜和绒毛膜被"浆液羊膜"连接（sero-amniotic connection）结合在一起（仿自Perry，1981）

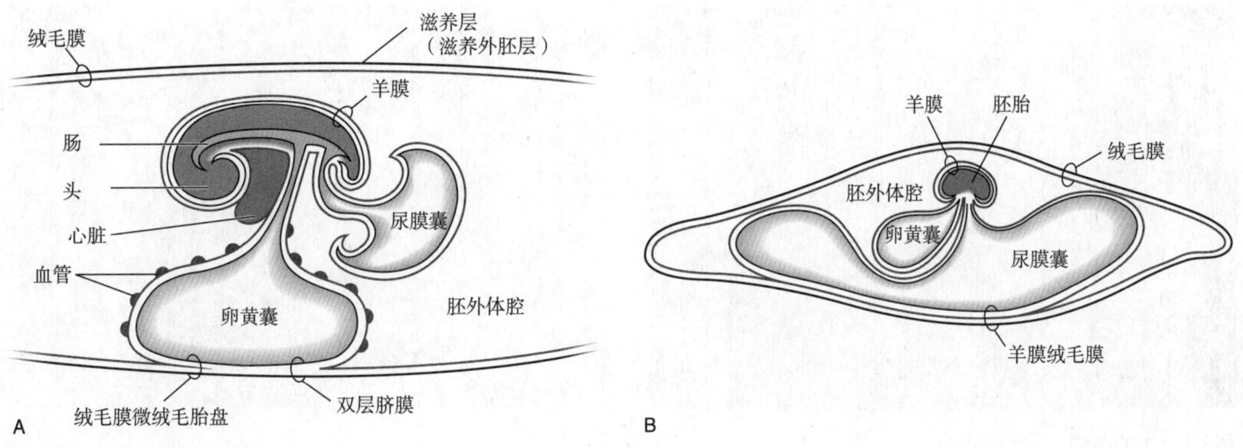

图2.3　猪的胎膜纵切图

A. 配种后第18天　B. 配种后第21天

天时完成的。尽管羊膜也参与羊水的膜内吸收，进入胎儿循环（Brace等，2004），但羊膜腔含有羊水，胎儿漂浮于其中，因此主要发挥保护作用。

与此同时，中胚层的外层和滋养层形成绒毛膜（图2.2D）。最后形成的胚胎/胎膜是尿囊。尿囊是内胚层一个薄壁的囊状外生物，从靠近连接原肠和卵黄囊开口的胚胎原肠发育而来，被中胚层所包围。猪的尿囊约在第14天时开始发育（图2.3A）。尿囊生长很快，穿过脐带，呈月牙形，填充到胚外体腔（exocoele），但在胚胎周围区域没有尿膜填充，在这一区域羊膜和绒毛膜发生接触（图2.3B）。覆盖尿囊的中胚层与衬在绒毛膜内面的中胚层融合，形成尿膜绒毛膜（allantochorion）（绒毛膜尿囊，chorioallantois），这一结构参与胎盘的形成（图2.3B，也见图2.5A）（Perry，1981）。尿囊还与羊膜融合形成尿膜羊膜（allantoamnion）。

2.2.1.1 反刍动物胎膜的形成

胚泡孵化后，牛的胚胎虽然分化很快，但与绒毛膜相比却伸长得缓慢，配种后一个月时长度仅为1cm。绒毛膜囊开始时呈细线状，中间为扩张呈球状的羊膜囊包围着胚胎，其逐渐被羊水充满，形成了很大的尿膜绒毛膜囊（allantochorionic sac），尿膜绒毛膜囊从35d时开始使孕角膨大（图2.4A）。此时，绒毛膜已经延伸至未孕子宫角。绒毛膜的长度约为40cm，其最宽的部分是在孕角，直径达4～5cm。绵羊胚胎的早期发育与牛的非常相似，尿膜绒毛膜最后包围整个尿囊羊膜，两者之间由尿囊液隔开。当尿膜使绒毛膜血管化完成时（牛在第40～60天），尿膜绒毛膜就准备好了参与胎盘的功能（图2.4A～D，图2.5）。在这之前，胚胎主要经过绒毛膜和羊膜，通过扩散作用从子宫乳吸收营养。反刍动物的子宫，尿膜绒毛膜与子宫肉阜接

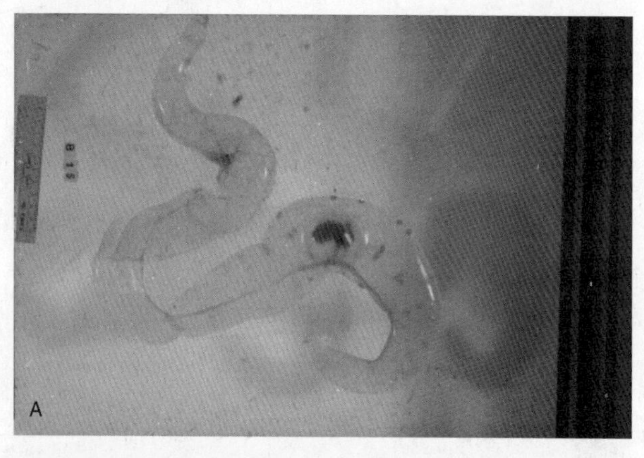

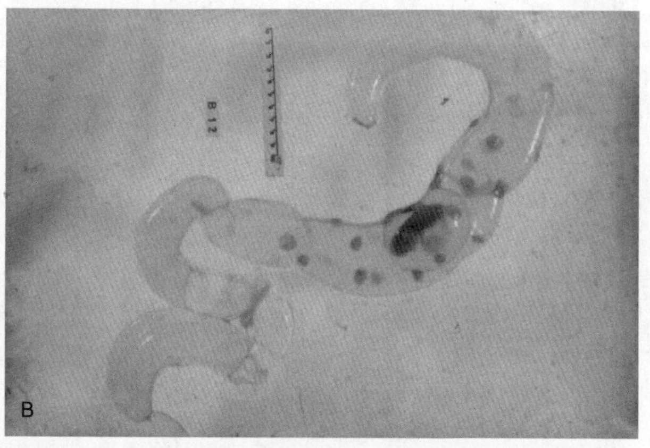

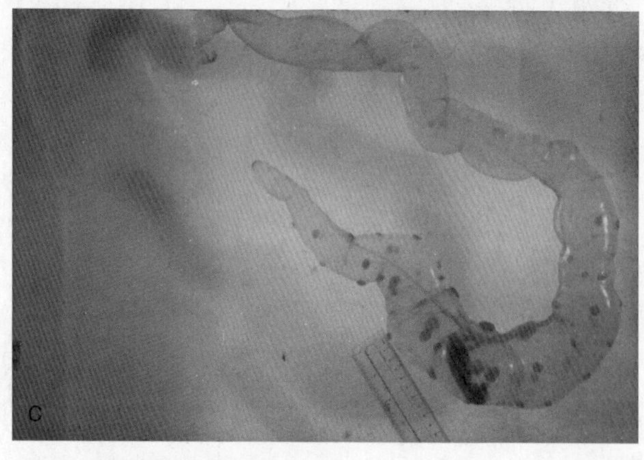

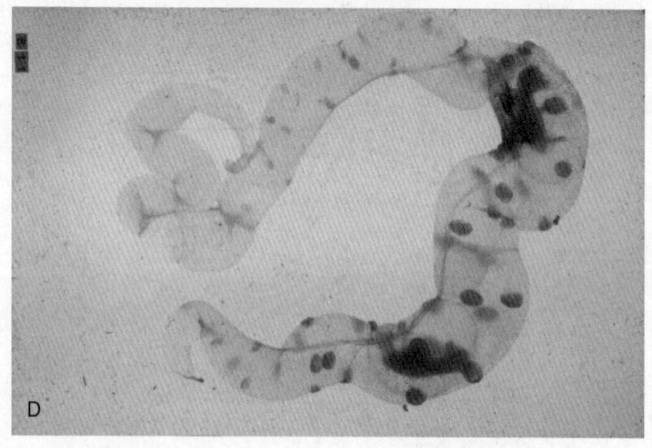

图2.4 牛的孕体（见彩图3）

A. 40～45d B. 50d，冠臀长为5.5cm C. 80d，冠臀长为8cm D. 60～70d双胎妊娠，冠臀长分别为7.0cm和7.6cm。注意胚胎在稀疏的、近似球形的羊膜中，尿膜绒毛膜伸长，可见子叶形成的迹象

触，含有毛细血管丛的手指样突起或微绒毛从尿膜绒毛膜长出，这些绒毛再长入母体子宫肉阜的腺窝中，这些腺窝也由毛细管丛包围。这就形成了反刍动物所特有的胎盘突（placentome），通过这一结构母子之间可以进行营养物质和气体的互相交换。最多的时候，牛可以有120个功能性子叶（图2.4～图2.8），而羊有80个左右，子叶沿着每个子宫角排成4排。绒毛膜延伸到未孕子宫角，尿膜随后也延伸到未孕子宫角，因此在反刍动物，未孕子宫角正常情况下有很多具有功能的子叶。

反刍动物胚胎在早期发育阶段，尿膜羊膜和尿膜绒毛膜之间发生广泛的融合，大量地占据了尿囊腔的空间，由于尿膜腔位于羊膜之上，结果尿囊被挤压成一个窄的通道，其形状很像英文字母T，其根茎起自脐尿管，沿着脐带延伸，最后在羊膜的侧面上向两侧分成两个分支。由此造成的结果是，在羊膜上方的区域几乎没有尿囊液，大部分尿囊液位于尿囊的两端，其中一个尿囊顶端位于未孕子宫角（图2.6，图2.7）。但对妊娠后期牛的子宫进行的研究表明，随着尿囊液积聚，尿囊压力增加，尿膜绒毛膜又倾向于和尿膜羊膜分开，因此在妊娠期结束时，尿囊几乎将羊膜完全包围起来（Arthur，1959）。

2.2.1.2 马胎膜的形成

马的孕体并不像反刍动物和猪那样，在开始的时候胚泡-绒毛腔拉长得很快。例如在第35天时，马的绒毛膜为卵圆形而不呈圆柱状，由于充满尿囊液而膨胀，因此使得马的子宫比牛的子宫增大得更早更明显，这对临床进行早期妊娠诊断很有帮助（图2.9）。马与牛不同的是，马的羊膜囊和尿膜囊不像反刍动物那样发生融合，因此马的羊膜囊在整个妊娠过程中游离地漂浮在尿膜囊内，仅与脐带相连接的部位除外（图2.10）。分娩时胎囊之间的关系将在第6章介绍。

马在妊娠第40天左右，尿膜绒毛膜和子宫内膜之间建立起稳定的微绒毛接触后，这种微绒毛接触在随后的100d继续发育，形成很多分支与子宫

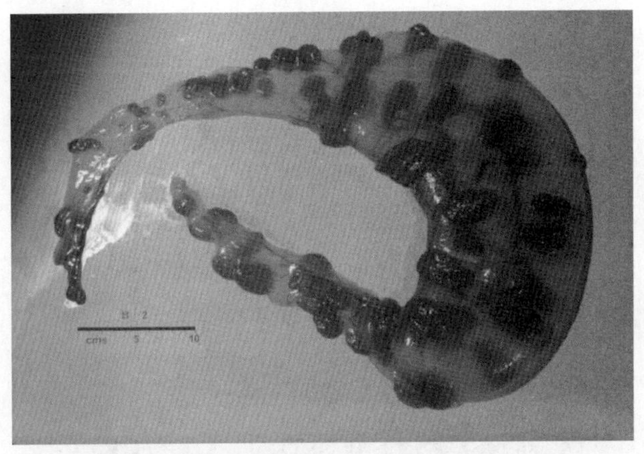

图2.5 90～100d时的牛孕体（见彩图4）
注意和图2.4相比，羊膜囊相对较大，靠近尿膜绒毛膜中间部位的子叶也明显较大

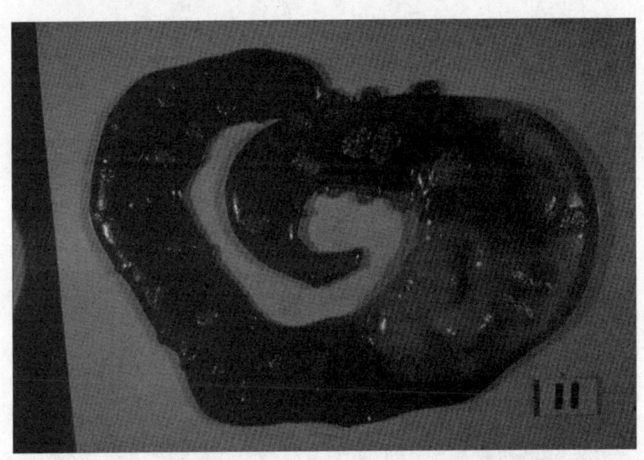

图2.6 100d时的牛孕体，死后向尿膜绒毛膜囊注入了亚甲蓝染料（见彩图5）

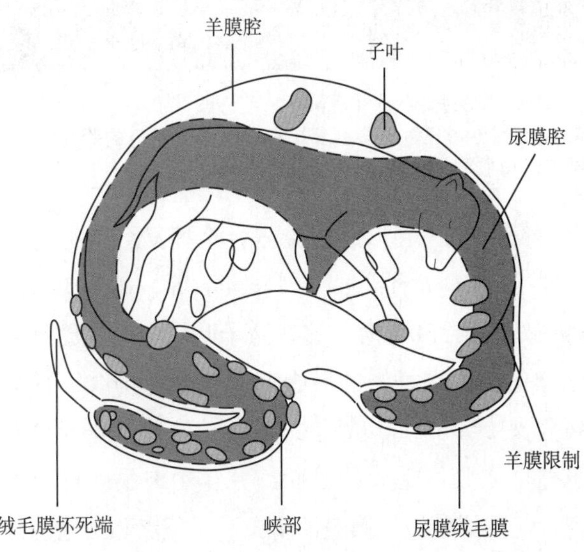

图2.7 牛妊娠早期阶段的孕体和尿膜绒毛膜（引自Zietzschmann，1924）

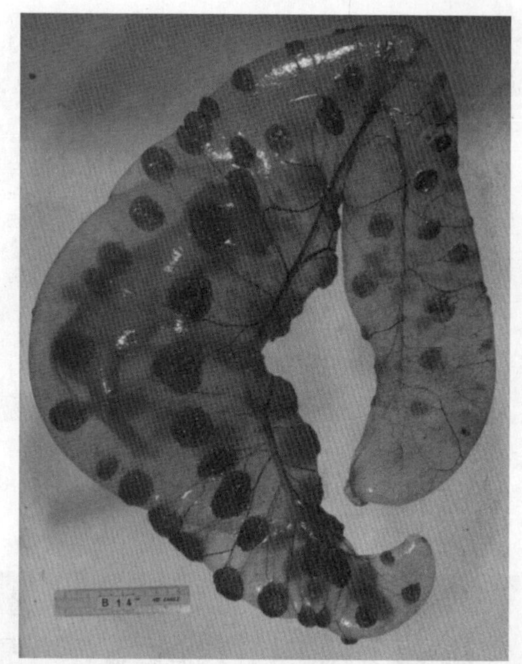

图2.8 115d时的牛孕体，注意发育中子叶的血液供应（见彩图6）

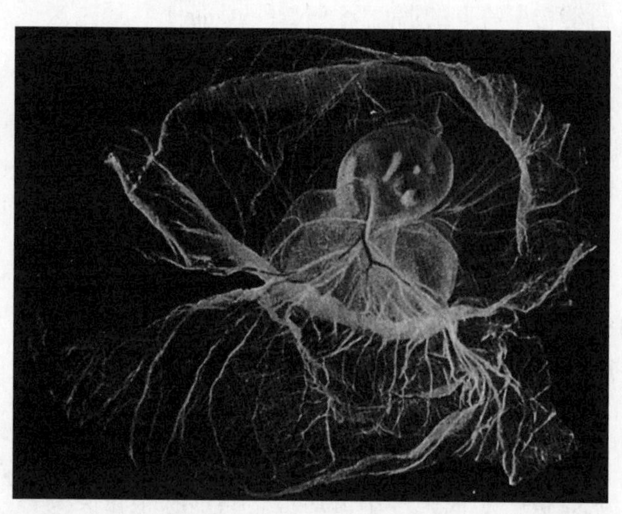

图2.9 7周时的马孕体
尿膜绒毛膜已被打开，可看到卵黄囊和羊膜内的早期胎儿

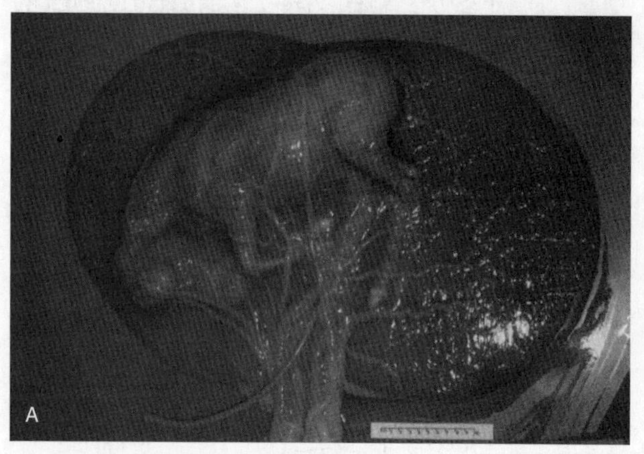

图2.10 马3月龄胎儿（见彩图7）
A. 尿膜绒毛膜已剖开，暴露出包在透明羊膜内的胎儿。注意图片下方的脐带和羊膜表面扭曲的血管 B. 周围的膜已剖开，显露出扭曲的脐血管

内膜交织在一起形成复合体，这种复合体称为微子叶（microcotyledons）（Samuel等，1975）。虽然在妊娠第150天时，这些微子叶或多或少已经充分分化，但在妊娠的后半期，微子叶仍继续伸展和分支（McDonald等，2000）。这些微子叶分布于整个尿膜绒毛膜的表面，并且用肉眼就可以看到，使得尿膜绒毛膜表面呈布满了斑点和绒毛的外观（图2.11，图 2.12）。微子叶之间的区域是假复层滋养细胞（pseudostratified trophoblast cell），这些细胞覆盖在子宫腺导管的上面，并吸收子宫内膜腺的分泌物（Steven，1982）。在第35天时，球形孕体的滋养层分化为侵袭性和非侵袭性两种组分，侵袭性组分的滋养层细胞形成环状绒毛膜增厚带，侵入子宫内膜，形成马属动物所特有的结构子宫内膜杯（endometrial cups）（Allen 和Stewart，2001）。子宫内膜杯看起来呈漏斗状结构，在子宫孕角底部呈同心圆状排列，存在于妊娠第6～20周，并产生马绒毛膜促性腺激素（equine chorionic gonadotrophin，eCG）。子宫内膜杯表达外源性的胎儿抗原（其细胞起源于胎儿滋养层细胞），刺激母体产生很强的细胞免疫和体液免疫反应，最终缩短了子宫内膜杯的寿命，因此子宫内膜杯约在妊娠第140天左右退化和消失，但消失的时间有一定差别。

Allen（1982）的研究表明，子宫内膜杯在保护“外来的”孕体时具有重要的免疫作用。在马和驴之间进行的种间受精卵移植，发现驴胎儿不能形成子宫内膜杯，并且在80～90d死亡。在胎儿体长（fetal body length，FBL）达到大约11cm时，首先可见到尿膜绒毛膜特征性的内陷，突进尿囊液中，并与子宫内膜杯并列出现。这种内陷的尿膜绒毛膜大小与子宫内膜杯的分娩活性有关，在FBL达到15～20cm时最大，FBL达到30cm后退化，当其中充满分泌物时，最好将其称为尿膜绒毛膜袋或者绒毛膜尿囊袋（allantochorionic 或 chorioallantoic pouches）。这种结构数量少，并非是病理性结构。

尿膜绒毛膜附着于子宫内膜，表面呈红色，被覆绒毛。邻近子宫颈内口的区域缺少胎盘绒毛，形成所谓的“子宫颈星”（图2.12）。胎盘脱落时，尿膜绒毛膜的内表面成为胎膜的最外层，且表面光滑（图2.11）。有时候，可以见到一些细胞和无机盐碎片形成的软性结石（soft calculi）附着在尿膜绒毛膜表面，或是自由漂浮于尿囊液中，称它们为尿囊小体（hippomanes）（图2.13），它们似乎没有生理作用。

2.2.1.3　猪胎膜的形成

人们对猪胎膜的发育进行过大量的研究，Perry（1981）的论文和Patten（1948）的猪胚胎学教科书都对此进行了非常清楚的描述，它们都很值得去参阅。胚泡孵出之后快速增长，第10天时呈直径为8～10mm的蔫软的球状，然后沿着双侧子宫角分布。最后，胚泡附着在子宫阔韧带结合处的子宫内膜。在随后的1～2d，孕体发生很大的变化，快速伸长形成一个非常细长的圆柱状态。尽管一个胚泡可以占据子宫角20～30cm的长度，但由于子宫内膜有广泛的皱褶，因此胚泡的实际长度可能超过1m。羊膜从第10天开始形成，尿膜最早出现于第14天，第18天时扩展成为大的新月形囊泡，到第19天时与绒毛膜融合形成尿膜绒毛膜。第22天时尿膜绒毛膜出现许多错综复杂的皱褶，这些皱褶与子宫内膜褶裂隙（crevices）互相绞锁形成胎盘（Marrable，1969）。

2.2.1.4　犬和猫胎膜的形成

妊娠第20天出现绒（毛）膜卵黄囊胎盘（choriovitelline placenta），分布有血管的卵黄囊参与这种胎盘的形成。即使到妊娠第24天时，卵黄囊的长度还是胚胎长度的3倍，胚胎完全被无血管

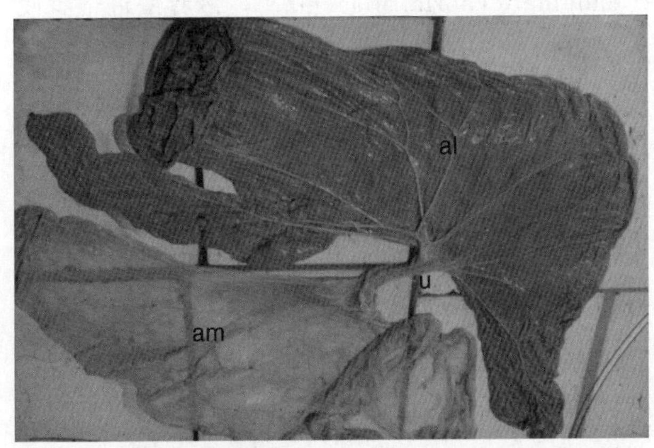

图2.11　马妊娠足月时的胎膜（见彩图8）
注意高密度的尿膜绒毛膜（al），新鲜的时候为红色，露在外面的是光滑的内表面；羊膜（am）在妊娠足月时几乎完全是透明的；u为脐带

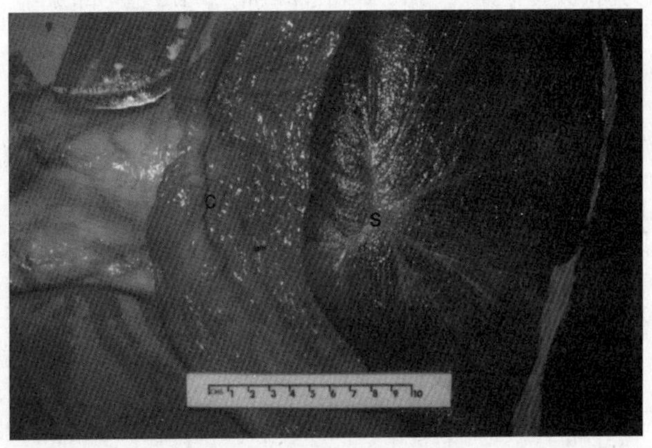

图2.12　“子宫颈星”（见彩图9）
尿膜绒毛膜外表面的“星状”部位（s）紧贴子宫颈（c）的内口，并且缺少胎盘绒毛

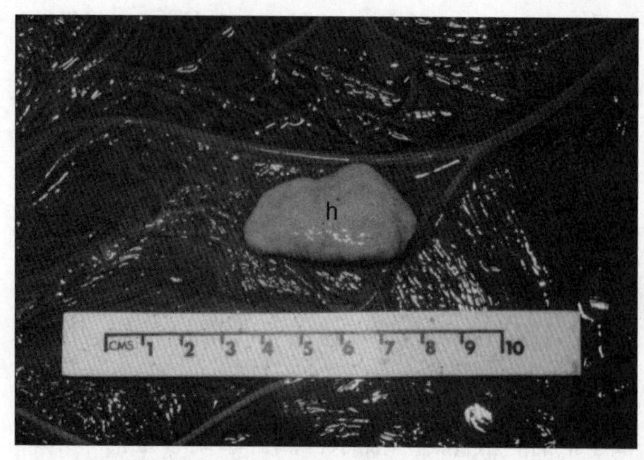

图2.13 附着有尿囊小体（h）的马的尿膜绒毛膜（见彩图10）

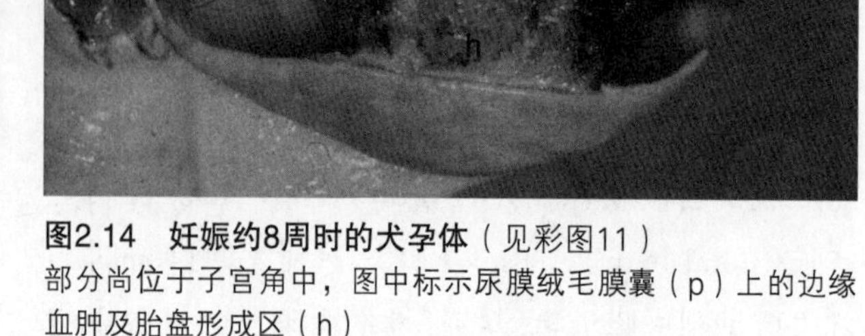

图2.14 妊娠约8周时的犬孕体（见彩图11）
部分尚位于子宫角中，图中标示尿膜绒毛膜囊（p）上的边缘血肿及胎盘形成区（h）

的羊膜所包围，羊膜内有半透明液体，羊膜通过卵黄管（vitelline duct）与卵黄囊相连接。从妊娠第20天起尿膜发育，第22天时尿膜囊的大小是卵黄囊的2倍，内盛有清亮黄色的液体。尿膜囊将羊膜囊完全包围，因此也将羊膜囊内的胚胎或胎儿完全包围。尿膜囊的中心部位与绒毛膜融合后再与子宫内膜结合，形成上皮绒毛带状胎盘（epithelial chorial zonary placenta）（图2.14）。犬的带状胎盘完全环绕着胚胎，但在猫，带状胎盘并未完全环绕。

2.2.2 胎盘的类型

胎盘可根据胎儿绒毛膜上绒毛的分布方式进行分类。因此，绒毛呈均匀分布的，如马和猪，称为弥散型胎盘（diffuse placenta）；绒毛局部成群分布成多个圆形区域的，如反刍类动物，称为子叶型胎盘（cotyledonary placenta）；绒毛呈宽带状环绕胎儿的，如犬和猫，则称为带状胎盘（zonary placenta）。

以前曾将胎盘依据出生时母体与胎儿是否相分离进行分类。因此，在家畜中，犬和猫的胎盘被认为是脱膜型的（deciduate placenta），而其他家畜是非脱膜性的（non-deciduate placenta）。

最近，胚胎学家们一直支持Grosser（1909）关于胎盘的分类方法，这种分类方法以母体与胎儿血液循环的接近程度为分类的标准。这个概念认识到了滋养层或绒毛膜上皮的吞噬特性，可能对与之接触的组织发挥吞噬作用。最简单的上皮绒毛型胎盘（epitheliochorial placenta）见于马和猪，绒毛膜与整个子宫内膜相接触，不存在母体组织的丧失。牛的胎盘称之为上皮结缔绒毛膜型（synepithelialchorial placenta）（Wooding，1992）。胚胎附植后不久，来自滋养外胚层和子宫内膜的双核细胞很快发生融合，在胎盘突的母体一侧很快形成合胞体胎盘（syncytium placenta）。与绵羊和山羊不同，这种合胞体只是暂时性的，很快由于剩余的母体上皮细胞的快速分裂，导致合胞体斑（syncytial plaques）快速生长（King等，1979）。第三类胎盘为内皮绒毛膜型胎盘（endotheliochorial placenta），滋养层进一步侵入子宫内膜，已经到达母体毛细血管附近。这种胎盘见于食肉目动物。血绒膜胎盘（haemochorial placenta）见于灵长类动物，只有绒毛膜的微绒毛组织将胎儿和母体的血液分开。犬和猫的胎盘在一定程度上是血绒毛膜胎盘，这是由于内皮绒毛膜型带状胎盘的边缘出现了血肿。大约在妊娠第22～25天时，就能在胎盘的环带边缘看到血肿。在犬，由于存在一种称为子宫绿素（uteroverdine）的血色素，因此犬胎盘边缘的血肿是绿色的，此时宽1mm。妊娠足月时达到8mm宽（图2.14）。在猫，胎盘边缘的血肿很不明显，在显微镜下才能看

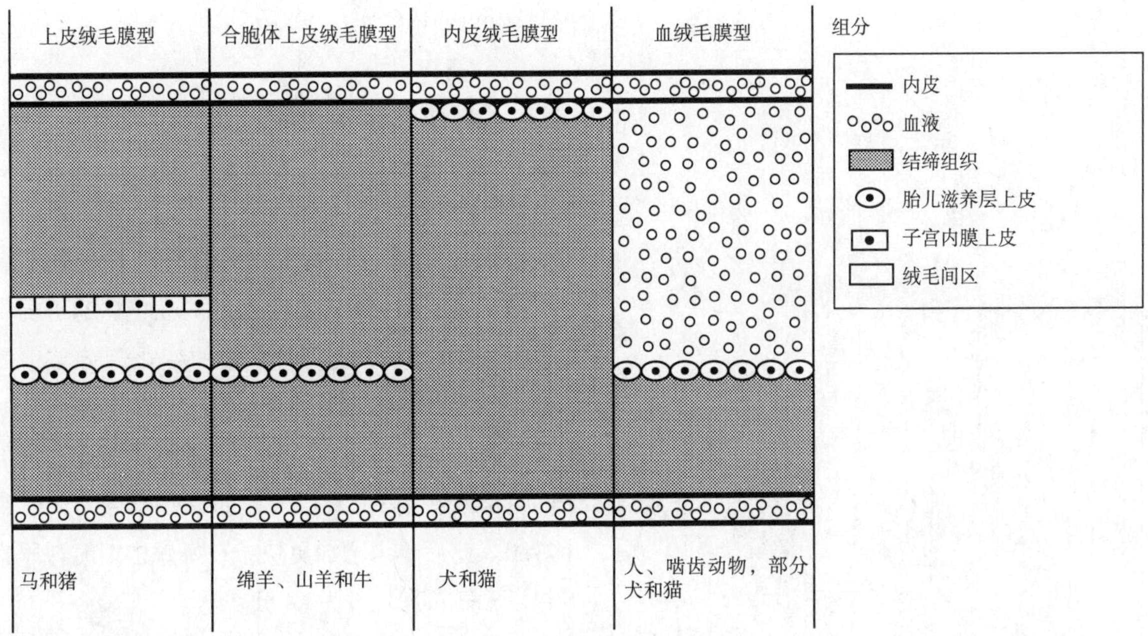

图2.15 家畜胎盘类型图解，根据Grosser（1909）胎盘分类方法绘制

到，色素为棕色。据认为，这些血肿的作用是将铁转运到胎儿。大多数猫的胎盘中有发育良好的裂缝（fissure），与水貂的相似，但其功能仍不清楚（Miglino等，2006）。在分娩时犬胎盘开始分离，此时胎盘边缘血肿中的血液流出，使正常分娩时的分泌物出现了特征性的绿色。

图2.15为基于Grosser（1909）的胎盘分类方法的胎盘类型简单示意图。

许多研究表明，胎盘的显微结构和大体结构可能受许多因素的影响，如妊娠期母体的营养状态以及品种等。绵羊如果在妊娠期的前70d处于适度营养不良状态，其胎盘突大体结构与正常饲养条件下的绵羊相比，根据Vatnick等（1991）的分类方法，发现胎盘突的类型分布发生了改变。母体营养不良导致A型胎盘突（典型形状）减少，而胎盘中胎儿成分增加的D型胎盘突增加（Steyn等，2001）。这表明胎盘是一个能对胎儿需要作出反应的动态器官，因此应该提供足够的营养以维持子宫内胎儿的正常生长。然而，同样在绵羊也有研究表明，绵羊胎盘突对妊娠中期营养不良的反应可能受之前营养状况的影响（Vonnahme等，2006）。

母体胎盘和胎儿胎盘之间血管联系的紧密程度是不同种动物胎盘屏障功能差异的基础，这对研究胎儿和新生仔畜的某些疾病非常有用。例如在发生马驹溶血病时，胎儿抗原穿过胎盘进入母体，但由此产生的抗体只能是通过初乳返回胎儿，然而在妇女，相似的抗体却可能穿过胎盘，在未出生的胎儿引起抗原-抗体反应。

2.2.3 胎水

2.2.3.1 牛的胎水

牛胎水的总量在整个妊娠期中是逐渐增加的，妊娠5个月时平均为5L，妊娠足月时为20L。胎水总量在妊娠40～65d、3～4月及6.5～7.5月会出现急剧增加，第一次和最后一次增加是因为尿囊液增加，第二次是由于羊膜囊液增加。在妊娠的几乎整个前三分之一阶段，孕体由一个伸长的尿膜绒毛膜和一个位于中央的球形羊膜囊组成，羊膜紧紧包围着相对较小的胚胎，这里有更多的尿囊液。在妊娠的中三分之一阶段，主要为羊膜囊液，但是在最后三分之一的大部分时间，尿囊液再一次增加（图2.16）。

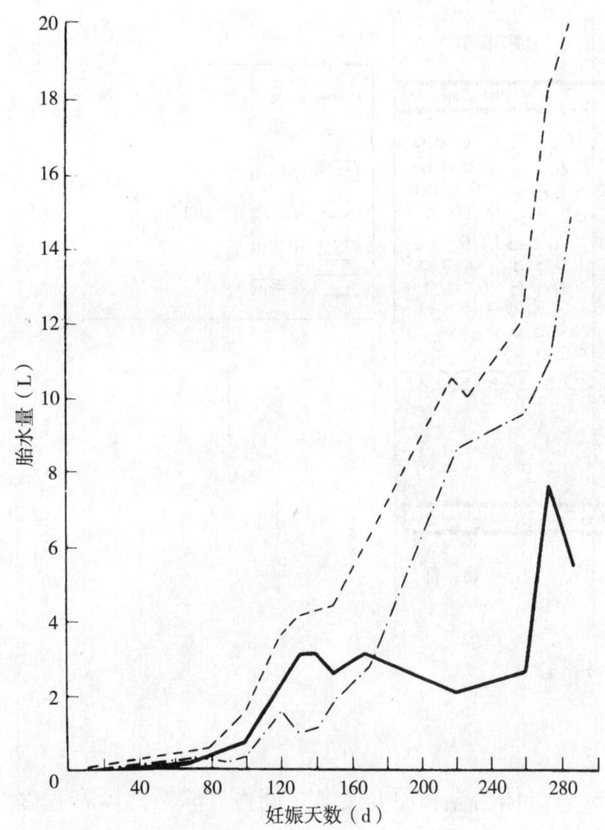

图2.16 牛妊娠期不同阶段胎水的变化
----，总量；-·-·-，尿水；——，羊水（引自Arthur，1969）

在整个妊娠期，尿囊液呈水样或尿样。在妊娠的前三分之二阶段，羊膜囊液与此类似，但在妊娠的其余时间则呈黏液样液体。黏液样的羊膜囊液使之具有润滑功能而有助于分娩。分娩时，尿膜囊形成第一胎囊，羊膜囊形成第二胎囊。尿膜绒毛膜比透明的羊膜更厚更坚韧。

2.2.3.2 绵羊

Malan 和 Curson（1973）及Cloete（1939）的研究表明，胎水总量随着孕体发育而增加，但各种胎水增加趋势不同。在妊娠的前3个月，尿囊液除了在开始时占优势外其他时间增加缓慢，如在第3个月时为131ml，而羊水在此期间的增加非常明显，到第3个月时已达604ml。在第4个月时，尿囊液的增加加速，达到485ml，而羊水仅略有增加。在妊娠最后的一个月（第5个月），尿囊液的量几乎翻番达到834ml，但羊水的量减少到369ml（表2.1）。怀双胎时，胎水的总量也差不多加倍（Arthur，1965）。

2.2.3.3 马

马妊娠期每个月胎水总重量见表2.2（Richter和Götze，1960）。

虽然还没有马妊娠期各月份羊水和尿囊液各自量变化的数据，但Arthur（1956）的观察（表2.3）与Amoroso（1952）和Zietschmann（1924）提供的数据表明，马妊娠期胎水量的变化趋势与牛的相似。因此，在妊娠早期和后期主要为尿囊液，妊娠足月时其量平均为8～15L。马羊水的量则与牛的不同。羊水在前3个月很少，如在妊娠第74天时只有27ml。此后羊水增加更快，在妊娠中期时与尿囊液相当，妊娠足月时为3～5L。

2.2.3.4 猪的胎水

尿囊液在妊娠早期就增加，妊娠第30天时增加到200ml，此后下降，妊娠第60天时增加达到最大，为320ml，后又逐渐下降直至妊娠期满（图2.17）。羊水逐渐增加，妊娠第70天时达到最大值，为200ml，后轻微下降直至妊娠期满（图2.17）。

2.2.3.5 犬和猫的胎水

当猫胎儿的体长达9cm时，羊水逐渐增加至10～15ml，此后有些下降，至妊娠期满前又略有增加。尿囊液开始时增加较快，到妊娠中期时超过羊水（20ml），但在妊娠末期下降至6ml左右。

2.2.4 胎囊的形成与布局

2.2.4.1 反刍动物

在整个妊娠期，羊膜和大部分的尿膜绒毛膜一起包围着胎儿，位于含有妊娠黄体一侧卵巢所对应的子宫角；尿膜绒毛膜突出一个小“肢”穿过子宫体进入另一侧子宫角。大部分尿囊液下沉到尿膜绒毛膜的两端，而尿膜绒毛膜的这两端则位于两个子宫角中互相独立的部位，由此造成的子宫膨胀是牛妊娠早期的主要临床指征。到妊娠第3个月时，球形的羊膜内聚积了大量液体（达到0.75L），因此成为对子宫孕角进行触诊的主要对象（图2.5～图2.8）。

表2.1　绵羊胎水的容积（ml）

［数据来自Malan和Curson（1973）和Cloete（1939）］

妊娠月份	羊　水	尿囊液	合　计
1	3	38	41
2	169	89	258
3	604	131	735
4	686	485	1171
5	369	834	1203

表2.2　马胎水的重量

妊娠月份	胎水总重量（kg）
1	0.03～0.04
2	0.3～0.5
3	1.2～3.0
4	3.0～4.0
5	5.0～8.0
6	6.0～10.0
7	6.0～10.0
8	6.0～12.0
9	8.0～12.0
10	10.0～20.0
11	10.0～20.0

表2.3　马的胎水量

妊娠月份（估计）	胎儿体长（cm）	羊水（ml）	尿囊液（ml）
3	10	30*	2300
4.5	20	100	4090
6	44	6200	4090
	77	3700	4800⁺
9	80	9200	—
	81.5	1670	5210

*保存标本的估计值；

⁺运输中一些尿囊液丢失。

在反刍动物羊膜的内表面，特别是近脐部处，有许多粗糙而相对独立的圆形凸起灶，称为羊膜斑（amniotic plaques），它们富含糖原，但其功能还

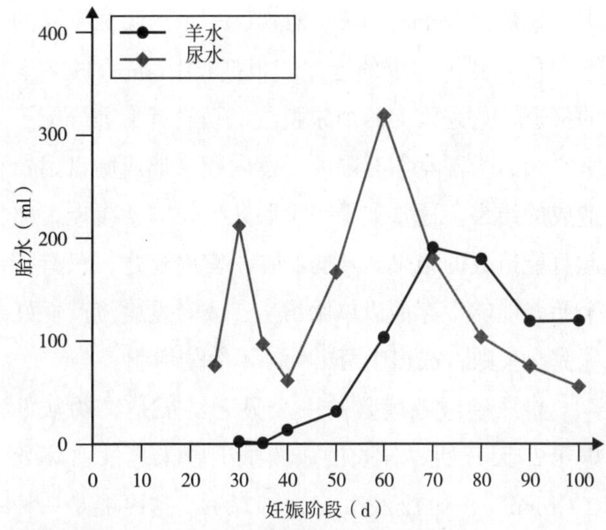

图2.17　猪孕体羊水和尿囊液平均量的变化（引自Knight等，1977）

不清楚，妊娠6个月后消失。到了妊娠期末，羊水中漂浮着一些盘状的橡胶样光滑物，偶尔见于尿囊液中，它们可能是由胎儿毛发和胎粪聚集而成，还沉积了一些来自于胎水的盐分。这种结构称为“尿囊小体（hippomanes）”，可能没有重要功能。

2.2.4.2　马

大部分尿膜绒毛膜和大部分羊膜均在孕角内，以同样宽度延伸进入子宫体，突出进入未孕子宫角部分的尿膜绒毛膜非常狭窄，大约为孕角长度的2/3，但是在少见的双角妊娠时，尿膜绒毛膜以相似的程度占据两个子宫角。

2.2.4.3　猪

在妊娠的第10天，胚泡在子宫中定位后快速伸长（见下文），导致它们沿着两个宫角的长度分布，最靠近子宫体的胚泡通常会延伸进入两个子宫角。猪尿膜绒毛膜的子宫面散布着一些灰色的小圆灶，称之为晕（areolae），这里没有胎盘绒毛，它们正好位于子宫腺体聚集点的对面。

2.3　双胎及多胎胎膜之间的相互关系

在食肉动物，相邻胎儿胎膜的关系最为简单，虽然两者的尿膜绒毛膜囊的末端相互紧密接触，但它们仍是保持着分离的状态。其次为马的双胎妊

娠，显然因为子宫的长度较短，一个尿膜绒毛膜的远端侵入到另一个的近端。根据William（1939）的报道，这是因为两个尿膜绒毛膜没有平等分配子宫空间，为了竞争有限的子宫内膜来形成胎盘附植造成的结果。通常如果一个胎儿生长非常缓慢，由此可能造成的结果是：弱胎在子宫内死亡，只有一个胎儿能够幸存而以单胎出生；或者发生流产而妊娠完全失败；或出生两个大小不等的活驹。

猪尿膜绒毛膜囊的一个显著特征是，约从妊娠第27天开始，伸长的尿膜绒毛膜末端缺血坏死（Crombie，1972，Flood，1973）。这可能是一种阻止血管吻合的机制，而血管吻合可能导致异性孪生不育（参见第4章）。通常相邻的尿膜绒毛膜末端会通过一些胶凝状物质“粘着”在一起，但这种连接并不牢靠。不仅如此，有些相邻尿膜绒毛膜囊则早在妊娠第22天时就完全融合在一起，但似乎没有发生血管吻合，因此可以排除异性孪生不育（Crobie，1972）（参见第4章）。相邻孕体之间的插入“壁”大多在接近妊娠末期时消失，因此分娩时胎儿可以通过这个尿膜绒毛膜“管”产出（参见第6章），Marrable（1969）称之为“同绒毛膜管（synchorial tubes）”。

在猪上还有明显的品种差异。约克夏猪胎盘的大小和面积在妊娠期的后1/3阶段增大，而梅山猪胎盘的大小到妊娠后期保持不变，但尿膜绒毛膜与子宫内膜界面上的血管密度显著增加（Wilson等，1998）。此外，研究发现，约克夏猪如果一个孕体在妊娠40d后死亡，则相邻活孕体的胎盘生长将会加速，而在梅山猪不会发生这一现象（Vonnahme等，2002）。偶尔也可见到猪的异性胎儿之间尿囊血管发生吻合，这可能是与牛一样发生异性孪生不育的基础（参见第4章）。

在绵羊和牛的大多数双胎和三胎妊娠中，相邻的绒毛膜囊会发生融合（图2.4D，图2.18，图2.19），在很多情况下尿囊腔汇合。但在牛及只有0.8%绵羊，会发生尿囊血管的相互吻合（图2.4D）。根据Lillie（1917）的报道，这种吻合出现

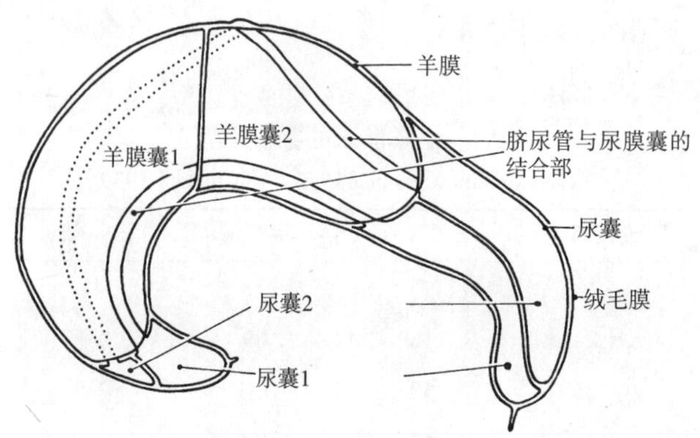

图2.18 牛单子宫角怀双胎时的胎膜（经M.J.Edwards允许）

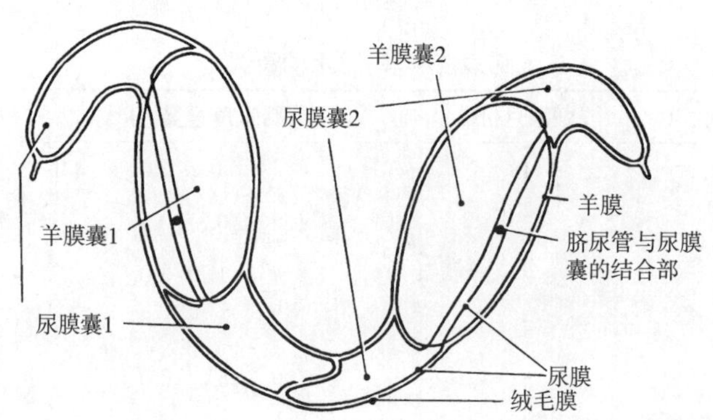

图2.19 牛双子宫角怀双胎时的胎膜（经M.J.Edwards允许）

在第40天的牛胎儿之间，这也是他提出的牛异性孪生不育理论的主要前提（见第4章）。

Vandeplassche等（1970）发现，在25例马的双胎中，有11例出现了血液嵌合现象，表明双胎胎盘之间出现血管吻合。然而，在4个异性嵌合对中，雌体个体生殖器官在解剖上是正常的，而另外5个异性嵌合对的母马，临床上具有正常的生殖器官，发情周期正常而妊娠。血液嵌合可以发生在马、绵羊、猪和牛妊娠中相邻胚胎之间，表明在这些物种中均具有形成异性孪生不育的基础。但是在猪和绵羊观察到的异性孪生不育的发生率非常低（参见第25章），在马为零，根据Vandeplassche等（1970）的观点，这可能是因为这三种动物尿膜血管吻合的时间相对于牛（第30天）的较晚。

2.4 妊娠期间胎儿的移动性

在讨论胎盘关系时，研究胎儿在子宫内的移动很有意义。很明显，所有动物的胎儿在羊膜中可

围绕着其自身的纵轴和横轴运动。胎儿绕着自身纵轴的转动受羊膜脐带长度的限制，胎儿绕着自身横轴转动则由于胎儿长度不能超过羊膜腔宽度而受到限制。牛胎儿围绕自身纵轴可以转动不超过四分之三圈。尽管胎儿绕着自身横轴可能转动多圈，但牛脐带旋转满一整圈就是不正常的，只见于干尸化胎儿。然而在马和猪，脐带的羊膜端发生几圈旋转则是正常的。

胎儿在子宫内移动的另外一种可能性是羊膜囊（内有胎儿）在尿膜绒毛膜中的移动。由于在牛、绵羊和猪，尿膜绒毛膜与尿膜羊膜发生了大面积的融合，所以这种移动是不可能的（除非接近于妊娠末期）；而在马、犬和猫则会发生这样的移动，这会导致脐带的尿膜端发生扭曲。

Arthur从妊娠牛子宫收集的数据（个人交流）和Vandeplassche（1957）从马的样本收集的数据（表2.4）表明，正生或是倒生的数目在开始时是相等的。在妊娠5～6月，胎儿体长已经超过了羊膜腔的宽度，因此在这一时期最终95%胎儿处于正生。但马在妊娠6.5月时，40%的胎儿仍然处于倒生，直到妊娠9个月时才最终出现99%的胎儿正生。Messervy（1958）在妊娠马的剖宫手术中观察到，妊娠8个月后仍然可能发生胎向的改变。马妊娠后期所发生的胎儿纵向的改变，可能是由于羊膜囊在尿膜绒毛膜内的移动所引起。绝大多数马和牛的胎儿在妊娠后期呈正生的原因仍不清楚。

表2.4 妊娠马子宫中胎儿的位置

妊娠月份	总例数	正 生	倒 生	右角妊娠	左角妊娠
2～3.5	4	2	2	2	2
3.5～4.5	12	7	5	6	6
4.5～5.5	9	4	5	6	3
5.5～6.5	16	9	7	11	5
6.5～7.5	12	8	4	7	5
7.5～8.5	11	9	2	8	3
8.5～10	4	4	0	3	1
10.5～11	4	4	0	3	1
11～12	3	3	0	2	1
合计	75	60	25	48	27
				64%	36%
10	1	横向		双角妊娠	
5	1			双胎妊娠	

2.5 胎儿的生长与大小

牛的胚胎/胎儿在妊娠各个阶段的大小参见第3章的表3.3，胎儿的生长曲线见图2.20。根据已知妊娠阶段的杂交小母猪的屠宰试验获得的猪胎儿生长，包括冠臀长度和湿重的变化见图2.21（Knight

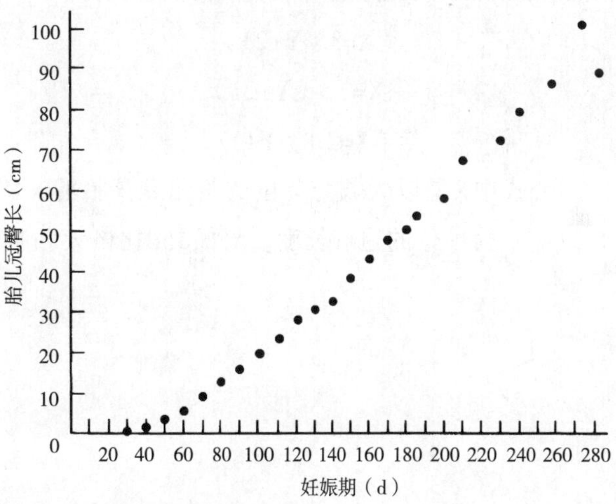

图2.20 牛胎儿的生长曲线

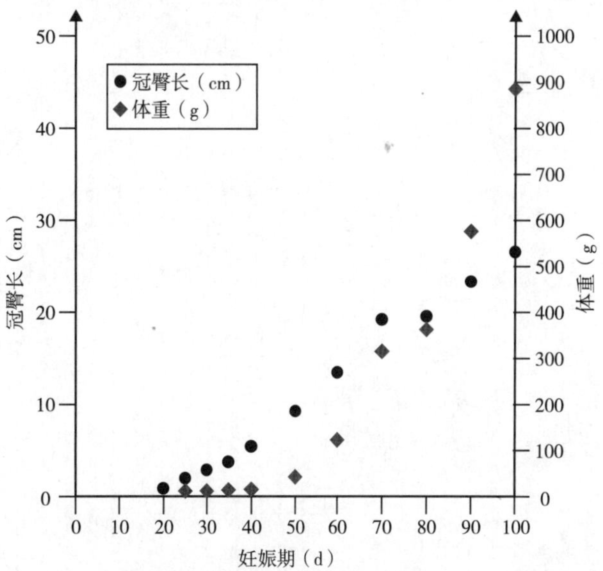

图2.21 猪胎儿的冠臀长度（CRL）和体重（mean±SEM）变化（引自Knight 等，1977）

等，1971）。猪胎儿的生长曲线与牛胚胎/胎儿的非常相似。

Richardson等（1976）的研究表明，长骨的长度（常用桡骨和胫骨）是绵羊妊娠50d到妊娠足月胎儿胎龄的一个可靠指征，可用X线对活胎儿进行测量，或是进行死后测量。不同胎龄的平均值见表2.5。许多研究采用实时B超测量，表明可以测定胎儿多个部位的尺度，以估计绵羊和山羊胎儿的胎龄（Aiumlamai 等，1992，Kahn等，1992，Medan等，2004）。

Richardson（1980）提出了根据胎儿冠肛长度（crown-anus length）计算胎儿胎龄的公式：

猪X=3（Y+21）

牛X=2.5（Y+21）

羔羊X=2.1（Y+17）

公式中X是以天数为单位的胎儿发育胎龄，Y是以厘米为单位的冠肛长度。妊娠35d比格犬胚胎的冠肛长度是35mm，在妊娠35～40d之间每天增加6mm（Evans，1983）。

表2.5　各个不同妊娠期的牛胎儿长骨的长度

妊娠天数	桡骨长度（mm）	胫骨长度（mm）
50	4.8	5.0
60	10	12
70	16	19
85	25	32
100	36	47
110	47	63
120	56	76
130	67	91
140	74	100
150	79	107

第3章

妊娠与妊娠诊断

Marcel Taverne 和 David Noakes / 编　　黄群山 / 译

3.1　母体妊娠识别

在大多数家畜，妊娠的建立和维持需要延长发情周期的黄体期，黄体期的延长可通过一个或多个黄体（CLs）的持续存在来实现。黄体组织持续存在，孕酮浓度维持在高水平，由此对丘脑下部和垂体前叶产生负反馈作用，进而抑制卵泡发育和排卵，在多次发情的家畜还会阻止返情。在多种家畜，胎盘随后会逐渐替代或补充黄体，分泌孕酮。

在第一章中，已经讨论了黄体在调节发情周期循环中的重要性，还讨论了子宫内膜产生的$PGF_{2\alpha}$具有诱导黄体退化及随后返情的作用。然而，子宫内存在有活力的正在发育的胚胎时，会阻止黄体退化，因此会抑制多次发情家畜的返情。Short（1969）将这种现象称为“母体妊娠识别（maternal recognition of pregnancy）”。最为有趣的是，母体的这种内分泌反应在胚泡通过微绒毛附植在子宫内膜前就可检测到。目前已确定了5种家畜母体妊娠识别的时间（表3.1）。家畜母体妊娠识别所涉及的机理已有很详尽的综述（Spencer和Bazer，2004，Weems等，2006）和清楚的介绍（Senger，2005）。这些知识对理解妊娠失败可能的背景极为重要，而妊娠失败是基于胚胎和母体之间的早期交流机制被破坏而造成。此外，这些机制还可为建立早期妊娠诊断方法奠定基础。

表3.1　母体妊娠识别的时间（依照Findlay，1981）

品　种	母体妊娠识别的天数	确切附植的天数
猪	12	18
绵羊	12 ~ 13	16
牛	16 ~ 17	18 ~ 22
马	14 ~ 16	36 ~ 38
山羊	17	

3.1.1　绵羊

Moor（1968）和Martal等（1979）的早期研究发现，绵羊的孕体能产生一种蛋白，近年来的研究表明，这种分子量约为18 ~ 20 kDa的蛋白存在3种或4种异形体，最早被命名为绵羊滋养层蛋白（ovine trophoblast protein）或OTP-1，后来证明这类物质是一种Ⅰ型干扰素，在分类上属于绵羊干扰素τ（ovine tau interferon，oIFN-τ）。在牛也发现了一种与此相似的蛋白，称为牛干扰素τ（bovine tau interferon，bIFN-τ）（见下文）。这类干扰素约在妊娠第10天由滋养外胚层（trophectoderm）产生，此时胚泡开始伸长（参见

第2章）。

在第一章已详细介绍了黄体溶解的机理。IFN-τ在母体妊娠识别中的作用是在妊娠早期改变$PGF_{2\alpha}$分泌的动力学，使$PGF_{2\alpha}$的分泌变得与发情周期相同阶段不同，溶解黄体的$PGF_{2\alpha}$脉冲数在妊娠第15～17天减少。然而令人惊奇的是，此时$PGF_{2\alpha}$基础分泌却增加（Zarco等，1988）。在绵羊未交配的发情周期可见到黄体期自发延长，在此期间也观察到有相似的现象。胚胎分泌的IFN-τ可阻止子宫内膜催产素受体升高前子宫内膜雌激素α受体的上升，结果IFN-τ间接抑制子宫内膜催产素受体的表达。这样，来自黄体（可能还有的来自垂体）的催产素就不再能结合到子宫上，由此导致$PGF_{2\alpha}$脉冲分泌减少（Spencer和Bazer，2004）。由于妊娠绵羊$PGF_{2\alpha}$基础性分泌比周期绵羊多，而且IFN-τ不影响绵羊妊娠早期子宫内膜环氧化酶2（cyclo-oxygenase 2）的表达，因此有研究认为黄体对$PGF_{2\alpha}$敏感性下降，促进了具有促黄体化作用的PGE_2生成，这可能是绵羊母体妊娠识别的主要机理（Costine等，2007）。

3.1.2 牛

Northery和French（1980）证明，牛胚泡对延长黄体寿命极为重要。他们发现，如果在妊娠第17天或19天移除胚泡，发情间隔时间分别延长到25d和26d；在第13天移除胚胎或未交配的牛，发情间隔时间则为20～21d。牛孕体产生的抗黄体溶解的信号分子是一种分子量为24000的蛋白质，最初称为牛滋养层蛋白（bovine trophoblast protein，bTP-1），与oTP-1有免疫交叉反应，并与oTP-1和IFN-α的氨基酸序列具有很高的同源性，也具有抗病毒活性（Bazer等，1991），与绵羊一样，在分类上属于干扰素τ（bIFN-τ），最早分泌出现在胚泡延长时，最大分泌量出现在妊娠第16～19天。与oIFN-τ不同，bIFN-τ可持续分泌到妊娠第38天（Bartol等，1985；Godkin等，1988）。在发情周期第14～17天将oIFN-τ灌注到奶牛子宫可引起黄体寿命延长，子宫灌注或肌内注射重组牛INF-α_1均可获得相似的结果（Plante等，1989）。

与在绵羊一样，牛妊娠早期溶黄体范型的$PGF_{2\alpha}$分泌减弱，虽然溶黄体性的$PGF_{2\alpha}$脉冲性分泌消失，但基础性分泌没有明显增加（Thatcher等，1995），这可能是bIFN-τ通过调节催产素受体来发挥它的抗黄体溶解作用，因此抑制花生四烯酸合成$PGF_{2\alpha}$和抑制$PGF_{2\alpha}$释放。与绵羊不同，牛雌激素受体至少在最开始时没有发生变化（Robinson等，1998）。

3.1.3 山羊

在妊娠第13～15天移除山羊子宫中的孕体不能延长黄体寿命，但在第17天移除则可使发情间隔时间延长7～10d。与在其他反刍动物一样，山羊孕体分泌一种蛋白，最初被称为cTP-1，亦称为cIFN-τ（Gnatek等，1989）。在绵羊和牛的研究表明，这种蛋白可抑制子宫内膜前列腺素的脉冲式分泌。显然山羊在假孕时也会自发性地出现这种情况，未交配山羊的黄体持续存在，子宫腔内蓄积液体（子宫积水；Pieterse和Taverne，1986）。山羊$PGF_{2\alpha}$主动免疫可导致黄体持续存在，并发生子宫积水（Kornalijnslijper等，1997）。

3.1.4 猪

虽然猪的母体妊娠识别也与阻止子宫分泌前列腺素来溶解黄体有关，但其机理与上述反刍家畜动物明显不同。猪的胚胎在排卵后第4天进入子宫，有的在排卵后第2天即可进入子宫，之后胚胎开始在两个子宫角中移行，到第12天时胚胎基本上均匀地分布在子宫中。猪的早期胚胎能够将孕酮转化为雌酮、17β-雌二醇以及16α，17-雌二醇（Fischer等，1985）。雌激素的合成随着胚泡快速伸长而增加，所以胚胎能够局部刺激大面积的子宫内膜。孕体产生的雌激素在母体妊娠识别和黄体寿命的调控中发挥着重要作用。从周期第12天起给未孕小母猪注射外源性雌激素具有促黄体化作用，能延长黄体寿命和延长发情间隔的时间（Kidder等，1955）。此外，母体（子宫内膜）和胚胎的许多产物，例如蛋白酶、钙、生长因子、黏附分子和细胞因子等，都与妊娠建立、胚胎附着和附植等的复杂信号级联有关（Jaeger等，2001）。孕体于第11天开始分泌雌激素之后，在第14～16天再次持续性地分泌雌激素，这对黄体持续存在超过25d是必需的（Geisert等，1990）。孕体产生的雌激素可通过多种机制阻止黄体退化（Ziecik，2002），包括直接的促黄体化作用、降低子宫内膜$PGF_{2\alpha}$合成和分泌等。促黄体化作用包括维持黄体LH受体和分泌前列腺素E_2来对抗$PGF_{2\alpha}$的溶解黄体作用。令人信服的证据表明，雌激素将$PGF_{2\alpha}$从内分泌（进入子宫血管）改为外分泌（进入子宫腔），阻止了$PGF_{2\alpha}$到达黄体（Bazer等，1984）。雌激素诱导子宫内膜内促乳素受体的增加可能促进这种作用。目前还不清楚$PGF_{2\alpha}$进入子宫腔后的命运，但胎膜能将$PGF_{2\alpha}$代谢成为无活性的PGFM（15酮-13，14-二氢-$PGF_{2\alpha}$，15-keto-13，14-dihydro-$PGF_{2\alpha}$），而这一过程同样也与雌激素刺激钙分泌到子宫腔内有关。

与反刍动物一样，猪孕体在胚泡延长期（第11～17天）产生干扰素（Cross和Roberts，1989），到目前已鉴定出两种干扰素，即Ⅱ型（IFN-γ）和Ⅰ型（IFN-α）（原文IFN-γ有误，应为IFN-α，译者注）。将孕体分泌的总蛋白灌入未孕猪子宫腔不能延长黄体寿命（Harney和 Bazer，1989）。目前还不清楚干扰素的精确功能，有人认为它们可能有特殊的抗病毒作用，或它们与孕体雌激素一起发挥延长黄体寿命的作用（La Bonnardiere，1993；Cencic和La Bonnadiere 2002）。

3.1.5 马

虽然对马的妊娠识别的机理知之不多（Allen，2005），但研究表明，发育中的孕体发挥重要作用。在妊娠的各个阶段移除孕体，如在妊娠第10、15和20天移除孕体，则母马分别在第22.3、38.0和47天再次发情（Hershman和Douglas，1979）。但对马阻止黄体溶解的胚胎信号的本质仍不清楚（Stout和Allen，2001）。在间情期马子宫冲洗液中发现了一种低分子量的蛋白质，这种蛋白质在妊娠期间一直存在（McDowell等，1982）。马的孕体同样也产生雌二醇和雌酮（Berg和Ginther，1978；Zavy等，1979），它们能增加子宫内糖蛋白——子宫转铁蛋白的产生。妊娠子宫PGF分泌明显受阻，妊娠马子宫静脉血液内$PGF_{2\alpha}$含量显著低于未妊娠马（Douglas和Ginther，1976），妊娠马外周循环PGFM浓度同样也低（Kindahl等，1982）。妊娠早期的子宫腔可能不能消除PGF，但如果在体外将子宫内膜组织与胚胎组织一起培养，则PGF合成或分泌降低（Berglund等，1982）。McDowell等（1998）用设计巧妙的实验阐明了球形孕体在子宫腔内移行的重要性，到妊娠第16～18天胚胎会在妊娠子宫角的基部“固定”下来。在子宫的不同部位结扎限制胚胎的移动，可导致妊娠识别失败，黄体自发性退化。胚胎在子宫内移行时与子宫内膜接触所产生的刺激，可能与反刍动物和猪胚泡快速延长所造成的刺激相似。

3.1.6 犬

犬黄体期（后情期/间情期）的长度不典型，与妊娠期没有多大差别。在后情期/间情期手术摘除子宫不能阻止黄体消亡（Okkens等，1985），表明不需要母体妊娠识别来维持黄体寿命和持续产生孕酮。然而，妊娠与非妊娠犬的黄体都需要促乳素促黄体化作用的支持，特别是在黄体期后半段，这看起来似乎有点矛盾（Onclin等，2000）。

3.1.7 猫

交配但未妊娠的母猫（假孕）其黄体期约为40d，妊娠母猫的黄体期比此长20d。对猫母体妊娠识别机理所知甚少。

3.2 妊娠诊断方法

有很多方法可用于妊娠诊断，其中有些方法可用于所有种类的动物，有些方法只能用于某种动物。妊娠诊断的方法基本可分为四大类，即：管理诊断法、临床诊断法、超声图像检查法和实验室诊断法。这四类方法中，前两类已得到广泛的应用，且效果较好，而后两类方法，特别是超声图像检查法，在最近几年得到显著改进和简化。为此，这里先介绍超声图像检查法的基本原理，然后再介绍这些方法在各种动物妊娠诊断中的应用。

3.2.1 超声波检查法

在妊娠诊断中使用的超声波技术有三类。第一类是建立在多普勒现象上的胎儿脉搏超声检波器（ultrasonic fetal pulse detector），这种方法将探头置于动物体表或直肠内，探头发射的高频声波（超声波）碰撞到移动的物体或质粒时，例如胎儿的心脏、胎儿的身体、胎儿或子宫动脉血流，其频率会发生改变而被反射回来。反射波被同一探头所接收，频率的差异转化为可听到的声音进行放大。

超声波振幅深度分析仪（ultrasonic amplitude depth analyser）（A型）的传感器头能发射高频声波，能接受声阻（acoustic impedance）不同的组织界面反射回来的高频声。高频声遇到一个界面产生一个回声，回声在示波器的屏幕上以波的形式显示反射界面的距离，或通过发光二极管以光的形式显示，或通过蜂鸣器以吱吱声的形式显示。超声波振幅深度分析仪已经在很多种动物妊娠诊断上得到成功的应用，特别是猪。

B型超声（辉度，brightness）仪是一个更为先进的超声波技术，已成为研究多种动物繁殖的通用工具，特别是马（参见第26章）。读者如需进一步了解相关知识，请参阅Ginther（1986），Taverne和Willemse（1989）的论文以及Kahn等（1994）的教材，特别是这本教材涵盖了B超仪在家畜繁殖上的主要应用的各个方面。

本章简要介绍这项技术的原理。探头，或称传感器，是在皮肤表面或是插入到直肠内使用。传感器里有很多电压晶体，当受到电流时会膨胀收缩，产生高频声波。当这些声波穿透组织时，一定比率的声波将反射回传感器中，反射比例取决于组织的特性。反射回的声波会压缩传感器里的电压晶体产生电脉冲信号，这些电脉冲信号以二维圆斑点的形式显示在B超仪的屏幕上。圆点的辉度与反射回的声波的振幅成比例，因此获得的图像是由黑色、灰色、白色等不同辉度的圆斑点组成。

液体不能反射超声波，即无回声，在屏幕上显示的是黑色；而一些硬组织的界面，如骨、软骨，可反射回很高比例的声波，即它们是有回声的，在屏幕上显示的是白色。99%以上超声波在组织气体界面上反射回来，检查前应确保探头与组织间不存在空气。因为这个原因，在探头接触到皮肤表面或直肠黏膜前应涂抹耦合剂（通常是甲基纤维素）以消除二者间的空气。同样，选择一个相对无毛区或剪掉毛也是非常重要的。

B型超声技术常被称实时超声（realtime ultrasound）或实时图像，主要是由于连续记录的回声是活动的。传感器的电压晶体（piezocrystals）排列成行，因此称为线性传感器（linear array transducers）。传感器的检查区域与二维图像都是矩形。扇形传感器（sector transducers）只有一个晶体，产生的超声波为扇形。尽管这种扇形超声波能穿过胸部、腹部的大部分内脏，但扇形超声波不能很好地鉴别非常浅表的结构。扇形传感器接触皮肤的面积小，因此可减少检查所需要的时间，常用来检查腹腔，特别是绵羊。线形传感器比较便宜和结实，所产生的矩形图像更容易识别。介于这两种传感器之间的是曲形传感器（curved array transducer），其实是将线性传感器的平直表面改为弯曲表面而成。传感器应较小，能握在手中，外形光滑，防水且容易清洁（Boyd和Omran，1991）。为了保证生物安全性，传感器在使用前后应该彻底清洁，特别是同一设备在不同的牧场间使用的时候更应如此。

传感器产生的超声波频率在1～10MHz，最常用的频率是3.5MHz、5.0MHz和7.5MHz。超声波的频率越低，组织穿透力越高，但分辨力越差。用于直肠超声波检查的传感器，能产生图像的传感器头部只有几厘米长，使用高频率会更加有效。因此传感器频率和外形的选择主要取决于所要进行检查的类型。

3.3　马的妊娠与妊娠诊断

3.3.1　内分泌学

与其他家畜相比，马在妊娠期间的内分泌变化很独特，主要是因为马有生成激素的临时结构，即子宫内膜杯的发育。

在排卵和黄体形成后，外周血浆孕酮浓度在第6天时升高到7～8ng/ml，并在妊娠期的前4周维持在该水平，但经常在排卵后第28天会暂时下降到5ng/ml（Holtan等，1975），随后又升高。由于马的血浆中存在其他孕酮样物质，在分析过程中可与抗血清发生交叉反应，因此文献资料中关于血液或血浆孕酮测定结果在不同实验室间差别很大，有人建议应采用“总孕激素（total progestogen）”水平来衡量孕酮的变化。

子宫内膜杯是在妊娠第二个月的早期阶段形成的。子宫内膜杯是由孕角内致密包裹的组织外生而成，胚胎滋养层细胞侵入子宫内膜，在该部位，滋养层细胞随后形成子宫内膜杯细胞（Moor等，1975）。一般来说，在子宫体与孕角交界处有一个由12个子宫内膜杯形成的环绕带（见图26.3）。子宫内膜杯产生孕马血清促性腺激素（pregnant mare serum gonadotrophin，PMSG），现已称为马绒毛膜促性腺激素（equine chorionic gonadotrophin，eCG）。在排卵后38～42d血液中可检测到eCG，在60～65d时达到峰值，之后渐渐下降，到妊娠150d消失（图3.1）。eCG具有FSH和LH两种激素的活性。通常认为，eCG与垂体促性腺激素共同刺激形成副黄体（accessory CLs）（Allen，1975），并调节黄体类固醇激素的生成（Daels等，1998）。副黄体在妊娠40～60d开始形成，可能是排卵的结果（32%），如同在发情间情期，排卵后形成黄体一样，也可能是卵泡不排卵而发生黄体化的结果（68%）（Squire等，1974）。因为这些副黄体的出现，外周血循孕酮浓度升高，在50～140d时到达并维持在一个平台期，之后开始下降（图3.1）。在180～200d时孕酮浓度低于1ng/ml，然后一直维

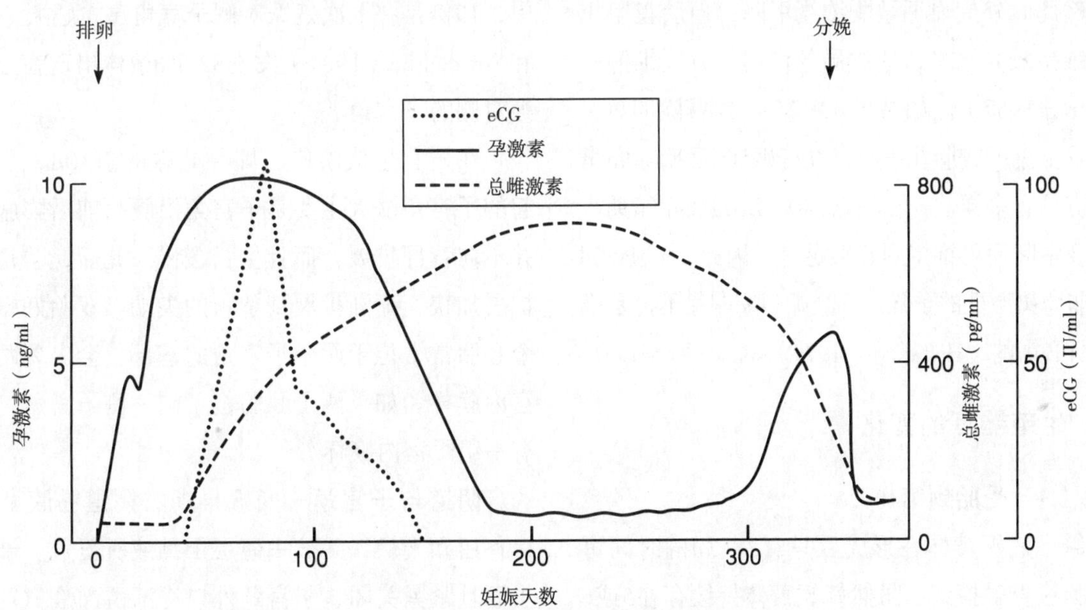

图3.1　母马妊娠期和分娩期外周血循激素浓度变化趋势eCG，马绒毛膜促性腺激素

持此浓度到妊娠的300d，之后在产驹前急剧上升达到峰值，在产后又快速下降至非常低的水平。

在妊娠最初的35d内，外周血循中总雌激素浓度与间情期相当，虽然妊娠第12～20天的胚胎能暂时产生一些雌激素（Mayer等，1977），此后雌激素浓度增加，妊娠40～60d达到略高于排卵时浓度的平台期，约为3ng/ml；在此阶段雌激素浓度升高是由于eCG刺激卵泡发育所致。妊娠60d后增加的雌激素可能是由胎儿或胎盘产生（Terqui和Palmer，1979）。妊娠210d时雌激素浓度达到最高，此时的雌激素主要来源于胎儿的性腺（Cox，1975）。雌激素浓度在临近产驹时渐渐下降，产后急剧下降。马主要的雌激素是雌酮和一种酮类甾体激素——马烯雌酮（equilin）；也有一些17β-雌二醇、17α-雌二醇和马萘雌酮（equilenin）。

促乳素水平的变化范型并不特殊，在同一个体和不同个体之间差别很大，妊娠结束时略有增加（Nett等，1975）。

妊娠早期孕酮主要来源于“真”黄体或妊娠黄体（CL verum）（由卵泡排卵形成，产生的卵母细胞可以受精）和副黄体。真黄体在妊娠的前3个月具有活性，与副黄体同时退化（Squire和Ginther，1975）。副黄体退化后，胎盘必须代替黄体产生孕酮，虽然此时外周血循孕酮浓度下降，但胎盘组织中孕酮维持较高水平，通过局部作用的方式维持妊娠（Short，1957）。如果在妊娠25～45d摘除卵巢，母马会发生流产或胎儿吸收；在妊娠50d后摘除卵巢时，反应具有多样性；在妊娠140～210d摘除卵巢，妊娠不会中断而可维持到妊娠足月。因此，妊娠50d后出现非卵巢源性的孕酮，到妊娠140d卵巢不再是维持妊娠所必需的（Holtan等，1979）。

3.3.2 生殖器官的变化

3.3.2.1 受胎到第40天

卵巢 妊娠黄体在形成后只有2～3d的时间可通过直肠检查触摸到。虽然妊娠黄体持续存在5或6个月，但不能准确鉴定。矮种马在妊娠15d时可触诊到一些发育卵泡，之后14d有大量直径小于3cm的卵泡生成，卵巢表面如同葡萄串状，这时的卵泡极少发生排卵（Allen，1975）。

子宫 在间情期的后期和发情期，子宫柔软，子宫内膜水肿。排卵后子宫张力增加，子宫更似管状。子宫质地的这些变化在未孕马不明显，第10～14天时黄体开始退化，然后子宫张力消退。但在妊娠母马，黄体持续存在，子宫张力在19～21d时达到最大，这时子宫孕角靠近子宫体的部位膨胀，壁软薄。马胚胎附植发生在第16～18天，此前孕体在两个子宫角与子宫体间有很大的游动性，孕角不一定与排卵的卵巢位于同一侧。许多临床报告认为，马妊娠在右侧子宫角较多，如Vandeplassche（1957）报告右侧子宫角妊娠占64%，但在矮种马右侧子宫角妊娠略少。右侧子宫角妊娠稍多而左侧卵巢排卵稍多，表明马胚胎从左侧移行至右侧的较多。大量的研究表明，许多因素会影响妊娠发生在哪个子宫角。Butterfield和Mathews（1979）调查了937头全血马，发现两侧子宫角妊娠没有显著差异：左侧为469例，右侧为468例。然而，如果母马不是在泌乳期配种，则右侧子宫角妊娠明显增多。马胚胎常常在上次妊娠对侧的子宫角发生附植。Feo（1980）发现，22例产后发情配种受胎的母马中，19例是在上次妊娠对侧子宫角建立妊娠。Allen和Newcombe（1981）发现82.5%孕体出现在上次妊娠对侧的子宫角。

在器官生成阶段，即在妊娠的前30d，孕体引起的子宫角涨大主要是子宫角沿腹面前后膨胀，但并不向背部扩展，而且生长缓慢。此后，孕角膨胀扩展加快，渐渐扩展到孕角的尖端。双胎妊娠时两个胚胎常常位于两个子宫角的基部，会出现两组子宫内膜杯。如果两个胚胎位于同一侧子宫角，则仅有一组子宫内膜杯。

阴道与子宫颈 妊娠早期，阴道黏膜渐渐变得苍白和干燥，并被一薄层干黏液所覆盖。子宫颈小而且紧紧关闭，子宫颈外口逐渐由黏液“塞”封闭，子宫颈外口逐渐偏离中心。

3.3.2.2 40～120d

卵巢 这一阶段的特征是卵巢活动明显，多个卵泡发育引起一侧或双侧卵巢增大，体积超过发情期，有的卵巢非常大。有的卵泡排卵形成副黄体，不排卵的卵泡发生黄体化。卵泡活动通常在100d时消退，黄体开始退化。Allen（1971）发现矮种马在妊娠21～112d时可发生排卵，排卵概率最高是在第40～42天、54～56天和63～66天。

子宫 约在妊娠60d时孕体完全占据孕角，之后尿囊绒毛膜先后进入子宫体和未孕子宫角。孕角在母马腹腔中从横向变为纵向。到100d时子宫因充满液体而有些紧张，位于骨盆前缘。此时胎儿很小，紧紧包围在羊膜里，漂浮在体积相对较大的尿囊液中。

3.3.2.3 120d至分娩

卵巢 随着黄体和卵泡渐渐消退，卵巢渐渐变小变硬，由于妊娠子宫向前向下拉而发生移位，除了一些体格很大的马，通常在整个妊娠期都可以通过直肠触摸到卵巢。

子宫 胎儿及胎水引起子宫逐渐膨胀，增加了子宫卵巢韧带的紧张性。子宫前部向下向前沉降。8个月后胎儿常呈纵向正生下位（这些术语的定义参见第8章）。除了体形非常大的马，在这一时期都可触摸到胎儿。尽管马子宫动脉的震颤没有牛明显，但能检测到。

3.3.3 妊娠诊断的方法

3.3.3.1 饲养管理法

不再返情是母马妊娠的一个很好的信号。通常采用公马试情来检验母马的发情表现（参见第1章），有些母马对去势或去势后用雄激素处理的公马也有反应。应该让母马习惯用公马试情，试情应该在配种后16d开始并且持续6d。

由于下列原因，试情时可出现假阳性反应：

- 母马安静发情，尤其是母马带驹时常见
- 泌乳或环境因素导致母马不发情
- 母马的黄体期延长，但没有妊娠（参见第26章）
- 胚胎死亡引起黄体期延长，称之为假孕（pseudopregnancy）（参见第26章）。

个别马会发生假阴性反应，虽然母马已经妊娠，但仍表现发情。

3.3.3.2 临床检查法

3.3.3.2.1 阴道检查

最好使用开膣器，也可徒手检查。妊娠时阴道黏膜为淡粉红色，黏液少而黏稠。子宫颈小且紧紧关闭；子宫颈外口偏离中心，逐渐充满浓稠的黏液，但并未在子宫颈外口形成真正的“塞子”。

因为阴道的变化与间情期区别不大，因此妊娠早期可出现假阳性结果，也会因为黄体期延长或假孕而做出错误判断。

3.3.3.2.2 直肠触诊

在配种后第3周卵巢上出现卵泡并不一定说明母马将要返情。在妊娠的前3个月出现卵泡是正常现象，卵泡的出现使卵巢体积相当大。

妊娠17～21d子宫张力明显，此时子宫角触摸起来像一个有弹性的管状器官。如果没摸到孕角增大的部位，那么这种子宫张力感觉只能提示可能为妊娠。子宫体与空角至少在妊娠50d前保持紧张状态。明显的子宫张力可能也见于：母马产后发情时配种、急性子宫内膜炎和假孕。马的假孕是指早期胚胎死亡后孕体自溶或排出，但因黄体存在而使子宫仍保持妊娠时的质地。

能够触摸到孕体的最早时间是17～21d，这时孕体为一直径为2.4～2.8cm的柔软隆起，与另一个有张力的子宫角之间出现明显的角间沟。在21～30d更容易触摸到，但仍然只能触摸到膨胀而软薄的部位。25d时孕体隆起直径为3～3.4cm，30d时背腹直径为3～4 cm。35d时直径为4.5～6cm，40d时直径为6～7cm，约为网球大小。此后，不可能用手掌完全握住隆起的孕体，到60d变成约13cm×9cm卵圆形，90d时增大到约23cm×14cm。

尽管母体体形大小和排卵时间可能相似，但由于胎水的多少差别很大，因此孕体隆起物的体积差别很大。然而，隆起物相对于某个妊娠阶段明显较小时，应在随后进行复查，以排除胚胎吸收的可能性（因此应随时记录临床检查的结果，以便以后进行对比）。双胎胚胎可在60d时鉴别出来。此后，单个孕体可能涉及两个子宫角，隆起扩散得更加广泛。必须小心，在70～100d期间不要将充满尿液的膀胱与妊娠子宫相混淆，或在90～120d之间不要将膨胀的大结肠与妊娠子宫相混淆。当有所怀疑时应找到卵巢，通过子宫卵巢韧带找到并确认所检查的就是子宫。

约在100d时，胎儿漂浮在子宫体的胎水中，因此可触诊到胎儿。从妊娠第4个月底之后，胎儿生长和胎囊张力下降，检查时可以触摸到胎儿的一部分。对于体形大的经产马，在5～7月间触诊胎儿很困难，在临近分娩期时也只是可以偶尔触诊到胎儿。如果触摸不到空角，且卵巢系膜张力较大，则是比较可靠的妊娠指征。

直肠触诊进行妊娠诊断出现假阳性结果，在极个别情况下可能是将妊娠与子宫积脓相混淆（参见第26章），或产后配种非常早时，子宫复旧尚不完全，配后早期的子宫张力可能被误认为是妊娠，或胚胎死亡引起黄体期延长而出现假孕。需要记住的是，母马确定妊娠后常发生胚胎吸收或胎儿流产。

如果混淆了配种日期，即实际配种比记录的日期迟，或根本没有触摸到子宫时，直肠触诊进行妊娠诊断也可出现假阴性结果。

3.3.3.3 超声波诊断法

多普勒和A型超声图像法检查对马完全没有价值，B型超声检查在马的应用则较为广泛（图3.2）。用5.0MHz B超诊断马妊娠的最早时间是第9天，此时孕体囊为一个直径3mm的黑色球体。到第11天时，98%的马可以检查出胚泡（Ginther，1986），此时孕体能在子宫内自由移动，因此孕体可出现在子宫的所有部位，但更多的是在子宫体中。孕囊在9～16d快速发育，16～28d生长速率有所下降，此后生长发育再次加快。这一生长平台期可能是个假象，因为随着孕囊紧张度的下降，其可能受到子宫壁的压迫，这还与孕囊形状从球形到椭圆到三角形的明显改变有关，然后孕囊形状变得不规则。16～18d孕体囊的直径为19～24mm，此时孕囊附植到子宫角的基部（Ginther，1986）。

马排双卵很常见，特别是在全血马和挽马，排双卵占到25%，但产下活的双胎相对不常见，依品种不同为0.8%～3%，出现这种差异的原因有：

- 受精失败
- 附植前后一个或两个胚胎死亡
- 一个胎儿死亡，但较不常见
- 两个胎儿流产（参见第26章），这是最常见的结果，显然也是损失最大的结果。

虽然通过B超检查可以查出排双卵，从而便于管理，阻止双胎的发生，但有时检测不到排双卵的情况。因此，最好在12～14d即胚胎附植之前鉴别出双胚胎，这样可以对此问题进行更有效的管理（参见第26章）。为此，采用B超检查时，要扫描整个子宫体和子宫角。

除了检查妊娠之外，还可以确定胎儿的性别，这要求有更好的设备和丰富的直肠内超声检查经验。这一方法建立在检查生殖结节（genital tubercle）与周边结构关系的基础上。胚胎的生殖结节是雄性的阴茎和雌性的阴蒂的前体。随着胎儿的发育，雌性的生殖结节从后腿间移行到尾部附近，雄性的移行到脐部，最佳的检测时间是妊娠59～68d（Curran 和 Ginther，1989），准确的结果要等到99d（Curran，1992），此后的检测则会变得更为困难。

3.3.3.4 实验室检查法

乳汁或血液孕酮 如图3.1所示，在未孕母马返情时，妊娠母马血浆孕酮浓度持续升高。采集配种后16～22d血样或乳汁样品，妊娠母马的孕酮应该处于高水平，而未孕母马则处于低水平，与典型的发情期的低水平相当。虽然Hunt等（1978）报道用这种方法进行妊娠诊断准确率可达到100%，但在黄体期延长时会发生假阳性结果，因此一般来说这种方法并不非常可靠。

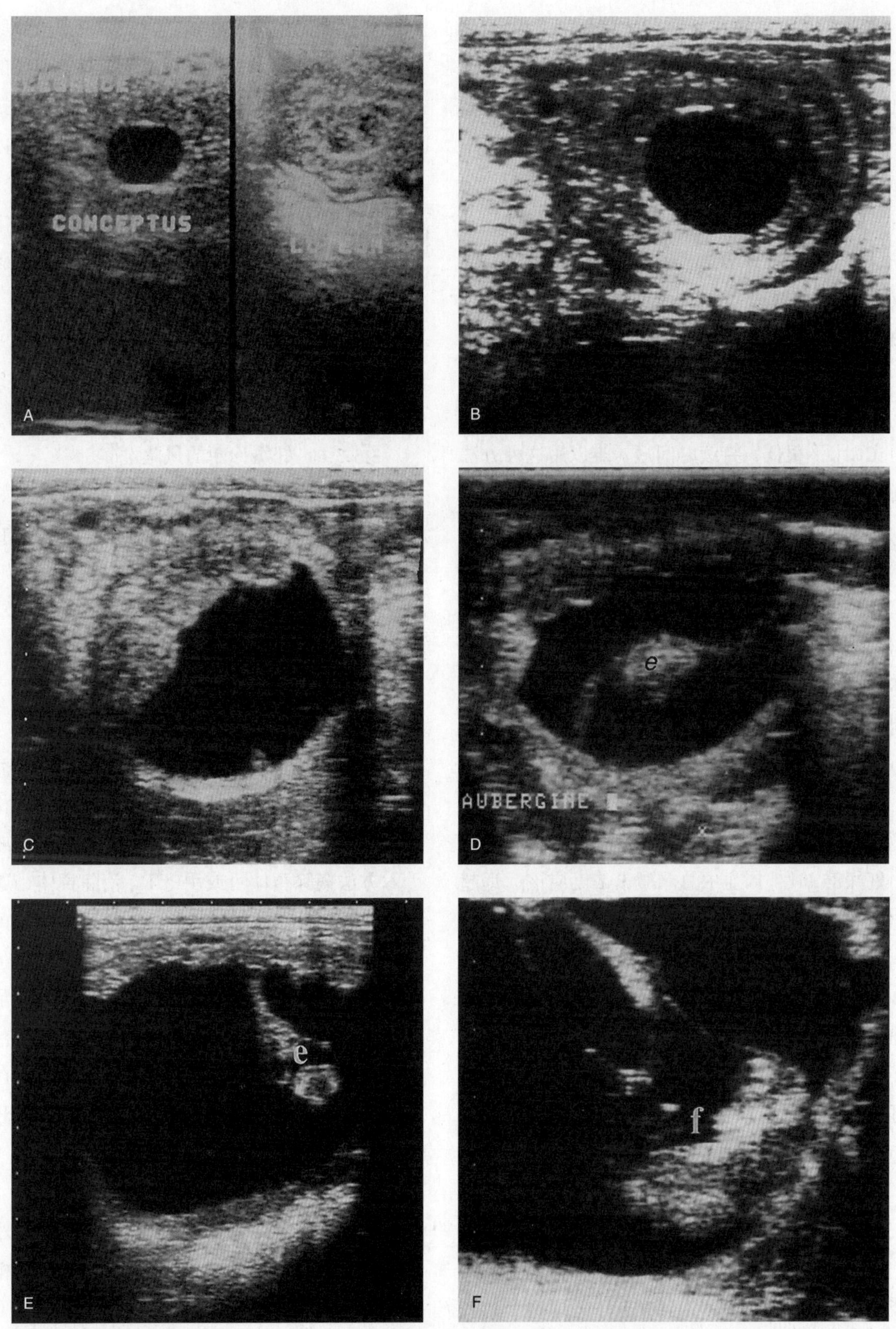

图3.2　妊娠马子宫及其内容物的直肠B超图像（使用7.5MHz线型传感器扫描，单位：cm）

A. 13d的孕体（左），直径9mm的背侧和腹侧反射回声。相邻的卵巢（右）有妊娠黄体　B. 16d的孕体，球状外形开始消失　C. 21d的孕体，胚胎位于5点钟方向，8～10点钟方向是增厚的子宫壁　D. 30d的孕体，胚胎（e）开始移向囊泡的顶部　E. 35d的孕体，胚胎（e），卵黄囊已经退化，只留下无回声的尿囊　F. 50d的孕体，胎儿（f）

检测eCG 尽管在妊娠40～120d都能检测到eCG，但最好采集配后50～90d的血样。本方法使用血清检测。

最初采用生物学方法来检测促性腺激素，最常用的方法是给3.5周龄未成熟小鼠注射待检马血清，阳性结果是卵巢产生许多成熟卵泡，子宫水肿增大。

目前采用免疫学方法进行检测，可采用凝胶扩散或血凝抑制试验。血凝抑制试验有商用试剂盒，配备所有试剂，操作可在任一兽医实验室进行。

如果血样采集时间太早或太晚可造成假阴性结果，因此要在上述最佳时间采样。一些母马持续产生的eCG水平很低，持续时间短，难以用这种方法检测。

如果在采集血样后，甚至有些情况下在采集血样前，胚胎或胎儿死亡可造成假阳性结果。子宫内膜杯一旦形成就会持续分泌eCG，甚至在胎儿已经死亡之后仍然如此。如果妊娠维持正常，子宫内膜杯会在固定的时间退化。因此，畜主应该经常认识到这个问题，以免事后失望。检验结果如果为阳性，对这一结果的意义应做解释。

血液雌激素 Terqui和Palmer（1979）提出通过测定外周血中总雌激素浓度进行妊娠诊断的方法。妊娠85d时外周血中总雌激素浓度应该远远超过非妊娠马的最大值。

尿液雌激素 妊娠母马尿液中雌激素（雌酮和17β－雌二醇）浓度较高，因此可以采用化学方法准确检测（Cuboni，1937），在妊娠150～300d进行妊娠诊断。这种方法经过改良后只需要简单设备就可进行，并且结果很容易解释（Cox和 Galina，1970）。

因为血中雌激素的存在取决于功能性胚盘的存在，因此不会出现检测eCG时所发生的假阳性的结果。化学检测方法的灵敏度低，不足以检测发情期尿液雌激素，但在妊娠150～300d进行妊娠诊断，其准确率几乎达到100%。

3.3.3.5 妊娠诊断的最佳时间

所有动物妊娠诊断的最佳时间都应该是尽早且尽可能准确。特别是在全血马，因为排双卵的情况很为常见，因此及时鉴别由于排双卵造成的双胎非常重要（参见第26章）。采用直肠内B超扫描能够进行早期鉴别双胎妊娠，因此可以在子宫内膜杯形成前终止，这点很重要。必须要强调的是，好的结果取于好的设备和对扫描图像进行解释的丰富知识。同样，子宫张力的早期变化只能通过直肠检查才能鉴别出来。

如果马没有妊娠，且没有观察到发情，可能是黄体期延长或乏情，就应采取相应的措施（参见第26章）

3.3.3.6 妊娠诊断的风险

没有证据显示，小心触摸生殖道会引起妊娠失败。有些马在正常直肠检查之后可发生胎儿死亡，但即使不进行检查，这些马也可能会发生妊娠失败。

3.4 牛的妊娠与妊娠诊断

3.4.1 内分泌学

牛维持妊娠的孕酮主要来源于黄体，胎盘只产生少量孕酮。摘除卵巢和摘除黄体的结果相互矛盾。在妊娠的前200d摘除带有黄体的卵巢，或者用手术方法摘除黄体，或用$PGF_{2\alpha}$消除黄体，通常可导致流产，但在此之后直到妊娠结束前除去黄体，妊娠通常可以维持。胎盘细胞在体外可产生孕酮，在妊娠250d摘除卵巢后，静脉和动脉间血浆孕酮浓度仍能维持明显的差别，但在270d时则没有这种差异（Pimentel等，1986），说明胎盘只能在妊娠期一定时间内（约为妊娠150～265d）大量分泌孕酮，在这段时间胎盘可以替代溶解后的黄体产生孕酮而发挥作用。

牛妊娠期间激素的变化如图3.3所示。外周循环中孕酮浓度在妊娠期的头14d与间情期时相似，之后未孕牛孕酮浓度在排卵后18d显著下降（参见图1.29），而妊娠牛孕酮浓度在这时常轻微下降后又快速恢复。再往后，孕酮浓度轻微上升直到分娩前约20～30d开始下降。雌激素浓度在妊娠早

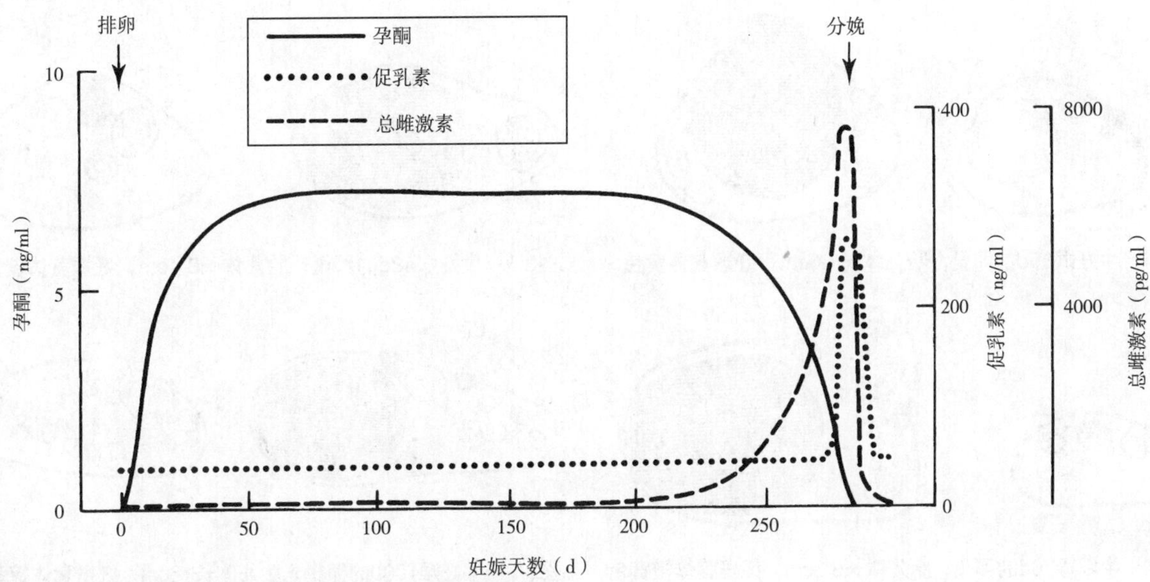

图3.3 牛妊娠期和分娩时外周血循激素浓度的变化趋势

期和中期低于100pg/ml，但在妊娠期末，特别是在妊娠250d以后，雌激素浓度在分娩前2～5d增高至峰值，硫酸雌酮达到7ng/ml，雌酮达到1.2ng/ml（Thatcher等，1980）。产前8h雌激素浓度快速下降，分娩后达到很低水平。

妊娠期间FSH和LH浓度一直很低，没有明显的波动。母牛血浆孕酮浓度从分娩前几周已经开始下降，分娩前约30～40h迅速降低，说明这可能不是由于母体促性腺激素的作用消失所引起。促乳素浓度在妊娠期间一直很低，直到分娩前从50～60ng/ml基础浓度开始迅速增加，到分娩前20h达到320ng/ml峰值，分娩后30h下降到基础浓度。牛妊娠一个月后可从外周循环中检测到胎盘促乳素（placental lactogen），其浓度在妊娠200d至分娩之间迅速增加到最大浓度（Bolander等，1976；Forsyth，1986）。目前对这种激素的作用仍不清楚，但它可能具有促乳素和生长激素样活性。

3.4.2 生殖器官的变化

卵巢 牛的妊娠黄体在整个妊娠期间保持最大体积，产犊后明显减小（Ginther，1998），基本上不能与间情期充分发育的黄体相区分，但进行尸体剖检时仍可识别到妊娠黄体的一些基本特征，如妊娠黄体突出于卵巢表面不明显；覆盖妊娠黄体的上皮为白色而有瘢痕。间情期的黄体通常带有一个中央陷窝，而在妊娠期间这个中央陷窝被填满。有人认为妊娠黄体比间情期的黄体大。作者则认为，即使妊娠黄体比间情期黄体大，但这种差别不明显，而且妊娠黄体的重量在个体之间差异很大（3.9～7.5g），重量也与妊娠时间没有关系。然而，妊娠黄体的颜色与间情期黄体略有不同，从黄色、橙色至浅棕色不等，黄体组织的外观也不清晰。图3.4～图3.9为屠宰后采集的妊娠牛生殖道的卵巢（自然大小），请注意卵巢形状的变化和妊娠黄体的位置。另外，这些矢状切面也显示了整个妊娠期卵泡的生成和退化（Ginther等，1996）。

随着妊娠的进展，卵巢的位置发生改变，未孕动物卵巢的位置也不固定。小母牛和青年母牛卵巢通常位于骨盆前缘水平上连接的两个子宫角旁，略低于子宫角，可位于骨盆腔内。在经产母牛，卵巢常位于骨盆前5～8cm的腹腔内，因此更难进行检查。随着妊娠的进展，子宫重量增加，卵巢和子宫韧带生长，卵巢在腹腔中的位置变得越来越深。从妊娠5个月开始，子宫沉入腹腔靠在腹腔壁上。Hammond（1927）发现头胎牛在妊娠5个月时子宫及其内容物重48kg。如果动物相对易于检查，一般

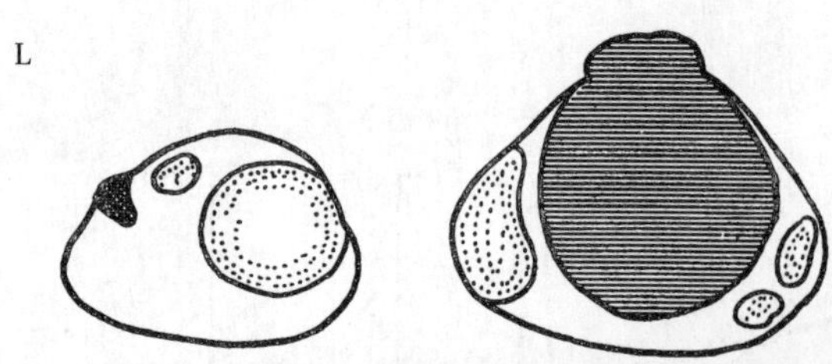

图3.4 牛妊娠35d的卵巢，胎儿体长1.6cm，妊娠黄体黄色

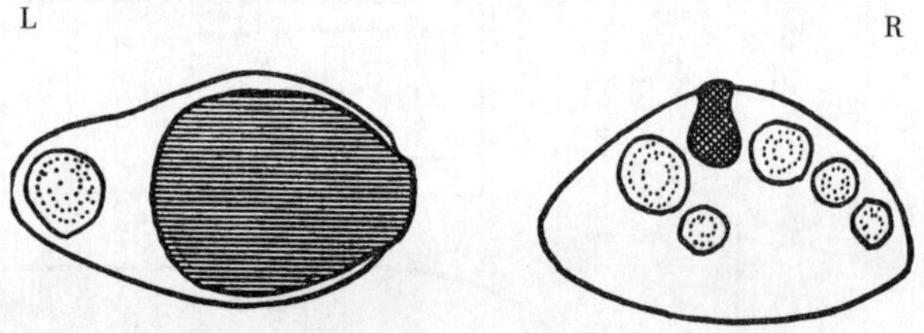

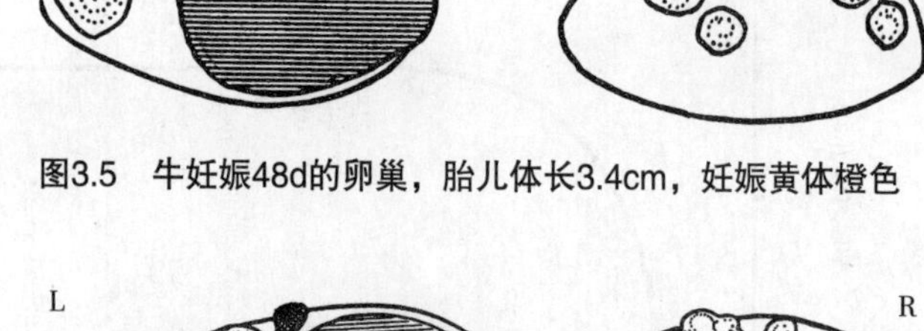

图3.5 牛妊娠48d的卵巢，胎儿体长3.4cm，妊娠黄体橙色

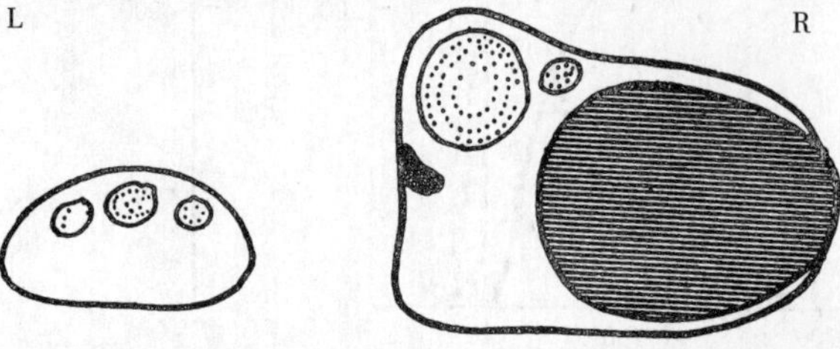

图3.6 牛妊娠70d的卵巢，胎儿体长6.3cm，妊娠黄体橙黄色

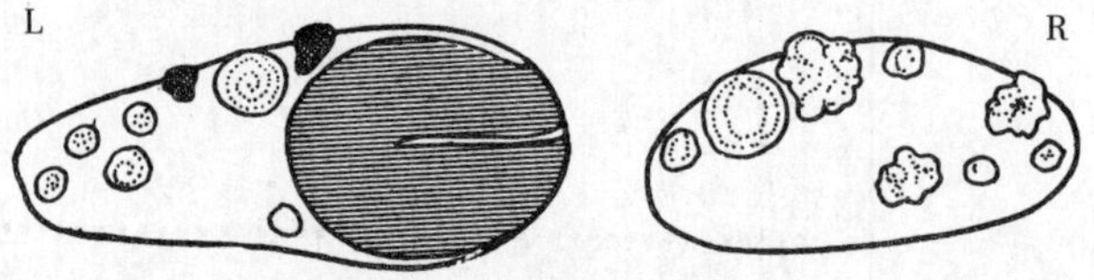

图3.7 牛妊娠100d的卵巢，胎儿体长16cm，妊娠黄体棕黄色

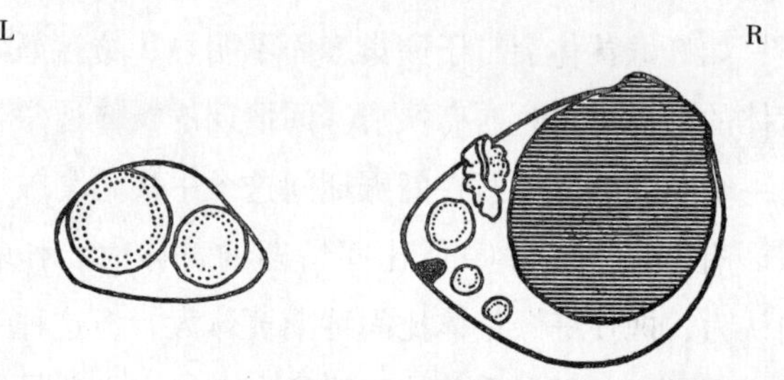

图3.8 牛妊娠120d的卵巢，胎儿体长25cm，妊娠黄体橙色

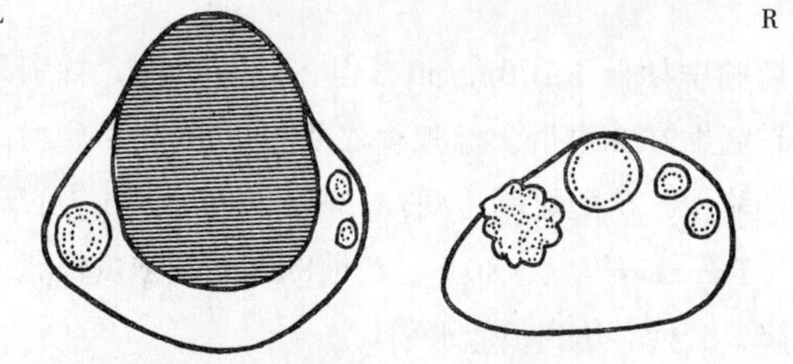

图3.9 牛妊娠190d的卵巢，妊娠黄体橙色

到妊娠100d时还可触摸到卵巢，这时小母牛孕角侧卵巢在骨盆前缘前约8～10cm的下方，而非孕角侧卵巢更接近骨盆。偶尔在妊娠150d还能检查到两侧卵巢，但此时可能会将卵巢与子叶混淆。在妊娠后期，手难以触及卵巢，因此检查时就不能再用力压迫直肠到腹腔底去找寻卵巢。

子宫 妊娠早期，触诊到子宫体积增大是妊娠强有力的证据，但是要认识到这种变化，必须要清楚不同年龄和胎次的经产牛静止期子宫的大小（图3.10，表3.2），必须要清楚各个胎囊的胎水量和胎囊在子宫内的位置。

妊娠28d时羊膜囊为直径2cm的球形，占据妊娠角的游离部，尿膜囊约18cm长，但其中的液体尚不能引起明显（即为外部可见）的扩张，其宽度可忽略。此时尿膜囊几乎占据整个孕角。在此阶段胚胎长0.8cm，检查时能感觉到其大小。

妊娠35d时胎儿体长1.8cm，球形羊膜囊的直径为3cm，仍然占据孕角的游离部。孕角和未孕角的游离部的结合处仍没有明显的改变。此时，特别是在小母牛可检查到孕角游离部的扩大。

妊娠60d时，胎儿冠臀长（crown-rump length）约6cm。羊膜囊为椭圆且紧张，宽约5cm，因此使孕角游离部扩展到宽度达到约6.5cm，与小母牛和青年母牛静止期子宫角的宽度2～3cm明显不同，因此可以检查到这种变化。

妊娠80d时胎儿12cm长，胎水总量达到1L。孕角游离部扩张达到7～10cm不等，而子宫角连接部比正常略大。通常能检测到孕角长度的增加。

妊娠90d时，在绝大部分牛都可很精确地检查到子宫扩张。子宫角连接部紧张，孕角宽约9cm，未孕角宽约4.5cm。多数牛的子宫仍在骨盆前缘，常可用手握住弯曲扩张的孕角，但一些经产牛的子

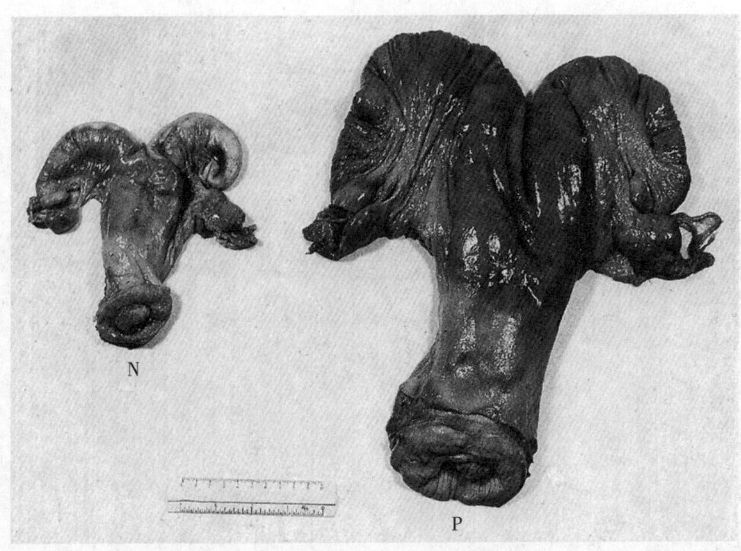

图3.10 未产母牛（N）和经产牛（7次分娩）的生殖道

宫位于腹部，必须要将子宫拉回骨盆才能有效进行触摸检查。在这一阶段有时可检查到胎儿。用手指轻拍扩张的孕角，能感觉到胎儿像一块木板漂浮在液体中。通过轻柔的挤压子宫也可能能感触到胎儿。此时胎儿体长约15cm。

妊娠4个月时，子宫沉降到骨盆前缘的下面，子宫颈位于骨盆边缘。由于液体沉到子宫角最前端，子宫角扩张变得不容易识别。

妊娠4个月时子宫大小、形状的变化如图3.11所示。

胎儿 很多研究者（Hammond，1927；Winters等，1942）记录了牛妊娠的不同阶段的胎儿体长（冠臀长），由于这些数据主要来源于妊娠小母牛，因此在成年母牛胎儿可能更大，特别是在妊娠的后期（表3.3）。胎儿大小与胎儿体长具有密切的关系。最近有人用超声扫描技术对同一头牛重复测量了胎儿体尺的变化（Ginther，1998；Breukelman等，2004）。

在妊娠120～160d时，约50%的个体可触摸到胎儿，最远的位于骨盆前缘下方手可触及的部位。有时在开始检查时可能会触摸到胎儿，之后胎儿就沉降到子宫深处而难以触及。同样，如果在这个阶段进行连续检查，有些情况下可触及到胎儿，而有时则不能。

表3.2 牛未孕子宫大小

测量内容	未孕小母牛（cm）	经产牛（cm）
子宫颈前子宫角宽度	2.5	4.0
分叉处子宫角宽度	20	3.5
子宫角连接部长度	9.0	14.0
子宫角游离部长度	15.0	20.0
子宫角壁厚度	0.5	1.2
子宫颈长度	5.0	10.0
子宫颈宽度	3.0	5.0

在妊娠5.5～7.5月期间，胎儿比此前更不容易检查到，触诊到胎儿的概率约为40%～50%。有些个体可在骨盆前缘触摸到胎头和/或屈曲的四肢。触摸胎儿常会引起胎儿的反射性活动。

表3.3 牛妊娠各个阶段的胎儿体长

妊娠（月）	胎儿体长（cm）
1	0.8
2	6
3	15
4	28
5	40
6	52
7	70
8	80
9	90

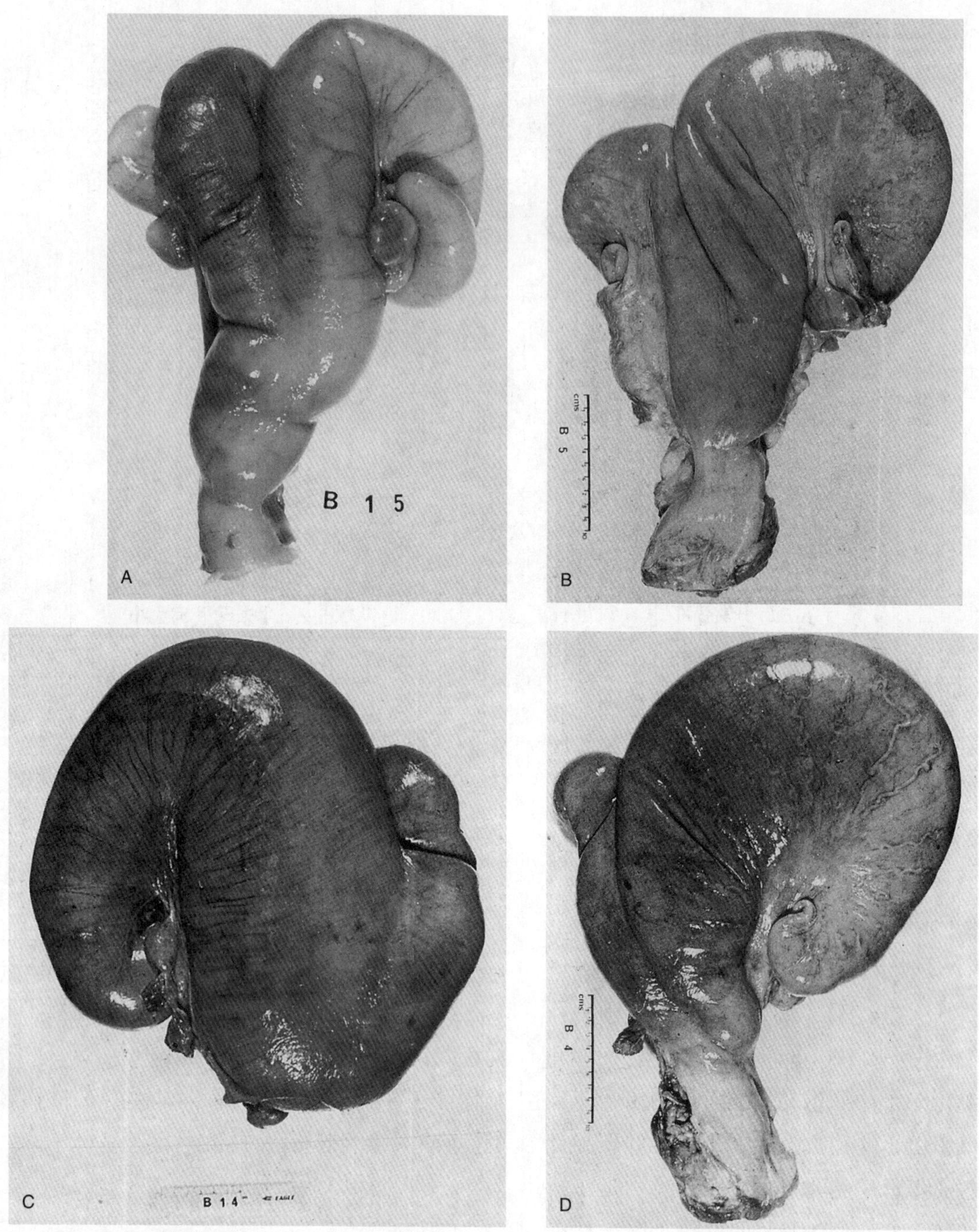

图3.11 牛妊娠不同阶段的子宫

A. 6周龄时右侧子宫角　B. 12周时右侧子宫角　C. 16周时左侧子宫角　D. 19周时右侧子宫角

从妊娠7.5月至妊娠结束，大部分情况下能很容易地触摸到胎儿，但在腹腔很深的经产母牛可能仍难以触及胎儿，特别是只进行一次检查时，甚至在妊娠足月时仍不能触诊到胎儿。有研究表明，在妊娠后期子宫肌张力和活动变化很大（Russe，1968； Dufty，1973；Taverne等，2002）。Dufty（1973）每天对大量的临近分娩的海福特小母牛进行直肠触诊，发现经常触摸不到胎儿，认为这可能是子宫肌松弛而使胎儿沉降到腹腔内所致。

未孕子宫角　尿膜绒毛膜囊占据未孕角的程度变化很大。牛妊娠时，大多数情况下尿膜绒毛膜囊只占据未孕角的一部分，有些则延伸到子宫角的顶端。有时尿膜绒毛膜只占据未孕角后端2/3或1/3，而在特殊情况下未孕角完全不被胎膜占据。大多数情况下，未孕角同样在胎盘形成和子宫肉阜肥大方面发挥作用，但子宫肉阜增大的程度没有孕角明显（见图2.5～图2.8）。有时，未孕角被尿膜绒毛膜囊占据，但不形成胎盘，其子宫肉阜也不发生变化。在这种情况下以及空角没有胎膜占据时，孕角的胎盘突，特别是胎儿身体周围的胎盘突会明显增大，分娩时大小可达8～12cm。

胎盘突 检查到胎盘突说明已经妊娠，但不同妊娠阶段及不同个体胎盘突的大小差别很大，这可能是由于其数量不同所造成。同样，在整个子宫中胎盘突的大小差别也很大，孕角中部的胎盘突比位于远端的大，而空角的胎盘突要比孕角的小。有时空角内没有胎盘突。随着妊娠的进展，胎盘突逐渐增大，妊娠结束时胎盘突的直径可能达到5～6cm，但由于妊娠子宫沉降腹腔底部，因此妊娠5～7月时可能摸不到胎盘突。母牛体外移植产生的胚胎，胎盘突的发育（数量及大小）可发生异常（Farin等，2000；Bertolini 和 Anderson，2002；参见第35章）。

子宫动脉 子宫中动脉肥大，出现特征性的称为妊娠震颤（fremitus）的波动现象，说明动物已经妊娠。近来有人采用直肠多普勒超声扫描对扩张的子宫动脉的血流进行了定量测定（Bollwein等，2002）。

妊娠侧 通常认为，奶牛右侧子宫角妊娠较多，黄体位于孕角侧的卵巢。对大量妊娠牛的子宫检查发现，60%为右侧妊娠，40%为左侧妊娠，只有一例是胎儿在含黄体卵巢对侧的子宫角，另外一例是两侧卵巢各有一正常大小的黄体，但只有一个胎儿在右侧子宫角。Erdheim（1942）在美国检查了1506头奶牛的子宫，发现胎儿在右侧子宫角的为1015例（67.4%），左侧474例（31.4%）。但对2318头肉牛的子宫检查中发现，妊娠发生在双侧子宫角的概率大致相等，右侧为1178例（50.8%），左侧为1121例（48.3%）。在Erdheim的所有样本中，只发现了一例黄体在左侧卵巢而胎儿在右侧子宫角的单胎妊娠。对133头瑞典高地牛妊娠子宫进行检查时，Settergren 和 Galloway（1965）发现59.4%妊娠在右侧，40.6%在左侧，其中一例黄体在左侧卵巢，而胎儿位于右侧子宫角。所以牛胚胎在附植前跨子宫体的移行相当罕见。

双胎 以前有报道认为，奶牛双胎的发生率约为1%，肉牛为0.5%。个别品种双胎的发生率更高，如瑞士褐牛为2.7%～8.85%，荷斯坦牛为3.08%～3.3%，爱尔夏牛为2.8%，更赛牛为1.95%。娟姗牛为13%（Meadows和Lush，1957；Johansson，1968）。双胎的发生率随着年龄的增加而增加，如荷斯坦小母牛为1.3%，10岁时达7%。在过去数十年随着产奶量上升，奶牛的双胎率显著增加（Nielen等，1989），高产奶牛排双卵达到20%，双胎率达9%。

在大多数怀双胎情况下，每个卵巢上有一个黄体，每个子宫角有一个胎儿，偶尔一个卵巢上可有两个黄体且为双角妊娠。最近在某大型奶牛场对211例双胎妊娠进行检查，发现41%为双侧妊娠，59%为单侧妊娠，且每个妊娠动物至少有2个黄体（Lopez-Gatius和Hunter，2005）。数据表明自然发生的单侧怀双胎妊娠明显较多，该结果与Rowson等（1971）诱导双胎妊娠的实验结果不完全一致，研究表明，在每个子宫角移植一枚胚胎比向同一子宫角移植两个胚胎更能稳定地建立双胎妊娠。Arthur（1956）和Erdheim（1942）均各自报道了一例同卵双胎，均只有1个黄体和2个胎儿。在所有的双胎中，同卵双胎为4%～6%。牛三胎的概率为1/7500。

3.4.3 妊娠诊断方法

目前采用的诊断牛是否妊娠的方法很多，这些方法有的采用实验分析方法检查体液中的物质，有的采用不同类型的超声检查，简单实用的临床诊断方法如直肠触诊，是近70年来应用最为普遍的方法（图3.12～图3.15）。表3.4列出了妊娠诊断方法和它们最早可以诊断出妊娠的时间。为了提高家畜的生产效率，及早诊断出未孕动物极为重要，这样就可及时采取措施使动物尽早妊娠。

3.4.3.1 管理方法

未返情及黄体持续存在 如果直肠触诊或超声检查发现配种后21d黄体没有退化，则预示着牛可能妊娠，但这种方法很少用于生产实践，即使动物没有妊娠，许多情况也可导致黄体持续存在（参见第22章）。此时对临近或正在发情的动物进行直肠检查，可发现子宫卷曲而有张力，阴道分泌物黏稠。

未返情用于诊断妊娠的可信度取决于发情鉴定的效率和准确率。对大群奶牛而言，人工授精后妊娠率的期望值为50%，很多情况下会较低，因此有50%的奶牛在输精后是没有妊娠的。妊娠动物不会返情，而未孕动物则会返情，但有相当数量的牛返

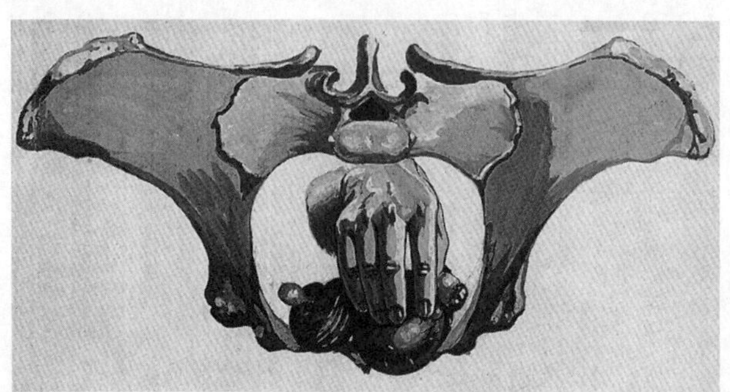

图3.12 牛直肠触诊检查妊娠，妊娠70d

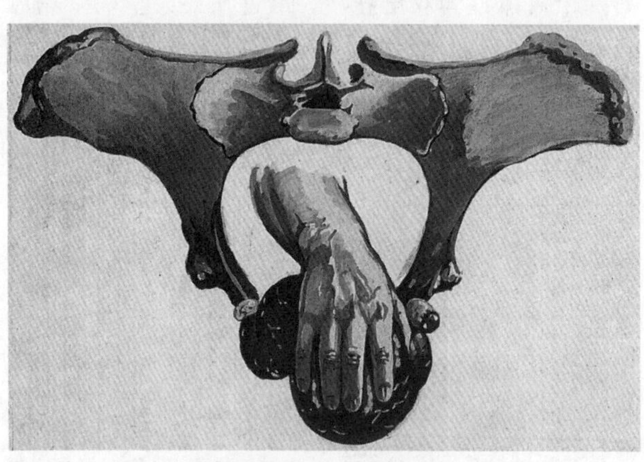

图3.13 牛直肠触诊检查妊娠，妊娠90d

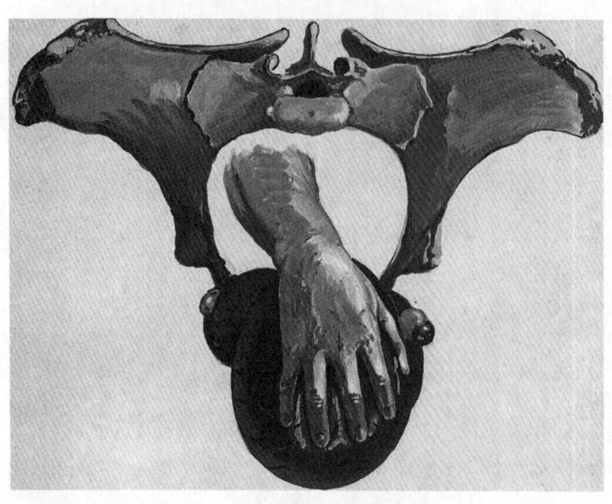

图3.14 牛直肠触诊检查妊娠，妊娠110d

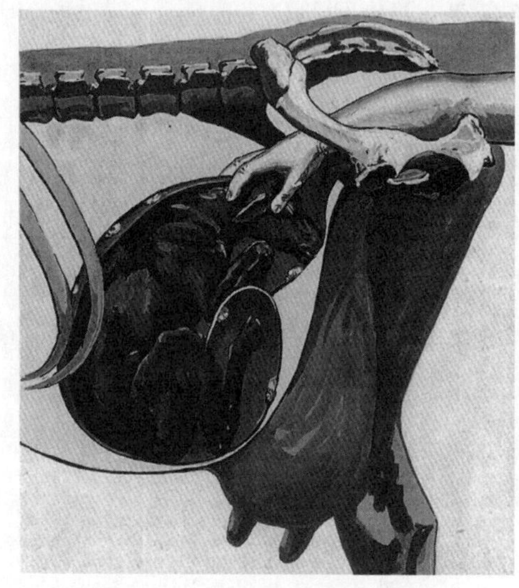

图 3.15 牛直肠触诊检查妊娠，妊娠已接近足月

表3.4 牛妊娠诊断的方法及其最早诊断出妊娠的时间

诊断方法	妊娠天数(d)
实时超声检查	13～21
未返情及黄体持续存在	21
血浆或乳汁孕酮浓度	21～24
检测妊娠特异蛋白B（PSPB）或妊娠相关糖蛋白（bPAG）	24
触诊尿囊绒毛膜（胎膜滑动）	33
单侧子宫角扩大，子宫壁增厚，子宫角液体波动感	35
羊膜张力消失时触诊早期胎儿	45～60
触诊胎盘突	80
子宫中动脉肥大出现震颤脉搏	85
血液和乳中硫酸雌酮	105
触诊胎儿	120

情但未观察到（参见第22章），由此被误认为妊娠，只是以后还有机会在发情时被诊断出。如果发情鉴定率为60%（参见第22章），则有30%的牛会被误认为是妊娠，如此大量的误诊可采用其他诊断方法校正。

乳腺　妊娠期间乳房的变化在头胎牛（primigravida）最容易观察。妊娠小母牛大约在妊娠4个月时乳头开始增大，不需要太多的经验就可将未孕或妊娠早期的妊娠牛相区分。从妊娠6个月起乳腺触诊感觉坚实，明显增大。乳腺增生为渐进性的，在妊娠期最后一个月特别明显。临近分娩时，乳腺极度增大水肿，乳头肿胀并覆盖一层蜡状物。腹壁，特别是脐部可能发生水肿。干奶牛（dry milk cow）的乳腺增大发生在妊娠的最后14d左右。妊娠4个月后，妊娠小母牛乳头的蜂蜜样分泌物可能消失。

腹部冲击触诊　在一些体格较小的品种，如娟姗牛，可在妊娠7个月进行腹部冲击触诊，但在体格较大的肥胖品种，甚至到妊娠足月仍难以检查到。这种方法是用拳头有力冲击腹壁和腹侧壁，以便将漂浮在胎水中的胎儿从体壁推离，之后检查胎儿是否还会弹回来，再次碰到停留在腹壁上的拳头。

3.4.3.2　实验室诊断法

早孕因子/早期受胎因子的鉴定　早孕因子（early pregnancy factor，EPF）是一种与妊娠相关的免疫抑制糖蛋白，早孕因子第一次是在小鼠上鉴定发现的（Morton等，1974），随后在许多家畜都证实有该因子的存在。牛早孕因子的分子量为200 000（Threlfall，1994）。目前已经有使用浸渍片原理的早孕因子的商用试剂盒，可早在人工授精后3d检测血清和乳汁中的早期受胎因子（early conception factor，ECF），如果在输精后7～8d采样，则检测结果更为准确（Adams和Jardon，1999；Threlfall和 Bilderbeck，1999）。但最近有研究表明，早孕因子商用试剂盒的准确度低率（Cordoba等，2001）。显然，早期妊娠诊断在生产实践中具有重要意义，如果奶牛由于人工授精失败未能妊娠，则能在黄体期就能及早诊断出来，就可用$PGF_{2\alpha}$处理，诱导其提早发情，及早再次配种以节省时间（参见第22章）。

牛妊娠特异蛋白B或妊娠相关糖蛋白分析　牛妊娠特异蛋白B（bovine pregnancy-specific proteins B，bPSP-Bs）或牛妊娠相关糖蛋白（bovine pregnancy-associated glycoproteins，bPAGs）为糖蛋白大家族的成员，属于天冬氨酸蛋白酶亚类（aspartic proteinases），Sousaetal（2001）对其生化和结构特征进行了详细介绍。牛从妊娠24d起可检测到这类蛋白，可用放射免疫分析检测其在母体血清中浓度的变化（Sasser和Ruder，1987；Zoli 等，1992a）。这类蛋白在妊娠6～35周血浆水平逐渐升高，在妊娠的最后6周急剧升高，在分娩前最后几天达到最高水平（平均2460ng/ml）（Zoli等，1992a）。这些蛋白具有很多不同的糖基化亚型，由滋养外胚层的双核细胞分泌（Reimers等，1985；Zoli等，1992b），因此它们的出现就可以表明动物已经妊娠。但这些蛋白质的生物半衰期较长（约3d），且在分娩前后水平极高，一直到产后7周仍可从血清中检测到，因此，用这种方法进行妊娠诊断时，在自发性（Szenci等，2000；Chavatte-Palmer等，2006）或诱导性（Szenci等，2003；Breukelman等，2005a）胚胎/胎儿死亡后可出现假阳性结果。

目前，PSPBs或bPAGs主要通过同源性或异源性放射免疫分析法检测，酶联免疫吸附试验（enzyme-linked immunosorbent assay，ELASE）检测方法正在研制之中，该方法能成为“在农场”进行检测诊断的方法（Sasser和 Ruder，1987）。Humblot 等（1988）报告，在妊娠30d采用放射免疫分析法检测PSPB，进行妊娠诊断的准确率为90%。也有研究表明，外周血浆牛妊娠特异蛋白BPSPB的浓度与胎儿数目之间存在很好的关联性，因此可用这种方法鉴别双胎（Doboson等，1993； Patel等，1995）。有人在人工授精后不同间隔时间，对bPAG和PSPB放射免疫分析方法与直肠超声检查进行了准确率对比（表3.5）（Szenci等，1998）。

表3.5 牛人工授精后三个不同阶段三种不同早期妊娠诊断方法准确率的比较（引自Szenci等，1998）

	超声波检查			牛妊娠相关糖蛋白-1			牛妊娠特异蛋白B		
人工授精后天数	29/30	33/34	37/38	29/30	33/34	37/38	29/30	33/34	37/38
灵敏度（%）	90	97	100	95	95	96	92	98	100
特异性（%）	96	99	99	69	77	72	83	87	84

使用7.5MHz线阵探头直肠检测尿囊液作为超声检测的阳性标准。牛妊娠相关糖蛋白-1放射免疫测定值＞0.8ng/ml和牛妊娠特异蛋白B测定值＞0.5ng/ml为阳性标准。

血浆及乳汁孕酮浓度 1971年，Robertson和Sarda介绍了一种通过检测牛血浆孕酮浓度进行妊娠诊断的方法。由于妊娠后黄体会持续存在，因此在前一次发情后约21d采集血样，孕酮应该维持高水平；如果没有妊娠而已接近或正在发情，则此时孕酮水平很低，这可从图1.28和图3.3的孕酮变化曲线中看出。虽然这种方法是一种十分有效可信的实验室妊娠诊断方法，但其缺点是需要采集血样。

Heap等（1969）的研究表明，孕酮可穿过乳腺而出现于乳汁。Laing 和 Heap（1971）证实乳汁孕酮浓度会随血液或血浆孕酮浓度而变化，而且孕酮易溶于乳脂，因此乳汁单位容积中孕酮浓度比血液或血浆更高。Heap等（1973）介绍了采用这种技术进行诊断妊娠的方法，此后许多国家开展了大量类似的工作。采用这种方法时，可由饲养员采集约20ml乳汁于玻璃/塑料瓶中，通常在下午挤奶时采样，因为此时乳汁脂肪含量更高。采集乳样后加入重铬酸钾或氯化汞作为保护剂，如果样品没有暴露在高温或过度紫外线光照中，则孕酮活性几乎没有丧失。

最初采用放射免疫分析技术测定牛奶孕酮浓度，虽然这种方法检测十分有效，但需要使用放射性同位素及设备专门来测定放射性（radioactive emissions），因此只能在专门的实验室进行，而且其最大的缺点是获得结果需要数天的时间。

目前已建立了许多定性的“牛旁”检测法并用于农场，可在采样后1h内获得结果。所用试剂和设备以试剂盒的形式提供。此外还建立了一些半定量或全定量检测法，但只是用于兽医实验室，需要一些设备和专业知识。这两种检测都是以ELISA为基础的。

基于实验室的定量检测，根据孕酮的标准系列，构建标准曲线。一般建议每份样品进行2次分析，至少在操作者熟练之前应该如此。在农场采用这些方法存在一些问题，这些问题概述如下：

- 不熟悉实验室操作过程的人员经常不能理解操作说明
- 即使简单设备也需要有相当熟练的操作
- 需严格遵守操作说明，特别是孵育时间和试剂量
- 试剂盒应该保存在4℃冰箱中，在使用前预热到室温，但不能加热
- 有些人难以识别颜色差异
- 奶样在分析前应保存在2～8℃，必须使用防腐剂

采集乳样的最佳时间是配种或人工授精后24d（Heap等，1976），虽然这一时间间隔能防止在比平均发情间隔长的牛造成假阳性结果，但比平均发情间隔短的牛会造成假阳性结果。采用这种方法进行妊娠诊断时其准确率在80%～88%之间（Heap等，1976；Hoffmann等，1976；Koegood-Johnsen和Christiansen，1977），诊断未孕的准确率几乎为100%。但Pieterse等（1990）报道，现场试验中在输精当天和其后第21天采取乳样，放射免疫分析和牛旁酶免疫分析的灵敏度分别为86%和93%，而特异性只有48%（放射免疫分析）和39%（酶免疫分析）。

出现假阴性结果的原因是：

- 在农场或实验室识别动物错误
- 乳样贮存中出现过热或紫外线照射

• 黄体产生的孕酮少

• 乳汁混匀不充分，样品中乳脂含量低

出现假阳性结果的原因是：

• 发情间隔时间比平均发情间隔短，如18d，在配种或人工授精后24d采样时如果未孕，则牛已进入下一周期的黄体期早期

• 采集乳样后发生了胚胎死亡（参见第24章）

• 能产生孕酮的黄体囊肿（参见第22章）

• 输精时间错误。已有研究表明（Hoffmann等，1976），高达15%的牛是在非发情期进行了人工授精，如果在此后的24d采集乳样，并且未观察到发情，采样时牛则处在具有黄体功能的间情期，此时乳中孕酮浓度高

• 黄体寿命病理性延长，这将在第22章讨论

乳样孕酮检查法的主要优点是可在其他方法（如直肠触诊）之前鉴别未孕牛。如果配种后牛未妊娠，测定第24天乳样可以预测牛在配种后第42天返情；如果牛患有疾病，则可在再次返情之前进行检查治疗。在第24天检查发现的妊娠牛应在随后用直肠超声或触诊检查确诊。农场进行的现场检测可早至配种后第19天进行，此时如果孕酮浓度低则说明动物未孕，据此可预测第一次返情的时间 [参见第24章，24.7.1 牛奶（血浆）孕酮含量在奶牛生育力管理中的应用] 。在这一时间前后可进行连续采样检测，但昂贵费时。自动、快速和可靠的所谓“内联（in line）”检测系统，可以在乳样采集后立即进行孕酮浓度检测。

最近有研究表明（Isoke等，2005），奶牛和肉牛人工授精后18～24d或胚胎移植后11～17d采集粪便样品可以代替血浆或乳汁测定孕酮进行妊娠诊断。

乳汁硫酸雌酮 硫酸雌酮从数量上来说是妊娠泌乳奶牛乳中主要的雌激素之一（Hatzidakis等，1993）。妊娠期硫酸雌酮浓度逐渐增加，妊娠105d以后出现在所有妊娠动物的乳汁中，而在未孕动物其浓度很低或检测不到，因此检测妊娠105d之后牛奶硫酸雌酮是可靠的妊娠诊断方法（Hamon等，1981），而且与孕酮分析不同，检测硫酸雌酮不要求准确的采样日期。但是其主要缺点是获得阳性诊断的时间太晚，因此限制了其应用。

3.4.3.3 临床诊断法

3.4.3.3.1 直肠触诊

触诊羊膜囊 这种妊娠诊断方法是在妊娠第一个月结束时触诊羊膜囊。触诊时先找到子宫角分叉处，展开卷曲的子宫角，沿着子宫角用拇指和中间两指轻柔地触摸整个子宫角，如果妊娠，可感觉到直径1～2cm圆而有张力的羊膜囊漂浮在尿囊液中。触诊时不能直接按压羊膜囊，但可轻轻前后推动。有人认为这一技术很危险，因为操作过程可能会损坏羊膜囊或胎儿心脏（Rowson和Dott，1963；Ball和Carroll，1963； Zemjanis，1971）。小心操作是所有直肠检查的技术要领，因此检查时应避免过度按压和粗暴操作。

触诊尿囊绒毛膜（滑膜） 牛的尿囊绒毛膜与子宫内膜的接触只发生在子叶与子宫肉阜之间，胎膜子叶间部分是游离的，因此可采用触诊尿膜绒毛膜（滑动胎膜）的方法进行妊娠诊断。这一方法最早是Abelein于1928年提出的（参见Cowie，1948），他认为这种方法可用于妊娠第5周以后的妊娠诊断。检查时先找到子宫角分叉，用拇指和食指或中指在分叉后部提起扩大的孕角，轻柔挤压滑动整个增厚的子宫角，可以感觉到尿囊绒毛膜呈一非常细小的结构在拇指和手指间滑过，之后从手中滑过的为子宫和直肠壁。在妊娠早期尿囊绒毛膜非常薄，因此检查时要握住整个子宫角，更容易触摸和感觉到的结构是含有尿囊绒毛膜血管的结缔组织带（参见图2.1）。Fincher（1943）建议在妊娠40d前不要采用这种方法进行妊娠诊断，到了妊娠95d时这种方法绝对可靠。这一方法的优点是能将妊娠与子宫积液或子宫积脓鉴别开来。在某些情况下，特别是妊娠60d后，因为未孕子宫角壁的紧张度低而容易握住，很容易找到空角。对初学者而言，可以在屠宰场用新鲜妊娠子宫进行练习。

单侧子宫角增大 如果不是双胎胎儿分别位于

每个子宫角，就可触诊到两个子宫角大小的差异，这种差异绝大部分是由胎水造成的，特别是尿囊液，它使子宫角产生有一定张力的波动感，感觉就像触摸到一个注满水且有点拉长了的气球。如果进行滑膜触诊，孕角子宫壁明显比未孕角薄。

对很多动物来说，单用这些迹象就能准确诊断妊娠。增大的子宫角一侧卵巢含有黄体是证明妊娠的可靠迹象，但在子宫积液、子宫积脓或子宫复旧不全时也会做出错误的妊娠诊断（参见第7章）。

触诊早期胎儿 在妊娠45～50d时，羊膜囊的张力有所降低，有时可直接触摸到正在发育的胎儿，但触诊应小心进行。

触诊胎盘突 直肠检查能触诊到胎盘突的最早时间是10～11周，手指在孕角表面来回滑动时可感到胎盘突为表面粗糙的突起。从妊娠3个月起，在骨盆前缘向前8～10cm上方的中线处，按压子宫体和子宫角基部时可以感觉到一些稀疏的凸起结构。妊娠早期难以鉴别出这些胎盘突为单个结构，感觉到子宫表面有一些不规则的皱褶，就像触摸到了装满小土豆的袋子。随着妊娠的进行，胎盘突变得越来越大，但当子宫在妊娠5～7月间沉入腹腔后，有时会触摸不到胎盘突，此时可用指肚在子宫颈前的子宫体上用力按压，就像经直肠触摸膀胱一样。触摸胎盘突是最真实的妊娠诊断方法，但在产后立即检查子宫同样也能感受到胎盘突的存在。

触诊子宫颈 如果子宫颈出现张力则可作为妊娠的证据。未妊娠或妊娠早期子宫颈能从一边自由地移到另一边，随着妊娠的进行，子宫颈移动性降低，并被向前向下拉过骨盆前缘。

子宫中动脉肥大和出现妊娠震颤脉搏 在未妊娠或妊娠早期时，牛通常不可能通过直肠检查触摸到子宫中动脉。子宫中动脉走行于阔韧带中，向下向前曲折穿行，朝中线在接近耻骨和髂骨结合部通过骨盆边缘，通常可在宫颈侧面5～10cm处找到。没有经验的人检查时会将子宫中动脉与髂骨动脉和闭孔动脉混淆，但子宫中动脉活动性大，是可移动的，且能在拇指和食指间缠绕。在妊娠的一定阶段，子宫中动脉通常所具有的正常脉搏会消失，停止，取而代之的是出现所谓的妊娠震颤脉搏。

最早感觉到子宫中动脉脉搏发生变化的时间以及其连续出现的时间差异较大。作者最早能在妊娠86d检测到震颤脉搏。妊娠100～175d时经常遇到震颤脉搏变成常规脉搏的情况。按压动脉的力道会影响手指的感觉，轻压检测为震颤，深压时会出现脉搏。妊娠175d后震颤通常变为连续性出现，但有些牛在妊娠200d时仍然为明显的震颤脉搏。在妊娠末期，子宫中动脉变得极度肥大和扭曲，感觉像铅笔一样粗细，伴有连续的震颤样脉搏，位于髂骨轴前缘2cm处。通常约从妊娠100d起可明显区分两条子宫中动脉的粗细，由此判断妊娠发生在哪侧子宫角。即使在体格最大的牛也能触诊到子宫中动脉，因此这种方法在大型哺乳肉牛特别有用。

触诊后期胎儿 经直肠或腹底部触诊胎儿可进行妊娠诊断。触诊的难易程度取决于牛的大小、子宫拉伸的程度和直肠与子宫壁的松弛程度。

直肠检查诊断妊娠的准确率 直肠检查妊娠诊断出现假阳性结果最为可能的原因是诊断之后发生胚胎或胎儿死亡，这是不可能排除的。造成假阳性诊断的其他原因还有：子宫复旧不全（参见第7章）、子宫积脓、子宫积液、子宫积水（参见第22章）以及检查时未能将子宫拉回骨盆腔。造成假阴性结果的原因主要有配种或人工授精日期记录不准确，因此直肠检查时牛是妊娠的，但比预期的要早一个发情周期，或是直肠检查时未将子宫完全拉回骨盆腔。后一原因特别值得注意，尤其是在体格较大的经产牛由于腹腔很深而在诊断时比较困难。为了能在直肠检查时对子宫进行充分彻底的检查，必须要将子宫全部拉回骨盆腔。没有经验的检查人员可能因为子宫不能触及或不能充分触诊而给出妊娠的诊断。诊断应建立在观察到阳性体征的基础上，应当记下那些不肯定的体征变化，等再过2～3周后重复进行检查比较。

直肠检查引起的出生前死亡 人们有时会担忧直肠触诊会引起胚胎/胎儿死亡，多个研究对这一风险进行了评估，评估中记录了不能产犊的母牛是否曾采用直肠触诊、乳汁孕酮分析或超声图像扫描术进行过妊娠诊断且诊断为妊娠。虽然获得的结果仍很不清晰，但有些方法或有些个体可使出生前的死亡率增加，而在妊娠42d后进行小心和熟练的直肠触诊是安全可靠的妊娠诊断方法。在未能成功妊娠的牛，无论采用何种方法进行妊娠诊断，可能总会发生妊娠失败。在最近进行的对照随机分组设计试验（controlled randomized block-design experiment）中，获得的结果证明了34～61d之间通过胎膜滑动进行妊娠诊断不影响胚胎/胎儿的活力，这可通过在45～60d用直肠超声图像扫描术判断，并与未经触诊的动物相比较而验证，结果令人信服（Romano等，2006）。而且通过直肠触诊损伤胎儿来诱导流产的实验表明，通常需要有大面积的损伤才可引起流产（Paisley等，1978）。

3.4.3.3.2 阴道检查

可徒手或视诊进行阴道检查，视诊可采用带照明的开膣器。由于妊娠期出现的阴道干燥和苍白的程度与发情间期极为相似，因此根据阴道黏膜的状态很难准确进行妊娠诊断。检查时应特别注意子宫颈外口的状况。妊娠期间，子宫颈腺体的分泌物变成胶状且很有韧性，形成子宫颈黏液“塞”封住子宫颈管道。很多情况下，子宫颈黏液“塞”会盖住子宫颈外口，或突出于子宫颈外口。子宫颈黏液“塞”在妊娠60d时形成。

徒手检查时，经手指轻轻按压子宫颈口，检查到有弹性的黏稠分泌物而不是湿润的黏滑分泌物，则是妊娠强有力的证据。用光照检查可见到子宫颈黏液“塞”为浅棕色，有时覆盖住子宫颈外口。但在很多情况下，子宫颈黏液“塞”只占据子宫颈管而不能确切地检查到整体。对于已经配种或人工授精的动物，除非有临床症状必须要进行时，通常应避免进行阴道检查。

3.4.3.4 超声检查

胎儿超声脉搏探测器利用多普勒原理，使用直肠探头能在6～7周检测到胎儿心脏。超声深度分析仪（A型）进行妊娠诊断时可检查出早至40d的妊娠。虽然对妊娠牛的阳性准确率可以达到85%～95%，但对未妊娠牛会有57%～87%被错误地诊断为妊娠（Tierney，1983）。这两种超声方法在检查时间和诊断准确度上与直肠触诊相比没有任何优势。

实时B超灰阶超声扫描是进行牛早期妊娠诊断的首选方法，该技术的详细原理和可用设备已在本章前面进行过介绍，如果读者想要阅读更多更详细的相关内容，建议参阅Ginther（1998）和Boyd 和Omran（1991）等的文章。

采用直肠内超声扫描子宫及其内容物时，可用7.5MHz线型传感器进行早期妊娠检查，而3.5～5.0MHz传感器适用于后期妊娠检查。传感器插入直肠后，应先检查两侧卵巢是否存在黄体，之后分别检查右侧和左侧子宫角。鉴于探头的形状、直肠的直径和子宫角卷曲等特征，沿着子宫角长轴不可能同时扫描到整个子宫角，因此可检查子宫角横切面的图像（图3.16）。由于胎水的出现，可在子宫角腔内观察到无回声（暗）区域，这样就可作出早期妊娠的推断性诊断。但是必须要注意，子宫角中含有与妊娠无关的液体时也可产生相似的结果。由于胎水首先出现在妊娠黄体同侧的子宫角，所以卵巢图像上出现黄体是非常重要的。然而，确切地诊断妊娠则必须要检查到胚胎或胎儿。

Boyd等（1988）使用7.5MHz探头可早在第9天就能诊断到妊娠，而Pierson 和Ginther（1984）使用5MHz探头在第12～14天胚泡伸长之前（参见第2章）就可识别头胎牛的妊娠。但必须要注意的是，这些极早期的妊娠诊断是在控制实验条件下短期内反复扫描后得出的结果，因此与农场的情况完全不同。在农场条件下，通常要求进行一次检查就要做出结论性的诊断。到妊娠第17天时，胚泡已经伸长扩张到对侧子宫角；到26d时用超声检查很容易检查出这一点。

有经验的检查人员可在动物未孕而预计返情前

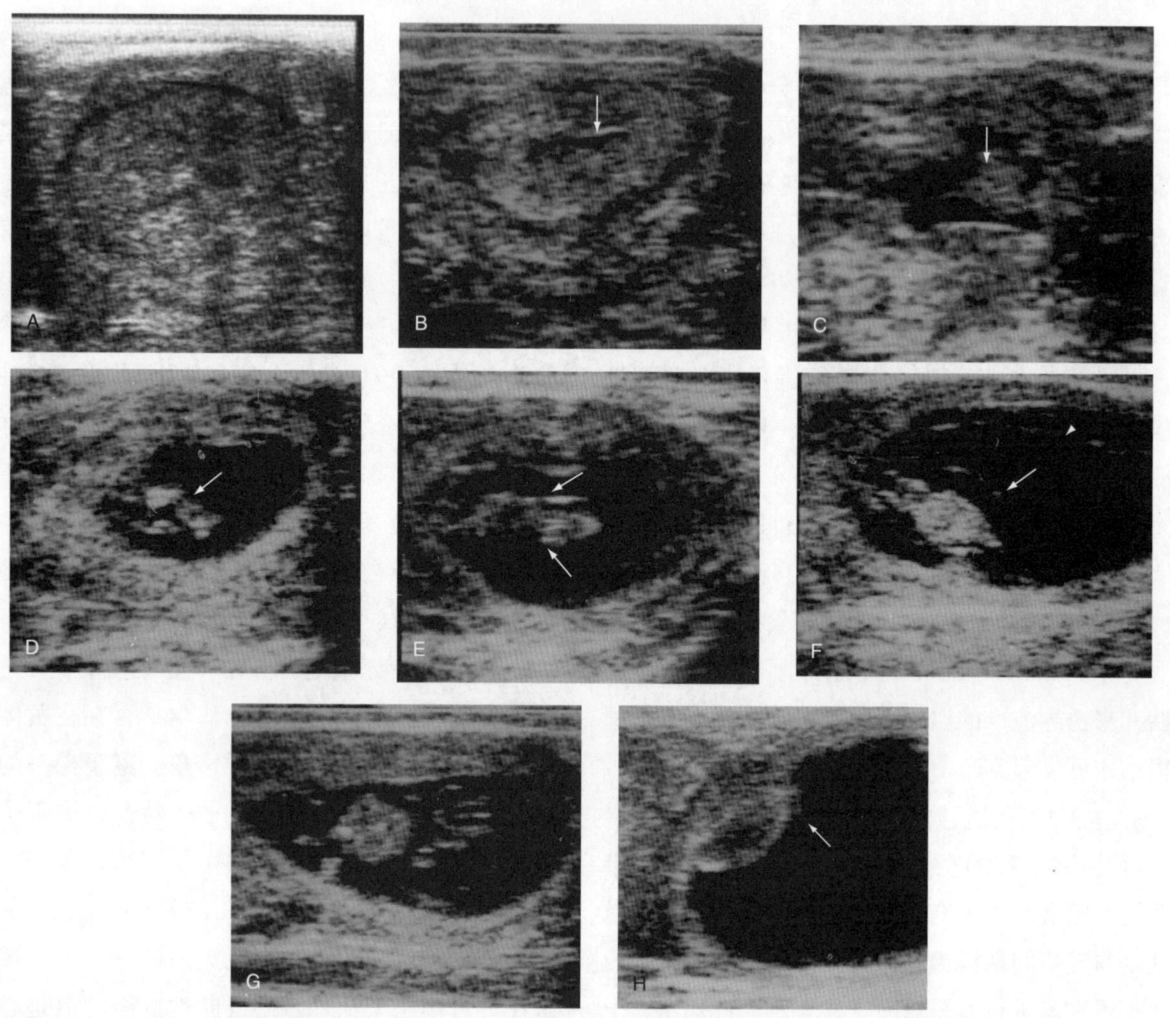

图3.16 牛直肠B超检查的妊娠诊断

A. 未孕子宫角横切面。无回声与强回声交替的组织带，子宫壁的子宫内膜和肌层呈现花纹样外观，子宫腔内没有液体 B. 妊娠22d的子宫角横切面。存在无回声与强回声交替的组织带，子宫腔内有无回声的液体，在它的上部（见箭头）是明亮高回声的尿囊绒毛膜 C. 妊娠28d的子宫角横切面。子宫角充满液体，胚胎清晰可见，实时图像能看到胎儿心跳 D. 妊娠28d的子宫角横切面。胎儿心跳（箭头）和无回声尿囊液 E. 妊娠32d的子宫角横切面。可见胎儿前肢的肢芽（箭头） F. 妊娠35d的子宫角横切面。胚胎长约17mm，可鉴别出羊膜（箭头）和尿囊绒毛膜（上方箭头） G. 妊娠42d的子宫角横切面。可见胎儿的体、头、肢 H. 妊娠63d的子宫角横切面。可见胎盘突（箭头）（引自Sheldon 和 Noakes，2002，得到BVA出版社允许）

后准确地进行妊娠诊断，但在第24～36天进行妊娠诊断的敏感性和特异性会显著增加（Szenci等，1998； Romana等，2007），此后就能相对容易地进行准确而快速的妊娠诊断。表3.5中的数据说明了这些特点，图3.16显示妊娠不同时期的图像。

妊娠140d时，可用B超来估测胎儿日龄（White等，1985； Ginther，1998），这可通过用B超测定胎儿各种体尺进行，其中冠臀长度（crown-rump length）较难测量，而体躯直径则最易测量。此外，通过检查生殖结节（genital tubercle）与周围结构的关系，可用B超鉴别胎儿性别。雄性的生殖结节可移行至脐部，而在雌性可移行至尾部，最佳的检查时间是妊娠55～70d（Curran等，1989；Strond，1996），诊断的准确率几乎可达到100%。必须要强调的是，这项技术需要丰富的直肠B超检查经验和良好的设备。

3.4.4 妊娠诊断的最佳时间

妊娠检查的主要目的是尽早和尽可能准确地查找出未孕动物，以便采取措施确保再一次配种，从而实现最佳的产犊间隔（参见第24章）。如果检查人员缺乏经验，就应选择自己对进行妊娠诊断的准确度很有信心的时间检查，而不要考虑所用的检查方法。

3.5 猪的妊娠与妊娠诊断

3.5.1 内分泌学

未孕猪血浆孕酮浓度在发情后15～16d急剧下降，但如果受胎则黄体持续存在，外周血循孕酮浓度可维持在30～35ng/ml的水平。尽管妊娠猪血浆孕酮浓度在24d略降至17～18ng/ml，但孕酮浓度在妊娠的大部分时期都是升高的，仅在产仔前急剧下降。卵巢和黄体一直是猪维持妊娠所必需的。子宫内胎儿的数目不影响孕酮浓度（Monk和Erb，1974），维持妊娠所需的最低孕酮浓度约为6ng/ml（Ellicott和Dziuk，1973），孕酮浓度降低会发生流产，但孕酮浓度更高也不会增加胚胎的成活率。

妊娠期间血浆总雌激素浓度相当稳定，但在分娩前2～3周开始升高至100pg/ml，到分娩前几天突然增至500pg/ml的峰值，分娩时快速下降。猪的早期胚泡可合成大量的雌激素（主要是雌酮和17β－雌二醇），雌激素穿过子宫壁时与硫酸盐发生结合（Heap等，1991）。这些母体血液和尿液中的雌激素代谢产物，或粪便中未结合的雌激素，在妊娠第23～30天达到一个短暂的高峰（Robertson和King，1974；Choi等，1987），根据雌激素的这种升高特点可以研发用血或粪便样品进行早期妊娠诊断的方法（见后）。

3.5.2 妊娠诊断方法

3.5.2.1 管理法

配种或人工授精后18～22d没有返情可以作为妊娠的最早信号，但发情鉴定可能比较困难且费时，即使采用最为可靠的按压背部或骑跨检查（Reed 1969），检查结果也不尽一致。不返情的情况包括发情表现不明显、乏情或发生卵巢囊肿（参见第27章）。应尽早知道猪是否妊娠，以便对未孕母猪能再次配种、治疗或淘汰，对饲养者来说在出售母猪之前确定其是否妊娠也是十分必需的，这就需要一种可信的妊娠诊断方法，这种方法必须准确，能在妊娠早期使用，而且价格低廉。

3.5.2.2 临床检查方法

直肠触诊

Meredith（1976）和Cameron（1977）对直肠触诊进行妊娠诊断的方法进行了详细介绍，这种方法主要是经直肠触摸子宫颈、子宫和子宫中动脉。依Cameron（1977）的介绍，现将这种方法详细介绍如下：

妊娠0～21d 子宫颈和子宫与间情期非常相似（参见第1章），但此时子宫角分叉处变得不明显，子宫轻微增大且壁软，妊娠3周时，子宫中动脉直径增加至约5mm。子宫中动脉在通过髂外动脉（external iliac artery）时容易找到，其向前向下伸向腹腔。髂外动脉沿髂骨的前内侧边缘向下向后伸向后腿，在成年猪直径约1cm。

妊娠21～30d 子宫角分叉不明显，子宫颈和子宫壁软而薄，子宫中动脉直径5～8mm，更容易找到。

妊娠31～60d 子宫颈触诊呈壁软的管状结构，子宫触诊不明显，壁薄。子宫中动脉增粗至与髂外动脉同样大小，最早在妊娠35～37d可感觉到震颤脉搏（Meredith，1976），触诊时可与髂外动脉进行比较。

60d至分娩 子宫中动脉比髂外动脉更粗，震颤脉搏很强，此时子宫中动脉跨过髂外动脉，比以前更靠近背侧。只有在妊娠末期才有可能在子宫角分叉处触诊到胎儿。

进行直肠检查时不需要对母猪进行太多的保定，最好在动物饲喂时检查。但小母猪由于体格太小而难以用这种方法检查，体格较大的母猪，也需要术者的手臂细长。Cameron（1977）发现，在妊娠30～60d直肠检查诊断妊娠的准确率为94%，诊断未孕的准确率为97%；Meredith（1976）报道的准确率分别为99%和86%。妊娠诊断的准确率会随着经验的积累和妊娠的进展而提高。

3.5.2.3 超声检查法

Fraser 和Robertson（1986）首次介绍了根据检测子宫动脉脉搏和/或胎儿心跳诊断猪妊娠的超声多普勒技术，采用直肠探头进行妊娠诊断的最早时间为妊娠25d。这种方法诊断妊娠的准确率较高，为92%～100%，诊断未孕的准确率为25%～100%（McCaughey，1979）。在配种后5周进行一次检查的灵敏度为98.9%，特异性为67.2%（Atkinson等，1986），在第5和第8周均进行检查时，与只在第5周进行一次检查时的灵敏度和特异性相比，没有显著提高。

在采用B超之前，A超一直是最为可靠最为常用的技术。Lindahl等（1975）用2MHz外部探头检查了1001头母猪，在妊娠第30～90天之间鉴别妊娠猪的准确率为99%，未妊娠猪为96%，在妊娠30天前进行检查的结果不可靠。Taverne等（1985a）在妊娠第31～37天使用这一技术，灵敏度相同（97.5%），但特异性较低（55.8%）。

B超直接扫描进行猪的妊娠诊断非常成功（Martinat-Botté等，2000）。诊断时，母猪保持站立姿势，用探头从脐后约5cm、腹中线右侧或左侧两侧乳头的侧面向腹腔后部扫描探测，扫描时需要试用耦合剂。如果扫描探测到不规则的无回声黑斑，就是子宫内充满尿囊液的胎囊（图3.17B，D），据此就可做出妊娠诊断。通常能扫查到胚胎（图3.17），但这并非为阳性诊断所必须，因此子宫内出现病理性（子宫积水）或生理性（发情、精液）积水可能会造成假阳性诊断。Inabe等（1983）对145头母猪从妊娠22天起进行检查，妊娠诊断的准确率为100%。同样，Jackson（1980）对285头母猪进行检查，未孕猪诊断的准确率为100%，妊娠24～37d妊娠猪诊断的准确率为99%。本研究中285头母猪诊断中出现小的误差是由于产前胚胎死亡所致。Taverne等（1985a）在妊娠24～32d对881头猪用3.0MHz线型探头扫描，同样达到100%的灵敏度，但特异性为90.6%，主要是因为扫描后发生了胚胎/胎儿死亡。Szenci等（1997）和Vos等（1990）对妊娠26～32d相同动物采用超声检查和粪便游离雌激素检测（见下）的结果进行了比较，结论与上述相似。

用更长的探头经直肠扫描（图3.17A，C）可以在更早时间进行妊娠诊断（Thayer等，1985），但在4周后无论进行腹部检查或直肠检查，用3.5MHz和5.0MHz探头准确率相同（Fraunholz等，1989），只是直肠内探查用时更长，操作更为困难，特别是当猪没有进行保定的时候更是如此。

3.5.2.4 实验检查法

血浆孕酮浓度检测 未孕母猪外周血中孕酮浓度约从发情周期第16天起下降（参见图1.32），因此可在配种后这个时间点之后检测孕酮浓度进行妊娠诊断。Ellendorff等（1976）报道，在配种16～24d采集血样进行妊娠诊断，灵敏度为99.6%，特异性为85.3%。随后进行的许多研究表明血浆孕酮浓度检测的特异性更低，主要可能是在检测之后整窝胚胎/胎儿死亡，但这一方法的最大问题是血样采取困难。

血浆雌激素分析 Robertson等（1978）报道在未妊娠猪的血液中检测不到硫酸雌酮，而在妊娠母猪可在妊娠后20d检测到，因此可通过血浆雌激素分析进行妊娠诊断。从耳静脉采集少量血液就足以进行分析，妊娠约24～28d时硫酸雌酮浓度最高，是最适的诊断时间。雌激素在粪便中是以未结合的形式存在（Choi等，1987），分析同一时期粪便样品可避免采取血样。Vosetal（1999）以3.65ng/g粪便雌酮浓度作为区分值（discriminatory value）进行妊娠诊断，灵敏度达96.5%，特异性达93.5%。

3.6 绵羊和山羊的妊娠及其诊断

3.6.1 内分泌学

3.6.1.1 绵羊

在未孕而处在发情周期的绵羊，其外周血孕酮

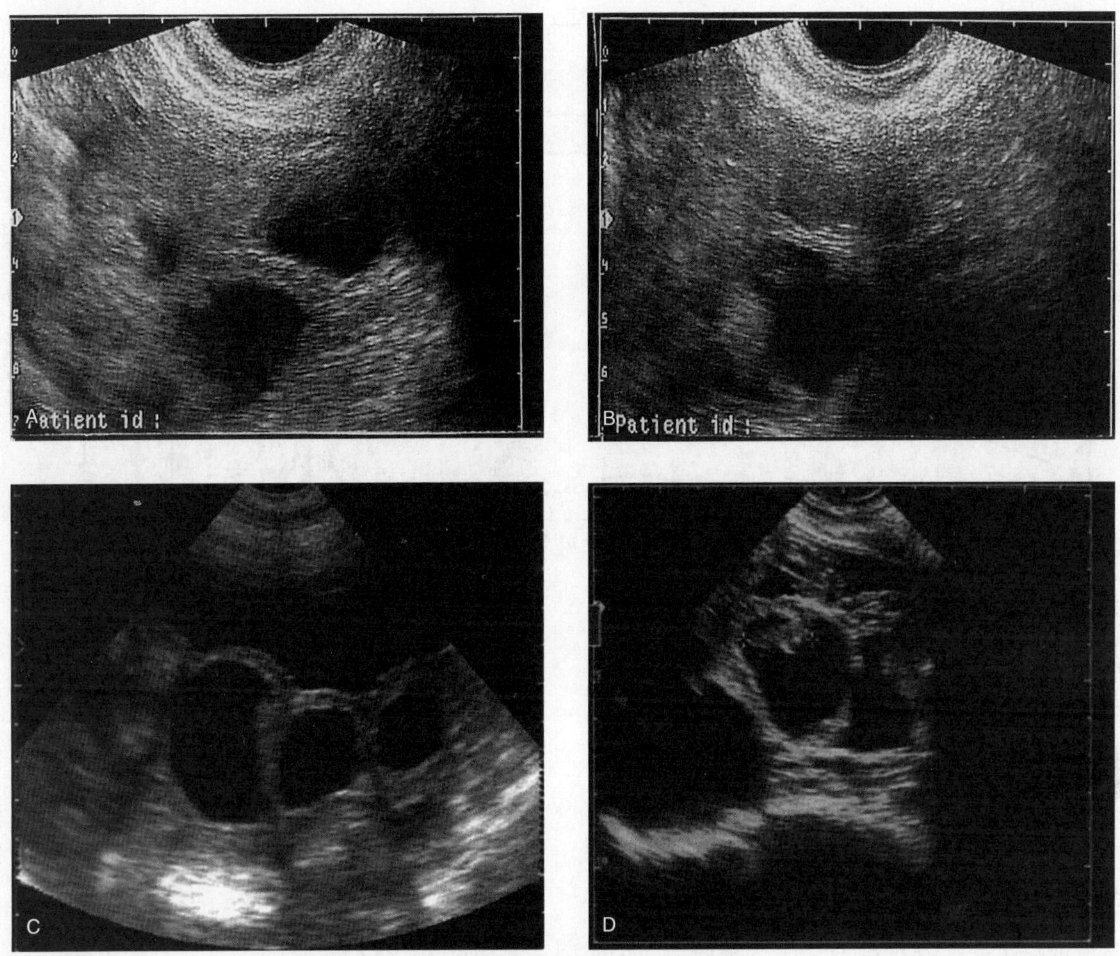

图3.17　猪妊娠23d（A～C）和24d（D）直肠B超（5MHz传感器）检查图像
黑色区域表示子宫角中的尿囊液。C图在膀胱下有3个胚囊，D图可见有1个胎儿（图A和B经Dr Roy Kirkwood允许）。

浓度在发情期开始前急剧下降（参见图1.29）。受胎之后黄体持续存在，孕酮浓度维持在间情期峰值浓度并在妊娠的前60d逐渐增加。可能是由于胎盘产生的孕酮增加，因此妊娠60d时孕酮浓度大量增加。高浓度的孕酮一直可维持到妊娠的最后几天，在分娩时快速降至1ng/ml。孕酮浓度在多胎时明显较高（Basset等，1969），在妊娠后期，胎盘产生孕酮量是卵巢的5倍（Linzell 和 Heap，1968）。单胎绵羊外周血循孕酮的最高浓度在妊娠105～110d为3.8ng/ml，怀双胎时在125～130d为5.1ng/ml，怀三胎时在妊娠125～130d为9.2ng/ml（Emady等，1974）（图3.18）。

外周血循中雌激素浓度在整个妊娠期都很低，分娩前几天才逐渐升高，在产羔时突然升高到400pg/ml，随后急剧下降（Challis，1971）。

促乳素浓度在妊娠期波动于20～80ng/ml之间，妊娠末期时开始升高，并在产羔当天达到400～700ng/ml的峰值（Davis和Reichert，1971；Kann和Denamur，1974）。

从妊娠48d开始就可在母体血浆中检测到胎盘促乳素，约在妊娠140d时达到峰值，然后逐渐降低直到产羔。从16～17d的胚泡的滋养层组织中可检测到胎盘促乳素（Martal 和Djiane，1977）。对这种激素的作用仍不清楚，可能在妊娠羊发挥促黄体化作用，还可能控制胎儿生长和乳腺发育。

在绵羊妊娠55d后摘除双侧卵巢不会导致流

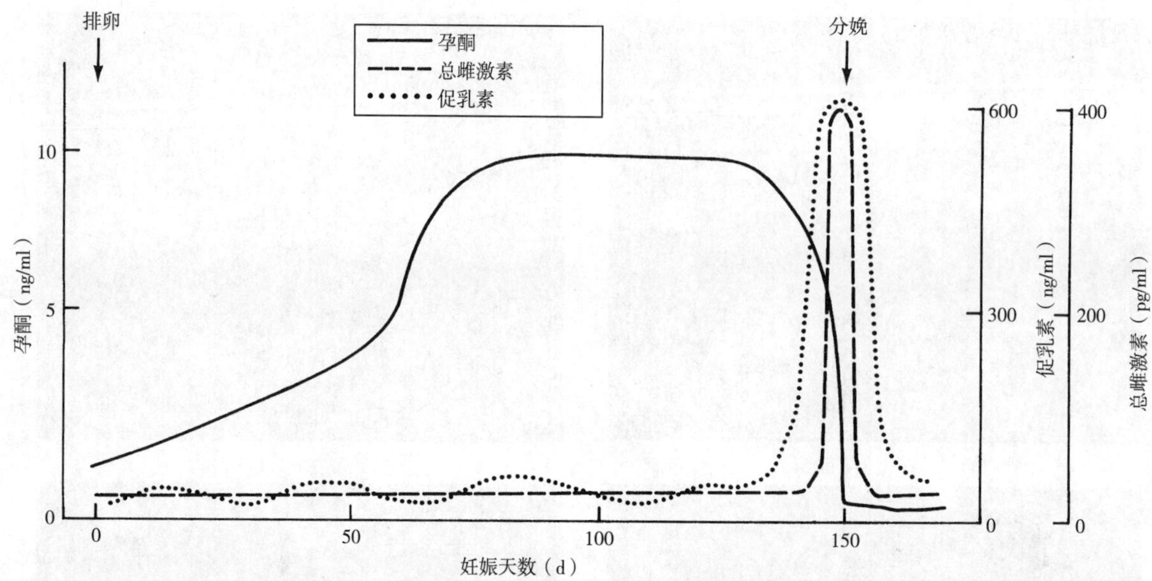

图3.18 绵羊妊娠和分娩期外周血循激素浓度的变化趋势

产，在此阶段胎盘已经替代黄体发挥产生孕酮的作用。但黄体在妊娠期间持续存在，到分娩时才退化（参见第6章）。

3.6.1.2 山羊

与绵羊一样，山羊外周血循和乳汁中孕酮浓度在发情前后下降，在配种或人工授精后约21d采样可区分未孕、假孕和妊娠山羊。山羊妊娠后孕酮浓度升高并维持在一个高水平的平台期，在分娩前几天快速下降。山羊外周血循的总雌激素浓度比绵羊高，从妊娠30～40d起逐渐增加，在分娩前达到600pg/ml以上的峰值（Challis和Linzed，1971）。促乳素水平在妊娠期间一直很低，但在分娩前急剧增加。

在妊娠期的任何阶段摘除双侧卵巢均可导致山羊流产，因此除去卵巢后，似乎其他组织不能够产生足够的孕酮来维持妊娠。

3.6.2 绵羊妊娠诊断的方法

文献资料中关于绵羊可采用的妊娠诊断方法很多，其中有很多已使用多年，文献资料中已有很为详细的综述（Richardson，1972；Karen等，2001）。绵羊妊娠诊断方法的数量多，种类多样，表明了一个事实，即在采用B超进行妊娠诊断之前，还没有一种简单准确廉价的临床妊娠诊断方法，而B超无疑是目前的首选方法。绵羊的生育力较高，如果能够检查胎儿数目（以便在妊娠后期能更有效地使用饲料），而不仅仅是只能进行妊娠诊断，在绵羊养殖中可能会带来更大的经济利益（Russell，1989）。

3.6.2.1 管理法

传统上使用的妊娠诊断方法是观察法，母羊被公羊爬跨或交配过后，在16～19d内如果没有被再次爬跨，在大多数情况下证明已经妊娠，但以后发生的胚胎死亡可降低观察法进行妊娠诊断的准确率，而且20%～30%的妊娠羊在妊娠早期也会表现发情。应该注意，采用观察法时应每隔16d更换一次公羊腹下涂料的颜色，而且涂料要很软，这样才能保证母羊被公羊爬跨时被标记。

妊娠100d之后可经腹壁触摸到胎儿，此时头胎羊的乳房发育非常明显。冲击触诊时最好让羊正常站立，在乳房前反复抬高母羊的腹部，可感到胎儿会落到触诊的手上。

3.6.2.2 超声检查法

胎儿脉搏探测器（多普勒）可用于绵羊的妊娠诊断，有两种类型的探头可供选择。外部探头可用于乳房前腹部的皮肤表面，这一部位羊毛稀疏，探头末端涂上耦合剂后在表皮上缓慢移动可进行诊断。羊可进行站立坐姿保定。特征性声音包括出现胎儿心跳（嗒、嗒、嗒声）或血液流动（嗖、嗖、嗖声），胎儿心跳速度通常比母羊心率快，到妊娠后期胎儿心率减少。妊娠40～80d用这种方法检查时准确率不超过60%（Hulet，1968；Richardson，1972），但在妊娠110d后检查，如果经过适当的练习，准确率可接近100%，平均每3～4min可检查诊断1头羊（Watt等，1984）。

Lindahl（1971）使用直肠内探头在妊娠中期开始时进行检查，灵敏度达到90%以上，而Deas（1977）在妊娠41～60d检查，灵敏度为82%，特异性为91%，许多研究也获得了与此相似的结果。直肠内探头使用安全，易于操作，动物只需简单保定。使用胎儿脉搏探测器出现假阳性的可能性几乎为零，出现的错误主要是由于混淆了母体脉搏与胎儿脉搏的声音。有时可能会出现假阴性结果，特别是检查的时间太早或检查的速度太快时。外部探头同样也可在妊娠80～100d区分单胎或多胎妊娠，但鉴别胎儿数目的准确性很低。

B超扇扫探头通过腹壁扫描，是一种早期、准确和快速的妊娠诊断方法，不仅可鉴别妊娠和未妊娠，而且还可确定胎儿数目（图3.19）。这种方法的成本效益（cost-effectiveness）显著，不仅可查找出不孕羊，还可以依据胎儿数目调整饲养水平；不仅可以节约饲料成本，还可以减少妊娠毒血症发生的机会。鉴别胎儿数目的最佳时间为妊娠45～50d，但检测妊娠的最早时间是30d。White等（1984）使用2.25MHz、3.0MHz或3.5MHz探头，检查了配种后36～90d的1120只羊。检查时剪去绵羊腹底部乳房前约20cm范围内的羊毛，动物仰卧保定，以植物油作为耦合剂，扫描腹部。基于充满液体的子宫和胎盘突的图像，能很快做出妊娠阳性诊断。小心检查子宫区域，可以更准确地诊断胎儿数目。动物也可坐立保定。有经验的检查人员平均每小时可检查75头羊，鉴别妊娠与未妊娠的准确率超过99%，鉴别胎儿数目的准确率为98.9%（Fowler和Wilbins，1984）。最常见的错误是三胎妊娠时没有找到第3个胎儿。即使没有经验的检查人员也能很快提高诊断的准确性，特别是在鉴别妊娠与未妊娠方面技术水平会提高得很快。在商业生产中采用B超进行绵羊的妊娠诊断时，要将绵羊保定在可旋转的保定架上，这样可以很容易地在乳房前部剪毛区和子宫上方移动探头（White 等，1984；Russell，1989），或让动物站在可升降的保定笼里，将探测器探头放在乳房前面和侧面的无毛区进行探查（Taverne等，1985b）。但是，Karen等（2006）在现场条件下采用动物仰卧保定不剪毛，在阿华西羊×美利奴杂交羊（Awassi X Merino sheep）妊娠43～87d进行检查，发现B超探查在区分单胎和多胎妊娠方面的准确率很低。尽管经直肠内探针扫描也可用于绵羊的妊娠诊断，但只能检查少量动物（Buckrell等，1986；Gurcia等，1993；Karen等，2004），并可在更早的时间进行诊断。

3.6.2.3 实验室方法

乳汁和血浆孕酮 妊娠绵羊黄体持续存在，因此外周血循孕酮浓度在配种后15～18d会持续维持在高浓度，根据这一特点可通过测定孕酮浓度进行妊娠诊断。未孕绵羊也会出现持久黄体，由此可导致诊断错误。Boscos等（2003）用酶免疫分析法测定撤除阴道孕激素海绵后19d采集的样品，以2.5ng/ml为甄别值，诊断妊娠的灵敏度为98.3%，特异性为85.5%。用放射免疫分析测定血浆孕酮水平，取同期发情羊人工授精后43～87d的样品，不能准确区别单胎妊娠和多胎妊娠（Karen等，2006）。

妊娠特异蛋白 与牛一样，绵羊胎盘的双核细胞可产生妊娠特异蛋白（pregnancy specific proteins，ovPSPBs），也称为妊娠相关糖蛋白（pregnancy associated glycoproteins，ovPAGs）（Ward等，2002），这些蛋白可在妊娠3周直到产后2～3周从母体循环中检测到。Ruder等（1988）用牛妊娠特异蛋白抗体，在妊娠35～106d采集血样进行诊断妊娠，灵敏度为100%，特异性为90%。Karen等（2003）采用异源性双抗放射免疫分析

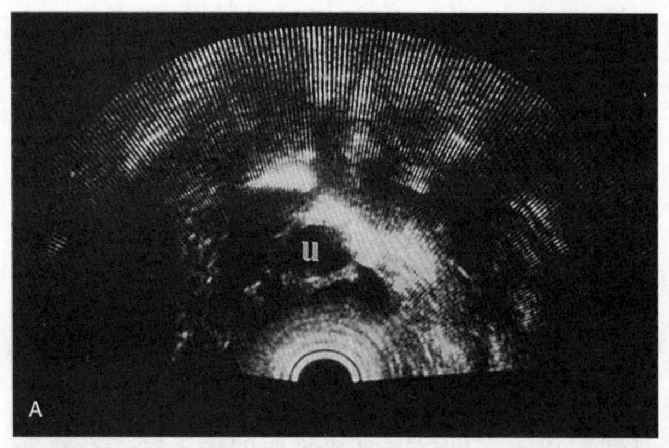

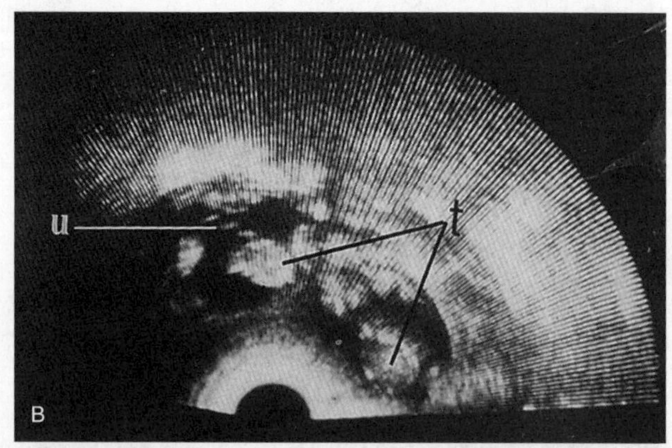

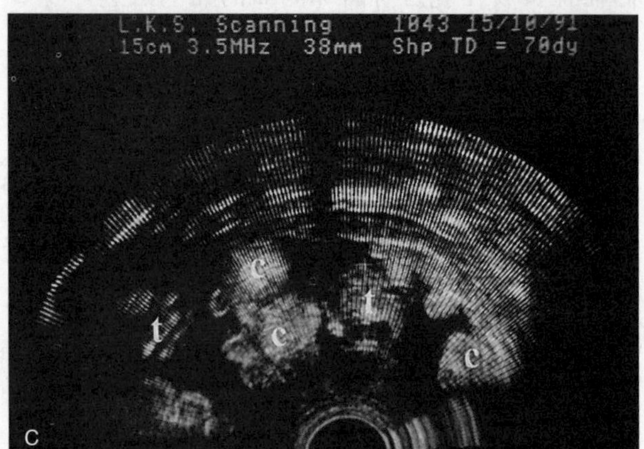

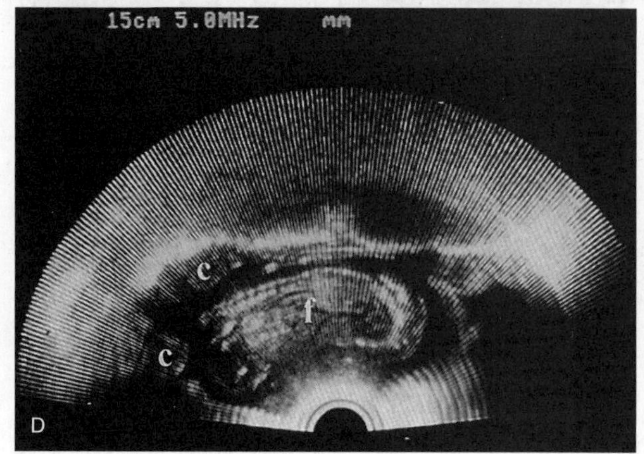

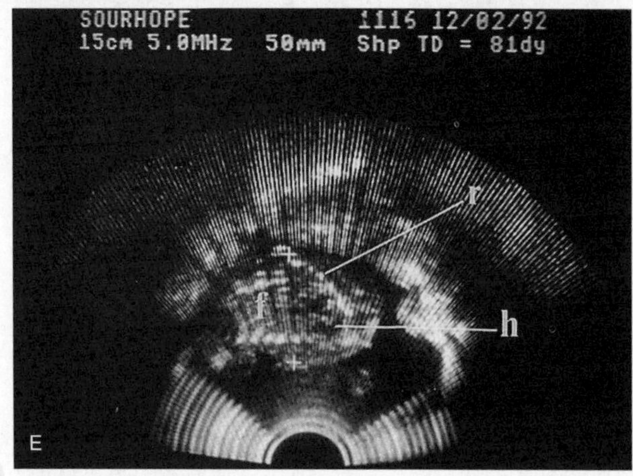

图3.19 妊娠绵羊腹部B超检查图，3.0MHz或5.0MHz传感器（经Dr P. J. Goddard允许）

A. 妊娠约35d，子宫角（u）充满液体，没有找到胚胎/胎儿，只能表明可能妊娠 B. 妊娠约55d，无回声的羊水包围着双胎（t），左侧胎儿连着脐带（u） C. 妊娠约70d，双胎（t）和子叶（c） D. 妊娠约80d，单个大胎儿（f），可见脊柱和子叶（c） E. 妊娠约81d，单胎（f），可见肋骨（r）和心脏（h）

法，以抗牛妊娠相关糖蛋白67KDa亚单位的抗体进行测定，从妊娠22d起检测，获得了很高的灵敏度和特异性。检测妊娠相关糖蛋白预测胎儿数目可靠性较差（Vandaele等，2005，Karen等，2006）。

3.6.3 山羊的妊娠诊断方法

上述许多用于绵羊的妊娠诊断方法同样可用于山羊。使用胎儿脉搏探测器是一种可靠的妊娠诊断方法，采用腹部探头检查大约在妊娠50d可获得可靠诊断，直肠探头检查大约在妊娠25d可获得可靠诊断。用B超直肠或腹部探头从妊娠30d起就可获得很肯定的诊断结果（Lavoir和Taverne，1989；Hesselink和Taverne，1994；Gonzalez等，2004；Holtz，2005），用这种方法同样可准确诊断胎儿数目（图3.20）。在配种或人工授精之后（30d之前）及早进行扫查，如果假孕山羊子宫内出现液体

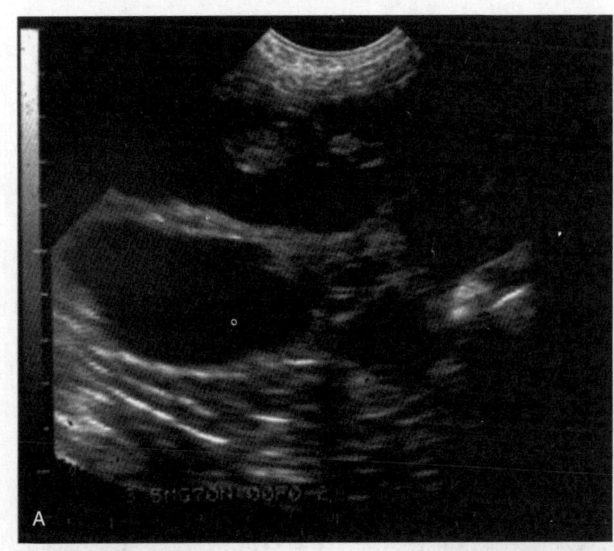

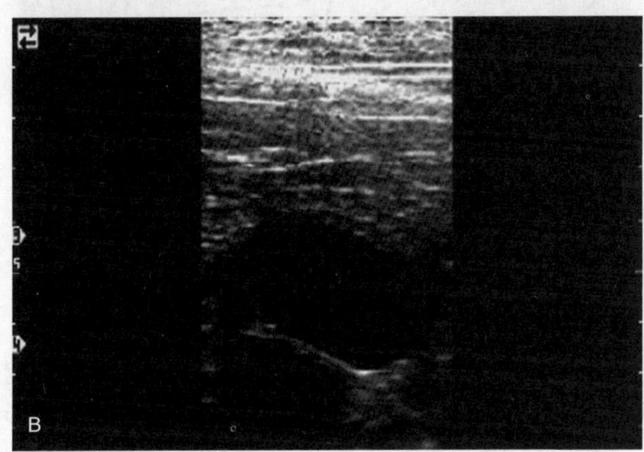

图3.20　山羊妊娠（A）和假孕（B）的腹部B超检查图
A. 图片上方紧靠腹壁的子宫中有一可见头、前肢、臀部的胚胎　B. 两个充满液体的子宫角，与早期妊娠非常相似

（子宫积水）时可出现错误的妊娠信号，因此可出现假阳性诊断（Hesselink和Taverne，1994；Lopes Júnior等，2004）。

因为大多数经产山羊在配种时是泌乳的，因此乳中孕酮检测应用广泛。在配种当天或配种前后从奶桶采集全乳乳样，或在22d和26d后没有返情时采集奶样测定孕酮（Holdsworth 和Davies，1979），诊断为未孕的准确率为100%；但由于假孕、卵巢肿囊、发情期孕酮水平升高等可得出假阳性结果。然而，由于B超的特定优势，这种方法在羊场中似乎不可能成为常规检查方法。

硫酸雌酮由胎盘突产生，可出现在血浆、乳汁、粪便中，是妊娠的阳性指征，因此可用于鉴别假孕。虽然在妊娠30d时妊娠动物硫酸雌酮的浓度已高于未孕个体（Heap等，1981），但最早和最适的检测时间是在配种50d以后（Caplin和Holdsworth，1982）。

检测血浆妊娠特异蛋白（Humblot等，1990）或妊娠相关糖蛋白（Gonzalez等，2004）的方法同样也可用于山羊的妊娠诊断，从妊娠3～4周往后比较准确。因为这种蛋白也出现在乳中，因此这种方法可能会成为奶山羊场一种有吸引力的检测方法。

3.7　犬的妊娠与妊娠诊断

3.7.1　内分泌学

未孕犬黄体期很长，黄体活性可保持65～75d，在未妊娠的情况下子宫对黄体寿命没有影响（Okkens等，1985），所以妊娠犬外周血循中孕酮浓度与未妊娠个体相似，因此与其他动物不同，犬不能用孕酮浓度测定进行妊娠诊断。Cancannon等（1975）的研究表明，妊娠犬孕酮平均最高浓度为29ng/ml，未妊娠犬为27ng/ml。但是，孕酮浓度在个体间差别很大，妊娠犬的孕酮浓度峰值出现在LH峰后8～29d，未妊娠犬出现在12～28d。孕酮浓度约从妊娠30d起逐渐降低，到60d时降到5ng/ml，分娩前突然下降，分娩时降低到零。未妊娠犬的孕酮浓度不出现快速下降，持续维持低浓度。未妊娠犬孕酮浓度≥1ng/ml的天数为68d，而妊娠犬为63.8d（Concannon等，1975）。

妊娠犬外周血浆的雌激素（图3.21）浓度比未妊娠犬略高，附植时雌激素浓度增加（Concannon等，1975），之后保持相对稳定，分娩前下降到未妊娠时的基础值（Baan等，2008）。

促乳素是犬主要的促黄体化激素，特别是在妊娠的后半期作用明显（Okkens等，1990；Onclin等，2000）。尽管促乳素浓度在妊娠犬和未妊娠犬黄体期的前半期有所增加，但妊娠犬促乳素浓度在黄体期的后半期增加的幅度更大。促乳素浓度在妊娠结束时逐渐增加，并在产前1～2d

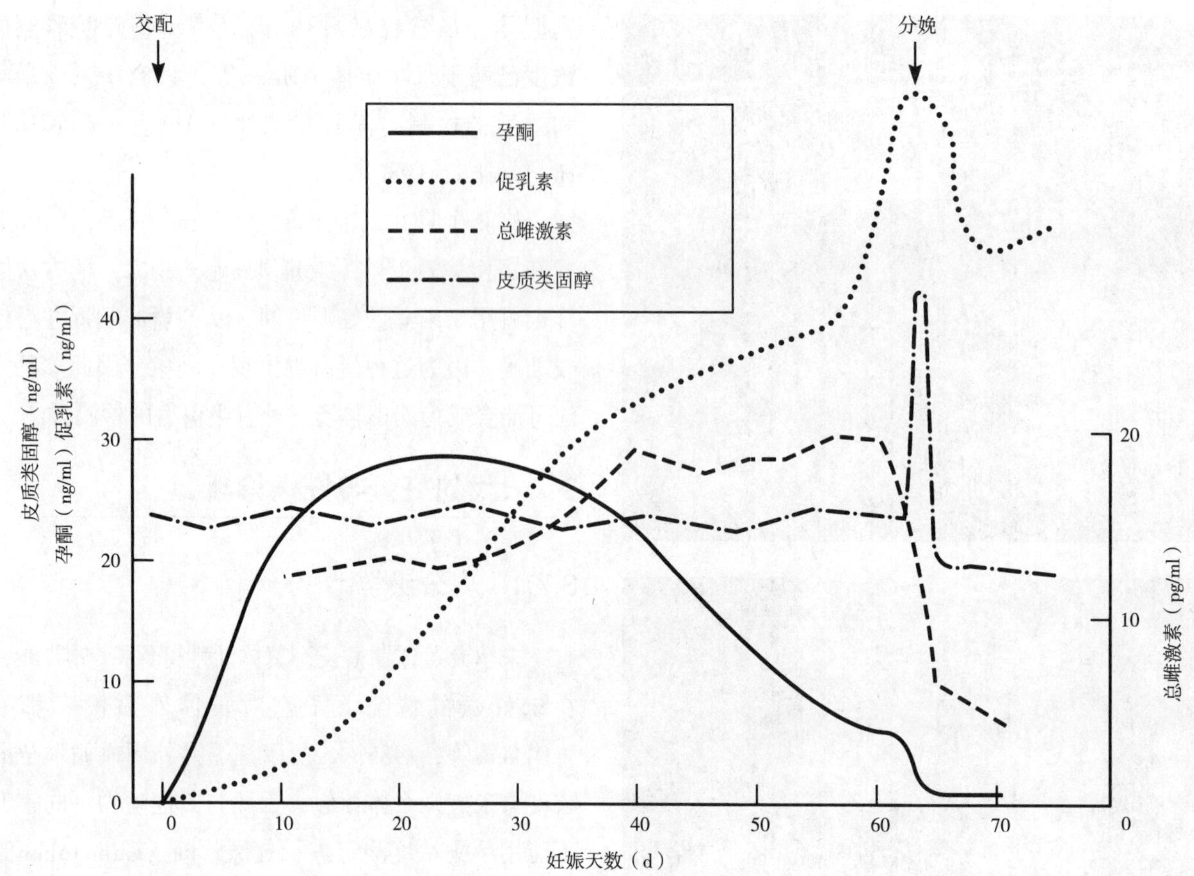

图3.21 犬妊娠和分娩期外周血循激素浓度的变化趋势

孕酮快速下降时突然达到峰值（De Coster等，1983；McCcann等，1988）。

妊娠的拉布拉多（Labrador）和比格犬（Beagle）在妊娠20～30d外周血循中可检测到松弛素，而在未孕犬繁殖周期的所有阶段都检测不到（Steinetz等，1989）。卵巢对维持犬的妊娠是必需的，即使在妊娠56d时摘除卵巢仍会导致流产（Sokolowski，1971）。妊娠犬血浆松弛素过低时胚胎/胎儿死亡率升高（Gunzel Apel 等，2006）。

犬的妊娠期平均为63～64d，但从第一次配种到产仔的间隔范围为56～71d。但若以出现LH排卵峰开始计算妊娠期，则犬的妊娠期通常为64～66d（Concannon 等，1983）；如以排卵前血浆孕酮增加作为最适配种时间的指标时，妊娠期平均为61.4d（Okkens等，2001）。近来进行的回顾性研究发现，品种和窝产仔数对犬的妊娠期长短有明显影响，而年龄和胎次则没有影响（Eilts等，2005）。

3.7.2 妊娠诊断方法

犬不是多次发情的动物，因此不能用不返情来判断妊娠。通常认为发生受精时，发情会结束得更突然，但目前对其原因仍不清楚。进行犬的妊娠诊断时，一个主要问题是假孕相当普遍，而个体间存在很大差异。

犬在妊娠期间腹部和皮下脂肪沉积明显，这是随后的泌乳所必需的，这些脂肪会在哺乳期间消耗掉。在妊娠的头5周，子宫及其内容物不会引起体重明显增加，但从第5周之后，母犬的体重依据胎儿数目不同而快速增加；体重增加的变化很大，例如5kg体重母犬可增加1kg，而27kg体重母犬可增加7kg或更多，但在体重开始增加时，也出现了一些非常准确的信号表明母犬已经妊娠（图3.22）。怀胎儿多的母犬，从第5周起腹围扩张逐步明显，但在只有一两个胎儿的母犬，特别是母犬体格很大或很肥时，腹围扩张可能不明显。

还有一些引起腹部扩张的原因必须要与妊娠相区分，其中最为重要的是子宫积脓，此外还包括腹水、渗出性腹膜炎、脾肿大、肝肿瘤；腹部淋巴结及子宫的肿瘤则较为少见。

3.7.2.1 临床方法

乳腺 妊娠期间乳腺发生特征性变化，但假孕时也可能出现相似但不明显的变化，初产犬的这些变化更易识别。妊娠约35d时，在无色皮肤上，乳头呈亮桃红色、扩张、坚硬、突出。这种情况可一直持续到妊娠45d，此时乳头更大更软且肿胀，可能有色素沉着。从妊娠50d开始乳腺明显肿大，并在以后逐渐增大，直至最后形成两排水肿区，水肿可从骨盆前缘延伸到胸前，在乳腺之间有水肿形成的凹窝。分娩前2～3d乳头能产生水样分泌物，伴随着分娩开始分泌乳汁。经产犬的乳腺于妊娠结束前7d终止扩张，一些经产犬在分娩前几天就可从乳头挤出乳汁。

腹部触诊

腹部触诊的难易程度和准确度取决于以下因素：

- 动物体格的大小，越小越容易触诊
- 动物的性情，是否抗拒触诊
- 检查时的妊娠阶段
- 子宫内胎儿的数目
- 犬是正常大小，或是极度肥胖。

18～21d 此时子宫角内的胚胎为卵圆形，12mm×9mm，具有一定的张力。小犬容易操作，可大概估计胎儿的数目，位于子宫角尾部的胚胎更容易感觉到，如果只有一两个胚胎且位于子宫角头部，可能就会找不到。在大型或肥胖犬，在此时期不可能检查到孕体。检查时应小心，不要将孕体隆起物和结肠内的粪便相混淆。

24～30d 这是进行早期妊娠诊断的最佳时间。妊娠24d时，胚胎的轮廓为直径6～30mm的球形，仍有一定的张力，容易识别（图3.23）。有时胚胎体积有很大的差异，子宫角尾部的胚胎比子宫角头部的小，但在胚胎/胎儿死亡后也会引起体积大小发生变化。胚胎保持球形直到妊娠33d左右。

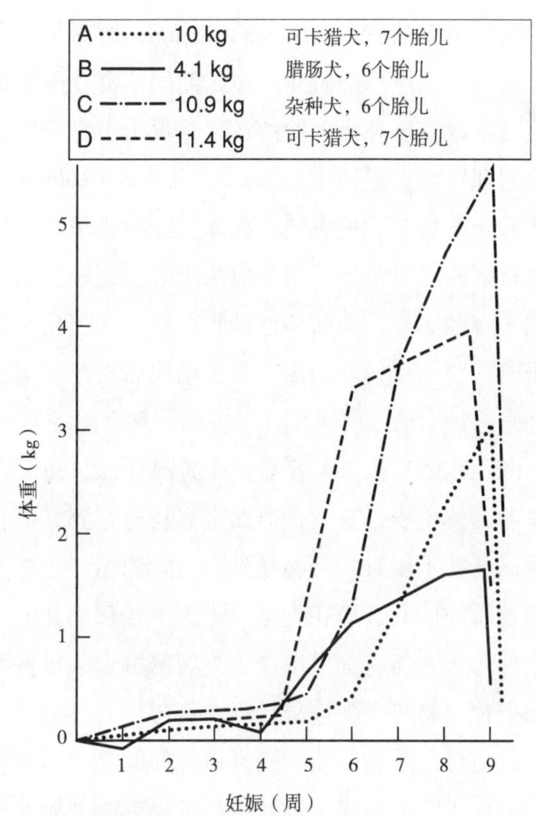

图3.22 母犬妊娠期间体重增加

图3.23 犬妊娠约30d时的子宫和卵巢（有5个膨胀的孕体）

35～44d 子宫角胚胎间的收缩部位逐渐扩大、变长和张力降低。此时，子宫与腹壁接触，怀多个胎儿的母犬其腹部扩大开始变得明显。但此时仍不可能触及到胎儿本身。由于子宫张力明显降低，且胎水体积达到了最大值，阳性诊断可能较为困难，特别是只怀一个或两个胎儿的妊娠犬可能更为困难。

45～55d 在此阶段胎儿体积快速增大。在

45d时9kg母犬的胎儿约63mm×12mm，有时可用手指检测到子宫尾部的胎儿。在此期间子宫在腹腔的位置发生改变。在怀多胎的母犬，每个子宫角成为延长的圆柱状，直径38～51mm，长228～300mm。柱状的子宫角向后扩展到子宫体，此阶段子宫体变得明显膨胀。每个子宫角分成两个节段，子宫角尾部位于腹腔底部，向前到达肝脏边缘；子宫角头部位于子宫角尾部的背侧面，其长轴向后指向骨盆。在妊娠的最后阶段，子宫几乎占据了整个腹腔。

55～63d　如果犬容易接受腹部触诊，由于此阶段胎儿体积已足够大，因此很容易检查到，进行妊娠诊断并不困难。可触摸到高出腹侧面、占据子宫角顶端的胎儿，而在骨盆前缘腹中线部胎儿的末端会伸入子宫体。如果动物拒绝腹部触诊，可进行直肠指检，将母犬的前部提高，腹部压力可将子宫压向骨盆口，手指就能检测到后部的胎儿。对于体格较大或肥胖的母犬，以及只怀单个或两个胎儿的犬，诊断可能会不准确，但此时乳腺的变化可提供非常确实的证据。

腹部触诊的准确性有时存在问题，特别是在鉴别妊娠与显性假孕（overt pseudopregnancy）时。Allen 和 Meredith（1981）和Taverne等（1985c）对腹壁触诊方法的准确性进行了研究。Allen和Meredith（1981）的研究表明，虽然在21～25d时可采用腹壁触诊进行妊娠诊断，但准确率只有52%，而到26～35d时进行诊断，准确率为87%。但在正确诊断为妊娠的母犬中有些后来没有产仔，因此在上述两个阶段进行妊娠诊断的准确率分别为92%和73%。准确率最高的妊娠诊断时间是在妊娠的26～35d。Taverne等（1985c）在第一次配种后25～35d检查了91例母犬，发现有经验的临床兽医进行腹部触诊的灵敏度为90%，特异性为91%，准确率略低于同期采用3.0MHz探头检查。两种方法检查时，窝产仔数少可能是出现假阴性诊断的主要原因，因此建议在小动物进行检查时采用腹部触诊法进行妊娠诊断。要获得高水平的准确率，就必须要清楚从配种到检查的间隔时间，因为判断母犬是否妊娠，主要取决于是否检查到与母体妊娠日期相符的孕体。

3.7.2.2　X线诊断

X线是一种在妊娠末期特别有用的妊娠辅助诊断方法，特别是在肥胖犬需要区分妊娠与假孕，或者是在一些母犬由于胎儿数目少，可能会使妊娠期延长而需要诊断时，这种诊断方法极为有效。在发生难产的病例，也可采用这种诊断方法诊断剩余胎儿的数目及体位，但在这种情况下应首选超声检查法。

在大多数情况下，犬侧卧，侧位X线一次检查就可获得满意的结果，但要准确鉴别胎儿数目则需要进行背腹位检查。诊断时，根据犬的体格大小与脂肪多少，可采用电流小于100mA，电压65～90kV，速度0.15～0.03s的检查条件（Royal等，1979）。读片时需要鉴定三个基本特点：第一，早期妊娠子宫替代了原来肠的位置；第二，找到子宫；第三，出现胎儿骨骼。早在妊娠23～25d就可能看到胎囊（Royal 等，1979）。在妊娠第6周末出现胎儿骨骼，妊娠45d可见头骨，妊娠第7周末通常可识别整个胎儿骨骼。X线诊断的准确性在绝大多数情况下取决于所获得X线片的质量（图3.24）。

3.7.2.3　超声诊断法

使用多普勒超声仪，探头在乳腺附近的腹壁表面进行探测，可早在妊娠29d就可检查到胎儿心音，妊娠32d时所有25只妊娠母犬的胎儿心音均能听到。胎儿心音通常是母体心率的2倍（Helper，

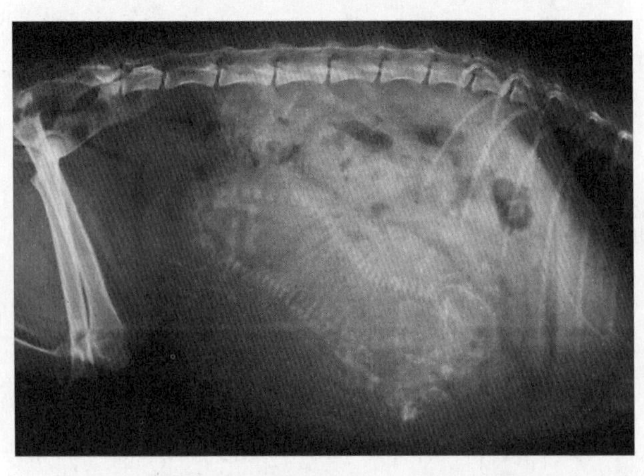

图3.24　犬妊娠末期的腹部X线图（注意胎儿骨骼）

1970）。Riznar 和 Mahek（1978）发现做出阳性诊断的最早时间是在44d，他们强调这种诊断方法在妊娠后期，特别是在配种后61～70d可以用来确认活胎或死胎。Allen和Meredith（1981）采用两种不同的设备检查发现，在妊娠25～35d的准确率低，随着妊娠的进展诊断的准确性不断提高，妊娠43～64d使用一种设备检查就可达100%。

A型超声深度分析仪可使用外置探头进行妊娠诊断。Smith和Krik（1975）可以早在配种后18d诊断妊娠，他们认为扫描不要太靠后，充满尿液的膀胱有时会干扰探测。使用2.25MHz探头或相似设备，最早的正确阳性妊娠诊断可在妊娠26d做出（Allen和Meredith，1981），从妊娠32d至妊娠期末，诊断妊娠和未妊娠的准确率均在90%以上。

与在其他家畜一样，B超是目前最常用的犬妊娠诊断方法之一（图3.25），而且这项技术还可广泛用于预测配种日期未知的母犬的分娩时间（Son等，2001；Kutzler等，2003；Luvoni和Beccaglia，2006）。随着传感器的改进和发展，B超成了具有高准确性的诊断工具，不仅用于妊娠诊断，而且也用于研究妊娠失败（England和Russo，2006）。在早期研究中主要使用低频传感器。使用2.4MHz线扫探头，置于腹壁扫描，在自然交配或人工授精后28d检查，妊娠诊断阳性的准确率很高（Bondestam等，1984）。在77只产仔的母犬中，只有1只错误诊断为未孕，准确率为99.3%，误诊的母犬只产出1只消瘦的胎儿，而所有诊断为未孕的58只母犬均未产仔。Taverne等（1985c）对135只母犬在第一次配种后20～49d进行检测，检查的灵敏度为92.9%，特异性为96%，检查到孕体的时间为配种后第14天（Tainturier和 Moysan，1984）和21d（Taverne，1984），但Tainturier和Moysan（1984）建议最好等到配种后20d时再进行检查。

准确检查胎儿数目，特别是在大型犬较为困难。据报道在配种后29d的准确率为40%，50d至妊娠期末的准确率为83.3%（Bondestan等，1984）。胎儿数目少时容易高估，胎儿数目多时容易低估。

如果只是为了进行妊娠诊断，通常不需要剪毛，甚至是有较长毛的犬，只要分开毛和使用大量耦合剂即可进行超声探测。许多畜主并不反对剪掉两排乳头之间的毛，在腹中线腹壁扫描能够使成像更为准确。

3.7.2.4 实验室方法

血清蛋白检测 Gentry 和 Liptrap（1981）发现犬在妊娠期间血清纤维蛋白原（fibrinogen）浓度增加3倍，配种后4～5周达到峰值。因为这个现象不会发生在未妊娠犬黄体期的相应阶段，因此可作为妊娠诊断的一种方法。Eckersall等（1993）的研究表明，妊娠犬血清中C反应蛋白（C-reactive protein，CRP）浓度在妊娠中期升高。近来的研究表明，妊娠与未孕母犬血清中许多急性期蛋白（acute-phase proteins）存在很大差异（Vannucchi等，2002），因此对某些急性期蛋白进行检测可用于（早期）妊娠诊断。这些急性期蛋白可能是对胚胎附植所引起的组织损伤发生反应而产生的，但检测这些急性期蛋白需要有精确的配种日期，而且如果有感染或有炎症时可能会产生假阳性结果。

测定外周血循中的激素 虽然在多次发情的动物，可利用外周循环中孕酮浓度持续升高进行妊娠诊断，但未孕母犬黄体期（假孕）很长，因此采用这种方法诊断犬的妊娠没有多少价值。但排卵前孕酮浓度的第一次升高可用来准确预测分娩日期（Kutzler等，2003）。犬胎盘不产生促性腺激素，但可以产生松弛素（Steinetz等，1987；1989；Klonisch等，1999）。从妊娠20～30d起外周血浆松弛素浓度升高，未孕犬则不会出现这种变化，据此可以进行妊娠诊断，目前市场已有基于这个原理开发的妊娠诊断试剂盒。

3.8 猫的妊娠与妊娠诊断

3.8.1 内分泌学

猫的排卵发生在交配后23～30h（Concannon等，1980），血清孕酮浓度在妊娠第1～4周快速升

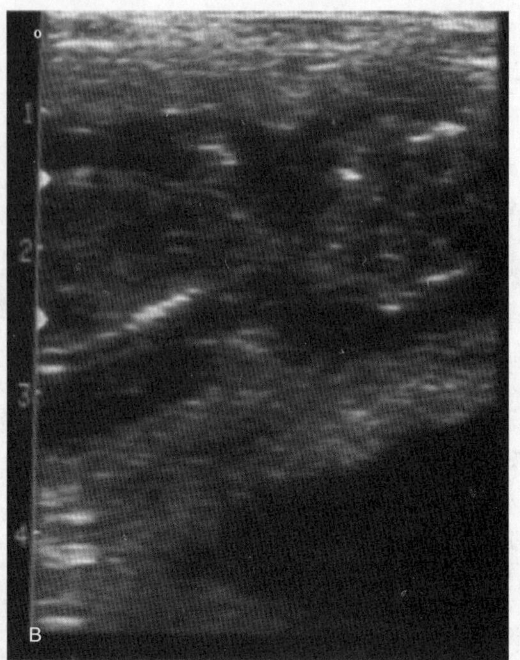

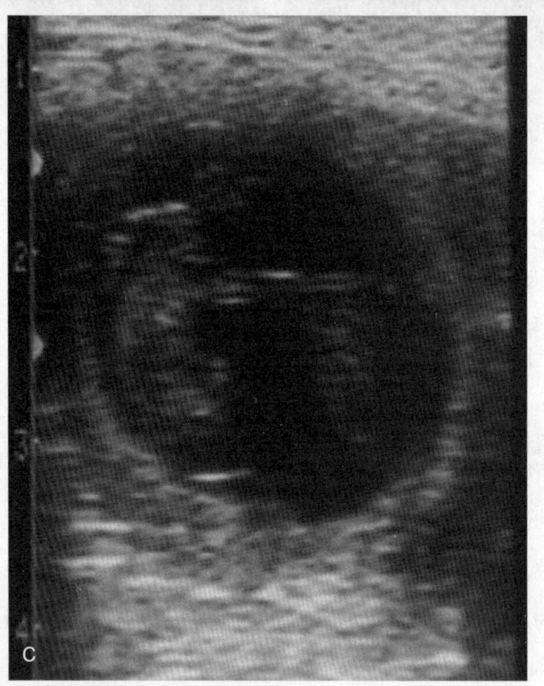

图 3.25 妊娠比格犬用7.5MHz线排传感器扫描腹部的超声图

A. 24d，膀胱下方可见一个卵圆形胚泡附着于子宫壁，胚泡内可见胎儿 B. 27d，胎儿头向下，脐带为一双重水平线 C. 35d，胎儿头向右侧，左侧肋骨挨着胸部，可见到胎盘带

高，从10nmol/l的基础水平快速升高到100nmol/l左右（Verhage等，1976）（图3.26，图3.27）。

猫的发情很独特，即使已经排卵且产生大量的孕酮，仍会持续表现发情行为和接受交配（Stabenfeldt，1974），因此明显有利于发生同期复孕（super-fecundation），同一窝仔猫可能具有一个以上的父亲（参见第4章，4.7 同期复孕）。

妊娠3～4周时乳头开始充血，这在初产母猫上特别明显。乳头充血是一种孕酮依赖现象，在假孕猫也可见到。关于猫黄体和胎盘在妊娠期间产生孕酮的相对作用大小仍有很多争论。Scott（1970）和Graffydd Jones（1982）认为，分别在妊娠45～50d后和妊娠49d后摘除卵巢可维持妊娠，猫胎盘中含有合成孕酮所必需的3-β-羟脱氢酶（3-β-hydroxysteroid dehydrogenase）（Malassine和Ferre，1979）。但Verstegen等（1993a）认为，在妊娠45d摘除卵巢会导致流产。孕酮浓度从妊娠第一个月的峰值逐渐下降，在分娩前的最后2d迅速下降。很多猫的雌激素浓度在分娩前略有增加，但在分娩开始前下降。

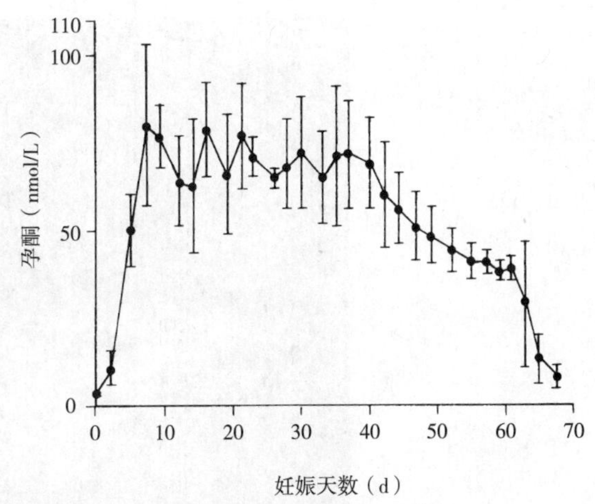

图3.26 猫妊娠期间血浆孕酮浓度（X±SD n=4）0天为交配日（经T.J.Gruffydd-Jones允许）

妊娠期胎盘可产生松弛素，其通过抑制子宫活动来维持妊娠。松弛素在妊娠的第3周出现，分娩前浓度下降（Stewart和Stabenfeldt，1985）。促乳素在妊娠期的最后三分之一阶段具有促黄体化作用（Jöchle，1997），断乳时促乳素浓度下降（Bankes等，1983）。

猫的妊娠期平均为63～65d（Prescott，1973），变化范围为59～70d之间。妊娠59d之前出生的小猫通常存活力降低。猫在第一次交配后不一定排卵，因此妊娠期的变化范围较大。

非纯种猫的窝产仔数通常为4，范围为2～7只，但各纯种猫之间的产仔数差异很大。东方品种（Oriental breeds）猫的窝产仔数较大，有时超过10只；长毛纯种猫（longhair queens）的产仔数往往更少，常常只有2～3只。窝产单胎不太常见，可能是由于维持妊娠的胎儿胎盘内激素分泌不足引起胎儿吸收所致。

有些母猫在妊娠期也会表现发情行为，其中一些猫还会交配，这可能导致异期复孕（superfetation）（参见第4章，4.8 异期复孕），但这种情况尚未完全证实（Root Kustritz 2006a）。自由生活的母猫在发情间期可与多只公猫交配，因此同期复孕（superfecundity）很常见（参见第4章，4.7 同期复孕）。

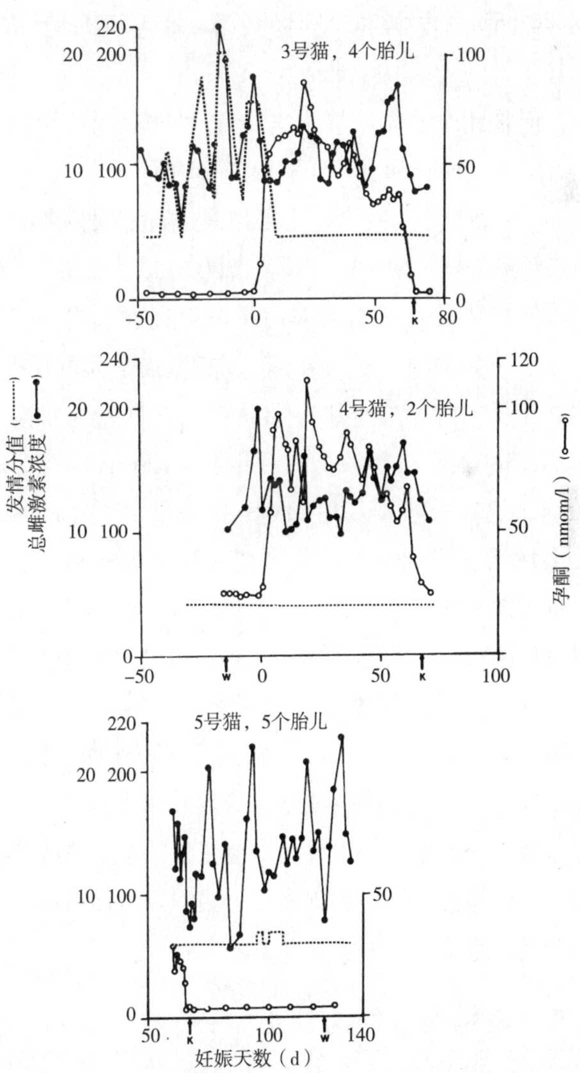

图3.27 猫发情期、妊娠期和哺乳期血浆激素浓度（经T.J.Gruffydd-Jones允许）
O－O：总雌激素；●－●：孕酮；------：发情评分；0天：交配日；K：产仔时间；W：断奶时间

3.8.2 妊娠诊断方法

猫特别适合用腹部触诊来进行妊娠诊断，配种后16～26d进行诊断时，孕体呈肿大的球体，因此很容易鉴别。采用这种方法在配后13d就可证实妊

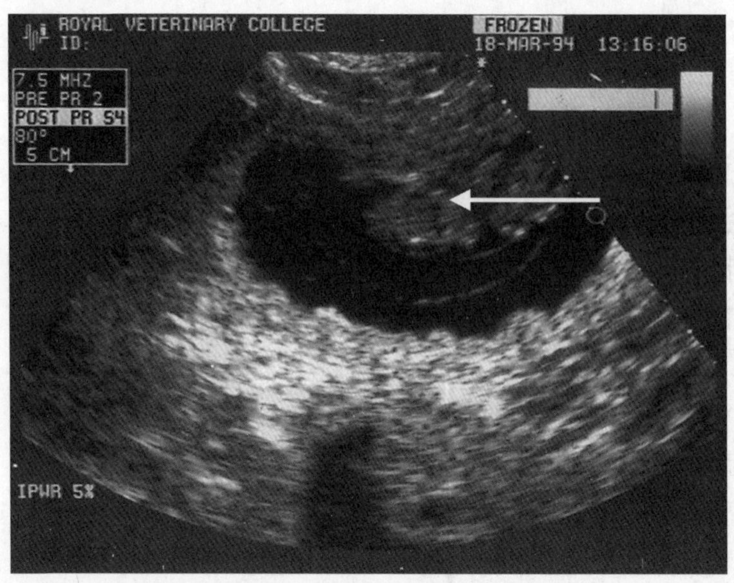

图3.28 猫配种后约35d7.5MHz扇形探头腹部超声扫描子宫图（注意胎儿，箭头示）

娠，但在此时孕体易与粪球混淆；妊娠6周后孕体显著增大、伸长和合并，触诊变得困难，然而此时腹部扩张显著。X线同样也可用来进行妊娠诊断和准确预测分娩日期（Haney等，2003）。

早在1980年就有人采用超声检查进行猫的妊娠诊断（Mailhac等，1980）。妊娠猫子宫的B超检查扫描图像已有详细介绍，包括在妊娠前半期（Zambelli 等，2002）和后半期（Zambelli等，2004）进行的检查。用10MHz探头最早可在配种后第10天观察到孕囊，从第18天起可观察到胚胎本身（图3.28）。Davidson等（1986）首次报道采用超声检查进行妊娠诊断，从妊娠16～17d起就可以检测到胎儿心脏活动，可用于评估胎儿的活力（Root Kustritz，2006b）。最近的研究（De Haas Van Dorsser 等，2006）表明，家养和非家养猫科动物尿液中松弛素水平可反映出血浆松弛素水平的变化，因此检测尿液中松弛素可为猫的妊娠诊断提供一个灵敏且特异的生物学方法。

3.9 妊娠的预防与终止

在所有家畜，有时可能需要阻止妊娠的发生或提早终止妊娠，其原因可能有意外配种（错配）、妊娠和分娩会对母畜健康产生严重的风险或者畜主不想让妊娠继续等。

3.9.1 马

第26章详细讨论了马双胎妊娠的管理和处理，如果因为各种原因需要终止妊娠，如错配时，可在黄体对$PGF_{2\alpha}$出现反应性后（如排卵后第4天）注射$PGF_{2\alpha}$或其类似物（参见第1章），或在子宫内膜杯形成前，约在妊娠第35天时用$PGF_{2\alpha}$进行处理。因此，最好是在配种后10～15d注射$PGF_{2\alpha}$。可供选择的其他方法是，在此期间向子宫内灌注250～500ml生理盐水也能奏效，这种方法除可以冲出孕体外，冲洗的物理作用还可刺激内源性$PGF_{2\alpha}$释放。

3.9.2 牛

牛可从排卵后4～5d到100d之间用$PGF_{2\alpha}$及其类似物处理终止妊娠，甚至到妊娠150d还有很多牛会出现反应。在妊娠46～47d皮下注射孕酮受体颉颃剂也能有效引产（Breukelman等，2005b）。妊娠150d后胎盘形成并产孕酮，作为另外一种孕酮的来源而维持妊娠，这种作用可一直维持到妊娠约270d，说明这段时间单独使用$PGF_{2\alpha}$可能难以奏效，需要单用长效皮质类固醇或与$PGF_{2\alpha}$联合使用处理（参见第6章）。

3.9.3　山羊

用溶黄体剂量的$PGF_{2\alpha}$可在妊娠的任何阶段终止妊娠。

3.9.4　绵羊

在配种后4～12d用$PGF_{2\alpha}$可有效地终止妊娠。在妊娠12～21d，因为oIFN-τ对黄体的保护作用，绵羊对注射$PGF_{2\alpha}$不会发生反应。有人提出妊娠第25～40d是绵羊另一个对$PGF_{2\alpha}$不敏感时期，妊娠第45～55d后黄体不再是绵羊维持妊娠孕酮的主要来源，胎盘成为孕酮的主要分泌部位，在妊娠第3～4月诱导流产更加困难，尽管在此期一些绵羊使用孕酮受体颉颃剂阿来司酮可能具有一定的作用（Taverne 等，2006）。在妊娠的最后几个星期，终止妊娠必须用皮质类固醇激素处理（参见第6章）。

3.9.5　猪

妊娠的任何阶段可用$PGF_{2\alpha}$终止妊娠，但有时为了排出所有孕体需要重复注射。

3.9.6　犬

配种后5d内使用雌激素能够预防妊娠。雌激素可干扰受精卵从输卵管到子宫角的移行而发挥作用，可能是雌激素引起输卵管水肿暂时闭塞了输卵管。多年来一般采用一次肌内或皮下注射5～10mg苯甲酸雌二醇的方法进行处理，但最近有人建议使用更安全的低剂量，在配种后第3天和第5天注射苯甲酸雌二醇0.01mg/kg，如必须，还可在第7天再注射一次。

人们对犬妊娠后期终止妊娠的问题一直很为关注。犬在后情期或妊娠期的第10～14天，每天2次连续皮下注射$PGF_{2\alpha}$，每次注射150～270μg/kg，通过阴道脱落细胞的细胞学检查可以确认这种处理有效（参见第1章）（Romagnoli等，1993）。在妊娠25～30d终止妊娠，可能会出现明显的副作用（Lein等，1989）。目前关于使用$PGF_{2\alpha}$终止妊娠仍受到质疑。使用孕酮受体颉颃剂是更有效且易于接受的处理方法（Concannon等，1990；Linde-Forsberg等，1992；Galac等，2000；Fieni等，2001）。诱导流产不仅是通过在受体水平上阻止孕酮发挥作用，而且通过抗黄体治疗来抑制黄体孕酮的合成。

多巴胺受体激动剂如卡麦角林（cabergoline）能抑制促乳素的分泌，间接地消除了促乳素对黄体的支持作用，可以用于犬的妊娠终止。处理时，在妊娠25～40d期间连续皮下注射5d，每次注射1.65μg/kg（Onclin等，1993）。与促乳素抑制剂溴隐亭不同，卡麦角林没有明显的副作用，但能导致宫缩乏力（参见第10章），引起胎儿滞留和浸溶（参见第4章），说明仍具有一定的危险。最常用的处理方法是每天口服卡麦角林5μg/kg，每隔一天注射一次氯前列醇5μg/kg，通常在处理开始后10d内发生流产或胚胎吸收。终止妊娠时应该密切观察动物，并且随后用B超扫描腹部（Taverne等，1989）。

3.9.7　猫

在配种后40h内肌内注射125～250μg/kg环戊烷丙酸雌二醇（estradiol cypionate）可有效地预防妊娠，这可能是干扰了受精卵在输卵管内的正常移行的结果（Herron和Sis，1974）。同样，也可以注射己烯雌酚。虽然关于这种处理的副作用不多见，但这种处理方法只能用于特殊情况下。有人在配种后1d内一次注射5mg醋酸甲地孕酮，发现也同样有效。

$PGF_{2\alpha}$和多巴胺受体激动剂卡麦角林在引起流产上相当有效，但$PGF_{2\alpha}$有副作用（Verstegen等，1993b）。卡麦角林和低剂量的氯前列醇合用效果很好（Onelin和Verstegen，1997）。最近有人对66只已知配种日期的猫在妊娠中期间隔24h两次皮下注射阿来司酮，在第一次注射后14d内88.5%的母猫排出胎儿（Fieni等，2006）。

第4章

孕体发育异常及其影响

Susan Long / 编　　黄群山 / 译

对孕体的早期发育及其与胎膜发育的关系已经进行了介绍（参见第2章）。影响胚胎发育的因素很多。附植前，胚胎或胎儿发育的各个阶段孕体都有可能暴露于一些有害的因素中，胚胎或胎儿对这些有害因素的抵抗力在发育的不同阶段有所不同。例如，在附植之前，胚胎对许多致畸因子有很强的抵抗力，透明带对许多病毒是有效的隔离屏障。相反，胚胎期细胞迅速生长和分化，胚胎对许多致畸因子最敏感，而且每个器官都有一个关键的发育期，例如，腭、小脑和泌尿生殖系统是在胎儿期的后期发育。应该注意，胎膜是孕体的一部分，因此胎膜发育的任何损害都会影响到胎儿。

胚胎或胎儿死亡，连同出生异常后代，都会造成极大的生物学和经济学上的浪费。

4.1　受精失败和胚胎/胎儿死亡

家畜的受精率通常很高，正常条件下排出的卵子90%以上能够受精，但排出的卵子中有很大比例不能发育成足月妊娠的后代。在有些情况下，在胚胎期及胎儿期发生的损失可占到65%左右（表4.1）。从商业上讲，这些损失具有很高的经济重要性。

表4.1　家畜胚胎的损失

动　物	损失率（%）	参考文献
牛	45～65	Ayalon，1981
猪	30～50	Scofield，1976
绵羊	20～30	Edey，1969
马	15～24	Ball，1993

4.1.1　胚胎/胎儿死亡的检查

一年多次发情的动物，如果发情间隔时间无规律延长时就应怀疑发生了胚胎死亡（embryonic loss）。但由于在母体妊娠识别时和识别之前发生的胚胎死亡并不能延长黄体的寿命（参见第3章），因此，据此估计胚胎死亡将会低估由此引起的损失。此外，对于像猪这样的多胎动物来说，胚胎损失可能不会导致妊娠终止。

更为准确地估计胚胎死亡的方法是，在妊娠不同时期屠宰动物，比较胚胎数目和黄体数目的关系，就能比较准确地评估胚胎死亡。但这种方法需要牺牲动物，因此也造成了妊娠损失。非侵害性的方法更为可取，例如直肠触诊检查胎儿就是一种非侵害的方法，但这种方法只有在大家畜可行，而且因为只能在较晚时进行妊娠触诊检查，所以无法检测到早期胚胎死亡。近来采用超声扫描技术，例如实时B超声探查，可作为一个非侵害的方法在更早期检测妊娠和胚胎死亡。

4.1.2 胚胎死亡的时间

采用各种技术估计胚胎死亡的研究表明，大多数胚胎损失死亡发生在妊娠的很早时期。发生在母畜妊娠识别之前的胚胎死亡不影响黄体寿命，因此称为早期胚胎死亡（early embryonic death，EED）；黄体寿命延长后发生的胚胎死亡称为后期胚胎死亡（late embryonic death，LED）。母马的胚胎死亡大多发生在配种后10～14d，肉牛是配种后的前15d，育成奶牛小母牛在配种后19d胚胎死亡达到平台期，绵羊大多数胚胎死亡发生在配种后15～18d。猪的胚胎死亡有两个关键时期，即配种后9d的胚泡扩张开始期和配种后13d前后的附植期。

4.1.3 胚胎/胎儿死亡的原因

出生前胚胎发育是一个复杂的组织分化、器官发生和成熟的连续过程，不同动物胚胎发育的关键时期有所不同，因此引起胚胎死亡的因素也有很大的不同。

一般说来，胚胎死亡可能是由于遗传或环境，或两者联合造成的。每种因素的确切影响取决于该因素在妊娠期间作用于胚胎的时间和作用方式。

4.1.3.1 引起胚胎/胎儿死亡的环境因素

环境因素包括气候、营养、应激、排卵率、正常母胎识别因子、子宫条件、激素、传染性病原体和致畸因子等。各种动物引起胚胎/胎儿死亡的各种传染性致病因子将在第23、25、26、27和28章介绍，下面介绍致畸因子，其中有些见表4.2，引起胚胎/胎儿死亡的其他环境因素将分别按动物种类进行介绍。

4.1.3.2 遗传因素造成的胚胎/胎儿死亡

造成胚胎死亡的遗传因素包括单基因缺陷、多基因异常和染色体异常。某些单基因突变是致命的，可导致孕体死亡。如果该基因是显性基因，单拷贝的基因就足以造成死亡；然而在其他情况下，只有纯合子状态才是致命的（例如，猫的显性马恩基因，Manx gene，M）。隐性基因仅在纯合子状态时才发挥作用。

表4.2 反刍动物的一些致畸因子

致畸因子	牛	绵羊	山羊
赤羽病病毒（Akabane virus）	+	+	+
蓝舌病病毒（Blue tongue virus）	+	+	+
边界病病毒（Border disease virus）	–	+	–
牛病毒性腹泻病毒（Bovine viral diarrhoea virus）	+	+	–
卡希谷病毒（Cache valley virus）	–	+	–
裂谷热病毒（Rift valley fever virus）	+	+	+
威塞尔斯布隆病毒（Wesselbron virus）	+	+	–
加州藜芦（*Veratrum californicum*）	–	+	–
羽扇豆（Lupins）	+	+	–
体温过高（Hyperthermia）	+	+	–
碘缺乏（Iodine deficiency）	+	+	–

并非所有的基因缺陷都是致死性的，有些异常胎儿可存活到妊娠足月，但仍然是生物学和经济学上的浪费。因此，应尽可能从育种过程中除去那些携带缺陷基因的动物。用传统的测定方法找出携带隐性基因动物（与隐性基因回交）十分费力，而且在有些情况下，因动物福利问题而难以进行。然而，新的分子遗传学技术已经能够建立相对简单的血液分析方法检出某些隐性基因的携带者。随着不同动物基因图谱的扩大，能识别的基因名单正在增加（Piper 和 Ruvinsky，1997；Fries 和 Ruvinsky，1999；Bowling 和 Ruvinsky，2000）。互联网上有一些家畜遗传疾病的数据库，如：

- http://www.angis.org.au/Databases/BIRX/mis/
- http://www.angis.org.au/Databases/BIRX/ocoa/
- http://www.angis.org.au/Databases/BIRX/omia/

家畜的一些先天性和遗传性异常见表4.3～表4.9（综述参见：猪—Woollen，1993；绵羊—Dennis，1993；犬—Stockman，1982，1983a，b；Robinson，

表4.3 牛的一些遗传缺陷（隐性基因）

异 常	品 种	异 常	品 种
软骨发育不全	荷斯坦牛	凝血因子Ⅺ缺乏	荷斯坦牛
断肢	荷斯坦牛	并指	荷斯坦牛
犊牛水肿	爱尔夏牛	DUMS*	荷斯坦牛
胫骨半肢畸形	盖洛威牛	Weaver综合征	瑞士褐牛
关节弯曲	夏洛莱牛（与生产特点相联系？）	蛛肢畸形	瑞士褐牛
髋关节发育不良	夏洛莱牛	脊髓性肌萎缩	瑞士褐牛
家族性共济失调	夏洛莱牛	α-甘露糖苷过多症	安格斯牛
无毛	许多牛	BLAD⁺	荷斯坦牛

* 单磷酸尿苷合成不足，deficiency of uridine monophosphate synthesis（DUMS）
⁺ 牛白细胞黏附缺陷，bovine leukocyte adhesion deficiency（BLAD）

表4.4 猪常见的遗传缺陷

异 常	有缺陷后代（%）大白猪	有缺陷后代（%）长白猪	可能的遗传原因
先天性震颤	0.02	0.05	可能为性连锁或隐性基因
先天性八字腿	0.14	1.43	隐性基因，可能是伴性基因
猪应激综合征	—	—	与胴体消瘦有关的隐性基因（恶性体温过高），主要见于皮特兰猪（Pietrain）
腹股沟（阴囊）疝	0.44	0.71	隐性基因
肛门闭锁	0.25	0.32	隐性基因，外显率50%
隐睾	0.09	0.23	隐性基因，不完全外显
腭裂	—	—	隐性基因
玫瑰糠疹	0.09	0.42	未知
脐疝	0.13	0.07	隐性基因
雌雄间性	0.06	0.08	未知
猪增生性皮肤病	—	—	隐性基因
遗传性前腿粗	—	—	隐性基因
尾巴弯曲	—	—	显性基因
小眼畸形	—	—	显性基因，外显率低
上皮增殖不全	—	—	隐性基因
关节弯曲	—	—	隐性基因（长白猪是显性基因）
脑脊髓脂肪营养障碍	—	—	隐性基因
双侧肾脏发育不全	—	—	隐性基因
肾囊肿	—	—	显性基因

表4.5　绵羊的一些遗传缺陷

异　常	可能的遗传原因
无颌畸形	致死性隐性基因
短颌	隐性基因（也是致畸因子）
关节弯曲	隐性基因（也是致畸因子）
腹股沟疝	隐性基因
肛门闭锁	隐性基因
隐睾	隐性基因
双侧囊性肾发育不良	显性基因
神经轴突营养不良	隐性基因
眼睑内翻	未知
白内障	新西兰罗姆尼羊是显性基因
眼睑分裂	未知
光过敏（高胆红素血症）	隐性基因
小眼畸形/无眼	隐性基因
小脑性共济失调	隐性基因
肌肉萎缩症	隐性基因
甲状腺肿	隐性基因（也是营养性疾病）
侏儒症	隐性基因

表4.6　山羊的一些遗传缺陷

异　常	可能的遗传原因
先天性肌强直病	未知
β-甘露糖苷过多症	隐性基因
雌雄间性	隐性基因（与polling基因有关，显性）
无纤维蛋白原血症	不完全显性基因
无耳畸形/小耳畸形	不完全显性基因
乳腺发育不全	多基因的
额外乳头（多乳头）	多基因的
软骨发育不全	不完全显性基因

1990；猫—Robinson，1991）。

人们曾经认为，染色体异常可能是孕体死亡的重要原因，因为发现约50%自发性流产的人类胎儿出现染色体异常（Lauritsen等，1972）。但在家畜的研究表明，由染色体严重异常造成的附植前胚胎死亡大约不到10%（表4.10）。

某些特殊的染色体异常，例如染色体片段相互易位，能导致胚胎死亡而表现为窝产仔数减少。这

表4.7 犬的一些遗传缺陷

	异 常	品 种	可能的遗传原因
一般的	肘发育不良[鹰嘴实联合不全（ununited anconeal process）]	许多品种	多基因，多因子
	髋关节发育不良	德国牧羊犬、拉布拉多犬和其他犬	多基因，多因子
	骨软骨炎	西部高地白㹴小猎犬、小型玩具贵宾犬	常染色体隐性遗传但可能是多基因的
	巨轴索神经病	德国牧羊犬	常染色体隐性遗传
	渐进性轴突病	拳师犬	常染色体隐性遗传
	苏格兰痉挛	苏格兰㹴	常染色体隐性遗传
	隐睾	许多品种	?
	高尿酸分泌	大麦町犬	常染色体隐性遗传
	皮窦	罗得西亚猎犬	常染色体隐性遗传?
	耳聋	大麦町犬	多基因?
凝血因子缺乏	凝血因子VII缺乏	比格犬	常染色体隐性遗传
	A型血友病（凝血因子VIII缺乏=典型血友病）	许多品种	X连锁隐性
	B型血友病（凝血因子IX缺乏=圣诞节病）	凯恩㹴、圣伯纳犬、美国可卡犬、西班牙猎犬、法国斗牛犬、苏格兰小猎犬、老英格兰牧羊犬、设得兰牧羊犬、阿拉斯加雪橇犬、黑褐色猎浣熊犬	X连锁隐性
	遗传性假血友病	苏格兰㹴、切萨皮克湾寻猎犬	常染色体隐性遗传
		许多其他的品种	常染色体显性
眼部缺陷	进行性视网膜萎缩	许多品种	显性或隐性取决于类型和品种
	遗传性白内障	许多品种	?
	柯利犬眼睛异常	柯利犬	?
	白内障	许多品种	许多不同类型和遗传因素
	眼睑内翻/眼睑外翻	许多品种	多基因
	山鸟眼	许多品种	显性基因影响毛色和绒毡层形成。纯合子受影响较严重

些将在下文分别讨论。

4.2 染色体异常导致家畜不育和胚胎死亡

人们清楚地认识到，染色体异常在多种动物的不育中发挥重要作用。可对任何正在分裂的细胞的染色体组进行鉴定，最常使用的是外周血液淋巴细胞。血液样本肝素抗凝，采集血样后迅速送去分析。将淋巴细胞在添加有适宜成分的简单组织培养

表4.8　猫的一些遗传缺陷

异　常	可能的遗传原因
食管狭窄	隐性基因?
白内障	隐性基因?
切-东二氏综合征	隐性基因
皮肤无力	显性基因
白猫耳聋	显性基因?
阵发式衰弱	隐性基因
平胸小猫综合征	隐性基因
四只耳朵	隐性基因（半致死性？）
神经节病	隐性基因
神经节病	隐性基因
A型血友病	伴性隐性遗传
B型血友病	伴性隐性遗传
先天性因子Ⅻ缺乏症	不完全显性基因
无毛发症（毛发稀少症）	隐性基因
脑积水	隐性基因
高草酸尿症	隐性基因
高乳糜微粒血症	隐性基因
甘露糖苷过多症	隐性基因
无尾马恩猫	显性基因（纯合状态是致命的）
脑膜突出	隐性基因
黏多糖贮积病Ⅰ型	隐性基因
黏多糖贮积病Ⅵ型	隐性基因
神经轴性营养不良	隐性基因
多趾	显性基因
卟啉病	显性基因
进行性视网膜萎缩	两种形式：一个隐性基因，一个显性基因
球形溶酶体病	隐性基因
神经髓鞘磷脂代谢障碍	隐性基因
脐疝	未知

液中培养2～3d可获得分裂期细胞，经过这段时间的短暂培养后，向培养液中加入纺锤体阻滞剂抑制细胞完成其分裂，使细胞的分裂停止在有丝分裂中期，然后将细胞固定，并向载玻片滴片使染色体展开而便于分析。

虽然血液是获得分裂细胞最方便的来源，但几乎能从任何组织建立较长期的成纤维细胞培养，例如，皮肤和腹膜。可从快速分裂的正常组织（比如骨髓）直接制备（即不做任何培养）分裂细胞，但采样过程通常有一定困难并可引起疼痛，制备出的

表4.9 马的一些遗传缺陷

异 常	可能的遗传原因
隐睾	隐性基因?
血友病	伴性隐性遗传
联合免疫缺乏	隐性基因
原发性无丙种球蛋白血症	伴性隐性遗传?
无虹膜	显性基因
遗传性共济失调	隐性基因
枕骨颈椎轴畸形	隐性基因
斜颈	隐性基因
结肠闭锁	隐性基因
上颌/下颌突出	未知
白驹综合征	隐性基因
上皮增殖缺陷	隐性基因
脐疝/腹股沟疝	未知
致死性白色显性基因	显性基因
小脑生活力缺失	隐性基因?
遗传性多发性外生骨疣	显性基因
尺骨/胫骨畸形	隐性基因

表4.10 家畜胚胎附植前染色体异常的发生率（数据来自King，1990）

动 物	异 常（%）
绵羊	6.6
牛	10.4
猪	5.0
马	0

分裂细胞质量较差。

目前，各种鉴别染色技术能鉴定单个染色体和检测染色体的一些微小异常。最简单的染色技术（常规染色）就能显示染色体的数目和形态，而鉴别染色技术能鉴别DNA序列高度重复的区域（C带显带技术）或鉴别常染色质（euchromatin）条带和异染色质（heterochromatin）条带（G带显带技术和R带显带技术）。分子遗传学技术，包括荧光原位杂交（fluorescent in situ hybridization，FISH），能用于鉴别特定的DNA序列或整个染色体（染色体绘制，chromosome paints）。染色体展开后可以拍照、裁剪和按一定序列排列，建立染色体组型（图4.1）。表4.11列出了常见家畜的正常二倍体染色体数目。

染色体异常包括数量异常（例如非整倍体和多倍体）或结构异常，异常可出现在性染色体（X或Y）或非性（常）染色体，而且个别动物个体可能有一个以上的细胞系，因此是一个混倍体（mixaploid）。

4.2.1 非整倍体

非整倍体（aneuploidy）的染色体数目虽然差不多是二倍体，但由于一个或两个染色体过多或过少而使染色体数目不成完整倍数。如果在减数分裂期出现不分离，以至于使染色体不以均衡的方

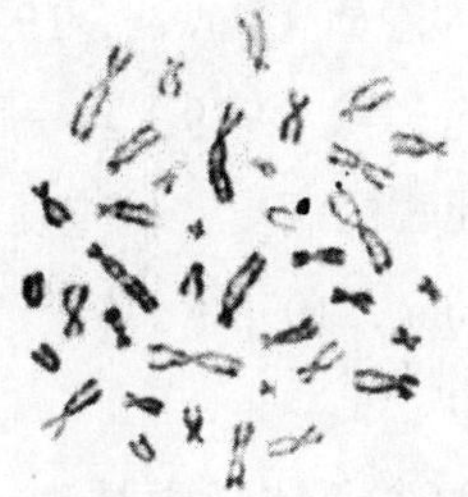

图4.1　雌性家猫（*felis caffus*）的染色体组型（2n=38）

表4.11　家畜的染色体数目

动　物	染色体数目
牛	60
绵羊	54
山羊	60
马	64
驴	62
猪	38
沼泽型水牛	48
河流型水牛	50
双峰驼	74
猫	38
犬	78

式分开，就会形成非整倍体。雌性的X染色体非整倍体[XO，特纳氏综合征（Turner's syndrome）]；XXX[X染色体三体综合征（triple-X syndrome）]均导致不育，因为胚胎正常的减数分裂要求有两条X染色体。胚胎发育期间染色体偏离正常数目将导致卵母细胞闭锁。

雄性额外的X染色体（XXY，即克莱费德氏综合征，Klinefelter's syndrome）导致不育，因为额外的X染色体干扰初情期时精子的生成。克莱费德氏综合征动物的表型是雄性，但睾丸小、无精子，不育。

常染色体非整倍体可引起某个特定染色体和它的基因重复过多（三体，trisomy）或过少（单体，monosomy），其结果取决于所涉及的基因，可导致个体发育异常或者胚胎死亡。

4.2.2　多倍体

当单倍体（即二倍体的一半）的染色体数目成倍数增加时形成多倍体（Polyploidy），例如三倍体（triploidy）是单倍体数目的3倍，四倍体（tetraploidy）是单倍体数目的4倍。多倍体见于多精受精阻止作用失败或卵子生成中第一极体或第二极体滞留时。

4.2.3　结构异常

染色体结构异常造成的结果取决于遗传物质是否发生丢失（缺失，deletions）或是否重排（插入、倒位和易位，insertions，inversions and translocations）。发生遗传物质缺失可能造成个体发育异常或者导致胚胎死亡，这主要取决于缺失的基因；发生遗传物质重排的个体其表型正常，但减数分裂前期由于染色体不能配对会出现问题，这些通常导致染色体不分离和产生染色体不均衡的配子，如果它们参与受精，会产生不均衡的受精卵（三体或单体，trisomies or monosomies）。这些不均衡的胚胎通常没有生存能力。

不同的动物发生各种异常的频率不同，下面介绍各种物种比较常见的异常，更为详细广泛的内容，读者请参阅Mcfeely（1990）的文章。

4.2.3.1　马

染色体异常是造成母马不育的一个重要原因。50%～60%性腺发生不全（gonadal dysgenesis）的母马存在有染色体组型异常。母马最常见的染色体异常是非整倍性X染色体（X chromosome aneuploidy），例如XO或XXX。另一种常见的异常是XY型性别反转（XY sex reversal），即动物的表型是雌性，但事实上遗传性别是雄性。很难评价这种异常的发生率，因为对母马的这种异常几乎没有随机性的研究。Nie等（1993）对种马场204头母马进行了研究，发现了一匹母马染色体为65，XXX；一匹为63，XO/64，XX；另一匹为64，XY型性反转的雄性。

XO型母马 通常体格小，与它的年龄不符，有的体形构造不良。它们通常没有任何发情迹象，卵巢小、纤维化和发育不全，子宫小，通常呈幼稚型。到目前为止，发现的所有XO型母马均不育。XO型妇女不育是由于胚胎发育时卵母细胞过度丢失和青春期前期卵巢闭锁所致，人们认为XO型马不育的机理与此类似。

XXX型母马 通常表现与XO型母马相同的临床病史。有些XXX型母马表现不规则的发情周期，但所有XXX型母马均不育。虽然一些XXX型妇女有生育能力，但生育力很低。由于通常对不育的母马进行检查，因此有些XXX型母马可能具有生育力，因而从未进行过检查。

XY型性别反转马 不常见。大多数XY型性别反转马病例见于阿拉伯马和全血马，这可能反映了阿拉伯马和全血马是通常研究所用的品种。所有XY型性别反转马的表型为雌性，但基因型是雄性。XY型性别反转马的临床表现不同，有些个体根本没有发情迹象，而有些个体的发情不规律但发情行为很强；有些个体的性腺小而未分化，而有些个体的卵巢明显正常且伴有卵泡活动。大多数XY型性别反转马是不育的，但却有个别具有繁殖力，至少有一例生育出了一匹XY型的“小母马”。

某些母马可能为混倍体（mixaploid），有正常细胞，也有异常细胞，例如，XO/XX、XX/XXX、XO/XX/XXX或XO/XY。对于具有正常XX细胞系的混倍体动物，如果身体中异常细胞所占的比率很低，这种情况是很难诊断出来的。

对于具有正常XX细胞系的混倍体动物，其生育力很难预测，但大多数不育，有些个体可产驹。如果这类动物有发情表现，且在卵巢上可以摸到卵泡，则不能认为该动物不育。

单独依靠临床病史不能诊断出染色体异常造成的不育，因为染色体组型正常的动物也会表现相同的病史和临床表现。

对具有生育力异常的公马进行的研究很少，有人报道了两匹公马常染色体三倍体异常（Power，1990），一匹为隐睾（Power，1987），另一匹睾丸很小（Klunder等，1989）。一匹公马所配母马具有早期胚胎死亡的病史，检查发现这匹公马染色体结构异常（Long，1996）。

4.2.3.2 牛

牛最常见的染色体异常是称为着丝点融合易位（centric fusion translocation）的结构异常。两条染色体在着丝点附近融合在一起，致使染色体数目减少，但遗传物质没有或很少丢失（图4.2）。牛着丝点融合易位见有报道的超过30种，最常见的是1／29易位，全世界许多品种的牛都发现这种异常（表4.12）。着丝点融合易位的杂合性（heterozygosity）（即含有一个拷贝）致使生育力降低，生育力降低的程度取决于易位发生的程度，1／29易位的杂合子动物的生育力降低5%。生育力降低是由于减数分裂期不分离和产生染色体不均衡的配子，由此造成染色体不均衡胚胎发生早期胚胎

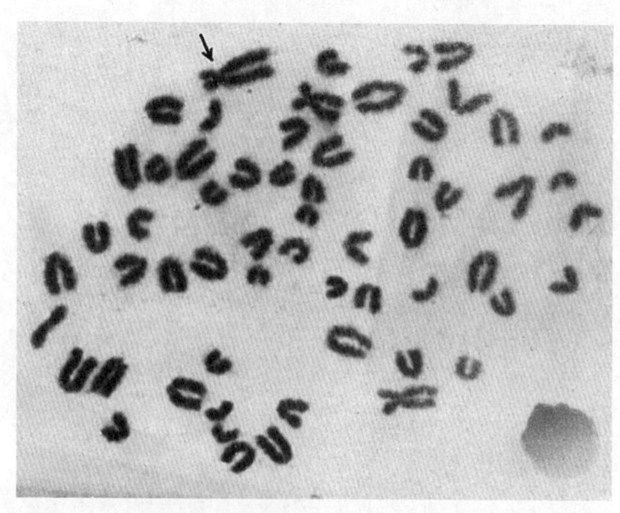

图4.2 1／29着丝点融合易位杂合性牛的染色体（2n=59，箭头所指为易位染色体）

表4.12 牛含有1/29着丝点融合易位的品种

品 种	发生率（%）
巴罗萨牛	65.1
Bauole	
金黄阿奎顿牛	14.2～21.6
英国白牛	65.6～78.8
棕色阿特拉斯牛	
高山褐牛	
瑞士褐牛	0.2
夏洛莱牛	1.9
契安尼娜牛	13.6
科西嘉牛	40.0
捷克斯洛伐克红斑牛	
德里达牛	8.2
弗莱克维牛	3.1
加利西亚牛	11.8
加斯科涅牛	
德国红斑牛	
Grauviel	
匈牙利灰牛	3.8
黑色和牛	
库里牛	
利木赞牛	6.0
马奇贾内牛	18.9
马莱玛娜牛	
Maronesa	49.5
Modicana	6.5
Montebeliard	2.2
恩古牛	10.2
挪威红牛	
Ottenese	
比萨牛	
泊多利切牛	
无角红牛	19.0
罗马诺拉牛	22.5
俄罗斯黑斑牛	
圣格特鲁牛	
暹罗牛	
西门塔尔牛	3.0
瑞典红白花牛	13.4
Vosgienne	
萨莫拉牛	24.0

死亡。生育力下降的主要表现为，母畜每受孕所需配种次数小幅增加，公畜不返情率降低。其他着丝点融合易位造成的生育力下降更大，例如阿尔卑斯灰牛（Alpine Grey）25／27易位繁殖力下降46%。

目前，许多欧洲国家利用人工授精对种公牛群进行筛选，不允许使用携带着丝点融合易位的公牛，许多国家也不允许进口携带着丝点融合易位的动物。

牛的许多其他染色体异常也见有报道，但均不太常见。见有报道的有表型异常的常染色体三倍体牛以及一些不育的XXY型克兰费尔特综合征公牛和XXX型不育母牛。

可采用染色体分析诊断异性孪生不育母犊（freemartins），因为母牛在异性双胎妊娠情况下，胎盘血管融合不仅允许雄性的谬勒氏管抑制物质（MIS）和睾酮影响雌性的发育，而且允许造血母细胞混合，这样在每个孪生胎儿血液中都定居了雄性细胞和雌性细胞。这些犊牛在出生后任何时间都可通过简单染色体分析检测出来，所以能够预测异性孪生母犊不育（Long，1990）。如果能从疑似的异性孪生不育母犊和孪生公犊都采集到血液样品，分析诊断就容易得多。这是因为如果胎盘发生吻合，有时母犊血液里的雄性激素很少，如果是这样，那么公犊血液里的雌性激素同样会很少。在这种情况下，检查公犊能节约相当多的时间。当然，单独检查雌性样品就可以做出诊断，不需要采集父本或母本样品。

关于异性孪生公犊的繁殖力问题还存在争论。有些研究表明，异性孪生公牛配种的母牛不返情率降低（Cribiu 和Popescu，1982），嵌合体公牛（chimeric bulls）的精子耐冻力低（Switonski 等，1991），精子密度低和精子活力低（Dunn等，1979）。但也有一些研究表明，异性孪生公牛的繁殖力并没有降低（Gustavsson，1977），精液图像正常（Gustavsson，1977；Jaszczak等，1988）。结果出现如此之大的差异，目前还没有很清楚的解释。

4.2.3.3 猪

对于猪来说，相互易位（reciprocal translocations）是最常见的染色体异常，这类结构异常是部分染色体发生交换所造成，但遗传物质很少丢失或不丢失。相互易位携带者的表型正常，但在减数分裂时出现问题，生成不均衡的配子，导致窝产仔数降低甚至不育。在瑞典，因窝产仔数少而淘汰的公猪中，50%是相互易位的杂合子。这些易位大多数不具有遗传性，但却似乎能再次出现，这可能说明环境中的某种因素能诱导新的易位。迄今，已经鉴别出猪大约45种不同的相互易位。

4.2.3.4 绵羊

XXY型克兰费尔特综合征可以造成公羊不育。在新西兰罗姆尼羊（New Zealand Romney）、派伦代羊（Perendale）和德拉斯代羊（Drysdale）以及英国的罗姆尼羊（Romney Marsh breed）均发现有着丝点融合易位，但绵羊的着丝点融合易位并不像牛那样与生育力降低相关。绵羊的相互易位与生育力下降具有一定关系，但很少能见到（Glahn-Luft和 Wassmuth，1980；Anamthawat-Jonsson等，1992）。

在对不育母绵羊的调查中发现，最常见到的是XX/XY（异性孪生不育）（Long等，1996）。XO（特纳氏综合征，Turner's syndrome）可能是造成母绵羊不育的另一个原因。

4.2.3.5 山羊

虽然在萨能奶山羊（Saanen）和吐根堡山羊（Toggenburg）曾发现有着丝点融合易位，但在吐根堡山羊由于雌雄间性基因与无角性状互为影响因素，因而难以评价这种易位对生育力的影响，但着丝点融合易位杂合体似乎与萨能奶山羊繁殖力降低有关。

雌雄间性基因是常染色体隐性基因，与无角显性基因连锁。因此，无角基因纯合子的母山羊也是雌雄间性基因纯合子母山羊，这样的母羊是雌雄间体。无角基因纯合的公山羊通常是正常的，但有10%～30%公山羊因附睾头输精管阻塞而表现不育。山羊的这种雌雄间性基因与小鼠的*sxr*基因相似，该基因可引起遗传上的雌性小鼠睾丸发育。

4.2.3.6 猫

除了与公猫被毛花斑颜色有关的异常外，猫染色体异常不太常见。这些染色体异常中许多是XXY型克兰费尔特综合征，患猫往往不育。然而，具有正常XY型雄性细胞系的混倍体猫可能具有生育力，其生育力可能依赖于睾丸中是否存在有正常的XY型细胞系。有繁殖力的花斑公猫（tortoiseshell cats）能像正常XY型公猫那样繁殖，并以正常的孟德尔遗传规律传递毛色基因。虽然花斑公猫并不常见，但还是比人们想象得更为罕见。在英国对9816只猫进行调查发现，其中4598只是公猫，仅发现了20只花斑公猫（Leaman 等，1999）。

没有理由认为这些染色体异常仅见于花斑公猫，染色体异常可能也是其他猫繁殖失败的原因，只是由于很少对猫进行细胞遗传学检查而未确诊。

XO病例见有报道，而且XO可能是造成雌猫不育的原因。

4.2.3.7 犬

除了一例克兰费尔特综合征病例和一例发情前期延长的X染色体单倍体（77，XO）病例外，犬染色体异常与不育无关。着丝点融合易位有过报道，但没有一致的临床发现，还没有研究过着丝点融合易位对繁殖力的影响。

4.2.3.8 马骡和驴骡

马骡（mule）是母马和公驴的杂交后代，驴骡（hinny）是母驴和公马的杂交后代。这两种杂交公骡在减数分裂期的粗线期出现了染色体配对异常，不能产生或只能产生少量成熟精子，因此公骡是不育的。母骡在胎儿生殖细胞发育期间也受到影响，大多数卵原细胞在进入减数分裂期的过程中死亡。然而有时成年母骡可出现成熟卵泡，马骡和驴骡都有确实而极少的产驹报道。

4.3 先天性异常和致畸因素

先天性异常是出生时就存在的异常（图4.3和

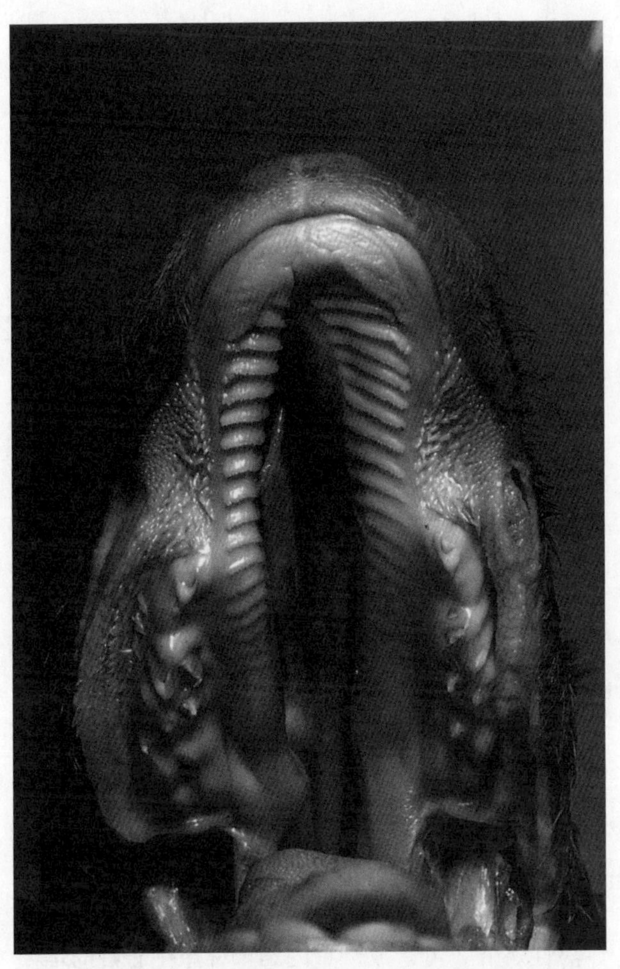

图4.3　犊牛腭裂（见彩图12）

图4.4～图4.17），可能由遗传因素或一些其他因素造成。致畸因素（teratogen）是能够诱导胚胎发育异常的因素。致畸因素可能不直接致死发育的孕体，但由其诱导产生的各种异常使得动物难以生存。

致畸因素主要在胚胎阶段发挥作用。在此之前的原肠形成前期（pregastrulation），胚胎对致畸因素有较强的抵抗力；在此之后的胎儿期，仅仅是后发育的系统，如腭、小脑和一部分心血管系统和泌尿生殖系统等会受到影响。致畸因素可能是药物、激素、化学物、γ-射线、微量元素、温度变化或传染性病原体（特别是病毒，参见综述Oberst，1993）。例如，猪霍乱病毒能引起神经异常，如脱髓鞘（demyelination）、小脑和脊柱发育不全、脑水肿（hydrocephalus）和关节弯曲（arthrogryposis）等。表4.2列出了一些已知的反刍动物致畸因子。对于犬来说，一些普通药物如皮质激素和灰黄霉素也是致畸因子，因此妊娠母犬使用这些药物应十分小心。猫传染性粒细胞缺乏症病毒（panleukopenia virus）对妊娠母猫有致

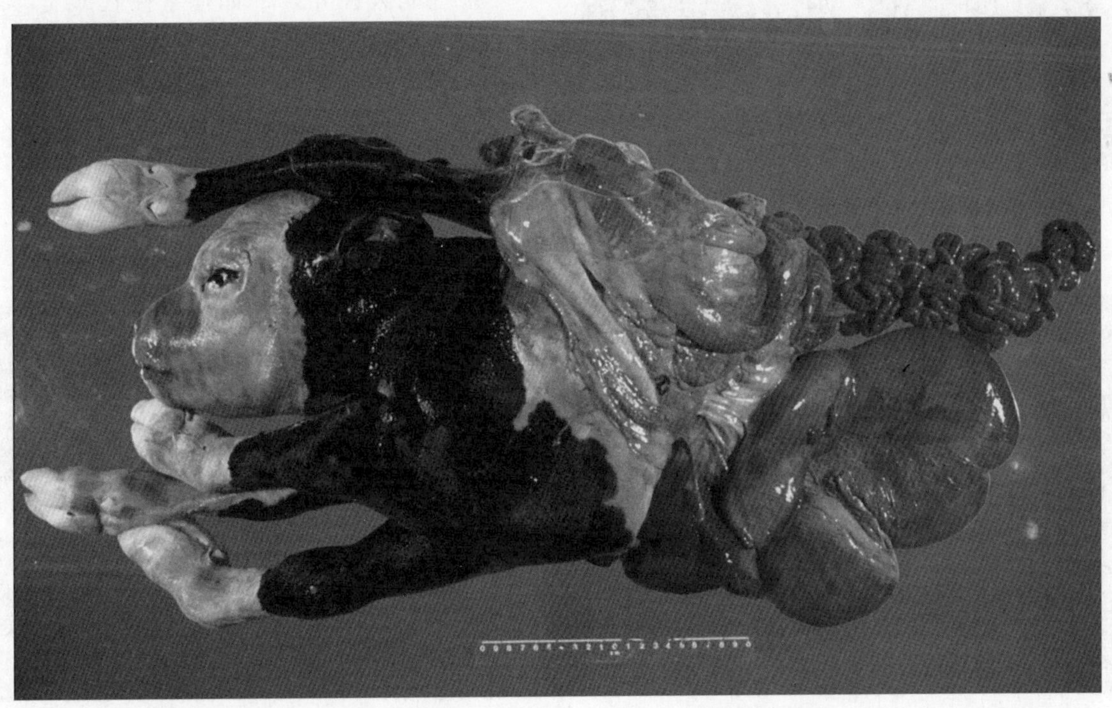

图4.4　犊牛的裂腹畸形（见彩图13）

畸作用。

先天性异常可能引起产科问题。例如，反刍动物和猪的躯体不全（perosomus elumbis），特征为终止于胸部的脊髓发育不全（hypoplasia）或发生不全（aplasia），因此由腰部和骶骨神经支配的部位包括后肢表现为肌萎缩和关节僵硬，后肢僵硬会引起难产。

裂腹畸形（schistosoma reflexus）是常见于反刍动物和猪的另一种异常，主要缺陷是脊柱折回形成锐角，尾部靠近头部（图4.4），胸腔和腹腔在腹侧面闭合不全，内脏暴露，这种异常也会导致难产（参见第16章）。

其他怪胎还有球状怪胎（amorphous globosus）或无心畸胎（acardiac monster or fetal mole）（图4.5），球状的胎儿身体由皮肤包裹着结缔组织构成，附着到另外一个正常胎儿的胎膜上，甚至与这个正常胎儿组成异性双胞胎。因为畸胎通常没有性腺发育，这种异性双胞胎不存在异性孪生母牛不育的危险。

联胎畸形（double monsters）（图4.6~图4.8）见于多种动物，可表现为胎儿绝对过大（absolute fetal oversize）。引起胎儿体格绝对过大的其他异常还有胎头积水（hydrocephalus）（图4.9和图4.10）和附肢（accessory limbs）（图4.11）。

一些在兽医产科学上很重要的先天性异常是由遗传因素引起的。例如，德克斯特牛（Dexters）的软骨发育不全（achondroplasia）（侏儒）（图4.12），弗里赛牛（Friesians）的无肢犊牛（amputates）（水獭犊，otter calves）（图4.13），爱尔夏牛（Ayrshire）的双肌（double muscling）、关节弯曲（arthrogryposis）（图4.14）和犊牛水肿（图4.15）等（见表4.3）。Leipold和Demis（1986）报道了娟姗牛的直肠阴道绞窄（rectovaginal restriction），为一种普通的常染色体隐性疾病，可造成严重的难产，患牛分娩时需要施行会阴切开术或者剖宫产术。

某些先天性异常，如痉挛性轻瘫（spastic paresis）和屈肌腱收缩（flexor tendon contraction）（图4.16、图4.17），可以通过治疗及时矫正。

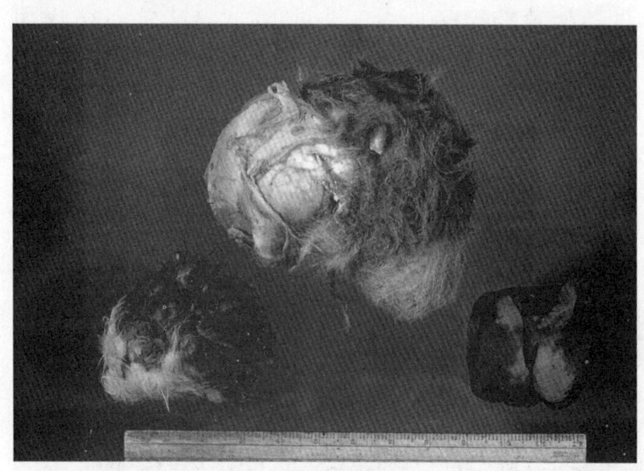

图4.5 三个牛的球状怪胎（见彩图14）

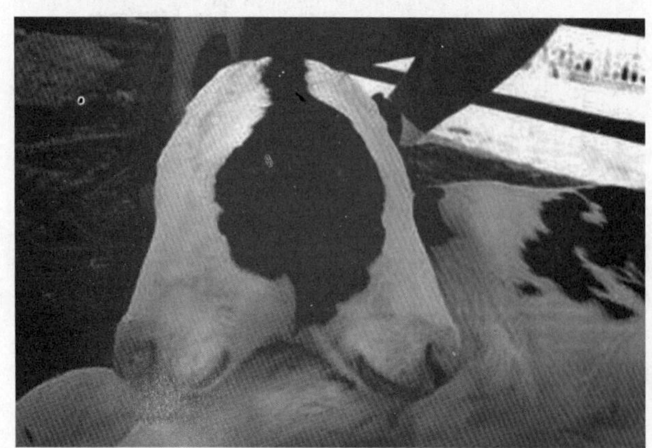

图4.6 双头犊牛（见彩图15）

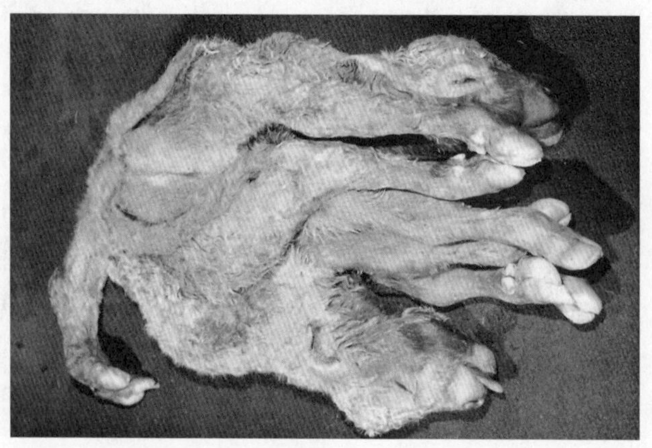

图4.7 妊娠足月的连体夏洛莱牛（见彩图16）

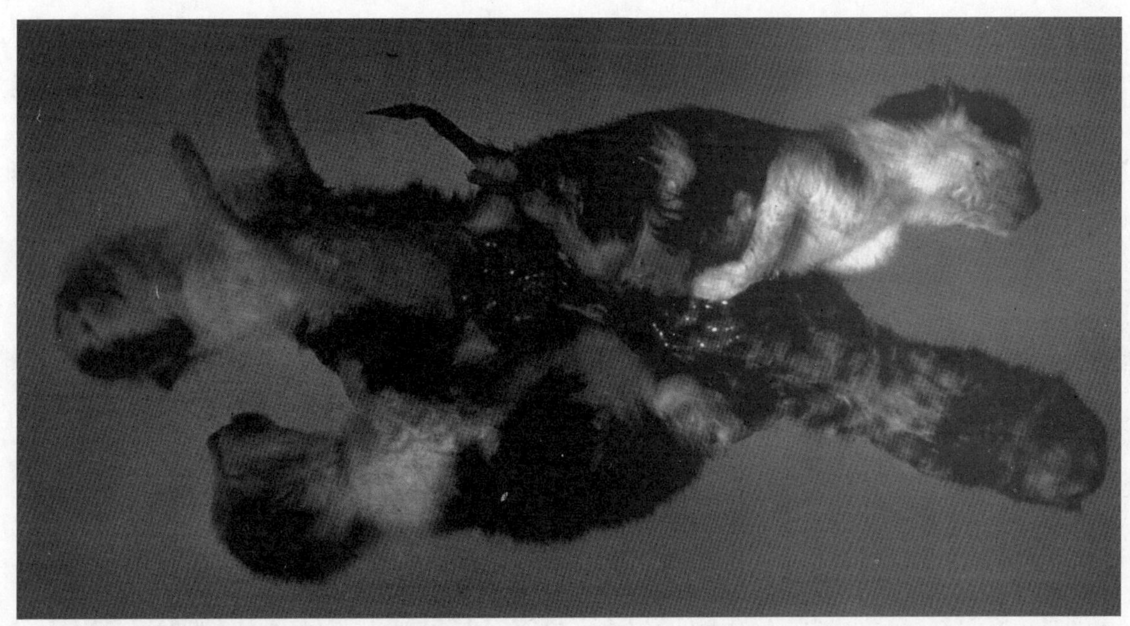

图4.8　骨盆区域连在一起的四只小猫（见彩图17）

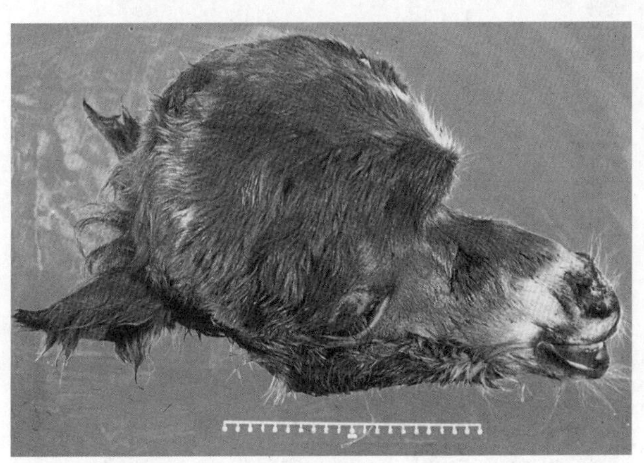

图4.9　马驹的胎头水肿（见彩图18）

图4.10　出生成活的犊牛胎头水肿（见彩图19）

4.4　各种动物的胚胎/胎儿死亡

4.4.1　猪

猪的排卵率通常不是限制猪生产性能的主要因素，但随着排卵率的升高，胚胎存活率一般会降低。在小母猪进行的研究表明，虽然可以人为增加排卵率，但胚胎存活率会降低。

即使在排卵率增加后没有发生早期胚胎死亡，在此后的妊娠期中就会出现胚胎竞争子宫空间。当一个子宫角的胎儿超过5个时，便会出现更高的胎儿死亡率，子宫角中部的胚胎会变得较小（Perry和Rowell，1969）。

除了上述内在因素外，外在因素如营养和应激在猪胚胎死亡中也发挥着重要作用。例如，配种后给予高能水平饲料会降低胚胎存活率。极端温度应激、圈养和绳栓等管理应激，也会使胚胎死亡率上升。还有一些饲养政策，如哺乳期长度，也会影响胚胎死亡率。泌乳期不足3周会引起胚胎死亡率明显升高（Verley和Cole，1976），这大概要归因于子宫环境较差。

引起猪胚胎死亡和流产的传染性因素将在第27

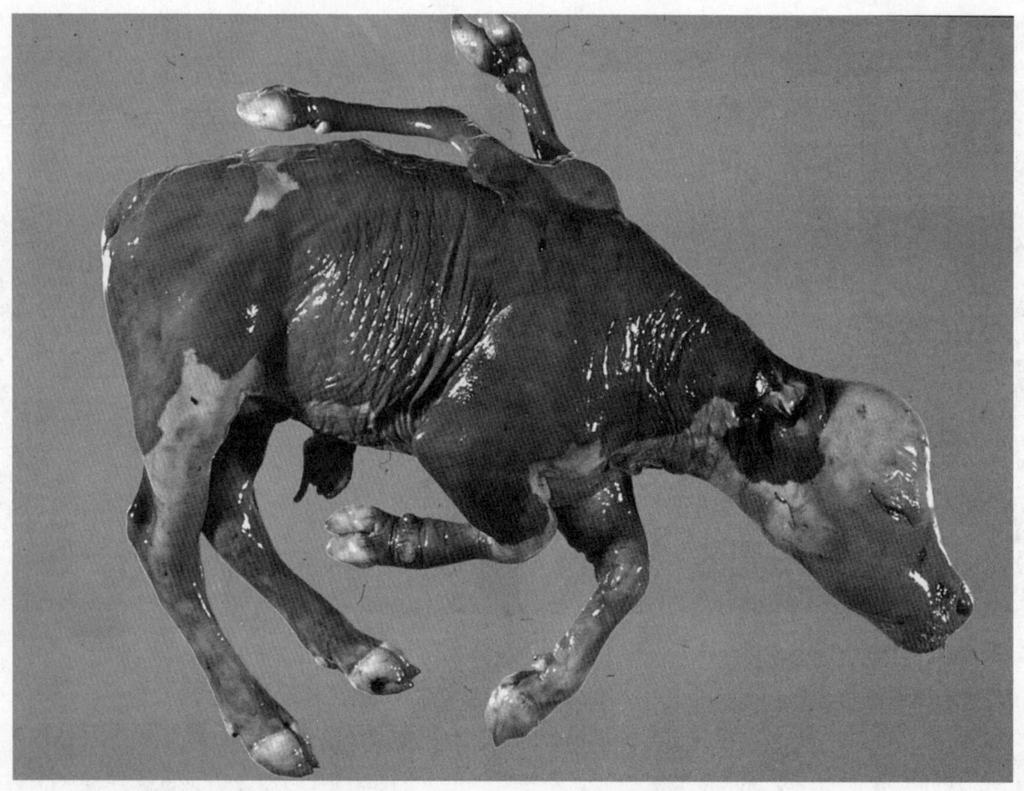

图4.11 前肢附肢的牛胎儿（见彩图20）

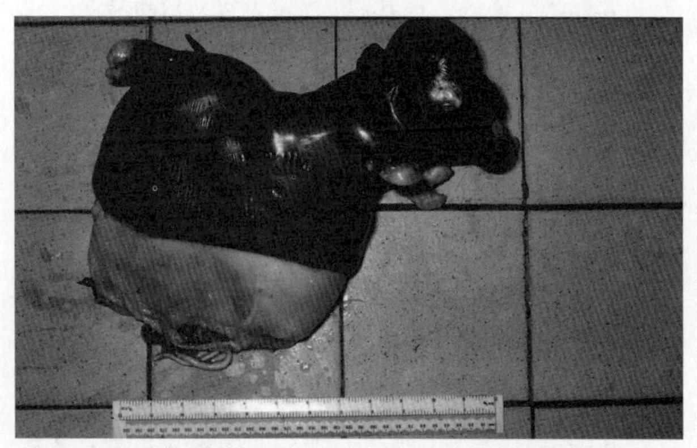

图4.12 软骨发育不全的德克斯特犊牛（见彩图21）

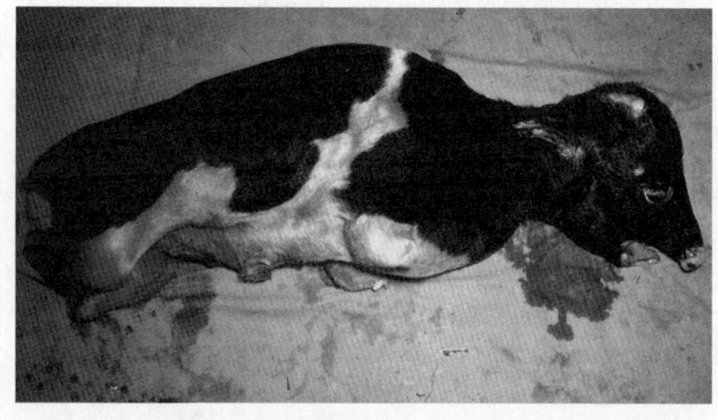

图4.13 残肢犊牛（见彩图22）

图4.14 关节弯曲犊牛（见彩图23）

图4.15 爱尔夏犊牛水肿（见彩图24）

图4.16 痉挛性轻瘫的15月龄弗里赛公牛（注意右后肢伸展过度）（见彩图25）

图4.17 先天性两侧屈肌腱收缩的比利时蓝犊牛（见彩图26）

章介绍。

4.4.2 牛

与西方国家乳品工业的规模和重要性相比，关于牛胚胎死亡原因的实验数据其实很少。牛的胚胎死亡主要发生在输精后8～16d。

输精的时间很重要。发情期输精过迟会导致卵子老化和胚胎死亡（研究表明，实验动物卵子老化可引起多种染色体异常），妊娠期人工授精会造成胎膜机械性损伤或者感染而引起流产。引起胚胎死亡的特异性传染性病原将在第23章介绍。产后很快受孕的牛会有较高的胚胎死亡率，这可能与子宫环境较差有关。

虽然营养因素如β-胡萝卜素、硒、磷和铜缺乏都与胚胎死亡有关，但目前还没有确切的数据。大量摄入粗蛋白，特别是瘤胃可降解蛋白（RDP）可引起生育力下降，据认为是由于血中尿素或氨对胚胎的毒性作用所致。

应激，如热应激，同样也会导致胚胎死亡（Thatcher和Collier，1986）。哺乳早期泌乳量高增长和高泌乳量本身都是一种代谢应激，而且与生育力呈负相关。

4.4.3 马

引起马胚胎死亡最常见的原因是双胎妊娠（参见第26章）。对胎盘空间的竞争通常会导致一个胎儿生长比另一个胎儿更加缓慢，较小的胎儿其胎盘也较小，最后可能死亡。一个胎儿死亡通常会引起第二个胎儿死亡。与马胚胎死亡相关的内在因素有输卵管分泌物、胚泡移行的程度和子宫环境等。马胚胎在输卵管内就发育到了较高阶段，其环境较其他动物就显得更为重要。另外，马的胚囊（embryonic vesicle）在子宫腔内的游离时间比其他动物长得多，胚囊移行的程度对母体的妊娠识别很重要（Ginther，1985；McDowell等，1985）。移动性高能增强对黄体溶解的抑制和产生高水平的孕酮（Ginther等，1985）。就子宫环境而言，子宫内膜炎复发和配种后感染引起血管周围纤维化（perivascular fibrosis），这是妊娠40～190d胚胎或胎儿死亡的一个常见原因（参见第26章）。母体衰老也与胚胎死亡有关，但这几乎并未反映出慢性子宫疾病的增加。

其他因素（如泌乳和产后极早期配种）也会引起较高的胚胎死亡率，虽然后者也可归因于泌乳应激。运输应激会引起马胚胎死亡，然而最近的研究未能肯定这一点。运输确实能引起血浆抗坏血酸水平上升，这与长时间应激有关（Baucus等，1990）。限制能量摄入的营养应激确实也会增加胚胎死亡。

引起胚胎死亡的感染性原因将在第26章讨论。

4.4.4 绵羊

营养，特别是能量水平，是通过一种复杂的方法影响绵羊胚胎存活。配种时体况较差对胚胎存活有害，与配种后的营养水平无关，但配种后体重减轻的绵羊胚胎死亡率增加。长期中度营养不良对羔羊的影响要大于成羊。营养的能量水平会通过外周血循孕酮水平来发挥作用，因为食物摄取与孕酮水平呈反比关系。对胚胎存活有重要影响的营养素是维生素E和硒。

某些植物（如羽衣甘蓝和加州黎芦）会引起胚胎死亡，后者还是一个致畸因素（表4.2）。

营养对胚胎存活影响可能会因排卵率的差别而加剧或被混淆，通常排双卵后的胚胎死亡率会不成比例地升高。在排卵率非常高的品种（如litter-bearers），胚胎死亡率相应升高，但这可能归因于子宫空间的限制。

实验研究表明，环境温度高，特别是在配种后的第1周的高温，可大幅度地增加胚胎死亡率，这在出现气候热浪时会很重要。然而，如果环境温度有昼夜变化，死胎会很少。

生理应激，如过度拥挤或者转移羊群，也会增加胚胎死亡，这是由于肾上腺孕酮过度分泌和/或肾上腺皮质激素水平升高所致（Wilmut等，1986）。

绵羊的年龄也很重要，青年母羊较成年母羊胚胎死亡率更高（Quirke和Hanrahan，1977）。

感染原因引起的胎儿死亡将在第25章介绍。

4.4.5 山羊

山羊特别容易发生非感染性的胎儿死亡，安格拉山羊尤其如此。胚胎死亡还常见于饲喂条件差的任何品种。胎儿死亡的另一个原因是使用驱虫药，如四氯化碳和吩噻嗪等。

感染引起的山羊流产将在第25章讨论。

4.4.6 犬

关于非感染原因引起犬胚胎死亡的资料所见甚少，有些情况下所有胚胎均被吸收，以往认为这是由于孕酮分泌不足所致，但尚无实验证据证明这一看法。另外，高水平的外源性孕酮会引起雄性幼犬的性别分化异常。

引起犬胎儿死亡的最常见的感染因素是犬布鲁氏菌，这种微生物尚未在英国发现。犬疱疹病毒也能引起胎儿死亡和胎儿干尸化，这种感染在母犬可经胎盘传播，但更常见的是分娩时胎儿在产道中感染（参见第28章）。

4.4.7 猫

关于非感染原因引起猫胚胎死亡的资料所见甚少。应激容易造成猫的胚胎死亡，因此应注意不要刺激妊娠母猫。引起胚胎死亡的感染原因有：猫病毒性鼻气管炎（feline viral rhinotracheitis，FVR）和猫传染性粒细胞缺乏症病毒（feline panleukopenia virus，FPV）引起的流产、干尸化和死胎；猫白血病病毒（feline leukaemia virus，FELV）也可引起胚胎吸收和流产，也引起仔猫衰竭综合征（fading kitten syndrome）（参见第28章）。

4.5 胚胎或胎儿死亡的后遗症

早期胚胎死亡之后，胚胎组织通常会被吸收；如果子宫内没有其他孕体，动物会回到发情期。如果胚胎死亡发生在母体妊娠识别之前，发情周期不会延长；如果胚胎死亡发生在母体妊娠识别之后，则发情周期会延长。

如果胚胎因为感染而死亡，那么即使胚胎被吸收，之后也会发生子宫积脓。牛会表现特征性的持久黄体，子宫颈紧闭和子宫积脓，这是胎儿三毛滴虫（*Tritrichomonas fetus*）感染的特征症状（参见

第23章）。

如果胎儿在骨骼骨化开始后死亡，胎儿组织就不会被完全吸收，相应的会发生胎儿干尸化（fetal mummification）。最常见的胎儿干尸化是纸状干尸化（papyraceous mummification），胎水被吸收，胎膜萎缩干枯像羊皮纸一样（由此得名），子宫收缩紧紧包围胎儿，胎儿变得盘旋扭曲。在多胎动物，如果胎儿干尸化只发生于部分胚胎，就不会影响其他活着的胎儿继续妊娠，分娩时可排出干尸化胎儿。

猪胎儿干尸化很常见，是感染SMEDI病毒的主要特征，也可见于胎儿过多导致的子宫过度拥挤。猫胎儿过多时也常发生胎儿干尸化，同样也是子宫过度拥挤所致。犬胎儿干尸化是犬疱疹病毒感染的特征。绵羊胎儿干尸化见于双胎或三胎妊娠中的一个胎儿死亡的情况。马胎儿干尸化罕见，通常与双胎有关。马双胎妊娠时，一个胎儿通常比另一个生长缓慢，个体要小，个体小的胎儿通常会死亡。如果另一个胎儿能够存活和妊娠能够维持，死胎会干尸化并在分娩时随活着的胎儿排出。

牛胎儿干尸化的发生率约为0.13%～0.18%（Barth，1986），多发生血红色胎儿干尸化（haematic mummification），胎水被吸收，胎儿和胎膜被一种巧克力色的黏稠物质所包裹（图4.18和图4.19）。一度曾有人认为，牛胎儿干尸化的颜色是由于色素所引起，由于子宫阜出血引起胎儿死亡并由此形成胎儿干尸化的颜色（由此得名）。然而，现在认为出血是胎儿死亡的结果而不是胎儿死亡的原因。人们已提出很多理论来说明形成这个现象的原因。有人提出遗传原因，特别是这种情况明显常见于娟姗牛和更赛牛，在英国费里斯牛（Logan，1973）的特殊家族中有很高的发病率。脐带扭转被认为是胎儿死亡的原发性原因，但在血红色胎儿干尸化并不完全如此。另外，用雌二醇和醋酸去甲雄三烯醇酮可诱发这种情况（Gorse，1979），表明激素异常可能是原因。

胎儿在妊娠3～8个月死亡后能够发生血红色胎儿干尸化。因为没有胎儿引发分娩的信号，黄体持续存在，妊娠还会维持一段不可预知的时间。常常在检查妊娠期延长的牛时才能诊断出这种情况，治疗方法是用前列腺素溶解黄体来诱导流产，胎儿一

图4.18　附着在胎盘（p）上的牛干尸化胎儿（f）（见彩图27）

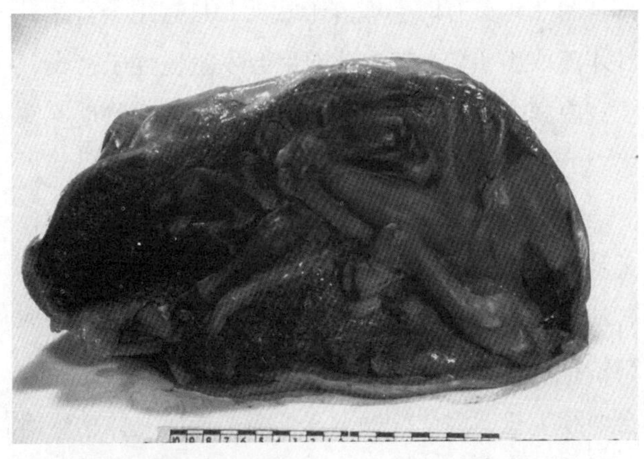

图4.19　子宫紧紧包裹着的牛干尸化胎儿（见彩图28）

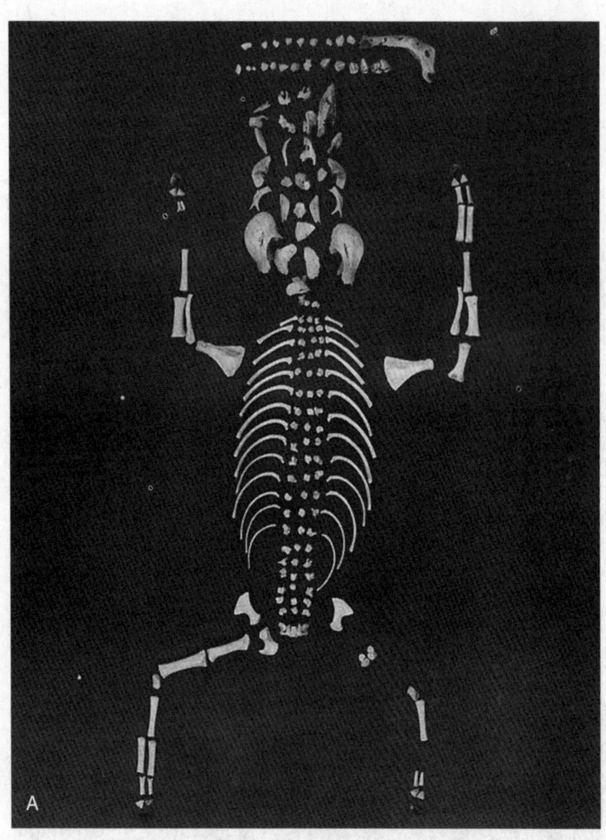

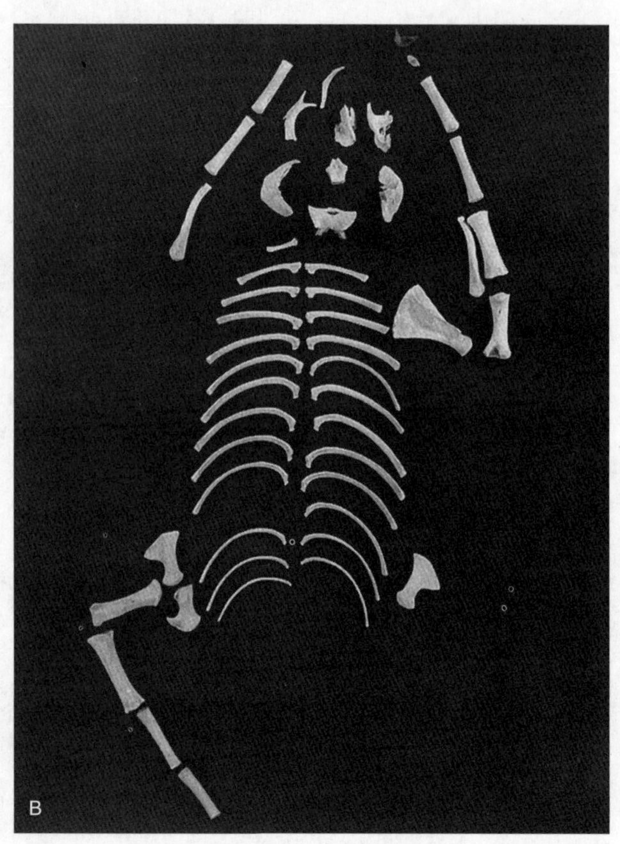

图4.20 胎儿浸溶之后从牛子宫取出的胎儿骨头

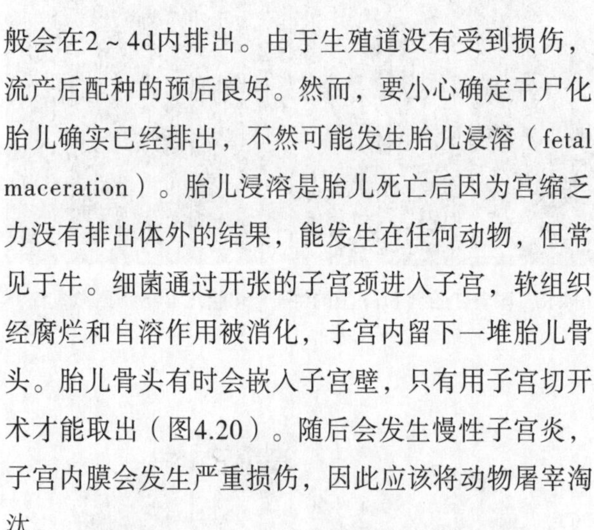

般会在2～4d内排出。由于生殖道没有受到损伤，流产后配种的预后良好。然而，要小心确定干尸化胎儿确实已经排出，不然可能发生胎儿浸溶（fetal maceration）。胎儿浸溶是胎儿死亡后因为宫缩乏力没有排出体外的结果，能发生在任何动物，但常见于牛。细菌通过开张的子宫颈进入子宫，软组织经腐烂和自溶作用被消化，子宫内留下一堆胎儿骨头。胎儿骨头有时会嵌入子宫壁，只有用子宫切开术才能取出（图4.20）。随后会发生慢性子宫炎，子宫内膜会发生严重损伤，因此应该将动物屠宰淘汰。

妊娠期延长并非总是与胎儿死亡有关。例如，无脑畸形胎儿（anencephalic）没有脑垂体，不能启动正常分娩，妊娠期延长成了无脑畸形妊娠的典型特征（图4.21）（参见第6章）。如果胎儿活着会继续生长，因此妊娠期延长会造成胎儿体格绝对过大而引起难产。

胎儿死亡后其他结果是流产和死产。流产通常由感染因素引起，本书将在其他章节进行讨论（参见第23章、第25～28章）。死产可因发育异常胎儿难以生存而发生。

图4.21 无脑畸形羔羊（见彩图29）

4.6 胎水过多

兽医产科学上可见孕体三种胎水过多情况，即胎盘水肿（oedema of the placenta）、胎囊积水（dropsy of the fetal sacs）和胎儿积水（dropsy of the fetus）。它们可单独或同时发生。

4.6.1 胎盘水肿

胎盘水肿常伴随胎盘炎，例如，牛流产布鲁氏菌感染。胎盘水肿不会导致难产，但常伴随流产和死产。

4.6.2 胎囊积水

羊膜囊和尿膜囊都能含有过量胎水（参见第2章），依胎水过多的胎囊，可分别称为羊水过多（hydramnios）或尿水过多（hydrallantois），以尿水过多更常见，经常与胎儿特殊异常相关，如德克斯特牛的牧羊犬犊牛。虽然胎囊积水通常只是见于牛，但Vandeplassche（个人交流，1973）发现了48例马患病，这些10～20岁的经产母马在妊娠7～9个月很快发生了胎囊积水。绵羊也有发生本病的报道，双胎或三胎时发生羊水过多（约18.5L）。犬胎囊积水也有报道，一胎中所有胎儿均被涉及。

德克斯特牛的牧羊犬犊牛发生在妊娠第3或4月，这是一种伴发羊水过多的遗传病例。除此之外，牛的大部分胎囊积水病例见于妊娠的最后3个月。胎囊积水的病因尚不清楚。Arthur（1957）发现胎囊积水病牛子叶的数量非常少，未孕角通常不形成胎盘，孕角则出现代偿性附属子宫肉阜（compensatory accessory caruncular）。组织学检查发现子宫内膜出现非感染性变性和坏死，胎儿个体较小。通常牛妊娠6～7月时尿水产生明显加速，如果出现胎盘机能紊乱，尿水增加会变得无法控制而引起尿水大量积聚，这常常与双胎有关。

所有尿水过多是逐渐形成的，但临床表现开始的时间（妊娠最后3个月之内）和发展速率会有很大不同，尿水过多的基本症状是腹部膨胀（图4.22）。尿水过多发生得越迟，妊娠牛越有可能存活到妊娠结束；如果妊娠6～7月时腹部就明显膨胀，远在妊娠结束之前牛就会病得非常严重。尿水体积有很大变化，最多可达273L。如此大量的尿水给牛施加很大的张力，严重阻碍呼吸和降低食欲。随着体况慢慢变差，最后倒伏和死亡（图4.23），偶尔会因流产而缓解。病情不严重的牛到妊娠结束时体质会变得很差，宫缩乏力通常伴随着子宫颈开张不全，在分娩时通常需要助产。

图4.22 娟姗牛尿水过多造成腹部扩张，身体呈典型的梨形

诊断牛尿水过多是基于妊娠后期腹部明显膨胀及一些相关症状，直肠触诊可发现子宫明显膨胀，腹部触诊和直肠触诊均不能触及胎儿时，就可确诊。

治疗尿水过多需要实际可行的途径和准确的判断。已经卧地不起的牛应该屠宰，对临近分娩的动物应进行剖宫产手术。在剖宫产手术中，要让尿水慢慢流出，以防止腹压骤降造成低血容量性休克。因为牛尿水过多常见于双胎妊娠，因此应检查膨胀的子宫中是否有第二个胎儿。

牛尿水过多行剖宫产手术后经常发生胎衣不下，子宫复旧缓慢而经常发生子宫炎，这些均会引起恢复期延长和下次受孕推迟。

Vandeplassche（个人交流，1973）发现，合

图4.23 图4.22所示牛屠宰之后，可见子宫极度增大

成的糖皮质激素（地塞米松或氟米松）和催产素合用，可改进尿水过多的治疗。在注射20mg地塞米松或者5～10mg氟米松约4～5d后，子宫颈松弛，静脉滴注催产素30min，在治疗的20头牛中有17头恢复。对于马尿水过多，作者还发现患病母马自然流产，但由于宫缩乏力没能排出胎儿。Vandeplassche通过撕破尿囊绒毛膜放出尿水（通常达100L），然后静脉滴注催产素，当子宫颈完全松弛后用手掏出胎儿。胎盘明显水肿，继续注射催产素可防止发生胎衣不下。

4.6.3 胎儿积水

胎儿积水分为几种，在产科上重要的是胎头积水（hydrocephalus）（图4.9、图4.10）、腹腔积水（ascites）（图4.12）和全身水肿（anasarca）（图4.15）。水肿的类型和产科危害程度取决于胎儿的位置和过多胎水的总量，难产则是由于胎儿直径的增加所致。

4.6.3.1 胎头积水

胎头积水指脑室系统或者脑与硬脑（脊）膜之间蓄积液体造成颅骨肿胀，可发生于所有动物，常见于猪、犬和牛（图4.9、图4.10）。

胎头积水严重时胎儿的颅骨明显变薄，这便于用套管针放出颅内积水和挤压颅骨进行阴道分娩。如果不能进行这种处理， 就要用线锯或者链锯锯开胎儿的颅骨。如果胎头去除后仍然很难将胎儿拉出，可进行剖宫产，但产出存活的胎头积水的犊牛没任何价值。然而，在猪和犬的严重胎头积水病例，在倒生的牛胎头积水病例，在伴随关节僵硬的牛胎头积水病例，可能必须要施行剖宫产手术才能救治由其引起的难产。

4.6.3.2 腹腔积水

腹腔积水通常伴随胎儿的感染性疾病和发育缺陷，如软骨发育不全（图4.12）。偶尔，仅仅会发生这种缺陷。流产的胎儿通常水肿；当妊娠期满时，胎儿腹腔积水可能会引起难产，需用胎儿刀划破胎儿腹部以解除难产。

4.6.3.3 全身水肿

全身水肿患病胎儿通常能存活到妊娠期满，但由于皮下组织积液过多（特别是头和后肢）引起胎儿体积增加过大，造成分娩时胎儿产出期没有进展，这才引起人们的关注。头部皮下组织积液过多的病例，严重的肿胀会掩盖头部的正常特征，头部的外貌变得很奇特。有趣的是，全身水肿患病胎儿倒生的比例非常高，这些病例的后肢体积巨大、肿胀显著，并是胸腔腹腔液体过多，并伴随着脐带增粗、腹股沟环扩大和鞘膜积液，还可见到胎膜水肿，偶尔有一定程度的尿水过多。

4.7 同期复孕

同期复孕（superfecundation）是指子宫中有两个公畜的后代同时妊娠的情况。考虑到动物排出卵子的数量和寿命，发情期长度和无选择的交配行为，同期复孕最有可能发生于犬。母犬在同一个发情周期中与不同品种的两只公犬交配就有可能发生同期复孕，所产仔犬明显有两种不同毛色、体形及大小，说明发生同期复孕的可能性很大。仅当双亲均为纯种时，观察后代证实同期复孕才会有效。大多数所谓的同期复孕可以简单地归因于非纯种双亲所产后代的遗传变异。

同期复孕在马也有报道，如母马妊娠后出生马和骡的双胞胎，弗里赛牛生出弗里赛牛和海福特牛的双胞胎等。

4.8 异期复孕

异期复孕（superfetation）是已经妊娠的动物又交配、排卵并受孕产生第二个（窝）胎儿的情况。妊娠牛配种并不少见，但是尚未证明妊娠牛能够排卵。妊娠马确实可以排卵，理论上可能发生异期复孕。当同时出生的胎儿体格差别很大，或间隔很长时间产出两个（窝）胎儿，就应怀疑发生了异期复孕。明显可信的异期复孕例子应该是，动物发生了两次明显分开和确实的交配，在经过与这两次交配相应的妊娠期后又先后产出两个（窝）正常成熟的胎儿。

一般来说，人们对异期复孕存在很大的疑问。Vandeplassche等人（1968）用令人信服的证据证明猪可发生有再次分娩的异期复孕。他们研究了12例一次交配两次分娩的猪，在第二次分娩后对其中的两头剖腹观察了子宫和卵巢，得出的结论是，一次交配两次分娩见于有大量卵子受精的情况，胚胎后来正常分布于两个子宫角，但并不像通常那样用胚胎死亡的方式来减少胎儿数目，而是两个子宫角前半部的胚胎没有附植，处于滞育状态达4～98天，然后才再被激活而发生附植，因此构成了子宫角前端的自发性的异期复孕。附植在子宫角尾部的胚胎会在经历正常的妊娠期后分娩，相隔一段不等时间后推迟附植的胚胎发育成熟发生第二期分娩。Vandeplassche和他的同事认为，猪和其他动物在不同的发情期交配后发生两次分娩，其主要是由于胚胎滞育而不是异期复孕，妊娠期偶尔延长可能也是出于同样的原因。

第 5 章

子宫颈和阴道脱出

David Noakes / 编 黄群山 / 译

子宫颈和阴道脱出（prolapse of the cervix and vagina，CVP）是一种典型的反刍动物疾病，通常发生于妊娠后期，偶尔可见于产后，极少出现在与妊娠或分娩无关的情况下。子宫颈和阴道脱出较少发生于猪。如果看到不同部分的阴道壁及有时连带着子宫颈从阴门突出时，阴道黏膜暴露于体外，则说明发生了子宫颈和阴道脱出。一些母犬可在前情前/发情期发生阴道黏膜增生，也可导致部分阴道壁从阴门伸出，这种情况也有人称为阴道脱出，但这种描述不准确，并且也与其他动物发生的阴道脱出没有可比性（参见第28章）。母犬在妊娠期可发生慢性阴道脱出（Memon等，1993；Alan等，2007），分别通过子宫固定术（hysteropexy）和卵巢子宫切除术进行了治疗。还有人报道过动物未妊娠时长期慢性阴道脱的情况（McNamara等，1997）。

5.1 绵羊

5.1.1 发病率和经济损失

绵羊的子宫颈和阴道脱要比其他动物常见得多，因此具备真正的经济意义。平均发病率为0.35%（Edgar 1952）、0.46%（Bosse等，1989）和0.98%（Low和 Sutherland，1987），在一些群体中可上升至20%和46%，因此可造成严重的经济损失。例如，Hosie（1989）根据置换一只具有繁殖能力母羊的平均花费，减去一只淘汰患羊的价值、胎羔死亡和治疗费用，计算出在英国每个病例可造成41.08英镑的经济损失，另外还有一些难以定量计算的动物福利等造成的损失。本病造成的经济损失是基于以下假设：

- 一些患羊会发生死亡
- 如果不治疗，一些患羊会流产
- 一些患羊的繁殖能力会降低
- 由于此病可能复发，有的患羊可能被淘汰
- 死产率和新生仔畜死亡率上升
- 患羊很可能发生难产。

5.1.2 按严重程度分类

正常情况下子宫颈和阴道脱很容易识别，但有时尿囊绒毛膜在破裂前可突出于阴门之外，因此可与突出的阴道和子宫颈相混淆。本病的严重程度差别很大，也可采用不同的分类方法对其进行分类，其中最为简单的是Bosse等（1989）提出的分类方法，这种分类方法如下（图5.1，图5.2）：

- 第一阶段，母羊躺卧时阴道黏膜从阴门突出，站立时消失
- 第二阶段，即使母羊站立，仍可见阴道黏膜从阴门突出，看不见子宫颈

- 第三阶段，阴道突出，子宫颈可见

其他的分类体系还考虑了脱出持续时间的长短、脱出体积的大小和脱出的阴道中是否包裹着其他器官等，如Cox（1987）使用轻度脱出、中度脱出和重度脱出进行分类。膀胱是最常受到影响的器官，膀胱会向后折转被包进向后脱出的阴道壁的夹层（vesicogenital peritoneal pouch）内，造成尿道完全或部分不通，引起尿液潴留；子宫角和小肠管也会被包进向后脱出的阴道壁的夹层内。实时超声诊断可用于检查阴道和子宫颈脱出中的内容物（Scott和Gessert，1998）。

5.1.3 病因和发病机理

关于本病的病因，许多证据为猜测性的，而且经常自相矛盾。以下是一些具有致病倾向的因素（Noakes，1999）：

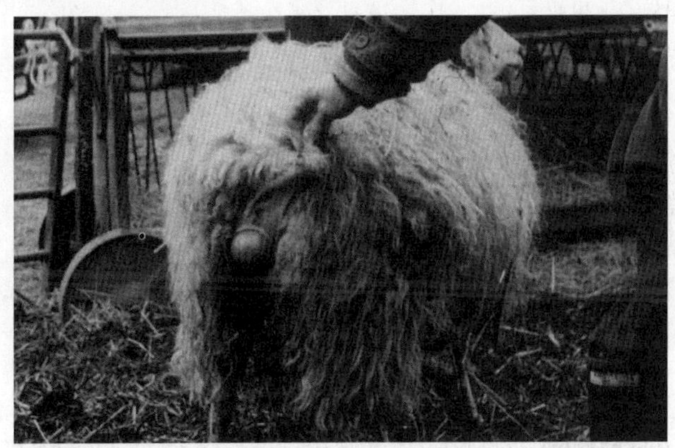

图5.1 绵羊的中度、早期（第二阶段）阴道脱出（见彩图30）

图5.2 绵羊严重（第三阶段）的阴道脱出（见彩图31）

- 激素过量或失衡
- 低钙血症
- 胎儿过大（双胎或三胎）
- 过于肥胖
- 过于瘦弱
- 运动不足
- 断尾过短
- 块根类容积大的饲料
- 饲料纤维过量
- 饲料中有雌激素及其前体
- 有坡地形
- 阴道刺激
- 以往发生过难产
- 遗传因素

除了这些主观推测的有致病倾向的因素外，发生子宫颈和阴道脱出要有三个条件（Mclean，1956）：

- 阴道壁必须处于一种容易外翻的状态，阴道腔必须大
- 阴门和前庭壁必须松弛
- 必须要有外力移动阴道壁造成外翻

Ayen等（1998）尝试测量阴道壁的柔顺度（compliance）（与阴道壁外翻的难易有关）和阴道腔的容积大小，即阴道的容积（capacity of the vagina）（阴道腔尺寸，评估外翻的阴道露出阴门的可能性）的变化。这些参数在动物个体间差异很大，这就可以解释为什么一些羊只易于发生子宫颈和阴道脱出，而另一些羊则不发生。母羊再次妊娠时阴道柔顺度较初次妊娠时高，这就解释了子宫颈和阴道脱出多发生于经产羊而少发生于初产羊的观察结果。内源性和外源性的雌激素和孕激素都能影响阴道壁的柔顺度和阴道容积。阴道壁由胶原和平滑肌构成，因此两个参数都受阴道壁胶原的总量、分布和种类所影响（Ayen 和 Noakes，1998）。由人的泌尿生殖器脱出（genitourinary prolapse）的研究结果外推，胶原类型的变化能减少阴道壁的机械强度（Jackson等，1996）。最近对人子宫颈和阴道脱出的研究显示，病人的阴道壁具有更多的总胶

原，特别是第Ⅲ亚型胶原，基质金属蛋白酶9活性表达也高（Moalli等，2005），这是活性组织正在进行重构的指征。不仅如此，用戊酸雌二醇治疗绝经妇女引起老胶原总量明显减少和新胶原增多，也说明雌激素影响阴道胶原代谢（Jackson等，2002）。

5.1.4 临床症状和病程

子宫颈和阴道脱出的临床症状明显，最常见于妊娠的最后2~3周，唯一可能混淆的是尿囊绒毛膜的伸出，唯一需要辨别的是疾病的严重性。绵羊严重脱出时伴有努责，可能很难耐过，常死于休克、衰竭和厌氧菌感染。母畜会流产或早产，经常产出的是死胎，之后母畜会迅速康复。在对129例子宫颈和阴道脱出的绵羊进行的研究中，自然分娩的占26%，难产占58%，其中70%的难产病例子宫颈扩张不全（Kloss等，2002）。

White（1961）首次报道了一例妊娠后期绵羊，小肠经阴道背侧或侧壁的自然破口流出而死亡的病例，这一情况与阴道脱出有关，但为什么会发生这种情况，其原因还不完全清楚（Knottenbelt，1988）。近期一项关于挪威Dala绵羊的研究对这种理论提出质疑，其研究结果认为这种情况可能是由于许多原因所引起，包括子宫扭转（Mosdol，1999）。

5.1.5 治疗

治疗患子宫颈和阴道脱出的绵羊时通常不考虑动物福利，兽医很容易利用尾椎硬膜外麻醉来减轻整复时的疼痛和不适。这项技术（参见第12章）可用于除轻微脱出之外的所有病例，同样也能让整复更容易进行。

整复时将绵羊阴门外侧的羊毛跨过阴门进行打结，有时用大安全针钉住阴门。为了固定绵羊脱出的阴道，Fowrer和Evans（1957）和Jones（1958）首先介绍了阴道内放置U形不锈钢支架的方法。将露出阴道的支架末端向外弯曲出合适的角度，用缝线穿过支架末端的小孔，将支架与绵羊臀部的毛紧紧地绑在一起。后来将这种支架改进成塑料的勺子形支架，用同样方法进行固定，或者用尼龙固定带进行固定（图5.3）。在本章后面介绍牛的本病时介绍的Bühner法同样也适用于绵羊的阴道脱出，可用长针将一根粗缝线在阴门外侧绕着阴门缝合一圈，尽量将缝线留在动物的皮下，在线头线尾汇合处适当拉紧缝线打结。

早期整复和固定脱出的组织，对于防止外伤、维持妊娠非常重要。

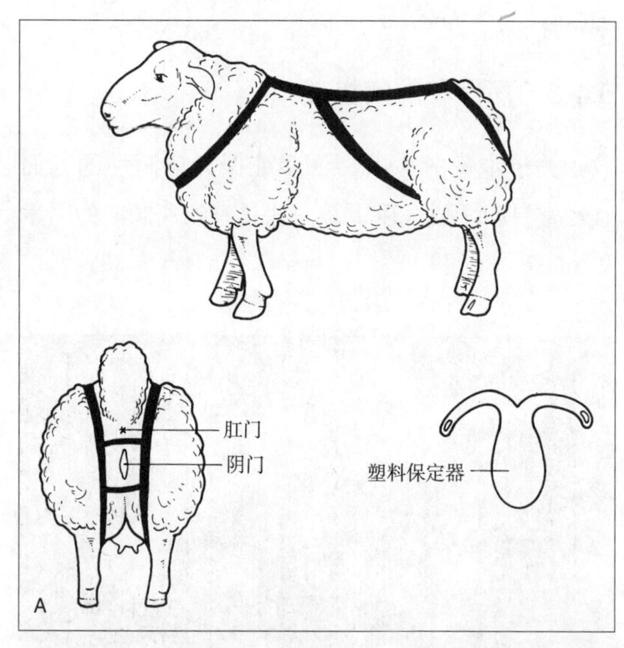

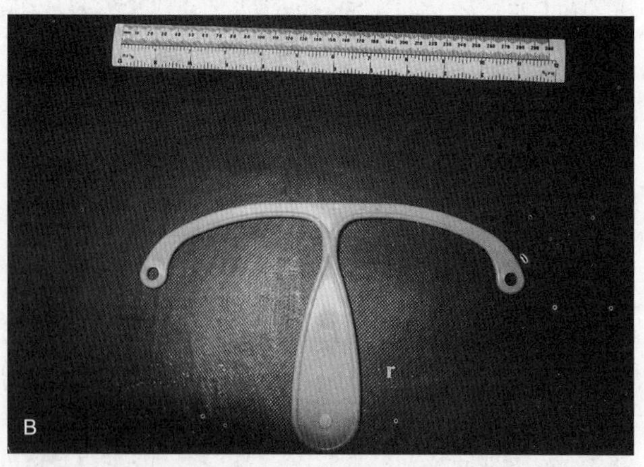

图5.3
A. 用背带（棉麻绳或尼龙带）给绵羊固定塑料阴道支架的方法。如果背带在会阴区域造成的压力足以防止脱出，则可不用塑料阴道支架 B. 塑料阴道支架（r）。用胶带可将塑料阴道支架粘贴在羊毛上，这样可以不用背带固定塑料阴道支架

就目前的研究结果来看，由于人们对本病的发生是否具有遗传背景感到担忧，因此对发生阴道脱的动物进行繁殖是不明智的。毫无疑问，常年坚持淘汰病畜是控制此病的有力措施。子宫颈和阴道脱出的复发率变化很大，在72%～3.6%之间（Stubbings，1971；Bossé等，1989），Ayen和Noakes报道在11只绵羊的小样本复发率为18%。

5.2 牛

5.2.1 病因和发病机理

牛子宫颈和阴道脱出的确切病因还不清楚，一般认为有几个因素共同发挥作用。肉牛，特别是海福特、西门塔尔、夏洛莱最易发病。Woodward和Queensberry（1956）报道记录了美国7859头妊娠海福特牛中1.1%发生阴道脱出，认为这个品种的牛的生殖道解剖学支抗力（anatomical anchorage）比其动物的低。阴道周围结缔组织严重的脂肪沉积和韧带松弛会增加阴道的移动性。这两种影响都可归因于雌激素占优势的内分泌失衡的状态，注射己烯雌酚可柔化生殖道的悬韧带。日粮中雌激素类物质过量，例如在西澳大利亚牧场的地下三叶草（subterranean clover）（Bennetts，1949），或是发霉的玉米和大麦，都被认为雌激素含量较高，这些都可能导致阴道脱出发病率升高。给小母牛喂食添加过这些成分的日粮后可发生阴门阴道炎（vulvovaginitis），呈现阴门肿胀、骨盆韧带松弛、里急后重和阴道脱出（Koen和Smith，1945；McErlean，1952）。子宫颈和阴道脱出的易感体质具有遗传性，例如肉牛的发病率较高就说明了这种特点。如将牛拴养在有坡度的牛舍中，妊娠后期腹内压和体重增加，这些机械性的因素对发病也很重要（Mclean和Claxton，1960）。

严重难产后发生阴道损伤或感染，由此造成母牛发生反应而努责，可造成牛发生产后阴道脱出。分娩时发生阴道挫伤，之后由于坏死梭状杆菌（*Fusobacterium necrophorum*）感染，引起高度刺激，因此也常常发生剧烈的努责。

5.2.2 临床症状和病程

发病开始时，受到损伤的是阴道伸出部位的黏膜，特别是阴道底壁尿道开口前面的黏膜。严重病例可见整个阴道前端和子宫颈都突出于阴门。妊娠期阴道脱出发生的时间越早，病情会越严重，因为妊娠的进展会加重病情。大部分病例发生于分娩前2个月内，轻微病例的母牛躺卧时阴道从阴门突出，动物站立时消失。但阴道脱出的发展趋势是脱出变得越来越严重，不久就会有一大块组织从阴门脱出，并且在动物站立的时候不会消失。脱出的组织由于血循受阻而容易受伤和感染，由此造成的刺激可引起强烈努责，会使脱出更为严重，结果形成恶性循环，最后整个阴道、子宫颈甚至直肠会发生翻转脱出（图5.4，图5.5）。脱出器官发生血栓、溃疡和坏死，伴随毒血症和强烈努责，导致病畜食欲减退，体况很快降低，偶尔还会发生死亡。

5.2.3 治疗

如果及时给予关注，用简单的方法就能治疗成功。治疗的目的是通过早期复位和固定脱出部分来阻止病情发展。硬膜外麻醉（参见第12章）能消除动物努责和阻断缝合会阴时的缝合刺激。先用清水或温和无刺激性的消毒药水清洗外翻的组织，再用手掌轻柔地复位，小心不要给发炎和极为脆弱的组织造成外伤。固定时可用带子或结实的尼龙绳绕着阴门在会阴皮下缝合一圈，最好缝线套上橡皮管进行减张缝合打结。对于阴道无明显外伤，特别是临近分娩的病例，这种固定方法通常就已足够。但是，当脱出组织发生损伤和感染时会引起强烈努责，甚至固定缝合本身也会造成外伤，固定的缝线还会撕裂组织，这些都会导致复发阴道移位和脱出。硬膜外麻醉可以短期内控制努责，虽然采用甲苯噻嗪会延长它的作用（参见第12章），但硬膜外麻醉并不能提供持久的麻醉作用。阴部神经（pudic nerves）周围注射

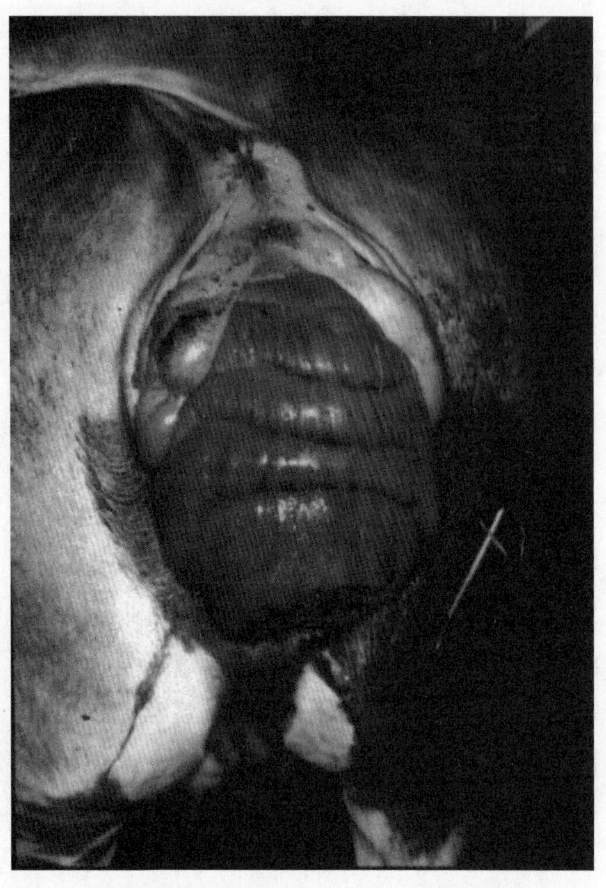

图5.4　夏洛莱杂交牛在妊娠7个月时发生的阴道脱出（经Barne Edwards教授许可）（见彩图32）

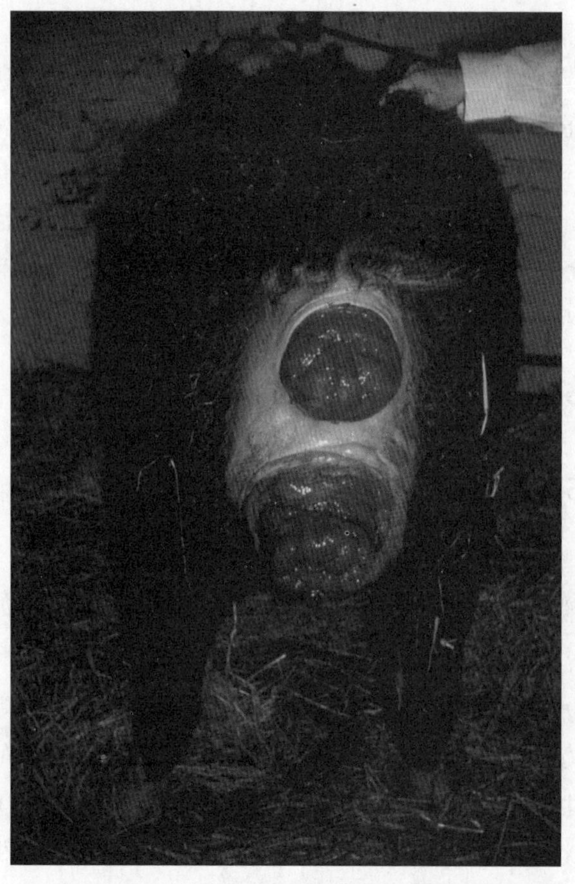

图5.5　阴道和子宫颈脱出，持续努责又导致直肠脱出（见彩图33）

具有同样的效果，但也具有同样的缺点。用人工气腹术（artificial pneumoperitoneum）可在几天到一周甚至更长时间阻止努责。

由于简单缝合固定方法的不足，依作者的经验，Bühner（1958）介绍的一种方法是最好的固定方法（图5.6）。该方法是，在硬膜外麻醉之后进行阴道复位，用手术刀在阴门背联合与肛门之间的皮肤上做一小切口，再在阴门腹联合下方的皮肤上做一小切口。手持针尖处有针眼的具柄长针从阴门腹联合切口入针，在左侧阴唇皮下向上运针并在阴门背联合切口出针，在针眼穿进尼龙绳，将针从阴门腹联合切口拔出并带出尼龙绳的一端。将尼龙绳端从针眼退出，再次从阴门下角切口入针，但这次要在右侧阴唇皮下向上运针并在阴门背联合切口出针，在针眼穿进尼龙绳的另外一端，将针从阴门下角切口拔出并带出尼龙绳。这样，尼龙绳在皮下绕着阴门缝合一圈，最后在绳的首尾汇合处打个简单的结，留给阴门的松紧度以手掌展平后能将四个手指插进阴门为宜。用尼龙缝线缝合阴门背联合的切口，阴门腹联合切口可视距分娩远近或开放或缝合。实际上这种缝合不会引起组织反应，阴唇也不会因此受伤，缝线能原位保持几个月，直到母牛分娩时再剪断和抽出尼龙绳，使得产犊时阴门能够松弛。

对于产前（距分娩有很长时间）或产后期反复发生子宫颈和阴道脱出的病例，Roberts（1949）提出了一个通过手术可以几乎完全闭合阴门的技术，其实这种技术就是防止母马阴道吸气的Caslick整形手术的扩展（参见第26章和图5.7）。在尾椎硬膜外麻醉或局部浸润麻醉后，从每片阴唇的上3/4处切下一条1.2cm宽的黏膜，之后用不吸收的细缝线以褥式缝合的方式将两侧阴唇上切口留下的裸露部分缝合在一起，或再用尼龙线从深处穿过阴门进行加强缝

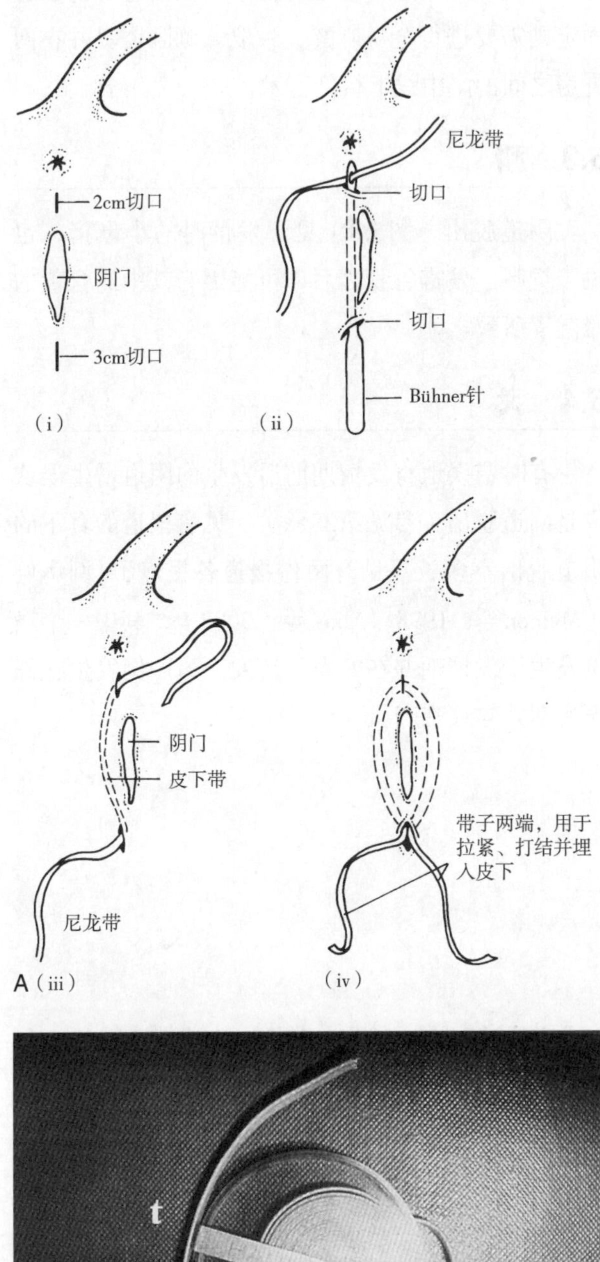

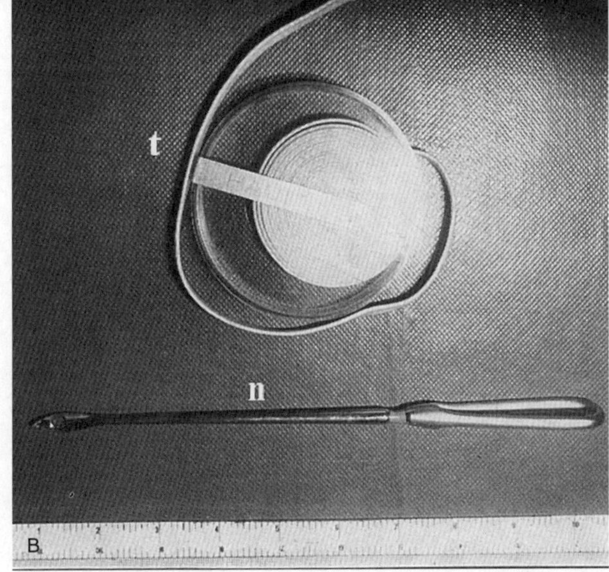

图5.6 阴道脱出的固定方法及常用工具
A. Bühner的阴道脱出固定方法 B. Bühner的针（n）和尼龙带（t）

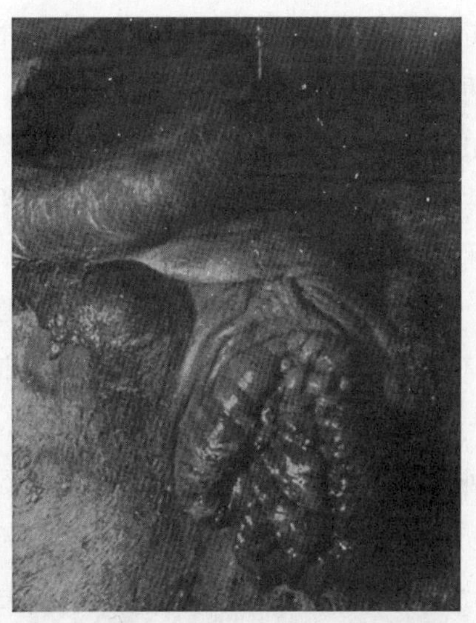

图5.7 用Robert修改的Caslick手术法治疗慢性子宫颈脱出

图5.8 母猪阴道脱出（见彩图34）

合，保护缝合后的阴唇不受努责的影响。手术后应该出现一期愈合，临近分娩时拆除缝线。

Farquharson（1949）在科罗拉多州草场放牧的海福特牛观察到数百例的阴道脱出，通过采用黏膜下切除术或“紧缩术”（submucous resection, or ‘reefing’ operation）对脱出的器官进行整复。如果距分娩不足3～4周，就不适合进行该手术。脱出的黏膜与内翻的组织团块形成囊状。施术时，在后部硬膜外麻醉下，手术切除脱出组织上的黏膜，然后缝合切口边缘。这种治愈是永久性的，不会影响随后的分娩和再次受胎。另外一种防止子宫颈向后移位的固定方法，是用不吸收缝线或尼龙带将子宫颈固定在耻骨前肌腱（prepubic tendon）或骶骨坐骨韧带上（sacrosciatic ligaments）（Winkler，1966）。尽管Winkler所描述的手术是在尾部硬膜外麻醉的条件下进行的，但依本人的经验，虽然用这种方法可能到达骶骨坐骨韧带，但向耻骨前肌腱固定则需要进行全身麻醉，牛取背侧卧姿势并在两乳房之间的尾中线上行剖宫术。

5.3 猪

阴道脱出（图5.8）见于发情时的小母猪，也见于饲喂了发霉谷物之后，可能因为其中高含量的雌激素所致。

5.4 犬

有时错误地将发情期前后发生的阴道增生误认成是阴道脱出（参见第28章）。见有报道的真正的阴道脱出不多，只见有两份报道各报道了1例病例（Memon等，1998；Alan 等，2007），其中一个病例发生于发情期并在妊娠后复发，另一例发生在妊娠后期并导致难产。

第6章

分娩及临产动物和新生仔畜的护理

MarcelTaverne 和 David Noakes / 编　　黄群山 / 译

6.1 分娩

为了能够鉴别生理性分娩和病理性分娩，兽医人员必须要熟悉各种家畜正常的分娩过程，因此必须要花大量的时间仔细观察这些动物正常的分娩，但即使如此，也很难就轻易地完成这一任务。在正确的时间给予分娩适当的干预，可确保分娩过程母子平安，提高顺利分娩的可能性。

6.2 分娩的启动

分娩是最引人注目的生物学过程之一。尽管分娩生理学可以解释说明分娩过程，而且关于分娩的内分泌变化也已研究得很多，但对各种动物启动分娩的因子以及怀孕到各自恒定的期限后就终止妊娠的各种因素的认识和理解仍十分有限。主要以实验研究和临床观察（主要是对农畜和一定程度上对马的临床观察）为基础的现代概念认为，胎儿对控制妊娠期的长短发挥主导作用，母体仅能在很短的时间范围内影响胎儿的出生。

子宫肌是分娩的关键组成部分，妊娠与分娩之间的基本生理学改变是子宫颈的生化成熟和子宫肌收缩势能（contractile potential of the myometrium）的释放。参与调节这种生理学改变的因素包括体液、生物化学、神经调节和机械因素等。

体液因素方面，最为重要的是逆转维持妊娠所必需的机制，特别是除去孕酮的阻滞作用。孕酮能确保动物在繁殖周期中的妊娠期子宫肌主要处于静止状态。分娩之前雌激素和前列腺素的合成和分泌也发生变化，从而增强了子宫颈结缔组织的生化成熟，为以后子宫颈的扩张做好准备。

不同动物之间启动分娩的机理有细微的差异。最初许多关于分娩启动的研究工作是在绵羊进行的，这是因为绵羊曾被用作模型研究人的分娩。在牛、绵羊和山羊等进行的研究结果都表明，妊娠期延长时往往伴随有胎儿大脑和肾上腺异常，该结果支持Hippocrates第一个提出的关于分娩发生时主要是胎儿控制分娩启动时间的假说。

对反刍动物分娩启动的机理已经比较明确，但在猪、马、犬和猫还有许多重要的方面仍不十分清楚。由于关于分娩启动机理的研究大多数是在绵羊进行的，因此本章将详细介绍绵羊分娩启动的机制，再介绍在其他动物的研究结果及其与绵羊分娩机制的差异。

6.2.1 绵羊

绵羊的分娩是由于胎儿丘脑下部-垂体-肾上腺轴系（hypothalamus-pituitary-adrenal，HPA）激活的结果，丘脑下部参与这个过程的是室旁核

（paraventricular nuclei）。胎儿的丘脑下部-垂体-肾上腺轴系与成年动物的丘脑下部-垂体-肾上腺轴系相似，但在妊娠后期胎儿的大脑仍处于发育阶段，而且胎儿与母体之间通过胎盘发生联系。关于胎儿丘脑下部激活的机理目前仍不很清楚。有人提出了以下一些理论：

• 胎儿丘脑下部的发育成熟可导致室旁核的关键突触发育，使胎儿的神经内分泌功能加强

• 丘脑下部对胎盘激素作用发生反应的能力

• 胎儿应激如缺氧、血碳酸过多等以及血压和血糖的改变（Wood，1999）

还有人推测认为，胎盘分泌的雌激素、孕酮、前列腺素E_2（PGE_2）或促肾上腺皮质激素释放因子（corticotrophin-releasing factor，CRE）等激素也可作用于丘脑下部。

先讨论一下垂体与肾上腺皮质之间的相互作用。妊娠120d之前，绵羊胎儿血循中的皮质醇大多是通过胎盘从母羊转运得到的。在妊娠的最后15～20d，胎儿血循中皮质醇浓度呈半对数模式逐渐递增；产前2～3d，胎儿血液皮质醇浓度达到峰值，其后浓度下降，直到分娩后7～10d。由于胎儿肾上腺体积与其总体重相比的明显增大以及对促肾上腺皮质激素（adrenocorticotrophic hormone，ACTH）的敏感性增加，而且随着从阿黑皮素原（proopiomelanocortin，POMC）生成ACTH水平的过程加速，因此胎儿血液中皮质醇增加的部分主要来自胎儿肾上腺，母畜皮质醇浓度仅仅在分娩时升高（Wood，1999）。与此同时，由于胎儿血浆的结合能力增加，使得胎儿血液循环中游离皮质醇减少，从而降低了对胎儿脑垂体分泌ACTH的负反馈作用。

在绵羊胎儿垂体，大约在妊娠125d时，“胎儿”ACTH分泌细胞被所谓的“成年”ACTH分泌细胞——小的星状细胞（stellate cells）所代替（同时可能伴有POMC多肽分布的变化），可能反映出分泌ACTH的潜能增大（Antolovich等，1988）。胎儿丘脑下部室旁核和视上核的促肾上腺皮质激素释放激素（corticotrophinreleasing hormone，CRH）和精氨酸抗利尿素（arginine vasopressin，AVP）增加，由此可能引起胎儿血浆ACTH水平在开始时（由于CRH的作用）及随后（最后10d，可能为AVP的作用）的增加，内源性类阿片活性肽也可通过影响胎儿丘脑下部而不是垂体来刺激ACTH分泌。实验研究表明，给羊胎儿体内注入外源性类阿片活性肽会引起ACTH分泌增加，这种增加可被注射类阿片颉颃剂纳洛酮所消除（Brooks和Challis，1988）。

随着胎龄的增加，胎儿肾上腺对ACTH变得更加敏感（Glickman和Challis，1980）。ACTH，特别是其脉冲式分泌诱导胎儿肾上腺发育成熟。研究表明，胰岛素样生长因子（insulin-like growth factors，IGFs）以自分泌和/或旁分泌的作用方式对绵羊胎儿肾上腺功能起调节作用（Hann等，1992），胎儿生长激素从妊娠50～70d起升高，之后一直到妊娠第100天呈下降趋势，临产前再次升高，其可能也调节胎儿肾上腺对ACTH的反应（Devaskar等，1981）。最近有研究表明，母畜在受胎前后营养不良，如果使其失重达15%左右，则会影响胎儿丘脑下部-垂体-肾上腺轴系的发育，其激活会出现变化（参照下文），同时也会导致羔羊提前7～10d出生（Kumarasamy等，2005）。

皮质醇的这种升高可从两个不同途径影响子宫内前列腺素的合成（Whittle等，2000）。第一种是不依赖雌激素的途径，该途径是由于胎盘胎儿滋养层细胞的前列腺素合成酶（prostaglandin synthetase，PGHS-Ⅱ）表达增强，由此引起PGE_2释放增加，这反映在胎儿血浆PGE_2水平的早期升高，由此促使胎盘的孕烯醇酮转化为C_{19}类固醇，它们随后在胎盘中被17α-羟化酶和芳香化酶催化转变成为雌激素（图6.1）。雌激素升高的结果之一是刺激母体子宫内膜PGHS-Ⅱ，促进子宫壁PGF的产生与释放增加，进而刺激子宫肌收缩。

第二个为雌激素依赖途径，胎儿的皮质醇影响前列腺素的产生（图6.2）。在反刍动物，例如牛和山羊，孕酮主要由黄体产生，在这些动物PGF也可诱导黄体溶解（见下文）。

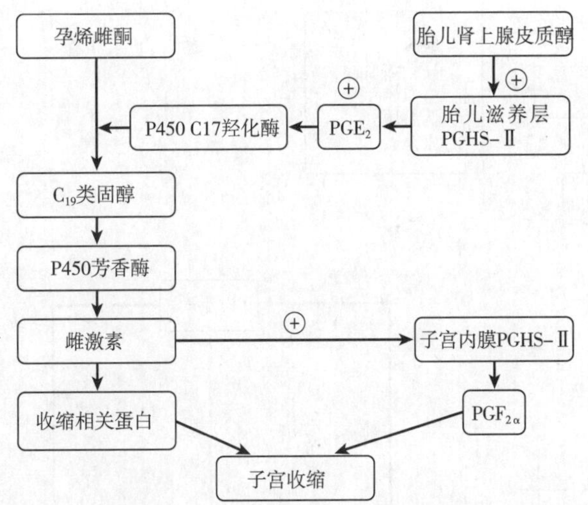

图6.1 绵羊分娩启动相关的内分泌活动模式（依Whittle等，2000）

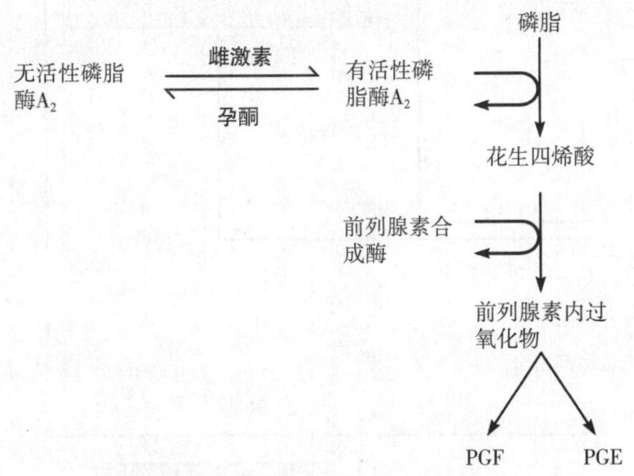

图6.2 PGE和PGF释放的诱导（依Liggins，1982）

雌激素本身也可以通过增加几种所谓的收缩相关蛋白（contraction-associated proteins，CAPs），例如连接蛋白（connexins）（形成间隙连接，是平滑肌细胞之间相联系的特殊区域，允许电脉冲通过和保证协调收缩）、催产素受体、前列腺素受体及钙离子通道的表达，从而对子宫肌产生直接作用。雌激素也可通过改变胶原纤维的结构来促进子宫颈软化。如此，前列腺素在启动分娩中发挥关键作用，这种作用可能是因为前列腺素是平滑肌细胞内在的刺激因子（Csapo，1977），因此其释放对启动子宫肌的收缩是极为关键的。前列腺素合成酶抑制剂在多种动物能有效地延迟分娩的启动，包括绵羊、猪和人（Tavern等，1982；Rac等，2006）。

分娩时子宫肌的收缩将绵羊胎儿推向子宫颈和阴道，在这些部位胎儿刺激感觉感受器诱发弗格森反射（Ferguson's reflex），并伴随着垂体后叶释放大量的催产素。但在反刍动物，催产素的这种释放一直要到了分娩排出期才可在外周血浆中检出（Hydbring等，1999），此时已经是子宫肌的活动从妊娠期类型转变成分娩期类型的数小时之后。在分娩期的这个后期阶段，催产素进一步促进子宫肌收缩，增加子宫肌释放前列腺素$F_{2\alpha}$，这个正反馈系统的幅度增加促进胎儿快速排出。

分娩时的内分泌活动还引发了一些其他的重要变化。例如，皮质醇可促进绵羊胎儿肺脏的成熟，特别是产生肺泡表面活性物质。胎儿机能和结构上还有许多其他的变化，以确保羔羊出生后能够成活（Fowden，1995）。绵羊和其他一些动物与启动分娩有关的内分泌变化见图6.3，母羊围产期外周血循中生殖激素及其他各种激素水平的变化趋势见图6.4。

6.2.2 牛

在牛的整个妊娠期，黄体（CL）是孕酮的主要来源。但正如第三章所述，在妊娠150～200d之间，胎盘在孕酮的产生中承担一定的作用。因此，如果在这个时期将卵巢和黄体一起移除或仅移除黄体，有些或所有牛的妊娠还会持续下去（McDonald等，1953； Lindell，1981）。然而研究表明，牛摘除卵巢后分娩常常会出现异常（McDonald等，1953）。虽然在整个妊娠期间的所有阶段并不是都需要黄体来维持妊娠，但研究表明，黄体退化在分娩启动所必要的内分泌变化中起着重要作用。还没有证据表明，母畜分娩前血浆孕酮水平下降是由于母畜促黄体化作用消失所引起。虽然其他一些机制，如肾上腺糖皮质激素的直接作用等，可能参与这一过程，但最大的可能是$PGF_{2\alpha}$引起黄体退化。正如通过监测前列腺素的主要代谢产物所证实的那样，分娩前前列腺素释放进入母畜血液循环，使其水平在产前逐渐升高，而此时血浆孕酮水平出现分

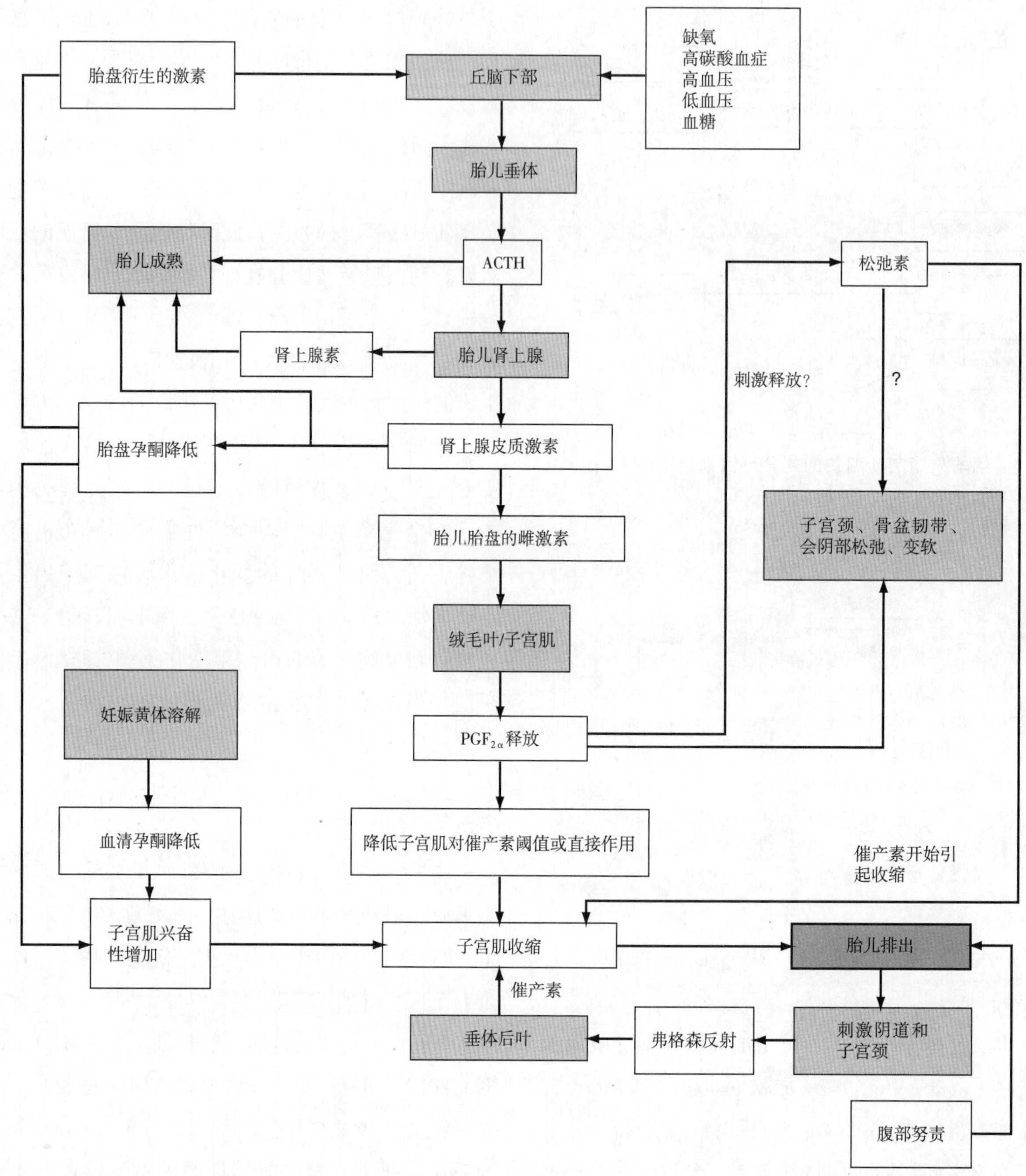

图6.3 猪、绵羊、牛分娩前及分娩过程中的内分泌变化及它们的作用

娩前的快速下降。与发情周期中不同的是，此时前列腺素并不呈现出明显的脉冲式释放（Königsson等，2001）。前列腺素释放的增加是胎盘雌激素作用于母体胎盘的结果（图6.1，图6.2）。牛分娩启动的内分泌变化可能与绵羊的情况非常相似（图6.3），而在绵羊对分娩启动的内分泌变化的研究很多。实际上，关于胎儿垂体-肾上腺轴系可能参与分娩启动的第一个研究报道，是来自于对有遗传性妊娠期延长的牛所进行的病理学观察。这种病牛胎儿出现垂体发育不全（aplasia of the pituitary）和肾上腺发育不全（adrenal hypoplasia）（Kendrik等，1957）。

牛分娩前后外周血循中生殖激素及其他激素的变化趋势见图6.5。

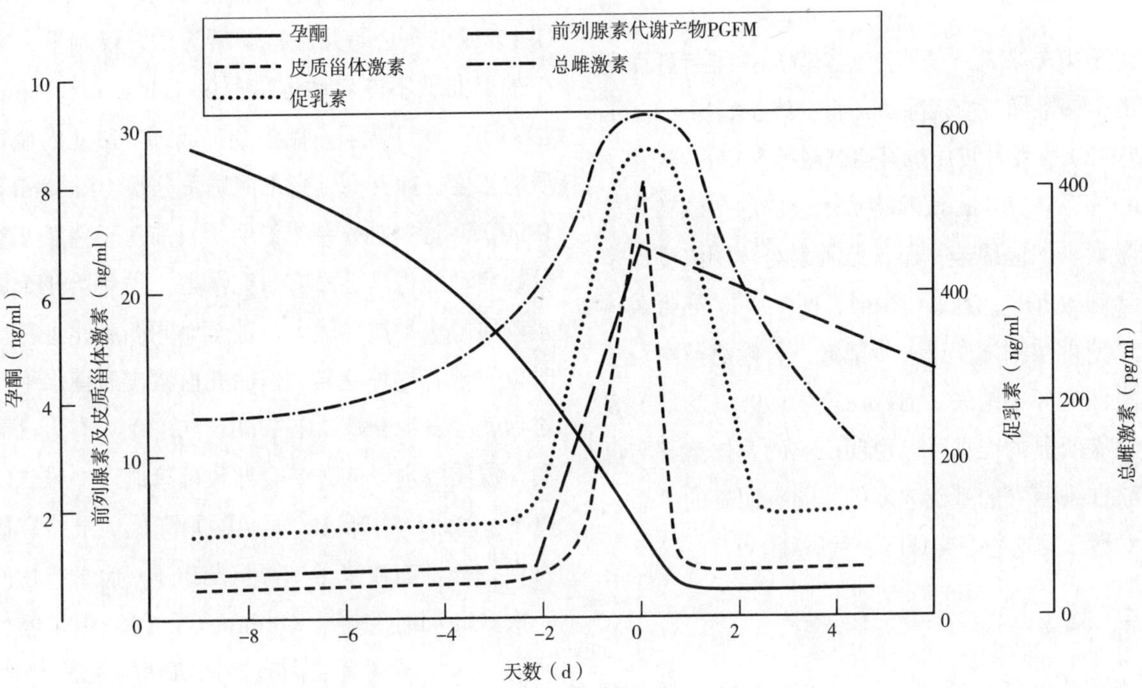

图6.4 绵羊分娩前后外周血浆中激素浓度的变化趋势（第0天表示分娩）

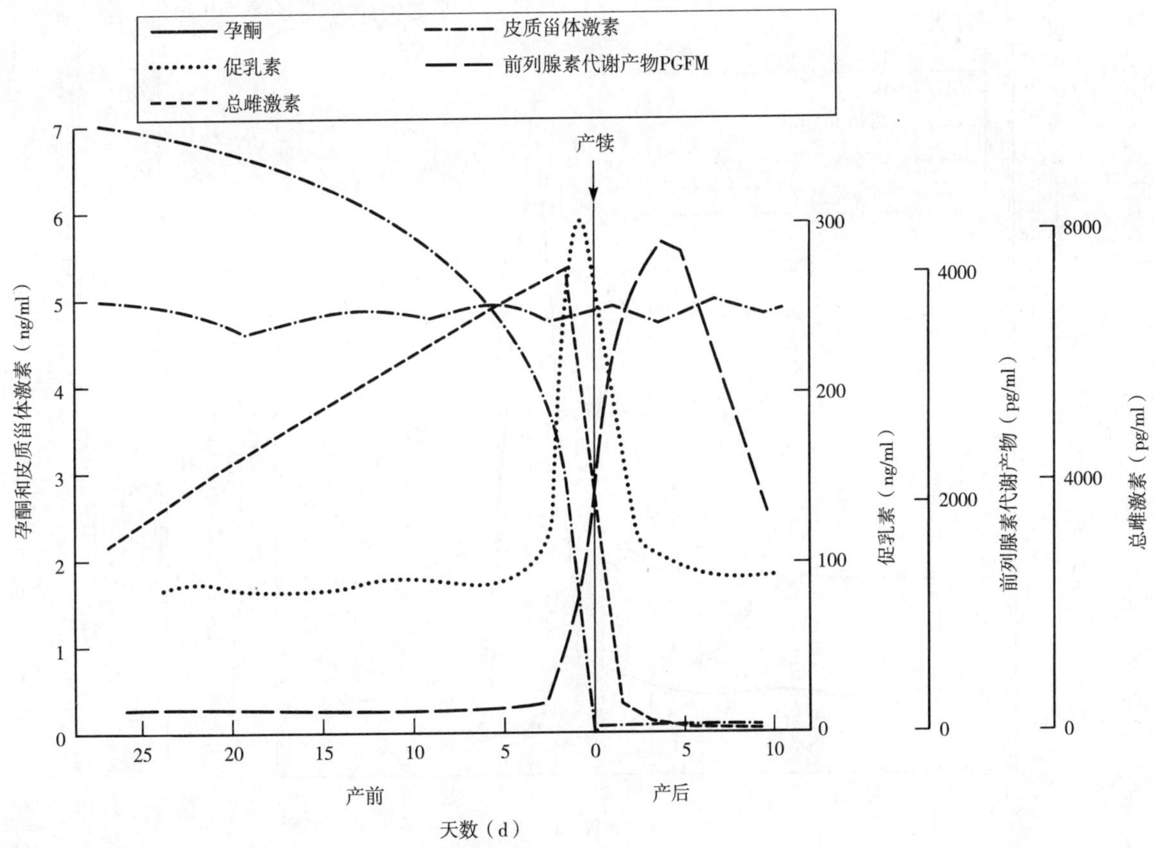

图6.5 牛分娩前后外周血浆激素浓度的变化趋势（第0天表示分娩）

6.2.3 山羊

对于山羊来说，黄体产生的孕酮是维持妊娠所必需的，摘除卵巢或摘除黄体将会终止妊娠（Irving等，1972）。胎儿皮质醇升高刺激胎盘17α-羟化酶（Flint等，1978），该酶将黄体合成的孕酮转化成为雌激素。如同绵羊一样，雌激素与孕酮浓度比率变化会刺激$PGF_{2\alpha}$合成（图6.1，图6.2），导致黄体溶解，使得孕酮浓度进一步降低，分娩前孕酮可从母体血液循环中消失。但Ford等（1998）的研究表明，没有明显的证据可以说明山羊的黄体溶解与母体血浆前列腺素的基础浓度的变化有明确的关系，因此对激素的这种变化顺序表示质疑。

6.2.4 猪

猪在整个妊娠期都需要黄体产生的孕酮来维持妊娠。如果将猪的胎儿断头处理及施行胎儿垂体切除术，则妊娠期可延长，证明胎儿参与分娩的启动。如果在妊娠足月时一胎中只有1个胎儿存活，这个胎儿也有可能会启动母猪分娩，但在一胎中如果4个或更多个胎儿施行了断头术，仅剩下一个完整的胎儿就不能启动母猪分娩（Strgker和Dziuk，1975）。此外，当一胎中全部或部分胎儿的血浆皮质醇浓度提前升高，则不能诱发分娩（Randall等，1990）。这些观察结果说明，目前对于猪胎儿参与分娩启动的机理还没有研究清楚。虽然胎儿个体血浆皮质醇水平差异较大，甚至对同胎胎儿进行比较时也发现有这种差异，但胎儿血浆皮质醇水平升高之后就会发生分娩（Randall，1983）。有人认为，胎儿皮质醇水平的升高会导致母猪血液中雌二醇和$PGF_{2\alpha}$代谢产物升高，而孕酮则降低。虽然有研究发现，分娩前血浆孕酮降低与$PGF_{2\alpha}$代谢产物的第一次升高同时发生（Kindahl等，1982），但也有研究并未发现两者之间有如此清楚的关联（Silver等，1979；Randall等，1986）。猪不像其他动物那样，雌激素能够刺激$PGF_{2\alpha}$释放（First，1979），而且外源性雌激素也不能诱导母猪分娩。母猪围产期外周血循中的激素变化见图6.6。

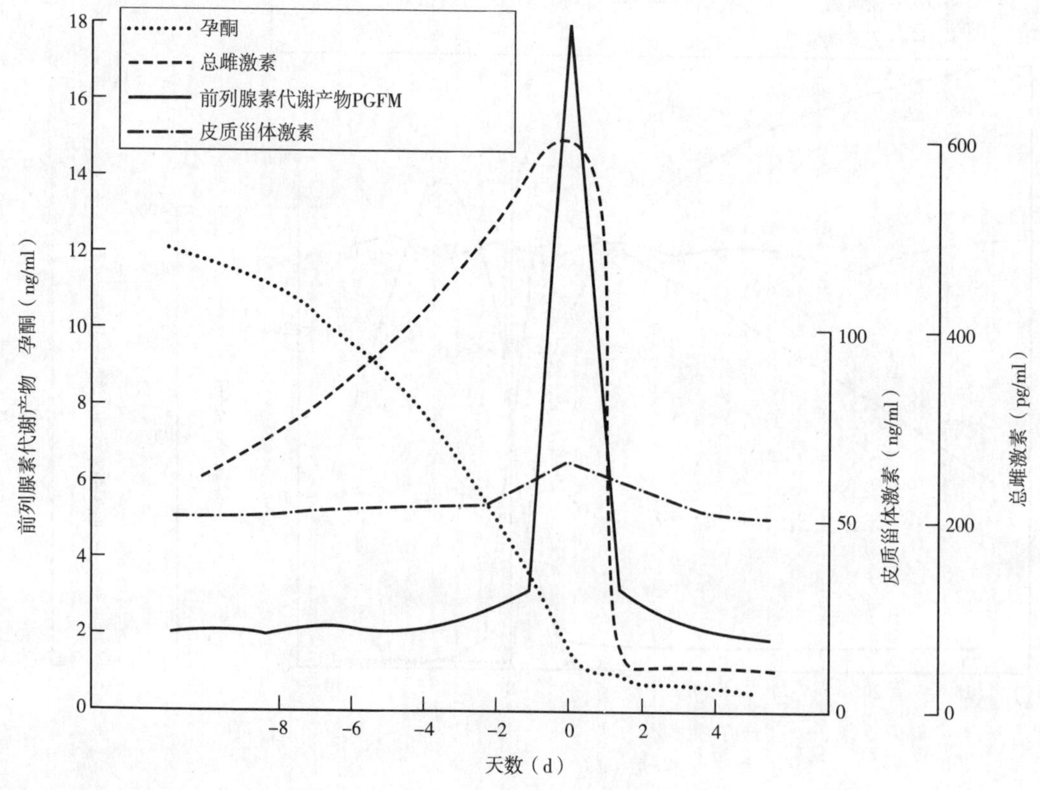

图6.6 母猪围产期外周血循环的激素浓度的变化趋势（0天表示母猪分娩）

6.2.5 马

关于马分娩启动机理，目前的研究还没有像在反刍动物那样清楚，但研究仍表明胎驹是触发分娩启动的机制，因为分娩之前胎儿肾上腺迅速肥大（Comline和Silver，1971），而且在产驹前的最后几天，胎儿血浆皮质醇浓度增加了近10倍（Card和Hillman，1993；Cudd等，1995）。与绵羊相比，马妊娠期长度的变化较大（Davies Morel等，2002），母马血循中关键激素变化的时间和幅度也与绵羊明显不同（参见图3.1）。在妊娠的最后1/3阶段，卵巢上副黄体停止产生孕酮，母马孕酮达到很低水平。在此阶段，孕酮和孕烯醇酮合称为孕激素，两者共同负责使子宫肌保持静止状态（Ousey，2004；Fowden等，2008）。其实在妊娠的最后20~30d，总的孕激素水平升高，约在分娩前48h达到峰值。直到非常接近分娩时（最后的24~48h），孕激素水平才逐渐急剧下降。孕激素水平的这些变化受胎儿丘脑下部-垂体-肾上腺皮质轴系的控制。随着胎儿肾上腺皮质的生长和分化，胎儿的肾上腺开始分泌孕烯醇酮，子宫胎盘组织（uteroplacental tissues）以其为前体合成孕激素，这就可以说明胎儿在子宫内死亡后母体血浆孕激素会立刻下降的原因。当产前胎儿ACTH升高，进一步使胎儿肾上腺皮质分化和激活时，肾上腺由合成孕烯醇酮转变为合成皮质醇，因此使母马血浆孕激素水平最终急剧下降（Fowden等，2008）。在妊娠的最后100d，不像在其他动物那样血浆雌激素浓度会上升，孕马血浆雌激素浓度在此时下降，分娩时达到相当低的水平，但是这只是反映了雌酮以及马属动物所特有的雌激素马烯雌酮和马萘雌酮水平的降低，而17β-雌二醇水平却保持相当稳定。虽然如此，在分娩前的最后24~48h，母体17β-雌二醇浓度会再次增加一倍（Barneset等，1975）。母体前列腺素在大部分妊娠期间处于低水平，只是在妊娠期结束时略有升高，分娩时出现急剧升高（Vivrette等，2000；Fowden等，2008），这可能是因为在孕激素/雌激素平衡快速变化的影响下，促进了主要前列腺素的合成，抑制了前列腺素向代谢产物的转变。

6.2.6 犬和猫

人们对犬和猫启动和控制分娩的机理知道得更少，目前尚未见到关于犬和猫妊娠后期胎儿皮质醇分泌有关的研究报道。母犬在分娩前外周血循中皮质醇水平升高，分娩前8~24h达到高峰（Concannon等，1975），但皮质醇水平的这种升高与筑窝、身体活动及子宫开始收缩等应激反应有关。孕酮浓度从妊娠第30天起开始逐渐下降，在第一个仔犬产出之前12~40h之间急剧下降（Concannon等，1975；Baan等，2008）。孕酮浓度的这种急剧下降与$PGF_{2\alpha}$释放增加同时发生，产前48h$PGF_{2\alpha}$的代谢产物PGFM水平是升高的，PGFM水平从395pg/ml增加到2100pg/ml时，孕酮水平则从平均2.8ng/ml降至0.7ng/ml（Concannon等，1989）。虽然人们很容易推测是前列腺素释放导致了黄体溶解，但还有证据表明在孕酮影响降低时，还有一些其他过程与黄体最后的溶解有关，如巨噬细胞浸润、黄体中类固醇合成酶表达降低等。在整个妊娠期，母体血浆雌激素水平很低且维持恒定，大约在分娩前2d开始下降，分娩时达到未孕时的水平（参见图3.21）。产仔前1~2d孕酮浓度降低时，促乳素水平升高（Concannon等，1977；Baan等，2008），但对促乳素是否在分娩中发挥作用，目前还不清楚。关于母体催产素水平的变化，报道的资料很少，有研究表明，由于催产素水平只在胎儿产出期才上升（Olsson等，2003），说明催产素与产仔的启动无关。

猫的孕酮水平在妊娠的前2/3阶段保持在20~50ng/ml之间，并在接近妊娠期满时开始逐渐降低，分娩之前孕酮水平从4~5ng/ml开始迅速降低，分娩时降到2ng/ml以下（Verhage等，1976；Sehmidt等，1983）。雌二醇浓度大约在分娩前一周达到峰值，在分娩当天明显下降。

6.3 松弛素的作用

6.3.1 松弛素的来源

松弛素是一种多肽激素，Hisaw在1926年发现它与引起豚鼠耻骨联合的松弛有关。松弛素含量最丰富的器官是猪的妊娠黄体，但目前的研究表明许多其他组织也能合成松弛素，因此在各种动物之间松弛素的化学结构和生理学效应存在很大差异（Bathgate等，2006）。

猪松弛素主要来源于妊娠黄体，排卵前的卵泡也可产生松弛素。猪在妊娠的最后几周血浆松弛素浓度很低但有生理学效应，分娩开始前达到峰值，此时正值分娩前孕酮水平降低的时候（Sherood等，1981；Taverne等，1982）。在马、犬和猫，松弛素的主要或唯一来源是胎盘。虽然马的松弛素水平的变化在品种之间有很大的差别，但其浓度都是在妊娠大约80d时开始上升，分娩时达到高峰（Stewart等，1992）。犬的松弛素大约从妊娠第4周起开始上升，一直到妊娠结束前都维持高水平，但猫的松弛素水平从妊娠第23天起突然升高，第36天时达到高峰，分娩之前急剧下降（Stewart 和 Stabenfeldt，1985）。目前还未鉴定到反刍动物松弛素的基因，也未分离到松弛素肽（Bathgate等，2006）。但牛的黄体可能是松弛素样激素（relaxin-like hormone）［胰岛素样肽3，insulin-like peptide（INSL）-3］的主要来源。因此对早期关于产犊前松弛素浓度上升（虽然仍处于相对较低的浓度）的报道，由于不清楚到底所检测的物质是什么，对这样的研究报告一定要小心诠释。在绵羊方面，关于松弛素存在和分泌的实验结果也互有矛盾，可能也要用INSL3来代替松弛素（Bathgate等，2006）。

6.3.2 松弛素的作用

松弛素的粗提物和纯品在各种靶组织具有极为广泛的作用，其靶组织包括耻骨联合、骨盆韧带、子宫颈、子宫肌和乳腺（Bathgate等，2006）。

在猪的妊娠后期，松弛素刺激阴道、子宫颈、子宫以及乳腺生长，分娩前可使子宫颈变软，因此母猪在分娩前3d可用不同直径的探棒插入子宫颈管，判断子宫颈的松软程度（Kertiles和Anderson，1979）。子宫颈变软也受雌激素与孕酮比率的影响，由此在生物化学水平上引起葡萄糖胺聚糖与胶原比率的变化（O' Day-Bowman 等，1991）和组织学结构的变化（Winn等，1993）。

尽管目前还没有可靠的方法检测牛松弛素，牛也仅合成一种松弛素样蛋白，但间接证据表明妊娠期满时松弛素能影响子宫颈的松弛。研究表明，牛在妊娠276～278d时，将高度纯化的猪松弛素直接投放到子宫颈外口，8～12h后可发生子宫颈松弛（Musah等，1986）。用地塞米松诱导分娩时也可获得类似的结果（Musah等，1987）。关于猪松弛素对绵羊子宫颈的作用，研究结果还不确定。Roche等（1993）的研究表明，松弛素样mRNA并不编码具有功能的松弛素分子，表明绵羊可能不会生成松弛素，因此绵羊子宫颈的松弛可能不依赖于松弛素。

松弛素也能影响子宫肌的活动，这在多种家畜，特别是猪的研究中已得到证实。一般来说，松弛素能降低子宫收缩的频率和幅度，特别是能降低子宫收缩的频率。松弛素似乎与孕酮、雌激素、催产素以及前列腺素协同发挥作用。因此虽然母猪孕酮浓度在分娩前10～24h显著降低，但除去孕酮的阻滞作用后（见下文），子宫肌的活动力仍然很低（Taverne等，1979a），此时松弛素浓度显著升高。此外，松弛素浓度与猪产仔持续的时间之间具有一定关系（Wathes等，1989）。

6.4 胎儿发育成熟

如前所述，妊娠后期发生的胎儿内分泌变化不仅启动分娩，而且也刺激许多成熟性变化，促进胎儿各种各样成熟改变，以确保新生动物的存活（Silver，1990）。如果缺乏这些有时称之为“准备出生（preparation or readiness for birth）”的成熟变化（Liggins等，1979； Rossdale和Silver，

1982），由于器官发育不成熟而不能发挥正常功能，就会发生新生儿的死亡。所发生的这些成熟变化包括：结构性变化，如机体方面，动脉导管和卵圆孔的闭合；功能性变化方面，如肺泡表面活性剂的合成、葡萄糖稳态自我平衡机制的建立、血红蛋白从胎儿结构向成年结构的改变等。

如果用外源性激素提早诱导胎儿出生，则由于避开了一些正常出生时必须要发生的内分泌变化，新生胎儿可能没有做好出生的准备。例如，将注射$PGF_{2\alpha}$或注射ACTH诱导出生的山羊羔进行比较就可证明这种观点（Currie和Thorburn，1973）。分娩与胎儿成熟之间的联系可能与胎儿肾上腺皮质和分娩前胎儿皮质醇水平升高有关（Liggins，1978；Silver，1992）。

胎儿在子宫内生活期间是处在一个冷热适宜的环境中，但出生后必须要能够维持自身的体温。新生仔畜维持自身体温的机理在于妊娠后期积累一些褐色脂肪和糖原以及甲状腺成熟。甲状腺的成熟过程是由于分娩前胎儿皮质醇水平上升所引起，皮质醇刺激甲状腺素脱碘，增强甲状腺素的生物学活性（Liggins等，1979；Fowden，1995）。

胎儿在出生时失去了胎盘糖原，此时新生胎儿维持体内葡萄糖的平衡依赖于充足的肝糖原储备。有强力证据表明，妊娠后期绵羊胎儿肝糖原的贮存受胎儿皮质醇水平升高的刺激（Jost等，1966；综述，Fowden，1995）。贮存的肝糖原刚好在新生胎儿能利用食物的葡萄糖之前能满足其能量的需要。胎儿皮质醇水平的升高还能刺激胰腺合成胰岛素，因而可使新生儿能在维持体内葡萄糖平衡时作出快速反应。

胎儿肾上腺髓质也发生成熟性变化，主要表现在发生窒息反应时肾上腺髓质合成儿茶酚胺，尤其是肾上腺素的能力加强（Comline 和Silver，1971；Hooper，1995）。还有研究表明，肾上腺素同胎儿ACTH和皮质醇共同促进肺脏的成熟，促进肺内胎液的吸收，从而保证胎儿出生后能具有正常的呼吸功能。

6.5 提早诱导分娩

虽然可以对家畜分娩的时间大致进行预测，但如果能够事先确定分娩的时间则具有更为明显的优点。许多诱导分娩的方法源于以往对分娩启动所发生的内分泌变化进行的研究。自从第一次报道了绵羊（Van Rensburg，1967）和牛（Adams，1969）的提早诱导分娩技术以来，在绵羊、牛以及山羊、猪和马等动物成功诱导分娩的报告已有许多，而且最近在犬和猫的诱导分娩上也取得了一些成功。

6.5.1 马

诱导马驹提早产出的适应证很少。要成功诱导马的提早分娩，就必须要确保分娩时能有技术熟练的人员助产，这样在发生难产时能尽快地校正救治，以便确保马驹的存活及减少对母马的危险。有时偶尔由于母马的某些疾病，进行诱导分娩具有明显的优势时可采用提早诱导分娩的方法。在马诱导分娩时，由于马的正常妊娠期差别很大，因此主要问题不是所采用药物的效果（见下文），而是估计胎儿出生的最佳时间。即使根据配种和排卵时间以及母马身体变化来估计胎儿出生的最佳时间，并在接近这个最佳时间时进行诱导分娩，但胎儿在出生时仍会表现发育不成熟或发育不良。因此有人建议，在进行马的诱导分娩之前，应检查马的荐坐韧带和子宫颈是否松软，检查乳腺分泌物的电解质成分（分娩准备就绪的标志）。

马诱导分娩可采用许多不同的激素类药物。早期进行的研究表明，无论是否采用二丙酸己烯雌酚（diethylstilbestrol dipropionate），肌内注射大剂量催产素成功诱导了1500多例母马分娩产驹（Britton，1972；Purvis，1972）。如果子宫颈有成熟的迹象，即触摸时感觉子宫颈松软，子宫颈外口可以伸进1～2个手指，胎儿的胎向、胎位和胎势正常（参见第8章），体重300～600kg的母马可一次注射催产素120IU，注射后15～60min后可使母马产驹。当子宫颈没有“成熟”时，可先肌内注射30mg二丙酸己烯雌酚油剂，12～24h后如果子宫颈已经成熟，再注射催产素。两位作者都建议，在注射催产素后10～15min时再进行一次阴道检查，确定胎儿的胎位和胎势是否正常，如果出现异常则应立即进行矫正。Purvis（1972）还建议，如果马驹进入阴道后尿囊绒毛膜没有自然破裂，就应该用手撕破。Purvis（1972）的研究发现，马诱导分娩后没有发生胎盘滞留的问题，但Rossdale和Jeffcoat（1975）的研究却表明马诱导分娩后可发生胎衣不下。研究表明，诱导分娩使用的催产素的剂量与胎盘分离之间存在一定的关系（Hillman，1975），催产素剂量小于60IU时往往导致更多的胎盘滞留。接近妊娠期满时，很小剂量的催产素（小于10IU）就能有效地诱导母马产驹（Pashen，1980；Chavatte-Palmer等，2002）。采用催产素诱导产驹是基于其对子宫肌具有直接刺激作用，同时能间接刺激胎盘释放前列腺素（Pashen 和 Allen，1979）。依处理程序不同，胎儿在1～6h内能完全排出。有研究表明，在诱导分娩之前先向子宫颈管内注射前列腺素E_2可加快子宫颈成熟，有利于缩短分娩过程（Rigdy等，1998）。

根据前面作者的经验，诱导分娩时，有时由于分娩的第二阶段开始前胎儿旋转不完全而造成胎儿侧弯，因此可发生难产（参见第8章）。此外由于产出过程胎盘提前发生分离可造成胎儿缺氧，因此可使胎儿的活力减弱。知道妊娠的准确天数是非常重要的，因为不能在妊娠320d以前就试图诱导分娩。尽管如此，由于马的妊娠期长度存在较大的差异（前面已经提到），因此马驹的活力很弱。

地塞米松是一种快速释放的人工合成的皮质类固醇制剂，成功地用于矮种马（First和Alm，1977）和大型挽马的诱导分娩（Alm 等，1975）。在大型挽马，连续4d每天注射100mg地塞米松，可使其在开始处理后6～7d分娩，但矮种马反应更快。采用地塞米松诱导分娩时，应在妊娠的第321天开始用药，可获得满意的马驹存活率和生长速度。采用这种方法诱导分娩的不便之处是需要多次重复用药，用药后还会出现延期分娩，而且产驹完成的具体时间难以预测，这种处理方法在临床上的吸引力不大。

$PGF_{2\alpha}$及其类似物氟前列烯醇（fluprostenol）也用于诱导母马产驹（Ousey等，1984；Ley等，1989）。$PGF_{2\alpha}$一次用药并非总能有效，经常需要每12h重复注射1.5～2.5mg。在有些情况下，这些前列腺素制剂可造成马表现不适，由胎位异常引起的难产发病率升高（Allen，个人交流，1980）。在妊娠322～367d，给矮种马一次注射250μg、全血马一次注射1000μg氟前列烯醇，可以成功地诱导母马产驹（Rossdale等，1976）。从注射到第二产程开始需要的时间为33～138min，第二产程持续5～33min，胎盘在112min后脱落。虽然一些马驹会发生肋骨损伤，其活力普遍较好。

6.5.2 牛

诱导母牛产犊的适应证包括：

• 提前产犊，以便使牧场的牧草适宜牛奶生产。新西兰和爱尔兰的部分地区采用这种方法。在爱尔兰，最为重要的是母牛在3个月的时间内产犊，而且这个时间段应尽可能地接近3月23日（O'Farrell，1979）。O'Farrell通过计算发现，母牛产犊每超过这个日期1d，每天的产奶量将平均降低6.4L，他发现有40%以上的牛是在这个时间范围内产犊。如采用诱导分娩技术，如果诱导出生了未成熟或未完全成熟的犊牛，而这些犊牛在生后不能存活，则可使农场主和兽医面临着伦理问题。

• 确保母牛在预定的时间产犊，这样在产犊时可以获得足够的关注和熟练有效的助产，降低犊牛的死亡率和减少对母牛的伤害。

• 通过缩短妊娠期以降低犊牛的出生重。在妊娠的最后数周，小牛的生长速度很快。在夏洛莱等外来品种，犊牛的活体重每天可增加0.25～0.5kg。因此，如果母畜未成熟而骨盆较小，或在某些外来品种妊娠期超过280d，犊牛会因体格过大而无法通过产道。诱导分娩能减少由于胎儿与母体大小不适而导致难产的可能性（参见第11章）。就这种适应证而言，要在选择诱导母牛分娩时间时权衡两种情况，即犊牛出生时小，因此无需助产，或犊牛出生时很大但能存活，以后还会有令人满意的生长速度。犊牛理想的出生体重因牛的品种而异，经产的阿伯丁安格斯牛和海福特牛为40kg，经产弗里赛奶牛为42～45kg，2岁的夏洛莱牛为35kg，3岁的夏洛莱牛为40～45kg（Meniscier和Foulley，1979）。

• 牛患病或受伤后，用诱导分娩来终止妊娠以缓解病情，或在屠杀母牛前可获得一头成活的犊牛。牛尿水过多时经常进行诱导分娩。

多种激素已成功地用于诱导母牛产犊并获得了成活的犊牛。如果在没有达到该品种95%的妊娠期之前进行诱导，经常会导致出生弱小不易存活的犊牛（Nakao，2001），所以诱导产犊前清楚地知道准确的配种或授精时间是很重要的。对于荷斯坦-费里斯品种的牛来说，妊娠260～265d之前分娩所产犊牛的生存能力不佳。

ACTH主要通过刺激内源性皮质类固醇合成来发挥作用，虽然可用于牛的诱导分娩，但最好用直接给予皮质类固醇来代替，可采用许多人工合成的皮质类固醇激素。人工合成的皮质类固醇根据从注射到发挥作用的时间间隔可分为三类，即长效、中效和短效制剂。因此，用一个正常的治疗剂量给予长效、中效、短效皮质类固醇，它们分别需要11～18d、5～11d和1～6d才能产生药效（Parkinson，1993）。给体格大的品种使用足够的剂量是十分重要的，就倍他米松来说，夏洛莱牛需要达到35mg。皮质类固醇也是免疫抑制剂，必须事先仔细检查肺和乳腺，在存在感染的情况下要和广谱抗生素同时使用。

PGE_1、PGE_2、$PGF_{2\alpha}$以及$PGF_{2\alpha}$类似物都可用于牛的诱导分娩。在用前列腺素诱导牛分娩的第一篇报道（Zerobin等，1973）中，只有少数的产犊被认为是“分娩性产出”，根据Hendricks等（1977）报道，由于子宫颈扩张不全造成难产的发生率达42%。然而$PGF_{2\alpha}$及其类似物成功地用于诱导妊娠275天的母牛产犊，用药后2～3d产生药效（Kordts和Jöchle，1975；Day，1977；Breeveld-Dwarkasing 等，2003a）。

皮质类固醇和前列腺素合用获得了一些良好的结果。Beal等（1976）先用地塞米松处理，如果40h后仍无效果，则注射$PGF_{2\alpha}$。Day（1978）用三甲基醋酸地塞米松（dexamethasone trimethylacetate）预处理后第8天或第12天注射前列腺素类似物——氯前列烯醇，获得了好的结果，所有母牛均在72h内产犊。在相似的实验中，26头成年费里斯奶牛在妊娠237～270d注射20mg苯丙酸地塞米松（dexamethasone phenylpropionate），平均5.6d后13头母牛产犊。10d后对那些没有反应的牛注射500μg氯前列烯醇，3d内所有母牛产犊，所有活产犊牛都成活（Murray等，1982）。总之，若在妊娠早期诱导分娩（即在妊娠250～270d，此时胎盘仍能产生孕酮），应先注射长效皮质类固醇，如果在8d后还没有产犊，可再注射短效皮质类固醇或$PGF_{2\alpha}$，用药之后大约是48h产生药效；若在妊娠270d以后诱导分娩，应先注射中效皮质类固醇，如果8d后母牛没有产犊，应再注射短效皮质类固醇或$PGF_{2\alpha}$；若在妊娠275d以后诱导分娩，$PGF_{2\alpha}$、中效或短效皮质类固醇都能奏效。

然而，诱导母牛提早产犊有以下几个缺点：

• 并非总是有效

• 犊牛的出生重比正常足月时出生的犊牛小

• 使用短效制剂诱导分娩时，胎衣不下的发病率很高，可达到53%（Wagner等，1971）；使用缓释制剂时胎衣不下的发病率则较低（Welch等，1973；O’Farrell和Crowley，1974）。甚至在接近妊娠期满时诱导分娩，仍能导致胎衣不下

• 开始的乳产量会受到影响，产乳高峰期延迟，但对整个泌乳期的乳产量影响不大（Bailey等，1973；Welch等，1977；O’Farrell，1979）

• 虽然在发生胎衣不下的母牛，从产犊到受胎的间隔时间和每次受胎的配种次数稍有增加，但诱导分娩后的生育力正常（Nakao，2001；Mansell

等，2006）

• 初乳中免疫球蛋白的质量和数量有所下降，尤其是在使用缓释皮质类固醇制剂之后，但牛犊仍能获得足够的被动免疫。

6.5.3 猪

平均有5%～7%仔猪发生死产，据估计75%的死产是发生在分娩过程中。产下第一头仔猪与产下最后一头仔猪之间的时间间隔与死产有一定关系（Randall，1972；van Dijk等，2005）。所以，产程延长会导致死产增加。约80%死产发生在产出最后1/3仔猪时。

研究表明，产出两只活仔猪之间的时间间隔普遍短于产出一只死仔猪与一只活仔猪之间的时间间隔（van Dijk等，2005）。虽然有研究表明死亡仔猪的产出过程缓慢，但出生时仔猪死亡可能是产出过程缓慢的结果。脐带过早断裂是死产的原因之一。调查研究表明，94%死产仔猪产出时发生了脐带断裂，所有仔猪产出时发生脐带断裂的占39%（Randall，1972）。

产仔期间通过加强照料和护理可降低死产率（Holyoake等，1995），但母猪产仔的确切时间难以预测，在预定时间分批诱导母猪分娩产仔，可使接产熟练的人员在正常上班时间能够照顾成批的母猪分娩产仔，因此采用诱导分娩具有很大的吸引力。虽然还有证据表明，推迟或延长分娩时间可增加死产率，但加速分娩过程的方法可以至少避免推迟分娩，因此也具有明显的吸引力。还有一些其他管理需求，会鼓励人们采用各种方法来计划和调节猪的分娩产仔时间：

• 分批产仔便于寄养代乳，因此那些多仔或无乳母猪所产仔猪会有更大的存活和长大的机会

• 分批产仔时，母猪和仔猪能按“全进全出”的原则管理，能更加有效地进行消毒和清洁

• 分批产仔便于分批断奶

• 产仔可仅安排在一周某些天的正常工作时间，这样可降低死产率，也能减少由于新生仔猪相互挤压造成的死亡

• 可使产仔间隔缩短几天，因而可提高母猪的繁殖效率。

猪在妊娠第101～104天时，一次注射75～100mg合成的皮质类固醇，于妊娠第109天可成功地诱导分娩产仔。但是这种处理过程比较昂贵，妊娠110d以前出生的仔猪成活率低。因此，合成的皮质类固醇是不实用的。

自从首次报道使用$PGF_{2\alpha}$（Diehl等，1974；Robertson等，1974）或合成的$PGF_{2\alpha}$类似物（Ash和Heap，1973；Willemse等，1979）成功诱导母猪分娩后，全世界发表了大量的研究报道，目前用这种方法诱导母猪分娩已经是现代养猪业可以接受的方法。最近，人们还试图通过将前列腺素与其他激素联合使用来提高这种处理方法的效率，以期进一步缩短诱导分娩处理与胎儿排出之间的时间间隔。

采用前列腺诱导母猪产仔的基本方法是使用天然$PGF_{2\alpha}$或人工合成的前列腺素，如氯前列烯醇，在妊娠111～113d时肌内注射，平均28h后母猪分娩产仔。因此，如果是在上午8～10点注射前列腺素，则大部分母猪将在正常工作时间内分娩产仔。由于各个猪群平均妊娠期长短有所不同，因此对具体的注射程序应进行适当调整。一般来说，诱导分娩处理的时间越早，仔猪的出生体重就越小。但是，如果为了获得较大的仔猪出生重而推迟诱导分娩的时间，则分娩的同步化程度就会降低。

在采用地诺前列素（dinoprost）诱导229例母猪分娩产仔的研究中发现（Young和 Harvey，1984），95%母猪在注射地诺前列素后48h内分娩产仔，大多数（76%）是在注射后24～36h分娩产仔，这与农场正常的工作时间刚好一致。注射后48h内没有分娩产仔的母猪，可能是对注射的前列腺素没有反应。窝产仔数一般不影响母猪对前列腺素的反应，除非窝产仔数很少（5头仔猪）时才会有影响，但窝产仔数与产仔持续时间直接相关。

虽然普遍认为，天然$PGF_{2\alpha}$的副作用较大，如撕咬围栏和呼吸次数增加等（Boland等，1979；

Einarsson等，1981；Widowski等，1990），研究表明$PGF_{2\alpha}$（地诺前列素）或其类似物与氯前列烯醇的效果似乎没有明显差别。

将氯前列烯醇与苯甲酸雌二醇联合使用能促进仔猪的产出。Bonte等（1981）报道，用氯前列烯醇处理前24h注射10mg苯甲酸雌二醇产出效果最好，但在用氯前列烯醇处理后5～6h注射1mg苯甲酸雌二醇则仅有一定的促进产出的作用。Kirkwood 和 Thacker（1995）在猪妊娠112d时注射3mg雌二醇，随后在妊娠113d时注射10mg $PGF_{2\alpha}$，发现在妊娠第114天的8点前有38%母猪产仔，而对照组此时仅有5%母猪分娩产仔。在欧盟内部，现在法律上禁止使用雌激素。

采用前列腺素诱导分娩，是基于它溶解黄体的作用。注射前列腺素后12h内，外周血浆孕酮水平迅速降低。然而天然$PGF_{2\alpha}$也能引起短暂的子宫肌兴奋和催产素释放（Ellendorff 等，1979），这样甚至可导致仔猪在子宫内发生一过性的缺氧（Randall，1990）。

催产素也常常与$PGF_{2\alpha}$联合用于日常的诱导分娩程序，最常用的方法是在注射前列腺素后24h注射催产素。虽然注射催产素后的反应与窝产仔数的多少有关，但通常会大大缩短从注射$PGF_{2\alpha}$到分娩的时间间隔（Chantaraproteep 等，1986），甚至有人会重复注射催产素（Zarro等，1990）。催产素的剂量大约为10IU，更高的剂量会导致子宫肌痉挛，甚至会推迟母猪分娩。有研究表明，在注射前列腺素后24h注射20IU催产素，在对诱导分娩发生很好反应的母猪，需要采用人工助产的比例很高（Dia等，1987）。

6.5.4 绵羊

在绵羊可采用皮质类固醇或采用抑制孕酮合成的药物（如爱波司坦，epostane）或在受体水平阻止孕酮发挥作用的药物诱导分娩。在绵羊需要诱导产羔的适应证不多，因为在这种动物，胎儿与母体大小不适引起的难产也不像在牛那么常见（参见第8章）。然而，如果能采用某种方法将绵羊的产羔时间控制在白天的工作时间内，则绵羊在分娩时就可以获得熟练的助产帮助，可明显地减少难产所引起的任何问题，增加羔羊的存活率。然而，如果妊娠期长度缩短超过7～10d，就会增加羔羊死亡率。

如同其他动物一样，准确知道绵羊的妊娠期非常重要。在妊娠期满前的5d内，一次肌内注射地塞米松、氟米松和倍他米松等皮质激素，可使绵羊在2～3d内正常分娩（Bosc，1972；Bosc等，1977；Penning和Gibb，1977）。Cahill等（1976）采用类似的方法诱导绵羊提早产羔，发现难产的发病率高于正常分娩时，羔羊存活率降低。但是，皮质类固醇激素诱导绵羊提早分娩，未能非常成功地使产羔集中在白天（Bosc，1972）。对于采用孕酮进行同期发情（参见第1章）并配种的绵羊，分批诱导产羔可使一批绵羊在一个相对较短的时间内完成产羔。在妊娠136～142d口服、静脉注射或肌内注射3β-羟类固醇脱氢酶（3β-hydroxysteroid dehydrogenase）抑制剂爱波司坦，绵羊在用药后33～36h可产出有存活能力的羔羊（Silver，1988）。在妊娠144d或145d肌内注射孕酮受体颉颃剂RU-486，可明显提早产出有存活能力的羔羊（Gazal等，1993）。目前仍需对后两种处理方法进一步进行田间试验。

6.5.5 山羊

ACTH、皮质类固醇和$PGF_{2\alpha}$及其类似物均可成功诱导山羊分娩，然而有时会过早出现泌乳（Currie 和 Thorburn，1977；Maule Walker，1983）。

6.5.6 犬和猫

由于使用$PGF_{2\alpha}$诱导分娩时的副作用和需要多次重复处理，因此在犬和猫临产时不适宜使用$PGF_{2\alpha}$诱导分娩。类固醇合成酶抑制剂爱波司坦、促乳素抑制剂卡麦角林（cabergoline）和溴麦角环肽（bromocriptine）以及孕酮受体阻断剂均被成功地用于诱导分娩。近来的研究表明，孕酮受体阻滞剂米非司酮（mifepristone）和阿来司酮（aglepristone）也可用于诱导犬产仔，对分娩过程、出生体重以及仔犬存活率没有任何负面影响（Fieni等，2001；Baan等，2006）。

6.6 加速分娩

长期以来，注射催产素一直用于治疗猪分娩时表现为分娩时间延长的宫缩乏力。在这种情况下，注射催产素之前应先进行阴道检查，探查仔猪是否已进入骨盆腔，或者是否仔猪的胎向异常是造成分娩时间延长的主要原因。给分娩延长的母猪常规反复注射1～2IU催产素，可以有效地促进分娩进程。催产素超过10IU时可引起子宫痉挛，因此这种情况下禁忌使用（Zerobin，1981；Taverne，1982）。埋置或使用缓释催产素制剂治疗宫缩乏力是没有效果的。

Pejsak和Tereszczuk（1981）的研究表明，给836头初产和经产母猪肌内注射或经鼻给药10IU催产素，以此作为一种常规方法（即不是用于分娩延长的母猪，而是用于分娩明显正常的母猪）取得了较好的结果。在他们的方案中，第一个仔猪出生后立即注射催产素，如果下一个仔猪的产出超过1h，则重复注射一次。如果注射后10～20min还没有观察到反应，就进行阴道检查。所有经催产素处理的母猪都在10h内完成产仔，而对照组的有些母猪则超过这个时间。但是，最近的研究表明，第一个仔猪产出后注射20～50IU催产素（根据母猪的体重决定），尽管可明显缩短产出期，但却使死产率增加（Mota-Rojas等，2002；Alonso-Spilsbury等，2004）。

除了催产素外，过去人们还试用了许多其他药品以控制仔猪的产出时间和产出速度（参见综述，Guthrie，1995），但几乎没有一种处理方法能够应用于实践。β受体阻滞剂咔唑心安（carazolol）用于缩短母猪产仔的持续时间，得到了令人满意的结果。采用β受体阻滞剂的基本原理是，在妊娠期，由于β受体在子宫占优势，应激导致肾上腺素释放而造成子宫松弛。如果用咔唑心安阻滞这些受体，则应激的动物（特别是小母猪）释放的肾上腺素对子宫肌的影响就很小甚至无影响，子宫仍保持它的张力状态，分娩就不会推迟（Taverne，1982）。在一项采用1000头母猪进行的双盲试验中，在分娩开始时给予0.5mg /50kg咔唑心安，发现母猪产仔的持续时间显著缩短（$P < 0.05$），死产率和难产率降低，特别是在小母猪的作用尤其明显（Bostedt和Rudolf，1983）。

6.7 延迟分娩

如上所述，用药物抑制前列腺素合成可以成功地使绵羊、山羊和猪（但马不受影响）的分娩推迟。在猪，可以通过推迟分娩前的黄体溶解而延缓分娩（Taverne等，1982）。

β-肾上腺素能药物可刺激子宫肌细胞的β_2-受体，消除子宫收缩，在短期内延迟分娩。克伦特罗*（clenbuterol）是这类药物，可成功地用于牛、猪和绵羊的延迟分娩（Ballarini等，1980；Collins 等，1980；Jotsch等，1981）。当牛的子宫颈没有完全扩张、分娩的第二阶段还没有开始时，注射0.3mg（10ml）盐酸克伦特罗，4h后第二次注射0.21mg（7ml），在第二次注射后可将产犊向后延迟8h。将此方法作为管理措施，可有效地保证分娩时小母牛的会阴和阴门松弛。母牛在分娩时注射这种药物时，对子宫活动只能产生轻微的抑制作用（少于3h），不会影响胎儿的产出（Jonker 等，1991）。

克伦特罗可使猪的子宫肌松弛，因此中断仔猪产出，几小时后子宫可恢复自发性收缩。因此不会对仔猪的存活能力产生不利的影响。Zerobin（1981）用150μg克伦特罗获得了很好的反应。他还报道，催产素可以逆转克伦特罗的作用。

6.8 分娩过程：生理学

分娩过程的组成要素包括产力、胎儿及与其有

*克伦特罗，在我国为禁用兽药，请读者严格遵守我国兽药使用规定——译者注。

关的胎膜和胎水以及软产道和硬产道。分娩时，如果产力足以使姿势正常的胎儿（参见第8章）和胎膜经扩张的子宫颈进入大小合适的产道，就能保证分娩正常。

产力由子宫肌和腹肌的收缩组成，两者在不同动物之间的相对重要性不尽相同。在妊娠期，胎儿尽可能占据很小的空间，因此胎儿，特别是单胎动物的胎儿四肢和颈部弯曲，将其背部靠近子宫大弯。为了能通过产道，胎儿必须以正确的姿势来使身体尽可能呈“流线形”，以便适应产道的形状与方向，这对单胎动物尤其重要（参见第8章）。最后，产道必须允许姿势正确的胎儿能够通过。为了使胎儿顺利通过产道，母畜的身体结构要发生一些相应的改变。例如，子宫颈必须扩张，骨盆及其韧带必须松弛，阴道、阴门、会阴必须变软。最近，Gibb等（2006）对分娩的比较生理学特性进行了综述，特别强调了子宫肌和子宫颈功能的控制，推荐读者参阅。

6.8.1 子宫肌收缩

对引起子宫肌收缩变化的激素前面已有介绍，但尚未讨论子宫收缩的有关机理。子宫肌主要由两种类型的肌蛋白组成，即肌球蛋白（myosin）和肌动蛋白（actin）。肌动蛋白丝和肌球蛋白丝之间形成共价交联的键，导致肌原纤维收缩。肌球蛋白轻链（myosin light chain，MLC）ATP酶是肌球蛋白的成分之一，其在肌球蛋白轻链激酶（MLC kinase，MLCK）的作用下发生磷酸化。MLCK被钙结合蛋白——钙调节蛋白（calmodulin）活化。子宫肌的舒张是由于肌球蛋白轻链在肌球蛋白轻链磷酸酶或cAMP依赖性蛋白激酶的作用下脱磷酸化所启动，由此抑制肌球蛋白轻链激酶，进而抑制肌球蛋白轻链磷酸化。平滑肌束的结构排列非常重要。在具有双角子宫的家畜，其子宫肌层由两层平滑肌构成。外层平滑肌束平行于子宫长轴排列，当外层平滑肌收缩时子宫从头至尾缩短。子宫的外层平滑肌层延续到子宫颈，子宫颈又稳定地固定在骨盆腔内。因此，当纵向平滑肌束收缩时，子宫角被向后拉。妊娠期满子宫内含有足月的胎儿时，子宫缩短的能力降低，结果子宫收缩便引起子宫颈一定程度的扩张。内层平滑肌由肌束环绕子宫纵轴排列，因此当内层平滑肌收缩时会挤压子宫腔（Porter，1975）。

妊娠期间，孕酮和雌激素刺激蛋白质合成，同时发育的孕体扩展对子宫局部产生影响，结果导致子宫肌层肥大，妊娠早期还会出现子宫肌层增生的现象。由此造成的结果是，子宫肌纤维长度增加了10倍，宽度增加了2倍。由于子宫肌质量（myometrial mass）增加，其收缩能力也随之增加。子宫伸长诱导的子宫肥大需要孕酮的参与，然而在妊娠的最后几天孕酮水平下降和/或孕酮作用减退时，胎儿生长和子宫大小之间就出现不协调，导致子宫壁紧张性增加及在平滑肌细胞间形成间隙连接（gap junctions）（Gibb等，2006）。除了子宫肌发生的物理变化之外，子宫平滑肌也发生电生理学变化。研究表明，多种动物在妊娠期间静息膜电位（resting membrance potential）增加，随着分娩前雌激素升高和孕酮阻滞作用的消除，子宫肌释放动作电位并开始收缩。雌激素主导的子宫肌细胞静息膜电位也接近自发性释放动作电位的阈值水平。因此，如果子宫肌伸展拉长，就会出现轻微的去极化和释放动作电位。机械牵张大鼠子宫，可诱导其表达几种收缩相关蛋白（contraction-associated proteins），如间隙连接蛋白-43（connexin-43）（与间隙连接形成有关）和催产素受体，这些作用能被孕酮所颉颃。这些研究结果可能对充分了解分娩的排出期的进展具有重要的临床意义，特别是在多胎动物，胚胎或胎儿死亡会导致子宫局部出现或多或少的空腔，即子宫角出现了非扩张部分。

孕酮和雌激素对子宫肌活动的影响 妊娠期间孕酮作用占主导地位，以确保子宫肌处于相对静止状态。但有研究表明，在某些动物松弛素和PGI_2可能也起一定的作用（见下文）。雌激素则具有相反的作用。虽然对雌激素发挥这种作用的相关机理还不完全了解，但一般认为雌激素可能通过以下几个方面来发挥作用：（1）增加收缩蛋白的合成；（2）增加催产素和前列腺素激动剂受体的数量；（3）增加钙调节蛋白的合成；（4）增强肌球蛋白轻链激酶的活力；（5）增加间隙连接数量，这是平滑肌细胞间传递电子和分子信息的低阻通道。这样，雌激素就可增强子宫平滑肌作为收缩单位的效能。孕酮则具有相反的作用：（1）减少间隙连接数量；（2）减少激动剂受体的数量；（3）抑制前列腺素的合成和催产素的释放；（4）增加钙的结合。

前列腺素和催产素的作用 前列腺素在分娩中发挥至关重要的作用，这种作用不仅是在分娩启动中，而且在子宫肌收缩的控制中也起关键作用。由于前列腺素分子结构的特点，保证了它们能自由地穿过细胞外液和脂质细胞膜，因此能有效发挥作用。一般来说，$PGF_{2\alpha}$和PGE可刺激子宫收缩（虽然这种作用在某些动物要依赖于前列腺素在妊娠子宫中的定位），但PGI_2则抑制子宫收缩（Omini等，1979）。子宫组织中是否有这些前列腺素可供利用，取决于这些前列腺素的合成酶和代谢酶表达量的相对多少，并受到各种类固醇激素、肽类激素和细胞因子的广泛调节。一般说来，分娩期间子宫组织中促进PGF合成酶的表达上调，而使参与前列腺素失活的酶的表达下调。前列腺素的作用是由特异受体介导的，因而它们影响着间隙连接的数量和平滑肌细胞内Ca^{2+}的流动。$PGF_{2\alpha}$和PGE增强这些变化，而PGI_2则抑制这些变化。

对妊娠末期和分娩期催产素的释放模型已经在许多动物进行过研究，如绵羊（Fitzpatrick，1961；Glatz等，1981）、山羊（Chard等，1970；Hydbring等，1999）、马（Allen等，1973；Vivrette等，2000）、牛（Schams和 Prokopp，1979；Hydbring等，1999）、猪（Forsling 等，1979a，b；Gilbert等，1994）和犬（Olsson等，2003；Klarenbeek等，2007）等。有趣的是，所有这些动物的催产素在妊娠末期和分娩初期都保持在相当低的水平。在牛、绵羊和山羊，当胎头出现在阴门及胎膜排出时催产素迅速升高达到峰值。在马，在从海绵间窦（intercavernal sinus）采集的血样中催产素水平第一次显著升高发生于产驹前18～72h，明显发生于血浆二氢-15-酮$PGF_{2\alpha}$水平升高之后（Vivrette 等，2000）。猪催产素水平仅在产出期开始前有短暂的上升，并维持在较高水平，在产出期呈现明显的阵发式分泌，并维持在较高水平，产出期过后催产素水平降低。犬的催产素释放模型需要进一步研究，产仔时催产素表现阵发式分泌，不产仔时催产素仍可表现出阵发式分泌（Klarenbeek等，2007）。因此，在某些动物，催产素在启动子宫收缩中仅起很小的作用。

催产素的释放主要是由于刺激阴道前端和子宫颈的感受器（Ferguson’s反射）所造成的。猪的子宫肌电活动与催产素释放之间具有良好的相关性（Ellendorff等，1979），说明猪子宫中存在局部的正反馈机制。

妊娠末期和分娩开始时催产素受体增加，这主要取决于孕酮水平的下降和雌激素水平的升高（猪:Lundin-Schiller等，1996；绵羊：Wathes等，1996；牛：Fuchs等，1992）。尚不清楚催产素受体在家畜子宫纵向和环状平滑肌层中的分布情况。催产素通过两种方式刺激子宫收缩：首先，增加前列腺素的释放，催产素与前列腺素发挥协同效应；其次，增加细胞内质网Ca^{2+}的释放，进而增加肌球蛋白轻链激酶磷酸化（Mackenzie等，1990）。Burbach等（2006）提出了催产素及其在调节妊娠和分娩中发挥作用的综合观点。

6.9 分娩过程

从生理学的角度来看，分娩可分为四个时期（Gibb等，2006）：

- 第0期：该期包括约95%的妊娠期，子宫肌几乎处于静止状态，子宫颈硬而无弹性
- 第1期：即启动期（activation phase），在这个时期，由于抑制因素（如孕酮、松弛素）作用的解除，子宫颈迅速变软，子宫肌收缩相关蛋白的

表达增加，为收缩做好准备；促进因素（如前列腺素、雌激素）的作用增加；子宫壁伸展能力增加。因此在这个时期发生一些有决定意义的内分泌事件，胎儿启动分娩的信号转变成子宫颈和子宫肌的功能性改变

- 第2期：刺激期（stimulation phase），包括分娩的第一、第二产程（见下文），主要特点是子宫肌收缩增加（由急剧增加的前列腺素和催产素分泌所引起），子宫颈扩张，胎儿排出
- 第3期：胎衣排出期（afterbirth stage），对于在胎儿排出后1h或更长时间排出胎衣的动物，排出胎衣，子宫和子宫颈开始复旧。

从更为传统或者从更为实际的角度来讲，分娩过程可划分为三个阶段，称为产程（stages of labour）。虽然采用这种分期方法便于研究分娩过程，但重要的应该要记住，这些阶段并不是突然开始和突然结束的，而是逐渐地从一个阶段转变到另一个阶段。

6.9.1 第一产程

在分娩的第一产程没有明显可见的外部变化，但由于产道要为胎儿的排出做好准备，因此这些变化也极为重要。首先，子宫颈的结构发生变化，以便能够扩张；其次，子宫肌开始收缩；最后，胎儿姿势发生变化，以便于排出，包括胎儿围绕自身的纵轴发生旋转及伸展四肢。

对子宫颈结构的变化已有许多研究和综述（Fitzpatrick，1977；Fitzpatrick和Dobson，1979；Dobson，1988；Breeveld-Dwarkasing等，2003b），这些变化包括子宫颈胶原蛋白成分的改变引起子宫颈基质的软化，子宫颈水分的增加使胶原纤维相互分离，特别在子宫伸展力的作用下，使以前没有活性的蛋白酶接近分解胶原蛋白分子的敏感位点，便于降解胶原分子。这些生物化学变化是通过细胞因子、前列腺素、肽类激素和类固醇激素之间复杂的相互作用介导的，表现出典型炎性过程的许多特点（参见综述，Kelly，2002；Keelan等，2003）。

牛子宫颈在扩张时，子宫颈外口先于子宫颈内口扩张（Abusineina，1963），绵羊也是如此（Fitzpatrick，1977）。子宫颈扩张所需要的时间不固定。在猪连续进行阴道探查后发现，其子宫颈扩张需要1h到2d时间，50%需要6～12h（Schmidt，1937）。最近对牛用前列腺素诱导分娩期间子宫颈外口的开张情况进行了体内测定（Breeveld-Dwarkasing等，2002，2003a），发现其开张平均从注射前列腺素后28.5h起开始，以每小时2.6cm的速度扩张，从子宫颈扩张开始到犊牛排出之间的时间间隔约为9h。启动子宫颈扩张的机理仍不十分清楚。许多年来人们一直认为，子宫颈扩张是由胎儿和充满胎水的胎膜通过成熟的子宫颈时所引起的一种被动过程，还有人认为子宫颈扩张主要是子宫纵行平滑肌束收缩引起的主动过程。近来我们的研究证明，在（诱导）产犊时的子宫颈扩张期间，子宫颈外层平滑肌显示出明显的肌电活动，并且通常与子宫肌的肌电活动一起出现（van Engelen等，2007）。但是也有人发现，一些绵羊在子宫颈扩张之前子宫肌仅出现一些较弱的收缩（Hindson等，1968），某些人的子宫颈在子宫不收缩的情况下也能扩张（Liggins，1978）。Ledger等（1985）证明，用手术方法将绵羊的子宫颈和子宫分离后子宫颈仍能变软。因此，前面讲述的生物化学变化可能比子宫颈平滑肌或子宫平滑肌的作用更为重要。这些变化可能不只是由于胶原蛋白降解，而是由于通过合成新的胶原蛋白和蛋白多糖来重新塑造子宫颈基质（Challis和Lye，1994）。在正常分娩时，很可能是主动机理和被动机理共同发挥作用。

牛子宫颈外口最初发生的是横向扩张，在阴道前端可触及到外口边缘呈皱褶状。之后圆锥状的子宫颈在子宫颈内口扩张前会同步缩短。当子宫颈扩张后，阴道和子宫形成一个连通的管道，膨胀的尿膜绒毛膜充满其中。人的子宫颈扩张过程可以通过超声影像进行观察，但在家畜还未进行过这种研究。

第一产程的其他特点还包括子宫肌开始有规律的收缩，此时动物常常表现出不适和轻微腹痛的

症状。虽然不同动物和不同个体间反应的严重程度有所差别，但大多数情况下动物表现不安，脉搏和呼吸频率加快，体温常常（但并非都是如此）下降1℃左右。绵羊和山羊在妊娠末期每30～60min发生一次子宫收缩，这可通过测定子宫内压的变化和肌电活动来测量。此时子宫收缩为低幅收缩，每次收缩的持续时间为5～10min。为了将这种收缩与典型的分娩样收缩（labour-like contractions）相区别，将此时的子宫收缩称为挛缩（contractures）。这种子宫收缩的模式可一直持续到分娩前约48～24h。此后，子宫收缩的频率和幅度增加，但收缩的持续时间减少。只是到了最后的12h，有些绵羊是在最后的2h，才出现协调性的子宫收缩，收缩频率规律（30次/h），持续时间短（1min），收缩压大（2.6～3.3kPa，20～25mmHg）（Fitzpatrick 和 Dobson，1979）。Ward（1968）发现，在绵羊产出羔羊之前的最后4h，子宫肌收缩活动大幅度增加。

在牛，妊娠后期时子宫挛缩平均持续约12min，而且主要发生在牛躺卧时（Taverne等，2002）。子宫挛缩逐步转变为较有规律的协调的蠕动性收缩，在诱导产犊的情况下，这种收缩出现在注射前列腺素后约6h左右（Breeveld-Dwarkasing等，2003a）。妊娠的最后2h，子宫内压波动频率为12～24次/h，胎儿将要排出时增加为48次/h（Gillette和 Holm，1963； Burton等，1987）。牛的子宫收缩有一个很明显的特征（Gillette和 Holm，1963；Taverne等，1979c），就是牛的子宫存在着从子宫颈到子宫角的收缩（cervicotubular）和从子宫角到子宫颈的（tubbulocerical）收缩，后面也将对猪子宫收缩的这种特征进行讨论。目前还不清楚从子宫颈到子宫角的收缩在牛具有什么样的功能。

猪的子宫肌的收缩更为复杂，这是因为到妊娠结束时每个妊娠子宫角长度能达到1.5～2m。使用肌电图描记方法可以发现，妊娠期猪的子宫存在挛缩，在第一个仔猪出生前的6～9h，子宫挛缩变成协调而有规律的子宫收缩（Taverne等，1979a）。用压力测量方法观察发现这个转变可能出现得更早；子宫内压力波动的频率和幅度增加，在第二产程开始之前12～72h，压力的频率和幅度更有规律（Zerobin和 Spörri，1972；Ngiam，1977）。分娩前约24h，子宫收缩的频率为8～24次/h，持续时间为0.5～3.5min，子宫收缩幅度达到8kPa（60mmHg）。Zerobin和 Spörri（1972）观察发现，子宫收缩模式的改变发生在乳头中出现乳汁的时候。他们还采用压力记录，Taverne等（1976b）采用肌电技术，都鉴别出子宫存在着从子宫颈到子宫角和从子宫角到子宫颈的收缩。Taverne等（1976b）观察发现，一旦有一个子宫角排空，从子宫颈到子宫角的收缩就减弱或消失，而从子宫角到子宫颈的收缩则出现在对侧的子宫角。由于人们早就认识到子宫容积可以通过改变肌电活动调节子宫肌活动（Csapo等，1963），因此有人推测，从子宫颈到子宫角的收缩能预防仔猪提前移位，确保胎儿有秩序地从子宫角排出（Taverne等，1979b）。

犬在妊娠后期，使用肌电图描记法记录到了子宫肌的挛缩（van der Weyden等，1989）。在分娩前的最后7d，持续时间较短的肌电信号逐渐增多，这可能与血浆孕酮水平逐渐下降有关。分娩前24～13h子宫肌电活动总量和频率显著增加，同时体温和血浆孕酮也都突然下降。

子宫平滑肌组织的收缩还可引起子宫的一些其他变化，或许还引起胎儿的一些变化。在胎盘部位，胎盘对子宫内膜的附着变得不够紧密，表面细胞发生脂肪变性，蜕膜性胎盘的动物则开始出现胎盘边缘分离和出血。然而，分娩期间胎盘附着通常仍然保持完好，仅在胎儿排出时（犬和猫）或胎儿排出后（猪、马、反刍动物）才发生分离。子宫收缩时增加了母体胎盘内血液循环的阻力，导致胎盘中血气交换相应减少，这些可以通过胎儿血液氧分压（PO_2）和胎儿心率的暂时性变化反映出来（Jonker等，1996）。在母体方面，这个循环障碍可能有助于将血液转移到乳腺。

在第一产程中，胎儿变得更加活跃，通过各

种活动使其身体更加适应产道（参见第8章）。因此，马和犬的胎儿从下位逐渐地旋转变为上位，四肢和头颈伸展。对于牛和羊的胎儿来说，胎儿仅伸展身体就可从妊娠期的胎势转变成分娩胎势。对于前肢伸展到身体之前的机理还不清楚。对于牛来说，这是一个独特的姿势，出生后就不再会出现。Abusineina（1963）在对第一产程研究中注意到，小牛先是屈曲的腕关节对着正在扩张的子宫颈，30min后指部就进入子宫颈。他认为，这个时候胎儿在练习翻正反射（righting reflexes），努力伸展腕关节试图“在子宫内站立起来”。胎儿这些自发性的活动可能是胎儿对第一产程子宫收缩造成子宫内压升高的反应。如果这个观点正确，那么母体可能通过子宫平滑肌这个媒介，在一定程度上与由于胎儿产式姿势不正造成的胎儿性难产有关（参见第11章、第15章）。当未成熟的胎儿出生时，子宫颈往往开张不完全，胎儿姿势也常常摆放不正常，还可能发生胎衣不下，由此也进一步说明子宫肌功能的重要性。所有这些临床表现一定程度上可能是由于宫缩相对无力所造成，而宫缩乏力则可能是由于分娩前的内分泌事件的时序紊乱所造成。

6.9.2 第二产程

在单胎动物，第二产程是指胎儿排出；而在多胎动物，胎衣有时会与胎儿一起排出，因此第二产程不能与第三产程截然分开。

第二产程开始的标志是出现腹部收缩。牛每次子宫收缩开始后可出现8~10次腹部收缩，这个阶段子宫收缩的频率是24~48次/h，因此几乎是每次收缩刚完就紧接着出现下一次收缩（Gillette和Holm，1963；Zerobin和Spörri，1972）。绵羊子宫收缩的情况与牛相似，子宫收缩的频率可以达到40次/h，两次收缩间仅有短暂的休息，每次收缩子宫内压力上升到4.0~5.3kPa（30~40mmHg）（Fitzpatrick和Dobson，1979）。

在多种动物，第二产程腹部收缩是与子宫收缩叠加在一起发生的，这种现象可从猪子宫内压描记图上看出（图6.7）。应当记住的是，这些腹部收缩引起的努责，与催产素释放没有直接关系，也不应该与Ferguson's反射相混淆。这两方面的协调是由于子宫收缩产生的力量推动胎儿进入骨盆入口，就会兴奋骨盆反射和刺激努责，这与刺激排便的反应相似。努责将胎儿推向子宫颈和阴道前部，由此引发Ferguson's反射，催产素释放后引起子宫肌进一步收缩。

尿囊绒毛膜囊向后的移动受到胎盘附着部的限制，因此其破裂后尿样液体从阴门流出。膨胀的羊膜连同胎儿的一部分被推入骨盆入口处，刺激引起骨盆反射，导至腹肌强有力地收缩。同样，当第一个胎儿的肩部和随后臀部进入骨盆时，也会引起类似地强劲努责。由于胎儿及胎膜进入母体产道引起其扩张，导致垂体后叶释放大量的催产素，进而加强了子宫肌的收缩。结果，在子宫与腹部两者的协调和努力之下共同形成了排出胎儿的作用力。随着间歇性努责的继续，羊膜通过阴道露出阴门，称为“水袋（water-bag）”。在经过进一步努责之后，包在羊膜中的胎儿肢体显露出阴门。对于单胎动物，一肢稍先于另一肢。羊膜继续逐渐排出，在此过程中羊膜或许会被胎儿的四肢撑破，羊膜破后会流出具有润滑产道作用的羊水。随后胎儿的头出现在阴门，此时子宫和腹肌的收缩强度达到顶点，在胎儿枕部排出时产力达到最大。当胎头排出后，母体可能会稍事休息，之后进一步努责，促使胎儿的胸部通过阴门。通常，臀部随后快速产出，同时也将后肢产出。然而，在许多情况下单胎动物在胎儿臀部排出后就不会再出现强烈的努责，胎儿后肢停留在阴道内，直到幼畜移动或母畜站立才排出。

有人曾尝试对阵缩和努责这两个胎儿排出力量的相对重要性进行量化分析。绵羊的阵缩和努责联合作用的力量是阵缩的2.5倍（Hindson等，1965，1968；Ward，1968）。在牛观察发现的结果与此类似，第一产程仅有阵缩发生，第二产程阵缩的力量大致是排出胎儿总力量的90%（Gillette和Holm，1963）。在分娩的某些关键时期，努责是很

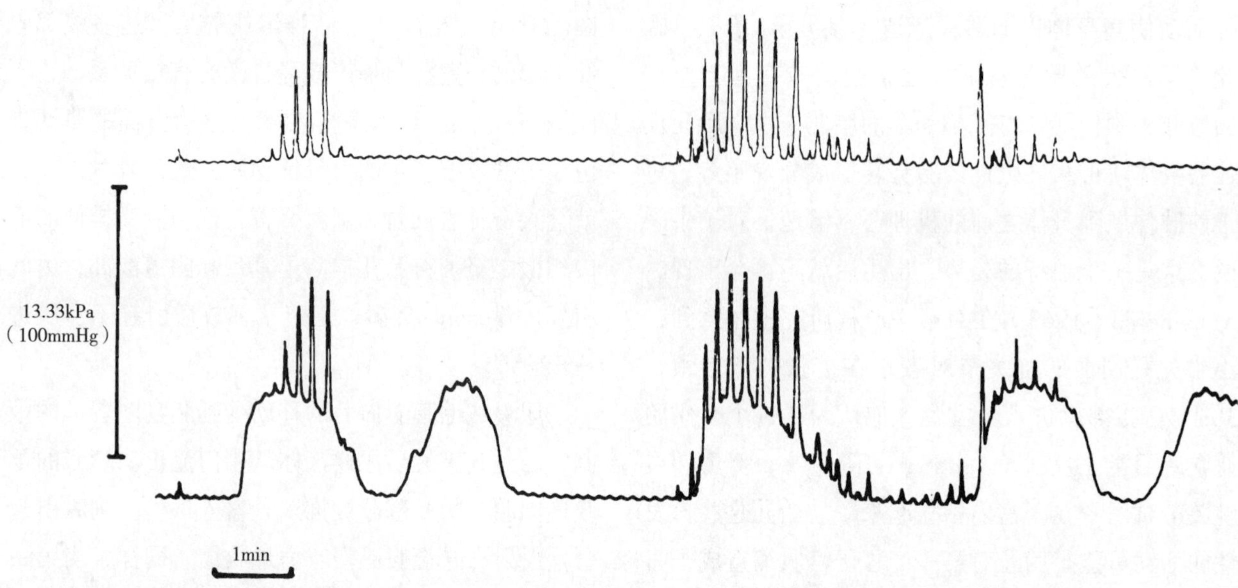

图6.7 猪分娩时的压力变化
上图为腹腔内压力；下图为子宫内压力

强烈的。

如果胎儿产出时是包裹在羊膜内，或破裂的羊膜覆盖住胎儿面部，那么胎儿的快速活动可造成羊膜破裂或脱离胎头。呼吸开始往往伴随着呒叫。健康胎儿产出时被羊膜包裹而发生窒息的风险很小。显然，引起呼吸的刺激是鼻孔接触到空气和/或高碳酸血症，偶尔在马和牛的胎儿产出期，当露出的胎儿面部没有羊膜遮盖，那么胎儿在分娩完成前就开始了呼吸。另一方面，有时胎儿产出显然发生得过于迅速（尤其是猪），以至于新生儿躺在母猪后面完全不动，过了许多秒钟之后才开始呼吸。

当母畜侧卧产仔时，胎儿经常与完整的脐带一起娩出，间隔几分钟后由于仔畜或母体的活动而将脐带拉扯断裂，这在产驹时尤其常见。胎儿产出后还有许多血液可以从胎盘通过脐带注入胎儿体内，过早地人工撕断或结扎脐带会使新生仔畜丧失大量的血液，因此让脐带自然断裂非常重要。猪脐带在分娩期间可能拉展甚至断裂（见下文）。反刍动物的脐带断裂发生在接近脐的部位，此处的脐动脉和脐静脉有个“弱点”，血管壁有丰富的环形平滑肌。脐带在此处断裂后，动脉和脐尿管缩回或进入胎儿腹腔，以防止出血。马驹的脐带也在接近脐部的“弱点”处断裂。

在正常的生理分娩时，胎儿皮肤表面不直接与产道接触，因为胎儿包裹着羊膜（仔猪除外），因此在胎儿产出时起到很好的润滑作用。

所有胎儿产出完成后表示第二产程结束。第二产程持续的平均时间，马平均17min，猪平均4h（见下文）。第二产程持续时间与产力之间的关联程度在初产动物往往比经产动物大。

在马、牛、山羊和绵羊（当它们是单胎时）正常分娩时，胎儿往往是正生、上位和头颈伸直（参见第8章），但也有一部分胎儿呈倒生、上位及头颈伸直的胎势。在多胎动物的犬、猫和猪，倒生比例为40%～45%，因此在这些动物倒生也是一种正常的生理现象。在胎儿从子宫向外界的产出过程中，胎儿是以弓形的路径产出的。在母畜努责期间，骨盆腔的高度增大，特别是在荐骨的背侧远端，这更有利于胎儿的最终产出。

6.9.3 第三产程

仔畜出生后，有规律的腹壁收缩基本停止，但子宫肌的收缩仍在持续。通常，阵缩的幅度稍有降低，但变得更快和更加有规律，这对胎衣的脱落和排出非常重要。虽然通常子宫收缩波都是由输卵管向子宫颈方向传递（Taverne等，1979c），但在牛和猪可以见到相反方向传递的收缩波（Zerobin 和 Spörri，1972；Ngiam，1977）。Zerobin和Spörri（1972）曾注意到牛在犊牛产出后10min内出现子宫收缩波的回传。Taverne等（1979b）报道猪阵缩主要是沿着整个子宫长度以蠕动方式进行，频率为15～27次/h。

在妊娠最后几天胎盘发生成熟性变化，这可能与触发分娩的内分泌环境改变有关（参见图6.3）。牛胎盘发生胶原化，母体腺窝上皮展平（Grunert，1984； Woicke等，1986），同时还发生其他一些具有重要意义的细胞变化，如白细胞迁移和活力增加（Gunnik，1984），滋养外胚层双核细胞数量减少（Williams等，1987）。但这些变化可能是胎盘成熟变化的结果，而不是其原因。在牛的子叶上皮和肉阜上皮之间所谓的"胶层"黏附蛋白的无细胞层减弱，这对确保胎盘分离可能很重要（Björkman 和 Sollen，1960），但对于这个区域的变化仍值得在分子水平上深入研究。

阵缩具有展开子宫内膜隐窝的作用。在具有子叶型胎盘的动物，其子宫内膜隐窝像风扇展开的扇叶。脐带断裂后，由于胎儿胎盘失血造成胎儿胎盘的绒毛突然失去膨胀度，胎儿胎盘的绒毛萎缩，子宫收缩的挤压作用也在辅助胎盘放血。这些作用连同牛和羊子宫肉阜的一些早期变性或成熟性变化造成母子胎盘分离。结果尿囊绒毛膜的顶点内翻，胎囊从子宫角"卷"了下来，绒毛被拉出腺窝。大部分胎衣分离和内翻后会在母体骨盆腔内形成一个团块，刺激动物腹壁反射性收缩，这种努责将尿囊绒毛膜囊完全排出体外，露在胎衣表面最外层的是光滑、发亮的尿囊膜。在犬和猫，胎盘的分离和排出与胎儿产出相互交替进行，但只有最后排出胎衣时与单胎动物分娩的第三产程相似。猪在产出仔猪期间，大部分胎儿胎盘仍然附着在子宫内膜上，只是偶尔胎膜会连同胎儿或在产出两个胎儿之间排出。

马第三产程持续时间平均1h（Steven，1982），牛为6～8h（van Werven等，1992）。除马之外，分娩后的家畜如果能接触到胎衣，它们常常会将胎衣吃掉。

用直肠检查的方法直接触诊子宫，只要有耐心，很容易探查到牛在第三产程子宫收缩的特性。每间隔几分钟，子宫就会出现一明显的收缩波，在子宫收缩期间，子宫质地从松软变为坚硬。

除了猪之外，母畜产后都会沉溺于舔闻新生仔畜。新生仔畜在出生后1h内通常都会开始吮乳。哺乳刺激能引起催产素的释放和促进"泌乳"，还可增加子宫肌的收缩。哺乳能够引致猪子宫收缩极大的同步化，同时使从输卵管向子宫颈的收缩次数增加（Ngiam，1977）。因此，哺乳有利于胎衣的排出。马的哺乳与催产素的释放没有显著的相关性（Vivrette等，2000）。虽然尚未有测量马产后子宫生理性收缩的报道，但最有可能的是在第三产程子宫肌肉收缩的恢复可引起腹痛，因此马胎衣排出前有轻微的腹痛症状是相当常见的现象。

6.10　临产动物的护理

母马接近妊娠期满时，白天应放进合适的小围场（paddock），晚上要放入圈舍。一旦乳房和乳头膨胀变大，或者乳头上出现一层蜡样物质，到了夜晚就应将母马放入产房，并进行持续、无干扰的观察。大部分母马在18点到午夜之间产驹，因此在自然条件下到黎明时马驹已经哺乳完毕并且能够奔跑。应该注意的是，在产前一周，马子宫肌电活动在晚上出现渐进性、可逆性的增强（McGlothlin等，2004）。仍不能确定的是，当母马受到不利环境的影响时，会在多大程度上推迟产驹。实验研究表明，内源性类阿片肽可抑制妊娠马催产素的释放，但这种抑制作用在接近产驹时减弱（Aurich等，1996）。如果让学生们轮流值夜进行观察，学生们可能会很好奇，也可能相当莽撞，母马似乎能像在夜里那样在白天产驹。马的子宫颈明显没有达到牛子宫颈那种程度的成熟性变化。母马有可能在刚进行产科检查时发现其子宫颈松弛但没有完全开张，可很快顺利的产驹。

如果胎儿的胎向（presentation）正常，即两个前蹄脚和嘴鼻已经露出阴门，这时几乎可以肯定母马可以顺利产下仔驹，但“犬坐姿势（dog sitting position）”除外。发生犬坐姿势时前肢和头也可出现于阴门外，胎儿的胎向看上去正常（参见第16章）。一旦发现胎向、胎位或胎势出现异常（参见第8章），或努责开始10min之后分娩没有进展，就需要请兽医进行检查（参见第16章，16.2 胎向异常）。在理想条件下，产科医生到达目的地并帮助分娩产下活驹的时间不到1h，但这往往是不可能的事，因为产科医生不在附近或不能及时赶到。马发生难产时，马尿囊绒毛膜过早脱离常导致死产。然而，即使产科医生抵达时马仔驹已经死亡，但兽医可对母马进行及时护理，这样照料会更有利于母马的预后。

牛一旦表现出荐坐韧带后缘完全松弛和乳房突然增大，就应将其放入一个干净且铺好垫草的圈中，并进行经常观察。如果母牛表现不安，12h后仍没有发生努责，就需要进行兽医检查以排除原发性宫缩乏力、子宫颈不能开张和/或子宫捻转（参见第10章）。如果牛进入第二产程后看上去正常，但努责1h后仍无进展，就应进行检查以确定导致难产的原因。

到了妊娠后期，应将绵羊放进方便的牧场、产羔院子或是畜舍。产羔季节应经常更换妊娠母羊的位置。

预产期前几天，应将母猪好好清洗后引入产栏。在产业化养猪场，母猪分批同期妊娠方便断奶管理，实现了“全进全出”管理理念。大部分母猪是在傍晚到夜间产仔，这时分娩猪舍的干扰较少。母猪挤压可造成相当高的仔猪死亡率。事实上，到断奶时所死亡的仔猪中有一半以上是发生在母猪分娩后的48h内。Holgoake等（1995）报道，通过采用$PGF_{2\alpha}$类似物控制分娩时间和采用高强度监视方案管理分娩，可以大幅度降低死产的数量，增加断奶仔猪数量。

显然，母畜通过对环境影响做出反应，可以在一定程度上控制分娩时间。例如，大多数马以及一定数量的猪，可在夜间安静无干扰的环境下分娩。山羊和绵羊则更倾向于白天分娩（Lickliter，1984；Fitzgerald和Jacobson，1992）。然而，不断侵扰或农场管理措施干扰可以打破动物趋向于在更加安静的时间分娩的天性。例如，从5只比格犬观察到，妊娠后期子宫肌电活动明显受到外界刺激的影响（van der Weyden等，1989）。将临产母犬转移到陌生环境产仔，母犬可能发生神经性抑制分娩（nervous voluntary inhibition of labour）。不良环境对母畜的应激可能抑制了催产素的释放和/或肾上腺素分泌，兴奋了子宫肌的β-受体，造成子宫松弛。不良环境抑制母畜催产素释放的机理已经在猪通过实验得到了证实（Lawrence等，1992）。

在加拿大对1151头肉牛的产犊（Yarney等，1979）和英国522头弗里斯奶牛的分娩进行的研究表明，牛可在全天24h内产犊，且无明显的时间段差异，但农场员工饲喂和挤奶的干扰可产生明显的抑制作用，特别是对第三胎和及其以后胎次的挤奶牛尤为明显。如果晚上给妊娠末期的奶牛提供青贮饲料，在经过一段时间之后，会显著地降低夜间产犊的发生率（Gleeson等，2007）。

George（1969）通过肉牛的研究和绵羊产羔时间的数据证明，分娩时间受遗传因素的影响，因此在研究的几个肉牛品种，同一祖父的海福特牛中有55.9%~59%母牛在白天产犊（07:00~19:00），在相同的畜牧生产管理体系中，美利奴绵羊多在夜间产羔，有角道赛特绵羊则多在白天产羔。

6.10.1 马

根据乳房的膨胀程度、乳头上出现蜡状物质以及乳腺漏乳可以预计分娩是否会马上发生（见图6.8）。第一产程开始的最好指征是肘后部和腹胁部周围开始斑驳状大片出汗。虽然大多数马可出现这种情况，但也绝非全然如此。马大约在产驹前4h开始大片出汗，随着分娩进程出汗不断加重。开始时马会打哈欠，没有明显的腹痛迹象，通常愿意采食，呼吸正常，脉搏约为60次/min（分娩开始时脉搏增速不显著，因为妊娠末期脉搏就已加快）。在第一产程体温会稍低于正常（36.5～37℃）。

随着分娩的进展，母马变得不安，在马厩中漫无目的地徘徊，尾巴频频上翘或卷向一旁。马尾常在空中舞动发出嗖嗖响声，或用尾巴抽打肛门，后肢会轻踢后下腹部。当第一产程接近结束时，马变得更加烦躁不安。马会蹲伏下来，叉开后肢，反复起卧，回顾腹侧。第一产程结束时尿囊绒毛膜破裂，从阴门流出尿样尿囊液，尿囊液的量不多。马在分娩阶段没有明显可见的努责。

第二产程开始得比较突然，它的特征性表现是阴门露出羊膜或开始强有力的努责，但两者之间没有多少时间间隔，常常是同时发生。努责开始后不久母马卧下，躺倒侧卧且四肢伸展，通常会保持这个姿势直到马驹产出。在阴门出现的半透明、青白色水袋（羊膜）后，在羊膜里面很快出现马驹的足趾。努责以一定的时间间隔有规律地重复出现，每一组包括3～4次强有力的努责，随后休息一段时间，通常

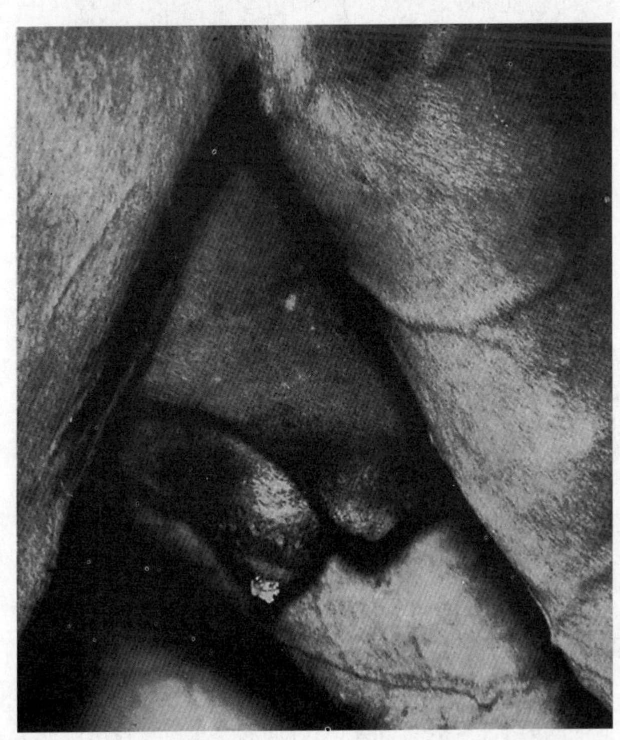

图6.8　全血马产前4h乳房膨胀，乳头表面有一层蜡样物质

是休息3min左右。两个前肢一前一后相距约7～8cm，这个姿势一直保持到胎儿的胎头产出。这个姿势很重要，它表明胎儿两个肘一先一后通过硬骨盆入口，这样胎儿便会以最小的阻力进入骨盆腔。在分娩时，胎头通常是倾斜的，因为颈椎关节能在骨盆腔内旋转，胎头甚至有可能横在两前肢上面，但不能认为胎向是横向的。第二产程的图示见图6.9。

胎头出生时用力最大且用时最长，胸部产出的困难则较小，接着臀部会很容易地滑落出来。虽然马的分娩比较迅速，但它需要消耗巨大的体力。马驹产出之后，母马会疲惫地躺着休息长达30min。

马驹出生时脐带仍是完整的，随后脐带因母马或马驹的移动，在距马驹腹部5～8cm处断裂，脐带断裂处的羊膜下有括约肌。马驹出生时经常是包裹在羊膜内，羊膜通常是因胎儿身体前部的活动而弄破。可以看到胎儿在完整的羊膜内开始了呼吸。其余部分产出后，马驹后肢下部常常仍在阴道内停留数分钟。这部分的最终排出是由于马驹的活动，而不是母马产力所致。

马的第二产程持续时间大约17min，短的只有10min，作者曾观察到最长的一例长达70min而且正常，大部分胎盘连同胎儿一起排出。由于马的第二产程开始后胎盘会很快分离，如果分娩占用太长的时间，胎儿将很可能会因此而死亡，所以70min的第二产程可能为马正常分娩的极限时间。

马驹出生后，大多数母马胎衣通常在3h内排出，其实胎衣通常可能在30min左右脱离。第三产程的平均时间约为1h（Steven，1982）。但是偶尔也可见到24h后胎衣才脱落的例子，动物并未受到不良影响。努责不是第三产程的特征，胎衣主要靠子宫肌的收缩而排出。确定胎衣排出转变为病理性而需要进行干预较为困难（参见第26章），文献中对马胎衣不下发生时间的定义也不一致（Sevinga等，2004）。正如已经指出的那样，胎膜排出时平滑而有光泽的羊膜在最外层，这个说法适用于分娩后很快就排出胎衣的情况，但如果这一过程延误，则最外层的为胎盘表面，其粗糙而发红，表明胎膜

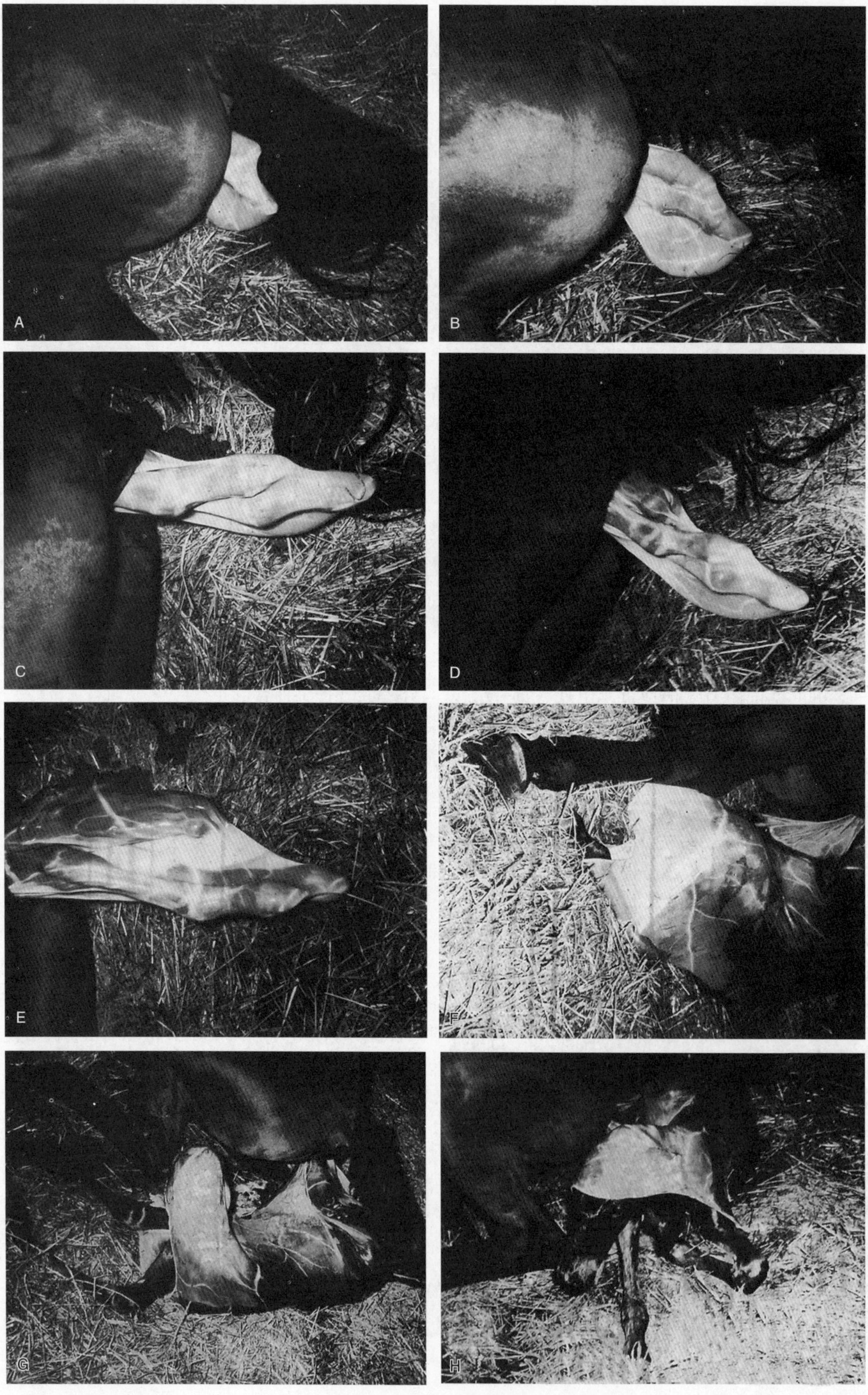
A
B
C
D
E
F
G
H

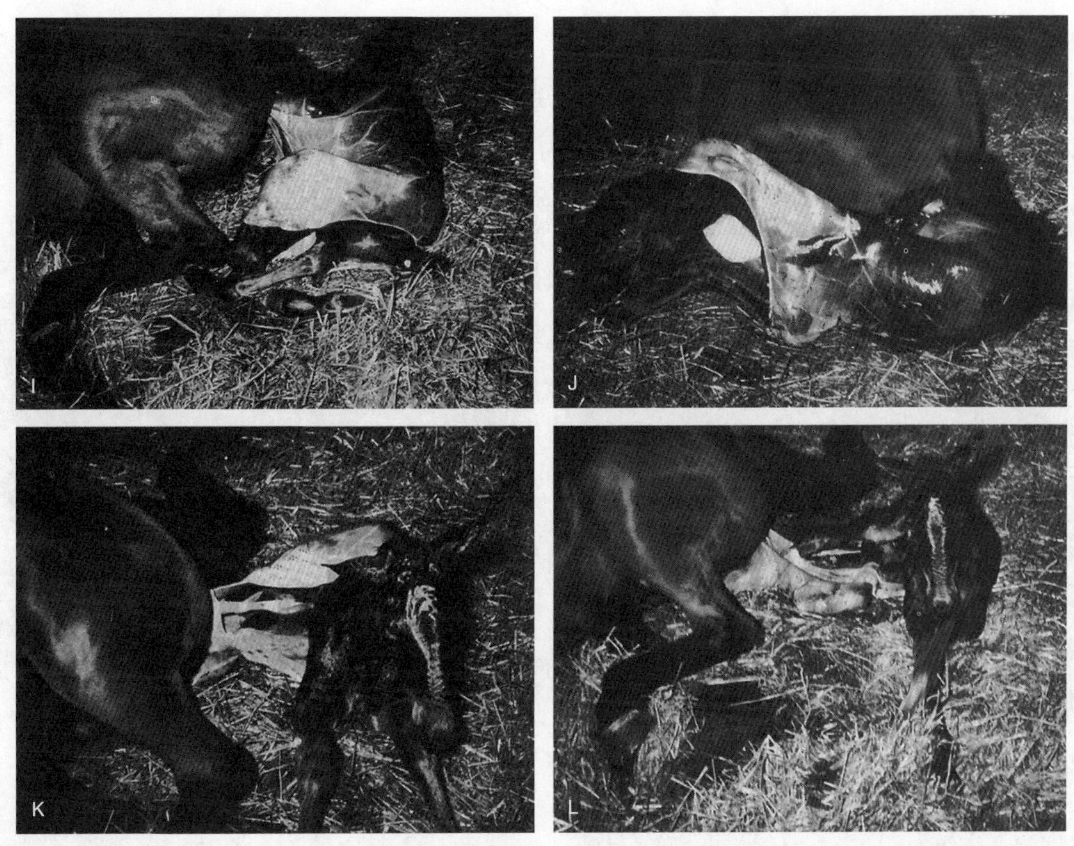

图6.9　马的第二产程

注意前肢和头的相对位置。胎儿包在羊膜内产出，胎囊很容易破裂。最后一张图片显示大部分尿囊绒毛膜已经露出产道，但脐带仍保持完整。

在开始排出之前就已经完全分离。

6.10.2　牛

骨盆韧带松弛与乳腺分泌物从相对透明、蜂蜜样变为不透明的初乳，就预示着分娩马上开始。Ewbank（1963）注意到，牛在产出胎儿前54h左右体温下降0.6℃，如果分娩预兆出现时牛的体温是39℃或更高，在随后的12h之内虽然出现分娩症状，但不可能产犊。荐坐韧带后缘完全松弛后，通常会在12h内开始分娩。在肉牛单、双胎妊娠中，阴道温度的变化可用于预测分娩（Aoki 等，2005）。

通过直接触诊子宫颈能够很容易地鉴别第一产程是否开始。第一产程的征兆表现强度很大。事实上，有许多牛，尤其是经产母牛并不表现明显征兆，而另一些牛，尤其是初产母牛，在表现出长达24h腹痛之后子宫颈才完全开张。第一产程通常持续6h左右。牛第一产程的另一个特征表现是可能偶尔发生努责。采食时表现挑食，反刍不规律，可能鸣叫或踢腹部。动物明显烦躁不安，拱背站立，尾巴上翘，频繁起卧。像马一样，牛第一产程和第二产程之间没有明显的界限。体温通常正常，但脉搏常常升高到80～90次/min。作者观察到的正常产犊时，约40%的尿囊绒毛膜到露出阴门时仍然完整无损，被称为“第一水袋（first water-bag）”。

牛的第二产程征兆没有像马那么强烈，但持续时间较长。最初努责不频繁，动物在开始时也经常站立（图6.10）。然而在胎头通过阴门时，母牛通常会卧下，并且保持躺卧的姿势直到犊牛出生。母牛可能是侧卧，但更多的是采用胸骨着地的伏卧姿势。把出现“水袋”作为第二产程开始的时间，则第二产程持续时间短的为30min，长的达4h，平均持续约70min。初产母牛的第二产程长于经产母牛，雄性犊牛出生需要的时间更长。Owens等（1984）注意到在双胎出生时，第一个犊牛产出后10min，母牛再次开始出现强烈的努责来产出第二个犊牛。在第二产程，体温上升至39.5℃或40℃，但这并不是恒定不变的，可能依赖于分娩用力的程度。脉搏增加到100次/min或更高。大约20%犊牛出生时几乎是完全包裹在羊膜内。

牛的胎盘分离比马慢，因此胎儿产出阶段可以持续相当长的时间而不会危及胎儿生命。牛胎儿的产出过程与马相似。犊牛的脐带比马驹的短，通常

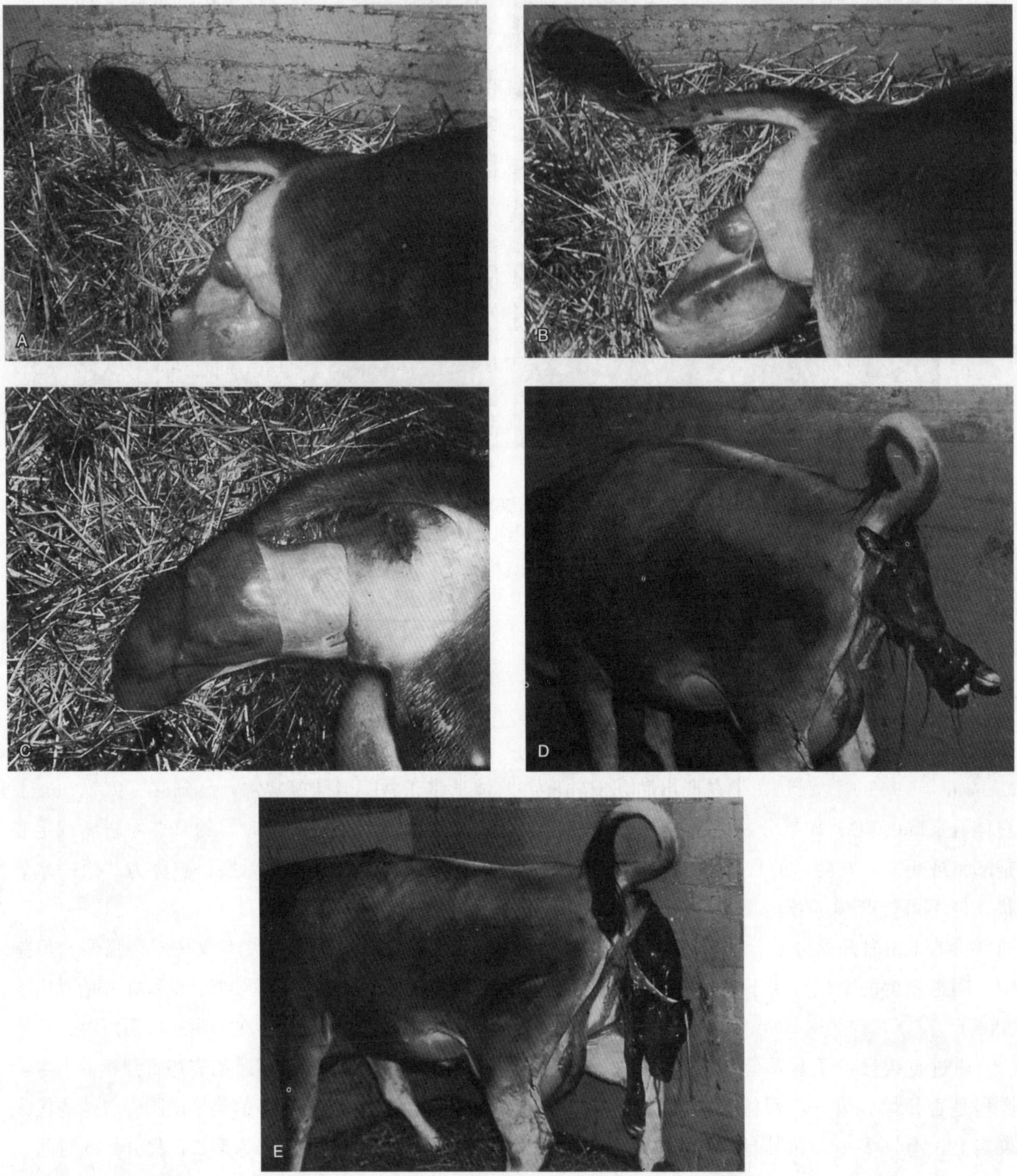

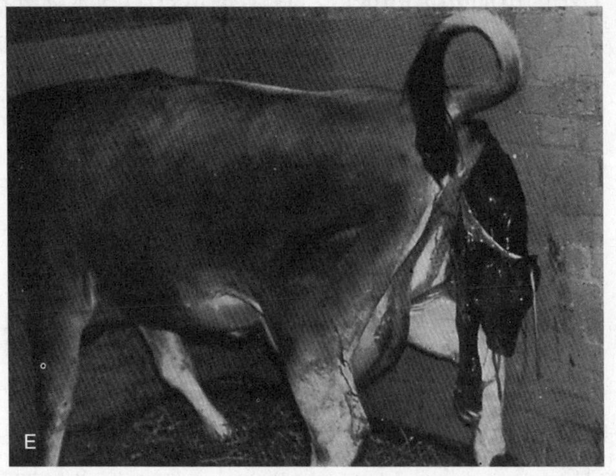

图6.10 牛的第二产程
注意胎头和前肢的位置关系，在图（C）中能清楚地辨认出尿囊和羊膜囊。

在牛犊从阴门落下来时发生脐带断裂。

胎衣排出经常发生在胎儿产出后约6h，偶尔推迟到12h，但是如果过了24h胎衣仍在子宫内，则可能发生了病理性滞留。如果不加以阻止，牛会习惯性地吃掉胎衣。也注意到在第一和第二产程，动物会舔去阴门流出的液体。

6.10.3 绵羊

绵羊的分娩过程与牛的非常相似，但在配种前补饲的个体和高繁殖力品种有很高的双胎、甚至三胎的发生率。Wallace（1949）发现，72%绵羊在1h内完成第二产程，大多数绵羊在羔羊产出后2或3h内排出胎衣。95%羔羊是正生。虽然有时会发生前肢屈曲，但也可能不需助产就能产出胎儿。Hindson和Schofield（1969）在观察绵羊分娩时注意到，在每个子宫角中各有一个胎儿的双胎妊娠时，出生时一个子宫角的收缩先于另一个。这个观察结果支持作者的论点，即在牛羊由于双胎同时进入产道造成的难产，很有可能是由于两个胎儿位于同一子宫角所致。关于双胎羔羊出生的间隔时间，尚未发表的数据显示，在德克萨尔、弗里斯和杂种绵羊，在第一个羔羊产出后30min内产出第二个的占55%，在1h内产出第二个的增加到80%。目前尚未对影响这个时间间隔的因素进行过系统的调查研究。

6.10.4 猪

60%～75%猪是在晚上分娩（Bichard等，1976；Kovenic和Avakumovic，1978）。相邻仔猪的胎衣通常合并在一起（参见第2章），因此在胎儿排出期单个的或聚集在一起的胎衣可能会排出，还可能在最后一个胎儿产出后排出一堆胎衣。因此，对于猪来说，将第二产程与第三产程分开是不切实际的。Jones（1966）和Randall（1972）对猪的正常产仔进行了详细地说明。

妊娠后期的母猪一般比较安静少动，经常侧卧睡觉，但在第一只小猪出生前的24h内可表现明显的烦躁不安，同时如果它们能获得适宜的材料，也出现筑窝的活动。内源性$PGF_{2\alpha}$可能很早就参与了调节大脑的内分泌活动，并与分娩前的大部分行为有关（Gilbert，2001）。在强烈的活动期之后母猪躺卧休息。在第一只仔猪出生前9～6h子宫肌收缩活动开始出现分娩模式（Taverne等，1979a），此后还会出现几次休息和不安交替循环。距第一只仔猪产出1h时，母猪安静地侧卧躺下。妊娠末期乳房显著生长，产仔前1～2d乳区间界限明显，乳腺膨胀、绷紧、温热，产前最后12～24h能从胀大的乳头挤出乳汁。从产前4d开始阴唇逐渐肿大，阴道黏膜变红。以前曾有报道，母猪在分娩前体温在37.5℃～38℃之间变化，但体温的变化并不一致，Elmore等（1979）记录到在第一只仔猪出生前12～15h体温上升1℃。

经产母猪通常一直保持侧躺的姿势分娩，但初产的小母猪比较特别的地方是在产下第一或第二只仔猪后站起来，或卧姿从一侧换成另一侧，或从侧卧变成伏卧。分娩前的安静期之后，母猪表现有间歇性努责，同时四肢出现划桨样动作。流出少量胎水和尾巴显著摆动预示着第一只仔猪（和随后的几个仔猪）就要产出。产第一只仔猪时最消耗产力，随后胎儿产出则十分容易，有时候胎儿产出像是被抛出。胎儿通过产道时尿囊绒毛膜和羊膜通常就会破裂，但偶尔仔猪是在羊膜内产出的，产出的胎儿被其他胎儿的胎衣包裹也并不罕见。产出时仅有少量的胎水排出。

母猪分娩的产出阶段按顺序列于图6.11。Taaverne等（1977）在妊娠80～105d的小型猪通过剖腹对胎儿在子宫内的位置进行标记，然后观察它们的出生顺序，结果发现胎儿是随机地从两子宫角分娩出来。正如Perry（1954）所观察到的，仔猪偶尔会“越过”它在子宫内相邻的仔猪产出。在95个仔猪中有18个仔猪出生时的胎向不同于先前剖腹探查时确定的胎向，但不能确定胎向的这种改变是在妊娠期发生于子宫内，还是发生在分娩过程中。这两种解释似乎都是合理的，但最可能会在分娩过程中发生改变，胎儿可从一个子宫角进入另一个子宫角的基部，然后进入子宫体，最后产出。Randall（1972）对103窝1078头仔猪的出生进行的观察表明，55.4%为正生，44.6%为倒生，通常都是上位，肢体弯曲在胎儿身体的侧面，因此胎儿的口鼻部或尾部最先伸出阴门之外。连续两个胎儿出生之间的时间间隔平均为16min，产出期的持续时间平均为2h36min。Van Dijk等（2005）分析了几个品种共211窝仔猪的数据后发现，品种、窝产仔数和妊娠期长度对产出期持续时间有明显影响。仔猪产出间隔与产出序列（产出次序）之间存在着曲线关系，仔

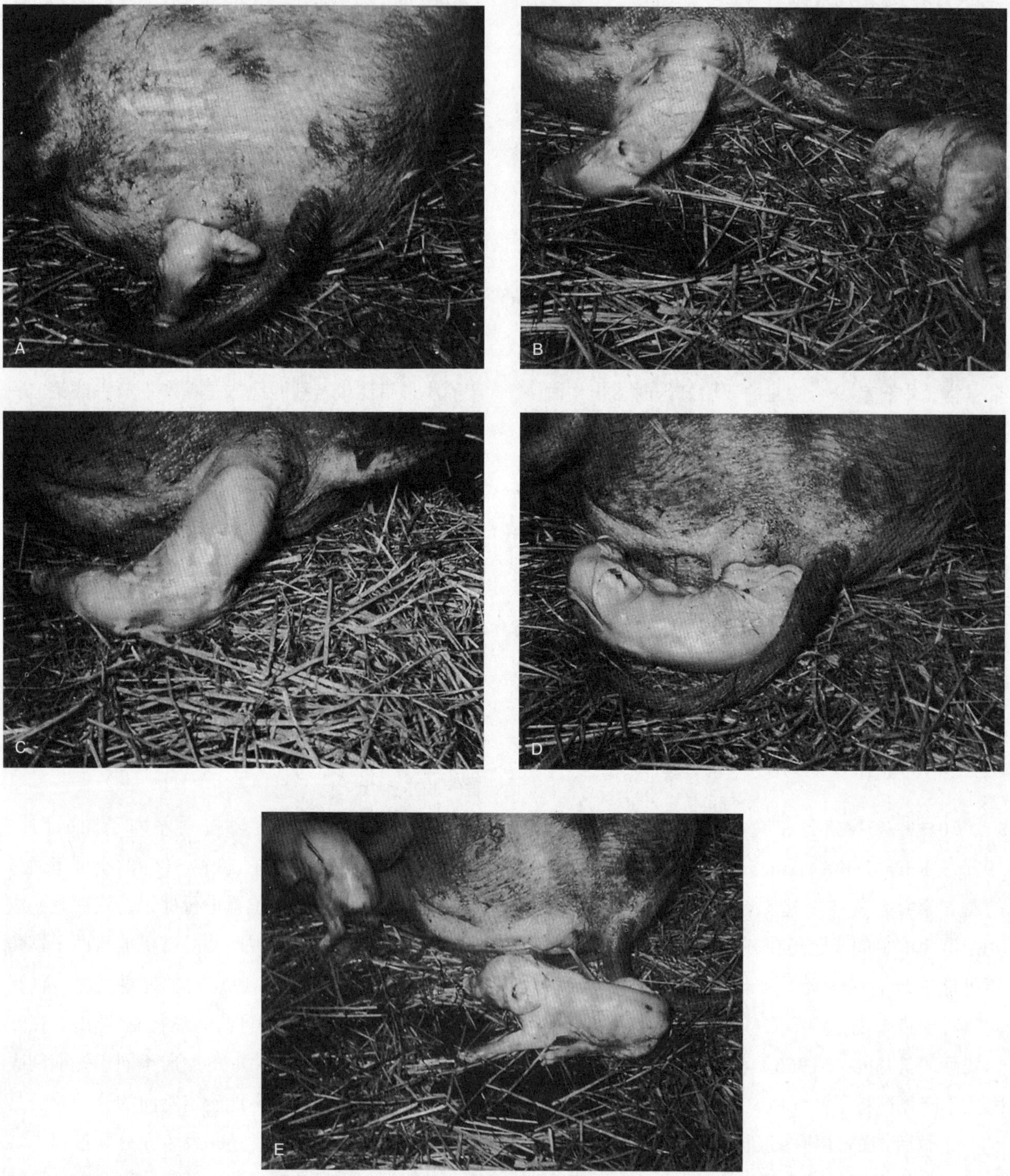

图6.11 猪的第二产程

注意前肢没有伸展，在图（E）能看到完整的脐带

猪产出间隔时间随着仔猪出生体重的增加而增加，死产和倒生仔猪要比活产和正生仔猪需要更长的产出间隔才能产出。60%～70%仔猪出生时带着完整的脐带，早出生的胎儿由于脐带的弹性允许新生仔猪到达母猪腹部的中间部而脐带没有断裂，而后面产出仔猪可能在产出时脐带就已经断裂（Randall，1972）。新生仔猪通常非常活跃，常在出生后不到30min就可以找到乳头吮乳，但这在很大程度上取决于新生仔猪活力和母猪产仔栏的地板。

猪胎膜通常是分成两堆或三堆排出的，由尿膜绒毛膜连接，脐带上胎盘茎（placental stalks）的数量为每堆胎膜中各孕体的个数。胎衣也可单个排出。在所有胎儿产出前通常会排出一堆或多堆胎膜，但最大的一堆胎膜通常是在最后一个仔猪产出后4h左右才排出。在所有的仔猪都产出后，母猪通常站起来大量地排尿，然后再卧下，有时会表现得非常笨拙，因此有挤压周围仔猪的危险。母猪接下来会长时间安静地躺卧，允许仔猪前去吮乳。

死产的发生率是猪分娩的一个值得注意的经济特征。死产在正常的分娩中约占30%，在不采取助产的分娩中占3%～6%（Randall和 Penny，1970；Leenhouwers等，1999）。如果预先在分娩开始直前进行子宫切除术或子宫切开术，发现胎儿差不多都活着，由此可以得出结论，死产是发生在分娩过程中。先产出的仔猪更有可能比来自子宫角顶端而在中间或后面产出的仔猪易于存活（Dziuk和Harmon，1969；Sprecher等，1974；Leman等，1979）。死产率也受窝产仔数的影响，如果窝产仔数为4或更少，则死产率最高，窝产仔数为14 或更多时，死产率也达到最大。同时死产率也受胎儿排出时胎向的影响（Sovjanski等，1972；van Dijk等，2005）。子宫角末端的仔猪要穿过相应的整个子宫角才能产出。对于窝产仔数小的个体而言，子宫角末端的仔猪还要扩张尚未被胎儿占据及未扩张的子宫角节段才能产出。仔猪倒生产出时其死亡率几乎是正生的4倍，而且倒生产出的活仔猪或该窝最后1/3产出的仔猪，在出生时采集的脐带血样中酸碱平衡紊乱（van Dijk等，2006）。如上所述，连续两个仔猪产出间隔时间延长到20min或更长也是造成死产的原因。

实验性地造成分娩前母猪血液高水平孕酮或/和低水平雌激素，可延迟分娩，并可将死产率从10%增加到97%（Wilson 等，1979），但还不清楚自然情况下能否发生这样的激素紊乱。

6.10.5 犬

犬在临近分娩时开始筑窝，变得不安。第一次妊娠的母犬开始泌乳与分娩大致同时发生，但经产母犬在分娩开始前几天就能从乳头挤出乳汁。大多数母犬在分娩开始前24h内体温发生降幅至少为1.2℃的一过性的短暂下降，但需要反复测量才能检测出体温发生的这种短暂变化。

第一产程没有特征性表现，但通常能注意到母犬不安，对食物视而不见，容易喘气。初产母犬的这些表现最为明显，并会持续12h左右。

监测妊娠末期子宫肌电活动（electromyographic，EMG）发现，子宫肌电活动收缩每次持续（episodes of myoelectrical activity，EMEAs）3～10min，并以低频率（最高2.5次/h）反复发生。产仔前最后7d，特别是最后48h，EMEAs在每次子宫收缩之间出现更为短暂（＜3min）的暴发式活动，这与孕酮浓度的下降有密切关系。随着产仔前12～24h孕酮水平和体温下降，EMG子宫收缩总的持续时间和暴发式活动的频率大幅度增加（van der Weyden等，1989）。在这个阶段能明显地觉察到母犬子宫收缩，因为当犬躺在地上发生子宫收缩时，它们频繁地站立起来或者改变姿势。出现努责表明第二产程开始，出现腹部收缩，但因为母犬在频繁地改变姿势，因此一开始时可能很难辨认出努责。在大多数情况下，母犬是以胸骨着地的姿势趴卧待在窝里休息。但是在努责期间，母犬有时可能会站立或走动。第一个胎儿尿囊绒毛膜在阴门露出时会有一系列的努责，露出高尔夫球大小的胎膜。胎膜通常会在阴门处被母犬强力舔破。与其他动物一样，产出胎头时需要的产力最大。在大多数的情况下，一旦胎头产出，胎儿剩余的部分就能非常容易跟着排出。根据努责时间可以判断，产出第一个胎儿最长可能需要1h，如果分娩过程正常，则很少会超过这个时间。产出第一个胎儿通常很快，只用15min左右。虽然约40%仔犬倒生，但对出生后仔犬颈静脉血液样本反复检测发现，倒生仔犬经历了较为严重的代谢性酸中毒（van der Weyden等，1989）。

仔犬出生时脐带是完整的，偶尔当胎儿排出后母犬立即站立时还可见到胎儿通过脐带挂在母犬身上。脐带可迅速被撕破，或在母犬吃胎盘时被咬断。正常情况下，母犬在产出第一只仔犬后会休息一段时间。母犬躺着舔舐仔犬，仔犬一会儿就开始活动，找到乳头后就试着吮乳。母犬时常关注自己的阴门，并舐吃排出的任何东西。胎盘排出通常需要10～15min（或与仔犬一起排出），并被母犬迅速吃掉。

经过一段长短不定的时间后努责重新开始，这个时间通常少于30min，但也经常会长达1～2h。作者曾观察到1例只怀两个胎儿的母犬，这个时间占用了7h。产出第二个胎儿所需要的力量和时间通常比产出第一个胎儿少，但这主要取决于胎儿的胎向、胎位和胎儿重量。胎儿排出的模式非常没有规律；有些母犬在产出第一只仔犬后可能休息几小时，然后连续快速产出第二、三只，再次休息之后再产出剩余的仔犬；而有些母犬则在整个产出期以相当规律的时间间隔产出胎儿。大多数品种的母犬，连续两个仔犬出生的平均时间间隔为30～60min（Naaktgeboren等，2002）。但也有例外的情况，有的母犬产出整窝仔犬只用1h左右的时间。临产母犬对环境干扰非常敏感，应激可使母畜儿茶酚胺升高和催产素水平降低，因而容易造成胎儿产出期推迟。在胎儿产出期母犬血浆催产素水平升高（Olsson等，2003），但只是暂时性升高，仅发生在仔犬产出的时候（Klarenbeek 等，2007）。在发生原发性宫缩乏力的母犬，其血浆催产素水平显著低于正常分娩母犬（Bergström 等，2006）。和母猪不同的是（见下文），犬明显趋向于两子宫角轮流产出胎儿（van der Weijden等，1981）。另外，仔犬胎向反转和仔犬"跳背（leapfrogging）"非常罕见。

胎膜排出的模式并不固定。有时每个仔犬出生后立即单独排出胎膜，有时候仔犬颈部缠绕着前面一个仔犬的胎膜产出，说明这个仔犬通过前面一个仔犬的胎盘带产出，而该胎盘带仍附着在子宫壁上。有时一直要延缓24h才能将所有胎膜排出而最终完成分娩过程。

第二产程时间的长短主要取决于胎儿的数量。一般来说，当窝产仔数在正常范围内（4～8只）时，第二产程一般需用4～8h。但是存在的问题是第二产程的最长时间仍不确定，尤其是当胎儿数量非常大（10～14只）时。Naaktgeboren等（2002）报道，在体格最大的品种，窝产仔数达到最大时，第二产程可长达13h。在这个时间以后出生的仔犬，如果不助产，则存活的可能性极小，但有报道称，在间隔了34h后还出生了一个活着的仔犬（Romagnoli等，2004）。

母犬分娩的特征是子宫分泌物大多数为墨绿色，这是由于胎盘边缘血肿（绿色边缘，green border）破溃，血液色素胆绿素（biliverdin）和子宫绿素（uteroverdine）的流出所造成。

6.10.6 猫

在妊娠的最后一周，母猫要为分娩寻找一个适合做窝产仔的地方。大多数猫是背着主人偷偷摸摸地选择一个安静、无打扰的地方，而社会化的宠物猫对寻找适合做窝的地方的兴趣不大，更需要主人的陪伴和帮助。

在妊娠的最后一周，乳房发育变得显而易见，这在初次妊娠的猫可能更加显著。和犬不同，猫分娩开始前直肠温度不会下降。

在分娩的第一产程，母猫可能变得不安，频频光顾选择分娩的地方，有的母猫安静地藏在选好的筑窝区域跟前，偶尔躺下努责，但无进展。开始分娩的其他标志有频繁地舐阴门区域和喘气。第二产程开始时出现努责，母猫通常侧卧、腹卧或是摆出排便姿势。产出期的时间范围变化很大。作者未发表的观察数据表明仔猫正生（52.6%）平均用时22min（范围为1～183min），但倒生用时39min（1～1120min）。后面的仔猫通常在经历较短时间的努责后产出，两只仔猫产出的间隔时间平均为40min（n=42），其范围是7～105min。正常分娩通常在数小时内完成，但有时胎儿产出的模式可能有很大的变化。有些情况下一只母猫在产出几个仔猫后要隔24h或更长时间接着再产出剩余的仔猫。如果母猫受到惊吓，分娩过程可能会被打断，母猫会将已经产出的仔猫移到一个新窝，然后继续分娩。胎盘与剩余的胎膜通常还附着在胎儿身上排出，不久后分开。母猫用力舐新生仔猫，很快吃掉胎膜，因此使脐带断裂。仔猫出生后需要用30～40min左右时间寻找乳头和开始哺乳。

6.11　新生仔畜的护理

胎儿出生时从稳定的、受控制的子宫内环境突然进入变化的和频繁受到应激的自由生活环境，这就要求新生仔畜有很大的适应能力。对于家畜而言，如果分娩正常，大多数新生仔畜不需要帮助就能够完成这个转变。但应该记住，在妊娠后期胎儿已经发生了许多成熟变化来为自由生活状态做好准备，这些成熟变化可能受启动分娩的激素变化所刺激。但是，由于发生难产可引起死亡率升高。以牛为例，估计64%犊牛死亡是发生在出生后96h内（Patterson等，1987）。45日龄前患传染病的概率，经难产出生的犊牛是正常出生犊牛的2.4倍（Toombs等，1994）。胎儿在出生时和出生后的一段时期必然会发生许多重要变化，动物分娩的监护或辅助人员有责任帮助新生仔畜提高存活能力。

6.11.1　自发呼吸的开始

在多种动物均观察到，在胎儿期胎儿就有类似于呼吸的肌肉运动，但关于这些类似呼吸的肌肉运动是否就是新生胎儿连续呼吸运动的初期形式，目前仍有争论。然而，如果分娩正常，自发性呼吸运动将在产后60s内开始；如果分娩推迟，呼吸运动有时可能会在胎儿完全产出前开始。

许多因素可能与自发性呼吸的启动有关。在产出过程中，PO_2和血液pH下降，PCO_2上升，这是由于胎盘开始分离和脐带闭合限制了气体交换所致。这些变化在羔羊可刺激其颈动脉窦化学感受器（Chernick等，1969）。触觉和热刺激也很重要，给羔羊面部施冷降温会刺激呼吸运动（Dawes，1968），而母畜舔舐和用鼻爱抚也可能具有一定的刺激作用。

第一次的呼吸运动通常为一个深而强有力的吸气，这对将空气强行推进肺部是极为重要的。在胎羔的研究表明，胎肺第一次吸气扩张需要1.8kPa压力，此后再次吸气扩张肺部时则仅需很小的压力（Reynolds和Strany，1966）。在妊娠期末胎儿发育成熟时由2型肺泡细胞合成的肺表面活性物质可辅助启动肺泡扩张和稳定肺泡。虽然成熟胎儿肺第一次呼吸做的功比未成熟胎儿肺多，但由于肺泡在呼气时会残留一部分气体，因此成熟胎儿肺在随后呼吸时做的功将会很少。肺吸气使肺血管床打开，肺血流量突然增加。血管动力学的这种变化导致动脉导管和卵圆孔快速封闭，几小时后静脉导管也跟着封闭，结果肺取代胎盘承担起进行气体交换的功能（Grove-White，2000）。新生胎儿存活依赖于正常的自发性呼吸快速的开始。正常犊牛通常是在出生30s后开始呼吸，最初是不规律的呼吸，很快呼吸就稳定在45～60次/min（Grove-White，2000）。

仔畜一旦完全产出，首先要用手指或简单的吸吮装置清除上呼吸道的液体、黏液和附着的胎膜。提起小牛的后肢可使呼吸道的液体大量流出，一些流出液体来自于胃。清除上呼吸道的液体未必有益，有研究发现新生仔畜呼吸道1/3的液体能通过淋巴系统从肺部吸收（Humphreys等，1967）。此外，腹腔脏器对膈膜的压力本身可妨碍正常呼吸运动。用稻草或毛巾剧烈擦拭新生仔畜胸部常可提供一些必需的触觉刺激来刺激其呼吸，最好准备好便携式氧气瓶和人工呼吸机以便必要时使用。这套装置由一个小型便携式氧气瓶、减压阀、呼吸气囊、面罩或鼻内插管或气管插管等组成。最好使用气管插管，因为如果不将食道堵塞，则皱胃也有可能被充上气体。如果新生仔畜不能开始自发性呼吸，则必须加压通气，可将新生仔畜摆成伏卧姿势，插入气管插管，连上呼吸气囊，接通氧气，或用人工呼吸机，如Richie型呼吸机进行人工呼吸。刺激呼吸的药物如尼可刹米和肾上腺素并不特别有用，但在某些情况下可将克罗乙胺（crotetamide）和加普胺（corpropamid）（原文为corpropamide，译者注）混合液放在舌头上刺激呼吸运动。过度挤压胸部有时能造成肋骨和胸腔内器官的损害。应配备一些马驹呼吸复苏的用品和药物，便于在母马分娩的地方使用。这些设备及药物见表6.1（McGladdery, 2001）。

表6.1 马驹呼吸复苏设备（引自McGladdery，2001）

直径7～12mm气管插管
氧气瓶和调节阀
复苏袋
多沙普伦
肾上腺素
4.2%碳酸氢钠
5%葡萄糖生理盐水
地西泮
磷酸地塞米松
利多卡因
静脉导管
输液装置
肠道饲喂管
针头、注射器、采血导管
血糖计

在多数情况下，如果在2～3min内不能复苏自主呼吸，即使是有强的脉搏和心跳，新生仔畜都不可能存活。

6.11.2 酸中毒

胎儿在正常出生时通常有轻微的代谢性和呼吸性酸中毒。代谢性酸中毒在几小时内就能纠正过来，呼吸性的酸中毒可能持续到48h（Szcenci，1985）。难产很可能造成严重的呼吸性和代谢性酸中毒，严重的酸中毒对呼吸和心脏功能有害。对于新生犊牛而言，严重的酸中毒会降低它的活力和吸吮反射，降低初乳摄入量，损害被动免疫（Grove-White，2000）。评估酸中毒程度最为简单的方法之一是测定新生犊牛伏卧时间。正常出生的新生犊牛这个时间是4.0 ± 2.2min，助产出生的新生犊牛为9.0 ± 3.3min，如果长于15min，则表明新生犊牛死亡的可能性极高（Schuijt和Taverne，1994）。良好的肌肉张力和足底反射（pedal reflex）是新生犊牛氧气充足及酸碱平衡状态相当正常的指标。巩膜和结膜出血表示缺氧和酸中毒，并且预后不良，出生时死亡的犊牛尸检可以见到广泛存在的类似病变（Grove-White，2000）。

需要复苏的犊牛可能发生了代谢性酸中毒（低血浆碳酸氢盐浓度）和呼吸性酸中毒（高PCO_2）。增加肺泡气体交换和组织灌注可降低PCO_2，用碳酸氢钠可以治疗代谢性酸中毒（Grove-White，2000）。代谢性酸中毒的起因主要是由于组织产生了大量的乳酸。采用碳酸氢钠中和乳酸时产生CO_2和H_2O；CO_2会加重呼吸性酸中毒。因此，新生犊牛的正常呼吸非常重要，这样便能呼出这些额外CO_2。

治疗代谢性酸中毒时，最好先用血气分析或Harleco仪评估酸中毒的程度，然后再进行治疗。但在牧场条件下这是不可能的，这种情况下应该计算药物的剂量。Grove-White（2000）建议，如果新生犊牛的病史和临床症状能表明是发生酸中毒，碳酸氢钠的剂量为1～2mmol/kg是相当安全的，这相当于一次性静脉注射50～100ml（浓度为400ml微温的水中含35g）药液。

6.11.3 分娩时的损伤

用手进行操作的产科助产，特别是牵引术（参见第12章），可对新生仔畜造成伤害。对出生48h内死亡的327头犊牛进行死后检查发现，13.29%有肋骨骨折，4.3%有膈膜撕裂，2.8%有胸腰部脊柱骨折（Mee，1993）。

6.11.4 体温调节

新生仔畜在刚刚出生后就要适应环境温度，而环境温度可能波动幅度很大，通常也低于子宫内温度。新生仔畜出生后体温迅速从母畜体温下降，然后再进行体温恢复。在不同动物，新生仔畜体温下降的程度和恢复的速度有所不同，并与环境温度有关。马驹和牛犊的体温下降时间短暂，羔羊的体温在几小时内就能恢复；仔猪的体温则在寒冷的条件下可能需要24h或甚至更长，而新生犬、猫的体温大约需要7～9d才能恢复到出生时的温度。

新生仔畜的体温调节（thermoregulation）主要有两种方式。第一种方式，出生后不久新生仔畜的新陈代谢率增加到胎儿期的3倍。增加的速率依赖于可利用物质的多少，新生仔畜的糖原和脂肪组织贮备很低，因此出生后及时充足的补充饲料就显得非常重要。然而，新陈代谢率只能增加到一定水平（即代谢顶峰，summit metabolism）。如果这样仍不足以维持体温，就会发生低体温（hypothermia）（Alexander，1970）。体温调节的第二种方式是减少热量的损失。新生仔畜的皮下脂肪很少，因此皮肤的保温性能差。动物出生时身体表面是湿的，体表水分蒸发会损失热量。有些动物（如猪）体表的被毛稀疏，几乎发挥不了保温作用。新生仔畜的个体越小，单位体重的表面积就越大，热量的损失也就越大。

下列这些方法能改善新生仔畜的体温调节：

• 确保充足的进食

• 安排在温热的自然环境下产仔，在体温调节机能完善较迟的动物，还要维持分娩的环境温度。新生仔犬出生后头24h的环境温度应为30～33℃，3d后降低到26～30℃。在18～22℃的正常室温出生的仔犬，其直肠温度能降低5℃

• 快速擦干新生仔畜的体表以减少热量损失。对于多胎物种，产房应该能提供良好的隔热供暖的环境，尽量让同窝仔畜拥挤在一起以降低整体表面积。对于羔羊而言，简单的塑料外套是一个减少热损失的有效办法。

6.11.5 脐带

出生时脐带通常就被扯断，或某些动物（如犬）的母畜会咬断脐带，结扎脐带的适应证不多。马驹产出后脐带的脉搏能持续达9min，因此不要过早切断马驹的脐带，从而保证充足的血量进入仔畜体内（Rossdale，1967）。

如果动物是在干净卫生的环境分娩，就没有必要处理脐带。但如果当地暴发“脐炎（navel ill）”，就需要采用一些预防性措施。可先用消毒药水小心清洗脐部，然后擦干，最后进行抗生素喷雾或抗生素敷料处理。

6.11.6 营养缺乏和传染病病原

在对22例未助产而死亡的牛犊进行的研究发现，一些证据表明这些牛犊死亡可能与硒、碘和一些其他微量元素的缺乏有关（Mee，1991）。如果没有发生难产但新生仔畜死亡率很高时，就应该调查这些缺乏的可能性，同时也应调查传染源存在的可能性，因为这些因素不仅可能造成妊娠失败，也能造成死产和幼仔孱弱（参见第23、第25～28章）。

6.11.7 防止兴奋或有恶习的母畜

母畜偶尔会攻击或乱咬新生仔畜。在这种情况下，需要提供一些物理性防护措施，也可使用镇静药物。

第7章

产后期

David Noakes / 编　　黄群山 / 译

产后期（puerperium）是指包括分娩第三阶段（第三产程）在内的分娩过程全部完成以后的时期。在产后期，生殖系统正在恢复到它的正常未孕的状态。对于多次发情的动物（牛、马和猪）来说，正常的产后期很重要，因为在大多数养殖系统中，这些动物均是在产后不久配种。因此，产后期延长会影响动物的繁殖性能。在产后期，生殖系统不会完全恢复到原来妊娠前的状态，特别是第一次妊娠后，某些变化并非是完全可逆的，最为明显的是子宫颈和子宫的大小都不可能恢复到妊娠前的大小。

产后期的主要活动有四个方面：

• 管状生殖道（特别是子宫）在妊娠期间由于妊娠刺激而发生肥大，而在产后期由于组织的丢失而萎缩变小，由此逆转对妊娠刺激发生反应而出现的肥大。产后几天子宫肌持续收缩，促进这一过程，帮助排除液体和组织碎片。这一过程通常称为子宫复旧（involution）

• 重建子宫内膜和子宫深层组织结构

• 多次发情的动物恢复卵巢的正常功能，恢复其周期性活动

• 排出子宫腔内的细菌性污染物。

7.1 牛

产后期发生变化的刺激虽然主要归因于胎儿排出，但也可能与催产素和$PGF_{2\alpha}$等激素的变化有关。$PGF_{2\alpha}$水平在分娩结束时有所升高，并在产后3d达到峰值，直到产后15d才恢复到基础水平（Edquist等，1978，1980）。Resbe（1950）、Gier和Marison（1968）和Morrow等（1969）均对产后期进行过详细的研究。

7.1.1 子宫复旧

生殖道体积的缩小称为复旧，它以对数递减的速率进行，分娩后头几天发生的变化最大。虽然产后子宫收缩的规律性、频率、幅度和持续时间不断缩减，但子宫收缩会持续数天。肌原纤维萎缩表现在其大小在产后第一天缩减700～400μm，但在其后数天每天缩减不到200μm。

Gier和Marison（1968）发现，孕角直径在产后5d减半，其长度在产后15d减半。他们的研究结果见图7.1，表明在开始的快速复旧之后，复旧进行得越来越缓慢。通过连续的直肠B超检查也得到了相似的结果（图7.2）。还有人发现产后4～9d子宫复旧速率减慢，10～14d子宫复旧加快，之后再逐渐减慢，但这个结果很可能是假象（Morrow等，1969）。子宫快速复旧时伴随有子宫分泌物排出。初产牛和经产牛分别在产后的8d和10d内可通过直肠检查触及整个子宫。子宫未

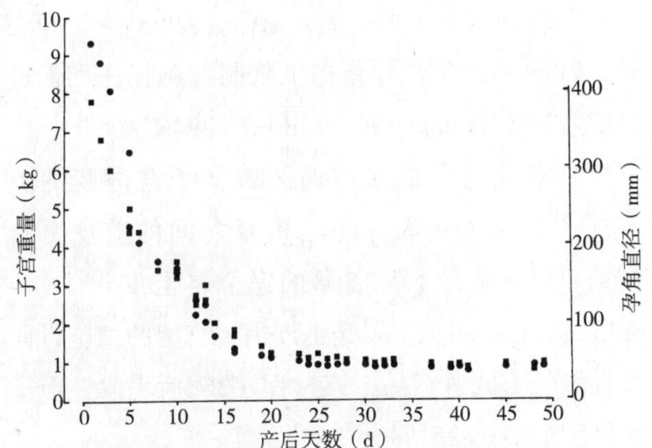

图7.1 产后期牛子宫的大体变化（数据来源Gier和Marion，1968）

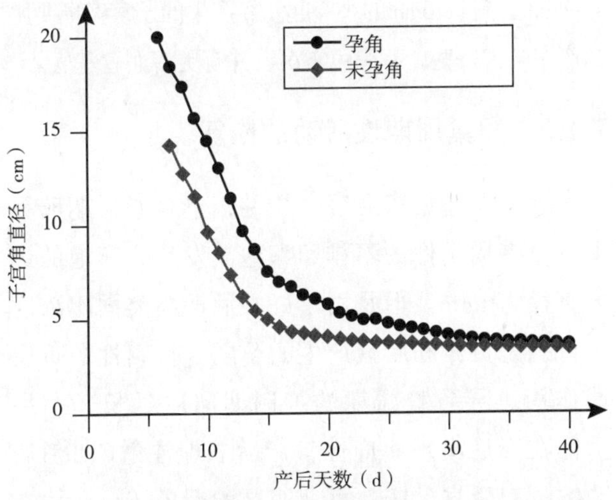

图7.2 产后期牛子宫孕角与未孕角直径的变化，由直肠内实时B超检查测定获得（经I.M.Sheldon教授许可）

孕角的复旧速度比孕角的变异大，这主要取决于未孕角胎盘形成的程度。

关于子宫复旧完成的时间还有争议，这些分歧也可能仅仅是主观的。在六项关于奶牛的研究中发现，奶牛子宫完成复旧的时间为26.0～52.0d，而在三项关于肉牛的研究中得到的结果是37.7～56.0d。20～25d以后的变化通常难以察觉。

子宫颈在产后迅速收缩，正常产犊后10～12h手几乎不可能伸入子宫颈，96h则只能伸入两根手指。子宫颈也同样由于液体流失、胶原和平滑肌减少而发生萎缩和皱缩。Gier和Marion（1968）发现，产后2d时子宫颈平均外径为15cm，10d时为9～11cm，30d时为7～8cm，60d时为5～6cm。比较孕角和子宫颈的直径是评价子宫颈复旧是否正常的一种有用的方法，大约在产后25d时子宫颈的直径就比孕角的直径大。

前列腺素可能在控制子宫复旧中发挥作用，但产后$PGF_{2\alpha}$的代谢产物PGFM升高可能反映了子宫的复旧过程而并非是其原因。Eley等（1981）的研究表明，外周血循中PGFM浓度和子宫角直径呈正相关。从产后3d开始连续10d每天注射两次外源性$PGF_{2\alpha}$，子宫复旧可提前6～13d。但是这一研究的样本数很小，给药的频率和持续时间也与正常情况差别很大（Kindahl等，1982）。妊娠期子宫组织增加是胶原和平滑肌增长所引起的，子宫复旧肯定与这些组织的减少有关。Kaidi等（1991）的研究清楚地表明，子宫复旧与胶原降解有关，但与平滑肌消失有关的结果仍值得怀疑（Tian和Noakes，1991a）。外源性激素如雌激素、$PGF_{2\alpha}$和长效催产素类似物不影响子宫复旧的速度（Tian和Noakes，1991b）。

7.1.2 子宫内膜的重建

虽然牛的胎盘为非蜕膜型胎盘，但在产后7～10d通常会有大量的液体和组织碎片流出，有时人们称这种现象为“第二次净化（second cleansing，或secundus）”，在人的妇科学中将产后阴道分泌物称为恶露（lochia）。牛排出这种分泌物是正常的，但有时有人会将它与子宫感染的异常分泌物所混淆，认为这种情况需要治疗。

恶露通常是浅黄褐色或者浅红褐色的，其排出量在个体间差异很大。经产牛排出的恶露总量通常是1000ml，最高可达2000ml；初产牛的恶露很少会超过500ml，一些动物会将恶露完全吸收而不排出。产后2～3d恶露流出的量最大，第8天减少，14～18d消失。通常在产后第9天时的恶露带有血色，在恶露停止排出之前颜色会变淡，几乎呈“淋巴样”。正常的恶露没有令人不愉快的气味。

恶露由子宫中剩余的胎水、脐带破裂流出的血液、胎膜的碎片等组成，但最主要的是子宫肉阜脱落的表面。Raskech（1950）第一次对子宫肉阜表层变性坏死之后发生脱落进行了描述。产后期子宫肉阜变化的图解见图7.3。

在尿膜绒毛膜脱落之后，子宫肉阜约为70mm长，35mm宽，25mm厚。子宫内膜腺窝常常残留有绒毛膜的绒毛，它们是在胎盘剥离的时候从尿膜绒毛膜上断离下来的。有研究表明，产后48h内子宫肉阜发生早期坏死性变化，子宫肉阜血管迅速紧缩几乎闭合。到第5天时，子宫阜的坏死迅速发展，此时致密层（stratum compactum）被充满白细胞的坏死层所覆盖，一些坏死组织开始脱落形成恶露。一些小血管，主要是微动脉从子宫肉阜表面伸出，并从这里渗出血液，使得恶露显现红色。到第10天时，大部分坏死的子宫肉阜组织已经脱落并有一定程度的液化。到了产后第15天，脱落完成，只留下血管芽残端从显露的致密层伸出。到第19天时，血管断端消失，子宫肉阜变得光滑。在这个过程中动物会发生全身反应，表现为外周血中由肝细胞产生的急性期蛋白（acute phase proteins）水平上升，这可能归因于前面所描述的组织损伤和炎症变化。急性期蛋白水平在产后迅速增长，1～3d就达到峰值，2～6周

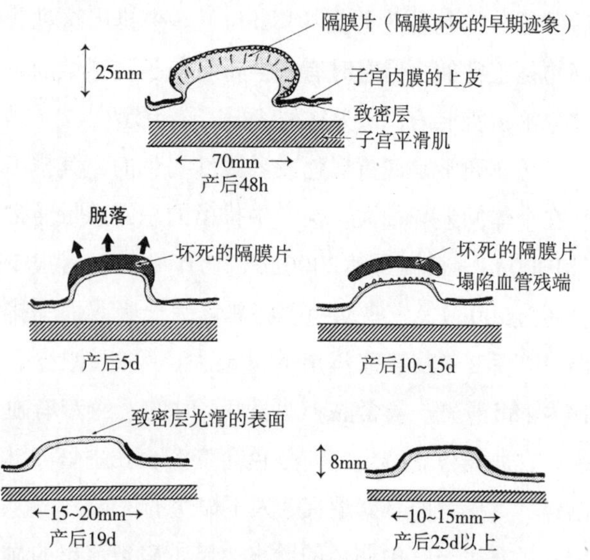

图7.3 产后期子宫阜发生的变化（数据来自Gier和Marion，1968）

时降至基础水平（Alsemgeest等，1993；Sheldon等，2001）。急性期蛋白能限制细胞损伤和促进组织修复（Baumann和Gauldie，1994）。

在未受到严重损伤的区域，子宫内膜的上皮在产后迅速更新。子宫肉阜之间的上皮更新在第8天完成，子宫肉阜的完全再上皮化（re-epithelialization）主要是由周围子宫腺的细胞以向心性增长方式进行的，该过程在25d后完成，但子宫阜完全恢复的时间会有差异。

随着上述变化的发生，子宫肉阜不断变小（图7.3），因此在产后40～60d，子宫肉阜变成直径4～8mm、高4～6mm的小突起。经产牛的子宫肉阜要比初产牛的大一些，有黑色素沉着并有更多血管基底。

7.1.3 卵巢周期性活动的恢复

除了在妊娠期最后一个月，整个妊娠期卵巢上一直有周期性的不排卵卵泡波发生，卵泡的最大直径为6mm。但是由于妊娠后期高类固醇浓度（特别是黄体和胎盘产生的孕酮）持续性的负反馈作用，导致妊娠期的抑制期向后延长，结果垂体在产后出现不应性，产后立即注射GnRH后动物没有明显反应就可证明这种现象（Lamming等，1979）。在产后7～14d（在3～5d的一段时间内），FSH浓度增加，同时出现产后第一个卵泡波。从产后6～8d开始进行超声检测，就可探测到这个卵泡波，在产后10d左右可发现直径大于9mm的第一个优势卵泡（Savio等，1990），这种优势卵泡通常在奶牛出现得比肉牛早。由于卵泡分泌的雌激素和抑制素抑制了FSH的分泌，因此正在生长的卵泡就面临FSH降低的情况。通常在一个卵泡波中最大卵泡上LH受体和胰岛素样生长因子（IGF）-1结合蛋白分解酶增多，通过降低IGF结合蛋白，可以维持高水平的具有生物活性的IGF-1（Roche，2006）。这种保持体积较大的大卵泡由于卵泡内旁分泌的变化，从而保证了大卵泡持续发育，而FSH分泌的减少则阻止了卵泡波中其他卵泡的发育。这个大卵泡（优势卵泡）由于已经具备

了对LH反应性，因此它的命运就取决于LH脉冲的频率（图7.4）。因此根据Roche（2006）的观点，卵泡会发生以下三种情况中的一种：在30%～80%牛会发生排卵，在15%～60%牛会发生闭锁，在1%～5%牛会形成囊肿（参加见第22章）。

排卵是否发生取决于以下因素：优势卵泡的大小、LH脉冲的频率及IGF-1的浓度。直径小于1cm的卵泡很少排卵，LH脉冲频率要达到约每小时一次。因此，产后第一次排卵发生的平均时间：奶牛为21d，肉牛为31d（Adams，1999）。IGF-1刺激卵泡粒细胞芳香化酶活性而合成雌二醇，雌二醇发挥正反馈作用引起LH排卵峰。排卵之后进入正常的黄体期，黄体期的长度可能为正常，因此动物18～24d再次发情，但黄体期的时间也可能会短于14d，这种情况的发生率在奶牛为25%，在肉牛为78%（Adams，1999）。这种短的黄体期可能是由于在发情周期的第5～8天排卵后的优势卵泡分泌的雌二醇增多，引起$PGF_{2\alpha}$提前释放所造成（Roche，2006）。如果产后恢复正常卵巢活动的时间越早，则这种短黄体期就越普遍。从分娩到恢复卵巢活动的时间及出现短黄体期的比例为：0～5d100%，10～15d60%，25～30d10%（Terqui等，1982）。

许多第一个优势卵泡排卵时动物并不表现发情行为[因此称为安静发情（silent heats）或亚发情（suboestrus），参见第22章]（Mouer，1970；Kyle等，1992），这是因为中枢神经系统需要事先接触孕酮来引起发情行为，绵羊在繁殖季节开始时也发生类似的现象（参见第1章）。用录像持续观察奶牛群，发现产后第一次、第二次、第三次排卵时有50%、94%、100%牛被检出在发情（King等，1976），但如果采用每天观察的方法进行发情鉴定，则只有16%、43%和57%的发情可被检出。对乳汁孕酮浓度连续进行监测，如果发现孕酮浓度上升，则可以说明卵巢周期性活动的开始。对4群533头奶牛进行研究发现（Bulman和Wood，1980），产后20d时几乎一半（47.8%）牛恢复了周期性的卵巢活动，产后40d时上升至92.4%，只有4.9%的牛卵巢周期活动恢复延迟，在产后50d仍没有恢复，5.1%已经恢复卵巢周期活动的牛后来停止了卵巢的周期活动。少数牛（1.9%）的黄体期延长，这可能是由于持久黄体或者黄体囊肿所造成的（参见第22章）。这些卵巢异常可降低生育力，这可通过测定从分娩到受胎的间隔时间来衡量，这个间隔时间在卵巢活动恢复延迟的牛为98d，有持久黄体的牛为102d，卵巢活动停止的牛为124d，正常牛为85d（参见第22章）。对于黄体期比正常牛短或长的牛，其发情周期也会相应地短或长，第一次配种前的孕酮分泌模式也不典型，这些牛从分娩到受胎的间隔时间较长，每次受胎的配种次数增加，第一次配种的妊娠率较低（Lamming和Darwash，1998）。发情周期延长的发生率一直在增加，20世纪80年代中期为3%，20世纪90年代后期和21世纪初为11%～22%（Roche，2006）。

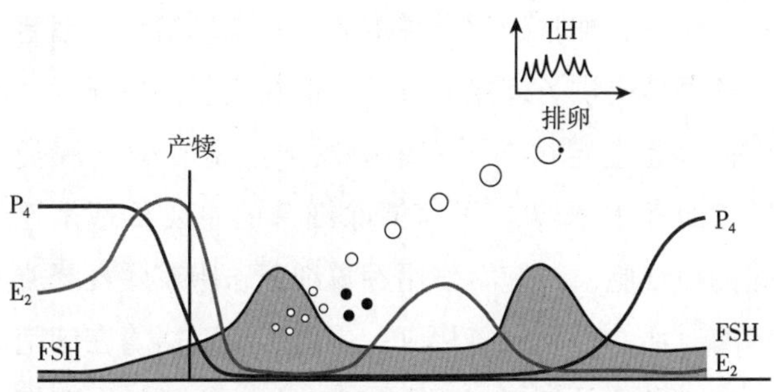

图7.4 产后第一个卵泡波相关的FSH、LH、雌二醇（E_2）和孕酮（P_4）的变化

子宫也会对卵巢机能产生影响。人们早就认识到，大多数的产后排卵发生在上次妊娠孕角对侧的卵巢（Gier和Marion，1968）。排卵发生得越晚，子宫的影响越小。研究还表明，PGFM水平通常在产后首次排卵前恢复至正常水平（Thatcher，1986）。同样，卵巢子宫轴系（ovariouterine axis）在产后早期对垂体分泌LH有抑制作用，实验性切除子宫可引起血浆促性腺激素浓度快速升高（Schallenberger等，1982）。随后又有研究表明，产后子宫与卵巢之间相互影响。上次妊娠孕角一侧的卵巢比对侧卵巢的活动要少（Nation等，1999）。大多数第一个优势卵泡（70%～82%）

及其排卵发生在上次妊娠孕角对侧的卵巢（Nation等，1999），这种影响在产后可持续20~30d。两侧卵巢卵泡生成差异造成的结果是，同侧卵巢的大卵泡更有可能产生后代，因此可使从产犊到受胎的间隔时间缩短，妊娠率提高（参见第24章，Bridge等，2000；Sheldon 等，2000）。正如下面将要讨论的，大多数（多于90%）牛的产后子宫污染有多种细菌；大量的研究也表明子宫的细菌负荷对卵泡生成会产生影响。Sheldon等（2002）发现，在产后第7天和第21天细菌生长指数高时，上次妊娠孕角同侧的卵巢比对侧卵巢上选择的第一个或第二个优势卵泡要少。此外，产后第7天细菌生长指数高的牛，第一个优势卵泡的直径小、生长速度慢，产生的雌二醇少。尚未观察到子宫细菌负荷对FSH分泌或卵泡波出现的影响，但这种影响可能受局部因子的调节。然而，细菌内毒素和具有调节作用的细胞因子可在丘脑下部和垂体前叶发挥作用（Peters和Lamming，1990；Williams等，2001）。

注射促肾上腺皮质激素（ATCH）（Liptrap和McNally，1976）和皮质类固醇（da Rosa和Wagner，1981）可以抑制LH分泌。刺激乳头和挤奶可引起糖皮质激素上升（Wahner和Oxenreider，1972；Shams，1976）。哺乳能够推迟周期性卵巢机能恢复，可通过类阿片活性肽的释放，影响GnRH和LH的紧张性分泌。对促乳素的作用目前还不清楚。虽然在泌乳期使用溴隐亭对牛LH释放几乎没有影响，但丘脑下部控制LH释放与促乳素释放之间似乎存在一个相反的关系。阿片颉颃剂能提高LH分泌，但降低促乳素分泌，阿片激动药的作用正好相反。乳腺也显示有内分泌作用（Peters和Lamming，1990）。

7.1.4 细菌污染的清除

分娩时及产后期早期，阴门松弛，子宫颈开张，细菌得以进入阴道和子宫。从子宫腔可以分离到多种细菌，Elliott等（1968）确定了33种细菌，最常分离到的是化脓隐秘杆菌[（*Arcanobacterium*），以前曾称为化脓放线菌（*Actinomyces*）*pyogenes*]、大肠杆菌（*Escherichia coli*）、链球菌和葡萄球菌（Johanns等，1967；Elliott等，1968；Griffin等，1974）。在这些早期的研究中，或者因为没有进行厌氧培养，或厌氧分离培养的方法不够严格，未能证明有厌氧菌的存在，因此关于厌氧菌的研究报道不多。最近的研究（Noakes等，1991；Sheldon等，2002；Sheldon和Dobson，2004；Foldi等，2006）经常能鉴定到革兰氏阴性厌氧菌，这些细菌与其他细菌协同，在子宫炎/子宫内膜炎的发病中发挥着重要作用（Ruder等，1981；Olson等，1984）。表7.1列出了从产后牛子宫中分离到的三类细菌以及这些细菌在子宫疾病中的致病性。在这项研究中最常分离到的细菌是：大肠杆菌、链球菌、化脓隐秘杆菌（*Arcanobacterium pyogenes*）、地衣芽孢杆菌（*Bacillus licheniformis*）、普雷沃菌属（*Prevotella*，以前曾称为拟杆菌，*Bacteroides*）和坏死梭状杆菌（*Fusobacterium necrophorum*）等（Sheldon等，2002）。Griffin等（1974）强调，由于自发性污染、自己清除及再污染的缘故，牛在产后7周内子宫菌群会表现波动变化。在所有的研究中，随着产后时间的推移，从子宫分离到细菌的百分比也降低。以Elliott等（1968）的研究为例子，产后15d内有93%子宫是污染的，产后16~30d为78%，31~45d为50%，46~60d仅为9%。其他人（Griffin等，1974；Sheldon等，2002）的研究结果也与此相似，产后20~30d子宫的污染率很高，以后子宫的污染率会降低，正常牛的子宫会在产后6~8周成无菌状态。

血液、细胞碎片和脱落的子宫肉阜组织为细菌生长繁殖提供了理想的条件。但在大多数情况下，细菌并不能定植在子宫中引发子宫炎/子宫内膜炎（参见第22章）。子宫清除细菌的主要机理是迁移的白细胞通过胞吞作用吞噬细菌，胞浆颗粒释放的酶、活性氧、一氧化氮、蛋白酶和磷脂等在细胞内将细菌杀死（Sheldon，2004）。此外，吞噬细胞还可释放炎性细胞因子，如肿瘤坏死因子α和白

表7.1 产后子宫分离到的细菌以及根据潜在致病性进行的分类

细菌分类		
1	2	3
化脓隐秘杆菌（*Arcanobacterium pyogenes*） 普雷沃菌属（*Prevotella* spp.） 大肠杆菌（*Escherichia coli*） 坏死梭状杆菌（*Fusobacterium necrophorum*） 具核梭状杆菌（*Fusobacterium nucleatum*）	不动杆菌（*Acinetobacter* spp.） 地衣芽孢杆菌（*Bacillus licheniformis*） 粪肠球菌（*Enterococcus faecalis*） 睡眠嗜血杆菌（*Haemophilus somnus*） 溶血曼海姆菌（*Mannheimia haemolytica*） 多杀性巴氏杆菌（*Pasteurella multocida*） 消化链球菌属（*Peptostreptococcus* spp.） 金黄色葡萄球菌（凝固酶阳性）（*Staphylococcus aureus*，coagulase-positive） 乳房链球菌（*Streptococcus uberis*）	鲜绿色气球菌（*Aerococcus viridans*） 酪酸梭状芽孢杆菌（*Clostridium butyricum*） 产气荚膜梭菌（*Clostridium perfringens*） 棒状杆菌（*Corynebacterium* spp.） 产气肠杆菌（*Enterobacter aerogenes*） 肺炎克雷伯氏菌（*Klebsiella pneumoniae*） 雷氏普罗威登斯菌（*Providencia rettgeri*） 斯氏普罗威登斯菌（*Providencia stuartii*） 变形杆菌（*Proteus* spp.） 颗粒丙酸杆菌（*Propionibacterium granulosa*） 葡萄球菌（凝固酶阴性）（*Staphylococcus* spp.）（coagulase-negative） *α*-溶血性链球菌（*α-haemolytic streptococci*） 少酸链球菌（*Streptococcus acidominimus*） 大肠杆菌（Coliforms） 曲酶菌（*Aspergillus* spp.） 真菌（Fungi） 拟杆菌（*Bacteroides* spp.） 气单胞菌（*Aeromonas* spp.）

分类：1. 子宫病原菌，与子宫内膜损伤有关；2. 潜在性病原菌，常从子宫腔和子宫内膜炎病例分离到，通常与子宫损伤无关；3. 条件性病原菌，偶尔从子宫腔分离到，与子宫内膜炎无关。（数据来自Sheldon等，2002）

细胞介素等，白细胞介素进一步刺激急性期蛋白的反应。子宫持续收缩（达4d之久）、子宫肉阜组织脱落和子宫分泌物都有助于子宫中细菌的生理性排出。此外，由于雌二醇作用占优势的子宫环境对感染有更高的抵抗力，因此卵巢周期的早期恢复可能很重要。但是，有研究表明在某些情况下，早期恢复发情可能也有其不利之处，因为在这种情况下，如果细菌在第一次发情时未被清除，则牛就进入第一个黄体期，此时的子宫环境为孕酮作用占优势（Olson等，1984，参见第22章）。

7.1.5 影响产后期的因素

7.1.5.1 子宫复旧

用于衡量子宫复旧速度的方法很多是主观性的，因此不准确，但随着直肠内超声成像技术的应用，目前已经可以准确测量子宫和子宫颈的大小（Okanu和Tomizuka，1987；Tian和Noakes，1991a；Risco等，1994；Sheldon等，2000；Mateus等，2002）。影响子宫复旧的因素包括：

- 年龄。很多人观察到初产牛比经产牛子宫复旧更快
- 季节。季节对子宫复旧的影响仍值得怀疑，但如果有影响，子宫复旧在春夏季可能最快
- 哺乳与挤奶。目前获得的结果很不一致，品种可能对卵巢周期活动恢复的时间有影响
- 气候。有研究表明热应激会加快和抑制子宫复旧的速度
- 围产期异常。难产、胎衣不下、低钙血症、酮病，双胎和子宫炎可推迟子宫复旧。围产期疾病可使子宫复旧的完成过程整体推迟5～8d（Buch

等，1955；Tennant和Peddicord，1968；Maizo等，2004）

• 卵巢周期活动恢复推迟。既是原因也是结果，大量的研究表明子宫会影响卵巢（见上文介绍及参见Bridge等，2000；Sheldon等，2000），同时卵巢也会影响子宫

7.1.5.2 子宫内膜的恢复

胎衣不下和子宫炎抑制子宫内膜修复，而卵巢恢复到周期性活动也可影响子宫内膜的修复。

7.1.5.3 卵巢周期活动的恢复（卵巢回弹）

影响卵巢周期性活动恢复推迟的因素包括：

• 围产期异常。许多研究表明围产期所发生的所有异常均能推迟卵巢周期活动的恢复

• 产奶量。关于产奶量的影响很有争议，一些研究表明分娩前泌乳会有影响，但通常很难区分是营养的影响还是产奶量的影响

• 营养。肉牛和奶牛在干奶期和产后期饲喂不足，特别是能量不足，会抑制卵巢功能的恢复，这些牛通常表现为体况评分低。体况评分好的或差的肉牛，分别经历3.2 ± 0.2或者10.6 ± 1.2个卵泡波后优势卵泡才会排卵（Crowe，个人交流，2000）。营养对卵巢机能的影响可能是通过胰岛素、胰岛素样生长因子和瘦素介导的（参见第1章，1.4.3、1.4.4、1.4.5及1.4.6）

• 品种。与奶牛相比，肉牛卵巢周期活动恢复得更迟，也有证据表明品种对两者都有影响，特别是在肉牛更为明显

• 胎次。大多数观测发现，与第四个泌乳期之前的经产牛相比，初产牛卵巢周期活动恢复得更迟。因为很难区分营养状况、产奶量和体重减轻的影响，因此目前关于胎次对卵巢功能恢复的影响提出的观点互有矛盾

• 季节。大量的研究表明，光照周期对卵巢周期活动恢复具有影响。实验性地将小母牛持续置于黑暗环境会抑制其卵巢的周期性活动的恢复（Terqui等，1982）。Peter和Riley（1982）的研究表明，2 ~ 4月份分娩的哺乳奶牛其卵巢无周期活动的时间明显长于8 ~ 12月份分娩的牛。采用外源性褪黑素模拟短日照的作用，可推迟肉牛产后发情和排卵的恢复（Sharp等，1986）

• 气候。热带地区的奶牛卵巢周期活动的恢复比温带地区的更迟一些

• 吮乳强度和挤奶频率。挤奶频率越高，吮乳强度越大（小牛数量），以及有犊牛跟随在身边，卵巢的无周期活动时间就越长。从产后30d起限制小牛的哺乳，哺乳肉牛的这种情况就会逆转。

7.1.5.4 细菌污染的清除

如果不能清除细菌污染，将导致子宫炎和子宫内膜炎（参见第22章）。引起细菌污染清除延迟的因素有：

• 细菌污染的强度。大量的菌群会突破动物的天然防御机制

• 菌群的性质。许多专性的革兰氏阴性厌氧菌，如坏死梭状杆菌（*Fusobacterium necrophorum*）和普雷沃菌（*Prevotella* spp.）与革兰氏阳性需氧菌具有协同作用

• 子宫复旧延迟

• 子宫防御机制受损

• 胎衣不下

• 分娩时子宫损伤

• 卵巢周期性活动的恢复。相关的研究结果自相矛盾。早期恢复发情时，雌激素峰值出现得早，这有助于细菌的清除。但如果子宫污染的程度很高，以至于在第一次发情后子宫内还存在有大量的菌群，之后的黄体期可能会使细菌增殖（Olson等，1984）。

7.2 马

马的产后期比牛短，而且子宫复旧迅速，产后第一次发情时的受胎率相对较高。读者如果想要更详细地研究这个内容，可参阅两篇很优秀的论文（Andrew和McKenzie，1941；Gygax等，1979）。

在矮种马，常可在产后12h通过直肠检查确定子宫体和子宫角的轮廓；在全血马则需要更长的

时间。大多数母马恶露的排出相对较为轻微，通常在产后24～48h停止，但有些马恶露排出会持续一周。马产后子宫角迅速收缩，在第32天时达到妊娠前的大小。未孕子宫角本身就较小，收缩速度也较慢。子宫颈一直到第一次发情时仍有轻微扩张。

卵巢功能恢复很迅速，产后5～12d时就出现产后发情。产后第二天就能发现卵泡开始有活动。虽然产后第一次发情时的受胎率比其他时间低，但许多母马此时配种仍可受胎，说明子宫内膜有能力维持妊娠。Andrew和McKenzie（1941）发现，子宫内膜在产后13～25d完全恢复。

马与反刍动物子宫内膜的退化脱落之间完全没有可比性。产驹当天，马子宫内膜上的微子宫肉阜（microcaruncles）（参见第2章）没有变化，子宫海绵层（stratum spongiosum compactum）水肿，少数子宫内膜腺体膨胀。但在产后第1天，微子宫肉阜和子宫内膜腺体出现明显的变性退化迹象；产后2～5d，微子宫肉阜的上皮细胞出现胞质空泡化和核碎裂，出现带有中性粒细胞和吞噬细胞的炎性反应。产后第7天时，子宫内膜与发情前时相似；产后第9～10天，子宫内膜的所有再生进程完成，此时子宫内膜的组织结构为典型的发情时的结构（Gomes-Cuetara等，1995）。随着子宫内膜上皮细胞的溶解和收缩，母体隐窝内容物浓缩，隐窝腔塌陷，子宫内膜上的隐窝消失。Gygax等（1979）报道，产后14d除了腔上皮细胞出现多型现象（pleomorphism）外，子宫内膜通常会相当正常，但在有些马炎性变化可持续数周。与反刍动物相比，马的子宫能够很迅速地恢复到正常的未孕状态，因此有能力维持和支持产后早期配种的妊娠。

与牛一样，马的子宫也经常受到环境细菌污染，最常分离到的是β-溶血性链球菌和大肠杆菌。这些细菌通常在产后第一次发情时被清除，如果没有清除，它们会在之后的发情间期繁殖，但通常会在产后第二次发情时消失。

胎衣不下可推迟子宫复旧，但据说运动可以促进复旧。复旧进程在初产马比经产马更为迅速。

7.3 绵羊和山羊

这两种动物总体上是典型的反刍动物，其产后期和牛很相似，主要的不同之处是绵羊和山羊都是季节性繁殖家畜，分娩之后有较长时间的乏情期。关于母山羊产后期的研究很少，因此这里仅介绍绵羊的一些相关变化，但绵羊和山羊之间不可能有很大的差异。

7.3.1 子宫复旧

产后子宫迅速皱缩和收缩，特别是在产后3～10d，这可通过测定子宫的重量和长度、子宫体和子宫孕角的直径来判定。从这些测定数据可知，子宫复旧在产后20～25d完成（Uren，1935；Hunter等，1968；Foote和Call，1969）。采用放射线摄影和不透射线标记连续监测发现，哺乳绵羊子宫复旧大约在产后28d完成，但产后42d时子宫发生无法解释的增大（Tian和Noakes，1991b；Regassa和Noakes，1999）。子宫复旧主要是由于胶原分解所造成，虽然随着妊娠的进展，组织胶原浓度基本保持稳定，但子宫组织却增加了7～8倍，产后子宫大小的缩减只是这个过程的逆转。

7.3.2 子宫内膜的修复

与牛一样，子宫肉阜结构在产后发生明显的变化，子宫肉阜处子宫内膜的上皮层坏死、脱落和之后再生。在距预产期3d时将妊娠母羊屠宰检查，发现子宫内膜腺窝处基底结缔组织在产前就发生透明样变性，这种变性也直接或间接影响到动脉和静脉血管壁，由此造成腺窝腔减小，但胎儿的绒毛不受影响（Van Wyk等，1972）。

在胎盘分离和脱落之后，子宫肉阜组织进一步发生透明样变性，引起母体腺窝底部血管收缩。子宫肉阜浅层组织出现坏死，因此在产后第4天时子宫肉阜最表层开始自溶和液化，由此造成此时排出暗红褐色或黑色恶露。产后16d时，整个子宫肉阜表面发生坏死，在大多数情况下，褐色坏死斑脱落到子宫腔，子宫肉阜表面变得清洁白净。大约到产后28d子宫肉阜上皮再生过程完成，再次发生上皮化。Gray（2003）对该过程曾有过类似的报道，但他们还发现在子宫肉阜之间的区域也进行着这种组织重建，只是子宫肉阜的组织重建更加明显。与牛一样，羊外周血循中急性期蛋白也在产羔后迅速升高，并在2～3周后消除，这是肝细胞对于子宫肉阜中的变性和炎性变化或发生细菌污染所发生的全身性反应（Regassa和Noakes，1999）。

恶露的量不尽相同，开始时由血液、胎水和胎盘碎片组成，但随着产后期的进展，脱落的子宫肉阜组织液化，成为恶露的主要来源。

7.3.3 卵巢周期活动的恢复

在温带气候下，绵羊通常在产后进入乏情期，但也有很多报道认为在产后数天到2周内可发生卵巢活动。Gray等（2003）发现，外周血清雌激素浓度在分娩期较高，产后第4天迅速降低，但在第6天再次达到峰值。可见，卵泡生长常见但排卵不常见；如果发生排卵，通常是安静发情。卵泡不能成熟和排卵可能是由于GnRH合成和分泌不足，导致LH分泌不足。结果是LH的基础水平和LH突发性分泌的脉冲频率都不足以刺激正常卵巢机能（Wright等，1981）。一年中绵羊产羔的时间可能对此有很大的影响，正常繁殖季节产羔的绵羊，更有可能会出现卵巢功能回弹。Hafez（1952）提出，这种现象最可能发生在繁殖季节比较长的绵羊品种。

7.3.4 细菌污染的消除

虽然人们一般认为羊细菌污染的模式与前面介绍的牛和马相似，但作者采用子宫切开术的方法从产后1～14d的10只绵羊子宫未能分离到细菌。最近有人在产后第1周对13只绵羊经子宫颈连续进行子宫棉签擦拭，结果从4只羊中分离到了细菌，而另外其他9只羊的子宫都是无菌的（Ragassa和Noakes，1999）。

7.4 猪

对猪产后期的变化进行的研究很多（Palmer等，1965；Graves等，1967；Svajgr等，1974）。猪产后期的变化应该进行得非常迅速，恢复到正常没有妊娠的状态，这样，才能在断奶后尽快再次建立妊娠。

7.4.1 子宫复旧

除了产后5d子宫迅速减重之外，子宫复旧比较一致，在产后28d完成。在产后第6天之后，子宫减重大部分是由于子宫肌的改变，特别是细胞数量、细胞大小和结缔组织总量显著减少。子宫内膜和子宫肌层厚度的减少在28d之前完成。

7.4.2 子宫内膜的重建

分娩后第一天子宫上皮细胞为低柱状或立方形，有研究表明妊娠期子宫内膜存在有广泛的皱褶。产后第7天子宫上皮细胞变得低而扁平，出现一些变性的特征，也有一些活动细胞分裂的标志，这与以后子宫上皮的再生有关。子宫上皮再生过程在第21天之前完成，那时就已能够维持妊娠。

7.4.3 卵巢周期活动的恢复

哺乳和之后的断奶对卵巢功能的恢复有重要影响，对生殖道产后的其他改变有间接影响。在多数情况下，在移走仔猪后母猪才会恢复发情和排卵。Palmer等（1965）研究发现，在长达62d的哺乳期未发现有排卵的迹象。一般来说，断奶越迟，断奶后第一次发情出现得越早。例如，在产后第2、13、24和35天断奶，断奶到发情的间隔时间分别是10.1、8.2、7.1和6.8d（Svajgr等，1974）。在白天暂时移开整窝仔猪（部分断奶）或者永久性移开部分仔猪（分散断奶），也能缩短从断奶到第一次排卵的间隔时间（Britt等，1985）。

产后3d妊娠黄体迅速退化，出现黄体细胞变性的特征，因此到第7天时黄体主要由结缔组织组成。哺乳期存在有大量的卵泡活动，有时卵泡直径会达到6～7mm。这样的卵泡活动有时会伴随产后早期出现发情行为，但不能排卵，卵泡都会闭锁。

在对猪产后期内分泌变化进行的研究中，Edwards和Foxcroft（1983）发现，不论是在第3周或第5周断奶，大部分母猪在断奶后7d内可出现LH排卵峰。断奶时基础LH水平出现2d短暂的上升，但与牛不同的是，LH分泌频率没有持续性的改变。促乳素浓度在泌乳期高，但断奶后几小时迅速降低至基础水平；断奶后2～3d平均FSH浓度升高。哺乳期由于LH的分泌受到抑制，因此哺乳期卵泡生长和排卵受到抑制，这可能是GnRH合成和释放受到直接的神经抑制所造成。营养不充分，特别是严重的体重减轻，能够延迟卵巢周期活动的开始，就像季节能够延迟卵巢周期活动的开始一样（Britt等，1985）。目前大家所能普遍接受的观点是，接触公猪会有相反的影响。

断奶时间以及第一次发情的时间由于会影响产后期结束的时间，因而对繁殖机能还有其他影响。断奶越迟则产仔后配种也迟，但可使受精率和妊娠率升高。

7.5 犬

犬为季节性单次发情的动物，分娩之后为乏情期，下一次发情的时间难以预测。产后妊娠黄体很快开始退化，因此产后1～2周黄体体积明显减小，但之后黄体体积减小速度变慢，甚至到了产后3个月时黄体直径仍可达到2.5mm。

犬子宫复旧的速率与其他动物相似，产后4周子宫角恢复到未孕状态。由于子宫绿素的存在，犬产后早期排出的恶露为绿色，除非有并发症存在，犬的恶露应该在12h内转变为血色、黏液状。

未孕母犬子宫内膜的表面在再生后会发生脱落，并在发情开始后120d修复完全（参见第1章）。在妊娠和正常分娩后，子宫内膜要用2周多的时间才能完成再生。胎盘附着的区域不易在产后马上确认，但到了产后4周就很容易确定。子宫内膜的上皮在产后6周开始脱落，产后7周完成，整个再生过程于第12周结束。

7.6 猫

哺乳通常能够有效地抑制发情（Schmidt等，1983），但如果无仔猫哺乳，或仅有一二只仔猫哺乳，母猫会在产后7～10d表现发情。

第三篇

难产及其他分娩期疾病

Dystocia and other disorders associated with parturition

第 8 章

难产概述

David Noakes / 编　　芮　荣　赵兴绪 / 译

8.1 引言

难产（dystocia）是指分娩困难，与希腊语的顺产（eutocia）即正常分娩相对应。难产的诊断通常带有很大程度的主观性，对于同一情况有人认为是顺产，而其他人可能会诊断为难产。基于这个原因，尽管在很多情况下区分顺产和难产并不困难，但有关难产的发病率、病因或疗效的数据并非很可靠。难产的诊断和治疗是产科学中最主要的和重要的内容，它需要对正常分娩的准确理解，对母子福利的敏锐把握，并且要有优良敏锐的实际工作能力。此外，兽医人员应指导进行合理的种畜选择、做好饲养管理和卫生保健，尽可能防止难产的发生。

8.2 难产的后果与代价

难产的后果多种多样，主要取决于其严重程度。首先，对母子福利造成的影响难以用金钱来计量；其次，也会产生一些可以计量的经济损失。难产会导致：

- 死胎率和产后死亡率上升
- 新生仔畜发病率上升
- 母畜死亡率上升
- 母畜生产力下降
- 母畜其后的受胎率下降，绝育的机会增加
- 母畜产后期疾病的可能性增加
- 母畜其后被淘汰的可能性增加。

8.2.1 牛

牛难产引起的经济损失在许多报告中均有强调，最大的单项经济损失是死产和早期犊牛死亡。Sloss和Dufty（1980）证明，在全部17%的胎牛和犊牛损失中约1/3发生于分娩期，其中绝大多数起因于难产。出生时遭遇难产的新生犊牛死亡率是正常产犊死亡率的5倍，占新生犊牛死亡总数的43.6%（Azzam等，1993）。Collery等（1996）在爱尔兰进行的一项奶牛和肉牛群的研究中发现，在出生时死亡的犊牛中，68%是难产矫正后出生的。Wittum等（1994）在美国科罗拉多州对73个牛场进行调查发现，17.5%和12.4%的犊牛死亡分别与难产和死产有关；每头犊牛死亡的平均花费为216美元①。在美国衣阿华州立大学奶牛场一项为期30多年、涉及4528次产犊的调查中发现，难产出生的犊牛围产期死亡率是顺产出生犊牛的2.7倍，但其他因素（如母畜、季节等）也会影响死亡率。在一项对9897例

注：①为美元作计量单位，为保持原文数值为整数，请读者自己换算。

产犊的研究中，成年奶牛及小母牛均用肉牛精液输精，正常产犊的犊牛死亡率为2.6%，轻微难产增加到9.1%，严重难产（不作剖宫产）增至53.5%，而进行剖宫产后为26.7%。

Kossaibati和Esslemont（1995）估算，英国当时每例难产的直接成本和总成本分别为141英镑和310英镑[①]，成本会受到犊牛当前的商品价格的影响。Dematawewa和Berger（1997）估算，难产的成本分别为顺产0.00美元、稍加帮助50.45美元、需要助产96.48美元、相当费力的助产为159.82美元、极度困难的助产为397.61美元。一项在英国农场（1995—2002）对9897例非诱导性产犊，包括9560头成年奶牛和337头青年奶牛的产犊的调查表明，用不同品种公牛的精液输精，轻微难产和严重难产的总费用分别为110英镑和350~400英镑。在这项研究中，主要费用与接产时所需的劳力增加、空怀天数延长、母子死亡率及母牛淘汰率的增加有关；难产严重程度对奶牛淘汰率的影响如表8.1（参见第24章）。

Sauerer等（1988）在德国巴伐利亚进行的研究表明，难产奶牛的淘汰率增加到18%，产犊指数延长了11~14d。如果犊牛不是死产（若为死产，可能与更为严重的难产有关），则产奶量并未受到影响，死产时第1、2、3个泌乳期的产奶量分别减少50kg、126kg和148kg。在美国对71618头荷斯坦奶牛的大型调查表明，正常分娩与极度难产奶牛在产奶量、乳脂含量、蛋白质含量、空怀天数、每受胎配种次数和奶牛死亡率上分别相差703.6kg、24.1kg、20.8kg、33d、0.2次和4.1%。难产对泌乳及乳汁成分的影响见表8.2（McGuirk 等，2007）。

Salman等（1991）在美国科罗拉多国立动物健康检测系统（Colorado National Animal Health Monitoring System）中将难产定义为兽医治疗成本最高的疾病。在美国俄亥俄州，Miller和Dorn（1990）也同样发现，每年每头奶牛的疾病防治总费用的5%用于难产。根据难产处理的个体情况不同，兽医费用也不相同，McGuirk等（2007）在其研究中将兽医费用分为"高"、"低"两级。根据这个分级，轻微难产和严重难产的费用分别为106英镑、107英镑及364英镑和395英镑。

8.2.2 绵羊

有关绵羊难产对于绵羊养殖企业经济效益的影响与牛相比，进行的研究不多，发生难产时引起的损失主要是羔羊的死亡率增加。由表8.3可见，羔羊围产期死亡率在17%~49%，其中由难产引起的死亡率占10%~50%。由于绝大多数生产体系中母羊在产羔后至少6个月以上才再次配种，因此难产对生育力的影响不太明显。分娩时造成严重的损伤可损伤生殖道，造成低育或绝育。对难产造成的其他在生产上的损失更难进行定量分析，但严重的难产会降低产奶量，由此导致羔羊生长速度下降、延迟断奶和达到屠宰重的时间。

8.2.3 猪

众所周知，在母猪大多数死产，是因难产及胎儿产出时间延迟而发生于分娩期间。关于母猪的死产率研究的数据很多，一般认为其不超过出生仔猪总数的7%，若超过10%就需要进行调查。

8.2.4 马

由于马胎盘分离较早，幼驹在胎盘分离后的存活时间很短，因此，一旦发生难产就会出现死产。在对一项3527例马流产、死产和围产期幼驹死亡的调查中发现，196例可直接归因于难产，并且难产可能还与造成相当数量的新生幼驹死亡的其他原因有关。50%的难产病例引起与分娩相关的损伤。出生48h内的幼驹死亡，有20%与难产有关（Haas等，1996）。一项在马属动物咨询转诊医院（equine referral hospital）进行的对247例难产的研

注：①为英镑作计量单位，为保持原文数值为整数。

表 8.1 经历不同程度难产的奶牛比例与命运（修改自 McGuirk 等，2007）

难产严重程度	产犊次数	母牛命运*（%）			
		1	2	3	4
正常分娩（1）	7178	97.3	2.2	0.2	0.3
轻微难产（2）	2308	937	5.2	0.5	0.6
严重难产（3）	381	61.7	24.7	3.1	10.5
剖宫产（4）	30	80.0	13.3	67	0
记分 3+4	411	630	24.1	3.4	9.5

*1，正常；2，能维持，但较差；3，较差及淘汰；4，死亡

表8.2 成年与青年母牛难产影响奶产量和受精的估算（与正常产犊母牛相比）（引自 McGuirk等，2007）

难产严重程度	影响的估算			
	乳脂（kg）	乳蛋白（kg）	空怀天数	每次受胎的配种次数
轻微	−4.22	−3.75	+9.2	+0.07
严重	−11.77	−10.38	+21.5	+0.13

表 8.3 围产期死亡率及其与难产的关系

作 者	年 份	国 家	品 种	羔羊总数	围产期死亡率（%）	难产死亡率（%）
Moule	1954	澳大利亚	美利奴	2467	18	23
McFarlance	1961	澳大利亚	NS	15	49	NS
Hight & Jury	1969	新西兰	罗姆尼	7727	18	32
Dennis & Nairn	1970	澳大利亚	美利奴	3301	25	10
Welmer等	1983	英国	切维厄特（Cheviot）黑面羊	2453	26	22～53
Wilsmore	1986	英国	威尔士无角陶赛特	227	17	50

NS：未列出数据

究表明，有91%的母马存活，但仅有42%的幼驹活着出生，出院后的存活率甚至更低（29%）（Byron等，2003）。从医院接诊到幼驹产下的时间间隔对幼驹存活率没有明显影响，但从尿膜绒毛膜破裂到幼驹出生的时间间隔对出院后幼驹产后的存活率有显著的影响（$p < 0.05$）；能够生存者和不能生存者的间隔时间分别为在71.7 ± 343 min和853 ± 37.4 min。经历严重难产的母马产后发情时不应急于配种，否则妊娠率会比正常情况下要低，有些母马也会发生分娩损伤，可能导致绝育。Byron 等（2003）发现，不发生难产时幼驹存活率为84%，难产后的存活率为67%。

8.3 难产的原因

产科工作者通常将难产分为母体性难产和胎儿性难产，但有时有些场合很难鉴定原发性病因，而有些情况下主要病因在难产病程中会发生变化。更为实际的是，可把难产看作分娩过程中三个要素异常所引起，即：

- 产力
- 产道
- 胎儿的大小和位置

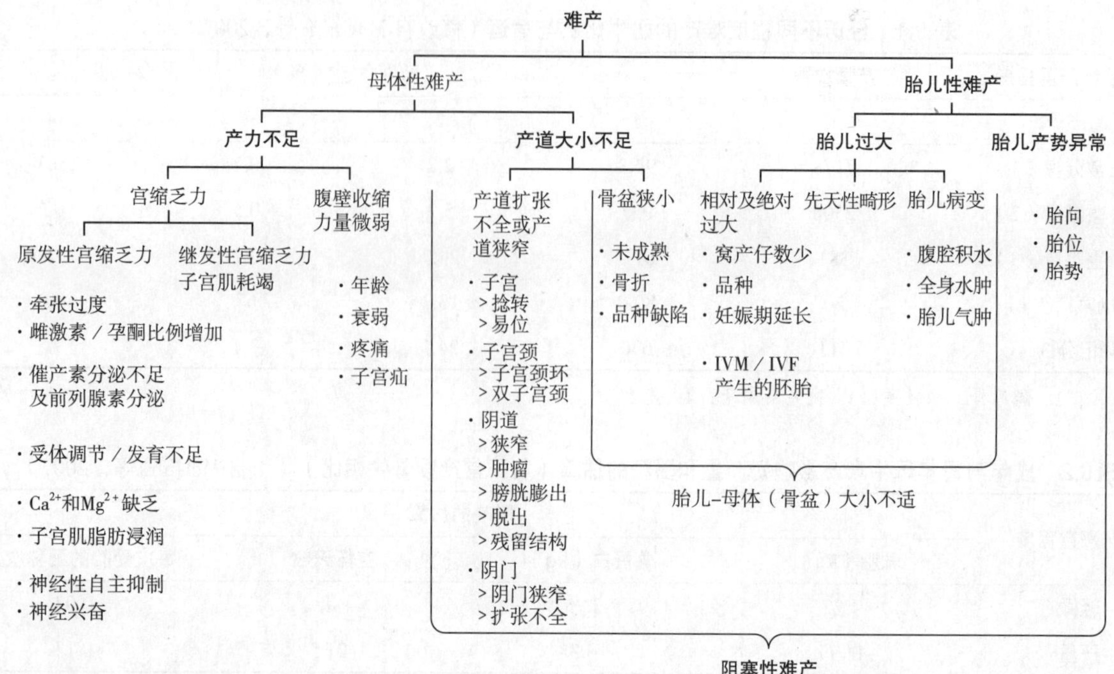

图8.1 难产的原因

产力不足、产道开张不好或形状不适，或因胎儿过大或胎位不正造成胎儿不能通过正常的产道，均会导致发生难产。难产的类型及原因见图8.1，各种难产的诊断和治疗将在后面的章节中介绍。

8.4 难产的发病率

正如本章前面所述，对分娩过程正常与否的判断往往是十分主观的。此外，在对结果进行分析时，也应考虑动物品种、年龄和胎次的影响。因此总的发病率在不同动物、不同品种、不同年龄和胎次都不相同。

8.4.1 牛

由于牛的难产对其生产性能具有明显影响，因此对其发病率进行的研究较多。此外，正如后面将要讨论的，人们一直努力防止因胎儿-母体大小不适引起的难产，而胎儿-母体大小不适是牛难产最常见的原因。由于品种、母畜年龄、体重、胎儿性别、单胎或双胎、公畜品种、母畜体况等各种因素均可影响牛的分娩过程，因此不可能就牛难产的发病率提出一个单一的数据。奶牛的难产比肉牛少见，这在Edwards（1979）对弗里赛牛群的研究中已得到很好的证实，他发现难产在初产母牛要比经产母牛更多见，产公犊比产母犊更多见，也常见于产双胎时。难产的发生也与胎次有密切关系，头胎、二胎和三胎时需要助产的比例分别为66.5%、23.1%和14.3%。

最近，大量的研究证实了以前的研究结果。在加拿大安大略省一项对123个牛群，涉及安格斯、海福特、短角牛、利木赞、塞勒（Saler）、西门塔尔、夏洛莱牛等多个品种的大型调查研究表明，总的平均难产发病率为8.7%（中值为5.8%），其中5.3%属于轻度难产（单人牵引），3.4%为重度难产（McDermott等，1992）。进一步的分析表明，胎次、双胎、犊牛性别及公母畜的品种等均对难产的发生率有明显影响（表8.4）。

该研究对淘汰率的数据有些很有意思的发现。在该研究中总淘汰率为9.8%，但如果检查与产犊困难程度有关的淘汰数据时，则有7.9%的难产母牛/小母牛被淘汰，2.9%的未被淘汰。

一般认为，纯种安格斯牛产犊较为顺利（Berger 等，1992），但在美国对53个牛群83467

表 8.4 胎次、犊牛性别、双生和公母畜品种对牛难产发病率的影响（数据来源于安大略省123个牛群；McDermott等，1992）

影响因素	产犊总数	顺产（%）	难产（%）
双生	73	13.7	4.1
单生	4296	5.2	3.4
初产	667	14.1	12.3
经产	3702	3.8	1.8
母犊	2083	4.4	2.2
公犊	2065	6.1	4.5
母畜品种			
海福特	1186	4.0	2.4
利木赞	264	4.2	1.1
夏洛莱	284	6.0	3.2
西门塔尔	354	11.6	6.5
公畜品种			
海福特	1056	4.3	2.9
利木赞	1236	4.9	2.4
夏洛莱	896	5.6	3.3
西门塔尔	729	8.8	6.2

表8.5 不同年龄安格斯青年母牛的重度难产发病率（Berger 等，1992）

母畜月龄	犊牛性别	产犊总数	助产（%）	难产（%）
<23	M	7543	21.0	6.2
<23	F	7909	13.0	2.6
24~25	M	48 859	7.2	4.0
24~25	F	49 557	8.1	2.1
26~27	M	16 892	6.0	3.0
26~27	F	16 716	6.5	1.3
28~29	M	6448	8.7	2.6
28~29	F	6473	5.5	1.4
>29	M	4018	8.0	2.0
>29	F	4027	4.4	0.7

次产犊的大型调查研究中，对产犊时的年龄、犊牛性别和初生重对产犊的影响进行分析，根据是否需要提供某种程度的助产，或产犊是否困难需要有力的助产来记录难产，其数据总结于表8.5和8.6。

某些品种的牛肌肥大（双肌）的发病率高，这种情况具有遗传性，因此在最近40多年根据这种特性培育了一些新品种。这种遗传特性在比利时蓝牛（Belgian Blue）和皮德蒙特牛（Piedmont）发生率最高，而这两个品种的牛瘦肉率高、肉品质好。不过，其难产率也很高，但由于在分娩的第二产程多进行择期剖宫产而产犊，因此难以获得准确的难产发病率。Hanzen等（1994）引用的纯种比利时蓝

表 8.6 犊牛出生重及性别与难产严重程度相对频率的关系（Berger 等，1992）

初生重（kg）	犊牛性别	产犊总数	助产（%）	难产（%）
20	M	23 949	11.3	2.2
20	F	25 069	6.4	1.1
21~25	M	3085	5.9	1.0
21~25	F	5588	3.9	0.4
26~30	M	13 023	9.3	1.3
26~30	F	19 118	6.6	0.8
31~35	M	21 165	16.4	3.5
31~35	F	19 368	11.5	2.2
36~40	M	10 372	29.0	10.1
36~40	F	5007	23.7	7.0
40	M	2164	33.6	27.8
40	F	542	30.0	20.6

牛的难产率为90%；Murray等（1999）报道这种牛在英国有82%的需进行择期剖宫产手术。但最近的研究发现，在允许经阴道（per vaginam）产犊的牛群中，仍有50%最后需要剖宫产，而这些手术大多受到存活犊牛价值的驱动，犊牛在1994年的价格为375英镑（Van Soom 等，1994）。如果不进行这种手术，可能会出现动物福利、犊牛死亡率高和生育力低等问题。基于这种考虑，作者的观点是对于那些已知严重难产的发病率高及需要选择剖宫产手术的动物，不应进行配种。最近有人尝试检测比利时蓝牛的骨盆大小，根据骨盆大小和产犊难易可及时作出选择。

8.4.2 绵羊和山羊

绵羊难产发病率受品种的影响（表8.7），例如，苏格兰黑面羊（Scottish Blackface）为1%（Whitelaw 和Watchorn，1975），而特塞尔羊（Texel）可达77%（Grommers，1977）。山羊难产的发病率整体上较低，比较接近苏格兰黑面羊，为2%～3%。胎位不正可导致难产。Wallace（1949）的研究表明，羊在分娩时94.5%为纵向正生，只有3.6%为纵向倒生。最常见的胎势异常为一前肢的单侧屈曲；如果羔羊小则这种情况不会造成难产（表8.8）。

8.4.3 马

有关马难产发病率和病因的研究很少，可靠资料不多。一般而言，虽然马为单胎动物，其胎儿与母体相比相对较大（这不同于多胎动物），但难产的发病率低。难产的发生率在不同品种间差异很大。Vandeplassche（1993）的研究表明全血马（Thoroughbreds）和赛马（trotters）的难产率为4%；比利时挽马（Belgian draft horses）为10%，其发病率较高是由于胎儿肌肉肥大所致；协特兰矮马（Shetland ponies）由于头部较大，因此发病率为8%，而许多品种的矮种马，难产发病率为2%。在农场现场对多个品种[夸特马（Quarter Horses）、标准竞赛马（Standardbreds）、全血马和微型马（Miniature Horses）517例自然产驹的调查中发现，难产总数是517例（占11.2%），不同农场的发病率从8%～19%不等。不同品种的马难产率差别较大，夸特马、标准竞赛马、全血马和微型马分别为

表 8.7　绵羊难产的发病率

作　者	年　代	国　家	品　种	分娩总数	难产（%）
Laing	1949	新西兰	萨福克	NS	70
Gunn	1968	英国	黑面羊 切维厄特	15 584	2.5
George	1975	新西兰	美利奴	1510	4.2
Whitelaw & Watchom	1975	英国	SC切维厄特	1009	12
			NC切维厄特	509	2
			黑面羊	433	1
George	1976	新西兰	有角陶赛特	1509	34
Grommers	1977	荷兰	特塞尔	NS	77
Wooiiams 等	1983	英国	黑面羊 切维厄特 威尔士	2000+	5.3

NS表示未列出数据

表 8.8　绵羊生产胎向的分类（数据引自 Wallace，1949）

胎　向	数　量
正生，头和两前肢伸出	191（69.5%）
正生，头和一前肢正常，另一肢屈曲	49（17.8%）
正生，头伸出，两前肢屈曲	18（6.5%）
正生，前肢伸出，头屈曲	2（0.7%）
臀部前置（坐生），两后肢屈曲	7（2.5%）
倒生，羊羔胎位正常，两后肢伸出	2（0.7%）
倒生，胎位异常，如下位	1（0.4%）
其余各种类型	5（1.8%）
总计	275（100%）

16%、10.5%、8.9%和19%。所有研究均表明，难产在初产马要比经产马多发。

8.4.4　猪

一般认为，猪难产的发病率比单胎动物少见。此外，一些大型种猪场通过诱导分娩来降低难产发病率，或者肯定能减轻难产造成的后果。据报道，在103窝产仔中难产率为2.9%（Randall，1972），772窝产仔的难产率为0.25%（Jones，1966），文献中也有报道难产发病率为0.25%～1%。

8.4.5　犬和猫

关于犬难产的发病率所见详细资料很少，这是因为品种间差异很大，而且饲养者在有些情况下过早及不必要的干预，因此减少了难产的发生。此外，有些品种软骨发育不全（achondroplastic）、短头（brachycephalic），很少能正常产出，经常选择剖宫产手术。Walett-Darvelid和Linde-Forsberg（1994）对182例犬的难产进行回顾性调查发现，产仔母犬中有42%此前曾经历过难产。

对猫难产的发病率进行的研究更少，有一项报道发现735只母猫共计2928窝产仔的难产发病率为5.8%（Gunn-Moore和Thrusfield，1995）。猫难产的发病率也有明显的品种差异，例如，一群杂交配种的猫，其难产率为0.4%，但德文力克斯猫（Devon Rex）难产率为18.2%。纯种猫发生难产的风险明显要比杂种猫高[优势比（odds ratio）为22.6]。长头型（dolichocephalic）与短头型

（brachycephalic）品种猫难产的发病率明显比中头型（mesocephalic）猫要高。

8.5 难产的预防

与所有的疾病一样，兽医应该尽力阻止难产的发生，降低难产的发病率。但对一些种类的难产，诸如胎位不正引起的难产，目前对发生在分娩第一阶段的胎位异常的机理了解得还很不完全，也对胎儿采取合适的胎位以确保其能顺利产出的机理不很清楚，但有些难产的发生却可明显减少，但毫无疑问，这主要依赖于良好的饲养管理。其中最主要的是胎儿与母体大小不适。长期以来人们根据常识和经验就认识到，骨盆的大小在品种间存在差异。例如海岛牛（Channel Island breeds）的骨盆明显要比其他品种的牛大，因此可作为胚胎移植的受体而将肌肥大品种的胚胎移入，产犊容易而无需助产。有两种方法可以降低难产的发病率和难产的严重程度，其一是尝试确保产道有足够的空间，其二是设法确保胎儿的大小及胎向、胎位能顺利通过产道。

早期人们就通过测量骨盆腔的大小来预测产犊的难易程度，多年来人们对这种测定仍很感兴趣，但对其应用价值则观点差异很大，主要是有些人对在直肠用骨盆测量器（pelvimeters）测量骨盆面积大小的准确性持怀疑态度。Deutscher（1995）认为，骨盆大小的遗传性中等，可以通过在牛群中选择小母牛和公牛的配种而增加。他发现，一周岁的小母牛骨盆面积应该至少达到120cm^{2}时，其在2岁时就可分娩27kg的犊牛。骨盆面积与出生重（磅）的比值应该为2∶1。同样，Gaines等（1993）发现，产犊时骨盆面积与犊牛出生重的比值对难产的发病率有显著影响（$p < 0.01$），但产犊前的骨盆面积并非是预测难产很准确的指标。也有人对测定骨盆面积预测分娩难易程度的意义持怀疑态度（van Donkersgoed 等，1993）。虽然有人认为，体况评分太高可使难产的发病率增加，主要是由于大量的腹膜后脂肪会堆积在骨盆腔，但并非所有研究都支持这一观点，可能只是很肥胖的牛才会有这种情况，良好的饲养管理可以防止这种情况的发生。

通过选育公牛可以降低胎儿与母体大小不适引起的难产的发病率，人们对这种现象的认识已有多年的历史，例如以安哥拉牛和海福特牛作为公牛与奶牛小母牛配种。此外，根据估测犊牛出生重的育种值对公牛和其女儿产犊时的难易程度进行遗传评估的研究也很多，但美国荷斯坦牛的死产率（其中许多是由于难产所致）在初产奶牛在1986—1995年则从9.5%增加到13.2%，经产奶牛从 5.0%增加到6.6%（Meyer等，2001）。出现这种现象的可能原因有三，其一是生产者忽视了评估，而对根据产奶量选择公牛更感兴趣；其二是评估不充分，因此难以获得有用的遗传改变；其三是难产率降低，但并未引起死产率降低（Johanson 和 Berger，2003）。从Johanson 和 Berger（2003）的研究可以看出，难产和围产期死亡率并非相同的性状，但有一定的相关性，之所以难产率降低，说明采用了易于产犊的公牛配种，其性状在发挥作用。良好的饲养管理也可减少由于胎儿与母体大小不适引起的难产，或降低这种难产造成的影响，这将在第11章进行详细介绍。

对另外一大类难产，即胎儿产式异常（faulty disposition of the fetus）引起的难产的基本原因进行的研究不是很多，显然，如果不能清楚地了解临产时胎儿四肢从妊娠期屈曲的胎势转变为四肢伸展的正常机理，就不大可能对其病因学有清楚的认识。作者认为，子宫通过其肌肉活动在胎儿四肢的这种伸展中发挥重要作用；胎势异常在双胎及提早产出时更为常见，在这两种情况下，常可见到一定程度的宫缩乏力。激素浓度及激素比例的变化（特别是孕酮）是刺激分娩开始的信号传导通路级联的结果（参见第6章），可能在决定胎儿四肢的胎势中发挥重要作用。例如，Jöchle 等（1972）就发现，给用氟米松（flumetasone） 诱导分娩的奶牛以孕酮处理，由于胎势异常而引起的难产发病率增加，这可能与内分泌变化对子宫肌活动的影响有关（参见第6章）。

8.6 产科学术语

本章采用“胎儿产式异常（faulty or abnormal fetal disposition）”这一术语来描述胎儿不能调整到不用助产就可从阴道娩出的产式的情况。为了能够描述兽医均能理解的各种胎儿产出时的异常，大家都一致使用Benesch最早提出的一些产科学术语，这些术语包括胎向（presentation）、胎位（position）和胎势（posture），每个术语都在兽医产科学中具有其特定的意义。

胎向是指胎儿长轴与母体产道的关系，包括纵向（longitudinal presentation），依胎儿的前肢还是后肢进入骨盆，可分为正生（anterior）及倒生（posterior）；横向（transverse presentation）则依胎儿躯干的背部或腹部朝向产道，可分为腹横向（ventral）及背（dorsal）横向；竖向（vertical presentation）也可分为腹竖向和背竖向。竖向极为少见，但在马发生的斜的“犬坐式”竖向需要特别注意。

胎位是指胎儿脊柱与母体产道表面的关系，因此可以是背位，也可以是腹位，或者是左侧位或右侧位。

胎势是指胎儿四肢可以运动的部位的排列姿势，其颈部或四肢关节可以屈曲，也可以伸展，例如颈部侧弯，或者是跗关节屈曲胎势等。

8.7 各种动物难产的类型

8.7.1 牛

长期以来，人们习惯于将胎儿过大分为绝对过大和相对过大。绝对过大是指胎儿异常大，而相对过大则是指胎儿大小正常而母体骨盆比正常小，对此更为合适的术语是胎儿与母体或胎儿与骨盆大小不适（fetomaternal or fetopelvic disproportion），本书将使用胎儿与母体比例不适这一术语。胎儿与母体大小不适（fetomaternal disproportion）是牛难产最常见的原因（表8.9），其发病率取决于下列因素：

- 品种，特别常见于肌肥大发生率高的品种，这在骨盆入口较小的品种，如比利时蓝牛可能更为严重
- 配种时母体不成熟，因此造成产犊困难
- 公牛使用不当，这可发生于品种内和品种间
- 采用来自体外成熟、体外授精及体外培养和克隆的胚胎（参见第35章）

分娩时胎儿产式异常引起的难产发病率较低，为 26%（Sloss和 Johnston，1967，表8.9）。美国科罗拉多州对21年 3873次产犊的数据进行分析发现，96%的产犊胎儿产式正常，其余4%为胎儿产式异常。在 4%中（共155例），72.8%为胎儿倒生， 11.4%为单侧腕关节或肩关节屈曲，8.2%的胎儿为臀部前置（坐生），2.5%为头部侧弯，1.9%为肘关节不完全伸展，1.35%为胎儿倒生纵向及腹部前置，1.35%为横向，0.6%为斜的腹竖向（oblique ventro-vertical presentation/position）。

表 8.9 635头牛难产的原因（引自 Sloss 和 Johnston，1967）

原 因	难产率（%）
胎儿母体大小不适	46
胎位不正	26
子宫颈和阴道扩张不全	9
宫缩乏力	5
子宫扭转	3
子宫颈脱出	3
骨盆骨折	2
子宫破裂	2
子宫颈肿瘤	0.5
胎儿异常	5

怪胎的发病率在牛相对较高，常为扭曲（distorted）及露脏畸形（celosomian types）。裂腹畸形（schistosoma reflexus）及躯体不全（perosomus elumbis）最为常见（参见第4章）。1966—1985年，21位兽医在澳大利亚维多利亚州进行的调查表明，救治的难产中1.3%是由于裂腹畸形所引起（Knight，1996）。1970—1974年，在波兰进行的调查表明，在891例先天性发育异常的胎儿或犊牛

中，115例或 12.9%是由于这种异常引起，而且均引起难产（Cawlikowski，1993）。犊牛软骨发育不全（achondroplastic calves）典型的为Dexter–Kerry 牛的胎儿呈牧羊犬状，也常见有报道。

牛除纵向外的其他胎向均不常见，主要是由于子宫角在解剖上的排列特点及牛缺乏明显的子宫体，因此难以形成横向。胎儿头部和四肢的胎势异常较为常见，特别是腕关节屈曲、头部侧弯和臀部前置。双胎同时产出也是牛难产常见的原因，因此助产时的首要任务是确定露出的胎儿四肢是否属于同一胎儿。宫缩乏力常与低血钙有关，比较常见，尤其是在经产的娟姗牛多发；子宫扭转在牛的发病率也很高，而子宫颈扩张不全偶尔可见。

8.7.2 马

根据Vandeplassche的研究结果（与GH Arthur的个人通讯，1972），马的严重难产中只有约 5%为母体性难产，而且主要为子宫扭转。马的难产大多数病例为胎向、胎位和胎势异常所引起，其中最为常见的单个原因为胎头侧弯。胎儿与母体大小不适及宫缩乏力罕见，但可见于某些挽马。胎儿横跨于子宫体的横向（或者为背横向，或为腹横向）见有报道，另外一种横向是胎儿四肢占据子宫角，这种难产很难救治，为马属动物所特有。就胎向对难产的影响，Vandeplassche（1993）总结认为，将在比利时研究的170 000 例正常分娩时的胎向与他在根特（Ghent）兽医院临诊的601例难产的胎向进行比较（表 8.10），发现虽然倒生和横向只分别占正常分娩的 1.0%和 0.1%，但却都占难产病例的16%。斜的竖向或犬坐式胎位是马所特有的另外一种常见难产。在近来 Leidl等（1993）在慕尼黑兽医学院（Munich Veterinary School）的临诊中对 100 例马的难产原因检查发现，61例是由于胎产式异常，17例为子宫扭转，10例为胎儿母体大小不适，4例为双胎，4例为产道开张不全，3例为子宫腹面偏斜（uferine venfral deflection）。这些研究数据均为临诊病例。 Ginther 和 Williams（1996）详细对8个种马场4个品种进行的研究再次证明胎儿位置异常引起的难产占 69%，其中由于一前肢屈曲或由其引起的难产占40例难产中的13例。对胎儿位置正常而发生的难产进行的检查发现，18例难产中，胎儿母体大小不适引起的难产为5例，子宫收缩力量小引起的5例，骨盆小或骨盆以前发生过破裂引起的2例，臀部阻滞引起的2例。

表 8.10 胎向对母马难产发生的影响（Vandepla–ssche，1993）

胎　向	正常产驹	难　产
正生	168 130（98.9%）	408（68%）
倒生	1 700（1.0%）	95（16%）
横向	170（0.1%）	98（16%）

胎儿不能转动成上位，因此以下位或侧位楔入母体骨盆腔引起难产的情况也常见到，发生这种难产时可常引起阴道背侧壁，甚至直肠和肛门的撕裂损伤，因此使得这种难产更为复杂化。

胎势异常引起的各种难产也见于马，胎儿的头部和颈部可侧弯或下弯于两前腿之间，而且可由于颈部关节的转动而使这种异常胎势更为复杂。胎儿的四肢也常出现异常，一个或数个甚至所有关节可屈曲，这些异常根据其临床意义可分为腕关节屈曲（carpal flexion）、肩关节屈曲（shoulder flexion）、跗关节屈曲（hock flexion）和臀部屈曲（hip flexion）。双侧臀部屈曲称为臀部前置或坐生（breech presentation）。正生时出现一种马所特有的异常胎势，一或两前肢伸直置于胎儿颈部之上，这种胎势称为前腿置于颈上（foot–nape posture）。

马的胎儿畸形较为少见，偶尔可见发育异常引起的难产，包括先天性歪颈（wryneck）（颈部侧弯，fixed lateral deviation）及胎头积水（hydro–cephalus）。横向双角妊娠（transverse bicornual pregnancy）时可能会出现歪颈。

8.7.3 绵羊和山羊

Wallace（1949）通过对一个羊群275例分娩的仔细观察，为研究绵羊难产的原因提供了极为有用的基础资料（表 8.8）。他发现，在所有观察的产羔中 94.5%为正生，3.6%为倒生，这与牛的观察结果极为相似。Gunn（1968）通过对苏格兰山区羊群15 584例分娩的观察发现难产率为 3.1%（单羔为3.5%，双羔为1.3%），但 McSporran 等（1977）发现，在胎儿母体大小不适较多的罗姆尼绵羊群，难产的发生率为 20%～31%。

一般认为，就整个绵羊群体而言，无论品种和年龄，胎儿与骨盆大小不适（fetopelvic disproportion）是绵羊难产最为常见的原因，其发病率依品种而不同，但在羔羊商业生产中不同品种杂交时这种情况可经常发生，而且初产绵羊在分娩时经常会因这种难产而需要助产；公羔体格较大，易于发生这类难产。虽然母羊的骨盆大小是引起胎儿与骨盆大小不适的主要因素，但可重复发生这类难产。McSporran 等（1977）的研究表明，通过连续淘汰需要助产的母羊及选用羔羊出生重较轻的公羊配种，可以明显降低这类难产的发病率，在4年的时间内其发病率从31%降低到3.3%，这与 Gunn（1968）在苏格兰山区羊观察到的发病率相似。

在某些绵羊品种和绵羊群，由于产式异常（maldisposition）引起的难产超过了胎儿与骨盆大小不适引起的难产，例如在Gunn的研究中发现其发病率超过60%（表 8.11），而且在经产母羊的发病率比初产母羊更高，双胎时发病率高于单胎。在胎位异常引起的难产中，肩部屈曲最为常见，其后为腕关节屈曲、坐生、头部侧弯和横向。单侧性肩部屈曲时常可正常产出。

只有很困难的难产才需要进行救治，在兽医救治的难产中，各种类型的难产其发病率依品种及羊群的管理措施而不同。Ellis（1958）对北威尔士10年救治的1200例难产病例进行分析发现，头部侧弯是最为常见的难产类型，但Wallace（1949）和Blackmore（1960）的研究则发现主要是子宫颈不开张（分别为32%和15%）。在研究资料中，紧跟这两类难产之后的为肩部屈曲、腕关节屈曲、双胎同时进入产道、坐生和胎儿过大。其他偶尔见到的绵羊严重难产的病因为子宫捻转、胎儿畸形（包括裂腹畸形）、胎儿重复畸形（fefal duplication）、胎儿水肿和胎儿躯体不全（persomus elumbis）。同样在Thomas（1990）进行的研究中发现，由于胎儿与母体大小不适引起的难产较少（3%），主要

表 8.11 绵羊主要难产的发病率

作 者	年	国 家	品 种	难产总数	胎儿与母体大小不适（%）	胎位不正（%）	其他（%）
Wallace	1949	新西兰	罗姆尼	100	32	53	15
Gunn	1968	英国	切维厄特 黑面羊	477	35	65	0
George	1975	澳大利亚	美利奴	63	77	23	0
Whitelaw & Watchom	1975	英国	切维厄特 黑面羊	50	76	24	0
George	1976	澳大利亚	陶赛特	513	57	43	0
Thomas*	1990	英国	混合	328	3	42	55
† Sobira	1949	德国	混合	239	18	11	71

*基于兽医临床实践的调查；†基于临床的调查。

是由于这种难产在不是特别严重的情况下可由放牧员自行处理。在同一研究中还发现，引起难产的其他主要原因是子宫颈开张不全，需要采用剖宫产等进行干预（表 8.11）。伦敦大学皇家兽医学院产科临床研究的病例也发现，子宫颈开张不全引起的难产分别占 70%（Kloss等，2002）和61%（Sobiraj，1994）。由于诊断这类难产时选用的诊断标准不同，因此难以对不同研究获得的结果进行比较，但从这些研究得出的结果来看，绵羊子宫颈开张不全（子宫颈环，ringwomb）现在的发病率要比30或40年前更高。

从Gunn（1968）的研究结果及其他研究报道可以看出，双胎并不明显使绵羊难产的发病率增加，其原因可能是双胎使得胎儿位置异常引起的难产增加，同时由于双胎时胎儿个体较小，因此胎儿与母体大小不适引起的难产发病率降低。从所有发表的数据可以毫无疑问地看出，倒生可明显使分娩更为困难。

8.7.4 猪

猪所遇到的难产类型与犬的更为相似，而与单胎动物的不同，母体性难产几乎是胎儿性难产的2倍。Jackson（1972）对202例难产进行的研究发现，37%为宫缩乏力所引起，13%为产道狭窄所引起，9%则是由子宫下弯所引起，而14.5%是由坐生所引起，10%由两个胎儿同时前置引起，3.5%由头向下弯引起，4%为胎儿过大所引起。窝产仔数少时胎儿性难产的发病率增加，这是因为在窝产仔数少时，胎儿个体较大，可能会阻塞在产道中。窝产仔数少时，胎儿四肢姿势不正，甚至很简单的倒生也常常引起难产，而在窝产仔数较多时，胎儿个体较小，四肢姿势不正也不会干扰正常的产出过程。巨型胎儿也较常见，体格常为正常的两倍，但多因裂腹畸形（schistosomes）、躯体不全（perosomes）及胎头水肿（hydrocephalic） 等异常引发难产。同时在德国进行的关于难产原因的研究表明，膀胱弯曲（bladder flexion）和阴道脱出是第三常见的原因（Schulz 和 Bostedt，1995）而低血钙也可认为是宫缩乏力的原因之一（Framstad等，1989）。

在发生难产的同窝仔猪中，总死产率为 20%，而在未助产的分娩为6%。

8.7.5 犬和猫

关于犬和猫难产的原因，很难收集到有意义的数据，首先是因为在犬和猫，有经验的饲养者几乎能够处理除了很严重的难产外的所有难产病例，其次是因为很多品种的犬及几乎各种品样的猫患有严重的先天性畸形，如软骨发育不全（achondroplasia）及短头（brachycephalicism）时，可严重影响分娩过程。此外，研究获得的数据很大程度上受研究的动物数量的影响。软骨发育不全可引起从荐椎到骨盆骨的距离减小，因此使得骨盆腔狭小，而短头品种的头部很宽。

在对155例年龄为1～11岁的65个品种的犬的难产进行的研究发现，75.3%为母体性难产，24.7%为

表 8.12 182例犬难产的原因发生频率（Walett-Darvelid和Linde-Forsberg，1994）

原　因	病例数	难产率（%）
母体性难产		
原发性完全宫缩乏力	89	48.9
原发性部分宫缩乏力	42	23 1
产道狭窄	2	1.1
子宫扭转	2	1.1
尿水过多	1	0.5
阴道形成隔膜	1	0.5
总数	137	75.3
胎儿性难产		
胎位不正	23	15.4
胎儿母体大小不适	12	6.6
胎儿畸形	3	1.6
死胎	2	1.1
总数	45	24.7

胎儿性难产（Walett-Darvelid 和 Linde-Forsberg，1994），对这两类难产的原因进一步分类的结果见表8.12。分析表明由于宫缩乏力引起的难产占所有难产的 72%。本文的作者使用的是原发性完全宫缩乏力（primary complete uterine inertia）来说明母犬不能排出任何胎儿，以便与原发性宫缩乏力（primary uterine inertia）的经典定义相区别，而采用原发性部分宫缩乏力（primary partial uterine inertia）表示母犬至少能产出一个胎儿，在产出所有胎儿前停止分娩，这与继发性宫缩乏力（secondary uterine inertia）更为相似。

腊肠犬和苏格兰㹴更易发生原发性宫缩乏力。威尔士柯基犬胎儿大小差别很大，因此可出现胎儿母体大小不适。短头品种以及毛硬腿短的西里汉姆㹴（Sealyham Terrier）和苏格兰㹴易发生产道阻塞性难产，这主要是由于胎儿的头部相对较大，而母体骨盆狭窄所引起。在只怀有一个或两个胎儿时，由于胎儿较大，因此更常见到胎儿母体大小不适引起的难产；胎儿畸形也可引起胎儿母体大小不适。

表8.13 猫难产的原因（Ekstrand和Linde-Forsberg，1994）

原　因	病例数	难产率（%）
母体性难产		
子宫脱出	1	0.6
子宫绞窄（Uterine strangulation）	1	0.6
产道狭窄（胎儿母体大小不适）	8	5.2
宫缩乏力	94	60.6
小计	104	67.1
胎儿性难产		
胎位不正	24	15.5
胎儿先天性畸形	12	7.7
胎儿母体大小不适	3	1.9
死胎	7	4.5
小计	46	29.7
其他	5	3.2
总数	155	100

小型品种母犬初次妊娠时在排出第一个胎儿时常会发生难产，但如果助产及时，则通常可正常排出后面的胎儿，但如果助产不及时，可发生继发性宫缩乏力，后果更为严重。如果胎儿大小正常，则由于四肢胎势异常引起的难产一般不太重要，而且许多胎儿在出生时前肢或后肢是屈曲的。但如果胎儿较大，这种胎势异常可造成难产。有时犬和猫在产出时，胎儿四肢伸展，能将部分头部产出，但胸部和前肢阻塞在母体的骨盆入口处。同样有时可产出胎儿的后躯，但却发生胸部阻塞。

头部胎势异常较为常见，额部前置及头部侧弯也常可见到。有意思的是，头部侧弯更多见于犬产出最后一个胎儿时。

胎头水肿（fetal hydrocephalus）及全身水肿（anasarca）偶见发生，但其他类型的胎儿畸形罕见。在犬胎儿发生软骨发育不全及猫胎儿可见严重的脐疝（裂躯畸形，schistocormus），但很少会成为难产的原因。

表 8.14 不同品种的猫难产的相对发病率（Ekstrand和Linde-Forsberg，1994）

品　种	数量	难产率（%）
短毛猫（Short-haired）		
大不列颠短毛猫（British Short-hair）	2	1.3
德文力克斯猫（Devon Rex）	2	1.3
蓝灰色猫（Russian Blue）	2	1.3
缅甸猫（Burmese）	7	4.5
外国短毛猫（Foreign Short-hair）	1	0.6
暹罗猫（Siamese）	10	6.5
半长毛猫（Semi-long-haired）		
巴里岛猫（Balinese）	3	1.9
挪威森林猫（Norwegian Forest Cat）	2	1.3
伯曼猫（Birman）	6	3.9
长毛猫（Long-haired）		
波斯猫（Persian）	58	37.4
其他		
家养猫（Household cat）	62	40.0
总数	155	100

胎位异常在正生及倒生时均常见，它们本身就是阻塞发生难产的原因。胎儿在产出前不能转动可使其楔在骨盆入口处，呈下位或侧位。

横向罕见，发生时母犬一般仅怀有一个胎儿，多为双角妊娠，通常会出现宫缩乏力。在猫母体性难产更为常见，特别是宫缩乏力引起的难产多见。胎儿母体大小不适及胎位异常是最为常见的胎儿性难产。Ekstrand 和 Linde-Forsberg（1994）对猫难产的原因的研究结果见表 8.13，他们也采用如上的宫缩乏力分类方法（Walett-Darvelid 和 Linde-Forsberg，1994）。该研究表明品种对难产的发生具有明显的影响（表 8.14）。

第 9 章

救治难产的方法

David Noakes / 编　　芮　荣　赵兴绪 / 译

如果方法正确，每个难产病例都是可以解决的临床问题。兽医在到达现场后必须要了解所要处理的动物各种类型的异常，然后通过仔细分析从畜主及相关人员获得的信息及对病畜检查所获得的资料，查明异常的性质。正确的诊断是良好产科实践的基础。

9.1 病史

因此，在开始检查动物之前，只要有可能，就应了解病例的简单病史。了解病史时，大部分可通过询问畜主或相关人员获得，但许多方面可以通过兽医人员个人对动物的观察获得。

- 是否已经妊娠足月，或是提早分娩？
- 动物为初产或经产？
- 以往的繁殖史？
- 妊娠期一般的管理措施如何？
- 努责什么时候开始？其性质如何——努责轻微或中等，经常性的，或者是强有力的？
- 努责是否已经停止？
- 是否已出现水袋（“water-bag”）？如果是，最早是在什么时间看见？
- 是否有胎水流出？
- 阴门外是否露出胎儿身体的任何部位？
- 是否已进行过检查，是否试行过助产？如果已助产，性质如何？
- 在经产动物，已经产出了多少胎儿，自然分娩还是难产？如果为难产，发生在什么时间？出生时是活着或已经死亡？
- 动物是否仍能摄食？
- 在犬和猫是否有呕吐？

通过回答这些及类似的相关问题，就可对将要处治的问题获得比较准确的想法。虽然从这些问题中可以推论难产的情况，但仍有一些方面值得讨论。

必须要特别注意分娩持续的时间。从第6章可知，计算第一产程开始的时间常常很困难，主要是因为其征兆有时模糊不清。但强力而经常性的努责，同时出现羊膜，胎水排出或出现胎儿肢端，则说明第二产程已经开始，分娩应能正常进行。如果从开始已经经历数小时，则肯定发生了阻塞性难产。如果观察到上述症状，则除了马之外的其他动物的胎儿可能仍存活。在初产动物，特别是小母牛和犬，难产的原因常常相对简单，如轻微的胎儿母体大小不适，在这种情况下只需要稍加助产即能奏效。在马，正常的分娩过程速度较快，第二产程开始后很快胎盘就分离，因此产出过程稍有延误就会造成马驹由于缺氧而死亡。

但是，如果对延误24h或以上的病例助产，则可注意到努责已经停止，可以假定胎儿已经死亡，大量胎水流失，子宫耗竭，胎儿已经开始腐败。这些事实本身，更不用说更为详细的病例特点，都表明预后必须谨慎。特别是在多胎动物，可能仍有数个胎儿在子宫内，因此预后诊断应特别谨慎。

如果病史表明，已经试图促使胎儿娩出，或者虽然没有证据表明如此，但怀疑是这种情况，则在仔细检查动物时，首先必须要查找生殖道是否有损伤。如果发现生殖道有损伤，则应立即通知畜主或相关人员，并向他们说明母畜可能的后果。有时不得不推迟助产，但一般来说，除了母马在第二产程产力十分强大外，一般不会发生自发性的产道损伤。在这种情况下，常常需要诚实而准确的信息。

9.2 动物的一般检查

应该注意动物的身体及一般体况。如果动物卧地，则应检查是否是休息，或是已经耗竭，或是患有代谢性疾病。应该检查体温及脉搏，如果出现异常，则应考虑其意义。特别应注意阴门的情况。有时胎儿部分身体可能会突出于阴门之外，由此可以评判难产的性质。应注意外露的胎儿身体是湿润还是干燥，这不仅有助于了解难产持续的时间，而且也有助于选用矫正难产的方法。如果有羊膜露出于阴门之外，应注意其状况，是否润湿光亮，皱褶中是否有黏液，如果是，则说明其为新近排出，难产仍处于早期。如果胎膜干燥而颜色黑暗，则说明难产延误已久。

有时在阴门外见不到任何突出的东西，在这种情况下应特别注意分泌物的性质。新鲜血液，特别是弥散性出血通常表明产道新近发生损伤。咖啡色恶臭的分泌物说明难产延误时间很长。虽然从已经获得的信息很清楚胎儿已经死亡，子宫发生严重感染，但在进一步进行阴道检查前应考虑采用硬膜外麻醉，这样可避免随后发现必须要进行脊柱麻醉而感染椎管的风险。

在处理犬和猫的难产时，应注意观察腹部膨胀的程度，据此可以大致估计子宫内胎儿的数量。如果母犬开始呕吐，同时明显口渴，则为危险的征象。

9.3 动物的详细检查

9.3.1 大动物

检查时应将动物充分保定在清洁的环境下，以确保兽医人员、助手和动物本身的安全。在马、牛、绵羊和山羊，站立位检查比较容易进行，而猪可在侧卧位检查（图9.1）。如果母畜易激动，则可先将其镇静。应准备大量清洁的温水、肥皂及手术擦洗剂，同时准备桌凳或覆盖有灭菌布的干草以便放置器械。如果不可能施行无菌操作，则应尽可能减少对生殖道的污染。可将大量清洁的干草置于母畜体下及其后，同时由于地面湿滑，可先铺撒沙子或砂粒预防。

检查时由助手将尾巴拉向一侧，彻底清洗外生殖器和周围区域，在马，由于尾毛常常可进入阴门和阴道，引起严重的裂伤，因此应使用干净的尾绷带。术者用另一桶水清洗手和手臂，戴上一次性塑料袖套，进行阴道检查。手通过阴唇进入阴道时，在母牛总会引起其排便，因此必须要再次清洗阴门及术者的手臂。

如果事先未施行硬膜外麻醉而导致直肠麻痹，则在牛进行阴道检查时几乎不可能不引起粪便污染，这在饲喂干草、粪便呈半液态时也是如此。通常在阴道黏膜完整的情况下，这种污染一般不会造成严重的后果。如果检查时发现阴道空虚，则应直接检查子宫颈，检查其环状结构是否完全消失，如未消失，则应检查其是否为部分扩张，其中是否仍

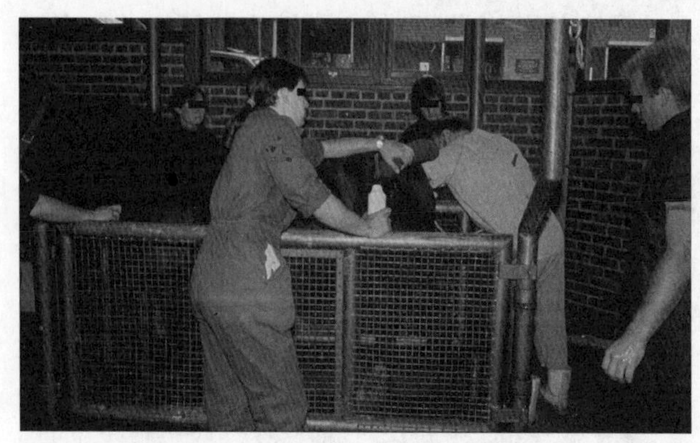

图 9.1 母马的难产，保定在柱栏中进行阴道检查和矫正难产

有黏稠的黏液。如果仍有黏液，则说明第一产程尚未完成，第二产程尚未开始，应使动物再等待一定时间。也可能是发生了子宫捻转。应注意阴道是否突然终止于骨盆边缘，黏膜是否出现紧密的螺旋形皱褶。如果阴道中只有羊膜，应确定进入骨盆入口处的胎儿身体的性质。应检查是否能找到胎儿的尾巴及肛门。如能找到，则很有可能难产为臀部先露的倒生。应检查是否能触摸到屈曲的颈部，能否找到颈背部的鬃毛 。在两侧寻找可找到耳或枕部，则说明难产为头部侧弯。应注意检查前肢，是否能找到屈曲的前肢位于颈部之下，或者前肢完全正常而只是头部异常。在马，如果除了胎膜外阴道完全空虚，则难产可能为胎势异常所致，如前所述，很有可能是由于背横向所引起。在这种情况下，几乎不可能触及胎儿的任何部分，这种情况很可能是双角妊娠。如果尿膜绒毛膜突出于阴道及阴门，即出现红袋，则说明胎盘已经分离。

但是在大多数病例，胎儿身体有些部分，如头部、前肢或后肢可能位于阴道内。识别胎儿的头部不太困难，嘴、舌、眼眶和耳通常会很明显。如果为胎儿的腿部，则必须要识别为前肢或后肢。如果指（趾）的跖面朝下，则很有可能为前肢，反之则为后肢，这种情况尤其在牛比马更为准确，这是因为在马，胎儿呈下位的情况更为常见。如果注意检查四肢关节的弯曲方向则可获得证实。如果球节直上的关节弯曲的方向与球节相同，则为前肢，反之则为后肢。初学者在触诊胎儿时如果隔着羊膜，则识别胎儿的肢体很为困难，为了克服这种困难，应该检查羊膜囊撕裂的边缘，打开后可将手插入，指头触摸胎儿。如果有两条腿，则应确定是前腿或后腿，确定是否为同一胎儿。

常常需要将胎儿推回到子宫中，以确定异常部分的性质及方向。如果由于持续努责而难以推回胎儿，则应考虑立即施行硬膜外麻醉，但应该注意，在进行矫正后可能需要母体的产力促使胎儿排出。

在延误的病例，准确评估难产的性质和选用矫正方法更为困难。常常在小母牛、马和猪，阴道壁严重肿胀水肿，插入手臂非常困难，而且没有空间进行操作。胎水丧失引起黏膜和胎儿的身体非常干燥。 紧紧包裹着不规则胎儿身体的子宫收缩，使得推回胎儿很困难，甚至不可能。在这种情况下，可采用解痉药物如克仑特罗（clenbuterol），而在许多病例，胎儿可能楔入骨盆。操作时需要使用大量的产科润滑剂。

在开始进行检查时就应评估胎儿的活力，因为这会影响到采用的治疗方法，这可通过刺激胎儿反射，如角膜反射及眼睑发射、吮吸反射；如果胎儿为倒生，其后腿可退回。此外，胎儿倒生纵向时，触诊脐带的脉搏对鉴别胎儿死活极为有用。如果胎儿死亡，重要的是估计胎儿死亡后的时间。如果发现胎儿气肿及胎毛脱落，则胎儿死亡至少超过24～48h。如果在除去胎儿后没发现气肿，但角膜浑浊灰暗，则说明胎儿死亡达6～12h。

9.3.2 犬和猫

犬应该站立在桌子上检查（体格特别大的犬除外），最好由熟悉动物的人抓住犬的头部，应该清楚的是，即使性情十分温驯的母犬也会不允许进行阴道检查。在有些母犬通过腹壁触诊能判断出胎儿的数量。但如果采用实时B超扫描，则通过腹壁扫查可以比较准确地估计胎儿数量，而且能通过鉴别胎儿心跳判断其死活。在后期检查时，可以采用X光进行检查。

一般来说，术者可用手指经阴道进行探查，特别是在阻塞是引起难产原因的早期病例，也可用于只有一个胎儿未娩出的延误病例。但是，有时也可见到怀疑发生宫缩乏力，仍有多个胎儿需要娩出的病例，在这种病例应立即使用剖宫产或子宫切除术。

是否在进行阴道检查前夹住阴门周围的被毛主要取决于被毛的厚度。在长毛动物夹住毛后便于操作，但几乎难以使该区域保持无菌，应在检查前彻底清洗。

有时在抬起尾巴后可见到胎儿身体、胎头或后躯突出于阴门，这种情况在猫比犬更为常见。其实这种病例较为简单，如果助产早，则牵拉露出的部分即可使胎儿娩出，分娩就能正常进行。偶尔可见到胎儿头部或臀部位于阴道内而紧楔。但在大多数情况下，骨盆腔未被胎儿占据，阻塞发生于骨盆入口。

应注意检查胎向。如果能检查到胎头，能否检查到嘴部；检查到枕部时能否检查到耳部；如果能检查到耳部，则病例为枕部前置（vertex presentation）。如果能检查到一侧前肢，但检查不到头部，则可能为头部侧弯。应检查是否为倒生。识别尾部一般来说很简单，但有时尾巴可能朝前位于胎儿背上。应检查后肢是否进入骨盆，或者是否屈曲。应检查胎儿是否旋转为上位，或是下位或侧位；检查子宫体中是否有胎儿。通过激发胎儿反射确定胎儿的活力一般不太可靠。

9.4 治疗方案的选用

9.4.1 一般原则

单胎动物的大多数难产病例为胎儿性的，是由于胎儿产式异常或胎儿母体大小不适所引起。在发生胎儿产式异常时，治疗的首要目的是将其转变为正常，之后通过相对轻柔的牵引拉出胎儿。矫正时，如有可能，应采用各种手法进行，也可采用简单的器械，如绳套及胎儿推拉器。在胎儿母体大小不适时，是否通过牵引或者是施行剖宫产，必须及早做出决定。在牛进行的大量研究表明，施行剖宫产时决定母牛和犊牛后果的一个主要因子是在决定施行手术之前母牛已经受的牵拉的程度。在选择治疗方案时应该清楚，如果在临产时胎儿有活力，母体健康，则唯一的措施就是成功救治活胎儿而且不影响母体健康或生育力。但是决定是采取牵拉或剖宫产则是所面临的最大的困难之一。此外，有时畜主强烈要求在没有必要的情况下施行剖宫产，特别是在犊牛肌肉增生的牛或短头/软骨发育不全的犬，只是由于畜主要确保后代出生时成活。但有时畜主也要求长时间采用强力的牵拉而不愿付剖宫产的费用。在两种情况下，兽医必须要注意母体和后代的权益是最为重要的，并应据此采取相应的行动。

随着新的安全麻醉药物的使用，不应将剖宫产作为最后一种可选用的方法，而且如果使用得当，应该将其做为有效救治难产的方法。截胎术作为救治大动物难产的一种方法，如果胎儿死亡，则仍具有重要意义。但是，由于剖宫产容易施行且效率高，在世界上许多地区兽医人员有效施行截胎术的能力和技术水平降低（参见第19章）。

无控制的强力牵引有时可引起母体软组织撕裂及挫伤以及骨盆神经损伤，偶尔可引起椎管错位。如果母体能够生存，则可能会发生三度会阴撕裂、会阴畸形、阴道直肠瘘或麻痹（参见第17章）。产科医生应该尽力避免这些并发症的发生。

9.4.2 马

救治马的难产，试图进行矫正时，首先要考虑的是动物应该站立或卧地，是保定还是镇静，或者采用硬膜外麻醉或全身麻醉。其决定在一定程度上受母马体格大小和性情的影响，也受难产的类型和进行全身麻醉及手术的器械的影响。经常是母马未进行镇静而在站立位就开始操作矫正，但很快发现，为了成功起见，还需要采用上述其他方法（图 9.1）。在这种情况下，重要的是这种决定必须尽早进行，不至于由于长时间毫无结果的努力而感到窘迫。

相对简单的异常，如腕关节屈曲或头向下弯，常常可采用手就能矫正，特别是母马体格相对较小而且努责已经停止后更易操作。但是必须应该记住，全血马的马驹四肢非常长（约达到成体长的70%），因此需要相对较大的空间才能使得四肢屈伸。但是，如果难产更为严重，如横向、下位或胎儿楔在骨盆内，或者阴道或阴门有裂伤时，最好在一开始就麻醉动物，特别是在医院环境下更应如此。全身麻醉的优点之一是通过改变母马的位置，例如可使母马处于仰卧或侧卧位，或者甚至将其后躯悬吊起来（但由于压迫横膈膜，因此麻醉学家多不愿意采用这种方法），对子宫内胎儿压力的改变可用于矫正。如果需要采用截胎术，应该采用镇静及硬膜外麻醉。在兽医院，在马驹已经死亡，麻醉剂跨胎膜不会影响马驹时，最好采用全身麻醉。

在所有严重的病例，术者应该明智地考虑寻求同事的帮助，因为在一个人难以获得成功的情况下，两个人的努力总会能够获得成功。

Vandeplassche（1972，1980）特别强调，在胎儿死亡或畸形的情况下，部分截胎术治疗马的难产具有一定价值，但由于完全截胎术通常会引起严重的损伤，特别是会损伤子宫，因此不建议采用这种方法。他指出，由于马的努责力量强大，生殖道较长，胎盘分离早，因此截胎术难以施行，但长的Thygesen截胎器则是最好的器械。

部分截胎术的适应证及结果见表9.1。Vandeplassche发现，25%的母马在截胎后发生胎衣不下，而正常出生后只有 5%发生胎衣不下，截胎后的生育力为42%。随着麻醉方法及无菌手术方法的改进，剖宫产手术在马的产科学中发挥了重要作用，特别是对由于双角妊娠、子宫捻转及骨盆狭窄或畸形等引起的母体性难产的适应证，效果更好，同时也适合于胎儿过大、胎儿产式异常，同时伴发有母体损伤，或子宫紧缩于死亡、气肿的胎儿时，这种方法十分有效。Vandeplassche采用截胎术后母体的恢复率（132例）及剖宫产后母体恢复率（77例）分别为90%和81%。由于母马难产时尿膜绒毛膜分离较早，因此只有 30%的胎儿可经历剖宫产手术而存活（牛的存活率则为 85%）。

9.4.3 牛

在牛，经阴道救治难产是首先要考虑的方法。在能够得到专业人员的救治之前延误的时间差别很大，这也是影响选用方法的重要因素之一。在延误病例，胎儿的身体部分可能紧紧的楔在骨盆内，胎水已大部分丧失，而且也没有足够的空间推回胎儿；胎儿皮肤及阴道黏膜也失去了其天然的润滑作用，而阴道和阴门常常已经肿胀，因此操作极为困难。在这种情况下矫正胎儿产式异常可能会很困难，因此应尽早决定采用截胎术或剖宫产。但是，

表9.1 马难产截胎术后的结果（Vandeplassche，1972，1980）

难产的原因	病例数	恢复数
头颈屈曲	72	67（93%）
胎头脑水肿	6	6（100%）
头部先露，关节僵硬	17	14（82%）
部分横向	25	21（84%）
畸形、关节僵硬及前肢屈曲	12	11（92%）
总计	132	119（90%）

如果胎儿产式正常，难产只是简单的胎儿母体大小不适，应该首先采用有控制的牵引，但在此之前，重要的是阴道及占据阴道的胎儿身体应该尽可能润滑。为了达到这个目的，应该采用专业品牌的富含纤维素的产科润滑剂。如果不能，则可采用大量的肥皂（常用皂片）及水，或者采用凡士林。牵引必须仔细谨慎，如果用这种方法不能将胎儿拉出，继续牵拉将会使得胎儿更紧密地楔在骨盆内，因此使得以后的截胎更为困难甚至不可能进行。在所有这些情况下，应在开始时就施行硬膜外麻醉，同时采用解痉药（如克仑特罗）。采用这些方法处理后通常可以将胎儿推回而足以进行子宫内截胎术（参见第19章）。

在胎儿已经腐烂而需要采用硬膜外麻醉时，必须特别小心确保不要将感染通过针头或麻醉药物引入椎管。但是，在大多数情况下，一般来说病例仍处于早期，犊牛还存活，而且子宫健康。在小母牛，常常可见到胎儿产式正常，阻塞是由于轻微的胎儿母体大小不适所造成。在这些情况下，可采用绳套拴在胎儿肢端，根据后面章节所介绍的基本原理牵拉，一般就可将胎儿娩出。一般来说，在使用绳套时动物保持站立，但在犊牛头部通过阴道时常常卧下。在经产母牛，如果遇见胎儿母体大小不适的病例，则发生阻塞的原因更有可能是由于胎儿产式异常所引起。如果发现由于母体的努责或子宫收缩而使矫正的空间越来越小时，应该及时给予硬膜外麻醉及克仑特罗而不应再延误时间。硬膜外麻醉

的另外一个优点是麻醉动物卧地后还能站立，因此兽医可以在站立位及腹腔压力减小的情况下进行操作，因此使得操作更为容易。

如果犊牛畸形，如裂腹畸形而且内脏前置，则几乎可以肯定必须要采用截胎术，然后再经阴道拉出（参见第19章，19.4.6.2 裂腹畸形产科管理中的经皮截胎术）。在很多情况下，特别是在裂腹畸形，胎儿头部和四肢指向骨盆入口时，截胎术可能极为困难，娩出胎儿较好的方法是施行剖宫产。在只是胎儿母体大小不适而其他产式都正常的情况下，术者的偏好可能是采用牵引术。在许多情况下，这种选择是正确的，因为采用这种方法可以在母体不受损伤的情况下娩出胎儿。但是牵拉的力量必须要限于3人或采用产犊包（将在以后讨论），而且术者还必须要仔细检查进展情况，同时注意润滑情况及方法和牵引的方向。如果牵引5min仍无进展，或者胎儿停滞不前，进一步牵引5min仍无进展，则应采用部分或完全截胎术（参见第19章），或者施行剖宫产。同时，术者还应考虑寻求同事的帮助。

9.4.4 绵羊和山羊

在羊，矫正胎儿产式异常的难易程度主要取决于术者将手通过骨盆插入子宫的能力。在大多数绵羊有这种可能，但在偶尔情况下，特别是在体格较小品种的初产绵羊，常常不可能获得成功，因此经阴道分娩会导致失败。子宫颈扩张不全（子宫颈环）时也会出现同样的困难，因此在这种情况下，如果用术者的手指和手扩张子宫颈不能很快获得成功，则必须施行剖宫产。

在胎儿母体大小不适而胎儿产式正常的情况下，可将胎儿头部或臀部从骨盆入口推回后采用绳套，这一般来说并不困难，牵引一般能将胎儿娩出。如果在阴道所要操作的量不大，应采用后部硬膜外麻醉，这是因为绵羊的子宫特别容易撕裂或破裂，因此硬膜外麻醉后可以进行小心谨慎的操作，减少损伤的风险。此外，如果胎儿产式异常同时出现四肢及头部的异常，则应将胎儿推回后重新调整其位置，这种操作一般容易进行。推回胎儿，补充丧失的胎水，矫正异常的胎儿产式时，如果抬高母体后躯，则可使操作更为容易。可将母羊翻转为背部着地，由一助手将两条后腿向外向前拉，即可达到这种目的。在胎儿头部侧弯及坐生时，矫正操作如果不能成功，则可用线锯施行截胎术。由于羔羊较小，操作要比在犊牛容易。

在绵羊，特别重要的是要确保前置的胎儿肢体属于同一个胎儿。一般来说，在双胎或三胎时，胎儿通常较小，推回及矫正很少能遇到困难。在绵羊，如果手难以进入子宫，则可用钳子试行拉出胎儿。使用钳子牵拉的方法与犬所介绍的方法相似。Hobday型产科钳大小适当，其棘刺可保证牵拉时固定安全，因此能最好地达到这个目的。Roberts 绳钳（snare forceps of the Roberts）连接有绳套（参见图12.5）可用于头部前置时。

在进行阴道内操作时，必须特别小心不要损伤骨盆入口处的黏膜。但这种损伤，特别是用手抬起胎儿头部或四肢时很容易发生。这种裂伤通常在之后会发生感染，甚至可能引起死亡。

9.4.5 猪

在猪，救治阻塞性难产的难易程度几乎完全取决于术者将手插入骨盆入口的能力。如果有可能将手伸入骨盆入口，则通常可抓住胎儿的头或后躯，较易将胎儿拉出。在体格小的小母猪和如越南壶腹猪（Vietnamese pot-bellied breed）这样的品种，可用绳套（参见图12.5）牵拉胎儿的头部。猪胎儿四肢产式异常很少会造成严重问题。如果能及早进行这样的助产，即在第二产程开始后1～2h内，除去阻塞的胎儿后常常可使剩余的胎儿顺利分娩。母猪的助产常常会延误，但在这些情况下一般建议尽可能多的从子宫体和子宫角牵拉出能够触及的胎儿。随后的分娩过程主要取决于延误的程度及接着发生的宫缩乏力的程度。可能会发现在1h左右的时间内会开始正常产出，或者再进行检查时可发现能有更多的胎儿可触及而易于徒手牵拉，同时应注意观察母猪，这样可使全窝仔猪产出。值得记住的是，阴道内及子宫内的操作可刺激内源性催产素的释放，因此刺激子宫肌收缩。但常常会发生完全的宫缩乏力，除去能够触及的胎儿后常常毫无进展。在这些情况下，剖宫产是唯一能够挽救母猪的方法。

采用催产素诱导子宫肌收缩的方法可用于治疗明显的难产病例，也可用于促进下一个胎儿到达前仔猪的排出，因此防止死产。重要的是开始时应该使用小剂量的催产素，因为催产素具有催产作用，大剂量可引起子宫肌痉挛而不是有节律的蠕动性收缩，此外，子宫肌可对催产素的作用产生耐受性，因此必须要增大剂量才能获得反应。

Jackson（1996）在对200例猪难产的系列研究中发现，注射1ml 含0.5 mg马来酸麦角新碱（ergometrine maleate）和5IU的催产素可更好更长时间地发挥催产作用，他还发现，猪产科学中的一个最大的问题是应该清楚临产母猪能产出所有仔猪的时间。分娩结束的良好准确的标志是母猪站立，排出大量尿液，然后卧地满意地休息。如果怀疑分娩没有完成，则应尽可能将手伸入子宫，轻柔地检查腹腔，以便检查在临近的子宫角节段中是否还有胎儿。

可采用腹壁B超实时超声扫描探测子宫中胎儿的位置（参见第3章）。子宫内存留的胎衣更难探测。如果临床表现表明胎儿仍位于子宫内，而且对注射催产药物无反应，则唯一可采用的方法是采用剖腹探查术（exploratory laparotomy）。母猪及小母猪常常在子宫内仍有胎儿的情况下能够生存，而且胎儿有时可发生干尸化（参见第 4章）。由于干尸化的胎儿偶尔可见于屠宰场淘汰的母猪和小母猪子宫内，因此虽然母体存活，但可能会发生不育。

9.4.6 犬和猫

处理犬和猫的难产病例时，首先需要考虑的是难产是否要经阴道娩出，或者是立即施行剖宫产。影响决定的因素主要包括：

- 难产的原因，是否为阻塞性，或者为原发性宫缩乏力
- 第二产程持续的时间，因此胎儿及母体子宫肌肉的状况
- 子宫中尚未排出的胎儿的数量及其活力

如果难产病例为新近发生，如只有数小时，则可经阴道救治犬和猫的难产。如果难产病例为中等程度的胎儿母体大小不适，胎儿为正生或倒生，则可能只能用手指牵引拉出胎儿（参见图13.1和图13.4），或者用手指及助产杠杆或钳子（使用时应特别小心，以免损伤母体和后代），可有效拉出胎儿，之后分娩会正常进行。同样，如果为胎儿产式异常，如顶部前置或臀部前置，则将异常胎势矫正之后牵引可获成功。但是，如果胎儿母体大小不适很严重，可怀疑为一窝中只有1～2个胎儿，应及早施行剖宫产。在延误24h以上的病例，由于可能会发生继发性宫缩乏力，除去阻塞的胎儿并不能改变最后的结果，因此建议首先考虑剖宫产。但是存在的一个主要问题是是否试图在施行手术之前经阴道拉出前置的胎儿。但是很有可能这个胎儿已经感染，通过腹壁伤口将其拉出可能具有诱发腹膜炎的风险。当然，用钳子进行牵拉可能会使母犬有更大的风险。作者的态度是，当前置的胎儿楔入骨盆时，最好试用钳子将其拉出，然后施行腹壁切口，但在有些情况下，最好将前置的胎儿用剖宫产除去。

在施行剖宫产手术的病例，另外一个问题是采用的麻醉剂的影响，即第二产程开始之后胎儿还有可能存活多长时间。前置的胎儿不可能存活超过6～8h，此时胎盘已经完全分离。但是留下的未排出的胎儿可能存活很长时间，延误36h后胎儿可能会发生死亡，出现气肿的早期症状，但位于阴道前部的胎儿仍有可能存活。延误 48h后，则胎儿极不可能存活。

第21章将会讨论子宫切开术和子宫切除术两类手术的适应证，但37例母犬和26例母猫施行卵巢子宫切除术（ovariohysterectomy）后的结果表明这种手术是安全的，新生仔生存率在犬为75%，猫为42%；这些结果与剖宫产处理难产后的结果相近（Robbins 和 Mullen，1994）。

第 10 章

母体性难产：原因及治疗

David Noakes / 编

赵兴绪 / 译

母体因素引起的难产可由于产道空间不足或是由于产力不足所引起，这些因素参见图8.1。

10.1　产道空间不足

10.1.1　骨盆狭窄

动物的骨盆发育异常一般罕见，但在犬的软骨营养障碍性品种（achondroplastic breeds），荐坐径（sacropubic dimension）骨盆入口扁平。同时由于短头品种胎儿的头部较大，因此常常会引起难产。骨盆空间不足是初产牛（小母牛）难产特别常见的原因。与其他骨骼的发育相比，骨盆成熟较晚；但在2～6岁之间其成熟与全身体重同步或更快。因此成母牛与小母牛相比，难产的发生更少。在有些品种的牛，特别是比利时蓝牛，在许多情况下，由于骨盆太小，发生难产的可能性很大，因此正常不试图经阴道分娩（Murray等，2002）。胎儿母体大小不适的所有特点将在第14章介绍。

骨折后，由于骨盆骨排列异常，因此可出现骨盆狭窄，这可成为所有动物难产的重要原因。这种情况特别见于一些交通事故，如在犬和猫其发生频率最高，因此对发生这种事故的犬和猫应该在配种前进行X光检查，以确保骨盆能够允许正常胎儿在分娩时通过而不引起阻塞。

10.1.2　子宫颈扩张不全

子宫颈是妊娠期子宫最为重要的保护性物理屏障。在第一产程前数天或在其过程中，子宫颈的结构发生巨大的变化，以便其能完全扩张，这样可使胎儿从子宫进入阴道而排出体外。子宫颈的变化在第6章已有介绍。子宫颈扩张不全见于牛、山羊和绵羊，在绵羊和山羊，子宫颈扩张不全是难产的常见原因。子宫颈扩张不全的程度差别很大，有些完全闭合，有些则只是形成小的子宫颈组织皱褶，但足以使产道缩小，因此引起阻塞，说明其病因相似，因为在这3种动物，子宫颈为坚韧的纤维状结构，而且具有大量的胶原纤维。

10.1.2.1　牛

牛的子宫颈扩张不全可见于小母牛和经产成年母牛。在经产的成年母牛，子宫颈扩张不全多由前次分娩时损伤所引起的纤维化所致，但对这种解释仍有疑问，其更有可能是由于引起子宫颈成熟的激素功能异常，或者是由于子宫颈组织（更有可能为胶原纤维）不能对引起子宫颈成熟的激素发生反应所致。发生这类子宫颈扩张不全时，第一产程出现的典型症状常常很轻微且短暂，因此很难准确判断分娩进行了多长时间。因此，在本病的发生上，可能是由于子宫收缩力量微弱，因此不能有效引起成熟的子宫颈扩张。经产母牛发生低钙血症时，特别是亚临床型低钙血症时，可能有损于子宫的收缩，从而阻止子宫颈扩张。

阴道检查时，通常可发现子宫颈由5cm宽的皱褶将阴道与子宫分开，因此显然通过牵引术拉出胎儿时不可避免地会引起子宫颈的撕裂损伤。羊膜囊常常可通过子宫颈而突出于阴门，可能会破裂而使羊水流出。有时胎儿四肢可能会通过阴道前端。在此阶段，最好能确定母牛是否会出现低血钙的症状，即使出现低血钙的症状，最好皮下注射硼葡萄糖酸钙，等待数小时。在等待阶段，第一次检查时子宫颈没有完全扩展的母牛其子宫颈有可能会扩张。等待而不进行干预的危险在于胎儿可能会发生死亡，而及时进行干预则寄希望于难产仅仅是简单的延缓，很快会出现正常的子宫颈扩张。作者有时也等待12h，但此时犊牛已经死亡，而子宫颈未发生任何明显的变化，在这种情况下应该施行剖宫产。发生这种情况时，明智的做法是最长等待2h，之后如分娩仍无进展，则可采用其他方法救治。

同样，在有些发生流产的情况下，子宫颈不能完全扩张，胎儿不能排出，随后在子宫中发生腐烂液化（参见第4章， 4.5胚胎或胎儿死亡的后遗症）。子宫颈扩张不全常常伴随有子宫捻转。此外，对这种情况进行准确诊断极为困难，因为当引起难产的早期原因在分娩时造成犊牛在子宫颈正常扩张后不能排出，细菌可进入子宫而引起胎儿液化。

10.1.2.2　绵羊和山羊

绵羊和山羊的子宫颈扩张不全称为子宫颈环（ringwomb），占兽医治疗的难产很大的比例。例如，Blackmore（1960）报道为 28%；Thomas（1990）报道为27%；Sobiraj（1994）报道为71%；Kloss等（2002）报道为32%。如果母羊在长时间表现不安后仍不能进入第二产程，则可怀疑发生本病。徒手检查产道可发现子宫颈呈紧闭坚硬的环状，只能允许1～2个手指通过。通常情况下可发现尿膜绒毛膜在子宫颈前保持完整状态，但偶尔可破裂，其一部分可进入阴道；随后进行观察可将这种情况与第一产程延长相区别，而这两种疾病很容易混淆，因此而发生错误的诊断。如果阴门流出恶臭的分泌物，阴道内的胎膜坏死，子宫颈不开张，则毫无疑问，这是异常情况，可能是由于流产胎儿不能排出，或由于各种原因造成难产，子宫颈开张后胎儿肢体未能排出所引起。

如果对诊断有疑问，应在2h后再对母羊进行检查，以确定子宫颈是否像在第一产程一样发生了扩张。 Caufield（1960）发现，他诊断的子宫颈扩张不全病例中只有大约20%能自然开张，而且即使这些病例也需要一定的助产。还有人发现用手指扩张子宫颈具有一定的作用，Blackmore（1960）采用这种方法成功地处理了32例子宫颈环中的28例。许多有经验的放牧人员能够用手指扩张子宫颈，有些兽医人员常常采用解痉药物如盐酸维曲布汀（vetrabutine hydrochloride）（Monzaldon, Boehringer Ingelheim Ltd）；但作者认为这种药物不影响子宫颈的组成成分，而这些成分是子宫颈成熟及随后扩张过程的重要组成部分，因此使用这种药物没有什么道理。即使使用这种药物有效，可能是由于其抑制了子宫的收缩，因此使得子宫颈有时间充分成熟及松弛。采用阴道内子宫颈切开术时，用双爪钳（vulsellum forceps）将子宫颈拉回，然后在罗经方位点（“at the points of the compass”）上做浅的切口，这种方法在新西兰的使用较为广泛，但就动物权益而言，不应提倡采用这种比较粗暴的方法。此外，这种损伤也可能会影响子宫颈的功能，因此不得不淘汰母羊。

在绵羊，许多发生子宫颈环的病例在之后会发生分娩前的阴道脱出（参见第5章），而且两种情况的发生在品种和环境上基本相似。 Hindson（1961）就注意到，分娩时“子宫颈环”的发生与妊娠期的气候之间具有明显的联系，因此他在英国德文郡（Devon）两个夏季及早秋配种季节之前，当有大量高质量的牧草时，发现有158和123例子宫颈环，但在干燥的夏季，草场质量低下时只有62

例。在后一个季节，单羔的发生率（可能是由于营养缺乏所致）很高，母羊不得不在很大范围内获得足够的草料。关于山羊发生本病的情况还不清楚，但多为散发，其治疗与在绵羊相同。

Hindson等（1967）通过实验在绵羊妊娠期的85～105d注射20mg已烯雌酚复制出了子宫颈环。在这类难产中，子宫肌的收缩正常，因此作者认为自然发生的子宫颈环是子宫颈的疾病而并非是子宫肌的疾病。Hindson和Turner（1972）认为，子宫颈环可能是由于妊娠母羊摄入雌激素类物质所引起，例如母羊在红三叶草草场放牧，或者饲喂被真菌如禾谷镰孢菌（*Fusarium graminaerum*）污染的饲草。Mitchell和Flint（1978）的研究表明，在实验中减少前列腺素的合成时，子宫颈将不会发生成熟。最近关于绵羊子宫颈成熟的研究表明，不仅子宫颈的胶原会发生降解，而且也发生子宫颈基质由新的胶原和蛋白多糖的重构（Challis和 Lye，1994）。这些变化受内分泌因素的介导，如果发生子宫颈环则不会发生这些变化。目前对这些变化的发生机制和发生时间还不清楚，因此只能按上述方法进行治疗。

10.1.3 阴道后端及阴门松弛不全

这种情况常见于奶牛小母牛，可能是由于小母牛体况过度肥胖，或者是小母牛所在的牛群产犊前被转移，或者由于经常观察或干预干扰了正常的产犊过程。

治疗时需要耐心轻轻牵引胎儿。如果由于缺乏耐心而使用的牵引力量过大，则可损伤会阴，损伤的程度可能很严重而引起三度会阴撕裂（参见第17章）。如果能连续获得进展，则可将胎儿拉出。如果阴门仍不能充分扩张，则可施行会阴切开术（参见第12章）。如果对连续尝试阴道娩出的可能性仍有疑问，则应施行剖宫产。偶尔在有些情况下大量的小母牛可能发病，发生这种现象的原因还不清楚，但是如果一定数量的动物患病，在第一产程开始出现最早症状时用克伦特罗处理，可能会延缓产犊，这样可使小母牛有更多的时间使得阴门、阴道和会阴变软松弛，因此减少难产发生的机会。

Leidl 等（1993）报道，根据慕尼黑兽医学校产科临床的结果，母马的难产3%是由于产道扩张不全所引起，这些产道扩张不全与早产（流产）时所发生的变化有关。

10.1.4 阴道膀胱膨出

阴道膀胱膨出（vaginal cystocele）偶尔见于临产的母马和母牛，膀胱膨出于阴道或阴门外，包括两种类型：

- 膀胱通过尿道脱出。这种情况很有可能发生在母马尿道极大扩张，而且母马强力努责之后。外翻的膀胱占据阴门，可见于两阴唇之间（见图17.10、图17.11）。
- 膀胱通过破裂的阴道底壁突出。在这种情况下，膀胱位于阴道内，膀胱的浆膜面位于最外层，因此可与前一种情况鉴别。

重要的是将上述两种情况与胎膜的突出相区别，特别是在母马，脱出的膀胱与尿膜绒毛膜表面的微绒毛很相似。在这两种情况下，治疗的第一个目的是阻止母马努责，这可采用硬膜外麻醉，同时采用镇静或不采用镇静，均可达到这一目的。之后推回已经进入阴道的胎儿身体。如果为膀胱脱出，必须要翻转脱出的膀胱。如果为膀胱突出，则有必要通过阴道壁的裂口将其整复，之后缝合裂口。在马，如果阴道壁的裂口很大，最好进行全身麻醉后操作，矫正胎儿的所有异常之后通过牵引拉出胎儿。

10.1.5 肿瘤

阴道及阴门肿瘤见于所有动物，因此由于物理性阻塞而成为难产可能的原因。但是，肿瘤极少引起难产。 牛可见发生阴道及阴门的乳头状瘤（papillomata）、肉瘤（sarcomata）及黏膜下纤维瘤（submucous fibromata），而犬的阴道黏膜下纤维瘤则常见。

子宫颈的肿瘤罕见，因此一般认为其不可能会成为难产的原因。

10.1.6　膀胱膨胀引起的骨盆狭窄

Jackson（1972）介绍了一类猪的难产，是由于产道被扩张的膀胱阻塞而引起，由于努责而迫使膀胱在阴道底壁下成堆状，其在产道中就像球阀（ball-valve）一样，这种情况的发生与产道非常松弛有关。Schulz和Bøstedt（1995）在德国的调查表明，膀胱弯曲及阴道脱出是猪难产的第三常见原因。膀胱弯曲可能是由于努责所引起，引起尿道扭结，从而阻塞尿道而使膀胱膨胀。通过插入膀胱导管可以有效缓解这一问题，但应注意在尿道弯曲处不要强插导管，以免其穿透尿道壁。

10.1.7　引起阻碍的其他畸形

谬勒氏管的残余部分常常存在于牛的阴道前端，通常形成一条或多条带，在子宫颈后从阴道顶面到达阴道底面，常常在分娩时断裂。有时这些条带位于侧面，胎儿娩出时从其一侧通过。但偶尔这些残留的条带较大，强度高，因此可阻止胎儿的通过。胎儿的两前肢可在条带的两侧穿过。在处治这种情况时必须要清楚，不要将这种情况与子宫颈部分扩张相混淆。为了彻底检查阴道，可先采用后位硬膜外麻醉，将胎儿推回到子宫内，然后可以安全地用钩刀或Colin 或Roberts型安全截胎刀切断残留的条带。

宰后随机检查牛的生殖道时偶尔可发现对裂的及双子宫颈（bifid and double cervix），大量的研究表明这类动物可能已经产犊一两次以上。因此这种情况不可能会成为难产的原因，但作者见到过由此形成的两个通道均扩张，犊牛的一前肢通过一通道，头和另一前肢进入另外一个通道的情况。

10.1.8　子宫捻转

整个或部分子宫捻转可引起所有家畜发生难产，但各种动物间其发病率有很大差别，一般认为这主要是由于生殖道管状部分的悬吊有差别，由此造成生殖道的稳定性不同。

10.1.8.1　牛

子宫围绕其纵轴旋转，引起阴道前端扭转，这是牛难产的常见原因之一，其发病率有一定差别，有报道由其引起的难产占6%（Tutt，1944）及5%（Morton 和 Cox，1968），但在纽约州立流动兽医院（New York State Ambulatory Clinic），Roberts（1972）报道在10年期间救治的1555例难产中占7.3%。在救治严重难产的兽医院，对难以救治的子宫捻转必须进行剖宫产，这种情况要占到所有病例的13.8%～26.5%（Pearson，1971）。

【病因学】

子宫捻转为第一产程晚期或第二产程早期的并发症，可能是由于牛的子宫大弯朝上，子宫阔韧带使得子宫悬吊的位置靠后，因此造成子宫不稳定。但除了其自身的不稳定外，其他因素也可能在第一产程发挥作用而造成发病，否则子宫捻转则会更常见于妊娠后期而不是在分娩时。诱发因子可能包括胎儿在分娩的第一产程对子宫高频及大幅的收缩发生反应而出现剧烈运动，而这种运动出现在正常分娩且产道正常的情况下（参见第 6章）。胎儿过重也可能为发病诱因；Wright（1958）发现子宫捻转时犊牛的平均重为48.5kg，Pearson（1971）发现为49.8kg。另外一个引起子宫围绕其纵轴发生旋转的因素是，母牛从伏卧到站立，特别是母牛可以利用的空间十分有限时会发生捻转。母牛在站立时先使其前肢弯曲，因此其体重主要在两个膝部（腕关节）上，之后母牛的头及整个身体向前冲，以便后肢能够伸直，此时母牛的体重主要在膝部及后蹄，在此阶段母牛可暂时休息，之后再努力伸直其弯曲的腕关节而用四蹄站立。当母牛的体重在膝盖及最后伸直的后肢上时，子宫的纵轴几乎垂直，因此如果在此阶段胎儿发生剧烈运动，则子宫很容易绕着其纵轴发生旋转（图10.1）。

如果牛的双胎位于两个子宫角中，可在一定程度上起到稳定妊娠子宫的作用，因此在怀双胎时，子宫发生捻转的情况极少。但在绵羊，由于子宫系膜在解剖上是位于腰下（sublumbar）而不像在牛那样位于回肠下（subileal），而且双角妊娠非常常见，也会发生子宫捻转。在Pearson（1971）报道的10例子宫捻转中，5例为双角双胎妊娠。品种及胎次均不影响本病的发病率。

关于牛子宫捻转的病因学，Vandeplassche（个人通讯，1982）发现，在180°的捻转，子宫的不稳定性是原因之一，但难以说明360°或以上的捻转。

【临床特点】

目前兽医达成一致的共识是，子宫以逆时针方向捻转（从牛的后面看）要比其他方向的捻转更为多见，可占子宫捻转病例的75%。对美国从1970—1994年24所兽医学校就诊的病例进行分析发现，子宫捻转中 635例为逆时针捻转（Frazer等，1996）。虽然子宫围绕其纵轴旋转，但大部分捻转的病例也影响到阴道前端；少数病例捻转可影响到子宫后部，而阴道壁的变化则不大。Frazer等（1996）的调查发现，在子宫捻转中345例为颈前捻转，且不影响到阴道。Wright（1958）认为，最常见的捻转程度为 90°～180°。但对133个病例进行的系列研究中发现，由于这些病例较为严重而由兽医在门诊进行救治，因此 Pearson（1971）发现只有37例捻转为 180°或以下，而大多数（88）的捻转为360°。Frazer等（1996）发现，57%的捻转为180°～270°，22%为 271°～360°。Williams（1943）坚持认为诊断为胎儿侧弯或下弯的难产其实是由于较低程度的子宫捻转所引起。子宫捻转的严重程度并不直接影响胎儿的存活，胎儿死亡是由胎水丧失或胎盘分离所引起。

图10.1 小母牛从伏卧开始站立的情形
注意它在站立时用膝部（腕关节）负重，此时后肢已完全伸直，因此妊娠子宫的纵轴在此阶段几乎为垂直的

子宫捻转经常出现的特点与分娩有关。Frazer等（1996）发现，81%的子宫捻转病例是发生在妊娠足月时。一般认为子宫捻转发生于第一产程，由于在其得到矫正之后很快子宫颈就能扩张到一定程度。但是，如果在矫正之后子宫颈能够完全扩张，或者在矫正之前胎膜破裂，部分胎膜或胎儿突出于子宫颈外，则说明子宫捻转发生于第二产程的早期。Roberts（1972）认为，不到180°的子宫捻转对妊娠的影响不大，常常发生于妊娠后期，可持续达数周或数月，只是在分娩引起难产时才注意到。他还主张 45°～90°的捻转在进行妊娠诊断时常常可检查到，这些捻转可能自行矫正而康复。

【症状】

一直到开始分娩时，动物一直表现正常，但在进入第一产程后由于子宫肌的收缩和子宫颈扩张而出现亚急性腹痛，动物表现不安。在典型病例，唯一真正的症状是不安持续的时间明显延长，或者减轻，但不能进展到第二产程。如果捻转一直到第二产程时才发生，则在一短暂的努责之后动物表现不安，但突然停止。在严重的子宫捻转病例，动物的不安可能加剧，但更有可能是所有分娩行为都会停止，如果不对动物进行密切观察，很难发觉其已经开始分娩。Pearson（1971）注意到腰荐部脊椎略为塌陷，这是最经常能观察到的症状。在Frazer等（1996）进行的研究中发现，症状包括发热（23%）、心动过速（tachycardia）（93%）、呼吸急促（tachypnoea）（84%）、努责（23%）、厌食（18%）及阴道出现分泌物（13%）。

如果本病得不到缓解，则会发生胎盘分离，胎儿可能会死亡。动物会出现持续的不太严重的腹痛，逐渐出现厌食和便秘。由于胎膜常常保持完整，胎儿会比其他类型的难产更晚发生继发性细菌感染。

【诊断】

检查时发现阴道前端狭窄，阴道壁通常出现歪斜的螺旋状，说明了子宫捻转的方向，据此可以得出诊断。虽然很难触诊到子宫颈，但仔细触诊可发现皱褶伸入阴道，将手指润滑后轻轻向前推，可进入部分扩展的子宫颈 。在扭转位点位于子宫颈前，则阴道所受的影响不大，可通过直肠触诊子宫进行诊断。如果捻转不超过180°，胎儿的一部分可进入阴道，因此可将这类难产误诊为胎位异常所引起（侧位或下位）。

【治疗】

虽然子宫捻转有时可以自行康复，但通常认为未矫正的子宫捻转会进展到胎儿死亡、腐烂及胎儿性母体毒血症。有时可发生胎儿浸溶，但母体有可能存活。如果及时进行处理，则对母体和胎儿预后均良好。如果延误则会引起胎儿死亡，使得处理更为困难，但母体康复的希望仍很大。根据美国纽约州立流动兽医院从1963—1968年的资料，Roberts（1972）记录到母体的死亡率为4.3%。在Pearson（1971）对168例更为严重而在兽医院进行治疗的病例中，只有 67 例胎儿出生时活着；但在不太严重的病例如果治疗及时，则胎儿存活率可能会更高。在Frazer等（1996）进行的系列研究中发现，母牛的存活率为78%，犊牛的存活率为24%。可以采用的治疗方式如下。

通过阴道旋转胎儿（rotation of the fetus per vaginam） 这种方法的主要目的是用手通过狭窄的阴道前端及不可扩张的子宫颈抓住胎儿，然后通过胎儿给子宫施加转动的力量。采用这种方法治疗成功的可能性主要取决于两个因素，即子宫颈是否足够扩张允许手伸入，以及胎儿是否活着。Pearson采用这种方法成功地治疗了104例子宫捻转中的64例，其中从可以治疗的64例中获得39例活胎儿，在不能救治而随后采用手术方法处理的病例中31例胎儿死亡。采用这种方法治疗时，应注意不要弄破胎膜，因为胎膜破裂后会极大地降低胎儿的活力。如果能够触及胎儿，可抬高胎儿的肩部或肘部，以便能将其朝扭转的反方向旋转，但抬高胎儿肩部或肘部的主要目的是在减少捻转前刺激胎儿出现轻微的活动。处理最为困难的部分是旋转最初的18°；此后整复可自发性地完成。如果能将母牛的后躯抬高，同时进行硬膜外麻醉，则更有助于整复获得成功。研究表明，采用解痉药物盐酸克伦特罗可促进矫正（Sell等，1990；Menard，1994），Menard（1994）使用的剂量为每千克体重0.6～0.8μg，静脉注射，在70例这种捻转病例进行的试验表明可使矫正更为容易，成功率达77%。如果能接近胎儿头部，在眼球压迫胎头可引起胎儿发生痉挛性反应，再加上扭转的力量，就可矫正子宫捻转。Auld（1947）建议，采用腹壁冲击触诊也有助于在进行阴道矫正之前使胎儿漂浮起来。

阴道前端的子宫扭转难以采用阴道操作矫正，捻转超过720°以上时也很难用这种方法矫正。

旋转牛体，通过翻滚矫正（rotation of the cow's body: correction by 'rolling'） 这是最常用的矫正子宫捻转的方法，但由于至少需要3名助手，因此多由前一种方法所代替。本方法的目的是，在子宫稳定的情况下很快向子宫扭转的方向翻转母牛身体，其机理仍值得怀疑，但常常更能获得成功。矫正时，按 Reuff氏法将牛捆绑在子宫捻转侧，一助手压迫头部，然后先将两前肢，再将两后肢分别用2.5～3 m长的绳子绑紧，最好由两名助手分别拉紧两条绳子，按约定信号同时突然协调牵拉绑在腿部的绳子，使得母牛的身体快速翻转到另外一侧，之后进行阴道检查，判断扭转是否得到矫正，如果矫正成功，则手能容易地通过子宫颈，有时能触及子宫内的胎儿。如果捻转未能得到缓解，则将牛缓缓复原到原来的位置，或将腿屈曲于母牛身体之下，在腿上将母牛翻转180° 而回到原来的位置。快速翻转过程可重复数次，为了检查翻转的方向是否正确，术者应在翻转时将手置于阴道内。如果在这种情况下矫正不能成功，感觉到螺旋褶更紧闭，则翻转的方向可能错误，应向反方向快速翻转，或者重复原来采用的方法，直到矫正获得成功。如果能抓住犊牛的指（趾）端，在翻转母牛时能部分屈曲，可有助于固定子宫，能促使矫正获得成功。

Schäfer（1946）对上述传统方法进行了改进，他将长3～4 m，宽20～30cm的木板或梯子置于母牛的腹胁部，一端置于地面，助手站立在腹胁部，同时拉绑在母牛腿部的绳子缓慢翻转母牛。这种方法的优点是在翻转母牛时，木板固定子宫，而且由于缓慢翻转母牛，因此无需太多的帮助，兽医也易于通过阴道触诊检查矫正的方向是否正确。此外，采用这种方法时，第一次翻转通常就可获得成功。

手术矫正 如果上述两种方法均不能矫正成功，则可在母牛站立位下在左侧或右侧肷窝（sub-lumbar fossa）剖腹，通过腹腔内操作旋转子宫。由于在矫正之前或者是矫正之后子宫颈没有开放时可能需要剖腹切开子宫，因此最好施行左侧切开术。但应该记住，在发生子宫捻转时，常常有小肠袢位于腹腔的左侧。可在椎旁浸润麻醉后，在左肷窝做一 15～20cm长的切口，将一手伸入，将网膜前推，证实子宫扭转的方向。如果子宫朝左侧捻转，则将手从子宫和左侧腹壁向下伸，寻找能抓住胎儿的部位，先试着摇动子宫，然后把子宫抬起，向右侧推而旋转子宫。如果子宫朝右侧扭转，则将手从上面绕过，向下从子宫和右侧腹壁向下伸，如前所述，将子宫向前向上向左推，刺激胎儿运动。由于子宫壁水肿，因此子宫常常很脆弱，同时有大量的腹膜渗出液。

在有些情况下，不可能通过腹腔切开转动子宫，因此必须要施行剖宫产，之后再矫正捻转的子宫。有些情况下，虽然能通过腹壁切开救治捻转的子宫，但子宫颈仍不能开放，因此必须要施行剖宫产才能娩出胎儿。如果在转动子宫前必须要除去胎儿，则常常可发现子宫伤口相对很大而难以缝合。

无论采用何种方法矫正子宫捻转，对随后病例的管理必须要早做决定。由于在许多情况下可发生胎盘分离及一定程度的宫缩乏力，在有些病例将子宫整复后子宫颈很快紧闭而不能再开张（Pearson，1971），此时如有可能最好立即经阴道娩出胎儿，如不能成功，则应施行剖宫产娩出胎儿。如果发现在矫正捻转的子宫后子宫颈开放，而且如果没有过度的胎儿骨盆大小不适，则通过牵拉可将胎儿娩出。如果子宫颈部分开张，且存在下列临床特点时，Pearson（1971）建议经阴道切开子宫颈，而不采用剖宫产：

• 子宫颈后部的产道充分扩张，能够允许胎儿娩出

• 剩余的子宫颈边缘较薄，牵拉胎儿时感到像套在胎儿上的袖子。如果子宫颈厚而坚硬，则不应切开

• 胎儿不明显过大

切开子宫颈的方法简单且无痛。然后将胎儿向回推，一直到胎儿完全占据子宫颈，在一个点上将拉伸的子宫颈边缘深深切开，这一切口可使子宫颈松弛，允许胎儿娩出。

如果子宫的捻转难以整复或子宫颈扩张不足，或者在缩小后不能进一步扩张，则应施行剖宫产术。在英国布里斯托尔兽医学院兽医院（Bristol Veterinary School Clinic）治疗的168例子宫捻转中，Pearson（1971）报道对137例动物施行了剖宫产，母体恢复率达到95%。研究表明，在施行手术时胎膜或者已经分离，或者之后很快排出，子宫复旧速度也很快。剖腹子宫切开术救治子宫捻转的其他手术特点参见第 20 章。

10.1.8.2 马

在英国，骑乘母马子宫捻转罕见；Day（1972）在30年的临床实践中发现，每年产驹1000多例，但仅见过3例子宫捻转。在最近对8个种马场517例自发性产驹进行研究发现，难产为58例（11.2%），但未发现子宫捻转（Ginther 和 Williams，1996）。欧洲的挽马子宫捻转较常见，但就整个马的群体而言，仍难以获得准确的发病率资料，这是因为许多研究报告是从兽医院的病例记录获得的，而这些病例只是比较严重的病例。例如，Leidl等（1993）在慕尼黑兽医学院（Munich Veterinary School）的研究中发现，在100例难产中子宫捻转为

17例。同样，Skjerven（1965）讨论了15例手术整复的子宫捻转，Vandeplassche 等（1972）报道了42 例（其中4例包括在Skjerven前面的综述中）。Vandeplassche等（1972）发现，在他们研究的病例中一半以上发生在妊娠结束前，但在比利时马（Belgian horses）所有严重难产中5%~10%是由于子宫捻转所引起，子宫呈逆时针方向的扭转更为常见，大部分捻转超过 360°。

如果在妊娠后期母马表现腹痛，就应怀疑发生子宫扭转。Doyle等（2002）认为，如果马在妊娠后期表现发热、贫血、心动过速及厌食超过2~4周，则应考虑鉴别诊断慢性子宫捻转。直肠检查如果发现子宫阔韧带交叉，则可建立诊断，同时交叉的方向及程度也说明了子宫捻转的方向和程度。马发生子宫捻转时，血循受阻的情况比牛严重，因此可能会有胎儿死亡及母体发生休克的危险。

全身麻醉后翻转母马是一种成功救治子宫捻转的方法，采用这种方法成功地解救了7例中的6例子宫捻转（Wichtel等，1988）。Vandeplassche 及其同事（1972）在采用多种方法治疗产前发生的子宫捻转，包括翻滚母马的治疗方法后认为，治疗马的子宫捻转时，建议将母马安静后保定在柱栏中，硬膜外麻醉及局部浸润麻醉后剖腹，直接翻转子宫。在捻转侧高位切开腹壁，将手伸入腹腔到达子宫底，小心抓住子宫，或通过子宫壁抓住胎儿，用最小的翻转力量将子宫恢复到其正常位置。在马驹仍然存活及子宫充血不太严重的病例，进展到正常分娩的可能性极大，特别是如果在手术后24h给予异克舒令（isoxsuprine）时更是如此（Vandeplassche，1980）。Skjerven（1965）建议，马应在硬膜外麻醉下躺卧时矫正子宫扭转。他在子宫捻转相反方向的腹胁部切开腹壁，将手伸入腹腔，在离子宫最近的地方找到合适的胎儿部位，采用足够的压力下压，使子宫恢复到正常位置。从最接近的部位下压而不是从远端牵拉，可使子宫破裂的可能性降低。之后会很快发生腹膜粘连（Doyle等，2002）。在产前发生的病例，如果胎儿已经死亡且子宫严重充血，

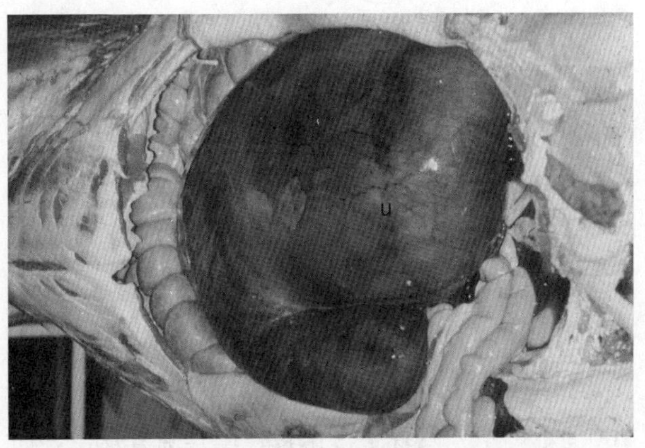

图10.2 马的子宫捻转，腹中线切开暴露（见彩图35）
注意子宫（u）充血。翻转子宫矫正不可能，死亡的马驹采用子宫切开术娩出，此后可矫正捻转的子宫

则应施行子宫切开术（图 10.2）。

如果难产是由于子宫捻转所致，则应尝试将手从子宫颈伸入，通过在胎儿上施加力量旋转子宫。根据Vandeplassche（1980）的研究，采用后部硬膜外麻醉有利于这种操作，同时抬高母马的后躯。此外，由于这种方法在经阴道矫正牛的子宫捻转上也具有重要作用，因此应使用克仑特罗。翻转母马很难获得成功。如果这种方法难以奏效，则必须施行剖宫产。在Vandeplassche对42例马的子宫捻转进行的系列研究中发现，60%的母马及 30%的马驹能够存活。Skjerven的综述表明，子宫捻转矫正之后母马的生育力尚可。

10.1.8.3 绵羊和山羊

一般认为，绵羊和山羊子宫捻转的发病率很低，因为在已经发表的研究论文中并未见到子宫捻转是难产的主要原因。由于绵羊、山羊和牛生殖道在腹腔内的悬吊情况非常相似，因此人们试图以羊子宫捻转的发病率低来解释子宫捻转发生的病因学。有人认为，单胎在牛比在绵羊和山羊更为常见，如果单胎位于两个子宫角之间，则可使子宫更为稳定。如果这一假说成立，则在大多数情况下怀单羔的绵羊子宫捻转可能会更常见。不同动物出现差异的原因可能是绵羊和山羊在卧地后站立时是用蹄部起立。

绵羊和山羊发生子宫捻转时其症状与牛的很相

似，但由于这两种动物体格较小，因此很难将手插入到狭窄的阴道内。应将绵羊和山羊进行硬膜外麻醉，抬高后躯，使得动物几乎垂直，再在胎儿上施加中等程度的旋转力量，或者旋转母体，则通常就足以矫正捻转的子宫。可以使用克仑特罗。如果这种方法不能奏效，则必须施行剖宫产。

10.1.8.4 猪

猪的子宫捻转罕见，在Jackson（1972）治疗的200例难产中未发现子宫捻转，但其确有发生，而且难以诊断，常常在尸体剖检时才能发现。捻转可影响到整个一侧子宫角，但常常只影响一个子宫角的一部分，因此将一个或数个胎儿包裹在捻转部的近端；有时可发生子宫壁破裂，因此胎儿可出现假异位（pseudoectopic）的情况。如果母猪不能完成产仔，而且采用腹壁超声探测时仍可发现胎儿，则应鉴别诊断子宫捻转。猪子宫捻转唯一的治疗方法是剖腹矫正，或者采用子宫切开术进行矫正。

10.1.8.5 犬和猫

犬的子宫捻转不太常见。斯德哥尔摩兽医院在对182例难产进行的为期4.5年的研究只发现了2例（1.1%）子宫捻转（Walett-Darvelid 和 Linde-Forsberg，1994），其中1例是1只1岁的獒（Mastiff），其子宫中有2只浸溶的胎儿，复杂的子宫捻转影响到两个子宫角及子宫颈，另外1例为一只4岁的大型髯犬（Giant Schnauzer），有13只胎儿，子宫捻转180°，但不清楚捻转是否影响到一侧或双侧子宫角。两个病例都用剖宫产进行治疗，其临床症状为阻塞性难产，胎儿位于子宫内；但很难确定发生阻塞的原因。使用催产素可引起子宫破裂。

在妊娠母犬，死后剖检有时可发现子宫捻转超过180°，偶尔会见到母犬的腹腔内有包裹着的胎儿骨骼，说明可能发生了子宫捻转及子宫破裂。如果能及时诊断出子宫捻转，则可采用剖宫产进行救治。

在猫，子宫捻转90°～180°，影响到一侧子宫角或子宫体，发生于妊娠接近足月时（Young 和 Hiscock，1963； Farman，1965），在一妊娠4个月的母猫发现子宫角捻转36°（Boswood，1963），其发生与母猫的突然发病有关。与在母犬一样，准确诊断子宫捻转为阻塞性难产的原因很困难，即使采用高质量的超声扫描也如此，常常只有在剖腹检查时才可做出准确诊断，在这种情况下，应及时施行子宫切开术（hysterotomy）或子宫切除术（hysterectomy）。在偶尔情况下，可见到胎儿位于子宫外腹腔内（Bark等，1980），这可能是由于在妊娠期子宫破裂所引起，而子宫破裂则可能与子宫捻转有关，而不是由于宫外孕（ectopic pregnancy）所致。

10.1.9 妊娠子宫易位

10.1.9.1 马、牛和绵羊的腹壁疝

偶尔在这三种动物，妊娠子宫通过破裂的耻骨前腱（prepubic tendon）及腹壁肌肉而形成疝气（图10.3）。其常发生于妊娠后期，如马在妊娠9个月，牛从妊娠7个月以后，绵羊在妊娠的最后1个月时可发生这种情况。在大多数病例可能是由于腹壁严重受到冲击，这可能是主要的发病原因，但许多研究发现，这种情况也可在没有直接损伤时发生，腹壁肌肉在一定程度上很虚弱（可能是由于以前未知的损伤所引起），因此不能支撑妊娠子宫。原来破裂的位点是在腹腔的腹面，位于脐后偏向腹中线的一侧（马位于左侧，牛和绵羊位于右侧）。发病开始时通常为一足球大小的肿起，但很快扩大，最后形成大面积的腹面肿胀，从骨盆边缘一直延伸到剑状软骨（xiphisternum）。在后部突起非常明显的病例，肿大可下降到跗关节水平。这时，其实整个子宫及其内容物已经脱出腹腔而占据皮下病灶。在牛，肿胀的主要部分常常位于两个后腿之间，而乳房则偏向一侧。一般来说，由于压迫静脉，腹壁严重水肿，因此使这种情况更为复杂；其实由于水肿极为严重，因此不可能触诊到破口的边缘或胎儿。

一般来说，发生本病时妊娠不被中断，但在

分娩开始时母体和胎儿的情况可能变得很严峻，特别是在马，但也有报道发现患病牛可正常分娩。但在治疗本病时应充分考虑，是以母体权益为重而维持妊娠的进行，或是实行安乐死。在马，如果要挽救胎儿，则必须在分娩开始时配合产力进行助产。虽然可能会出现子宫下弯，但可通过牵拉使胎儿娩出，但有些病例可能由于子宫位置异常而使胎儿难以触及，在这种情况下，最好将母马麻醉，使其处于伏卧位，通过压迫减小疝的体积。试图牵引时母马也应处于这个体位。在分娩及子宫复旧后，疝可能被小肠占据，但不大可能会发生绞窄，母马可能仍会哺乳马驹。在此阶段结束后，可处死母马。

虽然可发生严重的腹壁疝，牛和绵羊可自发分娩，但应在分娩过程中对患病动物进行仔细观察，必要时进行人工助产。

10.1.9.2 猪的子宫下弯

Jackson（1972）认为，猪的子宫下弯是200例难产中19例的发病原因，患病母猪持续强力努责，但阴道内空虚，在骨盆边缘前15～22cm处子宫急剧向下向后弯曲。在这种情况下很难将阻塞的仔猪用手拉出，因此必须要将手臂伸入，术者的肘部在母猪的腹腔内弯曲才能触及胎儿。患病母猪体格较大，怀胎儿数多。

10.1.9.3 马的子宫后曲

Vandeplassche（1980）对根特兽医院（Ghent Veterinary Clinic）10年的病例进行分析，报道了他和同事见过的10例妊娠母马在妊娠足月时发生严重腹痛，马驹占据母体骨盆，直检时将胎儿前推进入腹腔，但这种操作导致进一步的腹痛，胎儿很快又进入骨盆腔。间隔一定时间以200mg的剂量注射肌肉松弛药物乳酸异舒令（isoxsuprine lactate）可缓解腹痛，使得胎儿到达骨盆前缘，之后发生正常分娩。

图 10.3 绵羊发生腹壁疝

10.1.9.4 犬的腹股沟疝

获得性腹股沟疝常见于犬，子宫钳闭（incarcerated uterus）成了妊娠中的主要问题。这种情况也见于猫，但罕见。疝通常为单侧性，可包含有一或两个子宫角。常常见到的病史是腹股沟有一鸡蛋大小的肿块长达数月，但在最后数周快速增大。在有些病例，可见到新近发生的逐渐增大的肿块。病史中或有或无新近的发情及交配。

这种损伤很明显，如果仔细检查，也不可能与乳腺肿瘤或局部脓肿相混淆。发生本病时无痛，因此不表现全身症状。虽然疝囊紧绷且难以减小，但如不涉及小肠，则不会发生绞窄，而且发生这种并发症的情况罕见。在妊娠后期发生的病例，触诊时可感觉到胎儿，腹壁B超检查可确诊。

本病的病程主要取决于疝囊紧张的程度，而紧张程度则受疝囊大小及所涉及的胎儿数量的影响。有时胎儿可正常发育到一定时间，之后可能由于疝囊内子宫的血液供应受阻而引起胎儿死亡，死亡后胎儿被吸收。大多数病例在妊娠达到30d时发现，每个胎儿大小如高尔夫球，在这个阶段肿大部位明显而可引起畜主的注意（图 10.4）。这种妊娠一般不会（也不是不可能）进展到足月而随后发生难产。

如果在妊娠母犬诊断到腹股沟疝，则应考虑选用下列方法：

- 减小疝，破坏疝囊，使得妊娠能正常进行。在绝大多数病例不可能用简单方法缩小疝
- 切开腹壁扩大疝环，缩小疝后缝合闭合疝环。破坏疝囊，使得妊娠能够继续。从严格的伦理学角度而言，应该选用这种手术。不中断妊娠，动

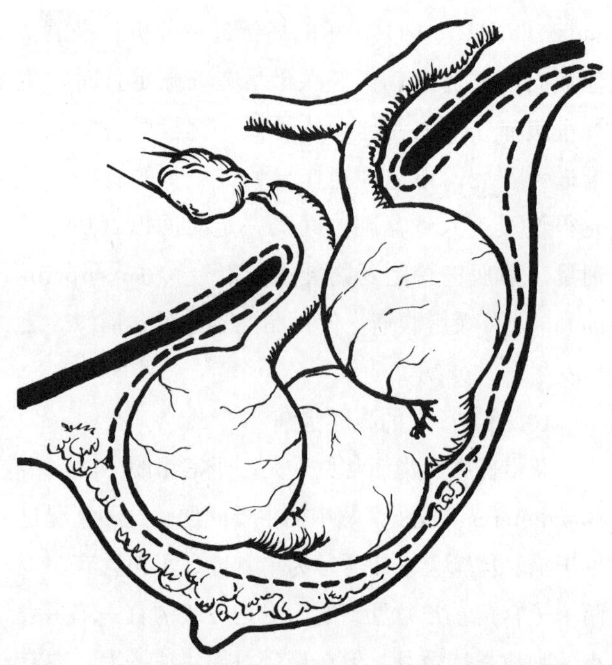

图10.4 犬的腹股沟子宫疝（3个胚胎，妊娠约30d）

物能够保存完整的繁殖能力。但采用这种方法存在几个技术困难；由于疝囊大而紧张，因此从腹股沟口向前精确切开腹壁难以进行。此外，在切开腹膜壁层（parietal peritoneum）后闭合疝囊的颈部可能很困难。同时，在对所有因素进行评估之后，可以选择适合于这种手术的病例

- 切除疝囊。切开疝囊的顶端，暴露疝中的子宫，切除受影响的子宫角。破坏疝环。如果动物在位于腹腔内的子宫角内妊娠，则不应干预，但如果位于腹腔内的子宫角是空的，且希望母犬绝育，则在找到双角分叉处后将该子宫角拉入疝囊后除去。一般来说，不能通过疝环将卵巢拉出，因此必须还要施行手术。这种手术没有多少困难，疝肯定能治愈
- 在胎儿发育已临近足月的病例，如上所述如果期望能得到胎儿，则不要切除子宫角，而是施行子宫切开术，将胎儿连同胎膜一起拉出。在作者施行的一例这样的手术中，拉出胎儿后将子宫回复到腹腔内

10.2 产力不足

分娩时的产力是由子宫肌肉收缩和由腹壁肌肉收缩引起的努责共同组成，腹壁收缩时声门紧闭。由于子宫肌收缩，将胎儿和胎膜推入骨盆腔，刺激骨盆感觉神经受体之后腹壁肌肉才开始收缩，因此首先应该考虑产力不足是由于子宫肌收缩不足所引起，这种情况可自发性发生，也可依各种条件而发生，因此分别称为原发性和继发性宫缩乏力。

10.2.1 原发性宫缩乏力

在进一步介绍之前，建议读者参阅第6章，特别是“6.8.1 子宫肌收缩”一节，“6.8.1.1 孕酮及雌激素对子宫肌活动的影响”及“6.8.1.2 前列腺素和催产素的作用”。原发性宫缩乏力（primary uterine inertia）是指子宫肌收缩能力原发性的缺乏，因此这种产力所占的比例减少，延缓或阻止了分娩的第二产程，这是多胎动物难产常见的原因，可占猪难产的37%（Jackson，1972），占犬难产的48.9%（Linde-Forsberg和Eneroth，1998），占猫难产的36.8%（Linde-Forsberg 和 Eneroth，1998）。这种情况也常见于牛，通常与低血钙/低血镁有关，也可能是子宫颈开张不全的原因（见下）。

下列因素可能与原发性宫缩乏力有关：

- 孕酮：雌激素比例在很多方面影响子宫的收缩性。这种作用的详细情况已在第6章进行了讨论，但仍应在这里进行介绍。雌激素可增加收缩蛋白的合成；增加催产素和前列腺素激动剂受体的数量，增加肌环蛋白轻链激酶（myosin light-chain kinase，MLCK）的活性，MLCK参与肌环蛋白的磷酸化以及参与收缩的生化变化；能增加钙调蛋白（calmodulin）的合成，可增加MLCK的活性，能增加间桥连接的数量。孕酮则具有相反的作用，因此可降低子宫肌的收缩性。孕酮：雌激素比例的变化是由启动分娩的内分泌级联途径所决定的（参见图6.3）
- 催产素和前列腺素均直接或间接参与子宫肌的收缩，如果这两种激素缺乏，或者其发挥作用的受体缺乏，将会阻止或减少子宫肌的收缩

• 钙及相关的无机离子如镁在平滑肌的收缩中发挥关键作用，如果缺乏则可损害这种收缩，引起宫缩乏力。在奶牛，特别是放牧奶牛，大多数可能会在产犊前后出现短暂的摄食降低，由此导致钙的摄入减少。因此在这个过渡阶段必须要仔细控制摄食，这是因为不仅低血钙可引起宫缩乏力，引起难产，而且有研究表明，其可能对泌乳期的摄食产生明显的影响，因此能降低生育力（参见第22章）

• 由于妊娠胎儿多或胎水过多（尿水过多）引起子宫肌过度拉伸，或者由于多胎动物怀胎较少，引起子宫肌拉伸不足，均可降低子宫的活动

• 据说，子宫肌层之间的脂肪浸润可降低其收缩效率

诊断原发性宫缩乏力时，可从病史、检查产道及胎儿的情况进行。如果母体的乳房发生变化，骨盆部的韧带松弛（通常会很明显），同时由于腹部不适而表现不安，说明母体已接近临产，而且第一产程已经过去。有时可见腹壁微弱的收缩，但分娩没有进展，在第二产程明显开始后所有活动都停止。Linde-Forsberg 和 Eneroth（1998）将这种情况称为“原发性部分宫缩乏力（primary partial uterine inertia）”，“以便与原发性完全宫缩乏力（primary complete inertia）”相区别，原发性完全宫缩乏力时第二产程完全不能开始。但难以将这种情况与继发性宫缩乏力相区别，继发性宫缩法力一般总是阻塞性难产等情况的后遗症。

在大动物检查产道会发现明显的子宫颈，通过子宫颈通常可触及胎儿，胎儿包在胎膜中。在犬和猫，也可能感觉不到胎儿和胎膜。

治疗本病时应首先排除引起难产的其他原因，然后尽可能快地治疗。在大型的单胎动物，治疗通常简单。治疗时，通过阴道操作撕破胎膜，如果胎儿的产式正常，应立即采用牵引术拉出胎儿。在牛，即使没有低血钙的症状，也应给予硼葡萄糖酸钙。在猪，有研究表明，低血钙与有些宫缩乏力有关（Framstad等，1989），但难以像牛那样给予大量的硼葡萄糖酸钙。治疗时可徒手掏出所有能在阴道及子宫内触诊到的仔猪，同时重复使用催产素治疗。重要的是应该强调，催产素具有催产作用，开始时应该采用的剂量为 10 IU肌内注射或5 IU静脉注射，大剂量可引起子宫肌痉挛，而不是引起子宫肌的蠕动性收缩。此外，子宫肌可能对重复注射产生耐受性，因此重要的是要提供逐渐增加剂量的机会。

在犬和猫，原发性宫缩乏力是难产的主要原因。Linde-Forsberg和 Eneroth（1998）建议应该采用如下的治疗方案：

• 母体的运动有时可刺激子宫收缩

• 手指刺激阴道可刺激内源性催产素的释放，可诱导子宫收缩

• 缓慢注射10%硼葡萄糖酸钙溶液，静脉注射（每千克体重0.5～1.5ml），这是因为长期以来人们一直认为亚临床型低血钙是宫缩乏力的常见原因（Freak，1962），但近来的研究结果则并不支持这一假说（Kraus和 Schwab，1990）

• 使母犬等待30min，如果开始努责，则重复用硼葡萄糖酸钙治疗，否则应根据母犬的大小，以0.5～5 IU静脉注射或1～10 IU肌内注射的剂量，在猫以0.5 IU静脉注射或肌内注射的剂量用催产素治疗

• 进行阴道检查，通过轻轻牵拉除去所有胎儿

• 可重复用催产素治疗，特别是如果子宫中有少量胎儿时

如果钙或催产素治疗难以奏效，或如果妊娠的胎儿数量过多或过少（只有一个胎儿），则应施行剖宫产。

10.2.2　分娩的神经性自主抑制

在Freak（1962）研究的272例犬的难产病例中，17例（表10.1）发生分娩的神经性自主抑制（nervous voluntary inhibition of labour）分娩不能开始或开始后无进展。所有患病母犬发生这种情况的原因相同，均为在一种特定的分娩环境下产仔，而产仔母犬对该环境并不熟悉。当把母犬转移到它们已经习惯的环境后，分娩正常进行而产仔。偶尔母

犬可能会出现惧怕分娩时的疼痛，自主性地抑制努责，在这种情况下，安静药物可能具有一定作用。

10.2.3 神经兴奋

在以前研究过的200例猪的难产中（Jackson，1972），发现有6例母猪特别容易激动，表现攻击行为，因此显然不能继续正常地分娩。使用镇静药物阿扎哌隆（azaperone）后正常分娩再次开始。研究表明在小母猪这种神经兴奋（hysteria）也可造成严重问题，因此如果许多小母猪计划在一定时间在产圈中产仔，最好同时能包括一些年龄较大的分娩母猪，这些母猪能表现一些镇定的效果。

10.2.4 继发性宫缩乏力

继发性宫缩乏力（secondary uterine inertia）为耗竭性的乏力，在大多数情况下是由于其他原因造成的难产的结果而不是其原因，引起难产的原因通常为阻塞性的。但是，在多胎动物，产程延长而不能产出胎儿可造成宫缩乏力，由此可造成难产。继发性宫缩乏力常常见于胎衣不下及子宫复旧延迟之后，由此而成为诱发产后子宫炎的原因。

继发性宫缩乏力见于所有动物，一般来说其发生可以预防，其预防主要通过早期发现分娩不再正常并给予适当的助产。有时在犬和猫，虽然开始能正常地分娩，但在排出一两个胎儿后即使没有阻塞，也会停止分娩过程。Linde-Forsberg和 Eneroth（1998）将这种情况称为“原发性部分宫缩乏力（primary partial inertia）”，认为其是难产的主要原因，占他们所研究的两种动物难产的23%。这种情况与窝产仔数较大时的经典宫缩乏力很相像，作者发现两者之间难以区分。如果发生阻塞性难产而得到矫正之后仍不能恢复正常的分娩，则显然为继发性宫缩乏力。

在单胎动物，必须考虑引起宫缩乏力的难产的原因，然后进行针对性治疗。如果治疗时需要矫正异常的胎位，则在矫正之后应将胎儿尽快牵引拉出。在多胎动物，对病例的管理取决于分娩持续的时间、尚未产出的胎儿的数量及它们的体况。在早期病例，娩出引起原发性难产的胎儿之后数小时子宫会开始收缩，分娩能够继续进行而不再有障碍。这种情况常见于猪，偶尔见于犬和猫。如果发病后持续的时间长，仍然有多个胎儿没能娩出，则最好能拉出剩余的胎儿。在猪，可将手经阴道伸入子宫中，牵拉出剩余的胎儿。在犬，可试用钳子拉出胎儿，但如果还有3或4个胎儿没有产出，则不建议长时间采用钳子拉出胎儿。虽然继发性宫缩乏力的原因显然是由于“子宫肌耗竭”，但仍建议采用在治疗原发性宫缩乏力时的硼葡萄糖酸钙及催产素疗法，这是由于可能还有其他未知的原因参与本病的发生。由于胎儿很快会发生死亡，或者已经死亡，因此尽早决定采用剖宫产或子宫切开术是极为重要的。

表10.1 272例犬难产的分类（根据 Freak，1962）

难 产	病例数
胎儿阻塞性难产	
一个或几个胎儿相对过大	77
胎儿绝对过大	15
胎儿畸形或严重异常	2
倒生外的胎向异常	12
第一个胎儿倒生	35
母体阻塞性难产	
母体软组织异常	4
母体骨盆异常（偶发）	1
腹壁松弛	3
宫缩乏力	
原发性宫缩乏力	41
继发性宫缩乏力	44
分娩的神经性自主抑制	17
分娩启动缓慢（发生与激素有关）	1
分娩启动缓慢（由亚临床型子痫引起）	7
死胎临产前流产	2
有些胎儿在分娩前死亡	10
并发病	1

第 11 章

胎儿性难产：病因、发病率及预防

David Noakes / 编　　赵兴绪 / 译

胎儿性难产包括两大类，即胎儿母体大小不适（fetomaternal disproportion）和胎儿产式异常（faulty fetal disposition）（见图8.1）。传统上将前一类难产称为胎儿过大（fetal oversize），而胎儿相对过大是指就某种或某个品种而言，胎儿大小正常，但产道不足以排出胎儿；而胎儿绝对过大则是指胎儿大小超常，包括胎儿畸形（参见第4章）。但由于有时难以对这两类胎儿过大进行区分，或者难产是由于两者共同引起，因此目前将这类难产通称为胎儿母体大小不适。

11.1　胎儿母体大小不适

胎儿母体大小不适是与动物种及品种相关的难产的常见原因之一。在第8章"8.7　各种动物难产的类型"一节可以看出，胎儿母体大小不适是牛难产的主要原因，在一定程度上也是犬和猫难产的原因，但也可发生于所有动物。单纯地说，胎儿母体大小不适在胎儿比正常大时就可发生，而胎儿过大可能为单纯的体积过大，也可由于体形异常所引起，或者母体骨盆太小或形状不合适，均可引起这类难产。

11.1.1　牛

由于胎儿母体大小不适是牛难产最常见的原因，特别是在小母牛，因此对该课题的研究已进行多年，且具有大量相关的文献资料。虽然研究这类难产的病因学时，已经不再使用传统的胎儿过大的分类，而是采用胎儿母体大小不适，但本章仍首先介绍与过大胎儿发育有关的因素，其次再介绍影响母体产出正常大小胎儿能力的因素。

11.1.1.1　犊牛出生重

在研究胎儿的发育时，必须要记住，胎儿通过其组织的增生及肥大来生长。Prior 和 Laster（1979）的研究表明，在牛，妊娠早期通过增生的生长更为重要，但这种生长在妊娠末期急剧降低，而通过肥大的生长随着妊娠的进展而持续增加。妊娠期的任何阶段生长延缓对出生后的发育会产生永久性的影响，这主要是因为通过增生而引起的生长随着胎儿年龄的增加所占比例下降，而妊娠后期生长的延缓对出生后的发育影响程度较轻。其实，妊娠后期通过增生引起生长的主要是肌肉组织。胎儿的生长基本遵从指数生长曲线，体重的最大绝对生长发生在妊娠的最后1/3阶段，但最大相对生长发生在最初的1/3阶段（Hickson等，2006）。Prior 和 Laster（1979）及Eley等（1978）发现，牛的胎儿生长最快是在妊娠第232天，但两个研究小组发现的日增长量不同，分别为331g和200g。妊娠期结束时，胎儿体重的增长降低到每天200g。第一个研究小组也发现，妊娠小母牛饲喂不同的饲料以产生低、中及高的母体增重时，对胎儿的出生重并不产生相应的影响。

犊牛出生重是单个影响小母牛难产发病率最为重要的因素（Meijering 1984；Morrison等，1985；Johnson等，1988）。线性估计（linear estimates）表明，出生重每增加1kg，可使难产发病率增加

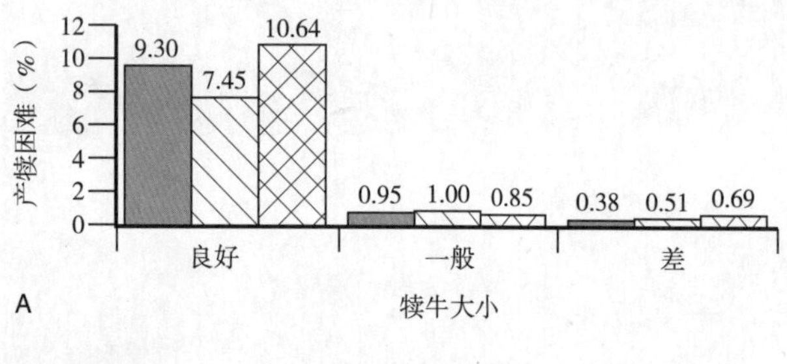

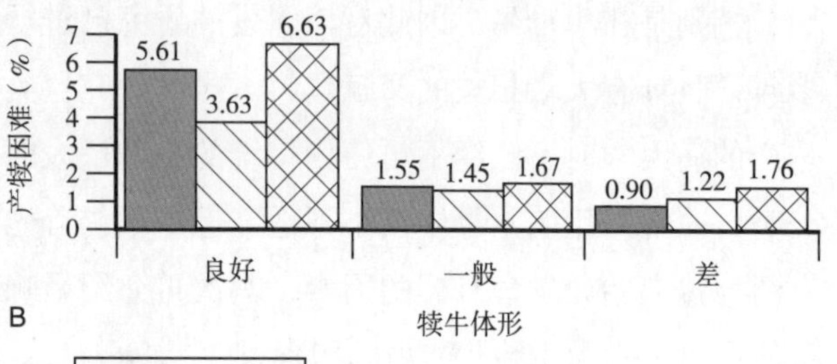

图11.1　难产发病率与胎儿大小

（A）和胎儿体形　（B）之间的关系。犊牛为利木赞、海福特和夏洛莱公牛配种的后代（引自McGuirk等，1998b）

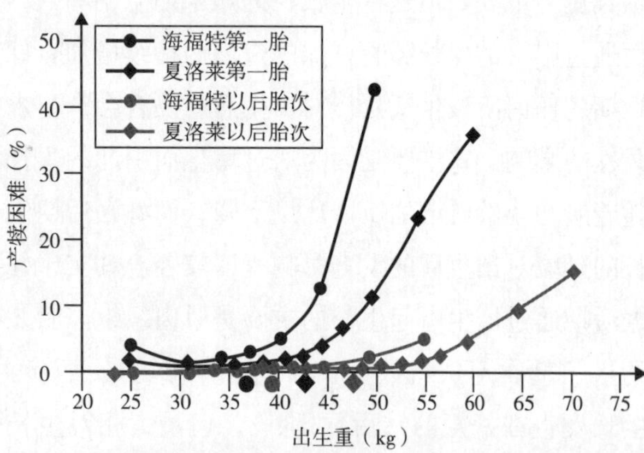

图11.2　产犊难易程度与犊牛出生重之间的表型关系（Phenotypic relationships）

图示为按重量计算的在出生间隔段的平均值（由于在终点观察到极端情况的例数少，因此间隔较宽）。平均出生重的标记为：● = 第一胎海福特（Heref.）；● =以后胎次的海福特；◆ = 第一胎夏洛莱（Char）；◆ =以后胎次的夏洛莱（经允许，重绘自Eriksson等，2004）

1.63%~2.30%（Laster等，1973）。但也有研究表明，出生重与难产发病率之间并不存在线性关系，出生重达到一定阈值后难产的发病率显著增加（Meijering，1984；Rice，1994），这一阈值受动物品种、胎次和对难产的定义的影响（Meijering，1984）。但有研究表明，在安格斯小母牛为31kg（Berger等，1992），夏洛莱小母牛公牛犊和母牛犊分别为45.5kg和50kg。犊牛越大，产犊困难的几率越大（图11.1，表11.1）。Eriksson等（2004）的研究表明，动物品种、胎次、犊牛性别及出生重之间存在相关关系，一定出生重时难产的发病率在海福特牛比夏洛莱牛更高，同样品种的牛，小母牛比经产牛发病率更高（图11.2，表11.2）。

以出生重低来估计育种值（estimated breeding value，EBV）选择公牛的一个主要缺点是，这样选择的公牛可出现生长和胴体性状的非理想基因型（Hickson等，2006）。研究表明，许多因素影响

表11.1　220头2岁海福特小母牛根据周岁骨盆面积、犊牛出生重及骨盆面积：出生重比例判定的难产程度（引自Deutscher，1985）

	产犊难易程度*				
	1	2	3	4	5
周岁小母牛骨盆面积（cm^2）	146	141	138	142	132
犊牛出生重（kg）	31.4	32.7	34.1	37.7	36.8
骨盆面积：出生重+	2.1	1.9	1.8	1.7	1.6

*产犊难易程度评分系统：1. 无需助产；2. 轻度助产；3. 中度助产；4. 重度助产；5. 剖宫产。

+周岁骨盆面积除以犊牛出生重得到的比例。

表 11.2　双亲对出生重的影响（引自Hilder和 Fohr-man，1949）

双　亲	雌性犊牛（kg）	雄性犊牛（kg）
纯种弗里斯牛	43.4	
纯种娟姗牛	25.0	
计算出的平均出生重	34.2	
观察到的弗里斯公牛×娟姗母牛	33.9	34.5
观察到的娟姗公牛×弗里斯母牛	34.7	37.1

犊牛出生重，这些因素包括：

公牛的品种 如果肉牛小母牛配种较早（即在15月龄而不是27月龄，参见Hickson 等，2006），荷斯坦-弗里斯奶牛小母牛在15月龄配种，以及在肉牛公牛用于和奶牛小母牛及母牛的杂交配种中，选择最为合适的公牛品种对产犊的难易程度及降低犊牛的死亡率是极为重要的。大约50年前报道的经典研究就证明杂交育种具有一些很有意思的影响。一般来说，研究表明当双亲体格差异较大时，如弗里斯牛公牛和娟姗母牛，杂种的弗里斯-娟姗犊牛的出生重接近于纯种弗里斯和纯种娟姗犊牛体重的平均值，如果反向杂交，则母体对出生重的影响较大。Hilder 和 Fohrman（1949）的研究证明这种影响对弗里斯-娟姗杂种犊牛的出生重的影响很明显（表11.3），Joubert 和 Hammond（1958）的研究也证明在南德温-德克斯特（South Devon-Dexter）杂种犊牛也有这种影响（表11.4）。下面再介绍一些最近的研究结果。

在美国，Laster等（1973）调查了1889头海福特和安格斯母牛与安格斯、夏洛莱、海福特、娟姗、利木赞、西门塔尔和南德温品种的公牛配种后的难产率和随后的生育力，发现西门塔尔、南德温、夏洛莱和利木赞公牛配种后的犊牛难产的发病率更高，分别为32.66%、32.34%、30.9%和 30.78%，而海福特、安格斯和娟姗公牛配种后犊牛引起的难产的发病率则分别为15.78，9.9和6.46%。McGuirk等（1999）进行的研究发现，与小母牛配种后最容易产犊的公牛为比利时蓝牛和阿伯丁安格斯，产犊最困难的为阿基坦白牛（Blonde d' Aquitaine）、西门塔尔和皮埃蒙特，而与成母牛配种后产犊最容易的为海福特和安格斯，而产犊最困难的为阿基坦白牛、西门塔尔和夏洛莱（表11.5）。小母牛与比利时蓝牛公牛配种后的结果很独特，因为该品种的牛肌肉肥大或“双肌”很常见，但采用该品种公牛配种的数量较少，也可能是由于根据体格对母牛进行了选择。在动物育种中，很少有人会建议采用这个品种的公牛与小母牛配种。在这种遗传异常中，肌肉，特别是后躯的肌肉过度发育，腰部和前躯的肌肉也有这种发育特点，其皮肤较薄，四肢骨较短。严重程度有一定差异，但由于极大地增加了胴体肉的比例，因此倍受农场和肉商的喜欢。但如果肌肉肥大严重，则可成为难产的原因，特别是在小母牛更是如此。肌肉肥大也见于南德温（MacKellar，1960），在比利时蓝牛、夏洛莱、皮埃蒙特和白色佛兰德斯（whife Flanders）等品种也有这种特点。Mason（1963）在引入英国的一头弗里斯公牛的孙子也发现这种情况。Vandeplassche（个人通讯，1973）认为，在比利时，50%的犊牛体格过大是由于双肌肥大所引起，在荷兰、比利时和法国，发现这种情况后一般都施行剖宫产。

表11.3 双亲对出生重的影响（引自Joubert和 Hammond，1958）

双 亲	犊牛重（kg）
纯种南德温（South Devon）	45.4
纯种德克斯特（Dexter）	23.7
计算出的平均出生重	34.5
德克斯特公牛 × 南德温母牛	33.2
南德温公牛 × 德克斯特母牛	26.7

表11.4 不同公牛品种及母牛和小母牛胎次难产的实际发生率（引自 McGuirk等，1998b）

公牛品种	发生率（%）	
	小母牛	母牛
阿伯丁安格斯（Aberdeen Angus）	3.5	2.8
比利时蓝牛（Belgian Blue）	1.1*	3.1
阿基坦白牛（Blonde d' Aquitaine）	8.1	3.8
夏洛莱	5.8*	3.8
海福特	5.0	1.3
利木赞	6.3	2.1
皮埃蒙特（Piedmontese）	10.2	2.8
西门塔尔	8.3	3.8
平均	**6.0**	**2.9**

*实验数据相对较少。

表11.5 不同品种的牛平均出生重（kg）（引自 Legault 和 Touchberry，1962）

	艾尔夏（Ayrshire）	瑞士褐牛（Brown Swiss）	格恩西（Guernsey）	荷斯坦（Holstein）	娟姗（Jersey）
数　量	213	163	154	587	117
平均	36.4	46.4	32.5	42.9	24.7
雄性	38.2	48.4	34.4	44.4	25.7
雌性	34.6	44.2	30.6	41.6	23.4
第一胎	35.2	44.2	31.7	40.7	22.6
第二胎	36.6	48.3	32.5	44.2	25.7
第三胎	38.1	47.7	31.6	44.6	25.9
第四及以后各胎	38.1	48.1	33.3	43.2	24.8

注：阿伯丁安格斯，夏洛莱及海福特犊牛的出生重分别为27.1kg，47.5kg和32.6kg。

母牛的胎次　一个非常简单的规则是，母牛体格越大，犊牛越大。这种特点不同品种间很明显，但在同品种也有发生，特别是小母牛，其生出的犊牛要比经产母牛的小（表11.6）。Sieber等（1989）进行的研究清楚地表明了这种特点，他们对荷斯坦牛进行了为期18年的研究，发现母牛第一胎所产犊牛出生重为37.9 ± 4.4kg，而第二胎所产犊牛为39.7 ± 5.8kg；其他体尺也较小（表11.7）。

犊牛的性别　许多研究表明，无论任何品种，雄性犊牛的出生重均比雌性重（表11.3）。出生重增加则使难产的发病率增加，同时也使随后犊牛的死亡率增加（表11.2，表11.8）。

季节及气候因素　多项研究表明年度的季节及环境因素，如平均气温等，均对出生重有影响，因此影响难产的发病率。在一项连续3年对杂种犊牛进行的回顾性研究中，Colburn等（1997）发现在暖冬后春季出生的犊牛平均出生重比冷冬后春季出生的犊牛轻4.5kg；产犊困难的水平分别为35%和58%。对这种结果提出的假说之一是，在冷冬时，子宫血流增加，因此给胎儿的营养供应增加，由此可也解释McGuirk等（1998a）的研究结果，他们在评价肉牛公牛对奶牛母牛的影响时发现，犊牛的大小及体格在秋季和初冬降低，而这与产犊困难程度及妊娠期长短有一定的相关性（图11.3）。在奶牛采用荷斯坦-弗里斯公牛时也发现有类似的趋势（McGuirk等，1999）（图11.4）。妊娠期的缩短和产犊困难程度的增加与犊牛体格大小的关系有时略不协调（图 11.4）。

表 11.6　胎次对犊牛出生重及产犊难易程度的影响（引自Sieber等，1989）

参　数	胎　次				
	1	2	3	4	>5
	（%）病例数				
母牛体重（kg）	49.4	53.2	60.8	59.3	62.1
犊牛出生重（kg）	4.4	5.8	5.3	6.2	5.4
助产类型					
不助产	48.3	79.9	82.7	82.8	86
徒手助产	3.9	3.4	4.8	4.7	2.7
手+产科链助产	42.9	16.5	12.6	11.8	10.7
器械助产	4.9	0.2	0	0.6	0.7

母牛的营养　最近10年，人们对多种动物（包括人类）妊娠期母体营养对发育和出生后的健康以及出生重的影响的兴趣很大，这在很大程度上与妊娠早期胎盘正在发育时营养不良有关，在有些研究中，甚至研究了受胎前或受胎时营养的影响。由于胎盘控制着营养物质从母体向胎儿的转运，因此影响胎盘功能的所有因素均不可避免地引起胎儿生长和发育减缓。在反刍动物的研究表明，当营养低下时，胎盘的构型可发生改变，以补偿营养不足，为胎儿正常生长发育提供足够的营养物质（Steyn等，2001）。

很难对许多关于母体营养状态影响胎儿体重

表11.7 美国安格斯小母牛犊牛出生重及性别对难产的发病率及难易程度的影响及犊牛死亡率（根据Berger等，1992）

难产/死亡率分值*		1	2	3	1	2	3
出生重	性 别	难产（%）			犊牛死亡率（%）		
20kg	M	86.4	11.4	2.2	95.7	1.0	3.2
	F	92.4	6.5	1.1	97.1	0.7	2.2
21~25kg	M	92.9	6.1	1.0	94.7	0.6	4.8
	F	95.5	4.0	0.5	96.6	0.5	2.8
26~30kg	M	89.3	9.3	1.3	96.9	0.4	2.6
	F	92.7	6.5	0.7	97.7	0.3	2.0
31~35kg	M	79.9	16.5	3.5	96.9	0.8	2.2
	F	86.6	11.2	2.1	97.5	0.6	1.8
36~40kg	M	61.6	28.3	10.6	94.9	2.2	2.9
	F	69.0	23.8	7.2	96.2	1.8	2.0
40kg	M	38.3	32.4	29.4	87.2	7.7	5.1
	F	48.6	30.7	20.7	90.6	5.5	3.8

*难产评分：1. 无助产；2. 需要一些助产；3. 严重助产。
死亡率评分：1. 断奶或出售时活着；2. 24h内死亡；3. 断奶前死亡。

表11.8 夏洛莱及海福特小母牛（第一胎）及成母牛（1胎以上）产犊困难程度分值的频率及死产率（数据引自Eriksson等，2004）

胎 次	性 别	容 易	正 常	困 难	总死产率（%）
夏洛莱					
第一胎	M	62.4	28.0	9.6	8.0
	F	78.2	18.0	3.8	3.9
以后	M	89.5	9.1	1.5	2.2
	F	93.4	6.0	0.6	1.3
海福特					
第一胎	M	65.1	26.9	8.0	7.5
	F	75.5	20.0	4.6	3.8
以后	M	89.9	8.8	1.4	2.2
	F	92.1	7.0	1.0	1.4

变化的研究结果进行评估，主要是因为许多结果互相矛盾。进行这类研究的主要动力是出于经济原因，因此出生重与生后增重及随后获得商业上理想的屠宰重呈正相关。从产科学的角度而言，关注出生重的原因主要有两个方面：首先，胎儿太大可引起难产；其次，胎儿太小更易发生新生期死亡和疾病。因此，虽然研究如何通过控制出生重降低难产的发病率很有意义，但通过控制母体营养降低胎儿出生重可使得新生犊牛处于危险之中。此外，限制日粮也可引起：①分娩过程持续时间延长，因此增加死产的机会；②降低产奶量，因此降低哺乳期犊牛的生长速度；③延迟产后卵巢恢复功能活动的时间，因此延长产犊间隔。Eckles（1919）的研究结果可能最好地说明了这种情况，即："除非发生了严重的营养不良，犊牛出生重通常不受母体在妊娠期接受的营

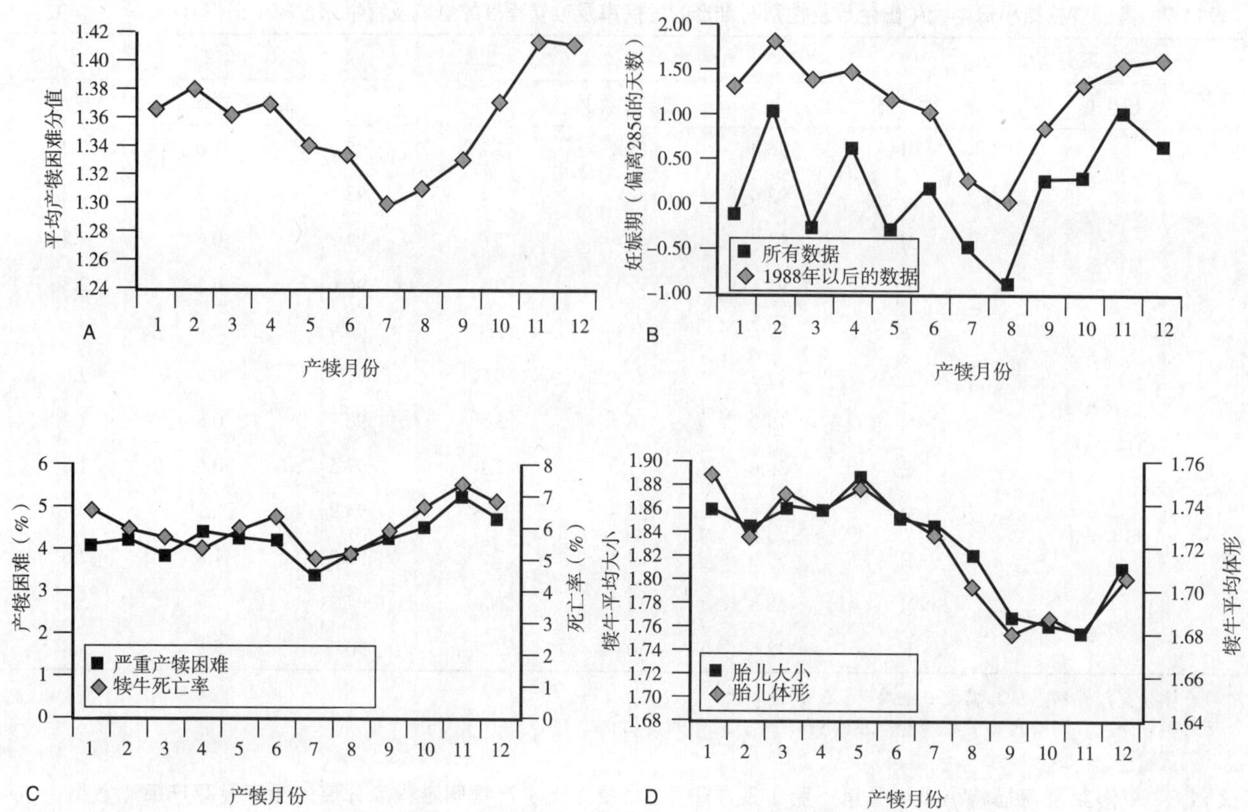

图11.3　产犊月份对（A）产犊困难分值；（B）妊娠期长度；（C）严重难产发病率和犊牛死亡率；（D）犊牛大小和体形的影响（经允许，引自McGuirk等，1998a）

养水平的影响”。只有在妊娠期的最后90d，严重限制母体营养可引起母体不能维持体重，因此使胎儿的出生重降低，而出生重的降低是由于肌肉组织量减少所致。有人研究减少母体日粮中能量和蛋白的摄入（一种或两种）对犊牛出生重的影响，发现其结果差异很大，有研究表明两者均具有作用，但能量摄入的影响似乎比蛋白更大。例如，在Tudor（1972）进行的研究中，两组奶牛从妊娠180d起一直饲喂到足月，一组增重而一组失重。高和低营养组犊牛出生重分别平均为30.9kg和24.1kg。另外一项研究使奶牛在妊娠的最后1/3阶段失重17.5%，发现犊牛的出生重低12.9%。有研究表明母体营养对犊牛出生重有影响（Rice和Wiltbank，1972；Laster，1974；Wiltbank和Remmenga，1982；Spitzer等，1995）；有研究表明没有影响（Anderson等，1981；Khadem等，1996）。此外，对难产发病率的影响也难以预计（Rice和Wiltbank，1972；Drennan，1979）。

妊娠期长度　犊牛胎儿的一些发育异常，如垂体及肾上腺皮质发育不全及发生不全可引起妊娠期延长，这主要与分娩的启动有关，已在第6章进行了讨论。但是，即使胎儿正常，妊娠期的长短仍有差异，这种差异在一定程度上与品种有关（表11.9），而且在杂交繁殖时也有这种情况发生（表 11.10，表11.11）；妊娠期延长时胎儿出生重增加，难产发生的可能性增加。雄性犊牛比雌性犊牛重（见上），而且通常妊娠期会延长数天。McGuirk 等（1998b）以肉牛公牛和奶牛母牛进行的研究发现这种差别平均为1.4d，但如果将结果根据公牛的品种进行分析，发现在阿伯丁安格斯和海福特杂种犊牛，性别造成的差别分别为0.64d和1.04d，而在阿基坦白牛、利木赞、夏洛莱和西门塔尔杂交品种则差别超过1.5d。在这项研究中，妊娠期在夏季较短而在冬季较长。妊娠期长度与产犊

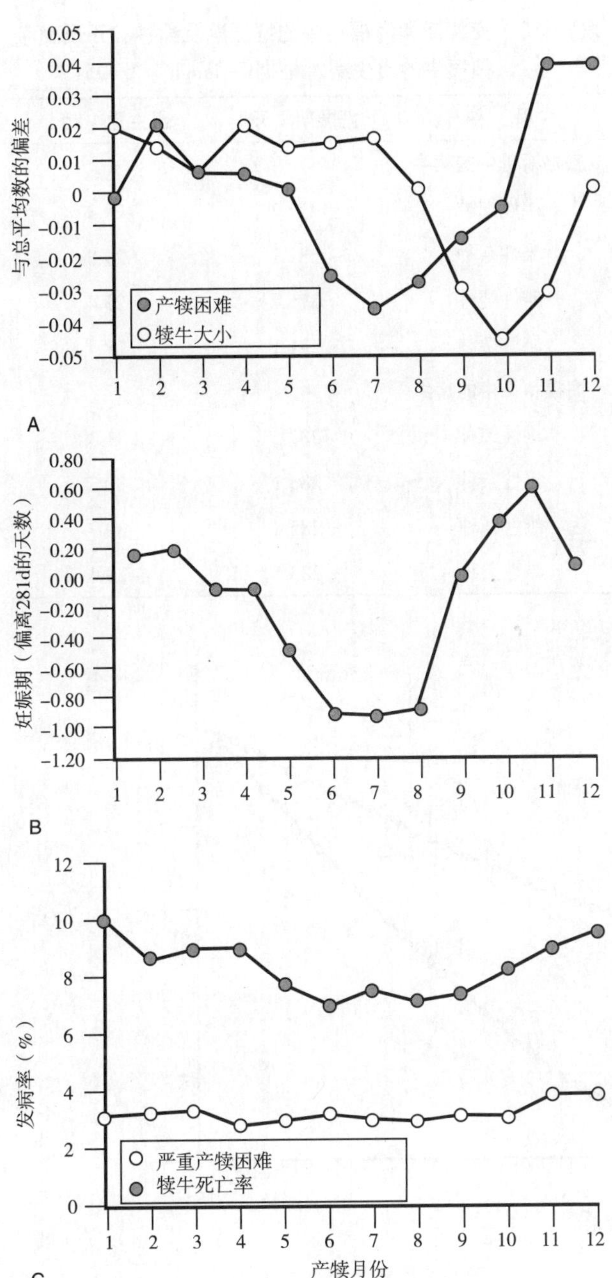

图11.4 产犊月份对（A）产犊困难程度及犊牛大小分值、（B）妊娠期长度、（C）难产发病率及犊牛死亡率的影响（经允许，引自McGuirk等，1999）。

困难程度及犊牛死亡率之间的关系见图11.5 。如果妊娠期的长度低于总的平均长度，则产犊困难的发生率最小，但随着妊娠期长度的增加而增加。在采用荷斯坦-费里斯公牛和奶牛母牛进行的同样的研究中，妊娠期长时犊牛较大（负回归系数-$p<0.05$），产犊困难程度低的最佳妊娠期长度比总平均数短3d，参见图11.6。

卵母细胞体外成熟、体外受精、体外培养及克隆 卵母细胞体外成熟（in vitro matured，IVM）、体外受精（in vitro fertilized，IVF）及体细胞核移植（somatic cell nuclear transfer，SCNT）所产生的胚胎（见第35章）的应用近年来逐渐增加，特别是在牛，这种生物技术进展很快。但是这种技术的主要缺点之一是，虽然大多数胚胎、胎盘、胎儿及后代正常，但相当数量的则不正常。主要异常之一是出现犊牛过大，这种异常称为后代过大或犊牛过大综合征（large offspring or large calf syndrome），或者是包括所有异常的后代异常综合征（abnormal offspring syndrome）（Farin等，2006）。许多研究报道表明，由此产生的犊牛出生重要比正常人工授精（artificial insemination，AI）后的大，例如前者为 51kg，而后者为36kg（Behboodi等，1995），出生重高4.5kg（Kruip 和 den Haas，1997），或者出生重增加10%（Van Wagtendonk de Leeuw等，1998）。出生重的增加有些可能是由于妊娠期太长，例如+3d（Van Wagtendonk de Leeuw等，1998），+2.3d（Kruip 和 den Haas，1997），由此导致难产的发病率增加25.2%（Kruip和 den Hass，1997）及62%（Behboodi等，1995），而AI产生的犊牛为10%。在难产的发病率增加的同时，犊牛的死亡率增加。但也有研究并未发现这一问题（Penny等，1995）。目前的研究正在试图在将胚胎移植给受体之前鉴别出引起这类综合征的胚胎，而且取得了一定的进展（Farin等，2004，2006）。为了能够预测这种问题及采取矫正措施以防止难产的发生，可在妊娠的最后1个月通过直肠内超声测定胎儿掌骨的宽度鉴别过大的胎儿，而胎儿掌骨的宽度是估计犊牛出生重的一种可靠方法（Takahashi等，2005）。在这项研究中，超声估测的直肠内测定的掌骨平均宽度在妊娠最后1周为30.2 ± 2.2mm，而出生后的平均值为 30.0 ± 2.1mm；预测的平均出生重为50.0 ± 4.7kg，实际平均出生重为51.2 ± 5.5kg（Takahashi等，2005）。

表 11.9 不同品种的牛的妊娠期及出生重（引自Noakes，1997）

品 种	平均妊娠期（d）	平均出生重（kg）
阿伯丁安格斯	280	28
艾尔夏	279	34
瑞士褐牛	286	43.5
夏洛莱	287	43.5
荷斯坦-弗里斯	279	41
格恩西	284	30
海福特	286	32
娟姗	280	24.5
西门塔尔	288	43
南德温	287	44.5

表11.10 安格斯和海福特牛的妊娠期及纯种和正反交杂种犊牛的出生重（根据Gerlaugh等，1951）

品 种	妊娠期（天）	出生重（kg）
安格斯母牛的犊牛		
雄性纯种	277.2	28.3
雄性杂种	282.7	29.8
雌性纯种	275.7	25.4
雌性杂种	281.1	28.4
海福特母牛的犊牛		
雄性纯种	287.5	31.3
雄性杂种	283.1	30.3
雌性纯种	285.2	30.7
雌性杂种	283.5	28.4

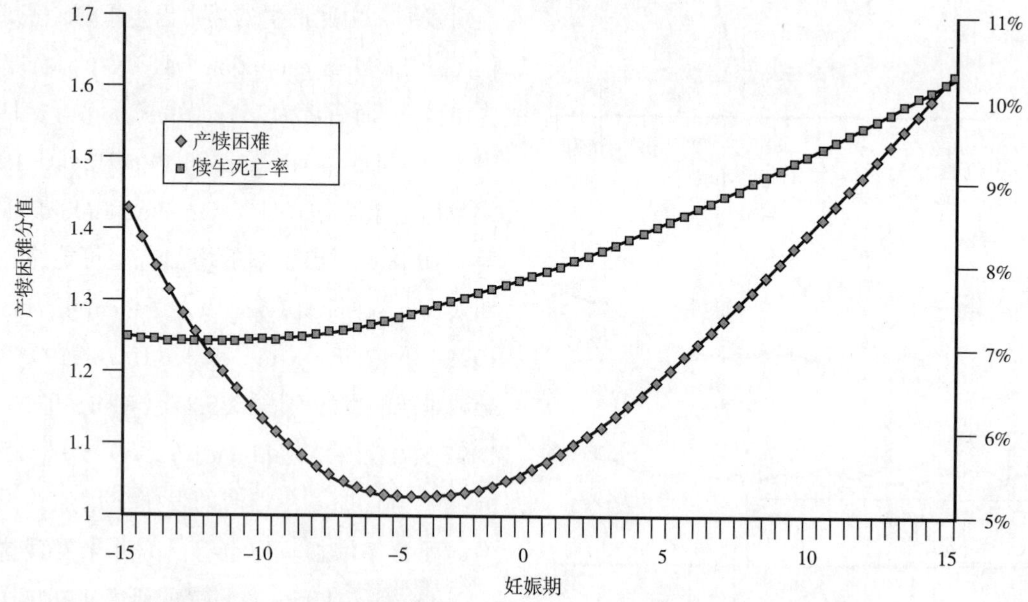

图 11.5 产犊困难程度分值及犊牛死亡率与妊娠期长度的关系（犊牛死亡率的预测值转化为百分比）

母牛的体况分值 体况分值与犊牛出生重直接相关（Spitzer等，1995），这将在下面讨论母体因子时介绍。

胎儿数量 正常情况下牛为单胎动物，双胎仅占出生的 1%～2%，但在有些情况下可达到8%。双胎犊牛的出生重比单胎时平均低10%～30%，而且小母牛出生的双胎出生重会更低。

11.1.1.2 犊牛体形

许多研究表明，犊牛出生重影响产犊的难易程度（见上）。但犊牛无需助产而在分娩时从产道排出的能力取决于其形状或体形，这见于某些胎儿畸形的极端情况下（参见第4、第16章），如胎儿重复畸形、裂腹畸形、腹腔积水及全身积水犊牛等，这些情况下，胎儿的出生重较轻，但体形阻止了其正常产出。

人们试图通过对犊牛体形的评价分析其与产犊难易程度的关系，采用这些方法时需要向农工了解评价犊牛的体形为好、一般或差，然后采用数字

表11.11　几个牛品种妊娠期的变化（根据 Gerlaugh等，1951）

品　种	妊娠期个数*	平均妊娠期*
纯种安格斯	101	276.47
纯种海福特	100	286.28
海福特公牛×安格斯母牛	94	281.98
安格斯公牛×海福特母牛	102	283.30

*雄性及雌性犊牛。

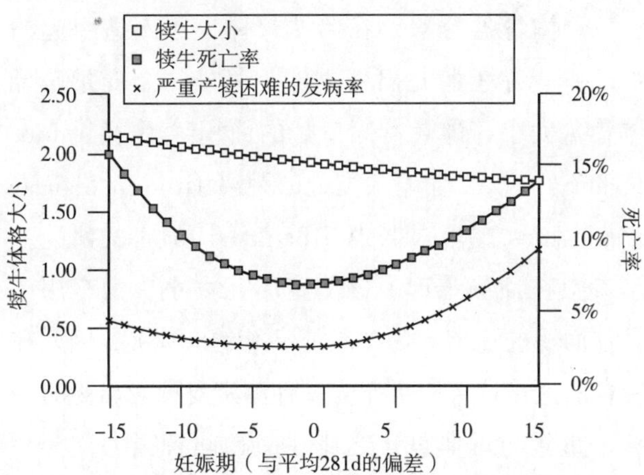

图 11.6　妊娠期长度对胎儿大小、严重难产的发病率及犊牛死亡率的影响（经允许引自 McGuirk等，1999）

评分，分别赋值为1～3（McGuirk 等，1998a）。还有人对胎儿进行了大量的解剖学测定，如测定头部周长（head circumference）、蹄周长（foot circumference）、肩宽（width of shoulders）、臀宽（width of hips）、胸深（depth of chest）、体长（body length）、管骨长及直径（cannon bone length and diameter）等（Nugent 等，1991，Colburn等，1997）。McGuirk等（1998a）采用一种很简单的方法发现犊牛体形与难产发病率及犊牛死亡率之间在统计学上差异显著（图11.1）。总之，肉牛公牛和奶牛母牛或小母牛所生的肌肉发育良好的犊牛发生难产的可能性更大，胎儿死亡率更高。近来在澳大利亚和新西兰，一般鼓励农场在购进肉牛公牛时应注意其体形（Hickson 等，2006），应避免购进肩关节很宽或肩胛骨顶点间距很宽的肉牛公牛（图 11.7）。

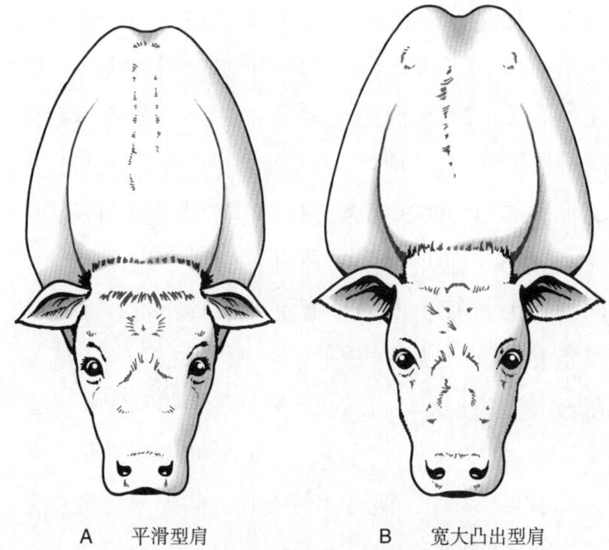

图 11.7　肉牛公牛肩部的体形及产犊的难易程度
A. 理想体形　B. 不理想体形（承蒙 Brian Sundstrom，Brian Cumming，2002，Better Bull Buying to Target Markets NSW Dept of Primary Industries，New South Wales，Australia提供）

如果采用更为复杂的方法，则结果并不令人满意，而且互有矛盾。Meijering（1984）和 Morrison 等（1985）发现，犊牛体形测定的结果对产犊难易的影响没有明显差别，而且与出生重无关。Nugent 等（1991）研究了犊牛体形与公牛期望后裔差异（sire expected progeny difference，EPD）或产犊难易程度之间的关系，发现用出生重高的EPD公牛配种后，如果犊牛的出生重恒定，则倾向于头部和管骨周径较大。但在出生重恒定时，体尺测量与产犊难易程度无关。总之，他们认为，犊牛的体形似乎对预测产犊的难易程度没有明显帮助，但可预测出生重EPD。

11.1.1.3　母体因素

母体胎次　胎次为影响产犊难易程度最重要的母体因素。Withers（1953）在英国的调查发现，小母牛难产的发病率为成年母牛的3倍。在成年母牛6309次妊娠中，产犊困难占1.38%，而在小母牛2814次妊娠中难产占3.8%。在美国对345例牛的难产进行的研究发现，95%是在肉牛，Adams 和 Bishop（1963）发现所有难产中 85%是在小母牛，其分类如下：犊牛过大 66%，母体骨盆小

15%，两者同时则为19%。小母牛越年轻，难产发病率越高（Lindhé，1966）。正如所料，小母牛的死产率（6.7%）要比成年母牛（2.4%）高。在英国对采用685头荷斯坦-费里斯奶牛公牛作为AI公牛配种后的75 000次产犊进行的分析表明（McGuirk等，1999），小母牛配种后所产犊牛比成年母牛配种后所产犊牛困难分值更高（1.35：1.16），严重难产的发病率更高（4.80：1.64），妊娠期较短（280.4：281.3），犊牛死亡率更高（9.5%：7.2%）。同样，在对小母牛和成年母牛（88 000产犊牛）进行比较发现，如果采用肉牛公牛，则预测的难产发病率平均分别为6.64%和2.12%（McGuirk等，1998a）。如果从第一胎转变为第二胎，则胎次之间的差别很小（Sieber等，1989），小母牛未助产的产犊为48.3%，第二、三、四、五及以后胎次分别为79.9%，82.7%，82.8%和86%（表11.8）。Legault 和Touchberry（1962；表11.6）和Eriksson等（2004；表11.2）也获得了同样的结果。

母体的体况分值 一般认为，体况得分很高的小母牛或成年母牛更有可能比体况分值中等或低的牛发生难产，其原因是，在体况很好的情况下，腹膜后骨盆脂肪（retroperitoneal pelvic fat）的量增加，从而使产道缩小。在肉牛小母牛的研究表明，体况分值对难产发病率没有影响（Spitzer等，1995）。但在这一研究中，如果体况分值1表示消瘦，9表示肥胖，则小母牛在体况分值为 4、5和 6时，所有小母牛为中等体况，因此不可能推断出极端的情况。本研究一个值得注意的特点是，产犊时的体况分值影响出生重，但这可能是直接受营养摄入的影响；在体况分值为 4、5和 6时，小母牛的平均体重分别为 338 ± 4kg、375 ± 3kg 和424 ± 4kg，犊牛的出生重分别为 28.9 ± 0.5kg、30.4 ± 0.4kg和32.4 ± 0.7kg。

母体骨盆容积 在胎儿母体大小不适引起的难产中，除了胎儿出生重外，另外一个变量是母体骨盆大小，即骨盆入口处的面积[背腹径（dorsoventral）× 二髂嵴最宽处的距离（widest bisiliac dimensions）]。根据 Wiltbank（1961）的研究，该参数在预测难产上比测定胎儿大小更为有用。骨盆面积的遗传力为中等或高（约50%），因此在种畜的遗传选育中可作为一种测定参数。出生时的犊牛重量与母体重量之比在品种间有很大差异，如弗里斯牛1：12.1；艾尔夏牛1：12.6；娟姗为1：14.6。如果以弗里斯牛为公牛，与弗里斯牛、艾尔夏牛和娟姗母牛配种，则犊牛重量与母体重量之比为：弗里斯牛1：12.1，艾尔夏牛1：11.3，娟姗1：11.1。虽然弗里斯-娟姗犊牛与母体相比较纯种费里斯大，但纯种弗里斯犊牛难产的发病率则为弗里斯-娟姗犊牛的3倍。这些数据说明娟姗母牛的骨盆容积比弗里斯牛更好。此后许多研究都建

表11.12 测定骨盆估计可娩出的犊牛出生重（引自Deutsche，1985）

测定时间	小母牛的年龄（月）	小母牛的体重（kg）	骨盆面积（cm^2）	骨盆面积：出生重比例	估计的犊牛出生重（kg）
配种前	12~14	250~318	120	2.0	27.3
			140	2.0	31.8
			160	2.0	36.4
妊娠诊断时	18~19	318~386	160	2.5	29.1
			180	2.5	32.7
			200	2.5	36.4
产犊前	23~24	364~432	200	3.1	29.5
			220	3.1	32.3
			240	3.1	35.0

议利用测定骨盆面积作为短期及遗传选育中预测产犊难易程度的方法（Derivaux等，1964；Rice和Wiltbank，1972；Deutscher，1985）。测定骨盆大小时可在直肠内用卡钳（callipers）测定，但在有些情况下这种测定极为困难。因此测定的准确度及据此预测产犊难易程度的理论受到批评（Van Donkersgoed等，1990）。在一项对海福特小母牛的研究中，根据直肠测定骨盆大小计算骨盆面积，选择合适的动物进行配种（Deutscher，1985）。表11.1为220头海福特小母牛根据周岁骨盆大小、犊牛出生重及骨盆面积：出生重比例判断难产程度。如果在配种之前测定骨盆面积，则可剔除骨盆较小的母牛用于配种，或者采用易于产犊公牛的精液（出生重的EBV低，low EBV for birth weight）人工授精，而骨盆较大的母牛可用产犊难易中等的公牛配种。表11.12 为采用骨盆测定估计产出犊牛的出生重。

也有人对公牛进行骨盆测量（pelvimetry），试图通过选择骨盆面积较大的公牛，期望这种性状能通过其雌性后裔遗传。目前获得的结果仍不清晰（Crow 和 Indetie，1994；Kriese 等，1994）。近年来在美国为乳用后备小母牛饲喂生长促进剂（growth promoters），明显增加了其骨盆面积。

11.1.1.4　胎儿母体大小不适引起的难产的预防

由于胎儿母体大小不适是牛难产的重要原因，因此应采用良好的兽医实践阻止其发生。Drew（1986-1987）根据英国荷斯坦-弗里斯小母牛的培育，提出了如下指导性意见。

配种时的管理

- 确保配种时的体重达到260kg以上
- 选择配种公牛时应该慎重

在人工授精公牛：

- 选择经过充分验证的具有优良遗传性状的公牛
- 选择经过多个农场验证，成功用于小母牛的公牛，如果不可能，则应选择产犊困难程度（出生重的EBV低）及用于成年母牛时妊娠期的长短低于平均水平的公牛

在自然配种公牛：

- 避免采用体格较大的公牛品种配种
- 选择易于产犊的公牛，如不可能，则选择具有良好记录的公牛

产犊前的管理

- 调整饲料水平，避免在过度肥胖的情况下产犊
- 妊娠最后3周限制能量摄入
- 如果前一年犊牛死亡率较高时应检查碘和硒的水平
- 确保饲料中添加镁
- 确保有足够的运动场地
- 小母牛妊娠的最后3周每天观察至少4～5次，特别是用妊娠期短的公牛配种后更应如此
- 如有可能，小母牛应与小母牛群或干奶母牛群一同放牧，如果与挤奶牛一同饲喂，应限制平常的饲喂水平，维持在小母牛产犊后的日粮水平

产犊时的管理

- 如有可能，放牧小母牛应在牧场或小围栏内产犊。舍饲小母牛应在其熟悉的环境下产犊，除非需要助产而必须转移，否则避免转运临产犊的小母牛到产犊棚（calving box）产犊
- 确保产犊牧场具有围栏，以避免小母牛滚进难以助产的位置
- 产犊开始后大约每小时观察一次，观察太频（如每半小时观察一次以上）可能会延缓产犊
- 做好助产，观察是否有恐惧、异常疼痛或痛苦的症状，如果注意到这些情况，而且产犊延缓，应及时助产
- 饲养管理人员应经过训练，以能鉴别可能会出现的问题，如果发生问题时知道什么时间寻求专业帮助。如果采用产犊助产器械，应使饲养管理人员清楚正确的使用方法
- 如果产第一胎的小母牛产犊需要助产的比例异常的高，这常常可能是群体问题，可能会影响整个牛群的产犊，因此应寻求专业帮助

在用于生产肉犊的杂种或纯种犊牛，可采用同样的原则，但应注意：

• 采用生长良好的小母牛，如果是为纯种后备小母牛进行配种，应根据产犊难易程度的记录（出生重EBVs低）及本品种正常的妊娠期选择配种用公牛

• 在采用奶牛群进行杂种肉牛生产时，避免采用体格较大的品种的公牛配种，例如西门塔尔和夏洛莱用于小母牛的输精，而应采用已知产犊容易的阿伯丁安格斯或海福特公牛。第二胎及其以后时，可根据产犊较易的记录及妊娠期，选择体格较大品种的公牛

• 采用肉牛品种生产肉牛犊时，小母牛可用体格较小的肉牛或具有良好的产犊容易及妊娠期记录的同品种肉牛公牛配种，在以后的胎次可用同品种或体格较大品种的公牛，但均应根据产犊容易及妊娠期正常进行选择

在采用上述原则生产肉牛后代时，无论是纯种还是杂种，如果妊娠期相同，均应注意犊牛在出生时的体重与其断奶重及以后的屠宰重有直接关系，因此影响到养殖企业的经济效益。另外，出生时犊牛体格过大则易发生犊牛死亡及母体发病率和死亡率升高，产奶量降低及引起不育。因此繁育时必须要考虑在多大程度上增加犊牛的出生重，而且可增加其以后的生长速度和断奶重。

如果预计会发生胎儿母体大小不适引起的难产，可采用提早诱发产犊的方法缩短妊娠期，这已在第6章进行了介绍。

11.1.2 绵羊和山羊

从第 8 章（表8.9）可见，胎儿母体大小不适引起的难产是绵羊难产的重要原因，但与牛相比，在绵羊此方面的研究甚少，这在一个方面反映了母体及后代的相对价值。与牛一样，胎儿母体大小不适是羔羊过大或骨盆过小造成的结果，有时两者可同时发生。

11.1.2.1 羔羊出生重

影响羔羊出生重的因素与在牛相似。如表11.13所示，不同绵羊品种羔羊出生重具有明显的差别。平均出生重（单羔或双羔）在威尔士山地羊（Welsh Mountain）为2.9kg，而在边区莱斯特（Border Leicester）为5.8kg 。Hunter（1957）的研究表明，杂交对羔羊出生重具有明显的影响，他通过将体重最重的边区莱斯特与体重最轻的威尔士山地羊进行正反杂交，获得的结果见表11.14。将体格相差很大的不同品种的胚胎进行正反向移植表明，子宫环境对胎儿的发育具有明显的影响。Hunter（1957）和Dickenson等（1962）的研究表明，出生前的环境（表型）及羔羊的基因型对出生重具有相对重要的影响。在Hunter关于边区莱斯特和威尔士山地羊品种的研究中发现，边区莱斯特公羊配种威尔士山地羊母羊后，羔羊的平均出生重比

表 11.13 不同绵羊品种成熟母羊及新生羔羊平均体重

品 种	母羊配种时的体重（kg）	羔羊出生重*（kg）
苏格兰黑面羊（Scottish Blackface）	54	3.8
威尔士山地羊（Welsh Mountain）	35	2.9
克伦森林羊（Clun Forest）	60	4.3
有角道赛特羊（Dorset Horn）	72	4.3
罗姆尼沼泽羊（Romney Marsh）	71	4.7
边区莱斯特（Border Leicester）	83	5.8
特塞尔（Texel）	79	5.0
萨福克（Suffolk）	83	5.15
牛津（Oxford）	89	5.6

* 单胎、双胎、雄性及雌性羔羊未加权的平均数。

表11.14　品种对羔羊出生重的影响（引自Hunter，1957）

母羊	公羊	羔羊重（kg）	
		单羔	双羔
边区莱斯特	边区莱斯特	雄性6.6	
		雌性5.9	雌性5.2
	威尔士山地羊		雄性5.2
		雌性5.9	雌性4.3
威尔士山地羊	边区莱斯特	雄性4.9	雄性4.3
		雌性4.9	雌性3.8
	威尔士山地羊	雄性3.8	雄性4.0
		雌性3.7	雌性3.4

边区莱斯特公羊配种边区莱斯特母羊后的羔羊轻1.13kg；而威尔士山地羊公羊配种边区莱斯特母羊后，羔羊平均出生重比威尔士山地羊公羊配种威尔士山地羊母羊后的羔羊重0.56kg，说明母体影响可以限制遗传上较大羔羊的体格，同时可增加遗传上较小羔羊的体格。同样，威尔士山地羊母羊的母体环境对边区莱斯特羔羊体格大小的限制程度要比边区莱斯特母体环境对威尔士山地羔羊体格的增大程度更为明显。

以威尔士山地羊品种公羊在第一个繁殖季节与一些母羊品种，如特塞尔配种，可降低产羔时的难产发病率，同时可生产具有杂种优势及生存率高的羔羊。

在体格较大的林肯羊和体格较小的威尔士山地羊品种的正反向杂交中，Dickenson等（1962）发现在林肯母羊未发生产羔困难，但在13只怀林肯羔羊的威尔士母羊中8只在产羔时需要助产。在另一试验中，将纯种林肯羊及纯种威尔士供体羊的胚胎移植到苏格兰黑面母羊（Scottish Blackface ewes），在36只林肯羊羔羊，16只需要助产，而28只威尔士羔羊只有1只发生难产。胚胎移植试验的结果表明：

- 同品种羔羊（基因型相同）的出生重依子宫环境（表型）是林肯羊或威尔士羊而不同
- 在同样的子宫环境中发育的羔羊，其出生重依是否其基因型为林肯羊或威尔士羊而不同
- 羔羊基因型及母体子宫环境明显影响羔羊的出生重
- 基因型对羔羊出生重的影响要比母体的影响大3～4倍

与在牛一样，雄性羔羊比雌性羔羊的出生重更重，差别为5%左右；双羔比单羔轻16%左右（Starke等，1958）。基于品系繁育产生特定的罗姆尼绵羊品系，使得农场认为由此产生的羔羊出生重低，产羔困难程度小，这种选育方法由于淘汰连续患难产病的母羊，因此效果明显（McSporran等，1977），直到1970年时，20%～31%的母羊在产羔时仍需要助产，而1971年时降低到18%，1972年时为11%，1973年时为3.3%，1974年时为4.0%。

限制母羊在妊娠期的饲料对胎儿生长和羔羊出生重的影响差别很大，多个研究获得的结果互相矛盾。虽然在妊娠的最后1/3阶段限制饲料时，胎儿的生长达到最大，但出生重降低，特别是如果日粮摄入降低到母羊维持所需要的水平以下时，在妊娠的第一和第二个1/3阶段限制摄食可产生互相矛盾的结果。Black（1983）对这些结果进行了总结，认为这种处理的结果包括对出生重没有影响、可增加或降低出生重三种情况。其原因是妊娠早中期严重的营养不良可降低胎盘突的数量，但胎盘突增大，其形状也发生改变（Steyn等，2001）。因此，如果在妊娠的最后1/3阶段营养的摄入增加，则胎盘突在转运营养上更为有效，因此胎儿生长更为快速。Russel等（1981）也发现，对日粮摄入的反应不同，这主要取决于母羊在配种时的体重（表 11.15）。Faichney（1981）进行的研究其结果很有意义，见表11.16，在该研究中，妊娠期日粮的摄入不等，研究其对胎儿和胎盘重量的影响。

大量的研究表明，热带及亚热带地区的绵羊产羔时羔羊小而孱弱，如果母羊从妊娠50d起，连续每天暴露于42℃的环境温度下8h，之后在32℃16h，可使羔羊出生重降低40%。高温的影响可能是通过降低胎盘重量和功能而发挥的。

表 11.15 母羊活重及妊娠30～98d的饲喂水平对羔羊出生重的影响（引自Russel 等，1981）

羊 群	配种体重（kg）	妊娠中期的营养水平*	羔羊出生重（kg）
A	42.5	高	3.83
		低	3.32
B	54.5	高	4.23
		低	4.95

* 高水平的营养足以维持无孕体母羊的体重，低水平营养估计可使母羊失重5～6kg。

表11.16 母羊妊娠期不同饲喂水平对受精后135d胎儿和胎盘重量的影响（引自Faichney，1981）

	饲料摄入（g/d）		胎儿重量（kg）	胎盘重量（g）
	55~99d	100~135d		
MM	900	900	3.3	321
MR	900	500	3.3	437
RM	500	900	3.7	463
RR	500	500	3.0	413

M，足够的饲料摄入能维持母羊在无孕体时的体重；R，限制摄食。RM 及RR时羔羊平均出生重差异显著（$p < 0.05$）。MM 与 MR，RM 和 RR相比，RM 与RR相比，胎盘平均重差异显著（$p < 0.05$）。

一些传染性疾病如羊布氏杆菌（*Brucella ovis*）和刚地弓形体（*Toxoplasma gondii*）也可引起出生重降低。

11.1.2.2 母体骨盆容积

在新西兰，McSporran和Wyburn（1979）及McSporran和Fielden（1979）的研究通过X线骨盆测量研究了骨盆面积，发现不同的罗姆尼绵羊难产的发病率与骨盆面积有关。对外部测定的骨盆大小与体内测定的骨盆大小进行比较，发现没有多少意义，由于这些作者所研究的特定的绵羊难产类型主要是胎儿母体大小不适，因此他们建议可对母羊和公羊进行选择性繁育，以降低难产的发病率。

在牛，人们试图研究外部骨盆测定与骨盆面积的关系（Hindson，1978）。在绵羊进行的研究表明，对大量不同品种的绵羊骨盆进行体外测定，包括多个稀有品种，这些品种没有选择生长性能及胴体质量的选择压力（Robalo Silva 和 Noakes，1984）。表11.17 表明骨盆面积差别很大，一些品种如索艾（Soay）、北罗纳德塞（North Ronaldsay）和设德兰（Shetland）骨盆测定指标较小，而苏格兰黑面羊、克伦森林羊和萨福克则骨盆测定指标较大。但是，将不同品种绵羊骨盆测定指标与母羊的体重进行比较时，发现前面几个品种骨盆要比后面几个品种的大（表11.18）。由于胎儿重量占母体重的6%～8%，因此在骨盆较小的品种要通过遗传选育生产体格较大的羔羊时，则比稀有品种患难产的可能性大，而稀有品种则主要是受自然选择的影响。

11.1.3 猪

胎儿母体大小不适并非猪难产的主要原因，但在小母猪窝产仔数少时可造成严重问题。

商品猪种平均窝产仔数为10～11个时，平均出生重约为1kg；在一些微型宠物猪，如越南壶腹猪（Vietnamese pot-bellied pig），平均窝产仔数为4～6个时，平均出生重为0.5kg 。长期以来人们就认识到，如果每个子宫角中仔猪的数量超过5个，则仔猪的出生重会降低，位于子宫角中部的仔猪较小主要是由于竞争胎盘面积所引起，位于子宫角顶端的仔猪在出生时最大。大量的研究表明，胎儿生长最佳的子宫角空间应达到35～45cm。

大量的研究表明，营养水平对排卵率、胚胎生存率及其他繁殖参数具有明显的影响，这将在第27章讨论。但关于营养对胎儿大小的直接影响所见资料甚少，只是有研究表明，排卵率低可引起窝产仔数减少，因此仔猪较大。Pike 和 Boaz（1972）对妊娠母猪的日粮进行调整，发现从受胎到妊娠70d

表11.17 不同品种成年绵羊骨盆外部测定指标的平均值及母体体重（引自Robalo Silva和Noakes，1984）

品 种	TC（cm）	TCI（cm）	MTI（cm）	RL（cm）	体重（kg）
索艾羊（Soay）	13.08	11.3	5.6	17.4	21.7
北罗纳德赛（North Ronaldsay）	15.1	12.4	6.3	18.6	24.8
设得兰羊（Shetland）	16.6	12.7	6.4	19.5	34.6
苏格兰黑面羊（Scottish Blackface）	21.0	16.9	9.0	23.4	66.4
克伦森林X（Clun Forest X）	26.4	16.5	8.8	23.6	61.6
萨福克（Suffolk）	22.1	18.3	8.8	25.5	79.5

TC，髋结节间距（Intertuber coxal dimension）；TCI，坐骨外结节间距（lateral intertuber ischial dimension）；MTI，坐骨中间结节间距（medial intertuber ischial dimension）；RL，臀长（rump length）。

表11.18 不同绵羊品种成年母羊骨盆测定指标与体重的关系（引自Robalo Silva和Noakes，1984）

品 种	MTI：体重	骨盆大小总和：体重
索艾羊	1.0	1.0
北罗纳德赛	0.984	0.953
设得兰羊	0.717	0.720
苏格兰黑面羊	0.525	0.478
克伦森林X	0.554	0.507
萨福克	0.429	0.426

MTI，中坐骨结节间距（medial intertuber ischial dimension）

饲喂水平的变化没有影响，只有在最后45d的变化才能表现出母体营养对出生重的影响，这些结果与研究所发现的妊娠最后45d胎儿重量增加10倍的结果是一致的。

11.1.4 犬和猫

犬和猫难产的发病率及原因在第8章已有介绍。母犬难产的发病率为 5%左右，但在一些软骨发育不全（achondroplasia）及短头畸形（brachycephaly）的品种，难产的发病率可达100%（Eneroth等，1999）。

仔犬及仔猫体格大小依赖于许多因素，特别是品种和窝产仔数，但关于妊娠期营养的影响目前所见资料甚少。在大型品种的母犬，仔犬重为母犬重的1%～2%，而在小型品种的母犬则为4%～8%，如果仔犬体重为母犬的4%～5%时可正常产仔（Larsen，1946）。Eneroth等（1999）对波士顿小猎犬（Boston Terrier）进行的研究发现，正常产仔及难产时仔犬的体重分别占母犬的2.5%和3.1%，而苏格兰小猎犬（Scottish Terriers）相应的数据分别为2.1%和2.5%。

在一些软骨发育不全的品种，如苏格兰小猎犬、（毛硬腿短的）锡利哈姆犬（Sealyham）及狮子犬（Pekinese）（Freak，1962，1975），背腹径（dorsoventral）或荐耻径（sacral-pubic dimension）小，因此使骨盆入口缩小，由于胎儿母体大小不适而引起阻塞性难产。在对波士顿小猎犬和苏格兰小猎犬进行的研究中，分别对产仔正常的组及因胎儿母体大小不适而发生难产的组，采集窝产仔数、仔犬重、头高、头宽和肩宽等数据，对所有母犬的背腹及侧面用X光照射进行研究（Eneroth等，1999）。结果表明，苏格兰小猎犬的胎儿母体大小不适是由于骨盆背腹扁平所引起，而在波士顿小猎犬则是由于同样的骨盆异常再加上头部周径所引起；波士顿小猎犬的体重与头部周径之间呈强的正相关（r=0.743）。这一研究表明，放射线测定骨盆可作为一种预测难产的方法，在母犬的选育中，可结合仔犬体形的评价，对公犬和母犬进行选育。

11.2 胎儿产式异常

在讨论胎儿出生时的产式（disposition of the fetus）异常时，重要的是采用最早由Benesch提出，在本书（参见第8章，8.6 产科学术语）使用的一些术语。常常使用一些不正确的术语，特别是胎向（presentation），其在描述胎儿的产式时具有精确的产科学意义。在妊娠期，胎儿的产式是尽可能占据子宫空间的小部分；但在分娩时，必须要采取能使胎儿通过产道排出的产势。由于这些产式不协调，因此在第一产程要发生改变。读者请参阅第6章有关此方面的介绍。

11.2.1 胎向

大约99%的马驹及95%的牛犊为正生；而绵羊，特别是在怀单胎时正生的比例与牛的相似，但如果为双胎则相当比例的羔羊为倒生。多胎的猪和犬30%～40%的胎儿为倒生。倒生时，胎儿后肢可伸直或屈曲于身体之下。多胎出生而后肢伸直时，难产比正生略多；但多胎出生而后肢屈曲（坐生，breech presentation）时，难产的发病率升高。在单胎动物，倒生时如果后肢屈曲，则总会发生严重的难产；即使后肢伸直，发生难产的可能性也比正生时大。由于单胎动物胎儿的四肢较长，后肢伸直需要较大的空间，因此在妊娠后期倒生的胎儿不能在第二产程开始前伸直后肢的可能性很大。绵羊怀双胎时，坐生可引起难产，但双胎羔羊通常比单胎小。

人们一致认为，如果犊牛倒生，其难产和死产均比正生时常见。Ben-David（1961）发现，荷斯坦牛倒生时 47%可发生难产。同样，马倒生时难产的可能性特别高，因此很有必要对决定胎儿极性的因子进行研究。Abusineina（1963）对牛的这一问题通过宰后检查进行了研究，而Vandeplassche（1957）在马也进行了类似的研究。就牛而言，在妊娠的头2个月，胎儿的极性不明显，但在第3个月时，正生及倒生的比例相当，此后一直到妊娠足月，363例中只有3例为横向。在整个第4、第5和第6个月的前半期，大多数胎儿为倒生，但在第6个月开始则发生明显的改变，因此在第6个月结束时，正生和倒生的比例相当。第7个月中旬，大多数胎儿为正生，第7个月之后17例中只有1例胎儿为倒生，这与在足月时观察到的结果很接近。总之，在妊娠的第5½～6½月之间，牛胎儿的极性开始逆转，在第7个月末时，胎儿产出时的胎向已经确定。有人试图采用宰后妊娠子宫改变妊娠7个月之后的胎向，但未获成功，主要是由于此时胎儿体长明显超过了羊膜的宽度，而改变妊娠5½～6½月阶段的胎向则需要很大的操作力量。牛在站立时采用椎旁麻醉进行类似的尝试，只有在妊娠6½月的胎儿能够成功，而在妊娠8个月时则难以获得成功。

引起胎儿极性发生这些变化的自然力量还不清楚，但可能是由于胎儿对子宫内的压力变化（子宫肌收缩引起）、腹腔内临近脏器的运动或腹壁肌肉的收缩等所发生的反射性反应，造成胎儿极性发生改变。直肠检查子宫时经常可感觉到胎儿的运动，妊娠早期倒生在数量上占优势，这可能是具有同样重心的无活力的物体，如胎儿悬浮在子宫内的结果。随着胎儿神经系统的发育，以及由此造成胎儿开始发生反射性活动，因此使得其头部从子宫中相关的部位抬起。如果这一假说成立，则倒生就不应看作为一种产科上的意外，而是由于胎儿发育低于正常，或者子宫张力缺乏所致。显然，胎儿的大小和子宫空间的大小影响胎儿在子宫内改变其极性的难易程度；牛在双胎妊娠时倒生的比例很高，而在胎儿过大时倒生的比例也高于平均水平。

在马驹，妊娠6.5～ 8.5月之间 98%为正生纵向（Vandeplassche，1957），其余2%中可能只有0.1%为横向，其中胎儿四肢占据子宫角，而子宫体则在很大程度上空虚。这种胎向可引起马最严重的难产，其可能出现在妊娠的70d，此时子宫通常在母体骨盆前，由于尿膜绒毛膜从孕角扩散到子宫体，因此胎儿从横向转变为纵向。在异常情况下，尿膜绒毛膜或者不能进入子宫体，或者大部分而不是正常的小部分尿膜绒毛膜分支进入未孕角，之后为含有胎儿四肢的羊膜进入。正常情况下羊膜及胎儿均不进入空角。另外一种不太严重的横向是胎儿横跨子宫体，虽然尚不清楚其发生的时间，但可发生于出生时。

横向在牛和绵羊非常不常见，但在多胎动物偶尔可见到一个胎儿横跨在母体骨盆入口，毫无疑问，这种胎向异常发生在出生时。

猪和犬正生及倒生的比例几乎没有明显的差异，可能是由于这些动物子宫体长而呈水平位，而单胎动物的子宫则为倾斜的。

11.2.2 胎位

就胎位而言，其自然趋势是胎儿的背部靠着子宫大弯躺在子宫内，以尽可能占据更小的子宫空间；因此在妊娠后期马的胎儿是颠倒的（upside down），牛的胎儿是竖立（upright）的，牛在出生时会保持这种胎位，而马的胎儿则在产出时从下位变为上位。因此正如所料，难产时下位及侧位在马要比在牛常见；这是在分娩时造成的。

11.2.3 胎势

就胎势而言，牛胎儿在妊娠的最后2个月胎势的排列是正生上位，所有可运动部分的关节屈曲。马胎儿倒转，其四肢也同样屈曲。这种所有关节屈曲的胎势产势能最有效的占据子宫空间。分娩时寰枕关节和颈关节伸直，而前肢伸直于胎儿前，对发生这种变化的机理目前仍不清楚。前肢伸直胎势对牛的正常分娩是必不可少的，而且这种胎势在生后就不能再重复出来。Abusineina（1963）在对分娩的第一阶段进行的研究中发现，胎儿屈曲的膝关节首先进入扩张的子宫颈；30min后趾（指）部进入子宫颈。可以推测，胎儿在练习正位反射（righting reflexes），试图在子宫中站立（stand up in utero）时，四肢伸直。毫无疑问，胎儿的这种主动运动是在第一产程由于子宫肌的收缩所引发。因此，Jöchle等（1972）观察到，临产奶牛用孕酮处理可引起胎势异常的难产发病率升高，这可能是由于孕酮维持了对子宫肌的“孕酮阻滞作用（progesterone block）”（参见第6章），因此降低了刺激犊牛发生正位反射的作用。众所周知，提早分娩时胎势异常的发生率明显增加，而在这种情况下，宫缩乏力更为常见，在产双胎时，宫缩乏力的可能性增加，同时子宫空间明显缩小，因此干扰了胎儿四肢的伸展。

胎头侧弯是另外一种值得关注的胎势异常，可由上述同样的因素引起，但子宫空间不足可能是更为重要的原因，而且更有可能是在妊娠后期而不是在分娩时发生的。一种称为先天性歪颈（wryneck）的先天性异常，头和颈部屈曲，主要是由于颈椎僵直（ankylosis of the cervical vertebrae）所引起，发生于奇蹄类动物（solipeds）特殊的双角妊娠时（Williams 1940）。在Vandeplassche（1957）治疗的27例不同的马的难产中，大多数与双角妊娠有关，其中10例马驹出现不同程度的先天性歪颈。

在单胎动物，母体骨盆的大小足以使得妊娠足月的正常胎儿从产道娩出；除了正生上位四肢伸直胎势外的任何胎儿产式异常都有可能引起难产。在多胎动物，胎儿母体的关系并非如此，因此相对较小的胎儿四肢的产式不太重要，许多引起马驹和犊牛难产的四肢胎势并不影响仔猪、仔犬和仔猫的正常娩出。但是，如果单胎动物的母体分娩时胎儿数目较少而导致一定程度的胎儿母体大小不适，在这种情况下，胎势异常可引起难产。

从上述可见，胎儿产式异常的原因可能更多的是由于机会；但是有研究表明可能也具有遗传倾向。例如，Woodward 和 Clark（1959）的研究表明，在一海福特公牛，在用于牛的近交繁殖时，犊牛倒生的比例很高，而 Uwland（1976）发现不同公牛其后裔发生倒生的范围为2%～9.7%；这些研究表明遗传因素可能影响倒生的发生率。最近在美国科罗拉多州立大学对20年来3873次产犊进行的研究发现，其中155次难产中 72.8%为倒生上位，海福特和安格斯牛倒生的遗传可能性分别为0.173和0.0。在该研究中另外一个很有兴趣的结果是其他非遗传因素，如年度、犊牛性别、品种内配种公牛及母牛的年龄也影响倒生的发生率（Holland等，1993）。

第 12 章

农畜和马经阴道救治难产的方法

David Noakes / 编　　赵兴绪 / 译

12.1　一般注意事项

• 阴道内进行产科操作时，应尽可能清洁，这种操作几乎无法无菌进行，主要是因为一些污染无法避免，但重要的是器械在不同动物之间使用时应该灭菌消毒，以避免扩散传染病。操作过程中重要的是轻柔，以减少对母体生殖道和新生后代造成的损伤

• 重要的是要防止造成疼痛和不适，因此应经常考虑采用尾部硬膜外麻醉、镇静及全身麻醉

• 在单胎动物，所有操作方法的主要目的是在试图牵引之前确保胎儿产出时的胎向、胎位及胎势是正常的。在多胎动物（以及绵羊和山羊在胎儿较小的多胎时），在胎势轻微异常的情况下也有可能经阴道娩出。矫正胎向、胎位及胎势异常时只能在胎儿位于子宫内时操作，因此矫正前必须将胎儿推回子宫，如果进行尾部硬膜外麻醉，则更便于这种操作

• 在延误时间较长的难产病例，如果胎水已经流失，则应补充胎水的替代品。无菌水是尿水最好的替代品，但未灭菌的干净水也能达到很满意的结果。在牛和马，可将14L左右的水用软管（最好用胃管）和漏斗通过重力作用灌入子宫，这样可极大地促进胎儿在子宫内的活动。要进行阴道分娩时，需要采用替代羊水的润滑液，这种润滑液可采用富含纤维素的水溶性产科润滑剂，如果没有，则可用肥皂、特别是皂片替代，猪油或凡士林（Vaseline）在临床上使用较多，也很有效果。但是不能过于强调替补胎水的作用

• 诊断清楚难产的原因及决定了助产方法后，应考虑是否有合适的器械，是否有足够的技术力量及其他帮助，器械是否足以成功完成助产任务。在严重的难产病例，特别是在马，应寻求专业技术人员的帮助，同时考虑病马在适合转运的状态下是否将其转运到兽医院进行治疗

• 成功娩出胎儿后，应仔细检查母畜的生殖道，检查是否还有胎儿；应注意单胎动物有时也怀双胎，偶尔甚至怀多胎

• 应仔细检查母畜的生殖道是否有损伤，同时进行相应的治疗（参见第17章）

• 应检查胎儿是否需要复苏，如果发现有呼吸性酸中毒的迹象，应及时进行治疗，同时应检查胎儿是否有损伤。马驹复苏所需要的设备见表12.1

12.2　产科器械

使用产科器械的基本目的是用最少量的器械，但应完全熟练掌握其用途。需要强调的是，术者干净轻柔的手和手臂是最好的器械。易于操作且便

表12.1 马驹呼吸复苏设备（引自McGladdery，2001）

直径7~12mm气管插管
氧气瓶和调节阀
复苏袋
多沙普仑
肾上腺素
4.2%碳酸氢钠
5%葡萄糖生理盐水
地西泮
磷酸地塞米松
利多卡因
静脉导管
输液装置
肠道饲喂管
针头、注射器、采血导管
血糖计

于消毒的简单器械最好，偶尔也需要更为复杂的器械，但重要的是必须要清楚什么时候采用这种复杂器械最为合适。兽医在流动性访问农场时，因种畜场及其他养殖场都有临近分娩的动物，建议这些单位配备专用的产科器械和其他设备以备急用；此外，配备专用的剖宫产手术包也极为重要（这将在第20章讨论）。随着有效的镇静及麻醉药物的使用及剖宫产手术方法的改进，许多长期使用的产科器械已经废弃不用，兽医有效使用这些器械的能力也在降低。但其中许多器械仍很有帮助，而且有些在牛的用途更多，而在马的应用则较少，这些器械见图12.1，主要包括：

• 产科绳（obstetric snares），即为长1 m，有环的棉绳、尼龙绳或带子（A，B，C）-必须要准备一条套在下颚骨的绳套以及牵引棒（traction bars，D）。这些器械是必需的，建议至少配备两套；而且这些器械应该可以灭菌

• 作为产科绳套的替代物，可以采用Moore氏产科链（Moore's obstetric chains）（E）及其手柄（F）。许多兽医人员发现这要比绳套好用，其主要优点是较重，在使用或在阴道内操作时不会轻易移动

• 绳导（snare introducer）（G），可与绳及链一同使用，可用公牛环替代

• 产科钩（obstetrical hooks），包括Krey-Schottler双关节钩（Krey-Schottler doublejointed hooks）（H），Obermeyer氏肛门钩（Obermeyer's anal hook）（I），Harms氏对尖钩（Harms's sharp）（J）或钝钩（L），可固定于猪用产仔链（farrowing chain）上（K），以及Blanchard氏长弯钩（Blanchard's long, flexible cane hook）（M）。这些钩在施行截胎术牵引胎儿不同部位时很有用处

• 其他器械还包括Cämmerer氏扭正叉（Cämmerer's torsion fork）（N）及布套（canvas cuffs）（O）和Kühn氏产科梃（Kühn's obstetrical crutch）（P）

• 牵引时可采用滑车设施（block and tackle），或使用产仔急用包，如HK犊牛牵拉器（HK calf puller）或Vink产犊千斤顶（Vink calving jack）等（图 12.2）。

12.3 产科手法

用于胎儿的产科手法如下。

12.3.1 推回

推回（retropulsion）是指将胎儿从阴道（以及骨盆）朝着子宫向前推，是矫正所有胎儿胎向、胎位及胎势异常所需要的子宫内操作所必需的操作手法，因为在阴道内即使最为简单的操作也没有足够的空间进行。操作时可将手压在前置的胎儿躯干上，在有些情况下可由助手在术者操作时推胎儿；有时也可用推拉梃推回胎儿（图12.1）。如有可能，推回用力时应在母体努责的间隙进行。另外，可采用硬膜外麻醉阻止母体努责；但硬膜外麻醉对子宫肌的收缩没有作用，子宫肌的收缩可通过采用解痉药物，如克仑特罗抑制。

12.3.2 拉直

拉直（extension）是指胎势异常时拉直屈曲的关节，操作时用切向力（tangential force）作用于屈

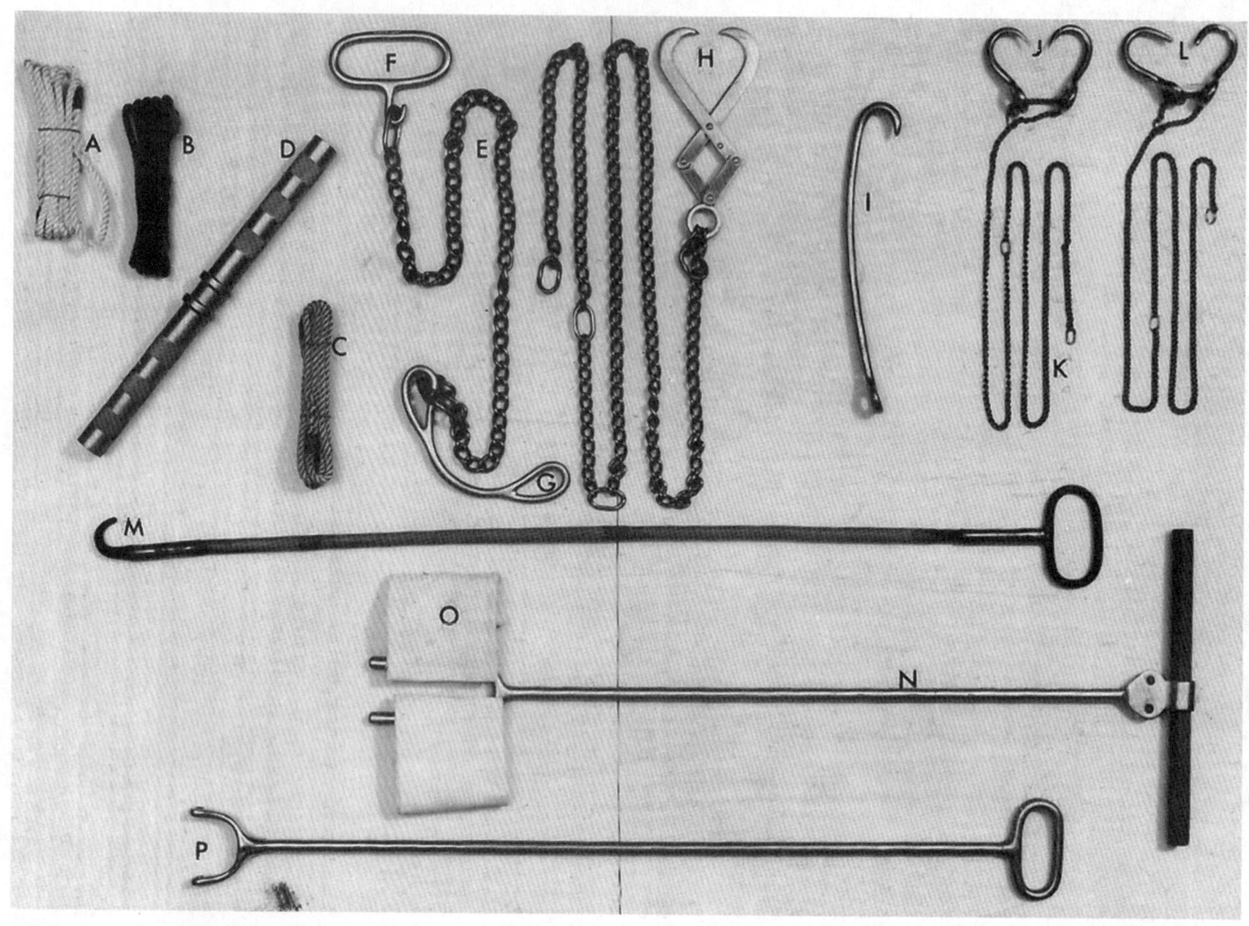

图 12.1 产科操作用器械（字母说明见正文）

曲的四肢末端，以便使其通过圆弧形的宫底到达骨盆入口。加力时最好用手，如难以奏效，则可用绳套或钩。

12.3.3 牵引术

牵引术（traction）是指在胎儿的前置部分使用力量以便补充或代替母体的产力。这种力量可用手施加，或者以绳套或钩施加。肢体用的绳套可置于球节之上，头部绳套可用Benesch法，将绳套置于嘴中，向上越过顶部到达耳后，或者将一单绳的中间推过头顶置于两耳后，将两个绳端从阴道拉出。要整复侧弯的头部时，术者的手显然不够，可将小的绳套套在下颌。但这种方法只能用于矫正胎势异常；用于促进胎儿娩出的其他牵引方法必须要采用常规的Benesch头部绳套。

一个非常重要的需要特别考虑的方面是可以采用的牵拉的力量，如果过度且不恰当的牵拉，则可引起母体和胎儿严重的损伤。在牛，一般来说3个人协调良好的牵拉为力量的上限。图12.3为两个人用绳套牵拉犊牛，注意绳套的位置是在球节近端，而牵拉的方向则是沿着胎儿自然产出的方向牵拉。目前广泛采用一些机械装置用于牵拉胎儿，但使用时必须小心谨慎，如果使用不当，则可造成严重的损伤。表12.2为Hindson（1978）通过采用液压测力计（hydraulic drawbar dynamometer）测定各种牵引方法力量的大小，结果表明滑轮组（pulley blocks）或产犊千斤顶或牵拉器要比自然产犊时的力量大5倍或6倍，但管理人员或兽医在没有任何帮助的情况下，滑轮组及滑车（tackle），或产犊辅助器械（calving aid），如HK犊牛牵拉器或Vink产

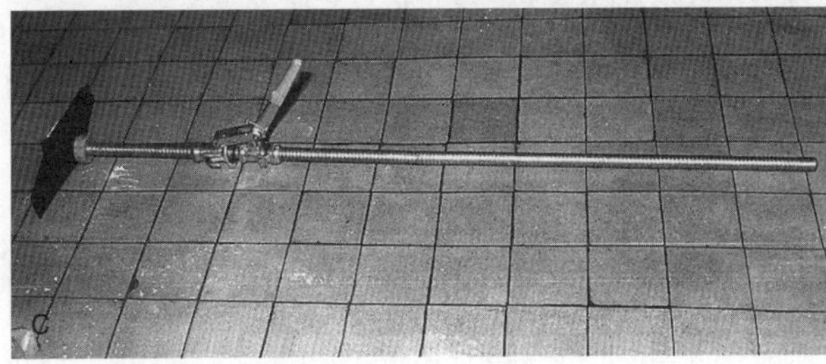

图12.2　牵引术（见彩图36）
A. Vink产犊千斤顶　B. Vink产犊千斤顶用于牵拉正生纵向的胎儿，绳套拴在前肢上　C. HK犊牛牵拉器

表12.2　液压测力计测定及记录的最大牵引力（引自Hindson，1978）

力原点（Origin of force）	牵引力（kg）
母牛自然分娩	70
一人牵拉	75
2人牵拉	115
3人牵拉	155
产犊千斤顶	400
袖珍胎儿牵拉器	445
拖拉机	5000+

犊千斤顶（图 12.2）的作用极为重要。

使用有效牵引最重要的方面是将牵拉的力量与母体产出时的产力相协调。以牛为例，在母牛努责时，应将产科绳套拉紧，防止犊牛回缩到产道原来的位点。

在马，数人牵拉绳套同时用手帮助就足以拉出胎儿（图12.4）。在绵羊和山羊，可用小的绳套或固定式塑料绳套牵拉（图12.5）。在猪，可经常尝试用手牵拉，但小的绳套和前面介绍的塑料绳套有时也很有帮助（图12.5）。在犬和猫，最为合适的产科器械是手指，产钳（whelping forceps）有一定的用途，但由于可引起母体及胎儿损伤，因此使用时必须要小心。

未引起重视的产科器械是助产杠杆（vectis），其使用见图13.4，作者认为这种杠杆是一种非常有效的牵拉方法，而且使用时能够确保母体和后代不受损伤。

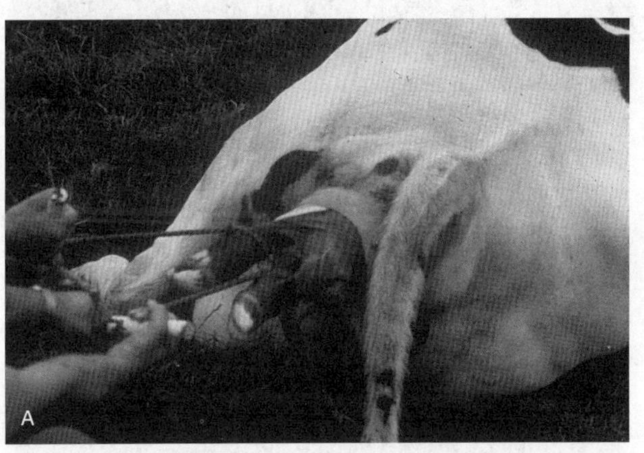

图12.3　A，B 两人用绳套牵拉救治牛的难产（见彩图37）

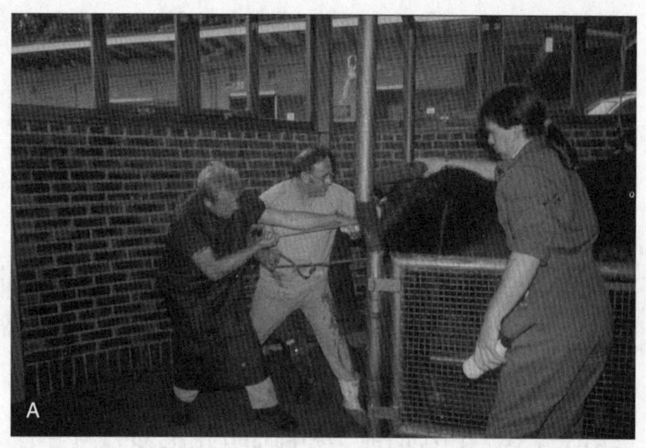

图 12.4 2人（A）或3人（B）牵引救治母马的难产（见彩图38）

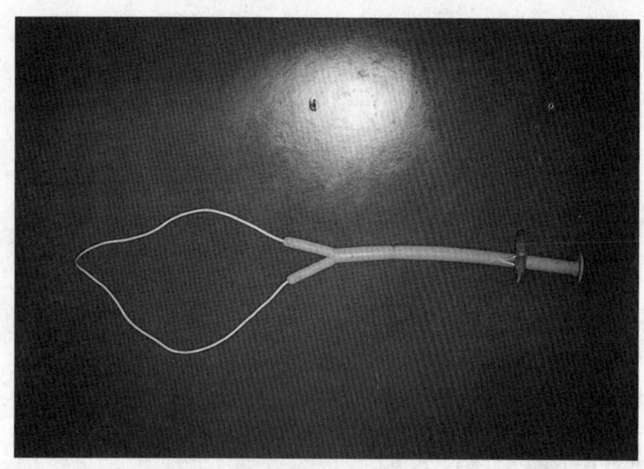

图12.5 绵羊和猪使用的塑料绳套

12.3.4 旋转

旋转（rotation）是指绕着胎儿的纵轴转动胎儿而改变其位置，例如从下位转变为上位。这种手法在马比在牛使用更多，在活胎儿，可用手指压迫胎儿的眼球，而眼球由眼睑覆盖，由此可引起胎儿痉挛反应，稍施加翻转的力量就可奏效，因此在娩出活胎儿时非常有效。如果难以奏效，特别是在胎儿死亡的情况下，应灌入胎水，可在交叉伸直的四肢上用手或通过Cämmerer氏扭正叉（Cämmerer's torsion fork）或Künn's梃（Künn's crutch）施加旋转的力量。另外，通过推回胎儿，将前肢交叉，拴上绳套，然后牵引，这样牵引的力量可使胎儿围绕其纵轴旋转。通过重复这一操作过程数次，常常可将胎儿旋转180°。

12.3.5 翻转

翻转（Version）是指将胎儿从横向或竖向转变为纵向。

12.4 阴道分娩时的镇静及麻醉

为了使难产的矫正更为容易和人道，应考虑对母体使用镇静或麻醉（局部或全身麻醉）。

12.4.1 镇静

虽然大多数镇静药物并未特定许可用于妊娠母马，但在处理易于暴躁的动物时这些药物非常有用。虽然乙酰丙嗪（acepromazine）对胎儿心血管系统几乎没有作用，但在镇静母马上也可能没有多少效果。而二甲基甲苯咪唑（detomidine，地托咪定）和甲苯噻嗪（xylazine）在镇静母马上效果很好，但可影响胎儿心血管系统的功能，可减少胎盘血流，因而产生明显的不良后果。

在许多难产病例，镇静不会引起任何后遗症，因为胎儿已经死亡。甲苯噻嗪是两者中效果较好者，因为其作用持续的时间较短（McGladdery，2001）。

12.4.2 全身麻醉

全身麻醉比局部麻醉更适合于许多母马的性情，但在一些仔细选择的病例，硬膜外麻醉结合镇静可能效果更好。如果需要实施复杂的矫正或截胎术，最好采用全身麻醉，而且最好是在兽医院实施。采用足枷及吊架，可以比较容易地将马保定成仰卧或侧卧位。这种位置便于进行产科操作，此外，抬高后躯也可使得马驹在重力作用下返回到腹腔中的子宫内，这样可以有更多的空间进行操作。由于压迫膈肌，因此麻醉时应引起注意。全身麻醉在犬和猫的产科操作中也很有用。

12.4.3 硬膜外麻醉

关于硬膜外麻醉和其他局部麻醉方法各方面的详细情况，读者请参阅Skarda（1996）的文章。

12.4.3.1 牛

在牛，硬膜外麻醉是进行产科操作比较理想的麻醉方法，其在兽医临床中的优点最早是Benesch（1927）证明的，其实这种麻醉方法是一种多点的脊神经阻滞，通过一次注射局麻药物到硬膜外腔，影响到尾神经（coccygeal）和骶后神经（posterior sacral nerves），因此在肛门、会阴、阴门和阴道产生麻醉作用，结果可造成无痛产出，但硬膜外麻醉最明显的一个优点是可以消除骨盆的感觉，阻止腹壁收缩（努责）反射，因此便于进行阴道内操作，可使推回胎儿更容易，且使补充的胎水能够保留，排便受到抑制。病畜可安静地站立，如果在开始时卧地，在恢复骨盆部疼痛感觉后可以站立，因此使得产科操作更易完成。只要努责妨碍操作时均可采用硬膜外麻醉，如在子宫脱出、阴道脱出、直肠或膀胱脱出时均可采用这种麻醉方法，也可用于会阴切开术及阴门和会阴部的缝合。

如果在硬膜外麻醉时注意无菌操作，且不注入大量的麻醉药物（如果量过大则可引起动物卧地），则这种方法没有任何危险。但应该清楚的是，硬膜外麻醉并不抑制子宫肌的收缩，对分娩的第三产程或子宫复旧没有影响。

硬膜外注射方法 注射位点为第一尾间隙（first intercoccygeal space）的中间，定位时可抬高尾巴呈唧筒柄（pump-handle）状，以鉴别荐骨后第一个明显的关节。硬膜外麻醉时也可采用荐尾间隙（sacrococcygeal space），但比第一个尾间隙小，在有些老龄牛可能已经骨化。脊索和髓膜位于该点之前，脊椎管只含有尾神经，很细的神经终末、血管及硬膜脂肪和结缔组织。

找到注射部位后用防腐药物或者手术擦洗剂（surgical scrub）彻底清洗，用手术用酒精消毒。有人先用小的注射针头注射少量局部麻醉药物使注射部位的皮肤敏感性降低，但也有人不注射。硬膜外麻醉用的针头为18号针头，长5cm，在中线上以与尾根标准等高线（normal contour of the tail-head）成直角插入到注射部位的中间，再在矢状面向下（图 12.6）；操作时由一助手拉起尾巴，术者直接站在牛后进行注射。有人发现将针头略为向前呈10° 角垂直刺入可能更易注射。针头向下刺入2~4cm，直到其碰到硬膜外腔的底壁为止，然后轻轻抽出（图12.7）。确认针头是否正确刺入时，可将其连接于注射器，尝试注射。如果注射时无阻力，则说明针头刺入点是在硬膜外腔。另外一种方法是，在硬膜外麻醉针头中注满麻醉药物，随着针头向前进入硬膜外腔，由于其中存在的负压，因此药物被吸入。注射药物后2min内尾巴会变得无力，但会阴不敏感及努责反射完全消失仍需要一段时间（10~20min）。

2%的盐酸利多卡因以1.0ml/100kg的剂量率每秒1ml的速度注射，产生的产科麻醉（obstetric anaesthesia）可持续30~150min（Skarda，1996）；因此小母牛和体格较小的母牛需要的注射剂量为5ml，体格大的牛为7~10ml。如果在局部麻醉药物中加入2%的肾上腺素可延长麻醉期。近来发现，在硬膜外腔同时注射甲苯噻嗪（剂量为0.05mg/kg，稀释成5ml使用）可将麻醉持续时间延长到3h。硬膜外麻醉时经常遇到的副作用可通过静脉注射苯甲唑啉（tolazoline）来控制，这是一种α_2-肾上腺素受体颉颃剂，其使用的剂量为0.3mg/kg（Skarda，1996）。

12.4.3.2 绵羊和山羊

在绵羊和山羊的产科处理中，虽然这两种动

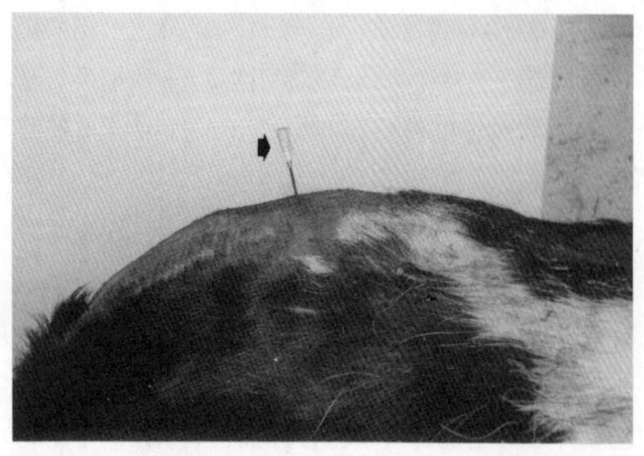

图 12.6 牛的硬膜外麻醉位点（箭头为注射局部麻醉药物之前的皮下注射针头）

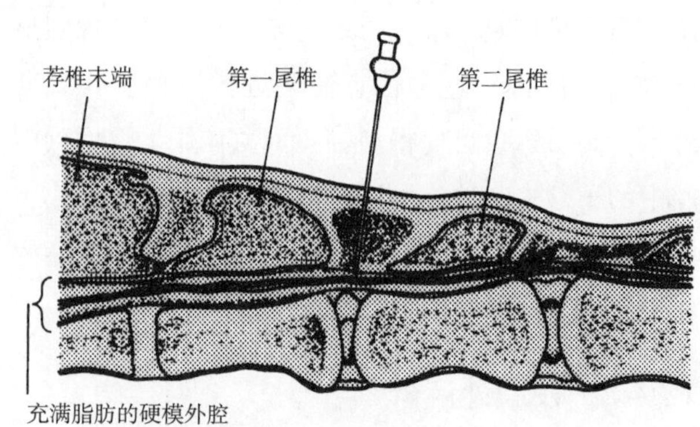

图 12.7 牛通过尾椎的纵切面

物都有努责，但其力量要比牛的弱小，而且在这两种动物均可通过抬高后躯进行操作，但在有些技术难以使用的情况下，硬膜外麻醉仍很有帮助。但在这两种动物进行产科操作时，其子宫很容易发生破裂，因此，特别是考虑到动物福利，应将麻醉作为一种常规方法用于除了最为简单的阴道及子宫操作外的所有产科操作。

在绵羊和山羊进行硬膜外麻醉时，可用长3.5cm的20号针头，在荐尾间隙或第一尾椎间隙注射，麻醉药物可用2%盐酸利多卡因及肾上腺素，剂量为1ml/50kg体重。如果将2%盐酸利多卡因1.75ml和0.25%甲苯噻嗪0.25ml混合，以1ml/50kg剂量注入硬膜外腔，作用持续的时间可长达36h，重复注射可使作用时间更长（Sargison 和 Scott，1994）。

12.4.3.3 马

马的硬膜外注射方法与牛的相同，但由于马的尾根上覆盖有肌肉和脂肪，因此尾椎所有的脊柱都难以定位，第一尾间隙为理想的麻醉位点，定位时可弯曲尾巴，这样可找到尾巴弯曲最易成角度的部分，麻醉位点应该在尾毛起源前5cm处。麻醉时应确保母马保定适当。麻醉位点彻底清洗消毒后将小滴局部麻醉药物皮下注射，并注入到麻醉位点上的周围组织。如果马的站立姿势规整对称，可将4～8cm长的18号针头（应注意其长度比牛的长）以10°角插入，向前刺入直到其碰到脊柱管底，然后抽出针头0.5cm后再将药物注入（图12.8）。

传统上多用2%盐酸利多卡因进行麻醉，体重450kg的狩猎用母马的剂量为6～8ml；剂量应根据

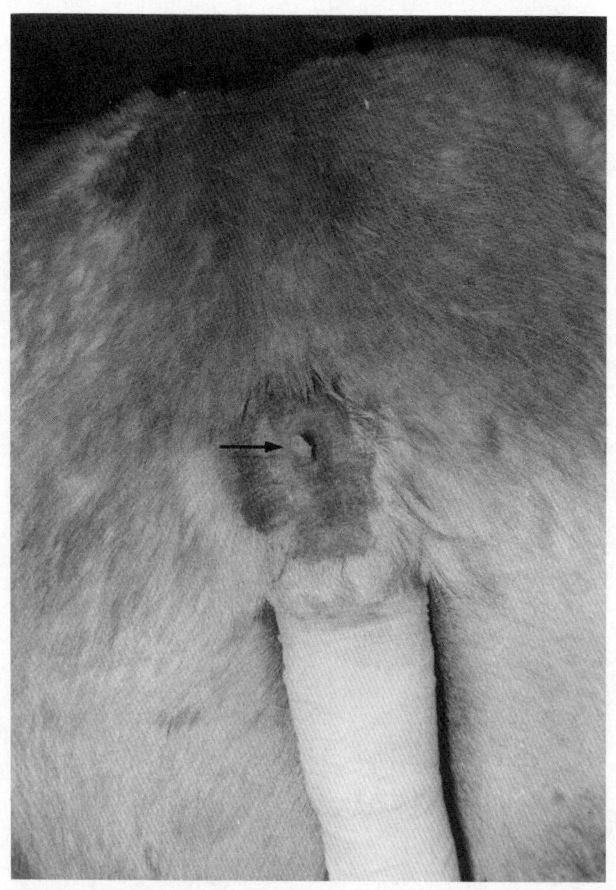

图 12.8 马硬膜外麻醉的麻醉位点（箭头为注射局麻药物之前的皮下注射针头）

母马体格大小进行适当调整。重要的是应该注意，如果药物的剂量太大，可能会引起共济失调，这在马特别应引起注意，主要是两者的性情完全不同。如果将针头插入后留在原位，则可再增加药量。麻醉发挥作用的时间在马也比在牛长。也可采用其他局麻药物（药量不同），如α_2-肾上腺素受体激动剂甲苯噻嗪（0.17mg/kg）和地托咪定（60μg/kg），用10ml0.9%生理盐水配制；地托咪定可单用或与局麻药物合用。如果将2%的盐酸利多卡因（0.22mg/kg）与甲苯噻嗪（0.17mg/kg）合用，则麻醉显效的时间短（5.3min），持续时间长（330 min）（Skarda，1996）。

12.4.3.4　猪

猪除了整复脱出的阴道和子宫外，硬膜外麻醉很少用于产科操作，但可用于剖宫产，麻醉的注射位点为腰荐间隙，其定位方法如下。在两髂骨翼之间的连线通过背部中央线的交点上，将针头以与垂直线成20°角插入，直到碰到椎管底，然后将针头轻轻拔出，注射药物。针头的大小依小母猪或成年母猪的体格而定，但在体重超过100kg的猪，可用长10～15cm的18号针头。成年母猪或小母猪均需妥善保定，最好用木箱保定以防止其运动，依作者的经验，这是进行硬膜外麻醉最为困难的方面，保定是否得当，决定了麻醉能否成功。要麻醉脐部之前的局域，每4.5kg体重可用1.0ml 2%盐酸利多卡因，每2~3s注射1.0ml，可在10min内发挥麻醉作用，作用可持续120min（Skarda，1996）。在该位点注射时，可影响腰荐神经丛，会引起臀部麻痹。

第 13 章

犬和猫经阴道救治难产的方法

David Noakes / 编　　赵兴绪 / 译

随着麻醉技术的改进，母体和后代的死亡率明显降低，因此近年来人们对采用剖宫产救治犬和猫难产的兴趣逐渐增加，但通过产科手法救治难产仍很重要，特别是简单的难产，如果处治得当，则同窝中其他胎儿可正常产出，或者如果发生难产的胎儿为同窝中最后一个出生的胎儿时，其前面的胎儿可无需助产而顺利产出。

13.1　手指矫正法

在采用器械救治难产前，应该先使用手指矫正，因为手指矫正比较轻柔，可以比使用器械更灵活。如果部分胎儿已经通过骨盆入口，可将食指或中指越过胎儿的枕部插入颌间间隙或胎儿倒生时插入到胎儿骨盆前，使用足够的牵拉力量将胎儿的这部分拉出阴门。另外，也可将食指和中指弯曲成手术钳状，如果仔犬或仔猫为正生，可抓住枕部两侧，如果胎儿倒生，可抓住坐骨结节前端，用力将胎儿拉出（图 13.1）。母犬的努责对上述操作极有帮助。一旦部分胎儿露出阴门，牵引分娩通常很简单。倒生时，如果胎儿为下位，这种助产也常常能够奏效。坐生时，通常可将手指弯曲，钩住屈曲的腿部，向上向后将胎儿拉入母体骨盆。在枕部前置（vertex posture）胎势时，通常可简单地将手指插入胎儿下颌部之下，向上拉，使胎儿鼻部的朝向与母体产道的方向一致（图13.2，图13.3）。在进行这些操作时，在小型及中型母犬，可用另外一只手隔着腹壁将胎儿固定在子宫内，引导胎儿进入母体骨盆入口。

13.2　器械的使用

当部分胎儿已经进入骨盆占据阴道时，可采用Hobday氏杠杆（Hobday's vectis）。将杠杆伸入阴道，根据胎向可越过胎儿头部的背部或骨盆背部，在枕部后或坐骨结节后向下压迫，然后插入食指，向上按压到颌间间隙或胎儿骨盆前；在杠杆把柄（相对的）上方与食指下方施加足够的牵引力，通常可将胎儿拉出而不引起损伤（图 13.4）。当胎儿前肢屈曲时，由于胎头位于阴道，因此难以矫正，即使在这种情况下，这种方法通常也能奏效。

在胎儿母体大小不适而正生的病例，胎儿如果完全位于子宫内，阻塞是由于头部过大所引起时，可使用Roberts氏绳钳（Roberts's snare forceps），特别是在体格小的犬和猫效果较好。这类病例有时可出现前肢屈曲，在这种情况下最好不矫正胎势而直接尝试拉出，这是因为前肢通常顺着胎儿胸部，与其伸直时相比一般不会引起明显的阻滞；另外，如果随后只在头部牵引，可引起肘关节沿着胎头阻塞在骨盆入口。绳钳的使用方法是，通过腹壁将胎儿固定在骨盆边缘，将闭合的钳子带着绳套伸入子宫内，越过胎儿头部一直到达颈部，然后尽可能打开钳子开口，下压到达颈部腹侧，然后关闭，这样就可形成一环状绳套。牵拉绳套的游离端，拉紧绳套，用钳子固定其位置，然后牵拉钳子及绳套的游离端（图 13.5）。

Freak（1948）建议在上述情况下可采用Rampley氏海绵保护钳（Rampley's spongeholding forceps）牵拉活的胎儿，可以用食指指导其使用，将钳子轻轻固定到上颌或下颌，或者固定在整个口鼻部。如为倒生，可固定于一条后腿，直到将胎儿骨盆拉入母体骨盆，然后再找到更为可靠的固定点。

Freak提出对于较为简单的难产病例，采用Rampley氏钳而不是Hobday型，主要是基于：①可用棘刺固定在胎儿较小的部分，因此在将胎儿拉入母体骨盆入口时不会增加阻塞部分总的大小；②由于其较为轻便，拉出胎儿时可不发生损伤，但在使用带有棘刺的钳子时，有时会闭合钳子，因此使用时仍需小心。最好采用不带棘刺的Rampley氏钳。

头部侧弯及顶部前置是需要特别注意的异常胎势，这类异常诊断也比较困难，如果不矫正而试图拉出前置的胎儿，即使采用钳子牵拉，无论胎儿是否健康通常都难以奏效。头部侧弯时，颈部弯曲侧对面的前肢通常进入骨盆入口（图13.6），因此一个前肢位于阴道前端，说明可能就发生了头部弯曲。为了验证诊断是否准确，也为了确定头部弯向哪侧，必须先将胎儿向前推，然后将手指从侧面伸向髂骨柄，检查胎儿的枕部或耳朵。在体格较小的母犬或正常大小的母猫，这种操作没有多少困难，但在大型母犬，母体骨盆的深度及胎儿颈部的长度使得准确诊断几乎不可能，更不用说对这种异常进

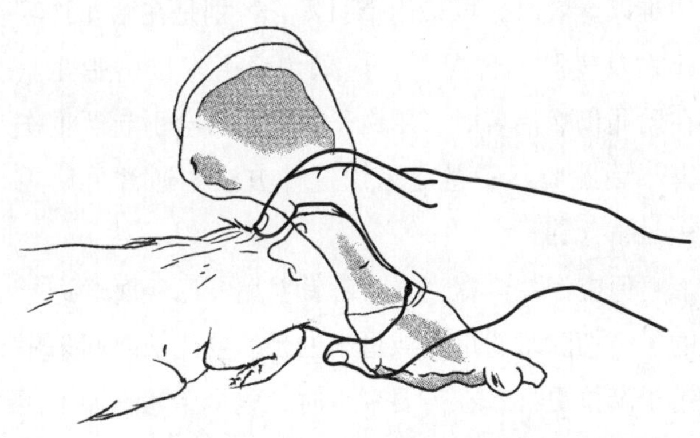

图13.1 仔犬产出正常，用食指和中指紧紧抓住胎儿头部牵引

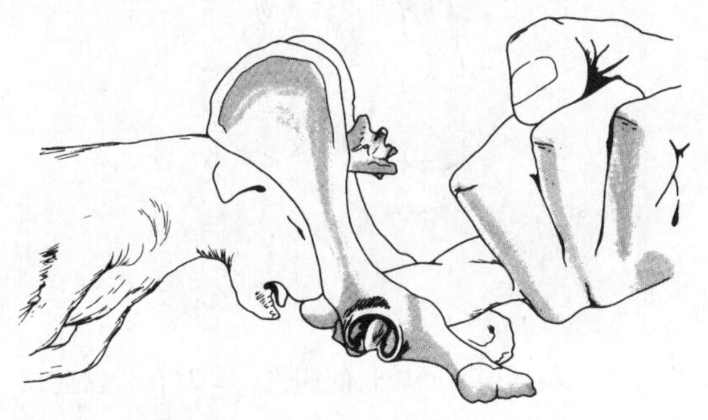

图13.3 用手指矫正枕部前置

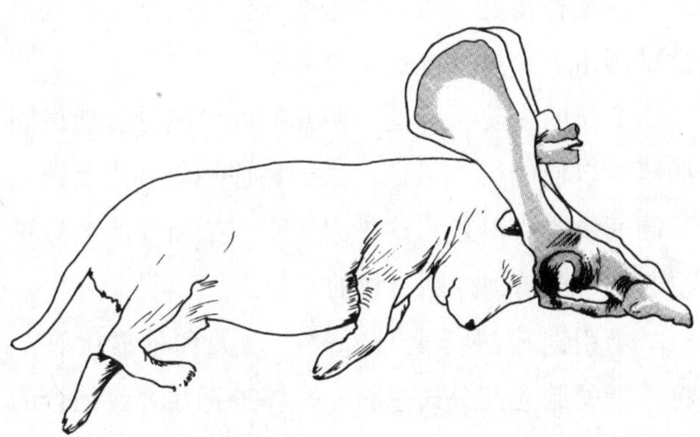

图13.2 枕部前置胎势（顶生，butt presentation），双侧肩关节屈曲

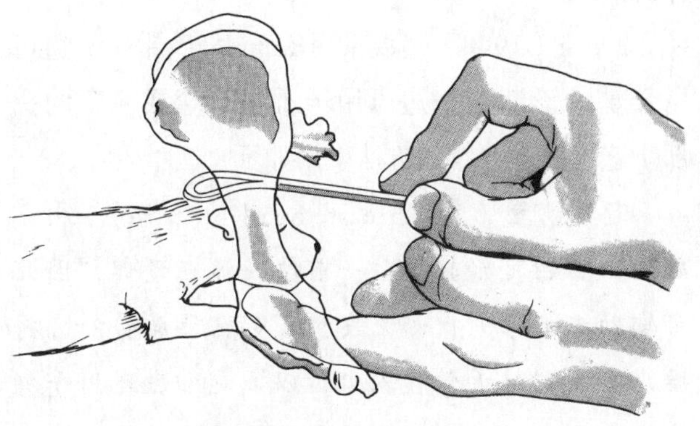

图13.4 用杠杆和手指牵引仔犬的头部

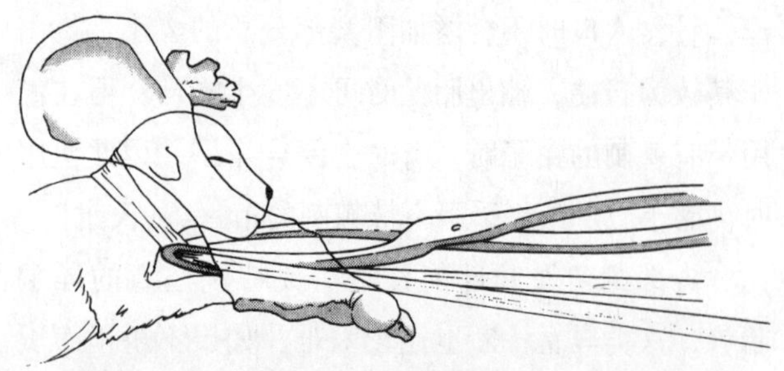

图13.5 用于胎儿颈部的Roberts氏绳钳

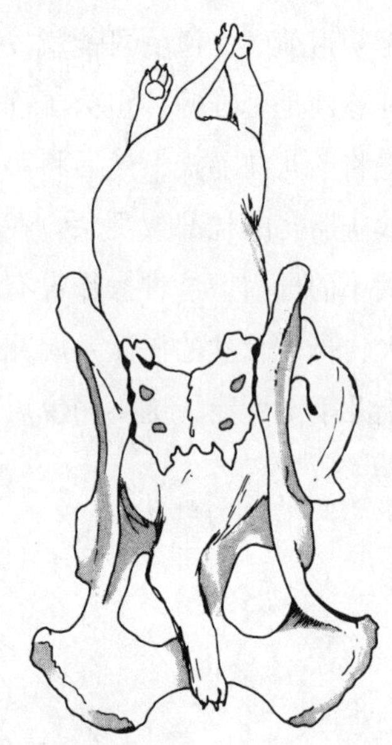

图13.6 头部侧弯（肩部前置）

行矫正。在延误时间较长的病例，有时在骨盆前没有足够的空间来用手指探查。胎水已经大量丧失，子宫紧紧收缩包裹着胎儿，而且胎儿常常因腐败气肿而增大。

Freak（1948）建议采用Rampley氏钳，一边可用于辅助诊断，一边可用于矫正下弯或侧弯的头部。这里对她介绍的方法引用如下：

颈部前置胎势（breast-head posture）：由于采用产科钳可轻轻抓住一前肢或抓在颈部，因此可辅助进行诊断，如果发生颈部前置胎势，可将胎儿抬高到接近骨盆入口，以便更彻底地用手指检查，如果检查到胎儿的耳朵紧位于骨盆边缘之下，则可确诊。为了矫正异常胎势，可用钳子轻轻抓住枕部的皮肤，将胎儿轻轻推回。可将钳子留在原位，用手指和大拇指支撑，另外一只手在母体腹壁外帮助抬起胎儿头部越过骨盆边缘。有时钳子抓住及回推胎儿就足以将胎儿带入骨盆入口，然后可将手指插入胎儿嘴中，使其可以用钳子夹住上颌。在此阶段常常需要矫正，可将钳子抓的位点稍微向下抓到前额上。

头部侧弯：可将钳子夹到头偏离的一侧用于辅助诊断。可用手指鉴别对侧的肩关节，鉴别耳朵的位置也有助于诊断，确定好后用钳子夹住前置的头或颈部侧，将胎儿斜向推离头弯向的一侧。同样需要抓住及回推胎儿进行矫正，特别是在体格较小的母犬，术者可用手在阴道内指导，在体外协助操作有助于进行矫正。

13.3 牵引术拉出胎儿

在胎儿母体大小不适时，如果前述的各种方法难以奏效时，可采用牵引术，特别是在胎儿已经死亡及气肿的情况下，应采用牵引术拉出胎儿。在胎儿仍然活着时，用钳子牵拉通常会引起严重伤害，因此应尽量避免采用这种方法。通常可使用Hobday氏钳。

但应记住剖宫产，或者针对胎儿已经腐烂进行的子宫切除术对母犬或母猫的预后要比长时间采用钳子牵拉更好。在需要牵引时，整个胎儿，如可能的话不包括前肢，应位于子宫内。偶尔在倒生的情况下（图 13.7），骨盆及后肢会进入母体骨盆入口，在这种情况下最好将这些部分推回到子宫或再尝试用钳子牵拉。

牵拉的主要目的是在胎儿的颅骨或骨盆能稳固抓牢，以便能用力牵拉。钳子夹住一前肢或上颌或下颌通常难以奏效，这是因为牵引所需要的力量可引起钳子滑落或撕断夹住的部分。

牵引时应进行全身麻醉，母犬和母猫伏卧。将前置的胎儿部分通过腹壁在体外抓住，将闭合的钳子伸入阴门后先向上一直到达骨盆底面，然后水平向前通过骨盆腔，最后轻轻向下向前进入子宫，

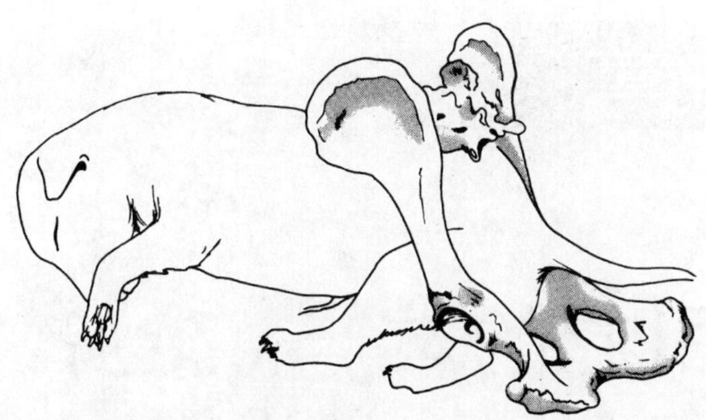

图 13.7　双侧臀部前置胎势（坐生）

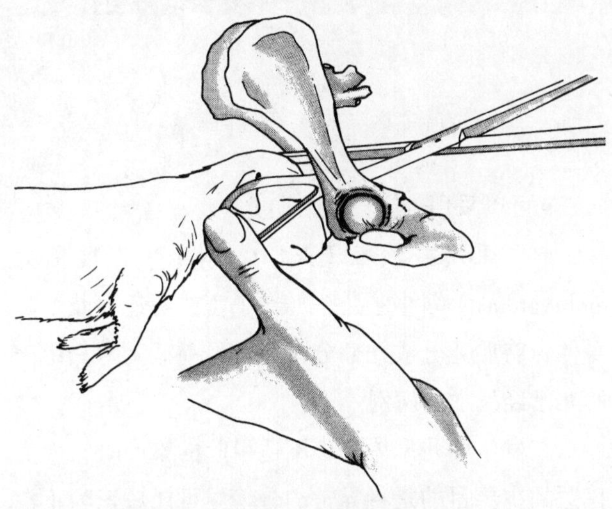

图13.8　用Hobday氏钳拉出前肢屈曲的仔犬
当通过腹壁用左手固定住胎儿的位置后，右手用钳子夹住胎儿颅骨。

此时可感觉到胎儿的肢端，然后尽可能宽地打开钳子，再向下压。闭合钳子时，应从手柄清楚地感知夹住的是整个胎儿头部或骨盆。在确定没有牢靠地抓住胎儿头部或骨盆前不应贸然牵拉（图 13.8）。

由于钳子操作是在黑暗的子宫环境中，因此术者总是担心除了夹住胎儿外还可能夹住了子宫壁。但如果按上述方法在子宫内使用钳子，损伤母体软组织的可能性不大，否则应当在钳牢靠的部分回拉到手指可以触及的位置时，术者应在牵拉前检查确定夹住的只有胎儿。

牵拉时力量应稳定，先向上向后，一直到夹牢靠的部分进入骨盆入口，此后的牵拉则比较容易。应该清楚用来牵拉的力量应限制在安全范围内，剧烈地牵拉可引起阴道在骨盆边缘破裂。在延误的病例，胎儿可能已经腐烂，牵拉常常引起胎儿碎裂，头部或后躯可能被撕开，倒生时常常将胎儿躯干撕裂而胎儿头部留在子宫内。

同样在延误的病例，如果怀疑发生了完全的宫缩乏力，则绝对不能尝试用钳子从子宫角拉出胎儿，因为在这种情况下拉出时很有可能会引起子宫撕裂。钳子牵拉只能用于胎儿的肢端已经进入子宫体时。

第 14 章

胎儿母体大小不适引起的难产：治疗

David Noakes / 编　　赵兴绪 / 译

14.1　牛的胎儿母体大小不适

如在本书前面所介绍的，胎儿母体大小不适（fetomaternal disproportion）是牛难产的主要原因，其程度差别很大，有些轻微而有些则很严重。严重病例可能与小母牛不完全成熟或者胎儿的病理性增大有关，例如胎儿过大（巨型胎儿，后代过大综合征），后代过大综合征见于体外成熟、体外受精或核移植的胚胎（参见第35章），或妊娠期过长，或肌肉肥大（双肌，double muscling），或者胎儿畸形，如联胎双胎等，这种情况在第 4 章及第16章介绍。

有时在胎儿母体大小不适引起的难产中，常常不能很准确地判断是由于胎儿过大或骨盆太小所引起，但是根据临床病史和检查，其临床症状是相同的，即母体持续努责，超过分娩第二产程的正常时限而分娩毫无进展，而胎儿具有正常产出的胎位。此外，无论是胎儿过大还是产道太小，救治这类难产的方法及娩出胎儿的技术相同，可采用下列方法进行治疗：

- 通过牵拉胎儿增加正常的产力，饲养人员及放牧人员常常采用这种方法
- 可通过外阴切开术（episiotomy）扩大阴门开口处的直径
- 可以采用剖宫产娩出胎儿
- 可采用截胎术（fetotomy）（以前称为embryotomy）缩小胎儿，如在子宫或阴道内肢解其身体，将胎儿分成几部分拉出。目前截胎术只用于胎儿已经死亡的病例

在发生胎儿母体大小不适引起的难产时，因为兽医的主要目的是将异常的分娩尽可能矫正为正常的生理性分娩，确保母体和胎儿的权益及生存，同时应保证母体以后的生育力，因此应根据这一原则选用上述方法。如果成群的动物发生胎儿母体大小不适引起的难产，则应考虑在其他动物采用诱导提早分娩的方法（参见第6章）。

胎儿母体大小不适引起的难产可能是牛最常见的难产类型，轻度的大小不适可由饲养员成功救治。这类难产见于所有品种，特别是未成熟的小母牛及易于发生肌肉肥大的品种。虽然这类难产常见于小母牛，但很多病例也发生于成年母牛，特别是在助产延误的情况下，可由于胎儿气肿导致胎儿增大，从而造成比较严重的难产，而且这种情况经常会发生。常常在兽医进行检查时，动物已经处于第二产程至少2h以上，而且可能会发生继发性宫缩乏力。尿膜绒毛膜已经破裂，胎儿两前肢可见，偶尔可见到胎儿鼻部，难产可能是与胎头产出困难有关。在小母牛这可能是由于阴道后端及阴门不能开

张所引起，在成年母牛可能是由于进入母体骨盆的胎儿胸部和肩部过大所造成。

胎头一旦能够产出，则除了肌肥大的胎儿外，其余部分均可顺利产出，而发生肌肥大时，肩部，特别是后躯过大。在这些病例，胎头及胸部可能轻易就能产出，但胎儿的臀部可能不能通过母体骨盆。最初检查时，常常难以确定大小不适的程度，因此难以确定应该采用哪种方法进行处理。随着经验的增加，如果大小不适的程度很严重，则可很准确地对这种情况进行判断，但在许多情况下，只有在试图牵引之后才能判断出大小不适的严重程度。一种比较有用的指导性方法是用两个人的力量进行牵引，或者用产科千斤顶（calving jack）或犊牛推拉器（calf puller）（见图12.3），如果采用这些方法能将胎头及两前腿的肘后拉到骨盆边缘，则有可能通过牵引就能将胎儿娩出。如果难以奏效，则由于长时间无进展的牵拉可引起胎儿死亡，甚至损伤母牛，因此应及时考虑改用其他方法。

牵引术助产

大多数不太严重的胎儿与母体大小不适可通过用手牵引前置的蹄部而成功救治，但首先用绳套在头部，然后将胎儿沿中轴线牵拉，有利于胎儿的产出。经阴道分娩时，需要3个绳套，但重要的是必须要强调头部的绳套只能使用小的力量牵拉。

牵拉时应将动物适当保定，在头部的绳套上做一环，带进阴门后将环套在胎儿的嘴中，其余部分推过胎儿前额到达耳后。另外一种操作简单且对胎儿伤害较小的方法是，将绳套的中心推过胎儿前额到达耳后，绳套的两端留在阴门外。通过在绳套的两端同时牵拉可以压迫胎儿的顶部向下。另外两个绳套分别置于胎儿的两前肢球节上，首先在拉紧头部的绳套时，先在一前肢牵拉，以便尽可能一次将一侧肩部拉近骨盆入口（图14.1），然后再拉另外一侧前肢，然后3个绳套配合牛的产力同时牵拉，如果可行，开始的牵拉方向应该向上，只要胎头部分进入阴门，牵拉的方向应该斜着向下。在母牛每次努责之后，胎儿都应有所进展，此时应进一步检查以确定胎儿娩出的进展是否满意。牵引时应经常在阴道内及胎儿枕部使用大量的润滑剂，如果每次牵拉都有进展，则可取得好的结果。

如果难产明显是由于阴门太小（这种情况在荷斯坦-费里斯小母牛最为常见），进一步牵引可能会引起阴门及会阴破裂（随后可能会造成不育），则应采用阴门切开术。Freiermuth（1948）建议施行阴门切开时应采用弓形切口，以背侧位的方向在阴唇的上1/3切开。应避免向上直接切入会阴缝（perineal raphe），由于这样切开后进一步产出犊牛时可能会引起伤口向上撕裂，有时甚至可撕裂至肛门及直肠，引起三度会阴裂伤（third-degree perineal laceration）（参见第17章）。最好按照Freiermuth建议的方法对两侧阴唇进行切开；切口的深度可根据阴门后胎儿枕部来判断，据此可以较易判断切口所需要的深度。切口时应采用局部浸润麻醉而不能采用硬膜外麻醉，因为不能干扰母体的产力。胎儿娩出后立即缝合伤口，缝线应穿过除阴门黏膜外的所有组织。

如果头部的绳套持续向下牵拉，则便于胎头娩出，而且会阴撕裂的可能性会降低，术者可将两手呈杯状在胎儿的枕部用力下压。胎头产出时，在母牛努责的同时拉三个绳套，拉的方向应该逐渐达到垂直。有时在胎儿骨盆进入母体骨盆入口时可发生阻塞，这种情况有时称为髋关节阻塞（hip-lock），是由于股骨大转子（greater trochanters of the femurs）及其下的肌肉与母体髂骨紧密接触所引起。在这种情况下，可将胎儿轻轻回推，转动45°或90°角，这样便于拉出，这是因为荐-耻径（sacral-pubic dimension）要比两个髂骨之间的距离大（骨盆开口处为椭圆形）。此时应将牵引的方向改为垂直向下，直到胎儿完全产出。胎儿娩出后应仔细照料，清除其鼻腔中的羊水或黏液，刺激其呼吸。仔细检查母牛的生殖道，首先确定是否还有胎儿，其次检查是否发生损伤。

在胎儿死亡引起的严重的髋关节阻塞病例，几乎不能推回及转动胎儿，对此情况，Graham

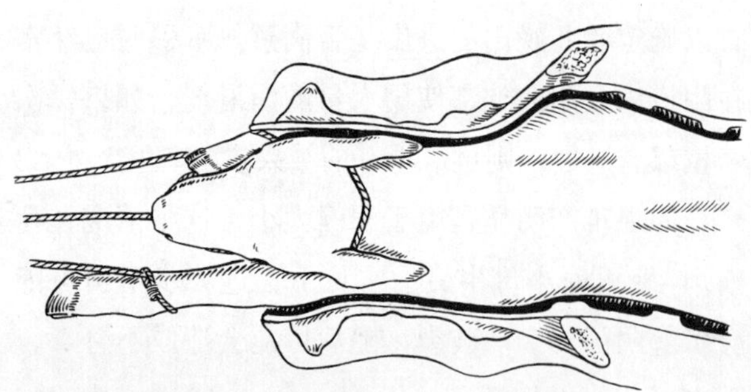

图14.1 犊牛产式异常（正生，上位，四肢伸展；胎儿母体大小不适）

采用牵引术拉出胎儿。首先在前肢进行交替牵引。注意采用Benesch氏绳套在头部沿着横向轴线牵引

（1979）建议采用缩小胎儿体积再进行牵引的方法。他采用一75cm长的长柄钝钩，通过在胸部剑状软骨（xiphisternum）后的切口伸入胎儿腹腔，到达胎儿骨盆部，突然牵拉破坏骨盆带（pelvic girdle）。这一过程重复一两次后就能进一步破坏骨盆，牵拉可引起骨盆塌陷。处理死亡胎儿的髋关节阻塞的另外一种方法是在胎儿的胸腰部区横向切开胎儿，然后通过竖向切口切开胎儿后躯，两种切开法均可采用线锯截胎器（参见第19章）。切完后将两个切开的后躯块分别小心拉出，有时如不采用产科钩则很难拉出（参见图12.1）。

在牵拉的任何阶段，重要的是术者应确定犊牛的胎位要保持正常，同时应通过阴道检查监测其进展；确保产道中有足量的润滑剂是极为重要的。

如有可能，牵引应配合母体腹部的收缩进行，即使有很小的进展，说明结果会比较好。常常可见到采用强力牵拉时母牛会卧地，如果母牛倒地时不会引起损伤，则不应把这种现象归结为牵引术的缺陷。其实，如果母牛侧卧，牵引更易奏效，特别是徒手或用滑轮牵引时更好。有时采用产犊牛千斤顶（calving jacks）很不方便，如在第12章介绍，辅助产犊的器械及滑轮产生的产力要比自然产犊及人工牵引大得多。虽然有这些优点，但也存在一些很重要的缺点：

- 不熟练的人施加的力量
- 如果拉的力量连续而僵硬，则可引起母体软组织损伤（自然分娩时，每次收缩都可使胎儿前进一点，下次收缩前退回一小点，而下次收缩时更往前推动胎儿）
- 牵拉的方向必须略朝着乳房的方向向下牵拉。如果水平牵拉，或者远离乳房的方向牵拉，则在牵拉时牵拉棒（rump bar）只是滑过会阴区，因此很难与母牛的产力在同一个方向上用力。在理想状态下，牵拉的方向应该略为向上，直到胎头进入骨盆，然后水平牵拉，直到胎头和胸部娩出，最后逐渐向下牵拉，直到胎儿臀部娩出。近来设计的胎儿牵拉器（calf puller） 产科千斤顶（见图12.3）可有效解决这些问题，这种牵拉器具有一臀部支架（rump frame）能固定在母牛的尾根和阴门周围，可由术者选择牵拉的方向。

如果适度迁移5min仍无进展，无论胎儿是否死亡，则必须考虑选择剖宫产（参见第20章），如果胎儿死亡，则应使用截胎术（参见第19章）。但有时难以确定胎儿的死活，如有疑问，可不对胎儿的死活进行判定。如果采用有限的截胎肯定能获成功，例如截除一前肢，或者截除一前肢及头和颈部，则可选用这种方法；但有时在开始施行截胎术时，术者可发现需要施行完全截胎术才能使胎儿娩出。由于确定截胎范围较为困难，而且完全截胎术费时费力，因此目前在临床上常见做法是当适度牵引不能使胎儿娩出时，应采用剖宫产术。

对牵引术能否成功救治胎儿母体大小不适引起的难产的预测在很大程度上是建立在多次试验和失败的基础上。人们通过各种努力试图建立可以预测能否通过牵引获得成功的方法，或者不牵引而直接施行剖宫产，其主要目的是防止出现试图牵引-失败-剖宫产-胎儿死亡这样的后果（Hindson, 1978）。对任何预测方法而言，必须要考虑的两个因素是胎儿的大小和母体骨盆的大小。Hindson（1978）发现胎儿的指部直径（digital diameter）（在球节处测定）与其体重之间有良好的相关性。由于在难产时很难或者几乎不可能直接测定骨盆入口的大小，因此有人试图测定骨盆口的大小来研究其与难产的关系。Hindson（1978）发现坐骨结节平均间距（medial interischial tuberosity distance）与骨盆竖径和骨盆横径之间具有良好的相关性，因此对60例选择的产犊进行研究，建立了一个计算牵引率（traction ratio，TR）的公式，如下：

$$TR=\frac{坐骨间距}{犊牛指部直径}\times\frac{P_1}{P_2}\times\frac{1}{E}$$

其中P_1=胎次因子（party factor），小母牛为0.95；P_2=矫正系数，倒生时为1.05；E=具有肌肥大的品种因子。

如果牵引率大于2.5，则不可能发生由于胎儿母体大小不适引起的难产；如果为2.3 ~ 2.5，牵引可获得成功；如果为2.1 ~ 2.3，可能需要较大的力量牵引，而且可能不能成功；如果为2.1或以下，则应采用剖宫产救治。根据作者的经验，这种方法进行预测具有一定的价值，但由于存在有其他变量，如宫缩乏力或产道干涩等，因此在使用时应谨慎。考虑到将来的情况，兽医应通过预测由于胎儿母体大小不适造成的难产的可能性，采用各种技术来改进小母牛及一定程度上成年母牛的健康水平。在第11章介绍了通过在配种时选择公母畜来防止由于胎儿母体大小不适发生的难产。在选择产犊容易的公畜（easy calving’ sires）时根据犊牛体重轻的估计育种值（estimated breeding values，EBVs）选择一般可获成功，但根据骨盆测定（pelvimetry）选择小母牛则效果不好（Van Donkersgoed 等，1990）。主要问题是，配种时骨盆的大小可能与产犊时的大小相关性不强。此外，准确进行骨盆测量可能会造成损伤，因此需要进行硬膜外麻醉。近来Murray等（2002）利用比利时蓝牛进行研究，这种牛胎儿母体大小不适是日常进行择期剖宫产手术的主要原因，作者发现骨盆内外径之间具有良好的相关性。骨盆内径的高度（internal pelvic height）及骨盆内径的宽度可分别用下列公式计算：

10.57 + 0.0004 年龄（月）+ 0 .15 TcTi

和

8.3 + 0.0006 年龄（月）+ 0 .15 TcTi，

其中，TcTi 为牛同侧髋结节（tuber coxae）颅侧面（cranial surface）与坐骨结节（tuber ischium）尾侧点（caudal point）之间的距离，采用外部测定。如果同时在分娩时直接测定，或在妊娠的最后一周直肠内超声测定掌骨的平均宽度（mean metacarpal width），据此估计胎儿的重量（Takahashi等，2005），则可更准确地提出治疗胎儿母体大小不适引起的难产的治疗方法。

正生时严重的胎儿过大施行截胎术的方法见第19章，采用的方法包括截除一侧或两前肢，以便减少胎儿胸部的周径。

胎儿与母体大小不适：倒生

胎儿在发生阻塞性难产时的生存能力在倒生时明显降低，因此对这种病例需要及早注意。由于臀部突兀前置，而且胎毛的方向相反，倒生的胎儿与同样大小的正生胎儿相比更难娩出。后倾的尾巴有时也阻止胎儿的娩出。遇到这种病例时，首先应该评价胎儿和产道大小之间的差异程度。如果胎儿轻微过大，应首先试用牵引术。

牵引术助产

通常可见到后肢露出阴门，可在球节上栓上绳套。应弄清胎儿尾巴没有后倾；在延误的病例应补充胎水替代液体。首先应尽可能将一条腿推回（图14.2），拉另外一条腿，使其膝部越过骨盆边缘，再用同样的方法处理推回的腿。采用这种方法可使前置进入骨盆入口的胎儿直径缩小，用这种简单的操作，牵引即可获得成功。如果简单的牵引可将两膝部拉入骨盆腔，则可以预测牵引能获成功。如果在牵引过程中胎儿骨盆楔入母体产道，则应将胎儿推回，转动45°，再行拉出，这种操作可将胎儿的最大直径拉入骨盆的最大部位，常常能获成功；通过简单弯曲突出的蹠骨（metatarsi），在旋转时以其为杠杆，可以使得翻转胎儿较为容易。有时，特别是有些饲养人员错误地认为，倒生的胎儿应该很快拉出，否则会发生死亡。必须记住，在脐带没有被母体骨盆完全挤住之前，胎儿的生命不会受到严重影响。因此从实践的角度而言，拉出过程应该缓慢，直到胎儿的尾根及肛门露出母牛的阴门为止。牵引胎儿到达这一点后，应避免延缓。如果能拉出后躯，前躯通常能顺利娩出，但有时则不能，这种情况将在第19章讨论完全截胎术时介绍 。

如果在倒生时适度牵引难以奏效，如果胎儿活着，必须要采用剖宫产娩出胎儿；如果胎儿已死亡，则可采用剖宫产或者截胎术。在死亡而难以移动的胎儿，可选择不同的处理方法，但难以一概而论，如果胎儿明显过大，可采用剖腹的方法。对于胎儿中等过大且胎儿死亡的病例，容易截除一前肢，通过这种简单的手术即可使胎儿娩出（参见第19章）。

14.2 其他动物的胎儿与母体大小不适

14.2.1 马

胎儿母体大小不适作为难产的原因在马不太常见。除了更为紧急外，对胎儿相对过大引起的难产

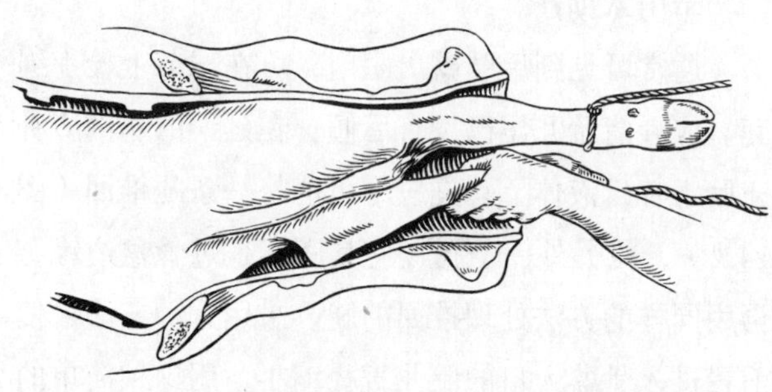

图14.2 犊牛产式异常的牵引方法
如果为倒生，上位，四肢伸展胎势，胎儿母体大小不适，可后肢交替牵引拉出。

可按照上述在牛采用的方法进行救治，但由于马驹胎儿颅骨融合较迟，因此对胎儿头部只能用较小的力量进行牵引。虽然马的妊娠期有一定差别，有时可超过365d，但过度太大的胎儿很少见到。如果胎儿活着，剖宫产（参见第20章）是首先考虑选用的方法，随着近年来经验的增加，对死亡的胎儿，剖宫产也是比完全截胎术更多选用的方法。

14.2.2 山羊和绵羊

胎儿过大是怀单胎绵羊难产的常见原因。体格较小的绵羊品种常与体格较大的公羊交配，但羔羊的体格在一定程度上由母体控制，因此从母体获得的一些遗传特征，如大头及肩部和臀部粗壮常常造成分娩困难。对这类分娩困难，大多数放牧人员通过牵引前肢可以处理，更为严重的病例则需要兽医按照上述在牛使用的方法处理。如果采用小的绳套、大量润滑剂及高标准的清洁条件牵引后仍难以奏效，则需要施行剖宫产（参见第20章）或截胎术（参见第19章）。经常见到在兽医救治时胎儿已经死亡，在这种情况下可采用截胎术。在绵羊，皮下截除一前肢较易实施，采用Glattli氏螺旋管（spiral tubes）保护的线锯施行皮下截胎术也是很可行的方法（参见第19章）。

14.2.3 猪

由于胎儿母体大小不适引起的难产见于初产小母猪，特别是窝产仔数较少时更易发生。在这种情况下，可用徒手、绳套或手术钳牵引，如不能奏效，则应采用剖宫产，不建议采用截胎术。

第 15 章

胎势异常引起的难产：治疗

David Noakes / 编　　赵兴绪 / 译

15.1　牛正生时的胎势异常

由于胎势异常引起的胎儿位置不正最常见的为腕关节屈曲（carpal flexion）和头部侧弯（lateral deviation of the head），是反刍动物难产的常见原因。一般来说，胎势异常如果在第二产程的早期及早处理，一般容易矫正，但在延误的病例，特别是发生继发性宫缩乏力时，胎水容易丧失，胎儿被子宫紧紧包裹，因此可发生非常严重的难产，在这种情况下需要采用剖宫产。

矫正胎势异常的原理极为简单；成功的秘诀在于要认识到回推胎儿的价值。除了持续时间短的难产外，其余病例均需要采用硬膜外麻醉，特别是对没有经验的人员更应如此。因此，只要胎势异常得到矫正，则可采用牵引的方法拉出胎儿，因为牛在这种情况下不可能通过努责排出胎儿。如果术者的手臂较细小，则可采用双臂在生殖道内操作，因此便于矫正胎势异常，可用一只手推，另外一只手拉出胎儿。下面对胎势异常进行系统介绍，首先介绍简单的，逐渐介绍复杂的胎势异常。

15.1.1　腕关节屈曲

一侧或两侧前肢可发生腕关节屈曲（carpal flexion posture）。在单侧腕关节屈曲时，屈曲的腕关节楔入骨盆入口；可能见另外一前肢伸出阴门之外。简单的新近发生的病例可在胎儿头部或肩部将胎儿回推，然后抓住屈曲的蹄部，将腕关节向上推；将蹄部向外拉，最后在骨盆前缘将其拉成弓形，沿着另外一前肢拉直（图 15.1）。

在较为困难的病例，可用绳套拴住完全屈曲的球节以帮助拉直前肢（图15.2）。术者应总是将手成杯状抓住胎儿的蹄部拉过骨盆边缘（图15.3）。在极难矫正的病例则需要灌入加有产科润滑剂的温水，帮助拉出胎儿时的滑动。在偶尔的情况下，在非常难以救治的难产病例及发生关节僵直时，前肢

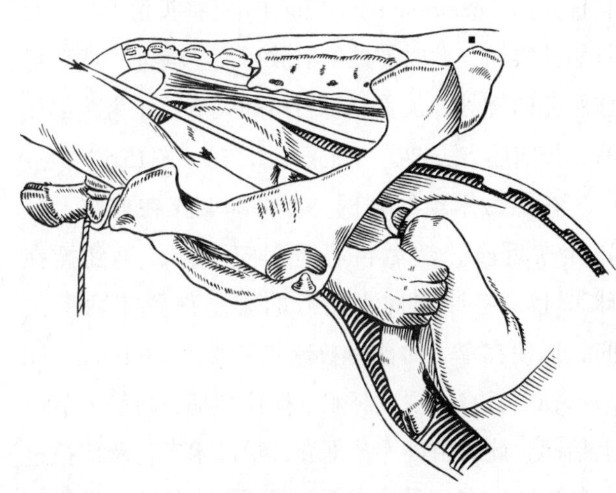

图15.1　牛犊产式异常的矫正方法
正生，上位，单侧腕关节屈曲胎势，用手和推拉梃矫正

不能拉直，因此必须要在腕部用线锯截胎术截断。

15.1.2 肘关节不完全伸展

肘关节不完全伸展（incomplete extension of the elbow）时，阴道检查时可发现胎儿的指（趾）关节与胎儿的口鼻（fetal muzzle）处于同一水平而不是超过口鼻部。发生这种难产时通常无需进行硬膜外麻醉，可将胎头回推，轮流以斜着向上的方向拉胎儿的四肢，以便将尺骨鹰嘴（olecranon process）抬高到骨盆边缘以上，然后通过在头部和两前肢牵引而拉出胎儿，其方法参见第14章。

15.1.3 肩关节屈曲前肢伸直不全

肩关节屈曲前肢伸直不全（shoulder flexion posture; complete retention of the forelimb）可为单侧或双侧性的，双侧性的肩关节屈曲诊断时可看到胎头部分或全部突出于阴门之外，但看不到前肢。（双侧性腕关节屈曲时，头的向外突出达不到这种程度）。在体格高大的奶牛，妊娠足月的胎儿较小或提早分娩，可通过牵引异常的胎势而矫正，在这种情况下，如果难产延误不是太久，则矫正异常胎势很容易。矫正时显然需要回推胎儿，如果露出的胎儿头部很大且胎儿死亡，则可在阴门外截除胎儿头部，之后将Krey氏钩置于胎儿眼眶，如果下压胎儿头部，可将胎儿头部强制拉出阴门，以便用刀在寰枕关节（occipitoatlantal joint）处将头切下，之后将胎儿推回，此时屈曲的前肢可能会向前，然后抓住胎儿的桡骨和尺骨，将屈曲的关节矫正为腕部屈曲，按前述方法再进行矫正（图15.4，图15.5）。

在更为困难的病例，可将绳套拴在前肢上，先拴在近段，然后再将绳套向下推，直到拴在球节上，将原先向下向后的小腿部置于两蹄之间，以便在牵引时能牵拉球节和骹骨（fetlock and pastern），将手握成杯状，抓住指部，将腕关节向上抬起，此时由助手拉绳套，帮助术者将蹄部拉过骨盆边缘。在延误的病例，不可能进行这种操作，可采用皮下截胎术截除前肢（参见第19章）。

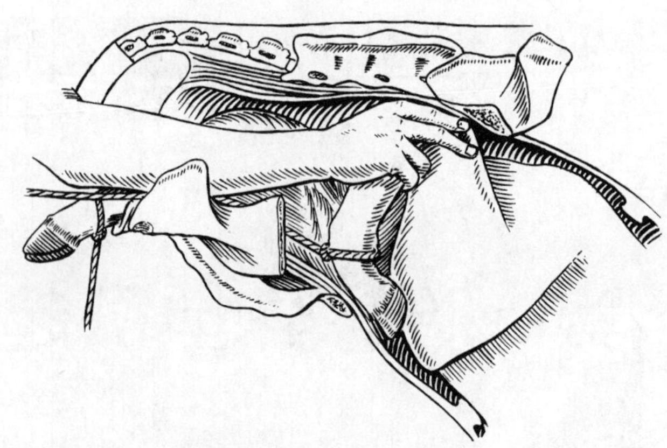

图15.2 产式异常的矫正（如图 15.1所示，用手和指绳套矫正）

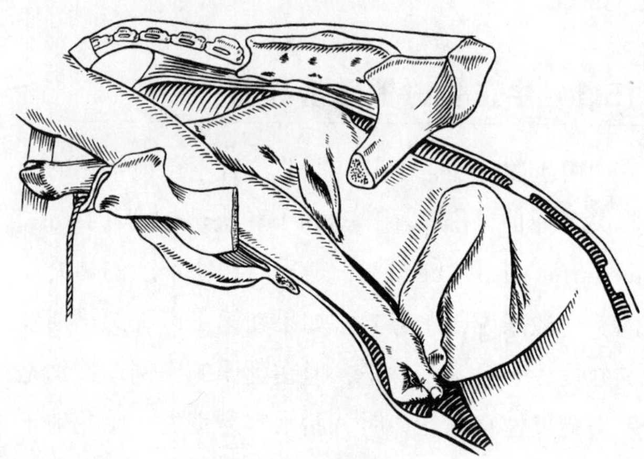

图 15.3 产式异常的矫正（如图 15.1所示，只用手矫正。注意抓蹄子的方法）

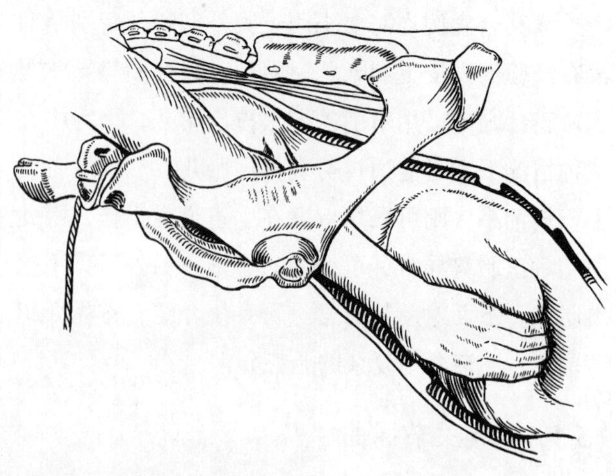

图15.4 用手矫正犊牛产式异常

正生，上位，单侧肩关节屈曲胎势（前肢完全屈曲）。用手矫正的第一阶段

15.1.4　头部侧弯

头部侧弯（lateral deviation of the head）时胎头可偏向任何一侧，是反刍动物最为常见的一类难产。如果在第二产程的早期发生胎儿头部侧弯，则较易用手矫正而无需施行硬膜外麻醉。矫正时将涂有润滑剂的手插入，在努责停止后，在胎儿的颈基部向前压将胎儿推回，然后将手很快移动到胎儿的口鼻部，紧紧抓住后做弓形扭转，直到鼻子的朝向与产道的方向一致（图15.6）。在难以胎儿触及的病例，可在口联合部简单牵引后能触摸到胎儿的口鼻部（图15.7），也可在下颌进行简单的牵拉（图15.8）。然后在头部和前肢拴上绳套，随着母牛的产力，同步牵拉，娩出胎儿。

在胎儿头部异常而延时较长的难产病例，由于胎水大量丧失及子宫紧缩在胎儿上，因此很难将胎势进行矫正。在这种情况下，施行前部硬膜外麻醉，之后灌入胎水替代液体，便于对胎儿进行操作。可采用比在前肢使用的较小的绳套，挽成滑动的绳套，滑过犊牛的下颌骨，在该部位收紧，将绳套的细长部分交由助手（图15.8）。术者再将手伸入，抓住牛犊的鼻口部，在矫正拉直颈部的同时，指导助手轻轻牵拉。在此阶段，显然很重要的是将头上的绳套沿着颈部的大弯推到下颌部。如果由于疏忽而将绳套通过颈部弯曲的凹陷部推到下颌，则牵拉绳套不仅不能矫正，而且会使异常胎势更为严重。无论采用何种方法矫正这种胎势异常，重要的是要保护好生殖道管状部，这是因为随着颈部拉直，牛犊的下切齿可能会划伤产道，因此术者可将手握成杯状，盖住胎儿的嘴部起到保护作用。

矫正头部侧弯胎势异常时，也可将母牛侧卧保定，其卧的方向与颈部弯曲的方向相反，这样可使妊娠子宫略为沉向一侧，因此有更多的空间便于矫正头部的弯曲。

15.1.5　头向下弯

头向下弯（downward displacement of the head）

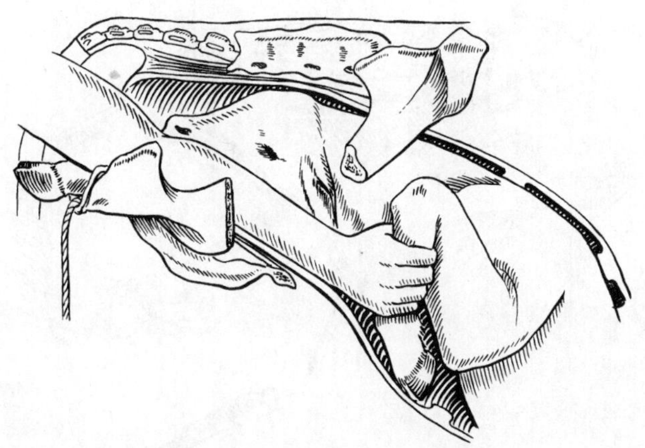

图15.5　用手矫正犊牛产式异常
如图15.4所示，用手矫正的第二阶段

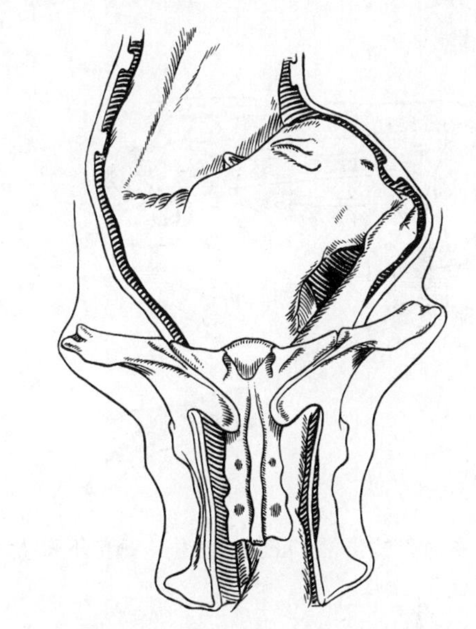

图 15.6　用手矫正犊牛产式异常（正生，上位，头部侧弯）

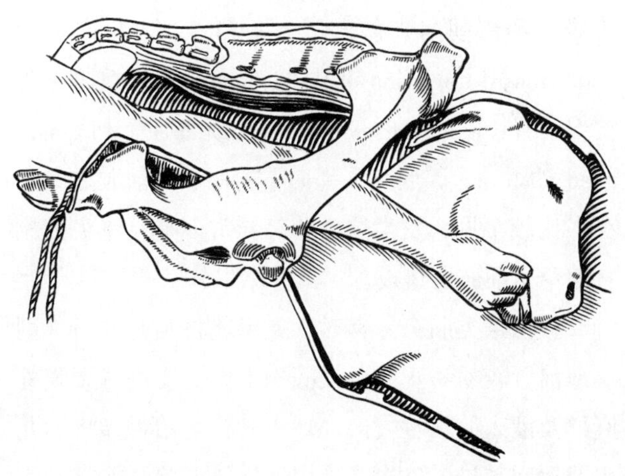

图15.7　犊牛产式异常（如图15.6所示）的矫正方法（在能抓住犊牛的鼻口部之前，先钩住口联合部）

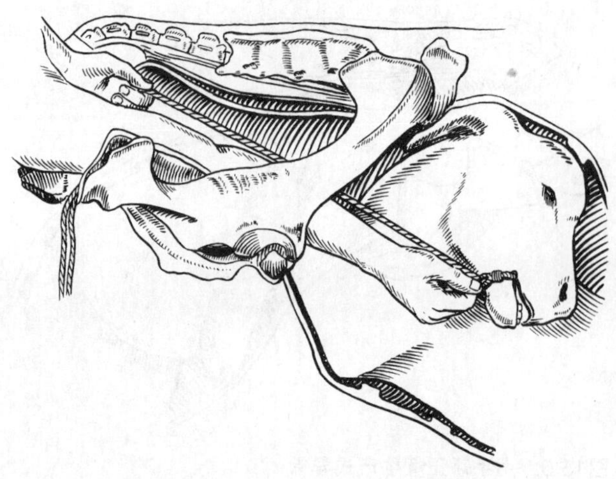

图15.8 采用下颌绳套拉出的方法矫正牛犊产式异常（如图15.6所示）

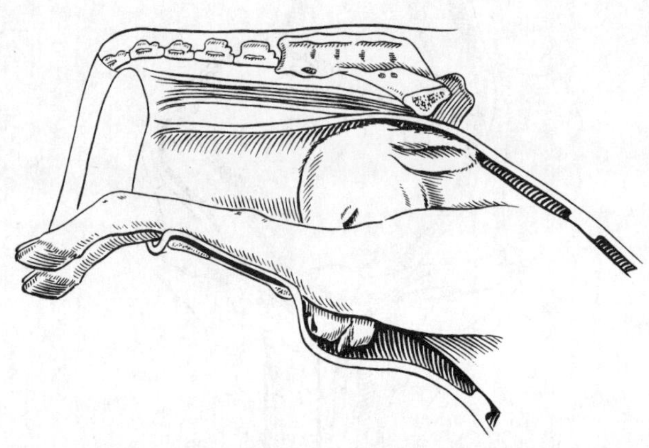

图15.9 牛犊产式异常：正生，上位，颈部下弯（额部前置胎势）

是牛一种不太常见的难产类型，通常呈额部前置（vertex posture）胎势，牛犊的鼻部紧靠骨盆边缘，额部朝向骨盆入口（图15.9）。头向下弯（downward deviation of the head）更为严重时称为枕部前置（nape presentation）及颈部前置（breast-head posture），胎儿头部向下屈曲于两前肢之间，在牛比较罕见，发生这类胎势异常多是在将头部拉直前牵引前肢所造成。

救治这类胎势异常时，如果能将胎儿推回，则枕部前置较易矫正。延误病例可能需要进行硬膜外麻醉及灌入胎水替代液。矫正时，可用手指将胎儿头部抬起越过骨盆边缘，用拇指压迫胎儿前额，将胎儿回推。

对更为严重的头向下弯的病例，也可用同样的方式进行矫正，如果难以矫正，可将一前肢推回子宫，这样就有更多的空间使得头部可先向侧面转动，然后再向上向前拉过骨盆边缘。然后将前肢拉直，牵引拉出胎儿。对更为困难的病例，可将两前肢推回子宫。如果将母牛仰卧保定，也便于拉直胎儿头部。也可通过在胎儿前肢施力转动胎儿成暂时的下位，再将头部拉直，这样便于矫正异常的头部。在难以矫正的头向下弯的病例，可考虑采用剖宫产。如果胎儿死亡，则可采用皮下截胎术。

15.2 马正生时的胎势异常

虽然前肢的胎势异常在马比牛少发，但在马引起的难产要比牛严重得多，这是由于马在强力努责时骨盆更为紧缩，而且马驹的四肢较长，因此发生难产时更为严重。为了防止引起子宫及阴道破裂，矫正胎势异常时必须格外小心。如果胎儿在骨盆内压得很紧，则仍有可能将胎儿推回，然后尝试不进行矫正而牵引拉出胎儿，因为在马用这种方法救治，成功的可能性比在牛大。术者应特别注意马难产的急迫性，但如果在开始时就发现胎儿挤得很紧，而且已经死亡，则可先将母马麻醉，使其侧卧或仰卧，然后再进行处理。

15.2.1 腕关节屈曲

矫正腕关节屈曲（carpal flexion posture）的基本原则与在牛相同，可将胎儿充分推回，以便有足够的空间拉直马驹较长的前肢，这对矫正腕关节屈曲是非常必要的，然后将绳套套在蹄部，协助用手拉直前肢。在最后拉直腕关节时，术者应将手握成杯状保护蹄部，以免损伤产道。

腕关节屈曲的马驹更倾向于楔入母体骨盆（图15.10），在这种情况下矫正方法的选择主要取决于马驹楔入的程度、胎儿与母体相比的相对大小以及第二产程持续的时间。矫正时可将胎儿推回，之后尝试拉直腕关节。

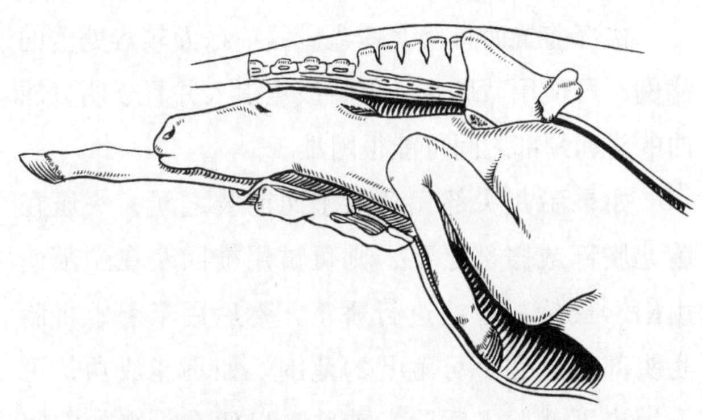

图15.10　马驹产式异常：正生，上位，单侧腕关节屈曲胎势（注意这种异常胎势楔入骨盆的情况）

如果没有足够的空间拉直屈曲的腕关节，则可将其向前推入子宫，使弯曲的前肢位于胎儿腹部之下，然后通过适度牵引另一前肢，再牵拉胎头，这样通常可以奏效而不会损伤母马。如果发现不能缓解胎儿楔入骨盆，则有两种方法可供选择，其一是试图牵引而不进行矫正；其二是通过腕关节截断前肢。当马驹仍然存活，屈曲的腕关节已经进入母体骨盆时可采用第一种方法。除了在胎头及伸直的前肢上套上绳套外，也可在屈曲的腕关节上套上绳套牵拉。对难以矫正的腕关节屈曲，可用线锯施行截胎术，通过腕关节截断前肢（参见第19章），然后将绳套置于腕关节之上，同时在另一前肢和头部套上绳套，拉出胎儿。

对难以矫正的双侧腕关节屈曲，由于影响到发育正常的足月马驹，因此不应试图牵拉，胎儿存活的可能性也不大，可采用截胎术，按需要截除一个或两个腕关节。

15.2.2　肘关节伸直不全

肘关节伸直不全（incomplete extension of the elbow）不太常见，可按在牛介绍的矫正方法进行矫正。

15.2.3　肩关节屈曲

肩关节屈曲（shoulder flexion posture）时，一侧或两侧前肢可能未能伸直。由于马驹头部细长，颈部较长，因此母体骨盆有更多的空间可以将术者的手臂伸入，这要比牛同类难产更易处理，但是未伸直的前肢离的更远，因此更难将绳套套在桡骨和尺骨上。矫正时可灌入大量的替补胎水，强力将胎儿推回。只要能将桡骨和尺骨用绳套套住，则可以通过拉前肢将肩关节屈曲的异常胎势转变为一侧腕关节屈曲，然后再进行处理。

如果发现难以拉直前肢，可尝试牵引，这样通常可获成功，但马驹通常会死亡。牵引时不要过度用力，最好按在牛介绍的截胎法用线锯截除未伸直的前肢。如果两前肢均未伸直，尝试矫正难以奏效，可尝试牵拉，但最好试着用线锯先截除一前肢后再牵拉（参见第19章）。

15.2.4　前腿置于颈上

前腿置于颈上（foot-nape posture）的胎势异常包括一条或两条伸直的前腿位置异常向上，在母畜阴道内位于伸直的头部之上。这种胎势异常是马所特有，主要是由于马驹的头部细长，前肢较长，因此有可能发生这种胎势异常。这种胎势异常很有可能导致胎儿紧紧楔入骨盆腔，因此胎儿的蹄部很有可能穿破阴道顶端。如果识别出最上面的胎儿前肢，将胎儿的鼻嘴部向前向上用力推回，抬高胎儿的蹄部后回推或拉到合适的侧面，将另一蹄部再用同样的方法处理，最后抬高胎头，将两条前腿均置于头下，然后在头部和两前肢牵引。

如果胎儿蹄部穿破阴道顶壁，可先进行硬膜外麻醉或全身麻醉，先尝试矫正，如果难以奏效，则用截胎术截除头部或上臂，这样的操作较为容易。截除上臂时可用线锯在桡骨处截断，然后就有可能将另一前肢置于头下；最后拉出胎儿时必须仔细保护桡骨断端 。如果一个蹄部已经穿过破裂的会阴或直肠，则必须要切开会阴，拉出胎儿，然后修复切口及损伤的部位。

15.2.5　头部侧弯

头部侧弯（lateral deviation of the head）是马比牛更为严重的一种胎势异常，主要是由于马驹的颈部及头部很长，与牛犊不同的是，马驹的鼻子更靠近膝关节而远离肋骨中部（图15.11）。因此，除了在矮种母马外，大多数情况下胎儿位置异常的头部很难触及，因此需要特殊的器械拉出胎头，可采用的器械有三种，Kü hn氏梃、Blanchard氏长弯钩及Krey-Schottler 双钩，这些器械的使用需要技巧，而且要采用安全的全身麻醉方法 。在发生先天性歪颈（wryneck）时，几乎不可能拉直颈部，因此必须要用线锯截除头部和颈部（参见第19章），或者必须施行剖宫产（参见第20章）。

15.2.6 头向下弯

头向下弯（downward deviation of the head）在马比在牛常见，枕部前置更常见。头向下弯时的矫正方法与牛的相同，拉直头部时需要使用下颌绳套，用一只手在胎儿额部用力下压，助手向上向后拉绳套可矫正这种胎势异常。如果术者可在胎儿头部同时旋转及后推，头部可向侧面移动，这对进一步拉直极为有利，因此应该尝试用这种方法矫正。如果仍难以很快奏效，应将母马麻醉，使其仰卧，抬高其后躯，再推回胎儿，这样可以更容易地矫正异常的胎势。

由于枕部前置时可发生胎儿自发性娩出，因此在胎儿头部已经进入阴道，耳朵可见于阴门外的情况下，可无需矫正而直接尝试拉出胎儿，但不建议采用这种处置方法。

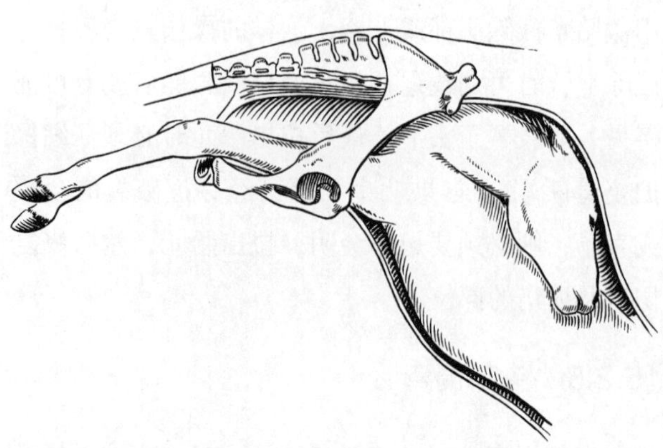

图15.11 马驹产式异常：正生，上位，头部侧弯，胎儿鼻部伸直可达其膝部

枕部前置而且胎儿楔入骨盆前缘而较难处治的病例，可使用截胎术，但将线锯引入并置于明显屈曲的头和颈部之间可能很困难。

如果胎儿头部完全置于两前肢之间，头压在胎儿胸部或腹部之下，则可试用推回及在颈部使用Krey氏钩的方法进行矫正，然后用牵引术将胎儿头部拉高到手可触及的范围。如不能成功，可采用皮下截胎术截除一前肢，以便有更多的空间抬高胎头。

15.3 绵羊和山羊正生时的胎势异常

胎势异常是绵羊和山羊常见的难产原因，其矫正方法在两种动物基本相同，但山羊的耐受性似乎更强。患病的绵羊和山羊如果能及时处治，矫正相对简单，在许多情况下饲养员或放牧员就可成功救治。下面介绍的矫正方法，如不作特别说明，均是以绵羊为例进行介绍，读者可以假定在山羊也相同。羊产体格较大的单羔时，矫正处理更为困难，母体重复而无效的产出努力可引起胎水排出，胎儿紧挤，子宫紧紧包着胎儿。如果接着发生继发性宫缩乏力，在延误的病例羔羊已经死亡，从而发生胎儿气肿。因此，即使在这种情况下发生简单的胎势异常，都很难进行矫正。在兽医临床上可能还会遇到更为严重的胎势异常，而且延误时间较长，如果操作者再没有矫正经验，可对母羊造成伤害。

在绵羊的生殖道内操作时必须轻柔，否则会对阴道、子宫颈和子宫造成严重的挫伤，而且很有可能发生胎儿休克或感染。处理前应将会阴和尾根部的毛剪干净，并且清洗干净这些区域。除了最简单的操作方法外，应该采用尾部硬膜外麻醉。然后将母绵羊侧卧或仰卧置于草捆上，如有可能可置于桌子上，后躯伸出于一端之外。另外一种方法是，母绵羊应站立保定，或由助手抓住，头及颈部靠在地面，在跗关节处抓住母羊提高其后躯。助手骑在母羊上，母羊保定为仰卧位，后躯抬高到便于术者操作的高度。灌入替补胎水，特别是应采用富含纤维素的产科润滑剂来替代羊水灌入。由于抬高了胎儿的后驱及灌注了液体，大多数胎势异常都容易矫正。羊的胎势异常矫正的基本原理与牛的相同，大多数病例只用手就可矫正，但绳套也很有帮助，很少会用到器械，但偶尔在非常小的绵羊或山羊可用到钳子，有时也使用简单的绳套套在头部（参见第12章）。

15.3.1 腕关节屈曲

矫正腕关节屈曲（carpal flexion posture）时，母羊按前述方法保定，在延误病例灌入液体，这样易于推回胎儿，然后抓住未伸直的蹄部，轻轻带入骨盆入口，将其拉直进入阴道，然后将母羊放低，在母羊每次努责时轻轻牵引。胎儿娩出后检查子宫内是否还有其他胎儿。由于宫缩乏力，第二或第三个羔羊可能不能进入到骨盆边缘。在这种情况下，应该将前肢或后肢带到骨盆，这时母羊可能会重新开始努责，可牵引帮助母羊产出胎儿。如果延误时间较久，则几乎难以将气肿的胎儿前肢拉直，这时可采用线锯截断腕关节，但应使用大量的润滑剂，有时还必须要采用处治胎儿母体大小不适时的截胎术。对难以救治的腕关节屈曲，只能采用剖宫产进行救治（参见第19和第20章）。

15.3.2 肘关节伸直不全

肘关节伸直不全（incomplete extension of the elbow）时，将胎儿推回，之后轻轻分别拉直两前肢，然后在头部和前肢轻轻牵拉。

15.3.3 肩关节屈曲

肩关节屈曲（shoulder flexion posture）（图15.12）时，如能将胎儿充分推回，在延误病例能替补胎水，则手可到达前臂将肩关节屈曲转变为腕关节屈曲胎势，然后按前述方法进行处治。如果胎儿过大，难以将前腿拉入骨盆，则必须要施行剖宫产；如果胎儿发生气肿，则应将屈曲的前肢用线锯截除。截除一前肢后通常可将胎儿拉出。虽然一前肢完全屈曲，但也可见到胎儿自发性娩出的情况，因此在母羊骨盆较大，胎儿较小或中等大小的情况下，可不进行矫正异常胎势而直接尝试拉出胎儿。在这种情况下，矫正可能也很简单，但无论如何均不应过度牵引。

15.3.4 头部侧弯

头部侧弯（lateral deviation of the head）（图

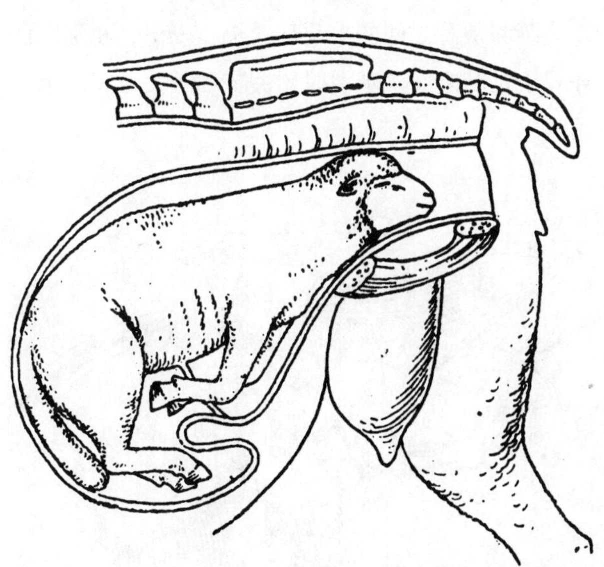

图15.12 羔羊产式异常：正生，上位，单侧肩关节屈曲胎势

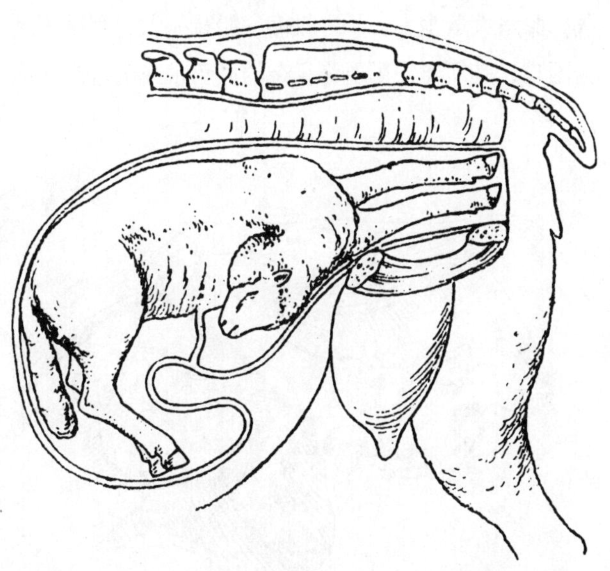

图 15.13 羔羊产式异常：正生，上位，头部侧弯

15.13）常见于绵羊的难产，用于矫正这种难产的方法与牛的相同，可在尾部硬膜外麻醉的情况下，将母羊的后躯抬高，灌入润滑液，将胎儿推回，用手矫正，这在大多数情况下可以奏效。在延误病例，可在下颌套上绳套，这样效果更好。如果没有足够的空间矫正这种胎势异常，则可将气肿羔羊弯曲的头部用线锯截除，但最好在这种情况下用剖宫产救治。

15.4 倒生时的胎势异常

倒生时的胎势异常比正生时更难以矫正，特别是在马。目前认为，这类胎势异常是由于跗关节和臀部关节未能伸直，因此可影响到一或两肢。偶尔在犊牛可见到脐带走行于两后肢之间，并绕过一后肢的后面，在这种情况下必须先要矫正为跗关节屈曲，以便将脐带矫正到正常位置。如果这种矫正难以奏效，则可引起犊牛死亡。拉直屈曲的后肢较为困难，主要是由于在骨盆前缺少足够的空间，因此必须要采用三种方法来矫正难产，即硬膜外麻醉、替补胎水及推回。所有操作均应小心谨慎地进行，以免引起子宫穿孔。影响矫正难易程度及矫正结果最主要的因素是处治前难产持续的时间。如果难产发生后能在第二产程的早期救治，则一般较易奏效，如果延误时间太久，胎水大量丧失，子宫收缩，胎儿死亡，则矫正最为困难，必须要采用更为复杂的截胎术或剖宫产。倒生的胎儿发生死产的比例很大。

15.4.1 跗关节屈曲

15.4.1.1 牛

跗关节屈曲（hock flexion posture）在牛通常为双侧性的（图15.14），跗关节的关节点可位于骨盆边缘前，或者紧紧楔入母体产道。矫正前先应估计矫正的难易程度，然后确定是否采用硬膜外麻醉和/或替补胎水。矫正的主要目的是拉直屈曲的跗关节，其困难之处是难以获得足够的空间进行这种操作。在早期病例，无论是否采用硬膜外麻醉，可用手矫正异常胎势，先在胎儿会阴部压迫胎儿将其回推，然后用手抓住胎儿蹄子，在将蹄部呈弓形向后拉时，附关节屈曲更为严重，可将胎儿尽力推回，最好手呈杯状抓住趾头，将蹄部抬高越过骨盆边缘，将后肢拉直进入阴道。如果发现由于缺乏空间而难以将跗关节拉直，则可指导助手将一手臂伸入向前向上压迫跗关节，术者再按照前述方法尝试，将蹄部带入骨盆腔。另外一种方法是将绳套固定在屈曲的蹄部，绳套的一端与 Schriever氏绳导（introducer）连接，绳导带入产道，绕过屈曲的跗关节，带出后与另一端绕成一环，由此形成一滑动环，将其套在趾部；然后使该环向下一直到达（马蹄和踝骨之间的）系部（pastern），将绳套的环置于足趾之间，牵引时跗关节和系关节（pastern

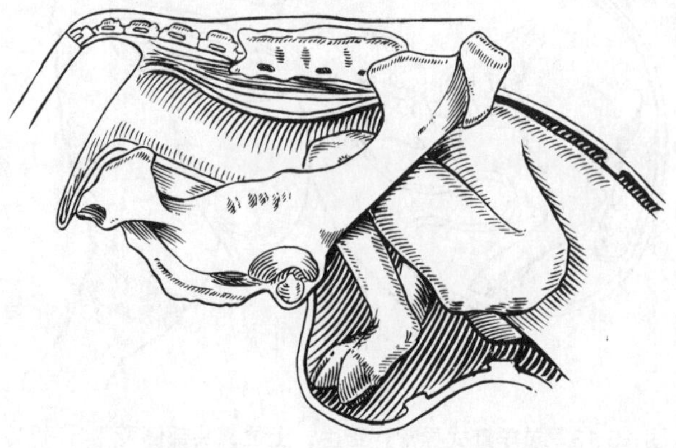

图15.14 牛犊产式异常：倒生，上位，双侧跗关节屈曲胎势

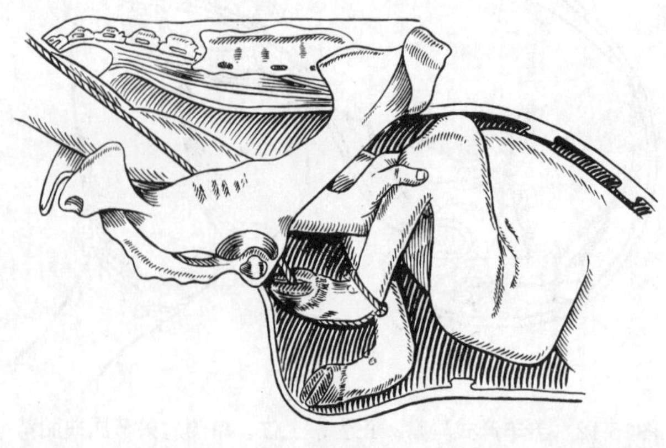

图 15.15 犊牛产式异常，如图15.14所示，用手和趾部绳套矫正

joints）就会屈曲（图15.15）。在再次将胎儿推回后，术者抓住蹄部，助手拉绳套，可将后肢抬高越过骨盆边缘，配合母体的努责将胎儿拉出。如果将母牛保定成仰卧位，也可提供更多的空间便于操作。

偶尔在有些病例，难以拉直屈曲的跗关节，胎儿已经死亡，可施行简单的截胎术（参见第19章）。如果胎儿活着，则应施行剖宫产。

15.4.1.2 马

矫正方法与牛的相同，但由于马驹的四肢较长，因此矫正更为困难，常常不得不借助截胎术或剖宫产救治。如果希望马驹能耐过开始处理时难以奏效的矫正，则最好将母马麻醉，仰卧保定，抬高后躯，再试行拉直胎儿后肢。

15.4.2 臀部屈曲

15.4.2.1 牛

臀部屈曲（hip flexion posture）时两条后肢屈曲于子宫内，这是一种比单侧屈曲更为常见的情况，通常称为坐生或臀先露（breech presentation）；如果在矫正之前延误较久，则会成为最难救治的一类难产。通常在进行阴道检查时可发现胎儿的尾巴（图 15.16），胎儿楔入母体骨盆的程度差别很大，有些病例术者的手很难触及胎儿的跗关节。矫正的目的是将这种异常胎势转变为一侧跗关节屈曲，然后按跗关节屈曲进行矫正。矫正时同样应首先考虑进行硬膜外麻醉及替补胎水。在新近发生的病例，虽然并不需要，但在延误的病例，这两种处理都是必不可少的。矫正时，先向前向上推胎儿的会阴部，以便能抓住屈曲的后肢，抓住后腿后应尽可能在跗关节处抓住胎儿，牵拉后肢将其转变为跗关节屈曲胎势，之后按前述跗关节屈曲的方法进行矫正。如果难以抓住跗关节，胎儿已经死亡，则最好采用截胎术（参见第19章）。

虽然这种方法有点儿笨拙，在大多数情况下在采用硬膜外麻醉时也并不需要，但毫无疑问，

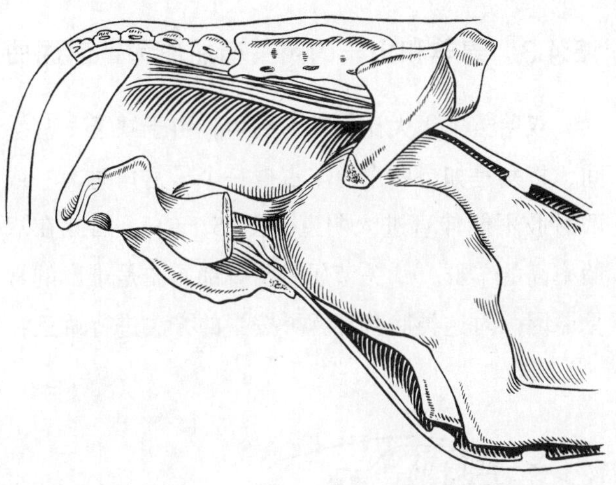

图15.16 犊牛产式异常：倒生，上位，双侧臀部屈曲（坐生）胎势

如果在拉直坐生的后肢有困难时，可将母牛保定成仰卧位，最好能将后躯抬高，这对矫正具有很大的帮助。

如果胎儿已经死亡且呈严重的坐生，则可采用皮下截胎术，Graham（1979）建议采用的方法是，在胎儿会阴部做一切口，将长柄钩通过切口伸入，破坏胎儿骨盆部使其塌陷。可将75cm长的钝钩钩在胎儿骨盆边缘，用力牵拉使骨盆骨折，重复该过程2～3次，确保骨盆能足够塌陷，再用Krey氏钩牵拉未伸直而且润滑的坐骨，通常可以奏效。

15.4.2.2 马

即使马驹的后肢完全屈曲，有时无需助产就可顺利娩出。但发生难产时应该尝试按牛使用的方法拉直后腿。由于马的四肢较长，因此拉直时可能困难更大，而且更易由马驹的蹄部引起子宫破裂。矫正时可考虑将母马麻醉，仰卧，抬高其后躯，这样也便于矫正（图 15.17）。

如果经过适当的努力试图拉直后腿难以奏效，而且马驹仍然存活时，不应再浪费时间而应及早施行剖宫产。如果胎儿已经死亡，而且这种可能性更大，则应将母马全身麻醉，然后用线锯截除一后肢，之后按在牛采用的方法牵引拉出胎儿（参见第19章）。

15.4.3 绵羊和山羊的跗关节屈曲和臀部屈曲

双胎羔羊很大比例的为倒生，由于缺乏子宫空间，特别是如果两个羔羊占据一个子宫角时，一或两后肢不能伸直进入阴道（图15.18），因此在双胎率高的羊群，跗关节屈曲及臀部屈曲是难产的常见原因。对这类胎势异常可按牛的方法进行矫正，但由于双胎羔羊比单胎小，而且抬高母羊的后躯较为容易，因此矫正操作要比在牛容易。在所有延误的病例，均应替补胎水，对胎儿进行操作时，包括回推胎儿时，均应小心进行。

如果胎儿死亡且异常胎势难以矫正，可采用截胎术或剖宫产。

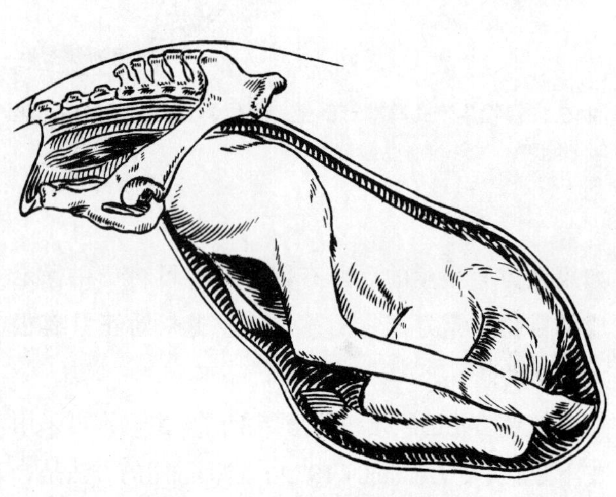

图15.17 马驹产式异常：双侧臀部屈曲胎势（坐生）

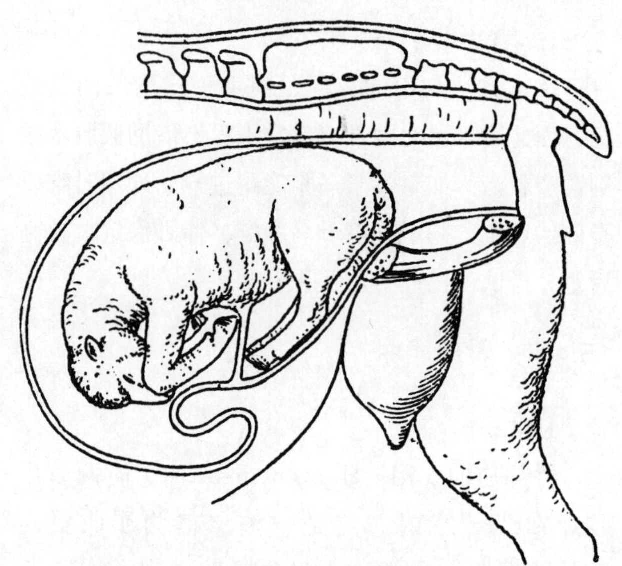

图15.18 诊断：倒生，上位，双侧臀部屈曲胎势（坐生）

第 16 章

胎位及胎向异常和双胎及胎儿畸形引起的难产

David Noakes / 编　　赵兴绪 / 译

16.1　胎位异常

胎儿位置不正（faulty position，malpresentation）在马比牛更常见，这主要是由于马在妊娠后期或在分娩的第一产程（但不出现在牛），胎儿会从下位发生生理性转动而呈上位，这一过程有时由于各种原因不会发生，因此胎儿呈纵向（通常为正生，有时为倒生），胎儿的脊柱朝着子宫的一侧而呈左侧位或右侧位，或者朝向骨盆底部而呈下位。牛或绵羊的胎儿有时以下位出生，其机理还不清楚，但这也不是正常妊娠的胎位；更有可能是在分娩的第一阶段发生，此时子宫蠕动的力量使胎儿产生一种强烈的反射，引起胎儿绕着其纵轴发生旋转。这种机理可能与发生子宫捻转的机理相似或完全相同。胎儿可能与羊膜一同在尿膜绒毛膜内转动。与牛相比，马的羊膜在尿膜囊内的自由度很大，因此利于这种位置的转变。

胎儿为了能够出生，其在侧位或下位时必须要旋转到正常的上位，因此可先推回，然后在可触及到的胎儿的肢体末端施加力量而使胎儿转动。这种转动在病畜站立时容易进行。在困难病例，可采用硬膜外麻醉。

16.1.1　正生，侧位（马和牛）

如果胎儿活着，则可用手摸到胎头，将拇指和中指压在胎儿眼球上，而眼球是由眼睑保护。用力压迫眼球可引起胎儿发生惊厥反射（convulsive reflex），通过在适宜的方向施加转动的力量，可比较容易地将胎儿转动为上位。然后将胎儿鼻端和前肢拉到母体骨盆，抓着两前肢轻拉，同时施加转动的力量，可协助母体产力将胎儿拉出。如果这种方法难以奏效，可在前肢拴上绳套，如有可能可施行硬膜外麻醉，先尽可能推回胎儿，再以合适的方向转动绳套，然后牵拉，通过这种机械的方法转动胎儿。牵引时的力量可使绳套几乎变得平行，但这种情况只出现在胎儿绕着其纵轴转动时。重要的是要确保绳套按正确地方向交叉，因此不会引起胎儿的转动增加。如果胎儿方向的异常不是太严重，可重复上述方法直到异常完全得到矫正，之后通过牵引完成分娩过程。上述所有方法要获得效果，关键是要补充足够的胎水替代液。

16.1.2　正生，下位（马和牛）

可采用与矫正侧位相同的方法矫正下位，但矫正过程需要重复多次。可将母体置于仰卧，抬高后躯，这样可便于矫正。

如果胎儿仰卧，背部在下，头和四肢屈曲于其颈和胸之下，则必须先将胎儿推回，以便能拉直头和前肢，然后再进行转动矫正。

16.1.3 倒生，侧位（马和牛）

术者用一手抓着胎儿前肢膝部，同时回推及下压胎儿，使胎儿转动90°。

16.1.4 倒生，下位（马和牛）

术者将手伸入胎儿两后肢之间，向上到达腹股沟区，抓住一条后腿，前推，术者通过半圆转动胎儿。如不奏效，可通过交叉在前肢的绳套转动胎儿；或者将后肢尽可能拉出，在阴门外，可将牵引棒（如果没有专用器械，可采用一段笤帚把）置于两个后蹄间，将其用绳套绑在一起，然后在牵引棒上采用转动的力量。

马驹倒生下位时后蹄穿破阴道和直肠的风险很大（图16.1），对这种病例可采用剖宫产，之后修复直肠阴道瘘。

16.1.5 山羊和绵羊胎位异常引起的难产

治疗方法与马和牛的相似，可使母羊呈斜的仰卧位，灌入液体替补胎水，在羊转动胎儿比较容易，很少用到设备。

16.2 胎向异常

胎儿纵轴与产道纵轴不一致，而是在骨盆入口处呈竖向或横向。由于矢状面（sagittal plane）空间位置的限制，绝对竖向是不可能的，但斜的竖向偶尔可见于马，但不见于牛。根据胎儿朝向骨盆入口的部位（脊柱或腹部），这种难产可分为背竖向（dorsovertical）或腹竖向（ventrovertical presentations）。横向也不常见，有时可见于马，可呈腹横向（ventrotransverse）或背横向（dorso-transverse），同样，各种斜的横向更为常见。

由于胎向异常造成的难产均很严重，马所见到的特有的双角妊娠横向极难矫正。对所有病例救治的主要目的是转变胎向，使竖向或横向转变为纵向。显然，矫正时应该将最近的胎儿肢端拉向骨盆入口，但如果两端距骨盆入口一样远近时，通常可将胎向转变为倒生（注意在两条而不是三条腿进行矫正）。

16.2.1 斜的背竖向（马和牛）

矫正斜的背竖向（oblique dorsovertical presentation）时，根据离骨盆最近的部位（头部或坐骨），可将胎向转变为正生或倒生。可将胎儿的一端（头和/或四肢）拉到骨盆入口，首先将异常转变为下位纵向（ventral longitudinal presentation），然后按前述方法将胎儿转动为上位。必须要在子宫内将胎儿推回并灌注大量的胎水（天然或人工）。然后通过Krey钩尽可能将胎儿一端拉近，之后在推回胎儿的同时将钩回拉，使胎儿的前端或后端到达骨盆入口。矫正完胎位及胎势后通过牵引将胎儿拉出。如果不能转动胎儿，则应采用剖宫产。

16.2.2 斜的腹竖向（马和牛）（犬坐式）

虽然斜的腹竖向（oblique ventrovertical presentation）（图16.2）比前述的更为常见，但总体的发生仍然罕见，且只见于母马。不过如果发生这种异常，在诊断上并无多大困难；如果在产驹母马可见到胎儿头部和前肢已经突出，而且已经施行过牵引而未获成功，则很有可能为“犬坐式（dog-sitting posture）”异常而引起的难产，胎儿的前端不同程度的位于阴道内，但其后端仍位于子宫中。这种难产与正常正生不同的是，后肢也进入产道而靠在骨盆边缘，因此越拉胎儿，其楔入的程度越大。大多数病例胎儿阻塞的情况极为严重，但在采用硬膜外麻醉及子宫内灌注润滑液之后可试图尽可能推回胎儿，以便其后肢可以推离骨盆边缘而进入子宫，从而将难产转变为正常的正生。矫正时，可使马或牛仰卧，抬高后躯。如果矫正不能成功，则剖宫产是唯一可选的治疗方法。在发生犬坐式时，头、颈和前肢从阴门突出，回推很难奏效。如果阴道黏膜肿胀严重而阻碍阴道内操作，则应施行剖宫产。

16.2.3　背横向（马和牛）

背横向（dorsotransverse presentation）较为罕见（图16.3，图16.4），但斜的背横向可见于马和牛。矫正时应该弄清胎儿的极性，确定哪一端离骨盆入口最近。矫正时可将胎儿回推，将近端拉向骨盆。如果在胎儿的一端难以接近，则在牛和马的子宫内矫正非常困难或几乎不可能。如果有可能获得成功的机会，则牛应进行硬膜外麻醉，在马可采用全身麻醉，以便使其仰卧，之后灌入胎水，通过矫正胎儿近端使其转变为下位正生，之后再矫正为上位，最后通过牵引拉出。如果经过最后努力而仍难以奏效，则应立即采用剖宫产。这种类型的难产极难采用截胎术，因此不建议采用这种方法。

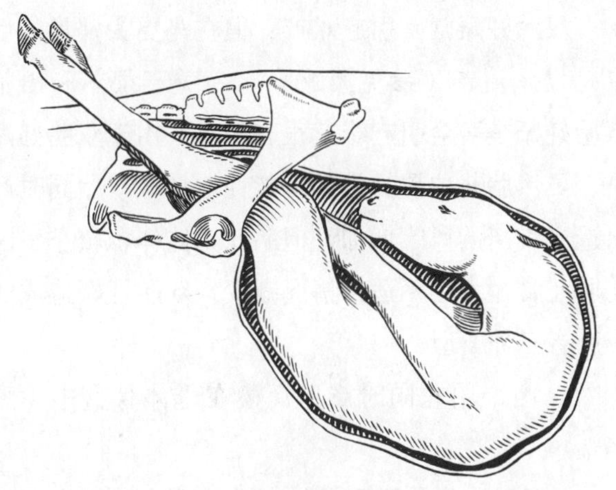

图16.1　马驹产式异常：倒生下位，胎儿四肢伸展，穿破阴道背部和阴道底部，造成直肠阴道破裂

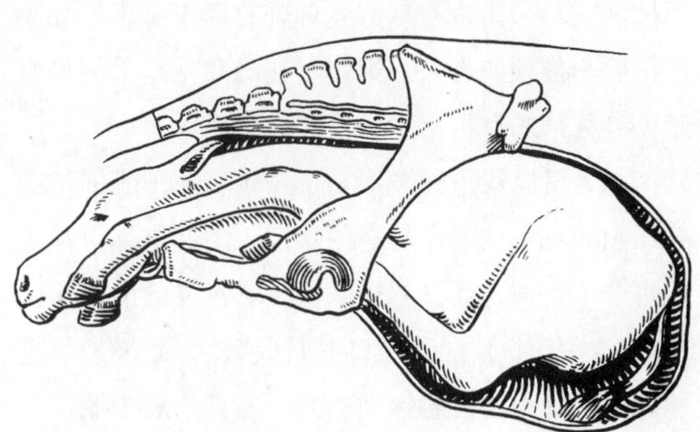

图16.2　马驹产式异常：犬坐式

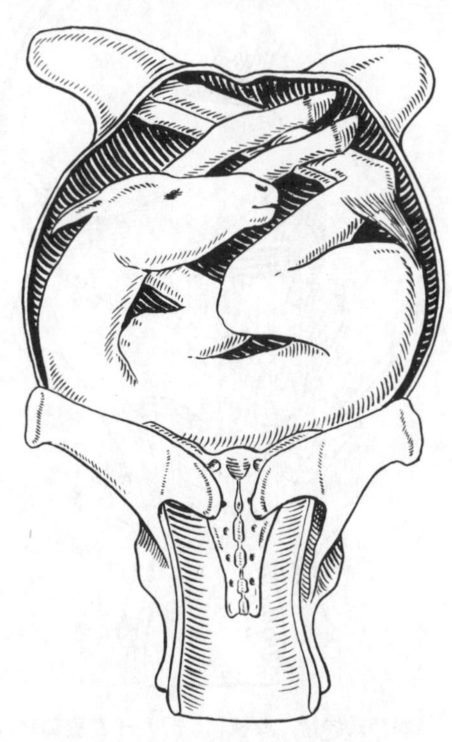

图16.3　马驹产式异常：背横向，子宫体妊娠

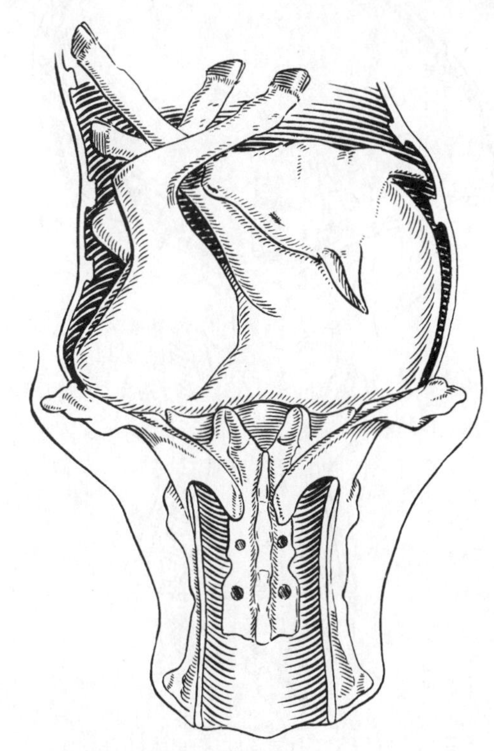

图16.4　牛犊产式异常：背横向

16.2.4 腹横向（马和牛）

腹横向（ventrotransverse presentation）（图16.5）在马比牛常见，斜的腹竖向更为常见，可见到胎儿不同肢端进入母体骨盆。有时头和前肢可能进入阴道，但常见的为一条或几条腿前置。这种情况必须要与双胎及裂腹畸形相区别。阴道内干预的目的首先是将异常转变为纵向，通常转变为倒生下位，因此应将胎儿的后端向前拉而将胎儿的前端向回推。在马采用全身麻醉及仰卧有助于矫正。如果矫正后不能很快奏效，则建议在马和牛均采用剖宫产（参见第20章）。

此为横向双角妊娠（bicornual type of transverse presentation）的马所特有的难产，胎儿末端可能位于两个子宫角，而其躯干则位于子宫体的前端（图16.6）。有时可见到子宫向腹部移位，如果发生这种情况，则不可能触诊到胎儿。一旦诊断为胎向异常，则应施行剖宫产。

16.2.5 绵羊和山羊胎向异常引起的难产

绵羊和山羊胎向异常的处理方法与马和牛的相同，可将母羊抬高呈仰卧位，灌入胎水，羊的这种难产矫正要容易得多，但在延误的病例，剖宫产是更为容易的救治方法。

16.3 双胎引起的难产

双胎妊娠常常引起难产，但在马更为常见的后果是发生流产（参见第26章）。关于绵羊和山羊双胎妊娠是否会引起难产很有争议，由于双胎妊娠时，虽然胎儿位置异常的可能性增加，双胎同时产出造成难产的风险增加，但胎儿个体体积较小，因此胎儿骨盆大小不适的情况减少。双胎妊娠造成的难产有三种类型：

- 两个胎儿同时产出而楔在母体骨盆中（图16.7）
- 一个胎儿前置而另外一个胎儿由于子宫空间

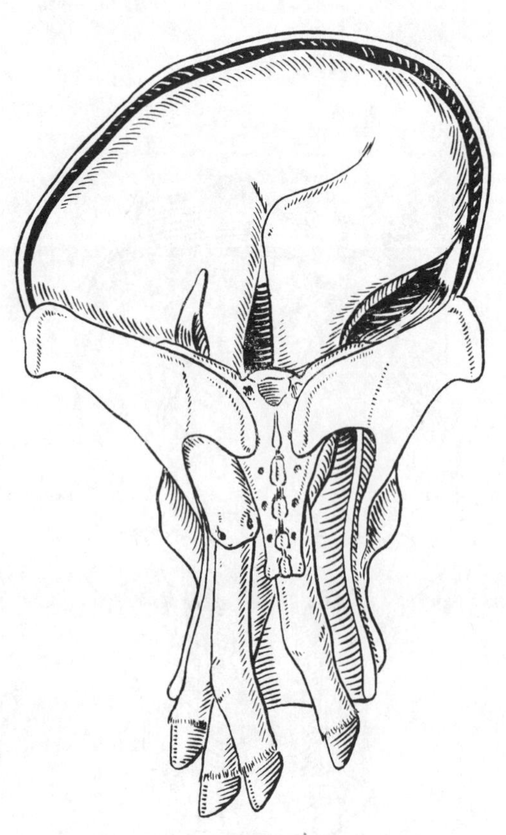

图16.5 马驹产式异常，腹横向，子宫体妊娠

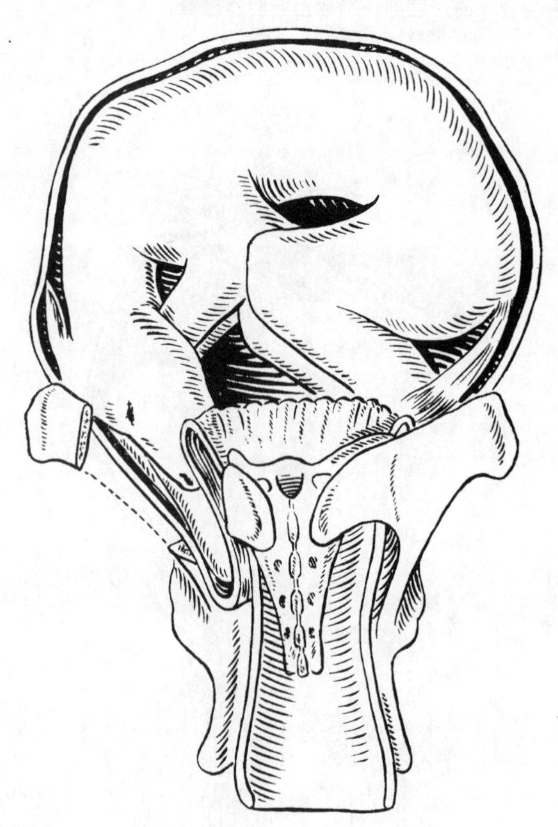

图 16.6 马驹产式异常，腹横向，母马子宫腹部移位，双角妊娠

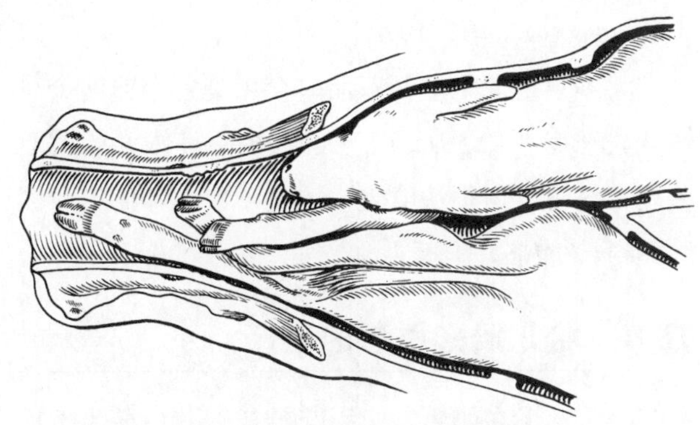

图 16.7　两个胎儿同时产出而楔在母体骨盆中
双胎同时楔入产道，一个胎儿为正生，上位，肩部屈曲；另外一个胎儿为倒生，上位，四肢伸展

不足而使前肢或头部不能伸直

- 由于双胎的负荷过重或提早产出引起子宫肌过度牵张，导致宫缩乏力或子宫收缩异常。如果出现宫缩乏力，虽然胎向正常，但第一或第二个胎儿不能正常产出。

双胎时胎儿较小，因此便于矫正及拉出，有时虽然胎势异常，但自然或助产娩出仍有可能。

治疗双胎难产时，首先必须确定前置的胎儿身体部分及这些部分与两个胎儿的关系，如果能弄清这种关系，则在产科牵引中不会盲目地同时牵拉两个胎儿。也不应将双胎误诊为裂腹畸形（图16.8）、连体畸形（图16.9）或单个胎儿的腹横向（图16.5）。

如果双胎时胎势异常，则可按单胎异常时处理；在这种情况下，是否为双胎还不清楚，但依据胎儿体格较小及母体的病史可以假设，只有娩出一个胎儿后检查子宫且发现另一个胎儿时才能清楚地诊断。此外，只有在娩出第一个胎儿后才能清楚是否发生了宫缩乏力。人们对难产的类型与子宫内双胎位置异常的关系注意的不多。如果每个子宫角中的胎儿都到达骨盆入口时，可见到双胎同时前置；如果两个胎儿均占据同一个子宫角，则更有可能引起胎势异常及宫缩乏力。但Anderson等（1978）在16例牛的实验性诱导的双胎中未观察到难产，实验时每个子宫角植入一枚5日龄的胚胎。这一观察结果及作者的临床经验表明单角妊娠时更有可能发生难产。

如果已知为双胎，需要回推胎儿以便没有障碍地将胎儿拉出或提供更大的矫正空间，回推应小心进行。在牛，特别是在绵羊和山羊发生双胎时，更易引起子宫破裂，胎儿位于同一个子宫角时可发生自发性子宫破裂。

牛的双胎死产率很高，但产出的第二个胎儿更有可能存活。臀部前置常见。

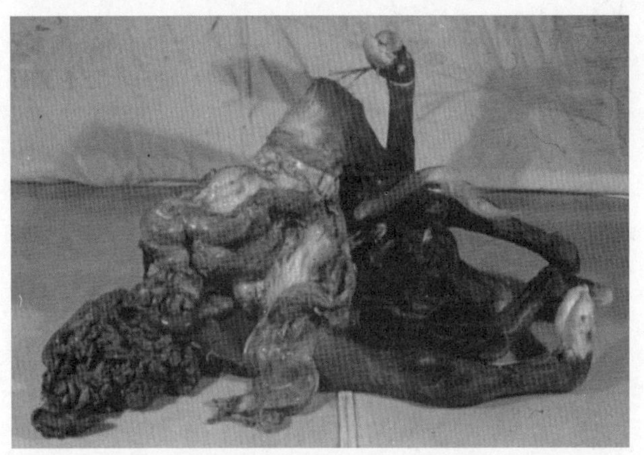

图16.8　剖宫产取出的裂腹畸形（见彩图39）

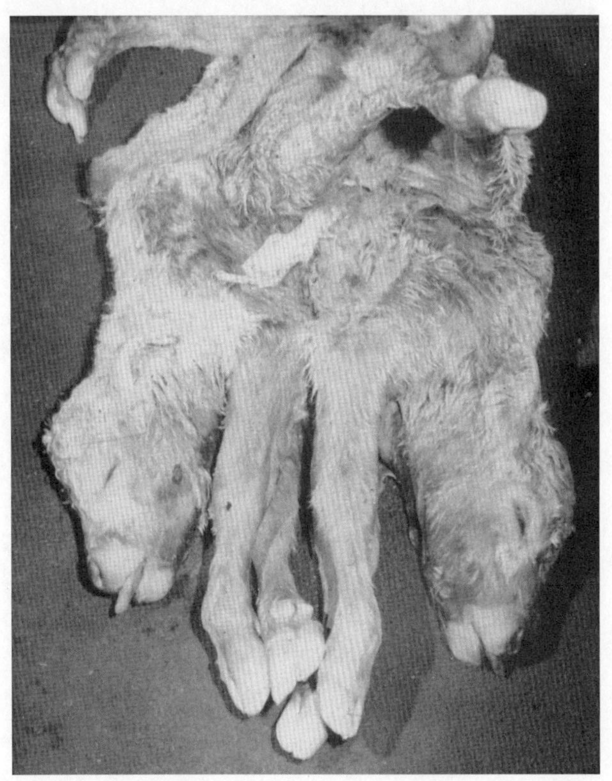

图16.9　夏洛莱牛的连体双胎畸形（见彩图40）

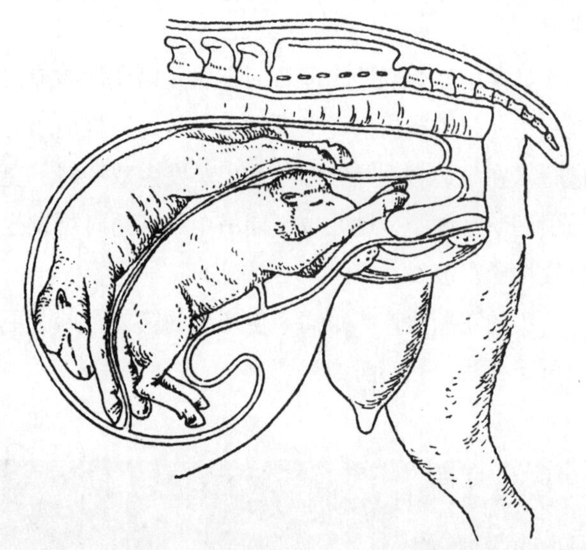

图 16.10 双胎同时楔入产道，一个胎儿为正生，上位，四肢伸展；另外一个胎儿为倒生，上位，四肢伸展
（引自 H. Leeney in Transactions of the Highland Agricultural Society，c. 1890）

双胎同时前置时（图16.7和图16.10）应按照一定的逻辑顺序进行处治。确定胎儿的极性后鉴别出更靠近骨盆的胎儿，用绳套套上前置的肢端，但对任何异常的胎向、胎位及胎势必须要进行诊断治疗；采用硬膜外麻醉有助于矫正。之后连续将靠后的胎儿回推，将靠近的胎儿拉入骨盆，用简单牵引拉出，另外一个胎儿可能胎向相反，可按照相应的方法处理。如果由助手在斜坡上提起母羊的后腿，则绵羊的双胎易于助产拉出。拉出双胎后应仔细检查子宫中是否还有胎儿存在。

如果病例延误，则矫正几乎不可能进行，在这种情况下需要截除前置的胎儿。死胎引起严重的骨盆阻塞时则通过剖宫产更易救治。

牛产双胎后很可能会发生胎衣不下。

Vandeplassche等（1970）对44例马的双胎进行了系统研究，获得的数据很有意义。所有双胎均为杂合子（dizygotic origin，即不完全一致）。在34例双胎妊娠中，33例每个胎儿各占据一个子宫角，而其余的双胎则胎儿均位于同一子宫角中。在产出的44例活驹中，37例成活。本研究表明，全血马和比利时挽马（Belgian draught mares）双胎产活的可能性相当，其差异可能与挽马具有较好的子宫容积有关（Vandeplassche等，1970）。

大多数情况下马怀双胎时会出现一个或两个孕体死亡（参见第26章），大约2%的妊娠开始时双胎发育正常，但很快会发生胎儿干尸化和流产，因此不到1%能够妊娠至足月。

16.4 胎儿畸形引起的难产

胎儿畸形在奶牛常常引起难产，其中最为常见的是裂腹畸形（schistosoma reflexus），其次依发生的频率依次为关节强直（ankylosed calves），包括躯体不全（perosomus elumbis）；重复畸形（double monsters）；胎儿水肿（dropsical fetuses），包括全身水肿（anasarcous）和脑积水以及软骨发育不全（achondroplastic monsters）（参见第4章）。绵羊胎儿畸形的发生与此类似，但没有牛常见。马除了先天性歪颈（wryneck）外，胎儿畸形不太常见。猪偶尔可见脑积水、连体畸形（double monsters）和躯体不全畸形（perosomus elumbis）。

除了全身水肿外，胎儿畸形常常伴发有关节僵直和肌肉萎缩，许多畸形的胎儿体重明显比正常胎儿轻，而且这些胎儿有时可发生流产及早产，说明胎儿畸形的个体可能很小，而能自然产出。但是，如果胎儿发育出现严重异常，例如脊柱弯曲或扭曲、关节僵直或者肢体联胎，则进入骨盆入口的畸形胎儿直径可能比正常胎儿大，由此可造成严重的难产。

16.4.1 胎儿畸形的助产原则

发生胎儿畸形时，识别胎儿四肢的位置及估计胎儿大小可能很困难，在考虑采用充分的润滑及保护产道免受不规则的四肢造成损伤的情况下，可考虑采用小心的牵引法来拉出胎儿。在试图进行阴道娩出前，可采用截胎线锯通过一次或多次切割，缩小全身水肿、腹腔积水或脑积水畸形胎儿的直径（参见第4章）。如果适度牵引难以奏效，则必须要采用截胎术（参见第19章）或剖宫产（参见第20章）。有时胎儿畸形极难进行处治，例如前置的胎儿部分正常，但其远端肢体明显异常；分娩过程开始时可能正常，但异常的部位可楔入骨盆入口。引起这种异常的原因不明显，有时甚至难以确定。例如，发生躯体不全时，胎儿的前半部分可进入产道，但僵硬的关节扭曲的后肢可能阻塞产道；脑积水的胎儿倒生时；以及发生前部联胎而倒生时。在这些情况下，在兽医进行救治之前可能已经被强力牵拉。这种病史及前置部分正常的外观可以怀疑胎儿的远端部分发生异常，应尽早采用剖宫产救治。

16.4.2　裂腹畸形的产科管理

这种胎儿畸形在牛最为常见，救治时必须要特别注意。裂腹畸形的特点已在第4章介绍。畸形胎儿的重量通常为22kg左右，也可见于其他反刍动物和猪，可出现腹部前置或四肢前置。腹部前置时有时胎儿可正常娩出。

发生这类难产时，可见胎儿内脏突出于阴门之外（图16.11，图16.12）；如果见不到突出的内脏，则可通过阴道检查发现。有时可将胎儿内脏与母体的内脏相混淆，这种情况可怀疑发生子宫破裂，但仔细检查可以区分， 检查时检查不到子宫的裂口，而且内脏与胎儿相连，据此可以确诊。必须要将暴露的内脏与胎儿分离，然后可在骨盆入口处感觉到其僵硬的椎骨成角（vertebral angulation），然后再比较胎儿直径与母体产道的大小，如果可以产出时，可将Krey钩钩在前置的胎儿上，同时使用大量的润滑剂，适度牵引，应特别注意保护产道不被胎儿突起的骨质部分损伤。牵引时，配合母牛的努责可使胎儿娩出。图16.13为图6.12中的裂腹畸形胎儿的矫正和娩出方法。如果采用这种牵引方法仍难奏效，则显然不可能再进行安全的阴道娩出，则应施行截胎术（参见第19章，19.4.6胎儿畸形）或剖宫产（参见第20章）。如果胎儿仍存活而且为腹部前置，则可抓住胎儿心脏，用力牵拉破坏大血管，用放血法致死胎儿。

如果裂腹畸形时为胎儿的三条或四条腿前置，出现或不出现胎头，胎儿直径明显过大，同时出现关节僵硬，则难以自然或矫正后通过阴道娩出（图16.14），在这种情况下，除非与母体骨盆相比胎儿很小（如在裂腹畸形双胎时）否则不应再浪

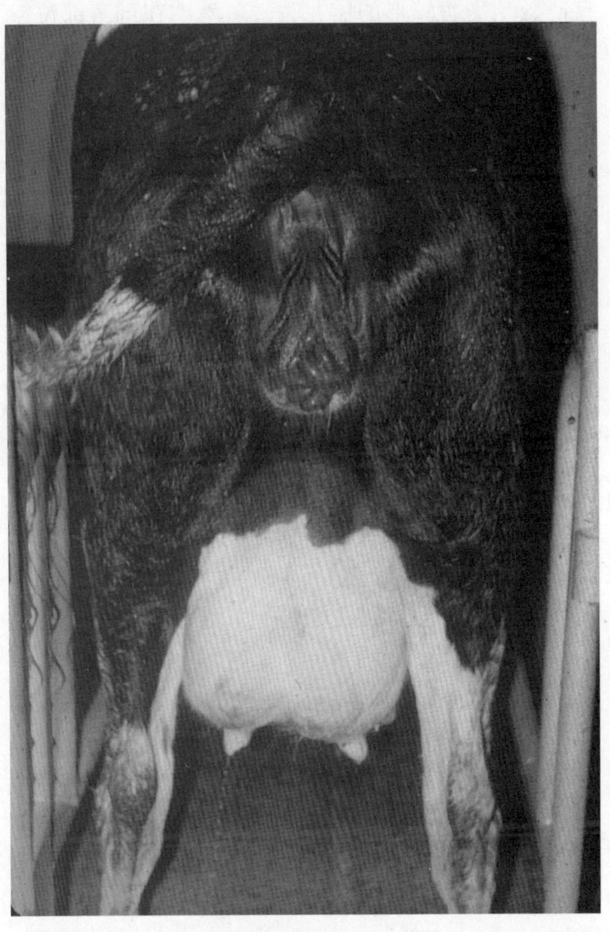

图16.11　弗里斯牛的裂腹畸形，腹部前置，胎儿内脏突出于阴门（见彩图41）

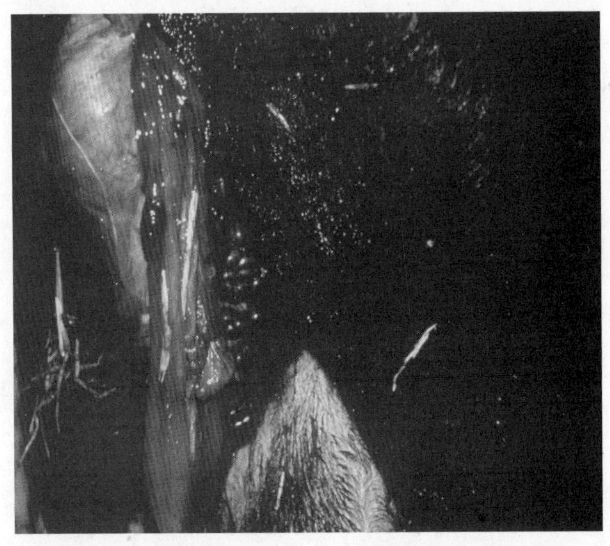

图16.12　弗里斯牛的裂腹畸形，腹部前置（犊牛见图16.13）（见彩图42）

费时间试图通过阴道娩出，而需要采用剖宫产，因为截胎在这类难产可能很困难。在胎儿较小时，可截除胎儿头部或者一肢后胎儿有可能娩出。施行剖宫产救治裂腹畸形的胎儿时，可考虑在剖宫部位施行截胎术，采用这种方法时子宫切口的长度应适度，以避免在牵拉时造成子宫破裂（参见第20章剖宫产部分）。

成功除去裂腹畸形的胎儿后，应仔细检查子宫是否有损伤，检查子宫内是否还有胎儿。

处治绵羊的胎儿畸形时也应考虑这些问题。

图 16.13　图16.12中裂腹畸形犊牛产出后的情况（见彩图43）

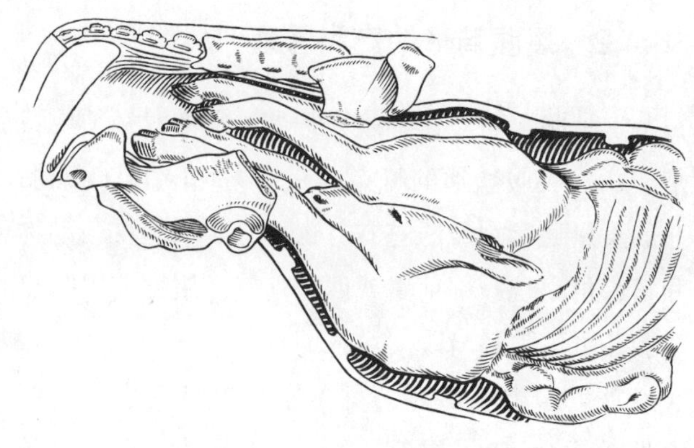

图16.14　裂腹畸形，四肢前置，最好用剖宫产救治

第 17 章

分娩引起的损伤与疾病

David Noakes / 编　　赵兴绪 / 译

分娩时或者分娩之后发生的损伤或疾病很多，其中在胎儿娩出后发生的子宫脱出、胎衣不下及产后感染已在其他章节中介绍（参见第18章、第22章）。生殖道软组织或骨质骨盆的创伤性损伤可引起胎儿出血或感染，或者由于骨折、错位或麻痹而使胎儿发生残疾。分娩时发生的其他并发症还包括母体骨盆或腹腔器官移位、成疝或破裂。在分娩期及产后期还可并发代谢性疾病，特别是低血钙和酮血病以及皱胃移位。产驹困难之后可发生蹄叶炎或破伤风，所有动物产后由于子宫感染，可发生栓塞性肺炎、毒血症、败血症及脓毒血症，其后遗症可包括心内膜炎（endocarditis）、羸弱（unthriftiness）及绝育。

虽然在无助产的分娩中也会发生创伤、生殖道破裂或位置异常，但这些情况罕见。分娩期及产后期疾病最常见的原因是延误了对难产病例的及时救治，或是救治难产的产科技术不精湛，这多由技术不熟练的人员助产所引起。因此，救治难产的兽医人员最重要的是确定难产是否已经被一般人员进行了处理，处理的结果如何，这可通过询问有关人员了解情况，也可通过检查生殖道获得相关信息。如果对发生难产的动物在正确的时间进行了正确的救治，则产后期疾病发生的频率及严重程度将会明显降低。

17.1　产后出血

胎衣自然分离时，母体侧的胎盘发生出血，这种情况只是见于食肉类动物（carnivora）,其小的血肿破裂时可出现绿色或棕色分泌物。但如果在进行择期剖宫产时除去胎衣，使胎衣提早分离，则可引起严重的，甚至有时是致死性的出血。兽医产科中严重出血的常见原因是子宫血管被胎儿四肢、产科器械或助产人员的手撕裂。在排出胎儿后，大量血液蓄积在子宫内，之后通过阴道流出；或者血液通过子宫壁裂口流入腹腔。

在胎儿娩出后如果在阴门有大量出血，则最大的可能是脐带血管断裂端出血，脐带断裂后缩回阴道内，这种情况可发生于宫缩乏力时，由于子宫收缩力量小，胎盘胎儿侧（尿囊绒毛膜）大量血液在第二产程不能进入胎儿体内。马在正常分娩时，饲养人员牵引胎儿加速分娩过程，之后立即在靠近胎儿腹部结扎脐带，可引起类似的出血，而且程度可能更为严重。从尿膜绒毛膜发生的这种出血一般不影响母体，但由于减少了马驹的血液输入，因此可引起新生马驹脑缺氧症（cerebral anoxia）。

如果在产后检查子宫，发现因子宫撕裂造成大量出血时，应注射催产素及时促进子宫收缩。第二天时应用手除去子宫中所有的血凝块。如果出血是由于子宫破裂所引起，则应修复撕裂口。如果阴道血管破裂引起严重出血，则应试图堵塞血管，在这种情况下通常不可能进行结扎，但可使用动脉血管钳，滞留24h止血。如果不能缝合血管，则可用一长毛巾制备阴道内压迫包（intravaginal pressure pack），或置入大块棉花。可通过从临近动物输血（4 ~ 5L）的方法消除严重出血的全身症状及休克，或者采用血容量扩增剂（blood volume expanders）治疗。

马和牛可由于阔韧带内血管出血而发生致死性出血。Rooney （1964）报道了10例由于卵巢、子宫或髂外动脉血管在产驹（8例）或妊娠（2例）时发生的致死性出血，所有病例都为老龄母马（>11岁），其中9例为全血马。血管的破裂与动脉瘤（aneurysms）或动脉变性有关，这些损伤可随着年龄的增加而易于发生，而血管破裂的实际原因可能是妊娠期血管弹性降低，血管受到牵拉所引起；铜缺乏也可能引起这种出血（McGladdery，2001）。有时在马可发生连续的阔韧带子宫内出血，同时可形成大的血肿；这可通过仔细的直肠内超声探查进行诊断，扫描可发现阔韧带内有有回声的结构。由于应激引起的高血压可使血管破裂更为严重，因此手术修复破裂的血管极难获得成功（McGladdery，2001）。针对这种情况可采用更为谨慎的治疗方法，如使用镇静剂、输血及血容量扩增剂等，同时应有规律地监测血液指标。

17.2 产道及临近结构的挫伤及撕裂伤

用力牵拉胎儿时，生殖道的任何部位都可发生挫伤，但子宫颈和阴门比易扩张的阴道更易发生损伤。肉牛小母牛阴道周围腹膜后脂肪使得这种动物更易在胎儿过大时发生挫伤，之后可能会发生坏疽梭菌（*Fusobacterium necrophorum*）感染,从而发生最为严重的坏死性阴道炎。发生这种疾病时非常疼痛，可引起动物持续性努责及严重的毒血症，也可发生化脓性感染。所有的阴道挫伤和撕裂伤均应采用温和的润滑剂和抗生素制剂进行治疗，也应采用胃肠外抗生素疗法治疗。硬膜外麻醉，特别是采用甲苯噻嗪可暂时缓解努责（参见第12章）。

阴道破裂应及时修复，如有可能可进行缝合，但可能接近伤口较为困难。破裂后发生感染可引起腹膜炎及骨盆蜂窝组织炎（pelvic cellulitis），出现明显的毒血症及努责，或者形成脓肿而导致阴道狭窄。子宫颈撕裂伤可用双爪钳（vulsellum retraction forceps）抓住子宫颈，将其拉向阴门进行缝合。

阴门及会阴的伤口一般容易缝合，缝合前应除去所有受损组织，包括与伤口相连的脂肪组织。如果对阴门及会阴的裂伤不进行缝合，则由于形成瘢痕组织而损害阴门括约肌，导致空气吸入，发生阴道炎和子宫炎，由此需要更为复杂的手术进行修复。

如果在母马采用Caslick氏手术防止阴道吸气，分娩时又切开阴门便于胎儿娩出，则切开的组织应在胎儿产出后立即进行缝合。修复阴门、会阴及子宫颈时，一般可在硬膜外麻醉下进行。在牛，之前未检查到的阴道壁的血肿可在产后4 ~ 6周突然脱出。这些损伤与纤维肉瘤相似，但为非肿瘤性组织，易于处理。

17.2.1 阴门血肿

阴门血肿为分娩过程中黏膜下组织挫伤的后遗症，一侧阴唇常常受到影响，明显呈圆形的肿胀占据阴门开口（图17.1）。阴门血肿可自发性地发生于母马，但在牛和马也可发生于助产时大范围操作，或者大力牵引时。阴门血肿有时可与阴道脱出、肿瘤或囊肿相混淆，如果不及时治疗，可在数周后自然康复，液体被吸收，肿胀消退，偶尔可发生纤维化，引起阴门变形，可发生阴道吸气。如果在分娩后3 ~ 4d不治疗，可安全切除血肿，除去血凝块，血肿也不会再次发生。如果发生脓肿，则应切开排脓。

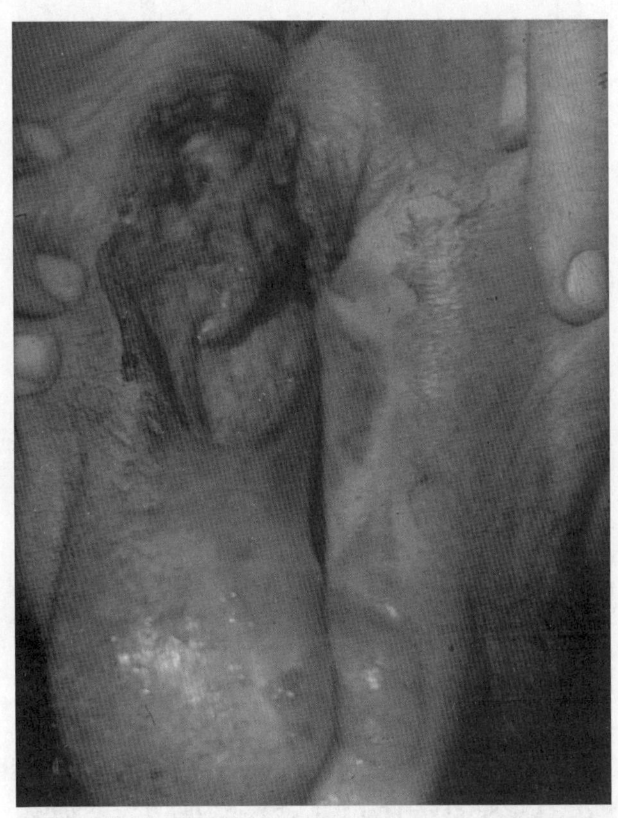

图 17.1 阴门血肿，注意其影响到左侧阴唇（见彩图44）

17.2.2 分娩时的会阴损伤

牛和马在第二产程可发生严重的会阴损伤，而且最常见于初产动物，常与阴门及会阴的扩张不足及过度牵引有关。这些损伤可分为一度、二度和三度撕裂及直肠阴道瘘（rectovaginal fistulae）。

许多小母牛可以耐受阴门背联合或其他部分由于胎儿分娩时的牵拉而造成的轻微表面裂伤（一度裂伤），这种损伤可自发性痊愈而无需缝合，但如有可能则应进行缝合。如果撕裂延伸到会阴深部，可影响到肌肉（二度撕裂），从而损害阴门括约肌的作用，即使肛门的完整性未受影响，也可导致空气吸入阴道。发生这种情况时应立即采用手术方法进行修复。 如果在第二产程发生严重的拉伸及撕裂，则伤口可延伸至肛门括约肌，因此造成泄殖腔样穿孔，粪便可通过这种穿孔进入阴道后端（三度撕裂）（图17.2A，图17.3）。虽然能迅速形成上皮（epithelialization），但直肠末端（terminal rectum）与阴道之间的相通持续存在，但其程度可随着伤口肉芽肿的形成而明显减小，在其发生后6周可采用手术法完全修复。简单的直肠阴道瘘（图17.4，图17.5）如不损伤肛门括约肌，则为牛不常见的自发性损伤，但在发生肛门闭锁（anal atresia）时可作为一种发育异常而发生，在马如果三度会阴撕裂闭合不成功时也可发生这种情况。

马会阴撕裂的机制完全不同。在马最初发生的损伤多由于胎儿前肢引起阴道顶端穿孔，在第二产程中可由于处女膜边缘（hymeneal rim）的影响而偏向背侧。由于母马持续努责，前肢可能会穿入直肠，由于胎儿头部的作用，可能会穿入肛门开口，再引起肛门破裂。如能早期识别这种损伤，可将胎儿的四肢重新进行调整，使其能正常从阴道分娩，但如果发生直肠穿孔，由于三度撕裂采用手术方法比直肠阴道瘘更易修复，如不及时进行处理可造成直肠阴道瘘，因此切开会阴及肛门括约肌通常能够奏效。采用Caslick手术闭合阴门背联合的母马如果产驹前伤口未再次受损，则可承受类似的损伤，但方式完全不同，与牛一样，撕裂可向背部延伸。对要求治疗的病例进行分析发现，三度撕裂是马最常见的会阴损伤，但直肠阴道瘘的形成在马也比在牛常见。相反，二度撕裂在马罕见，但在牛则较为多见，主要是由于这两种动物撕裂的机制不同。

会阴部损伤后，肉芽肿及上皮很快形成，但这些撕裂伤口会有大量的组织损伤，因此在形成肉芽肿之前会发生一定程度的表皮塌陷，不可避免地会出现组织坏死，因此可能会在缝合之后发生一期愈合（first-intention healing），因此建议在尚未穿孔直肠括约肌的情况下，应尽快缝合深部的会阴伤口。三度撕裂如果损伤括约肌并形成直肠阴道瘘时，应等待肉芽肿形成而痊愈，如有必要可在随后再行手术修复。瘢痕形成（cicatrization）后可使这种损伤的程度明显减轻，有时在马可形成小而斜的瘘管，但在大多数情况下仍会形成明显的异常。

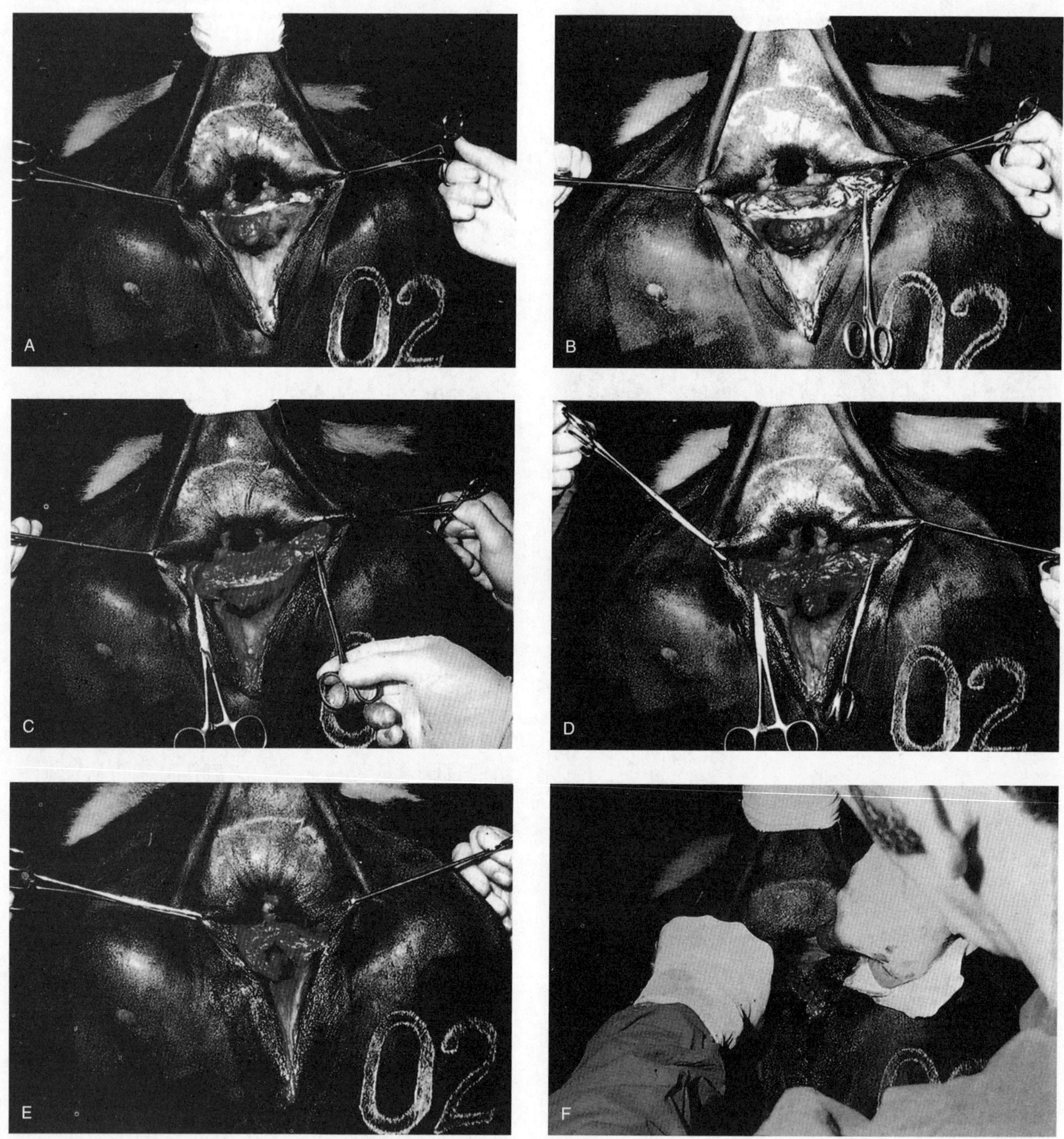

图 17.2 黑白花小母牛三度会阴撕裂的修复（见彩图45）
A. 硬膜外麻醉下暴露会阴裂伤 B. 开始切开阴道黏膜 C. 阴道黏膜切开完成，注意暴露的组织，准备缝合 D. 开始闭合 E. 闭合即将完成 F. 在直肠和阴道间再造完整的组织瓣；阴门背联合需要进一步修复（承蒙T. R. Ayliffe博士提供）

三度撕裂的临床意义主要有两个方面，即阴道内连续吸入空气及由于粪便液体而污染阴道腔，更为严重者可在阴道末端蓄积粪球。气膣可引起阴道腔发生改变，导致尿液潴留于外尿道（external urethral meatus）的前端。在牛和马，这些因素不可避免地会造成生殖道的细菌污染及上行性感染。因此在这两种动物，生殖道大范围的损伤可造成不育，患病母马由于会阴部的不完美而在美学上不适合于其他用途。

发生直肠阴道瘘时，粪便污染阴道的程度取决于瘘管形成的程度，极少有动物能正常妊娠，这些动物在阴道后部发生很小的损伤。发生这类损伤时，应等到所有组织表面都覆盖有上皮后再进行手术干预，这一过程通常需要6周左右。在马，有时是损伤后很快会出现膀胱外翻（图17.6），但容易整复，如有必要，整复后可缝合。处理过程中，除了在马可能需要破伤风预防外，无需其他方法治疗。

二度损伤时可从两侧阴门的上联合正常水平向背部剥离部分阴道黏膜，如在Caslick手术一样缝合黏膜下组织。多年来，手术重构会阴都是根据

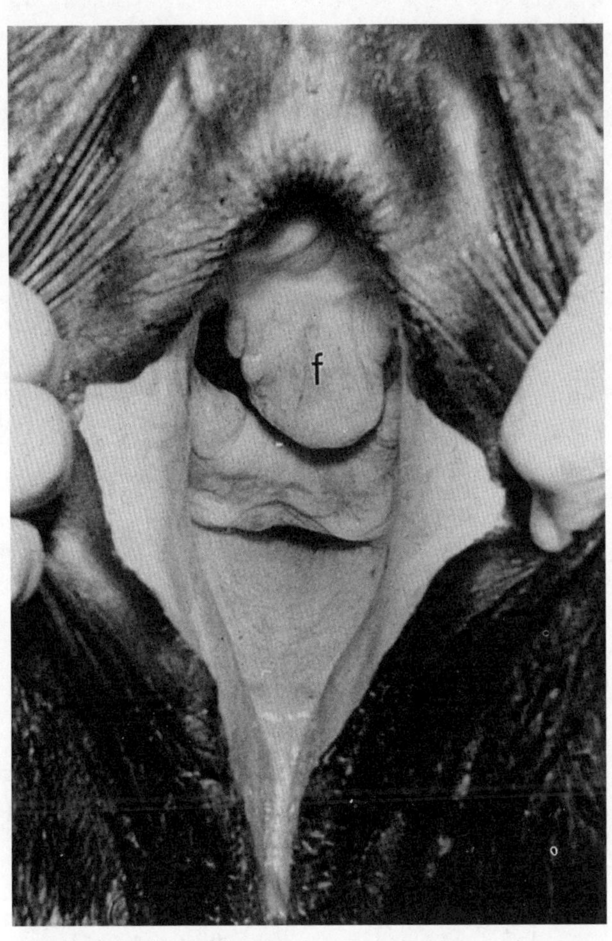

图 17.3 母马的三度会阴撕裂，显示为一黏膜片（f）附着于残留黏膜后缘的阴道顶端

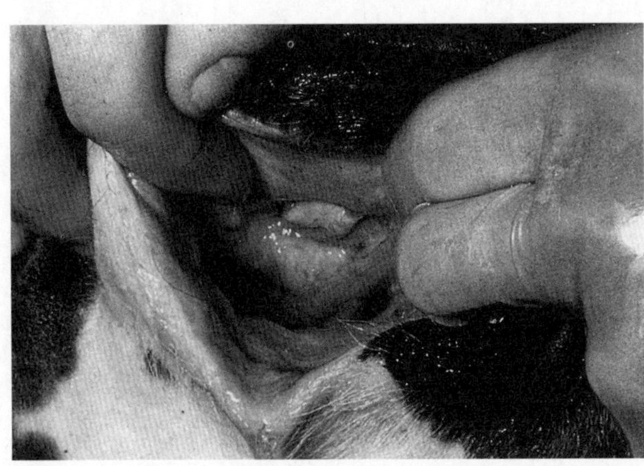

图17.4 牛形成的直肠阴道瘘。阴门扩大到阴道开口处形成瘘管

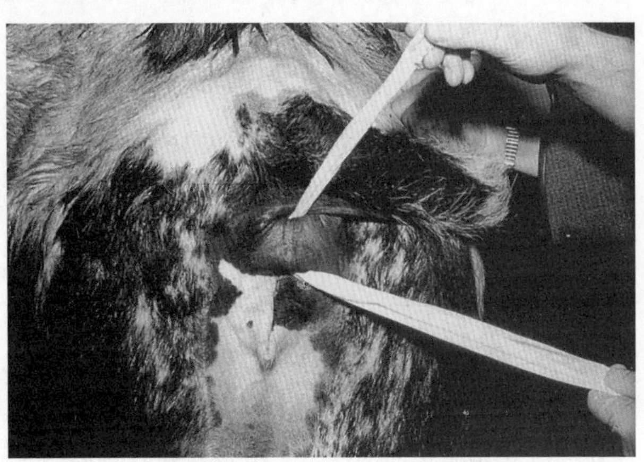

图 17.5 牛的直肠阴道瘘，绷带可穿过瘘管

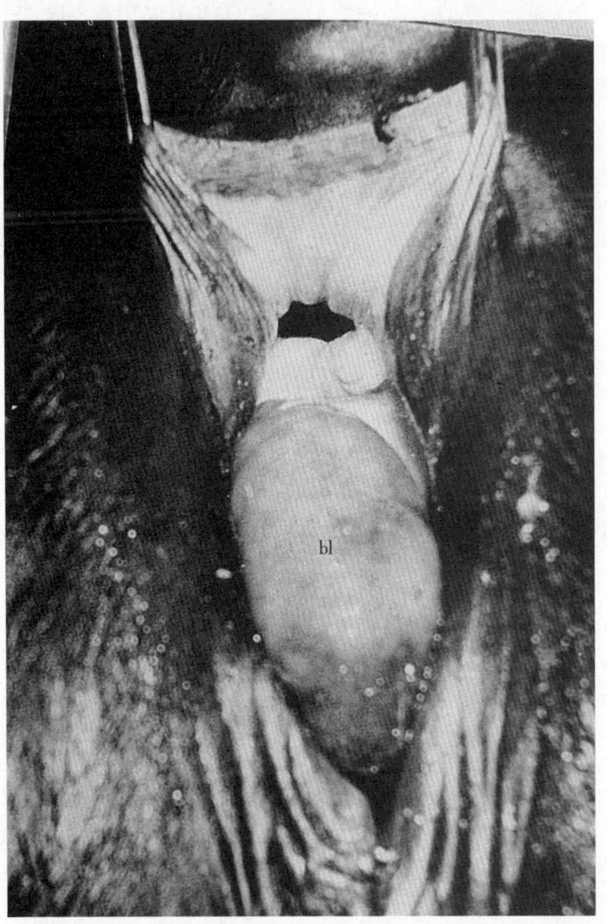

图17.6 母马三度会阴撕裂，膀胱外翻（bl）

Götze 1938年介绍的方法进行的，在进行这种手术时，适当剥离黏膜表面，然后将两侧留下的组织尽可能朝向后部固定，分开两个腔体。这种方法处理后结果较好，但手术可造成严重的术后疼痛，有时还由于动物不愿排便而造成粪便滞留（faecal impaction）。后来这种技术在很大程度上被 Aanes（1964）介绍的技术所代替，这种技术通过从原位组织构建一层新的瓣膜将直肠和阴道隔开，这样对缝线的张力不会太大。Aanes建议采用两阶段的方法，但用于整复三度损伤的方法则是一阶段法，只是对缝合方法进行了改进。

在牛，手术最好在硬膜外镇痛（epidural analgesia）下进行，同样的方法也可用于马，但手术同样在仰卧及后躯抬高的情况下进行，同时应进行全身麻醉。牛无需特别的饲喂准备，在马，最好用含有轻泻剂但不含粗饲料的饲料饲喂3d，之后饥饿过夜。适当清洁手术部位后，将直肠用毛巾被轻轻包起，如果母马已经麻醉，则应在膀胱内插入导管，从手术位点排出尿液。在牛，损伤深度通常不会超过6cm（从会阴开始测），但在马则明显要长，有时几乎超过了子宫颈。在这两种动物，可将组织钳置于泄殖腔的皮肤边缘，向下拉到阴道上联合的正常水平及残余组织的后缘，切除创伤部位的皮肤桥，然后在阴道和直肠黏膜之间可出现清晰的界限（图17.2A ~ C）。操作方法的第一步是将阴道黏膜与将要作为支架的组织分开。切口时可从正常的阴门上联合水平开始，向上延伸到黏膜皮肤结合部的边缘，然后在两侧沿着阴道与直肠黏膜结合部向前延伸到切口，在残留的组织支架的后缘相遇。在切口的最后阶段将阴道黏膜从支架的前缘分开4cm（图17.2B, C）。必须要将所有阴道黏膜与将要缝合的组织完全分开，在这个过程中会有一些出血，但无需止血。在有些情况下，由于瘢痕形成可引起泄殖腔不对称，因此应在缝合之前矫正。然后将分开的阴道黏膜片留在用可吸收缝线进行的荷包缝合（purse-string-type）中，缝线从伤口深部向外连续缝合打结（图17.2D, E）。缝合方法见图17.7。

最为重要的是缝线应适当打紧，由于留下的死腔易于引起伤口破裂。最后在会阴部的皮肤用褥式缝合完成手术（图17.2F和图17.8）。一个多月以

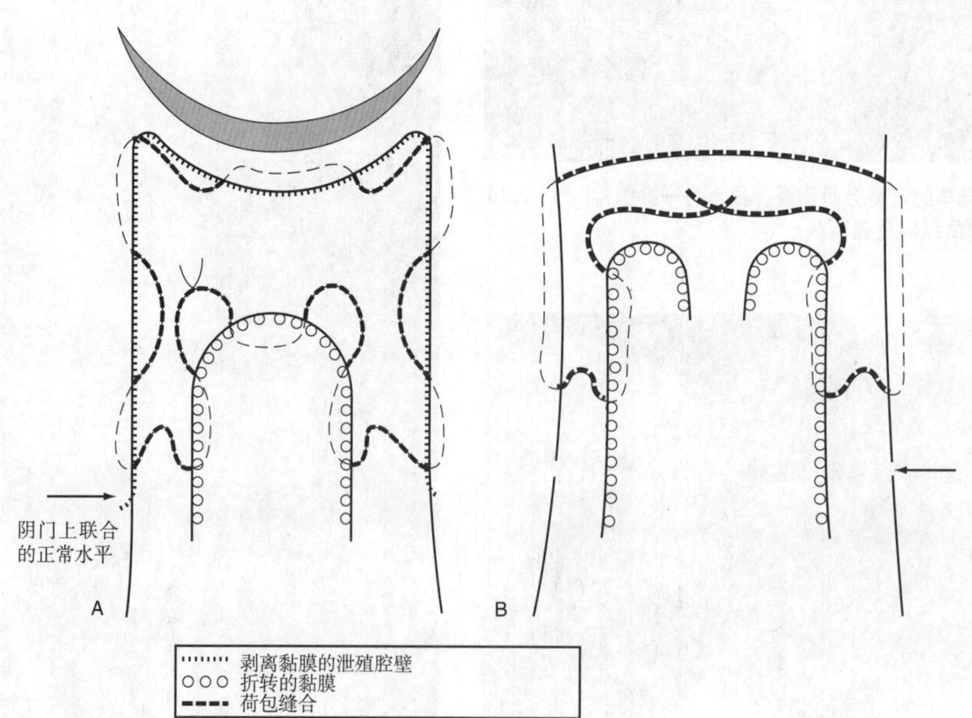

图17.7 重构会阴部的缝合法
A. 支架下缝合 B. 支架后缝合

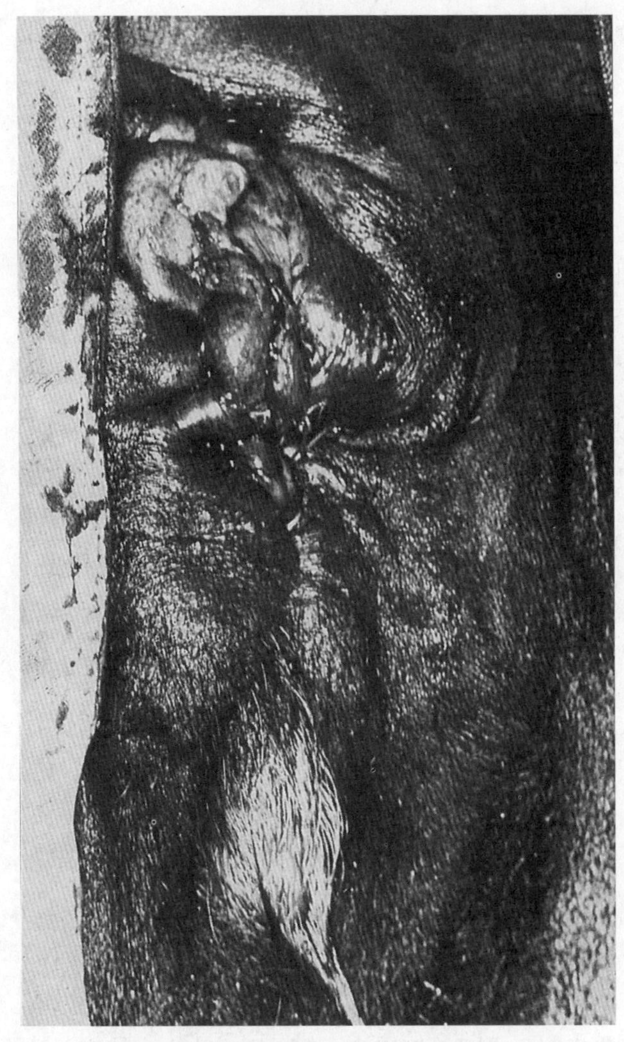

图 17.8　费里斯奶牛完成第一阶段的会阴重构

后如果检查修复的完整性时需要进行小的闭合，可在局部浸润麻醉下进行。应该强调的是，虽然这种手术可以恢复繁殖能力，但并不能阻止空气通过无能力的肛门括约肌进入，因此这种情况下母马用于其他目的时必须要考虑。在母马，可在随后剥离受影响部位的组织黏膜，见到剩余的肌肉组织后进行缝合，尝试施行第二次手术拉紧括约肌。这样修复后母马的肛门外表正常，但有些松弛，轻度的括约肌机能不全则损害不大。如果这种重建不能获得成功，则可重复再次施行手术，但由于局部纤维化和血管分布减少，因此预后可能不好。如果在重建过程中阴门的长度没有明显缩短，则随后在牛和马的分娩通常能正常发生而没有阴门撕裂或需要会阴切开的风险。

但自相矛盾的是，简单的直肠阴道瘘要比三度损伤更难修复。Aanes（1964）建议对这些损伤应该先转化为类似于泄殖腔（cloaca）（如在三度撕裂）的结构，并在肉芽肿形成停止后进行修复。对这种损伤采用不同的手术方法可以避免损伤会阴及肛门括约肌。除非瘘管很深，否则可通过背联合会阴切口术向前延伸到肛门括约肌之下及瘘管下的直肠底部来暴露瘘管（图17.9）。然后衬在损伤下的直肠黏膜可安全地通过黏膜下组织横向的缝合进行翻转，之后再按常规会阴切开术进行修复。

马的会阴损伤通常很明显，但粗心的购买者有时难以发现。这种损伤在牛不明显，特别是如果肛门开口完整时更不容易察觉到。

17.3　腰荐神经丛损伤

在将较大的胎儿强力拉入母体骨盆时，腰神经通过腰荐关节（lumbosacral joint）形成腰荐神经丛（lumbosacral plexus）的前部，其可能会受到损伤，由此可造成臀神经或闭孔神经麻痹，这在过大的胎儿呈臀部阻塞而楔入时更有可能发生（参见第14章），神经可包裹在母体的腰荐岬（lumbosacral promontory）和犊牛的髂骨之间。此外，闭孔神经在通过髂骨柄的内表面时也可被过大的胎儿损伤。

17.4　臀神经麻痹

臀神经麻痹（gluteal paralysis）见于马和牛，

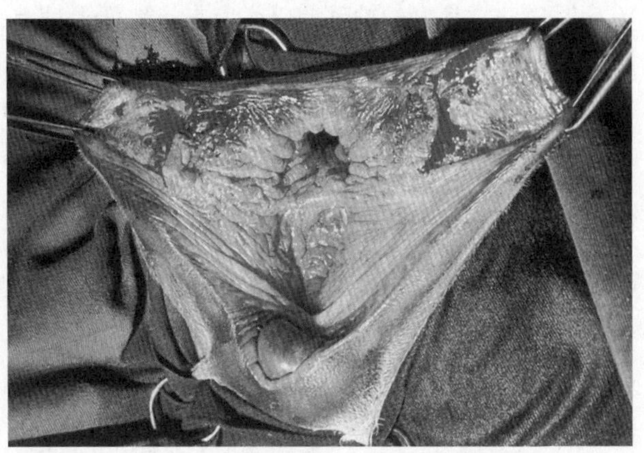

图17.9　会阴切口术暴露的驴先天性直肠阴道瘘

在马也见于自发性分娩之后。发现母畜难以站立，行走时后肢无力（weakness of the hindlimbs），可怀疑发生这种麻痹，随后可发生臀部肌肉萎缩。本病的预后较好，症状通常可在数周后消失，但有时完全恢复需要数月时间。如果气候暖和，可将患病动物置于没有沟渠和障碍物的小围栏中，与厩舍相比，小围栏内有更坚固的地方便于母畜站立。可通过提高母畜的尾部，然后逐渐稳定其后躯帮助病畜站立。为了便于母马在产后能哺乳马驹及能站立休息，可将母马采用吊带保定。如果母马或母牛在产后数天内难以站立，则预后严重。

17.5 闭孔神经麻痹

闭孔神经麻痹（obturator paralysis）在牛比马多发。闭孔神经支配股部的内收肌（adductor），因此当两侧神经受损时，可引起两后腿开张，母牛不能站立。如果帮助母牛用蹄部站立，则其后腿会向外侧滑开。如果麻痹为一侧性的，则母牛仍需要辅助才能站立，如果阻止受影响的后腿外滑，则仍可稳定站立。如果母牛倒地，则可能会引起腿部骨折或髋部关节错位。如果为完全的双侧性麻痹，则预后有待观察；如为单侧性的，母牛在协助下能够行走，则预后较好。如果在球节上将两条后腿捆绑在一起，则可避免母牛在试图站立时内收肌的过度外展及二级撕裂，也可防止引起股骨颈部骨折。大多数病例可在数天内得到改善，逐渐完全康复。除非在两周内有明显改善，完全康复的可能性很小。治疗时应注意良好的护理。母牛应在土地面上铺上短的垫草，或在水泥地面上铺上沙子或撒上小的沙粒，再铺上垫草。必须尽可能协助母牛站立进行挤奶及哺乳犊牛，应刺激其行走，但应防止摔倒。有时可用绷带。必须防止引起褥疮，应及时翻转患病动物，按摩后躯，经常更换垫草，保持母牛后躯及乳房干净。

17.6 子宫或阴道破裂

子宫破裂偶尔可自发，但更多是由于产科技术不熟练所引起。自发性子宫破裂更有可能是由于子宫捻转或子宫颈不能扩张所引起，也可由于一个子宫角中怀双胎而使子宫过度扩张，或尿水过多或胎儿过大引起子宫过度扩张所致。自发性子宫破裂最有可能发生的时间是在妊娠晚期或在分娩时。Hopkins和Amor（1964）认为，自发性子宫破裂与坐生有密切关系，他们遇到了3例，引用了文献中4例这种情况。在这些病例及其他坐生时子宫破裂的病例（Arthur GH，个人通讯），均为左侧子宫角的背部撕裂，裂口向后延伸而影响到子宫体和子宫颈。他们提出假说认为，坐生时，由于胎儿的臀部完全占据母体骨盆入口，当子宫和腹腔受损引起子宫内流体静压（hydrostatic pressure）时，胎水无法流出，由此导致子宫破裂。Pearson和Denny（1975）对26例子宫破裂进行研究发现，18例发生在小母牛，因此他们认为子宫扭转和胎儿母体大小不适是主要的诱发因素。在他们的研究中，26例胎儿中14例胎儿主要或完全位于腹膜腔；在剖腹时，4例胎儿仍然存活。破口的大小差别很大，有的可痊愈，有的可使孕体进入腹腔。根据破口的大小及是否发生感染，其临床症状也差别很大，有些病例不表现任何症状，有些则很快出现休克及致死性毒血症。因此有时畜主完全注意不到发生了子宫破裂，唯一的迹象是随后发现子宫粘连或者在腹腔脏器间出现干尸化胎儿，这种情况也称为宫外孕（extrauterine）或假异位妊娠（pseudoectopic pregnancy）。如果在分娩时发生子宫破裂而胎儿进入腹腔，则出现分娩时的疼痛及努责停止，可怀疑发生了宫缩乏力，只有通过子宫探查才能发现子宫破裂。此外，母畜的肠道也可脱出进入子宫，甚至从阴门脱出，这种情况易于和裂腹畸形腹部前置引起的难产相混淆（参见第16章，图16.11，图16.12）。意外发生的子宫破裂可发生于最困难的难产病例，如胎儿在产出开始时产出异常，明显不规则且难以矫正时；难产延误时间太久，出现并发症时等。子宫空间不足不能拉直屈曲的四肢或头部；过度牵拉产出异常或过大的胎儿以及过度用力推回胎儿均可能是子宫破裂的直接原因。在子宫颈不完全开张，牵引胎儿时也可引起子宫破裂。产科钳使用不当也可引起犬的子宫破裂。另外，子宫破裂也可由外部暴力引起，例如临产母畜突然跌倒，或者其腹部被用力蹴踢或被角顶等，均可引起子宫破裂。

开始检查难产病例时，兽医人员必须要探查整个生殖道是否有人为操作造成的生殖道损伤，或者是否有自发性的生殖道损伤。如果发现子宫破裂或者在随后操作时发现子宫破裂，则兽医人员必须根据损伤的大小、位点以及操作的程度，或者牵拉力量的大小，确定是否仍经阴道分娩，还是施行剖宫产术，在除去胎儿后通过剖腹位点修复子宫破裂。除了在子宫背部发现有小的破裂外，所需要的产科干预均很小，在这种情况下可采用剖腹修复。之后采用的方法几乎与剖宫产完全相同，唯一复杂之处可能是相对于腹壁切口而言，子宫的破口可能不便于修复。意外性的子宫破裂也可延长，胎儿可经破口排出或破口位置不对应，必须要采用另外一次手术切开才能娩出胎儿，然后再修复切口及子宫破口。在胎儿排出后子宫的撕裂更容易进行缝合。

绵羊妊娠后期阴道壁的自发性破裂最早见于White（1961）的报道，此后，还有人报道有这种情况的发生（Knottenbelt，1988； Mosdol，1999）。小肠可通过破口脱出，突出于阴门之外，而且常常可发现母羊由于休克而死亡。对这种疾病精确的病因学还不清楚，最早一般认为是与子宫颈阴道脱出（cervical vaginal peolapse）有关，但Mosdol（1999） 发现妊娠后期的子宫扭转可能与此有关，这已在第5章进行了讨论。有一病例曾认为具有相似的病因学， M. W. Fox （个人通讯，1962）注意到整个妊娠子宫通过阴道背壁的撕裂伤口脱出。O'Neill （1961） 观察到多例临产时的绵羊不能产羔，均存在有子宫破裂。在这种情况下，如果能及时采用剖宫产修复子宫撕裂，一般可产生好的结果。

17.7　膀胱突出

膀胱突出（protrusion of the bladder）可发生于阴道底壁破裂之后，或通过扩张的尿道脱出（Brunsdon，1961），可发生于分娩时或分娩后（参见第10章）。圆形的膀胱可能突出于阴门。尿道形成的弯曲可能阻止排尿（micturition），因此膀胱逐渐被尿液膨胀。这种情况必须要与阴道脱出、阴道囊肿或阴道肿瘤及阴门血肿及阴道周围脂肪脱出相区别。膀胱表面干净，如果用皮下注射针头穿刺可排出尿液。然后在膀胱表面涂上抗生素粉，通过破裂的阴道轻轻推回突出的膀胱，然后修复阴道破口。硬膜外麻醉可极大地便于推回突出的膀胱。

17.8　膀胱脱出

膀胱脱出（prolapse of the bladder）发生于母马的可能性很大（参见第10章）。母马的尿道开口很宽，分娩时努责的力量强大，因此膀胱可在分娩时外翻，可在排出胎儿时受损。鉴别外翻的膀胱并不困难，其呈梨形，附着于阴道底壁；尿液可从输尿管的两个开口滴出，黏膜充血明显。可采用硬膜外麻醉，治疗时先将膀胱清洗干净，缝合修复所有的裂伤。然后将膀胱压于双手之间，逐渐迫使其返回到尿道。然后再在阴道底部操作，指导膀胱完全复位。之后用抗生素治疗数天，同时注射破伤风抗毒素。膀胱脱出在牛罕见 （图17.10, 图17.11）。Brunsdon （1961）报道了一例发生在第二产程的膀胱脱出，并成功复位。

17.9　阴道周围脂肪脱出

阴道周围脂肪脱出（prolapse of perivaginal fat）在肉牛小母牛发生的可能性最大，也可能是阴道小破口的后遗症。治疗时可用剪刀小心除去脂肪，如有可能也应缝合阴道撕裂伤。

17.10　直肠脱出

轻微的直肠外翻常常伴发于强力的分娩过程，

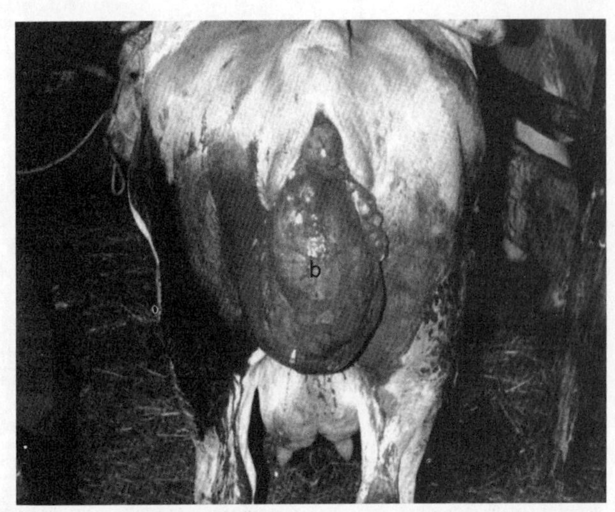

图17.10 奶牛的膀胱脱出（b）（尾部观）（Robert Zobel博士提供）（见彩图46）

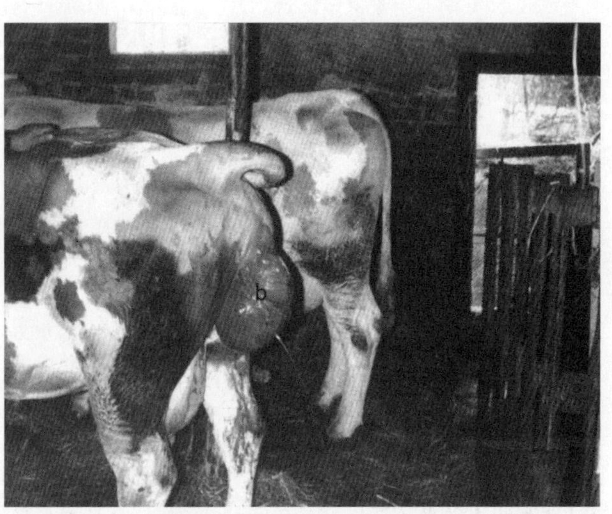

图17.11 牛的膀胱脱出（b）（侧面观）（Robert Zobel博士提供）（见彩图47）

分娩后直肠向后倾斜 。严重的直肠脱出可能只发生于母马；如果在发生难产时已经发生直肠脱出，应尽可能减少脱出，应指导助手将毛巾贴着母马的肛门使脱出的直肠位于合适的位置。可能需要硬膜外麻醉来整复脱出的直肠。如果在兽医进行治疗之前直肠脱出已经持续数小时，而且脱出的直肠已经明显水肿，发生挫伤或撕裂，则很难或几乎不可能整复，可在硬膜外麻醉或全身麻醉下采用黏膜下切除术（submucous resection）。在马，临产时发生的直肠脱出无论持续时间多久，均可由于拉伸或撕裂肠系膜，引起末端结肠梗死形成，因此是致死性的（图 17.12）。直肠受影响的片段可能松弛，排便停止，随后数天母马的体况明显恶化。

17.11 产后蹄叶炎

产后蹄叶炎（puerperal laminitis）是产后子宫炎（puerperal metritis）一种极为严重的并发症，虽然是马的一种疾病，但其他农畜也可偶尔发生本病。在马，本病可能继发于胎衣不下。产驹后2～4d可发生典型的蹄叶炎，病马后腿努力前伸以尽量减轻更为严重的前肢上的重量。本病疼痛很明显，可迅速引起病马失重。由于病马伏卧的时间长，乳汁分泌减少，因此马驹必须要采用人工饲喂。

防止产后蹄叶炎主要是通过及时仔细治疗难产病例，防止发生子宫炎，如果发生胎衣不下应及时进行治疗（参见第26章）。

17.12 产后卧地不起

临产时卧地不起（parturient recumbency）作为分娩时的一种并发症偶尔见于所有动物，但主要是牛的一种疾病，特别是在妊娠后期发生卧地的牛首先应考虑这种情况，其原因主要是营养问题，由此可发生两种疾病，第一类是，卧地与饥饿有关，发生于冬季饲料稀少或补救不及时时。山丘农场上的牛主要发生这类疾病。采用皮质类固醇激素诱导提早产犊（参见第6章），或者择期剖宫产可用于防止动物发生太严重的蹄叶炎，否则由于动物福利，应采用安乐死，同时采取其他措施防止类似病例再次发生。可及时施行剖宫产及时补充饲料。另外一类疾病为与绵羊妊娠毒血症相同的综合征，患病动物体况良好，通常怀双胎，但在行为上变得行动迟缓，食欲降低，发生酮病，有时伴随有黄疸。提早诱导分娩或终止妊娠后通常会很快康复。治疗未获成功的病例，肝脏通常出现明显的脂肪浸润。其主要原因可能是妊娠早期精饲料过多，而妊娠后期饲料缺乏。

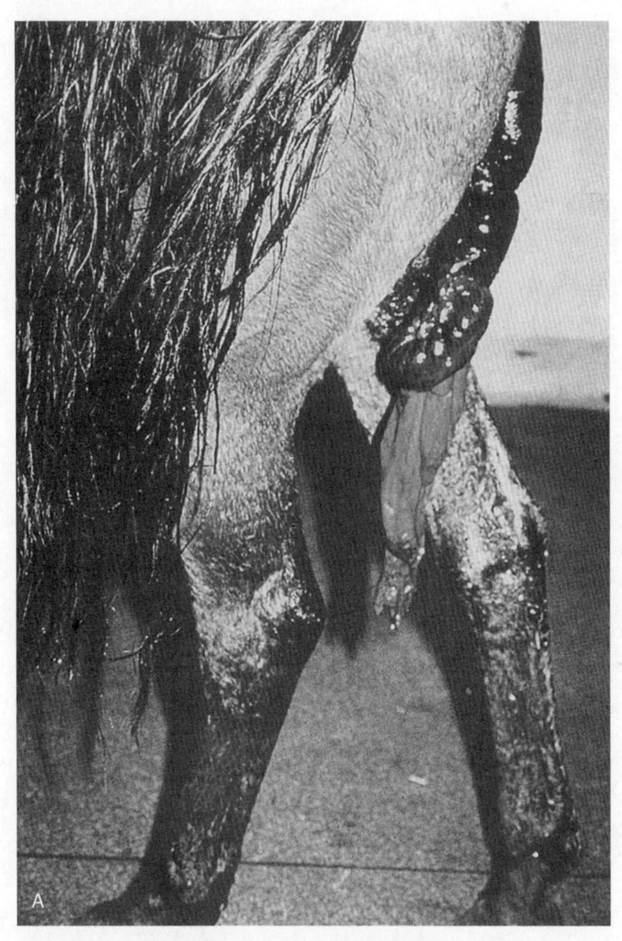
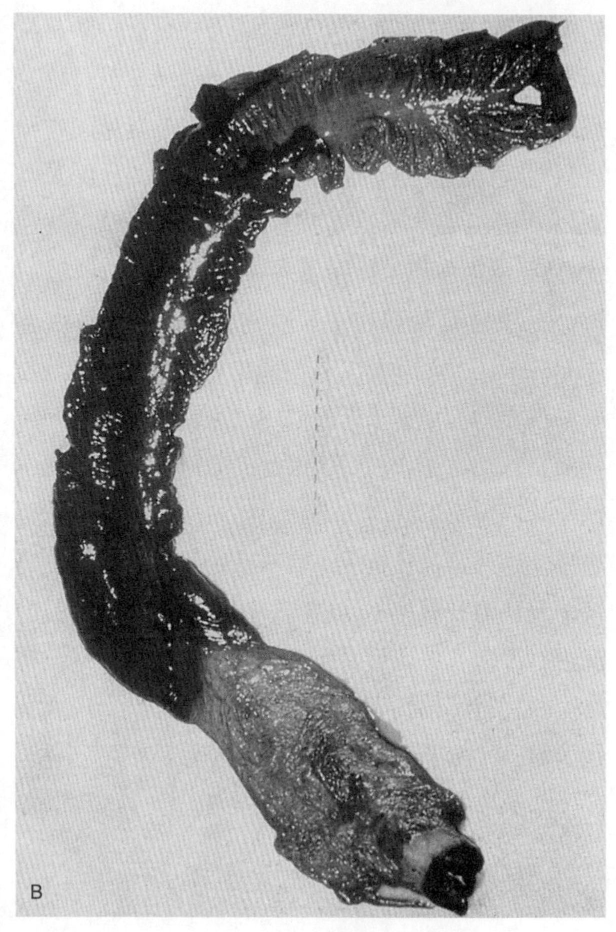

图 17.12　母马直肠脱出第二阶段的并发症
A. 结肠脱出后梗死形成　B. 脱出缩小后梗死形成

17.12.1　产后低血钙或产后子宫炎引起的卧地不起

低血钙是临产及分娩后奶牛卧地不起的主要原因，但可与产后毒血症（由子宫感染引起）的最后阶段相混淆。适当考虑病史及症状可以将两种疾病区别。

产后子宫炎通常发生于难产后，而且常常伴随有胎衣不下。发病时阴门有恶臭的分泌物，病畜发生腹泻，常常努责，呼气时发出呼噜声；脉搏快速，体温虽在开始时升高，但毒血症后期降低，因此体温的变化并不可靠。阴道及子宫检查可证实子宫炎是否为病畜发生卧地的原因。产后子宫炎及子宫内膜炎的临床症状及治疗将在第22章介绍和讨论。其他引起临产时卧地不起的严重的毒血症包括急性子宫炎和与子宫破裂有关的腹膜炎。

真正的低血钙偶尔见于猪，但产后卧地不起最有可能的原因是由于子宫炎或乳房炎引起的毒血症。发生这种情况时，也应怀疑是否胎儿或一部分胎衣没有完全排出。不能分泌乳汁是毒血症和低血钙的症状之一；有时可由于缺少放乳刺激（letdown stimulus）所致。因此所谓的母猪无乳（agalactia）并非一种特异性症状，而只是一种由多种疾病引起的共同症状之一。

17.12.2　生理性不能站立

生理性不能站立可能是由于肌肉衰弱或运动系统受损所致。由于各种疾病造成的虚弱（inanition）可与分娩同时发生。分娩时发生及引起卧地不起的运动系统损伤包括髋部关节错位及荐髂关节错位、骨盆骨折、股骨或脊柱骨折、腓肠肌断裂及闭孔神经或臀神经麻痹等。运动神经系统疾病的诊断主要依据有条理的临床检查，以排除各种可能性后得到诊断。通常通过不能站立的程度及类型以及试图站立不能成功的方式可得出不能站立的原因。检查时包括在助手帮助下人为地调节后肢，以确定是否存在有运动过度或是否有捻发音（crepitus），同时可结合直肠检查骨盆部确定是否有各种异常。局部缺乏外周感觉可说明发生了神经麻痹，包括由于脊柱骨折引起的截瘫。在生理性不能站立而卧地不起时，或者由于站立时出现疼痛，患病动物通常比较机警，食欲良好，在不干扰的情况下其体温及脉搏不受影响。应根据每个病例的情况进行处治，读者可参阅其他相关内容。在牛，有时虽然进行了细致完全的检查，但仍难以发现其卧地的原因，除了卧地不起外，母牛通常表现正常。

如果检查时除了发现动物卧地不起而其他方面都正常时，可能在其神经周围会有肿胀、水肿或出血。在这些情况下，正常的恢复过程可能会对神经的压迫减小，因此动物逐渐能够试图站立。在牛的实践中发现，如果牛在卧地一周后仍不能站立，则预后严重。有时采用吊带等方法促进病牛站立，但通常没有多少价值。帮助病牛恢复的最好方法是进行良好的护理，包括将卧地不起的动物置于大面积的松软干净的垫草上，地面保持干燥，时常更换垫草，尽可能经常翻转患病动物，同时经常按摩四肢肌肉。应经常注意患病奶牛的子宫和乳房的健康状态。

17.13 产后破伤风

产后破伤风可能为难产时子宫内操作、胎衣不下或子宫脱出后所引起的继发症，最有可能见于母马产驹后1～4周。所有马在产驹时进行产科干预，都应进行破伤风抗毒素的预防性注射。

第 18 章

产后子宫脱出

David Noakes / 编　　赵兴绪 / 译

子宫脱出（prolapse of the uterus）是牛和绵羊分娩第三产程常见的并发症，猪的发病不太常见，马和犬则罕见。在反刍动物，子宫脱出为妊娠子宫角完全反转，而在猪只是部分子宫角反转，而且一般只是一个子宫角。在犬见有报道在产完胎儿之前可见到一子宫角外翻。在马本病罕见，发生时可见到只是部分子宫角脱出。

18.1 牛

牛产后子宫脱出的发病率所见报道差别很大，美国草场放牧肉牛为0.2%（Patterson等，1979），斯堪的纳维亚奶牛为 0.3%（Rasbech等，1967； Ellerby等，1969； Odegaard，1977；Roine和Soloniemi，1978），加利福尼亚奶牛为0.09%（Gardner等，1990）。

本病的发生可能受季节及地区因素的影响，在某些年份及某些地区多见于秋冬（Gardner等，1990）。经产奶牛比小母牛更易发生本病，但Murphy和Dobson（2002）在英国进行的研究发现，本病在肉牛小母牛比奶牛更为多见。在新西兰，奶牛最高的发病率见于产第四胎的动物（Oakley，1992）。大多数情况下，子宫脱出见于分娩过程中第二产程的数小时内（90%以上在产犊开始<24h，Gardner等，1990），否则第二产程就明显正常，但 Gardner等（1990）的研究发现，在200例接受助产的病例中发生47例，Murphy和Dobson（2002）的结果与此类似， 33%的病例是出现在助产之后。在有些病例，脱出可发生在数天之后，这些病例的发生通常与分娩延误及助产有关。偶尔在强力牵引助产的情况下，可在拉出胎儿之后很快发生子宫脱出。

18.1.1 病因学

子宫脱出的原因尚不清楚，其可发生于分娩的第三产程，即胎儿排出后数小时，此时有些胎儿子叶已经从子宫肉阜分离。能够迫使沉重的子宫从腹腔进入骨盆腔，并将其推出体外的力量，能够解释的只有腹壁的收缩（abdominal straining）。重力作用也可通过倾斜的腹底发挥一定作用，而已经脱离的胎衣也可能为这一过程添力。腹壁的努责正常情况下出现于第三产程，与持续性的子宫肌肉收缩同步发生，而子宫肌的收缩则是从宫管结合部向着子宫体的方向及反方向的规律收缩（参见第6章）。可以想象，在子宫相对比较松弛时，其更受腹壁收缩的影响，在进行细致的临床观察时发现，子宫脱出的许多病例与低血钙（产乳热，milk fever）有关， 而低血钙易于诱发宫缩乏力（Gardner等，1990； Murphy和Dobson，2002）。由此可以得出假说认为，子宫反转及脱出与第三产程宫缩乏力有关，此时由于一部分已经分离的胎衣占据产道，并从阴门突出。子宫脱出与宫缩乏力有关这一结论与临床上见到的子宫脱出的母牛比小母牛更多发，肉牛比奶牛更多发，限制活动及高度饲喂的牛比草场放牧的牛更多发的结果是一致的。Vandeplassche和Spincemaille（1963）认为，妊娠子宫角不发生从其前端开始的暂进性反转，而只有后2/3部分发生反转，在腹壁收缩后1h内这部分可发生实际的突出。

有些牛会阴和阴门特别松弛，可在每次产犊后很快发生子宫脱出。在澳大利亚，子宫脱出是在含有雌激素类物质的草场放牧的绵羊疾病的一个主要特点。

本病的症状很清楚。一般规律是，患牛伏卧，如果侧卧，则会出现明显的瘤胃臌胀（ruminal tympany）（图 18.1），偶尔牛可站立，外翻的子宫可悬垂至其跗部（图 18.2）。

18.1.2 预后

本病的预后首先取决于脱出的类型，其次取决于治疗前经历的时间，其三取决于脱出的子宫是否严重损伤。但由于本病经常发生且有一定发生规律，即发生于正常分娩之后，因此发生后1～2h之内就可得到专业性的处理，所以本病的预后通常良好。Oakley（1992）报道，在103例发生子宫脱出的奶牛中19例（18.4%）在处理后24h死亡，另外16例（15.5%）在产犊季节或死亡或被淘汰。脱出子宫的整复没有多大困难，整复后的复发也不常见，而且这类动物通常可再次受胎。Patterson等（1979）报道，子宫脱出后40%的牛可妊娠。Murphy和Dobson（2002）报道患本病的牛55%可再次配种。而对照组的牛为91.7%配种，两者的受胎率分别为75%和80.7%；产犊到受胎的间隔时间比对照延长50d。在Oakley（1992）的研究中，68例中53例（77.9%）妊娠，但6例（8.8%）随后发生流产。Jubb等（1990）发现，发生本病时，产犊到受胎的间隔时间平均延长10d，配种后86%受胎，但随后有3例在妊娠中期流产。有时产犊时发生子宫外翻的牛在下次分娩时可能会正常，说明本病的复发是例外而不是常规。Murphy和Dobson（2002）

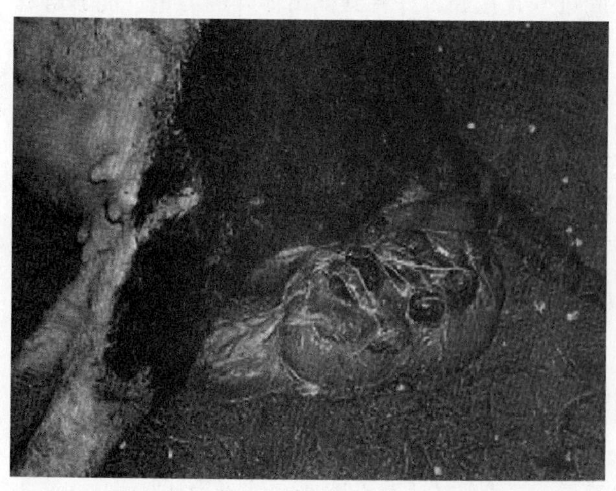

图18.1　牛的子宫脱出（注意胎膜仍然附着，牛侧卧）（见彩图48）

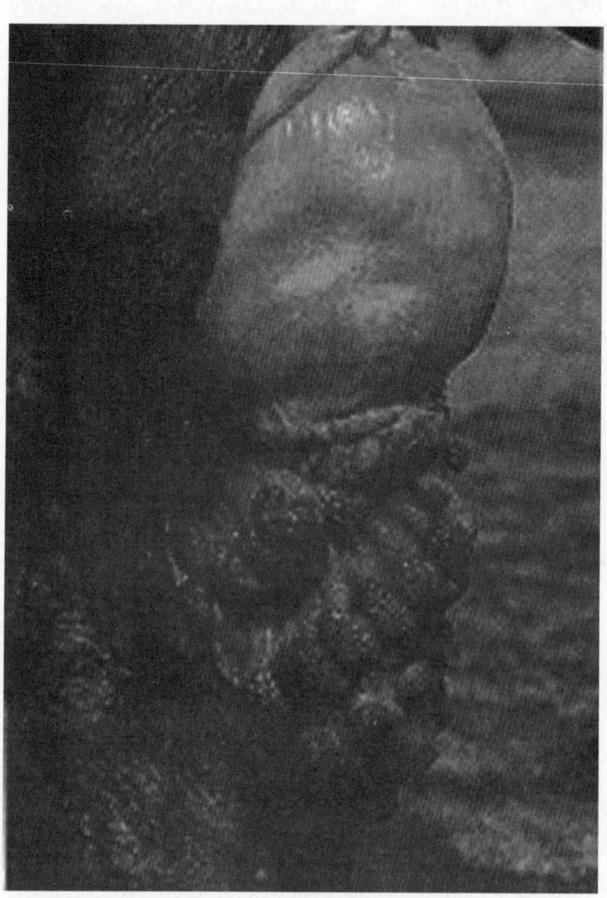

图18.2　牛的子宫脱出，注意胎膜已经脱落（见彩图49）

报道在77例中只有1例在下次产犊复发，而Jubb等（1990）曾发现1例病牛子宫脱出两次。

偶尔可见子宫脱出后1h左右动物会发生死亡。对这种病例进行死后剖检发现，死亡是由于外翻的子宫引起卵巢系膜和卵巢动脉扭转，导致内出血而引起。即使在延缓救治的病例以及子宫内膜发生严重污染及严重充血的病例，预后仍有希望。因为子宫的恢复能力极为强大，因此在处理奶牛的子宫脱出时，如果不是子宫损伤严重而很难处理，则一般不考虑采用外翻子宫切除术。

18.1.3 治疗

外翻子宫的整复

一旦接到发生本病的通知，应告知畜主，如果病牛卧地，要用大的毛巾或合适的材料托住脱出的器官，以防进一步造成污染；如果病牛站立，则应在牛的两侧用大毛巾或架子托起脱出的器官，直到专业人员进行救治。最好可先注射硼葡萄糖酸钙（calcium borogluconate）（与产乳热时相似），如果有瘤胃臌胀时，可通过胃管缓解。以前发现，在整复脱出的子宫时，由于操作子宫引起腹壁收缩，因此必须要用很大的力气来整复，而且极为困难。为此人们采用各种方法来克服这一困难，例如用绳子捆绑在腹后部，用车或草捆垫高后躯，甚至在其跗关节部用8字绳结，再用滑轮起重吊钩拉起其后躯等。Plenderleith（1986）介绍了一种目前是兽医临床中普遍使用的方法。这种方法是让病牛胸位伏卧，从其后部向外拉两后肢（因此体重由膝部承受）（图 18.3）。助手两腿分开骑在牛上，面朝后，向上提起牛尾，这样可使阴门的斜面朝上。术者跪在牛的跗关节之间，整复前用大腿支撑脱出的子宫。

无论牛站立还是伏卧，均应采用硬膜外麻醉，这样可阻止腹壁收缩，而且可停止手术过程中的排便。然后用温和的生理盐水彻底清洗外翻的子宫。如果胎膜已经部分分离，则可将其完全剥离，一般不会损伤子宫肉阜。但如果胎衣完全附着或试图剥离时会引起出血，则最好仍使胎膜附着而整复脱出的子宫，之后按本书第22章（22.3.2.4 治疗）所介绍的胎衣不下的原理进行管理。

应仔细触诊脱出的子宫，以确定其中是否有膨胀的膀胱；如果脱出的子宫中有膨胀的膀胱，应先用导尿管排尿。由助手拉着毛巾的一角（图 18.3）或用包有干净布料或毛巾的一块1m长的木板或干草卷托起子宫（图 18.3）。

R. H. Smyth（与G. H.Arthur的个人通讯，1948）详细介绍了整复方法如下：

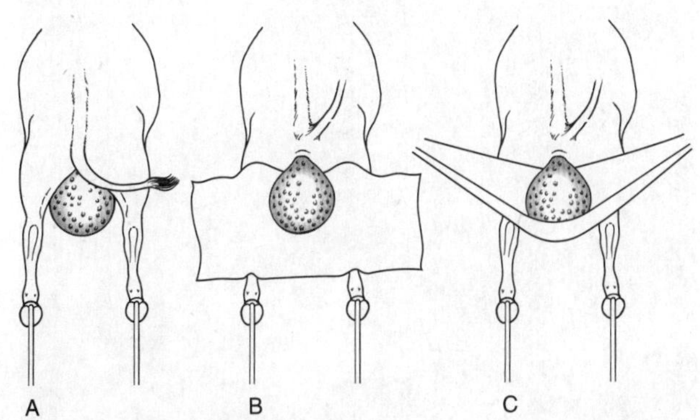

图18.3 牛的外翻子宫的整复
A. 牛以胸位伏卧，后肢向外向后伸开，脱出的器官位于双腿之间 B. 将脱出的器官置于盖有干净布料的干草卷上 C. 两名助手抓住放有悬吊着脱出的器官的毛巾的两端（修改自Plenderleith，1986）

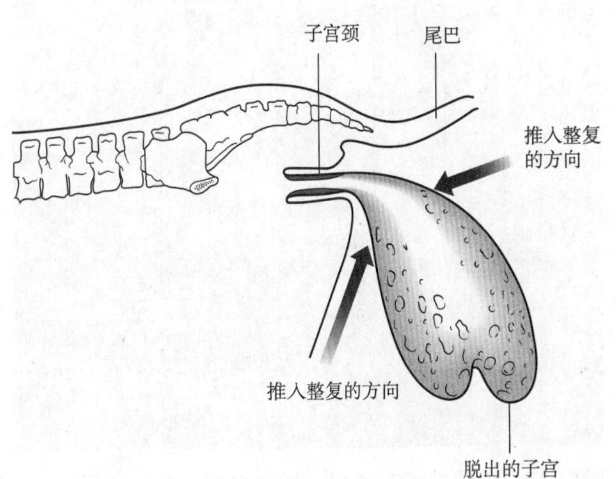

图18.4 图示为开始整复脱出子宫的施力位点和整复方向（重绘自Noakes，1997）

术者浸湿双手，从最靠近阴门部位开始，一点一点整复（图18.4）。通过轻压将最近的子叶推入阴道，注意分开阴唇，使其不要内翻。整复时最好将脱出的子宫上下部分开进行。只留下最后一部分需要整复时，由助手用双手手掌压着该部位，术者用力将阴唇拉到脱出部分上。当脱出部分已推进阴道而从阴门消失时，术者用握紧的拳头继续前推脱出的子宫，一直到整个胳膊伸入。重要的是应将子宫前推到越过子宫颈环，因此术者必须要找到扩张的子宫颈边缘，在用一只手前推子宫的同时，另一只手向着术者回拉子宫颈。有些情况下，可连续在几个点抓住子宫颈环，手和胳膊在子宫内通过一种类似活塞样的活动，帮助完成整复。

完成上述操作后，子宫颈应该位于骨盆边缘水平，如果整个子宫能通过子宫颈，则其可恢复到正常位置。为了确保子宫整复完全，应通过重力作用在子宫内灌注9～14L清洁的温水，之后通过虹吸作用立即排出。水的重量可促使所有反转的子宫角恢复。为了促进子宫恢复张力，阻止再次发生脱出，可用催产素。采用催产素进行预防性治疗，虽然可以缩小脱出的子宫，但可增加外翻的子宫肿胀，因此使得整复更为困难。即使动物不表现低血钙的症状，仍可采用硼葡萄糖酸钙治疗，同时经胃肠外途径使用抗生素和非甾体类抗炎药物治疗。

后部硬膜外麻醉的另外一个优点是脱出子宫整复后1h左右可阻止腹壁收缩，如果同时采用甲苯噻嗪（xylazine）则还可延长这个时间。习惯上可进行阴门缝合以降低再度脱出的可能性，但对采用这种方法很有争议。许多人认为，如果脱出的子宫整复正确，其不应再复发，因此这种方法意义不大，甚至可刺激奶牛努责，可引起子宫脱出再次复发而难以察觉。有人认为，如果在24h后再次检查动物，拆除缝线，这种方法可以阻止再次发生完全脱出，而第二次发生完全脱出时整复极为困难。在不太复杂的病例，一般可发现在整复后24h内子宫颈明显收缩，因此不再可能发生脱出。

山羊和绵羊（图18.5～图18.8） 整复方法与牛的相似，但由于母羊的后躯更容易由助手抬高，因此更易整复；除了在整复前延误的时间太长外，应总是采用硬膜外麻醉。但是由于子叶与子宫肉阜的关系不同，因此胎儿子叶难以分离，强行分离时会损伤子宫，因此最好不分离胎衣而让其留在子宫内；此时不能剥离胎衣并不会严重影响预后。可能会发生厌氧菌感染，因此可用抗生素进行预防性治疗。Murphy和Dobson（2002）发现，有些农工由于担心子宫脱出会复发，因此不愿给患有此病的母羊

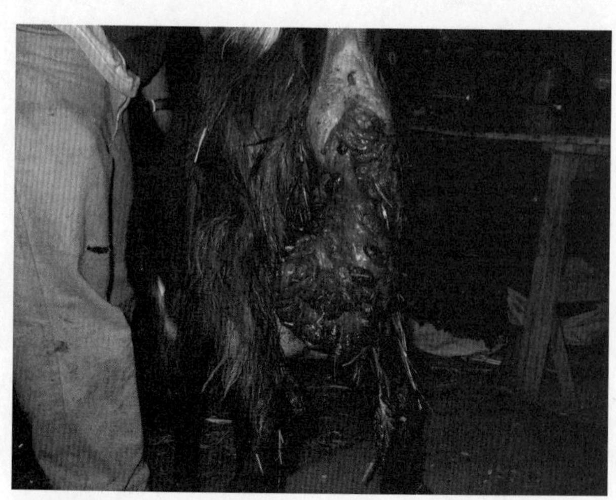

图18.5 山羊的子宫脱出，胎膜已经脱出（承蒙Yoav Alony博士提供）（见彩图50）

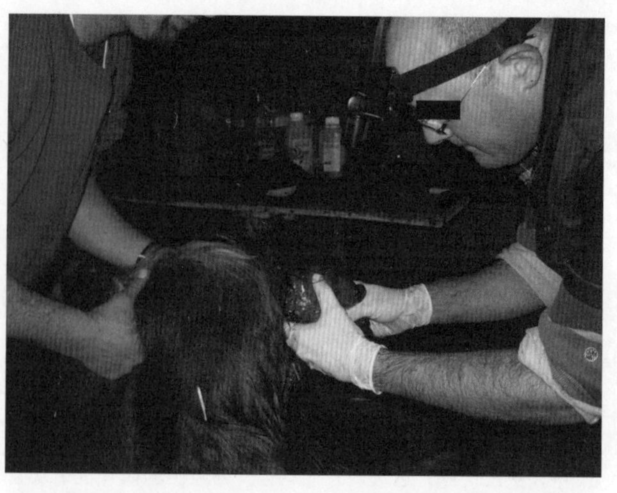

图 18.6 山羊的子宫脱出，后部硬膜外麻醉后小心仔细地逐渐整复脱出的子宫（承蒙Yoav Alony博士提供）（见彩图51）

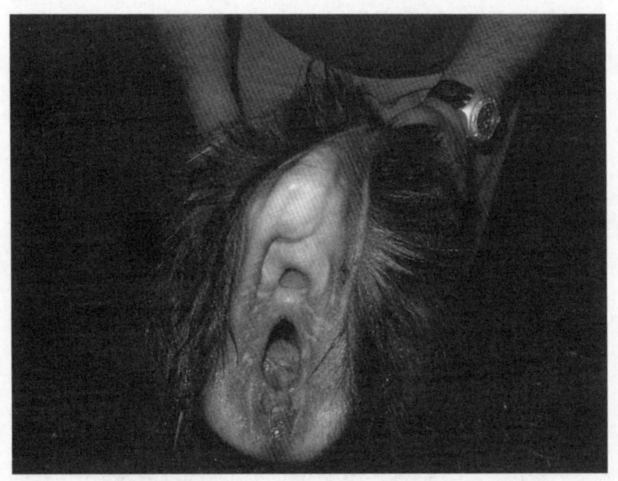
图18.7　完全整复的山羊子宫脱出（承蒙Yoav Alony博士提供）（见彩图52）

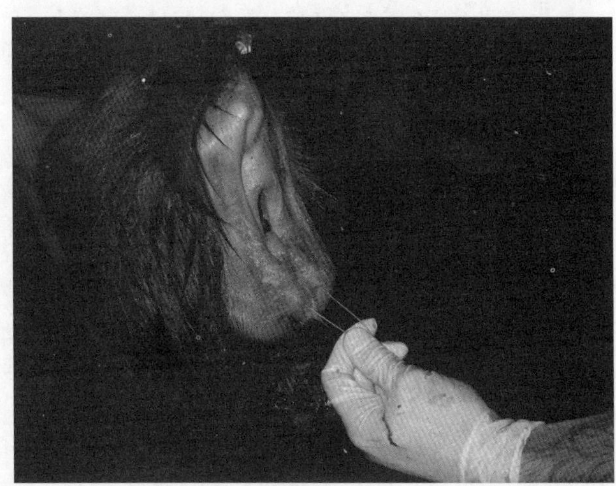
图18.8　阴门周围荷包缝合，防止子宫再次脱出（承蒙Yoav Alony博士提供）（见彩图53）

再次配种。

18.2　马

18.2.1　病因学

本病在马不常见，可能与胎膜的排出有关，而马胎衣排出时，其从子宫体的分离要容易得多，但在子宫角，特别是子宫角尖端的附着更为牢固。其后果是，随着在分娩的第三产程子宫持续收缩，从而促进胎膜的分离和排出， 但牵拉附着的胎衣可引起子宫角尖端外翻。子宫持续收缩及随后在胎衣大块进入骨盆腔时引起的腹壁收缩使得整个子宫反转而脱出。关于马发生本病的病因学假说，在伦敦大学皇家兽医学院进行的观察表明，在妊娠320d进行择期剖宫产的母马，3例在排出胎衣时发生子宫脱出，对它们进行产科学检查发现，除了在切开子宫的伤口部位外，胎膜均已完全分离，而在伤口处胎膜被意外地缝合在子宫上或者附着在空角的尖端。已经分离的胎衣其重量可能对子宫产生足够的牵拉力，使其部分发生外翻，之后由于母马努责，可引起子宫脱出。因此，在剖宫产缝合子宫之前，应将尿膜绒毛膜与子宫内膜分开一定距离（参见第20章）。在3例胎衣不下的母马也观察到同样的现象，其子宫脱出发生在除去胎衣之后，毫无疑问这种脱出是由于兽医牵拉尿膜绒毛膜所引起。先是在尿膜绒毛膜附着部位发生子宫外翻，之后很快随着母马的努责而发生子宫脱出。因此有人认为，在自发性发生的子宫脱出病例，最重要的病因因素是悬垂在阴门处的胎衣部分的重量以及在子宫出现沿着子宫的蠕动波时胎衣对子宫所发生的牵引力。从上述观察结果也可看出，重要的是在更为前端的尿膜绒毛膜已经游离时，不应在已经分离的尿膜绒毛膜部分施加牵引力，这也是为何在治疗胎衣不下时采用催产素滴注的主要原因（参见第26章）。

18.2.2　治疗

治疗方法与上述用于牛的方法极为相似，重要的是要保定妥当，以防止损伤脱出的子宫及对兽医人员造成伤害，因此治疗前需要使用镇静药物镇静。为了防止努责，可采用硬膜外麻醉（参见第12章）；有些病例如果母马易怒，可用全身麻醉，操作时可抬高母马的后躯，这样便于整复。整复前应尽可能试行剥离胎衣，但只应剥离尿膜绒毛膜，其易于从子宫内膜剥离而不致引起出血；但如果脱出的胎衣太多，则尽可能在整复前将其切除。如果在后部硬膜外麻醉，母马站立的情况下整复，则由助手抬起脱出的子宫则更便于整复，同时助手也应在体力上帮助术者，这样可有助于减少静脉被动性充血。

整复马脱出的子宫时，应与牛的方法一样，从最接近阴门处的子宫开始。但由于马没有子宫肉阜，因此操作要比牛容易，而且可减少出血的量。整复后应确保脱出的子宫完全反转，可用催产素加速子宫复旧，之后在子宫内灌注生理盐水，随后用虹吸法排出。全身用抗生素及抗炎的药物治疗，整复之后母马发生蹄叶炎的风险极高。整复后不用缝合阴门。

18.3 猪

兽医对猪子宫脱出的共识是，除非能尽早及时整复，否则猪很难耐受子宫脱出，经常是在请兽医进行处理时，母猪可由于子宫血管破裂，或者由于休克而死亡。猪发生子宫脱出时，脱出的程度差别很大，有时只是子宫角的一部分，严重时可发生双侧子宫角脱出。整复时应使猪深度安静，或者最好施行全身麻醉（方法在第20章剖宫产下介绍），将母猪置于斜坡上，头向下，或将母猪的后腿吊起。 如果子宫已经受到损伤，则最好施行安乐死（euthanasia），特别是在商业猪场，这是因为在对母猪再次配种之前会有一些时间延误。另外一种值得一试的方法是借助水的压力将子宫漂浮回腹腔，操作时可将母猪侧卧，头向下，置于斜坡上，将一直径2cm、长1.5m的塑料软管的一端轻轻插入脱出的子宫中，尽可能往深插，之后将清水灌入脱出的器官中，灌入的水的重量会逐渐将脱出的子宫拉回腹腔，然后再将管往前伸，再灌入更多的水。采用这种方法不仅能将子宫完全整复而无需更多的操作。在非商业生产猪场，可在全身麻醉的情况下采用剖宫手术整复（Raleigh，1977），其方法与下述在犬使用的相似。

Penny和Arthur（1954）曾发现在小母猪可出现发情后的子宫脱出。

18.4 犬和猫

可采用剖腹及同时采用外部整复和腹部整复方法整复子宫脱出，但在更通常的情况下多采用外部子宫切除术切除脱出的子宫，切除后预后仍然较好。

第 19 章

截 胎 术

Jos Vermunt / 编　　魏锁成 / 译

根据定义，截胎术（fetotomy，原先称为embryotomy）是在子宫和阴道内将胎儿分割为两部分或两部分以上的手术，其目的是减小胎儿以便有可能通过产道排出。目前，截胎术只用于已经死亡的胎儿。在奶牛，该手术的使用非常普遍，截胎术也能够有效地救治母马、母鹿、绵羊和山羊的难产，但是依然存在诸多问题，因此其应用受到限制。例如在母马，即使轻度的产科操作往往也会引起阴道壁水肿，以致使产道腔显著变小。因此，进行截胎术所需要的操作可能就很快引起这些变化，由于空间缩小而使得操作很困难。此外，母马的耐受性远不及母牛，可能需要镇静或全身麻醉。如果用简单的操作能够救治难产，那么就值得考虑采用这种方法（所用的操作技术与下述牛的相同）；如果用简单的操作不能救治难产，则可以考虑选择剖宫产。在母绵羊和母山羊，进行截胎术的主要困难是母体太小。不过有限制的截胎术能成功的解除难产。当胎儿气肿和广泛性腐烂时，一些农场主能够非常熟练进行皮下截胎术（见下述）。母鹿的难产往往是因胎势异常所引起，在这种动物可以成功地进行局部（部分）截胎术。在一次生产多个后代的多胎动物，截胎术不适合于矫正难产。下面的各种技术均是以母牛为例进行介绍。

若产科医生可以肯定通过施行有限的截胎术就能使胎儿娩出，如截去前肢、或前肢与头颈部一并截去，则有限的截胎术就是首选方法。遗憾的是，开始施行截胎术时，产科医生经常发现必须要进行整体肢解。由于难以评估所需截胎术的程度，而且整体截胎术是一项繁琐艰巨的任务，当胎儿经适当牵引而不能娩出时，兽医更多的趋向于使用剖宫产术（参见第20章）。使用剖宫产还是用截胎术解决难产在很大程度上取决于兽医的操作技能和知识。不过，因剖宫产操作便捷和成功率高，世界上许多地方的兽医已丢失了其成功进行截胎术所必要的技巧。

剖宫产术和截胎术在兽医实践中均具有重要意义，在适当的情况下均可应用。如果阴道助产难以获得成功，那么在胎儿活着时，就可选用剖宫产术。如果胎儿已死，则首先应考虑截胎术，尤其是在发生气肿和母牛中毒时。对于兽医来说，重要的是要尽早做出决定，以便无论是剖宫产术或截胎术都不是作为最后的一种选择。一种常见的错误就是在胎儿母体大小不适的情况下，在决定采用何种手术操作之前，使用太大的力气长时间进行牵引。如果牵引5min而没有任何明显的进展，则应进行手术救治。如果出现胎位异常，如果牵引15min后仍无进展，则应采取手术方法。

皮下截胎术是在18世纪后期建立的，使用刀、凿和钩进行。采用这种方法时，截除胎儿身体需要截除的部分，留下胎儿皮肤附着于仍在子宫内的残留胎儿躯体。皮下截胎时，至少应让一个肢体的远端系于皮肤，以便连接产科绳或线锯，并能够牵引胎儿的其余部分。另外，保留胎儿皮肤可有效保护母体产道和子宫免受损伤（Paibe，1995）。目前，尽管世界各国的兽医院校极少把皮下截胎术作为一种实用方法讲授，但是本书仍将基本方法概述如下。

20世纪初以来，经皮截胎术（percutaneous fetotomy）已成为最常用的截胎方法，该方法的具体操作本书将进行详述讲述。经皮截胎术使用线锯切开胎儿的皮肤、肌肉、韧带和骨骼来肢解胎儿（Mortimer和 Toombes，1993；Frazer，1998）。经皮截胎术中切割和操作胎儿有可能损伤子宫和产道，这是所有经皮截胎术都具有的潜在风险。

比较皮下截胎术和经皮截胎术的难易程度时，必须清楚经皮截胎术的麻烦之处在于正确的放置和固定线锯。若采用强力复丝线锯（strong multifilament wire），实际截除操作时无任何困难。有时，这两种方法可以结合使用，例如用皮下法截除前肢，之后用经皮法截除头部、躯干和后肢。不论使用哪种方法，成功进行截胎术的关键在于兽医人员必须具有技术知识和经验、恰当使用设备及大量使用产科润滑剂。在各种反刍动物，手术操作一定要在后驱硬膜外腔麻醉下进行（见第12章），母马则应在镇静或全麻状态下进行。

19.1 适应证

截胎术通常用于下列情况：

• 矫正由于胎儿母体大小不适引起的难产；正常母牛的胎儿过大，或胎儿大小正常而母牛过小（通常为幼年）

• 矫正其他方法不能矫正，或矫正时会引起母牛无法接受的危险的胎儿异常（胎向、胎位和胎势）

• 娩出病理性过大的胎儿（胎儿气肿）或畸形的胎儿（裂腹畸形、胎儿水肿）

经验丰富的兽医一般认为，牵引术和截胎术联合使用会增加对母牛的危险，可延长产犊而不是缩短产犊过程。处治胎向、胎位或胎势异常或异常的胎儿时，可采用限制性的或局部截胎术。但如果胎儿的相关部分相对于母牛的骨盆来说过大，则应采用整体或完全截胎术，在这种情况下往往需截胎4～6次。每个截除的胎儿部分应该很小，这样用最小的牵引就能娩出。在胎儿极度过大、气肿和下位时，整体截胎术可能很困难，且操作时消耗体力。此外，产道扩张不充分、子宫收缩、母牛不安及切口不当，都会显著延长截胎术的过程。不过，训练有素和经验丰富的产科医生应该能够识别没有希望的病例。一旦开始施行截胎术，就必须完成。通常情况下，作为一条规则，有经验的术者整个手术过程不超过1～1.5h。延长截胎术的时间只能增加母牛产道损伤的严重性，同时也消耗术者的体力。

如果骨盆腔内有足够的空间能允许和正确放置手术器械，截胎术可作为剖宫产术的良好替代方法。使用正确的技术和手术通路时，术后恢复时间通常比剖宫产术所需要的短，术后护理更简单。如前所述，尤其是胎儿胎向、胎位及胎势异常时，常常无需完全截胎术就能娩出胎儿。大多数有经验的产科医生也都承认，如果不遵守“推荐的操作程序”，则常常会需要增加截胎的次数，耗费更多时间。不适当的截除也可暴露尖锐骨端，因此很可能会损伤生殖道。

19.2 手术器械及操作

施行经皮截胎术时，需要一套设计合理的高质量的手术器械（图19.1，图12.1）。手术器械包括：

• 绞断器[或者是乌得勒支模式（Utrech model）]，实质上是一双管扁管，或者为Thygesen氏式的瑞典改良法双管截胎器，图19.1）。绞断器的头部可放在母牛的子宫或阴道内，并和线锯牢固连接。器械应光滑、圆形，由非常坚固耐用的强化钢和硬化铬材质制成，以便用线锯操作和切开时不会发生问题。低廉的设备往往由于线锯引起的损伤，而在头部出现深槽。这些沟槽会导致线锯折断，使产科医生的操作更加困难。乌得勒支（Utrecht）型绞断器在其基端附近有把柄，因此能牢靠的抓持住绞断器，把柄后面有一块带缺口的柄板，这就可以紧紧的固定产犊链，而且很有利于把绞断器保持在正确的位置。使用绞断器可使母牛免受线锯损伤，并可在不同平面的部位进行切割，即朝向或远离术者的方向切割，也可与器械的纵轴呈适当角度切割。由于现代母牛体格较大，因此采用足够长度的绞断器是极为重要的

• 截胎器穿线器（fetotome threader）或线锯导引器（wire introducer）（图19.1）　用于将大约4～5m（或为截胎器长度的4～5倍）的线锯穿过截胎器的管腔。有些穿线器的一端接有一个小刷子，这对清除切口内的毛发和碎屑非常有用

• 手柄（hand-grips）或线锯把柄（wire handler）　这些器械可以快速安全地连接并固定线锯，可牢固舒适地抓持。为便于操作，最好使用具有机翼形螺母的“分裂型门闩（split bar）”型手柄

• Krey-Schottler 钩（Krey-Schottler hook）（图12.1）　这种双铰链钩是设备的主要部件。当连接到产犊绳或产科链时，可用来抓持胎儿的突出部位，特别是脊柱，以牵拉胎儿。设计良好的Krey氏钩应有一个“终止”部，这其实是一个安全设施，在钩子闭合后能防止尖端露出。若该“终止”部缺失或损坏，那么当牵拉时钩子偶然会脱开，则会有割伤的危险

• 导引器（introducer）（图19.1）　这也是产科器械的一个主要部件，用于将线锯绕过胎儿的某些部位，特别是颈部、肢体或切断了的后躯

• 弯指刀（curved finger knife，如安斯沃思氏刀，Unsworth’s guarded knife）　仅用于某些切割，例如在切除滞留的前肢或后肢时，为穿过线锯切一口子

• 产犊链和手柄（calving chains plus handles）（图12.1）　至少要有一条产科链和一个手柄。产科链用于将截胎器锚（固）定在胎儿的肢体上，而手柄主要用于移除切掉的胎儿部分

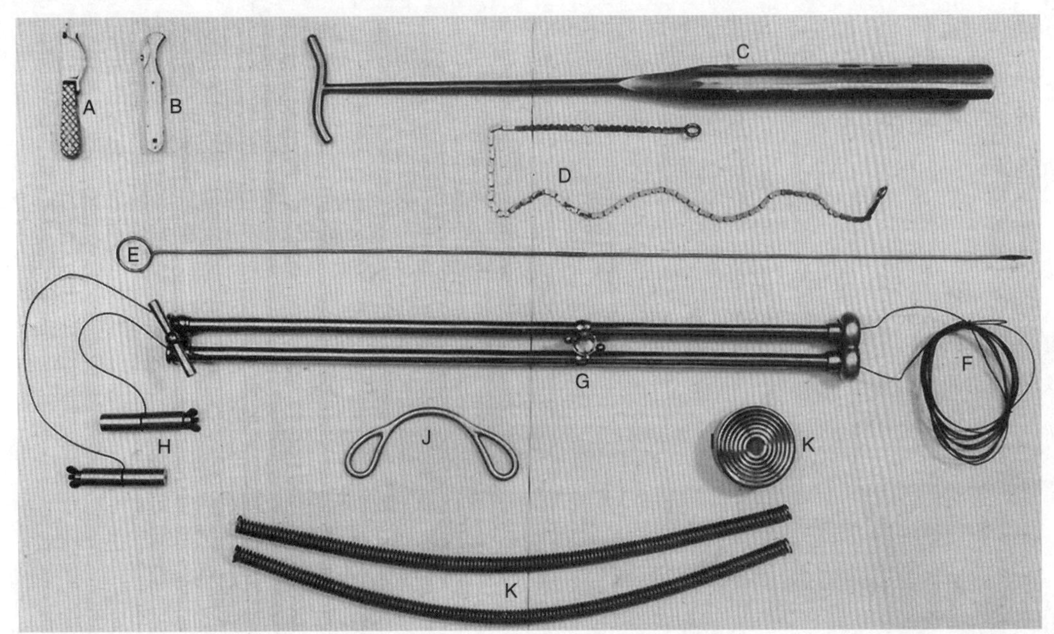

图19.1　用于截胎的器械

A. 罗伯特氏隐刃刀　B. 安斯沃思氏（Unsworth）隐刃刀　C. 用于皮下截胎术的剥皮铲　D. Persson氏线锯，目前已由复丝编结的截胎线锯代替　E. 与G. 一起使用的截胎器的线锯导引器　F. 截胎器的复丝线锯　G. 截胎器或绞断器（Thygesen的模型的瑞典改良型）　H. 截胎器线锯手柄　J. Shriever的线锯导引器　K. Gattli的螺旋管，用于保护生殖道免受线锯切伤

•线锯（wire saw） 质量因品牌而异，在线锯穿线时必须仔细操作，尤其要防止扭结在一起。在锯切时，这些扭结处正是线锯易于折断处。截胎术所用线锯必须应放在干燥的地方（即不放在产科工具盒中），在潮湿的情况下很快锈蚀，使之变钝

•一对锐利的侧切钳 这对于线锯的清洁切开很重要

•手泵加塑料管 用于向子宫和胎儿周围灌注润滑剂

•皮下截胎术还需剥皮铲、产科凿、产科钩和隐刃刀（如Robert氏刀）（图19.1）。

19.3 皮下截胎术

19.3.1 皮下截胎术：截除前肢（正生，纵向）

前肢可用皮下或经皮截胎术截除，本文讲述的更为简洁的方法是皮下截胎术，必需的产科器械是隐刃截胎刀。当胎儿的两前肢都能接近时，切除哪一肢并不重要，不过，右手操作者会发现截除胎儿的左前肢更易于进行截胎术。可在该肢的系部而不是球节（系关节）上方套上产科绳，由助手持续牵引。产科医生在球节前面用手术刀做一小的皮肤切口，将Robert氏截胎刀尖插入到该切口中，在前肢的前面由球节向肩胛软骨做一纵向切口（图19.2）。

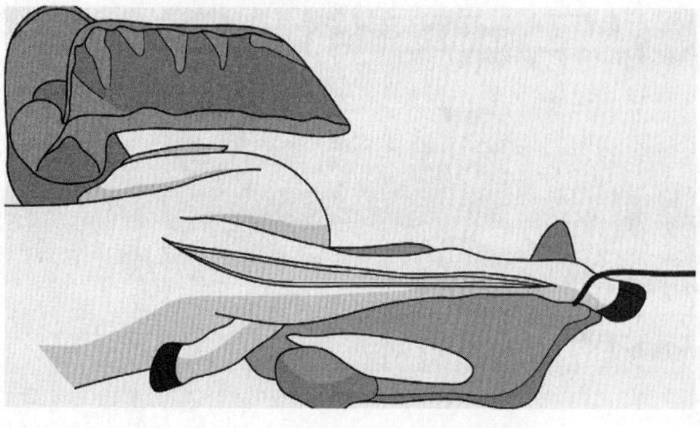

图19.2 皮下截胎术，用于截除伸展的前肢。第一步，用Robert氏截胎刀从球节向肩胛软骨做一纵向切口

之后将刀子搁在一边，手术的第二步是在原位将前肢“剥皮”（图19.3）。这一步操作要求手指持续用力，操作适当的话可在10min内完成（在肩胛骨上方将皮肤与皮下肌肉分离，手术的第二步即告完成）。

第三步是分离内收肌。通过重新插入Robert氏截胎刀并以刀尖用力探查，肌肉便分成几条，然后用刀将每一条肌肉切断。

第四步（图19.4）是使球节脱离，以便留下的指骨仍连在分离的掌部皮肤上。将产科绳系于掌骨（cannon bone）（近籽骨）上，为安全的抓持，可在第一个绳套上加放一个半结（half-hitch）。

将绳套柄和牵引杆交给两个助手。手术的最后一步就是术者在胎儿前端反向用力牵拉，用力将连着皮肤的前肢撕扯下来。这样，连接于肩胛骨顶端的其余肌肉就断裂，前肢就与胎儿分开了。

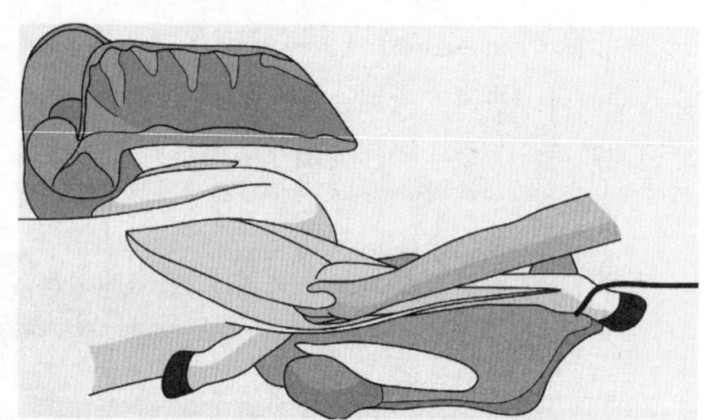

图19.3 皮下截胎术，用于截除伸展的前肢。第二步，用手指和手将前肢的皮肤与下层组织分离，并尽可能延伸至肩胛骨上方

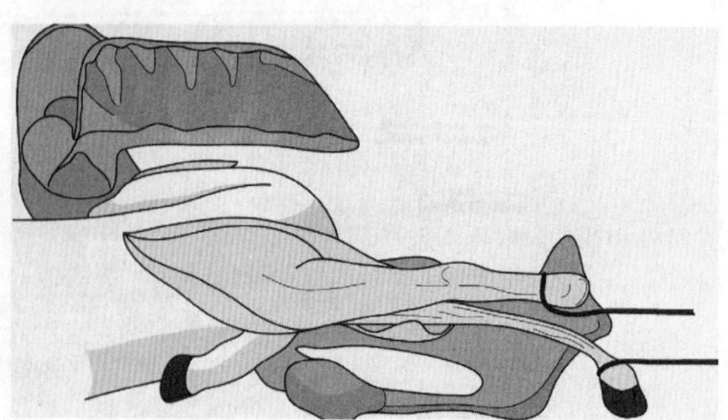

图19.4 皮下截胎术，用于截除伸展的前肢。第三步，在切断腋下胸肌的联系后，使球节脱离，牵拉“剥了皮”的前肢。注意，此时蹄部依然连在皮肤上

在许多情况下，截除一个前肢会使胎儿的直径明显缩小，这在胎儿与母体大小不适的情况有利于胎儿的娩出。用前述牵拉胎儿的原则，此时，前蹄及截除前肢的皮肤可保证能将产科绳安全的拴系。如果施行这种手术后仍不能娩出胎儿，则必须用相同的方法截除另一前肢，之后适度的牵拉就足以拉出胎儿。有时，在截除一个或两个前肢后，尽管胎儿能部分转动，但是其后躯仍卡在骨盆入口处（即所谓的“髋关节锁”，参见14章），这时应尽可能地拉出胎儿，完全截除躯干的伸出部分。从胎儿腹部施行内脏切开术，之后截除一后肢。有两种方法可以完成这一操作，选择哪一种主要取决于保留肢体的活动性。如果可能的话，应推回胎儿的后躯，借助产科绳将一后肢向前拉，然后用皮下截胎术截除该后肢（后文叙述）。如果不能抓住后肢并向前牵拉，则应按下述方法截除。用直切截胎刀（如安斯沃思氏隐刃刀）在拟截除后肢的髋关节上方做一切口，股骨头外侧的肌肉也应分开，分离股骨上端。在此处绕上绳套，猛烈牵拉使股骨头韧带断裂，关节头就从髋臼脱离。然后在大转子下面系上一个绳环，持续牵拉，这样会使后腿与皮肤分开。尽管在跟骨上方会遇到困难，但是用截胎刀割几下也会使之分离。让后趾部仍然连在皮肤上，后腿在球节处断离（在球节处断离关节）。移除一侧后肢后，将Krey钩钩在截除躯干的皮肤及截除后肢的皮肤上和趾部，用力牵拉Krey钩，拉出胎儿后躯的其余部分。极少需要同时截除两后肢。

在部分前肢截除后发生“髋关节锁”的情况下，可考虑改用Graham氏法（1979），使骨盆塌陷，以便进一步肢解胎儿（参见第14章）。

如前所述，完全截胎术耗时费力，且需要有丰富的操作经验以及合适的器械。如果胎儿气肿和腐烂时，则组织易于分离，甚至很轻的牵拉，就可比较轻松地完成救治难产的任务。

19.3.2 皮下截胎术：截除后肢（倒生，纵向）

在伸展的胎儿后肢的球节上方处的皮肤上做一切口，向切口内插入Robert氏隐刃刀，用刀从球节上经臀部背面切开皮肤至臀部前区（anterior gluteal region），剥离整个后肢上的皮肤，分开髋关节上方的肌肉以及内收肌。将牵拉杆伸入跟腱（achilles tendon）下面，用力向外侧转动后肢，使股骨头从髋臼脱离。之后充分切开球节周围的皮肤，以便为断离关节提供足够的空间，在跖骨游离端上方系上绳套，两助手持续地牵拉绳子，术者向后推胎儿，这样可拉出剥了皮的后肢。

截除一侧后肢后，在另一后肢的蹄部（由于后肢皮肤仍连在躯干上）牵拉，通常会拉出胎儿。如果难以奏效，则需用同样的方法截除另一后肢，这样可完全娩出胎儿的后部。

如果胎儿的前躯阻塞在骨盆入口处，则需要进一步按下述方法截胎。可尽可能将胎儿拉至阴门处截断，再进行内脏摘除术。不能摘除的其余部分推回，之后用安斯沃思氏隐刃刀在肩胛软骨上方做一皮肤切口，分开连接肩胛骨和脊柱间的肌肉。经钝性分离，解离肩胛骨上端，用Krey钩钩住并牵拉。采用这种方法就可从球节处切断关节后将前肢从皮内拉出。将蹄部及与其相连的皮肤以及用Krey钩钩住的胸部脊柱作为牵拉点，牵引拉出其余的胎儿部分。在极少数情况下，在胎儿前半部可以拉出之前，必须先截除另一前肢。

19.4 经皮截胎术

19.4.1 一般原则

截胎术包括完全截胎术和部分截胎术，在牛可以在站立保定或侧卧保定下进行。侧卧保定时，应适当抬高后躯。从医生的角度来看，站立位更便于操作，然而，对母牛则不太安全。若母牛侧卧位保定，则应为左侧卧位保定，这样要截除的胎儿部分就可位于最上面。采用这种体位时，瘤胃就不会将子宫向下推。为了截除胎儿的其他肢端，应把牛转至右侧，使要截除的胎儿部分仍在最上方。若要进行完全截胎术，则需重复上述操作。

截胎术中出现的一个主要问题是线锯断裂。截胎术线锯设计为复丝状，甚至在锯一两下后就很容易卷曲和扭结在一起，因此在每次截胎后都应检查，若已经缠绕在一起或破损，就需更换。

手术过程应尽可能无菌操作，要准备几桶干净的温水和消毒剂。开始截胎前，用一桶水清洗母牛的尾巴、阴门和会阴部，另一桶清洗和消毒器械；剩下的1～2桶随后使用。

19.4.2 术前准备

若怀疑有轻度低钙血症，尤其是在三胎及以上的老龄母牛，手术之前应静脉注射葡萄糖酸钙，以防术中母牛卧倒。母牛应保定于产犊圈舍、挤奶台或保定台上，并确保牛的后方有足够的空间。手术应按常规进行硬膜外腔麻醉，但这种麻醉方法只能部分地阻止腹部的努责。然而，硬膜外腔麻醉会降低产道的敏感性，因此能降低阴道内操作所激发的骨盆反射。

是否使用抑制分娩的药物[子宫抑制剂[（tocolytic drugs），如克伦特罗（denbuterol）和异克舒令（isoxsuprine）等]，仍存在有争议。若胎儿已经死亡一段时间，则子宫肌就对这些药物无任何反应，胎儿气肿时更加如此。如果子宫能够出现反应，则松弛的子宫壁会形成皱褶而卡在线锯中的概率就会极大地增加。如果不注意这点，则会对母牛造成灾难性的后果。

使用润滑剂是手术成功的关键，要尽可能深的向子宫腔内灌注5～10L浓稠的产科用润滑剂。理想状态下，对润滑剂应适当加温，这样可增加子宫松弛的程度。往往需要反复用润滑剂，以确保相对无损伤性的分娩。润滑剂使用不足经常是失败的首要原因。除可以促进移除胎儿外，润滑剂还能保护母牛生殖道的细嫩组织以及术者手臂。施术人员手臂的皮肤感染往往由李斯特杆菌和沙门氏菌引起，并非不常见，特别是对死胎施行截胎术后这种感染更为常见，因此，施术人员应戴上一次性塑料袖套。不过，在使用线锯时手套易于破损，使手术更加困难。鉴于此，许多产科医生不用这种袖套，而是主张使用石油类的润滑剂，由于这类润滑剂能黏附在组织上并保护产科医生的手臂，不过这类润滑剂不易从手臂上清除。产科用润滑剂的另外一种替代品是一种聚乙烯聚合物产品，可以与水混合。水溶性润滑剂通常用于直肠检查，也可用于简单的助产，效果令人满意，但是在施行截胎术时则毫无作用，因为水溶性润滑剂很快被胎水稀释。

开始施行截胎术之前，对某些特殊病例的手术程序应做一份详细的计划。产科医生的任务就是仔细地引导带线的截胎器（胎儿绞断器）通过阴道背部进入子宫内；务必保证线锯始终未扭转和交叉，而且极为关键的是在锯断时，线锯不接触母体组织。在线锯到达其正确位置前，绞断器的头应到达最终的切断处，术者必须保证绞断器的头固定在预定部位。术者的手指总是应和胎儿接触，有时也要注意子宫或角间隔（intercornual septum）的相对位置。一些兽医喜欢由助手抓住绞断器的外面，而有些则宁愿自己完全控制整个截胎器。无论用哪种方法，至少需要一名助手在放置线锯时能控制线锯的张力，并实施具体的锯断过程。只有在最后检查确定了绞断器的具体位置后才可开锯。一旦医生确信线锯已经放在了胎儿周围，而且证实术者的手保护好了绞断器的头部，就可开始锯断。

正确的操作至关紧要，特别是开始截胎的第一次切割。开始时用中等力量缓慢、短距离、连续的锯。当线锯牢固的包埋在组织内时，可用大力度的长距离、连续的锯。以锯的最大长度连续锯开，这样会减少磨损，避免产生热量及线锯断裂。如果操作正确，锯的动作快，则切割会在相对较短的时间完成。

虽然施行完全截胎术时连续切断的动作依病例和产科医生的习惯而不同，但是在处理正生和倒生的胎儿时，建议使用下述方法。

19.4.3 完全截胎术

19.4.3.1 正生纵向胎儿（图19.5）

1.头部截除术（amputation of the head） 有

时，尤其是胎头弯曲时，需截除胎头以接近前肢。截除头部时，在绞断器的两个管子中穿入线锯，将线锯环套在胎头上，具体位置是在耳后。如果有足够的操作空间，绞断器的头应置于下颌骨之间或下颌骨之后。操作空间有限时，绞断器应放在胎头一侧，绞断器的头放在下颌骨支处或恰好在其后侧（图19.6）。若有充足的操作空间，也应截除大部分胎儿颈部。为此，线锯环应尽可能沿颈部向前推，绞断器的头放在颈侧部，靠近肩胛骨。

2.第一前肢（first forelimb）**截除术**　在有些病例，截除一个前肢（包括肩关节和肩胛骨）可以充分缩小胎儿直径，因此可将剩余的胎儿其余部分拉出。产科链放在系部，拉直前肢。绞断器的双管穿上线锯，产科链绕过线锯环。线锯暂时放在两蹄子间（图19.7），然后，沿着前肢外侧面和肩部向前推绞断器，直至绞断器头抵于肩胛骨背上方的略后部。然后将产犊链固定于绞断器手柄部的柄板中，使前肢拉展。当助手轻轻地牵拉时，取出两蹄间的线锯环，并绕到前肢内侧。线锯应固定在腋下，重要的是要检查确保线锯位于肘内侧。在产科链固定于绞断器手柄柄板后，再次牵拉前肢，使之充分伸直（图19.8）。在锯的过程中，绞断器的头必须位于肩胛骨的后背侧，这样可保证切开肌肉间的系膜，因此能截除整个肩胛骨。若助手在锯的过程中可以把绞断器向后移，就可能会切开肩胛骨远端，甚至更糟的是切开肱骨近端。在后面一种情况下，因为没有截除肩关节，胎儿的直径无任何减小，仍留下尖锐的骨片与胎儿的剩余部分相连。此外，合适的牵引点（固定产犊链）就不再在那一侧。若在肩胛部切开，必须逐个分开附着的肌肉，用手取出其余的骨片。这样的操作相当困难，尤其是新生（刚刚死亡）的胎儿。

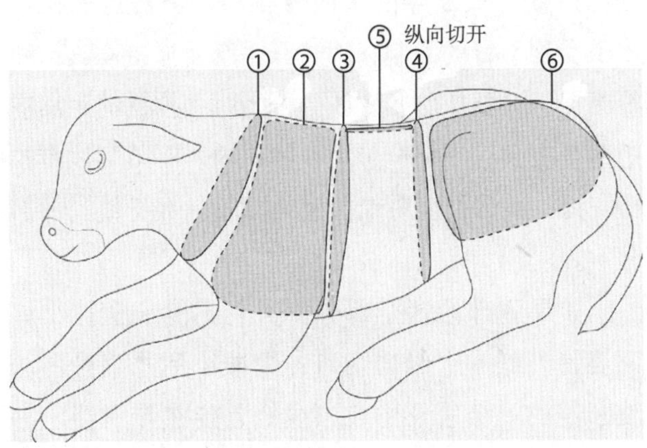

图19.5　牵拉正生纵向犊牛，显示全身经皮完全截胎术的几个切口部位。切口5只是在截除的胸或腰部切口环直径太大而无法从产道拉出时才需要

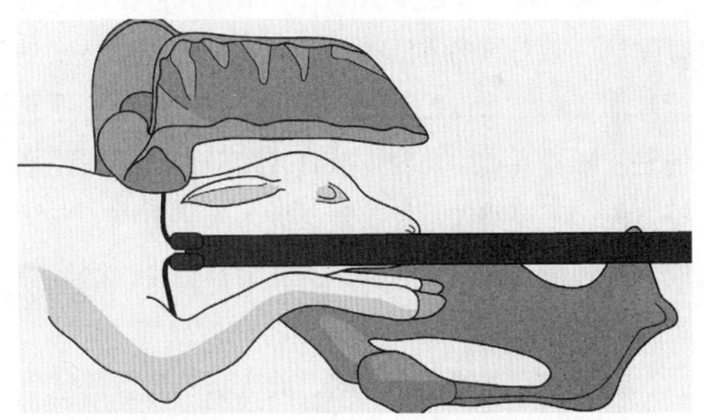
图19.6　经皮截胎术：将绞断器放在欲截除的胎头处

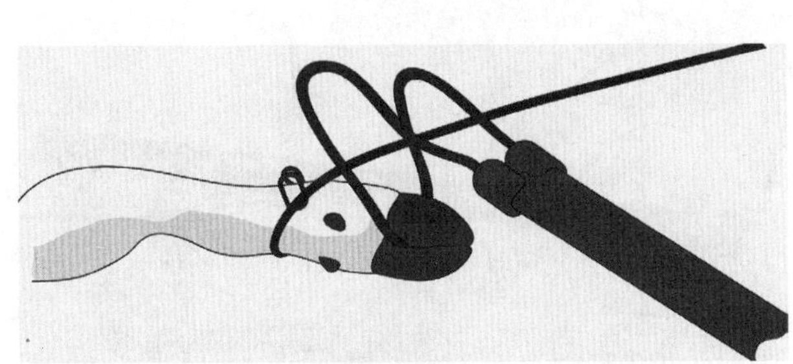
图19.7　经皮截胎术：线锯暂时放在前肢两蹄之间

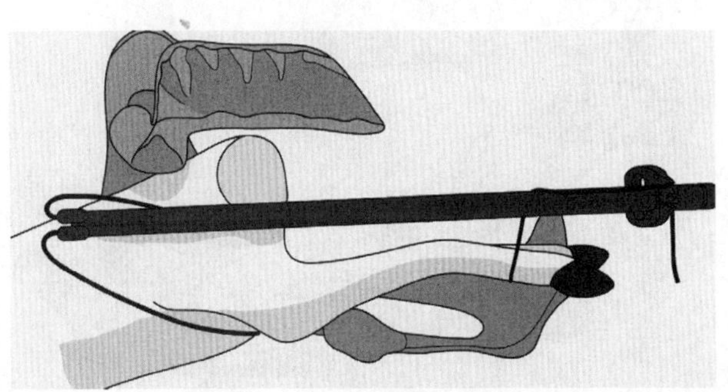
图19.8　经皮截胎术：截除前肢，显示绞断器和线锯的放置位置，以保证完全截除伸出的肢体

另外一种方法是在颈基部和前肢套上线锯环，沿肘部和肩胛部后推线锯，使之位于肩胛骨后角之后，在此用指刀做一可放入线锯的深切口。绞断器的头放在欲截除前肢对侧的颈基部（图19.9）。如能正确放置线锯环，切开则容易。切开后，试着牵拉胎儿的剩余部分。将产科链放在连着的前肢，同时借助Krey钩，在颈基部另找一个牵拉点（例如显露出的下端颈椎）牵拉。如果在1~2个切割口（即截除头/颈和一完整的前肢）后仍然不能拉出过大的胎儿，则需做第3~5个切口，以完全肢解胎儿的其余部分。

有时，一个切口可以截除胎儿的头、颈和一前肢。截胎时，绞断器的导入及定位按前述用于前肢的方法进行，但是，线锯环要沿着头和颈的对侧放置，直至到达胸腔入口处。若操作正确，切口就会斜向通过胎儿的颈部和胸部，在胸部造成开口，经此开口取出胸腹腔内的所有脏器。此时，通过牵拉残留的另一前肢，依其大小可部分或全部拉出胎儿。

3.第二条前肢截除术 第二条前肢可以用上述截除第一条前肢的方法截除。常常可将线锯环放在颈基部或胸腔入口的对侧，进行这种切割时，重要的是绞断器要和胎儿的皮肤直接接触，因此在开始锯之前，不要错误地把绞断器插入未孕角内。一旦发生这种情况，部分子宫中隔就会被切除，给母牛造成灾难性的后果。

如果有足够的操作空间，此次切割应包括整个胸部或至少大部分胸部都能一起截除。绕过胸部套上线锯环，并尽可能向后放（图19.10）。重要的是要连续地锯，直到所有肋骨和脊柱完全被切断。若中断锯的动作，线锯极有可能被卡在骨组织内。这种横切一旦完成，可用Krey钩钩住脊柱，作为第二个牵拉点，仔细地拉出分离的部分胎儿。操作正确时，胸部切口就足以用手拉出胸腹腔内的所有器官。内脏摘除术可以使过大的胎儿残留部分充分缩小。

4.胸部截除术 用Krey钩钩住切开的脊柱，产科链穿过预先已经穿上线锯的绞断器，线锯环置于阴门外，在胎儿的背侧上方，或沿着其背侧推进绞断器至最后肋骨（有可能的话）。拉紧Krey钩，将产科链系于绞断器手柄的柄板上，然后将线锯环套在胸部，以“清扫（sweeping）”的动作方式将其移至胸骨后面（图19.11）。产科医生用一只手抓住Krey钩和绞断器，另一只手抓住绞断器操作柄。锯的时候，绞断器的头向两侧移，但是这一操作步骤受到手臂的限制，因这只手既要抓持Krey钩和绞断器，又要抓胎儿皮肤。开始时，拉锯的距离应短些，直到线锯完全包埋在组织内。有节奏地牵拉Krey钩，通常很容易地拉出截除的胸部（或其一部分）。

如果胸部的这个部分太大而不能安全拉出，则要另外做一个纵向切口，以减小胎儿直径。从绞断器的一个管子中拉出线锯，连在导引器上，

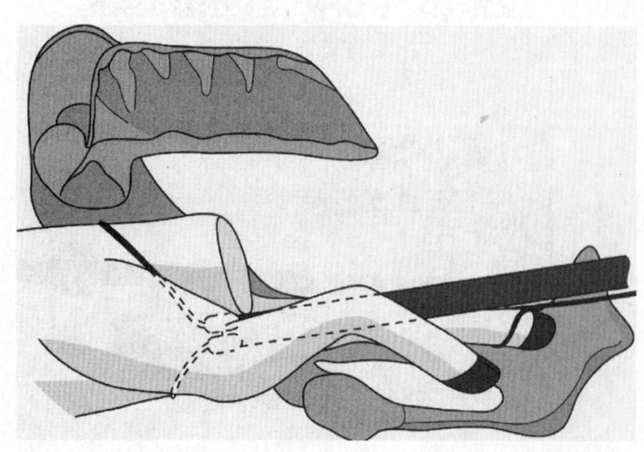
图19.9 经皮截胎术：截除胎头后，用于截除左前肢和颈部的一种替代方法

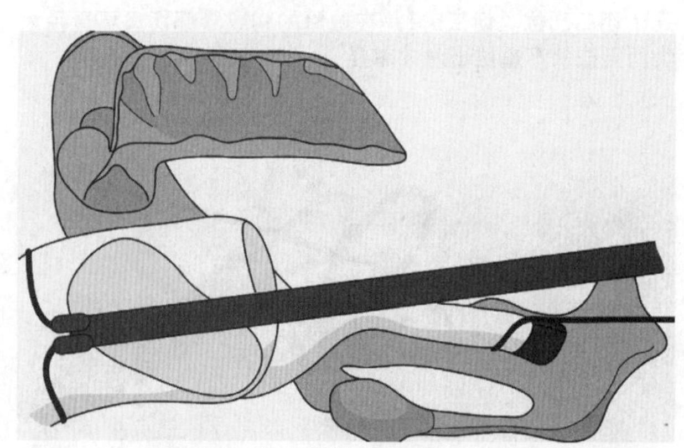
图19.10 经皮截胎术：截除头、颈和右前肢后，通过躯干的横向切口

在胸部背侧将导引器向前推，并在截除点处向下压。一手伸入胸腔，推拉膈肌，拉出导引器，然后再将线锯环向后套在胸部，在绞断器的第二个管子中穿入线锯。线锯的头靠近已钩在脊柱上的Krey钩处。重要的是应在肋骨和脊柱的连接处做切口（图19.12），之后这部分胸部就塌陷（卷缩成一团），便于拉出。

5.腰部截除术　如果胎儿非常巨大，从体格上来说，在胎儿的其余部分套上线锯是不可能的，因此必须首先截除腰部后躯，然后再将后躯截半（图19.13）。截除腰部的截胎方法与胸部截除术相同。

6.后躯截除术　最后一个切口就是切断后躯。只在绞断器的一根管子中穿入线锯，用Krey钩钩住脊柱，将胎儿后驱推向母牛骨盆入口处。在骶骨和尾根部上方向前延伸连有线锯的导引器，向下推至会阴部后面。将一只手伸到胎儿下面和两后肢之间，找到导引器，拉出线锯，插入绞断器的第二个管子。在理想状态下，线锯应在尾根部的一侧，而绞断器的尾端应放在Krey钩附近的脊柱对侧（图19.14）。这样可保证略按对角线的方式经胎儿骨盆切开，此时，可用Krey钩拉出截半的半躯。

在某些由于胎儿母体大小不适引起的难产病例，正生的胎儿前躯露出后可发生所谓的“髋关节锁”（见第14章）。这时可经腰部横切截除胎儿的前半躯，对胎儿进行内脏摘除术。之后将穿有线锯的导引器从胎儿后躯的背部绕过，并从腹下拉出，按上述方法完成截胎。

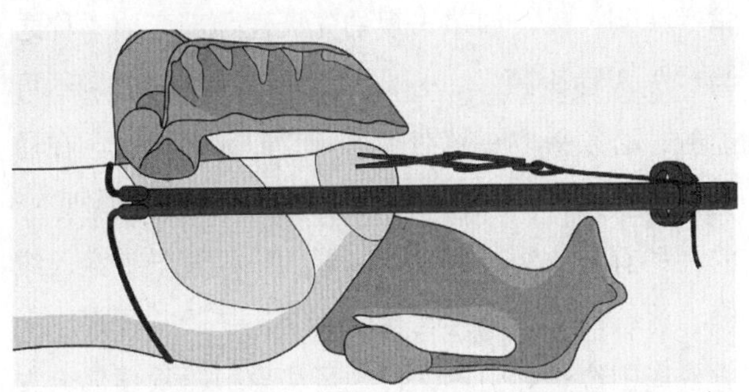

图19.11　经皮截胎术：用一个简单切口切开胸部，显示绞断器线锯位于胸骨后面

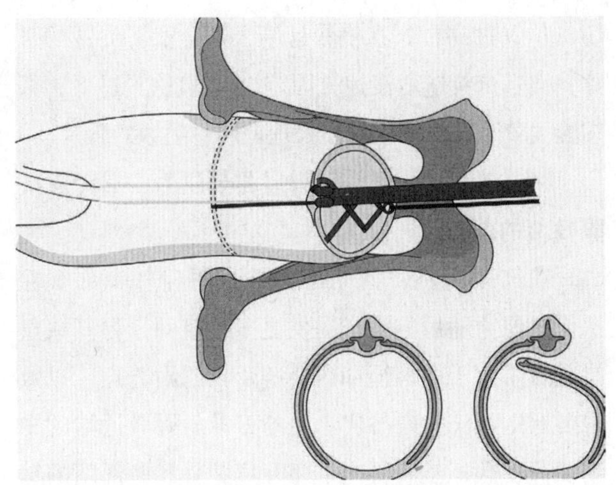

图19.12　经皮截胎术：用于缩小胸部直径的纵向切口

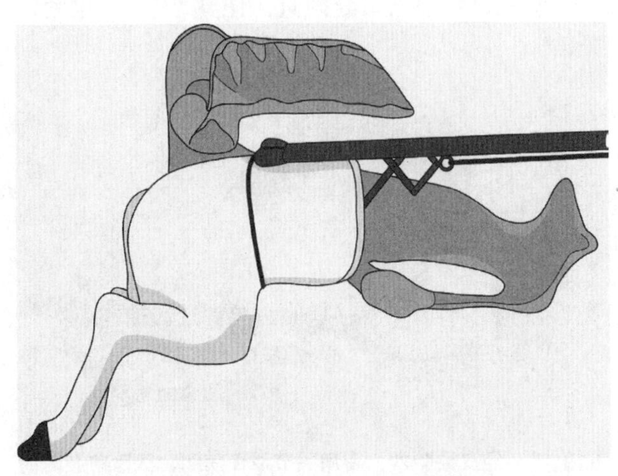

图19.13　经皮截胎术：截除腰部时的绞断器和线锯位置

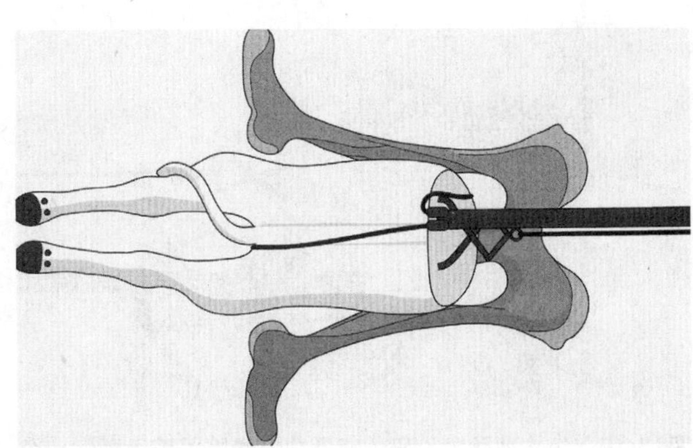

图19.14　经皮截胎术：后躯截半术时绞断器和线锯的位置

19.4.4 胎儿异常胎势的矫正

19.4.4.1 腕关节屈曲

一侧或双侧腕关节屈曲引起的难产难以用手矫正，特别是如果难产历时已久及子宫收缩时更是如此。在这种情况下推回胎儿时有撕破子宫的危险，因此不可能通过回推胎儿对异常胎位进行安全矫正。在这些病例，应首先截除头部和颈部，随后经腕关节远端做一个截胎术切口。在绞断器的一根管子中穿入线锯，将连有线锯的导引器绕过屈曲的腕关节。在绞断器的第二个管子中穿入线锯后，绞断器的头定位在远端腕骨列（图19.15）。若操作正确，则截胎后没有尖锐的骨片，可将产科链置于桡骨远端的结节处，此处为一个很好的牵拉点。若切口位置过高，如在桡骨远端，则会留下尖锐的骨片，而且产犊链就没地方固定。切口位置过低，即在腕关节下方，医生仍要处理截胎后尖锐的骨片。

19.4.4.2 一侧或双侧肩关节屈曲——经皮截除残留的前肢

在许多病例，首先需要进行阴门外头部截除术，以便为随后的操作提供更多的空间，但其缺点是截除了用于产科绳和产科链牵拉的附着点，以致需要有Krey氏钩来替代。用指刀沿肩胛骨远端的中线切开皮肤，然后再向下切开肩胛骨和胸部间的结缔组织。首先，在绞断器的一个管子中穿入线锯，连接线锯与导引器，导引器绕过肩胛骨，向下通过胸部及屈曲的前肢中间，从下面找到线锯，再穿入绞断器的第二个管中，然后沿着肩胛内侧推进绞断器，固定在该部位。一只手将线锯环推入预先做的切口中（图19.16）。拉紧线锯，保证线锯环在肩胛骨体的内侧，锯断的过程中，绞断器的头也必须要固定在肩关节内侧。另一种方法是，把绞断器的头固定在肩胛骨后角的背侧面。不过，在锯断前肢与躯体之间的肌肉和颈基部皮肤时，需要有足够的力量把绞断器头保持在这个位置。用Krey氏钩拉出截断了的前肢。

如果为双侧肩关节屈曲，应该再次试行拉直另一屈曲的前肢，如果可能的话，可用Krey氏钩钩住颈部牵拉，这样可拉出胎儿。另一种方法是，不用拉直另一肢而拉出胎儿。如果这两种方法均不能奏效，则必须截除另一肢，其余的方法与胎儿母体大小不适时采用的相同。

19.4.4.3 头颈侧弯（屈曲）

在胎儿死亡、头颈侧弯引起的易被忽视的顽固难产病例，以及偶尔出现的先天性颈部弯曲（称之为“先天性歪颈”，wryneck）病例，矫正是不可能的，必须采取头部截除术。“先天性歪颈”在马驹比较常见，因此头部截除术是矫正母马这种难产的一种有效方法。可在绞断器的一根管子中穿入线锯，将线锯的一端连在导引器上，在胎儿颈部或上方或周围绕过导引器，首先可将导引器从颈部上方绕过，然后穿过颈部与胸部之间，之后从颈下面拉出。在绞断器的第二个管子中穿入线锯后，将绞断器的头伸到胸腔入口处附近（图19.17）。拉紧线

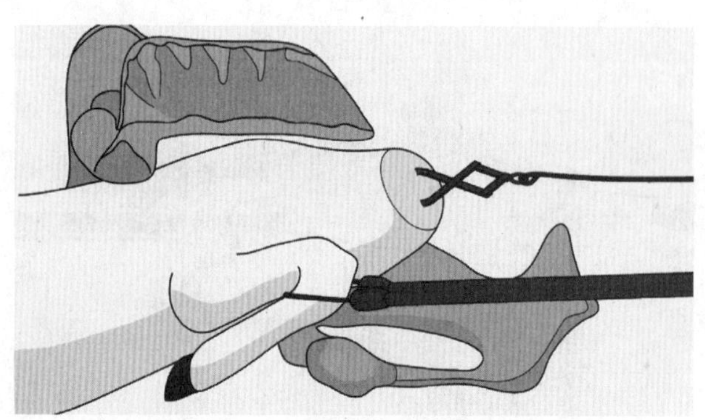

图19.15 经皮截胎术：腕关节屈曲时经腕关节远端做一个截胎术切口

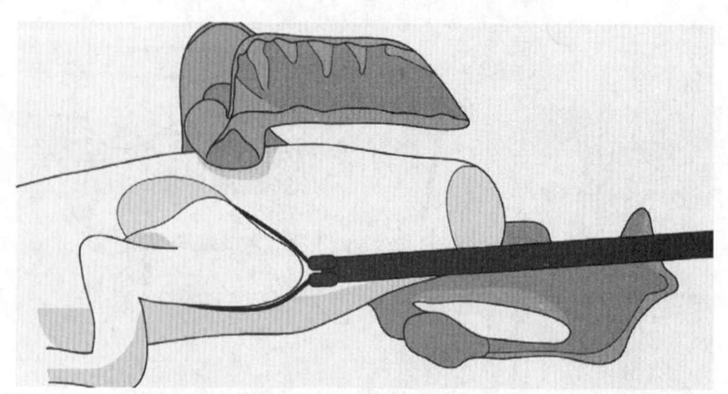

图19.16 经皮截胎术：在肩关节屈曲病例，截除前肢时的绞断器和线锯位置

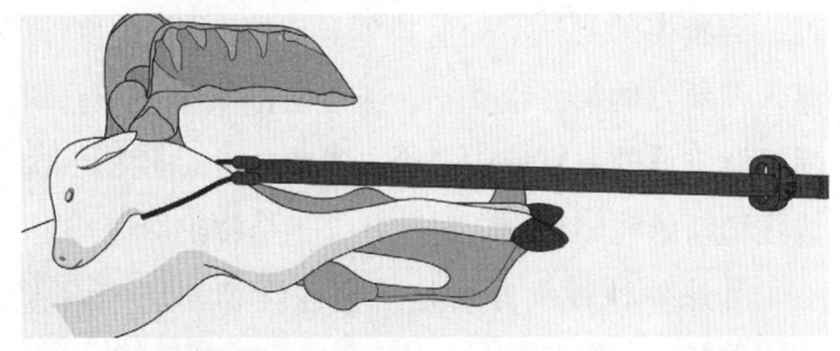

图19.17 经皮截胎术
矫正头颈侧弯引起的难产时，截除头部和颈部所用的绞断器的位置

锯，术者检查线锯环是否在最靠近胸部的部位。一旦颈部切开后，用手或Krey氏钩抓住截断的颈部，随后将颈部和胎头一起拉出。另一种方法是，将截断的头部和颈部推向子宫内，在截胎术完成或胎儿的其余部分拉出后，再将子宫内的头和颈部拉出。

19.4.4.4 头向下弯（颈部腹侧屈曲）

头向下弯的难产在牛很少见，实践证明这种胎势异常极难矫正，在顽固性病例需进行头部截除术。然而，在屈曲明显的颈部与胸部之间引入并正确放置线锯非常困难。借助导引器，可将线锯从屈曲的颈部下面伸进，绞断器的头放在颈部顶端，即两肩胛骨之间。一旦切断后，在拉出截断的头和颈部之前，应先将胎儿推向子宫内。

19.4.4.5 胎儿倒生纵向（图19.18）

1.截除第一后肢 若后肢伸展，则可采用与前肢伸展时相似的手术方法。绞断器的两个管中都穿入线锯，将产犊链套在后肢系部，并经过线锯环，线锯环暂时放在两蹄尖之间，沿后肢外侧向前推绞断器，直至绞断器的头抵于股骨大转子附近，然后将产科链连接在绞断器手柄柄板上。从趾间拉出线锯环，置于后肢内侧。把线锯放在尾根和欲截除的后肢对侧的坐骨结节之间。重要的是检查线锯也在后膝关节内侧，再继续向前伸绞断器，直至绞断器头正好在大转子外方，并靠近腰椎处（图19.19）。牵拉后肢，使其充分伸展，将产科链套在绞断器手柄柄板上。若操作适当，该切口会以骨盆的对角线切断，因此可拉出整个后肢，包括髋关节，这样会减小胎儿的宽度，就有可能取出胎儿的残余部分。把产科链套在附着的后肢上，借助Krey氏钩可在会阴部和已切断的骨盆处形成另一个牵拉点。在锯断的过程中，如果绞断器无意中后移，就会在股骨近端切断，其结果是胎儿后躯的宽度没有减小，但留下尖锐的骨片。

另外一种替代方法是，把线锯环套在一个蹄子上，伸至后肢上部，位于骨盆结节前方外侧，在此处用指刀切透皮肤和皮下组织，有助于容纳线锯环。绞断器的头放在肛门附近，确保胎儿的尾巴也在线锯环中，否则，在锯切过程中线锯向下滑，会在股骨远端1/3处截断。

2.截除第二后肢 如果截除一后肢仍不能娩出胎儿，可用相似的方法截除第二后肢（图19.20）。往往能将线锯环绕过胎儿骨盆，定位于腰部，恰好在最后一条肋骨之后（图19.21）。另一种方法是，把预先已穿入线锯的绞断器沿骨盆和腰椎的背侧向前伸，线锯环在腹侧。从这个横切口可拉出后肢和剩余的骨盆部分。若两后肢均已拉出，也可用Krey氏钩钩住腰椎，将胎儿固定于绞断器上，做横向切断。向母牛的骨盆入口处牵拉胎儿的其余部分，摘除内脏后，做下一个切口。

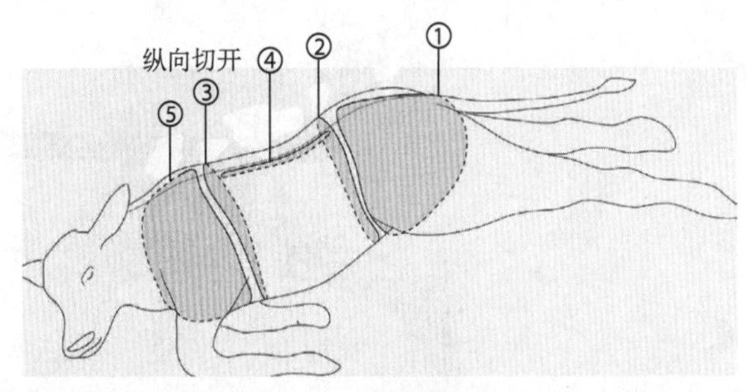

图19.18 经皮截胎术：拉出倒生犊牛时，显示全身经皮截胎术的几个切口部位。切口4只是在截除的胸或腰部切口环直径太大而无法从产道拉出时才需要

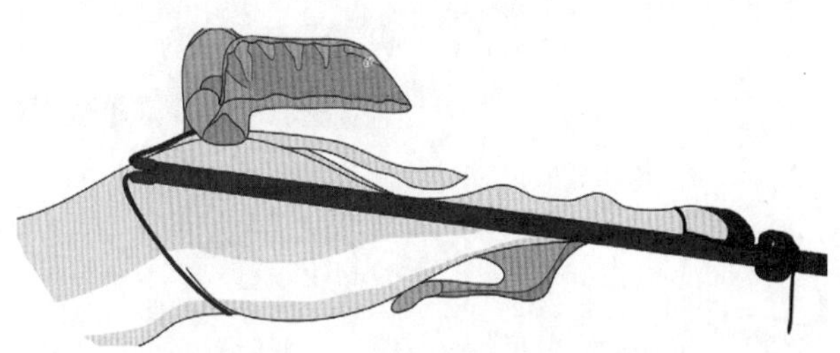

图19.19 经皮截胎术：截除后肢，显示绞断器和线锯的位置，以保证完全截除伸展的后肢

3.截除胸部 如果不能拉出胎儿的残留部分，则必须施行躯干截半术，横向切口尽可能朝前。在绞断器的两个管都穿入线锯，用Krey钩钩住胎儿腰椎，将胎儿尽可能拉至母牛骨盆入口处。线锯环置于阴门外，产科链通过线锯环，将绞断器由胎儿胸部背侧向前伸进，使绞断器的头正好在胎儿肩胛骨后面，或在两肩胛骨之间（图19.22）。线锯环套朝向腹侧，套入胸部（采用清扫样动作），恰好在胸骨前面。用抓持Krey钩的手同时抓住该处的绞断器头。当该横断切口的直径太大而胎儿依然不能娩出时，按上述正生纵向胎儿中所述的方法，进行胸部缩小术，使得肋骨弓塌陷。

4.截除前躯 如果用Krey钩钩住切断的脊椎骨后还不能拉出胎儿的前半躯，就应截除一前肢或必要时截除两前肢。只在绞断器的一根管子中穿入线锯，借助导引器，使线锯向前方在颈和前肢间绕过，到犊牛的身体下面后找到导引器，抽出线锯，穿入绞断器的第二根管子，绞断器的头定位于已切断的脊椎骨处，靠近Krey钩（图19.23）。用Krey钩钩住切断的肢体和剩余的胎儿，逐个拉出。

另外一种替代方法是对角线性切开前半躯，这种情况下通常只需做一个切口，在绞断器的一根管子中穿入线锯，Krey钩钩住脊椎，按前述方法套入线锯环。但是，绞断器的头可以放在Krey钩的对侧，或者位于对侧胸壁的外侧（图19.24）。在后一种情况下，在绞断器头稳固的固定在肋骨和肩胛骨间之前，需要钝性分离周围组织。线锯充分埋入组织后，将绞断器头移到对侧肩胛骨的外侧。如果这一斜向矢状切开操作正确，切开的一半包括一条前肢和大部分胸部；而另一半则包括胎头、颈部、另外一条前肢和剩余的胸部。这两部分可先后拉出，但应注意观察有无尖锐的骨片。

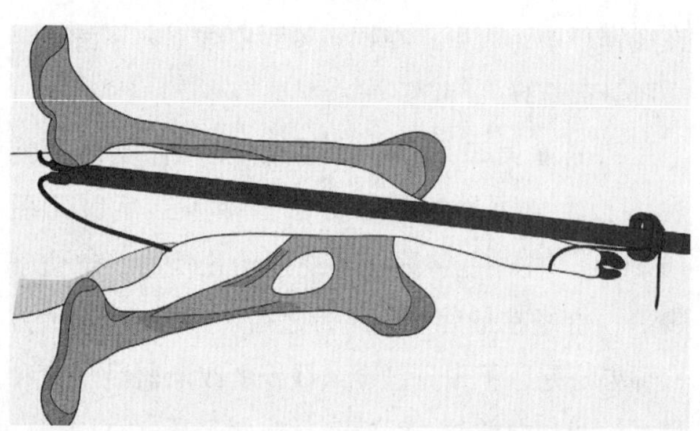

图19.20 经皮截胎术：截除整个第二后肢时的绞断器位置

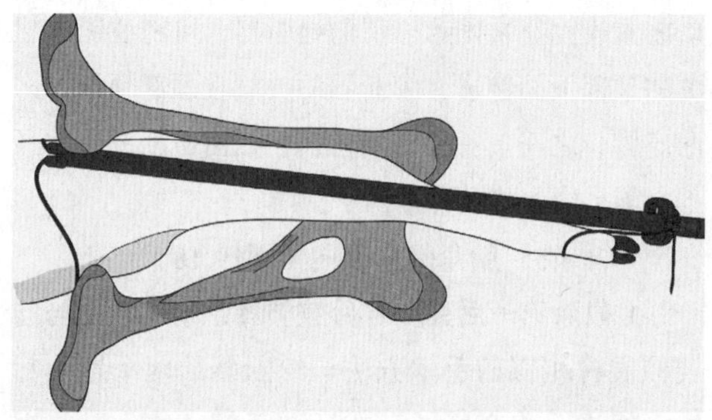

图19.21 经皮截胎术：截除犊牛骨盆和整个第二后肢时的绞断器和线锯的位置

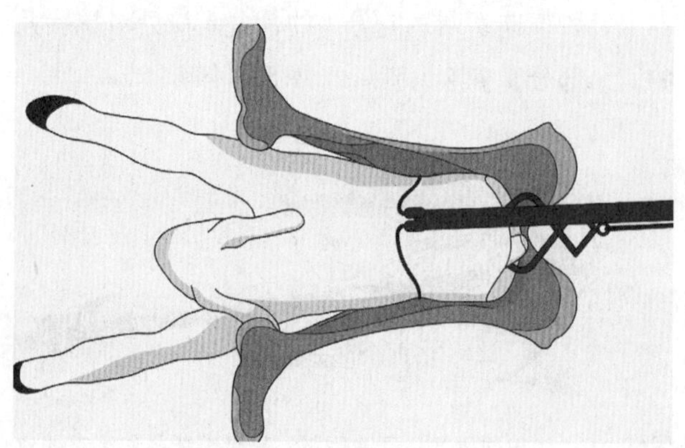

图19.22 经皮截胎术：胸部截半术时绞断器和线锯的位置

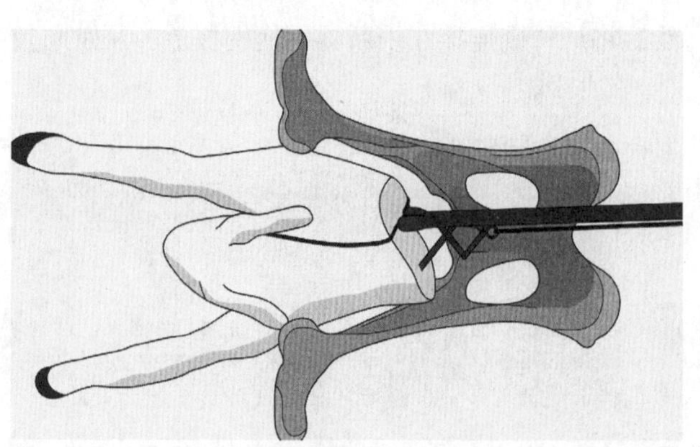

图19.23 经皮截胎术：整体截除一前肢时绞断器和线锯的位置

19.4.5 胎势异常的矫正

19.4.5.1 跗关节屈曲

在单侧或双侧跗关节屈曲的病例，用和腕关节屈曲相似的方法进行救治（图19.25），主要目的给产犊链牵拉提供一个附着点，且无尖锐的骨片（图19.26）。

19.4.5.2 髋关节屈曲

在绞断器的一根管子中穿入线锯，线锯的游离端连在导引器上，并从胎儿背侧绕过，向下在体壁和最近的屈曲的后肢膝关节之间穿过，此时，术者的手在犊牛身体下面伸进，抓住线锯，向外拉，绕成线锯环，穿过绞断器的另一个管子后，将绞断器沿阴道伸入，绞断器头置于犊牛会阴处。在这个阶段，关键的步骤就是把胎儿的尾巴放在线锯环内，而且在锯断过程中，绞断器的头要牢靠地固定在欲截除后肢对侧的坐骨结节处（图19.27）。这样就从关节头处切断了股骨，在拉出截断的后肢之后，因为已为施行矫正创造了更大的空间，通常就能拉出另外一个后肢。若这种方法不能安全地解决髋关节屈曲，则要用相似的方法截除另外一个后肢。

在犊牛的后躯卡进母牛骨盆腔的病例，即使有可能推回胎儿，也会很困难。若胎儿不是过大，可选用另一种方法。将预先已穿入线锯的绞断器沿犊牛背侧伸进，直至绞断器头到达最后肋骨的上方，从胎儿后背部，大约在坐骨结节下2～3cm套上线锯环（图19.28）。在股骨近端切断两后肢，继续切断腹部，最后切断胸腰部。用Krey氏钩逐一拉出截断的后肢、骨盆、腹腔内脏，最后拉出胎儿前半躯。

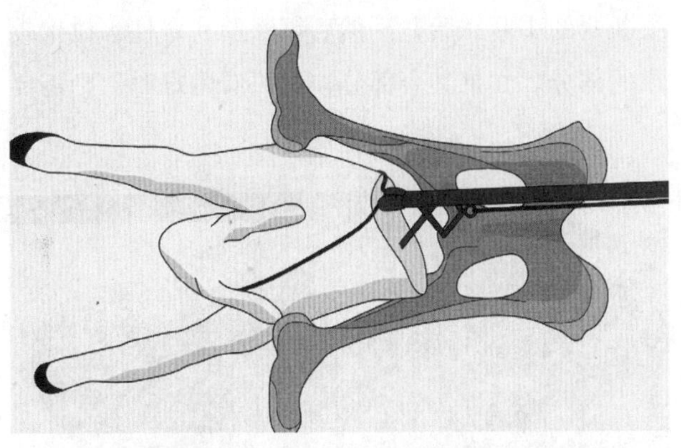

图19.24 经皮截胎术：对角线前躯截半术时绞断器和线锯的位置

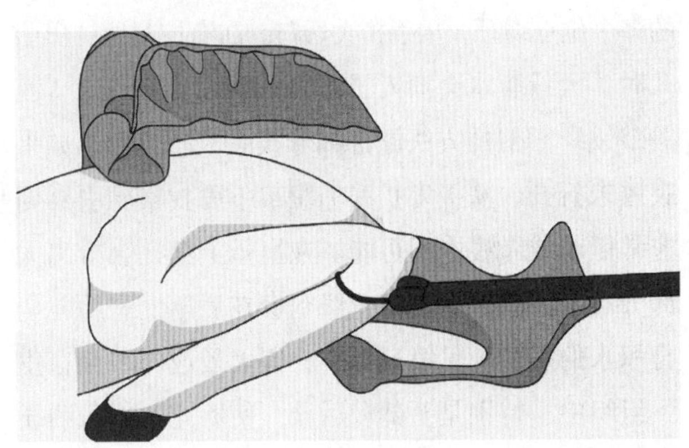

图19.25 经皮截胎术：跗关节屈曲时在跗关节远端的截胎术切口

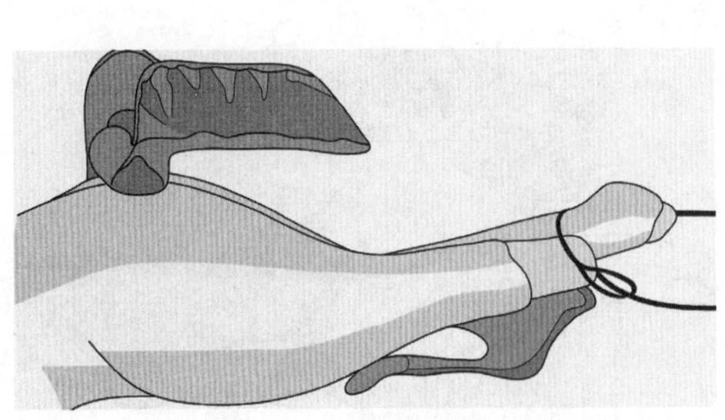

图19.26 经皮截胎术：显示如何在跗关节水平处截断，以保证仍留下一个牵拉点，但是没有出现尖锐的骨片

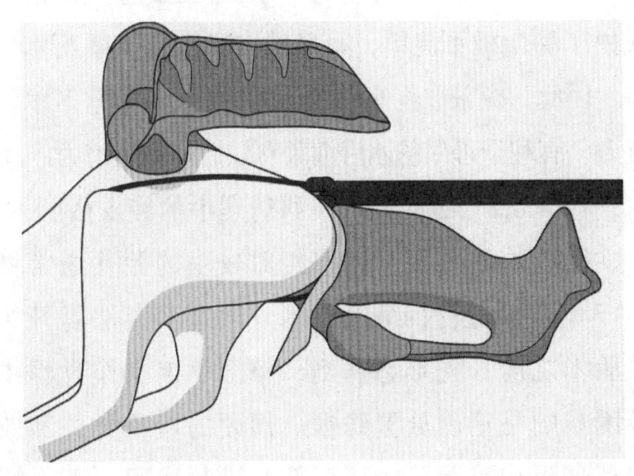

图19.27 经皮截胎术：在髋关节屈曲的病例，后肢截除时绞断器和线锯的位置

19.4.6 胎儿畸形

19.4.6.1 一般原则

从本质上说，畸形胎儿毫无价值，首先应考虑采用截胎术经阴道拉出胎儿，若胎儿还活着，先应将其处死。最好是抓住脐部，突然用力拉断，因大出血可快速致死。如果希望通过小的简单切割减小胎儿的直径使胎儿从阴道拉出，那么应施行经皮截胎术。因此，截胎术适用于包括“先天性歪颈”和躯体不全的僵硬胎儿、前半躯重复畸形、内脏前置性裂腹畸形等病例。对颅骨太硬难以用穿刺方法缩小的胎头积水病例必须用截胎线锯锯掉颅骨。如果截除整个头部，则仍然难以把明显膨大的胎头整体地拉出。胎儿腹腔积水（水肚子，water belly）的病例，通常只能拉出胎儿的前半部（头、颈和前肢），而显著扩张的腹部阻止进一步的拉出（参见第14章）。用指刀在腹部的多个位点切开，用手扩大切口。在有控制地拉出胎儿时，大量腹水会涌入子宫。另外，可施行与“髋关节锁”相似的方法施行部分截胎术。然而，如果腹腔未打开，从极度扩张的腹部下面找回导引器则非常困难或者根本不可能。在膈肌上穿孔会排出大部分腹水，然后有可能把线锯套在后躯上。胎儿全身积水的病例（见第14章），因大量液体积聚在皮下组织中，特别是头部和后肢，使胎儿的体积明显增大，往往引起难产。排出这种严重畸形的胎儿通常需要进行部分截胎术，或多次切开皮下组织。

由于胎儿过大，如全身积水和广泛的重复畸形，或由于胎向极不规则，很显然需要做几个截胎术切口。因此，应采取剖宫产术。一般来说，剖宫产术较省力，有利于母牛的术后健康和以后的繁殖潜力。

19.4.6.2 裂腹畸形产科管理中的经皮截胎术

在犊牛处死后，体型相对较小的胎儿通常做1～3个切口进行内脏摘除术。明智的办法是开始截胎术之前，先熟悉病例，整个手术操作过程中最困难的是正确放置线锯。僵硬的弯曲脊柱和肢体都会阻止对胎儿的任何部位进行推回，不适当的切开会留下许多尖锐骨片，很容易损伤产道。应确定脊柱弯曲程度，因为这是躯干截半术（图19.29）的第一个切口位点。在绞断器的一根管子中穿入线锯，连接上导引器，其余操作方法与腕关节屈曲或跗关节屈曲相似。若有必要，用指刀切开大的皮肤皱襞，这有利于从腹下找回导引器。在脊柱的弯曲处用Krey氏钩钩住，将绞断器的头置于钩子附近。在锯断期间，一手抓住绞断器头和Krey钩，另一手在牛母体外抓住绞断器手柄。切开后，用Krey氏钩拉出胎儿的两个半部。有时还需要做另外的切口，使胎儿的某一部分足够缩小，以便于无损伤性拉出。

另外一种方法是从胎儿的脊柱弯曲处绕过线锯（图19.30）。把导引器绕在僵硬的胎儿身体上是一件很费力的工作，使用较小的工具（如线锯手柄）可使操作较易实施。完成这步操作后，将线锯穿入绞断器的另一个管子中，将其伸入阴道，直至绞断器的头紧靠胎儿。然后锯断胎儿脊柱，拉出较小的部分。如果其余部分拉出仍有困难时，则需要

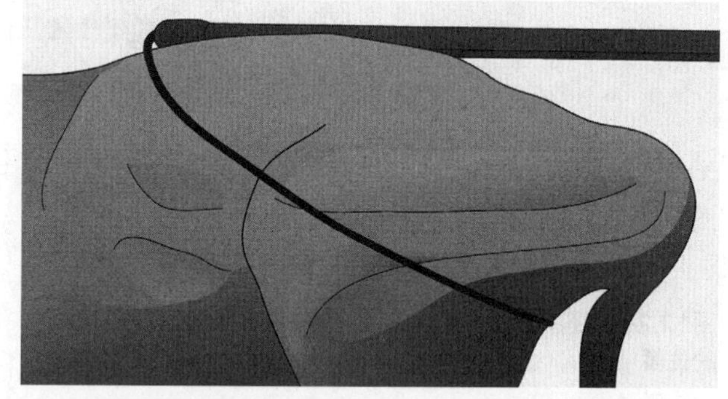

图19.28 经皮截胎术：用另一种方法处理双侧髋关节屈曲时，绞断器和线锯的位置

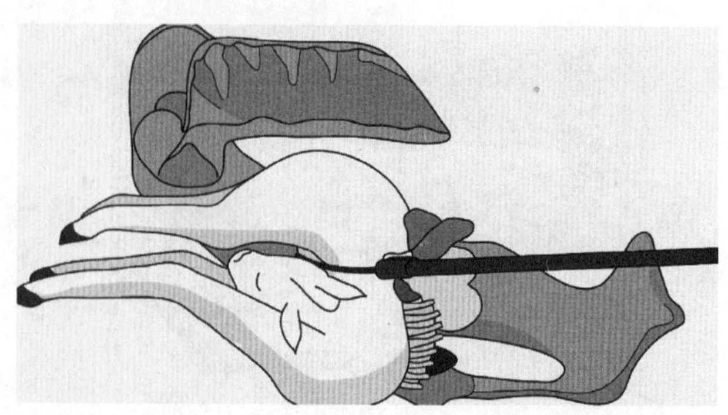

图19.29 经皮截胎术：内脏摘除术后，内脏突出性裂腹畸形躯干截半术时，绞断器和线锯的位置

在和第一个切口垂直的方向，用线锯切断胎儿。

当裂腹畸形肢端（3～4个肢）前置时，无论是否连带头部，胎儿直径过大及关节僵直，都会阻止胎儿自然分娩或者用手经阴道拉出（图19.31）。除非相对于母体骨盆而言胎儿很小，这种情况可见于正常犊牛与裂腹畸形的双胎，否则不应浪费时间试图经阴道拉出胎儿，应立即进行剖宫产术或截胎术。处理这种病例时，采用截胎术往往更有可能容易地处治这种前置。因为剖宫产术要在子宫作较大的切口，而且在拉出畸形胎儿时有子宫破裂的危险，但也可在正常剖宫产术的位置施行截胎术（Bezek和Frazer，1994，参见第20章，剖宫产术）。若有可能，将预先穿入线锯的绞断器插入产道，向上移动线锯环，套在四肢上。操作正确时，线锯也可套在胎头、部分胸部和骨盆上（图19.32）。把产科链连接到1～2个肢体上，用于将胎儿固定于绞断器。如果能成功地切断，可分别拉出胎头、颈部、前肢和连接有后肢的部分骨盆。有时，需单独截除胎头和1～2肢，以便拉出胎儿。有时，还需要在脊柱弯曲点再做一个切口，以切分剩余的胎儿躯干。切分的部分可安全拉出，而不损伤产道。

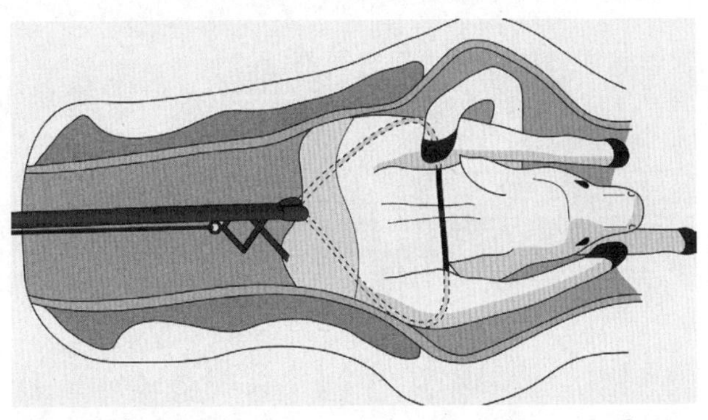
图19.30 经皮截胎术：一种用于内脏前肢性裂腹畸形的躯干截半术的替代方法

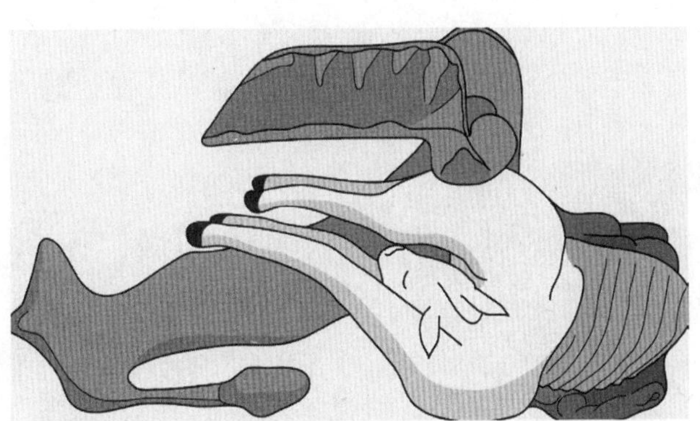
图19.31 经皮截胎术：四肢前置性裂腹畸形的犊牛

裂腹畸形成功地截除后，检查子宫有无损伤，以及子宫内是否还有胎儿。

上述方法也可用于处理绵羊、山羊和鹿的胎儿畸形。

19.4.7 术后管理与护理

只要胎膜易于剥离，就要尽快除去，随后用一个粗管以大量的温水或与体温相当的生理盐水（每升水中含9g普通盐）灌洗子宫腔，可以在液体中加入聚维酮碘溶液（povidone-iodine solution）（<1ml/L），以增强效果。温生理盐水对子宫具有舒缓和良性刺激作用，与子宫中的液体、润滑剂及残屑共同促进子宫复旧。为了加速子宫收缩，有人主张使用冷水，但是没有证据证明这种方法具有真正的益处。灌注药液的量应逐渐增加，直到流出的液体没有残屑，也不再混浊。通常需要20～30L水，重要的是从子宫中流出的液体量应与开始时灌注的相当。必须连用2d催产素（20～40IU）和非固醇类抗炎药。如果有休克的迹象，宜用液体疗法，静脉注射低渗性盐水（4ml/kg）后饮20～25L水。虽然此时子宫内使用抗生素效果很小，但应全身性使用抗生素至少4～5d。此外，要给予葡萄糖酸钙，以利于子宫复旧。2～3周后直肠检查整个生殖道，若有粘连，这时容易发现，而且此时也是子宫内使用抗生素治疗慢性子宫内膜炎的最佳时机。

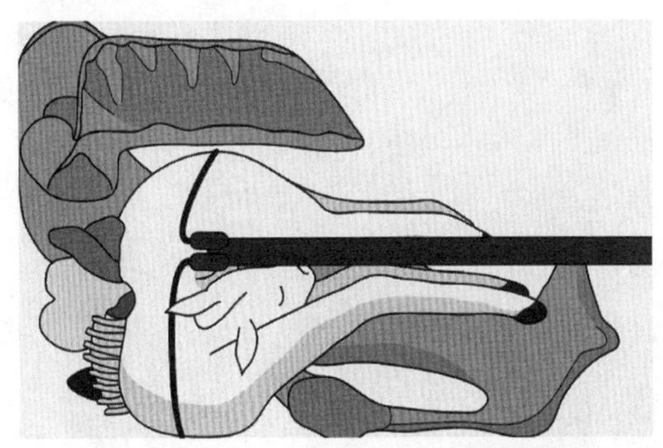
图19.32 经皮截胎术：四肢前置性裂腹畸形的犊牛截半术时绞断器和线锯的位置

第四篇

手术干预

Operative interventions

第 20 章

剖宫产及试情公畜的手术制备

Jos Vermunt 和 David Noakes / 编　　魏锁成 / 译

20.1 剖宫产

20.1.1 牛的剖宫产

剖宫产是牛病临床上兽医进行的最常见的外科手术之一，也是一种常规的产科技术。与截胎术相比，采用剖宫产后母子成活率高、省力、省时，也更安全（Parkinson，1974； Cattel 和 Dobson，1990）。施行剖宫产术主要目标有：①利于母牛的存活，②提高犊牛的存活率，③维持生育力。当机立断地决定施行剖宫产术对保证最大的成功率极为重要（Dawson和Murray，1992）。活的胎儿在助产15～20min后仍不能娩出，则要施行剖宫产。若周围环境有利于进行腹部无菌手术，则奶牛手术的风险就很小。胎儿缺氧（如胎儿活动过度所致）及羊水中可见到胎粪流出时均需紧急进行手术干预。

手术的成功预后取决于下列几个因素：

- 外科医生的技术熟练程度和操作速度
- 难产的时间长短
- 母体的体况
- 助手是否训练有素
- 施术的环境
- 胎儿仍存活

20.1.1.1 适应证

大部分难产的病因就是施行剖宫产手术的原因，但是对已报道病例的分析表明，下列6大适应证累计占各种剖宫产术的90%。

（1）胎儿母体大小不适（胎儿相对过大和绝对过大）

（2）子宫颈开张不全或变硬

（3）不可整复的子宫捻转

（4）胎儿畸形

（5）胎儿位置异常（胎向、胎位和胎势异常）

（6）胎儿气肿。

在各种类型的适应证中，其相对发病率主要与病牛的品种有关，而与是否常规施行截胎术的关系不大。产道充分开张时，胎儿性难产的病因可用截胎术解除，但是，子宫颈开张不全和不可整复性子宫捻转则必须进行剖宫产。若胎儿全身感染，则应该用非手术法助产。但是由于在这种情况下可发生子宫提早复旧、胎儿气肿或产道挛缩，因此往往必须要施行剖腹子宫切开术（laparohysterotomy）。许多难产病例，可以首先选用截胎术，然而在一定程度上，选用剖宫产术还是截胎术取决于兽医的偏好和对每种手术的经验。

剖宫产术的适应证和决定采用手术的理由已有详细的描述（Cox，1987； Pearson，1996； Green

等，1999）。在手术之前应与畜主协商解决手术的预后和费用，最好有书面文字记录，并征得畜主的同意。

20.1.1.1.1 胎儿母体大小不适

胎儿母体大小不适是母牛进行剖宫产术的最常见的适应证。经常遇到的情况有4种。

母体体格发育不成熟 在公牛犊和青年母牛混养的牛场，或者公牛与哺乳母牛一同饲养时，有些小母牛就会很早受胎，小母牛在14月龄时分娩并非罕见，在有些情况下仅仅1岁时就会产犊。即使在18月龄时，母牛的骨盆仍然发育不成熟，对正常的阴道分娩来说，骨盆依然太小。这种形式的胎儿与母体大小不适也称为胎儿相对过大（relative fetal oversize）（参见第8章和第11章）。

胎儿过大 胎儿产式异常的大多数病例见于发育成熟的母牛和正常时间分娩的母牛。在“胎儿绝对过大（absolute fetal oversize）”时，母体骨盆正常而胎儿过大，但其他方面发育正常。在奶牛品种中，黑白花奶牛比爱尔夏牛和娟姗牛在第一胎产犊时更容易发生这类难产。某些肉牛品种也经常发生胎儿母体大小不适，而且并不仅仅是在第一胎。在一些品种的牛，如比利时蓝牛（Belgian Blue）往往可见到双肌或全身肌肉增生（参见第8章和第11章）。

胎儿母体大小不适引起的难产的管理主要取决于经验丰富的临床评估，即要评估多大力度的牵拉，才能拉出胎儿而不会造成产道的严重损伤，甚至更严重的是部分娩出时还可造成胎儿嵌闭，这也是临床上遇到的最令人担忧的产科问题，而且多与判断失误有关，往往会导致胎儿死亡，有时甚至引起母体死亡。在许多胎儿过大的病例，胎头不能伸进母体骨盆腔内，显然需要及时决定实施剖宫产。在其他病例，牵拉可能更为有效，是否需要剖宫产术尚不清楚。困难之处在于不知道什么时候该放弃牵引而采用手术，在这样的动物，过度牵引只会加剧难产的程度，降低其后进行剖宫产的成功率。一个实用的原则是，如果胎头、两肘或倒生时两侧膝关节在一人牵拉的情况下不能牵拉到骨盆腔，就应施行剖宫产术。基本原则是，胎儿的系关节（fetlock joint）伸到母牛阴门外至少一手掌宽时，就要把肘部拉到骨盆腔内。同样地，如果胎儿的跗关节能伸到母牛阴门外至少一手掌宽时，就要把膝部拉到骨盆腔内。然而，即使在这种情况下，如果犊牛的胸部或骨盆过大，则随后仍会发生阻塞。经常可见到过大胎儿的四肢骨骼骨折，表明牵拉的力度不合适，或是牵拉的方向不正确。尤其是在小母牛，除非明显发生难产，否则应避免在分娩第二阶段早期的匆忙牵拉，因为此时阴道前庭和阴门尚未充分松弛，很可能损伤会阴（参见第17章）。如果怀疑由此做出的决定，则就母牛和犊牛的福利而言，施行剖宫产术可能是更好的选择（Green 等，1999）。但从伦理的角度来看，需要采用剖宫产娩出胎儿的繁殖策略是不合适的。

同群中几个小母牛同时需要正常助产或剖宫产的情况并不罕见。如果时间允许，在预产期10d内对待产母牛进行诱导分娩是有益的（参见第6章）

胎儿畸形和感染 最极端的异常是病理性胎儿过大，如全身积水（fetal anasarca）和先天性假佝偻（achondraplasia），这会极大地增加胎儿的横径。联体双胎通常太大不能经阴道娩出。然而，比这更常见是继发性腐败引起的胎儿气肿，这经常发生在难产时间过长的病例。

胎儿成熟过度（postmaturity） 在某些品种的牛，妊娠期延长至290 d左右仍属正常，然而，有时甚至可能超过 400 d。胎儿成熟过度导致胎儿在子宫中持续生长，尤其是骨骼。在这种情况下，分娩时的难产不仅是由于胎儿过大所引起，而且也与产道不充分松弛有关。体外成熟/受精后出现的巨型胎儿也会有这类问题（参见第11章和第35章）。

20.1.1.1.2 子宫颈开张不全

子宫颈开张不全（参见第10章，10.1.2子宫颈开张不全）是牛难产的常见原因，但是，必须在通过阴道仔细检查后才能确诊。分娩第一阶段的宫颈扩张是一个渐进性过程，如果胎膜依然完整，则子宫颈环的出现本身并不意味着会发生难产。在这种情况下，除非子宫颈2h 以上仍没有开张，否则不能刺破胎膜。经产牛的宫颈开张缓慢，有时会停滞，这与低钙血症引起的子宫迟缓有关。这些动物对钙疗法的反应通常很快。在开始和随后的检查中，如果发现宫颈仍未开张且胎膜已破、胎儿的腿已经到达或通过子宫颈时，或者胎儿已经死亡时，宫颈就不可能进一步扩张。如果子宫颈环浅且为黏膜性的，或者其拉直后可使胎头进入阴道，就有可能正常安全分娩。在另外一些病例，无论宫颈开张的程度如何，子宫颈壁太厚或太硬，以致不能尝试经阴道安全分娩，进一步延误只会导致胎儿死亡和子宫内感染的风险增大。双胎时，当一个胎儿娩出后，另外一个胎儿常常以坐生位于子宫内，此时存在的子宫颈开张不全常常清楚地表明子宫颈在完全开张后已经开始很快收缩，在子宫颈明显不能开张的病例，常见的胎位异常表明，在这些情况下，子宫颈其实完全收缩，难产在本质上是由胎儿引起的而非母体因素所致。子宫颈不能开张或不能保持开张在早产牛并非不常见，可导致胎头卡在阴道前部。子宫颈开张不全也是子宫捻转的常见并发症。操作矫正捻转后，宫颈往往只能部分开张，很少能进一步开张（Pearson，1971）。在这些病例可出现子宫颈环，但是环较薄，牵拉胎儿时会拉直。牵拉时沿背侧中线切开子宫颈环，胎儿就可安全地经阴道娩出。但是，要记住胎儿（在子宫捻转的病例）可能比正常时大，子宫颈切口会被撕裂，引起大出血或子宫破裂。

20.1.1.1.3 难以整复的子宫捻转

牛的子宫捻转（参见第10章，10.1.8 子宫捻转）是剖宫产的主要适应证，或者是因为子宫捻转不能复位，或者是经阴道矫正后子宫颈仍不开张。在大多数子宫颈后段捻转的病例，子宫颈开张和阴道扭转的程度决定了能否将手伸进子宫对胎儿进行操作，但如果捻转已经影响到子宫颈管或子宫体（例如颈前捻转），那么就完全触及不到胎儿，这种病例绝对是剖宫产的适应证。牛子宫捻转与其他难产的病因都不同，在发生其他难产时，即使胎盘分离，如果不是故意穿孔，也会有一层或两层胎膜保持完整，因此胎水可保护胎儿和子宫免受感染，在这种情况下预后良好。但是，子宫捻转仍可对子宫产生严重的不利影响。子宫扭转360° 的情况较为常见，有时甚至可发生子宫2～3次的完全拧转。子宫扭转的程度越大，对子宫中静脉循环的影响就越大，也会影响子宫韧带（mesometrial）和卵巢韧带的附着。子宫变位（uterine displacement）和子宫壁内膜肿胀可引起子宫体穿孔，尤其以胎头引起的穿孔较为多见，在历时特别久的病例，胎儿四肢会穿过子宫裂口而损伤尿道和大肠段，可引起膀胱和肠管破裂。

子宫捻转的多数病例预后良好，但手术操作很困难，主要是因为小肠通常变位，阻止手臂接近子宫，其次，胎水的存在使操作更为困难，不可能将子宫拉出体外进行缝合。在腹腔内操作极度扩张的子宫时，很容易使水肿的子宫壁穿孔。

20.1.1.1.4 胎儿畸形

到目前为止，裂腹畸形是牛胎儿最常见的大体结构异常（参见第4章和第16章）。个别情况下这种异常胎儿不需助产，会正常娩出，但大多数病例需适度牵引拉出。虽然大多数患病胎儿的体重比正常轻，但是由于脊柱弯曲增大了胎儿横径，从而导致难产。胎儿的前置方式有所差别，有时暴露的内脏突出于阴门外，或者四肢与头部卡在阴道中，检查时可感觉到好像连在怪异的躯体上。后一种前置可引起混淆，特别是在附肢（appendages）被内翻的皮肤囊包囊的病例，这种皮肤囊可以触摸到（图20.1）。

裂腹畸形散发于几个品种的牛，有时见于正常的双生（图20.2），分娩时仍活着。值得注意的是，这几乎与分娩延长无关，或许是因为它们能引起明显的难产症候。尽管一些兽医偏爱采用剖宫产术，但这种难产最好用截胎术解除（参见第19章）。必须认识到，如果施行子宫切开术（hysterotomy），则需要很大的子宫和腹壁切口，为了避免过度牵引造成严重的子宫撕裂，从子宫内牵拉胎儿时需要十分谨慎。残留羊水的润滑作用可能有利于操作。剖宫产后的预后通常乐观，但是母畜不能再与同一公畜交配受孕。

由于组织液大量积聚于皮下，先天性假佝偻（achondroplasia）或牧羊犬状犊牛畸形（bulldog calf deformity）和全身积水（anasarca，fetal dropsy，或称为胎儿水肿）均可极大地增加胎儿横径，体重也明显增加，体形的增大此时与体重的增加无关或严重不成比例因此能引起难产（参见第4章）。两种异常均与严重的胎儿腹腔积水、胎盘水肿和尿水过多有关。

胎儿中枢神经的损伤会引起四肢肌肉挛缩，阻止分娩启动时四肢伸展。有报道认为，妊娠期间母牛的病毒感染（如赤羽病毒和蓝舌病毒）会引起关节弯曲，有时也与斜颈（torticollis）和驼背（kyphosis）有关，关节弯曲也被认为是夏洛来牛的一种遗传性畸形（图20.3）。肌肉挛缩可因关节的种类而使四肢关节屈曲或伸展，这种疾病有时也称为关节僵硬（ankylosis），但是骨骼不融合。牛的脊柱裂（spinal bifida）不常见，但是可以引起类似的后肢肌肉挛缩，其原因是病变只在胸腰部。先天性无脑畸形（anencephaly）和躯体

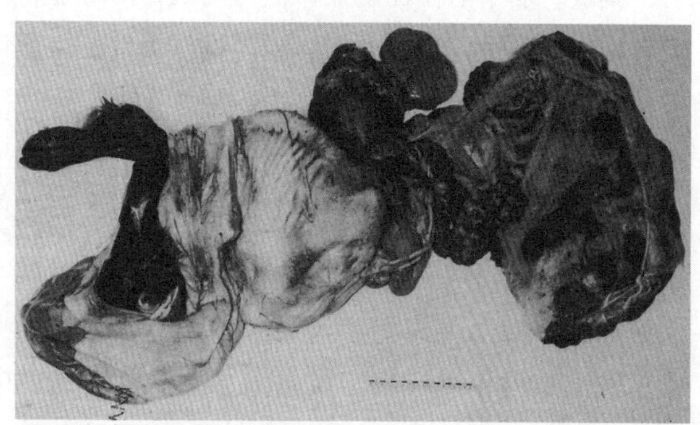

图20.1　裂腹畸形，切开的皮肤囊将躯体、头部和四肢包裹起来

图20.2　与正常犊牛同一胎出生的裂腹畸形犊牛

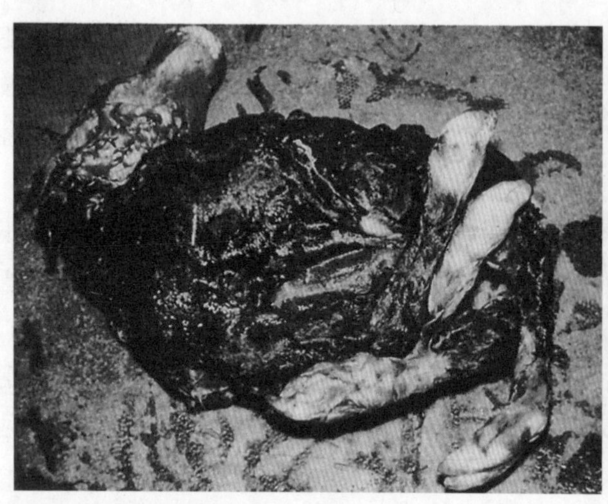

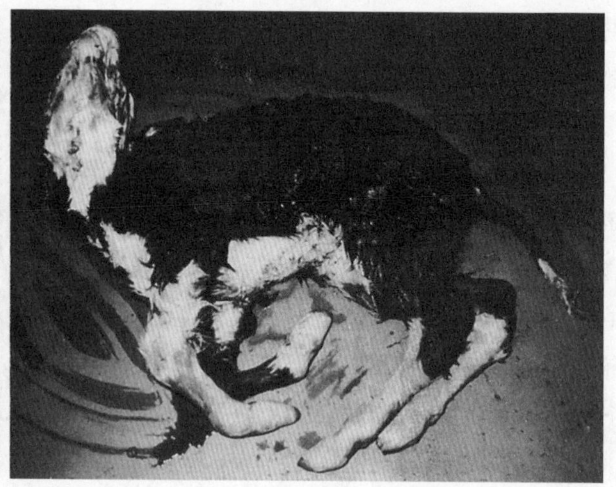

图20.3　胎儿严重程度不同的斜颈和四肢肌肉挛缩

不全（perosomus elumbis）也会引起四肢畸形。大多数肌肉挛缩病例，触诊时患肢的肌肉发育不良。严重的肌肉挛缩往往无法分娩，正生时若前肢可伸入阴道，牵拉则可使屈曲的后腿位在耻骨前缘下引起子宫穿孔。程度不同的骨骼融合偶尔也会引起联体胎儿，一般需要剖宫产术，除非仅为头部重复畸形，否则这种病例用简单的或部分截胎术就可解除难产。

20.1.1.1.5　胎位异常

若子宫颈充分且持续开张，多数早期的胎位异常病例可徒手进行矫正或用相对简单的截胎术救治。不过，胎水流出后子宫收缩时，往往操作很困难，耗时较多，而且很有可能导致子宫破裂。在延误的病例，子宫颈的收缩可能会阻止经阴道进行矫正，胎儿可能发生气肿。

20.1.1.1.6　胎儿气肿

胎儿气肿是牛延期分娩的常见并发症，不管难产的原发性病因如何，胎儿气肿往往是剖宫产手术的直接适应证。然而，在手术之前，对该病情应仔细的客观评估，因为术后胎儿腐败物会严重影响母体的存活。因此有人建议不采用剖宫产而采用截胎术（参见第19章）。对这类胎儿进行细菌培养通常会发现有大量大肠杆菌或大肠杆菌与梭菌的混合生长。梭菌感染与术后母牛的高死亡率有很大关系，这也许是由于内毒血症性休克所引起。对这些病例进行研究发现，这些牛的临床表现并不很差，由于子宫明显膨胀，因此可见脉搏通常明显加快，处理时动物相当安静。一旦切开子宫，则在这些先兆性症状（premonitory signs）之后很快出现休克，使病情恶化，即使采取全身性支持疗法，有时也可在24h内死亡。经验表明，单纯的大肠杆菌感染时的病情没有梭菌性腐败那么严重，但是，不可能对此进行术前鉴别诊断。虽然在这种情况下牛的死亡率很高，若不考虑采用截胎术或屠杀母牛，则剖宫产手术仍是值得考虑的手术方案。

20.1.1.1.7　其他适应证

个别情况下可见动物子宫颈充分开张，胎儿大小正常，但是产道后段收缩太紧，因此即使施行外阴切开术（episiotomy）后也无法使胎儿娩出（参见第10章），这种情况尤其见于黑白花小母牛，其第一次产犊的年龄比通常较大。病理性妊娠期延长的自然中断也可能与阴道和阴门缺乏正常的临产变化有关，最终需施行剖宫产。

妊娠后期的流产有时也需采用剖宫产救治，例如在出现产道扩张不全、宫颈狭窄、胎儿畸形及胎儿产式异常等，这些情况虽然少见，可能与特异性的动物流行性感染有关，如李氏杆菌病、细螺旋体病和沙门氏菌病，因此应引起重视。

对胎儿干尸化和子宫积水的病例，目前往往先用前列腺素诱导分娩的方法处理，但是如果诱导分娩失败或产道开张不充分，胎儿不能从阴道娩出时，仍需施行剖宫产（参见第4章，4.5胚胎及胎儿死亡的后遗症；4.6胎膜和胎儿水肿）。Neal（1956）对尿水过多（hydrallantosis）病例提出了一种“两段式”的剖宫产手术。与正常的剖宫产手术一样，在左腹胁部做切口，找到子宫后，用一个粗口消毒管经子宫上的穿刺切口吸取尿囊液，用荷包缝合将管子留在切口内，使尿囊液缓慢排出，同时连续监测脉搏，如果脉搏加快，则暂停排液10~15min。当尽可能多的液体从子宫排出后，拔出管子，关闭荷包缝合。此外也可采用另一种方法，即用瘤胃套管针和套管，经右下腹胁部的皮肤切口将其插入臌胀的子宫，套管针拔出后，尿囊液就从套管中流出，然后施行常规的剖宫产术，而不是像以前报道的那样再等24h后施行手术（Cox，1987）。

子宫破裂时必须要采用剖宫产手术。若这种疾病是作为分娩前的并发症而发生，胎儿通常完全位于腹腔内，如果脐带未扭转，则胎儿仍有可能存活至分娩时胎盘分离[伪异位妊娠（pseudo-ectopic pregnancy）]。但更为常见的情况是，子宫破裂是难产的并发症，尤其是可能并发于子宫捻转，或者为对胎儿过大或已经死亡的胎儿进行矫正时的并发症。分娩时的子宫破裂可导致子宫大出血及低血容量性休克。

在助产时造成的荐尾关节脱位（dislocation of sacrococcygeal articulation）可反复出现于以后分娩时，或愈合的母体骨盆骨折等，均可造成病变部位变形和明显的骨性阻塞，这也是剖宫产手术一种不太常见的适应证。

20.1.1.2 保定、麻醉与术前准备

对牛的剖宫产术已经提出了许多不同的手术通路，选择手术通路时重点要考虑下面几个方面：

- 兽医的经验与信心
- 环境条件（如站立保定时是否有保定架或头部保定栏）
- 能够获得帮助的类型
- 动物的体况（例如动物在整个手术期间能否站立，是否发生瘤胃臌胀，长期的难产是否引起生产瘫痪）

剖宫产时病牛的体位选择包括：

- 站立位（standing）（适用于左、右侧腰旁肷窝部切口和外侧斜切口的手术通路）
- 仰卧位（dorsal recumbency）（适用于腹中线或中线旁切口的通路）
- 伏卧位（sternal recumbency）（适用于左、右侧腰旁肷窝部切口的手术通路）
- 侧卧位（lateral recumbency）（适用于腹外侧和腹胁部下切口的手术通路）

体位的选择依术者的偏好和动物的行为习惯以及可用的设施而定。在站立时能耐受手术的牛，对新近死亡但未感染的胎儿，左侧腰旁肷窝部切口或腹胁部切口是标准的手术通路。该手术通路的其他适应证包括奶牛乳房过大、乳房或腹下部大面积水肿和接近乳静脉的腹下部静脉血管增生等，这些情况多见于成熟的奶牛。左腹胁部通路的一个优点是瘤胃可阻止肠管脱出。不过在个别病例，特别是当动物努责时，大的瘤胃会干扰腹腔深部的手术操作。在站立保定的动物，腹胁部通路的另一个优点是易于矫正子宫捻转。最后，与腹下部手术通路相比，腹胁部伤口裂开时更便于处理。大多数兽医倾向于使用左肷窝切口，该方法将在下文详细介绍。

20.1.1.2.1 保定与镇静

对于站立位的手术，动物最好是在产房内用缰绳捆绑保定，右侧腹胁部紧靠墙壁，头部抵于墙角，以限制手术期间动物的运动。或者把牛保定在保定架上或挤奶台上，但是手术人员必须能方便地进入动物的左侧。如果确有必要，动物也可在挤奶台内靠着左侧出入口保定。预先用侧面的绳子绑紧可防止动物转动，绳子要用活结，以防母牛突然卧地。保定时常常还需要使用鼻钳。如有可能，应避免使用镇静剂，因为镇静剂可使牛在术中卧倒，且不利于胎儿存活。若需要镇静，常用盐酸二甲苯胺噻嗪（0.05 ~ 0.1 mg/kg，肌内注射，或减量静脉注射，但在英国不允许静脉注射）。遗憾的是，盐酸二甲苯胺噻嗪是一种催产剂（ecbolic），使用后使手术更为困难，并能引起瘤胃臌胀，阻塞手术切口。在右后肢系关节上方系上绳子，从腹下穿过，以免手术中牛卧地时，能拉动绳子，让牛右侧卧。尾巴应拉到术野外，通常可绑在右侧的缰绳上或右侧跗关节处。

此外，在动物侧卧保定下也可以进行手术，这尤其适用于性情狂躁的动物。如牛没有完全卧倒，则可用镇静剂（盐酸二甲苯胺噻嗪0.2 mg/kg，肌内注射）或用绳子捆绑。牛可采用右侧卧位保定，或半俯卧位保定，身体稍微偏向右侧。可以将草垫垫在牛体下，使牛保持稳定的体位以便于手术。另外也可捆绑四肢，而有些术者喜欢将左后腿拉到后方，并以绳子固定。

成功施行手术通常最少需要1 ~ 2个助手，一人保定牛，另一人拉牛犊。术者与助手之间的沟通很重要，例如应该交流如何施行手术，每个助手的分工及任务，手术期间发生意外，如牛突然卧倒时如何处理等，均应认真沟通。

根据手术的目的，应认真选择手术场所，以保证卫生清洁、有充足的光线、必要的保定用具及合适的地面，应避免在牛群拥挤的地方施行手术。理想的手术场所是在产房或没有牛的建筑物内，并铺上干净的干草，但干饲草的剧烈晃动会产生不必要的尘土。要提供灯光照亮术部，手术人员应该不要挡住光线，光线也不能太刺眼以免干扰医生。在牛场做手术时，许多兽医使用便携式卤素灯代替手术灯，此外，医生可以带上矿灯（头灯）作为手术灯用。

保定设施应与动物体型大小相适应，而且应避免损伤动物和人。可在产犊舍的墙壁上固定一个铁环，最好距离墙角50cm。如果牛向下躺，铁环可让其躺在右侧。地面应给动物和术者足够的摩擦力，湿滑的水泥地面可导致手术过程中的意外跌倒。理想的是在20～30 cm厚的沙土上铺上干净的饲草。在此阶段应该准备好胎儿用具，温暖的铺有干草的产房连同复苏设备最为理想。

20.1.1.2.2　麻醉

麻醉方法的选用依医生的习惯和施术部位而不同。在腹胁部切口时，在第13胸椎和第1～3腰椎横突下神经进行椎旁麻醉（paravertebral anaesthesia，译者注：腰旁神经干传导麻醉）。每点注射2%～3%利多卡因20ml，其中10～15ml阻滞腹支神经，其余5～10ml 阻滞背支神经（Cox，1987）。麻醉成功的标志是局部温热、充血（hyperaemic），腹胁部松弛，用皮下针头扎腹胁部时无疼痛反应。腰旁神经干传导麻醉的优点是整个腹胁部肌肉脱敏和松弛，这有利于手术中进行腹腔探查和切口的闭合。而且在手术过程中如有必要，还可扩大切口。这种方法的缺点之一是操作难度比其他方法大。另外，手术后牛站立不稳，其原因是腰部肌肉松弛，同侧后肢麻痹。最后，肌层血管扩张可引起更大程度的出血，而这需进行止血处理。

腹胁部线性局部阻滞（local anaesthetic line block）和倒L形阻滞（inverted-L block）可有效替代腰旁神经干传导麻醉。用1.5英寸的18号针在术部分点注射2%盐酸利多卡因，注射点的数量依切口长度而定，每个位点先在切口线的每个方向上皮下注射5ml局麻药，再肌内注射10ml。通常情况下利多卡因的总量为80～100ml。更大剂量的局麻药可浸润到切口区而不利于伤口愈合。这种麻醉方法简便易行，无需太多训练，但不能有效麻醉腹膜壁层，在切开时可出现牵张反应。Sloss和Dufty（1977）报道在肥胖的牛，倒L形阻滞时的一个突出问题是镇痛作用不够。若在手术中延长切口拉出胎儿时也会出现同样的问题。此外，由于腹胁部松弛度不足，难以对肌肉层进行对位和缝合。

利多卡因的高位硬膜外腔麻醉可对腹胁部产生充分的麻醉作用，尽管这种麻醉会让动物躺倒，而且牛的卧地时间更长。Caulkett等人（1993）报道认为采用0.07mg/kg的盐酸二甲苯胺噻嗪可使45%的牛产生良好的镇痛效果，有利于剖宫术，而且不产生严重的共济失调。不过，镇痛的显效时间较长，而且对17%的牛无效。

20.1.1.2.3　术前准备

强烈推荐术前应用抗生素（Cox，1987），通常可肌内注射10mg/kg普鲁卡因青霉素和双氢链霉素混合液。可肌内或静脉缓慢注射子宫抑制剂（tocolytic agents），例如乳酸异克舒令（Isox-suprine）（220～250g，在用盐酸二甲苯胺噻嗪镇静时，建议将剂量增加100%）或 0.3mg β-肾上腺素受体兴奋剂盐酸克伦特罗，这两种药物广泛使用，利于手术中的操作及手术中将子宫拉出体外。此外，这两种药物可颉颃盐酸二甲苯胺噻嗪对子宫的催产作用。2%利多卡因4～5ml低位（posterior block，后躯阻滞）硬膜外腔注射能减缓腹壁的努责（参见第9章）。遗憾的是，硬膜外腔麻醉有时无法阻止严重的里急后重（tenes-mus）。当硬膜外腔麻醉药和子宫抑制剂显效后，把正生胎儿（胎儿头及四肢伸展进入骨盆腔）推回到松弛的子宫内很重要，这样可减少持续性努责及手术过程中牛的卧地（需注意：子宫抑制剂在乳汁和肌肉中有一段残留时间，因此在产后对犊牛仍会发挥作用）。

应准备较大的术野。开始时，在对术野进行局部涂药或剃毛前，首先应清洗掉腹部与背部的污物和尘土。在腹胁部切口时，在整个腹胁部剃毛，范围从腰椎横突背侧向下至乳房静脉之上和最后肋骨到后肢髋结节水平处。应该采用手术清洗剂（scrub）[用7.5%聚乙烯比咯烷酮碘溶液（povidone-iodine）或4%葡糖酸洗必泰溶液（chlorhexidine gluconate solution）]擦洗皮肤，再用手术用酒精涂擦，并用无菌巾隔离。在站立的动物，可在背部和腹部放置带有创口的单层无菌巾。另外，还可在牛身体上裹上一层宽幅塑料膜，只露出术部。

理想状态下，医生和助手都应穿手术防护服，即使在野外情况下也应如此。另外还可穿消毒的干净围裙。许多实习兽医不喜欢穿大褂和戴手套，如果术者的胳膊（包括腋窝和肩膀）露出时，应彻底地清洗和擦拭。而且需考虑戴长臂手套（直肠检查用手套，剪掉指尖，用皮筋固定手套）和医用手套，特别是那些在实践中由于美甲或其他原因不戴防护手套的医生以及在牛场的工作人员，否则会污染手臂。

20.1.1.3 手术方法（供右手操作者使用）

手术前仔细测试麻醉的准确程度，因为即使在皮肤脱敏后，肌肉和腹膜仍然敏感。

20.1.1.3.1 *左肷窝手术切口*（left paralumbar fossa approach）

左腹胁部切口是最常用的手术方法，也最适用于动物站立时施行手术。术者必须要判定动物在手术期间能否保持站立，若不能，手术前应使其侧卧。

在左侧腹胁部中间距腰椎横突10cm下做一30～40cm的垂直皮肤切口（图20.4）。如果母牛的品种和其他手术适应证表明今后仍有可能进行剖宫产术，那么第一次切口应选腹胁部前缘，即最后肋骨后面，这样便于今后再在后方切口。

在采用左腹胁部切口时，应依次切开皮肤、腹外斜肌、腹内斜肌及腹横肌，用手术刀按相同的方向将腹外斜肌和腹内斜肌锐性切开。这些肌肉通常出血很少，然而在切到大血管时，应用止血钳止血，必要时可结扎止血。垂直钝性分离腱膜性的腹横肌（aponeurotic transverse abdominal muscle），之后拉直腹膜，在切口的背侧用手术刀切开，注意不要刺穿瘤胃，其紧贴于腹膜下面（图20.5）。这时，腹腔已经打开，其标志是空气带声响地进入空腔内。然后用钝头剪而不是手术刀垂直延长切口，

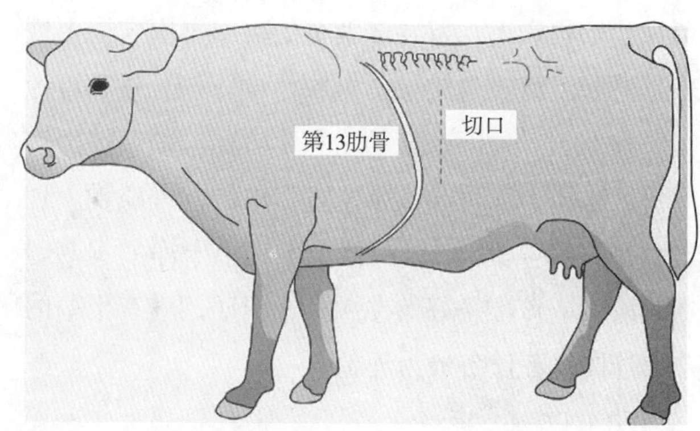

图20.4 剖宫产术的切口部位：左肷窝通路，适用于动物站立或侧卧保定的标准切口

图20.5 切开腹膜

以降低切开腹腔器官的风险。

通常会在腹腔中出现数量不等的腹水或混血的淡红色腹水，在难产时间长、子宫感染、子宫捻转及子宫破裂的病例，腹水数量更大。另外，子宫捻转或子宫感染的病例腹腔中会有许多纤维蛋白凝块。子宫捻转时小肠也会变位，正好位于瘤胃之后，此时肠袢仍然会从切口中脱出。术者探查腹腔找到子宫，判断子宫紧张度和胎位。通常，孕角尖部在腹腔左下区，靠近腹壁切口。

犊牛正生 犊牛的后肢位于孕角的尖部。在犊牛正生时，最好将一侧或双侧后肢拉入切口，这样可将子宫角保持在腹腔外。为了把子宫拉出，可先用左手找到犊牛的趾部，再向下找到跖骨，最后抓住一侧或两侧的跗关节。右手从内侧抓住孕角中的犊牛趾部，把孕角尖拉向切口。此时抬高跗关节，将下端拉出切口。跗关节往往有可能被卡在切口的腹侧，而趾部则被腹壁挡在切口背侧（图20.6），从而减轻了术者手臂的压力。应该注意的是，抓孕角尖部时要和一后肢同时抓住，否则会撕破子宫。

切开子宫壁前，将子宫拉出体外是保证手术成功的关键一步。然而，牵拉子宫时术者要用力和有耐心。处置子宫时会牵张子宫系膜，引起疼痛，母牛呻吟并表现其他不舒服的症状。此外，处置子宫时，子宫肌肉会收缩，使得子宫拉出体外更加困难，但在术前可使用子宫抑制剂。

用手术刀或剪在胎儿的腿部上面切开子宫，切口要足以拉出胎儿而且不会撕裂子宫，也无需再扩大子宫上的切口。因此，切口应从指（趾）端开始，一直到跗关节处，沿着子宫角大弯，与子宫壁纵行肌平行。若子宫切口太短，则在牵拉胎儿时就会撕裂子宫。但是切口离子宫颈太近，缝合时就很困难。操作要谨慎以免切伤犊牛，特别是在胎水过少时更应如此。此外，手术中应避免切伤子叶，否则会导致大出血。如果无意中切开子叶，就必须结扎，以避免大量失血。切口始终要在子宫角大弯上方，因为这个部位大血管最少。子宫角大弯走行于肉阜之间且与肉阜环平行，子宫肉阜通常能看到，也可隔着子宫壁摸到。

术者可用手撕破胎膜（尿囊绒毛膜和羊膜），抓住胎儿的系关节，向外牵出或交由助手。另外在胎儿的后肢系上消毒过的绳子或产科链，交给助手。助手先向背外侧牵拉胎儿，直至胎儿骨盆进入到切口（图20.7），然后向外拉，以使胎儿转动，再以纵向倒生时阴道助产的方法拉出胎儿（图20.8，图20.9）。同时，术者应试图将子宫保留在腹腔外，从而最大限度地减少污染。

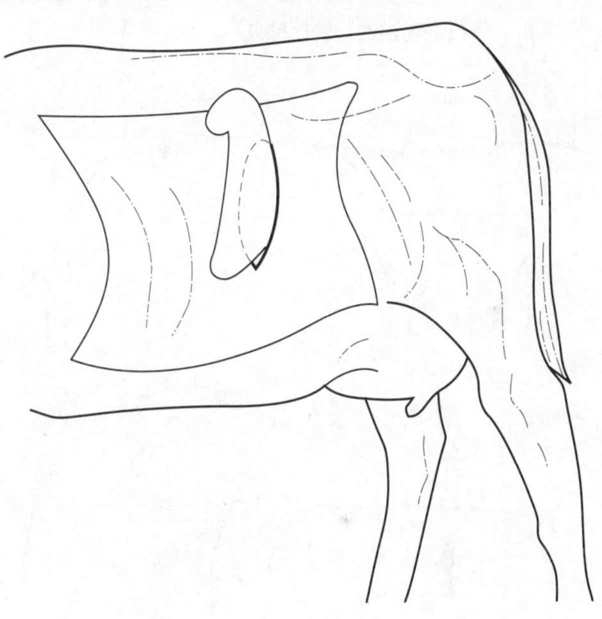

图20.6 切开子宫前，经腹壁切口拉出胎儿跗关节

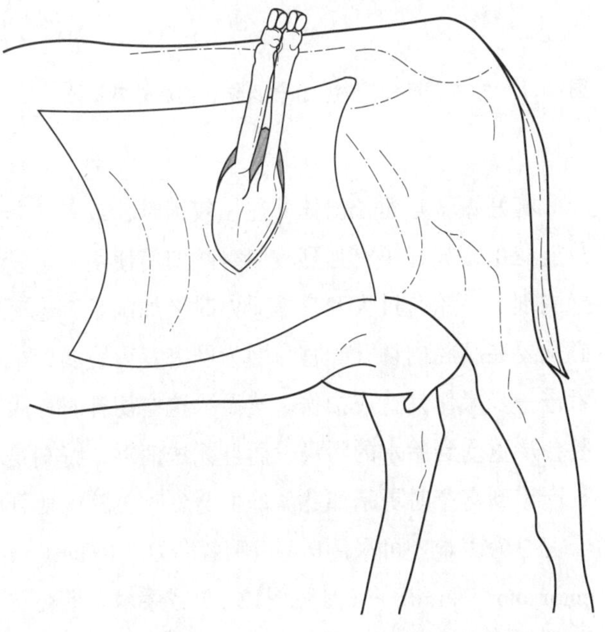

图20.7 经腹胁部切口拉出正生犊牛，开始时向背外侧拉

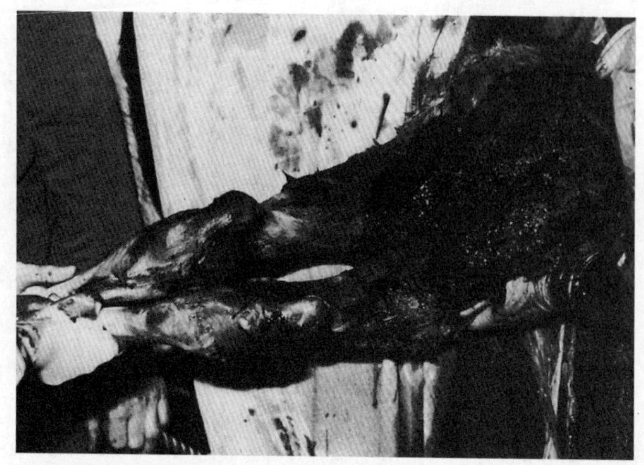

图20.8　牵拉之前逆时针转动胎儿

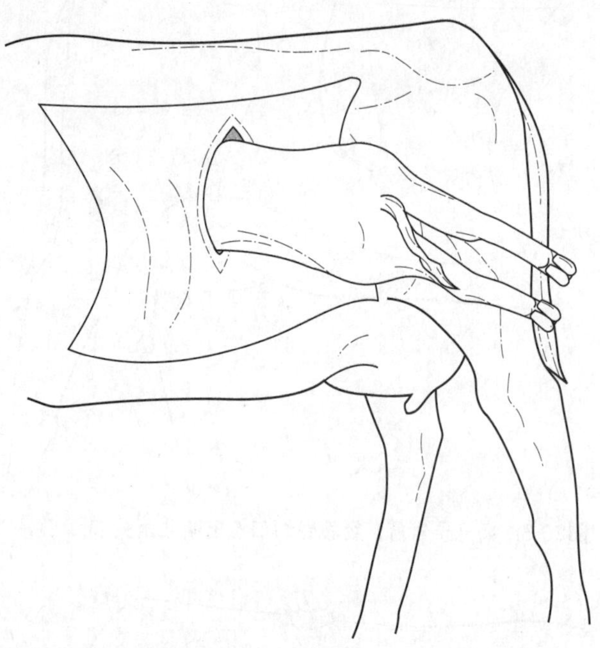

图20.9　犊牛臀部助产时，扭转身体，向后外方牵拉

将妊娠子宫角拉出体外往往较困难，或者并非总能拉出，如在子宫强烈收缩时（即使使用了子宫抑制剂）。胎儿过大和宫缩无力时更加困难，这时必须要在腹腔内切开子宫，因为子宫变得脆弱，或者进一步操作易造成损伤。然而，这样切开时，腹腔会严重受到胎水的污染，而且无法消毒，特别是难产需剖宫产时更是如此。母牛努责时腹腔内切开子宫更为困难。可采用Robert氏截胎刀（Robert' s embryotomy kinife）（参见图12.1）或手术刀柄在孕角子宫大弯的前部做这种"盲目的"切口，此时术者的手指保护切口边缘。切口的长度往往不够，为安全起见可先做一个小切口，然后经切口抓住胎儿的一条腿或两条腿，拉向腹壁切口。助手轻轻地牵拉胎儿，可进一步扩大子宫切口。

如果拉出的胎儿存活，则应立即交由助手处理，术者再次检查子宫，看是否存在第二个胎儿。另外，要仔细检查子宫壁有无撕裂的地方，如有，则应及时进行修复。若在手术过程中发现胎膜游离在子宫内或容易剥离，则手术时就要剥除，但这种情况不多见。否则，应将胎膜再次恢复到子宫腔内，对任何突起的异物应修整剪除，以便在缝合子宫壁切口时不被包埋在缝线内。从两个方面来看，该手术通路是可行合理的。第一，假如胎衣能够生理性自行分离，则会自然排出，子宫收缩可加速这种排出。第二，如果在胎衣自然分离及排出前仔细剥离胎衣，则会发生出血，或者不能完全剥净微绒毛和胎盘组织块。在关闭子宫切口前往往可在子宫腔内放置抗生素栓剂，但是这种方法的作用值得怀疑。如果胎膜其后能自然排出，则仍需采用抗生素栓剂。若胎衣滞留，则抗生素在子宫腔内的局部作用极小，甚至对深部感染无效。

犊牛倒生　若有必要，应将子宫进行充分的翻转（见下述"翻转犊牛"），这是手术成功的先决条件。通过腹壁切口拉出胎儿的方法与胎儿正生时相似。胎儿倒生时，其头和前肢位于子宫角内，通常这些器官加起来很大，难以抓住而抬高孕角，从而将其拉到切口内或切口附近。因此，建议采用如下方法：从上部伸入左手，抓住犊牛前肢下端的指部（大多数在腹侧），向上牵引，以抬高子宫角尖，直到足以看到子宫角大弯时为止，这时用右手在子宫大弯处安全地做一长约15cm的切口，下一步是左手伸入切口抓住掌部，由于抓得牢靠，可以抬高子宫角尖，这样就足以扩大子宫大弯处的切口。之后撕破胎膜，在胎儿前肢上套上产科绳或产科链，然后交给原来向上牵拉胎儿的助手，与此同时，把胎头引向子宫切口，术者的拇指和食指分别抓住两眼眶，这样有利于将胎头从子宫切口和腹壁切口中拉出。一旦胎头和肩部拉到腹壁切口外，可缓慢地向侧面拉出犊牛。此时往往会有少量无关紧要的子宫液漏入腹腔。

有时犊牛的后躯位于阴道远端，此时需要将拉出到体外的胎儿部分充分清洗后涂上润滑剂，由助手将其推回阴道内。拉出胎儿的前置部分后，许多母牛会立刻排尿，这表明因尿道受压迫，造成了膀胱积尿。

翻转子宫 当妊娠的子宫角尖（左侧或右侧）位于腹腔右下区时，术者往往需沿着子宫纵轴（顺时针）翻转子宫，以将犊牛的四肢引向腹壁切口（Schuijt和Van der Weijden，2000），这在胎儿很大或术者个子矮小时难以完成。但翻转子宫很重要，这样便于拉出孕角。此时应在尽可能靠近子宫角尖处切开子宫，而不能在位于子宫体内的胎儿肢体上做切口。在子宫体或子宫体附近的切口通常只能在腹腔内缝合，这种操作极为困难。

翻转子宫的方法有两种，翻转之后即可触及孕角尖，之后按下述方法将其拉出体外：

（1）左手拉住胎儿一肢，右手掌推子宫背部，使其远离术者。也可将两手在胎儿（犊牛位于子宫体，对着大弯，面向术者）背部向对侧推，抬高子宫，推向腹腔的另一侧。若是不可整复的子宫捻转而施行剖宫产以矫正捻转，则在切开子宫前，可试用同样的方法矫正捻转。但是，这时子宫壁往往水肿脆弱，为了避免手指捅破子宫壁，必须非常谨慎小心地操作。

（2）术者右手伸入子宫体下面，然后放在孕角的背内侧，在子宫下面推拉孕角尖，同时术者用前臂和肘部抬高子宫，向腹腔对侧推，使子宫翻转90°。

缝合子宫切口 检查子宫切口边缘有无出血，特别是子叶血管有无出血。在生殖道开始复旧前，建议将两个子宫角拉出体外，这样便于检查和修复伤口。对出血的大血管应进行结扎。子宫由助手托住或用子宫钳固定（图20.10），保持整个子宫切口在腹壁切口外面，用可吸收缝合材料[如铬制肠线（chromic catgut）（3 USP或公制7）、聚羟基乙酸线（polyglycolic acid）和羟乙酸乳酸聚酯910缝线（polyglaction 910）]缝合子宫切口，肠线比合成的缝合线有许多优点，特别是在子宫脆弱时，因为后者具有“奶酪丝”的作用（cheese wire effect）。但是肠线引起的组织反应较重，因此更容易发生粘连。最好在手术前准备一套大圆针和子宫缝合材料。

缝合可先从子宫切口的子宫颈端开始，因为如果子宫开始复旧，则子宫颈就会退回到卵巢前面的腹腔中。可采用各种方式缝合，所有缝合都应是连续内翻缝合，目的在于通过对准浆膜面而形成防水塞，同时可使术后不发生粘连和形成子宫瘢痕。目前常常采用乌得勒支氏（Utrecht）缝合（图20.11），这是一种改良的库兴氏缝合法（Cushing pattern），缝合时与切口呈30°～45°的角度。缝合应从切口背侧部上方2cm处开始，斜形进针以便使缝合结包埋在内翻的子宫壁皱褶内，同样地斜形进针做连续褥式内翻缝合，距离创缘约2cm，但是第二针的进针点应在第一针进针点的稍后方，从靠近切口缘的子宫组织出针。重要的是不要穿透子宫壁（缝合针要在子宫壁的组织之间，不穿过子宫内膜层），然后收紧打结。这种缝合方法接近腹膜面，创缘内翻不多（子宫伤口愈合出现在创缘之

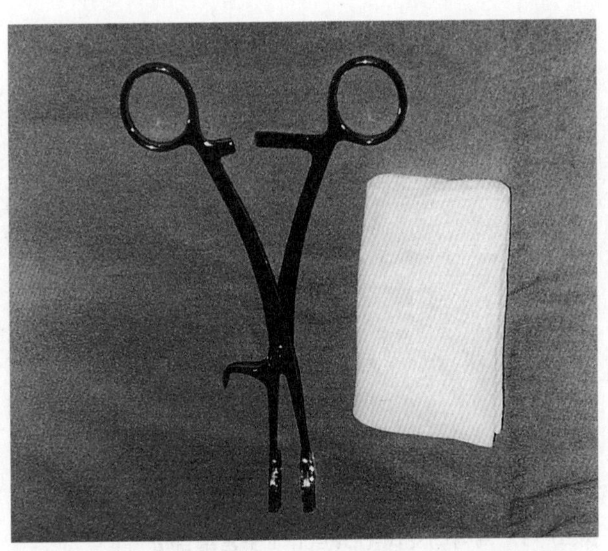

图20.10 缝合剖宫产切口时，助手用以夹持子宫的子宫钳

间，而不是对侧的腹膜面）。与起始结一样，最后一结也要包埋在内翻的子宫壁皱褶内。缝合正确时不会有子宫液渗漏，也不会显露缝合材料。若有漏液，则需进行第二次内翻缝合。这种缝合的优点是术后极少发生粘连。一般来说，单层缝合就已足够，而且这种缝合方法在创伤修复时子宫壁松弛的情况下特别有效。另外，也可用伦勃特缝合（Lembert suture），垂直于切口进针；或用库兴氏缝合，与切口平行进针。无论采用哪种方式缝合，快速复旧的子宫壁在进、出针点的缝合线内留下的子宫组织均要比缝合时少，这样可使缝合松弛。许多医生在第一次缝合后，再做一次连续锁边缝合，尤其是子宫脆弱和缝合线撕裂切口时更是如此。缝合应十分谨慎，以免将胎膜缝合到子宫。

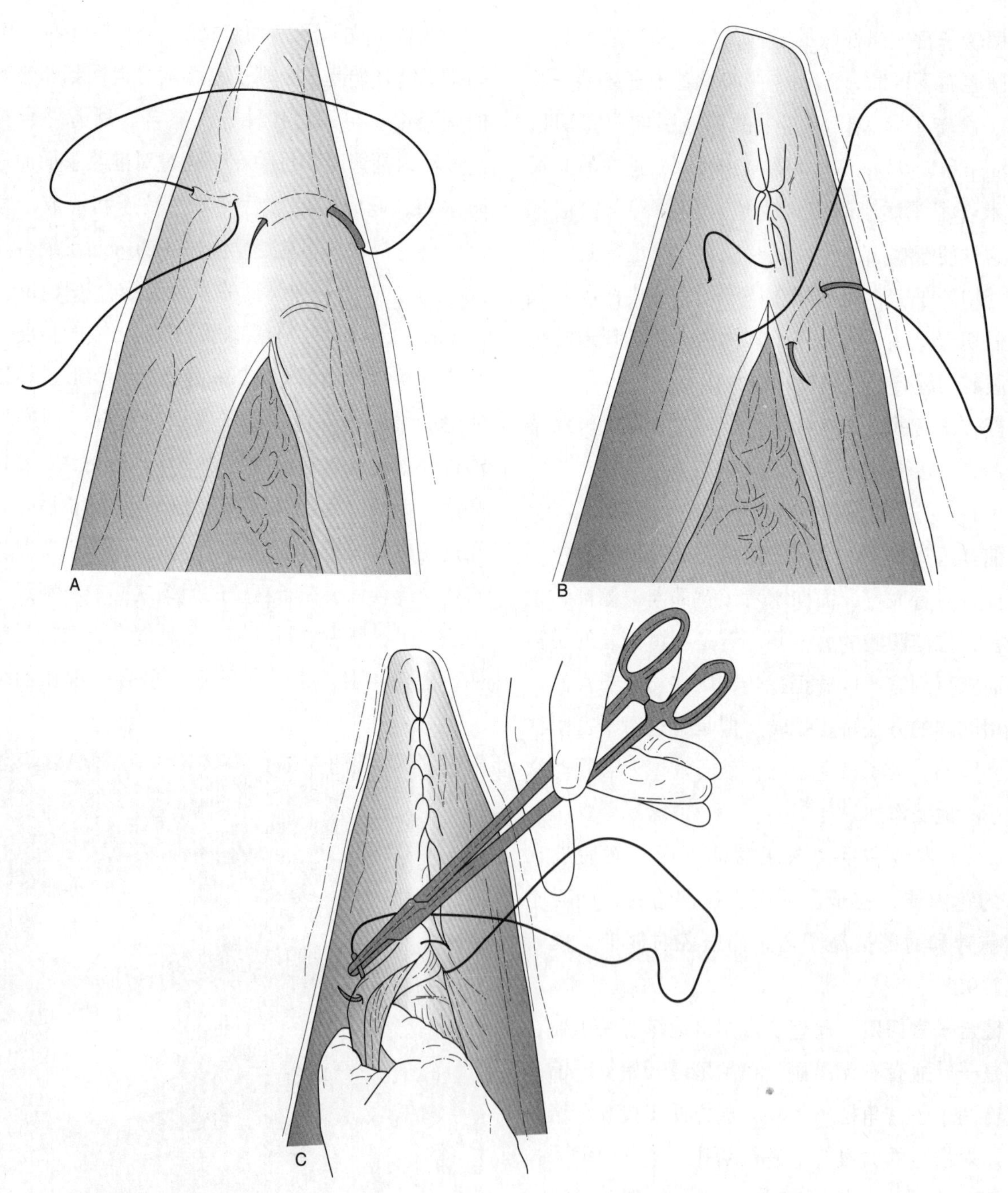

图20.11 乌得勒支氏（Utrecht）子宫缝合法

A. 第一个结包埋在子宫壁的皱褶内 B. 与切口呈锐角刺入圆针 C. 这种缝合方式具有连续褥式内翻防水性修复作用

修复子宫切口并仔细检查有无裂口之后，用灭菌纱布或/和哈特曼氏（Hartman）溶液清洗表面，除去血块和其他残屑，将子宫正确的送回腹腔原位，并保证生殖道没有扭转（图20.12）。此时，肌内注射20~40IU催产素以促进子宫复旧，不过催产素诱发的子宫收缩可能会引起腹壁努责，因此，最好是等整个手术完成后再注射催产素。检查腹腔内是否残留有凝血块和纤维蛋白块。若有时，用手仔细掏出。有人建议在腹腔内撒入水溶性抗生素（如青霉素粉），但也有人不建议使用（Cox，1987）。但是不要用甲硝唑，因为欧洲和其他许多国家禁止在肉用动物使用这种药物，虽然也有人推荐使用（Dawson 和Murray，1992）。

关闭腹壁切口（关腹）　要尽快关闭腹膜腔以减少细菌污染的机会。腹胁部切口分两层缝合：腹膜和腹横肌为第一层，腹内斜肌和腹外斜肌为第二层。从切口的腹侧向上单纯连续缝合，仔细对合腹膜和腹横肌以免术后空气由腹腔漏到肌肉层（Sloss和Dufty，1977）。侧卧位保定时，术后极少漏气，因为手术中很少有空气进入腹腔。在闭合腹膜切口的背侧部时，助手压迫下腹部和腹胁部可减少腹腔中的空气。在使用铬制肠线（3 USP或公制7）缝合时，保持间距约1cm进针缝合。缝合肌肉层时，每一针要多穿入腹内斜肌，即缝针刺入腹外斜肌时距切口边缘的距离应比刺入腹内斜肌时的距离近些（偏向进针点的切口同一侧——译者注），这种方法能保证两层肌肉能很好地对合。为减小两层缝合间的死腔，缝合深部时要进入深部的肌肉层中，这样，缝线就会固定在下层肌肉上。通常在两缝合层间注入抗生素，可采用普鲁卡因青霉素G和双氢链霉素各250mg/ml的混合液。关闭皮肤切口前，建议用铬制肠线对腹壁肌肉做几针间断的减张缝合。

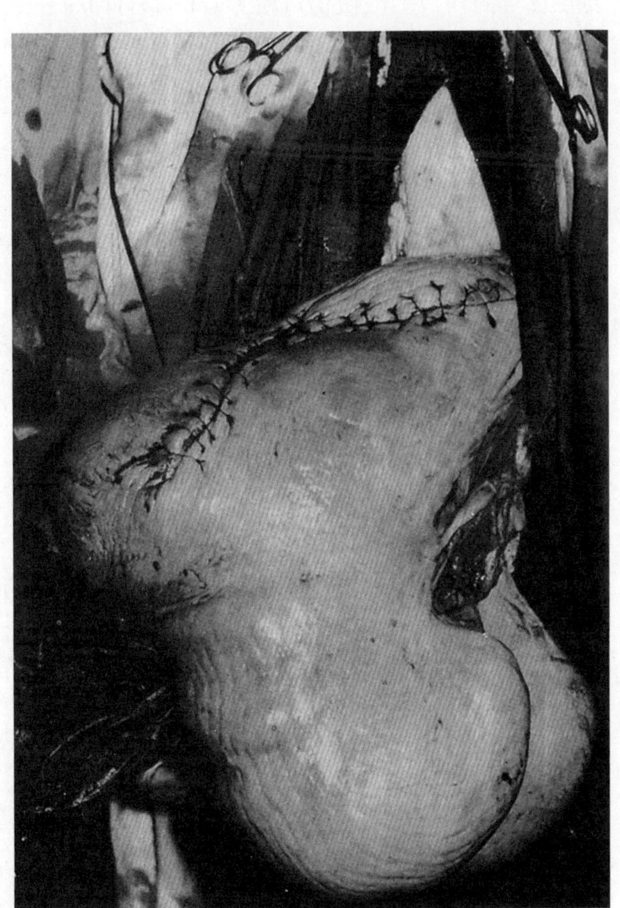

图20.12　子宫切除术后用聚羟基乙酸缝合线连续内翻缝合进行修复

以标准方式用三棱针和不可吸收缝合线，如单股尼龙线（sheathed monofilament nylon）（3 USP或公制6）闭合皮肤切口[例如单纯间断水平褥式缝合（simple interrupted horizontal mattress）或十字格式（cruciate pattern）缝合]。适当拉紧缝线使两侧创缘充分对合，这样密闭良好，有利于一期愈合。若发生感染，可拆除最下端的缝线，对伤口引流或冲洗。虽然经常有人报道用连续缝合法[如福特氏锁边缝合，Ford interlocking pattern）]缝合皮肤（图 20.13），但本文不予推荐。因为这种方法有整个缝合线断裂松开的风险。如今，随着大批牛舍饲在宽松的牛舍内，或者完全不舍饲，因此这种风险极大的增加。

20.1.1.3.2　外侧斜切口

在站立位保定的牛，左肷窝切口的一种替代方法是左侧或外侧斜切口（lateral oblique approach），即从后上方到前下方，与脊柱呈30°左右的角度斜向切开。切口的起点在髋结节前10cm 及下方10cm处，向前下方延长至最后肋骨后方3cm处（图

20.14）。斜切口的优点在于能够按照腹内斜肌和腹横机的肌纤维走向依次分离，有利于接近生殖道（Cox，1987）。其可能的不足之处是，如果采用腰旁神经干传导麻醉时，如果切口向后上方延长过长时，有可能切断旋髂动脉（circumflex iliac artery）或前下方太远而没有被麻醉。

腹壁切口分三层闭合，均采用单纯连续缝合。腹膜和腹横肌为第一层缝合，而腹内斜肌和腹外斜肌分别单独缝合。

与标准的腹胁部切口或肷窝部切口相比，外侧斜切口能更好地对子宫操作和将其拉出体外。在胎儿死亡，牛必须要在站立保定下施行手术时，建议最好采用这种方法（Parish等，1995）。

20.1.1.3.3 *右腹胁部切口*

右腹胁部切口（right paralumbar approach）不常用，但其适用于因前期的手术部发生粘连，而左腹胁部切口受阻的情况。虽然能充分接近子宫，但是这种方法难以把小肠保留在腹腔内，因此会妨碍手术操作。

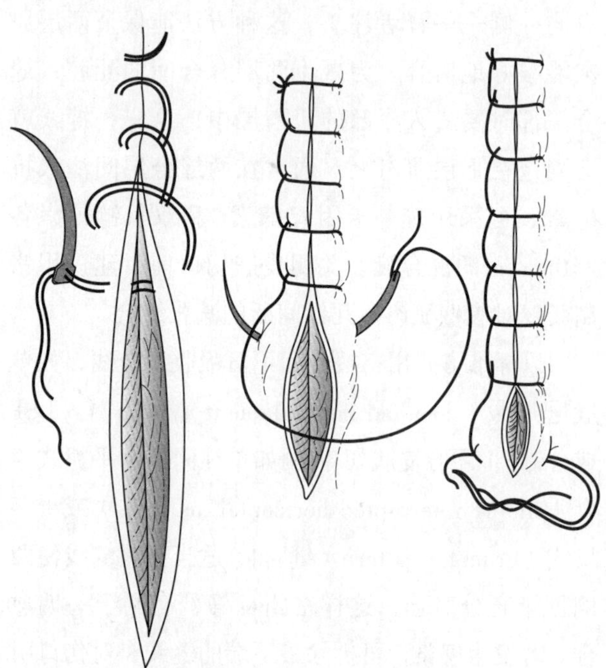

图20.13 皮肤的福特氏锁边缝合

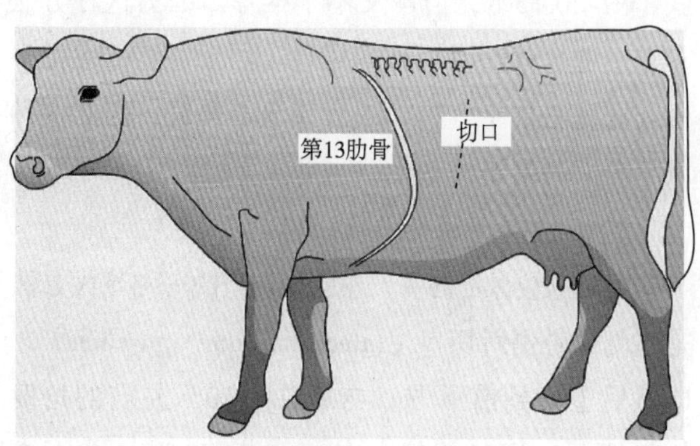

图20.14 剖宫产术的切口部位：左腹胁部外侧斜切口，用于站立或侧卧保定的动物

20.1.1.4 术后护理

犊牛的护理 犊牛娩出后应立即擦拭干净，脐部涂防腐剂。手术结束后应立即将2～3 L初乳灌给犊牛，必要时用胃管灌服。应尽快把母牛牵到犊牛跟前，特别是对哺乳母牛和犊牛更应如此，以便建立母子联系（maternal bond）。

母牛的护理 术后应清洁皮肤伤口，但是不要在正常的切口上喷撒伤口粉（wound powder）、喷雾剂或防腐剂。应仔细检查乳头和乳房，肌内注射催产素（20～40IU）以促进子宫进一步复旧。此外，应给成年奶牛静脉注射葡萄糖酸钙盐，以预防低钙血症，促进子宫复旧。还应该考虑采用非固醇类抗炎药（non-steroid anti-inflamatory rug，NSAID），至少应用于重度难产、子宫捻转和术前子宫感染的病例。若有休克的迹象，则应静脉输液，2～3 L低渗盐水（7.2%）尤其有效。随后如果牛不饮水，则应灌服20～25 L水。对产后子宫内出现的常见细菌[如化脓棒状杆菌（*Arcanobacterium pyogenes*）、大肠杆菌（*Escherichia coli*）、梭杆菌（*Fusobacterium* spp.）和普雷沃菌（*Prevotella*，以前曾称为*Bacteroides*）]，通常可进行3～5d的全身性抗菌疗法，直至胎衣排出。首选普鲁卡因青霉素G，可加入或不加入双氢链霉素、氨苄青霉素、头孢噻呋和土霉素。

术后24～48h对母牛再做一次检查，特别应注意检查直肠温度、行为、食欲和粪便特征，手术后粪便往往较干硬，母牛可表现轻度便秘。如出现发热、抑郁、食欲不振和腹泻等则预示有腹膜炎。若胎衣滞留，应采取适当的治疗。手术后最迟3周内应拆线。另外，此时还要进行生殖道的检查，因为剖宫产后往往发生子宫内膜炎。人工授精应该延迟到产后60 d以后进行。

20.1.1.5 胎儿气肿

虽然一般多通过截胎术娩出气肿的胎儿，但是在不能进行产科操作或施行截胎术时，剖宫产术就是必然的选择，其原因或许是因为肿胀胎儿周围的子宫收缩，极少或没有子宫液体，子宫颈开张不全或再度收缩，也可能是因为子宫脆弱，因而易于损伤。兽医无截胎术的经验时也可在这种情况下采用剖宫产。

由于胎儿气肿时危及母体生命，因此剖宫产术的主要目的在于保证母牛存活。由于发生本病时对母牛生命有极大的威胁，因此考虑维持今后的繁殖力意义不大。由于剖宫产也是一种抢救性手术（salvage operation），因此对动物的福利和手术费用也要重点考虑。如果母牛存活的希望渺茫，那么进行这种耗时、花费很高的剖宫产术（或截胎术）很不值得。在开始手术之前，对那些毫无希望或者超出医生技能之外的病例应有充分的认识，或者人道地处死动物，或者寻求专家的帮助。

处置气肿胎儿时最重要的原则是不要惊慌。在要求对这种母牛就诊时，需要考虑的问题是如何尽快排出胎儿才能对母牛存活没有丝毫影响。胎儿气肿往往与母牛重度毒血症和菌血症密切相关，它们都能引起发烧、低血压和休克。因此，有必要在初期静脉注射非固醇类抗炎药（NSAIDS）进行支持性治疗，以保持心血管稳定和治疗休克。

犊牛气肿时，为了避免已感染的子宫内容物引起腹腔感染，将孕角拉出体外就至关紧要。在站立的动物，完全拉出孕角是不可能的，可采取其他方法，把子宫尽可能的拉近腹壁切口处。

20.1.1.5.1 腹外侧切口

腹外侧切口（ventrolateral approach）特别适用于移除气肿的胎儿（Campbell和Fubini，1990），可以更容易地拉出孕角，但是关闭切口较为困难，原因在于各层组织紧张度高，而且由于术后经常发生创口问题，例如术后往往发生伤口破裂和开裂或切口疝，因为腹壁这部分的筋膜强度很有限。

母牛应侧卧位保定，使孕角距切口最近。将后肢向后拉，使上面的后肢轻度外展，以提供更多的空间便于需要时扩大切口。在腹胁部下方，从乳房附着部背侧的腹褶开始，继续向前，做一个与最后肋骨腹缘平行的腹壁斜切口，该切口基本沿膝关节与脐孔间的连线进行（图20.15）。开始时先做一个30～40cm长的切口，然后朝着后肢附着部（膝褶）向后延长；或者平行着腹部皮下静脉或乳静脉向前延长。作为防备措施，在手术一开始牛侧卧之前就应辨认或标明这条大静脉，因为在侧卧位时该静脉往往塌陷。

切开皮肤和腹直肌外鞘，再沿腹直肌纤维走向钝性分离腹直肌。腹直肌内鞘非常薄，可垂直于其起点横断其纤维。子宫就在切口下方，可试着把整个孕角拉出。若不可能，则应绕着子宫将体壁向下推。可采用消毒盖布（drape），如干净的毛巾或塑料布进一步将子宫从腹腔分离。之后切开子宫壁，从子宫拉出气肿的胎儿（带或不带有胎盘）。拉出严重气肿的胎儿后，子宫往往会显著缺血，呈平板状（cardborad-like），或者完全迟缓无力。

子宫切口分两层闭合，多用乌得勒支氏缝合

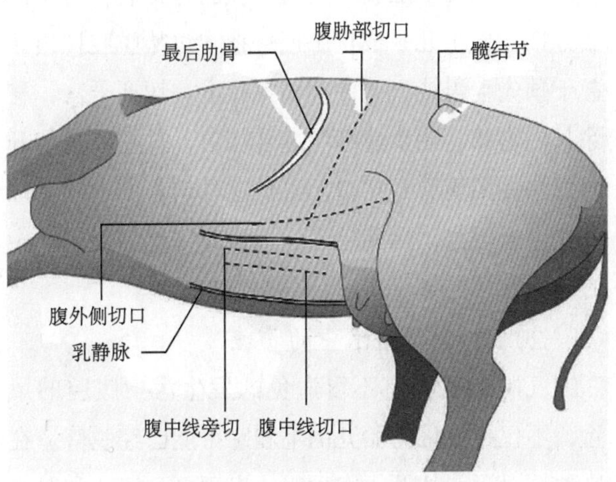

图20.15 剖宫产术的其他切口部位：这些切口均可用于侧卧位保定的动物，尤其适于拉出气肿的胎儿

法，这样闭合严密，在子宫收缩和复旧时子宫液不可能漏出。在子宫还纳到腹腔前，用等渗盐水彻底清洗子宫表面。腹壁切口分层缝合，腹膜和腹直肌内鞘膜作为一层缝合。腹直肌连续缝合（有可能的话）。腹直肌外鞘的张力最大，因此腹直肌外鞘的缝合也最重要，最好采用单纯间断缝合或垂直褥式缝合，常规缝合皮肤。

腹外侧切口的优点是能充分显露子宫（即使子宫虚弱无力），而且子宫内容物污染腹腔的风险最小。然而，修复腹壁肌肉层更加困难，尤其是肌肉紧张时，缝线会拉裂组织。伤口修复期间可放置手术引流管。

20.1.1.5.2　腹下手术通路

腹中线切口（ventral approach）或腹中线旁切口（图20.15）在临床上不常用，因为该手术需要对牛全身麻醉或深度镇静，而且呼吸功能受到抑制。然而在牛背侧卧位时，该手术能够充分的接近子宫。缝合肌肉时可采用不可吸收的缝线，因为术后可能发生伤口裂开，并伴发疝等严重并发症。腹中线切口的其他优点是，腹白线（linea alba）的拉张力（holding strength）较大。

20.1.1.5.3　腹胁部下切口

施行腹胁部下切口（low flank approach）时，牛左侧卧位保定，于腰椎横突下约15cm处切开皮肤，向下延长至乳静脉上方（图20.15），以相同方向锐性切开三层腹壁肌肉。腹腔打开后，将牛向上方推，使牛几乎成伏卧位，把孕角从腹腔拉出，置于预先消毒或灭菌的大塑料布上。切开子宫，移除其内容物，用双股缝线缝合切口，按左肷窝切开的方法关闭腹胁部切口。虽然这种剖宫产术的特殊方法尚未经过试用和验证，但它或许是临床实践中的一种有用的替代技术。

20.1.1.5.4　手术中的管理

气肿胎儿具有不可避免的发生污染腹腔的风险，不仅仅是因为胎儿的毛和蹄可能已经脱落。在这种情况下，切开子宫后很快出现恶臭气体和胎水排出，部分胎儿高度肿胀，处理时发出噼噼啪啪的声音。子宫壁通常高度紧张，子宫内操作很困难，因此腹壁切口和子宫切口必须要有足够的长度。气肿的胎儿往往需要较大力量的牵拉，不仅要在四肢套上产科绳，而且还要用锐钩或钝钩钩住眼眶、躯干的适当部位和四肢上部，确保拉出。有时还必须要在胸腹部上方分点切开深层组织以排出气体，有时在拉出胎儿前，需要进行部分内脏摘除术。如果发生胎儿水肿，则必须要切开胎儿腹壁。在极少数病例，胎儿不能用简单的方法拉出，因为不可能在子宫上有足够长度的切口，对这种动物应在剖腹位点施用截胎术。

20.1.1.6　手术成功率与并发症

剖宫产后胎儿的成活率部分地取决于手术的适应证是否正确。Barkema等人（1992）报道剖宫产术后胎儿的成活率为12%，而对照组犊牛仅为5%。

剖宫产术后母牛的成活率较高，多数报道为90%～98%（Dehghani和Ferguson，1982；Cattel和Dobson，1990；Dawson与Murray，1992）。Pearson（1996）在对采用剖宫产术救治的1134例难产进行的系列研究表明，尽管实际上37%的犊牛在手术时就已死亡，但母牛的成活率为88%。即使发生胎儿气肿，仍有80%的母牛能够存活（Vandeplassche，1963）。

与剖宫产术相关的并发症往往是因手术操作中遇到的困难所引起，包括翻转胎儿、把孕角拉出体外、切开子宫、拉出犊牛及缝合子宫切口等，大多数困难在预料之中。已经报道的剖宫产术后并发症有如下几种。

皮下气肿　如果腹膜未能紧密对位，手术后空气往往从腹腔流到皮下组织和肌肉层内，引起皮下气肿（Sloss 和 Dufty，1977）。这种情况更多的见于术后出现里急后重的动物，通常是难产的后遗症，有些情况下气肿可延伸到肩部。发生皮下气肿时虽然外观难看，但不会对动物有严重的不利影响，也不需要治疗。根据漏出的空气数量，组织通常在1～8周内恢复正常。

子宫炎与胎衣不下　剖宫产术的病例，

6%～10%发生胎衣不下。难产、子宫捻转、双胎及胎儿畸形是剖宫产术的常见适应证，手术本身也可诱发胎衣不下。手术中剥离胎衣几乎不可能，但是正常情况下，胎盘在术后4～6h内会自行排出。然而，如果术后24h以上仍然胎衣不下，则只能每天尝试阴道探查，试着轻轻剥离胎衣。虽然大多数文献报道建议在没有并发症的病例无需治疗，但是，笔者依然推荐采用子宫内灌注或肌内注射抗生素进行治疗。胎衣通常作为坏死组织团块在7～11d后排出，一旦胎衣排出，则应用灭菌导管，用5 L温水或生理盐水轻轻灌洗子宫腔。

粘连 迄今为止，尚无临床研究表明预防性治疗（例如子宫灌洗、使用非固醇类抗炎药及腹腔内注射抗生素）对预防牛的术后粘连具有有益的效果。剖宫产术后发生粘连的情况并非不常见，使用何种缝合方法（如乌得勒支氏缝合、伦勃特氏缝合或库兴氏缝合）和缝合材料（如普通肠线、铬制肠线、聚乙醇酸线或羟乙酸乳酸聚酯 910线）缝合子宫切口好像都不重要（Anderson，1998），但术者似乎对发生粘连的数量和严重程度具有最明显的影响。文献报道认为，术者的操作速度、技巧和奉献精神都对预防粘连形成有极大影响。至关重要的是在条件允许时，严密缝合子宫切口，避免过度操作及组织损伤、缺血和出血。

使用人工合成的可吸收缝合材料，例如聚乙醇酸线或羟乙酸乳酸聚酯 910缝线，似乎对预防粘连没有有利的帮助，但从手术的角度来看，这些缝合材料具有优异的可操作特性，比肠线的韧性大，便于打结，而且不易折断。与生物制品（例如肠线）相比，这些缝合材料质量可靠、有保障，但除了价格高外，也还有其他不足。由于其麻花状（结辫子）的结构特点，这种缝线在通过组织时阻力较大，由此会造成小的裂口，特别是子宫壁水肿时更易发生。另一方面，肠线与缝针接触时易被损坏，引起子宫缝合处破裂，不可避免地会导致严重的腹膜炎。

目前在牛的临床上有一种趋势是使用粗线（6USP或公制10），普通肠线缝合材料用于闭合子宫切口。虽然这种缝合材料的组织反应比铬制肠线或人工合成的缝线要大，但是实际造成的组织粘连却小得多，这可能与吸收的时间因素有关。与其他在组织中长期保留的缝合线相比，随着子宫快速复旧期间丰富的血液供应，这种缝合材料很快被吸收，因此没有机会形成粘连。打结处是缝合线最后被吸收的地方，可能是由于细胞浸润困难的缘故。因此，缝合子宫时用乌得勒支氏缝合法把线结包埋在切口两端的子宫壁皱褶内，这是缝合子宫的首要目的。

腹膜炎 腹泻、发烧、食欲不振和腹痛是剖宫产术后腹膜炎的常见症状。幸运的是，网膜和/或使用抗生素疗法通常可以限制腹膜炎的发生。不过，在许多情况下，会出现腹膜炎与痊愈周期性重复发生，导致形成广泛的粘连及慢性失重。

子宫切口修复不充分，特别是在并发子宫炎时，是术后腹膜炎的主要原因。但是在有些病例，手术时就已经发生腹膜炎。重度难产后，在死胎、胎儿气肿、子宫破裂、胎儿畸形或手术过程中感染的子宫液漏入腹腔的病例，腹膜炎的发病率明显增加。如果胎儿活着或死亡但仍新鲜时，少量的子宫液漏到腹腔或许不会造成术后腹膜炎的发生。

已经提出了各种治疗腹膜炎的方法，包括肠胃外（非口服）抗生素疗法、经右侧腹壁切口向腹腔内投放抗生素、腹腔手术冲洗和静脉内液体疗法等。

伤口裂开 多达6%的动物会出现与伤口裂开、腹壁切口周围形成脓肿或血肿相关的并发症（Dehghani和Ferguson，1982）。伤口裂开的潜在致病因素包括无菌术不彻底、腹下部切口、手术中损伤组织、环境污染、里急后重和手术后动物性情差等。此外，手术后拆线过早也能导致切口开放，拆线的最短时间应为术后3周。

如果死腔没有完全堵塞，有时会在伤口的下方肌层之间积聚血清样液体，液体会自行消退或者可以手术引流。

在其他病例，可能形成脓肿。在大多数情况下，对脓肿可用柳叶刀切开、引流和冲洗，之后会出现肉芽创和二期愈合。通常不需要用抗生素处理，但是发烧时则需要使用抗生素。

神经麻痹 手术时横卧保定的牛可能有暂时性或永久性腓神经损伤的危险，在坚硬的地面上侧卧位保定的牛可发生桡神经麻痹。另外，大多数牛在剖宫产术之前，于难产期间就已经发生了闭孔神经损伤。然而，更多的时候是在胎儿体型较大，特别是在一些肉牛品种在分娩过程中发生髋关节-（或膝关节）-跗关节卡住的情况下，由于救治难产而引起的“拉伸性损伤”（stretch injury）中发生股神经麻痹。

骨折 母牛在手术后试图站立时可能会遭受骨折。更多见于母牛的长骨骨折或在剖宫产术之前试图矫正难产时造成的犊牛生长板分离（growth-plate separation）。

产后出血 尽管与术者对止血的认识程度有关，但腹壁切口的出血很少。但是子宫切口的出血可能会很多，在有些情况下如果子叶血管被破坏，出血有时可引起死亡。偶尔可能在手术期间出血很少，但是术后24h内又开始出血。在个别病例，阔韧带内的大血管可能会受损，导致大量血液丧失。预防的办法是仔细切开子宫、手术中充分保护生殖道和严密止血。大出血的治疗就是输血。另外，可以重复注射催产素20～40IU，促进子宫收缩，减少子宫出血。

黑腿病（气肿疽） Dehghani和Ferguson（1982）报道，由于黑腿病，0.5%的牛在手术的24h内会突然死亡，病变往往距手术部位较远。

20.1.1.7 术后生育力

正常情况下，牛剖宫产手术的主要目的有三个：母牛成活、犊牛成活和维持术后生产力，这就意味着不仅要维持体况和可以接受的泌乳水平，而且还要保持再度妊娠并具有把发育的胎儿维持到足月分娩的能力。关于剖宫产术后的生育力已有许多报道，其意义也已经得到验证，只是许多动物在没有再次进行人工授精或配种时就被淘汰。在10项相关的系列研究中发现，在2368头牛中，剖宫产后再次妊娠的母牛的百分比在48%～80%之间，平均为72%，而正常产犊的牛产后再次妊娠的母牛百分比则高达89%（Boucoumont等，1978引用的资料）。Vandeplassche等（1968）报道，在1857头施行过剖宫产术的成年母牛和青年母牛中，60%后来进行了人工授精，其中74%最后受胎，每受胎的平均输精次数为1.8次，但流产和尿囊积水和下次分娩时子宫颈不能充分开张的发病率有增加的趋势，这可能与子宫壁上存在疤痕组织有关。与正常产犊相比，虽然剖宫产手术后母牛的产犊间隔期延长，但是，经济损失的主要原因却是淘汰率较高（Barkema等，1992）。有趣的是，在后者的研究中，从产犊到第一次输精的间隔时间在剖宫产和对照母牛基本相同，而产犊到妊娠的间隔时间延长了18d。繁殖力降低可能是由于胎衣不下和子宫内膜炎的发病率增加，子宫粘连阻止了子宫复旧，影响卵巢和输卵管的粘连以及子宫内膜的功能减退等。此外，再次妊娠时流产率会增加，这可能是由于子宫壁内形成了疤痕组织，限制了子宫扩张和/或对胎儿的营养供应。

20.1.2 绵羊和山羊的剖宫产术

20.1.2.1 适应证

绵羊剖宫产术的主要适应证有如下几种。

- 子宫颈不能开张
- 不可整复性或严重的外伤性阴道脱出
- 胎儿骨盆大小不适，尤其是怀一个胎儿的初产母牛
- 难产延期的胎儿气肿

比较少见的适应证有子宫捻转，阴门-前庭狭窄（vulvove-stibular stricture）以及由于母牛发育不成熟或子宫收缩不能矫正的胎位异常。阴道脱出主要用复位术和在阴门保留缝合线的方法进行保守治疗，期望能够把妊娠维持到足月分娩（参见第5章），但是，许多病例会因子宫颈扩张不全而早

产。不幸的是，这些母羊所产羔羊会在出现特征性的四肢抽搐和呼吸困难后往往未成熟就死亡。尤其可悲但并不令人惊奇的是，在考虑大多数商品母羊的经济价值时，绝大多数剖宫产手术作为最后的措施实施。Brounts等人的研究（2004）发现，在分娩的201只羔羊中有116只死亡或者分娩后不久死亡，这种情况可用如下事实加以解释，即，65只母羊中45只其分娩的第二阶段超过6h。依我们的经验来看，如果快速进行剖宫产救治难产，则羔羊的存活率就高。

20.1.2.2 麻醉

子宫全切术（hysterotomy）通常是在动物右侧卧位保定下经腹胁部切口进行，用2%～3%盐酸利多卡因（加或不加肾上腺素）施行腰旁神经干传导麻醉、倒L形神经阻滞或局部浸润麻醉。诱导绵羊的局部镇痛时必须谨慎，因为麻醉剂意外的注射到静脉内或麻醉剂使用过量都会迅速引起痉挛。此外，羊的体壁比牛薄得多，切记不能刺入内脏。

20.1.2.3 手术方法

左侧腰椎下区彻底剪毛剃毛，皮肤无菌准备，在左肷窝中线处切开皮肤，采用上述牛的方法切开皮下的肌肉。重要的是要强调羊的体壁相当薄，操作要非常慎重，不要意外地切透瘤胃，同时重要的是，在上肷窝切口时要分清血管丰富的子宫系膜与腹膜壁层。隔着子宫壁抓住胎儿的一肢，最好是跗关节，采用与上述牛相同的方法切开子宫（图20.16A）。不过，仍需强调的是正常情况下胎儿可能在一个以上，这样就难以分清哪一肢是哪个胎儿的。尤其要记住探查子宫，特别是未做切口的对侧子宫角，缝合子宫切口前要确保所有的羔羊均已拉出。一般情况下总是可以从一个切口取出所有胎儿。

若胎衣容易剥离，就应拿出胎衣，如果不能拿出，而且其又不能回到子宫腔，则会干扰子宫切口的闭合，这时应该手术切除。用单股缝线连续内翻缝合子宫切口，例如乌得勒支氏缝合、库兴氏缝合或伦勃特氏缝合等（图20.16B）。与其他动物相比，绵羊对子宫内梭状芽胞杆菌感染引起的毒血症高度易感，绝大多数死亡是由这种并发症引起的。

20.1.2.4 术后生育力

关于绵羊和山羊剖宫产术后的生育力鲜有资料报道，因为绵羊往往在手术后或发生过难产后就被淘汰，山羊相对较少。Brounts等（2004）的研究发现，16只再次配种了的母绵羊和母山羊（占剖宫产术的110只的比例很小）全部妊娠，都没有再发生难产。这证实了我们在实验母羊得到的经验，即母绵羊的生育力未受影响，或许与绵羊的季节性繁殖特性有关，由于其具有较长的乏情期，因此有利于生殖道复原。

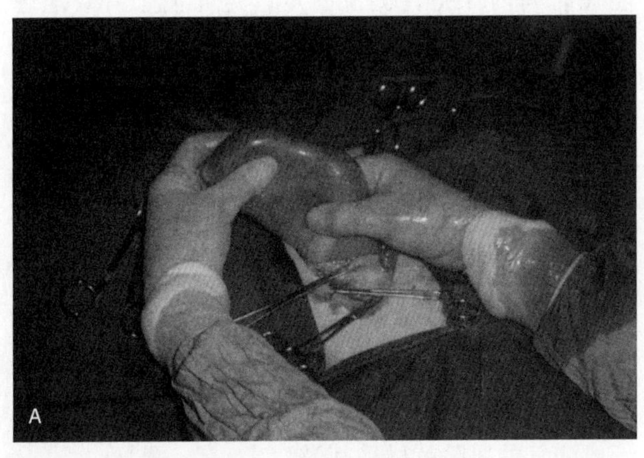

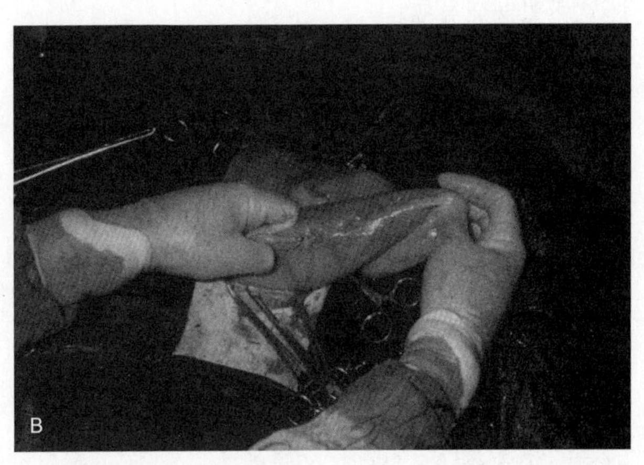

图20.16 母羊剖宫产术（见彩图54）
A. 在胎儿前肢上方拉出子宫 B. 用内翻缝合修复子宫切除术

20.1.3 马的剖宫产术

因为马往往不需要施行剖宫产术，因此马剖宫产术依然被广泛地认为是一种严重的难以进行的手术。事实上，马和其他动物一样能够耐受该手术，一般来说，术后恢复良好。毫无疑问，全身麻醉和术后护理技术的改进，大大提高了母体恢复的可能性。即使在高密度养殖种公马的专科马医院，剖宫产术也不是一种常用方法。通过比较分析Vandeplassche等（1977）和Freeman（1999a）的研究结果，从中可以看出麻醉方法和手术技巧得到了全面改进。在Vandeplassche的结果中，他们每进行一次剖宫产术就进行约15例截胎术。而Freeman（1999a）的研究是继Vandeplassche的报道之后22年在美国两家大学的兽医院完成的，共计有66 个剖宫产术病例和59例阴道助产病例，研究结果表明，如果难产矫正困难且难产时间延长，与采用牵引术助产相比，在全身麻醉下施行剖宫产术更好。

如果马驹还活着，应立刻进行手术，不得延误。若马驹位于母体骨盆腔中，由于在分娩第二阶段开始的1～2h内尿囊绒毛膜破裂，引起致命性的缺氧症。

下面的事实佐证了该观察结果。比利时根特大学通过子宫切开术救治的马驹70%是死胎或出生后不久死亡（Vandeplassche，1980）。因而，因地制宜，现场大胆的手术可能比参照专科医院的方法按部就班更便捷有效。

20.1.3.1 适应证

马剖宫产术适应证的范围比牛的小，母马子宫颈性难产尚未见到，胎儿母体大小不适和胎儿畸形也不及其他动物常见。比利时根特大学进行的系列研究中，主要适应证是双角妊娠或胎儿横向（71例中的39例），其次为伴有损伤、挛缩及感染的胎儿产式异常（13例）及子宫捻转（10例）。根据英国布里斯托尔大学兽医学院对34例病马进行的另一项研究，子宫捻转是最常见的适应证。

Vandeplassche等（1977）依据对马难产相当丰富的经验，提出下列情况是母马剖宫产术的绝对适应证：

- 其他方法无法矫正的胎位异常（例如胎儿横向）
- 阴门、阴道或子宫外伤
- 阴道水肿
- 不可整复的子宫捻转
- 严重的先天性畸形（先天性歪颈、四肢僵硬、脑水肿）

在这几种难产中，剖宫产术是助产的首选方法而不是最后措施。

值得注意的是，这些作者把他们认为是手术禁忌证的其他类型的难产也做了详细说明，包括头颈侧弯、臀部前置的死胎、双胎难产和母马膀胱脱垂等。

20.1.3.2 麻醉

在站立位局部镇痛或神经阻滞下，可经剖宫产术对产前子宫捻转进行复位（Vandeplassche，1980）。新型麻醉剂和更好的监控技术的应用，使得母马剖宫产术的风险显著减少。关于马的麻醉技术，建议读者参阅相关专著。应该强调的是，因为仰卧位会诱发“仰卧低血压（supine hypotension）”，因此如果妊娠子宫压迫后腔静脉，从而阻碍了静脉回流并减少了心输出量时，产科医生和麻醉师之间可能会意见不一。因此，术前应对母马进行外侧或背外侧卧位保定，尽可能短时间内保持背侧位固定，这样便于有效地进行手术操作。

20.1.3.3 手术方法

可通过在腹中线、腹中旁线和腹胁部下切口进行手术。腹中线切口目前多用于胃肠道手术，因为该切口可明显减小腹腔内压，伤口的缝合线绷得不紧，伤口易于修复，因此用于剖宫产术时效果更好。而其他切口需要分离肌肉，导致术中出血较多和术后水肿。假若腹中线切口“修复”良好，切口形成疝气的风险就微乎其微。

母马的子宫很少充分收缩，因此无法隔着子

宫壁抓住胎儿的腿，且从腹壁切口中拉出。鉴于此，必须在妊娠子宫角的大弯处做一足够长的切口，从而在对子宫操作时极少有撕裂的危险。然后充分利用关节的屈曲性，并在腹壁外方完整地保护好脐带，可将胎儿拉出（图 20.17）。马的胎儿不像牛胎儿那样对子宫内的刺激敏感，除非胎盘已剥离，对胎儿的生存能力也要评估，直至脐带或心脏触诊证明无异常。如果马驹还活着，在幼驹开始呼吸前数分钟不要剪断脐带。然后结扎脐带，最好拉紧后剪断。如果马驹已死，胎盘可能已经分离，则易通过子宫切除术移除。多数情况下，子宫切除术后，黏膜下的动静脉丛大量出血，动脉和静脉太多以致无法一一结扎止血。就控制出血的措施而言，Vandeplassche（1973）建议，首先从切口缘周围开始剥离胎盘，之后立即沿着切口边缘连续缝合子宫全层（图 20.18和图20.19）。然而对这种方法的价值已有质疑，一项对66例母马用31号线而不是35号线缝合的研究发现，用31号缝线时马的手术操作时间显著较短（$p < 0.05$），出现术后贫血马的数量两组间无差异（Freeman等，1999b）。研究表明，剖宫产术后贫血要比阴道助产后的高5倍，因此有人建议，如果不采用Vandeplassche （1973）建议的缝合方法，那么就要用全层缝合方式（full thickness pattern），这足以紧紧地压迫子宫壁中的血管。

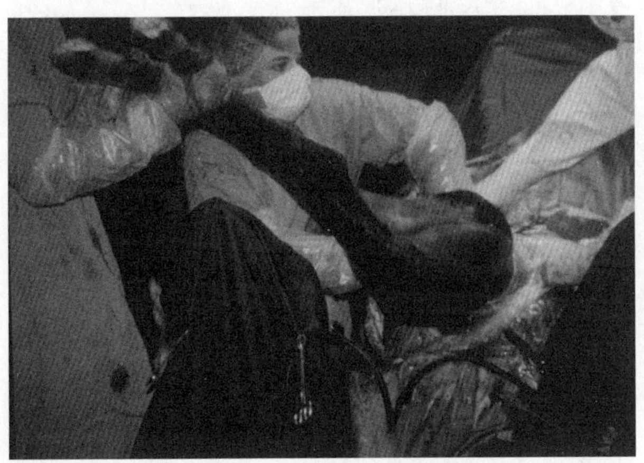

图 20.17　助手牵拉后肢，术者将马驹从子宫内拉出（见彩图55）

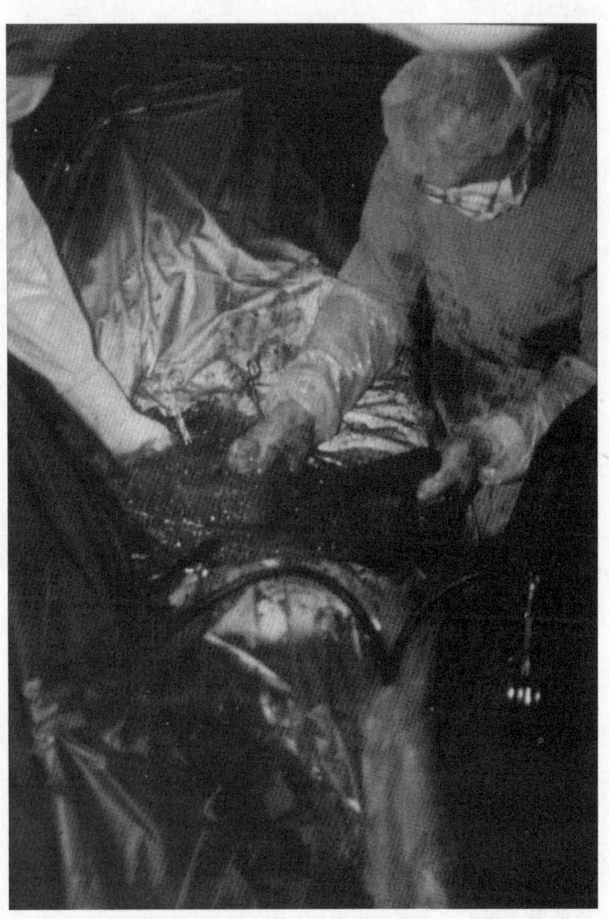

图 20.18　从切口边缘将尿囊绒毛膜和子宫内膜分离几厘米（见彩图56）

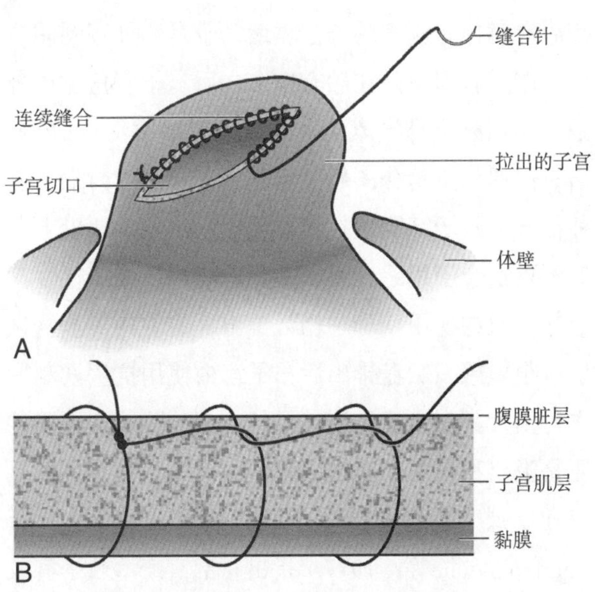

图 20.19　按照Vandeplassche描述的方法（1973），由子宫浆膜到子宫内膜连续锁边缝合子宫壁全层

如果胎盘还连在子宫内膜上，最好不要用手剥离，因为这样不仅能引起弥散性子宫内膜出血，而且导致微绒毛滞留，这会诱发子宫内膜炎。子宫切口用聚乙醇酸缝线内翻缝合1道或者2道，具体依第一道缝合时是否撕裂了子宫壁来定，因为子宫壁有时非常脆弱。在排除凝血块和其他残屑后，在子宫切口上撒些可溶性抗生素粉。

在剖腹式子宫切开术之后，由于被拉紧的腹部肌肉变得松弛，因此腹壁切口较容易缝合。重要的是要用适当的缝合线连续或间断缝合，缝线间距要紧密，不留死腔。不需缝合腹膜及腹膜下脂肪。连续缝合皮下组织，正确缝合皮肤，关闭腹壁切口。

20.1.3.4 术后管理

剖宫产术的所有操作完成后，注射催产素以诱导子宫收缩，即使胎盘在手术时已经被拉出时也应如此。在Freeman等（1999a）进行的研究中，65%的母马胎衣不下，其中116例中的22例是经过阴道矫正难产，接受了择期手术的母马胎衣不下的时间明显较长。

Vandeplassche等（1971）建议，如果4h内胎衣未排出，可立即用催产素治疗，再在盐水中加入50IU催产素，缓慢静脉注射。后一种用药方法具有更好的生理作用。经验表明，母马用催产素治疗后有时伴有剧烈的子宫收缩，子宫角外翻到阴道内，严重者即使是在胎衣排出之后，子宫角也可外翻至阴门外。催产素治疗后，胎盘通常在12h内排出，但偶尔胎盘分离后滞留在子宫和阴道前端，这种情况下易于从阴道拉出。若胎衣滞留24 h以上，就不再适合于用手直接剥离，但仍需要维持抗生素治疗，但在挽用型母马仍可拉出，这种马对全身性反应很敏感。胎盘排出后，子宫内使用抗生素制剂进行治疗具有良好作用，但是，在此阶段，重要的还是吸出积聚在子宫内的液体，尤其是在有过敏反应症状或术后恢复效果不满意的母马更应如此。Vandeplassche等（1977）指出，剖宫产术后子宫收缩可延长2～3d，因此建议在这个阶段结束时可经直肠分离子宫周围的粘连。

一般来说，术前和术后应采用抗生素疗法，尤其是胎儿已死一段时间，引起腐烂时更应采用抗生素进行治疗。

马采用腹部切口后常常在局部出现严重程度不等的水肿。腹中线剖腹式子宫切除术后，弥漫性皮下水肿会沿着腹下部扩延到胸骨前方，但在7～10 d内肿胀会逐渐消退。尽管利尿剂能更快速地消除水肿，但对这种治疗方法的必要性值得怀疑。创口感染时可拆除皮肤相应部位的缝线，进行引流。

20.1.3.5 新生驹成活率、母体恢复率和死亡原因

如上所述，母马的胎盘分离很快，因此剖宫产时拉出活的胎儿不多见，除非是采用择期手术（elective surgery）。研究发现，采用剖宫产生产时，19个马驹中有6个（Juzwiak等，1990）和102个中有11个活驹，但出院时仅仅有5个存活（Freeman等，1999）。采用择期剖宫产手术时马驹的存活率更高些，达90%，但在同时进行手术治疗马疝痛时降到38%（Freeman等，1999）。

若难产时间短，则母马预后良好，在比利时根特大学进行的77个手术病例的研究中发现，62例（81%）痊愈（Vandeplassche等，1977）。根特大学的研究表明，大部分死亡发生在手术期间或术后不久，主要原因是子宫出血引起的休克和重度感染。对子宫切口施行止血性缝合能明显地预防出血，手术中或手术后大量的液体疗法可阻止胎儿气肿和其他类型的休克。Juzwiak等（1990）报道，手术后19匹母马中出院时仍存活7匹，最常见的并发症为腹痛（13例）、贫血（10例）和胎衣不下（6例）。

因为大多数的死亡发生在术后不久，因此术后几天内临床医生更为担心的并发症有两种。应特别注意出现腹泻，因为这种情况可使体液快速大量丢失，因此，即便马不断饮水，体液储存仍会迅速耗尽。抗生素在本病发生中的作用及其治疗价值尚不清楚，但是对快速补液维持正常的水和电解质状态则没有争议。另外一种并发症是蹄叶炎，长期以来人们认为蹄叶炎是重挽马胎衣不下的结果。这种所谓的过敏性反应的最早症状是严重的肺水肿，伴发呼吸困难和液体经鼻腔返流。蹄部疼痛时病马表现不愿走动和甚至不愿站立，若不仔细进行临床检查，就会把手术后早期的躺卧误诊为需要进行安乐死的不治之症（terminal illness）。在此情况下，应立即吸出子宫内积聚的液体。重度水肿时用利尿剂进行治疗，蹄叶炎时可通过限制饮食和止痛进行治疗。

20.1.3.6 术后生育力

Juzwiak等（1990）报道，剖宫产术后配种的母马50%至少能产出一个幼驹，Stashak和Vandeplassche（1993）发现，82匹做过剖宫产的母马，34 匹（41.5%）没有再次配种，另外48匹（58.5%）配种后仅有28匹（58.3%）妊娠，但最终妊娠足月分娩的只有23匹（82.1%），其余的均在妊娠的不同阶段流产。因此，如果难产发生后尽快在由于徒手操作或胎儿腐烂造成严重的细菌污染之前立即施行剖宫产术，那么剖宫产对母马以后的生育力没有太大的影响。Arthur（1975）报道指出，在2匹进行过择期手术后妊娠的母马，子宫切除术本身在这方面并不重要，重要的是施术时胎儿和子宫的状态。

20.1.4 猪的剖宫产术

与母犬一样，虽然母猪显然也需要施行手术治疗难产，但母猪产科手术难度很大，甚至在已经施行手术后也仍难以清楚地判定其发生难产的特定病因。

20.1.4.1 适应证

Renard 等（1980）报道，对57例手术进行的系列研究表明，手术的主要适应证是不可整复的阴道脱出（32%）、包括胎儿气肿引起的胎儿与骨盆大小不适（32%）、继发性宫缩乏力（23%），以及令人吃惊的是宫颈不开张（10%）。产前阴道脱出可以并发直肠脱、膀胱后倾（retroversion of urinary bladder），甚至妊娠子宫后倾，常常会造成大量的损伤和明显的水肿。临产时发生的阴道脱垂并不干扰分娩，但是若用手助产，可引起肿胀迅速加重，而且组织易于撕裂。原发性或继发性宫缩无力也是施行手术的重要适应证，这时由于胎儿娩出延迟，往往发生气肿。尤其是继发性宫缩无力，并非总是能容易地确定胎儿是否仍然在子宫中。如果隔着子宫或腹壁不能触诊到胎儿，或者听不到胎心，手术前需进行X线或超声波检查。母体发育不成熟、骨盆畸形、一侧或两侧子宫角捻转及胎儿畸形，如脑水肿和联体胎儿等，都是母猪剖宫产术不太常见的适应证。作为妊娠子宫切除术的替代方法，临产前也可采用择期子宫切除术，以获得无病原菌仔猪，然后由替代母猪或人工喂养。

20.1.4.2 麻醉

因为猪的保定比较困难，通常在深度镇静和局部麻醉或全身麻醉下施行剖宫产术。在户外情况下，最好的方法是先肌内注射1.0mg/kg阿扎哌隆（azaperone）和2.5mg/kg氯胺酮进行镇静，15min后再静脉注射2.0mg/kg氯胺酮和100μg/kg咪达唑仑（midazolam）（Clutton等，1997）。然后给母猪插管并用氧气/笑气（氧化亚氮）/氟烷维持麻醉。另外，也可在局部浸润麻醉辅以小剂量静脉注射2.0mg/kg氯胺酮和100μg/kg咪达唑仑混合液的情况下施行剖宫产术。Brodbelt和Taylor（1999）曾报道用两种药物混合肌内注射，这种方法比静脉注射更简便易行。混合液包括阿扎哌隆（2mg/kg）、布托啡诺（Butorphanol，0.2mg/kg）和氯胺酮（5mg/kg）混合液，或地拖嘧啶（detomidine，100μg/kg）、布托啡诺（0.2mg/kg）和 氯胺酮（5mg/kg）混合液。这种混合麻醉允许气管内插管，但在术部浸润麻醉的情况下也能施行剖宫产术。

Renard等（1980）推荐使用前位硬膜外腔麻醉（anterior epidural analgesia），但是这种情况下后肢轻度麻痹的发病率非常高，他们认为这可能是在坚硬地面上侧卧位保定所致。如果动物能在镇静的情况下充分保定，也可成功采用局部镇痛或腰旁神经干传导麻醉。

20.1.4.3 手术方法

剖宫产术可以在母猪身体任一侧的肷窝部直线切开或腹下部切开进行（图20.20）。将每个孕角拉到腹腔外切开，以减少对腹膜腔的污染。若胎儿未发生气肿，通常可通过在两子宫角中间的切口，从一个切口中拉出两侧子宫中的胎儿，对位于卵巢端和子宫角基部的仔猪，可向下挤压子宫角，通过切口抓住仔猪拉出。若胎儿气肿，就要在胎儿正上方或在胎儿之间做多个切口。仔猪的脐带长，即使在胎盘未分离时，也可在胎盘分离前用止血钳钳夹或结扎。未分离的胎膜可留在原位，不能用力扯出。因为猪的子宫角长，因此触摸整个生殖道检查其完整性很重要，以保证所有的仔猪都已拉出。子宫切口用可吸收缝合线内翻缝合。与母马一样，猪的子宫若缝合线拉得太紧，则易于撕裂。但如果术后用催产素治疗，可诱导子宫快速收缩，这种情况就不会发生。

20.1.5 母猪恢复率和死亡原因

除非胎儿和子宫严重感染，剖宫产后母猪通常恢复很好，Renard 等（1980）对78例未进行选择的病例进行的系列研究表明，母猪的恢复率为72%。死亡往往是由于毒血症并发休克引起，而且在手术之后很快死亡。可能在术前就能判断出将要死亡的母猪，因为这些母猪的四肢、双耳和乳房呈现特征性的点状发绀。母猪的腹膜污染要比大动物更容易避免，这是因为手术中能把子宫完全拉出体外。Renard等（1980）记录到的其他常见并发症包括便秘、由于母猪躺卧造成的运动障碍以及乳腺炎-子宫炎-无乳综合征（mastitis-metritis-agalactia syndrome）等。严重的手术前阴道脱在术后可再发，需要在阴道周围做暂时性荷包缝合。

图20.20 母猪剖宫产术的左肷窝皮肤切口位置

20.2 试情公牛和公羊的手术制备

在集约化管理的奶牛场，带有标记装置的试情公牛有时可用来协助进行发情鉴定（参见第22章），而使用试情公羊的目的则略有不同：首先，在将公羊引入到母羊群之前应保证所有的母羊开始周期性发情活动，引入公羊的目的是集中产羔；第二，加快乏情期母羊启动周期性发情，在一定程度上使发情周期同步化。

准备试情公牛时，可采用的方法包括用手术方法处理阴茎或包皮，阻止阴茎插入阴道；也可采用输精管切断术或通过注射化学刺激剂堵塞生殖道其他部分。手术方法有阴茎截断术（penectomy）（Straub和Kendrick，1965）、将阴茎固定到腹壁下部（Belling，1961）及部分地堵塞包皮开口等（Bieberly和Bieberly，1973）。然而，这些方法可阻止阴茎伸出和射精，基于这种原因，被认为能够导致射精失败和性欲快速丧失。而且，这些方法在英国被认为是不可接受的损毁（mutilations）。Rommel（1961）和 Jochle等（1973）都对从腹中线偏转包皮的复杂手术方法进行了介绍，但在英国仍不能被接受。

输精管切除术仍是普遍接受的准备试情公牛的方法。由于性交可以传播性病，输精管切除术后的动物仍保留正常的雄性攻击行为，并且过度劳累能丧失性欲，因此采用该方法准备的试情公牛可以不定期使用，效果令人满意。Pearson（1978）介绍了手术方法，特别强调了不合理的手术可能造成的“合理”并发症（possible legal implications of improper surgery）。在反刍动物，阴囊长而下垂，可通过在阴囊颈部切口暴露精索，在分离鞘膜蜕膜（tunica vaginalis reflexa）后，可以看到输精管呈特殊的致密的管状结构，位于其自己独立的睾丸系膜褶中（mesorchium）（图20.21）。用非吸收性线双重结扎输精管，在结扎线之间至少切除3cm的输精管。把睾丸压到阴囊内，以便将精索后拉到鞘膜内，缝合阴囊的皮肤切口，而鞘膜切口则不需闭合。谨慎的医生总是把切除的组织保存在防腐剂中，以便在以后与试情公牛接触的母牛或青年母牛妊娠时能够验证。是否进行常规组织学检查的价值令人怀疑，对公羊来说确实应该如此。输精管切除术直接影响精子质量（表20.1）；在公牛，性腺外储存的活精子在1~2次自然交配和人工采精后会完全耗尽，但是公羊可以在此后很长一段时间连续射出储存于输精管壶腹部的精子。虽然公猪往往不需输精管切除术，但是腹股沟切口或阴囊切口就能摸到公猪的输精管。

Pineda 等（1977）介绍了一种不丧失性欲的非侵害性化学绝育法，他们发现在公犬的附睾内直接注射二甲亚砜洗必泰（chlorhexidine in dimethyl sulfoxide，DMSO）可以引起长期的或许是不可逆的无精症。Pearson等（1980）对该方法的效果在公牛和公羊进行了验证。在公牛两侧的附睾尾注射5ml药液后2周内4头公牛变得无精子，而且至少在54周的试验期内一直无精子。该药液为含有3%葡萄糖酸洗必泰（chlorhexidine gluconate）的50%DMSO溶液。在公羊进行的相同的实验及临床试验结果同样令人鼓舞。

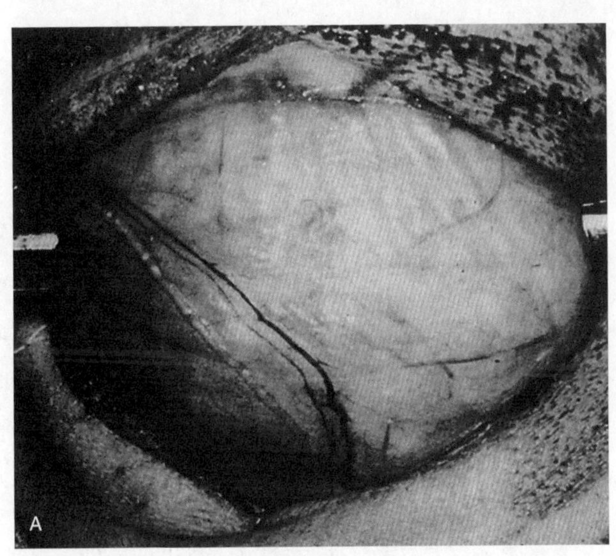

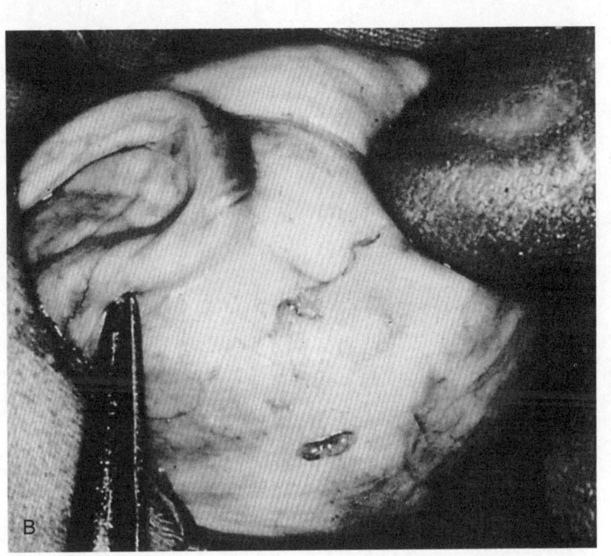

图20.21　A. 公牛的输精管切除术。经阴囊颈部的皮肤切口抬高精索；B. 分离腹膜鞘状突（tunica vaginalis reflexa）后，显露出输精管

表20.1　双侧输精管切除术（0d）对公牛每天射精时精子质量的影响

精　子	输精管切除术前后的天数						
	−2	−1	+1	+2	+4	+6	+8
活力	5+	4+	−1	0	0	0	0
密度（$\times 10^6$）	3605	2200	1465	70	10	5	0
体积（ml）	3.5	1.5	1.5	3.0	1.0	1.5	1.0
精子数（%）							
正常活精子	86	70	8	0	0	0	
正常死精子	14	20	84	78	92	80	全部死亡
异常活精子	NR	NR	NR	120	4		
异常死精子	NR	NR	NR		4	20	

NR：未记录

第21章

母犬和母猫的生殖道手术

Gary England / 编

魏锁成 / 译

普遍进行的母犬的生殖道手术已经有50多年的历史，虽然手术材料已有了明显的改进，麻醉方法和操作技术日趋成熟，但是卵巢子宫切除术（ovariohysterectomy）仍然是小动物临床最常用的一种手术，但对这种手术潜在的并发症往往估计不够。本章的主要目的在于论述母犬和母猫的常用手术干预方法。

21.1 卵巢子宫切除术

21.1.1 适应证

在许多国家，卵巢子宫切除术是预防宠物意外发情和妊娠的最常用的择期手术，在一些国家，卵巢摘除术（ovariectomy）已成为越来越普遍使用的外科技术，尤其是幼年动物（见后述）。手术绝育的一个重要临床意义就是预防包括子宫积脓和卵巢肿瘤在内的生殖道继发性疾病，而且，如果在第一次或第二次发情前施行手术，可以显著的预防乳腺肿瘤的发生（Schneider等，1969）。虽然摘除卵巢对已发生的乳腺肿瘤作用有限，但是，仍经常通过摘除卵巢的方法，以期来减少其他新的受孕酮或雌激素刺激的新损伤的形成。卵巢子宫切除术也可能对晚期阴道肌瘤（vaginal leiomyomata）的发生具有一定作用（Kydd 和 Bumie，1986）。

卵巢子宫切除术最重要的临床适应证是治疗子宫积脓（后文详述）。手术治疗依然是子宫积脓的首选方法，但有研究表明，用前列腺素、促乳素抑制剂及两者合用可成功地治疗子宫积脓。

卵巢子宫切除术也可以与剖宫产术同时进行，或者作为择期手术（择期绝育）或者是作为治疗子宫损伤、感染或梗死的一种紧急手术，也可能只是在妊娠期间进行的绝育手术。事实上，自相矛盾的是妊娠中后期是择期摘除卵巢的最安全时间，因为这个阶段卵巢系膜伸展，很容易止血。

猫卵巢子宫切除术的一种不常见的适应证是产后子宫外翻（postparturient eversion of uterus）（图21.1），该病可经阴道切口显露和结扎血管，在病变处切除子宫。除组织严重水肿或创伤外，最好是轻轻地牵引子宫，当外翻减轻后，在剖宫术时进行卵巢子宫切除术。

极少数情况下，临床医生可选用整体卵巢子宫切除术（en bloc ovariohysterectomy），以此作为治疗难产的方法，但该方法的术后并发症相对较高，尤其是需要输血（Robbins和Mullen，1994）。

母犬的卵巢肿瘤不常见，但粒细胞瘤和卵巢囊腺瘤（ovarian cystadenoma）可采用卵巢摘除术成功进行治疗（图21.2和图21.3）。如果卵巢囊腺瘤没有明显转移，只是位于浆膜上或隔膜隆起部的淋巴管中（lymphatics on the dome of the diaphragm），均可采用卵巢摘除术进行治疗。摘除卵巢对治疗黄体期难以稳定的糖尿病也有好处。在这两种情况下均应施行卵巢子宫切除术，而不是采用单纯的卵巢摘除术进行治疗，因为这两种疾病均发生在老龄动物，子宫通常变厚，大多数外科医生不可能将其留下。

21.1.2　手术时间

择期卵巢子宫切除术施术的最佳时间是在乏情期（通常是上次发情结束后3～5个月），以避免医源性假孕（iatrogenic pseudopregnancy）。摘除卵巢（含有黄体）后可诱发医源性假孕。尽管手术可以在前情期进行，但是最好避开发情期，由于此时皮下、子宫和卵巢的血管分布增加，生殖道的脆性增加。手术的另一个时间为发情后第3～4周，这时不可能出现医源性假孕，生殖道恢复到血管分布较少和脆性降低的状态。

第一次发情前进行卵巢子宫切除术和卵巢摘除术的情况日益增多（Salmeri等，1991），因其具有许多显著优点，包括造成永久性不再发情，继发卵巢肿瘤的风险最小，手术操作简单和恢复快速等。手术实际上副作用很少（Howe，2006），但副作用一般包括如下几方面：

- 增加尿失禁的危险
- 形成幼稚形阴门
- 被毛生长不良
- 延迟生长面（growth plate）的闭合，增加长骨体生长部骨折的危险，尤其在猫
- 增加肥胖的风险

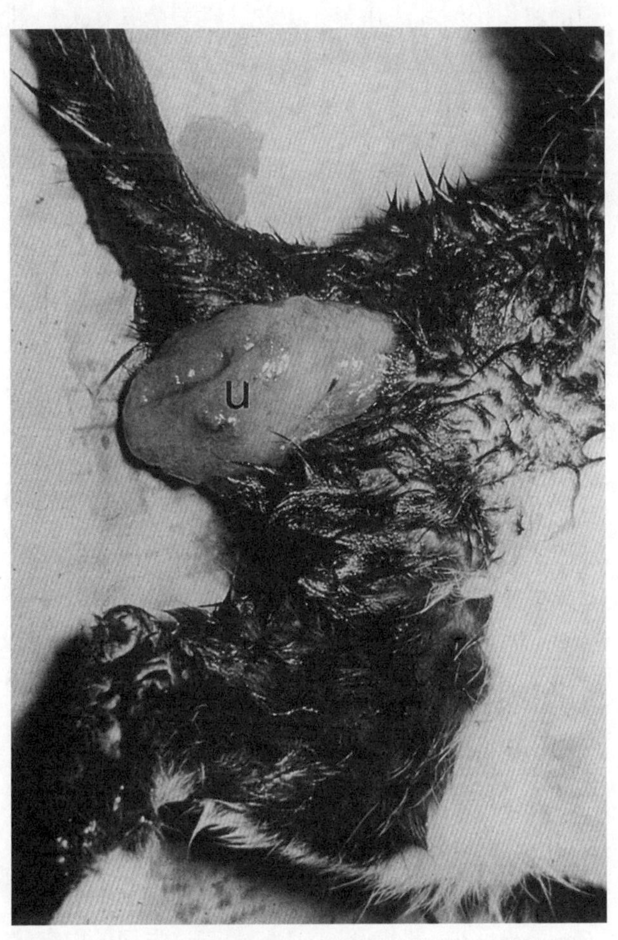

图21.1　母猫产后子宫外翻（U）

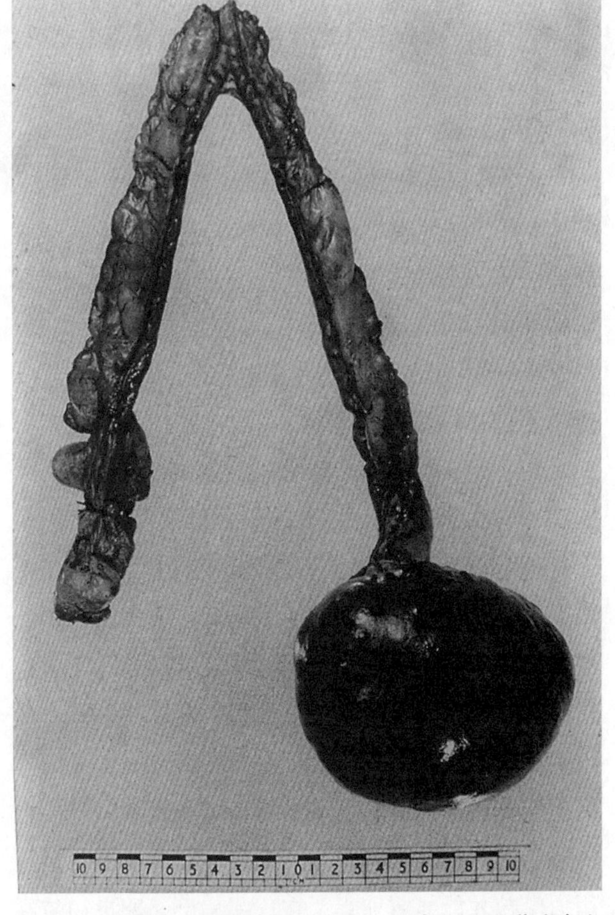

图21.2　母犬的一侧卵巢粒细胞瘤，导致阴门/阴道流出血性分泌物和出现性吸引力

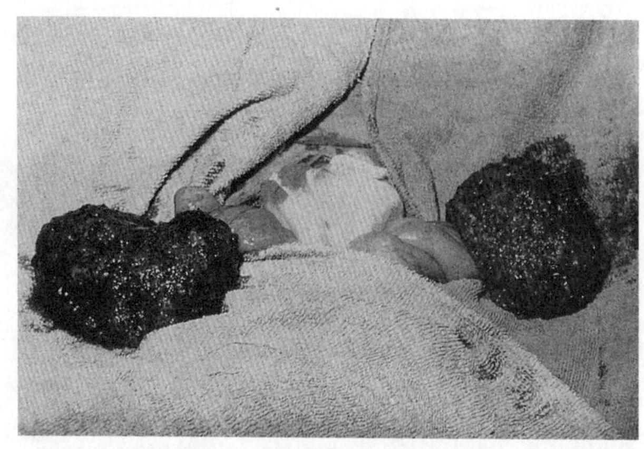

图21.3 与腹膜出血有关的母犬两侧卵巢囊肿

依笔者的观点，许多动物可在初情期之前绝育。但是由于一些特殊的禁忌证，使得手术推迟到第一次发情之后；这些特殊的禁忌证有：

- 母犬患有初情期前阴道炎（正常情况下只在第一次发情后才消退）
- 有些品种的母犬尿失禁风险增加[例如罗特韦尔犬（Rottweiler）、杜宾犬（Doberman）、古代英国牧羊犬（Old English Sheepdog）及某些西班牙猎犬（spaniels）]
- 母犬具有明显的攻击行为
- 有些品种的母犬绝育后被毛生长不良[例如，威尔斯激飞猎犬（Welsh Springer Spaniel）、爱尔兰塞特犬（Irish setter）等]
- 会阴发育不良或会阴构造不良的母犬

不过，这些观点仍需临床对比试验证实。

21.1.3 手术方法

卵巢子宫切除术是小动物临床的一种常用手术，往往认为操作简单，手术时间短，无需帮助，腹部切口小。然而实际情况并非经常如此，日常进行的卵巢子宫切除术技术性较强，尤其是在体型较大的犬和肥胖犬更是如此。施行该手术时，最基本的是腹部肌肉充分松弛和要有足够的切口长度。在进行择期卵巢子宫切除术的肥胖犬及深胸犬，只有用力牵拉才能显露卵巢，在这些病例，卵巢韧带在卵巢系膜紧张时才能看到，施术时应切开，这样便于结扎血管，但是牵拉时很可能会撕裂组织。

选择适当的结扎缝合材料很重要，因为用不可吸收的多丝缝合线结扎，尤其是如果手术技术不熟练，可以引起直肠腹膜脓肿和肉芽肿，最终可能会形成一个或多个窦道，在腰椎下区向外排出脓汁（Pearson，1973）。选用的结扎缝合材料也应足够粗以便适当拉紧。

结扎卵巢蒂（ovarian pedicle）的正确止血方法是用三把止血钳，随后取掉最前面的一把止血钳，以便在受损组织部结扎拉伤的组织，保证止血钳充分压迫组织。然而，多数情况下由于显露不充分，脂肪多，组织很脆，此时只能放两把止血钳，在止血钳前面结扎，结扎方法是带上一些血管周围组织的贯穿结扎（transfixing ligature），不足之处是因为需要紧贴在卵巢下面的止血钳前方结扎，所以必须等松开止血钳后，才可对钳夹在止血钳齿槽中的组织用结扎线压紧。因此，重要的是在齿槽下方结扎牢靠。结扎后，在两把远端的止血钳之间穿过卵巢蒂，以方便从腹部把卵巢提起，然后用无损钳夹住卵巢蒂，取下留置的止血钳，便于观察蒂部的出血状态。阔韧带血管较少，但在化脓性子宫炎（pyometritis）和妊娠后期的病例仍需进行结扎。另一侧卵巢重复如上操作，轻轻牵拉时，在切口中就会看到子宫颈和阴道。用环形结扎（encircling ligature）或贯穿结扎在阴道前端处牢靠结扎外侧的子宫血管。贯穿的结扎线可在阴道内被污染，最后会变成感染灶，有继发性出血的倾向。在化脓性子宫内膜炎和妊娠期子宫切除术的病例，明智的方法是靠近主要的阴道结扎处，小心单独结扎每对子宫血管。然后在阴道前方横断组织，经切口拉高断端，以便在放入腹腔前观察出血状态。切口端不需闭合或内翻。常规关腹前应观察卵巢蒂和阴道残余端。

虽然在小动物临床上，腹腔镜手术（laparoscopic surgery）的进展很快，但就绝育方法而言，最常用的依然是腹腔镜卵巢摘除术（laparoscopic ovariectomy），关于这方面的内容将在下文论述。

21.1.4 并发症

卵巢子宫切除术的并发症已有文献详细介绍（Pearson，1973； Dom和Swist，1977； Burrow等，2005）。术中、术后并发症的发病率和总发病率分别为6.3%、14.1% 和20.6%（Burrow，2005）。出血是死亡最常见的原因，经常起因于卵巢蒂、阴道残余端和阔韧带血管的结扎失败。在大多数病例，闭合切口前仔细观察这些部位是否有血液渗漏，但有些病例在手术后会立即发生腹膜出血（haemoperitoneum）。特别在麻醉苏醒时间比预计的更长的动物要充分注意这种情况。此外，还可能出现心动过速、呼吸迫促、黏膜苍白、弱脉及毛细血管再充盈时间延长等情况。血液可从伤口渗出，腹部扩张。在术后期，对这类情况难以决定是用保守方法还是通过手术方法干预。若病情是进行性的，剖宫术之前首先要静脉输液稳定病情，经原切口探查腹腔，必要时可延长切口以便仔细观察卵巢蒂和阴道残余端。一旦切开腹膜，最好是拉出小肠，放在生理盐水浸湿的创布上，仔细检查卵巢蒂。将组织上附着的液体蘸吸干净对仔细检查局部极为有用。通过确定十二指肠（紧贴着右侧腹壁），并将其拉到左侧，这样会使整个腹腔内脏偏离右侧（因为腹腔内容物包在十二指肠系膜内），以利于充分暴露右侧卵巢蒂，方便查看，这样就很容易判定右侧卵巢蒂的位置。在左侧利用降结肠，进行类似的操作。经切口向后翻转（retroflexing）膀胱，就可看到阴道残余端，这样可从背侧检查阴道，从腹腔背部检查阔韧带。一旦发现出血，就应进行新的结扎。如果凝血机能发生紊乱，则会出现多个出血点。

在有些病例，卵巢子宫切除术后的一段时间内，阴门中会排出血性分泌物，这可能是阴道残余端结扎线周围的组织坏死或者局部感染所致。极少数病例严重出血，需要立即重新切开断端。多数病例可自愈，可采用抗生素疗法和液体支持疗法直到痊愈。

在有些病例，阴道残余端的结扎中可能包含有远端尿道，或者在卵巢蒂结扎中可能包含有近端尿道，通常是单侧性的，可导致肾脏肿大和肾盂积水。如果能够在术后很快诊断，随着肾功能恢复，可切除结扎。否则动物会患病，肾功能丧失，则需进行肾输尿管切除术（nephroureterectomy）。

在极个别病例，卵巢子宫切除术后发生子宫断端肉芽肿（uterine stump granuloma）（图21.4）或子宫积脓。若在子宫颈前方进行子宫切除术，或一侧卵巢仍留在原位或给母犬使用了外源性生殖类固醇激素，就只发生子宫积脓，其临床症状与普通的子宫积脓相似。大多数病例，留下一侧的卵巢或一部分卵巢会引起母犬再次表现发情行为，这将在下文讨论。

阉割的一种潜在的长期的严重并发症是尿失禁，母犬卵巢子宫切除术后尿失禁最常见的原因是括约肌机能不全。尽管确切的病因学尚不清楚，但这种情况可能是多病因性的，而卵巢子宫切除术似乎只是其中的主要原因。Ruckstuhl（1978）报道术后1年内79只犬的总发病率为12%，体型大

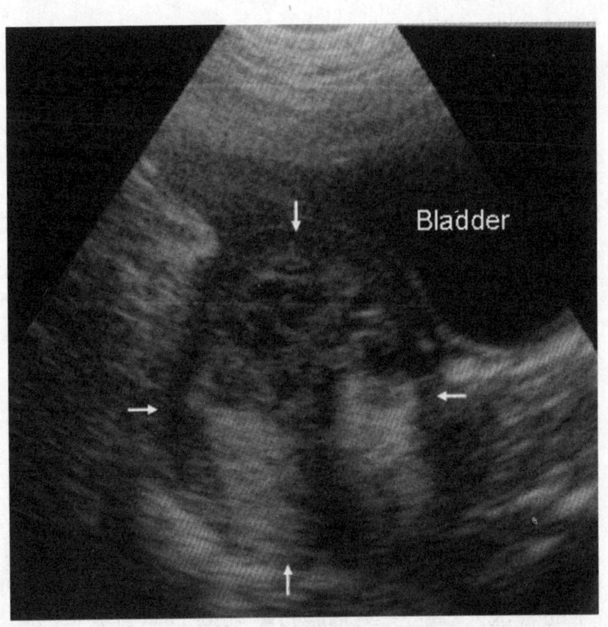

图21.4 卵巢子宫切除术后阴道残余端肉芽肿的超声影像（箭头）。肉芽肿呈混合的回声反射，并有脓汁积聚（黑色）和气体区（白色）

的母犬则达18%。对年龄与发病率之间的确切关系仍有争议，不过，Thrusfield（1985）通过对初诊临床病例的分析发现，6月龄及以上母犬各种获得性尿失禁与卵巢子宫切除术之间呈正相关。Holt（1985）在对母犬括约肌机能不全的研究中发现，在39只成年母犬的括约肌机能不全病例中，35只接受了手术阉割，大多数在术后1年内出现临床症状。Arnold（1993）也发现，20%的母犬在卵巢子宫切除术后发生尿失禁，12只母犬手术后尿道压力（urethral pressure profile）和尿道闭合压（urethral closure pressure）减小，但这些母犬没有一只发生尿失禁。一旦确诊，可通过应用外源性雌激素或α-拟肾上腺素药[例如，苯丙醇胺（phenylpropanolamine）]增加尿道压以控制本病的发生。手术治疗包括尿道固定术（urethropexy）或尿道悬吊术（colposuspension），以增加尿道的有效长度（White，2001）。

卵巢子宫切除术的其他副作用是母犬丧失调节摄食的能力。在这种情况下，畜主可以通过仔细监测饲养和运动方式，预防肥胖症而进行控制。

有人建议，通过把卵巢组织移植到内脏静脉（splanchnic venous）引流区，可以至少在短期内维持正常的内分泌状态（Le Roux和Van der Walt，1977）。对这种技术进行的研究不多，但是将卵巢的片段移植到胃壁，会导致卵巢的分泌物在肝脏内代谢，结果是发情周期的临床表现在发情前消退。更重要的是移植部的肿瘤发病率增高（Arnold 等，1988），故不再推荐使用该技术。

21.2 卵巢摘除术

在英国和美国，卵巢摘除术（ovariectomy）是母犬和母猫不太常用的手术绝育方法，人们经常错误地认为切除子宫是绝育的基本方法（Schaefers-Okkens 和Kooistra，2002）。事实上，许多欧洲国家的兽医外科医生经常施行单独的卵巢摘除术。单纯的摘除卵巢与卵巢子宫切除术相比具有如下几个优点：

- 操作方法快速，损伤少
- 切口部位更靠前，能更充分显露卵巢蒂
- 有迹象表明术后尿失禁的发病率较低

摘除卵巢后，子宫萎缩变小，如果不用外源性生殖类固醇激素处理母犬，则随后就不可能发生继发疾病。实际上，唯一常见的自发性发生的子宫疾患即化脓性子宫内膜炎，其发生也取决于卵巢的周期性活动。卵巢摘除术也可以预防因子宫血管结扎不彻底而引起的手术性出血，也可用于防止偶然情况下因阴道残余端结扎处感染所引发的致命性延期出血，也可以用于防止将尿道结扎及降低子宫断端发生粘连的危险。该方法具有和卵巢子宫切除术相似的优点，可避免子宫积脓与其他子宫疾病，若是在第一次或第二次发情前进行手术，则能预防乳腺肿瘤。就本人的观点来看，卵巢摘除术是青年母犬首选的方法，而在已经出现子宫变化的成熟母犬，则应考虑施行卵巢子宫切除术。对两种方法利弊的分析，读者可参阅最近发表的文献（van Goethem等，2006）。

21.3 腹腔镜卵巢摘除术

腹腔镜手术技术已取得了显著进展，已有文献专门介绍了其在卵巢摘除和子宫卵巢摘除术中的应用（Austin等，2003； Mayhew和Brown，2007）。卵巢摘除术难度不大，在青年动物可以快速安全的进行，术后恢复时间短（Davidson 等，2004）。毫无疑问，该技术将来会得到显著发展和广泛应用。

21.4 子宫积脓时的卵巢子宫切除术

在药物治疗犬子宫积脓方面已取得显著进展，包括使用前列腺素、促乳素抑制剂与前列腺素及孕激素受体颉颃剂[例如，阿来司酮（aglepristone）]合用等。经阴道对子宫进行导管引流的非手术方法已有介绍（Funkquist等，1983； Lagersted 等，1987）。尽管如此，手术依然是大多数情况下的首选方法。

子宫积脓时卵巢子宫切除术的手术方法与手术阉割相似，但经常会遇到以下很多问题：

• 由于呕吐，可导致体液电解质和酸碱平衡紊乱
• 肾功能障碍
• 脓毒症（腹膜腔可能被脓汁污染）和内毒素明显升高
• 低糖血症或高糖血症
• 肝损伤
• 心源性心律不齐（cardiac dysrhythmias）
• 凝血异常（White，1998； Hagman等，2006）。

所有病例必须静脉补液，在动物衰竭时，首次输液的速度要达到每小时每千克体重90ml。通常用平衡电解质液，因为最常见的酸碱紊乱是代谢性酸中毒。哈特曼氏（Hartmann's）液可能最有效。理想情况下，应监测电解质及pH状态，因为有可能出现严重的酸中毒和低血钾症。同时要评价肾功能，输液量应使排尿量在每小时每千克体重90ml以上，在这样的条件下肾功能可纠正许多酸碱平衡紊乱。低血糖是脓毒症的常见继发症，并发性酸中毒会损害糖的生成（gluconeogenesis），因此建立血葡萄糖浓度极为重要，以便治疗低血糖。在大多数脓毒症病犬，通常分离到的病原菌主要是埃希氏大肠杆菌、葡萄球菌属和链球菌，因此头孢菌素是首选的抗生素。

手术方法与择期阉割术相似，但是子宫更脆弱，拉出子宫时可能会有撕裂的风险（图21.5）。一旦子宫拉出体外，应该用生理盐水浸湿的纱布裹住，与腹腔隔离。常规方法结扎卵巢蒂。子宫阔韧带中血管往往较粗，需要结扎，而不是与简单的卵巢子宫切除术一样直接撕断。至于子宫残余端是否是最佳切除部位尚存在争论。正常情况下，在阴道前端用可吸收缝线结扎卵巢蒂，并将其横断，断端不应缝合或外翻。若断端被污染，应在关腹前于断端上方缝合网膜。若脓汁大面积的污染腹腔，则应首先吸干脓汁，用几升温热的生理盐水灌洗腹腔。严重病例应进行腹腔开放引流。子宫积脓卵巢子宫切除术后的并发症与卵巢子宫切除术相似。

用于治疗子宫积脓时的卵巢子宫切除术有时因一段子宫角箝闭在子宫疝内而变得相当复杂（图10.4）。这种情况下可能需要同步施行疝修补术（herniorrhaphy）与剖宫术，但是应首先进行术前排脓，以试着解除箝闭，按正常方法切除子宫。与此相反，在疝修补术时有可能切除整个子宫，但不建议采用这种方法。

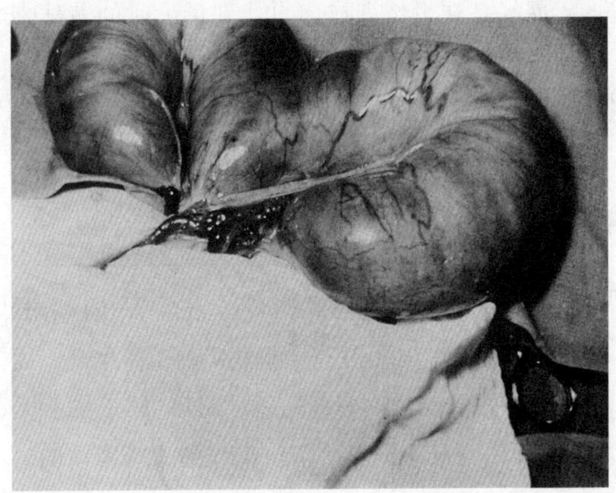

图21.5　拉出子宫积脓母犬子宫（注意显著扩张的子宫角使子宫壁脆性增加）

21.5　卵巢残留综合征

在母犬和母猫，卵巢残留综合征（ovarian remnant syndrome）通常是整个卵巢（多数是右侧）或部分卵巢因手术操作失误被遗留下的结果（Sontas等，2007）。根据作者的经验，卵巢细胞在腹腔定殖非常罕见，可能是因为在这些品种的动物存在卵巢囊。通常，母犬能恢复到有规律的发情，但母犬完全子宫切除术后不排出红色分泌物。有子宫残留时，也可发生断端性子宫积脓。

在黄体期已经摘除了卵巢的所有母犬，可突然出现临床假孕，有些临床医生误认为存在卵巢残留，但事实并非如此。

虽然有些母犬在发情周期的各个阶段及手术阉

割后表现出性行为，有些母犬因患轻度阴道炎而吸引公犬，但发情症状可用于诊断卵巢残留综合征。确诊需要检查发情时的阴道涂片，可见有大的无核上皮细胞（可能不存在红细胞）。此外，在这类犬监测不到正常母犬在出现发情的临床症状后2周检测到的血浆孕酮浓度。孕酮浓度升高表明卵巢残留中有黄体组织。母猫只在排卵后产生孕酮，也可在表现发情症状时用人绒毛膜促性腺激素（hCG）诱导孕酮的产生（England，1997）。

最好是在发情期或卵巢达到最大时的黄体期早期进行手术探查。通常可在卵巢蒂的脂肪中触及到卵巢。若未发现卵巢，则可谨慎地摘除两侧卵巢蒂，卵巢蒂中往往包含有残留组织。

21.6 母犬的剖宫产术

当母犬妊娠超过65或66d时，畜主往往担心分娩延期，然而，人们往往误解正常的生殖生理，因为虽然“内分泌学”妊娠期（‘endocrinological’ length of pregnancy）是指从排卵到分娩启动的时间，这个时间固定为63+1 d，但妊娠的表观长度变化范围较大。妊娠期的表观长度是指从交配之日到分娩之日的时间，各个品种的正常母犬为56～72d（Krzyzanowski等，1975）。这种变化可能与配种过早以致精子在母犬生殖道内等待卵母细胞（引起表观妊娠期变长）有关，也可能与在受精期快结束时配种以致卵母细胞等待受精（引起表观妊娠期变短）有关（图21.6）。

真正的妊娠期延长几乎没有任何原因，通常与症状不明显的原发性宫缩乏力或难产有关。另一些病例，妊娠期没有逾期，而是误将母犬假孕认为是妊娠。

在生理学妊娠期长度内的母犬和未妊娠的母犬不表现异常的临床症状。原发性宫缩乏力的母犬阴道排出分泌物的量很少，可表现为子宫及腹壁收缩，畜主往往观察不到。随后胎盘分离，阴门内排出绿色分泌物。母犬呈现全身性病症，胎儿死亡并腐烂，阴门内排出大量的分泌物。开始时，直肠温度正常，但随后增高，最后低于正常。

有几种方法可用于计算母犬的预产期。若在发情期监测母犬，从排卵到分娩的时间受到精确控制（63+1d）。因此，可通过检测血浆孕酮浓度确定最佳的交配时间，从而用来确定分娩的时间（Kutzler等，2003）。同样，也可使用研究发情期的阴道细胞学的方法，因为在分娩之前出现后情期阴道涂片的细胞学变化，这个时间比较固定（58 + 4d），但不如以排卵的时间计算那么精确。第三种估算方法是建议畜主在妊娠的最后3d测定直肠温度，每天测2次。直肠温度下降预示大约在12～36h内分娩。不过在许多母犬并不进行这些监测，因而重要的是要进行充分的临床检查，以确保母犬临床健康并已妊娠。因此测定血浆孕酮浓度可以用来确定分娩是否临近。孕酮浓度大约在产仔前24～36 h降低（图 21.7）。因而，血浆浓度降低表明分娩已临近，或者分娩已经开始，而血浆浓度高则表明分娩尚早（England 和 Verstegen，1996）。孕酮浓度的测定在普通实验室可

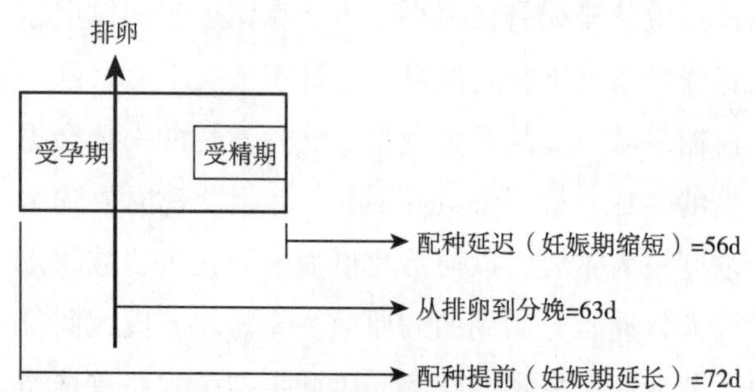

图21.6 从排卵到分娩的时间恒定为63+1d，但如果在可受精期快开始时配种，则妊娠期可能延长，反之，如果在受精期快结束时配种，则妊娠期可能缩短

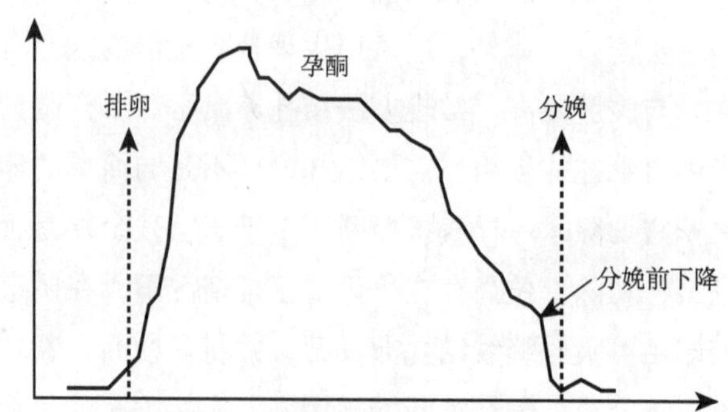

图21.7 妊娠母犬血浆孕酮浓度的变化

分娩启动前24～36 h 孕酮浓度出现产前的显著降低（箭头所示）

用酶联免疫试剂盒（ELISA）就可进行。

常规判定母犬难产的主要障碍是，除可观察生殖道后部外，几乎不可能进行适当的体内检查。除了在体格最小的犬种外，用手指进行阴道探查子宫颈甚至也超出了检查范围，因此只能用内窥镜检查子宫颈。因而，临床医生必须要充分依据临床表现、阴门分泌物的性质、血浆孕酮浓度及直肠温度，根据正常分娩的经验对这些观察作出分析判定。

在母犬和母猫未见有子宫颈不能扩张的情况。正常分娩时，自发性的腹壁努责的开始意味着子宫颈松弛和阴道前端的孕体刺激引起了骨盆反射。在分娩过程的第二阶段，腹壁收缩的性质发生改变。起初，努责时间短，但随着胎儿进入阴道，努责持续的时间和强度均增加。由于胎儿使会阴部扩张，努责变得剧烈而持续。在显著发生难产的病例，这种方式的努责表明胎儿已经位于产道中。

原发性或继发性宫缩乏力是母犬发生难产的主要原因。腹壁和子宫收缩基本上是同步的，但是强度不一定相同。因此，不能把持续的强而有力的非自主性努责认为是连续的子宫收缩。这种考虑很重要，因为子宫收缩是此阶段最为强力的产力，无论腹壁努责的程度如何，子宫收缩都是分娩必需的关键力量。子宫收缩是非自主性的，但是努责则可以有意识的抑制，通常可以预料到在第一个胎儿娩出前会很疼。重要的是要认识到正常分娩过程中有休息期，其实在腹壁和子宫收缩停止时母犬会有睡眠。这种行为并非说明宫缩开始迟缓。就此而言，有趣的是要充分考虑正常产出胎儿之间的间歇期。在对50只正常产仔的母犬的研究中发现，最短的间隔期为10min，最长的达360min（England，未发表的观察结果）。在多胎犬种，期望所有的胎儿都活着产出是不现实的。绝大多数情况下最后产出的胎儿往往是死胎。许多正常的母犬，第一个子犬娩出前的努责时间要比胎儿产出的间隔时间明显较长，从尿囊绒毛膜破裂到前置的胎儿产出，往往长达2 h。一般来说，青年的初产母犬难产的发病率最低。许多在生命后期患有原发性宫缩弛缓的母犬往往能正常娩出第一个胎儿。

21.6.1　适应证

在大动物，难产的原因往往可以确诊，但是在母犬却不可能。因此，决定进行手术主要依据对病例情况的主观判断，包括：

- 品种
- 分娩持续的时间和进展情况
- 出生和未出生胎儿的数量及活力
- 阴门分泌物的性质
- 努责方式的变化情况
- 母犬的健康程度
- 阴道检查情况，虽然这种检查很难提供有价值的发现

有时常常难以确定难产是否会随后就发生，对这些病例的正确管理，需要丰富的经验和合理的临床判断，而不要总是求助于剖宫产术。因此，合理地判断何时进行手术干预要比归类分析母体性或胎儿性难产的原因要更为现实，因为在有些情况下，母体及胎儿性原因均可能是需要进行剖宫产的正当理由。

Freak（1975）在讨论母犬难产时，介绍了三种形式的分娩延迟：（1）分娩启动延迟，（2）分娩进程延迟（3）虽然努责强烈，但分娩延迟。临床经验表明大多数难产病例正是以这些方式出现的。

分娩启动延迟（delay in the initiation of parturition） 分娩启动延迟可由多种原因引起，例如，母犬突然被转移到一个陌生的环境，造成心理性抑制，不利于分娩的正常进行。在个别动物，可能只是分娩的第一阶段比正常长。在这种情况下，了解尿水是否已丧失很有帮助，但更为重要的是鉴别来自胎盘边缘的暗绿色-黑色分泌物。尿囊液一直要到至少一个胎盘分离后才释放出来，如果其出现在努责或一个仔犬娩出前，表明可能发生了原发性宫缩乏力。在多数此类病例，这是子宫颈扩张的唯一症状，若仍有1个或2个胎儿存在，则需立即施

行手术。一个仔犬娩出后，无论死活，除非母犬表现有宫缩乏力的其他症状。这种分泌物就没有多大临床意义，对这种病例应仔细进行内窥镜检查，这有利于判定子宫颈的扩张的程度及阴道前部是否存在胎膜。

分娩的进程延迟（delay in propulsion during parturition） 分娩第一阶段正常的母犬，强烈努责3 h以上仍无进展时表明已发生难产，对这类病例应进行细致的超声诊断或腹壁听诊，以确定胎儿的活力。能听到胎儿心音说明胎儿还活着，胎儿的正常心率是母体正常心率的两倍以上（Verstegen等，1993），在危重（缺氧）的胎儿，通常可发现心动过缓。仔细进行阴道检查对发现阻塞性难产（obstructive dystocia）很有必要。这类病例难以判定，误诊的可能性很大，活的胎儿有可能在手术准备之时就会顺利的娩出。如果没有难产的典型症状，除了出现努责减弱或出现胎盘排出物外，这类动物应稍微多留一会儿以便观察决定。

尽管强烈努责，但娩出延迟（delay in delivery despite vigorous straining） 最后一个胎儿娩出后间隔的时间特别长，有时很难解释。在只怀有1个或2个胎儿的母犬，这个阶段的延迟是正常的，但是如果超过3 h且母犬仍表现强烈的努责，则可能发生了阻塞性难产，在进行阴道检查、腹部触诊或甚至X线检查和超声检查时可发现明显的病因。持续努责而无胎儿娩出的另一种解释是可能发生了原发性或继发性宫缩乏力。由于识别宫缩乏力的症状较为困难，主要是因为在宫缩乏力发生后，腹壁依然持续努责，因此对分娩第二阶段延迟的管理比较困难。遗憾的是，没有经验的饲养者和兽医常常会对这种实际情况熟视无睹。如果腹壁努责停止或努责的频率与强度减弱，虽然这种情况并非总是能够出现，但诊断为宫缩乏力还是很可信的。更好的方法是采用能够在腹壁外检测子宫收缩力的设备（Davidson 和 Eilts，2006）。对这些病例进行评价时，应该充分考虑一种假设，即在原发性宫缩乏力的情况下，延迟的时间越长，胎儿越有可能死亡。临床医生会通过经验得知，在这种情况下施行择期子宫切除术，要比等到所有胎儿都死亡要好得多。原发性宫缩乏力偶尔可由低钙血症或低血糖症引起，对适当的治疗会出现明显的反应。分娩的第二阶段末期发生的明显宫缩乏力很可能在性质上是继发性的，肌内注射催产素后可立刻发生反应（Bergstrom 等，2006a）。

犬难产的发生具有明显的品种差别（Bergstrom等，2006b），这对难产救治的临床决策很有帮助。Freak（1975）对非手术方法救治难产进行了详细的论述。某些胎儿性难产，很容易通过手指、手术镊或助产杠杆在阴道内操作矫正（参见第13章）。在母犬最后1～2个胎儿（往往死亡）难以自然娩出时，必要时可行全身麻醉，在阴道内用手术镊拉出胎儿。其实在这些病例，有时可以经腹壁操作，将胎儿挤入产道内。

一些短头（brachycephalic）品种犬，主要由于分娩耗时长，难产和死胎的发病率高，因此剖宫产术可作为一种常规方法实施。在其他一些情况下，例如骨盆畸形或妊娠期腹股沟子宫疝，可采用择期手术进行处治。无论何种原由，通常情况下手术都应推迟到分娩的第一个阶段开始以后进行，以避免胎儿早产。妊娠时间超过预产期的正常时限时，并不意味着要立即施行剖宫术。如果胎儿能够活动、能听到胎儿心音，而且母犬健康，无异常的阴道分泌物，则需仔细观察病情，直至出现其他症状。另外，用ELISA法检测到血浆孕酮下降，或直肠温度下降后，可考虑进行手术（Smith，2007）。

母犬妊娠期延长，有时可延长到70d以上，特别是只怀1～2个胎儿时妊娠期延长特别应引起关注。在“单一仔犬综合征（single-pup syndrome）”的母犬，胎儿的内分泌状态可能不足以启动分娩过程。分娩开始后，由于胎儿比正常大，因此不可能容易地通过产道。对此种病犬，最好的办法是剖宫产，以避免发生原发性宫缩乏力而造成胎儿死亡。

21.6.2 麻醉

在考虑进行母犬的剖宫产术而施行麻醉时，应记住如下几点：

- 母犬可能“正常”，或虚弱，需要精心的麻醉管理
- 往往没有充足的时间进行麻醉前准备
- 母犬可能刚刚饲喂过

因此，麻醉的总体目的是保证充分的氧合状态（oxygenation）（插管或吸氧），维持血容量和预防低血压（静脉输液），以使手术中和分娩后母体和胎儿的沉郁状态降低到最低程度（减少麻醉剂的使用量）。当选用最适宜的静脉输液的液体时，许多因素都很重要，例如，肺泡通气量（alveolar ventilation）增加（孕酮的作用）可引起呼吸性碱中毒，虽然扩张的腹腔可以降低潮气容量（tidal volume），导致呼吸性酸中毒；由于呕吐而引起胃酸丢失；由于手术造成血液流失等。最佳的选择应是乳酸林格氏液（lactated Ringer's solution），按每小时每千克体重10～20ml剂量静脉注射。

本文不可能在此讨论剖宫产手术时所有可选用的麻醉方法，读者可参考其他参考文献（例如，Gilroy和 De Young，1986）。不过有几点值得考虑。麻醉前用药时，最好不用阿托品，因为阿托品能够阻止胎儿对缺氧引起的心率过缓的正常应答，并使食道下段的括约肌松弛，很可能造成误咽。吩噻嗪类镇静剂（penothiazine tranquillizers）很有效，可使麻醉的诱导平稳，减少后期的诱导和维持麻醉的用药量，但这类药物能快速通过胎盘。应禁止使用α_2-肾上腺素受体颉颃剂（α_2-adrenoceptor agonists），例如米狄托米丁（mdetomidine）和盐酸二甲苯胺噻嗪（xylazine），因为α_2-肾上腺素受体颉颃剂具有严重的心肺抑制作用。同样，鸦片类药物对呼吸的抑制作用也使其不能广泛应用。诱导麻醉前可静脉注射甲氧氯普胺（metoclopramide，胃复安），以减少手术操作期间发生呕吐的风险。诱导麻醉时，最好避免用分离麻醉剂（dissociative agents），如氯胺酮，由于这类药对胎儿产生深度抑制作用。超短效苯巴比妥类药物和异丙酚（propofol）效果最好，它们能够快速的再分配或被代谢，因此对分娩后的胎儿作用不大。

就维持麻醉而言，首选挥发性麻醉剂，尤其是分散系数低的麻醉剂，例如异氟烷（isoflurane）（Funkquist 等，1997），该药可快速吸收和排出，它比溶解度高的挥发性麻醉剂（例如，氟烷，halothane）具有更好的心血管安全边际（margin of safety）。

虽然采用氧化亚氮（笑气）可减少其他药物的用量，但其可快速的经过胎盘，虽然其对子宫中胎儿的作用极小，但可引起产后显著的弥散性缺血。在某些病例，可用吸入麻醉剂诱导麻醉，在这种情况下可采用氧化亚氮通过第二气室效应（second gas effect）来加速麻醉的诱导。

尽管麻醉方案的选择取决于医生个人的偏好。但是，重要的是要认识到该方案可能对新生仔犬的影响（Luna等，2004）。不管选用哪种方案，在整个手术期间都要防止动物体温降低。

21.6.3 手术方法

通过腹中线剖宫术（ventral midline coeliotomy）可方便地到达子宫，但也有人采用腹胁部切口。正常情况下，大的乳静脉会妨碍腹中线切开，但是，结扎乳静脉后，深部组织不会出血。操作时应该谨慎，以保证不损伤乳腺组织本身。腹下部通路可以尽可能地在需要时在前端切开，可同时显露两侧的子宫角。切口的长度取决于胎儿的大小，理想的切口应足以能够拉出子宫。

手术的速度也很重要，其原因有二：保证胎儿缺氧最小及预防因妊娠子宫压迫后腔静脉引起的母体低血压。在体型高大的犬，斜向手术台侧卧位保定可减少对该血管的压迫。

一旦切开腹白线（linea alba），就须仔细操作，以防损伤子宫，因为子宫可能紧贴着腹白线。辨别出子宫后，最好将其拉出体外，用纱布裹住，

防止胎水污染腹腔。不过，由于妊娠的子宫壁很薄，极易撕破，所以对妊娠子宫操作时必须谨慎。有时，一次只能拉出一侧孕角。在血管相对较少的子宫体背侧面切开子宫，但在有些情况下有人在子宫腹侧切开。当胎儿嵌塞阻碍将其拉出时，可用后一种切开法，但是子宫腹侧切开时胎水更容易污染腹膜。切开子宫时，注意不要损伤其下的胎儿，最好先做一个小切口，再用手术剪扩大。习惯上首先拉出子宫体中的胎儿，然后把其余的胎儿挤到同一切口处（图21.8）。手术操作过程中，临近胎儿的胎膜往往破裂，可经切口抓住胎儿的末端（头部或者骨盆）牵引。切口处的羊膜囊破裂后，最好吸出胎水。可在距每个幼犬腹壁2 cm处钳夹脐带中的血管，在止血钳的远端切断脐带。有时，例如怀两个胎儿时发生原发性宫缩乏力，或者大多数胎儿自然娩出后发生继发性宫缩乏力时，胎儿可能位于对侧子宫角尖内，这时，需要在两侧的子宫角切开，而不是子宫体的一个切口。

一旦胎儿娩出，立即交给助手复苏。同时要仔细检查幼犬有无先天性异常，例如腭裂，如有必要可结扎脐带。在每个仔犬都娩出后，轻轻牵拉或轻轻挤压子宫壁并扭转脐带，拉出相应的胎盘。黏附很紧的胎盘应留在原位，用力拉扯会造成出血，而且这种出血量很大，特别是在玩具犬（toy breeds）。连附的胎盘在子宫复旧时会被排出，手术结束后应给予外源性催产素。重要的是要保证所有的胎儿都已经娩出，特别是应仔细检查两侧子宫角，向上延伸检查到卵巢和子宫体。

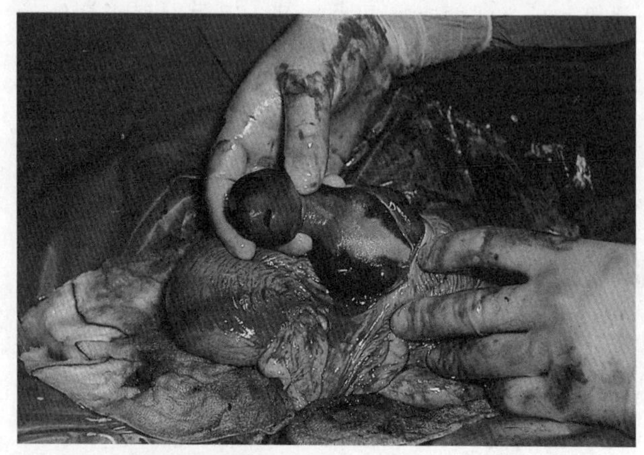

图21.8 经子宫体切口拉出胎儿

所有仔犬娩出后应检查子宫及其阔韧带，检查小的损伤以便随后修复。子宫应该迅速开始收缩和复旧。若子宫受损，可考虑施行卵巢子宫全切术，但有人建议应避免施行这种手术，因为这样可增加体液丢失并延长手术时间。

子宫切口通常用可吸收缝合材料[如羟乙酸乳酸聚酯910缝线（polyglactin 910）、聚卡普隆25缝线（polyglecaprone 25）和聚二恶烷酮缝线（polydioxanone），或羟基乙酸缝线（glycolic acid）]做两层连续内翻缝合，如库兴氏缝合或伦勃特氏缝合等，闭合子宫切口。这样对腹膜的污染最小。但是，如果腹膜污染，则应在关闭腹壁切口之前用几升温热的生理盐水灌洗腹腔。可将网膜置于子宫切口部以减少形成粘连的可能性。如果关腹时无子宫复旧的迹象，则可用催产素。由于催产素可使外周血管扩张，引起低血压，所以在低血容量的动物应慎用。在氟烷麻醉的动物特别需要使用催产素，已知该药物可以延迟子宫复旧。以常规方式闭合腹壁切口，但有人建议采用包埋式皮下缝合法（buried subcuticular sutures），这样仔犬吮乳时可不干扰伤口的愈合。

有时，剖宫产手术时可发生一些意外情况，如子宫扭转（猫比犬更多见），或子宫破裂。子宫破例可引起大出血和低血容量性休克，若子宫收缩复旧，则出血就会自发性地停止。子宫破裂可能与大多数报道的母犬所谓“子宫外妊娠（extrauterine）”或伪异位性妊娠（pseudoectopic pregnancy，假宫外孕）有关。这种胎儿被包裹在网膜和腹膜中，随后被严重钙化，但对母体无明显的伤害。

在长时间被忽视的难产，特别是胎儿已腐败的难产，子宫可能发生不可逆转的梗死或被产气性大肠杆菌或梭菌感染。缺血的局部可用重叠内翻缝合，但是，更大面积的梗死或深部感染则需切除子宫，这种情况下其预后严重，必须采用大量输液和抗生素治疗。被广泛采纳的正确观点是，如果遗留有胎儿，不论腐烂程度如何，最好用手术镊经阴道拉出，这可能忽略了子宫是厌氧微生物增殖的理想培养基的实际情况。这种胎儿拉出后母犬的恢复率较高，或许表明胎儿的腐败性变化更多的是由大肠杆菌引起，而非梭菌感染引起。

在需要进行剖宫产的母犬往往也可采用择期子宫切除术（elective hysterectomy）。在这种情况下尽管是否具有额外的风险完全是临床判断的问题，但是如果采用恰当的支持疗法，则风险不大。如果要计划进行剖腹子宫切除术（caesarean hysterectomy），只要有可能，就要避免做子宫切除术的预备切口，子宫和卵巢应整体（en bloc）完全切除（Robbins和Mullen，1994）。然而，一些病例在结扎阴道前，必须要先拉出嵌塞的胎儿。整体切除方法的主要问题是需要有足够数量的助手，以期同时拉出胎儿，并对其施行复苏处理。

大多数剖宫产会引起子宫发生粘连，而且并不总是在切口处。若今后施行剖宫产术，则这种粘连会严重地干扰胎儿的显露和拉出。

21.6.4 术后管理

剖宫产后，多数母犬能接受并舔幼犬，而且让幼犬哺乳，特别是有1～2个幼犬是在手术前自然分娩时。有时，当整窝仔犬都是剖宫产术产出时，母犬可能不接受幼仔，甚至对幼犬有攻击行为。对这种母犬开始时可轻度保定，以便幼犬吃奶，多数母犬会很快适应。若母犬不断地侵袭幼犬，可将幼犬保护在产仔箱的笼中饲喂，每隔数小时让母犬接触一次，直到母犬表现出正常母性行为。初生仔犬在产后最需要的不是食物，而是保暖并维持室温在30～32℃。产后推迟6 h左右喂奶对幼犬丝毫没有影响。如果让母犬吃掉胎盘，则通常在此后一两天可能会轻度腹泻。

术后的早期有两个特别的问题需要引起兽医注意。剖宫产后正常情况下由于子宫复旧，母犬可能会排出一定量的血液和其他子宫液，但连续的从阴门排出含有血液的分泌物说明胎盘附着部有大出血，特别是如果胎盘被用力拉出时这种可能性更大。这是一种危及生命的并发症，尤其是在小型犬，这种情况需立即用催产素治疗。应仔细监测动物的脉搏和呼吸次数，评价其心血管状态，尤其应观察黏膜是否苍白和触摸子宫的膨胀程度。血细胞压积（packed cell volumes，PCV）对这种快速出血毫无诊断意义，非口服的止血剂也不能有效地制止出血。唯一有效地治疗方法就是输血，或在没有全血时静脉补液。若血液不停地流失，该方法只能暂时有效。一旦动物的血液循环状态稳定下来，就要考虑施行子宫切除术。这是母犬剖宫产后一种可以避免的但是常见的死亡原因。

第二个令人担忧的病因是母犬持续性的强迫性气喘或强力呼吸（compulsive panting or hyperventilation），这在某种程度上会干扰母犬给仔犬哺乳的自然习性，甚至睡着。这种情况有时是由于头顶灯或其他设备提供不必要的额外热量引起，但是，多数往往是母犬自发性产生的，尤其是短头型犬，其在分娩的第一阶段和第二阶段也发生类似的情况。应测定血钙浓度，因为一些病例是由低钙血症引起的。血钙值正常时，除了给母犬镇静减少体力消耗外，几乎毫无办法。但是，镇静药会从乳汁中排出，因此影响幼犬。其作用通常在2～3d 后消退。

与其他动物一样，剖宫产后母犬对腹膜炎很敏感，不过，良好的手术技术和常规的抗生素治疗会使这种危险降低到最低程度。

自然分娩或剖宫产术后可发生间歇性子宫出血，其时间可持续数周，通常认为这可能与子宫复旧不全有关。这种出血对母犬的血细胞压积无很大影响，最好让其自然停止，因为激素治疗往往无效，此时的子宫对催产素不再敏感。在有些国家，偶尔可见到哺乳期的母犬从阴门排出血性分泌物，仔细检查会发现，这可能是在交配时由于传染性性病肿瘤（transmissible venereal tumour）造成的损伤所引起。

21.6.5 母犬恢复率、死亡原因和术后生育力

剖宫产手术后母犬的死亡率大约为1%（Moo等，1998）。剖宫产过程中或之后的死亡主要是毒血症和手术休克的综合作用所引起，或是由于子宫出血所致（Mitchell，1966）。选择安全的麻醉技术、常规输液和恰当的胎盘管理就会使母体死亡降低到最小限度。

关于母犬的剖宫产后的生育力目前尚无资料报道，但是肯定比较高，这可能是因为母犬的卵巢和输卵管完全受卵巢囊的保护，而且不会受到粘连的影响。

21.7 猫的剖宫产术

除非发生不被注意的宫缩乏力或难产，正常情况下，母猫不会出现妊娠期延长。从交配之日起计算天数可预算猫的预产期，但在许多没有系谱的母猫，饲养者往往观察不到母猫交配。但是，如果按上述方法，用ELISA测定血浆孕酮浓度则具有临床意义，仍然在正常生理妊娠期内的母猫，血浆孕酮浓度高，而患有原发性宫缩乏力的母猫血浆孕酮浓度低。

母猫剖宫产术的适应证尚无详细的文献记录，除具有系谱的母猫外，在其他母猫很可能采用妊娠子宫卵巢摘除术（gravid ovariohysterectomy）要比子宫切除术多，Joshua（1979）认为，母猫的宫缩乏力和胎儿过大没有胎位异常或胎儿畸形（例如，脑积水和全身水肿）多见。难产的母体原因包括骨折后的骨盆变形和子宫捻转，其可影响整个子宫或只是一个子宫角（图21.9）。

猫的剖宫产术可按在犬的基本原则，在全身麻醉下进行手术。母犬的手术通路和手术方法同样适用于母猫。除计划仍用作繁殖的母猫外，最好选用妊娠子宫切除术，而非一般的子宫切除术，母猫完全能够耐受该手术。长时间的难产后或子宫严重感染时，可采用抗生素和支持性液体疗法。由于子宫破裂，胎儿可进入腹膜腔内，但通常后果不太严重；患病动物即使不进行手术也能存活，胎儿的残余部分会被网膜或肠系膜包裹。

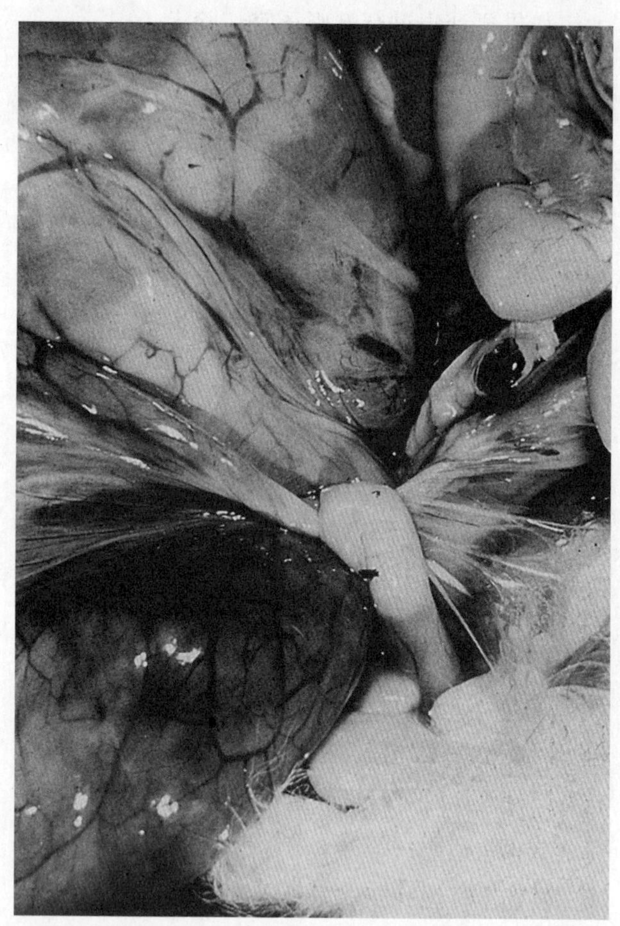

图21.9 母猫的单侧性子宫角捻转

第五篇

低育和不育

Subfertility and infertility

第 22 章

牛的不育及低育：生殖道结构及功能异常、管理不善及非特异性感染

Tim Parkinson / 编　　田文儒　赵兴绪 / 译

22.1　一般注意事项

生育力（fertility）是确定一头奶牛生产性能的关键决定性因子。对于肉牛和放牧乳牛（pastoral dairy cows），每年必须产一头犊牛。对于集中管理的奶牛（intensively-managed dairy cows），由于其可长时间维持高泌乳量，因此每年产一头犊牛的要求就显得不那么重要（Dijkhuizen等，1985），但即使在这些动物，必须定期产犊才能建立泌乳。

动物有规律的繁殖取决于生殖系统的正常功能。为了达到有规律的繁殖，奶牛必须要能发挥正常的卵巢功能，表现发情行为、交配、受胎，在妊娠期维持孕体发育，能正常分娩，产后恢复发情周期和正常的子宫功能。动物的管理、疾病、遗传特性都会对繁殖功能的上述各个方面产生影响。绝育（sertility）意味着绝对不能繁殖，但这种情况少见，而生殖力低下的低育（subfertility）则很常见。

22.1.1　不育的流行程度和经济损失

22.1.1.1　流行程度

最近20年发表的研究报道中均认为奶牛的繁殖力有所下降。在20世纪50年代及60年代，不育（infertility）的淘汰率在5%左右（如 Gracey，1960；Leech等，1960），但目前在英国为20%（Forbes，2000；Esslemont，2003），北美（Milian-Suazo等，1988；Ribeiro等，2003）、意大利（Bagnato，2004）和德国（Frerking，2003）报道的淘汰率与此相近。新西兰（Xu和Burton，2000）、巴西（Silva等，2004）、爱沙尼亚（Suurmaa等，2001）报道的是15%左右。由于不能受胎而强制淘汰（involuntary culling）及与生育力有关的淘汰是从牛群中淘汰奶牛的常见原因之一；因跛行和乳房炎而淘汰的牛，其数量与因生育力而淘汰的牛几乎相等（Dohoo等，1983；Gardner等，1990；Miller 和 Dorn，1990；Forbes，2000），由此造成的结果是因其他生产相关性状而淘汰牛的机会相对极少。

有人对此持批评观点，认为不能以淘汰率作为评价不育水平的标准，这是因为并非所有因不育而淘汰的牛就确实不育，实际上，在屠宰场对屠宰奶牛的调查发现，表面上因生育力而遭淘汰的牛中有很大比例的是妊娠牛（Singleton 和Dobson，1995；Sheldon 和Dobson，2003）。比淘汰率更可靠的判定标准包括第一次配种的受胎率以及空怀时间（或者从分娩到受胎的间隔时间），这些指标也都和生育力有相似的变化趋势。

事实上，在同一时间内奶牛第一次配种的受

胎率下降是极为严重的。Butler（1998）对纽约奶牛群的数据进行分析发现，第一次配种的受胎率从1951年的65%下降到1996年的40%（图22.1）。Lucy（2001）对同期的文献进行总结，也发现了相似的下降趋势。因此，当时的许多文献引用的第一次配种的受胎率为40%～45%（Dransfield等，1998；Joorritsma等，2000；Esslemont，2003；Bousquet等，2004），如果采用定时输精技术时甚至更低（约35%）（Pursley等，1998）。

尽管关于肉牛不育的流行程度的数据较少，但是不育在肉牛群也是一个很为严重的问题。尽管如此，产后乏情和泌乳期乏情是肉牛群最明显的问题，如果基于产犊模式（calving pattern）来淘汰动物，则可能会因为受胎失败而使动物的数量明显减少。来自新西兰的数据表明，有7%～11%的肉牛不能受胎（Morris 和Cullen，1998）。在澳大利亚北部的草场条件下，妊娠率可达到75%，但最低时可降低到15%（O' Rourke等，1991）。然而，在饲养场和集中管理的肉牛，曾有报道妊娠率高达98%（如Warren等，1988），第一次配种的受胎率在75%～80%之间（Brown等，1991；Mann等，1998）。

22.1.1.2 不育的经济后果（economic consequences）

Bozworth等（1972）曾认为，“在高产牛群，不育是重要的经济损失之一……而在大的牛群采用现代化的饲养和管理可能使这个问题更为突出”。

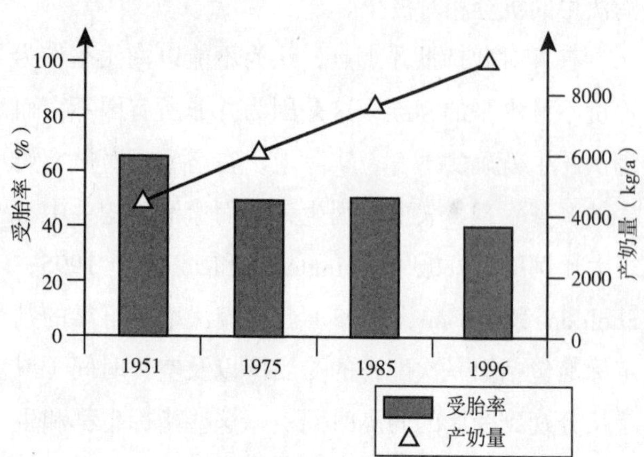

图22.1 纽约荷斯坦奶牛产奶量和受胎率之间的关系（经允许，引自Butler，1998）

这个观点在今天仍然正确。

在对奶牛群由于不育造成的损失进行的研究中，人们试图就不育对生产和财务绩效的；影响进行定量研究。结果表明，尽管在很大程度上取决于生产系统，但不育的代价是昂贵的。不育可导致乳汁生产减少、出售犊牛的收入减少、头产青年母牛替换成年母牛的替换率增加。不育的影响在某种程度上可从淘汰动物的销售收入中得到缓解，但这种缓解在很大程度上是认识问题，而不是实际意义上的缓解，这是因为用头产青年牛更换一头成年母牛的代价更高。

在20世纪90年代，来自美国的数据表明，每年每头奶牛由于繁殖问题所造成的损失总共为24.46美元，而由乳房炎引起的损失为35.54美元（Kaneene和Hurd，1990）。在英国，Esslemont（1992）计算出奶牛群的损失，在1992年，按照当时牛奶、饲料、犊牛、青年母牛替代成年母牛、淘汰奶牛等的价格，如果产犊间隔时间超过365d，每超出1d，农民的损失就高达3.35英镑。来自法国同一时期的数据表明，受胎率每提高1%，每年每头牛可增加10～20法郎的收入（Boichard，1990）。美国的资料也表明，受胎率每提高1%，每头奶牛每年可增加7.36美元的收入（Pecsok等，1994a）。提高发情鉴定率也能提高牛群的经济效益，Pecsok等（1994b）认为，发情鉴定率从60%提高到70%时，每头奶牛每年可增加价值6美元。

最近，Esslemont（2003）估计，英国奶牛群由于低育而造成的损失，在国有奶牛群，每头奶牛大约在180英镑左右，这远比之前的估测要高。为了使农场主能更好地理解由于生育力造成的损失，为其提供一种能更好地控制这些损失的工具，Esslemont及其同事建立了繁殖指数评分系统（Fertex Score），该系统可对繁殖性能的诸多方面进行经济分析，例如空怀天数（days open）、强制淘汰率（involuntary culling）、每受胎的配种次数（services per conception）和产后到配种自愿等待期（voluntary wait periods）变化造成的影响。健康指数评分系统（Healex Score）能够估测生殖

（和其他）疾病造成的经济损失（Kossaibati 和Esslemont，1997）。如果将Fertex Score和Healex Score系统结合使用，则可对各种提高生育力的方法进行更为精确的成本-效益分析。澳大利亚犊牛项目（Australian In Calf project）（In Calf 2000）采用了相类似的方法。值得注意的是，在Esslemont（2003）的模型中，由于淘汰引起的损失单位值最高（每替换1头牛约合800英镑），但产犊间隔时间延长在牛群水平对经济影响最大。

22.1.2 不育的原因概述

家牛并非为生育力特别高的动物，其每次配种的受胎率很少超过55%，而奶牛要远低于此数据。这是否是驯养造成的后果，人们一直很有争议：牛科动物中有些动物的生育力要比家牛高许多，但是这些种类的动物几乎不需要进行生产。

在家牛，很多因素可影响生育力。一个极端的例子是，在自然交配配种的牛，生殖道性病[例如，胎儿三毛滴虫（*Tritrichomonas fetus*）、胎儿弯曲杆菌性病亚种（*Campylobacter fetus* subsp. *venerealis*）]对生育力有着极为不利的影响。因此，许多国家的肉牛饲养公司受这些疾病的困扰，需要广泛进行大量的疫苗接种和控制计划来维持合理的生育力水平。对于奶牛来说，人工授精（AI）则是控制这些疾病的有效手段（如果这些传染病已从种用公牛彻底根除），但是在人工授精的奶牛，脲原体感染（ureaplasmosis）（脲原虫病）已经成为一种新的难以控制的生殖道性疾病，而且难以治疗。另外，子宫的非特异性感染也可能引起子宫炎复合症（metritis-complex diseases），这通常是由于分娩时卫生条件差、医源性难产（iatrogenic dystocia）（如通过胎儿过大）、生产和代谢性疾病以及其他营养原因所造成。小母牛的受胎率要比成年母牛高得多，这表明这些非特异性感染以及由于多胎次造成的对子宫的“磨损”和“损伤”是制约生育力的重要因素。

对生育力的损伤最为严重的是在奶牛。毫无疑问，由于代谢应激、饲料不平衡及产奶量与繁殖间的遗传负相关，高产可降低生育力，因此奶牛繁殖的几乎所有方面都会受到影响，例如发情行为表现、卵泡和黄体发挥功能的机制、子宫环境和孕体发育等。除此之外，大多数发达国家奶牛场可供雇佣的劳动力持续减少，发情检测率下降，因此不得不采用自动检测系统或者药物干预以维持受胎率达到可以接受的水平。

对奶牛生育力降低的后果之一其实也是认识问题，一个乳业企业要达到可持续发展，繁殖力必须维持在一个合理的水平，这会导致这样一种认识，因为生育力的降低是通过选择奶产量而造成的，奶产量和生育力之间存在遗传负相关，因此生育力也可通过遗传选择来提高。因此，很多奶牛繁育组织目前考虑将生育力和寿命（longevity）以及产奶量的育种值均包括在其选育计划中，这样可能会阻止生育力的遗传能力（genetic components of fertility）的降低（尽管目前尚未逆转）。同时这也为兽医在乳业企业的就业创造了机会，而不仅仅是像“橡皮膏”一样只针对低育进行工作，而是要更深入地参与对生育力的管理（全程参与喂养、畜舍、劳动技能等），以确保奶牛的生育力维持在能使企业本身可持续发展的水平。

22.2 奶牛个体的不育

生殖系统先天性和获得性异常均可影响生育力。先天性异常要比获得性异常少见得多。Kessy（1978）对从屠宰场收集的2000个奶牛生殖系统进行检查，发现只有6个样本（0.3%）具有先天性异常的迹象，而194个样本（9.65%）具有获得性病变。Al-Dahash和David（1977a）也证实了类似的情况。结构性异常通常只影响奶牛或小母牛个体，因此不可能对牛群的生育力产生严重影响。

大多数获得性病变见于经产牛的生殖道，说明母牛在妊娠期、分娩过程中和产后期发生的病变是极为重要的。Al-Dahash 和David（1977a）的结果总结于表22.1。

表22.1 生殖异常的发病率（引自Al-Dahash和David，1977a）

异 常	数 量	%
样本总数	8071	
妊娠总数	1885	23.36
未孕	**6186**	**占未孕样本的百分率**
卵巢囊肿	200	3.23
有正常黄体的卵巢囊肿	94	1.52
卵巢囊肿并发子宫积液	13	0.22
卵巢囊粘连	148	2.39
子宫粘连	19	0.31
子宫未复旧	136	2.20
子宫积脓	68	1.10
输卵管积液	65	1.05
子宫积液	14	0.23
胎儿干尸化	22	0.36
胎儿浸溶/胎儿气肿	8	0.13
卵巢肿瘤	14	0.23
生殖道节段性发育不全	3	0.05

22.2.1 卵巢病变

22.2.1.1 先天性病变

卵巢的先天性病变很少。见有报道的病例包括一侧或双侧卵巢缺（如卵巢发生不全，ovarian agenesis），伴发有幼稚型生殖道（infantile genital tract）和缺乏周期性行为表现。Fincher（1946）曾在3个同母异父小母牛（maternal half-sister heifers）观察到卵巢缺失（virtual absence of ovaries）具有明显的遗传特性。

卵巢发育不全（Ovarian hypoplasia）略为多见。发生本病时，单侧或双侧卵巢较小，无功能活动，并且主要由未分化的实质组织（parenchyma）组成。卵母细胞和卵泡几乎缺失。除了瑞典高地牛（Swedish highland breed）的性腺发育不全综合征（gonadal hypoplasia syndrome）外，卵巢发育不全通常呈散发。瑞典高地公牛、母牛性腺发育不全的发病率都很高，Lagerlöf（1939）在8145头母牛中发现13.1%患有卵巢发育不全。双侧卵巢发育不全时，生殖道呈幼稚型，不出现发情周期。Eriksson（1943）认为，卵巢发育不全是由于一种常染色体隐性的不全外显（incomplete penetrance）而遗传的。性腺发育不全与被毛的白色具有明显关系。瑞典通过采用有力的控制程序，对繁殖牛进行兽医检查，查出和淘汰单侧发育不全的牛，结果使瑞典高地牛性腺发育不全的发生率从1936年的17.5%降低到1952年的7.2%（Lagerlöf 和Boyd，1953）。

其他品种的牛大多数也可偶然发生卵巢发育不全的情况。尽管Arthur（1959）曾发现有些白色艾尔夏（Ayrshire）小母牛不出现发情周期且伴发卵巢发育不全，但尚未证实这些病牛的卵巢发育不全具有遗传背景。

22.2.1.2 卵巢的获得性病变

卵巢最常见的获得性病变是卵巢囊肿（cystic ovarian disease），其被认为是卵巢的功能性紊乱

（参见第22章，22.4.4 卵巢囊肿病）。

卵巢炎（oaritis，oophoritis）（图22.2）是很少见到的一种卵巢病变，作者只在动物死后的剖检中偶然发现了一两例。McEntee（1990）报道了患有全身性脓血症的动物发生的结核性卵巢炎（tuberculous oophoritis）、布鲁氏菌诱发性卵巢炎（brucella-induced oophoritis）和卵巢脓肿。他还认为，摘除黄体（CL）可能是卵巢脓肿的起因，这可能是因为在摘除黄体时动物已经患有子宫周炎（perimetritis）。

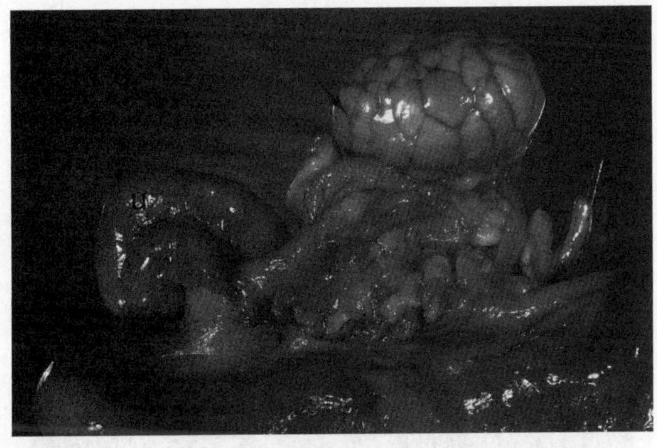

图22.2　一例不育奶牛的卵巢感染和炎症（卵巢炎）（见彩图57）

粒细胞瘤（granulosa cell tumours）（图22.3）和纤维瘤（fibromas）是牛卵巢最常见的肿瘤。Lagerlöf 和Boyd（1953）在对6000个牛的生殖道进行检查中发现了3例粒细胞瘤和1例纤维瘤；Al-Dahash和David（1977a）对8000个牛的生殖道检查中发现了7例纤维瘤和2例粒细胞瘤。Lagerlöf 和Boyd（1953）在他们的调查中还发现了3例卵巢癌（carcinomas）。事实上，牛卵巢中大多数囊肿性肿瘤都是粒细胞瘤。这些肿瘤可见于妊娠牛和未孕牛。虽然文献报道中最为常见的粒细胞瘤可产生雌激素和雄激素，但这种肿瘤可产生所有主要的卵巢类固醇激素（McEntee，1990）。分泌雌激素的肿瘤可引起动物表现持续的发情行为，至少在肿瘤的早期是这样。在历时很长的病例可发生雄性化现象。分泌孕酮或雄激素的肿瘤更常引起动物表现乏情。虽然Roberts（1986）曾报道，患单侧性不产生类固醇激素肿瘤时，动物可以受胎，但未患病卵巢常常退化且没有活动。虽然有报道发现，在13例肿瘤患牛中有9例发生了转移（Norris等，1969），但通常认为粒细胞瘤是良性。此外，McEntee（1990）也认为粒细胞瘤转移非常罕见。

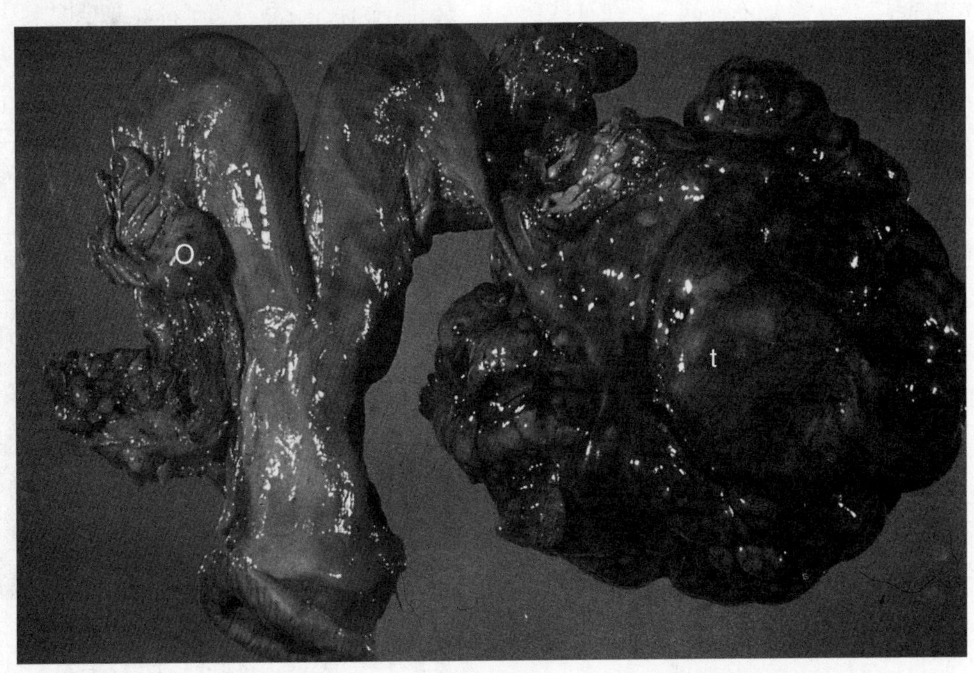

图22.3　右侧卵巢的粒细胞瘤（t），左侧卵巢（o）正常（见彩图58）

牛卵巢的其他肿瘤偶见文献报道，其中包括卵巢癌、纤维瘤、壁细胞瘤和肉瘤。这些肿瘤通常为良性，体积较大。例如，一头黑白花奶牛卵巢粒细胞瘤重24kg，病牛相继表现慕雄狂、乏情和雄性化各个阶段的变化。另一头奶牛患卵巢癌，卵巢增大，占腹后部1/3，并且癌变转移到整个肠系膜。

22.2.2 生殖道异常

22.2.2.1 先天性异常

（1）中肾旁管节段性发生不全（segmental aplasia of the paramesonephric ducts）

中肾旁管（缪勒氏管）发育异常可导致阴道、子宫颈和子宫大范围的异常。根据发生不全的部位，可导致奶牛低育或绝育。但是在这种情况下，卵巢正常发育，因此患畜会表现正常的周期性行为。此外，由于卵巢能产生正常水平的类固醇激素，生殖道管状部具有一定的分泌活动。因此，当生殖道管状部发育异常时，周期性产生的分泌物就会扩张因生殖道畸形而分隔的管腔。

管状生殖器官（tubular genitalia）各部分的发生不全均有文献报道。在有些病例，整个阴道、子宫颈和子宫角可能均不通畅（patency）。在这些病例，如异性孪生母犊，通过直肠很难找到生殖道，但与异性孪生母犊不同的是这些病例卵巢正常。更为常见的是中肾旁管发生部分或节段性发生不全。在Kessy（1978）的调查中发现，输卵管是最常见的发生先天性异常的部位，单侧性发育不全占样本总数的0.1%，节段性发育不全占0.05%。

在发生单子宫角（uterus unicornis）时，只有一个子宫角具有腔体，另一侧为狭窄的扁平带状结构（图22.4）。右侧子宫角缺如比左侧更为常见。如果有一侧生殖器官正常，则这些动物可从正常侧排卵而受孕。发育不全更为严重的类型是存在有部分分隔的子宫角，在这种情况下，子宫分泌物积聚，使生殖道分隔的这部分膨胀成囊状，这些膨大的囊可以变得很大，直肠检查时易和早期妊娠相混淆（图22.5和图22.6）。患这种类型发育不全的动物绝育。

子宫颈也会发生异常，通常是由于双侧中肾旁管融合所引起。双子宫颈（uterus didelphys）（图22.7，图22.8）是由于中肾旁管不能完全融合，所以产生两个子宫颈，并且每个子宫角都通过各自独立的子宫颈管与阴道相连。阴道的前部通常也分开，这也是由于中肾旁管的原因。这类患病动物如果在进行人工授精时将精液输入到排卵侧子宫角，则患牛可以受胎，而且许多报告表明，这些牛能够妊娠足月而正常分娩。更为常见的病变是子宫颈管部分出现重复畸形，经常是具有一个子宫颈内口，两个子宫颈外口。患牛能够正常妊娠，但在分娩时可能由于胎儿的四肢分别进入两个子宫颈管而

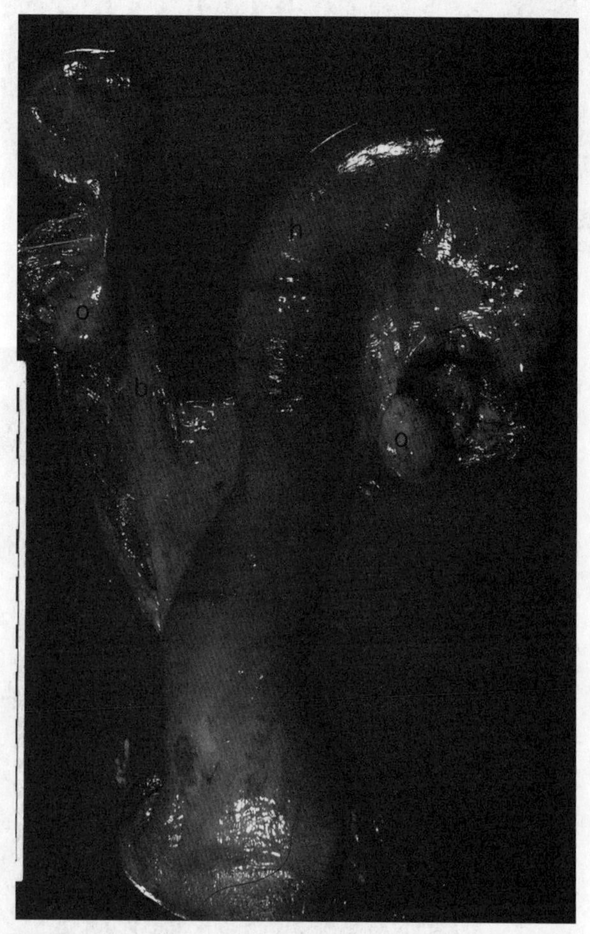

图22.4 单角子宫（见彩图59）
注意左右侧卵巢（o）均正常，右侧子宫角（h）完整，但左侧子宫角为一扁平带状组织，没有腔体（b），残段为盲端。

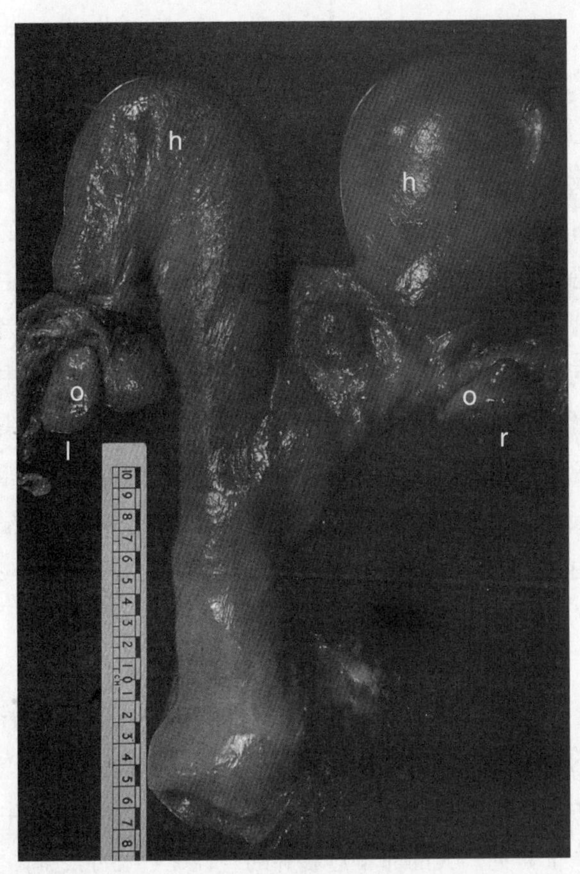

图22.5　白犊病小母牛的生殖道（见彩图60）
双侧卵巢（o）均正常，右侧卵巢有黄体，子宫角（h）内因积液而膨胀。

引起难产。胎衣排出也可能受阻。在患有子宫颈后背腹带（dorsoventral postcervical band）的牛也可出现相同的并发症。

雌性管状生殖器官的发育异常还包括各种程度的持久处女膜（persistence of the hymen），这种情况可表现为尿道开口之前的阴道部狭窄，或为中央有一孔隙的隔离带，也可形成半封闭的阴道隔，或完全将阴门和阴道隔开。第一种类型可能在分娩时因造成难产而被发现，第二和第三种类型可能在青年小母牛配种后强烈努责，或者根本不能实施人工授精时进行检查而被发现。处女膜完全梗塞（hymenal obstruction）时，在梗塞物之前有分泌物蓄积。直肠检查时能触摸到体积不一的波动性肿胀，或者在更极端的病例中，可从外阴凸出白色、光亮的、充满液体的囊块。配种后，蓄积的分泌物可能被化脓性细菌感染。轻度的处女膜梗死的牛还可用于繁殖，分娩时可将稽留的处女膜施十字形切口进行助产。完全堵塞的小母牛可用套管针和插管放出蓄积的脓液，育肥后屠宰。但是应该注意，由于这些发育异常的发生可能与遗传有关，因此不建

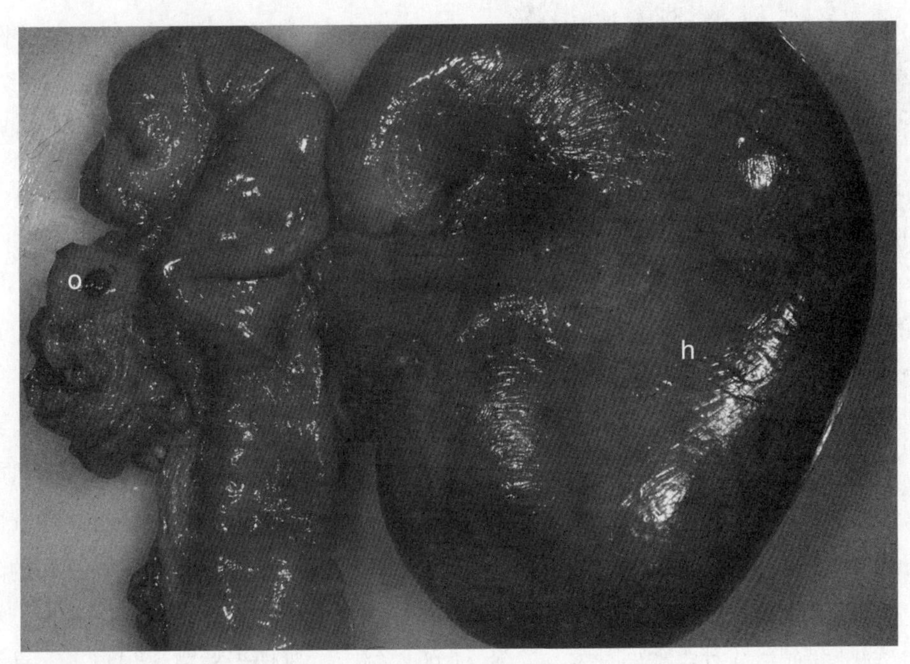

图22.6　白犊病小母牛的生殖道（见彩图61）
左侧卵巢（o）正常，右侧子宫角（h）分隔，并因积液而极度膨胀。

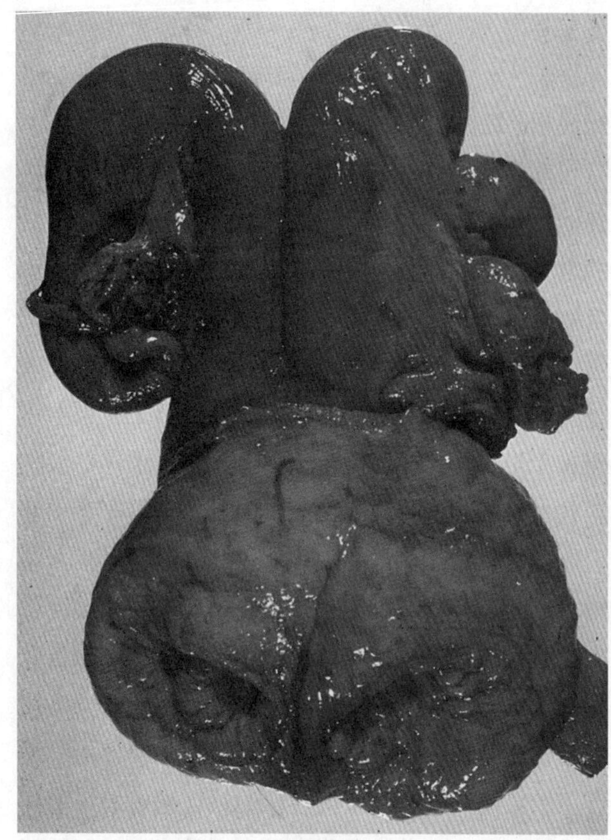

图22.7 双子宫颈，显示两个完全独立的子宫颈管（见彩图62）

图22.8 双子宫颈外口，显示两个完全独立的子宫颈管（见彩图63）

议采用手术干预的方法促使患牛繁殖。多数患处女膜梗塞的小母牛，其他生殖器官正常，但是偶尔会发生管状生殖器官的其他部分节段性发育不全，或者发生上行性泌尿道感染。

上述发育异常可发生于所有品种的牛。从历史上看，节段性的发育不全在短角牛尤其多发，这与其被毛的白色有关。因此，与节段性发育不全有关的综合征有时被称为“白犊病（white heifer disease）”。最初白犊病是用来描述处女膜稽留的患牛在配种后出现努责和疾病的症状。短角牛的中肾旁管发育节段性发育不全是由于性连锁隐性基因与白色被毛基因连锁而引起的，在其他的品种，中肾旁管的发育异常也可能是由于性连锁基因或常染色体隐性基因所引起。因此，在近亲繁殖时很可能会发生。例如，Fincher 和Williams（1962）曾报道，1头黑白花公牛与其女儿交配的后裔中，56%的小母牛患有此病。

（2）卵巢冠囊肿

奶牛卵巢冠囊肿（parovarian cysts）为中肾管的残留物，有时出现在输卵管系膜（mesosalpinx）中。小的卵巢冠囊肿直径只有几毫米，在屠宰的牛中很常见。大的卵巢冠囊肿的直径在1～3cm之间，直肠检查生殖道时能触摸到，可与卵巢混淆。卵巢冠囊肿除个别情况影响到输卵管，使得输卵管内腔缩小外，一般不影响动物的繁殖性能。

（3）异性孪生不育

异性孪生（freemartinism）（图22.9）为雌雄两性间性的特殊形式，是由于多胎妊娠时杂合子胎儿相邻绒毛膜囊上的血管吻合而造成的（Lillie，1916）。

虽然异性孪生小母牛的外生殖器正常，但内生殖器官则明显异常。性腺呈典型的发育不全，但也有少数病例性腺雄性化。源自中肾旁管的所有结构几乎完全缺失或严重发育不全。明显发生雄性化的患牛，其性腺类似于睾丸，以至于在性腺实质中包含有可识别的曲细精管和间质组织。中肾管（Wollffian氏管）的发育与性腺雄性化的程度有关，在极端情况下可见有发育良好的附睾、输精管和精囊腺（Short等，1969）。相反，在受影响较小的病例中，雌性生殖道体积很小，具有持久处女膜及卵巢发育不全（Wijeratne等，1977）。患牛性腺

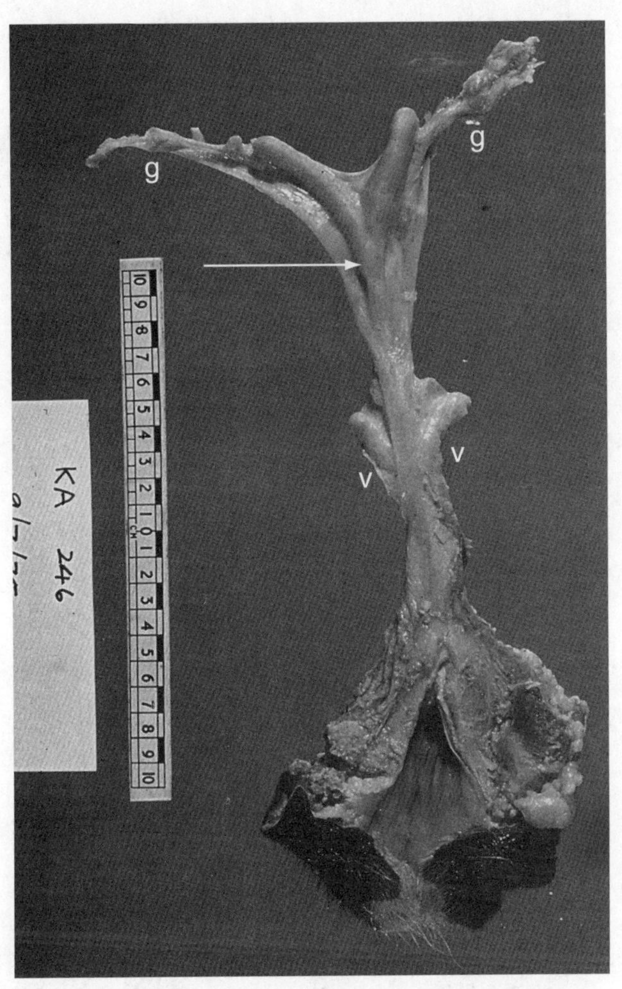

图22.9　异性孪生小母牛的生殖道（见彩图64）
注意退化的性腺（g），来自中肾旁管的未发育结构和尚未发育的精囊腺（v）。

中还可能有卵母细胞，甚至有小卵泡和黄体样组织（Rajaoski和Hafez，1963）。异性孪生母牛更为典型的病变是退化的性腺中缺乏卵母细胞和卵泡，但是性腺实质组织主要为退化的性索（sex-cords）。

一般认为，与公犊同胎出生的小母牛中大约95%是绝育的异性孪生母犊（Biggers和McFeely，1966）。血管吻合早在妊娠30d就可发生，如果此后杂合子双胎中的雄性胎儿死亡，而雌性胎儿妊娠至足月，则会出现单个出生的异性孪生不育母犊。研究表明，这种母牛犊外生殖器官明显正常，但性染色体出现嵌合体，这也是小母牛不育的原因之一（Wijeratne等，1977）。

刚出生的异性孪生不育母犊阴蒂凸出，阴门腹侧联合处有明显的束状毛丛，据此可以识别这类不育犊牛，但这些症状并非总是可靠。此外还可根据阴道的长度和子宫颈缺如来辨别孪生母犊。成年母牛阴道的正常长度为30cm，而异性孪生母犊阴道长度为8～10cm，直肠检查摸不到子宫颈。在1～4周龄的正常犊牛，阴道长度正常为13～15cm，而异性孪生母犊的阴道长度为5～6cm。在这个年龄段诊断时，可用钝性探针确诊，开始时探针以水平线下45°角的方向插入5cm，然后向下避开处女膜进入（Long，1990）。如果同时有另外几头青年母牛作比较，则容易确诊（参见第4章）。

尽管不是很绝对，但最准确的诊断方法是通过培养淋巴细胞来证实性染色体嵌合现象。与公牛犊同胎出生，生殖道发生形态变化的母牛犊，其血液和血液形成组织中均会出现性染色体嵌合现象。但是，雄性细胞在孪生母犊中分布的百分比是随机的。因此，血液中雄性细胞分布比例低与分布比例高的母牛犊一样常见（Wilkes等，1981）。也可以采用一系列特异性的血液分型试剂进行溶血试验，鉴别两类红细胞的存在与否（Long，1990）。最近，有人采用聚合酶链反应（PCR）试验检测血细胞中的Y染色体进行诊断，这是一种检测Y染色体的可靠方法，但其结果不能绝对区分是异性孪生母犊，或是存在有Y染色体的其他性别分化异常。

David等（1976）调查证实，早期诊断异性孪生母犊在经济上具有重要意义。他们发现，市场出售的用来繁殖的青年母牛中有很多是异性孪生母牛。因此，在饲养者从市场上购买的青年母牛群中可发现很高比例的异性孪生母牛。通过超数排卵诱导双胎或在普遍进行孕体移植时，这种情况极为重要。需要强调的是，在购买动物时，根据目的必须要给出售者施压，使之声明小母牛是否与小公牛同胎出生，以避免随后诉讼于法律。

偶尔也可见到其他类型的雌雄两性间性畸形，曾经有人报道过几例假两性畸形（pseudohermaphroditism）病例，极少有XY性逆转及真两性畸形（true hermaphroditism）的情况。

(4)阴门闭锁

阴门过小是黑白花奶牛和娟珊奶牛难产的原因之一，在这种情况下，需要施行阴门切开术(episiotomy)或剖宫产娩出胎儿。曾报道有一头娟珊种公牛的后代中很多发生阴门闭锁(atresia of the vulva)(Hull等，1940)，表明该病可能是遗传引起的。

22.2.2.2 获得性病变

(1)卵巢囊粘连和输卵管病变

奶牛输卵管及附属结构的获得性病变很常见，Carpenter等(1921)调查显示，在日常临床检查中，有15.3%的奶牛输卵管及附属结构就有这类病变，随后进行的许多研究也证实了该病的发病率较高。在屠宰场进行的调查结果发现，在澳大利亚，该病的发病率为0.43%(Summers，1974)，而在埃及则为100%(Afiefy等，1973)。奶牛生殖道最常见的病变之一为卵巢和卵巢囊粘连(图22.10)。调查发现，卵巢和卵巢囊粘连(ovari-obursal adhesions)的发病率为0.43%(Summers，1974)~46%(Afiefy等，1973)。AL-Dahash和David(1977a)报告的发病率为1.83%。本病在小母牛不太常见，但随着奶牛年龄的增加发病率也上升。

发生粘连时，粘连的程度各异，有些表现为在卵巢囊深部出现纤细的网状粘连带，粘连不涉及输卵管，有些则表现为将卵巢完全包围在一个严密的纤维囊内。卵巢囊被感染后，总会导致大范围的卵巢和卵巢囊的粘连，同时可伴发子宫炎和输卵管炎(salpingitis)。

Edwards(1961)发现，屠宰场内有62%的牛患卵巢囊网状型粘连，但并非所有这些病变都会干扰牛的生育力。中等程度的卵巢囊粘连病例，表现为各种厚度的纤维蛋白性或纤维性组织带将输卵管伞或者卵巢连接到卵巢囊上。这些纤维性组织带常附着在卵巢的瘢痕或退化的黄体上。

在更为严重的粘连，有25%~50%为双侧粘连，并且可能影响排卵或者阻碍精子或卵子在输卵管中转运。单侧性粘连的病例更常发生在右侧，粘连一侧的卵巢排卵后不可能受胎。如果卵巢囊与卵巢弥漫性粘连，则卵泡不能发生排卵，卵泡可发生黄体化，卵泡边缘为橘黄色，厚度可达数毫米。卵巢囊粘连常与卵巢囊性疾病有关，但目前还不清楚哪种病变为原因。在这类患病动物，上个周期退化的黄体化卵泡常出现在同一卵巢。

如果粘连涉及输卵管，则其管腔可能被堵塞，由此造成分泌物蓄积，使输卵管扩胀，输卵管壁变薄，形成输卵管积水(hydrosalpinx)(图22.11)。输卵管积水常常可被隐秘化脓杆菌(*Arcanobacterium pyogenes*)继发感染，产生输卵管积脓(pyosalpinx)或化脓性卵巢囊炎

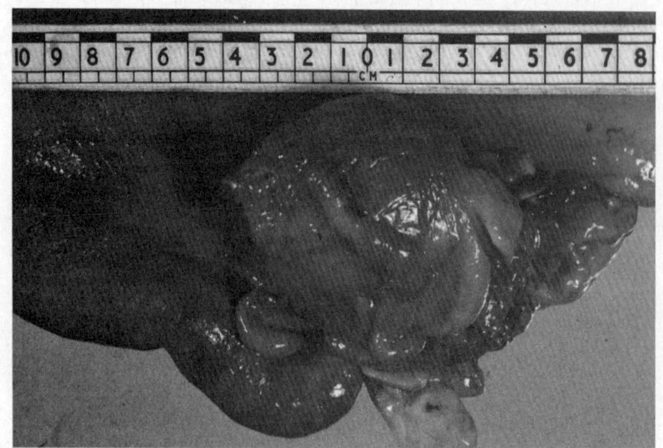

图22.10 卵巢囊粘连。注意卵巢囊完全包围了卵巢(见彩图65)

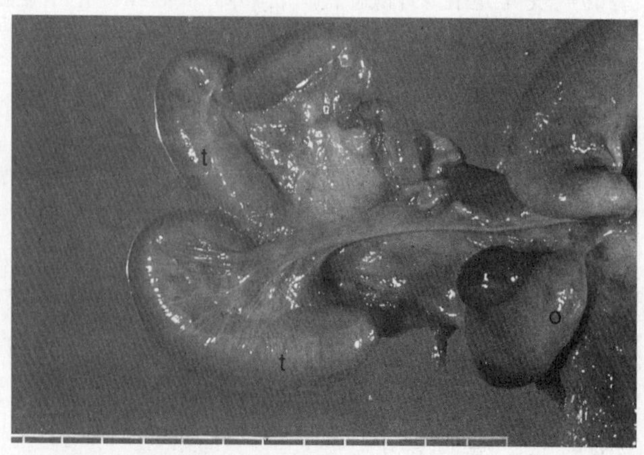

图22.11 输卵管积水(见彩图66)
注意膨胀的输卵管壶腹(t)；卵巢(O)未受影响并有一黄体

（pyobursitis）。卵巢囊粘连时也可见到卵巢内和卵巢周脓肿（Arthur和Bee，1996）。Kessy（1978）从2000个样本中发现了4例卵巢囊粘连同侧的输卵管发生堵塞，其中2例伴发子宫积脓，另外2例伴发胎儿浸溶。其实，经产牛卵巢囊粘连最常见的原因是由于产后感染所致，这种感染源于子宫的上行感染，或者是源于更为严重的子宫周炎。因为在冲洗子宫（如动物患有子宫炎）时由于压力作用，迫使感染进入输卵管，因此冲洗子宫时操作要谨慎。

老黄体瘢痕引起的缕状粘连（strand-like adhesions）更多发生于右侧卵巢，可看作由于排卵点轻微出血而造成的生理性危害。有趣的是，卵巢囊粘连在绵羊也比较常见，而绵羊也有着和牛相似的排卵机制（参见第25章）。部分卵巢囊粘连可能是由于触诊卵巢粗鲁所造成，特别是意外地捏碎黄体或者捏破卵泡囊肿时，更易发生卵巢囊粘连。

卵巢囊粘连的其他原因还有局部或弥漫性腹膜炎（包括结核性腹膜炎）。输卵管炎和卵巢囊粘连也可由于支原体和脲原体感染所引起（Yaeger和Holler，2007）。卵巢囊粘连也是东非牛的病毒性附睾阴道炎（viral epididymovaginitis）的一个典型特征。

毫无疑问，卵巢囊粘连是奶牛个体不育的主要原因之一，该病的主要特点为患牛表现有规律的返情。目前对卵巢囊粘连尚没有满意的治疗方法，但对难产病例，救助时应注意防止产后子宫炎，从而可减少卵巢粘连的发生。

其他几种类型的输卵管获得性异常也会导致不育。有人从经产奶牛的生殖道中发现了3例输卵管肥厚（pachysalpinx）病例（Kessy，1978）。输卵管肥厚外观类似于输卵管积液或者积脓，但输卵管内部没有液体积聚，而是有大块的结缔组织。多囊性黏膜囊肿（multilocular mucosal cysts）也可引起输卵管增大及膨胀，这些囊肿中含有可被过碘酸希夫染色（periodic-acid-schiff（PAS）-staining）的胶状物质。

卵巢囊粘连和输卵管堵塞的诊断 在活体牛上诊断卵巢囊粘连有一定难度。因此，仅有约1/3～1/2造成不孕的病变可经直肠检查确诊。Nielson（1949）介绍了一种直肠检查方法，可用于鉴别正常的卵巢囊和检查输卵管。检查时左手插入直肠，用拇指和食指轻轻转动右侧卵巢，使之从卵巢囊游离，轻轻用拇指和食指抓住，同时其他三个手指沿中线向前向下方伸展，直到用一个或两个手指抓住卵巢囊背面前端的游离缘。然后，手指伸入卵巢囊内，并将其呈扇形撑开，检查卵巢和卵巢囊之间是否有粘连。通过向上转动手掌，输卵管可能会缠在卵巢囊内的手指和卵巢囊外的拇指上。检查左侧卵巢囊时，用拇指和最后两个手指抓住卵巢，食指和中指向中间前下方伸展，就可抓住卵巢囊的游离缘，然后按检查右侧卵巢的方法检查卵巢囊和输卵管。

在更为严重的卵巢囊粘连疾病，卵巢外围界限不清，轮廓模糊不规则，卵巢本身不能活动。偶尔遇见棘手的病例，可用剖腹直接观察或内窥镜检查卵巢。直肠检查膨胀的输卵管常能确定输卵管积液或积脓晚期的病例，但是多数输卵管堵塞的病例只有通过功能检查才能确定。

评定输卵管是否通畅，可采用两种相当简单的检验方法，第一种方法是最早报道的在妇女应用的技术（Speck，1948）。Speck曾证明，将酚红（phenolsulphonphthalein，PSP）放入子宫腔时，其不被吸收，如果输卵管通畅，酚红沿输卵管进入腹腔，并被迅速吸收进入血液循环，再经肾脏排入尿中，在碱性条件下成红色或粉红色。如果输卵管堵塞，则染料不能通过，尿液将不会变色。这种方法已用于奶牛（Bertchtold和Brummer，1968；Kothari等，1978）。Kothari等（1978）采用腹腔镜观察证明，染料可从输卵管内口（ostium）流出。这种实验是用Nielson氏导管向子宫腔中注入0.1%酚红灭菌溶液20ml。操作时要谨慎，以避免损伤子宫内膜而吸收染料。在膀胱中插管，并取少量尿样作对照，30～60min后采集尿样，向10ml尿样中加入0.2 ml 10%的磷酸三钠缓冲液（trisodium orthophosphate buffer），使其呈碱性。如果尿液中存在有PSP，则变成红色或粉红色，没有PSP时尿液保持与对照相同的颜色。该试验应在发情周期的黄体期进行，最好在周期的第10天左右进行，因为在卵泡期可出现假阴性结果（Kessy和Noakes，1979a，b）。感染或者炎症导致子宫内膜受损时会出现假阳性结果，而且这种方法也不能有效区分单侧或双侧输卵管堵塞（Kessy和Noakes，1979a，b）。

Smith（2004）报道了另一种更为准确、可单独评价每侧输卵管通畅的方法。这种方法是将福利型（Foley-type）（参见第35章）冲胚管插入一侧子宫角，使套管膨胀，向角尖部灌注少量染料溶液，如果输卵管畅通，染料可通过输卵管进入腹膜腔而最后进入尿液（膨胀的套管能阻止染料回流到另侧子宫角内），数天后在另一侧子宫角重复此过程。

第二种实验包括采用淀粉颗粒模拟卵母细胞或受精卵在输卵管中的转运。这种方法首次由McDonald（1954）应用于奶牛，后来Kessy和Noakes（1979a）也采用这种方法。简要地说，淀粉颗粒分布在卵巢表面，可通过输卵管漏斗部转运到阴道，再通过碘染色后从阴道检测淀粉颗粒。

卵巢粘连和输卵管堵塞的预后应谨慎，双侧输卵管堵塞的病例，患畜通常为不可逆的绝育。有人通过向子宫内注入二氧化碳气体的方法疏通堵塞的输卵管，但由于存在有使子宫破裂的风险，目前极少有人使用。同样有人介绍了徒手分离卵巢囊粘连的方法，部分患畜经过这种处理后或许可以受胎。

（2）子宫肿瘤

虽然在美国子宫的淋巴肉瘤（lymphosarcoma）较为常见，但是牛的子宫肿瘤很少见。在世界各国，有时可见到平滑肌瘤（leiomyomata）和纤维肉瘤（fibromyomata）。子宫发生肿瘤时也可发生妊娠。直肠触诊时很可能会把大的子宫肿瘤与干尸化胎儿相混淆（图22.12，图22.13）。

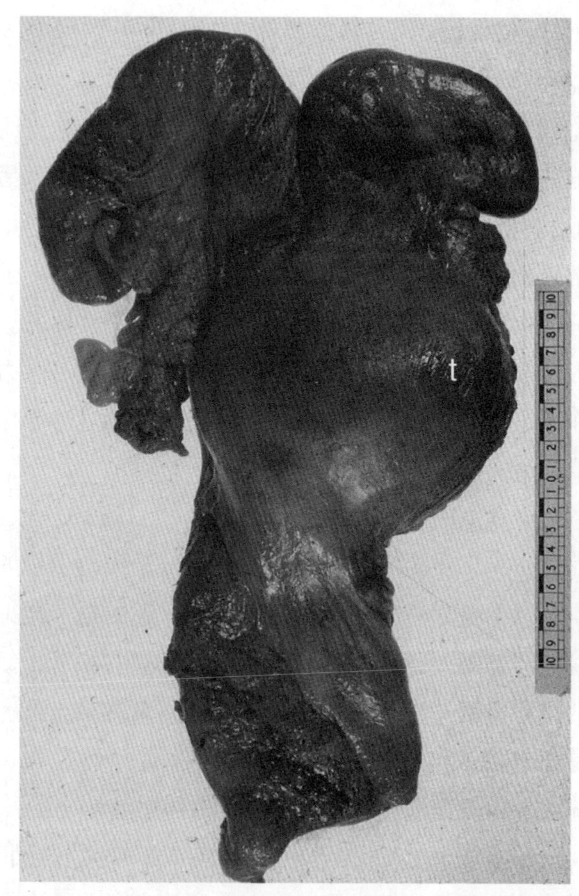

图22.12 子宫角基部和子宫体的纤维瘤（t）（见彩图67）

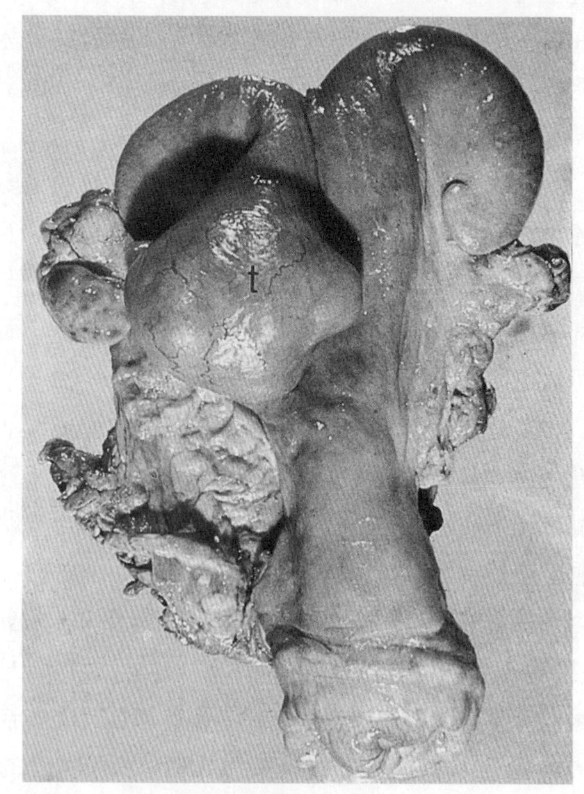

图22.13 左侧子宫角纤维瘤（t）

间充质组织（mesenchymal tissues）的良性瘤是牛偶发性子宫肿瘤中最为常见的。Anderson和Davis（1958）在美国丹佛一个屠宰场2年的调查中发现，有24%的牛肿瘤（除眼癌外）发生在生殖器官上，其中子宫腺癌26例；子宫淋巴肉瘤6例；子宫平滑肌瘤4例；卵巢粒细胞瘤6例；卵巢囊腺瘤1例；外阴鳞状上皮癌（squamous epithelioma）1例。Roberts（1986）在对屠宰场生殖器官异常的调查综合分析中发现，生殖道肿瘤中平滑肌瘤、纤维肌瘤和纤维瘤占所有肿瘤的77%。虽然这些良性肿瘤常常是在屠宰时被偶然发现，但如果肿瘤阻塞或占据子宫腔的重要部分，就会影响生育力。偶尔肿瘤的体积会很大。

但是，还有一些病例报道认为，腺癌和淋巴肉瘤（lymphosarcomas）是牛子宫最重要的肿瘤（Brandley 和 Migaki，1963；Smith，1965）。腺癌呈中等程度增大、坚硬，对子宫壁有压缩性损伤（constricted lesions）（McEntee，1990），并且转移到肺脏和腹腔器官的转移率很高。患畜常常在临床上表现为慢性消耗性疾病的症状。这类肿瘤在欧洲很罕见，大多数病例报道来自北美。

（3）子宫粘连

剖宫产手术一个很棘手的后遗症就是子宫与网膜、小肠或腹壁粘连。粘连还可发生于子宫破裂后。子宫粘连可能伴发卵巢囊疾病，或继发于子宫复旧延迟和子宫炎，最终常导致绝育。

22.2.3　子宫颈病变

最常见的子宫颈先天性病变常以所谓的“白犊病”综合征（white heifer syndrome）的一部分症状而存在（参见第22章，22.2.2.1.3 异性孪生不育）。

子宫颈作为子宫腔和外界环境的主要屏障，易受感染和损伤。救治难产时所造成的产科创伤可导致子宫颈发生炎症。子宫颈炎几乎总是伴发产后子宫炎（参见第22章，22.2.2.1.3 异性孪生不育及22.3.1.4　子宫内膜炎），而且常见于子宫复旧延迟和/或胎衣不下的病例。导致子宫颈感染的微生物是阴道后部的常在菌，包括大肠杆菌、链球菌，葡萄球菌和隐秘化脓杆菌（*A. pyogenes*）。其中化脓杆菌是建立感染最主要的微生物。

分娩所致的子宫颈裂伤（laceration），可发生纤维化并堵塞子宫颈管，但最终导致不育的情况很少。子宫颈纤维化偶尔可妨碍分娩时子宫颈的适度扩张，但是多数子宫颈不能扩张是功能性的。

在经产牛经常可见到一个或多个子宫颈褶脱出，这是分娩的一种生理现象，并非不孕的原因。

子宫颈肿瘤（图22.14）偶尔发生。平滑肌瘤和较为少见的纤维瘤是最常见的子宫颈病变，而腺癌（最常见的人子宫颈肿瘤）非常少见。子宫颈的良性肿瘤只有成为占位性病变或造成机械性障碍时才具有临床意义。

22.2.4　阴道、前庭和外阴的疾病

22.2.4.1　卵巢冠纵管囊肿

卵巢冠纵管囊肿（cysts of Gartner's canals）呈线性排列，直径6～8cm，经常发生在阴道底部，很容易被刺破，但并非为不育的原因。

22.2.4.2　阴道的产科性损伤

分娩时生殖道发生的损伤多为难产所致。胎儿与母体大小不适是牛难产最常见的原因，尤

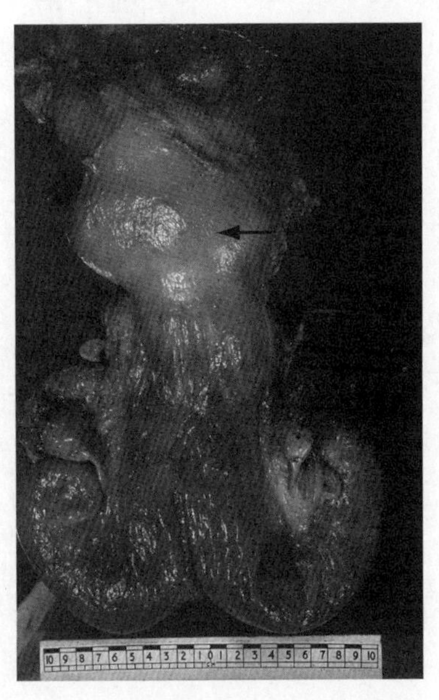

图22.14　子宫颈（箭头所示）纤维瘤（见彩图68）

其是黑白花奶牛。牵引拉出过大的胎儿可损伤产道，甚至可引起牛的绝育。阴道的产科挫伤（obstetric contusion），特别是肉牛品种的肥胖小母牛，更容易发生坏死梭状杆菌（*Fusobacterium necrophorum*）感染而发生坏死性阴道炎。同样在其他情况下，包括在不卫生条件下拉出死亡、气肿胎儿时，造成的损伤可因为厌氧菌的侵入而发生严重的毒血症。对这种患畜的治疗需要使用非口服的广谱抗生素，并且对严重的病例需要采用补液疗法。一些兽医发现，局部试用润肤霜也有助于治疗。由于阴道炎，特别是严重的病例可引起患牛持续努责，尾部硬膜外麻醉可暂时缓解努责现象。

难产的其他后遗症还包括阴门的撕裂或挫伤。撕裂后，阴门可形成疤痕和变形，阴门括约肌闭合不全和吸入空气。此类后遗症类似于会阴的破裂，只是较轻而已。某些阴道损伤的牛通过自然交配不能妊娠，但是子宫内输精可以受胎。在随后的分娩中，会因为阴门纤维化而发生难产。撕裂伤的化脓性感染也可以导致严重的阴道纤维化，这将会引起产道狭窄和难产，在随后的分娩中可能需要实施剖宫产手术。

22.2.4.3 会阴的产科损伤

会阴撕裂也能影响患牛的生育力。会阴二度撕裂如果影响到会阴的形态结构，会引起气膣（pneumovagina），这种阴门形态不整可通过Caslick氏手术进行矫正（参见17章）。

会阴三度撕裂可能在产犊时发生，通常是难产和分娩严重创伤所造成。这种情况下，阴道壁和直肠壁全层破裂，以至于直肠和阴道相通（即在牛形成泄殖腔）。会阴三度撕裂不能愈合，因此粪便和空气被吸入阴道，必然导致阴道炎、子宫颈炎和子宫炎。患牛从外阴慢性排出黏液脓性分泌物，但其全身健康状况不受影响。患牛可恢复正常的发情周期，但是因为患子宫炎（见下文）而不能受胎。会阴三度撕裂只能使用外科手术（参见第17章）修复。

良好的产科技术，包括外阴切开术，能预防会阴撕裂。

22.2.4.4 阴道蓄尿

越来越多的奶牛被诊断为患有阴道尿池（vaginal urine pooling）或阴道蓄尿（urovagina），这些患牛在阴道前端蓄积尿液，因而影响子宫颈，引起子宫颈和阴道发生炎症。炎症可波及子宫而引起子宫内膜炎。这种情况在某些品种的牛，特别是夏洛来牛和荷斯坦牛，似乎发病率更高。阴道蓄尿的病因尚不清楚，但是多次妊娠使生殖道的悬吊组织拉伸可能是原因之一。有人曾报道采用手术方法治疗本病（Hudson，1972，1986），但手术方法本身过于复杂。

22.2.4.5 阴道和阴门肿瘤

牛的阴道和阴门纤维乳头瘤（fibropapillomata）常见，虽然不引起患牛不育，但可干扰分娩。纤维乳头瘤常有蒂，可以用手术方法切除。有些阴道纤维乳头瘤还可能由病毒引起，并通过交配传播。这种疾病见于青年牛，可自行康复。

阴道和阴门所有其他类型的肿瘤罕见。牛阴门鳞状细胞瘤见于受高强度太阳辐射的皮肤的无色区域（McEntee，1990）。偶尔可见阴道淋巴肉瘤。

22.3 子宫炎、子宫内膜炎、子宫积脓和胎衣不下

奶牛不育的一个最重要原因是由胎衣不下、子宫炎、子宫内膜炎和子宫积脓组成的子宫炎复合症（metritis complex of diseases）。这些疾病具有共同的病原学因素，可互为因果，在很大程度上可用同样的方法治疗。

22.3.1 子宫炎复合症

事实上，母牛几乎在每次分娩之后子宫都被细菌污染（参见第7章，7.1.4 细菌污染的消除）。在产犊后的头几天，子宫内有各种菌群繁殖，大多数牛都能在子宫复旧时消除这些细菌的污染，因此在产犊后数周内子宫腔是无菌的（表22.2）。只有极少数的动物，细菌污染会演变成感染。首先病

原菌黏附在黏膜上，穿透上皮并在子宫组织内定殖（colonization）。根据患牛病原体的种类、细菌定殖的程度和牛发生免疫反应的能力，感染的程度包括从严重威胁生命的子宫炎到轻微的、非持久暂时性或慢性子宫内膜炎。无论严重与否，子宫感染如果不积极治疗，通常都会损害以后的生育力。

表22.2　牛产后子宫细菌污染（自Griffin等，1974）

产后天数（d）	子宫细菌污染比例（%）
1~7	92
8~14	96
15~21	77
22~28	64
29~35	30
36~42	30
43~49	25

22.3.1.1　子宫炎复合症：定义

关于子宫炎、子宫内膜炎和子宫积脓这些术语，常常可交互使用而并不参照其病理学或临床定义，因此在实践中及文献中会产生混淆。为解决这些问题，Sheldon等（2006）提出如下定义：

（1）子宫内膜炎（endometritis）

• 感染只局限于子宫内膜和黏膜下层的海绵层（stratum spongiosum）

• 患牛无全身症状

• 临床症状局限于子宫和子宫颈分泌物出现化脓性物质（临床型子宫内膜炎）或存在有白细胞，但没有明显的脓汁

（2）子宫炎（metritis）

• 感染扩展到子宫组织的更深层，甚至波及浆膜（子宫周炎，perimetritis）或子宫阔韧带（子宫旁炎，parametritis）

• 患牛表现出相对较轻到非常严重的全身症状。严重的病例，在产后数天内可威胁到生命，这通常被称为“产后子宫炎（puerperal metritis）”

（3）子宫积脓（pyometra）

• 子宫的慢性感染，子宫腔内有化脓性分泌物蓄积。感染可只局限在子宫腔层，或者可以波及子宫壁

• 无全身性症状

• 有黄体存在（按照定义）

具有所有这些条件就可称为子宫炎“复合症（metritis complex）”

22.3.1.2　病原学和发病机理

所有子宫炎复合症都具有相同的病原学因素，概括地讲，都取决于正常围产期细菌污染能否攻克宿主的防御而建立感染的能力。

（1）宿主防御机制

正常情况下，机体有多种防御机制可以阻止机会性致病菌在生殖道内定殖。首先，阴门和子宫颈是保护子宫的物理屏障。应该注意的是，虽然阴门作为屏障的作用不大，但事实上其在防止粪便污染生殖道中发挥十分有效的作用。

许多因素能影响这些屏障的功能，其中难产是最为重要的因素。首先，产科干预救治难产使得进入子宫的病原菌增加。其次，难产能导致组织损伤和/或丧失活力（devitalization）、产道挫伤（导致组织易于发生细菌污染）和阴门和/或子宫颈的物理性变形（physical deformity）。因此产科损伤引起阴门损伤之后，会妨碍其有效行使括约肌的能力，导致气体吸入、阴道臌胀、黏膜脱水及发生阴道炎。同样，子宫颈损伤，特别是如果同时并发阴门损伤时，可以导致子宫腔重度污染。由于上述两种情况下的主要原因均是产科操作不当，说明在很大程度上是可以预防的（参见第12章）。阴门受伤后，甚至是会阴裂伤/破裂后，都有可能恢复阴门的屏障功能（如第17章所述），使牛自行清除感染。事实上，不可能用手术方法修复子宫颈损伤。第三，难产能导致宫缩弛缓，妨碍分娩残屑的排出，延缓分娩的开始。

难产也可诱发胎衣不下。在对引起子宫感染的因素进行的所有调查研究均发现，胎衣不下是子宫

炎复合症最主要的病因（例如Sandals等，1979；Kaneene和Miller，1995；Eiler和Fectau，2007）。因此，诱发胎衣不下的各种情况（例如多胞胎、流产和引产）在子宫炎复合症的发病机理中具有重要作用。围产期的其他疾病，特别是卧地不起也有可能是子宫感染潜在的诱因。尽管卧地不起是低钙血症的结果，这可能很重要，但低钙血症自身并非是主要的致病因素（Curtis等，1983；Faye等，1986；Morton，2000a）。

其次，子宫受其免疫防御系统作用的保护，雌激素和孕酮两种生殖甾体激素显著影响生殖道局部的免疫系统。一般认为，生殖道在雌激素主导作用下对感染的抵抗力更强，而在孕酮主导作用下则更易受感染。

由于子宫的防御机能受发情期升高的雌激素的刺激（Rowson等，1953），因此一般来说，发情的周期性活动的恢复是子宫感染自行消除的积极因素。细胞防御机制在发情期加强（Frank等，1983），致使血循中白细胞数量和比例发生改变，中性粒细胞相对增加。子宫的血液供应也增加；加之白细胞从血循移行到子宫腔，从而对细菌发挥积极的强有力的吞噬作用。雌激素还可增加阴道黏膜分泌黏液的数量、改变黏液的性质，黏液通过物理性保护屏障的作用及冲洗和稀释细菌污染，从而在

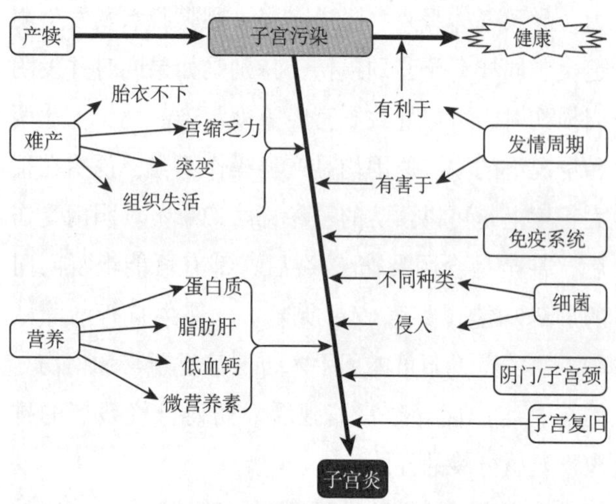

图22.15　与分娩时细菌污染所致的子宫感染有关的因素
（经Parkinson等，2007，许可后重绘）

子宫防御细菌感染中发挥重要作用。许多研究表明，发情周期活动的延迟可使牛更易感染子宫内膜炎。例如，Andriamanga等（1984）曾报道，产后37d恢复发情周期的牛中有34%患有子宫内膜炎，而相同时间内未恢复发情周期的牛中，患子宫内膜炎的比率为49%。

然而，如果在卵泡期细菌污染未被清除，而持续到间情期时，因为子宫内膜不能分泌$PGF_{2\alpha}$从而导致持久黄体。孕酮具有一定程度的免疫抑制作用，因此长期高水平的孕酮可促使发生子宫慢性感染（典型的子宫内膜炎或子宫积脓）。产犊后不久即发生第一次排卵的牛更易发生这种情况，例如Olson等（1984）发现，患子宫积脓的牛从分娩到第一次排卵的平均间隔为15.5d（参见第7章，7.1.5.4 细菌污染的消除），而未感染的动物平均间隔时间为21.8d。

（2）管理因素

许多管理因素影响子宫感染的发生。

年度的季节性变化可影响子宫内膜炎的发病率。春冬两季分娩的牛比其他时间分娩时更易患子宫内膜炎。此外，牛分娩和产后所处的环境也影响子宫内膜炎的发病率，特别在肮脏不卫生环境分娩更易诱发子宫内膜炎，这可能很好地解释了发病率随季节变化的原因，可能在冬天产犊或春天在室内产犊的牛处于污染更加严重的环境中。

高产奶量与子宫内膜炎发病率升高具有密切关系（Grohn等，1990）。碳水化合物代谢紊乱（例如脂肪肝，肥胖母牛综合征，Reid等，1979）和营养过度（Markusfeld，1985；Kaneene和Miller，1995）也与子宫内膜炎的发生有着密切关系，而营养不良也和子宫内膜炎的发生有关。Markusfeld（1984）发现，分娩前5个月产奶量较少的初产牛与产奶量在平均线或以上的牛相比，前者更易患产后子宫炎，这可能是由于营养不良造成的结果（即并非产奶量本身的原因）。奇怪的是，Kaneene和Miller（1995）发现，子宫内膜炎的发病率与牛群受到兽医关注的程度有关，但这可能只是反映了诊

断的比例增加，而并非患病动物增加。

研究表明，微量元素缺乏，特别是硒缺乏，在不同程度上与子宫易受感染密切相关。

（3）细菌进入

细菌进入（bacterial loading）取决于两个主要因素。第一，取决于产犊时的污染水平。因此，难产（尤其是内部突变，internal mutation）和环境污染（粪便、土壤）是主要的病因学因素。然而令人吃惊的是，尽管不卫生的分娩环境条件与子宫感染的发生率存在病因学的相关性，但是Noakes等（1991）发现，在卫生或不卫生分娩条件的农场之间，产后牛子宫内的菌群并没有质和量的不同，但子宫内膜炎的发生率则有极大不同（分别为2%和15%；Noakes等，1991）。

第二，细菌进入取决于细菌的种类。从牛产后子宫中可分离到许多种类的细菌（例如链球菌、葡萄球菌和大肠杆菌），其中多数意义不大。化脓隐秘杆菌（*A. pyogenes*）、溶血性曼氏杆菌（*Mannheimia haemolytica*）或者大肠杆菌的存在，特别是上述细菌在产后3周后仍然存在时，和繁殖性能降低关系密切（Bondurant，1999）。化脓隐秘杆菌的存在与子宫内膜炎的发生密切相关，由其引起的子宫内膜炎占子宫感染的绝大部分（97%，Hartigan等，1974a）。厌氧菌，如坏死梭状杆菌（*F. necrophorum*）和黑色素普雷沃氏菌（*Prevotella melaninogenicus*），常和化脓隐秘杆菌同时分离到，这些种类的细菌共同引起严重的子宫炎和/或组织损伤以及子宫内膜炎及不育（Ruder等，1981；Olson等，1984；Dohmen等，1995）。坏死梭状杆菌可产生杀白细胞的内毒素，这种内毒素能干扰宿主清除化脓隐秘杆菌的能力，而普氏菌（*Prevotella* spp.）也产生干扰细胞吞噬和杀灭细菌的物质。如果发生胎衣不下，胎衣腐败产生厌氧环境，有利于这些更为严重的病原建立感染。

流产动物的子宫内会发生严重的污染[例如，都柏林沙门氏菌（*Salmonella dublin*）或勃兰登堡细菌（*S. brandenburg*）污染]。偶尔可存在梭状芽胞杆菌（*Clostridia* spp.），这种情况下发生的感染通常很快引起动物死亡。

22.3.1.3　子宫炎

子宫炎是产后早期发生的具有全身症状的疾病，其特点是从子宫排出恶臭的水样分泌物，病初体温升高，同时伴有子宫松弛无力、体积增大，食欲不振，产奶量显著降低，反应迟钝以及和毒血症类似的其他症状（Sheldon等，2006）。产犊后头几天表现急性（因此称为“产后的”）子宫炎，有些牛全身症状相对较轻，有些牛则很为严重。

（1）产后子宫炎

产后子宫炎（puerperal metritis）发生在分娩后数天内，通常发生在子宫颈开口期或胎儿产出期异常之后，尤其是发生需要长时间牵引的严重难产，或造成阴门和/或产道损伤的病例时更易发生。产后子宫炎也与子宫弛缓、早产（包括流产或诱导分娩），双胎分娩以及胎衣不下等有关。侵入的细菌在子宫内定植，导致脓血症。细菌产生的毒素被子宫吸收后，还能导致毒血症。

患牛同时表现局部和全身症状，体温升高到40～41℃，但更多的时候是当兽医人员发现时，患牛体温低于正常。毒血症可诱导内毒素性休克（endotoxic shock），患牛脉搏快而微弱（100次/min左右），呼吸急促，毛细血管再充盈时间延迟，通常会出现中度至重度脱水和毒血症性腹泻（toxaemic diarrhoea）的特点。通常阴门和阴道肿胀、严重充血。子叶肿胀，胎膜常牢固附着。子宫含有大量有毒、恶臭、红色的浆液性分泌液，其中含有变性的胎膜和其他组织碎块。这种分泌物从阴道排出，同时患牛频频努责。在这种情况下应禁止对患牛进行阴道探查，否则会使患牛严重不适和更加激烈的持续努责。通常当兽医发现时，许多患畜卧地不起，食欲废绝。常可见到感染穿透子宫壁波及腹膜，造成局部或广泛性的腹膜炎。许多患产后子宫炎的牛也发生乳房炎，特别是当患牛卧地不起时更易患乳房炎。许多患牛还同时患低钙血症。

该病主要应和下列疾病进行鉴别诊断，即：代谢性疾病（尽管很多牛可能继发低钙血症）、子宫破裂、死胎停滞、弥漫性腹膜炎、急性中毒性乳房炎（acute toxic mastitis）（也是急性子宫炎的常见并发症）、沙门氏菌病和产后损伤（如闭孔神经麻痹）（Parkinson等，2007）。

治疗和预后 急性子宫炎往往预后不良。除非在疾病的初期就开始治疗，否则如果存在有子宫周炎和子宫旁炎，则急性子宫炎往往预后很差。因此在开始治疗之前，应确定患牛是否有很大的康复机会，或是直接屠宰会更具有成本效益（Parkinson等，2007）。

如果试图治疗，就需要良好的护理和有效的药物。首先应使患牛保温，且尽可能为其创造舒适的环境，例如，将患畜转移到宽松温暖的厩舍、松软的畜床上，提供充足的饲料和饮水。治疗时首先是使用液体和非甾体激素类抗炎药来稳定血液循环系统（Smith，2005）。可静注2.0～2.5L 7%（v/w）的生理盐水，之后再补充25L水（自饮或胃管灌入），或经胃管灌服24～40 L的等渗电解质（Frazer，2005）。可选用非甾体激素类抗炎药物氟尼辛葡甲胺（Flunixin meglumine）（2.2mg/kg），因为其具有抗内毒素作用。

此后，应开始用抗生素治疗。子宫内抗生素治疗作用很小，因此应注射给药。选择应用何种抗生素治疗，或者何种抗生素更好，目前仍有很多争议，大规模临床试验也无多少帮助。有人主张使用杀菌性抗生素（bactericidal antibiotics），以控制全身感染和脓血症。广谱青霉素和头孢菌素类是最佳选择。头孢噻呋（Ceftiofur）在子宫组织和液体中所达到的浓度，都超过绝大多数常见的子宫炎病原体的最低抑菌浓度（minimum inhibitory concentration，MIC）（Drillich等，2006），并对治疗急性产后子宫炎有效（Chenault等，2004）。也可选用其他抑菌类抗生素（bacteriostatic antibiotics），因为这类抗生素在杀灭细菌的过程中可以减少进一步发生内毒素损伤的风险。土霉素的优势在于可以给予大剂量静脉注射，但四环素的宫内感染的MIC高，因此可能在子宫组织/子宫腔内难以达到高的MIC（Smith等，1998）。阴道栓剂对子宫炎病例没有应用价值。

应禁用雌激素，因为它会增加子宫吸收内毒素的速率。催产素可能会有一定作用，但仅限于产犊的72h内。前列腺素$F_{2\alpha}$尽管有短期收缩子宫的作用，但是对子宫炎的治疗很少或不会起作用。应给予钙制剂以治疗/预防继发性低钙血症。应禁止剥离胎衣，也不应该尝试阴道检查。如果患牛持续努责，努责会自行加重并常致患牛衰弱，可用荐尾硬膜外麻醉，这种处理虽然只能缓解1～2h，但有时可能会终止努责。

一旦血液循环稳定且患牛症状减轻，可试图用粗管（不能用胃管，因为胃管易被碎屑堵塞）注入生理盐水冲洗子宫。虽然经常冲洗子宫，但应该注意，这种操作非常容易损伤子宫壁和引起毒素吸收，因为子宫壁可能会非常脆弱（Montes和Pugh，1993），如果试图冲洗子宫，应一次注入较少量的盐水。子宫脆弱时，难以承受过大的压力，因此应将液体从子宫中虹吸出来。同时应继续用抗生素治疗。虽然在子宫冲洗完成后，子宫内注入水溶性抗生素（5g土霉素溶于约100ml生理盐水中）具有一定作用，但子宫内抗生素疗法作为唯一的抗生素治疗途径其效果仍显不足。

病情好转的特征是，患畜食欲恢复，腹泻停止，子宫内容物臭味减小、稀薄并且没有明显脓性物质。这种情况下还应继续静注抗生素治疗数天。

急性子宫炎的主要后遗症包括局部或广泛性腹膜炎、尿路的上行性感染（膀胱炎或肾盂肾炎）、输卵管积脓和卵巢囊粘连等。子宫炎的其他并发症还包括肺炎、多发性关节炎和心内膜炎。患脓血症的病例，肺脏、肝脏、肾脏或脑部可建立脓肿。急性子宫炎康复的奶牛，其生育力会永久受损，因此应考虑在其泌乳期结束后淘汰。

（2）不太严重的病例

多数病例并不像急性中毒性子宫炎那样严重，可发生于产犊后一段时间，并无生命危险。所有这些病例的主要特点是子宫增大、恶臭的阴道分泌物和一定程度的毒血症、食欲不振，表现全身症状。体温可能升高、正常或低于正常体温。

对这些病例的治疗需要采用广谱抗生素经非胃肠途径给药，同时应结合适合于严重病例的支持/对症疗法进行治疗。

22.3.1.4 子宫内膜炎

子宫内膜炎是奶牛的一种常见疾病。尽管子宫内膜炎严重影响患牛的生育力，但是和子宫炎不同，它不会影响奶牛的全身健康。能够导致不育的大多数特异病原体[如胎儿弯曲杆菌性病亚种（*Campylobacter fetus* subsp. *venerealis*）和胎儿毛滴虫（*T. foetus*）都能引起子宫内膜炎，从而导致不育（参见第23章）。但是，子宫内膜炎最常见的起始病因是围产期污染子宫的非特异性机会性细菌，随后一些病原菌如化脓隐秘杆菌（通常伴随坏死梭杆菌和/或普雷沃氏菌）过度繁殖，并可侵入到子宫黏膜海绵层（stratum spongiosum）。

（1）发病率

世界各国范围内子宫内膜炎发病率差别很大，法国为35%～43%（Andriamanga等 1984；Martinez和Thibier 1984），以色列为37%（Markusfeld 1984），比利时10%（Bouters和Vanderplassche 1977），美国娟珊奶牛和荷斯坦奶牛分别为6.25%和10.3%（Fonseca等，1983）。在英国，Borsberry和Dobson（1989a）报道的发病率为10.1%，作者进一步对63个牛群20000头奶牛研究（1989—1990）发现，具有外阴分泌物的奶牛平均发病率为15%，最低和最高四分位值（lowest and highest quartile values）分别为3.7%和26.9%（Esslemon和Spincer，1992）。在澳大利亚，一项对奶牛生殖疾病的大规模调查发现，有0.9%的奶牛阴道内可见有脓性分泌物（InCalf，2000），但该数据不包括胎衣不下（RFM，发病率为4.7%）的奶牛，因此很有可能大大低估了子宫内膜炎的发病率。上述报道的子宫内膜炎发病率之间的差异，部分是因为用于判断疾病发病率的标准不同所致，这是因为诊断子宫内膜炎的标准很多，每个标准之间有不同的灵敏度和特异性，因此估计的发病率会有所不同。

（2）临床症状

子宫内膜炎有临床型和亚临床型两种。临床型子宫内膜炎的特点是产后奶牛从阴道流出白色或黄白色黏液脓性分泌物[称为白带（leucorrhoea）或“白色”。分泌物的排出量不同，但通常在发情子宫颈开张时及有大量的阴道黏液时明显增加。患牛不表现任何全身症状。亚临床型子宫内膜炎的特点是，在子宫腔液中有中性粒细胞，但没有可见的化脓性物质。

（3）诊断

基于物理特性异常的诊断 子宫内膜炎可经直肠触诊子宫，检查阴道和子宫颈的脓性分泌物，也可检查子宫颈拭子中是否存在有中性粒细胞等方法进行诊断，还可以参考奶牛个体围产期相关的病因学因素的病史做出诊断。

直肠检查通常会发现子宫复旧不良，触诊有面团（doughy）样感觉。Studer和Morrow（1978）发现，子宫和子宫颈的大小和质地、脓性分泌物的性质、活检确定的子宫内膜炎的程度和分离的细菌的性质之间具有密切关系。但是，由于许多其他因素能影响产后期子宫角大小变化的速率，目前认为直肠检查作为准确诊断子宫内膜炎的方法既不灵敏，特异性也不高。因此，不应该将直肠检查作为诊断子宫内膜炎的主要手段。

检查阴道和子宫颈的脓性分泌物的方法很多。因为徒手检查阴道会造成患牛极度不适，并且特异性低，没有多少临床应用价值，因此不再建议使用徒手检查阴道的方法。此外，阴道镜可用于检查宫颈外口或阴道前部周围的分泌物。该方法比直肠检查或徒手检查阴道诊断价值高。最近建立的检查阴道和子宫颈脓性分泌物的方法是，在不锈钢棒（Metricheck）的一端套上薄橡胶套，然后插入阴道，从子宫颈外口/阴道前端采集分泌物样品。这种方法似乎与阴道镜检查同样有效，但其主要优点是快速，且造成患牛不适的程度较小。

Metricheck器具及用其采集的化脓性样品见图22.16和图22.17。

可采用子宫活检法来研究临床和亚临床型子宫内膜炎的发病率。采集活检样品时（Ayliffe，1979）可使用一种从Hartigan等（1974b）报道的器械进行改良的器械（图22.18）。从不育奶牛采集的子宫活组织切片检查结果发现，许多具有亚临床型子宫内膜炎。例如，Sagartz和Hardenbrook（1971）曾报道，有77%的不育奶牛患子宫内膜炎，这些牛中有64%被细菌感染，80%的活检样品具有子宫内膜炎病变。Morrow等（1966）和Schmidt-Adamopolou（1978）报道了同样高的发病率，分别发现有63%和92%不育牛子宫活检有子宫内膜炎迹象。同样，Hartigan等（1972）对从屠宰场获得的牛生殖道进行检查，组织学证据显示有50%的牛患子宫内膜炎，但只有12.5%具有严重病变。

因此，用活检法研究的结果表明，许多子宫内膜炎为亚临床型的，因患牛子宫颈关闭，所以没有明显的化脓性分泌物排出。用拭子采集子宫颈黏液，检查是否有中性粒细胞的方法是诊断这类牛慢性感染的一个合理且有效的手段，即使子宫颈是闭锁的，中性粒细胞也很可能出现在子宫颈管内。

Sheldon等（2006）基于细胞学样品——子宫颈拭子中中性粒细胞的比例，提出了产后不同阶段诊断亚临床型子宫内膜炎的标准（表22.3）。

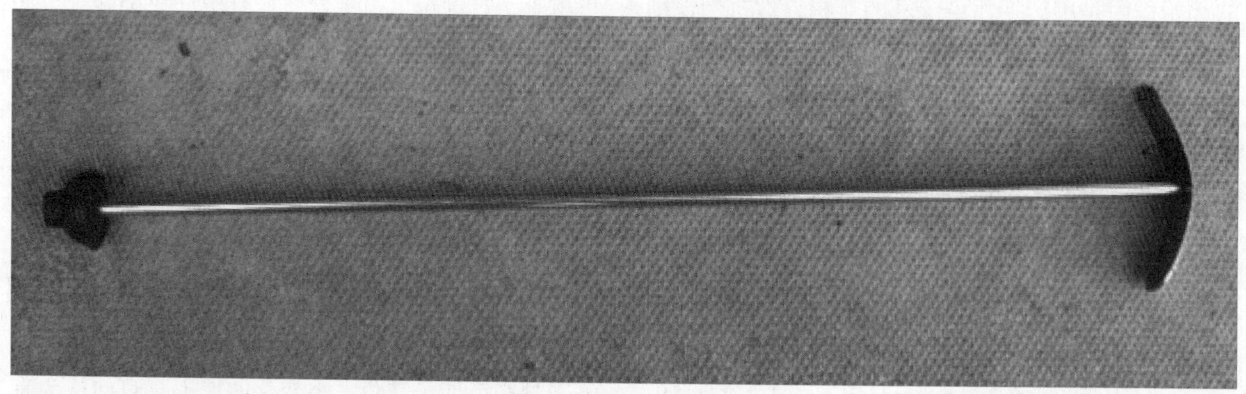

图22.16　检查奶牛阴道内脓性分泌物的Metricheck器具

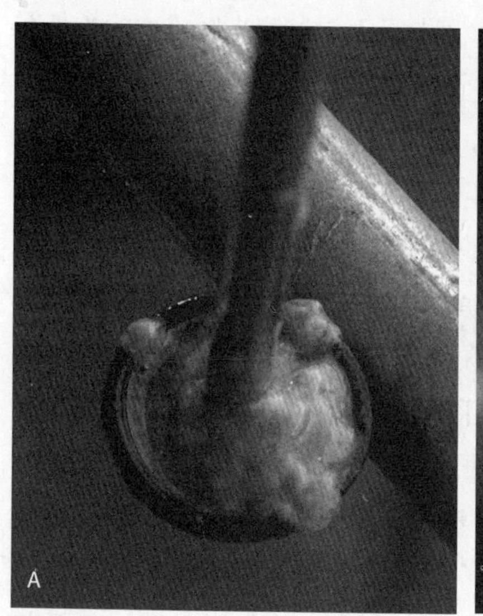

图22.17　由Metricheck器具采集的阴道黏液样本

A. 严重的脓性分泌物　B. 少量的脓性分泌物　C. 正常宫颈黏液（由J. Malmo提供）

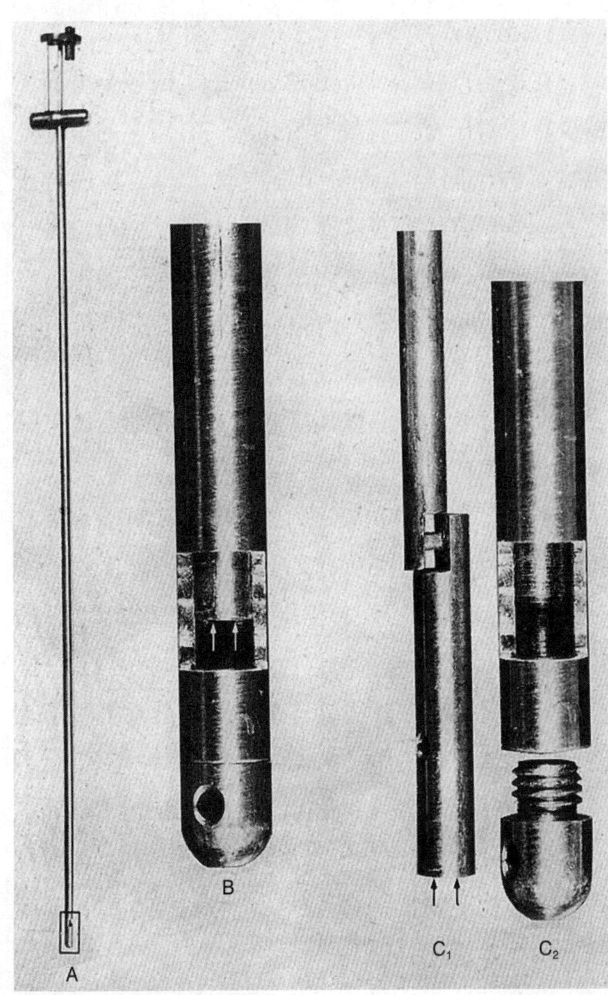

图22.18 子宫采样器
A. 采样器全貌，显示带切缘的窗口 B. 部分切缘缩回（箭头）的放大图 C_1. 切缘（箭头） C_2. 可更换的头部全貌图。

表22.3 用子宫颈拭子法诊断亚临床型子宫内膜炎的标准（Sheldon等，2006）

产后天数（d）	样品内中性粒细胞的百分比（%）
20～33	>18
34～49	>10
>50	>5

基于流行病学因素诊断："危险"奶牛（"at risk" cows）。澳大利亚"InCalf"关于奶牛繁殖性能的调查（InCalf，2000；Morton，2000b）发现，许多流行病学因素和因子宫内膜炎所致的低育具有密切关系（表22.4）。鉴别发生这些事件的奶牛，有助于对其在配种之前进行适当的管理和/治疗。"危险"奶牛这个术语曾被用于这些动物（Morton，2000）。

表22.4 与子宫内膜炎所致的低育相关的因子（Morton，2000a；Stevens等，2000）

助产，特别是需要在子宫内操作时
胎衣不下
在分娩和开始配种期间阴道内流出脓性分泌物
早产（包括双胎和流产）。有报道（并非所有的报道）认为，足月前的引产可对繁殖力产生不利影响
单一低钙血症不影响繁殖力

（4）对生育力的影响

子宫内膜炎降低受胎的机会，从而降低生育力，使产犊至受胎的间隔时间、每受胎的配种次数和未孕牛的比例均增加。

研究表明，从产犊到受胎的间隔时间平均延长12d（Tennant和Peddicord，1968）、20d（Erb等，1981）、10d（Bretzlaff等，1982）和31d（Borsberry和Dobson，1989b），而每受胎的配种次数分别从1.67和2.16增加到2.0和2.42次（Tennant和Peddicord，1968；Bretzlaff等，1982）。在Tennant和Peddicord（1968）及Bretzlaff等（1982）的调查中发现，因子宫炎不能受胎而被淘汰的牛比率分别为14%和21%，相比之下，未患病牛的淘汰率分别为5%和6%。还有研究表明，因不育而淘汰的奶牛有子宫内膜炎的病理变化，特别是屡配不孕奶牛更明显（Brus，1954，Fujimoto，1956；Dawson，1963）。最近新西兰的一项研究表明，妊娠失败奶牛的比例，正常奶牛为9%，阴道内有可见脓性分泌物的奶牛为24%（Xu和Burton，2000）。Morton（2000a）在澳大利亚的一项调查曾强调，奶牛在产后早期阴道内出现脓性分泌物对繁殖力的影响不十分明显，但是脓性分泌物在分娩后很长一段时间持续存在时会严重影响繁殖力（表22.5）。

子宫的状态及其内容物可作为判定子宫内膜炎预后的指标。例如，Studer 和Morrow（1978）发现，经直肠检查判断的子宫状态与从分娩到受胎的间隔时间之间存在密切的相关性，特别是和分泌物中脓汁的量密切相关。同样，观察阴道脓性分泌物的性质也可作为判定子宫内膜炎的预后指标。LeBlance等（2000a）证实，脓性分泌物以及子宫颈直径大于7.5cm都与生育力降低相关。随着脓性分泌物的增加，对生育力的不利影响加剧。黏液脓性分泌物可增加从产犊到妊娠的时间（p=0.09）。脓性或难闻的分泌物常常可使妊娠率降低20%（Sheldon等，2006；表22.6）。

因此，子宫内膜炎可降低奶牛场的利润，由其引起的经济损失可以通过计算从产犊到受胎间隔时间的增加（参见第24章，24.4.5 产犊至受胎的间隔时间）来计算。Esslemont和Kossaibati（1996）的计算结果为每头牛总共损失达166英镑，损失主要包括从分娩到受胎的间隔时间延长、淘汰率增加，产奶量的降低和治疗成本的增加等。这等同于每100头的牛群损失833英镑。这些损失大多数可以通过对患牛实施有效治疗来避免，治疗最好是在自愿等待期（voluntary wait periods）结束前或繁殖期开始之前进行。

（5）治疗

在兽医产科学（theriogenology）的各个方面，极少有像对子宫内膜炎的治疗那样有颇多的争论。主要有两个问题妨碍对子宫内膜炎的治疗进行研究，一是子宫内膜炎有很高的自愈率，估计在33%（Steffan等，1984）和46%（Griffin等，1974）之间；二是用于诊断子宫内膜炎的标准各不相同。

然而，目前基本达成下列共识：

- 在治疗之前进行日常拭子采样和细菌敏感试验没有多大价值
- 子宫内注入防腐剂是最没有用和对子宫最有损害的方法
- 治疗应该最少推迟到分娩后4周开始（LeBlanc等，2002b）
- 合理的治疗方法应是基于采用激素刺激子宫防御功能或者是使用抗生素

刺激子宫免疫（stimulating uterine immunity）。采用的方法主要有三种：①用$PGF_{2\alpha}$刺激有功能黄体的牛发情；②注射低剂量的雌二醇；③刺激乏情牛发情。

通常认为当卵巢上有成熟黄体时，$PGF_{2\alpha}$（或

表22.5 产后阴道分泌物对生育力的影响（源自Morton，2000a）

	正常（%）	产后分泌物＜2周（%）	产后分泌物＞4周（%）
配种开始后3周内接受配种	69	65	67
第一次配种的受胎率	49	38	32
配种开始后6周内受胎牛的比例	58	45	34
空怀率	11	0	45

表22.6 子宫颈分泌物及其对生育力的影响（引自Sheldon等，2006）

非特异性细菌生长产生的少量脓状絮片；对生育力影响很小
坏死梭杆菌感染的黏液脓性分泌物
化脓隐秘杆菌、变形杆菌感染产生的脓性分泌物
化脓隐秘杆菌、大肠杆菌、溶血曼海姆菌（*M. haemolytica*）和链球菌感染产生的具有恶臭味的分泌物
化脓隐秘杆菌感染是从分娩到再次受胎间隔时间延长的最主要原因

类似物）是有效的治疗方法。注射$PGF_{2\alpha}$可使黄体溶解，从而降低孕酮的浓度，进而刺激母牛发情。经此方法治疗后3～5d，母牛将返情，并常伴随轻度到中度的阴道脓性分泌物流出。因此，患畜应该在自愿等待期（voluntary wait periods）结束前进行治疗。但是，如果治疗推迟到配种期开始之后进行，如果阴道脓性分泌物排出情况不严重，则建议在诱导发情的情况下配种或输精。有些子宫内膜炎患牛在发情时有白带出现，对这样的病牛，需要在约8d后存在有可以发生反应的黄体时注射$PGF_{2\alpha}$。对$PGF_{2\alpha}$治疗的反应性，就诱导发情时的受胎率和最终的妊娠率而言，通常较理想（Gustafsson等，1976；Coulson，1978；LeBlanc等，2002b），并且明显高于没有使用$PGF_{2\alpha}$治疗的对照组。有人主张将$PGF_{2\alpha}$子宫内给药，但这并未显示出特殊的优点。给没有黄体的牛应用$PGF_{2\alpha}$是否有益尚不清楚，Steffan等（1984）认为是有益的，但LeBlanc等（2002b）则认为无益。

以前曾有人在没有黄体的情况下给牛肌内注射3～5mg苯甲酸雌二醇治疗子宫内膜炎获得一定的成功。采用雌激素治疗的原因是，与在正常的发情期一样，雌激素可增加子宫血流及刺激免疫系统。最近欧盟撤销了对食用动物应用雌激素的许可，这意味着在供应欧盟国家奶和肉的动物已禁止使用雌激素进行治疗。大剂量采用雌激素一直被禁止，因为雌激素可能对丘脑下部–垂体轴系长期发挥负反馈调节作用，导致牛不发情和发生卵巢囊肿。

用丘脑下部促性腺激素释放激素（GnRH）诱导发情也被认为是治疗发情周期奶牛子宫内膜炎的一种方法，现在则很少使用。理论上，阴道内孕酮释放装置可以诱导发情，但是由于对患有阴道和子宫感染的牛有禁忌证，所以并不推荐应用。

抗生素。很多抗微生物药物均可用于治疗子宫内膜炎。虽然治疗子宫炎时需要注射给药，但一般认为治疗子宫内膜炎最好是子宫内给药。如果应用适当的剂量（adequate dose rate），子宫内膜可达到有效的MICs，而且也可在子宫腔内分泌物中建立有效抑菌浓度，这一点对有效治疗子宫内膜炎非常重要，因为临床上常常用低治疗剂量（subtherapeutic dose rates）进行治疗。因此，选择抗菌药和/或防腐药时应该遵从下列原则：

- 必须对子宫内大多数需氧菌和厌氧菌、革兰氏阳性菌和阴性菌有效，即选用广谱抗菌药
- 在子宫厌氧的环境中必须是有效的
- 经子宫内途径给药，在子宫内感染部位能否达到有效杀（抑）菌浓度。当选择子宫内途径给药时，药物必须均匀、快速地分布于整个子宫腔内，并且能很好地穿透到子宫内膜深层
- 不能抑制子宫的天然防御机制，特别是细胞的构成
- 不能损伤子宫内膜。用于药物制剂的多种载体可损伤子宫内膜。如丙二醇能导致坏死性子宫内膜炎（necrotizing endometritis）；油类可引起肉瘤（granulomata）；白垩质（chalky bases）可刺激和阻塞腺体
- 治疗不能因引起生殖系统产生不可逆转的变化而降低生育力
- 治疗应该通过提高生育力而实现成本效益
- 必须清楚药物从子宫内吸收和从乳中排出的详细情况，以便在适当的时间停药。

按照上述原则，有几种抗生素不适合应用。呋喃西林（Nitrofurazone）具有刺激性并对生育力有不利的影响。氨基糖苷类药物（Aminoglycosides）在感染子宫内的厌氧环境中效果不好。现场试验也证明上述药物在治疗子宫内膜炎方面缺乏有效性。磺胺（Sulphonamides）类药物无效，因为被感染的子宫腔内存在有对氨基苯甲酸代谢产物。由于子宫内存在大量能产生青霉素酶的细菌，易使青霉素降解而无效。

能在子宫内应用的抗生素主要包括土霉素（灌注或以子宫阴道栓的形式给药）和先锋霉素Ⅷ（cephapirin）（灌注）。注射给药后，土霉素能穿入子宫壁和子宫腔（Ayliffe和Noakes，1978，Master等，1980），但对多种微生物达不到最低抑菌浓度（Risco等，2007）。子宫内给药时，土霉

素并不能很好地穿透到子宫壁，也不能有效杀灭化脓隐秘杆菌，还会对子宫内膜产生直接刺激作用（Cohen等，1995）。因此，四环素的主要用途是作为助产后子宫内投入的预防性抗生素而使用。

对先锋霉素Ⅷ子宫内给药治疗子宫内膜炎的研究较多，也获得了很好的治疗效果（LeBlanc等，2002b；Drillich等，2005；Kasimanickam等，2005）。近来，子宫内投入先锋霉素Ⅷ（Metricure，Intervet）用于“地毯式治疗（blanket treatment）”牛群内的“危险”奶牛（“at risk” cows），这被认为是在群体水平治疗子宫内膜炎的经济有效的方法（McDougall，2001）。所有处于危险中的奶牛在自愿等待期（voluntary wait periods）结束（或开始配种的日期）的前2～3周，均计划接受治疗，对所有这些奶牛，或者是阴道前端分泌物中具有脓性物质的奶牛均进行治疗。虽然前一种方法可能会出现治疗过度（overtreats）（因为其忽视了自愈率），而对所有阴道前端有脓性分泌物的牛都进行治疗的方法则可能会出现治疗不足（under-treats）（因为其可能错过了亚临床病例和宫颈关闭的患牛），但这种特殊的管理子宫感染的方法仍值得推荐使用。

另外，对牛群中所有产犊已经超过30d的牛均可用Metricheck仪检查，所有Metricheck检查的阳性牛应在产后7～30d子宫内投入先锋霉素Ⅷ进行治疗。近来的实验表明，这种方法与未治疗的Metricheck阳性牛相比，在6周时间内妊娠率（6-week in-calf rate）可提高15%。

前列腺素F_{2a}与子宫内抗生素疗法的比较。 Sheldon（1997）比较了子宫注入1500mg盐酸土霉素与肌内注射500μg $PGF_{2\alpha}$类似物氯前列烯醇，或3mg苯甲酸雌二醇治疗子宫内膜炎的效果，得出结论认为，在有黄体存在的情况下，无论是治愈率还是从分娩到受胎的间隔时间，$PGF_{2\alpha}$都是最有效的治疗方法。土霉素比雌二醇更为有效，但比$PGF_{2\alpha}$的效果稍差。Pepper（1984）比较了商用抗生素制剂和$PGF_{2\alpha}$及雌二醇的治疗效果，也得到了同样的结果。

在LeBlanc等（2002b）的实验中发现，如果不选择动物是否有黄体存在，则子宫内注入先锋霉素Ⅷ对子宫内膜炎患牛生育力的作用要比前列腺素类似物好（图22.19），但当患牛有黄体存在时，这两种治疗方法的结果相似。Laven（2003）应用前列腺素F（PGF）类似物鲁前列醇（luprostiol）和先锋霉素Ⅷ治疗奶牛子宫内膜炎，结果发现两种药物的治愈率相似。

在上述所有的治疗中，子宫内膜炎的感染程度对治愈率有相反的影响。

22.3.1.5 子宫积脓

子宫积脓（pyometra）的定义是，在卵巢存在有功能性黄体的情况下，子宫内逐渐蓄积脓性物质（Sheldon等，2006）。如果在第一个卵泡期中子宫感染未能被清除，由此造成的炎症使得子宫停止产生PGF，结果黄体的寿命被无限期地延长，由此可发生子宫积脓。在大多数情况下，子宫积脓继发于慢性子宫内膜炎，这种情况多发生于产后早期（直到产后约60d）。交配感染（特别是胎儿三毛滴虫）可导致孕体死亡，因此在交配后感染的牛群，可使子宫积脓的发病率升高，但子宫积脓偶尔也可发生于胎儿死亡、胎儿浸溶以及化脓隐秘杆菌的双重感染之后。

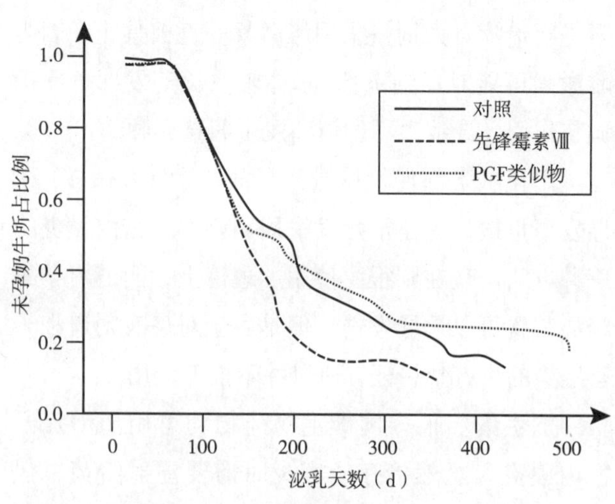

图22.19 临床型子宫内膜炎患牛在泌乳第20～33天诊断并治疗，一组宫内注入500mg先锋霉素Ⅷ，一组肌内注射$PGF_{2\alpha}$，一组未加治疗，从处理到妊娠期间未孕率的变化曲线（经允许，重绘自LeBlanc等，2002b）

子宫积脓患牛很少或几乎不表现不健康的症状，因此本病通常在下列情况下被发现：（1）患牛因不表现发情周期而接受检查时；（2）在认为已妊娠（基于未返情）而对其进行妊娠诊断时。因为子宫颈持续关闭，虽然偶尔有少量或间歇性的脓性分泌物流出，但是脓性分泌物在子宫内蓄积。子宫角增大膨胀（图22.20），因为前次妊娠的子宫孕角复旧不全，或新近发生孕体死亡，所以两子宫角经常不对称。区分正常妊娠和子宫积脓有时很困难，但有以下几点可以区别：

- 积脓时子宫壁比妊娠时厚
- 感觉子宫更具“面团样”感觉，缺少颤动感
- 积脓时不可能像妊娠诊断时“滑动”尿膜绒毛膜
- 在有些子宫积脓的病例触摸不到子宫肉阜，但当未复旧的子宫发生感染时，子宫肉阜复旧延迟，在相当长一段时间内仍可触摸到子宫肉阜
- 直肠超声检查见不到胎儿，子宫内容物带有斑点的回声，而妊娠时胎水呈无回声的黑色图像

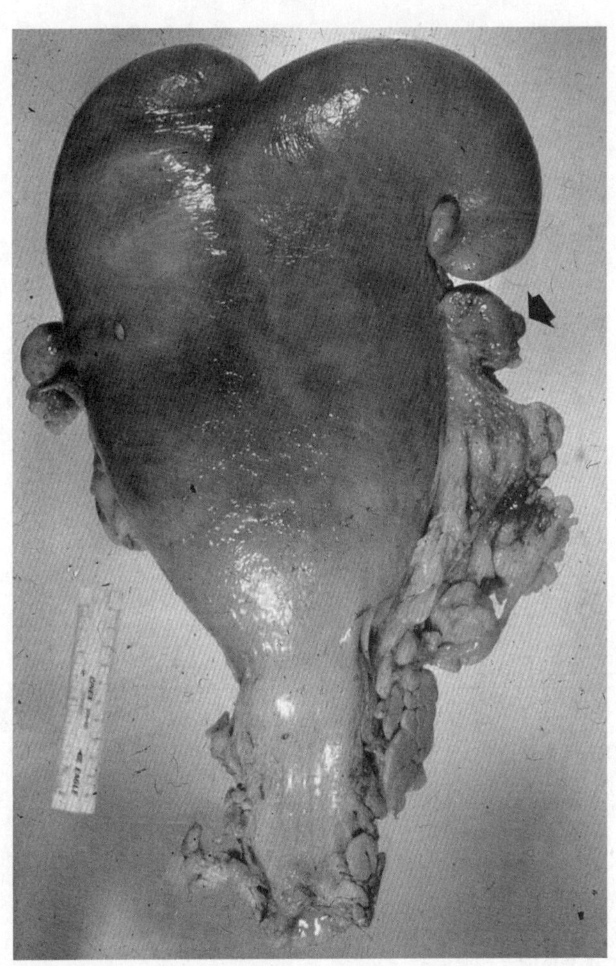

图22.20　积脓的奶牛子宫（见彩图69）
注意膨胀的子宫和右侧卵巢上的黄体（箭头所示），以及大量纤维蛋白呈标签样附着在子宫角和子宫体背面

如果不能区别子宫积脓和妊娠，可疑奶牛不应采取任何治疗措施，过一段时间再重新检查看是否有变化。与胎儿三毛滴虫感染有关的子宫积脓其特点与前面描述的特征明显不同。一般来说子宫腔里脓汁特别多，可达数升；子宫内常有更多的液体，呈灰白色或白色；子宫膨胀得更大；宫颈内的黏液湿滑而不黏稠，在黏液里常有活动的毛滴虫。

治疗

在进行妊娠诊断时如果发现子宫积脓，常在本次泌乳期结束后淘汰患牛。如果实施治疗，可以用$PGF_{2\alpha}$（或其类似物）使黄体退化，子宫颈开张，脓性液体排出，可使患牛在3～5d后发情。如果病情历时不长，治疗迅速合理，则患牛最后再次妊娠的可能性很大。但历时较长并伴随子宫内膜严重变性的病例再次妊娠的机会减少。Roberts（1986）指出，如果子宫内有大量脓汁，则预后不良，如果同时有子宫周炎，则没有再妊娠的可能。Nielson（1949）和 Roberts（1971）分别报道治疗后的受胎率分别为51%和46%。如果患牛仍继续用于繁殖，则可用先锋霉素Ⅷ子宫内治疗，同时结合应用$PGF_{2\alpha}$治疗，间隔约10～14d多次用PGF（±先锋霉素Ⅷ）进行治疗（Parkinson等，2007）。

22.3.2　胎衣不下

胎衣不下（retained fetal membranes，RFM）是一种常发且与子宫炎-子宫内膜炎-子宫积脓密切相关的疾病，也是牛分娩的常见并发症。虽然胎衣不下本身并不造成严重的后果，但易导致子宫感染，因此胎衣不下是牛不育的重要原因之一。

22.3.2.1　病因和发病机制

当正常的胎膜分离和排出受阻时即可发生胎衣不下（图22.21）。胎膜的分离和排出涉及三个主要因素：

图22.21 胎衣不下的奶牛（J. Malmo提供）

- 胎盘的成熟
- 胎盘的胎儿侧严重失血（exsanguination），当脐带断裂时会引起滋养外胚层的绒毛萎陷和皱缩并与母体的腺窝发生机械性分离
- 子宫收缩有助于胎盘胎儿侧失血，通过使胎盘突扭曲变形而有利于胎盘的物理性分离（从而使子叶从肉阜上解脱），并有助于排除分离的胎膜。

因此造成胎衣不下的原因主要包括各种干扰胎儿微绒毛脱离母体子叶以及干扰子宫收缩模式的各种因素，特别是干扰胎衣排出期子宫收缩的各种因素。与胎衣不下有关的主要病因学因素见表22.7。

胎盘突的分离

子宫肉阜与胎盘突的子叶间互相嵌合的主要机制是，胎儿和母体微绒毛交错结合，而且在母体–胎儿界面处存在有黏附蛋白。子叶围绕并嵌入子宫肉阜，使胎盘突发生机械性锚定结合（Filer和Fecteau，2007）。胎膜分离需要破坏妊娠期存在的物理性和细胞性排列，使子叶从肉阜中脱离。

胎膜排出的准备性变化并不只限于围产期，而是开始于妊娠期的最后阶段（Grunert，1986）。这些变化似乎在很大程度上取决于孕酮和雌激素的极为关键的变化顺序以及这两种激素浓度的比例（Agthe和Kolm，1975；Chew等，1977、1979；O'Brien和Stott，1977；Stott和Rheinhard，1978）和甾体激素受体（Boos等 2000）。因此，雌激素（Laven和Peters，1996；Wischral等，2001a）及其受体浓度（Boos等，2000）低于正常可能是导致胎衣不下的关键机制。

胎膜排出时发生一系列物理变化，其中包括母体陷窝上皮细胞的展平（Bjorkman和Sollen，1960）和妊娠最后一周滋养外胚层内双核细胞数目的减少（Gross等，1985；Gross和Williams，1988）。蛋白酶（Eiler和Feceau，2007）和胶原酶

表22.7 易于导致胎衣不下的因素

流产，特别是因胎盘炎引起的流产
妊娠期异常；妊娠期过长或过短
难产，原发性宫缩弛缓，剖宫产
脂肪肝，有可能导致宫缩弛缓
缺乏硒/维生素E，或缺乏维生素A
双胎妊娠和引产常和胎衣不下有关，因为胎盘尚未完成其正常分离所需要的成熟性变化热应激，致使胎盘未成熟
妊娠期缩短，也能导致胎衣不下的发病率升高
妊娠后期雌激素和孕酮比例失常
产后低血钙继发的宫缩弛缓和胎衣不下有一定相关性，这可能因为两者均与难产有关

诱导子叶表层松弛（Filer和Feceau，2007），胶原酶使Ⅰ型和Ⅲ型胶原分解，这两种胶原可使肉阜陷窝（caruncular crypts）的拉伸强度增加（Boos等，2003）。同样，胶原蛋白酶可裂解胎儿和母体微绒毛之间的嵌合。蛋白水解作用失败被认为是胎膜不能分离的一个关键因素，但奇怪的是，Ⅰ、Ⅲ或Ⅳ型胶原蛋白在胎膜滞留或不滞留的牛体内的分布并无不同（Sarges等，1998；Boos等，2003）。糖皮质激素诱导分娩时常发生胎衣不下，其中一个主要原因是外源性糖皮质激素对胶原蛋白酶活性具有抑制作用（Eiler和Hopkins，1993）。

早期对胎衣不下母牛的研究表明，子叶和肉阜上皮之间胶层（glue line）黏附蛋白组成的变化在胎盘分离过程中极为重要（Bjorkman和Sollen，1960）。蛋白多糖（Proteoglycans）是胎儿与母体界面重要的细胞间黏附蛋白。有研究表明，胎衣不下患牛体内β-N-乙酰氨基葡萄糖苷酶（β-N-acetyl-glucosaminidase）（与蛋白多糖代谢相关）的活性降低（Kankofer等，2000）。

前列腺素E和F合成和代谢的变化也与胎盘的分离过程有关。血循中前列腺素F代谢产物PGFM（13，14-二氢，15-酮$PGF_{2\alpha}$，13，14-dihydro，15-keto $PGF_{2\alpha}$，为$PGF_{2\alpha}$一种稳定的代谢产物）的浓度较高，而在正常牛则比胎衣不下牛低（Wischral等，2001b）。在体外，胎衣不下患牛的胎盘突产生的$PGF_{2\alpha}$比正常牛少，而产生的PGE_2则比正常牛多（Cross等，1987），同时在胎衣不下患牛体内还有从PGF到PGE的转化（Kankofer等，1994）。此外，由于滞留的胎衣仍能保持一定程度的活力达数天，因此PGE在分娩后仍继续分泌（Eiler和Fecteau，2007）。正常牛胎盘组织分泌PGF对催产素刺激具有反应，而胎衣不下牛却不受催产素的刺激（Slama等，1994）。PGF合成不足很可能是由于母体雌激素合成不足所致（Wisthral等，2001a），以至于胎盘组织内前列腺素合成的前体（花生四烯酸和亚油酸）积累不够（Wischral等，2001b）。

就脂类、蛋白质和核酸的过氧化损伤而言（Kankofer和Guz，2003），胎盘雌激素合成不足与胎盘或胎儿的抗氧化活动不足有关（Kankofer和Maj，1997；Wischral等，2001b；Gupta等，2005）。或许正是由于这种原因，饲料中抗氧化剂，如硒和维生素E缺乏可能诱发胎衣不下（Brzezinska- Slebodzinska，2003；Mee，2004；Bourne等，2007）。PGE合成过量可能是对母体应激和氧化损伤的一种反应（Wischral等，2001b）；并且PGE作为一种强效免疫抑制剂，其分泌反而会影响产后子宫的免疫环境。

越来越多的研究表明，免疫系统对胎膜的分离起着关键作用（Heuweiser和Grunert，1987；Peters和Laven，1996a）。中性粒细胞、巨噬细胞和T淋巴细胞在胎盘分离前后侵入胎盘（Gunnink，1984）；并且有研究表明，上述任何一种细胞的活力不足都见于胎衣不下母牛（Kimura等，2002；Miyoshi等，2002）。胎衣不下患牛产生的中性粒细胞诱导因子白细胞介素-8（Miyoshi等，2002）及其他细胞因子的量减少（Slams等，1993；Davies等，2004）。此外，胎衣不下患牛中性粒细胞抗内毒素蛋白（neutrophil anti-endotoxin protein）酰基羧酸水解酶（acyloxyacyl hydrolase）的活性降低（Dosogne等，1999），使得奶牛遭受子宫内繁殖细菌产生的内毒素的影响更大。最后，由于粒细胞有助于临产牛子宫胶原酶的活性，降低胎衣不下牛白细胞活性，从而可能使患牛胶原蛋白水解作用降低。

免疫系统细胞的作用在一定程度上可能与胎盘分离过程中组织相容性复合体Ⅰ（MHC-Ⅰ）抗原的作用有关。由于母体与胎儿间MHCⅠ的相容性与胎衣不下发生率升高有关，因此有人推测，母体对胎儿MHC抗原的识别触发胎盘分离（Davies等，2004；Eiler和Fecteau，2007）。Joosten和Hensen（1992）认为，母体对胎膜的异体反应（allore-activity）是胎盘分离过程中的一个重要事件。

22.3.2.2　发病率和诱因

胎衣不下发病率的调查结果见表22.8，总发病率大约为6%～8%（难产所致胎衣不下发病率高达25%～50%，不包括在内）。发病率最低的是英国（<4%）和新西兰（<2%）。

任何干扰胎盘突成熟过程，或在胎盘突成熟之前引起分娩的所有因素都能导致胎衣不下。早产常伴发胎衣不下。牛的双胎妊娠通常会轻微早产，因此，30%～50%双胎分娩的牛患胎衣不下（Morrison和Erb，1957；Erb等，1958；Breden和Odegaard，1994）。同样，采用孕体移植技术产生的双胎牛，胎衣不下的发生率升高（Anderson等，1978）。正是出于这个原因，经剖宫产取出未成熟的胎儿（Boos等，2000年）和引产导致的早产也将导致胎衣不下（Bellows等，1994；Mansell等，2006）。

同样，热应激可使妊娠期缩短，奶牛产后胎衣不下的发病率升高。因此，Dubois和 Williams（1980）发现，在美国乔治亚州的温暖季节，日平均气温为26℃，母牛在这个季节产犊，妊娠期会缩短2.82d，而胎衣不下的发生率为24.05%，而在其他季节产犊，胎衣不下的发生率为12.24%。胎衣不下患牛的妊娠期比未发生胎衣不下的牛平均短5.25d。

严重的胎盘炎也与胎衣不下有关。胎盘炎和胎衣不下均发生于由流产布鲁氏菌（*Brucella abortus*）、都柏林沙门氏菌（*Salmonella Dublin*）、胎儿弯曲杆菌（*Campylobacter fetus*）及霉菌，如曲霉菌（*Aspergillus*）或毛霉菌（*Mucor* spp），或围产期生殖道感染所致的流产（Roberts，1971，1986）。当许多母牛接连不断地在同一产房分娩时，可导致更多的病原性微生物（如C型链球菌、大肠杆菌、葡萄球菌、假单胞菌、化脓隐秘杆菌）在环境中积聚，更有可能发生胎衣不下。这类胎衣不下的暴发也和子宫炎以及新生犊牛腹泻有关（Roberts，1986）。Laven和Peters（1996）认为，如果有证据表明发生了明显的胎盘炎，则只应该将化脓隐秘杆菌看作胎衣不下的致病因素。胎盘炎引起胎衣不下，是由于子宫肉阜和子叶的炎性肿胀、子宫内膜分泌活动受损以及子宫肌收缩活动受损等所致。

胎衣不下还发生于无胎盘炎时的胎盘突肿大。这种肿大可能是由于绒毛膜上的微绒毛水肿、胎盘突充血、过度成熟的胎儿胎盘突提早退化及产前胎儿胎盘绒毛末端坏死等所致（Grunert，1984；Paisley等，1986；Laven和Peters，1996）。这些异常可能机械性地阻止胎儿和母体绒毛的分离。

宫缩乏力，特别是在胎衣排出期引起子宫收缩力量不足的宫缩乏力与胎衣不下有一定关系。早期研究表明（Benesch，1930；Jordan，1952；

表22.8 文献中报道的胎衣不下的发病率

作　者	国　家	发生率（%）
Muller和Owens（1974）	美国	7.7
Pandit等（1981）	印度	8.9
Arthur和Abdul-Rahim（1984）	沙特阿拉伯	6.3
Bendixen等（1987）	瑞典	7.7
Mee（1991）	爱尔兰	4.1
Zaiem等（1994）	突尼斯	15
Esslemont和Peeler（1993）	英国	3.8
Esslemont和Kossaibati（1997）	英国	3.6
Xu和Burton（2000）	新西兰	1.6
Morton（2000b）	澳大利亚	4.7
McDougall（2001）	新西兰	1.7

Venable和MacDonald，1958），子宫的收缩性受损与胎衣不下有关，尤其是因难产而发生继发性宫缩乏力时更易发生。但并非所有的研究（Zerobin和Sporri，1972；Martin等，1981；Paisley等，1986）都支持这个观点，这些研究表明，虽然宫缩乏力可延迟胎儿的产出，但这期间胎膜会发生正常的成熟。因此，Grunert（1984）认为，只有不到1%的胎衣不下是由宫缩乏力引起的，而且即使发生了宫缩乏力，胎盘仍能容易完成分离过程。另外，难产（Eiler和Fecateau，2007）和截胎术（Wehrend等，2002）往往会造成胎衣不下，而宫缩乏力很可能起重要作用。由于子宫肌层过度牵拉（例如在胎水过多时）引起的宫缩乏力与胎衣不下肯定密切相关（Arthur和Bee，1996），但是在子宫肌过度伸张的动物，胎盘及胎儿异常，说明除子宫肌层过度伸张外，其他一些因素可能发挥作用。由低钙血症引起的宫缩乏力也与胎衣不下有关（例如，Grohn等，1990；Arthur和Bee，1996；Wilde，2006）。但在一些干预性研究中发现，在给予钙制剂预防或治疗胎衣不下时，其结果并不支持低钙血症在胎衣不下的发生中起有关键作用的观点（Hernandez等，1999；Melendez等，2003；Gundelach和Hoedemaker，2007）。同样，Morton（2000）也未发现低钙血症的临床病例与胎衣不下有关。

有研究表明，奶牛饲料中缺硒（Trinder等，1973；Julien等，1976a，b；Brzezinska-Slebodzinska，2003）和/或维生素E（Allison和Laven，2000；Mee，2004；Bourne等，2007）时胎衣不下的发病率升高。调整日粮或补充这些物质常会降低胎衣不下的发病率（Weiss，1994；Wilde，2006）。但有研究表明（Gwazdauskas等，1979），产前补硒并不能降低胎衣不下的发病率。因此可以得出结论，硒缺乏可能是某些缺硒地区胎衣不下高发的一个原因，但胎衣不下的散发病例与硒缺乏无关。Wichtel（1998a，b）同样认为，在中度缺硒草场放牧的牛，其繁殖功能障碍并不像以前认为的那样严重。

最后，还有其他一些因素也与胎衣不下有关。有研究表明，胎衣不下与遗传有关。肉牛胎衣不下的发病率明显低于奶牛，而在奶牛品种中，爱尔夏牛的发病率比黑白花牛高，老年牛比青年牛发病率高。春季产犊牛易发病，这可能与维生素A缺乏有关，研究表明，在实验条件下维生素A缺乏会导致胎衣不下。运动可能降低胎衣不下的发病率（Lamb等，1979；Bendixen等，1987），但Bellows等的研究（1994）并不支持这个观点。曾患胎衣不下的动物更有可能再次发病（Eiler和Fecateau，2007）。遗传上的高产奶牛胎衣不下的发生率较高，分娩时高营养水平的奶牛更易发生胎衣不下（Whitmore等，1974），产犊前后发生碳水化合物代谢紊乱（肥胖母牛综合征，酮症，皱胃变位）的牛同样易发胎衣不下（Melendez等，2003）。

22.3.2.3　临床特点

（1）对全身的影响

胎衣不下的影响在很大程度上取决于子宫感染的程度。未发生并发症的胎衣不下病例其后果并不严重，只是带有臭味的胎膜影响挤奶，但55%～65%的病例出现暂时性食欲降低和产奶量减少。在一个早期对胎衣不下发病率进行的很重要的研究中，Palmer（1932）研究了44例胎衣不下的致病性，发现产犊后两周内，有31.8%的患牛食欲良好，食欲一般的占54.5%，食欲较差的占13.6%；有88.6%的患牛体重未受影响。

胎衣不下的死亡率估计在1%～4%之间（Arthur，1975；Roberts，1986），多和伴发子宫炎的严重程度有关。正常妊娠期满后自发分娩而发生胎衣不下的牛，对健康的影响不大。另一方面，如果胎衣不下发生在因难产而实施大范围产科救助之后，则可在2～3d内并发严重的子宫炎和毒血症，如不及时治疗可引起死亡。但这些病例是否直接由胎衣不下引起还不清楚，因为如果胎膜在助产时除去也可发生上述疾病。子宫炎的临床症状和治疗见22.3.1.3子宫炎。

（2）胎衣滞留时间

奶牛在产后36h左右还不能排出胎衣时，则胎衣有可能滞留7～10d。胎儿产出后36h子宫肌收缩大部分停止，因此如果在此期间胎衣还未能排出，胎儿绒毛从母体隐窝脱离最终只能依赖于细菌的腐烂分解作用。这一过程开始于分娩的24h内，但需数天才能完成。母体子宫肉阜的自然脱落也有助于随后胎衣分离，因此胎衣的最终排出取决于子宫复旧（参见第7章）。胎衣滞留的时间可能取决于几个因素，如胎膜附着区面积大小、子宫的复旧速度、子宫内分泌物的量和开始发生胎衣滞留时已经通过子宫颈的胎衣比例。

（3）对生育力的影响

胎衣不下本身并不损害以后的生育力，Palmer（1932）首次证实了这种现象，他对44头胎衣不下病例和洁净牛群中44头正常奶牛的生育力进行比较，发现两组牛随后的繁殖记录并无明显差异。目前在临床上基本观点都支持Palmer的研究结果，认为未发生并发症的胎衣不下对奶牛最后一次分娩后60d以上配种的生育力并无显著影响。因此，胎衣不下的重要性取决于子宫炎发生的程度。Sandals等（1979）对加拿大293头奶牛的652次分娩进行回顾性分析，也证实了上述情况。他们的研究表明，单纯的胎衣不下对以后的繁殖性能并无损害，而患子宫炎复合症的牛，无论是否有胎衣不下，都能显著增加空怀天数、每受胎的配种次数、分娩到产后第一次发情的间隔时间以及从分娩到第一次配种的天数，许多研究也证实了这些发现（Bartlett等，1986；Joosten等，1988；Borsberry和Dobson，1989a；Esslemont和Peeler，1993；Kossaibati和Esslemont，1997；McDougall和Murray，2000；Morton，2000b；Xu和Burton，2000）。在这些研究中发现，胎衣不下通常可使从分娩到受胎的间隔时间延长25～30d，使第一次配种的受胎率降低10%～15%，使因不能受胎而被淘汰的机会增加5%～18%。在英国的牛群，每例胎衣不下病例的经济损失估计为300（Kossaibati和Esslemont，1997）～475英镑（Joosten等，1988）。Morton（2000b）以及Xu和Burton（2000）关于胎衣不下对生育力影响的研究结果见表22.9。

22.3.2.4 治疗

长期以来，对胎衣不下患病动物的治疗一直是一个有争议的问题。对胎衣不下患牛可采取许多措施，包括：

- 徒手剥离
- 注射子宫收缩剂
- 不治疗
- 治疗子宫炎/子宫内膜炎，但对胎衣不下本身不进行特殊治疗。

Laven（1995）对英国兽医治疗胎衣不下的方法进行了调查，发现至少有92.5%的被调查者在部分病例采用徒手剥离的方法；有84.2%的人有时使

表22.9 胎衣不下对生育力的影响（引自Xu和Burton，2000；Morton，2000b）

	胎衣不下牛（%）	正常牛（%）
Xu和Burton，2000（新西兰）		
3周内配种率	71	80
第一次配种受胎率	39	53
Morton，2000b（澳大利亚）		
3周内配种率	72	76
第一次配种受胎率	39	49
6周内配种妊娠率（6-week in-calf rate）	50	63
空怀率	14	9

用子宫收缩剂（催产素，$PGF_{2\alpha}$），其中有15.7%使用雌二醇试图增强催产素的效果；还有人使用硼葡萄糖酸钙。在用于治疗子宫炎的方法中，有67.5% 受访者使用阴道栓剂，有17.5%的人向子宫内注入土霉素。多数兽医对表现有全身性症状的患畜采用注射抗生素疗法，还有18%的人对没有全身性症状的患畜注射抗生素。只有1.6%的受访者采用“不治疗”的方法。

（1）徒手剥离

徒手剥离滞留胎衣的方法包括从轻轻用力牵引到强力拉出胎衣以及剥离每个子叶和子宫肉阜。徒手剥离滞留的胎衣表面上是一种很有吸引力的方法，因为采用这种方法可以立即除去大量腐烂发臭的胎膜，从而改善挤奶卫生。但人们逐渐认识到，徒手剥离胎衣对患牛有害（Laven，1995）。

以前曾普遍采用用力拉出胎衣的方法，但是目前公认此法不可取，强行拉出胎膜可能会损坏子宫内膜（Vanderplassche和Bouters，1982），子宫深处的胎衣常会留在里面（Grunert 和Grunert，1990）。如果强行牵引后还有部分胎儿子叶未能从子宫肉阜分离，就需要一段时间后才能分离，并被作为异物滞留在子宫腔内（Roberts，1986）。同样，徒手剥离胎衣后子宫感染的发生率和严重程度要比保守治疗更高（Penavin等，1975；Bolinder等，1988；Bretzlaff，1988；Laven，1995）。关于这种情况，Roberts（1986）也得出了同样的结论。Roberts还总结出，患牛体温高时应绝对禁止强行牵拉胎膜。此外，强行牵拉胎衣常降低患牛的繁殖性能（Ben-David，1968；Bolinder等，1988）。

目前推荐的徒手剥离方法是，牛在产犊后96h内不应进行检查（Laven，1995；Arthur和Bee，1996），即使要尝试徒手剥离胎衣，动作也要轻柔（DeBois，1982；Watson，1988）。理想状态下，当胎衣从肉阜上自然分离以后，可从生殖道轻轻拉出胎衣（Roberts，1986），而对于多数动物而言，胎衣会在96h内从肉阜上自然分离。Roberts（1986）曾认为，如果胎衣从肉阜上分离需要10～15d，那么就应该等其分离后再清除。即使对胎衣不下实施最轻微的干预，徒手剥离胎膜也没任何好处（Laven和Peters，1996；Kulasekar等，2004；Drillich等，2006）。因为农工很可能在产后短时间内使用太大的力气试图强行清除胎衣，因此在这种情况下应劝告农工不要强行剥离胎衣。

（2）子宫收缩剂

人们尝试了很多方法来减少胎衣不下的发生，或是一旦发生胎衣滞留就用催产素或$PGF_{2\alpha}$加快胎衣排出。但即使先注射雌激素类药物使子宫致敏（Moller等，1967；Roberts，1986；Arthur和Bee，1996），催产素治疗的疗效也很小，甚至无任何有益作用（Miller和Lodge，1984；Stevens和Dinsmore，1997；Laven等，1998）。

$PGF_{2\alpha}$及其类似物也被用作子宫收缩剂促进胎衣排出，在Laven（1995）的研究表明使用$PGF_{2\alpha}$比使用催产素更普遍。前列腺素通过直接作用于胎盘突而促进胎膜的分离（Gross等，1986），而不仅仅是发挥收缩子宫的作用。有研究表明，产犊后不久（1～12h）使用$PGF_{2\alpha}$有益（Herschler和Lawrence，1984；Studer和Holtan，1986；Zaiem等，1994），但越来越多的人一致认为使用$PGF_{2\alpha}$毫无益处（Hopkins，1983；Bretzlaff，1988；Gross，1988；Garcia等，1992；Peters和Laven，1996b；Stevens和Dinsmore，1997；Drillich等，2005）。

（3）只治疗子宫炎/子宫内膜炎

由于徒手剥离胎衣效果不佳，而且子宫收缩剂作用不确切，Arthur和Bee（1996）曾建议，无并发症的胎衣不下病例不需要立即进行治疗，只有出现子宫炎的症状（如发热，食欲不振，奶产量降低）时才需要注射抗生素治疗。大量的后续研究已经证实，这是一个可行的治疗方案（Kulasekar等，2004；Drillich等，2005，2006）。注射抗生素治疗牛子宫炎的介绍参见第22章（22.22.3.1.4　子宫内膜炎）。

治疗时，如果强行拉出胎衣或拉出不成功，可将抗生素投入子宫内以防止发生子宫内膜炎。宫内抗生素治疗不仅可减少臭味（Roberts，1986），而且也可降低胎膜腐败的速度和子宫内细胞吞噬的水平（Paisley等，1986），从而延长胎衣滞留的时间（Roberts，1986）。给胎衣不下的患牛子宫内投入抗生素并不能降低子宫内膜炎的发病率（Bretzlaff等，1982），而且子宫内投入四环素时，由于药物的刺激作用和pH可损伤子宫内膜（Eiler和Fectau，2007），因此还会影响以后的繁殖性能（Moller等，1967；Duncansson，1980；Garcia等，1992；Goshen和Shpigel，2006）。此外，一些以子宫内栓剂形式投入的抗生素可被子宫内存在的恶露残屑灭活（Paisley等，1986；Laven，1995），这一问题常常因为兽医不能按推荐剂量使用药物而恶化（Laven，1995）。因此，当发生胎衣不下时似乎不应推荐使用抗生素进行治疗。

所有患胎衣不下的牛在繁殖前都需检查并治疗子宫内膜炎，最好是在奶牛产后自愿等待期结束前检查和治疗。子宫内膜炎的诊断和治疗已在"22.3.1.4（5）治疗"中进行了介绍。

（4）胶原酶

实验表明，沿滞留胎膜脐动脉的残端注入胶原酶溶液是一种行之有效的治疗方法。虽然这种方法不允许用于牛，但是胶原酶已成功地用于治疗马的胎衣不下（参见第26 章以及Eiler和Fectau，2007）。

22.4 乏情和其他功能性不育

生殖内分泌调控系统异常可导致功能性不育。由于生殖内分泌功能紊乱的先天性原因比较罕见，因此，多数此类不育是因环境、管理或饲养因素对生殖内分泌轴系的不利影响所致。几乎所有的牛都可表现出不排卵性乏情（anovulatory anoestrus）综合征，近年来，这种乏情综合征已成为国际乳品行业最重要的问题之一。对于单个的牛群，乏情牛的比例升高可推迟再次受胎的时间，从而使空怀期和干奶期延长，因未能受胎而被淘汰牛的比例增加。这种情况在肉牛业也很重要，这是因为肉牛业的主要经济收入依赖于有规律的每年产犊。

引起动物乏情的原因包括：

- 妊娠
- 卵巢静止，导致不排卵性乏情
- 未能观察到发情，或排卵而不伴随有发情表现（安静发情）
- 卵巢囊肿，可以引起动物乏情，或引起其他繁殖行为异常
- 其他疾病，如黄体寿命自发性延长，这与上述的感染有关。

22.4.1 妊娠

常见的一种不太寻常的现象是，有人常常将妊娠牛，特别是许多处于妊娠后期的牛，要求检查其乏情的原因，这种情况最常发生于未记录人工授精或自然配种日期的牛。但是偶然也可见到一些情况，如公牛冲出围栏或未去势而与母牛交配，这些情况并不罕见。因此，无论何时检查乏情母牛，也不能忽视其妊娠的可能性，尽管牛群管理者都会非常坚定地否认会发生这些情况。

22.4.2 不排卵性乏情

妊娠期间发情周期停止，分娩后发情周期不能马上恢复。整个妊娠期高浓度的孕酮占优势，通过负反馈作用抑制丘脑下部-垂体轴系，结果使妊娠期满的母牛卵巢上卵泡活动最小。因此，在分娩后发情周期重新开始之前，促性腺激素的分泌和卵巢上卵泡活动的恢复需要一段时间，产后期一段时间内不排卵性乏情是牛繁殖过程的正常现象（参见第7章）。

然而，临床上的乏情不仅是产后正常的无发情周期的无限延长。有些牛在产后正常时间会开始出现发情周期，但通常因为营养（包括微营养素）不良而可能又出现乏情。这种乏情的牛会造成严重的经济损失，特别是如果它们在配种季节开始后乏情，很可能被误认为是已经成功妊娠，因此造成的经济损失更大。

因此，乏情严重地影响了动物需要再次配种的

时间，是奶牛养殖中的一个极为严重的问题。出现乏情时，多是病理性的，因此需要治疗。在群体水平上，个体牛乏情时间的长短和乏情牛的数量决定了该病在维持正常分娩模式方面的重要性。

22.4.2.1　临床特点

在临床病史上，常可见到病牛：①分娩后从未见到发情；②开始时有发情周期，但随后停止；或者③进行妊娠诊断时发现又回到了乏情状态。

直肠检查时可发现，患牛卵巢小，处于静止状态，扁平并且光滑，这在第一次分娩的小母牛更为明显。另一方面，一些乏情母牛卵巢上有相当大的卵泡（成熟前直径可达到1.5cm）。在某种程度上，可根据卵巢的大小和卵巢上一些结构发育的程度估测乏情的程度（Nation等，1998）。因此，如果卵巢很小且处于静止状态，卵巢上没有任何明显的组织结构（即没有可触摸到的卵泡或黄体），则这种牛乏情程度更深，而卵巢体积较大，并可触摸到卵泡的牛乏情程度较轻。

一定要注意鉴别乏情是由于其他原因引起，还是因为卵巢功能正常，但处于发情周期中卵巢上没有突出结构的时期。卵巢上存在有大的黄体通常见于妊娠、子宫内膜炎或子宫积脓时，而发生卵巢囊肿病时也有卵巢增大的特征。老龄牛因为有旧白体存在，因此卵巢常显粗糙、不规则。排卵后早期的黄体很难被触摸到或用超声仪检查到，而刚排卵的奶牛其卵巢也很难与静止的卵巢相区别（虽然子宫有张力和阴道黏液的性质可以清楚地将两者区分）。随着“牛旁”（cowside）酶联免疫吸附测定试验（ELISA）技术的发展，测定被检牛血液或乳汁孕酮含量有助于确定是否有功能性黄体结构存在（Casetta，1991；Kelton等，1991）。

22.4.2.2　发病诱因

不排卵性乏情是一个多病因的疾病，其发生与饲养管理和营养缺乏等一系列因素有关。主要因素包括：

- **品种**：肉牛品种分娩后再次开始发情的时间（36～70d）比奶牛品种（10～45d）更长。遗传差异是造成这种现象的部分原因，而且其实这种差异也存在于奶牛品种间，但是营养和哺乳可同时发挥作用。
- **季节**：秋天分娩的牛比春天分娩的牛不排卵性乏情的发病率更高（Marion和Gier，1968；Oxenreider和Wagner，1971）。这是否是由于光周期直接影响生殖内分泌系统（如在绵羊所发生的），或是间接效应（如通过营养），一直存有争议。气候，如极端的气温、降水量等是季节性影响因素的重要部分。
- **营养**：泌乳期对能量的需求和饲料中的有效能量间的不平衡可能是牛乏情的主要原因。蛋白质除非严重不足，一般不会导致乏情。与能量有关的代谢性疾病，如肥胖母牛综合征、脂肪肝和酮病等也都与不排卵性乏情有关。非常高的代谢负荷，比如在高产奶牛，甚至能量和蛋白质的需求完全能满足时，也可发生乏情（Muller等，1986；Rind和Phillips，1998）。微量元素缺乏（特别是镁、磷、铜、钴和锰）通常可引起牛乏情，有时，微量元素缺乏是乏情的病因，有时则可能反映了能量供给的不足。
- **应激**：一般认为，由动物群体和空间狭小所产生的社会应激是引起牛乏情的一个重要因素（Platen等，1995；Albright和Arave，1997）。物理性应激，如运输（Nanda和Dobson，1990）、温度和处置（Thun等，1996）也是影响牛繁殖的限制性因素。此外，疼痛应激和间发病（intercurrent disease）也都有可能成为牛乏情的病因。
- **跛行**：由于跛行可影响营养的吸收，也可引起慢性持续性的疼痛应激，从而导致牛的乏情。跛行牛从产犊到第一次配种的间隔时间及从分娩到受胎的间隔时间都明显较长，而且受胎率降低（Lucey等，1986），配种率降低（lower submission rates），最终的妊娠率降低（Morton，2000）。跛行牛通常摄食量低，因此体重迅速减轻。如果跛行发生在泌乳的早期，患牛可长时间处于能量负平衡状态。跛行很有可能通过皮质类固醇介导而对生殖内分泌轴系产生影响（Ley等，1994）。

22.4.2.3 发病率

真正的乏情常发生在高产奶牛、首次分娩并仍处于生长期的小母牛和哺乳肉牛。所能观察到的不排卵性乏情的发病率取决于是否存在诱导该病发生的各种因素，因此，关于发病率的一般数据价值不大，因为其完全取决于牛的类型和管理体系。即使在同一体系内，乏情的发病率也会因地域、季节、特别是年份而不同。营养的可利用性、气候条件和泌乳的建立之间的互相影响是乏情发病率和乏情严重程度出现巨大波动的主要原因。

22.4.2.4 发病机制

参与调控牛产后生殖系统正常性周期活动恢复的有关内分泌机制已在第7章中阐述。随着妊娠后期高浓度的孕酮和雌激素负反馈作用的消失，丘脑下部重新获得产生GnRH的能力，从而启动产后性周期活动恢复过程。产后约7~14d，促卵泡素（FSH）浓度急剧增加，导致第一个卵泡波出现。第一个优势卵泡是否排卵，主要取决于卵泡的生长发育，垂体维持促黄体素（LH）脉冲式分泌的频率使得排卵前卵泡生长，以及分泌促黄体素达到峰值以引起排卵的能力（Roche，2006）。产后期FSH分泌的增加在很大程度上不依赖营养因素，因此卵泡能否生长到足够大的程度，主要取决于代谢性激素、胰岛素和胰岛素样生长因子（IGF）-I的浓度（Butler和Smith，1989；Lucy，2001）。因此，IGF-I浓度低时（营养不足，荷斯坦品种）会妨碍卵泡生长并减少优势卵泡排卵的机会（Roche，2006）。

LH脉冲式分泌和LH峰值机制的恢复所需要的时间比FSH更长。在产后期早期，垂体前叶实际上对GnRH的刺激无反应，在分娩后约14~28d的时间内，垂体前叶对GnRH的反应性逐渐增加（Lamming等，1979）。但是，能量负平衡通过中枢性低血糖（central hypoglycaemia）（McClure，1994；Funston等，1995）、组织脂类代谢产物浓度过高（Zaaijer和Noordhuizen，2001）、血循胰岛素浓度降低（McClure，1994）以及内源性类鸦片活性肽颉颃促性腺激素的活化作用（Dyer，1985），使得LH的脉冲式分泌降低（Beam和Butler，1999；Butler，2000）。如果脉冲频率足够高，则雌二醇浓度增加，这对诱发正反馈作用及引起排卵是必不可少的。否则，优势卵泡会发生闭锁并将启动新的卵泡波。因此，从分娩到LH正常脉冲式分泌的恢复之间的时间间隔是决定重新获得排卵能力（Lamming等，1981）和恢复发情周期的关键性决定因素。

在肉牛，哺乳对其乏情的持续时间有很大的影响，其可能的原因是，母体对哺乳发生反应，产生促乳素（Karg和Schams，1974），促乳素对GnRH-LH轴系发挥负调节作用。例如，Radford等（1978）研究发现，产后40d时，对雌激素刺激发生反应而产生的LH释放量在哺乳牛比非哺乳牛低。同样，Peters和Lamming（1990）研究表明，多巴胺（也即促乳素抑制激素，prolactin-inhibiting hormone）颉颃剂可刺激肉牛LH的分泌，而多巴胺激动剂则可抑制LH的分泌。在绵羊的研究则更为清晰，垂体中促乳素的自体有效物质样的作用（autocoid-like actions）是泌乳性和季节性乏情关键的调节因子（Brooks等，1999），这种作用可能是与多巴胺协同发挥的（Gregory等，2004）。

应激主要通过影响促性腺激素的分泌而导致不排卵性乏情。应激在开始时主要是经由皮质类固醇介导的通路，通过Ⅱ型糖皮质激素受体发挥作用（Breen等，2004），从而产生影响（Smith和Dobson，2002）。但应激的所有作用并非都是通过皮质类固醇激素所介导，因为应激引起的繁殖功能损伤在适应皮质类固醇激素浓度降低到接近静止值后仍然持续存在（Smith和Dobson，2002）。皮质类固醇介导通路通过降低GnRH的分泌（Smith等，2003）和降低垂体对GnRH反应性（Breen等，2005）而抑制LH分泌。随后，排卵前卵泡生长和雌激素的合成受到影响，并且延迟或阻断LH峰值的出现（Smith和Dobson，2002；Breen等，2005）。还有很多不依赖于皮质类固醇的机制抑制LH的分泌（Debus等，2002），如类鸦片活性肽、促肾上腺皮质激素释放激素（Smith等，2003）、内毒素介导机制（Debus等，2002）以及其他一些能够强化低血糖对中枢神经内分泌轴系负调节的机制。

22.4.2.5　治疗

从长远来看，针对牛群中不排卵性乏情的高发病率，最好的控制办法是发现和校正发病诱因，例如，改善饲养管理，纠正微营养素缺乏，减少应激等。就短期来看，可以用生殖激素治疗乏情牛，以试图"重新启动"生殖内分泌系统。虽然生殖激素治疗或多或少能够取得效果，但不能完全依靠激素治疗方法来解决不排卵性乏情的问题（特别是在群体水平上），治疗的重点仍应放在消除发病诱因上。

（1）消除发病诱因

在农场可以管理控制的不排卵性乏情最常见的原因均与应激和营养有关。如果没有主要营养物质缺乏而只是微营养素缺乏，则纠正微营养素缺乏可以迅速见效。更为常见的是，微量元素缺乏与能量缺乏产生的影响混合存在，而能量缺乏则是导致乏情的主要原因。突然增加能量摄入不可能会出现快速反应（Rhodes等，2000）。刺激卵巢活动通常需要改善饲养方式3～4周后才可出现反应，如果反应不佳，则通常可以判断饲养方式不佳的时间。

因此，改进饲料中总能量水平必须要成为农场长期计划中的一部分。应改善干奶期管理，使奶牛在分娩时体况评分值能达到最佳。应改善过渡期奶牛的饲养管理，以避免产后低血钙症，使瘤胃迅速适应产后营养的改变。应改善饲养管理，保证奶牛尽可能供需平衡，采用的饲喂方案必须能保证最大程度的干物质摄取及不同年龄组的牛都有均等的（或者初产牛优先）采食机会。虽然调整饲养管理的机会在奶牛远高于哺乳肉牛，但上述管理的基本原理大多数均适合于奶牛和肉牛。在肉牛，暂时性断奶及限制哺乳同时在移去犊牛期间结合使用孕酮（见下面的叙述）处理，可缩短产后从分娩到第一次排卵的间隔时间。

消除其他发病诱因，例如消除应激的影响是很困难的。在关键时期避免混群具有明显的效果，但是在实际生产中，高产和低产奶牛分群管理使得避免混群很困难。保证足够的饲养空间更容易办到，但是减少牛群个体的数量，使奶牛建立正常的社会等级实际上是不可能的。通过给热应激的奶牛提供遮阴场所以减少气候应激，给站立在寒冷而有穿堂风的聚集院子中（cold，draughty collecting yards）的牛提供棚舍以抵御寒冷具有明显的效果。跛行的发病率几乎完全是由于牛场的管理措施所引起，因此因跛行所致的乏情应归咎于管理不善，而不是内在的病理问题。

（2）激素治疗

对乏情牛，可以采用很多不同的激素治疗方法，以恢复卵巢的周期性活动。目前建立的主要治疗方案或是基于孕激素类，依靠其所谓的"垂体回弹（pituitary rebound）"作用重启发情周期；或是基于促进促性腺激素的释放或其本身就具有促性腺激素作用的药物。要成功治愈乏情（McDougall和Rhodes，2007），就应遵从以下原则：

- 确保奶牛在自愿等待期结束时或配种季节开始前开始下一个发情周期，使其按时受胎的概率达到最大
- 控制卵泡波发育，确保排卵卵泡成熟而不闭锁
- 控制排卵时间，确保能进行定时人工授精或使有效进行发情鉴定的机会达到最大
- 确保诱导的黄体功能正常，即黄体的持续时间和其分泌孕酮的量均正常。

基于孕酮的治疗方案。采用孕酮治疗不排卵性乏情所依据的基本的原理是，注射到体内的孕酮能模拟自然发情周期中的黄体期，除去孕酮之后可刺激正常卵泡发育。为了使这种治疗方案更加有效，孕酮必须是能迅速而容易地撤除。阴道内孕酮释放植入法容易给药，也容易停药，当撤除阴道内孕酮

释放装置时孕酮含量突然降低。在编写此书时，市场上有多种这类孕酮释放给药装置，包括可控体内药物释放器（controlled internal drug release，CIDR）、阴道孕酮释放装置（progesterone releasing intravaginal Device，PRID）和治疗伴侣（CueMate）等。同样，耳部埋植物相对容易植入，取出后药物浓度也急剧降低。在临床实践中并非只有口服和注射给药。

然而，在实践中，单独使用孕酮治疗不排卵性乏情并非特别有效，因为其不能满足前面提到的成功治愈乏情的所有标准。因此，多数基于孕酮的治疗方法都合并使用其他激素。

Hansel及其同事（Hansel，1981）的研究表明，在很短的时间内孕酮给药可收到较好的治疗效果。因此，他们使用孕酮植入7d，在取出孕酮前结合应用$PGF_{2\alpha}$（以防动物卵巢上有功能性黄体），结果表明乏情牛具有良好的发情反应，而发情的牛具有较高的受胎率。

有人将雌二醇整合到治疗奶牛乏情的许多治疗方案中。在孕酮停止给药的同时应用雌二醇，以增强患牛发情的行为症状及确保雌激素浓度足以引发LH峰值。最近有人对这种基础的治疗方案进行了改进，在孕酮植入阴道的同时应用雌二醇，以促使卵泡波再度开始。采用这种方法，可以达到在撤除孕酮时，卵巢上有一个成熟的非闭锁卵泡的标准。在这种治疗方案中，雌二醇以酯类的形式给药（典型的为苯甲酸盐或环戊丙酸盐）。多数奶牛随后表现发情，原因可能有两种，一是由于刺激排卵卵泡所引起，二是由于先是孕酮随后是雌激素对奶牛的行为发生影响所致。在表现发情行为的牛中，90%以上的牛具有排卵卵泡，但是在刚分娩的和体况评分差的奶牛，这个比例要低很多。有排卵卵泡的奶牛受胎率在45%~55%之间，通常在一次治疗之后最多会有35%~45%的牛受胎。

基于促性腺激素的治疗方案。使用GnRH、人绒毛膜促性腺激素（hCG）、马绒毛膜促性腺激素（eCG）等药物治疗乏情并非总是特别有效。虽然eCG是卵巢活动强有力的刺激因子，但是能有效刺激乏情牛出现发情周期的剂量（3000~4500IU）及启动正常卵巢活动的剂量均有可能引起超数排卵。因此如果采用eCG治疗乏情，则通常将eCG与其他药物，例如孕酮等合用。

采用单次低剂量的GnRH（Bulman和Lamming，1978）或者其类似物（如布舍瑞林）治疗奶牛的乏情，获得了一定程度的成功。如果单独使用，GnRH只在短期内有效，在此期间，卵巢上有足够成熟的卵泡，GnRH诱导的LH峰可强制其排卵或在原位被黄体化。因此，GnRH对治疗严重乏情牛并非特别有效。但是，即使在短期内无效，GnRH或许通过促进FSH的分泌而长期刺激卵泡生长。

在目前的实践中，GnRH的主要用途是和前列腺素F_{2a}联合使用，即所谓的GPG法（GPG regimens）。GPG方案所依据的原理是，注射GnRH使卵泡黄体化，注射后约7d用$PGF_{2\alpha}$处理使黄体溶解，2d后再用GnRH处理使新卵泡排卵。在有发情周期的奶牛，GPG法是一种有效的同期发情处理方法，诱导发情后无论采用定时人工授精或是在观察到发情时输精，均可获得较高的受胎率（Lean等，2003）。

就采用GPG法治疗乏情牛而言，大量的研究表明GPG法对有发情周期的牛比乏情期的反应更好（如Maiero等，2006；Bo等，2007a），用GPG法治疗乏情牛时，首次GnRH治疗后的排卵率低且不稳定，约为40%~60%（Stevenson等，1996）。此外，即使有50%的奶牛在治疗完成后卵巢上出现有活性的黄体结构（McDougall等，2001），但是在绝大多数牛这类黄体结构存在的时间短（Mümen等，2003）。

综合方案。目前用于治疗不排卵性乏情的方法存在两个问题，一个是欧共体禁止在食用动物使用雌二醇；另一个是GPG法治疗不排卵性乏情时疗效相对很低。在寻找替代使用雌激素方法的过程中，近来的工作绝大多数主要集中在能和孕酮埋植联合应用的药物上。

在撤除孕酮埋植的同时，采用低剂量的eCG（400~750IU）可成功地用于诱导同期发情及治疗不排卵性乏情，特别是在肉牛效果较好（Mulvehill和Sreenan，1977；Macmillan和Pickering，1988）。然而，在奶牛使用eCG应慎重，因为即使低剂量的eCG，也会有中度的超数排卵效果及产双胎的危险。Bo等（2007b）研究发现，在埋植孕酮的同时使用GnRH或雌二醇，就足以控制卵泡波发育，以降低超排和双胎妊娠的危险（图22.22）。上述试验结果表明，在有发情周期的牛所获得的结果与传统的采用孕酮加苯甲酸雌二醇的治疗方法所得到的结果相同。

此外，也可通过在GPG方案中联合使用孕酮以促进其反应（图22.23）许多研究表明，在第一次注射GnRH时阴道内放置孕酮释放装置能提高妊娠率（Martinez等，2002；Kawate等，2004；Melendez等，2006；Stevenson等，2006；Walsh等，2007）。还有研究表明，如果奶牛有发情周期，则在GPG法中联合使用孕酮并无益处（Rivera等，2005），但能明显改进乏情牛的反应（Gavestany等，2003；Murugavel等，2003；El-Zarkouny等，2004）。在El-Zarkouny等（2004）进行的研究中，给有发情周期和无发情周期的奶牛使用GPG或GPG加孕酮的方法，根据治疗组中乏情牛的比例判定两组牛对治疗的反应差别。结果显示，在GPG法中联合使用孕酮能够阻止注射$PGF_{2\alpha}$后黄体提早溶解（Ill-Hwa等，2003；Sakase等，2007），并在治疗后使牛更有可能排卵及具有正常的功能黄体（Melendez等，2006）。对采用孕酮进行预处理的效果已有研究（Chebel等，2006；Bicalho等，2007），但尚未证实这种方法治疗不排卵性乏情是否具有明显的效果。

采用GPG法加阴道内孕酮治疗乏情要比采用传统的雌二醇加阴道内孕酮法费用更高。一些研究省略了第二次注射GnRH，以降低治疗费用。Murugavel等（2003）发现，第二次注射GnRH没有益处，而Alnimer和Lubbadeh（2003）发现，采用第二次注射GnRH的方法治疗的牛比未用第二次注射GnRH的牛妊娠率更高。但是上述两个试验的规模都相对较小，因此需要更大规模的研究以充分证明是否需要第二次使用GnRH。McDougall和Rhodes（2007）证实，在新西兰的奶牛群，对不排卵性乏情牛（没有黄体）和有黄体的牛进行区分治疗在经济上很划算，因为不排卵性乏情牛可采用GPG加阴道孕酮法进行治疗，而有黄体的牛可选用其他方法治疗。

许多研究表明，饲喂良好的牛对前面提到的任何治疗方法的反应均比饲喂不良的牛更好；大多数研究表明，营养水平接近均衡的牛对治疗的反应比能量匮乏的要好。

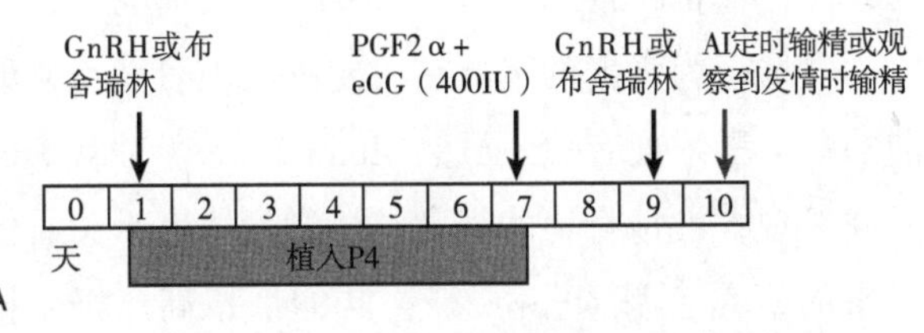

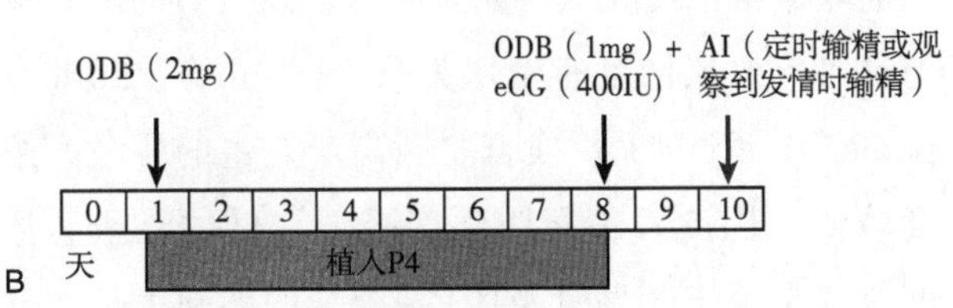

图22.22　用孕酮、GnRH和eCG

A. 及孕酮、雌二醇和eCG　B. 进行同期发情/治疗乏情（ODB，苯甲酸雌二醇）（引自Bo等，2007b）

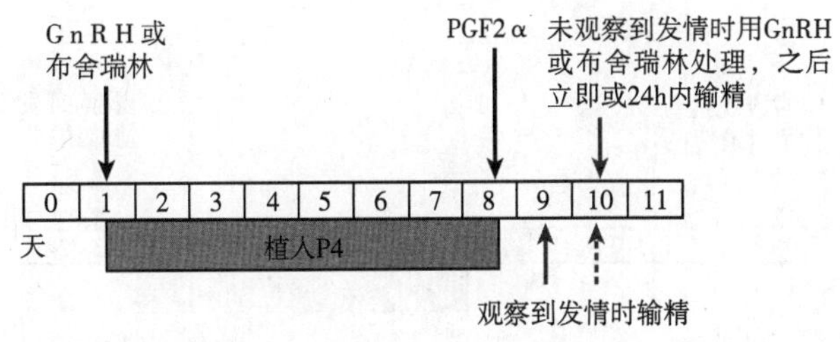

图22.23　改进的GPG方法，增加了阴道内孕酮植入，用以治疗奶牛或小母牛不排卵性乏情（采自McDougall和Rhodes，2007）

再次同期发情（re-synchronization）。在不排卵性乏情的牛，治疗后如未能受胎，则或者在21d后返情，或者再次乏情。对再次乏情的牛经常被误认为已经妊娠。这些牛以及自发性返回到乏情的牛被称作“幽灵牛”（phantom cows）（Cavaleri等，2000a，b），这些牛给牛群管理增添了很多麻烦，因为这些牛可能不能受胎，或者空怀期很长。

对这类动物的管理，主要目的是防止其再次乏情而不被发现。在开始配种后，再次植入阴道内孕酮释放装置（新的或使用后经过清洁消毒的释放装置）则有助于识别未能受胎的牛。采用再次同期发情处理方法时，应在配种后12~14d（Cavaleri等，2000a；Chebel等，2006）或16d（McDougall和Rhodes，2007）植入阴道内孕酮释放装置，放置6d后取出。放置孕酮不减弱黄体的活动，因此对已经受胎的牛没有副作用，但是对于未受胎的牛，则在撤除孕酮之后会表现发情。因此可降低在配种期间未受胎或受胎较迟牛的比例。在实践中，虽然使用再次同期发情方法的结果（即最终的妊娠率及空怀天数的减少）并没有预测的好（Cavaleri等，2000b），但在某些情况下仍然是有一种有价值的可供选择的方法（图22.24）。

22.4.3 未观察到发情

以人工授精作为奶牛主要的繁殖手段，意味着牛群管理者将担负发情鉴定的重任。因此，发情鉴定是奶牛群管理的关键一环，而良好的发情鉴定不一定能确保良好的繁殖性能，但发情鉴定不佳难免会造成繁殖性能低下。通常在自然交配的牛群中，

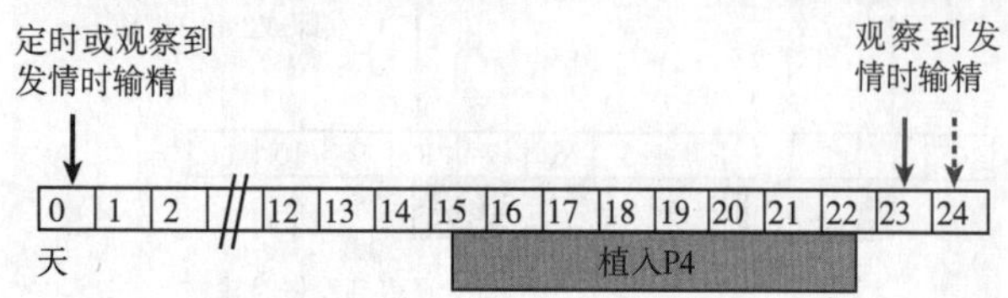

图22.24 再次同期发情的基本程序，用以防止不排卵性乏情牛经治疗后复发乏情而不被发现。植入孕酮不影响妊娠牛，而未孕牛或经治疗而没有恢复发情的牛会被诱导而出现发情。

发情鉴定并不十分重要，而更为重要的是确保配种后有较高的非返情率。

母牛在没有公牛在场的情况下也可表现爬跨或站立等待其他性活跃母牛爬跨的发情行为（参见第①章）。直到近来大家才一致认识到，大多数正常奶牛在发情周期的适宜阶段都会表现发情行为（Morrow等，1966；King等，1976），如果采用合适的观察方法（Williamson等，1972），则发情鉴定率可超过 90%。最近还有研究表明，高产奶牛发情行为的强度会降低，爬跨次数、每次爬跨的持续时间及发生爬跨所经历的时间长度（length of time over which mounts occur）均会下降（比较Esslemont和Bryant，1976及 van Eerdenburg等，2002的研究结果就可得出这种结论）。有人假定认为，生理性发情的牛 100%在发情期会表现典型的站立等待爬跨的发情症状，但高产奶牛可能并非如此。在Kerbrat和Disenhaus（2004）进行的研究中，采用连续的录像监测并与乳汁孕酮变化（作为生理性发情的指标）进行比较，发现只有 8/15的奶牛站立等待爬跨。近来进行的其他研究也证实，发情行为的强度及持续时间的降低可导致采用标准的观察法进行发情鉴定的发情鉴定率降低。Van Vliet和van Eerdenburg（1996）的研究只观察到37%的奶牛表现站立发情，而 Dransfield等（1998）在研究中发现 24% 的奶牛在发情期发情强度降低，持续时间较短，而只有 8%的奶牛发情强度高，持续时间长。

发情行为强度的降低在一定程度上可能与排卵前的雌激素浓度有关。虽然Glencross等（1981）的研究发现，发情行为的强度与雌激素浓度无关，但近来的研究表明（Lopez等，2004），高产奶牛排卵前雌激素浓度比低产奶牛的低，发情行为的强度与这种雌激素浓度有密切关系（Lymio等，2000；Lopez等，2004）。换言之，高产奶牛的雌激素浓度较低，因此发情行为强度降低。低的雌激素浓度是否是由于胰岛素及IGF-I介导的卵泡生长不足（Butler 和 Smith，1989；Lucy，2001），或者是由于在高代谢负荷的奶牛雌激素的代谢及清除增加

（Sangsritavong等，2002），目前对这种影响的程度还不清楚。与甾体激素变化无关联的中枢神经系统也可能会发生变化（Mayne，2007）。

22.4.3.1 发情鉴定

确保发情鉴定能有效进行，其重要性越来越明显：观察发情及持续的时间必须要达到最大化及最优化，必须要对各项发情行为指标的发情症状再度进行评价（Heres等 2000，Kerbrat 和Disenhaus 2004），而且越来越明显的是，还需要采用一些辅助措施来提高发情鉴定效率。同样重要的是，要认识到随着发情鉴定难度的增加，如果采用全群同期发情技术（whole-herd synchrony techniques），则无需再进行人工发情鉴定，而且这种应用也在明显增加。

发情的行为症状能否被观察到，这取决于许多因素（表22.10），而且尽管高产奶牛出现的发情症状会发生变化，但在管理水平上仍有许多工作可用于优化发情鉴定。

（1）牛群大小及产犊牛类型

为了能充分表现发情行为，必须要有母牛准备好要爬跨，也必须要有母牛准备好等待爬跨。爬跨其他牛的母牛一般是快要发情或者快结束发情的牛，而这些牛和正在发情的牛一起形成一个“性活跃组”（sexually active group，SAG），而处于间情期或乏情期的母牛一般不存在于SAG中。

研究清楚地表明，发情的持续时间及强度随

表22.10 与发情鉴定效率有关的因素

允许用于发情鉴定的时间
多久？
发情鉴定的频率？
什么时候进行？与奶牛活动的类型有何关系？
人为社会因素
同时在牛场还发生有其他什么活动？
对饲养员的时间来说，还存在有什么压力？
发情鉴定人员能否识别发情症状？
发情鉴定人员是否对发情鉴定有兴趣，或者只是将其作为另外一件工作来完成？
产犊类型
有多少奶牛？
性活跃组有多少奶牛？
全年中有多少时间必须要进行发情鉴定？
舍 饲
牛是舍饲或是放牧？
是否有足够的空间允许奶牛表现发情行为？
不处于发情阶段的母牛是否能够避免被爬跨？
牛的鉴定与记录
是否能准确对牛进行鉴定？
人工授精后什么时间应该观察个体牛的返情？
辅助措施
尾根染料、发情-爬跨探测器、电子辅助设备等的试用情况？
相对依赖于辅助设施，或者是主要依赖于人工观察？

着SAG中动物数的增加而增加（Hurnik等，1975；Esslemont等，1980；Kilgour 和Dalton，1984），因而使得大群牛的发情鉴定更加容易进行。一般来说，在具有强烈的季节性产犊及配种类型的饲养系统中，SAG要比全年产犊的牛群大，因此可更好地进行发情鉴定。在全年产犊的牛群，只有约2% 的母牛会在给定的时间内产犊。因此，有时性活跃组内可能只有1头母牛，使得发情鉴定极为困难（van Vliet和 van Eerdenburg，1996；van Eerdenburg等，2002；Kerbrat 和 Disenhaus，2004）。

牛群大小主要以两种方式影响发情鉴定。首先，随着牛群（以及产犊集中程度）增大，SAGs也明显增大，从而使得发情鉴定容易进行。另一方面，随着牛群的增大，发情鉴定的准确率和效率降低（Fallon，1962；Esslemont，1974；Wood，1976）。牛群增大的不利影响主要是牛群管理人员需要照看更多的牛，因此可能忽视单个牛的鉴别，观察发情的准确率及观察的密切程度均可能会下降（Waiblinger 和 Menke，1999）。同样，研究表明，太大的牛群其发情的表现也会受到影响；经常更换成员的牛群也是如此，这是由于在个体牛之间已经建立了稳定的社会等级关系。

（2）观察发情的时间与地点

有时在有些地点母牛极少或不表现任何发情行为，而在其他地点或时间则更有可能表现发情行为。母牛集中在院子中（collecting yards）（Esslemont和Bryant，1976）、挤奶期间（Williamson等，1972；Pennington等，1986）、饲喂（Pennington等，1985，1986）及沿着小道行走时可能不表现发情行为。拥挤的聚集区有限的空间不允许处于性活跃状态的个体牛形成小组。相反，母牛更有可能在小院子中（cubicle yards）、饲喂或“休闲”（loafing）区表现发情行为（Esslemont和Bryant，1976），也可在草场上表现发情行为（Williamson等，1972）。

多个研究表明，地面对发情行为的表现极为重要。混凝土地面要比赃的地面更滑，因此不利于母牛爬跨或被爬跨（Britt等，1986；Vailes 和 Britt，1990），而以前曾经在混凝土地面上滑倒过的个体可能不再愿意试图爬跨（Albright，1994）。Pennington等（1985）也注意到，大多数的爬跨发生在母牛能稳定站立及不太拥挤的情况下（Albright 和 Arave，1997）。地面上干燥的小围栏是观察发情的理想场所。

奶牛的发情持续时间相对较短，这是观察发情必须要有规律地经常进行的主要原因之一。虽然早期进行的研究表明，牛的发情可持续 18～20h（Tanabe和Almquist，1960），但大多数的研究发现其持续时间不超过15h（Albright和Arave，1997）。Esslemont（1974）发现，虽然发情持续的平均时间为 15h，但 20%的母牛发情持续的时间不超过6h。最近Kerbrat和Disenhaus（2004）进行的研究表明发情持续的平均时间为14h，这与Esslemont报道的相似。

长期以来人们就认识到，奶牛在晚上更有可能比在白天表现发情行为。但是采用录像或生物遥测学（radiotelemetry）方法监测爬跨类型时，并未发现这种在夜间表现更多的发情行为的特点（Amyot 和 Hurnik，1987；Nebel等，2000）。其实，Albright 和 Arave（1997）研究表明，对表现发情行为的时间进行的研究结果并不与单纯的日间发情模式（simple diurnal patterns）相一致，发情行为的表现时间可能应当解释为奶牛在无其他农业生产活动干扰的情况下的一个时段。因此，舍饲的牛在夜间表现发情行为可能只是说明农场很少在这段时间有其他活动（参见 Williamson等，1972；Hurnik等，1975；Esslemont 和 Bryant，1976）。

Esslemont（1973）分析了采用每次15或30min的观察，共进行3～4次的刚性检查程序对发情鉴定效率的影响。如果采用3次15min的观察（8:00，14:00及21:00），发情鉴定率为69.6%，如果将观察的时间增加到30min，则发情鉴定率可增加到81.2%，如果进行4次30min的观察（8:00，14:00，21:00及24:00），则结果最好，发情鉴定率为

84.1%。观察的绝对次数并非很关键，可调整，以便和农场生产的时间表相一致。Van Vliet和van Eerdenburg（1996）建议，如果能在牛形成性活跃小组的地方及在未受干扰的情况下（即完成了挤奶，饲喂无干扰）进行发情鉴定，而且此时间情期的奶牛在休息反刍，则每天进行两次持续30min的发情观察，可获得74%的发情鉴定效率，准确率可达到100%（van Vliet和van Eerdenburg，1996）。

（3）个体的标记

必须要能从任何位置很容易地鉴别每个奶牛个体，这样饲养员可以很快永久性地记录动物的号数。最好采用臀部冷冻烙印及有标号的颈圈或者大的耳号用于个体鉴别。在小的牛群，即使饲养员认为他们对每头牛都很清楚，但由于鉴定或记录不准确，仍会出现许多错误。

观察舍饲牛发情时，必须要提供充足的照明，以便观察到牛的行为症状及对其进行准确的鉴别。

（4）环境因素

发情行为的表现模式可随着温度、爬跨的频率及由于热、中等或冷的气候环境而表现的不同活动而有变化（Pennington等，1985）。在冷的气候条件下，爬跨行为在18:00和 06:00之间要比全天其他时间少得多，而在炎热的天气，在全天最热的时候最少。 Pennington等（1985）也注意到，发情持续的时间在极端天气条件下可减少到 8～10h。显然，在实施秋季产犊及冬季配种时（如在英国），发情持续时间缩短及发情行为强度降低被广泛认为是这类牛群配种管理的主要问题。

（5）人为因素

虽然有效的发情鉴定对奶牛群的经济性能极为重要，但常常将发情鉴定看作必须要完成的许多其他任务中的“零星活”（chore），因此在许多情况下发情鉴定效率很低，这也就不足为奇了。另一方面，如果将发情鉴定作为优先任务，由积极性很高的农场员工在理想的条件下观察发情，则发情鉴定率可能会很高。因此进行有效发情鉴定的先决条件是要有足够的时间来真正地完整这项工作（O’Connor，2007）。

随着奶牛场工作人员的人数逐渐减少，而且能够找到具有家畜工作经验的初级员工也越来越困难，牛场常常缺乏能准确进行发情鉴定的员工。O’Connor（2007）强调，应指派专人负责进行发情鉴定，而且要确保该人受到过良好的发情鉴定训练，这是极为重要的。训练员工正确进行发情鉴定的重要性在Esslemont（1974）的研究中也得到了证实 ，他发现，培训与未受过培训的员工相比，前者的发情鉴定率明显较高。如果有确定的配种季节，可以利用早期（preseason）发情作为训练员工发情鉴定技能的有效方法。许多这样的配种前发情的记录，不仅可用于鉴定乏情牛，而且也可用于预测配种期期望出现第一次发情的时间。近来在鉴定发情行为上有些变化，表明相关发情鉴定人员不仅要能识别相对微妙的行为变化，而且要能识别典型的站立等待爬跨的症状（Heres等，2000；Lyimo等，2000；Kerbrat 和 Disenhaus，2004）。

配种季节的长短影响畜群管理人员鉴定发情的能力。如果配种季节短，发情鉴定率可达90%以上，这是由于员工能集中精力进行发情鉴定，同时也由于SAGs较大所致。在全年产犊的牛群，由于发情鉴定工作的分散及小的SAGs，发情鉴定率很少能超过 60%；而且在许多情况下要比此低得多。

22.4.3.2 “安静排卵”

大多数牛在产后第一次排卵时不表现发情症状，主要是由于缺乏孕酮的允许作用（King等 1976）。如上所述的原因，牛越来越多地只表现低强度的发情行为，而且持续时间很短，还有可能不表现站立等待爬跨的症状，因此认为这些牛为“安静排卵”，但即使在这些牛至少也能表现一些与发情有关的行为变化。

发情行为表现不充分的其他原因还包括热应激（Gwazdauskas等，1983）。麦角中毒（ergotism；fescue toxicity）的奶牛可表现亚发情（suboestrous），而许多营养缺乏，包括β-胡萝卜素、磷、铜及钴缺乏等，均可成为亚发情的原因。

但是，安静排卵最为常见的原因是发情鉴定失败。因此，如果确定奶牛没有患不排卵性乏情（anovulatory anoestrus），而且也没有亚发情的病理性原因，则安静排卵发生率高的牛群通常可通过全面检查发情鉴定程序，或者采用如下介绍的发情鉴定辅助技术，提高牛群的发情鉴定效率。

22.4.3.3 发情鉴定辅助技术

多种方法可用于提高发情鉴定率，传统上将这些方法称为辅助（aids）方法，这是因为这些方法只是作为人们观察发情行为的辅助手段而采用的。由于奶牛发情行为的表现强度降低以及具有家畜养殖经验的人员储备减少等带来的困难，近来的研究热点集中在全自动化的发情鉴定辅助方法，以期消除采用人工进行发情鉴定的困难。

（1）监测爬跨

可通过在尾根装置染料，这样当母牛被爬跨时颜料标记就会发生变化，或者在尾根部放置压力传感器，记录爬跨动作，这样就可监测奶牛发生的爬跨。

尾根油彩（tail painting） 尾根油彩方法是在新西兰建立的（Macmillan和 Curnow，1977），其目的是提高发情鉴定率。这种方法是将一种鲜艳的十分光滑的搪瓷（brittle，high-gloss enamel）涂料在荐椎及尾根中线上涂抹一厚层（图22.25），最好用刷子逆着毛的纹路（line of the hair）涂刷，以确保在毛的纹路平顺（before smoothing in the direction of the hairline）之前能很好地黏附。应该有规律地检查涂料的情况，以便必要时可以再加涂料。如果1头牛被其他牛爬跨，则涂料会被涂擦掉。采用这种方法进行发情鉴定，之后进行人工授精，则人工授精率超过90%，妊娠率达60% 以上。当25%～75%的染料仍然存在时，会出现发情鉴定的不准确（阳性或阴性）（Kerr 和 McCaughey，1984），但可通过同时直接观察发情行为降低这种不准确性。在撰写本章时，尾根油彩法的使用在澳大利亚和新西兰已经很普遍。英国也在采用尾根油彩法，但对发情鉴定率几乎没有多少影响，这可能是由于在非季节性的牛群SAGs 较小的缘故。

发情–爬跨探测器（heat-mount detectors） 可采用诸如 KaMaR或 Beacon等类型的发情爬跨探测器，这些探测器具有一柔软透亮的塑料圆顶（dome），其附着于一长方形的帆布上，其中装有含红色颜料的软塑料瓶，用黏合剂黏到尾跟之前（图22.26）。当牛被爬跨时，如果塑料小瓶受到足够的压力，即在站立发情时，其受压而颜料溢出，染红塑料圆顶。

当牛踩踏围栏下部，或者牛在拥挤的聚集院子中，未发情的牛不能躲开正在爬跨的牛时，可出现假阳性结果。如果将探测器置于潮湿的被毛，或者冬天的被毛脱落时，探测器可能会脱落。尽管如

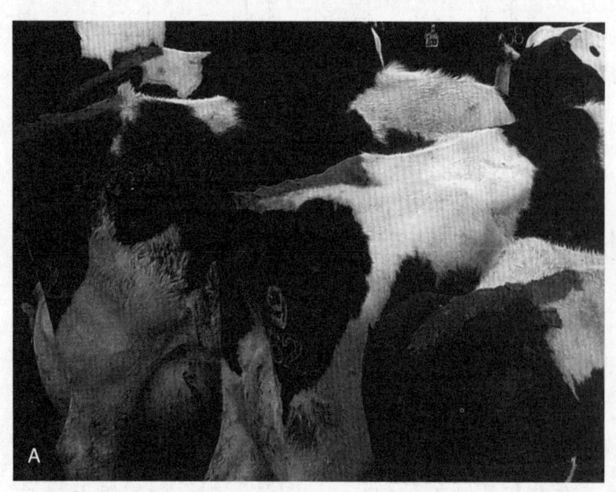

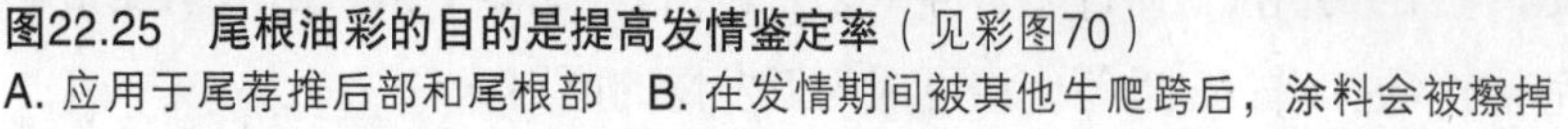

图22.25 尾根油彩的目的是提高发情鉴定率（见彩图70）
A. 应用于尾荐推后部和尾根部 B. 在发情期间被其他牛爬跨后，涂料会被擦掉

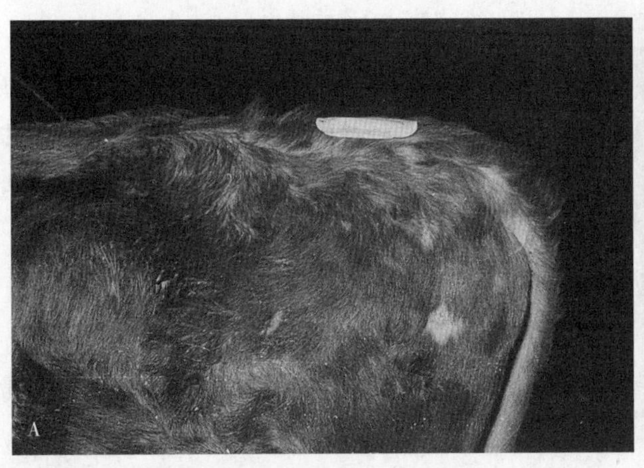

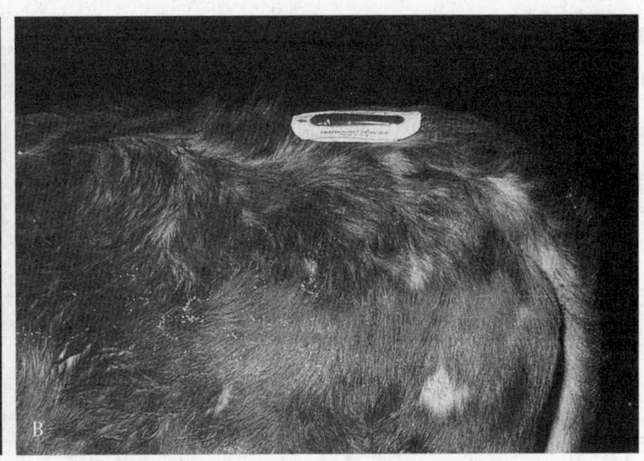

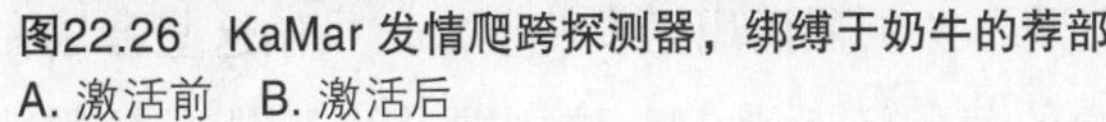
图22.26　KaMar 发情爬跨探测器，绑缚于奶牛的荐部
A. 激活前　B. 激活后

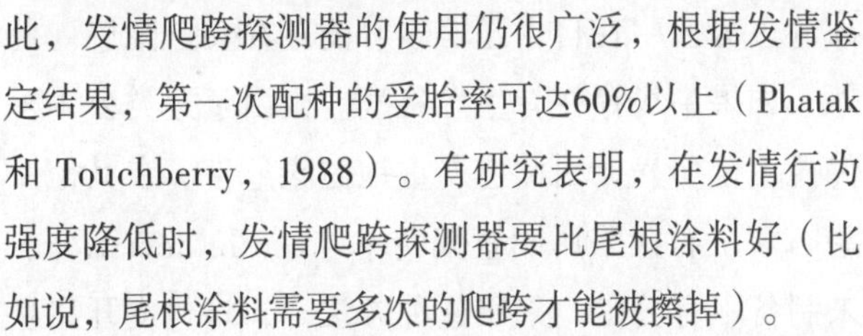
此，发情爬跨探测器的使用仍很广泛，根据发情鉴定结果，第一次配种的受胎率可达60%以上（Phatak 和 Touchberry，1988）。有研究表明，在发情行为强度降低时，发情爬跨探测器要比尾根涂料好（比如说，尾根涂料需要多次的爬跨才能被擦掉）。

Alawneh等（2006）进行的研究采用一种新的发情鉴定带（estrus detection-strip），其具有一种反光材料，其上覆盖有一光泽很低的黑色丙烯酸漆（black acrylic paint）。将这种鉴定带置于母牛的荐部，在牛被爬跨时，黑色涂料将会被擦掉，之后通过顶部摄像机（overhead camera）观察反射条带。采用这种条带进行发情鉴定后输精，第一次输精的受胎率可达到70%以上，而采用观察法加上尾根涂料进行发情鉴定的牛则只有40%。

最近有人研制了无线电遥感发情爬跨探测仪（radio-telemetric heat-mount detectors）（如HeatWatch，ShowHeat）。在这种系统中，将电子压力传感系统（electronic pressuresensing system）同无线电遥感连接到计算机数据分析系统，由其分类整理有关牛的信息及由此产生的活动列表（如发情、可能发情等）（Nebel等，1995；Walker等，1995；Dransfield等，1998）。采用这种系统，发情鉴定率可达 90%以上，准确率可达95%以上（Albright 和 Arave 1997；Cavaleri等，2000a），这与观察行为所获得的结果相当，要比发情鉴定的国家平均水平高许多。在采用发情鉴定探测器时，需要对输精的时间进行调整（相对于直接观察所确定的时间）。Dransfield等（1998）认为，最佳的输精时间应该是在监测到爬跨后间隔 4 ~ 12h，间隔16h后妊娠率明显降低。

可以将压力传感器和/或传送器植入动物体内而不是紧紧黏附在动物皮肤上（McConaha等，1994），虽然仍需要进行大量的研究，但这种系统目前已有商用产品问世。

（2）监测活动状态

奶牛在发情时，运动明显增加，这可作为发情鉴定的基础（Kiddy，1977；Schofield，1990）。典型的计步器有一水银开关（mercury switch），其可被牛的运动激活。可将计步器缚于奶牛的一后腿，或者偶尔也有人系于颈部。如果将计步器监测到的活动数据以单个动物的运动为基础进行分析，则准确率最高（Eradus 和Braake，1993）。但是，单个牛的运动活性不仅与发情周期的阶段有关，而且也取决于SAG的大小（Varner等，1994），因此采用计步器进行发情鉴定时，在成组的牛准确率比单个牛高（Roelofs等，2005）。计步器进行发情鉴定的准确率也受计步器与数据分析系统之间界面的影响：从计步器不经常性地提取数据（如挤奶时每天两次采集数据），获得的结果就没有实时获得数据（real-time acquisition of data）准确（Lyimo等，2000；Nebel等，2000）。采用计步器进行发情鉴定，总的准确率在近年来明显增加，因此，虽然这种方法没有连续观察准确（Pennington等，1986），但其准确率足以在商业生产中应用。Firk等（2002）的研究表明，如果在使用计步器监测的同时，联合监测乳产量、乳流速度和导电率，则可明显提高计步器进行发情鉴定的准确率。

（3）阴道液体的导电性

发情时，随着雌激素浓度的升高，阴道黏膜的电阻降低。长期以来人们一致试图以此作为预测发情的方法，但结果很令人失望（Foote等，1979；Cavestany 和 Foot，1985）。测定结果变异很大，这可能与探测器的尖端及与其相连接的电极未能与阴道黏膜紧密接触有关。Kitwood等（1993）的研究表明，探头在阴道内的位置影响电阻读数。如果对奶牛有规律地进行检查，同时与基于计算机的数据记录及分析系统进行比对分析，则获得的结果要明显比采用一次性测定（one-off measurements）获得的结果好，这是因为虽然大多数牛在发情时电阻降低，但大多数个体在间情期电阻的基础值差别很大。因此，测定电阻值的相对变化可能要比测定绝对值更为有用。但是，Rezac等（1991）的研究发现，相对于发情当天（第0天），电阻值最低可出现于第-1、0或 +1 天。实际使用阴道探针的一个主要问题是其劳动强度大，需要每天用探针检查每头牛，而且每检查一头牛都要进行清洗和消毒。在实验性地将探针置于阴门黏膜皮下，则可有效解决这些问题（Lewis等，1989），但虽然获得的结果很好，对该技术进一步的改进再未见有报道。

（4）其他方法

"机械鼻（the mechanical nose）" 随着气敏感知系统（gas-sensing systems）的发展，以及发情奶牛会阴区分泌外激素细胞鉴定技术的成熟（Blazquez等，1994），可以通过建立直接测定发情外激素气味的电子测定系统（electronic sensing of the odours of oestrous pheromones）来鉴定发情，在奶牛挤奶通过感知检测器时就可进行，这在不远的将来就可实现。

内联孕酮测定法（inline progesterone measurement）。Delwiche等（2001）报道成功地采用内联生物传感器测定乳汁孕酮浓度，以鉴定发情。初步的研究结果表明，这种方法的效率及准确率要比直接观察法或活动监测法高得多。

（5）间接方法

试情公牛、雄激素处理公牛或母牛的应用。结扎输精管的公牛或者正常的不育公牛或者用雄激素处理的去势牛，可通过配置一些标记装置或"发情爬跨"探测器而用于发情鉴定。虽然这些方法在英国的使用还不普遍，这主要是由于具有很好性欲的去势公牛在自由随群时可能存在安全隐患。此外，如果牛场存在有生殖疾病，则由于这类公牛可传播生殖疾病，因此也严重地健康危害。在其他一些国家。有人采用阴茎偏转术（penile deviation）来制备不育公牛。采用这种方法时，将包皮开口从其正常附着部位分离，使其与中线偏离一定的距离。虽然这种方法在英国不允许使用，但在其他许多国家仍被认为是一种有效的发情鉴定辅助方法。这种方法的主要缺点与采用性腺完整的公牛一样。此外，有些公牛即使进行了阴茎偏移，也学会了如何交配，而有些牛则完全不再爬跨。对制备这种标记公牛的许多手术方法已有文献报道（Wolfe，1986）。

雄激素处理的母牛可用作试情牛（Britt，1980）。每周肌内注射丙酸睾酮油剂，连续注射3周，可制备出合适的试情牛，最后一次注射后2周就可使用。性活动的维持需要以一定的间隔重复处理，但是这种用雄激素处理后的母牛具有很独特的优点，它们安全，不会传播生殖疾病。

闭路电视（closed-circuit television）。连续录像监控舍饲奶牛的运动场，而且运动场要有足够的照明，每头奶牛都要有良好的标记，则这种方法可用于鉴别正在发情的奶牛。虽然连续录像监控的效果可能很好，但仍需建立自动识别发情牛的方法（Roelofs等，2005），这种系统才可完全实现其功能。

乳汁孕酮分析。通过测定连续乳样中的孕酮浓度，可以预测未孕牛返情的时间。关于测定方法，本书第24章将有介绍。

同期发情及诱导发情程序的应用。由于保持稳定的发情鉴定水平很困难，因此全群同期发情处理方案可作为一种有效的代替人工观察鉴定发情的方法。这些同期发情方法无论是基于按顺序注射$PGF_{2\alpha}$、GPG处理程序，或者是采用更为复杂的前同期发情-同期发情-再同期发情（presynchrony-synchrony-resynchrony）处理方案，所有方案的目的都是用定时输精代替观察到发情时进行输精，而再同期发情处理方案（resynchrony programmes）的目的则是在输精后没有受胎的牛能再次进行定时输精。

公牛的应用："该放弃了？"（use of bulls："throwing in the towel"？）由于前述的各种发情鉴定的困难，以及一些外行杂志或某些农业出版物无根据地夸大了这些困难，使农场对这些困难的反应是不再使用人工授精而退回到使用公牛进行配种。提倡采用这种方法者认为，让1头遗传价值中等的公牛使母牛妊娠，要比采用1头具有很高的育种价值的公牛，但不能使母牛妊娠要好得多。同样他们还认为，通过自然配种的方式给母牛配种，与采用昂贵的药物处理相比，如果处理的结果就每配种的受胎率（per-service conception rates）和由于不能受胎而非自愿淘汰的牛的数量而言，其结果并不明显比自然配种好。

当然，对这种方法争论的焦点是，采用自然配种，可终止遗传改良，或者丢失关键生产性状的遗传优势。而且，保证公牛健康（如生殖疾病、牛病毒性腹泻等）、生育力及安全管理等都是极为重要的。

22.4.3.4 输精时间的安排

（1）发情鉴定失误

许多采用乳孕酮浓度测定的研究发现，10%~15%，或者甚至22%的奶牛是在发情周期的黄体期输精的，因此这些动物不能受胎也就不足为奇（Hoffmann等，1974；Appleyard 和 Cook，1976）。但是，这些数据还不包括在发情周期的卵泡期输精，但输精时间并非是能获得最高受胎率的最佳时间。Bulman和 Lamming（1978）的研究发现，15%的牛是在黄体期输精，但还有 15%的牛是在卵泡期不适宜的阶段输精的。

出现这种错误的主要原因是不能准确鉴定发情的牛，不能识别发情的真正症状。通常情况下常常是大量的动物在错误的时间输精，发情鉴定率低下，因此基本上反映了其管理水平很低。在这些情况下，上述的有些方法可用于提高牛群的发情鉴定率。在季节性产犊的牛群，在配种的头几周，为了获得较高的发情鉴定率，结果导致的主要问题是许多要进行输精的牛并不处于发情状态。但是，这些牛大多数往往在几天后就可正确进行鉴定，因此对妊娠率的影响就不太明显（参见第 24章）。

（2）人工授精的最佳时间

奶牛的发情时间短，排卵发生在发情结束后10~12h。在之后的6h，卵母细胞在输卵管运行1/3的行程，在此阶段进行受精，这一时间大约是发情开始后30h（Robinson，1979；Roelofs等，2005）。就过去30年发情行为所发生的变化而言，这个数据极为稳定，但是有些个体牛从发情开始到排卵的时间确实明显较长（Bloch等，2006）。

如果在站立发情的中期到末期，即排卵前13~18h输精，则受胎率最高（Nebel等，1994；Maatje等，1997；Nebel等，2000）。在传统上，建议的输精时间遵从上午-下午准则（a.m.-p.m. guideline）（Trimberger，1948，图22.27），即早晨观察到发情的牛应该在下午输精，下午观察到发情的牛应该在第二天早晨输精。如果奶牛在发情开始时，或者甚至在发情结束后36h输精，其仍能妊娠，但受胎率降低；如果推迟输精，则孕体死亡的风险增大。Nebel等（2000）的研究表明，如果不能准确知道发情开始的时间，则应在最早观察到发情后的6h内输精。

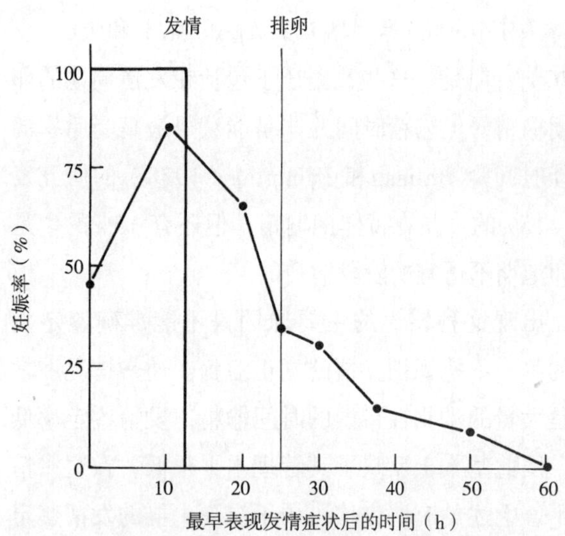

图22.27 奶牛的受胎率：相对于发情和排卵的输精时间的影响（根据 Trimberger 1948绘制）

22.4.4 卵巢囊肿病

卵巢囊肿（cystic ovarian disease）是不能排卵且在卵巢上持续的时间比正常卵泡长的卵泡结构，并由此导致生殖功能异常。囊肿的基本定义为，如果单个存在，直径超过25 mm（Al-Dahash和 David 1977b），如果有多个囊肿存在，则直径可能较小（直径> 17 mm）（Garverick 2007）。这种定义基本上不包括存在有功能性黄体的情况（Youngquist，1986）。

在正常的产后牛，产犊后很快开始出现卵泡波，早期卵泡波中的优势卵泡会发生排卵。卵巢囊肿病（cystic ovarian disease，COD）是该过程出现机能失调的临床表现，是由于优势卵泡不能排卵所引起。Sakaguchi等（2006）的研究表明，囊肿的发生是更为广泛的卵巢功能紊乱的症状表现，而这种功能紊乱包括持续时间正常的一系列不能排卵的卵泡波、出现以周期性方式发生及退化的不排卵囊肿结构以及在卵巢上存在很长时间的不排卵囊肿等（图22.28）。因此，许多牛在产后期卵巢上很快会出现大的充满液体的结构，这些结构通常自行退化，但如果引起行为异常或者发情周期异常时则会作为一种临床疾病要求诊治。

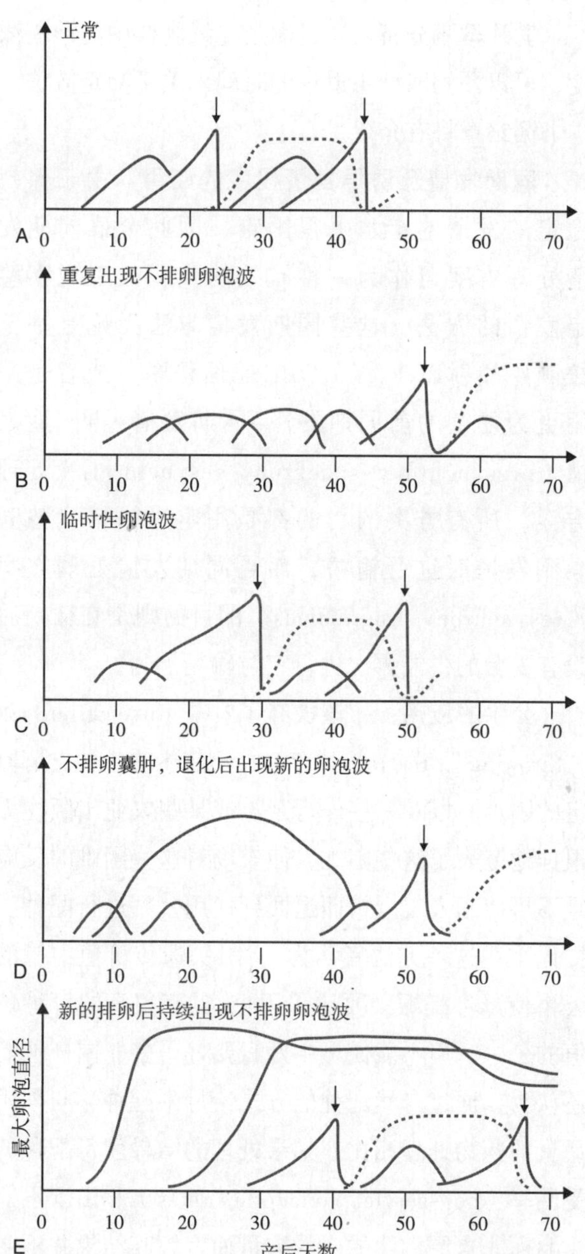

图22.28 奶牛产后期卵泡的生长变化

A. 正常 B. 重复出现不排卵卵泡 C. 具有短时间的卵泡囊肿 D. 具有卵巢囊肿病 E. 在新的排卵后具有长时间的卵巢囊肿（根据Sakaguchi等 2006改编）

22.4.4.1 病因学与发病机理

一般认为，卵泡囊肿的原因是生殖内分泌系统功能异常，导致优势卵泡发育过程中 LH的分泌范型异常及 LH峰值机理不能发挥作用（Peter，2004）。FSH的分泌异常在本病的发生中可能没有作用（Hamilton等，1995）。

对奶牛COD进行的大量研究表明，这类牛 LH排卵前峰值缺如或降低（Cook等，1990；Hamilton等，1995），结果使雌二醇部分或完全不能启动正常的对LH分泌的正反馈调节作用（Zaied等，1981；Refsal等，1987；Nanda等，1991），这可能是由于丘脑下部峰值发生中心（hypothalamic surge-generating centre）对雌二醇不敏感（Garverick，2007）以及GnRH不能释放所致，而不是由于丘脑下部缺少 GnRH，或垂体缺少 LH，或者垂体不能对GnRH（原文为LH，有误，应该为GnRH——译者注）发生反应所致（Vanholder等，2005）。

产犊后，下丘脑对雌二醇发生反应而产生LH的能力逐渐恢复（Kesler和Garverick，1982），这也是发情周期恢复正常过程的重要组成部分。因此，患卵巢囊肿的奶牛其峰值机理不发挥作用的原因之一可能是暂时限制了峰值机理的有效性（Peter，2004）。Vanholder等（2005）的综述认为，其他因素也可能参与本病的发生过程。首先，如果在出现 GnRH/LH峰值时，卵巢上没有能够发生排卵的卵泡，则丘脑下部会对雌二醇的正反馈作用无反应（Gümen等，2002；Gümen和 Wiltbank，2002），这就像其在排卵后孕酮浓度不升高时所发生的反应一样。下丘脑的反应性可被孕酮修复（Gümen和Wiltbank，2005）。其次，应激可使LH峰值减小。另外，采用试验方法，通过使用外源性促肾上腺皮质激素（ACTH）或氢化可的松可以抑制排卵，诱导囊肿形成（Liptrap和 McNally，1976）以及出现与患有COD奶牛相似的 LH峰值的异常变化（Phogat等，1999；Dobson等，2000）。这些变化也可通过能够激活丘脑下部-垂体-肾上腺轴系的应激所引起（Stoebel 和 Moberg，1982；Nanda 和Dobson，1990）。

患 COD的奶牛在囊肿生长期 LH分泌的频率及幅度均比正常牛高（Brown等，1986；Cook等，1991）。研究表明，这种分泌异常与COD的发生具有因果关系（Farin 和 Estill，1993）。但目前的观点认为，LH的这种分泌范型在囊肿一旦形成后在维持囊肿上是有效的（Hampton等，2003），但对囊肿的形成则不是必需的。研究表明，LH的紧张性分泌异常可能反映了存在有略高于基础值的孕酮浓度（Vanholder等，2005）。

发生COD的第二个主要因素是卵泡的生化活动。有研究表明（Kawate等，2004），囊肿卵泡的粒细胞与正常卵泡相比，其 LH受体数量减少，但早期进行的研究（Odore等，1999；Calder等，2001）获得的结果与此相反。还有研究表明囊肿的粒细胞雌激素受体减少（Salvetti，2007）。这些受体数量的变化是否与囊肿的发生相关，仍需要进行深入研究。

高产奶牛由于遗传选育的结果及代谢负荷（metabolic load），其胰岛素和 IGF-I浓度低，有研究表明，这些变化可能通过妨碍卵泡细胞增生及甾体激素生成而与COD的发生具有密切关系（Vanholder等，2005）。能量负平衡从流行病学的角度而言与 COD的发生具有密切关系，升高的游离脂肪酸（non-esterified fatty acids，NEFAs）可能对卵泡功能具有不利的影响。Vanholder等（2005）提出的COD的病因学见图22.29。

22.4.4.2 发病诱因

卵巢囊肿病是由于遗传学发病诱因、应激、乳产量、年龄及营养水平等之间相互作用的结果。

- **遗传倾向**（hereditary predisposition）：不同品种（Emmanuelson 和 Bendixen，1991）及不同家系的牛（Casida 和 Chapman，1951）、同一品种的不同公牛（Kirk等，1982）其间COD的发病率不同，说明本病的发生可能具有遗传基础。虽然遗传力的估计差别很大，但一般来说很低（Youngquist，1986；Day，1991；Zwald，2004a，b）。尽管如此，该性状仍可通过选择控制（Zwald，2004a，b），在一个品种中要避免使用患有卵巢囊肿病的母牛作为种公牛的母本，同时，还要避免与其女儿患有本病的公牛作为种公牛使用，这样可明显降低本病的发病率（Bane，1964）。
- **品种**：COD的发病率在荷斯坦-费里斯奶牛比

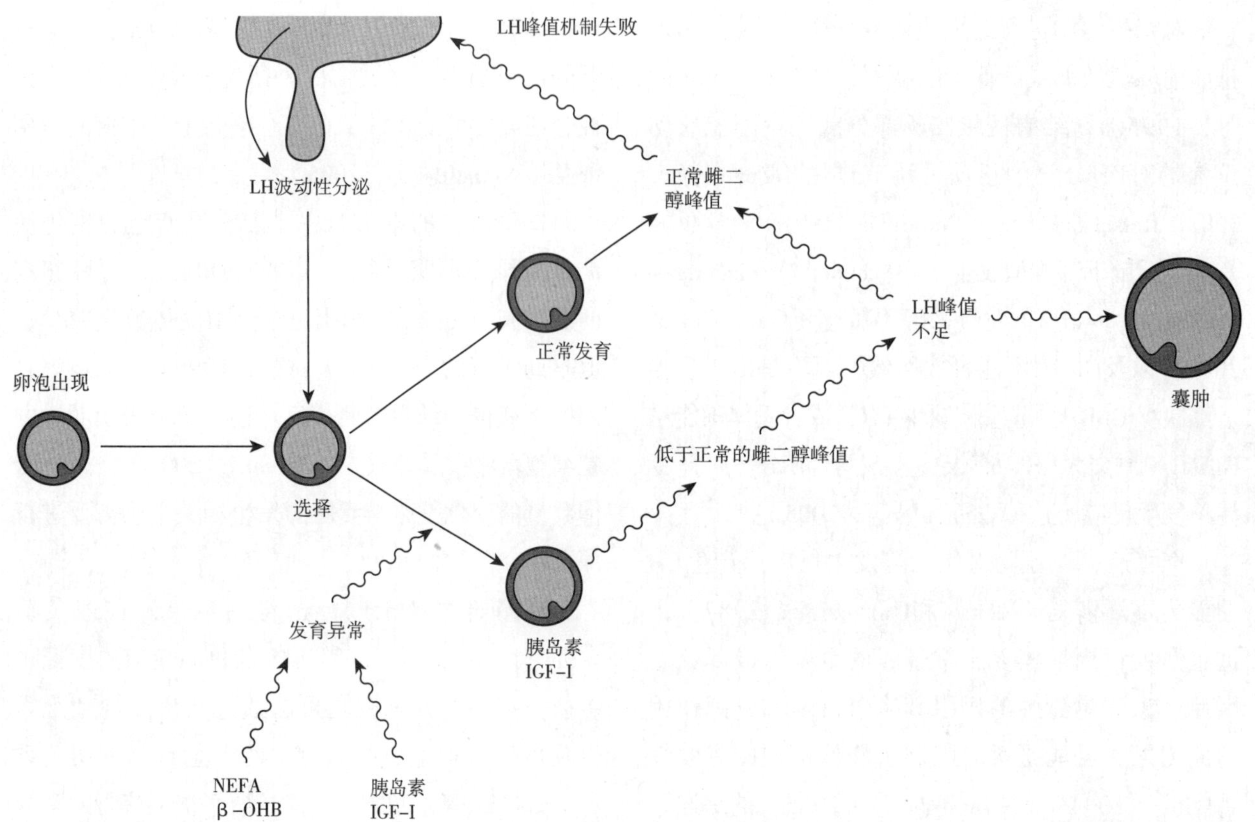

图22.29 卵巢囊肿发病机理示意图（重绘自Vanholder等2005）

其他牛高，本病极少见于肉牛品种。

• **年龄**：COD的发病率在奶牛为4～6岁时最高（Roberts，1986）。在传统上一般认为，本病在第一泌乳期的奶牛不常见，但Watson（1998）的研究表明，第一泌乳期的奶牛其发病率与第二和第三泌乳期时相似。

• **产量与营养**：许多研究认为，COD的发病率与奶产量具有密切联系（Marion和 Gier，1968；Ashmawy等，1992），但与产量的关系极为复杂，因为本病的发生与能量负平衡的程度、牛的遗传潜能（见上）及泌乳期的代谢负荷等均有关。因此，奶产量本身是高产的遗传潜能，可能并不是卵巢囊肿病明显的病因（Zulu和Penny，1998；Hooijer等，2001）。干奶期的体况也与本病的发生有关（Gearhart等，1990），这可能是通过影响产犊后的脂肪动员来发挥作用的。过量的日粮蛋白也可能直接影响COD的发病率（Ashmawy等，1992）。

• **β-胡萝卜素**：研究表明，β-胡萝卜素可以降低COD的发病率（Lotthammer，1979）。但其他人的研究并未能证实这种结果（Folman等，1979；Marcek等，1985），这些研究发现奶牛的饲料中添加β-胡萝卜素对本病的发生没有益处。

• **季节**：冬季时COD的发生比全年其他季节更为常见（Bierschwal，1966；Roine，1973），这可能反映了大多数母牛是在秋季产犊，因此在冬季奶产量达到最高，也可能反映了在冬季缺乏运动、日粮蛋白过量/光照周期的影响等（Peter，2004）。

• **间发病（intercurrent disease）**:酮病、难产、应激、双胎、胎衣不下（RFM）、产乳热及产后子宫感染等可能均是卵巢囊肿病的危险因子（Morrow等，1966，1969；Hardie 和Ax，1981；Roberts，1986；Bosu和Peter，1987；Laporte等，1994）。

22.4.4.3 临床特点

（1）发病率

对卵巢囊肿病的发病率进行调查研究时，对其结果的解释必须慎重，这是因为难以从屠宰场进行的调查研究中获得关于囊肿对繁殖功能影响的有关信息，而在对牛群进行研究时，囊肿只有一直存在到配种期时才认为是病理性的。在屠宰场的调查研究中发现，本病的发病率从 0.5%（澳大利亚，Summers 1974）~ 18.5%（日本，Fujimoto 1956）不等。Al-Dahash 和David（1977a）发现在英国的屠宰场调查中其发病率为3.8%，Day（1991）引用的4篇北美的参考资料，其发病率每个泌乳期为6% ~ 19%。对安大略省 34 个奶牛群的研究发现，泌乳期的发病率为5%，产后第一次诊断出本病的时间中间值为90.5d。Watson（1996）对英国24个牛群 3000头奶牛的研究发现，卵巢囊肿病在7% ~ 8%的奶牛可引起临床症状。Zwald等（2004a）同样估计在8%的泌乳期会发生。Youngquist（1986）估计本病的发病率为 10% ~ 20%，但认为如果将在配种季节前发生的囊肿也包括在内，则发病率约为30%。据说，卵巢囊肿的发病率一直在增加，对一个奶牛群923头奶牛及2246次产犊牛进行的为期20年的回顾性研究表明，从1963年起发病率稳定增加，1966年时只有 10%的奶牛发病，而在1983年时增加到57%。

（2）分布

囊肿可存在于单侧或者双侧卵巢（表22.11），但右侧卵巢上诊断出的囊肿比左侧卵巢多，反映了两个卵巢间相对活动的不同。 Garm（1949）发现，多囊肿比单个囊肿更为多见，但Elmore等（1975）发现，75% 的为单一的囊肿。Al-Dahash和David（1977b）在对8000多例生殖器官的调查研究中发现，在307个具有卵巢囊肿的生殖器官中，53.5%具有单囊肿，而46.2%具有多囊肿。在该研究中发现的囊肿中，大多数直径在2.5 ~ 3.0cm之间，极少有直径超过 5cm或6cm者。

22.4.4.4　诊断

传统上将卵巢囊肿分为卵泡囊肿及黄体囊肿，这种分类具有一定的意义，因为其总结了在某一时间点上的发现，但囊肿是动态变化而不是静止结构，其可自行退化，也可被其他囊肿替代（Kesler 和 Garverick，1982；Cook等，1990），其黄体化的程度也在发生改变。卵泡囊肿为薄壁的波动性结构，可以为单个或多个（图22.30）。卵泡囊肿可以为单个，但常常为多个。黄体囊肿或黄体化囊肿（图22.31）为厚壁的结构，通常为单个。通过超声进行鉴别及区分（图22.32）通常要比用手触诊准确（Jeffcoate和Ayliffe，1995；Douthwaite和Dobson，

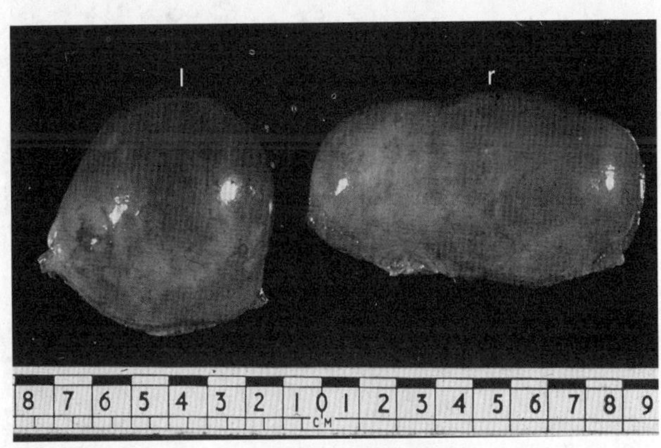

图22. 30　1头奶牛的卵巢，其右侧卵巢上具有2个薄壁的囊肿（直径为4 ~ 5cm）（r），左侧卵巢上有一个薄壁的囊肿（直径5cm）（l）（见彩图71）

表22.11　卵巢囊肿的分布及其与黄体的关系（引自Al-Dahash 和 David，1977b）

囊肿类型	存在的数量	囊肿的百分比 / %		
		无黄体存在	有黄体存在	总计
薄壁	单个	16.93	18.85	80.19
	多个	40.26	4.15	
厚壁	单个	10.22	7.67	19.81
	多个	1.92	0	
总计		69.33	30.67	

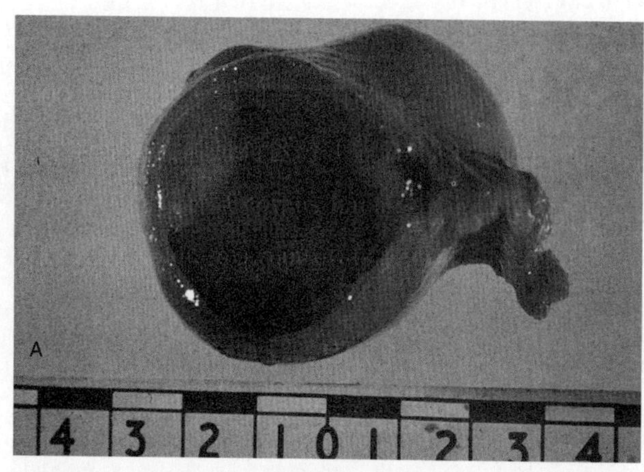

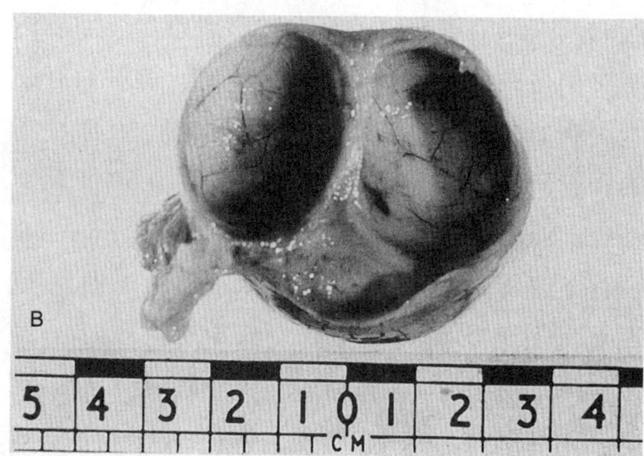

图22.31 卵巢囊肿（见彩图72）

A. 典型的单个厚壁黄体囊肿卵巢的横切面。注意壁至少含有厚达3mm的黄体组织 B. 具有3个不同程度黄体化的卵巢横切面

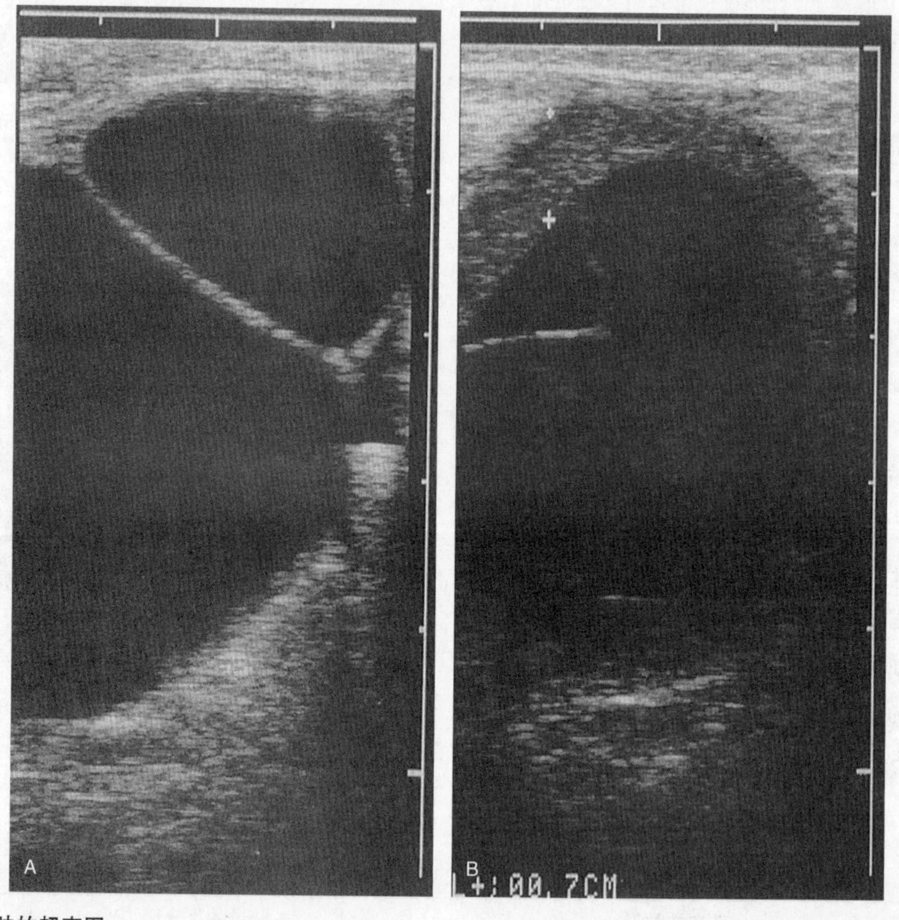

图22.32 卵巢囊肿的超声图

A. 具有薄壁囊肿及黄体囊肿 B. 具有薄壁囊肿的奶牛卵巢的超声图，注意黄体组织的壁较厚，其厚度 > 3 mm（引自W. R. Ward）

2000）。卵巢上也可能存在许多充满液体的结构，需要与卵巢囊肿进行区分（表22.12）。临近黄体或卵泡结构的红体（corpus haemorrhagicum）、非卵巢性囊肿（non-ovarian cysts）（如 卵巢冠囊肿，parovarian cysts）、脓肿及肿瘤有时也可与囊肿混淆（Farin 和 Estill，1993）。

囊肿类型可通过监测外周血浆孕酮浓度来证实（Douthwaite和 Dobson，2000）：血液或乳汁孕

表22.12　牛卵巢上含液体的结构

正常结构			异常结构	
卵　泡	有血管分布的黄体	黄体化卵泡	卵泡囊肿	黄体化囊肿
过渡性的处于动态变化，松软的波动性结构，发情开始前、发情中及发情后12h直径可达到1.5～2.0cm	与未血管化的黄体大小相当，但触诊时略为松软，有排卵点，妊娠期中心腔体消失	直径＜2.5cm。无排卵点，中心腔体比血管化黄体的大	松软，厚壁，充满液体，直径≥2.5cm，长期存在的结构。囊肿壁厚<3mm	壁厚，充满液体，直径≥2.5cm，长期存在的结构。囊肿壁的厚度>3mm
直径≤1.5cm的卵泡正常就存在于发情周期的所有阶段	通常为单个	通常为单个	可以为单个，但常常为多个，可存在于一侧或双侧卵巢	通常为单个
	25%左右的正常排卵后会发生	发生于成熟卵泡未排卵之后	发生于成熟卵泡未排卵之后	发生于成熟卵泡未排卵之后
与正常发情周期有关	与正常发情周期有关	更有可能发生于产后期早期，与长度正常或略短的发情周期有关	与外周血循中孕酮浓度低有关。患病牛可表现乏情或慕雄狂	与外周血循中孕酮浓度高有关，患病牛表现乏情

酮浓度高（乳汁中>2ng/ml，血浆/血清>1.0ng/ml，Booth 1988；Carroll等，1990；Farin等，1992）表明为黄体囊肿。孕酮浓度测定进一步证实了屠宰场的调查结果，即卵泡囊肿比黄体囊肿多2～3倍（Kesler 和 Garverick，1982；Leslie 和Bosu，1983；Booth，1988）。

囊肿可与黄体同时存在（Al-Dahash和David，1977b；Roy等，1985；Carroll等，1990），因此应该确认发生囊肿时是否有黄体存在（图22.33）。但是在具有一个黄体的奶牛，其所有的囊肿可能均不具有激素活性（Al-Dahash 和 David，1977c），这可能主要是由于粒细胞丧失，因此可以认为这种囊肿只是解剖学上的残留物而并非有活性的结构。

22.4.4.5　临床症状

牛COD 的主要临床症状是慕雄狂、乏情或者雄性化。COD 最早也是在研究奶牛的慕雄狂行为时发现的。Roberts（1955）认为，慕雄狂的奶牛表现强烈的长时间的发情症状，阴门明显水肿，经常有大量清亮的黏液，连续两次发情之间的间隔时间缩短。在未引起重视的病例，常常可表现神经失常的行为，乳产量降低，体况下降（甚至出现消瘦），荐坐韧带塌陷，尾骨高抬（图22.34）。患病奶牛试图骑乘其他奶牛，会站立等待其他牛的爬跨。由于其强烈的性活动，患病牛通常会对牛群中其他的牛造成扰乱，因此使得准确进行发情鉴定更为困难。偶尔长期患 COD的奶牛可发生雄性化（Arthur，1959；图22.35）。

但是，大多数患COD的牛表现为乏情。Watson（1998）发现患COD的牛只有2%表现为无规律的发情而配种，而74%的病牛表现为乏情。另外12%的牛是在进行日常的配种前检查时发现的，12%是在进行妊娠诊断时发现未孕而患有该病的。同样，在Bierschwal（1966）的研究中也发现，乏情是患COD奶牛最主要的症状，这种牛占60%；Anttila 和Roine（1972）发现为57%，Dobson等（1977）发现为73%，而在 Roberts（1986）进行的系列研究中发现62.5%～85% 的病牛表现为乏情。

患卵巢囊肿的牛其行为在很大程度上与外周血浆甾体激素浓度无关（Roberts，1986）。患卵泡囊肿的奶牛其血液中雌激素（Kittock等，1973；Dobson等，1977）和睾酮（Eyestone 和 Ax，1984）

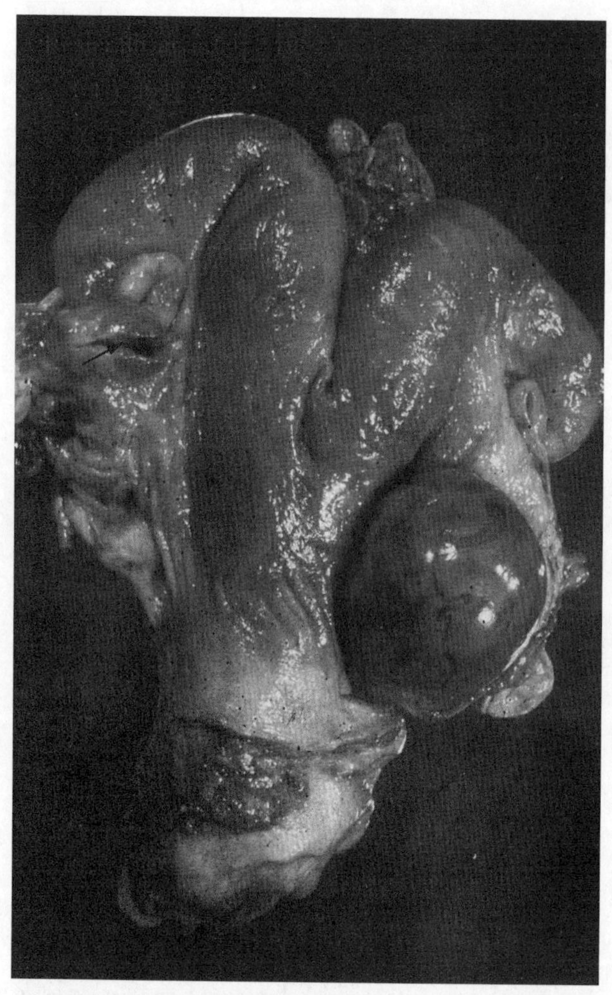

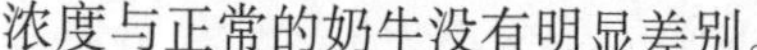

图22.33 右侧卵巢具有直径超过10cm的薄壁囊肿，左侧卵巢具有切开的黄体（见彩图73）

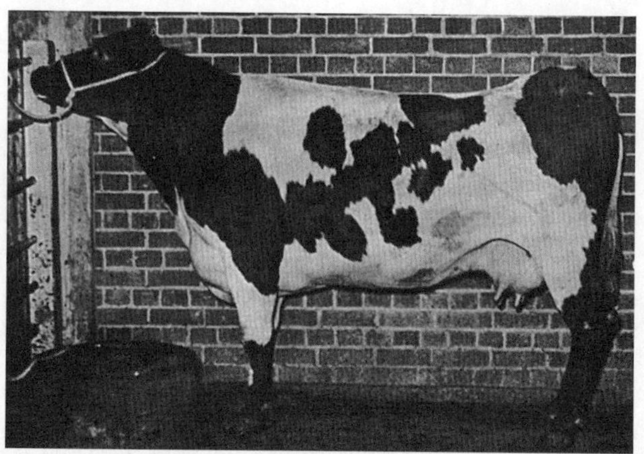

图22.34 具有典型慕雄狂体征的母牛

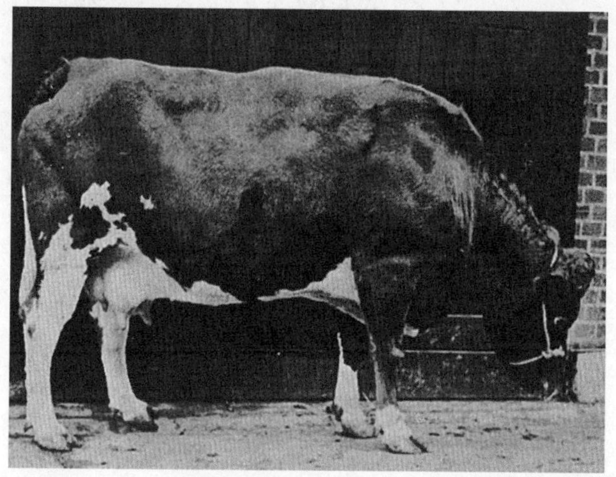

图22.35 长期患卵巢囊肿病的母牛的雄性外观及行为（雄性化）

浓度与正常的奶牛没有明显差别。

22.4.4.6 治疗与结局

在产犊后早期卵巢囊肿病的自发性恢复很常见，但是对这种恢复的准确数据进行研究，发现囊肿可为短期或长期存在的结构（Sakaguchi等，2006）。报道的产后45天之内的自愈率可占所有病例的15%～30%（Garverick，1997；Peter，2004）。如果将囊肿分为起自第一个优势卵泡波及起自于随后的卵泡波，则自愈率分别为 50%和20%（Kesler和Garverick，1982）。

（1）物理学方法

关于牛卵巢囊肿病的治疗，Nanda等（1989）已有详细的文献综述。一般主张囊肿不应通过手从直肠碎裂，因为这会引起损伤、出血和/或卵巢-卵巢囊粘连。虽然徒手破裂会有风险，而且效果不一定好，但Watson（1998）进行的现场调查研究发现，大约35% 的囊肿是由徒手破裂进行治疗的（虽然其中一半以上是用激素治疗）。

在有些病例，如果其他方法治疗无效，则可采用手术摘除慢性患病的卵巢，这是一种值得考虑的方法，因为卵巢摘除后丘脑下部可对雌二醇发生正常的反应（de Silva和Reeves，1988）。

（2）激素治疗方法

大多数卵巢囊肿可采用生殖激素进行治疗。激素治疗方案的选择在很大程度上取决于囊肿的类型，卵泡囊肿通常采用促性腺激素（hCG或GnRH），或用孕酮治疗，而黄体化囊肿则可用溶黄体激素进行治疗。

促性腺激素。卵泡囊肿可用hCG或 GnRH治疗。但与直觉上不同的是，这些激素不能引起囊肿发生排卵，但能引起囊肿黄体化或引起新卵泡排卵（Ribadu等，1994；Jeffcoate和 Ayliffe，1995），发育为黄体。小剂量的 GnRH（100～250μg）就能引起囊肿黄体化（Kesler等，1981）；而大剂量（如 0.5～1.0 mg 的GnRH或 10μg布舍瑞林）可引起新卵泡的排卵及形成黄体（Bertchtold等，1980）。无论发生何种情况，其结果均会导致孕酮浓度升高，其对 LH的分泌发挥负反馈作用，重新确立垂体对雌二醇的敏感性（Gümen和Wiltbank，2002）。同时，卵泡甾体激素的合成会降低，导致17β-雌二醇浓度降低，这对正常卵巢周期的恢复是必要的（Kesler和 Garverick，1982）。

治疗之后3周内，用GnRH治疗的牛 65%～90%会恢复正常的发情周期（Dobson等，1977；Kesler等，1978；Whitmore等，1979；Ijaz等，1987），用hCG治疗后 75%可恢复正常的发情周期（Dobson等，1977）。从治疗到恢复发情的间隔时间据报道为3～15 d（Nanda等，1988）和18～23d（Ijaz等，1987），下次发情的受胎率为37%～55%（Ijaz等，1987），最后所有牛的妊娠率可达到80%以上（Whitmore等，1979）。8%（Nanda等，1988）～16%（Watson，1998）的牛会再度发生囊肿。Jou等（1999）和Peters（2005）对GnRH的治疗效果更为慎重，虽然其在治疗囊肿时很有效，但治疗后的生育力很低。一旦发生黄体化，到下次发情的时间可通过采用 $PGF_{2\alpha}$ 而缩短（Garverick，2007）。有人试图缩短从治疗到第一次配种的时间间隔，从获得的结果建议，日常治疗囊肿时，可在最早诊断到囊肿时用GnRH治疗，9d后用 $PGF_{2\alpha}$ 治疗（Kesler等，1978；Garverick，1997）。但在随后对单独用GnRH治疗的生育力进行的比较研究发现结果很差，而且这种治疗方法也很昂贵（Archibald等，1991）。Nanda等（1988）同样也报道结果很不令人满意。有人采用完整的 GPG治疗方案治疗 COD（Ambrose等，2004；Garverick，2007），但尚不清楚采用这种更为昂贵的治疗方案是否有益。

孕酮。卵泡囊肿还可采用阴道内孕酮释放装置进行治疗（van Giessen，1991；Calder等，1999）。外周血浆孕酮浓度增加可降低LH的波动性分泌，恢复丘脑下部-垂体对雌二醇发生反应而产生LH峰值的能力（Todoroki 和 Kaneko，2006）。在25头采用PRIDs治疗的奶牛中（其中18头曾采用其他方法进行治疗但未获成功），68%在植入PRID后 13～18d恢复，这些牛中88%在3次输精内受胎（Nanda等，1988）。在植入PRID 后24h慕雄狂的症状消失，囊肿逐渐消退，10～12d除去装置后出现发情排卵及形成黄体。孕酮本身在治疗黄体化囊肿时相对无效（Todoroki等，2001），因此在治疗之前需要仔细区分囊肿的类型，或者在治疗方案中联合使用溶黄体的药物。

前列腺素$F_{2\alpha}$。治疗黄体囊肿最合逻辑的方法是采用 $PGF_{2\alpha}$。Dobson（1977）采用这种方法获得了可以预计的反应；27头奶牛中有26头囊肿退化，大多数在3～5d内表现发情，56%的牛受胎，从治疗到受胎的平均间隔时间为 27d。Jackson（1981）对多个国家进行的试验进行了调查研究，发现80%的出现反应的牛囊肿在3～5d内消失，在这些牛中，至少 60%，在大多数情况下超过 90% 的牛受胎。文献中类似的报道很多（参见 Ijaz等，1987）。其实，具有黄体囊肿的牛不能对$PGF_{2\alpha}$治疗发生反应几乎总是由于诊断错误所致。在Watson（1998）进行的研究中，患COD的奶牛10%用$PGF_{2\alpha}$治疗，27%用孕酮进行治疗，23%用GnRH进行治疗。对治疗的反应及与不治疗的比较见表22.13。

不治疗。Watson和Cliff（1996）发现，在患卵巢囊肿而未进行治疗的奶牛，54%最终会妊娠，而治疗的牛79%～87%妊娠。但令人惊奇的是在各种治疗方法之间总的成功治愈率没有明显差别，只是在开始时用孕酮治疗之后需要再次治疗的牛数要比其他治疗方法少。Watson（1998）报道，患COD的牛 16%在诊断之后未进行治疗。

表22.13 对卵巢囊肿病治疗的反应性（引自 Watson，1998）

治 疗	从产犊到第一次AI的时间（d）	第一次AI后的受胎率（%）	产犊到受胎的间隔时间（d）	总妊娠率（%）	每受胎的配种次数（n）	从开始治疗到受胎的时间（d）	成功率（受胎的治疗牛）（%）
患卵巢囊肿病的牛							
$PGF_{2\alpha}$	82	46	126	85	2.4	50	89
GnRH	88	41	151	79	3.6	55	81
孕酮	78	32	131	78	3.5	55	81
（不治疗）	76	35	124	77	3.5	50	78
同群中的正常牛							
（不治疗）	76	45	101	NQ	2.2		

NQ：未引用

后遗症。卵巢囊肿可引起产犊间隔时间延长，从而导致终生的产奶量降低，强制淘汰率（involuntary culling rate）升高，病牛很有可能发生屡配不孕（Moss等，2002）。但是在Watson 和 Cliff（1996）进行的现场研究及Scholl等（1990）进行的计算机模拟研究中发现，虽然COD 对动物个体的繁殖结果具有明显影响，但这种疾病并非决定群体水平繁殖性能的决定因素。例如，Watson（1998）得出结论认为，COD在牛群内的净影响是使从产犊到受胎的间隔时间增加达2d以上，增加每受胎的配种次数达0.1～0.2次以上。就动物个体而言，治疗本身的经济效益值得考虑：de Vries等（2006）得出结论认为，如果采用孕酮植入法进行治疗，与不治疗相比，净收益超过 80美元。在忽视的COD病例，可发生子宫积液，子宫明显扩张，其中充满黏液，子宫壁变薄（图22.36）（Al-Dahash 和 David，1977a）。

22.4.4.7 预防

通过仔细的遗传选择，淘汰其女儿患有COD的公牛而降低COD的发生已经取得了很大的进展。理想状态下，奶牛不应因卵巢囊肿而进行治疗，其后裔也不应作为种用。但是，这将会使畜群管理及收益面临两难的境界，因为患病牛常常也是生产性能最高者。

预防性使用 GnRH（如100～200μg GnRH，产后12～14d处理；Kesler 和Garverick，1982）在一定程度上可预防牛群卵巢囊肿的发生（Zaied等，1980），但这种方法是否具有成本效益，还未进行过计算。

22.4.5 其他疾病

22.4.5.1 持久黄体

控制黄体寿命的机理已在第一章介绍。任何干扰前列腺素$F_{2\alpha}$产生和释放的因素均可导致持久黄体（persistent corpus luteum）的发生。妊娠是最常见的引起持久黄体的情况，但如前所述，如果发生子宫感染及组织的炎症，则会阻止$PGF_{2\alpha}$的产生与释放（Seguin等，1974）。这种情况可能为持续存在的自身延续现象（self-perpetuating），因为在孕酮对子宫发挥主导作用的情况下，可降低子宫对感染的抵抗力，在子宫的抵抗力更为强大时，可阻止再次出现周期性发情期（Rowson等，1953）。但是有研究表明，黄体的持续存在即使在没有子宫损伤的情况下也可发生。Lamming和Bulman（1976）的研究发现，2%的奶牛其乳汁孕酮浓度升高持续时间达30d以上。还有人认为，持久黄体与排卵失败或卵泡发育异常有关。

如果认为存在有持久黄体时，就应该用 $PGF_{2\alpha}$ 或合成的类似物进行治疗，但医生必须要确定要治疗的奶牛没有妊娠。

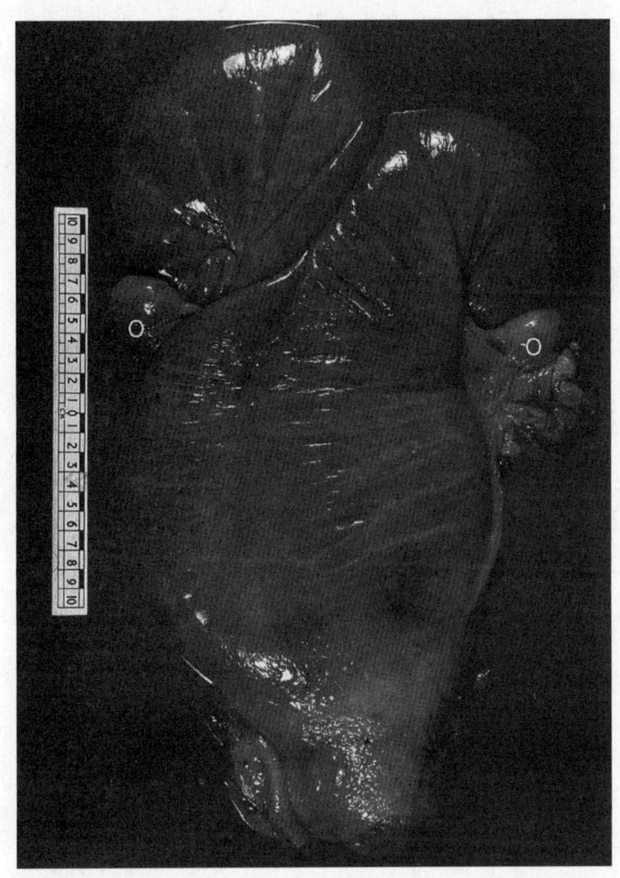

图22.36　患卵巢囊肿的奶牛及其随后发生的子宫积液（见彩图74）
注意子宫壁变薄，子宫扩张，两个子宫角几乎对称（O =卵巢）

22.4.5.2 排卵疾病

牛的正常排卵发生在发情行为开始后25～35h，或者LH排卵峰值后18～26h（参见第1章）。发情开始与排卵的间隔时间延长（延迟排卵，delayed ovulation）到48h以上，这在奶牛已有报道:典型的发病率为2%～15%（Erb等，1976；Roelofs等，2005）。这种牛在排卵前期，雌二醇和LH的浓度可能比正常的卵泡期低（Bloch等，2006）。排卵延迟的牛其受胎率一般较低。

有研究表明，排卵延迟与随后黄体期孕酮浓度异常有关（Bloch等，2006）。另外，有些牛发情周期的卵泡期明显较长，这可通过测定血液及乳汁存在有低浓度的孕酮得到证实（Erb等，1976；Bulman和Lamming，1978；Jackson等，1979），但并非是由于排卵延迟所致，而是由于黄体（假定其甾体激素生成正常）分泌孕酮延迟所致。

22.5　营养

22.5.1　初情期与饲养期

初情期（puberty）是指表现第一次发情的时间，发生于5～20月龄时。据认为，体格（而不是年龄）、体况分值及营养水平是影响初情期年龄的主要因素（Ducker等，1985；Spitzer，1986）。为了达到初情期，肉牛小母牛应该达到其成年体重的50%，奶牛小母牛应该达到其成年体重的35%~45%。因此，初情期时的体重在费里斯牛应该达到240~260kg，海福特牛270~300kg，安格斯牛230~250kg。但是在同一群牛中，达到初情期时的体重并不相同，例如，50%的海福特小母牛可在体重达到272kg时发情，而夏洛莱牛则必须要达到308kg才有相同比例的小母牛达到初情期。为了使 90%的动物达到初情期，体重必须分别要达到318kg和352kg（Spitzer，1986）。

大多数农业生产系统，都希望小母牛在接近2岁时第一次产犊。美国和英国进行的许多研究都发现，2岁时第一次产犊的肉牛小母牛其饲养效益要比在3岁时第一次产犊的高（Pinney等，1962；Nunez-Dominguez等，1991；Spitzer，1986）。在Pinney等（1962）进行的研究中发现，小母牛在2岁时产犊，在其整个生产期与3岁时产犊相比，每头母牛可多产0.8头犊牛，但支出减少10% 。同样在奶牛，第一次产犊的理想年龄为24月龄左右。如果第一次产犊的年龄延迟，则第一次泌乳的奶产量降低而不是增加（Spain等，2007）。在季节性产犊的奶牛，第一次产犊的年龄和第一次产犊的时间均很关键。母牛必须在繁殖季节开始时产犊，这就意味着有些小母牛在23月龄或甚至22月龄时就产犊。在繁殖季节开始时为了使最小的小母牛也能达到合适的体格及初情期，在饲养期达到最大生长速度极为关键（MacDiarmid，1999）。

因此初情期的年龄在很大程度上依赖于生长

期的生长速度，这就需要将动物保持在高的营养水平。Gerloff 和Morrow（1986）的研究表明，黑白花小母牛在6月龄时体重每增加0.45kg，达到初情期的年龄可降低0.77d，在6～12月龄时，体重每再增加0.45kg，则达到初情期的年龄可降低0.36d。另一方面，奶牛小母牛在初情期前生长速度过快会影响其乳腺上皮的发育，降低第一次泌乳时的产奶量。因此，Foldager 和Sejrsen（1982）建议，黑白花小母牛在活重为150～300kg时，最佳生长速度为600～700 g/d。初情期后生长速度对乳腺发育的影响则明显减弱（Drew，2004）。

这些结果表明，在幼犊期饲喂充足对确保初情期的及早开始是极为重要的，其目的应该是保持犊牛健康，定期监测其生长性能（表22.14）（McNeil，2003；Schouten，2003），且按计划的生长速度生长，以达到不同生长阶段的目标体重（Drew，2004）。一般来说，动物在配种季节开始时应达到其成年体重的65%，以便及时达到初情期和表现有规律的发情周期。因此为了保证小母牛在第一次产犊时达到合适的体重，必须要有计划地连续生长（图22.37）。达到这个目标的小母牛，如果其在随后的整个妊娠期的代谢需求能被充分重视，应该在第一次泌乳时能达到其乳汁生产的遗传潜能。产犊时的活重对随后的繁殖性能具有明显的影响：第一次产犊时的小母牛如果体重不足，则与生长充分的小母牛相比，其受胎率会很低，而且更有可能由于不育而淘汰（表22.15）。

22.5.2 营养与泌乳奶牛

近年来奶牛的生育力急剧下降。许多研究表明（图22.38；Mann 2004）生育力与奶产量之间呈负相关（Nebel和McGilliard，1993；Washburn等，2002；Royal 和 Flint，2004；Butler，2005），一般认为这是由下列原因造成的：①根据高产奶量的遗传潜力选择奶牛；②泌乳的代谢需要。因此，人们对营养和生育力之间的关系的研究越来越重视，

表22.14 母牛犊的管理

断奶前
严格管理初乳摄取
通过乳汁饲喂确保良好的断奶前生长
通过及早摄取足够的精饲料，提供高质量的粗饲料，促进瘤胃及早发育
有效防治腹泻、呼吸疾病及脐带疾病
断奶后
经常称重监测生长速度；调整饲喂以合适为宜
维持高水平的极易消化的饲料
避免营养缺口（nutrient gaps），如在干燥的夏季或潮湿的冬季
有规律地监测微量元素的状态
有效控制寄生虫
有效的免疫接种计划（如细螺旋体病、牛病毒性腹泻、牛传染性鼻气管炎）
配种前
确保配种时活重达到成体重的65%以上
配种前后维持高营养水平：极为重要的是应该增重而不是失重
从配种到产犊
确保足够的生长速度，以便在第一次产犊时至少达到成体重的85%（图22.37）
最后2个月降低生长速度，以降低发生难产的风险

表22.15　荷斯坦小母牛第一次产犊时的活重对以后产犊率（in calf rates）（在6和21周龄时）及第一个泌乳期受胎率的影响（经允许，引自Morton 2000b）

产犊前活重（kg）	活重	6周时的妊娠率（%）	21周时的妊娠率（%）	开始配种后7和21周受胎牛所占的比例（%）
400以下	319	49	79	30
401~440	388	60	87	27
441~470	369	68	89	21
471~510	450	68	87	19
511~540	226	75	88	13
541以上	231	77	87	10

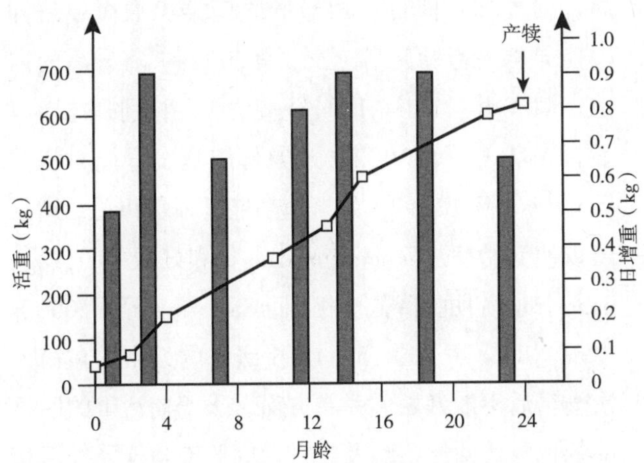

图22.37　小母牛从出生到第一次产犊时的生长速度及日增重（改编自Drew，2004.）

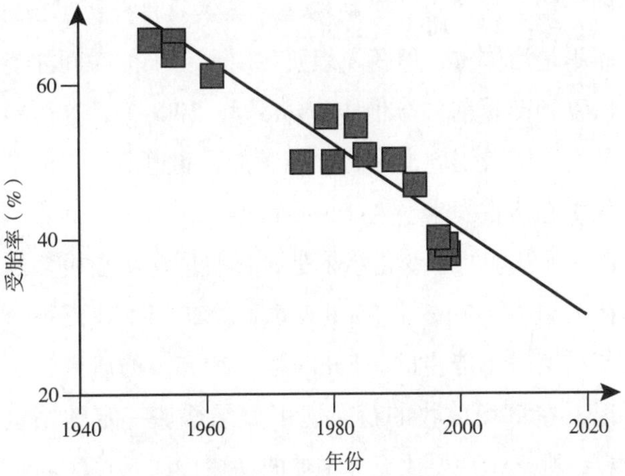

图22.38　文献中牛受胎率的变化（引自Mann，2004）

特别是对奶牛根据营养物质的分配中营养主要用于提高奶牛的泌乳性能，而非用于生长和组织沉积所进行的遗传选择，并由此所造成的代谢内分泌系统的明显变化进行的研究更是越来越多。

诚然，营养一直被认为是繁殖性能的关键决定因子，不仅在奶牛，而且在肉牛也是如此。牛在开始泌乳时对能量需要的增加并非总是与摄食的增加相匹配，泌乳高峰与摄食高峰之间会有数周的滞后期；因此早期泌乳的主要特点是有一能量负平衡期，在此阶段通过组织动用以满足不能通过摄食提供的泌乳所需要的能量。能量负平衡在产犊后1～2周达到最大，而且可一直持续到泌乳期（Dillon等，2003），甚至持续到最大奶产量之后（Hattan等，2001）。在高产奶牛，即使采用富能饲料（energy-dense diet），其食欲也可能不能满足能量的需要，因此可能会延续到奶产量开始下降时（Beever等，2001），甚至一直延续到适合于开始配种时。对具有305天标准泌乳期的高产奶牛，在干奶期开始时，可能尚未达到产犊前的体况（Beever等，2004）。

动物在发生能量负平衡时具有清晰的能量分布优先次序，因此维持和泌乳优先于生长和繁殖，即在出现能量负平衡时，首先会损害繁殖性能（Bauman和Currie，1980）。在泌乳早期发生能量负平衡的奶牛，乏情的风险要比能量平衡（energy equilibrium）的牛高得多（Zulu等，2002a）。同样，能量负平衡的牛更有可能在平衡恢复前持续乏情（Butler和Smith，1989），这可能就是持续泌乳的黑白花奶牛繁殖性能低下的主要原因（Buckley等，2003）。处于能量负平衡状态的动物，其受胎率会降低，孕体死亡率会升高（Gossen等，2006；Grimard等，2006；Roche等，2007）。

遗传选择的高产奶牛维持体况分值（body condition score，BCS）极为重要，特别是在基于饲料或草场的饲养系统更是如此。Roche等（2006）发现，北美黑白花（North American Holstein）奶牛，如果放牧再添加精饲料，在泌乳头2个月活重可降低65kg（新西兰的费里斯牛失重达35kg）。荷斯坦牛每头饲喂6kg精料，一直到200d后进入泌乳期时仍不能达到产犊前的体重，而接受更低水平的精饲料的牛一直到进入泌乳期后300d天仍不能达到产犊前的体重。有趣的是，虽然只是分析了BCS而不是活体重，但荷斯坦奶牛需要更长的时间才能恢复到产犊前的分值（Roche等，2006），这可能是由于随着泌乳的进行，充满的胃肠道所发生的变化引起活重发生改变（Beever等，2004）。活重和BCS所发生的净变化结果是，比费里斯明显更多的荷斯坦牛（30%：3%；Kolver等2006）在配种季节结束时不能受胎。Fahey等（2005）的研究也发现，在草场放牧的荷斯坦牛如果添加一定的精饲料，则乏情期要比充分饲喂的动物长。

因此，BCS过渡减小（Chapa等，2001；Gossen等，2006）及BCS的最低程度（depth of the BCS nadir）（Buckley等2003；Roche等2007）均是决定繁殖性能（即乏情期持续的时间、第一次配种的受胎率、产犊到受胎的间隔时间）受损程度的关键因子。在肉牛，BCS降低及生育力之间也存在类似的关系。例如，Warnick等（1967）的研究发现，失重时肉牛母牛是不育的，配种前3周活重增加2%可提高受胎率（Moller和 Shannon，1972），如果在产犊及产后60d之间失重超过10%，则生育力很低，而如果失重超过5%，则就应该引起关注（Morris，1976）。

但是，在产犊时BCS的作用与产后期能量平衡之间的关系极为复杂。产犊时体内储存适量的脂肪可提供一定的能量储存，从而减缓营养不良的影响。因此，虽然产后期 BCS 的降低与乏情持续时间的长短及受胎率呈负相关（Roche等，2007），但产犊时最佳的BCS与低的BCS相比，更能获得良好的繁殖性能（Patton等2007）。澳大利亚奶牛进行的“InCalf”调查研究（Morton，2000b），清楚地证明了这种特性（表22.16）。相反，在体况分值太高时产犊也会对繁殖性能产生不利的影响，产犊时母牛肥胖（Ohgi等，2005；Gossen等，2006），或者在产犊前饲喂过度（McNamara等，2003），由于产后期间摄食减少而使活重明显减轻（Butler，2005）。这类动物必然会出现NEFAs 和β-羟丁酸盐（β-hydroxybutyrate，β OHB）升高，而葡萄糖降低，由于肝脏脂类渗入而导致肝功能异常的指标升高（Zulu等2002a）。升高的血液 NEFA/β OHB 浓度与繁殖功能，特别是与卵泡发育（Marr等，2002）及卵母细胞发育能力相关（McEvoy等，1997）的繁殖功能呈强负相关，结果可以使受胎率（conception rate）和妊娠率（pregnancy rate）明显降低。例如，Samarutel等（2006）发现，BSC 高于 3.75（1～5 级）的奶牛均在第一次输精后不能妊娠。另一方面，干奶期活重的明显降低也与代谢性疾病及产后期间繁殖功能受损密切相关（Ill-Hwa 和 Gook-Hyun，2003）。因此，产犊时储存一定量的脂肪可提供能量储存，从而减轻营养不良的影响，而从过重的动物动用脂肪则是不利的，特别是在产后存在明显的饲养不良时更是如此。但是，如果刚产犊的母牛能够充分满足其能量需要，则在只有中等程度体况分值的情况下产犊要

表22.16 产犊时的体况分值、产犊后体况分值的降低与妊娠率（引自 Morton，2000b）

标 准	配种开始后6周内的妊娠率（%）
产犊时的体况分值（1~8）	
<4.5	58
4.5~5.4	69
>5.4	65
泌乳早期体况分值的变化（1~8 级）	
失分≥0.67个单位	58
失分0.33~0.67个单位	59
失分<0.33个单位	61

比具有过量的体内储存脂肪时产犊好。因此，在每种饲养系统内，饲养方法多根据经验而建立，因此可以利用的饲料类型及数量基本能满足泌乳的营养需要，以最大限度地减少乏情的持续时间及发生率。在传统的英国奶业生产系统中，一般是在母牛中等肥胖的情况下产犊，这是因为英国奶牛场可以利用的饲料青贮及谷物质量不佳，不能完全给新近产犊的母牛饲喂。最近英国的奶牛饲养基本参照北美的养殖方法，奶牛保有非常少量的体脂储存，但其食欲很大，当给予高质量的青贮及富有能量的谷物时，基本可以通过摄取而满足产奶的需要。放牧的奶业生产（pastoral dairying）则不能在产后早期完全饲喂母牛，因此试图在产犊体况得分上寻找平衡点，使得奶牛既具有足够的脂肪储存来满足能量的需求，而又不至于太肥胖而使食欲受到限制。参与这些系统的农场顾问、营养学家及兽医已经很熟练在这些因素之间寻求最佳平衡，以便获得最高的产奶量和最少的产犊后乏情。

22.5.2.1　能量代谢与繁殖

最近数年来人们认识到，奶牛的生育力一直呈下降趋势（McGowan等，1996：O'Farrell等，1997：Dillon和Buckley，1998），最早人们将这种下降归因于最近数十年奶牛饲养管理方面所发生的许多变化，但近来人们才认识到，在对奶牛高产奶量进行高强度选育（特别是在荷斯坦-费里斯品种）的同时，出现了非期望性的生育力降低。传统观点认为，生育力性状的遗传力很低，生产与生育力性状之间的所有遗传关系都非常微小，因此选择高产奶量对生育力性状的遗传影响常被忽略不计（Raheja等，1989；Weller，1989；Mantysaari和 van Vleck，1989；Arendonk等，1989）。最近这种观点有所改变。大量的研究（Boichard 和 Manfredi，1994；Hoekstra等，1994；Dematawewa和 Berger，1998）表明，在美国的黑白花奶牛生育力与生产性状之间的遗传关系较高而且呈负相关。即使在瑞士西门塔尔牛（Swiss Simmental），虽然常常将其看作乳肉兼用品种，但仍然发现其奶产量与生育力之间存在负相关的遗传关系（Hodel等，1995）。因此，目前人们广泛接受的观点是，在产奶量和生育力之间存在反向的遗传关系，这种特点在北美黑白花和来自这一品种的动物的表现最为强烈。Flint（2006）甚至将不育看作是一种牛的遗传性疾病。一些二元性状（binary traits），如第一次输精的受胎率的遗传力相对较低，但是却将产奶量通过一些连续变量与生育力相联系，如到第一次出现黄体活动的间隔时间（Royal等，2002）、胚胎死亡率（Grimard等，2006）、奶牛体形（dairy conformation）（Royal等，2002；Berry等，2004；Dechow等，2004）及荷斯坦牛的遗传比例（proportion of Holstein genetics）（Wall等 2005）等，人们也鉴定出了更为有用的遗传力参数，也探索了基于BCS的参数。有些研究认为这些参数没有价值（Banos等，2004），而有些则得出完全相反的结论（Berry等，2003；Royal等，2002）。由此造成的结果是，逐渐有一种趋势将生育力及长寿性状（longevity traits）整合到选育参数（selection indices）中（Mantysaari 和 van Vleck，1989；O'Farrell，1998；Burton 和 Harris，1999），以此作为一种阻止生育力进一步降低，或者作为一种逆转这种趋势的方法。对生育力和产奶量之间的关系进行的大部分研究都发现，有些牛既具有高的奶产量，又具有可接受的生育力水平，可以对这种个体进行鉴别和选育，以进一步提高生育力而不影响奶产量（Kadarmideen和 Wegmann，2003）。这一过程能否通过目前对生育力相关数量性状基因座（quantitative trait loci，QTLs）的研究而得到促进，目前还不清楚。

针对高的产奶量进行遗传选择的奶牛，与具有低的遗传潜能的奶牛相比，其代谢内分泌系统的活动具有许多不同之处，这可能在其发生低育的机理中具有重要作用。生长激素（GH）是调节奶牛营养分布（nutrient partition）的主要激素，进行高产奶量遗传选育的奶牛血液 GH 浓度比低产奶牛及肉牛低，而注射bST（即GH）可通过药理性刺激提高泌乳期的奶产量。

生长激素通过其在肝脏和脂肪组织的受体发挥作用，调节乳腺葡萄糖及脂肪酸的供应（Lucy，2006）。肝脏也可对GH发生反应而产生IGF-I，肝脏IGF-I与丘脑下部生长激素释放激素（GHRH）（因此与垂体 GH）分泌之间存在负反馈调节通路。肝脏GH 受体（GHR）在产犊前急剧下降，使得IGF-I分泌明显降低（Lucy等，2001；Zulu等，2002b）。IGF-I对GH负反馈调节作用的丧失意味着其浓度升高（图22.39），导致肝脏糖生成（gluconeogenesis）和脂肪组织中脂肪分解（lipolysis）。因此在产后期出现IGF-I浓度的净降低和NEFA及其他脂肪分解产物浓度的净升高。胰岛素可能是这一过程的关键调节因子（图22.40）。高产奶牛的胰岛素浓度比低产奶牛低，外周胰岛素抗性（peripheral insulin resistance）的程度也比低产牛高（Wathes等，2007），而大量的血液葡萄糖进入乳腺意味着胰岛素浓度可能保持在较低水平。低的胰岛素浓度反过来可抑制肝脏GHR的表达，导致分解代谢状态的维持。

一旦胰岛素的供应超过需要，则情况就发生逆转。增加葡萄糖供应的策略包括改变瘤胃发酵以增加丙酸盐（propionate）的供应，或者直接供应糖生成底物（gluconeogenic substrates）（Patton等，2004）。因此，饲喂莫能菌素（monensin）（Hixon等，1982）、丙二醇（monopropylene glycol）（Tuñon等，2006）或增加日粮中的淀粉成分均可提高繁殖效率。

在饲喂不足的奶牛（Lucy等，2001；Wang等，2003），肝脏 GHR和 IGF-I的浓度也降低，导致持续的GH分泌及随后刺激脂肪分解。因此能量营养的改变或受损对繁殖的影响在很大程度上可能是低浓度的IGF-I、胰岛素及葡萄糖、高浓度的 NEFA和 β OHB与生殖内分泌轴系相互作用的结果（图22.41）。低的血糖浓度及升高的β OHB和NEFA浓度导致 GnRH和/或LH的分泌受到破坏（Butler 和 Smith，1989；Beam 和 Butler，1999），从而影响随后的卵泡生长

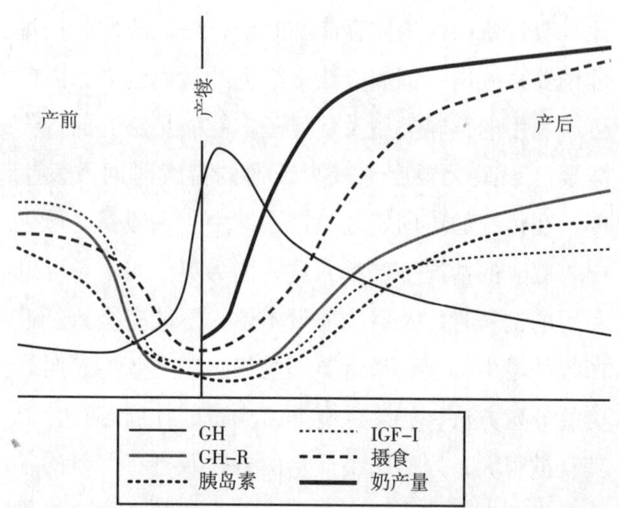

图22.39 产犊前后及泌乳开始时主要代谢激素及代谢产物的变化（引自Lucy等，2001）

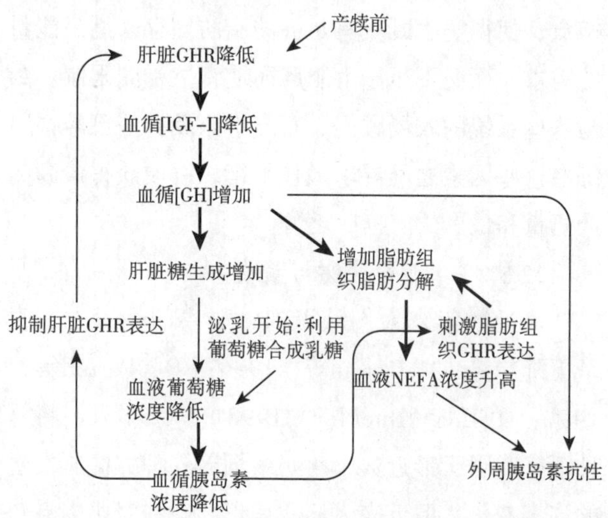

图22.40 产后高产奶牛GH、IGF-I、胰岛素及能量负平衡之间的关系（根据Lucy 2006的资料绘制）

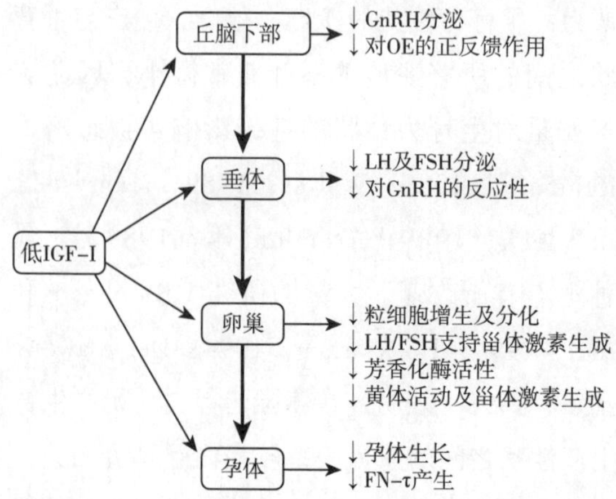

图22.41 血循中低浓度的IGF-I对生殖系统的影响（引自Zulu等，2002a，b 及 Butler，2005）

和排卵。这在患有脂肪肝的牛特别应引起注意。在这种牛，LH的基础分泌、突发性分泌及排卵前分泌均正常（Reid，1984）。其次，IGF-I和胰岛素是卵泡生长发育中重要的生长因子（Simpson等，1994；Armstrong等，2002；Zulu等，2002a）。IGF-I的作用主要通过粒细胞增生的介导（Wathes等，2003），可增加其对促性腺激素的反应性（Zulu等，2002a），而胰岛素则主要影响雌激素的产生（Wathes等，2003）。IGF-I 对芳香化酶也有一定的刺激作用。因此低浓度的IGF-I与饲喂不足的奶牛卵泡发育不良有关（Webb等，1997），而产后乏情间隔时间短的奶牛（Thatcher等，1996）及卵巢功能正常的奶牛（Zulu等，2002b），IGF-I浓度要比卵巢活动延迟或者异常的牛低。其三，有研究表明，能量负平衡对卵母细胞有害（Kruip等，1998；Butler，2005），这主要是由于升高的NEFA浓度所发挥的作用（Kruip等，2001），这些作用并不限于 NEFA浓度升高期间，而是可一直持续到泌乳期（Snijders等，2000）。即使在饲喂精饲料时胰岛素浓度升高，对卵母细胞的残留不良效应（residual adverse effects）仍可持续存在（Garnsworthy，2006）。

如果缺乏足够浓度的胰岛素或者IGF-I，则黄体甾体激素的生成会受到破坏（Liebermann等，1996）。相反，黄体细胞具有GH受体（Wathes等，2003），因此高产奶量、能量负平衡及孕酮合成之间的关系极为复杂。另一方面，高产奶牛的孕酮浓度通过增加在肝脏的代谢而降低（Lucy和 Crooker，2001；Sangsritavong等，2002）。因此，无论原因是否为黄体合成能力受损，或者是代谢增加所致，高产奶牛及处于能量负平衡状态的动物通常在黄体期或妊娠早期血循中孕酮浓度要比其他动物低。低浓度的孕酮使得妊娠的可能性降低，在一定程度上是由于延缓了孕体的发育，使其不能产生足够的IFN-τ来阻止黄体溶解（Mann等，2006）。

22.5.2.2 蛋白质

高产奶牛需要18%～19%的粗蛋白（crude protein，CP）来维持泌乳（Kung 和Huber，1983）。整合到微生物蛋白的可降解蛋白和非蛋白氮源物质能够维持中等程度的产奶量，但为了维持高产的营养需要，也需要非降解性蛋白质。但是，就维持正常的繁殖功能而言，则不需要高的蛋白水平。许多研究表明，16%的蛋白水平就足以维持繁殖活动（Jordan和Swanson，1979；Ferguson和 Chalupa，1989）。但是，蛋白营养不良（CP<16%）则与某些繁殖功能受损有关（Jordan和Swanson，1979；Fekete等，1996），但并非全部（Edwards等，1980）。蛋白缺乏影响繁殖活动的机理之一可能是通过降低肝脏GH受体的表达发挥的（Breier等，1999），也可能与IGF-I降低对外源性GH发生反应而释放有关（McGuire等，1992；Lucy等，2001）。

日粮中高蛋白水平对受胎率的影响一直是长期争论的问题：许多研究表明高蛋白水平对生育力有不利的影响，而有些研究则表明没有影响（Lean等，1998）。高蛋白水平对生育力的影响应该考虑过量的蛋白代谢总的影响，人们对这些影响研究和认识较多：

- 限制能量供应时，从日粮CP产生的氨超出了瘤胃微生物将其转化为微生物蛋白的能力，过量的氮将以氨的形式被吸收（Wathes等，2003）。这是缺乏易发酵碳水化合物（readily fermentable carbohydrates）及具有过量的可降解蛋白（如春季草场）饲料的一个显著特点
- 过量的氨必须要由肝脏转变为尿素，由此会造成两种结果：首先合成尿素需要消耗能量，因此会对饲喂不足的奶牛的能量造成额外负担（Roche，2006）；其次，血液尿素升高，可能对繁殖活动的许多方面造成影响

一般认为，代谢从过量的蛋白释放的氨的能量消耗，使得过量的可降解蛋白可能加重泌乳早期能量的负平衡，因此使生育力降低（Butler，1998）。

尿素影响繁殖的可能途径很多，包括以下几个方面：

• 子宫中可能存在异常高浓度的尿素和氨（Jordan等，1983），其可能对精子（Jordan和Swanson，1979；Hossain，1993）、卵母细胞或孕体（Ferguson，1990；Elrod和Butler，1993；Robinson和McEvoy，1996）具有毒害作用，或者对子宫功能产生不利的影响（Elrod，1992；Butler，1998；Rhoads等，2004）

• 循环中高浓度的尿素也可影响丘脑下部-垂体轴系，特别是LH（Jordan 和Swanson，1979；Blauwiekel等，1986）

• 黄体孕酮的合成可能受损，导致血循浓度降低（Garverick等，1972；Larson等，1997），但也有人发现，高的CP含量对孕酮浓度无影响（Ferguson 和Chalupa，1989）

• 尿素对肝脏生殖甾体激素的清除率可能有不利的影响（Lean等，1998）

• 高的日粮 CP可能会引起胎衣不下、难产和产后期子宫炎的发病率升高（Anderson和Barton，1987）。

Gerloff 和Morrow（1986）及Lean等（1998）对各种现场资料总结分析得出结论认为，CP水平在16%~18%时可在一定程度上降低受胎率，但在CP水平达到19%以上时则降低很明显。但是，Laven等（2007）得出的结论则认为，牛可耐受高的氮摄入而对其生育力没有不良的影响，可能是由于其能适应高的血液尿素浓度（Dawuda等，2002）。他们得出结论认为，过量的日粮氮对繁殖的影响主要是氮摄取增加的时间与受精或排卵的时间间隔的一种功能反映，（即较短的时间间隔可使影响作用增加），而不是 CP或瘤胃可降解蛋白（lumer degradable motein，RDP）的含量本身。因此，过量氮的作用更有可能与适应前期血液氨的增加（因此与卵泡、卵母细胞及子宫内氨的含量）有关，而与尿素（其代表了适应后期的情况）关系不大。但是，如果过量的氮引起已经处于能量负平衡的牛能量消耗明显增加，则这可能会通过能量介导的途径损害繁殖功能。有趣的是，许多研究表明，适当提高日粮中UDP的含量，可提高生育力，或者至少削弱高水平的 RDP的作用（Armstrong等，1990；Staples等，1998a）。这可能就像 McClure（1994）和Webb等（1997）建议的那样，是由于增加了糖生成底物的可利用性所致。但是，用于这种试验的优质未降解蛋白最常用的为鱼粉，这种饲料成分也含有独特的脂肪酸，其不仅可对碳水化合物的代谢发生影响，而且也影响前列腺素和甾体激素的代谢（Staples，1998b；Meier，2000；Verkerk，2000），因此这种作用并非是UDP的直接作用。

22.5.2.3 矿物质与微营养素

（1）对生育力的影响

虽然一般认为，微营养素可以影响牛的生育力，但对于这些营养素缺乏的意义人们的观点则矛盾很大。这是因为，由于缺乏对微营养素在消化道的相互作用的研究，而且许多测定微营养素的研究是在40多年前奶产量明显较低时进行的，因此要准确测定营养需要有其本身的困难。McClure（1994）的研究也指出，许多以往的研究将微营养素对生育力的影响的作用归因于研究本身，这类研究一般只是在补饲前后比较繁殖性能，这种技术的正确性值得商榷。

McClure（1994）认为，大多数微营养素缺乏通过下列机理对繁殖发挥作用：（1）抑制瘤胃微生物群（microflora）的活动；（2）降低影响能量和蛋白质代谢的酶活性及激素合成；（3）生殖系统中迅速分裂的细胞的完整性。此外，Lean等（1998）还认为微营养素具有抗氧化作用，因此可以保护细胞免受自由基的影响。

（2）钴

钴缺乏见于澳大利亚、新西兰、佛罗里达、肯尼亚和苏格兰的草场（McClure，1994）。当日粮中钴含量低于0.07 mg/kg 干物质（DM）时可发生钴缺乏，其缺乏是由于维生素B_{12}不能合成，而维生素 B_{12}是碳水化合物代谢的辅因子。钴缺乏通常引起贫血、食欲不振、体况低下（poor bodily condition）、患病（ill thrift）及体况下降（loss of condition）等。在出现上述缺乏症状时，可出现生育力低下（不表现发情、发情间隔时间无规律及妊娠率低）。有时在明显正常的牛表现生育力低下，这可通过补饲钴而矫正。

钴缺乏的诊断可通过测定肝脏钴含量或维生素B_{12}的含量确诊。牛肝脏中钴的浓度足以反映钴摄取的变化，因此是诊断现场情况下钴缺乏的有效辅助手段。同样，维生素B_{12}浓度对钴摄取不足而出现反应，这种反应也可用于诊断钴缺乏。也可测定血液钴或维生素B_{12}的浓度，但对于牛血液中维生素B_{12}的浓度测定的价值仍有疑问（Parkinson等，2008）。

（3）铜和钼

低铜症（hypocuprosis）可以为直接性的，也可为间接性的。直接的铜缺乏是由于饲料中铜绝对缺乏所引起，这种情况极为罕见（Suttle，2002）。大多数铜缺乏病例为间接性的，是由于饲料中钼、铁或硫（可能还有钙和锌）水平过高，导致铜在瘤胃内转变为不溶解、不易消化的形式（Phillippo，1983；McClure，1994；Underwood 和Suttle，1999）。土壤中钼含量过高、pH高（如喷洒石灰后，Phillippo，1983）、植物未成熟、降雨过多和/或过度灌溉以及土壤污染饲草时均很有可能发生低铜症（Suttle，2004）。英国在近年来通过减少使用含硫的肥料及避免使用含铁过高的矿物元素添加剂降低了间接性铜缺乏的发生（Suttle，2002）。有研究表明，饲料中钼的含量过高，其直接影响与低铜症的许多特点相似（Phillippo等，1982），但Suttle（2002）认为这种可能性很低。铜缺乏的主要后果是影响饲料的利用效率，这是因为其影响小肠的完整性，引起能量代谢活动的丧失（McClure，1994）。铜也具有抗氧化作用，这对动物的繁殖性能很重要（Lean等，1998）。

长期以来人们一直认为，铜缺乏与动物生育力的降低有关，这主要表现为第一次配种的受胎率降低，孕体存活受损，总妊娠率降低及发情行为表现不明显。LH的分泌受到影响可能是发挥这些作用的主要方式（Phillippo等，1982，1987）。其作用有时很轻微，有时则很严重（Corah，1996）。低铜症对生育力的所有作用可能均取决于同时存在于饲料中的过量的钼（Phillippo等，1982，1987）。有研究表明补饲铜可能会出现反应（Pickering，1975），但也有研究表明生育力与血铜浓度无关（Larson等，1980），补饲铜对生育力也没有任何有效作用（Whittaker，1980）。此外，在许多已经清楚表明存在有铜缺乏的研究中，常常未发现对生育力或繁殖行为具有影响（Corah，1996）。

要确定是否铜缺乏会影响生育力，一个主要问题是要准确测定铜的状态（Laven和Livsey，2005），因为血液或肝脏铜的含量以及血液血浆铜蓝蛋白（ceruloplasmin）的浓度均不能完全代表动物的铜状态。Suttle（2002）建议，可采用多重标准，如果测定指标中的许多项目低于边缘带（“marginal” band）的下限，则可诊断为低铜症（表22.17），如果数据高于阈值，则说明补饲铜能发挥有效作用的可能性不大。

（4）碘与甲状腺肿原（iodine and goitrogens）

当碘摄取低于0.8（Alderman，1970）~2.0 mg/kg DM（McClure，1994）时会发生单纯的碘缺乏。Lean等（1998）认为，基于碘的乳头浸渍液经皮吸收后就足以防止泌乳奶牛的碘缺乏。碘缺乏主要通过对甲状腺素缺乏的影响而表现症状。由于甲状腺素是通用的代谢调节因子（McDonald 和Pineda，1989），其缺乏可表现非特异性的患病症状和生长迟缓。碘缺乏对繁殖的主要影响也与母体、孕体或胎儿的甲状腺功能受损有关。碘缺乏最常见的异常包括孕体死亡、流产及死产或者孱弱的甲状腺肿大的胎儿。也有报道会出现性欲丧失及发情行为受到抑制（但不一定卵巢周期异常）（Spielman等，1945；Williams 和Stott，1966；McDonald，1980）。但是补饲碘（如注射碘化油；

表22.17 铜缺乏的诊断：边缘带低限（引自 Suttle，2002）

标 准	日 粮	边缘带低限	解释性限量
日粮Cu：Mo	新鲜牧草	1.0~3.0	饮食 S > 2 g/kg DM，
	饲料	0.5~2.0	Mo < 15 mg/kg DM
日粮Fe：Cu		50~100	
日粮Cu	新鲜牧草	6~8 mg/kg DM	日粮 Mo < 1.5 mg/kg DM
	饲料	4~6 mg/kg DM	
肝脏Cu		100~300 μ mol/kg DM	
血清Cu		3~8 μ mol /L	日粮Mo < 15 mg/kg DM
			无急性期反应
			年龄 > 3日龄
血液Cu		6~10 μ mol /L	

Logan等，1991；Mee，1991）对生育力影响的试验除了对死产有影响外，其结果不明显（Anderson等，2007）。

甲状腺功能紊乱也与存在于羽衣甘蓝、小扁豆、大豆、亚麻籽以及一些白三叶草品系中的甲状腺肿原物质（goitrogenic substance）有关（Boyd 和 Reid，1961；Tassell，1967），如果这类物质水平高，则可引起小母牛的乏情（David，1965）。

（5）锰

锰是许多参与糖生成的酶的辅因子（McClure，1994），在抗氧化中也具有重要作用（Lean等，1998）。锰也参与胆固醇的合成，因此参与对甾体激素生成的调节。垂体和卵巢两者均富有这种微量元素。在奶牛，许多抑制生育力的繁殖障碍可能与锰缺乏有关，包括初情期延迟，乏情、卵泡发育不良、排卵延迟、安静发情及受胎率降低等（Lean，1987；Hurley 和 Doane，1989；Kendall 和 Bone，2006）。锰缺乏也可引起犊牛关节及四肢畸形。正常情况下，正常草场就能提供足够的 80 mg/kg DM 的需求（Alderman 和 Stranks，1967），但有些饲料（如玉米青贮）锰的含量则很低。此外，锰与日粮中钙：磷比例相互影响，有研究表明，在草场喷洒高浓度的石灰可引起锰缺乏。

（6）磷

关于低磷血症（hypophosphataemia）引起不育重要性，研究结果互有矛盾。饲料中添加磷可改进放牧牛的繁殖性能（Sheehy，1946；Hart 和 Mitchell，1965；Tassell，1967）。许多研究发现，在没有磷缺乏的其他临床症状的情况下仍可发生以乏情、亚发情、无规律的发情及受胎率低为特征的不育（Hignett和 Hignett，1951；Morrow，1969；Morris，1976），还有研究（Littlejohn和 Lewis，1960；Cohen，1975；Carstairs等，1980）发现生育力降低与磷没有关系。

维持所需要的日磷摄入应为每天13g，每产4.5L奶另外约需7g（Deas等，1979）。大多数饲料都含有足量的磷来满足这些需要，但在缺磷的土壤仍可发生磷缺乏（McClure，1975）。Morris（1976）认为，如果饲料中的磷含量低于0.25%，则有可能会发生磷缺乏。高产奶牛需要的磷要比草场上可以利用的高许多，但由于谷粒含有大量的磷，因此磷缺乏不可能会发生。如果动物在生产高峰血磷浓度低于4 mg/dL，则表明发生了磷缺乏。如果怀疑发生了低磷血症，则饲喂磷酸钙（每天150 ~ 200g）或骨粉后很快会出现反应。

（7）硒与维生素E

临床上所能认识到的硒的主要作用是作为胞质酶谷胱甘肽过氧化物酶（glutathione peroxidase，GPX）的重要组成部分。胞质GPX与其他抗氧化剂协同，阻止细胞代谢氧的过程中产生的自由基对细胞膜引起的损伤（Wichtel，1998a）。但是，体内也存在有许多含硒的酶类，包括甲状腺原氨酸脱碘酶（iodothyronine deiodases）和其他谷胱甘肽过氧化物酶，其中有些酶的功能与胞质GPX的抗氧化作用完全不同。因此硒的作用在全身广泛分布：

- **脂质过氧化**：硒与维生素E的活性形式α-生育酚（α-tocopherol）协同，阻止膜脂类的过氧化，这在骨骼肌和心肌尤其重要

- **花生四烯酸代谢**：谷胱甘肽过氧花物酶参与花生四烯酸代谢为中间体前列腺素PGG和PGH（Hong等，1989）

- **巨噬细胞活性**（phagocyte activity）：硒缺乏主要是通过谷胱甘肽过氧化物酶介导的，与中性粒细胞的杀菌活性降低密切相关，也可引起淋巴母细胞增生活性降低，可增加过氧化氢及巨噬细胞的释放（Wichtel等，1998a）

- **甲状腺原氨酸5-脱碘酶**（iodothyronine 5-deiodinase）：该酶能将甲状腺氨酸（thyroxine）转变为有活性的甲状腺素三碘甲状腺原氨酸（triiodothyronine），其含有硒（Berry等，1991）。因此，与硒缺乏有关的生长迟缓可能在一定程度上是由于甲状腺功能受损所致。

硒缺乏对繁殖性能的影响文献资料中报道的作用很多，包括胎衣不下、子宫复旧不良、子宫炎、卵巢囊肿及受精异常（Trinder等，1973；Harrison等，1986a，b）；Wichtel（1998a）报道，硒缺乏对子宫复旧及产后卵巢活动影响可能是通过其对免疫功能、子宫收缩活性、甲状腺激素活性或前列腺素等的影响而引起的（Segerson等，1980；Hong等，1989；Spallholz等，1990；Wichtel等，1996）。

当土壤中硒含量低于0.5 mg/kg，或饲料中含硒低于0.05 mg/kg时可发生硒缺乏。动物在过熟的草场上放牧，采食的饲料中维生素含量低于0.7 mg/kg，或者饲料中多聚不饱和脂肪酸或变质脂肪高时，可发生维生素E缺乏（McClure，1994）。

诊断硒缺乏时可测定血循中的硒浓度，或者最好能测定肝脏中的硒储（表22.18；Wichtel等，1998b）。也可进行饲料、草场或土壤中硒水平的测定。

添加硒在生产中应用得较广泛，特别是在土壤含硒低或者缺乏硒时更应如此。但应该记住，过量的硒具有毒性，特别是注射时毒性更大。

对缺硒的费里斯-荷斯坦小母牛进行的研究表明，在治疗之后可提高妊娠率（MacPherson等，1987）。Taylor等（1979）发现补饲硒后流产率降低；McClure等（1986）报道，补饲硒后第一次配种的受胎率提高。维生素E缺乏直接与牛的孕体死亡密切相关，虽然维生素E作用于免疫系统，但也可影响产犊后的子宫复旧（Lean等，1998）。

（8）维生素A与β-胡萝卜素

饲料中缺乏β-胡萝卜素时可通过β-胡萝卜素的直接作用及通过维生素A缺乏而引起损害。McClure（1994）认为，只有在动物用含β-胡萝卜素不足45 mg/kg的饲料饲喂较长时间时才可发生缺乏症。

早期进行的研究表明（Kuhlman 和 Gallup，1942；Madsen 和 Davis，1949；Byers等，1956），维生素A缺乏与初情期延迟、妊娠率降低及受胎率低有密切关系。随后Lotthammer（1979）通过对含有足够水平的维生素A，但缺乏β-胡萝卜素的饲料进行的研究发现，β-胡萝卜素具有直接作用。

表22.18 与青年牛生长相关的硒参考范围（引自Wichtel，1998b）

	全血Se（nmol/L）	血清Se（nmol/L）	谷胱甘肽过氧化物酶（kU/L）	肝脏 Se（nmol/kg）
有反应	< 130	< 52	< 0.5	< 380
微量	130~250	52~100	0.5~2.0	380~650
足量	> 250	> 100	> 2.0	> 650

缺乏β-胡萝卜素但维生素A含量充足的饲料可引起卵泡期延长、排卵延迟、安静发情及卵泡囊肿（Lotthammer等，1978），也可引起受胎率降低、妊娠率降低（Cooke，1978）及破坏黄体孕酮的合成（Jackson，1981）。

但是，并非所有的研究结果都是如此。Bindas等（1983）、Ducker等（1984）、Marcek等（1985）及Gossen和Hoedemaker（2005）的研究均发现，繁殖性能对β-胡萝卜素没有反应性。出现不同反应的原因很难解释，目前认为，β-胡萝卜素如果在繁殖中发挥作用的话，可能这种作用与其作为抗氧化剂的活性有关，因此可能保护卵母细胞的成熟（Ikeda等，2005）或保护早期孕体的发育。

（9）锌

锌极为活跃地参与多种酶的功能。锌的作用似乎在雄性动物（Hurley和Doane，1989）比在雌性动物更大（Pitts等，1966）。公牛的锌缺乏可严重影响生育力，表现为精子生成的后期阶段发生改变（Corah，1996）。对雄性生育力的损伤可能与锌作为参与睾酮合成的酶的催化剂有关。雌性动物的锌缺乏可引起生育力降低及发情行为异常（Corah和Ives，1991）。

铜、钙、铁、钼及镉等可影响锌的摄取，但Suttle（1994）认为，土壤及镀锌管制品中存在有锌，说明锌缺乏的可能性不大，因此添加络合的锌是否会有作用仍是一个值得讨论的问题（Underwood和Suttle，1999）。锌毒性极为少见，但添加过多的锌可干扰必需脂肪酸的代谢，因此影响前列腺素的合成。

（10）抗氧化功能

人们相信许多微营养素主要通过抗氧化作用影响动物的繁殖性能。许多代谢作用可产生超氧化物，这些超氧化物通过Fenton反应产生破坏力很强的自由基（Fettman，1991）。正常情况下，这些自由基对组织的损伤作用是通过抗氧化物的存在而阻止的，这些抗氧化物中许多为必需的微营养素，因此当这些微营养素缺乏时，就会发生自由基的损伤作用（Lean等，1998）。自由基损伤包括产生有毒性的脂类、活性蛋白、自由基通路（free radical cascades）以及核酸遭到破坏。过渡性金属元素（transition metals）具有改变氧化状态的能力，是许多抗氧化系统的关键成分。McClure（1994）将硒、α-生育酚、β-胡萝卜素及铜列为主要的抗氧化剂，Lean等（1998）又增加了锰、锌、铁、钴和维生素A。葡萄糖、含硫氨基酸及各种蛋白也可能发挥一定的抗氧化作用。主要抗氧化剂的日粮含量、活性形式、作用位点及作用机理见表22.19。

（11）植物雌激素

当牛摄入大量的植物雌激素（phyto oestrogens）时会乏情，出现大的卵巢囊肿，阴门及子宫颈增大，受胎率降低（Morris，1976）。这些物质主要见于地下三叶草（subterranean clover）、一些品种的红三叶草及白三叶草以及紫花苜蓿。

22.5.3 营养因素作为不育原因的调查研究

常常不可能准确确定不育的特异性营养原因，主要是由于临床症状的出现发生在缺乏发生后一段时间。可以采用一些方法，如受胎率的累计频率框图（cumulative frequency graphs，Cu-Sums），或监测每日桶奶蛋白浓度（daily bulk milk protein concentrations）等方法，帮助查找对营养产生不利影响的管理方法发生变化的时间点（参见第24章）。改进营养的效果也很难确定，这是因为年度中季节及管理的变化也可产生影响，使得日粮变化的效果更加模糊不清。

在大多数情况下，引起生育力低下最重要的因素是饲养不良，下列原因最为常见：

- 过高地估计饲草的饲喂价值。就储存的饲草而言，重要的是要从真正有代表性的样本准确分析饲料的主要成分。例如，对牧草，重要的是准确估计其成分的量和可消化性
- 过高地估计自动饲喂（self-feed condition）条件下饲料的摄入。自动饲喂条件下的青贮饲料更易高估，但应该注意在大多数自动饲喂的条件下，

表22.19 主要抗氧化剂的日粮来源、活性形式、作用位点及作用机理（经允许，引自Lean等，1998）

饮食摄入	生物活性型抗氧化剂	作用位点	作用机理
硒	谷胱甘肽过氧化物酶	IC，细胞膜	还原过氧化物
	Cu/Zn超氧化物歧化酶	IC	消除 O^-_2
铜	血浆铜蓝蛋白	EC	结合 Cu，氧化 Fe
	超氧化物歧化酶	EC	消除 O^-_2
	Cu/Zn超氧化物歧化酶	IC	消除 O^-_2
锌	超氧化物歧化酶	EC	消除 O^-_2
	金属硫因（Metallothionein）	EC	结合金属离子
锰	Mn超氧化物歧化酶	IC	消除 O^-_2
铁	过氧化氢酶	IC	还原过氧化物
	转铁蛋白	EC	结合铁
钴	维生素 B_{12}		
维生素 E	α-生育酚	细胞膜	阻止过氧化反应
维生素 A	视黄醇	EC	维持细胞完整性
β-胡萝卜素	β-胡萝卜素	细胞膜	纯态氧
	视黄醇	EC	维持细胞完整性
葡萄糖	抗坏血酸盐	EC	自由基清除因子
含硫氨基酸	谷胱甘肽	IC	补充谷胱甘肽过氧化物酶
蛋白质	各种	EC	结合金属离子，清除 OH

注：IC = 细胞内；EC = 细胞外

特别是饲喂空间不足，所有牛不能同时采食时，敏感的牛（vulnerable cows）（如第一次产犊的牛、体格小的牛等）就摄食而言，与同群中的其他牛相比则会处于明显的劣势

● 不能认识由于摄入大量的精饲料而引起的牧草摄入的减少（Alderman，1970）

● 由于自动分配器因计算错误而使精饲料饲喂不足。Parker 和 Blowey（1976）发现有些情况下错误可超过50%。在挤奶站手工喷洒可能更不准确

必须要计算奶牛维持及生产的营养需要，之后获得有关精确定量精料的准确信息。矿物质舔砖及其他可以自由利用的物质均难以进行定量分析。对代表性的动物进行称重、采用周径带测量（girth band measure）或体况评分（condition scoring）也很有帮助。

代谢变化

自从1970年引入代谢剖面分析（metabolic profile lists）（Payne等，1970）以来，人们常常将其用于帮助评价牛群的营养状态，特别是其与生育力的关系。代谢剖面分析可以很好地与其他直接评价营养质量（nutrient quality）的方法 [如代谢能、可消化性（digestibility）、饲料的 RDP和 UDP估测] 结合使用，从而提供一种“从奶牛的角度考虑其对营养的需求的方法（Whittaker，2004）。通常采集的用于说明能量状态的样本为葡萄糖、NEFA 及β OHB；对蛋白质而言，样品包括尿素、白蛋白和球蛋白（表22.20）。

有时整合到代谢剖面分析的其他样品还包括（Whittaker，1997，2004）：

● **胆汁酸**：虽然作为一种评价肝脏脂肪浸润的

表22.20 正常范围及从代谢变化采集的样本结果的解释（引自 Whittaker 1997，2004）

样 品	最佳范围（泌乳牛）	解 释	优 点	缺 点
能 量				
β-羟丁酸	< 1.0 mmol/L	0.6~1.0 mmol/L：可接受脂肪动用水平 > 2.0 mmol/L：酮病	运送中稳定	可从酪酸青贮中吸收丁酸
游离脂肪酸（Non-esterified fatty acids）	< 0.7 mmol/L	> 1.5 mmol/L：酮病	比β-OHB更直接测定脂肪动用	在样品中没有β-OHB稳定 在应激动物可能升高
葡萄糖	>3.0mmol/L（血浆）	根据重量变化而在最佳范围内变化 在应激动物其值很高	对可发酵ME的短期变化极为敏感	稳态调控严密 必须采用草酸盐-氟化物抗凝 测定血浆而不是血清或全血浓度
蛋 白				
尿素	尿素N：>1.7mmol/L 尿素：>3.6mmol/L	低：RDP：FME比例不足 高：RDP：FME比例过量 > 3.3 mmol/L 尿素 N：日粮中FME不足		
白蛋白	> 30 g/L	低：肝脏健康状况差或长期饲喂蛋白不足		血清样品浓度低于血浆
球蛋白	< 50 g/L	高：说明存在有感染		与疾病过程的急性与否及严重程度无关

方法包括在代谢剖面图法分析中，但这个指标并不可靠，最好进行肝脏活组织检查

• **钙**：由于稳态调控（homoeostatic control）极为强烈，因此钙的测定除了在临床病例外价值不大

• **镁**：低于正常范围（0.8 ~ 1.3 mmol/L）时，如果很低，则表明发生了初发性牧草痉挛（incipient grass staggers），如果略低，则说明由于亚临床型的低血镁症而损害生产

• **无机磷酸盐**：磷缺乏不太常见，因此应该在饲料中添加磷酸盐前检查磷的状态

• **铜**：血铜浓度并非铜状态的可靠指标（需要采集肝样分析），但如果肝脏铜储存耗竭时则浓度下降

• **谷胱甘肽过氧化物酶（clutathione peroxidase）**:由于GPX浓度是硒状态的长期而非短期的测定指标，因此对结果的解释必须慎重。

关于测试方法及其结果的评价已有文献报道，读者可参阅（Whittaker，2004）。一般来说，代谢剖面图法主要通过估计血液代谢产物的浓度评价泌乳奶牛的能量平衡。

22.6 影响繁殖性能的其他因素

热应激

热应激（heat stress）对母牛繁殖的影响主要表现在两个方面，即发情的表现和妊娠的建立。

在热应激的奶牛，发情表现减弱。在亚热带/地中海气候的炎热季节，母牛发情持续的时间及牛群管理者监测到发情的能力降低（Hansen，2007），这可能是由于母牛的运动减少，热应激奶牛排卵前卵泡产生的雌二醇减少所致（Thatcher 和Collier，1986；Lu等，1992），这反过来又与LH的分泌异常有关（Madan Johnson，1973；Lee，1993）。但是GnRH的分泌也有可能受到影响，因为在同期发情

处理方案中加入GnRH可以提高热应激奶牛的受胎率（Ullah等，1996；Marai等，1998）。

许多研究表明，当环境温度高时，受胎率降低（Dunlap和 Vincent，1971；Barker等，1994）。热应激的影响主要是在妊娠早期。大多数研究表明受精率正常（Thatcher和Collier，1986；Wise等，1988），但孕体在从受精到母体妊娠识别之间的时间段内发生死亡，大多数死亡发生在早期卵裂阶段（Roman-Ponce，等，1981；Putney等，1989；Ealy等，1993），但在妊娠第8～16天也会发生死亡率较低的孕体死亡（Biggers等，1986）。这些影响可能是通过核心体温的增加所引起的 。Hansen（2007）认为，热应激的作用是通过损伤卵母细胞、损伤桑葚胚至囊胚阶段的蛋白合成以及可能通过损伤子宫内膜活动所引起。

热应激的影响也见于妊娠后期。在炎热的季节产犊与在凉爽的月份产犊，或与在炎热的月份提供降温而产犊时相比，胎盘重及犊牛出生重均降低（Thatcher和Collier，1986；Wolfenson等，1988）。因此，热应激如果发生在受精时，不仅会影响妊娠率，而且会在整个妊娠期均产生影响。

例如，可以通过遮阴而给母牛降温（Vermeulen，1988）、洒水（Omar等，1996）或洒水与强制通风结合的方法（Flamenbaum等，1988；Lu等，1992）来克服热应激的影响。可以采用同期发情处理方案结合定时输精来克服热应激对发情表现的影响（Arechiga等，1998）。因此，虽然热应激对繁殖性能的许多参数（乏情、受胎率降低、犊牛出生重降低以及可能会损伤产后子宫复旧）具有影响，但简单的管理措施就足以减缓或消除这些问题。简单地提供遮阴及充足的饮水就具有良好的效果，而用水降温和/或强制通风则极为有效。

22.7　屡配不育综合征

屡配不育（repeat breeder）这个术语是用于描述多次输精后仍不能妊娠的牛。按数学概率（mathematical chance），如果母牛具有60%的受胎率，则牛群中6.4%的牛在第三次配种后仍不能妊娠。最早人们认为，机会是唯一决定这些动物不能受胎的因子。但是，当牛重复表现不能受胎而进行详细检查时，一直很清楚的是，这些牛的屡配不育并非随机发生的，而是其中一些牛实际上就是生育力低。此外，Barrett等（2004）的研究表明，并非仅仅是6%的牛在第三次配种后仍不能妊娠，其数据接近12%，理论与实际数据之间的差别也是由一些低育的动物所造成的。

关于屡配不育牛的早期工作，主要是鉴别并在随后消除病因，但即使如此，仍然有些牛会不可逆转地重复发生妊娠失败。有些屡配不育牛只是生殖系统具有明显的异常，表现为功能性不育或者有些表现为管理因素引起的不育。许多综述都列举了这种动物繁殖失败的原因（Roberts，1986；Lafi和Kaneene，1988；Eddy，1994；Levine，1999），这些原因中许多在前面已有讲述，可通过仔细的临床检查及病史采集（history-taking）来诊断。屡配不育牛在临床上及管理上均是最大的挑战，这些动物在没有任何明显的病理性的病变情况下，常常会返情而配种。

22.7.1　胚胎发育受损

Ayalon及其同事（1968 ，Ayalon 1972）对屡配不育牛进行了大量极为关键的研究，他们发现与正常牛相比，屡配不育牛受精率略低，但在受精后两组牛孕体的存活仍表现有明显的差别。屡配不育牛大约在妊娠的第6天孕体死亡率明显较高（Ayalon等，1968；Ayalon，1972，1978；Maurer和Echternkamp，1985），妊娠第17～19天时进一步发生孕体死亡（表22.21）。这些时间点首先与孕体从透明带中孵出，其次与第16天时母体妊娠识别失败有密切关系。此外，来自正常牛的孕体在屡配不育牛的子宫中不能生存，而来自屡配不育牛的孕体则在正常牛的子宫中具有正常的生存率（Almedia等，1984；Ayalon，1984）。此外，通过取卵采集卵母细胞，体外受精进行的研究发现，在屡配不育牛及正常牛，其受精率和卵裂率相似（Bage等，2003）。因此，屡配不育牛的主要问题可能是在子宫环境而不是孕体本身，在妊娠的第7天，来自屡配不育牛的孕体体外发育能力降低（Tanabe等，1985），其形态学上的发育也出现异常（Gustafsson 1985）。因此，如果已经排除了明显的病理损害、配种管理失误及传染病等损伤繁殖性能的情况，则屡配不育的三种主要原因仍然是子宫环境受损的主要原因:排卵前后的异常、慢性子宫损伤及黄体功能不健。

22.7.2 排卵前后的异常

对屡配不育牛进行的大量研究表明，其可能存在排卵前后的内分泌异常。屡配不育牛可能会发生排卵延迟及卵泡期延长（Bage等，2002a；Bhupender等，2005），这可能与卵泡期孕酮浓度高于基础值有关（Bage，2003；Bhupender等，2005），而这种情况正如Vos（1999）认为的，能够允许卵泡发育，但延缓了LH峰值。因此，黄体溶解与排卵之间的间隔时间延长，LH 峰值延迟，使得卵泡和卵母细胞在排卵时相对老化。屡配不育牛更有可能具有2波而不是3波周期（Perez等，2003），进一步增加了老化卵泡存在的可能性。

可能由于排卵前后出现一些受损情况，屡配不育牛也更有可能出现排卵后孕酮浓度升高延迟（Bage等，2002b）。

表22.21 正常及屡配不育牛的孕体死亡［根据Sreenan和Diskin 1986（正常牛）和Ayalon，1978（屡配不育牛）的结果］

天数（d）	具有孕体的动物百分比（%）	
	正 常	屡配不育牛
2~3	85	71
11~13	74	50
14~16	73	50
17~19	60	43
35~42	67	35

22.7.3 子宫内膜损伤

虽然在流行病学水平，慢性子宫炎与屡配不育综合征关系密切（Moss等，2002），但关于子宫感染的重要性仍有争论。例如，Levine（1999）在引用Hartigan等（1972）、DeKruif（1976）、Hartigan（1978）和 Roberts（1986）的研究中发现，屡配不育牛子宫感染率较低，检查到细菌的比例中等，因此并未将慢性子宫感染作为屡配不育的主要原因。有趣的是，近来在印度次大陆进行的研究并不支持这一观点，例如 Ramakrishna（1996）的研究就发现，60头屡配不育牛中46头可从子宫颈分泌物中分离到大量的细菌；Malik等（1987）发现，396份从不育牛采集的样品中370份受到感染。此外，采样时的感染并非一定要处于活跃状态，因为感染相关的子宫损伤已经发生。感染对母马子宫内膜形成瘢痕的影响众所周知（参见第26章），但即使在牛，越来越多的研究表明感染也可引起慢性子宫损伤。

Gonzalez（1984）认为，不育与子宫活组织检查时发现的子宫内膜损伤程度有一定关系，而DeBois 和 Manspeaker（1986）在他们关于牛子宫内膜活组织检查的综述中注意到，轻微的慢性子宫内膜炎是屡配不育最为常见的原因之一。因此他们认为，子宫内膜活组织检查是检查病因不明的不育时必须要进行的检查项目。

有人对屡配不育牛的子宫分泌物进行了研究，发现其与正常奶牛不同（Zavy 和 Giesert，1994）。Almedia等（1984）的研究表明，正常及屡配不育牛子宫冲洗液离子组成在质量和数量上均有差别。在文献资料中，关于子宫活组织分析所发现的损伤与子宫分泌物的特点之间尚未发现有明确的关系，有人提出不同观点认为，子宫分泌物的变化更可能反映了黄体活动（或者至少是孕酮状态），就像组织学变化的程度反映了子宫内膜的结构一样。

22.7.4 黄体功能不健

孕酮对妊娠的维持是必不可少的，一直到妊娠第150～200天，孕酮的主要来源依然是黄体；因此如果黄体形成不全或者其功能不足，则由于产生的孕酮不足，可引起妊娠失败。多年来人们一直怀疑黄体功能不健（Luteal deficiency）可引起不育，虽然证据仍显不足，但常常依据这一假说来治疗屡配不孕牛。

人们对许多情况下孕酮浓度与妊娠率之间的关系进行了研究，这些研究大多数都表明在输精后6~14d，妊娠动物与未妊娠动物相比，血液和乳汁中孕酮的浓度不同（Erb等，1976；Bulman和Lamming，1978；Lukaszewska 和 Hansel，1980；Bloomfield等，1986；Lamming等，1989；Parkinson 和 Lamming，1990），这种差别可能对孕体的成功发育极为重要。此外，Starbuck等（1999）认为，输精后第5天乳汁孕酮浓度低于3 ng/mL则不可能导致妊娠。但如果采集单个的乳汁或血样测定孕酮浓度来诊断黄体功能不健则没有多少价值（Barrett等，2004）。由于孕酮浓度低与妊娠失败之间可能有一定的关系，因此人们一直试图建立具有成本效益的方法来增加血循中的孕酮浓度，以期提高全群牛，特别是屡配不孕牛的妊娠率。

22.7.4.1 治疗

牛主要的促黄体化激素是LH，因此如果能在排卵后加强LH活性（如注射hCG或GnRH），可刺激黄体的发育和功能。虽然在不育牛可以长期注射hCG作为常用的治疗方法（‘holding injection’），但对提高正常牛（Greve 和 Lehn-Jensen，1982；Sreenan 和Diskin，1983）或屡配不孕牛（Hansel等，1976，Leidl等，1979）的妊娠率在统计学上没有明显的作用。

输精时使用 GnRH 可获得较好的结果（Schels和Mostafawi，1978；Lee等，1981；Nakao等，1983；Morgan和Lean，1993），特别是能提高除第一次输精外其他输精的妊娠率（Maurice等，1982；Stevenson等，1984）。因此以这种方式使用GnRH极为常见（Malmo和Beggs，2000）。Lean等（2003）对40个输精时使用GnRH的试验进行荟萃分析（meta-analysis），发现所有牛妊娠的总风险（overall risk of pregnancy）增加 12.5%，但在屡配不孕牛使用时则增加22.5%。第一次输精后使用，其效果明显比先使用 GnRH或其类似物要好。

另外一种方法是在配种后11～13d使用 hCG 或GnRH。使用这种方法的原因是诱导副黄体或黄体化的卵泡，或者增加已有的黄体孕酮的分泌。Macmillan等（1986）及Sheldon 和Dobson（1993）发现这种处理方法有较好的效果，但并非所有的研究都支持这种观点（Jubb等，1990）。对输精后11～14d使用8～10μg布舍瑞林或250μg GnRH的效果进行荟萃分析（Lean等，2003），发现第一次输精时妊娠的风险性增加7%～10%，但随后的配种则不会增加。因此他们得出结论，认为用GnRH处理很有可能是具有成本效益。

有人使用孕酮埋置法来增加黄体溶解时的孕酮浓度，但Diskin和Sreenan（1986）对以前许多关于孕酮对妊娠率影响的研究结果进行荟萃分析，发现这种处理效果不佳。但近来人们对采用孕酮作为提高妊娠率的方法的兴趣再度升高，目前在生产实践中使用越来越多的一种方法是重新植入以前使用过的阴道内孕酮释放装置（progesterone-releasing intravaginal devices）（即PRIDs或 CIDRs），这种方法可通过增加血循中孕酮浓度而提高妊娠率（Macmillan等，1986），其另外一个优点是未孕牛的返情或者同期化，或者在可以预计的时间内发生（Cavaleri等，2000a，b）。

第 23 章

引起牛不育和低育的特异性传染病

Tim Parkinson / 编　　田文儒 / 译

许多传染病都能影响牛的繁殖性能，有的直接影响生殖系统，有的间接影响患牛的健康状况。本章将讨论地方流行性传染病（enzootic infectious disease）对繁殖性能的影响。生殖道非特异性感染（non-specific infections）的影响，例如产后发生的疾病，已经在22章进行了介绍。

传染病主要通过下列方式影响生殖系统：

- 影响精子在母牛生殖道内的存活或转运，导致受精率降低
- 直接影响孕体 — 包括导致早期孕体死亡以及感染妊娠后期胎儿或胎盘的的传染病，结果导致流产、产出死胎或生出孱弱胎儿
- 间接影响孕体存活 — 包括能够影响子宫功能的传染病和感染母体胎盘结构的传染病，导致孕体死亡、胎儿死亡而流产、形成干尸化胎儿或产出死胎。

全身性疾病导致的胎儿死亡（例如发热引起的流产）或直接影响繁殖周期

在近40 ~ 50年间，在许多发达国家地方流行性传染病影响繁殖的形式已经发生了很大变化。典型的性病，例如弯曲菌病和毛滴虫病，因为人工授精时使用无病公牛的精液，因此通过采用人工授精已经在很大程度上被消灭。对肉牛性病的控制并不像在奶牛那么有效，因为在肉牛还保留以本交为主的繁殖方法。许多西方国家通过实施疫苗接种、血液检验和屠杀的办法成功地根除了布鲁氏菌病。相反，其他疾病，例如牛传染性鼻气管炎/传染性脓疱外阴阴道炎（infectious bovine rhinotracheitis/infectious pustular vulvovaginitis，IBR-IPV）、牛病毒性腹泻（bovine viral diarrhoea，BVD）和钩端螺旋体病（leptospirosis）等，由于流行程度增加，或尚未建立很好的诊断方法，在近年来显得更加重要。到目前为止，其他还未认识到的影响繁殖的疾病，现在认为和繁殖疾病一样重要，这些疾病包括脲原体病（ureaplasmosis）、睡眠嗜血杆菌（*Haemophilus somnus*）感染以及因新孢虫（*Neospora caninum*）所致的流产。

虽然引起不育的各种特异性传染因子的重要性有所变化，但在调查牛群低育时，任何上述疾病都应引起注意。被认为已经根除的疾病可能再次复发，并且当疾病进入免疫力低的牛群时会造成更为严重，甚至灾难性的影响。

对生殖传染性疾病流行程度的估测很大程度上取决于对流产原因的成功诊断。但是由于能够从病死胎儿鉴别出特异性传染因子的概率很小，因此从对流产原因的诊断获得数据只能提供疾病流行的大致线索。从英国环境、食品和农村事务

部兽医实验室（Veterinary Laboratories Agency of the Department for Environment, Food and Rural Affairs, UK）获得的检测结果中，阳性结果约占送检样品的10%~14%。如果不按法律程序进行布鲁氏菌病筛查，则对布鲁氏菌病筛查的诊断率约为20%~30%。虽然如此，这些数据确实说明，在英国导致流产的许多传染性病因，自从英国兽医调查诊断分析报告（VIDA Ⅱ）在1977年发表以来（Veterinary Laboratories Agency 2006）一直处于稳定状态（表23.1）。

23.1 细菌性疾病

23.1.1 牛传染性弯曲杆菌病

弯曲杆菌病随着早期引进牛而传播，流行于全世界主要畜牧业生产地区。虽然经过长期努力试图根除本病，但传染性弯曲杆菌病（venereal campylobacteriosis）仍是全世界牛低育的最重要的传染性疾病之一。在自然交配为主要繁殖方法的所有地区（主要是肉牛群），本病肯定通过性交途径

表23.1 英国环境、食品和农村事务部兽医实验室从牛病死胎儿分离到病原的概率（来源：Veterinary Diagnosis Information Service 1997–1998）

年 份	1977	1984	1987	1992	1997	2002	2005
化脓隐秘杆菌（*Arcanobacterium pyogenes*）	20.2	25.5	5.3	3.8	4.0	6.3	6.2
地衣芽孢杆菌（*Bacillus licheniformis*）	无记录	无记录	无记录	8.2	7.5	10.9	16.4
流产布鲁氏菌（*Brucella abortus*）	52.3	2.0	0.3	无记录	0	0.1	0.1
胎儿弯曲杆菌生殖道亚种（*Campylobacter* spp.）	0.4	1.1	0.4	1.3	2.3	3.1	2.9
钩端螺旋体（*Leptospira* spp.）	无记录	10.9	33.5	43.2	12.4	3.2	1.9
单核细胞增多性李氏杆菌（*Listeria monocytogenes*）	0.6	1.2	1.2	1.4	1.8	3.0	4.1
都柏林沙门氏菌（*Salmonella dublin*）	9.3	10.5	15.4	11.8	10.2	14.3	10.7
鼠伤寒沙门氏菌（*Salmonella typhimurium*）	0.5	1.3	0.9	0.5	0.8	0.1	0.2
其他血清型沙门氏菌（Other *Salmonella* serotypes）	0.8	1.4	1.0	1.5	1.0	0.3	0.6
牛疱疹病毒-1（Bovine herpesvirus-1, IBR-IPV）	无记录	4.5	5.4	5.2	5.6	1.1	0.6
牛病毒性腹泻（Bovine viral diarrhoea）	无记录	7.6	10.8	8.7	8.2	4.0	7.1
新包虫（*Neospora caninum*）	无记录	无记录	无记录	无记录	34.7	36.9	30.3
其他原虫（Other protozoa）	无记录	无记录	无记录	无记录	1.3 1995年11.4；1996年38.1	无记录	无记录
真菌（Fungi）	8.2	15.3	9.7	6.0	8.1	4.5	5.7
其他病原（Other pathogens）	7.6	18.6	16.2	8.4	13.6	12.4	13.4
鉴定总数	1675	1402	1524	1604	1790	1037	1008

传播，病原微生物也一直严重威胁牛的生育力。绝大多数牛肉生产国均受影响，本病或以持续性家畜流行病（continuous epizootic）出现（如在澳大利亚和南美；Villar和Spina，1982；Hum，1996），或者为长时间消失后重新出现（如在英国；MacLaren和Wright，1977）。而在以人工授精作为牛的主要繁殖方法时（主要是奶牛群），在过去的50年中，牛性传染性弯曲杆菌病的发病率显著下降。

23.1.1.1 病原学

胎儿弯曲杆菌（*Campylobacter fetus*）[起初属于胎儿弧菌属（*Vibrio foetus*）]，分为两个主要的亚种，就引起牛的不育而言，最为重要的亚种是胎儿弯曲杆菌性病亚种（*Campyloacter fetus venerealis*，CFV），正如其亚种和名称所示，本亚种是通过性交传播的。胎儿弯曲杆菌胎儿亚种（*Campyloacter fetus*，CFF，该亚种有两个主要的血清型）不经性交传播，尽管能够引起零星流产，但通常认为其不是引起不育的主要原因（Thompson和Blaser，2000）。此外，偶尔有报道认为，胎儿亚种的‘中间’株（intermediate strains）也是不育的原因之一，类似于性病亚种所引起的不育（MacLaren和Agumbah，1988）。多年来，胎儿弯曲杆菌亚种的名称变化很多，这使得参考早期的文献很困难。

其他种的弯曲杆菌，如大肠弯曲杆菌（*C. coli*），猪肠弯曲杆菌（*C. hyointestinalis*）、空肠弯曲杆菌（*C. jejuni*）和生痰弯曲杆菌（*C. sputorum*）也和牛的流产有关（Newell等，2000）。此外，弯曲杆菌的几种腐生种（saprophytic species）也是流产的成因，这些菌可能出现在牛的消化道内或公牛的阴茎包皮内。就性传播的弯曲杆菌病而言，后面介绍的这些弯曲杆菌的重要性是它们可能会干扰对病原菌的诊断。

23.1.1.2 公牛感染

公牛感染后不引起明显可见的生殖道损伤，也不影响公牛的繁殖行为或精液质量。因此，公牛只是带菌者并在交配时感染母牛。感染的主要途径是经性交传播。然而，还有报道认为，公牛可以通过污染的垫草而感染（Schutte，1996），如果将公牛圈养在一起，可通过爬跨发生公牛-公牛间的传播（Wagner等，1965）。通过污染的采精器而传播本病是性途径传播的另外一种形式。

细菌只存在于阴茎皮肤、阴茎头、阴茎包皮和末端尿道内（Thompson和Blaser，2000）。因为细菌生活在阴茎皮肤的隐窝内，所以很可能随着公牛年龄的增加，隐窝随年龄增长而加深并扩大，公牛呈现持续感染状态（Samuelson和Winter，1977；Kennedy和Miller，1993）。4岁以下公牛持续感染的情况不多见（Philpott，1968a）。早期研究表明，4岁以下的公牛只有5%带病（Adler，1956）。当暴露于自然或人工感染时，4岁以下的公牛只有少数感染可持续几天，而4岁以上的公牛会持续感染（Dufty等，1975）。在大龄公牛，随着年龄增长对疾病的易感性很少发生改变。有人研究了41～74月龄之间的公牛对感染的易感性，结果发现这个年龄段公牛的易感性没有增加（Bier等，1977）。一旦建立感染，通常不能自然恢复，公牛终生感染。典型持续感染的范例见图23.1。

23.1.1.3 母牛感染

未免疫的母牛与感染公牛一次交配后，40%~75%的母牛可被感染（Clarke，1971）。开始时，细菌生存于阴道内，偶尔可见阴门流出轻度黏液脓性分泌物。细菌在阴道内繁殖并在一周内传播

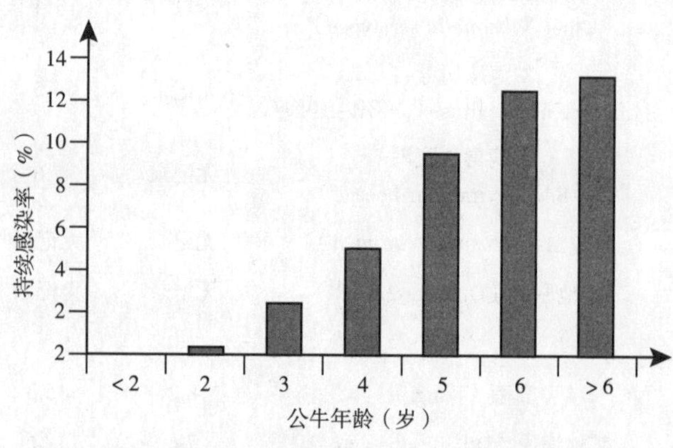

图23.1 不同年龄公牛持续感染胎儿弯曲杆菌和胎儿亚种的相对危险性

到子宫（Dekeyser，1984）。只有10%~20%的患牛感染只局限于阴道内而不扩散（Clarke，1971）。

细菌引起轻度、亚急性黏液脓性子宫内膜炎，子宫腺体周围有大量的淋巴细胞聚集（Dekeyser，1984）。渗出物在子宫腺腔内和子宫腔内积聚。在开始感染后的第8～13周，子宫内膜炎最为严重（Estes等，1966；Dekeyser，1984）。子宫内膜炎程度不严重时，直肠触摸子宫不能确定患病。有25%的患牛感染输卵管，有时导致输卵管炎（Roberts，1986）。子宫颈也可发炎，导致分泌的黏液增多。配种后，这些黏液和子宫分泌物混合，形成絮状黏液从阴门流出。但在发生滴虫病时，症状并不如此明显（Arthur，1975）。

胎儿弯曲杆菌性病亚种感染后并不干扰受精过程，但是由此而引发子宫内膜炎，使得子宫内的环境不适合孕体存活（Dekeyser，1986）。使用感染的公牛交配易感母牛时，多数母牛能够受精，但是由于子宫炎症而不能维持妊娠，所以妊娠后孕体会在不同的时间发生死亡。

因此，当易感牛群发生感染时，受胎率显著下降（Roberts，1971）。受感染的母牛返情，根据孕体死亡的时间不同，返情的时间明显长于正常的18~24d间隔。妊娠识别后发生孕体死亡的牛，返情时间较晚，有的甚至在配种后25d以上才返情（图23.2）。性传染弯曲杆菌病的特点是，既不是大批流产也不是流产暴发，而是少数患牛在妊娠的2~4个月流产（Frank等，1964）。

在子宫内以IgG为基础的免疫能力发展相对较慢，但免疫一旦建立，则感染能从子宫内消除，母牛就会受胎并且能维持妊娠（Thompson和Blaser，2000）。因此在平均交配5次后，大多数母牛都会受胎并可妊娠至足月。有些易感母牛和小母牛与感染公牛第一次交配后就能受胎并可妊娠至足月。

阴道免疫没有子宫内免疫有效，因为阴道内产生的主要抗体是无调理作用的IgA。因此，即使当母牛在子宫内建立起免疫，感染仍会在阴道内持续很长时间。感染后，多数牛阴道感染能持续6个月，而且有50%的母牛能持续感染达10个月（Vandeplassche等，1963；Plastridge等 1964）。

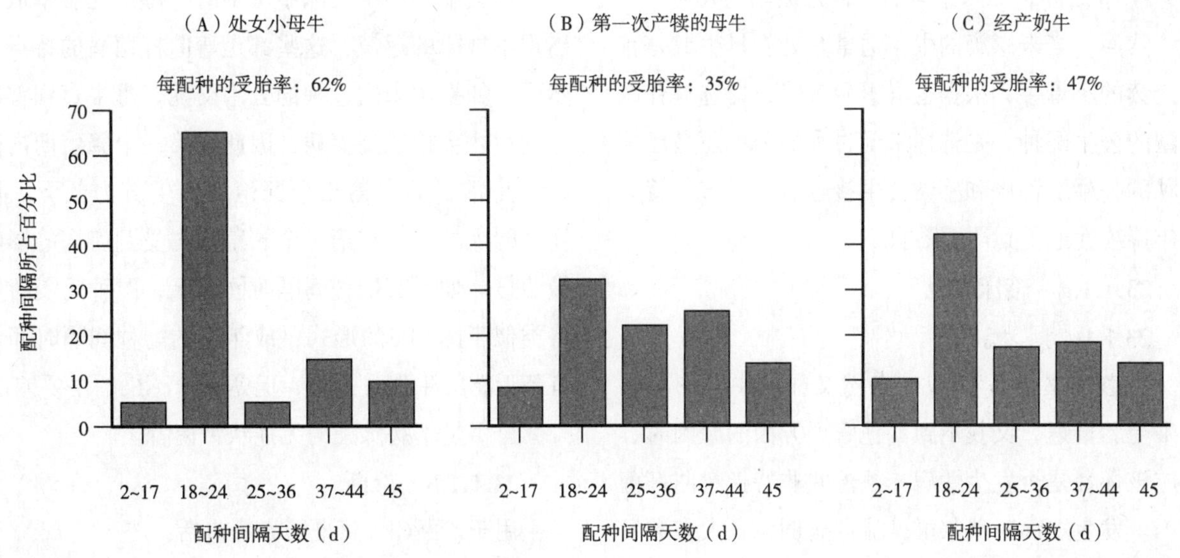

图23.2　患地方性胎儿弯曲杆菌病的奶牛群配种间隔时间分布

A. 处女小母牛，用新购进的（以前未配过种）公牛交配，配种间隔时间正常　B. 第一次分娩母牛，配种间隔时间延长，有孕体死亡，妊娠率低　C. 经产奶牛，尽管有慢性弯曲杆菌病的迹象，但是配种间隔时间和妊娠率提高了

但大多数（>95%）的母牛能在正常的妊娠期结束后清除阴道内感染，而有些母牛分娩后仍处于感染状态，偶尔有1% ~2%的牛长期阴道带菌（Clarke，1971；Dekeyser，1984）。

持续性阴道带菌的发生，部分原因是其阴道分泌的IgA调理作用（opsonization）和吞噬能力有限。然而，胎儿弯曲杆菌性病亚种也能根据宿主抗体出现而改变其表面抗原（表层蛋白，surface layer proteins）的表达（Garcia等，1995）。这表明，这种抗原转变是病原微生物在感染过程中逃避宿主免疫系统的主要方法（de Vargas等，2002）。

康复的母牛如果在下次繁殖期内与已感染的公牛交配，又会轻易地再次发生阴道感染，当曾感染且康复后的母牛与感染公牛交配时，30%~70%的母牛会发生阴道感染（Clarke，1971）。这种感染并不能稳固地建立在子宫内，因此母牛的生育力并不像在疾病开始时那样严重受损，但生育力则不会恢复正常，其总妊娠率会低于未感染的母牛，有些患牛流产（Roberts，1986）并且偶尔因输卵管炎而不孕（Clarke，1971）。Hum（1996）曾估测，在新感染的季节性产犊的肉牛群，妊娠率降到大约40%，在慢性感染牛群中，妊娠率能恢复到60%~75%之间，而未感染的牛群妊娠率为90%。

然而，当未感染的牛（通常是处女母牛或是首次产犊的小母牛，根据畜群繁殖策略，即选择什么类型的公牛配种，是选择未配过种的公牛还是已配过种的公牛）首次和感染公牛接触后，繁殖力就会每年持续性地受到严重影响。

23.1.1.4 临床表现

23.1.1.4.1 概况

当空怀率很高和/或在自然交配的牛群中有多数牛受胎推迟，又找不到其他管理方面的原因时，就应该怀疑是否发生性病（虽然并非特指弯曲杆菌病）。发生本病时偶尔可见流产病例，且大多数发生在妊娠的2~4个月间。如果有配种间隔时间的记录，检查记录就可以诊断牛群中是否有性病存在。

在未交配牛群（naive herd）中，每配种的受胎率可低至20%。最终受胎牛的数量取决于配种期的长短：通常在建立充足的免疫以维持妊娠之前，患病母牛会多次返情配种。如果配种期足够长，大多数牛最终能够妊娠。

23.1.1.4.2 临床症状

生殖道弯曲杆菌病最初出现的症状是，在和新近引进的公牛交配后，返情母牛的数量明显增多，有些有规律地返情，有些返情无规律。在许多肉牛群，因为返情现象未被发现，所以牛群管理人员最早发现的症状通常是在配种季节末母牛的妊娠率很低。

在经历大约6个月严重的不育后，牛群逐渐具有免疫力，多数能够受胎的母牛在分娩后能消除感染。如果继续用感染的公牛交配，母牛就会被再次感染，结果会导致同样的但不太严重的不育。2~3年后，患牛的繁殖力逐渐恢复，仅伴随着不明确的、间歇性的不育发生（Arthur，1975；Roberts，1986）。

另一方面，在引入的小母牛和任何新进的繁殖母牛（即没有免疫力的牛）中，弯曲杆菌病将威胁牛群。在有详细繁殖记录的牛群，主牛群中成年母牛的配种间隔时间分布相对正常。

用感染的公牛交配小母牛时，母牛受胎率低并出现不规律的返情，这些都是弯曲杆菌病的特点。然而，如果用未配过种的公牛交配，母牛直到首次分娩后才会接触到疾病，因此在第一个繁殖期内生育力正常，而在第二个繁殖期内生育力低下。同样，购入的奶牛在第一个繁殖期内受到疾病的影响最明显。如果有配种间隔时间记录，配种间隔时间将类似于图23.2的形式，成年牛的配种间隔时间没有新近感染牛那么严重，但是比未感染的牛要差。

公牛是本病感染的无症状带菌者。

23.1.1.5 诊断

用于诊断CFV感染的方法包括：

- 培养
- 血清学检查，包括免疫荧光技术、阴道黏液凝集试验或者阴道黏液酶联免疫吸附试验

（ELISA）

• 聚合酶链式反应（PCR）。

23.1.1.5.1 培养

胎儿弯曲杆菌不易在培养基中生长，其微需氧、脆弱、对培养基要求严格，通常可在被其他细菌污染的环境中分离到该菌。因此，在对胎儿弯曲杆菌的培养结果是阳性时可以诊断为感染，但是培养结果为阴性时需要谨慎下结论。采集培养胎儿弯曲杆菌的样品包括：

• 阴道冲洗样品是可行的，但是除非患牛为近期感染，否则从母牛分离到细菌的概率非常小。妊娠奶牛不可能得到阳性分离结果，未孕牛还有可能分离到细菌。

• 采集包皮垢或清洗包皮。使用拭子不如采集包皮垢或清洗包皮有效。公牛比母牛更有可能分离到细菌。采集包皮垢的器械如图23.3。

• 从流产材料中采集样品：从母牛流产材料中可分离到CFV，主要从流产胎儿胃内容物中分离细菌。尽管在丘陵地带收集到流产的胎儿很困难，但由于流产胎儿具有重要的诊断价值，因此必须要在围场内寻找这类流产的胎儿。

因为胎儿弯曲杆菌非常脆弱，在冲洗液中不能长时间存活，因此，应立即接种到运输培养基中，例如推荐使用兰德氏培养基（Lander’s medium，Lander 1990）。如果这种方法不可行，样品必须在6h内送到实验室。在微氧条件下用兰德氏培养基培养3d后，可在血液琼脂培养基上再培养，并可在微氧条件下进一步培养。

23.1.1.5.2 血清学诊断

基于体液抗体的血清学诊断几乎没有价值，因为无论是在母牛还是公牛体内，性传染弯曲杆菌病都不能产生明显的血清抗体。

图23.3 公牛包皮垢采集器，用于采集样品诊断性传染胎儿弯曲杆菌病或滴虫病

基于阴道IgA反应的血清学诊断方法应用较为广泛，因为即使抗体对清除CFV感染不是特别有效，但它仍是一种快速和持续的反应。然而，血清学方法不能准确区别是CFV感染还是CFF感染（Clarke，1971）。因此，在牛已经暴露于CFF的情况下，基于监测阴道黏液中IgA作为疾病诊断的可靠性较低。

基于阴道IgA的检验包括：

• **阴道黏液凝集试验**（vaginal mucous agglutination test）。许多作者认为，尽管阴道黏液凝集试验对于个体牛的检测结果可能误差较大，但这种试验能很好地应用于群体水平（能检测出50%受感染的牛）（MacLaren和Agumbah，1988）。但由于该方法不能区分CFV感染和CFF感染，因此目前已基本被废弃

• **IgA ELISA**。澳大利亚建立了一种间接ELISA试验方法，用于鉴别阴道黏液样品中的免疫球蛋白A（IgA ELISA，Hum等，1994）。对该方法进行的现场评价表明，在牛群中鉴定CFV感染时特异性达98.5%（Hum等，1994）。如果牛群可能发生CFF感染（例如牛和羊混合饲养的牛场），CFF和 CFV的交叉反应限制了该试验方法的应用（McFadden等，2004；Benquet等，2005）。尽管该方法的应用仍有局限性，但是IgAELISA依然被世界动物卫生组织（OIE）推荐为诊断CFV感染的方法。

免疫荧光单独或者与细菌培养结合应用，是有价值的诊断弯曲杆菌病的辅助方法。Dekeyser（1984）认为这是一种快速、方便、准确的诊断公牛带菌的方法；如果和细菌培养结合使用，免疫荧光能成功地鉴别98%被感染公牛（Winter等，1967；Philpott，1968b）。Dufty（1967）曾建议，在连续4次荧光抗体试验检测呈阴性的公牛，可宣布其未被感染。但是，Barr和Anderson（1993）认为细菌培养比荧光抗体试验更有价值。

23.1.1.5.3 聚合酶链式反应

应用PCR法可避免CFF和CFV培养以及二者的交叉反应等诸多问题。在最近10年来，PCR试验进

展很快（Hum等，1997；Schulze等，2006），能在培养中区分CFF和CFV。最近已建立了一种适合现场使用的灵敏PCR，它不仅能够区分CFF和CFV，而且能在严重污染的样本（即包皮垢）中或不能培养的样品中鉴定出CFV（McMillen等，2006）。这种方法在澳大利亚和新西兰已广泛使用，同时，也有人根据细菌培养结果对这种方法的灵敏度和特异性进行了研究。

23.1.1.6 预防、控制和根除

23.1.1.6.1 预防

由于CFV只通过性途径传播（或通过接触污染物传播），预防性管理的目的是确保感染动物不被引入易感牛群。采用人工授精方法繁殖可能是最有效的预防措施，但这种方法并非总是可行，特别是在肉牛群实施人工授精更困难。在肉牛群，预防措施包括（Peter，1997）：

- 除非绝对肯定公牛无本病，否则不可以共享或出租
- 用未配过种的公牛代替淘汰公牛
- 尽管妊娠后期或刚分娩的奶牛风险较小，但应用处女小母牛替代淘汰母牛
- 缩短配种季节（2~3个月）
- 避免与其他畜群的牛共同放牧，并确保农场和其周围的围栏完整牢固
- 有CFV疫苗时，所有引入的公牛应该在繁殖健康检查（breeding soundness examination）时接种，其他所有的牛应该在配种季节开始前接种。

23.1.1.6.2 根除

从感染牛群根除CFV应基于该病流行病学的三个特点：

- 本病仅通过性传播
- 公牛可永久感染
- 在初次交配感染后，母牛在3~6个月期间康复。

通过人工授精方法繁殖是最有效的控制牛性传染弯曲杆菌病的方法，因为新引进的未感染牛不接触该病，已感染的牛最终有免疫力，因此淘汰牛群中的感染公牛可防止进一步通过性交传播疾病。尽管在多数母牛CFV不会通过正常妊娠而存活，但偶尔会有持续感染的牛（Frank和Bryner，1953）。因此，有人建议，继续使用人工授精方法，直到每个接触感染的奶牛完成2次正常妊娠为止（Arthur，1975）。

根除的其他方法包括：

- **分群管理**。严格地隔离“洁净”动物（即处女动物或从未被感染公牛交配过的母牛）和“感染”动物（即所有的其他动物），并且逐渐用“洁净”动物替换受“感染”动物。但是实施隔离需要付出巨大的努力（Arthur，1975）
- **公牛管理**。Peter（1997）建议淘汰老龄公牛（因为老龄公牛更可能是持续感染者），在配种开始前使年轻公牛性静止或进行交配试验
- **抗生素治疗**。全身或局部应用双氢链霉素，或者局部使用新霉素和红霉素可以有效地治疗公牛感染（Dekeyser，1986）。然而，用抗生素治疗的公牛，如果和感染的母牛交配，将很容易被再次感染。无论是局部给药还是非肠道给药，抗生素对母牛的治疗作用很小

23.1.1.6.3 接种

免疫接种可防止易感奶牛弯曲杆菌病的发展和消除已感染奶牛的感染（Schurig等，1978；Eaglesome等，1986）。最好在配种开始前30~90d内接种，并且因为免疫期短，在每年配种季节开始前应当再次接种（Hoerlein，1980）。Dekeyser（1986）曾报道，尽管许多奶牛和感染的公牛交配后发生阴道感染，但接种的母牛能正常受胎。

接种疫苗可预防和治疗公牛弯曲杆菌病（Clarke等，1974）。有研究（Bispig等，1981；Vasques等，1983；Hum等，1993）表明，单独接种疫苗不能有效根除感染，因此建议，在接种疫苗同时局部或全身应用抗生素治疗。最近的研究表明，用双倍剂量的疫苗接种2次可以预防公牛感染（Cortese，1999a）。

23.1.2　胎儿弯曲杆菌胎儿亚种感染

胎儿弯曲杆菌胎儿亚种（*Campylobacter fetus* subsp. *fetus*）通常存在于牛和绵羊的消化道内，通过污染的食物和水传播，一般认为经性传播不是重要的传播途径。患牛通常伴有散发性的流产，通常不是受胎失败的主要原因。CFF感染可引起过渡性的菌血症，之后，病菌定殖于胎盘内，引起流产，多数流产发生在妊娠的4~7个月间（Thompson和Blaser，2000）。

胎盘常自溶，表明在排出之前，胎儿已经死亡一段时间。胎盘病变与布鲁氏菌病引起的相似，但较轻微。典型病变有坏死、胎儿子叶黄褐色病变以及子叶间尿膜绒毛膜皮革样增厚或水肿。牛胎儿的病变不典型（Kennedy Miller，1993），这与绵羊流产胎儿中特殊的肝脏病变（参见25.5.4沙门氏菌病）明显不同。

虽然经性传播不是CFF的重要的传播途径，但据报道，某些菌株可经性途径传播，从而导致患畜表现的症状更像典型的性传染弯曲杆菌病的症状（MacLaren和Agumbah，1988）。这是否属实仍有争议，因为有人认为，CFF的相关菌株实际上是一种非典型CFV。

23.1.3　布鲁氏菌病

尽管在绵羊和山羊传播的马耳他布鲁氏菌（*Brucella melitensis*）也可使牛发病，但是牛布鲁氏菌病通常是由流产布鲁氏菌（*B. abortus*）引起的。从与感染猪接触的牛已分离到猪布鲁氏菌（*Brucella suis*），但是猪布鲁氏菌对牛呈隐性感染（Robinson，2003）。流产布鲁氏菌感染牛科的所有动物，包括瘤牛、牦牛、家水牛和野牛，同时也感染野生牛科、鹿科和驼科动物，因此感染可持续存在于野生动物种群。布鲁氏菌病通常在妊娠后半期引起流产，同时导致子宫炎和胎衣不下（RFM）。布鲁氏菌病可以引起公牛发生睾丸炎、附睾炎及副性腺感染（Nicoletti，1986）。

世界上养牛达到一定数量的大多数国家都发生流产布鲁氏菌病。由于该病给奶牛和肉牛业造成巨大的损失，在许多国家已列为根除计划的主要目标。目前，在世界范围内牛养殖区都发现有流产牛布鲁氏菌，但是在日本、加拿大、北欧、卢森堡和荷兰以及某些中欧国家、澳大利亚、新西兰和以色列都已经根除了流产布鲁氏菌病（Anon，1997）。英国认为没有本病存在，而美国大陆的许多州也没有本病存在（Yaeger和Holler，2007）。受影响最严重地区是地中海盆地周围、中东（除约旦和阿拉伯联合酋长国）、西亚以及部分非洲和拉丁美洲地区。

23.1.3.1　病因学和发病机制

大多数牛群暴发布鲁氏菌病是由引入的带菌动物所引起，主要通过摄入感染，但也可以通过黏膜感染。主要的传染源是流产奶牛，胎儿、胎盘、胎水和牛奶都可严重污染。摄入污染的牧草、垫料、食物或水，或舔舐流产胎儿、感染的胎衣或刚流产奶牛的生殖道黏液也是常见的传染途径，甚至可通过乳头感染的牛奶而传染，或者通过阴道由污染的精液传染。犊牛可通过污染的牛奶或者在分娩时感染。

流产布鲁氏菌侵害未孕牛的乳房和乳腺上淋巴结（supramammary lymph nodes）。在妊娠动物，胎盘内产生的赤藓糖醇（erythritol）可使细菌快速繁殖，引发子宫内膜炎、子叶感染和胎盘炎。胎儿死亡后48~72h流产，此时已经发生了某种程度的自溶。很容易发生胎衣不下。流产前1~2d、流产时以及流产后两周内，感染母牛的生殖道排出物中含有高感染力的细菌。发生胎衣不下时，在分娩一个月左右的时间内子宫本身都不能消除感染。子宫复旧完成后，微生物定殖在乳房和乳腺上淋巴结，下次妊娠时，胎盘将再次发生感染。流产布鲁氏菌可在野外流产胎儿尸体或胎膜上生存数月，但是暴露在干燥或阳光照射的条件下细菌会迅速死亡。产下的活胎儿或饲喂存活的犊牛子宫受感染的可能性很小（Wilesmith，1978）。

23.1.3.2 临床症状

布鲁氏菌病的主要临床症状是流产，流产主要发生在妊娠后半期。早期流产可发生在暴发开始时。偶尔死亡胎儿干尸化或发生胎儿浸溶，而不发生流产。妊娠后期流产时可能产下活胎儿，但出生后不久就死亡或孱弱，患病犊牛腹泻、无饲养价值。

多数奶牛流产后伴发胎衣不下。胎盘干燥、增厚、干裂并在子叶间有黄色渗出物覆盖。子宫肉阜坏死，也可能覆盖有黄色分泌物。妊娠后期或妊娠期满流产的奶牛更常发生胎衣不下。某些患牛子宫复旧延迟，并且易发生二次细菌感染而继发产后子宫炎。

23.1.3.3 诊断

通过从流产材料、牛奶或剖检材料中分离到流产布鲁氏菌进行诊断。此外，或作为替代方法，特异性细胞介导的或布鲁氏菌抗原血清学反应也可用于确诊本病（Robinson，2003）。

用可疑污染病料涂片染色能够鉴定布鲁氏菌，也可用改良科斯特和齐-尼氏染色法（Koster and Ziehl-Neelsen method）或荧光抗体技术（Brinley Morgan和MacKinnon，1979）鉴定细菌。用微生物培养方法可以从流产胎儿的胃或新鲜胎衣或子宫分泌物中分离到流产布鲁氏菌。也可用PCR法鉴别不同菌株（Ocampo-Sosa等，2005），并可区分致病株和疫苗株（例如，是S19株还是RB51株；Garcia-Yoldi等，2006）。在日常诊断布鲁氏菌病时，PCR是否比培养更有效还需要进一步证实（O' Leary等，2006）。

作为根除计划中的一部分，在牛群水平诊断布鲁氏菌病依赖于对牛奶、血清、精液和阴道黏液等生物材料的血清学试验（Brinley Morgan和MacKinnon，1979）。血清学诊断可用于确认基于齐-尼氏染色法和（或）免疫荧光法的假定诊断。目前用于筛查或诊断的血清学检查方法包括以下几种：

- **虎红平板试验**（rose Bengal plate test，RBPT）。该法于1970年引入英国，是最早用于根除布鲁氏菌病的主要的血清样品监测筛查试验（Brinley Morgan和Richards，1974）。
- **平板凝集试验**（plate agglutination test）。该法被认为是最灵敏和最特异的常规检验方法，并且优于虎红平板试验或补体结合试验（Gall和Nielsen，2004）。

上述两项试验假阳性率较高（即将非感染动物诊断为阳性），所以检测的阳性样品需要使用更特异的血清学方法重新检测。

- **牛奶环状试验**（milk ring test）。检测牛奶中布鲁氏菌抗体，是筛查牛群是否存在布鲁氏菌病非常有用的方法，奶样可取自于奶罐或采自个体牛（Robinson，2003）。
- **间接ELISAs**。该试验可用于牛布鲁氏菌病的筛查或诊断，比其他方法更便宜更容易操作（Gall和Nielsen，2004），并且其诊断准确率不低于补体结合试验（Wright等，1993；Nielsen等，1996）。有些ELISAs试验能够区分免疫接种或是感染的动物（Nielsen等，1989）。
- **补体结合试验**（complement fixation test，CFT）**和血清凝集试验**（serum agglutination test，SAT）。血清凝集试验由于特异性和敏感性比其他方法低（Brinley Morgan和MacKinnon，1979），因此不再适合诊断布鲁氏菌病（Robinson，2003）。补体结合试验在鉴别感染成年牛上优于血清凝集试验，因为随着疾病变成慢性，用SAT检测时，其抗体效价倾向于低于诊断水平，而用CFT检测时，其抗体效价维持在能够确诊的高水平上。在鉴别疫苗接种效价和感染效价时，补体结合试验比血清凝集试验更有效。接种S19株的犊牛，在接种6个月后用补体结合试验检测时，多数犊牛效价呈阴性，而接种18个月时需要用血清凝集试验检测。

应该指出，在牛群感染活跃期间，须要谨慎解释检测结果。该病的潜伏期将呈阴性反应，几天以后出现布鲁氏菌病流产，即使在流产时也极易得到阴性反应。感染的公牛有时对血液学检查无反应。有人认为，用精清而不是血液做凝集试验，结果会更好地表明是否感染。

23.1.3.4 控制

23.1.3.4.1 根除

联合国粮农组织建议，一个国家或地区根除布鲁氏菌病应遵循下列程序（Robinson，2003）。

第一阶段：高度流行或未知的流行而没有控制程序（high or unknown prevalence，with no control programme）。第一步是，通过对流产牛的调查和对牛场、市场或屠宰场牛的调查来确定感染的流行和分布情况。

第二阶段：大规模接种疫苗（mass vaccination）。在英国，第一次大规模接种疫苗时使用麦克尤恩氏（McEwan's）牛布鲁氏菌S45/20灭活疫苗，后来用S19株代替，S19株是流产布鲁氏菌菌株的变种，其毒力减弱，但是具有更高的抗原性。RB51株（粗制菌株）也可用于接种，其优点是与毒力菌株血清学试验没有交叉反应。应该对检查或核实血清学反应阳性的动物进行疫苗接种。

第三阶段：检疫，清除，隔离或屠宰（test and removal，segregation or slaughter）。对强毒株血清学反应阳性的牛群，这些动物应隔离或屠杀。Radostits等（2007）建议，基于根除计划，在屠宰方法切实可行之前，感染率应该降到牛总数的4%。随着根除计划的进展，S19株和强毒株之间交叉反应假阳性比例达到一个点，此时停止接种最划算。在随后的消除过程中，在牛群水平监测（例如，监测奶罐的奶样），或在市场上、屠宰场监测都比检测个体牛更划算。英国在根除布鲁氏菌病第三阶段使用的方案如图23.4。

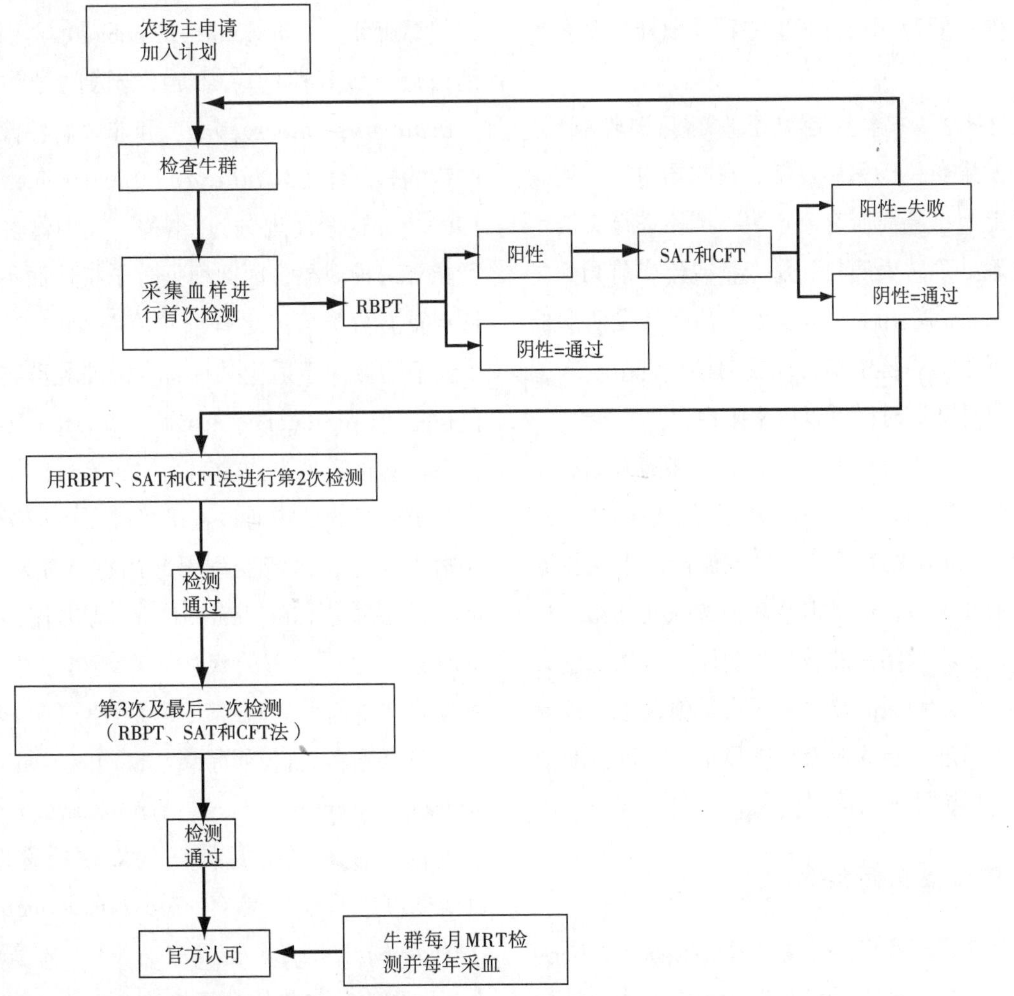

图23.4 英国的布鲁氏菌病检疫计划，作为OIE推荐的根除该病第三阶段的一部分
MRT:牛奶环试验；RBPT：虎红平板试验（Brinley Morgan和MacKinnon，1979）

第四阶段：宣布清除（freedom）。一个地区正式宣布消除布鲁氏菌必须满足的标准包括：申报制度、屠杀阳性动物、未使用免疫接种、国家\地区布鲁氏菌病感染率2年内不超过0.2%。这些标准也包括在目前的欧洲联盟条例中。

在英国，根除布鲁氏菌病计划还要求：

- 奶牛和犊牛布鲁氏菌病阳性鉴别
- 跟踪牛的运动，以便可以发现潜在的带菌牛以及和其接触的牛
- 在个体牛场或根除区域设安全边界，以防止动物不受控制的移动
- 定期检验所有奶牛，然后立即扑杀阳性牛，需要对扑杀的牛实施补偿，以确保农民充分参与根除计划
- 隔离和检测所有流产或早产奶牛。在英国，任何在妊娠不到271d而分娩的牛都要取样检测布鲁氏菌病。

23.1.3.4.2 布鲁氏菌病爆发的局部控制

如果发生布鲁氏菌病疫情，在农场内控制疾病时，尽可能严格隔离所有流产牛，严格进行清洁、消毒和正确处理感染病料。从产犊或流产前4d到之后的14d彻底隔离阳性牛是农场成功降低发病率的关键。在感染的牛群中实行幼犊期接种疫苗。当感染发生率明显降低时，可以屠宰阳性牛。

最后，在严重感染的牛群，如还伴随着流产，必须用一切可能的方式控制感染蔓延，最好从分娩前4d到分娩后14d隔离所有分娩或流产的牛。在流产或隔离阳性牛后，彻底清洁和消毒并处理污染材料。此时，农场青年牛的数量将短缺，可从未感染牛群购进犊牛。购买的犊牛和所有其他青年牛都要接种疫苗。当进一步的血液检查显示疾病进行非活动期时，可开始处理阳性牛。

23.1.4 生殖器官结核病

世界上许多国家已经根除了牛结核病（tuberculosis）。但在根除计划实施前，结核病是引起不育的一个重要原因，因此在仍有牛结核病的地区，本病应始终被视为是引起不育的可能原因。感染可能会从腹膜通过输卵管扩散至生殖道，或穿过浆膜，或由血液入侵。这时，在没有浆液性或输卵管病变的情况下，子宫内膜可能会受到感染。有时在对动物进行母畜科或产科检查时，污染的器械或手也可引起子宫感染。

子宫结核病并非是不可避免的繁殖障碍，因为严重感染的子宫仍可能会产出犊牛（犊牛本身受母体结核病的影响）。但是，在这种情况下，子宫感染很可能是后天性的，或至少是在妊娠期间发展迅速。牛结核病也易于在产后的生殖器官上蔓延。

23.1.5 钩端螺旋体病

钩端螺旋体病（leptospirosis）是牛和其他哺乳动物重要的传染病，是由钩端螺旋体属致病性钩端螺旋体（pathogenic spirochaetes）引起的。直到最近，致病性钩端螺旋体分为问号钩端螺旋体（*Leptospira interrogans*）和非致病性菌株，如双曲钩端螺旋体（*L. biflexa*）（Eaglesome和Gareia，1992）。这个属现分为7个种，其中许多血清变种可能有跨种现象，因此根据分子特性而不是血清学特点重新分类可能更有意义（Levett，2001）。每个血清型倾向于适应某种特定的哺乳动物，叫做储存宿主（maintenance host）。Levett（2001）曾经定义，储存宿主为钩端螺旋体病流行感染的一个物种，物种间的动物通过直接接触而传播疾病。在储存宿主体内，血清变型引起的症状相对轻微，但是当偶见宿主（incidental host，即非储存宿主）感染时会发生更严重的疾病。在英国，牛主要宿主适应菌株是问号钩端螺旋体哈德焦（hardjo）型血清变型哈德焦-普拉伊特诺（hardjo-prajitno）（*L. interrogans serovar hardjo type hardjo-prajitn*），在美国和澳大利亚是博氏钩端螺旋体哈德焦型血清变型牛哈德焦型（*Leptospira borgpetersenii serovar hardjo type hardjobovis*）。本章将把上述血清型作为哈德焦钩端螺旋体（*Leptospira hardjo. Serovars*）介绍，常引起牛钩端螺旋体病的血清

型是猪的适应株波蒙那钩端螺旋体（*Leptospira pomona*）和啮齿类动物适应菌株。

钩端螺旋体病在全世界广泛分布，大量的牛被感染。Ellis（1986）等人认为，根据微生物学检测，英国牛钩端螺旋体病流行率约为60%，根据血清学检测为27%。King（1991）认为，在新南威尔士，27%的牛是波蒙那钩端螺旋体（*L. pomona*）阳性，有16%是哈德焦钩端螺旋体（*L. hardjo*）阳性，有31%的牛是波蒙那和哈德焦两种钩端螺旋体阳性。新西兰作者Hellstrom（1978）和Blarkmore（1979）的研究结果表明，有81%的牛群存在或曾感染哈德焦钩端螺旋体，36%的牛群有感染波蒙那钩端螺旋体的迹象。

人偶然感染钩端螺旋体的动物适应性菌株时，引起严重的流感样症状，有时是致命的人兽共患病。因此，钩端螺旋体病在公共卫生方面非常重要。在20世纪50年代，由于新西兰奶牛的感染率高，以及在新西兰从事畜牧业劳动力的比例高，人钩端螺旋体病发生率非常高（Kirschner和McGuire，1957）。对人类钩端螺旋体病的风险一直受到重视，曾使用各种方案以限制其传播，对奶牛接种活动也达到了高潮（Qertley，1999），在新西兰，目前有90%以上的奶牛接种哈德焦和波蒙那型钩端螺旋体。在新西兰，农场工人确实发生人钩端螺旋体病，多达90%的病例是与未接种疫苗的畜群接触有关（Marshall和Chereshsky，1996）。

钩端螺旋体病的传播取决于环境条件是否有利于微生物生存，取决于带菌动物在群体中的数量，还取决于带菌动物排出钩端螺旋体的时间。当带菌动物和易感动物密度高时，感染的风险就加大。钩端螺旋体在环境中的生存依赖于温度和湿度的变化，干燥环境和pH超出中性（6～8）范围都对其生存不利；而温暖、潮湿条件有利于其生存。钩端螺旋体能够在潮湿的土壤或积水中长期生存。在降雨或洪水泛滥期钩端螺旋体感染的风险增加。污水是饲养场牛钩端螺旋体的重要来源。

23.1.5.1 病因学和发病机理

感染可通过皮肤擦伤或眼、口和鼻黏膜进入，交配后还可通过精液传播（Ellis等，1986）。感染后潜伏期短（5～14d），随后发生菌血症。如果是由宿主适应血清型（如哈德焦钩端螺旋体）所致，症状相对轻微，但如果由非适应菌株（如波蒙那钩端螺旋体）引起，可导致急性严重感染，有时甚至是致命感染。菌血症持续4～5d后，感染动物对钩端螺旋体产生免疫反应。此后，微生物局限在抗体难以进入的组织内，尤其是肾小管、子叶和胎儿（Higgins等，1980）。如果钩端螺旋体局限在肾脏，导致动物从尿中排泄钩端螺旋体，排泄时间从几周到终生排菌（Thiermann，1982；Ellis，1984），污染环境，并可直接感染人和其他奶牛。肾损害严重，并且在非储存宿主中比在储存宿主中损伤更为严重。其他病理变化，如溶血、肾炎、肝炎等在非储存宿主也很严重。

因胎盘炎和钩端螺旋体穿过胎盘所致的胎儿感染，结果因妊娠时间长短而异，可能会导致流产或因胎儿产生抗体而幸存，也可能是死产或产出孱弱和潜在感染的胎儿。在产后分泌物中钩端螺旋体生存可以长达8d（Ellis，1984），并且感染后可以分别在妊娠和非妊娠子宫持续生存长达100d和150d。

23.1.5.2 临床症状

初次感染哈德焦钩端螺旋体的牛通常症状轻微，多数动物没有任何临床症状，但可成为带菌者并且从尿中排菌。其他感染牛的临床症状包括：

- 短暂体温升高和/或表现不适，或几天时间内食欲不振
- 乳腺炎（软袋状）或产奶量突然下降（Ellis和Michna，1976）
- 急性感染期后的6周，甚至到12周，可能发生流产或死产，也可能发生在妊娠的第4个月到足月间的任何时间，妊娠6个月后流产最常见。流产可发生在无任何临床症状的情况下（Thiermann，1982）。

非适应血清型的感染[尤其是波蒙那钩端螺旋

体、犬钩端螺旋体（*L .canicola*）、哥本哈根钩端螺旋体（*L. copenhageni*）、出血性黄疸钩端螺旋体（*L . icterohaemorrhagiae*）和感冒伤寒型钩端螺旋体（*L. grippotyphosa*）]均可引起急性发热性疾病，特征是体温升高到40℃或以上，伴发血红蛋白尿、黄疸和食欲不振。也可能出现钩端螺旋体乳腺炎。可能发生死亡，尤其是犊牛容易致死，并可能发生散发的流产或流产暴发。

23.1.5.3 诊断

钩端螺旋体病的特点是没有该病的特异性典型病变。流产牛胎盘子叶间组织水肿，子叶呈黄褐色且糜烂。虽然有些流产胎儿很新鲜并且水肿，但是常见胎儿严重自溶。如果发现胎儿慢性间质性肾炎，就能确诊是钩端螺旋体病。理论上，可用暗视野显微镜或荧光抗体染色技术检查胎水和尿液中的钩端螺旋体，但在实践中发现很费时并常检测不到菌体。

因此，诊断钩端螺旋体病主要依靠母体或胎儿血液的血清学检查，其中最广泛使用的是显微凝集试验（microscopic agglutination test，MAT）。但本法诊断比较复杂。虽然患钩端螺旋体病时流产可能在血清滴度高的情况下发生，但是如果非宿主适应型血清滴度高时，再加上疾病的临床症状便可确诊。而对适应血清型钩端螺旋体病诊断更为困难。即使因感染钩端螺旋体而引起双份血清效价都升高，但是显微凝集试验只能在感染后3个月内监测出血清效价。因此，常在流产发生时血清效价下降，因为通常在妊娠母牛感染到排出胎儿间隔需要6~12周（Ellis，1984—1985）。此时，母牛血清抗体效价要么下降，要么不变或者根本检测不到。因此，对个体牛双份血清（流产时和流产后2~3周采集）检测的诊断价值很小。

因此，对可能有钩端螺旋体病流行的牛群，应先采用显微凝集试验作为筛选试验，然后最好采用血清学方法检测主动感染的牛。应该采集样本的牛的数量参照表23.2。分析结果时需要区分是疫苗效价还是主动感染。

- 血清效价小于1：400表明曾经感染或是疫苗效价。在接种3个月后，多数牛血清效价低于1：100
- 自然感染哈德焦钩端螺旋体的牛中，不管接种状态如何，有40%~70%的牛血清效价为1：100
- 效价大于1：1600表示有主动感染，但是有的主动感染牛效价低于1：100（Ellis等，1982）
- 当牛群中有超过20%的牛血清反应呈阳性或效价大于1：1600，说明有主动感染而且疾病有可能进一步蔓延
- 急性感染钩端螺旋体后，牛的血清效价可能大于1：25000，而且如果样本是从急性发作期采集的，效价将会大幅度增加。

23.1.5.4 治疗及控制

一般控制措施与卫生有关，卫生条件好能减少从其他种类动物寄主感染钩端螺旋体的风险，应该坚持。总体控制措施包括严格隔离牛和猪，控制啮齿类动物，设置排水沟和围栏，使牛群与污染的水源隔离。绵羊在哈德焦钩端螺旋体病流行病学中的作用尚不清楚，但研究表明，绵羊在其尿中排出菌体，所以明智的做法是不要使绵羊与牛一起放牧。

具体的治疗和控制有两种方法：注射疫苗或注射链霉素/ 双氢链霉素，或两者联合使用。抗生素的肌内注射剂量为每千克体重25mg，需要重复注射。链霉素对清除患牛尿液中波蒙那钩端螺旋体有效，而且抗生素治疗加上疫苗接种对防止流产暴发很有效。在禁止链霉素用于食用动物的国家，可以

表23.2 诊断钩端螺旋体病需采集样本牛的数量

牛群总数	采样数量
20	16
40	21
60	23
90	25
120	26
160	27
300	28
450+	29

使用其他抗生素（如四环素、氨苄青霉素或阿莫西林）。哈德焦钩端螺旋体对链霉素不如对其他抗生素敏感（Prescott和Nicholson，1988；Radostits等，2007）。

在封闭的牛群，畜群内的所有牛每年都要接种一次疫苗。在开放的畜群，接种疫苗的频率应增加到每6个月一次，这对6个月到3岁的小母牛尤其重要（Ellis，1984）。如果接种的疫苗为菌苗，则产生的抗体效价较低，但仍可提供约12个月的保护。受感染牛的主要血清型之间很少或没有交叉，因此常见的是二价苗（哈德焦钩端螺旋体和波蒙那钩端螺旋体）和三价苗（哈德焦钩端螺旋体，波蒙那钩端螺旋体和哥本哈根钩端螺旋体；Radostits，2007）。由于钩端螺旋体病引起的损失不大，接种疫苗可能不划算。然而，人兽共患疾病的风险是，即使损失不大，公共卫生当局（如新西兰）可能施加很大压力，以确保易感牛接种疫苗。

通过环境传播的感染也应加以控制。严格避免牛和猪之间的接触，避免把猪污水排放到牧草场上，用围栏和排水沟把受污染的水源隔离，以减少牛周围环境中钩端螺旋体的数量。

23.1.6 沙门氏菌病

由沙门氏菌引起的流产在许多国家已有报道。沙门氏菌引起流产是由于长期发热或是胎儿胎盘感染所致。

23.1.6.1 病因和发病机理

在英国，沙门氏菌引起的流产虽然不是主要问题，但确实是一段时间内持续存在的问题，（表23.1）。涉及的主要微生物是都柏林沙门氏菌（*Salmonella dublin*），80%的沙门氏菌流产是由其引起的（Hinton，1973）。都柏林沙门氏菌在世界各地分布不均，在英国（尤其是多塞特、萨默塞特及西南威尔士）、欧洲、南非和南美洲常见。在美国，直到现在仅限于加利福尼亚州和落基山脉以西的其他地区，但是通过被感染牛的移动而向东蔓延（Bulgin，1983；Radostits等，2007）。鼠伤寒沙门氏菌（*Salmonella typhimurium*）在世界各地的牛中都有流行，但不是引起繁殖障碍的主要原因。新港沙门氏菌（*S. newport*）或许是感染牛最常见的外来沙门氏菌，但是在单个暴发的病例可分离出许多种类的细菌。在新西兰，没有都柏林沙门氏菌，而勃兰登堡沙门氏菌（*S. brandenburg*）是引起牛流产的重要原因（Clark等，2004）。

当动物摄入了被感染的动物粪便、畜舍垃圾、人类废水或污染的河水污染的饲料或者牧草而感染。被沙门氏菌感染后，母畜最初出现菌血症，这期间细菌蔓延至患畜的肝、脾、肺和淋巴结。感染局限在胎盘及其附属物6~8d后，致使机体反复发热。最后胎盘炎导致胎儿死亡和流产。

23.1.6.2 临床症状和诊断

成年母牛患沙门氏菌病的典型症状包括，明显发热（>40℃）、严重腹泻和痢疾，这些症状可能与流产有关。更常见的是，沙门氏菌流产发生在妊娠后期，并没有任何其他临床症状。某些动物感染都柏林沙门氏菌后表现为流产、不适、发热和食欲不振（Hinton，1973）。胎衣不下是沙门氏菌病的普遍症状（Hall和Jones，1977）。

牛群中受感染牛的比例取决于感染时牛的妊娠阶段。虽然可能出现严重的流产暴发，但是通常仅有少数动物流产。

确切的诊断取决于能否从胎儿组织和胎膜、子宫分泌物或阴道黏液分离到细菌。血清学试验、血清凝集试验等均可用于都柏林沙门氏菌病的诊断，但是在感染后，凝集素滴度很快降低（Hinton，1973）。

23.1.6.3 控制

已经流产的母牛仅在短时间内排泄病原体，而肠道感染的牛连续或间歇性排菌。需要隔离潜在排菌牛，直到阴道不再流出分泌物。胎儿和胎膜连同被污染的垫草应得到安全的处置。充分清洁和消毒厩舍。

疫苗接种可用于控制沙门氏菌病。通过接种51株活疫苗（对鼠伤寒沙门氏菌病也有显著的抵抗作用）控制都柏林沙门氏菌病，同时应结合封闭管理和有效的卫生措施。也有人使用灭活疫苗和菌苗，主要用于来预防鼠伤寒沙门氏菌病，但其有效性还存在争议（Radostits等 2007）。

23.1.7 李氏杆菌病

单核细胞增生性李氏杆菌（*Listeria monocytogenes*）是绵羊和牛中枢神经系统的主要病原菌，导致患畜发生脑炎。李氏杆菌常能从牛的流产胎儿中分离到，同时也是导致绵羊和山羊流产的病原（参见第25章）。其他种类的李氏杆菌[绵羊李斯特氏菌（*L. ivanovii*）和西尔李斯特氏菌（*L. seeligeri*）]很少导致牛流产。

23.1.7.1 病因学和发病机理

单核细胞增生性李氏杆菌在环境中普遍存在，在土壤、污水、垫草和饲料中都存在。该细菌能在环境中长期存在，因为它特别耐干燥、阳光和极端温度。流产动物的传染源几乎都是青贮饲料，因为青贮饲料要么被土壤严重污染，其干物质含量较少，要么发酵不充分，而变成高pH的酪酸青贮饲料（butyricsilage）。羊和牛可能交叉传染；有证据显示，有些个体成为带菌者，无临床症状，通过粪便和乳汁排菌。

病菌通过动物摄食侵入机体，或通过穿透呼吸系统黏膜或结膜以及通过中枢神经系统入侵机体。细菌容易侵害胎盘，导致胎盘炎，胎儿死亡和流产。

23.1.7.2 临床症状

流产通常发生在妊娠后期，并且散在发生，很少报道某牛场严重发病或者出现流产暴发。有些病例，在流产前、流产时或流产后有发热症状。流产胎儿常自溶，但没有明显的特异性病变。然而，在绵羊肝脏及子叶上分布多个黄色或灰白色坏死灶是本病的特征。

23.1.7.3 诊断

对李氏杆菌病的诊断取决于能否分离到病原菌，采用直接涂片法或免疫荧光技术从胎儿皱胃和肝脏、或胎盘和阴道分泌物分离病原菌。虽然冷冻后的一系列再培养能够获得成功，但是培养病原菌并不容易。血清学检查不能用于本病诊断。

23.1.7.4 治疗和控制

为了防止牛群进一步流产，可考虑使用土霉素或青霉素，然而可行性不大。如果继续饲喂青贮饲料，必须考虑青贮饲料是否是潜在的传染源，如果是，应停止饲喂妊娠奶牛。

23.1.8 睡眠嗜组织菌

睡眠嗜组织菌（*Histophilus somni*）（以前曾称为睡眠嗜血杆菌，*Haemophilus somus*）是一种栖居在公牛和母牛的生殖道中常见的细菌。当没有肉眼可见的损伤时，能从正常健康的牛泌尿生殖道黏膜表面分离出该细菌（Eaglesome和Garcia，1992）。有文献记载，已从28%的正常奶牛（Slee和Stephens，1985）和90%的正常公牛（Janzen等，1981）中分离出该细菌。睡眠嗜组织菌也可感染羊，但感染牛和羊的菌株不同，因此在动物种间不发生交叉感染（Ward等，1995）。

睡眠嗜组织菌引起牛的多种综合征（Radostits等，2007）：

- 败血病
- 多发性关节炎
- 肺炎/胸膜炎
- 血栓形成性脑膜脑炎
- 生殖障碍：感染生殖道的睡眠嗜组织菌株与引起全身疾病的菌株不同（Szalay等，1994）
- 子宫内膜炎
- 阴道炎和子宫颈炎（Patterson等，1984；Stephens等，1986）
- 颗粒性（granular）外阴阴道炎[应与脲原体病（ureaplasmosis）鉴别诊断）（Roberts，1986）
- 早期孕体死亡导致不育（Kaneene等，1987；Ruegg等，1988）和流产（Stuart等，1990）
- 公牛睾丸变性、睾丸炎、附睾炎（Corbel等，1986；Jubb等，1993；Barber等，1994）。

睡眠嗜组织菌通常不导致牛流产。据报道，在新西兰诊断为流产的牛有0.4%（Thornton，1992），在德国为1.7%~3%（Kiupel和Prehn，1986）。流产胎儿和胎盘无特殊性的损伤，典型症状为严重的、非化脓性的胎盘炎，病变主要在子叶上（Jubb等，1993）。可通过菌体培养方法诊断本病，但因杂菌过度生长而难以实施。辨别该菌体也不容易，因为其形态很多。目前血清学检查还不可靠。

关于治疗感染睡眠嗜组织菌奶牛的报道很少。据报道，经常从子宫、子宫颈阴道黏膜分离出睡眠嗜组织菌的牛群和繁殖力低的牛群，使用青霉素和链霉素能成功治疗患牛（Eaglesome和Garcia，1992）。因为病菌在公牛的生殖道中聚集生长并且能从精液中分离到，这对奶牛和青年母牛来说是很重要的传染源。良好的卫生条件结合使用抗生素能控制因人工授精引起的感染。

23.1.9　地衣芽孢杆菌

由地衣芽孢杆菌（*Bacillus licheniformis*）引起的流产在英国部分地区有发生，尤其在北苏格兰和坎布里亚郡多见（1984—1985统计）。虽然地衣芽孢杆菌普遍存在，但主要的传染源是青贮饲料、水、其他饲料和垫料，这些都可被青贮渗出液污染。潮湿、变质的干草也是传染源。感染的途径还不清楚，但可能是通过胃肠道进入后成为血源性感染。

散在的病例发生在妊娠期的后1/3。也有报道连续2年小规模暴发该病（1984—1985统计）。感染后有时可生出活犊牛，但是胎盘有病变迹象。地衣芽孢杆菌能导致坏死性脓性胎盘炎，此时尿膜绒毛膜变干、皮革样，颜色呈黄色或棕黄色，有时水肿并出现2～3mm的坏死灶。当胎儿感染时，通常会出现支气管肺炎、纤维蛋白性胸膜炎、心包炎和腹膜炎的症状。气管中出现脓性分泌物。感染奶牛没有全身症状（1984—1985统计）。

可以通过对胎儿（特别是皱胃）、胎盘和阴道拭子的病菌培养进行诊断。唯一的控制措施是避免饲喂污染的青贮饲料和干草。

23.1.10　其他导致不育的细菌

许多其他种类的细菌[主要有化脓隐秘杆菌（*Arcanobacterium pyogene*）（以前称为放线菌）、气单胞菌（*Aeromonas* spp）、坏死梭杆菌（*Fusobacterium necrophorum*）、大肠杆菌和链球菌，表23.1] 能周期性地从病牛胎儿中分离到（Rowe和Smithies，1978；Moorthy，1985；Smith，1990）。通常认为这些细菌不是主要的病原菌，但是它们偶尔会感染牛的子宫，很可能是通过血液扩散到母牛子宫。

虽然感染后最可能在妊娠期的后1/3流产，但是流产可能发生在妊娠的任何阶段。可通过对胎盘、皱胃内容物或胎儿组织分离细菌进行诊断。如果从胎儿内脏（特别是肝和肺）或胃内容物分离到单纯生长的细菌，该菌很可能是导致流产的因素，特别是产生的病变与细菌感染一致，并能排除其他导致流产的因素时，就可以确诊。如果出现散在的流产，就没有合适的方法治疗和控制流产。

23.2　支原体、脲原体和无胆甾原体感染

多种支原体（*Mycoplasma*）、脲原体（*Ureaplasma*）和无胆甾原体（*Acholeplasma*）是多种动物的共栖菌，它们在致病过程中关系密切，因为通常都能从病变组织中分离出这些微生物，但也能在正常组织中分离到。实验研究表明，这些支原体的致病性相对有限（Eaglesome和Garcia，1992），因此多数情况下，它们只是机会性感染而不是主要的病原菌。例如，Ball等（1978）报道，在23.7%的流产胎盘内发现支原体，正常对照组胎盘则未发现有支原体；有4.4%的流产胎儿有支原体，而未流产对照组为1.3%。另一方面，各种支原体和差异脲原体（*Ureaplasma diversum*）感染与母畜的不孕、流产以及公畜不育有关，并且有合理确实的证据证明许多不同种的支原体（主要是牛生殖器支原体和牛支原体）具有致病作用。

23.2.1 支原体

通常，在正常奶牛阴道黏液中存在有牛生殖道支原体（*M. bovigenitalium*）（Trichard和Jacobsz，1985），在不能确定其他导致不育的因素时，屡配不孕和低育的奶牛可确诊为该病（Langford，1975；Nakamura等，1977；Kirkbride，1987）。虽然自然发病时作用还不清楚，但是支原体也能引起颗粒性外阴阴道炎（granular vulvovaginitis）（Afshar等，1996；Irons等，2004），并且有人建议，支原体种和种之间在很大程度上的变异使其存在致病性（Saed和Al-Aubaidi，1983）。

从公牛精液和包皮冲洗液中通常也能分离出牛生殖道支原体（Fish等，1985；Kirkbride，1987），并且已经证实，支原体从感染的公牛传播给母牛。牛生殖器支原体被认为是导致精囊腺炎的因素之一，因为常能从临床病例中分离到这种支原体，并且实验接种后能感染精囊腺。当支原体感染睾丸或附睾后，能导致精液品质下降，特别是对冷冻保存后的精液质量影响更大。

常从英国和美国的牛中分离出牛支原体（*M. bovis*）（Nicholas和Ayling，2003；Ayling，等2004）。牛支原体能导致犊牛呼吸疾病和多发性关节炎（polyarthritis）（Henderson和Ball，1999；Nicholas和Ayling，2003）、成年牛的乳房炎（Kirk等，1997），并感染母畜的生殖道（Irons等，2004）。牛支原体能在阴道和子宫生长聚集，导致持续感染（在阴道和子宫分别能持续感染1个月和8个月）、广泛性子宫内膜炎、输卵管炎，甚至腹膜炎；自然感染和实验性感染都能导致流产（Stalheim等，1974）。因为在正常奶牛的生殖道中很少能发现牛支原体，所以若能从胎盘或流产胎儿中分离出该支原体被认为很重要（Kirkbride，1990b）。从牛精液中能找到牛支原体，但是牛生殖道支原体更常见。牛支原体是否对公牛有致病性还不肯定。

已经从流产胎儿、奶牛和公牛生殖道以及精液中分离到其他种属的支原体[例如产碱支原体（*M. alkalescens*）、精氨酸支原体（*M. arginini*）、牛鼻支原体（*M. bovirhinis*）、加利福尼亚支原体（*M. californicum*）、加拿大支原体（*M. canadense*）、蕈状支原体蕈状亚种（*M. mycoides subsp. Mycoides*，LC）和小组7支原体（group 7 *Mycoplasma*）]（Boughton等，1983；Kapoor等，1989；Gilbert和Oettle，1990；Hum等，2000）。Hassan和Dokhan（2004）曾经建议，在解释这些支原体导致流产的作用时，应根据胎儿的损伤，然后与已知的支原体所致的病理学变化相对应，从而来确定引起流产的支原体类型。

23.2.2 差异脲原体

差异脲原体（*Ureaplasma diversum*）是奶牛生殖道中常见的支原体，它只短暂地存在于子宫和输卵管内，但是更常存在于阴道和阴道前庭。不同种间的脲原体毒性不同，这可能是在正常生殖道中会有差异脲原体的原因。差异脲原体的感染与颗粒性外阴阴道炎有关（Schweighardt等，1985；Rae等，1993；Farstad等，1996）。急性感染时在阴蒂和阴道侧壁出现小颗粒，并伴随着阴门充血和大量黏液性的阴道分泌物。可见大的脓性病灶，类似于传染性脓性外阴阴道炎（infectious pustular vulvovaginitis，IPV；见下文）。这些都能导致不明显的慢性、炎性损伤。

差异脲原体也能导致子宫内膜炎和输卵管炎（Kirkbride，1987），结果使胎儿死亡率和返情率都升高，同时伴随有黏液脓性的阴道分泌物。可见流产，或生出孱弱犊牛。偶尔从其他原因所致流产的胎儿体内分离出脲原体。因此，除非流产胎儿有脲原体病的典型的组织学病变（Murray，1992），或者发现致病性脲原体株，否则即使分离到脲原体也不能轻易确诊。

差异脲原体能感染公牛的阴茎和包皮，并且偶尔从公畜生殖道内分离出该脲原体。虽然某些差异脲原体能引起轻度的阴茎包皮淋巴肉芽肿，但是通常认为该脲原体在公畜体内没有致病性。

感染传播的主要途径是性交。使用被感染的精液人工授精是特别重要的传播途径，因为精液输入子宫以后，发生慢性子宫内膜炎而不是急性外阴阴道炎。然而，处女母畜和未配种过的公畜感染可发生感染，在母畜之间直接接触可传播差异脲原体，甚至犬嗅闻母牛的阴门也可传播（Doig等，1979）。在公牛之间能否传播该脲原体还不清楚。

23.2.3 无胆甾原体

已经从牛的体内分离出了3种无胆甾原体（*Acholeplasma*）：中度（生长）无胆甾原体（*A. modicum*）、莱氏无胆甾原体（*A. laidlawii*）和不黄无胆甾原体（*A. axanthum*）（Kirkbride，1987）。其中，最常分离出的为莱氏无胆甾原体，多从公牛体内分离出来。目前公认，无胆甾原体是一种非致病性共栖支原体。

23.2.4 诊断

支原体是脆弱的微生物，因此，在微生物学培养时需要细心操作，推荐使用专门的运送培养基（Yaeger和Holler，2007）。如果样品采集恰当，尽管为了使支原体达到最佳生长状态，需要在培养基中补加特殊成分或在特殊条件下培养，但是用传统的培养基就可培养大部分牛支原体（Eaglesome和Garcia，1992）。诊断肉芽肿阴道炎（granulomatous vaginitis）时应选择炎性症状明显处采样。诊断流产时，样品应包括肺、胎盘、胃内容物和羊水（Yaeger和Holler，2007）。如果是脲原体导致的流产，胎盘可能增厚并不透明，并伴随单核细胞炎性浸润、纤维化和间质组织坏死；肺出现化脓性肺泡炎，气管周围组织伴有单核细胞性炎症（Jubb等，1993）。由牛支原体感染导致的流产表现为胎盘炎、胎儿化脓性支气管肺炎、心肌炎和心外膜炎。

23.2.5 治疗和控制

支原体和脲原体的传播很大程度上是通过感染的精液或通过呼吸道传播。在确认公牛没有感染前，最好采用人工授精而不是动物本交。然而，因为人工授精也可能传播支原体，因此有人建议，标准的卡苏吸管应该用一次性聚乙烯套保护，以防止人工授精时在通过子宫颈前外阴和阴道污染（图35.8）。在输精后一天，向子宫灌注含1g四环素或壮观霉素的抗生素溶液，能够提高妊娠率。同样，在繁殖前口服金霉素也能提高受胎率（Rae等，1993）。

精液中加入多种抗生素能控制这些微生物。在新鲜精液中添加林可霉素、壮观霉素、泰乐菌素和庆大霉素的混合物，以及在精液中添加未甘油化的全奶或蛋黄保护剂能控制牛支原体、牛生殖器支原体和脲原体（Shin等，1988）。

23.3 衣原体

鹦鹉热衣原体（*Chlamydia psittaci*）哺乳动物株长期以来一直被认为与流产和不育有关，但是到目前为止，关于这方面的文献还不完整并且很复杂。最近，将衣原体科重新按其寄生生物分类到种，并且它们在导致牛不育中的症状已经比较清楚。关于曾经发生的牛流行性流产（foothill abortion）（参见第23章，23.6 其他不明病因的疾病）的原因还不清楚，因为有一段时间曾经认为是由鹦鹉热衣原体引起的。因为流产亲衣原体（*C. abortus*）感染和牛流行性流产病都被称为牛传染性流产（epizootic bovine abortion），但在文献中还是存在一定程度的混淆。

影响牛繁殖性能的衣原体有2个种，即：流产亲衣原体（*Chlamydophila abortus*）和牛羊亲衣原体（*C. pecorum*）。最近发现的类衣原体（*Waddlia chondrophila*）也很重要（Livingston和Longbottom，2006）。流产亲衣原体通常被认为是导致绵羊地方性流产（ovine enzootic abortion）的病原（参见第25章 25.5 传染性病原），也能导致牛流产（牛传染性或地方性流产）（epizootic or enzootic bovine abortion）。牛羊亲衣原体被认为与流产有关，也会导致结膜炎、脑脊髓炎、肠炎、肺炎和多发性关节炎（Andersen，2004）。

养牛业中，衣原体并非是牛不育的主要威胁（Livingson和Longbottom，2006）。似乎许多动物是带菌者（DeGraves等，2003），但是由这些衣原体导致流产的发生率却很低。随着更灵敏的诊断试验方法的发展，能更有效控制衣原体（Borel等，2006），但是对这种病原体的致病作用问题仍有待解决。

23.3.1 流产亲衣原体

绵羊地方性流产遍及世界的大部分地区，特别是欧洲、美国和印度次大陆（Anon，2007）；牛的地方性流产也有类似的分布。患畜可能通过摄入污染物而患病，也有可能是与患病公牛交配，通过精液而传播（Storz等，1976）。奶牛感染后，衣原体在子宫内膜定植并复制，导致子宫内膜炎（Bowen等，1978）和孕体死亡（Yaeger和Holler，2007）。疾病的潜伏期不定，在实验感染条件下，潜伏期的范围是5～125d（Storz和McKercher，1962）。另外，某些动物在同一季节感染、流产，而有些动物则在其他季节感染并持续感染，在下一个季节流产（Aitken，1983）。牛再次感染该衣原体后繁殖力下降（DeGraves等，2004）。另一方面，带菌情况似乎很常见，甚至在处女动物也不例外（DeGraves等，2003）。

流产通常发生在妊娠7个月后，但也有报道认为流产从妊娠后5个月开始。虽然有报道认为，暴发流产多达妊娠牛的20%，但是和绵羊相比，牛流产更多是散发性的。在妊娠最后的3个月感染时，母牛产出孱弱犊牛。多数奶牛在流产前没有症状，但是实验感染后产生断断续续的黏液性的外阴分泌物，并伴随短暂的腹泻、发热和淋巴细胞减少症（Anon，2007）。流产后胎衣不下很常见。

公牛感染流产亲衣原体后引起附睾炎、精囊腺炎和睾丸组织变性（Storz等，1968），从而导致萎缩。与流产母羊接触的人能感染流产亲衣原体，并且能使孕妇流产（Aitken和Longbottom，2004）。据推测，与流产的感染牛接触也会发生同样的情况。

23.3.2 牛羊亲衣原体

牛羊亲衣原体（*Chlamydophila pecorum*）感染也可导致子宫感染、不育和流产。感染后发生子宫内膜炎（Wittenbrink等，1993a）。在实验性感染时也能导致更严重的疾病，包括子宫炎和输卵管炎（Wittenbrink等，1993b；Jones等，1998）。还有报道认为，感染牛羊亲衣原体后发热，萎靡不振和/或出现脓性阴道分泌物（Livingston和Longbottom，2006）。

然而，比起对繁殖的影响，更重要的是牛羊亲衣原体感染伴发更严重的疾病，包括多发性关节炎、肠炎、角膜结膜炎、肺炎和散发的牛脑脊髓炎（Livingston和Longbottom，2006）。

23.3.3 诊断

由牛羊亲衣原体引起牛流产的病理学与绵羊地方性流产很相似。胎盘子叶间更易被感染，常见胎盘增厚，皮革样外观，红-白色不透明的污点，水肿（Shewn，1986）。流产胎儿肝脏增大，表面有粗糙小点，质地硬并且呈点状红-黄色（Shewn，1986）。因为腹水而使胎儿腹部增大，呈坛状，并且有皮下水肿（Anon，2007）。

可采用运输培养基从胎儿和分泌物中分离培养衣原体；用组织抹片，用吉姆萨染色法鉴定原生小体及包涵体，抗原检测ELISA和免疫染色也可用于诊断牛羊亲衣原体感染（Aitken和Longbottom，2004）。血清学检查包括补体结合试验和ELISA，但是都缺乏特异性。最近，随着PCR试验技术的发展（Borel等，2006；Menard等，2006），也可以用于牧场或培养后的牛羊亲衣原体检查。

23.3.4 控制

对确诊感染的妊娠奶牛用四环素治疗，但是实际上该方法不可行，因为需要知道没有第二种衣原体感染，并且需要治疗到正常分娩。妊娠动物须同潜在的传染源隔离。在羊可用疫苗预防，但是还没有生产出针对牛的疫苗。

23.4　原生动物

23.4.1　毛滴虫病

对胎儿三毛滴虫（*Tritrichomonas fetus*）（以前称为胎毛滴虫，*Trichomonas fetus*）感染导致不育的认识，是了解牛性传染病原体作用的一个非常重要的进步（Riedmuller，1928）。在20世纪五六十年代，奶牛群地方性毛滴虫病（enzootic trichomonosis）在许多国家通过广泛使用人工授精的方法得到控制。然而，在世界范围内，胎儿三毛滴虫仍然是导致繁殖障碍的主要因素，在许多以本交作为配种方式的地区，该病仍高度流行。很明显，和奶牛相比肉牛发病更常见，而采用本交繁殖的奶牛群感染率也很高。据报道，许多国家胎儿三毛滴虫病发病率都很高，包括美国某些州[例如加利福尼亚（Skirrow和BonDurant，1988；BonDurant等，1990）和佛罗里达（Rae等，2004），但是北卡罗莱纳（Fox等，1995）、科罗拉多州及内布拉斯加州（Grotelueschen等，1994）少见）]、加拿大（Copeland等，1994）、南美洲（Eaglesome和Garcia，1992）、巴西（Jesus等，2003）和澳大利亚（Dennett等，1974）。地理性隔离使得英国和新西兰的滴虫病实质上已经根除，但这些国家仍不时地发生胎儿三毛滴虫病（Taylor等，1994；Oosthuizen，1999）。因此，不管在世界的哪个地方，如果使用本交，胎儿三毛滴虫病作为导致不孕的一个因素就不应被忽视。

23.4.1.1　病原学和发病机理

胎儿三毛滴虫是独特的性病病原体。这种寄生虫可通过前面的三个鞭毛和典型的波状细胞膜辨认，这种波状细胞膜是可见的，因为在相差显微镜或暗视野显微镜下，能观察到它在机体中波状的运动（图23.5）。在湿润条件下，放大100倍或250倍时，能看到其特征性的不规则的滚动。

23.4.1.1.1　公牛

公牛感染胎儿三毛滴虫无临床症状，滴虫定居在阴茎包皮陷窝内和包皮黏膜中。一旦被感染后，公牛成为终生带虫者。和年老的公牛相比，年轻公牛不容易成为持续带虫者，因为年轻公牛的阴茎包皮陷窝和包皮黏膜不如年老公牛发达（Peter，1997）。因此，小于3岁的公牛感染期短或短期带虫，然而年老的动物很可能持续感染，从一个季节延续到下一个季节（表23.3）。公牛与感染的母牛交配而受感染；但公牛也能被污染的采精装置传染。有人认为，胎儿三毛滴虫能通过公牛和公牛之间爬跨而传播，但是还没有令人信服的证据。

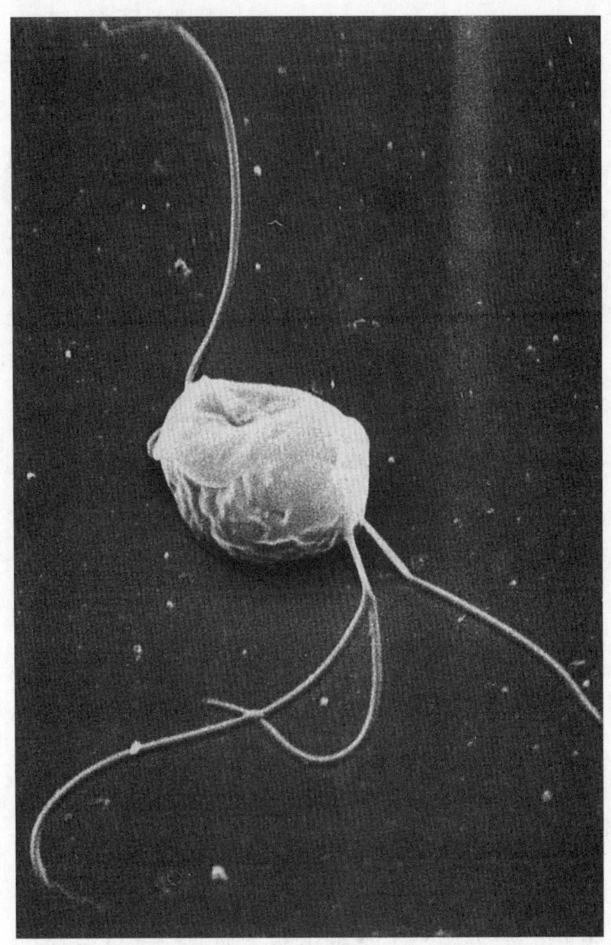

图23.5　胎儿三毛滴虫扫描电镜图

23.4.1.1.2　母牛

虽然感染的公牛是主要的传染源，但在最初公牛是与感染的母牛交配后被传染的（Rae和Crews，2006）。人工授精污染的精液也可传播本病，因为胎儿三毛滴虫能在日常处理的精液中生存。母牛很少通过污染物而感染，例如污染的阴道内窥镜。

表23.3 加利福尼亚肉公牛的年龄和胎儿三毛滴虫感染的关系（BonDurant等，1990）

公牛年龄（年）	公牛的数量	感染数量	感染率（%）
<2	38	0	0
2	221	1	<0.5
2	137	7	5.1
4	156	5	3.2
5	86	8	9.3
6	55	7	12.7
>6	31	2	6.5
总数			
<2	259	1	<0.4
>2	465	29	6.2

虽然感染母牛需要有大量的胎儿三毛滴虫（可能需要几千个，Clarke等，1974），但是传播率很高。反复交配时，公牛包皮区的胎儿三毛滴虫数量会减少，因此传染率不足100%，但在正常条件下，几乎每头与感染公牛交配的母牛都会被感染。

胎儿三毛滴虫在子宫、子宫颈和阴道中聚集生长，但在阴门上不能生存。胎儿三毛滴虫感染导致轻微的卡他性子宫内膜炎和阴道炎，伴有阴道、阴道周围组织和子宫壁水肿。一般不通过上皮表面侵入。该病不能阻止受精，能导致孕体死亡和无规律的返情。许多妊娠失败于妊娠的30～50d（Parsonson等，1976），但有些可发生在妊娠后期，因此被认为是早期流产。BonDurant（1997）曾经建议，发育的胎盘突受损可导致孕体死亡。少数动物正常返情，或甚至短时间内返情。孕体死亡（10%的病例）不常见，伴有子宫积脓，脓汁稀薄，含有有大量的胎儿三毛滴虫。阴道分泌物中常见这种脓汁。

感染数月后才能建立抗体（IgG和IgA）介导的免疫（Skirrow和BonDurant，1990），因此，在出现几次返情后，奶牛有足够的免疫力以维持妊娠。在妊娠及妊娠期满前许多奶牛经历了多次孕体死亡。在20世纪40年代，胎儿三毛滴虫病的典型特征是，母牛平均有5次以上发情才能受胎（Bartlerr，1948）。感染母牛清除病原的时间不同，青年母牛从95d到22个月不等（Parsonson等，1976；Skirrow和BonDurant，1990）。多数母牛分娩后就会消除感染，并且不会成为长期带虫者，但是有些动物会持续感染（即感染从一次妊娠进入下一个繁殖季节；Rae和Crews，2006），并且在牛群中起着感染源的作用（Skirrow，1987）。免疫是短期的，可能仅仅持续15个月（Clarke等，1983a），因此奶牛在下一个季节中相当容易感染。

23.4.1.2 临床症状

23.4.1.2.1 低育

牛群中有胎儿三毛滴虫介入后生育力严重下降，后发展为返情、产犊间隔时间延长，因不能妊娠被淘汰牛的比例上升，出现子宫积脓和妊娠早期流产时也提示存在该病。未孕牛常在返情时出现阴道脓性分泌物，直肠检查触摸子宫时常引起阴门流出分泌物，分泌物中能检测到活动的胎儿三毛滴虫。同样，因胎儿三毛滴虫感染所致子宫大量积脓，脓汁稀薄、无气味、灰白色并且含有大量的胎儿三毛滴虫。

因此，患牛有以下临床症状：

- 妊娠并能妊娠至足月，没有感染发生的临床症状
- 屡配不孕，但是没有明显的感染症状；发情

周期规律或不规律

- 不能妊娠并发展成子宫内膜水肿，带有絮状的黏液性分泌物
- 患牛妊娠，但是在妊娠的第2～4个月流产
- 发展成子宫积脓并且无发情周期。

23.4.1.2.2 流产

一些流产发生在妊娠的第2～4个月，妊娠第4个月后很少发生流产。妊娠晚期流产时，能在绒毛膜、胎肺和胎儿的胃肠道内检测到胎儿三毛滴虫。因为生长延迟，所以流产胎儿比相应的妊娠时期正常的胎儿要小。流产的病例，胎儿呈灰白色，并且连同胎膜一起被排出。没有化脓症状，并且在羊水中很容易找到毛滴虫。流产后，寄生虫很快（通常在7d内）从阴道分泌物中消失。

23.4.1.3 诊断

毛滴虫病的诊断比弯曲菌病的诊断容易。胎儿三毛滴虫病的确诊依赖于从样品中找到活的胎儿三毛滴虫，样本可以取自母牛生殖道、公牛包皮内含物、流产胎儿及胎盘组织。

23.4.1.3.1 诊断样品

奶牛胎儿三毛滴虫的诊断最好能从子宫脓汁、阴道分泌物、子宫颈黏液或者流产材料中找到胎儿三毛滴虫。最好的样品是胎膜或流产胎儿的器官（特别是皱胃）。交配感染后，感染的消除速率各不相同，因此未能找到微生物并不一定意味着早期没有该病原。不要用被粪便污染的物质作为样品检测，因为这种样品中可能含有非致病性的类似毛滴虫样的微生物（Taylor等，1994）。

诊断公牛毛滴虫病需检查包皮的刮下物和包皮洗液。传统的采样方法是，用力刮包皮黏膜，尽可能多地获得包皮垢（Eaglesome和Garcia，1992）。Stoessel和Haberkorn（1978）也曾经建议，诊断毛滴虫病时须用力刮包皮采样，但是Oosthuizen（1999）报道，将公牛深度麻醉，冲洗（采用大约50ml磷酸盐缓冲液或乳酸林格氏溶液）其包皮，检测冲洗液，对诊断毛滴虫病很可靠。最好在公牛性行为后5~10d进行检测，以便检测到更多的毛滴虫。

23.4.1.3.2 检测虫体

任何可能包含毛滴虫的材料都应该小心处置，因为毛滴虫很脆弱，且死后迅速降解。因此，如果对采集到的样本处理不当，在检测时虫体将会消失。

多种培养基可以用来培养毛滴虫，其中有：

- 克劳森培养基（Clausen's medium，Ministry of Agriculture，Fisheries and Food，1986）
- 黛蒙德氏（Diamond's）培养基（Diamond，1983）
- InPouch TF系统（Biomed diagnostics Ltd）（Borchardt等，1992）

培养后将能观测到虫体。有人推荐，用黛蒙德氏培养基或InPouch TV系统将样品送到实验室，而不用普通缓冲液运送（Rae和Crews，2006），温度应控制在22～37℃之间。采用改良的黛蒙德氏培养基和InPouch TF系统被认为是诊断毛滴虫病的“金标准”（Rae和Crews，2006）。

现场培养用的InPouch TF系统由一个透明柔韧的塑料小袋组成，小袋分两层。上层含有特殊培养基，样品接种于此。现场采集的用于直接接种到培养袋中的样品，应是经包皮刮擦技术采集的。样品与培养基充分混合后，挤入小袋下层，然后将小袋密封并在37℃条件下培养。可以直接将塑料小袋放显微镜下检查毛滴虫。在放大200~400倍的视野中观察到活动的毛滴虫可初步诊断。经常会在角落以及下半部近底部或小袋的接种层观测到毛滴虫。通过虫体的大小、鞭毛和波状膜来确定毛滴虫（OIE，2004）。对于从公牛收集到的样品，InPouch TF系统的灵敏度估计为84%～96%，而黛蒙德氏培养基的灵敏度为78%～99%（OIE，2004）。特异性达到100%。因此，在第一次检测时，部分感染的公牛可能检测不到（Schonmann等，1994），需要进行第二次或第三次检测，以确定公牛确实是阴性感染。

近年来PCR检测法也用于毛滴虫的检测（Ho等，1994；Felleisen等，1998）。使用PCR检测法可以区别牛阴茎包皮陷窝中是胎儿三毛滴虫感

染和粪便毛滴虫污染（Dufernez等，2007），可用于鉴别初步培养的胎儿三毛滴虫（Parker等，2001；Grahn等，2005），还可以用来直接诊断现场采集样品中的毛滴虫（Makaya等，2002；Mukhufhi等，2003），并且比只采用培养法的灵敏度高（McMillen和Lew，2006）。但是，采集到的样品必须尽快进行检测，保存会迅速降低灵敏度（Mukhufhi等，2003）。

23.4.1.4 治疗和防控

可以采用以下方法进行控制：

- 淘汰公牛和用人工授精代替自然交配
- 对母牛采取灵活的分组管理和使用公牛
- 对公牛和母牛进行治疗和/或疫苗接种

23.4.1.4.1 人工授精

通过人工授精控制毛滴虫感染的基础是假设母牛在自行康复，并且如果用健康公牛的精液输精代替自然交配，健康母牛不会发生感染。在所有的防控方法中，淘汰牛群中感染的公牛和采集未感染公牛的精液进行人工授精是最有效的方法。采用人工授精时，至少需要在一个配种季节内对母牛完成配种，最好是在两个配种季节。在采用人工授精方法的起初阶段，妊娠率较低，因为许多母牛仍处于感染阶段。

23.4.1.4.2 分组管理

如果毛滴虫感染牛群未能全部采用人工授精，人们提出了多种不同的管理策略，这些方法大部分和控制牛性传染弯曲杆菌病的方法相似（见23.1.1.6 预防、控制和根除）。

另一种策略是只使用青年公牛配种，以减弱疾病造成的影响。有报道指出，因为两岁的公牛具有较强的抵抗传染病的能力，因此使用青年公牛比老龄公牛传播滴虫病的概率小。虽然使用公牛可以有效降低现有的感染水平，但不可能消除感染（Christensen等，1977）。

23.4.1.5 治疗和疫苗接种

23.4.1.5.1 治疗

按照一般原则，应该淘汰被感染的公牛，因为公牛的感染是持续且无期限的。某些外用药[例如碘化合物、吖啶黄和咪唑类]可以有效治疗公牛滴虫病，但是治愈率不同，消除感染不可靠，而且应用这些药物并不方便。

此外，有报道指出，用咪唑类药物治疗可行且有效。二甲硝咪唑（dimetridazole）或甲硝咪唑（metronidazole）可以采用口服或静脉注射的方法给药。虽然有副作用，但是比较有效。也可以用异丙硝哒唑（Ipronidazole），使用之前要先用广谱抗生素杀死包皮里的可以降解咪唑的非特异性细菌（Skirrow等，1985）。亚治疗剂量（小剂量）的咪唑就可以诱导对全部咪唑类药物的抗药性。不幸的是，在欧洲和美国这些治疗性药物都未允许用于治疗牛滴虫病。曲古柳菌素（trichostatin）是一种较新的抗生素，已被证明在体内外都可以有效抑制胎儿三毛滴虫（Otoguro等，1988）。

尽管对个体患牛治疗很有效，但是对牛群中毛滴虫病的存在没有影响，除非采取其他方法以确保彻底根除该病。

23.4.1.5.2 疫苗接种

关于研发胎儿三毛滴虫的疫苗已有许多种尝试。开始用灭活毛滴虫，以矿物油为佐剂（Clarke等，1983b），其有助于消除公牛感染。但是大多数研发都基于能刺激抗体反应的碎裂细胞或分离的细胞膜片段（Schnackel等，1990）。这些都有助于预防和/或消除牛群中公牛和母牛的感染（Kvasnicka等，1989；Hall等，1993；Hudson等，1993a，b）。

美国研制的胎儿三毛滴虫疫苗（TrichGuard：Fort Dodge）可间隔2~4周皮下注射2次，最后一次注射在配种季节开始前4周（Rae和Crews，2006）。以后每年都要在配种季节开始前4周对所有母牛加强注射一次。疫苗不能阻止传染或发病，但是可以降低疾病发生率和减少与感染公牛交配的母牛感染的持续时间（BonDurant，1997）。但是，作为疫苗它不能完全保护，只能作为其他防控方法的辅助方法使用（Cortese，1999b）。然而奇怪的是，澳大利亚早期的研究指出，疫苗可保护公牛。美国近期的研究指出，疫苗对公畜感染的发生率和感染的持续时间都无多大影响（Cortese，1999b）。

23.4.2　犬新孢子虫病

最初，犬新孢子虫（*Neospora caninum*）是作为引起犬的脑脊髓炎的寄生虫被发现的（Dubey等，1988）。目前犬新孢子虫病（Neosporosis）被认为是世界上多数主要养牛区引起牛流产的重要原因，在欧洲、美国（Dubey和Lindsay，1996）、加拿大（Alves等，1996）、阿根廷（Campero等，1998）、南非（Jardine和Last，1995）、津巴布韦（Wells，1996）、澳大利亚（Obendorf等，1995）、新西兰（Thornton等，1991）和世界上许多国家都有报道。1999年，Tenter和Shirley指出，在英国每年约有6000头牛的流产是由犬新孢子虫引起的。据估计新孢子虫病使加利福尼亚的乳制品公司每年至少损失3500万美元（Berry等，2000）。Pfeiffer等（1998）估计这种疾病可以使新西兰的养牛公司每年至少损失2400万新西兰元。

23.4.2.1　病原学和发病机理

犬既是新孢子虫的中间宿主也是终末宿主（McAllister等，1998）。犬新孢子虫的生活周期由三个传染期组成，即速殖子（tachyzoites）、组织包囊（tissue cysts）和卵囊期（oocysts）（Dubey，2005）。犬摄取组织包囊后随粪便排出无孢子的卵囊，卵囊将会污染放牧动物的饲料和饮水，而且这些卵囊对环境有一定的抵抗力。同样，其他犬科动物（例如狐狸和郊狼）和食肉类动物也可以成为犬新孢子虫的终末宿主（Wapenaar等，2006）。当孢子化卵囊被中间宿主（犬，放牧动物和鸟类）摄取后，孢子被释放到肠道内，再钻入肠壁细胞内变成速殖子。孢子分裂很快，并造成组织损伤，然后蔓延到各种组织，包括神经细胞、巨噬细胞、成纤维细胞、血管内皮细胞、肝细胞和胎盘。此后，这些寄生虫形成裂殖子（bradyzoites，组织包囊），主要寄生在神经组织内（Antony和Williamson，2003；Weston，2008）。这些组织包囊随后被终末宿主吞食并不断循环。犬新孢子虫的循环周期如图23.6。

经过胎盘到胎儿的垂直传播被认为是牛感染的主要途径（Anderson等，2000）。不发生从母牛到母牛间的水平传播（Anderson等，1997）。但是，流行病学证据表明，流产暴发是一个感染源（McAllister等，2000）。水平感染的途径包括初乳、来自被感染母牛的胎膜和胎水、被卵囊污染的饲料。同样，如果牛吞食了被速殖子污染的牧草，并有口腔损伤时（特别是当恒门齿长出时）易通过血液发生水平传播。虽然牧场犬感染新孢子虫病和母牛流产密切相关（Bartles等，1999；Wouda等，1999），但是，所有的传播途径都未经证实。从另一方面看，有些农场流产并未增多，但是大部分成年母牛产生抗体。

23.4.2.2　临床症状

在犬新孢子虫病患畜，虽然流产常发生在妊娠的5～7个月，但是在妊娠3个月后的任何时候都能发生。具有免疫力的胎儿感染后虽然有时候会产死胎，但是，最常见的是产出先天感染的活犊牛。因此，可能发生胎儿被吸收、胎儿干尸化、胎儿自溶、死胎、产下带有临床症状的活胎儿或是产下临床正常但是先天感染的犊牛（Dubey，2005）。先天感染的母犊妊娠时通过垂直传播将疾病传给下一代，从而使牛群持续感染。

一个季节内牛群的流产率可能高达40%。某些被感染的牛可能再次发生流产（Anderson等，1995）。以下原因也可能引发流产：

- 暴发流产。下列两种情况可引发流产暴发
- 牛同时接触终末宿主的感染卵囊
- 接触另一种传染因素（如牛腹泻病毒）或其他免疫抑制因素（Antony和Williamson，2003）

- 地方性感染牛群散在流产，流产长期存在，流产率很高但不是灾难性的。其他牛群经历过2~3个月的集中流产，表明感染了犬新孢子虫（Weston，2008）。先天感染犬新孢子虫的和出生后被传染动物的流产方式不同。先天性的感染期长，流产的危险性高，特别是在第一次妊娠时更易

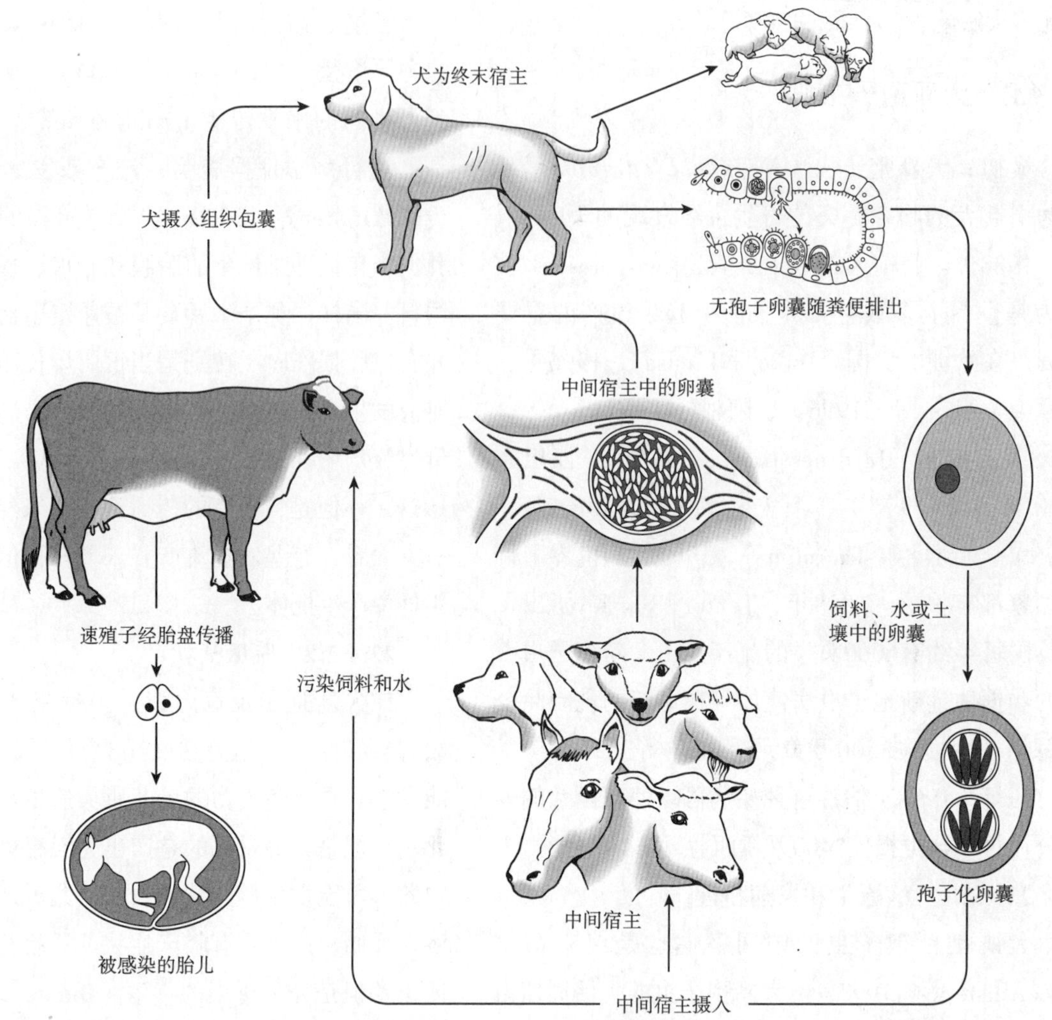

图23.6　犬新孢子虫生活周期

流产。此后，患畜多能产下活犊牛，但是犊牛的后代又多是先天感染者（75%~90%）。经水平传播被感染的动物可能流产，或产下未被感染或先天感染的犊牛，这取决于被感染牛的免疫情况以及被感染时所处的妊娠阶段。

先天性感染新孢子虫病的犊牛体重轻，有时有神经症状，包括共济失调、感觉障碍或是不能站立。还可能出现四肢神经性弯曲或过度伸展（Barr等，1993），眼球突出、不对称和脑水肿症状（Dubey，2005）。但是，多数先天感染的犊牛临床表现正常（Thornton等，1991）。

23.4.2.3　诊断

由新孢子虫病引起的流产需要与其他原生动物病区别，如弓形体（*Toxoplasma gondii*）或肉孢子虫病（Sarcocystis）。诊断流产时要结合血清学、免疫组织化学和流产胎儿病理学进行（Berry等，2000）。

23.4.2.3.1　流产的胎儿

犬新孢子虫病引起流产的胎儿其主要特点是中度至严重自溶（Abbitt和Rae，2007）。对感染新孢子虫病的诊断相对简单，用血清学和/或发现组织包囊就可以确诊。新孢子虫病的感染引起某些脏器的病理变化，其中胎儿的大脑最易受影响。典型的症状是，局灶坏死性脑炎和非化脓性炎症。因为多数流产胎儿都经历迅速自体溶解，所以即使是半流体状的脑组织也应该浸泡在10%的甲醛中性缓冲液中，以便进行组织学检查。非化脓性病变也会出现在胎盘、心肌、骨骼肌上，偶尔也出现在肝脏和肺脏上（Weston，2008）。通过组织学检查只能作出初步诊断，需用免疫细胞化学或血清学的方法发现组织包囊才能确诊。

对先天感染犬新孢子虫病的犊牛进行诊断，应选择采集采食初乳前活犊牛的血清或死亡犊牛的脑和脊髓。

目前正在研发用胎儿的组织（Reitt等，2007）和初乳进行PCR诊断犬新孢子虫病的方法（Moskwa等，2007）。但是McInnes等（2006）指出，当用PCR方法证实犬新孢子虫存在时，是否存在有新孢子虫抗体或DNA都不能明确支持或排除犬新孢子虫作为流产的原因。因此，要得出确诊为犬新孢子虫病的结论时还需要一些其他条件。

23.4.2.3.2 血清学

有几种检测方法可用来确诊奶牛犬新孢子虫病。免疫荧光抗体法（IFAT）和ELISA可以用来检查犬新孢子虫病的血清学反应。免疫荧光抗体滴度高于1：200时，常表明曾经感染；当滴度高于1：2000时，表明近期流产是由本病引起的。但是由于血清反应阳性母牛的广泛存在，阳性结果不一定表明检测当时牛感染犬新孢子虫，只能说明牛曾接触过该病。此外，有报道指出，未流产牛的血清滴度高于1：4000，而在感染和流产间期，感染母牛血清滴度明显下降。

虽然胎儿血清学阴性反应不能表明未发生感染，特别是在妊娠早期，胎儿还没免疫能力时，但是胎儿血清学方法可最终确诊犬新孢子虫病。

23.4.2.4 预防和控制

犬新孢子虫病的垂直传播途径和对水平传播途径了解的局限性使得控制犬新孢子虫病很困难。目前主要应用以下三个策略控制该病：淘汰带虫动物、限制导致水平传播的条件及疫苗接种。哪种方法都不完全有效，因为防控效果取决于牛群的环境，但是这些方法都可以减少流产的发生。本病没有有效的治疗方法。

牛群中感染牛的体格相对较小，可以通过血清学鉴定虫体携带者并淘汰（Reichel和Ellis，2002），以阻止垂直传播。如果想要得到感染母牛产下的犊牛（例如需要保存有价值的遗传基因），可通过孕体移植来完成，前提是受体牛未感染。

用于限制水平传播的方法包括：

- 确保牛不接触被犬新孢子虫污染的饲料和饮水
- 产后迅速移走和销毁流产时排出的包括胎衣在内的各种物质
- 防止犬接触牛饲料，有效控制啮齿类动物和阻止肉食动物接触流产时排出的物质。

2001年以来，已有灭活犬新孢子虫疫苗。使用疫苗可以降低流产的发生率，但是不能阻止流产的发生（Choromanski和Block，2000；Romero等，2004）。而且疫苗的有效性在农场间存在显著差异。疫苗的主要问题之一是，表面上看母牛对疾病产生了免疫（即血清阳性），但是仍发生多次流产。疫苗对阻止因采食犬新孢子虫卵囊而感染动物的流产比阻止先天感染动物的流产更有效（Tree和Williams，2003；Dubey，2005）。

23.4.3 肉孢子虫

肉孢子虫（*Sarcocystis*）很少引起牛流产（Abbitt和Rae，2007）。肉孢子虫属原虫生活周期中有两个宿主，终末宿主是肉食动物，孢子囊随粪便排出。中间宿主采食孢子囊后在其肌肉内长成肉孢子虫（Markus等，2004）。牛体内寄生的肉孢子虫有3种（Markus等，2004），枯氏肉孢子虫（*Sarcocystis cruzi*）能引起流产，临床上很难与新孢子虫病引起的流产进行区分，但可以用免疫组织化学或PCR方法区分。

23.5 病毒性因素

23.5.1 牛病毒性腹泻

在20世纪40年代，牛病毒性腹泻（bovine viral diarrhoea，BVD）病毒最初被认为是引起牛腹泻的病因之一。虽然起初认为只是简单病毒导致的腹泻，但是最近对该传染病的研究表明，牛病毒性腹泻病毒还可以引起牛不育和流产。在世界范围内，BVD病毒被认为是引起流产的主要原因，导致散发性流产和流产暴发。

23.5.1.1 病原学和发病机理

牛病毒性腹泻病毒属于黄病毒科（Flaviviridae）、瘟病毒属（*Pestivirus*），黄病毒科还包括典型猪瘟病毒和羊边界病病毒。牛病毒性腹泻病毒有两个基因型，即世界范围内分布的BVDV-1型和局限于美国境内的BVDV-2型。由BVDV-2引起的疾病更严重。根据在组织培养时BVDV对细胞的作用，又将其分为非细胞毒株（non-cytopathic strains）和细胞毒株（cytopathic strains）2种，这两种类型独立存在，不交叉感染。已有证据证明，非细胞毒株在持续感染（persistently infected，PI）的动物体内可以变异成细胞毒株。

初次感染动物的主要感染途径是通过呼吸道分泌物，但是也可以通过子宫分泌物、流产胎儿、尿液、乳汁、精液、粪便和唾液传播。BVD还可以通过病毒污染的孕体进行传播（Avery等，1993）。有研究表明，需要动物之间有相对紧密的接触才可传染本病。初次感染动物会发生暂时性病毒血症，并伴随有发热、轻微食欲不振和腹泻、精神沉郁和免疫抑制，患畜经过免疫抑制几天后康复。某些患畜表现为眼鼻有分泌物，流涎、口腔糜烂，偶尔还会有更严重的症状。多数动物感染后临床症状轻微或不表现临床症状（Barr和Anderson，1993；Radostits等，2007）。在病毒血症时期，妊娠母畜经胎盘将病毒传染给胎儿。

根据母畜的发病时间以及是否感染胎儿，牛病毒性腹泻病可以导致早期孕体死亡、流产、产出有先天缺陷的活犊或死胎，产出长期感染的犊牛或血清反应阳性犊牛，此犊牛对病毒具有免疫力。长期感染牛是传播病毒的主要途径，同时使牛群维持BVDV感染（Bolin，1990a）。

非细胞毒株BVDV在长期感染的动物体内变异，结果导致黏膜病变。黏膜疾病一般被认为是一种散发性疾病，通过影响单个动物继而影响少数动物。但是，如果牛群中有大量的长期感染的牛（如果在妊娠的易感期传入），有黏膜病变的动物排出细胞毒性病毒，从而感染其他长期感染的牛，就会暴发牛病毒性腹泻病。在这种情况下，看起来黏膜病变像是一种简单的传染病。普遍认为，细胞毒性型不经胎盘感染，也不能使动物长期感染。

23.5.1.2 临床症状

BVDV感染使初次感染牛和长期感染牛发生繁殖障碍，但是很少影响血清阳性牛。在输精时，孕体期以及胎儿发育期的早期到中期，易感繁殖母牛引入BVD时可引起其繁殖功能紊乱并导致新生仔畜发病（图23.7）。

23.5.1.2.1 配种前到妊娠45d间的感染

牛病毒性腹泻病可在母牛交配时感染，与持续感染的公牛或短期感染BVDV的公牛进行交配时也可感染（Barlow等，1986；Revell等，1988；Kirkland等，1991），或采用BVDV污染精液输精时也会发生感染（Virakula等，1993）。现场研究发现，BVD的感染对早期繁殖能力有严重影响。在繁殖时或繁殖后很快对BVDV产生抗体的牛，比在繁殖前就产生抗体的牛更不容易妊娠（Houe等，1993；Grooms，2004）。妊娠失败可能是由于受胎失败和孕体早期发育受阻所致（McGowan等，1993），而孕体早期发育受阻常是由于影响卵母细

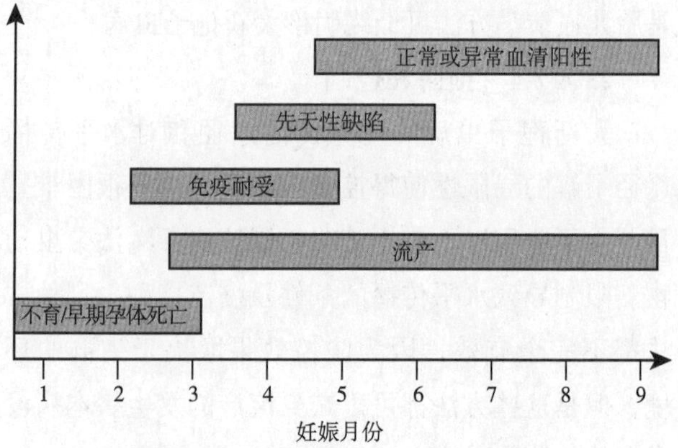

图23.7 牛病毒性腹泻病毒感染不同妊娠期的牛，对繁殖造成的潜在的临床影响（Grooms和Bolin，2005）

胞功能（Ssentongo等，1980；Grooms等，1998）和子宫环境所致。妊娠失败表现为不返情率低或不规则的延期返情现象。有报道称，用BVDV污染的精液输精后，产下的犊牛可长期带毒（Meyling和Jenson，1988）。

23.5.1.2.2　妊娠45～175d间的感染

在这一时期感染容易导致下列情况发生：

- 胎儿吸收，干尸化或流产
- 免疫耐受并产下长期感染的犊牛
- 先天性缺陷，主要表现在中枢神经系统和视觉系统

易感母牛感染BVDV后，虽然多数情况是在妊娠的前3个月，但可在妊娠的任何时期都能发生胎儿死亡。根据感染的时期不同而发生胎儿吸收、胎儿干尸化或流产。胎儿感染后到胎儿排出，间隔时间从几天到数月不等（Bolin，1990a）。

在妊娠的18～125d感染了非细胞毒性BVDV后，存活下来的胎儿对病毒耐受，而成BVDV持续感染者（McClurkin等，1984）。在妊娠的前75d感染的牛，多数会产下持续感染的犊牛（Roeder等1986），但是，在妊娠100d不产生免疫耐受，直到妊娠125d时才产生（Grooms，2004）。

在妊娠100～150d感染牛病毒性腹泻病毒时，产下先天异常的犊牛，主要表现为中枢神经系统和视觉系统异常（表23.4）。感染BVDV和流产之间的时间间隔为几天到2个月不等（Bolin，1990a）。

表23.4　妊娠中期感染牛病毒性腹泻病毒所致的胎儿先天性异常

神经系统	眼	其他系统
小脑发育不全	白内障	长骨畸形
低髓鞘形成	小眼畸形	矮化生长
脑水肿	视网膜萎缩	短颌
脑小畸形	视神经炎	毛异常，秃头症

23.5.1.2.3　流产

流产可以发生在妊娠的任何阶段，大多数发生于妊娠的早中期（前2/3阶段），因为随着妊娠的进展，胎儿对病毒的有效免疫反应不断加强；在妊娠晚期发生的流产也与感染BVDV有关（Ward等，1969；Moennig和Leiss，1995；Grooms和Bolin，2005）。

不管生物型（biotype）如何，在妊娠后期胎儿感染牛病毒性腹泻病毒后，如果不引起流产，则胎儿出生时具有免疫力，因为在妊娠后5~6个月时，胎儿可以对该病毒产生明显的抗体反应（Bolin，1990b）。

感染BVDV后流产的胎儿可在妊娠的任何阶段以自溶胎儿、干尸化胎儿或新鲜胎儿而流出。但是，因为从感染到流产的间隔期长，因此常常发生严重的胎儿自溶现象。看不到与BVDV感染有关的胎儿病变，但是，如果胎儿新鲜，可能见到皮炎、脑膜炎，小脑皮层损伤和细支气管炎。

23.5.1.3　诊断

23.5.1.3.1　流产胎儿

确诊由BVDV引起的流产很难，因为既没有病毒、病毒抗原，也没有BVD抗体作为确凿的证据证明BVD确实是引起流产的原因。但是，有病毒和其所致的损伤表明感染了BVDV，再加上牛群的进行性阳性感染即可作出诊断（Kelling，2007）。

感染和排出胎儿的间隔时间使得病毒在流产胎儿体内存留的时间不长，但是可以用病毒分离、PCR或免疫组织化学方法从胎儿的淋巴器官（脾、胸腺和回肠）、肺或肝回收病毒。最好采用多个胎儿，直到分离出病毒为止（Grooms和Bolin，2005）。

23.5.1.3.2　牛群感染

通过临床症状、存在持续感染的牛和监控程序推测牛群中是否出现了BVD的进行性感染。采用ELISA（Pritchard，2001；Thobokwe等，2004）或PCR（Radwan等，1995；Renshaw等，2000）检测奶罐乳是监控牛群是否感染BVD很有用的方法，并能确定感染的流行程度和感染率是否上升（Pritchard，2006）。

血清学方法较难判断，因为病毒分布广泛且抗体长期存在，抗体滴度高表明曾经感染过而不是现在感染本病毒。也很难确定自然感染还是疫苗产生的滴度（Grooms和Bolin，2005）。将未免疫的青年牛（6~12月龄）作为“哨兵”动物，对“哨兵”动物进行血清学检测是监测牛群是否发生进行性感染BVD的有效方法。这些未免疫“哨兵”牛体内有抗体表明其最近接触了病毒，而且可以确切表明该农场已经出现BVDV（Houe，1992；Pillars和Grooms，2002）。同样，如果在没有吸食初乳的犊牛体内检测到抗体也可以说明母牛在妊娠时感染了病毒。

持续感染牛的存在表明牛群已经感染了BVDV。用来诊断持续感染牛的样品包括（Kelling，2007）：

- **分离病毒（血液，白细胞层）**。不要从有母体抗体的犊牛采集样品。有必要区分持续感染牛和急性、暂时感染的牛。这种方法敏感性高、特异性强
- **免疫细胞化学方法（“耳切迹”活组织样，ear notch biopsies）**。任何动物都可采用，也是高敏感性、高特异性的方法
- **PCR（血液，血清，皮肤活组织样）**。高敏感性，但是特异性会受到非特异性反应的影响
- **病毒抗原ELISA法（血液）**。高敏感性、高特异性（Hill等，2007）；也需要区分持续感染和暂时感染的牛。

23.5.1.4 控制

控制本病的主要目的是预防未感染的牛群感染BVDV和预防病毒在感染群体中扩散。

预防本病进入牛群的生物安全措施包括，保持封闭牛群，对所有新引进的动物检查BVDV或病毒抗原（即鉴别持续或暂时感染牛），确保怀有持续感染犊牛的母牛没有进入农场。新购进的公牛具有很高的引起群体感染的危险，应该隔离饲养。其他反刍动物也可给牛群传播牛病毒性腹泻病毒，所以建议将易感染牛和其他反刍动物分开饲养。精液也可能污染BVDV，因此种公牛疾病控制应该防止精液发生污染。

根据牛群的感染水平，可采用各种控制感染牛群疾病传播的策略（表23.5）。以前曾用持续感染的牛作为牛群内部“疫苗制造者（vaccinctor）”来防控牛病毒性腹泻病，但现在看来这种方法既无益处也不安全（Brownlie，2005）。目前认为，应确定持续感染牛并及时淘汰，因为持续感染牛是主要的传染源。淘汰持续感染牛并不能阻止暂时感染者继续传播病毒，所以还需要应用疫苗接种。

已经研究开发出改良的活疫苗或灭活苗，但是撰写本章时英国只有灭活苗。改良的活疫苗其优点是作用时间持久，而且毒株间有交叉反应。但是，活疫苗可引起免疫抑制，还发现可引起胎儿异常（Kelling，2007）。灭活苗既不会引起免疫抑制也不引起胎儿异常，但是当动物发生高水平感染时不能防止流产（Laven等，2003）。可对全群牛接种，或根据情况只接种青年母牛（处女牛和初产牛）（Brownlie，2005）。如果使用活疫苗，之前应先用灭活苗进行免疫。

23.5.2 牛疱疹病毒1

牛疱疹病毒（bovine herpesvirus 1，BHV-1）

表23.5 奶罐奶BVD抗体检测意义以及建议采取的措施

抗体水平	血清阳性的奶牛比例	牛群状态	可能采取的措施
低	<5	初次感染	检查青年牛，以确保不继续接触感染
中等	5~25	低度接触　曾经感染或急性感染	检查青年牛、未免疫牛和/初产牛，如果抗体阴性，继续监测，如果抗体阳性，实施控制措施
	25~65	中度接触	
高	>65	高水平接触：近期接触感染，很可能有持续感染（PI）牛	采取根除措施以清除持续感染牛，考虑使用疫苗

在世界各地广泛分布，可引起传染性牛鼻气管炎（infectious bovine rhinotracheitis，IBR）、传染性脓疱性外阴阴道炎（infectious pustular vulvovaginitis，IPV）、阴茎头包皮炎（balanoposthitis）和流产。该病毒还可以导致不育。牛疱疹病毒-1分三种类型（Babuik等，2004），每种类型引发不同的疾病（表23.6）。除此之外，亚型的不同株引起疾病的严重程度不同。

表23.6　牛疱疹病毒（BHV）-1不同亚型感染的症状

型	症状		
	IBR	IPV	流产
BHV-1.1	+	−	+
BHV-1.2a	+	+	+
BHV-1.2b	+	+	−

IBR =传染性鼻气管炎；IPV=传染性脓疱性外阴阴道炎/阴茎头包皮炎

23.5.2.1　病因学和发病机理

本病通过呼吸道途径感染，传染性脓疱性外阴阴道炎可通过性交途径传染。本病还可以通过垫草传染或者通过嗅闻感染动物的阴门和会阴部传染，此外也可通过被污染的精液传染。流产排出物也是重要的传染源。

感染后患牛表现严重程度不同的临床症状，有些牛在感染后无临床表现，或症状消失后成为潜在带毒者。潜伏感染时，病毒在三叉神经和荐骨神经节（trigeminal and sacral ganglia）持续存在。

本病的潜伏期为10～20d，之后患牛可出现急性呼吸道和生殖器官疾病症状。通常呼吸症状持续时间短，而传染性脓疱性外阴阴道炎引起的病变可长期存在，有时可达数周以上。病毒随呼吸道和生殖道分泌物排出的时间约在14d左右，而隐性携带者可周期性排毒，应激时（如产犊，运输）、注射皮质类固醇后或在动物存活的任一时期排毒。

感染流产株（abortifacient strain）和排出胎儿之间的间隔时间差别很大，有些为数天，有些则在妊娠期满后产出死胎或感染的犊牛（Miller等，1991）。有人认为，母牛从感染到流产排出胎儿之间的时间间隔及其变化说明在这个时间段内，病毒只侵袭胎盘而不会感染胎儿自身（Kendrick，1971）。

23.5.2.2　临床症状

本病生殖道型不表现其他症状，不伴发呼吸型疾病，传染性脓疱性外阴道炎很少与流产同时发生。

23.5.2.2.1　传染性脓疱性外阴阴道炎

外阴阴道炎（vulvovaginitis）的发病突然并且呈急性，往往在配种感染后24～48h内出现症状，初产奶牛的症状比经产奶牛更为严重，阴唇开始肿胀并疼痛，而肤色浅的牛充血更为明显。黏膜上很快出现许多红色小疱，这些小疱可能会很快破溃或发展为脓疱，由此形成直径3mm左右的出血性溃疡灶。

阴门流出分泌物的量不尽相同，有些仅有少量黏附在外阴和尾毛上的渗出液，有些则有大量的黏液脓性分泌物。可用阴道内窥镜检查阴道黏膜，但因为使用阴道内窥镜会造成疼痛和不适，应在使用前先进行尾部硬膜外麻醉。病变处明显疼痛，患畜不安，频尿和努责，摆尾。短暂发热和产奶量下降。全身性变化根据是否有呼吸困难而不同，感染急性期在大约10~14d后缓解，但有些患牛阴门排泄分泌物可达数周以上。

当母牛出现IPV症状时，必须检查公牛是否有病变，因为与其他多数的性传染性疾病不同，本病在公牛的症状很明显（参见第30章）。

23.5.2.2.2　不育

配种时或配种后感染牛疱疹病毒-1都会引起繁殖力下降。人工授精污染的精液可导致妊娠率低下（Kendrick 和 McEntee，1967；Parsonson和Snowdon，1975），这是因为在子宫的输精部位可出现严重的局灶性坏死性子宫内膜炎，并可持续1～2周（Miller和van der Maaten，1984；Khars，1986）。还没有确切证据表明与感染公牛交配后是否会出现相同的病灶。

牛疱疹病毒可直接入侵细胞，从而引起孕体死亡（Bowen等，1985；Miller和van der Maaten，1986），早期孕体死亡后，母牛可在输精后正常间隔期内返情（例如Miller和van der Maaten，1987年报道，配种期小母牛感染牛疱疹病毒后即如此）。

BHV-1还可引起双侧坏死性卵巢炎，而黄体似乎特别易感，特别是排卵后最初几天的黄体，对发育黄体的损伤可直接影响其功能，使孕酮的分泌量显著低于正常水平，最终会影响孕体的生存。

23.5.2.2.3 流产

BHV-1是全球范围内引起牛流产的重要原因之一。Kirkbride（1992）报道，在1980—1990年间发生的约9000例流产中，由BHV-1引起的流产占5.4%。Murray（1990）发现，发生在英国西北部的两年内流产的149例病例中，有13%是由IBR引起的。多数流产散在发生，但有时也发生流产暴发（如 Tanyi等 1983）。然而BHV-1引起的流产在北美地区比在英国和欧洲更为严重（Caldow和Gray，2004）。只有出现在澳大利亚和新西兰的BHV-1.2a不会引起流产。呼吸性疾病并不能作为流产前的征兆，因为在感染和排出胎儿之间很长一段时间里，早期呼吸性疾病可能被忽视（Barr和Anderson，1993）。在用改良的活疫苗免疫后也可发生流产（Kelling等，1973）。

流产可发生在妊娠的第4个月到妊娠期满之间，多数发生在妊娠期的第4~8个月。有些牛产下死胎，有些会生下活的胎儿，但都会以死亡为结局。病毒感染的程度与毒株类型有关，Miller等（1991）报道，在妊娠期的第25~27周，感染BHV-1.1型的青年母牛，在感染17~85d后流产，但是感染BHV-1.2a型的可以产下足月犊牛，有些犊牛在采食初乳前血清中有BHV-1中和抗体。另一方面，从犊牛本身感染到其被排出的间隔时间相对较短，Kelling（2007）认为，间隔时间不会超过7d。然而，从胎儿感染到排出的间隔时间已足以使胎儿发生高度自溶，少数胎儿干尸化，流产后常发生胎衣不下。

23.5.2.3 诊断

23.5.2.3.1 生殖道病变

IPV引起的生殖道病变非常明显，但是必须分清是由脲原体引起的颗粒性阴道炎（granular vulvovaginitis）还是卡他性阴道炎（catarrhal vaginitis）。出现生殖道病变后，可将阴道拭子、包皮冲洗液和精液放入病毒运输培养基，还可以从感染牛采集2份血清样品进行检测。

23.5.2.3.2 流产

出现高度自溶的胎儿在很大程度上说明已发生了BHV-1感染。经常出现整个肾皮质的液化性坏死和肾周围出现出血性水肿。组织学检查可发现，常有肝脏局灶性坏死，并且在多数病例出现大脑、肺脏、脾脏、肾上腺皮质和淋巴结坏死性病变。在新鲜的实验性感染病例中，坏死病变周围有特征性的病毒包涵体，但由于现场流产病例胎儿自溶，常见不到病毒包涵体。病毒可出现在胎儿的任何组织和子叶中（Kiekbride，1992）。胎儿组织样本，尤其是肾脏和肾上腺应当与部分胎盘共同进行荧光抗体检查或病毒分离。分离病毒的方法并不十分可靠，但如果能采集到胎盘组织，仍值得进行病毒分离鉴定（Kirkbride，1990a）。

可采用血清学方法监测是否有BHV-1感染，但因为感染和流产间隔时间的不定性，因此很难解释其结果。Nettleton（1986）曾建议，在母牛流产时采集一次双份血清样品，2~4周后再次采集双份样品。然而，因为母牛在流产前4个月就被感染，所以很难测出抗体滴度显著增加。用血清学方法检查牛群中至少10头牛的双份血清样品，如果牛群中存在BHV-1感染，应该能发现血清阳转（seroconversion）或抗体滴度增加4倍以上（Kirkbride，1990a）。

23.5.2.4 控制

生殖道病变会自发恢复，因此并非必须治疗。然而，在外阴、阴道和阴茎处涂抹润滑剂会有助于康复。在康复期会出现阴门狭窄和阴茎/包皮粘连以及包茎（phimosis）（参见第30章）。应将已感染动物隔离，停止自然交配。

预防接种以及健全的生物安全措施是控制本病的最重要的措施。有多种疫苗可以使用，包括弱毒苗和灭活苗。青年牛应在6月龄后并在配种前免疫，之后每年接种一次。妊娠牛只能接种灭活苗，因为活疫苗能引起和自然感染BHV-1时一样的各种生殖系统损伤（Miller，1991）。Kelling（2007）建议：

- 青年肉牛应在配种季开始前接种
- 青年奶牛应在4~6月龄或8~12月龄接种
- 此后应在常规产犊检查时接种

对公牛的接种效果尚有争议，因为接种后公牛的血液检测中血清反应为阳性，这种牛很可能会被视为感染而被淘汰。最好通过常规检查精液时，检查是否有病毒的存在，这是控制本病的一种有效方法。

23.5.3 蓝舌病

蓝舌病（blue tongue）主要是绵羊和鹿的一种传染病，但牛和一些野生反刍动物是该病毒的重要储存宿主。蓝舌病主要发生在北纬40° 到南纬35°之间的国家（Radodtits等，2007），在美国西部呈地方性流行。1999年以来，本病在欧洲大规模暴发，最初只在欧洲南部国家（希腊、意大利、科西嘉岛和巴尔干半岛）发病，但是从2007年开始，陆续在德国、法国、低地国家和英国（DEFRA，2007）出现。加拿大和新西兰尚未发现蓝舌病，在澳大利亚，尽管血清学检测到该病，但尚未发现临床病例。

该病毒需要昆虫媒介传播，通常在动物之间不传播。库蠓（*Culicoides*）是最主要的传播媒介；在美国，传播媒介为黑唇库蠓（*Culicoides sonorensis*），在非洲和南欧是拟蚊蠓（*C. imicola*），最近传入北部和中部欧洲，已经超出了欧洲北部拟蚊蠓传播的界限，这说明又有新的昆虫介入，包括不显库蠓（*C. obsoletus*）和/或灰黑库蠓（*C. pulicaris*）。这些昆虫在北欧广泛分布，被视为最有可能的传播媒介（Mertens 和 Mellor，2003）。该病毒也可以通过蜱、蜱蝇及蚊等传播（Radostits等，2007）。感染蓝舌病的公牛通过精液传播病毒（Bowen和Howard，1984），还可以通过直接输入感染动物的血液而传播。

蓝舌病在夏天比在冬天更易暴发，因为夏天传播媒介多。研究表明，在北欧暴发的感染伴随着病毒感染力的变化，如病毒可以长期感染绵羊T细胞，因此会更有效地在两个传播季节间安全“越冬”（Mertens和Mellor，2003）。

对牛来说，蓝舌病病毒感染极少出现临床症状（Radostits等，2007），但确实会严重影响其繁殖。牛感染后可引发病毒血症，此时病毒可以透过胎盘屏障，感染妊娠后期的胎儿并引起胎儿死亡。如果敏感牛在病毒高发季节配种，可发生季节性不孕。

在妊娠前100d感染本病可导致流产、胎儿干尸化或死产，或生出孱弱犊牛，胎儿共济失调或成为长期带毒者（Roberts，1986）。但本病的致畸作用比流产更为明显。病毒感染神经系统可产生脑积水（Howard，1986）和脑囊肿，有时四肢异常挛缩。

可通过流产胎儿神经中枢病变（Barr和Anderson，1993）或检查血液、脾、肺和脑中的病毒来确诊蓝舌病。血清学检测（血清中和试验和ELISA）可用来诊断母畜感染，但在感染暴发期，患牛血清抗体阴性、病毒血症患畜都可能会混淆诊断（Osburn等，1981）。PCR技术也可用于诊断（Maan等，2005）。

弱毒苗可用于预防蓝舌病，但是疫苗病毒也会转化为致病毒株。有研究表明，它可以在现场传播，并通过基因片段改变而转变为强毒。Osburn（1994）认为，如果使用疫苗接种，不应该在有传播媒介季节使用。使用纯化的病毒蛋白疫苗远比弱毒苗更为普遍，在有些环境条件下，控制传播媒介的措施也是有效的防控方法。

23.5.4 其他病毒性疾病

23.5.4.1 附睾/阴道炎

附睾/阴道炎（epivag）发生在非洲中部，东部和南部，患牛表现为附睾炎和阴道炎的性传播疾病（Hudson，1949；Roberts，1986）。对母牛来说，可以引起弥散性阴道炎。在感染早期就有大量黏液脓性分泌物。很多感染牛不孕。多数牛可康复，但大约15%~25%的牛因输卵管病变，如输卵管粘连、输卵管积水和卵巢囊的粘连等而不育。有些牛会因患附睾/阴道炎而出现子宫旁组织炎（parametritis）（McEntee，1990）以及骨盆组织粘连，并可能蔓延到腹腔内。

大多数公牛在感染后出现轻微的阴茎头包皮炎，因为比IPV感染时症状轻微，因此可能被忽视。最后多数患牛附睾硬化，特别是附睾尾。感染后常出现睾丸变性、萎缩和纤维化，有时发生睾丸炎（Rocha等，1986）。

本病的致病病毒最终还没有确定。Theodouidis（1978）介绍了引起牛附睾/阴道炎综合征的系列病毒的特性，包括牛疱疹病毒相关病毒。然而，尽管有许多疱疹病毒的菌株都可导致阴道炎，但是不能引起附睾炎。因此，还不能确定该综合征是否是由牛疱疹病毒引起的，事实上也不能确定疱疹病毒是否唯一的致病因素。

23.5.4.2 牛卡他性阴道炎

牛卡他性阴道炎（catarrhal bovine vaginitis）是主要经性传播的接触传播性传染病，首次发现在南非（Van Rensburg，1953），此后，在许多国家都有报道。有人认为本病由牛肠道细胞毒性孤生病菌（enteric cytopathic bovine orphan，ECBO）群中的一种肠道病毒所引起（Straub和Böhm，1964），但是这种说法尚有待于进一步证实。该病主要通过性交途径传播，但是也可以通过粪便污染阴门传播，或通过动物舔感染牛或未感染牛的会阴而传播。因此，青年处女牛也可发病。

患牛外阴流出大量黄色无味的黏液性分泌物，子宫颈和阴道发炎，但是不会出现IPV感染时的脓疱，并且体温也不升高。阴道内聚积有黄色分泌物，积聚量从几毫升到几百毫升不等。病情可持续数天到数周，每次发病仅有少数患牛表现临床症状，但是妊娠率会下降，因孕体死亡而发情期延长和不规律发情。有些牛场出现流产、死产和胎儿干尸化。

有的公牛可能会出现临床感染，但是ECBO型引起的精囊炎和不育可长达90多d（Bouters等，1964）。

采用常规血清学方法诊断，采集2份血样，间隔至少15d采集第二次血样，以抗体滴度增加为依据进行诊断。在发现疑似病例时应尽快采集第一份血样。可以从阴道黏膜上分离到病毒，但是病毒回收率常很低（Huck和Lamont，1979）。

本病没有特殊的治疗方法和疫苗。被感染公牛即使在临床症状消失后，几个月内都不能用于配种。购入潜在感染的牛后应先隔离，在封闭牛场，应对有潜在感染的母牛实施血清学检测。

23.5.4.3 传染性生殖道纤维乳头瘤

传染性生殖道纤维乳头瘤（transmissible genital fibropapillomas）的疣状瘤常见于青年公牛的阴茎（参见第30章），偶尔在青年母牛的外阴、会阴和阴道前庭上皮细胞可见到类似肿瘤。肿瘤是由乳多空病毒群（papovavirus group）中的病毒所引起，并通过接触感染动物而传播。

这些纤维乳头瘤在2～6个月内可自行退化，使用疫苗可以加快其退化速度。除非肿瘤体积较大（可以手术摘除），妨碍交配，否则不会引起母畜的不育。

23.5.5 真菌（霉菌性流产）

真菌侵入胎盘和胎儿是导致牛流产的常见原因（表23.1），有些青年牛发生率可高达5%~10%，但流产是散发的。诊断出该病的频率很高。在美国的东北部地区，霉菌性流产占传染性流产的22%，占所有流产调查的5.1%（Hubber等，1973）。同样，在美国南达科他州，一项长达5年的调查显示，所有传染性流产病例中，真菌感染占14.6%，占所有致流产病例的4.8%（Kirkbride等，1973）。

23.5.5.1 病因学和发病机理

流产后最容易分离到的真菌主要有腐化米霉菌（*Absidia* spp.）、根霉菌（*Rhizopus* spp.）、毛霉菌（*Mucor* spp.）和曲霉菌（*Aspergillus* spp.）。其他真菌有沃尔夫被孢霉（*Mortierella wolfii*）和鲍埃得（氏）彼得利壳菌（*Petriellidium boydii*），酵母菌，如念珠菌（*Candida* spp.）也与流产有关。众所周知，烟曲霉（*Aspergillus fumigatus*）是引起流产最常见的真菌（Pepin，1983），占真菌性流产的60%～80%（Knudtson和Kirkbrid，1992），但是其他种类的真菌具有明显的地域性。例如，在新西兰的北岛，沃尔夫被孢霉是最主要的致病菌。

在英国每年的12至翌年3月份，霉菌性流产比在其他季节多发，尤其是舍饲牛群流产多是由饲喂劣质干草和青贮饲料引起的（Williams等，1977）。据推测，胎儿和胎盘感染是因为微生物经消化道和呼吸道血液传播所致，感染逐渐通过胎盘扩散，一旦影响到大面积的胎盘，胎儿不能存活而发生流产。常见胎儿被感染，特别是胎儿皮肤和肺（Walke，2007）。但并非是所有的霉菌感染都会引起死胎和流产，有时感染的犊牛也能成活。

23.5.5.2 临床症状

流产常发生在妊娠的4~9月间，多数发生在7~8月间。

发病时，霉菌感染所致的胎儿和胎盘的病变很典型，部分或整个胎盘变为灰色、黄色或红棕色，子叶间绒毛膜增厚，皱缩和呈皮革样。胎膜脱落后，绒毛膜上的子叶与相应子宫肉阜连接部分变厚，呈现杯状或咖啡豆样外观（Pepin，1983）。有25%~33%的胎儿出现典型的皮肤病变（Austwick，1968；Kendrick，1975），病变处界限明显，类似于癣菌感染（skin ringworm）引起的犊牛和青年牛体上增厚的灰白色斑点。这种干燥性病变是由引起流产的烟曲霉（*A. fumigatus*）所致，湿性的是由接合菌（*Zygomycetes*）引起的（Walker，2007）。由沃尔夫被孢霉（*M. wolfii*）引起的流产很少有皮肤病变。

由烟曲霉引起流产的母牛很少出现其他临床症状。有很大一部分牛流产是因为沃尔夫被孢霉感染，常在流产后几天就发展成为霉菌性肺炎，而这种变化往往是致命性的。

23.5.5.3 诊断

霉菌性流产的重要表现是胎盘和胎儿特征性病变，需要与地衣芽孢杆菌（*Bacillus licheniformis*）感染进行鉴别诊断。实验室诊断需要用胎盘组织，最好是整个胎盘（Pepin，1983）。用胎盘组织培养没有价值，因为一旦胎盘被排出就已经被污染。培养胎儿的肺脏和皱胃是可靠的，但是也可能被污染。

通过检测胎盘内真菌菌丝（fungal hyphae）来诊断真菌性流产，可以通过组织学检查真菌菌丝，也可以检查用10%氢氧化钾溶液消化的胎盘碎片（Pepin，1983）。固定的胎盘是最好的样本。如果没有胎盘样品，其他组织（肺脏，肝脏和脑）也可以用于组织学检查。胎儿支气管炎是所有霉菌性流产常见的症状，如果出现该症状就可以作出诊断。

在下面情况下可以确诊霉菌性胎盘炎（Kirkbride，1990c）：

- 出现胎盘炎特征性病变与霉菌性元素有关
- 出现胎儿特征性的皮肤霉菌病病变与霉菌性元素有关
- 出现胎儿支气管炎与霉菌性元素有关

血清学检测方法目前仍不可靠，也不能用于常规诊断。

23.5.5.4 控制

对霉菌性流产没有有效的治疗措施。应避免使用发霉的饲料或垫草，没有必要检查疑似饲料，因为曲霉菌和其他真菌通常是这些饲料中的常在菌，并且总是存在。

23.6 其他不明病因的疾病

23.6.1 牛流行性流产（牛传染性流产）

在20世纪50年代中期，在加利福尼亚首次发现牛流行性流产[foothill abortion（syn. bovine epizootic abortion]。该病的特征是在妊娠的最后3个月，新引进肉牛群的奶牛和青年母牛流产率高达30%~40%，尤其在加利福尼亚、俄勒冈州和内达华州更为明显（Barr 和Anderson，1993）。流产限于成熟皮革钝缘蜱（*Ornithodoros coriaceus*）栖息地区，说明其为本病必需的传播媒介。

牛流行性流产的病原尚不确定，早期的研究证明，该病是由衣原体（Chlamydia spp.）引起的，然而，现在认为并非如此，并且尽管早期文献资料还不清楚，但是牛流行性流产和牛衣原体流产是两个完全独立的疾病（Barr 和 Anderson，1993）。近期应用PCR对流产胎儿和传媒蜱（King等，2005；Chen等，2007）的研究结果证实，一种新的与结构黏球菌（Myxococcales）目成员密切相关的δ-蛋白菌（deltaproteobacterium）是真正的致病因子。

本病引起的流产具有季节性，主要发生在3～4月份或与蜱接触后多发。多数流产发生在妊娠的后1/3期，一般为散发，有时也会暴发，妊娠前6个月的母牛会流产，流产前后患牛都不表现其他临床症状。一旦发生流产，动物就有免疫力，所以最危险的牛是首次分娩的和被运往蜱感染地区的牛群（BonDurant等，2007）。妊娠后期感染的牛可产下孱弱犊牛（Barr 和 Anderson，1993）。

流产胎儿的特征性病变可以作为诊断的依据。流产胎儿不发生自溶，但是淋巴结、肝脏和脾脏肿大，胸腺萎缩（Jubb等，1993）。在口、舌、淋巴结、胸腺等地方出现出血斑（Storz，1971）。应用组织学技术检查可发现，开始时淋巴结增生，而后出现淋巴器官急性坏死（BonDurant等，2007）。

控制措施包括确保易感牛在妊娠前接触蜱，理论上很简单，但是在实际操作中很难找到合适的时间，既能够使牛充分接触蜱，又能保证牛妊娠到足够的月份，以避免流产。

第 24 章

牛群生育力的兽医控制

Tim Parkinson 和 *David Barrett* / 编　　田文儒 / 译

对奶牛群来说，尽管出售杂交肉牛犊、公牛犊和过剩的小母牛也可额外增加收入，但主要的收入来源仍是销售牛奶。对于哺乳的肉牛群来说，牛犊是主要的经济来源。在奶牛和肉牛两种养殖企业，出售淘汰母牛也可增加部分收入，但是这种收入得不偿失，因为购进或自繁自养替补母牛费用远比收入大。生育力低下给养牛业造成极大的经济损失，例如，1头因患子宫内膜炎阴门流出分泌物的奶牛，要花费137.37英镑治疗；1头患胎衣不下的奶牛要花费265.41英镑；而治疗1头未发情奶牛的费用可达19.04英镑（Esslemont，2003）。在英国有36.5%的奶牛因低育/不育而被淘汰（Esslemont和Kossaibati，1997）。不育症的发病率及其引起的经济损失参见第22章。

在管理牛的生育力和不育时，兽医工作者面临两个任务，其一，首先要求兽医可以通过调查确定个体或牛群中患牛不育的原因，其二，必须协助奶牛场维持奶牛最佳繁殖性能，以使养殖企业能有效获得更为丰厚的利润。第二个任务主要取决于养殖企业的繁育策略，而企业的繁育策略又反过来受世界上其他产业和需求的影响。在世界上高度城市化的地区，如欧洲、北美和大都市周围地区有卫星城市的地方，均有液态奶的供应及出售市场，这类传统的生产系统依赖于给奶牛饲喂大量的谷物、人类食品工业的副产品（如甜菜渣）以及其他精饲料，由此形成高投入高产出的乳业体系（high-input-high-output dairying systems）。尽管如此，即使是在半集约化产奶区，谷物价格昂贵，迫使生产者不得不最大限度地利用自产饲料。在世界上其他地区，如新西兰、澳大利亚局部、南美和东亚，牛奶生产主要用来加工和制造奶制品，因为在这些地区，谷物价格比饲草价格高。由于气候因素适合，牧草生长良好，逐渐形成了低投入的放牧乳业体系（low-input pastoral dairying systems）。

本章主要介绍兽医对牛群生育力的控制，这种作用牵涉到很多因素：第一，所采用的生产系统；第二，养殖企业的管理策略；第三，养殖企业的管理预期以及企业对兽医参与能否增加产值的理念。本章除了介绍基于草场放牧的奶牛群及高投入-高产出生产系统及两者结合使用的牛群生育力的控制外，还介绍了哺乳肉牛群的生育力控制。

24.1　生育力的正常期望值

人们很早就认识到，尽管奶牛生殖系统结构和功能正常，而且在正确的时间配种，或用高质量精液人工授精，但其未必就能妊娠。畜群管理人员应该首先确定奶牛返情的时间。奶牛在人工授精后不产犊，其原因既有可能是卵子未受精，也有可能是受精之后妊娠期的某个阶段孕体或胎儿死亡。

世界各地的研究结果普遍证明，由于有利于注重选择高产奶牛，使得奶牛的生育力呈下降趋势。由表24.1可以看出，从1955—1995年的40年间，美国奶牛每次人工授精的妊娠率从60%下降到40%。而奶产量却翻了两番，但同时小母牛的生育力却明显提高，这说明生育力的下降是由于泌乳量的增加所致，而并非是由某些遗传因素所造成。Nebel和McGilliard（1993）对美国奶牛的产奶量和妊娠率的相关性进行了研究，也得出了同样的结果（表24.2）。应用逻辑回归分析法（logistic regression analysis），对爱尔兰34个奶牛群进行了长达6年的研究，结果显示，在此期间奶牛产犊率呈现出一致性的显著（$P<0.01$）下降，每年下降约0.54%（表24.3）。在英国也与此类似，一项针对商用奶牛群1975—1982和1995—1998年的生育力的对比研究显示，所有奶牛第一次配种的产犊率从55.6%下降到39.7%，对未因生殖系统疾病而进行治疗的奶牛进行比较发现，第一次配种的产犊率从65.4%下降到42.9%（Royal等，2000）；而同期相比，英国年平均产奶量由4270kg上升到5515kg，这与引进北美具有高产基因的荷斯坦奶牛有关。值得注意的是，1975年尚未引进荷斯坦奶牛，而1995年时荷斯坦牛在奶牛群中则占到了80%。毫无疑问，尽管产犊率与产奶量之间存在着负相关，但这种作用一部分是由于遗传所造成的，此外也与环境因素，如营养和其他饲养管理因素有关（McGuirk，2004）。但是，主要的荷斯坦-费里斯牛育种公司在育种中愈来愈多的关注健康性状，注重选择长寿奶牛，同时也对种公牛的生育力进行选择。很多的奶农已经认识到，已经不再需要繁育具有高产基因的奶牛，而是寻找最适合自己生产系统的奶牛。

24.2 受精失败和孕体死亡

自从Corner（1923）发现猪的孕体死亡（death of conceptuses）现象以来，现已证实，在表面上看来正常健康的所有家畜，包括牛，孕体和胎儿死亡（embryonic and fetal death）率可达20%～50%。大量的研究表明，有很多的因素能够引起孕体死亡（embryonic death），但是多数的病因仍不清楚。这种原因不明的孕体死亡可发生于所有家畜，因此 Hanly（1961）认为，发生这种情况可能是由于更为普遍存在的活性因子（more universally active factor）的作用，而并非任何目前已经证明了的原因。Bishop（1964）认为，孕体死亡可能是哺乳动物繁殖的一种普遍现象，更有可能是一种生物学优势，从而确保动物能以很低的生物学代价消除不理

表24.1 美国40年间奶牛人工授精的妊娠率（Wiltbank，1998）

年份	每次人工授精的妊娠率（%）		每次泌乳产奶量（kg）
	泌乳牛	青年母牛	
1955	60	66	2300
1975	50	65	5000
1995	40	70	9100

表24.2 美国荷斯坦奶牛产奶量和繁殖力的关系（Nebel和McGillard，1993）

每次泌乳产奶量（kg）	牛群数	第一次人工授精妊娠率（%）
6364～6818	452	52
7727～8181	678	44
8638～9090	479	43
9545～10000	202	40
>10454	53	38

表24.3 爱尔兰奶牛管理信息系统（Dairy MIS）公布的从1991-1996年奶牛首次配种的产犊率（O' Farrell和Crilly，1999）

年份	产犊率（%）	牛数量
1991	53.0	2305
1992	51.3	2998
1993	51.6	3284
1994	48.9	3301
1995	49.7	3299
1996	48.8	3164

想的遗传物质。如果这个理论成立，则绝大部分的孕体死亡可看作正常现象，因此是不能避免的。孕体死亡（conceptual loss）不可避免，意味着每次交配或输精获得成功的机会有限，并不受以前成功或失败的影响。

孕体死亡（embryonic loss）的不可避免性表明，每次交配或输精的成功概率有限，这一观念已被普遍接受。已知染色体异常是人类胎儿死亡（fetal death）的主要原因之一（Simpson，1980）。在许多年以前，McFeely和Rajakoski（1968）也曾发现，在8个12~16日龄的牛囊胚中发现有一个囊胚含有4倍体细胞，说明染色体异常也与牛的孕体死亡有关。发生染色体异常时，可发生早期孕体死亡，母牛会返情而再次配种；在多胎动物可出现窝产仔数减少。染色体异常或者是先天性遗传的，或者在配子生成（gametogenesis）、受精或者孕体的早期卵裂阶段重新形成（Hamerton，1971）（参见第4章）。在配子形成过程中，减数分裂异常可以产生染色体组不均衡的配子，如单个或全部染色体片段的复制和染色体片段缺失，或减数分裂的失败。虽然染色体异常，但是这种些配子能够参与受精，由此形成染色体异常的孕体。染色体异常也可能是因为多精子受精（polyspermic fertilization）、一个或两个极体不能排出、卵母细胞和极体在第一次卵裂时受精（fertilization of the oocyte and the polar body at the first cleavage division）或减数分裂失败所致。虽然研究清楚地表明，超排的卵母细胞经常会因多精子受精和/或极体的有丝分裂活动而出现细胞遗传学异常（达到1/3）（King，1985），但排单卵的卵母细胞则没有这类异常。对处女牛和屡配不孕小母牛的研究发现，42头屡配不孕小母牛中有2头牛有1/29基因易位，而其余的有正常的染色体组型（Gustafsson等，1985）。Gayerie de Abreu等（1984）报道，成年奶牛的孕体9%发生染色体组型异常，而小母牛孕体发生这种异常的为6%。

几乎没有证据能够证明先天性异常是导致牛妊娠失败的主要原因，因为提出这一理论的研究主要是在人的流产胎儿进行的，并未在孕体进行过研究（Land等，1983）。此外，目前已有很充足的证据表明，可以在小鼠针对高孕体存活率进行遗传选育（Bradford，1969），而且哺乳动物配子生成和配子结合并不一定会导致高发的致死性损伤（Land等，1983）。对家畜进行遗传选育时，应注重高孕体成活率，而不是注重其他的遗传性状，如产奶量、牛的品质或饲料转化率，这种选育实际上是增加总体生育力的一种有效方式。如上所述，在主要品种的牛的遗传选育中已越来越多地包括了对生育力性状的选择。

越来越多的研究表明，孕体死亡的主要原因是胎儿和母体自发性的不同步，正如Wilmut等（1985）首次发现，这种不同步多受内源性卵巢激素调节。足够的孕酮对孕体的正常发育起着重要的作用，因为孕酮可以调节妊娠早期子宫的生长因子以及营养供给（Starbuck，等 1999）。

如何确定孕体的死亡率？如果卵子受精，发育的孕体通过抑制内源性溶黄体素（luteolysin）的产生或释放，从而阻止动物返情（参见第3章）。如果孕体在13日龄前（母体妊娠识别时间，参见第3章）死亡，牛将会在正常的发情间隔时间内返情。如果孕体在这一时间段之后死亡，发情间隔时间将会超过一般可接受的18~24d。因此，通过观察是否返情，可以区分受精失败和妊娠13d之前的孕体死亡。这点尤为重要，因为据推测，多数孕体死于15d之前（Boyd等，1969；Ayalon，1972）。许多年来，唯一可行的研究孕体死亡的方法是，配种或输精后，在一定的时间间隔内屠杀受试牛，并冲洗输卵管和子宫角。这类研究中一般使用第一次配种的小母牛。Bearden等（1956）采用这种方法进行的研究发现，只有3.4%的牛发生受精失败，35日龄内孕体的死亡率为10.5%；Tanabe和Almquist（1953）对屡配不孕小母牛进行的研究发现受精失败率为40.8%，孕体死亡率为28.7%。Ayalon（1978）和Boyd等（1969）曾分别报道，繁殖力正常的牛，受精失败率分别为17%和15%，35日龄时孕体死亡率分别为14%和15%。屡配不孕母牛受精失败率分别为39.7%和39.2%（Tanabe和Casida，1949），孕体死亡率分别为29%和36%（Ayalon，1978）。在对随机选择的4286头进行的调查中发现，在妊娠的30~60d，最高的孕体死亡率为14.9%；在60~90d是5.5%；90~120d是2.8%（Barrett等，1948）。通过测定奶孕酮进行的研究发现，人工授精20d后，受精失败率及孕体死亡率几乎与20～80d的胎儿死亡率相当。

大量的研究表明，孕体死亡的关键期是在受精后7d，此时孕体从桑葚胚发育成囊胚（Ayalon，1973），而且此时屡配不孕牛的孕体死亡率更高（Ayalon，1978）。Sreenan 和 Diskin（1986）对9篇文章中关于小母牛的数据进行综合分析，得出结论认为其平均受精率为88%。他们还对4篇文章中成年母牛的资料进行分析，得出的平均受精率为90%。此外，他们对9篇文章中468头青年母牛和成年母牛的资料进行分析，计算平均孕体死亡率，发现人工授精后2~5d，妊娠率为85%，11~13d时妊娠率为73%，25~42d时为67%。

随着孕体移植技术的发展，采用非手术冲胚（参见第35章）可以进行大量的研究（Sreenan和Diskin，1983；Roche等，1985）。采用这些方法，可在输精后以不同的时间间隔，重复冲洗母牛和小母牛的子宫以获得孕体，从而对孕体进行极为关键的形态学检查，从而可以区分未受精卵、正常孕体以及异常孕体和死胚。此外也可通过体外培养来确定孕体的活力。

孕体死亡主要的原因包括两个方面，即遗传因素和环境因素（Boyd，1965），Ayalon（1978）对这些因素进行了详细的分析，并将其进一步分为遗传性因素（内部的和外部的）、整体和局部环境因素（母牛的营养、年龄、环境温度、生殖道感染等）以及激素不同步性和失调。

因此，即使是表面上繁殖功能正常的牛，可受精的卵母细胞数量以及可生存的孕体和胎儿的数量也受生物学制约因素的影响，因此在妊娠期满时可产下正常的活胎儿。由此也说明个体或群体尚未达到最佳繁殖性能而且仍需要改进，尽可能确保个体牛的繁殖性能，从而使由个体组成的群体的繁殖性能维持在企业需要的最佳水平，这也是兽医工作的主要任务之一。

24.3 低育个体牛的检查

在讨论低育牛的检查之前，重要的是先界定几个术语的基本定义，虽然这些术语在第22章已有介绍，但仍需在这里重复。有生育力的牛（fertile cow），是指能有规律地在预期的间隔时间里产犊的牛，而间隔时间则取决于牛群的管理策略。必须要强调的是，一头牛必须在合理的时间间隔里产犊，以确保产奶量不会下降到难以接受的和不合算的水平。其他因素也对需要的产犊次数产生影响，其中包括产奶量、牛奶价格的变化和在一年中特定季节产犊的需求（这尤其在放牧奶业和哺乳犊牛生产中极为重要，见下文）。如果一个牛不符合牛群的管理要求，则被定义为生殖能力低下或低育（subfertile），若在任何时候都不能产犊则认为其不能生育或绝育（sterile）。

24.3.1 病史

与所有临床病例一样，在进行临床检查之前必须要获得详细准确的病史信息，特别是奶牛的繁殖史。收集病史应包括以下内容:

- 年龄
- 胎次（有些情况应该排除，如第一次产犊的个体，其与经产个体不同）
- 最后一次产犊的日期，以及是否发生难产，胎衣不下及产后感染
- 从产犊后到人工授精前观察到发情的日期（有时称为发情-未配种间隔时间，oestrus-not-serviced）
- 阴门有无任何异常分泌物
- 配种或输精日期，最好是清楚公牛的身份及

配种方法［例如，自然交配、人工授精，是农工自行输精（DIY AI）或是专业技术人员输精］

• 如果采用未控制的自然交配，应清楚公牛第一次与母牛接触的日期及公母牛分开的日期

• 以前的生育力记录，尤其是分娩和受胎的时间间隔以及每次受胎的配种次数

• 详细的饲喂、管理及产奶量；带犊母牛的哺犊数

• 详细的健康情况，例如生产瘫痪的症状、乳房炎、酮病、跛行等

• 牛群中详细的传染病的情况[如牛病毒性腹泻病毒（BVDV）、牛疱疹病毒（BHV）-1、钩端螺旋体病）]及疫苗的使用情况

• 牛群中其他母牛及青年母牛的生育力

24.3.2　临床检查

应采取全面的临床检查，以评价体况评分及活体重评估（青年母牛尤为重要）。详细地检查生殖系统，有条件时采用直肠内超声检查。

• 检查阴门、会阴及前庭，查找是否有病变或愈合病变，是否有分泌物

• 检查尾根部是否有摩擦的痕迹，检查背部和腹胁部是否有蹄痕标记，如果出现这个标记，则表明该母牛可能被其他牛爬跨

• 用带光源的阴道内窥镜检查阴道并观察黏膜和黏液情况

• 直肠触诊子宫颈的体积大小及其与耻骨前缘的位置关系，检查子宫复旧是否完成（参见第7章）。评价子宫质地、弹性、子宫角活动情况及是否有粘连，使用直肠内超声扫描子宫，应确诊不存在有妊娠迹象

• 经直肠触摸输卵管看是否增大或硬化

• 经直肠触摸卵巢囊是否发生粘连

• 经直肠触摸两侧卵巢的位置、活动性和大小，以确定卵巢上的组织结构，使用直肠内超声扫描确定卵巢上的结构及其性质。

24.3.3　诊断试验

可采用单个血样或奶样检测孕酮，如果孕酮浓度很高（血浆4~6ng/ml，乳样12~18ng/ml），则可确定卵巢上有功能性黄体组织存在，数天内连续检测有助于更加准确地判定动物的生殖功能。特异性血清学试验，例如，黏液凝集反应或荧光抗体试验检查胎儿弯曲杆菌，或采集单个或配对血清样品检测许多传染性病原（参见第23章），这些方法可用于许多疾病的诊断。拭子采样进行细菌培养及子宫内膜的活体样检测意义不大。酚红（phenolsulphonphthalein）试验可用于检测输卵管的阻塞（参见第22章）。

24.3.4　不育症状概要：诊断，原因和治疗

下面简要介绍根据病史、临床症状和临床检查查找不育牛、诊断病因及针对病因进行治疗的基本方法。这些内容有些在第22、23章已有详细介绍。

24.3.4.1　未观察到发情

首先应采用直肠检查和超声检查来检测母牛是否妊娠，如果母牛已经妊娠则应记录。常见的情况是，在许多牛群，虽然并未记录到发情，但母牛却已妊娠。因此在检查时如有疑问，或者如果奶牛处于早期妊娠阶段而不能采用现有的方法确诊，则需要间隔一段时间再次检查。如果没有妊娠，下一步就应检查卵巢。近年来，直肠内超声扫描使卵巢和卵巢结构的检查方法发生了革命性的变化，目前超声波检查方法已被广泛接受，即使具有临床经验的兽医也不能准确地确定卵巢上的所有结构，因此最好的诊断选择无疑是超声诊断法。

卵巢缺如。卵巢缺如的情况不常见，由于卵巢发生不全或者异性孪生时可见到这种情况，因此只见于未生育过的牛。这种情况没有治疗方法，应该淘汰。

卵巢小而无活动。如果小母牛卵巢很小，狭窄且无功能，则可能由于初情期延迟或是卵巢发育不全所致。这种情况也无治疗方法，如果怀疑为初情期延迟，则最后会出现正常的发情周期。测定小母

牛的体重可以说明其是否发生了初情期延迟（参见第22章）。

如果卵巢扁平、光滑、体积小、无活动，子宫角松弛，则可能是真正的乏情，确诊需要重复检查或10d之后检测奶孕酮含量。出现这种情况的原因可能是由于产奶量高、哺乳犊牛以及能量负平衡、并发于其他疾病、产后体重严重降低或微量元素缺乏。

评价机体健康状况，计算营养摄入情况，如果出现营养物质缺乏，应增加营养。使用阴道内孕酮释放装置（PRID），或者内部药物控释装置（CIDR），阴道内放置12d后取出，几天后母牛就会出现发情。或者用促性腺激素释放激素（GnRH）类似物如布舍瑞林处理，发情可发生在处理后1~3周。

卵巢上有一个黄体或偶尔有几个黄体

对牛卵巢上出现一个黄体或偶尔有几个黄体的解释如下：

• 牛已经妊娠；如果不能确定，可重复检查并核对配种记录

• 未鉴定到发情；通过增加观察发情的频率、使用发情爬跨检测仪、尾部涂颜色或其他的人工辅助设备（参见第22章）提高发情检测率，或使用前列腺素$PGF_{2\alpha}$或其类似物溶解黄体，观察到发情后人工授精，或进行定时人工授精

•亚发情（suboestrus）或安静发情；多出现在产犊后第一次排卵，用前列腺素或其类似物治疗，方法如上。

• 持久黄体（persistent corpus luteum，CL）；详细进行直肠检查和超声扫描子宫，以确定是否为妊娠。持久黄体可能是由于子宫积脓、子宫内膜炎及胎儿干尸化所致，很少有非特异性原因。可用前列腺素或其类似物治疗。

卵巢小而有活动。如果卵巢上有卵泡活动，也许同时有正在退化的黄体，或近期发生排卵，子宫张力强，表明牛将会发情、正在发情或已经发情（即使用超声扫描区别正在发育的黄体与正在退化的黄体仍很困难）。在直肠检查的同时，仔细检查阴门，看是否有透明黏液，若黏液中带有少量新鲜血液，说明牛近期已经发情（发情期后流血）。10d后重新复查，如果牛具有发情周期活动，则可以触摸到黄体。

卵巢囊肿（黄体囊肿或卵泡囊肿）。一侧或两测卵巢体积增大，卵巢上有一个或多个充满液体、薄壁或厚壁、直径超过2.5cm的结构，可能是卵巢囊肿，可用超声扫描确诊（参见第22章），几天后重复检查仍可发现这种增大的结构，乳汁或血液孕酮分析可确定是否是黄体组织。如果为黄体囊肿，可用$PGF_{2\alpha}$或其类似物治疗；若为卵泡囊肿，可用促性腺激素释放激素（GnRH）、人绒毛膜激素（hCG）或孕酮制剂，如PRID或CIDR进行治疗。

24.3.4.2 发情间隔时间延长

采用直肠检查和超声扫描检查卵巢和生殖道。如果卵巢正常，低育可能是由于以下原因引起：

• 未检查到发情：如果连续几次发情之间的间隔时间大约是两次发情间隔时间的2倍，即36~48d，说明两次发情中有一次未被检测到或未记录。发情间隔时间无规律可能归因于发情鉴定错误所引起（参见第22章）。如果大量母牛出现发情间隔时间延长，则说明发情鉴定率较差。此时如果卵巢上有黄体，可用$PGF_{2\alpha}$使黄体溶解，治疗后牛在2~5d内发情。也应改进发情鉴定的方法（参见第22章）。

• 孕体或胎儿的死亡：连续两次发情之间的间隔时间不可能都是21d，也会有其他间隔期，如35d或56d。发情间隔延长出现在个体奶牛可能并不重要，但是如果大量牛都出现发情间隔时间延长，特别是在自然交配时，应注意消除某些特异性病原体（参见第22章）并查找其他原因。

24.3.4.3 有规律的返情（屡配不孕牛或周期性不孕牛）

直肠检查卵巢和生殖道，查看是否有明显异常，如严重的粘连和子宫感染。子宫感染如果在发情周期的第12天之前（母体妊娠识别之前或识别时），则可发生受精失败或孕体死亡。出现这种情

况可能的原因很多（参见第22章）：

• 公牛不育：如果有很多母牛和小母牛出现有规律地返情，应按第30章介绍的方法检查公牛。如果人工授精是由经过培训的技术人员实施，可以排除人工授精技术不良的问题，但重要的是应记住，尽管人工授精种公牛的生育力应该在最低水平之上，但其生育力的水平各不相同，因此应该选择高生育力的公牛的精液，或者使用不同公牛的精液制备的冷冻细管精液（如Genus Fertility *plus*®）。如果由畜主或牛群管理人员施行自主人工授精，则应确保输精人员受过训练，操作程序正确，农场内保存精液的方法正确。有些牛输精时子宫颈难以穿过，即使很有经验的输精人员也很难做到。

• 人工授精或配种时间不正确：这不可能经常反复发生，除非排卵时间不同步。如果涉及很多牛，建议在正确的时间输精，或者用$PGF_{2\alpha}$或孕激素处理后定时输精（参见第1章）

• 营养缺乏或过剩：检查日粮

• 输卵管阻塞：经直肠仔细检查，用PSP方法检验

• 解剖学缺陷：直肠检查和使用直肠内超声扫描检查。如果牛未生育过，检查是否有节段性发育不全；如果是经产牛，应检查卵巢或子宫是否发生粘连

• 子宫内膜炎：如果子宫内膜炎有临床症状，容易诊断，但亚临床型子宫内膜炎只能通过检查子宫颈拭子中性粒细胞加以确诊。如果怀疑为子宫内膜炎，可以在子宫内使用抗生素治疗，或在输精前用$PGF_{2\alpha}$缩短黄体期。如果持续流出分泌物，应检查阴道前端尿池（参见第22章）

• 排卵延迟：诊断排卵延迟很困难，可在输精前用GnRH或hCG治疗，或在第2天再次输精

• 不排卵：发情后7~10d直肠检查卵巢或超声扫描，卵巢上没有黄体说明未排卵。可在输精时用促性腺激素释放激素或人绒毛膜促性腺激素治疗

• 黄体功能不健：虽然很难证实黄体功能不健，但有证据表明其常有发生。一旦排除其他原因，可在输精后2~3d使用促黄体化激素，如人绒毛膜促性腺激素治疗，以促进黄体形成，或在发情周期中期使用以辅助刺激黄体形成。也可以在输精后12d或13d用促性腺激素释放激素类似物和输精后4d使用阴道内孕酮释放装置治疗。

24.3.4.4 发情间隔时间缩短

动物主要表现慕雄狂等症状，直肠检查卵巢和超声扫描可以确诊。发病原因有：

• 卵巢增大：如果卵巢上有一个或多个壁薄、充满液体的囊状结构，可确诊为卵泡囊肿。可用GnRH、hCG或孕酮释放装置（PRID或CIDR）进行治疗

• 发情鉴定错误而在错误的时间进行人工授精，输精前后常常出现发情间隔时间延长，使两个发情间隔时间的总和达到36~48d。如果很多奶牛有这样的病史，需要改进发情鉴定方法（参见第22章）。

24.3.4.5 流产

流产是指在妊娠152~270d产出一头或多头犊牛，产出时胎儿可能死亡或产后存活不超过24h。

首先应隔离病牛，保留胎儿和胎膜，按照处理流产布鲁氏菌感染的标准处理该病例。在英国，流产布鲁氏菌的控制应按照2000年颁布的布鲁氏菌病（英格兰）10号法规令（Article 10 of the Brucellosis（England）Order 2000）执行。苏格兰和威尔士也有相同的法律文件。该法规要求任何在输精或配种后271d之前发生的流产（或孕体移植后265d之前发生的流产）都必须上报当地的兽医健康办公室的兽医管理人员（Divisional Veterinary Manager of the local Animal Health Office）。如果兽医健康办公室对病例经过最初的风险评估后认为有必要对疑似病例进行检查，应采集凝血、奶样、阴道样品送当地兽医监测员（Local Veterinary Inspector）进行实验室检查。如近期病牛的奶进入到奶罐，则不可能要求对个体牛进行检查，而应采用桶奶样品，在群体水平对整个牛群检测是否有布鲁氏菌病，但哺乳肉牛母牛和奶牛小母牛都需按个

体进行检测。

应注意胎儿和胎膜物理性状的改变，大体判断胎儿的年龄，如有可能可根据配种和输精日期判断胎龄。如果不能从胎儿、胎膜、阴道和子宫分泌物中确定微生物，或者在胎儿和母牛体液中缺乏特异性抗体，应采取一定的措施，消除特定的感染因素。如果有条件，可取整个胎儿和部分胎盘，包括子叶，送实验室培养。在某些病例，应取整个胎盘，包括子叶和子宫肉阜送实验室培养。引起流产的传染性病原有：

- 流产布鲁氏菌（*Brucella abortus*）：发生在妊娠6~9月左右
- 犬新孢子虫（*Neospora caninum*）：流产发生在妊娠3~8月（平均5.5个月），逐渐成为世界范围内引起胎儿流产的原因
- 螺旋体（*Leptospira* spp）：妊娠6~9月流产
- 地衣芽胞杆菌（*Bacillus licheniformis*）：妊娠5月左右流产，呈散发趋势
- 沙门氏菌（*Salmonella* spp）：特别是都柏林沙门氏菌（*S. dublin*），一般在妊娠7月左右流产，但也可在妊娠的任何时期引起流产
- 单核细胞增生性李氏杆菌（*Listeria monocytogenes*）：妊娠6~9月呈散发性流产
- 胎儿弯曲杆菌胎儿亚种（*Campylobacter fetus fetus*）：妊娠5~7月流产
- 胎儿三毛滴虫（*Tritrichomonas fetus*）：（有本病国家）在妊娠5个月前流产
- 化脓隐秘杆菌（*Arcanobacterium pyogenes*）：呈散发性流产，任何时期均可发病，但一般在妊娠6个月以后流产
- 结核分支杆菌（*Mycobacterium tuberculosis*）：流产可发生于妊娠的任何阶段
- 霉菌：曲霉菌（*Aspergillus* spp.）、腐化米霉菌（*Absidia* spp.）、毛霉菌（*Mucorales*）、白被孢霉（*Mortiella* spp.）等均可引起流产，流产可发生于从妊娠4个月到妊娠期满的任何时期
- 牛传染性鼻气管炎病毒–传染性化脓性外阴阴道炎病毒（infectious bovine rhinotracheitis–infectious pustular vulvovaginitis（IBR–IPV，BHV–1）virus，IBR–IPV，BHV–1）：妊娠4～9月间流产
- 牛病毒性腹泻病毒（bovine virus diarrhoea virus，BVDV）：任何时期均可流产。

调查流产原因的方法主要取决于牛群中发病牛的数量。如果流产为散发，没有必要进行完整的实验室诊断，因为许多流产不一定是由传染病引起的。但即使在这种情况下，也应遵循国家法律，检测布鲁氏杆菌非常必要。如果发生流产的个体超过牛群中3%~5%的牛，在统计过程中必须要考虑死胎、早产（不包括双胎），或连续发生流产的数量，然后实施全面彻底的检查。应该清楚的是，很多引起流产的病原是潜在的人兽共患病病原，因此，在英国，农场主有法律责任（也可以说是道德责任），在危险物质控制规程（Control of Substances Hazardous to Health，COSHH）的指导下保护自己和其员工。推荐方法如下（Pritchard，1993；Cabell，2007）。

散发性流产

1. 如果动物健康组织（Animal Health）需要，按照法律要求调查布鲁氏菌病；

2. 确定所有的流产都已经上报，并且是真正的散发病例。如果这样，应询问患畜病史；如果不是，或有任何怀疑，按照疾病暴发程序进行调查（见下）；

3. 获得流产患牛的详细历史；

4. 对患牛进行临床检查；

5. 检查胎盘是否有明显的病变，尤其是真菌和地衣芽孢杆菌（*Bacillus licheniformis*）引起的损伤（参见23章）；

6. 采集血清，血清学方法检查哈德焦钩端螺旋体（*Leptospira serovar hardjo*），免疫过的牛群除外；

7. 采集血清检查犬新孢子虫（*Neospora caninum*）；

8. 阴道拭子培养都柏林沙门氏菌；

9. 获得详细的畜群变化历史，包括畜群的转移，购买的动物，租借的公牛，不健康的症状和流产牛的年龄等。

流产暴发

1. 重复上面的1，3，4和9；

2. 理想状态下，采集一个或多个完整的新鲜胎儿和胎盘，或多个新鲜的子叶。如果这些样品不可能采集到，可采集下列样品；

3. 胎儿胃内容物（2ml），用真空采血管或注射器及针头无菌采集样品；

4. 按照上面3所述方法，采集胸内、心周或腹腔液体（2ml）；

5. 采集5g左右的新鲜肺、肝、肾、胸腺和唾液腺。所有组织和其他的样品放入冰箱和冰块内，但不冷冻；

6. 采集新鲜的子叶、肝、肺和肾抹片，风干后用丙酮固定；

7. 采集小块（约1cm^3）子叶和子叶间胎膜、胎儿肝、心、肾和肺组织块，用甲醛-生理盐水固定，采集整个大脑并固定；

8. 用2个7ml的一次性真空采血管，从近期流产的牛采集凝血；

9. 按照8所述，间隔2~3周后，重复采集同一头牛的血样，以检查可能升高的血清抗体滴度；

10. 如果怀疑死胎犊牛碘缺乏，可取甲状腺，一半留作新鲜组织（用于检查碘），另一半固定（用于病理组织学检查）。

如果用常规的诊断方法未能确定感染的原因时，必须进一步调查，以确定流产是否为不太常见的传染因素所引起。然而，许多其他因素也可引起流产，其中包括先天性缺陷、遗传因素或致畸因子；创伤；过敏；营养过剩（如高蛋白牧草，Norton和Campbell，1990）；某些缺乏症（如碘缺乏）；有毒植物[如白菜（brassicas）、毒芹（hemlock）及美国松针（*Pinus ponderosa*）]；化学物质（如硝酸盐类，亚硝酸盐类和氯化萘）；激素类（如前列腺素）等。一般来说，诊断应以详细的证据为依据，在某些情况下，会有特征性的示病病变。

应该注意的是，尽管仔细检查，但是许多流产的原因仍难以确定。在英国利用胎儿和胎盘进行实验室检查的诊断率在35%左右（Cabell，2007）。

24.4　牛群生育力的评估

经常性地对奶牛群生育力进行准确评估是畜群生育力控制程序中必需的组成部分。对全年产犊的牛群，一年至少进行2次评估；对季节性产犊的牛群应在适合于理想产犊模式的时间进行评估。显然，当调查牛群的低育时，评估是一个很重要的先决条件（Eddy，1980）。目前利用计算机系统评估可以对畜群生育力参数进行有规律的持续的分析。

为了评价牛群的生育力，首先有必要确定某些繁殖常数，因此必须要有繁殖记录。如果能按下述方法（参见24.6 记录系统）进行详细记录，尤其是准确记录每个事件，将其输入专门的软件包，用于计算和显示生育力数据（有些情况下还包括其他健康数据），则可能会产生一些小问题。但在许多农场，分析牛群数据并不是正常监控和决策过程的一部分，在许多方面信息不完整，如产奶记录表、人工授精单和记录或农场的工作日志等。显然，这种计算的准确性和价值取决于提供信息的数量和质量。如果要求分析牛群的繁殖性能，就必须依据临床判断、牛群历史和牛群管理者或畜主的要求相应地修改评定。

所需要的信息至少应包括牛号、最后一次产犊日期、第一次和最后一次配种或人工授精日期，确定妊娠的日期和母牛淘汰或离开牛群的日期。理想状态下，上述信息至少应当包括当年的及上一年的。传统情况下一般认为，母牛最佳繁殖性能是一年（或每365天）产犊一次，生育力性能的测定常根据这一目标判定（见表24.4）。在季节性放牧奶牛群和肉牛哺乳群一年产一犊仍是追求的目标。但随着非放牧半集约化系统（non-pastoral semi-intensive systems）的增加，人们意识到产犊间隔延长可能有很多益处。例如，其目标可能是使高产荷斯坦-费里斯牛每隔14个月产一犊，而不是每隔12个月。在这种情况下，目标生育力性能会和表24.4所列有所不同。下面是测定生育力的方法（为叙述方便，假定母牛为季节性的产犊模式）。

24.4.1 第一次输精的非返情率

第一次输精的非返情率（non-return rate to first insemination）是指特定群体在特定的时间段内未重复进行人工授精的母牛或小母牛的百分数。特定时间段通常为30~60d或49d。第一次输精的非返情率特别用于人工授精中心，以监测公牛的生育力和输精人员的成绩。在输精后的30~60d内，非返情率可达80%，这往往比第一次输精后真正产犊率高20%。出现差异的主要原因是：未发现、记录和报告返情牛；返情后淘汰的牛；人工授精后采用自然交配的牛；或产前死亡的牛。因此这不是一个很完善的测量生育力的方法，但是对未实施妊娠诊断的牛场还是十分有用的。

24.4.2 产犊间隔和产犊指数

产犊间隔（calving interval）是指个体牛连续两次产犊之间的间隔天数；产犊指数（calving index，CI）是指在特定的时间点上，牛群中所有牛的平均产犊间隔，计算时从其最近的产犊日期回算。传统上这两种测定指标都用于测定生育力，因为两种测定结果都能表明个体牛或群体如何接近传统认为的最佳365d的产犊间隔。这些测量方法的缺点就是它们均测定过去的结果，表明前一年，而不是当年的生育力，因此其测定结果都是按回推计算的。此外，产犊指数并未考虑小母牛的生育力，并且当许多奶牛因未能妊娠而被淘汰时，这一参数过于乐观地估计了小母牛的生育力。因此，可以根据因不能受孕而淘汰奶牛的信息，解释产犊指数值的意义，如果牛群淘汰率为25%的话，任何指定一年，也只有大约一半的牛参与计算产犊指数。

另外，一种更为有用的指标是产犊到受胎的间隔时间（calving-to-conception interval）。

24.4.3 产犊-受胎间隔时间

产犊间隔（或产犊指数，CI）由两部分组成，即从上次产犊至受胎的间隔时间（用a表示）和妊娠期（用b表示），因此

$$CI=a+b$$

即：CI=85d+280d=365d

产犊至受胎间隔时间（calving-conception interval，CCI）是计算从产犊到成功配种受胎（有效配种）的天数；成功配种受胎的时间通常为记录的最后一次配种的时间。CCI是衡量繁殖力的有效方法，但是需要正确诊断出妊娠日期。影响CCI的因素有两个，即母牛分娩后多长时间参加配种以及配种后多长时间受胎。CCI可以表示为

$$平均CCI=c+d$$

在此，c表示从产犊至第一次配种的平均间隔时间，d表示从第一次配种至受胎的平均间隔时间，由于牛在第一次配种后一般平均需要20d才能算作受胎，或者换言之，经历将近一个发情周期才能受胎，因此一般牛需要大约两次配种才能妊娠。因此

$$平均CCI=65d+20d=85d$$

平均CCI是评价生育力的常用方法，前提是从

表24.4 牛群目标和干扰水平

指　数	目标水平	干扰水平
产犊到第一次配种的平均间隔（d）	65	70
产犊到受胎（妊娠）的平均间隔（d）	85	95
第一次配种到受胎（妊娠）的平均间隔（d）	20	25
第一次配种率（%）	80	70
总妊娠率（%）	58	50
第一次配种妊娠率（%）	60	50
繁殖效率（%）	46	35
配种受胎率（%）	95	90

表内数值针对要求365d产犊的牛，高产奶牛达不到上述值，目标和干扰水平都需相应调整。

产犊到第一次配种的间隔时间有记录，因为产犊至受胎的间隔时间主要受产犊到第一次配种的间隔时间的影响。

24.4.4　空怀天数

对于妊娠奶牛来说，空怀天数（Days open）是指从产犊至下一次有效配种之间的间隔天数，对不能受胎的牛来说，是指从产犊到被淘汰或者死亡之间的间隔天数。除非所有奶牛都配种受胎，否则空怀天数在数值上要比平均CCI大；如果所有牛都能配种受胎，则空怀天数与平均CCI相同。北美地区把空怀期也作为衡量生育力的常用指标。

24.4.5　产犊至第一次配种的间隔时间

对于可以常年分娩的牛来说，产犊至第一次配种的间隔时间（calving-to-first-service interval）为65d时，平均CCI为85d（参见上文）。影响产犊至第一次配种间隔时间长短的因素有：

• 牛场的繁殖政策。尽管奶牛在分娩后的2~3周即可出现发情，但是在分娩后45d内不应进行配种（这段时间被称为无偿休息期，或者自愿等待期（voluntary waiting period，即VWP）。对于第一次产犊的奶牛、高产奶牛、出现难产和产后疾病的奶牛来说，VWP要适当延长一些（参见第7章）。对于季节性产犊的牛群来说，若牛在季节早期分娩，那么就要使第一次配种日期延迟一些，若在季节的晚期分娩，则需要提早第一次配种的日期，以使分娩模式变得紧凑

• 产后发情周期恢复延迟，即无性周期或真正乏情（参见第22章）

• 分娩后发情周期恢复正常，但是未检查到发情。

通过确保奶牛在产后恢复正常的性周期活动，可以改进上述第2和第3个因素，其方法是对于产后42d后还未见到发情的奶牛，可以进行常规的直肠检查、直肠超声扫描和检测奶中孕酮含量。发情鉴定取决于牛群管理人员是否了解发情的真正表现、是否对发情活动进行常规记录以及是否使用辅助发情鉴定手段（参见第22章）。

24.4.6　总妊娠率

总妊娠率（overall pregnancy rate）（最初称为总受胎率，overall conception rate）是指在特定时间段内对一定范围的奶牛或小母牛群体进行多次配种，在配种42d后被诊断出妊娠的牛数，用配种总次数的百分数表示，也应包括淘汰母牛在内。其中，应该使用指定的妊娠诊断的方法。第一次配种妊娠率（first-service pregnancy rate）通常分别计算，并且很明显它只与第一次配种有关。因此，在12个月期间，如果有100头奶牛接受配种180次，结果只有90头确定为妊娠，那么这个群体的总妊娠率就是50%。影响妊娠率的因素有：

• 人工授精的准确时机（参见第22章），这特别依赖于发情鉴定的准确性

• 正确的人工授精技术和精液的操作及保存，尤其是使用DIY AI时，要保证精液保存良好和操作正确

• 如果自然交配，需要保证种公牛良好的生育力，并且没有生殖疾病

• 配种期间和配种后要保持奶牛和小母牛良好的营养供应（参见第22章）

• 子宫复旧完全且没有感染（参见第22、23章），子宫复旧和子宫感染尤其与第一次配种的受胎率有关。

第一次配种妊娠率和总妊娠率是衡量生育力非常有用的指标，总妊娠率还可用来计算牛群的繁殖效率（reproductive efficiency）（见下文）。第一次配种妊娠率往往比所有配种的妊娠率稍高，因为群体中还包括有未被淘汰的不孕牛和接受多次配种的奶牛。第一次配种的妊娠率和总妊娠率平均值可分别达到60%和58%，但很多地区的这两个值要低得多（见表24.4）。

为了确定管理因素的影响，尤其是营养条件改变，可以采用每月（假定每月至少配种10次）或者

累积总和（cumulative sums，Cu-Sums）的方法来计算这两个指标（见下文）。

如前所述（参见第22章），近几年大量的研究表明，奶牛每年的妊娠率下降0.5%~1%（Nebel和McGilliard，1993；Wiltbank，1998；O' Farrell和Crilly，1999；Royal等，2000；Royal和Flint，2004），因此世界上很多地区，奶牛生产商都接受了泌乳期奶牛的妊娠率在40%及以下为正常妊娠率的事实（参见第22章）（Borsberry，2005）。在表24.4列举的目标妊娠率适合于小母牛和营养良好的肉牛哺乳牛，但是对现代泌乳奶牛来说，这些数值过于乐观。

24.4.7 发情鉴定

提高发情鉴定率对缩短分娩到受胎的间隔时间比对提高妊娠率的影响更大；提高发情鉴定率只能使妊娠率提高到一定水平（Esslemont和Ellis，1974；Esslemont和Eddy，1977）。在VWP期间，即在最早的配种日期之前（理想状态下为45d，但对产犊模式有要求的牛群，这一数值可能不同），应记录所有观察到的发情，以便牛群管理人员能够预测下一次发情的时间，并且可以提高发情鉴定率，同时也可以及早鉴定出不表现发情周期的牛。

可以估测发情鉴定率，但需要强调的是这只是估测，并非准确测定，可采用的方法很多，但均具有测定误差（Eselemont等，1985）。有一种方法可以确定可能错过的发情期的个数。如果发情间隔时间为36~48d（2×18-24），则可能错过了一个发情期，如果间隔时间为54~72d（3×18-24），则可能错过两个发情期，尽管后一个数值的范围很大，检测结果会存在误差。发情鉴定率（oestrus detection rate，ODR）的计算公式为

$$\mathrm{ODR}=\frac{\text{记录的配种间隔数}}{\text{记录的配种间隔数}+\text{错过的发情期数}}\times 100\%$$

根据这个方法计算出的发情鉴定率可能比实际高5%（Esslemont等，1985）。

另外一种方法是计算牛群的平均配种间隔时间，所以ODR的计算公式如下

$$\mathrm{ODR}=\frac{21}{\text{平均配种间隔时间}}\times 100\%$$

许多配种间隔时间缩短都和发情鉴定不准确有关，因此可高估发情鉴定率（见下文）。

在日常进行妊娠诊断时，可采用一种简单的评估发情鉴定率的方法，即牛群管理人员认为已经妊娠而要求进行妊娠诊断，但检查后发现并未妊娠的牛数，这些未孕牛在配种或人工授精后会返情，因此应该能检查到其发情。

对于饲养管理良好的牛群，如果从产犊至第一次配种的间隔时间在预期目标内，则可能不会检测到未孕牛的返情，这会导致大量的发情间隔时间是正常的2~3倍。除了不能检出发情牛外，也可能不能发现正在发情的牛，因此与其他的诊断试验一样，可以认为发情鉴定具有灵敏度和特异性。为了确定牛群的真实情况，可以进行乳汁孕酮分析［参见24.7.1 牛奶（血浆）孕酮含量在奶牛生育力管理中的应用］。

发情鉴定不准确可能的原因有以下几点：

- 不良的畜舍环境抑制母牛表现明显的发情症状
- 不良的采光条件或者不能识别牛
- 未能记录接近发情和真正发情的表现
- 观察牛发情症状的次数不够，可能是由于牛群管理人员工作负担过重所引起。关于发情鉴定中存在的问题以及辅助发情鉴定方法等的详细情况已在第22章介绍。

24.4.8 发情间隔时间或配种间隔时间的分布

分析发情间隔时间或更为常用的配种间隔时间的分布，可以获得更多关于牛群繁殖状态和饲养管理状况的信息。这两种间隔时间可以再分为以下几组：（a）2~17d，但不包括两次定时人工授精间隔的1d（参见第3章）；（b）18~24d，为正常的发情

间隔时间；（c）25~35d；（d）36~48d，为正常发情间隔时间的2倍；（e）大于48d。在管理良好，能准确进行发情鉴定并能及时配种的牛群，至少有45%的间隔时间应该是在18~24d之间，因此12%为（a），53%为（b），15%为（c），10%为（d）和10%为（e）（Anon，1984）。如果发情间隔时间在36~48d的比例高，则在18~24d之间的就少，这就暗示发情鉴定不准确。

如果多数牛的发情间隔时间在（a）和（c），则说明发情鉴定不准确或者是人为地控制发情周期；而当多数牛的发情间隔时间在（c）、（d）和（e）时，则可能与后期孕体死亡或早期胎儿死亡有关（参见24.2 受精失败和孕体死亡及24.3 低育个体牛的检查）。与所有衡量奶牛生育力的其他参数一样，发情间隔时间也应与其他参数一同综合评价牛的生育力。

采用发情间隔时间和配种间隔时间分布的百分比，可以计算出称为发情鉴定效率（oestrus detection efficiency，ODE）的指标，计算方法如下

$$\text{ODE}=\frac{b+d}{a+b+c+2(d+e)}\times 100\%$$

理想的ODE值应为50%或更高。

24.4.9 第一次配种率

由于发情鉴定率的测定不准确，因此可以计算第一次配种率（first-service submission rate），这一参数用来评价奶牛在可以进行配种（在VMP结束后或在季节性繁殖的牛群配种期开始后）后多长时间能尽快被配种。第一次配种率是指21~24d内配种的奶牛或小母牛数占21~24d内适合配种的牛数的百分比。

因此，奶牛产犊后一旦达到可以配种的最早时间，如全年产犊的牛群在分娩后45d，则母牛就应该在随后的21~24d内配种或输精。但是，一般来说直到产后90d左右配种才能达到最佳的妊娠率（De Kruif，1975；Williamson等，1980；Esslemont等，1985）。此外，奶牛如果发生难产或者产后期疾病，则不应在产后60d之前配种，并且应在配种前进行常规检查。研究表明，通过直肠检查判定的子宫的健康状况、阴道黏脓性分泌物的量、颜色和气味与子宫内膜的再生之间具有极为密切的关系（Studer和Morrow，1978）（参见第22章）。

小母牛及每天产奶量超过40L母牛不应在产后50d之前配种。

第一次配种率受从产犊至恢复正常发情周期的间隔时间长短的影响，也受已经恢复正常发情周期活动的牛的发情鉴定及接受配种或人工授精时间的影响。第一次配种率高时可达80%。在季节性产犊的牛群（见下文），在季节初期产犊的牛第一次配种率比在季节末期产犊的牛高。因为对于前者来说，当它们处在发情期时，牛群中还有许多未孕奶牛可与其相互影响，从而提高发情鉴定率（Anon，1984）。除非运用计算机程序，否则计算具有波动性的平均第一次配种率可能较困难。一种能够获得较为准确数据的相对简单的方法是，在每次21或24d这个时期开始时，列出可以配种的所有奶牛（在产犊后45d或之后最早的配种时间，或无论何种原因决定配种），在配种期结束时，确定所有已经接受配种的奶牛，按下面公式计算配种率

$$\text{配种率}=\frac{\text{列出的牛中被配种的牛数}}{\text{列出的要参加配种的牛数}}\times 100\%$$

另一种方法是按产犊日期的时间顺序列出所有母牛，给母牛能够最早接受配种的日期加上21d，例如45+21（24）=66（69）d，因此得出所有的牛应在产后66天或者69天的目标日期之前配种。由此可得出第一次配种率的计算公式如下

$$\text{配种率}=\frac{\text{在目标日期或之前配种牛数}}{\text{应该在目标日期或之前配种牛数}}\times 100\%$$

对于严格季节性产犊的牛群，可根据牛在翌年产犊的计划确定最早的配种日期。因此，与季节末期产犊的奶牛相比，季节早期产犊的奶牛在下次配种前就会有一个较长间隔期。计算时之所以选择

21d是基于假设平均发情间隔时间为21d，但也可以采用24d，因此24d是发情间隔时间的最高正常值。选择21d或24d均可，但应始终如一。

24.4.10 繁殖效率

人们采用各种方法试图得出单一指标，既可以总体测定牛的生育力，又可以将许多不同的参数考虑在内。其中，牛群的繁殖效率（reproductive efficiency，RE）（Anon，1984）就是这样一种指标，其可按下列公式计算

$$RE = \frac{配种率 \times 总妊娠率}{100\%}$$

因此，如果配种率较高，如80%，并且群体妊娠率也高，如55%，则繁殖效率为44%。牛群的配种率一般可达到70%，总妊娠率为50%，则繁殖效率为35%。

这个计算方法的优点是，如果奶牛不在发情期，而对其强行人工授精，因此使配种率人为地升高，但妊娠率会下降。相反，如果牛群管理人员过分谨慎而使配种率降低，但妊娠率可能会相应地升高至65%左右，从而得出一个合理的RE值。

24.4.11 生育力因子

另外一个复合指标可通过计算生育力因子（fertility factor，FF）而获得（Esslemont等，1985）。FF可通过计算总妊娠率（overall pregnancy rate，OPR）和发情鉴定率（oestrus detection rate，ODR）而获得，计算公式如下

$$FF = \frac{OPR \times ODR}{100\%}$$

如果ODR为60%，OPR为50%，则FF为

$$FF = \frac{60\% \times 50\%}{100\%} = 30\%$$

计算FF的另外一个方法是，对牛群中发情的奶

表24.5 牛群的生育力指数（FERTEX）分值（Kossaibati和Esslemont，1997）

A. 标准指数以及偏离标准值的奖惩		
	标准值	偏离标准值：惩罚或奖赏
产犊指数（d）	360	3英镑/d
FTC淘汰率（%）	5.3	770英镑/淘汰
配种次数/受胎	1.8	20英镑/配种

B. 一个牛群的范例。大约每头牛花费88英镑						
	实际值	目标	超过	单项费用（英镑）	总费用（英镑）	费用/100头牛
产犊指数（d）	380	368	12	3	36	3600
FTC淘汰率（%）	11	5.3	5.7	770	4389	4389
配种次数/受胎	2.2	1.8	0.4	20	8	800
总费用/100头牛=8789英镑						

FTC=未受胎，failure to conceive
此数据是1995年英国的价格，其不同程度取决于费用和牛奶销售价格的变动。

表24.6 某些常见病导致的经济损失，依据数据收集和整理系统（DAISY）（Kossaibati和Esslemont，1997）

紊乱/疾病	平均发生率（%）	直接损失（英镑）	间接损失（英镑）	合计/每病例或每奶牛损失（英镑）
胎衣不下	5.7	83.25	215.07	298.32
外阴分泌物	19.2	70.81	90.77	161.58
未见发情	12.61	12.61	0	12.61

牛进行人工授精后，估计21d内妊娠奶牛的数目，运用以上数据进行计算的话可能得到30%的数值。Esslemont等（1985）认为，多数农场对FF值的估测会偏高。

24.4.12 淘汰率

达到CI目标（约365d）的一个确切方法就是淘汰难以妊娠的奶牛，但这种方法很不划算，因为要用小母牛补充，购买和饲养一头后备小母牛的费用远比淘汰牛本身要贵得多。牛群中因不孕而淘汰牛的数目不应该超过5%，因此，应有95%的奶牛在分娩后能够配种妊娠。

24.4.13 生育力指数

另一项单一指标是生育力指数（fertility index），该指数考虑了第一次配种的妊娠率、每受胎的配种次数、产犊-受胎的间隔时间和淘汰率等（De Kruif，1975；Esslemont和Eddy，1977；Esslemont等，1985）。

24.5 奶牛群不育造成的经济损失

生育力低可降低奶牛企业的经济效益。多种多样的数据表明，生育力降低会造成巨大的经济损失，这已经在第22章开始时讨论过。尽管无法获得文献中最新的数据，表24.5和24.6是基于英国1995年的价格，现在仍然是一个比较有价值的参考比对。重要的是应该记住，实际价值每年都在变化，而且取决于奶牛业的经济发展情况，特别是取决于用于更换淘汰牛的小母牛的费用、精液费用、淘汰母牛和犊牛的价值以及牛奶的价格。Esslemont（2003）认为，根据生育力标准和牛场特定条件估测经济损失，从而将牛群进行系统分类，这种分类方法取决于从产犊至妊娠间隔时间延长的程度、泌乳量、泌乳曲线以及各种其他参数。

计算机费用统计，例如和英国兽医牛群健康协会计划软件（British Cattle Veterinary Association Herd Health Planning Software）也可用于计算生育力低下所造成的经济损失（http：//www.bcva.org.uk）。

24.6 记录系统

无论采用何种记录系统，一些基本要求相同，其中最为重要的是不管奶牛是站着还是躺着，都能快速准确地识别，这样就能使牛场所有工作人员都能识别发情奶牛，从而协助牛群管理人员工作。每头奶牛应该在臀部有一个永久的冷冻烙印，并且保持干净、简洁，并有带号的项圈或大耳标。

至少必须记录以下各项：产犊日期、所有配种或人工授精日期、妊娠诊断的结果等。此外，还要记录以下重要信息：自愿等待期的发情日期、所用公畜的标号以及分娩期和围产期疾病等。

目前可以采用各种各样的记录系统，有的为简单的手工记录，可采用笔记本和日记簿，有的使用复杂的农场计算机系统，牛群管理人员可携带电子数据记录器而不再是笔记本。

不管使用何种记录系统，不育的调查研究和良好生育力的维持都需要对牛群中的每头奶牛的繁殖历史进行准确的记录。缺少准确和方便使用的记录会使兽医的工作变得更加困难，如果没有记录，将无法工作。在某些显然没有希望的情况下，有些信息常具有很重要的帮助。例如，人工授精的发票和产奶记录单，特别是牛群参与产奶记录计划时更是如此。

任何记录方案的价值都取决于链条中的薄弱环节，这个环节通常是牛群原始数据的准确性。因此，必须设计记录系统，以调节这一薄弱环节。和一个复杂的、错误不断和容易遗漏的记录系统比较，操作一个简单又准确的记录系统能更好地保持工作热情。

24.6.1 人工记录系统

即简单又可靠的记录系统如下：

- 牛群管理人员随身携带小笔记本，随时记录相关信息，例如，发情表现和分泌物情况，并记录日期和奶牛号，然后再抄到奶牛或牛群记录卡上。

淘汰后撕去

1 2 3 4 5 6 7 8 9 10 11 12	
牛群	母牛名称
品种	耳号
母亲	父亲
出生日期	时间

日期	饲养记录

生产概要

	泌乳次数	产犊	受胎	干奶期	空怀天数	泌乳期天数	干奶天数	产犊间隔	产奶量	

乳房炎记录

日期	乳区	治疗	日期	乳区	治疗

备　注

图24.1　个体牛的简单记录表，适于永久保存

●奶牛的记录单可以是索引卡或记录在记录本的一页上。记录应永久保存，并放在临近兽医检查奶牛的地方，以便于使用。记录应保持清洁并及时更新，应记录兽医检查的详细情况（图24.1）

●牛群记录单应保存在奶牛场或挤奶厅。记录是按照牛号顺序排列，按第一次配种日期记录；但人们更喜欢按产犊时间顺序排列记录系统。每次发现的发情都应记录（即使奶牛没有配种），应记录第一次配种的目标日期、每次配种日期、妊娠诊断结果、预产期和一切其他有关生殖系统和全身健康的信息（图24.2）

●也可以选择另一种记录单，可用多种图画表格，环形或长方形均可。其优点是用彩色编码表示不同的繁殖状况，如刚产犊但未见到发情、配种但

A	B	C	D	E	F	G	H	I	J	K	L	M	N	O	P	Q	R	S	T	U	V	W
牛号	泌乳次数	淘汰日期	配种日期（未配种）	公牛	预计配种日期	距离首次配种间隔或未配种	第一次配种	间隔时间	第二次配种	间隔时间	第三次配种	间隔时间	第四次配种	间隔时间	第五次配种	间隔时间	第六次配种	配种次数	分娩/妊娠天数	下次分娩日期	干奶日期	备注
A94	3	1/9	5/10	PJ	26/10	55	27/10	21	16/11									2	76	26/8		妊娠
A105	2	3/9	14/10	H	28/10	61	3/11											1	61	11/8		妊娠
A54	5	4/9		H	19/10	73	16/11	22	7/12	23	30/12							3	118	8/10		未观察到发情期，妊娠
X514	8	5/9		–	–													0				淘汰，慢性跛行
A176	1	7/9		PJ	1/11	60	30/11											1	84	8/9		胎衣不下，子宫炎，妊娠
A32	6	7/9	19/11	PJ	1/11	70	10/12	10	9/1	22	31/1							3	146	9/11		妊娠
X499	9	10/9		PJ	4/11	55	4/11											1	55	12/8		妊娠
A60	4	10/9	19/10	H	4/11	59	8/11											1	59	16/8		妊娠
A81	3	11/9	23/10	PJ	5/11	63	14/11	21	5/12									2	84	13/9		子宫炎，妊娠
A98	2	12/9	17/10	ZT	6/11	56	7/11											1	56	15/8		妊娠
A88	3	17/9		ZT	11/11	65	21/11	9	30/11	33	2/1							2	107	11/10		妊娠

图24.2　手工记录的牛群繁殖总计平均数据记录单，详细解释和重要的数据记录如下

栏	说　明
A	准确的识别个体牛至关重要，最好用永久性冷冻数字或耳标作永久标识。
B	记录泌乳次数很有用，但不是必须的。可用于区分生育力与年龄的关系，尤其是初次泌乳的牛群，还未达到成熟。
C	记录产犊日期很重要，可以按照年代记录。
D	记录配种（未配）日期并非必需，但是可以帮助早期识别不发情的牛，并预测最早配种日期后的首次发情。
E	这项记录有助于牛群中所用公牛间生育力的比较。
F	分娩时就要把预计配种日期输入到记录表中，间隔不应少于45d。
G	一旦知道首次配种日期就可以计算出分娩到首次配种的间隔时间。
H	准确记录首次配种日期很重要。
I~R	记录第二次和以后的配种日期，这样就可以估算出配种间隔时间，并可以评价发情鉴定的准确性和效率。
S	要记录配种次数，这样就可以计算每次妊娠配种的次数。
T	分娩到妊娠的间隔时间，是分娩日期（C栏）到确定牛妊娠的最后一次配种日期（H，J，L，N，P，R栏）的间隔时间（d）。
U	下次分娩日期是基于牛会妊娠期满的假设，而且一定品种的牛其妊娠期一定（280d）。
V	干奶期是泌乳结束的目标日期，这样牛会被停止挤奶，通常在预产期前60d干奶。
W	这一栏可以对影响繁殖的因素进行简单的备注。

是未确定妊娠、确定为妊娠等，不同颜色能很好地显示牛群繁殖状况。但是其最大的缺点是不能永久保存记录和易于损坏，并且需要用其他形式的永久性记录备份

24.6.2 计算机记录系统

对于小牛群来说，手工记录就已很准确，但对于有100头甚至更多的牛群，计算机系统更有优势，特别是制定牛群管理人员和兽医检查牛的各种行动列表以及画图显示牛群的繁殖状况等。

随着计算机软件和硬件价格的下降，目前可以在泌乳室和养牛车间毗邻的地方配备计算机系统，这些计算机系统逐渐与个人数字助手（Personal Digital Assistant，PDA）连接，即一台掌上电脑，能够记录奶牛的数据并进入数据库（例如国家牛奶纪录库，National Milk Records，NMR；群间软件（InterHerd software）：www.nmr.co.uk）。互联网也使数据的传输发生了革命性的变化，可以实行数据的集中储存和分析，还可在世界各地对数据实时分析。网络数据库系统，如牛信息服务（Cattle Information Service，CIS：www.thecis.co.uk），目前已被许多牛群管理人员使用。由于软件提供了比简单繁殖记录和分析更多的信息，例如“牛群指南（Herd Companion）”就是由NMR提供的在线信息管理系统，养殖户和其顾问可在线查看牛的繁殖、健康、牛奶质量和疾病的相关信息，因此在这一领域的进展很快，世界各地也有类似的系统可供使用或正在研制，还有一些特制的软件，使得没有专业知识的人能应用专用的电子表格软件，如用微软EXCEL表格，可用于记录及分析数据，并可用图示的方式显示。

24.6.3 数据的可视化显示

简单的数据直观显示方法包括使用牛群记录单（图24.2）或转盘式图表（rotary boards），特别是使用彩色标记，都是直观显示数据的好方法，能帮助牛群管理人员更好地管理牛群。计算机记录系统可迅速检索和分析数据，并制成图表形式，例如个体牛的记录（图24.3）或配种间隔时间（图24.4）等。

监测一群牛当时的生育力可采用一种很有用的方法，即记录所有配种的妊娠率，或记录第一次配种的妊娠率，按照时间顺序记录累计总数（Cu-Sum），然后采用计算机程序打印出总妊娠率的累计总数，对这些数据进行分析并以此方式表现，例如，图24.5A显示的是妊娠率以及一周内每一天输精牛的积累总数。

也可很容易地手工制作累计总数，只需要一张带小方格的纸，在纵坐标的中间用墨水标出或标记第一个小方格，代表一年或季度里第一次次配种；前移一个纵列然后重复刚才的步骤，代表一年或季度里第二次配种，如果输精后奶牛妊娠，然后将这行中的小方格涂黑，如果没有妊娠，那么就将这行下面的小方格涂黑，所有的配种都要重复此过程，每一个垂直的小方格代表一头牛（Eddy，1980）。如果同一天给多头牛配种，就要标记多个小方格。只有经直肠妊娠诊断确定妊娠或未孕后累计总数图才能完成，这样制作的图表见图25.5b，当受孕率高于50%时曲线上升，受孕率低于50%时曲线下降。配种日期用横坐标表示，并且记录所有饲料、环境、管理或配种过程的变化。如此记录，所有可能影响妊娠率的因素便清晰可见。

累计总数可以用来描述其他生育力参数，如第一次配种率、所用公牛等。图24.6为一个累计总数图，其中还包括每个数据点其他信息。

24.7 奶牛群生育力的管理及日常检查

为维持最佳的生产水平，管理生育力时需要牛群管理人员、农场主以及兽医之间积极主动的合作，这三方面的人员一定要精诚合作才能够确保系统运行通畅。

重要的是牛群管理人员、农场主和兽医三者都能同意牛群的生育力目标，目标可能需要进行某些调整，特别是在计划实施的初始阶段，涉及所有农

2 | 227 | 1 | 2 | 2 | ZD0883/01217 | Fe:Br. Age . Parity 7. Last calved 28d ago. NH/Mi

Identity details | Parity data and events | Origin and movements | Parents and offspring | Performance statistics | Exit details

Parity record summary

N	Calving	First service	NS	Last service	Conception	Int.	Lact.	305-d.	Fat	Prot.	Lact	SCC	Costs	No. Mast	No. Lame	No. Abort	SCC high	Acc.milk	Milk/d	Acc.conc	Conc/Milk
0					06/09/2000									0	0	0	0			0	
1	13/06/2001	01/09/2001.....80	1	01/09/2001.....80	01/09/2001.....80	360	5,401	5,401						0	1	0	0	5,401	18.4	0	0.00
2	08/06/2002	05/08/2002.....58	1	05/08/2002.....58	05/08/2002.....58	376	7,595	7,595						0	0	0	0	7,595	26.8	0	0.00
3	19/06/2003	11/09/2003.....84	4	02/11/2003...136	02/11/2003...136	419	12,079	10,725						0	0	0	0	12,079	32.7	0	0.00
																0	0	12,326	33.4	0	0.00
																0	0	10,893	32.7	0	0.00
																0	0	12,067	33.4	0	0.00
																0	0	790	37.6	0	0.00

Event details for parity 3. Calved on 19/06/2003. Normal.

Date	Event		Result	Days	Categories	Sire	Cost	Operator	Remarks
11/09/2003.....84	SER	☑	Normal		AI	RAMBO		GGB	
19/09/2003.....92	SER	☑	Normal	8	AI	VALPED		GGB	
23/09/2003.....96	SER	☑	Normal	4	AI	VALPED		GGB	
08/10/2003...111	SER	☑	Normal	15	Natural	RICHARD			
10/10/2003...113	FTC	☑	Cystic				5.recpt	VET	
02/11/2003...136	SER	☑	Normal	25	AI	RAMBO		AGB	
13/02/2004...239	PD	☑	Pos.	103		RAMBO		VET	
22/06/2004...369	DRY	☑	Sheptoclox				4.scdc + 2.e		
22/06/2004...369	MKWST	☑							
06/08/2004...414	MKWFH	☑							
06/08/2004...414	MKWFH	☑							
11/08/2004...419	CALV	☑	Normal			RAMBO			

Event details | Offspring details | Weight recordings | Milk recordings | Graph

图24. 3　个体牛记录（群间InterHerd）范例，注意对第三胎详细情况的分析被涂黑（由 Paddy Gordon先生提供）（见彩图75）

Begin

Services between 01/07/2006

and 01/07/2007

☑ Parity 0
☑ Parity 1
☑ Parity 2
☑ Parity 3+

Days after previous service or heat	Total	0-5	6-11	12-17	18-25	26-32	33-36	37-48	49-54	55-72	73-96	97+
No. serves with interval	436	3	10	11	163	41	12	70	30	49	24	23
%	100%	1%	2%	3%	37%	9%	3%	16%	7%	11%	6%	5%
No return within 35 days	64%	67%	50%	36%	61%	66%	67%	67%	67%	69%	67%	70%
PD positive	38%	33%	30%	18%	39%	37%	33%	40%	30%	47%	25%	48%
Calved	28%	33%	10%	9%	31%	24%	25%	29%	20%	37%	8%	48%

A

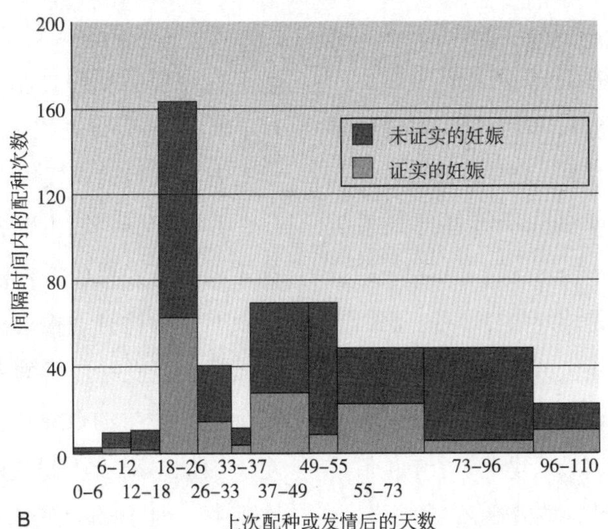

B

图24.4　计算机分析表格　（A）和柱状图　（B）范例，显示配种间隔时间的分布（见彩图76）
注意，尽管柱状图中各柱间的宽度和时间间隔成比例，但是某些间隔时间很短。每个柱的下半部分（绿色）表示确诊妊娠的牛，上半部分（红色）为未确诊妊娠的牛（群间）（由 Paddy Gordon先生提供）

Close

Services between 23/11/2000 and 01/05/2001

☑ Parity 0
☑ Parity 1
☑ Parity 2
☑ Parity 3+

Day of week

PD available for services before 01/10/2001

Begin

Class	No. services	Non-return within 35 days	PD positive	Calved	Gestation (days)
1. Sunday	75	57%	41%	28%	283
2. Monday	58	36%	31%	16%	280
3. Tuesday	53	58%	45%	13%	280
4. Wednesday	53	70%	53%	30%	282
5. Thursday	79	63%	49%	27%	280
6. Friday	67	66%	52%	33%	279
7. Saturday	56	63%	54%	20%	282
Overall	441	59%	46%	24%	281

A（i）

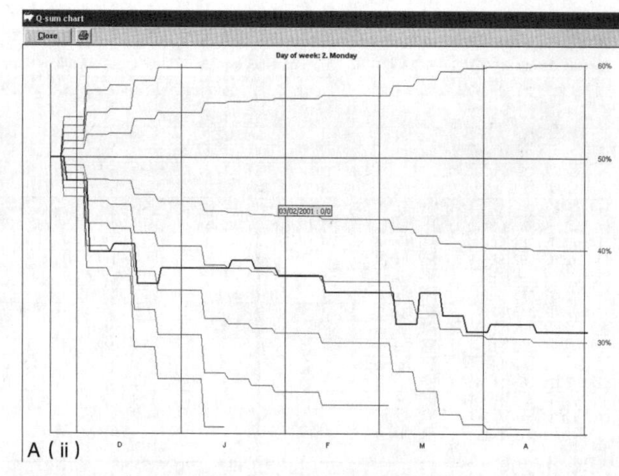

A（ii）

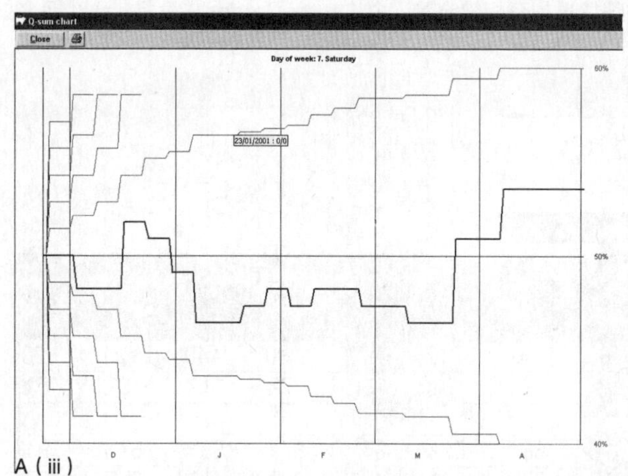

A（iii）

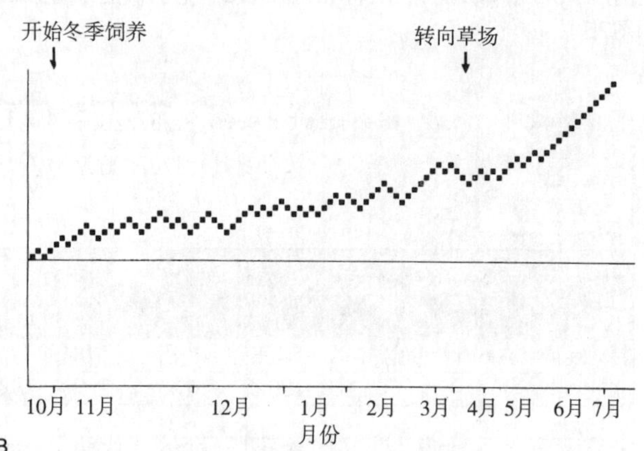

B

图24.5 A. 计算机生成表和累计总数（Cu-Sum）范例。显示一周中每一天输精牛的妊娠（受孕）率（群间）。注意，不同的妊娠率（周一为31%，周六为54%）。（经允许，引自National Milk Records（NMR）plc，Chippenham，Wiltshire） **B. 手工制成的全年繁殖的全部配种的妊娠（受孕）率累计总数，总妊娠率为65%**（见彩图77）

场的规定、发展规划和期望的时候需要调整目标。放牧奶牛群和哺乳肉牛群例外，因为季节对分娩模式影响最大，每个牛群有着独一无二的繁殖目标。比如，一个高产的半集约化的非季节性产犊牛群（high-yielding semi-intensive nonseasonal herd）的目标产犊指数是14个月，而不是传统的12个月。因而至关重要的是，兽医要理解农场全部商业运作模式，并在规定的系统内管理生育力，以获得最高回报。除了在生育力目标上达成一致外，最好建立一个干预值，以便达到目标后，能刺激启动补救措施。

试图提高牛群生育力时，制定切实可行的目标也是很重要的。过高的目标并不易实现，只会损害牛群管理人员、农场主和兽医之间的关系。另外，较高而可以实现的目标也是挑战，经常回顾这些目标，同时在实施进程中不断调整 可以有效地激励所有参与人员的积极性。

为了实施控制生育力的计划，同时满足既定目标需要，有必要经常性的检查牛群，以便能对某些牛及时进行检查。检查牛群的频率由牛的数量、年产犊模式以及牛群管理人员和兽医每次检查牛群时实际能处理牛的数量（或许不超过40~50头）所决定。因此，对于不超过60头的牛群，每3周检查一次即可；对于60~150头的牛群来说，每2周检查一次；大于150头的牛群有必要每周检查一次。根据产犊模式强度不同可调整检查牛群的频率。

计算机管理系统的优势是，计算机通过任务列

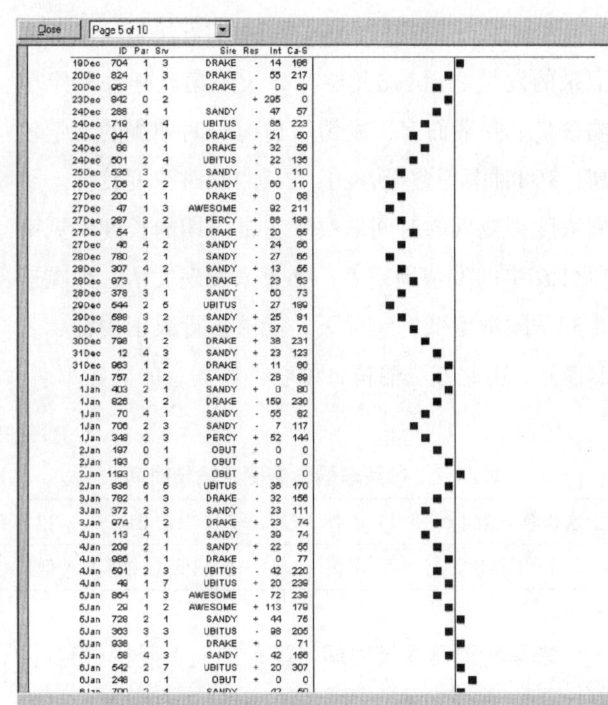

图24.6　计算机生成累计总数（Cu-Sum）范例。显示个体日期、奶牛和公牛身份、胎次和配种以及其他数据（群间）（由 Paddy Gordon先生提供）

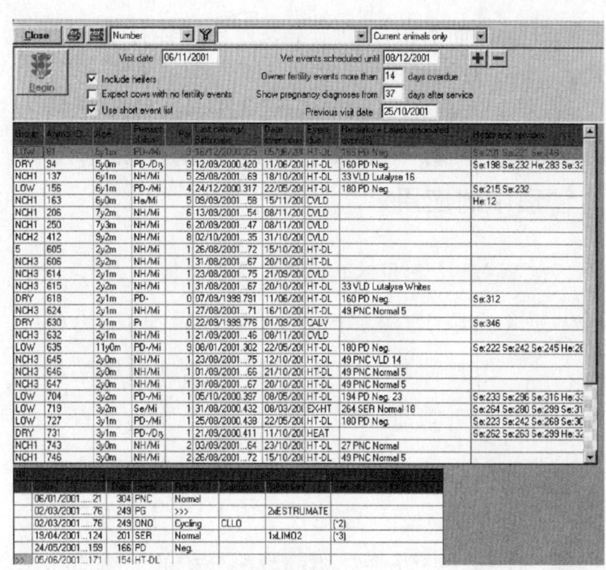

图24.7　计算机生成的一览表范例，列出下次兽医日常访问牛群时需要检查的牛（群间），81号牛个体牛详细信息涂黑（经允许，引自National Milk Records（NMR）plc，Chippenham，Wiltshire）

表自动识别需要检查的个体牛（图24.7），这也可通过简单的手工操作系统完成，只是需要更多的时间来识别所有的奶牛。需要强调的是，兽医和牛群经理人员之间应该密切沟通，以便使需要检查的奶牛在正确的时间接受检查。需要进行检查的牛包括：

● 发生难产、胎衣不下或子宫炎的奶牛。这些牛都需要进行配种前检查（有些兽医不管病史如何，例行检查所有的牛，尽管可能并不划算）

● 阴门流出异常分泌物的牛

● 流产的牛

● 表现慕雄狂症状的牛

● 产犊42d后未见发情的牛

● 产犊63d后还未配种或输精的牛（假定产犊间隔期为365d）

● 配种或人工授精3次或更多而返情的牛（屡配不孕牛）

● 配种或人工授精24d后，如果采用直肠内超声波检查而未见返情的牛（错过一次发情）；或采用直肠检查，42d后（错过2次发情）未见返情的牛

● 被确诊为妊娠，但是后来发现发情的牛。

饲养奶牛小母牛来替换淘汰母牛的代价很大，并且直到分娩前小母牛都不创造任何价值。重要的是在牛群生育力管理策略中不要忽视这群小母牛的重要性。就荷斯坦-费里斯小母牛而言，有几个重要的阶段，需要牛群管理人员和兽医对每个个体牛进行检查。繁殖管理方案如下：

● 在10~12月龄时要确保小母牛生长充分且体况合适

● 在14~15月龄时进行配种，使这些小母牛可在季节性产犊的牛群中比成年奶牛稍早分娩，这样可延长其从产犊到受胎的间隔时间，以便在第二年产犊时能与牛群中其他母牛同时产犊。就荷斯坦奶牛而言，其活体体重约在380kg，平均每天增重0.9kg（Drew，2004），而传统的费里斯奶牛的活体体重约在330kg，平均每天增重0.8kg

● 无论人工授精或自然配种，应尽量少用因为母胎大小不适而引发难产的公牛精液（参见第11章）

● 在第5~6周或更早，经直肠检查或直肠超声

扫描确诊是否妊娠（参见第3章），在此期间须维持良好的饲养。

这些牛的体况评分应该在3分（0~5分等级评分）左右，而对荷斯坦奶牛，产前活体体重应该维持在630kg左右。

24.7.1 牛奶（血浆）孕酮含量在奶牛生育力管理中的应用

在第3章（参见3.4.3 .2实验室诊断方法）介绍了牛奶（血浆）孕酮分析用于配种后24d确诊妊娠的方法，但这种方法也可通过其他方式协助牛群经理人员和兽医管理牛群生育力。这个实验昂贵，并且需要一定程度的实验室技术，因此必须选择性地检测，而不是无选择性地在所有时间用于所有牛的检查。Drew（1986）介绍的孕酮分析的大体应用情况如下。

在确定目标配种日期前鉴别和确定产后乏情。对产犊后未观察到发情的牛一次直肠检查或B超扫描检查可能难以确定诊断其为乏情（无周期，参见第22章，22.4乏情及不育的其他功能性原因），直肠检查卵巢未发现黄体之后（或之前）10d，乳中孕酮含量高时表明未观察到发情，直肠检查未发现卵巢上有黄体之后（或之前）10d，乳中孕酮含量低（或为零），则表明为乏情。此外，如果连续两份间隔7~10d采集的样品中，孕酮含量极低（或为零），就可以确定牛乏情。这种检查方式近年来已经部分的被直肠超声波扫描卵巢所取代。

确定在输精当天牛接近或正处于发情期。人工授精时乳中孕酮的含量应该很低。所以这种方法能够提前精确的诊断该牛是否处于发情期。如果在人工授精之前检测乳中孕酮，就可以避免损失有价值的精液。乳汁孕酮含量还可以用于研究总妊娠率不高的牛群，同时还可防止对已经妊娠的牛进行人工授精。

单个样品如果孕酮浓度低并不能表明该牛处于人工授精的最佳时期，而更可能表明牛不在间情期。另一种更精确地评测最佳配种时间（参见22.4.3.4.2人工授精的最佳时间）的方法是，从上次记录的发情之后17d开始，每天采集乳样并测定孕酮含量。一般而言，发情后17~18d时孕酮的含量较高，19d时中等含量，20、21和22d时浓度较低。孕酮浓度高或低的时间取决于正常周期的长度（见第1章1.6 牛的发情周期），如果未发现发情，须在连续3d孕酮浓度低的情况下才能够进行人工授精（表24.7）。用此方法输精，可获得较满意的妊娠率。

表24.7 参照孕酮含量确定输精时间

上次输精天数（d）	17	18	19	20	21	22
乳孕酮浓度	高	高	低	低	低（输精）	低

未孕时预测返情时间。配种或人工授精19d后，乳中孕酮含量很低，该牛很可能未孕，同时也可以预测其返情时间。能帮助提高配种后发情鉴定率。

尽管经常性地测定乳孕酮含量花费高，但是实践证明很划算（Eddy和Clarke，1987）。在一项对4个奶牛群的研究中，在配种后18d、20d、22d和24d或19d、21d和23d采集乳样，结果表明2个牛群从产犊到受胎的间隔时间分别从115d缩短到84d和从85d缩短到74d，其成本效益比分别为7.4：1和3.4：1。

评价牛对治疗的反应。评价牛对于治疗的反应在许多情况下常凭借经验。在治疗的同时不定期地测定乳中孕酮含量，可以用来评估使用前列腺素治疗后的黄体溶解反应，或用GnRH或hCG治疗后的促黄体化作用。

经常采集大量乳样进行分析，可能会是兽医强加给已经负担很重的牛群管理人员的一项繁重的任务，会导致其对工作失去热情。基于这种原因，可选择性采样，以避免检查大量样本。然而，如果能成功地使用内联生物传感器（inline biosensor）来测量乳中孕酮含量（Delwiche，2001），情况将会不同，这种方法将来会在商业农场中应用。

24.8　放牧奶牛管理

当牛的饲料需求曲线和牧草生长曲线一致时，可最有效地从放牧中获得牛奶（Holmes等，1984）。春天牧草生长最为茂盛，夏天稍差，秋天牧草生长又好些（取决于降水量和温度），而冬天则降低到基础水平。因此，在牧草开始生长时（即早春时节）产犊的牛，在牧草生长最好的时期达到泌乳高峰，以便能最有效地利用牧草（图24.8）。晚秋可给泌乳牛干奶，因为这个时候牧草生长太慢，不能支持泌乳。春天可以把过剩的牧草保存起来，等干燥的夏季牧草少时投给，以提高牧草的利用价值，也可以把牧草储存起来，冬天时作为补充使用，冬天牧草的多少将影响饲养量（Holmes等，1984）。除了储存的牧草之外，其他适合投给的是饲料作物，包括夏季生长的芸苔属植物（brassicas）[特别是芜菁（turnips）]（Clark等，1996），或青储玉米。谷类饲料和精料少，并且只在牧草供应中断（即因气候条件不佳或需求量过大）时投给。

对放牧乳业的许多研究表明，当牧草的生长最佳、牧草的收获量最大以及牛群的繁殖性能最佳时牛群的经济效益最好（Thomas等，1985；Clark和Penno，1996；Grosshans，等，1996；Holmes，1996）。事实上，管理放牧奶业系统积累的经验表明，当分娩季节尽可能和牧草生长开始同步，并且尽可能使奶牛集中产犊时，获得的效益最大。此外，在总的放牧系统中，干奶多以日历日期为准，而不是考虑泌乳的天数，如此可得到早期和集中的产犊模式，以保持尽可能长的平均泌乳期。这些策略确保了牧草收获最多，牛奶的单位成本最低。只有管理好配种季节，使奶牛在短期内集中妊娠，才能够实现集中产犊。因此，放牧奶牛繁殖管理最基本的目的是，在产犊间隔时间不超过365d（Holmes等，1984）的情况下，确保尽可能多的奶牛在尽可能短的时间内妊娠。

24.8.1　季节性产犊放牧奶牛群的繁殖管理概述

繁殖年历（annual reproductive calendar）（Holmes等，1984；Macmillan，1998）的主要特点见表24.8。对于在春季产犊的牛群，奶牛会在冬末春初相对较短的时间内产犊，下一次的配种在产犊开始后的2.5~3个月开始，这是日历日期，而不是根据个体牛产后间隔时间计算出的日期，由此造成的结果是个体牛在产后间隔期内首先配种。使用奶牛品种的公牛精液在4~6周内人工授精，之后让公牛随群，交配未孕牛，6~8周之后移走公牛，然后在适当时间内进行妊娠诊断，在牛群干奶时淘汰所有未孕牛。在秋末奶牛进入干乳期时，尽管确切

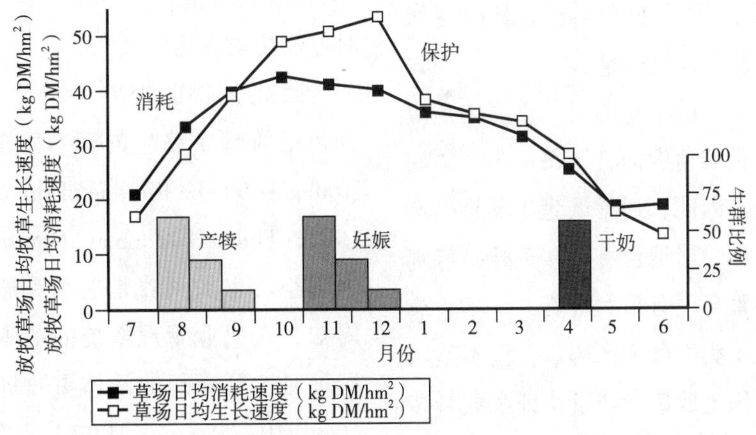

图24.8　季节性春季分娩的南半球奶牛群牧草生长率和牧草消耗率与主要管理事件（产犊、妊娠、干奶）的日历日期之间的关系（经允许，引自C. W. Holmes的数据）

表24.8 春季产犊的放牧牛场的主要管理和繁殖事件年历表（引自Holmes等，1984）

早 春
●奶牛产犊
●妊娠牛限制放牧，常补充干草、青贮或玉米青贮
●妊娠牛，不限制放牧
●一岁小母牛表现发情活动
晚 春
●所有的牛应该在8~10周内产犊，晚产犊的牛可引产
●配种开始前3~4周在牛尾部涂带颜色粉笔，观察发情
●产犊后50d内开始发情周期，配种期开始前治疗乏情牛
●在配种期开始前检查难产、胎衣不下、子宫炎或低钙血症牛
●产犊开始后3个月内计划开始配种。在配种期的头4~6周，所有的牛应该至少接受一次人工授精
夏 季
●所有的牛和15月龄小母牛都应该在中夏前配种
●奶牛和18月龄小母牛妊娠诊断
秋 季
●一旦牧草变得缺乏时和/或产奶量降到不合算的水平时，使奶牛干奶
●调整饲料，以确保奶牛分娩时体况合适。分槽饲养瘦弱奶牛
●干奶后期控制饲料阴-阳离子差异

的干乳时间取决于夏末秋初牧草和/或补充饲料是否充足，但是理想的时间是越晚越好。尽管要节省秋季牧草，低产牛要提前干奶，但在实践中通常将牛群的干奶期固定在某一天。也可以提前干奶，以改善年轻奶牛或体瘦奶牛的体况。这些牛有时会通过提前开始干奶而改善身体健康情况。如果未孕牛产奶量尚可，可保留到牛群干奶期的最后一天，但是在实践中，常在夏天/秋天牧草生长开始时尽快将其剔除牛群，以限制牛群奶产量。

兽医在控制这些牛群的生育力时，重要的是应记住，从牛群管理人员的角度而言，每一头个体奶牛的相对价值都不高。因此，通常认为牛群是生产单位，而不是奶牛个体。当然也有一些例外，特别是在高遗传性能奶牛繁育中有重大投资的牛场，或者是繁育策略是获取每头牛最大产奶量，而不是用牛的数量达到单位面积土地最大产量（即牛数量多而个体产量低）的牛场。

24.8.2 放牧奶牛的营养与繁殖

在放牧乳业系统中，生产系统与繁殖性能之间密切相关，因此，除非饲喂策略正确，否则繁殖性能就会受到影响。同样，如果繁殖未能得到有效管理，将不可能有效利用牧场，也不可能得到较好的经济回报。在这样的背景下，与其他乳品系统一样，人们逐渐意识到只有牛群的营养管理达到最佳时才能使动物达到最大产量。

因此，兽医控制牛群生育力的重要组成部分包括管理牛终生的营养管理策略（nutritional strategies for the lifetime of the cow）（Thomson等，1991；Thomet和Thomet-Thoutberger，1999）。犊牛和小母牛的饲养是这个策略的关键部分。众所周知，在奶业管理系统的范围内，小母牛第一次配种时达到理想的活体重（即成年牛活体体重的60%以上，Penno，1997）非常必要。对放牧奶牛而言，达到这一指标尤其重要，因为以草为基础的日粮不可能在泌乳开始后供给后期身体生长的需要（Holmes等，1984）。因此，确保犊牛期和一岁龄牛的生长率是生产性能最大化的关键步骤之一。

显然，在泌乳早期应该精确地控制饲料供给。和在其他系统一样，这在很大程度上取决于干奶期管理，尤其是参考牛分娩时的体况（体况评分，condition score；Grainger和McGowan，1982；Holmes等，1984）。在体况评分为4.75～5.0时分娩（0~8级评分标准，相当于0~5级标准的2.75～3分），以便能使身体储备足够的脂肪，因为，与以谷类为基础的饲料不同，只依靠牧草很难达到泌乳早期奶牛全价营养需要。然而，确保饲草的足够供应，以尽可能满足泌乳需要，是缩短产后乏情期持续时间的重要步骤（图24.9；McGowan，1981）。然而，放牧饲养系统在泌乳早期营养管理方面也有困难，即冬季饲喂计划的效果依赖于牧场对分娩母牛的可利用性和分娩后放牧期牧草的生长情况。在多数其他饲养系统中，泌乳早期饲养依赖于储藏的饲料并补充精料，饲料供应量在很大程度上与上年放牧管理无关。放牧的奶牛，在干奶期摄入饲料量不仅影响其后的生产性能，而且极大地限制随后的营养配方选择（Clark等，1994）。

泌乳高峰后的饲喂对繁殖性能的直接影响较

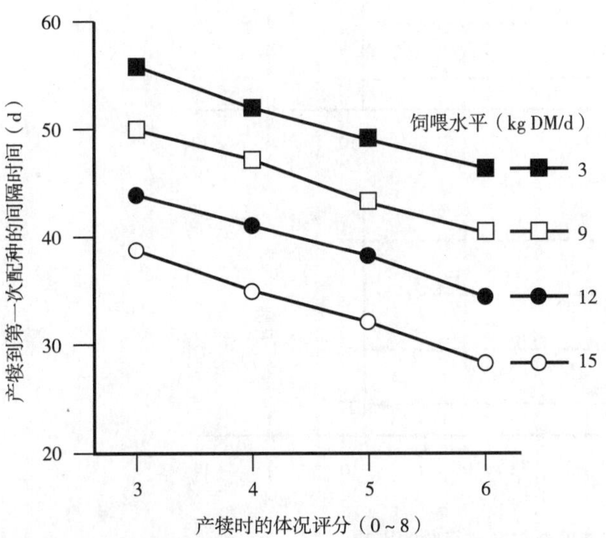

图24.9　分娩时的体况评分和产后饲喂水平对分娩到首次发情间隔时间的影响（引自McGowan，1981）

小，这是因为所有的牛必须在分娩3个月后才能再次妊娠。但是，此时的饲喂确实影响干奶期的体况评分，从而影响分娩时的体况评分和分娩时牧草量间的内在联系。干奶期的饲喂也显著影响临床和亚临床型低钙血症的发生率，显著影响随后的繁殖性能（McKay，1994）。自从发现干奶期后期饲料中阴阳离子不平衡是钙体内平衡的关键性决定因素以来（Wang等，1991），相关学者在控制饲料的阴阳离子平衡上进行了大量的研究。在放牧饲养条件下，很难实现阴阳离子零平衡，因为能够调控饲料阴阳离子差（dietary cation-anion difference，DCAD）的各营养配方选择的范围是十分有限的。不过，补充阴离子盐，尤其是镁盐，能够大体上减弱离子的不平衡状况（Wilson，1998）。

因此，兽医对繁殖的控制主要与泌乳的各个阶段确定营养策略息息相关。主要的控制重点包括：

- 必须计划整个冬天的饲养模式，以确保分娩时的体况评分、牧场草量，以及过渡期饲料阴阳离子差（DCAD）均在适宜范围（McKay，1998）
- 由于分娩后期饲料投入管理至关重要，兽医的及时参与能够评价牛在该阶段的营养状况
- 因为很多草场都缺乏各种微量元素，如果限制饲料摄入量就会影响繁殖性能，或者微量元素缺乏本身直接影响繁殖性能，兽医对这些问题实施管理性控制也很重要（Grace，1983；Holmes等，1984）
- 确保育成期，尤其是第一次配种时，达到良好的生长率，需要兽医参与断奶前犊牛的管理（主要是控制肠道疾病）和断奶后周岁龄牛的管理（能量摄入量、控制寄生虫和微量元素缺乏）。

24.8.3　产犊

放牧时的产犊很常见，理想状态下产犊的时间不要超过6周。尽管有关报道很少，但是放牧时难产很少见。

24.8.3.1　产犊期的主要问题

除了发生未控制的低钙血症和未及时矫正的微

量元素缺乏外，胎衣不下的发生率很低。同样，产后腐败性子宫周炎或泌乳后期临床型子宫炎的发生率都很低。在很大程度上，这是因为在放牧条件下分娩，而不是在室内分娩，室内分娩时大量可以在子宫内繁殖的微生物污染垫料。同时，放牧也是难产和低钙血症发生率低的原因。兽医很少治疗胎衣不下，除非母牛表现出明显的临床症状，而且大多数母牛能够成功地在配种季节开始前能清除胎衣不下引起的子宫感染。

少数的牛会患子宫脱出、阴道撕裂及类似的急症。但是，用牵引术拉出过大胎儿时常引起后肢瘫痪。当瘫痪病例发生在繁忙的分娩季节时，应尽早判断患牛预后。与室内分娩的牛相比，放牧的牛乳房炎和子宫炎病例少见，但是放牧时很难保证患牛的保暖、饲喂和饮水。

24.8.3.2 产犊模式及其对繁殖的影响

当牛群集中产犊时，相对容易承受分娩负担。如果产犊期拉长，很难再恢复到紧凑的产犊模式。导致这一困难的原因有多个，因为产犊期拉长不只影响牛再次繁殖的预期时间，还影响其繁殖性能和后备青年母牛的生产性能。

产犊模式影响小母牛第一次配种的月龄。通常，在同一时期为所有后备小母牛配种，以便使其在牛群开始产犊时（或略早）产犊即同期产犊（Macmillan，1998）。如果小母牛出生于集中产犊模式的牛群，它们会在相同的月龄配种。但是，如果这些小母牛不是出生于集中产犊的牛群，其第一次发情的时间会不同步（图24.10）。因此，如果属于前一种情况，某些小母牛会比其他小母牛提早产犊，同时可能体重也较轻，而在争抢饲料时处于劣势。而后一种情况，小母牛的第一次产犊的时间与繁殖期开始的间隔时间缩短，因此受孕的可能性降低。

当非集中产犊模式在主体牛群也存在时，也有相似的限制。因为在繁殖期早期产犊的牛有充足的时间完成子宫复旧、消除感染，并在开始配种时恢复正能量平衡。对在繁殖期后期产犊的牛而言，产犊和开始配种的时间间隔也相应地缩短，所以子宫复旧较不完全（参见第7章），且更容易被污染，牛本身也更不容易摆脱能量负平衡。因为处于能量

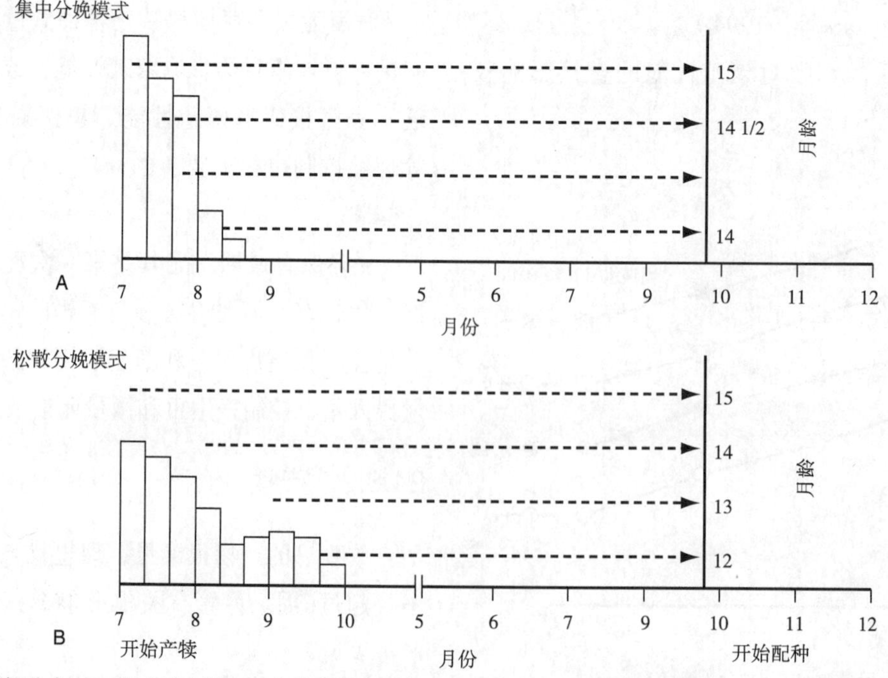

图24.10 分娩时间分布对南半球季节性春季分娩牛群中青年母牛首次参与繁殖月龄的影响
A. 当分娩模式集中时，最老和最年轻青年母牛间的年龄差别不超过一个月 B. 松散分娩模式中青年母牛的月龄分布广，严重影响了月龄较小牛的性能

负平衡中的牛比处于能量平衡的牛更容易出现无发情周期，前者出现乏情的概率也更高。因此，能量负平衡的牛很少在繁殖期的早期受胎，而且即使其受胎，也更可能是由随群的公牛自然交配所致，而不是使用奶公牛精液人工授精的结果。最终的结果是，这些母牛可能陷在晚产犊-晚受胎的循环中，很难打破，或是不能受胎而被当作不孕母牛淘汰。

24.8.3.3 诱导产犊

使产犊日期和牧草开始生长同步化的另外一种方法是在春天适当的时期诱导牛提前产犊（MacDiarmid，1983；参见第3章）。

然而，通过诱导提前分娩控制分娩模式的方法越来越不被人们接受（Macmillan，1995），因为人们意识到，产犊季节持续时间可以通过注意分娩后的营养和在配种季节早期及时治疗乏情牛以及及早除去随群“清道夫”公牛（sweeper bull）而得到更好的管理。对诱导分娩的普遍看法是，诱导早期分娩应主要作为一种应急措施，用于晚分娩的牛和具有多年泌乳的青年牛和/或体况良好的健康牛的诱导分娩（Moller和MacDiarmid，1981）。

尽管在欧洲和北美洲的报道中放牧牛胎衣不下的发生率低于舍饲的牛，但是诱导分娩的牛胎衣不下发生率高（Welch和Kaltenbach，1977；Malmo，1993）。

24.8.3.4 配种季节

配种季节一般开始于产犊季节后的3个月左右，通常事先确定开始的日期。母牛经过4~6周的人工授精期，然后再经过4~8周的“清道夫”公牛自然交配期。因此，配种季节很少超过14周。采用这种繁殖程序的目的是，确保尽可能多的母牛在配种季节早期接受人工授精；目标是牛群中90%的母牛在配种季节开始的3周内接受第一次人工授精（Macmillan和Watson，1973；Xu和Burton，1996；Hayes，1998）。

季节性产犊模式能有如此高的配种率，其内在因素有多个。其中最重要的就是其季节性模式本身（Brightling等，1990；Hayes，1998）。当大量的牛开始同时进入发情期，即由大量的性活跃牛形成群体，这意味着牛之间会发生某些性活动行为，因此更容易观察站立接受爬跨的牛，因为很多牛既爬跨其他牛也被其他牛爬跨。其次，有很多的实例证明，如果配种期短，大多数牛群管理人员的发情鉴定率就高。配种期在6周以内时，大多数牛群管理人员能成功的检出90%的发情牛，但是配种期长于6周就很难达到如此高的检出率。

大多数农场在发情鉴定时应用辅助方法（参见第22章）。应用最广泛的就是尾部涂染色粉笔的方法（Macmillan 和 Curnow，1977；Smith和Macmillan，1980）。染色会在另一头牛爬跨发情牛时被蹭掉或蹭乱，说明该牛被爬跨。通常70%的发情牛被蹭掉绝大部分的尾部染色，同时有20%的牛有明显染色被擦掉的迹象，最后有10%的牛有少量染色被蹭掉，因此需要管理人员观察其他发情表现（Macmillan，1998），以确定牛是否发情。在集中配种期内，很多发情鉴定都依靠发现发情的第二征兆，作为确定发情的临时诊断方法；令人惊讶的是，可以根据牛躁动不安、改变泌乳顺序和泌乳量减少这些第二征兆来确定发情。用结扎输精管或实施阴茎偏离术的公牛辅助发情鉴定在新西兰不多见，但是在澳大利亚广泛应用。其他的辅助方法也偶尔用于发情鉴定，但是多数还未能达到与上述方法相近的效果。

在配种期的前3周，观察出牛发情的机会取决于分娩后时间的长短（图24.11；Hayes，1998）。分娩后明显不足40d的牛，在配种期开始时表现出发情的机会明显低于分娩后时间更长的牛（Rhodes等，1998）。就个体牛的配种机会而言，这种发情表现更有重要意义。但是，因为妊娠率取决于分娩后时间的长短（图24.12；Brightling等，1990；Hayes，1998）以及在分娩和第一次人工授精期间发情的次数（图24.13；Macmillan和Clayton，1980），奶牛人工授精受孕的概率与分娩后的时间高度相关。

农场越来越普遍地在配种期开始之前进行某种形式的发情鉴定。之所以这样，主要是出于两个原因：首先，为了在配种期开始前检测出乏情

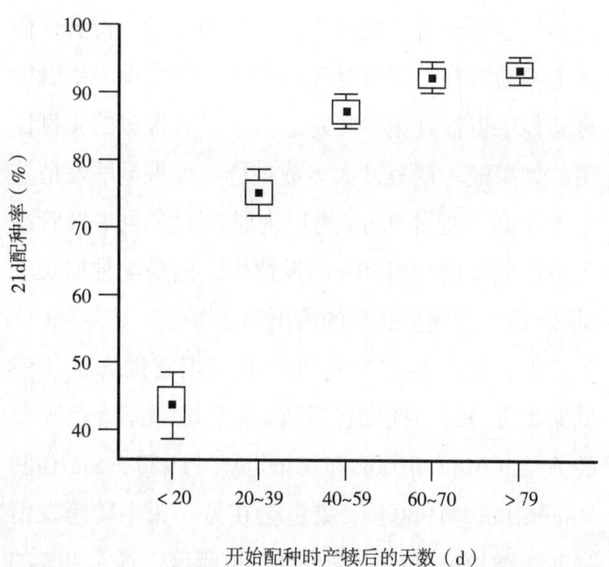

图24.11 开始配种时产犊后的天数对3周参加交配率的影响。

方块代表平均数的标准误，横杆间为95%可信区间。（经允许，引自Hayes 1998）

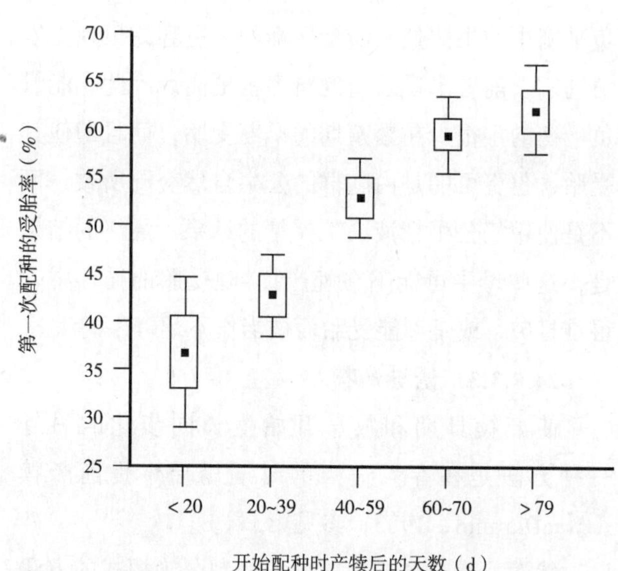

图24.12 开始配种时产犊后的天数对首次配种妊娠率的影响。

数据来自于全群做妊娠检查的牛群。方块代表平均数的标准误，横杆间为95%可信区间（经允许，引自Hayes 1998）

牛并对其实施治疗；其次，可以使农场员工重新熟悉发情鉴定。大约在配种期开始前4周时实施尾部涂色，在最后3周没有发情表现的牛都可被认定为乏情；任何分娩后超过28d的牛，都要在繁殖期开始前一周接受兽医检查。这种方法的唯一缺点就是它延长了发情鉴定的时间，有可能导致重复配种的观察率低。

强制实施密集产犊模式也可能会导致采用一系列方案，使得在配种期开始的头几天受胎的牛数量最大化，大多数方案都是通过合理地使用$PGF_{2\alpha}$，不论是否采用配种前的发情鉴定。这种方案示例如下，在配种季开始前，所有发情超过6d的牛在配种开始前当天用$PGF_{2\alpha}$诱导发情，其余牛在6d后具有敏感的黄体时诱导其发情。因此大部分的牛能够在配种期的第一周之内配种。

除了乏情牛外，其他曾经发生难产、胎衣不下或阴道流出分泌物的牛，也需在配种季开始前接受检查。

关于每天一次还是多次输精的优点一直存在争论，结论是输精次数增加对受胎率影响并不大。其实，输精时间对受胎率有显著的影响，但使用低生育力公牛的情况除外，在发情后期或发情后输精受胎率高（图24.14；Macmillan和Watson，1975）。因此，关于是否雇佣人工授精员或是自行输精，取决于花费和/或方便程度，而不取决于受胎率。

在人工授精期末，公牛与母牛一起饲养，以便与人工授精未受胎的牛交配，目标是接受人工授精的牛中要有65%~75%的牛受胎（Hayes，1998），以最大程度地减少对公牛的需求。但是，实践中常在人工授精后用超过公母比例的公牛，以便保证个别不育的公牛不会影响整个牛群的繁殖性能。尽管在配种期结束后检查不育公牛更为普遍，但是在与母牛合群时，兽医须检查公牛，以确认其生殖健康。

24.8.4 妊娠诊断

妊娠诊断的最初判断是牛未返情。其实，由于人工授精时间持续较短，观察返情确实是十分重要的，因为不能观察到返情意味着母牛将不能通过人工授精受孕，即使受胎也是自然交配的结果。公牛与母牛分群后约6周，对整个牛群进行妊娠检查是十分普遍的做法。检查的作用有两个：首先，检出未孕牛，如前所述，以便在牛进入干奶期时将其淘汰；其次，检出与公牛自然交配而受孕的牛。

最近，人们对这一模式又进行了新的改进，更为普遍的做法是，在人工授精结束6周后，对整个牛群进行直肠检查，或人工授精结束4~5周后，进行超声扫描检查，以便检出人工授精受孕的牛（Macmillan，1998）。在妊娠的这个时期检查能够精确地预测妊娠时间，而且能够及时检出乏情的牛，以使其在配种期结束之前得到治疗。在这次初步检查中，未检出的妊娠牛将在公母牛分离后6周接受复检，再次测定准确的妊娠时间。通过这一方法，能够得到繁殖期各阶段妊娠牛数量的可靠信息，从而使牛群未来管理的各项决定更加恰当。

24.8.5 乏情牛的管理

实质上，大多数乏情牛都是营养性乏情（Macmillan等，1975；Fielden等，1977；Rhodes等，1998）。通过直肠检查能够发现，乏情牛卵巢静止。缺乏明显的卵巢结构（如黄体或排卵前卵泡）。多数乏情牛能够通过阴道内孕酮释放装置得到治疗（参见第22章）。

24.8.6 牛群生育力监测

季节性产犊牛群繁殖力的关键指标（除产犊间隔外）是产犊开始的时间与牛群平均产犊时间的间隔，以及因不孕而淘汰牛的比例。

对季节性产犊牛群，计算机辅助分析生育力需要采用前面介绍过的与欧洲和北美洲全年或季节性产犊不明显的牛群所使用的完全不同的评估参数，为了达到这一目的，人们建立了基于季节性产犊牛群的计算机程序，例如DairyWIN软件，它是按以下重要指标评估牛群的繁殖性能（表24.9）：

(1) 配种季节前3周内的配种率

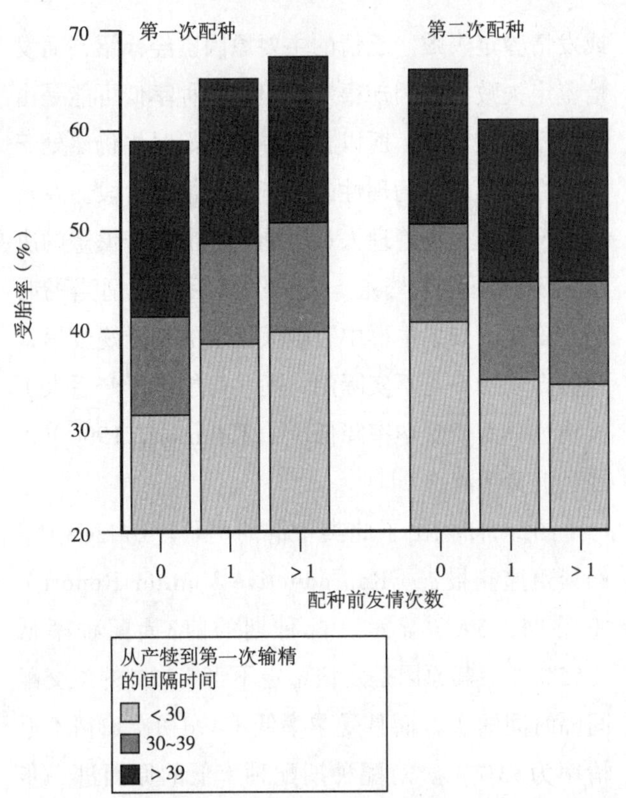

图24.13 分娩到第一次输精不同间隔时间后的首次或第二次输精的平均妊娠率及与配种前发情次数的关系（引自Macmillan和Clayton，1980）

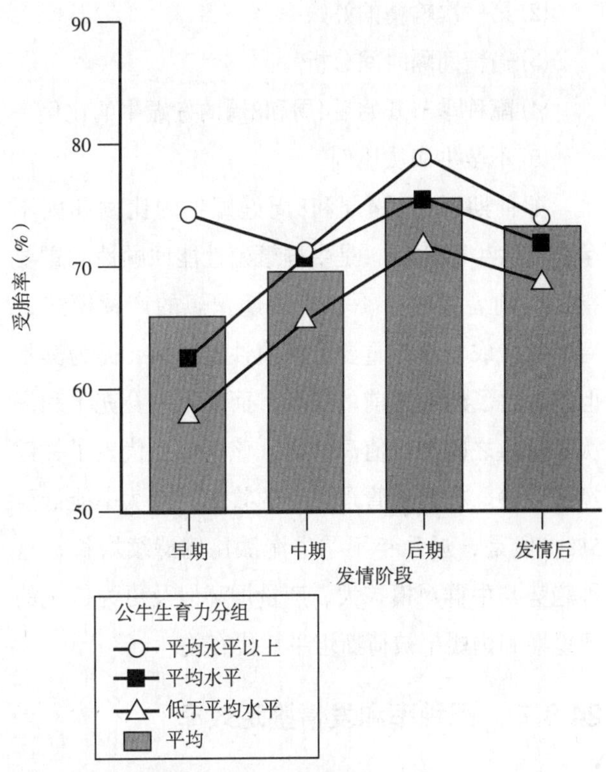

图24.14 输精时间对妊娠率的影响。
生育力在平均值以上的公牛在发情期的任何时期交配受胎率都高，但是低生育力的公牛随着配种时间不理想，受胎率下降（数据引自Macmillan 和 Watson，1975）

表24.9 DairyWIN软件用于评价春季产犊的放牧牛群繁殖性能的关键目标

●计划分娩开始后4周分娩牛的比例（%）	67
●计划分娩开始后8周分娩牛的比例（%）	95
●计划交配开始（planed start of mating，PSM）时，分娩后不足40d的牛的比例（%）	10
●PSM后21d参加配种牛的比例（%）	90
●PSM后28d参加配种牛的比例（%）	92
●两次配种间隔时间小于17d牛的比例（%）	13
●两次配种间隔时间在18~24d牛的比例（%）	69
●两次配种间隔时间在39~45d牛的比例（%）	7
●首次配种49d未返情率（NRR）（%）	61
●首次配种妊娠率（%）	60
●每次妊娠配种次数（次）	1.7
●PSM后4周妊娠牛的比例（%）	57
●PSM后8周妊娠牛的比例（%）	86
●PSM后165d未妊牛的比例（%）	7
●分娩至妊娠间隔时间（d）	83
●流产牛比例（%）	小于5

⑵ 第一次输精的妊娠率

⑶ 输精间隔时间分析

⑷ 配种季节开始后4周和8周的妊娠牛的比例

⑸ 不孕牛淘汰比例。

配种期开始后4周和8周妊娠牛的比例和因不孕而淘汰牛的比例，是牛群繁殖性能回顾性的重要指标。前者描述了下次产犊期预想的产犊模式，后者则被农场看作重要的繁殖性能指标，因为其不但它包含了所有先前的信息，而且如果补充牛和淘汰牛价值之间的比值高的话，该指标还代表了关键经济效益。在繁殖管理优秀的牧场，淘汰率能低至5%。但是，近几年不孕牛淘汰比例持续增长，这种趋势与牛群规模扩大、产量增高以及更为传统的费里斯和娟姗牛被荷斯坦牛替代有关。

24.8.7 配种率和发情鉴定效率

确定牛群未能达到繁殖性能关键指标的原因时，应仔细研究牛群管理状况。例如，配种率低可能有多种原因，最明显的原因是乏情牛发生率高或发情鉴定失败。乏情的主要原因已经介绍，而发情鉴定失败的原因却很多。但是配种率低可能是由于产犊模式所致，所以在配种期开始时牛仍然处于生理性的（而非病理性的）产后乏情期阶段。在这种情况下，牛场管理人员可能会做出一个慎重的决定，不试图使牛繁殖，直到分娩后经过适当的时期。确实，如果牛群中有很大比例的牛分娩较迟，获得高配种率是不实际的，而且可能由于产后人工授精过早而使受孕率降低（Xu和Burton，1996），并且浪费精液。

图24.15列出了此类牛群的例子。DairyWIN®的繁殖监测报告（Reproductive Monitor Report）（图24.15A）显示，配种期的前3周配种率低（55%），其原因是发情鉴定不当（23%的牛交配间隔时间短），而且受孕率低（49d初次输精不返情率为53%）。对配种期配种率低的原因进一步分析显示，在配种期开始时，牛群中分娩后少于40d的牛数量很多，这些牛在整个配种期参配率很低（图24.15B）。与配种率低同时出现的是，实

繁殖监控报告

牛群类型：成年母牛

	时期1	目标
分娩性能		
4周分娩率	61%	67%
8周分娩率	86%	95%
参加配种率		
PSM时，分娩后不足40d牛的比例	15%	10%
21d参加配种率	55%	90%
28d参加配种率	64%	92%
返情间隔		
2～17d的返情率	23%	13%
8～24d的返情率	57%	69%
39～45d的返情率	2%	7%
受孕率		
首次配种49d未返情率	53%	61%
首次配种妊娠率	42%	60%
妊娠率		
4周妊娠率	38%	57%
8周妊娠率	73%	86%
PSM的未妊娠率（超过165d）	10%	7%

A

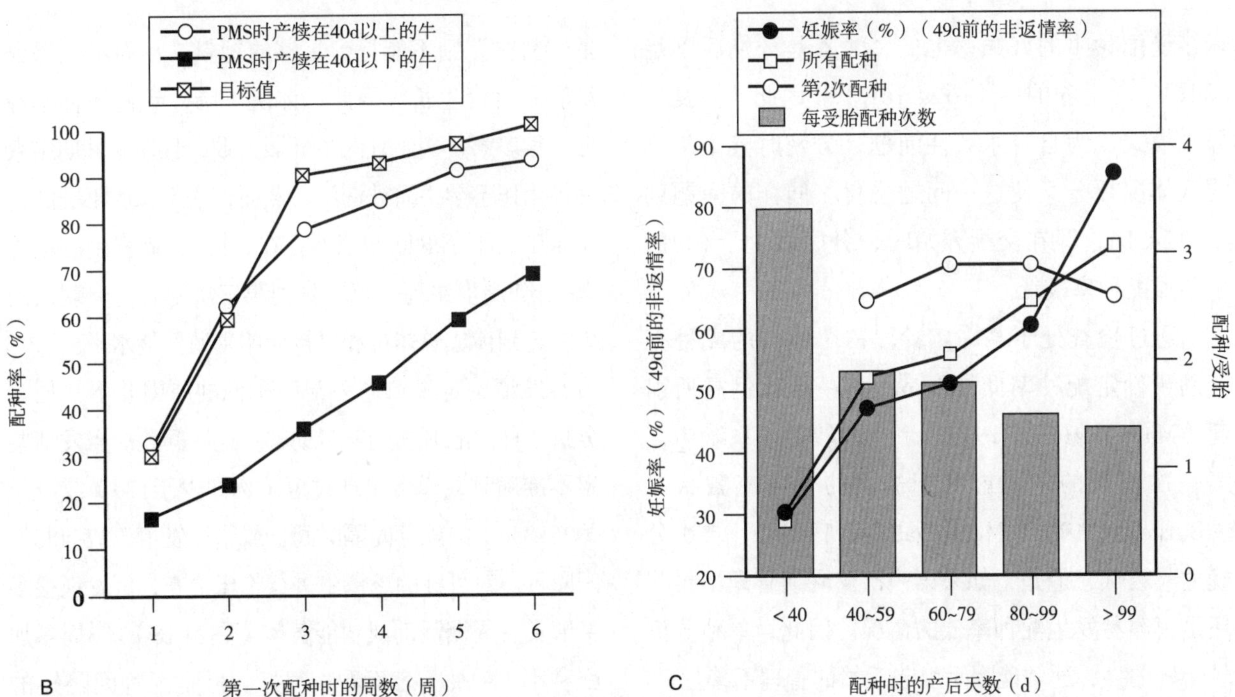

图24.15　参加配种率低的牛群的DairyWIN分析

A. 繁殖检测的主要参数，包括参加配种率低、受孕率不佳和配种间隔时间短的牛比例高。NR=未报道　B. 产后时间长短和牛群（A图）参加配种率之间的关系。PMS：计划交配开始　C. 产后时间长短和首次、二次及所有配种牛群（A图）妊娠率之间的关系

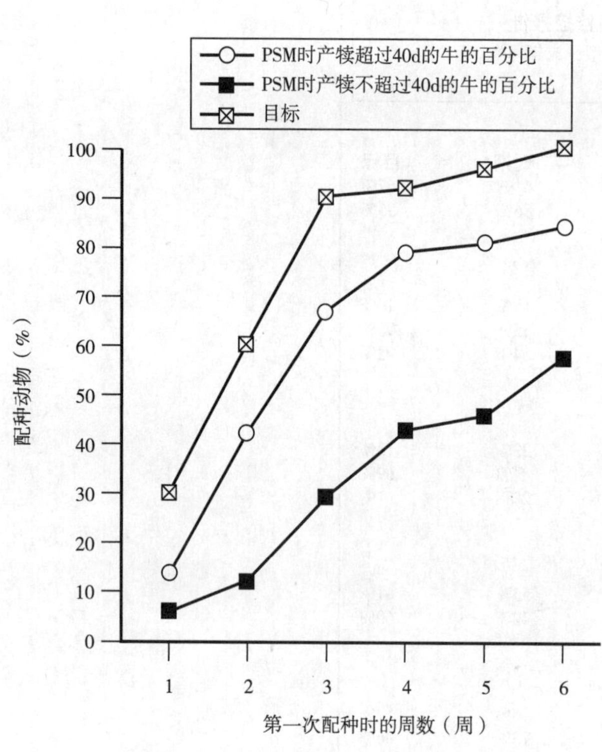

图24.16　3周总体参加配种率低的牛群产后时间和参加配种率之间的关系

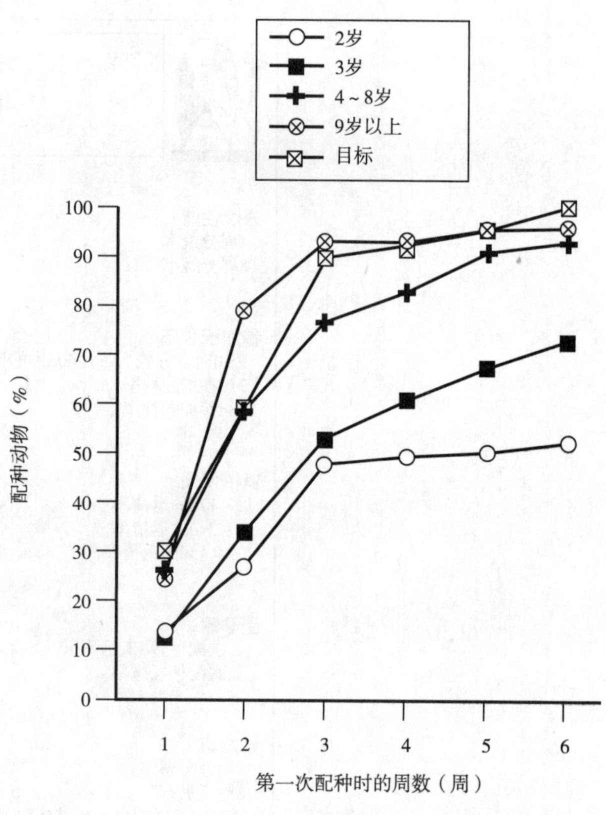

图24.17　体况不良的首次分娩的青年母牛月龄和参加配种率之间的关系

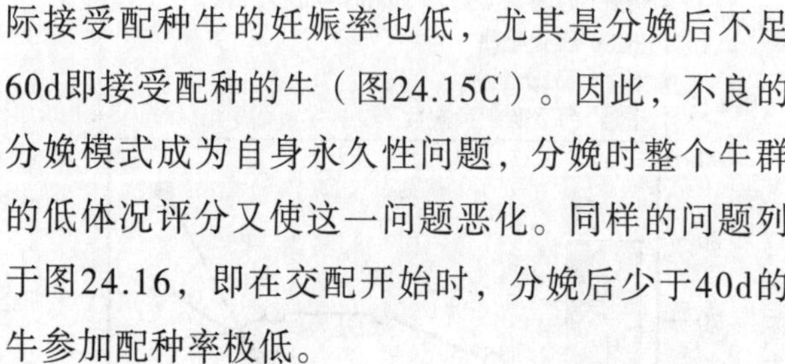

际接受配种牛的妊娠率也低，尤其是分娩后不足60d即接受配种的牛（图24.15C）。因此，不良的分娩模式成为自身永久性问题，分娩时整个牛群的低体况评分又使这一问题恶化。同样的问题列于图24.16，即在交配开始时，分娩后少于40d的牛参加配种率极低。

通过检查处于某一年龄段的个体牛的配种率有助于确定配种率低是否是由乏情牛比例高所引起（Macmillan等，1975）。在放牧管理系统中，第一次产犊的牛可能处于极大的营养应激状况（Burke等，1995；McDougall等，1995），再次分娩危险较低，但是，如果第一次泌乳期管理不善，还是很容易发生配种率低的情况。因此，单独分析较年轻的牛，通常能揭示引起乏情的管理不善。

第一次分娩的青年母牛，在配种时生长不充分以及体况评分低导致的问题列于图24.17。第一次分娩的青年母牛如果生长不充分，在与成年动物竞争饲料时，则不能得到足够的饲料，从而不能保证泌乳和自身生长。因此，体况下降，致使配种率降低。很多第一次泌乳的牛妊娠失败，且在泌乳期结束后被当作不孕牛而被淘汰。然而，在第二次泌乳的青年牛中，不孕的问题依然存在，因为3周岁牛的配种率仅比2周岁牛高一点。直到第三次泌乳时，剩余的牛才达到体成熟体重和可接受的繁殖性能水平。

发情鉴定失败作为配种率低的原因并不常见。分析配种间隔时间能够帮助解释这一问题。当发情鉴定不准确时，通常出现过短（例如少于17d）或过长（25~35d）的配种间隔时间，或错过发情（37~48d的间隔）。对可疑的乏情牛进行临床检查，可发现很多牛卵巢有周期活动或功能黄体（图24.18）。3周参加配种率（91%）表面看来很好，但是配种间隔短的牛比例很高（35%），受孕率低（42%），表明在配种期开始时参加人工授精的牛中，很多都未发情（图24.18A）。在配种期的早期阶段，因为发情鉴

繁殖监控报告

牛群类型：成年牛

	第一阶段	目标
配种率		
PSM时产犊超过40d牛的百分比，%	11	10
21d配种率，%	91	90
28d配种率，%	94	92
返情间隔		
2~17d返情，%	35	13
18~24d返情，%	44	69
39~45d返情，%	2	7
受胎率		
第一次配种49d未返情，%	44	61
总配种49d未返情，%	51	61
第一次配种妊娠率，%	42	60
总配种妊娠率，%	39	60
每受胎配种次数，次	2.6	1.7
妊娠率		
4周妊娠率，%	49	57
8周妊娠率，%	75	86
PSM超过165d时的未孕率，%	11	7

A

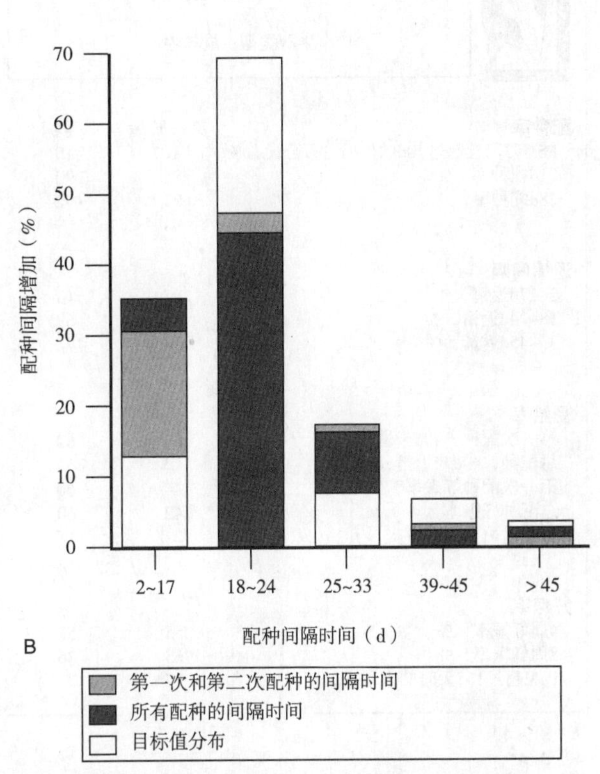

图24.18　DairyWIN软件分析受孕率低的牛群
A. 繁殖监测的主要参数，显示高配种参加率，但是由于发情鉴定率差而受胎率低　B. 牛群（图A）配种间隔时间分析。18～24d配种间隔时间的比例远低于目标值，但是，其他间隔时间（特别是2～17d间隔）都高于目标值

定过度导致监测到过量发情的牛（即部分为假阳性发情）不是严重的问题，但是牛群的繁殖性能受严重影响，导致配种期4周和8周牛群的低受孕率。

分析配种间隔时间，作为调查参加配种率低或受孕率低的方法，很有价值。由简单柱状图（图24.18B）表示配种间隔，是探讨牧场工作者发情监测效率低很好的说明。

24.8.8　不育的其他原因（参见第22章）

妊娠率低的原因很多，主要原因包括人工授精技术差、精液品质差（尤其是自行人工授精且精液储存不当的牧场）或公牛不育。妊娠率低也出现在一些微量元素缺乏时，尤其是铜和硒缺乏（Lean等，1998）。同样，营养不良时妊娠率降低，营养不良更易导致乏情。因此，营养不良会导致不育。

如前所述，发情鉴定不准确也可使妊娠率降低，常见的是在配种期的第一周受孕率很低，是由于在配种期的头3周因为发情鉴定过度导致监测到过多发情的牛（即部分为假阳性），尤其是在第1周，牛群管理人员常迫切期望达到高配种参加率。因此发情鉴定过度导致大多数牛在某一时间点被施予人工授精，浪费精液导致经济损失。但是，达到高配种参加率的迫切期望也导致牛分娩后过早交配。DairyWin软件能够比较分娩后各阶段受孕的能力，从而使这一问题的诊断更为便利。

但是，配种期短暂和以往妊娠率分析的结果都表明，当管理人员意识到有问题时，治疗已经不再有效。但是，能够通过延长人工授精期或应用$PGF_{2\alpha}$来缩短未妊娠牛的黄体期，增加其妊娠的机会。很多农场在配种期开始时应用同期发情技术，以确保尽可能多的牛在第一周进行配种，这是很有效的压缩分娩模式的方法，但是这需要有效的发情

繁殖监测报告

牛群类型：成年牛

配种率	第一阶段	目标
PSM时产犊超过40d的牛所占百分比，%	10	10
21d配种率，%	84	90
28d配种率，%	93	92
返情间隔		
2~17d返情，%	8	13
18~24d返情，%	61	69
39~45d返情，%	12	7
受胎率		
第一次配种，49d未返情，%	65	61
总配种，49d未返情，%	70	61
第一次配种妊娠率，%	44	60
总配种妊娠率，%	42	60
每受胎配种次数，次	2.4	1.7
妊娠率		
4周妊娠率，%	55	57
8周妊娠率，%	65	86
PSM超过165天时的未孕率，%	17	7

A

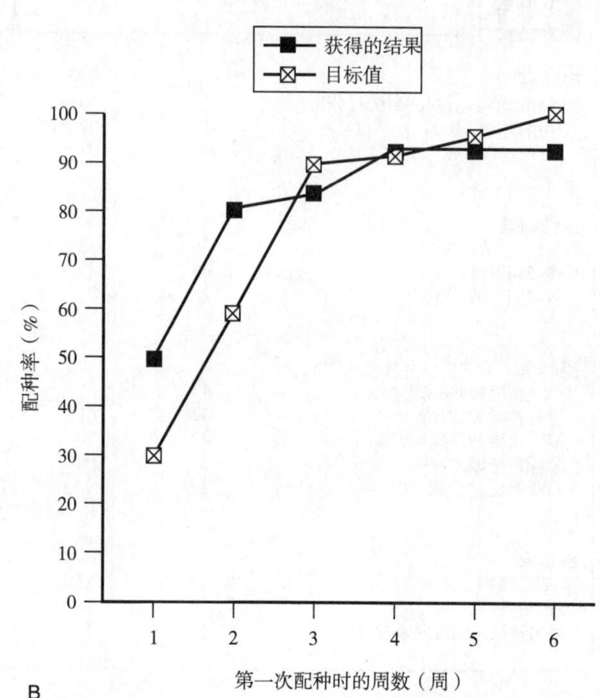

B

图24.19 一群采用同期发情技术以期获得高的配种率的奶牛群，但之后由于发情鉴定失误而返情配种的DairyWIN分析结果
A. 繁殖监测的主要参数，显示高的配种率，高的非返情率，但受胎率低，大部分牛的配种间隔时间为 39~45d（经允许复制） B. 配种季节开始后受配牛的比例变化，注意开始时由于在配种前采用同期发情技术，因此配种率高，但由于发情鉴定失误，配种结束时配种率低于目标值

监测反馈机制。例如图24.19所示，对牛群中很多牛实施了同期发情，所以它们在配种期的最初几天即进入发情期（图24.19B），因此达到了一个很高的3周配种参加率（图24.19A）。但是重复观察的结果很差，因为配种间隔时间为39~45d的比例很高（说明错过了发情）和49d未返情率与妊娠率差异显著（说明配种返情失败）。因此，很多牛（17%）在配种期结束时未能受孕。

不应忽视，传染病也是降低受胎率的原因之一。曾认为已经根除的疾病，如弯曲杆菌病和滴虫病仍存在于一些边远地区的牛群，而BVD作为妊娠率低的主要原因已经在第23章中进行了介绍。脲原体病（ureaplasmosis）也是妊娠失败的重要原因。在配种间隔延长时，尤其是在25~35d和36~48d的范围内时，需要对以上大多数疾病进行特异性检验。

确定妊娠率低的原因时也可采用用逐一排除法（progressive elimination of possibilities）。用DairyWIN软件能确定是否是由于人工授精使用的种公牛所致，或能确定问题发生的日期。分析这一问题需要检查精液细管、比较不同技术员输精的妊娠率、牛群管理人员的输精技术、发情鉴定技术以及公牛的繁殖功能检验。除非牛群有明显的繁殖疾病症状，否则必须在调查前排除所有其他的可能。

管理决策对牛群生育力的影响如图24.20。在这一牛群中，诱导两组牛集中分娩。在第一组中，在产犊期开始时诱导分娩，所以在配种期之前，奶牛有足够的时间恢复。在此次试验之前，这些牛已经被诱导分娩，所以在诱导前期得到了优先管理。这些牛有优良的繁殖性能以及良好的妊娠率。相比之下，第二组牛在产犊期结束时诱导分娩。由于没

繁殖监测报告 牛群类型：成年牛	全群	早期诱导	后期诱导
产犊性能			
4周产犊率，%	62		
8周产犊率，%	90		
配种率			
PSM时产犊不到40d的牛所占百分比，%	21	0	78
21d配种率，%	57	65	13
28d配种率，%	68	87	13
返情间隔时间			
2~17d返情牛，%	26	29	13
18~24d返情牛，%	43	64	69
39~45d返情牛，%	6	0	0
受胎率			
第一次配种，49d未返情，%	45	59	33
总配种，49d未返情，%	53	61	50
第一次配种妊娠率，%	42	64	17
总配种妊娠率，%	34	53	25
每受胎配种次数，次	2.9	1.9	4.0
妊娠率			
4周时的妊娠率，%	35	57	13
8周时的妊娠率，%	67	91	43
PSM超过165d时的未妊娠率，%	17	9	44

图24.20　在产犊期早期或晚期诱导产犊对以后生育力影响的DairyWIN分析结果。诱导产犊的目的是改进不良的产犊模式（经允许复制）。

有在适当的时间进行诱导，在诱导前母牛没有优先管理，所以，这些牛依然处于能量负平衡中，且在配种期开始时仍处于子宫复旧中，以致最终能够妊娠的牛很少。

24.9　肉牛哺乳群的生育力管理和日常检查

兽医很少会协助管理人员参与哺乳肉牛群的生育力管理，但是，由于良好的生育力和正确的营养状况是影响肉牛犊牛生产经济效益的主要因素，因此需要兽医参与繁殖控制方案的实施及日常检查，但这种需要远达不到奶牛群的水平。

除了这些明显的差异外，哺乳肉牛（9年或更长）寿命比奶牛（6年）更长，且一生能够产6或7头犊牛。自然交配依然是可行的配种方法，这意味着公畜对哺乳肉牛的生育力有更直接的影响，同时还可能传播性病。在英国很多地区，同期发情技术和人工授精技术在哺乳肉牛的应用越来越普及（Penny，1998）。

哺乳肉牛良好的繁殖性能需要达到如下要求：

- 每年产一头犊牛，即产犊指数为365d
- 约2个月的集中产犊期，以保证断奶时犊牛的日龄和体重相近，且确保晚产犊牛不会从早生的大龄犊牛获得传染，以提高整体健康水平，减少犊牛死亡率。此外，母牛的生产周期一致，因此其饲喂和管理相同
- 牛应在一年中最适宜的时间产犊，以充分利用饲料。比如在春季、夏季和秋季产犊，这取决于个体牛场的具体情况，但是不要在冬季产犊
- 分娩时，牛体况评分应在2.5～3之间
- 将繁殖力好的公牛与适当数量的母牛和小母牛一起放牧很重要。尤其是对小母牛，应使用配种后易于母牛分娩的公牛配种
- 理想状态下，小母牛应提早配种，使其比牛群中的母牛早2～3周产犊，以便有更长的产犊–受胎间隔时间
- 初产母牛体重丧失更多，因此，应将其单独饲喂并补饲，并需要给其犊牛稍早些日子断奶。

为了满足上述需求，哺乳肉牛繁殖力管理方案如下，且可根据计划产犊的具体时间做适当调整：

- 牛群在9月和10月产犊。有关难产、胎衣不下、子宫感染和其他导致不孕的疾病都需详细记录
- 在11月初或更早些，检查个体或全部公牛的健康、体况和生育力。确保有足够数量的公牛，且尽可能保证没有性传播疾病
- 12月中上旬时，对所有母牛实施体况评分（至少要达到2.5分），并对所有曾有繁殖障碍或疾病的牛进行直肠检查。理想状态下，应检查所有的牛，以确定卵巢恢复周期活动
- 12月中旬时，将一头或多头公牛与母牛合群，合群持续8周的时间，在2月中旬将公牛与母牛分开
- 移除公牛后的6～8周，通过直肠检查或直肠内超声检查进行妊娠诊断，估测每一个母牛的妊娠期并预测其分娩日期
- 犊牛在6月断奶：实施母牛的体况评分，如果需要可调整饲料
- 在9～10月间产犊时，要使母牛体况评分达到3。

第 25 章

母绵羊和母山羊的不育及低育

Keith Smith / 编　　张勇 / 译

25.1 绵羊

绵羊的生育力水平经常以群体的繁殖性能来表示，它可以定义为每100只与公羊合群的母羊所生产的羔羊数（即真实产羔率）。在繁殖季节开始时引入公羊，所有物质和经济方面的效益均从此时开始计算，应考虑死亡的母羊、被淘汰的母羊以及流产或空怀的母羊。肉类及家畜委员会（Meat and Livestock Commission，MLC）（1988a）将绵羊的繁殖损失分为两类：妊娠期间发生的母羊死亡（死亡母羊）和不能产羔的母羊（空怀母羊）。空怀母羊是羊群损失的一部分，但通常并未包括在成本计算之内，因此使得羊群间的比较非常困难，而且在有些情况下对繁殖性能产生一种过于乐观的印象（Maund 和Jones，1986）。影响售出羔羊数量的主要因素有三个，即：生育力（fertility），即母羊能否妊娠产羔；多胎性（fecundity），即每次妊娠后所产羔羊的数目；断奶前的羔羊存活率（survival rate to weaning）。

在英国，最大限度提高售出羔羊数目的主要措施是使用高产品种的母羊和提高母羊的营养水平（MLC，1988b）。然而，在过去100年，虽然兽医方面投入增加，人们对疾病的认识、诊断及治疗水平都有了相当大的提高，但在英国母羊不能产羔的比例仍然在6%左右（Heape，1899；MLC，1984，1988a）。但是，随着对新生羔羊损失研究的深入以及对母羊、羔羊两者疾病防控的提高，育成羔羊数目明显增加（Eales 和 Small，1986）。

MLC于2002年公布了低地和高地绵羊羊群生产性能的最新数据，与2001年英国发生口蹄疫、损失了大约240万只母羊的数据也进行了比较。在54个低地羊群中，产羔率、产活羔率及断奶后存活率分别为166%、157%和149%，在67个高地羊群，相应的数据分别是152%、144%和138%。低地羊群的空怀率为5%，高地羊群的空怀率为4%；妊娠期间的死亡率两者都是2%。

在对34个羊群5 488只纯种或杂种母羊进行的研究中，Smith（1991）发现，6.4%（348只）的母羊真正发生了繁殖损失，3.4%的空怀，2.4%的流产，0.3%的母羊虽经多次交配但仍未能妊娠，0.3%的表现乏情，但本次研究中母羊的死亡率很低，为1.2%。在准确而廉价的妊娠诊断方法，尤其是B超（White等，1984）出现之前，空怀母羊经常只有到其不能产羔时才可被鉴别出来。空怀母羊常常被淘汰，这在一定程度上体现了针对低生育力而进行的遗传选育。多胎性一般受遗传选择、母羊年龄、营养状况及环境的影响。羔羊的存活率主要受管理因素和环境的影响，也受到诸如良好的母性行为等性状的遗传选育的影响。

与牛相比，绵羊的生育力水平较高，这反映了绵羊所面临的自然繁殖环境更为有益。在发情季节，一般允许母羊与公羊混群饲养，不进行隔离，因此不会遇到发情鉴定问题。而且大部分品种的绵羊在分娩后会有一个比牛更长的无发情周期的时间，这可以使生殖系统有时间从妊娠的影响中充分恢复。关于英国低地母羊正常的受胎率，尚未见非常确切的数据，但Smith（1991）提出，用第一次配种的妊娠（受胎）率来衡量，母羊的生育力可达91.6%。这一研究还发现，第三次配种后99.4%的母羊妊娠。引起绵羊不育的主要因素是一些特异性的传染病病原，这些病原经常导致绵羊流产。关于绵羊繁殖的许多兽医研究，主要集中在对这些问题的研究上，而生殖器官结构、功能和管理性因素则不太重要。

25.2　生殖器官结构性异常

绵羊生殖器官的结构性缺陷并不常见。Emady等（1975）在对2 081只绵羊的生殖器官进行的屠宰场调查研究中，发现只有0.72%存在肉眼可见的病变。Smith（1996）在对英国两个屠宰场33 506只绵羊生殖道（其中9 970只经产）的调查中发现，有6.57%经产母羊和1.95%未经产母羊的生殖道存在病理损伤，最常见的变化主要涉及卵巢及卵巢囊，而纤维蛋白带（fibrin tags）和卵巢冠囊肿（paraovarian cysts）是最常见的病变。然而，这些病理损伤不可能单独引起不育。毋庸置疑，在这次调查中发现的其他病理损伤可能会引起不育和绝育（例如：卵巢发生不全缺失、卵巢发育不全，双侧性输卵管积水，中肾旁管发育不全、异性孪生不育、两性畸形及假两性畸形等）。

由于绵羊怀双胎时双羔邻近尿囊血管的吻合极少发生，因此异性孪生不育的情况罕见，但有报道其发病率为0.23%～1.22%（Dain，1971；Long，1980；Smith，1996）。在一些多胎品种，其发病率更高，如Booroola F母羊的发病率可达6.85%（Cribiu等，1990）。真两性畸形在绵羊见有报道。Chaffaux等（1987）和Frayer-Hosken等（1992）都报道发现有绵羊的卵睾体（ovo-testis），Smith等（1996）发现母绵羊具有有活性的雌性性腺和带有蔓状静脉丛的无活性的睾丸。两性间性的病例主要见于羔羊去势时，这些为雄性假两性畸形，牧民称之为“wiligils”。如果在一个羊群中可见多个这样的病例，则可能说明是由遗传性因素引起的。绵羊生殖器官的其他发育异常很少，但有研究表明，卵巢发育不全与一些绵羊品种的多胎性有一定关系（Davis等，1992；Vaughan等，1997）。

25.3　功能性因素

除了在生殖能力不强的母羊（通常被淘汰）外，乏情在绵羊并不多见；Smith（1991）发现5 488只低地母羊中的乏情率仅为0.3%。事实上，当公羊和母羊混群后，大多数母羊会在一个月内完成配种。有些绵羊在繁殖季节的第一次发情为不排卵性发情，根据Dutt（1954）报道，与晚期配种相比，母羊在如此之早的发情时配种，更常发生受精失败。卵泡囊肿在牛上较为多见，但在绵羊则不太重要。Smith（1996）发现卵泡囊肿在未经产及经产的异常母羊生殖道的发生率分别为2.9%和10.02%。黄体囊肿在绵羊罕见。

孕体死亡或孕体吸收是母羊不育的显著特征，而且常常与怀多胎而不是怀单胎有关。大量的孕体死亡很可能发生在早期配种之后。采用腹腔镜比较黄体数目与胎儿的数目，发现孕体死亡或吸收的发病率为20%～30%（Wallace和 Ashworth，1990；Bruere和West，1993）。

早期孕体死亡也和诸如弓形体病、边界病（见下文）等传染病有关。在Johnston（1988）所进行的一个调查中发现，35.2%的空怀母羊弓形虫抗体滴度升高，而可以繁殖的母羊中增高的只有19.2%。

在澳大利亚，Bennetts等人（1946）报道了一种绵羊在有隐秘苜蓿的牧场放牧时可发生一种特殊的环境因素引起的不育。这种苜蓿含有大量的类雌激素作用的物质——染料木黄酮（genistein），它的摄入会导致子宫内膜的囊肿性变性和永久性绝育。尽管在其他植物中也发现有少量的类雌激素物质，但在澳大利亚之外的其他地区并未发现有这种物质所引起的类似的不育。发情时及在黄体期早期，激素变化的不同步或不平衡可能会导致孕体死亡。在以摘除卵巢的母羊作为孕体移植受体的实验性研究中发现，为了确保孕体存活，必须要采用严格的甾体激素补充方案（Wilmut等，1985），该方案的处理程序是：（1）补充孕酮刺激前一个周期的黄体期；（2）雌二醇刺激发情；（3）补充低水平的孕酮刺激早期间情期；接着进行程序（4）即给予高浓度的孕酮刺激正常的黄体期。

25.4 管理性因素

25.4.1 发情鉴定和人工授精

由于绵羊在发情时极少有可见的发情征状，因此最好的发情鉴定方法是用衰老的切除输精管的公羊试情。绵羊的人工授精还没有像牛那样普遍，但采用人工授精的数量正在逐步增加。出现这种现象的原因很多，主要是采用冷冻或解冻精液进行子宫颈内输精后得到结果很不理想。绵羊的精子不能在母羊的生殖道内定植或不能穿过子宫颈，很快就从母羊的生殖道内消失。但采用腹腔镜进行子宫内输精已获得很大成功，无论采用稀释的鲜精或冷冻解冻精液，妊娠率可超过70%（McKelvey，1999）。目前人们正在对绵羊子宫颈的可穿透性进行研究，以期能够设计出一种能与腹腔镜人工授精结果相近的方法，同时减少常常见到的采用子宫颈技术而引起病理损伤的数量（McKelvey，1999）。人工授精最好在发情中期进行，或发情开始后12～14h输精。

25.4.2 试情

在把有生育力的公羊与母羊混群之前，将切除输精管的公羊放入羊群，对于妊娠（受胎）率没有影响（Smith，1991），但在Smith的研究中发现，切除输精管的公羊对发情周期性活动的启动具有明显的影响，因而使产羔季节更为密集。在进行试情的母羊中，84.8%的母羊在与有生育力公羊混群后的头16d之内就可表现发情，而未被试情的母羊则需要经过两个发情周期才达到与此相近的效果。Smith（1991）的研究也表明，试情之前必须把母羊和公羊在视觉、听觉、嗅觉各个方面进行完全隔离。

25.4.3 公羊和母羊的比例

每只公羊可配母羊数（原文有误，译者注）依许多不同因素而变化，这些因素包括公羊的年龄、母羊的年龄，在羊群中是否使用一只以上的公羊，地面环境和围栏的大小等。在非同期发情的羊群，公羊和母羊的比例在1∶25到1∶40之间比较合适，而在采用同期发情的羊群，比例至少在1∶10左右。

25.4.4 营养

配种期间母羊要保持良好的身体状况，这是非常重要的。配种前数周增加母羊的能量摄入使母羊的体重增加（突击饲喂），可提高具有遗传潜能的多胎母羊的繁殖力。如果配种后一个月内仍可以保持这种饲喂水平，则可确保能获得较高的妊娠率。妊娠第二和第三个月可适当减少摄食，但在产羔前最后6～8周摄食量应该增加（MLC，1988b）。

25.4.5 非传染性流产

非传染性流产主要是由于粗暴处理母羊（如冬季剪毛、舍饲前药浴、免疫接种等）、代谢性疾病（尤其是双羔疾病）及运输等引起。犬的惊吓也常常导致绵羊流产。阴道脱出会导致强烈的努责，尤其在发生感染使子宫颈塞软化时，常常导致流产。羔羊的先天性甲状腺肿也可能是导致流产的病因之一（Watson等，1962）。

非传染性流产很少能超过羊群流产的2%，当流产率升高时很可能存在传染性病因，应该进行彻底的调查（见下文）。

25.4.6 提高多胎性

在发情周期的第12天和第13天注射马绒毛膜促性腺激素（eCG）可以提高排卵率。用雄烯二酮免疫母羊也可以得到较好的结果。但在英国已禁止使用此类商品（参见第1章，1.12.2.10.2 抗雄烯二酮法）。

25.5 传染性因素

生殖道，特别是子宫的非特异性感染，在绵羊意义不大，这可能是因为大部分品种的绵羊在产羔后都有一段很长的乏情期。即使有少部分母羊在产羔时或者产后发生细菌感染，这一比例也一般在20%以下，污染可在一周之内被清除（Regassa 和 Noakes，1999），在这个时间段之后，生殖道主要受孕酮的影响。孕酮再次对生殖道发生主要影响的时间是在下一个间情期，正常情况下这要在数月之后。在牛，产后发生胎衣不下（retention of the fetal membranes，RFM）十分常见，这也是发生子宫内膜炎和低育的主要危险因素。相对而言，胎衣不下在绵羊并不多见；如有发生，可以通过牵拉暴露在外的胎衣除去。如有残留，一般会在5～6d内自行分离并脱落。若患羊由于发生子宫炎而出现全身症状，则需要用合适的广谱抗生素进行治疗。但是，还有很多特异性感染因素可对生育力产生严重的影响，特别是通过引起流产和围产期胎儿死亡而降低生育力。

许多传染因素更易侵袭绵羊妊娠期间的生殖道，因此常常会引起流产。在英国，每年流产导致约一百万只羔羊的损失（Fraser 和 Stamp，1987）。流产本身仅代表了损失的一部分，从某种意义上来说，母羊空怀、羔羊无论是足月或早产而出现的虚弱不能存活，都应计算在流产引起的损失之内。

羊群中发生的所有流产，如果不能证明是由其他原因所引起，都应当认为是传染性因素所致。

由英格兰和威尔士的兽医实验室机构（Veterinary Laboratory Agency，VLA）的地方实验室和苏格兰的疾病监控中心（Disease Surveillance Centres in Scotland）进行的诊断调查，列出了1996—2005年送往这些实验室的材料中诊断出的引起绵羊胎儿性疾病的传染性病因，总结于表25.1。

引起绵羊不育和低育，特别是引起胎儿病变而发生流产的特异性传染性因素，将在下文进行介绍。

25.5.1 绵羊地方性流产

母羊地方性流产（enzootic abortion of ewes，EAE）也称为绵羊地方性流产（ovine enzootic abortion，或kebbing），是由感染流产亲衣原体（*Chlamydophila abortus*）[以前分类为鹦鹉热衣原体免疫型1（*Chlamydia psittaci* immunotype 1）]所引起，病原对妊娠子宫有较强的感染力。本病也可以感染山羊、牛、鹿及人类，是英国最常见的引起绵羊流产的原因。据估计，每年由衣原体引起的流产所导致的经济损失为1000万～2000万英镑（Aitken等，1990）。多年以来，在苏格兰和英格兰的边界地区，牧民和兽医均对羊群中的地方性流产非常熟悉。Stamp等人（1950）鉴定出了引起本病的病原体。目前这种疾病在英国广泛传播，在欧洲和美国西部也常见。流产亲衣原体具有十分特殊的生活周期，包括细胞内和细胞外两个阶段，使得病原能够逃逸宿主的免疫反应，便于维持低度无症状感染（low-grade asymptomatic infection）（Aitken，1986）。本病最常发生于临产时集中管理的羊群。

25.5.1.1　流行病学

本病的主要传染源是购入的任何年龄阶段的感染母羊，清洁群中80%以上的新发病是由这种方式引起的（Greig，1996）。野生动物也可传播本病，如狐狸、海鸥和乌鸦等。绵羊—绵羊之间的

表25.1 英格兰和威尔士的兽医实验室机构（VLA）的地方实验室和苏格兰的疾病监控中心记录的绵羊胎儿性疾病病原菌的分离频率（%）

绵　羊	1996	1997	1998	1999	2000	2001	2002	2003	2004	2005
伪结核耶尔森菌（*Yersinia pseudotuberculosis*）	0	0	0	0	0.2	0.4	0.5	0.8	1.0	0.6
未列出的诊断	4.5	7.4	10.2	4.9	6.6	8.2	7.4	6.1	5.9	9.7
化脓隐秘杆菌（*Arcanobacterium pyogenes*）	1.2	1.3	1.2	1.0	1.4	1.5	1.0	1.3	1.0	1.3
地衣芽孢杆菌（*Bacillus licheniformus*）	1.4	0.9	0.7	0.9	0.7	0.7	1.2	1.9	1.2	3.0
弯曲菌（*Campylobacter*）	11.0	9.4	10.6	18.3	13.8	14.6	11.4	13.6	20.6	9.2
流产亲衣原体（*Chlamydophila abortus*）	49.9	50.9	38.2	38.3	43.1	44.3	44.1	40.0	31.3	36.5
贝氏柯克斯体（*Coxiella burnetii*）	0	0.1	0.17	0.12	0.5	0.11	0	0.2	0.08	0.08
NOS真菌类	0	0.04	0	0.06	0.11	0.11	0.09	0	0	0
单核细胞增生性李氏杆菌（*Listeria monocytogenes*）	2.3	2.3	2.4	3.3	2.6	2.3	2.7	3.3	5.5	3.7
绵羊流产沙门氏菌（*Salmonella abortus ovis*）	0	0	0.04	0	0	0	0	0	0	0
都柏林沙门氏菌（*Salmonella dublin*）	0.3	0.3	0.4	0.4	0.4	1.4	2.5	1.7	0.8	1.1
NOS 沙门氏菌（*Salmonella* NOS）	2.6	2.8	2.4	2.6	3.1	5.3	4.2	6.2	6.3	5.0
鼠伤寒沙门氏菌（*Salmonella typhimurium*）	0.2	0.2	0.17	0.12	0.2	0.4	0.09	0	0	0.3
弓形虫病（Toxoplasmosis）	26.5	24.4	33.6	30.0	27.2	20.7	24.8	24.9	26.3	29.5
总计	**4 680**	**4 559**	**4 168**	**2 891**	**3 096**	**1 859**	**2 285**	**2 596**	**2 460**	**2 410**
被鉴定比例	60.6	53.9	58.1	56.6	56.9	51.2	50.5	53.7	50.8	52.2
未达到诊断比例	39.4	46.1	41.9	43.4	43.1	48.8	49.5	46.3	49.2	47.8

NOS，未确定，not otherwise specified

传播是最主要的传播途径，产羔期间感染母羊将大量传染物排出到周围环境中，因此是最危险的发病期。易感母羊通过吸入或食入含流产亲衣原体的流产母羊的胎盘或胎水而感染本病。胎盘和胎水由于被严重污染，因此是易感母羊主要的传染源（Aitken等，1990）；死羔和被污染的垫料也与此病的传播有关。在环境温度较低时，亲衣原体感染颗粒（初体，elementary bodies）可以存活数周。妊娠早期被感染的母羊通常发生流产，或者病原体会处于休眠阶段直至下次妊娠。流产亲衣原体不会通过感染母羊的乳汁传播，但羔羊可通过接触乳头上沾染的子宫分泌物而被感染。现场研究表明，在被母羊感染的羔羊中，大约30%可在第一次妊娠时（此时为羔羊或周岁羊）发生胎盘炎，还有一部分会发生流产（Greig，1996）。

在妊娠期以外时间感染的亲衣原体一直处于休眠状态，但在妊娠期它们可从“潜伏”状态被重新激活，但关于潜伏的部位和重新被激活的精确的启动因子目前还不清楚。隐性感染的羊群无法通过免疫方法确诊。Buxton等人（1990）的研究表明，母羊从妊娠早期开始对本病易感。研究表明，咽部的扁桃体和淋巴组织是最早的感染部位，随后随血液扩展到主要器官和淋巴结。此后一直到妊娠的第60～90天之前衣原体存在的部位还不确定，但在妊娠第60天可见到胎盘和胎儿已发生感染，而一直要到妊娠第90天才可观察到病理变化。流产亲衣原体的快速复制可引起子叶、子叶间胎盘及对应的子宫内膜发生局部坏死和感染的接触性扩散，从而通常在妊娠的最后两周发生流产。肉眼观察，胎盘炎的病变特征和牛感染流产布鲁氏菌（*Brucella abortus*）时的特征相似。子叶间的尿膜绒毛膜水肿增厚，外观似皮革状；胎儿子叶变性坏死，并且在绒毛膜上出现深黄色沉着物。

在妊娠后期感染的母羊一直要到下次妊娠时才会发生流产。在断续产羔（split-lambing）的羊群，产羔晚的母羊可从产羔早的感染母羊获得感染，并在同一季节发生流产（Blewett等，1982）。购进的感染母羊可在第一年就发生流产，并在产羔时将感染扩散到易感母羊和羔羊，在第二年会引起流产的暴发。

流产产出的羔羊大部分发育良好，新鲜，无自溶性变化，说明是在子宫内新近死亡；有些感染的母羊会同时产下死亡的和活的羔羊，但活产的羔羊可能孱弱，不能生存，虽然精心护理，但仍在发生母羊地方性流产时造成严重的损失。少数可发生流产后子宫炎（Aitken，1986）。流产率一般为5%～30%，较高的流产率一般出现在引入传染后的第一或第二年，之后的流产率一般在5%～10%左右。但是这些数据并未将新生羔羊的损失计算在内，这一阶段新生羔羊的损失可高达25%（Greig，1996）。

山地羊除非是在以前被感染的低地母羊使用过的圈舍中舍饲产羔，否则本病在山地羊群中很少见。

尽管公羊也可感染本病而发生附睾炎，但尚无证据表明公羊对母羊地方性流产的传播起有重要作用（Appleyard等，1985）。在英国，在产羔或流产期间公羊很少和母羊混群饲养，因此公羊并未暴露于衣原体感染。

25.5.1.2 诊断

临床症状。母羊在流产前没有预兆性症状，体况正常。但是，有些母羊流产前几天会出现阴道分泌物，行为也可发生改变。发生本病时可发生流产、羔羊早产，或者产下很虚弱的羔羊，也可能产下正常胎儿，但胎衣发生感染。母羊可能出现胎衣不下而导致子宫炎，但无其他临床可见症状。

胎盘损伤和染色。胎盘一般发生急性炎症，增厚，坏死，表现出典型的胎盘炎特征（图25.1）。用感染的子叶区和胎儿湿的皮肤涂片，通过改良的Ziehl-Neelsen法染色，检查细胞内包涵体，可发现其类似小的耐酸球菌（acid-fast cocci）；这种包涵体在细胞内呈簇状或单个分布于整个涂片，它容易与博纳特立克次氏体（*Coxiella burnetii*）混淆，后者会更大一些。

血清学诊断。通过荧光抗体试验，从胎水中或者哺乳前新生羔羊的血清中检测到特异性亲衣原体抗体的存在，是亲衣原体感染的特异性证据。

补体结合试验是常规采用的诊断方法，抗体滴度至少达4/32时可确定为阳性。应在流产时和流产后3～4周采取双份样本进行比较，阳性羊样品抗体滴度显著升高。接种过疫苗的羊抗体滴度较低，没有升高的迹象。也可用酶联免疫吸附试验（ELISA）和间接免疫荧光抗体试验进行检测。

25.5.1.3 治疗

抗生素可减少但不能消除流产的发生，可用于产羔季节延长的羊群。为了得到最好的结果，应尽可能在妊娠95～100d后进行治疗，因为这时可能已经发生了胎盘感染。虽然长效土霉素比较昂贵，但可按20mg/kg的剂量每10～14d重复用药一次，直至

图25.1 被流产亲衣原体感染的绵羊胎盘，表现出明显的胎盘炎，胎盘增厚、坏死的胎盘突（见彩图78）

产羔（Aitken，1986）。这种治疗方法可以减少病原体排出的数量，但不能消除感染。也不能彻底改变已经出现的严重感染的胎盘的病理变化，因此即使进行治疗，仍然会有一些流产发生。

25.5.1.4 防控

Aitken等（1990）指出，预防控制的主要目的是保持羊群无污染，要从由Premium Health Scheme（受苏格兰农业大学的监管）确定无母羊地方性流产的羊群中购买后备羊。

（a）母羊地方性流产诊断程序：

- 隔离3周以上，标记所有流产母羊
- 如果羊群中流产病例不止一例，应将死亡的羔羊和胎衣送实验室进行诊断
- 降低向其他母羊扩散的风险
- 处理不需要再进行诊断的死羔和胎衣
- 清理产羔区，并覆盖清洁的垫草
- 由于阴道分泌物和污染的羊毛可使羔羊感染，因此不建议用母羊哺乳羔羊。如果羔羊已经哺乳，则不应留作种用
- 随后几年可以考虑进行免疫接种和/或用土霉素治疗的策略。

已经获得感染的母羊在流产之前不会表现出阳性抗体滴度，因此不可能通过筛选羊群检测隐性感染。Enzovac（Intervet UK）或Cevac Chlamydophila（Ceva）两种疫苗都包括温度敏感性的流产亲衣原体株，在接种后2个月才能达到抗体保护水平。可在羔羊5月龄时进行疫苗接种，成年绵羊也可在配种前1～4个月进行免疫接种。疫苗可以保护羔羊不经胎盘感染此病。高危羊群，即每年流产率在5%以上，以及从未经认可的羊群中购入母羊的羊群，应该每年或者每两年进行免疫接种。低危羊群，即每年流产率在5%以下，或者从经认可的羊群中购入母羊的羊群，只需进行一次免疫接种。对研制的灭活疫苗Mydiavac（Novartis UK Ltd）进行的实验数据表明，它可降低暴发此病时以前感染过本病的母羊的流产率。

（b）如果不存在母羊地方性流产，也应按照以下管理策略，努力防止疾病的传入。

- 保持羊群封闭，购入公羊来源清楚，或者从进行母羊地方性流产监控的羊群选购
- 购入的母羊第一年要与原母羊群隔离产羔，对所有流产或空怀母羊均要进行检查。

25.5.1.5 人畜共患风险

绵羊的流产亲衣原体病对于孕妇非常危险，其可在未出生的婴儿胎盘上快速繁殖。孕妇最初表现为轻微流感样症状，之后逐渐严重，并有可能在1周之内发生流产。母体可发生弥散性血管内凝血（disseminated intravascular coagulation），产生危急疾病。通常加强对孕妇的护理，会很快完全康复，但遗憾的是，到目前为止，所有的婴儿都无一存活（Buxton，1986）。

25.5.2 弓形虫病

在英国和新西兰，刚地弓形虫（*Toxoplasma gondii*）感染是绵羊流产的第二大主要原因，研究表明本病可引起包括绵羊在内的多种家畜的早期孕体死亡、流产、死产和弱胎，而且广泛分布于动物群体和人群。未孕绵羊感染弓形虫后呈现典型的温和的及隐性感染，但在妊娠期感染时往往会导致孕体疾病，感染时的妊娠阶段也影响疾病的过程和性质（Bleweet和Watson，1983）。

本病的病原弓形虫具有复杂的生活史，包括发生在任何哺乳动物和鸟类的无性繁殖周期和仅能在猫和野生猫科动物中完成的有性繁殖周期。在猫科动物，弓形虫是在小肠上皮细胞中繁殖，所以，卵囊一般可在8d左右从粪便排出；在此期间可以排出数以千计的卵囊。卵囊排出后数天内形成孢子，之后被绵羊摄入体内（Frenkel，1973）。

25.5.2.1 流行病学

弓形虫病主要的传播媒介是猫及其野生猫科动物。具有传染性的弓形虫卵囊可在牧草、饲料或垫草中存活达2年以上。当幼猫第一次开始捕食时，即可通过粪便感染弓形虫病，因此通过粪便传递卵囊。虽然研究表明，弓形虫可存在于实验性及

自然感染的公羊的精液中（Spence等，1978），但母羊在配种时感染不太可能会引起流产。在急性感染期，弓形虫也可通过乳汁传播，而羊群中从流产母羊的横向传播重要性不大，然而由患病母羊产下的活羔羊可能存在先天性感染。一般200个卵囊就可感染一只母羊，而猫的1g粪便中大约含有100万个卵囊（Buxton，1989）。一旦摄入的孢子在动物体内扩散，它们可穿过小肠散布于各个器官形成组织囊肿，并在5～12d后出现发热反应，同时出现虫血症（parasitaemia）。动物机体在摄入弓形虫卵囊后10d左右，即可在子宫肉阜（uterine caruncular septa）中检出弓形虫，10～15d可在胎盘滋养层细胞检出；30d后形成弓形虫特异性胎儿抗体（Buxton，1989）。

感染后一般认为绵羊会终生保持持续感染状态，会对弓形虫具有免疫能力，因此不可能再发生由于弓形虫病引起的流产（Beverley等，1971；Buxton等，2006）。然而，Hartley（1966）报道，部分持续感染的母羊在随后妊娠时可以将弓形虫传给胎儿并发生流产。Duncanson等（2001）认为，这可能是由于绵羊复发而垂直传染胎儿所致，但要证明这一观点还需更多的研究工作。

25.5.2.2　临床症状

感染弓形虫后对繁殖的影响取决于感染发生时的妊娠阶段。如果在妊娠早期，即妊娠后60～70d前感染，通常会发生胎儿吸收，母畜返回发情或空怀。与母羊地方性流产不同的是，在对羊群筛查或在产羔期间检查时可发现，许多未观察到流产的母羊是空怀的。虽然发生早期孕体死亡，但是如果公羊仍然随群且繁殖季节尚未结束，则母羊能够受胎，而且具有很好的免疫力。妊娠中期感染弓形虫病时，可导致流产或胎儿干尸化。发生胎儿干尸化时，只有双胎或三胞胎中的一个可能发病（图25.2）。妊娠120d发生感染通常会引起死产、弱胎或产出正常羔羊。

胎盘，尤其是子叶的肉眼可见变化是刚地弓形虫病非常典型的病变。子叶由亮红变到暗红色，表面有许多直径1～3mm的白色坏死灶（所谓“霜草莓样病变”，frosted strawberries）（图25.3）。这些结节可分散存在，也可由于数量很多而聚集分布，但有时子叶正常。尿膜绒毛膜的子叶间区域似乎正常（与感染流产亲衣原体不同）（图25.4）。

25.5.2.3　诊断

本病的主要特点是母羊空怀、流产、死产、胎儿干尸化和羔羊孱弱。胎盘的外观具有诊断价值。

采集含有白色结节的子叶病料，涂片用吉姆萨或Leishman染色，进而可以确诊。另外，证实寄生虫存在时，应采集子叶，做组织切片。对大脑进行检查，尤其是在出生后不久就死亡的羔羊，可能会发现神经胶质细胞病灶和脑白质软化症（leukoencephalomalacia），这些都是感染弓形虫病的特征变化（Buxton等，1981）。同样，也可对

图25.2　干尸化的绵羊胎儿，周围为胎膜，注意感染刚地弓形虫后子叶的变化（见彩图79）

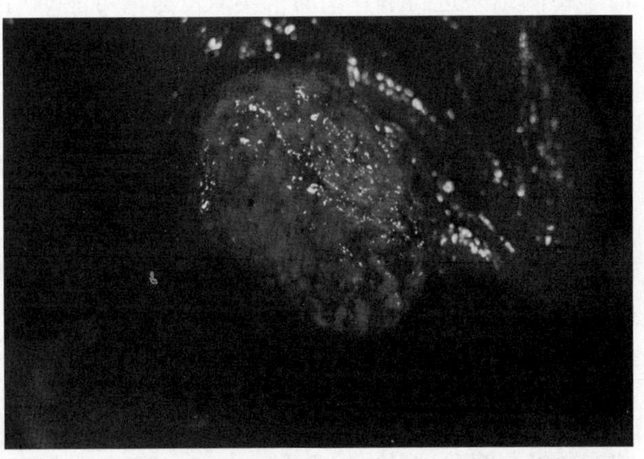

图25.3　绵羊感染刚地弓形虫后，子叶表现出典型的霜冻草莓样外观（见彩图80）

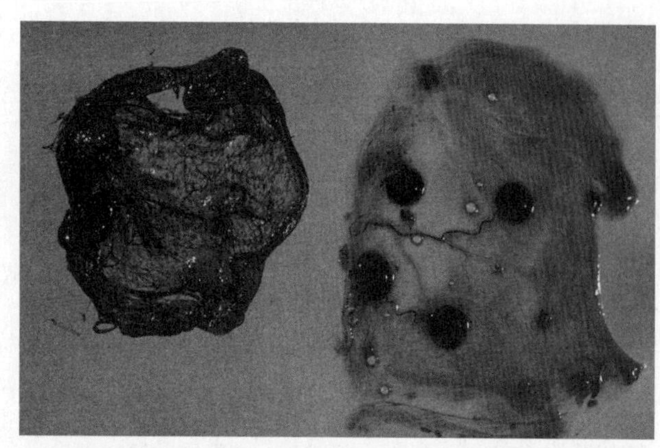

图25.4 正常尿膜绒毛膜（右侧）及感染刚地弓形虫后的尿囊绒毛膜（左侧）（见彩图81）
注意两个样本中虽然子叶明显不同，但子叶间的尿膜绒毛膜相似，清晰而透明

子叶组织切片进行免疫荧光染色。

对母体血清可以通过一系列血清学试验进行检测，且能获得令人满意的结果，这些试验包括萨宾和费尔德曼的染色实验（dye test of Sabin and Feldman）、间接荧光抗体试验（IFA），放射免疫测定和酶联免疫吸附试验（ELISA）等（Buxton，1983）。酶联免疫吸附试验可以改进后用来检测体液中（Buxton等，1988）抗弓形虫的免疫球蛋白G（Buxton，1983）。目前已经建立了间接血凝试验（indirect haemagglutination test，IHA），其试剂盒可用于兽医的工作实验室。单个血清样本中如果抗体效价升高，则说明以前感染过弓形虫病。但如果抗体效价持续数年一直很高，则很难对这种母羊的血清学检测结果进行解释，而采集双份血清可能对结果的解释具有意义。如果间隔14d后再次采样，其抗体效价升高，则说明存在进行性的感染。感染的羔羊存在乳前抗体，可对胸膜液、心包液、腹膜液或羔羊血清进行血清学检查。如果只能采集初乳后的样本，则必须测定IgG和IgM抗体（Buxton，1983）。

25.5.2.4 治疗和防控

妊娠期间，饲料中以每只动物每天15mg的剂量添加莫能菌素进行化学预防（chemoprophylaxis），能有效抑制绵羊弓形虫感染（Buxton，1988），但在英国，这种药物目前已不准用于这种预防。抗球虫药地考喹酯（decoquinate）以每天每千克体重2mg给药，也可以有效抑制妊娠母羊摄入弓形虫卵囊后的发病，这种方法已在英国获得批准。这两种药物如果在母羊遇到感染时使用，而不是在建立感染之后使用，效果最好（Buxton等，1996）。

在弓形虫病的急性期，可以用磺胺类药物对母羊进行治疗，可以使用的磺胺药物如甲氧苄啶（trimethoprim），但其比较昂贵。近来的研究表明，磺胺二甲嘧啶（sulfamethazine）和乙胺嘧啶（pyrimethamine）配伍使用，可以用于治疗人弓形虫病（Buxton等，1993）。

尽管在流产母羊确实不存在横向传播弓形虫的危险，但是在流产暴发的早期阶段应隔离流产母羊，因为此时也可能存在有其他的传染性因素。

已经流产的母羊对弓形虫病将获得免疫力（见前文提到的可能的复发），因此仍可继续留在羊群中。在繁殖季节开始前，应尽可能早使新加入的羊只接触到污染的饲料或垫草的卵囊，以暴露到可能的感染中获得免疫力。

有人采用刚地弓形虫S48株活的速殖子研制了一种有效的疫苗（Toxovax，Intervet，UK）（O'Connell等，1988；Buxton等，1991）。母羊羔在5月龄时接种这种疫苗，母羊和周岁羊应在配种前4个月接种；妊娠期母羊不能接种疫苗。近来的研究表明，接种疫苗后18个月时，由S48速殖子疫苗产生的保护度与在6个月时一样好。制造商声明在使用该疫苗后，在4周内不能使用其他活苗。

25.5.2.5 传播途径及发病机制

毋庸置疑，弓形虫病主要的传播媒介是猫和与猫有关的野生动物。这些动物在粪便中排出卵囊，污染牧场、饲草、饲料等。幼猫和具有繁殖能力的成年猫是主要传染源，牧场上成年不育猫是非常有用的，因为它们不仅降低了害虫的水平，还赶走了野猫。应该保护饲草料以防被猫的粪便污染。野生啮齿类动物，尤其是鼠类，是猫感染的主要来源。

妊娠期以外感染的母羊可以获得较好的免疫力。后备母羊在购入后应尽早暴露于草场环境，使其在配种前摄入卵囊，以获得免疫力（见上）。

刚地弓形虫也可以影响人类，但通常不会出现临床症状。但在妊娠期首次被感染的孕妇例外。胎盘和胎儿感染会对未出生的婴儿造成严重伤害。其他风险人群包括患免疫抑制性疾病的人群，这类人与孕妇一样，都不应该在产羔季节入场工作（Buxton，1986）。

25.5.3　弯曲杆菌病

在英国，弯曲杆菌（*Campylobacter*）是引起绵羊流产的第三大主要原因，也是新西兰造成流产的最常见的原因。胎儿弯曲杆菌（*C. fetus fetus*）和空肠弯曲杆菌（*C. jejuni*）均可引起母羊流产，其中前者是分离到的主要病原菌。

25.5.3.1　流行病学

母羊感染弯曲杆菌病（campylobacteriosis）后通常无临床症状，但可随粪便排出病原菌。空肠弯曲杆菌主要来自野生动物，而胎儿弯曲杆菌则来自带菌绵羊。牛的感染途径主要是通过交配传播，而绵羊则不同，主要是由肠道摄入。一旦发生流产，则可横向传播给其他易感妊娠母羊。弯曲杆菌在寒冷、潮湿的环境下易于生存，但在炎热、干燥的条件下则很快死亡。本病唯一的临床症状是流产，且通常发生在妊娠期的最后6周，妊娠足月的羔羊可在产出时死亡或体质虚弱。母羊除外阴肿胀和流出淡红色分泌物外，几乎不表现其他临床症状。母羊流产后可发生子宫炎，有些母羊可发病甚至死亡。流产时排出的物质均具有感染性。母羊在妊娠不足三个月时感染此病常无影响。若妊娠3个月以上发生感染，则可发生菌血症，主要的损害是引起胎盘炎。若在妊娠末期发生感染，则可在感染后1～3周内流产。羊群首次感染时，流产率可达5%～50%，感染后具有较强的免疫力，但这种免疫力呈血清特异性。无症状的带菌羊可排菌长达18个月。

25.5.3.2　诊断

- 具有胎盘炎的症状，胎儿子叶水肿、坏死；子叶间胎膜水肿、充血，并且略不透明。但是这些并不是弯曲杆菌病的特征性病理变化。刚流产的胎儿看起来新鲜，无任何特异性的肉眼可见的病理变化，但在约25%的流产胎儿，肝脏上会出现直径10～20mm（图25.5）的灰色圆形坏死灶（Dennis，1991）。

图25.5　绵羊胎儿的肝脏出现局部灰色坏死灶（见彩图82）

- 青年母羊最常发，丧失了免疫力的老龄母羊也会感染。
- 对胎盘和胎儿胃内容物，或来自胎盘、胎儿胃或肝脏的培养物制备的涂片进行革兰氏染色或改良Ziehl-Neelsen染色，可鉴定出病原体。
- 血清学鉴定无实际意义。

25.5.3.3　治疗与防控

- 一旦怀疑患有弯曲杆菌病，应将流产母羊与妊娠母羊隔离。如果可能发生了广泛的横向传播，妊娠母羊应该肌内注射青霉素30 万IU和双氢链霉素1g治疗，连用2d。
- 由于弯曲杆菌病是一种共患传染病，因此母畜流产的胎儿及分泌物必须做销毁处理。避免感染妊娠3个月以上的绵羊，以及可能成为传播宿主的野生动物。
- 当弯曲杆菌病确诊后，可将流产母羊和已经产羔的母羊混养，以刺激产生较强的免疫力。本病是一种自限性疾病，因此感染羊群中的大多数母羊，不管它们是否发生过流产，均可在第一年获得免疫力。这种后天获得性免疫一般可以持续3年，在大多数情况下，正好与期望的母羊的繁殖年限相等。

• 放倒料槽，以免鸟类采食

• 羊群应保持封闭状态。购入的母羊应尽可能地与原有母羊在妊娠中期以前混养，在妊娠末期分开饲养，单独产羔。

在美国、新西兰、澳大利亚和欧洲，利用弯曲杆菌最流行的血清I型和V 型制备的二价福尔马林佐剂灭活疫苗已经投入使用（Gumbrell等，1966）。两种疫苗可间隔15～30d注射，可在繁殖季节之前或妊娠前半期注射。母羊的免疫力大约持续3年，但后备母羊必须进行疫苗注射。有研究表明，在羊群暴发弯曲杆菌病早期，对所有维持妊娠的母羊进行疫苗接种是非常有必要的。因为疫苗注射以后10～14d才会产生免疫效果，因此进行早期诊断是绝对必要的。目前在英国尚无此类疫苗。

25.5.4 沙门氏菌病

多种血清型的沙门氏菌可引起绵羊流产，其中包括：绵羊流产沙门氏菌（*Salmonella abortus ovis*）、鼠伤寒沙门氏菌（*S. typhimurium*）、都柏林沙门氏菌（*S. dublin*）及蒙得维的亚沙门氏菌（*S. montevideo*）。有时，偶尔也可以分离到外来菌株，这经常与输入的异体蛋白有关。

25.5.4.1 流行病学

多种动物，包括人类，都可以成为传染源，在妊娠早期造成母羊空怀，在妊娠后期造成流产、死产或弱羔。根据血清型不同，感染母羊可能患病或造成母羊和羔羊巨大的灾难性损失。同时，已康复的母羊可能成为隐性带菌者。

25.5.4.2 临床症状

本病的症状随病原体的血清型而不同，现总结如下。

绵羊流产沙门氏菌（*Salmonella abortus ovis*）。是宿主专一性菌株，曾在英格兰西南部普遍流行，但现在已很少能分离到。病羊很少出现临床症状，但通常在妊娠期的最后6周发生流产。隐性带菌羊通常是隐患（Jack，1968）。

可以观察到羔羊出现两种不同的临床症状：

• 出生时弱羔，生后数小时内死亡

• 出生时健康，但突然发病，并在出生后10d死亡。

蒙得维的亚沙门氏菌（*S. montevideo*）。该菌株在苏格兰东南部多年来一直是主要问题。除了流产外，该菌感染后很少有其他全身症状。据报道，1982年严冬，11 500只繁殖母羊中流产率达10.1%。恶劣的天气，伴随长期的冷应激，必须将这些羊只聚集在一起，以便尽早供给饲草料。这些工作使问题更加复杂化，如造成水源污染，导致下游的动物感染。但最终调查研究表明，海鸟在沙门氏菌病的传播方面起着非常重要的作用。蒙得维的亚沙门氏菌病没有像感染鼠伤寒沙门氏菌和都柏林沙门氏菌那么严重，出生后存活幼羔的腹泻也并非是本病的典型特征（Linklater，1983）。

鼠伤寒沙门氏菌（*S. typhimurium*）。感染该菌后，绵羊的临床症状完全与上述的不同。病羊常见厌食、发热（高达41℃）和严重腹泻。阴道分泌物具有恶臭气味，患有败血症或严重脱水的病例可能在6～9d内死亡。有些羔羊出生时即死亡，有些出生后存活的羔羊表现出腹泻等严重症状，死亡率很高。这经常给母羊带来严重的损失。大量的研究表明，鼠伤寒沙门氏菌病经常在一些应激后发生，如合群之后、在严寒的冬天剪毛、舍饲以及注射疫苗等（Hunter等，1976）。

都柏林沙门氏菌（*S. dublin*）。母羊和羔羊感染该菌后的临床症状通常不如感染鼠伤寒沙门氏菌后的严重。死亡常由菌血症或脱水所引起，但死亡率通常很低（Baker等，1971）。

25.5.4.3 诊断

值得强调的是，除了绵羊流产沙门氏菌外，其他沙门氏菌引起的沙门氏菌病为共患病，因此在处

理感染材料时要特别小心

- 患病母羊的临床症状为腹泻、发热；在流产前或流产时阴道会排出恶臭分泌物
- 出生后存活下来的羔羊可能患有严重败血症或肺炎等疾病，尤其是被鼠伤寒沙门氏菌和都柏林沙门氏菌感染时尤为严重
- 从胎儿胃内容物、胎盘组织或阴道分泌物的培养物可鉴定到病原菌。另外，也可采用荧光抗体技术对上述组织的病原体进行快速诊断
- 可用血清学试验诊断绵羊流产沙门氏菌感染。

25.5.4.4　感染及发病机理

绵羊流产沙门氏菌具有宿主特异性，往往通过感染羊只传入羊群。沙门氏菌的其他菌株不具有宿主特异性，一般都是通过污染的饲料、水、野鸟或其他感染的畜禽而感染。一旦沙门氏菌病得以建立，将会通过摄入污染的垫料、饲料或水而快速传播。留在羊群中的隐性带菌者总是一个威胁，它可成为持久的传染源。

蒙得维的亚沙门氏菌主要感染绵羊，并且在英国的绵羊生产中形成了一种地方流行性病（Linklater，1983）。在屠宰场，全年可从羊肠系膜淋巴结中分离到该菌株，因此，在羊群之间年复一年发生携带性传染。

25.5.4.5　治疗和控制

控制蒙得维的亚沙门氏菌病的许多基本原则也适合于控制其他类型的沙门氏菌（Linklater，1983）：

- 隔离感染且已流产或腹泻的绵羊，并用对沙门氏菌敏感的抗生素进行治疗，从而限制病原体的排出
- 将流产母羊与将要产羔的母羊分开饲养
- 如果鸟类是本病的传染源，当料槽不用时把它翻过来；有规律地改变饲喂地点，并避免在地上饲喂
- 避免羊群内的应激情况，如频繁的驱赶，确保羊只能自由采食，提供足够的料槽，避免抢食
- 尽量阻止羊只饮用溪水和沟渠水，最好通过水管供给新鲜水。

25.5.5　李氏杆菌病

李氏杆菌在许多家畜广泛分布，尤其是反刍动物，在英国大约2%的绵羊流产是由李氏杆菌引起的。引起绵羊致病的李氏杆菌有两株，即单核细胞增生性李氏杆菌（*L. monocytogenes*）和绵羊李氏杆菌（*L. ivanovii*），发病后表现出以下一种或几种形式：

- 脑炎
- 流产
- 腹泻和败血症
- 角膜结膜炎、虹膜炎和乳房炎
- 新生羔羊败血症及死亡。

近年来，李氏杆菌病（Listeriosis）在英国的发生率一直呈上升趋势，脑炎是其最常见的表现形式。李氏杆菌脑炎的神经症状主要是转圈，一侧性面神经麻痹，头向一侧倾斜，做转圈运动。单核细胞增生性李氏杆菌和绵羊李氏杆菌都可以引起绵羊的流产，虽然流产可发生在任何阶段，但最常发生于妊娠后期。最初，绵羊体温升高。发生流产时并没有任何明显的特征，排出胎儿后也未见典型并发症，胎儿可能会发生自溶。羔羊出生时通常很虚弱，羔羊的肝脏上可见灰色或白色的坏死灶（所谓的“锯末肝，sawdust liver”）。胎盘绒毛出现坏死，绒毛膜上覆盖有红褐色渗出物；可见大量深褐色的阴道分泌物（Low 和 Linklater，1985），因子宫炎和败血症死亡的母羊很少见。

李氏杆菌病的几种表现形式可能在羊群中同时出现。暴发时，开始饲喂青贮饲料两天后即出现腹泻和败血症，尽管停饲青贮饲料，但是4周后仍然发生脑炎，随后发生流产。这些症状很少在同一母羊上出现，而且神经症状和流产很少同时发生。已有报道称，在牧场条件下，饲喂怀疑有问题的青贮饲料后7d就可出现流产（Low和 Linklater，1985）。

25.5.5.1 **诊断**

根据从阴道拭子、胎膜或胎儿及胎儿肝脏的病变部位分离到病原，可对本病作出诊断。

Smith等（1968）采用荧光抗体技术进行诊断，并且使用肝脏坏死灶接种小鼠，以及在接种兔后出现角膜炎可用于辅助诊断。

25.5.5.2 **治疗**

本病的病原体对许多抗生素都很敏感，因此如果给已经流产及有阴道分泌物的母羊用这类抗生素进行治疗，均可获得明显的效果。

25.5.5.3 **传播和发病机制**

单核细胞增生性李氏杆菌在环境中普遍存在，经常见于土壤，也可在饲草及健康动物的粪便中分离到。土壤是最主要的传染源，尤其是饲喂了发酵不好的被土壤污染了的青贮饲料后可诱发本病。绵羊可能经常暴露到感染，但据推测可能还需要其他因素才能诱导李氏杆菌病临床症状的出现。在妊娠后期母羊摄入病原菌后，其可穿过肠黏膜而感染胎儿，引起败血症及胎盘炎，这两者均可致死胎羔，最终发生流产。

25.5.5.4 **控制**

所有的流产母羊均应隔离，同时彻底清理流产地点。

在冰岛，李氏杆菌病又称为“青贮饲料病（silage disease）”，有人认为饲喂青贮饲料可能使母羊对李氏杆菌病易感（Gronstl，1980）。

随着给绵羊饲喂青贮饲料的增加，特别是将青贮饲料做成圆捆进行储存时，各种形式的李氏杆菌病发病率急剧上升。Fenlon（1985）在苏格兰进行的一项调查表明，在压缩的青贮饲料中，单核细胞李氏杆菌的分离检出率在1983年和1984年分别是2.5%和5.9%，而在做成大捆的青贮饲料中的分离检出率分别是22%和4%。最近在苏格兰进行的调查显示，10%的羊群发生李氏杆菌病，而其中的80%饲喂青贮饲料（Martin 和 Aitken，2000）。

在生产青贮饲料时，应建立良好的条件，防止李氏杆菌的繁殖。Low和Linklater（1985）提出了以下建议：

- 使用添加剂以降低青贮饲料的pH；制作pH小于5的高质量青贮饲料，避免大量的土壤污染（每千克干物质灰分含量超过70mg），例如避开土丘或者不要把牧草收割机放得太低
- 压垛与封闭同一天进行，确保圆捆密封、不漏气
- 避免饲喂闻起来明显发霉及变质的青贮饲料，以及取自圆捆顶端及四周的青贮饲料
- 撤掉48h后绵羊还未吃完的青贮饲料
- 在每年都发生李氏杆菌病的农场，建议家畜不要在准备生产青贮饲料的牧场放牧。

李氏杆菌病也是共患病，因此具有公共卫生隐患。

25.5.6 边界病

边界病（border disease）最早是20世纪50年代在英格兰和威尔士的边界地区首先发现的（Hughes等，1959），感染的新生羔羊表现神经症状，如战栗、被毛粗乱 [所谓的“被毛摇动者（hairy shakers）”]，而且羔羊虚弱，死亡率高。此后，在英国的其他地方也相继发现该病（Barlow 和 Dickinson，1965；Acland等，1972；Sweasey等，1979；Nettleton，1990）。研究表明，这种疾病也可引起繁殖失败。

25.5.6.1 **病原学**

这种疾病是由一种瘟病毒（pestivirus）引起的，与引起牛病毒性腹泻（bovine viral diarrhoea，BVD）和欧洲猪瘟（European swine fever）的病毒相似。

25.5.6.2 **临床症状**

关于羔羊的临床症状文献报道很详细，称作“被毛摇动者”或“茸毛羔（fuzzy lambs）”（Barlow和Gardiner，1983；Nettleton，1990）。在成年母羊，感染常导致中等程度的发热，常常未能诊断而痊愈。但是，如果母羊已经处于妊娠期，则其后果取决于胎儿发育的阶段；病毒感染胎儿后可引起胎儿死亡而发生胎儿干尸化，流产；或者在胎

儿期的早期感染，可引起胎儿死亡而被吸收，或者生出很虚弱的已感染的胎儿。流产可以发生在妊娠的任何阶段，但最常发生在妊娠90d左右，而且常常排出棕色干尸化的或全身水肿的胎儿（Barlow和Gardiner，1983）。在妊娠的头60d，孕体对实验性感染本病很敏感，如果感染发生在早期，唯一的临床症状可能就是空怀。在妊娠的60～80d胎儿可对抗原刺激产生反应，之后可在羔羊检查到其他征象（Nettleton，1990）。

25.5.6.3　诊断

根据羔羊的临床症状，结合羔羊脑和脊髓的病理组织学检查及从羔羊分离到的病毒或荧光抗体染色技术，可对本病作出诊断。通常在胎盘上看不到明显的病变。参照羊群中其他羊只的抗体水平，对流产或空怀母羊进行血清学检查，也可以作出诊断。

25.5.6.4　传播途径

其他动物的瘟病毒在实验条件下也可以引起绵羊的边界病，因此在家畜中，尤其牛及山羊也是潜在的传染源。Carlsson（1991）报道了两起封闭条件下舍饲绵羊自然暴发边界病的病例，发病绵羊与持续感染非胞质牛病毒性腹泻病毒（non-cytoplasmic BVD virus）的犊牛一同饲养。

但是边界病最有可能的传染源还是边界病康复后被引入羊群的母羔羊。这些个体虽然外表很健康，但可在很长一段时间内缓慢向外排毒。尽管这些个体生育力降低，但仍可生出感染的后代，而这些后代本身就是一种传染源。一些雄性羔羊可以通过精液排毒，它们的生育力降低可能与其睾丸小而软有关（Barlow 和 Gardiner，1983）。

25.5.6.5　治疗和防控

目前对本病尚无有效的治疗方法，也没有好的商用疫苗。控制该病的最好方法是确保羊群封闭，从而防止病原传入。一旦羊群发病，重要的是在暴发的早期尽力将妊娠母羊与已经产出有临床感染症状羔羊的母羊隔离。同时，为了确保未妊娠的母羊获得免疫力，应将它们暴露在感染环境中。从感染羊群中存活下来的所有羔羊都不能留作种用，应当屠宰，从而不再使隐性带毒者留存下来。

25.5.7　钩端螺旋体病

钩端螺旋体病（leptospirosis）发生于妊娠后期和产后期早期，给牧民带来极大的损失。在英格兰和威尔士，从188个分散的羊群中采集的3 722份成年绵羊的血清中，总共有6.4%含有抗钩端螺旋体哈德焦血清型（*Leptospira interrogans* serovar *hardjo*）的抗体（Hathaway等，1982）。

钩端螺旋体病一般发生在绵羊的两个出现生理性免疫抑制的时期，即母羊产羔前两周和羔羊出生后的第一周。

25.5.7.1　流行病学和传播

在进行传统管理的山地羊群中见不到本病，但是当这些羊群被购入而作为密集养殖和舍饲的低地后备羊时就会发病。繁殖损失一般发生在第一个产羔期，但是在随后各年度不会再发生。对于绵羊是否为这种感染的维持（maintenance）宿主以及是否需要牛作为已建立的感染的维持宿主参与本病的发生，目前还一直存在争议（Cousins等，1989）。无论如何，人们一致认为在控制本病时，减少绵羊和牛的接触是一种很好的措施。

25.5.7.2　临床症状

成年母羊的临床症状主要是以妊娠后期的流产、死产、产出弱羔为主要形式的繁殖损失。1981年到1987年之间在北爱尔兰Stormont检测的872只流产的羔羊中，共有17%是感染钩端螺旋体，主要是哈德焦血清型。也从患有脑膜炎的羔羊脑内分离到哈德焦型钩端螺旋体（*L. hardjo*）。在奶牛上见到的无乳症（Agalactia）（参见第23章），同样在北爱尔兰感染哈德焦钩端螺旋体的母羊上也被观察到（McKeown 和 Ellis，1986）。

25.5.7.3　诊断

在发生流产、死产和孱弱羔羊的病例，可根据从流产胎儿或胎膜分离到病原体进行初步诊断，通过对相同组织或胎盘的荧光抗体检测技术检测到病原体的存在，或根据平行血样中抗体滴度的升高进行确诊。

25.5.7.4 控制

可通过注射疫苗预防本病，可在配种前按照牛用剂量的1/4注射哈德焦型钩端螺旋体疫苗，2~4周后相同剂量重复注射一次（Ellis，1992）。

暴发流产时，对尚未流产的母羊按25mg/kg的剂量一次注射双氢链霉素进行治疗。

25.5.8 布鲁氏菌病

绵羊可感染马尔塔布鲁氏菌（*Brucella melitensis*）和羊布鲁氏菌（*B. ovis*）。前者在许多地中海国家、非洲和中美洲呈地方流行性，但在英国未发生过。后者在东欧的部分地区、南非、美国的西部州、新西兰和澳大利亚有过报道，在英国也未曾发生过。

由马尔塔布鲁氏菌引起的布鲁氏菌病是山羊和绵羊的主要疾病，但也可感染其他动物，包括人类（马尔塔热，Malta fever）。此病通过直接摄入流产产物或饮入被感染的奶而传播。在妊娠后期可引起流产、死产或产出弱羔。胎盘的病变与流产布鲁氏菌在牛引起的感染很相似，诊断时可通过直接检查或对胎盘涂片、胎儿胃内容物、阴道分泌物进行培养鉴定作出诊断。血清学试验，如补体结合反应可用于诊断。可以通过注射马尔塔布鲁氏菌或流产布鲁氏菌S19株疫苗进行防控。

羊布鲁氏菌主要对公羊产生影响，它可以引起附睾炎进而导致不育或绝育（参见第30章）。实验性感染母羊后，病原体可以引起胎盘炎，之后在妊娠后期发生流产或产出弱羔。但是，在牧场条件下很少出现流产。据Hartley等（1954）报道，即使确实发生流产，发病率也很低（7%~10%）。如果母羊以前与感染公羊交配过，其他公羊通过与这些母羊交配也可发生感染，而这些母羊本身却不会通过性途径被感染。母羊发生感染的途径目前还不太清楚。最近有报道认为，羊布鲁氏菌具有宿主特异性，然而发现阉割公羊感染后表现的临床症状和正常公羊相似。阉割过的公羊可以通过已感染的公羊或其他感染的阉割公羊而感染（Ridler，2002）。

25.5.9 Q热

本病由感染贝氏柯克斯体（*Coxiella burneti*）所引起，虽然在绵羊生产中意义不大，但与英国暴发的数次小规模的绵羊流产有关（Marmion 和 Watson，1961）。Q热的重要性在于对公共卫生的影响，人感染Q热后会出现流感样症状、肺炎和心脏损伤。因此，应该检查流产的羊胎儿，确定病原，以避免人感染本病的可能性。显微镜检查时，极易将Q热与流产布鲁氏菌（*B. abortus*）和流产亲衣原体（*C. abortus*）相混淆。

发生本病时，胎盘和阴道分泌物严重污染，因此可在分娩期或随后通过产羔区的羊毛和灰尘的气雾颗粒传播，这也是人感染的主要传染源（Watson，1973）。

25.5.10 脲原体病

研究人员已经从健康母羊（Ball等，1984）和颗粒状阴门炎（granular vulvitis）病羊（Doig 和 Ruhnke，1977）分离到脲原体（*Ureaplasma* spp.）。有研究表明，脲原体是健康绵羊泌尿生殖道常见的寄生菌。在牛和其他非家畜动物中，脲原体是不育和流产的病因之一，也可能在绵羊的不育和流产中发挥作用（Livingstone等，1978）。有人认为公羊可能是感染的主要传播者（McCaughey和Ball，1981）。

25.5.11 蜱传热

蜱传热（tick-borne fever）仅限于羊蜱蝇（*Ixodes ricinus*）发生的地区，因为几乎所有的蜱都包含有嗜吞噬细胞无形体［*Anaplasma phagocytophilum*，——现分类中又称为嗜吞噬细胞埃里希氏体（*Ehrlichia phagocytophila*），译者注］的传染因子。本病在英格兰西南部、苏格兰、斯堪的那维亚、荷兰和南非都有报道。以前无蜱接触史的成年绵羊，在妊娠后期感染蜱传热后可发生自然流产，通常在发热开始后的2～8d流产，体温升高时可高达107° F（41.7℃）。部分妊娠母羊会发生死亡。有些胎儿可死于子宫内，胎儿干尸化，在数周后排出。未妊娠母羊的康复过程一般都比较平静。

25.5.11.1　诊断

本病可通过鉴定已经流产或者是在败血症期母羊白细胞中病原体作出确诊。

25.5.11.2　治疗

对本地其余羊群可用土霉素进行治疗。

25.5.11.3　控制

能够生存下来的感染母羊可产生免疫力，而来自蜱感染区域的大部分绵羊从小就获得了免疫力。对新购入而对环境还未适应的羊只应该在配种前投入农场，最好是在蜱的数量达到最高时投入。也可通过采取合适的药浴方式控制蜱的数量。

值得注意的是，在繁殖季节，公羊首次感染蜱传热时，由于精液的质量下降，可导致其长达数月的生育力降低（Watson，1964）。

25.5.12　蓝舌病

蓝舌病病毒（blue tongue virus，BTV）可能起源于非洲大陆，在非洲大陆其已经适应于以脊椎动物和无脊椎动物为宿主。多年来人们一直认为该病毒主要限于非洲大陆中部（Bruere 和 West，1993），但在20世纪40年代中期，病毒扩散到地中海周边的北非国家、塞浦路斯和土耳其等国家。蓝舌病于1948年首次在美国的得克萨斯州确诊，1960年时，在美国的11个州都有本病存在，而且在牛、绵羊、山羊和野生反刍动物等均诊断出本病（Bruere 和West，1993）。

1956年，欧洲首次报道发生蓝舌病，当时在葡萄牙的发病见于牛和绵羊，随后又在西班牙发生。2006年夏末和秋季，欧洲的西北部暴发绵羊和牛的蓝舌病，至2007年1月，报告共发生2 056例，2007年9月英国首次报道发生蓝舌病。蓝舌病是由蓝舌病病毒所引起，经库蠓（*Culicoides*）传播，可感染所有反刍动物，特别是绵羊感染后特别严重。在一些野生反刍动物，如白尾鹿等也有感染。欧洲暴发的蓝舌病是由蓝舌病病毒8型血清型感染所引起，此前欧洲并没有检测到该病毒型。病毒的传播媒介为库蠓（*Culicoides dewulfi*）。有些欧洲绵羊品种比其他品种更容易感染蓝舌病。蓝舌病在气候温暖的地中海国家流行过一段时间，在这些地方，库蠓能够越冬，病毒也可在宿主内存活更长的时间（Elliott，2007）。

25.5.12.1　流行病学

本病的发生与蓝舌病病毒、传播媒介与反刍动物宿主之间的关系密切相关，它们之间的相互作用及后果则取决于气候因素，特别是温度。蓝舌病不能通过直接接触而传播，只能通过一些种类的蚊虫叮咬传播（Elliott，2007），病毒也可通过对羊群进行免疫接种时的针头而传播。在蓝舌病流行病学上，牛是很重要的，而且牛是蓝舌病感染的主要储毒畜主，其可表现病毒毒血症（viraemic）长达100d。

25.5.12.2　临床症状

蓝舌病的症状主要是由于血管内皮广泛损伤所引起，病畜可表现高热，由于冠状动脉带（coronary band）出血而发生跛行，由于鼻口部、舌、口腔黏膜等充血而流涎。可见舌头发紫或发蓝，因此称为蓝舌病。到2006年10月底时，比利时暴发的蓝舌病在绵羊的死亡率达1.35%。羊群一旦感染蓝舌病，可使其受胎率下降，妊娠母羊感染后可发生繁殖失败，主要表现为早期孕体死亡、流产、胎儿干尸化，产出死胎及畸形胎儿，胎儿可能失明或无法站立。公羊感染后可造成暂时性不育。

一般说来，山羊发生本病时较为轻微，往往被忽视；牛表现亚临床症状，5%左右的感染牛表现轻微的临床症状（Elliott，2007）。

蓝舌病没有特定的治疗方法，必须进行对症治疗。对于蓝舌病，动物可以获得终身免疫，这种免疫力为血清型特异性，与其他血清型之间无交叉保护。

25.5.12.3 诊断

可采用各种血清学试验检测病毒抗体；也可从血液或淋巴组织分离病毒。

25.5.12.4 控制

目前已经成功研制出血清型特异性疫苗，用于绵羊可降低发病率和死亡率。

对于蓝舌病，最重要的控制措施是限制反刍动物的转移。继2006年欧洲暴发蓝舌病以来，英国限制了从欧洲发病国家引进动物并限制这些国家的动物从本国过境。引进反刍动物时，必须对其到达目的地后进行7～10d的检疫。

25.6 山羊

在没有任何引起流产的重大传染病发生的情况下，山羊的不育通常不是主要问题。一般情况下，只有少数山羊在繁殖季节结束时仍为空怀。

25.7 结构异常

在孕体及胎儿发育过程中，性分化异常可导致雌雄两性间性，这种情况在山羊较为普遍，如在阿尔卑斯山羊、萨能山羊和吐根堡山羊等。在无角个体这种情况更为多见，而无角只是一个简单的完全外显的优势性状，但也与因不完全外显的隐性雌雄同体效应有关（Baxendell，1985）。两性间性也见于异性孪生，这种情况下，由于雌雄异性孪生，胎盘发生融合。Smith 和 Dunn（1981）曾报道过山羊的异性孪生，但山羊的两性畸形的发病率似乎比异性孪生要高；山羊的异性孪生不育也比牛的要低得多（Jackson，2004）。

在山羊见有报道的两性畸形主要是雄性假两性畸形，其具有睾丸和雌性的附属生殖器官，但在遗传上为雌性。

两性间性的动物其外部结构异常的程度表现不同，大多数在出生时为雌性外观，但是随着它们的成长和成熟，阴蒂逐渐增大，睾丸可能位于腹股沟区，可出现雄性第二性征的发育，包括出现典型的雄性气味（参见第4章）。

25.8 功能性因素

山羊是一种季节性繁殖的动物，可对白昼长度的缩短发生反应。在繁殖季节开始或结束时，山羊常出现无规律的发情周期，特别是在小山羊（goatlings），可出现5～7d的短周期。

饥饿、寄生虫或矿物质缺乏时可出现乏情。矿物质缺乏主要是磷和微量元素铜、碘和锰的缺乏，此外维生素E缺乏也可引起乏情。慢性消耗性疾病也可引起山羊乏情。

25.8.1 子宫积液或假孕

子宫积液（hydrometra）是指无菌分泌物在子宫腔内的积聚。虽然对本病的病因尚不完全清楚，但它的发生始终与持久性的功能性黄体产生的高水平的孕酮有关，发病时发情周期活动停止，出现不同程度的腹部膨胀。子宫积液的发病率在山羊群之间及同一羊群的不同年度之间有一定差别。对法国71个奶山羊群进行的研究表明其发病率为2%～3%（Mialot等，1991），但在某农场其发病率高达20%。1993年，Hesselink（1993a）在荷兰3群共计550只山羊发现其发病率为9%。子宫积液更常见于老龄山羊，而在周岁山羊很少见。最近在英国进行的研究发现其总发病率为5.74%（8 960只山羊中发病511例）（Griffiths等，2006）。其他的调查结果与Hesselink的结果相似，在处女山羊发病率（0.94%）远远比成年山羊的发病率（6.64%）低。

在Hesselink（1993b）的研究中还发现，本病的发生与在正常繁殖季节开始之前使用孕激素海绵及马绒毛膜促性腺激素处理提早发情周期的开始有关。

子宫积液的另外一个可能的原因是早期孕体死亡，但在发生假孕之前，并非所有母羊都能由公羊配种。

假孕可分两种类型：

- 配种后受精，之后发生早期孕体死亡，但黄体持续存在，因此山羊表现妊娠的症状。腹部增大，有些山羊出现乳房发育，但不生成乳汁（lactogenesis）。

已经泌乳的母羊可出现乳产量降低。这类假孕持续的时间与妊娠期相当或者甚至更长，会一直持续到黄体自发性退化。当从子宫内排出大量液体时，这种情况称为“倾盆大雨（cloudburst）”，此时假孕终止。假孕终止以后，腹部增大消失，有的母羊甚至出现寻找羔羊的行为。

• 发情后母羊没有配种，卵巢周期性活动停止，但不表现明显的子宫积液。在无发情周期的阶段结束时，母羊排出带血的分泌物（Smith，1986）。因此，对所有在秋季第一个发情周期结束时未配种而又不能返情的母羊，可用$PGF_{2\alpha}$治疗，以处理可能的假孕。

鉴别子宫积液及正常妊娠时，可采用B超经腹壁扫描，如果为充满液体的子宫但没有胎儿或胎盘突，则表明为子宫积液。经过50d的乏情后，可根据血清硫酸雌酮的水平对妊娠和假孕进行区分（参见第3章，山羊的妊娠诊断）。用2.5mg/kg的$PGF_{2\alpha}$进行治疗后会排出子宫中的液体，大约4d后母羊表现发情。第一次注射后12d再次注射，可获得较高的生育力，85%的母羊可受胎，而健康母羊的受胎率为95%（Hesselink，1993b）。

25.8.2　卵巢囊肿

Lyngset（1968）在进行尸体剖检时发现，卵巢囊肿（cystic ovarian disease）的发病率为2.4%，大多为单侧发病，多呈单个，囊肿大小不等，直径为1.2～3.7cm。Jackson（2004）引用的屠宰场调查资料表明，检查的山羊卵巢囊肿的发病率为12%，但是对囊肿性质及囊肿中的孕酮含量则不清楚。

卵巢囊肿见于奶山羊，特别是奶山羊在啃食含有雌激素类物质的苜蓿及豆科类植物时发病尤为明显（Baxendell，1985）。如果母山羊具有表现慕雄狂的病史，则说明可能发生了卵泡变性，其典型的临床症状为持续发情及发情间隔时间缩短，不能受胎。对该病可用1 500～2 500IU人绒毛膜促性腺激素（hCG）、促性腺激素释放激素（GnRH）或孕激素进行为期18d的治疗。

25.8.3　安哥拉山羊的流产

在南非的东开普省，本世纪开始时流产已成为安哥拉山羊的一个主要问题，并且已威胁到马海毛企业的生存。

近来的研究将这种流产分为两类：

• 最为常见的是应激诱导的流产，这可发生于生长不良及未成熟的山羊。流产排出的胎儿新鲜，也可产出活的胎儿。这种流产是导致养殖企业亏损的主要流产类型。安哥拉山羊生产高质量的马海毛需要比较高的营养代谢，这使得其与其他品种的山羊相比，更易由于营养和其他类型的应激而发生流产（Shelton，1986）。Wenzel等（1976）的研究表明，妊娠山羊的低血糖能刺激未成熟胎儿的肾上腺产生雌激素前体，雌激素前体可以导致胎盘合成雌激素及随后山羊发生流产。血糖浓度受短期摄食停止的影响。一般山羊的流产都发生在妊娠的第90～120天之间，此时胎儿快速生长。流产可暴发于应激之后的1～2d

• 习惯性流产（habitual abortion）。可能是由遗传决定的母体肾上腺皮质功能亢进，过早地启动分娩过程（Shelton，1986）。流产时胎儿通常在出生时就死亡，并且往往发生水肿。习惯性流产的安哥拉山羊应该淘汰，同时也应淘汰所有存活的后代。安哥拉山羊在没有应激时也可发生流产，在未实行淘汰的羊群，流产率可高达5%。

25.9　管理因素

25.9.1　配种或人工授精的时间

山羊在发情（持续12～36h）快结束时或在排卵前配种，可以获得最佳的妊娠率。有些畜主只是在山羊发情的头12h配种，据说可增加产羔数，但结果却使妊娠率降低（Baxendell，1985）。

25.9.2　营养

当维生素A、一些矿物元素（锰和碘）及能量缺乏时，可使生育力降低，当缺乏为慢性时，可能会导致流产。

25.9.3 应激

应激诱导的流产在安哥拉山羊已有介绍，但是，有研究表明，其他品种的山羊在受到应激的情况下也会发生流产。如牧羊犬追逐惊吓、饲喂不足、长途运输、天气骤变等因素，尤其是在妊娠第4个月时，这类应激均可导致流产（Shelton，1986）。

25.10 传染性因素

非特异性感染在导致山羊的不育方面作用似乎不大，其原因与以上对绵羊的讨论相似。但特异性传染性因素则在引起流产中是极为重要的，但目前对这类感染在英国的相对重要性还不清楚。这些特异性的感染因素在绵羊也同样重要。英格兰和威尔士的兽医实验室机构地区实验室以及苏格兰疾病监控中心（Disease Surveillance Centres in Scotland）的诊断记录，列出了从1996—2005年提交给实验室检查的材料中诊断出的山羊胎儿病理变化的感染性原因，总结于表25.2。

25.10.1 布鲁氏菌病

马耳他布鲁氏菌（*Brucella melitensis*）是引起山羊发病最为常见的病原微生物，在许多地中海国家、非洲和中美洲等国家呈地方流行性，但未在英国发生。流产布鲁氏菌（*B. abortus*）偶尔可引起流产，但绵羊布鲁氏菌（*B. ovis*）尚未在山羊分离到。

马耳他布鲁氏菌病在妊娠后期可以导致流产、死产或产下孱弱的羔羊；第一次感染后流产多以暴发的形式发生，其他年份则少有流产发生，有些山羊可因子宫病变而绝育（Smith，1986）。本病可通过胎儿、胎膜或阴道分泌物的细菌培养进行诊断，可通过常规免疫接种防控。应该注意的是，马耳他布鲁氏菌病为一种人畜共患病。

表25.2 英格兰和威尔士兽医实验室机构（VLA）地方实验室以及苏格兰疾病监测中心记录的山羊胎儿性疾病病原菌的分离频率（%）

山 羊	1996	1997	1998	1999	2000	2001	2002	2003	2004	2005
未列出的诊断	25.9	14.4	6.3	0	0	7.1	33.3	0	12.5	10.0
化脓隐秘杆菌（*Arcanobacterium pyogenes*）	0	0	0	6.7	5.9	0	0	0	0	0
弯曲杆菌（*Campylobacter*）	2.0	0	0	0	0	0	0	0	12.5	0
流产亲衣原体（*Chlamydophia abortus*）	14.8	21.4	25.0	20.0	29.4	28.6	16.7	20.0	25.0	70.0
贝氏柯克斯体（*Coxiella burnettii*）	3.7	14.3	18.8	0	17.6	21.4	0	0	12.5	0
真菌（Fungi）	0	0	0	0	0	0	0	0	0	0
单核细胞增生性李氏杆菌（*Listeria monocytogenes*）	33.3	14.3	12.5	26.7	17.6	21.4	0	20.0	25.0	10.0
绵羊流产沙门氏菌（*Salmonella abortus ovis*）	0	7.1	0	0	0	0	0	0	0	0
都柏林沙门氏菌（*Salmonella dublin*）	0	0	0	6.7	0	0	0	0	0	0
弓形虫病（Toxoplasmosis）	18.5	28.6	37.5	40.0	29.4	21.4	50.0	60.0	12.5	10.0
提交的总数	**49**	**46**	**38**	**35**	**42**	**37**	**20**	**30**	**19**	**34**
被鉴定比率	55.1	30.4	42.1	42.9	40.5	37.8	30.0	16.7	42.1	29.4
未及诊断比例	44.9	69.6	57.9	57.1	59.5	62.2	70.0	83.3	57.9	70.6

25.10.2　弯曲杆菌病

本病不太常见，可能由弯曲杆菌属中的空肠弯曲菌（*C. jejuni*）及胎儿弯曲菌（*C. fetus*）感染所引起。山羊感染本病后可表现或不表现全身症状，可在妊娠后期发生流产或产出死胎或孱弱的羔羊，母羊可在流产后出现黏液性或血黏脓性分泌物。流产胎儿的肝脏上可见到多个直径达2mm的坏死灶。本病的诊断、治疗和防控与绵羊的相似。

25.10.3　亲衣原体（地方流行性）流产

许多国家，亲衣原体（地方流行性）流产[*Chlamydophila*（enzootic）abortion]为山羊不育的一个重要原因，也是美国山羊传染性流产的最常见的原因（East，1986）。本病是由流产亲衣原体（*Chlamydophila abortus*）感染所引起，其病原与引起绵羊地方流行性流产的病原相似，或完全相同。

流产通常发生在妊娠的最后4周，第一次产羔的山羊，流产率可高达25%～60%；也可发生死产及产出孱弱的羔羊。

Mathews（2007）认为，本病在山羊可能有许多与绵羊完全不同的特点：

- 流产可发生于妊娠的任何阶段。
- 在妊娠期的任何阶段，病菌均可定植到胎盘。
- 从感染到流产可能仅需要2周时间。
- 早在流产发生前9d就可出现阴道分泌物，可一直持续到流产后12d。
- 母羊流产后可发生败血症、肺炎等疾病。

本病的诊断和治疗与绵羊相似。妊娠后期感染的山羊通常会在下次妊娠时流产，有的可产出感染的羔羊，这类羔羊在经过潜伏期后，在第一次妊娠时就可发生流产。亲衣原体流产最好的控制措施是良好的卫生条件以阻止本病横向扩散到易感动物，特别是羔羊和年轻母羊；也可通过疫苗接种防控，这在本病广泛流行的国家是强制进行（Polydorou，1981）。英国用于绵羊的Enzovax疫苗尚未批准在山羊使用。

流产亲衣原体病是一种人畜共患病。

25.10.4　钩端螺旋体病

虽然钩端螺旋体病并非是经常诊断到的流产的原因，但在文献中却有报道（Van der Hoeden，1953；Baxendell等，1985），尤其是感染伤寒钩端螺旋体（*Leptospira grippotyphosa*）时可发生流产。感染本病后通常在流产之前表现与败血症有关的全身症状，但通常不出现黄疸的临床症状。

本病依据病原鉴定及血清学试验进行诊断。本病可在急性期用链霉素进行治疗，但能否阻止流产的发生尚有疑问。本病的控制措施主要包括使用疫苗预防，可在暴发时试用。

25.10.5　李氏杆菌病

由于单核细胞增生性李氏杆菌引起的脑炎在山羊十分常见。单核细胞增生性李氏杆菌也可在妊娠后期引起流产及死产。流产之前山羊不表现症状，但在流产后很快可发生坏死性子宫炎及出现阴道分泌物。

与牛和绵羊相同，发酵不良而含有土壤的青贮饲料可能是感染的主要来源。山羊李氏杆菌病的发病机理、诊断、治疗及控制与绵羊相似。

25.10.6　沙门氏菌病

山羊没有宿主特异性的沙门氏菌感染，但据报道，普遍存在的沙门氏菌也可引起流产（Baxendell，1985）。

25.10.7　弓形虫病

刚地弓形虫（*Toxoplasma gondii*）是英国最常见的山羊传染性流产的病因，如果感染发生在妊娠早期，可引起胎儿死亡及吸收，或者流产产出羔羊，可为死产，或为活产，但羔羊孱弱，这主要取决于母羊暴露感染时妊娠的时间。但与绵羊不同的是，有些病例在胎儿死亡之前，患畜可出现发热、厌食、腹泻及肌肉无力等症状（Dubey等，1980）。在急性感染期间，乳汁中可排出弓形虫（Dubey，1980），如果乳汁未经消毒而饮用，则可成为人类感染此病的原因之一（Skinner等，1990）。在实验条件下，公羊感染后，弓形虫可在精液中存在一段时间（Dubey和 Sharma，1980），但这种情况的流行病学意义与在绵羊一样（Blewett等，1982），可能不太大。

山羊的弓虫体病胎盘病变与绵羊非常相似。本病的诊断依赖于胎盘组织中病原体的鉴定及进行血清学试验。Buxton（1998）认为，与绵羊一样，大多数山羊在感染后可建立免疫保护作用，因此可保护山羊在妊娠时不再发病，这类山羊应该留在群中，而青年未孕山羊应该在妊娠前暴露于感染，但也有报道有些山羊会发生反复流产（Dubey，1982）。Harwood（2007）指出："与绵羊相比，山羊感染后的免疫性可能较差，或者持续时间短，因此某些曾经暴露过而且认为已经具有免疫力的山羊，在发生应激、疾病或损伤时，可能对新的环境刺激或已存在的隐性感染易感而发病"（参见"绵羊弓形虫病的复发"）。

家猫及野生猫科动物在本病的传播中发挥关键作用，这与在绵羊相同。

山羊弓形虫病的治疗与控制与绵羊相似（见前）。疫苗Toxovax尚未批准应用于山羊。

刚地弓形虫引起的传染病是一种人畜共患病，因此在处理各种可能被感染的病料时应引起注意。

25.10.8 边界病

在英国，山羊很少报道有边界病发生。文献中引用的自然发生的病例，似乎只有在挪威发生的一例（Loken等，1982），但Harwood（2007）报道，英格兰和威尔士兽医实验室机构对两例证实的病例进行了研究，发现两者均与已知感染的绵羊有直接接触。

实验感染本病后，山羊表现与绵羊完全不同的临床症状（Harwood，2007），早期流产、胎儿吸收和干尸化更为常见，而产出足月孱弱的羔羊或肌肉震颤的羔羊则较为少见。明显的胎盘炎是本病另外一个典型的特征。

25.10.9 Q热

Q热由贝氏柯克斯体（*Coxiella burnetii*）引起，可引起山羊的流产和死产，而流产前不表现临床症状，流产后数天可出现反应迟钝、精神沉郁及食欲不振等症状。在有些感染羊群，流产率很高（5%～50%，Miller等，1986）。山羊感染后可从胎盘组织、子宫液、初乳及奶中将大量病原排放到环境中（参见绵羊）。Q热传播过程中，蜱也发挥作用，而且蜱可能是畜群中引入感染的最初途径。

本病可从胎盘组织涂片或流产胎儿的器官分离病原进行诊断，也可通过血清学试验检测抗体效价的升高进行诊断。

Q热目前尚没有疫苗可用，山羊可成为病原的慢性携带者。贝氏柯克斯体引起的Q热也是一种人畜共患病，病原可从乳汁中排出。

第 26 章

母马的不育及低育

Dale Paccamonti 和 *Jonathan Pycock* / 编　　张勇 / 译

在马匹养殖企业，不管其规模大小，兽医人员的工作目的总是很明确，即在上一个繁殖季节配种的母马，尽可能更早地生产最大数量的健康马驹。实现这一目标的最大障碍就是低育或母马的繁殖问题。虽然很少有母马是永久或完全不育，但不同程度的低育则是主要问题。许多原因可以引起母马的低育，因此不得不将这些母马归类为"问题母马（problem breeding mare）"，虽然认识到引起母马出现低育的原因很重要，但采用成功的治疗策略同等重要。马匹饲养者常常想让问题母马产驹，因此兽医人员必须要尽最大的努力使得这些问题母马能够产驹的机会最大化。这些母马要妊娠，常常需要数个发情周期，而且即使如此，妊娠失败的可能性仍会增加。畜主和兽医人员都需要做出承诺，且一开始时就应该使畜主了解这点，使其对成功的可能性有一个符合实际的期望值。本章的目的就是介绍有繁殖问题的母马以及如何采取更为有效的管理措施，使其应用到日常的临床实践当中。

对母马生育力产生不良影响的方式主要有两种：

- 繁殖性能通常不是繁殖马匹的主要评价标准
- 对于许多品种，如全血马（Thoroughbred）和美国夸特马（Quarter Horse），官方确定的出生日期，在北半球一律为1月1日分娩（南半球是为8月1日），这与它们自然分娩日期无关。由于马的自然繁殖季节集中在夏至（7月21日），因此冬季或早春已不再是母马最佳受孕期，如果马匹饲养者在该时间段试图配种，会面临许多问题。而秋季为马驹销售季节的最佳阶段，生长良好的1岁马驹可以获得更高的价格，使得早期配种面临很大的压力。对许多品种来说，好多优良品种的马匹，在2岁左右参加比赛是司空见惯的事情，而比其他马匹年龄大3或4月龄以上的马匹在参赛上占有一定的优势。

母马的不育可以是群体问题，也可以是个体问题，而且也是一个很令人沮丧的两难问题。从群体生育力的角度而言，重要的是要检查繁殖记录，了解实际存在的不育程度，而不是只凭客户的主观评价。把握对生育力的正常预测是有益的。对繁殖效率的评估是一个广泛的课题，读者可参阅更为详细的综述（Hearn，1999；Love，2003）。两个最为重要的，而且引用最多的与繁殖效率有关的参数是繁殖季节末的妊娠率（end of season pregnancy rate）和马驹存活率。从经济学的角度来看，这可能是最重要的衡量标准，但从兽医的观点来看，每个发情周期的妊娠率（pregnancy rate per oestrous cycle）应该是繁殖效率最符合实际的指标。管理良好的种马场，每个发情周期的妊娠率应该达到65%（在妊娠第15天诊断），配种季节结束时的妊娠率应当达到85%，马驹存活率在75%以上。这些数字可能比畜主的期望值要低，因此在繁殖季节开始的时候最好能与畜主讨论这个问题。应该根据以往的繁殖史和繁殖性能对这些数据进行审查。繁殖季节结束时的妊娠率取决于种公马的生育力、母马的生育力及管理。管理因素常常与马匹的价值有关，换言之，母马由于所产马驹潜在的价值而被兽医密切关注，由此可使其生育力提高。非常昂贵的种公马，往往可以吸引更多繁殖性能比较好的母马，而有的种公马可能只接受年轻的有繁殖能力的母马。可采用管理良好的种马有规律地单个地对母马试情，但这一过程极为耗时，例如，有经验的种马管理者可能很清楚有些母马不能表现发情行为的原因。反过来，而在要求进行兽医检查之前母马不表现发情的时间长短则取决于种马的饲养管理政策和畜主的意愿。

临床兽医师应该清楚地知道如何研究有繁殖问题的母马。对于不育或低育马匹进行调查研究的方法列于表26.1，有关其繁殖史所必需的信息总结于表26.2。

表26.1 不育母马临床检查的基本规程

所有病例的例行程序
1. 收集以前的繁殖记录
2. 评价体况和基本健康状况
3. 评价会阴区的形态
4. 直肠检查生殖道
5. 超声波经直肠检查生殖道
6.（从阴蒂窝，阴蒂窦采集病料进行细菌培养）
7. 内窥镜检查阴道和子宫颈
8.徒手检查阴道和子宫颈（在进行下一步骤的同时进行）
9. 培养子宫腔内容物并进行细胞学检查
10. 采集子宫内膜做活体检查
对选择的病例进行检查的程序
1. 对子宫腔进行宫腔镜检查（hysteroscopic examination）
2. 采集静脉血进行激素分析
3. 采集样品（如血液、毛囊及或活检组织）进行染色体分析

表26.2 检查母马生育力时获得病史应该包括的因素

年龄
前期使用
当前使用
拟使用
任何相关的健康史
是否接受过任何激素用于训练或改变其行为？
发情周期过去是否正常？
是否已经配种？（自然配种还是人工授精？鲜精，冷藏或冷冻精液？种马的生育力？）
以前是否有过妊娠？（结果如何？）
是否产过驹？（分娩期间有没有什么问题，产后有没有并发症？）

26.1 不育及低育的原因

26.1.1 不能正常表现发情周期

畜主在要求兽医对母马进行不育检查时，经常抱怨母马不出现发情周期，或者是发情周期不正常。对不表现发情周期而要求检查的母马，必须要排除的第一种情况是妊娠。在许多情况下，母马有可能在畜主不知情的情况下妊娠，例如新近购买的母马、母马或公马从其生活地逃逸、而将母马与小公马一同饲养，认为小公马太小而不可能配种。虽然妊娠母马的正常行为是乏情，然而也会有少数母马在妊娠期表现发情征状。显然，在进行任何比较粗暴的临床检查前应该排除母马的妊娠。

26.1.1.1 季节性

母马不表现发情另外一个常见原因是繁殖周期的季节性变化。虽然在赤道附近母马的繁殖没有明显的季节周期性，但高纬度地区的母马在光照周期很短的冬季会进入一段时间的乏情期。此时，卵巢小且不活跃，子宫和子宫颈表现典型的松软。如果有卵泡，则通常小于15mm，血清孕酮含量不超过1ng/ml。一些母马，通常是老龄的经产母马，用成年公马试情时，会表现出行为上的发情征状，但检查显示其处于生殖静止状态。北半球1月1日和南半球8月1日这个官方规定的出生日期，使得育种人员和兽医必须让母马在冬季受胎且在尽可能接近规定的出生日期时产驹。问题是，母马为季节性长日照繁殖动物，在一年中的这个时间正常情况下是处于乏情期。事实上，北半球的母马一年中首次排卵的平均日期为4月7日（Sharp，1980）。因此，人们在诱导提前其发情周期方面做了很多努力。不愿采用这种诱导方案的种公马农场主发现，由于母马繁殖的机会减少，因而面临着低育的问题。

最有效的缩短冬季乏情期的方法是延长光照周期，可从12月初开始，提供16h的光照。应该在白昼结束时增加光照，而不是在早晨，这样才有效果。另外一种方法是在晚上提供1h的脉冲光照，从黑暗开始之后的9：30至10：30进行（Plamer和Driancourt，1981）。光照周期并非是决定母马开始出现发情周期的唯一因素。有研究表明，营养情况也发挥极为重要的作用。体况良好的母马很有可能全年发情，如果确实进入冬季的乏情期，其要比体况稍差的母马早发情一个月。

在冬季的乏情期之后，母马进入一个称为春季过渡期（spring transition）的阶段，此时的主要特点为不排卵卵泡无规律的发育以及母马表现发情行为。春季或过渡期结束时出现繁殖季节的第一次排卵。在秋季也有类似的秋季过渡期，其发生在繁殖季节结束时，也具有不排卵卵泡发育的类似特点。

已经证明药理学方法诱导提早出现发情周期的采用具有一定的应用前景，包括多巴胺颉颃剂，如止呕灵（sulpiride）和多潘立酮（domperidone），但取得的效果差异很大，而且受许多因素的影响，如营养状况和环境条件等。目前研究仍在进行之中，其主要目的是寻找更为容易实施的处理方法使母马在繁殖季节开始时就能表现发情周期。但即使采用这些方法使得母马能及早出现发情周期，母马仍然还是要经过春季过渡期，而且这一阶段长短不定，因此从繁殖管理的角度而言是很令人沮丧的。在此阶段母马的卵泡可发育达到排卵时的直径，但不发生排卵，而是退化后回缩。母马通常在一年中第一次排卵之前会有3.7个卵泡波发育（Sharp和Davis，1993）。人们提出了许多缩短春季过渡期的方法，包括用孕激素处理、卵泡抽吸（Klump等，2003）及采用诱导排卵药物等。在已报道的可获成功的方法中，绝大多数在过渡期后期比在过渡期早期更为有效。

也可选用孕酮或孕激素消退疗法。孕酮对促黄体素（LH）的分泌具有负反馈调节作用。当孕酮的来源消退，或由于负反馈调节作用的消退而使其影响减弱，则LH的分泌增加，导致卵泡成熟和排卵。孕酮可作为一种基于油剂的肌内注射药物，人工合成的孕激素烯丙孕素也可口服，也可通过使用孕酮阴道内释放装置（progesterone- releasing intravaginal device，PRID）用药（见图1.37）。但是，这种方法只对已进入过渡期后期的母马有效，而对只有微弱卵泡活动的母马则无效，特别是在深度乏情时没有效果。建议的处理方法包括口服或饲料添加高效孕激素烯丙孕素，其含有2.2mg/ml活性物质。可将该药物以0.044mg/kg体重的比例混入饲料，每天一次，连用7～12d。治疗的效果取决于开始补充孕酮时母马进入过渡期后的时间，而且反应的差别很大。就作者自己的实践经验来看，无论是口服孕激素，还是使用阴道环，都应在7d后对每匹母马的卵泡状况进行检查。对卵泡超过35mm的母马，应停止给药（或取出阴道环），并对其排卵进行监测。如果卵泡小于35mm，则继续给药5d，之后停止给药或将阴道环取出。发情通常发生在最后一次给药后的6d内，排卵在7～13d之间。对正在处理的母马进行检查，可大大降低意外排卵的可能性。肌注孕酮和雌二醇-17β油剂10d，也可产生与烯丙孕素处理相似的反应，但由于雌二醇对卵泡发育具有抑制作用，因此从处理到发情的间隔时间延长。

给冬季乏情期的母马每天重复注射马垂体提取物可引起卵泡发育。Hyland等人（1987）曾报导，采用小型泵通过静脉注射促性腺激素释放激素（GnRH）28d诱导发情获得成功。后面这两种处理方法不适合于日常使用。还有人采用GnRH或其类似物，通过注射、灌注或皮下埋置等方法处理，促使过渡期或者乏情期的母马发生排卵（Harrison等，1990），但这类方法成本太高，因为必须要这样处理1～2周，平均要处理15.8d（Ginther和Bergfelt，1990）。值得注意的是，这些作者发现用GnRH处理后排多卵率明显很高。有人报道采用短期埋置促性腺激素释放激素类似物德舍瑞林进行处理（McKinnon等，1997；Meyers等，1997），但依作者经验来看，在诱导有发情周期母马的排卵上，德舍瑞林并没有人绒毛膜促性腺激素（hCG）好，然而它的价值在于加速季节性乏情期后繁殖季节的第一次排卵，也许这对于实际工作有益。

在当年第一次排卵前的过渡期，母马表现出不同强度无规律的发情行为。由于有多个大卵泡存在，直径可达到30～40mm，因而使得只采用触诊的方法来检查是否排卵很困难。即使已经过了这个过渡期，很有经验的兽医也会出现对排卵判断不准确，有研究表明不准确率可高达50%。当无回声的卵泡被强回声区域代替时，说明为早期黄体，此时采用超声波检查会很容易地检查出红体或早期黄体（CL）（图26.1）。建议的配种时间间隔不应该超过2～3d，但关于精子在母马生殖道内存活的时间，目前尚未见有准确的研究。重要的是不要过早的开始配种，否则会导致母马被多次配种。子宫出现水肿（图26.2）表示卵泡将会在数天内排卵，但有些过渡期的卵泡可在子宫不出现水肿的情况下排卵。春季过渡期所出现的一个关键因素是卵泡发育出现合成类固醇激素的能力，由此导致血循中雌激素浓度升高，通过正反馈机制引起垂体释放LH。雌激素是子宫出现水肿的原因（在缺乏孕酮的情况下），这也许是将子宫水肿作为信号，以此来确定母马从过渡期发生转变很为重要的原因。

母马不发生与牛类似的卵巢囊肿病（参见第22章）。过渡期或其他时间出现的持久卵泡结构正常，但其存在可以说明在马曾诊断有卵巢囊肿。

26.1.1.2　繁殖季节发情周期异常

在认为正常的繁殖季节，母马不表现发情周期或发情周期不规律则是另外一种情况。母马妊娠，形成子宫内膜杯后妊娠失败时，可观察到无规律的发情行为。子宫内膜杯是由胎儿组织在妊娠大约5周时侵入子宫内膜所形成（图26.3），其能产生马绒毛膜促性腺激素（equine chorionic gonadotrophin，eCG），eCG在马具有和LH类似的活性。在妊娠早期卵泡继续发育，eCG可促使这些成熟卵泡排卵或发生黄体化，然后分别形成次级黄体（secondary corpora lutea）和副黄体（accessory corpora lutea）（图26.4）。由于在不同时间这些卵泡及其他黄体结构的发育，母马可能会出现短暂的发情但不发生排卵，或表现为乏情期延长。这种状

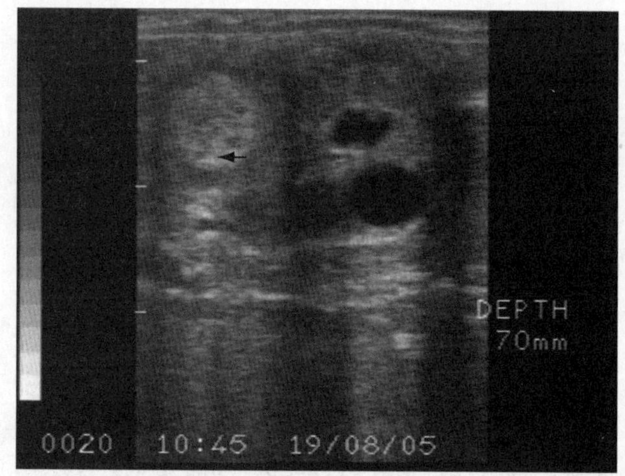

图26.1　马早期黄体的超声图像（箭头所示）

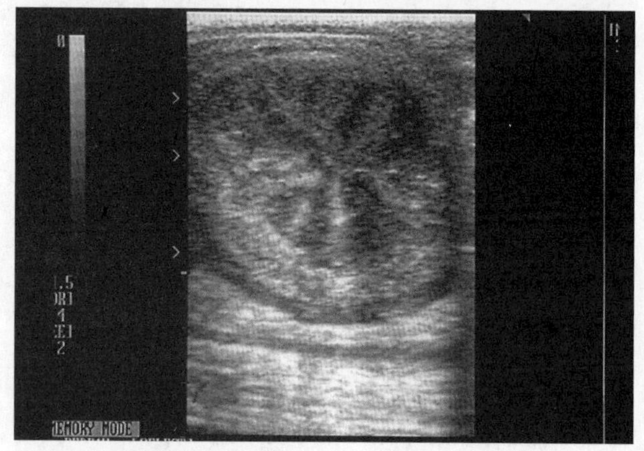
图26.2　采用超声波所观察到的子宫角的子宫水肿

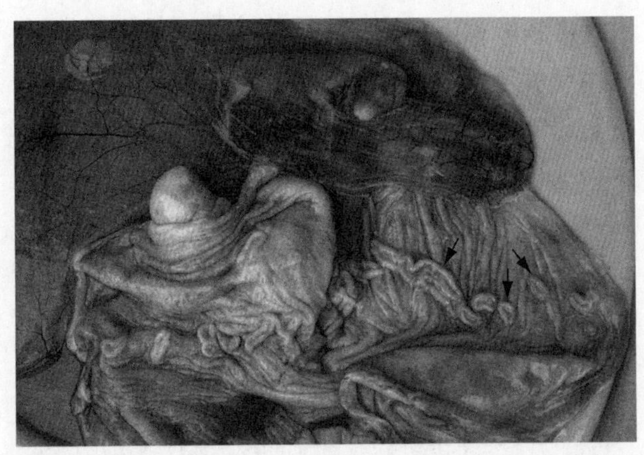

图26.3　子宫内膜表面的子宫内膜杯（箭头）（见彩图83）

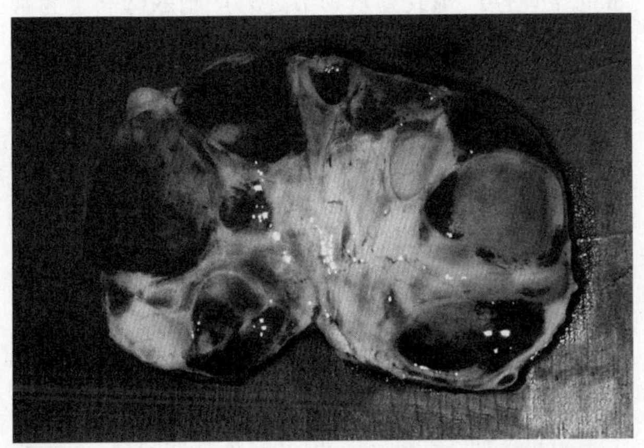

图26.4　母马妊娠60d时卵巢上的多个卵泡和黄体结构（见彩图84）

况将一直持续到子宫内膜杯消失（开始于妊娠大约80d左右），血循中eCG在妊娠的100～150d之间消失。

垂体中间叶的腺瘤样增生（adenomatous hyperplasia）引起的库兴氏综合征（Cushing's syndrome）很少与成年马的乏情有关，这可能是由于分泌LH和促卵泡素（FSH）的细胞被破坏所致。母马患有马代谢综合征（equine metabolic syndrome）时经常会出现排卵失败，腹部脂肪产生的糖皮质激素由于抑制LH的释放，因此可能是引起排卵失败的原因之一。

"安静发情"时，母马能正常发情和排卵，但是不表现发情行为，如果依据试情和自然配种进行繁殖，则会造成问题，但是如果采用超声波检查和人工授精，则会较容易纠正。据报道，马安静发情的发生率为6%（Nelson等，1985）。安静发情在带驹母马和繁殖季节早期的空怀母马更为常见。其他影响发情行为的因素还包括母马与优势母马一同饲养时以及公马有偏好行为时。幼龄马在训练时，以及在用合成代谢性甾体激素处理时，由于"雄激素化作用（androgenization）"而更有可能出现安静发情。

超声波及阴道检查证明，安静发情的母马其实是处于发情阶段，其具有达到排卵大小的卵泡。必须要将安静发情与黄体期延长的情况相区别，黄体期延长时，也有卵泡发育。如果怀疑有黄体组织存在，建议使用前列腺素（PG）$F_{2\alpha}$进行处理。

在彻底仔细的试情之后可以进行治疗。频繁持久的试情可能会干扰母马表现发情。在管理上，可以选择的措施包括，在母马的可视范围内安全保定幼驹、将马驹移出母马的听觉范围之外以及使母马安静等。另外，将母马置于邻近公马的马舍也很有帮助。如果条件允许，可以采用人工授精。如果在安静发情时给繁殖母马配种，则需要一些保定措施，多数母马在快要排卵时如果适当保定可接受公马的爬跨。最后一种可以试用的方法是，在配种前6h母马肌内注射苯甲酸雌二醇（10～20mg）。兽医人员必须确定母马在生理学方面已经为配种做好了准备。有时母马对配种没有心理准备，这时雌激素作用不大，适量的镇静剂可能效果会比较好。在许多情况下，安静发情可能并不是发情鉴定系统检测错误而是个体发生真正的生殖功能紊乱造成的。但是，外周血循中雌二醇浓度降低及从黄体溶解到排卵的间隔时间缩短，则可能会发生安静发情（Nelson等，1985）。安静发情时是否会出现卵泡发育中的形态异常，目前还不清楚。

26.1.1.3　黄体活动期延长

未孕母马持久出现的黄体活动是其低育的主要原因之一。习惯上，人们采用"间情期延长（prolonged dioestrus）"这一术语来表述黄体持久存在，超过其正常的周期寿命（15～16d），比预期时间更长地维持血循中高浓度的孕酮的情况。Ginther（1990）建议采用“黄体活动期延长（prolonged luteal activity）”这一术语，因为“持久间情期（persistent dioestrus）”是指虽然有黄体持久存在，但间情期排卵时也可随后形成黄体。尽管孕酮能够抑制马的卵泡发育，但并没有完全阻止。因此母马在间情期可连续发育出大卵泡，通常这些卵泡会发生闭锁，但有时大卵泡会在间情期排卵。全血马中20%的发情周期出现这种情况（其他品种和小母马则不经常发生），同时不伴随有发情；子宫颈仍为苍白色，变干且紧闭。如果在黄体期发生间情期排卵，则在子宫释放$PGF_{2\alpha}$并且溶解原来的黄体时，新近形成的黄体由于处于太早的发育阶段，因此不能对$PGF_{2\alpha}$发生反应，其可继续发育产生孕酮，因而使间情期延长。

只有大约20%的排卵过程出现真正的持久黄体，由于这些母马常常被误认为是妊娠，因此在繁殖管理中存在很大的困难。在当今的种马管理实践中，持久黄体和间情期排卵都很容易诊断治疗。这些母马血浆孕酮浓度的变化与妊娠马没有明显区别，子宫收紧并形成管状（有张力），子宫颈出现妊娠时的特征。经直肠超声诊断不能检查到孕体。

间情期结束时不能合成和/或释放$PGF_{2\alpha}$是发生持久黄体最可能的原因。Ginther（1990）认为，这也有可能是由于黄体不能对$PGF_{2\alpha}$作出反应，或者是$PGF_{2\alpha}$不能到达黄体所引起。可注射溶黄体剂量的$PGF_{2\alpha}$或其合成的类似物对其进行治疗。从治疗到发生排卵的时间间隔差别很大，这主要取决于治疗时卵泡的大小。因此建议，在治疗前一定要采用超声诊断来检查母马以判断卵泡生成的状态。

常常用“假孕（pseudopregnancy）”这个术语来描述母马在配种后黄体期延长，但在进行妊娠诊断时未发现孕体存在。因此有人认为，在母体妊娠识别时可能有孕体存在，但在进行妊娠诊断前孕体可能消失。在母体妊娠识别前，采用高质量的超声仪器，可以进行妊娠诊断，因此判断是否发生了假孕较为容易。如果在妊娠15d后发生早期孕体死亡且伴有妊娠黄体（corpus luteum verum）持久性存在，可引起黄体期延长，发生真正的假孕。子宫颈仍会紧密关闭，子宫有张力并成管状。对这种假孕可依据早孕诊断为阳性，之后在黄体期延长时用超声进行妊娠诊断为阴性的结果进行判断。

有时产驹及护理其幼驹的母马也不能表现正常的发情周期，这被称为泌乳性乏情（lactational anoestrus）。受这种情况影响的母马可能会在分娩后6～12d表现正常的产后发情，但在第一次间情期结束时不能返回到发情。另外，这些母马甚至可能没有正常的“产后发情（foal heat）”，这在正常的生理性产驹或繁殖季节之外产驹的母马更为常见。这种情况也可能与营养状况有关，身体状况较好的母马与体况较差的母马相比，发生泌乳性乏情的可能性更低。这些母马的卵巢与在冬季间情期深度乏情的母马相似，小而无活动。这种情况可持续达数月。以前曾认为，泌乳性乏情是由于促乳素抑制垂体促性腺激素的释放，但目前仍有争论。泌乳性乏情的母马应该每周进行试情和直肠检查，判断其卵巢的状况。

对泌乳性乏情可以选用的治疗方法包括马驹早期断奶，或者每天口服多巴胺颉颃剂如多潘立酮（domperidone）。在开始治疗的7～14d内每天两次注射0.04mg（10ml）人工合成的GnRH类似物（布舍瑞林，buserelin；Receptal）可诱导卵泡发育。然而，这种治疗方法很昂贵，诱导发情时的妊娠率较低，并且母马会在诱导排卵后恢复到乏情状态。

深度乏情的母马、初情期前的母马及妊娠最后1/3阶段的母马其卵巢通常小而无活动，但妊娠期最后1/3时，胎儿的性腺甚至比母体的卵巢还要大。严重营养不良的母马、老年母马、用促合成代谢的类固醇处理的母马及引起性腺发育不全的染色体异常的母马均具有异常小而无活动的卵巢。

26.1.1.4 遗传性异常

如果母马不能表现发情周期，应该考虑其遗传性异常。虽然不太常见，但各种类型的性染色体异常均在马见有报道（参见第4章）。虽然对染色体异常的发生率很难作出评判，但是未交配过的母马如果卵巢过小（<1cm）且无活动，生殖道没有发育成熟，在排除冬季乏情为其不表现发情周期的原因后，应该怀疑其发生了染色体异常。然而，正常的小母马也可能不表现发情周期，因此必须允许它们有更多的时间达到繁殖上的成熟。对这种情况应该详尽地询问病史及进行体格检查。根据特定的遗传性异常，生殖道可能退化、发育不成熟或模糊不清，在最后确定诊断之前要对其进行染色体核型分析。63，XO（特纳氏综合征）是最为常见的核型异常之一。其他染色体异常包括XX雄性假两性畸形（XX male pseudohermaphroditism）、XY性反转（XY sex reversal）、卵巢发育不全（ovarian hypoplasia）和睾丸雌性化综合征（testicular feminization）。这些异常一旦发生均无法治疗，并且母马不育。

26.1.2　排多卵和双胎孪生

在母马的发情周期中30%以上可排双卵，其频率取决于母马的品种和类型（例如，全血马的发生率高于矮种马）。准确检查排双卵是很重要的，因为对于马来说孪生非常危险：第一，孪生经常导致流产（图26.5），第二，即使两个胎儿都能存活下来而妊娠至足月，许多会发生发育障碍，导致新生马驹死亡率和难产发病率升高；这极有可能对母马今后的生育力造成严重影响。另外一种更为复杂的情况是，如果胎儿在子宫内膜杯形成后发生死亡（参见第3章），则子宫内膜杯会一直存在，如果妊娠能够维持，则只有其发生自发性的退化，由此导致假孕。采用超声波直肠内检查的研究表明，母马具有使孕体减少的机制（Ginther，1989b），因此，排双卵和产生双胎之间的数目有很大差距。大部分孕体减少发生在第17天孕体附植时（参见第3章），此时孕体被固定在相同的子宫角，并且当孕体差别很大时，这种减少最为明显。有人提出了一种剥夺假说（deprivation hypothesis）解释这种现象

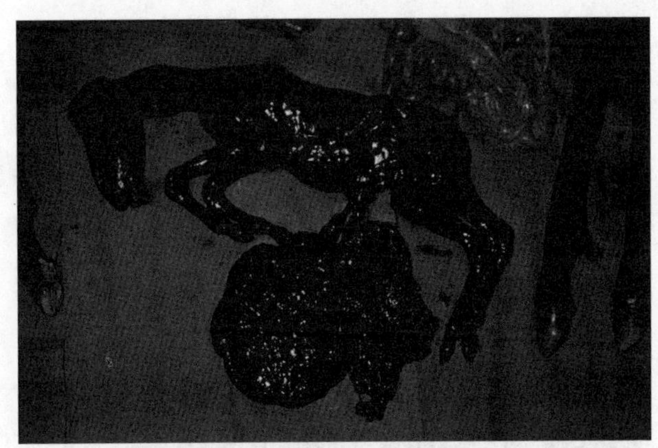

图26.5　双胎流产（见彩图85）

（Ginther，1989a）。

只采用直肠检查鉴定排双卵时可能会出现错误，尤其当两个卵泡位于同一卵巢时。应该将日常超声波检查和直检相结合，这样通常就可以检查到排双卵。有时在头24h排卵区域可能不明显而难以辨认，这种情况下应该在2d后再次对母马检查，此时则能更容易地检查到是否存在有一个以上的黄体（图26.6）。

不应该把母马排多卵作为影响其繁殖的原因，双胎妊娠会使妊娠率提高。虽然对早期妊娠诊断时获得的超声波影像作出准确的解释需要大量的诊断经验，而且破碎孕体的技术也是很需要经验的技术，但采用B型超声波影像分析则是一种更为便利的管理母马双胎妊娠的方法。

处理双胎的方法取决于检查到怀双胎时的妊娠阶段：

• 如果最早检查母马是在孕体附植（第15或16天）前，则可以采用徒手法破坏其中一个，将双孕体减少为一个；也可采用超声波探测仪的探头施压，或者用手施压（图26.8）。破碎时可隔离一个胎囊，用指尖和拇指将其压碎，手指对着手掌，或者用探头施压。在孕体可移动期，可用探头轻轻分开孕囊，以便使操作过程能够成像而易于观察。另外，由于胎囊仍处于活动期，如果两个胎囊离得很近，就在短时期间内对母马复查，在许多情况下，胎囊会分开，这样便于对单个胎囊进行分离。如果

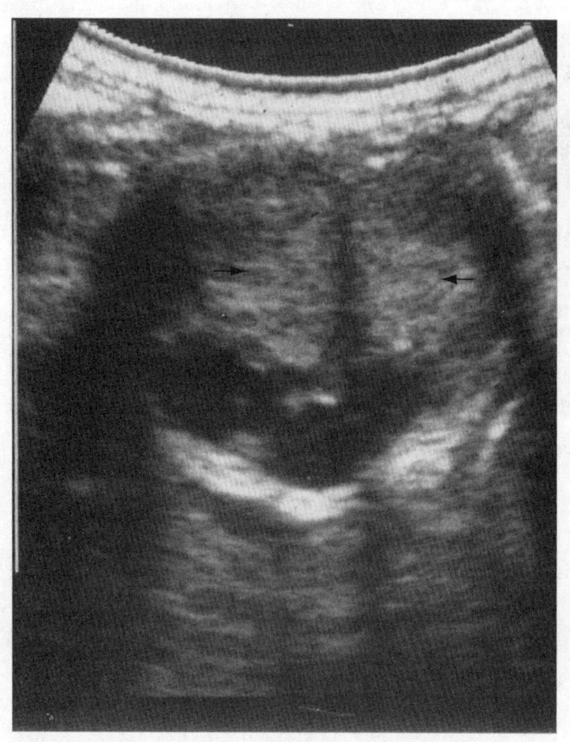

图26.6 多个（2）黄体（箭头），双胎妊娠

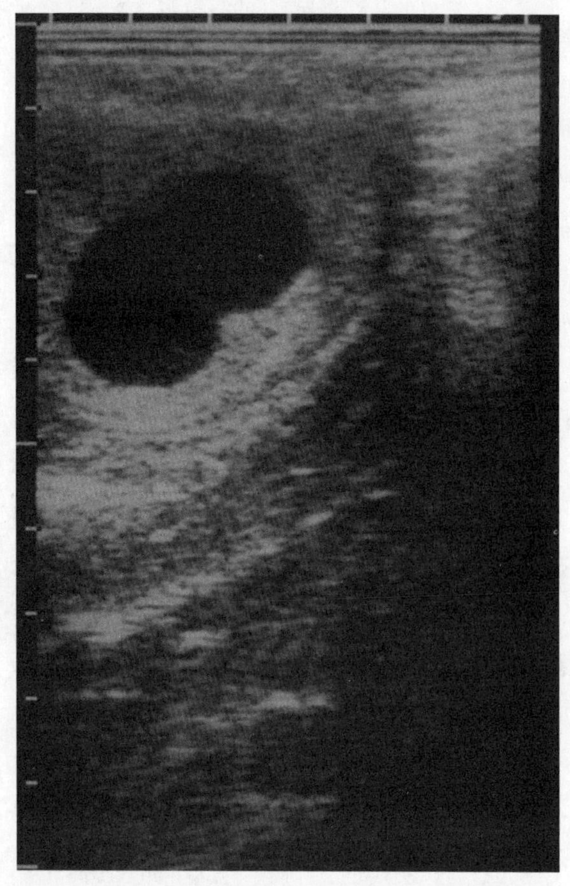

图26.7 妊娠第16天时位于同一子宫角的两个孕体

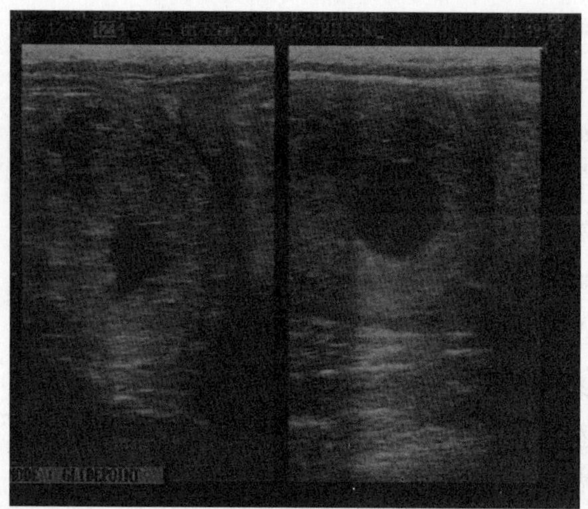

图26.8 破坏双胎孕囊中的一个后的超声图像

孕囊大小差别较大，应该将较小的一个破坏。这在妊娠第14～16天孕囊直径为14～20mm时，要比第11～13天时直径为6～11mm时更易于操作。这种方法的缺点是更昂贵，因为所有的母马在返情之前都应该扫查。此外，如果未检查到间隔3天以上发生的排卵，并且第二个孕囊太小而未被发现，那么就会误诊为单胎妊娠。随着经验的积累，这种技术的效率明显增加，成功率接近90%，也是作者经常选用的方法。对多个繁殖季节的数据进行的分析表明，破坏掉双胎之一的母马，其妊娠中后期的流产率并没有任何增加。

- 如果最早检查母马是在孕体附植之后，但在妊娠第30天之前，如果两个孕体位于同一侧子宫角，可以用$PGF_{2\alpha}$来终止孕体发育。此外，可以试用阴道内超声引导的尿囊膜穿刺术（transvaginal ultrasound- guided allantocentesis）穿刺一个孕囊。这一阶段之后双胎妊娠的管理较为复杂，主要是因为在妊娠35d左右形成子宫内膜杯。无论是否存在有成活的胎儿，子宫内膜杯保持其功能一直要持续到大约妊娠100～150d左右。因此，如果在子宫内膜杯形成之前未能成功地处理双胎妊娠，或者两个孕体在妊娠35d后均死亡，由于子宫内膜杯还会保持其功能一段时间，所以母马通常在较长的时间段内不会恢复到可以受胎的发情期。

• 随着双胎妊娠进一步发展，可供选择的处理方法也将减少，成功率也降低。处理方法包括限制日粮能量、手术摘除其中一个孕囊、对其中一个胎儿施行心内注射、阴道内超声引导的穿刺针穿刺以及胎儿的颅颈部脱位等。阴道内超声引导的穿刺在大约1/3的病例可获成功，而胎儿的颅颈部脱位可在大约2/3的病例获得成功。可在妊娠70 ~ 90d时通过在母马施行腹胁部剖宫术给胎儿施行颅颈部脱位，通过腹胁部切口直接触诊子宫，鉴定出其中一个胎儿，然后用手将其颈部脱位（Wolfsdorf等，2005）。

26.1.3 妊娠的建立和维持失败

妊娠失败是养马业重大经济损失的原因之一。马的孕体死亡发生在器官形成（organogenesis）完成之前，即大约在妊娠40d左右。流产是指在妊娠期未满时排出胎儿，此时胎儿尚不具备在子宫外存活的能力，而死产（stillbirth）是指将已经在子宫内死亡的胎儿排出。

26.1.3.1 孕体死亡

尽管在正常和低育的马匹之间存在差异，但马的受精率通常较高。马在孕体期发生的妊娠损失最高，估计可高达24%（参见综述，Ball，1988）。低育母马孕体死亡率最高的时期是在能用超声波检测到妊娠的时间（大约为妊娠第11天）之前，特别是在孕体进入子宫的时候。在妊娠的第14 ~ 40天之间，孕体死亡率估计在8% ~ 17%之间。预测孕体死亡率很难。通过直肠的超声扫描检查是预测和检测孕体死亡最好的方法。由于常常在早期进行妊娠诊断，所以一定要要告知畜主，即使采用超声波检测到妊娠，甚至这些妊娠表面上看起来都正常，但并非所有的妊娠均能维持下去。在此阶段如果监测到的胎囊比预期的小，则其死亡的风险会增加，而过大的胎囊则没有这种风险（Ginther等，1985）。孕体损失也可发生在排卵后11 ~ 15d，但没有任何超声波可监测到受损的迹象。但在妊娠后期可观察到孕体受损的迹象，包括孕体的表面呈斑点状或颗粒状；在正常的附植期后，胎囊仍具有移动性；胎囊周围有液体；胎儿心跳消失；孕体体积变小；孕体膜破裂以及子宫内膜褶水肿等（Ginther等，1985）。

在许多动物，遗传异常在孕体损失方面起有重要作用。在外观正常的马孕体中曾监测到染色体异常（Rambags等，2005），而且已经证实孕体损失率的升高与某些家族或种公马有关。许多染色体异常可能不遗传，但可在配子老化过程中形成，由此导致产生的合子没有能力发育为可成活的孕体。如果配种的时间与排卵的时间相差较远，配子老化可能会增加。如果在排卵后输精，则孕体死亡率升高，而且随着从排卵到输精间隔时间的延长，孕体死亡率增加（Koskinen等，1990）。

妊娠的第14 ~ 16天是一个关键时期，此时需要孕体来抑制黄体溶解。孕体产生的因子抑制子宫内膜释放$PGF_{2\alpha}$，这些因子是维持黄体功能必不可少的（Stout和Allen，2002）。孕体不受限制的移动性对于维持妊娠和防止黄体溶解都是必需的（Sharp等，1989）。任何干扰孕体移动性的情况，例如子宫腔粘连、子宫内膜囊肿，或者刺激孕体运动的主要排出力量——子宫收缩等，都可能导致孕体死亡。

年龄太小或太大都会对生育力产生不利的影响。1岁母马孕体损失率高，其原因可能与母马尚未完全成熟、营养不足或身体应激等有关（Mitchell和Allen，1975）。老年母马和青年母马相比妊娠率较低，孕体损失率较高（Ball等，1989）。但是，老龄的影响和获得性低育之间很难区分，而且会因胎次的影响而使两者混淆，这是因为两者之间是密切相关的。

年龄对生育力的影响至少在一定程度上是起自于卵母细胞。对从青年母马和老年母马输卵管内收集孕体进行检查时，可以观察到老年母马的孕体细胞数较少，形态更差（Carnevale等，1993）。在后续的研究中（Carnevale和Ginther，1995），采用卵母细胞移植来比较青年和老年母马卵母细胞的生育力，发现青年母马的卵母细胞可产生更多的胚囊。从20岁以上的母马获得的卵母细胞数或孕体数都显著比从10岁或更小母马获得的少，说明可能发生了排卵失败或输卵管拾捡卵母细胞失败。因此，老年母马具有受精能力的卵母细胞和具有发育能力的胚胎减少（Carneval等，1993）。其他研究也有类似的结果，发现移植来自低育母马的孕体后，与移植来自第一次配种的母马的孕体相比，妊娠率降低，早期孕体死亡率升高（Iuliano和Squires，1986；Vogelsang和Vogelsang，1989）。

输卵管的病变也可能导致孕体死亡或受精失败。子宫病变可影响组织营养素的产生，而早期孕体则依赖于组织营养素，因此也会导致孕体发育迟缓。

孕酮对于维持妊娠是必不可少的。孕体期孕酮的唯一来源是黄体。有人假定黄体功能不健在早期孕体死亡中很重要，因此给很多母马用外源性孕酮或孕激素处理，以阻止早期孕体死亡的发生。然而，对这种广泛采用的方法其原理值得怀疑。虽然已有报道认为，原发性黄体功能不健是早期孕体死亡的原因之一（Bergfelt等1992），但是没有证据表明原发性黄体功能不健是孕体死亡的主要原因。Allen（1993）对补充孕酮的方法进行评论，认为其效果值得怀疑。但是，在妊娠中期如果停止补充孕酮，母马随后可能发生流产，则临床医生可能会受到指责。在第一次进行妊娠诊断时（妊娠15d），如果发现母马有子宫水肿及黄体模糊不清，则采用孕酮疗法是合适的。在这种情况下，虽然建立妊娠，但通常会在几天内发生妊娠失败，但是如果采用外源性孕酮可成功挽救一些妊娠，而且可使妊娠维持至足月。

继发性黄体功能不健可由于子宫病变或者其他炎症所引起，这种情况更有可能会引起孕体死亡（Daels等，1989；Stabenfeldt和Hughes，1987）。与$PGF_{2\alpha}$释放相关的炎症值得关注，即使其发生于排卵后不久，尤其是发生在子宫内膜杯形成之前。$PGF_{2\alpha}$抑制剂可有效阻止$PGF_{2\alpha}$释放，但是必须要在炎症发生后不久用药（Daels等，1989）。一种更为可行的方法是采用孕激素。外源性孕激素即使在黄体活力丧失以后仍能维持妊娠（Daels等，1989），应该坚持用药，直到胎盘孕激素能够维持妊娠为止。然而，补充孕酮对正常母马的妊娠率没有改进（Iuliano 和Squires，1986）。

许多给药方案不能有效地提高或维持血浆孕激素水平。每天注射孕酮油剂（100mg，肌内注射）或烯丙孕素（2.2mg/50 kg，口服；英文商品名为Regumate），或者每周注射长效孕酮（BioRelease P4，BET Pharm），能够维持摘除卵巢的母马的妊娠，因此认为这种给药方法是合适的。许多合成的孕激素，包括甲孕酮（medroxyprogesterone）、诺甲醋孕酮（norgestomet）和醋酸甲地孕酮（megestrol acetate）等则不能维持妊娠（McKinnon等，2000）。为了确保维持妊娠，应该在妊娠后的头4个月内一直使用有效的外源性孕激素疗法，直到胎盘能够产生足够的孕激素来支持妊娠为止。如果使用烯丙孕素（altrenogest），则可监测血浆孕酮水平，因为烯丙孕素不能与孕酮的抗血清发生交叉反应。当血浆孕酮浓度超过2ng/ml时，可以停止使用烯丙孕素。如果子宫环境正常，则不需要用孕酮进行治疗（Stabenfeldt和Hughes，1987）；但是困难之处在于如何从孕体的角度来确定子宫环境是否为正常。采用长效孕酮处理后，应该重新确定妊娠能否继续。如果继续这样处理，则在胎儿死亡后可能会导致孕体滞留而不能排卵。

子宫内膜炎通常是子宫清除延缓的结果，是引起母马孕体损失的一个重要原因（Woods等，1987），并且通常在母体的妊娠识别之前引起孕体死亡。一旦妊娠得以建立，如果没有解剖上的异常，则子宫内膜炎是一种引起孕体死亡不太常见的原因（Ricketts，2003）。下文将对子宫内膜炎进行详细介绍。

一些特异性传染病与孕体死亡有着密切关系。例如，马接触传染性子宫炎（contagious equine metritis，CEM），是由马生殖道泰氏菌（*Taylorella equigenitalis*）引起的一种传染性性病，通常在最初感染后可引起孕体死亡（Timoney和Powell，1988）。无症状的带菌公马和母马均可使本病在马群中持续存在。带菌母马可能或不可能表现以前子宫内膜炎的症状，但在前庭区寄居有病原菌，尤其是阴蒂窝和阴蒂窦。检查母马是否患有CEM时，应当从阴蒂窦中间用拭子采样（图26.9），接种于艾米斯炭培养基（Amies charcoal medium）后送（最好保持在4℃）诊断实验室检查。马接触性传染性子宫炎和其他性病病原体的控制措施参见政府或养殖协会的指南和条例。

母马生殖损失综合征（mare reproductive loss syndrome）与肯塔基州东幕毛虫（Eastern Tent caterpillars）有关，是另外一种与早期孕体死亡有关的特异性综合征。虽然关于这个综合征仍有许多问题不清楚，但可能与摄入毛虫刚毛（setae）有关。生殖损失发生在妊娠的第一和最后一个1/3阶段（Riddle，2003）。与本病有关的非生殖症状包括心包炎和眼内炎（endopinthalmihs）。

母马通常在分娩后很快恢复卵巢的周期性活动，以至于有时早在产后7～10d配种（产后发情时配种）。但如果在此时受精，则关于孕体死亡率的研究结果互相矛盾，有些研究表明死亡率高，有些研究则表明没有影响。产后第一次发情时配种，其优势在于下一年的产驹日期可能要提前1个月左右。因此，母马产驹越晚，在产后发情时配种的压力就越大。产后发情时选择配种的标准明显影响妊娠率。有研究发现，产后发情时配种，与延迟配种相比，虽然妊娠率可能会较低，但妊娠损失不会更高（Woods 等，1987）。如果子宫腔内积存有液体或者在产后9d之前排卵，可能会使妊娠率降低，孕体死亡的风险增高。因此，对母马在产后配种前进行超声波检查，将有助于把适合配种的母马与延迟配种的母马区分开。

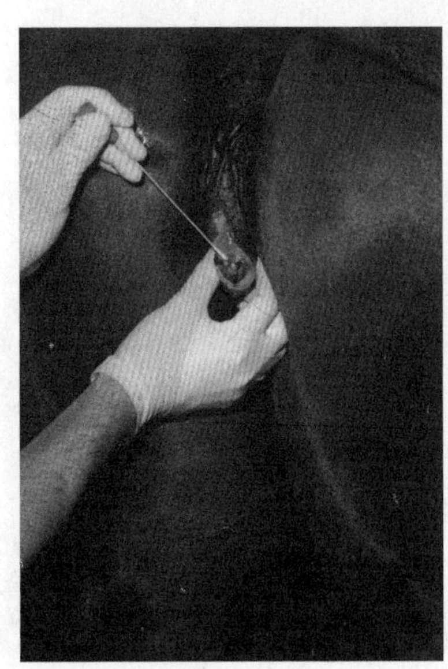

图26.9 马接触传染性子宫炎（CEM）病原的阴蒂窦中央拭子采样检查（见彩图86）

由于剧烈的疼痛、营养不良和运输等造成的母体应激也可能会成为早期孕体死亡的原因之一。营养应激，无论是营养不良（van Niekerk，1965）或是日粮中蛋白质量差（van Niekerk和van Niekerk，1998）均与妊娠损失率的增高有关。建议为妊娠母马制定一个良好的营养计划。其他应激，如长时间的运输等，常常认为能引起孕体死亡。但采用的对照研究未能证实这一观点（Baucus等，1990），而且最近的研究也未能证明运输和未运输的母马其妊娠率有何不同。通常运输母马去配种并且当天返回的做法，只要运输安全舒适，则不应对母马的生育力造成损害。在妊娠期间，有规律的运动是很重要的，不应该回避这种运动，然而在妊娠后期，半强迫的运动应当减少。如果操作正确，直肠触诊和超声波检查是安全的方法，尚无证据表明超声波检查对孕体有害（Vogelsang等，1989）。

26.1.3.2 流产

通常马在妊娠60d后的总流产率为10%。在实践中，区分传染性和非传染性原因是非常重要的。如果妊娠母马出现阴道分泌物、提前泌乳和腹痛可能预示着即将发生或临近流产。

发生流产时，应当隔离母马，获取病史，并将流产胎儿送到经批准的实验室剖检。如果兽医想要进行死后检验，应从肝、肺、胸腺、脾和绒毛尿囊膜（两个标本，其中一个来自不规则的子宫颈星状体[（cervical star），其为位于子宫颈内口上的绒毛膜的不规则星状无绒毛区（avillous area）]采集少量但有代表性的标本（图26.10）（参见第3章），样本应浸泡在福尔马林中以便进行组织学检查。另外，还应采集新鲜胎儿的肝脏和肺脏，制成冷冻样品，于 -208℃保存，以便随后进行病毒分离鉴定。从母马和密切相伴的马匹采集双份血清样品进行血清学检查。从胎心或肝及绒毛膜的子宫颈端采集拭子样品用于细菌感染的筛查。

应仔细检查胎儿和胎膜（羊膜、绒毛尿囊膜和脐带）是否有异常或者变色区域（图26.11）。也应在现场对胎盘进行检查（Cottrill等，1991；Schlafer，2004）。关于母马流产的详细资料可参阅Acland（1993）的文章。许多国家为流产母马的日常管理方法制定了操作规程，应始终遵循。

26.1.3.2.1 流产和死产的非传染性因素

在历史上，曾经将双胎看作全血马流产的唯一重要原因，但由于超声诊断的推广使用，双胎引起的流产已很少见到。即使只发现一个胎儿，也可以诊断出双胎妊娠，因为通过对胎盘的检查可以发现两胎盘相接触的无绒毛区（图26.12）。由于双胎妊娠时双胞胎对马疱疹病毒同样易感，因此应该送实验室进行诊断。

在母马，脐带通常呈顺时针螺旋扭转，长度为36~83cm（平均为55cm），但脐带过长（总长度超过80cm）可引起脐带扭转的发生。脐带扭转能够增大两个方向上血流的阻力，导致血栓形成和胎盘血液灌流不足，最终引起胎儿死亡或自溶胎儿的流产。脐带缩短能够引起胎膜过早撕裂，导致胎儿窒息。据报道，在英国，脐带扭转和血管损伤是引起非感染性流产最常见的单一因素（Smith等，2003）。

在母马体内，相互交错的微绒毛以一种未知的致密电子物质相连，胎盘的分离涉及到这种物质的溶解。胎盘过早分离的原因尚不清楚，但母体应激及内生真菌污染的高羊茅草（tall fescue）可能与此有关。如果在分娩前不久胎盘开始分离，增厚的胎盘在通过子宫颈星状体时并不破裂，尿囊绒毛膜突出于阴门之外（“红袋”分娩）（“redbag”

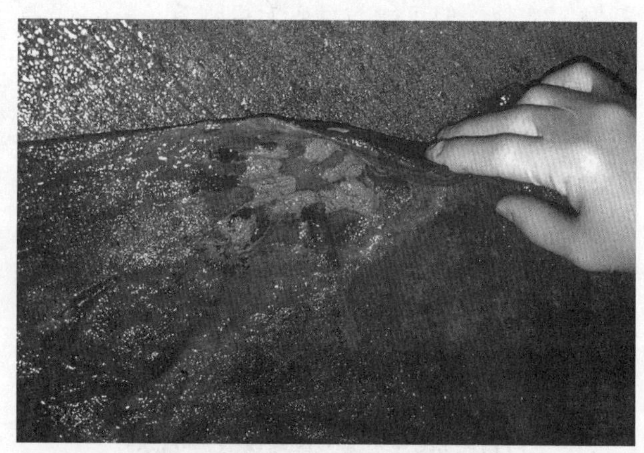

图26.11 绒毛膜表面的胎盘炎，注意其颜色变淡的区域（见彩图88）

图26.10 绒毛膜表面的子宫颈星状体（见彩图87）

图26.12 双胎妊娠时的胎盘，注意两个胎盘相接处的无绒毛区域（见彩图89）

delivery）（见图26.13），容易使马驹缺氧，导致新生马驹适应不良综合征（neonatal maladjustment syndrome）。

母马正常的妊娠主要是在子宫角。有时，妊娠会发生在子宫体。在这种情况下，子宫体内胎盘的几乎所有绒毛膜表面缺少微绒毛，而子宫角中的胎盘则有过量的绒毛覆盖，两个子宫角中的胎盘部分很小，胎儿完全位于子宫体。被胎盘完全包裹的胎儿很容易发生流产，生长也会受到抑制。当胎盘对营养的供给不能满足胎儿的需求时，往往会发生流产。

胎儿异常也会导致流产，但许多异常的胎儿往往能妊娠至足月。在流产胎儿，见有严重的发育异常，包括中枢神经系统和体腔发育异常（参见第4章）。

高羊茅草在美国草场广泛采用，然而很多羊茅草受到具有多巴胺激动剂活性的内生真菌（*Neotyphodium*，以前称为 *Acremonium coenophialum*）的侵袭。草场上受内生真菌感染的羊茅草长势比未感染的好，因而受感染羊茅草分布较广泛。母马在妊娠期采食真菌感染的羊茅草，会引起流产、死产、妊娠期延长、难产、胎盘增厚、无乳，造成母马死亡率升高及马驹孱弱等。母马采食了受感染的羊茅草后，也可以见到母马发情周期异常，妊娠率下降，早期孕体死亡增多等现象。对妊娠母马治疗的目的是，使母马在其妊娠300d时远离羊茅，从而避免分娩时多种问题的发生；或者对患病母马用多巴胺颉颃剂，如多潘立酮等进行治疗。

图26.13　胎盘提早分离，通常称作“红袋”（见彩图90）

26.1.3.2.2　流产的传染性因素

马疱疹病毒。马疱疹病毒（equine herpesvirus，EHV）是引起马流产的一种最重要的传染性因素。流产主要由EHV-1型病毒感染引起，EHV-4型病毒感染有时也造成马匹的流产。EHV-1型病毒还可以引起呼吸系统疾病（马驹和周岁幼马最明显）、瘫痪、新生马驹疾病和眼色素层炎或前房积脓。EHV-4型病毒通常引发呼吸系统疾病，但偶尔也能引起个别母马流产。马疱疹病毒通过呼吸系统进行传播，病毒先在黏膜上皮中复制，随后进而形成淋巴细胞相关的毒血症。妊娠母马长期带毒，大部分马匹的流产（90%）发生在病毒感染后的60d之内；但从感染到引发流产的时间范围是14~120d。

繁殖适龄期的大多数母马对于呼吸系统疾病具有一定的临床免疫力，但对流产性感染较敏感。EHV-1型病毒通过畜群传播，大多数情况的感染无临床症状。马自然感染后（3~4个月），由于缺乏免疫力，机体有可能再次被重复感染。另外，病毒能够长期存在于三叉神经节内，并且能引起隐性感染马匹重新发病。因此，经常受到应激的妊娠母马有可能发生流产。

马匹流产可能发生于妊娠的第5个月直到妊娠期满，但通常发生在妊娠第8～9月至妊娠足月。通过迁移的白细胞或脐带血管的感染可导致胎儿感染EHV。胎儿感染EHV后侵染的主要靶器官是呼吸道和肝脏。流产的先兆变化很少，典型情况下流产突然发生而无乳汁或乳房发育。母畜将胎儿娩出，胎儿多处于新鲜状态，大多通常仍被胎膜包裹，极少情况下，有些马驹可存活到第7天，但体质虚弱，黄疸，并且伴随明显的白细胞减少症等病理变化。

对胎儿进行病理组织学检查可用于诊断流产。胎儿的病理变化包括胸腔积液和腹水，黏膜和胎膜的黄疸，脾肿大，肾水肿，整个呼吸道出血，口腔黏膜和眼结膜瘀血，以肝脏和肺脏组织核内包涵体形成为特征的肝脏局限性坏死，胸腺坏死和质地变脆。实验室诊断需要的病料样本应包括肺脏、肝脏和胸腺，其中既要有冷冻的，也要有福尔马林浸泡的。通过病毒运输培养基送检的肺脏、肝脏和胸腺等病料，可以从中分离到病毒。可采用荧光抗体试验对肝脏和肺脏的冷冻切片进行检查，也可通过病毒分离和PCR进行确诊。遗憾的是，目前尚无针对隐性感染的诊断技术。由于从母体感染或发生毒血症到发生流产的时间间隔不定，使得通过血清学检测来对流产进行诊断毫无价值。

不同国家控制措施的重点不同。大多数国家通过计划免疫实现对该病毒的控制，弱毒疫苗和灭活疫苗都可以使用。通过对控制效果的研究发现，两种疫苗都有效果，但也都可能失败。建议在妊娠的第5、7、9个月对妊娠母马以3倍剂量进行免疫。

由于免疫力不持久，即使执行免疫计划，隐性带毒动物仍有可能再次复发，所以有效的管理对疾病的控制至关重要。不同年龄和繁殖水平混合的畜群受病毒感染而发生流产的风险最大，因此，断乳马驹、周岁马驹和其他马匹均应当与妊娠母马分开饲养，应当按照妊娠的时间将妊娠母马分群，并保持各群独立。新引进的母畜应当隔离观察21d，初产母马应当和老龄母马分开。如果将母马从一个畜群里迁出，则不应让其再返回该群。对所有流产和死产均应进行调查，并对可疑马匹隔离，直到最终诊断为健康时才可解除隔离。新引进的马匹一定不能和妊娠母马在农场混合饲养。

马病毒性动脉炎。马病毒性动脉炎（equine viral arteritis，EVA）是马的传染性病毒性疾病，于1953年发现。该病首次于1993年在英国暴发。本病的暴发有些与流产无关，而有些暴发可引起严重的繁殖损失。本病的暴发与使用阴性带毒公马的冷藏精液有关。虽然感染EVA后自然发生的流产不常见，但偶尔可散发，有时呈群发趋势。有些品种（比如标准赛马，Standardbreds），其个体有很高的血清阳性率，但却极少发病；有些本地品种临床症状（比如流产）更为常见，这可能是由于毒株间的致病性不同所致。

患病公马通过污染精液的生殖传播和急性感染马匹通过呼吸道分泌物的飞沫传播是EVA传播的两个重要途径，相互接近或直接接触是飞沫传播的前提。经过平均为7d的潜伏期后，EVA通过畜体的各种体液排出体外，包括呼吸道分泌物和尿液，可长达21d（尿液排毒的时间可能更长）。感染发生后，母马可清除感染并产生免疫力，但在公马的副性腺中病毒可长期存在，因此公马成为无症状带毒者并持续数年，病毒从精液中排出。尚无证据表明，受感染的母马、去势公马或马驹会成为隐性带毒者。有趣的是，实验性感染EVA的公马，其精液质量发生了明显变化（Neu等，1992）。目前，尚无有效治疗慢性感染种公马的方法。

生殖传播（venereal transmission）是引起EVA病毒广泛传播的主要原因。在允许可以采用人工授精的品种，病毒可通过新鲜、冷藏及冷冻精液传播。据一项对照研究（Cole等，1986）发现，血清学阴性的母马与隐性带毒公马交配，然后将这些母马运送到另一地方，并与妊娠7~11个月的血清学阴性母马一起饲养，最终导致所有母马呈血清学阳性。临床症状可能未被观察到而消失，但在此期间，其实验方案包括了每天2次测定体温及每天结束时称重剩余饲料量，结果发现母马有轻微的发热和厌食。在所有暴露于感染的14匹母马中有10匹发生流产。

EVA的临床症状多变，典型症状除了母马流产外，通常无临床变化。经典的临床症状类似于感冒，通常发热1~5d，沉郁，出现鼻腔分泌物，结膜炎，厌食，局灶性皮炎和四肢、腹部、阴囊、包皮及眼眶周围水肿。流产可发生在急性病例或亚临床感染时或之后。大多数母马的流产发生在感染后的23~57d，或在母马发热后的6~29d。马驹可在出生时感染，并在72h内死亡，也可能出生时正常或发病，随后发展为呼吸道症状或肠炎。

由于EVA临床症状具有可变性，因此仅仅根据临床症状不能对其进行确诊。急性EVA可通过对咽喉部拭子、抗凝血（添加肝素）、尿液和精液样品进行病毒分离来确诊。尽快采集临床发病后的血液样品，10~14d后采集恢复期的血样，检测EVA抗体滴度，为是否感染EVA提供血清学证据。对于EVA引起的流产的诊断，主要通过对胎盘或胎儿组织进行病毒分离，因为流产时没有能确定诊断的眼观病变（pathognomonic gross lesions）。流产后，采样送检的胎儿组织主要包括：肺脏、肝脏、胎盘和羊水。如果EVA是引起流产的原因，病毒很容易被分离出来。与母马感染疱疹病毒后流产产出新鲜胎儿不同，EVA感染母马后，流产的胎儿常发生部分自溶。

由于实际上急性感染EVA的马匹都能完全恢复，因此所有的治疗都是针对症状。在英国，防治条例（Code of Practice）提出了针对EVA的控制措施及在暴发时的防控指南。北美采用一种弱毒疫苗，而在英国则采用灭活疫苗（Artervac，Fort Dodge Animal Health）。在美国，虽然疫苗的使用受政府多个部门的管理，但由于最近该病的暴发，使得疫苗被广泛使用。疫苗一旦使用，就不能通过血清学方法鉴别公马是否为自然感染，因而有人不愿意使用疫苗。但通过对精液进行病毒分离，可以区分疫苗免疫马匹和带毒马匹。值得注意的是，有些国家不允许使用血清学阳性的公马或精液。因此如果马匹要进行免疫，应在免疫之前采集用于血清学实验的血样，在第二次免疫后10d再次采集血样进行检测，以确保对疫苗接种具有免疫反应。英国的许多种畜场要求母马在进场之前必须被确认是EVA血清学阴性。在英国，广泛对种公马进行免疫。

其他的控制措施包括将排毒公马与其他马匹，或将与排毒公马交配过的母马与其他马匹之间保持90m的距离。只要母马在配种前至少21d免疫接种，或在上次配种后与其他血清学阴性马匹隔离1个月以上，就可与排毒的公马进行交配。

钩端螺旋体病。钩端螺旋体病（leptospirosis）是一种全球性分布的动物传染病。不同的国家和地区危害马匹的优势血清型不同。据报道，在美国肯塔基州，问号钩端螺旋体种波摩那血清群kennewicki血清型（*Leptospira interrogans* serogroup *Pomona* serovar *kennewicki*）是最常见的与马流产有很大关系的血清型。Kirschneri钩端螺旋体流感伤寒型血清群流感伤寒血清型（*L. kirschneri* serogroup *Grippotyphosa* serovar *grippotyphosa*）也见有报道。浣熊是流感伤寒型钩端螺旋体的维持宿主，而kennewicki型的维持宿主尚不确定。

钩端螺旋体适宜在温湿的环境中生存，通过黏膜和湿润的皮肤软组织等侵入机体。经过4~10d的潜伏期可引起菌血症。致病血清型主要定植于肾脏或生殖道。母马通常不表现临床症状，流产发生于妊娠第6个月到妊娠结束。胎儿的眼观病变变化多样，包括黄疸和肝脏和（或）肾脏肿大。胎盘通常发生病变。本病可通过病原鉴定和母马的血清学实验进行诊断。本病目前尚无有效疫苗，主要通过卫生消毒和对野生动物的控制实现对该病的控制。有研究报告认为，青霉素钾可通过增加抗体滴度而对妊娠母马有效。在人的研究表明，大剂量静脉注射青霉素能够有效治疗本病。

细菌和真菌性流产（胎盘炎）。胎盘炎是马匹流产和新生马驹疾病的首要原因。在马，多种细菌可通过胎盘引起流产。通过子宫颈的上行感染是引起感染的主要途径。母畜在受胎时子宫就存在有细菌或细菌通过血液循环进入子宫的情况极少。通过尿囊绒毛膜快速扩散的细菌常引起胎儿感染，并引起急性细菌性败血症。大多数慢性上行感染常局限于子宫颈星状体附近，并引发局灶性或局部的胎盘炎（图26.14）。胎盘炎通常引起胎盘的机能障碍，继而流产，产出生长受阻的胎儿，或者出生的马驹发育不良。胎盘常常增厚，并以渗出物覆盖，胎儿呈败血症症状。引起胎盘炎的细菌和引起子宫内膜炎的微生物相似（见下），而且通常是条件性致病菌，这些细菌常可从正常母马的生殖道末端分离到。流产的发生常具有征兆，比如乳腺的增大，乳腺出现分泌物和外阴松弛等。

早期诊断对于开展有效的治疗至关重要。能在过早泌乳或出现阴道分泌物的临床症状之前在子宫内诊断出胎盘炎，将会明显提高治疗的成功率。虽然不建议间隔一定时间对所有母马例行检查是否存在有胎盘异常，但有必要对有发病史或高发病风险的母马进行定期检查。

Reef等人（1996）曾报告用经皮超声扫描技术对子宫内的胎儿状况进行评估。从多个部位对子宫进行超声诊断，以期获得全方位的图像。研究发现，胎儿心率、胎儿主动脉直径、胎儿的活动、羊水的最大深度、子宫-胎盘接触的部位和子宫-胎盘厚度都与妊娠的结局有关。子宫胎盘结合处明显增厚表明发生了胎盘炎，而子宫与胎盘之间的无回声区表明胎盘分离。虽然观察到的这些异常表示发生了胎盘疾病，但经皮超声没有发现异常并不能说明胎盘不存在病变，只是有可能没有探测到胎盘炎的局部病变。

大多数胎盘炎来自于通过子宫颈进入的细菌的扩散，细菌先感染子宫颈星状体部位的尿囊绒毛膜，然后从此开始蔓延。Renaudin等人（1999）直肠检查子宫颈口附近的子宫-胎盘单位（uteroplacental unit），而这个部位可能与大多数胎盘炎的发生部位接近。他们在邻近子宫颈口的子宫腹侧测量了子宫和胎盘的总厚度。子宫-胎盘单位的正常厚度取决于妊娠的阶段（妊娠270~300d时为 8mm，300~330d时为 10mm，大于330d时为 12mm）。由于单个测定数值可能不准确，尤其当斜角取图时更容易发生错误，所以应多次测量取平均值。胎盘从子宫分离或存在有渗出物也表明发生了病变（图26.15）。

若在子宫内诊断出胎盘炎，应当尽快治疗，不应诱导分娩。胎儿在子宫内生长的时间越长，其发育到成熟水平的几率就越大，出生后就更有可能生存下来。如果有阴道分泌物，通过分离培养细菌并进行药敏试验，将有利于选择合适的抗生素。如果分离培养无结果，或是无阴道分泌物，则应当使用广谱类抗生素。因为磺胺甲氧苄啶（sulfa-trimethoprim）可以透过胎盘，因此如果口服给药及需要长时间给药，这种药物为最常用的抗生素。另外，治疗时也可补充孕激素和采用己酮可可碱（pentoxifylline）进行治疗。通常将孕激素烯丙孕素（altrenogest）（0.88mg/kg）口服给药，这不仅是由于便于管理，且有研究表明其治疗效果比孕酮好。在发生胎盘炎时，由于己酮可可碱具有抗内毒素的作用，因此推荐使用。

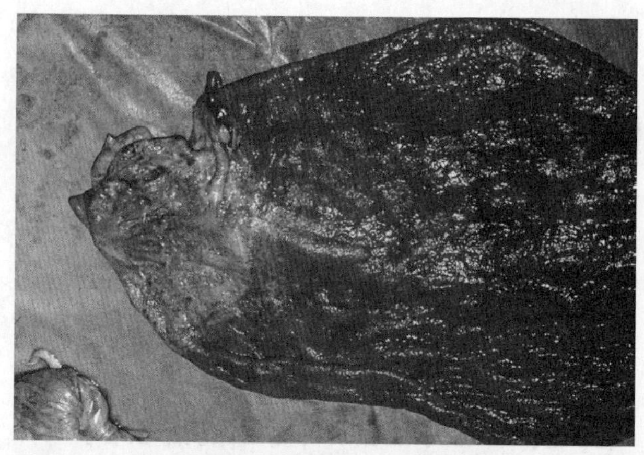

图26.14 上行性胎盘炎；注意子宫颈端的变色增厚区（见彩图91）

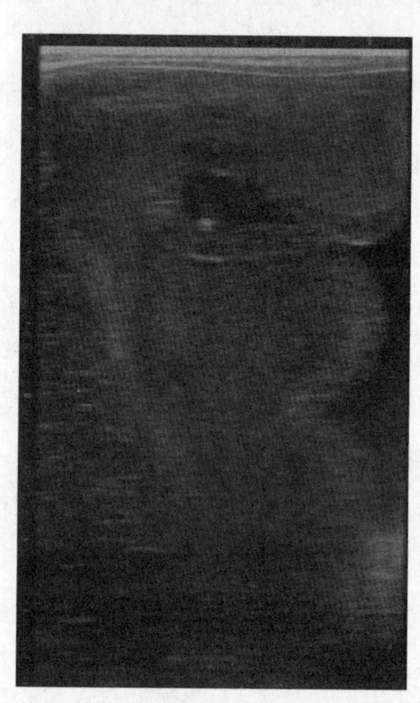

图26.15 靠近子宫颈内口，子宫和胎盘连接处的超声图像（胎盘和子宫由回声强的渗出物分开）

在肯塔基州及附近地区发现了引起胎盘炎的另一特殊病原菌，该菌被鉴定为诺卡氏菌型微生物（nocardioform organism）中的马克洛氏菌（*Crossiella equi*）。该病的主要特征是，在近胎盘体的子宫角基部出现炎性灶，灶中有一种棕黄色黏液性炎性渗出物。

曲霉（*Aspergillus* spp.）是马的霉菌性胎盘炎和流产最常见的病菌，也见有其他真菌如毛霉菌（*Mucor* sp.）的报告。假丝酵母（*Candida* sp.）感染引起的胎盘炎很少见。真菌与细菌性流产的发病机理相似，都是在子宫颈端的绒毛膜引起炎症。感染也可能开始于呼吸道，通过血液循环蔓延到子宫和胎盘。胎盘最典型的肉眼病变是局部坏死，而且很难与细菌病变区分。绒毛膜表面干燥，增厚，呈皮革样。胎儿也可能发生病变，尤其是皮肤。如果流产由真菌引起，则很容易通过涂片或培养证实。

26.1.3.3　子宫内膜炎

子宫内膜炎是一种子宫内膜的急性或慢性炎症过程，多年来，一直被视为是引起繁殖母马不育的主要原因。这种低育是由于子宫环境不利于发育的孕体生存，在某些情况下，子宫内膜炎症可引起黄体提早退化。子宫内膜炎通常是由微生物感染所致，但也可由非感染性因素引起。

某一特定病因的子宫内膜炎的病原决定了所要采用的治疗方法，下列为常用的马子宫内膜炎的分类系统：

- 性传播性子宫内膜炎（venereal endometritis）
- 慢性传染性子宫内膜炎
- 交配诱导的持续性子宫内膜炎（persistent mating-induced endometritis，PMIE），也称为子宫清理延缓（delayed uterine clearance）引发的子宫内膜炎。

通常认为，具有正常生育能力母马的子宫腔是无菌的，或有一些临时的非常在的菌群。但这忽略了一个事实，即母马的生殖道经常通过交配、产驹和兽医处理等而被细菌污染。母马的阴门构造不良可将空气、细菌和碎片吸入阴道，由此而引发子宫内膜炎。

引起细菌性子宫内膜炎的细菌种类众多，可以分为下面几类：①污染菌及共生菌（commensals）；②能够引起急性子宫内膜炎的条件致病菌；③经性传播的细菌。在阴道前庭和阴蒂区通常存在有一些菌群数量不断波动的无害细菌，还可见到一些良性腐生生物（benign saprophytic organisms）以及兽疫链球菌（*Streptococcus zooepidemicus*）、大肠杆菌和葡萄球菌属（*Staphylococcus* spp.）等条件性致病菌。公马的阴茎也分布着类似的微生物。兽疫链球菌是急性子宫内膜炎时最常分离到的细菌，尤其是在疾病的起始阶段（initial stages）。其次为大肠杆菌。子宫对这些细菌发生反应，引起中性粒细胞迅速内流进入子宫（Pycock和Allen，1990）。一般情况下，这些中性粒细胞迅速（24h之内）吞噬并杀灭细菌。炎症的产物会被机械性排出，子宫内膜炎也会自行痊愈，除非母马患有气膣（pneumovagina）或对细菌特别敏感。易感性母马清除子宫细菌比较缓慢，导致炎性产物作为子宫液而蓄积。这类母马由于子宫腔不利于早期发育的孕体生存，因此可导致妊娠率低下。

26.1.3.3.1　性传播性子宫内膜炎

除了条件性致病菌，一些细菌比如生殖器泰勒菌（*Taylorella equigenitalis*）（CEM的病原菌），肺炎克雷伯氏杆菌（*Klebsiella pneumoniae*）（荚膜1、2、5型）和铜绿假单胞菌（*Pseudomonas aeruginosa*）（某些菌株）可通过无症状带菌的两性家畜经生殖传播。交配或产科检查也可使这些细菌传入子宫。种公马的整个阴茎表面和尿道远端都可能寄生有这些细菌。在马匹交配前，通过常规拭子采样，对这些特定微生物进行分离鉴定，可以有效控制致病菌的传播。母马的子宫内曾分离到厌氧菌，其中以脆弱普氏菌（*Prevotella fragilis*）最为常见（Ricketts和Mackintosh，1987）。仍需进一步研究来评估厌氧菌在子宫内膜炎中的重要性。

诊断。在繁殖季节开始前，应采集母马的阴蒂窝、阴蒂窦（只有中间窦可能很明显）和阴道前庭拭子。除了用干纸巾除去外阴大量的粪便污物外，不应清洗母畜的会阴部。兽医应带上一次性保护手套，翻开阴门的腹侧结合部，暴露阴蒂。拭子应放置于运输培养基中，标清楚母马的名称，然后送至认证实验室。拭子应深入阴蒂窦，因此不能使用大头拭子。拭子应于有氧条件下，在血琼脂及麦康凯琼脂上培养，以检测是否存在肺炎克雷伯菌和铜绿假单胞菌。在有CEM存在的国家，必须使用巧克力血琼脂平板（含或不含链霉素）进行微需氧培养（microaerophilic culture）来检测马接触传染性子宫炎。另外在公马，应在射精前后从尿道、阴茎鞘、精液、尿道窝和（或）尿道窦等多个部位，采集拭子样品。英国已采用该法成功地根除了CEM，极大地降低了性病的发病率。

治疗。任何被疑为感染性病的母马均不能再配种。当发生阴蒂或阴道前庭感染时，应采用局部治疗的方法。首先在治疗前用洗必泰进行彻底清洗，之后用0.2%呋喃西林软膏（nitrofurazone ointment）治疗生殖器泰勒菌感染，用0.3%庆大霉软膏治疗肺炎克雷伯菌感染，或者用硝酸银及庆大霉素软膏治疗绿脓杆菌感染。这些致病菌尤其是绿脓杆菌很难从阴蒂上消除，因此，对于疑难病例可能必须要采用阴蒂窦切除术（clitoral sinusectomy）或阴蒂切除术（clitorectomy）进行治疗。有些情况下，肉汤培养基培养的来自阴蒂正常菌群的混合培养物能够抑制性病致病菌。只有每隔一周连续检测3次阴蒂和子宫内膜拭子，并且结果均为阴性，才可证明感染被成功消除。

26.1.3.3.2 慢性传染性子宫内膜炎

慢性传染性子宫内膜炎（chronic infectious endometritis）最常见于产驹多次的老龄母马，这类母马由于子宫防御机能减弱，因此使得正常的前庭和阴道菌群定植于子宫，从而导致慢性子宫内膜炎。通过采集发情期的样品进行细菌培养和细胞学检查，可以对慢性子宫内膜炎进行诊断。在通过子宫颈采集拭子样品之前，必须要确定母马没有妊娠。理想的采样方法应当能够确保样本都是从子宫腔获得，应该确保采集拭子样品的方法不会将细菌引入原来正常的子宫内，这一点尤为重要。保护好的拭子进入子宫腔后，只能将拭子头部暴露于子宫腔。同时也要采集细胞学检查用的拭子。

用于培养的拭子应在37℃条件下在麦康凯血琼脂平板（blood and MacConkey's agar）上培养48h，分别在第24和48小时检查。轻轻地将其他拭子旋转涂抹在载玻片上，制成风干的涂片，然后用改良的快速瑞特氏染料，比如Diff-Kwik染料（American Hospital Supplies）等进行染色。检查染好的涂片中是否有炎性细胞和子宫内膜细胞的存在（见图26.16），如果有子宫内膜细胞存在，则说明采样是成功的。子宫的细胞学检查对培养结果的解释可提供极为关键的信息。子宫内膜炎的确诊是基于涂片中存在大量中性粒细胞（见图26.17）。对于细胞涂片，每个高倍视野（×400）如果存在有5个以上的中性粒细胞，应被视为感染了子宫内膜炎。

如果子宫内存在致病菌，母马的免疫系统就会发生免疫反应，因而在子宫内膜的细胞涂片中通常可以看到中性粒细胞。如果细胞学样品的监测结果为"阴性"，表明存在有足够的子宫内膜细胞可以进行诊断，但无或很少有中性粒细胞。在这种情况下，如果采集的样品中可以培养出细菌，则最有可能为操作过程中无法避免的污染所造成。但是在有些情况下，细菌培养为阳性而细胞学检查结果为阴性，则仍应进行治疗（LeBlanc等，2007）。

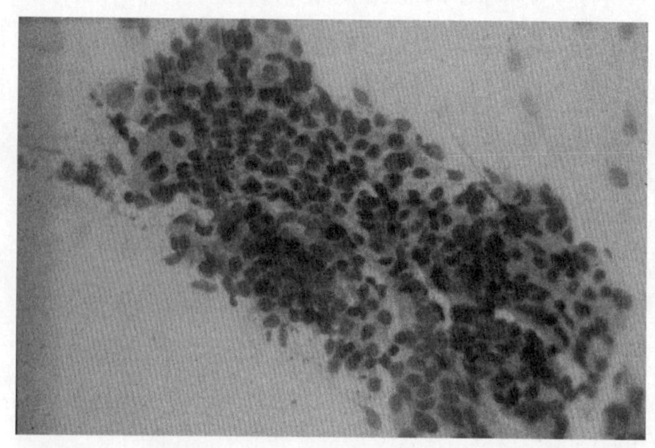

图26.16 "阴性"子宫内膜细胞学涂片：存在大量的子宫内膜细胞，但无中性粒细胞（见彩图92）

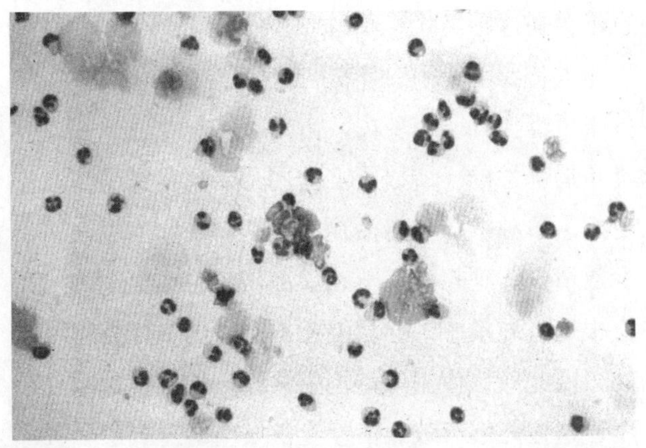

图26.17　"阳性"子宫内膜细胞学涂片：存在大量的中性粒细胞（见彩图93）

表26.3中列出了几种可能的结果。首先，如果细胞学检查结果是"阳性"，则应该将细菌培养送实验室进行鉴定，并测定其对抗生素的敏感性。如果未鉴定到致病菌（即"无生长"），而细胞学检查为阳性结果，则有多种解释。尽管残留的炎症可能很明显，但母马却能从以往的感染中恢复，致病菌被清除。另外，也可能会存在其他原因引起的非感染性炎症。在这种情况下，母马的子宫有可能再次被感染，只是在样品采集或实验室检验过程中出现错误而杀灭了致病菌，最终导致细菌培养呈阴性的结果。有人认为，厌氧菌可产生阳性的细胞学检查结果，但在标准的有氧培养条件下则不出现结果（Ricketts和 Mackintosh，1987）。当出现细胞学检查为阳性而细菌培养呈阴性结果时，应当根据病史经验和其他结果来判断是否需要重复细菌培养或重新进行细胞学检查，或是直接治疗母马。如果考虑要进行治疗，应采用子宫灌洗的方式，而不是采用灌注抗生素的治疗方法，这样效果会更好。有人认为，细菌的类型能够影响子宫内膜产生的渗出液，从而影响获得具有代表性的细胞学样品的能力（LeBlanc等，2007）。

表26.3　子宫内膜细菌培养及细胞学检测可能出现的结果

	细胞学阳性结果	细胞学阴性结果
培养阳性	鉴定病原体 根据结果进行处理	假阳性 （污染）？ 不治疗？ 治疗？ 重新检测？
培养阴性	重新培养？ 治疗？	不治疗

在有些情况下，子宫内膜活检是一种有效的辅助诊断方法。下文中在"子宫"项下将对此进行详细的介绍。关于此技术的临床应用和病理诊断的详细信息，请参阅Kenney和Doig（1986）的综述。

在子宫内膜炎的诊断中，超声检查是必不可少的。人们第一次利用超声技术能够监测并采集到子宫内很少量的子宫液，而这样少量的液体是直肠触诊所不能发现的（Ginther和Pierson，1984），此后人们对这种异常发生的频率有了越来越清楚的认识。子宫内膜分泌物和少量自由流动的液体的形成，其机制可能与正常发情期水肿（oestral oedema）形成的机制相同（图26.18）。在许多情况下，蓄积在子宫腔的液体在交配前是无菌的，不含有中性粒细胞（Pycock 和Newcombe，1996）。

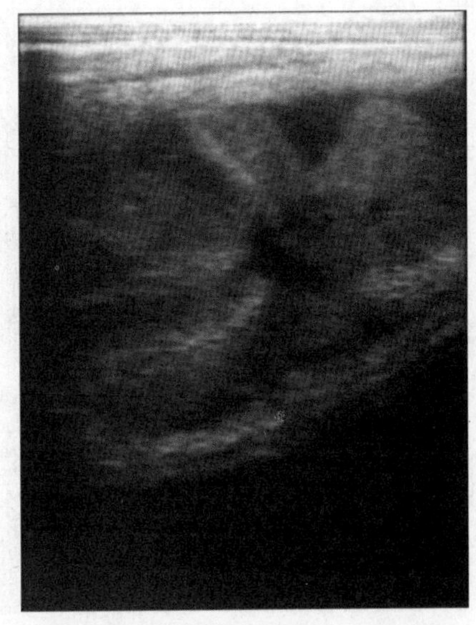

图26.18　发情期早中期的典型变化：子宫水肿，在子宫腔内有少量液体

然而，子宫腔内自由流动的液体是母马子宫清除延缓的预警症状（详见下文中的PMIE）。子宫腔液体的量对于子宫内膜炎的发生有非常重要的意义，但是液体量是不确定的，其意义在一定程度上取决于发情期何时观察到有子宫腔液体。在发情早期检测到的液体，有可能随着母马发情的进展和宫颈进一步的松弛而消失。与大量的子宫腔液（＞2cm深）不同，发情期少量的子宫腔液蓄积不会影响妊娠率（Pycock 和Newcombe，1996）。对子宫内膜炎敏感的母马与不敏感母马相比，会积聚更多的宫腔液。

一般情况下，若在发情期宫腔积液深度超过1cm时，应在配种前进行清除，并用催产素治疗。如果积液量深度超过2cm（图26.19），应当检查积液中是否有炎性细胞和细菌存在。在间情期出现宫腔积液则是炎症的征兆，并且与早期胎儿死亡和黄体期缩短引起的低育有关（Newcombe，1997）。

直肠超声检查是一种快速评估子宫状态的可靠方法。在采用超声检查的研究中，于交配之前对380匹繁殖母马的子宫进行细胞学和细菌学采样（Pycock和Newcombe，1996），结果证明，如果在发情期未监测到自由流动的液体，即使细胞学监测诊断为急性子宫内膜炎的病例，其中99%的病例

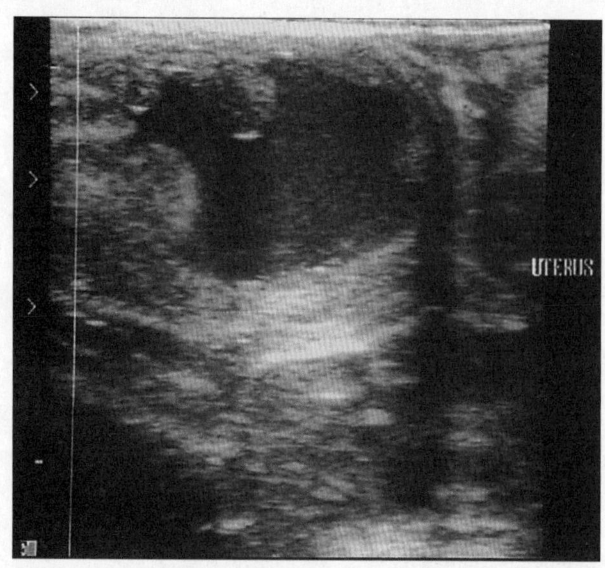

图26.19 子宫体腔中存在过量的子宫液，表明有子宫内膜炎存在

也不存在这种炎症。

人们最喜欢用的治疗方法是在发情时将各种抗生素灌注到子宫腔内。由于大多数急性子宫内膜炎是局部性的，所以子宫内用药要比全身用药治疗更好。单独进行全身治疗或辅助以局部治疗适用于少数情况。理想状态下，局部治疗时抗生素的选择应根据体外敏感试验。但在很多情况下这是不可能的，因此应该使用广谱抗生素或多种抗生素联合使用，这样能够有效地治疗经常发生的需氧菌和厌氧菌的混合感染。虽然在多数母马，35~40ml的药量足够覆盖整个子宫内膜表面，而在老龄马和经产母马则需要更大剂量（达到100ml），才能确保药物能分布到整个子宫。如果药物量过大，则会通过子宫颈返流出子宫而丧失。治疗所需要的药量取决于个体的情况和致病菌的类型，但一次治疗就有可能奏效，或者在发情期每天灌注子宫，连续3~5d，在大多数情况效果会很好，尤其是和催产素合用时效果更好。可采用超声诊断检查宫腔积液来监测治疗的效果。也可采用重复进行子宫内膜拭子/涂片采样或活检来监测治疗效果，但由于每次都要穿过子宫颈，都有将细菌引入子宫的风险。

最近，有人建议采用免疫调节剂作为一种有效的治疗辅助剂，对子宫内膜炎进行治疗。可用的产品为结核分支杆菌（*Mycobacterium*）细胞壁提取物或由丙酸杆菌（*Propionibacter*）制剂制成。虽然这种提取物提高生育力的机制尚不清楚，但在一些母马的治疗实践中证明其是有效的（Rogan，2007）。

除了利用抗生素治疗外，连续使用$PGF_{2\alpha}$可以增加出现卵泡期的频率，从而使子宫内治疗更为容易。另外也能缩短黄体期持续的时间，而在黄体期孕酮可使子宫对感染的敏感性增加。对于慢性子宫内膜炎的诱因，也应当考虑阴门或宫颈结构的缺陷。

真菌性感染（fungal infections）。霉菌性子宫内膜炎没有细菌源性的常见，但将其作为一种重要的病原体是十分重要的，这是因为通常使用的宫腔内抗生素疗法对其引发的感染无效。当马匹发

生真菌性子宫内膜炎时，母马可能有正常或异常的发情周期，可能表现为乏情或空怀，也有可能最近发生流产或胎衣滞留，或有过多次子宫内抗生素治疗史。与霉菌相比，酵母菌引发子宫内膜炎更为常见；白色念珠菌（*Candida albicans*）是最常分离到的真菌性病原。

根据子宫内膜涂片是否存在真菌和炎性细胞可对本病进行诊断。酵母菌通常经Diff-Kwik染色后在放大倍数（×400）下观察鉴定，对子宫内膜活检样品，真菌通过格默里的六胺银（Gomori's methenamine silver）或定期酸–希夫（periodic-acid-Schiff，PAS）染色很容易鉴定。由于在涂片中真菌可能存在的数量很少，再加上需要很长时间的培养，因此成功培养出子宫内膜涂片中的真菌比较困难。

真菌感染很难治愈，尤其是慢性或深部感染时，很容易复发。治疗时可先用2~3L的温盐水对子宫腔进行灌洗，然后用温和的复方聚维酮碘（povidone-iodine）（1%~2%的溶液，每天用药，连用 5d）、制霉菌素（nystatin）（每天20万～50万U，共5d）或克霉唑（clotrimazole）（隔天400～600mg，共12d）等抗真菌制剂治疗，具有一定疗效。Lufeneron为一种昆虫生长抑制剂，据报道也具有一定疗效（Hess等，2002）。还有报道认为，用醋或稀释的醋酸灌洗子宫具有治疗效果，这可能是由于改变了子宫的pH所致。

真菌性子宫内膜炎治愈后，母马的生育力预后不良。如果经过三种方法治疗仍不能清除酵母菌或真菌感染，则应告知畜主治愈成功的可能性不大。正常健康的子宫能够清除真菌感染；也就是说，即使成功治愈了真菌感染，母马仍必须按易感动物进行治疗。

26.1.3.3.3 交配诱导的持久性子宫内膜炎

交配诱导的持久性子宫内膜炎（persistent mating-induced endometritis，PMIE）与子宫清除延迟有关，是引起母马繁殖失败的一个重要原因。交配时，微生物和异物随同精液一起直接进入母马的子宫内。精子可在子宫腔内诱导一种炎性反应（Kotilainen等，1994；Troedsson等，2001），这种反应在活精子与死精子之间没有不同（Katila，2001）。在大多数母马，这种过渡性的子宫内膜炎会在24～72h内自行痊愈，因此宫腔的内环境适合于妊娠的建立。重要的是，不能将这种子宫内膜炎看作病理性的，这是一种生理反应，能够在受精后5.5d孕体从输卵管下行至子宫腔之前，将过量的精子和异物从子宫内清除。然而，如果间情期的第4～5天这种子宫内膜炎仍持续存在，则除了造成子宫内环境不适于孕体生存外，还能诱导$PGF_{2\alpha}$的提早释放，导致黄体溶解，孕酮迅速下降，母马又提早返情。这些母马即为易感母马，会发生持久性子宫内膜炎（Allen和Pycock，1988）。

具有抵抗力的母马能够消除感染而无需治疗，而易感母马却不能（Hughes和Loy，1969）。一般来说，对子宫内膜炎的抵抗力下降与年龄和多胎次有关，但也有报告认为，一些初产母马可能也易感（Malschitzky等，2006）。对子宫内膜炎的易感性并非一种绝对状态，因为子宫防御机制的失败仅会减慢清除感染的进程。母马对子宫内膜炎的易感性差别很大，因此不能将母马简单地分为“具有抵抗力的”或“易感的”两种类型（Pycock等，1997）。通过研究易感母马子宫内的免疫球蛋白、调理素和中性粒细胞的功能活动，未能证实其具有免疫反应受损的迹象（参见综述，Allen和Pycock，1989）。子宫液体排出的减少可能与母马对子宫感染的敏感性增高有关（Evans等，1986）。子宫清除细菌、炎性产物和液体的能力是子宫防御机制的关键因素。因此，这种功能受损，即子宫肌层收缩异常，可使母马容易发生持久性子宫内膜炎（Troedsson和Liu，1991；Troedsson等，1993；LeBlance等，1994）。易感母马子宫收缩出现异常的原因尚不清楚，可能是机体对子宫收缩的调节受损所致（Liu等，1997）。造成的子宫液积聚可能是由于通过子宫颈的外排障碍或淋巴管重吸收减少所致。淋巴引流在配种后炎症的持续方面发挥着重要作用，而且在对易感母马子宫内膜活检中常常发现其淋巴管乳糜池部位的阻塞（lymphatic lacunae）（lymph stasis，淋巴瘀滞）（Kenney和Doig，1986；LeBlanc等，1995）。

鉴别易感母马是困难的，因为这些母马的子宫内环境可能仅有微小的变化，不容易通过现有的诊断过程被发现。许多母马在配种之前不呈现炎症反应，但不可避免地在配种后会再出现持久的子宫内膜炎。虽然在研究中通过接种细菌或者精液对母马的反应进行研究，但在实践中患病史却是易感母马最为有用的指征。为了作出准确的诊断，有人采用闪烁扫描术或清除木炭的方法来表明子宫清除失败（LeBlanc等，1994），但仍难以应用于实践。配种后采用经直肠的超声检查来检测子宫腔内的液体，业已证明在鉴定母马子宫清除问题上非常有用，并且也是实践中最实用的技术。若在配种前子宫腔中存在游离的液体，则强烈表明该母马对持久性子宫内膜炎易感（Pycock和Newcombe，1996）。

促进子宫的清除能力，从而减少PMIE影响的治疗方法很多，其中包括使用催产药物、子宫灌洗和子宫内应用抗生素等。治疗效果受许多因素的影响，比如治疗与排卵之间的时间关系、治疗时间与配种时间之间的关系以及受到同时使用的药物的影响。

母马发情时，孕酮浓度低，此时子宫活动期很明显，孕酮浓度低时要比浓度高时更加剧烈（Cross和Ginther，1987）。采用外源性催产素后，子宫肌层的活动及子宫内压增加与孕酮浓度呈负相关（Gutjahr等，2000）。此外，在孕酮的影响下，可观察到子宫的清除能力降低。然而，子宫复旧时孕酮对它的影响明显降低（Evans 等，1986，1987）。由于孕酮浓度升高，因此必须要对排卵后期的治疗方案进行修改。在排卵后的一段时期，孕酮对子宫肌层活动的抑制有所增加。最好对子宫清除功能有问题的母马在排卵前治疗，其效果要好于排卵后治疗。在对注入10IU 或 25 IU的催产素对子宫内压的影响进行的比较表明，虽然两者在排卵前都有效果，但只有大剂量时才能在排卵后引起子宫内压增加（Gutjahr等，2000）。所以在排卵后使用催产素时，其剂量应足以促进子宫清除。如果使用高质量的精液，对有问题的母马应早配种，比如在排卵前48h要比24h效果更加明显，这样可以有较长的时间进行处理，以便在孕酮开始升高之前增加子宫的清除能力。

在短时间内，就促进子宫清除而言，催产素要比$PGF_{2\alpha}$或其类似物效果更加明显（LeBlanc，1997）。但是，由于催产素的半衰期相对较短（Paccamonti等，1999），因此必须要寻求作用时间更长的药物。虽然使用$PGF_{2\alpha}$类似物，如氯前列烯醇后子宫活动开始增加的时间没有催产素早，但活动增加的时间持续较长。

采用前列腺素类似物治疗子宫清除延迟时，需要考虑的一个很重要的因素是治疗时间与排卵时间的关系。虽然普遍认为马的CL一直到排卵后5或6d才对前列腺素的溶黄体作用具有抵抗力，但早期CL对前列腺素的抵抗力并不是绝对的。在早期对用药时间进行的研究中发现，在排卵后3d用$PGF_{2\alpha}$处理的5匹母马中2匹发生反应而在2d内返情。此外，最近的研究还表明，重复小剂量使用前列腺素在诱导黄体溶解及返情上，要比一次用大剂量的前列腺素更为有效。

还有研究发现，在排卵后早期使用前列腺素类似物氯前列烯醇后，即使黄体不发生溶解，至少可暂时使黄体功能受到影响。这是一个值得关注的问题。大量的研究表明，母马在排卵后期处理，则其在随后的间情期早期到中期孕酮浓度较低，但在间情期结束时，其黄体功能似乎能够恢复。虽然最后对妊娠建立的影响还不清楚，但在考虑治疗方案时这一问题应该重视。要弄清排卵后早期使用前列腺素或其类似物对妊娠建立的影响，仍需进一步的研究。但是，迄今为止的研究表明，在采用前列腺素或其类似物改进子宫的清除能力时，治疗时间相对于排卵时间的关系以及使用的剂量与治疗次数等，都是应该考虑的要素。虽然在排卵前期，催产素和前列腺素类似物都一样安全有效，但在排卵后最好不要使用前列腺素。

近来人们采用一种长效的催产素类似物——卡贝缩宫素（carbetocin）（Reprocine，Vetoquinol），可用于需要更长时间延长子宫收缩时。初步的研究结果表明，这种药物在诱导子宫清除上安全有效。母马在配种前如果具有明显的子宫水肿和子宫腔内有游离的液体，或者配种后12h子宫内的液体深度超过2cm，则可在配种后12和24h两次肌内注射卡贝缩宫素0.14mg。

采用药理学方法治疗子宫清除延缓的另外一个需要考虑的因素是同时采用其他药物，如镇静剂或非类固醇类抗炎药物。使用催产素后促进子宫收缩的作用，可能一方面是其对子宫肌层的直接作用，另外一方面可能是通过引起前列腺素释放而发挥间接作用（Paccamonti等，1999）。非类固醇类抗炎药物，如保泰松（phenylbutazone）可以通过干扰内源性前列腺素的释放而降低子宫清除。保泰松可以抑制子宫清除，但如果将母马先用保泰松进行预处理，然后用催产素进行处理，则子宫对放射胶体（radiocolloid）的清除恢复到与采用前列腺素处理的对照母马相同的水平（Cadario等，1995）。虽然采用非类固醇类抗炎药物抑制内源性$PGF_{2\alpha}$可能会使子宫清除问题更加恶化，但适当采用外源性催产素可以克服这种作用。因此，如果在配种前后使用抗炎药物，必须要更加注意子宫复旧，必要时采用合适的治疗方案。

使用镇静药物或镇静剂也可能对子宫清除有影响，乙酰丙嗪（acepromazine）可以降低子宫的活动（Gibbs 和Troedsson，1995）。例如在用乙酰丙嗪治疗母马的蹄叶炎时，应该在配种后仔细观察其是否有子宫清除的问题。甲苯噻嗪（Xylazine）和地托咪定（Detomidine）均可增强子宫的活动（Gibbs和Troedsson，1995；De Lille等，2000），这些作用可影响对催产素疗法的反应。有研究表明，子宫清除延迟的母马，其子宫活动的模式以及对外源性药物的反应与正常母马不同（De Lille等，2000；Von Reitzensein等，2002）。如果需要对子宫清除有问题的母马进行镇静，最好选用甲苯噻嗪或地托咪定而不选用乙酰丙嗪，因为这两种药物都能促进子宫的活动和子宫的清除。

对易感母马进行良好的管理包括采用子宫清洗和/或子宫内注入抗生素。无论采用哪种方法，重点应该是掌握治疗的时间，治疗时间的选择应与配种时间有关，而不是与排卵时间有关。在以往，兽医们经常要等到排卵之后才对这些母马进行治疗，但此时通常在子宫内会有大量的液体积聚，细菌也处于对数生长期。

子宫内容物的机械排空也是极为重要的，因此可以采用大量液体对子宫进行灌洗。采用这种技术时，可将导管用充气套囊固定在子宫颈上，然后将2～3L温灭菌生理盐水（缓冲盐水）或林格乳酸盐溶液（lactated Ringer's solution）注入子宫内，然后再将这些液体回收。最方便的方法就是用一个内径较大（80cm）的能耐高压的马的孕体冲洗导管（图26.20）。这种充气套囊极为有用，可有效堵塞子宫颈内口。在彻底清洗会阴部后插入导管。采用这种方法的理由是：

- 清除子宫内干扰中性粒细胞功能和抗生素功效的积聚液体和炎性产物
- 刺激子宫的收缩性
- 通过机械刺激子宫内膜补充新的中性粒细胞。

每次通过重力作用向子宫内灌入1L的生理盐水，马上检查冲洗液中子宫内容物的性质，及早获得相关信息（图26.21）。反复冲洗，直到流出的液体干净为止。大多情况下，冲洗液均匀分布在两个子宫角，因此无需再经直肠按摩子宫。如果导管仍在子宫内时要进行直肠检查，必须注意不要污染导管。液体应该回收到灌注时使用的同一容器中，以防止气体经导管吸入到子宫内。冲洗之后应该对回收的液体进行检查，同时用超声波检查子宫，以确保冲洗的液体完全回收，这是非常必要的，因为正在处理的母马自行排出子宫内液体的能力已经受

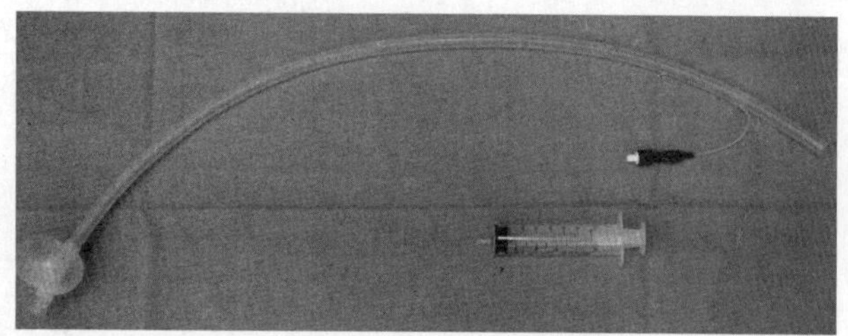

图26.20 子宫灌洗时使用的大口径导管及充气套囊（见彩图94）

图26.21 子宫冲洗后冲洗液的不透明度增加（见彩图95）

损。由于这个原因，冲洗过程应该与催产素治疗结合使用。理想状态下，这类母马应该只配种一次，如果必须要多次配种，每次配种后都要冲洗子宫。虽然许多情况下是在配种后24h冲洗子宫，但有研究表明，配种后6～8h早期冲洗对有问题的母马是有益的（Knutti等，2000）。

许多情况下采用大量液体灌洗子宫是很有效的，特别是配种后液体积聚相对较多的母马（深度超过2cm）。这个操作过程很费时，也有可能通过导管对子宫进一步造成污染，但如果子宫积聚的液体深度超过2cm，或是已知母马高度易感，这种处理的益处仍然远大于其风险（Knutti等，1997）。

研究表明，使用生理盐水和子宫收缩药物与使用抗生素的效果一样明显（Troedsson等，1995），但这只是实验研究，在实验中只将一种细菌灌入子宫内，在配种的12h以内灌洗子宫。在临床上多为混合菌落，灌洗也不可能总是在12h，甚至24h内完成，因此一些兽医连续使用抗生素子宫内治疗，作为治疗方案的一部分。

在许多情况下，老龄母马对配种后的子宫内膜炎很敏感，即使此前这些母马从未配过种，因此对这类母马进行识别及采取适宜的管理措施极为重要。一般来说，运动马和温血马常常要到10多岁才配种，让这些年龄较大的处女母马产驹是极为困难的。这些母马大多具有一些共同的特征。采用子宫内膜活检样本进行分析发现，随着年龄的增大，虽然这些母马从未配过种，但其不可避免地会发生子宫内膜腺体变性和间质的纤维化（Ricketts和 Alonso，1991）。其实，有人觉得，子宫内膜异位在从未妊娠过的母马要比同样年龄但在每个繁殖季节都能妊娠的母马后果更为严重。另外一个共同的特征是这些母马都具有子宫内液体积聚。老龄的处女母马子宫颈常常异常紧闭，发情时不能松弛，因此液体不能排出而在子宫腔蓄积（Pycock，1993）。许多情况下这种液体并无细菌生长，而且存在有中性粒细胞。一旦给这种母马配种，由于淋巴引流及子宫肌层收缩能力差，加上子宫颈紧闭，会加剧液体的蓄积。子宫内液体的量因个体不同而差异很大，从数毫升到极端情况下超过1L。畜主们常常认为，这些母马的生育力可能与青年处女母马相当。在对老龄处女母马配种时，一个最重要的方面是，应该让畜主清楚这种马存在繁殖问题的可能性极高，必须将这种马看作对子宫内膜炎高度易感，并应采取相应的管理措施。

高度易感母马的管理方案 。如果从经验或病史获悉，某母马在配种后将产生大量的子宫腔液体（深度达数厘米），则可采用下列措施管理。配种之前对这类母马总的管理必须要达到最优。产驹时必须要有良好的卫生条件，所有母马在产后必须进行彻底检查，看其是否存在有可能会损害防止子宫污染的物理屏障。产科检查，特别是对阴道的产科检查要在尽可能无菌条件下进行。用手指检查子宫颈可以鉴别出纤维化、裂伤或粘连，这些损伤可能需要在配种前进行处理。由于阴道中的空气能刺激黏膜，因此可通过手在直肠内向下施压的方法促使阴道中的空气排出。配种时也要注意卫生，可使用尾部绷带，同时用清水清洗母马的外阴和会阴区（最好采用喷雾嘴，这样就不用水桶）。应该在最佳的时间配种，配种次数应该最少，这就意味着这些母马需要采用直肠触诊及超声检查密切监测其发情期。对只试图配种一次的母马，强烈建议使用hCG或其他能诱导排卵药物。如果对这些母马在当年不提早配种，即在其不表现有规律的发情周期之前不进行配种，则可较易预测其排卵。如果可行，采用人工授精有助于降低（但不能消除）子宫内膜炎的发生几率。

管理方法包括以下几点：

• 在预计的排卵时间之前1～2d前（甚至3d前）配种一次

• 配种后4～12h超声波检查子宫，估计子宫内的液体量和回声特性

• 配种后4～8h冲洗子宫

• 应该在冲洗子宫之后用催产素（排卵前为10IU，排卵后增加到20～25IU）治疗，在冲洗后大约每4h给药一次，直到傍晚，第二天早上再重复用药，催产素可静脉注射，也可肌内注射。在淋巴管阻塞的病马，除了催产素外可用缓释前列腺素（氯前列醇，500μg，肌内注射）。氯前列醇可在使用催产素后2～4h用药，但不能用于排卵后。

如果子宫内有积液，则第二天重新检查母马，再次用催产素进行治疗。如果液体积聚持续存在，则可在子宫内灌注抗生素，或者再次进行子宫冲洗，之后灌注抗生素。在配种后进行子宫状态的评价对于评价所有母马都是一个关键的时间，许多临床兽医都很难做到这点。

26.1.3.4 病毒性传染病

马交媾疹（equine coital exanthema，ECE）是由马疱疹病毒3型（equine herpesvirus type 3）引起的马属动物的一种相对良性的性病（Studdert，1974）。本病主要通过接触传播，还有报道认为其可通过产科检查传播。一旦感染，马就会终生带毒。病毒会处于休眠状态，直到条件适宜后可复发而增殖，出现特征性的临床症状。正常情况下，在交配后经过4～7d的潜伏期或会出现症状，在阴门黏膜和会阴区出现很多小囊泡，对局部产生持续时间较短的刺激。这些囊泡破裂后，留下直径3～10mm的小溃疡，触之有痛感。如果条件性致病菌没有感染的机会，则会在10～14d后愈合，此时也停止传染。痊愈后的损伤部位会永久性地失去色素。妊娠率不会降低，但常常由于损伤部位的疼痛，母马拒绝交配。在公马，小囊泡会出现在阴茎鞘和包皮，假如严重的话，公马也不愿交配。

和其他疱疹病毒诱导的疾病一样，本病也为终生感染，在应激、全身性疾病和生殖器部位有外伤时可以刺激病毒复发。除了对脓疱处和溃疡处进行消毒，防止在急性期继发性的细菌感染外，对本病没有特效的治疗方法。为了防止本病传播，在损伤活跃期应禁止自然交配。感染母马可在本病表现症状期人工授精，或等待6周，等ECE相关损伤痊愈后进行自然配种。

26.1.3.5 原虫感染

马媾疫锥虫（*Trypanosoma equiperdum*）可引起一种称为媾疫（dourine）的性病，本病目前仍在非洲、中东和中美及南美流行，但已在北美和欧洲根除。本病的潜伏期为1～4周，病程极其漫长，可拖延到数周或数月。马、骡和驴雌雄两性均可感染本病。本病的起病症状为在公马和母马的外生殖器出现没有疼痛感的肿胀，母马出现阴道分泌物，公马出现嵌顿包茎。数周后在体表出现脱色素区和直径为2～10cm的风疹样突起的斑块。本病的特征是发病率低，但死亡率可高达50%～75%。

媾疫可根据临床症状，特别是皮肤上的斑块以及阴道分泌物及皮肤损伤处有锥虫进行诊断，也可采用补体结合试验。本病的治疗可试用硫酸喹匹拉明（quinapyramine sulphate），但康复后的公马仍可带虫。因此，应采用补体结合试验后严格筛选，屠宰阳性及感染动物，建立计划检疫，这样可以有

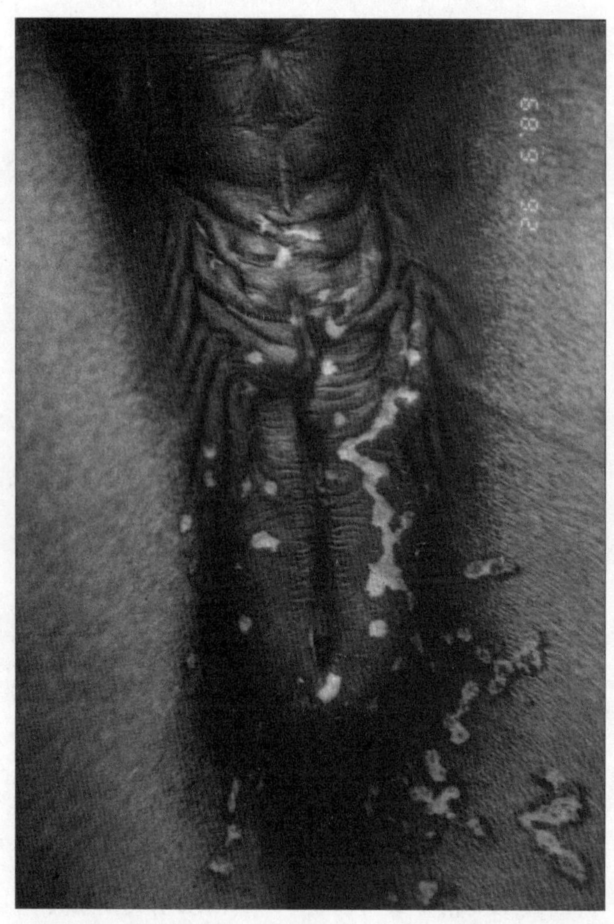

图26.22 母马会阴区马疱疹病毒（EHV）3型引起的损伤（见彩图96）

效控制本病。

26.2 按解剖位置分类的不育

为了维持生育力，必须要保护子宫免受外环境污染。机体存在三道保护子宫的屏障，第一道屏障也是最外部的屏障是阴唇；第二道屏障也可能是最重要的屏障是阴道前庭括约肌；第三道也是最后一道屏障是子宫颈。会阴形态不良是引起不育最常见的原因，因此在对患慢性子宫内膜炎、不能受胎或由于胎盘炎而流产的母马进行检查时，不应忽略这点。如果发现会阴形态不良，则可采用手术修复以恢复其正常功能。

26.2.1 阴门和会阴

阴唇的完整性及其与会阴区和肛门的解剖关系是确保母马生育力的重要组成部位，因为它们构成了防止外环境污染子宫的第一道屏障。发情周期每个阶段和妊娠期的内分泌变化可能会影响阴门的排列（disposition），影响阴门的长度和张力。阴门长度至少75%应在骨盆边缘以下（将食指和第二指放在阴门两边，找到耻骨的位置，很容易会感觉到骨盆边缘，阴门的3/4应该位于手指之下）（图26.23）。阴门应该与地面垂直（根据与竖轴的关系估计阴门的倾斜度，其倾斜度不应超过10°，偏离程度越大，说明阴门的构造越差）。阴唇应该紧闭[可进行吸气（windsucker）试验，轻轻分开阴唇，听是否有空气吸入]（图26.24）。如果没有正常的会阴构造（先天性的或获得性的），则会造成空气吸入（气膣，pneumovagina，也称为阴道吸气）。粪便或可能的病原体可进入生殖道，从而危害母马的生育力。开始的阴道炎可导致子宫颈炎和急性子宫内膜炎，由此导致低育。此外，当阴道前庭和尿道口在前面错位时，气膣也可引起尿膣（urovagina，尿液聚集在阴道）。更为严重的构造异常更有可能引起阴门闭合失败，增加粪便污染，这是因为阴门可能会形成粪便积聚的支架。

严重的体况下降，如有些妊娠母马在冬季没有足够的饲料供给，可导致肛门内陷和增加阴门的倾斜度。在体况下降极端严重时，特别是在妊娠后期，由于重量很大的子宫将生殖道向前向下拉，在身体状况良好的母马所见到的会阴区明显正常的构造就变得不明显。在妊娠的中后期，粪便污染阴道可引起上行性的细菌性胎盘炎，这是美国马匹发生流产和新生马驹发生败血症的主要原因。

成年母马随着重复产驹，可引起会阴部肌肉拉伸和张力消失，而这些肌肉使阴门形成防止外部污染及空气进入阴道的屏障。如果母马在产驹时受伤，则可使这种情况进一步恶化，导致阴门张力消失及阴唇不能紧密闭合。施行外阴切开术也可对母马的阴门结构造成永久性损伤。

Caslick（1937）首先提出了这种情况在生殖道感染中的重要性。有些品种的母马可能比其他品种更容易发生这种情况。外阴构造缺陷可为先天性

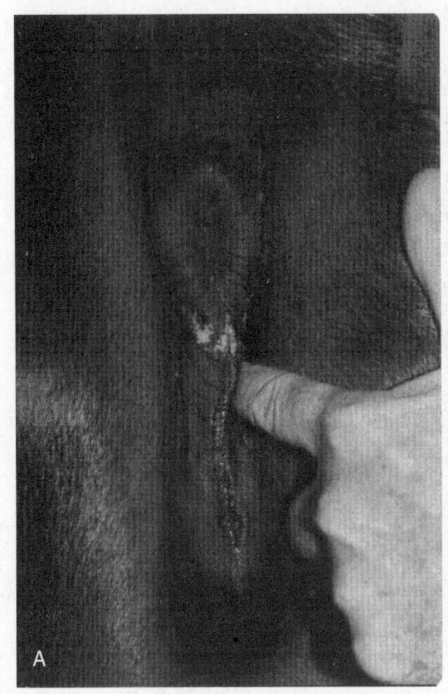

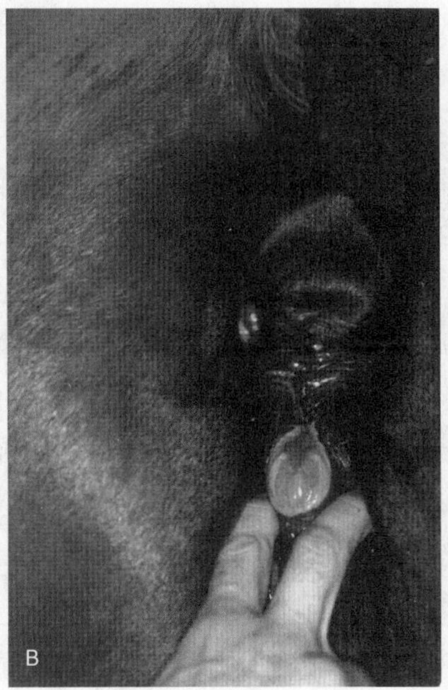

图26.23 骨盆边缘的位置（见彩图97）
A. 阴门构型好 B. 阴门构型差 C. 阴门严重倾斜

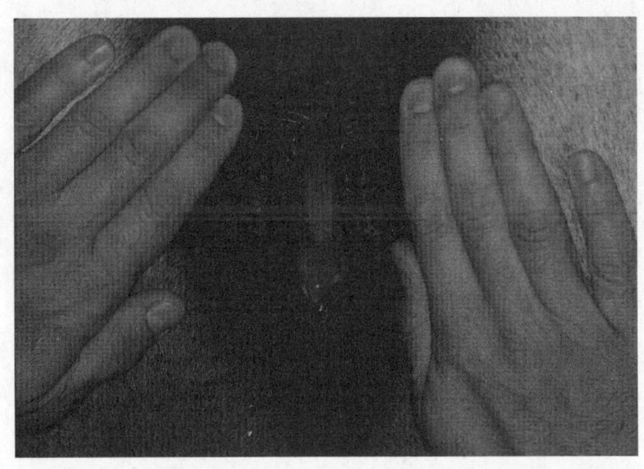

图26.24 分开阴唇（吸气试验）检查阴道-前庭括约肌的完整性（见彩图98）

的，但很少见，而后天性缺陷则是由于下列原因所造成：①重复产驹后阴门的拉伸；②会阴组织的损伤；③体况差（老弱母马）。

老龄经产母马常受气膣（阴道积气）的影响，但使役或体脂储存少和/或阴门构造差的青年母马也可发生气膣。有些母马的气膣只在发情时会阴组织松弛的情况下才发生。有人提出了“克斯利克指数（Caslick index）”来确定是否母马需要治疗（Pascoe，1979），但其应用尚不普遍。直肠触诊到呈气囊状的阴道和子宫，并可从其中排出空气，据此可以确诊。对子宫内膜进行细胞学和组织学检查可以发现有数量很多的中性粒细胞，这说明发生了子宫内膜炎。发生气膣时也可见到嗜酸性粒细胞，但这种情况少见。

26.2.1.1 克斯利克氏外阴整形术

克斯利克氏外阴整形术（Caslick’s vulvoplasty）是在种马场实践中最常用的手术方法。采用这种方法时，手术闭合阴唇背部，以期矫正不良的会阴构型。通过缩小阴门裂的长度可以减少空气及可能的病原菌进入阴道，否则这类母马会对气膣、粪便污染及相关并发症很易感。但这种手术有时也滥用于并不存在这种情况的母马。成功采用克斯利克氏外阴整形术的母马可能会损失大量的阴门组织，由此可能会出现更为奇怪的会阴异常构型。因此这种手术应只限于真正具有阴门异常的母马，而不应只是由于母马在配种后发生排卵，或是不能妊娠而施行这种手术。

与克斯利克氏外阴整形术有关的其他并发症还有由于在产驹前阴门不能充分开张而引起母马的外

阴撕裂伤和难产。无论病因如何，克斯利克手术可用于修复一度会阴撕裂伤，这种撕裂仅涉及到会阴部的皮肤和阴门的黏膜层。对于修补二度（会阴体更深层的组织撕裂伤）和三度撕裂伤（由于异常而引起直肠腹部与阴道背部相通），则需要更为精细的整形手术（Trotter 和McKinnon，1988）（参见第17章）。一般来说，对会阴体和阴门在产后施行任何矫正手术时，必须要等到相关组织的炎症和水肿已经不再存在时进行。患三度直肠前庭撕裂伤的母马都不可避免地会发展为子宫内膜炎，但对患三度撕裂伤病马进行子宫内膜活组织检查会发现其子宫内膜对手术修补撕裂伤会出现快速的子宫内膜反应；对这种母马最早可以在手术后两周进行人工授精（Schumacher等，1992）。

手术步骤。母马必须适当保定，彻底清洗干燥阴门，确定其骨盆面的水平，以便确定必须要缝合的阴门背联合的水平。从这个水平开始，用1英寸（1英寸=2.54cm）长的21号针头采用局麻药物局部浸润麻醉阴门的黏膜皮肤连接部。使用足够的局部麻醉剂是很重要的，在许多情况下至少需要20ml。局部麻醉剂药量引起的扩张有助于黏膜皮肤连接处的外翻。两侧阴门都应按阶梯式方式进行浸润麻醉，先麻醉背部到达背联合，确保在阴门的背部留下足够的药量。在以前该部位施行过手术的马再次施行手术时，重要的是浸润麻醉要深。用鼠齿钳（rat-toothed forceps）和剪刀从麻醉区剪取一条很薄的黏膜条（厚度不超过4mm）。对以前作过数次手术的老龄母马来说，在手术到达健康组织（流血）前，必须要做数次根除性切开（radical dissection）。在有些病例，如果留下的阴门黏膜组织不多，则最好用手术刀片清除连接部，以引起轻微出血，但并不能真正切除其他任何组织。避免除去组织的另一种方法是在黏膜皮肤连接部用手术刀切开阴唇，在与阴唇平行的平面上切口深度达数毫米，将暴露的黏膜下层组织用简单间断缝合、连续缝合或锁边缝合缝在一起。缝线不应太粗，以免粪便黏附到缝线上。可以使用皮肤缝合针（skin staplers），但这种缝合并不比常规缝合快，而且也难以获得良好的愈合。无需使用抗生素类药物，但对未接种过的母马应该用破伤风疫苗预防。

本手术的目的是缩小阴门裂，以防止气膣和粪便污染前庭。术后拆除缝线的时间不是很重要，通常是在手术后约两周拆线。但在下次产驹之前应该施行外阴切开术，以便阴门重新开张，否则会发生严重的损伤。随后需要自然配种的母马，如果阴门被明显缩小的话，也需要采用克斯利克手术将阴门打开。否则可发生母马的阴门撕裂或损伤公马的阴茎。在母马产驹或交配后不久必须要对外阴切开术的伤口进行修复，以防止发生气膣。如果母马产驹时阴门发生严重损伤，则必须等到组织肿胀消退后才能进行修复。

如果在手术闭合后再次施行的外阴切开术未能仔细进行，则可能导致大量的阴门组织损失、愈合不良及其他很多问题。

26.2.1.2 肿瘤

黑色素瘤（melanoma）是影响阴门最主要的肿瘤，成年灰马的发病率为80%～100%，其他颜色的老龄母马发病较少。黑色素瘤发生的常见部位包括肛门、会阴和阴门。黑色素瘤目前尚无有效的治疗方法，但据报道口服西咪替丁（cimetidine）（组胺H_2颉颃剂）治疗获得不同程度的成功，可使黑色素细胞结节（melanocytic nodules）部分或完全消失（Goetz等，1990）。

鳞状细胞癌（squamous cell carcinoma）比黑素瘤少见。阴门的鳞状细胞癌常见于低纬度地区，在这些地区太阳辐射更为强烈。可采用标准外科手术、激光手术及冷冻手术除去这种肿瘤，如果不能完全消除，则这种肿瘤还可复发。

26.2.2 阴蒂

阴蒂包裹在阴门腹侧的阴蒂小窝中，但在排尿后或者试情时由于阴门缩肌的收缩而出现有节奏的闪露。阴蒂有数个窦道，其中可发现天然的阴垢（smegma）。侧窦较浅，而中窦较深，可以使细菌能在其中生长。由于母马的阴蒂在感染CEM的母马可成为马生殖器泰勒菌（*Taylorella equigenitalis*）的重要储存之处，因此了解其解剖学特点特别重要。CEM具有很高的接触传染性，而马生殖器泰勒菌可长时间藏匿于阴蒂小窝和阴蒂窦道（尤其是中窦）中。

即使在未感染CEM的母马，阴蒂窦也可能会成为子宫感染的发源地，特别是在对生殖道进行检查或在进行人工授精时可诱发医源性感染。在进行任何种类的侵入性手术之前，用温和的消毒剂对会阴和阴门区，包括阴蒂小窝等进行仔细的无菌处理，可降低将潜在病原体带入子宫的风险。

外生殖器的先天异常多见于雌雄间性动物，可表现为阴唇发育不良及阴蒂增大。对初情期前的母马用蛋白同化性类固醇处理，可引起阴蒂增大，形成部分阴蒂的永久性外露。

26.2.3 阴道

前庭为将阴门和阴蒂与阴道隔开的部位，前庭前缘与阴道相接处为阴道前庭褶或前庭括约肌，这层皱褶的黏膜是子宫和外环境之间第二层也是最为重要的物理屏障（Hinrichs等，1988）。在幼龄母马，处女膜一般是前庭褶的一层很薄的膜状延长，偶尔在处女母马可见到永久处女膜，但通常情况下徒手检查阴道就足以撕裂。有些患持久处女膜的母马可在阴道和子宫内（子宫积液）蓄积液体。有时处女膜可能很坚固，只能采用手术刀片或剪刀才能使其破裂，然后可用手指和手将这个小切口扩大。持久处女膜破裂后积聚的液体就会流出。谬勒氏管不能融合可导致阴道前端及阴道穹窿处出现纤维组织形成的背腹带，这种情况罕见，对生育力不会造成影响，徒手很易撕开。

轻轻分开阴唇听诊空气吸入阴道的声音可检查前庭褶作为阻挡外界污染的物理屏障是否能充分发挥作用。如果结果为阳性（可以很清晰地听到空气进入阴道的声音）表明前庭褶不能有效地防止阴道被外环境污染。

第一道屏障（阴门）和第二道屏障（前庭褶）功能不健全可导致空气连续或频繁地进入阴道，这种情况会在发情期恶化，此时会阴体要比发情周期其他任何阶段都松弛。如果在阴道前端蓄积有泡沫状黏液，则说明发生了气膣，也可能会发生子宫积气（pneumouterus），在超声检查时可在子宫内膜褶之间观察到超回声的颗粒状结构。

在发生严重的会阴构造异常的母马，用克斯利克外阴整形术闭合阴门可能不能矫正，建议采用手术修复会阴体（会阴成形术，erineoplasty）。

26.2.3.1 尿膣

尿膣（Urovagina，阴道积尿）也称为膀胱阴道的回流（vesicovaginal reflux）或阴道尿池（urine pooling），是指阴道前端或还有可能子宫中积存有尿液。与气膣一样，会阴构造不良的母马在发情时生殖器官和会阴体松弛，易于发生尿液在阴道内的蓄积。暂时性的阴道积尿有时见于产后期的母马，常在子宫复旧后消退。在内脏下垂（splanchnoptosis）的老龄母马，尿液回流进入生殖道可能为永久性的。临床症状包括尿滴淋、尿痛及具有不能受胎的病史。发情时采用内窥镜检查，如果发现阴道前端有尿液时，可以很容易地作出诊断。本病可引起阴道炎、子宫颈炎和子宫内膜炎，最后发展成不育。本病可采用阴道成形术（vaginoplasty）进行手术矫正［可能更为正确的术语应该是横褶后移位（caudal relocation of the transverse fold），因为手术干预的部位是在前庭］（Mounin，1972），也可用手术方法延长尿道（urethral extension）（Hughes和 Loy，1969）或施行会阴切除术（perineal resection）（Pouret，1982）。

26.2.3.2 静脉曲张

发情时，特别是在妊娠期，老龄母马可能发生静脉曲张（varicose veins）。静脉曲张可发生于阴道的任何部位，但更常见于阴道前庭区（vaginovestibular）。自然配种后可发生流血，妊娠中后期也可见到自发性出血。有时长时间出血可导致大量血液流失，但这种情况通常会在妊娠末期消失。如果长期持续或经常性地出血，则必须用烧灼术或结扎术处理曲张的静脉。

26.2.3.3 肿瘤

阴道肿瘤在母马不常见，见有报道的有平滑肌瘤和鳞状细胞癌。

26.2.3.4 直肠阴道瘘

在分娩时，马驹的四肢有可能朝向阴道背部或直肠腹部，如未及时处理，可导致三度会阴裂伤。但如果难产及时得到救治，则伤势可能会减轻至一度或二度直肠阴道裂伤（rectovaginal laceration）或直肠阴道瘘（rectovaginal fistulas），这种情况最常见于年轻的初产母马，但总发病率不到所有临产马的0.1%。对急性病例进行治疗时，在这种情况下很难估计受损组织的多少，即使伤口的边缘看起来新鲜清洁，但可能更多的组织已经受损和擦伤，因此不能立即进行修复。手术修复可在损伤后的2h内进行，但大多数临床医师建议手术延期。

急救治疗应包括：

- 受损组织的清创术（debridement）。
- 阻止出血及清洗受损区。
- 肠胃外广谱抗生素治疗5d。
- 非甾体抗炎药治疗及预防破伤风。
- 日常清洗。
- 监测子宫复旧。

至少在10周后可以择期施行手术，如果马驹存活，最好在断奶后施行手术。要恢复生育力，必须采用手术方法矫正解剖学上的异常（参见第17章）。

26.2.3.5 配种外伤

自然配种时，如果公马的体格明显比母马大，则可发生阴道裂伤。交配时发生阴道裂伤的部位对于治疗方法的选择以及预后均很为重要。根据撕裂与腹膜影像（peritoneal reflection）的关系，阴道撕裂可使其与腹膜腔相通，可能会导致腹膜炎或腹膜后（retroperitoneal）的炎症。治疗本病时可用广谱抗生素、抗炎药物及预防破伤风。如果撕裂伤与腹膜腔相通，则灌洗腹腔具有效果。在母马尾巴下放置一配种用的滚筒（breeding roll）可阻止公马的阴茎全部插入母马阴道内，因此有助于防止交配引起的外伤。

26.2.4 子宫颈

子宫颈是另一个常常被忽视也可导致不育的原因。子宫颈是子宫和外界环境之间的三个保护屏障中的最后一个。激素的周期性变化可使子宫颈的张力发生改变。从解剖上来说，子宫颈是层很厚的括约肌，由于纵行和环状平滑肌的作用，子宫颈可发生扩张和收缩。马子宫颈一个很独特的特点是扩张性（dilatability），在反刍动物缺少很紧密的环状收缩环。乏情时，子宫颈变得松弛干燥，可部分开张。间情期或妊娠期高浓度的孕酮可使子宫颈成管状、坚硬且紧紧闭合，这种变化可通过直肠很容易触及到。此外，发情时进行阴道检查可以看到子宫颈向下位于阴道前端的底壁（ventral floor），松弛，易于开张或开放，这样容易接近子宫。发情时子宫颈必须开放，以便交配时在子宫内射精以及排出子宫内的液体。在间情期或妊娠期进行阴道检查时，可发现子宫颈口紧紧闭合，苍白，且向上而离开阴道底壁。在老龄母马或由于子宫颈创伤导致纤维病变的母马，其子宫颈不能松弛，可引起子宫清除延缓或导致PMIE。子宫颈异常狭窄的母马仍可成功采用人工授精。子宫不能松弛时可局部用PGE和/或徒手松弛进行治疗。子宫颈纤维化的母马妊娠后通常在产驹时没有多少困难。间情期子宫颈不能关闭时可发生持久性子宫内膜炎而不能受胎，也可引起早期孕体死亡。妊娠时子宫颈不能保持闭合就会导致妊娠失败。试图促进子宫颈闭合时，可采用手术方法或外源性孕酮治疗的方法。

必须将对母马子宫颈的评定作为日常配种前检查工作的一部分，评定子宫颈时，可采用内窥镜经阴道直接观察，也可采用手指探诊检查，这种检查最好在间情期子宫颈受孕酮的影响而关闭更加紧密时进行。

26.2.4.1 子宫颈炎

子宫颈的炎症常常伴发阴道炎和子宫内膜炎。子宫颈炎常见于产后期，尤其是发生难产时。与子宫炎相关的严重子宫颈炎也见于母马感染马生殖器泰勒菌（*Taylorella equigenitalis*）等微生物，产生大量的脓性分泌物时（Katz等，2000）。给子宫灌注一些特定的化学药品如氯己定（chlorhexidine）或强碘溶液治疗子宫内膜炎时，不仅刺激子宫内膜，而且也刺激子宫颈及阴道黏膜。如果要采用上述溶液进行治疗，在每次治疗之前应该用内窥镜检查子宫颈的状态。

26.2.4.2 外伤

尽管自然交配时可能会发生宫颈裂伤，但是这种裂伤通常很小，不会引起严重的后果而自行康复。偶尔可见处女马发情时子宫颈紧闭，但许多可在自然配种时发生裂伤，特别是如果公马的体格明显比母马大，或是母马并未完全达到生理上和行为上的发情时。但是这些裂口通常很小，无需治疗就可以愈合。许多严重的撕裂伤发生于分娩时，可发生于正常分娩或通过矫正术或截胎术对难产进行救治时造成医疗性撕裂。虽然在分娩困难或难产后，特别是采用截胎术后应对子宫颈用手指检查，但子宫颈撕裂伤只有在子宫颈的损伤痊愈之后才能对其范围和严重程度进行准确判断。检查子宫颈的功能时，可在间情期，或者在母马受外源性孕酮的作用下进行，这样可评价子宫颈紧密闭合的能力。雌激素类化学物质，如聚维酮碘也可引起子宫颈损伤。子宫颈粘连可以用手撕裂，但必须每天重复以防止其反复。如果严重的话，粘连会导致子宫积脓。老龄经产母马可能容易患宫颈裂伤（Miller 等，1996）。

用手指检查要比采用阴道镜检查更容易诊断出跨子宫颈腔的粘连和解剖结构异常。如果严重的话，子宫颈裂伤可能需要手术修复来恢复其正常形状和功能。由于手术矫治比较困难而且并非总是值得进行这类手术，因此应该采用子宫活组织检查来评定母马维持妊娠的能力，之后再试用手术方法矫正子宫颈损伤。

有研究表明，可在配种后修复子宫颈裂伤（Foss等，1994）。由于大多数子宫颈裂伤的病例只是在配种前或人工授精检查时发现的，因此最好在配种后修复，这样可避开4~6周的愈合期，提高母马妊娠的机会。子宫颈的发育异常见有报道，包括子宫颈发育不全和双子宫颈。

26.2.4.3 子宫颈息肉或囊肿

视诊或徒手检查子宫颈时，偶尔可见到一些具柄的囊状结构，它们或者附着于子宫颈口，或者起自于子宫颈腔而凸入阴道或子宫体。虽然对这种情况的原因尚不明了，但可能与不育有一定关系，建议通过激光或结扎切除。

26.2.5 子宫

26.2.5.1 腹囊

除了与妊娠有关的变化外，其他病理情况也可引起子宫腹下部局部性增大，这些变化通常与年龄及胎次的增加有关，均见于一个或两个子宫角的基部。这种增大有时可误认为是妊娠，尤其是没有经验的临床医生不使用超声检查来验证直肠触诊的结果时。人们对子宫底部增大形成的机理进行了研究，这些机理包括但不限于子宫内膜萎缩、局部性的肌肉迟缓及淋巴管裂口（lymphatic lacunae）等（Kenney和Ganjam，1975）。此外，老龄和经产母马，子宫可向骨盆边缘倾斜（子宫内脏腹侧下垂，uterine splanchnoptosis）。发生腹囊形成（ventral sacculations）和子宫内脏下垂的母马子宫清除延迟的发生率要比正常马高（LeBlanc等，1998）。

26.2.5.2 子宫内膜囊肿

虽然常常将子宫内膜囊肿（endometrial cysts）（图26.25）作为不育的原因，但其因果关系尚不明确，因此，不能简单地将子宫内膜囊肿作为不育的原因之一，而应将其视为子宫发生病理变化的指征之一。子宫内膜囊肿来源于淋巴，其发生可能与淋巴功能破坏有关。母马患子宫内膜囊肿的比例随着年龄的增加而增加，11岁以上母马子宫内膜囊肿发病率是11岁以下母马的4倍，而且大多数17岁以上的母马都会患有子宫内膜囊肿（Eilts等，1995）。有报道认为，与子宫内膜囊肿有关的妊娠率降低或孕体死亡增加不能说明是母马年龄增大的结果。如果消除胎次和年龄等的混合作用，则子宫内膜囊肿引起不育的假说就不能成立。虽然在研究中对最早进行诊断妊娠的时间未进行严格控制，但对近300匹母马的综合因子进行分析发现，子宫内膜囊肿在统计学上并未对妊娠的建立和维持有明显影响（Eilts等，1995）。另一个研究小组的报道虽然也未能控制妊娠诊断的时间，但同样也没有发现患与不患子宫内膜囊肿的母马其妊娠损失有所不同，只是患子宫内膜囊肿的母马在第40天时的妊娠率较低。囊肿对生育力的影响可能与囊肿数量有关，因为当母马产生多个囊肿或囊肿足够大时，才会对生育力产生明显的影响。但即便如此，子宫内膜囊肿对生育力的影响也远比子宫清除延迟或子宫内积液要小，子宫内膜囊肿的数量影响可能是由于干扰了孕体的移动性所致。众所周知，马的孕体在进入子宫后，有一段时间的移动期，大约在妊娠的第16～17天才固定在子宫中。如果在此阶段限制孕体的运动，孕体就无法接触到足够的子宫内膜，因此可能就不会发生母体的妊娠识别，由此会导致黄体溶解和孕体死亡。

对子宫内膜囊肿最好的诊断方法是超声诊断。囊肿为低回声不运动的结构，在子宫腔中具有清晰的边界（图26.26），而子宫内液体则是可移动的，形状或边界不清晰。子宫内膜囊肿通常为多个，常位于子宫角基部。在发情周期和妊娠期，囊肿的大小及数量可发生改变。

子宫内膜囊肿常常在大小和外观上与早期孕体很相似，因此使早期妊娠诊断更为复杂。如果改变超声波探头与囊肿的方向，则外观呈球形的囊肿常常变为不规则形。为了使早期妊娠诊断更易进行及更为可靠，应该在配种前检查时用作图法或者保存超声图像的方法记录子宫内膜囊肿的大小和位置。鉴别诊断时，不仅要依靠以前的囊肿图，而且也要根据孕体早期的活动性、孕体的球形外观和生长速度等进行。有些囊肿难以和妊娠区别（图26.27），因此在有些患子宫内膜囊肿的母马，需

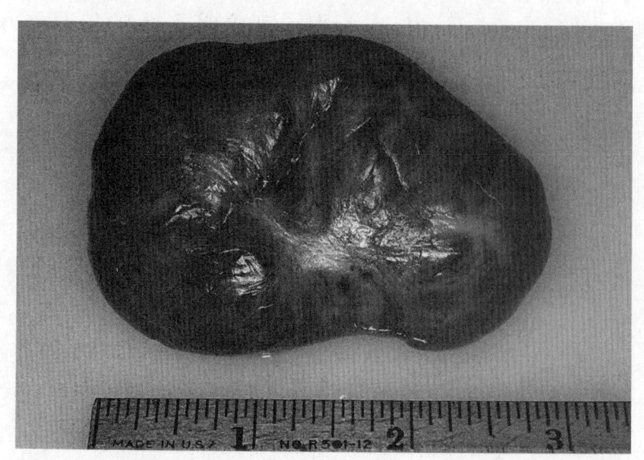

图26.25 切断茎部后的子宫内膜囊肿（见彩图99）

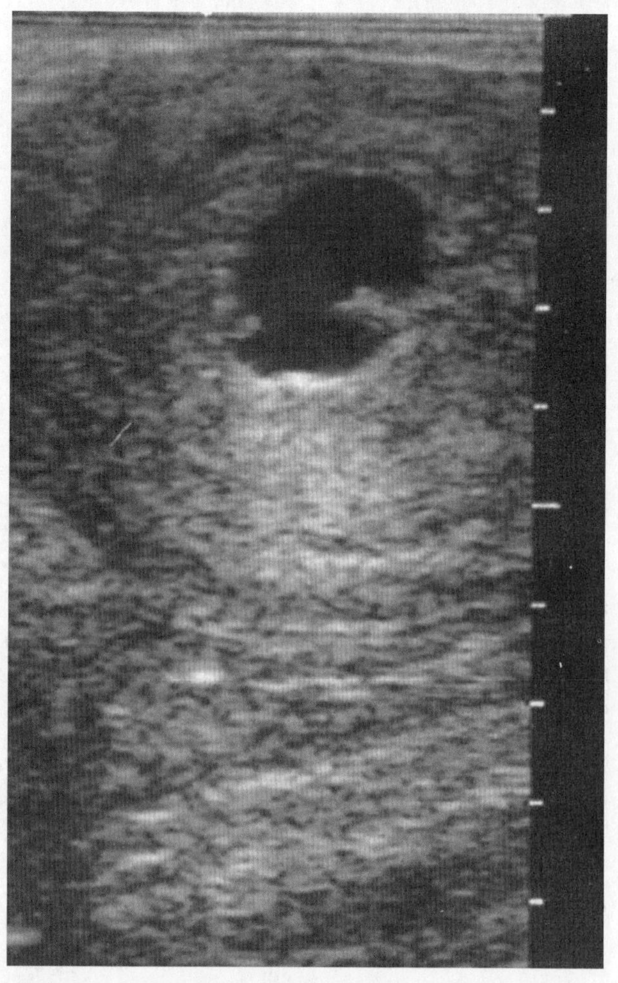

图26.26 子宫内膜囊肿，超声检查所见

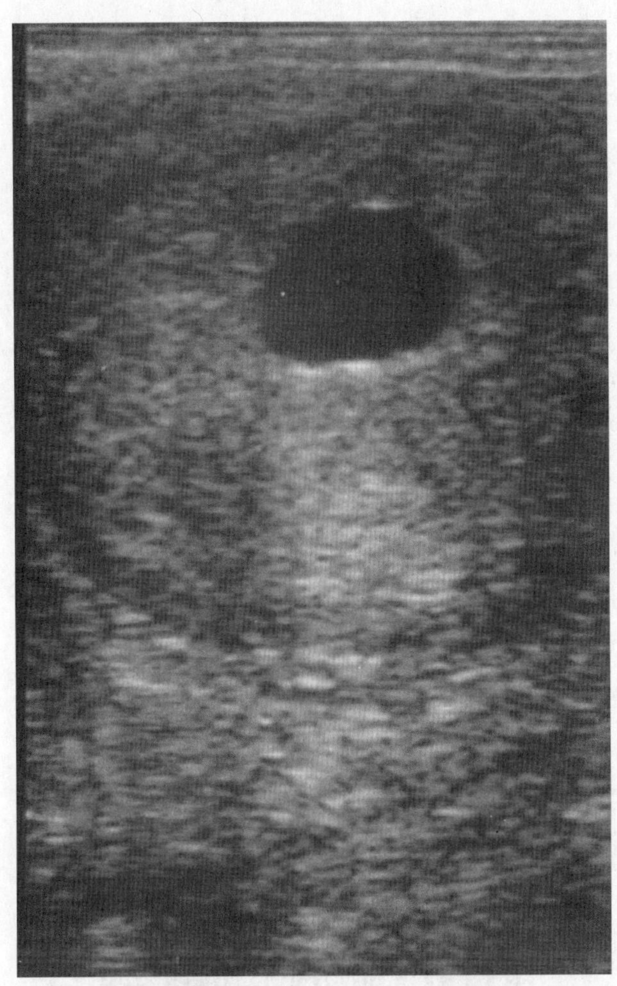

图26.27 超声检查时子宫内膜囊肿与孕体相似

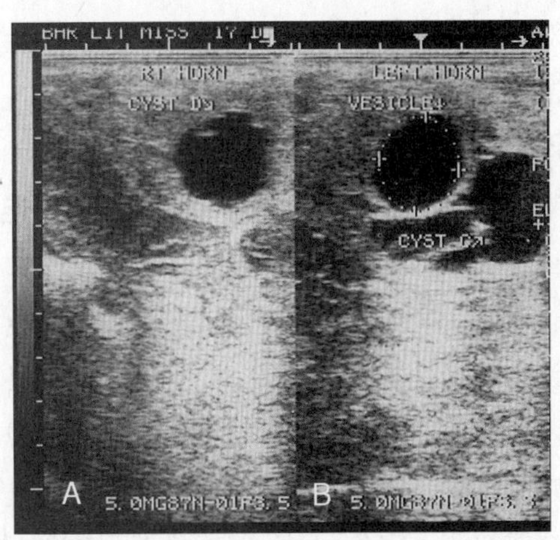

图26.28 子宫内膜囊肿（A）及孕体（B）

要冲洗进行妊娠诊断，或者随后需要检查确认。

通常，即使有机会对母马在配种前或配种后立即用超声扫描检查，但并不总是可行的。因此在这种情况下，在妊娠20d和16d时，很可能无法肯定是否存在有两个孪生的单个胎囊，或者一个为孕体，一个为19mm大小的囊肿，或者为一个囊肿而周围有游离的液体，或者为一个19mm孕体而周围有游离的液体。在这些情况下，必须仔细研究超声图像，如果仔细观察图26.28A两种结构之间的壁时，与图26.28B中的双胎胎囊相比，其壁更厚且回声更强，说明至少有一个结构是囊肿。对不规则的结构重新进行评估会证实液体是包在里面而不是在子宫角内上下流动的，而游离的液体则可在子宫角中上下流动。妊娠22～24d的孕体其外观就可确定诊断。通过在繁殖季节开始时鉴别囊肿，可以减少假阳性妊娠诊断发生的机会。

在大多数情况下，子宫内膜囊肿无需治疗，但应记录其大小和位置，以便将来在进行妊娠诊断时参考。但是，如果囊肿的大小或数量威胁到孕体的迁移，则应以建立妊娠为目的，用外源孕激素进行治疗。如果是在母马繁殖季节开始时发现有大量的囊肿，一般最好是让母马能在这个季节妊娠。孕激素通常采用烯丙孕素（0.044mg/kg，口服，每天），即使在没有母体妊娠识别信号时也能维持妊娠，可用于克服囊肿对孕体移动性的干扰。如果母马未能妊娠，则也可试行治疗，可采集子宫活组织样品来确定母马是否有可能妊娠至足月。可采用手术方法摘除囊肿。如果有设备，激光手术是治疗这类囊肿的理想方法。结扎和切断囊肿的蒂部也是一种可以选择的方法，但仅仅穿刺囊肿引流或切开囊肿壁不能长期缓解囊肿的影响。采用化学物质清宫结果尚不确定，囊肿可能会消失，但可能形成疤痕组织。结合采用内窥镜的热烙术（thermocautery），可以通过环状套出后灼烧囊肿的方法试行治疗，伤口烧灼后愈合很快，一般4～6周即可愈合。进行内镜检查时应该是母马处于间情期，此时子宫角相对关闭，应在烧灼后用$PGF_{2\alpha}$，同时子宫内灌注生理盐水治疗。

大多数子宫囊肿会影响到子宫内膜，腔外的子宫囊肿也能突出子宫内膜，可通过超声波检查发现，其位置应该经子宫腔检查鉴定，子宫腔外囊肿通常对生育没有不良影响。

26.2.5.3 子宫粘连

严重感染或化学物质诱导（子宫内灌注刺激性化学物品）的子宫内膜炎可引起子宫腔内粘连的形成（图26.29）。子宫腔粘连最常根据子宫内镜检查进行诊断。有人认为，子宫腔粘连发病率要比以往所认为的高得多（Stone等，1991）。多处粘连可引起液体积聚、导致子宫积液或子宫积脓，或者通过影响孕体的活动而影响生育力。严重的粘连可阻塞一个或双侧子宫角。可通过内窥镜用灼烧或激光技术，从粘连阻塞最薄的膜性部分除去阻塞物。重要的是应注意不要将子宫壁烧得太深，以免对子宫壁造成更为严重的损伤。消除阻塞物后冲洗子宫，除去所有残渣，母马用$PGF_{2\alpha}$进行治疗。除了对子宫内膜进行组织活检外，对母马今后繁殖能力的预后也取决于阻塞的严重程度。

26.2.5.4 子宫异物

据报道（Ginther Pierson，1984），子宫异物（uterine foreign bodies）（如胎儿残留物）可成为引起慢性子宫内膜炎细菌生长的场所，但这种情况并不常见。曾有一例病马在发生难产后具有不能受胎、发情间隔时间缩短的病史，超声检查发现因有胎儿的部分肩胛骨残留而呈现出胎儿骨骼的超回声区（图26.30）。对该母马进行适当的子宫冲洗及抗生素治疗子宫内膜炎后受胎。其他见有报道的异物还有人工授精后的细管和子宫拭子的采样头等。

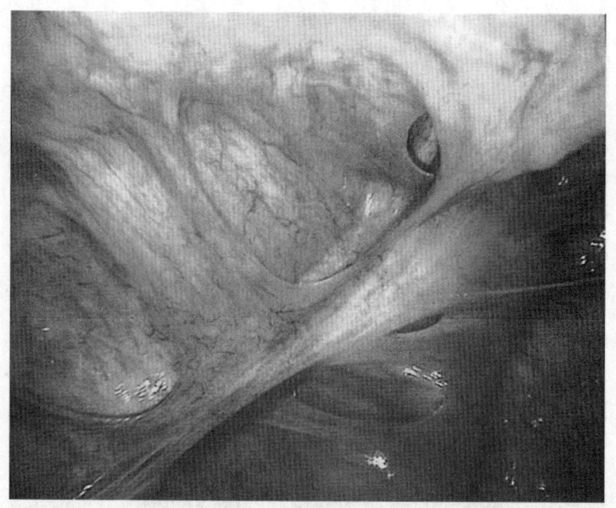

图26.29 子宫内注射碘后引起严重的子宫粘连（见彩图100）

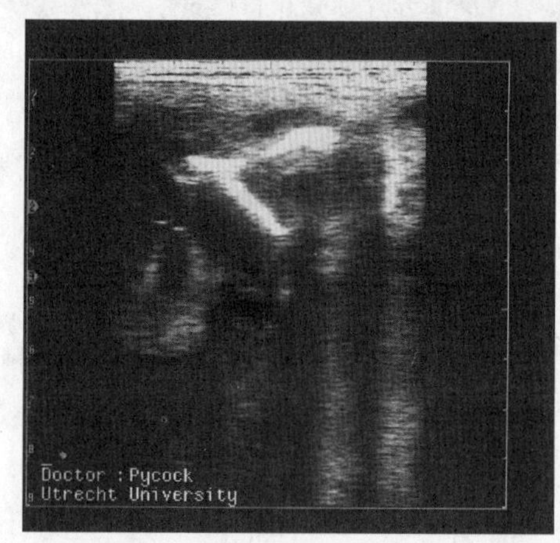

图26.30 直肠超声检查子宫体时可见到高回声的胎儿骨骼

26.2.5.5 活检

在开始采用昂贵的激光手术除去囊肿或泌尿生殖道重构手术前，通常建议进行子宫内膜的活组织检查。通常，将子宫内膜活组织检查作为完整的生殖健康检查的一种日常检查方法。由于子宫内膜活检有助于判断母马能否将胎儿妊娠至足月，因此在购买或进行生殖道手术，如修复撕裂的子宫颈之前，都应充分考虑子宫内膜活检的结果。有些情况下活检提供的信息也可用于诊断不育，也可作为治疗不育的基础。但是必须要认识到，由子宫内膜活检所获得的结果必须要与病史及生殖健康检查所获得的信息综合进行考虑。

方法。彻底清洗会阴区以便进行无菌操作。将活检器闭合，用手插入通过子宫颈。活检器进入子宫后，将手从阴道撤出，放入直肠，摸到活检器的尖端处，然后打开活检器，通过活检器的开口压迫子宫，闭合活检器钳获得少量子宫内膜褶组织（图26.31）。

一般来说，活检标本应从一侧子宫角基部的一个位点采集。采取活组织样品时要慎重，不能从靠近子宫颈内口内部取样。子宫颈附近的腺体不密集，因此从这些区域采集的样品对子宫的代表性差，结果的解释也更为困难。此外，如果意外地从子宫颈采集活检样品，有可能会导致粘连。

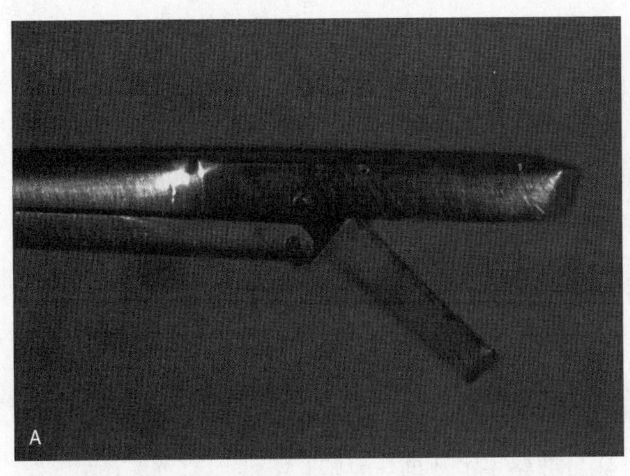

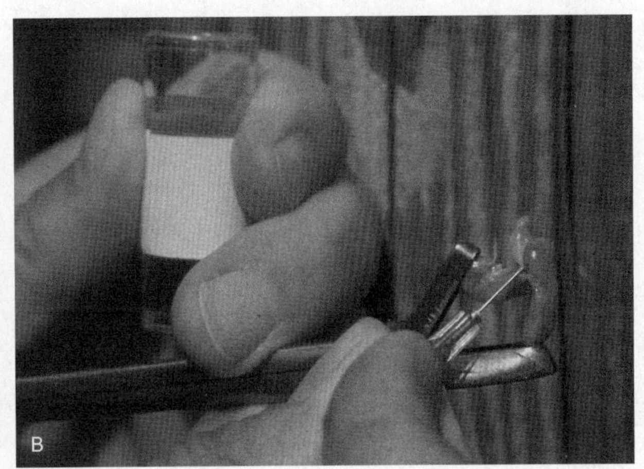

图26.31 子宫活检（见彩图101）
A. 子宫活检器 B. 获取的活检组织置于Bouins液中固定

长期以来人们就一直认为，单一活检能够代表整个子宫，然而有研究证实，就整体而言，不同部位之间的差异很大（Dybdal 等，1991）。因此，应该首先采用触诊和B超对子宫进行彻底检查，确定子宫的任何部位是否存在异常。如果检查发现异常区域，应该从正常和异常区域同时采集活组织样品。重复或多位点采集活组织样品对生育力没有显著影响。活检取样后数天配种，母马仍可妊娠（Watson 和Sertich，1992）。

活组织样品可在全年任何时间、发情周期的任何阶段采集，有人建议在间情期采集活组织样品以用于诊断目的，由于此时子宫内膜是受孕酮的影响，此时的子宫腺体也最为卷曲。还有人建议在发情期采样，此时子宫颈松弛，活检器很容易进入子宫。无论何时采样，重要的是要体现出所有相关病历，包括采集组织样品的阶段，以便病例学检查时能够得出活检结果。在乏情期采集活组织样品进行检查时由于腺体较少，腺周纤维化可能会更为严重。此外，在乏情期或过渡期采集的活组织样品，由于在此阶段缺乏孕酮，子宫颈处于松弛状态的时间较长，因此可能会有炎症反应增加的迹象。虽然关于病理变化的描述已有研究报告发表，对活组织检查时也可参阅，但大多数情况下进行样品制备的病理学家就可判断出活检结果。即便如此，如果兽医能够检查活检切片，则对母马进一步的管理提出建议是很有帮助的。

根据Kenney和Doig（1986）的研究结果，可将子宫内膜活检分为四类（Ⅰ、ⅡA、ⅡB和Ⅲ）。Ⅰ类活检结果的母马子宫内膜基本正常，其妊娠及怀胎足月的可能性估计为80%～90%，但更多地取决于繁殖母马的管理而不是其先天性的生育力。Ⅲ类活检结果的母马子宫内膜具有很严重的病理变化，即便具有良好的繁殖管理，其怀胎至足月的可能性也只有10%。大多数母马的活检结果属于ⅡA类或ⅡB类，怀胎至足月的可能性分别为50%～80%和10%～50%，反映了母马的管理措施与先天性生育力之间的联系。

病理学检查通常可以提供完整的组织病理学描述，临床兽医最为关心的是炎症的严重程度和分布以及一些变性变化，包括腺周纤维化、血管化和淋巴管裂口（lymphatic lacunae）等。由于退行性变化可能为永久性及渐进性的，因此其预后要比炎性变化差。对这些情况目前还没有有效的治疗方法。发生这种退行性变化的原因尚不清楚，但许多人认为可能是由于反复损害子宫所致。这种情况更多见于老龄母马（Ricketts 和Alonso，1991）。淋巴管扩张常常说明子宫清除可能存在问题，但在配种后采用超声波检查可更可靠地确诊子宫清除机制延迟的情况。

活检只能说明有炎症的存在，因此必须要用其他方法（例如会阴构造的检查）来探明炎症出现的原因，而且还需要通过培养来鉴定特殊的病原体。通过适当的治疗之后重复活检可能能说明治疗的成功程度。

26.2.5.6 子宫内膜异位

以前曾将子宫内膜异位症（endometriosis）称为慢性浸润子宫内膜炎（chronic infiltrative endometritis），目前则是指在基质和腺周区发生纤维化。子宫内膜异位症的程度与母马建立及维持健康妊娠至足月的能力密切相关。胎次和年龄与母马子宫内膜发生的退行性变化有密切关系（Ricketts和Alonso，1991）。

纤维变性可见于子宫内膜腺周围，并且与致密层（stratum compactum）的基膜相关。根据纤维变性组织的数量和分布可将其分为几类，轻微的纤维变性有1～3层的腺周组织纤维化；中等的纤维变性则有4～10层组织，而严重的纤维变性则有10层以上的腺周纤维化（periglandular fibrosis）（Kenney，1978）。子宫腺囊性扩张（cystic glandular dilatation）是子宫内膜异位症的另外一种表现。腺周纤维化、腺上皮增生或淋巴引流不足均可导致子宫内膜腺体扩张。

引起子宫内膜异位症的其他子宫内膜退行性改变包括淋巴裂隙和血管化（Ricketts 和Alonso，1991；Gruninger等，1998）。淋巴裂隙是淋巴管扩张（lymphangiectasia）的病理组织学表现，而血管化（Angiosis）（血管病理学，vascular pathologies）则与粘连和胎次有关，在子宫中特别是与子宫腹囊的形成（ventral sacculations）及静脉充血有关，这两者均为血管化的致病因子（Gruninger等，1998）。对子宫中这种血管变性尚无治疗方法。患淋巴管裂隙及弥散性的子宫血管化的母马由于子宫清除延迟和PMIE，不育的危险性很高（Ricketts和 Alonso，1991；Gruninger 等，1998）。

由于子宫内膜纤维变性引起的妊娠失败最常见于孕体期，据认为可能是由于降低了子宫产生组织营养的能力，而组织营养是孕体所必需的营养物质。但是，如果子宫纤维变性干扰了孕体的附植，则可在胎儿期的早期发生流产。微子叶在妊娠的第80～120天开始附着（Bracher等，1990）。对慢性退行性子宫内膜炎（子宫内膜异位症）母马的胎盘超微结构进行检查发现，微绒毛的附着延缓，微子叶的数量及单位面积的绒毛数量减少（Brecher等，1991）。子宫内膜萎缩虽然不可能导致流产，但可影响胎儿生长。患退行性子宫内膜炎的母马其胎儿体重要轻于正常母马的胎儿（Brecher等，1991）。在分娩后对胎盘进行检查，可发现是否有子宫内膜萎缩（Asbury，1988）。

26.2.5.7 子宫积脓

子宫积脓（Pyometra）是指大量的脓性分泌物在子宫中蓄积，引起子宫膨大（Hughes等，1979）。子宫积脓必须要与急性子宫内膜炎时超声波检查发现的断断续续出现的少量液体积聚相区别。子宫积脓的发生是由于子宫液体的自然排出受到干扰所致，可发生于子宫颈粘连、异常收缩或子宫颈屈曲或不规则。在有些病例，液体蓄积时子宫颈没有损伤性变化，可能是由于子宫颈排出渗出液的能力受损所致。

与牛不同，马的子宫积脓不一定要有持久黄体存在，许多母马具有正常的发情周期（参见第22章，22.3.1.5 子宫积脓）。当子宫内膜严重受损，导致表面上皮大量丢失，严重的子宫内膜纤维变性及腺体萎缩时，可干扰PGF的合成和释放，因此可观察到黄体期延长。

患子宫积脓的母马，即使子宫腔内蓄积的渗出液达到60L，也很少能表现明显的全身性疾病症状。很少情况下母马可表现失重、沉郁和厌食。母马的子宫积脓可分为两类，即子宫颈开放型和子宫颈关闭型（Hughes等，1979）。在子宫颈关闭型的子宫积脓，液体蓄积是由于子宫颈关闭所致，而子宫颈开放型子宫积脓，虽然子宫颈开放，但脓性物质却因为子宫清除机制受损而发生蓄积。开放型子宫积脓可经常看到阴门分泌物，特别是在发情时更为明显，这种分泌物在黏稠度上有一定差别，有些为水样，有些则为奶油状。

采用直肠内超声检查时，如果子宫腔内有大量的液体，具有中等程度的回声，则可比较容易地诊断子宫积脓。一些比较罕见的疾病，如子宫积液及子宫积气等，必须要排除妊娠的情况。由于不表现全身性疾病的症状，因此患有子宫积脓而要求兽医诊治的母马大多数处于子宫积脓的后期，因此出现退行性变化，如子宫内膜萎缩等，这样即使在治疗之后母马也难以恢复正常的生育力。治疗之前应该进行子宫活检，以对母马的生育力预后情况进行确定。

治疗子宫积脓的主要目的是排出子宫内的脓性物质。在不表现全身性疾病症状或没有异常的阴门分泌物时，虽然有些母马在运动时可表现不适，但不应按慢性子宫积脓进行治疗。在许多病例，通过反复用大口径的管子，如鼻胃管，以大量温的生理盐水冲洗子宫，可得到明显改善。开始时，如果有CL存在，可用$PGF_{2\alpha}$诱导黄体溶解，以便使子宫颈充分松弛，可以用手指探查是否有粘连存在。采用PGE也有助于子宫颈松弛。重复用大量液体冲洗子宫，使用催产素处理排出渗出液后，可根据培养及药敏试验，在子宫中灌入合适的抗生素。如果确诊为子宫颈损伤，则应及时治疗，以减少其发展为子宫积脓的机会。通过直肠触诊结合超声波监测子宫的变化，可获得动物对治疗发生反应的信息。即使治疗获得成功，如果母马要留作繁殖用，则也应将其看作易感动物，并根据具体情况进行管理。

对处理后没有反应的母马，可在冲洗出子宫渗出物后，试行子宫切除术，但必须特别注意防止污染腹腔。

26.2.5.8 肿瘤

马的子宫瘤不常见。平滑肌瘤常称为纤维瘤（fibroids），是源自于平滑肌的良性间质细胞瘤，常与纤维组织的存在有关。平滑肌瘤是影响母马子宫最常见的肿瘤，如果肿瘤比较小，则并不一定会引起繁殖失败。平滑肌肉瘤（leiomyosarcoma）、淋巴肉瘤（lymphosarcoma）和腺癌（adenocarcinoma）是罕见的影响母马的恶性肿瘤。

繁殖季节对繁殖母马通过直肠检查、经直肠超声诊断等可发现影响母马子宫的肿瘤。如果怀疑存在有子宫肿瘤，应当应用子宫内窥镜进行检查，并采取活组织样品以最后确诊。当有大量出血和子宫内膜炎时，或由于肿瘤的存在而母马不能建立妊娠时，应当手术摘除肿瘤。以后生育力会降低，但在施行了部分子宫切除术的母马也有妊娠的报道（Santschi和Slone，1994）。

剖宫产后或子宫撕裂后可能会引发子宫浆膜层粘连。一旦发生粘连，除了手术切除外没有有效治疗方法。因此，应当采取措施防止子宫浆膜层的粘连，包括在剖宫产后每天触诊子宫。

26.2.6 输卵管

输卵管的功能和输卵管所处的环境正常是正常生育力的基础。母马一个很独特的特点是未受精的卵母细胞滞留在输卵管中而不转运到子宫。发生这种现象的机制（选择性地转运受精卵而不转运未受精卵）尚不完全清楚，但可能与PGE_2的分泌有关。健康的输卵管会对孕体信号作出反应，使其在输卵管中的转运能适时启动。输卵管病理变化的诊断往往比较困难，通常在死后检查时才被发现。

死后检查生殖管道，发现输卵管炎（salpingitis）在母马比较常见；37%的有输卵管漏斗炎（infundibulitis）；21%有壶腹炎（ampullitis）；9%的有峡部炎症（isthmitis）（Vandeplassche和Henry，1977）。在该项研究中发现，50%的母马在15岁以上，85%在11岁以上。输卵管漏斗常与子宫、卵巢系膜或卵巢发生粘连。右侧发生粘连明显多于左侧（Vandeplassche和Henry，1977）。虽然繁殖有问题的母马有输卵管炎的迹象，但发病率与生育力正常的母马没有明显差别（Ball等，1977）。

母马的输卵管阻塞（oviductal obstructions）没有牛那么常见，但在青年处女母马和妊娠马可见到输卵管中有大的胶原纤维团块，更常见于7岁以上的母马（Liu等，1990）。对死后母马输卵管进行检查发现，输卵管开放（tubal patency）并不是母马主要的问题。在一项700多个主要来自11岁以上母马的样本进行的检查中发现，虽然40%以上在输卵管漏斗部有粘连，但几乎所有的输卵管都是开放的（Vandeplassche和Henry，1977）。对1 248对输卵管在死后进行冲洗发现，仅有一个输卵管是堵塞的（David，1975；Vandeplassche和Henry，1977）。基于这些发现，可以认为对原因不明的不育母马采用各种方法诊断确定输卵管是否开放的意义不大。

死亡前诊断的大多数输卵管异常和卵巢周围结构都是孕体结构的残留物。排卵凹附近卵巢基质中的囊肿来自于表面上皮，常常在检查老龄母马的卵巢时发现，常称作“滞留性（retention）”、“包涵性（inclusion）”或“排卵凹（fossa）”囊肿，一般对生育力没有不利的影响（图26.32A）。有些作者将这些囊肿称为卵巢囊肿（ovarian cysts），这可能与诊断为母马的“囊肿卵巢（cystic ovaries）”相混淆。有时可出现对囊肿卵巢（cystic ovaries）的误诊，这是因为：

- 春季过渡期，卵巢上存在一个或多个大卵泡而没有发生排卵。
- 排卵凹囊肿，一般直径只有几毫米，通常没有图26.32B中的那样大，应注意不要将它们与具有数个小卵泡的卵巢（图26.32C）或孕体混淆。仔细检查时可以准确对这类囊肿进行定位。有时候，在老龄母马，这些囊肿大而数量多时，可能会影响卵母细胞从排卵凹释放。在覆盖于卵巢表面的疏松结缔组织中发现存在有小的结节（肾上腺皮质结节，adrenocortical nodules）。
- 卵巢周囊肿（periovarian cysts），很为常见。它们没有内分泌活性，通常也不干扰排卵过程，一般也不影响生育力。偶尔可触及或用超声波检查到大的囊肿，并可能与卵泡混淆。但其大小和外观并不发生变化，这具有诊断意义。

26.2.7 卵巢

母马的卵巢增大可能为正常，也有可能是卵巢病理的指征，因此必须考虑到各种可能性，进行仔细的诊断，以避免将正常卵巢手术摘除。完整的病史记录，包括行为改变、发情周期的特点、性行为和最后一次观察到发情的时间等均很重要。超声波检查、直肠触诊和激素分析都有助于准确的诊断。在有些母马，连续检查有助于判定卵巢大小和卵巢上各种结构大小的变化。当发现有卵巢增大而进行解释时，必须考虑多方面的因素，诸如季节和妊娠状态等。在春季和秋季的过渡期，卵巢增大也许是

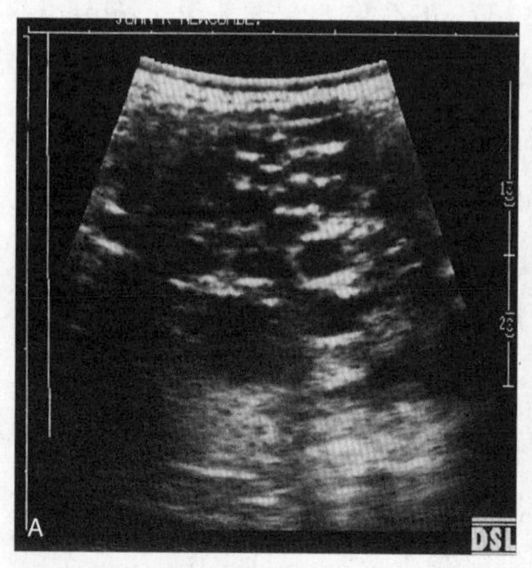

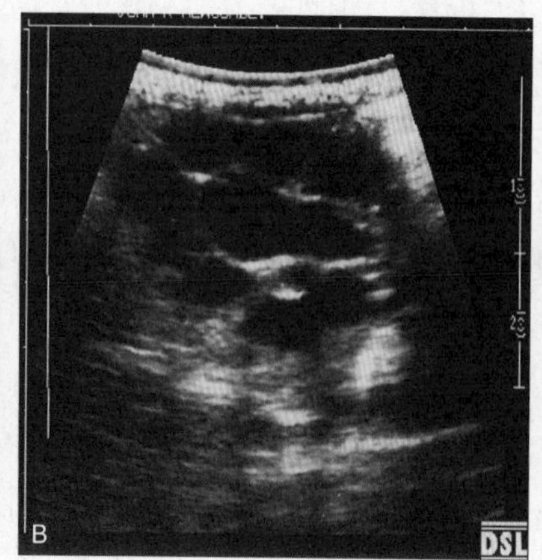

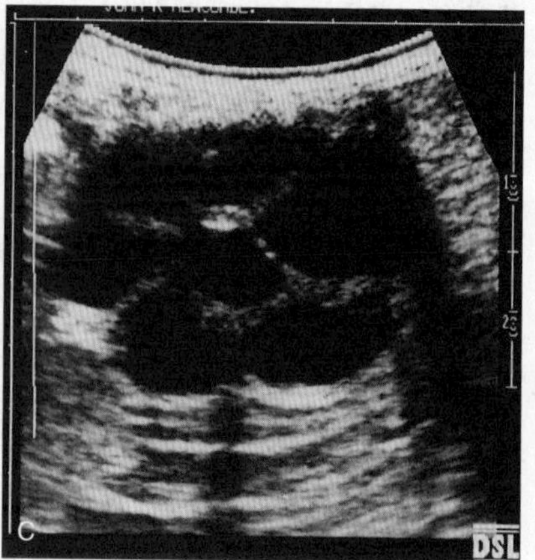

图26.32 滞留性囊肿

A. 一匹15岁母马卵巢的超声图像，图示为滞留性囊肿，每个囊肿的直径都在几毫米左右 B. 一匹17岁母马正常卵巢的超声图像，图示为一个很大的滞留性囊肿 C. 一匹16岁母马正常卵巢的超声图像，图示为多个小的卵泡。

正常现象，在妊娠的某些特定阶段，卵巢本身就是增大的。

在进行正常的繁殖检查时，发现卵巢增大可能只是偶然的，或者也可能是由某些特定的临床症状所激发的。母马有行为改变和腹痛迹象时，应该对生殖道进行检查，应特别注意卵巢的情况。如果母马具有不育的病史，则常常怀疑其卵巢有异常，但在采用手术方法摘除卵巢之前一定要进行全面检查。

26.2.7.1 非肿瘤性卵巢增大

母马在繁殖季节快结束时，随着其进入秋季过渡期，可常常见到不排卵卵泡，这种不排卵卵泡的主要意义是卵母细胞没有被释放，而是存在于大的未破裂的出血性卵泡中。这些卵泡生长达到异常大的体积（直径70～100mm），但未能排卵，而是充满了血液，发展至“胶状黏稠”的状态，通常形成一个很厚的壁（与正常卵泡相比）。超声波检查时，可在卵泡腔内观察到自由漂浮的回波点，其数量随卵泡的生长而增加（图26.33）。当卵泡停止生长时，其内容物组织化，出现回声外观及纤维带，卵泡变硬，并随着时间而逐渐退化，通常在一个月内消退。在繁殖季节结束时形成的真正秋季卵泡（autumnal follicle）中，不排卵卵泡的外周形成的黄体组织通常极少。不排卵卵泡形成的原因尚不清楚，但有假说认为可能是由于在秋季过渡期母马的激素状态发生了改变所致，但这并不能解释母马在繁殖季节偶尔也可出现不排卵卵泡的原因。虽然在排卵季节并不常见到不排卵卵泡，但多常见于老龄母马，这可能与卵巢老化（ovarian senility）有关，这些卵泡对前列腺素的反应差别很大。虽然母马没有真正的绝经期（menopause），但可能会发生与年龄相关的排卵失败（Vanderwall等，1993）。一些老龄母马，尤其是20岁以上的母马，尽管有发情表现，但不能排卵。

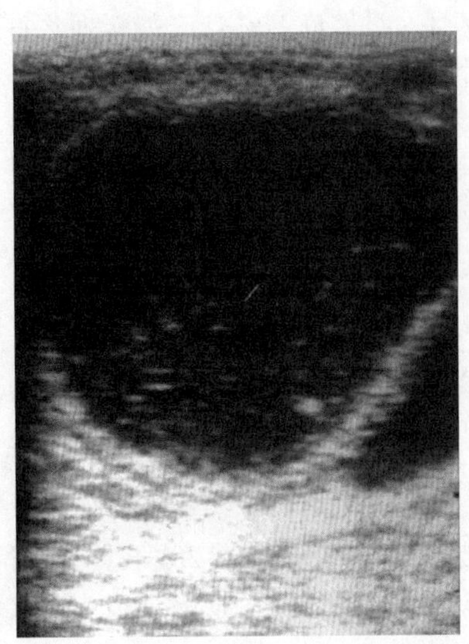

图26.33 不排卵性卵泡，注意卵泡腔中自由漂浮的回波点

在妊娠的一定阶段，卵巢增大是正常现象，也应当如此。卵巢增大与卵泡活动加强和随后的排卵有关（次级黄体），或与不排卵性黄体化（副黄体）有关。在妊娠第20天前，卵泡生长加速，妊娠第40天时形成新的黄体。妊娠40～60d时，常会发现多个红体（corpora haemorrhagica）或出血性卵泡（haemorrhagic follicles）。在繁殖季节配种较早的母马在妊娠的头4个月比在7月份以后配种的母马卵泡活动更为强烈。

春季时，母马进入从冬季乏情期到正常排卵季节的过渡期，此时母马会经历一个较长时间的不排卵卵泡发育期。这一阶段的主要特点是有大量的卵泡开始发育，有时卵泡很大，可出现在一侧卵巢，但更多见于双侧卵巢。这些卵泡持续存在的时间长短不一，之后退化，新卵泡开始发育。这个阶段依母马个体、光照周期和其他尚不明了的因素而长短不定。在此阶段卵巢可能很大，可误认为是卵巢囊肿（图26.34）。虽然对这种情况无需治疗，但如前所述，常常采用孕酮和雌激素联合应用来抑制卵泡活动，以加速排卵和正常发情周期的开始。过渡期结束时可发生繁殖季节的第一次排卵，此后卵泡活动和卵巢大小恢复至正常范围。

排卵后，随着在排卵卵泡的卵泡腔内发生出血，可形成卵巢血肿（ovarian haematoma）。偶尔这种出血量可能很大，这可能与卵泡液中的抗凝血因子有关。血肿的直径可能会很大，可达到20cm或更大（图26.35）。血肿可产生孕酮，但不影响发

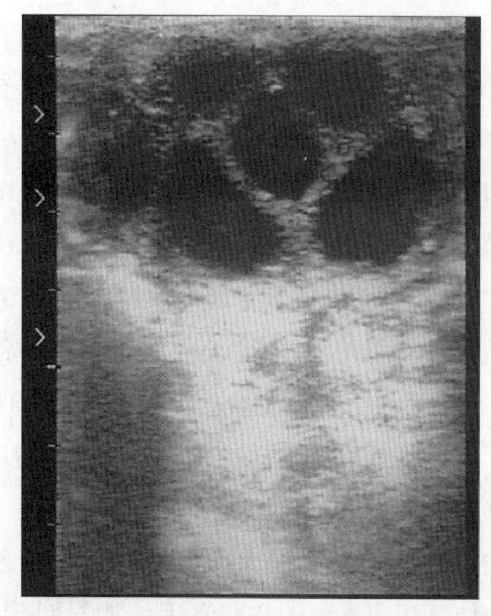

图26.34 过渡期的卵巢，注意有许多卵泡

情周期。虽然排卵凹一直存在，但如果血肿很大时则触诊排卵凹可能很困难。超声检查时图像可能差别较大，因此易与粒细胞瘤相混淆。可观察到大而充满液体的腔体，也可能具有更为坚实的外观，有时还有纤维带存在。有一种试验方法可以用来区分血肿和粒细胞瘤，即对前列腺素的反应性。5～6d以上的血肿常可对前列腺素发生反应，由于溶黄体作用而体积缩小，母马可恢复发情；而粒细胞瘤不能对前列腺素发生任何反应，因此其大小、形状及超声图像不发生变化。发生血肿时，虽然有血肿存在，但卵泡壁仍可发生黄体化，因此发情周期并没有改变，正常的生育力也不受影响。但是，由于血肿的存在而使卵巢增大，即使黄体组织的寿命正常，这种增大也可持续数个发情周期。由于这种结构是发生于排卵后的一种现象，因此排出了卵母细胞，如果给母马配种，则有可能妊娠。

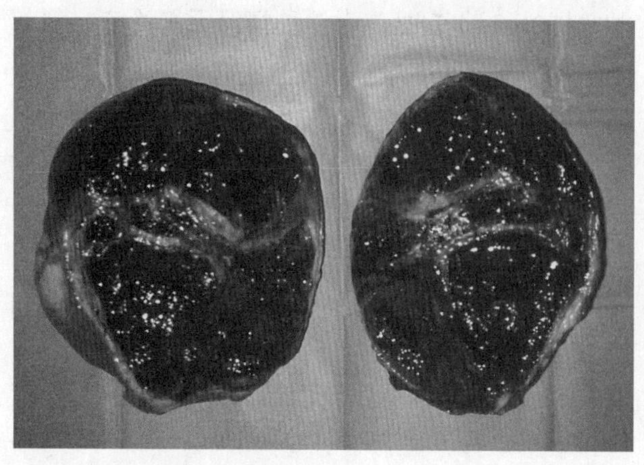

图26.35 卵巢血肿（见彩图102）

26.2.7.2 卵巢脓肿

卵巢脓肿（ovarian abscesses）多是由于穿刺卵巢造成的，如活检或吸取卵泡。随着辅助繁殖技术的成功率增加和推广应用，卵巢脓肿的发生率似乎也有增加的趋势，但目前还未得到证实。此外，并非所有的卵巢脓肿都是医源性造成的，未进行过这些操作的母马也见有发生卵巢脓肿的报道（Ramirez等，1998）。在这些病例，卵巢脓肿可能是由于细菌经血源性扩散所引起，也可能是由圆线虫（strongyle）移行所造成的。

患病母马可出现体温升高、食欲缺乏和白细胞计数上升的现象。超声检查时，增大的卵巢上具有典型的厚壁而充满液体的结构，这些液体往往具有高回波性。这些病例用长效抗生素进行药物治疗可获成功，手术摘除患病卵巢也是一种可选择的治疗方法，但是必须要注意脓肿不能在腹腔内破裂。

26.2.7.3 肿瘤

粒细胞-壁细胞瘤是母马生殖道最常见的肿瘤，这些肿瘤为良性性索肿瘤（sex-cord tumours），可见于任何年龄的母马，有报道见于马驹、成年母马和妊娠马。尽管肿瘤可能会涉及到粒细胞和壁内层细胞，但最常影响到粒细胞层。

患粒细胞瘤的母马经常可观察到其行为发生变化，例如出现公马样的行为、持续发情、持续性乏情等，这些行为取决于肿瘤产生的甾体激素。在有些粒细胞瘤病例中，行为也可能不发生改变，但母马表现腹部不适、跛行、贫血或其他似乎与生殖系统无关的症状。公马样行为是报道最常见的行为改变，可能是由于这种与以前行为差别很大的行为变化对畜主来说是很明显，因此对于这些母马的管理显得更加困难。在一份研究报告中发现，在63匹诊断为患粒细胞瘤的母马中，20匹表现乏情，14匹为持续发情，29匹表现为公马样行为。公马样行为的表现常与血清睾酮的升高有关，但并未发现持续发情与雌激素的升高有关。

由于许多患病母马并不出现任何行为的改变，因此单独依靠行为变化可能会造成误诊。偶然畜主会认为，他们的母马在发情时管理起来很困难，要求兽医对此进行治疗。常常可见到对这些母马有更高的表现要求，但依我们来看，多数行为问题与生殖系统没有关系。如果报道有异常行为而进行检查时发现有明显的卵泡发育，则很有可能会将行为异常的原因诊断为“卵巢囊肿”。有时在检查时母马甚至处于乏情状态。不论在何种情况下，对畜主提出的由于怀疑是粒细胞瘤而要施行卵巢切除术的要求应该予以阻止，至少也应当在对母马监测几个完整的发情周期，确定其行为问题到底与发情有没有关系后再做决定。

如果认为行为问题确实与发情有关，每天用孕酮或合成的孕激素处理可以阻止卵巢的周期活动和发情。虽然在未配种的母马很罕见，但母马长期用孕激素处理仍有可能增加其患子宫内膜炎的风险，因此在长期用孕激素处理的母马应当注意监测这种情况。此外，这一问题在停止孕酮治疗后仍可再度发生。另外一种可能性是给母马配种，而且能建立妊娠。这一方法不利之处可能是，母马在妊娠后期不能表演或参加比赛，且在马驹出生后这一问题仍有可能再次发生。这可能是由于妊娠引起某些构造发生了永久性的结构改变，由此使马的表演能力降低。

发生粒细胞-壁细胞瘤时，直肠触诊可发现患病卵巢明显增大，而对侧卵巢通常很小且没有活动。在冬季过渡期，当对侧卵巢很小且没有活动时，它的萎缩可能会引起误诊。对侧卵巢的萎缩并不是绝对的，虽然并不常见，但在发生粒细胞瘤时，有报道发现在妊娠母马和表现发情周期的母马，其对侧卵巢有时甚至两侧卵巢都有活动（McCue，1998）。增大的卵巢或光滑，或呈多结节状，或坚硬或柔软，有时可感觉到像有多个卵泡存在。典型情况下触诊不到增大卵巢的排卵凹，而且任何明显增大的卵巢其排卵凹均难以触及（图26.36）。

超声检查往往可显示出肿瘤的多腔结构，但有时肿瘤呈坚实的团块或大的囊状低回声区（图26.37）。虽然超声检查是一种很有用的辅助诊断方法，但在许多情况下还不能够得出肯定诊断。粒细胞瘤的超声扫描图像与其他的卵巢异常可能会十分相似，特别是卵巢血肿。许多报道认为粒细胞瘤的超声外观差别很大，因此在许多情况下只依靠超声检查进行诊断似乎是不可能的。

患有粒细胞瘤的母马其雌二醇或睾酮浓度可能会升高，但孕酮浓度则几乎总是低于1ng/ml，测定雌二醇浓度则价值不大。虽然患有粒细胞瘤而表现类似于公马行为的母马睾酮浓度经常升高，但在50%的病例其睾酮含量是在正常范围之内。表现正常发情周期的母马其睾酮含量大约为45pg/ml，但表现公马样行为的母马则常常超过100pg/ml。

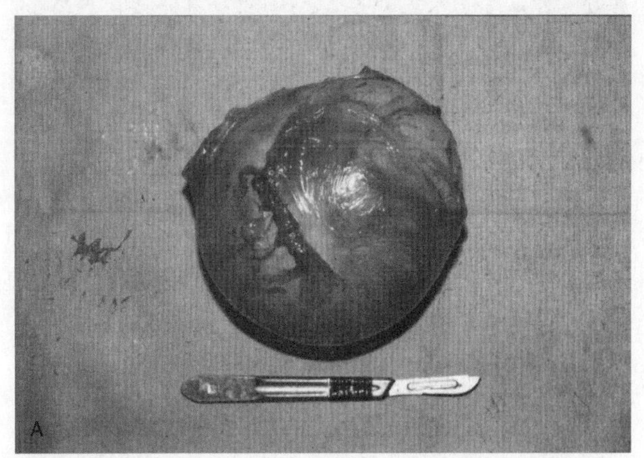

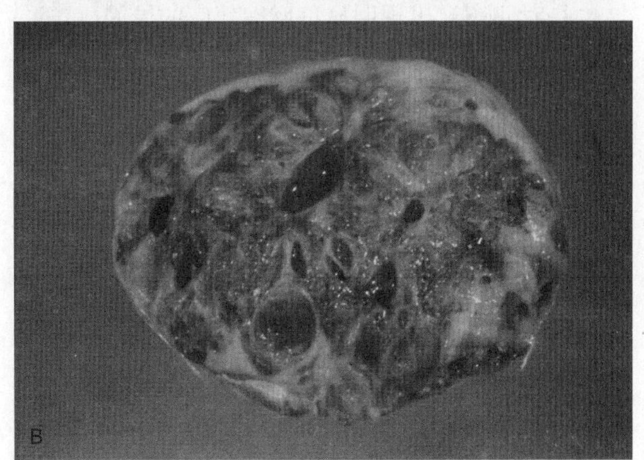

图26.36　粒细胞-壁细胞瘤（见彩图103）
A. 切面　B. 注意多个腔体的外观

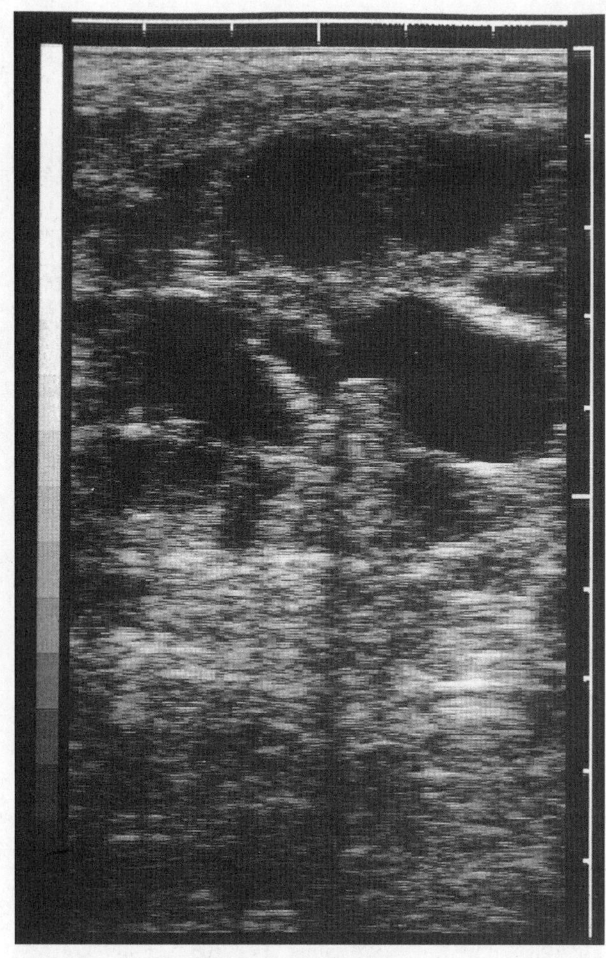

图26.37 粒细胞-壁细胞瘤的超声影像

McCue曾报道，患有粒细胞瘤的母马仅有54%的睾酮浓度升高，87%的母马抑制素升高，因此得出结论认为抑制素可能是本病更好的指标（McCue，1992）。抑制素抑制FSH，因此使卵泡生长降低，这也是对侧卵巢出现明显负反馈效应的原因。

总的来说，患有粒细胞瘤的母马，就其生命和生殖功能来说，预后良好。依摘除卵巢的时间、母马个体和肿瘤存在时间的长短，卵巢活动恢复的时间通常在术后83～392d，平均为209d。如果患病母马只是留作繁殖用，在进行手术前建议进行生殖检查，包括子宫活检。

畸胎瘤（teratomas）虽不常见，但却是第二类常见的卵巢肿瘤。畸胎瘤即使不含有3个胚层，也至少含有两个胚层的组织。母马的畸胎瘤大多数都是良性，它们通常含有毛发，有时也可能含有骨骼、牙齿和神经组织（图26.38）。由于大多数畸胎瘤很小，并不经常引起卵巢增大，因此多是偶然发现的。但有时可出现很大的畸胎瘤，使得卵巢明显增大。畸胎瘤并不影响发情周期，因此没有明显的临床症状。

浆液囊腺瘤（serous cystadenomas）是来源于上皮细胞的肿瘤，通常发生于老龄母马。这些肿瘤不发生转移。虽然发生浆液囊腺瘤时母马血清睾酮含量很高（Hinrichs等，1989），但行为的变化并无特征。对侧卵巢不受影响，其能继续表现正常活动，不发生萎缩，也不影响母马继续表现发情周期。患病卵巢上的排卵凹不消失，触诊可以触及。

无性细胞瘤是极恶性肿瘤，来源于生殖细胞。它们可以迅速地转移至腹腔和胸腔。无性细胞瘤相当于睾丸内的精原细胞瘤。由于它们的转移特性，可以影响其他的器官系统，已有肺部肥大和骨关节病变有关的报道（Vanderkolk等，1998）。因此，临床症状表现常与生殖系统无关，这些肿瘤常引起诊断困难。

26.2.7.4 卵巢捻转

卵巢捻转（ovarian torsion）是女性并不罕见的一种疾病，在马见有一例报道，患病母马患有很大的粒细胞-壁细胞瘤，表现腹部不适的症状（见图26.39）（Sedrish等，1997）。对已知患有卵巢增大的母马，如果突然出现腹部疼痛的症状时，可怀疑发生了卵囊捻转。

图26.38 一例粒细胞-壁细胞瘤，其随后导致了卵巢捻转（见彩图104）

26.3 胎衣不下

兽医一般都认为，马的胎衣不下（retention of the fetal membranes，RFM）是比牛的胎衣不下更为严重的疾病，这种观点起源于挽马占马匹饲养量绝对优势的时代，当时发生RFM后总是伴随着较为严重的后果，因此用手剥离胎衣是基本原则。胎衣不下的并发症包括急性子宫炎、败血症、蹄叶炎甚至死亡。及时有效的治疗胎衣不下可以避免这些后遗症的发生。在许多情况下，即使没有这些更严重的并发症，子宫复旧也常常延迟。现在的骑乘马和矮种马发生这些并发症的可能性不大，但RFM应作为急症进行处治。

马排出胎衣的平均时间为1h，不应该超过2h，但关于2h的胎衣排出时间，在临床上仍有很大的争议。例如，Threfall（1993）在对文献资料进行综述时提出，胎衣排出时间的范围为30min到12h。Sevinga等（2004a）在他们的研究中认为这个时间应为3h以内。RFM是母马产后最常见的疾病之一。

26.3.1 发病率和病因

通常引用的马胎衣不下的发病率为2%～10.6%（Vandeplassche等，1971；Provencher等，1988；Threlfall等，1993；Troedsson等，1997）；难产后发病率更高，这很有可能是由于子宫创伤或宫缩乏力所致。在比利时根特兽医学院（Ghent Veterinary School）治疗的马难产中，胎衣不下的发病率在截胎术后为28%，剖宫产后为50%；进行剖宫产后，如果胎儿在手术开始时仍存活，与手术时胎儿已经死亡相比，胎衣不下的发病率增加1倍（Vandeplassche等，1972）。引起胎衣不下的精确原因尚不清楚，最为可能的原因是由于激素失衡引起的宫缩乏力，也可能与电解质缺乏或失衡有关。催产素在产后子宫收缩中发挥重要作用，血循中催产素水平降低可导致子宫肌活动异常，这反过来又引起了胎盘不能分离和胎衣滞留。在荷兰的费里斯（Friesian）马有研究报道其胎衣不下的发病率为54%（Sevinga等，2004a），这可能与其近亲繁殖有关，从1979—2000年之间近亲繁殖率达到群体总数的1.9%（Sevinga等，2004b）。在美国，一项研究认为胎衣不下与母马摄入感染内生真菌群瓶顶孢霉（*Acremonium coenophialum*）的高羊茅草有关，但在由4种高地矮种母马组成的一小群母马并未发现本病与任何饲料成分有关（Hudson等，2005）。在费里斯马，胎衣不下可能与血清钙浓度较低有关，但与低血镁无关，这在研究中通过同时应用钙和镁的葡萄糖酸盐可使母马对催产素的反应性升高而部分地得到确定（Sevinga等，2002b）。Hudson等（2005）在对4匹患有RFM的母马中的一例发现血清钙浓度低。

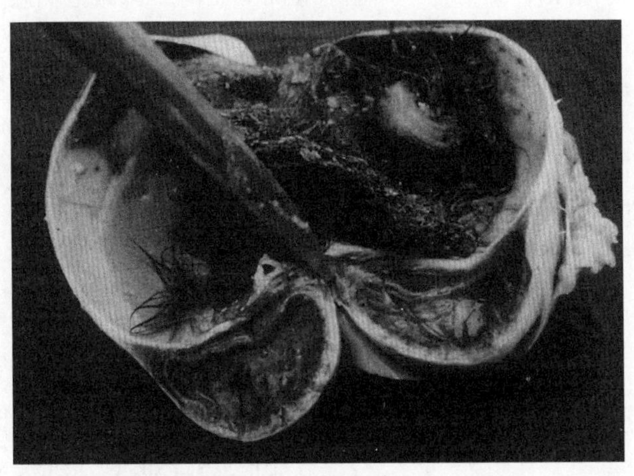

图26.39　卵巢畸胎瘤（见彩图105）

Vandeplassche等（1972）强调认为，母马大量的绒毛膜微绒毛具有分支的特性，这些微绒毛与子宫内膜隐窝对应的迷路错综复杂地交织在一起。微绒毛在子宫角比在子宫体部位发育更为良好，在未孕角比妊娠角分支更多更大。由于绒毛的这些特性以及尿囊绒毛膜和子宫内膜很明显的皱褶，同时由于未孕子宫角复旧比较缓慢，从而可以总体上说明未孕角胎衣不下的发生率较高的原因。其他部位的胎盘碎片也可发生滞留，因此全面地检查胎衣以确定哪些部分发生了滞留是极为重要的。

26.3.2 临床症状

RFM最明显的临床症状是从阴门中伸出或

多或少的组织，但偶尔也可能什么都看不到（图26.40）。这表明胎衣的所有部分都未排出，或者更有可能是排出来的胎衣仍然附着。

26.3.3 治疗

与奶牛不同（参见第22章），马的胎衣不下必须及时进行剥离治疗。Watson（1999）建议胎衣剥离应在3h以后进行。

开始时，应将露出的胎衣部分打成一个结，以防止其与跗关节接触。子宫的收缩在胎衣分离中发挥重要作用，因此建议首先应用催产素，这是最为成功的治疗方法，在90%的病例可获成功。在胎儿排出后等待时间最好不要超过6h，在重挽马间隔时间应更短。这种治疗方法避免了子宫内操作引入微生物污染的风险。催产素可肌内注射（20～40IU），如果胎衣还没有排出，可在1h后重复使用一次。此外，也可在1h的时间内经静脉缓慢滴注溶于1 000ml生理盐水中的50IU催产素。注射催产素后往往有腹痛症状，且常发生于胎衣排出之前，因此可适当给予镇痛药和镇静药物。

如果这种治疗方法没有效果，且胎衣已经与子宫分离但仍旧滞留于子宫时，才可尝试用手轻轻拉出。这一操作过程应当在无菌条件下十分谨慎地进行，不宜过于用力，即使中等程度的用力，也可能会引起产后子宫外翻而脱出（参见第18章，18.2马子宫脱出）。在多数胎衣滞留的情况下，尿囊绒毛膜也可部分发生分离，不同程度地悬挂于阴门外（图26.40）。应该有效保定母马，且应当采取各种措施以防术者被踢伤。尾巴应缠上绷带，由助手拉于一侧，术者彻底清洗母马的会阴部及后躯。用干净的塑料手套（袖套）保护好胳膊和手，抓住突出的或悬挂而仍在阴道内的胎衣团块，拧成绳索状。再用戴手套且涂有润滑剂的那只手沿着形成的“绳索”，轻轻伸入子宫内胎衣的附着部位周围。由于“绳索”被轻轻地牵引着且有扭曲，因此应用指尖在子宫内膜和绒毛膜之间按压。绒毛易于剥离，随着尿膜绒毛膜的逐渐分离，可以通过进一

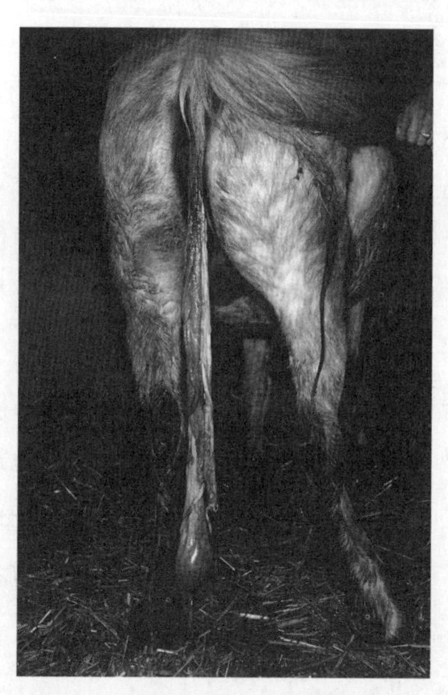
图26.40 矮种马，分娩后6h后的胎衣不下（见彩图106）

步拧转脱离的部分将其拉起。通过手在尿膜绒毛膜和子宫内膜之间的移动使得两者轻轻分离。结合最紧密的部位往往是在子宫角尖部。剥离过程通常会比较顺利，可将完整的尿囊绒毛膜逐渐从妊娠的子宫角分离。在未孕侧子宫角，胎衣的附着有连接更加紧密的趋势，而有时胎衣滞留仅发生于这个子宫角。如果没有撕开胎膜，就不能分离尿膜绒毛膜顶部，此时最好停止剥离操作，在4～6h后再施行剥离，此时剥离成功的可能性增大。徒手剥离胎衣的副作用可能是严重出血、一侧子宫角内翻以及微绒毛滞留在子宫内膜中，后面这种情况发生的可能性很大。Vandeplassche及其同事（1971、1972）特别指出，即使是产后胎衣正常排出时，微绒毛仍然有可能滞留于子宫内膜，在发生胎衣不下进行徒手剥离时，滞留的微绒毛量会大大增加。徒手剥离的过程很困难，而且只是剥离了绒毛膜微绒毛的主干部分，而实际上几乎所有的微绒毛发生断裂并滞留于子宫内膜中；子宫内膜和内膜下毛细血管也可能会发生破裂。由于剥离胎衣困难，其结果是产后渗出液增加，这些渗出液中含有大量的组织碎片，也可发生子宫内膜炎、蹄叶炎、子宫痉挛和复旧延迟。正是由于这些原因，Vandeplassche及其同事（1971，1972）更喜欢采用静脉滴注催产素而不用

徒手剥离的方法来治疗严重的马胎衣不下。

文献报道的第三种治疗胎衣不下的方法是在尿囊绒毛膜中注入10L温热的无菌生理盐水，这种方法某些情况下可获成功。对子宫壁的拉伸通过内源性催产素的释放，刺激子宫收缩，可能有助于微绒毛从子宫内膜隐窝中分离。这种处理方法应当与外源催产素结合使用。

随着细菌胶原酶在治疗人类胎盘滞留上的应用，其也被用于治疗奶牛的RFM而获得一定成功（参见第22章，22.3.2.4.4胶原本酶）。研究表明，如果将胶原酶（20万IU溶于1L生理盐水）从患胎衣不下母马的脐血管中注入，胎衣会在6h内排出（Haffner等，1998）。

除去胎衣后，同样很重要的是检查胎衣的完整性，以确定所有的尿囊绒毛膜都已排出。如果有必要，应采用胃管和漏斗冲洗子宫并吸出冲洗液，以清除残留在子宫中的所有渗出液。

术后护理依病例的严重程度而不同，但包括常规的临床检查，尤其是检查子宫（复旧及内容物）的状况，如果有必要，应每天或每两天冲洗子宫1～2次，吸出冲洗液，连用数天，并与催产素结合使用。冲洗子宫主要是为了清除子宫中的残留碎片和细菌。冲洗时可采用2～4L温的无菌生理盐水，一直到回流液澄清为止。Vandeplassche与其同事（1972）反对在胎衣排出后使用任何防腐液冲洗子宫，因为防腐液会抑制胞吞作用。特别应注意是否会出现蹄叶炎的症状，当怀疑并发蹄叶炎时应该给予非甾体类抗炎药。建议采用破伤风抗毒素，如有必要，可用抗生素治疗。如果母马有发生中毒性子宫炎（toxic metritis）的风险，则应进行全身及子宫内抗生素治疗。最初主要感染的微生物常为兽疫链球菌（*Streptococcus zooepidemicus*），但是随后往往也并发感染革兰氏阴性细菌，如大肠杆菌等。选用抗生素时应选用广谱、可有效抑杀产内毒素细菌的抗生素。也可用环氧合酶抑制剂如氟尼辛葡胺（flunixin meglumine）来治疗或降低发生内毒素血症（endotoxaemia）的风险。

只要在合适的时间开始治疗，而且没有继发性并发症感染，胎衣不下的预后一般良好。Sevinga等（2002a）发现发生RFM的费里斯母马和没有发生RFM的母马，其繁殖性能没有差别，徒手剥离胎衣也没有任何不利的影响。

第 27 章

小母猪和母猪的不育及低育

Olli Peltoniemi 和 Bas Kemp / 编　　魏彦明 / 译

人们对于即将繁育的小母猪和母猪所期望的繁殖性能有许多不同的观点，例如，人们普遍认为，母猪应在仔猪断奶后8d内表现站立发情，如果其繁殖性能不能达到这个水平，就认为其为低育或不育。

猪育种场的所有者或管理者通常在整体上对猪群必须要达到的繁殖性能设定一些具体的目标值。如果猪群的繁殖能力没有达到预期的水平，便要针对可能的原因采取相应的措施。在上面引用的例子中，个体母猪在断奶后8d前未能表现站立发情，或者母猪群的平均值超过8d，则通常需要进行干预。这种干预可采用激素治疗，或延长母猪个体或群体泌乳后的恢复时间［因之前的泌乳造成“代谢负荷（metabolic burden）”］，或者淘汰这类母猪。选择干预方法时，如有可能，应以对导致发情延迟的原因、治愈的可能性以及成本-效益的分析为基础进行判断。猪场顾问如畜群兽医等，应当为猪场管理者提供母猪繁殖性能的公认目标值，确保能够达到这种目标值所需的措施以及在达不到目标值时需要采取的应对行为等信息。猪的繁殖性能最为重要的目标值见表27.1。

27.1 不育、低育小母猪、母猪个体生殖系统的检查方法

27.1.1 直肠触诊

这种方法简便快捷，无需任何设备，但在小母猪，由于骨盆腔狭小，手不易插入，因此难以进行直肠触诊。对于至少分娩过一次的母猪，可以使用这种方法，但须谨慎。具体操作时，首先除去直肠积粪后，使用大量的润滑油润滑直肠。检查期间，任何时候一旦发现术者手套上染有血迹，提示直肠黏膜损伤出血，此时应立即停止触诊，选用其他方法进行检查。

在诊断卵巢异常时，采用直肠触诊可获得关于卵巢基本功能状态的总体评价。根据卵巢大小，可

表27.1　衡量母猪群繁殖性能的最为重要的参数以及目前的目标值

参数	定义	目标值
从断乳到发情的间隔时间	从断奶至发情的天数	5d
产仔率	配种母猪中，产仔母猪所占百分比	95%
每头母猪每年的断奶仔猪数	母猪群每年所产断奶成活仔猪数除以母猪总数	26

以将卵巢囊肿与正常生理状态的卵巢相区别，并能大致确定单个囊肿的大小。大多数情况下，由于接近排卵的卵泡和黄体（corpora lutea，CLs）二者在大小、数量和质地上均十分相似，因此难以进行区分。然而，区别小卵泡（未成熟卵泡）和正常生理状态下的黄体是有可能的，这是因为前者大小仅为后者的一半左右。直肠触诊主要的缺点是其只能用于一定比例的繁殖单位，这是由于大多数情况下，母猪猪舍的设计不能确保术者能顺利从母猪后面进行检查。

由于存在有误诊的风险（例如，将排卵前卵泡与黄体进行区分），因此直肠触诊需要大量的经验。

27.1.2　实时超声诊断

在母猪和小母猪，实时B超（real-time B mode ultrasound）似乎是诊断卵巢和子宫异常最为有效和准确的工具（Kauffold等，2004；Kauffold和Althouse，2007）。在卵巢和子宫的经皮检查时，3.5MHz扇形探测器为最佳频率；然而，广泛使用的5MHz线性传感探测器也可为临床诊断提供满意的图像。若经直肠检查，5MHz线性探测器对诊断卵巢疾病是非常有效的。

经皮检查时，探头应置于膝关节上部，乳腺外侧的腹侧壁（图27.1），接着将探头直接朝向对侧髋结节并向前部重新定向，直到出现膀胱图像。卵巢和子宫位于前部，毗邻膀胱。由于子宫角的长度可超过1m，而且由于其折叠，因此在同一图像中可看到单个子宫角的多重横截面。

最近，在一项研究中采用经皮超声诊断对配种后未受胎的母猪和小母猪的卵巢功能进行了检查（Kauffold等，2004a，b），检查到的卵巢结构所占的百分比如下：CL，46%；直径为2～6mm的卵泡28%；围排卵期的变化（直径7～8mm的卵泡和红体，corpora haemorrhagica）19%；多囊肿性卵巢变性，6%。这些结果表明，尽管一些个体不能受孕，但大多数个体仍表现正常的卵巢周期性活动，

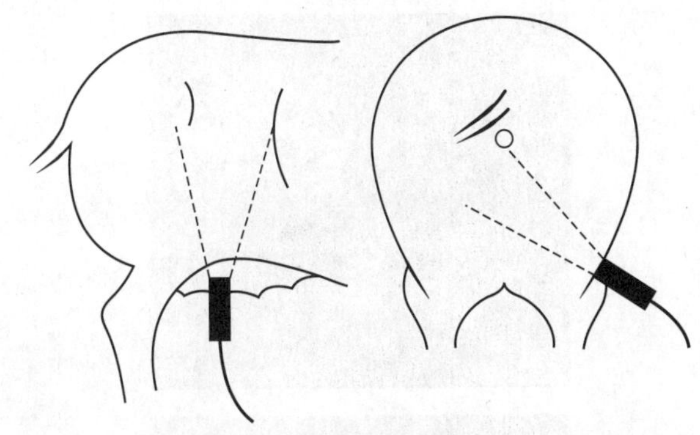

图27.1　超声扫描仪的传感探头在母猪侧腹的经皮扫描定位

就卵巢功能而言，如果这些个体配种正确，就能够妊娠，具有繁殖潜力。

不同的农场间超声检查的结果有一定差异，对这些结果进行评估，有助于鉴别农场存在的问题，确保采用成功的治疗策略。例如，如果在断乳后3d和泌乳末期进行超声检查，发现绝大部分母猪的卵巢上有黄体，则说明它们已在泌乳期发情，但是如果在断乳后3d没有发现黄体而在第8天才出现黄体，则说明母猪即将发情，但不会被鉴定到。对于后一种情况，需要改进发情鉴定措施。因此，母猪断奶后采用超声检查有助于诊断繁殖问题的原因，保证正确治疗措施的实施。

具有排卵前卵泡的卵巢超声图像见图27.2。

实时超声诊断也可用于确定小母猪初情期启动的时间。在初情期启动的前几天，子宫角增大并且出现清晰可辨的横断面而易于鉴别（Marrtinat-Botte，2003）。这种方法的灵敏度及特异性超过90%，可用于确定未鉴定到发情的小母猪是由于初情期延迟或是初情期已经出现但错过了发情。这对存在有明显的初情期延迟问题的畜群，是一个非常有用的诊断方法。

从配种后第25天起，采用超声诊断能够可靠地检测到孕体或胎儿的存在，在这一阶段之前，检测的准确度并不高（Maes等，2006）。图27.3为35日龄胎儿的照片和超声图像。

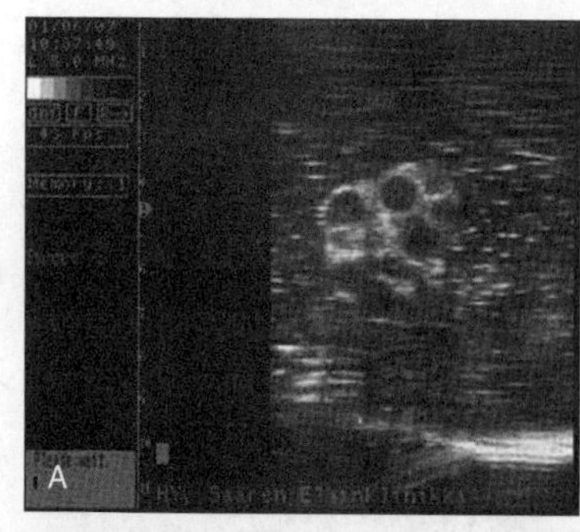

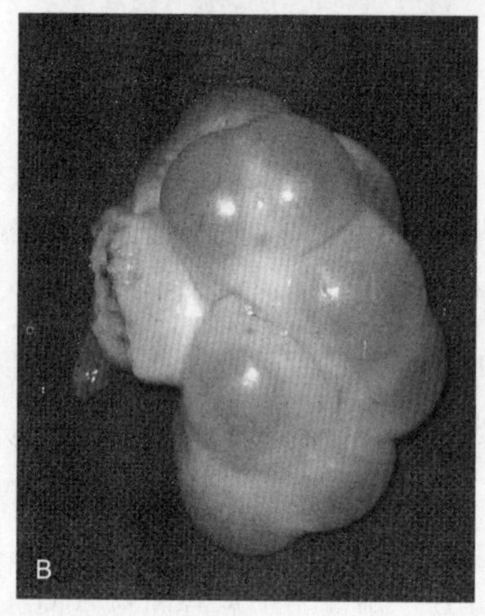

图27.2 具有排卵前卵泡（直径7～9mm）卵巢的超声图像（A）和照片（B）（见彩图107）

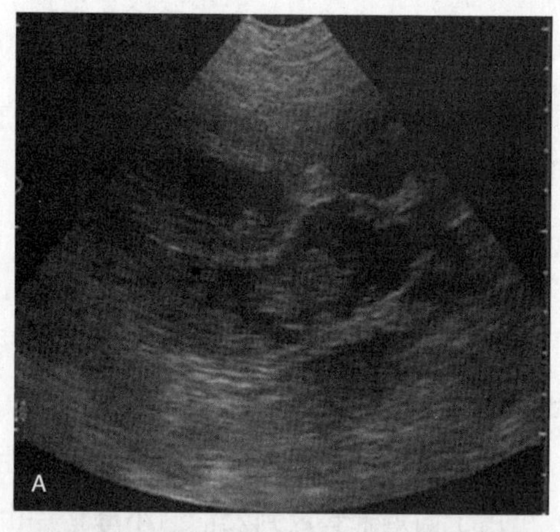

图27.3 35日龄胎儿的实时超声图像（A）和摄影图像（B）组织生成已经开始，如发育的肋骨和眼睛。（见彩图108）

27.1.3 阴道镜检查

通常用于检查母猪阴道和子宫颈的阴道镜（vaginoscopy）长400mm，直径35mm，要比用于奶牛的阴道镜狭小得多。尽管在母猪使用阴道镜检查非常困难，但却是检查阴门分泌物来源非常有用的方法。阴门分泌物可来自于膀胱、阴道、子宫颈或者子宫。

检查时，应将母猪和小母猪适当保定，充分清洗外阴并用含碘的消毒剂消毒。使用适量的润滑剂，小心谨慎地插入阴道镜；过量使用润滑剂可能会影响对分泌物的评价。除了评价分泌物的数量和质量外，还可评定黏膜的颜色和外观。此外还可用于检查子宫颈末端的开放程度（全闭或半闭或全开）。

27.1.4 母猪生殖器官的宰后检查

准确诊断繁殖疾病及繁殖障碍的一个非常有用的方法是宰后胴体的大体病理检查。从屠宰场生产线上指定的母猪采集生殖器官，连同尿道、膀胱一同采集，进行病理学检查。为获得有代表性的样品，应尽可能多地从异常母猪采集组织材料进行检查。除了胴体的病理学检查外，还应根据组织学检验和细菌学培养的结果进一步进行深入分析。然而，屠宰过程可能会影响细菌学检查的准确度，因此对结果的解释应慎重。在诊断出母猪患生殖疾病后尽早进行宰后检验，这是十分重要的。诊断和宰后检验的间隔时间太长可能会掩盖某些问题。

27.1.5 微生物学检查

尽管有人认为微生物学检查没有多少价值，但我们认为，外阴分泌物拭子的微生物学检查，是确定分泌物的来源以及获得治疗信息很有价值的方法（Oravainen等，2008）。在采集样品时，通常先插入内窥镜，然后将有保护的拭子插入阴道前端获取样品，接着将其转入运输培养基中，提交微生物实验室进行培养。

27.1.6　血样的采集

在小母猪和母猪，采用血清学试验鉴定可能的传染性因素，或者测定生殖激素，如测定孕酮来判定卵巢周期状态，或是通过测定硫酸雌酮（参见第3章）进行妊娠诊断时，猪静脉采集血样是一项基本的临床要求。在现代化的畜舍环境（饲喂畜栏和躺卧区）中，通常很容易从后面接近母猪，尤其是当母猪固定在饲喂栏时。因此，尾静脉和后肢隐静脉常常是最易采血的部位。尾静脉纵向分布于尾正中线腹面，而后肢隐静脉则位于后肢跗关节上部体表皮肤表面（图27.4）。尽管尾静脉很容易定位，但由于该部位十分敏感，母猪对于采血针的插入反应较大。而覆盖后肢隐静脉的皮肤敏感性较低，采血过程中母猪往往无任何反应，但其缺点是对于肥胖的个体很难找到静脉。耳静脉和颈静脉也可用于采集血样，但二者都需要用绳套结实地保定母猪和小母猪。在小母猪也可在前肢头静脉采血。

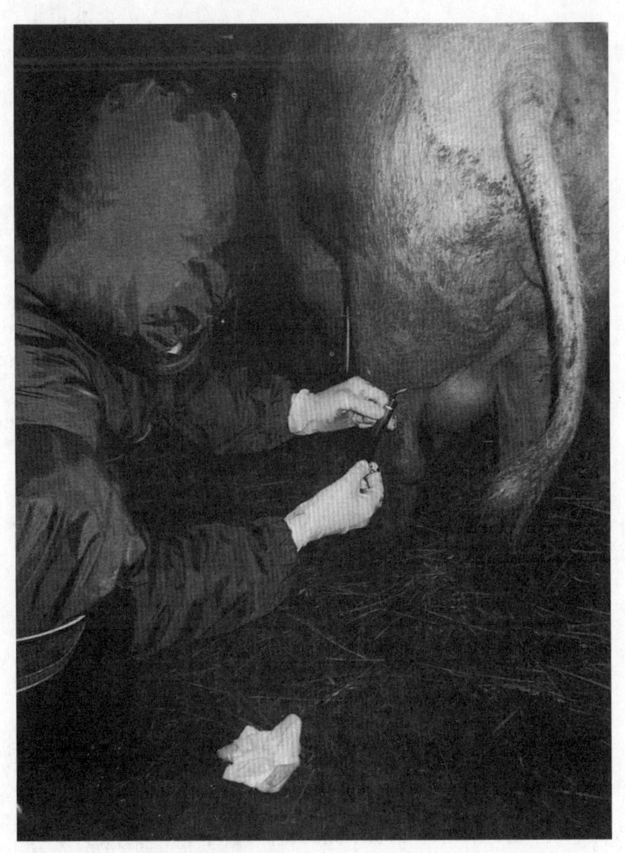

图27.4　母猪后肢隐静脉采血（见彩图109）

27.2　采用猪群管理措施评估生育力指标以判定低育的原因

分析与评价猪群生育力指数是猪场管理程序的一部分，这在群体水平上诊断低育的原因时很有帮助。但是在解释这些数据指标时，或者在给出恰当可取的建议前，需要具备基本的流行病学和统计学知识。另外，由于可用数据的数量常常有限，数据的质量取决于数据收集和输入数据库的精确程度，因此对这些数据需谨慎解释。下面举例说明这些数据的使用。如果大部分老龄经产母猪在断奶后14～18d输精，这表明发生了泌乳性乏情，这些母猪应该在第二次发情时输精。如果大部分母猪断奶至发情的间隔时间为25～28d，则表明错过了断奶后的第一次发情。如果初产母猪的断奶至发情的间隔时间长，同时第二胎的繁殖性能低下，则说明母猪在泌乳期间管理不善。

27.3　低育和不育的原因

27.3.1　真菌毒素

真菌毒素（mycotoxins）污染猪饲料，可损害（降低）母猪的生育力和引起胎儿发育异常。虽然常常怀疑真菌毒素为造成猪繁殖紊乱的原因，但由于没有解释定量实验结果的指导原则，因此通常很难将在特定饲料或垫料样本中发现的真菌毒素实际含量与观察到的临床症状相联系。

玉米烯酮（zearalenone）是一种典型的具有雌激素活性的真菌毒素，与猪的临床繁殖症状有密切关系。据报道，玉米赤霉烯酮可引起屡配不孕、初情期前生长母猪由于外阴阴道炎所引起的发情症状、阴道和直肠脱出、假孕和孕期发情等（Osweler，2006）。在对临床病例的现场调查中发现，虽然上述症状有一部分会出现，但作者并不能证实其饲料样本中有显著的玉米赤霉烯酮污染，因为观测值只是略微高于检测限（表27.2）。近期进行的一项研究表明，以200μg/kg体重的剂量口服玉米赤霉烯酮，可引起卵泡的发育和成熟功能紊乱（Zwierzchowski等，2005）。此外，尽管玉米赤霉烯酮的污染在1.5～2mg/kg水平时可引起初情期前小母猪外阴阴道炎的一些症状，但浓度要高到20～60mg/kg时才可出现临床症状。母猪对玉米赤霉烯酮的敏感性比成年公猪更高，成年公猪在繁殖功能方面对毒素有一定的耐受性。然而，在青年公猪可能会导致性欲降低、包皮增大及睾丸萎缩（Osweiler，2006）。如果除去饲料中的毒物，则可恢复正常长期的生殖功能。

除玉米赤霉烯酮外，我们也观察到饲料样本中有明显的6-重氮-5-氧代正亮氨酸（deoxynivanol，DON）和瓜萎镰菌醇（nivalenol）污染，这些镰刀菌（*Fusarium*）毒素具有重要的临床意义（表27.2）。

据报道，这类毒素可引起猪的食欲废绝和呕吐，由此可能间接地造成生殖功能紊乱，还可能因为母猪体质减弱而损害卵泡的发育。饲料中的HT-2毒素是从感染了镰刀菌（*Fusarium* spp.）的谷物而来，因此谷物的新月毒素（trichothecene）污染可在其收获前增加，生长期的多雨潮湿天气和贮存时潮湿是谷物中出现这些真菌毒素的危险因素。

麦角生物碱由寄生真菌麦角菌（*Claviceps purpurea*）产生，可能影响黑麦、燕麦和小麦。麦角生物碱通常与小母猪和母猪泌乳缺乏症（agalactia）有关，也可引起仔猪的初生重降低，仔猪成活率降低和新生仔猪体重增加迟缓（Osweiler，2006）。流产与麦角毒素无关。

27.3.2 季节性不育

季节性不育（seasonal infertility）是指小母猪和母猪在夏季和初秋生育能力的降低。低育症状包括产仔率下降、断乳-发情间隔时间延长和小母猪初情期启动的延迟（图27.5）。在野猪，夏末和秋季白昼时间的逐渐缩短会给予生理上的提示，暗示此时不是适合繁殖的最佳时间，因此野猪仔猪一般出生于仲冬之际，因此在野生状态下最有可能的结果就是初生仔猪的高死亡率，或者可能全窝死亡。因此野猪呈季节性乏情，其乏情期的开始受光照周期的影响（Tast等，2001）。但是，乏情期的结束和返回到周期性的卵巢活动则依赖于其他环境因素，例如饲料的可利用性不断增加（Mauget，1982）。在驯养环境中，诸如食物丰富等因素，以及对圈养的动物添加舒适的微气候，均会造成季节性繁殖提示的缺失。可是，在夏末和秋季，仍时常可观察到减少光照对家养母猪群的繁殖活动的不同效应。

通过提高猪群的繁殖管理可以避免季节性不育，这包括使用相应的光照程序，在夏末和秋初增加母猪妊娠早期的摄食，通过按体形和年龄对母猪和小母猪正确分组进行刺激等。此外，遗传选育（genetic selection）、夏秋季节降低存栏密度（stocking density）、在泌乳期的产热环境中使用冷却系统以及采用促性腺激素治疗等，均可减少季节对生育的影响（Peltoniemi和Virolainen，2006）。

表27.2 8个低育猪群饲料样品分析结果（赫尔辛基大学动物医院1999—2005）

真菌毒素	饲料样品中的浓度范围（μg/kg）	检测灵敏度（μg/kg）	检测方法
玉米赤霉烯酮*	2～3	2	液相色谱
6-重氮-5-氧代正亮氨酸	27～2256	10	气相色谱质谱联用
瓜萎镰菌醇	85～181	30	气相色谱质谱联用
HT-2毒素	2～45	20	气相色谱质谱联用

*：对下列毒素也进行了分析，但未经鉴定（检测的灵敏度见括弧）：赫曲毒素A（ochratoxin A）（OA，1μg/kg），3-乙酰脱氧-瓜萎镰菌醇（3-acetyldeoxy-nevalenole，3-AcDON，10μg/kg），镰刀菌酮X（fusarenone-X）（F-X，10μg/kg），蛇形菌素（diacetoxysciroenol）（DAS，10μg/kg）和T毒素（20μg/kg）。

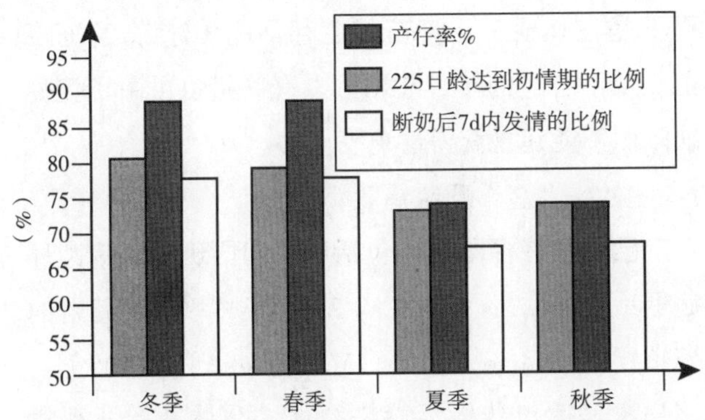

图27.5　母猪季节性不育的主要表现，以百分比形式表示各种繁殖参数（数据来源于Peltoniemi和Virolanien，2006）

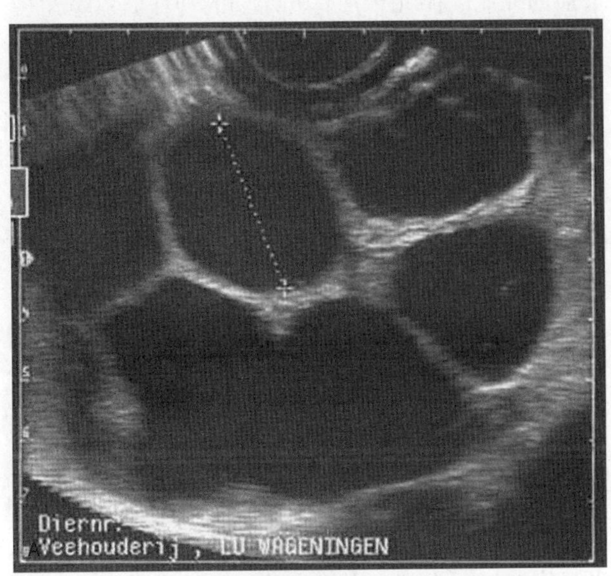

图27.6　母猪多卵巢囊肿（B）的实时经皮超声图像（A）（图中标记间的距离代表实际距离10mm）（见彩图110）

27.3.3　卵巢囊肿

卵巢囊肿（cystic ovarian disease）是指卵巢上存在直径大于10mm的病理结构，并伴随有卵巢正常周期活动的缺失。在一典型的多卵巢囊肿的实时B超图像中，每一囊肿直径达20～30mm，整个卵巢直径可达100mm（图27.6）。经皮肤或经直肠实时B超扫描可对卵巢疾病进行诊断（Kauffold等，2004）。我们实验室最近进行的研究表明，启动排卵的LH峰（LH surge）不能出现，卵泡持续生长，超过排卵时卵泡直径7～9mm的正常大小。造成LH峰异常的原因可能包括应激反应、玉米赤霉烯酮毒素中毒、在发情周期不合适的阶段（例如：间情期的早期）采用激素（促性腺激素）治疗，或分娩后过早的诱导排卵（如早期断奶方案）等。据报道，卵巢囊肿的发生率为5%～10%。多卵巢囊肿可能含有一些黄体组织，如果黄体持久存在，就会抑制随后的LH分泌和之后卵巢的周期性活动。大的多卵巢囊肿通常严重地影响生育力；单个的和较小的卵巢囊肿会增加屡配不孕率和导致窝产仔数减少（Castagna等，2004；Almond等，2006）。早期隔离断奶（泌乳的第14天之前断奶）和断奶至发情的间隔时间较短（小于3d）均可增加发生卵巢囊肿的风险。猪的卵巢囊肿预后不良，对任何治疗的反应均较差，因此应该淘汰患病母猪。

27.3.4　传染性因素

27.3.4.1　病毒感染

27.3.4.1.1　猪细小病毒

猪细小病毒病（porcine parvovirus，PPV）是一种典型的主要影响猪生殖系统的病毒性疾病，其已被用作说明免疫能力的获得与胎儿和孕体发育之间的时序关系的一个例子（图27.7）。在孕体发育期间，感染猪细小病毒很可能引起孕体死亡和吸收；在胎儿期，如果感染发生在妊娠期第70天之前，将会发生胎儿干尸化。但是，如果在胎儿获得免疫力后发生感染，其后果并不严重，仅表现为初生仔猪略为孱弱，甚至在一些情况下无任何临床症状。

猪细小病毒病分布广泛，在许多国家猪群患病率超过60%。由于不可能彻底根除本病，因此多数养殖户不得不面对此种疾病。防控程序包括猪群中所有繁殖动物，即小母猪、母猪和公猪的免疫接种。猪细小病毒被称为“小母猪病”（gilfdisease），因此小母猪在初次输精前必须接种2次。疫苗诱导的免疫呈阶段式强化，因此至少产仔1次的母猪其抗体滴度明显高于尚未配种的小母猪（图27.8）。因此，在生产实践中感染猪细小病毒的症状可见于尚未免疫接种的后备小母猪或免疫接种失败的母猪。常见的免疫接种失败的原因有使用过期的疫苗、不恰当的注射部位（如在颈部

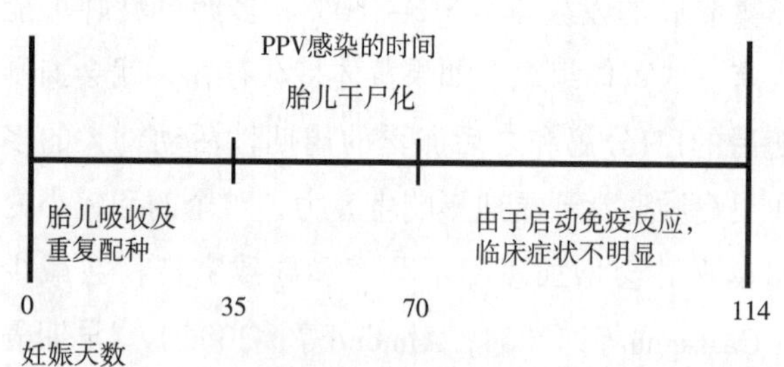

图 27.7 小母猪和母猪整个妊娠期孕体免疫能力的建立和PPV感染结果间的时序关系

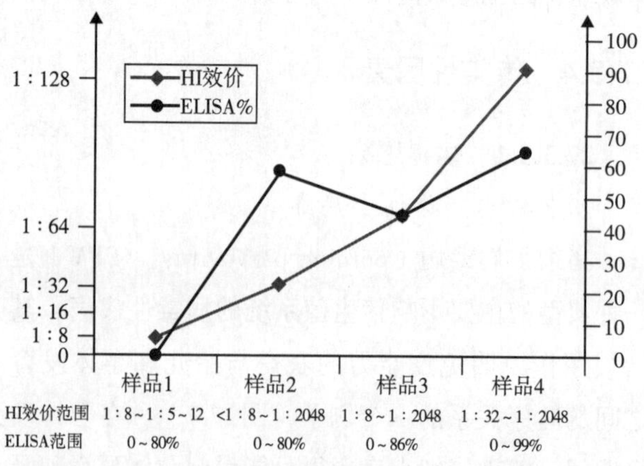

图 27.8 39只小母猪在接种抗猪细小病毒疫苗前后的血凝抑制（HI）滴度和ELISA 百分比

样品1，6月龄第一次接种前，3周后强化免疫（n=39）；样品2，强化免疫后2~3周；样品3，妊娠中期；样品4，产仔后断乳前（引自Oravainen等，2006a）

而不是在耳根）、疫苗的贮存问题（冰冻/解冻疫苗）及不合适的接种技术等。有些猪也可由于免疫缺陷而不能建立获得性免疫应答。

27.3.4.1.2 圆环病毒

已知在许多国家，包括韩国和西班牙，猪圆环病毒（circo virus）（PCV-2）感染可引起母猪群的繁殖疾病（Chae，2005；Maldonado等，2005）。该病毒经胎盘传播后感染孕体。孕体及胎儿死亡或一窝幼仔全部死亡可发生于妊娠期的任何阶段（Chae，2005）。除了流产外，还可观察到数目增加的死胎、胎儿干尸化和孱弱的幼仔。口鼻途径是该病毒感染的最主要途径，但圈舍内母猪之间和从一个到多个圈舍的水平传播是非常高效的，通过精液也可传播本病，但尚未证实这是一条重要的途径。近年来建立的免疫接种程序可减少本病毒流行阶段因猪群产仔率降低及死胎率增加所引起的损失（Segales等，2007）。

27.3.4.1.3 猪繁殖与呼吸综合征

猪繁殖与呼吸综合征（porcine reproductive respiratory syndrome，PRRS）见于母猪和小母猪，可引起伴随着发热、食欲不振、精神沉郁为特征的严重疾病，以及以支气管肺炎和胸膜炎为特征的呼吸系统疾病。本病也影响生殖系统，导致妊娠后期的妊娠中断、胎儿干尸化、死胎及初生仔孱弱。妊娠早期也可偶尔发生经胎盘的感染。

病毒排出的常见途径包括唾液、鼻分泌物、尿液和粪便。暴露后病毒可在精液中排毒长达43d。也有报道表明胎儿可死于由于脐血管动脉炎所导致的缺氧（Lager和Halbur，1996）。将PRRS阴性的后备小母猪暴露于确定为PRRS阳性的病毒感染组织，可引起小母猪繁殖前的感染，之后获得充足的免疫力来保护随后的妊娠（Menard等，2007）。

27.3.4.1.4 奥耶斯基氏病（伪狂犬病）

另外一种主要影响猪生殖系统的病毒性疾病是疱疹病毒感染所导致的奥耶斯基氏病（伪狂犬病）（Aujeszky's disease，pseudorabies）。在西方国家，伪狂犬病在猪群中的流行率通常很低，然而一

旦感染，采用连续生产系统的猪群会长时间遭受影响。本病毒的传播途径通常为吸入和摄入，也可通过交配传染，但对是否真正能通过生殖途径传播仍有争议。奥耶斯基氏病的主要特征是神经症状和呼吸道症状，并伴随有体温升高和幼龄仔猪的死亡。成年母猪的感染会导致死胎和流产。对成年公猪和母猪而言，本病的临床症状并不严重，通常有长达一周的持续发热、抑郁和厌食。对繁殖猪群最为严重的是该病毒可引起孕体死亡、胎儿干尸化和死胎。

27.3.4.1.5 其他病毒性疾病

与猪的繁殖障碍相关的其他病毒很多（Almond等，2006），但这些病毒更可能是通过引起诸如严重发热等全身疾病间接地影响小母猪和母猪的生殖系统，而不是直接侵袭生殖系统。

27.3.4.2 细菌感染

27.3.4.2.1 阴门分泌综合征

虽然对于整个繁殖母猪群来说，阴门分泌综合征（vulvar discharge syndrome）患病率一般极低，但在有些猪群可引起严重的问题（oravainen等，2006b）。引发本病最重要的诱因是生产环境，因为过于狭窄的活动范围（每头母猪＜2.5m^2）、垫料不足和饲喂栏限制的生产环境阻碍母猪的活动。在这样的环境中，母猪倾向于少饮水，导致尿量减少。另外，它们易于长时间地卧躺在不洁的条板上，导致外阴和外阴周围区域严重的粪便污染，因此增加了诸如大肠埃希氏菌等环境性细菌侵入生殖道的风险。

分泌物可能的来源有：子宫（子宫炎或子宫内膜炎）、子宫颈（子宫颈炎）、阴道（阴道炎）或尿道等。对分泌物进行分析时，必须要熟悉发情周期中的正常生理表现。在黄体期或妊娠期，阴道前端和子宫颈后端的黏膜苍白干燥，而在卵泡期和发情期其颜色呈现淡红色且更加湿润。在黄体期和妊娠期，子宫颈或多或少关闭，而在卵泡期，子宫颈会出现部分开张且在发情期变得越来越明显。生理性断乳后发情时分泌物通常清亮，其黏性随发情周期的不同而有所变化。白色、灰色或其他颜色的分泌物被认为是病理性的，特别是当量大于5ml并释放出难闻的异常气味时更是如此。

观察分泌物的量是很有帮助的。在发生泌尿道感染和子宫炎时，分泌物量较多（＞100ml），而当发生阴道炎、子宫颈炎和子宫内膜炎时分泌物量通常较少。在解释阴道内窥镜观察结果时，应考虑分泌物与发情周期不同阶段之间的联系。在发生子宫内膜炎时，通常在发情时会出现分泌物，而在发生泌尿道感染时，分泌物出现于排尿时；分泌物中夹杂有血液和蛋白质，同时pH高达8～9。

27.3.4.2.2 钩端螺旋体病

钩端螺旋体病（leptospirosis）是危害猪群繁殖的全球性广泛分布的疾病。波摩那钩端螺旋体（*Leptospira pomona*）是广泛确认的病原，但猪的塔拉索夫（*tarassovi*）、布拉迪斯拉发（*Bratislava*）和出血黄疸血清型（*icterohaemorrhagiae*）也可能在猪具有致病性。肾脏为钩端螺旋体的易感部位，并在此部位能够寄生和繁殖，可通过尿液间歇性地分泌到环境中，此过程可长达2年之久。啮齿动物常被认为是最重要的储存宿主，可在生产环境中保持感染。在本病的急性期，可见如发热、厌食等温和的全身症状。然而，这个阶段常无法识别就消失。在感染的慢性阶段，特别是在妊娠的后半期，母猪流产率明显增加。此外，死胎率也会增加，新生仔猪缺乏活力。本病的诊断是以血清学检查（显微镜检凝集试验，microscopic agglutination test，MAT）和确定组织或体液中存在有钩端螺旋体为基础进行的。本病的预防应以啮齿动物的控制和良好的卫生条件为基础，特别是应清除地板表面的尿液。另外，可以采用抗菌药物（四环素和链霉素）进行治疗，采用疫苗进行预防。

27.3.4.2.3 布鲁氏菌病

布鲁氏菌病（Brucellosis）是由许多布鲁氏菌属某些种的细菌感染而引起，自20世纪早期以来，本病一直被认为和猪的流产有关。虽然该属细菌对猪的致病性较低，但本病的人畜共患性质表明其对猪场工作人员具有风险，也可通过种间传播感染其他家畜，故使其成为一种重要的传染病。猪最重要的布鲁氏菌属细菌为猪布鲁氏菌（*B.suis*），但也鉴定到了其他细菌，如（木）鼠布鲁氏菌（*B.neotomae*）、羊布鲁氏菌（*B.ovis*）、犬布鲁氏菌（*B.canis*）、流产布鲁氏菌/牛布鲁氏菌（*B.abortus*）和山羊布鲁氏菌（*B.melitensis*）等。最重要的传播途径为动物间的直接接触，通常通过经口鼻或生殖途径获得感染。成年猪感染后通常缺乏全身症状，如发热和食欲减退等。流产可发生在妊娠的任何阶段。母猪通常在感染后30d内清除感染的细菌，因此应在两个发情周期期间（42d）的繁殖休整期能够确保感染被消除，然后采用人工授精（artificial insemination，AI）技术配种。本病的其他症状有低育、睾丸炎、后肢麻痹和跛行等。公猪不能够清除该病原，因此可作为猪群传播细菌的载体。抗生素治疗常常无效，而根除程序可提供最好的结果。

27.3.4.2.4 其他的细菌性疾病

引起急性全身反应而导致发热的细菌，对妊娠母猪和小母猪均有风险。例如，由革兰氏阴性菌引起的内毒素血症或者由猪红斑丹毒丝菌（*Erysipelothrix rhusiopathiae*）引起的全身的临床症状均可导致妊娠期任何阶段发生流产。猪群针对这些病原菌的免疫越好，其繁殖障碍的风险就越小。

27.4 以确保最佳生育力的母猪和小母猪的繁殖管理

27.4.1 泌乳管理

确保最佳生育力和降低低育水平的一个重要方法就是防止泌乳期的过度失重。优化泌乳期的饲喂和营养可实现这一目的。

减少吮乳刺激的影响是缓解泌乳期母猪代谢负担的方法之一。整体或部分地减少泌乳期哺乳仔猪的数量可降低乳汁产量，因此也可降低通过内源性类阿片活性肽（endogenous opioids）对吮乳诱导的LH的释放的抑制作用。在泌乳期减少哺乳仔猪的数量能够提高母猪的繁殖性能，但仔猪数的减少必须要合适，因为窝产仔数少时每头仔猪可能会消耗更多的乳汁。

Matte等（1992）报道了中断哺乳（每天暂时的移去整窝猪仔）或断续断乳（在完全断奶前几天永久性地移除部分仔猪）对其后母猪繁殖性能的影响。总体上讲，这些技术对于断乳-发情的间隔时间的影响是可变的而且影响作用相对较小。近来的研究表明，22%的母猪可在泌乳期诱导发情（Kuller等，2004）。泌乳期的发情一般来说没有多少优势，这是因为母猪常常表现的发情征状很微弱，而且发情时间不可预测。一般来说，减少哺乳刺激对于初产母猪繁殖性能的影响是矛盾的，但一些养殖场已成功采用了这些技术。

使初产母猪从先前泌乳的影响中恢复的另一种方法是，母猪在断乳后第二次，而不是在第一次发情时交配或输精（跳过一次发情）。跳过第一次发情可以提高妊娠率达15%，随后的窝产仔数可增加1.3～2.5个（Clowes等，1994）。在采用这种方法时，必须努力确保发情鉴定准确，以确保能够观察到第二次发情。

是否应用这些技术应考虑经济方面的问题。对延长断乳-配种的间隔时间所引起的损失应该与提高妊娠率和窝产仔数所获得的收益之间进行权衡。

27.4.2 小母猪的管理与饲养

小母猪的生长发育是优化窝产仔数的一个重要方面。一般来说，小母猪在幼龄时或在体重相对较低时配种对第1窝产仔数没有负面影响，但能够损害第2窝的产仔数，这是因为幼龄母猪尚需生长，而在第1次泌乳期其摄食又受限。母猪如果在第1次泌乳后断乳体重较轻，则第2窝产仔数要比第1窝少，这种现象称为“第2窝综合征（second litter syndrome）”，因此这使得许多兽医在生产实践中建议在小母猪的年龄较大时，即更加成熟时再进行输精。现在，在欧洲多采用在250～260日龄时首次配种的方法，但从经济价值方面考虑，这个年龄显得太大。

在妊娠期增加摄食可减少泌乳期的自主摄食。妊娠期摄食不足会导致母猪消瘦，并且在产第1窝的母猪还不能从泌乳期通过增加自主摄食得到补偿，因此这些消瘦的母猪可能从断乳到发情的间隔时间较长。因此，小母猪应该按照其维持、繁殖、生长的要求饲喂，但不能饲喂过度。在生产实践中，小母猪在妊娠开始和结束的能量摄入应分别为24.8和36.1MJ代谢能（metabolizable energy，ME）（Everts等，1994）。为了达到最佳生产性能，第1次分娩时的目标背膘应当达到20mm（Yang等，1989）。最近的建议目标为，在体重达到175～185kg时脂肪厚度为17～20mm（Clowes等，2003）。

27.4.3　母猪的饲喂

在泌乳期，母猪每100kg体重维持所需要的代谢能为12.6MJ，每哺乳一头仔猪产奶需要再加6.2MJ 代谢能。如果一头母猪体重为200kg，哺育12只仔猪、则每天需摄取99.5MJ代谢能。对于大多数商品母猪饲料，这意味着日摄食量为7.7kg/d。由于胎次小或分娩圈舍温度较高，每天的需求常常并不能满足。这意味着泌乳期的母猪应按其食欲进行饲喂。然而，在母猪食欲较大的品种，建议最好不应超过这些推荐饲料量，否则会诱发泌乳期发情。

研究表明，泌乳期的最后1周是关键时期，因为在断乳前某个时间促性腺激素已开始刺激卵泡生长。就卵泡的生长而言，泌乳早期母猪的能量平衡和摄食量的重要性仅次于泌乳晚期。如果在断乳前最后1周限饲，则断乳-发情的间隔时间将会延长，排卵率和孕体存活率均会降低（表27.3，Zak等，1997a）。泌乳期最后1周禁食的母猪大卵泡的数量会减少，这些卵泡中卵子的体外成熟能力降低（Zak等，1997b）。此外，这些卵泡卵泡液的质量有所下降，因为从屠宰场采集的这些母猪的卵子在卵泡液中的成熟受阻。

表27.3　在28d的泌乳期内以不同饲喂方式饲喂的母猪断奶-发情间隔时间、排卵率及在妊娠28d时的孕体存活率（引自Zak等，1997a）

	饲喂方式		
	AA	AR	RA
断奶-发情间隔时间（h）	88.7*	122.3	122.3⁺
排卵率	19.9*	15.4⁺	15.4⁺
孕体存活率	87.5*	64.4⁺	86.5⁺

注：AA，自由采食（ad lib）；AR，前21d自由采食，最后7d限饲50%；RA，前21d 50%自由采食，最后1周自由采食；*⁺差异显著。

这些数据表明，在泌乳期的低饲喂水平会损害泌乳期间及此后卵泡的发育，导致排卵率下降，损害卵子及卵泡液的质量，同时也就解释了在随后的妊娠期内孕体死亡率升高的原因。排卵率降低和孕体死亡率升高均可导致产仔时窝仔猪数减少。当排卵率降低而孕体死亡率升高时，能够存活的孕体数可能小于每个子宫颈两个孕体的最小值，而该最小值对妊娠10～15d时的母体妊娠识别是必需的。在这种情况下，母猪将不再继续妊娠，而是在21d后返情。

据报道，同自由采食相比，泌乳期的母猪如果每日饲喂2次以上，则可提高整体的摄食量。当使用自喂饲槽替代每日两次的饲喂，采食量可提高10%。一般情况下，建议最好每天清除一次料槽，以防止饲料发霉和酸败。

研究表明，在泌乳期第1周逐渐增加摄食量，使得母猪此后一直保持有良好的食欲而不会出现食欲丧失，是一种较好促进摄食的饲喂方式（Koketsu等，1996a，1996b）。这些母猪在随后可达到最佳的繁殖性能。如果母猪在泌乳开始时过度饲喂，有时可使其在泌乳期的摄食量下降。这些母猪的繁殖性能会受损。因此建议在泌乳期最初的几天逐渐增加摄食，从产仔时2kg的饲喂量开始，每天以0.5kg的量逐渐增加，直到达到建议的摄食水平，这是建议在产后期采用的饲喂策略。

27.4.4 种公猪的使用

在母猪的现代繁殖管理中，很有必要利用公猪刺激发情和鉴定站立发情。为了使母猪充分表现发情征状，因此能准确鉴定发情，很有必要使母猪与公猪间能进行鼻对鼻的直接接触。最佳的管理程序是，在对母猪进行“压背试验”时，应使母猪与公猪之间每天至少有两次直接的鼻间接触。断奶后，这种接触应当每天进行，直到自然交配或已经进行人工授精，且母猪的站立发情行为已经结束为止。发情鉴定时，主动将公猪引入母猪要比一直将公猪和母猪彼此相邻地圈养要好。对5月龄以上的小母猪而言，每天与公猪鼻对鼻接触可提早初情期的开始，这种例行程序应当每天进行，直到小母猪已成功配种为止。

27.4.5 人工授精的时间安排

人工授精时间的安排是确保良好生育力的一个重要因素。过早输精可能不会成功，但如果母猪在排卵后过晚输精，则可由于子宫内膜炎而导致窝产仔数减少。母猪的站立发情平均持续大约48h，当2/3的站立发情期结束时就会发生排卵。排卵持续时间（从第一个到最后一个卵子排出）为2～4h。精子在雌性生殖道中保持活力的时间为20～24h，卵子在排卵后2～4h内能够受精。因此，人工授精的最佳时间为排卵前0～24h。在实践中，排卵时间通常不能监测，因此可在首次人工授精后12～24h再次输精。由于可能会诱发子宫内膜炎，因此应避免在排卵后及站立发情结束时进行人工授精。发情鉴定方法不当，或在发情期的首次输精太晚，均可导致生育力低下，特别是在断乳-发情间隔时间略有延长的母猪，因为其发情持续时间较短，因此发情时首次输精延迟可能是一个重要问题，对这类母猪应在其发情开始之后较早地输精。在一些养殖场，母猪站立发情持续的平均时间可能比正常短。为了证实这一点，正如上所述，养殖户应该建议执行全面的发情鉴定制度，以便能够确定发情行为的开始与结束的时间，从而计算猪群发情持续的平均时间。在这些结果的基础上，对输精方法进行修正，以准确把握初次输精的时间。

27.4.6 光照处理程序

猪舍繁殖区的光照强度应该至少达到200lx，光-暗周期应该有规律。研究发现，就母猪的生育力而言，16h的持续光照后紧接着为8h的黑暗，是一种很好的光照处理方案，可以此方案反复进行处理。在这种处理方案中，在泌乳单位进行8h光照和16h黑暗，之后在繁殖单位按8h黑暗和16h光照进行处理。关于这种光照处理方案的应用，最重要的一点就是光照程序应当稳定，使昼夜有明显的区别，这样母猪就可据此调整其生理功能（Tast等，2005）。

27.4.7 激素处理

27.4.7.1 小母猪的同期发情

可采用生理学和药理学方法使一群小母猪同期发情。采用生理学方法时可将小母猪重新分组，并与公猪相邻进行饲养（Pearce，1992）。

如果需要大规模、更为精确地进行同期发情，则可采用药理学方法（见第1章）。每天在饲料中加入人工合成的孕激素[烯丙孕素（altrenogest），四烯雌酮（Regumate）]，连续处理14～18d后停止，可使发情同期化，整组母猪可在同一时间配种；站立发情可发生在最后一次用孕激素处理后4～6d内。此外，在最后一次孕激素处理后1～2d，用促性腺激素处理可促进卵泡发育和排卵。近来Soede等（2007）进行的一项研究结果表明，采用孕激素进行同期发情处理的小母猪，在孕激素的影响下可以促进卵泡发育，在撤除孕激素后，可提高其排卵率。

27.4.7.2 断奶后的激素处理

27.4.7.2.1 促性腺激素的使用

大量研究表明，在断乳后用人绒毛膜促性腺激素（hCG）和马绒毛膜促性腺激素（eCG）处理，可缩短断乳-发情的间隔时间，但可引起妊娠率降低及窝产仔数减少。窝产仔数减少可能与注射hCG+eCG时卵泡发育的差异有关，但尚未有研究能证实这一点。

27.4.7.2.2　孕激素的使用

流行病学研究表明，断奶-发情间隔时间缩短是“第2窝综合征”发生的危险因素。断奶-发情间隔时间较长的母猪更有可能第2窝的窝产仔数多（Morrow等，1992），这也就能够说明断乳后恢复期较长的母猪，排卵率和孕体存活率均有较大的提高。在这个恢复期，母猪能够休息一个发情周期（“跳过一个发情期，skip a heat”）。此外，母猪在断乳后也可使用诸如烯丙孕素之类的孕酮类似物进行处理，以人工延长断乳-发情间隔时间（Koutsotheodoros等，1998）。这种处理持续的时间为断乳后3～7d不等。据报道，使用孕激素能够增加妊娠率、排卵率和窝产仔数，可减少正在发育孕体之间的差异（Soede和Kemp，1993）。使用孕激素可提高排卵率、孕体发育和降低孕体死亡率，这种作用可能是断奶后在孕激素的作用下，卵泡发育得以恢复所引起。

27.4.8　抗生素处理

在子宫感染时，致病菌可能来自环境（机会性致病菌），也可来自其他，自然交配和人工授精可以传播致病菌。引起产后泌乳障碍综合征（postpartum dysgalactia syndrome，PPDS）和交配后子宫内膜炎（postmating endometritis）的致病菌通常来自环境。据报道，大肠菌群是从培养中分离到的最常见的污染物（Klopfenstein等，2006；Oravainen等，2006b）。在阴道分泌综合征（vaginal discharge syndrome）中，动物间的传播很重要，据报道猪放线杆菌（*Actinobacillus suis*）为其致病菌。就大肠菌群而言，除了支持疗法（补液、非甾醇类抗炎药物和催产素）外，还可使用抗生素，如氨苄西林和甲氧苄啶-磺胺等。对于猪放线杆菌的感染，可以选择的抗菌药物有普鲁卡因青霉素G（Peltoniemi等，2003；Friendship，2006）。四环素和链霉素可用于防治钩端螺旋体病（Friendship，2006）。

27.4.9　遗传学

在近几十年（1954—2006），同时代的母猪其繁殖能力发生了各种生理性变化。排卵数几乎增长2倍，即从13~16增加到20~26，孕体存活率从75%~79%降至60%，同时胎儿成活率从69%~74%降至50%。排卵数的增加很显然是几十年来针对大的窝产仔数进行选育的结果，如果母猪能够正确地交配和输精，通常会获得很高的生育力；受精率通常很高（85%～95%）。刺激子宫拥挤的实验证明，减少子宫容积可使孕体和胎儿死亡率升高，减缓胎儿生长，表明子宫容积是降低孕体存活率的最重要的因素（Pere等，1997）。如果今后通过提高排卵率来增加窝产仔数，则会对仔猪的初生体重产生消极的影响，因此会影响初生仔猪出生后的生活。此外，站立发情的持续时间和发情征状的强度是遗传性的，而且在个体内与持续的时间呈现出较好的相关性。在初情期具有明显发情症状的小母猪，可在断乳后亦表现出明显的发情症状，因此，将来可采用发情征状的强度作为后备母猪的选择标准（Sterning等，1990）。

现代母猪系（modern dam-line sows）发生变化的另外一个重要方面是其对泌乳期低饲喂水平的反应性。在20世纪70年代到80年代早期出版的文献中都表明，限饲对断奶-发情间隔时间具有极大的影响（约10d），但对排卵率和孕体存活率几乎没有影响。近来的研究表明，泌乳期限饲对于断奶-发情间隔时间的影响极小（不到1d），而对排卵数和孕体存活率的影响极为显著。在现代系母猪，限饲可使排卵率降低2~4个，孕体存活率降低约10%，甚至可高达20%。泌乳期母猪对限饲的应答反应的变化是过去20年来针对断奶-发情间隔时间进行高度选择的结果，这说明对于现代系母猪，泌乳期的低摄食量对于断奶-发情间隔时间的影响并不显著，但对窝产仔数具有显著的影响。由于产第1窝的母猪其摄食能力有限，因此其显得特别虚弱。Morrow等（1992）对美国135家养猪场的分析表明，在研究的农场中将近40%的农场，母猪第2窝的产仔数小于或等于第1窝的产仔数。此后，这种现象被称为“第2窝综合征”（second litter syndrome）（Morrow等，1992）。

第 28 章

母犬和母猫的不育及低育

Gary England / 编　　　魏彦明 / 译

犬和猫是最常见的宠物。关于犬和猫繁殖的研究进展很快，特别是近年来对这两种动物的不育也有了更多的认识。尤其是犬，已经通过繁育来培育工作犬和展览犬，后来又培育了用于帮助残疾人的辅助犬，并以犬为家养食肉动物模型来研究濒危物种（Durrant等，2006）。尽管如此，主要由于宠物过多已成为世界性的问题，人们对其繁殖的控制则更为关注（Olson和Moulton，1993）。毫无疑问，繁殖障碍还是普遍存在的，而且这可能归因于高度近交所致（Wildt等，1983）。

正常情况下，母犬的受精率/孕体着床率在80%~90%之间（Reynaoud等，2006），但对不育的程度目前还不清楚。对母犬的生育力的降低尚未得到充分的认同，这是因为与其他家畜相比，母犬的交配频率相对较低，同时也因为大多数繁殖用的母犬都是独自圈养或者置于小群体中饲养。由于“生育力”常常反映了养殖户对母犬、母猫繁殖性能的个人期望，这种期望对于商业化繁育机构和个人宠物主而言可能是不同的，因此使得在考虑犬和猫的生育力时，情况更为复杂。另外，犬和猫的繁殖性能存在很大的品种差异，特别就窝产仔数而言，因此很难就不同品种的动物进行比较。

单个饲养者和繁殖畜群的管理者越来越频繁地向兽医寻求帮助来解决繁殖方面的问题，这可能是由于繁殖失败的个别动物的价值，或者是由于对繁殖群体生产能力下降的关注。在前一种情况下，繁殖品系的延续是最终目标，而对于后者，生产力越高，则需要保留的种畜就越少。犬和猫的大量繁殖在药学实验室和生物制品实验室是很常见的，也普遍地用于辅助犬和工作犬的生产，例如，用于视障人士的导盲犬。而对于后者，畜群管理不仅要求高产出，而且要求全年连续生产。

母犬生育力的正常期望是产仔率为70%~80%（Hancock和Rowland，1949；Strasser和Schumacher，1968；Andersen，1970；England，1992），而母猫为每年繁殖1~3窝（Stabenfeldt和Shille，1977；Cline等，1981；Concannon，1991）。但是由于年龄和品种不同，实际结果与以上的期望值差距很大。母犬繁殖效率的高峰出现在3岁左右，从8岁开始，其妊娠率出现下降（图28.1），母犬在7岁以上时，产仔率明显下降（Blythe和England，1993）。Blythe和England（1993）也证实了不同品种的犬其繁殖能力有明显差异。同样，对猫而言，与年龄相关的年窝产次数和每窝产仔数的降低已受到人们的关注（Robinson和Cox，1970；Schmidt，1986）。这种现象在猫6岁以后最为明显（Lawler和Bebiak，1986）。有趣的是，近期一项对2 400例妊娠母犬的研究表

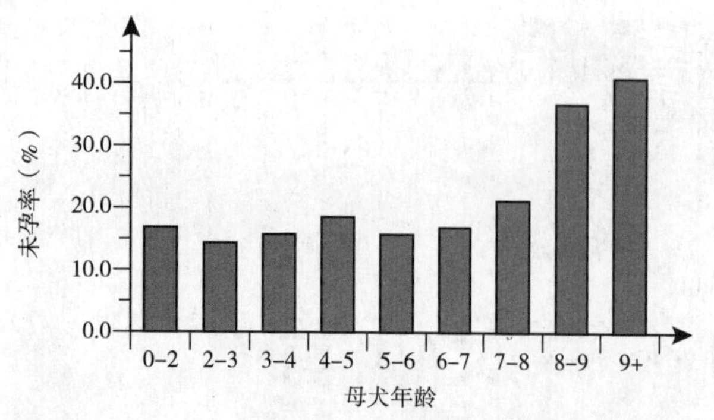

图28.1 不同年龄的母犬与具有生育力的公犬交配后的未孕率

明，对老龄母犬而言，尽管每窝出生的幼犬数量较少，但死胎率降低，因此使断奶幼犬数量整体下降的速度低于初生幼犬数量的下降（Phillips L和England GCW，未发表的观察资料）。但值得注意的是，犬和猫正常的窝产仔数有明显的品种差异（Lyngest和 Lyngest，1970； Robinson和Cox，1970； Robinson，1973）。因此某个动物可能表现低育时，应该考虑上述各种因素。

由于母犬的妊娠失败并不能引起其像其他多次发情的动物一样立即返情，因此研究母犬的不育较为复杂。但是目前可采用实时超声检查（Yeager和Concannon，1990； England和Yeager，1993）、血清中急性期蛋白的检测（Eckersall等，1993）以及血浆松弛素的检测（Concannon等，1996）等进行早期妊娠诊断。采用这些方法，可以对动物个体不能产出活的后代的原因进行深入分析。而且，近期研究已经证明，实时超声显像在对早期妊娠失败的研究中具有重要的价值（England和Russo，2006a）。

与其他动物一样，母犬和母猫的不育依据病因可分为以下几类：结构性（包括先天性的、后天性的及肿瘤性疾病）；功能性（包括内分泌异常）；传染性及管理性。研究不育时也应考虑雄性动物的影响，精液样本的采集和评价可以为雄性动物生育力的评价提供基本依据（参见第30章）。另外也应关注动物的交配规律。因为如果畜主不熟悉动物的正常交配行为，则可能由于疏忽而妨碍了动物的妊娠。例如有人就认为，母犬在前情期开始后几天就发生排卵；交配一次就可诱导母猫的排卵等。

28.1 犬

28.1.1 母犬的生殖道结构异常

28.1.1.1 先天性异常

一侧卵巢发育不全很少见而且也不会引起不育，除非双侧卵巢都受到影响。在有些病例，可能还会有同侧的输卵管和/或子宫角发育不全，但输卵管和/或子宫角发育不全时，可能出现单个正常卵巢。曾有报道指出，一例母犬的卵巢发生不全（ovarian dysplasia）伴随着染色体数量异常（Johnston等，1985）。研究这些病例的起因时，核型分析是很有帮助的。

双侧卵巢正常而输卵管和/或子宫角发育不全的母犬，通常能表现典型的发情行为，但其或者不能妊娠（双侧病变），或者只能产生少量后代（单侧病变）。通常依靠剖宫术或腹腔镜对生殖道的直接检查来诊断；向子宫注入造影剂（Lagerstedt，1993）的放射线照相术在母犬上的应用不如在其他动物那么有效，尤其是在证实输卵管病变的时候，因为母犬的输卵管非常小而且很难充满造影剂。

管状生殖道其他的先天性异常还包括谬勒氏管系统的节段性发育不全。这种情况的病因尚不明确，但妊娠期外源性激素使用不当可能引起谬勒氏管与尿生殖窦之间的连接处部分或完全缺乏（Christiansen，1984）。阴道的完全发育不全可致不育（Wadsworth等，1978； Hawe和Loeb，1984），随着子宫液的积累，会出现与子宫积脓类似的症状。治疗这些病例的唯一方法就是施行卵巢子宫切除术（ovariohysterectomy）。

母犬生殖道后端的解剖结构异常很常见，可能出现与外阴瘙痒（vulvar pruritus）或慢性阴道炎（chronic vaginitis）有关的临床症状（Holt和Sayle，1981； Soderberg，1986）；但最为常见的是在配种前检查或当交配时阴茎插入而有疼痛感时才首先被发现。大多数异常是在前庭和阴道接合部，最常见的是存在有一个背腹侧的纤维带，如果较小则需简单处理即可，如果较大则需要实施外阴切开术（episiotomy）和大面积切开。虽然这一部位也可发生阴道环形狭窄（circumferential strictures），但通常不常见，如果面积不大，可在全身麻醉后通过扩张进行治疗。

这样的先天性异常可能有五种病因。第一，生殖道发育不全，其可以引起阴道前庭发育不全（vestibulovaginal hypoplasia）和一定长度的阴道狭窄；第二，谬勒氏管与尿生殖窦的融合不全或不足，导致该部位环状纤维狭窄；第三，前庭与阴道结合部组织残留，引起处女膜残留（hymenal remnants）或完整的处女膜（complete hymen）；第四，两条谬勒氏管不完全融合，导致双阴道或阴道内纵向纤维的分离；第五，生殖褶（genital folds）与生殖隆起（genital swellings）连接不完全，导致前庭-外阴发育不全（vestibulo-vulvar hypoplasia）。

外生器官的先天性畸形很少见。有人报道了与外阴外周皮炎（perivulvar dermatitis）有关的外阴发育不全（Christiansen，1984）；这种情况与早期生殖器发育不全（neutering）之间的关系尚不清楚。妊娠期间使用雄激素和孕激素可能导致雌性幼犬外阴畸形而具有雄性化特征（见表型性别异常，如下）。

两性畸形

间性动物有性别不明确的外生殖器。母犬通常因为表型性别外观异常而可识别；动物外部特征表现为雌性，但在达到初情期时阴蒂增大，并可能表现出类似雄性的行为（如图28.2）。间性动物可分为染色体异常、性腺异常或表型性别异常，这些异常可参见Meyers-Wallen（1993）的综述。

在没有Y染色体存在的情况下，哺乳动物会发育出雌性生殖器官。*Sry*基因（Y染色体上性别决定区）编码睾丸决定因子。人们认为，*Sry*基因能激活睾丸发育途径中的基因和/或抑制卵巢发育途径中的基因（Meyers-Wallen，2006）。

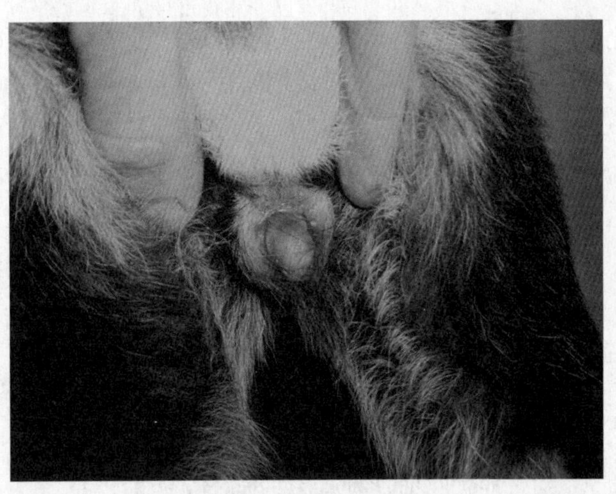

图28.2　4月龄两性间性德国牧羊犬，阴蒂增生，存在有阴蒂骨（见彩图111）

染色体数目异常包括生殖器发育不良的雌性表型（XO 或XXX）以及由不同染色体组成的两类细胞群产生的异源嵌合体（chimeras）和同源嵌合体（mosaics）。在异源嵌合体和同源嵌合体，既有卵巢组织也有睾丸组织（真两性畸形，true hermaphrodites）；动物的表型取决于具有功能的睾丸组织的数量（Meyers-Wallen和Patterson，1989）。

动物的性腺性别异常是指染色体性别与性腺性别不一致，这种动物又被称作性反转。美国可卡犬（American Cocker Spaniel）的XX性反转是以常染色体隐性性状遗传的，而在其他品种中则表现为家族遗传（Meyers-Wallen和Patterson，1988）。受影响的动物符合以下三类之一：①真两性畸形，有一个卵睾体，双侧输卵管和正常的雌性外生殖器；②真两性畸形，有两个卵睾体和/或附睾以及雄性化的雄性外生殖器；③XX雄性综合征（Meyers-Wallen和Patterson，1989）。动物的表型性别异常是指染色体性别与性腺性别一致，但内或外生殖器性别不明确。动物可能为雌性假两性畸形或为雄性假两性畸形。雌性假两性畸形一般是由于妊娠期服用雄激素或孕激素的结果，除了具有两个卵巢外，动物的内或外生殖器雄性化。其临床特点可表现为从简单的阴蒂肿大一直到几乎完全为雄性的外生殖器。由于有些兽医使用孕激素类药物来治疗所谓的黄体功能不健，因此妊娠期间使用孕激素很为常见。雄性假两性畸形有两个睾丸，但内或外生殖器是雌性化的。这可能是谬勒氏管退化失败或依赖于雄激素的雄性化失败的结果。但许多情况下，确切病因尚不清楚。通常必须切除生殖道及性腺。摘除性腺后，增大的阴蒂会变小，但随后仍必须施行阴蒂切除术（clitoridectomy）（参见第4章）。

28.1.1.2 后天性异常

有人观察到患有下丘脑或垂体肿瘤的动物会发生后天性生殖器官萎缩（Arthur等，1989），这种情况称为“肥胖性生殖无能综合征”（fröhlich's syndrome，弗勒赫利希综合征）。

生殖道的其他后天性异常包括子宫内膜增生、子宫积脓（将在后面讨论）和阴道增生（图28.3）。阴道增生常被误称为是阴道脱垂，由于妨碍交配可引起不育，其病因尚不清楚；但一些母犬在前情期和发情期，尿道口前的阴道黏膜发生增生，可从阴门突出而妨碍交配。在有些病例，只有腹侧黏膜突出呈舌状的组织块，而在一些病例则可涉及到整个阴道外周，导致呈圆柱状的组织团块突出于阴门。黏膜增生似乎是正常发情周期中对雌激素浓度的反应加重，后情期（间情期）开始时回落，下次发情时再次增生，而且在许多病例会在每一个随后而来的发情周期中变得更严重。使用润滑剂和局部表面使用抗生素进行保守治疗往往能奏效，也可在下次乏情期时实施卵巢切除术（ovariectomy）或卵巢子宫切除术（ovariohysterectomy）以防止其复发。如果病犬还需要用来繁殖，则可在发情早期实施黏膜下层切除术（submucosal resection），但因为有报道指出该病有家族遗传倾向（Jones和Joshua，1982），因此使用这些母犬进行繁殖应慎重。

真正的阴道脱垂非常罕见（参见第5章），但有报道见于发情期（Schutte，1967a），妊娠期间的慢性阴道脱垂需要实施子宫固定术（hysteropexy）（Memon等，1993）。

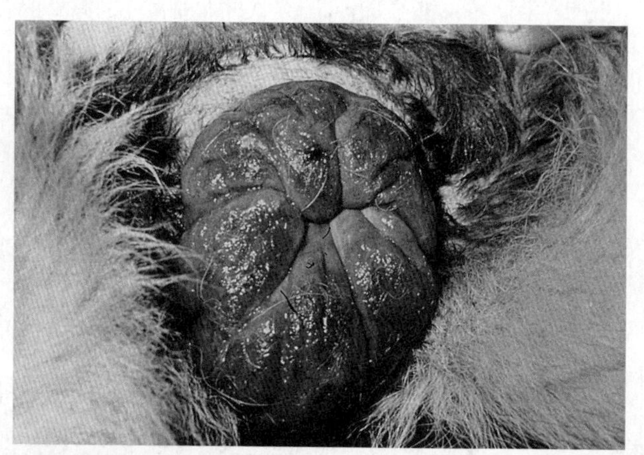

图28.3 发情期阴道增生的母犬
整个阴道黏膜表面肥厚，从阴门突出。顶端为背联合。

28.1.2 肿瘤

母犬的卵巢肿瘤不常见，约占全部肿瘤的1%（Cotchin，1961；Hayes和Harvey，1979）。老龄母犬的卵巢肿瘤发生率较高（Jergins和Shaw，1987），发生的平均年龄为8岁（Withrow和Susaneck，1986）。卵巢肿瘤的发生可能起源于生殖细胞、上皮细胞或性索间质。最重要的是粒细胞瘤，此瘤可能会长得非常大，引起与聚集效应（mass effect）或腹水相关的临床症状。这种肿瘤不会频繁地转移，通常无内分泌活性，但可能分泌：①孕酮，使周期性消失，发生囊性子宫内膜增生和子宫积脓。②雌激素，产生持续发情的征状或可能发生骨髓抑制（bone marrow suppression）；脱毛（alopecia）也是能够表现的临床症状，但罕见。

乳头状囊腺（papillary cystadenocarc-inoma）是另外一种比较不常见的肿瘤，可发生于双侧卵巢（Neilsen，1963），这种肿瘤通常会转移到腹腔淋巴管，引起淋巴管阻塞和腹水。已经发现，这种肿瘤是长期使用己烯雌酚（diethylstilbestrol）的结果。

卵巢肿瘤的诊断一般基于临床症状、腹部触诊、放射检查和超声检查（Goodwin等，1990）。如果较早实施卵巢切除术和卵巢子宫切除术，卵巢肿瘤则是可治愈的。

子宫肿瘤不常见（Brodey和Roszel，1967）。

报道较多的此类损伤是子宫的平滑肌纤维瘤（fibroleiomyomata）。该肿瘤为独立发生的非恶性肿瘤，但可能出血，导致阴道分泌物呈血样。子宫肿瘤可采用实时B超进行诊断（图28.4）。

子宫颈的肿瘤少见。阴道及其前庭的良性肿瘤较为常见，包括纤维瘤、平滑肌纤维瘤和脂肪瘤（Withrow和Susaneck，1986）（图28.5）。此类肿瘤经常发生于尿道口前的阴道底面，引起局部性阴道炎和出血，一般可通过阴道切开术去除，同时实施卵巢切除术和卵巢子宫切除术可降低复发的风险。

性交传染的肿瘤（transmissible venereal tumour，TVT）（图28.6）可影响母犬的阴道和外生殖器以及公犬的阴茎。此类肿瘤的传播发生在性交时，即感染的细胞植入到受体的生殖道黏膜（Cohen，1974）。动物舔舐肿瘤时可通过鼻黏膜和口腔黏膜发生自体传染（autotransmission）。这种损伤常呈多分叶，易碎，单发或多发，一般在5～7周时体积达到最大，并在6个月内自发性退化（Moulton，1961）。曾使用外科切除手术和采用环磷酰胺（cyclophosphamide）、长春新碱（vincristine）等各种化疗方法及放射治疗来治疗这种肿瘤（Calvert等，1982；Thrall，1982）。这种肿瘤一般在热带国家更常见，在英国仅见于进口动物（Booth，1994）。

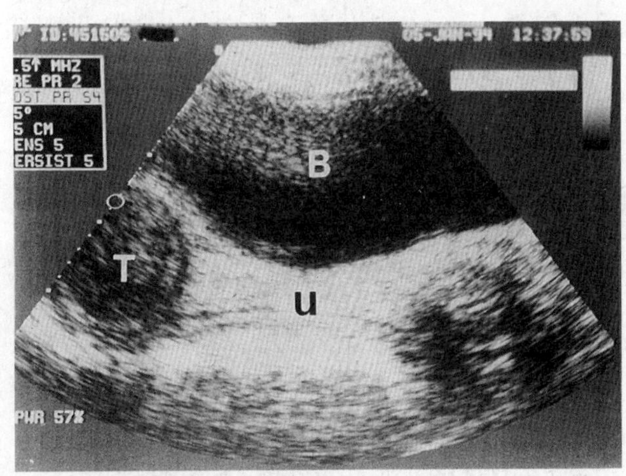

图28.4　母犬低回声子宫肿瘤（T）的超声图。子宫（U）位于膀胱（B）背部

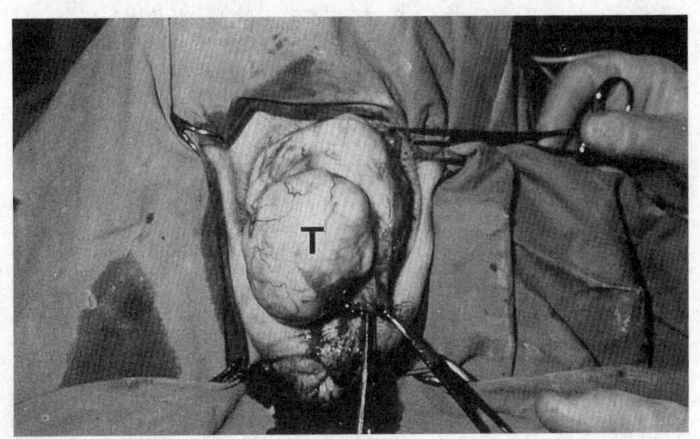

图28.5　经会阴切开术手术摘除阴道肿瘤（T）

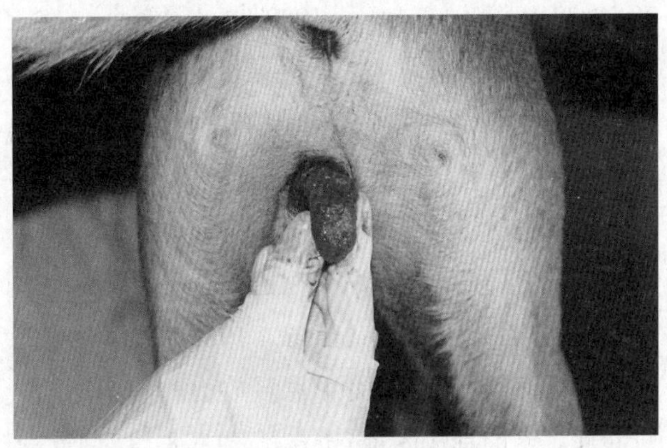

图28.6　犬的前庭发生传染性性病肿瘤

28.2　母犬生殖道的功能性异常

28.2.1　初情期延迟和乏情期延长

母犬初情期的年龄在5～24月龄（Andersen和Wooten，1959；Rogers等，1970；Concannon，1991），但受品种、体重和环境条件的影响（Christiansen，1984；Feldman和Nelson，1987a；Concannon，1991）。母犬2岁时还未达到初情期，就可认为是初情期延迟（delayed puberty）。由于母犬在第一次发情时常常见不到多少明显的征状，因此被认为是初情期延迟的母犬，有可能只是未能观察到发情。在发情间隔期（interoestrous intervals）延长的母犬也应考虑是否为未能鉴定到发情。高浓度的外周血浆孕酮浓度［>2.0ng/ml（6.5nmol/l）］可以证明动物在最近的60d内发生了

排卵（说明已经错过了发情）。

正常的发情间隔时间为26～36周（Christie和Bell，1971），但品种内和品种间具有明显差异（Linde-Forsberg和Wallen，1992），故不能用于预测个体犬下次发情的时间（Bouchard等，1991）。因此，对乏情期延长（prolonged anoestrus）很难进行定义，除非是发情间隔远远超过预期的时间。巴辛吉猎犬（Basenji dog，非洲产鬣狗）在300日龄时频繁地表现出初情期发情，此后每年循环（Concannon，1993）。

为了调查初情期延迟和乏情期延长，必须确保动物的每一次发情都不被错过，而且动物的体重和营养水平必须正常。患有疾病而体质虚弱的母犬不能表现发情周期。使用某些药物如孕酮、雄激素和蛋白同化类固醇等药物，也可出现这种情况。

某些初情期推迟的母犬可能存在染色体异常。其中许多是表型异常（具有小而前端突出的阴门，初情期时正在发育的阴蒂增大）。少数母犬可能表型正常，但性染色体不正常的增加可导致卵巢发育不全（ovarian hypoplasia）或卵巢生成不全（ovarian dysgenesis）。确定染色体组型通常可以证明染色体异常，如77XO、79XXX、79XXY和78XX/78XY等（Johnston，1989）。

据报道，产生孕酮的卵巢囊肿可阻止母犬回到发情期（Burke，1986），但是这种卵巢囊肿非常少见。

甲状腺功能减退（hypothyroidism）在引起母犬不表现发情周期中所起的作用已成为一个研究的热点（Manning，1979；Johnston，1989），但对其机理仍然不清楚。使用促甲状腺释放激素（TRH）能引起促乳素的释放（Reimers等，1978），因此，影响TRH的因素可能影响甲状腺的功能和促乳素的分泌（Concannon，1986）。甲状腺功能减退的母犬只表现生殖系统症状的情况非常少见。有趣的是，甲状腺功能减退与灵缇犬（greyhounds）的低生育力无关（Beale等，1992）。

诱导发情

如果母犬没有患病，则可诱导其表现发情周期。虽然各种药物可用于诱导母犬发情，成功率各不相同（England，1994）。与其他家畜不同，犬不能使用前列腺素缩短黄体期进行诱导发情，这是因为犬在黄体期后还有长短不定的乏情期。值得注意的是，通过诱导发情治疗初情期延迟，其成功率要远比诱导发情治疗乏情低得多。

促乳素是母犬主要的促黄体化激素。在黄体期，应用促乳素抑制剂[卡麦角林（cabergoline）、溴麦角环肽（bromocriptine）、甲麦角林（metergoline）]可快速消除其对黄体的支持作用，造成血浆孕酮浓度急剧下降（Onclin和Verstegen，1999）。此时停止用药，会使母犬进入乏情期。促乳素在调节发情的间隔时间上也发挥重要作用，这种作用可能是通过影响促性腺激素的分泌和/或卵巢对促性腺激素的反应来实现的（Concannon，1993）。如果在乏情期持续使用促乳素抑制剂，母犬会很快返情（Okkens等，1985；van Haaften等，1989；Verstegen等，1999），在乏情期延长时使用也会很快使母犬返情（Arbeiter等，1988；Jöchle等，1989；Handaja Kusuma和Tainturier，1993）。由此看来，应用促乳素抑制剂是诱导发情最有效的方法。如果在乏情期延长时，每天连续应用促乳素抑制剂，会使动物很快返情（通常在30d以内），如果停止用药，一旦前情期已经开始，则通常会获得与自然发情周期类似的高妊娠率。

对于初情期推迟的母犬，如果应用促乳素抑制剂无效，可以尝试应用促性腺激素诱导发情。许多治疗方案使用外源性促性腺激素诱导发情，普遍推荐使用低剂量的马绒毛膜促性腺激素（eCG，20IU/kg，连用5d）和一次注射人绒毛膜促性腺激素（hCG，500IU/kg，第5天用药）。使用外源性促性腺激素时应该谨慎，因为Arnold 等（1989）指出，长期大剂量使用外源性促性腺激素可能诱发高雌激素症（hyperoestrogenism），阻止孕体附植，诱发骨髓抑制和死亡。

脉冲式使用外源性促性腺激素释放激素（GnRH），可用于模拟促卵泡素（FSH）和促黄体素（LH）自然的分泌变化及生理浓度。乏情母犬通过脉冲式使用GnRH 90min，连续处理6～12d，8只母犬中的3只诱导出了可以受胎的发情而且妊娠（Vanderlip等，1987）。由于连续注入GnRH在开始时会发生刺激作用，但随后即出现对GnRH受体的下调，所以必须要采用脉冲式注入的方式，但这项技术尚未在临床实际中应用。Concannon（1989）通过皮下渗透泵（subcutaneous osmotic pump）采用一种GnRH超级激动剂诱导发情获得了一定的成功。Concannon等（1993）的研究表明，对一群母犬先通过使用孕酮阻止其发情，随后用GnRH激动剂诱导发情，可以使它们的发情同期化。GnRH最主要的用途就是阻断动物的生殖周期（Gobello，2006）。

28.2.2　安静发情

有些母犬可发生正常的周期性内分泌变化，但不表现明显的前情期和发情期的外部征状。25%的灵缇犬在初情期后的第一个发情周期可发生这种情况（Gannon，1976）。由于只有轻微的外阴肿胀和少量血样分泌物或者母犬特别挑剔（fastidious），因此主人可能没有发现动物发情。在有些情况下，即使之前没有观察到发情，也会出现显性假孕（overt pseudopregnancy）。但检测外周血浆孕酮浓度可以确定是否发生了排卵。如有可疑，则可通过每周检查阴道中的鳞状细胞进行发情鉴定。

28.2.3　断续发情

偶尔，特别是在第一次发情时，母犬会出现持续时间很短的外阴肿胀及从阴道排出血样黏液，但不发生排卵，卵泡可能退化，前情期的征状消失，数周后会出现一次正常的发情。识别断续发情（split oestrus）的症状（假发情），对确定动物是否在相对于排卵的正确时间成功交配是十分重要的。在某些病例可尝试用人绒毛膜促性腺激素（hCG）诱导排卵，但很难确定注射药物的时间，如果在阴道上皮细胞角化达到峰值时用药，则成功率最高。

28.2.4　排卵时间不可预测

大多数母犬在前情期开始后10～14d排卵（参见第一章）。但正常母犬的排卵可发生在最早出现前情期征状后的5～30d（图28.7）。除了排卵时间差异如此之大外，母犬的发情不一定很一致

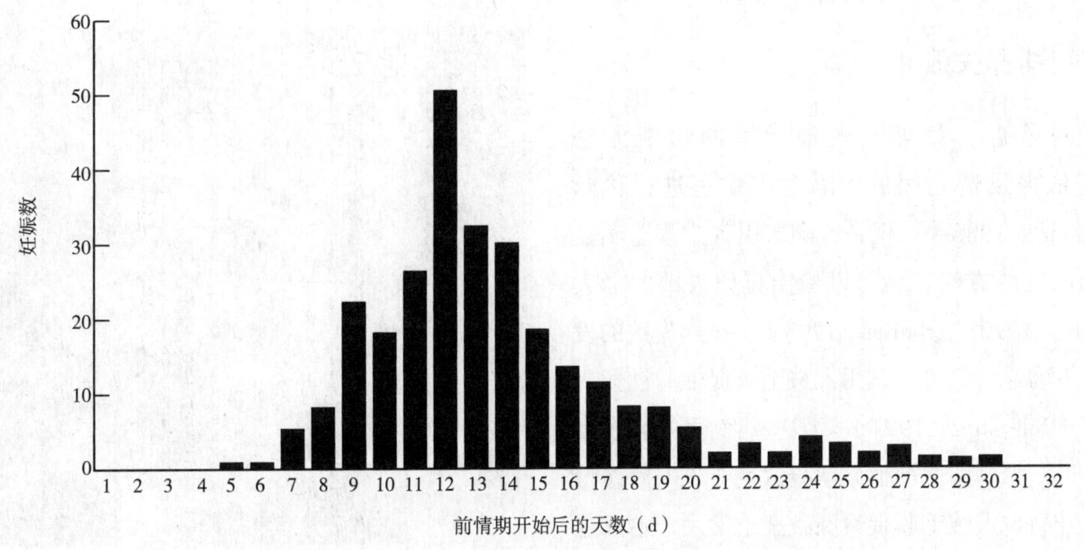

图28.7　278只母犬计算的排卵日期与前情期开始后的天数之间的关系（England，未发表资料）

（Egland等，1989）。因此，如果在相对于排卵来说不适宜的时间尝试配种就可引起不育（参见“28.4影响生育力的管理因素”，见下文）。

28.2.5 前情期/发情期延长

前情期开始与排卵之间的正常间隔时间为5～30d不等（Egland等，1989，未发表研究资料）。但是，大多数母犬在前情期开始后14d排卵，如果排卵时间比这更迟，则可认为发生了发情期延长。发生发情期延长时，动物不需要治疗，但需要细心确定最佳配种时间。前情期或发情期持续超过30d的病例则需要治疗，可试用人绒毛膜促性腺激素（20IU/kg）诱导排卵（Wright，1990）。很难预测使用人绒毛膜促性腺激素的正确时间，因为应用过早可能会导致卵巢不反应或发生黄体化而不排卵。一般来说，如果阴道鳞状上皮细胞80%以上无核时可使用人绒毛膜促性腺激素。

母犬分泌雌激素的卵泡囊肿很罕见，但它们能持续产生雌激素，其引起的临床症状与分泌雌激素的卵巢肿瘤相似，而高浓度的雌激素会引发骨髓抑制，导致贫血和血小板减少症（thrombocytopenia）。在这种情况下，可切除单侧卵巢进行治疗，但应注意该犬可能正常，或者只是出现断续发情征状。碳酸锂（lithium carbonate）治疗雌激素引发的骨髓抑制可能有一定的效果（Hall，1992）。

28.2.6 排卵失败

直到最近，排卵失败最常用的诊断方法依然是依据发情之间的间隔时间缩短进行诊断（Johnston，1988）。但是，随着引入常规监测血浆孕酮浓度的方法，就可以检出排卵失败的母犬（Wright，1990；Arbeiter，1993）。排卵失败的发生率还不确定，但可以试用人绒毛膜促性腺激素进行治疗（Johnston，1991）。某些病例可能会发生排卵延迟，如排卵之前血浆孕酮浓度会长时间缓慢持续地升高。人绒毛膜促性腺激素也常用于治疗这些病例，但疗效仍有待证明。

28.2.7 卵巢囊肿

母犬卵泡囊肿（图28.8）和黄体囊肿很少见。大多数卵巢囊肿结构起源于卵巢旁囊（parabursal）（图28.9），这种结构虽然可用超声波来检测，但可能被缺乏经验的临床医生误诊。而卵巢旁囊肿（Parabursal cysts）则没有临床意义。

真正的产生雌激素的卵泡囊肿可产生持续不断的发情，且伴有阴道分泌物，腹胁部脱毛和角化过度（hyperkeratosis）（Fayrer-Hosken等，1992）。在进行超声检查时，可鉴别出充满液体的大卵泡，但必须要与正常卵泡和早期黄体相区别，因为这两种结构也都具有充满液体的中央腔隙。有些卵泡囊肿对连续3次，交替隔日使用人绒毛膜促性腺激素治疗会有反应，而在有些病例这种治疗并不成功（Arthur等，1989），但囊肿可能对醋酸甲地孕酮类的孕激素治疗有反应。在后一种情况下，由于是在长时间的雌激素诱导之后使用孕酮，因此可使动物患子宫积脓的风险增加。对外源性激素治疗没有反应的病例可能必须实施卵巢切除术（Vaden，1978；Burke，1986）。

黄体囊肿见于死后剖检病例（Dow，1960），但对其意义尚不知晓。Burke（1986）认为，黄体

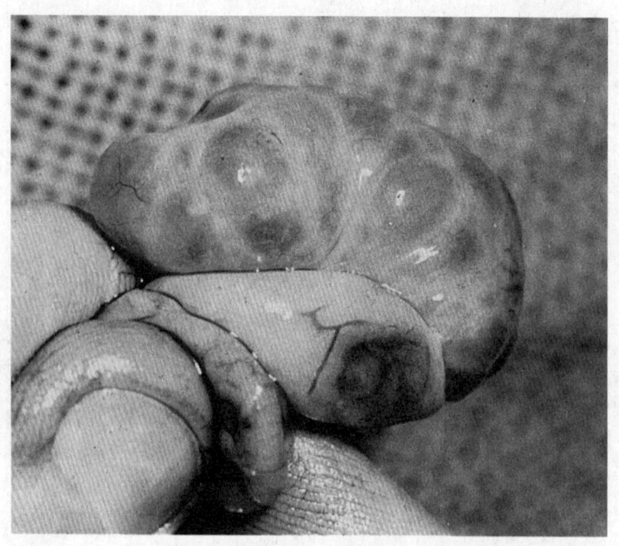

图28.8 Labrador母犬的卵巢，图示为多卵泡囊肿

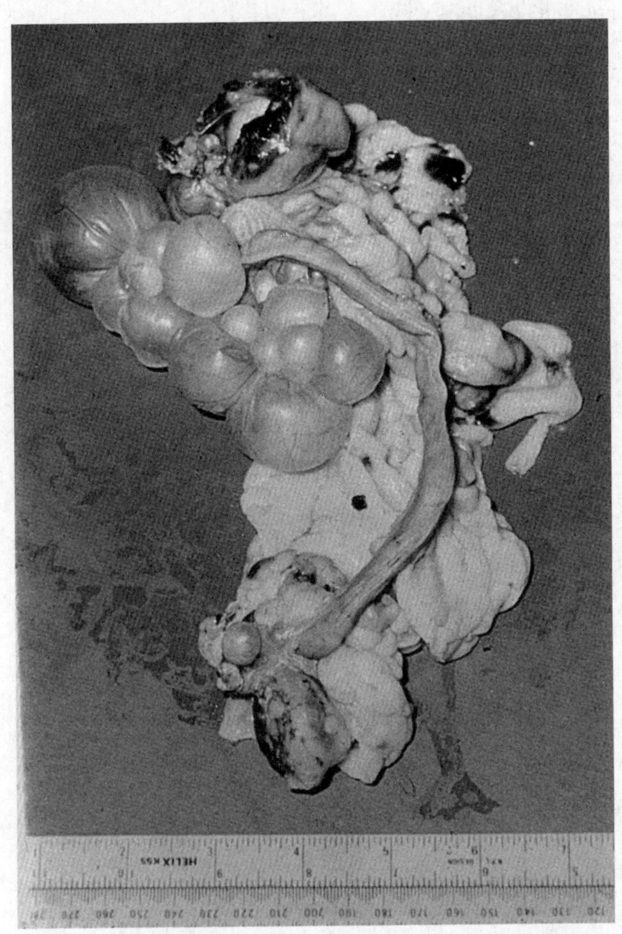

图28.9　母犬的生殖道，图示为邻近卵巢及子宫角远端的多个卵巢囊旁囊肿

囊肿可能会分泌孕酮，使乏情期延长，可引起囊肿性子宫内膜增生。

Andersen（1970）发现，卵泡囊肿和黄体囊肿在老龄母犬最常发生。据报道，在成年母犬的卵巢也发现类似情况，这些母犬有阴道血样黏液排出物，这种情况就是所谓的子宫出血（metrorragie）（Lesbouyries和Lagneau，1950）。这些母犬常对公犬有吸引力，但不允许交配。对阴道鳞状上皮细胞检查可发现中性粒细胞、红细胞和卵巢旁囊复层上皮细胞（parabasal epithelial cells）。这种情况常常持续存在且药物治疗无效，因此通常选用卵巢子宫切除术进行治疗。

28.2.8　卵巢功能早衰

卵巢功能早衰（premature ovarian failure）很少见，但却是以前正常母犬乏情永恒不变的原因（Feldman和Nelson，1987b）。为了准确诊断这些病例，可进行染色体组型分析及血浆促性腺激素和甲状腺激素浓度的检测（Johnston，1989）。对于一些珍贵的繁育动物，应慎重考虑采用诱导发情的方案，而且目前仍缺乏这种疾病的病因学及治疗效果的相关信息。

28.2.9　习惯性流产

很少有证据表明，习惯性流产是大多数品种犬（德国牧羊犬除外）的一个临床问题，有资料表明发生习惯性流产的犬常伴有黄体功能不健（Gunzel-Apel等，2006）。采用实时B超检查曾发现有流产和孕体吸收的病例（England，1992；Muller和Arbeiter，1993；England和Russo，2006a），但Egland（1992）指出，曾经患有生殖系统疾病的母犬，其发病率并未升高。大多数流产病例可能是由异常的子宫环境（囊肿性子宫内膜增生）、胎儿畸形和/或是传染性病原所造成。

虽然有人认为黄体功能不健是其原因，但对黄体功能不健的作用还很难确定（Feldman和Nelson，1987a；Purswell，1991），维持妊娠需要的最低血浆孕酮浓度只有2ng/ml（Concannon和Hansel，1977）。毫无疑问，黄体是整个妊娠期孕酮的主要来源，任何阶段切除卵巢（Andersen和Simpson，1973）或诱导黄体溶解（Onclin等，1993）都可终止妊娠，但只有在德国牧羊犬（Gunzel-Apel等，2006）或采用诱导发情方案后（Barta等，1982；Volkmann等，2006）以及一例卵巢炎病例（Nickel等，1991）才出现临床问题。依作者的经验，习惯性流产的母犬，其血浆孕酮浓度与正常妊娠母犬之间没有差别。妊娠期补充孕酮或孕激素可能引起雌性幼犬雄性化（Curtis和Grant，1964）和雄性幼犬的隐睾，而且可能妨碍或推迟分娩而导致死胎（参见第6章）。因此，孕激素疗法只限于治疗真正的黄体功能不健的病例。

28.3 母犬的生殖道传染性病

影响母犬生育力的微生物可分为三类：①已知对生殖道有特定病理学效应的病原体；②正常环境中存在的微生物，但在特定环境下转变成机会性病原体；③引起全身性疾病并间接影响生殖力的病原体。

28.3.1 阴道正常菌群

养殖户和兽医们普遍认为，不育、阴道炎、幼畜早衰综合征（fading puppy syndrome）是由寄居于母犬和公犬生殖道的细菌引起。这源于Stafseth等（1937）与Hare和Fry（1938）的工作，他们总结出链球菌，尤其是β-溶血型G群和L群，可引起不育、流产、乏情和幼仔孱弱。随着病毒分离技术的出现，已经鉴别出某些特定的病毒。而在一些早期工作中，似乎过于重视链球菌的重要性，现在认为这些细菌是正常共栖菌（commensal flora）的一部分，可能侵袭机体，然后造成病毒损伤或成为污染物。

健康母犬的阴道及前庭正常寄居着许多需氧和厌氧菌（Olson和Mather，1978），且菌群在正常情况下就是混合存在的。从正常母犬中分离得到的需氧菌有大肠埃希氏杆菌、葡萄球菌和链球菌（Olson和Mather，1978；Allen和Dagnall，1982），厌氧菌有普氏菌属（*Prevotella* spp.）和消化链球菌属（*Peptostreptococcus* spp.）（Baba等，1983）。30%～88%的正常母犬可分离得到支原体（Bruchim等，1978；Doig，1981；Baba等，1983）。在阴道前庭发现的细菌数量多于阴道，子宫通常是无菌的（Olson等，1986）。阴道细菌数量会随雌激素浓度升高而大幅度上升（van Duijkeren，1992），因此，发情周期的阶段可能影响菌群。一些学者检测了正常母犬的阴道菌群，并与不孕母犬进行了比较，Duijkeren（1992）对这些研究进行了总结，研究从繁殖力强的母犬中分离培养出的菌种与健康母犬没有很大的差异。同样，Hirsch和Wiger（1977）发现，尽管细菌数量更大，从有阴道分泌物的母犬得到的菌群虽然细菌的数量很多，但与正常菌群在性质上相同。

因此，必须谨慎对待母犬生殖道微生物检查的结果，因为阴道细菌的简单分离并不能得出对生殖疾病的诊断。

28.3.2 条件性致病菌

从有生殖疾病的母犬上发现的菌种与健康母犬没有太大的差异，但如果尿道或阴道的防御机制受到抑制，就可能引发疾病，从而使正常共栖菌过量生长（Olson等，1986）。局部免疫失败时，许多正常阴道细菌就可能变为致病菌（van Duijkeren，1992）。某些种的大肠杆菌有特殊的黏附能力，因此非常容易变成致病菌，这些菌称为尿路致病性大肠杆菌（uropathogenic *E. coli*）。

发情期子宫颈松弛时，细菌可能进入子宫，直接影响受精卵或产生杀精子因子而引起不育（Jones和Joshua，1982）。细菌可能持续存在于子宫内，在发情周期中孕酮占主导作用时引起子宫积脓。

如果阴道微生物样品显示，细菌呈现单纯性增长或数量巨大，则即使这些细菌是从正常犬中分离而来，也可能被认为有重大意义（Bjurstrom和Linde-Forsberg，1992）。一些学者常认为假单胞菌属、变形杆菌属（*Proteus* spp.）和某些链球菌具有重人意义，但是作者并不认为如此。对这些菌应该在一周以后重复培育以确定诊断结果，之后再尝试治疗。只有在了解了诸如阴道的解剖结构、肿瘤或机能异常等发病原因以后，才能进行基于药敏试验的合理的抗生素治疗。应采用胃肠外和局部用药。

虽然从临床上正常且没有生殖道疾病的正常动物中经常分离到支原体和脲原体，但它们也可引起母犬的生殖道疾病（Lein，1986）。母犬长期口服阿司匹林及增效磺胺类药物治疗后仍可出现支原体在阴道定植（Strom和Linde-Forsberg，1993），这提示应避免对健康母犬广泛使用抗生素药物。

28.3.3 特定病原感染

28.3.3.1 犬布鲁氏菌

犬布鲁氏菌（*Brucella canis*）为革兰氏阳性菌，感染后可引起流产和不育，尤其给犬的饲养者造成严重的经济损失。犬布鲁氏菌是目前已知的唯一可特异性引起母犬不育的细菌，美国首先报道了犬布鲁氏菌不育症（Moore和Bennet，1967；Carmichael和Kenney1968），随后也在其他国家发现。Barton（1977）发现，在美国约1.5%～6.6%的母犬经抗体反应诊断为感染本病，但英国没有犬布鲁氏菌病，只是Tayler等（1975）报道有一例母犬发生布鲁氏菌引起的流产。布鲁氏菌可以通过多种方式传播，如接触流产的胎儿或胎盘组织、接触感染犬的阴道分泌物，性交传播和先天性感染等，其中最常见的是通过性途径的传播（Moore和Gupta，1970）。母犬发生感染后，流产最常发生于妊娠期的第45～55天，但也有可能出现早期孕体吸收或产出死胎等情况，新生仔犬的孱弱则很罕见。

从血液或流产的组织中分离到布鲁氏菌可以诊断本病。但是母犬不出现菌血症的时间可能很长，因此阴性的血液培养结果并不能说明未发生感染。采用平板凝集试验进行筛检和试管凝集试验确定诊断并不困难，滴度在1：200及以上可诊断为被感染。本病的治疗比较困难，在临床上联合使用链霉素和四环素或用恩诺沙星均有较好的效果，但是抗生素治疗并不能将细菌从组织中清除（Johnston等，1982；Wanke等，2006）。由于会出现带菌状态，带菌动物会成为潜在的感染源，因此最好将这些动物施行绝育并移出繁殖计划。

28.3.3.2 刚地弓形虫

感染刚地弓形虫（*Toxoplasma gondii*）能引起流产、早产、死胎和新生仔犬死亡（Cole等，1954；Siim等，1963），而存活下来的感染幼犬具有传播性，所以一旦确诊，就应考虑刚地弓形虫感染引起的健康问题。此病最好的诊断方法是死亡的新生幼犬的压片（impression smears）检查。虽然克林霉素经常用于治疗犬猫的刚地弓形虫病，但对缓殖子阶段虫体的作用不大。

28.3.3.3 犬疱疹病毒

犬疱疹病毒（canine herpesvirus）感染成年公犬一般只限于在呼吸道和生殖道产生轻微症状，但本病毒可在母犬引起生殖道的损伤，由此可引起不育，还可引起孕体吸收、流产和死胎（Hashimoto和Hirai，1986）。而且，病毒会在随后的妊娠中复发，以致于这种临床问题会在动物繁育过程中长期存在。

妊娠母犬感染该病毒会引起胎盘损伤和胎儿感染（Hashimoto等，1979）。肉眼观察可见感染的胎盘发育不良，有以局灶性变性、坏死和出现嗜酸性细胞的核内包涵体（eosinophilic intranuclear inclusion bodies）退化为特征的小的灰白色病灶。实验性感染发现，妊娠早期感染可引发起胎儿死亡和胎儿干尸化，而在妊娠中期感染可会引起流产，妊娠后期感染则可导致早产（Hashimoto等，1979）。病毒可以从母犬生殖道的水疱性损伤中分离到（Post和King，1971）。感染母犬的生殖前庭常可见到有大小不等的水疱（Hashimoto等，1983），并在前情期开始时水疱变得明显，说明对于成年公犬来说，性交传播可能是重要的传播途径。

幼犬可在出生通过阴道的过程中感染该病毒，随后死于典型的全身性组织坏死性病变（Carmichael，1970），即使耐过，也会有长期的神经紊乱（Percy等，1970）。该病主要威胁子宫内胎儿及3周龄以内的幼犬，而较大的幼犬不会发生全身性疾病（Wright和Cornwell，1970a）。对于幼犬，该病可迅速致死且治疗效果差；由于使用特定的抗病毒药物治疗本病无明显效果（Wright和Cornwell，1970b），因此，对症治疗是唯一可以采用的治疗方法。受妊娠和分娩的刺激，病毒会从囊泡中脱落，可能引起复发。

就本病的诊断而言，血清学检查只能证明暴露于该病毒而不能确定感染，因此，需要对胎儿进行病理学检查分离病毒。随着本病在欧洲的流行日益严重，新疫苗已通过审核并开始使用。该疫苗包含有犬疱疹病毒的糖蛋白亚单位，一般在交配1～2周后第1次接种，6周后再次接种（即在预产期前1～2周进行接种）。每次妊娠时都建议进行再次接种。虽然抗体保护水平仅持续3个月，但效果很好。

28.3.3.4 犬细小病毒

有些犬的养殖者认为，犬细小病毒（canine parvovirus）感染是引起不育的原因之一，但Meunier等（1981）发现，在一个有2 000只繁殖母犬的犬舍，感染犬细小病毒后其受孕率、死胎率、平均窝产仔数和平均窝断奶成活率并没有改变。然而，犬细小病毒可引起幼犬的急性全身性感染，并常在断奶后母源抗体减弱之后死亡。更少见的是不足2周龄的新生幼犬发生感染，这可能是子宫内感染或一出生就暴露到病毒的结果（Guy，1986）。某些犬舍可能存在的突出问题是，由于犬细小病毒的亚临床感染病例可长期排毒，进而引起幼犬出生后很短时间内被感染。在这种情况下，必须要停止繁育，从中清除可疑病例，并进行彻底消毒，且在引进新种前对其他所有动物进行免疫接种。

28.3.3.5 犬腺病毒

研究表明，犬在妊娠期间感染犬腺病毒（canine adenovirus）会导致死胎和新生仔犬孱弱，并在几天内死亡（Spalding等，1964）。除未接种疫苗的母犬外，该病并不常见。在大多数情况下，新生犬摄入病毒，并引起3周龄以上的幼犬死亡（Cornwell，1984）。病毒排出可持续相当长的时间，而且本病毒可能在环境中存活长达10d。带毒母犬可能是幼犬的感染源，所以母犬应该在配种前进行接种，这样，幼犬出生10d内有足够量的母源抗体抵抗病毒感染。

28.3.3.6 犬瘟热病毒

妊娠母犬实验性暴露于犬瘟热病毒（canine distemper virus），母犬可产生临床症状并随后发生流产，或者出现亚临床感染并产下有临床感染症状的幼犬（Krakowka等，1977）。这说明可能发生了跨胎盘感染，但在自然条件下发生这种情况的概率尚不清楚，也可能很少见。

28.3.4 囊肿性子宫内膜增生

28.3.4.1 病因学

虽然引起囊肿性子宫内膜增生和子宫积脓的确切病因尚不确定，而且内分泌环境的作用更为明显，但这种综合征可能是不育最为明显的传染性病因。有人认为，囊肿性子宫内膜增生出现于子宫积脓之前，可因受胎失败和孕体吸收而导致不育。本病可通过在黄体期对子宫进行超声检查而发现。若检查中发现子宫内膜有多个小的局灶性充满液体的囊状区，则具有诊断意义，无需再进行子宫内膜的活检。在很多病例，囊肿性子宫内膜增生最终导致子宫积脓，而且发病率很高。事实上，子宫积脓也是一种引起犬患病和死亡的常见原因。

关于子宫积脓的发病诱因和确切的病因争论很多，大多数研究人员认为自发性的疾病见于中年和老年母犬，Dow（1958，1959）曾报道，临床病例的平均年龄为8.2岁，其中只有12%的病例年龄小于6岁。一些学者认为未经产的母犬更容易患此病（Dow，1958，1959a；Frost，1963），而其他人认为发情周期异常和假孕的母犬更易患病（Dow，1959b；Whitney，1967）。Fidler等（1966）则发现，子宫积脓的发生与胎次或发情征状无关，此观点已被人们普遍接受。子宫积脓是一种黄体期疾病，大多数母犬在发情结束后5～80d出现临床症状。

早期有人尝试向子宫中引入细菌来复制本病，但未获成功（Benesh和Pommer，1930；Teunissen，1952），之后又有人施行剖宫手术，在结扎子宫角后，向发情期的子宫内引入细菌以诱发子宫内膜炎。尽管在采用雌激素后成功地诱发了本病（Bloom，1944；von Schulze，1955），但Teunissen（1952）的实验揭示，孕酮在子宫积脓发病中具有重要作用，同时也证明了雌激素能增强孕酮的作用。Teunissen的主要结论是，孕酮是引起子宫腺体增生的主要激素，而子宫腺体增生可引发子宫积脓。在孕酮的作用下，子宫腺体持续增生，并在黄体期结束时消退。但在动物的生命过程中也会出现渐进性增生，最终会导致病理损伤，这称为囊肿性子宫内膜增生（cystic endometrial hyperplasia）。病理表现为黏膜上皮细胞明显扭曲，细胞质明显过度增多（Hardy和Osborne，1974）。虽然不能确定所有的自发性子宫积脓都是继发于囊肿性子宫内膜增生，但这很有可能发生。

备受关注的是Dow（1956b）所做的工作，他在摘除卵巢的青年母犬，通过周期性地使用雌激素和孕酮，实验性制备了子宫积脓。通过3个这样的处理周期后诱发了囊肿性子宫内膜增生，但子宫内膜未发生炎症变化。但如果在第五或第六个处理周期中加大孕酮的剂量，典型的急性子宫内膜炎就会并发囊肿性腺体增生。值得注意的是，他采用的激素剂量非常高。Teunissen（1952）发现，无需周期性地使用雌激素和孕酮就能成功诱发子宫积脓，这种差异可能与试验中所用母犬的年龄不同有关，Dow使用的是9～18月龄的母犬，而Teunissen用的是5岁以上的母犬。

有研究表明，子宫积脓是由于持久黄体和囊性黄体产生的孕酮过度和/或长期刺激子宫所引起（Hardy和Osborne，1974）。尽管在患临床型子宫积脓的母犬卵巢上总是有黄体存在（黄体期过长的结果），但没有证据显示会产生过量的孕酮（Christie等，1972）。在黄体期的相同阶段，患子宫积脓母犬与健康母犬孕酮浓度相似（Hadley，1975a；Chaffaux和Thibier，1978；De Coster等，1979），且黄体功能也正常（Colombo等，1982）。

Hadley（1975 b ）在发情周期的黄体期早期对子宫反复进行活检，无意中造成了囊肿性子宫内膜增生，这些动物的年龄要比自然病变的动物小得多，也未进行过任何激素治疗。

Dhaliwal等（1997，1999）发现，血循中的类固醇类激素，尤其是雌激素和孕酮，不论是内源性的还是外源性的，其浓度变化均会影响母犬子宫内类固醇受体的浓度和分布。这些变化可能与子宫积脓的发病机制有关。

从患子宫积脓的病犬子宫液中分离出的微生物经鉴定是阴道和外阴正常微生物菌群的一部分，一般认为分离出的主要细菌是具有特殊毒力因子（virulence factors）的大肠杆菌（Dow，1960；Grindlay等，1973；Wadas等，1996）。Sandholm等（1975）发现，被孕酮致敏的子宫内膜和子宫肌层对大肠杆菌有亲和力。这些学者假定，泌尿道的感染与子宫积脓有关，在后情期的早期，子宫内膜上出现大肠杆菌受体，子宫受到感染，从而促进了细菌在子宫的定植。由于在牛的研究已经表明，孕酮可增加生殖道对感染的易感性，因此母犬较长的黄体期可能是发生本病的一个重要成因（Rowson等，1953）。Brodey（1968）提出假说认为，发情时肛门与生殖器的细菌进入子宫，并在黄体期进行繁殖。这个假说为子宫积脓的病因学提供了可信的解释，因为子宫积脓更有可能发生在患囊肿性子宫内膜增生时。但也有人认为，进入子宫的细菌可以是血源性的或通过淋巴管进入（Teunissen，1952）。子宫积脓病原学另一个必须考虑的因素是外源性生殖激素的使用。Anderson 等（1965）报道，在采用醋酸甲羟孕酮（medroxyprogesterone acetate）阻止发情后发生了子宫积脓。使用其他孕激素后也发现有类似的结果。对母犬实验性地使用雌激素通常不会引发子宫积脓，但是雌激素可增强孕酮对子宫的刺激效果。基于这个原因，在配种后用雌激素阻止受胎时，可能会诱发子宫积脓（von Durr，1975；Nelson和Feldman，1986），这可能与发情时所见到的孕酮浓度的增加有关。

28.3.4.2　临床症状

母犬子宫积脓的临床症状广泛，如果病史完整，则可见患病前几周母犬往往处于发情期。在一些病例，如果存在有阴道分泌物，则主人常常认为是发情期的延续（表 28.1）。

早期出现的临床症状一般表现为精神不振（昏

睡），食欲减退，可见渴感与呕吐增加。有些母犬有阴道分泌物出现时才表现症状，这可能与整体健康状况的改善有关。有些病例母犬一直表现不健康但没有脓性分泌物排出。尽管可出现全身性疾病的症状，但病犬腹部增大，因此有可能被误认为是妊娠。这些病例往往在开始出现临床症状后的14～21d内死亡，而且在整个过程中子宫颈始终是关闭的。死亡原因可能是单纯的毒血症或与子宫破裂引起的腹膜炎有关。动物死前偶见子宫颈松弛而流出大量的脓液。

如果进一步细分，子宫颈会间歇性地开放，在排出脓液及表现出不适后，母犬表现相对健康。

表28.1 母犬阴门分泌物的鉴别诊断（改编自Allen和Renton，1982）

分泌物的性质	机体情况	病史	外阴状态	细胞学检查	注释
清亮或稻草黄	发情期	预期的发情	肿胀或稍软	LIEC，AEC，RBC，无WBC	对公犬有吸引力
黏液状	后情期	近期发情	大而软	PBC，SIEC，VSIEC，WBC	无不适
黏液状	正常妊娠期	妊娠/近期发情	大而软	PBC，SIEC，WBC	无不适，不影响妊娠
脓性	幼犬阴道炎	第一次发情前	正常	PBC，SIEC，WBC	可能对抗生素有反应，但会复发。初情期后恢复
脓性/出血性	阴道炎	各不相同但经常过度舔舐，对公犬有吸引力	取决于发情周期的不同阶段	取决于发情周期的不同阶段	详细原因包括：某些细菌和病毒感染，化学刺激（尿），机械刺激（异物），肿瘤及解剖学结构异常
脓性/出血性	子宫积脓	2～8周前发情	轻度肿胀	WBC，SIEC，LIEC，RBC，细菌，细胞碎片	用超声波检查法诊断。常有不适
脓性/出血性	子宫炎	近期分娩	大	多核细胞，LIEC，子宫细胞	严重不适
出血性	前情期	预期的发情	肿胀	SIEC，LIEC，RBC，WBC	对公犬有吸引力
出血性	发情期	预期的发情	肿胀或稍软	LIEC，AEC，RBC，无WBC	对公犬有吸引力
出血性	卵泡囊肿	持续排出	肿胀	LIEC，RBC，±WBC	没有不适，对公犬有吸引力，可能发生骨髓抑制
出血性	阴道溃疡	近期外伤或交配	取决于发情周期的不同阶段	RBC，取决于发情周期的阶段	罕见，可能开始于交配后2周
出血性	胎盘剥离	妊娠	正常或轻度肿胀	RBC，黏液	超声，X射线照相术等可确定妊娠
出血性	胎盘部位复旧不全	产仔后持续排出	正常或轻度肿胀	RBC，大而多核的有液泡的细胞	无不适，难于治疗
出血性	传染性性病肿瘤	非世界上所有国家	取决于发情周期的不同阶段	RBC，肿瘤细胞?	鉴别外阴或阴道肿瘤以确诊
出血性	膀胱炎	尿频	取决于发情周期的不同阶段	RBC，黏液	尿量减少，排尿困难
出血性	尿道肿瘤	排尿困难	取决于发情周期的不同阶段	RBC，肿瘤细胞?	内窥镜检查可以显示出血部位，阳性对照膀胱尿道照相术可以诊断
出血性/褐色	流产	妊娠	轻度增大	RBC，黏液	超声检查显示与产后子宫外观相似
绿色/褐色	分娩	妊娠	轻度肿胀	RBC，SIEC，子宫细胞	涂色，筑窝，产奶
绿色/褐色	难产，胎盘剥离	无进展性的努责	轻度肿胀	RBC，SIEC，子宫细胞	超声检查能确定妊娠和胎儿活力

注：PBC，旁基细胞（parabasal cells）；SIEC，小中型上皮细胞（small intermediate epithelial cells）；LIEC，大中型上皮细胞（large intermediate epithelial cells）；AEC，无核上皮细胞（anuclear epithelial cells）；RBC，红细胞（erythrocyte）；WBC，多形核白细胞（polymorphonuclear leukocytes）；VSIEC，有液泡的小中型上皮细胞（'后情期细胞'）（vacuolated small intermediate epithelial cells）

有些子宫颈开放的子宫积脓病例可持续长达数年，阴门或多或少连续有分泌物排出。在子宫颈开放子宫积脓病例，体温可能正常或有轻微的升高，而在子宫颈关闭的病例常见体温升高。而毒血症病例体温可能低于正常。

阴门分泌物的特点各不相同，大多数黏稠度较低，呈淡巧克力棕色，有特殊气味。在有些病例分泌物呈黄色，常染血，黏稠度从水样到奶油样不等。一般情况下，阴门肿大，阴门周围组织或会阴区可能变色或出现类似烫伤的变化。

病情进一步发展时经常观察到口渴明显，这主要是肾小球远曲小管减少了对水的重吸收的缘故（Asheim，1964）。肾功能障碍可能是由于形成免疫复合物所致（Sandholm等，1975）。

28.3.4.3　诊断要点

腹部触诊。检查之前，应先让动物排尿和排便。在子宫颈开放型子宫积脓的病例，其子宫角变厚，常有不规则的直径约1~3cm的轻微肿胀结构，但子宫角在腹腔中的位置和正常位置相比一般不会改变。触诊时，偶见子宫角某些区域肿胀坚硬，而有些病例子宫角充满脓液而肿胀膨大，难以与周围肠管区分。因此必须小心，不要将结肠与变厚的子宫角混淆。在子宫颈关闭型子宫积脓的病例中，其子宫可能高度膨胀，且眼观就可见腹部变大。但对于大型动物或肥胖病例，腹部触诊并不可行。

超声波检查。超声波对于探查充满液体的子宫非常有价值。因为这时子宫直径增大，可能发生自身折叠，因此每个子宫角的多个横切面可能会在一个平面上成像（图28.10）。子宫的直径可能会因子宫颈的开放和关闭而变化。子宫壁通常为相对低回声，且回声随着子宫壁厚度的增加而增加。子宫腔通常是被无回声的液体明显扩张，但可鉴别出小的有回声颗粒及大片的病变区。当子宫的直径增加到超过小肠直径时，诊断最为容易。病变子宫内若有大量液体，通常会产生很强的增效作用（Feeney和Johnston，1986）。Renton等（1993）建议应该将超声波检查用于监测治疗期间子宫积脓的程度，

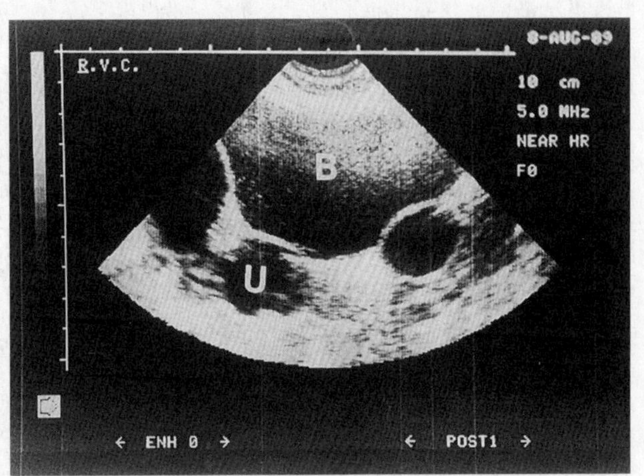

图28.10　子宫积脓母犬生殖道的超声图。子宫角（U）扩展，含有无回声的液体，可在膀胱（B）背部的三个切面上观察到

Bigliardi等（2004）证明了超声波可对临床病例进行早期诊断。

X线检查。下腹部不透明软组织大面积病变（soft-tissue-opacity mass lesion）可以引起小肠的前部移位和结肠的背侧移位，对这种情况的探查，有时可以用于检查子宫的增大（Engle，1940；Schnelle，1940；Walker，1965）。但应该注意的是，这不是子宫积脓特有的结果，妊娠早期也可以见到相似的放射图像。气腹造影（pneumoperitoneography）是一种很有用的辅助手段，它可以更清晰地分辨出子宫积脓病犬的放射造影（Glenney，1954），但常规检查中并不使用。

血液学检测。在患子宫积脓的病例中，白细胞总数时常增高（Khuen等，1940），尽管与子宫颈关闭型的子宫积脓相比，子宫颈开放型子宫积脓的升高程度并不明显（Morris等，1942）。然而，白细胞总数的升高并非总是存在（Sheridan，1979）。

直肠检查。可以通过直肠触诊膨胀的子宫，尤其是在腹壁轻微施加反方向压力时诊断较为容易。

28.3.4.4　治疗

实施卵巢子宫切除术切除被脓液扩张的子宫是治疗子宫积脓可以选择的一种治疗方法（图28.11）。在病程早期就治的病例，手术风险较

低，据报道手术成功率可高达92%（Austad，1952），而患毒血症的病例手术成功率较低。为了确保将肾毒性作用的影响降到最低，对所有病例均应进行静脉液体注射治疗（Ewald，1961）。由于与败血症、菌血症和尿毒症相关的并发症很常见，因此还应注意血浆电解质和酸碱状况（Feldman和Nelson，1987a）。虽然理想的情况是静脉注射广谱抗生素和液体疗法，但在手术前并非总是能够稳定病畜。

如果病情没有危及生命且犬特别的珍贵，就应该考虑恢复其生育力的问题。有人尝试通过在子宫颈放置导管来排空子宫液体（Stephenson和Milks，1934；Funkquist等，1983），但该法不易操作，故一些工作人员建议采用手术诱导排液（Mara，1971；Gourley，1975）。手术时，通过子宫切开术跨子宫颈埋入导管，用于术后冲洗子宫，据报道这种方法成功率较高（Mara，1971）。

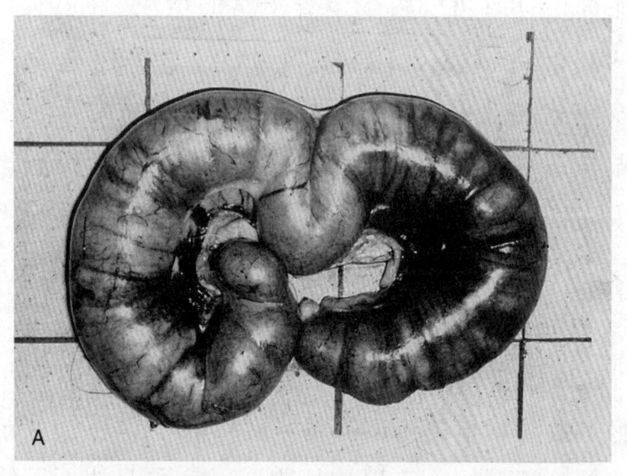

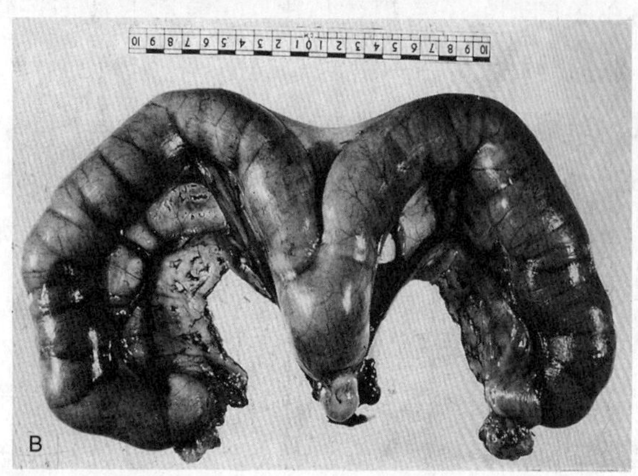

图28.11 子宫积脓母犬的生殖道，注意子宫不同程度的扩张

对于必须保留生殖功能的或因间歇发病（intercurrent disease）而不能进行手术的病例，可以考虑药物治疗。已有多例报道有人成功应用雌激素类药物进行治疗（可能诱导子宫颈松弛）（Watson，1942；Fethers，1943），促进子宫收缩的药物包括麦角新碱（Hornby，1943）、奎宁（quinine）（Cowie和Muir，1957）、依他茶碱（etamiphylline）（Thomas，1980）以及其他一些药物（Spalding，1923；Linde，1966）。但由于子宫积脓是一种黄体期疾病，且已经证明摘除卵巢可以消除其临床症状（Watson，1957），因此，采用前列腺素引起黄体溶解并引起子宫痉挛性收缩是近来的研究热点（Swift等，1979；Sokolowski，1980；Henderson，1984；Wheaton 和Barbee，1993）。前列腺素已经成功地用于治疗子宫颈开放型子宫积脓（Nelson等，1982；Gilbert等，1989），即使在孕酮水平很低的病例依然有效（Renton等，1993）。但前列腺素也有一些副作用，包括烦躁不安、走动、多涎、呼吸急促、呕吐、腹泻、发热和腹痛等；这些副作用有时很严重，可持续长达60min。此外，不建议将这种疗法用于子宫颈关闭型子宫积脓，因为可能存在子宫破裂的危险（Jackson，1979；Renton等，1993）。

然而，前列腺素与促乳素抑制剂麦角生物碱可以联合用药，发现其可成功治疗子宫颈开放型和关闭型的子宫积脓（England等，2007）。在对所有病例的治疗中，都应采用适当的广谱抗生素和静脉注射液体疗法相结合。

子宫积脓治愈的成功率报道结果各不相同；1/3经子宫排液治疗的病犬随后可妊娠（Lagerstedt等，1987），而Feldman和Nelson（1987）发现，42只子宫颈开放型子宫积脓的病犬经前列腺素治疗后，37只产仔。Gilbert等（1989）对40例临床病例治疗，成功治愈33例，且其中9只最终产下幼犬。长期并发症包括乏情、子宫炎复发、不能受胎和流产。England等（2007）发现，21例病犬经氯前列醇和卡麦角林治疗后，11例成功治愈，并在下一个发情期配种，且有7只妊娠。

其他疗法还包括使用孕酮受体颉颃剂阿来司酮（aglepristone）（Breitkopf等，1997），或可将孕酮颉颃剂和前列腺素联合使用，促乳素抑制剂在将来也可用于子宫积脓的治疗。

28.4　影响母犬生育力的管理性因素

在对母犬的生育力进行调查时发现，表现不育的大部分母犬具有健康的生育力，其不育只是与不合理的繁殖管理有关（England和Russo，2006b）。在现代繁殖方案中，公犬和母犬都不允许表现出正常的求偶行为，因为它们都是在主人认为交配时间正确时才引进交配，而这经常是仅仅依靠外阴开始肿胀的天数和阴道血样分泌物的出现来判断的。

虽然大多数母犬在前情期开始后10~14d之间排卵，但有时也会早至第5天或晚至第30天。此外，发情周期之间的时间间隔也不一定始终不变（England等，1989）。因此，如果母犬在前情期开始后第12~16天进行交配（是通行的繁殖实践）可能是不合适的，而且有可能导致受胎失败。

28.4.1　受孕期和受精期

血浆促黄体激素（LH）浓度达到峰值启动排卵，排卵发生在该峰值后40~50h（Phemister等，1973）。犬的排卵是自发性的，卵子排出时为初级卵母细胞（Doak等，1967；Eeynaud等，2006）。排卵时卵母细胞尚未成熟，在受精之前必须排出第一极体而达到第二次有丝分裂的中期（Baker，1982）；这个进一步成熟的阶段会持续48~60h（Tsutsui，1989），再后2~3d卵子仍可受精（Holst和Phemister，1974；Concannon等，1989）。因此，可以发生受精的时间段称为可受精期（fertilization period）（Jeffcoate和Lindsay，1989），为LH峰值后的4~7d（即排卵后2~5d）（图28.12）。

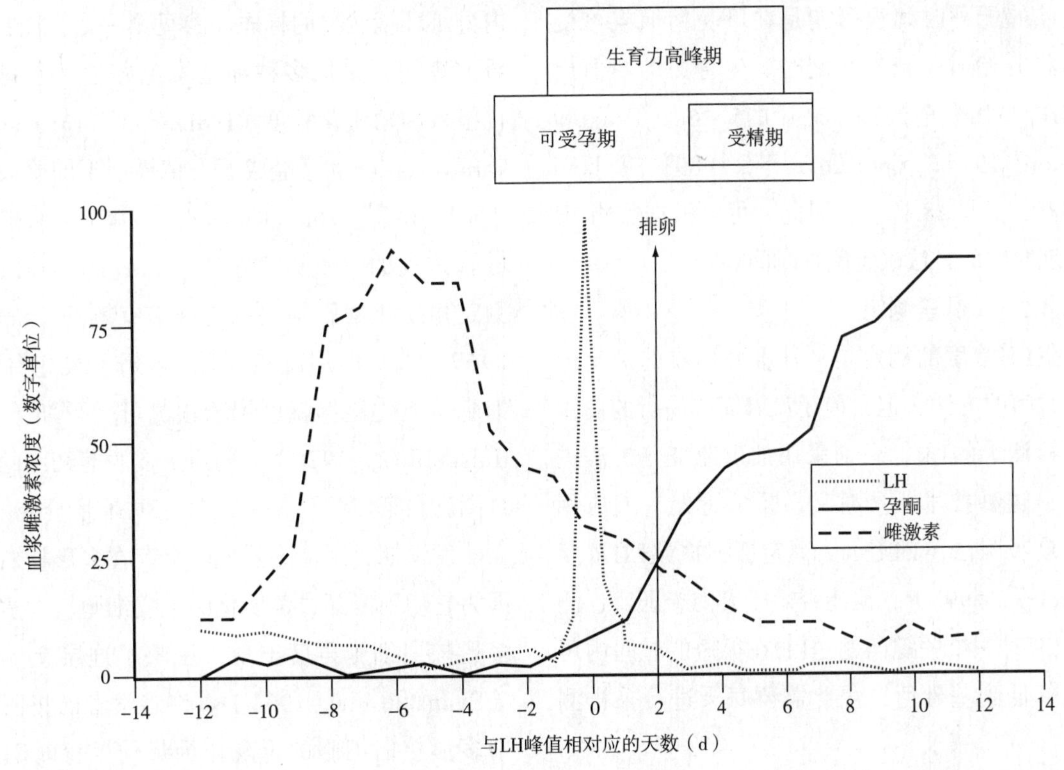

图28.12　母犬前情期、发情期及后情期早期（间情期）外周血浆激素的变化及其与可配种期及可受精期之间的关系

犬的精子在子宫和输卵管中可维持活力和受精能力至少6d或更长时间（Doak等，1967）。因此，在受精期之前交配也有受胎的可能。第二个可能用到的术语是可受孕期（fertile period），它不同于可受精期，因为其涵盖了排卵前和卵母细胞成熟前精子在雌性生殖道中存活的时间。可受孕期从排卵前促黄体素峰值出现的前3d至其后7d，而对于高质量的精液时间可能更长。因此可以根据LH峰值出现的时间，或者根据“可受精期”和“可受孕期”的可靠指示来确定配种时间。

虽然最初人们认为，LH峰值与站立发情的开始是同步的（Concannon等1975），但随后发现，发情期开始前3d至开始后9d都有可能出现LH峰值（Mellin等1976；Wildt等，1978a；Concannon和 Rendano，1983），因此，用试情来判定母犬的可受孕期几乎没有任何价值，而以阴道分泌物的多少和颜色在临床上判定受孕期同样也不可靠（Rowlands，1950；Bell 和Christie，1971）。

28.4.2 最佳配种时间

最佳的配种时间很可能是在可受精期或可受精期即将开始时。自然交配时，生育力的峰值出现在LH峰值出现前的1d至之后的5～6d（Holst和Phemister，1974；Concannon等，1989；England等，1989）（图28.12）。因此，可以根据监测LH峰值出现时间的方法确定配种时间。

28.4.2.1 激素测定

血浆LH浓度的测定是一种准确可靠的判定最佳配种时间的方法，但目前还没有简单易行的商用方法来检测犬的LH，目前采用放射免疫分析法进行测定，这种技术既费时又昂贵。近期有人应用酶联免疫吸附法（ELISA）测定狐狸血浆LH浓度（Maurel等，1993），但能否用于犬尚未证实，测定犬的LH时一个关键问题是LH在很短的时间内可从峰值降低到基础值，因此需要每天进行采样测定。

前情期即将结束时出现LH峰值，此时血浆孕酮的浓度开始升高（Concannon等，1975；Hadley，1975a）。孕酮是由黄体化的卵泡所产生的，因此对血清孕酮进行连续测定可以预测排卵。由于排卵前孕酮浓度升高缓慢，因此没有必要每天进行采样。目前可以采用商用的ELISA试剂盒测定血浆孕酮浓度，这些试剂盒对于预测母犬最佳配种时间非常有用（Eckersall和Harvey，1987；England和 Allen，1989b；Dietrich和 Moller，1993；Fieni等，1993）。也可用这种方法测定全血（England，1991；Bouchard等，1993）和阴道分泌物（England和Anderton，1992）的孕酮浓度。另外，研究表明，还可测定粪便中的孕酮浓度，这就为非创伤性监测排卵时间提供了可能（Hay等，2000）。

28.4.2.2 阴道细胞学检查

检查阴道表皮脱落的细胞常用来监测发情周期。在前情期，血浆雌激素浓度升高，引起孕酮浓度的增加，会使阴道黏膜变厚成为角质化的鳞状上皮，可以用湿拭子或抽吸法收集阴道上皮细胞，可以用不同类型的上皮细胞的相对比例作为内分泌环境状况的标志（参见第一章，图1.34）。研究表明，采用多种细胞染色方法，不同的角质化指数和角质化程度（indices of cornification and keratinization）已经成了发情周期不同阶段的标志（Schutte，1976b；Klotzer，1974）。一般来说，尽管改良的三重染色法（trichrome stain）用于测定角质化细胞的比例是最为有效的（Schutte，1967a）， 但用改良瑞氏-吉姆萨染色计算上皮细胞角质化比例就可用于预测可受孕期（van der Holst和Best，1976）。阴道上皮脱落细胞的变化示意图已在第1章图1.33和图28.13中有所介绍。

发情期，阴道涂片上不会存在多形核白细胞，因为它们不能穿过角质化的上皮细胞。发情期后期多形核白细胞再度出现，反映了这层上皮的裂解（Evans和Cole，1931）。许多学者已将阴道涂片中多形核白细胞的再现作为最佳生育时间的标志（Andersen，1980）。

Feldman和Nelson（1987）认为，在80%以上的上皮细胞发生角质化的整个时间均可以尝试配种（图28.13）。虽然这是个很好的指标，但有些犬在只有60%的上皮细胞角质化时就达到了高峰值，而有些犬可能有两个角质化高峰（van der Holst和Best，1976），有些母犬阴道涂片的细胞变化不明显（Tsutsui，1975），且可能在前情期出现典型的后情期细胞（Fowler等，1971）。Allen（1985）指出，在整个发情期都可能出现多形核白细胞，但其变化程度还无法量化。评价阴道前端细胞的无核细胞指数（anuclear cell index），以此为根据进行配种，发现与只根据前情期的开始判断配种时间而进行配种的母犬相比，其妊娠率和窝产仔数均增加（England，1992）。这一方法对于发情周期无规律和前情期或发情期延长的母犬尤为适用。

28.4.2.3　阴道镜检查

阴道镜检查（vaginoscopy）是应用刚性内窥镜（rigid endoscope）或儿科直肠镜（paediatric proctoscope）对阴道黏膜进行检查的技术。阴道镜的检查是基于对黏膜皱襞的轮廓、黏膜颜色及液体特征性的颜色等的评价而进行的（Lindsay，1983a）。前情期和发情期可以见到粉红色水肿变大的黏膜皱襞或粉红色/白色黏膜皱襞。这些皱襞颜色苍白，发生渐进性皱缩，这可能是由于排卵前雌激素水平下降，其保水作用突然丧失导致的结果（Concannon，1986）。随后，在黏膜皱缩的同时出现黏膜褶展平，明显棱角化，呈白色稠奶油状。这些大体变化已经用于可受孕期的评估（Lindsay，1983a，b；Jeffcoate和England，1997）。阴道镜的检查结果是以阴道壁外观的评价（黏膜皱襞的轮廓、黏膜和液体的颜色）和发情周期中特定时期这一现象的变化为基础。Lindsay等（1988）以及Jeffcoate和Lindsay（1989）设计出了一个特殊的评分系统，后又经作者修改如下（图28.14）：

- **不活跃期**（inactive phase）（I）：这个阶段的特点是黏膜薄、红、干，黏膜皱襞低平。

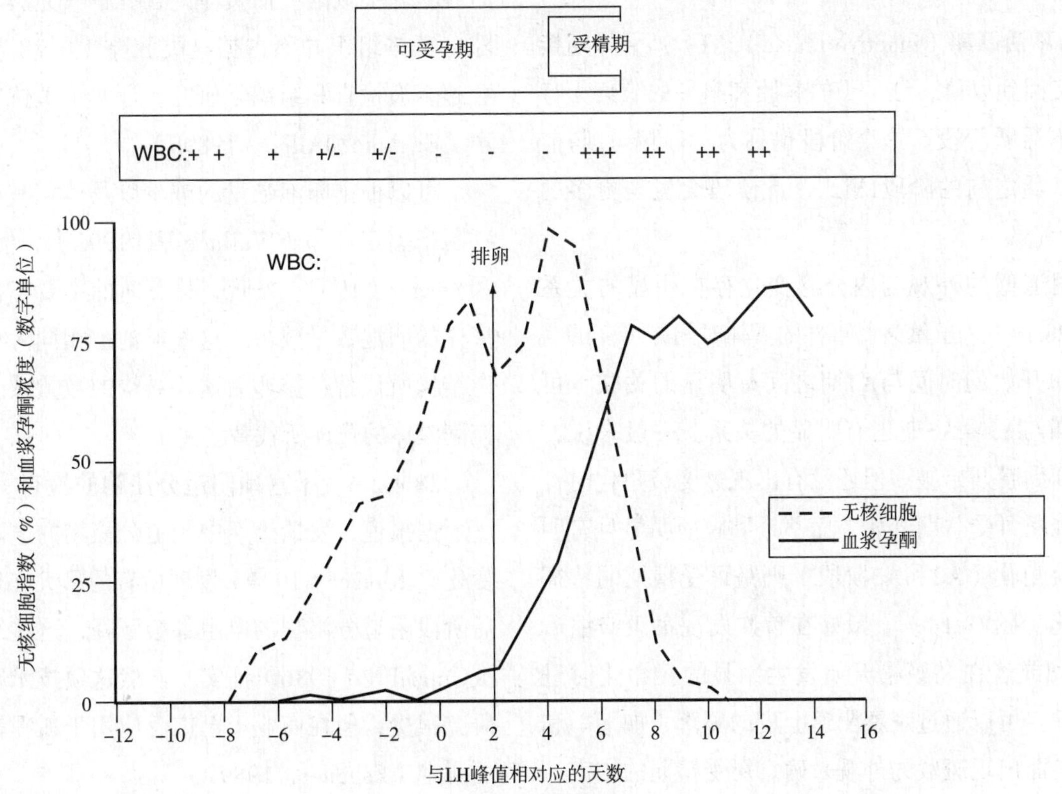

图28.13　母犬无核上皮细胞百分比的变化与排卵和可受孕期之间的关系

• **水肿期**（oedematous phase）（O）：这个阶段的主要特点是黏膜水肿变厚，外观圆润，肿胀，呈灰色或白色。

• **皱缩期**（shrinkage phase）（S）：这个阶段的特点是黏膜变厚，通常为白色，因水肿减轻而形成凹陷、皱褶和压痕。但黏膜皱襞的轮廓依然圆润而不具有棱角。根据此期的渐进性特点，可将早期变化称为S1期，后期变化称为S2期。

• **棱角化期**（angulated phase）（A）：这个阶段的特点是黏膜变厚，正常为白色，但肿胀明显减轻，使黏膜褶渐进性收缩并呈棱角化，达到高峰时外观甚至呈尖顶状且不规则。黏膜外观皱缩。根据此期的渐进性特性，早期的变化称为A1，后期变化称为A2和A3。

• **下降期**（declining phase）（D）：这个阶段的特点是黏膜皱襞轮廓大小呈渐进性下降。在此阶段的早期（称为D1）黏膜皱襞松弛，随后皱褶变圆（D2），角质化的上皮层脱落（D2和D3），导致黏膜变薄，颜色斑驳，皱襞扁平，外观呈玫瑰花形（D4）。

• **不活跃期**（inactive phase）（I）：下降期接下来又回到以薄、红、干的黏膜和扁平的皱襞为特点的不活跃阶段。这个阶段也称为“I期”。与前情期开始之前的阶段I相比，此阶段会发现更多的碎片。

阴道壁的外观与内分泌变化存在明显的关系（图.28.14）。虽然某些事件的具体时间是可变的，但排卵开始的时间与A1期之间有明显的关联，可受精期与A1～A3期也有明显的关系。一般来说，观察到黏膜开始皱缩但还没有出现过度棱角化时，能够推断可受孕期开始，而整个黏膜褶明显且有明显的棱角化（A2和A3阶段）则是可受精期的特征性变化（图28.14）。最好在首次发现黏膜皱缩后大约4d或者在黏膜褶开始发生明显的棱角化时进行配种。可以通过观察阴道上皮的脱落（如上）和黏膜表面出现斑驳的外观来确定可受精期的结束。

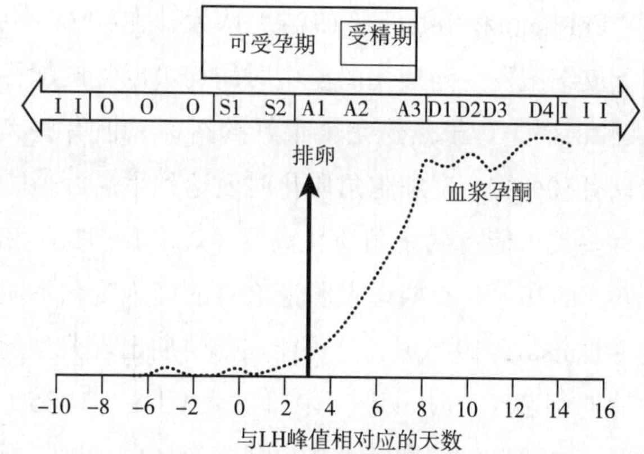

图28.14 母犬阴道内窥镜评分与排卵时间、受孕期及受精期和血浆孕酮浓度之间的关系（阴道内窥镜译出参见正文）

28.4.2.4 超声波检查

实时B超检查已经用于监测某些动物的卵泡生长状况和确定排卵时间。Inaba等（1984）报道了母犬卵巢的成像情况以及排卵鉴定。随后的研究表明，排卵时卵泡数量和大小急剧下降（Wallace等，1989），但尚未见到有关卵巢形态学的细节。England和Allen（1989）认为检测排卵很困难，因为卵泡并不塌陷，而黄体则含有中央充满液体的腔隙，黄体组织并不占据这类腔隙（图28.15）。结合超声波检查和组织学研究，证实了黄体中央无回声（England和Allen，1989b）。

可以根据卵泡数量的减少以及体积减小的主观判断来鉴定排卵（Wallace等，1992），但England和Yeager（1993）发现，排卵时的主要特征是充满液体的卵泡数量减少，这些卵泡被相同大小的低回声结构所代替；排卵后这些结构的数量减少，而由充满液体的黄体所代替。

28.4.2.5 子宫颈阴道分泌物的检查

据报道，发情周期中阴道分泌物的电阻会发生变化，Klotzer（1974）发现所有的母犬在发情的最后阶段阴道分泌物的电阻都会下降，这些结果已经被Gunzel等（1986）证实。虽然这项技术在犬上的研究很少，但在商业上已广泛应用于狐狸输精时间的测定（Fougner，1989）。

Van der Holst和Best（1976）提出，阴道分泌

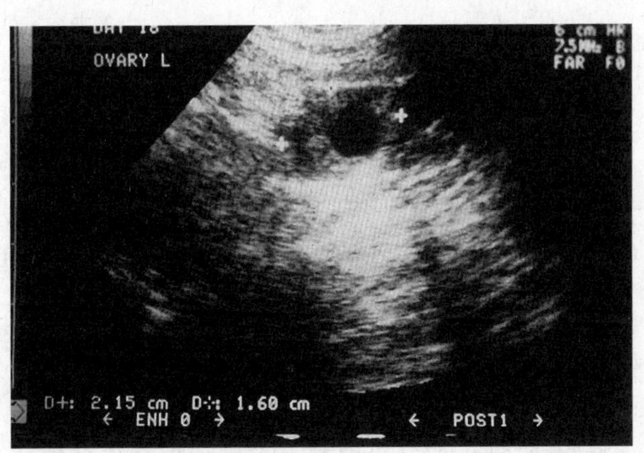

图28.15　后情期（间情期）母犬卵巢的超声图。卵巢内可见大的有腔的无回声黄体（十字标示）

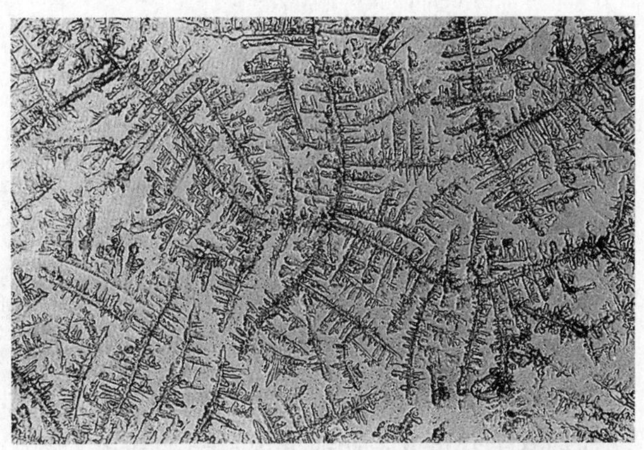

图28.16　母犬发情期采集的子宫颈阴道液体的显微照片，由于黏液结晶形成蕨类植物样的结构

物中葡萄糖的含量是最佳配种时间的有用指标。这个技术的原理是与阴道分泌物pH的变化有关，因为葡萄糖由肌糖原分解而来，然后转化为乳酸（Vogel和van der Holst，1973）。尽管初步的研究结果很有希望，但目前还没有得到临床的认可，这可能是由于母犬的个体差异造成的。

有人报道，血浆雌激素浓度达到高峰期后，母犬阴道前端分泌黏液会结晶化（图28.16）（England和Allen，1989c）。将子宫颈腺体组织分泌的黏液的评价结果（England，1993）与阴道细胞学检查结果结合起来分析，可用于确定最佳配种时间（England和Allen，1989c）。

28.4.2.6　阴门软化

发情前期时，母犬阴门肿胀变大，LH峰值之后阴门明显变软且肿胀减轻（Concannon，1986）。这一方法并不准确，但可能只是可用于评价最佳配种时间的临床事件。

28.5　猫

28.5.1　母猫的生殖道结构异常

28.5.1.1　先天性异常

母猫生殖道先天性异常基本与母犬相似。卵巢发生不全很少见，如有发生则能引起持续乏情和不育。剖宫手术或者腹腔镜检查可发现内含纤维组织的小的卵巢残留物（Schmidt，1986）。和母犬相似的是，建立染色体组型分析对研究这些病例可能是有用的。

卵巢发育不全在母猫也很少见到（Herron，1986），但表型正常的母猫可能具有继发于染色体异常的无功能的卵巢（Centerwall和Benirschke，1975；Johnston等，1983）。

关于管状生殖道发育不全的报道不多见，但关于单侧性和/或双侧性输卵管及子宫角发育不全已见有报道（Herron，1986），这种损伤常常与同侧的肾脏和输尿管缺如有关。当母猫患单侧性结构异常时仍具有繁殖能力，但窝产仔数通常会减少。在很多情况下，这些损伤只有在采取剖腹探查才能确诊。

阴道发育不全可引起子宫液蓄积，引起子宫内膜变化和不育。这时子宫可能会很大，触诊即可探查；采用超声波检查会显示出腹腔后部有充满液体的管状子宫。在一些罕见的病例，可发现构造简单的阴道带（vaginal bands）或阴道狭窄部位，可徒手将其破坏，从而可以发生正常的交配。

生殖道后端的疾病很少。阴门与阴道闭锁（vulvar and vaginal atresia）可单独发生，也可同时发生。前者可见到前庭有/无很小的阴唇，而后者可见阴道狭窄（Saperstein 等，1976）。

两性间性（雌雄间性）

据报道，一些母猫具有模糊不清的生殖器（Herron Boehringer，1972；Felts，1982）。在很多病例，其外生殖器发育不良，动物达到初情期时，会表现出与雄性类似的行为。尚未见有阴蒂增大的报道（Herron，1986）。并非总能对两性间性进行准确的诊断，但在大多数病例，必须除去包括性腺的生殖道。间性动物可分为染色体异常、性腺或性别表型异常等，详细描述见母犬章节（参见28.1.1.1.1 两性畸形）。

28.5.1.2 后天性异常

母猫生殖道的后天性异常很少见。母猫偶发卵巢囊粘连，其病因还不清楚，但通常为单侧性的，能引起生育力下降而不引起不育。最常见的后天性异常是子宫积脓（见后），但子宫积液也有报道。

28.5.1.3 肿瘤

母猫的卵巢肿瘤不常见。一般情况下，肿瘤在诊断前通常可生长到很大的体积且不会频繁转移，常常发生的是粒细胞-壁细胞瘤（Herron，1986），这些肿瘤可能具有内分泌活性，因此可引起持续发情、囊肿性子宫内膜增生及双侧对称性脱毛等临床症状（Barrett和Theilen，1977）。这类肿瘤可用择期卵巢摘除术进行治疗。恶性子宫内膜腺癌（endometrial adenocarcinoma）是最常见的子宫肿瘤，但也有良性肿瘤的报道（Herron，1986）。这些肿瘤可引起阴门持续性地出现出血性分泌物和努责。所有病例，如果未发生肿瘤转移，则可施行卵巢子宫切除术进行治疗。阴道肿瘤包括带蒂平滑肌瘤（pedunculated leiomyomata）和纤维瘤。这些肿瘤罕见，通常表现阴道炎的临床症状，排便时紧张，这是因为肿瘤会影响结肠和直肠。施行局部切除往往对这些肿瘤有治疗作用，且实施卵巢子宫切除术能减少复发的可能。

28.6 母猫生殖道的功能性异常

28.6.1 初情期延迟和乏情期延长

正常情况下，母猫是季节性多次发情的动物，其初情期的开始受体重和出生季节的影响。大多数情况下，母猫的初情期出现在春季，因此秋天出生的母猫，可能要到6月龄时表现首次发情，而在夏天出生的母猫会在9月龄时到达初情期（图28.17）。但是，冬天或春天出生的母猫，可能一直要到12月龄时才到达初情期（Goodrowe等，1989）。

一般认为，母猫在出生后的第2个春季还没到达初情期时，则可认为其发生了初情期延迟。在北半球，母猫一般在1月或2月份开始表现发情行为，这一现象取决于光照周期（Herron，1986）。乏情期延长可能与全身性疾病、营养不良或体内有大量寄生虫有关（Mosier，1975）。如果在消除这些因素后，对于健康的正常母猫，14h的光照应该能终止发情（Gruffydd-Jones，1990）。应该注意的是，母猫是否曾采用过孕激素类药物来控制皮肤病或行为问题，因为这些药物可能会阻止发情（Gruffydd-Jones，1990）。

诱导发情

必须要给母猫配种时，如果母猫没有患病，日照长度适宜，则可诱导其表现周期性发情。有人采用FSH与LH的粗提物诱导母猫的发情行为和排卵（Foster和Hisaw，1935），还有人采用孕马血清促性腺激素诱导发情（马绒毛膜促性腺激素，eCG），每天使用一次，连用8d，效果明显

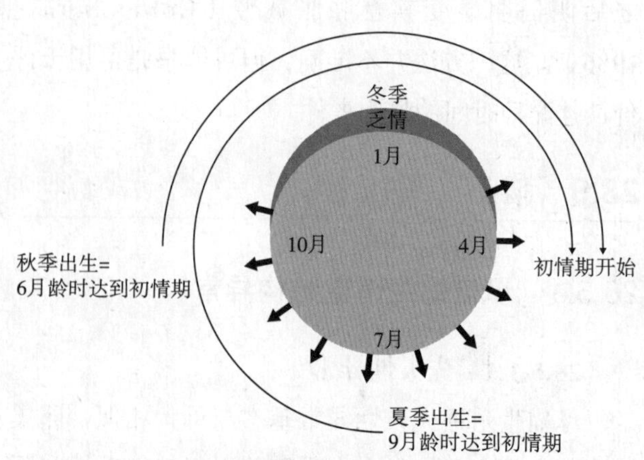

图28.17 母猫季节性多次发情的周期性变化（大箭头代表发情），说明初情期的年龄依出生时间而有差异

（Colby，1970）。母猫似乎对外源性促性腺激素的作用敏感，大剂量使用时可引起大量不排卵的囊状卵泡（Wildt等，1978a）。乏情期的母猫用100 IU的eCG处理，随后5～7d再给予50IU的hCG，则排卵率和妊娠率与自然出现的发情周期类似（Cline等，1980）。同样，用FSH处理 5～7d会引起高的妊娠率（Wildt等，1978a）。最近，有人采用降低FSH-P的剂量并与单一剂量的hCG联合用药的处理方案获得成功（Pope等，1993）。

28.6.2　安静发情

安静发情的病例常见于猫群中等级较低的母猫，其发病情况还不清楚，如果母猫不表现行为上的发情，但内分泌指标正常，此时可作出诊断。通过阴道细胞学检查证实是否发情（见后），或者将母猫移入新环境，或进行诱导发情，可以对安静发情的病例进行评价。偶尔泌乳母猫会发生安静发情，但更为常见的是在此阶段猫处于乏情期。

28.6.3　发情期延长

一些母猫可表现持续时间长达2个卵泡周期的发情行为（图28.18）。这些病例雌激素水平居高不下，这可能是由于不排卵而造成卵泡波叠加的结果。东方品种的母猫更经常出现这种状况。尽管由于配种时间不适宜及由此导致的排卵失败，使得母猫的生育力下降，但是这些周期的生育力还不确定。在大多数病例，因为发情期延长通常只是偶尔发生，因此其治疗效果难以保证。

28.6.4　排卵失败

猫是诱导排卵型动物，在交配或人工刺激生殖道后发生排卵，排出可以受精的卵子（Greulich，1934）。交配可诱发垂体介导的LH快速释放（Robinson和 Sawyer，1987），而且通常需要进行多次交配才能确保排卵的发生（Concannon等，1980）。如果母猫的交配次数不足，则可能引起排卵失败。但是，如果在发情的头3d，每天间隔4h

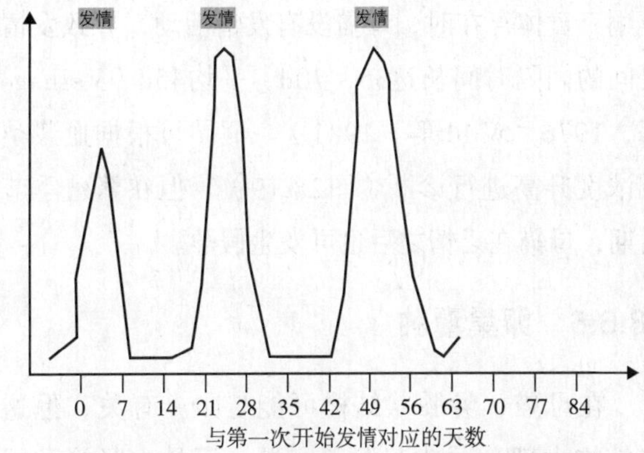

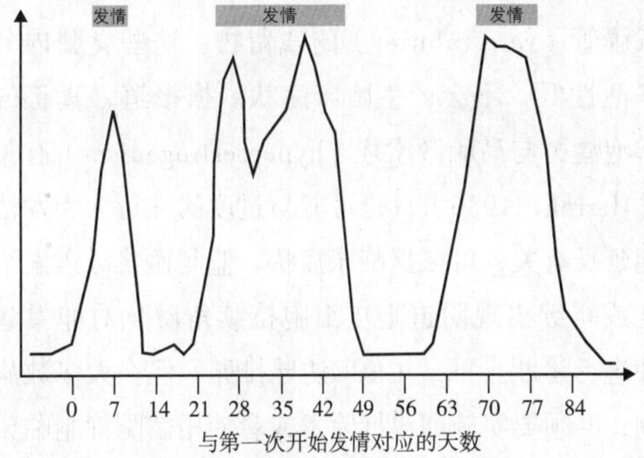

图28.18　正常发情周期母猫（上）及发情期延长母猫（下）血浆雌激素浓度的变化

未配种母猫站立发情的时间（Oes）用▇表示

交配3次，则约90%的母猫会发生排卵（Schmidt，1986）。在发情期后期交配，LH释放的幅度会降低。因此，在表现发情行为的头几天内进行配种可确保成功率最高。排卵失败可根据3周后的返情（猫虽排卵但未受孕时可进入假孕期，因此会延迟返情）以及测定发情行为终止后的血浆孕酮浓度两种方法进行诊断。如果在发情开始时能保证有足够的交配次数，或在发情第一天注射单次剂量的hCG（500IU），可促进排卵（Wildt和Seager，1978）。

28.6.5　假孕

虽然在母犬，假孕不是导致不育的原因，但在母猫，发情的周期性消失可能为假孕所引起。

母猫不能受孕的交配，或偶尔发生的自发性排卵（Lawler等，1993）会诱导黄体形成，黄体分泌孕酮。黄体存在时，母猫没有发情活动，导致发情之间的间隔时间长达35～70d，平均45d（Verhage等，1976，Wildt等，1981）。假孕可根据血浆孕酮浓度升高进行诊断（图28.19）。但在繁殖季节后期，母猫在乏情之后也可发生假孕。

28.6.6 卵巢囊肿

在母猫，囊肿状结构可能与卵巢有关，但这些结构大部分并非起源于卵巢，而是中肾管和网状膜管（rete tubules）的残留物。这些囊肿内分泌活性低，不会产生临床症状。据报道，真正的卵泡囊肿与高雌激素症（hyperoestrogenism）有关（Herron，1986），也可能与过度的性行为和发情期延长有关，可依据临床症状、监测血浆雌激素浓度或持续出现阴道上皮细胞持续角质化对卵巢囊肿进行诊断。可试用hCG诱导排卵，但在大多数病例，必须要实施卵巢摘除术或者使用孕酮抑制临床症状。

28.6.7 卵巢早衰

卵巢早衰是有生殖能力的母猫长期处于乏情从而导致可繁殖年限缩短的原因之一（Feldman和Nelson，1987）。这种疾病很难确诊，只能靠排除引起乏情的其他原因来诊断。对于名贵品种，则需要慎重考虑诱导发情的方案，目前尚未见到这种治疗效果的资料。

28.6.8 习惯性流产

虽然人们经常对猫的习惯性流产作出诊断和治疗，但几乎没有可靠的证据表明母猫会发生习惯性流产。多数情况下认为习惯性流产是由于缺乏孕酮所引起（Christiansen，1984），但有关这方面的证据仍然不足。与母犬一样，维持妊娠所需要的血浆孕酮最低的浓度大约是1～2 ng/ml，而在整个妊娠期孕酮的主要来源是卵巢（Verstegen等，1933a）。有人推荐使用孕酮或者孕激素类药物来防止习惯性流产的发生（Christiansen，1984），但

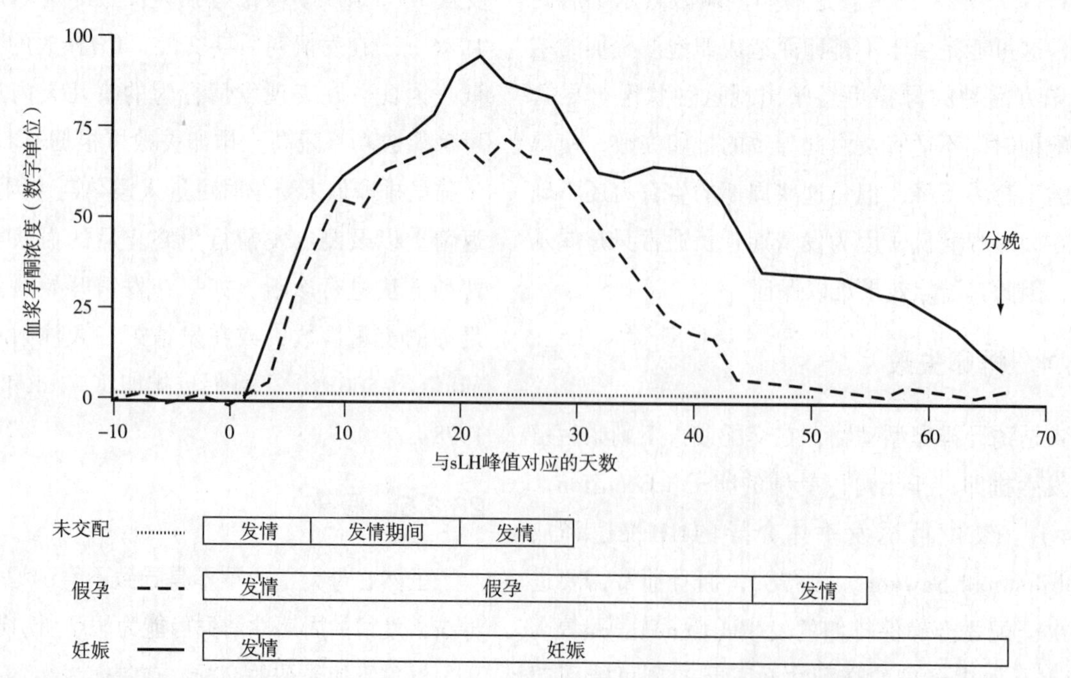

图28.19 未配种假孕母猫和妊娠母猫外周血浆孕酮浓度的变化。激素变化根据配种母猫LH峰值出现的时间及未配种母猫发情开始的时间绘制

这种治疗是凭经验提出的，可能会使妊娠期延长、产出雄性化的雌性幼仔和雄性幼仔发生隐睾。孕酮疗法只能限于治疗确诊为真正的黄体功能不健的病例。

28.7　影响母猫生殖道的传染性病原

关于性传播性感染和生殖道特异性感染作为猫不育的原因，目前尚未见有报道。但是，有些条件性病原和特定的传染性病原可能对猫的生育力具有直接的影响。

28.7.1　条件性病原

许多需氧菌和厌氧菌正常情况下就定植于母猫的前庭及阴道。有研究表明，这些细菌可能会在交配时进入子宫，随后由于孕酮占主导作用的子宫环境能够使得细菌繁殖，因此可引起流产（Christiansen，1984；Troy和Herron，1986a ）。但还不清楚的是，流产是否就是由从流产的胎儿分离得到的细菌所引起，还是在流产时子宫颈开张，这些细菌侵入了子宫。通常分离所得到的细菌包括大肠杆菌、葡萄球菌、链球菌、沙门氏菌和分支杆菌（Troy和Herron，1986b）。母猫即将发生流产时，可能会发热，变得反应迟钝。治疗时可给予广谱抗生素、液体治疗和采用刺激子宫排空的药物。一般设有必要实施子宫切开术清除胎儿组织，但发生严重的子宫炎时，可能需要实施卵巢子宫切除术。

28.7.2　特异性感染

28.7.2.1　猫白血病病毒

猫白血病病毒（feline leukaemia virus，FeLV）与许多临床症状有关，诸如不育、孕体吸收和流产等（Hardy，1981）。据认为，FeLV是引起母猫不育最常见的原因（Jarrett，1985）。尽管母猫会发生流产和产出永久带毒的幼仔，但是胎儿吸收的情况也很常见。虽然对FeLV引起生殖疾病的病因学机理尚不确定，但已知病毒可能跨胎盘感染，另外猫白血病病毒可能引起免疫抑制，从而诱发细菌继发感染（Jarrett，1985）。通过病毒分离、免疫荧光抗体技术或ELISA方法可以对猫白血病病毒的感染进行诊断。FeLV阳性的母猫不应再繁殖，因为其产下的所有后代都会持续感染。这些幼猫往往在出生后就会患上与FeLV相关的疾病。目前可以采用接种疫苗的方法预防猫白血病及其相关疾病。

28.7.2.2　猫疱疹病毒

Ⅰ型猫疱疹病毒（feline herpesvirus Ⅰ）可在妊娠第5～6周时引起流产。子宫中可发现病灶，但仅在实验性感染时才可见到胎盘病灶（Hoover和Griesemer，1971）。典型情况下猫疱疹病毒可引起猫病毒性鼻气管炎（feline viral rhinotracheitis），在自然发生的病例，流产可能是对感染发生非特异性反应的结果（Troy和Herron，1986a）。该病毒可通过呼吸道传播，高达80%的猫为长期的带毒者。通过临床症状和病毒分离可以诊断猫疱疹病毒感染。母猫接种疫苗可获得高水平的免疫力，因此建议所有繁殖动物均进行免疫接种，但接种疫苗不能阻止机体带毒，而应激可能会引起机体再次排毒。

28.7.2.3　猫传染性粒细胞缺乏症病毒

猫传染性粒细胞缺乏症病毒（feline panleukopenia virus）通过直接接触唾液、粪便和尿液而传播。妊娠母猫感染该病毒会引发流产、死产、新生幼仔死亡和胎儿小脑发育不全（Troy和Herron，1986a）。这些作用是跨胎盘感染引起妊娠早期胎儿死亡和孕体吸收（Gillespie和Scott，1973），以及妊娠中后期病毒感染引起胎儿小脑发育不全所造成的（Gaskell，1985）。本病根据临床症状、组织病理学检查、病毒分离和配对检测血清样品验证血清抗体滴度升高进行诊断。幼猫的小脑发育不全尚无法治疗。

28.7.2.4　猫传染性腹膜炎病毒

据报道，猫传染性腹膜炎病毒（feline infectious peritonitis virus）是不育症、死产、子宫内膜炎、孕体吸收和流产、慢性上呼吸道疾病和小猫衰退综合征（fading kitten syndrome）等病的病因

（Scott等，1979；Troy和Herron，1986b）。母猫不常表现发病，可发生流产或孕体吸收而不被注意。流产通常发生于妊娠的最后两周（Norsworthy，1974，1979）。通过血清学和病理学检查可以对此病作出诊断。

28.7.2.5 刚地弓形虫

刚地弓形虫（*Toxoplasma gondii*）感染是引起猫流产和先天性感染的一个罕见原因（Troy和Herron，1986b）。妊娠失败可能是由于母畜的全身性疾病，而并非是由于病原进入子宫或引起胎儿病变所引起。由于弓形虫可跨胎盘感染或经哺乳途径传播，因此出生后很小的动物，即使在其通过摄入病原而建立卵囊之前就已出现弓形虫卵囊。要证明这种原虫在流产病例中的作用，必须采用血清学检查。对血清学阴性的妊娠母猫，不应饲喂生的或未烹制的肉类。

28.7.2.6 猫亲衣原体

猫亲衣原体（*Chlamydophila felis*）引起母猫流产的研究证据很少。虽然可从感染猫的生殖道分离得到猫亲衣原体，而且有证据表明其感染与生殖疾病有关（Willis等，1984），但其传播方式尚不明了。直接分离猫亲衣原体和证实高滴度的抗体可对该病作出诊断。分离到这种微生物是否就说明其在流产中发挥作用，仍难以确定，因为其只可能是条件性致病菌。接种疫苗对动物具有很高的保护性，在大多数情况下接种后可产生母源抗体，这种抗体可一直持续到幼仔达到2月龄。

28.8 囊肿性子宫内膜增生及子宫积脓

28.8.1 病因学

在母猫，自然发生的及实验性诱导的囊肿性子宫内膜增生及子宫积脓均有报道（Dow，1962b），该病更常见于老龄动物（Lein和Concannon，1983），但在冬季母猫不表现性周期时则不常见。自然发生的病例卵巢上有黄体存在，说明孕酮可能参与本病的发生，这与母犬相似。有趣的是，约有一半的病例发生在未交配的母猫，而这些母猫本不该有黄体期。这种现象可通过Dow（1962b）和Lawler等（1991）的观察来解释，即一部分母猫不交配就能排卵。Lawler等（1993）的研究表明，在没有交配或对子宫颈进行机械刺激的母猫，35%会自发性排卵。关于子宫积脓的发病率与胎次之间的关系（Colby，1980）的报告一直存在争议（Feldman 和Nelson，1987b）。

从患子宫积脓的母猫病例分离到的病原体与在母犬上发现的类似，多是条件性致病菌，这些细菌正常情况下就寄居在猫的生殖道，包括大肠杆菌等（Joshua，1971；Choi和Kawata，1975；Lawl等，1991）。因此阴道拭子培养没有多少价值。

28.8.2 临床症状和诊断特点

囊肿性子宫内膜增生/子宫积脓综合征的严重程度和临床症状差异很大。早期病例可能只有子宫内膜轻微增生并伴有腺体扩张，由此导致不利的子宫环境，引起胎儿吸收。患子宫内膜增生的母猫往往在临床上表现正常，偶尔可发生子宫增大并能被触诊到。对这些病例进行超声检查，可以发现子宫黏膜有无回声区存在，说明存在有囊肿性腺体组织，偶尔还可检查到自由流动的子宫液。

子宫积脓的病例通常不难诊断，尽管母猫可能会特别挑剔且常常有规律地清洁其外阴周围，但许多母猫仍具有恶臭的阴门分泌物。通常在开始出现分泌物的2个月内可观察到母猫发情。前面介绍的用于母犬的诊断方法可能对母猫子宫积脓的确诊具有帮助。虽然也可采用X线照相、血液学方法及临床检查等方法，但实时超声诊断检查则是最为准确的诊断方法。触诊腹部时需谨慎，因为可能会有引起子宫破裂的风险。

28.8.3 治疗

与母犬一样，一般可采用卵巢子宫切除术治疗子宫积脓，但术前要注意动物机体电解质平衡和酸碱状况；常需采用静脉注射液体治疗。卵巢子宫切

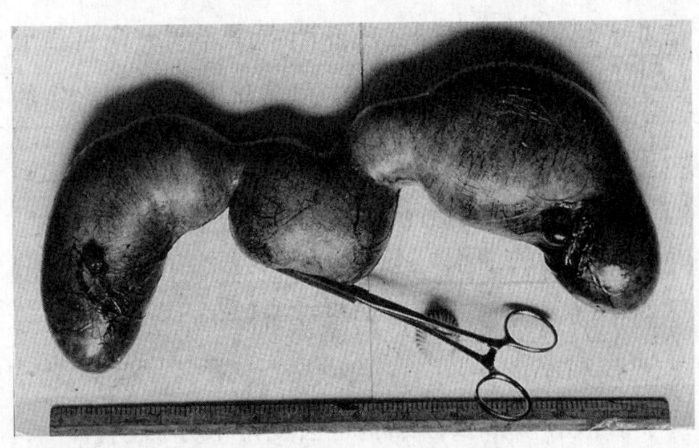

图28.20 患子宫积脓母猫的生殖道

除术后取出的完整的母猫生殖道见图28.20。

人们对各种促进子宫排出脓液的方法进行了研究，但还未见有采用子宫颈导管插入术治疗母猫子宫积脓的报道。有人通过剖宫术和子宫切开术对子宫进行手术引流和清洗（Gourley，1975；Vasseur和Feldman，1982）。清洗后，在每个子宫角安置引流导管装置，穿过子宫颈和阴道，用于术后清洗。

药物治疗可能对本病有效，且已经证明成功率很高（Feldman和Nelson，1987b；Davidson等，1992）。Feldman和Nelson（1987b）只治疗了6岁以下患子宫颈开放型子宫积脓的母猫，每天使用0.1mg/kg或者0.25mg/kg的地诺前列素（dinoprost），连用5d，发现14只母猫中有12只随后产仔。在母猫使用前列腺素产生的副作用的持续时间和效应与在母犬相似，包括心动过速、流涎、鸣叫、排粪和行为改变。前列腺素应与适宜的广谱抗菌药和液体疗法结合使用。已知前列腺素对猫有直接的溶黄体作用（Verstegen等，1933b），并伴发子宫痉挛性收缩，由此可以解释这种治疗方法非常成功的原因。然而，有人经证明在猫，促乳素具有促黄体化作用，促乳素抑制剂如卡麦角林（cabergoline）具有促黄体溶解作用（Verstegen等，1933b）；如果将这些药物与前列腺素联合使用，则很可能会增强效果，而且能降低需要的前列腺素的剂量。与在母犬一样，孕酮受体颉颃体与促乳素抑制剂和前列腺素联合使用也是一种可以选择的治疗方法。

28.9 影响母猫生育力的管理性因素

由于对母猫正常繁殖生理学的误解，现代繁育模式可能会妨碍猫的繁殖性能。

母猫的排卵是由于交配后释放LH，由足够的血浆LH诱导发生排卵。在一项研究中发现，仅交配一次诱导的LH峰值只能引起50%的母猫发生排卵（Concannon等，1980），而在4h内进行4～12次无限制的交配，LH的平均浓度要比只进行一次交配时高3～6倍，且所有母猫均发生了排卵（Concannon等，1980）。在发情期中某一天或连续几天里使母猫按照预设的时间间隔进行交配，可使LH释放的发生率、幅度和持续时间发生变化（Wildt等，1978b，1980；Banks和Stabenfeldt，1982）。由此可见，繁殖实践中常常采用的限制交配的方法可引起很大比例的母猫排卵失败。尽管Glover 等（1985）认为在发情早期重复交配可能不会引起LH充足的释放，而在发情期后期同样的交配很可能会成功诱导排卵。因此，有一点非常重要，即不仅多次交配，而且允许发生正常的求偶行为，这样才能保证在整个发情期间都能进行交配，而不仅仅是在饲养者认为正确的时间才进行交配。

母猫的前情期和发情期的各个阶段很难准确判定，但与母犬不同，母猫的发情行为重复性较强。在前情期的1～2d内，母猫拒绝交配，但更为活跃，且对雄性动物表示好感；只有在有公猫存在时，才能真正准确鉴定这个阶段。发情期可持续3～20d，平均为8d。在此期间，母猫常表现蹲坐和拱背姿势以便于雄性动物爬跨。雄性动物紧抓母猫颈背部皮肤可以引发这种反应。应该在发情期中期，即前情期初始征状开始后的3～4d，开始尝试配种。

母猫在发情期不出现阴门肿胀，因此，检查母猫的临床表现对确定最佳配种时间几乎没有价值。在母猫发情期，偶尔会见到少量白色的阴门分泌物

（Teutsui 和Stabenfeldt，1933）。脱落的阴道细胞学检测可用于判断母猫所处的发情周期阶段，但该技术不能预测发情期的开始；高达1/3的母猫在其阴道涂片出现角质化细胞之前，会表现发情征状（Shile等，1979），因此该技术对确定发情最为有用（Banks，1986）。可以通过湿棉签蘸取或装有灭菌生理盐水的点眼药器冲洗来收集阴道上皮细胞，上皮细胞的染色可以采用各种方法，如改良瑞氏-姬姆萨染色等。由于母猫发情时并不出现血细胞渗出的特征，因此阴道涂片上不会发现红细胞。阴道涂片中往往没有多形核白细胞，其只出现在后情期的早期和妊娠期，因此阴道涂片的变化只是上皮细胞形态的变化。出现的角质化上皮细胞比例的变化与在母犬上看到的相似，母猫处于发情期时，80%以上的阴道上皮细胞发生角化。如果母猫不排卵，则脱落的细胞形态会恢复到与乏情期和前情期早期相似的状态。后情期早期阶段的主要特点是旁基细胞和小的中间上皮细胞数量增多，而组织碎片、黏液和多形核白细胞也会变得十分明显。

由于这一技术可能会引起排卵，故应小心收集阴道上皮细胞。

第六篇

公　畜

The male animal

第 29 章

公畜的正常繁殖

Tim Parkinson / 编　　张家骅 / 译

公畜生殖器官（图29.1）有三种功能；睾丸产生精子，精子在生殖道中成熟、贮存、转运，由阴茎将精子送入雌性生殖道。雄激素也有三种功能：维持精子生成，使公畜产生雄性行为（主要为性欲和攻击行为）和雄性体征。

29.1　睾丸、精索和阴囊的解剖学

所有公畜的睾丸都位于腹股沟区，被覆阴囊。公牛和公羊的睾丸悬垂，有一明显的颈部；其他公畜阴囊紧贴腹股沟部。阴囊是由皮肤组成的囊状结构，皮下有多层弹性纤维和肌肉层，阴囊肉膜（tunica dartos）明显（图29.2）。阴囊肉膜在两侧睾丸间融合形成阴囊中隔（intertesticular septum）。公猪精索外筋膜（external spermatic fascia）也很明显。睾丸由两层腹膜包裹，这是由于睾丸从腹股沟下降时腹膜壁层（parietal peritoneum）随睾丸突出，覆盖于睾丸所形成。外层为睾丸的浆膜层（processus vaginalis），即腹膜鞘状突（tunica vaginalis reflexa），反折连于睾丸，形成睾丸的浆膜外层，即睾丸总鞘膜（tunica vaginalis propria）。伴随腹膜呈管状从腹股沟管的外凸，内腹斜肌（internal abdominal oblique muscle）形成憩室，憩室中为提睾肌（cremasteric fascia）和鞘膜（vaginal tunics）。提睾肌对温度和其他有害刺激发生反应，通过调节舒缩活动引起睾丸的升降。

睾丸的白膜（tunica albuginea）主要是纤维组织，其中间有平滑肌，但其功能尚不清楚。囊状结构的最外一层为总鞘膜。睾丸的主要血管在进入白膜支持睾丸实质之前分布在白膜上，神经主要分布在睾丸外周，睾丸内神经组织分布很少。睾丸实质（图29.3）主要由两类组织组成，即曲细精管（seminiferous tubules）和间质组织。每一根曲细精管都高度弯曲，无分支，两端均开口于集合管（collecting tubules），随之汇入睾丸网（rete testis）。曲细精管有基膜，部分基膜含有具收缩能力的肌细胞。管内上皮主要由支持细胞（Sertoli细胞）和处于不同发育阶段的生精细胞两类细胞组成。间质组织包括分泌类固醇激素的间质细胞（Leydig细胞）、血管和淋巴，不同动物其数量和形态均有较大差异。比如，公羊Leydig细胞呈小的簇状围绕血管，淋巴组织较多；而公猪间质组织中密集集中了Leydig细胞，淋巴组织相对较少（Fawcett，1973）。

每一条曲细精管的末端，在生精组织与睾丸网之间有一段过渡带，但在有蹄类动物和食肉动物，其睾丸网位于睾丸中心的纤维组织纵隔内（mediastinum），但在啮齿类动物和灵长类动物则略有不同。开口于过渡带的曲细精管数量和构成睾

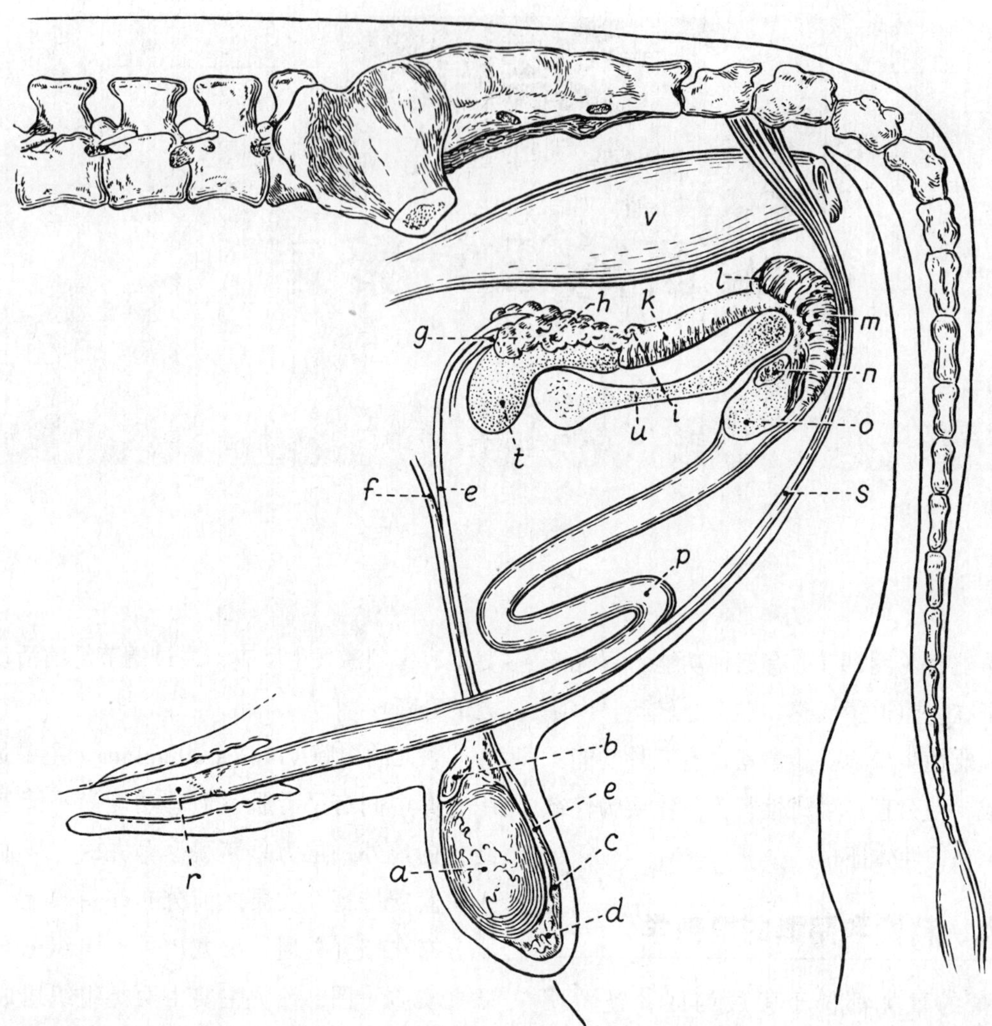

图29.1 公牛生殖器官

a. 睾丸；b. 附睾头；c. 附睾体；d. 附睾尾；e. 输精管；f. 精索血管；g. 输精管壶腹；h. 精囊腺；i. 前列腺体；k. 尿道肌包围的骨盆部尿道；l. 尿道球腺；m. 球海绵体肌；n. 阴茎脚；o. 坐骨海绵体肌；p. 阴茎S状弯曲末梢；r. 龟头；s. 阴茎缩肌；t. 膀胱；u. 骨盆联合；v. 直肠（引自Blom和Christensen，1947）

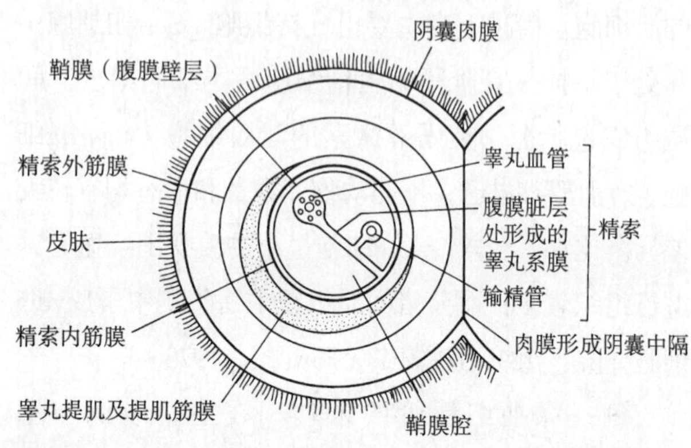

图29.2 阴囊颈部睾丸筋膜、肌肉和腹膜解剖图示

除鞘膜腔（阴囊内仅有的空腔）外各层结构紧密相连，鞘膜与较厚的精索内筋膜黏附增加了强度（Cox，1982，经同意重绘）

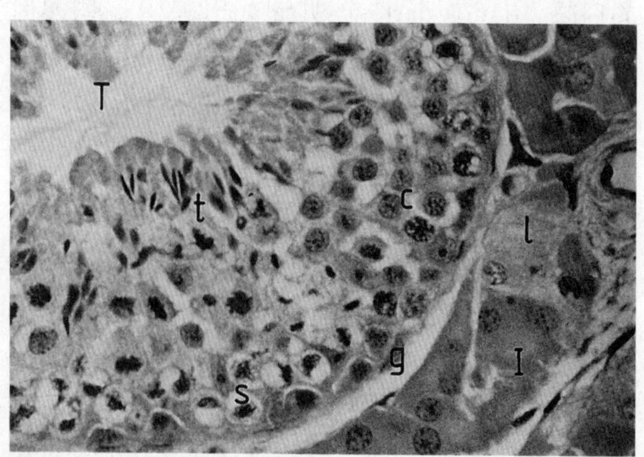

图29.3 睾丸组织结构

曲细精管（T）中不同成熟阶段的生精细胞在管腔中连续、依次排列，曲细精管的外周为精原细胞（g）和支持细胞（s），向管腔依次为精母细胞（c）和精细胞（t）；曲细精管间的间质组织含Leydig细胞（l）血管、神经和淋巴组织

丸网管道的数量随动物种类的不同而异（Setchell等，1994）。睾丸网由相互连接、具有单层上皮的网状管道吻合构成，其功能是将精液送入附睾。睾丸网内管道开始较直，经一段较长的弯曲后开口于附睾管，开口于附睾管的睾丸网管道大约有13～20条（Hemeida等，1978）。液体可以在睾丸网和输出管道中被吸收。

附睾是一条高度弯曲的管道，通过输出管（vasa efferentia）与曲细精管连接，外形大体为圆柱状，与睾丸在精索悬掉处连接，此部分为附睾头，中段稍小为附睾体，尾段稍膨大，与输出管相连，为附睾尾。附睾管壁肌肉通过蠕动使尚未成熟的精子在通过附睾时最后成熟。成熟的精子贮存于附睾尾，因此具有性能力的公畜附睾尾因精子充盈而膨大。比较而言，公畜附睾与睾丸之间的联系更偏向于睾丸的外缘，而啮齿动物和灵长类动物的睾丸和附睾的位置则相对较远。

输精管（vas deferens）为肌质管道，管壁较厚，具有贮存精子和将精子从附睾输送至阴茎的功能。输精管位于精索尾中段腹膜形成的小憩室内。精索由腹膜鞘膜（peritoneal vaginal tunics）包裹，除输精管外，还包含通往睾丸的动脉、静脉和神经。精索囊（spermatic sac）包括精索（spermatic cord）、精索内筋膜（internal spermatic fascia）、提睾肌及提睾肌筋膜（cremasteric fascia）。提睾肌位于精索囊内与输精管相对的位置（位于前侧面）。输精管通过腹股沟管进入腹腔，向后进入骨盆部尿道（pelvic urethra），在该部位尿道与膀胱颈部连接。

阴囊内各种结构之间还有许多短韧带（图29.4），睾丸固有韧带（proper ligament of the testis）使睾丸腹面与附睾尾相连，附睾后侧韧带使附睾尾与鞘膜（vaginal tunic）相连。这些韧带由引带（gubernaculum）衍生而来。在鞘膜的外表面，阴囊韧带使阴囊鞘膜（vaginal tunic）与阴囊筋膜（scrotal fascia）相连。

29.1.1　睾丸的血液供应和神经支配

睾丸血液来自精索动脉（spermatic arteries），精索动脉在靠近肾动脉处由腹主动脉分支。公畜精索动脉由腹膜包裹穿过腹股沟管，构成精索的主体。在睾丸位于阴囊的动物精索动脉从穿过腹股沟管开始高度盘曲，盘曲的程度与睾丸悬垂程度相关，如果阴囊位于腹股沟管而不悬垂，则盘曲程度较小。公牛精索中精索动脉长度约为5m（Setchell，1970）。精索动脉达到睾丸表面时分支（Setchell，1994），分支进入睾丸实质前绕行于睾丸表面，形成分布于睾丸表面的主要动脉。

睾丸的静脉主要为静脉吻合丛（精索蔓状静脉丛）组成。精索蔓状静脉丛（pampiniform plexus）起自白膜，通过腹股沟管时汇入精索，最后进入后腔静脉。开始时精索蔓状静脉丛中静脉分支多，随

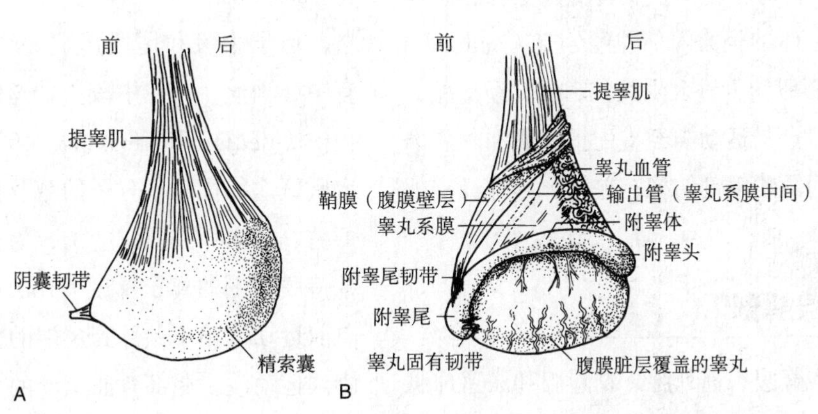

图29.4　阴囊韧带

A. 马右侧精索囊侧面图　B. 马右侧精索囊内部侧面图。精索囊下端切面图参见图29-2（Cox，1982，经同意重绘）。

着在精索中向腹腔延伸，分支越来越少，穿过腹股沟管时，只有为数不多的几条。最终汇为一条，进入后腔静脉或肾静脉（Setchell，1970）。公牛精索蔓状静脉丛中静脉血管大小不等，大静脉相互平行，绕行于精索动脉；小静脉无序排列，更加细微的静脉附着于精索动脉。静脉之间相互贯通（Hees等，1984），甚至在静脉内也可能存在动静脉之间的吻合支（arteriovenous anastomoses）。

精索动脉与精索蔓状静脉丛如此复杂地密切接触发挥多种功能。首先，随着精索动脉长度增加，动脉血管到达睾丸时动脉的脉动几近消失，（Waites和 Moule，1960）。大鼠精索起始端动脉血压为34mmHg，到达睾丸时为6mmHg，说明精子的正常生成并不需要与其他组织相似的动脉血脉动性的血液供应（Maddocks和 Setchell，1988）。其二，温度低于哺乳动物核心体温时精子生成更为有效。精索蔓状静脉丛中动脉和静脉紧密接触可允许精索动静脉之间发生热量交换，因此使睾丸内的温度与体温有几度的差异。其三，动静脉之间还可能发生小分子物质的交换，如睾酮。这种小分子物质交换的意义还有待证实。

支配睾丸的神经来自胸腰部交感神经传出（thoracolumbar sympathetic outflow），其内脏运动纤维（visceral motor fibres）控制睾丸、附睾和睾丸动脉平滑肌的兴奋（ Hodson，1970 ）。这些运动神经纤维和内脏感觉神经纤维（visceral sensory fibres）伴行于精索。阴囊受内脏神经和体神经双重支配，体神经为阴部神经分支（pudendal nerve），穿过腹股沟管进入阴囊。阴囊神经支配另外一个显著的特点是运动神经支配提睾肌和阴囊肉膜。不同动物间阴囊解剖结构有差异，其神经支配也有很大差异。

29.2 副性腺解剖

副性腺包括壶腹、前列腺、精囊腺和尿道球腺（Cowper氏腺）。不同动物副性腺的解剖结构差异很大，现将其总结于表29.1。

表29.1 主要农畜副性腺

动物	壶腹	前列腺	精囊腺	尿道球腺
猫		++		++
犬	（+）	+++		
马	++	++	++	+
牛	（+）	++	+++	+
羊	（+）	++	+++	+
猪		+	++	+++

+代表相对大小和重要性；（+）代表存在壶腹，但解剖结构不明显。

29.3 精子的结构和功能

精子分为头部、中段和尾段三个主要部分（图29.5）。头部含有致密的核和顶体，顶体中含有各种酶类，其中顶体素（acrosin）和透明质酸酶（hyaluronidase）是两种最为主要的酶（Morton，1977）。发生顶体反应时，在细胞内外钙离子影响下，顶体外膜与质膜（plasmalemma）融合，顶体内容物以胞外分泌（exocytosis）方式溢出（Harrison和Roldan，1990）。顶体酶的主要作用是离散放射冠细胞，但对其本身是否就具有局部溶解透明带的作用尚有争议。顶体内膜相对稳定，在发生顶体反应后仍保持完整，有的顶体酶可能就结合在顶体内膜上。精子穿过透明带以及与卵质膜（oolemma）的融合均为受体介导，精子头部的特殊区域与卵母细胞靶区的受体发生结合（Wassarman，1990）。

精子中段和尾段形成一个功能单位。尾段含有中心轴丝，而在中段，轴丝位于螺旋状的线粒体鞘内（Bedford和 Hoskins，1990）。精子通过有氧或厌氧途径代谢小分子的糖及其衍生物（果糖、葡萄糖、甘露糖和丙酸盐），为精子运动提供能量并维持膜两侧的离子梯度（Harrison，1977）。精子向前运动依赖于颈部到尾端的鞭毛弯曲运动形成的协调运动波，尾部弯曲运动的力量来自外周成对的二联体丝（Satir等，1981）。二联体丝的动力蛋白臂（dynein arm）在静止状态下与另一对二联体丝

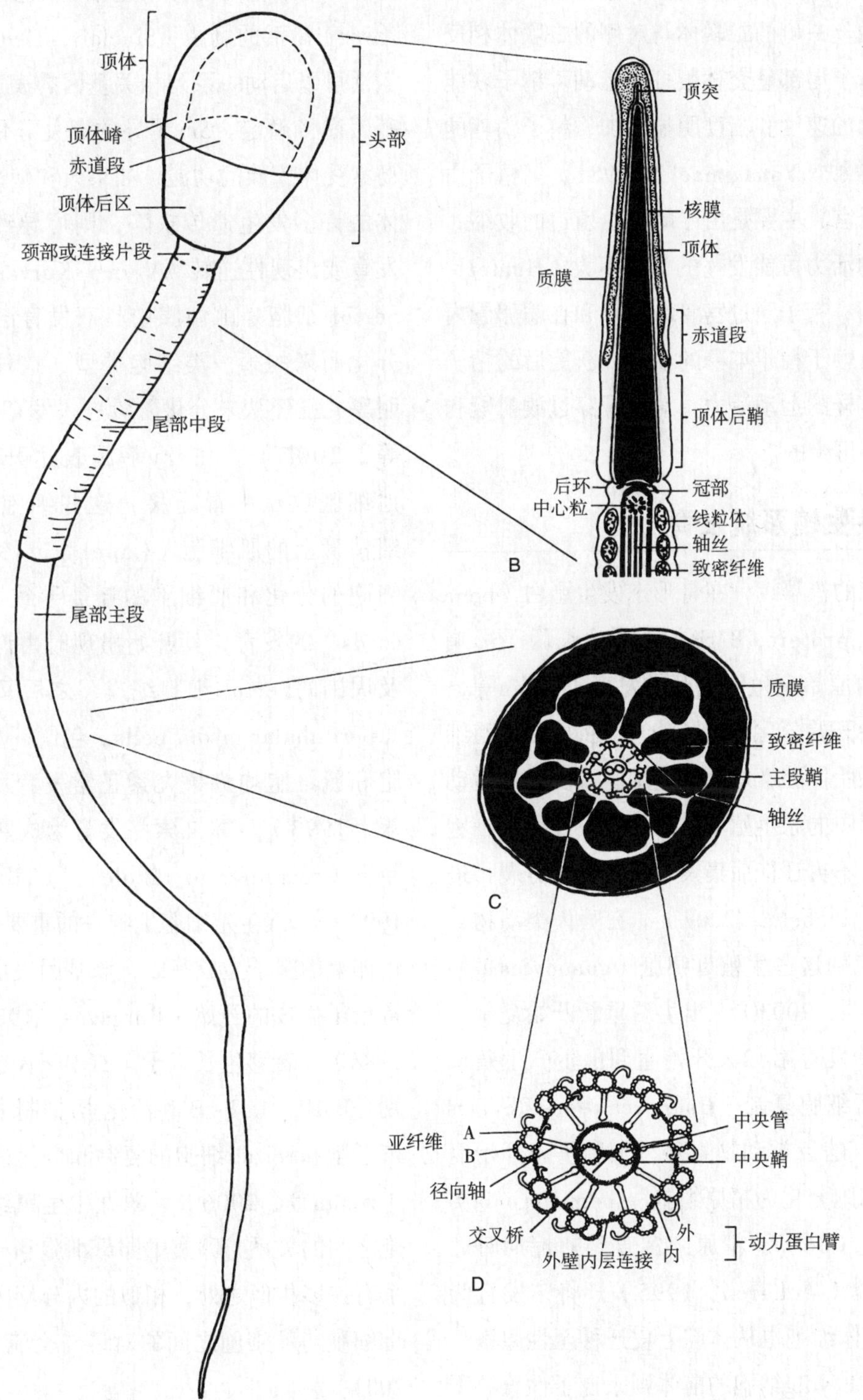

图29.5　精子超微结构

A. 光学显微镜下精子显微结构　B. 头部及相邻片段超微结构　C. 尾部起始段超微结构　D. 尾部轴丝超微结构（按Bedford和 Hoskins，1990，重新绘制）

相连，当二联体丝上动力蛋白臂解离时，其变长，并结合到二联体丝上新的部位。这种解离过程需要消耗能量ATP，而且不断重复发生，引起鞭毛状弯曲而泳动。轴丝一侧的二联体与对侧的二联体相反运动，从而精子尾部呈交替鞭打样运动。精子获能后，鞭毛泳动的速度和幅度明显增加，精子消耗的能量也相应增加（Yanagimachi，1981）。精子由子宫颈进入子宫，主要是由于雌性生殖道的收缩，而精子本身的活力可能发挥的作用不大（Hunter，1980）。然而，精子穿过宫管结合部和在输卵管内的运动确实有赖于精子本身的活力。获能后的精子增强了呈鞭打样的运动活力，对精子穿过放射冠和透明带是必不可少的。

29.4 雄性生殖系统发育

胚胎发育的极早期，在骨形态发生蛋白（bone morphogenic protein, BMP）系列生长因子影响下，卵黄囊内原始生殖细胞开始发育（Itman等，2006）。胚胎开始分化时后肠陷入，将原始生殖细胞主动带入胚胎体腔，之后这些细胞以变形虫运动方式到达发育中的尿生殖嵴。极少数原始生殖细胞进入生殖嵴后不再迁徙而集聚，发生有丝分裂，进入复制期（Wilhehelm，2007）。在啮齿类动物，到胎儿发育晚期这些生殖母细胞（gonocytes）停止复制（Yao等，2003），出生后重新开始复制。公绵羊从胚胎发育第42天开始直到出生，生殖母细胞连续进行细胞复制（Hochereau-de-Reviers等，1995）。啮齿类动物生殖母细胞重新开始复制，生殖母细胞分化为精原细胞（spermatogonia）（Itman等，2006）。精原细胞直到初情期时才开始减数分裂（McLaren，1995）。将来发育为Sertoli细胞的体细胞也从体腔上皮迁移至性腺嵴，而间质细胞和Leydig细胞的前体则来自于性腺嵴下的中肾（O'Shaughhnessy等，2006）。在此阶段，原始性腺具有双向发育的潜能，即其中的体细胞既可以分化为雄性，也可以分化为雌性性腺中的支持细胞和类固醇生成细胞（Merchant-Larios等，1993）。

雄性胚胎的原始性腺发育为睾丸，这一过程受Sertoli细胞的前体细胞中Y染色体性别决定基因（*sry*）激活的刺激（Sinclair，1990）。*Sry*基因的激活可以启动一系列相关基因的表达，但具体的靶基因尚待确定。*Sry*诱导的睾丸分化本身依赖于胰岛素受体家族的功能，如果人和啮齿类实验动物受体的许多发生遗传缺陷，则可导致睾丸不能正常发育或出现性逆转（Verma-Kurvari等，2005）。Sertoli细胞是由性腺中具双发育潜能的前体细胞分化而来的第一类细胞类型，这种细胞的出现说明睾丸已经从未分化阶段进入发育阶段（Wilhelm等，2007）。在*sry*基因表达开始的同时，其他细胞也从中肾迁移，这些细胞将来转变为曲细精管上的肌细胞（Capel等，1999）。Sertoli细胞的分化和肌细胞的迁徙导致睾丸索（testis cords）的发育，其开始出现时由许多生殖细胞群及周围的Sertoli细胞组成，之后又被管周肌细胞（peritubular myoid cells）包围。显然，Sertoli细胞和肌细胞均为睾丸索正常发育所必需（Buehr等，1993）。睾丸索将发育为成熟睾丸中的曲细精管（seminiferous tubules）（Tilmann和Capel，1999）。XY生殖细胞上唯一的重要因子是位于Y染色体上的精子生成基因，该基因决定了初情期时正常精子生成的开始（Burgoyne，1988；McLaren，1988）。转移生长因子（TGF）β超家族成员，特别是BMP、TGF-β和活化素/抑制素等局部调节生殖细胞和Sertoli细胞的复制和分化过程的许多方面（Itman等，2006）。睾丸中生殖细胞和Sertoli细胞之间的关系与卵巢中卵母细胞和粒细胞之间的关系有许多相似之处，相似的内分泌因子也调节着卵母细胞与粒细胞之间的对话与交流（McNatty等，2003）。

胎儿和成年动物均存在有不同类群的Leydig细胞，且Leydig细胞产生的类固醇激素以及类固醇生成的调节则完全不同。胎儿Leydig细胞的前体细胞和将来发育为类固醇生成细胞的细胞从中肾一同迁移至性腺（O'Shaughhnessy等，2006），这些前体细胞的增殖和分化受Sertoli细胞产生的信号分子，如沙漠刺猬（desert hedgehog）（Yao等，2002）和血小板分化生长因子（platelet-derived growth factor）（Brennan等，2003）调控。肌细胞和内皮细胞对指导Leydig细胞的分化也有一定的作用（Kitamura等，2002）。胎儿Leydig细胞也有别于成体Leydig细胞，胎儿期产生的主要甾体激素是雄烯二酮，而不是睾酮；雄烯二酮在曲细精管内转变为睾酮（O'Shaughhnessy等，2000）。虽然在小鼠，胎儿Leydig细胞甾体激素的分泌可以不依赖于促激素，但LH和ACTH可以刺激甾体激素的分泌（O'Shaughhnessy等，2005）。

Sertoli细胞和Leydig细胞的分泌产物随后影响雄性生殖道其他部分的发育。Sertoli细胞的前体细胞和Sertoli细胞产生抗缪勒氏管激素（anti-Müllerian hormone，AMH，也称为缪勒氏管抑制物质，Müllerian inhibiting substance），阻止中肾旁管发育为雌性生殖管道（George和 Wilson，1994）。AMH是属于TGF-β超家族（Wilhelm等，2007）的大分子（约140kDa）二聚体蛋白（George和 Wilson，1994），其作用主要是通过旁分泌途径发挥，与中肾旁管周围的间充质细胞上的受体结合，诱导中肾旁管上皮细胞的凋亡（Roberts等，2002）。AMH也影响雄性性腺发育，为输出管发育所必需（Behringer等，1994）。

此外，Leydig细胞产生的雄激素诱导中肾管（Wolfian 管，图29.6）发育为雄性生殖道的管状部分（包括附睾、输出管、壶腹、精囊腺和前列腺）。雄激素还诱导生殖结节（genital tubercle）分化为阴茎（George和 Wilson，1994）。雌性胎儿暴露雄激素后可引起内生殖器官雄性化，中肾管发育，中肾旁管退化，导致不同程度生殖结节雄性化（Jost，1953），还能引起丘脑下部-垂体内分泌轴系的雄性化（Robinson，2003）。上述雄性化现象见于遗传为雌性但在子宫中受雄激素影响胎儿（如绵羊的异性双胎不育母羊）（Parkinson等，2001）。

Leydig细胞还可以产生胰岛素-3，这种激素与睾酮协调作用控制睾丸的下降。当睾丸在中肾中发育时，后肾开始分化，随着后肾的生长，后肾取代中肾而成为渗透压调节（osmoregulation）的器官。之后睾丸从腹腔内原来的位置开始向阴囊方向迁移，这一过程即睾丸下降（descent of the testis）。睾丸在腹腔内的移动一方面是由于骨盆、腹腔、肾脏、睾丸的生长不同，另一方面是由于睾丸引带

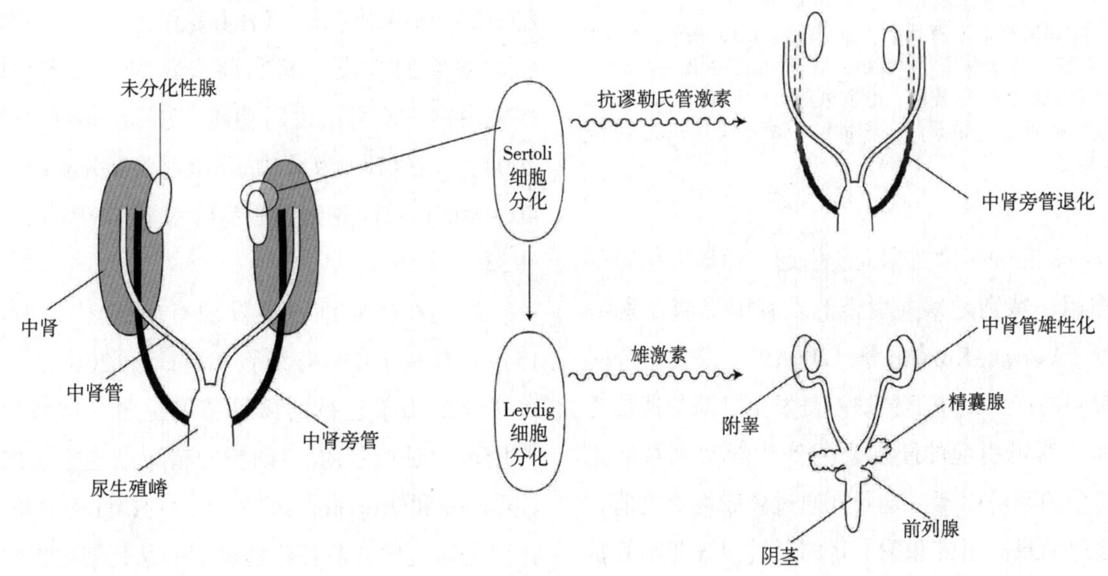

图29.6 雄性生殖道发育

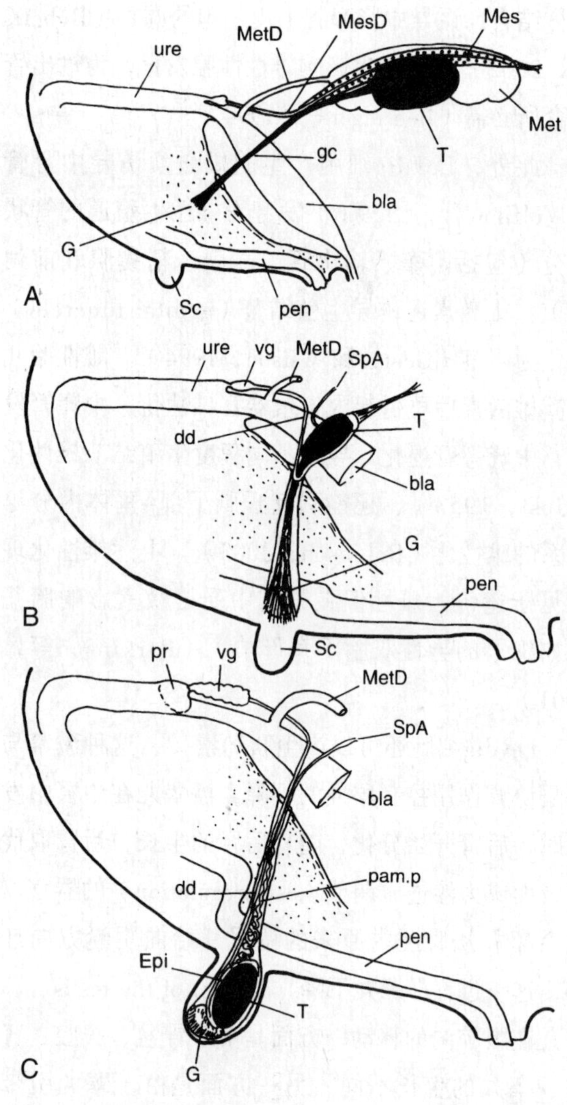

图29.7 公牛睾丸下降

A. 65d胎儿 B. 96d胎儿 C. 40d胎儿。引带（G），睾丸（T）和鞘膜相对发育状态。bla膀胱，dd输精管，Epi附睾，gc引带，Mes中肾管，Met后肾，MetD中肾管，pam.p蔓状静脉丛，pen阴茎鞘，pr前列腺，sc阴囊，SpA精索动脉，ure尿道，vg精囊腺（Gier和 Marion，1970，经同意重绘）

（gubernaculum）牵拉睾丸所引起，而睾丸引带的牵引作用，特别是睾丸引带的发育则受胰岛素-3的控制（Verma-Kurvari等，2005）。睾丸下降时胰岛素-3的产生出现遗传缺陷是发生隐睾的遗传基础，而雌激素引起的胰岛素-3产生异常则可能是发生隐睾的环境因素。在睾丸通过腹股沟管之前，已经增厚的睾丸引带和附睾尾的通过使腹股沟管扩张。因此，在睾丸通过腹股沟管之前，睾丸引带、附睾尾和鞘膜顶端先通过腹股沟管。最终睾丸通过腹股沟管是由于管道已经扩张和腹腔内脏器产生的压力所致（图29.7c）。主要家畜睾丸首次降入阴囊内的时间见表29.2。

表29.2 主要家畜睾丸降入阴囊时的年龄

物种	睾丸下降时间
猫	生后2～5d
犬	产前数日至产后数日
马	妊娠9个月至产后数日
牛	妊娠3.5～4个月
羊	妊娠中期（约妊娠80日前后）
猪	妊娠85d后

29.5 睾丸生理

29.5.1 内分泌学

公畜生殖生理主要受GnRH和其诱导生成及分泌的垂体促性腺激素LH和FSH的内分泌调控。在局部水平，睾丸的许多功能还受到睾丸内旁分泌和自分泌因子的调节，同时也受大量内分泌代谢调节物的影响。

GnRH对垂体产生波动性刺激，LH的分泌对这种刺激发生反应而呈不规律的波动性分泌，这种分泌每2～4h出现一次。LH主要作用于Leydig细胞，影响睾酮的合成。其实调节睾酮的合成是LH在睾丸内唯一不可缺少的功能（Holdcraft和Braun，2004）。在LH刺激后40min出现睾酮分泌峰，持续40～80min后恢复到刺激前的水平（D'Occhio等，1982a；图29.8）。

虽然在生殖细胞上发现有LH受体，但LH受体主要存在于Leydig细胞（Lei等，2001）。在切除垂体的山羊进行的试验结果说明，这些受体的作用可能是控制由LH调控的精原细胞分裂的速率（Courot和Ortavant，1981）。LH对Leydig的作用主要是通过腺苷酸环化酶调节一系列细胞内信号转导过程，控制类固醇生成过程中由胆固醇合成孕烯醇酮（Hall，1994）这一限速步骤，从而调节甾体激素生成。LH对Leydig细胞的作用还受许多生长因子和细胞因子的正负调节（Bornstein等，2004），其中，生长激素（Colon等，2005）、胰岛素样生长因子（IGF）-Ⅰ（Abo-Elmaksoud和 Sinowatz，2005）和胰岛素的正调节作用尤为重要。

睾酮通过作用于丘脑下部和垂体抑制GnRH的合成和分泌，从而对LH的分泌发挥负反馈调节作用，睾酮的作用可能是直接的，也可能是其转变为二氢睾酮（dihydrotestosterone）或在芳香化酶的作用下转化为雌二醇后发挥作用（Meisel和 Sachs，1994）。难以理解的是，长期去势后的反刍动物再用睾酮处理，均不能恢复对LH的负反馈作用和性欲；由于这类动物大脑芳香化酶活性消失，因此必须要给予雌激素才能恢复上述作用（D'Occhio等，1982b）。

精子生成和随后在附睾中的成熟、副性腺功能的维持和雄性第二性征的发育均需要睾酮。在睾丸内， Leydig细胞、Sertoli细胞和肌细胞上都有雄激素受体（Holdcraft和 Braun，2004），但生殖细胞不含有雄激素受体。在Sertoli细胞和副性腺，睾酮通过5α的还原转变为5α-二氢睾酮（5α-dihydrotestosterone，DHT）（Bardin等，1994）。DHT对芳香化不敏感，雄激素活性比睾酮更强，是控制副性腺功能的主要雄激素；而睾酮则是调节精子生成的主要雄激素（Walker和Cheng，2005）。睾酮和DHT在曲细精管管腔中与Sertoli细胞分泌的雄激素结合蛋白（androgen-binding protein，ABP）结合，因此ABP的作用是在曲细精管管腔和附睾内维持较高浓度的雄激素。

FSH的主要靶细胞是Sertoli细胞，其通过腺苷酸环化酶酶系发挥作用。FSH调控Sertoli细胞ABP的分泌（Gunsalus等，1981）、睾酮芳香化为雌激素（Setchell等，1983），FSH也对Sertoli细胞中许多调控或支持精子生成的基因表达的启动发挥作用（Walker & Cheng，2005）。精子生成的许多方面都需要FSH和/或睾酮的支持。但啮齿类动物遗传学和药理学研究结果显示，FSH对精子生成的主要作用是刺激初情期前发育过程中Sertoli细胞的增殖（Heckert和 Griswold，2002），而Sertoli细胞的数量决定了生殖细胞数量（Sharpe，1994），因此FSH的这种作用是初情期后精子产量的重要决定因素（Holdcraft和 Braun，2004）。

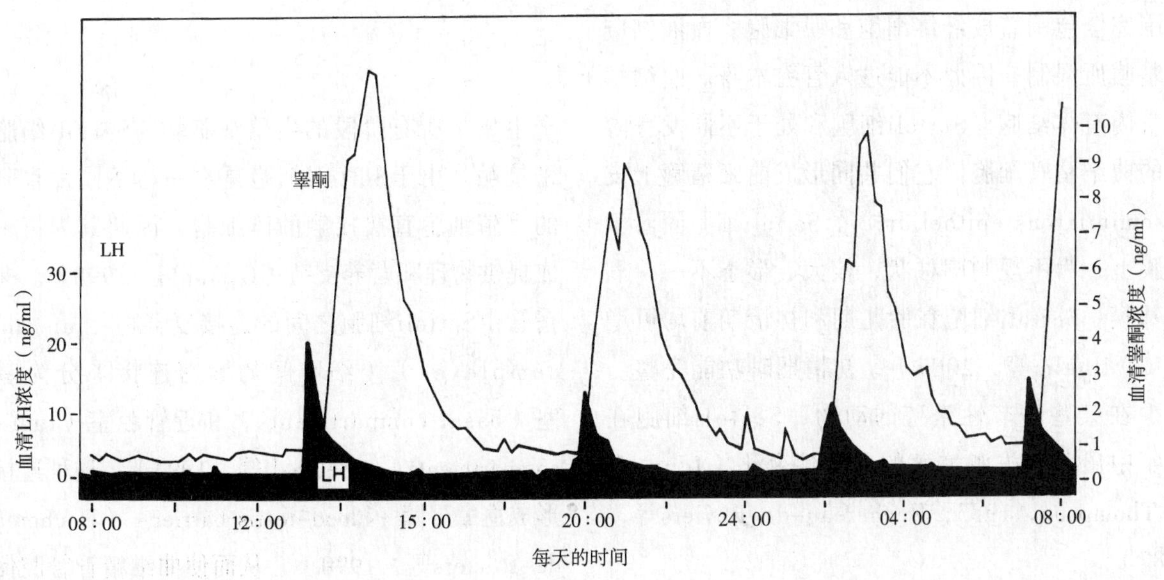

图29.8 公羊LH和睾酮分泌典型模式（D' Occhio等，1982a）

一般认为，FSH不出现类似于LH的阵发性分泌的特点，而是显示一种较长期的波动分泌。但是，也有一些报道认为FSH具有明显的脉动分泌。FSH分泌受性腺类固醇激素和抑制素的负反馈调控。抑制素由Sertoli细胞产生（Baird等，1991），直接在垂体水平发挥对FSH的负反馈作用（Tilbrook等，1993），但对LH的分泌没有影响（Tilbrook等，1995）。在大多数公畜抑制素的优势类型为抑制素B（Phillips，2005），但在公羊为抑制素A（McNeilly等，2002）。活化素也由Sertoli细胞产生，其可刺激垂体产生FSH，但其主要作用似乎是作为睾丸内的旁分泌因子而发挥作用（de Kretser等，2004）。

睾丸主要的内分泌关系概述于图29.9（Amann和Schanbacher，1983）。

29.5.2 精子生成

精子生成（spermatogenesis）是雄性生殖中最重要的过程，最终形成精子。精子生成在成年动物睾丸曲细精管中完成，包括三个阶段，即精原细胞有丝分裂增殖、减数分裂和减数分裂后分化为精子。

精子生成的过程反映在曲细精管功能形态学的变化上（Courot等，1970）。曲细精管的基膜周围完全包围着成纤维细胞和肌细胞，血液供应被基膜所限制，因此不能进入管腔本身。曲细精管管内有体细胞、Sertoli细胞和处于不同发育阶段的曲细精管细胞，它们共同形成曲细精管上皮（seminiferous epithelium）。Sertoli细胞固着于基膜上，为不规则圆柱状，核大、形态不一，靠近基膜。Sertoli细胞在胎儿期和初情期前均可增殖（Wilhelm等，2007），初情期时功能完整。至少在某些季节性繁殖的动物，Sertoli细胞在全年中出现丧失和增殖的周期性变化（Johnson和Thompson，1983；Hochereau-de-Reviers等，1987）。

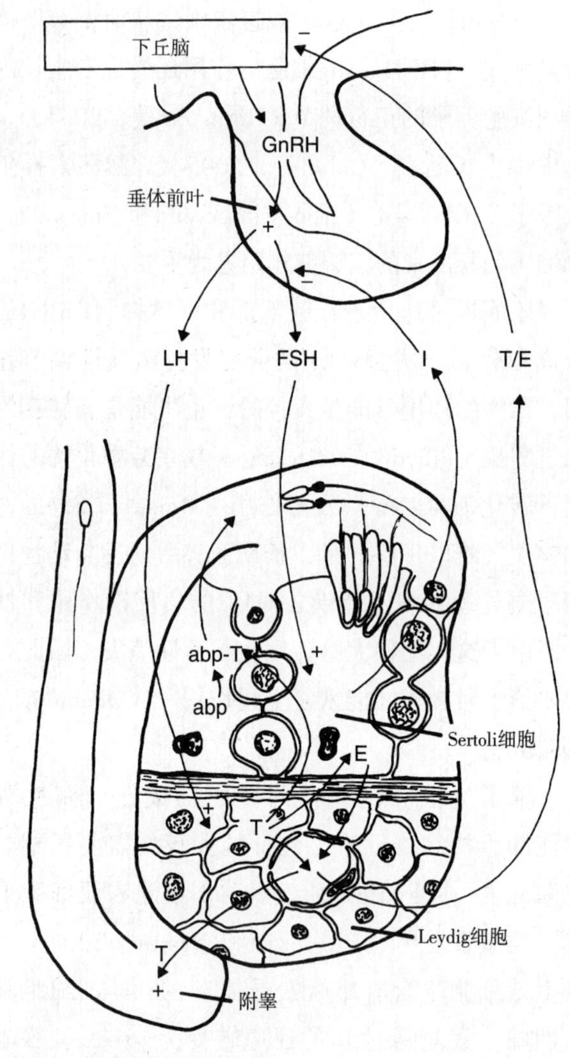

图29.9 睾丸内分泌调节图

abp 雄激素结合蛋白，E 雌激素，GnRH 促性腺激素释放激素，I 抑制素，T 睾酮（根据Amann和Schanbacher，1983，绘制）

Sertoli细胞遍布整个曲细精管上皮，因此精子生成中所有阶段的生殖细胞均与Sertoli细胞紧密接触。由于Sertoli细胞是唯一与不同发育阶段的生殖细胞直接接触的体细胞，因此其为精子生成提供物理和营养支持（Griswold，1998）。曲细精管由Sertoli细胞之间的连接复合物（junctional complexes）（细胞间的紧密连接）分为基底室（basal compartments）和近管腔室（luminal compartments）（Setchell等，1994），这种连接也形成血睾屏障（blood-testis barrier）（Hochereau-de-Reviers等，1990），从而使曲细精管管腔保持一种特殊的微环境，并将发生减数分裂和减数分裂后的细胞与免疫系统隔离。血睾屏障形成于初情期前后。细胞之间这些连接的形成与生殖细胞和Sertoli细胞之间的连接一样，均依赖于雄激素（Holdcraft和 Braun，2004）。

FSH和睾酮对Sertoli细胞正常功能的发挥是必不可少的。胎儿期和初情期前Sertoli细胞的增殖主要依赖于FSH调节，而与睾酮无关；但是，无论是FSH还是睾酮都可以维持Sertoli细胞对精子生成的支持作用（Walker和 Cheny，2005），这种作用可能是两种激素通过激活同样的细胞内信号传导通路完成的。但是，Sertoli细胞的有些功能可能需要FSH的调节，因为在绵羊的研究表明，其精原细胞的分裂必须要有FSH的支持（Kilgour等，1998），初情期后维持精子生成的主要是睾酮（Sharpe，1994）。其他因子也调节Sertoli细胞的功能，特别是IGFs、活化素、抑制素和BMPs等（Itman等，2006）。Sertoli细胞对这些因子的刺激发生反应，分泌雌激素、抑制素、GnRH类似肽、蛋白（包括ABP）、乳酸盐、丙酸盐和管腔液。在初情期前后，随着精子生成的开始，Sertoli细胞的形态和功能发生明显变化，同时在季节性繁殖的动物，根据促性腺激素轴系的变化，在一年中不同季节Sertoli细胞形态也发生变化（Hochereau-de-Reviers等，1985）。

综上所述，原始生殖细胞迁移到生殖嵴，通过增殖和分化变为精原细胞。成年动物精原细胞分裂，生成A、中间型和B型精原细胞，并各自进行分裂形成形态和分化程度不同的细胞（图29.10）。比如，公牛和公羊可以出现A_0、A_1、A_2、A_3、中间型、B_1和B_2型精原细胞（Hochereau-de-Reviers等，1976），A系列的精原细胞分化程度最低，在曲细精管内形成生殖干细胞库（reservoir of stem cells）。早期A系列的精原细胞通过不对等分裂，子细胞中的一个保持为不分裂的生殖干细胞而形成生殖干细胞库，另一个则继续进行有丝分裂和减数分裂。所有的精原细胞均与基膜紧密接触，但B型精原细胞与基膜的接触面明显减小（de Kretser

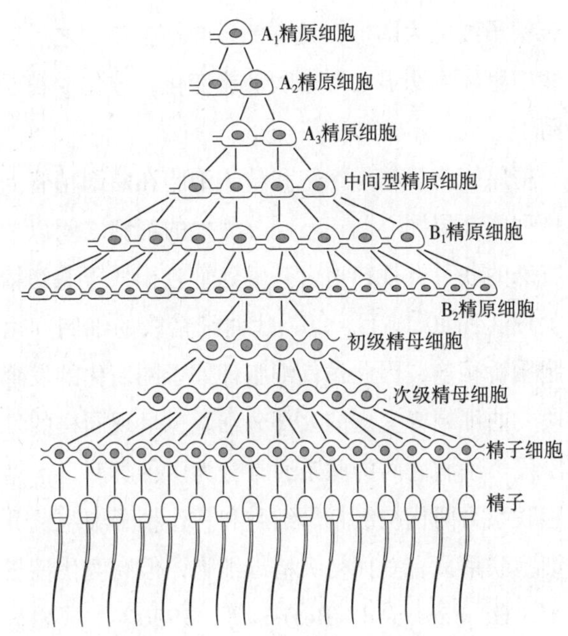

图29.10 公牛精子生成过程中细胞增殖图示

A_1型精原细胞进行一系列有丝分裂产生A_2、A_3、中间、B_1、B_2型精原细胞，之后形成初级精母细胞；第一次减数分裂后，产生次级精母细胞；第二次减数分裂后，形成精细胞。精细胞不再分裂，分化成为精子

和 Kerr，1994）。精原细胞最后一次减数分裂后形成初级精母细胞（primary spermatocytes），此时， Sertoli细胞的细胞质进入初级精母细胞与基膜之间，将两者分隔。有丝分裂时DNA开始合成，到减数分裂形成四倍体时DNA的合成达最大程度（Hochereau-de-Reviers等，1990）。前细线期和粗线期后期RNA开始合成（Kierszenbaum和 Tres，1974）。之后第一次减数分裂进展到高度敏感的偶线期和粗线期阶段。粗线期对睾丸温度升高或激素支持不足等有害损伤特别敏感。在第一次减数分裂过程中，产生的次级精母细胞越来越向管腔深入，Sertoli细胞之间的紧密连接在精母细胞下方形成，但在精母细胞上方的连接退化（Russell，1977，1978），因此精母细胞可有效穿越血睾屏障，第一次减数分裂形成的次级精母细胞从曲细精管管腔的基底室进入近管室，此后就与一般的组织液环境隔离。第二次减数分裂形成精子细胞（spermatids），不再进行分裂。减数分裂结束

时，精子细胞为圆形，具有圆形的细胞核。之后，这些细胞发生明显的形态和功能变化，分化成精子（精子形成，spermiogenesis）。

精原细胞、精母细胞和精子细胞在曲细精管上皮排列成几层同心圆，不同分裂代的细胞之间以一种特殊的联系有规律地由基膜到管腔排列于曲细精管上皮（图29.11）。每一代曲细精管的细胞间由细胞质桥相连，因此每代细胞都处于同期化的发育阶段，曲细精管上皮的大部分细胞也呈现同样的发育阶段。细胞之间的联系通常分为两种类型，Ⅰ型细胞联系为两代初级精母细胞和一代精子细胞，Ⅱ型细胞联系只有一代初级精母细胞，但有两代精子细胞（Hochereau-de-Reviers等，1990）。成熟分裂之后可能出现从Ⅰ型向Ⅱ型的过渡，但从Ⅱ型转变为I型时释放出精子，从最后一次精原细胞分裂产生的新一代精母细胞出现。

29.5.3 精子形成

减数分裂完成后，精子细胞很快进入RNA合成期，之后核染色质开始浓缩（Monesi，1971），同时在高尔基复合体内合成顶体内容物。来自高尔基复合体的小泡发生融合，然后与核基部顶端的核膜相贴（Courtens，1979），其他一些物质随后转运到发育中的顶体（de Kretser，1994）。核由中心位置移动到细胞边缘，随着核的浓缩和变长，体积明显缩小，引起核膜冗余。延长的精子细胞在核浓缩过程中，核后出现过渡性的微管样结构，即精子颈部的精子领（manchette）（Fawcett，1970；Zirkin，1971），这种结构可能与精子细胞核的重新成形有关，但仍难以肯定（Fawcett，1971）。

精子尾部由中心粒（centrioles）形成，其中之一形成精子颈部的连接片段，其他的则形成尾部的轴丝（axial filament）（de Kretser和 Kerr，1994）。在尾部轴丝形成的早期仍然存在有精子领，但在轴丝形成后消失。轴丝的结构（见下）与鞭毛或微绒毛相同，外层致密的纤维不是来自中心粒，但附着于轴丝的外层微管上（Fawcett和 Phillips，1969）。精子生成过程中，中段的发育较迟，当线粒体螺旋围绕鞭毛近端浓缩时精子中

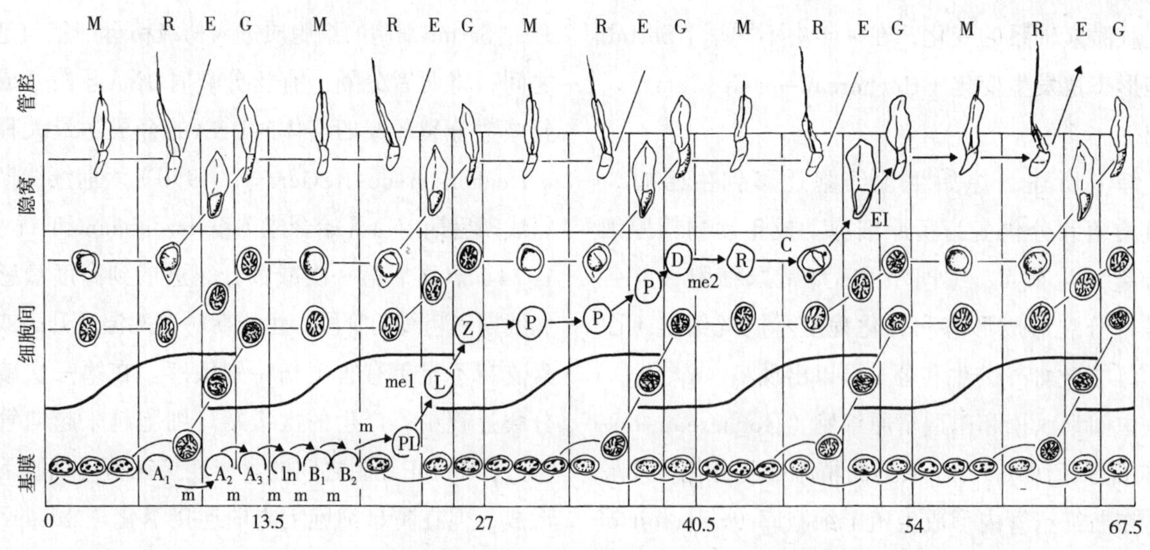

图29.11 牛睾丸中精子生成

干细胞有丝分裂（m）产生二倍体精原细胞系列（A_1、A_2、A_3、中间（In）、B_1和B_2）之后，进入第一次减数分裂（me1）。前细线期初级精母细胞（pL）经过较长的第一次减数分裂前期（L，细线期；Z，偶线期；P，粗线期；D，浓缩期），转变为持续时间较短的次级精母细胞。再经第二次减数分裂（me2），产生早期圆形的精子细胞（R）。精子细胞核浓缩（C）、变长（EL），分化为精子，细胞不再发生分裂。支持细胞间的水平实线表示紧密连接和血睾屏障。以13.5d为一个循环，基于形态学变化，可以看出四类精细胞和精子：E，变长；G，集聚;M，成熟；R，释放。（原图由Brian Setchell绘制）

段开始形成（图29.12）。这一过程一直要到精子领消失后才发生。在形成顶体和鞭毛的同时，Sertoli细胞从不断延伸的鞭毛和残存细胞质之间深入精子细胞，通过这一过程使精子细胞的胞质减少，最后随着精子的形成，大多数残存的胞质由Sertoli细胞吞噬（Fourquet，1974），与此同时，形成的精子及尚附在颈部的极少量的细胞质滴从Sertoli细胞的凹窝处释放进入曲细精管管腔（精子释放，spermiation）。

精子生成的持续时间，即从精原细胞开始分裂到精子释放进入曲细精管管腔的持续时间，整个过程在大多数家畜大约持续60d，附睾中转运需8~14d。从精子生成中最为敏感的阶段，即减数分裂前期，至射精的间隔时间大约为30d（Amann和Schanbacher，1983），因此，如果睾丸遭受损伤，则精液中出现异常精子的时间依损伤的位点而定，一般来说，从损伤到出现异常精子的间隔时间为30~60d。

29.6 附睾生理

精子从曲细精管释放时其尚未完全成熟，缺少正常的活力，也不能受精，但在附睾内转运的过程中可获得这些能力（Amann，1987；

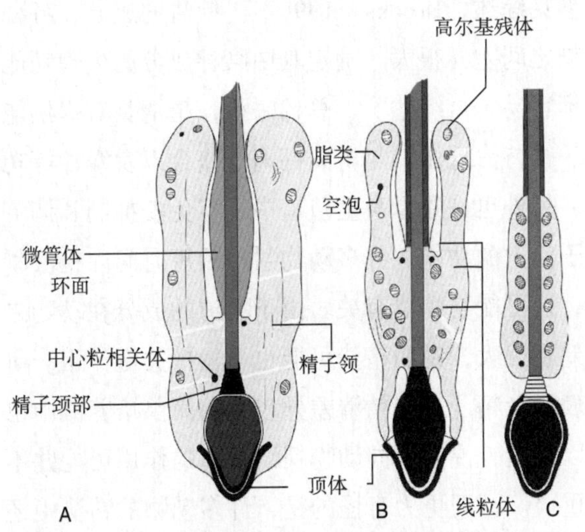

图29.12 精子的形成
在基膜顶端顶体和致密核形成（A）之后，直到精子形成（C）之前，线粒体一直围绕鞭毛排列（B），逐渐形成中段线粒体螺旋鞘。

Eddy和 O'Brien，1994）。精子通过附睾一般需8~14d，其时间依动物种类而不同。公牛精子需要5d通过附睾头和附睾体，再需5~9d通过附睾尾。精子通过附睾不是依靠精子本身的运动，而是有赖于附睾管的活动，因此是一个被动过程（Haper，1994）。

最初位于精子头部后方的原生质残留，向后移动至中段尾部，最后当精子进入附睾尾后被排出。精子通过附睾头部时仍不能活动，但在通过附睾体时获得活动能力。同样在附睾头部时精子不具备受精能力，而在通过附睾体时获得这种能力。精子在通过附睾时，虽然其质膜发生的变化不明显，但这种变化与形态变化同样或者更为重要。精子通过时，附睾分泌物和管腔细胞使精子质膜表面糖蛋白增加或发生改变。这些糖蛋白可能在精子通过母畜生殖道时起到稳定顶体、降低精子表面的抗原性、增加精子膜与透明带结合能力等作用（Amann，1987；Hammersteds和 Parkes，1987）。

从功能上可将附睾分为两个区域，近端区与精子成熟有关，而远端区则与精子贮存和转运有关（Jones，1998a）。近端管腔较窄，上皮分泌功能较强，精子浓度较低；远端管腔大，管周肌肉层明显，精子密度大。精子通过近端的时间相对固定，但通过远端时由于该部位具有成熟和储存双重功能，因此时间变化较大。在频繁射精期间，精子通过附睾尾的时间减少，精液中出现不完全成熟的精子（Setchell等，1994）。

附睾高度依赖雄激素，雄激素缺乏，附睾功能受损，雄激素中二氢睾酮的重要性大于睾酮。附睾中尤其是其起始段具有高水平的5α-还原酶，但具有吸收曲细精管管腔液功能的输出管的活动则同时也受雌二醇的共调节（Lee等，2000）。

精子在通过附睾时，其形态、代谢过程、鞭毛活动性和精子与透明带的结合能力均发生改变（Eddy和 O'Brien，1994），这些变化主要是由于精子膜表面对附睾产生的一些因子，特别是蛋白发生反应所引起。附睾分泌蛋白最为活跃的节段是起始部（Dacheux等，2003），在远端部则几乎不分泌多少蛋白。有些分泌进入管腔的蛋白也可转移到精子，而有些则是通过膜泡的顶浆分泌（apocrine secretion）转移到精子（Cooper，1998），而有些蛋白也可能丢失或被修饰。同样，顶体也可发生重新组织，例如某些顶体成分的活性可发生重新分布或改变（Yoshinaga和Toshimori，2003）。

精子质膜上脂类物质也可发生很大程度的重构（Jones，1998b），胆固醇总量减少，磷脂类选择性减少（Hammerstedt和 Parkes，1987），特别是质膜内层变化明显。精子也可吸收并修饰分泌的糖蛋白（Tulsiani等，1998），并且可在精子膜上将这些糖蛋白和内源性糖蛋白重新进行分布。精子质膜上的这些改变均与精子前进运动的能力和受精能力的获得有关（Jones，1998b）。精子前进运动的能力和受精能力的获得是不同步的，受精能力的获得必须要先获得运动能力（Haper，1994）。精子获得前进运动的能力也需要动力蛋白（dynein）ATP-酶的活性发生变化，同时将运动蛋白摄取到精子内，并且精子内钙的分布也需要发生改变（Yanagimachi，1994）。

29.7 副性腺生理

副性腺包括精囊腺（vesicular gland）、前列腺（prostate）、壶腹（ampulla）和尿道球腺（bulbourethral gland）（表29.1），所有副性腺的功能均严格依赖于雄激素。睾酮是雄激素二氢睾酮的激素前体，是在副性腺中的5α-还原酶的作用下转变为二氢睾酮的,后者的活性更强。

壶腹为输精管末端进入骨盆尿道之前的膨大部，主要功能是贮存精子。牛、羊和犬均有壶腹腺（ampullary glands），其分泌物是精清的组成部分，但马壶腹腺分泌物则是射出的精液的主要组成部分。公马壶腹腺分泌物的主要成分是麦硫因（ergothioneine）（Mann等，1956），在马的精液中有重要作用。

反刍动物、马和猪精囊腺明显。公马和公猪的精囊腺为囊状，质地较硬；公牛和公羊精囊腺呈分叶状。精囊腺位于膀胱颈部附近，壶腹腺的侧面，在输出管之后开口于尿道，分泌物呈水样，可增加精液量。各种动物精囊腺分泌物中均含有大量柠檬酸盐，反刍动物和公猪还分别含有果糖和肌醇（Mann等，1949，1956；Mann，1954；Marley等，1977）。

前列腺与骨盆部尿道紧密接触。大多数动物前列腺分为两部分，其体部包围着膀胱颈部，弥散部在骨盆尿道周围扩散，并有多个开口通入尿道。前列腺是犬的主要副性腺，体积较大，围绕尿道形成一个独立的器官。前列腺分泌物呈水样，犬的前列腺分泌物含大量氯离子，但柠檬酸盐、果糖和肌醇含量均较低（Huggins，1945）。

马、牛、羊的尿道球腺（Cowper氏腺）小，圆形，位于肛门和尿道之间。交配前分泌的水样分泌物可以清洁尿生殖道。公猪尿道球腺大，呈圆柱体状，贴于骨盆尿道两侧，其分泌物中黏液素（sialomucin）含量高，因此质地黏稠（Boursnell等，1970），与精囊腺分泌物共同使精清在一段时间呈凝胶状（Boursnell和 Butler，1973）。

人们对精清各种成分的生理功能一直很有争议（参见综述，Brooks，1990）。精清的成分在各种动物之间差异很大，确定其中某种成分的生理功能并不容易（见综述）。总的来说，精清具有提供能量、维持渗透压、与游离钙离子螯合以及缓冲等功能，另外也许在母畜生殖道中还有免疫抑制和调节精子活力的功能。许多动物射精后短时间内精液凝结，这可能与精清有关。由于精清的成分在动物之间差别很大，说明精清可能也不发挥关键作用。研究表明，精子在与精清差异较大的简单培养液中也可以存活，说明不同动物精清发挥的作用可能并不很重要。甚至更为奇怪的是，许多动物的精清中还可能含有杀精子因子（spermicidal factors），特别是分段射精的动物，即射出的每段精液无论是精子数、密度、活力均不同，在富含精子的这部分精液中，这种杀精子因子含量较高。

29.8 阴茎

29.8.1 勃起

阴茎由三部分勃起组织和阴茎尿道（penile urethra）组成。尿道周围是阴茎尿道海绵体（corpus spongiosum penis，CSP），其由阴茎球（bulb of the penis）开始，止于龟头（glans penis）。龟头的勃起组织与CSP一同延续，但龟头部的阴茎尿道海绵体的头冠结构与阴茎体的不同。阴茎背侧为一对阴茎海绵体（corpora cavernosa penis，CCP；图29.13），其起自于两个阴茎脚（根）（crura（roots）of the penis），终止于龟头后侧。三部分海绵体的血液供应均来自阴部动脉（pudendal artery）分支，但CCP和CSP的静脉则明显不同，CCP静脉经阴茎脚进入阴部静脉（pudendal vein），而CSP的静脉从远端汇入阴茎背侧静脉（Ashdown和 Gilanpour，1974）。CCP血液的流入和流出都要经过阴茎脚，而CSP血液的流入经阴茎球，流出经其远端。

阴茎勃起组织内血压（haemostatic pressure）增加促使阴茎勃起，主要通过在脊髓水平的协调产生的反射调节（ Andersson，2003 ），但勃起的发动和调节则主要由中枢控制（Andersson和 Wagner，1995）。关于勃起的生理特性在人、试验用啮齿动物和犬进行了大量的研究，研究表明，牛的阴茎缩肌（retractor penis muscle）所发生的反应与人的阴茎平滑肌类似。在这些动物，CCP内平滑肌松弛，血管阻力降低，血流增加，由此启动勃起（Andersson和 Wagner，1995）。正常情况下，交感神经去甲肾上腺素紧张性释放，使阴茎维持正常松软状态。去甲肾上腺素通过α_1-肾上腺素受体和钙调节途径（de Tejade等，2004），引起阴茎动脉和CCP平滑肌收缩（Simonsen等，2002）。交感神经刺激具有抗血管扩张作用（antivasodilatory effects）。

荐部神经丛（sacral plexus）发出的副交感神经启动阴茎勃起。副交感神经NO合成酶（nitric oxide synthetase，nNOS）作用于L-精氨酸，合成NO（Andersson和 Wagner，1995），使平滑肌细胞内cGMP浓度升高，对钙离子的敏感性下降，肌肉松弛（Andersson和de Tejada，2004）。cAMP介导的途径可通过对血管紧张肽（vasoactive intestinal peptide，VIP）、前列腺素E_1和E_2（原文为E_1，应为PGE_2，译者注）和作用于α_2-肾上腺素能受体的去甲肾上腺素等发生反应，发挥扩张血管的作用（Simonson等，2002）。流入阴茎动脉的血流增加进一步刺激血管内皮释放这些血管活性物质，从而使血流进一步增加（Kunelius等，1997）。对上述这些因子在其他家畜的作用尚不完全清楚，比如，虽然公牛阴茎缩肌可表达nNOS和 VIP，但其分布则与啮齿类动物阴茎平滑肌完全不同（Vanhatalo等，2000）。

灵长类和啮齿类动物阴茎勃起的中枢调控部位是丘脑下部和边缘系统（limbic system），其中丘脑下部视前区中枢起有关键调节作用（Meisel 和 Sachs，1994）。丘脑下部室旁核的一个极为重要的作用是协调勃起和与此相关的性反射活动（Swanson和 Sawhenko，1983），主要的刺激作用是通过催产素发挥的，而谷氨酸和天冬氨酸（及其类似物）等兴奋性氨基酸（Melis等，2004）和多巴胺类物质（Andersson和 Wagner，1995）对催产素有上调作用。NO也能刺激中枢催产素作用途径（Angiolas和 Melis，2005）。发挥抑制作用的途径则包括产生γ-氨基丁酸（GABA）、5-羟色胺和类阿片活性肽的各种途径（Argiolas和 Melis，2005）。

睾酮以一种“允许（permission）”方式，而不是以“必需（critical）”的方式，在中枢和外周对勃起的调节中发挥重要作用（Foresta等，2004）。在人，睾酮可通过抑制cGMP分解或调节NO的合成（Morelli等，2005），直接作用于阴茎动脉血管和海绵窦（cavernous sinusoid），发

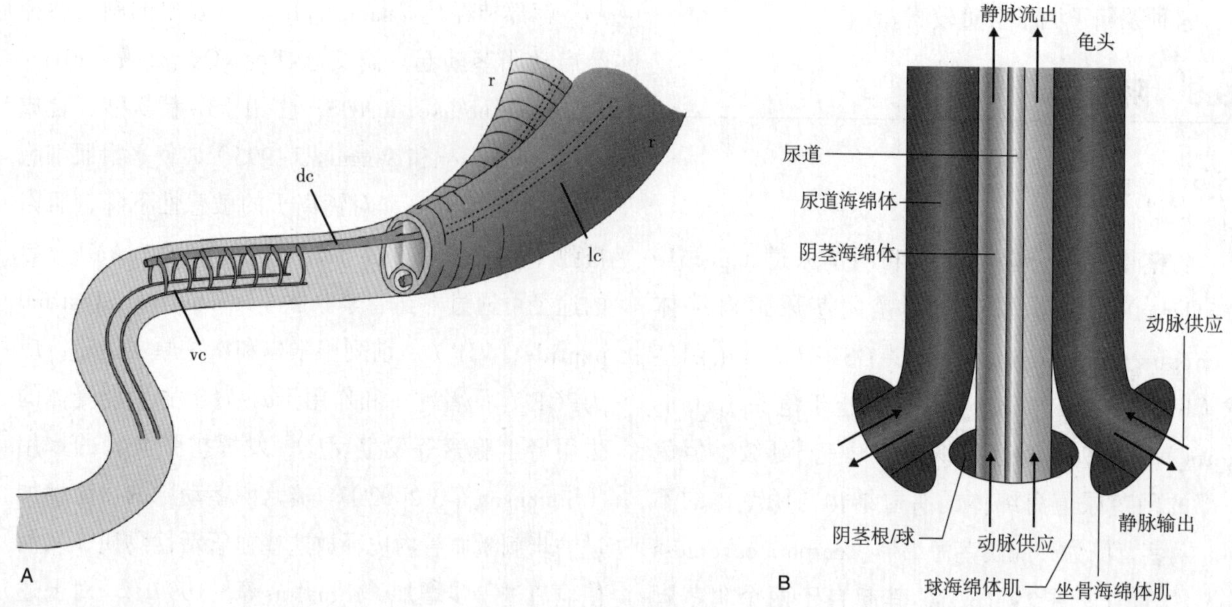

图29.13 牛阴茎血管解剖

A. 阴茎结构概略图 B. 海绵体结构模式图：尿道海绵体血液由阴茎脚（根）动脉供应，经阴茎脚（根）静脉流出，坐骨海绵体肌收缩阻塞静脉血液流出，使血液在压力作用下流入阴茎。血液流经阴茎纵行管道（lc）。两条管道分别起源于两侧阴茎脚，然后联合形成一条背侧纵行管道（dc），在乙状弯曲处分出侧支，再由侧支联合形成两条腹侧管道（vc）。尿道海绵体内血液由其末端流出，球海绵体肌收缩使血压暂时性增加，使尿道闭合，而精液能射出。勃起状态消退时，血压下降，阴茎缩肌使阴茎回缩至包皮腔内（Laing等，1988，经同意重绘）

挥血管扩张因子的作用，引起其扩张（Mikhail，2006）；睾酮也可对中枢调节的性行为反应发挥调节作用。

位于阴茎脚的坐骨海绵体肌（ischiocavernosus muscles）收缩可增加阴茎血管的血流，阻止血液由CCP流出。犬的肛提肌（levator ani）、尾骨肌和闭孔内肌（internal obturator muscles）也阻止静脉的流出（Ninomiya等，1989）。人阴茎勃起时从CCP流出的小静脉拉长，也可以造成血流阻塞（Udelson等，2000）。尽管存在上述使血管闭锁的机制，但静脉血管也并非全部封堵，当阴茎背侧静脉被阻塞后，血液仍可通过一些小静脉从阴茎流出（Carati等，1988；Ninomiya等，1989）。人阴茎勃起时也有血液从静脉流出，如果流出过量，则可导致阴茎勃起失败（Hsieh等，2005）。当阴茎动脉和CCP血流增加，以及从静脉流出血液中断时，呈盲端的CCP中勃起组织的海绵体腔充血，阴茎硬挺、增长（Beckett等，1974）。公马在勃起高峰时，由于坐骨海绵体肌的收缩，阴茎动脉也被封堵，阴部动脉血流停止进入CCP（Bartels等，1984）。

29.8.2 射精

龟头上感觉神经将兴奋经阴部神经分支阴茎背神经传入脊髓，诱发射精（Johnson和 Halata，1991）。射精反射的发生取决于该神经的完整性，如果神经受损，虽然阴茎能勃起，但不能射精（Backett等，1978）。压力、触觉和温度是引起公牛射精的主要刺激。传出神经纤维也经交感神经（sympathetic chain）经沿腹下神经（hypogastric nerve）传入脊髓（Baron和Janig，1991）。传出神经由交感和副交感神经丛分出，但球海绵体肌（bulbospongiosus muscle）受躯体运动神经纤维（somatic motor fibres）支配（Giuliano和 Clement，2005）。射精反射虽然受中枢丘脑下部视前区和相关神经核团的调节，但主要受脊髓腹腔后段和荐部脊髓的协调，属于脊髓反射（Meisel和 Sachs，1994）。多巴胺促进中枢对射精的控制，而五羟色胺抑制其反应（Hull等，1995；Waldinger和Olivier，2004）。射精过程包括两部分，一是主要由自主神经系统控制的精子排出和副性腺分泌；二是由体神经控制的精子通过尿生殖道。交感神经分泌的去甲肾上腺素主要控制精子的排出；位于阴茎球CSP上部的球海绵体肌和尿生殖道平滑肌节律性收缩，促使精液通过尿生殖道（Giuliano和Clement，2005 ）。与此同时，膀胱颈近段关闭、尿道外括约肌（external urethral sphincter）和尿生殖道横隔（urogenital diaphragm）间歇性松弛，使精液射出尿道。

球海绵体肌收缩使CSP内血压升高，但是由于血液可以从CSP的末端流出，因此CCP内的压力得不到维持。球海绵体肌的每次收缩都会引起CSP内的压力从阴茎球部向龟头的短暂升高波，而血液从阴茎背静脉的流出又使这种压力消散。由于CSP内的血液已经充盈，CSP内升高的压力也引起尿道的开合波，加之骨盆外尿道周围平滑肌的收缩，使精液从尿道一股股射出。

29.8.3　种间差异

不同动物种类间阴茎解剖结构差异较大，因此勃起的功能解剖学也存在明显差异。偶蹄类动物的阴茎（图29.14），CCP上面和尿道周围都有一层厚的纤维白膜（tunica albuginea），CCP内单个的海绵体腔较小；阴茎有S状弯曲，反刍动物S状弯曲位于阴囊之后（postscrotal），猪的S状弯曲位于阴囊之前（prescrotal）。这些动物阴茎勃起时进入阴茎血量较少，但也可以使阴茎内形成高达40000mmHg的血压。为了使坐骨海绵体肌收缩引起的血压增加能在整个阴茎传递，特化的动脉样血管腔和纵向的海绵体腔沿着整个阴茎的长度走行。这种成对的腔体起自阴茎脚，之后向前很快融合，在背侧形成一条管道，之后背侧管道两侧分出一系列分支，这些分支最终又合并为两条腹侧管道。背侧管道占据阴茎起始端1/3，其余2/3主要由腹侧管道分布，其间两者有少部分重叠。阴茎增长部分原因是CCP小梁（trabeculae）之间的窦隙充血后膨胀，但主要原因是阴茎S状弯曲的伸直（Ashdown，1970）。阴茎在正常情况下位于包皮腔（preputial cavity）上部，由于上述作用，使得原位于包皮腔内上部的阴茎从狭窄的包皮口充分伸出。阴茎S状弯曲的消失及前进运动是由于包围着阴茎和包皮的结缔组织排列非常疏松所致。反刍动物射精时，只有在一次射精的前冲中阴茎才达到完全勃起，而公猪的交配时间要长得多。勃起的终止是由于坐骨海绵体肌停止收缩，阴茎缩肌（retractor penis muscles）收缩使阴茎回到包皮腔，S状弯曲重新恢复。

具有肌肉海绵体阴茎（musculocavernous penis）的其他家畜白膜不明显，勃起组织层中的空隙较偶蹄类动物的大。公马平滑肌纵行肌纤维束与CCP小梁相伴（ Nickel等，1973；Amann，1993），通常呈兴奋性收缩状态，使阴茎处于包皮内；勃起和排尿时肌肉紧张性降低，阴茎突出于包皮。马和犬阴茎勃起时阴茎长度和周径增加，这些动物的阴茎没有S状弯曲，阴茎的增长完全是由于血管充胀所引起（Evans和 deLahunta，1988）。

射精时，牛和山羊的龟头弯曲（Ashdown和Smith，1969），公羊阴茎上蚓状突（vermiform appendage）出现有力的拍打运动，可能正是由于这种构造的变化有助于将精液射于子宫颈外口及其周围。公猪和公马的龟头进入子宫颈管，射精时精液通过子宫颈进入子宫。公猪交配时阴茎呈螺旋状，与母猪的子宫颈管吻合，但公马只是在射精时阴茎龟头明显膨胀。家畜中犬具有阴茎骨（os penis），尿道位于阴茎骨凹槽内的腹面。交配时母犬阴道前庭提肌（levator vestibuli）将阴茎紧锁，公犬阴茎球状腺（bulbus glandis）充血。犬的射精时间较长，开始射出少量前精液，随后是富含精子的精液，最后持续时间较长地排出前列腺分泌液。

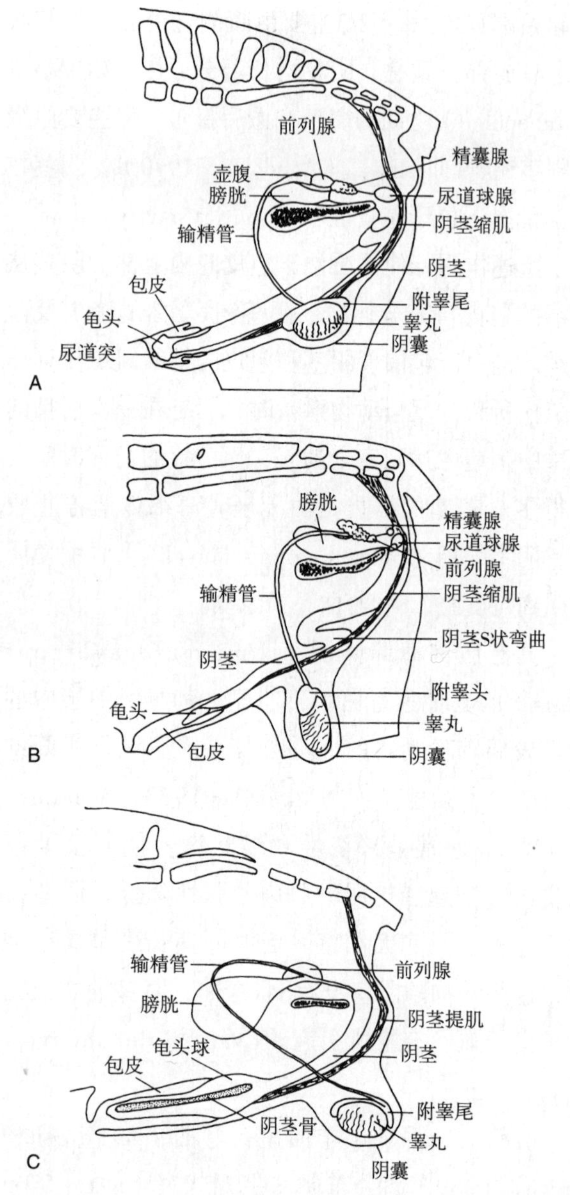

图29.14 马（A）、牛（B）、犬（C）阴茎解剖比较图示（Laning等，经同意重绘）

29.8.4 阴茎发育

雌雄两性胎儿交配器官原迹（phallus）最初在从生殖管（genital tubercle）开始发育时相似，但雄性胎儿在发育早期出现迅速增大。出生时，阴茎完全与包皮融合，有小的侧支静脉从勃起组织流出血液。初情期前发育过程中，阴茎和包皮间的结缔组织分离，静脉血管封闭，只有系带（frenulum）连接阴茎和包皮，系带内常有较大血管。系带是阴茎和包皮之间最后分离的组织，而且在个别动物可能在初情期以后仍持续存在。

29.9 性欲和交配行为

公畜的性欲主要决定于雄激素，性欲是出现交配行为和攻击行为的基础，也能维持雄性生殖系统所有部分的正常功能。初情期前去势的动物不会有性欲，但是如果动物已经成熟并具有交配经验，去势后，勃起和交配行为将持续存在较长时间或偶有出现。尽管雄性性行为有赖于雄激素，但关于性欲和雄激素绝对浓度之间的关系一直有争议（Foote等，1976；Wodzicka-Tomaszewska等，1981）。有人认为雄激素只是发挥允许作用，但也有人认为睾酮浓度与性欲呈正相关。一些品种的公牛对发情母牛反应迅速且具有攻击行为，与表现较为冷淡迟钝的一些品种的公牛相比，前者睾酮浓度较高，但它们之间是否为因果关系尚不得而知。

自然放牧时公畜需要较长的时间试情（Chenoweth，1981）。许多动物的雌性在发情时分泌外激素吸引雄性，而有些动物如奶牛和母猪发情时可出现同性性行为（homosexual behaviour），以此作为向雄性发出的发情信号。所有公畜嗅闻母畜的会阴部和发情母畜的气味，诱导出现所谓的“性嗅反射（flehmen reaction）”，公牛、公羊、骆驼和公马等均出现举头、上唇上翘等特征性反应。不发情的母畜常以躲避或踢咬的方式发出其拒绝公畜接近的信号。从发情前期开始，公畜对母畜的兴趣增强，母畜虽表示出配合的行为，但拒绝爬跨。发情时母畜表现后躯降低、排尿、尾举向一侧、公畜挑逗爬跨时静立（图29.15）；而此时公畜性激动、阴茎勃起、副性腺分泌物滴出，可能出现多次不成功的爬跨企图，最终完成爬跨和交配。

29.9.1 马

公马交配时，阴茎插入之后后躯表现连续多次的前冲运动，一分钟内即可射精。射精时在阴茎下部表面可触摸到尿道出现连续的蠕动波，此时公马

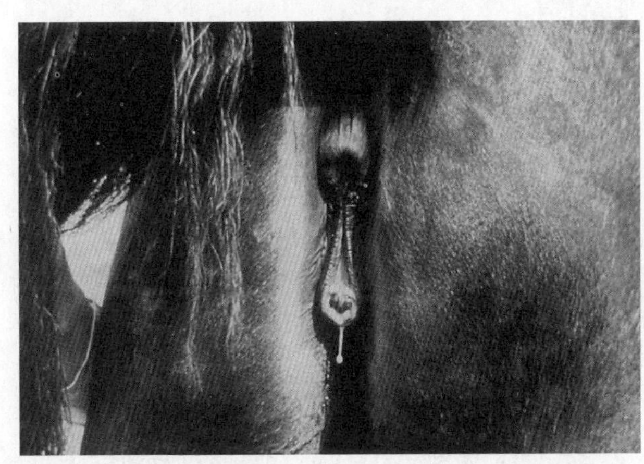

图29.15　母马发情表现后躯降低、排尿和尾举向一侧

表现典型的尾部“下垂运动（flagging）”（图29-16），之后公马爬下结束交配。

29.9.2　反刍动物

所有反刍动物的交配活动均很简短。发现发情母畜后，公畜爬跨，只是一次前冲即完成射精，之后公畜很快爬下，但常常可能出现连续的交配，因此在农场对公绵羊和公牛必须要考虑这种高频率的交配。公牛和公羊个体可以为同时发情的大群母畜配种，但必须减少同期化处理母畜的数量。此外，青年公畜在使用前应进行练习。初情期后1～2年

图29.16　公马交配时的特殊表现：尾巴下垂，阴茎尿道出现蠕动波

睾丸大小及精子生成能力才达到正常，附睾也一直要到这个时间才能达到其充分的长度（参见综述，Salisbury等，1978），只有达到成熟后，交配母畜的数量才可以适当增加到和成年动物相近。如果公畜使用过度，则产生的精子数量可能太少而难以获得很高的受胎率，也可射出附睾尾中尚未成熟的精子，因此对精子数量和精子的成熟均可产生不利的影响，由此严重影响受胎率。

29.9.3　猪

公猪交配时间相对较长，持续5～15min。阴茎插入后，第一阶段为后躯连续一系列的用力前冲，射出只是由副性腺分泌物组成的第一部分精液；第二阶段公猪表现较为安静，射出富含精子的精液；第三阶段公猪更为活跃，射出由胶质样副性腺分泌物组成的第三部分精液。精液直接射入子宫，交配后很快可见到子宫由于精液而充盈，而子宫颈口常被胶样物质封塞。精液量大有助于输送精子通过较长的生殖管道到达受精部位。

29.9.4　犬

公犬后躯强力前冲使阴茎插入母犬阴道，阴茎插入后阴茎龟头球明显肿胀，其后的阴门缩肌（constrictor vulvae muscles）收缩，形成所谓“交配结（copulatory tie）”。阴茎插入后80s左右射出富含精子的精液，因此即使没有完成第二阶段的交配仍可使母犬受孕。在交配的第二阶段，公犬爬下，但仍和母犬尾部相向站立（图29.17）。体位的改变使阴茎弯曲180°，阴茎输出静脉受阻，阴茎仍保持勃起状态。“交配结”的作用可能就是防止在较长的交配第二阶段阴茎疲软，在此期内仍有大约30ml无精子的副性腺分泌物进入阴道，使富集精子的精液容易进入子宫。阴门肌肉松弛后，阴茎勃起状态消退，交配结束。

29.9.5　猫

交配时公猫爬跨并咬住母猫颈部，交配持续

图29.17 犬的“交配结”

大约10s左右，在此期间公猫不断调整体位，母猫后脚踏地，频率不断增加。交配时母猫尖叫，随着交配后公猫爬下，母猫可能撕咬公猫，表现“暴怒反应（rage reaction）”。之后母猫发狂似地在地上翻滚，舔阴门。交配完成母猫反应停止后，公猫试图再次交配，在头30～60min内可能完成数次交配。猫属于交配排卵动物（参见第1章，Shille等，1983），交配次数和频率对诱发排卵的LH峰的幅度非常重要（Tsutsui和 Stabenfeldt，1993）。

第 30 章

公畜的生育力、低育和不育

Tim Parkinson / 编　　张家骅 / 译

公畜的生育力和不育其实很难准确定义，简单地说，生育力就是公畜产生后代的能力，而不育则是不具有这种能力，但确定引起公畜不能产生后代的原因并非总是很直观。虽然一般对公畜的不育比较容易确定，但要确定其生育力是否正常或已受损，则必须根据动物的使用情况以及关于其性能的期望等进行。

比如，当很大的雌性群体在短期内需要公畜配种妊娠时（如短时间内在雌：雄比例很高的群体中配种的公绵羊或肉牛公牛），需要公畜具有正常的生育力而使母畜达到正常受孕；在其他情况下，如娱乐性动物繁育（recreational animal breeding）或是在一些纯种家畜繁育中，可能只是偶尔需要雄性动物配种。因此，公畜生育力正常或低下不能依靠硬性规定，而要在不同的环境条件下了解其生育性能再作出临床判断。

兽医主要在两种情况下要求对种公畜检查其生育力，即诊断不育及查清其生育力能否达到其配种所需要的水平。动物生产医学（production animal medicine）的重点也逐渐从前者向后者转移：农场主非常重视配种前对公畜进行生殖健康检查，以减少母畜不能妊娠的机会。事实上，在养殖企业对经济环境的要求越来越高的情况下，生育力低下的公畜（特别是其患有影响生育力的传染病时）甚至可能危及到企业的生存。因此种畜配种前检查已经成为动物健康管理的重要环节，也是企业总风险管理的重要组成部分。同样，即使在娱乐性动物繁育中仍需要兽医对生育力低下的公畜进行检查，而在种畜场对种畜（如犬和公马）进行生殖健康检查也是种畜交易的重要组成部分，由此也表明基本的趋势是从事后诊断低育向事前防止不育发展。

生产动物生殖健康检查的一个长期目标一直是预测生育力水平，即公畜个体可能达到的每次配种的受胎率（per-service conception rates）或最终的妊娠率（final pregnancy rate）。这些指标在一定程度上与公畜的养殖成本呈负相关，但又代表了种畜选择强度增加（如最大程度的扩散种公畜的遗传性状）的积极意义。选用种公畜用于人工授精（AI）时，除要满足其正常的生殖健康标准外，选用的公畜产生的精子还应能经受稀释和保存等操作，因此是种畜选择的一个极好的例子。即使进行自然配种，仍然期望具有高遗传性能的公畜能产生最多的后代，由于母畜：公畜的比例及总妊娠率往往是相互对立的，因此要求兽医必须要对公畜仔细进行临床检查。

即使经过大约50年的研究，判断种畜实际的生育力水平仍基本为推测性的。虽然体外实验以及临床检查可以在一定程度上说明特定种公畜在特定情况下（如肉牛种公牛配种测定和体外诱导人工授精种公牛的顶体反应）的生育力水平，种公畜生殖健康检查方法最大的用处仍然是鉴别和淘汰低育及绝育的动物，这一工作与畜牧生产中消除危害动物健康的风险的目标是完全一致的。主要由于很难估计判断生育力标准的灵敏度和特异性，因此目前尚无法建立判定公畜生育力的二元（通过/拒绝）标准。

30.1 生殖健康检查

生殖健康检查包括：

- 公畜的身份识别、病史和一般临床检查
- 生殖器官详细的临床检查
- 观察性行为和交配行为
- 采精、评价精液质量。

在实际情况下对上述项目的选择及检查的顺序可根据动物品种和检查的目的而确定。

例如，一般在进行体检之前应观察交配行为和采集精液。比如在触诊检查公牛生殖器（特别是直检内部生殖器）之前用假阴道（artificial vagina，AV）采精；但如果要采用电刺激采精则宜在各种检查完成之后进行。此外，如果经过配种试验的部分检测项目后已经了解了不育的原因，则没有必要进行进一步检查。公羊宜先行外生殖器检查，这样有助于避免电刺激采精可能引起的应激。

30.1.1 检查结果

根据生殖健康检查结果，可将公畜分为以下几类（Entwistle和Fordye，2003；Parkinson和Bruere，2007）：

- 满意：检查的所有指标均达到满意水平（或仅有次要指标达不到满意水平）
- 重检或暂时不健全：关键指标达不到满意的标准（或公畜的性能在某些方面达不到评估满意）。给出重检结果应同时提出预期结果和改进所需时间
- 不满意/不健全：一项或多项关键指标检查结果达不到满意程度或不健全。虽然这些公畜中有些为不育，但认为大多数公畜在当时的工作环境中不可能达到可接受的生育力期望水平。因此，将这类公畜认定为不满意或不健全，而不是将其划分为“不通过”或“不育”要更为准确
- 资格通过：这类公畜的关键检查指标介于“满意”和“不满意”之间的分界点，可将其分类为资格通过（qualified pass）。得出这种评价时应该清楚，对这类动物的使用应特别谨慎，但也可减轻其负担并密切关注使用情况。将公畜分为这一类时应特别小心谨慎。

30.1.2 公畜的身份识别

原则上公畜在检查时应该有明显的身份标志。如果在配种前和出售前种畜的检查中被判定为满意而需要获得资格证书，则必须要对其进行身份鉴别。如果怀疑公畜不育而进行检查，特别是将购买的公畜退回商贩或因种畜问题造成经济损失而诉诸法律的情况下，公畜的身份鉴别就极为重要。如果要进行配种试验（例如对一群公牛），则可对每一个体制作临时身份标志，以便在远距离就可对个体进行识别。

30.1.3 生育史

收集了解病史是检查疑似不育公畜的一项重要内容。建立的病史应包括公畜是否是不育的原因、不育持续时间的长短以及不育发生时的情况如何。应该清楚的是，如果公畜的繁殖性能超出了本品种或本种动物的生育力或不育的正常限度，特别是用于娱乐性动物繁育的种公畜出现这种情况，则确实应引起关注。

应该确定受公畜影响而表现不育的母畜的数量，必须要确定发生不育时交配的情况，应该了解清楚是否公畜的配种负担适宜，或者不育的原因实际上是公畜使用过度，确定这点极为重要。例如，必须要调查清楚农畜中母畜群的大小及配种方式。应该注意的是，母畜采用同期发情后配种时，将增加公畜的配种负担，因此应该合理降低公母的比例。绵羊繁殖季节之外的配种显然需要将母羊进行

同期发情，但奶牛在全群进行同期发情处理后配种或者在乏情处理后的配种也是如此。主要农畜在不同配种系统中建议采用的公母比例见表30.1。

应尽可能排除管理因素造成的不育。比如，常常见到公犬在一两次配种后不能使母犬妊娠时要求进行生育力检查，或配种时母犬不在可生育期（参见图28.12）。这类不育主要是管理不当，而并非种畜真正发生了低育。因此为公畜创造一个好的环境条件非常重要，应注意观察公畜的拴系、厩舍、饲喂、清洁、配种环境、运输、配种时的操作等条件，这些条件的观察均有助于对公畜的不育进行评价。

同样，如有可能也应排除母畜的因素。群体的管理和繁殖记录是评估全群生育力水平的重要资料，也是同类公畜繁殖性能比较的重要依据，从中还可能推测出公畜出现繁殖障碍的时间和持续的时间。

需要确定公畜是尚未用于配种还是已经具有性经验（尤其是在售前和配种前进行生育力检查时）。应注意观察公畜饲养条件，确定公畜是否曾经具有正常生育力，这有助于判定及区别遗传性或获得性、管理性或疾病性、暂时性或永久性的生育力受损。应注意确定种畜是否有接触传染病的风险，特别是公牛是否接触过性病性传染病，是否可能持续感染牛病毒性腹泻病毒（参见第23章，23.5牛病毒性腹泻）。

许多不育只有从开始受损后经过相对长的时间才表现出症状，因此询问畜主时，不能遗漏可能造成损伤的各种细节。

30.1.4　一般检查

一般检查的内容主要包括年龄、性成熟状态、体况、体形、间发疾病和性情等。

30.1.4.1　年龄

年龄在两个方面极为重要。首先，老龄公畜精液质量、性欲和交配能力易于下降。老龄公牛随年龄增加精液品质下降，四肢上部和背部疾患可严重影响性欲和交配。其他家畜也与此类似，尤其是伴侣动物。其次，在年轻的动物，影响生育力的主要因素是性成熟和雄性性行为的学习，如识别发情母畜和交配的能力等。

年轻动物在配种时必须达到初情期。生长缓慢、体重小、体况差的青年公畜初情期延后；相反，公畜在饲养期间生长过快，其体型可能会给人造成性成熟的假象。如果阴囊脂肪太多，还会使精子生产开始延迟。在生产用家畜中，性成熟年龄在品种间差异很大，例如夏洛莱牛和荷斯坦牛属于较晚熟品种，它们要比早熟品种需要更长时间才能达到完全的生育力（图30.1，Coulter，1980）。同样，繁殖季节早期交配出生、生长发育良好的小公绵羊可能在当年秋季进入初情期；较晚出生或是生长发育差的小公绵羊则要等到来年才能达到初情期。

表30.1　不同配种方式一头公畜适宜配种母畜数（Roberts，1986；Levis，1992）

畜种		配种方式			母畜群中一头公畜适配母畜数
牛		自主发情	同期发情	人工配种*	
	性成熟前	10～20	—	2～4	20～30
	性成熟	20～40	10	4～12	40～80
羊		自主发情	同期发情（繁殖季节）	同期发情（其他季节）	
	性成熟前	20～30	—	—	20～60
	性成熟	40～80	10～20	5～10	80～120
猪		断奶诱导同期发情+	牵引*		
	性成熟前	1～2	1～2		20
	性成熟	2	1～4		20～30

*人工配种：每周交配两次。

+公猪与母猪总比例：公猪轮换使用，每周交配1～4次。

公畜达到性成熟的时间极为重要。大量的研究表明，公畜初情期的启动受父母双方遗传性状的影响，因此对初情期延迟的动物进行选育淘汰有一定的道理。其次，进行后裔测定时，如果大多数母畜都已进入可配种状态，而公畜性成熟太晚，将因无法从年轻公畜获得精液，而使后裔测定很困难。例如，用于后裔测定的公牛应在12月龄时能提供精液，而部分荷斯坦公牛此时并未完全性成熟，一直要到15~18月龄才可能提供适合进行人工授精用的精液。

年轻公畜由于睾丸尚未充分发育，因此每天精子的产生量较成年公畜少。其附睾也相对较短，因此极有可能在射精时出现未成熟精子，在初情期头几个月用于为大群母畜配种时，极有可能不会获得很高的妊娠率，因此不宜用于同期发情母畜的配种。

如果初情期后的公畜不与母畜接触，则可能不会爬跨和交配。小公畜与成年母畜之间的交配可能会因体格差异而有一定困难，青年公猪及绵羊与体格大的成年母畜一同饲养时，可因被恐吓威逼而母畜难以受孕，而且还会引起公畜体况明显下降。

30.1.4.2 体况、活重和体形

体况评价是一般检查的重要部分。体况差时会影响精子生成，特定的微营养素缺乏也可影响精子生成。一般来说，慢性或长期缺乏蛋白和能量的危害比微营养素缺乏更严重，但如果二者同时发生，则对生育力的影响将会非常严重（Salisbury等，1978）。对大多数农畜而言，公畜的营养应适中。公羊在繁殖季节配种期间消耗大，会引起明显的失重，因此配种前应保持较好的体况。反刍动物如果饲喂质量较差的粗饲料，可造成瘤胃膨胀，因此从体格上就难以进行正常的交配。

公牛和公猪随着年龄的增长可能会出现体重过大，爬跨时可能使母畜受伤。因此配对的公母畜大小应相配，尤其应注意与15月龄的小母牛配种的公牛。

对育种协会来说，极为重要的体形构造对繁殖

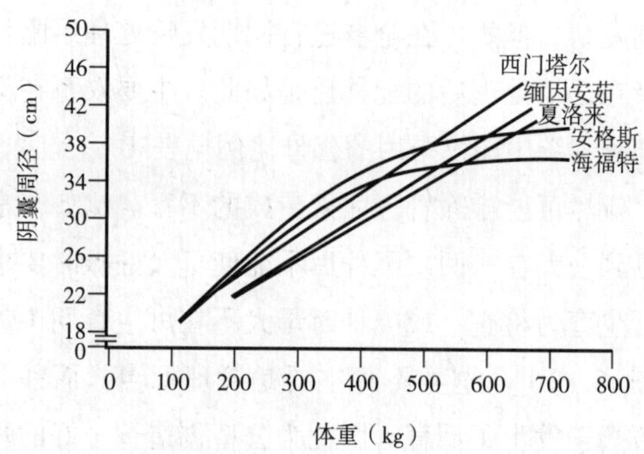

图30.1 肉牛体重和阴囊周径的关系
英国肉牛与欧洲大陆同类肉牛品种比较，睾丸生长发育较快，达到体成熟时，睾丸生长停止。而体重较大的欧洲大陆公牛体成熟较晚，睾丸也有一个相对较长的生长期（经Coulter同意重绘，1980）

性能没有直接的影响，因此不属于生育力检查的范围。但四肢缺陷，如跗关节弯曲、蹄变形等可能影响公畜的爬跨能力，而先天性缺陷（如颌咬合、疝等）以及患有隐睾等疾病的公畜不得作种用。

30.1.4.3 间发病

运动系统疾病可严重影响公畜的繁殖性能，特别是后肢（主要是蹄和跗关节）和背腰疼痛可直接影响正常的爬跨行为；运动系统的疼痛不仅直接影响交配，而且慢性、持续不能缓解的疼痛还可造成应激，引起皮质类固醇激素诱导的精子生成受损。

其他全身性疾病也能影响公畜的繁殖性能。但应该注意，短期发热或短期疾病影响不大，长期发热可引起精子生成时由温度引起的损伤。

30.1.4.4 性情

有些兽医人员认为，暴躁凶猛具有攻击行为的公畜不宜用于自然交配。

30.1.5 生殖道检查

进行生殖健康检查时应注意检查生殖道的所有部位，同时应注意品种间的差异和公畜所处的不同条件。

30.1.5.1 阴茎和包皮

草食动物在交配和采精时一般都能观察到阴

茎，公羊下蹲时阴茎容易从包皮中伸出，但最好在电刺激射精时观察其正常功能。正常情况下公牛阴茎很难从包皮伸出，必须封闭阴部神经才能使阴茎松弛，而使用镇静剂无效。由于封闭阴部神经操作较难，因此一般都在交配、假阴道或电刺激采精时观察。大多数公马的阴茎可松弛到一定程度而易于进行观察和检查，一般不使用镇静剂，但阴茎不一定能达到充分勃起的程度。公犬和公猪阴茎可通过人工刺激使其伸出而进行观察。

阴茎检查还应包括触摸包皮和近体端阴茎（如反刍动物阴茎S状弯曲），触诊时应注意是否出现粘连、损伤或肿瘤。

30.1.5.2　阴囊

阴囊检查包括触摸阴囊结构，在家畜更为重要的是测定睾丸大小。

触诊睾丸时应该检查睾丸的大小、质地、紧张程度及均匀度。睾丸在阴囊内应能自由移动，结实而有弹性。公牛和公羊睾丸的弹性在检查时可以定量评分，评分结果可以作为生殖健康检查标准的其中一项（表30.2）。触诊睾丸时发现其柔软松垂常常与睾丸功能异常或变性有关；睾丸大范围硬化或形态不规则可能是睾丸变性或炎症后纤维化或钙化所造成的结果。应注意是否有睾丸温度升高，是否双侧对称。公马、公羊、公牛和公犬的睾丸可行超声检测，观察睾丸组织内是否有液体潴留（图30.2）。

表30.2　公牛睾丸弹性评分（Bishop，2007）

评分	描述	精液	结果判定
1	硬、有弹性	可以使用	符合种用
2	稍软	适当使用	符合种用
3	无弹性	不宜使用	检查精液
4	软、萎缩	不能用	不合格

一般来说可以触诊附睾的头部和尾部，但触诊位于中部的附睾体较为困难。触诊附睾尾时应评判附睾尾的充盈程度，附睾尾松软可能是由于精子的产生发生障碍或过度使用耗竭了精子的储备所致。检查公羊的附睾时应特别注意其是否患有传染性病原引起的附睾炎。

从阴囊颈部可触摸到输精管，应注意（尤其是公羊）是否留有输精管结扎后的瘢痕。沿精索向上触摸至腹股沟外环，注意是否存在腹腔内容物（阴囊疝）或精索静脉曲张。应注意阴囊表皮是否有损伤，特别注意公羊阴囊皮肤是否有疥癣。

睾丸大小与每日精子生成量高度相关，因此对悬垂型阴囊的家畜测定其睾丸周径是生殖健康检查的常规检查项目（图30.3），但公马睾丸只能用卡尺或超声图像测量宽度，其测定结果对生精功能的判定具有同样意义。不同年龄公牛阴囊周径的建议参考数据见表30.3。成年公羊阴囊周径与体重相关，较小品种应超过28cm，较大品种应超过

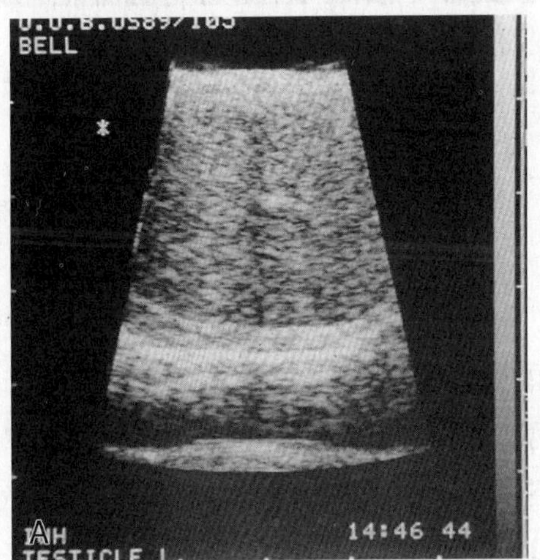

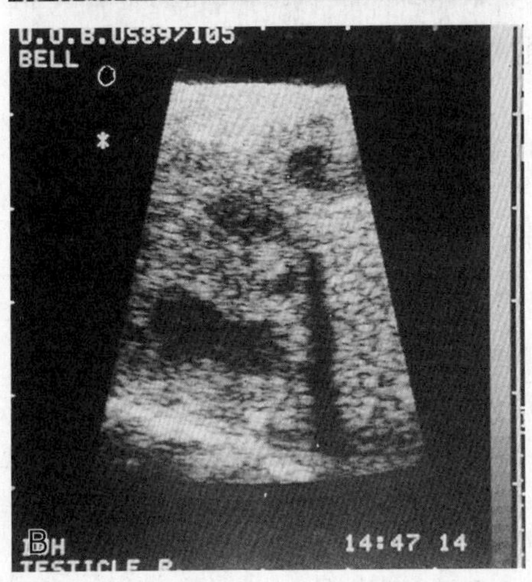

图30.2　正常（A）和附睾炎（B）公犬睾丸超声图像（经Barr同意，1990）

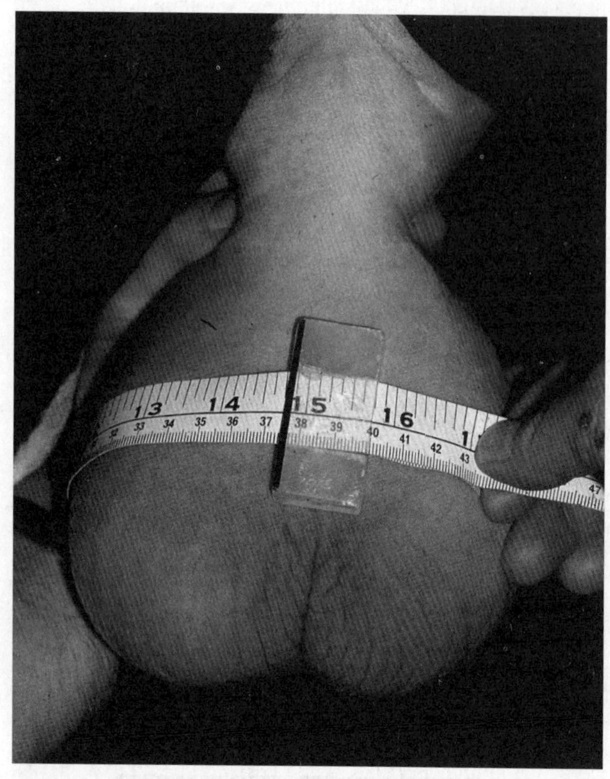

图30.3 公牛阴囊周径测定（见彩图112）
测定时抓住阴囊颈部使睾丸位于阴囊底部，在最大周径处进行测定。

34cm。公羊阴囊周径还与季节相关，繁殖季节与非繁殖季节之间相差可达25%～35%；睾丸质地和附睾尾的充盈程度与上述变化相似，因此对非繁殖季节的临床检查结果进行说明时应慎重。此外还应注意的是，公羊虽然可以在非繁殖季节产生精子，但在非繁殖季节很难利用电刺激采集到精液。

表30.3 推荐公牛阴囊周径最小值（Parkinson和Bruere，2007）

年龄	阴囊周径最小值
1岁龄	32cm
2岁龄	34cm
超过2岁龄	38cm（通过）
	36cm（需要提供睾丸质地和附睾尾充盈程度检测结果）

30.1.5.3 副性腺

进行生殖健康检查时，如果其他检查结果发现有异常，或是需要确定不育的原因时，应考虑对副性腺进行检查。

公马和公牛经直肠可触诊前列腺、精囊腺和壶腹。公牛前列腺和壶腹病变不多，但精囊腺的异常较为常见；公马壶腹较精囊腺病变多；从直肠很难触摸到尿道球腺。体形大的公猪可行直检检查，但体形小的公猪只能用手指触摸尿道球腺。用手指有可能触摸到小型犬的前列腺，但无论犬的体格大小，如果怀疑其前列腺有病变，都应进行放射线或超声成像检查。

30.1.6 观察配种和交配行为

观察配种行为时需要选择适宜的条件。虽然动物如公猪和公牛的性欲本来较高，常爬跨未发情的母畜，甚至爬跨其他公畜、阉畜或台畜。其实温顺的奶牛只要戴上笼头并拴系均可用于检查公畜的性欲，不一定需要处于发情期；但公牛愿意与拴系时处于狂躁状态的母牛交配。公绵羊和肉用公牛虽然性欲也较高，但如果有围观者在场，可能会拒绝与发情母畜交配，即使发生交配，在这之前也会表现出明显的固执与徘徊。新近运输的公畜也常常会不愿交配。总之，上述检查公畜配种行为的要求说明，交配行为观察结果虽有助于为不育检查提供具有诊断价值的信息，但由于影响交配的因素太多，只有将检查的公畜置于严密的观察之下，才能作出较为准确的临床检查。

公牛交配能力测定

对公牛进行生殖健康检查时，常测定其性欲和交配能力（Chenoweth，1986，1997）。在牧场上观察公牛的交配行为往往带有主观性，不足以说明其实际交配能力，但对交配行为的观察（Blockey，1976a，b）结果在一定程度上能说明公牛的生育力（Blockey，1978）。

开始时建立的配种试验包括两种，即性欲测定（libido test）和交配能力测定（serving capacity test）。交配能力测定已发展为一种竞争性交配能力的测定，即以4～6头公牛为一组，引入诱导发情后被拴系的小母牛群，分别记录爬跨和有效交配次数。性欲测定用于评估一头公牛的性能力，即将一头与母牛隔离的被测公牛牵到被拴系的小母牛前，根据其交配企图和次数评分。在进行性欲测定时也可主观性地评定公牛的性兴趣（Chenoweth，1979）。

虽然性欲测定和交配能力测定可用于评价公牛性能力的不同方面，但二者之间高度相关，因此目前已将二者合并为一项测定，即性交能力测定（service test）（Entwistle和Fordyce，2003）。在测定中，根据个体类型和年龄不同，对其生育能力的数量和质量性状进行评估。世界上大多数肉牛生产国家广泛开展公牛性交能力测定。在奶牛群中自然交配的公牛一般不进行此项测定，但肉用品种公牛出售前卖主应对公牛进行测定。

尽管此项测定已广泛应用，但对其有效性和动物福利两个方面仍受到质疑。

不少报道认为，测试分值高则繁殖性能好（如Makarechian和Faird，1985；Blockey，1989）。Birkner等（1984）证明，在21d配种期内性欲强的肉牛受胎率高于性欲差者（51.5%：30.6%）。但是有研究认为，以性欲评估分数判定繁殖性能宜谨慎（Chenoweth等，1984），也有研究无法证实测试得分与生育力之间的相关性（Crichton等，1987；Farin等，1989）。Coulter和Kozub（1989）认为，爬跨次数适中即可，过高或过低均不好，重要的是强调有效爬跨（即阴茎插入并射精）占总爬跨次数的比例。此外，如果交配持续时间长，则交配试验的得分与生育力之间的关系就不明显，得分高牛与得分低的公牛总妊娠率可能相似（Falcon等，1981；Hawkins等，1989；Silva-Mena等，2002）；但得分高的公牛在配种季节早期配种，其妊娠率比在晚期配种高。

交配测定的一个主要缺点是，在未交配过的公牛评估分数的重复性差。周岁公牛的交配测定评估分值主要取决于饲养管理状况（Lane等，1983）和性经验（Boyd和Corah，1988），在接触到发情母畜后会发生明显变化。因此，未交配过的公牛其评分值与成年公牛不同（Faird等，1987），也与其第一个繁殖季节不同（Boyd等，1991；Carpenter等，1992），并不一定能真实反映其交配能力。

但是，近来对交配测定不断改进和标准化（Entwistle和Fordyce，2003），在很大程度上克服了这些缺点。首先，已经认识到不能将交配测定作为评估公畜生育力的唯一方法，因为性欲与精子的产量和精液质量无关（Chenoweth等，1988；Coulter和Kozub，1989）。公畜的性欲在一定程度上还受其在畜群中社会等级的影响。因性交能力测定目前只能作为公牛生殖健康检查的一部分，将其测定结果配合其他检测结果，用于鉴定及排除性欲良好但繁殖性能存在其他方面问题的公牛。Mossman（1983）和Bertram等（2002）认为，交配测定的主要用途是用于检查发现阴茎疾患和运动障碍，以及淘汰性欲低下的公畜；而这些正是影响公牛生殖的主要问题（Hughes 和Oswald，2007；Tattersfield等，2007），所以应重视交配能力测定的作用。

其次，Entwistle和Fordyce（2003）对交配能力测试已经提出了测定标准化方案，Parkins和Bruere（2007）依此进行了测定。标准化测定包括使用安静未发情台母牛，将其保定在专门设计的围栏中（图30.4），保定场地应宽大，能控制公牛和台母牛的比例。对无性经验的公牛，应使其提前与母畜接触，以保证试验结果的正确性。不同类型的公牛测定时应有一些特殊的考虑，老龄公牛出现运动障碍和阴茎疾患的可能性增加，与青年公牛比较，应多观察其爬跨次数；对无性经验的公牛，应注意观察其爬跨次数和有效插入的比例。

应该注意的是，交配能力测定现在已经不再将预测公畜生育力作为主要目的，而主要用于鉴别公牛是否属于生育力低下。这一观点与美国兽医产科学学会（American Society of Theriogenology）的指南一致（Hopkins 和Spitzer，1997），强调生殖健康检查在繁殖群低育风险管理中的作用。

图30.4 公牛交配能力测定。台畜安静，且拴系在特制栅栏内，严格控制爬跨的次数（Jakob Malmo提供）（见彩图113）

30.1.7 采精和精液评价

30.1.7.1 公牛采精

公牛精液可用假阴道、电刺激采精、按摩壶腹或从刚配种母牛阴道中获得。

上述采精方法各有优缺点。用假阴道采集的精液最能反映精液的本质特性，并能重复测定精液品质的许多参数；在采集精液时还能近距离观察阴茎和自主性的射精。但是，近距离与公牛接触对采精人员有危险，也有可能影响公牛爬跨。采用电刺激采精难以得到可重复样本，其检测结果的可靠性不如使用假阴道。其优点是可用于不易控制的未使用过的公牛，人员也不用靠得太近；也可以观察到勃起的阴茎，但射精是在电刺激诱导下产生的，因此不能观察到自主性的射精。有经验者经直肠按摩壶腹可以采到精液，但阴茎无勃起、无射精，操作过程也观察不到。操作时可先经直肠找到位于耻骨前缘的精囊腺，对着骨盆进行按摩，包皮口可见到有副性腺分泌物流出；然后将壶腹置于拇指和其余手指之间，以类似"挤奶"式的手法按摩，精液从包皮口滴出时说明操作成功。不易控制公牛时可从刚与之交配的母牛阴道采集精液，由于精液与阴道黏液混合，精液既不易采出，也难于从样品得出准确检测结果。不过，可以同时观测公牛正常的交配。后两种方法采集到的精液一般只能用于对精子活力和形态的检测，而不能得出准确的精子数量。即便如此，在诊断上仍具有一定的价值。

假阴道包括圆柱状硬质橡胶外筒和乳胶内胎（图30.5），内胎一端呈圆锥状膨出，其尾端附集精管。假阴道长度应适中，能让公牛阴茎将精液直接射入膨出内胎部，以免杂质或细菌污染。外筒和内胎之间装入温水，以便假阴道内腔的温度达到45～48℃。如果温度低于43℃则公牛不可能射精。假阴道的温度是诱发射精的主要刺激，但其内部对公牛阴茎的压力对射精的影响相对较小。使用之前，内胎上还应该涂抹少量惰性润滑剂（一般采用液体石蜡或软石蜡；妇科用凝胶有杀灭精子的作用，不宜采用）。

采精时应特别注意公牛的控制和人员的安全。最好以戴笼头的发情母牛为台牛让公牛爬跨，但寻找此类牛也许有困难，替代办法是使用镇静处理的非发情母牛。母牛使用保定架，否则至少应拴系在木柱上。将公牛牵到母牛跟前，但不能让其马上爬跨，可先让其看见并嗅闻母牛，再将其牵开，公牛阴茎通常会出现一定程度勃起，并分泌副性腺分泌物，最终让其爬跨交配，将产生更好的射精效果。牵引公牛爬上母牛时，采精人员站于公牛右侧肩部。公牛爬跨前通常会用鼻子挨擦母牛会阴，随着坐骨海绵体肌将血液泵入勃起的阴茎，公牛的尾根

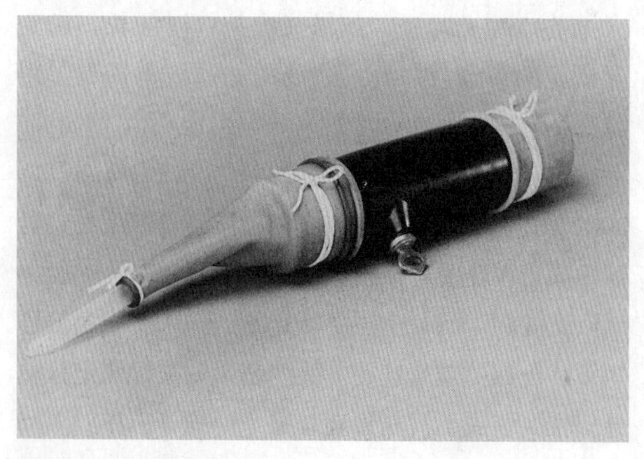

图30.5 牛用假阴道

可见出现抽吸动作（pumping action）。爬跨时阴茎充分勃起，插入后前冲一次即完成射精。当公牛阴茎到阴门口试图插入并向前冲时，站在公牛右肩侧的采精员以左手抓住包皮（不能抓阴茎），将阴茎导向母牛后躯的右侧，使其插入假阴道内，公牛通常会前冲将精液射入假阴道内（图30.6）。整个采精过程必须安静有序，小心观察公牛的动作，特别注意射精后许多公牛往往表现有攻击性。

多年采用自然交配的成年公牛采用假阴道采精时可能不愿在假阴道内射精。如果公牛的性欲良好，在采精前可反复逗引，让其爬跨但使其阴茎偏斜以不让阴茎插入射精，这样可有足够的刺激使其能在假阴道内射精。采精时有人在场，或公牛不再用笼头拴系时公牛也可能不愿射精，因此可为采精增加困难。对这类公牛有人甚至采用母牛去爬跨，以刺激其性欲，但需要有足够的耐心并重新为假阴道加温，这样有望获得成功。

替代假阴道采集精液的另外一种主要方法是用电刺激采精（图30.7）。用于电刺激采精的电棒经直肠插入，用于刺激荐神经丛（sacral plexus）、腹后神经（hypogastric nerve）和阴部副交感神经（parasympathetic outflow via the pudendal nerve）。理想状态下，该设备可产生可变电压，能产生刺激方波（square-wave pattern of stimulation），开始时电压低，当逐渐由低到高时可达到诱发射精所需要的阈值。电刺激发生装置有手控型，也有程序控制型的刺激程序，有经验的采精员倾向于使用后者，这种方法更为人道，对公牛造成的不适也很小。电刺激偶有可能影响到坐骨神经和闭孔肌神经，导致后肢僵直，但采用现代化的设备，这种情况极少发生。

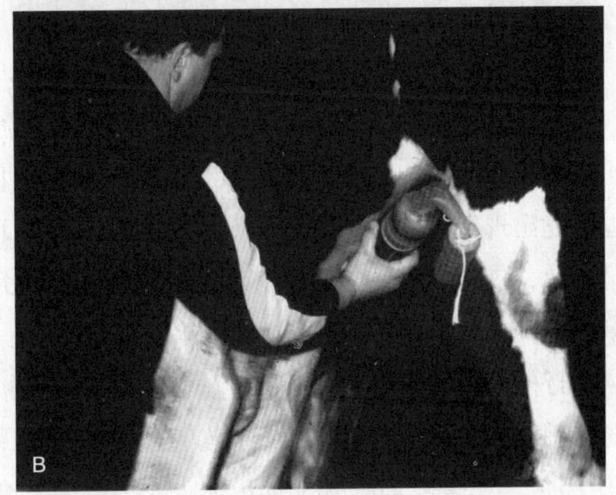

图30.6 使用假阴道采集公牛精液（经允许，引自Parkindon和Bruere，2007）（见彩图114）

30.1.7.2 公马采精

精液检查一直被视为公马生殖健康检查中最重要的一项内容。但Love（2007）认为这是一个错误的概念，精液检查只不过是整个检查过程中的一项内容而已。采集公马精液最好还是使用假阴道，其次，可以检测公马交配爬下后尿道中的残留滴出精

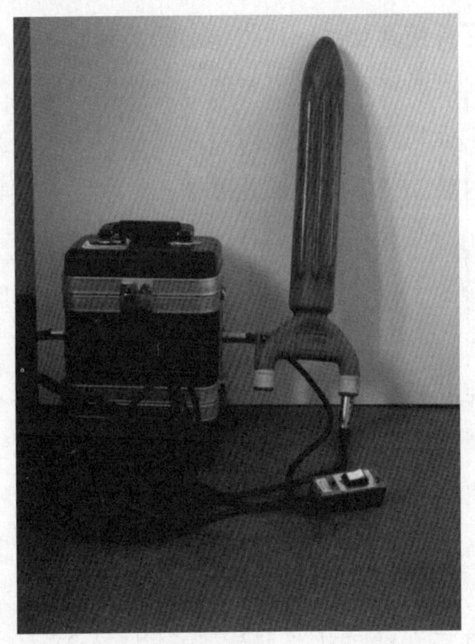

图30.7 公牛用电刺激采精装置（经允许，引自Parkindon和Bruere，2007）（见彩图115）

液。由于公马直接将精液射入子宫内，正常情况下从阴道采集精液是不可能的。

公马用假阴道比公牛用假阴道大，体格大的公马也许还要使用超大型号的假阴道，这种假阴道可能很重。采精时将公马牵拉至完全发情的母马，母马应该有人牵拉或使用足枷保定。爬跨后，将阴茎导入假阴道，触诊外露的阴茎腹侧可发现射精蠕动波（图30.8）。公马对假阴道的温度和压力极为挑剔，有的公马甚至在看见假阴道后不愿被采精。采精员应注意不要被夹到公马前肢和母马身体之间，公马爬跨母马的动作容易伤害采精员的手臂。

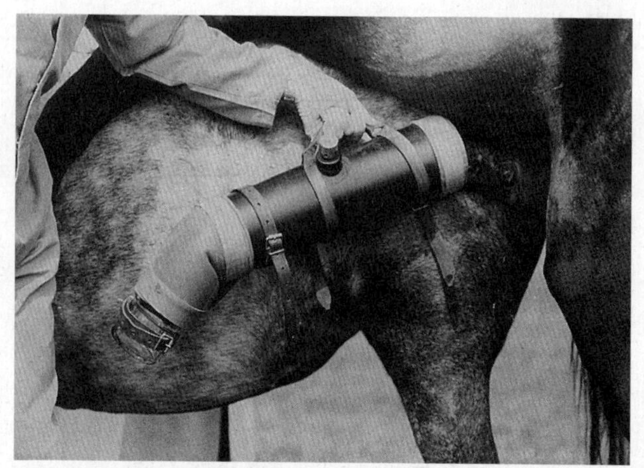

图30.8 公马采精（尿道可见特征性的射精蠕动波）

30.1.7.3 公绵羊采精

无论采用电刺激还是假阴道，公绵羊的采精都比较容易。公马和公牛即使在生殖道正常的情况下也可能出现精液异常，但公羊不多见。因此，在采精之前，应检查公绵羊的生殖器，这样就可发现大多数不育的公羊而无需再进行精液检查。

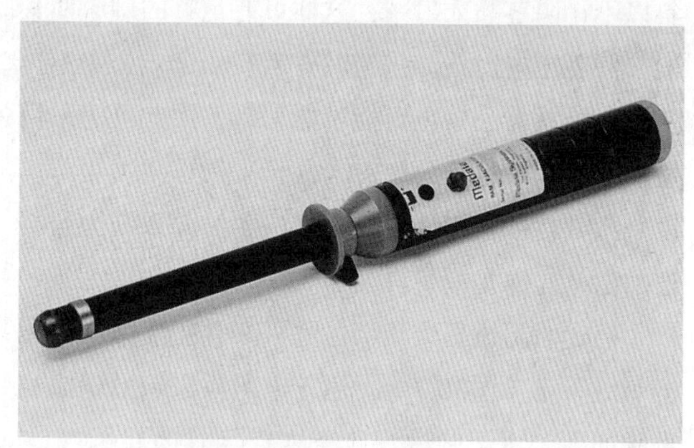

图30.9 羊用电刺激采精棒

野外采精常采用电刺激采精法。将具有双电极的电刺激棒（图30.9）经直肠插入骨盆边缘处（图30.10）。如果电刺激棒位置正确，大多数公羊会出现阴茎勃起，但有些绵羊可在阴茎不勃起的情况下射精。在4～6次有节律地刺激壶腹和荐神经丛后公羊可射精。有的操作者喜欢将公羊站立保定，有人喜欢使其侧卧，抓住露出的阴茎部。通常，公羊对电刺激采精具有一定的耐受性，但如果电刺激范围扩大到影响后肢肌肉，或是在4～6次刺激之后仍未射精，刺激应中断几分钟。在牧场上放牧的公羊电刺激采精前应先以干草舍饲1～2d，使其直肠内稀粪变干，可以减少电刺激范围扩大带来的副作用。

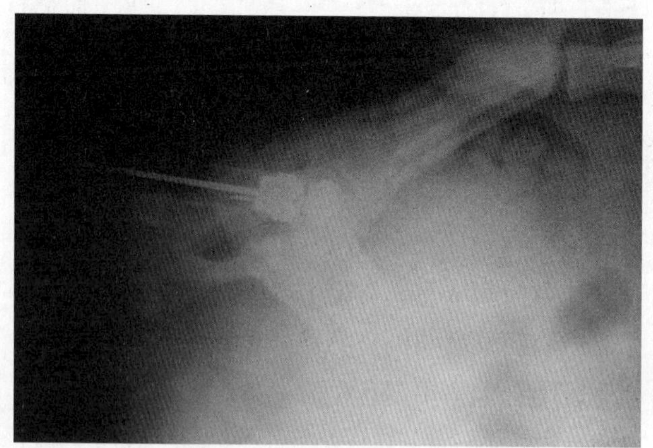

图30.10 显示电刺激射精棒与骨盆前缘相对位置的公羊后肢X线片

经电刺激采得的精液样品并不能真实代表精液量、精子活力和精子密度，这也是电刺激采精的一个主要问题。有时采得的样品完全无精或死精。因此对这种样品检测结果的解释必须要慎重。但应该注意的是，这种情况下除了精子的第三期异常（参见本章异常精子部分）外，对精子的形态没有影响，因此即使一般的样品也可达到诊断的目的。另外，从电刺激采得的精液样品即使量少、密度和活力低，也不能据此将公羊判定为生殖不健康，除非能证明采得的样品确实能代表公羊的实际情况。

大多数公羊如果不训练的话都很难用假阴道采精，都需要爬跨发情母羊。羊用假阴道与牛用假阴道类似，但稍小，而且集精管要考虑保温。采用假阴道为羊采精一般仅限于人工授精中心。虽然绵羊是季节性发情动物，但人工授精中心饲养的公羊全年均可采精。通过有规律的采精，可使精液质量保持在较高水平，这种现象可用于维持绵羊人工授精中心全年冷冻精液的生产。此外，农场饲养的公羊（即不在人工授精中心饲养）在繁殖季节外采集精液要比在繁殖季节困难得多。

30.1.7.4 公猪采精

手握刺激阴茎可以很容易地从公猪采到精液，曾有人设计公猪用假阴道（Melorose 和O'Hagen，1959），但其使用效果不如手握刺激法。

公猪射精的主要刺激是阴茎远端的螺旋状部分被母猪的螺旋状子宫颈紧紧咬合。因此采精时，让公猪爬跨发情母猪（或训练过的母猪及台母猪）时，包皮鞘刺激阴茎伸出，用戴有乳胶手套、温暖、润滑的手抓住螺旋状龟头，模拟子宫颈锁（cervical lock）的作用。应避免不要抓住阴茎的其他部分（Althouse，2007）。

精液应采集至绝热保温的采精容器中，容器上可安置漏斗，以棉纱滤除精液中的凝胶状部分。射精开始前公猪用力前冲，开始射精后逐渐安静，最后射出凝胶样部分时又开始前冲。收集精液时，开始部分（前精部分）舍弃，再经滤过，这样得到的精液富含精子，亦可减少其他物质对精液的影响。

30.1.7.5 公犬采精

采用手指按摩法能很容易从多数公犬采到精液，如果有发情母犬在场，将会更加容易。一般来说，手指刺激法采集的精液质量和数量都比较好，这可能是由于假阴道乳胶内胎对公犬精子有害，因此公犬采精中已不再使用假阴道。

为了手指刺激能诱导公犬射精，可节律性地压迫按摩阴茎龟头球（图30.11），但许多犬通过自己的前冲来诱导射精。在排出副性腺分泌物之前，公犬猛烈前冲，射精开始后保持安静。最初在公犬保持安静时，大约50s的时间排出0.5～5.0ml水样的射精前液体；紧接着在数秒钟内射出0.5～2.0ml黏稠、乳样、富含精子的精液。之后，公犬试图转身与母犬呈“锁闭”状态，此期持续3～30min，排出约30ml水样前列腺分泌物。

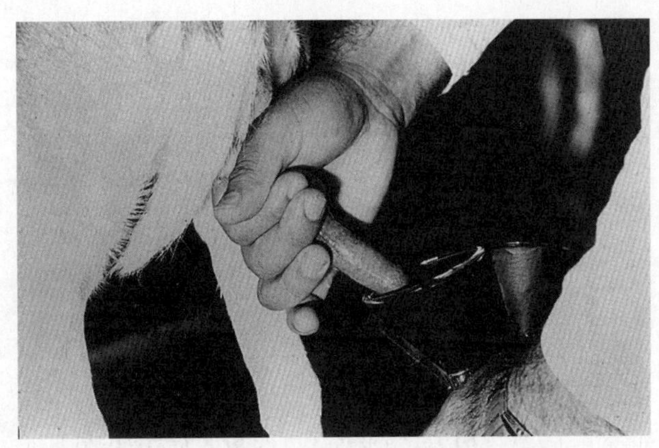

图30.11 犬的手指采精法

30.1.8 精液检查

精液检查的主要目的是确定精液中是否存在功能正常、足以使母畜受孕的精子；确定公畜能否产生足够数量的精子使所有受配母畜受孕。检查方法和指标本章后述。

30.2 雄性动物生殖异常

引起雄性动物绝对或相对不育的生殖异常可以分为两大类：不能正常交配（impotentia coeundi）和正常配种后不能受精（impotentia generandi）。第一类还可以进一步分为两种：不愿或不能爬跨以及虽有性欲但无法实现交配。在考虑两大类异常状态时，需要明确不育是否由于生殖系统（或其他系统）病变所引起，或只是由于管理上的原因所造成，通过改进饲养管理措施即可解决。这两类异常中大多数可通过生育史调查即可进行区分。诊断公牛不育的流程参见图30.12。

30.2.1 交配异常

引起交配异常的情况主要分以下四个方面讨

论：

- 未成熟或无经验
- 不能或不愿爬跨
- 不能插入
- 不能射精。

30.2.1.1 未成熟或无经验

小公牛不能交配也许只是由于其刚达到初情期前期，尚无性经验。虽然未成熟可能是小公牛性欲低下的原因，但对这种情况只能耐心使用体格大小适当的发情母牛对问题公牛进行训练，才能明确性欲较差是否由于未成熟所致。

曾有人使用大剂量hCG（5 000～10 000IU）或GnRH促进睾酮分泌来刺激小公牛性欲，但使用这些激素时需要注意，诱导产生的睾酮浓度升高对公牛攻击性的刺激作用可能比刺激其性欲的作用更强。而且，hCG虽然有LH样作用，但毕竟与LH不同，可能引起睾丸水肿，使精子生成受损。总之，这种处理方法效果差，多数动物处理后无反应，少数在处理后短期内显示性欲增强，只有极少数对处理有效。应该注意的是，公畜及其后代性活动能力出现的早晚具有一定的相关性，因此不应采用性活动明显推迟的动物进行配种。

青年公畜也缺乏性经验，饲养青年公畜的条件也明显影响其行为。例如，以小群饲养的小公牛进入初情期后一般都表现连续的爬跨行为，通常很快就能学会交配。一直单独饲养的小公畜可能不出现

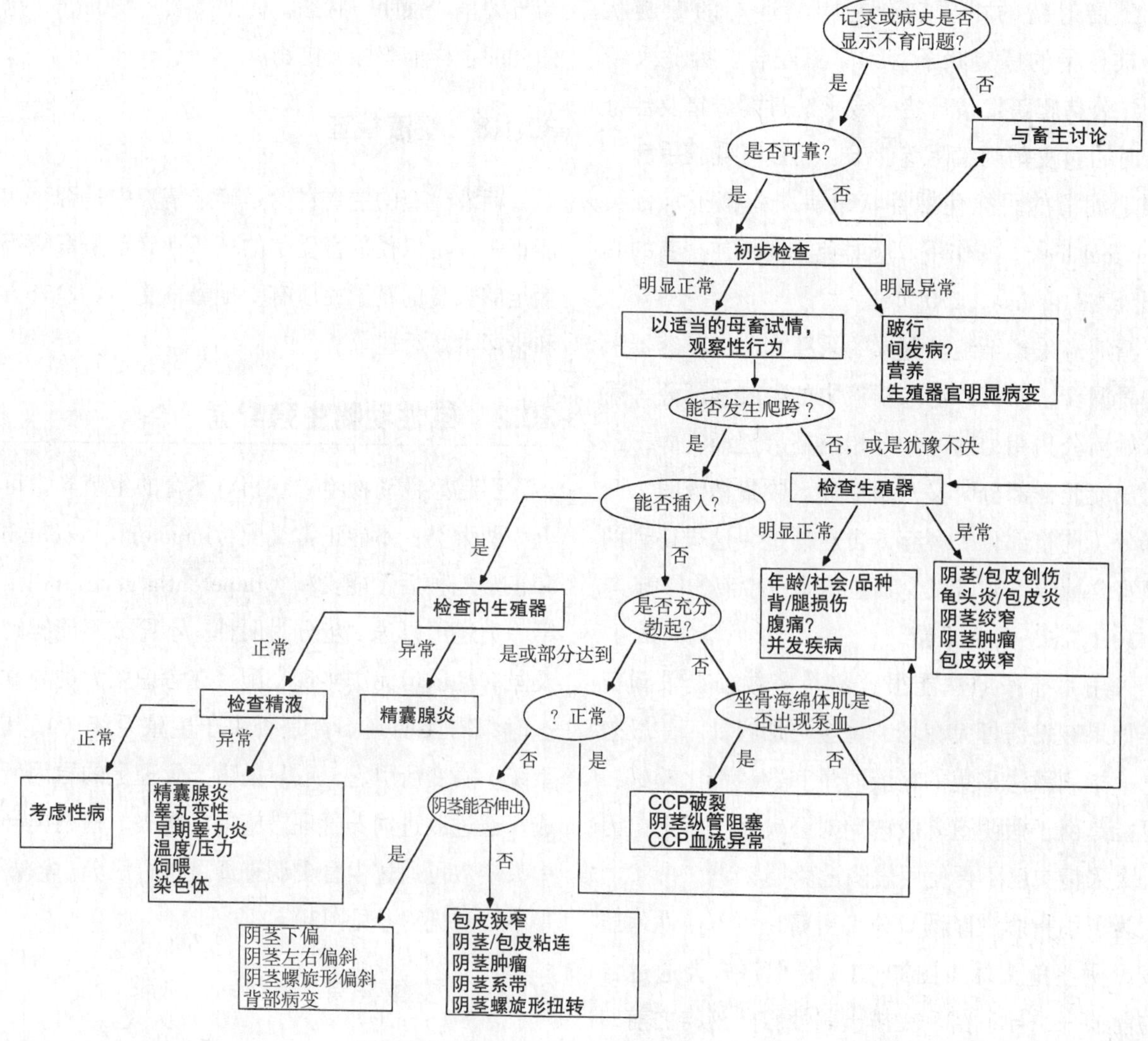

图30.12 诊断公牛不育流程图（CCP，阴茎海绵体。经允许，引自Parkinson，1991）

这种爬跨行为，需要一段时间的学习才可出现，特别是在人工授精站的小公畜，通常提供爬跨的只有阉牛，也需要较长时间学习爬跨。同样在赛马场，饲养员会强力阻止小公马表现雄性行为，因此这些小公马要成为具有正常交配能力的种马，仍需要重新培养其性行为。

不当的饲养管理，如地面太滑、屋顶太低、母畜个体太大、饲养员不认真尽责，都可造成公畜不愿交配。伴侣动物也存在类似问题，公猫常常习惯于在特定的环境中交配，改变环境后可能会出现不愿交配；犬常常在配种前需要长途运输，因此会出现应激诱导的性欲缺乏。不少年轻公畜，尤其是猪，在看见或听见有更加年长或等级层次更高的雄性同类存在的情况下，也会拒绝交配。

30.2.1.2 不能或不愿爬跨

大多数损伤运动功能的因素影响交配能力和意愿，特别是背部和后肢的损伤是引起不能爬跨的最为重要的原因。例如公猪利用前肢控制母猪，腕部的损伤疼痛同样也影响交配。

农畜和马蹄部损伤，如海福特公牛蹄底刺伤、蹄冠脱落、蹄腐烂、趾间赘生物等引起疼痛，交配时不愿蹄部负重。蹄部的构型不良虽然不太明显，但同样可作为性欲降低的原因。蹄生长过度时，四肢体重分配不均，因此公畜常常不愿爬跨；即使爬跨，也可能不能持续很长时间而无法完成交配。因此，人工授精中心都十分关注其种畜的蹄部健康，而许多农场的种公畜，特别是公牛，往往对蹄部健康不重视，直到发生严重的跛行时才引起注意。

后肢关节损伤也是影响所有动物爬跨行为的重要原因。后肢肢体形态异常也同样重要。老年公牛跗关节构造不良，后肢过直或过度弯曲（图30.13），通常在跗关节出现变性损伤，公牛不愿爬跨。在泥泞的陡峭山地将要自然交配的公牛常因跗关节损伤影响交配。

同样，躯干受损同样影响交配能力。小公牛在开始试图爬跨时，由于性欲过强，有可能造成腰背筋膜破裂，产生所谓的弯月状背部（honeymoon

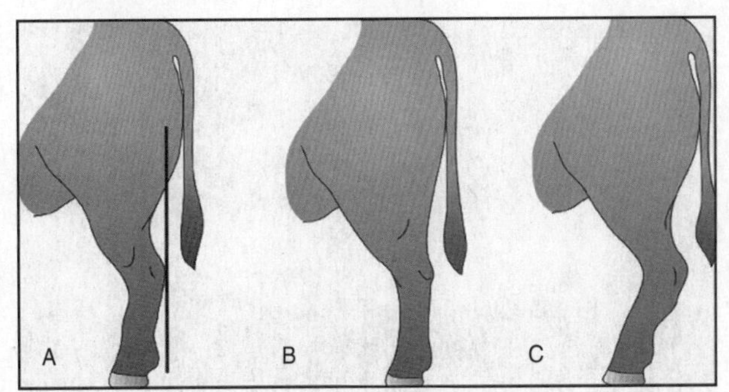

图30.13 影响公牛爬跨能力的跗关节异常形态：B过直和C弯曲（与正常状态A比较）（Parkinson和Bruere，2007）

back）。筋膜破裂引发的疼痛妨碍前肢抬起，公牛无法进行爬跨。这种情况多见于15～21月龄的小公牛，诊断时触摸腰背区有捻发音，或是背部肌肉肿胀而从破裂筋膜处膨出。

随着公牛的成年，因脊柱损伤变形影响交配的情况会越来越普遍。5岁及5岁以上的公牛更易发生这些情况，在这种动物进行交配测定是很有效的诊断措施。背部疼痛的公牛可能会爬跨，但很快就会爬下，或者不愿前冲完成射精；可爬跨但不射精，或者爬跨并射精，但之后不再愿意爬跨。如果用假阴道采精，则整个过程缓慢，阴茎进入假阴道后公牛无前冲动作（Almquist和Thomson，1977）。

公牛背部疼痛的一个主要原因是椎关节周围进行性骨质增生（图30.14），导致严重的性无能综合征症状。高钙日粮舍饲公牛易发本病（Krook等，1969），但7岁以下公牛很少患病（Bane和Hansen，1962）。首先，骨质增生使背部变得僵硬，因此爬跨时需要更大的努力。更为严重的病例通常在爬跨时可能导致椎关节折裂，公牛表现急性背部疼痛，因此表现完全但暂时性的不愿爬跨。在由增生的骨质将相邻几个椎体连接的地方，弯折可能造成脊柱内脊髓断裂，典型的是椎体折裂，常在射精时发生，公牛很快出现截瘫症状，立即从母牛背上跌下，呈犬坐样，后肢完全失去知觉。

步态异常也是不能交配的原因之一，但步态异常的详细情况不属本章介绍内容（可参阅综述，Greenough 和Weaver，1997），这里只介绍夏洛莱

图30.14 老龄公牛腰椎放射影像图片（显示相邻几个椎体明显骨质增生）

公牛四种步态异常的情况：痉挛性轻瘫（spastic paresis）、痉挛性综合征（crampy syndrome）、叉开腿走路（straddle gaits）和先天性运动失调（congenital ataxia）。之所以需要注意这些情况，是因为在需要购买公牛而进行检查时对这些情况进行识别是极为重要的。但是，其他家畜品种也有这些情况发生。

另外还应注意，通常认为有些损伤不会使得公牛不愿爬跨，但如果不引起重视，则可能会影响性欲。妨碍正常交配的阴茎损伤（下述）就是这种情况中极为重要的一种。

30.2.1.3 不能插入

不能交配是家畜不育的重要原因，以下几种情况可引起动物不能交配：阴茎不能勃起、勃起异常不能插入、阴茎和包皮损伤使阴茎不能伸出。上述病变容易确定，并可在早期给出预后。

30.2.1.4 不能勃起

阴茎海绵体（corpus cavernosum penis，CCP）是一个末端封闭的腔体，在阴茎脚处动、静脉紧密相邻，坐骨海绵体肌收缩时将血液压入动脉，而将静脉封闭，CCP内流体静压（hydrostatic pressure within CCP）增加，使阴茎增长、变硬，即阴茎勃起（Watson，1964；Beckett等，1975）。因此，CCP血液供应系统的任何异常都可能导致阴茎不能勃起。主要的异常有两类：血液从CCP漏出，而使CCP不再是一个封闭的腔体以及血液不能进入CCP。

阴茎破裂 包括CCP破裂综合征、阴茎折断和破裂。近来Ashdown（2006）对阴茎破裂进行了详细的综述，阴茎破裂和螺旋形阴茎（corkscrew penis）（参见30.2.1.5阴茎偏斜）是公牛最常见的生殖道常见疾患（Hughes和Oswald，2007），公猪和公羊阴茎破裂偶有发生。CCP内压力超过正常交配时达到的压力时，可引起白膜破裂（rupture of the tunica albuginea）（Noordys等，1970；Backett等，1974）。如果阴茎突然遭受外力，比如射精时母牛躁动，插入时阴茎没有进入阴道，而是触及乳房后上方部位，都可能导致CCP内压力异常升高。破裂处常在阴茎缩肌附着处或S状弯曲远端背侧，因为此处CCP小梁强度较弱（图30.15）。公羊如发生CCP破裂，破裂部位常在阴茎脚附近S状弯曲近端上方，可能是由于射精时从后部遭受撞击所引起。

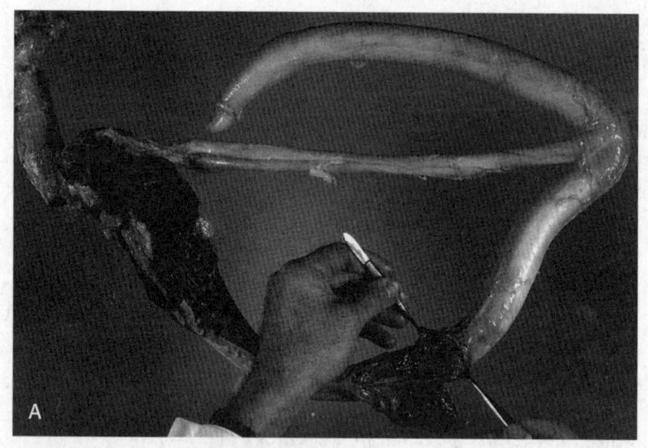

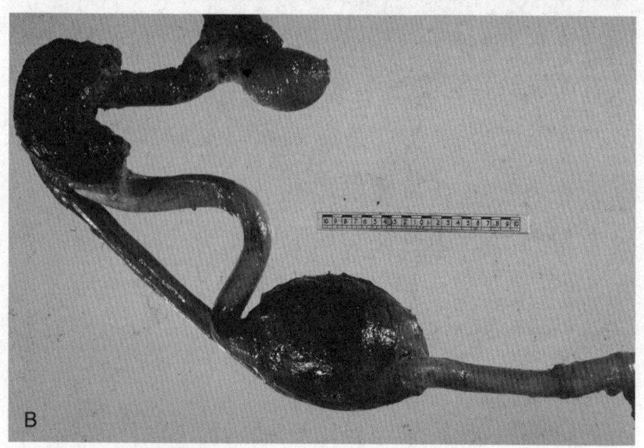

图30.15 破裂阴茎（见彩图116）
A. 白膜破裂处（Parkinson 和Bruere，2007） B. CCP破裂造成阴茎周围血肿，部位靠近阴茎缩肌附着处

从病因学分析发现，小公畜较老龄公畜多发阴茎破裂，这可能是由于前者活力旺盛，同时又缺乏经验。阴茎破裂后，有的公畜立即表现出明显安静；有的出现中度不适，比如步长缩短，绝大多数动物阴茎破裂后不再爬跨。如果S状弯曲远端破裂，出血可引起阴囊前部周围组织血肿（图30.16A）；S状弯曲近端破裂则引发阴囊后部出现血肿。如果交配行为在阴茎破裂后不立即停止，血肿会扩散得很大。S状弯曲远端破裂还可能导致包皮肿大，有时肿大十分严重，可引起包皮黏膜外翻（图30.16C）。偶而可有阴茎脱出（图30.16B）。浅色公牛CCP破裂后，皮下可见出血斑。排尿一般不受影响。

起初，血肿软而波动，血液凝固使血肿固定、变硬。开始阶段如果包皮肿胀时，则血肿范围难于确定，待肿胀消退后，方可对血肿进行检查。如不进行治疗，多数血肿将被感染化脓（图30.17A），有的血肿纤维化，使阴茎和包皮间、包皮内筋膜出现纤维粘连（图30.17B）。新血肿容易诊断，陈旧创需要与包皮创伤、脓肿、肿瘤和包皮尿道破裂引发的包皮尿液浸润等区别。阴茎周围血肿也可能由下腹或其周围血管损伤所引起（Noordsy等，1970）。

阴茎破裂后恢复过程极为缓慢，也不适合治疗，除了有价值的公牛外，一般公牛建议屠宰利用以降低损失。即使对有价值的公牛采用各种方法治疗，但对其优缺点一直都有争议（Pattrige，1953；Vandeplassche等，1963；Metcalfe，1965；Pearson，1972；Walker和Vaughan，1980；Cox，1982）。有调查认为，停止性活动90d，血肿初期使用抗生素防止化脓，按摩以防止阴茎周围发生粘连等保守治疗措施，可以使50%的公牛恢复交配能力。但也有调查认为，保守疗法治疗后恢复交配能力的公牛不足10%，这种差异可能是由于病例选择标准不同，例如能移动、界限明显、较小（稍大于正常阴茎直径）的血肿适合进行保守疗法，大的血肿容易形成脓肿和阴茎周围发生粘连。手术方法清除血肿的关键是无菌操作（图30.18）。根治手术需分离、切除或缝合破裂的白膜（Morgan，2007）。无论采用哪一种手术，都必须在受伤7d内进行，7d后粘连可能会大面积发生。手术后停止性活动的时间不宜过长，长时间的性静止可能会促进阴茎周围发生粘连，因此术后应强制公牛有规律地试情以诱导阴茎运动，消除瘢痕组织的收缩作用。

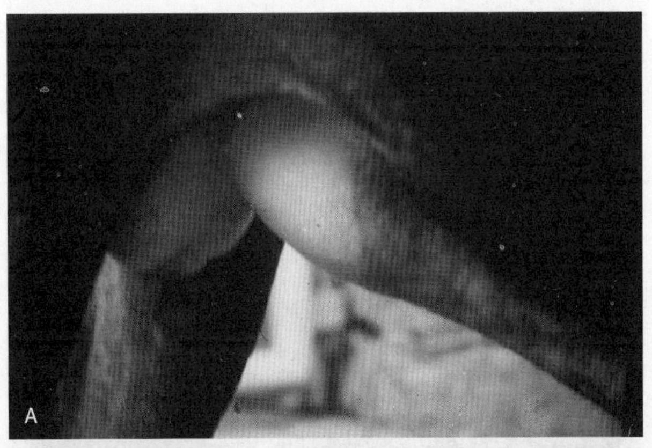

图30.16 阴茎破裂（见彩图117）
A. 公牛CCP破裂引发血肿，阴囊周围肿大 B. 海福特公牛阴茎破裂，包皮黏膜脱出 C. 阴茎破裂继发阴茎脱出

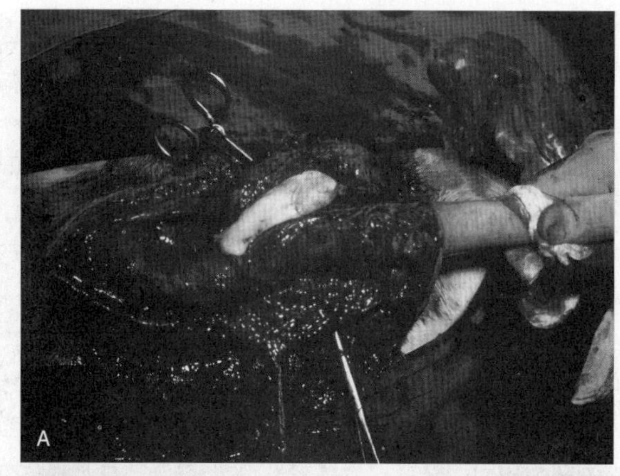
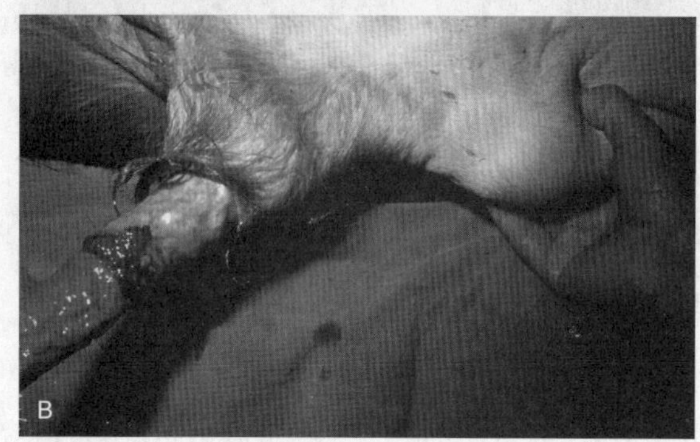

图30.17 A. 公牛阴茎周围血肿继发化脓。B. 周岁公牛由阴茎小血肿引发包皮纤维化，阴茎不能伸出，需手术剥离（见彩图118）

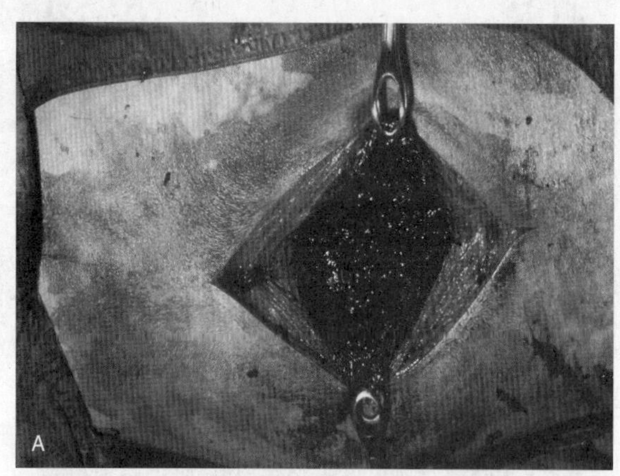
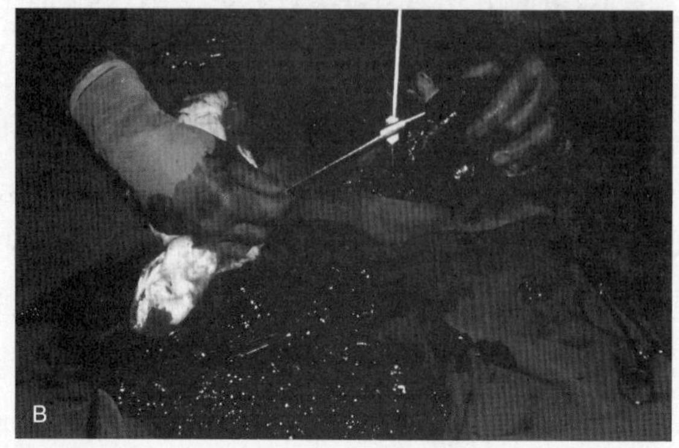

图30.18 A、B：手术清除公牛阴茎周围血肿（见彩图119）

术后不宜过早用于爬跨，开始阶段阴茎伸出有限，但之后数周，伸出阴茎长度逐渐增加。

CCP破裂及手术修复的后遗症包括血凝块形成脓肿等。阴茎破裂形成的血凝块如不清除，则易于发生阴茎周围粘连，即使小面积的纤维化也可造成阴茎不能伸出的严重后果。有些动物在阴茎破裂后在CCP破裂处形成异位静脉血管，使得CCP血液能流出，因此导致CCP不能充盈胀满。由于异位血管不同于CCP的先天性血管，一般只有一条异常的静脉，因此可行血管改道或结扎术。阴茎损伤时或在施行阴茎手术时，可能造成阴茎背侧神经损伤，可造成动物不能射精（即使其阴茎具有勃起的能力）（Morgan，2007）。

CCP静脉引流异常（abnormal venous drainage of the CCP）。偶见于小公牛（Young等，1977；Ashdown等，1979a），患病动物性欲正常、有爬跨意愿，但阴茎不能勃起或插入。对这种公牛的交配行为进行观察发现，其在爬跨前或爬跨时可见坐骨海绵体肌活动明显，甚至可见尾根上下抽动，但整个阴茎松软。本病的原因几乎完全是胎儿期CCP静脉血管未能封闭（Ardalani和Ashdown，1988），因此CCP没有完全闭合，进入CCP血液流失，达不到能使阴茎勃起所需的血压。公猪也有类似情况，其CCP中血液流入球海绵体（corpus spongiosum glandis）（Ashdown等，1982）。

本病根据症状和病史可以进行诊断，如果要进一步确定发生本病的原因，则需确定异位静脉，这可在麻醉状态下往CCP内注射放射显影剂，然后与正常公牛比较阴茎背侧静脉血液流出情况（图30.19）。由于CCP两侧通常有无数小静脉，因此手术矫正几乎不可能。

阴茎纵管阻塞（occlusion of the longitudinal canals of the penis）。公牛阴茎勃起时，因坐骨海绵体的活动增加而使压力增加，通过阴茎纵管（longitudinal canals）传递到整个CCP。阴茎纵管的先天性缺失或后天性阻塞均可导致不能勃起（Ashdown等，1979b）。小公牛和使用过多年的其他公畜都可能罹病。青年公牛发生本病时，其结果

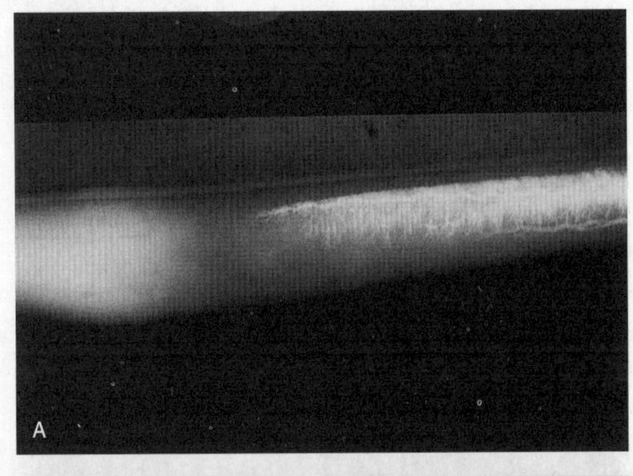

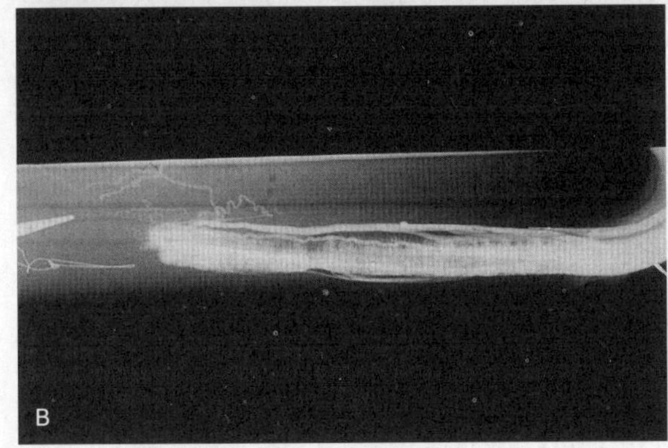

图30.19　阴茎放射影像图
A. 从阴茎脚附近往CCP注射放射显影剂的正常公牛　B. 阳痿公牛。正常公牛放射显影剂局限于CCP内，阳痿公牛放射显影剂从阴茎背侧静脉漏出，说明有异位静脉与CCP相通，CCP不再是血管盲端，无法充盈

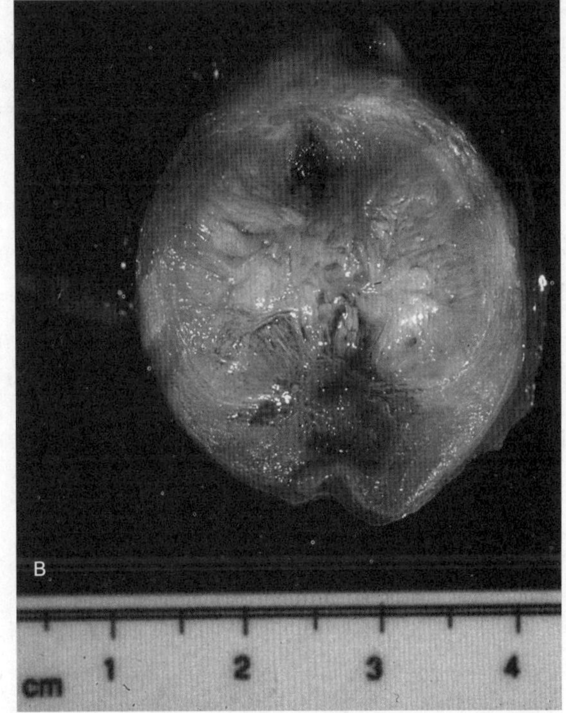

图30.20　阴茎纵管阻塞（见彩图120）
A. 比较放射影像图片可见背侧纵管管腔阻塞　B. 阴茎纵管阻塞部位横切图，显示粥样变性物阻塞

类似于CCP存在异常静脉状态，二者的区别也只是在学术层面，两者的预后均不良。典型的罹病小公牛是由于背侧纵管先天性节段阻塞（位于两侧根部纵管融合处与形成腹管的侧支起始部之间），观察交配行为时，可见坐骨海绵体肌活动明显，但阴茎松软，据此可对小公牛作出诊断。小心触摸阴茎基部（尾根下阴茎脚，公牛不愿被触摸）可以感觉到在出现阻塞的近体侧端CCP仍可出现鼓胀，据此可与CCP出现异常静脉引流相区别（图30.20A）。

有过正常交配行为的成年公牛如果阴茎不能再勃起，可能与小公牛阴茎纵管阻塞的情况相类似，并可能具有与小公牛类似的其他临床症状。这类公牛纵管阻塞的原因是由于节段性纤维变性，更多情况下由于粥样变性物质（artheromatous material）所阻塞（图30.20B）。公羊也可发生阴茎纵管阻塞，在出现阻塞部位的近侧端，CCP破裂，乳房后上方出现阴茎周围血肿。公牛发生阴茎纵管阻塞后，出现CCP破裂的情况不多。

30.2.1.5　阴茎偏斜

螺旋形阴茎（螺旋形偏斜综合征，corkscrew penis，spiral deviation）。本病为公牛阴茎疾病中最常见的疾病之一（Hughes和Oswal，2007）。正常情况下公牛阴茎前端在射精时呈螺旋状，但患本病的公牛在插入之前、通常是在阴茎接触会阴部时阴茎前端呈现螺旋状（Ashdown和Coombs，1967、1968；Ashdown等，1968；Seidel和Foote，1967、1969），甚至阴茎还在包皮中时，前端已呈螺旋状态。阴茎头提早形成螺旋状时无法插入。

发生本病时，公牛表现充分的爬跨意愿和行为，只是没有前冲射精，如不仔细观察，则很难发现这点，如果在配种前不对公牛进行严格的生殖健康检查，畜主往往长期忽略本病。此外，有的患病公牛并非每次配种时阴茎都提早呈螺旋状，因此也偶有成功的机会，患病公牛通常并非绝对不育，只是配种后母牛的妊娠率低（大约低10%）。

任何年龄段公牛均可患病，周岁公牛偶见，通常是具有正常生育力的公牛，在第二和第三个繁殖季节患病（Pearson和Ashdown，1976；Hughes和Oswald，2007），因此患病公牛常可见到在第一个配种季节生育力正常，但在第二个配种季节开始表现为阴茎呈螺旋状。本病逐渐发生，随着年龄增加，患病公牛阴茎正常勃起次数下降。本病在无角海福特牛、安格斯牛和其他一些品种牛有家族性，一般认为具有遗传性（Ashdown和Pearson，1981；Blockey和Taylor，1984）。

进行生殖健康检查时可发现公牛的阴茎提早形成螺旋形状，但这些公牛往往第一次爬跨正常，因此需要重复爬跨进行检查。有意迫使其爬下或不让其完成爬跨，可以逗引其充分显现出螺旋状变形的阴茎。患病公牛应判定为繁殖不健康，但也有兽医认为，偶有一次出现阴茎螺旋状变形的未完全性成熟的公牛，如果相继能出现多次正常的交配，也可暂定为合格（但在配种期应减少其配种量，配合其他公牛使用），在配种期末视情况决定是否淘汰。

阴茎持续提早呈现螺旋状的公牛，由于阴茎频繁触及母牛会阴部，常引起阴茎表皮损伤。龟头继发溃疡，引起疼痛，公牛性欲降低，不愿交配（图30.21B）。

阴茎提早出现螺旋形偏斜的原因尚不清楚，最初认为是阴茎背侧上方韧带缺失所引起（Walker，1970），但后来的研究表明并非如此（Ashdown

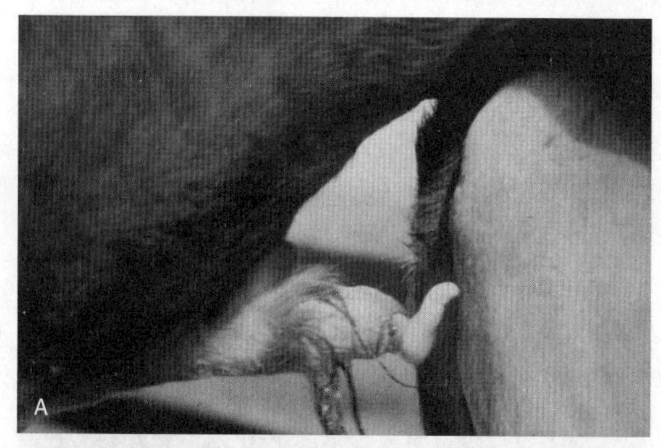

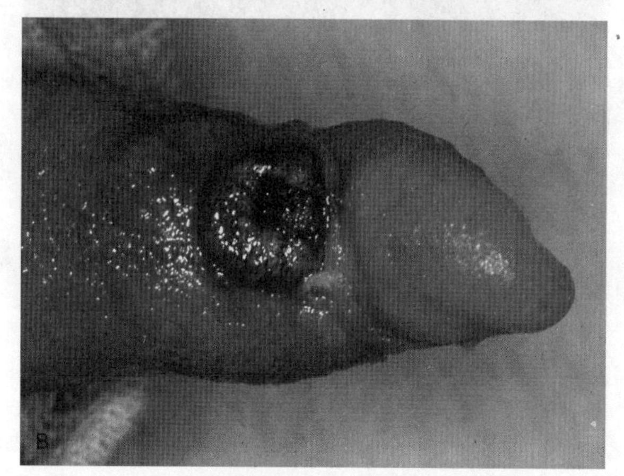

图30.21 A. 公牛爬跨后阴茎插入前显露的螺旋形阴茎（螺旋形阴茎偏斜）；B. 螺旋形阴茎继发龟头溃疡（见彩图121）

等，1968；Ashdown和Pearson，1971）。阴茎出现螺旋状变化是交配的正常组成部分，因此，本病的原因不应该是阴茎解剖结构的异常，可能与神经控制和行为有关。采用不锈钢针和羊肠线将阴茎背侧上方韧带缝到阴茎白膜上，一定程度上可缓解阴茎偏斜的程度，并可能实现正常交配（Ashdown和Pearson，1973a）。但是，由于阴茎螺旋形偏斜的病因可能是内在固有的，采用外科矫正未必适宜。

阴茎侧偏（lateral deviation of the penis）。白膜损伤、阴茎背侧上方韧带发育不充分，或白膜遗传缺陷导致阴茎侧偏。由于难以确定病变部位，因此手术治疗难以成功（Milne，1954；Walker，1970；Boyd和Henskelka，1972；Walker和Vaughan，1980），一般不进行治疗。对有价值的公牛可考虑人工采精后进行精液冷冻保存再进行人工授精。阴茎右侧偏斜有可能是螺旋形阴茎的早期预示。

阴茎下偏（ventral deviation of the penis）。阴茎下偏即所谓的“彩虹”状偏斜（rainbow’ deviation）（图30.22a），可发生于多种情况，最常见的原因是阴茎系带（penile frenulum）残留。如果没有系带残留，则通常为白膜纤维组织构造异常所引起，这种异常可能是先天性的，也可能是阴茎损伤后白膜上形成瘢痕组织引起（图30.22B）。真正的阴茎下偏应与阴茎未充分勃起相区别，此时由于引起阴茎松软而向下形成弯曲。

阴茎系带残留（persistence of the penile frenulum）。阴茎系带残留在公牛常见（Ashdown，1962；Carrol等，1964；图30.23），犬偶有报道（Joshua，1962；Johnston等，2001）。系带妨碍阴茎完全伸出或使伸出部分下偏。对于明显暴露的系带，可将其血管结扎后切开，完全可以恢复其配种能力（Elmore，1981；Cox，1982）。各种牛均可出现阴茎系带残留，但本病在安格斯牛和肉用短角牛的发生有家族性（Carrol等，1964）。

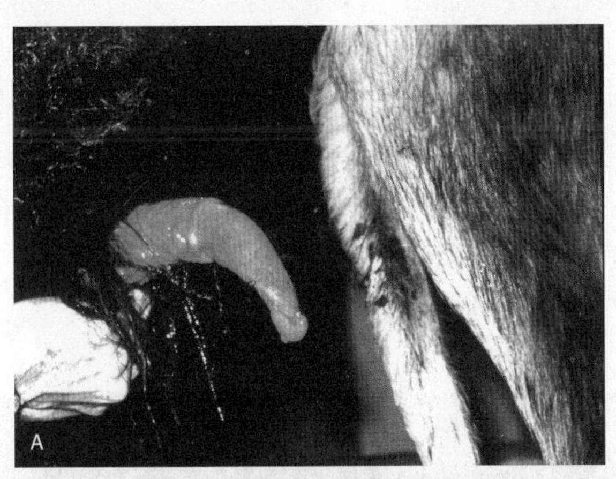

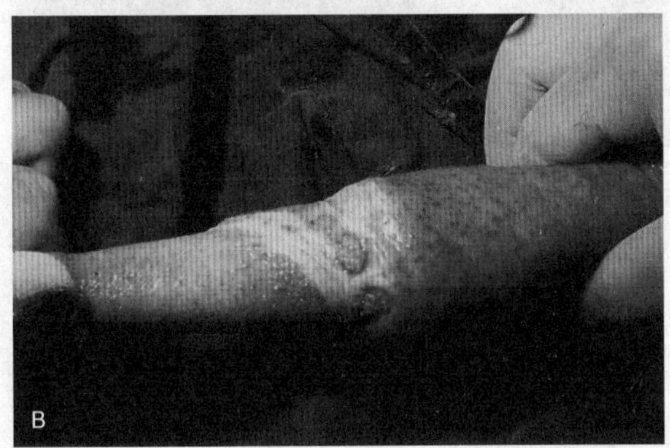

图30.22　阴茎下偏（见彩图122）
A. 阴茎“彩虹”状偏斜，有可能由于局部组织纤维化（Parkinson和Bruere，2007）　B. 损伤切除术

30.2.1.6　妨碍阴茎伸出的遗传性异常

初情期前阴茎快速生长，阴茎与其周围组织之间的关系发生明显变化，如果这些发育过程出现异常，可引起阴茎不能勃起。比如，阴茎不能生长到足够的长度可引起阴茎发育过短而不能正常插入；如果这种生长不足是在S状弯曲部，则阴茎不能伸出（Roberts，1986）；阴茎缩肌异常也可引起阴茎不能伸出。考虑到本病的发生可能具有遗传性（DeGroot和Numans，1946），一般不做手术矫正，但采用肌肉切除术（myectomy）可能具有一定的效果。

出生时包皮内阴茎部表皮和包皮融合，初情期前，其间结缔组织正常解离（Ashdown，1962）。如果不能解离，勃起时阴茎只能从包皮口露出数厘米，这种情况常见于单独饲喂而很少有机会诱发其性活动的公牛，这类公牛在幼年期没有机会表现爬跨行为，因此以至于阴茎缺乏伸展，阴茎与包皮间结缔组织不能解离（Cox，1982）。随着性活动的开始，这种疾病常常会自愈，但可能会导致系带残留。本病需与其他引起阴茎与包皮之间发生粘连的情况进行鉴别。

尿道下裂（hypospadias）。这种先天性异常是在发育过程中，两侧尿道褶在形成骨盆外尿道时部

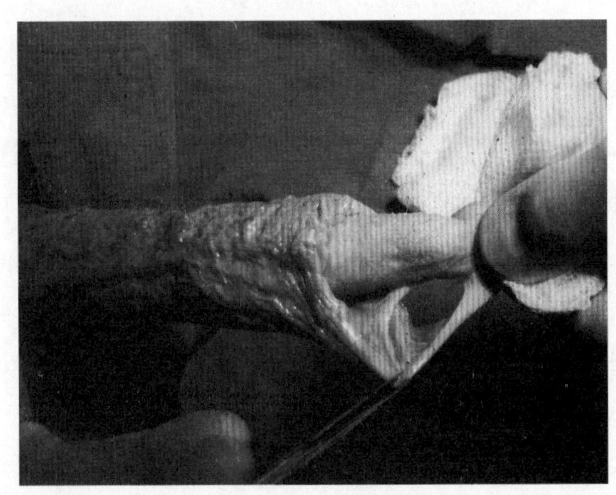

图30.23　18月龄黑白花公牛阴茎系带残留（见彩图123）

分融合或完全不能融合；两侧会阴、阴茎、阴囊、包皮不能在中间对合缝处对合，导致遗传性尿道下裂（Baskin，2000；Yamada等，2003）。

不太严重的病例，除龟头尿道开口处外，生殖器外观基本正常（Ader和Hobson，1978；Saunders和Ladds，1978），与McFarland（1958）定义的龟头尿道下裂（balanitic hypospadias）一致。McFarland根据临床表现将尿道下裂分为三类：（a）尿道开口在阴茎腹侧，龟头后、阴囊前；（b）尿道开口在阴囊处或未能融合的两侧阴囊之间；（c）尿道开口在会阴部。尿道开口在会阴部的病例，尿道开口类似于阴门，但又具有阴囊和阴茎，因此可能被误认为雌雄间性。阴囊裂开的动物往往伴有尿道下裂，可能是因为尿道下裂妨碍了两侧阴囊的融合。

公犬（Ader和Hobson，1978；Hayes和Wilson，1986）、公猫（King和Johson，2000）、公猪（Langpap，1962）、公牛（Saunders和Ladds，1978；McEntee，1990）、公山羊（Sahay等，1986；Rajankutty等，1994）和公绵羊（Dennis，1979；Smith等，2006）都有尿道下裂的报道。

30.2.1.7 妨碍正常勃起的包皮损伤

局部创伤、出血、包皮内或其周围化脓，均有可能造成阴茎周围组织粘连。阴茎（龟头炎，balanitis）或包皮（包皮炎，posthitis）的感染不仅引起疼痛，引起动物不愿交配，而且导致阴茎和包皮的粘连，使阴茎不能伸出。

包皮外翻和创伤（preputial eversion and trauma）。许多公牛，特别是欧洲短角黄牛（*Bos taurus* of polled breeds），正常情况下可能发生间歇性不同长度的包皮外翻；瘤牛（*Bos indicus* cattle）可能出现包皮下垂（Long和Hignett，1970；Long等，1970；Ashddown和Pearson，1973b）。病理性的包皮外翻伴有包皮缩肌发育不全（aplasia or hypoplasia of the retractor muscles of the prepuce），当阴茎在包皮内活动时，包皮缩肌有固定包皮黏膜（preputial mucosa）的作用（Long，1969；Lagos和Fitzhung，1970；Bellenger，1971）。

包皮创伤常见于包皮开口处的包皮黏膜，包皮损伤后易于翻出，并出现急性炎症变化，引起局部充血、肿胀。翻出后如不及时整复，黏膜可形成永久性脱垂，黏膜弥漫性纤维化并增厚，出现裂口和肉芽组织（图30.24）。上述损伤影响阴茎伸出，即使充分勃起，也只能露出龟头前端。

急性患病动物可使用润肤剂处理并整复外翻的包皮组织（Wheat，1951；Hattangady等，1968；Larsen和Bellenger，1971；Walker和Vaughan，1980；Roberts，1986），但对慢性炎症组织通常需施行手术切除，使阴茎勃起时包皮黏膜能自由活动。可采用各种手术方法切除丧失正常功能并已纤维化的包皮组织（Wheat，1951；Milne，1954；Walker，1966；Larsen和Bellenger，1971；Pearson，1972；Walker和Vaughan，1980），一般可采用黏膜下切除（图30.25），如果黏膜下组织均已出现纤维化，可对脱出包皮行切断术。手术原则是，首先在包皮外层黏膜作环切，然后切除纤维化黏膜组织，最后切除内层黏膜。切除黏膜下损伤组织时可能会出现大量的静脉出血，应仔细处理止血，防止血瘀。内层黏膜行扇形切除，防止缝合后的黏膜边缘缩回包皮腔。切除后用羊肠线和聚乙二

图30.24 欧洲黄牛包皮创伤，出现包皮悬垂（经J.Malmo同意）（见彩图124）

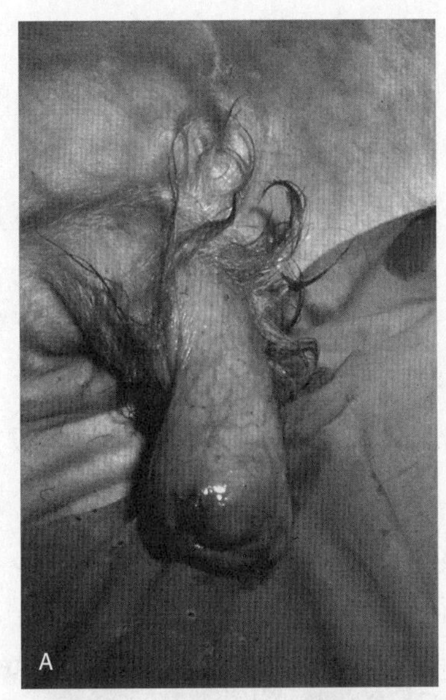

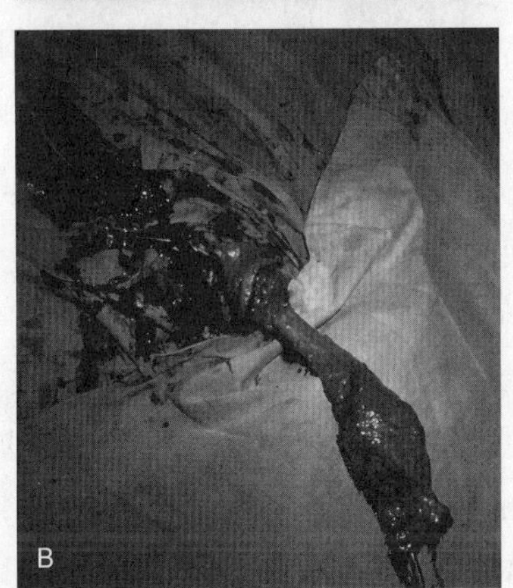

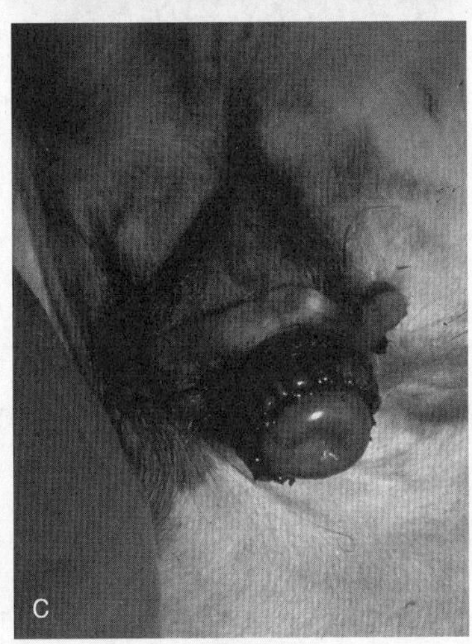

图30.25 公牛包皮脱垂（见彩图125）
A. 海福特公牛脱垂包皮远端慢性纤维化 B. 黏膜下切除 C. 损伤修复

醇酸手术缝合线行间断缝合。切除包皮口周围损伤组织不可避免地会减少阴茎勃起时的有效长度，所以，切除后包皮的长度应该限制至最小，以使阴茎在其内充分活动为宜。术后出现的肿胀可能会使缝合的组织翻出，但很快肿胀消退后术部恢复正常。停止性活动两周后，公牛应尽可能频繁试情，以使术后阴茎能充分地伸出。这样的试情应该至少在术后进行3个月，之后再判断结果。

龟头包皮炎（balanoposthitis）。犬、牛、绵羊常发生阴茎和包皮感染，马偶见，而猪和猫则很少发生，最常见的是无临床症状的包皮腔内亚临床感染。严重的龟头包皮炎引起疼痛、不愿交配、包皮狭窄、阴茎和包皮粘连及阴茎周围粘连。

犬的中度龟头包皮炎较为常见，患犬包皮腔内常有浆液脓性分泌物，但很少能说明发生了临床病例。尽管患犬试图清除包皮口流出的分泌物及其臭味，但畜主会对此感到非常烦心，因此常常要求对这种中度感染进行预防性治疗，但采用这种方法治疗应该慎重，因为使用防腐药液灌注、使用广谱抗生素或防腐油膏等，可以很快清除所有的感染，但也会损伤包皮腔内正常菌群，为临床疾病的传播提供了机会。比如，接触条件菌（特别是大肠杆菌）、支原体（主要是犬支原体）、犬疱疹病毒感染，也许还有杯状病毒等（Johnston等，2001），可能导致更为严重的龟头包皮炎，也可引起特应性皮炎（Root Kustritz，2001）。临床症状包括排出脓性包皮分泌物，阴茎表皮和淋巴小结出现炎症和溃疡时，分泌物带血，有时出现瘀斑或黏膜下出血（Johnston等，2001）。治疗可采用适当的抗生素并以蒸馏水或盐水冲洗包皮腔。

严重的溃疡性龟头包皮炎见于牛疱疹病毒（BoHV）-1感染的生殖道型（Studdert等，1964；Roberts，1986；McEntee，1990）。阴茎表皮和包皮黏膜布满小的坏死性病灶，并向深部发展成为溃疡，严重者溃疡融合，阴茎表皮脱落。如继发细菌性感染，可导致严重的化脓性龟头包皮炎（purulent balanoposthitis），引起公牛明显表现不适，阴茎区疼痛、肿大，通常表现排尿困难。本病的特征为流出含有脱落组织和少量新鲜血液的恶臭、水样分泌物（图30.26）。与中度或感染早期的公牛交配后，母牛可出现传染性脓性阴门阴道炎（infectious pustular vulvovaginitis），但也有少数公牛可使母牛患病，但其本身并不表现明显症状。感染BoHV-1后生殖道受损的牛并不一定出现（传染性牛鼻气管炎）上呼吸道症状。

中度BoHV-1龟头包皮炎1～2周后可痊愈而不出现并发症；严重者出现阴茎和包皮粘连。粘连发展很快，在急性症状出现后的几周内即可出现，范围广，可能涉及整个阴茎游离部位（图30.27）。感染公牛不能完成正常勃起，阴茎也只能从包皮口伸出几厘米长。临床检查时触摸包皮皮肤可发现粘连部位。

病毒可通过精液传播，因此急性感染公牛或血清学阳性公牛用于人工授精时传播本病的风险极大，人工授精站应排除使用血清学阳性的公牛，或者也可采用病毒培养或PCR检测，检查精液是否含有BoHV。

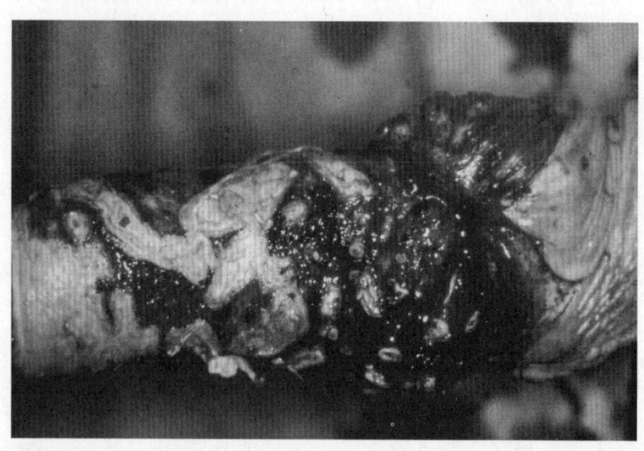

图30.26 公牛感染BoHV-1引发的急性龟头包皮炎（见彩图126）

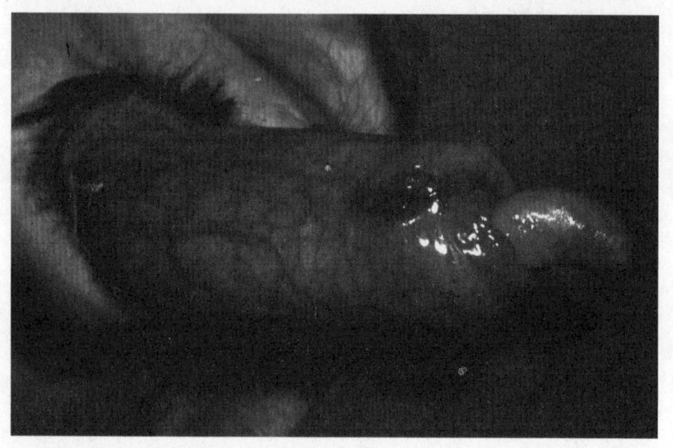

图30.27 BoHV-1引发的严重粘连，几乎整个阴茎与包皮粘连（见彩图127）

公牛阴茎易出现无症状、不传染的肉芽肿（Cox，1982；Roberts，1986），偶有痛感，公牛出现不愿交配的临床症状。主要特点为阴茎淋巴结增生，但不表现明显的化脓性龟头包皮炎。限制性活动、包皮腔内灌注抗生素悬浮油剂可缓解临床症状。但是阴茎肉芽肿常伴有差异脲原体（*Ureaplasma diversum*）感染，从而成为导致不育和（或）流产可能的传染性病因（参见第23章 23.2 支原体、脲原体和无胆甾支原体感染）。在地方性流行结核病的地区，有可能发生结核性龟头包皮炎（Tuberculous balanoposthitis）（Williams，1943），其症状为阴茎上出现大的肉芽损伤，可能出血，阴茎周围发生粘连，继发包茎（secondary phimosis）。本病应注意与症状相似的包皮放线菌病（actinomycosis）相区别。

绵羊常见龟头包皮炎，俗称阴茎腐烂（“pizzle-rot”）。多种病原微生物可引起细菌性龟头包皮炎，最常见者为适宜在碱性尿液中生存的肾棒状杆菌（*Corynebacterium renale*）。由于去势后阴茎和包皮不能得到充分发育，本病在阉公羊多发。啃食青草者较饲喂高蛋白饲料者多发。细菌使尿液中的尿素分解产生氨，刺激包皮，出现溃疡和瘢痕，继而包皮黏膜发生坏死；最终包皮口阻塞，尿液潴留（图30.28）。患病后期治疗很难获得成功，但中度病例通过限喂青草，减少尿中尿素含量（Bruere和West，1993），剪掉下腹和包皮区长毛，有助于缓解损伤并可预防公羊患病。毛用（非肉用）去势公羊埋植睾酮对预防本病有效。

羊传染性脓疱皮炎（接触性化脓性皮炎、口疮）（contagious pustular dermatitis；scabby mouth）病毒感染也可能引起类似的损伤，包皮口、包皮和龟头可出现损伤，浅的溃疡上覆痂皮。羊传染性脓疱皮炎病毒感染的特征是还可在唇、鼻、腿部和同群母羊阴门和乳头部出现损伤。本病为接触性传播，包括性交。感染公羊通常不愿意阴茎插入，但基本保持性欲，可以爬跨，因此这种情况不易被察觉而经历很长时间，往往是羊群中母羊返情率太高时才发现公羊的病患。由于感染初期即使局部有症状表现而不易觉察，公羊有可能自愈，出现溃疡的龟头留下瘢痕组织，说明曾经发生过感染（图30.29）。

马媾疫（dourine）可引发公马发生严重的龟头包皮炎（Bowen，1987；De Vries，1993）。马媾疫的病原为寄生性原虫——马媾疫锥虫（*Trypanosoma equiperdum*），主要见于中东、北非和南美，巴尔干和南非局部区域也有发生。传播途径主要是性交，也可通过人工授精器械传播，还可通过母马阴道分泌物感染马驹。病初包皮、阴茎、阴囊及周围皮肤出现肿胀，严重者导致嵌顿包茎（paraphimosis），腹股沟淋巴结常常肿大，尿道可能排出黏液脓性分泌物。发生本病后通常很快死亡，但在欧洲以外地区常呈慢性经过。病马由于血管变性引起周围神经变性，肌肉消瘦、萎缩和麻痹，最终导致死亡。病初可考虑使用抗锥虫药治疗，但在许多国家（如北欧、西欧、美国、加拿大、澳大利亚），必须通过申报、病畜屠宰的策略控制本病的发生。

图30.28 绵羊龟头包皮炎。包皮开口周围羊毛特征性染渍（经Bruere和West同意，1993）（见彩图128）

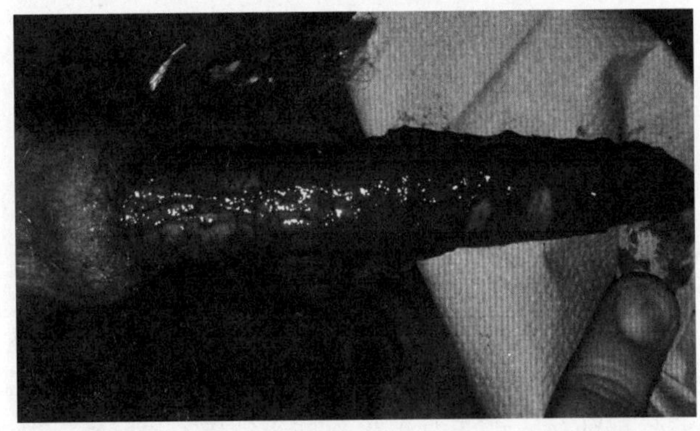

图30.29 羊传染性脓疱皮炎龟头溃疡愈合后留下瘢痕（见彩图129）

部分地区可能发生柔线虫蝇（*Habronema muscae*）幼虫感染，马阴茎和包皮表皮出现肉芽肿，被嗜酸性粒细胞浸润，容易出血，引起瘙痒、影响排尿。在冬季寒冷的气候条件下损伤可能暂时减退，全身使用杀虫药物和皮质类固醇，一般可治愈该病（Wheat，1961；Vaughan，1993）。有时可采用外科手术解决尿道阻塞，并切除愈合时形成的瘢痕组织（Stick，1981）。

马类动物更为常见的是马交媾疹（equine coital exanthema），或称“马痘”（horse pox）（Cox，1982；Couto和Hughes，1993；De Vries，1993）。引起本病的疱疹病毒（马疱疹病毒-3，equine herpesvirus-3）引发的疾病不同于马鼻肺炎病毒（equine rhinopneumonitis virus）或马巨细胞病毒（equine cytomegalovirus），其主要传播途径是性交，也可通过媒介或污染物传播。损伤主要发生在阴茎和包皮的游离部位，与感染母马交配后数天可出现疱疹，周围为充血水肿区域。疱疹破溃形成溃疡，如果疱疹密度大，形成的溃疡面也会很大。轻微的感染可能不影响性欲，如果出现严重的继发感染将会影响性欲，精液常带血（Ley和Slusher，2007）。控制本病时应停止交配，感染部位每周使用防腐消毒液清洗，防止继发感染。免疫短期内有效，因此肯定会出现重复感染，公马可能长期携带病毒并排毒。

30.2.1.8 阴茎和包皮的其他疾病

包皮粘连（preputial adhesions）。公牛包皮粘连常发生在包皮翻折到阴茎上皮处（图30.30），虽不如包皮口粘连发生率高，但治疗更加困难。本病病因并不十分清楚，可能是由于交配或使用假阴道采精时造成包皮与阴茎连接处部分或全部撕裂，或是在前冲射精时包皮腔腹侧深部出现撕裂伤。临床检查时并不一定总能明确损伤部位，由于阴茎与包皮之间关系的变化，使得在麻醉状态下确定损伤的位点与阴茎伸出时的位置关系很困难。手术处理包皮腔内损伤很困难，即使采用全身麻醉，要做到在不撕裂已经发生纤维化组织的情况下，充分暴露阴茎也不容易。如果必要的话可强制阴茎伸出，在损伤部位两端黏膜面做环形切口，充分切除白膜上的纤维化组织，再将近端和远端的黏膜边缘切口缝合，术后常规护理。这种手术治疗总体效果较好，但部分效果难以预测，主要决定于需要切除黏膜的多少。

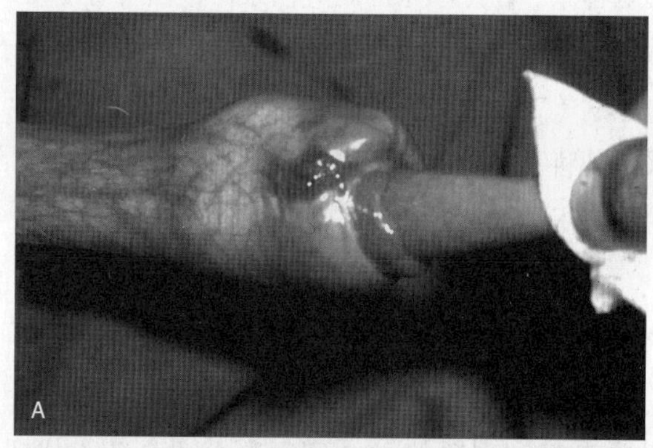

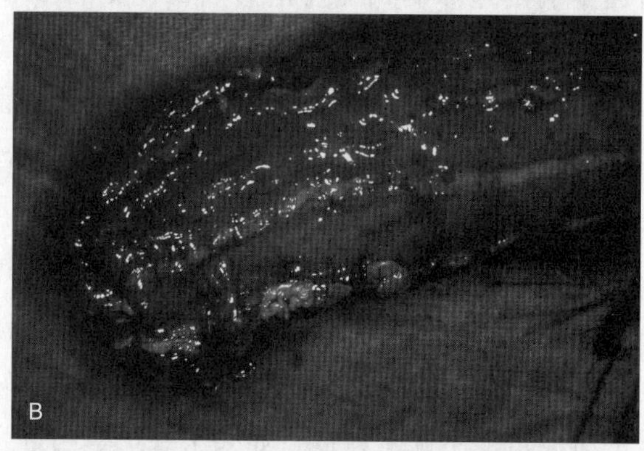

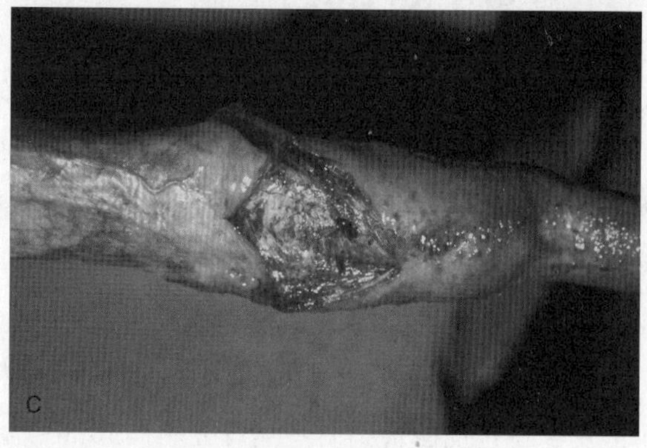

图30.30 公牛阴茎与包皮的粘连（见彩图130）
A. 粘连发生在包皮反折部位 B. 大面积粘连，继发非特异性龟头包皮炎 C. 病例A粘连部位纤维化组织被剥离

包茎（phimosis）。包茎即包皮口狭窄，阴茎不能伸出。多数动物都可发生，上述各种损伤均可引发本病。包茎也可能具有遗传性，主要见于德国牧羊犬（German Shepherd）和金毛猎犬（Golden Retriever）。严重者影响排尿，继发龟头包皮炎，引起败血症，并可能致死（Johnston，1986）。不论何种原因所致包茎，均可在包皮口下侧向后方做楔形切口，切除一部分皮肤、筋膜和黏膜，然后将切口处黏膜和皮肤缝合。术后尿液可能不畅，发生尿灼热（Burke，1986；Allen，1992）。患病公牛和公羊也可采用类似的手术切除包皮腹面的组织。

嵌顿包茎（paraphimosis）。由于遗传性或获得性的包皮口狭窄、阴茎麻痹，偶有因龟头包皮炎，使阴茎不能缩回包皮腔，称为嵌顿包茎。嵌顿包茎尚无严格意义上的定义，某些交配造成的损伤影响阴茎回缩，因此具有类似症状，亦属此列。犬和马常见，其他动物偶见。

嵌顿包茎常见于犬交配和自主勃起后，包皮口狭窄致阴茎无法回缩包皮（Johnston，1986）；阴茎骨骨折、龟头包皮炎和阴茎瘤等也可引发嵌顿包茎（Root Kustritz，2001）。新发生的嵌顿包茎可涂抹大量润滑剂后小心送回包皮，如不及时处理，阴茎出现水肿、胀大、发炎，阴茎表皮易裂，造成严重损伤。应在出现上述情况之前，手术扩开包皮口，回纳阴茎（Chaffee和Knecht，1975；Walker和Vaughan，1980；Johnston，1986）。严重病例或阴茎已出现绞窄时，可考虑阴茎切除；反复发生嵌顿包茎的公犬可采用阴茎固定术（phallopexy）（Somerville和Anderson，2001）。未及时处理的病例，预后宜谨慎，主要取决于损伤和坏死的程度。阴茎背侧神经参与射精反射，对缺血性损伤十分敏感，即使较小的阴茎损伤都可能导致不能射精。已阉割犬也可能发生嵌顿包茎，因此不能将去势作为长期处理嵌顿包茎的方法。Root Kustritz（2001）推荐，反复出现嵌顿包茎的去势犬可采用孕酮进行治疗。

许多情况可导致公马阴茎脱垂，如注射吩噻嗪类镇静剂后通常会过渡性地出现阴茎脱垂（Pearson和Weaver，1978；Lucke和Sansom，1979）。有时，脱垂阴茎无法复原（图 30.31A）。衰竭、严重的全身性疾病、长期出现中枢神经系统紊乱时也可引发阴茎脱垂；阴茎脱垂还可能继发于去势或其他腹股沟手术引起的包皮肿大（Vaughan，1993）。但最常见的原因是交配时造成阴茎损伤（图30.31B），如使用不适当的吊环、粗暴操作、事故（图30.31C）、母马抗拒交配或蹴踢等。病理学变化与犬类似，肿大、水肿、炎症之后继发损伤、缺血和坏死。

早期治疗效果较好，治疗原则是消肿、防止阴茎表皮损伤、悬吊不能回缩的阴茎直到其能回复到包皮（Walker和Vaughan，1980；Cox，1982；Vaughan，1993）。早期可通过冷水冲洗、冷敷和适当运动来消散水肿，稍晚期可采用抗炎药物和利尿剂。阴茎表面使用软膏防止干裂，如已出现开放性损伤，应使用抗菌软膏。另外，肿大、悬垂的阴茎可阻碍淋巴液的流动，因此适当悬吊阴茎是治疗本病最为重要的方面。这样可缓解淋巴管的肿胀，促进液体回流。可使用尼龙或U形塑料材料（U-section plastic guttering）将阴茎悬吊于公马后躯，从而为悬垂的阴茎提供有效支撑。

阴茎持续勃起症（priapism）。在无性刺激存在的情况下，阴茎持续勃起的现象常见于犬。虽然人们提出的病因很多，但确切的病因难于确定。异常勃起与嵌顿包茎类似，容易很快对阴茎造成不可逆转的损伤，通常只能采用阴茎切除进行治疗。猫也有本病报道。

公马阴茎异常勃起症与嵌顿包茎在临床上难以区别，而且其主要原因，即CCP血流障碍和使用吩噻嗪类镇静剂等病因也相同，因此，二者处理方法类似，尤其是对已经确诊的病例。但是，如果认定阴茎勃起后不能消退是主要病因，则静注胆碱能阻断剂甲磺酰苯扎托品（benzatropine mesylate），同

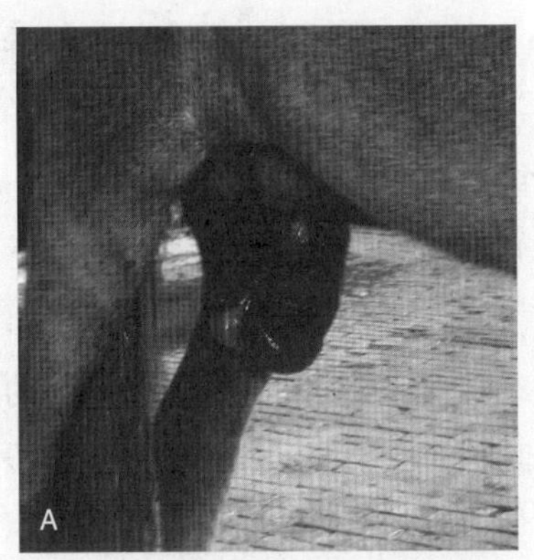

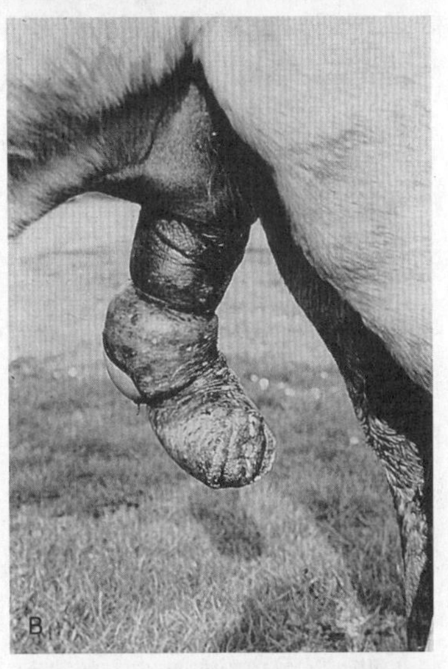

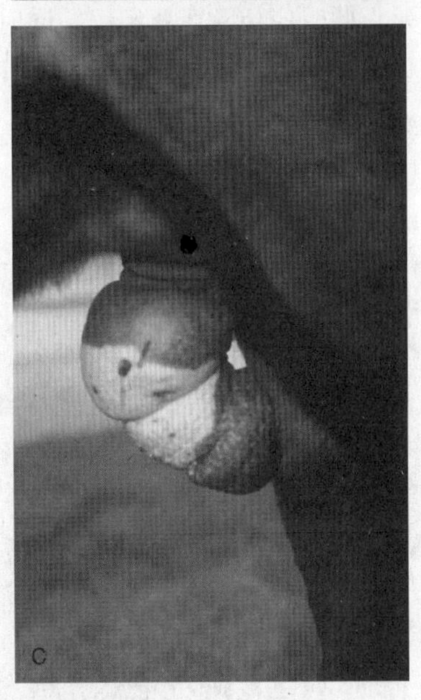

图30.31　公马阴茎脱垂（见彩图131）
A. 交配时母马蹴踢引起的阴茎脱垂　B. 腹股沟损伤引起的阴茎脱垂　C. 去势后采用神经安定镇痛剂引发的阴茎脱垂

时CCP内注射肾上腺素或去甲肾上腺素对新发病例具有治疗效果（Schumacher和Varner，2007）。有人建议对药物处理无效的病例可考虑手术导流，或在CCP和CSP之间进行血管分流，但对异常勃起症和嵌顿包茎病例通常都采用阴茎切除。

阴茎绞窄和坏死（strangulation and necrosis of the penis）。阴茎绞窄可继发于嵌顿包茎，或是由于毛发或其他异物缠绕，长毛品种犬和绵羊易发（图30.32）。与嵌顿包茎相似，本病的预后取决于血液阻断时间的长短和坏死的程度。没有发生坏死病历阴茎的解剖结构容易恢复，并能保持正常功能。但即使是短期缺血都可能损伤射精反射，导致射精不能，预后宜谨慎。如已发生大面积坏死，应行阴茎切除。已出现严重嵌顿包茎的病例，特别是在公马，其恢复期往往需要几周，因此不宜贸然决定切除阴茎。

绵羊由于尿道结石造成的尿道梗阻可引发阴茎坏死，应果断采取行动。本病最常见于绵羊和饲喂高精料比例日粮而生长很快的阉割羔羊，但可发生于任何类型的公绵羊。结石最先见于阑尾（vermiform appendage），在这个阶段通过摘除阑尾容易治疗，并不影响生育力。但结石很快发展到尿道，导致阴茎坏死。此时应切除坏死组织，同时进行会阴部尿道造口术（perineal urethrostom）。对拖延时间较久且经常表现本病病史的病例，尿道阻塞可能

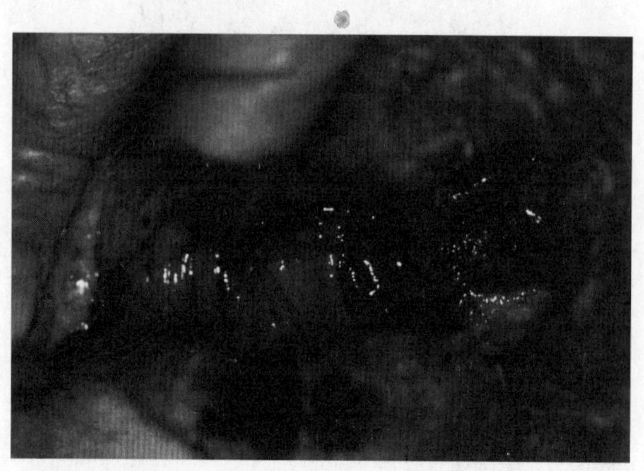

图30.32 连续交配的公羊龟头被羊毛缠绕引起阴茎绞窄（见彩图132）

导致尿道破裂，尿液渗出到会阴部组织、包皮和阴囊；甚至有可能引起膀胱破裂。上述两种情况都将发生严重的尿毒症，尿液渗漏到组织后引起组织坏死、脱落。对这种病例，唯一的希望是屠宰后利用，但在拖延被忽视的病例，这也几乎没有可能。

阴茎肿瘤（penile neoplasia）。牛阴茎唯一常见肿瘤为病毒引起的纤维乳头状瘤（fibropapilloma），小公牛常见于皮肤、消化道和包括生殖器在内的皮肤黏膜交界处。一个或多个、无柄或带蒂的肿瘤常出现在阴茎表皮，特别是阴茎末端5cm处最常见这种肿瘤，肿瘤可为单个或多个，有些无茎，有些有茎而呈现悬垂状（图30.33）。阉割或未阉割的公牛均可发生这类肿瘤，但一般不超过3岁。临床处理效果取决于肿瘤的大小和形态，最常见的后遗症为出血和溃疡，溃疡引起的疼痛有时很严重以至于损伤性欲。肿瘤过大时可使伸出的阴茎不能回缩，附着肿瘤的阴茎段滞留在包皮口外，继而发生损伤和感染。多个肿瘤或肿瘤过大可导致阴茎完全脱垂，继而发生静脉充血、水肿。阴茎肿瘤在包皮腔内迅速生长，压迫尿道，甚至可能使尿道破裂，尿液渗漏到周围组织。

纤维乳头状瘤有时出现坏死、脱落，或在交配时脱落，也有的可能自行消退。由于结果难以预测，因此常常推荐采用手术治疗（Pearson，1972）。单一有柄的肿瘤，在公牛可行局部浸润麻醉或两侧阴部神经阻断，采用手术方法摘除（Morgan，2007），但许多肿瘤通常都需要将公牛在全身麻醉下仔细切除。有柄肿瘤容易结扎，无蒂肿瘤往往需要大面积切除黏膜，导致广泛出血，难以操作。不过，尽管出血会持续一段时间，但危险不大；只要肿瘤不复发，一般能迅速愈合。可将公牛麻醉后采用烧灼止血。Morgan（2007）建议采用激光切除阴茎纤维乳头状瘤。由于尿道黏膜上布满血管，无论采用何种镇痛和手术方法，必须注意不能损伤尿道，以免术后长期出现射精时出血。尽管纤维乳头状瘤一般不发生转移，但切除后往往复发，约有10%在手术切除3～4周内，肿瘤会重

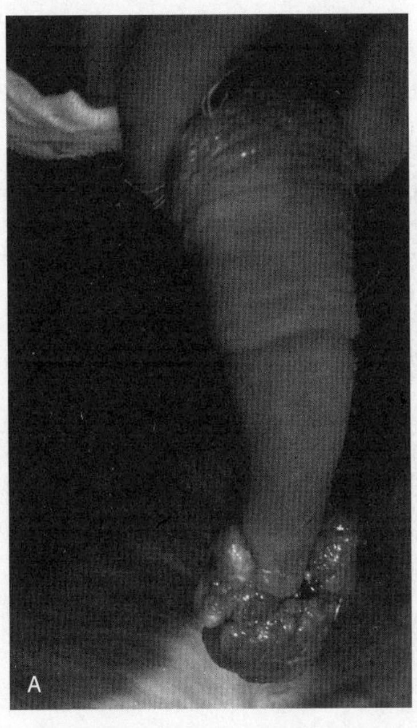

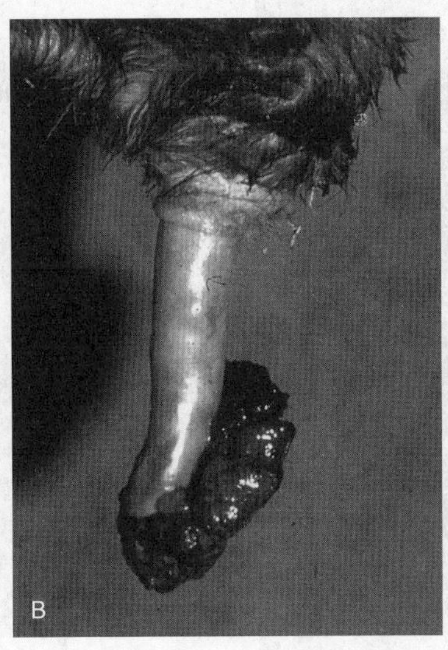

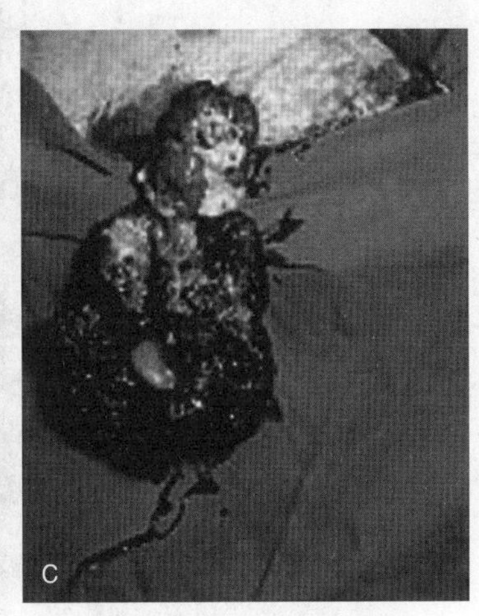

图30.33 公牛阴茎纤维乳头状瘤（见彩图133）
A. 肿瘤使阴部神经阻断 B. 肿瘤覆盖阴茎尖端 C. 10月龄去势公牛由大肿瘤引起阴茎脱垂、尿道破裂和局部蜂窝织炎

新出现（Pearson，1977）。术部冷冻可减少复发（Pearson和Lane，未发表资料），接种自体组织疫苗（autogenous tissue vaccine）可显著降低复发率（Desmet等，1974）。患病动物术后一般仍可种用，肿瘤持续时间长、发生溃疡、疼痛明显的病例可能需要较长时间才能恢复性欲。

马常见阴茎肿瘤，最常见的是龟头（图30.34A）和包皮口的鳞状上皮细胞癌（squamous cell carcinomata），由龟头周围蓄积的致癌性包皮垢（Plaut和Kohn-Speyer，1947）或由其引起的长期刺激或龟头炎诱发（Brinsko，1998）。因此本病常见于去势公马，特别是老龄公马。Schaumacher和Vamer（2007）认为，生殖器无色素沉积的品种马更为常见。肿瘤生长较慢，最终形成大的菌伞形结构，可引起包皮口出血或阴茎脱垂。肿瘤虽然扩散缓慢，但可在包皮腔内扩散，最终可能转移到局部淋巴结。但是，肿瘤也可引起淋巴结继发感染，出现淋巴结炎，预后需仔细判定。偶尔，阴茎鳞状上皮癌呈现恶性浸润，迅速损坏阴茎体（图30.34B）。在本病早期或肿瘤较小的病例可采用冷冻疗法或反复敷用硫脲嘧啶（thiouracil）（Fortier和MacHarg，1994）。与包皮黏膜附着不太紧密的肿瘤可行紧缩术或简单摘除。如果肿瘤迅速发展，最好施行阴茎切除术，并同时在阴茎鞘内或直接在包皮皮肤进行尿道造口术（urethrostomy）（Walker和Vaughan，1980）。本病复发率高，大约20%左右，特别是在手术时肿瘤沿着尿道侵入的病例复发率更高（Mair等，2000）。

种用或去势的马、驴或其他马属动物包皮和阴囊皮肤或包皮黏膜上常出现肉瘤（Sarcoids）。大多数情况下可以采用不同的外科手术方法毫无困难地将其摘除（Vaughan，1993）。但是，在将包皮内外的多发性、反复出现的肉瘤（图30.34C）切除的同时，还应进行阴茎切除（Cox，1982）。灰色公马阴茎和包皮上可能出现黑色素瘤（melanomata）（图30.34D）。上述肿瘤发展较慢，只危害局部组织，但可能发生转移而发生侵入性损伤。

犬最为常见的阴茎肿瘤为传染性性病肿瘤（transmissible venereal tumour）（Jones和Joshua，1982；Roberts，1986），主要发生在热带和亚热带城市地区，美国和其他地方也时有发生。本病在

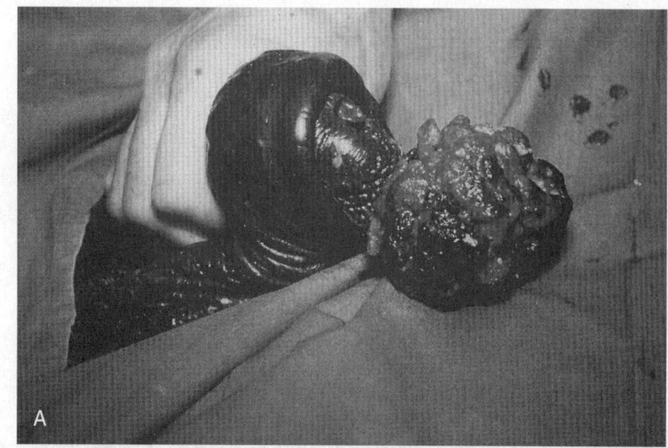
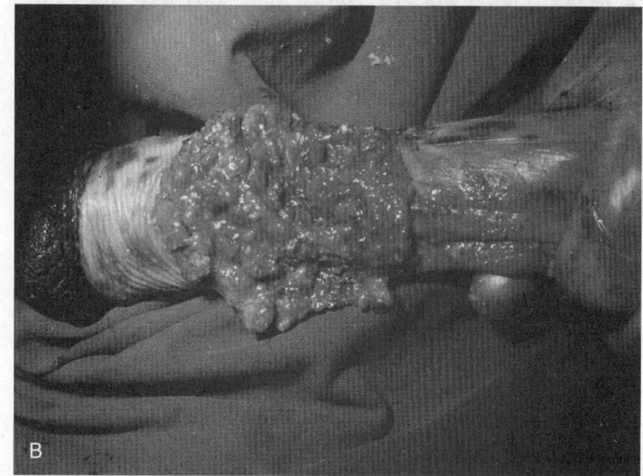
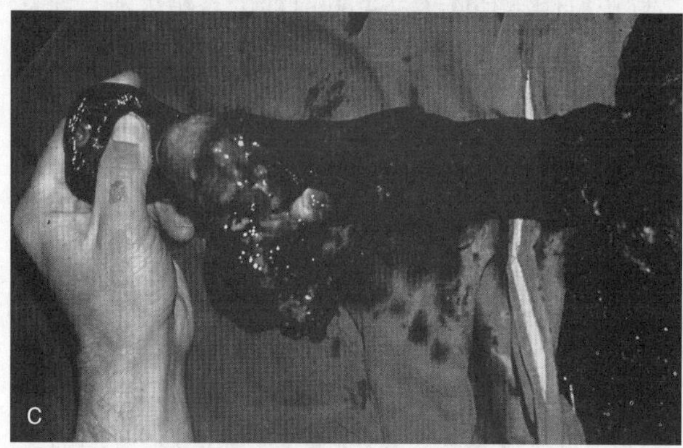
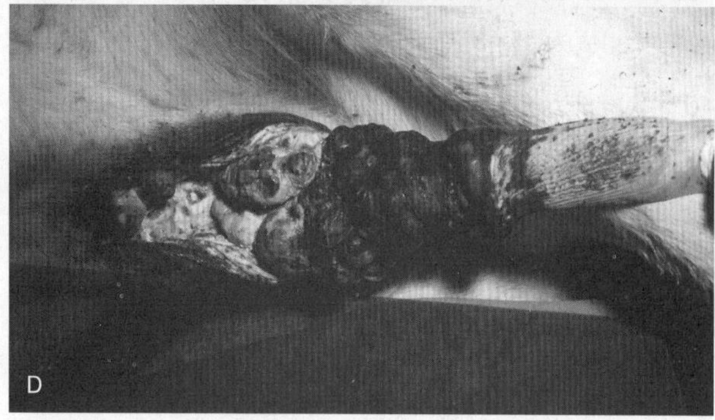

图30.34 公马阴茎和包皮肿瘤（见彩图134）

A. 老龄去势公马阴茎鳞状上皮细胞癌 B. 阴茎鳞状上皮细胞癌伴发尿液渗漏和组织破坏 C. 阴茎和包皮上多发肉瘤 D. 老龄灰色去势公马多发性黑色素瘤

交配时传入生殖道，偶尔由脱落的致病肿瘤细胞经鼻腔传播。肿瘤主要侵害生殖器，但也有可能损伤口腔和皮肤（Johnston等，2001；Levy等，2006；Marcos等，2006）。本病的病因尚未确定，有报道认为与肿瘤抑制蛋白（tumour suppressor proteins）序列变化有关（Choi和Kim，2002）。5岁以下年轻犬易发，与品种无关。潜伏期短（一般为5～6周，有的更短），肿瘤生长迅速。从包皮腔流出恶臭、血样分泌物，从包皮腔露出的阴茎上可见肉质、灰红色、结节样肿块（Bloom等，1951）。肿瘤易发溃疡、易碎（图30.35），处理时易出血。50%的患病动物肿瘤由局部侵入，部分发生局部淋巴结转移，少数犬甚至经内脏和神经组织广泛转移。如有可能进行治疗，需要切除受损阴茎和包皮，但复发率高；也可选择化疗（如长春新碱，vincristine）和激光治疗（Cohen，1985；Wittow和Susaneck，1986；Singh等，1996），或只采用激光治疗（Kangasniemi等，2004）。

犬也发生阴茎乳头状瘤（papillomata）（图

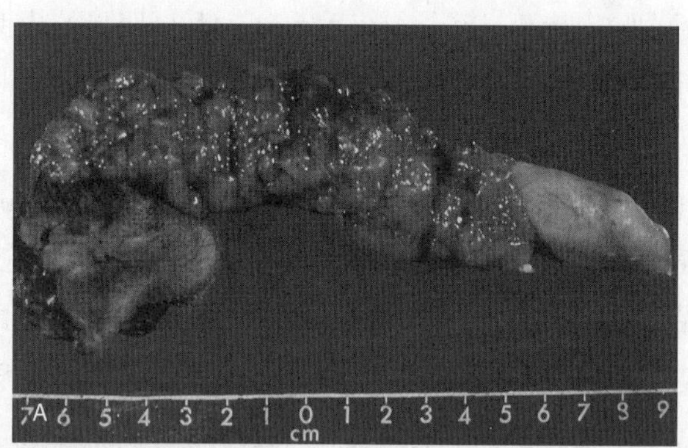

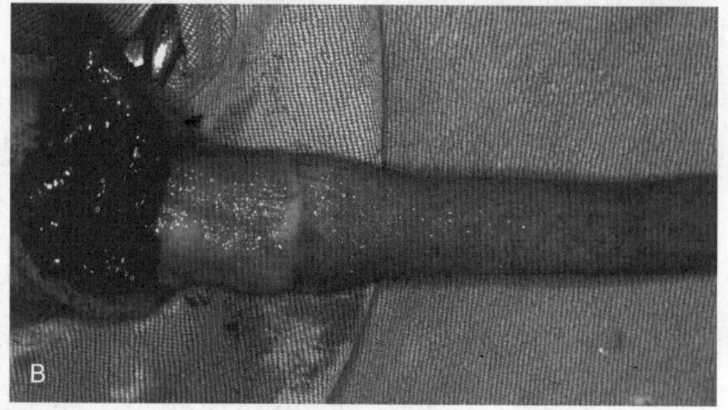

图30.35 犬传染性性病性肿瘤（见彩图135）

A. 覆盖大面积阴茎表皮的特征性肉质、灰红色、结节样肿瘤迅速出现 B. 包皮穹窿中生长发育的肿瘤

30.36），与公牛不同，犬阴茎乳头状瘤易发生溃疡，局部角质化，病灶边缘不清（Authur等，1989）。也有的肿瘤完全无柄，但类似溃疡的病灶边缘清晰，性活动或其他刺激可能导致弥散性出血，但进展缓慢，甚至长达数年。

其他阴茎异常（miscellaneous conditions of the penis）。人工采精假阴道使用不当，可致使包皮黏膜与龟头黏附处完全撕裂，这种情况在公牛偶有发生（Roberts，1986）。双阴茎（Diphallus，阴茎重复畸形）非常少见，偶尔在公牛和公犬见有报道，异常也许只涉及阴茎，但也可能涉及整个泌尿生殖道和骨骼系统。

阴茎长期丧失勃起功能，阴茎缩肌可出现废用性萎缩。但是，老龄公牛阴茎缩肌钙化却不会影响勃起。

阴茎骨破裂常见于犬，破裂后立即出现临床症状，也有可能一段时间后表现出阴茎异常或不能交配。本病有时可能伴有阴茎肿瘤，但病因不明（Johnston等，2001）。在整个勃起不能和表现疼痛期间，排尿困难、出现血尿，甚至出现肾衰竭而表现生殖道疼痛。治疗可采用阴茎骨固定术，临床症状严重者，可切除阴茎。

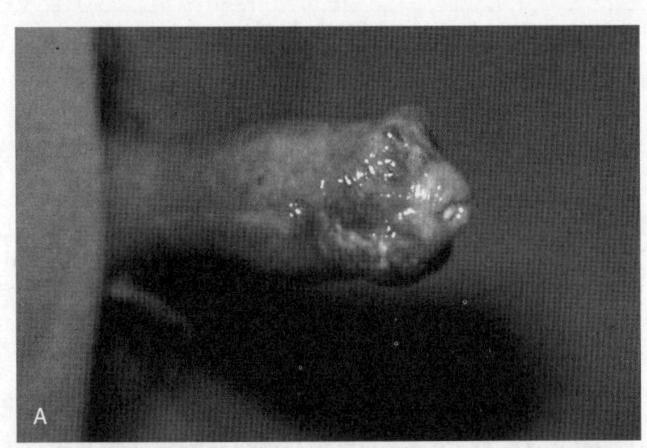

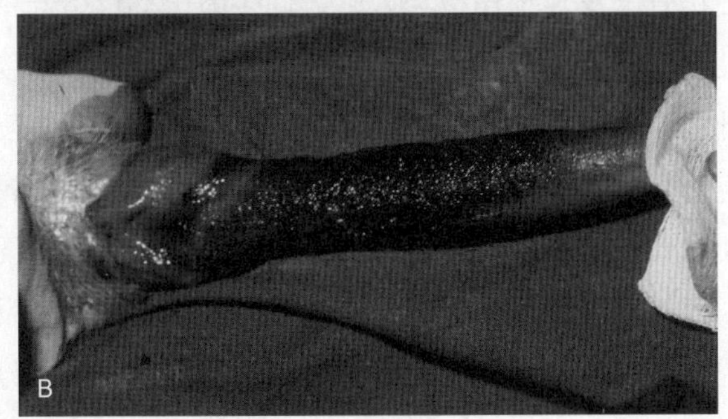

图30.36 犬阴茎乳头状瘤（见彩图136）
A. 局部损伤 B. 弥漫性损伤（“花样”损伤）

公马不育的重要原因之一是由于生殖道血液渗漏造成的血精（haemospermia），公牛血精也有报道。有的病例是由于阴茎表皮损伤，如创伤、坏死、龟头包皮炎等。牛精囊腺炎也可导致血精，只是此时精液中血液已发生一些变化，呈棕色。公马和公牛射精后大量出血（似动脉血），血液从CSP漏出进入尿道，特别是从受损的尿道尾侧/腹侧尿道壁渗出血液（Ashdown和Majeed，1978；Schaumacher和Vamer，2007）。

30.2.1.9 引起射精不能的疾病

虽然能正常爬跨，但不能射精，此种情况并不多见。一般可以将其分为两大类：射精反射损伤和局部疼痛使动物不愿射精。前者是由于龟头至脊索之间的神经通路受损，比如阴茎绞窄损伤阴茎背侧感觉神经，引起射精不能；而在老龄动物与年龄有关的骨质增生压迫脊神经根也可引起动物不能射精。

局部疼痛同样影响射精。反刍动物后腹局部腹膜炎可引起射精前冲时发生疼痛，因此患病动物常常愿意爬跨但不太愿意射精。背部疼痛的动物也有类似的行为变化，但不大愿意爬跨。另外，阴茎的一些疼痛性疾病，如公羊传染性脓疱皮炎引起的阴茎疼痛，使其即使出现爬跨，也不愿插入和射精。

30.2.2 引起受精不能的疾病

受精不能（fertilization failure）是指交配过程正常，但由于睾丸（包括精子生成异常）、附睾、副性腺疾病造成的以精子无正常的受精能力为特征的疾病。通过外生殖器检查可以发现许多导致不能受精的病因，但有的病例只能通过精液检查才能发现。

此外，确定公畜不能受精，往往需要事先通过检查母畜体况和繁殖记录，排除由于母畜或其他异常导致的受精失败。同时，由于生殖道的病理变化所引起的受精失败必须要与管理因素（如过度利用等）对生育力的不利影响相区别。

30.2.2.1　睾丸病变

隐睾（cryptorchidism）。睾丸下降的正常过程如果发生紊乱，如单侧或双侧睾丸不能进入阴囊，即造成隐睾。睾丸如不位于阴囊中，则睾丸精子生成能力明显减弱甚至丧失，这是因为腹腔内睾丸不能像阴囊内睾丸一样通过精索中血液流动降温，造成睾丸内部温度过高。单侧隐睾动物患侧睾丸的精子生成能力减弱，精子密度降低，但通常还具有生殖能力。双侧隐睾动物严重少精（aspermic）或无精（oligospermic）。隐睾不会影响睾丸激素的分泌，所以患病动物的性欲基本正常。其实患隐睾的动物更多的是被认为去势而表现雄性行为要求检查，而不是因为正常动物发生不育而要求检查。

马（Hayes，1986）、猪（Huston等，1978）、犬（Patterson，1977）等动物均常见发生隐睾。犬的发病率为1%～7%（Priester等，1970；Yates等，2003）。反刍动物则很少患此病，据统计，公牛、山羊和绵羊隐睾发病率为0.1%～0.5%（Saunders和Ladds，1978；Janardhana等，1995；Greig，2000）。反刍动物的隐睾通常是由阉割过程中兽医人员使用阉割橡胶环不熟练而引起的。阉割环使用不当，导致睾丸被挤压至腹股沟管或阴囊前部的皮下部位（这种情况更为常见）。

有些绵羊群隐睾发生率很高（Claxton和Yeates，1972），这些羊群及一些其他隐睾动物品种[如丹麦红牛（Blom和Christensen，1947）、安哥拉山羊（Warwick，1961）等]，发生隐睾的情况说明该病的发生具有遗传性。Hobday（1903）发现公马的隐睾也可能具有遗传性。因此，建议患病公畜去势，隐睾动物不能留作种用。犬和马的隐睾发生肿瘤的概率高。重型马的隐睾肿瘤多为大型畸胎瘤（teratomas），因此及时摘除隐睾睾丸能有效避免肿瘤的发生（Willis和Rudduck，1943；Pendergass和Hayes，1975）。

睾丸可滞留在腹腔或腹股沟管，公马隐睾睾丸滞留部位见表30.4。怀疑已被阉割的动物，通过触诊可以确定睾丸是否位于腹股沟管，但最终判定还需要测定体内雄性激素的含量。隐睾公马睾丸雄性激素高于阉割动物，但对LH的刺激具有强烈反应（Cox等，1973；Cox，1975）。因此，在采集第一个血样之后，对动物静脉注射3 000IU的hCG（人绒毛膜促性腺激素），40min后再采集一个血样，根据这两个血样睾酮浓度变化，可以判定动物是否已被阉割。根据大龄动物（4岁或以上）血液中硫酸雌酮浓度也可以确定睾丸组织是否存在。摘除马的隐睾时，首先应搜索腹股沟管，通常可以在此找到隐睾睾丸，甚至有可能经腹股沟腹环取出腹腔内隐睾。其他腹腔内隐睾可以通过与阴茎平行的腹部切口取出（Arthur，1961；Walker和Vaughan，1980；Cox，1982）。手术过程中，如果睾丸引带（gubernacular attachments）没有被破坏，通常都会在腹股沟腹环附近发现隐睾，极少能在腹腔内找到隐睾。

表30.4　公马隐睾常见部位

左侧睾丸位置	右侧睾丸位置			
	腹腔	腹股沟	阴囊	总计
腹腔	125（7.0%）	12（0.7%）	545（30.7%）	682
腹股沟	2（0.001%）	69（3.9%）	254（14.3%）	325
阴囊	291（16.4%）	446（25.1%）		
总计	418	527		1744

参考Hobday，1914；Silbersiepe，1937；Stanic，1960；Arthur，1961；Wright，1963；Bishop等，1966；Stickle和Fessler，1978；Cox等，1979。

睾丸变性（testicular degeneration）。睾丸曲细精管上皮对损伤极为敏感，许多因子都可引起睾丸可逆或不可逆性变性。睾丸可对睾丸内部温度升高、毒素、内分泌紊乱以及感染等因素发生反应而导致其发生变性（Humphrey和Ladds，1975；McEntee，1990）。导致公牛发生睾丸变性的主要因素见表30.5。引发睾丸变性的因素很难被及时发现，因为从精子发生的敏感时期（特别是初级精母细胞阶段）到精子被射出的时间间隔有4～8周，因此各种原因引起的睾丸变性并不立即引起不育。

引起睾丸温度升高的因素很多。一些动物在炎热的夏天或夏天过后会表现出相对较低的生殖能力。即便是在北欧，公猪也经常会出现这种现象（Crabo，1986）。正因为如此，有必要在夏天使用空调为人工授精站的种公畜降温，以减少夏季高温的影响（Roberts，1986）。从欧洲引种至热带和亚热带的公畜易发生温度诱导的不育症，高温是非常重要的原因。夏季不给公羊剪毛或者阴囊覆盖过多的羊毛可引起公羊阴囊温度升高（Hulet等，1956）。其结果是部分公羊会在秋季繁殖季节产生受损的精子。快速生长的公牛和公羊阴囊可能沉积过多的脂肪，导致阴囊散热受阻，从而引起不育（Jubb等，1993）。阴囊皮肤或阴囊内部局部炎症也能引起睾丸温度升高，从而损害精子发生（Rhodes，1976； Burke，1986； Roberts，1986）。牛癣蛀疥癣虫（*Chorioptes bovis*）（图30.37）可引起公羊阴囊疥癣，使阴囊温度升高，并足以引发睾丸变性。畜群中许多公羊会被传染，因此在繁殖季节到来之前应对畜群进行检查，及时清除致病因素（Bruere和West，1993）。阴囊的外伤和脓肿（尤其在剪毛后）以及阴囊的浮肿性病变也能引起睾丸变性。一侧睾丸和附睾炎症可以引起对侧睾丸发生变性，其程度决定于温度升高的程度和持续的时间。

表30.5 引起公牛睾丸变性的因素（引自Parkinson和Bruere，2007）

温度	环境温度 阴囊隔热（如脂肪） 高热（长时间高热） 局部炎症（包括对侧睾丸炎） 阴囊冻伤
应激	运输
传染源	牛传染性鼻气管炎？ 肠道病毒？
营养	缺锌 维生素A缺乏
年龄	老年性变性
医源性	使用皮质类固醇激素 交配前去角
环境	辐射 重金属

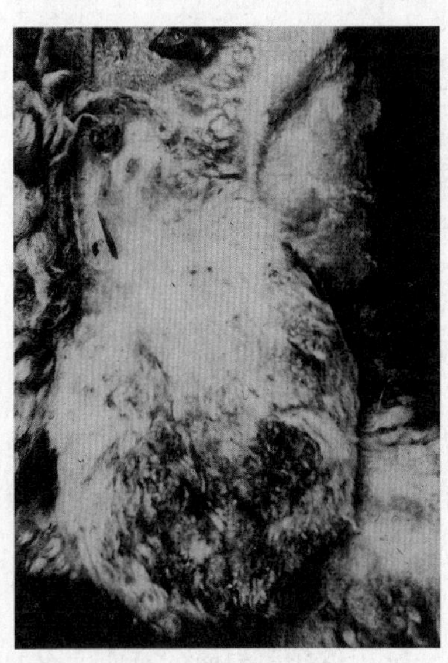

图30.37 公羊阴囊疥癣（见彩图137）
炎症引起的阴囊皮肤结痂病变使睾丸内温度升高，从而引发睾丸实质变性。

睾丸血液循环异常（如精索静脉曲张）使保持睾丸温度低于体温的热交换机制发生紊乱，可导致温度依赖性睾丸变性（temperature-dependent testicular degeneration）（Ott等，1982）。其他家畜很少出现这种情况，但美利奴绵羊则很为常见，因此在检测其生殖能力时，应注意检查精索（Bruere 和West，1993）。同样，腹股沟疝气或阴囊疝气也可引起睾丸变性，其原因也是热损伤。此外，持续性高热（如全身性感染）也能引起睾丸的病变，但病程较短者影响并不明显。阴囊冻伤也能导致睾丸变性（Faulkner等，1967）。

许多毒性物质也能引起睾丸变性（Humphrey和Ladds，1975），其中，重金属和放射性污染物是引起睾丸变性的重要因素。近年来，人们越来越关注环境污染中弱雌激素类物质对男性生殖能力影响的问题（Delbes等，2006）。雌激素性物质（例如三叶草）对于雌性动物生殖能力有重要影响（Shemesh和Shore，1994），但其对公畜生殖能力的影响尚缺乏直接证据。

应激引起睾丸变性的主要原因是皮质类固醇激素的释放抑制了LH的分泌（Welsh等，1981）。能够引起应激的因素很多，如牛更换居住环境

（Knudsen，1954；Jaskowski等，1961）、其他家畜长期生活在不舒适的圈舍、或长期饲养管理不善等（Clarke和Tilbrook，1992），这类应激可引起与应激相关的睾丸变性。内分泌障碍也能引起睾丸变性，如犬垂体前叶的原发性病变或产生雌激素的肿瘤（如支持细胞瘤或肾上腺瘤）引起的促性腺激素分泌障碍，最终导致睾丸变性（Roberts，1986）。老龄动物不可逆性睾丸变性的典型进程是：最初主要表现为异常精子比例增多，继而出现少精症，最终发展为睾丸纤维化（Bishop，1970；McEntee，1990）。

许多传染病也能引起睾丸变性。睾丸炎及其他一些较为温和的传染病引起睾丸变性后会影响到精子发生。尽管至今尚未完全确定引起睾丸变性的致病微生物，但致细胞病变牛肠道病毒（cytopathic bovine enteroviruses，BEV）和牛传染性支气管炎（infectious bovine rhinotracheitis，IBR）病毒上行感染确能伴发睾丸变性（Humphrey和Ladds，1975；Roberts，1986）。睾丸细菌感染发展为化脓性或坏死性睾丸炎，睾丸发生中度变性。

导致睾丸变性的因素出现4～8周后，出现少精症（oligospermia）和不育，动物性欲一般正常，因为变性受损的是曲细精管而不是睾丸间质细胞。变性后的睾丸较正常松软，附睾尾也明显地变小变软。射精量通常不受影响，但精子数量和活力降低，形态异常精子比例增加（图30.38）。在严重病例可出现严重的少精症和大量精子形态异常。精子形态异常主要有：头部异常，包括头部脱落和顶体异常；中段缺陷，包括尾部卷曲、中段增厚和鞭毛缺陷；近端胞浆小滴；以及其他一些异常形态，包括形成小而未完全成形的头部、星状细胞和未分化细胞（Parkinson和Bruere，2007）。

睾丸变性的严重程度，就其对精液质量的影响而言，预后恢复的相关性不大。一些精子严重异常的动物可以在几周内康复，也有一些精子异常程度相对较小的动物却一直不能完全康复。一般来说，从精子出现异常开始60d之内精子还未恢复正常

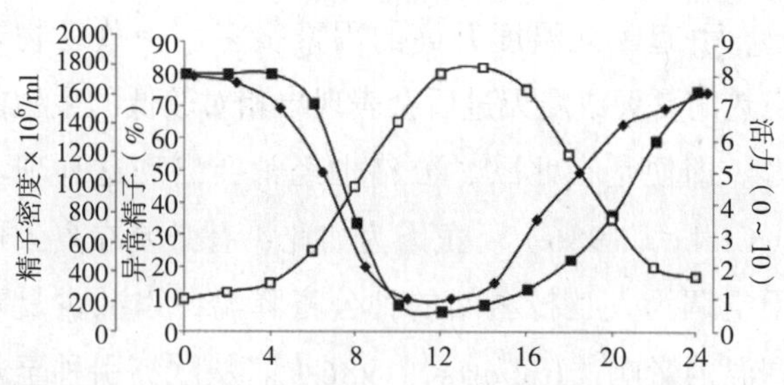

图30.38 公牛睾丸变性至正常精子发生恢复期间精子质量的变化（假定睾丸变性的原因为夏季高温）
■ 密度 ◆ 活力 □ 异常精子比例

的，属于不正常现象。

但恢复时间及恢复的程度很难确定，可以为部分恢复，也可为全部恢复。恢复的程度取决于曲细精管受损的严重性。如果干细胞（精原细胞）和支持细胞（Sertoli 细胞）没有受到损伤，并且管腔未被细胞碎片阻塞，则可以恢复。相反，则难以恢复。但是，一般精子质量难以恢复到先前的状态。重症病例曲细精管永久性病变，伴发睾丸的纤维化和钙化（图30.39），外观睾丸不规则、缩小、变硬、严重的少精，这种动物不可能恢复正常。

犬（Soderberg，1986）和马（Threlfall和Lopate，1993）睾丸活组织检查结果是判断预后的重要依据。曲细精管基膜完整、管内精原细胞大量存在以及管腔畅通预示预后良好（Kenney，1970）。但睾丸活组织采样如操作失误可导致睾丸实质损伤。反刍动物睾丸活组织检查极有可能导致大出血和广泛组织损伤（Gassner和Hill，1955），最好不采用此项技术，必须采用时，宜格外谨慎。

在实际工作中，了解恢复情况的唯一方法就是每间隔6～8周反复进行精液检查。公畜只有在精液正常时才允许使用。一些动物恢复的早期征兆是大量异常精子被大量中段远端含有胞浆小滴的精子所替代。

睾丸炎（orchitis）。睾丸炎的病变范围很广，有些为与睾丸变性很难区分的睾丸轻度感染，严重者则发生严重的化脓性或坏死性病变。原发性感染可以引起睾丸炎，血源性传播的细菌进入已

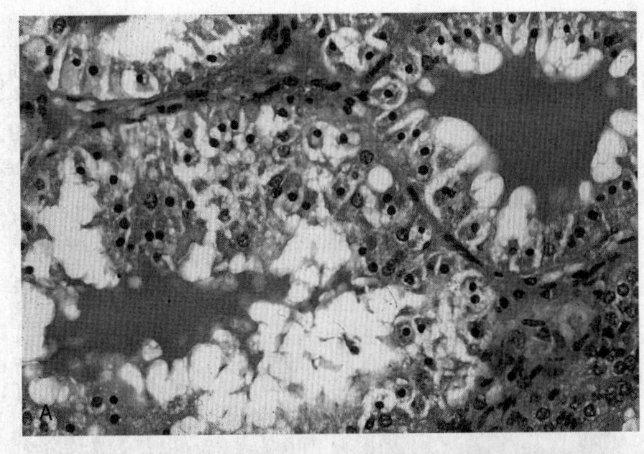

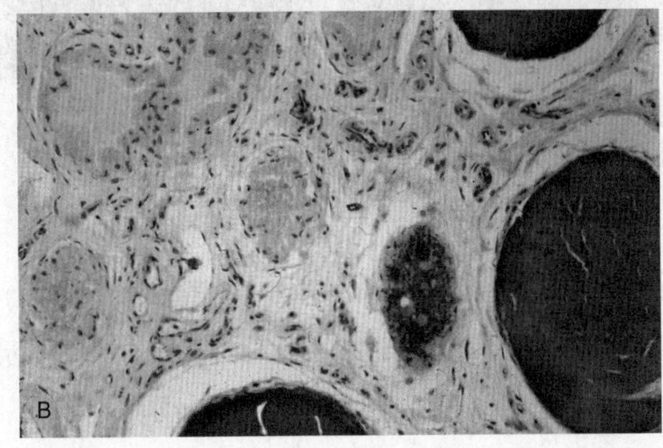

图30.39　A. 中度睾丸变性公牛睾丸组织学切片。睾丸可能完全恢复正常结构，但也可能造成不可逆。B. 曲细精管消失、睾丸间质纤维化和钙化（见彩图138）

存在外伤的睾丸或已由病毒引起病变的睾丸造成双重感染，也可引起睾丸炎。公牛感染牛肠道病毒（BEV）能引起原发性睾丸病变（Humphrey和Ladds，1975）；公羊却常由于打斗造成睾丸损伤，引发睾丸感染。布鲁氏菌属的细菌能够导致许多家畜发生睾丸炎，包括流产布鲁氏菌（*B. abortus*）、犬布鲁氏菌（*B. canis*）、马尔他布鲁氏菌（*B. melitensis*）和猪布鲁氏菌（*B. suis*）等可以分别导致牛、犬、绵羊和山羊及猪的睾丸炎（参见综述，Plant等，1976；Jones和Joshua，1982；Roberts，1986；Smith，1986）。结核病可诱发公牛肉芽肿性睾丸炎（granulomatous orchitis）（Adeniral等，1992）。然而，从睾丸炎病例分离出的微生物大多是非特异性菌株或衣原体，或是针对某种动物的特异性化脓性微生物[如在牛为化脓隐秘杆菌，（*Arcanobacterium pyogenes*）]。微生物引起睾丸炎的途径可能是尿道上行感染，但更可能是血源性传播。

对于犬来说，除常见的细菌（如大肠杆菌、葡萄球菌、链球菌）外，犬支原体（*Mycoplasma*）和犬瘟热病毒（canine distemper virus）也是导致睾丸炎的重要致病微生物。另外，非传染性因素，特别是自身免疫损伤也是导致犬睾丸炎的重要原因。自身免疫性睾丸炎（autoimmune orchitis）部分原因可能是由于血睾屏障受损，也可能因全身性自身免疫性疾病而引起。然而，由于犬布鲁氏菌是导致不育的重要原因，因此，在有犬布鲁氏菌病流行地区，犬患睾丸炎时，必须检查是否存在有该菌（Johnston等，2001）。猫很少发生睾丸炎，通常咬伤是其主要的发病原因。此外，猫传染性腹膜炎病毒（feline infectious peritonitis virus）可能引起睾丸炎。

单侧睾丸炎比双侧睾丸炎更为常见，通常会危及附睾。在本病的急性期，睾丸发红、充血、发热和肿胀（图30.40，图30.41），睾丸可增大至正常时的2倍或3倍。患畜睾丸疼痛，不允许触碰，步态异常，可能引发全身性发热症状。局部炎症引起的高温通常可使正常侧睾丸发生温度依赖性睾丸变性。如发展到慢性期，则睾丸萎缩、纤维化并粘连到白膜和阴囊。如出现脓肿破溃，脓汁可由阴囊皮肤破裂处流出。

睾丸炎可造成患侧睾丸严重受损。化脓性感染可能由于弥漫性脓肿危及大部分睾丸实质，组织破坏，发生坏死。睾丸损伤严重者，救治患病睾丸几乎没有希望，用抗生素治疗无效。如想继续将公畜用于繁殖，可在疾病初期及时摘除患侧睾丸，保留健侧睾丸，避免其发生变性。患双侧睾丸炎的公畜已无种用价值，必须尽快阉割。术前用抗生素处理可以降低手术过程中血源性传播的风险。

睾丸发育不全（testicular hypoplasia）。睾丸发育不全是指由睾丸中生殖细胞数量不足导致的曲细精管生殖上皮发育不全。生殖细胞数量不足主要由以下原因引起：生殖细胞在卵黄囊内部分发育不完全或完全不发育、未能转移至生殖嵴、不能在正

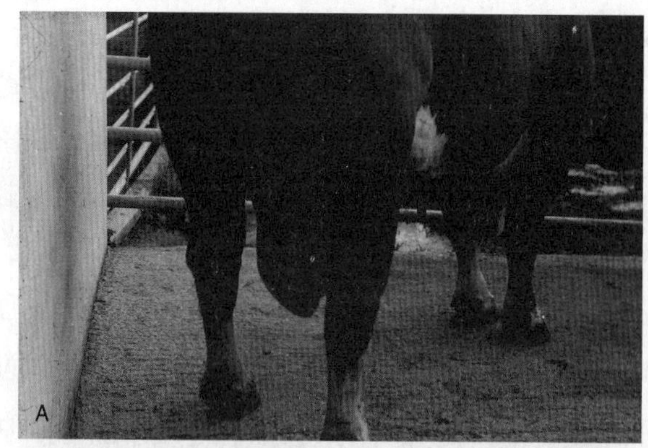

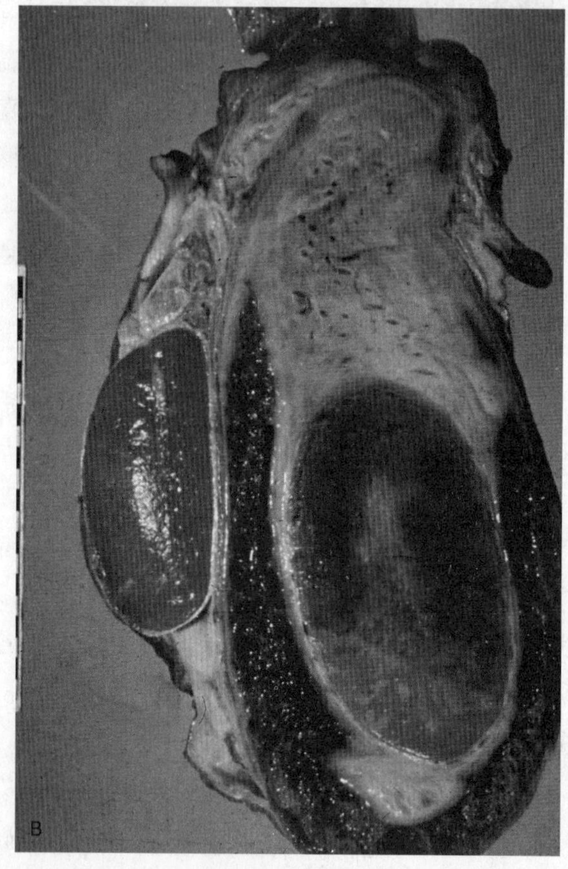

图30.40 公牛睾丸炎（见彩图139）
A. 患急性睾丸炎的西门塔尔牛 B. 阴囊纵切面，睾丸实质和鞘膜内炎症，对侧睾丸变性萎缩（Parkinson，1991）

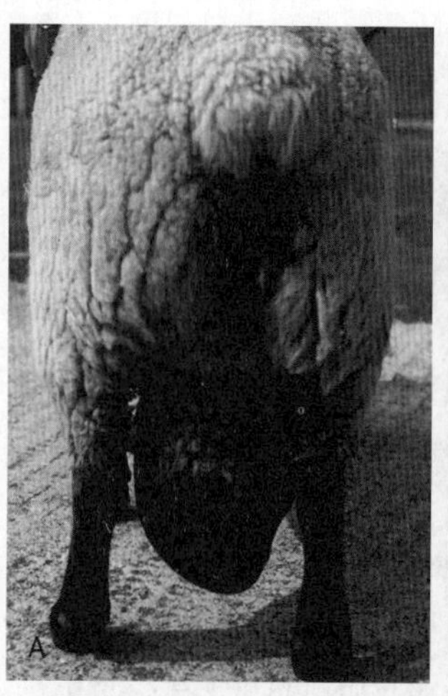

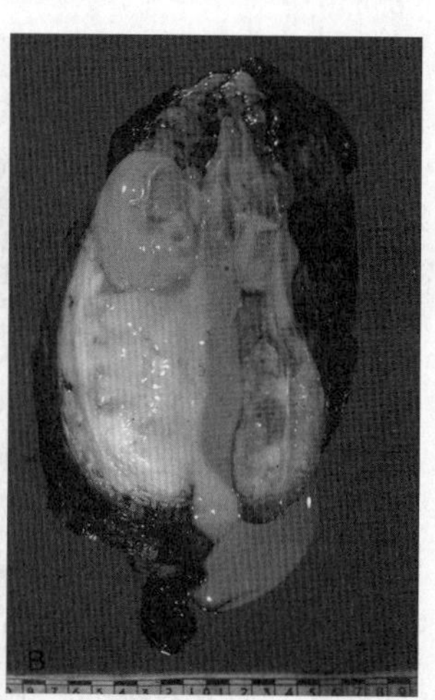

图30.41 公羊睾丸炎（见彩图140）
A. 公羊急性睾丸炎 B. 患侧睾丸摘除后

在发育的性腺中增殖，或原始性腺中胚胎生殖细胞广泛性变性（Roberts，1986）。轻症病例表现为轻度的少精症或精子形态异常，重症病例表现为无精。

瑞典高地牛（Swedish Highland cattle）的一种遗传性睾丸发育不全（Lagerlof，1936，1951；Eriksson，1950），通常左侧睾丸发病比例大于右侧睾丸。威尔士山地矮马（Welsh Mountain pony）睾丸发育不全的发病率高（Arthur等，1989），最常发病的为右侧睾丸，遗传因素可能为其病因。其他各种动物均可散发睾丸发育不全，患病动物偶尔具有明显的家族性倾向（Gunnet等，1942；Holst，1949；Soder，1986；Siliart等，1993）。公羊也常发本病（图30.42）（Bruere，1986）。

克兰费尔特综合征（Klinefelter's syndrome）（染色体核型为XXY）是公牛睾丸发育不全散发的原因之一（Logue等，1979），羊、猪、犬也有类似报道（Breeuwsma，1968；Bruere等，1969；Clough等，1970）。此外，克兰费尔特综合征与雄性花斑猫（male tortoiseshell）和三色猫（calico cats）的睾丸发育不全有着尤为密切的联系（Smith和Jones，1966； Centerwall和Benirschke，1975；Long等，1981），这些患畜的精原细胞发育出现障碍，因此曲细精管内没有生精细胞，精液中无精子，但睾丸Leydig细胞并未受到影响，其性欲正常。

由于患畜睾丸周长小于正常水平，该病可以通过测量阴囊周长来诊断。若患畜睾丸外形正常且能够在阴囊内移动，触诊可判断是否为小而松软的发育不良睾丸。睾丸发育不全引起的少精症、无精症，以及精子形态和活力的异常可以通过精液分析

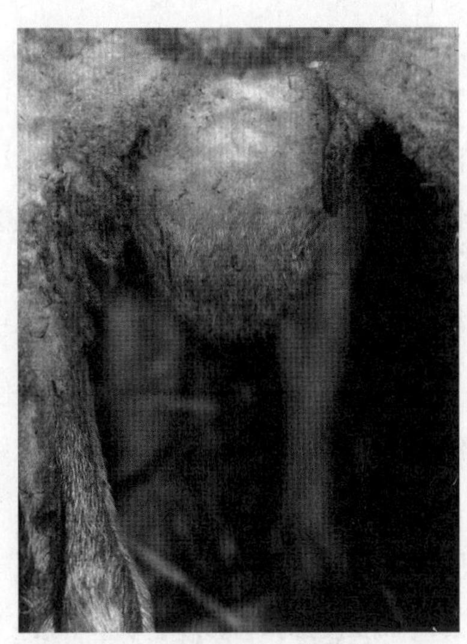

图30.42 公羊睾丸发育不全。阴囊周长22cm，远远低于繁殖季节正常周长（30～35cm）（见彩图141）

检查。由于患畜性欲基本正常，生产中通常是在发现母畜受孕率下降后才注意检查公畜的病情。

睾丸发育不全可能遗传，患畜不能用于繁育。本病使用外源性激素治疗无效，应及时阉割或屠宰（肉畜）以保证动物的胴体利用价值。

睾丸肿瘤（testicular neoplasia）。睾丸肿瘤（参见综述，Humphrey和Ladds，1975；Roberts，1986； McEntee，1990； Schumacher 和Varner，1993 ）在牛、羊和猪很少见，但在犬多发，不一定会引起不育。犬的睾丸肿瘤中最常见的是睾丸间质细胞瘤，这种肿瘤偶尔也可见于老年公牛，但很少见于公马。犬睾丸肿瘤疾病中发病率仅次于睾丸间质细胞瘤的是精原细胞瘤（seminomata），牛和马也偶发此病。Sertoli瘤在除犬外的其他动物很少发生。另外一种睾丸肿瘤是畸胎瘤（teratoma），隐睾公马较为常见，肿瘤中包含有毛发、骨组织、软骨组织等多种类型的组织（图30.43）。总的来说，犬的各种肿瘤中睾丸肿瘤占10%以上，隐睾患者发病率大为增加。

睾丸间质细胞瘤常见于老龄犬，但通常因为瘤体过小而不能被触摸到，可引起病犬血液中雄性激素浓度升高，并引发与雄激素相关的疾病，如前列腺增生（prostatic hyperplasia）和肛周腺瘤（circumanal gland adenoma）。间质细胞瘤可以导致公牛睾丸质地异常，有时会使睾丸增大，但病牛没有明显临床症状，对生育力也可能没有损害。

隐睾犬精原细胞瘤的发病率是正常公犬的20倍。精原细胞瘤可以很大，但如果睾丸位于阴囊内，肿瘤常为良性。精原细胞瘤的生长速度缓慢，但也可以突然加快，其原因还不清楚。肿瘤可能发生坏死或出血，动物有跛行、疼痛、蜷缩、弯背的表现。有时精原细胞瘤可转移至附近淋巴结。

Sertoli细胞瘤具有分泌雌激素的特性，因此可使患畜表现雌性化。犬雌性化的主要特征为雌性乳房（gynaecomastia）、对称性脱毛（symmetrical alopecia）、阴茎萎缩、包皮下垂和吸引公犬等，如果肿瘤位于腹股沟或腹腔而不是在阴囊内，病情更为严重。单侧肿瘤通常会使对侧睾丸明显萎缩。由于Sertoli细胞瘤分泌的雌激素会引起前列腺鳞状上皮化生，从而引起尿道阻塞。肿瘤转移较少见，但一旦出现，这些转移的肿瘤也具有分泌雌激素的特性。

畸胎瘤（图30.43）常见于公马（挽用型马多见），尤其是隐睾者多发，其他家畜很少发生。肿瘤或块状或囊状，其实质包含许多可辨别的组织类型，它可以变得很大，切除非常困难，但很少发生转移。

这种肿瘤除了具有激素及恶性的影响外，如果肿瘤发生在隐睾，则易引起精索扭转，从而导致睾丸梗死（testicular infarction）。特殊病例两侧精索经数次旋转而紧紧地缠绕在一起（图30.44）。正常睾丸的精索有时也可发生扭转（Young，1979），但隐睾睾丸发生肿瘤后更易发生（Pearson和Kelly，1975）。隐睾睾丸易发生肿瘤，因此强烈建议应及时摘除。

30.2.2.2 附睾与中肾管病变

附睾炎（epididymitis）。原发性感染以及由受感染睾丸传染都能引起附睾炎（Humphrey和Ladds，1975），而原发性附睾炎也能引起同侧睾丸发生睾丸炎。附睾炎与睾丸炎症状大致相同，即患病部位发热、肿胀和疼痛。附睾中的所有炎症均

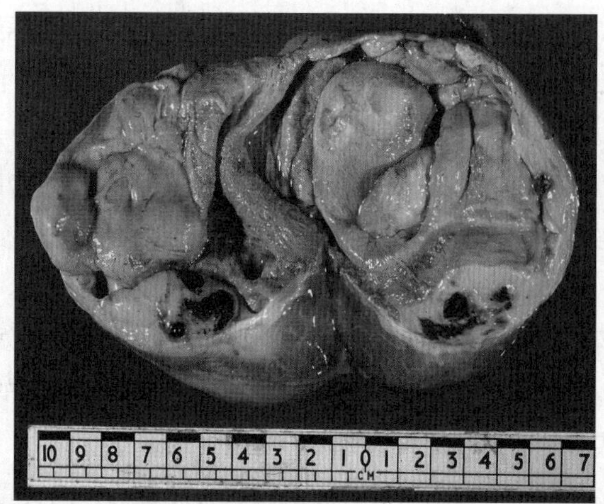

图30.43 英国夏尔（Shire）马驹隐睾睾丸畸胎瘤（见彩图142）

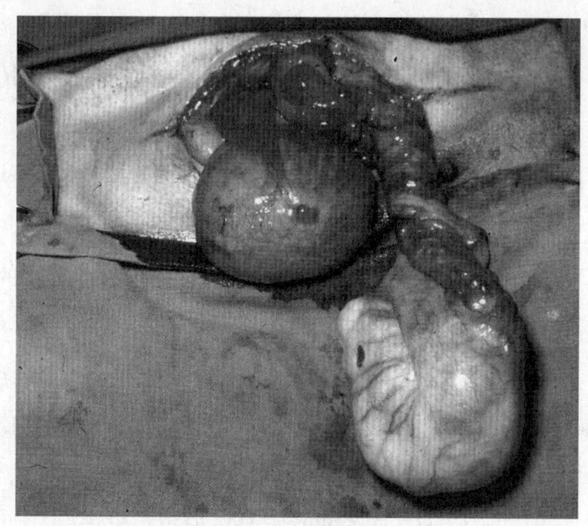

图30.44 隐睾睾丸精索扭转（见彩图143）

可引起高度卷曲的附睾管堵塞，导致其功能受损。因此，单侧附睾炎会导致生育能力下降，双侧附睾管阻塞会导致不育。此外，与睾丸炎一样，由于单侧附睾炎引起的发热症状会使对侧睾丸发生温度依赖性变性，因此应尽早摘除患侧附睾及睾丸。

在澳大利亚、北美、南美和欧洲中部，绵羊布鲁氏菌（*Brucella ovis*）引起的附睾炎会使附睾受损并形成肉芽肿（Bruere，1986； Bruere和West，1993）。在这些国家，布鲁氏菌感染是公羊不育的重要原因。澳大利亚（昆士兰）的一项调查表明，有58%的淘汰公羊感染附睾炎（Foster等，1989）。值得一提的是，即使绵羊布鲁氏菌感染与附睾炎无关，但精液中出现的布鲁氏菌与公羊精子质量下降有关（Kott等，1988）。布鲁氏菌可通过公羊之间的同性性行为传播（Jebson等，1954），也能通过性交在公羊和母羊之间传播而成为一种真正的性病（Hartley等，1955）。此外，该细菌能通过直接接触（而不是环境传播）由公羊传播给雄鹿（West等，1999；Riddler等，2000），使雄鹿发病。控制绵羊布鲁氏菌的传播需要及时辨别并清除患病公羊（Riddler，2002）。鉴定该菌需要进行血清学试验，由于假阴性血清的存在，要排除所有受感染的公羊需要重复取样和（或）培养（ Robles等，1998 ）。在新西兰，已有一种自动清除程序（voluntary eradication scheme）成功地用于清理数量庞大的羊群中的病羊（Riddler，2002）。

绵羊感染羊放线杆菌与睡眠嗜组织菌菌群（多形性革兰氏阴性杆菌）。也能发生附睾炎（Walker等，1988，West，2004）。本病主要影响初情期前后的公羊，当相当数量的公羊体内能检出该菌时（ Walker和LeaMaster，1986 ），后备公羊、公羔羊群均已感染（Bagley等，1985），尤其是初情期前公羊通常会被感染（Walker和LeaMaster，1986），但发展为附睾炎动物比例相对较低。该菌存在性传播的可能性，在实验室条件下已经通过包皮接种和尿道内接种造成感染（Al-Katib和Dennis，2005）。此外，该菌可感染母羊，导致其生育能力下降（Lees等，1990）和流产（McDowell等，1994； Foster等，1999），在实验室条件下还会引发母羊的乳房炎（Alsenosy和Dennis，1985）。目前已发现用于人工授精的公羊曾感染此菌（Low等，1995），有证据表明试情母羊可将该菌传播给人工授精用公羊。目前本病尚无有效控制方法。搞好畜舍卫生，避免在肮脏的环境中处理公羊羔羊，降低放牧密度（Breere和West，1993）有助于控制该病的发生；淘汰具有附睾炎症状的公羊可以降低疾病的发生率，但却不能杜绝此病（Bagley等，1985）。成年公羊的附睾头和附睾尾最易发生病变（图30.45），并常伴发精液囊肿（spermatoceles）

（Walker等，1986）。近来建立的PCR技术有望改进对感染和带菌者的鉴定（Saunders等，2007）。

睡眠嗜组织菌（histophilus somni）。睡眠嗜组织菌感染常伴发牛睾丸炎（Corbel等，1986；Plagemann和Mutters，1991）和不育。

精子肉芽肿（sperm granuloma）。附睾小管局部破裂，精子外溢至周围的间质组织，机体对外来（精子）抗原发生反应导致肉芽肿形成，引起附睾管阻塞（Parkinson等，1993，图30.46）。输精管切除术后，精子可能外溢至附睾尾，附睾尾中形成无数小的肉芽肿，使附睾尾增大如睾丸（图30.47）。患病公羊无痛感，施行过这种输精管切除术的公绵羊性欲正常。

中肾管发育不全（aplasia of the mesonephric ducts）。节段性中肾管发育不全（Blom 和Christensen，1951）通常表现为部分附睾缺失（图30.48）。本病在公牛可能具有遗传性（Kongig等，1972）。通过仔细触诊阴囊来诊断附睾头和附睾尾的缺失是比较容易的，但位于中间的附睾头难以触及，只有在阴囊皮肤较薄且皮下脂肪很少的公牛和公羊才有可能触摸到。附睾发育不全也偶发于其他种属动物（McEntee，1990）。单侧附睾发育不全可导致少精症（Oligospermia），双侧发育不全则导致无精症（aspermia）。

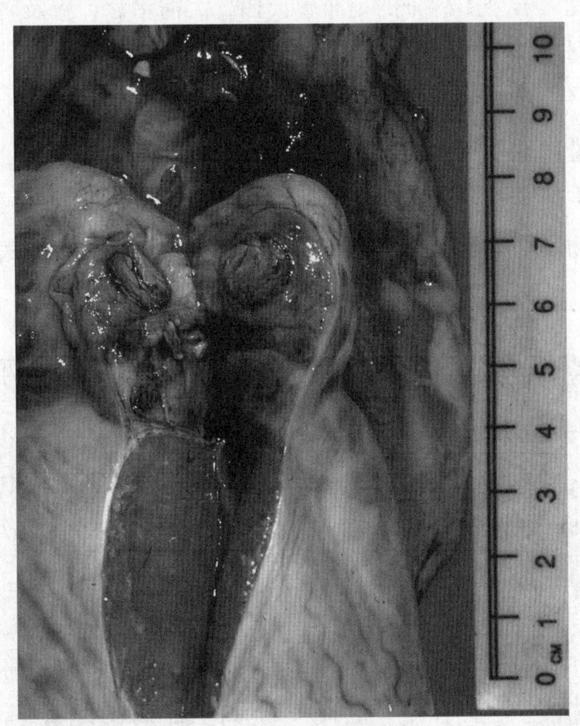

图30.45　4岁萨福克公羊附睾头感染放线杆菌（双侧附睾多个化脓样病灶）（见彩图144）

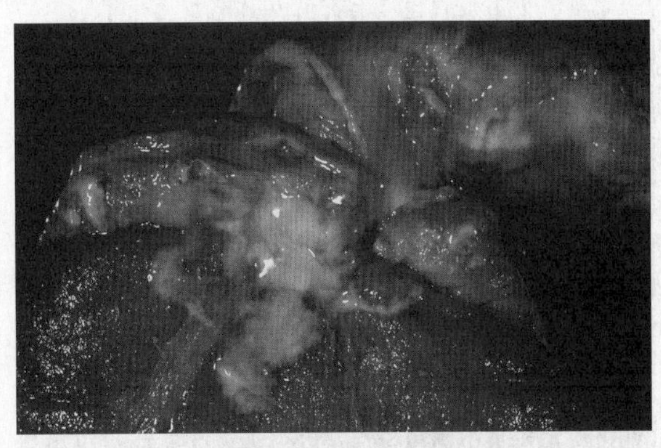
图30.46　德文公牛附睾管破损后，附睾头形成的化脓样精子肉芽肿（Parkinson等，1993）（见彩图145）

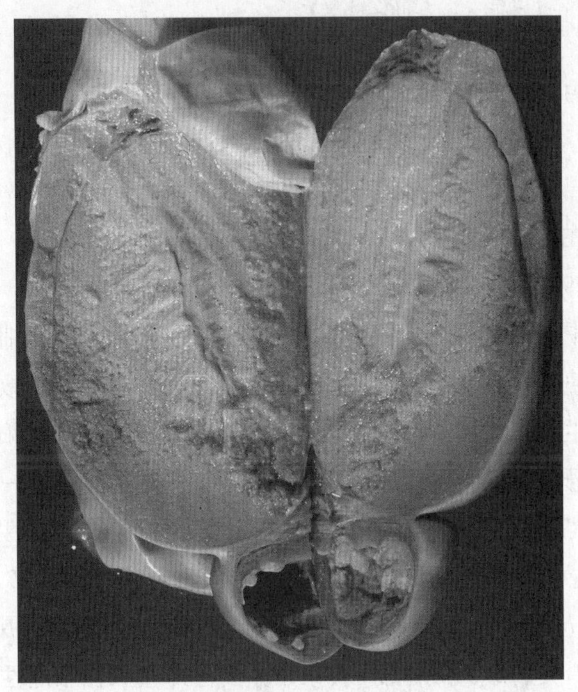
图30.47　公羊切除输精管后，附睾尾形成的多个精子肉芽肿（见彩图146）

输精管发育不全（aplasia of the vas deferens）。比较少见。直肠检查可发现公牛（Blom和Christensen，1951）输精管狭窄及远端膨大。与附睾发育不全相同，单侧性输精管发育不全不会影响生育

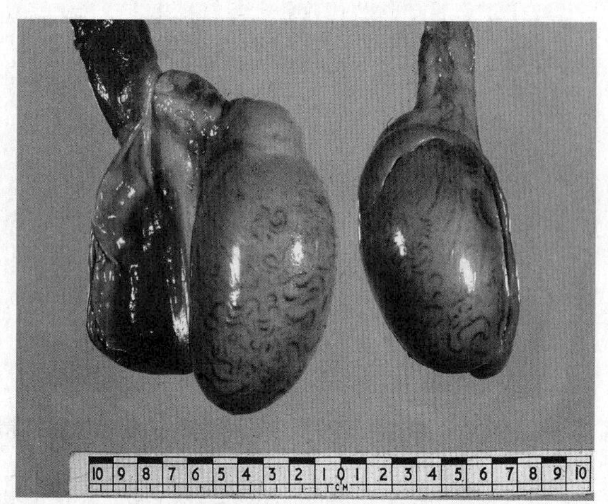

图30.48 公牛中肾管发育不全，附睾全部缺失（见彩图147）

力，而双侧异常则会导致绝育。

30.2.2.3 副性腺疾病

精囊腺。精囊腺感染在公牛较为常见，发病率在0.2%（Blom，1979）～9%（Bagshaw和Ladds，1974）之间，最近一项研究（Scicchitano等，2006）中记载报道的数据为0.4%。对被感染腺体进行细菌学检验通常能发现化脓性隐秘杆菌和多种其他微生物，包括肾弯曲菌、拟放线菌、大肠杆菌、绿脓杆菌、链球菌和葡萄球菌等。这些微生物并不一定都是病原微生物，但可造成受损器官的继发性感染。主要病原微生物可能包括流产布鲁氏菌（*B. abortus*）、衣原体（*Chlamydophila* sp.）和附睾阴道炎病毒、肠病毒、传染性鼻气管炎/传染性脓疱性外阴阴道炎（IBR-IPV）病毒等。此外，牛生殖道支原体（*Mycoplasma bovigenitalium*）（Al-Aubaidi等，1972）和牛分支杆菌（*M. bovis*）（LaFaunce和McEntee，1982）也是精囊腺炎的主要致病微生物。精囊腺炎最常见于小于2岁的公牛和老龄公牛。有人认为，骨盆形状与精囊腺炎的发生可能有关（Blom，1979）。年轻的成年动物本病不太常见，公羊很少患此病。

在精囊腺炎的急性期，腹腔后部会发生局限性腹膜炎，并引发一系列相应症状。局部腹膜炎本身可影响生殖系统，因此其症状之一是患畜不愿运动，运动可使炎症部位受到牵拉，因此影响爬跨和射精冲动。精囊腺炎早期常有上述症状，之后，患畜尽管能恢复正常行为，但却不能生育。有时被感染的腺体会形成脓肿，脓肿破裂后则会导致广泛性腹膜炎，或形成连通直肠的瘘管。感染通常为单侧性，但也可能双侧发生。腺体感染导致精液质量下降，主要表现为精子活力下降、pH上升、果糖浓度降低，以及出现多形核白细胞。中度和重症病例为明显的脓性精液。此外，由于受损腺体血液渗漏、变性，精液呈棕褐色。大多数病例精液质量改变导致生育能力下降，但也有报道认为有的患病公牛仍能使母牛保持正常的受胎率。精囊腺炎可通过直肠检查来诊断，主要特征为在疾病的急性阶段，感染腺体增大、紧张、痛感明显；在疾病的慢性阶段，出现分叶和纤维化，有时腺体萎缩（图30.49）。

如果在炎症早期就能诊断，使用大剂量杀菌性抗生素（Robert，1986；Arthur等，1989；Varner等，1993）或恩诺沙星有可能治愈，但多数病例用抗生素治疗无效，在单侧性患病的病例，切除患侧腺体是恢复生育力的唯一方法（McEntee，1962；King和McPherson，1969）。双侧腺体感染预后不良。若公牛感染的是布鲁氏菌，无需治疗，应及时屠宰。

患精囊腺炎公畜通过性交可使母畜感染。有报道发现（Webster，1932），一头感染链球菌的公牛使全群出现不育，交配后母牛出现黄白色的分泌物及严重的子宫颈炎。但也有其他感染链球菌的病

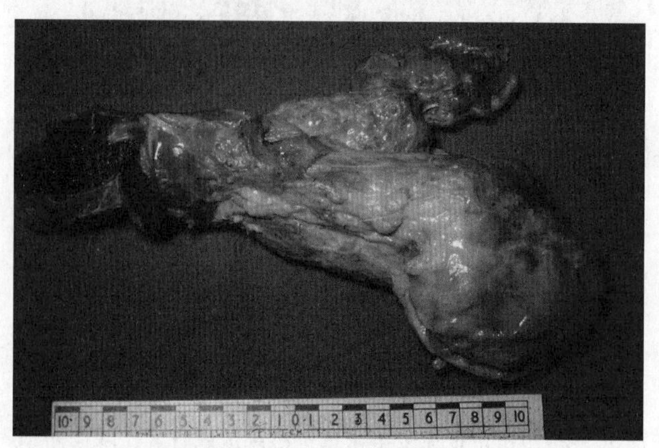

图30.49 公牛精囊腺炎（见彩图148）

例并未发现使母牛致病。因此，对患畜预后和做出能否再用于繁育的决定都需十分谨慎。

公马也会发生精囊腺炎（Blanchard等，1988；Varner等，1993），并且已经分离出一系列与导致公牛精囊腺炎相似的多种微生物［如流产布鲁氏杆菌（*B. abortus*）、肺炎克雷伯氏菌（*Klebsiella pneumoniae*）、铜绿假单胞菌（*P. aeruginosa*）、链球菌和葡萄球菌等］。本病应与马疝痛区别（Freestone等，1993）。采用直肠内超声扫描可代替直肠检查来诊断这类病例。治疗此病可以试用抗生素（Freeston等，1993），但治愈率不高（Blanchard等，1988），这可能与所选抗生素的药物代谢动力学特性有关。Love（2007）报道，使用内窥镜对感染精囊进行灌洗之后精囊直接给药，效果远好于注射治疗。

前列腺。犬常发前列腺疾病（Barsanti 和Finco，1986；Johnston等，2001），其他动物极少发生。犬前列腺疾病可分为：良性增生/肥大、良性出血、鳞状上皮化生、前列腺炎（急性、慢性或化脓性）、前列腺囊肿和前列腺瘤（Williams和Niles，1999；Johnston等，2001）等。这些疾病许多都是雄性激素依赖性的，伴有前列腺逐步增大，而前列腺增大在公犬老化过程中是正常现象。前列腺疾病尽管病变不同，但临床体征大致相似。症状主要包括泌尿道感染或排尿困难（dysuria）、排尿异常、血尿（haematuria）或尿道出血。局部疼痛可能导致步态改变，但不育则是不太常见的症状，一般不引发全身性症状以及不育症（Krawiec和Heflin，1992；Williams和Niles，1999）。前列腺疾病的诊断方法有直肠超声扫描、放射显影术、活组织检查、细胞学技术（包括细针穿刺技术）以及尿液检查（是否出现多形核白细胞、细菌和血液等）。犬前列腺疾病中对生殖能力影响最大的为前列腺炎。一般来说，前列腺炎由细菌和支原体的上行感染引起，其中细菌的范围很广，如大肠杆菌、变形杆菌属、葡萄球菌、链球菌、肠球菌和假单胞菌属等。通常前列腺炎和前列腺增生会同时发生，前列腺出现局部或弥漫性化脓反应，并容易形成脓肿。前列腺炎可用广谱抗生素治疗，但是前列腺增生与雄激素水平有关，最好使用孕激素治疗或将病犬阉割。过去一直认为可以用雌激素治疗前列腺增生，现在已被禁用（Williams和Niles，1999）。如欲保持动物的生育能力，可以考虑使用雌激素颉颃药他莫昔芬（tamoxifen）进行治疗（Corrada等，2004）。

输精管壶腹。精子造成输精管壶腹完全或不完全阻塞在公马较常见（Love，2007）。主要发生于繁殖季节的开始阶段或停止性活动一段时间之后。患畜少精或精子形态异常（不能泳动和/或头部脱落）。按摩壶腹部、使用催产素以及频繁射精对治疗该病有效。该病不属于导致公马持续不育的疾病。

30.2.3 精液异常

30.2.3.1 精液检查

采用本章前述方法采集精液，再通过精液检查了解精液品质，可以获得关于射出精液受精能力的基本信息。与生殖健康检查的其他方法一样，精液检查的主要价值取决于鉴别出潜在低育公畜的能力。

被检精液的处理必须仔细，才能保证检测结果可靠。精子对低温非常敏感，所以在检测过程中控制精液的温度非常重要。采精后尽快在30～37℃评价精子的活动能力并制备用于精子形态学检查的抹片，待抹片干燥后，方可降温。

现场检测需要一台显微镜（有低倍目镜和×100、×400物镜）。检测精子形态时用×400的物镜观察不够清晰，需要×1000的油镜。相差和暗视野显微镜有助于检测，但现场检测时并不需要。如果需要做精液分析的样品较多，显微镜载物台加温并不一定有用，重要的是必须将载玻片和稀释精液的用品都要保持在30～37℃。其次，也可以考虑将各种检测用品放在一个简单的恒温操作台上，恒温必须保持到精子不再发生温度损伤性变化之后。

采得的精液首先应观察其中是否含有尿液、新鲜或陈旧的血液、脓汁以及其他外来物。精液的颜色和黏稠度非常直观，水样精液通常少精，不均质的精液通常含有脓汁。一些正常公牛的精液呈亮黄色，是因为精清中含有牧草中的色素。

精子活力（motility）。温度明显影响精子的活力，因此在精液检测过程中，必须严格控制温度。理想的方法是使用预热的载玻片和恒温显微镜载物台。检查公牛或公羊精液时，首先滴一滴精液在载玻片上，然后在低倍镜下观察。低倍镜下虽不能看清单个的精子，但能看到大量精子的重复性螺旋形运动波。不过，精液中的死精子在活精子的带动下也在被动地运动。对其他动物也一样，需要观察单个精子的运动。其方法是将一小滴纯精液或经过稀释（0.9%的温生理盐水或2.9%的温柠檬酸钠溶液）的精液滴至载玻片，盖上盖玻片，在高倍镜下观察。质量好的精子持续以头尾摆动的方式向前泳动，或以其他形式运动。轻度受损的精子会出现转圈运动或向后运动，重度受损的精子以及死精子则表现为侧向的滚动，精子头部出现宽窄不等的边。

精子计数（sperm count）。常见家畜精子密度和射精量范围见表30.6。现场操作时，常用血细胞计数器（haemocytometer）检测精子密度。将公牛、公羊的精液按1∶100比例稀释，稀释液为0.9%的生理盐水/0.02%福尔马林溶液，其他动物精液浓度较小，稀释倍数相应降低。检测后根据射精量和精子密度计算出精子总数。如果需要分析的样品较多，如人工授精站测量种畜精子密度时，可采用分光光度法将样品的吸光度与校准曲线对比，迅速得出结果（Salisbury等，1943）。另外，可以使用电子粒子计数器（electronic particle counters）对精子计数，不过由于精子小而头部扁平，因此计数较为困难。

死活精子比例（live∶dead ratio）。射出的精液中死精率的比例可以通过活体染色进行检测，染色剂可选用曙红B（eosin B）（Lasley等，1942），而曙红-苯胺黑联合染色既可以测量死精率也可以检查精子形态（Swanson和Bearden，1951）。为保证染色效果，活体染色必须在标准条件下进行，而且要严格控制温度。冻精很难用曙红染色，因为甘油等冷冻保护剂提高了活体染色剂对细胞的穿透能力，因此人为地提高死精率。检测需要丰富的经验，否则死∶活精子比例的重复性会很差。

精子形态。精子形态检查是精液检查中最重要的一环。苯胺黑（nigrosin）是一种简单的背景染色剂，适用多种目的，特别是用于精子染色，也可联合使用曙红B（Casarett，1953）。染色后检查顶体异常仍有困难，即使使用Wells和Awa（1970）报道的特殊染色法用于观测顶体泡也有难度。因此通常使用相差显微镜或微分干涉相差显微镜检测精液湿标本来确定顶体是否异常（Aalseth和Saacke，1985）。

30.2.3.2 精子异常

根据以下三个主要标准来评价精子异常，即异常部位、异常原因及对生育力的影响。

异常部位：根据精子出现异常的部位可将精子

表30.6 家畜精液特性

特性	牛	羊	马	猪	犬
射精量（ml）	4（2~10）	1.0（0.5~2.0）	60（30~250）	250（125~500）	10（2~19）
分段射精	否	否	是	是	是
精子密度（$\times 10^6$/ml）	1250（600~2800）	2000（1250~3000）	120（30~600）	100（25~1000）	125（20~540）
活精子（%）	>70	>90	>60	>60	>85
正常精子（%）	>75	>85	>60	>60	>90

括号内的数字表示的是正常范围。数据参考Arthur，1989；Roberts，1986和Morrow，1986的文献。

异常分为头部异常、中段异常、尾部异常和胞浆小滴附着。

异常原因（Blom，1950）：按造成异常的原因可将精子异常分为一期（精子生成障碍，睾丸性）、二期（附睾）和三期（射精后处理精液过程中温度、pH、渗透压等不适宜）所造成的异常。头部和中段异常常为一期异常，胞浆小滴附着为二期异常，环形卷尾属于三期异常（Blom，1950）。

对生育力的影响：Blom（1983）根据对生育能力的影响将异常精子分为两类，即重要异常和次要异常。新的概念是：可弥补（compensable）缺陷和不可弥补（uncompensable）缺陷。

在Blom（1983，如图30.50，表30.7）的分类方法中，重要异常包括大部分的头部异常、近端胞浆小滴附着以及先天性顶体缺陷；而大多数的其他异常，包括头部脱落属于次要异常。

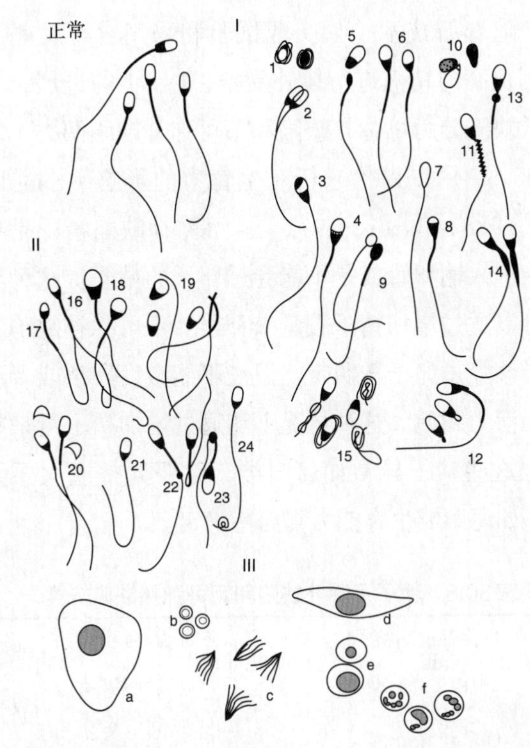

图30.50　根据异常精子对生育能力的影响，精子异常分为重要异常和次要异常。与表30.7（由Blom，1983年数据改绘）对照。

表30.7　精子重要异常

重要异常（Ⅰ组）			
1	未成熟型	9	畸形小头
2	双重畸形	10	畸形头部脱落
3	顶体缺陷（分节顶体）	11	中段螺旋形异常
4	头部冠状缺陷	12	其他中段缺陷（包括断尾）
5	去能精子（尾部活跃）	13	近端胞浆小滴
6	梨形头	14	中段增厚
7	头基部变窄	15	卷尾、鞭毛异常、环尾、中段远端折叠（无图）
8	头部形状异常		
次要异常（Ⅱ组）		**其他细胞（Ⅲ组）**	
16	窄头	a	上皮细胞
17	小头	b	红细胞
18	大头	c	水母形结构
19	正常头部脱落	d	船形细胞
20	顶体膜脱落	e	单核细胞
21	尾部弯曲	f	中性粒细胞
22	远端胞浆小滴		
23	尾部弯折		
24	尾部末端卷曲		

随着新技术（如交配试验和采用含异常精子比例很高的精液进行体外受精，IVF）的进展，将精子缺陷分为可弥补缺陷和不可弥补缺陷两类（表30.8），用以评价它们对生育力的影响（Saacke等，1988；Barth，1977）。可弥补缺陷精子是指不能进入输卵管或是不能穿过卵子的精子。这种异常可以通过增加精子数量来补偿。不可弥补缺陷精子能够穿过卵子透明带，但是不能激发卵裂或者形成无活力胚胎。这种情况不能通过增加精子量来补偿。这些精子异常如何归类于重要异常或次要异常，如何影响生育能力都尚待确定。

表30.8 精子可弥补缺陷和不可弥补缺陷分类

可弥补缺陷精子	不可弥补缺陷精子
中段远端折叠	近端胞浆小滴
尾段异常	梨形头
线粒体鞘异常	染色质异常
断尾	头部空泡
尾部缺陷	大头、小头
分节顶体	核异常
顶体肿胀	
头部松动、脱落	

（编自Evenson，1999；Saacke等，2000；Entwistle和Fordyce，2003）

30.2.3.3 精子异常类别

头部异常。精子头部含有遗传物质（致密染色体），和位于顶体内与受精相关（如黏着并穿过透明带）的关键效应物、顶体内膜和赤道后区。大部分的头部缺陷（图30.51 A，B）都是由于精子生成异常所引起，严重损害动物的生殖能力（Soderquist等，1991）。

染色质异常浓缩（Johnson，1997）和核型异常（Ostermeier等，2001）与精子受精能力减弱密切相关。精子染色质的任何异常均为不可弥补性缺陷（Evenson，1999；Saacke等，2000）。

顶体大小、面积以及精子头基部宽度的微小变化都会影响精子的受精能力（参见综述，Barth和Oko，1989）。精子头部异常最常见的是梨形头（pyriform head）。这种精子头部窄而长，顶体后区变细，很容易辨别。Nothling和Arndt（1995）的报道，含有36%梨形头精子的公牛精液配种母牛后，受胎率为46%，而正常公牛精液受胎率为75%。精子异常既影响受精力，又影响受精卵的卵裂，因此这种异常既是重要异常，也是不可弥补性的异常。

大多数的其他精子头部异常，如小头、梨形头或头部奇形怪状，都和头部脱落的精子一样属于重要异常。睾丸变性过程中这些类型的异常精子比例明显上升（典型病例还会出现许多其他重要异常的精子）。精子头部异常中属于次要异常的是大头（具有二倍体染色体组）、双头、窄头和小头（头部形态正常）（图30.51C）。

顶体缺陷与生育能力下降的关系并不确定。尽管精子在附睾中转运和储存的过程中，甚至射精后会造成顶体损伤，但许多顶体缺陷（重要异常）都是由于精子生成过程异常所致。由精子生成过程异常导致顶体缺陷的精子在精液中比例高，通常具有遗传性；但在有些动物的精液中也会发现少量顶体异常的精子，说明顶体异常也可以自发产生。在经过染色处理的精子样品中观察顶体缺陷非常困难，因此通常使用相差显微镜或微分干涉相差显微镜观察湿的涂片。Wells和Awa（1970）报道，涂片使用苯胺黑染色后，能很容易地观察到顶体缺陷精子。

在顶体缺陷中了解比较清楚的就是分节顶体缺陷（knobbed acrosome defect）（图30.51D），这种缺陷在经过曙红-苯胺黑染色的涂片中较易检测。正常精子中偶然会发现少量这种缺陷的精子，但是该缺陷有家族性，缺陷精子比例非常高（25%~100%），可能具有遗传性。精液中有一定比例的分节顶体缺陷精子就会导致受胎率下降，这种异常精子比例高的公牛绝育。患病公牛精液中不但分节顶体缺陷的精子没有受精能力，而且精液中其他形态正常的精子即使在体外能使卵子受精，但胚胎发育障碍（Thundathild等，2000）。该缺陷属于重要异常。

精子其他顶体异常，包括顶体冠（acrosomal crests）和顶体褶（acrosomal folds）异常使生育能力下降的程度并不确定。如Meyer和Barth（2001）发现公牛精子中高比例的异常顶体并未影响母畜的受胎率，但在竞争性交配试验中则有差别。而Blom（1983）则认为各种顶体异常对生育能力都有较大影响，应归类为重要异常。

顶体脱落与顶体肿胀（detached and swollen

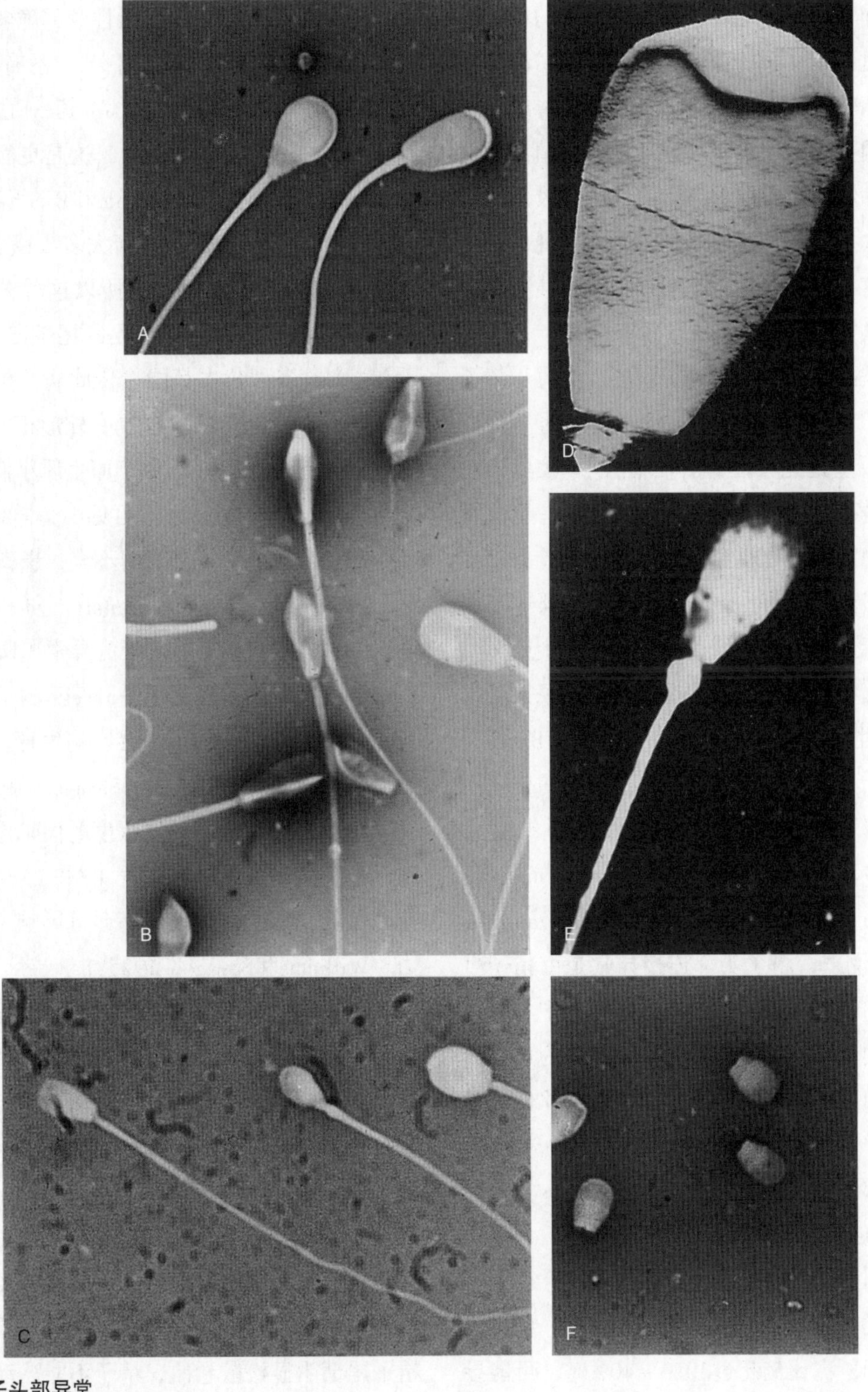

图30.51 精子头部异常

A，B. 梨形头和锥形头 C. 大头和小头 D. 顶体分节 E. 带状缺陷 F. 头部脱落

acrosomes）。这类顶体缺陷最好使用相差显微镜或微分干涉相差显微镜进行分析检查，但也可以使用一般显微镜对湿涂片或经苯胺黑染色的涂片进行观察。目前还不能确定这两种缺陷的起因，精子生成异常和相当一段时间无性交活动的公牛精液中都可能出现这类异常精子。此外，因某些动物的精液在超低温保存过程中精子的存活力受到影响，因此精液在冷冻-解冻过程中常会出现这类异常精子。顶体肿大的原因更难给予解释。顶体脱落的精子比例高时会影响动物的生育能力，但当其比例较低时，可以归类为次要异常。然而最近的研究发现，公牛精子顶体脱落与其生育能力之间存在着线性关系，因此对这类异常的严重性需要重新审视。

核空泡（nuclear vacuoles）。核空泡属于精子生成过程中产生的异常，它是睾丸损伤的一种反映，但也有一些是先天性的。在曙红-苯胺黑染色的涂片上观察核空泡比较困难，使用相差显微镜或在湿标本中观察则比较容易。冠状缺陷（diadem defect）精子核中出现小泡，镜检时可见顶体基部一系列具有折光性的病变，在核中还有单个或多个空泡病变。正常精液中偶见核空泡精子，睾丸受损后短期内暂时性出现高比例的这类精子（Barth和Oko，1989）。精液中核空泡精子比例高的公牛不育。核空泡精子属于重要异常和不可弥补性缺陷。

头部、中段及尾部的连接异常（abnormalities of the attachment of the head，the midpiece and the tail）。一般说来，精子头部连接异常是由精子生成障碍引起的原发性异常。其中遗传性的中心粒或轴丝缺陷比例较高，其他异常偶发，并多为后天性异常。奇怪的是，除非这种异常精子所占比例非常高，否则其对生育能力的影响并不大。

正常头部脱落（detached normal heads）（图30.51 F）。在正常精液中比例为低到中等，属于次要异常，除非这类异常精子所占比例太高，否则不会影响动物的生育能力。Johnson（1997）认为，头部脱落精子所占比例超过30%～40%时，可能导致不育。头部脱落（通常伴有头颈部连系脆弱和顶体肿胀）通常属于精子老化过程中的退行性变化，脱落的尾部无运动性。若动物长时间未交配，精子在体内发生老化，射出精液中出现头部脱落的精子。老年公牛精液中也常见这种精子。头尾连接处断裂（颈部断裂，fractured neck，图30.52A）可发生于老化精子或是由于先天性颈部脆弱引起。

除正常精子头部脱落外，还有两种情况会严重影响动物的生育能力。其一是断头综合征（decapitated syndrome），这是更赛牛和海福特牛的一种遗传性疾病（Blom和Birch-Anderson，1970；Blom，1977），患畜大多数精子是断头的，但脱落的尾部能够运动，所以这种公牛的精液呈现正常的波状运动。其二是断尾缺陷（tail-stump defect），多种公牛都能遗传此病（Blom和Birch-Anderson，1980），精子具有外形正常的头部，并有发育不全的结构（类似于原生质小滴）附着（图30.52 B）。电子显微镜下可见小滴样结构由鞭毛样小节段物质组成，尾部发育不全，患畜绝育。

偏轴尾（abaxial implantation of the tail）通常意义不大，也可以不将其视为异常（Barth，1989；Pant等，2002）。有附尾（accessory tails）的精子所占比例较低时，一般不会影响生育，但比例较高时则导致不育（Williams 和Savage，1925）。

对于公马来说，一定程度的偏轴尾部可看作正常，但在主尾旁边出现附尾（图30.52C）时，如果有附尾的精子所占比例较高，可影响患畜的生育能力（Williams和Savage，1925 ）。

大多数精子中段和尾部的其他缺陷都是由于精子生成异常所致。异常精子不能泳动或运动能力差，受精能力低。睾丸变性动物精子中段和尾部异常常伴有其他部位畸形（如头部异常、头部脱落、近端原生质滴附着等）（Parkinson 和Bruere，2007）。卷尾（coiled tail）（图30.52D）属于原发性异常，常见于睾丸变性动物。某些类似鞭毛异常的缺陷（dag defect）（Blom，1996；图30.52E），精子尾部明显松散卷曲，精子不能泳动，这是由于鞭毛生成过程紊乱所造成。这类缺陷属于后天性，异常精子比例不定，是睾丸变性的典型病变。如果异常精子比例长期达到50% ~ 100%，可能属于遗传。首例遗传性精子尾部异常遗传病例见于娟姗牛，至今在娟姗牛中仍较为常见。

相对而言，中段缺陷较少受到关注，但一旦发生，其后果仍十分严重。常见精子中段异常为中段增厚（thickened midpiece）（尤其是在与头部连接处），属于重要异常，常伴有混合畸形，是睾丸损伤的暂时性反应。中段螺旋形异常（corkscrew defect）（精子线粒体螺旋松散排列使精子中段呈现螺旋状）的精子比例较高时，可能具有遗传性。

总体来说，尾部缺陷属于次要异常，其中包括尾部末端卷曲（terminally coiled tails）（图30.52F）和中段远端折叠（distal midpiece reflex），这两种缺陷比较相似，尾部弯曲呈环状，环内有一小滴样物质，其对生殖能力的影响尚无定论。Blom把它归

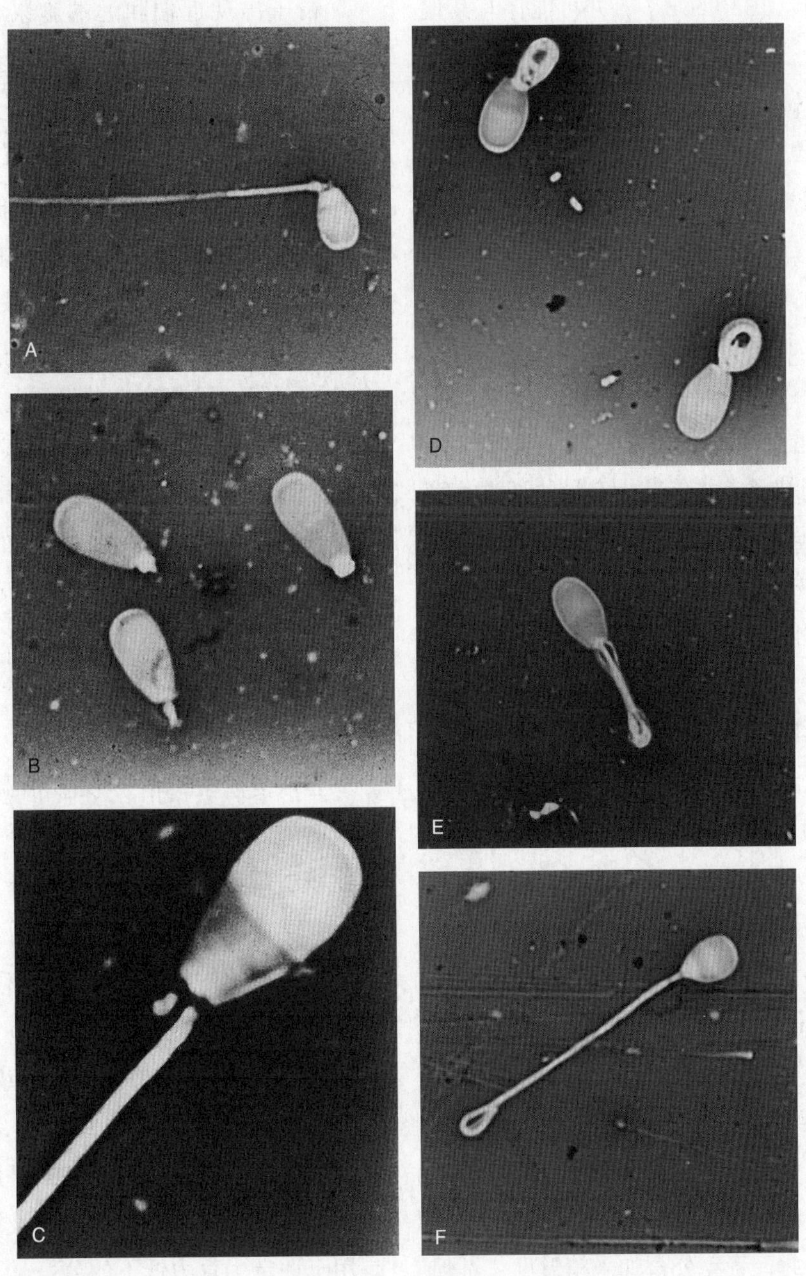

图30.52　精子中段和尾部异常一

A. 颈部断裂　B. 断尾　C. 附尾　D. 缠尾（中段缺陷）　E. 鞭毛异常　F. 尾部终端卷曲

为“次要”异常，是因为在自然交配时只有精液中含有大量尾部异常精子才会导致公畜生育能力下降（图30.53A）。简单环尾精子（looped tail）（环内无小滴样物质）通常属于继重要异常、次要异常之后的第三级异常（射精后出现的异常），主要是由于精液保存过程中温度控制不严或精液中有水进入造成低渗使精子受损。精液pH超出正常范围也会引起精子环尾，因此出现环尾精子可以作为副性腺感染、精液pH升高的早期信号。睾丸变性动物，精液中出现环尾精子（图30.53B），并可能伴有其他异常（混合畸形）。

原生质小滴（protoplasmic droplets）。精子在附睾贮存和运输过程中，其尾部残留的细胞质滴逐渐脱落而成熟。如果精子有原生质小滴（图30.53A，B）附着，说明射出精液中精子尚未完全成熟。小滴距头部越近（近端小滴）的精子与小滴距头部远（远端小滴）的精子相比，其更为不成熟。

远端原生质小滴附着的精子一般不属于严重的精子异常。初情期前期小公牛精液中通常会出现大量的远端小滴精子（并伴有一定量的近端小滴精子）。此后，异常精子的比例很快降至正常水平（Evans等，1995；Johnson等，1998；Arteage等，2001；Padrik和Jaakma，2002）。近端小滴异常往往是由于附睾功能障碍或精子生成障碍（尤其在伴有混合畸形时）所引起，是更为严重的精子异常。即使只有少量近端小滴精子出现，也会严重损害动物的生育力（Soderquist等，1991；Saacke等，1995）。如Blom（1977）等认为，精液中含有5%～10%的近端小滴精子，则会导致动物生育力低下。含有近端小滴精子的精液用于体外受精，胚胎卵裂率差（Amann等，2000）。因此，近端小滴属于重要异常和不可弥补性缺陷。

采精过度的青年公畜精液中常会出现原生质小滴精子（Barth，1997）。青年公畜每日精子生成量低于完全成熟的公畜，且其附睾管也还未发育到充分的长度。因此，青年公畜如采精过度，不但其精液中的精子数量减少，而且精液中含有附睾尾中尚未充分成熟的精子，其受精能力肯定会明显下降。因此对重度使用的青年公畜，如在人工授精中心，建议应仔细检查精液中原生质小滴精子数量的多少，用以判断公牛采精是否过度。

大多数老龄公牛的精液反复出现少量近端原生质小滴精子（Soderquist等，1996），在一年中温度较高的季节，异常精子数增加。若成年公牛精液中出现近端小滴精子（通常为混合畸形），明显表示精子生成紊乱。

精子出现近端和远端胞浆小滴时，可能伴有头部脱落、颈部断裂（有的可能是制作涂片时引起的精子头部和颈部的形态学变化）和顶体肿胀等异常，则表明附睾可能存在功能障碍。

30.2.3.4 睾丸变性时精液的变化

睾丸变性初期动物精液中精子表现为活力下降和形态异常（尤其是近端胞浆小滴）的精子增多（图30.38）。这种精液经冷冻-解冻后，精子活力会急剧下降。随着变性的发展，正常精子数量逐渐减少，异常精子比例增加，尤其是原发性异常精子的比例增加（图30.54），而射精量变化不大。异常精子主要是头部异常、断头和卷尾。还有可能出现一些不常见的其他畸形，包括小头、异形头和顶体异常，甚至在精液中出现一些减数分裂前体细胞和星形细胞。随着精子数量大量减少，精液中最终无精子。

在恢复阶段，精子形态和活力的改善先于精子数量的增加，具有远端小滴的精子增多。睾丸变性动物精子质量逐渐变差，到精子质量最差之后，这种状态可能在短期内改变，也可能长期持续。病畜精液质量变化的程度和严重性与病程长短和疾病能否恢复没有关系。

30.2.3.5 精子检测结果的说明

对于自然交配的公畜来说，精液质量检测结果与畜群的总体生育力（如最终妊娠率或配种受胎率）并无直接关系。因此，精液质量检测结果最好是用于评定生育力低下的公畜是否应该淘汰。在生殖健康检查时，对精液评价的结果可以对其生育力

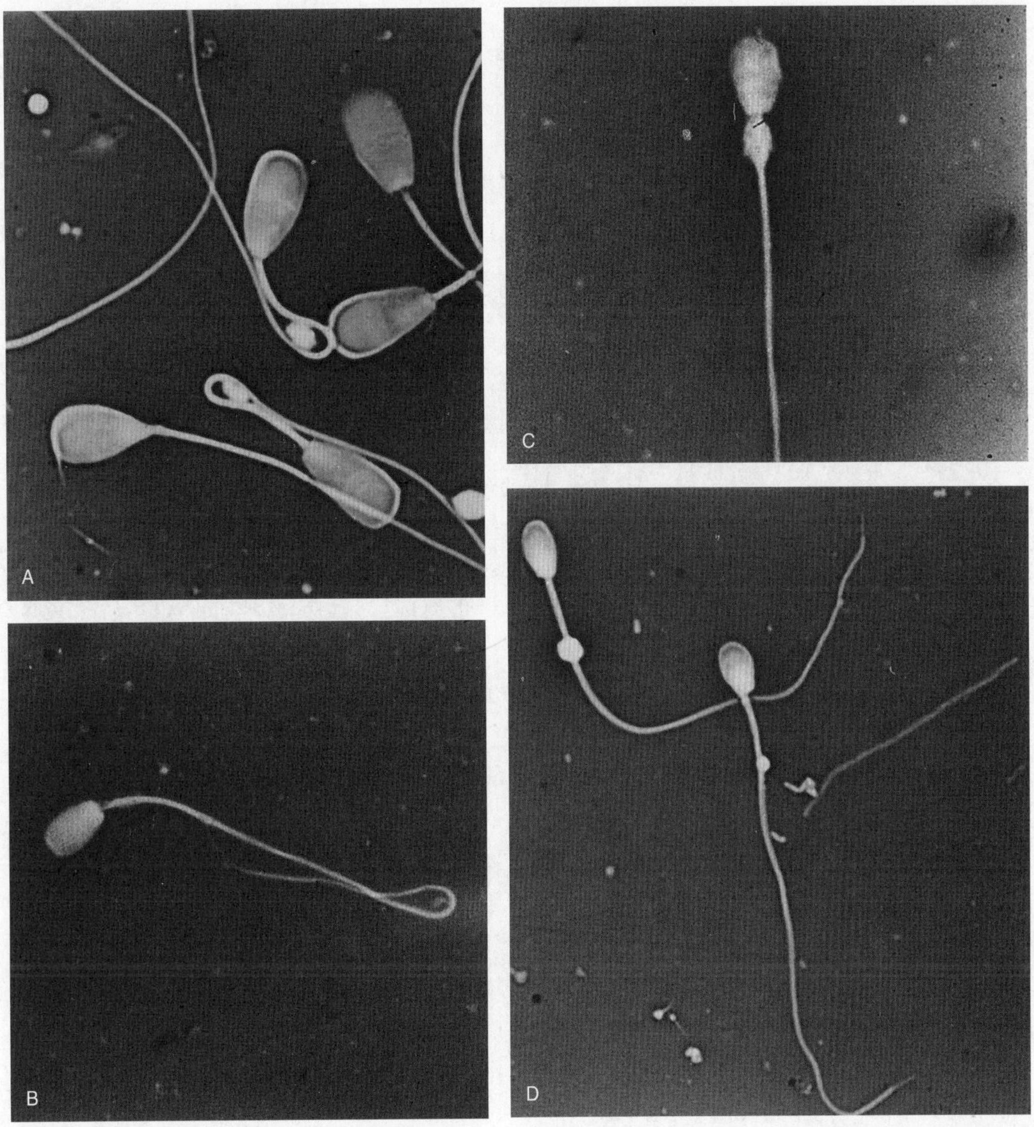

图30.53　精子中段和尾部异常二
A. 中段远端折叠（环形尾部中间有细胞质残留物质）　B. 环尾　C. 近端胞浆小滴　D. 远端胞浆小滴

进行定性评价（满意、不满意、重检和通过），而不能定量预测其生育力水平。虽然精子质量参数与其生育能力之间的关系并不紧密，但是对不育公畜精液的检查总能发现严重的精子异常，可以解释公畜不育的原因。

用于精液质量检测的任何一种采精方法都具有一定的局限性。对精子形态的检查是精液质量检测最重要的内容，精子形态的变化与病变密切相关，仅从简单样品检测得出的结果就可以对疾病作出诊断和预后。根据各种精子形态的异常可能对生育力产生的影响，可以制定出各类异常精子在精液中允

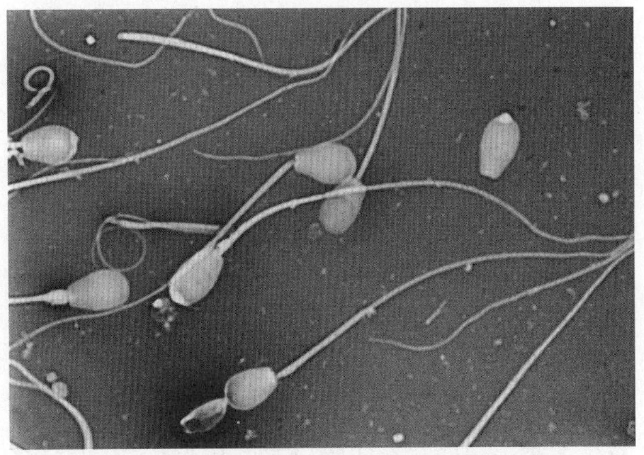

图30.54　一头患有严重睾丸变性的公牛的精子形态
精液中出现大量的异常精子，包括头部异常、断头、各种中段缺陷以及近端小滴。少精和精子活动能力低下。

许的最大百分比标准。用于人工授精的公牛精液质量需严格遵守这一标准。例如：（a）异常精子总量不能超过20%，每种异常精子均不能超过5%；或（b）重要异常精子总量不能超过10%，次要异常精子总量不能超过20%。对自然交配的公牛应考虑交配频率和交配期的长度，因此可采用不同的标准。Entwistle和Fordyce（2003）提出，公牛精液中含有70%以上形态正常的精子可以判定为通过；正常形态精子为50%～70%者可判定为有条件通过（降低使用强度，配合其他种畜使用）。他们还建议，公牛精液中中段异常、尾部异常（环尾）、分节顶体或顶体肿胀精子比例不能超过30%；近端小滴、梨形头、核空泡、头部大小失常的精子不能超过20%。在此基础上，Parkinson和Bruere（2007）提出了自然交配公牛精子质量标准（表30.9）。

表30.9 自然交配肉用公牛精子形态标准（Parkinson和Bruere，2007）

满意		
正常精子＞60%	并且	各类重要异常总和＜20%
	并且	任意一种重要异常＜10%
	并且	任意一种次要异常＜20%
有条件通过		
正常精子＞60%	并且	各类重要异常总和＞20%
	或者	任意一种重要异常＞10%
	或者	任意一种次要异常＞20%
正常精子＞50%	并且	各类重要异常总和＜20%
	并且	任意一种重要异常＜10%
	并且	任意一种次要异常＜20%
不满意		
正常精子＜60%	并且	各类重要异常总和＞20%
	或者	任意一种重要异常＞10%
正常精子＜50%	或者	任意一种次要异常＞20%

其他动物的精子质量标准各不相同。如马、猪、犬类动物精子中可以存在较大量异常精子而不会影响其生殖能力，然而公羊精液中不允许有较多的异常形态精子。

30.2.3.6 精子功能测试

精液分析所提供的信息足以鉴别生育能力低下的公畜，但却不能确定公畜生育力是处于中等还是高等水平（Watson，1990）。人们试图通过对精子功能的测定，提高精液分析的精确性，其中部分试验取得了成功。最简单的试验就是在不同温度下（通常是4℃或40℃）进行精子存活测试，并比较这些精子在雌性生殖道中的存活时间，分析这些数据与公畜生育力之间的相关性（Roberts，1956）。早期试图测定精液中代谢产物、离子及单个酶的浓度和活性作为判定公畜生育能力的指标，但效果并不理想。此外，还有一些其他的测试方法，如测定精液pH、三磷酸腺苷（ATP）含量或谷草转氨酶等（Salisbury等，1978）。这些方法虽有一定的效果，但均不如精液常规检查有价值。

目前，正在研究以顶体反应和精子在体外与卵子受精的能力作为判断公畜生育力的指标。体外使用糖胺聚糖（glycosaminoglycans）（Ax 和Lenz，1987）和钙离子载体（Whitfield和Parkinson，1995）使精子获能和发生顶体反应的诱导效果与体外受精和人工授精时精子的受精率相关（Lenz等，1988；Whitfield和Parkinson，1992）。这种相关性依赖于精子上的肝素结合蛋白（heparin-binding proteins），因此测定精子结合肝素的能力，可以预测精子的受精能力（Bellin等，1994，1996）。虽然Merkies等（2000）的试验结果认为精子头部的肝素结合量与精子的受精力并无太大关系，但是，其中一种肝素结合蛋白确与生育力密切相关，已被命名为生育相关抗原（Fertility Associated Antigen，FAA；Belin等，1998）。目前人们已经在精子细胞膜上和精浆中（Parkinson等，2004）发现了多种与生育力相关的蛋白。此外，体外受精率与使用冷冻精液输精母畜的不返情率（Marquant-Le Guienne等，1990；Ward等，2001）和自然交配受胎率（Wright，1982；Brahmkshtri等，1999）相关。

鉴别性荧光染色法和流式细胞仪都有可能用

于检测精子的受精能力。使用羧基荧光素双醋酸盐（carboxyfluorescein diacetate）（或二甲基羧基荧光素双醋酸盐，carboxydimethylfluorescein diacetate）进行精子活体荧光染色，检测活细胞，DNA染色，如碘化丙啶染色鉴定死细胞，其结果与牛人工授精不返情率具有良好的相关性（Garner等，1986； Ericsson等，1989；Alm等，2001）。荧光染色用于检测线粒体功能，效果并不理想。

黏液穿透试验（mucus penetration test）也已用于预测受精能力。人的男科广泛采用此法，效果较好；一些研究人员（Murase等，1990）已经成功地使用这种方法预测公牛的生育力，但并不是所有研究者都认同这种方法（Sittal Dev等，1996）。Verberckmoes等（2002）尝试用甲基纤维素代替黏液进行试验，并未取得成功。不论是公牛（Zraly等，2002）还是母牛（Zharkin，1982）体内出现抗精子抗体都会引起受精能力下降。

在兽医生产实践中，计算机辅助精子泳动特性分析（computer-assisted analysis of sperm swimming characteristics）系统已被广泛使用。由于这种方法的测定结果与生育力之间呈高度相关，因此这种方法被认为是评价生育力和预后的有效分析方法。精子泳动最重要的特性是前进运动精子比例、精子头部的侧向运动以及鞭毛摆动的特性。目前兽医实践中，精子泳动分析主要用于纯种种马（Amann，1988）和人工授精种公牛（Budworth等，1988），但随着分析费用的降低，这种方法将会迅速得到普及。

第 31 章

人工授精

Tim Parkinson / 编

张家骅 / 译

人工授精技术成功作为家畜繁殖的一种手段，必须满足三个条件：精子能在体外存活、精子进入母畜生殖道能获得较高的受胎率、能确定母畜的可生育期。

是否满足以上三个条件决定了在某种家畜采用人工授精技术能否获得成功。例如，牛的精子在冷冻之后几乎可以在体外无限期地保存，直接进行子宫内输精则使每次输精所需的精子量大大降低。因此，牛的一次射精量可以通过人工授精为大量母牛配种。人工授精时的受胎率完全可以达到自然交配时的水平；而母牛发情时外部表现明显，确定输精时间并不困难。因此，牛完全能满足人工授精的三个基本条件，人工授精技术已得到广泛应用。相反，在其他许多动物，上述三个条件中一个或多个不能完全满足，因此人工授精技术在这些动物中成功率不高，应用也不广泛。

绝大多数家畜及许多半驯养动物均已建立了人工授精技术，目前除了日常用于牛、绵羊、猪、山羊、家禽、火鸡、鲑鱼和鳟鱼外，也常应用于犬、家养狐狸、水牛、马甚至蜜蜂。在这些动物中，牛和绵羊（山羊）人工授精的数量占相当大的比例。火鸡自然交配困难，使用人工授精技术能有效地促进其繁殖。鲑鱼人工授精也很普遍。本章中所要讨论的人工授精技术针对主要的家养哺乳动物。

31.1 人工授精的利与弊

人工授精相对于自然配种而言具有许多潜在的优势，特别是作为遗传改良的手段而被广泛使用。对大多数肉用家畜，人工授精技术能够将一次射精量分为多个输精剂量用于输精，因此一头公畜可以为大量母畜配种，减少了种公畜的饲养量，同时也相应地增加了公畜的选择强度。如在奶牛，只有1%最优秀的母牛可能被选择作为公牛的母本，而且在它们的子代公畜中，也只有1%～3%最优秀的公牛最终能成为下一代的种公牛。在肉牛和猪，公畜的选择强度并不是特别大，但比自然交配选择强度仍大得多。

但是，采用人工授精对种公畜直接进行遗传选择以加速遗传改良还不是其最主要的用途。人工授精更多的是用于加速新品种的扩繁。在英国，人工授精技术是弗里斯（Friesian）奶牛取代英国本地奶牛品种的主要方法。之后，通过人工授精技术，荷斯坦奶牛又取代了弗里斯奶牛。在品种改良的过程中，人工授精技术不但能迅速改变全国整个畜群的基因库，同时也能更新偏远地区未改良牛群的基因组成。人工授精技术经济方便，从少量的进口种公畜制备稀释及冷藏精液，之后推广使用，所需要的成本即使对最贫困的地区来说也能承受。

人工授精促进了家畜的国际贸易。优良家畜可以以精液的形式引进，而不必直接引进活畜。这种引种方式还能够消除引进家畜对当地气候条件不适应和对当地疾病缺乏抵抗力等许多问题。而且引进精液比直接引进活畜能更有效地保障种公畜的健康。

人工授精的第二个主要优点是农户需要饲养的种公畜数量大大减少。一般来说，农畜的公、母畜应分开饲养，以便有效控制配种，而且公畜多饲养在尽可能远离农场员工的圈舍，以免引起伤害。使用人工授精技术可以减少饲养种公畜所需的大量圈舍和劳力，农户通过人工授精中心获得精液，无需花费太多就可同样得到优良的遗传物质。

人工授精的第三个主要优点是可以控制性病的发生。20世纪40年代，英国建立牛人工授精技术的主要动力是需要有效控制胎儿三毛滴虫（*Tritrichomonas fetus*）和胎儿弯杆菌性病亚种（*Campylobacter fetus* subsp.*venerealis*）引发的流行性性病。英国与世界上其他国家一样，牛的人工授精技术的推广应用主要是为了控制胎儿三毛滴虫病和弯曲杆菌病，通过采用人工授精，最终消除了这两种病原（参见第23章）。但是，通过精液也可以传播疾病，如果不加控制地使用种公畜的精液进行人工授精，有可能传播典型的性病和一些在其他情况下并不被认为是原发性性病的疾病。因此，在许多国家，严格监测供精公畜的健康状况是国家疾病控制计划中必不可少的部分。

尽管人工授精与自然交配相比具有许多明显的优点，但这种技术也有其自身的缺点。在进行人工授精时，鉴定母畜发情期中最佳授精时间可能是一个最重要的问题。就牛而言，母畜在发情期具有明显的同性性行为，因此可以相对准确地鉴定最佳输精时间，但在其他大多数动物，发情期的鉴定都不是那么容易。因而，对这些动物进行发情鉴定需要使用无生育能力（如切除输精管的）的公畜，或者通过药理学（如同期发情或诱导发情）方法或管理措施（如控制母猪断奶时间）来控制其发情。在没有公羊的情况下，母羊通常不表现任何明显的发情症状，因此需要采用结扎输精管的公羊来试情，或使用药物控制发情以确定可受配的时间。因此，鉴定绵羊的可受配期在某种程度上来说成本较高，限制了人工授精技术在绵羊的应用。在绵羊采用人工授精技术时，一方面是人工授精技术带来的优良种公畜的遗传优势，另一方面是饲养公畜或药物控制可受配期的成本，需要考虑两者之间的经济盈亏。

一旦能准确鉴定发情，则应将母畜保定输精，常常需要将母畜与畜群隔离，饲喂在特定圈栏里。人工授精技术还需要培训技术人员，母猪人工授精对技术人员的要求不高，而母羊如要采用腹腔镜进行子宫内输精，对技术人员的要求则较高。

采用人工授精技术时必须要建立准确的记录系统，及时记录输精日期，以此估算出生日期，动物返情时能清楚其可能出现的时间，便于配合观察。也应记录种公畜的身份（如种系），以免近亲交配。在畜群中没有公畜的情况下，采用适当的妊娠诊断方法有助于判定没有返情的母畜是已经妊娠或是乏情。

人工授精技术有利于优良种公畜基因的迅速推广，但其相应的缺点是，如果用于人工授精的种公畜具有某种遗传缺陷，则该缺陷也将被广泛传播。显性性状很少能以这种方式扩散，但隐性性状可广泛扩散，特别是如果隐性基因在普通群中的发生率不高，许多个体在其纯合子后代表现出该隐性性状之前就已经配种的情况下，隐性性状就已广泛传播。因此，需要建立一种有效监测子代异常现象的报告系统来完善人工授精技术，为淘汰携带有害基因的种公畜制定明确的标准。比如，牛软骨发育不全（achondroplasia）是由一简单的隐性基因传播（Marlowe，1964），当这个隐性基因以纯合子形式存在时，就会造成小牛出生后长骨发育障碍，形成所谓的“斗犬犊牛畸形”（参见第4章）。一般情况下，牛群中这种基因的发生率非常低。所以，只要后代中出现一两头这样的畸形犊牛，就应淘汰公牛，废弃其全部精液。痉挛性轻瘫（Spastic paresis）也以这种隐性基因的方式传播，可以参照上述情况处理（Keith，1981）。另外，机体结构异常也有可能通过人工授精影响子代（如在犊牛中出现后肢/蹄部构型不良或乳房附着部发育不良等）。

由于人工授精采用经过高度选择后的少数品系，因此人们担心人工授精可能会造成近亲繁殖，也可造成动物品种的有效种群数量减少。有研究表明这种情况有可能发生，尤其是在荷斯坦奶牛品系。许多研究已经确定了近亲繁殖在一些性状上表现出现实的或潜在的负面效应，如难产和生殖疾病（Adamec等，2006；McParland等，2007a）、淘汰率（Sewalem等，2006）和生产性状（Biffani等，2002；Croquet等，2006）等，但一般情况下在体型或结构性状上还不会出现负面效应。荷斯坦奶牛近交系数（coefficients）估计值相对较低，但当用于繁殖的奶牛数量（numbers of effective contributors to the breed）下降时则会升高（Sorensen等，2005；Koenig和Simianer，2006）。这种趋势在海福特和夏洛莱等肉牛中也可以见到（McParland等，2007b）。McParland等（2007a）指出，尽管近亲繁殖的影响在统计上很显著，但在目前影响并不大，尚不会造成巨大的经济损失。但是，应该采取措施控制近亲繁殖（Kearney等，2004；Colleau和Moureaux，2006；Haile-Mariam等，2007）。

31.2 用于人工授精精液的准备

家养哺乳动物采集精液的方法在第30章中已有介绍。在大多数人工授精程序中，精液品质评定仅限于检查精子数量、精子活力和精子形态。要确定某头种公畜的精液质量是否符合输精要求，就需要进行更加精确的分析，但日常采集精液时，很少进行这样仔细的检查。采出的精液除了直接输入单个母畜外，一般都要先将其稀释，再进行冷藏或冷冻保存。直接输精通常见于不能进行正常交配的种公犬（Roberts，1986）及患有慢性子宫内膜炎的母马（Asbury，1986）。即使在这些情况下，通常也需要将精液稀释。

31.2.1 精液的稀释

大多数家畜一次射精所含的精子数都要高于使母畜受孕所需的精子数，因此，将精液稀释可以更有效地用于多次人工授精。比如将犬和马精液中富含精子的部分稀释冷藏后，可用于发情期延长的同一母畜多次输精，或在同一母畜的多个可受配期（通过不同方法获得的不同可受配期）进行多次输精（Jefcoate和Lindsay，1989；Brinsko和Varner，1993）。在食用动物，一次射精量通常都要先稀释，用于多个母畜的输精。

精液的最大稀释倍数取决于实现较高的妊娠率所需的最低精子数与输精量，而这两个因素又取决于输精位置、稀释精子的活力及动物的个体特异性。一般来说，采用子宫内输精时，所需最小精子量要比子宫颈内输精低一到两个数量级，而子宫颈内输精所需的最小精子量又要比阴道内输精低一到两个数量级。因此如果要广泛利用种公畜的精液，子宫内输精具有巨大的优势。但在母羊，子宫内输精需要采用腹腔镜输精等复杂技术。

精液稀释具有以下主要特性（Watson，1979）。

31.2.1.1 扩大精液容量

输精剂量的确定需要考虑易于操作和输精位点这两个因素。羊一般采用子宫颈内输精，减少输入量可以减少精子从子宫颈返流（Evans和Maxwell，1987）。猪采用子宫内输精，要想使精子顺利通过母猪大容积的子宫，至少需要50ml的输精量才能使精液分散在很大的子宫中（Reed，1982）。

精液稀释并不是一个简单的浓度降低过程。哺乳动物的精子稀释后，起初精子活力会增加，随即精子活力迅速降低，并且出现染色增强的现象（Mann，1964）。人们称这种现象为稀释效应（dilution effect），表明细胞的活性降低，这可能是细胞膜结构成分渗出到细胞外的结果。虽然在早期的人工授精工作中人们对此颇为关注，但后来使用含有大分子物质（如蛋白质、聚乙烯醇）的稀释液，在一定程度上消除了稀释效应（Suter等，1979；Clay等，1984）。

31.2.1.2 缓冲能力

精子所能耐受的pH变化范围比较狭窄，因此稀释过程中必须给精液提供一定的缓冲能力。尤其是当精液只进行冷藏保存而非冷冻保存时，由于低温下精子仍具有较强的代谢活性，所以考虑稀释后精液的缓冲能力就显得非常重要（Salisbury等，1978）。虽然在大多数稀释液中，主要容积成分也是主要的缓冲剂，但在某些稀释液，缓冲剂却只占其中一小部分。简单缓冲液缓冲效果良好，其中广泛采用的为柠檬酸盐（Willett和Salisbury，1942）。磷酸盐缓冲液容易使精子发生头部聚集，不宜采用。近来人们广泛采用有机盐缓冲剂Tris[三羟甲基氨基甲烷，（tris（hydroxymethyl）aminomethane]（Davis等，1963），也有人采用其他类似物质[如三甲基氨基乙磺酸（TES），羟乙基哌嗪乙磺酸（HEPES）]等。脱脂奶产品中所含的蛋白质也能提供较强的缓冲能力。

31.2.1.3 维持渗透压

虽然精清的渗透压为285 mosimol（Foote，1969），但精子能够承受一定范围的渗透压变化。与等渗稀释液比较，精子似乎能更好地耐受轻微高渗的稀释液（Foote，1970），对此，目前仍有争议。稀释液中除了离子成分的渗透作用外，其中的蛋白质与糖类组分也起着非常重要的作用。糖类不仅能为精子提供营养，还能增强稀释后精子的抗冻能力（Watson，1990）。

31.2.1.4 提供能量物质

大多数稀释液都能提供精子代谢所需的一些能量物质。一般来说，单糖如葡萄糖、果糖、甘露糖及阿拉伯糖都是比较合适的能量物质，但这些糖类的代谢速度在动物间有明显的差别（参见综述，Bedford和Hoskins，1990）。以奶类为主的稀释液中的乳糖几乎很难代谢，但卵黄是许多稀释液的重要组分，可为精子代谢提供许多底物（Salisbury等，1978）。用于冷冻保存的精液只是在冷冻之前数小时精子保持活力，冷冻后精子代谢活动中止，因此能量物质的供给相对来说并不那么重要。相反，如果精液在低温下保存数天，精子持续保持代谢活性，能量物质的供给就显得比较重要。

31.2.1.5 抗菌活性

大多数精液稀释液中都会添加抗生素，以此来防止病原菌的传播，降低非病原微生物污染精液的可能性。在牛的人工授精中，由于苄青霉素和链霉素能有效对抗胎儿弯杆菌（*C.fetus*），因此是使用最为广泛的抗生素（Melrose，1962）。其他许多抗生素要么不能抑制这种细菌，要么对精子造成直接损害，并不常用。由于人们担心支原体和脲原体随牛精液传播，为了消除其危害，可在精液稀释液中添加林可霉素（lincomycin）和大观霉素（spectinomycin）（Almquist和Zaugg，1974）。有研究表明，稀释液中的某些成分，特别是卵黄，有可能会降低抗生素的效能（Morgan等，1959），因此在一些牛的人工授精中心，先用混合抗生素对原精液进行预培养，之后再进行稀释。这种方法在美国很普遍，但在欧洲却很少采用。

31.3 延长精子存活时间

以下三种方法可以延长精子的存活时间：

- 将精液温度降低到室温以下
- 冷冻（冷冻保存）
- 在室温或冷藏温度下终止精子的代谢活动。

31.3.1 冷却与冷休克

精液冷却可以降低精子代谢活性，从而使精液能以液态形式保存。但如不对精子采取保护措施，精液温度从体温降到5℃左右时，精子将遭受冷休克损伤。加快冷却速度会加剧冷休克损伤，缓慢冷却也不能防止精子冷休克。

冷休克会引起细胞膜损伤，导致胞内钾离子、酶、脂质、胆固醇、脂蛋白和ATP外漏（Salisbury等，1978）。虽然大多数变化是由细胞膜结构变化所介导的，但冷休克影响精子功能的机制尚不完全清楚。降低温度可以使膜上磷脂从液态变成凝胶态，由于不同脂质发生这种变化的温度不同，因此可使细胞膜发生相分离（phase separation），膜蛋白发生不可逆地聚集而丧失功能（De Leeuw等，1990）。因此，发生冷休克的精子渗透性增加，特别是钙的通透性增加（Robertson和Watson，1986）。精子质膜变得易于融合，从而改变精子的获能过程（Johnson等，2000）。精子膜的构成具有品种和个体差异，膜中不同磷脂所占比例及胆固醇的浓度是精子对冷休克发生反应的关键决定因子。

保护精子免受低温的不利影响，最有效的方法是在稀释液中添加卵黄或奶类。用于冷藏保存精液的稀释液通常含有大约20%的卵黄及缓冲液。虽然卵黄是目前最常用的添加剂（Vishwanath和Shannon，2000），但脱脂奶、全脂奶和椰奶也都成功用作防止低温休克的保护剂。全脂奶中含有一种叫乳烃素（lactenin）的蛋白质，具有杀精子的作用，所以用作精液稀释液的奶类都必须先经过热处理（如脱脂过程）使其灭活（Flipsse等，1954）。早期的稀释液以磷酸盐缓冲剂为主，但随后人们发现柠檬酸盐缓冲剂效果更好，这可能是因为后者能提高卵黄蛋白的溶解度。最近也采用两性离子缓冲剂，其中使用最为广泛的是三羟甲基氨基甲烷，但TES[三甲基氨基乙磺酸，（*N*-tris（hydroxymethyl）methyl-2-aminoethane sulphonic acid]或TEST（用TES滴定Tris）的应用也有较好的效果（Holt，2000）。

由于尚不清楚卵黄和其他天然物质防止冷休克的作用机制，所以也就很难制备化学成分明确的稀释液。早期研究工作表明，这些防止冷休克物质中的关键成分是卵磷脂、蛋白质、脂蛋白和其他类似的大分子复合物（Blackshaw，1954；Melrose，1956，Blackshaw和Salisbury，1957），但20世纪70年代和80年代的研究表明（Watson，1976，1981；Foulkes，1977），低密度脂蛋白（LDL）是卵黄的重要组分，因此，脂蛋白很可能是防止冷休克的关键成分（Watson，1990）。

也有研究结果表明，低密度脂蛋白能稳定精子细胞膜（Watson，1975），或通过在精子表面形成一种保护层来保护精子（Quinn等，1980），也可能置换已经丧失或受损的膜磷脂（Foulkes等，1980）。如果将低密度脂蛋白、糖脂和胆固醇渗入细胞膜，就可以降低细胞膜在冷却过程中从液态到凝胶状态变化的趋势（Isachenko等，2004）。近来假说的重点放在低密度脂蛋白与精清成分的相互作用上（Vishwanath等，1992）。2006年，Bergeron和Manjunath基于对牛精清蛋白（bovine seminal plasma proteins，BSP）的研究，对这一概念做了进一步的拓展。他们认为，在体内情况下，射精时BSP是结合在精子细胞膜上的，有助于精子在母畜生殖道内的获能过程；精液在储存过程中，BSP结合在精子细胞膜上，造成磷脂与胆固醇的丢失，即诱导发生冷休克。同时也表明，LDL尤其是磷脂酰胆碱如果能结合稀释液中的BSP，就能阻止它在低温下与精子的相互作用，从而使细胞膜免于受损。

牛精液在这种稀释液中5℃条件下保存，2～4d内其生育力仍在可接受水平（Foote等，1960），但公羊精液的受精能力只能维持12～14h（Salamon和Robinson，1962；Evans和Maxwell，1987）。之后精子受精能力下降，开始时是由于精子在母畜生殖道内活力和存活率降低，而不是精子死亡所造成。对于牛的人工授精来说，在5℃条件下短期保存精液是一种非常经济有效的方法，对绵羊在农场采集精液进行人工授精也很有价值，而公猪精液在室（常）温下以液态使用效果更好。所以家畜品种不同，可采用的精液保存方式也不一定相同。将精液置于5℃低温条件下短期保存的方法还广泛应用于马和犬，该方法还能避免这些动物精液对冷冻难以预料的反应。

31.3.2 冷冻保存与冷冻保护剂

通过冷冻保存，可以达到长期保存精液，维

持精子受精能力的目的。精子在冷冻保存中可保持其受精能力，但大量的精子因不能耐受冷冻和解冻过程而不能生存。要使精子能在冷冻过程中幸存，其稀释液中不仅要有保护精子不发生冷休克的物质，也应含有冷冻保护剂，如甘油（Polge等，1949），可保护精子免受冷冻造成的伤害。

直到冷冻保存方法广泛应用后，人们才逐渐认识到冷冻过程中细胞所发生的一般反应（参见综述，Farrant，1980；Watson，1990）。开始时，当精子外部介质温度降至冰点以下，纯水就开始形成结晶，而介质中未冻结部分的溶质浓度就会随之上升，细胞内渗透压升高。在此阶段，由于水形成的冰晶被细胞膜隔离在外而不会进入胞内，因此细胞内容物进入超冷期，由于胞外介质未冻结部分形成的高渗作用，精子开始失水（图31.1），出现不同程度的脱水现象，直到在胞内也形成冰晶，由此对精子造成损伤。当精子发生严重脱水时，胞内残留水分中的高浓度溶质会损伤细胞膜；反之，如果只发生轻度脱水，胞内会形成大量冰晶，也会对胞内物质及胞膜造成物理性损害。在这个过程中，每种作用对精子的损伤程度取决于冷冻速度，冷冻速度越慢，脱水程度越严重；而冷冻速度越快，冰晶形成所造成的损伤也越大；同时也受细胞大小的影响，细胞越大，精子的脱水速度就越慢。

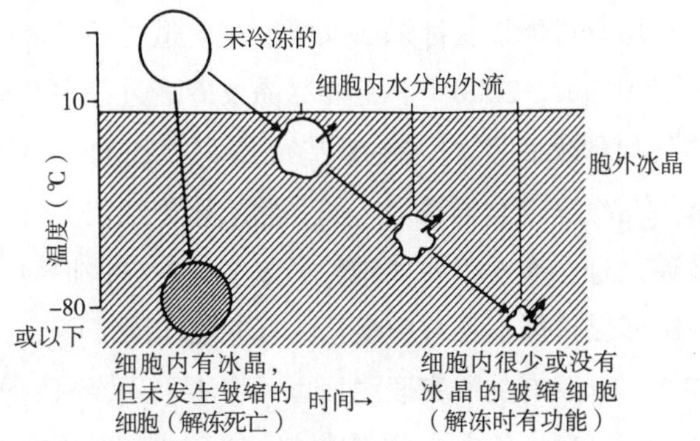

图31.1　细胞冷冻时发生皱缩。
缓慢冷冻时，胞外介质结晶，引起渗透压增高，结果导致精子脱水、皱缩，直接影响解冻时精子的存活。迅速冷冻精子，没有时间允许精子形成皱缩状态，结果形成胞内冰晶，导致精子在解冻时死亡（经允许，引自Frant，1980）

除渗透压变化和冰晶损伤之外，冷冻和解冻对精子的影响还涉及其他因素。精子细胞膜脂类的组成及其在细胞膜内的排列组合很独特，降温和冷冻可使膜上脂质发生物相变化，造成细胞膜完整性丧失而不能控制钙离子的流动，同时还使膜上ATP酶丧失活性（Holt，2000）。由于发生上述一系列变化，许多精子不能耐受这些过程而生存，冷冻后只有不到冻前50%的精子仍具有活力。即使是这些能够幸存下来的精子，其头部也会发生获能样变化（Curry，2000；Thomas等，2006），改变了它们在母畜生殖道内的存活时间。有研究表明，动物品种之间及品种内个体之间精子抗冻能力的差异很大，这种差异主要取决于细胞膜能否经受或适应这些变化。

使用抗冻保护剂、改变稀释液组分和改变精子冷冻与解冻的速度，可以提高精子对冷冻的耐受性。抗冻保护剂可以进入细胞（渗透），也可以滞留在胞外液体中（非渗透性）的物质。最早人们认为，抗冻保护剂只是通过水分子中的氢键发挥作用，从而减少脱水及形成冰晶所能利用的水分。渗透性抗冻保护剂（如甘油或二甲基亚砜，DMSO）能减少精子内水分的丢失，因而可以降低溶质对细胞的损害；这些物质还能与水结合，从而减少细胞内冰晶形成。非渗透性抗冻保护剂（如二糖或蛋白质）可以促进快速冷冻时的脱水进程，从而减小胞内形成冰晶的危害。

抗冻保护剂还可能以其他机制减少冷冻过程对细胞的损害。极性分子（如甘油与糖类）能与膜脂的极性头部形成氢键结合（Vishwanath和Shannon，2000），从而使细胞膜在通过关键温度区时稳定细胞膜（Woelders，1997）。同样，当甘油渗入到双层膜内时，也能通过改变膜脂的物理性质影响膜的稳定性和水分子的渗透性（Holt，2000）。糖类如甘油，能通过增大稀释液黏滞度的方式来改变其力学性能，从而阻止溶质结晶，并能增加介质形成玻璃态（2004年，Isachenko等用玻璃化方法冷冻较大的细胞时所发现的一种特性）的趋势。

但是，渗透性抗冻保护剂对精子也有一定的毒害作用。甘油是冷冻哺乳动物精液时使用最主要的抗冻剂，但其对精子有直接的毒害作用（Watson，1979，1990）。精子所能承受的甘油浓度取决于家畜的品种和稀释液中其他组分的含量。例如，含有二糖的牛精液稀释液甘油的浓度较低（3%～4%），而不含二糖时甘油浓度可达7%（Unal等，1978）。牛的精子对甘油的毒性作用耐受性较强，而猪的精子则只能耐受低浓度甘油的毒性作用。

温度升高是否会加剧甘油的毒性作用一直都有较大的争议。早期的研究表明（Polge，1953），在28℃添加甘油要比在4℃添加时对牛精子的伤害更大。但Salisbury等（1978）对大量相关材料分析发现，温度对甘油毒性作用的影响并不太明确。最近的研究表明，分次逐步加入甘油可以避免细胞体积过度变化而发生破裂（Gao等，1993，1995）。在商业化的牛人工授精中心，通常的做法是稀释液中最终甘油浓度可以高达7%，但第一次稀释精液时稀释液中一般很少含有或不含甘油，只是在温度降至4℃以后才逐步添加甘油。甘油浓度较低的稀释液（低于5%），通常是在30℃时一次加入甘油。高温时甘油对猪精子的毒性作用尚不清楚，因此最好采用低温甘油化（glycerolization）方式（Paquignon，1985）。

在冷冻过程中，精子细胞膜还会发生氧化损伤。大量的研究表明，膜脂质过氧化是造成精子冷冻后功能缺陷的原因之一（Salamon和Maxwell，1995）。为了解决这一问题，可以添加抗氧化剂（如谷胱甘肽过氧化物酶，Slaweta和Laskowska，1987）和过氧化氢酶（Shannon，1972）。测定膜磷脂的氧化程度仍然是评估精子经冷冻解冻后质量高低的一种很有效的方法（Neild等，2005）。

精液冷冻的第一种方法是先将稀释后的精液置于玻璃安瓿中，用乙醇和固体一氧化碳的混合物在-79℃冷冻，或将稀释后的精液直接滴于块状干冰表面冻结成颗粒（Salisbury等，1978）。-79℃长期保存的冻精，精液品质下降，效果并不令人满意（Pickett等，1961；Stewart，1964）。而在-196℃的液氮容器中，冻精可以长期稳定保存，即使经过40年，精子的受精能力也没有受到影响。目前精液常用两种方法冷冻保存。一种方法是，将稀释后的精液包装在容量为0.25ml或0.5ml的薄壁塑料细管中，再将细管（‘straws’或‘paillettes’）置于-120℃的液氮蒸气中熏蒸10min左右（Cassou，1964；Jondet，1964），然后将这些细管投入液氮保存。近来通过采用程控冷冻仪（microprocessor controlled freezers），可以更为精确地控制冷冻速度。有研究表明，虽然采用这种方法冷冻时成本增加，但精子的存活率明显提高（Landa和Almquist，1979；Parkinson和Whitfield，1987）。另外一种冷冻方法是在开放式冷冻槽中冷冻，虽然冷冻速率的控制不如使用程控冷冻仪，但适合于处理大批精液。当大批量的细管精液放入冷冻室，程序化冷冻仪无法准确控制全部细管的冷冻速率，精子解冻后的存活率降低。所以，仍有较多的人使用开放式冷冻槽来冷冻精液（Vishwanath和Shannon，2000）。

31.3.2.1 冷冻保存的新方法

玻璃化（vitrification）是一个让液体无需形成冰晶而直接进入玻璃态（固态）的过程，通过这种方式来冷冻保存传统冷冻方法无法存活的细胞时效果特别好。精子对冰晶的形成很敏感，特别是精子的长尾既可能遭受冰晶、又可能同时遭受高渗液的损伤（Holt，2000）。胞外冰晶及冷冻过程中形成的任何形态的胞内冰晶是造成细胞损伤的重要因素。在冷冻较大的细胞（如胚胎或卵母细胞）时，玻璃化过程通常需要使用较高浓度的冷冻保护剂，但冷冻保护剂本身对细胞又具有毒性作用（Vajto，2000）。现有的研究表明，也可以不采用冷冻保护剂，而以超快的速率冷冻精液，达到玻璃态的效果（Isachenko等，2004），解冻时也不会出现重结晶现象，解冻后的精子具有较高的存活率。

近来建立的另外一种新技术是采用梯度式逐级

降温（multithermal gradient）的方法控制和优化冷冻过程中冰晶的形成（Arav等，2002）。样品以恒定的速度通过线性温度梯度区（Gacitua和Arav，2005），从而控制冰晶形成的温度点和冰晶的形态，使精子在解冻后具有较高的成活率（公猪可达45%，公牛可达65%，Arav等，2002），并且能同时冷冻大批量的精液，无需制备成容量很小的颗粒或细管冻精（Gacitua和Arav，2005）。

31.3.2.2 解冻

由于慢速解冻会使胞内发生重结晶而对细胞膜造成损伤，所以精液的解冻必须快速（Salisbury等，1978）。在生产实践中建议的解冻方法是在30～37℃下10～60s解冻牛的冻精（图31.2b）。短时间高温（如60℃）解冻可以提高精子复苏率（recovery rates），但在生产实践中这种方法难以掌握，因此未能广泛采用。更为重要的是对解冻后精液温度的控制。要求解冻后精液的温度不能继续降低，否则会对精子造成重大损伤。解冻后的精子与未冷冻的精子一样，对温度的波动很敏感（Roberts，1986）。解冻后精子在温度降低的环境下，容易引起冷休克（Nebel，2007）。另外，控制冻精从贮存罐中取出时的温度也很重要，罐颈上1/3处的温度足以使细管中精液发生重结晶，从而导致解冻后精子的存活率显著下降（图31.2a，Nebel，2007）。

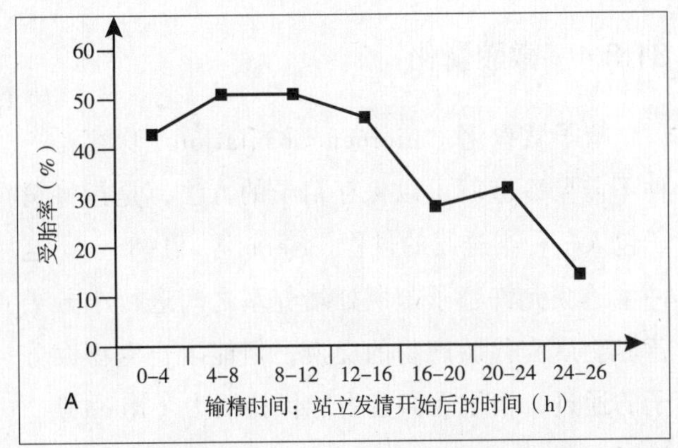

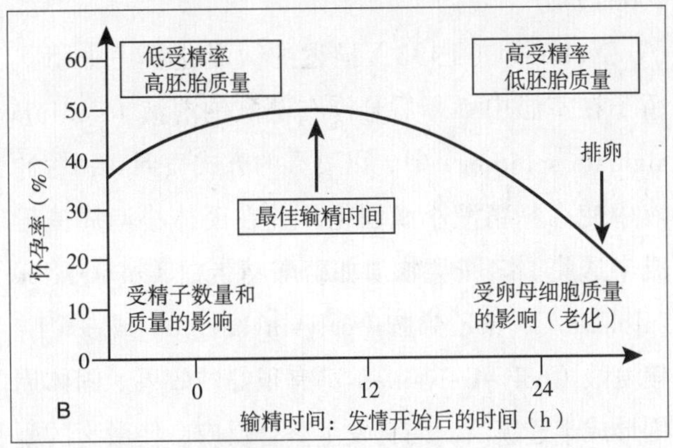

图31.2 牛最适输精时间
A. 观察到站立发情开始后的输精时间（h）与受胎率之间的关系 B. 受精率和胚胎存活率之间的关系（根据Saacke等，2000重新绘制）

31.3.3 室温保存

室温保存下的精子新陈代谢率逐渐降低，与冷藏和冷冻保存时精子数量和功能下降相比，仍具有一定的优点。特别是一些动物的精子不能冷藏或冷冻保存，必须要在室温条件下稀释保存。

室温下稀释精液采用的策略如下：

● 降低卵黄的浓度使之既能防止冷休克，又能避免卵黄中其他成分的毒害作用

● 将pH降低到5.5可以使精子的活力发生可逆性的抑制；但pH低于5.5则具有杀灭精子的作用

● 用二氧化碳饱和稀释液可以使精子的运动能力发生可逆性的降低。根据这一原则配制的稀释液（如依利诺伊变温稀释液，Illinois Variable Temperature，IVT）能够维持精子活力保持48h左右。更长时间（超过5d）的保存需要使用康乃尔大学稀释液（Cornell University Extender，CUE）或新西兰（乙酸）稀释液（Caprogen diluent），这些稀释液中柠檬酸盐和碳酸氢盐发生作用而发生自碳酸化，能更长时间维持精子活性（Vishwanath和Shannon，2000）

● 充氮气以减少稀释液中的氧含量，从而在无需降低pH 的情况下降低精子的活性。这个原理已经在Caprogen稀释液中得以应用。

室温保存精液使用的稀释液中的其他成分（如糖、缓冲液、蛋黄/奶、抗生素、过氧化氢酶）与低温或冷冻精液所用的稀释液相似。

31.3.4 微胶囊化

精子微囊化（microencapsulation）保存是一种不需要冷冻就可以保存精子的方法，是指将精子包入一种半透膜的过程（Nebel等，1985）。这种半透膜允许精子与所处培养基之间进行小分子营养物质和代谢产物的交换，但能阻止生物大分子的通过，精子在微囊中能保持活力（Roca等，2006a）。

Nebel等（1993）描述的微囊化程序如下：精子在室温中稀释后悬浮在藻酸钠溶液（sodium alginate solution）中，以喷雾的方式喷到高钙缓冲液中使稀释精液小滴固化，并在固体小滴周围形成半透膜。多胺类物质如硫酸精蛋白（protamine sulphate）、聚乙烯胺（polyvinylamine）或多聚L-赖氨酸（poly-L-lysine）都有很好的效果。固体周围形成半透膜后，与钙发生螯合反应，使微囊的凝胶核心恢复到液态。钡也可以代替钙，而且钡不会使精子提早获能（Torre等，2007）。

微囊技术在羊（Maxwell等，1996）、猪（Faustini等，2004）和牛（Vishwanath等，1997）的精液保存上已得到应用。精子从微囊中被释放出来至少需要24h，而在牛的精子释放时间可以延长到96h。初步的研究结果显示，微囊保存的精子具有较高的受精率，而且对于输精和排卵时间的要求没有其他保存方法严格（Torre等，2007）。目前，这一技术已广泛应用于保存其他细胞，在人工授精中的应用仍然有限。

31.4 性控精液

人工授精企业的长期目标一直是通过分选X和Y精子来控制后代性别，为此人们建立了许多方法试图达到这一目标，但大多数方法不现实或没有效果，而近年来建立的流式细胞仪则可以分选精子性别而用于商业生产。Seidel和Garner（2002）、Seidel（2007）和Garner（2006）等对性控精液技术的进展进行了综述性回顾。

根据细胞表面抗原分选精子也是一种很有吸引力的方法，采用这种方法可以对批量精液进行处理。但早期根据H-Y抗原和近期根据性特异性蛋白建立的分选方法均未能在实践中使用，这些方法的主要问题是相关基因在单倍体细胞的转录十分有限，而且在精子将要离开生精上皮的瞬间，精子之间仍存在有连接精细胞的细胞质桥。根据携带X或Y染色体的精子表面具有不同电荷的原理，建立的电泳法分离精子的成功率也不理想。

因此，最受关注的方法是以X、Y染色体DNA含量不同为原则对精子进行分选和分离。家畜携带X染色体的精子DNA含量比携带Y染色体的精子高4%左右，据此对精子进行性别鉴定时，可采用荧光染料使其与DNA结合，但不损害DNA。测定X和Y精子荧光染色的差异，据此分选精子（Johnson等，1987）。采用具有膜渗透作用、能特异性与DNA小沟上的A-T碱基对结合（Seidel和Garner，2002）的DNA染色剂苯并咪唑（bisbenzimidazole）Hoechst 33342进行染色（Garner，2006），再用可以渗入死细胞且最终阻止Hoechst 33342染色效应，但不能进入活细胞的食用色素FD&C#40进行再次染色，可以将死、活精子分开。然后再将着色的细胞通过流式细胞仪进行X和Y精子分选。

流式细胞仪在测定DNA含量之后将含有精液的液体呈小滴状喷出，大部分小滴中都只含有一个精子（还有一些小滴中没有精子，很少的一部分小滴中含有两个或多个精子）。在小滴离开喷头时使其带有电荷，因此携带Y染色体精子的小滴带负电，携带X染色体精子的小滴带正电，之后这些小滴通过电场，带正电荷的小滴（含X精子）向负极移动，带负电荷的小滴（含Y精子）向正极移动。有大约20%的X精子和20%的Y精子被成功分离，其余的精子为死精子或无法确认的精子。该过程见图31.3。

但是，分选过程十分缓慢，目前，1h只能分离出10个含2×10^6个活精子的人工授精剂量。此外，在分离过程中，一定数量的精子可能受到染色、激光、高压、电荷等引起的损伤。已有研究表明，分选的精子染色质异常明显增多（Bochenek等，2006），其原因可能还不是由于Hoechst 33342引起的基因突变。改变细胞分选过程中的操作条件可以降低整个过程中精子损失的水平（Schenk和Seidel，2007）。

分选精子可以经受冷冻保存，但由于分选的精子数量很少，因此需要采用特殊方式输精才能维持一定的妊娠率（见下）。也可通过体外受精来生产性别已知的胚胎（Wheeler等，2006）。但是，正如Garner（2006）所述，要使性别分离的精子在动物繁育中得到高效应用，还要进一步提高分选的速度和效率，同时还要改良人工授精技术。

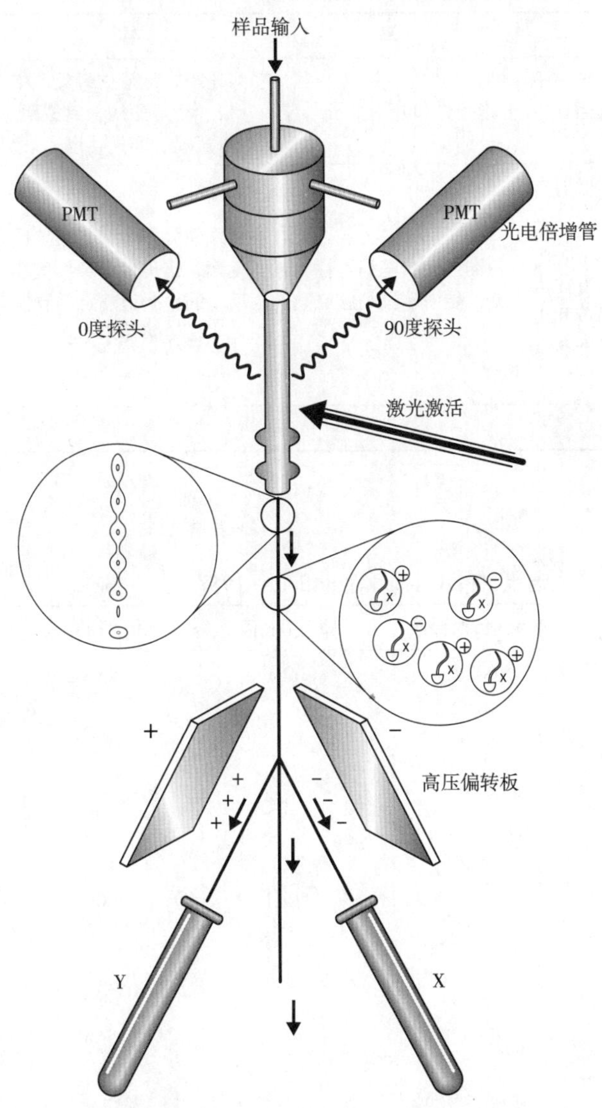

图31.3 流式细胞仪分离X、Y精子。
染色后，精子通过光电倍增管（PMT），从光电倍增管发出的电信号被送到计算机进行分析。随后液体被分成小滴，正电荷是被加载在含有Y染色体的精子上，负电荷加载在带有X染色体的精子上。这些精子在高电压电场移动时，被引导进入各自的收集管（Johnson和Welch，1999；Seidel和Garner，2002）

31.5 精液可能传播的疾病

许多传染性的病原可以通过精液进行传播。口蹄疫病毒可以通过精液在所有易感动物之间传播（Callis和McKercher，1980； Radostits等，2007）。近年，英国和大多数发达国家通过立法加强了人工授精过程可能造成口蹄疫传播的检疫。世界动物卫生组织（OIE；Lists A and B，OIE，2004）规定的牛、小型反刍动物、马和猪精液贸易需要管制的疾病见表31.1。

世界动物卫生组织还规定了人工授精中心使用的公畜在进行国际贸易时不能存在的许多疾病，一些进口国还在此基础上追加了一些疾病。比如用卵黄稀释的精液，要求精液和卵黄都来自无特定病原的畜群（SPF）。这些规定也适用于欧盟内部的精液贸易。

31.6 牛的人工授精

31.6.1 精液的采集和保存

一般采用假阴道法采集精液，偶尔也用电刺激法采精（参见第30章）。在评定了精子的活力、密度和形态后，依精液的用途选用稀释液，并稀释成输精所需要的剂量。稀释的程度及稀释液的选择取决于其用途，大多数精液需要冷冻保存，有时也通过简单的稀释后降温至4℃以下备用。新西兰奶牛传染病发病率低、季节性繁殖明显，常使用室温下稀释保存的精液。

对冷冻保存，或在4℃使用的精液，可先将精液用卵黄或脱脂乳稀释液稀释（表31.2列出了一些广泛应用的稀释液；Salisbury等，1978；

Vishwanath和Shannon，2000），这种稀释液应含有抗生素以防止细菌污染，之后将精液冷却到4℃。如果要在4℃条件下使用，则应评价精子活力，之后投入使用。如果精液要进行冷冻保存，则还需要加入甘油，然后将精液制备成0.25ml或0.5ml 的小滴，或装入0.5ml或1.0ml玻璃安瓿中，平衡1～4h。最初认为这段平衡时间是为确保甘油能渗入精子，最近的研究发现甘油渗入精子的速度其实非常快，长时间的平衡可以增加细胞膜在低温环境下的稳定性（Watson，1979）。之后，精液在液氮熏蒸或在程序化冷冻仪中冻结，并在液氮中保存直到解冻使用。曾经使用酒精和干冰进行精液冷冻的方法现已基本废弃。

牛采用子宫内输精，使用低剂量的精子就可以获

表 31.1 世界动物卫生组织（OIE）要求控制通过精液传播的疾病

	牛	绵羊和山羊	马	猪
OIE规定的A类疾病	口蹄疫，疱疹性口炎，牛瘟，蓝舌病，结节性疹	口蹄疫，疱疹性口炎，牛疫，蓝舌病，小反刍兽疫（绵羊和山羊）	疱疹性口炎，非洲马疫	口蹄疫，疱疹性口炎，牛疫，猪疱疹病，典型猪瘟、非洲猪瘟
OIE规定的B类疾病	钩端螺旋体病，副结核（副结核性肠炎），牛布鲁氏菌病，肺结核，牛弯杆菌性病，毛滴虫病，地方性牛白细胞增生病，牛Ⅰ型疱疹病毒，牛传染性胸膜肺炎	钩端螺旋体病，副结核（副结核性肠炎），绵/山羊布鲁氏菌病，绵羊布鲁氏菌病，羊地方性流产，羊瘙痒症（绵羊和山羊），绵/山羊痘，羊传染性胸膜肺炎	马锥虫病，马病毒性动脉炎，委内瑞拉马脑脊髓炎	钩端螺旋体病，猪布鲁氏菌病，传染性肠炎，奥耶斯基病，肠道病毒脑脊髓炎（猪捷申病）
其他疾病	牛病毒性腹泻病毒			

表31.2 牛冻精稀释液（引自J. Wilmington，个人通讯；Parkinson和Whitfield，1987）

成分（g或ml/L）	脱脂奶	卵黄柠檬酸	Reading稀释液	卵黄Tris液	荷兰稀释液
卵黄	100ml	200ml	200ml	200ml	200ml
UHT脱脂牛奶	870ml				
果糖	12.5				
乳糖		82.8			
2.9%柠檬酸钠稀释液*		770ml			
Tris 缓冲液				800ml[†]	800ml[‡]
水合柠檬酸					
柠檬酸-HCO_3缓冲液（c）					753ml
甘油			47ml		47ml
第一步	30ml	30ml		无	
第二步	110ml	110ml		140ml	
抗生素			通常用1 000IU青霉素 +1 000 μg链霉素		

*二氢三钠柠檬酸。

[†]30.28g Tris液，17.30g/L 水合柠檬酸。

[‡]31.5g Tris液，12.3g/L 水合柠檬酸。

在30～37℃中加入第一步稀释液，然后将精液降温至4℃；在4℃时加入第二步稀释液。一步稀释只在30～37℃时加入单一的稀释液，然后将精液降温至4℃（Salisbury等，1978；Parkinson和Whitfield，1987；Vishwanath和Shannon，2000）。

得较高的受胎率。通常一次输精剂量需（10～25）×10^6个精子，一般认为解冻后精子存活数达到（6～7）×10^6个是取得较为满意受胎率所需要的最小精子量（Milk Marketing Board，1967；Sullivan和Elliot，1968）。使用未冷冻的精液，达到相同繁殖力，所需的精子数量要少得多（Salisbury和VanDemark，1961）。

许多国家为了预防口蹄疫病毒的污染，禁止使用室温稀释保存的精液。但是，对于室温稀释保存的精液，一次输精只需要不超过2.5×10^6个精子，远比冷冻精液一次输精需要（10～25）×10^6个精子少，因此室温稀释保存的精液仍具有其优点（Shannon等，1984）。最初采用的室温稀释保存精液用IVT稀释液（Salibury和VanDemark，1961；Melrose，1962），但现在多使用CUE和Caprogen稀释液（Shannon，1965：表31.3）。随后对稀释液又进行了改进，目前采用的稀释保存的精液，可以维持精子有较高活力并保证一定受胎率的时间可长达5d，而且一次输精只需要（0.5～2.5）×10^6个精子。

表 31.3　用于牛室温稀释保存的稀释剂
（Shannon，1965；Shannon和Curson，1982；Vishwanath和Shannon，2000）

基础稀释液（g/L）	康乃尔大学稀释液	Caprogen 稀释液
柠檬酸钠	14.5	20
柠檬酸	0.87	
碳酸氢钠	2.1	
甘氨酸	20	10
甘油		12.5
葡萄糖	3	3
氯化钾	0.4	
己酸酰胺酸		0.3125
稀释液的准备		
基础稀释液	80%	80%
卵黄	20%	20%
氮气		5℃充气20min
过氧化氢酶		4.5mg/L

31.6.2　输精

输精前打开液氮罐，确定盛冻精细管的容器位于罐颈内，从液氮罐中选出所需的细管（图.31.4A）。在将细管放入解冻液之前，拭去细管末端残留的液氮（图.31.4B）。将解冻后的细管擦干，再次确定细管上标记的精液来源，将细管装入输精管（图.31.4C）。解冻后，温度的控制非常重要，原则上解冻后精液温度不能低于解冻时的温

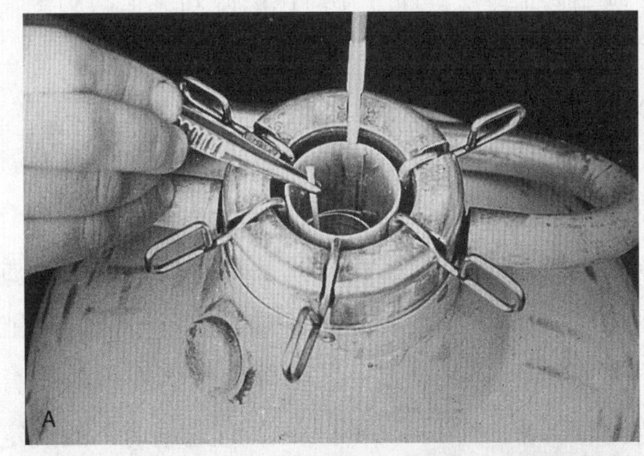

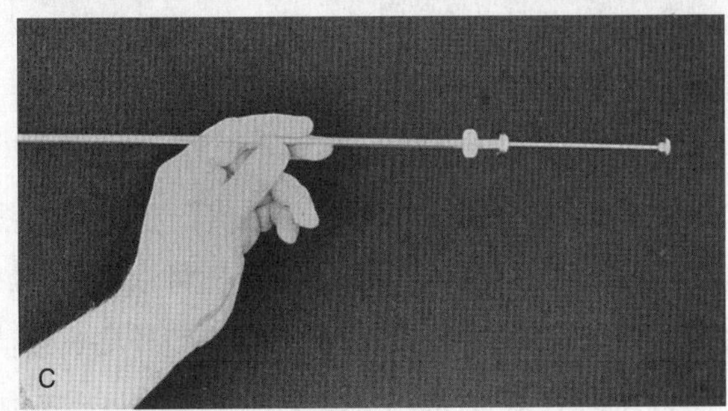

图31.4　输精前牛冻精的处理
A. 将冷冻精液从液氮罐中取出。盛放细管的小罐不应高出液氮罐颈部　B. 解冻。在确定精液系谱后，进行解冻。解冻水温并未严格规定，通常在37℃下解冻10s　C. 然后将细管放置于输精管中，套上塑料外套，准备输精。注意解冻后的精液不能再被冷却

度。因此，应根据输精员操作熟练程度和环境温度，决定一次解冻的细管数量，一般每次解冻少量细管。

31.6.2.1 输精时间的确定

奶牛在发情结束后约12h排卵，理想的输精时间是排卵前的6～24h（Roberts，1986）。发情开始后不同时间输精，从输精后奶牛受胎率的观察结果（表31.2A），人们总结出“上午-下午”规则，即，早上第一次观察到发情的奶牛，当天下午输精（或当天上午）；下午第一次观察到发情的奶牛，第二天早上输精（Olds和Sheath，1954；Foote，1979）。

事实上，最佳输精时间的确定受多种因素影响。发情期早期输精，精子在母畜生殖道内活力受到影响，受精率不高，但卵子受精后可产生高质量的胚胎；发情晚期输精时，虽然精子活力可能不受影响，但由于卵子老化可能影响胚胎的发育（Saacke等，2000）。因此，最佳输精时间的确定应综合考虑精子和卵子的成熟程度（图31.2B）。但是，精子和卵子的老化过程还受发情持续时间和发情到排卵间隔时间的影响（参见第22章），精液保存过程对精子的影响程度也明显影响这些过程，而且精液的保存还会影响到精子的顶体反应和其在母畜生殖道中的活力。

31.6.2.2 输精部位

31.6.2.2.1 *标准输精方法*

牛输精时是将精液输入到较短的子宫体。标准操作方法是用左手通过直肠把握子宫颈，用右手将装有细管精液的输精器伸入阴道（图31.4C；图31.5A），穿过子宫颈。掌握这种直肠把握输精法需要经过训练。直肠内手臂向下用力可以使外阴唇张开；向前推子宫颈，可使阴道黏膜的环状皱襞消失。输精管开始以30°角向上进入，避免插入尿道口，然后再水平向前直达子宫颈外口。左手在子宫颈外口处挤压阴道前端，使阴道穹窿消失（图31.5B），利于输精管插入子宫颈。进入子宫颈外口时，伴有阻塞样的感觉。通过直肠壁控制子宫颈以使导管穿过子宫颈的螺旋状管腔。将直肠内一根手指放在子宫颈内口上方，以感觉输精管尖是否进入子宫颈管（图31.5C）。确定输精管深入子宫颈腔后就可以向子宫内注入精液；输精管尖端不必深入子宫体。按此方式注入的精液会被均匀地分配到两个子宫角（图31.5D，图31.6）。若输精管继续深入子宫，有可能导致精液注入非排卵侧子宫角或者输精管尖端损伤子宫内膜，这些错误操作将严重影响繁殖率。

突然移动输精器很容易使输精管尖端穿透脆弱的子宫壁（图31.7D），因此输精时右手必须稳定把握输精器，不要向前猛推。输精时最常见的错误是左手扭转子宫颈，导致一侧子宫角闭合（图31.7A）。另外一个问题是，输入精液时输精器缩回，导致部分精液输入到子宫颈管内（图31.7B）。输精器很难穿过处女牛发情期的子宫颈，而在发情周期的其他时期，根本不可能穿过子宫颈。没有经验的输精员通常只能将精液输入子宫颈管的尾部（图31.7C）。而经产母牛发情周期的各个时期和妊娠早期，输精管穿过子宫颈管都不是十分困难，因此在输精前确定母牛是否妊娠是非常必要的，输精管损伤胎膜可导致流产，不卫生的输精也可引发妊娠子宫发生感染。

31.6.2.2.2 *其他输精部位*

虽然传统的输精方法是不将精液输入子宫深部，这样可以提高受胎率（Senger等，1988；Dalton等，1999），但并非所有的研究都支持这一结论（McKenna等，1990），因此在实践中也并未完全采用这种输精方法。

据报道，单侧子宫角输精也可以提高受胎率。采用这一技术需要事前触诊卵巢，确定排卵侧的子宫角，还需要掌握技术，保证输精管能插入排卵侧子宫角距宫管结合部2cm左右处。虽然有研究发现这种输精方法可以提高受胎率（Pallares等，1986；Lopez-Gatius和Camon-Urgel，1988），但也有人持否定态度（Hawk和Tanabe，1986；Momont等，1989）。

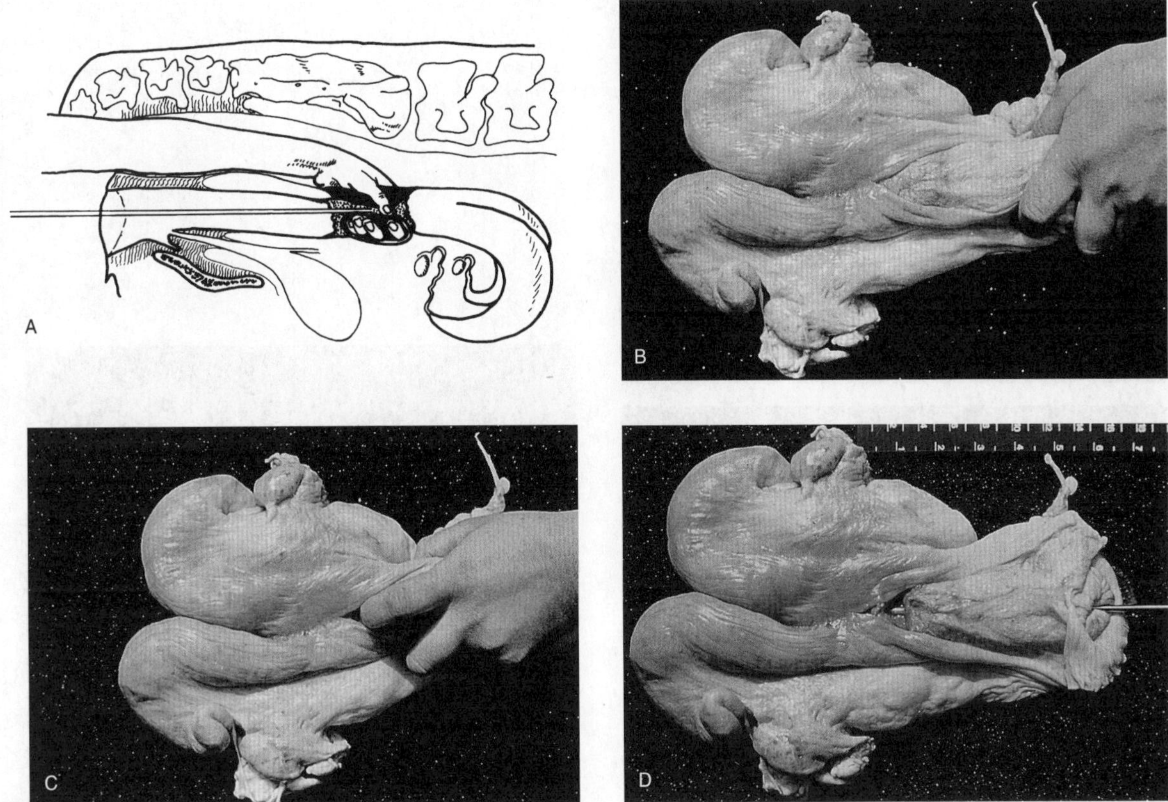

图31.5 直肠把握输精法

A. 常用输精方法（仿绘于Salisbury等，1978） B. 用手把握子宫颈以消除阴道穹窿，帮助输精器进入子宫颈外口（显示子宫部分切面） C. 握住子宫颈以使输精器穿过弯曲的宫颈腔。图中显示用食指轻轻地压在子宫颈管内口以感觉穿过子宫颈管的输精管管尖 D. 输精部位。图中显示输精时输精管尖端进入子宫体不得超过0.5cm。

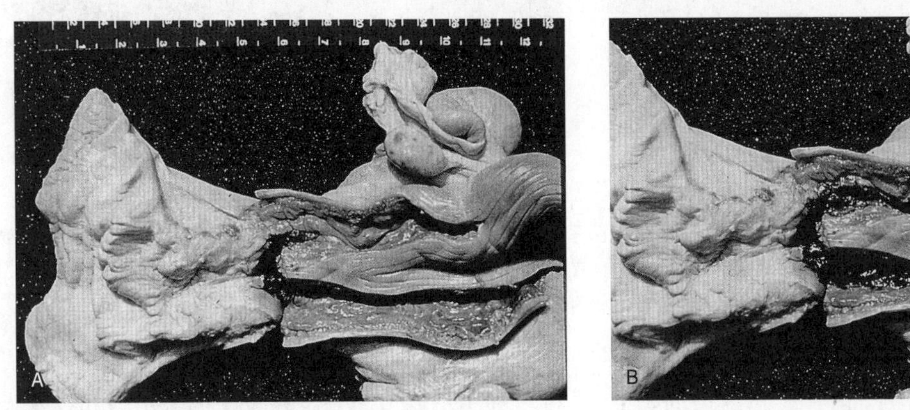

图31.6 A，B 输精后精液在奶牛子宫内的分布

将深色的染料输入子宫体内，使其均匀分布于两侧子宫角。输精员如果没有触摸过子宫和卵巢，就不知道哪一侧卵巢将排卵，只能使精液均匀到达两侧子宫角

虽然田间试验结果尚不清楚，但有人建议采用深部子宫内输精，尤其是在精子保存效果不好或使用性控精液时（Hunter，2000； Lopez-Gatius，2000）。

31.6.2.3 人工授精的管理

牛的输精一般由人工授精站或农场雇佣的技术人员承担。

奶牛人工授精的生育力一般通过记录第一次配

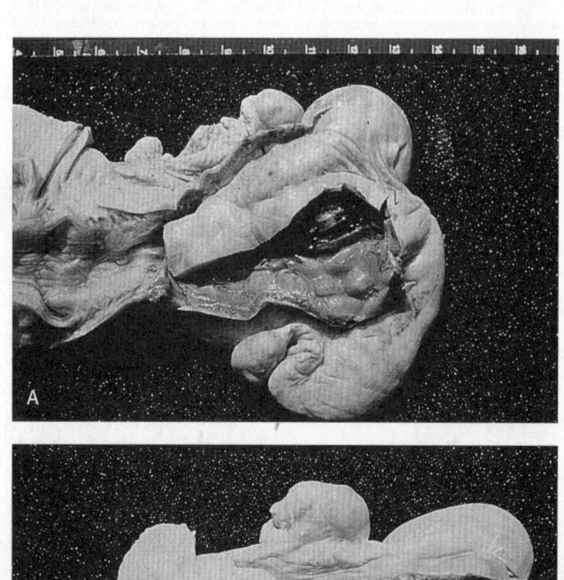
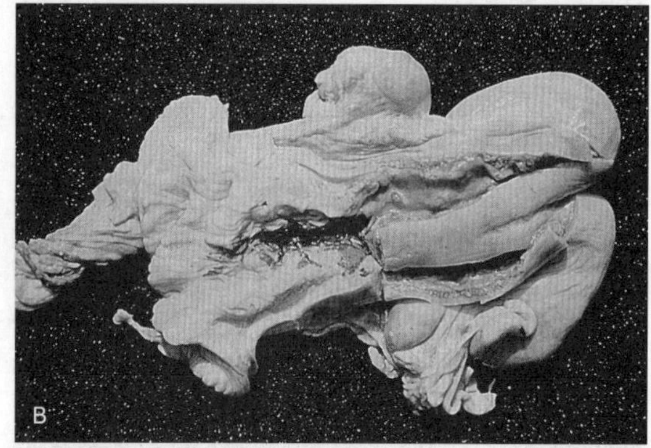
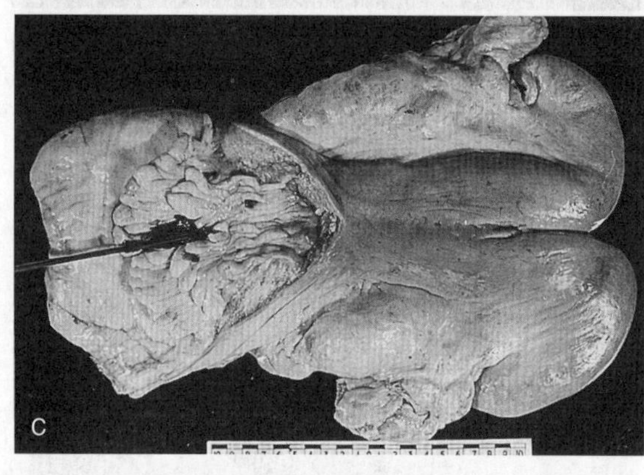
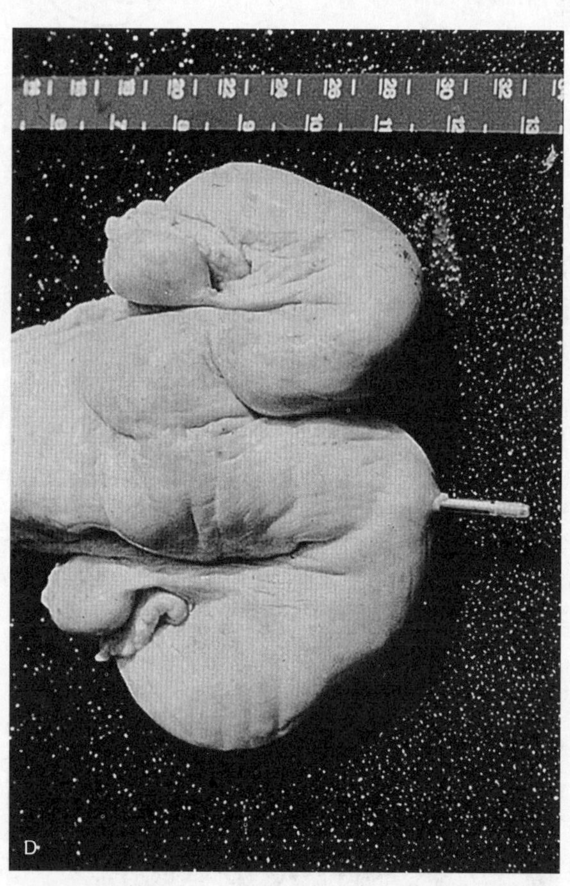

图31.7 输精方法不当时染料在奶牛生殖道中的分布

A. 在输精时子宫扭曲，一侧子宫角封闭，染料只出现于一侧子宫角，通常是右侧子宫角 B. 输精时输精管退入子宫颈，部分染料进入子宫体，但仍有相当部分的染料滞留于子宫颈管腔 C. 输精管未能穿过子宫颈，染料滞留在子宫颈管腔中 D. 深部输精时，对输精管在子宫内运行掌握不当，输精管尖端穿透子宫角

种后返情复配的比例来监测。其中，不返情的奶牛比例与实际妊娠的比例间存在密切关系，可以据此判断人工授精的效率（Salicbury等，1987）。以此获得的非返情率（non-return rate，NRR）估测产犊率时通常过高，但其间有一个较固定的比值，这一比例的高低取决于初次输精后到发情复配的间隔期。NRR常用来判断牛的产犊性能，特别是用于判定产犊能力低于平均水平的奶牛。人工授精中心也可以利用不返情率判定种公牛的繁殖力和技术人员人工授精的水平。配种效果持续低下的公牛应该淘汰；操作水平低于平均水平的技术人员应重新进行培训，或者限制他们的工作范围，直至其技术提高到一定水平。

农场的工作人员也可以通过培训掌握人工授精技术，许多国家允许农工输精员对自己的奶牛进行人工授精。鼓励农民对自己的家畜进行人工授精有两方面的好处：第一，节省人工授精的开支；第二，可以更好地根据排卵时间把握输精，以提高受胎率。Morton（2000）对农工输精人员和人工授精中心的技术人员的输精结果进行比较，发现农工输精人员输精的受胎率较专业技术人员低3%（分别为45%与48%）。其中，13%的农工输精人员输精的受胎率比专业人员高出5%，45%的农工输精人员输精的受胎率比后者低5%以上，12%的农工输精人员输精受胎率低于专业人员15%以上。

事实上，输精人员有充分的练习时间，而且拥有大型牧场能够获得大量练习的机会，经过良好培训和积极学习，可以很好掌握这门技术；对于将人工授精作为副业，或者没有充足练习机会的农民输精人员，其技术不及前者。人工授精技术差将严重影响奶牛受胎率。

31.6.3　传染性疾病的控制

许多疾病可以通过牛精液来传播（表31.1），而人工授精技术人员因在农场之间的流动，也能成为带菌者传播疾病。因此，对国内交易中精液的健康水平必须要有法律规定，牛精液的国际贸易主要按OIE的要求和建议执行，同时也应对输精人员有相应的卫生要求。OIE要求专门控制的疾病见表31.4。

大多数严重的牛病毒性疾病（口蹄疫、牛瘟等）均可能通过人工授精传播。多年来有关牛人工授精的法律条文都是以主要防止这些疾病的传染为基础。一些相对不太严重的疾病，例如：传染性牛鼻气管炎–传染性化脓性阴门阴道炎（infectious bovine rhinotracheitis–infectious pustular vulvovaginitis，IBR–IPV）也可以通过人工授精的方式传播（Chapman等，1979； Kahrs等，1980）。最近发现牛精液中存在牛病毒性腹泻（bovine viral diarrhoea，BVD）病毒，可能导致人工授精母牛早期胚胎死亡和流产（Grahn等，1984），还可造成出生后代持续带毒（Barlow等，1986）。人工授精站还需要考虑一些没有被列入B类疾病的其他病毒性疾病，包括：赤羽病（Akabane）、一日热（ephemeral fever）、牛免疫缺陷病毒（bovine immunodeficiency virus）等。Thibier和Guerin（2000）对研究文献进行综述后提出，在精液中尚未检测到赤羽病病毒，但公牛精液中可能存在有一日热和牛免疫缺陷病病毒，但尚未证明这些病毒可以通过人工授精的方式传播。目前还没有实例证明引起疯牛病的朊病毒（bovine spongiform encephalopathy，BSE）可以通过精液传播（Wrathall，1997）。

许多细菌性疾病可以通过精液传播，如：肺结核、布鲁氏菌病、细螺旋体病等（Roberts，1986）。睡眠嗜组织菌（*Histophilus somni*）、致病性支原体和差异脲原体（*Ureaplasma diversum*）也可能存在于精液中（Humphrey等，1982）。更重要的是，典型的牛性病病原体胎儿三毛滴虫（*T. fetus*）和胎儿弯杆菌性病亚种（*C. fetus* subsp.

表31.4　OIE规定对人工授精中使用的种公畜需要进行检疫的疫病（OIE，2008）

牛	绵羊与山羊	猪
牛布鲁氏菌病	山羊和绵羊布鲁氏菌病	牛结核病
牛肺结核	绵羊附睾炎	布鲁氏流产
牛病毒性腹泻	传染性无乳症	猪布鲁氏菌病
牛Ⅰ型疱疹	小反刍兽疫	猪水疱病
蓝舌病	副结核	非洲猪瘟
胎儿弯杆菌性病亚种	痒病	肠病毒脑脊髓炎
胎儿三毛滴虫病	梅迪–维斯纳病（Maedi–visna），山羊关节炎/脑炎，蓝舌病，肺结核，边界病、山羊传染性胸膜炎	

fetus）也可通过人工授精传播。因此对这两种病原微生物的控制是牛人工授精法律条款所应考虑的第二个重要方面。

另外三种情况也值得特别注意。首先，虽然牛地方性白细胞组织增生（enzootic bovine leukosis，EBL）病毒不能通过人工授精传播（Radostits等，2007），但应淘汰感染此病毒的种公牛；第二，一般认为蓝舌病病毒感染只引起感染牛出现临床症状（Radostits等，2007），但是羊感染此病毒后引发的后果很严重，所以在大多数养羊业比较发达的国家，感染此病毒的种公牛的精液也不应用于人工授精（Bowen和Howard，1984）；第三，副结肠炎（Johne' s disease）临床及亚临床感染的公牛其精液可能感染有本病病原，因此本病也属于控制之列。

对奶牛来说，主要基于以下三种策略控制这些疾病。通过血清学方法可以检测的疾病，如布鲁氏菌病、IBR、EBL和Q热等，应从人工授精种公牛中剔除血清学阳性公牛；同样应剔除结核杆菌检测阳性的公牛以控制结核病；钩端螺旋体（*Leptospira* spp.）在精液冷冻解冻过程中可以被杀灭；精液中加入抗生素可以杀灭部分病原菌（包括胎儿弯杆菌亚种）和其他由阴茎或包皮带来的污染菌。抗生素也可用于控制各种支原体和脲原体。最后一个也是最有效的控制疾病的方法是在精液采集后对精液进行检疫。精液冷冻后将其置于容器中保存28d，如果在此期间采精的种公牛发生任何疾病，则将这些精液销毁；如果公牛未发病，则将冷冻精液投放使用。

31.7 绵羊的人工授精

Evans和Maxwell（1987），Chemineau等（1991）全面综述了绵羊的人工授精。因为母羊的发情在没有公羊存在时征状表现不明显，而且输精操作不如牛简单，精液的冷冻保存也不易，所以与牛相比，实施绵羊人工授精相对较为困难。虽然东欧、南美和澳大利亚绵羊人工授精广泛用于绵羊的繁育计划，但仍不及西欧和北美普遍，主要原因是与自然交配相比，绵羊的处理和人工授精成本较高。

母羊一般只有在有公羊存在时才表现发情行为，因此为了确定输精时间，需要人工控制发情开始的时间或利用公羊进行发情鉴定。可以采用药物处理诱导同期发情，以确定母羊的可受配期；也可以用繁殖功能受损或结扎输精管的公羊试情。绵羊的人工授精投入较高，如饲养公羊、购买药品（以及药物的管理）、控制母羊同期发情、人工授精操作等，因此在决定是否采用人工授精时，在考虑人工授精使绵羊胴体和羊毛品质提高带来经济利益的同时，还应考虑人工授精可能产生的成本，仔细考虑投入产出比后再做决定。

但是，限制绵羊人工授精最重要的因素是输精方法。由于母羊子宫颈弯曲，很难直接将精液输入子宫内。由于子宫颈内输精的受胎率和产羔率都低于自然交配，因此有人设计了一些绕过子宫颈管进行人工授精的方法。这些方法在繁殖率、技术难度和受精所需精子量等重要经济效益性状方面成功率各不相同。目前广泛使用的技术有：阴道内人工授精、子宫颈管内人工授精、经子宫颈子宫内输精和腹腔镜子宫内人工授精（见下）。

31.7.1 精液的采集和保存

绵羊可采用假阴道或电刺激采精（参见第30章），常规检查精子活力和密度。绵羊一次射精量小，直接输精很难控制输入的精子量，通常先对精液用简单稀释液进行稀释后输精。稀释的比例、最终输入的精子量以及精子浓度取决于输精方式、是否在母羊自然的繁殖季节输精或是在季节外诱导发情时输精以及精液从采集到输精期间的保存方式（直接输精、冷藏精液或冷冻精液）等。建议使用的精子量和输精量见表31.5。

31.7.1.1 液态精液

通常使用的非冷冻精液的稀释液为柠檬酸盐或Tris缓冲液，加上卵黄或者牛奶（表31.6）。牛奶需经脱脂或者高温处理，高温处理的目的是破坏其中对精子有杀灭作用的乳烃素（lactenin）。

表31.5 绵羊不同部位输精所需最小活精子量（Evans和Maxwell，1987；Usboko，1995；Shipley等，2007）

输精部位	活精子数（$\times 10^6$）			输精体积	浓度（$\times 10^6$/ml）
	鲜精	稀释精液	冻精		
阴道内输精	300	400		0.3 ~ 0.5ml	2 000
子宫颈内输精	100	150	180	0.05 ~ 0.2ml	1 000
经子宫颈子宫内输精		60		0.1 ~ 0.5ml	200 ~ 400
腹腔镜子宫内输精	20	20	20	0.05 ~ 0.10ml	400 ~ 800

表31.6 绵羊精液5 ~ 15℃稀释保存常用稀释液（Evans和Maxwell，2000）

成分（g/L）	Tris稀释液	卵黄柠檬酸盐	脱脂奶粉
Tris	36.3		
果糖	5.0		
葡萄糖		5.0	10.0*
柠檬酸	19.9		
柠檬酸钠		23.7	
脱脂奶粉			90.0
卵黄（ml/L）	140	150	50.0
抗生素	1 000IU青霉素和1 000ug链霉素/ml		

*由Feredean等（1967）推荐向基础脱脂奶稀释液添加的配比方案。

精液稀释后降温到15℃或4℃保存备用。精液应在采集后8h内使用，此后受精能力逐渐下降（Chemineau等，1991），24h后使用产羔率可降低30%（Maxwell和Salamon，1993）。

31.7.1.2 冷冻保存

尽管使用简单的稀释液可以在短期内保持精子的活力，但长时间保存则需要冷冻。由于冷冻保存可使绵羊精子严重受损，所以绵羊精液的冷冻保存存在一定的困难。冷冻保存的绵羊精液不宜用于阴道内输精，虽然可进行子宫颈输精，但生育力仍相对较低。

冻精宫颈内输精也有许多问题，主要是在子宫颈内输入一定量的冻精时，要求其要含有足够量的精子（总精子量要达到$1.5\times10^8 \sim 2.0\times10^8$，Salamon和Robinson，1962；Langford和Marxus，1982）。由于子宫颈腔的解剖特点，输入的精液量不能超过0.25ml（Ecans和Maxwell，1987），因此稀释比例应限制在 1∶1 ~ 1∶4之间。但由于稀释液的总量受到限制，其所能提供的保护不足以抵抗冷休克和冻害（Miller，1986），冷冻 - 解冻后仅有中等数量的精子具有功能。

子宫内输精时所需精子数量较少，可以适当提高稀释倍数，因此更适合于冷冻保存精液。由于精液直接输入子宫，因此精子活力可以低于子宫颈内输精，而受胎率可与同期发情后的自然配种相当（Davis等，1984）。

31.7.1.2.1 稀释液

早期采用的稀释液以柠檬酸盐、卵黄、葡萄糖和果糖等单糖和牛奶为基础，其他冷冻稀释液主要由二糖（如乳糖）、三糖（如棉子糖），多糖复合物（阿拉伯胶）或者其他复合分子（如聚乙烯吡咯烷酮，polyvinylpyrrolidone，PVP）组成。甘油的浓度受到稀释液中其他成分如卵黄和糖类含量的影响，适宜浓度在4% ~ 6%之间（Salamon和Maxwell，2000）。早期研究表明，甘油在5℃添加或者分步添加较为适宜，但目前在实践中通常在大约30℃时添加。虽然许多稀释液成功用于商业和研究实践，但目前广泛使用的两种稀释液是Tris-柠檬酸-卵黄液（Salamon和Viss，1972）和Tris-柠檬酸-果糖-卵黄液（Shipley等，2007，表31.7）。

表31.7 用于冷冻保存的绵羊精液稀释液（Evans和Maxwell，1987；Shipley等，2007）

成分	Tris-果糖	Tris-柠檬酸盐-果糖
基础稀释液		
Tris（g/L）	36.3	24.4
果糖（g/L）		10.0
葡萄糖（g/L）	5.0	
柠檬酸钠（g/L）	19.9	13.6
甘油（ml/L）	50.0	64.0
预备稀释液		
基础稀释液	85%	80%
卵黄	15%	20%

用于宫颈内输精的精液在低倍稀释时存在许多问题，但Salamon已通过如下方法将问题解决，（Evans和Maxwell，1987），即在制备冻精时，应先将高浓度的稀释液按1：1～1：4的比例进行稀释，然后将稀释后的稀释液用于冻精的制备，从而优化稀释液与精清的体积比，有效提高精液的稀释倍数，避免精液在低倍稀释时存在的问题。Chemineau等（1991）使用不同比例的两种稀释液（卵黄-乳糖稀释液和甘油脱脂奶稀释液），按最终稀释比例进行调整，同样也能解决该问题。

近来人们对制备冻精时加入精清能否改进精子对冷冻保存的反应进行了研究。Maxwell等（2007）认为，加入精清能提高解冻后细胞膜的完整性和精子的活力。精清中的低分子蛋白[（15～25）×10^3]与这些作用有关，其中最重要的成分可能是精子黏附蛋白（spermadhesin protein）。但目前在生产实际中尚未在制备冻精时加入精清。

31.7.1.2.2 *冷冻程序*

精液稀释后缓慢从30℃降到5℃，如果快速降到5℃将导致精子存活率降低（Fiser和Fairfull，1986）。因此，将精液冷却到5℃一般需要1.5～2h，Shipley等（2007）推荐最好用水浴冷却降温。在冷却过程中，精子会与甘油逐步达到平衡，因此可在干冰表面制备颗粒冻精（Salamon，1971），或用液氮熏蒸制备片状冻精（paillettes）（Fiser和Fairfull，1984）。冷冻后不同公羊精子的成活率差异很大，有的公羊精液不能耐受冷冻过程。

冻精颗粒可在水中解冻，通常解冻温度为35～40℃。片状冻精可以放入干燥试管中在水浴中解冻，也可在预热的解冻液中溶解。建议将颗粒冻精在40℃解冻，并保存在30℃水浴中备用（Shipley等，2007）。

31.7.2 输精

31.7.2.1 阴道内输精

阴道内输精时将精液输入到阴道前端而无需寻找子宫颈。这种方法对技术熟练程度和对羊的处理要求最低。但要求每次输入的精子数量大，冻精不适合采用这种方法。用药物处理诱导同期发情后进行阴道内输精，受胎率也低，因此阴道内输精最适合于自然繁殖季节鉴定到发情后输精，最佳输精时间为排卵前及发情开始后12～18h（Evans和Maxwell，1987）。母羊每天检查2次，优化最佳输精时间，可以保证达到最高受胎率。

31.7.2.2 子宫颈输精

子宫颈输精时先清洗母羊会阴部，抬起母羊后躯，用鸭嘴式开膣器扩张阴道，找到子宫颈（如图31.8），将输精管尽可能插入子宫颈，一般要求插入深度为0～2cm。

子宫颈输精的受胎率与输精管插入深度和输精人员的技术熟练程度密切相关（表31.8，Evans和Maxwell，1987）。即使采用药物处理诱导母羊同期发情，采用这种方法将未经冷冻的精液输入子宫颈，也能获得较高的受胎率（Chemineau等，1991）。输精最佳时间是在移除孕酮阴道栓后（55±1）h，或者是在鉴定到发情开始后的

15~17h。即使用大量的冷冻保存精液进行宫颈内输精，受胎率也低于自然配种或者使用新鲜精液输精（Colas，1979）。在母羊繁殖季节使用这种方法输精受胎率一般为65%~80%，在非繁殖季节输精时受胎率更低。

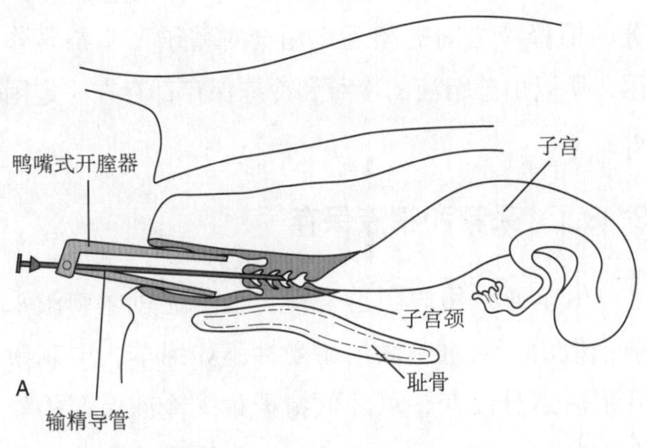

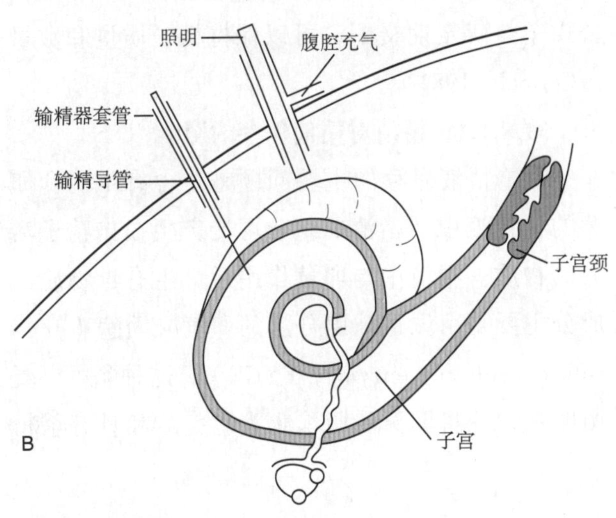

图31.8 羊的人工授精
A. 宫颈内输精 B. 腹腔镜监测下子宫内输精

31.7.2.3 腹腔镜子宫内输精

直接进行腹腔镜子宫内输精（图31.8B）克服了阴道输精和子宫颈输精存在的问题。操作时母羊镇静后保定在支架上，紧挨乳房插入腹腔镜，腹腔CO_2充气，确定子宫位置，经过腹腔套管将精液注入子宫腔（Killeenn和Caffery，1982）。注入精液时可采用简单的移液管（Evans和Maxwell，1987），也可以使用特殊输精设备（Chemineau等，1991）。对同期发情的母羊，输精的最佳时间为孕酮栓撤除后48~65h，若超过72h，母羊受胎率会大大降低（Salamon和Maxwell，2000）。由于精液直接进入子宫腔而无需通过子宫颈，因此用这种方法输入冷冻精液的受胎率比子宫颈内输精高。但是，腹腔镜子宫内输精对技术要求高，而且还涉及母羊的福利问题。

腹腔镜子宫内输精技术的进展无疑是近年来绵羊人工授精技术中最重要的进展，这种方法解决了很多传统输精方法中遇到的问题（Haresign等，1986）。腹腔镜子宫内输精每次输入精子数相对较少，而且精液体积可以相对较大，允许更高倍数的稀释，因而有利于精液的保存。这种输精方法不仅使母羊的受胎率接近自然配种，而且胚胎的死亡率也较低，还可扩大种公羊可配种母羊数和延长精液保存时间，有利于开展公羊后裔测定。目前，此法已经被许多养羊大国所采用（Haresigh，1992）。

31.7.2.4 穿过子宫颈输精

人们试图穿过子宫颈管直接将精液输入子宫内的方法近年来也有明显进展。这种方法需要用钳子固定子宫颈，输精管尽可能穿入子宫颈腔，然后输入精液。这种方法与传统的子宫颈管内输精相比，

表31.8 产羔率（%）与子宫颈输精深度的关系（Evans和Maxwell，1987）

一次输精精子数（$\times10^6$）	输精部位		
	子宫颈入口褶	宫颈内1cm处	宫颈内超过1cm处
400（未稀释）	50	68.8	71.4
100（稀释）	43.8	66.7	71.4
50（稀释）	25.7	60.7	66.7

虽然有较高的受胎率（Souza等，1994），但由于子宫颈管收缩，输精管穿过时会产生不同程度的损害（Usboko，1995；Campbell等，1996）。随着这一方法的不断完善，它的应用将更为广泛，但目前其应用程度不如腹腔镜子宫内输精。

31.7.2.5 人工授精的受胎率

无论母羊是自然发情还是同期发情，无论使用鲜精还是冻精，输精后的受胎率取决于输精途径和输精时间（表31.9），也取决于母羊的饲养管理和人工授精人员的技术水平。

31.7.3 传染性疾病的控制

OIE列出的可通过精液传播的绵羊和山羊传染性疾病见表32.4（原文错误，应为表31.4，译者注）。马耳他布鲁氏菌（*Brucella melitensis*）和流产布鲁氏菌（*B. abortus*）均可通过精液传播，引起绵羊附睾炎。多形性革兰氏阴性菌可进入精液，羊布鲁氏杆菌（*B. ovis*）也可随精液传播。其他需要控制供精种羊的疾病包括梅迪-维斯纳病、山羊关节炎脑炎病毒、山羊和绵羊痘等，但目前还没有充足的证据表明这些疾病可通过精液传播（Thibier和Guerin，2000），也没有证据表明引起痒病的朊病毒可通过精液传播（Wrathall，1997）。

31.8 山羊的人工授精

山羊的人工授精与绵羊相似，但通过子宫颈管实施子宫内输精比绵羊容易。其次，有公山羊存在时母羊的发情鉴定（即使在同情发情后）更为有效，即使没有公羊也可进行山羊的发情鉴定（Nuti，2007）。因此，在商业和生产实践中，山羊的人工授精更容易推广。例如在法国，20世纪80年代采用人工授精的山羊数量增加了4倍（Chemineau等，1991）。由于精清与富含牛奶/卵黄的稀释液之间的相互作用会对精子产生毒害作用，所以山羊精液的冷藏和冷冻保存都存在一定困难。

31.8.1 采精和精液保存

山羊通常用假阴道采精，也可通过电刺激采精，但山羊对电刺激的耐受性不如绵羊，电刺激后精清组分改变，可降低精子耐受冷冻保存的能力（Leboeuf等，2000）。公山羊是季节性繁殖的动物，春夏两季精子质量和数量降低，如果让公山羊全年定期交配，可以保持精子质量和数量（Corteel，1981）。

31.8.1.1 精清对精液保存的影响

山羊精液保存的主要问题是在含有牛奶和卵黄的稀释液中，精清的组分可能产生损伤精子活力的物质。精清中与卵黄作用后产生有毒物质的成分主要是由尿道球腺分泌的卵黄凝固酶（egg-yolk coagulating enzyme，EYCE），这种酶可以凝结卵黄，并将卵黄磷脂水解为脂肪酸和具有杀精

表31.9 不同输精途径、使用鲜精或冻精所得产羔率（Shipley等，2007）

输精位置	精液	运动精子数量	产羔率（%）
阴道内	鲜精 冻精	400×10^6	20～60 5～20
子宫颈管内	鲜精		40～80
同期发情	冻精	200×10^6	25～40
自然发情	冻精		30～60
腹腔镜子宫内	鲜精 冻精	20×10^6	70～95 40～80
穿过子宫颈管	鲜精 冻精	200×10^6	40～80 30～70

子作用的溶血卵磷脂（lysolecithins）（Iritani和Nishikawa，1964）。EYCE主要通过磷脂酶A发挥作用，但其也含有脂肪酶（Leboeuf等，2000）。尿道球腺的分泌物也可与牛奶产生毒性作用。分子量（55～60）×10^3的糖蛋白脂肪酶（glycoprotein lipase）（原称为SSUIII，Nunes等，1982），现命名为BUSgp 60（Rubia等，1997），其结构与胰腺的脂肪酶PLRP2相似，能使牛奶中甘油三酯产生油酸（Pellicer-Rubio和Combarnous，1998）。因此在稀释液中可使用脱脂奶，其效果取决于奶中残余的脂肪量。有研究表明，EYCE和BUSgp 60是同种蛋白质，这一结果还有待证实。

总之，山羊精液的稀释液要么使用脱脂奶，以保证精子充分存活；要么在加入卵黄稀释液前除去精清（Corteel，1974）。除去精清的办法是将精液用Kerbs-Ringer 磷酸缓冲液稀释后离心（Corteel等，1984）。

31.8.1.2　液态精液

山羊人工授精中可以采用两种策略使用液态精液。

31.8.1.2.1　简单稀释液冷藏精液

用简单稀释液洗涤除去精清，用卵黄-柠檬酸稀释液或卵黄-Tris-果糖稀释液稀释精液，保存在5℃备用（Haibel，1986； Evans和Maxwell，1987；Chemineau等，1991）。

除去精清耗时而且导致大量精子损失，因此可使用脱脂奶稀释液稀释后在5℃保存。精子在脱脂奶稀释液中的有效寿命相对较短（大约12h），但脱脂奶稀释液的使用仍很广泛（Leboeuf等，2003）。

低浓度的卵黄含量（约2.5%）毒性作用相对较小，所以葡萄糖-柠檬酸或Tris-果糖稀释液中加入低浓度卵黄也可有效用于精液的稀释保存（Shamsuddin等，2000）。

31.8.1.2.2　室温稀释保存

若精子温度未降到15℃以下，则不需要加入卵黄防止冷休克（Leboeuf等，2000）。脱脂奶和以黄豆脂为基础的稀释液Biociphos Plus（IMV，L' Aiglee，法国）能在15～22℃下使精子活力维持24h左右。

基于抗氧化剂TEMPOL[4-苯甲酰氧基-2，2，6，6-四甲基哌啶-1-氧基，（4-hydroxy-2，2，6，6-tetramethylpiperidine-1-oxyl）]（Mara等，2007）、磷酸酪蛋白（Leboeuf等，2003）的稀释液也有较好的效果。

31.8.1.3　冷冻保存

冷冻保存山羊精液时，卵黄稀释液比脱脂奶稀释液使用更为广泛（Corteel，1974）。最广泛使用的稀释液（Leboeuf，2000）是脱脂奶粉-果糖（Corteel，1974）和Tris-果糖-柠檬酸-卵黄稀释液（Salamon和Ritar，1982）。卵黄在稀释液中含量低于2%时（Ritar　Salamon，1982），可采用卵黄稀释液而无需去除精清。甘油是最有效的冷冻保护剂，而且可以分一次或两次添加。Chemineau等（1991）认为，对已清洗过的精子，最初用不含甘油的卵黄-柠檬酸稀释液稀释，精液温度降到4℃时，加入含有14%甘油的稀释液。如果精子未经洗涤，甘油应在30℃时一次加入（Ritar和Salamon，1982，1983）。

采用子宫颈管内输精时，同样存在与绵羊相似的精子数量和输精体积之间的比例问题。Salamon（Evans和Maxwell，1987）建议，子宫颈管内输精时先将高浓度的稀释液进行稀释（卵黄的最终浓度不低于2%）以增加稀释液的体积，采用一步法稀释，稀释比例为1∶1～1∶4。

精液可以在干冰表面冻为颗粒，或用液氮熏蒸法和程控冷冻仪中冷冻制备细管冻精。颗粒冻精解冻后精子的复苏率较高（Purdy，2006），解冻方法改进后，细管冻精也可以得到满意的复苏率，而且细管的使用比颗粒方便，已逐渐成为精液冷冻保存的首选方法。尽管公羊个体间差异较大，但冷冻解冻后输入子宫的活精子数达到5×10^6时受胎率与自然配种时相当（Ritar和Salamon，1983）。精子数量和繁殖效率之间的关系尚不清楚，大规模的研究结果很少。但Haibel（1986）建议，每次输精使用（100～125）×10^6精子，而Evans和Maxwell（1987）建议，山羊输精精子数与绵羊相当，解冻方法也与绵羊冻精一致。

31.8.2 输精

山羊也可采用与绵羊相似的输精方式。鲜精直接输精时可采用阴道内输精（Nuti，2007），但稀释精液或冷冻精液阴道内输精效果很不理想，因此主要采用子宫颈管内输精或腹腔镜子宫内输精。子宫颈管内输精是最常用的方法，尤其是在规模化养殖的羊群。因为山羊子宫颈管比绵羊更易穿过，所以大量的精子可以穿过子宫颈管进入子宫内。虽然可以使输精导管穿过子宫颈管而直接将精液输入子宫内，但许多技术人员更愿意在子宫颈管里存留一些精液，以免子宫内输精精液仅进入一侧子宫角内（Haibel，1986）。然而，Nuti（2007）认为，子宫颈管内输精失败率高，一是因为输精导管插入子宫颈管的深度不易掌握，二是输精过程中可能损伤子宫颈管或子宫。输精深度与受胎率有密切关系，子宫内输精受胎率最高，输精位置越靠近子宫颈管后部，受胎的机会越少（Salvador等，2005）。熟练的操作是提高受胎率的关键因素。

腹腔镜子宫内输精的程序与在绵羊一样。与子宫颈管内输精相比，这一方法需要的精子浓度较低（≈20×10^6），而且可获得较高的受胎率，但对技术要求高。Sohnrey和Holtz（2005）认为，穿过子宫颈管直接将精液输入子宫体，获得的结果至少与腹腔镜子宫内输精相同。

31.9 猪的人工授精

猪的繁殖中采用人工授精的一个重要动力是可以维持一个封闭的群体而无需购进公猪。另外，猪重要的经济性状，如体型、生长率、饲料转化率均有较高的遗传力，并且可以通过对公猪进行测评加强遗传选择。因此公猪在增强繁殖群体的遗传基础中作用重大。

传统上，猪的繁殖中采用人工授精一直在东欧、荷兰、丹麦等养猪大国应用极为广泛，但随着人工授精技术的改进和对优质公猪的需要的增加，其他国家猪的人工授精的应用也明显加强（Johnson等，2000）。Iritani（1980）的调查表明，英国只有大约9%的国家猪群采用人工授精，2004年时达到60%~70%（Goss，2004）。在此阶段，美国养猪业人工授精的应用情况与此类似（Johnson等，2000）。由于技术人员服务费用昂贵，因此在英国大多数的输精由农工自己进行，但在其他国家仍有技术服务。

猪的人工授精主要存在两个困难。首先，母猪最佳输精时间不易确定（Evans和Mckenna，1986），在发情期间需要进行2～3次输精才能得到最高的受胎率和窝产仔数。第二，猪的精液不能很好地耐受冷冻保存。因此，母猪输精时多采用稀释而不冷藏的精液进行多次输精（Read，1982），输入大量（≈2.5×10^9）的精子。由此表明，一次射精仅能提供有限头份的精液量。

31.9.1 精液的采集和保存

猪采精时常采用手握法（参见第30章）。采精频率依公猪而定，一般每2~3d（Evans和Mckenna，1986）、每3~4d（Almond等，1986）或每4~5d采集1次（Reed，1982）。采精时废弃射精前部分液体，精子浓集部分收集后去凝胶。公猪射出的富精子部分通常在100~150ml之间，在对精子的密度、活力、形态进行评估后进行稀释。

31.9.1.1 液态精液

猪的输精99%采用液态精液（ Johnson等，2000），由于猪的精子对冷休克特别敏感，因此几乎所有的猪精液是采用室温稀释液。精液在室温下保存时，必须要抑制精子的活动，以保证精子能保持足够长的活力。

20世纪60年代至70年代用于室温保存的稀释液基本都是依利诺伊变温稀释液（Illinois variable temperature，IVT）（Paquignon，1984），近来已逐渐被Guelph（=Kiev）稀释液、BTS稀释液（贝滋维尔溶解液）和Zorlesco等稀释液所取代（Haeger和Mackle，1971；Pursel和Johnson，1975；Gottardi等，1980）。Guelph稀释液比IVT稀释液配制简单，但稀释后精子活力保持时间与IVT液相当。更为复杂配方的稀释液，如Zorlesco稀释液，可使精子在12d内保持受精能力，但田间试验表明有效期可能比此要短。新的稀释液如Zorpva（Cheng，1988）、Reading（Revell和Glossop，1989）和Androhep（Witze，1990）等完全可以保持精子活力长达5d，因此其应用逐渐增加（Almond等，1998）。美国使用最为广泛的是BTS稀释液（Johnson等，2000）。短期和长期稀释液见表31.10。

通常建议的输精精子数不得低于1×10^9个，如果在采集当天未使用，则需加大精子数量。Althouse（2007）研究认为，精液多保存1d，精子数应增加1×10^9个，因此，商业人工授精中心的常规一次输精剂量所含的精子数为2.5×10^9（Roca等，2006a）。如果采精时无法准确确定精子的密度，或是用于当地猪群，推荐稀释比例为1∶4～1∶7（Althouse，2007），每头份输精剂量所含精子数大约为（2～4.5）$\times 10^9$（Almond等，1998）。输入精液的容积很重要，较大容积的精液量可以刺激子宫运动，保证有足量的精子能到达受精部位，而容积太小则达不到预期效果。建议的输精量为70～100ml（通常为80ml）。输精前精液通常盛放在塑料管、杯、瓶中，15℃以上保存。

在商品猪进行人工授精时，可将不同公猪的精液混合使用，这样可以消除不同公猪精液对稀释的不良反应，改进输精效果（Godet等，1996）

31.9.1.2 冷冻保存

猪精液冷冻保存的效果不好，解冻后精子复苏率不高，个体之间变化较大，解冻后精子受精能力低于液态精液。冷冻精液解冻后两次输精，母猪受胎率最高可达到70%，而使用液态精液输精后80%～90%的母猪受胎。冷冻精液每胎产仔数也低于液态精液（Roca等，2006b）。因此，采用冻精人工授精的猪仅占1%，主要用于国际贸易。

限制猪冷冻精液应用的因素主要有两个。第一，猪精子对冷休克极为敏感。卵黄和脱脂奶对大多数其他动物的精液具有良好的抗冷休克保护作用，但对猪精子则几乎没有任何作用（Watson，1979）。第二，虽然甘油可能是猪精子最好的冷

表31.10 室温保存公猪精液使用的稀释液

（Haeger和Maxkle，1971；Evans和Mckenna，1986；Cheng，1988；Weitze，1990；Almond等，1998；Johnson等，2000）

成分（g/L）	短期（<3d）		长期（3～5d）		
	Guelph（Kiev）	BTS	Zorlesco	Zorpva	Androhep
D葡萄糖	60.0	37.0	11.5	11.5	26.0
EDTA-Na_2	3.7	1.25	2.3	2.35	2.4
Na_2CO_3	1.2	1.25	1.25	1.75	1.2
柠檬酸三钠	3.7	6.0	11.7	11.65	8.0
柠檬酸盐			4.1	4.1	
TRIS			5.50	5.5	
HEPES					9.0
聚乙烯醇（ll型）				1.0	
牛血清蛋白					2.5
半胱氨酸			0.1	0.07	
抗生素	林可霉素、大观霉素、庆大霉素、新霉素、青霉素钠、链霉素等用于抑制支原体和钩端螺旋体				

冻保护剂，但其对猪精子的毒性作用又比对其他动物强（Wilmut和Polge，1974）。因此，使用冻精输精后要获得中等程度的受胎率，也需要非常高的精子浓度，一般每输精剂量要达到（5~6）×10^9（Paquignon，1948）。因此制备冻精时，每次射出的精液仅可供5头母猪使用。由于稀释比例很低，因此只能用于以提高猪的遗传品质为目的的国际贸易和遗传资源保存。

为了提高猪精液冷冻效果，人们进行了大量的研究，虽然早期的研究进展缓慢，但解冻后精子的活力和稳定性有所提高，而且在许多方面都有明显的进展（参见综述，Johnson等，2000；Roca等，2006b）。

31.9.1.2.1 稀释液的改进

当稀释液中添加清洁剂Orvas Es Paste（OEP）时，由于其能将脂肪球分解，因此有利于卵磷脂与细胞膜之间的相互作用，从而明显提高了卵黄的保护效应。

在冷冻和解冻过程中，添加抗氧化剂，如维生素E、谷胱甘肽或超氧化物歧化酶可以阻止脂质发生过氧化。

31.9.1.2.2 控制冷冻过程

温度的控制是精液冷冻成功的关键。以往在冷冻猪精液时通常采用冷冻大容量细管（5~6ml），冷冻和解冻过程中温度不好控制，尤其是细管中心的温度更难控制。如果将精液分装在0.5ml细管中（含2×10^9个精子），解冻后再稀释到适宜的容积，对冷冻温度的控制要容易些，该体积的精液量也适宜解冻后输精。有一种“扁平袋冷冻系统（flat pack systems of freezing）”可将含5×10^9个精子的5ml扁平塑料袋（内装有稀释液）进行冷冻，但必须保证受冷均匀、有效。

31.9.1.2.3 公猪的选择

可根据精子对冷冻的反应选择公猪，选择的公猪精液如果能很好地耐受冷冻，则精液在冷冻解冻后质量稳定，很少有射出的精液在冷冻后不能生存。Roca等（2006）建议应根据精液的耐冻性对公猪进行优劣评定。在牛人工授精的早期，曾进行过类似的选择，并以此有效淘汰了精液不耐冻的公牛（至少在奶牛上有效）。

31.9.1.2.4 输精

近来的研究发现，解冻后存活的精子并非没有发生变化。在雌性生殖道内，部分精子发生类似获能的反应变化，使精子在雌性生殖道内存活的时间缩短。选择适宜的输精位置和时间，有助于提高冷冻精液的受胎率和窝产仔数（下述）。

31.9.1.2.5 现状

Saravia等（2005）根据Eriksson 与 Rodriguez-Martinez（2000 a，b）所介绍的精液冷冻方法总结了精子的冷冻过程。精液在室温下静置1h，用BTS按1∶1稀释，在16℃下保存3h，800g离心10min。离心后，弃去上清液，将沉淀重新悬浮于乳糖-卵黄稀释液中。然后，在5℃下离心2h，再以含有OEP和甘油的乳糖-卵黄液稀释（最终甘油浓度为3%）。

精液分装在合适容器后用液氮熏蒸法或程序化冷冻仪进行冷冻。0~-50℃时最佳的冷冻速度为-30℃/min（Johnson等，2000），而这一冷却速率必须要与1 200℃/min的快速解冻速度相匹配。

31.9.2 输精

猪的最佳输精时间是在持续50~60h的发情期中间的24h内，以保证排卵时精子已经获能。排卵前10~12h输精可以得到最高的受胎率（Evans和Mckenna，1986）。由于发情开始和排卵之间的间隔时间是可变的，因此即使每天两次进行发情鉴定也不一定能准确确定发情开始的时间。为了获得较高的受胎率和较高的窝产仔数，建议在鉴定到发情后12~18h（Evans和Mckenna，1986）进行第一次输精，12h（ Evans和McKenna，1986 ）或18~24h后第二次输精（Almond等，1998）。由Rowson（1962）、Melrose和O’Hagen（ 1959）建立的输精方法至今仍是使用最为广泛的方法，输精时将橡胶导管旋转插入母猪子宫颈（图31.9），导管上的

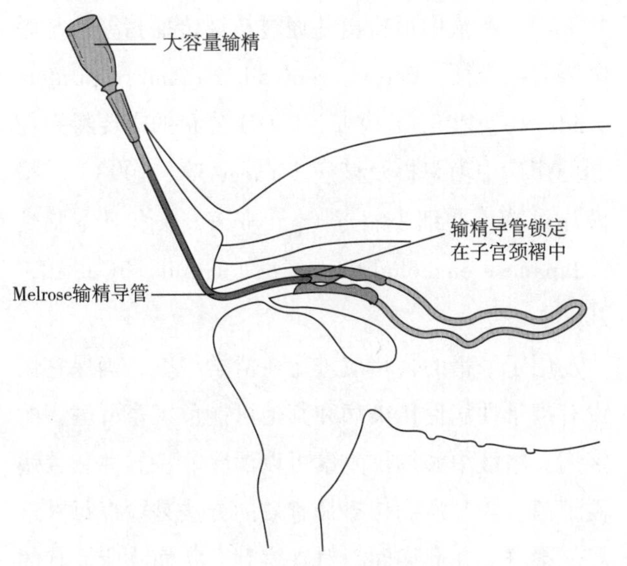

图31.9 使用Melrose输精管为母猪输精

螺纹沟与子宫颈管内的皱褶咬合，输精时即使母猪躁动，固定好的输精胶管也不易掉出，输入的大量精液也不易倒流。

但是输精后仍有相当数量的精子损失（Roca等，2006a）。30%～40%的精液从子宫颈回流，很多滞留于子宫颈管中的精子被子宫免疫系统吞噬。因此，约有90%的精子在输精后2～3h内被清除，也就是说，输入约3×10^9个精子中，只有1×10^5个精子能够到达宫管连接部。如果再加上精子功能的其他损伤（例如冷冻保存所造成的损伤），采用冻精输精后，宫管连接部的精子数量仅为采用液态精液输精时的1/10左右。

为了提高输精效率，可采用两种新的方法，即将输精与排卵时间更精确地同步化和子宫内输精。

一般在排卵前12～18h或在排卵后立即输精，可以得到高的繁殖率（Nissen等，1997）。因此，如果能采用比观察发情更为准确的方法鉴定排卵发生的时间，一次输精就可以获得很高繁殖效率。采用超声检查可以准确判断排卵时间，但需要频繁扫描才能准确预测排卵的时间（Bortolozzo等，2005；Sumransap等，2007），因此基于超声扫描的预测排卵法仍需要进一步简练才能用于商业生产（Soede等，1998；Serret等，2005）。在观察到发情开始后或在断奶后定时用促性腺激素（GnRH、hCG、eCG）控制排卵时间（de Rensis等，2003；de Baer和Bilkei，2004；Kauffold等，2007），也能使一次输精就能获得足够高的繁殖率。但是，如果采用一次输精法，则输精与排卵之间的时间关系极为重要（Garcia等，2007）。

子宫内输精可将精液输入子宫后部（子宫颈后输精，postcervical insemination，PCI）或子宫角深部（子宫深部输精，deep uterine insemination，DUI）。这两种方法都采用常规的输精导管，用于PCI的导管较硬，用于DUI的导管更长、更细、更柔韧。PCI法输精要求精子数超过1×10^9，这样窝产仔数才可达到可接受水平，但即使精子数较少，对受胎率的影响不大。用600×10^6个精子进行DUI输精，其受胎率与窝产仔数与采用（2～3）$\times10^9$个精子进行子宫颈管内输精所得结果相近（Roca等，2006b）。在接近排卵时，可借助腹腔镜直接将少量精子输入输卵管壶腹部（Vazquez等，2006）。目前这种方法只是实验性地用于性控精液输精，效果较好（Roca等，2006b）。这种方法需要对母猪进行全身麻醉，因此可能难以用于商业生产。

31.9.2.1 农工输精

20世纪60年代中期，英国开始推行精液投放运送服务（Melrose等，1968），现在已经形成一个完善的体系。精液送到农场后，农场的输精员采用常规的子宫颈输精导管就可输精，这样保障了每头母猪可两次输精，并且有效地控制了疾病的传播。对农场输精人员来说需要很好地掌握发情鉴定和输精技术。

采用精液投放系统进行猪的人工授精时，猪场需要考虑如何对猪群进行更合理的管理。由于大多数猪在断奶后可以在预计的时间出现发情，因此可对大群母猪同时进行断奶，通过鉴定长期订单或预订单保证这些母猪输精所需精液，猪场自养少量公猪，用于预定时间段以外返情母猪的输精和用于未能受胎的母猪配种。

为了尽可能节约大群母猪输精的开支，也可以考虑在猪场现场采精和输精。一般采精后使用原精或稀释精液输精。许多国家的人工授精中心提供稀释精液用于农场输精，虽然减少了疾病传播的风险，但却限制了各个农场自养公猪的使用，因此限制了生产性能/系谱测定。

31.9.2.2 专业人员服务

由人工授精中心雇佣的技术人员将精液从人工授精中心送到农场并进行输精，这是早期西欧开始施行猪人工授精技术时进行猪人工授精的主要方式，除了在猪群密度特别高的区域外，现在已不再适用。中心的技术人员通常只对情期母猪提供一次输精，母猪受胎率不高，窝产仔数低于自然交配（Reed，1982）。相对于妊娠来说，技术人员服务费用高，特别是与自然配种相比，窝产仔数少。此外，技术人员在各农场之间巡回输精，有造成疾病传播的可能。现在，大多数猪场采用封闭饲养，采用最少疾病预防措施的农场都尽量避免使用这一方法。

31.9.3 传染性疾病的控制

大量的病原体可通过公猪的精液传播，OIE规定需特别控制的疾病见表31.4。

细菌性病原体包括猪布鲁氏菌（*Brucella suis*）、金黄色葡萄球菌（*Staphylococcus aureus*）、链球菌（*Streptococcus* spp.）和支原体（*Mycoplasma* spp.），这些病原均可通过性交途径传播，并且对母猪的生育能力具有明显影响。螺旋体（*Leptospira* serovars）和猪丹毒丝菌（*Erysipelothrix rhusiopathiae*）不通过精液直接扩散，但可通过尿液污染物而扩散，因此，采精时接触尿液和包皮可能造成细菌污染（Cutler，1986）。

此外，典型猪热（猪霍乱classical swine fever，hog cholera）、非洲猪热（African swine fever）和Aujeszky病及口蹄疫病毒也可以通过精液传播（Cutler，1986；Mengeling，1986；Almond等，1998）。精液中可排出并通过精液传播猪繁殖与呼吸障碍综合征（Porcine reproductive and respiratory syndrome，PPRS）病毒，但OIE公布的需要特别控制的疾病中尚未提及该病（Yaeger等，1993）。精液还可能传播细小病毒（parvovirus）和日本脑炎（Japanese encephalitis）病毒（Thibier和Guerin，2000）。

用于采精的公猪应进行血清学检查，确保它们没有携带性病性传染病和其他可能危害畜群健康的疾病。精液中添加抗生素可以消除非特异性和致病性细菌。控制疾病传播最有效的方法是检疫每月进场的猪群。在此期间，对观察到有疾病临床症状的公猪及时进行血清学检查。

31.10 马的人工授精

马的人工授精已经实施多年，直到现在主要实施人工授精的国家和地区仍集中在东欧、前苏联（Tischner，1992）和中国。相反，西欧国家权威注册机构长期不允许人工授精所产马驹注册，影响了马人工授精的发展。近年美国夸特马（American Quarter Horse）和美国花马（American Paint Horse）（Loomis，2001）以及一些品种协会允许或不限制人工授精繁殖马注册。因此虽然全血马育种协会（Thoroughbred Breeders’ Association）仍不愿意为人工授精后所产马驹注册，但大多数其他品种协会允许有限制或无限制地注册人工授精马驹。

建立马的人工授精计划时，需要解决以下技术难题：

采精：马的交配时间相对较长，采精比大型食草动物更为困难。另外，马的精液是分段射出，必须要将富含精子的部分与其他部分分开（Brinsko和Varner，1993）。

精液保存：马的精液易于受到冷休克和冷冻保存的影响而造成损伤（Amann，1984）。

输精：输精应与排卵同步化，而且同步化程度应该准确。但母马发情表现和发情持续时间有差异，如果不进行有规律的经常性检查，则很难准确预测排卵时间。另外，马的子宫颈松软，没有明显弯曲的子宫颈腔，因此输精较牛容易。

31.10.1 采精和精液保存

马常用假阴道法采精（参见第30章）。在处理精液用于人工授精前应将精液中的凝胶部分除去，因此有人喜欢采用末端开口的假阴道收集精液，这样可收集射精的不同部分。另外，可将尼龙过滤网放在假阴道中或集精瓶上，或是在采精后用纱布过滤精液，都可以去除精液中凝胶，但后一种方法损失的精子量较大（Blanchard等，2003）。商业性人工授精采精时，训练公马爬跨假台畜比使用母马更为有利。

31.10.1.1 液态精液

马的精液在采出后需严格控制温度，防止因冷休克损伤精子（Brinsko和Varner，1993）。如果母马就在附近，可以直接使用原精输精，但即使直接用于输精，最好还是将其稀释。如果采精后在6h内使用，可采用简单稀释液（如脱脂牛奶加抗生素，表31.11）按1∶1或1∶2比例稀释，保存于室温下（Samper，2007）。

马的精液也可冷藏保存，这样可延长精液的保存时间。多数研究表明最佳保存温度为4～6℃（Batellier等，2001），也有一些报道认为15℃、甚至20℃效果更好。冷藏保存稀释液中常加牛奶，可使用脱脂奶、乳-胶（奶油和明胶各半）或脱脂奶粉。美国常用的稀释液为Kenney 稀释液（Kenney等，1975），其改良液EZ Mixin（ Francl等，1987 ）（Animal Reproduction Systems，Chino，CA）由于使用简单，稀释后精子易于观察，因此是美国使用最为广泛的稀释液（Blanchard等，2003）。常用精液稀释液见表31.11。

其他用于冷藏保存马精液的稀释液还有以牛奶加卵黄为基础的稀释液及化学配方稀释液（如INRA-96）。卵黄稀释液在除去精清后能更好地保护精子（Jasko等，1992），而牛奶稀释液在完全除去精清后冷藏保存精液时效果不太好，在这种稀释液中加入盐类如Tyrode's后，保护功能明显改善（Rigby等，2001）。添加有Tyrode's盐的牛奶稀释液需要完全除去精清才能使精子达到最大存活（Katila等，2005）。INRA-96稀释液是以Hank's液为基础，添加有67 mmol/L葡萄糖、126 mmol/L乳糖和27g/L的天然磷酸酪蛋白（phosphocaseinate）（Batellier等，1998；Pagl等，2006），用其稀释后的精液输精后受胎率高于单纯的脱脂奶稀释液，特别适用于对使用简单稀释液效果不好的马精液的稀释（Batellier等，2001）。Webb和Humes（2006）的研究表明，离心除去精清可进一步提高INRA-96液稀释精液的品质。Masuda等（2004）建议，以2%的牛奶酪蛋白加5%的卵黄为基础的稀释液也可获得好的结果。

表31.11 马精液4℃下短期保存常用稀释液

（Kenney等，1975；Tischner，1992；Brinsko和Varner，1993；Blanchard等，2003）

成分（g/L）	脱脂奶稀释剂（Kenney）	改良的Kenney稀释液	卵黄-葡萄糖
无脂干奶粉	24	24	
牛奶（巴氏杀菌）			
葡萄糖	49	26.5	70
蔗糖		40	
碳酸氢钠	1.5		
卵黄			70ml
抗生素	通常添加青霉素G、链霉素、庆大霉素、多黏菌素B和/或丁胺卡那霉素		

使用这些稀释液时，精液温度从体温降至19℃时的降温速度并不很关键，但从19℃降到8℃时，需要缓慢降温（理想的降温速率为0.1～0.3℃/min，不得超过0.5℃/min），以防止发生冷休克（Douglas-Hamilton等，1984； Katila，1997）。8℃以下时，降温速度影响不大。野外操作时需要使用专用的降温设备，如Equitainer（Hamilton Research，Inc，South Hamilton，MA），以控制降温速度。使用这种设备时，将稀释的精液放置在预冷的隔热容器内，按设定最适速率降温，防止发生冷休克。这种设备可使精子的受精能力保持在较高水平长达48h。操作时应将容器内空气排尽，在没有空气存在时的生存明显改善，这是因为有空气时可造成精子有氧呼吸和脂质的过氧化，降低精子的成活率（Katila，1997； Batellier等，2001）。稀释液中加入抗氧化剂，如抗坏血酸、丙酮酸盐和新近使用的N-乙酰半胱氨酸（*N*-acetyl cysteine）（Pagl等，2006），可以延长冷藏保存精液中精子的存活时间。

31.10.1.2 冷冻保存

马的精液可在含有糖、卵黄或脱脂奶的稀释液中添加低浓度甘油进行冷冻保存（Pickett和Amann，1993）。在冷冻前，通常先将精液稀释以保持室温下精子的活力，然后离心去除精清。这一步骤可采用的稀释液包括UHT脱脂奶、Kenney's稀释液、乳糖-EDTA、INRA-82（葡萄糖、乳糖、棉子糖、柠檬酸、Hepes、卵黄，Vidament，2005）和EDTA-柠檬酸。为了减少离心过程可能对精子造成的损伤，可于离心前在精液中添加高黏度的物质。常将高浓度的葡萄糖和无活性的等渗物质（如Cushion-Fluid、Minitub，Landshut，Germany，Sieme等，2006）作为离心时的缓冲液（cushioning media）用于精液的离心，减少离心造成的损伤。去掉上清液后，将精液悬浮在冷冻稀释液中，然后从室温缓慢降低到4℃，此阶段的缓慢降温效果优于快速降温。

典型的冷冻稀释液以糖、缓冲液和卵黄为基础，大多可以直接购买，其他在文献中也可以查到。其中目前广泛应用的是Kenney稀释液中加4%的卵黄、INRA-82加20%卵黄或乳糖-EDTA加20%卵黄的稀释液（Pickett和Amman，1993；Loomis，2006）。近来的研究表明，含有来自鸡蛋或黄豆的磷脂酰胆碱（Ricker 等，2006）的培养液和含有完整卵黄的冷冻稀释液保存精子的效果相当。甘油是最好的抗冻保护剂，通常在稀释液中最终浓度为2.5%，在有的稀释液中最终含量可达4%（Cochrant等，1984； Heitland等，1996）。

0.5ml细管冷冻已经替代了旧的大容积精液冷冻。每次输精的剂量通常为4～8个细管分装，解冻后混合进行输精（Samper，2007）。冷冻可以在液氮熏蒸或者在二氧化碳干冰表面进行。使用程控冷冻仪时，以40℃/min的冷却速率降到-60℃，接着以60℃/min的速率降到-140℃，随后放入液氮中保存，可以得到较好的效果（Vidament，2005）。

与其他动物相比，马精液解冻速率的控制尤为重要。Loomis和Squires（2005）建议0.5mL细管在37℃解冻最少需20s。重要的是准确控制解冻水温，精液温度达到39℃或40℃时精子将会迅速死亡。解冻温度高（如75℃解冻7s），解冻后效果更好，但必须在准确的时间从解冻液中移出细管，而实际在野外操作很难做到这一点。4～5ml细管分装的精液建议在50℃下解冻45s。

评估冷冻保存后马精液的生育力不是一个简单的过程。对所有动物而言，依精子解冻后的活力不能很好预测其生育力，解冻后的活力可以鉴别出最差的精液，但却很难区别其生育力水平的高低。在马，由于关于输精后受胎率的可靠结果仍不多，因此根据解冻后活力判断生育力仍不可靠（Pickett和Amann，1993）。为了找到与生育力水平相关的客观评定标准，科学家做了大量的尝试。Christensen等（1996）试图通过体外诱导顶体反应预测生育力；Samper（1992）和Hellander（1992）采用玻璃棉/葡聚糖凝胶过滤结合活力评估预测生育力。虽然这些方法取得了一定的进展，但预测冷冻保存后公马精液的生育力仍有困难。

31.10.2 输精

冷藏及冷冻精液标准的输精方法都是将输精导管穿过子宫颈直接将精液输入子宫体（图31.10）。输精时母马保定在栏内，用绷带缠尾，清洗外阴部，一只手伸入阴道，找到子宫颈后食指插入子宫颈中，输精管穿过阴道，顺食指进入子宫。也可以用开膣器扩张阴道，找到子宫颈。精液缓慢输入子宫，输精量为0.5～80ml。大多数情况下采用低容积精液量输精，容量太大对子宫收缩无益，而且大容量的精液容易从子宫颈回流。

31.10.2.1 输精时间

冷藏精液应在排卵前48h和排卵后6h之间输精，排卵后超过6h输精可能会引起受孕，但更有可能会引起胚胎死亡。输精的最佳时间取决于冷却过程中精子的存活情况，有的公马的精液只能在排卵的几个小时内输入，才能获得较好的结果。Samper（2007）建议，生育力正常的母马，使用高质量的精液输精一次或两次（间隔12～24h）即可；但如果精液质量太差或是母马出现繁殖障碍，则最好在最接近排卵时一次输精。

冷冻解冻精液应在排卵前12h和排卵后6h之间输精。输精时需要定期检查，以确定母马的最适输精时间。在生产实践中，大多数母马在排卵后6h内输精一次；如果两次输精，则排卵前、后各

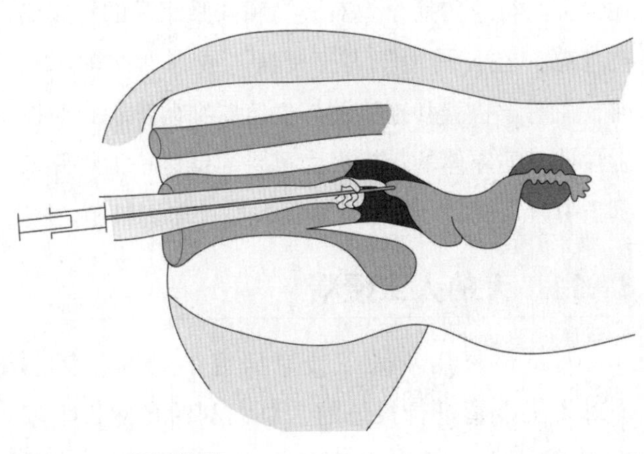

图31.10 母马输精

一次（Loomis和Squires，2005）。用冷冻精液给母马输精时，为了更加精确地控制排卵时间，通常注射人绒毛膜促性腺激素（hCG）或者是促性腺激素释放激素（GnRH）类似物，这种方法还可减少母马发情检查的次数。Samper（2001）建议，当卵泡直径超过35mm时注射2 500IU hCG，然后每6～8h检查一次母马卵巢，排卵通常会发生在注射后（36±17）h内。

GnRH类似物德舍瑞林（Ovuplant）可短期埋置给药，能准确调节排卵时间，一般在处理后（38±2）h内排卵（Hemberg等，2006），因此只需在埋置处理后（36～41）h内检查排卵点即可。

31.10.2.2 精子数量与受胎率

冷藏精液。冷藏精液通常按（2.0～5.0）$\times 10^8$个前进运动的精子输精（Brinsko，2006）；如果延迟输精24h，前进运动的精子数需加倍至1×10^9个。采用这种方法输精时受胎率可达到73%～75%，但输入这样数量的精子对生育力正常的母马是有些浪费，100×10^6个活动精子也可以得到较为满意的受胎率（Pace和Sullivan，1975；Pickett，1980），但采用更低数量的精子（如50×10^6个），则受胎率差别很大（Householder等，1981）。另外，使用超量精子输精，受胎率变化不大，不同公马个体间受胎率的差异减少，多余的精子即使在向子宫内输送过程中丢失或受损也不会降低生育力。

但是，为马匹饲养者提供的冷藏精液的质量差异很大。Metcalf（1998）的研究表明，从活力、形态判定优秀或良好的精液，用其输精后受胎率分别是87%和62%；而精液质量一般或差的，受胎率分别是33%和11%。Loomis（2001）报道，精液中前进运动精子数变化范围很大（平均值为598×10^6，标准差为604×10^6，变异范围为8×10^6～4257×10^6）。虽然对照试验表明，可以降低精子数而不明显影响生育力，但Brinsko（2006）的研究却认为，在野外用少于500×10^9个精子输精，其受胎率为20%，低于超过500×10^9个精子输精时的受胎

率。

冷冻精液。冷冻精液输精通常要（1.5～6.0）×10^8个运动精子。由于大多数公马的精液在解冻后只有40%～70%的复苏率（Vidament，2005），因此总精子数需要达到（8.0～10）×10^8个精子。在商业应用中，冷冻精液在每个发情周期的受胎率为32%～73%，整个繁殖季节为56%～89%（Loomis，2001）。关于精子数量和输精时间之间的关系，Vidament（2005）建议，从注射hCG开始，以300×10^6或400×10^6个精子连续2d输精，或者是在排卵后一次输精都可以达到最好的效果，这与Newcombe等（2005）所报道的结果一致。

31.10.2.3 受损精子人工授精的新方法

输入的精子只有少数能够从输精位点通过到达宫管连接部，尤其是通过冷冻或性别选择处理后，功能完整性已经造成一定程度损伤的精子在母体生殖道内运送时损失更大。采用子宫深部输精可以减少使用精子的数量，同时提高受胎率。

子宫深部输精是将半软、柔韧的输精导管伸入到子宫角前部，输入精子数量可减少到（20～200）×10^6个，这种方法已成功地应用于实践。插入导管时可通过直肠引导或超声监测（Sieme等，2003）。早期使用这种方法时导管往往对子宫造成损伤，导致胚胎死亡率较高（Morris，2006a），但目前这一问题已得到解决（Sanchez等，2005），但是否比常规方法能进一步提高受胎率，目前还不清楚。Squires等（2003）和Sanchez等（2005）的实验都成功地减少了精子数量，但受胎率并没有得到提高。

直接将精液输入到宫管连接部也是一种子宫深部输精方法。采用宫腔镜进行宫管连接部输精，可使精子数量减少到（10～25）×10^6个（Sieme等，2004； Ball，2006），甚至可以更低到（1～5）×10^6个（Morris等，2003； Sieme等，2003； Morris，2006b），即使使用性控精液也可以实现较高的受胎率（Lindsey等，2001）。输卵管直接输精也适用于受损精子（Lindsey等，2001； Morris，2004）。这些技术能减低精子的使用数量，尤其有利于性控精液的推广，但考虑到实际成本，这些技术尚未得到广泛应用。

31.10.3 传染性疾病的控制

大量的病原体可通过马的精液传播（表31.1）。最重要的是马病毒性动脉炎，在病毒感染期和康复后很长时间病毒都可从精液中排出。因为本病很难控制，所以有人建议在处理精液时可采用一些方法来消除病毒（Morrell和Geragnty，2006）。其他病毒也可通过精液传播，包括马疱疹病毒III（EHV-III）、马传染性贫血病病毒（equine infectious anaemia）以及可能还有马疱疹病毒Ⅱ（EHV-II）和疱疹性口炎病毒（vesicular stomatitis）。马疱疹病毒Ⅰ也可能通过精液传播，但尚无临床记录（Klug和Sieme，1992）。精液的很多非特异性细菌污染可能引起母马不孕，精液中β-溶血性链球菌与母马生育力下降有关（Klug和Sieme，1992）；溶血性大肠杆菌、金黄色葡萄球菌、绿脓假单胞菌、克雷伯氏杆菌都是引起不育的重要原因。马生殖器泰勒氏菌是马接触性子宫炎（contagious equine metritis）的病原，也是重要的性病病原体，目前尚未包括在OIE规定控制的疾病之内。在马媾疫分布的区域，引起本病的媾疫原虫马媾疫锥虫（*Trypanosoma equiperdum*）可通过生殖传播。许多国家已经立法控制马病毒性动脉炎、马传染性贫血病、马接触性传染性子宫炎和马媾疫在纯种马行业传播，但对矮马和骑乘用马的控制仍被忽略。在公马用于人工授精（或自然交配）之前，血清学检查和连续的外生殖器细菌学检查对控制性性病病原体的传播极为重要，但这一工作并未真正引起重视，往往在疾病暴发后才采取措施。

31.11 犬的人工授精

犬是最早用于人工授精研究的动物，第一个对人工授精进行报道的是意大利的自然哲学家Spallanzani。由于许多犬繁殖协会的阻挠，犬人工授精发展缓慢。事实上，人工授精繁育的小犬如要注册犬类系谱，需事先报经注册中心同意。因此，犬的人工授精一般只在以下两种情况下进行。第一，在不能进行交配的地方；第二，公、母犬距离太远，位于不同地区或不同国家。与大多数其他动物一样，犬人工授精数量正在显著增加，目前已建立了非家养犬科动物的人工授精技术，用于保种或商业目的。

31.11.1　精液的采集与保存

通常采用手指按摩法采集犬的精液（参见第30章），也可在全身麻醉下使用电刺激法采精（Kutzler，2005）。收集前精液、富精子部分和少量后精液（前列腺液）。可将全部射出的精液输入母犬阴道内，但通常将其稀释，以便进行多次输精。当使用全部精液时，应尽量减少前列腺液的收集量。

31.11.1.1　液态精液

用简单稀释液（如脱脂牛奶）将犬的精液稀释后，在4℃的条件下可贮存24～72h（Harrop，1962），这足以保证在母犬情期至少完成2次输精，或空运到其他国家进行输精。因此，这种方法已经得到广泛应用（Pena等，2006）。用稀释马精液的Kenney稀释液（Bouchard等，1990，表31.11）或三羟甲基氨基甲烷-葡萄糖-卵黄液（Iguer-Ouada和Verstegen，2001，表31.12），可使犬精液保存时间更长。虽然精液可以在不分离前列腺液的情况下保存，但离心除去前列腺液可以延长精液保存时间和提高精子活力（England和Ponzio，1996），特别是在需要将精液进行稀释保存时（Romagnoli，2002）。Bouchard等（1990）建议，以每分钟下降0.3～1.0℃的速率，缓慢将精液从体温降到4℃，可防止冷休克。在生产实践中，可将稀释的精液放于室温的水浴中，然后4℃过夜（Pena等，2006）。推荐使用Equitainer作为冷却/运输犬精液的容器。在保证输入精液中前进运动精子数至少达到150×10^{6}个的前提下，根据输精容量和精子密度考虑稀释比例。

表31.12　用于低温贮存犬精液的稀释液

成分	三羟甲基氨基甲烷-葡萄糖/三羟甲基氨基甲烷-果糖	脱脂牛奶
三羟甲基氨基甲烷（g/L）	30.25	
一水柠檬酸钠（g/L）	17	
葡萄糖或果糖（g/L）	12.5	
脱脂牛奶		80%
缓冲液	80%	
卵黄	20%	20%
抗生素	普通青霉素、链霉素	

31.11.1.2　冻精

冷冻保存犬的精液要比其他动物的更为困难，但近年来获得了一定的成功。人们根据经验或参照其他动物的精液保存方法，对多种稀释液进行了试验。卵黄是大多数稀释液中最为重要的组分，同样人们也采用了各种甘油化的方法，试图在避免其毒性作用同时，也能获得好的冷冻防护效果（England，1993）。最佳的甘油浓度大约为6%，一次或分步加入甘油，解冻后精子的存活率无明显区别（Silva等，2003）。

目前可采用的冷冻犬精子的方法很多，常用的有两种。Thomassen等（2006）用含8%甘油和20%卵黄的三羟甲基氨基甲烷-果糖-柠檬酸钠混合液在35℃一次稀释精液，之后缓慢降到5℃，包装于0.5mL细管，然后冷冻。Pena等（2006）用三羟甲基氨基甲烷-葡萄糖稀释液，按1∶1的比例将精液稀释后离心分离精清，精液重新悬浮于三羟甲基氨基甲烷-葡萄糖-卵黄的稀释液，分两次加入甘油（按3%含量在室温加入甘油，精液缓慢冷却到5℃；然后加入高含量甘油的稀释液，使甘油最终含量达到7%）。其冷冻过程也是在0.5mL细管中完成。

早期采用的冷冻方法与其他动物相似，即在

CO_2干冰上制作颗粒冻精，或用液氮熏蒸冷冻细管，两种方法获得的结果相似。2001年Nianski等发现，0.25ml颗粒冻精和0.5ml细管冻精解冻后精子的复苏率没有差异。使用程控冷冻仪可明显提高精液解冻后的复苏率，但最佳冷冻速度取决于甘油浓度和稀释液中其他成分的浓度，因此很难就最佳冷冻速度得出一般结论。Rota等（1998）报道，在-10～-40℃之间以10℃/min或50℃/min的速率冷冻，精液解冻后复苏率没有差异，建议在这一温区冷冻速率为30℃/min。70℃水浴解冻8s时精子复苏率较高，也可在 37℃下解冻30s（Thomassen等，2006）。

31.11.2 输精

31.11.2.1 液态精液输精

在不能交配配种而施行人工授精时，可采用手指按摩法采集犬的精液，以原精立即输入母犬的阴道内，也可以稀释后输入一部分，剩余稀释精液在48h内使用。

同样，采用冷藏精液给母犬输精时，可在获得精液时及48h后输精，在采精前应确保母犬接近发情期的可受配期。

采用鲜精或冷藏精液时，可进行阴道内输精，尽可能把精液输送到子宫颈外口（Burke，1986）。可采用截短了的牛用输精导管，使用开膣器引导输精导管到达正确位置。有人建议在输精后模仿公、母犬“交配结”的情况，把一两根手指插入母犬阴门，刺激雌性生殖道出现交配时的生殖道的活动。目前有一种Osiris输精导管，在管外套有Foley充气球（Nianski，2006），输精时充入气体，既可模仿自然交配时母犬阴道锁紧公犬阴茎，又可以阻止精液回流。但是还没有证据表明，这种输精导管与常用输精导管相比可以提高受胎率。无论采用何种方法输精，输精后几分钟内应将母犬后躯抬高，防止精液回流。

31.11.2.2 冻精输精

冷冻精液在阴道内输精的受胎率低于子宫内输精。因此目前推荐采用的方法是通过子宫颈，或直接通过外科手术或腹腔镜将精液输入子宫内。Linde-Forsberg等（1999）报道子宫内输精的产仔率接近85%，而阴道内输精只有60%左右。但是，阴道内多次输精可以提高受胎率，子宫内多次输精意义不大。使用Osiris输精导管阴道内输精，受胎率仍然只有60%左右（Nianski，2006）。

由于母犬阴道和子宫颈管较长，子宫颈外口位置不易掌握，输精导管很难穿过子宫颈管（England和Lofstedt，2000）。使用挪威型输精器（Norwegian catheter）（外部为聚四氟乙烯树脂套管，套管内是一根直径约2mm输精管）可成功进行子宫内输精，不过掌握这种输精器的使用技术需要大量的操作练习（Romagnoli，2002）。Thomassen等（2006）描述的子宫内输精方法如下：母犬站立，一般不使用镇静剂，一只手经腹壁固定子宫颈，另一只手将输精导管穿过子宫颈进入子宫。输精后，保持塑料套管与套管内输精管闭合，并抬起母犬后躯，避免精液回流。可用内窥镜定位子宫颈外口，辅助固定子宫颈。中等大小母犬的输精比较容易，过度肥胖的母犬输精较为困难。

在操作人员对子宫颈输精方法还不熟练的情况下，也可以通过外科手术或腹腔镜输精。

31.11.2.3 输精时间

母犬对公犬表现性接受行为的时间较长，但可受精时间却相对较短（见图28.12）。因此，要得到最好的输精效果，必须准确把握排卵时间。自然交配时，许多配种人员只允许在母犬出现发情前出血的12d后进行一次交配。与使用冷藏精液输精比较，使用冷冻精液更需要确定最适输精时间（Jeffcoate和Lindsay，1989； Linde-Forsberg和Forsberg，1989，1993；Morton和Bruce，1989）。公犬自身的生育力也非常重要，精子在产道中的存活力是决定受胎率的关键因素。存活时间长的精子即使不是在最佳时间输精也可以使母犬妊娠，而存活时间短的精子则可能在母犬尚未排卵之前死亡（见图28.12）。

孕酮和LH浓度在排卵前升高，测定其浓度变化，可以预测排卵时间。也可以用超声波检查卵巢确定排卵时间。观察阴道的细胞学变化预测排卵时间不够准确，尤其对采用冻精输精不适宜。在发情期开始以后（或出现高比例的阴道角化上皮细胞以后），每天检测血中孕酮浓度可以准确预测排卵时间。孕酮在LH出现峰值时由基础浓度增至2.0～3.0ng/ml，排卵时增加到4.0～8.0 ng/ml，排卵后2d增加到10～25 ng/ml（Romagnoli，2002）。因此，孕酮浓度的第一次增加可以作为LH峰值出现的指示。还可以通过生物测定法（如半定量测定LH，semi-quantitative Status-LH，Synbiotics Corporation，San Diego，CA）直接测定血清和尿中LH（Durrant等，2006）。输精最好是在排卵后2～3d进行。Thomassen等（2006）的研究表明，在最佳时间输精的产仔率（78%）和窝产仔数（5.8±0.2个）均高于延迟输精（分别为56%和4.5±0.5个）时。

31.12 猫的人工授精

家猫的人工授精应用较少，通常仅用于保存稀有品种或进行精液国际贸易。由于许多野生猫种濒临灭绝，人工授精在保护野生猫科动物方面的应用逐渐增多。Luvoni（2003a，b）和Tsutsui（2006）对猫的人工授精技术进展进行了综述。

猫可在全身麻醉后用电刺激采精（Zambelli和Cunto，2006），精液也可以从附睾、输精管，甚至切碎的睾丸组织中采集。

精液的冷藏保存需注意防止冷休克。卵黄保护猫精液避免冷休克的效果不如在其他家畜好，简单Test-卵黄稀释液在5℃时可以维持精子活力，加入低密度脂蛋白效果优于使用全卵黄（Glover和Watson，1987）。这种稀释液可以维持精液品质约24h，也有报道可以维持更长的时间。

冷冻保存所用的稀释液与冷藏保存相似，或使用基于Tris、柠檬酸盐、葡萄糖、果糖或乳糖的稀释液，加上卵黄配制。甘油是猫精液最好的冷冻保护剂，为避免其对精子的毒性作用，浓度通常为4%。加入抗氧化剂，如牛磺酸，对维持解冻后精子活力有重要作用。精液装入细管后在程控冷冻仪中液氮熏蒸冷冻（5～-80℃冷冻速率控制在10℃/min）。干冰上制作的颗粒冻精效果较差。

对输精时间是在排卵前好还是在排卵后好尚存争议。输精前可使用hCG诱导排卵，用1～2头份的hCG处理后15～30h输精。通过剖宫术直接将精液输入家猫子宫内并不困难。

第七篇

外来动物

Exotic species

第 32 章

驼科动物的繁殖

Marzook Al-Eknah / 编　　·赵兴绪 / 译

驼科（Camelidae）共有6种动物，旧世界驼或驼属（*Camelus*）包括两种动物，即单峰驼（*Camelus dromedarius*）（也称为单峰阿拉伯驼）和双峰驼（*Camelus bactrianus*）；而新世界驼包括两属（即南美驼属，*lama*和骆马属，*Vicugna*）4种，即美洲驼（*Lama glama*）和羊驼（*Lama pacos*）以及原驼（*Lama guanaco*，Guanaco）（或称红色美洲驼）和骆马（*Vicugna vicugna*，Vicugna）。驼科所有动物均具有形态很相似的染色体74个。有人认为，单峰驼和双峰驼为两个来自野生双峰驼（*Camelus ferus*）的亚种（Larson和Ho，2004）。

32.1　一般特点

单峰驼：成体重300～1 100kg，体高达3m，用于产乳和产肉及骑乘。总量为1700万，主要分布于亚撒哈拉及北非、中东和印度次大陆。

双峰驼： 成体重300～800kg，体高达2.5m，用于产乳、产肉及骑乘。总量为200万，主要分布于中国、俄罗斯、蒙古、伊朗、阿富汗及哈萨克斯坦。

美洲驼：成体重130～160kg，体高达1.9m。主要用于产肉，产乳量低，也有人将其作为宠物饲养。南美美洲驼的总量大约为500万，其中300万分布于玻利维亚。

羊驼：比美洲驼小，体被粗毛。成体重40～65kg，体高1.5m。主要用于产肉和纤维生产。南美总量为500万，其中300万分布于秘鲁。

骆马：是南美驼中体格最小的，成体重30～50kg，体高1.3m，其毛纤维也是南美驼中最细的。世界上的总量为170 000，主要分布于秘鲁，为保护性动物。

原驼：体型与美洲驼相似，成体重130～160kg，体高1.8m。自然栖息地为智利和阿根廷。

32.2　骆驼的杂交

与旧世界驼一样，新世界驼之间可杂交而产生具有生育能力的后代。单峰驼与双峰驼之间的杂交在生产中已广泛使用多年，其杂种后代比纯种后代体格更大，更重。

雄性单峰驼（旧世界驼）与雌性原驼（新世界驼）的杂交也获得成功（Skidmore等，2000）。

32.3　骆驼的保定与生殖系统的检查

一般来说，骆驼比较友好而易于控制，敌对状态时主要表现为蹴踢、撕咬及喷出瘤胃内容物，因此检查生殖系统时必须进行必要的保定。

旧世界驼可用三绳套（triple tie）保定使其胸位伏卧，即用两根短绳固定双侧腕关节呈屈曲状

（防止其站立），一根长绳绑在双侧球节上，绕过脊柱，防止其后踢。南美驼可采用简单的斜槽或诊疗架（stock）保定。硬膜外麻醉是很有必要的，特别是对美洲驼，这样可便于进行直肠内检查；此外也可采用甲苯噻嗪和/或氯胺酮进行镇静。

32.4 初情期、性成熟及繁殖季节

雌性单峰驼及双峰驼约在3岁时达到初情期（Chen和Yuan，1979），大约5岁时达到性成熟，但有些生长期的公驼及母驼在2岁时即可表现出性兴趣。美洲驼和羊驼依体重不同，从12月龄起就开始交配，但性成熟一直要到2.5岁左右才能完成。作者曾观察到一峰单峰驼公驼羔在8月龄时就表现性行为。

除了美洲驼公驼外，其他公驼均为季节性繁殖的动物，除繁殖季节外它们均表现非常安静，但在繁殖季节公驼常常对（同群）其他公驼表现争斗行为（Ismail，1988）。

关于单峰驼繁殖季节开始的时间很有争议，有报道认为，在苏丹为3～8月份，在巴基斯坦为12～3月份，印度为11～3月份，索马里为4～5月份，埃及为12～5月份，突尼斯为12～3月份，沙特阿拉伯为10～4月份（Al-Eknah，2000）。双峰驼的繁殖季节较短，例如在中国为1月中旬到4月中旬（Tibary和Memon，1999）。

白昼缩短可能是刺激繁殖季节开始的主要因素。生活在赤道附近的骆驼，光照周期诱导的季节性变化似乎没有明显影响，而降雨量、营养及管理则可能发挥主要影响。

32.5 雄性生殖系统

骆驼的雄性生殖系统与其他家养农畜的类似（图32.1），但其具有发育良好的尿道球腺（Cowper's）及输精管壶腹。所有公驼都缺乏精囊腺。此外，在单峰驼和双峰驼，独特之处是它们具有颈腺，这些腺体位于颈背部，近头顶处。颈腺在性成熟后的繁殖季节具有功能活动，其作用可能是吸引母驼交配。其分泌物黏附在颈背部，呈暗棕色，含有对母驼具有吸引力的外激素（图32.2）。

公驼的睾丸位于阴囊内，阴囊不下垂，睾丸位于会阴部，肛门正下方，其长轴指向垂直线和水平线之间（图32.3）。旧世界驼睾丸的下降开始于出生后不久，在2岁时完成。但在新世界驼睾丸在出生时就已下降到阴囊内。睾丸松软，难以触诊。

与其他农畜相比，驼科动物的睾丸相对较小，在旧世界驼，睾丸重量为60～100g，在新世界驼为20～30g。在旧世界驼和骆马，在繁殖季节睾丸增大，这与精子产量的增加有关。每克睾丸实质组织每天精子的产量为0.751×10^6，这要比其他农畜

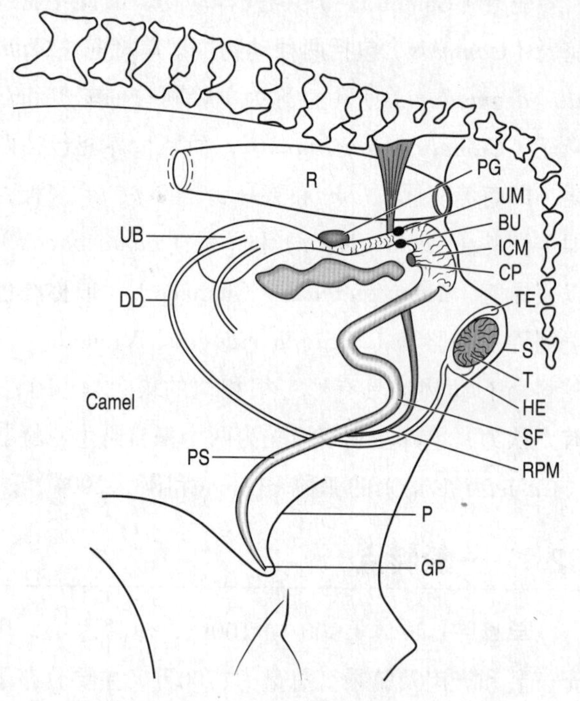

图32.1 单峰驼公驼的生殖器官示意图
BU，尿道球腺（bulbourethral gland）；CP，阴茎脚（crus penis）；DD，输精管（ductus deferens）；GP，龟头（glans penis）；HE，附睾头（head of epididymis）；ICM，坐骨海绵体肌（ischiocavernosus muscle）；P，包皮（prepuce）；PG，前列腺（prostate gland）；PS，阴茎（penis）；R，直肠（rectum）；RPM，阴茎缩肌（retractor penis muscle）；S，阴囊（scrotum）；SF，阴茎S状弯曲（sigmoid flexure）；T，睾丸（testis）；TE，附睾尾（tail of epididymis）；UB，膀胱（urinary bladder）；UM，尿道肌（urethralis muscle）（经允许，重绘自 H. Joe Bearden和John W. Fuquay（1997），*Applied Animal Reproduction*，Simon & Schuster Inc.）

低。

附睾沿着睾丸的背缘分布，其头部围绕着前端弯曲，尾部呈圆形而突出。输精管在尿道骨盆部变宽，形成壶腹。阴茎为纤维弹性型，在阴囊前具有S状弯曲。初情期时阴茎与包皮分开，这在所有骆驼2～3岁时均已完成。未勃起的阴茎方向朝后，因此排尿时朝向后方。龟头呈钩状，在单峰驼和双峰驼，尿道开口于龟头的左侧。在南美驼，有一软骨状尿道突起，尿道开口于其基部腹面而不是在其尖端。据说这种结构有助于指导阴茎在交配时进入子宫颈口（Sumar，2000）。

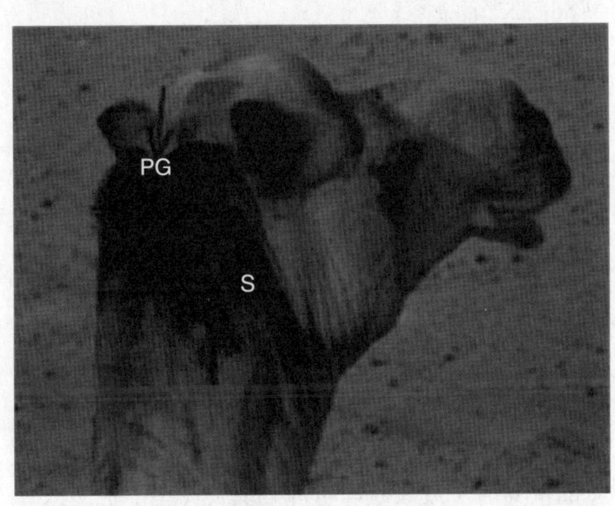

图32.2　单峰驼公驼颈腺（PG）的位置，注意其分泌物（S）散布于颈部（见彩图149）

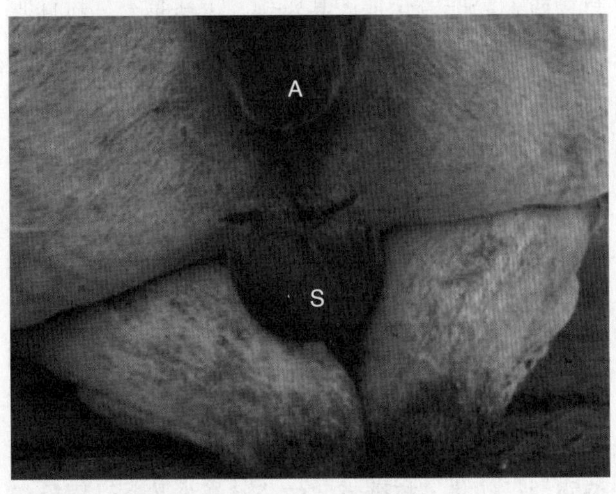

图32.3　骆驼阴囊位于肛门下的会阴部（见彩图150）
A.肛门　S.阴囊

32.6　雌性生殖系统

骆驼卵巢最为显著的一个特点是，每个卵巢都包在卵巢囊中。单峰驼及双峰驼的卵巢为椭圆形，位于阔韧带的前缘，紧位于子宫角的侧面。卵巢的长、宽和厚分别为：2.5～6.0cm、1.5～4.0cm及0.5～1.5cm。成熟卵泡的直径为1.2～2.2cm，成熟黄体直径为1.2～3.7cm。

南美驼的卵巢其形状和位置均相似，但较小，重为2.5g，更为椭圆。长、宽和厚度分别为0.5～2.5cm、1.0～2.0cm和0.5～1.5cm，而且依发情周期的阶段不同而有变化。输卵管与其他农畜相似，长为20～30cm。

骆驼子宫最为明显的特点是其左侧子宫角比右侧的长。未孕未产骆驼的子宫位于骨盆腔内，而且随着胎次的增加，子宫从骨盆边缘伸展进入腹腔。子宫体相对较小，长约2.5cm，约不到子宫总长度的10%。

旧世界骆驼子宫颈的长度为4.0～6.5cm，南美驼为2.0～5.0cm。由于驼科动物的射精发生在子宫内，因此子宫颈外口可较易用手指或输精器扩张。阴道长约30cm。乳腺由4个乳区组成。

32.6.1　发情周期

驼科动物卵泡的生长在繁殖季节以有规律的卵泡波形式发生。在骆驼，对使用“发情周期”这个术语一直很有争论，这是因为在骆驼，如果不发生交配及排卵（骆驼为诱导排卵型动物），则没有黄体期。因此有人建议在骆驼可采用“卵泡波范型（follicular wave pattern）”（Musa和Abusineina，1978；Skidmore等，1996）。周期性的卵泡活动可分为三个不同的时期，即生长期、成熟期和退化期。虽然有变化，但在单峰驼这三个阶段持续的时间分别为10.5±0.5、7.6±0.8和（11.9±0.8）d（Skidmore等，1996）。他们的研究还发现，在所研究的卵泡波周期中，50%的周期成熟卵泡在退化前直径达到（2.0±0.1）cm，但在研究的其他周期中，成熟卵泡生长可超过（18.4 ± 0.8）d；最大直径达到（4.1 ± 0.2）cm，持续（4.6 ± 0.5）d，最后在经历（15.3 ± 1.1）d后退化。

美洲驼的卵泡生长期（从直径3mm开始）平均为4.8d，成熟期（卵泡直径为8～12mm）平均为5.0d，退化期为4d。随后出现的优势卵泡的发育在前一个优势卵泡退化后2～3d开始。虽然在优势卵泡消退时卵巢上存在有几个卵泡，但只有一个卵泡继续发育。卵泡波间隔的平均时间为11.1d。在81%的发情周期，优势卵泡均匀分布在两个卵巢，且在两个卵巢轮流活动（即排卵）。血浆雌二醇和结合型雌激素的浓度与卵泡的活动呈正相关（$P<0.05$）（Bravo等，1990）。

旧世界驼两个连续的卵泡成熟期的间隔时间为14～28d，南美驼为10～15d。发情持续的时间取决于是否发生了交配，如果交配则发情持续3d，如果未发生交配则持续可达7d。

直肠检查时，在发情时子宫有张力且坚硬，卵巢上有一个或几个成熟的卵泡。在单峰驼，卵泡直径达到1.7cm时外周血浆雌二醇浓度达到最高，为40pg/ml，虽然卵泡可以继续生长，但雌二醇的浓度则降低到20pg/ml的基础值。如果未发生排卵，则孕酮维持低于1ng/ml的低浓度；但是在交配和排卵之后，孕酮浓度逐渐增加，8～9d后达到3ng/ml的最高浓度。如果没有妊娠，则在第11～12天孕酮浓度降低到基础值（Skidmore，2003）。

母驼一般不表现明显的外部发情征状，但在试情时，或者看到其他骆驼交配时也可接受公驼。有些母驼可在阴门排出一些黏液。直肠检查时（在南美驼，直肠检查的难易取决于母驼的体格、胎次和检查人员手的大小），至少可以在一侧卵巢检查到一个排卵前的卵泡，子宫通常有张力。

正常情况下，健康的母南美驼每年可产一羔，整个繁殖生涯中可产20羔。旧世界驼每2年可产1羔，整个繁殖生涯中可产8羔。

32.6.2 卵泡活动的同期化

驼群配种及人工授精需要使卵泡活动同期化，目前采用的使发情同期化的可靠方法包括下列几种：

孕酮阴道内释放装置（PRID）及阴道内药物控释装置（CIDR）置于阴道内7~14d，可用于一组骆驼的同期发情，但结果有一定差异（参见图1.37和1.38）。

每天肌内或皮下注射100mg孕酮粉芝麻油，共7～14d。

对一组妊娠早期的骆驼注射$PGF_{2\alpha}$可引起其在4~8d内发情。

32.6.3 交配行为及交配过程

强壮的公驼在发情时可从其圈中逃出或挣脱缰绳寻找发情母驼。遇到发情母驼或有竞争力的公驼时，这些公驼会表现一些特征性的行为。单峰驼将软腭伸出到口腔外，发出咕噜声，通过喷洒尿液或者用颈腺分泌物等标明领地，磨牙发声。双峰驼不伸出软腭，但嘴中喷出泡沫。南美公驼在发情时用后腿站立，公驼通过嗅闻母驼的阴门、会阴及尿液（旧世界驼）或者嗅闻母驼的粪便（南美驼）来鉴别发情母驼。发情母驼尿液或粪便中的外激素刺激公驼表现性嗅反射（图32.4）。表现这种嗅觉反射行为时，公驼完全伸展其头颈，上唇抬高，做深呼吸运动（旧世界驼）或者张大嘴（南美驼）。

交配时母驼伏卧，公驼后腿弯曲骑跨在其上，前腿伸展在母驼体躯两侧（图32.5）。交配持续时间差别很大，天气温暖时似乎变短。单峰驼交配的持续时间平均为5.5min，范围为3～25min，南美驼为3~25min（美洲驼平均为18min，羊驼平均为20min）。

发情母驼会很快对公驼发生反应而伏卧，但是有些母驼，特别是没有经验的母驼或者对公驼具有偏好的母驼将不接受特定的公驼。公驼通过压母驼的颈部（旧世界驼）或后躯（南美驼）而诱导母驼

图32.4 双峰驼公驼表现性嗅反射。注意抬高的上唇（箭头）（见彩图151）

图32.5 单峰驼的交配（注意母驼处于伏卧位）（见彩图152）

伏卧。求偶成功后，公驼蹲坐在母驼上，朝向母驼的会阴部前冲，阴茎前进寻找阴门。爬上母驼后阴茎既有部分勃起，一直要到阴茎完全插入后再完全勃起。交配过程中发生数次射精，此时公驼将其全身伸直，伸长脖子。

南美驼公驼如果与母驼同处于一圈中会失去其性欲，因此在这些动物建议采用手工配种，但其缺点是，在卵泡尚未达到其最佳大小，即直径6~8mm就强迫母驼交配。

32.6.4 驼科动物的排卵

骆驼的排卵是由交配动作诱导的，这可能是由于对母驼生殖道的机械刺激作用所引起。但在双峰驼和羊驼，在精清中鉴定到有诱导排卵因子存在，这种因子可能为一种蛋白质或多肽，具有促性腺激素释放激素（GnRH）类似的活性（Zhao等，1992；Pan等，2001），其在精清输入到阴道深部或肌内注射时均可诱导排卵。但在单峰驼，其不能引起排卵。Skidmore等（1996）在单峰驼的研究表明，卵泡排卵的能力取决于其大小，能够发生反应的最佳大小是在其直径为1.0 ~ 1.9mm时。在美洲驼和羊驼，卵泡所需要的大小是直径为6.9mm以上，如果小于该直径，则卵泡不会发生反应，如果退化，则卵泡会发生黄体化而不能排卵（Bravo等，1990）。

32.6.5 交配后的受胎率

决定是否发生受精的第一个因素是公驼的生育力。如果公驼具有生育力，则第二个决定因素是交配过程和母驼的受胎能力。交配持续的时间是很重要的，如果交配时间持续5min以上，则可以获得较高的排卵率和受胎率。交配时卵泡生长达到的大小也很重要，在驼属动物，成熟卵泡的直径应该达到12 ~ 20mm，在美洲驼应该达到5 ~ 8mm。母驼生殖道的准备也是成功受胎的最后一个决定步骤。

32.6.6 妊娠

虽然骆驼双侧的卵巢活动基本相当，但胚胎及胎儿只在左侧子宫角发育，而右侧子宫角也参与胎盘的形成。胚胎从右侧子宫角经子宫体迁移到左侧子宫角，并在左侧子宫角附植。

在旧世界驼，胚胎在排卵后6~7d从输卵管进入子宫，而在南美驼为排卵后3~4d，此时囊胚正处于孵化阶段。母体的妊娠识别（参见第3章）可能要比其他家畜早，即在第8天之前（Skidmore，2003），其信号与在猪和马的相似，可能是由胚胎合成的雌激素发挥作用。

驼科动物产多胎极为罕见。Musa和Abusineina（1978）报道旧世界驼为0.4%，但排双卵的情况占

14%，其中大多数可以受精，因此第二个胚胎的死亡极为常见。

排卵后第14天形成羊膜，第24～28天形成尿膜绒毛膜。

驼科动物的胎盘为简单的弥散型胎盘（参见第2章）。微绒毛均匀地分布在整个胎儿绒毛膜表面，胎儿的绒毛膜上皮与子宫内膜上皮紧密接触，不会发生母体组织的丢失。所有驼科动物一个很独特的特点是形成胚胎外膜（表皮，上皮或者第四胎膜），由其包围着整个胎儿。

骆驼的妊娠失败并非不太常见，胚胎死亡及流产率可分别高达40%及20%。

旧世界驼的妊娠期为375～415d，南美驼则较短，为335～365d。妊娠期长短的差异可能与饲养管理方法、发情时的交配次数、母驼的胎次、胎儿性别、饲料水平或者受胎时季节的影响有关。

未孕母驼外周血浆孕酮浓度较低，交配之后至少形成一个黄体，其能分泌大量的孕酮，在所有驼科动物妊娠期孕酮浓度达到1ng/ml以上。由于整个妊娠期孕酮的唯一来源是黄体，因此在妊娠的任何阶段摘除卵巢均可引起流产或早产。妊娠中期雌激素浓度升高是由于妊娠期卵泡继续发育，或者胎盘分泌雌激素，或者两者兼有而造成的。在分娩当天，尿中含有高浓度的雌激素。

子宫颈塞是妊娠期子宫颈外口重要的物理屏障，其存在是妊娠的有用指征。子宫颈黏液的理化特性与血浆孕酮浓度的增加密切相关，由此导致黏液中蛋白、碱性及酸性磷酸酶浓度同时增加（Al-Eknah等，1997）。在孕酮影响下，水解程度的降低可引起浓稠度改变或糖蛋白及其他细胞蛋白发生改变，从而影响黏液的弹性。

32.6.7 妊娠诊断

对公驼的反应：当公驼遇见母驼时，如果公驼压迫母驼颈部或后躯，但母驼一直不伏卧，则其可能为妊娠。妊娠的旧世界驼具有特征性的行为特点，即抬高尾巴，这称为“翘起的小胡子（tashweel）（图32.6）。妊娠的南美驼会出现耳朵后竖，公驼接近时或喷或袭击公驼，公驼嗅闻其会阴部时会走开。通常成熟的有经验的公驼对妊娠母驼没有任何兴趣。

孕酮分析：外周血浆孕酮浓度超过1ng/ml通常说明妊娠。但是在诊断为阳性反应之后也可发生孕体死亡。

直肠内触诊：这种方法在旧世界驼很容易进行，但在南美驼则取决于个体的大小和兽医人员手臂的大小。在妊娠的头一个月，子宫松软，一侧或双侧卵巢含有一个或数个黄体。在妊娠的第二个

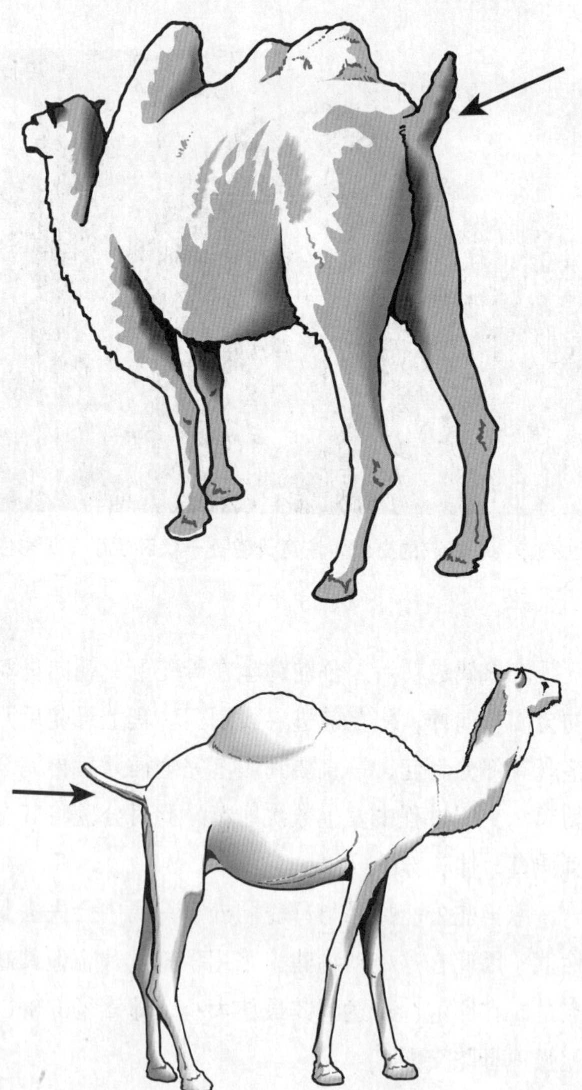

图32.6 妊娠母驼对公驼的行为反应
双峰母驼（a）及单峰母驼（b）的“翘起的小胡子”。注意尾巴抬起（箭头）

月可触诊到左侧子宫角基部增大，但随着妊娠的进展，子宫扩张更加明显，左右两个卵巢一直分别要到妊娠第4和第7个月才能触及到，之后则都触摸不到。

阴道检查：采用阴道内窥镜，可观察到阴道和子宫颈的黏膜在妊娠早期干燥，但在妊娠中期，阴道前端和子宫颈的黏膜覆盖有一层很黏稠的黏液。徒手检查阴道时，特别是在妊娠早期由于母驼易于扩张子宫颈及引起流产，因此此时不应进行阴道检查。

B型实时超声检查：这是最可靠的妊娠诊断方法，特别是进行早期妊娠诊断。在旧世界驼，多采用直肠内探诊，但在南美驼，左侧腹胁部探查则最为可靠，探头应置于无毛的区域，尽可能靠后靠近背部，采用这种方法可在妊娠40d后进行。但是，也可采用直肠内探查的方法，早在妊娠第12～14天检查到孕体。

32.6.8　妊娠的鉴别诊断

单峰驼在输卵管伞部形成的囊肿状结构有时可与妊娠混淆（Ali等，1992），主要是由于其重量将子宫拉过骨盆腔边缘而进入腹腔，因此很像妊娠。对囊肿进行超声扫查可发现其为大的无回声结构，但没有胚胎或胎儿。

子宫积脓在未孕单峰驼比较常见，主要是由于饲养者经常性的进行不卫生的阴道检查以及公驼的交配行为所引起。直肠内触诊时，子宫积脓通常类似于2～3个月的妊娠（Enany等，1990）。超声检查发现存在有大的低回声的团块，具有无回声及超回声的区域，但没有胚胎或胎儿。子宫积水及子宫积液偶尔可有发生，这与未产母驼的持久处女膜及经产母驼的阴道粘连，由于液体不能排出导致液体蓄积有关。

32.6.9　妊娠母驼的管理

妊娠母驼通常无需特殊护理，但由于饲养人员在进行阴道检查时动作过于粗暴，则可引起早期胚胎死亡及流产。

最好在繁殖季节的早期给母驼配种，以便其能在下次繁殖季节结束前产羔。

在妊娠的后1/3期应避免公驼与母驼的接触，由于此时来自胎盘的雌激素可能使得妊娠母驼表现发情。

32.6.10　妊娠病理学

假孕：不能妊娠的交配可引起排卵但不能受精，导致黄体形成，因此出现一短暂的假孕期。但是没有胚胎，没有母体的妊娠识别，之后通常发生黄体溶解及返情。有时早期胚胎死亡之后可能不发生黄体溶解，而是出现持久黄体及假孕。

受胎失败：受精失败及早期胚胎死亡在骆驼常见，特别是在单峰驼更是如此。配种后重复表现返情的骆驼称为屡配不孕，通常与子宫或输卵管的损伤有关。

假两性畸形及异性孪生不育：两者均在南美驼有报道。

胎儿干尸化：在旧世界和新世界驼均有报道，发育良好的胎儿无菌死亡之后可出现持久黄体，胎水吸收，使得干尸化的胎儿存留在子宫内。

流产：所有驼科动物均可发生非传染性流产。细螺旋体病、弓形体病及衣原体病等均可成为南美驼流产的病因。Gidlewski等（2000）通过实验方法，在结膜囊内接种1×10^8活的流产布鲁氏菌，在12峰美洲驼中的1峰诱导出流产，但在自发性流产之后未分离到这种细菌。新孢虫（*Neospora* spp.）也与羊驼和美洲驼的流产有关。骆驼在感染裂谷热后也可发生流产，但其他临床症状则很轻微。在苏丹及沙特阿拉伯的骆驼鉴定到了蓝舌病病毒的抗体，但这些骆驼未表现流产的临床症状。

子宫颈-阴道脱出：见于所有骆驼，通常发生于妊娠后期（图32.7）。本病也可发生于未孕骆驼，有人认为其发生可能与雌激素过高有关。治疗时，可先徒手整复，之后用尼龙带制成的固定器固定在阴门周围，可有助于脱出的恢复，一直可到分

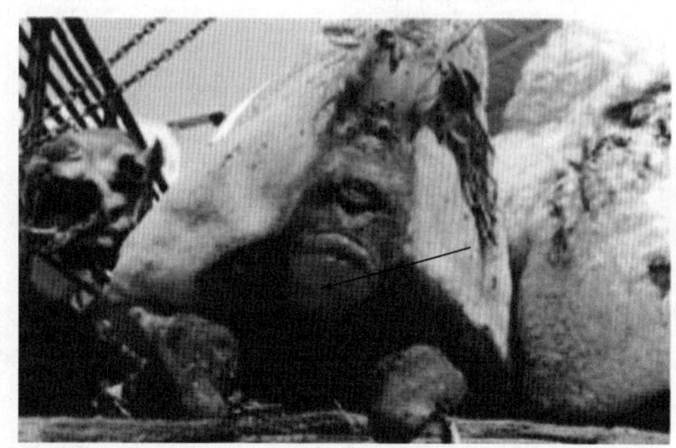

图32.7 单峰驼的阴道脱出（箭头所示）（见彩图153）

娩开始，之后则脱出会消失。

子宫捻转：子宫沿着其纵轴发生的捻转通常发生在妊娠后期，但只有在分娩时由于其能在所有驼科动物引起难产而发现。本病的发生可能是由于骆驼妊娠总是在左侧子宫角，因此双侧子宫角不对称，使得子宫悬垂不稳定。虽然翻转母驼有助于矫正南美驼的子宫捻转，但在旧世界驼则必须通过腹胁部切口后用手矫正。

32.6.11 分娩

骆驼的分娩预兆包括母驼从驼群分离，不安，荐坐韧带松弛，阴门肿胀，同时伴有子宫颈塞液化后的阴道分泌物。食欲一直到开始分娩前1h左右仍然正常。这些征状中有些可早在分娩前15d就出现。

分娩的第一阶段主要特点是子宫肌的收缩增加，子宫颈完全松弛及被动扩张。母驼回顾其腹胁部，磨牙，排粪排尿的频率增加，不断起卧，摇尾并高抬尾巴。分娩的第一阶段在旧世界驼持续4～40h，在南美驼持续2～3h。在初产骆驼，这个阶段比经产骆驼长。

南美驼通常在白天产羔，此时母驼可避免被侵袭，而且对驼羔来说也较为温暖。但旧世界驼母驼可在白天或晚上任何时间产羔。

胎儿包在胎膜中出现于阴门，同时出现有规律的努责，说明分娩的第二阶段已经开始。母驼通常表现不安，起卧，常表现伏卧或侧卧，但胎儿通常是在母驼站立时排出。分娩的第二阶段通常持续0.25～1.0h，但在南美驼通常较短。

胎衣排出（分娩的第三阶段）通常在不到1h内完成，驼科动物的母驼均不舔其新生驼羔，也不吃食其胎衣。

32.6.12 母驼及新生驼羔的护理

据报道，新生驼羔的死亡率很高（>25%），特别是在出生后的头3周，而且特别是由于腹泻、冷休克及热应激等引起的死亡多见（Wilson，1986；Burstinza等，1988）。传统上，贝都因人一般不在繁殖季节的后期配种，以避免母驼在炎热的季节产羔。

32.6.13 难产

关于骆驼难产的发病率报道资料很少。在羊驼，据报道其发病率低（2%～5%）（Tibary和Anouassi，1997），但发病时必须及时进行助产。在与贝都因骆驼饲养人员的交流中发现，他们对由于胎位异常，如腕关节屈曲、头颈侧弯、臀部屈曲等引起的难产，很熟悉其识别及处理，但倒生则不太常见。胎儿与骨盆大小不适、胎儿畸形及横向在骆驼很少发生，双胎的发生率为0.1%～0.4%。近来有报道在沙特阿拉伯进行的10多年的研究发现，母体及胎儿性难产分别占难产病例的43%和57%。在母体性难产中，子宫扭转约占 50%，原发性宫缩乏力占20%，子宫颈扩张不全占20%，阴道及阴门狭窄占10%（Al-Eknah，1999）。在同一研究中发现，胎势异常占胎儿性难产的90%。作者曾观察到单峰驼在分娩之后胎儿发生浸溶的许多病例。

在现场条件下，矫正胎儿的四肢及颈部屈曲时，需要将胎儿回推，这可通过将母驼置于沙地上挖出的深坑中或斜坡上，前端先进，以抬高母驼后躯。在骆驼，拉直胎儿头和四肢似乎比在牛更为困难。有限的经验表明，骆驼的胎儿在难产时生存的能力要比马胎儿好，骆驼也很适宜进行剖宫产。胎儿死亡后，可采用Thygesen氏截胎器进行截胎。施行剖宫产时，母驼可用甲苯噻嗪镇静，右侧卧，局部浸润麻醉后在左侧腰下区后部做竖向切口施行剖宫产。作者及其同事曾在羊膜绒毛膜破裂后17h，采用剖宫产救治过一例由于臀部前置引起的难产。

32.6.14 诱导分娩

骆驼可采用皮质类固醇激素或前列腺素提早进行诱导分娩，但应事先告知畜主其可能的不良后果，如胎衣不下等。

32.6.15 产后期疾病

子宫脱出：是产后很常见的并发症。硬膜外麻醉下的整复与牛的相同（参见第18章）。

胎衣不下：如果在驼羔产出后1h内胎衣仍未排出，则可认为发生了胎衣不下。这种情况在骆驼比较少见，可能是由于其胎盘为弥散型上皮绒毛膜胎盘所致。

32.6.16 子宫及子宫颈复旧

产后第3天，旧世界驼的子宫可在直肠内触诊到，但由于其大小给触诊造成一定的困难。子宫壁仍然较厚，具有纵向皱褶。10～15d后子宫可很容易地触诊到，产后16～20d完成子宫复旧。产后16～20d子宫颈关闭，但子宫颈皱褶有些充血。产后26～30d，子宫颈复旧。

在南美驼，子宫及子宫颈的复旧据说要比旧世界驼快。

32.6.17 产后期的配种

南美驼母驼如果未发生产后并发症，则可在产后12~15d配种。旧世界驼在分娩后如果哺乳其驼羔，则通常具有一较长的乏情期，但如果饲喂良好，则可以发情。如果驼羔死亡或者断奶，则也肯定会发情。

32.7 驼科动物的不育

一般总是认为骆驼的繁殖速度低（Gordon，1997）。对突尼斯30个驼群进行的研究表明，其产羔率为40%，出生到1岁之间的死亡率为17%（Djellouli和Saint-Martin，1992）。但根据贝都因人提供的证据表明，每100个配种的单峰驼可产80～90峰驼羔，约1%为不育。骆驼可终生维持其生育力，因此如果隔年配种，1峰母驼可产12峰驼羔，但平均来说更有可能不到8峰驼羔。每次发情配种一次，因此1峰公驼每天可配种5～6峰母驼。据说在控制配种的情况下，1峰公驼可配200峰母驼，但一般来说数量要少许多。一般认为南美驼的生育力较高，如果发生生育力低下，则可采用各种管理措施解决。骆驼的低育与公母双方有关。

32.7.1 母驼的不育

32.7.1.1 先天性解剖缺陷

卵巢发育不全、持久处女膜、卵巢形成不全及异性孪生不育等在单峰驼和美洲驼均有报道。

32.7.1.2 获得性解剖缺陷

分娩时的损伤、阴道粘连及会阴撕裂最常见，而生殖器官肿瘤在驼科动物的发生率较低，在旧世界驼有研究检查到输卵管伞具有囊肿状结构（Tibary 和Anouassi，2000；Al-Eknah和Ali，2001；Ali等，1992）。

32.7.1.3 激素失衡

驼科动物的卵巢囊肿较为多见（El-Wishy和Hemeida，1984），由此可引起慕雄狂症状；可用GnRH或hCG进行治疗。

早期胚胎死亡而黄体持久存在可引起假孕，可用$PGF_{2\alpha}$治疗。

32.7.1.4 环境因素

南美驼对热应激特别敏感，长期暴露于高温可引起发育的胎儿生长发育缓慢，在母体可引起严重的疾病甚至死亡。相反，成年驼属动物对热和冷的极端情况比较适应，但新生驼羔则对高温及低温比较敏感，对高温可通过提供阴凉及喷洒水等降温，对低温则可提供较厚的垫草及干燥的圈舍，保护新生驼羔免受冷风的侵袭。

32.7.1.5 管理不善

缺乏配种记录被认为是导致低育最重要的管理不善。此外，许多旧世界驼的饲养者没有针对生育力进行的选育策略，也不淘汰低育的动物。

32.7.1.6 营养

营养在性成熟及随后的正常繁殖中发挥极为关键的作用。生长速度越快，性成熟就越早。在肯尼亚的研究表明，母驼的营养及健康状态影响驼羔的出生重（Wilson，1986）。营养不足可延缓青年公母驼的初情期，如果严重的话，在它们达到完全发育后可引起生殖器官的退行性变化（Tibary 和 Anouassi，1997）。

32.7.1.7 传染性因素

非特异性的子宫感染是骆驼低育的重要原因之一，下列主要因素可能与这种低育有关：

交配过程：在交配过程中由于驼属母驼要伏卧在地上达25min左右，而在南美驼属的母驼这个时间为60min左右，因此阴茎可将周围环境中的杂物及细菌等带入母驼子宫，而且重复交配可加重这种情况。

骆驼养殖人员不卫生和粗鲁地进行阴道内和子宫内检查：贝都因人认为，母驼不能妊娠的原因是阴茎的插入不彻底，而且他们认为射精是在子宫内进行的。因此，他们在许多母驼以奶油作为润滑剂，轻轻地逐渐扩张子宫颈。进行这种处理之后，据说可使阴茎完全插入，能保证妊娠。

难产及产后并发症：这些情况可导致子宫颈及阴道粘连的形成，因此可干扰子宫内容物的排出，导致子宫中蓄积液体或脓液达15L以上（图32.8）。子宫感染可引起子宫内膜炎或子宫积脓；引起骆驼子宫感染常分离到的细菌见表32.1。

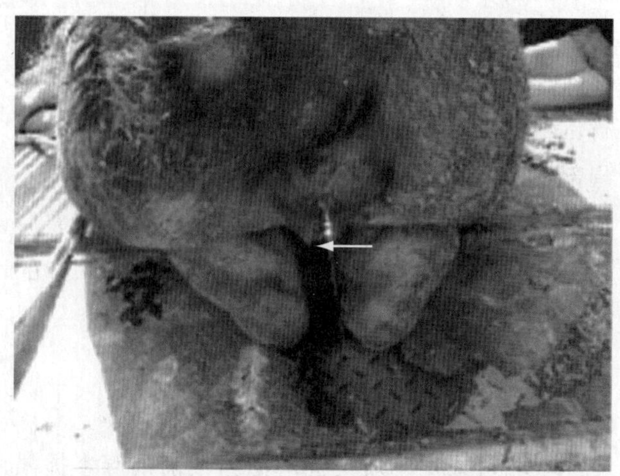

图32.8 单峰驼在手术分离阴道粘连后的阴道分泌物（箭头）（见彩图154）

表 32.1 引起骆驼子宫感染的微生物

微生物	单峰驼	美洲驼
胎儿弯曲菌（*Campylobacter fetus*）	+	
化脓棒状杆菌（*Corynebacterium pyogenes*）	+	+
大肠杆菌（*Escherichia coli*）	+	+
奇异变形杆菌（*Proteus mirabilis*）	+	
金黄色葡萄球菌（*Staphylococcus aureus*）	+	
绿脓假单胞菌（*Pseudomonas aeruginosa*）	+	
奈瑟氏菌（*Neisseria* spp.）	+	
胎儿三毛滴虫（*Tritrichomonas fetus*）	+	
多杀性巴氏杆菌（*Pasteurella multocida*）	+	
表皮葡萄球菌（*Staphylococcus epidermidis*）	+	+
放线菌（*Actinomyces* spp.）		+
链球菌（*Streptococcus* spp.）		+
普雷氏菌（*Prevotella* spp.）		
钩端螺旋体（*Leptospira* spp.）		+
弓形体（*Toxoplasma* spp.）		+
衣原体（*Chlamydia* spp.）		+

32.7.2 公驼的生育力及不育

一般来说，公驼的生育力较高，例如，一峰单峰驼或双峰驼公驼可在一个繁殖季节配种50峰左右的母驼。骆驼精液的主要特点是由于存在有胶样物质，因此精子没有成群运动的活力（mass sperm activity）（Agawal，1995）。高度黏稠的精液其液化可在37℃60min内完成，但是如果液化延缓超过1h，则精子会死亡。表32.2至32.4为骆驼精液特点

表32.2　骆驼精液的特点

参数	单峰驼	双峰驼	南美驼	羊驼
精液量（ml）	5 ~ 20	1 ~ 10	1 ~ 5	1 ~ 5
颜色	奶油色到灰白色	奶油色到灰白色	乳白色	乳白色
黏稠度	非常黏稠	略黏稠	非常黏稠	非常黏稠
pH	7.0 ~ 8.0	7.2 ~ 8.0	7.8 ~ 8.3	7.2 ~ 8.0

表32.3　骆驼精液的特点

参数	单峰驼	双峰驼	南美驼	羊驼
个体活力（%）	40 ~ 60	60 ~ 80	20 ~ 60	20 ~ 60
精子浓度（$\times 10^6$/ml）	100 ~ 350	200 ~ 300	60 ~ 300	60 ~ 300
总精子量（$\times 10^8$/射精）	0.5 ~ 6	0.2 ~ 3	0.06 ~ 1.5	0.06 ~ 1.5
异常精子（%）	5 ~ 20	5 ~ 20	10 ~ 50	10 ~ 50

表32.4　骆驼精清的生化组成

成分	单峰驼	双峰驼	南美驼	羊驼
蛋白（g/dl）	1.0 ~ 2.4	1.0 ~ 1.6	–	3 ~ 4
果糖（mmol/L）	7.0 ~ 10.0	7.0 ~ 10.0	–	–
葡萄糖（mmol/ L）	0.1 ~ 0.5	2.0 ~ 4.0	–	1.2 ~ 1.5
钠（mmol/ L）	156 ~ 163	150 ~ 165	–	150 ~ 160
钾（mmol/ L）	9 ~ 17	2 ~ 18	–	–
钙（mmol/ L）	1.0 ~ 1.6	2 ~ 3	–	1.5 ~ 3
白蛋白（g/ L）	3.6 ~ 7.0	1 ~ 3	–	–
镁（mEq/ L）	2 ~ 4	3 ~ 4	–	–
磷（mmol/ L）	0.6 ~ 0.9	0.3 ~ 0.9	–	–

的比较。

公驼的不育可由于性欲缺乏所引起，虽然这种情况不多见，但在美洲驼，如果让公驼与母驼同处一圈数天则可使其性欲降低。骆驼不能交配的原因与其他动物相似（参见第30章）。单峰驼所特有的一种疾病情况是由于争斗后引起的包皮和阴茎损伤，这可造成阴茎粘连，需要采用手术方法进行分离。隐睾在骆驼也常见（图32.9）。

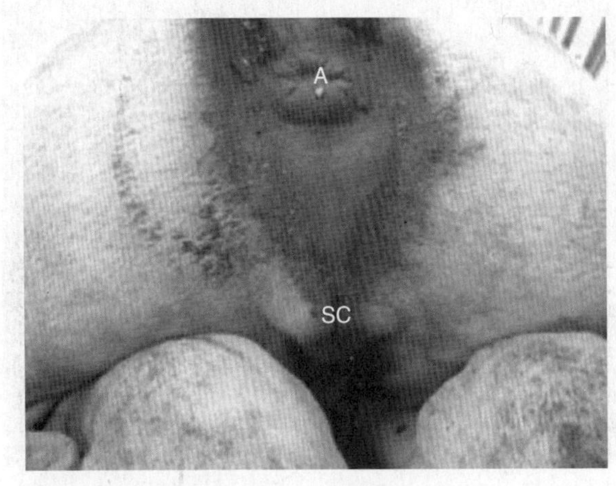

图32.9　单峰驼的双侧隐睾（见彩图155）
A，肛门　SC，阴囊，阴囊中无睾丸存在

32.8 人工授精

骆驼在交配时母驼伏卧，因此精液的采集较为困难（参见图32.5），而且在美洲驼可长达60min，而在单峰驼交配时间也可长达25min，且在交配过程中母驼和公驼的后肢还有交叉，使得采精较为困难。

人们对在其他动物使用的采精技术进行了改进，均获得一定的成功。最常用的两种方法是假阴道法（AV）和电刺激采精法。采用电刺激法采精时，需要对公驼进行镇静及适当的保定，射精量通常较少且质量较差，此外，也可能受到尿液和细胞碎片的污染。

假阴道法是骆驼最为合适的采集精液的方法（图32.10），人们也进行了各种研究对这种方法进行改进。由于发情的公驼可能性情凶猛且有攻击行为，因此最为重要的是设计合适的装置，以便采精时能够保证人员的安全。

Lichtenwalner等（1996）在南美驼，El-Hassanein（2003）在单峰驼将假阴道（AV）置于台母驼内部采集精液。Al-Eknank（2001）设计了一种更为安全方便的采集单峰驼精液的方法，这种方法是在精液采集区下方挖一坑，使用假阴道法采精的人员可以改变方向，这样可以在台母驼的会阴部下调整假阴道法的方向，与公驼阴茎基部呈直线，因此使得精液的采集更为容易。此外，应该避免阴茎向下或向侧面折叠，以便于射精，也便于采精人员能够观察交配过程和射精。也可将假阴道法附着在假台驼上，采用这种设施的主要缺点是需要训练公驼。但是，公驼在训练之后采精过程会很快而有效。

图32.10 双峰驼采用假阴道采精。注意由于公母驼均伏卧，因此采精人员必须跪在地上（见彩图156）

用于人工授精的精子浓度、活动精子所占百分比、死精子所占百分比及异常精子所占百分比，应该分别为：>325 × 10^6/ml、>50.5%、<18.0%及<27.7%。精液的质量与公驼的健康状况和营养水平有关。

保存骆驼的精液时，可采用不同的稀释液，如Laiciphos，Androlep、柠檬酸钠-卵黄、Dimitr-Opolous稀释液、Tris-卵黄及Green Buffer稀释液等（Bravo等，2000）。

虽然在诱导排卵后24～36h进行人工授精，羊驼和美洲驼的受胎率尚可，但使用人工授精的一个主要障碍是精子在稀释的精液中4℃条件下的寿命只有1～6h。

32.9 超数排卵及胚胎移植

优秀母驼在其相对较短的繁殖生涯中只能生产少量的后代，因此限制了优秀遗传资源的扩散。由于骆驼的繁殖季节严格，而且其妊娠期较长，因此采用胚胎移植技术可以提高其繁殖效率。

骆驼对超排的最好反应发生在先用孕酮预处理一段时间之后。其他农畜自发性排卵后形成的黄体产生的孕酮就能发挥作用，而骆驼则不同。因此，为了超排进行胚胎移植，通常在黄体期注射促性腺激素，24～48h后注射溶黄体剂量的$PGF_{2\alpha}$而使黄体期缩短。由于驼科动物为诱导排卵型动物，只有在交配后才能形成黄体，因此对于自发性排卵的动物来说，孕酮占优势的间情期是启动卵泡的生长发育所必需的，但这在驼科动物似乎不是必需的。

在骆驼进行超排时，有人用eCG，在南美驼为剂量为500～1 000IU，在驼属动物为1 000～3 000IU，可成功地刺激卵巢出现多卵泡发育。但大剂量的

eCG可过度刺激卵巢，引起卵泡囊肿的形成，这种囊肿的直径可达到2.5cm以上。另外一种超排方法是使用1～3mg的绵羊FSH，在3～6d的时间内分剂量处理，由此可获得较好的超排结果，但比较费时。eCG与FSH合用处理结果更好。近来有人采用GnRH发挥允许作用，之后用eCG/FSH处理获得成功（Ismail等，2008）。在除去PRID或CIDR前或后，或者在其他孕酮处理方案的最后1d，用促性腺激素处理。也可先让不育公驼与母驼交配诱导黄体期，之后再用外源性促性腺激素在这种黄体期处理。

对外源性促性腺激素的超排处理的反应性在个体之间差别很大，每个供体骆驼回收的胚胎数为0～30个，目前的平均数为每个供体6个（Skidmore和Adams，2000）。

32.9.1　超排后的配种

为了获得良好的超排率，应该在整个处理期间采用超声技术监测供体，也可通过直肠触诊。当卵泡直径在南美驼达到6～8mm，或者在旧世界驼达到13～16mm时配种。

为了确保超排动物在配种后获得最佳的受精率，可在第一次配种或输精时一次注射GnRH或hCG。应该在12h后再次输精或配种。如果动物配种过早或者LH反应性低，则动物可能不发生排卵。

32.9.2　冲胚

供体在第一次配种后6～9d冲胚，从第7天获得的胚胎有些处于致密桑葚胚，有些处于扩张囊胚。在骆驼，手术法和非手术法均可用于回收胚胎。有人采用阴道内超声指导的技术回收美洲驼和羊驼的胚胎。非手术法可采用闭路（连续）冲洗法或者用注射器冲洗（Ebb 间断法）（参见第35章）。冲胚液为DPBS，添加1%热处理的胎牛血清，也加入抗生素和葡萄糖。

超排处理方法也影响胚胎的回收率。eCG处理通常回收率较低，这可能与其具有较高的LH活性而且半衰期较长，从而引起卵泡自发性黄体化有关。开始超排处理的时间也影响胚胎回收，最好的结果是在处理时没有任何卵泡生长。冲胚的时间也影响胚胎的回收，在单峰驼，建议冲胚的最佳时间是在交配及用GnRH处理后7～9d。

32.9.3　受体的管理及胚胎移植

如果要马上移植胚胎，则受体母驼的卵巢活动必须要与供体同步化。建议在受体排卵后第6天移植胚胎。

在第7～9天从供体采集的胚胎一般处于孵化囊胚阶段，用于移植的胚胎应该在形态上正常。受体母驼可采用结扎输精管的公驼交配或注射hCG或GnRH诱导排卵。

采集的新鲜胚胎可在DPBS培养液中储存数小时后移植，但长期保存需要进行冷冻及采用在其他动物所使用的辅助繁殖技术（参见第35章）。

可将每个胚胎置于0.25ml人工授精细管中，采用改良的输精枪，经过子宫颈进入左侧子宫角，无论黄体位于卵巢的同侧或对侧，胚胎均移植到左侧子宫角。

第 33 章

水牛的繁殖

Nazir Ahmad 和 David Noakes / 编　　赵兴绪 / 译

水牛（*Bubalus bubalis*）对许多热带及亚热带国家的经济发展具有极为重要的意义，这些国家包括地中海及中东地区的国家、整个印-巴次大陆、东南亚国家及中国，近来有些南美洲和中美洲国家及澳大利亚水牛的饲养量也逐渐增多。全世界的水牛总量大约为1.58亿头（Madan和Prakash，2007），而且每年以1.3%的比例增加（FAO，2000）。水牛可分为河水牛、沼泽水牛和地中海水牛三类（Cockrill，1974）。根据水牛生活的环境，即是否在水池中的沼泽中打滚（沼泽型）（swamp buffalo）或是在流动的河水中生活（河水牛）（river buffalo）可将水牛分为两类，这两类主要类型合称为水牛，全世界总量为1.53亿头。沼泽型水牛身材矮而粗壮，体形呈圆形，其染色体为48，主要在小型农场用于役用和产肉，是东亚和南亚占主要优势的水牛。河水牛的染色体为50，可提供乳汁供人消费。虽然河水牛主要是在小型农场饲养，但在有些情况下，特别是近城市地区，这些水牛的饲养也很精细，多舍饲而不放牧，在这些企业多饲养奶用专门品种，如摩拉水牛（Murrah）、尼罗水牛（Nile）及Nill-Ravi等。河水牛体格比沼泽水牛粗大，体形呈三角形，性情温和。地中海型水牛主要分布于欧洲、北非及中东，常常精细饲养用于产奶和产肉（Oswin Perera，1999）。

为了将河水牛高产奶性能与沼泽水牛良好的工作能力和产肉性能相结合，在生产实践中多采用这两类水牛杂交的方法。虽然两者的核型不同，但杂交后代具有生育力（Fischer，1987）。杂交母水牛可产犊，公的杂交后代虽然睾丸具有高比例的精母细胞变性和精子细胞异常（Bongso等，1983），但配种后也能产犊，其繁殖能力与纯种的雄性沼泽水牛相当。

33.1 雌性繁殖

33.1.1 生殖器官的解剖结构

水牛内生殖器官的结构和位置与牛的相似，但阴唇对合不紧密，阴蒂更为发达，子宫颈不太明显，由4～5个组织环组成。子宫角小而更为弯曲，子宫肉阜的数量比牛的少。卵巢为卵圆形，比牛的小，位于骨盆腔内，子宫角的后侧面。根据Samad和Nasseri（1979）的研究结果，水牛小母牛卵巢上原始卵泡的数量要比同样年龄的普通牛（*Bos bovis*）少（双侧卵巢平均为20 000个，普通牛为50 000）。同样在水牛，直径在1mm以上的格拉夫卵泡的数量也明显较少，卵泡闭锁则更多。影响卵泡闭锁的因素包括年龄、发情周期阶段、妊娠、泌乳、卵巢内外的激素变化、营养、季节及基因型等。生殖道及卵巢，包括周期黄体（CL）及发育和成熟的卵泡（>10mm）均可通过直肠检查及超声检查判断。

33.1.1.1 初情期

水牛的初情期要比牛迟。在建议的营养水平，雌性初情期（第一次发情）的年龄在河水牛为15～18月龄，沼泽水牛为21～24月龄，大多数第一次妊娠是在水牛小母牛体重达到250～275kg时。

33.1.1.2 发情周期

33.1.1.2.1 繁殖季节

引起河水牛繁殖性能低的一个主要原因是其繁殖具有季节性。光照减少及适宜环境温度有利于卵巢正常的周期性活动，而白昼延长及高的夏季温度则能抑制卵巢的周期性活动。有些水牛如果饲养管理良好则可全年配种。在印–巴次大陆，最高的繁殖活动是在9～1月份，高峰是在10～11月份，最低的繁殖活动是在炎热的夏季月份。因此大多数水牛在7～11月份产犊。

季节通过环境温度及光照周期直接影响繁殖过程，也通过饲料的质量和数量以及疾病的发生和管理实践等发挥间接作用。繁殖季节的开始与可代谢能量的高摄入及粗蛋白的低摄入具有密切关系。夏季时的低血糖和高血清尿素浓度与此时生育力低有关（Qureshi等，1999）。乳汁孕酮浓度的波动与环境温度呈负相关，炎热季节血液甲状腺素浓度降低可抑制饲料的摄取和机体的代谢。由于沼泽水牛主要分布在世界上湿度很高且稳定的热带气候地区，能经常摄取绿色饲料，因此季节对繁殖的影响不大。

33.1.1.2.2 发情周期

水牛的发情周期平均为21d，站立发情期通常持续不到24h，其变化范围为6～24h（Ohashi，1994；Baruseli等，1997），但作者从未观察到发情能持续这样长的时间。发情通常开始于傍晚，性活动的峰值出现在夜晚和清早。LH峰值持续的时间为9h，排卵通常为自发性的，发生在LH峰值后24～29h，或发生在发情结束后15～18h。

季节、营养和管理等因素以及延迟排卵均可延长发情周期的长度。在河水牛，有报道15.5%的发情周期为短周期，周期持续6～14d（Chohan等，1992）。对血浆孕酮浓度的变化进行分析发现，短周期与CL的分泌活性降低或者黄体提早溶解有关。据报道，水牛可发生延迟排卵及断续发情。

33.1.1.3 发情征状

水牛的发情征状没有牛那样明显。发情的8个主要征状是阴门充血、频频排尿、吼叫、公牛爬跨、不安、黏液性分泌物、公牛舔闻小母牛/成年母牛及公牛用下颌压在母牛背部（Madan和Prakash，2007）。在对摩拉水牛进行的研究中发现，观察到前5个发情征状的占85%，其中频频排尿是夏季最常能观察到的征状（Madan和Prakash，2007）。Jainudeen和Hafez（1987）等认为，在河水牛和沼泽水牛，异性性行为，特别是站立等待公牛的爬跨是发情最为可靠的征状，而同性性行为，如站立等待其他母牛的爬跨偶尔可观察到。阴门水肿、阴门有清亮的黏液性分泌物、自发性地射乳、吼叫、不安、频频排尿及抬尾等征状的出现及其强度在动物之间差别很大。

33.1.1.4 交配行为

水牛的交配行为在许多方面与牛相似。在限制活动期间，公牛表现转圈、喷鼻、吼叫、包皮折起及断断续续地排尿。接近母牛后，公牛表现嗅闻及舔闻母牛的会阴部和阴门，出现性嗅反射。发情母牛对此发生反应，表现为站立不动，等待公牛爬跨及阴茎的插入。交配行为包括阴茎勃起、试图在母牛的骨盆部抓牢母牛，尾根基部肌肉收缩，阴茎找寻阴门，阴茎插入及交配抽动。在此过程中，公牛将头部靠在母水牛或小母牛的背部，或者头在空中摆动（Anzar等，1988）。但这些事件的强度在公牛之间差别很大。交配持续20～30s，之后公水牛爬下，阴茎逐渐缩回包皮，而母水牛则一直保持背部呈弓形，尾巴高抬达数分钟。

33.1.1.5 发情鉴定方法

如上所述，采用观察法进行水牛的发情鉴定不太准确，主要是由于发情的外部症状主要出现在夜晚。Prakash（2002）发现，摩拉水牛50%的发情是在晚上10：00和早上6：00之间，冬季的发情表现（11～2月份）要比夏季（3～8月份）更为明显。提高发情鉴定的准确率及效率需要培训农工，需要有良好的记录及对发情行为和发情征状进行仔细有规律的观察（Oswin Perera，1999）。如果给公水牛（最好进行输精管结扎）配置颏下交配检测的气球，则常常可用于日常的发情鉴定。公牛可从傍晚起一直到第二天早晨与母牛一同处于畜栏中，或者如果母牛在围栏中时，让公牛跟随母牛，每天两次。如果没有公牛，则母水牛可用雄激素处理用于发情鉴定。

发情鉴定辅助方法，如在荐部放置压力传感器或者用涂料涂抹尾根的方法，由于泥沼等会干扰其效率，因此效果很不理想。虽然在水牛并未进行日常的发情鉴定，但常常根据阴门含有清亮的黏液性分泌物、奶产量下降或性情发生变化等特点进行人工授精。在这些情况下，输精人员常常触摸子宫检查其张力，检查黏液的性状，之后根据检查结果输精。

另外，在牛（参见第22和24章）人们采用各种同期发情方法，改变黄体寿命或者改变卵泡的发育，避免进行发情鉴定而直接进行定时人工授精，De Rensin和Lopez-Gatius（2007）的综述中已对这些方法有详细介绍。这些方法包括，单独使用$PGF_{2\alpha}$、单独使用孕酮及孕激素、GnRH与$PGF_{2\alpha}$合用、孕酮与雌二醇和hCG及eCG合用等。但大多数处理方法的效果不佳，大多数方法也只是在正常的繁殖季节具有效果。最好是将同期处理方法与直肠内超声探查方法相结合检查卵泡发育。De Rensin和Lopez-Gatius（2007）认为，大多数同期发情处理方法可以使得人工授精在不进行发情鉴定的情况下进行，其妊娠率与检查到发情后进行输精的动物相当。

33.1.1.6 内生殖器官及生殖激素的周期性变化

卵巢。雌激素，特别是格拉夫卵泡产生的17β-雌二醇水平的升高以及退化中的黄体产生的孕酮浓度的降低启动LH峰值的出现。LH峰值诱导卵泡的最后成熟，在24～29h后发生排卵（Kaker等，1980；Shimizu，1987）。

在正常情况下，每个发情周期有两到三个卵泡波，小母牛多为两个卵泡波，因此发情周期较短（发情间隔时间为21d，成年母牛为24d；De Rensin和Lopez-Gatius，2007）。在发情期，成熟卵泡的直径为10～20mm，直肠触诊及直肠内超声探测时为一肿胀且轻微突出于卵巢表面的区域。在排卵当天（周期第1～2天），卵泡变软，触诊感觉到排卵点为卵巢表面的一个凹陷。在发情周期的大部分时间，卵巢上可见到直径达15mm的非排卵卵泡波相关的卵泡。正常情况下每个发情周期排出一个卵子。

黄体的生长、维持及退化与外周血浆或乳汁中孕酮浓度的变化密切相关（Jainudeen等，1983a，b）。发育的周期黄体（周期第2～7天）较为柔软，直肠检查难以触诊，但成熟周期黄体（周期第8～16天）直检触诊为卵巢表面坚硬的突起。成熟的周期黄体分泌孕酮，引起周期第12～16天时外周血浆孕酮浓度达到1～4.0ng/ml。随着黄体的退化（周期第17天），孕酮的分泌迅速降低，在下次发情时孕酮浓度低于0.4ng/ml。老黄体在卵巢表面为白色的斑点。卵泡液中17β-雌二醇的浓度随着卵泡的增大而增加（Palta等，1996）。血浆中雌二醇浓度受季节的影响，在炎热的夏季浓度较低，这可能对此时的发情行为具有影响（Rao和Pandey，1982；1983）。在摩拉水牛，外周血浆促卵泡素（FSH）浓度在发情时达到高峰，随后数天逐渐下降（Kaker等，1980）。季节对FSH的浓度也有影响，11～12月份FSH浓度比3～6月份低（Janakiraman等，1980）。LH浓度在发情时达到高峰（20～40ng/ml），在发情周期的其他时间较低（<2ng/ml）（Madan和Prakash，2007）。与在其他生殖激素一样，季节对LH的分泌也有影响，一年中凉爽的月份LH的峰值浓度较高（Rao

和Pandley，1983）。大量的研究表明，与其他动物一样，抑制素在调控水牛卵泡生成中发挥重要作用（参见第一章）。外周血浆抑制素浓度在发情前2～4d，即优势卵泡出现之前达到峰值，之后在黄体期早期迅速下降到基础水平（Mondal等，2003）。有研究表明，与其他生殖激素一样，季节对抑制素的分泌也有影响，冬季时的浓度明显比在夏季高（Palta等，1997），这可能是由于卵泡活动降低所致，因为卵泡液中的抑制素浓度直接与卵泡大小相关（Singh，1990）。

子宫、子宫颈及阴道。水牛发情时子宫角肿胀卷曲，张力达到高峰，排卵时水肿明显。排卵后肿胀及张力逐渐减弱，在黄体期几乎变为松弛。发情期子宫颈开张，足以使得输精导管进入子宫。发情时分泌大量的清亮黏液，在排卵后变为不透明、黏稠，量减少。发情时阴道黏膜充血及阴门水肿。在牛经常可见到阴门分泌物含有血液或“经期出血（metoestrus bleeding）”，但在水牛很少能见到。

33.1.2 妊娠

33.1.2.1 妊娠期

水牛的胚胎在发情后4～5d进入子宫，第6～8天囊胚孵化（Oswin Perera，1989）。水牛的妊娠期比牛长，河水牛为305～320d，沼泽水牛为320～340d；怀公犊时妊娠期比怀母犊长1～2d。河水牛与沼泽水牛的杂种妊娠期处于两者之间，为315d。右角妊娠比左角妊娠的比例更高（分别为67%和 33%；Usmani，1992），胚胎在子宫内的迁移很少发生。

33.1.2.2 妊娠生理学

胎盘形成。水牛的胎盘为上皮绒毛膜子叶型胎盘（参见第二章）。胎膜及胎儿常常在一个子宫角中发育。胎盘突为60～90个，大多数分布在整个孕角。随着妊娠的进展，胎盘突增大，呈蘑菇状，直径为5～7cm。

内分泌学。虽然在妊娠期卵巢的周期性活动停止，但有些水牛仍可表现行为上的发情，但不发生排卵。整个妊娠期黄体都得到维持，但其在维持妊娠中的作用还不完全清楚。与牛一样，整个妊娠期孕酮浓度均保持高水平。

33.1.2.3 妊娠诊断方法

33.1.2.3.1 临床检查法

直肠检查法。从妊娠第45天起，可通过直肠检查准确诊断水牛的妊娠，但有经验的临床检查人员可早在配种后30d就能准确诊断。触诊滑动尿膜绒毛膜也可从妊娠第42～56天进行妊娠诊断（参见第3章）。在妊娠第4个月前子宫悬垂在骨盆腔边缘，之后下降到腹腔底。在大多数水牛，妊娠70d以后可触摸到胎盘突及胎儿，但在有些腹部很大的河水牛，则难以触摸到胎儿，特别是在妊娠的第6～8个月之间更为困难。在这种情况下，触诊增大的子宫中动脉检查妊娠脉搏，或者鉴别胎盘突等，均有助于进行妊娠诊断。

33.1.2.3.2 实验室诊断法

激素测定。与在牛一样，水牛也可以根据配种后22～24d乳汁或血浆中孕酮浓度的持续升高进行妊娠诊断，这种方法对早期诊断未孕动物很准确，但对鉴定妊娠动物则准确性较低，其原因与牛的相同（参见第3章）。在牛，配种后20～23d测定乳汁或血液孕酮浓度，诊断未孕时的准确率几乎为100%，但诊断妊娠的准确率只有65%～80%（Perera，1980）。分析血液或乳汁中硫酸雌酮，可在妊娠第110天时准确区分妊娠与未孕动物，这与牛一样（参见第3章）。

33.1.2.3.3 超声检查法

与牛一样，超声检查可有效用于水牛妊娠的早期诊断。采用5.0或7.5MHz直肠内线性扫描，可在配种后19～21d准确进行妊娠诊断。胎儿心脏可在30～35d检查到，其他结构如四肢、脊柱及胎膜可在35～40d检查到（Oswin Perera，1999）。

33.1.3 分娩及产后期

33.1.3.1 分娩与难产

分娩预兆。临近分娩时，水牛的行为变化与牛相似。在产前1～2周，水牛表现明显的腹部增大，乳房发育明显，阴唇肥厚水肿。随着分娩的临近，水牛与牛群孤立，骨盆韧带及肌肉松弛塌陷，导致尾根高抬，妊娠时的子宫颈黏液塞液化，产生清亮的黏液悬垂于阴门，特别是在动物躺下时更为明显。

分娩的启动。在整个妊娠期孕酮浓度一直维持在高水平，但在分娩前大约15d，血浆雌酮和PGF代谢产物PGFM水平升高，产前3～5d达到峰值（Perera等，1981；Arora和Pandey，1982；Batra和Pandey，1982）。分娩时，血浆孕酮浓度急速下降，与此同时血浆皮质醇水平明显升高（Prakash和Madan，1984）；但皮质醇是来自母体或者来自胎儿或是来自两者，目前还不清楚。地塞米松可成功诱导水牛的分娩（Prakash和Madan，1985），而且在治疗患有子宫颈/阴道脱出的水牛以及妊娠期延长时极为有用。与牛一样，胎衣不下（RFM）在水牛较为常见。

分娩阶段。分娩前12～24h，子宫收缩的频率和幅度均增加，引起动物出现腹部不适的症状。子宫颈需要1～2h才能完全开口（分娩的第一阶段）。

随着胎儿进入产道，母牛伏卧或侧卧而开始努责（分娩的第二阶段）（图33.1）。在大多数情况下尿囊绒毛膜在其突出阴门之前就破裂，之后包在羊膜中的胎儿很快出现于阴门。腹部强烈的收缩引起羊膜囊破裂，胎儿排出。胎儿通常为正生上位，四肢伸展；倒生不太常见。分娩的这一阶段持续30～60min，但可延长到6h，特别是在初产水牛更会如此。与牛一样，脐带在胎儿落地前断裂。胎儿产出之后，腹部努责停止，4～6h内排出胎衣（分娩的第三阶段）。双胎在水牛较少发生，其发生率不到1/1 000。

分娩期疾病。河水牛生殖疾病的发生率比沼泽水牛高。在河水牛，子宫颈-阴道及子宫脱出的发病率为42.0%，胎衣不下（RFM）为23.7%，难产为21.5%，流产为12.8%（Samad等，1984）。约64.8%的脱出发生在产前（子宫颈阴道脱出），而35.2%发生在产后（子宫脱出），子宫脱出多发生于胎儿排出后头6h内，包括妊娠子宫角完全内翻（图33.2）。传染病、宫缩乏力、难产及管理不善可能与RFM的发生有密切关系。

难产。水牛的难产比牛少见。舍饲的河水牛比自由放牧的沼泽水牛更易发生难产。难产最常见的原因是胎儿母体大小不适，其次为各种胎位异常。母体性难产最常见的原因为子宫捻转，其次为子宫颈不完全扩张和子宫宫缩乏力。偶尔可见到尿水过多和持久处女膜。

大多数子宫捻转的病例发生在分娩时或妊娠的最后一个月。在水牛，子宫捻转的方向90%以上的病例为右侧（逆时针）。引起子宫捻转及阴道或子宫脱出的因素就其原由可能与解剖特点有关，这些因素包括子宫韧带相对较长，阔韧带中平滑肌细胞数量相对较少。此外，管理因素，例如经常将水牛限制在小而泥泞的区域，缺乏运动场所等，这些条件在乡村很常见。Schaffer氏法（参见第10章）在矫正水牛的子宫捻转上很有用处。

33.1.3.2 产后期

子宫复旧。产后第二周触诊子宫时呈边界清晰且完全可触诊结构，位于骨盆边缘的前腹面。在哺乳的沼泽水牛，产后30d子宫完成复旧，而在手工挤奶的河水牛则在产后45d完成。如果发生难产或胎衣不下，则子宫复旧延迟。关于年龄、季节及胎次对子宫复旧速度的影响，目前的研究结果仍互有矛盾。

卵巢活动的恢复。前次妊娠的周期黄体在产后30d会完全退化。分娩之后外周血浆孕酮浓度急剧下降，产后3～4d时降低到不可测水平，维持该水平一直到产后第一次排卵。沼泽水牛产后第一次排卵发生在产后大约96d（Jainudeen等，1983a），河水牛则发生在产后大约60d（Perera等，1981）。但在饲养及管理良好的水牛，卵巢的活动开始得较早。从产犊到卵泡发育恢复及排卵的时间，如果卵泡是在上次妊娠子宫角对侧的卵巢，则这个时间较短（Usmani，1992）。体况不良，泌乳、哺乳及年龄等可延缓产后第一次发情开始的时间。手工挤奶

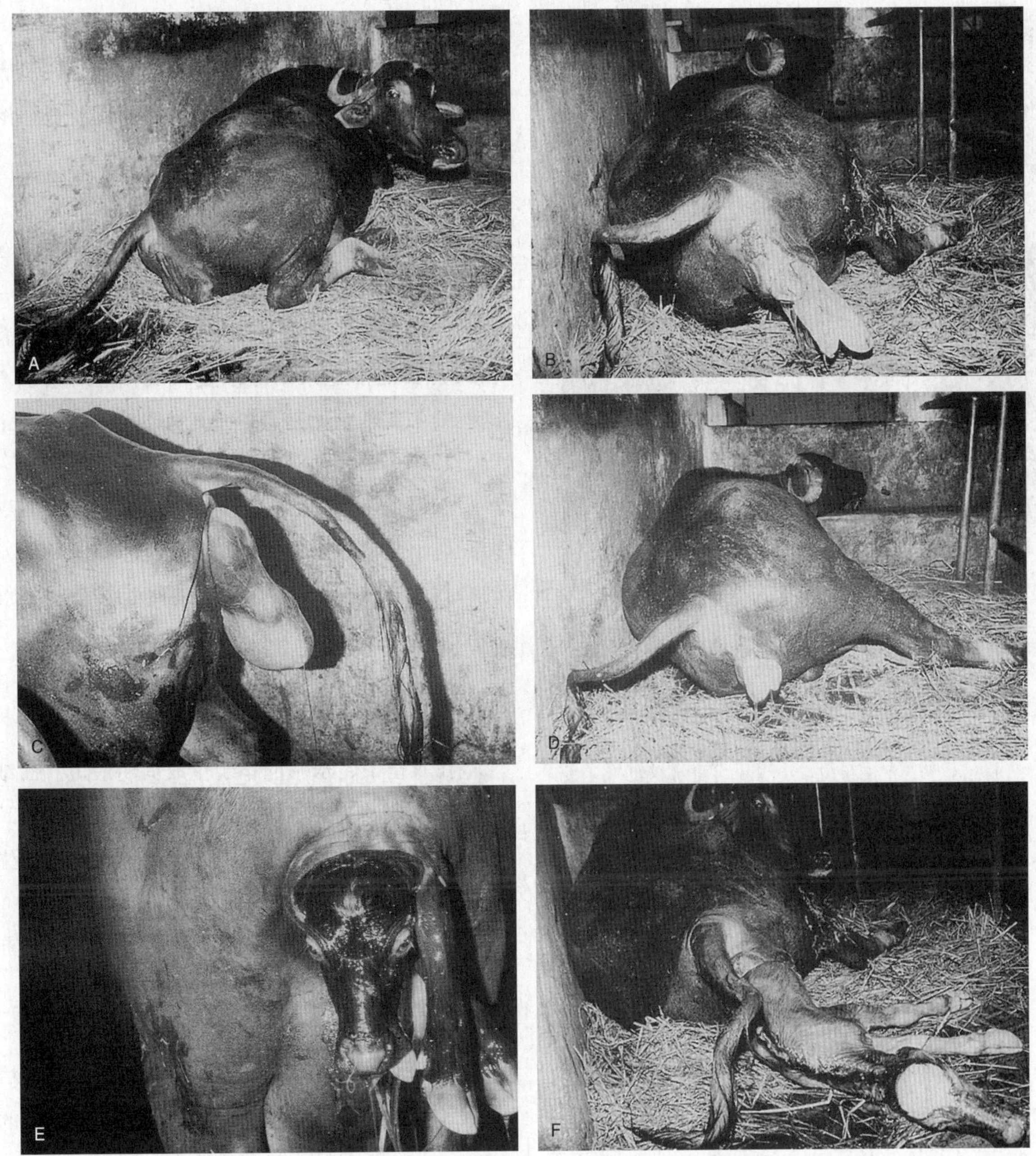

图33.1　水牛的分娩
（A～E）为分娩第二阶段的进展，F为第二阶段结束时。

的河水牛产后乏情的发生较哺乳的沼泽水牛低。在正常产犊季节产犊的水牛其卵巢周期性活动的恢复要比在其他季节产犊的水牛早。

在表现发情周期活动的河水牛，孕酮阴道内释放装置（PRIDs）（参见第1章和第22章）可启动排卵及黄体活动（Rajamahendran等，1980），但在哺乳的无周期活动的沼泽水牛则不能发挥这种作用（Jainudeen等，1984）。在哺乳水牛，GnRH不能启动正常的卵巢周期活动，但hCG则能启动排卵和正常的周期黄体发育。虽然早期断奶可减少产后乏情的发生，但其缺点是可增加水牛用于产肉的投入。与牛一样，将哺乳水牛与其犊牛暂时性地隔离可诱导不排卵的发情，但用PRID提早处理10～12d可克服这种现象。改善体况必须要同时结合其他减

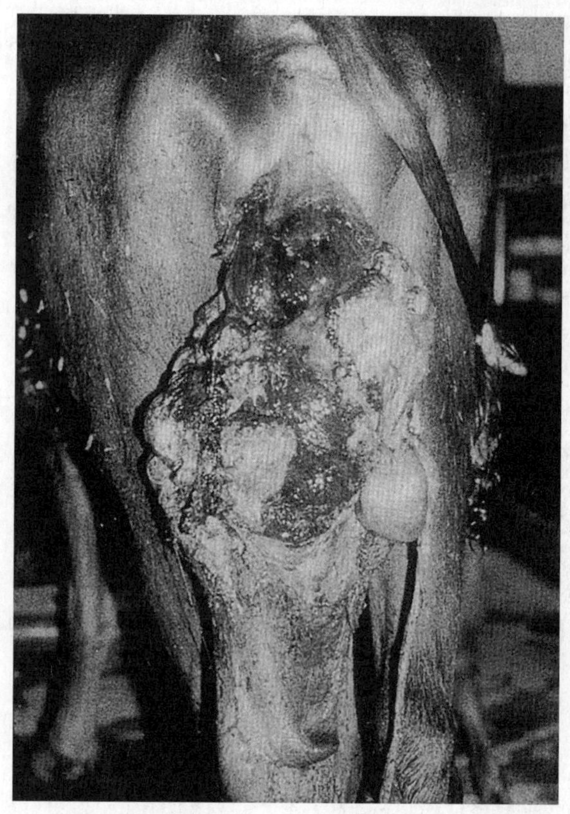

图33.2 水牛的子宫脱出

少从产犊到产后第一次发情的间隔时间的方法，这样才能促进卵泡的活动（Jainudeen等，1984）。

水牛也一样，分娩之后子宫通常会受到来自环境细菌的污染。将正常产犊水牛的子宫拭子进行培养（第一组），同时将发生难产的水牛子宫拭子（第二组）也进行培养，结果表明第二组中大量的样本受到污染，而且菌群也完全不同。第一组的培养物可从纯培养中分离到条件性的厌氧菌（大肠杆菌、葡萄球菌、β溶血性链球菌），而第二组动物的培养物为混合细菌，主要为强制性厌氧菌，如梭形杆菌（*Fusobacterium*）和普雷沃菌（*Prevotella* spp.），以及大肠杆菌和化脓隐秘杆菌（*Arcanobacterium pyogenes*）（Jadon等，2005）。

33.2 雄性生殖

33.2.1 解剖学

公水牛的生殖器官与普通牛（*Bos bovis*）的相似，但睾丸和阴囊较小，包皮不太下垂。与在牛一样，水牛的睾丸和附睾可隔着阴囊壁触诊，前列腺、精囊腺及输精管壶腹也可通过直肠检查触诊。

33.2.2 初情期

河水牛公牛的睾丸大小随着年龄的增加而呈曲线性增加。在5～15月龄其增长缓慢，但在15～25月龄则增长速度加快，25～38月龄增长再度缓慢。在21月龄之前血浆睾酮浓度较低，之后增加。在这些公牛，初情期前期似乎延迟到15月龄（Ahmad等，1984）。在两类水牛，精子生成开始于12～15月龄。但是，要到24～25月龄时才能达到性成熟，即在射出精液中出现活性精子。河水牛×沼泽水牛的F1代生长快，其达到初情期的年龄要比生长缓慢的沼泽水牛早。

33.2.3 精子生成

在农畜中，水牛的精子生成周期最短。曲细精管上皮周期及精子生成持续的时间分别为8.6和38d（Sharma和Gupta，1980）。一般来说，精子生成中的细胞周期阶段在水牛和牛类似。

水牛正常精子的头部具有特异性的长方形结构，而在牛则没有类似的结构，其大小为，长8.3μm，宽4.5μm。中段的平均长度为12.2μm，而尾部长为54.8μm（Saeed等，1989）。水牛精子的总长度要比牛的长（水牛的为75.4μm，牛的为69.3μm）。

33.2.4 精液检查

水牛可采用常规的牛用假阴道（AV）采集精液（参见第30章）。可用母水牛或者去势或正常的公水牛为试情动物。假阴道水套的温度为40～42℃，假阴道内的压力可根据公牛个体进行调节。在2～3次假爬跨后采集精液可增加精子浓度。采用假阴道采集的正常精液颜色为奶油色到乳白色，量为1～6ml，但有些公牛的采精量可在11ml以上；精子浓度为（1～4）×10^9个/ml。射精量及精子浓度在河水牛比沼泽水牛高；水牛精子的活力比牛的低。也可采用牛用的电刺激采精器采集水牛的精液。

精子质量的参数受采精前的性兴奋、假爬跨的次数、年龄、季节、采精频率、日粮及公牛健康状况等的影响。温度/湿度指数对产生的精液量有负影响，可降低精液浓度及初始活力，产生的死亡及异常精子数增加。夏季血清甲状腺素浓度的降低可抑制摄食和代谢，减少精子的产生。同样，体温升高对精子的初始活力也有不良的影响，可使射出液中死亡精子的数量增加。睾丸明显不对称的公牛每次射精时产生的精子数量明显较少。致病性细菌，如假单胞菌和大肠杆菌可降低精子活力和使死亡精子的百分比增加。

33.2.5 人工授精

在印度次大陆，人工授精（AI）技术的使用在河水牛已有40多年的历史，但要比在牛的应用落后得多，主要是因为水牛的发情鉴定较为困难。此外，采用冷冻或冷藏的精液输精之后的生育力也较低，这也是在水牛扩大使用人工授精技术的另外一个限制因素。Moioli等（1978）的研究表明，水牛的精子在冷冻解冻后，在雌性生殖道内的寿命要比鲜精短。

水牛的精液与牛的不同之处在于其代谢和生理特性上，例如，精子DNA-RNA、磷脂和酶的含量等。由于这些差异，用于牛的精液处理方法，特别是稀释液的成分不适合于冷冻水牛的精子。因此，需要建立更为有效的稀释液来冷藏或冷冻保存水牛的精液。人们已经研制了各种稀释液用于冷冻水牛精液，但结果差异很大，这些稀释液包括乳糖-卵黄-甘油，乳糖-果糖-卵黄-甘油和Tris-卵黄-甘油。卵黄浓度超过20%时，并不能提高冷冻保存效果，但由于黏度增加，因此可减缓精子通过子宫颈的前进运动。最常用的平衡时间为6～9h，最常用的甘油浓度为5%～7%。

稀释的精液可置于0.25ml或0.5ml细管或制备成颗粒冻精，每个含有3千万个精子，然后将细管置于-120～-140℃液氮熏蒸后投入液氮保存。快速解冻（37℃10s）效果明显比慢速解冻好。水牛精液解冻后精子活力为35%～60%。水牛人工授精的时间可遵循在牛采用的上午/下午规则（参见第31章），最佳的输精时间是在站立发情结束时，这要比牛迟（Moioli等，1998）。确定最佳的输精时间，可通过判断母牛拒绝站立等待试情公牛的爬跨来确定，但在养殖实践中常常很困难，因此输精一般可在最早表现发情征状后24h进行。

33.3 生育力及不育

33.3.1 生育力的评价

母水牛的生育力常常可用产犊间隔表示。水牛一般平均3年可产2头犊牛，但根据非返情率解释妊娠率时必须要慎重，这是因为水牛本身鉴定发情就很困难。沼泽水牛根据直肠检查的妊娠率在3～4个月的繁殖季节通常为20%～75%，而且与母牛的营养状态和泌乳阶段密切相关。河水牛第一次配种后的妊娠率，在自然配种后为50%～75%，冻精人工授精后为30%～50%。

33.3.2 雌性不育

水牛的繁殖效率比牛低。在传统的饲养管理条件下，性成熟迟，季节对繁殖周期的影响和产犊间隔延长，使得水牛在连续2年内最为有利的月份产犊的机会减少。各种传染及非传染性因素，特别是由于乏情、屡配不孕及流产等，也与产犊间隔的延长有关。

33.3.2.1 乏情

与牛一样，水牛的乏情也包括两类，第一类为，在卵巢上具有可触诊到的周期黄体，但由于亚发情或安静发情而未能检查到发情；第二类为，卵巢上没有可以触诊到的周期黄体，由于其无发情周期（真乏情）循环而不表现发情。在对重复出现乏情进行的临床检查中发现，58.4%为真乏情，

33.3%为安静发情，8.3%的水牛具有幼稚型生殖器官（Samad等，1984）。

在炎热的夏季真乏情率明显增加。临床检查发现双侧卵巢小而无活动，子宫松软。血液钙、磷、葡萄糖和总蛋白含量在乏情牛明显比表现周期的水牛低。在大多数情况下，这些异常可随着气候条件的转好及充足的饲喂而自动恢复。最为有效的处理方法是采用PRID处理10～12d，在撤出PRID时用eCG处理。

过去人们认为，安静发情是水牛繁育中的主要问题，但近来的研究表明，其主要是由于发情鉴定失误所引起。如果在牛群中采用日常的发情鉴定措施，则其发生率会明显降低（Jainudeen，1984）。对安静发情的水牛用$PGF_{2\alpha}$处理，91%可在处理后48~80h表现可见的发情征状，第一次输精后的妊娠率可达到55%（Samad等，1981）。

33.3.2.2 卵巢囊肿

水牛卵巢囊肿的发生率较牛低。在水牛，本病以高产的河水牛比哺乳的沼泽型水牛更为多发。有研究发现，在印度的12 000头河水牛中，卵巢囊肿占繁殖失败的6%；大多数病例发生在产后45d之前（Rao和Sreemannarayanan，1982）。本病的临床检查与治疗和牛的相似（参见第22章）。

33.3.2.3 屡配不孕及流产

屡配不孕是水牛繁殖效率低下的重要原因之一，其发病率为15%～32%，在小型农场单独饲喂的水牛似乎比大群饲喂的牛低，小母牛比第三胎以上的成年母牛低；此后可能由于从繁育群中淘汰病牛，这种情况减少。

引起牛屡配不育及流产的特异性感染因素，如布鲁氏菌病、螺旋体病、弯曲杆菌病、滴虫病及传染性牛鼻气管炎（IBR）等的发生在水牛较少。非特异性的子宫感染可引起临床或亚临床型子宫内膜炎，这是水牛屡配不孕的主要原因。精液质量差、黄体功能不健、排卵延迟或不排卵也可能是其发生的原因。营养缺乏可引起血钙和血磷浓度降低及低血糖，由此也可造成水牛屡配不育。

屡配不育水牛血清抗精子抗体要比正常表现发情周期及妊娠或处女小母牛的高，说明这可能与有些水牛的妊娠失败有关（Saeed等，1995）。由流产布鲁氏菌引起的流产发生于妊娠的后半期。

33.3.2.4 子宫内膜炎

不育的河水牛子宫内膜炎的发病率高，约占各种繁殖疾病的46%（Samad等，1984）。对非特异性子宫感染的原因进行的分析表明，一度子宫内膜炎、二度子宫内膜炎及产后子宫炎分别占所研究水牛的56.2%、16.0%和24.2%。分离到的常见病原为大肠杆菌、化脓隐秘杆菌和金黄色葡萄球菌。这种高发病率可能与患病公牛的自然配种、不卫生的产犊管理、产后期的持续感染、发情周期中期输精以及采用不适当的器械诱导泌乳、动物的尾或头进入阴道等有关。此外，在水牛，由于阴唇不能完全关闭，因此可能使得上行性感染的机会增大。关于这些疾病的治疗方法与牛的相同（参见第22章）。

33.3.3 雄性不育

水牛公牛的遗传性不育主要特点是睾丸发育不全及内分泌异常，由此导致睾丸和曲细精管发育不良，精子生成受阻。获得性不育最有可能是由于引起炎性变化的感染所致，包括睾丸炎、附睾炎、精囊腺炎及睾丸变性。水牛精清中抑制精子活力的因子要比牛的精液中高（Rao，1984；Ahmad等，1988）。夏季月份的环境高温对性欲及精子质量具有不良影响，会发生多种精子缺陷，但它们与生育力的关系还不很清楚。

33.3.4 提高生育力的措施

在过去，人们的注意力主要是控制影响生育力的传染病和病理情况，但随着近来测定生殖激素（如LH和孕酮）方法的灵敏性提高，兽医人员则将更多的注意力放在引起水牛不育的非传染性因素上。

河水牛的品种选育、河水牛与沼泽水牛的杂交以及改进营养状况等均可加速初情期的出现。同样，管理措施，如早期断奶、高营养水平饲喂及在夏季月份提供遮阴保护可促进产后卵巢周期的恢复及缩短产犊间隔。可通过在同一发情期间隔6~8h输精两次，或者在输精时采用GnRH。或者在输精后24h子宫内灌注抗生素，均可提高屡配不育牛的妊娠率。

发情鉴定困难可通过在预计时间采用两种诱导发情的方法来克服：第一，用$PGF_{2\alpha}$或合成的类似物提早黄体溶解；第二，通过采用PRID制造人工黄体期。第一种方法在泌乳或哺乳水牛价值不大，主要是由于其真乏情的发生率较高。由于$PGF_{2\alpha}$可引起流产，因此应该在处理之前进行水牛的妊娠诊断。

33.4 超排及胚胎移植

胚胎移植之后所产的第一个水牛犊是1983年在美国获得成功的，研究人员采用非手术法采集7日龄的囊胚，采用非手术法移植到与此无关的河水牛（Drost等，1983）。与牛相比，胚胎移植技术在水牛的应用仍然落后（参见第35章），这主要是由于：①采用各种不同的促性腺激素后超排反应差，这可能是由于原始卵泡的数量少，而卵泡闭锁的比例高所致；②对同期发情处理的反应性差（见上），特别是对$PGF_{2\alpha}$的溶黄体作用反应差。但是近年来也有很大的改进。

根据Anwar和Ullah（1998）的研究结果，水牛的胚胎大约在发情后85h进入输卵管，108h进入子宫，发情后85h时其处于8~16细胞阶段，108h时形成桑葚胚，125h时为致密桑葚胚，141h时为早期囊胚；发情后157~176h时主要为囊胚。因此建议在第6~7天回收胚胎。

开始超排处理时外周血浆孕酮浓度高的动物产生的结果比孕酮浓度低的动物好。采用与牛相同的方法处理，水牛超排处理后卵巢的反应性差可能是由于卵巢卵泡的数量少及相对较高的卵泡闭锁所致。

体外胚胎生产，包括体外成熟、受精及培养

水牛胚胎体外生产第一例成功产犊是在1991年（Madan等，1991）。从水牛卵巢获得的可以利用的卵母细胞数量少，这是建立成功的体外胚胎生产系统的主要限制因素（参见第35章）。可以采用卵泡抽吸法从屠宰场采集的卵巢获收卵母细胞，也可采用超声显像监测下的阴道内回收卵子技术采集卵母细胞，但是采用手术刀片切割卵巢表面，之后立即冲洗卵巢释放卵母细胞到培养液中，回收高质量卵母细胞的效果要比针刺抽吸法好。具有CLs的水牛卵巢产生高质量卵母细胞的数量比没有功能性黄体的卵巢少，这可能是由于黄体对卵泡生长的抑制作用所致（Samad等，1998；Samad，1999）。

组织培养液（TCM-199）、牛合成输卵管液和Ham's F-10培养液对水牛卵母细胞的培养效果相当，均有利于其体外成熟，TCM-199中添加发情牛血清、发情水牛血清或前情期水牛血清可改进体外成熟和受精率。通过在培养液中加入水牛输卵管上皮细胞可促进来自IVM-IVF的2-细胞胚胎发育到桑葚胚阶段（Samad，1999）。在水牛，卵母细胞成熟率（60%~70%）及卵裂率（40%~50%）均较高，但囊胚形成率（15%~30%）及产犊率（10.5%）均较低。

在水牛，采用的其他辅助繁殖技术还有胚胎性别鉴定及核移植等（参见第35章）。

第 34 章

小型哺乳动物宠物的正常繁殖、繁殖疾病及不育

Sharon Redrobe / 编　　赵兴绪 / 译

本章主要讲述了小型哺乳动物宠物与兽医实践中所熟悉的其他动物（如犬和猫）在与繁殖有关的解剖学、生理学及病理学等方面的差异。许多动物可以包含在“哺乳动物小宠物”中，但本章讲述的主要是指通常用作宠物，或者很快将要用作宠物的小型哺乳动物。这些动物见表34.1.

34.1　小型哺乳动物的分类

兔及啮齿类动物为真哺乳亚纲（Eutherian）哺乳动物（有胎盘哺乳动物）的代表，蜜袋鼯（sugar glider）和短尾负鼠（shourt tailed opossum）则为后兽亚纲（Metetherian）哺乳动物（有袋类）的代表。

兔属于兔形目（Lagomorpha），啮齿类动物属于啮齿目（Rodentia）。啮齿类动物的现代分类系统以下颌骨的形状为主要特点进行分类。以前的许多参考文献采用颧骨分类（zygomassetric）系统将啮齿类动物分为几个亚目（始齿亚目，Protrogomorpha；松鼠型亚目，Sciuromorpha；豪

表34.1　小哺乳动物的常用名及科学命名

常用名	学名	其他常用名
毛丝鼠（chinchilla）	长尾毛丝鼠（*Chinchilla laniger*）	大尾栗鼠（Large tailed chinchilla）
长爪沙鼠（gerbil）	长爪沙鼠（*Meriones unguiculatus*）	蒙古沙鼠（Mongoilian gerbil）、长爪沙鼠（clawed jird）
豚鼠（guinea pig）	豚鼠（*Cavia porcellus*）	豚鼠、天竺鼠（Cavy，cavie）
中国仓鼠（hamster，Chinese）	中国仓鼠（*Circetulus griseus*）	条纹仓鼠（Striped hamster）
短尾侏儒仓鼠（Hamster Djungarian）	短尾侏儒仓鼠（*Phodopus sungorus*）	矮仓鼠（Dwarf hamster）
叙利亚仓鼠（Hamster Syrian）	金色仓鼠（*Mesocricetus auratus*）	金色仓鼠（Golden hamster），普通仓鼠（common hamster）
小鼠（Mouse）	小鼠（*Mus musculus*）	普通小鼠（Common mouse），小家鼠（house mouse）
兔（Rabbit）	兔（*Oryctolagus cuniculus*）	欧洲兔（European rabbit），兔（bunny）
大鼠（Rat）	大鼠（*Ratus norvegicus*）	棕鼠（rown rat）
短尾负鼠（Short-tailed opossum）	灰短尾负鼠（*Monodelphis domestica*）	巴西负鼠（Brazilian oppossum）
蜜袋鼯（Sugar glider）	蜜袋鼯（*Pretaurus breviceps*）	小飞袋鼠（Lasser gliding possum），蜜袋鼯（Honey glider），飞袋鼯（Flying squirrel）

猪型亚目，Hystricomorpha及鼠型亚目，Myomorpha）。有一段时间，有少数科学家认为，豚鼠及其他一些南美豪猪类（caviomorpha）动物不应分类为啮齿类动物，而应将其包括在另外一个相关但完全不同的目，兔形目（Lagomorpha）中（Grauer等，1991）。但2002年以后发表的文章采用更为宽泛的命名及基因样本，认为啮齿目为单系起源的动物（monophyletic）（Cao等，1994；Adkin等，2001）。本章中介绍的动物在这种分类系统中的位置见图34.1。

34.2 小型哺乳动物的性别鉴定

34.2.1 啮齿类

啮齿类动物的性别鉴定技术一旦学会，即使在刚出生的动物也可进行。在大鼠、小鼠、沙鼠和仓鼠，雌雄两性的两后腿之间可看到一个腹侧乳头，但在雄性其为阴茎的顶端，在雌性为尿道乳头。在同一种动物，肛门与该乳头之间的距离（称为肛阴间距）在雄性比雌性大。学习这种性别鉴别技术时，开始应准备雌雄两性的两种动物，这是因为绝对的距离在各种动物之间具有一定的差别。在所有雌性动物，从6日龄开始，乳头越来越明显。豚鼠及毛丝鼠除在发情及分娩时外，雌鼠在尿道开口与肛门之间有一膜覆盖。豚鼠和毛丝鼠的阴茎可通过轻压而暴露，可在肛门两侧触摸到睾丸。这些动物存在有阴茎骨，有时也可触摸到。豚鼠的雌雄两性在腹股沟区均有明显的一对乳头。雌性毛丝鼠的尿道乳头较大，有时可与阴茎混淆，而且在雄性如果不用手刺激进行性别鉴定而使阴茎勃起，则很难观察到阴茎伸出。在栗鼠可通过比较肛阴距离鉴别性别，在雌性，乳头对着肛门，但在雄性则由一组织带分开，其阴茎很易伸出。雄性豚鼠也称为公猪，雌性也称为母猪。

34.2.2 兔

兔的性别鉴定技术一旦学会，即可很准确地在刚出生的动物进行，但与许多其他技术一样，需要对这种技术进行实践和熟悉。轻压生殖器官可引起雄鼠很小的阴茎外翻（图34.2～图34.5），或者在雌性可引起阴门裂开张（图34.6）。在未成年的动物，应该注意其阴门更紧密地与肛门连接，其间形成一裂隙（图37.4），阴茎的结构完全为圆形，终止于一个小的开孔上。兔没有阴茎骨。

34.3 配种系统

配种系统可严格地描述为：

长期同组交配的动物，在这类动物，一雄多雌

啮齿目
- 豪猪型亚目（Hystricomopha）
  - 豪猪下目（Infraorder Hystricognathi）
    - 南美豪猪类（Parvorder caviomorpha）
    - 豚鼠科（Cavidae）—包括豚鼠
    - 毛丝鼠科（chinchillidae），包括毛丝鼠
- 鼠型亚目（Myomorpha）
  - 鼠超科（Superfamily Muroidae）
  - 仓鼠科（Cricetidae）—包括仓鼠
  - 鼠科（Muridae），包括大鼠、小鼠和沙鼠

兔形目（Lagomorpha）
- 兔科，包括兔

图34.1 常见啮齿类动物和兔子的分类

图34.2 公兔的会阴区，没有用手指压迫会阴区及包皮的情况（注意两个相对无毛的阴囊）（见彩图157）

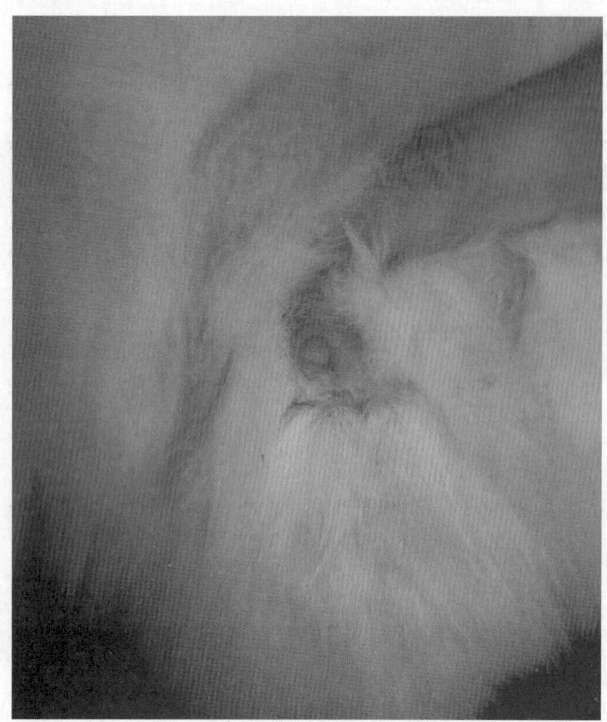

图34.3　正常公兔压迫会阴区引起阴茎突出的情况（见彩图158）

注意阴茎的大小，并与图34.5中去势公兔阴茎的大小进行比较。

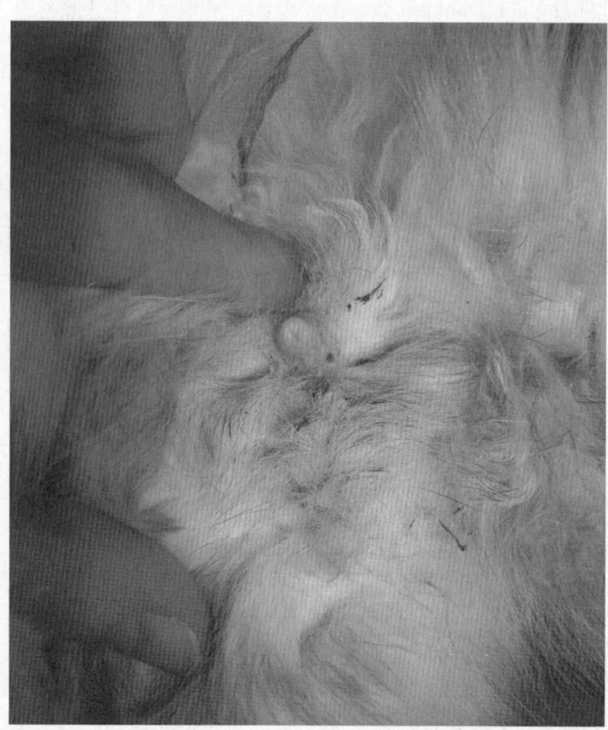

图34.5　去势公兔的会阴区，手指压迫会阴区引起阴茎伸出（注意其要比图34.3中所示的正常公兔的小）（见彩图160）

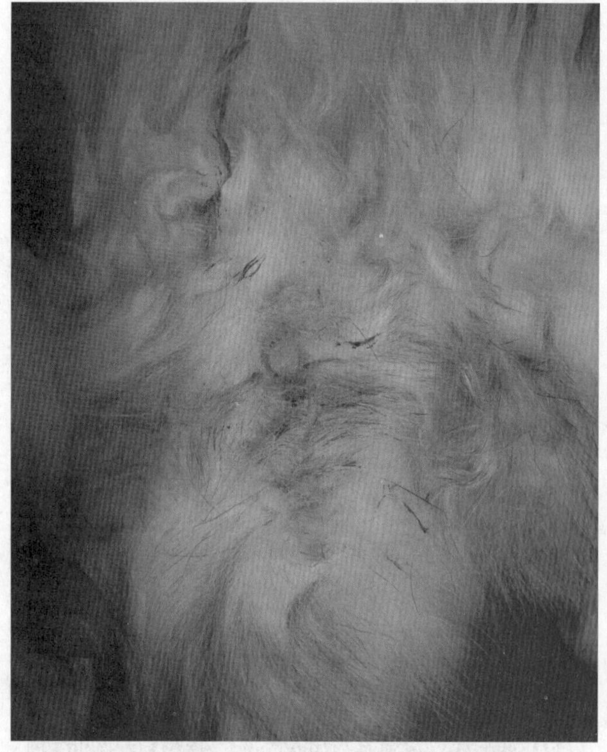

图34.4　去势公兔的会阴区，没有用手指压迫会阴区的情况（见彩图159）

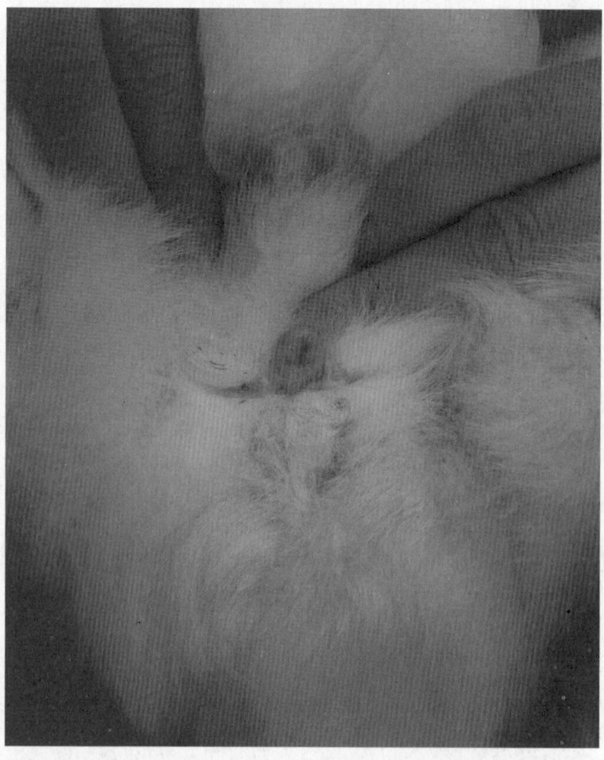

图34.6　成年母兔的会阴区，注意与公兔的差别（见彩图161）

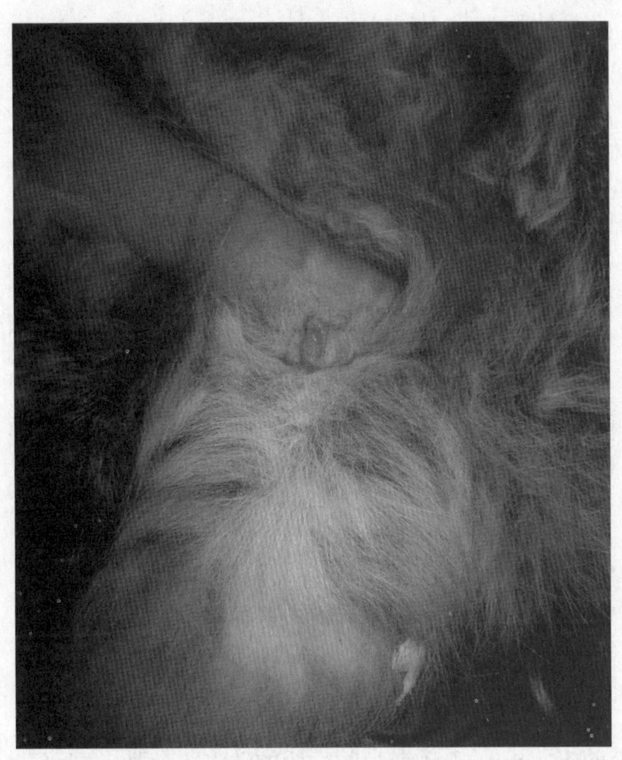

图34.7 青年小母兔的会阴区（注意阴门似乎更紧密地连接于肛门，因此更呈裂隙样外观）（见彩图162）

一同饲养，采用单配对（一雌一雄），或者采用多配对（一雄多雌）配种系统，配种及产仔。

暂时成组交配的动物，在这类动物，雌性隔离后分娩；一雄多雌系统为一雄性与多个雌性只是隔离产仔，而手工配种系统（hand mated systems）则是指成年动物只是为了配种才引入。

各种动物的配种系统见表34.2。

34.4 繁殖技术

34.4.1 阴道拭子及发情鉴定

采用阴道拭子法监测繁殖周期及检查发情在大鼠、小鼠、仓鼠及毛丝鼠很有用处，但在沙鼠的变化则不太明显，这种技术在兔一般也没多大用处。一般可将一头部钝圆的探针轻轻插入阴道，取出后将探针的头部置于显微镜玻片上的一滴生理盐水中，制备的阴道细胞学涂片在×40及×100放大倍数下观察。此外也可冲洗阴道，吸取洗涤液，制备涂片，用稀释的新配置的亚甲级蓝染色。应注意采样时防止损伤阴道，避免重复采样，这可能会导致有些动物出现假孕。

34.4.2 人工授精

人工授精（AI）的主要优点是：一次采精就可以给许多雌性输精；且不需要雌性表现性接受行为；采用定时输精及激素处理提高个体的繁殖

表 34.2 小型哺乳动物的配种系统及生产数据

动物	窝产仔数	每年平均产仔窝数	每个雌性预期的产仔数	有效繁殖寿命	配种系统	产后配种
毛丝鼠	1~3	2	6~8	2年	单配对，一雄多雌	未采用
沙鼠	4~7	7	45	12~18个月	单配对，一雄多雌	是
豚鼠	3~4	4	14/y	18个月	多配对或一雄多雌，12只母鼠1只公鼠	是，但必须要注意营养
中国仓鼠	4~8	4	20/y	12~18个月	单配对，或者将雌鼠放入雄鼠笼中配种	是
侏儒仓鼠	2~4	5	20/y	12~18个月	单配对	未知
叙利亚仓鼠	5~7	7	40	12~18个月	单配对或一雄多雌（只是叙利亚仓鼠），手工配种	产后3d
小鼠	8~11	7~17	依品系可达150	6~12个月	单配对、多配对，一雄多雌	是，但常常不育
兔	6~8	4	80~120	2~3年	将雌兔放入雄兔笼中，手工配种	是，但应注意营养
大鼠	9~11	7~15	依品系可达200	12~18个月	单配对，手工配种	是
短尾负鼠	3~14	4	60~80	2年	配对	未见报道
蜜袋鼯	2	2	10~20	5岁	多配对	是

性能，减少生殖道感染的风险。在兔子，通过判断阴门的颜色可以确保输精的正确时间，当阴门颜色为红色时输精，可获得75%的受胎率，颜色为暗红色时可降低到40%，粉红色时可达到55%。可在分娩后10d及发情前48h用35IU的马绒毛膜促性腺激素（eCG）处理，之后在输精时用促性腺激素释放激素（GnRH）处理，促进排卵。在泌乳母兔，日常采用eCG处理可明显增加输精时表现性接受行为母兔的数量，因此可明显增加其长期的生产性能。在输精前采用的其他方法，包括改变饲养管理（改变兔笼，聚集母兔）、“公兔效应”、短期的母仔分离、改变饲喂方式以及光照刺激等，均可提高兔的繁殖性能，但可能会降低仔兔的生长（Theau-Clement，2007）。

采用将精液输入腹腔内（intraperitoneal）的方法，同时结合同期发情，在豚鼠的生产调控中具有重要作用。可采用皮下埋置含有孕激素硅胶管的方法使排卵同步化（Ueda等，1998），受胎率及附植率可达100%，而妊娠期和窝产仔数与自然配种的母鼠相同（Udea等，1998）。

34.4.3 诱导分娩

在豚鼠和兔可在妊娠末期用催产素诱导分娩，但可能会使新生后代的死亡率增加。此外，也可采用前列腺素诱导分娩。

34.5 正常繁殖

小型哺乳动物宠物的重要繁殖特点总结于表34.3。

34.5.1 兔

34.5.1.1 自然史料

欧洲兔常常作为宠物，这种动物从欧洲和非洲的草原上进化而来，为一种严格的草食动物。野生动物群居，挖穴营地下生活，在早晚出来食草，为黄昏（crepuscula）或夜间生活的动物（nocturnal）。目前用作宠物的品种很多，从体重8kg的巨型花明兔（Flemish giant）到体重1kg的侏儒兔（Dwarf Lops）。英国的宠物品种目前主要是侏儒兔，该品种体格小，体重为1～2kg，具有短小的耳和前短的

表34.3 小型哺乳动物的繁殖资料

动物	平均寿命（年）	性成熟（周）	发情	妊娠期（d）	窝产仔数	断奶时间	成体重（g）
毛丝鼠	10～15	8月龄	季节性多次发情，30～35d，11月～5月	111	2或3（1～4）	6～8周	400～500（M<F）
沙鼠	1.5～2.5	10～12	每4～5d	24～26	3～6	21～28d	70～130（M>F）
豚鼠	4～7	雄性8～10，雌性4～5	15～16d的周期	60～72（平均65）	2～6	3～3.5周	750～1 000
中国仓鼠	1.5～2	6～10	每4d	19～20	3～5	21～28d	70～100
叙利亚仓鼠	1.5～2	6～10	每4d	15～18	3～7	21～28d	80～140（M>F）
小鼠	1.5～2	3～4	每4～5d	19～21	5～10	18d	20～40
兔	6～10	4～6个月	诱导排卵，1月～10/11月	28～32	2～7	6周	依品种而不同，1～8kg
大鼠	3	>6	每4～5d	20～22	6～12	21d	400～800
短尾负鼠	3～5	4～5个月	诱导排卵；双型发情周期模式；分别为14d和32d；胚胎滞育	14～15	5～14	6～8周	60～150
蜜袋鼯	12～15	雄性12～14个月，雌性8～12个月	29d，全年，胚胎滞育	16（+70d的育儿囊中发育）	2	3～4个月	90～150

面颊。小型品种成熟较早，窝产仔数少。

34.5.1.2 解剖结构

兔的尿道开口于阴道，因此其不像啮齿类动物那样具有分开的尿道外乳头。兔具有两个分开的子宫角及两个分开的子宫颈，但没有子宫体。生殖道及相关的韧带周围为脂肪组织，即使在较瘦的动物也是如此。雄性具有圆形的包皮，阴茎可从中伸出（图34.3）。成年雄兔阴囊较大，睾丸在12周龄下降后腹股沟管仍然开放。母兔具有一裂口样的开口（图34.6）。母兔应在4～6月龄时配种。兔的繁殖寿命受子宫肿瘤的影响，该病的发病率很高，在4岁以上的母兔可超过79%（Greene，1941；Adama，1970）。公兔超过6岁后精子数量明显减少。

34.5.1.3 发情周期、配种及交配

兔为诱导排卵型动物，并不具有规律性的发情周期，但可具有较长的发情期，在此期间卵泡发育及退化，因此在排卵时总会有一些卵泡能够排卵，由此可导致母兔周期性地出现性接受期。一般来说，母兔出现性接受行为7～10d，之后为1～2d的不接受期，此时一个新的卵泡波将会出现。阴道涂片法不适合于进行兔的发情鉴定。母兔不会接受同一公兔的两次性交配要求，在泌乳期及营养不良时母兔的性接受行为可能消失。一只雄兔可交配25只母兔。可将母兔放入公兔笼中，如果在10min内仍没有交配，则带到另外1只雄兔笼中。在商业生产中常用人工授精，其成功率很高。大约有25%的母兔在交配后不能排卵，这常常可能与促黄体素（LH）的分泌不足有关，但可受季节的影响，秋季时（白昼短）受胎率低。大量的兔子拒绝交配，在某一品系中一定时间可高达50%，因此使兔的配种更为复杂。在兔的配种早期使用hCG可促进排卵及输精后受胎，即使母兔拒绝配种时也是如此。目前一般采用GnRH代替hCG，因为其没有抗原性而且有效。

兔子的交配行为比较简单，公兔在爬跨母兔前可能排尿。性接受母兔将会蹲伏，抬高其后躯等待交配。典型的交配由6～10次前冲组成，之后公兔会喊叫并翻滚。交配后阴道内会形成阴道栓并在数分钟内排出。排卵发生在交配后10～14h，30～40h后会发生第二次排卵，由此可造成同窝仔兔不同家系（parentage）（同期复孕，superfecundation，参见第4章）。兔的假孕可发生于不成功的交配或阴道探诊之后。功能性黄体的发育、子宫及乳腺的变化与妊娠时均相似。母兔在假孕结束时可筑窝，这通常发生在第17～19天左右。

34.5.1.4 妊娠和分娩

生殖道和胎儿的生长大部分发生在妊娠的第15天之后。用手触诊检查妊娠时在妊娠第12天之后比较准确，此时可感觉到胎儿比肾脏小，但比粪球大。B超实时检查（参见第3章）是兔形目动物有效的非侵入性的检查胎儿数量和妊娠率的方法（Griffin等，2003）。兔的妊娠受CLs的维持，分娩的启动则是由于黄体退化所引起。母兔在分娩前的典型征状是在产前1周左右拔一些毛来筑窝。应给产仔母兔准备筑窝用的盒子，里面准备垫料，应在产仔前数天就准备好产仔盒，以便母兔能够正常筑窝。产仔通常发生在晚上或清晨，正生和倒生均为正常的胎向。难产极为少见，如果发生则通常是由于胎儿过大所引起。分娩通常在30min内完成。无毛的仔兔对低温非常敏感。

34.5.1.5 泌乳

母兔不经常照顾幼兔，且过程简短，通常是在晚上或清晨，这常常与母兔不哺乳新生仔兔或忽视仔兔相混淆，因此护仔行为极少能观察到。兔乳汁的主要成分是：15%的蛋白、10%的脂肪和2%的碳水化合物。仔兔的生长速度快，3周龄时即可从窝中爬走。仔兔一般在6～8周龄时断奶，早期断奶可引起仔兔的死亡率升高。如有可能，同窝仔兔应该在断奶后一同饲养，以便为同组仔兔提供合适的兔舍条件。虽然母兔可在产后早期配种，这样可使早期断奶和分娩之间只间隔数天，从而增加其生产性能，但需要母兔有一个很快的恢复期，因此如果采用这种配种系统，则应加强营养。

34.5.2 豚鼠

豚鼠最初生活在南美洲草地及山地，常常以5～10只成群生活。安第斯印第安人（Anderan Indians）认为这种动物为一种精美的食物。豚鼠大约在公元1000年在南美驯化，这类动物为黄昏性的动物（crepuscular），即在黎明和黄昏时活动更为活跃。豚鼠为严格的草食动物，它们在16世纪被引入欧洲，由于进行选育，目前已培育出多个品种。

34.5.2.1 解剖结构（图34.8，图34.9）

母鼠具有成对的卵巢和两个子宫角，一个子宫体和子宫颈。卵巢更接近于头背部，紧位于肾脏之后。在肥胖的豚鼠，这些器官周围全为脂肪，因此进行生殖系统的手术较为困难。雄性生殖系统的主要特点是具有成对的长而卷曲的精囊腺（或精囊），其位于腹腔，尿道之下，长度可达10cm，有时可误认为是子宫角。雄鼠也具有尿道球腺，凝集腺和前列腺。一对乳腺位于腹股沟区，在雄鼠也可存在有乳腺。阴茎具有阴茎骨和两个钩状的突起。腹股沟环终生开放。

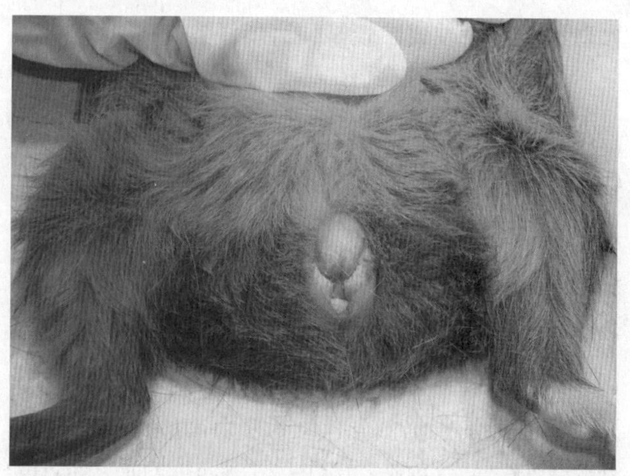

图34.8 雌豚鼠的会阴区，注意阴门与肛门很接近（见彩图163）

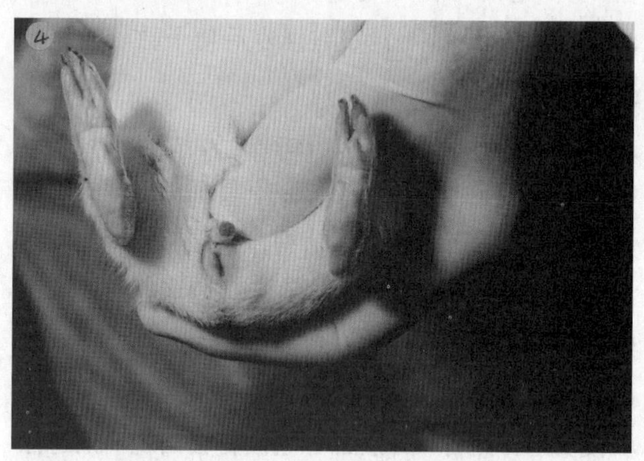

图34.9 雄豚鼠的会阴区，注意手指压迫时阴茎略为伸出

34.5.2.2 发情周期、配种及交配

1只公豚鼠可与1～10只母豚鼠一同饲养，或者成对饲养；分娩时可与母豚鼠分开。豚鼠幼仔比较早熟（完全长毛、眼睛睁开，牙齿露出），很像微小的成体。豚鼠的前情期持续约36h，此时阴道肿胀且阴道膜破裂。阴道细胞学检查可发现有核的角化上皮细胞。另外检查发情阶段的一个方法是测定阴道黏膜的电阻，这在豚鼠已有报道（Bartos和Sedlacek，1977）。阴道膜开放2～3d以便交配。发情时的母鼠表现脊柱前弯（lordosis）反射，发情通常在夜晚发生。不育的交配一般不引起假孕。发情开始后10h可发生自发性排卵。豚鼠的交配行为包括公鼠围绕母鼠转圈，母鼠会出现脊柱前弯反射，在交配之前公鼠轻咬及舔闻母鼠，后躯抬高。交配时可出现1～2次阴茎插入。公鼠之后可出现整梳会阴部的行为。交配后母鼠可形成阴道栓，但在48h后排出，此时阴道膜再次关闭，只有在分娩时再次开放。如果在16h之后再次发情而交配时则可发生同期复孕（参见第4章）。但后来妊娠的仔鼠是在另外一个子宫角，将会与前次妊娠的仔鼠同时产出，由于早产，因此可能不能生存。

34.5.2.3 妊娠和分娩

豚鼠的胎盘为血绒毛膜型（参见第2章），CLs是妊娠头30d孕酮的主要来源，之后由胎儿胎盘单位维持妊娠。从妊娠15d起可采用徒手触诊的方法诊断妊娠，此时胎儿及其附属结构大小为5mm，第25天时增大到15mm的球状。在第15天触诊时，发育的胚胎直径比粪球大。豚鼠不筑窝，分娩可发生在一天中的任何时间。如果窝产仔数多，则分娩时间相对较短，但胎儿较小。初产或老龄豚鼠的窝产仔数较少，胎儿常常较大，由此发生难产的风险较大。分娩通常在30min内完成，在分娩的48h内，两个骨盆骨在骨盆联合处分开达2cm，分娩时间增宽至2～3cm。

34.5.2.4　泌乳

豚鼠幼仔早熟，出生时有完全的被毛，眼睛睁开，出生后头12～24h并不哺乳。豚鼠的乳汁成分为4%的脂肪，8%的蛋白，3%的乳糖。断奶可自然发生在产后3周，但如果幼仔在1周龄开始采食固体食物则可早断奶。密集繁殖可引起母豚鼠泌乳/妊娠脱毛（alopecia）。

34.5.3　毛丝鼠

毛丝鼠最早起自南美洲，其称为毛丝鼠（little Chincha）是因为当年的西班牙移民看到钦查印第安人（Chincha Indians）穿着这些动物的毛皮来进行庆典，由此而得名。由于欧洲人猎取这种动物用于制造裘皮，因此在20世纪初几乎导致该动物灭绝。目前家养的品种可能是来自于20世纪20年代引进到美国加利福尼亚州的11只动物。毛丝鼠在夜晚消耗其摄取的70%的食物。宠物品种主要来自野生长尾毛丝鼠（*Chinchilla laniger*）；长尾毛丝鼠（*C. laniger*）和短尾毛丝鼠（*C. brevicaudata*）作为野生动物其数量已经很少（两者皆为极危品种——译者注）。

34.5.3.1　解剖结构

毛丝鼠雌鼠有两个子宫角和两个子宫颈，阴道由一膜封闭，其在发情和分娩时开放。有3对乳头，1对位于腹股沟管区，2对位于胸区。雄性没有真正的阴囊，睾丸位于腹腔内或腹股沟管内，腹股沟管保持开放。有两个肛后囊，附睾可能位于其中。雌鼠具有一大的尿道乳头，有时可与阴茎相混淆。尿道开口于该结构的末端，裂隙样的阴门开口于基部，但常常被一膜封闭。

34.5.3.2　发情周期，交配、妊娠及分娩

毛丝鼠为季节性多次发情动物，在北半球，从11月份到5月份之间可产2窝。在毛丝鼠，采用阴道涂片检查发情和妊娠很有用处。中性粒细胞、小和大的中间型细胞及基底层细胞在发情期的阴道涂片中检测不到，其只含有表皮的上皮细胞。在妊娠期，中性粒细胞的密度达到中等，同时含有以中低密度存在的基底层细胞和小及大的中间型细胞，而表皮上皮细胞的数量已经很少（BekuBekyurek等，2002）。在毛丝鼠可进行诱导发情及排卵（Weir，1973）。雌性毛丝鼠在发情开始时可从阴道排出长达5cm的阴栓，其不应与射精栓相混淆。射精栓可存留在阴道内达数小时，偶尔还需要用手清除。毛丝鼠多成对在笼中饲养，分娩时隔离雄性。养殖者常常采用能自由通过的管道系统，使得雄鼠可以见到不同的雌鼠，但在雌鼠具有攻击行为时可使其逃离。采用这种系统时，雌鼠带上项圈，阻止其在雄鼠逃离时在管道内追随雄鼠。毛丝鼠是啮齿类动物中妊娠期最长的动物。妊娠毛丝鼠常常可发生便秘。如果出生的仔鼠超过两个，则第三只可在母体干燥其被毛之前死亡于低体温；即使不发生死亡，也常常被母鼠忽视，因此繁育时可采用致死法，或者手工饲喂第三只仔鼠。有些雌鼠有时也难以饲养两只仔鼠。母鼠站立给仔鼠哺乳，仔鼠通常在出生时早熟，长有完全的被毛，眼睛睁开，能够在出生后1h内行走。1周龄时即可采食固体食物，6～8周龄时断奶。

34.5.4　大鼠和小鼠

所有用作宠物和实验动物的大鼠，其颜色和品系很多，但均来自野生褐大鼠（*Rat norvegicus*），其大约在18世纪从亚洲引入欧洲。真正的黑鼠（*Rattus rattus*）仍在有些动物园饲养。大鼠和小鼠饲养时采用的饲料蛋白含量，要达到最好的结果，应超过18%。在繁育中，光照方案应该保持稳定，大鼠和小鼠一般对12h光照和12h黑暗的光照周期发生明显反应，光照太多或太少均可降低雌性的生育力。

34.5.4.1　解剖结构（图34.10至图34.13）

雄性大鼠的生殖系统具有较大的成对的精囊腺，一个尿道球腺和一个前列腺。小鼠的与此类似。腹股沟管终生开放，但睾丸的下降发生在

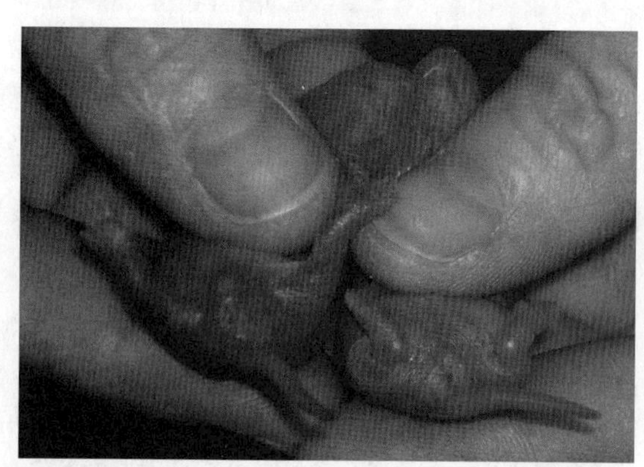
图 34.10 新生大鼠，左侧为雄性，右侧为雌性（见彩图164）

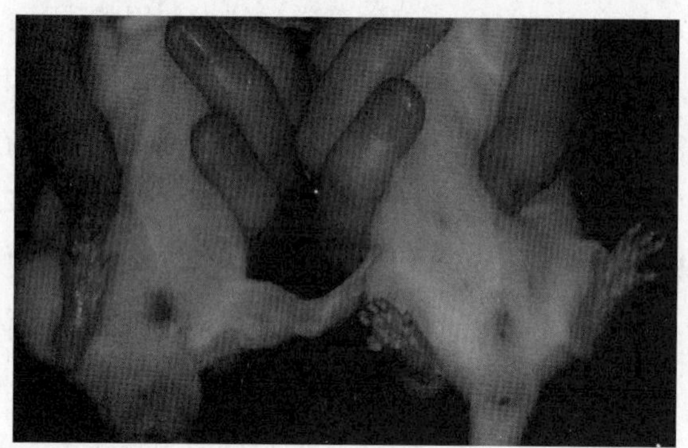
图34.11 成年大鼠的会阴区，左侧为雄性，右侧为雌性（见彩图165）

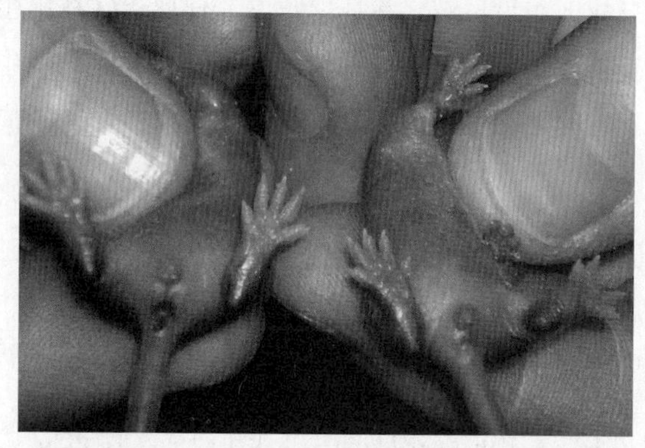
图34.12 新生小鼠，左侧为雄性，右侧为雌性（见彩图166）

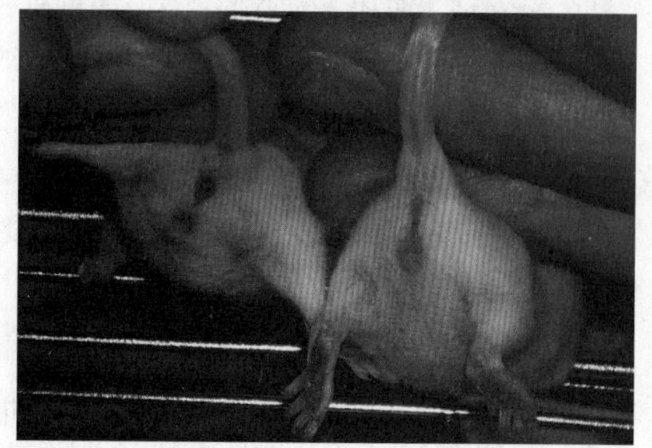
图34.13 成年小鼠的会阴区，左侧为雄性，右侧为雌性（见彩图167）

15～50日龄时。雌鼠具有双角子宫，其终止于成对的子宫骨（ossa uteri）和子宫颈。尿道位于阴蒂的基部。雌性大鼠具有6对乳腺，乳腺在出生后数天就很明显，可用于性别鉴定。雌性和雄性在18月龄时生育力均开始降低。雌性小鼠具有成对的阴蒂腺和5对乳头（3对胸位，2对位于腹股沟区）。

34.5.4.2 繁育

应该为大鼠和小鼠提供适宜的垫料以便筑窝，这对微环境的温度调节极为重要，也可使新生幼仔居住在一起以便进行有效哺乳。在妊娠后期及泌乳早期应该尽可能减少对动物的打扰，以减少发生拒认幼仔或同类相食的危险。分娩之前将雌雄分离可避免产后立即交配，阻止伤害幼仔。新生幼仔无毛。

34.5.4.3 发情周期与交配

虽然大鼠为自发性排卵动物，但交配前后的剧烈活动可影响繁殖能否成功。射精之前的反复交配可增加繁殖的成功率，而射精之后的交配则可抑制精子的转运和阻止妊娠。雌性小鼠一同饲养可抑制发情，如果存在有1只雄鼠则可使得发情同步化，这称为“魏顿氏效应（Whitten effect）”，此效应小鼠比大鼠微弱。发情时雌鼠更为活跃，轻抚时表现脊柱前弯。阴道涂片可用于鉴定发情，在发情开始时，有75%的有核细胞和25%的角化上皮细胞。15～20min内可发生典型的1～2次射精，这通常发生在晚上。交配后形成阴栓，数小时后排出。阴道涂片上存在有精子，或者阴道内存在有阴道栓，或者饲养动物的地板上有排出的阴道栓，则可证实发生了交配。大鼠的发情周期对光照极为敏感，持续光照3d可引起高雌激素症、多卵泡囊肿及子宫内膜发育不全及化生。假孕少见。

34.5.4.4 妊娠、分娩及泌乳

分娩之前雌鼠倾向于抬高其后腿，阴道分泌物可存在1～4h。难产极为少见，只见于胎儿死亡且不能排出时。偶尔可发生残食幼仔，特别是初产母鼠在新生期间受到惊扰或应激时可见到这种现象。泌乳时可将母体抗体通过初乳在头18d转移到乳汁

中。

34.5.5　仓鼠

常用作宠物的四种主要仓鼠是叙利亚仓鼠（金色仓鼠）、中国仓鼠、侏儒仓鼠（俄罗斯仓鼠、西伯利亚仓鼠、美洲仓鼠）及欧洲仓鼠。叙利亚仓鼠是最常见的宠物，所有目前饲养的叙利亚仓鼠可能来自3只1930年在叙利亚沙漠捕获后饲养的野生个体。饲养的金色或叙利亚仓鼠品系或类群很多。以前曾认为野生仓鼠已经灭绝，但近来在叙利亚又发现其分布，只是被国际自然保护联盟（IUCN）确认为濒危。

34.5.5.1　解剖结构（图34.14；图34.15）

大而成对的睾丸及在脊柱的后区存在有永久性的成对皮下腺，根据这些特点可较易将雄性仓鼠与雌性鉴别。这些腺体受雄激素的调节，可变厚及油滑，其可能被仓鼠用于标记其在野生状态下的通道。雄性不交配时阴茎可缩回，其含有阴茎骨。雌性具有双体子宫，长为8mm，两个子宫角长20mm，有7对乳头。

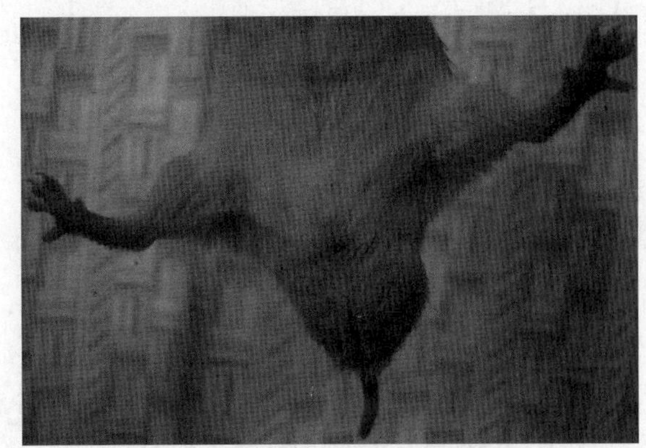

图34.14　雄性叙利亚仓鼠的会阴区（见彩图168）

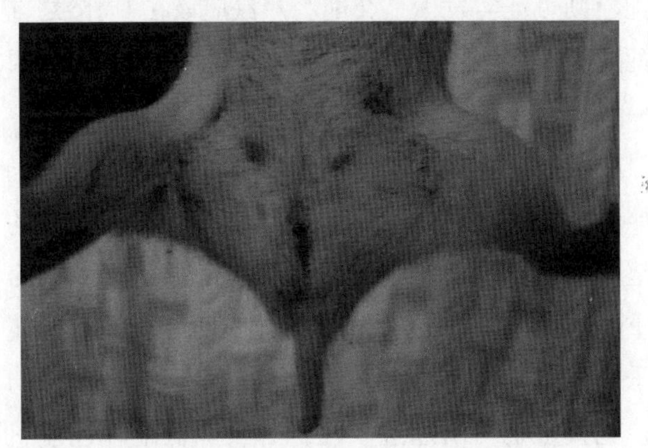

图34.15　雌性叙利亚仓鼠的会阴区（见彩图169）

34.5.5.2　发情周期与交配

如果引入时不仔细，仓鼠易发生斗殴（雌性可具有很强的攻击性），因此配种时可在中间地带进行，或者在天黑前1h将雌鼠放入雄性的笼中并仔细观察。此外，也可将雌雄仓鼠在初情期前一同饲养。中国仓鼠可单配对配种（Festing，1970）。叙利亚仓鼠和侏儒仓鼠作为实验动物模型，这是研究松果腺生理学的里程碑事件。在叙利亚仓鼠和侏儒仓鼠，均存在有明显的关键光照周期，即根据白昼长度分为长日照和短日照反应。在叙利亚仓鼠，关键光照周期是每天12.5h的光照（Gaston和Manaker，1967；Elliott，1976），而在青年侏儒仓鼠则略长，为每天13h光照，这可能与侏儒仓鼠生活的纬度较高有关（Hoffman，1982）。短于这个关键光照值的光照周期可诱导或维持性腺退化，而比此长的光照周期可使性腺活动重新开始或保持高的性腺活动。

仓鼠为多次发情的自发性排卵动物，一般无需辅助即能良好繁殖。如果存在有交配栓则可证实发生了交配。成熟的雌仓鼠喜欢独处。发情周期为4d，第2天存在有白色的阴道分泌物，饲养者常常认为这不正常。阴道细胞学可用于监测发情周期，但应注意不能用探针探查阴道内两侧的囊，其衬有角化的上皮。在发情高峰期时，即排卵前8h，雌仓鼠会对雄性表现脊柱前弯的行为，典型的交配持续大约30min。

34.5.5.3　妊娠、分娩及泌乳

应该避免处理新近交配过的仓鼠，主要是因为胚胎附植发生在交配后5～8d，在此期间打扰可明显影响妊娠率。叙利亚仓鼠是地栖哺乳动物中妊娠期最短的，只有15～16d。难产非常少见。雌鼠应该在分娩前数天清洗干净并为其准备筑窝材料，提供7～10d充足的饲料，以避免在此期间对其干扰。

同类残食在仓鼠常见，特别是在初产动物更是如此。新生幼仔无毛。交配发生在断奶后3d。

34.5.6 沙鼠

沙鼠为独处的沙漠动物，圈养时可将同性动物一同饲养。沙鼠具有4对乳头。

34.5.6.1 生殖生理学

沙鼠为多次发情的自发性排卵动物，一般无需干预即能良好繁殖（Brain，1999）。可采用阴道细胞学方法监测发情周期的阶段，如果存在有交配栓则可证实发生了交配。沙鼠应该在7周龄之前配对饲养。沙鼠终生为单配对繁殖，即配对中如果一只动物死亡，则另外一只不会与其他动物交配。雌雄两性沙鼠应该与其幼仔一同饲养，雄鼠可帮助照料幼仔。新生幼仔无毛。必须为沙鼠提供足够的垫料，以便其筑窝，这对微环境的温度调节是极为重要的，将幼仔在一起饲养也利于足够的泌乳。笼子的朝向及结构也很重要，这是因为与其他沙鼠的视觉接触也可引起进攻性行为及降低配种性能，因此采用透明的配种笼子应慎重（Van den Broek等，1995）。由于在建立配对时有时由于争斗而死亡，因此必须要进行仔细的选择及观察，尽可能考虑建立在中性环境下建立配对（Norris和Adams，1972）。在妊娠后期及泌乳早期，应尽可能减少对动物的打扰，以降低导致母子不认及残食的风险。如果不能提供合适的材料用于筑窝，则可产生挖掘行为（Wiedenmayer，1977a，b）。虽然许多小型哺乳动物在泌乳时可发生延期着床，而且在沙鼠最为明显，因此如果妊娠超过3个胎儿，则每个胎儿可使妊娠期延长1.9d。

34.5.7 蜜袋鼯

蜜袋鼯（图 34.16至图34.19）为小夜行性有袋类哺乳动物，为新几内亚和东澳大利亚的树栖动物，以6～10只成群生活，可在树洞中筑窝生活。在寒冷的天气食物短缺时，它们可每天处于非活动状态达16h。它们具有一滑翔膜（papatagium），能在前肢和后肢之间延展，因此可从高处滑翔，但不能飞行。

34.5.7.1 解剖结构

雌性蜜袋鼯具有育儿袋，内有4个乳头，两个

图34.16 雌性蜜袋鼯，图示为粪便从单一的泄殖腔开口排出（见彩图170）

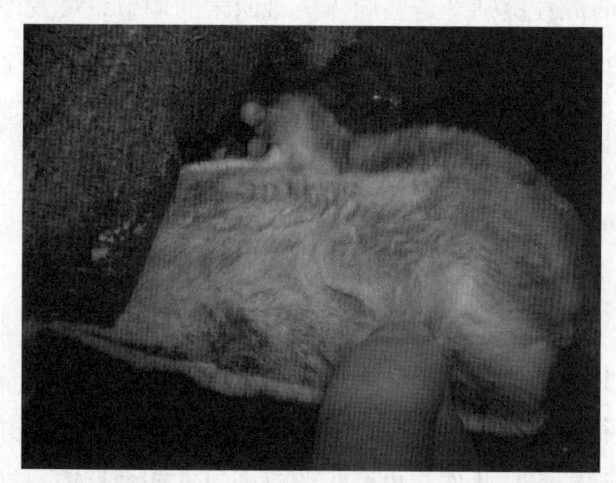

图3.17 雌性蜜袋鼯，图示为育儿袋，其只存在于雌性（见彩图171）

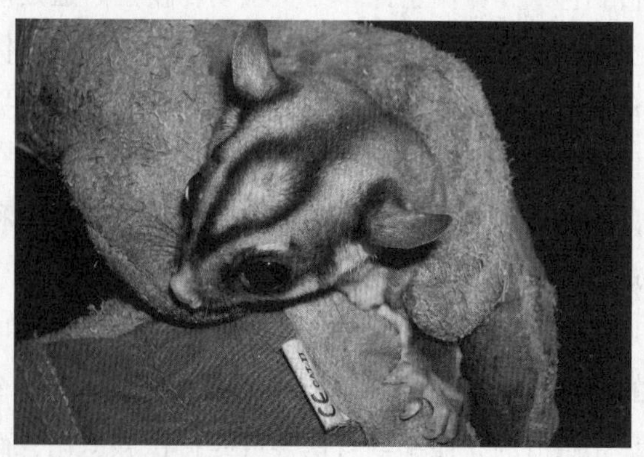

图34.18 雄性蜜袋鼯（见彩图172）
图示大的头背腺（dorsal head gland），但只存在于雄性，覆盖其上的毛已分开。

图34.19 雄性蜜袋鼯（见彩图173）
注意突出的阴茎叉状端，这通常发生在保定时。只有一个阴囊，其位于比其他哺乳动物更靠近前端的肉基上。

子宫，两个长而狭窄的阴道开口于一盲端结构，该结构被一隔膜分开。雄性具有一大的前列腺，两对Cowper's腺，3个泄殖腔旁腺（paracloacal glands）。睾丸位于阴囊内，阴囊由一狭窄的带状组织悬挂于身体。阴茎呈两裂，雄性从阴茎的近端部，而不是从叉状端部排尿。

34.5.7.2 发情周期、妊娠及断奶

蜜袋鼯为季节性多次发情动物，发情周期为29d，妊娠期较短，为15～17d。分娩时幼仔迁移到育儿袋中，在此发育70～74d，然后一直在窝中生活到120日龄。在澳大利亚，蜜袋鼯的配种是在6月份及11月份间。群中成年雌性只和占优势地位的雄性交配，典型情况下蜜袋鼯为单胎动物，但约20%的出生为双胎。

34.5.8 短尾负鼠

在短尾负鼠已经建立了饲养方法，应用该方法饲养时，多个类群的负鼠可生长达4岁（共5代）。成年个体（体重为80～155g）在单个笼中饲养，但在配种时笼子的地面面积至少应当达到2000cm^{2}以上。其日粮应主要含有碎肉、奶粉、小麦胚芽及添加维生素。调换配对的雄性可刺激繁殖活动。在实验室条件下，短尾负鼠可全年繁殖（Fadem等，1992）。

34.6 繁殖障碍、疾病及不育

34.6.1 非传染性疾病

34.6.1.1 环境

小型哺乳动物对许多环境因素极为敏感，因此易发生疾病而影响其繁殖能力。在饲养中应注意避免中暑、超声波（许多啮齿类动物和小型哺乳动物可听见计算机等设备发出的噪声）、光照（采用光照周期方案处理时，应特别注意，尤其是季节性繁殖的动物更应注意）、拥挤及缺少筑窝材料或筑窝的地方。

34.6.1.2 维生素E缺乏

在兔的繁殖群体中，维生素E缺乏可成为繁殖障碍和营养性肌肉变性的重要原因。本病可依据兔肝脏中维生素E的含量低（5.73μg/g）、同时具有舌、骨骼及心肌变性等进行诊断。治疗时可在日粮中添加麦芽油，以促进其恢复生育力，防止流产、死产和新生仔兔死亡（Yamini和Stein，1989）。

34.6.1.3 豚鼠的维生素C缺乏

豚鼠日粮中绝对需要添加维生素C，这是因为它们缺乏L-古洛糖酸-γ-内酯（L-gulono-gamma-lactone）氧化酶，而该酶是从日粮中的前体转化为维生素C所必需的。在妊娠期及泌乳期可将基本日粮需要从每千克体重10mg/d增加到30mg/d。缺乏维生素C的症状主要有皮肤及皮毛质量下降，跛行，牙齿疾病及尿石症和不育。

34.6.1.4 惊厥

豚鼠在妊娠后期添加钙（每千克体重4mg/d）可防止惊厥（Eclampsia）的发生。由于该病可发生于分娩时，因此必须从妊娠的第65天起开始监测。患有惊厥的母豚鼠会呈现肌肉痉挛，抽搐，精神沉郁并可能死亡。治疗时可以1mg/kg的葡萄糖酸钙静脉注射，但预后仍谨慎。

34.6.1.5 妊娠毒血症（酮病）

该病最常见于分娩前后1～2周的豚鼠。厌食是一个风险因子， 同时由于第一次产仔及肥胖可

能诱使本病的发生。母鼠昏睡，大量流涎，常见崩溃，可突然发生死亡。胎儿压迫主动脉可引起动物发生子宫局部缺血及胎儿死亡，由此发生类似于中毒的症状，这与人在妊娠时见到的情况相同（Bishop，2002）。同时也可发生子宫出血及弥散性血管内凝血。本病可根据呼吸中检测到酮体，尿液为酸性（草食动物的正常尿液为碱性）做出诊断。患病动物也可表现低血糖症。本病的预后谨慎，治疗时可采用支持疗法，输液及采用葡萄糖或右旋糖矫正酮病，急性情况可采用剖宫产。

34.6.1.6 兔的肿瘤

兔最常见的肿瘤为子宫腺癌，而且发病率随着年龄的增加而增加。在传统研究中发现，2～3岁的兔其子宫癌的发病率为4%，5～6岁时增加到80%（Greene，1941；Adamas，1970）。但发病在繁殖及处女母兔之间没有差别。

34.6.1.7 卵巢囊肿

卵巢囊肿在豚鼠较为常见，有研究发现18～60月龄的雌性豚鼠发病率达76%。繁殖记录表明，患病动物在15月龄之后的生育力明显降低。患卵巢囊肿的豚鼠39%可出现囊肿性子宫内膜增生，子宫积液、子宫内膜炎或纤维平滑肌瘤（fibro-leiomyomas），但6%的未患卵巢囊肿的豚鼠中只有1例（Keller等，1987）。双侧腹胁部脱毛症（alopecia）也常常与这种疾病有关。在其他小型哺乳动物的老龄雌性也观察到有卵巢囊肿的发生，患病动物会出现腹部增大，触诊时可触及到卵巢，也可通过X线照片或超声诊断检查到。有效的治疗方法是摘除卵巢或者行卵巢子宫摘除术，采用LH类似物进行药物治疗常常难易奏效。

34.6.1.8 难产

虽然难产在大多数小型哺乳动物不太常见，但也时有发生。大多数小型哺乳动物在夜晚产仔，因此发现难产时母畜已经崩溃、脱水，因此预后很差。一般来说，如果动物已经持续努责达30min，就应对其进行干预。在大多数情况下可采用剖宫产。采用液体疗法对动物进行治疗，可以补钙及补葡萄糖等，这对获得良好结果尤为重要。使用催产素时必须慎重，除非已经确定胎儿大小及胎位正常（参见第8章和第9章），能较易通过骨盆，在这种情况下需要进行X线检查确定。豚鼠的难产少见，但在肥胖的母鼠及9～12月龄以后第一次配种的母鼠也有发生，因此这种动物在这个阶段骨盆联合已经融合而不能分开，阻止了胎儿的顺利通过。豚鼠应该在3月龄开始，一岁之前配种，以防止这种情况的发生。

34.6.2 传染性疾病

34.6.2.1 兔梅毒

兔梅毒由兔密螺旋体（*Treponema cuniculi*）引起。有研究表明，感染兔梅毒的动物新生仔兔的死亡率可达50%，50%的生存仔兔发育不全（Froberg等，1993）。兔梅毒的皮肤损伤通常就能表明是发生了本病，但常常难以将这种损伤与其他皮肤疾病进行鉴别诊断。损伤最常见于鼻子周围（87%），其次为生殖道（35%）、唇部（32%）、眼睑（19%）及肛门（16%）。鼻腔有损伤的病例达33%，这些病兔可出现喷嚏（Saito和Hasegawa，1984）。从母体获得感染时，损伤主要是在面部。诊断时应仔细检查，不仅要检查面部损伤，而且也要检查生殖道和肛门的损伤，这些部位经常会被忽视，因此虽然没有示病性症状，但仍能初步诊断为兔梅毒。准确诊断需要采用组织病理学方法或者血清学方法。治疗时可采用每周注射青霉素15 000IU/kg，共6周，如果还发生共济失调（dysbiosis）的症状，则应延长治疗。所有繁殖用动物都应经常进行检查，特别是在配种及分娩时更应进行检查。

34.6.2.2 葡萄球菌及巴氏杆菌感染

近来有人对养兔场进行的研究表明，葡萄球菌感染可引起乳房炎（33%）、皮下脓肿（10%）及子宫积脓（9%）。金黄色葡萄球菌感染是最为严重的感染，这种病原菌从70%的感染动物中分离到；巴氏杆菌在子宫积脓及肺炎时更常分离到（Segura等，2007）。多杀性巴氏杆菌及金黄色葡萄球菌是兔睾丸炎及子宫内膜炎的常见病原，也与受胎率降低有关。

34.6.2.3 产后败血症

据报道，毛丝鼠可发生产后败血症，主要症状包括体温低、崩溃、厌食、发热及产乳减少，治疗可采用支持疗法及抗生素疗法。

34.6.2.4 乳房炎

本病常与不卫生的条件有关，常常由环境性细菌，如葡萄球菌、链球菌及克雷伯氏菌和变形杆菌及大肠杆菌等引起，感染乳房变硬，热、痛及水肿，母体表现厌食及发热等症状，可引起死亡。年轻动物应该强化免疫且手工饲养，可采用抗生素控制母体的感染。

34.6.3 死产及新生后代死亡

应该避免在新生期处理母体动物，以防止发生残食，特别是初产动物更应如此。提供适宜的筑窝材料、私密的环境，并与其他雌性或雄性动物隔离，提供充足的营养等均是需要考虑的重要因素。啮齿类动物及其他小型哺乳动物可听到超声，这种噪声人听不到，但可能是残食及受胎率低下的原因。超声的来源可能为计算机、空调及流水等。

新生啮齿类动物的腹泻常常为病毒性的，如轮状病毒、冠状病毒、细小病毒等，这些病毒也可影响受胎率及出生率。仙台病毒感染在本地的啮齿类动物可引起妊娠期延长、新生动物死亡及成年动物的呼吸道疾病。球虫病也可成为断奶仔兔一种常见的疾病，因此卫生是防止感染的一个重要原因。增生性回肠炎（proliferative ileitis）也可影响3～10周龄的断奶仓鼠，可引起死亡。病原为胞内劳森菌（*Lawsonia intracellularis*），临床症状包括昏睡，失重、腹泻及由于腹痛而引起的弓腰姿势，常可在48h内引起死亡。对新生动物进行治疗时可采用液体支持疗法（包括葡萄糖）、加温、加强营养及抗生素治疗。

死产及新生动物死亡可在初产及未成熟的母体增加，特别是豚鼠，其妊娠期可不到66d。特异性感染包括来自泥泞干草的黄曲霉毒素中毒以及由巴氏杆菌引起（兔）或者博德特杆菌（*Bordatella* spp.）（豚鼠）引起的败血症。早期胎儿死亡及流产可由于一些感染（典型的为博德特杆菌、链球菌、沙门氏菌及葡萄球菌等）而引起，也可由于代谢病（惊厥或酮病）或母体在妊娠期营养不良所引起。

34.6.4 不育调查

调查不育时应该考虑下列因素：

繁殖动物的年龄，是否太老或者太年轻（雌雄两性）。

是否存在有全身性疾病。

营养缺乏，是否为特异性因素，如维生素E缺乏或者是否为一般的营养不良，或者由于配种过度引起的体况下降。

环境应激，如光照、温度、噪声水平（包括超声）、筑窝材料不足或筑窝地方不足。

生殖道感染或肿瘤。

雄性过度使用，引起精子产量下降。

第八篇

辅助繁殖

Assisted reproduction

第 35 章

辅助繁殖技术

Ingrid Brück Bøgh 和 *Torben Greve* / 编　　赵兴绪 / 译

35.1 前言

在畜牧业生产中，数千年来人类一直采用繁殖和选育具有特殊表型特征或优良生产性能的家畜的技术，但是一直到20世纪，人们才建立了人工繁殖技术，从而使得选育效率明显提高。许多人工繁殖技术（artificial reproductive technologies，ART），如人工授精、胚胎移植技术和体外胚胎生产技术（in vitro embryo production，IVP）等，最初都是为促进家畜遗传改良，或是在小动物为了建立研究模型而发展起来的，但经逐步改进，随后也应用于伴侣动物。这些技术中，一些技术如胞浆内精子注射技术（intracytoplasmic sperm injection，ICSI）、卵子回收技术和配子输卵管内移植技术（gamete intrafallopian tube transfer，GIFT）等，主要是在人类用于治疗生殖力低下或不育，但也广泛用于不同动物品种的具有特定原因的低育或不育，或是用于基础及应用研究。本章将主要阐述各种ART的基本原理，着重介绍其临床应用，同时还介绍了病理和生物安全等方面，这与兽医临床实践的关系更为密切。本章的重点是大家畜的人工辅助繁殖技术。

35.1.1 定义

生殖是一种基本的生理过程，由此保证了种群的繁衍。自然状态下这一生理过程需要交配，但也可采用不同的技术手段来规避，因此就涉及到人工干预。狭义地讲，与兽医临床实践密切相关的ART包括人工授精技术（参见第31章）、胚胎移植技术（包括超数排卵和同期发情）、体外胚胎生产技术和胚胎操作技术（包括生产转基因胚胎和嵌合体）、卵母细胞回收技术和卵母细胞移植技术，以及卵母细胞和胚胎的低温保存技术等。

35.1.2 辅助繁殖技术发展中的里程碑

1890年Heape首次在兔进行胚胎移植获得成功（Heape，1890），第一例胚胎移植犊牛诞生于1951年（Willetl等，1953）。此后，辅助繁殖技术的研发硕果连连，尤其是在牛。20世纪60年代，有人建立了非手术法胚胎移植技术（Mutter等，1964；Sugie，1956；Greve，1986）；采用激素诱导排多卵（超数排卵），可在选定的个体获得大量胚胎。在最近20年，人们对牛的激素超排处理方案进行了改进，并与鲜胚或冷冻保存胚胎移植技术相结合，这种技术称为超数排卵和胚胎移植技术（multiple ovulation and embryo transfer，MOET）。

目前这种技术在许多国家已成为一种常规技术，仅在2005年，全世界，特别是在欧洲、北美和南美洲，就有超过60万枚来自牛体内的胚胎移植给受体（Thibier，2006）。

在马，人们一直致力于提高具有优良遗传价值的动物的生殖潜能，第一例马的非手术胚胎移植于20世纪70年代早期获得成功（Oguri和Tsutsumi，1994；Allen和Rowsen，1975；Vegelshng等，1979）。此后，科学家们共同努力，对这一技术进一步进行了改进，使胚胎移植后的妊娠率达到了可接受的水平（Imel等，1981；Squires等，1985；Vogelsang等，1985）。然而，根据国际胚胎移植学会（IETS）的统计，在2005年全球只有约1.4万枚马胚胎移植给受体（IETS；Thibier，2006），制约因素主要有两个，一是没有有效的超排方法，二是没有有效的胚胎冷冻方法。

绵羊第一例胚胎移植羔羊诞生于1949年（Warwick和Berry，1949）。在绵羊和山羊，目前胚胎移植主要是为了引进新品种或是引入具有理想性状的品种。但是，由于这种技术成本昂贵，效率较低，因此其应用仍十分有限（Rangel Santos，2007）。根据IETS的数据，2005年全球约进行了2.5万枚绵羊和7千枚山羊胚胎的移植（Thibier，2006）。

在猪，胚胎移植技术进行商业性繁育的应用，至今仍然非常有限，但该技术却广泛用于科研。2005年，全球约进行了3万例猪的胚胎移植，其中很大一部分是用于科研（Thibier，2006）。人们也许会期望猪胚胎玻璃化冷冻保存技术的成功，可能会促进采用胚胎移植技术进行胚胎资源的国际交流，或用于重大传染病暴发时重要遗传资源的保存。

与此同时，另一种人工繁殖技术，即胚胎体外生产技术，在多种动物中已获成功。1978年，第一例体外受精的婴儿诞生（Steptot和Edwares，1978），1981年第一例排卵卵母细胞体外受精的犊牛诞生（Brackett等，1982）。在随后数年，牛的胚胎体外生产技术迅速发展，很快就可采用卵母细胞体外成熟及受精生产犊牛（Lu等，1988）。目前，从卵母细胞成熟、受精一直到培养的全体外技术，已广泛用于研究牛的兽医临床实践。2005年全世界体外生产的牛胚胎移植数量已超过26万枚，其中大部分是在南美进行的（Thibier，2006）。

1991年，体内成熟卵母细胞经体外受精后移植胚胎而妊娠的母马在法国产下两匹马驹（Palmer等，1991；Bézard等，1992），但是尽管全世界进行了尝试，这一成功事例却从未能再被重复。与此相反，ICSI技术则是一种更为可靠的体外生产马囊胚的方法，用手术法移植给受体输卵管后，第一例ICSI马驹于1998年出生（Cochran等，1998）。随后，体外培养早期胚胎发育至囊胚的技术获得成功，因此可以进行非手术法移植（Li等，2001），但是迄今为止，这一技术并未引发广泛的商业兴趣。

20世纪70年代早期，应用冷冻胚胎在鼠和牛首先成功产仔（Whittingham等，1992；Willmut和Rowson，1973），从而使家畜ART技术进入了一个全新的时代。胚胎冷冻技术使得胚胎能够贮存数年，并可以不依赖于采集地点和时间而进行移植，这在啮齿类和其他许多动物用于研究时，以及家畜用于商业性的胚胎移植（如育种计划、国际贸易）时均是极其重要的。

Willadsen等人对绵羊胚胎克隆的早期研究，开拓了ART用于研究和商业化应用的另外一个重要领域（Willadsen，1986）；由体细胞核移植技术（somatic cell nuclear transfer，SCNT）产生的克隆绵羊“Dolly”（Wimut等，1997）的出生，意味着不仅可以生产克隆动物，而且可以生产克隆并经基因修饰的动物，这是ART技术的一次飞跃。目前，多种转基因动物可用于生产药物产品，或是用作研究人类疾病的动物模型。最终，SCNT胚胎可能会被用于生产真正的针对个体设计的胚胎干细胞。

35.1.3 人工繁殖技术的实际应用

35.1.3.1 动物繁育

在动物繁育中采用诸如胚胎移植、超数排卵和胚胎冷冻保存技术等繁殖技术的一个主要优点是，可采用这些技术来增加遗传价值高的种畜后代的数量。在牛的MOET育种计划中，系统采用超排、胚胎回收和胚胎移植等技术，通过胚胎移植产生的青年母牛用于生产扩大全同胞或半同胞的家系，该家系的遗传信息可追溯到一头公牛的姐妹，而非它的女儿（图35.1），这样就可以增加选择的强度，缩短世代间隔。MOET计划包括建立一个核心繁育群，对该群所进行的所有遗传选育都以该群的各项详细记录为依据。20世纪80年代中期人们建立了多种MOET计划，通过这种计划证实了许多公牛的遗传优势（Christersen，1991；Lohuis，1995；Calleses等，1996）。

马匹饲养者可根据不同情况选择不同的人工繁殖技术，例如从具有优秀遗传价值的母马/公马获得更多的后代、从不参与竞赛的母马获得后代，或者从病因与生殖道存在的问题关系不大的生育力低下的母马获得后代等。虽然当前对商业性胚胎移植的兴趣还比较有限，但近来对超排技术进行的改进取得了令人满意的结果，这也许会改变将来胚胎移植的需求状况。另外，胚胎冷冻保存技术的进展可能会使管理更加方便，因为采用这种方法就无需再对受体马进行同期发情处理。不过，有些协会限制后裔的数量，或者完全禁止胚胎移植马匹的注册。

随着超声指导的阴道卵母细胞采集或卵子拾捡技术（ovum pick-up，OPU）以及胚胎体外生产技术的建立，目前可以采用这种技术补充或完全替代传统的体内胚胎生产技术。采用这种技术时，可从不患有遗传性不育（例如年龄、输卵管阻塞、子宫内膜炎等）的母畜、已知对超排药物不敏感的母畜（奶牛个体）、初情期前的母畜及妊娠母畜生产胚胎，甚至是某些刚死亡的母畜，可从尸体采集卵巢，采集卵母细胞进行体外操作而生产胚胎。在濒危动物保护方面，IVP技术也引起了科学家的兴趣，对这类动物，胚胎甚至有可能被移植到另一物种体内。虽然这种技术目前仍处于试验阶段，但ART正越来越多地用于野生动物和动物园动物的繁育计划。

35.1.3.2 双胎技术

在某些肉牛品种中，双胎是很吸引人的一个特点，但在奶牛却应该避免双胎。把两个体内或体外生产的胚胎移植给单个受体，就可获得高于正常的

图35.1 1头供体牛采用超排技术后用非手术法进行胚胎移植获得的15头犊牛（见彩图174）

产犊率。胚胎应分别移植于两个子宫角内，这样可提高成活的胎儿数量（Sreenan和Beehan，1976；Greve和Del Campo，1986）。可以设想，随着采用廉价的体外生产胚胎，双胎技术将会得到更为广泛的应用（Lu和Polge，1992）。但是，由于这种技术需要昂贵的仪器、人员培训，甚至在某些国家法律禁止采用，因此目前该技术仍未在生产实践中采用。

35.1.3.3 进出口

体内外生产的胚胎传播疾病的问题将在本章后面介绍，但应该强调的是，胚胎水平的遗传资源交流要比活畜直接交流更加安全，也更有益于动物福利。世界各国都在通过胚胎的进出口改良本地牛的生产性能。除了获得潜在的遗传效益外，本地受体通过胚胎移植还可以使后代通过初乳获得免疫保护。然而，必须要强调的是，为了达到预期的生产效益，对相关人员进行培训以保证高水平的管理是很为重要的。在许多国家，胚胎价格昂贵，因此阻止了胚胎移植技术的应用，而采用具有高遗传价值的公牛精液进行人工授精（AI）可能是一种更好的进行遗传改良的手段。

35.1.3.4 科学研究

除了上述应用外，ART的建立对研究正常和非正常受精和胚胎发生过程中基本的细胞生物学事件具有极为重要的意义，这些事件包括胚盘发育、胚胎的超微结构、基因表达、染色体研究、表观遗传学和代谢等，辅助繁殖技术主要通过对体内生产的胚胎与体外生产或克隆出的胚胎进行比较来理解上述事件，从家畜所获得的经验也可能会应用于人的辅助生殖。克隆时代的进展清楚地表明，表观遗传对表型的影响是极为重要的，转基因技术和克隆技术的结合目前已经成为生产人类疾病动物模型十分有用的工具，因此采用这种工具可以建立更好的诊断和治疗方法。从SCNT胚胎获得干细胞，有可能会成为一种获取与个体真正相容的胚胎干细胞的方法。

35.2 超数排卵、输精和受体的同期发情

35.2.1 目的

超数排卵（superovulation），又称为超刺激（superstimulation），是一种旨在不损害供体与卵母细胞成熟、排卵、受精和胚胎及胎儿发育相关的生理和内分泌过程的情况下，对供体进行处理，以期增加排卵率和可用卵子的数量的处理方法。超数排卵是成功采用胚胎移植技术的先决条件之一，特别是正常生理条件下排卵较少的动物（如牛、绵羊和马）更是如此，本章也将就这些动物的超数排卵进行重点介绍。供体和受体发情的高度同步化，对获得最佳受孕率是至关重要的，也是整个胚胎移植计划过程中很为重要的一环。

35.2.2 激素

35.2.2.1 卵泡的刺激

有两组完全不同的卵泡刺激激素用于超数排卵。最早用于反刍动物超数排卵的激素是孕马血清促性腺激素（PMSG），现称为马绒毛膜促性腺激素（eCG），是由妊娠母马的子宫内膜杯产生的一种糖蛋白（参见第2和第3章）。eCG可从孕马血清提纯，其兼有促卵泡素（FSH）和促黄体素（LH）样作用。给牛注射后，其半衰期约为5d（Schams等，1978）。eCG有其自身的优缺点，其优点是比较廉价，且只需一次注射；缺点是FSH：LH的比率不稳定且难以预测，而且残留的少量eCG还可能在排卵后持续发挥超排效应，引起排卵后能分泌雌激素的卵泡发育，长时间产生高浓度的雌激素，干扰受精和胚胎的早期发育。因此有人试图在发情时注射eCG抗血清，以减少血循中残留的eCG引发变态反应性负作用（Dieleman和vevers，1987）。但有研究表明，这种处理方法并不能增加胚胎数量或提高胚胎的质量（Cdllesen等，1992）。

第二代超排激素是促卵泡素（FSH），是从猪（pFSH）、绵羊（oFSH）或马（eFSH）的垂

体纯化的一种垂体促性腺激素。与eCG不同，这种垂体促性腺激素半衰期短，仅为6h，必须每天注射两次，连用3～4d，才能获得理想的效果。较之eCG，FSH价格昂贵，但大多数FSH制剂FSH：LH比率稳定。

35.2.2.2 诱导发情

为了达到超排的目的，供体必须要在开始用eCG或FSH处理后一定时间内发情，这就需要诱导黄体溶解，因为此时已不再需要等待自发性发情的出现。诱导黄体溶解一般通过肌注前列腺素（PG）$F_{2\alpha}$或前列腺素类似物来实现，但是通过阴道植入或皮下埋植孕酮释放装置也可用于抑制LH峰出现，直到需要排卵时为止。

35.2.2.3 诱导排卵

可采用两种激素，即人绒毛膜促性腺激素（hCG）或促性腺激素释放激素（GnRH），可单用，也可与前列腺素合用。

35.2.2.4 受体的同期发情

受体通常用前列腺素或孕酮释放装置进行同期发情处理，使之与供体的发情周期尽可能同步化。

35.2.3 牛的超数排卵、输精和同期发情处理方案

关于牛的超排及胚胎移植，人们进行了大量的研究（Mapletoft，2006），以下就这些研究结果的实际应用加以介绍。

首先必须强调的是，牛的超数排卵具有高度的不可预测性和可变性，因此超排处理的结果可能会引起供体饲养者和兽医人员对该技术的失望（Callesen等，1986；Callesen和Greve，2002）。因此在实施胚胎移植计划之前，从一开始就应告知畜主关于超排的缺点和整个超排过程，并且应得到兽医的指导。尽管如此，为了增加成功的可能性，还有大量的常规临床和管理方法需要逐一进行。

35.2.3.1 供体的选择

选择供体时的一个常规做法，就是对供体进行仔细评估。供体应当处于能量正平衡状态，在分娩后失重的母牛尤其不适合用于超排。一般来说，用于超排的奶牛在开始超排前至少应有两个连续的正常发情周期，且无其他产科疾病。供体的年龄、胎次及季节（除热应激）对超排效果影响不大，但品种则有明显影响。超排前，可采用超声扫描法探测，以确保供体具有一定程度的卵泡发育活动（Adams，1994；Singh等，2004），但是，在开始采用激素处理时，通过超声波扫描观察到的小卵泡和中等大小卵泡的数量与超排处理后的排卵数之间的相关性并不高（Purwantara等，1993）。

35.2.3.2 标准超排程序

在开始用促性腺激素处理时，兽医人员必须肯定卵巢上有一个活跃的黄体。标准超排程序如下（见图35.2）：在发情或排卵后9～11d，当第二个卵泡波出现时，给供体注射eCG或FSH，每日两次，剂量递减，连用3～4d。开始用超排激素处理后48～72h，注射1～2次前列腺素诱导发情，发情一般发生在此后48h内。由于发情可能提前，因此建议在前列腺素处理后36h开始仔细观察供体的发情征状。LH峰与发情同时出现在注射前列腺素处理后42～45h（Callesen等，1986），供体也将在此后24～30h排卵。因此，应该在供体表现站立发情后12h和24h进行两次输精。研究表明，更多次的输精并无益处（Greve，1981；综述，Callesen和Greve，2002）。

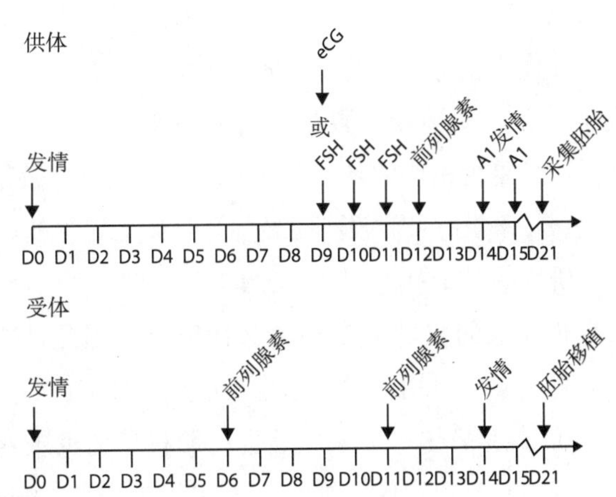

图35.2 牛的超排及同期发情激素处理方案

研究表明，与未超排动物相比，超排动物未受精卵母细胞（unfertilized oocytes，UFOs）的比例更高，胚胎透明带上额外精子的数量较少（Saacke等，1994），说明在超排母畜生殖道内精液的转运可能会受到影响，因此选用高品质的精液是极其重要的（Stround和Hasler，2006）。同时也可观察到公牛也有明显影响（Callesen和Greve，2002），越来越多的研究表明农场之间的差异很大，这可能与农场本身的管理水平有关。

35.2.3.3 受体的选择与管理

供体与受体发情的高度同步化对于获得较高的受胎率是很重要的（Hasler等，1987）。受体应间隔11d用前列腺素进行两次处理，最后一次处理应在供体处理前24h进行，主要是因为与供体相比，受体对发情的反应时间较长。出现这种现象的原因是供体雌激素（E_2）升高的时间较早，其反过来会引发LH峰的提前出现。

35.2.3.4 改进超排反应的措施

人们通过改进常规的发情周期中期超排处理方案及借助超声波扫描技术获得关于发情周期卵泡波出现模式的知识（Adams，1994；Ginther等，1996），采用各种方法来改进超排反应，这对设计新的更为有效的操作和控制卵泡波出现的程序来说是很有帮助的（Bo等，2006；Mapleteoft，2006）。

考虑到卵泡波的出现，可以设计一种超排程序，将开始用FSH处理的时间和卵泡波出现的时间及人工授精的时间相匹配，由此减少人员的工作时间，并优化获得的受精卵的数量（Bo等，2006）。但是，在一些国家，限制在食用动物使用某些激素，而且更为重要的是，上述处理方案就超排效果而言，几乎没有或者没有明显统计意义上的改进。

研究表明，重组牛生长激素（rbST）可以增加生长卵泡的数量（Gong等，1993），因此从理论上来说，其可用于增进超排反应。但Hasler等人（2003）近来在一个采用奶牛胚胎移植的商业组织进行的研究中发现，供体牛采用这种处理方法重复超排，就总胚胎数和优质胚胎数而言没有多少效果。

35.2.3.5 超数排卵处理的缺点和差异

超数排卵至少有两个主要问题：其一是促性腺激素的效力（纯度、FSH与LH的比例）和由于超排程序与卵泡波出现之间的关系所引起的超排处理计划与管理的复杂性。其二是在超排处理后不同动物产生的卵母细胞及由此产生的胚胎数量和质量存在固有的差异。

超排常可引起卵泡液甾体激素及外围循环中激素（FSH、LH、E_2和P_4）变化出现异常。超排动物在排卵时及排卵后，雌二醇和孕酮水平明显升高，而且大多数供体由于E_2的提早升高可很快启动LH峰值；而在某些供体，LH峰较低或缺如。所有或这些异常中的一些可能会影响卵母细胞成熟、降低卵母细胞质量、导致不能受精及胚胎质量低下（Callesen等，1986；Callesen，1995）。唯一具有实际用途的激素分析是测定发情期血浆P_4水平，P_4水平升高则意味着超排反应效果不佳。

35.2.3.6 超排和冲胚后供体的管理

超排后，小母牛在20d内，成年母牛在40～60d内可恢复正常的发情周期，生育力也基本正常（Greve，1981）。但是，由于超排处理使内分泌系统发生了巨大的改变，因此会明显影响供体随后的生育力，所以应该使畜主了解这些情况。冲胚后可能仍有胚胎存留于子宫内，因此为了避免50～60d后发生多个胎儿的自发性流产，使供体尽快恢复正常的发情周期，应在回收胚胎结束时对供体用前列腺素处理，几天后可重复处理。有些供体牛不能恢复正常的发情周期，它们可能会经历一段无卵泡发育期，甚至会发生卵泡囊肿（参见第22章）。对这些牛应当进行产科检查，大多数情况长时间用孕酮处理可以解决这些问题。

35.2.4 马的超数排卵、人工授精和同期发情处理方案

35.2.4.1 超数排卵

以前，马的诱导超排的所有尝试几乎都以失

败告终，而且eCG在诱导马超排反应上没有效果（Day，1940；Betteridge和Mitchell，1974），这可能是由于eCG与母马卵巢中的FSH受体的结合不足所造成（Stewart和Alled，1979）。用猪FSH（pFSH）处理时，排卵数的增加不足2个，因此平均排卵率增加也不明显，即使是用很大剂量的pFSH处理，其结果也是如此（Irvine，1981；Squires等，1996；Fortune和Kimmich，1993）。在乏情期用GnRH 或其类似物处理母马，超排效应达到中等水平（Johuson，1981；Githerh和Vergfelt，1990），但用GnRH处理表现发情周期的母马则没有效果，还会引起垂体的降调节，结果使卵巢无功能活动（Montovan等，1990；Watson等，1992；Fitzgenald等，1993；Pedersen等，2002）。用抑制素α-亚单位主动免疫已成功应用于增加马的排卵率，但被动免疫只有中等程度的效果。针对抑制素的免疫球蛋白可中和血循中的抑制素，降低对垂体FSH的抑制作用。但是由于这一方法结果的不稳定性以及需要重复免疫，且不论主、被动免疫后都有多种不良反应，因此并未商业化应用（McCue等，1992，1993；McKinnon等，1992）。

有人提出假说认为，马排卵凹的区域相对有限，同时由于马的排卵前卵泡较大，这可能是限制超排反应的一个因素（McCue，1996）。但有研究表明，一匹母马在2d内自发地排出了12枚直径18～22mm的卵泡，后经超声波扫描确定，在妊娠17d时有6个胎囊（Bruck等，1997），表明这种动物并不存在内在的阻止超排的限制因素。虽然对这种自发性超排的发生机制还不清楚，但却清楚地表明排卵前卵泡的大小并不足以说明卵母细胞或卵子的成熟程度，而单个优势卵泡的选择机制有时可能被推翻。

采用马垂体提取物可成功诱导超数排卵，排卵率可达到每次发情1.7～4.6枚卵子（Douglas等，1974；Lapin和Ginther，1977；Wooda和Ginther，1984；Squires等，1986）。目前，诱导母马超数排卵最有效的方法是，从排卵后5～8d卵巢上有黄体存在、最大的卵泡直径达到20～25mm时开始，供体一天两次注射eFSH，eFSH处理的第二天注射前列腺素诱导黄体溶解。用eFSH连续处理3～5d，直到最大卵泡直径达到32～35mm。间歇36h后，用hCG处理供体以诱导排卵（Alvarenga等，2001；Scoggins等，2002；McCue等，2007）。采用这种方法处理，在每个处理的发情周期可获得约4枚卵母细胞和形成1.5枚胚胎（Nsswender等，2003；Welch等，2006）。相对高强度的处理方法以及当前每剂药品的价格，使得马的超排处理成为一个昂贵的过程。与牛一样，马的超排反应具有一定的可变性，尤其是老年母马更为明显（Squires和MeCue，2007），所以至今为止，尚未见到重复超排处理对母马长期生育力影响的研究。

35.2.4.2 同期发情和输精

进行卵母细胞及胚胎移植时，供体和受体母马排卵的时间必须要同步，这可通过在间情期分别注射两次前列腺素以溶解黄体，在发情期排卵前卵泡直径达到35mm时注射hCG或GnRH以诱导排卵来实现。但是母马不同个体卵泡发育过程差异很大，其发情期的开始在很大程度上取决于注射前列腺素时卵泡的大小。因此，在间情期一次注射前列腺素的同期化效果常不明显，而间隔约10d两次注射前列腺素可提高发情同期化水平，或者也可为每个供体母马准备3个受体。定时诱导的黄体溶解，还可以与此前长时间以烯丙基群勃龙（allyltrenbolone）处理相结合（Loy等，1998）。不过，马的供体与受体发情的同步化程度并没有像在牛那么严格。研究表明，如果受体的排卵时间比供体早1d或推迟3d（+1、0、-1、-2、-3），在供体排卵后第7天进行胚胎移植，则妊娠率没有明显差别；但是如果受体比供体迟排卵2～3d，则妊娠率有升高的趋势（Squires等，1982）。另外一种方法是，受体马摘除卵巢后，在妊娠的前1/3阶段持续用孕酮处理受体马，胚胎移植后可妊娠并产驹（Hinrichs等，1987）。在进行胚胎移植计划时，常因受体母马的同期发情不可靠，或是没有足量的受体母马，因此妨碍了胚胎移植计划的实施，但这种方法在商业性胚胎移植中具有实用价值。

如果精液质量和配种时间都处于最佳状态，则配种方法（本交或人工授精）一般来说就不显得那么重要。如果难以确定冷冻精液质量，或者采用冻精进行人工授精监管不严，则最好采用新鲜或冷藏精液。

35.2.5 绵羊和山羊的超数排卵、人工授精和同期发情方案

35.2.5.1 超数排卵

绵羊和山羊两种动物的超排技术非常相似（Armstrong和Evans，1983），使用的促性腺激素制剂与在奶牛使用的相同，为eCG或FSH。促性腺激素处理常开始于发情周期的中后期，24～72h后再用前列腺素处理，可在处理后24～36h诱导出现发情。还可采用孕酮阴道内释放装置来控制发情和排卵，采用这种方法时绵羊需处理12～14d，山羊14～18d。也可在正常的繁殖季节外进行超数排卵。有人在绵羊试用eCG抗体，但超排效果并没有明显改善。

35.2.5.2 输精

输精可采用本交或人工授精，人工授精时，可从发情开始，每12h用鲜精输精一次。但是绵羊的输精失败较为常见，特别是当卵巢超排刺激后对促性腺激素反应过高时更是如此。这个问题可以通过采用剖宫手术法或腹腔镜法，将精液直接输入子宫内来解决（参见第31章）。供体和受体的发情周期同步化一般可采用孕酮释放装置，如果能将不同步化程度控制在2 d内，仍可获得比较满意的妊娠率（Wilmut和Sales，1981）。

35.2.6 猪的超数排卵、输精和同期发情方案

超数排卵和输精

母猪和小母猪诱导超数排卵可采用两种完全不同的方案，如下所述。

诱导母猪超排时，可在断奶3d后用hCG诱导排卵，15d后间隔12h两次注射前列腺素诱导黄体溶解（Hazeleger和Kemp，1999）。为了刺激卵泡生长，可在最后一次前列腺素处理后1d用eCG（1 000或1 500IU）进行处理，加大eCG的剂量可获得更多的排卵数。72h后用hCG（750IU）诱导排卵，hCG处理后36～42h输精。受体除了不进行输精外，处理方法与供体相同。

小母猪有两种处理方法可供选择：①输精，并在2 6d后用前列腺素引产，随后用eCG诱导超排；②烯丙基群勃龙与eCG和hCG合用（Cameron等，2004）。采用后一种方法处理时，在出现自然的发情周期后，给小母猪连续18d饲喂烯丙基群勃龙（20g/d），停药后24h注射1 000IU的eCG，约72h后再注射750IU hCG。hCG处理后24h开始，交配2或3次（本交或人工授精）。建议采用人工授精。

35.3 胚胎回收和胚胎移植

35.3.1 目的和基本原理

超数排卵后可从输卵管或子宫回收胚胎。所有动物在早期的研究中都是通过腹中线剖宫手术法（Polge，1977）及冲洗输卵管和子宫来回收胚胎。在有些动物难以插入子宫颈导管，难以通过直肠触诊控制操作（绵羊、山羊、猪、犬和猫），因此目前仍采用这种方法。但这种方法更为费力，而且供体动物也承担着更大的风险（麻醉、器官粘连等）。在猪和牛，目前建立了一种借助内窥镜回收胚胎的半手术法（Besenfelder等，1977；综述见Besenfelder，2006）。

在牛和马，可以采用非手术法从子宫中回收胚胎（牛—Drost等，1976；Elsden等，1976；Greve等，1977；Newcomb等，1978；马—Oguri和Tsutsumi，1974；Imel等，1981），这对商业生产中建立新的育种策略，特别是在牛，是一个很大的进步。

35.3.2　牛的胚胎回收和移植

35.3.2.1　胚胎回收

牛的胚胎大约在静立发情后约第4天进入子宫，可在6～8d后回收胚胎，此时胚胎应处于桑葚胚或早期囊胚阶段，胚胎周围仍有透明带包被。

在回收胚胎之前，可采用直肠触诊法检查超排反应效果（图35.3），也可采用直肠内超声扫描来评估，后一种方法可以更加准确地估计黄体的数量和未排卵的卵泡数，但难以估计黄体的准确数量，特别是当卵巢上有多个黄体存在时更为困难。如果只有一两个黄体，或是有卵泡囊肿，建议最好不要进行胚胎回收。冲胚时常对动物用利多卡因进行硬膜外麻醉（见第12章），以阻止努责和排粪。但是有些牛在麻醉后可能在直肠内吸入空气，使得冲胚工作更难进行。冲胚过程中，尽可能地减少污染是很重要的，因此对会阴部，包括阴唇内部都要清洗干净，并用温和的消毒剂仔细消毒。

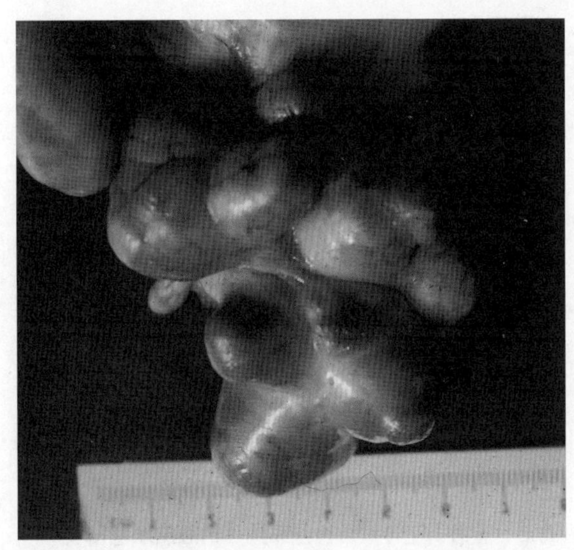

图35.3　牛的卵巢，用hCG超排之后其上具有多个黄体（见彩图175）

图35.4　用于牛非手术法采胚的福利氏导管，已经用空气充满气囊（见彩图176）

最常用的采胚管是不同品牌和大小的福利氏（Foley）橡胶导管（图35.4），母牛和小母牛最常用的导管分别为长70cm的14、16和18号导管。这种导管可经直肠小心控制，由子宫颈导入子宫角的理想位置，当导管尖部到达子宫角中部时，将气囊中装满盐水或空气。应该注意在插入导管及充满气囊的过程中切勿损伤子宫内膜，否则会导致冲洗液回收不全和/或引起出血。如果出血，则随后出现的血凝块会干扰胚胎鉴定。在小母牛，冲胚时可能有必要使用子宫颈开张器，但操作人员应当注意开张器在进入最后一个子宫颈环后不要穿入子宫。

习惯上将两个子宫角分别进行冲洗，但也可将整个子宫体进行冲洗，只是这种方法要比分开冲洗子宫角需要对子宫进行更多的操作。常用的冲胚液一般为改良的Dulbecco's磷酸盐缓冲液（DPBS），添加1%～2%的牛血清白蛋白（BSA）或者犊牛血清（FCS）以及各种抗生素（Greve等，1977）。为了防止胚胎黏附到塑料制品（过滤器、培养皿和导管等），冲胚液中应该加入足够的蛋白质，但必须保证蛋白来源没有被病毒污染（如牛病毒性腹泻病毒，BVDV）。可采用两种冲胚方法，即连续冲胚法（见图35.5），或用30～50ml冲胚液的注射-抽吸式重复间断式冲胚法（见图35.6）。所需冲胚液的量在不同动物略有不同，每个子宫角约0.5L，经产牛比小母牛的用量大些。不论采用哪种方法冲胚，最为重要的是回收所有注入的冲胚液，因为胚胎可能会存在于残留的冲胚液中。

回收的冲胚液随后转入特殊设计的孔径为70μm的滤器中，使得体细胞（如红细胞）和组织碎片能够通过，但能留下胚胎（直径约150～200μm）。然后将滤器中的物质再转入有方格标记的皮氏培养皿（Petri dish，有盖培养皿）中，同时用冲胚液反复洗涤滤器底部。可采用漏斗或其他锥状玻璃器皿用沉淀法收集胚胎，但随后在皮氏培养皿中检胚时，黏液和其他碎片可能会把胚胎包裹起来而干扰操作。检胚在立体显微镜50～100倍放大下进行，找

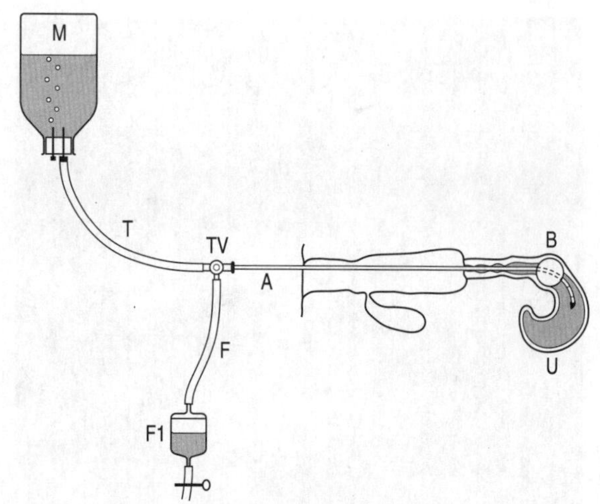

图35.5 重力引流连续冲洗法采集牛的胚胎示意图

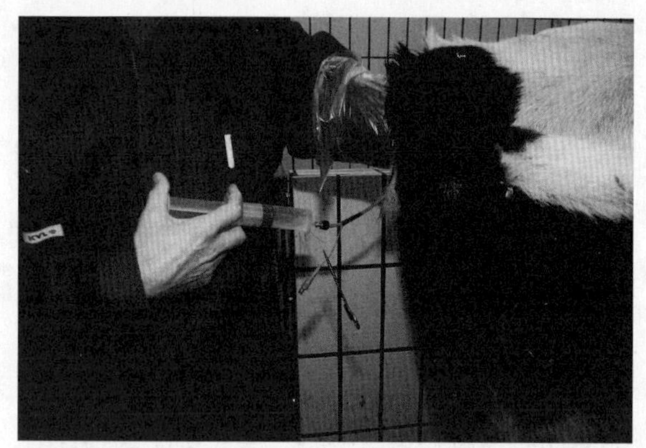

图35.6 小母牛采用间断式冲洗法收集胚胎（见彩图177）

到胚胎后将其转入小的加有5%～10%FCS的DPBS小培养皿中。

35.3.2.2 胚胎质量的评价

在不含血液和组织碎片的皮氏培养皿中对胚胎发育阶段和质量进行评价。对胚胎的形态学评估应按国际胚胎移植协会的标准，评价胚胎所处的发育阶段和胚胎质量（Stringfellow，1998）。在第6～7天回收的受精卵中，大多数胚胎都处于致密桑葚胚、早期囊胚、囊胚或扩张囊胚阶段（见图35.7）。如果在发情后第8天前回收胚胎，则很少能见到孵化囊胚。致密桑葚胚至少应有16个细胞，单个卵裂球的表面应该清晰。虽然在早期囊胚期囊胚腔小，但可区别内细胞团和滋养层细胞。当在培养皿中观察时，胚胎可能会吸入一些液体，形

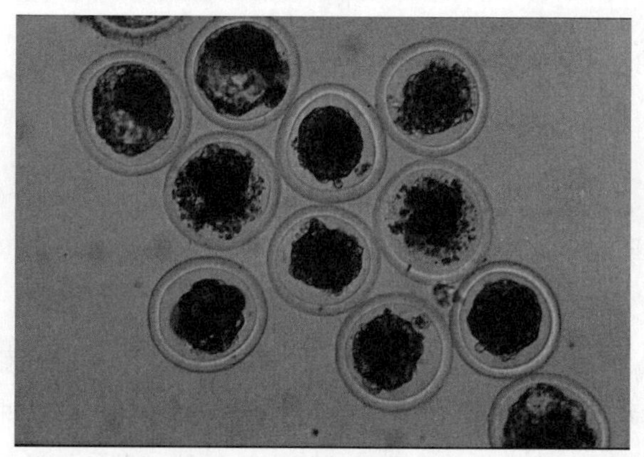

图35.7 发情后第6～7天回收的体内产生的牛胚胎（见彩图178）

成一个或小或大的囊胚腔，这被认为是胚胎健康和质量高的标志。但是体外生产的胚胎却很少看到这样的现象。胚胎质量一般评定为优质、良好、一般、较差四等，另外还需辨别出未受精的卵子（UFOs）。要清晰地辨别出优质和良好的胚胎是比较困难的，因为它们都呈球形，卵裂球无退化的现象。质量属于一般范畴的胚胎，有些卵裂球或许发生了退化，位于滋养层细胞之外，不再参与胚胎的形成。质量属于较差范畴的胚胎，正常的卵裂球数极少。未受精的卵子可能会呈现不同的形状，有时会出现退化现象，或者会包含有降解的分布不均匀的卵质。

体内产生的牛桑葚胚和囊胚活力很强，可以保存在小皮氏培养皿（内有适量培养液）中，或是保存在人工授精用细管中，在室温下保存24h而活力并不丧失。如果回收后在4℃条件下保存，则即使保存长达48h，也能够得到令人满意的妊娠率（Lindner等，1983）。此外，体内生产的胚胎对冷冻和玻璃化过程的耐受性也很强（见下）。

胚胎回收的结果有很大的差异（Strong和Hasler，2006），因为它们取决于供体对超排的反应性。虽然如此，一般来说期望能得到如下结果：

- 5%的供体由于对超排刺激的反应性很低而不能冲胚。
- 20%的供体回收的胚胎不宜移植或没有活力。

• 每个供体胚胎或UFOs的总数为8～10个，其中约6个胚胎可以移植（Callesen等，1996；综述见Callesen和Greve，2002；Stroud和Hasler，2006；Mapletoft，2006；Merton，2007）。

35.3.2.3 胚胎移植

胚胎可在回收后立即移植给受体，也可冷冻保存，以后再移植。IETS的资料表明，回收的胚胎约有一半是以鲜胚移植，另一半则冷冻保存，但冷冻保存的胚胎大多数未解冻移植（Thibier，2006），可能是因为与随后的后代相比，这些胚胎的遗传价值降低，因此没有必要再进行移植。

一直到20世纪70年代中期，胚胎多通过腹中线切口，或后来通过腹胁部切口，通过手术法移植到受体子宫角尖端。这些方法，尤其是腹中部切口法，比较麻烦，而且动物也得承受较大的手术风险。此后，几乎所有的牛胚胎都是采用非手术法，经子宫颈进行移植，其妊娠率与手术法移植后的相似，为50%～60%（Greve和LehnJenesn，1979；Wright，1981）。

根据IETS胚胎移植操作手册，胚胎在移植前，应先洗涤10次（Stringfellow，1998），之后将每个胚胎装入0.25ml的无菌人工授精细管（IMV）中，再将装有胚胎的细管置入普通的人工授精枪（卡苏枪，Cassou）（参见第31章）或专为胚胎移植设计的由普通输精导管改制的导管中。

受体的发情周期必须要与供体的同步化，进行胚胎移植之前应确保受体的发情发生在供体发情时间的±24h之内（Hasler等，1987），并且存在有功能性黄体。与发情的同步化相比，受体与胚胎发育阶段的同步化是一个更为可靠的参数。例如，桑葚胚应该在受体发情周期的第6天移植，而囊胚则应在第7天移植给受体。

受体可采用硬膜外麻醉，而且与供体一样，应当仔细清洗干净其会阴部。在牛，为了阻止溶黄体机制的发生，胚胎常被移植在有黄体发育一侧的子宫角（参见第3章）。操作人员先把带有薄塑料鞘套的胚胎移植导管，采用直肠把握法经阴道小心插入子宫角中部，然后把胚胎置于此处（图35.8）。采用该技术移植胚胎时，应轻轻地将导管推入子宫腔，并轻轻将子宫角牵拉向导管。应避免引起子宫内膜损伤出血。就妊娠率而言（平均50%～70%），不同的操作人员、不同的养殖场之间差异很大，特别是胚胎质量影响更大，优质和良好的胚胎移植后的妊娠率最高（70%～80%，Mapletoft，2006）。

胚胎移植后超过妊娠45d的妊娠失败率大约为5%，这与人工授精的结果非常接近，劣质胚胎及冷冻胚胎的妊娠失败率更高（Callesen等，1996）。

35.4 马的胚胎回收和胚胎移植

35.4.1 胚胎回收

马的胚胎大约在排卵后5.5d的桑葚胚阶段进入子宫（Betteridge等，1982；Hinrichs和Riera，1990；Freeman等，1991）；在胚胎移植计划中，多在排卵后6～8d胚胎处于桑葚胚或囊胚阶段时回收胚胎（图35.9至图35.11）。为了工作环境更加舒适，应将母马保定在狭小的空间（六柱栏）内，通常不进行镇静处理（图35.12）。开始时必须要对会阴区进行彻底清洗。采胚时将福利氏管或硅胶冲胚管的尖端用手经子宫颈插入子宫体，冲胚管上的气囊在子宫角后部时充满，整个子宫内通过重力作

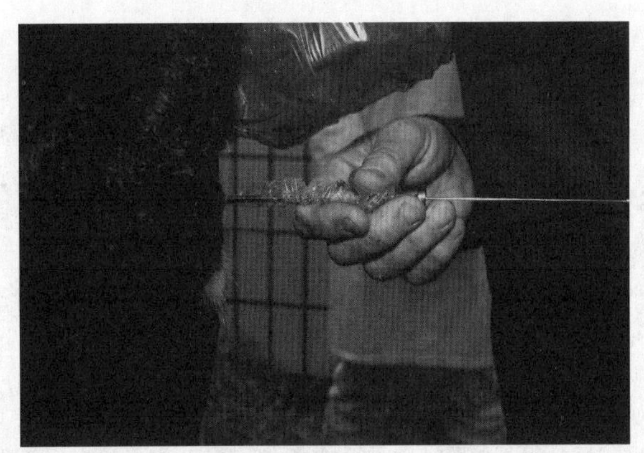

图35.8 小母牛采用带有塑膜鞘套的胚胎移植导管进行胚胎移植的操作方法（见彩图179）

用灌满添加有1%FCS的DPBS，这样可有效阻止极小胚胎黏着于塑料器皿。冲胚液的用量因母马的年龄和胎次而异，一般来说子宫内可接受的容量大约为1～2L。为了确保所有子宫内膜皱褶都已伸展，应该向子宫内尽可能灌入它所能容纳的冲胚液，冲胚液用70μm的滤器收集胚胎。冲胚可重复进行3次，最后一次冲胚前注射适量催产素以确保能够回收残留的冲胚液。与牛不同的是，马回收的冲胚液很少混有红细胞。冲胚后供体用前列腺素处理诱导发情，从而能间隔14～18d后再次进行胚胎回收。

受孕后第6天时，孕体刚进入子宫，此时其大小比未受精卵子略小（直径大约为150～200μm；Betteridge等，1982；Frddman等，1991），但是随着囊胚腔的形成而迅速增大，第7天时直径可达200～600μm，第8天时为600～800μm（Betteridge等，1982），因此从大约第8天起就基本上可以用肉眼辨别出冲胚液中的胚胎。在此阶段，透明带已经脱落，此时的孕体由一层囊膜包裹，该囊膜在妊娠第17天之前一直呈球形（图35.13）。由于受精卵通过宫管结合部时需要早期胚胎所发出的信号，这种信号很可能是PGE_2（Weber等，1991），所以回收到未受精卵也就意味着有一个受精卵通过宫管结合部进入了子宫。

胚胎回收率的高低与胚龄密切相关，第8天时的回收率要高于第6天（Iuliano等，1985；Squires

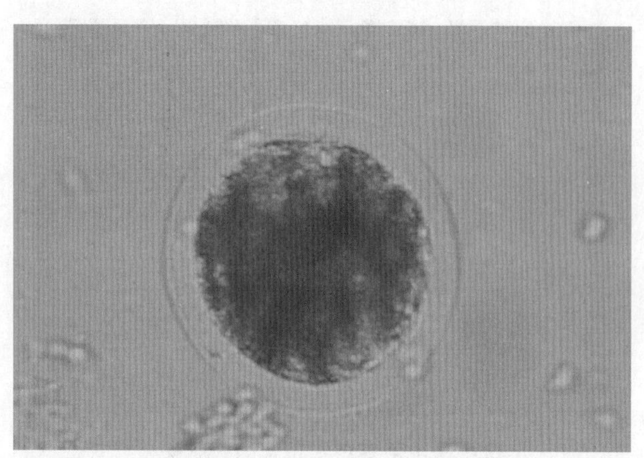

图35.9 马在排卵后第7天体内回收的桑葚胚（见彩图180）

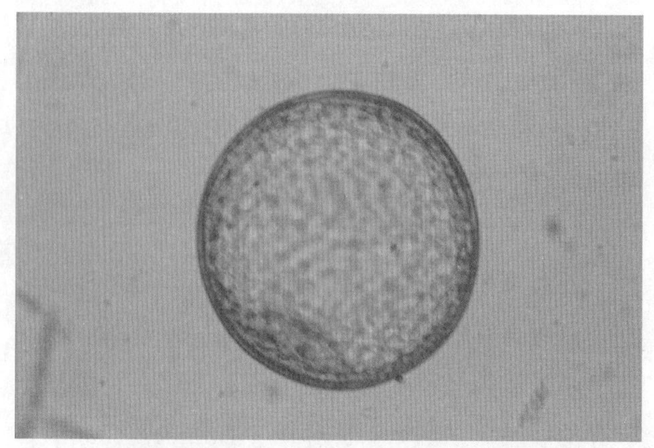

图35.10 马排卵后第7天体内回收的囊胚（见彩图181）

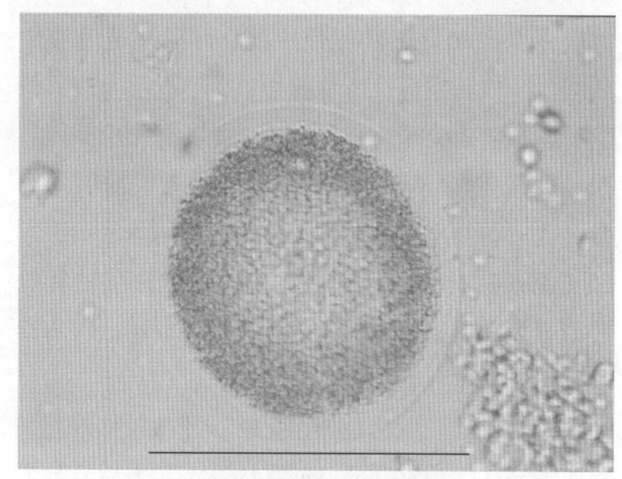

图35.11 从马回收的未受精的卵子和受精卵（见彩图182）

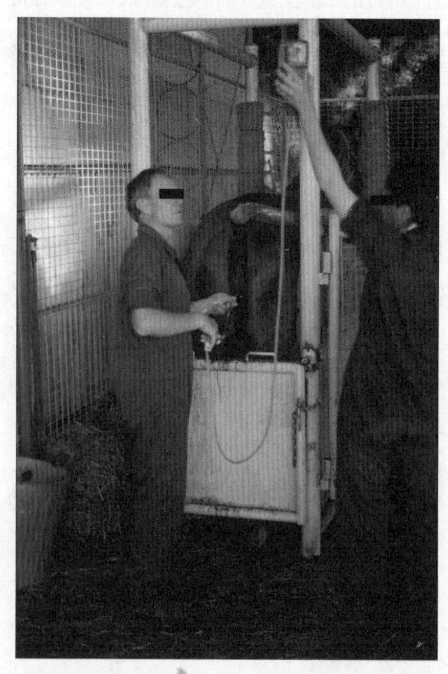

图35.12 马在第7天进行的非手术法移植胚胎（见彩图183）

图35.13 在不同期排卵后的第11天和第14天同时回收的马的两个胚胎（注意两个胚胎都漂浮在表面，说明其密度比冲洗液低）（见彩图184）

等，1985a，b）。在年轻的生育力强的实验母马，第7天时胚胎回收率可达70%～80%，但是在生产实践中母马的胚胎回收率通常比此低。因此，胚胎移植后的妊娠率差别很大，这主要取决于供体、种公马和受体的生育力以及操作人员的技术水平；母马的年龄也有明显的影响。除了妊娠失败率逐渐增高外，随着母马年龄增加而生育力降低可归因于卵泡发育时间延长，卵母细胞质量下降及子宫内膜的改变引起子宫内膜微子叶密度降低（Carnevale等，1993；Brinsko等，1995；Carnevale和Grinther，1995；Wilsher等，2003）。因此，对供体母马的要求是：生育力最佳、年龄3～10岁，第一或者第二胎次以确保子宫的生产力和功能达到最大；适当的体格和营养状况以及性情温驯。毋庸置疑，胚胎质量是最为重要的，胚胎移植前用光学显微镜对胚胎进行形态学评估，可以鉴别移植后胚胎的发育能力。但是，根据胚胎的形态学质量进行预测并非总是很准确。

35.4.2 胚胎移植

对受体的基本要求，如年龄、胎次、生育力和温驯的性情等，也均与供体相同。如前所述，供体与受体发情周期的阶段的同步化应该在+1及-3d的范围之内（参见8.2.4.2 同期发情与输精）。此外，摘除卵巢后在妊娠期的头1/3阶段用孕酮处理的母马，也可用作受体进行胚胎移植（Hinrichs等，1987；Squires等，1989）。

马的胚胎可在回收后立即移植给受体，也可降温至5℃后保存24h后移植，或是冷冻保存后移植（见下）。采用非手术法移植时，在光镜下把胚胎装入一个人工授精用细管中，胚胎置于一个气泡和一个液柱之间以便于辨别。输精管的尖端达子宫体后，再轻轻将胚胎释出。给经同期化处理的受体移植胚胎的方法基本与人工授精一样，但是为了保证更好的无菌操作，必须对受体的会阴区进行彻底的清洗和消毒，用无菌塑料薄膜盖住移植用器械（谨慎方法）。保证无菌和避免前列腺素释放的另外一种方法是，在输精管的尖端进入子宫颈之前，通过置于Polansky扩张器（开膣器）中的子宫颈伸缩钳（图35.14）伸入阴道，回拉子宫颈，这就免去了手在阴道内的相关操作（Wilsher等，2004）。

非手术谨慎法移植第7～8天的胚胎后，妊娠率可达50%～75%（Iulisno等，1985；Squires等，1999）。

35.5 绵羊和山羊的胚胎回收和移植

35.5.1 胚胎回收

在绵羊和山羊，可在全身麻醉后经腹中部剖宫

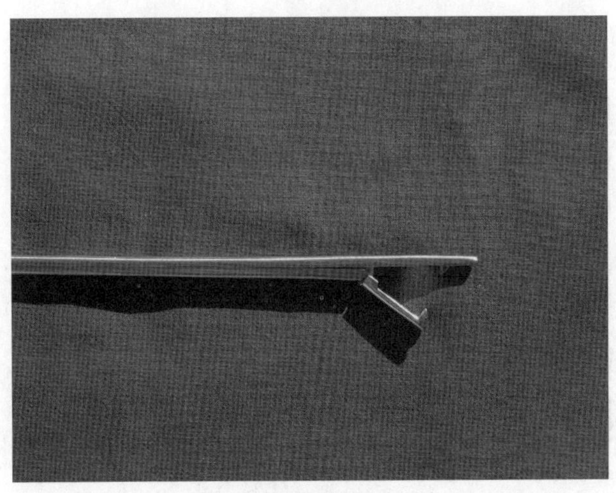

图35.14 用于马胚胎移植的子宫颈钳（见彩图185）

手术，在发情后3~7d用手术法回收胚胎（Moore，1982；Raino，1992）。最好将动物在手术台上置于仰卧体位，以便能够抬高动物的后躯（图35.15）。打开腹腔后，将卵巢、输卵管和部分子宫角拉出体外，计数黄体，以预测可能的胚胎回收率。用一个连接有钝针头的注射器抽取大约50ml含1%FCS的改良DPBS盐水，灌入子宫角尖端，或是经输卵管注入，然后再通过置于输卵管末端的福利氏管（Foley catheter）回收缓冲液至皮氏培养皿中。绵羊和山羊胚胎鉴定、分离和胚胎品质的评价方法与前面介绍的用于牛的方法非常相似。回收率一般为90%~100%，回收的胚胎数在不同品种间及同一品种内差别很大，每个供体可回收3~10枚胚胎。有人也试用半手术法回收处于输卵管阶段的胚胎（即腹腔镜法），回收率与手术法相似（Besenfilder等，1994；综述见Besenfelder，2006）。

35.5.2 胚胎移植

绵羊和山羊进行胚胎移植时，通常在全身麻醉下，用腹中部剖腹法或是腹腔镜法进行。通常使用短时间的全身麻醉，无需进行气管插管麻醉，重要的是将动物的尾部抬高，尤其是采用腹腔镜法移植胚胎时更应如此。腹腔镜法和剖腹法效率基本相当，但更需要经验才能获得更高的受胎率。

图35.15 腹腔镜采集山羊胚胎（见彩图186）

35.6 猪的胚胎回收和移植

35.6.1 胚胎回收

有关猪胚胎移植的原理，Day（1979）和Polge（1982）已有综述发表。可在发情后3~7d，动物在全身麻醉下，通过腹中部剖腹回收胚胎。多年来这种技术没有多大变化（Day，1979；Polge1977，1982）。打开腹腔后，按以下程序在双侧进行操作：

拉出卵巢、输卵管和子宫，在距离宫管结合部约50cm处将一个特殊设计的曲玻璃管或福利氏管插入子宫腔。

冲胚液一般用含1%FCS的DPBS，用一个钝针头插入壶腹部注入，冲洗输卵管。

通过子宫角轻轻按摩注入的液体，然后由插入的曲玻璃管或福利氏管回收冲洗液到皮氏培养皿内。

胚胎的鉴定和分离与牛的方法非常相似，但就胚胎质量而言，可获得优质胚胎和未受精卵，或只有未受精卵。

由于猪的胚胎胞浆内脂类含量较高，因此猪胚胎比牛胚胎的色泽要暗一些，而且在透明带内还有大量额外精子的头。胚胎的回收率一般较高，每次采胚正常情况可获得25~30枚胚胎。也可采用腹腔镜技术回收胚胎（Besenfelder等，1997）。

也有人报道通过子宫颈回收胚胎的方法（非手术法；Hazeleger等，1989；Hazeleger，1999），但由于这种方法需要在早期先结扎大部分子宫，而且即便如此，回收率仍然比较低，每次冲胚只能获得6枚胚胎，因此这种方法并未得到广泛应用。也有人试用过腹腔镜回收胚胎的方法，但尚未建立起可持续的技术。

35.6.2 胚胎移植

猪胚胎通常是通过腹中部剖宫术进行手术移植，采用这种方法时，先拉出子宫角，然后将

20～30枚胚胎注入子宫角尖端。因为这些胚胎随后会自行移动到对侧子宫角，所以不必在双侧子宫角进行移植（Dzuik等，1964）。妊娠率一般在70%左右，胚胎存活率大约为60%～65%，每窝能产5～7个仔猪。

也可通过腹腔镜法回收和移植胚胎，冲胚后，可将回收到的胚胎移植到小母猪的输卵管（Besenfelder等，1997）。内窥镜移植胚胎后的妊娠率一般可达到60%～80%，附植位点为5～6个。

在经产母猪，人们建立了一种通过子宫颈移植胚胎的技术（Polge和Day，1968；Hazeleger和Kemp，1999）。采用该方法时，将一个特制的胚胎移植管置于子宫角深部。妊娠率取决于移植时胚胎发育所处的阶段，将桑葚胚和囊胚结合进行移植时，妊娠率明显较高（55%），只移植桑葚胚时妊娠率仅有10%。总的妊娠率约为30%，窝产仔猪为6～7只。将这一方法改进后用于小母猪，妊娠率高达70%，窝产约7只仔猪（Martinez等，2004）。如果有丰富的经验，80%的小母猪可在2～3min内将导管插入子宫角。

35.7 活体采卵和卵母细胞移植

35.7.1 目的

如果将体外受精（IVF）看作商业性家畜繁育计划的一种管理工具，或者日常用于不育和低育的治疗方法，则IVF技术仍需要配合一种可从选定的动物个体重复收集多个卵母细胞，而不损伤这些动物的健康和以后的生育力的技术。过去，主要采用腹腔镜法、剖宫术、阴道切开术或卵巢摘除术或用盲针通过腰椎窝进行腹壁穿刺的方法从活母牛及马体内采集卵母细胞而用于基础研究（Brackett等，1982；Lambert等，1986；McKinnon等，1986；King等，1987；Palmer等，1987）。

很显然，每个动物只能在一定场合下采用一种手术方法；然而20世纪80年代后期超声扫描技术在兽医学的应用，可以在同一供体重复采卵，因而发挥了重要的作用。最早人们采用经皮肤超声波指导技术监督腰椎旁穿刺（Callesen等，1987；Gotfredsen，1991），但很快首先在人建立了阴道超声指导的卵泡吸取技术（Gleicher等，1983；Dellenbach等，1984），随后对这种技术进行了改进，成功地用于牛和马的采卵（Pieterse等，1988，1991；Bruch等，1992；Cook等，1992）。

经阴道超声指导的采卵也称为OPU，是一种快速的侵入最小的且可从同一供体重复采卵的方法，因此可以从具有遗传价值，但由于输卵管堵塞或超排反应不良而被看作不育的母畜采集卵母细胞进行胚胎体外生产（IVP，牛）或进行卵母细胞移植（马）。但是很显然，应该避免使用患有遗传性不育的母畜。

35.7.2 技术

在牛，OPU一般在硬膜外麻醉的情况下进行，有时会结合镇静处理，在马是在镇静和硬膜外麻醉后进行采卵。基本来说，这项技术需要一个可以插入母牛或母马阴道的整合到针形引导器的5或7.5MHz探头。操作时用手经直肠抓住卵巢，轻轻向后拉向探头（图35.16）；当一个合适的卵泡恰好处于监测器的穿刺线范围时，将吸卵针（长约60cm）刺入该卵泡腔，吸出其内容物并且吸干净卵泡腔，或者用改良PBS反复冲洗数次以形成冲洗

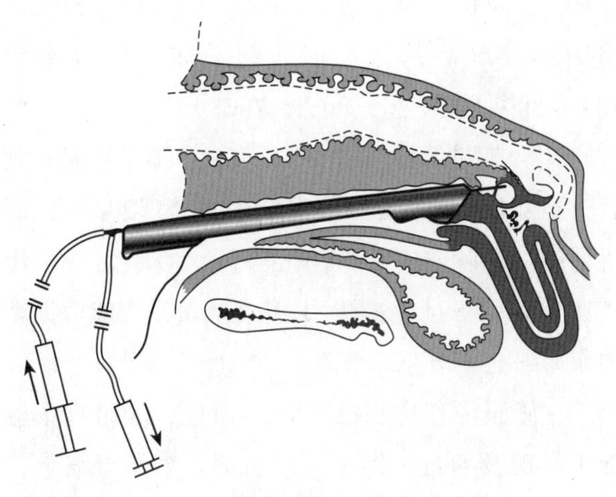

图35.16 母马经阴道超声指导的采卵技术示意图

液在卵泡腔内的流动（Pieterse等，1988，1991；Brück等，1992）。

在卵泡腔内，卵母细胞由数层卵丘细胞包围，形成所谓的卵丘。卵母细胞一旦与卵泡壁分离，周围包有卵丘细胞的卵母细胞一起就称为卵丘复合体（cumulus oophorus complex，COC）。冲卵泡腔时，卵泡直径至少应达到5mm，这样可避免COC在吸卵针的狭小死角内被冲来冲去，由此会导致卵泡周围卵丘细胞数量减少（Brückdeng，1997c）。另外一种方法是，使用具有两个腔的针头（Bracher等，1993；Cook等，1993；Duchamp等，1995）。随着针头直径、斜面长度和吸取时的真空压力的增加，卵母细胞的回收率提高，但是真空压力的增加也会增加裸卵母细胞的比例（Bols等，1996，1997；Fry等，1997）。由于裸卵母细胞的受精率和随后的发育能力都会降低（Zhang等，1995；Tanghe等，2003），因此必须要选择合适的真空压力。当前，基于不同类型的超声波仪器，人们研制了各类不同的导针仪和抽吸系统。

卵母细胞回收率因动物种类、个体、卵泡成熟程度及采卵人员的经验的不同而有差别（Merton等，2003）。在牛，每周间隔3～4d两次采卵，可阻止优势卵泡的选择，是最为有效的重复采卵的方法，每次采卵可获得2～8枚COCs（Gibbons等，1994；Kruip等，1994；Broadbent等，1997；Garcia和Salaheddine，1998；Meton等，2003）。在马，由亚优势卵泡采卵，回收率为30%～50%，用hCG处理后从排卵前卵泡采卵，回收率为70%～80%（见综述，Bøgh，2003）。

在早期进行的牛的OPU研究中，不采用激素刺激，但随后的研究表明，用FSH预处理2～3d，即所谓的“边际效应（coasting）”，在最后一次用FSH处理后1.5～2d采卵，可获得大量发育能力提高的卵母细胞。

在妊娠牛和马妊娠的头1/3阶段，如果直肠触诊仍可触及卵巢，则也可经阴道采集卵母细胞，并由此而获得成活的后代（Li等，1995；Meintjes等，1995a，b；Goudet等，1998；Cohran等，2000；Chastant-Maillard等，2003）。

35.7.3 对供体的影响

研究表明，在控制的条件下，牛和马对经阴道吸取卵泡的过程有较好的耐受性（Petyim等，20000，2002；Bøgh等，2003b），但有时采集卵泡会引起卵泡腔出血（Gibbons等，1994；Brück等，1997c，2000b；Gastal等，1997；Kurykin和Majas，2000；Petyim等，2000；Chastant-Maillard等，2003）。此外，在牛和马有时由于抽吸过的卵泡会发生黄体化，特别是排卵前卵泡被抽空后，还会出现黄体期延长的现象（Duchamp等，1995；Goudet等，1997；Amifidis等，2000；Petyin等，2000，2001）。如果这种结构是由亚优势卵泡而不是由优势卵泡形成，则这些黄体样结构产生的孕酮较少，其寿命也较短（Gibbons等，1994；Amiridis等，2000；Petyim等，2000，2001）。重复穿刺卵泡会引起卵巢基质中形成更多的结缔组织（Kruip等，1994；Kurykin和Majas，1996；McEvoy等，2002；Bøgh等，2003a），但是动物通常能继续其正常的发情周期，而且对生育力没有明显的破坏，这些动物甚至仍可妊娠（Pieterse等，1991；Kruip等，1994；Kanitz等，1995；Broadbent等，1997；Brück等，2000b；Petyin等，2000；McEvoy等，2002；Bøgh等，2003a）。在牛和马，连续几个月重复抽吸卵泡会引起卵泡数量明显减少（Kruip等，1994；Duchamp等，1995；Boni等，1997；Kanitz等，2000；Merton等，2003）。

35.7.4 阴道穿刺采集卵泡的其他应用

这种快速且相对简单的卵泡穿刺抽吸术及采集卵母细胞技术的建立，不仅是使生育力低下的供体产生妊娠的有用方法（Looney等，1994），也为其他操作提供机会，如从供体向受体的卵母细胞移植（Carnevale等，2000）、不排卵卵泡的排除和卵泡剥离（Brückdegn等，1995），并可作为一种研究工具用于研究卵泡发育及使卵泡发育同期化（Brück和Greve，1996；Garcia和Salaheddine，1998；Bergfelt和Adams，2000；Brück等，2000a；Shaw和Good，2000；Kim等，2001；Bøgh等，2002）。

经阴道超声指导的卵泡剥离技术也可以与超排技术相结合。抽吸直径大于5mm的所有卵泡（Bergfelt等，1997），或只是抽吸优势卵泡（Merton等，2003），或者卵泡剥离与GnRH、E_2和/或孕酮等激素处理相结合（Martinez等，1999；Amiridis等，2006；Bo等，2006；Mapletoft，2006），可在抽吸3d后会出现新的卵泡波，可在此阶段开始进行超数排卵处理。

另外，卵母细胞移植，也称为配子输卵管内移植（GIFT），可作为马体外胚胎生产的一个方法。为了达到这个目的，可在hCG处理供体母马后28～32h采集体内成熟的卵母细胞，或者在母马突然死亡之后或安乐死后采集未成熟卵母细胞进行体外成熟。将体内成熟或部分体外成熟的卵母细胞经手术法通过腹侧部切口移植给表现发情周期而且人工授精后的受体母马，这些受体的发情周期已经进行过同期化处理，也可移植给摘除卵巢或不排卵但是用雌激素预处理3d的母马（Hinrehs等，2000；Carnevale等，2003），移植后的卵母细胞在体内可发生受精。

35.8 胚胎体外生产

35.8.1 基本原理和目的

胚胎体外生产一般是指体外受精（in vitro fertilization，IVF），但包括三个不同的过程，即卵母细胞体外成熟（in vitro maturation，IVM）、获能精子与卵母细胞体外受精（IVF）以及合子的体外培养（in vitro culture，IVC）。以上所述的整个过程称为胚胎体外生产（in vitro embryo production，IVP），由此产生的胚胎称为IVP胚胎。Chang（1959）发表了第一篇关于兔子体外受精后成功产仔的研究报道，随后很快有人在仓鼠（Yanagimachi和Chang，1963）和小鼠（Iwamatsu和Chang，1969）IVF后获得成功产仔。在家畜，Brackett等（1982）首次报道了通过剖腹抽吸卵泡采集体内成熟的卵母细胞，进行IVF后将合子培养24h及采用手术法移植到经同期发情处理的小母牛的输卵管，成功产下一牛犊。首例经IVM后IVF生产犊牛是Hanada等报道的（1986）；几乎与此同时，Xu等（1987）和Lu等（1987）人报道了经IVM和IVF后受孕而产下后代。但是，Xu等（1987）在小母牛输卵管内培养刚受精的卵子（中间受体），从子宫冲胚回收后再把它们移植给终末受体，产下一头正常的犊牛。其他动物也有经IVF生产后代的报道，包括经IMV/IVF产下的羔羊（Cheng等，1986）、IVF猪（Cheng等，1986）、IVM/IVF猪（Mattioli等，1989）和IVM/IVF马驹（Palmer等，1991；Bézard等，1992）等。

应该强调的是，IVP在牛应用最为广泛，IVP体外生产的胚胎比体内生产的胚胎更“脆弱”。如果想了解牛IVP的建立、培养条件和其他方面的详细情况，请参阅Gordon（1994）和Avery（2006）的综述。本章将主要介绍体内及体外生产的胚胎各自的主要特点。对于屠宰场采集的卵巢，可从直径大于2mm的卵泡采集COCs，研究表明这类卵泡中的卵母细胞已经具有了发育能力（Fair等，1995）。也可采用其他技术，比如切割单个卵泡或切割卵巢表面等，但从实用目的而言，在所有动物均可采用抽吸卵泡的技术。

抽吸卵泡后，根据周围卵丘细胞的层数和卵质的外观对COCs进行分类，但在卵母细胞周围包有一层致密的卵丘细胞时，检查卵质的外观比较困难。由于COCs来自不同发育阶段的（闭锁的和非闭锁的）卵泡，因此它们的质量也不相同。在所有动物，没有卵丘细胞包围的卵泡（裸卵）以及有退化标志的卵泡，在进行IVM前一般应剔除。为了维持卵母细胞充分发育及随后的受精和发育所需要的双向交流，卵母细胞周围至少应存在有两层卵丘细胞（Tanghe等，2002；Gilrichst等，2004）。

将选择好的COCs分组置于培养液中，常用的培养液为添加血清及激素的TCM-199。应该强调的是，在各种动物可采用各种各样的培养液，如Hams F-10、TALP、CR1、Menezo B2及NCSU（North Carolina State University medium）等。

在卵丘复合体体外成熟过程中，大多数卵母细胞重新开始减数分裂，在培养期结束时进入第二次减数分裂中期（MII）阶段。包围卵母细胞的卵丘扩张，约有80%～90%的卵母细胞会排出第一极体。第一极体为圆形，明显比受精后排在卵黄周隙的第二极体小。胞浆和细胞核同时成熟。应该尽可能地模拟体内卵母细胞成熟的条件。但显然，尽管体内外成熟的卵母细胞在核的动态变化上很相似，但体内成熟的COCs比在体外成熟的黏性更大。Hyttel等（1997）详细描述了卵母细胞的成熟过程。当卵母细胞发育至MII阶段时，可以进行IVF。因此，由于卵泡成熟情况不同，各种动物卵泡体内成熟时间不同以及培养条件不同，体外成熟时间的长短也各不一致。

用于受精的精子必须要在体外获能，精子的体外获能可采用各种培养液和方法。Brackett等（1982）采用高离子强度培养液；Parrish等（1988，1989）将肝素加入到培养液中使精子在体外获能，这是牛IVF技术的一个重大突破。可采用多种方法获得一部分活动的精子，如简单的洗涤离心法、浮游法、密度梯度离心法或玻璃棉过滤法等，各实验室喜好的方法有很大差别（Parrish和Foote，1987；Avery，2006）。

一般将COCs和精子共培养6～24h，大多数卵丘细胞会在培养的早期脱落。精子和透明带接触后很快就启动顶体反应，精子穿越透明带，一般情况下，只有一个精子进入卵周隙，在与卵子融合之前，精子会在卵周隙游荡（本人观察资料）。精子与卵母细胞最有效的比例在各种动物之间不同，但一般要比体内受精时明显较高。与体内受精相比，体外受精时的皮质颗粒反应有些不同（Hyttel等，1987）。在有些动物，比如猪，多精受精是影响受精成功的一大障碍。

由于动物种类和IVF的目的不同，体外培养的时间也各不相同，一般在受精的头24h内，会排出第二极体（图35.17）。以牛为例，合子一般培养6～7d后进行移植，但实验研究时，培养的时间可长可短。培养液的种类因动物种类和培养的细胞而有不同（图35.18），常常在培养液中添加血清/卵泡液（Lu等，1988；Eyestone和First，1989）。

35.8.2 牛的胚胎体外生产

2005年，商业性的牛胚胎体外生产达到高峰，全球范围内每年大约移植26万枚胚胎（Thibier，

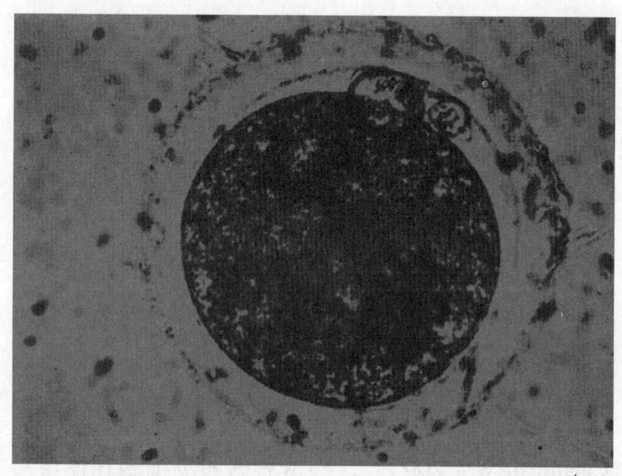

图35.17 体外受精的牛合子，图示为第一和第二极体，注意其大小的差别

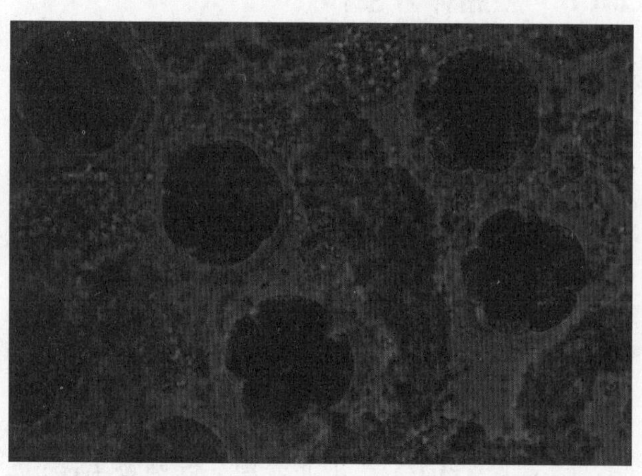

图35.18 受精后2～3d与输卵管上皮细胞共培养的牛8～16细胞阶段的胚胎（见彩图187）

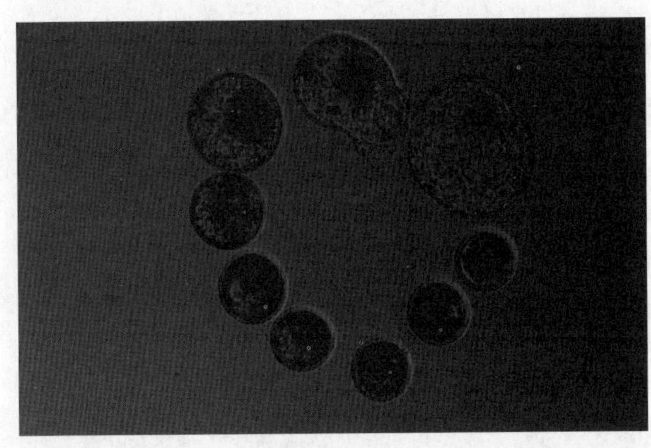

图35.19 体外产生的受精后第7~8天的体外生产的牛胚胎（见彩图188）

2006）。此外，还有许多IVP胚胎是用于科学研究。卵母细胞或者取自于屠宰场的卵巢，或是采用OPU技术获取。Lu和Ploge（1992）采用前一种方法，从具有平均遗传性状的动物建立了廉价的胚胎库。

从屠宰场获得的卵巢，每个平均可获得8~9个卵母细胞，采用OPU时，平均每个动物可得到约15个卵母细胞。如果80%的卵母细胞可以发育到MII期，卵裂率达到80%，则进行IVC后，可有40%的胚胎发育到囊胚期。合子的发育速度差别很大，因此在第7天可见到不同发育阶段的胚胎（图35.19）。应该强调的是，不同动物之间差异很大，这种差异不仅表现在卵母细胞的数量上，而且还表现在其质量上（Tamassia等，2003）。

ICSI技术目前还未在牛广泛应用，但关于ICSI技术产生胚胎的发育（Keefer等，1990；Zhang等，2003）和活产后代（Goto等，1990；Chen和Seidel，1997；Horiuchi等，2002）已有报道。ICSI后也可对囊胚进行冷冻保存（Keskintepe和Brackett，2000）。采用不活动的精子进行ICSI后正常受精的比率高于采用死精子时，但发育至囊胚的比率（10%~15%）要明显比采用常规体外生产胚胎系统低得多（40%）。应该指出的是，ICSI卵母细胞正常的纺锤体形成可发生紊乱。还有人研究了ICSI的细胞生物学特点，如ICSI处理后钙离子的波动情况（Malcuti等，2006）。

有人采用性控精子生产IVP胚胎及牛（Cran等，1993；Lu等，1999），但卵裂率和囊胚形成率要比未筛选的精子低。

IVP胚胎移植后的妊娠率（31%~68%）通常比体内生产的胚胎（平均为50%~60%）低（Hasler，1998，2006）。如体内生产的胚胎移植一样，胚胎质量和受体管理等因素会影响成功率。

35.8.3 马的胚胎体外生产

马的胚胎体外生产技术最早是作为一种超数排卵和胚胎移植的方法。1991年，体内成熟卵母细胞经IVF后受孕，在法国产下两只小马驹（Palmer等，1991；Bézard等，1992）。此后虽然在全世界都进行了试验，但一直未能重复出这种结果。此后，马的IVF技术改进缓慢，这可能与体外条件下精子不能穿过透明带有关。可以采用ICSI技术克服IVF成功率低的问题，这样可将早期阶段的胚胎移植到受体输卵管，从而建立妊娠及产驹（Meintjes等，1996；Squires等，1996；Cochren等，1998；McKinnon等，2000；Hinrichs等，2007）。最近有人建立了延长受精后培养时间的非手术方法进行子宫内囊胚移植，该囊胚是通过体外成熟的卵母细胞经ICSI技术受精得到的（Li等，2001；Galli等，2002；Choi等，2004）。

成功的体外胚胎生产的首要条件是获取具有有丝分裂能力的卵母细胞，以及最优化的卵子回收和根据采集到的COCs的成熟阶段等调整IVM条件。体内成熟的卵母细胞只能在排卵前卵泡采用OPU技术来采集，主要是因为缺乏对马进行有效超排的方法，因此每个发情周期得到的可用卵母细胞的数量仅为1~2个。从次级卵泡采集卵母细胞一般都没有成熟，必须要在体外成熟。因此在马的胚胎体外生产程序中，hCG处理后24~36h回收的卵母细胞仍然需要进行体外成熟，以使其发育到第二次减数分裂中期；而从次级卵泡（如母马突然死亡）回收的卵母细胞通常没有成熟，一般需要在体外成熟24~36h。

虽然对改善体外成熟的条件进行了大量的研究，但以核成熟率来评价IVM成功率则在不同实验室之间差别很大。大量的研究表明，这些差异是由生物学和方法学因素造成的，如母马年龄、卵泡大小和闭锁、卵巢运输和准备卵母细胞的时间、卵母细胞回收的方法、培养液和培养时间等。一般情况发育至MII的比例为50%～80%（参见综述，Bøgh，2003）。

因为和在牛进行的一样，IVF并不是一种简单易行的方法，因此目前ICSI是另外一种可选方法。Choi和Hinrichs及同事对马的ICSI技术的建立做出了巨大贡献。目前条件下，无论是采用体外培养，或是移植到受体马输卵管后在体内发育，采用ICSI注射的卵母细胞30%以上可发育到囊胚阶段（Choi等，2003，2004；Hinrich等，2005）。重要的是，即使采用未成熟卵母细胞，也可获得这样高的发育率。最近有人采用冷冻－解冻的精子进行ICSI，发现对发育率没有损害作用（Choi等，2006），因此ICSI技术是一种很有潜力的从获得性生育力低下的公马及储备精液量有限的公马来生产马驹的方法。

体外生产胚胎需要对每个技术步骤进行优化：如卵母细胞和精子的获取、卵母细胞成熟、精子获能、受精、胚胎培养和胚胎移植等。在马，实际的胚胎体外生产基本上是由经验丰富的研究团队和装备精良的实验室进行，同时还需要兽医工作者参与供体和受体的管理、有充足的高质量的精液和实际的胚胎移植。

35.8.4 绵羊和山羊胚胎的体外生产

绵羊和山羊胚胎的IVP其原理基本与前述的牛的一致，Cognié（1999）和Cognié等人（2003）对此进行了详细的综述：卵母细胞的采集和体外成熟方法与牛的区别很小。显然，常规牛用OPU技术不能用于小反刍动物，但可采用剖宫手术或腹腔镜介导的活体采卵技术来采集COCs，每次可得到约6枚COCs和1～2枚囊胚（Tervit，1996；Kühholzer等，1997）。至于体外成熟（IVM），山羊上，IVM培养液中加入半胱胺可明显增加囊胚产量（10%：50%）。每个受体手术法移植2枚IVP胚胎，则每个移植胚胎的产羔率和羔羊出生率可分别达到60%和50%。ICSI技术也已成功用于绵羊而产下一个雄性羔羊（Catt等，1996；Gomez等，1998），但与在牛一样，这一技术尚未得到广泛应用。

35.8.5 猪的胚胎体外生产

猪IVP胚胎目前仍未在商业生产中广泛使用，仍停留在实验室阶段，许多作者报道了猪卵母细胞经IVM、IVF和IVC技术成功产仔（Kikuchi等，2002；Suzuki等，2006），关于猪胚胎的IVP的详细情况请参阅Nagai（1996）和Prather和Day（1998）的综述。

与牛和马的IVP方法相比，将猪的IVM时间延长至30～40h是很重要的。此外，如果采用添加有猪卵泡液或胎牛血清的卡罗莱纳州大学培养液（NCSU）可显著提高囊胚率（Long等，1999；Peters等，2001）。

猪卵母细胞的核成熟率和牛一样（80%～90%），卵裂率接近40%～50%，受精的卵母细胞有20%可发育至囊胚阶段。但在猪的IVP中面临的一个主要问题是多精受精率很高，至少能达到30%；此外还发现有多个染色体异常（McCauly等，2003）。

关于猪的ICSI的研究报道很少，但采用这种技术可避免多精受精。Kolbe和Holz（2000）在研究中获得了25% 的卵裂率，经手术法移植2～4细胞期的胚胎给受体，得到一例妊娠个体。最近的研究还表明，甚至可以采用性控精子进行猪的ICSI（Probst和Rath，2003）。

35.9 体内外产生的胚胎的比较及提高胚胎质量的措施

大量的研究越来越清楚地表明，体内外生产的胚胎无论在形态上还是在功能上都有很大差别。源自体内的胚胎对不同环境条件的反应具有一定的耐受性，如温度和光照，而IVP胚胎则更为脆弱，耐受性差。应该强调的是，改进培养条件可以减小这种差别，但目前还不清楚体外生产系统的哪一环节对胚胎质量的影响最大，但IVC似乎是最为敏感的环节（Rizos等，2002；Lonergan等，2003b）。

Avery和Greve（1995）和van Soom（1996）详细阐述了体外和体内产生的胚胎的特征和差别。IVP胚胎颜色要比体内产生的胚胎略暗，这可能与它们脂类含量较高有关；这类胚胎显得不够致密，总细胞数较高，透明带更脆弱，ICM：TE比率较低，密度也低于体内产生的胚胎。一个极为重要的特点是IVP胚胎对降温和冷冻的敏感性增加（Greve等，1992；Leibo和Loskutoff，1993）。与体内产生的胚胎不同，IVP雄性胚胎发育速度高于雌性胚胎（Avery等，1992；Peipo等，2001），但这一特征并不能够用于后期（受精第7天）选择用于移植的胚胎的性别，因而使雄性胚胎的比例更高。

在超微结构水平有许多很明显的差异，如细胞器中线粒体和皮质颗粒的分布（Maddox-Hyttel等，2003），以及一些生化特征，如脂肪含量和蛋白的组成等（Farin等，2001）。

荧光原位杂交技术（FISH）可以对特定的DNA和RNA序列进行定位，因此适合于对胚胎细胞的染色体进行分析。Viuff等（1999）的研究表明，第7～8天的IVP牛胚胎约有75%是混倍体，而体内生产的胚胎只有25%是混倍体（图35.20）。染色体异常可能会降低IVP胚胎的活力，因此从胚胎活组

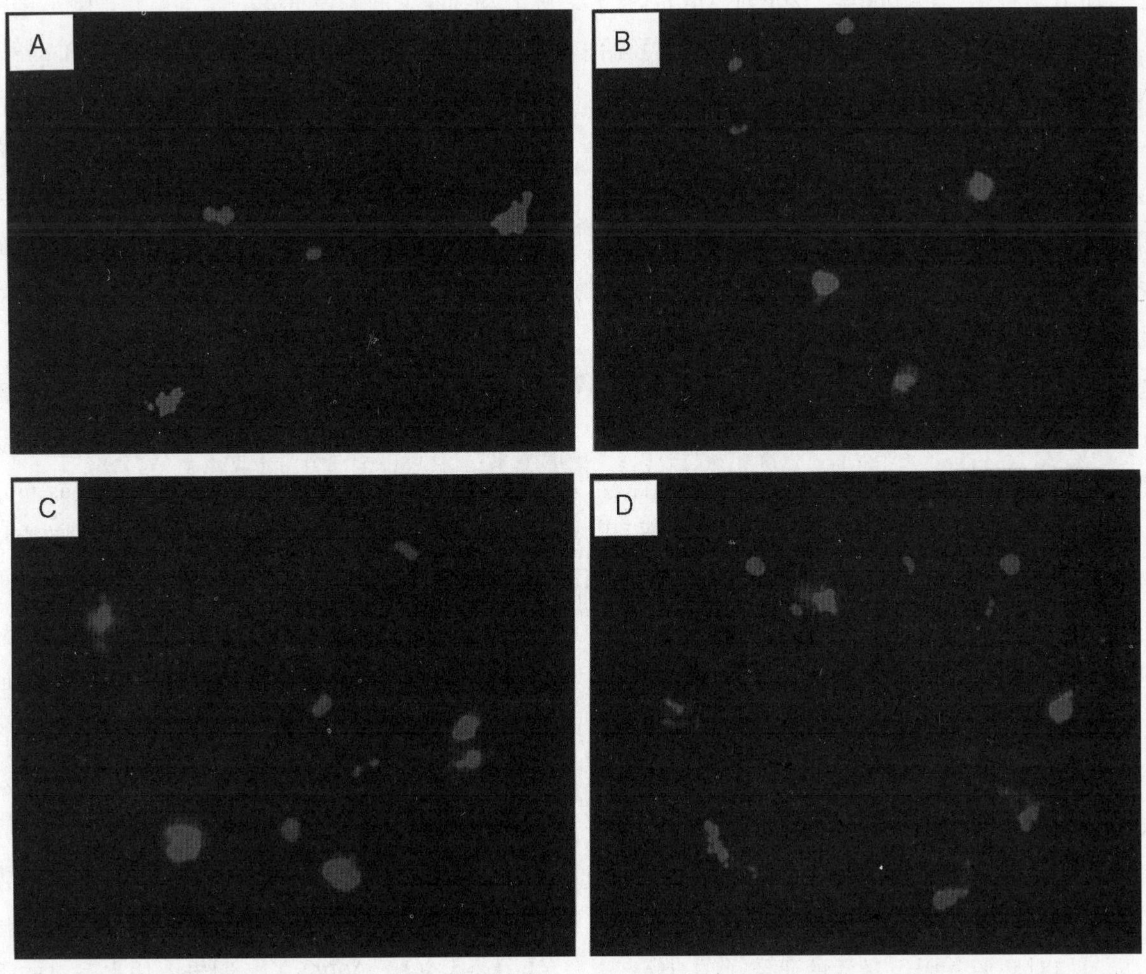

图35.20 牛胚胎的荧光原位杂交，图示为正常的双倍体（A）、三倍体（B）及其他类型的多倍体（C、D）（引自Dorthe Viuff，丹麦）（见彩图189）

织采样进行染色体分析可以用来评估胚胎的活力。体内和IVP胚胎之间另外一个重要的差别是原位末端标记法（TUNEL）所测定的细胞凋亡的发生率。IVP胚胎凋亡指数比体内生产的胚胎更高（Gjørrte等，2003；Maddox-Hyttel等，2003），而研究发现高的凋亡指数与活力呈负相关。培养液、培养时间和氧分压等也可影响凋亡程度。

用立体和光学显微镜对卵母细胞和胚胎进行频繁观察可用于评估它们的发育模式，而不至于干扰它们正常的发育，而第一次和随后的卵裂间隔时间似乎尤其重要（van Soom等，1997；Holm等，1998，2002；Longan等，1999），但这类研究方法明显费时费力，而半自动化的延时记录系统（semi-automatic time-lapse recording systems）易于使用，可以更好地评估随时间而发生的胚胎发育的动力学特征（Peippo等，2001；Holm等，2002）。在该研究中人们发现，体内产生的胚胎及体外产生的胚胎之间发育的动力学特征有明显不同，体内产生的胚胎受精后的第二、第三和第四个细胞周期较短。已知卵裂的起始时间与胚胎质量密切相关，这可通过移植后的妊娠率和对低温的耐受性来评价（Lonergan等，1999，2003a），因此动力学研究可有效用于预测胚胎质量。近来，多电子激光扫描显微技术（multiphoto laser scaning microscopy）的发展与特异性活体荧光物质技术相结合，用于哺乳动物卵母细胞和胚胎在体外发育过程中特殊结构或分子特征的可视化研究。将来可对这些技术进行优化，由此可以预测胚胎和卵母细胞的发育能力（Squireel等，1999；Petersen等，2008）。

必须强调的是，当前唯一在兽医实践中可以用于评估胚胎质量的方法是光学显微镜法，上述各种方法都需要非常专门化的设备和训练。

迅速发展的多聚酶链反应技术（TR-PCR和DD-RT-PCR）对深入研究胚胎发育产生了较大的影响，如对胚胎基因组激活的研究（Biuff等，1998；Watson等，1999）。许多研究清楚地表明，在人工环境下产生的胚胎，对发育极为重要的基因的表达会出现差异，这种偏差可用于评价特定培养系统的质量（Bertolini等，2002b）。研究还表明，基因表达模式异常的胚胎对冷冻保存的敏感性增加，而这正是其质量较差的指标之一（Lonergan等，2003b）。体外产生的胚胎，其染色体异常要比体内发育的胚胎更为严重（Viuff等，1999，2002）。

对卵母细胞和胚胎的代谢进行研究也是极为重要的，首先可以更好地理解卵母细胞和胚胎在不同发育阶段的基本营养需要，据此就可以设计在生理上更易于接受的体外培养液。在早期胚胎，细胞分裂是一个呈指数增长的过程，每一次分裂都需要复制必需的细胞成分，因此更需要能量底物、DNA和RNA合成的前体和电子载体的有效供应。多种哺乳动物早期胚胎最重要的能量物质是碳水化合物（Biggers等，1967；Brinster等，1967；Boone等，1978；Rieger和Guay，1988；Rieger等，1989；Brück和Hyland，1991；Brück等，1997a）。而且人们建立了代谢研究试图评价胚胎的质量和活力（参见综述，Donnay，2002），但这种方法仍需改进，一个主要的障碍就是缺乏可靠而实用的对单个卵母细胞和胚胎非侵入性的研究方法。1996年，Thompson等建立了一种非侵入性的微荧光技术来测量氧摄取率，Overström（1996）总结了他们的研究工作，即用特殊气敏微氧电极（gas-sensing micro-oxygen electrodes）评估体外产生的牛胚胎的质量，用移植后的妊娠率验证。Shiku等（2001）对牛的单个胚胎采用类似的方法进行研究，发现胚胎品质和氧消耗之间呈强相关。最近有人建立了一种微型传感器技术来测定单个牛胚胎周围培养液的氧分压（Lopes等，2005，2007；Lopes和de Souza，2006）。研究表明，体内和（或）体外产生的胚胎之间氧张力差别很大（Lopes等，2006a），氧张力和一些发育上极为重要的基因的表达之间呈明显相关（Lopes等，20006b）。测定方法本身对非手术法移植后体内产生的胚胎的存活没有影响，说明这一技术可能会成为非侵入性评估胚胎品质的有用工具。

培养系统对IVP胚胎的发育极为重要，家畜的胚胎如果以10～20成组共培养，则发育速度更快（Gil等，2003）。但是在许多情况下，必须要把胚胎单个地培养在特定的微环境中，这样可以使旁分泌相互作用。为了达到这个目的，人们建立了多种培养系统，如有小窝的四孔培养板，即所谓的孔中孔系统（well of the well，WOW），玻璃-输卵管培养系统（glass-oviduct system，GO）或琼脂培养系统（Peura，2003）。采用WOW系统可使IVP牛胚胎恒定和高水平地发育至囊胚（Vajta等，2000），这一系统也成功地用于生产克隆的无透明带胚胎（Booth等，2001 a，b；Vajta等，2001，2003）。

还有一种IVC技术是以微流体（micro-fluid technology）技术为基础的。Beebe等（2002）采用这种设备在鼠科动物获得了很高的囊胚发育率，而且还证明这一技术在猪胚胎生产上也是有效的（Clark等，2003；Walters等，2003）。这一技术可能不仅可使IVP技术简单易行，而且还可用于其他研究，如对底物需求的研究。

35.10 卵母细胞和胚胎的冷冻保存

35.10.1 目的和基本原理

所有哺乳动物细胞的冷冻保存原理都基本相似，这已在第31章中阐述。但是，由于卵母细胞和胚胎含有充满液体的卵裂腔或囊胚腔（blastocoele），周围由透明带包围，其含有的胞质要比精子多，由此造成冷冻保护剂的渗入与细胞内脱水和水合过程都不一样（Leibo，1997；Lehn-Jensen，1986）。

采用Whittingham等（1991）在小鼠建立的冷冻保护的基本原理，第一例牛的胚胎冷冻保存成功是由Wilmut和Rowson（1973）进行的，由此产生了“霜冻-2（Frosty-2）”犊牛的诞生，但该技术总的冷冻成功率仍然很低。后来，该技术经优化后应用到牛和羊（Willasdsen，1997；Willadsen等，1978），很快就应用到了其他家畜上。研究表明，处于桑葚胚、早期囊胚或是囊胚阶段的第6～7天的绵羊和牛胚胎，对低温保存的耐受性明显高于发育更早或更晚期的胚胎。

低速冷冻-解冻方法的主要原理是采用低浓度的细胞内冷冻保护剂（intracellular cryiproteactive agent，CPA），一般为1.5mol/L的甘油，或在加有20%FCS的DPBS中加入1.5mol/L的乙二醇。胚胎平衡10～15min，然后装入细管中，置于手动或自动冷冻仪，-6℃冷冻，5min后用超低温处理过的镊子诱导冰晶形成或称为“植冰（seeding）”（见图35.21），之后慢速冷冻直至-35℃，将胚胎直接投入-196℃的液氮中。

目前可以选择价格较为低廉的简单冷冻仪器，采用这类仪器时，至少在反刍动物的胚胎冷冻及解冻后的存活率较高，因此使得胚胎冷冻保存技术进入了日常的实用阶段。

无论何种动物，最好的解冻方法都是先把细管暴露在空气中几分钟后浸入25～30℃水浴数分钟。当胚胎在乙二醇中冷冻/解冻时，可以将胚胎直接进行移植（Leibo，1984；Voelkel和Hu，1992）；当胚胎在甘油中冷冻/解冻时，则必须将胚胎在移植前通过一种程序除去CAP。蔗糖为一种非渗入性

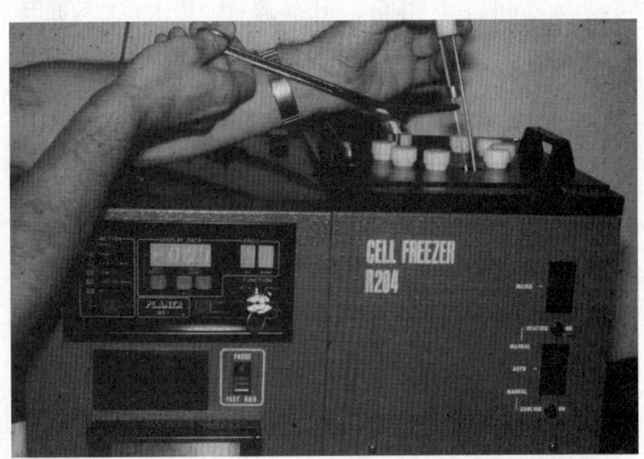

图35.21 在自动细胞冷冻仪中冷冻牛的胚胎：诱导冰晶形成（植冰）（见彩图190）

冷冻保护剂，可用于稀释甘油，由此可提高胚胎的成活率。

显然，在冷冻解冻过程中可能会发生细胞损伤，这些损伤包括渗透性休克、细胞内冰晶形成、断裂性损伤和冻伤，关于这些变化的详细情况，Leibo（1997）和Lehn Jensen和Rall（1993）已有介绍。另外一种可以减缓冷冻速度的方法是玻璃化冷冻法，即在低温下液体形成类似于玻璃样固体而无冰晶形成的冷冻方法（Vajta，1997；Vajta等，1997a，b）。Rall和Fahy（1985）及Massip等（1996）首先采用这种技术成功冷冻保存了小鼠和牛的胚胎。随后，这一技术便用于大多数家畜卵母细胞和胚胎的冷冻保存，特别是用于猪胚胎、IVP胚胎和克隆胚胎，这些胚胎比体内产生的胚胎对冷冻的敏感性更高（Li等，2006a；Du等，2007a，b）。

玻璃化冷冻需要添加高浓度CPA，需超高速冷冻及解冻，因此有渗透性损伤和毒性损伤的内在风险。与慢速冷冻及解冻相反，采用玻璃化冷冻时基本不存在冰晶形成和冷冻造成的损伤（Vajta等，1997a，b）。Vajta等对玻璃化冷冻方法进行改进，建立了了所谓的开放牵引细管（open-pull straw，OPS）玻璃化法，该法主要是在玻璃化过程中最大化地减小了胚胎周围的液体量（Vajta等，1997a，b，1998a，b）。

玻璃冷冻保存的程序在不同实验室之间及不同动物之间各不相同，但都遵循OPS的基本原理（Vajta等，1997a，b，1998a，b 1999；Boothdeng等，1998；Holm等，1999a；Jcobsen等，2003）。该法如下：①将卵母细胞或胚胎在7.5%～10%乙二醇和7.5%～10%二甲亚砜（DMSO）的保持液中（含20%FCS的TCM-199）培养约30s。②将卵母细胞或胚胎转移到含15%～20%乙二醇、15%～20%DMSO和0.6%蔗糖的培养液中30s～2min。③将卵母细胞或胚胎通过吸入法或虹吸法装入细管中，然后投入液氮保存。解冻时将装有卵母细胞或胚胎的细管浸入37℃含0.3mol/L蔗糖的保持液中约1min，最后再将胚胎转移到不含CPA的培养液中，对胚胎质量进行评价。

为了获得满意的存活率，玻璃化程序，特别是平衡时间要严格按要求进行。玻璃化过程中高浓度的CPA可能会导致微管和微丝不可逆的解聚（Overström等，1993）。如果在商业生产中采用这种方法，必须要将每枚胚胎独立进行处理，每个细管都要单独标记。因此，玻璃化冷冻需要的时间可能和慢速冷冻法一样长。由于细管没有密封，因此上述方法可能会造成生物安全问题。从最实用的角度而言，慢速冷冻仍然是在实际条件下用来保存胚胎的可选方法。

除了OPS外还有其他几种方法可用于胚胎和卵母细胞的保存，如微滴法（microdroplet）（Yang和Leibo，1999）、冷冻环法（cryoloop）（Lane等，1999）、冷冻帽法（cryotop）（Kuwayama，2007）或各种这些方法的改良方法，采用这些方法可避免疾病在液氮中的传播。

近来人们对卵母细胞的冷冻保存进行了大量的研究，表明牛和马成熟和未成熟的卵母细胞均可采用开放吸管法进行玻璃化冷冰，而对其发育至MII阶段的能力没有明显影响（Hurtt等，2000）。虽然体内成熟的卵母细胞冷冰保存后移植给人工授精的受体可正常受孕并能产出正常后代（Maclellan等，2002b；Squires等，2003），但冷冻保存未成熟卵母细胞则尚未获得成功。透射电子显微镜和激光共聚焦扫描显微镜观察发现，未成熟卵母细胞冷冻保存会引起卵丘细胞和卵母细胞之间间桥连接附近部位的细胞损伤（Hochi，2003）及减数分裂纺锤体质量下降（Tharasanit等，2006）。近来有人对卵母细胞冷冻保存各个方面的特点进行了综述（Ledda等，2007）。

35.10.2 牛胚胎的冷冻保存

体内产生的牛胚胎约45%是通过冷冻保存的（Thimbier，2006），虽然也有人采用玻璃化冷冻保存法，但最常用的依然是慢速冷冻保存法。关于冷冻解冻胚胎移植后的妊娠率有很多报道，Hasler等（1995）的研究表明，第7天的一级胚胎移植后妊娠率可达到64%。移植冷冻解冻胚胎后的胚胎死亡率略高于鲜胚，冷冻解冻后胚胎的质量较差，甚至其妊娠期也略长（Callesesn等，1996）。

玻璃化法早在1986年就成功应用于牛胚胎（Massip等，1986），在一个对照研究中发现，体内生产的胚胎采用常规慢速冷冻保存和玻璃化冷冻保存，其妊娠率相似（van Wagtendonk-de Leeuw等，1997）

牛IVP胚胎比体内产生的胚胎对降温和冷冻的耐受性更差（Greve等，1992；Leibo和Loskutoff，1993），许多研究清楚地表明，移植IVP胚胎后的妊娠率低于移植体内生产的胚胎（Hasler等，1995），其原因可能是IVP胚胎细胞骨架更为脆弱，脂质含量较高，使得胚胎的存活率下降。玻璃化冷冻保存似乎更适合于保存IVP胚胎（Wruthdegn，1994；Donnaydeng，1998）。因此，当Vajta等（1998b）将6~7日龄的囊胚在体外培养时，获得了很高的孵化率，采用非手术法移植解冻的OPS玻璃化冷冻胚胎，妊娠率可达50%~60%（Holm等，1999b；Jacobsen等，2003）。

35.10.3 马胚胎的冷冻保存

第一例由冷冻保存胚胎受孕而产下的马驹是由Yamamoto等1992年报道的，此后又有许多人获得成功（Slade等，1985；Czlonkowska等，1985）。从原理上来说，冷冻保存胚胎可以与许多ART技术相结合，可以将体内采集体外成熟的卵母细胞，采用冷冻解冻精液进行ICSI，随后经IVC技术培养至囊胚阶段，然后再经常规冷冻，解冻后移植给受体而使其妊娠（Galli等，2002）。但是随着体外干预的增多，胚胎的发育能力也明显下降，这可能在一定程度上是由于胚胎暴露于冷冻保护剂后其代谢发生改变所造成的（Rieger等，1991）。

虽然在牛日常的商业性胚胎移植中已采用胚胎冷冻保存技术，但马的胚胎冷冻保存则更为复杂。马囊胚在冷冻保存后的存活情况由于胚囊发育的出现而更为复杂，胚囊显然阻止了冷冻保护剂的渗入和平衡（Legrand等，2000）。胚胎大小和冷冻后的成活率之间存在明显的相关性，胚胎直径小于300μm时成活率较高（Boyle等，1985；Squires等，1989；Hochi等，1995；Caracciolo等，2004）。用胰蛋白酶处理除去部分胚囊可降低冷冻后坏死细胞的百分比，但对妊娠率没有明显的改善（Legrand等，2000，2002；Maclellan等，2002a）。

对多种CPA在马胚胎上的效果进行了研究，这些CPA包括甘油、乙二醇、甲醇和1、2-丙二醇（Landim-Alvarenga等，1993；Bruyas等，1997；Young等，1997；Bass等，2004），但至今为止，采用传统慢速冷冻保存时，只有以甘油和乙二醇为冷冻保护剂得到了活产马驹，而且发育速度最快（Slade等，1985；Seidel等，1989；Hochi等，1996）。马的囊胚对乙二醇的通透性比对甘油的更高（Pfaff等，1993），乙二醇或乙二醇与甘油混合物，以及增加乙二醇浓度，同时采用玻璃化冷冻保存的胚胎移植后可使受体妊娠（Hochi等，1994，1995；Caracciolo等，2004；Eldridge-Panuska等，2005），但目前尚未有采用这种方法产驹的报道。

所以，当前最为实用的商业化方法，是在排卵后6~6.5d，当胚胎进入子宫，胚囊发育前胚胎最大直径小于300μm时采集胚胎。但即便如此，第6天时的胚胎回收率要明显低于后面阶段。胚胎可暴露于室温下以增加胞内CPA浓度（如以10%体积比在DPBS中加入甘油），该过程分两步进行（5%10min，10%20min），之后装入0.25ml细管、密封，以1℃/min速度从室温冷冻至-6℃，保持5min。吸管植冰后再保持5min，然后以0.3℃/min的速度冷冻至-32℃，再以0.1℃/min的速度冷冻至-35℃，投入液氮保存（Lascombes和Pashen，2000）。

马冷冻胚胎的解冻过程严格遵循上述解冻胚胎的基本原理（Squires等，1989；Seidel，1996）。目前，只有直径小于300μm的胚胎冷冻后的成功率较高，采用6～6.5日龄的胚胎，妊娠率可接近50%～60%（Sade等，1985；Squires等，1989；Lascombes和Pashen，2000）。

35.10.4 绵羊和山羊胚胎的冷冻保存

小反刍动物胚胎的慢速冷冻遵从牛胚胎冷冻的基本原理，目前已广泛应用（Tervit和Goold，1984；Tervit等，1986）。对玻璃化冷冻保存进行的研究表明，直接移植后妊娠率可达到50%～60%（Baril等，2001；Hong等，2007），而通过剖宫手术直接移植玻璃化冷冰保存的绵羊胚胎则妊娠率较低（20%）（Okado等，2002a，b；Isachenko等，2003）。

35.10.5 猪胚胎的冷冻保存

在大多数发育阶段，猪的胚胎对降温和冷冻都极为敏感（Polge，1977），这可能与它们较高的脂类含量有关。但是扩张囊胚经慢速冷冻后也有可能成功产仔（Hayashi等，1989）。可以采用孵化前后阶段的胚胎（Kuwayama等，1997），或者采用除去脂滴的方法，这样有望提高胚胎的存活率（Nagashima等，1995；Dobrinsky等，1998）。

但是，猪胚胎冷冻的首选方法为玻璃化冷冻保存法，采用该方法可得到较高的体外存活率（Vajta等，1997b；Kobayashi等，1998；Holm等，1999a）。后来进行的许多研究都表明，玻璃化冷冻法是体内（Cameron等，2004；Usshijima等，2004）和体外（Hiruma等，2006）生产胚胎冷冻保存的首选方法，最近有人报道了第一例玻璃化冷冻的克隆猪胚胎后代的诞生（Li等，2006b；Du等，2007a，b）。

35.11 胚胎的显微操作、克隆和转基因

35.11.1 胚胎的显微操作和胚胎分割

20世纪70年代后期，Willadsen在家畜胚胎的显微操作和分割技术上取得了巨大的进步。1979年，他通过显微手术分割二细胞阶段的绵羊胚胎，产生了两个完全相同（单合子双生）的双胞胎（Willadsen，1979）。该技术是先把合子包埋在琼脂中，然后再在结扎的绵羊输卵管中培养，之后用手术法移植给同期化处理的受体。数年后，人们相继报道了经显微手术切割4细胞期、8细胞期胚胎而产下双胞胎、单合子四胞胎、单合子三胞胎和单合子双胞胎的羔羊（Willadsen，1981；Willadsen和Polge，1981）。1981年，Wiladsen等用非手术法采集的胚胎获得了单合子双胞胎牛。在绵羊和牛，成功率与胚胎的发育阶段呈反比。因此，如果采用16细胞期的胚胎，发育至囊胚的可能性很小，细胞数量太少而不能建立妊娠。

后来有人介绍了一种用桑葚胚和囊胚阶段的胚胎生产完全相同双胞胎的方法（Ozilet等，1982；Ozil，1983；Wiladsen等，1984；Picard等，1986）。该方法是先打开透明带，把胚胎切割成两部分：①留一半胚胎在原先的透明带内，另一半移植到另一个替代透明带内，或者②移出胚胎，在培养皿底部透明带外将其切割成两部分，然后将两个半胚分别移植给原先的透明带和从其他卵子获得的另外一个替代透明带内。开始时，移植前一般先把胚胎包埋于琼脂中，但是直接移植后的妊娠率似乎没有差别（Warfield等，1987），采用冷冻解冻胚胎时结果也相似（Niemann等，1987），妊娠率也与整胚相当（Bredbacka等，1992）。

尽管切割胚胎移植后产犊率增加，而且还以此为研究工具，由此产生的遗传上完全一致的个体可分别置于不同的处理组中（如营养和环境），但这一技术尚未被广泛应用。打开透明带后，必须要重视在显微操作过程中存在有感染BVDV的风险。

35.11.2 嵌合体

绵羊和山羊种间嵌合体的研究表明，将绵羊和山羊胚胎4～8细胞阶段的卵裂球混合可形成可存活的混合囊胚，移植后可产生具有发育活力的绵羊—山羊嵌合体（Fehilly等，1984a，b；Meinecke-

Tillmann和Meinecke，1984）。在这些最初的研究之后，多个研究小组成功地生产出了绵羊—山羊嵌合体（Polzin等，1987）、绵羊嵌合体（Butler等，1987）和牛嵌合体（Brem等，1984）。在进行的马—驴嵌合体的研究中，虽然可建立妊娠，但未能获得嵌合体后代（Pashen等，1987）。嵌合体生产虽然并未在生产实际中直接应用，但该技术是研究胎儿—母体相互关系的重要实验工具。

35.11.3 克隆

如前所述，Willadsen（1981）的研究发现，分离和培养16细胞阶段的卵裂球不能得到活的后代，因此他采用其他方法来生产完全相同后代，并在1986年发表了他们在绵羊胚胎克隆研究的最初结果（Willadsen，1986）。1996年，Campbell等用分化的胚胎细胞产生了活的绵羊后代。采用培养的胎儿和成年组织的细胞进行克隆，即所谓的"SCNT技术，获得了"多利（Dolly）"绵羊的诞生（Willmut等，1996）。采用的供体细胞来自乳腺，但是采用其他组织细胞也获得了成功，如输卵管上皮细胞（Goto等，1999）、胎儿成纤维细胞（Zakhartchenko等，1999）、粒细胞（Wells等，1999）和皮肤成纤维细胞（Hill等，2000）等。此后，这一技术应用于多种动物，如牛（Cibelli等，1998）、鼠（Wakayama等，1998）、山羊（Baguisi等，1999）、猪（Polejaeva等，2000）、猫（Shin等，2002）、兔（Chesne等，2002）、驴（Woods等，2003）、马（Choi等，2002；Galli等，2003）、鼠（Zhou等，2003）、犬（Lee等，2005）和雪貂（Li等，2006b）等。

克隆涉及两个重要部分，即卵母细胞和供体细胞。在牛和绵羊，大多数实验室在日常工作中采用IVM卵母细胞。必须要除去成熟卵母细胞的遗传物质（第二次减数分裂中期板和第一极体），这样可以避免多倍性异常和发育阻滞（Willadsen，1986）。由于用光学显微镜不易观察到MII，因此应该采用吸管或用手术刀手工切割［手工克隆，hand-made cloning，HMC），下面论述］的显微操作方法以除去极体和预计含有中期板的卵质。此外，也可用Hoechst（赫克斯特荧光染料）进行DNA染色，之后除去染色质（去核），再在荧光显微镜下确定是否完全去核。去核的卵母细胞称作细胞质体（cytoplast）。第一例HMC猪诞生于2006年（Du等，2007c；见图35.22，35.23）。

在传统的克隆中方法，所谓的细胞核（karyoplast）是指来自于早期胚胎（A）、胚胎干细胞样细胞（B）及来自培养的胎儿（C）或乳腺（D）组织的体细胞核的细胞核，将这类细胞核注射到去核

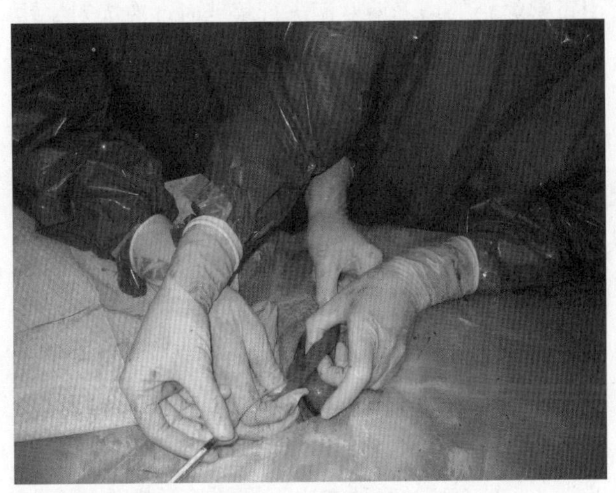

图35.22 手术法将克隆胚胎移植到猪一个子宫角的尖端（见彩图191）

图35.23 2006年采用手工克隆技术获得的第一窝小猪（见彩图192）

的成熟卵母细胞的透明带下（图35.24），然后直接用直流电脉冲融合细胞膜，合子用6–二甲基苯胺嘌呤（6–DMAP）或钙离子载体等方法激活。为了使供体细胞基因组达到最佳的重新编程，即成体细胞可以像新受精的合子一样编程，卵母细胞和供体细胞必须要处于细胞周期的类似阶段（G0或G1期）。在最初的试验中，重组胚胎是在结扎的绵羊输卵管内培养，但随着IVC技术的迅速发展，其已经成为最普通的胚胎操作方法。想要培养单个重组胚胎时，可采用WOW培养系统，由于该系统可创造出一个适宜的微环境，阻止了由于透明带分解而形成无透明带合子和胚胎，而这种分解可发生于采用正常大小的培养液微滴进行培养时。有人对采用不同激活程序和在不同培养液进行体外培养所得到的动物后代的数量进行了全面总结评述（Brem和Kü hholzer，2002；Dinnýes等，2002；Campbell等，2007）。

上述的结果主要以采用显微操作设备为基础获得的，但也有人建立了一种与这种经典方法并行的更为简单的方法，即所谓的“手工克隆”（hand-made cloning，HMC）（Peura等，1998；Booth等，2001a，b；Vajta等，2001；Oback等，2003；Peura，2003）。这种方法不需要显微操作设备，其基本过程如下：①成熟开始（第0天）后21h，除去卵丘细胞和透明带，在皮氏培养皿底部，随机徒手切割卵母细胞。②采用荧光染料Hoechst33342和荧光显微镜挑选细胞质体，丢弃含细胞核的一半。③采用两步法与成纤维细胞融合，用钙离子载体和二甲基氨基嘌呤激活重组胚胎。④胚胎置于含5%牛血清的SOFaaci培养液（Holm等，1999b）的WOW系统（Vajta等，2000）培养7d，之后移植给小母牛或小母猪，也可玻璃化冷冻保存。应用HMC技术，可以成功分割95%的卵母细胞，85%能成功融合，囊胚率可达到50%。在作者的研究中，采用非手术法移植第7天的HMC胚胎，最初的妊娠率达到48%，但在妊娠期后1/3期结束时妊娠率只有8%，而且这可能就是一般情况的妊娠水平（Pedersen等，2004）。

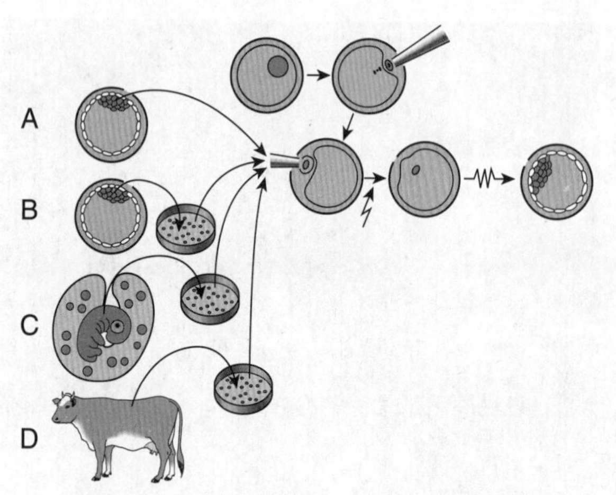

图35.24 采用各类细胞通过核移植进行克隆（引自Poul Maddox-Hyttel，丹麦）

必须要强调的是，克隆的成功率仍然很低，囊胚率极少超过2%~5%。造成这种现象的原因很多，如体细胞核表观遗传重新编程不适宜（甲基化模式；综述见Farin等，2006；Campbell，2007），由此导致发育上重要基因的异常表达（Wrenzycki等，2001，2002，2004；Niemann等，2002）以及染色体异常发生率升高（Slimane-Bureau和King，2002），如生成完全多倍体的胚胎（Booth等，2000，2003）。总之，这些异常不仅导致胚胎发育不良，而且还会对后代的生长期发生影响（见下）。但是，马的克隆效率却很高，最近一项研究中，移植8枚克隆的马胚胎后，妊娠率达到25%（Hinrechs等，2006）。

SCNT本身并未在家畜生产中广泛应用，但是对极有价值的动物来说，可采用这种方法，在一些国家，这一技术也用于宠物和濒危动物。但关于这些技术的应用，仍存在有伦理上的顾虑，在有些国家，不允许进行宠物和马的克隆。应该指出的是，虽然尚未有报告表明克隆动物的肉和奶可能对人类的健康有风险，但是大多数国家的法律禁止克隆动物用于人类消费（OECD报告，2003）。

35.11.4 克隆和转基因

1985年，把人类生长激素基因（hCG）拷贝注入到刚受精的猪卵细胞原核中，获得了第一例转基因猪（Hammer等，1985）。随后这一技术应用于许多研究（Pursel等，1990，1993），对此已有很详细的综述（Wall等，1996；Niemann和Kues，2000）。注射了hGG后获得的后代也伴随有许多问题，如关节炎、心室溃疡和性欲缺乏等。

随着SCNT技术的出现，现在已经可以在融合细胞质体之前，对供体细胞进行遗传修饰，以生产转基因胚胎。这在猪（Lai等，2002）、绵羊（Schnieke等，1997）、山羊（Reggio等，2001）和牛（Cibelli等，1998）均已获得成功。2007年，携带有阿尔茨海默（Alzheimer）病（即老年痴呆症）基因的第一例转基因猪在丹麦诞生（A.L.Jørgensen，2007，个人通讯）。

基因改造动物及其产品的用途极为丰富，可用于：①基础研究，②人类一些重要疾病的模型，③生物反应器，可从农畜血液或乳汁中提取重要的药物（如凝血因子VIII、α-抗胰蛋白酶和抗凝血酶III），④进行从猪到人类的器官移植（异种器官移植），将来有望可以使用敲除了编码α-1，3-半乳糖基转移酶（GAL-表位）基因的猪器官（Lai等，2002）。最有前景的应用领域仍然是生产具有神经退行性疾病（neurodegenerative disease）的动物，如阿尔茨海默病，以及生产重要药物的泌乳动物，例如生产抗凝血酶III，其可由山羊乳汁生产，用于治疗遗传性抗凝血酶缺陷。

有人预计转基因动物也可用于一些农业生产，如生长更快、抗病力更强的动物，但这些应用还尚未实现。Robl等（2007）发表了转基因动物生产极为详尽的综述。

转基因后代也可通过采用理想构件进行原核注射，或者将携带理想构件的精子进行人工授精等方法来生产。后一种方法即为精子介导的转基因技术（sperm-mediated trans of gene），已成功应用于小鼠和猪（Lavitrano等，1989）。

35.12 胎儿过大综合征

1991年Willadsen等提供了一个大型克隆实验的数据，该实验中以非手术法采集的胚胎的卵裂球用作供体细胞。虽然总的受孕率还比较满意，但是妊娠后期胚胎死亡、犊牛过重和先天畸形的发生要比正常胚胎移植的更多。1996年Walker等报道了IVP之后初生重显著过高的羔羊。1997年，Kruip和den Dass描述了所谓的“后代过大综合征”（large offspring syndrome，LOS），其多见于移植IVP胚胎或是SCNT胚胎之后（参见第11章）。

大量的研究证实了这种异常，尤其是在移植SCNT胚胎之后，这种异常具有以下特征（Jacobsen，2001）：

流产和早期胚胎死亡（Heyman等，2002；Pace等，2002，图35.25）。

胎盘异常，开始时表现为胎盘生长速度缓慢及胎盘突过大（Hill等，1999；de Sousa等，2001；Chavatte-Palmer等，2002，2006；Bertolini等，2002a；Pedersen等，2004；图35.26）。

脐带过粗和/或尿囊积水（Hasler，1998；Hill等，1999；Wells等，199；Pace等，2002）。

努责无力（Schmidt等，1996）。

死产（Schmidt等，1996）。

妊娠期延长（van Wagtendonk-de Leeuw等，1998，2000；van Wagtendonk-de Leeuw，2006）。

胎儿体重（body mass）增加（Willadsen等，1991；Behboody等，1995；Hasler等，1995；Wilson等，1995；Schmidt等，1996；Walker等，1996；Jacobsen等，2000；Bertolini等，2002b）。

难产及需要剖腹助产（Willadsen等，1991；Behboody等，1995；Farin和Frin，1995；Hill等，1999）。

新生胎儿活力下降，围产期死亡率升高（Hasler等，1995；Schmidt等，1996）。

犊牛昏睡和酸中毒，吸吮反射微弱（Garry等，1996；Hill等，1999；Pace等，2002）。

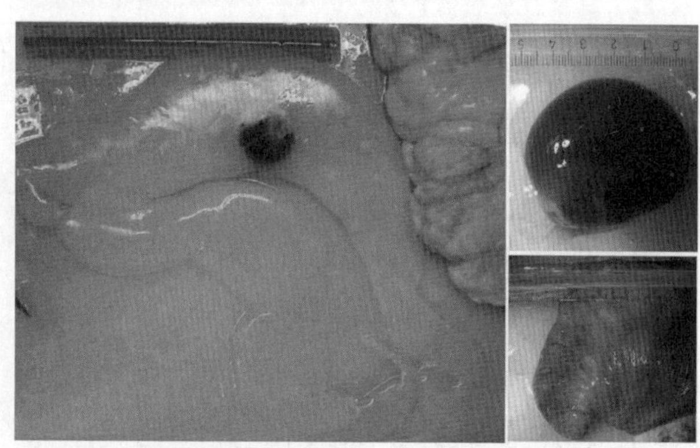

图35.25 妊娠35～42d的克隆胎儿（见彩图193）

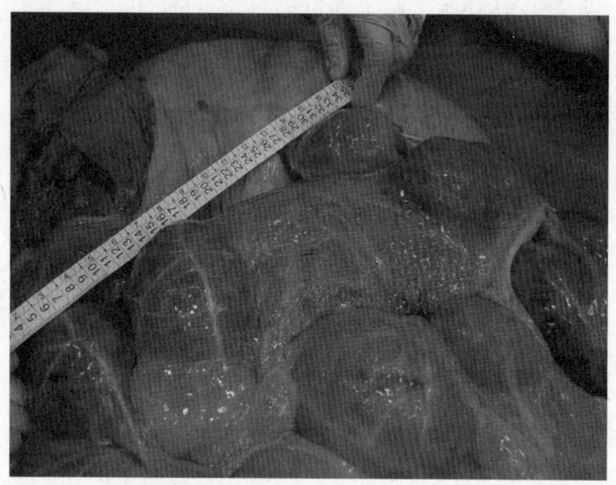

图35.26 克隆胚胎妊娠第252天大的胎盘突（见彩图194）

先天畸形（心力衰竭、关节弯曲、肾水肿；Willadsen等，1991；van Soom，1996；Hill等，1999；Pedersen等，2004）。

生化异常、免疫功能异常及贫血（Sangild等，2000；Chavatte-Palmer等，2002）。

染色体异常（Slimane-Bureau和King，2002；Booth等，2003）。

应该指出的是，上述各种异常在猪和山羊很少见到，虽然克隆的马驹数量还很少，难以评估这些现象是否会在这种动物发生，但迄今为止在克隆马上还没有报道过这些异常。还应该强调的是，SCNT动物的后代并没有任何上述缺陷，其第二代完全正常。

至于克隆和非克隆后代的生产和生殖性能特征，根据一些研究，明显的区别是在初情期启动的开始时间上，一些研究表明，IVP和克隆动物的初情期可能会延迟（Pace等，2002；Jacobsen等，2003）。此外，卵泡发育可能会发生改变，在克隆的小母牛，小卵泡较多，而中等大小和大卵泡较少（Pace等，2002）。

尽管近来的研究结果清楚地表明，某些IVP系统并不会导致LOS（Jacobsen等，2003；Breukelman等，2004），而且体外培养系统也有了相当大的改进，但是IVP和SCNT受体及其后代在围产期常常需要精心照料。此外，受体母畜往往不表现分娩预兆，由于胎儿往往过大，分娩时可能还会需要牵引或剖宫产助产（参见第14章和第20章）。由于脐静脉往往过粗，脐带断裂后常常会有连续出血的倾向，也会发生新生胎儿感染。即使动物安全度过第一个关键阶段，之后仍然会发生猝死。应当将这些风险告知受体的主人。

35.13 性别决定和胚胎的基因分型

35.13.1 性别决定

在牛的育种和生产中，移植前决定胚胎的性别具有诸多优势。通过对胚胎活组织采样进行细胞遗传学分析，可以对2周龄的牛胚胎进行性别鉴定（Hare等，1976）。采用胚胎分割技术，可以对一个半胚（桑葚胚或囊胚）进行性别鉴定，另一个半胚移植给青年母牛，即使移植冷冻解冻的半胚，仍可获得满意的妊娠率（Picard等，1985）。还有一些研究人员试图用H-Y抗原进行胚胎性别鉴定（Wachtel，1984；Avery和Schmidt，1989），但这种方法尚未得到应用。采用Y-特异性序列进行PCR来鉴别胚胎的性别，在实践中已经应用多年，它是通过对桑葚胚阶段的胚胎，通过手工或显微操作采集胚胎活组织样品来进行鉴定（如Schröder等，1990；Herr和Reed，1991；Bredbacka等，1995；Thibier和Niebart，1995；Hasler等，2002）。采用性控精子也可代替PCR进行胚胎的性别鉴定，但是由于当前采用性控精子后的妊娠率仍比较低，尤其是奶牛，因此仍需要对胚胎进行性别鉴定（Lacaze等，2007）。

35.13.2 基因分型

目前也可对许多感兴趣的单基因进行分析，如一些编码遗传性疾病，如牛的复杂椎骨畸形（complex vertebral malformation，CVM；Agerholm等，2001）的基因等。随着牛和猪基因组测序和芯片技术的快速发展，期望基因分型领域会有更深层次的发展。

在动物的繁殖和生产中，科学家更为感兴趣的是利用基因的信息，特别是编码复杂生产性状的多基因（Rathje等，1997；Wilkie等，1999；Georges，2001）。但是至今为止，这类信息只是更多地用于动物而并非胚胎。从胚胎技术的角度而言，这是因为要对胚胎进行足够精确和高效的活组织分析需要先进的设备和充足的经验，而且要有足够的活组织来获得足够的DNA以便对所有感兴趣的基因进行鉴定，这仍受到许多限制。如果所有这些实际问题都能得到解决，则这一技术就可在胚胎上进行应用。

35.14 生物安全

许多研究清楚地表明，只要按照IETS（Stringfellow，1998）准则和OIE（巴黎，陆生动物卫生法典，版本3.3.1，详见www.oie.int）的要求进行胚胎移植，胚胎传播疾病的风险要比活体动物小。

多篇详尽的综述（Stringfellow等，2004；Bielanski，2007；Givens等，2007）得出结论认为，要采取必要的防范措施以避免重大疫病的传播，这包括了体内及IVP胚胎。大多数采用体外生产的胚胎（其具有被传染性因素污染的内在风险，洗涤后移植）和体内生产的胚胎（具有从感染动物回收胚胎的内在风险，洗涤后移植）进行的研究显示，适当的洗涤（10次），包括用胰蛋白酶处理，可以清除一些传染性因素，如传染性牛鼻气管炎和伪狂犬病（Aujeszky）病毒。从持续感染的动物获取的胚胎可携带大量的BVD病毒颗粒附在透明带上。按照IETS准则洗涤这些胚胎后移植，获得的犊牛不再携带BVD病毒（Bak等，1992）。

至于IVP胚胎，情况则完全不同。许多卵母细胞是从屠宰场采集的卵巢获得的，可能污染了各种传染性病原。此外，IVP胚胎的透明带可能与更多的传染性病原之间有更为密切的接触，因此使得从胚胎清除微生物更加困难。此外，在不同的IVP过程中都有污染的机会。因此，不仅有必要洗涤胚胎10次，而且在屠宰场和实验室还要建立生物安全标准，包括培养用的培养基。也可加入一定的抗微生物药物。

显然，进行胚胎移植总是有传播疾病的风险，所以必须要进行体内体外试验以确定采用这种技术不会传播某种特定的疾病。采用IETS（Stringfellow，1998；Warthall和Sutmoller，1998）及OIE（陆生动物卫生法典，附录3.3.1，详见www.oie.int）的标准，在胚胎水平进行的家畜交流不仅对生态和生物安全是一个更可取的选择，而且对动物福利也是有益的。

附　录

动物繁殖中使用的激素及激素相关药物和疫苗

David Noakes / 编　　赵兴绪 / 译

本附录所列制剂为本书出版时在英国可以采用的制剂。由于作者依据自己的经验进行了修改，因此推荐的使用方法和剂量并非一定为制造商所提供，如本书出版之后有所改变，建议读者查看这些制剂的现行的推荐用法，而且读者应了解采用违禁制剂以及在禁止使用的动物使用时的相关法规及后果。

我国对激素和疫苗类产品使用有严格规定，对本书附录内容只作为参考，不作为应用推荐，具体应用以我国相关兽医兽药法规为准。

促性腺激素（促黄体素）释放激素及其类似物（GnRH或LHRH）

由丘脑下部产生，经垂体门脉循环转运到垂体前叶的天然激素，为一种多肽，能刺激促卵泡素（FSH）和促黄体素（LH）的释放。

商用制剂　戈那瑞林（Gonadorelin），合成的GnRH多肽（Fertagyl，Janssen UK，High Wycombe，Bucks）。布舍瑞林（Buserelin），合成的GnRH 多肽类似物（Receptal，Intervet UK Ltd，Milton Keynes，Beds）。德舍瑞林（地洛瑞林，Deslorelin），合成的GnRH类似物，为一种缓释埋置物（Ovuplant，Peptech Animal Health Pty Ltd，Dee Why，NSW，Australia），目前尚未批准在英国使用。

药理作用　一次大剂量注射后可刺激FSH和LH出现短促的峰值。

适用范围

牛：卵泡囊肿；延迟排卵及不排卵；无发情周期（单次用药并非十分有效）；提高牛的妊娠率，特别是在输精后12d一次大剂量注射，可提高妊娠率低下牛的妊娠率；用于同期发情处理方案（Ovu-Synch方案）。

马：诱导排卵（排卵前促性腺激素峰在马持续数天）；一次大剂量注射可能效果不佳，需要经常重复用药或采用缓释埋置。

剂量　布舍瑞林：牛，10～20μg；马40μg，最好肌内注射，但也可静脉注射或皮下注射给药。戈那瑞林：牛，0.5 mg，肌内注射，也可皮下或静脉注射。

促性腺激素

1. FSH 和 LH

FSH和LH均有半纯品，但价格昂贵。猪FSH和重组FSH可用于诱导供体牛的超排而用于胚胎移植。

商用产品　猪FSH（Super-Ov，Global Genetics UK，Leominster，Herefordshire）。

2. 马绒毛膜促性腺激素（eCG）

最初称为孕马血清促性腺激素（pregnant mare’s serum gonadotropin，PMSG），但为了保持命名的统一，目前称为 eCG。eCG为一种由母马在妊娠

40～120d之间子宫内膜杯产生的一种蛋白激素，主要具有类似于FSH的生物活性，但生物半衰期比FSH长得多。

商用产品 eCG或血清促性腺激素，PMSG-Intevet（Intervet UK Ltd，Milton Keynes）；Fostim 600（Pfizer UK，Sandwich，Kent）。

药理作用 主要为类似于FSH的作用，但也具有一些 LH活性。

适用范围

牛：供体牛胚胎移植时的超排，过度刺激可造成问题，因此很少使用；公牛精子生产受到破坏时（效果可疑）；阴道内孕酮制剂用于治疗不发情时，撤出孕酮时使用。

绵羊和山羊：与阴道内孕酮海绵合用，使繁殖季节提早开始。

猪：与人绒毛膜促性腺激素（hCG）合用，刺激产仔后卵巢周期的开始。

犬：生理性乏情期间诱导发情。

剂量 牛，1 500～3 000 IU 皮下或肌内注射。绵羊和山羊，500～800 IU，皮下或肌内注射（依品种和与正常繁殖季节开始的间隔时间而定）。猪，1 000 IU皮下或肌内注射。犬，50～200 IU。

3. 人绝经期促性腺激素（human menopausal gonadotrophin，hMG）

从绝经期妇女尿液中提取获得，主要具有类似于FSH的作用，可用于牛的胚胎移植中供体牛的超排，生物半衰期比eCG短。

4. 人绒毛膜促性腺激素（human chorionic gonadotrophin，hCG）

从妊娠妇女尿液中提取的一种蛋白激素，该激素主要具有类似于LH的作用，因此用于替代更为昂贵的LH；其生物半衰期比LH长。

商用产品 Chorulon 注射液（Intervet UK Ltd，Milton Keynes）。

药理作用 刺激卵巢壁细胞和睾丸Leydig细胞产生雄激素；刺激卵泡成熟和排卵、刺激黄体形成及维持黄体。

适用范围

牛：延迟排卵或不排卵；卵巢囊肿（特别是卵泡囊肿）；黄体功能不健；在表现发情周期的屡配不孕牛提高妊娠的机会，但用药的理由并非总是很明显；提高公牛的性欲（剂量加倍，有时可能引起具有攻击性的行为）。

马：诱导或促进排卵；检测隐睾的hCG激发试验（rig test），用hCG刺激怀疑发生隐睾的马，其外周血液睾酮升高。

猪：与eCG合用，刺激产后卵巢周期的开始；提高公猪的性欲（效果可疑）。

山羊和绵羊：提高公山羊和公绵羊的性欲（效果可疑）；母山羊的卵巢囊肿。

犬：

缩短母犬延长的或持续的前情期/发情期；确定是否有腹腔隐睾，这与在马的“rig test”一样；提高公犬的性欲（效果可疑）。

猫：诱导排卵。

剂量 牛，1 500～3 000 IU 静脉或肌内注射；马，1 500～3 000 IU静脉或肌内注射；猪，500～1 000 IU肌内或皮下注射；绵羊和山羊，100～500 IU 静脉或肌内注射；犬，100～500 IU 肌内注射；猫，100～200 IU 肌内注射。

促性腺激素与其他激素合用

商用产品及制造商的建议 eCG 与hCG（PG 600，Intervet UK Ltd，Milton Keynes）合用，5ml剂量含400IU eCG和200IU hCG，用于断奶后成年猪和小母猪的诱导发情。研究表明这可能是诱导产后发情的一种有效方法。

催产素及其类似物

催产素为一种视上核神经元产生的多肽激素，转运至垂体后叶腺体，并储存于此。目前合成的催产素及其类似物（carbetocin）均具有较长的半衰期。

商用产品 Oxytocin -S（Intervet UK Ltd，Milton Key-nes）。卡贝缩宫素（carbetocin）（Reprocine，Veto-quino UK，Buckingham）。

药理作用 引起放乳，加强分娩和产后的子宫肌收缩，有利于配子的运输。

适用范围

牛：诱导放乳；促进难产、剖宫产、子宫脱出整复后及子宫损伤或出血后促进子宫复旧。

马：诱导产驹；引起滞留的胎衣排出；诱导放乳。

绵羊：与牛相同。

猪：诱导放乳；加速分娩的第二阶段；治疗宫缩乏力；引起滞留的胎衣排出；促进子宫复旧。

犬：治疗宫缩乏力；促进滞留的胎衣排出；加速难产或剖宫产后子宫复旧（可能治疗胎盘位点的复旧不全）；诱导放乳。

剂量

催产素：许多建议的剂量都太高。子宫肌层对催产素的作用十分敏感，大剂量时可引起痉挛而不是同步收缩。子宫肌层也可对催产素的作用发生不应性，因此可采用增加剂量的方法用药。加入生理盐水中静脉滴注时效果最好。牛，10 IU肌内或静脉注射；马，10 IU肌内或静脉注射；猪，5 IU肌内或静脉注射；绵羊和山羊，2 ~ 5 IU肌内或静脉注射；犬和猫，0.5 ~ 5 IU肌内或静脉注射。

卡贝缩宫素：牛，0.21 ~ 0.35mg；猪，0.105 ~ 0.21mg。

解痉药物（平滑肌松弛剂）

这类药物具有较宽的作用范围，有些对子宫肌层具有特异性，而有些则对所有平滑肌发挥作用。在临床应用时对其作用的评价常常带有主观性。

商用产品 解痉灵（hyoscine *N*–butylbromide）及安乃近（dipyrone）（Buscopan Compositum，Boehringer Ingelheim Ltd，Bracknell，Berks）。盐酸维曲布汀（vetrabutine hydrachloride）（Monzal-don，Boehringer Ingelheim Ltd，Bracknell）。盐酸克伦特罗（clenbuterol hydrochloride）（Planipart，Boehringer Ingelheim Ltd，Bracknell）。盐酸克伦特罗为一种β–肾上腺素刺激药物。

药理作用 消除或降低子宫肌的收缩及张力，用于剖宫产时及胚胎移植时松弛子宫。在产科疾病救治时用于将胎儿推回。盐酸克仑特罗在牛特别用于延迟分娩而作为一种管理辅助方法使用，或者延缓产犊，因此可使产道充分软化及松弛。

适用范围

牛：松弛子宫肌以便于进行产科操作及处治难产和用于剖宫产；促进生殖道松弛及软化；在胚胎移植中便于对子宫进行操作；延迟分娩（只是盐酸克仑特罗）。

马、绵羊、猪和犬：与牛相同，但不能用于延迟分娩。

猫：有些解痉药物在本动物效果不佳，使用前应仔细检查。

剂量 使用前应仔细检查每种药物和使用的动物。盐酸克伦特罗在晚上用于延缓牛的产犊时，使用的剂量应该为0.3 mg（10 ml），在18:00时进行肌内注射，第二次注射在4h后，剂量为0.21 mg（7 mL）。第二次注射后可将产犊延迟 8h。如果子宫颈没有完全松弛而第二产程已经开始时则不应使用。

雌激素

雌激素为甾体激素，在繁殖过程中发挥很广泛的作用，但在治疗家畜的繁殖障碍中适用于采用雌激素治疗的情况不是很多。近年来，由于人们对雌激素在人类食品中的残留十分关注，因此所有的雌激素在欧盟国家已禁止在食用动物中使用，这种禁令有可能会逐渐推广到全世界。

商用产品 苯甲酸雌二醇（mesalin，Intervet Uk Ltd.，Milton Keynes）。本品为油剂，含有200μg/ml苯甲酸雌二醇。己烯雌酚（diethylstilboestrol）（非专利药，non-proprietary），片剂，1mg和5mg。乙

炔雌二醇（ethinyloestradiol）（非专利药），片剂，10μg、50μg和1mg。

药理作用 雌激素主要与雌性动物的发情行为有关，能刺激生殖道系统发生变化，控制配子的转运；雌激素与孕激素协同，可引起乳腺发育，增加生殖道对感染的抵抗能力。雌激素可加强催产素和前列腺素对子宫肌的催产作用；雌激素也可刺激排卵前促性腺激素峰值的出现，也可颉颃雄激素对雄激素依赖性组织引起的变化。

适用范围 犬：阻止未计划的妊娠；去势母犬的尿失禁；公犬的前列腺增生及肛门周围腺瘤；抑制公犬的性欲亢进。

剂量 犬：苯甲酸雌二醇：终止妊娠，10μg/kg，配种后第3～5天，有可能需要在第7天再次用药，皮下或肌内注射。乙炔雌二醇：用于尿失禁，1mg/d，连用3d；然后每3d1mg；用于前列腺增生，1 mg/d。乙炔雌二醇：50～100μg/d，口服。雌激素在母犬并非没有风险，其可能诱发囊肿性子宫内膜增生，应慎重使用。

猫不应使用雌激素。

孕激素

包括天然的甾体激素孕酮及许多合成的孕激素，合成的孕激素药效更强，半衰期更长。孕激素在所有家畜广泛使用，主要用于控制繁殖周期，这是因为孕激素对丘脑下部和垂体具有很强的负反馈作用，因此可抑制促性腺激素的释放，这种作用的结果是抑制卵巢的周期性活动，因此在多次发情的动物，停药后数天内卵巢可恢复周期活动。

1. 孕酮

商用产品 孕酮阴道内释放装置（progesterone-releasing intravaginal device，PRID）（Ceva，Chesham，Bucks）。每个装置含1.55 g孕酮。每个装置插入阴道内保留12d，如果用于同期发情，则在撤出装置前48h再用$PGF_{2\alpha}$处理，撤出装置后2～5d发情。

阴道内孕酮释放装置[Easi-Breed，CIDR，Animal Reproductive Technologies（ART UK）Ltd，Leominster]。每个装置含有1.38g孕酮，置入后保留7~12d，如果用于同期发情，撤除时用$PGF_{2\alpha}$处理。

适用范围 牛和小母牛的同期发情及同期排卵，与前列腺素（PG）$F_{2\alpha}$合用；治疗母牛和小母牛的卵巢无周期活动（真乏情）；治疗奶牛未观察到的发情；治疗薄壁的卵泡囊肿。

2. 合成孕激素

商用制剂 烯丙孕素（altrenogest）或烯丙群勃龙（allyl-trenbolone）（Regumate Equine，Hoechst Roussel Vet Ltd，Milton Keynes），为液体饲料添加剂，每毫升含2.2 mg烯丙群勃龙，在卵巢周期性活动造成管理或行为问题时用于抑制卵巢的周期性活动，控制发情时间以满足使用公马的需要，用于诱导繁殖季节卵巢的周期性活动。使用剂量为每天饲料中添加27.5或33 mg，连续使用10或15d。最后一次处理后8d内可发情，排卵发生在7~13d后。

烯丙孕素（altrenogest）或烯丙群勃龙（Regumate Porcine，Janssenuke High Wycombe），为在饲料中使用的一种悬浮液，小母猪采食时摄入。用于性成熟及表现发情周期的小母猪的同期发情，可采用该悬浮液连续处理18d，停止处理后2~3d开始发情。剂量为20 mg/d（5 mL）。

乙酸氟孕酮阴道海绵（fluorogestone acetate intravaginal sponges）（Chronogest，Intervet UK Ltd，Milton Keynes）、乙酸甲羟孕酮阴道海绵（Medroxyprogesterone acetate intravaginal sponges）（Veramix and Veramix Plus，Pfizer，Sandwich），用于绵羊和山羊的同期发情，或者与eCG注射合用，可使繁殖季节开始的时间提前6周。剂量：每只母羊将一只海绵插入阴道前端，保留12～14d后撤除；48～72h后发情。如果要提早繁殖季节，则eCG正常应在撤除海绵前后用药。每10只母绵羊至少应配置1只公羊。

乙酸甲羟孕酮（medroxyprogesterone acetate）注射液（Proomone-E，Pfizer，Sandwich），用于阻止母犬的发情及公犬的前列腺增生。剂量：母犬（阻止发情），50~150mg，皮下注射，乏情期用药；公犬（前列腺增生），每3~6个月50~100mg，皮下注射。

乙酸甲地孕酮（megoestrol acetate），片剂（Ovarid，Schering-Plough Animal Health，Harefield，Middlesex）。在最早出现前情期征状时用药，用于中断母犬及母猫的发情；或在乏情期用药用于延迟发情的开始。剂量：母犬（中断发情），每天2mg/kg，连用8d，用于中断发情；每天0.5 mg/kg，用40d，之后如有需要，可以0.1~0.2 mg/kg的剂量每周用药2次，不超过4个月，用于延迟发情；母猫用于中断发情时，从最早出现前情期/发情征状开始，5mg/d，连用3d；用于延迟发情时为每天2.5 mg。

丙缩二羟孕酮（普罗孕酮）（proligestone）注射液（Delvosterone，Intervet UK Ltd，Milton Keynes）。用于中断及延迟母犬及母猫的发情。剂量：犬（中断发情），在最早出现前情期征状时开始，100~600 mg，皮下注射。如果母犬乏情而用于延缓发情时也可采用相同的剂量，或者以3、4及5个月的间隔用药，长时间延迟发情。母猫在最早出现前情期或发情征状时，剂量为100 mg，皮下注射，延迟发情时可采用与犬相同的处理方案。

孕激素在犬和猫并非没有危险，它们可诱发囊肿性子宫内膜增生（子宫积浓），因此用于繁殖的动物仍需谨慎。

抗孕激素

促乳素抑制因子如卡麦角林（cabergolone）可抑制犬黄体内源性孕酮的产生和分泌，这是因为促乳素是犬主要的促黄体化激素，因此可终止妊娠。同样，一些因子，如环氧司坦（epostane）也可阻止孕烯醇酮（pregenolone）转变为孕酮，因此具有类似的作用。但是，阿来司酮（aglepristone）为孕酮受体颉颃剂，其通过阻止孕酮在细胞和组织水平发挥作用，但外周血浆中孕酮水平可能并不受影响。因此，如果母犬妊娠，则可用其终止妊娠。但只能用于妊娠45d之前。

商用产品 阿来司酮（aglepristone）（Alizan，Vibac UK Ltd，Bury St Edmunds，Sufolk）。

适用范围 终止妊娠45d之前的母犬。

剂量 犬，10mg/kg，皮下注射，24h后重复用药一次。

雄激素

睾酮是雄性动物血液循环中主要的雄激素，由睾丸间质细胞产生。睾酮的主要作用是促进第二性征，此外也参与对精子生成的调节。天然或合成的雄激素类似物在动物繁殖及疾病治疗中的应用不是很多。

商用产品 睾酮酯注射液（testosterone esters）（Durateston，Intervet UK Ltd，Milton，Keynes），含癸酸睾酮20 mg/ml，异己酸睾酮（testosterone isocaprionate）12mg，丙酸睾酮（testosterone proprionate）6 mg/mL及丙酸苯酯（phenylpropionate）12mg/mL。

药理作用 由于睾酮参与调控雄性动物的性欲，因此可用其改进可能存在的性欲缺乏，但应该强调的是性欲和性行为极为复杂，并非仅仅是内源性的雄激素水平的反应，因此采用这种方法治疗时，其效果通常不很理想。雄激素还具有合成代谢的作用，也可用于延缓犬的发情以及调整犬在假孕时的一些行为问题，也可逆转由于睾丸细胞支持瘤引起的雌性化。

剂量 犬和猫，0.05~0.1mL/kg，皮下或肌内注射。

抗雄激素

这些药物主要为孕激素，用于消除内源性雄激素引起的行为变化。

商用产品 乙酸代马孕酮（delmadinone acetate）（Tardak，Pfizer，Sandwich）。

适用范围 公犬的性欲过强；前列腺增生及前列腺炎。

剂量 1.0～2.0mg/kg体重，皮下或肌内注射。

前列腺素与前列腺素类似物

商业上只有$PGF_{2\alpha}$及合成的类似物用于家畜。

商用产品 氯前列醇（cloprostenol）（Estrumate and Planate，Schering-Plough Animal Health，Harefield；Cyclix and Cyclix porcine，Intervet UK Lts，Milton Keynes），用于牛、绵羊、猪、马和山羊。

地诺前列素（dinoprost）（Lutalyse，Pfizer Sandwich Kent）；Enzaprost，CEVA，Chesham），用于牛、绵羊、猪、马、山羊和犬。

鲁前列醇（luprostiol）（Prosolvin，Intervet UK Ltd，Milton Keynes），用于牛、绵羊、猪、马和山羊。

药理作用 $PGF_{2\alpha}$及其类似物为强力的溶黄体因子，但在犬和猫则没有作用，它们还在排卵、分娩及配子转运中发挥作用，但后两种作用则是通过对生殖道的平滑肌发挥作用而发生的。前列腺素的生物半衰期短，90%的前列腺素是在通过肺循环时代谢。

适应范围

牛：母牛及小母牛的同期发情；治疗未观察到的发情；诱导产犊；引产及排出干尸化的胎儿；治疗子宫积脓；治疗子宫内膜炎；治疗黄体（及黄体化）囊肿。

马：妊娠35d前的引产；治疗持久黄体期；诱导产驹；如果错过配种可用于促进返情；产驹后促进返情；计划发情时间以便更有效的使用公马或采用人工授精。

绵羊及山羊：同期发情；绵羊的早期引产；治疗山羊的假孕。

猪：诱导产仔。

犬：治疗犬的开放性子宫积脓（使用时慎重）。

剂量

氯前列醇：牛，500 g；马，12.5～500 g；绵羊和山羊，125～250 g；猪，350 g。均为肌内注射

鲁前列醇：牛，15 mg；马，7.5 mg；绵羊和山羊，7.5 mg；猪，7.5 mg。

地诺前列素：牛，25～35 mg；马，5 mg；猪，10 mg；绵羊，6～8 mg；犬，0.25～0.5 mg/kg，均为肌内注射。

其他激素及相关药物

褪黑素

褪黑素为一种吲哚胺，由松果腺产生，其分泌水平受光照周期的影响，随着白昼的缩短可刺激其分泌，而白昼延长可抑制其分泌。褪黑素直接或间接调节丘脑下部GnRH的分泌频率，因此影响促性腺激素的分泌和卵巢的周期性活动。

商用产品 褪黑素埋置剂（Regulin，Ceva，Chesham）。

适应范围 在纯种或杂种低地绵羊用于提早正常卵巢周期的开始，以便提早产羔。

剂量及处理方案 每只绵羊将一只埋植物（含18 mg褪黑素）埋植于耳基部外侧。可以埋植的最早时间可按绵羊品种确定，详细可参阅厂商的使用说明。本品也可用于山羊。关键是使用前7d及埋植后至少30d应该确保母羊远离公羊的视觉、听觉和嗅觉。

促乳素颉颃剂

卡麦角林（carbergoline）（Galastop，Ceva UK，Chesham），为一种黏稠的非水溶性溶液，浓度50mg/ml，是一种长效的促乳素抑制因子，由于促乳素能启动妊娠信号及假孕的症状，因此采用这种药物可逆转促乳素的这些作用。

适用范围 治疗犬的假孕，口服剂量为每天0.1 ml/kg，连用4～6d。本品有时可成功地抑制山

羊的泌乳。

疫苗

马疱疹病毒感染（equine herpesvirus infections）

Duvaxyn EHV1，4（Fort Dodge Animal Health，Southampton，Hampshire），为一种灭活的EHV-1和EHV-4水悬液，用于健康妊娠母马接种，防止流产或与其他母马接触的感染。为了防止由于EHV-1感染引起的流产，妊娠母马可在妊娠的第5、7和9月通过一次注射来免疫，与妊娠母马接触的处女母马及空怀母马也应接种。

马病毒性动脉炎病毒感染（equine viral arteritis infection）

Artervac（Fort Dodge Animal Health，Southampton），本品为一种灭活的SP油佐剂马病毒性动脉炎病毒（equine arteritis virus，EAV）Bucyrus株疫苗，可用于马和9月龄小母马的主动免疫，减少感染后的临床症状和排毒。第二次注射后3周可建立免疫，可持续6个月。但在妊娠母马及体况不佳的动物则不应使用。

钩端螺旋体（leptospira hardjo）

Leptavoid-H（Schering-Plough Animal Health，Harefield），钩端螺旋体（*Leptospira interrogans*）哈德焦（hardjo）血清型的福尔马林灭活培养物，用于针对这种微生物的免疫接种。主要的免疫程序是，在本病流行的主要季节前及其后不超过6周，间隔至少4周皮下注射2次，之后可在一年中同样的时间强化免疫一次。

Spirovac（Pfizer，Sandwich），为灭活的博氏钩端螺旋体哈德焦型血清变型牛哈德焦型（Leptospira borgpetersenii serovar hardjo type hanrljoloovis）制备活疫苗，可从4周龄起间隔4～6周皮下注射2次，以后每年强化免疫一次。

牛副流感病毒（bovine para-influenza virus，PI3）及牛传染性鼻气管炎（infectious bovine rhinotracheitis，IBR）

Imuresp（Pfizer，Sandwich，Kent），PI3冻干的活病毒株，鼻内给药。

Tracherine（Pfizer，Sandwich，Kent），IBR病毒的冻干活株，鼻内给药。

Bovilis IBR and Bovilis IBR Marker（Intervet UK Ltd，Milton Keynes），IBR病毒的无毒活株，最好鼻内给药，但也可肌内注射给药。

Bayovac IBR-Marker Inactivatum，灭活的1型病毒，Bayovac IBR-Marker Vivum，1型活病毒（Bayer plc Newbury，Berlksshire）。

牛病毒性腹泻病毒（bovine viral diarrhoea virus，BVDV）

Bovidec（Novartis，Litlington，Royston，Herts），为灭活的非细胞致病BVDV株，皮下注射。

绵羊地方流行性流产（ovine enzootic abortion，chlamydophiliosis）

Enzovax（Intervet UK Ltd，Milton Keynes），为流产亲衣原体（*Chlamydia psittaci*）活的变性1B株。将来用于繁殖的羔羊可在5月龄时免疫接种。剪过一次毛的及老龄母羊应该在用公羊配种前4个月内接种。可能不能预防感染母羊流产。

Cevax（Ceva UK，Chesham），为流产亲衣原体（*Chlamydia abortus*）活的变性1B 株，使用方法同Enzovax。

Mydiavac（Novartis，Litlington，Royston），流产亲衣原体（*Chlamydia abortus*）灭活株，肩前10～12cm的颈部肌内注射，剪过一次毛的羔羊及成年绵羊应该在配种前1个月或除去公羊后4周进行初次免疫，771d后进行强化免疫。

绵羊弓形体病（ovine toxoplasmosis）

Toxovax（Intervet UK Ltd，Milton Keynes），含冈地弓形体（*Toxoplasma gondii*）S48株速殖子的活浓缩液体疫苗。

猪细小病毒（porcine parvovirus）

Suvaxyn Parvo（Fort Dodge，Southamptom），一种灭活的佐剂液体疫苗，用生长在猪组织中的猪细小病毒制备。小母猪应该在6周龄及第一次配种前2～8周进行免疫接种，产仔后及配种前至少2周强化免疫。母猪应至少在配种前2周接种，公猪应该在6～7月龄时进行第一次接种，6个月后强化免疫，之后每年强化免疫一次。一种与猪丹毒丝菌（*Erysipelothrix rhusiopathiae*）联合的疫苗，即Suvaxyn Parvo/E（Fort Dodge Southampton）也可用于免疫预防。

猪繁殖与呼吸综合征（porcine reproductive and respiratory syndrome，PRRS）

Ingelvac PRRS KV（Boehringer Ingelheim Ltd，Bracknell），用灭活的PRRS病毒P120株制备。

Porcillis PRRS（Intervet UK Ltd，Milton Keynes），用活的冻干PRRS病毒DV株制备。

Progressis（Merial Harlow，Essex），用灭活的PRRS病毒制备。

英（拉丁文）汉名词对照

A

Aberdeen Angus，阿伯丁安格斯牛
Abdominal contractions（straining），腹壁收缩（努责）
Abortion，流产
Abscesses，脓肿
Absidia spp.，腐化米霉菌
Absolute fetal oversize，胎儿绝对过大
Acardiac monster，无心畸形
Accessory glands，（雄性）副性腺
Accessory limbs，附肢
Accessory corpora lutea，副黄体
Accessory tail，附尾
Acepromazine，乙酰丙嗪
3-acetyldeoxy-nivalenol（3-AcDON），3-乙酰脱氧-瓜萎镰菌醇
Acremonium coenophialum，群瓶顶孢霉
Acholeplasma spp.，无胆甾原体
Acholeplasma axanthum，不黄无胆甾原体
Acholeplasma laidlawii，莱氏无胆甾原体
Acholeplasma modicum，中度（生长）无胆甾原体
Achondroplasia，软骨发育不全，先天性假佝偻
Achondroplastic calves（bulldog calf deformity），犊牛软骨发育不全（斗犬犊牛畸形）
Acidosis，酸中毒
Acinetobacter spp.，不动杆菌
Acoustic impedance，声阻抗
Activin，活化素
Acriflavine，吖啶黄
Acrosin，顶体素
Acrosome，顶体
Acrosomal crests，顶体冠
Acrosomal folds，顶体褶
Acrosome reaction，顶体反应
ACTH（Adrenocorticotrophic hormone）促肾上腺皮质激素
Actinobacillus actinoides，类放线杆菌，拟放线杆菌
Actinobacillus suis，猪放线杆菌
Actinomyces pyogenes，化脓放线杆菌
Actinomycosis，放线菌病
Activin，活化素
Activity monitors，活动监测（用于发情鉴定）
Acute-phase proteins，急性期蛋白
Acute toxic mastitis，急性中毒性乳房炎
Adenocarcinoma，腺癌
Adenomatous hyperplasia，腺瘤样增生
Adrenal glands，肾上腺
Adrenal hypoplasia，肾上腺发育不全
Adrenaline（epinephrine），肾上腺素
Adrenocorticotrophic hormone（ACTH），促肾上腺皮质激素
Aerococcus viridans，绿色气球菌
Aeromonas spp.，气单胞菌属
Aflatoxicosis，黄曲霉毒素中毒
African swine fever，非洲猪瘟
Afibrinogenaemia，无纤维蛋白原血症
Afterbirth delivery，胎衣排出
Agalactia，泌乳缺乏，无乳症
Agnathia，无颌畸形
Aggressive behaviour，攻击行为
Aglepristone，阿来司酮
AI（Artificial insemination）人工授精
Akabane virus，赤羽病病毒
Alaskan Malamute，阿拉斯加雪橇犬
Albumin，白蛋白
Allantoamnion，尿膜羊膜
Allantochorion（chorioallantois），尿膜绒毛膜
Allantochorionic pouches，尿膜绒毛膜袋
Allantochorionic sac，尿膜绒毛膜囊
Allantoic fluid，尿囊液，尿水
Allantois，尿囊
Alloreactivity，异体反应
Allyltrenbolone，丙烯群勃龙
Alopecia，脱毛
Alpaca，羊驼
Altrenogest，丙烯孕素
Amino acids，氨基酸
Aminoglycosides，氨基糖苷类
Ammonia metabolism，氨代谢
Amnion，羊膜
Amniotic plaques，羊膜斑
Amniotic vesicle，羊膜囊
Amorphus globosus，球状怪胎
Ampullae，壶腹
Ampullitis，壶腹炎
Anaemia，贫血
Anaerobes，厌氧性生物
Anaesthesia，麻醉
Anaplasma phagocytophilum，嗜吞噬细胞无形体
Anasarca，全身水肿
5α-And ost-16-ene-3-dione，5α-雄甾-16-烯-3-酮
Androgen-binding protein（ABP），雄激素结合蛋白
Androgenized，雄激素化的
Androgens，雄激素
Androhep diluent，Androhep 稀释液

Androstenedione，雄烯二酮
Anencephaly，无脑畸形
Aneuploidy，（染色体）非整倍性
Angiosis，血管病
Angora goats，安哥拉山羊
Aniridia，无虹膜
Ankylosed calves，犊牛关节僵直
Anoestrus，乏情
Anogenital distance，肛阴距，肛门与生殖器之间的距离
Anophthalmia，无眼畸形
Anotia，无耳畸形
Anovulatory anoestrus，不排卵性乏情
Anterior（longitudinal）presentation，正向纵生
Anthelminthics，驱虫剂，杀虫剂
Anti-androgens，抗雄激素
Antibiotics，抗生素
Anti-müllerian hormone（AMH），抗谬勒氏管激素
Antioxidants，抗氧化剂
Antiprogestogens，抗孕激素
Antral follicles，有腔卵泡
Aglepristone，安哥司酮
Apocrine secretion，顶浆分泌
Appendages，附肢
Arabian camel，阿拉伯（单峰）驼
Arachnomelia，蛛肢畸形
Arborization pattern，（黏液）树枝状结晶
Arcanobacterium pyogenes，化脓隐秘杆菌
Areolae，绒毛晕
Arginine vasopressin（AVP），精氨酸抗利尿素
Arginine vasotocin，精氨酸催产素
ART（Assisted reproductive technologies）辅助繁殖技术
Arteriovenous anastomoses，动静脉之间的吻合支
Artervac，马病毒性动脉炎病毒疫苗
Arthrogryposis，关节痉挛
Artificial pneumoperitoneum，人工气腹术
Artificial reproductive technologies，ART，人工繁殖技术
Artificial vagina（AV），假阴道
Artiodactyla，偶蹄目
Ascites，腹水
Aspartic proteinases，天冬氨酸蛋白酶
Aspergillus fumigatus，烟曲霉菌
Aspergillus spp.，曲霉菌
Assisted reproductive technologies（ART），辅助繁殖技术
Atresia ani，肛门闭锁
Atresia coli，结肠闭锁
Atropine，阿托品
Aujeszky's disease，pseudorabies，奥耶斯基氏病，伪狂犬病
Autogenons tissue vaccine，自体组织疫苗
Autumnal transition，秋季围产期
AV（Artificial vagina），假阴道
Awassi，阿瓦西羊
Azaperone，阿扎哌隆

B

Bacillus licheniformis，地衣芽孢杆菌
Bacteroides，类杆菌，拟杆菌
Bacteroides fragilis，脆弱拟杆菌
Bacteroides melaninogenicus，产黑色素拟杆菌
Bacteriostatic antibiotics，抑菌类抗生素
Bactrian camel，双峰驼
Balanoposthitis，阴茎头包皮炎
Balanitic hypospadias，龟头尿道下裂
Balanoposthitis，龟头包皮炎
Ballottement，冲击触诊
Barbiturate，巴比妥酸盐
Beacon heat mount detector，Beacon 发情爬跨检测仪
Behavioural problems，发情行为问题
Belgian Blue cattle，比利时蓝牛
Benzatropine mesylate，甲磺酰基苯扎脱品
Beta-adrenergic agents，β-肾上腺素药物
Beta-blockers，β-受体阻断剂
Betamethasone，倍他米松
Bicornual gestation，（马）双角妊娠
Bicornual type of transverse presentation，（胎向）双角横向
Bile acids，胆汁酸
Biliverdin，胆绿素
Billy goat，雄性山羊，公山羊（Buck goat）
Birth canal，产道，见雌性生殖道，Female genital tract
Birth intervals，产仔间隔
Bisbenzimidazole，苯并咪唑
Blackleg，黑腿病
Black and Tan Coonhound，黑褐色猎浣熊犬
Bladder eversion，膀胱外翻
Bladder flexion，膀胱弯曲
Blanket treatment，地毯式治疗
Blastocyst，胚泡
Blastocoele，囊胚腔
Blonde d'Aquitaine，阿基坦白牛
Blood sampling，血样采集
Blood–testis barrier，血睾屏障
Blood transfusion，输血
Blue tongue camelids，蓝舌骆驼
Blue tongue virus（BTV），蓝舌病病毒
Boar guinea pig，雄性豚鼠
Boar：sow ratio，公母猪比
Body condition score（BCS），体况评分
Body conformation，体型
Body weight loss，失重
Bone morphogenetic proteins（BMP），骨形态发生蛋白
Bone marrow suppression，骨髓抑制
Bordatella spp. 博德特杆菌
Border disease virus，边界病病毒
Border Leicester，边区来斯特羊
Bos indicus，牛
Bovidec，牛科
Bovilis，牛属
Bovine enteroviruses（BEV），牛肠道病毒
Bovine epizootic abortion（foothill abortion），牛流行性流产
Bovine herpesvirus–1（BHV-1），牛疱疹病毒1型
Bovine immunodeficiency virus，牛免疫缺陷病毒
Bovine leukocyte adhesion deficiency（BLAD），牛白细胞黏附缺陷
Bovine para-influenza virus（PI3）and infectious bovine rhinotracheitis（IBR）1 vaccine，牛副流感病毒（PI3）及牛鼻气管炎（IBR）1疫苗
Bovine placental lactogen，牛胎盘促乳素
Bovine pregnancy-associated glycoproteins（bPAGs），牛妊娠相关糖蛋白
Bovine pregnancy-specific proteins B（bPSP-Bs），牛妊娠特异性蛋白B
Bovine seminal plasma proteins（BSP），牛精清蛋白
Bovine spongiform encephalopathy（BSE），牛海绵状脑病
Bovine tau interferon（bIFN-τ），牛干扰素τ
Bovine trophoblast protein（bTP-1），牛滋养层蛋白-1
Bovine viral diarrhoea（BVD），牛病毒性腹泻

Bovine viral diarrhoea virus（BVDV），牛病毒性腹泻病毒
Brachygnathia，短颌
Breech presentation，臀部前置，坐生
Breeding season，繁殖季节，配种季节
Breeding soundness examination，繁殖健康检查
Broad ligament haematoma，阔韧带血肿
Bromocriptine，溴麦角环肽
Brucella abortus，流产布鲁氏菌
Brucella-induced oophoritis，布鲁氏菌诱发性卵巢炎
Brucella canis，犬布鲁氏菌
Brucella melitensis，马耳他布鲁氏菌
Brucella ovis，羊布鲁氏菌
Brucella suis，猪布鲁氏菌
Brucellosis orchitis，布鲁氏菌性睾丸炎
BTS diluent，BTS稀释液
Bubalus bubalis，Buffalo，水牛
Buck goat，公山羊
Buck rabbit，公兔
Buffalo，水牛
Buffering，缓冲作用
Bulbocavernosus muscle，尿道球腺肌
Bulbospongiosus muscle，球海绵体肌
Bulbourethral glands，尿道球腺
Bull，公牛
Bull：cow ratio，公母牛比
Bulldog calf deformity，斗牛犬样牛犊畸形，见Achondroplastic calves
Buserelin，布舍瑞林
Butorphanol，布托啡诺
Butt presentation，头部前置

C

C-reactive protein（CRP），C-反应蛋白
Cabergoline，卡麦角林
Cache valley virus，卡希谷病毒
Caesarean operation，剖宫产
Calcium deficiency，钙缺乏，见低钙血症
Calicivirus，萼状病毒
Cavernous sinusoid，海绵窦
Calcium borogluconate，硼葡糖酸钙
Calf，犊牛
Calmodulin，钙调蛋白
Calving，产犊
Calving aids，辅助产犊
Calving–conception interval（CCI），产犊-受胎间隔时间
Calving index（CI），产犊指数
Calving interval，产犊间隔
Calving pattern，产犊类型
Calving-to-first-service interval， CCI，从产犊到产后首次配种的间隔时间
Camelidae，驼科
Camels，骆驼
Camelus dromedarius，单峰驼
Camelus bactrianus，双峰驼
Camelus ferus，野生双峰驼
Cämmerer's torsion fork，Cämmerer氏扭正梃
Campylobacter coli，大肠弯曲杆菌
Campylobacter fetus，胎儿弯曲菌
Campylobacter fetus fetus（CFF），杆菌胎儿亚种
Campylobacter fetus venerealis（CFV），胎儿弯曲杆菌性病亚种
Campylobacter hyointestinalis，猪肠弯曲杆菌
Campylobacteriosis，弯曲杆菌病
Campylobacter jejuni，空肠弯曲杆菌
Campylobacter sputorum，生痰弯曲杆菌
Candida spp. abortion，假丝酵母菌流产
Canine adenovirus，犬腺病毒
Canine distemper virus，犬瘟热病毒
Canine herpes virus（CHV），犬疱疹病毒
Canine parvovirus，犬细小病毒
Cannibalism，残食幼仔
Carazolol，咔唑心安
Carbetocin，卡贝缩宫素
Carcinomas，卵巢癌
Cardiac dysrhythmias，心源性心律不齐
β -Carotene，β-胡萝卜素
Carpal flexion posture，腕关节屈曲
Caruncles，子宫肉阜，见Uterine caruncles
Caslick index，克斯利克指数
Caslick's vulvoplasty operation，克斯利克外阴整形术
Cataracts，白内障
Catarrhal bovine vaginitis，牛卡他性阴道炎
Catgut，肠线
Cation–anion balance，阴阳离子平衡（DCAD）
Cattle Information Service（CIS），牛信息服务系统
Caudal epidural anaesthesia，硬膜外麻醉
Cavia porcellus，豚鼠
Caviomorpha，南美豪猪类
CEM，接触传染性马子宫炎（Contagious equine metritis）
Central hypoglycaemia，中枢性低糖血症
Centric fusion translocation，中心粒融合易位
Cephapirin，头孢菌素VIII
Cerebellar abiotropy，小脑生活力缺失
Cerebellar ataxia，小脑性共济失调
Cerebrospinal lipodystrophy，脑脊髓脂肪营养障碍
Cervical and vaginal prolapse（CVP），子宫颈及阴道脱出
Cervical dilatation incomplete intrapartum，分娩期子宫颈开张不全
Cervical folds，子宫颈褶
Cervical mucus cyclical changes，子宫颈黏液周期性变化
Cervical plug，子宫颈栓
Cervical polyps，子宫颈息肉
Cervical section，子宫颈截面
Cervical star，子宫颈星
Cervical swabs，子宫颈拭子
Cervical tumours，子宫颈肿瘤
Cervical vaginal peolapse，子宫颈阴道脱出
Cervicitis，子宫颈炎
Cervicotubular contractions，子宫颈管状收缩
Cervicovaginal secretion，子宫颈阴道分泌物
Cervix adhesions，子宫颈粘连
Charolais arthrogryposis，夏洛莱牛关节挛缩
Chimerism，嵌合体
Chinchilla，南美栗鼠，毛丝鼠
Chinchilla brevicaudata，短尾毛丝鼠
Chinchilla laniger，长尾毛丝鼠
Chinchillidae，毛丝鼠科
Chlamydial infections 衣原体感染
Chlamydia psittaci，鹦鹉热衣原体
Chlamydophila abortus，流产亲衣原体
Chlamydophila felis，猫亲衣原体
Chlamydophila pecorum，牛羊亲衣原体
Chlorhexidine，氯己定
Chlorhexidine gluconate solution，葡糖酸洗必泰溶液
Chorioallantoic pouches，绒毛膜尿囊袋
Chorioallantois，绒毛尿囊，见Allantochorion
Chorion，绒毛膜

Chorionic gonadotrophin，绒毛膜促性腺激素，见 Equine chorionic gonadotrophin；Human chorionic gonadotrophin
Chorioptes bovis，牛癣蛀疥癣虫
Choriovitelline placenta，绒（毛）膜卵黄囊胎盘
Chromosomal abnormalities，染色体异常
Chromosomes analysis methods，染色体分析法
Chromosome paints，染色体绘制
Chronic infiltrative endometritis， 慢性浸润子宫内膜炎
Cicatrization，瘢痕形成
CIDR，内部药物控释装置，Controlled internal drug release（CIDR）device
Cimetidine，甲氰咪胍
Circo virus，圆环病毒
Circumflex iliac artery，旋髂动脉
Circetulus griseus，中国仓鼠
CL verum，妊娠黄体
Claviceps purpurea，麦角
Cleft palate，腭裂
Clenbuterol，克伦特罗
Clitoral sinuses，阴蒂窦
Clitoral sinusectomy，阴蒂窦切除术
Clitorectomy，阴蒂切除术
Clitoris，阴蒂
Cloning，克隆
Cloprostenol，氯前列醇
Closed-circuit television，闭路电视（用于发情鉴定）
Clostridium butyricum，酪酸梭状芽孢杆菌
Clostridium perfringens，产气荚膜梭菌
Clotrimazole，克霉唑
Clun Forest，克伦森林羊
Cobalt，钴
Coccidiosis，球虫病
Coelomic epithelium，体腔上皮
Coiled-tail defect，（精子）卷尾畸形
Coitus，交配
Coitus-induced ovulation，交配诱导排卵
Cold shock，（精子）冷休克
Collagen，胶原蛋白
Collie eye anomaly，CEA，柯利犬眼睛异常
Collagenase infusion，胶原酶注射
Colposuspension，尿道悬吊术
Combined immunodeficiency，CID，联合免疫缺乏
Complement fixation test（CFT），补体结合试验
Conception rate，受胎率
Corynebacterium spp.，棒状杆菌
Chlamydophila abortus，嗜流产衣原体
Computerized systems managing herd fertility，管理畜群生育力的计算机系统
Conception rates，受胎率，见妊娠率（Pregnancy rates）
Conceptus abnormal development，孕体发育异常
Conceptus vesicles，孕囊
Condition score，体况评分，见Body condition score
Congenital abnormalities，先天性异常
Congenital goitre，先天性甲状腺肿
Congenital splay leg，先天性八字腿
Congenital tremors，先天性震颤
Conjoined fetuses，联胎
Connexins，联接蛋白
Contagious equine metritis（CEM），马接触传染性子宫炎
Contractile potential of the myometrium，子宫肌收缩势能
Contraction-associated proteins（CAPs），收缩相关蛋白
Contractures，挛缩
Controlled internal drug release（CIDR）device，内部药物控释装置
Contusions，挫伤
Convulsive reflex，惊厥反射
Cooling，冷却
Copper antioxidant activity，铜抗氧化活性
Copulation，交配
Copulation plug，交配栓
Copulatory tie，交配结
Corkscrew defect，精子螺旋畸形
Corkscrew penis，螺旋状阴茎
Corpora cavernosa penis（CCP），阴茎海绵体
Corpropamid，加普胺
Corpus albicans，白体
Corpus haemorrhagicum，红体
Corpus luteum（CL），黄体
Corpus luteum verum（CLV），妊娠黄体
Corpus spongiosum penis（CSP），阴茎海绵体
Corticosteroids，皮质类固醇激素
Corticotrophin-releasing factor，CRE，促肾上腺皮质激素释放因子
Corticotrophin-releasing hormone（CRH），促肾上腺皮质激素释放激素
Cortisol，皮质醇
Corynebacterium renale，肾棒状杆菌
Cost-effectiveness，成本效益分析
Cotyledonary placenta，子叶型胎盘
Covert pseudopregnancy，隐性假孕
Cowper's glands，尿道球腺，见Bulbourethral glands
Cow record sheet，母牛记录单
Coxiella burnetii，贝纳特立克次氏体
C-reactive protein（CRP），C-反应蛋白
Cremaster muscle，睾丸提肌
Cremasteric fascia， 提睾肌筋膜
Cricetidae，仓鼠科
Crossiella equi，马类巴贝氏虫
Crotetamide，克罗乙胺
Crotethamide，克罗乙胺
Crown–anus length，冠-肛长度
Crown–rump length（CRL），冠-臀长
Crude protein（CP），日粮粗蛋白
Crus penis，阴茎脚
Cryopreservation embryo，胚胎冷冻保存
Cryoprotective agents（CPAs），冷冻保护剂
Cryptorchidism，隐睾
Culicoides，库蠓
Culicoides sonorensis，黑唇库蠓
Culicoides imicola， 拟蚊蠓
Culicoides obsoletus， 不显库蠓
Culicoides pulicaris，灰黑库蠓
Culling rate，淘汰率
Cumulative sum（Cu-Sum），累积总和
Cumulus oophorus，卵丘
Cumulus oophorus complex（COC），卵丘复合体
Curved array transducer，曲形传感器
Cushing's syndrome，库兴氏综合征
Cushing uterine suture pattern，连续浆膜肌层内翻缝合
Cutaneous asthenia，皮肤无力
Cyclical ovarian activity，周期性卵巢活动
Cyclic non-breeder cow，周期性非屡配不育牛
Cyclo-oxygenase 2，环氧化酶2
Cyclophosphamide，环磷酰胺
Cystic corpus luteum，囊肿黄体
Cystic endometrial hyperplasia，囊肿性子宫内膜增生
Cystic glandular dilatation，子宫腺囊性扩张
Cystic ovarian disease（COD）卵巢囊肿病

Cystocele，膀胱膨出
Cysts of Gartner's canals，卵巢冠纵管囊肿
Cytopathic bovine enteroviruses，BEV，致细胞病变牛肠道病毒

D

Dairy herd fertility，奶牛群不育
Dam，母畜
Days open，空怀天数
Decapitated syndrome，（精子）无头综合征
Deciduate placenta，蜕膜胎盘
Decoquinate，地考喹酯
Deep uterine insemination，DUI，子宫深部输精
Deficiency of uridine monophosphate synthesis（DUMS），单磷酸尿苷合成不足
Delayed ovulation，延迟排卵
Delayed uterine clearance，子宫清除延迟
Delmadinone acetate，醋酸代马孕酮
Deltaproteobacterium，δ-蛋白菌
Demyelination，脱髓鞘
Dermoid sinus，皮窦
Dermatosis vegetans，增生性皮肤病
Deoxynivanol（DON），脱氧雪腐镰刀菌烯醇，6-重氮，5-氧代正亮氨酸
Deslorelin，德舍瑞林
Detomidine，二甲级甲苯咪唑；地托嘧定
Dexamethasone，地塞米松
Dexamethasone trimethylacetate，三甲基醋酸地塞米松
Dexamethasone phenylpropionate，苯丙酸地塞米松
Diabetes mellitus，糖尿病
Diacetoxysciroenol，蛇形菌素
Diarrhoea，腹泻
Dietary cation–anion balance（DCAD），日粮阴阳离子平衡
Dietary cation-anion difference（DCAD），日粮阴阳离子差
Diethylstilbestrol，己烯雌酚
Diethylstilbestrol dipropionate，二丙酸乙烯雌酚
Diffuse placenta，弥散型胎盘
13，14-dihydro，15-keto $PGF_{2\alpha}$，13，14-二氢，15-酮$PGF_{2\alpha}$，PGFM
Digital manipulations dystocia，手指法救治难产
Digital rectal examination，手指法直肠检查
Digital vaginal stimulation，手指法阴道刺激
Dihydrostreptomycin，双氢链霉素
Dihydrotestosterone（DHT），双氢睾酮
Dimetridazole，迪美唑，二甲硝咪唑
Dinoprost，地诺前列腺素
Dioestrus，间情期
Diphallus，双阴茎畸形
Dislocation of sacrococcygeal articulation，荐尾关节脱位
Disseminated intravascular coagulation，弥散性血管内凝血
Distal midpiece reflex，（精子）中段远端屈曲
Doberman，杜宾犬
Doe goat caesarean operation，山羊剖宫产
Dog-sitting position，犬坐式
Dolly，多利
Dominant follicle，优势卵泡
Domperidone，多潘立酮；5–氯–1–[1–[3–（2，3–二氢–2–氧代–1H–苯并咪唑–1–基）丙基]哌啶–4–基]–1，3–二氢–2H–苯并咪唑–2–酮
Dopamine，多巴胺
Dopamine agonists，多巴胺激动剂
Dopamine antagonists，多巴胺颉颃剂
Doppler fetal pulse detector，多普勒胎儿脉搏检测器
Dorsal nerve of penis，阴茎背神经
Dorsal position（of fetus），胎儿背位
Dorset Horns，有角陶赛特
Dorsotransverse presentation，背横向
Dorsoventral postcervical band，子宫颈后背腹带
Dorsovertical presentation，背竖向
Double monsters，联胎畸形
Double muscling，双肌，Muscular hypertrophy
Dourine，马媾疫
Downward displacement of head，胎头下弯
Draught horse，挽马
Dropsy，水肿
Drying off，干奶
Drysdale，德拉斯代羊
Ductus arteriosus，动脉导管
Ductus deferens，输精管
Ductus venosus，静脉导管
Dwarfism，侏儒症
Dye infusion test，染料灌注试验
Dysgerminomas，无性细胞瘤
Dystocia，难产

E

Ear implants，孕酮耳部埋置
Early conception factor（ECF），早期受胎因子
Early embryonic death（EED），早期胚胎死亡
Early pregnancy factor（EPF），早孕因子
Ear notch biopsy，耳缘活检
Eastern Tent caterpillars，东幕毛虫
Ecbolic agents，催产剂
ECG，马绒毛膜促性腺激素
Ectoderm，外胚层
Eclampsia，子痫，惊厥
Ectopic pregnancy，宫外孕
Ectropion，眼睑外翻
Egg-yolk coagulating enzyme（EYCE），卵黄凝固酶
Egg-yolk semen diluent，卵黄精液稀释液
Ehrlichia phagocytophila，嗜吞噬细胞埃里希氏体
Ejaculation，射精
Elective surgery，择期手术
Electroejaculation 电刺激采精
Electromyography（EMG），肌电图
ELISA tests，酶联免疫吸附试验
Embryo，胚胎
Embryonic development，胚胎发育
Embryonic/fetal loss，胚胎/胎儿死亡
Embryonic knot or disc，胚结或胚盘
Embryonic loss，胚胎死亡
Embryonic membranes，胚（胎）膜
Embryonic vesicles，胎囊
Embryo quality assessment，胚胎质量评价
Embryo recovery（collection），采胚
Embryotomy，截胎术，见Fetotomy
Embryo transfer，胚胎移植
Emphysema，气肿
Emphysematous fetus，胎儿气肿
En bloc ovariohysterectomy，整体卵巢子宫切除术
Encircling ligature，环形结扎
Endangered species，濒危物种
Endoderm，内胚层
Endogenous opioids，内源性类阿片活性肽
Endometrial biopsy，子宫内膜活检
Endometrial cups，子宫内膜杯
Endometrial cysts，子宫内膜囊肿

Endometrial hyperplasia，子宫内膜增生
Endometriosis，子宫内膜异位
Endometritis，子宫内膜炎
Endometrium，子宫内膜
β -Endorphin，β-内啡肽
Endoscopy，内镜
Endotheliochorial placenta，内皮绒毛膜型胎盘
Energy balance，能量平衡
Energy intake，能量摄入
Energy metabolism，能量代谢
Energy substrates，能量物质
Enteric cytopathic bovine orphan（ECBO）viruses，牛肠道细胞毒性孤生病菌病毒
Enterobacter aerogenes，产气肠杆菌
Enterococcus faecalis，粪肠球菌
Enteroviruses，肠道病毒
Entropion，眼睑内翻
Enzootic abortion of ewes（EAE），地方流行性绵羊流产
Enzootic infectious disease，地方流行性传染病
Enzootic bovine leukosis（EBL），地方流行性牛白细胞组织增生
Enzyme-linked immunosorbent assay（ELISA），酶联免疫吸附试验
Eosin，伊红
Eosinophilic intranuclear inclusion bodies，嗜酸性细胞核内包含体
Ephemeral fever virus，一日热
Epididymis，附睾
Epididymitis，附睾炎
Epidural anaesthesia，硬膜外麻醉
Epidural analgesia，硬膜外镇痛
Epinephrine，肾上腺素，见Adrenaline
Episoidic/tonic system，突发性/兴奋性分泌系统
Episodic/tonic hypothalamic release centre，下丘脑突发/紧张释放中心
Episodic weakness，阵发式衰弱
Episiotomy，会阴切开术
Epithelial chorial zonary placenta，上皮绒毛带状胎盘
Epitheliogenesis imperfecta，上皮增殖不全
Epivag，附睾/阴道炎
Epizootic or enzootic bovine abortion，牛流行性或地方性流产
Epostane，环氧司坦
Equilenin，马萘雌酮
Equilin，马烯雌酮
Equine chorionic gonadotrophin（eCG），马绒毛膜促性腺激素
Equine coital exanthema（ECE），马交媾疹
Equine cytomegalovirus，马巨细胞病毒
Equine herpesvirus（EHV），马疱疹病毒
Equine infectious anaemia，马传染性贫血
Equine metabolic syndrome，马代谢综合征
Equine rhinopneumonitis virus，马鼻肺炎病毒
Equine viral arteritis（EVA），马动脉炎病毒，
Erection，阴茎勃起
Ergometrine maleate，马来酸麦角新碱
Ergot alkaloids，麦角类生物碱
Ergothioneine，麦硫因
Ergotism，麦角中毒
Erineoplasty，会阴成形术
Erysipelothrix rhusiopathiae，猪丹毒丝菌
Erythritol，赤藓糖醇
Escherichia coli，大肠杆菌
Estimated breeding value（EBV），估计育种值
Estradiol，雌二醇
Estradiol cypionate，环戊烷丙酸雌二醇
Estrogens，雌激素
Etamiphylline，依他茶碱
Ethinylestradiol，乙炔雌二醇，炔雌醇
Ethylene glycol，乙二醇
Etiproston，依替前列通
Euchromatin，常染色质
Euthanasia，安乐死
Eutherian mammals，真哺乳亚纲哺乳动物
Eutocia，顺产
Ewe，母绵羊
Ewe-lambs，羔羊
Exocoele，胚外体腔
Exploratory laparotomy，剖腹探查术
Expulsive deficiency，产力缺乏
Expulsive force，产力
Extended forelimb posture，四肢伸展胎势
External iliac arteries，髂外动脉
External spermatic fascia，精索外筋膜
External urethral sphincter，尿道外括约肌
Extrauterine pregnancy，宫外孕
Pseudoectopic pregnancy，假孕

F

Fading kitten syndrome，仔猫衰竭综合征
Fading puppy syndrome，幼犬衰竭综合征
Faecal impaction，粪便滞留
Fall transition，秋季过渡期
Familial ataxia，家族性共济失调
Farrowing，产仔
Farrowing rate，产仔率
Fatty liver，脂肪肝
Faulty disposition of the fetus， 胎儿产式异常
Fecundity，多产性，生育力，生殖力
Feeding，饲喂
Feline herpesvirus，猫疱疹病毒
Feline infectious peritonitis virus，猫传染性腹膜炎病毒
Feline leukaemia virus（FeLV），猫白血病病毒
Feline panleukopenia virus，猫传染性粒细胞缺乏症病毒
Feline viral rhinotracheitis（FVR），猫病毒性鼻气管炎
Female genital tract injuries，雌性生殖道损伤
Female：male ratios，雌雄比
Feminization，雌性化
Fertex Score，繁殖指数评分系统
Fertile period，可生育期
Fertility，生育力
Fertility associated antigen（FAA），生育力相关抗原
Fertility factor（FF），生育力因子
Fertility index，生育力指数
Fertilization，受精
Fertilization failure，受精失败
Fertilization rates，受精率
Fescue toxicity，羊茅中毒
Fetal body length（FBL），胎儿体长
Fetal death，胎儿死亡
Fetal disposition faulty，胎儿产出排列异常
Fetal dropsy，胎儿水肿
fetal duplication，胎儿重复畸形
Fetal emphysema， 胎儿气肿
Fetal fluids，胎水
Fetal giantism，巨型胎儿
Fetal growth，胎儿生长
Fetal head amputation，胎头截除术
Fetal loss，胎儿死亡

Fetal maceration，胎儿浸溶
Fetal maturation，胎儿成熟
Fetal membranes，胎膜
Fetal movements，胎儿运动
Fetal mummification，胎儿干尸化
Fetal oversize，胎儿过大
Fetal palpation，触诊胎儿
Fetal position，胎位
Fetal posture，胎势
Fetal presentation，胎向
Fetal pulse detector，胎儿脉搏检测
Fetal sacs，胎囊
Fetal viability，胎儿活力
Fetomaternal disproportion，胎儿母体大小不适
Fetomaternal recognition factors，母胎识别因子
Fetotome，截胎器
Fetotome threader，截胎器穿线器
Fetotomy，截胎术
Fetotomy wire，截胎线锯
Fetus，胎儿
Fibrinogen，纤维蛋白原
Fibroids，纤维瘤
Fibroleiomyomata，平滑肌瘤
Fibromas cervix，子宫颈纤维瘤
Fibromyomata，纤维肌瘤
Fibropapillomas，纤维乳头瘤
Finnish Landrace，芬兰兰德瑞斯绵羊
First-service pregnancy rate，第一次配种妊娠率
First-service submission rate，第一次配种率
First stage of labour，分娩第一阶段
Flaviviridae，黄病毒科
Flank incisions，腹胁部切开术
Flat-chested kitten syndrome，平胸小猫综合征
Flehmen reaction，性嗅反射
Flemish giant，巨型花明兔
Flexor tendon contraction，屈肌腱收缩
Flow cytometry，流式细胞仪
Fluid therapy，液体疗法
Flumetasone，氟米松
Fluorescent in situ hybridization，FISH，荧光原位杂交
Flunixin meglumine，氟尼辛葡胺
Fluorescence *in situ* hybridization（FISH），荧光原文杂交
Fluorogestone acetate（FGA），醋酸氟孕酮
Flying squirrel，鼯鼠，见Sugar glider
Foal，马驹
Foal heat（postpartum oestrus），马产后发情
Foaling，产驹
Follicle regulatory protein，卵泡调节蛋白
Follicle，卵泡
Follicle-stimulating hormone（FSH），促卵泡素
Follicular ovarian cysts，卵泡囊肿
Follicular phase，卵泡期
Follicular waves，卵泡波
Folliculogenesis，卵泡生成
Follistatin，卵泡抑素
Foot-and-mouth-disease virus，口蹄疫病毒
Foothill abortion，牛流行性流产
Foot lesions，蹄损伤
Foot–nape posture，前腿置于颈上
Foramen ovale，卵圆孔
Forceps traction，产科钳牵引
Ford interlocking suture pattern，福特氏锁边缝合
Foreign bodies，异物体
Forelimb（s），前肢
Fossa，排卵凹
Fractures，骨折
Freemartinism，异性孪生不育
Fremitus，妊娠脉搏
French Bulldog，法国斗牛犬
Friesians，费里斯，黑白花奶牛
Fröhlich’s syndrome，肥胖性生殖无能综合征
Frostbite，冻伤
Frosted strawberry appearance，霜冻草莓外观
FSH，促卵泡素，见Follicle-stimulating hormone
Fungal hyphae，真菌菌丝
Fungal infections，真菌感染
Fusarenone-X，镰刀菌酮X
Fusarium，镰刀菌
Fusarium graminaerum，禾谷镰孢菌
Fusarium toxins，镰刀菌毒素
Fusobacterium necrophorum，坏死梭杆菌
Fusobacterium nucleatum，具核梭杆菌

G

Gait abnormalities，步态异常
Gamete intrafallopian transfer（GIFT），配子输卵管内移植
Gametogenesis，配子生成
Gangliodosis，神经节病
Gap junctions，间桥联接
Gartner’s canal cysts，卵巢冠纵管囊肿
Gas-sensing systems，气敏感知系统
Geldings，去势动物
Gender determination，性别决定，见Sex determination
General anaesthesia，全身麻醉
Genetic defects，遗传缺陷
Genetic factors，遗传因子
Genetic selection，遗传选育
Genistein，木黄酮
Genital folds，生殖褶
Genital ridge，生殖嵴
Genital tract，生殖道
Genital swellings，生殖隆起
Genital tubercle，生殖结节
Genotyping，基因分型
Gentamicin，庆大霉素
Gerbil，沙鼠，长爪沙鼠
Gestation，妊娠
Gestation length，妊娠期
GH，Growth hormone，生长激素
Giant axonal neuropathy，巨轴索神经病
Giant Schnauzer，大型髯犬
Gilt，小母猪
Glans penis，龟头
Globulin，球蛋白
Gluconeogenesis，糖生成
Glucose，葡萄糖
Glutathione peroxidase（GPX），谷胱甘肽过氧化物酶
Gluteal paralysis，臀肌麻痹
Glycerol，甘油
Glycerolization，甘油化
Glycogen，肝糖原
Glycosaminoglycan，葡萄糖胺聚糖
Glycoprotein lipase，糖蛋白脂肪酶
GnRH，Gonadotrophin-releasing hormone，促性腺激素释放激素
Goitre，甲状腺肿

Goitrogens，甲状腺肿原
Gonadal hypoplasia syndrome，性腺发育不全综合征
Gonadal dysgenesis，性腺发生不全
Gonadal ridge，性腺嵴
Gonadorelin，促性腺激素释放激素
Gonadostat theory，性腺静止理论
Gonadotrophin-releasing hormone（GnRH），促性腺激素释放激素
Gonadotrophin，促性腺激素
Gonocytes，生殖母细胞
Graafian follicles，格拉夫卵泡
Granular vulvovaginitis，颗粒性外阴阴道炎
Granuloma，肉芽肿
Granulomatous vaginitis，肉芽肿阴道炎
Granulosa cell tumours，粒细胞瘤
Granulose thecal cell tumours，粒细胞壁细胞瘤
Griseofulvin，灰黄霉素
Growth hormone（GH），生长激素
Growth hormone receptors（GHR），生长激素受体
Guanaco，骆马
Gubernaculum，引带
Guinea pig，豚鼠

H

Habronema muscae，蝇柔线虫
Haematic mummification，红色胎儿干尸化
Haematology，血液学
Haematoma，血肿
Haemoperitoneum，腹膜出血
Haemophilia A，A型血友病
Haemophilia B，B型血友病
Haemophilus somnus，睡眠嗜血杆菌，见*Histophilus somni*
Haemorrhage 出血
Haemorrhagic follicles，出血性卵泡
Haemospermia，血精
Hageman factor deficiency，先天性因子Ⅻ缺乏症
Halothane，氟烷
Hamsters，仓鼠
Hand-made cloning（HMC），手工克隆
Hand mated systems，手工配种系统
Hatching，孵化
hCG，人绒毛膜促性腺激素，见Human chorionic gonadotrophin
Haemochorial placenta，血绒膜胎盘
Healex Score，健康指数评分系统
Heat，发情，见 Oestrus
Heat-mount detectors，发情爬跨检测仪
Heat stress，热应激
Heatsynch programme，同期发情处理方案
Heavy metals，重金属
Heifer，小母牛
Herd fertility，畜群生育力
Hereditary ataxia，遗传性共济失调
Hereditary cataract（HC），遗传性白内障
Hereditary multiple exostosis，遗传性多发性外生骨疣
Hereford cattle，海福特牛
Hermaphroditism，两性畸形
Herniorrhaphy，疝缝合术
Herpesviruses，疱疹病毒
Heterochromatin，异染色质
High-input–high-output dairying systems，高投入高产出的乳业体系
High uric acid secretion，高尿酸分泌
Hindlimb，后肢
Hindquarters，后躯
Hinny，驴骡
Hip dysplasia，髋关节发育不良
Hip flexion posture，臀部屈曲
Hip-lock，臀部阻滞
Hippomanes，尿囊小体
Histophilus somni，睡眠嗜组织菌
Hock flexion posture，跗关节屈曲
Hog cholera virus，猪瘟病毒
Holstein cattle，荷斯坦牛
Homosexual behaviour，同性性行为
Honey glider，蜜袋鼯，见Sugar glider
Hormone therapy，激素疗法
Horse pox（equine coital exanthema），马疱疹（马交媾疹）
Horses，马
HT–2 toxins，HT-2毒素
Human chorionic gonadotrophin（hCG），人绒毛膜促性腺激素
Human menopausal gonadotrophin（hMG），人绝经期促性腺激素
Hyaluronidase，透明质酸酶
Hybridization，杂交
Hydrallantois，尿水过多
Hydramnios，羊水过多
Hydrocephalus，脑水肿
Hydrometra，子宫积液
Hydronephrosis，肾盂积水
Hydrosalpinx，输卵管积水
β-hydroxybutyrate，βOHB，β-羟丁酸盐
17α -Hydroxylase，17α-羟化酶
4-hydroxy-2，2，6，6-tetramethyl-piperidine-1-oxyl，TEMPO，4–羟基–2，2，6，6–四甲基哌啶–1–氧基
Hymen，处女膜
Hymenal remnants，处女膜残留
Hyperbilirubinaemia，血胆红素过多
Hypercapnia，血碳酸过多
Hyperchylomicronaemia，高乳糜微粒血症
Hyperkeratosis，角化过度
Hyperoestrogenism，高雌激素症
Hyperoxaluria，高草酸尿症
Hyperthermia，体温过高
Hyperventilation，强力呼吸
Hypocalcaemia 低钙血症
Hypocuprosis，低铜症
Hypoglycaemia，低糖血症
Hypophosphataemia，低磷血症
Hypospadias，尿道下裂
Hypothalamic–pituitary–adrenal axis，下丘脑-垂体-肾上腺轴系
Hypothalamic–pituitary–ovarian axis，下丘脑-垂体-卵巢轴系
Hypothalamic–pituitary–testicular axis，下丘脑-垂体-睾丸轴系
Hypothalamic surge-generating centre，下丘脑峰值发生中心
Hypothermia，低体温症
Hypothyroidism，甲状腺机能减退
Hypotrichosis，毛发稀少症
Hysterectomy，子宫切除术
Hysteropexy，子宫固定术
Hysteroscopic examination，宫腔镜检查
Hystricomorpha，豪猪型亚目

I

Iatrogenic pseudopregnancy，医源性假孕
IBR–IPV（infectious bovine rhinotracheitis-infectious pustular vulvovaginitis）传染性牛鼻气管炎-传染性脓疱性阴门阴道炎
ICSI，Intracytoplasmic sperm injection，胞浆内精子注射技术
Identification，鉴别，身份认证

IGF system，Insulin-like growth factor system，胰岛素样生长因子系统
Illinois Variable Temperature（IVT）diluent，伊利诺伊变温稀释液
Immaturity of dam，母畜未成熟
Immune system，免疫系统
Immunization anti-androstenedione，抗雄烯二酮免疫
Immunofluorescent antibody（IFAT），免疫荧光抗体
Immunoglobulin A（IgA）免疫球蛋白A
Immunomodulator therapy，免疫调节疗法
Impotentia coeundi，不能正常交配
Impotentia generandi，正常配种后不能受精
Inbreeding，近亲繁殖
Incarcerated uterus，子宫钳闭
Incipient grass staggers，初发性牧草痉挛
Incomplete extension of the elbow，肘关节不完全伸展
Indirect haemagglutination test（IHA），间接血凝试验
Induction of parturition，诱导分娩
Inexperienced sires，公畜经验不足
Infectious bovine rhinotracheitis–infectious pustular vulvovaginitis（IBR-IPV）牛传染病鼻气管炎-传染性脓疱性阴门阴道炎
Infectious pustular vulvovaginitis，IPV，传染性脓性外阴阴道炎
Infertility/subfertility，不育/低育
Infundibulitis，输卵管漏斗炎
Infraorder Hystricognathi，豪猪下目
Inguinal canals，腹股沟管
Inguinal hernia，腹股沟疝
Inguinal metrocele，腹股沟子宫疝
Inhibin，抑制素
Inherited thick forelegs，遗传性粗前腿
Inline progesterone measurement，内联孕酮测定法
Insemination，授精
Insulin，胰岛素
Insulin 3，胰岛素3
Insulin-like growth factor（IGF）system，胰岛素样生长因子系统
Insulin-like peptide（INSL）3，胰岛素样多肽3
Insulin receptors，胰岛素受体
Intercavernal sinus，海绵间窦
Intercurrent illness，间发病
InterHerd software system，牛群软件系统
Internal abdominal oblique muscle，内腹斜肌
Internal obturator muscles，闭孔内肌
Internal spermatic fascia，精索内筋膜
Internet-based herd management systems，基于互联网的牛群管理系统
Interoestrus，发情间期
Interoestrus intervals，发情间隔时间
Interservice intervals，配种间隔时间
Intersex gene，间性基因
Intersexuality，两性间性
Interstitial cell tumours，间质细胞瘤
Intertesticular septum，阴囊中隔
Intracellular cryiproteactive agent，CPA，细胞内冷冻保护剂
Intracytoplasmic sperm injection（ICSI），胞浆内精子注射
Intraovarian abscesses，卵巢内脓肿
Intrauterine fluid，子宫内液体
Intravaginal progesterone release，阴道内孕酮释放装置
Intravaginal sponges/tampons，阴道海绵栓
Intravenous fluid therapy，静脉内输液疗法
Intromission failure，插入失败
Inverted-L block，倒L形阻滞
In vitro culture of zygotes（IVC），合子的体外培养
In vitro embryo production（IVP），胚胎体外生产
In vitro fertilization（IVF），体外受精
In vitro maturation of oocytes（IVM），卵母细胞体外成熟
Involuntary culling，强制淘汰率
Involution，子宫复旧
Iodine deficiency，碘缺乏
Iodothyronine deiodinase，甲状腺原氨酸脱碘酶
Ipronidazole，异丙硝呲唑
Ischiocavernosus muscles，坐骨海绵体肌
Isoflurane，异氟醚
Isoxsuprine，异克舒令
Ischiocavernosus muscles，坐骨海绵体肌
Ixodes ricinus，羊蜱蝇

J

Japanese encephalitis，日本脑炎，乙型脑炎
Jersey cattle，娟姗牛

K

Kale，羽衣甘蓝
Karyotype，染色体组型
Keratoconjunctivitis，角膜结膜炎
Ketamine，氯胺酮
Ketosis，酮病
Kidding，产羔
Kittening，猫产仔
Kittens，小猫
Klebsiella pneumoniae，肺炎克雷伯菌
Klinefelter syndrome，克兰费尔特综合征
Knobbed acrosome defect，顶体分支缺陷
Kyphosis，驼背

L

L-gulono-gamma-lactone，L–古洛糖酸-γ–内酯
Laboratory pregnancy tests，实验室妊娠诊断
Labour，努责，分娩
Lacerations，裂伤
Lactation，泌乳
Lactational anoestrus，泌乳性乏情
Lagomorpha，兔形目动物，兔类
Lama，南美驼属
Lama glama，美洲驼
Lama pacos，羊驼
Lama guanaco，Guanaco，原驼，红色美洲驼
Lamb，羔羊
Lambing，产羔
Lambing percentage，产羔率
Lambing rates，产羔率
Lameness，跛行
Laminitis，蹄叶炎
Laparohysterotomy，剖腹子宫切开术
Laparoscopic procedures，腹腔镜法
Laparoscopic surgery，腹腔镜手术
Laparoscopic ovariectomy，腹腔镜卵巢摘除术
Laparohysterotomy，剖腹子宫切开术
Laparotomy，剖宫手术
Large offspring（calf）syndrome，后代过大综合征
Large tailed chinchilla，大尾栗鼠
Lasser gliding possum，小飞袋鼠
Late embryonic death（LED），后期胚胎死亡
Lateral deviation of head，头部侧弯
Lateral position，侧位

M

Microcaruncles，微子宫肉阜
Microcotyledons，微子叶
Microencapsulation，（精液）微囊化
Micronutrient deficiencies，微营养素缺乏
Microphthalmia，小眼畸形
Microscopic agglutination test（MAT），显微凝集试验
Microtia，小耳畸形
Midazolam，咪达唑仑
Middle uterine arteries，子宫中动脉
Middle uterine vein，子宫中静脉
Midline incision，腹中线切口
Mifepristone，米非司酮
Milk fever，产褥热
Milk let-down，放乳
Milk ring test，乳环试验
Milk yield，奶产量
Miniature Toy Poodle，小型玩具贵宾犬
Minimum inhibitory concentration（MIC），最低抑菌浓度
Mixaploid，混倍体
Mixaploid animals，混倍体动物
Molybdenum deficiency，钼缺乏
Monensin，莫能菌素
Mongoilian gerbil，蒙古沙鼠
Monocyclic，单次发情的
Monocyclic species，单周期动物
Monodelphis domestica，灰短尾负鼠
Monopropylene glycol，丙二醇
Monosomy，单体
Monotocous species，单胎动物
Monsters，怪胎
Monstrosities，巨型胎儿
Mortality，死亡率
Mortierella wolfii，沃尔夫被孢霉
Morula，桑葚胚
Mosaics， 同源嵌合体
Mounting behavior impaired，爬跨行为受损
Mouse，小鼠
Mucometra，子宫积液
Mucopolysaccharidosis Ⅰ，黏多糖贮积病Ⅰ型
Mucopolysaccharidosis Ⅵ，黏多糖贮积病Ⅵ型
Mucor spp.，毛霉菌
Mucus penetration test，黏液穿透试验
Mule，骡子
Müllerian ducts，谬勒氏管，见Paramesonephric ducts
Müllerian inhibiting substance，谬勒氏管抑制物质
Multilocular mucosal cysts，多囊性黏膜囊肿
Multiple ovulation，超数排卵
Multiple ovulation and embryo transfer（MOET），超排和胚胎移植
Multiphoto laser scaning microscopy，多电子激光扫描显微技术
Multiple pregnancy，多胎妊娠
Mummified fetus，干尸化胎儿
Muridae，鼠科
Mus musculus，小鼠
Muscle contractures，肌肉挛缩
Muscular dystrophy，肌肉萎缩症
Muscular hypertrophy（double muscling），肌肥大
Mycobacterium bovis，牛分支杆菌
Mycobacterium tuberculosis，结核分支杆菌
Mycoplasma alkalescens，产碱支原体
Mycoplasma arginini，精氨酸支原体
Mycoplasma bovirhinis，牛鼻支原体
Mycoplasma bovigenitalium，牛生殖道支原体
Mycoplasma bovis，牛支原体
Mycoplasma californicum，加利福尼亚支原体
Mycoplasma canadense，加拿大支原体
Mycoplasma canis，犬支原体
Mycoplasma mycoides subsp. *Mycoides*，LC，蕈状支原体蕈状亚种
Mycotic abortion，支原体性流产
Mycotic endometritis，霉菌性子宫内膜炎
Mycotoxins，霉菌毒素
Myometrial contractions，子宫肌层收缩
Myometrial contractures，子宫肌挛缩
Myometrium，子宫肌层
Myomorpha，鼠型亚目
Myosin，肌球蛋白
Myosin light chain（MLC），肌凝蛋白轻链
Myosin light chain kinase（MLCK），肌凝蛋白轻链激酶
Myotonia congenital，先天性肌强直病
Myxococcales，结构黏球菌

N

β-N-acetyl-glucosaminidase，β-N -乙酰氨基葡萄糖苷酶
Najdi，内志羊
Naloxone，纳洛酮
Nape posture，颈部前置胎势，顶部前置
Navel ill，脐病
Necrotizing endometritis，坏死性子宫内膜炎
Neisseria spp.，奈瑟氏菌
Neonatal maladjustment syndrome，新生马驹适应不良综合征
Neonates，新生仔畜
Neosporosis（*Neospora caninum*），新孢虫病
Nephroureterectomy，肾输尿管切除术
Nervous voluntary inhibition of labour，分娩的神经性抑制
Neural GnRH pulse generator，神经性 GnRH 脉冲发生器
Neuroaxonal dystrophy，神经轴性营养不良
Neutering，去势
Neutrophil anti-endotoxin protein，中性粒细胞抗内毒素蛋白
Newborn acidosis，新生仔畜酸中毒
New Zealand Romney，新西兰罗姆尼羊
Nigrosin，苯胺黑
Nitric oxide，一氧化氮
Nitric oxide synthetase，nNOS，NO合成酶
Nitrofurazone，呋喃西林
Nitrous oxide，一氧化二氮
Nivalenol，瓜蒌镰菌醇
Non-esterified fatty acids（NEFAs），非酯化脂肪酸，游离脂肪酸
Non-return rate NRR，非返情率
Non-return rate to first insemination，第一次输精后非返情率
Non-seasonal polycyclic animals， 非季节性多个发情周期的动物
Non-steroidal anti-inflammatory drugs（NSAIDs），非甾体类抗炎药
Noradrenaline（norepinephrine），去甲肾上腺素
Norgestomet，诺甲醋孕酮
Nuclear vacuoles，核泡
Nutritional factors，营养因子
Nymphomania，慕雄狂
Nystatin，制霉菌素

O

Obermeyer's anal hook，Obermeyer 氏肛钩
Obesity，肥胖
Obstetrical hooks，产科钩
Obstetric injuries，产科损伤
Obstetric contusion，产科挫伤

Obturator paralysis，闭孔神经麻痹
Occipito-atlanto-axial malformation，OAAM，枕骨颈椎轴畸形
Ochratoxin A，赭曲霉毒素A
Oedema placenta，胎盘水肿
Oesophageal stenosis，食管狭窄
Oestradiol（E 2），雌二醇
Oestrogen（s），雌激素
Oestrogen therapy，雌激素疗法
Oestrone，雌酮
Oestrous cycle，发情周期
Oestrus，发情
Oestrus detection，发情鉴定
Oestrus detection efficiency（ODE），发情鉴定效率
Oestrus detection rate（ODR），发情鉴定率
Oestrus induction，诱导发情
Oestrus signs/behaviour，发情症状/行为
Olecranon process，尺骨鹰嘴
Oligospermia，少精症
Oocyte，卵母细胞
Oolemma，卵质膜
Oophoritis，卵巢炎
Opioids，类阿片活性肽
Opossum，负鼠
Opportunistic pathogens，条件性病原菌
Orchitis，睾丸炎
Orf，羊痘
Organogenesis，器官发生
Ornithodoros coriaceus，皮革钝缘蜱
Oryctolagus cuniculus，欧洲野生兔
Osmotic pressure，渗透压
Os penis，阴茎骨
Ovarian abscess，卵巢脓肿
Ovarian agenesis，卵巢发生不全
Ovarian arteries，卵巢动脉
Ovarian carcinoma，卵巢癌
Ovarian cystadenoma，卵巢囊腺瘤
Ovarian cysts，卵巢囊肿
Ovarian dysplasia，卵巢发育不良
Ovarian failure，卵巢衰竭
Ovarian follicles，卵泡，见Follicles
Ovarian haematoma，卵巢血肿
Ovarian hypoplasia，卵巢发育不全
Ovarian neoplasia，卵巢肿瘤
Ovarian pedicle，卵巢蒂
Ovarian rebound，卵巢功能回弹
Ovarian remnant syndrome，卵巢残余综合征
Ovarian torsion，卵巢扭转
Ovarian senility，卵巢老化
Ovariectomy，卵巢切除术
Ovaries cyclical activity，卵巢周期性活动
Ovariobursal adhesions，卵巢卵巢囊粘连
Ovariohysterectomy，卵巢子宫切除术
Ovariouterine axis，卵巢子宫轴系
Ovaritis，卵巢炎，见Oophoritis
Overt pseudopregnancy，显性假孕
Overall conception rate，总受胎率
Overall pregnancy rate，总妊娠率
Oviductal obstructions，输卵管阻塞
Oviducts，输卵管，见Uterine tubes
Ovine enzootic abortion，绵羊地方性流产
Ovine pregnancy-associated glycoproteins（ovPAGs），绵羊妊娠相关糖蛋白
Ovine trophoblast protein，绵羊滋养层蛋白
Ovine tau interferon，oIFN-τ，绵羊干扰素τ
Ovo-testis，卵睾体
Ovsynch programme，同期排卵处理方案
Ovulation，排卵
Ovulation-inducing hormone complex，排卵诱导激素复合物
Ovulation fossa，排卵凹
Ovulation induction，诱导排卵
Ovulation rate，排卵率
Ovum pick up（OPU），卵子拾捡
Oxytetracycline，土霉素
Oxytocin，催产素
Oxytocin receptors，催产素受体

P

Pachysalpinx，输卵管肥厚
Papatagium，滑翔膜
Palpation，触诊，参见腹腔触诊Abdominal palpation；Transrectal palpation，直肠检查
Parabasal cells，PBC，旁基底细胞
Paraventricular nuclei，室旁核
Pampiniform plexus，蔓状丛，精索静脉丛
Panleukopenia virus，传染性粒细胞缺乏症病毒
Panting，喘气
Papillary cystadenocarcinoma，乳头状囊腺癌
Papillomas，乳突淋瘤
Papovavirus group，乳多空病毒群
Papyraceous mummification，纸状干尸化
Penis，阴茎
Parabursalcysts，卵巢旁囊肿
Paracloacal glands，泄殖腔旁腺
Paramedian incision，（剖宫产）旁正中切口
Paramesonephric ducts（müllerian ducts），副中肾管，中肾旁管
Parametritis，子宫旁（组织）炎
Paraphimosis，嵌顿包茎
Parasitaemia，虫血症
Parasympathetic activity，副交感神经系统活动
Paravertebral anaesthesia，椎旁麻醉
Parietal peritoneum，腹膜壁层
Party factor，胎次因子
Parity of dam，母畜胎次
Parovarian cysts，卵巢冠囊肿
Parturient recumbency，临产时卧地不起
Parturition，分娩
Parvorder caviomorpha，南美豪猪类
Pasteurella multocida，多杀性巴氏杆菌
Pastoral dairy herd，放牧奶牛群
PCR，Polymerase chain reaction，聚合酶链式反应
Pedigree farm animal breeding，纯种家畜繁育
Pedometers，计步器
Pedunculated leiomyomata，带蒂平滑肌瘤
Pelvic area：calf birth weight ratio，骨盆面积：胎儿出生重之比
Pelvic capacity，胎盘容积
Pelvic cellulitis，骨盆蜂窝组织炎
Pelvic collapse，骨盆塌陷
Pelvic constriction，骨盆阻塞
Pelvic fractures，骨盆骨折
Pelvic reflex，骨盆反射
Pelvimetry，骨盆测量
Penectomy，阴茎截断术
Penile deviation，阴茎偏转术
Penis，阴茎
Pentoxifylline，己酮可可碱

Peptostreptococcus spp.，消化链球菌
Perendale，派伦代羊
Peritubular myoid cells，管周肌细胞
Per-service conception rates，每配种的受胎率
Percutaneous fetotomy，经皮截胎术
Perimetritis，子宫外膜炎，子宫周炎
Perinatal mortality，围产期死亡率
Perineal injuries，会阴损伤
Perineal resection，会阴切除术
Perineal urethrostom，会阴部尿道造口术
Perineoplasty，会阴成形术
Perineum，会阴
Peripheral insulin resistance，外周胰岛素抗性
Peritoneal vaginal tunics，腹膜鞘膜
Periovarian abscesses，卵巢周围脓肿
Periovarian cysts，卵巢周囊肿
Peritonitis，腹膜炎
Perivascular fibrosis，血管周围纤维化
Perivulvar dermatitis，外阴外周皮炎
Permissive signal，允许信号
Persistent mating-induced endometritis（PMIE），持续性交配诱导的子宫内膜炎
Perosomus elumbis，躯体不全
Persistence of the hymen，持久处女膜
Persistent dioestrus，持久间情期
Persistent corpus luteum，持久黄体
Persistently infected（PI），持续感染
Persson's chain saw，Persson氏产科锯
Perthes disease，骨软骨炎
Pestivirus，瘟病毒
Petriellidium boydii，鲍埃得（氏）彼得利壳菌
Pet small mammals，小型哺乳动物宠物
Phallopexy，阴茎固定术
Phantom cows，幽灵牛
Phenolsulphonphthalein（PSP），酚红
Phenolsulphonphthalein（PSP）test，酚红试验
Phenothiazine，吩噻嗪
Phenothiazine tranquillizers，吩噻嗪镇静剂
Phenylbutazone，苯丁唑酮
Phenylpropanolamine，苯丙醇胺
Pheromones，外激素，信息素
Phimosis，包茎
Phodopus sungorus，短尾侏儒仓鼠
Phosphocaseinate，磷酸酪蛋白
Phosphorus deficiency，磷缺乏
Photoperiod，光照周期
Physical inability to rise，生理性不能站立
Phyto-oestrogens，植物雌激素
Piezocrystals，电压晶体
Piglets，仔猪，
Pineal gland，松果腺
Pineal peptide hormones，松果腺激素
Pituitary anterior，垂体前叶
Pityriasis rosea，玫瑰糠疹
Placenta，胎盘
Placental lactogen，胎盘促乳素
Placental stalks，胎盘茎
Placentomes，胎盘突
Plate agglutination test，平板凝集试验
Platelet-derived growth factor，血小板分化生长因子
Pneumovagina，气膣
Pneumoperitoneography，气腹造影
Polledness gene，无角基因
Poll glands，颈腺
Polycyclic species，多周期动物，
Polydactyly，多趾
Polymerase chain reaction（PCR），聚合酶链式反应
Polyoestrous species，多次发情动物
Polyploidy，多倍性
Polyspermy，多精子受精
Polyspermic fertilization，多精子受精
Polyspermic block，多精子入卵阻滞作用
Polythelia，多乳头
Polytocous species，多胎动物
Polyvinylpyrrolidone（PVP），聚乙烯吡咯烷酮
Ponies，矮种马
Porcine circo virus（PCV），猪环状病毒
Porcine parvovirus（PPV），猪细小病毒
Porcine reproductive respiratory syndrome（PRRS），猪繁殖呼吸综合征
Porcine stress syndrome，猪应激综合征
Porphyria，卟啉病
Porcine circo virus（PCV），猪圆环病毒
Porcine circovirus type 2（PCV-2），猪圆环病毒2型
Position，胎位
Postcervical insemination（PCI），子宫颈后输精
Posterior block，后躯阻滞
Posterior（longitudinal）presentation，倒生纵向
Postmating endometritis，交配后子宫内膜炎
Postmaturity，过度成熟
Postpartum dysgalactia syndrome（PPDS），产后泌乳障碍综合征
Postparturient eversion of uterus，产后子宫外翻
Postpartum haemorrhage，产后出血，产后血崩
Postpartum septicaemia，产后败血症
Post-slaughter examination，宰后检验
Posture，胎势
Povidone-iodine solution，聚维酮碘溶液
Pregnancy，妊娠
Pregnancy-associated glycoproteins（PAGs），妊娠相关糖蛋白
Pregnancy-associated plasma protein（PAPP-A），妊娠相关血浆蛋白
Pregnancy diagnosis，妊娠诊断
Pregnancy（conception）rates，妊娠（受胎）率
Pregnancy-specific proteins B（PSP-Bs），妊娠特异性蛋白B
Pregnancy toxaemia，妊娠毒血症
Pregnant mare serum gonadotrophin（PMSG），孕马血清促性腺激素，见马绒毛膜促性腺激素，Equine chorionic gonadotrophin
Pregastrulation，原肠形成前期
Pregnenolone，孕烯醇酮
Pericytes，周细胞
Premature birth，早产
Premature induction of parturition，诱导分娩
Premature ovarian failure，卵巢功能早衰
Preovulation period，排卵前期
Prepubic tendon，耻骨前肌腱
Prepuce，阴茎包皮
Preputial cavity，包皮腔
Presentation，胎向
Pretaurus breviceps，蜜袋鼯（拉丁名），见sugar glider
Prevotella，普雷沃菌
Prevotella fragilis，脆弱普氏菌
Prevotella melaninogenicus，黑色素普雷沃氏菌
Priapism，阴茎持续勃起
PRID，阴道内孕酮释放装置，见Progesterone-releasing intravaginal device
Primary agammaglobulinaemia，原发性丙种球蛋白缺乏血症

Primary complete uterine inertia，原发性完全宫缩乏力
Primary partial uterine inertia，原发性部分宫缩乏力
Primary or primordial follicles，原始卵泡
Primary spermatocytes，初级精母细胞
Primary uterine inertia，原发性宫缩乏力
Primary waves，初级卵泡波
Problem-breeding mare，配种问题母马
Processus vaginalis，鞘突
Production animal medicine，动物生产医学
Progesterone，孕酮
Progesterone assays，孕酮分析法
Progesterone/progestogen therapy，孕酮/孕激素疗法
Progesterone-receptor antagonists，孕酮受体颉颃剂
Progesterone-releasing intravaginal device（PRID），阴道内孕酮释放装置
Progressive axonopathy，渐进性轴突病
Progressive retinal atrophy，进行性视网膜萎缩
Prolactin，促乳素
Prolactin antagonists，促乳素颉颃剂
Prolactin inhibitory factor（PIF），促乳素抑制因子
Prolapse，脱出
Prolapse of perivaginal fat，阴道周围脂肪脱出
Prolapse of the cervix and vagina（CVP），子宫颈和阴道脱出
Proliferative ileitis，增生性回肠炎
Prolonged dioestrus，间情期延长
Prolonged gestation，延期妊娠
Prolonged luteal activity，黄体活动期延长
Pro-oestrus，前情期
Pro-opiomelanocortin（POMC），阿黑皮素原
Proper ligament of the testis，睾丸固有韧带
Propionibacterium granulosa，颗粒丙酸杆菌
Propofol，异丙酚
Prostaglandin E（PGE），前列腺素E
Prostaglandin E_2（PGE_2），前列腺素E_2
Prostaglandin F（PGF），前列腺素F
Prostaglandin $F_{2\alpha}$（$PGF_{2\alpha}$），前列腺素$F_{2\alpha}$
Prostaglandin I_2（PGI_2），前列腺素I_2
Prostaglandins，前列腺素
Prostaglandin synthase inhibitors，前列腺素合成酶抑制因子
Prostaglandin synthetase（PGHS），前列腺素合成酶
Prostaglandin therapy，前列腺素疗法
Prostate gland，前列腺
Prostatic hyperplasia，前列腺肥大
Prostatitis，前列腺炎
Protein dietary intake，蛋白日粮摄入
Proteoglycans，蛋白聚糖
Proteus mirabilis，奇异变形杆菌
Protoplasmic droplets，原生质滴
Protozoal infections，原虫感染
Protrogomorpha，始齿亚目
Protrusion of the bladder，膀胱突出
Providencia rettgeri，雷氏普罗威登斯菌
Providencia stuartii，斯氏普罗威登斯菌
Pseudoectopic pregnancy，假异位妊娠
Pseudohermaphroditism，假两性畸形，
Pseudopregnancy，假孕
Pseudorabies，伪狂犬病
Pseudostratified trophoblast cell，假复层滋养层细胞
Puberty，初情期
Pudendal nerve，阴部神经
Puerperal infections，围产期感染
Puerperal laminitis，产后蹄叶炎
Puerperal metritis，产后子宫炎
Puerperium，产后期
Pulley blocks，滑轮组
Pulse rate，脉搏
Puppy，幼犬
Pyobursitis，化脓性卵巢囊炎
Pyometra，子宫积脓
Pyometritis，化脓性子宫炎
Pyosalpinx，输卵管积脓
Pyrexia，发热
Pyriform head defect，精子梨形头部畸形

Q

Q fever，Q热
Quantitative trait loci（QTLs），数量性状基因座
Quarter horse，夸特马
Queen cat，母猫
Quinapyramine sulphate，硫酸喹匹拉明

R

Rabbits，兔
Radiography diagnosis of pregnancy，X线照相术妊娠诊断
Radio-telemetric heat-mount detectors，无线遥感发情爬跨探测器
Radiotelemetry，生物遥测学
Rafinose，棉子糖
Ram，公绵羊
Ram：ewe ratio，公羊：母羊比
Rat norvegicus，褐大鼠
Rats，大鼠
Rattus rattus，黑鼠
Ratus norvegicus，大鼠
Realtime ultrasound，实时超声
Readily fermentable carbohydrates，易发酵碳水化合物
Recording systems，记录系统
Recreational animal breeding，修养性动物繁育
Rectal examination，直肠检查
Rectal palpation，直肠触诊
Rectal prolapse，直肠脱出
Rectovaginal constriction，直肠阴道阻塞
Rectovaginal fistulas，直肠阴道瘘
Rectovaginal restriction，直肠阴道绞窄
5 α -Reductase，5 α -还原酶，
Relative fetal overisize，胎儿相对过大
Relaxin，松弛素
Relaxin-like hormone，松弛素样激素
Renal hypoplasia，肾脏发育不全
Renal cysts，肾囊肿
Repeat breeder，屡配不育
Repeat-breeder buffalo，屡配不孕水牛
Repeat-breeder cow，屡配不育牛
Reproductive efficiency（RE），繁殖效率
Reproductive performance，繁殖性能
Residual adverse effects，残留不良效应/副作用
Restraint，保定
Retained fetal membranes（RFM），胎衣不下
Rete testis，睾丸网
Retractor penis muscle，阴茎缩肌
Retroperitoneal abscesses，直肠腹膜脓肿
Retropulsion，推回
Retroversion of urinary bladder，膀胱后倾
Rhinotracheitis，鼻气管炎
Rhizopus spp.，根霉菌

Rhodesian Ridgeback，罗得西亚猎犬
Rift valley fever，裂谷热
Rift valley fever virus，裂谷热病毒
Righting reflexes，翻正反射
Ringwomb，子宫颈环
River buffalo，河水牛
Roberts's guarded knife，Roberts氏安全刀
Roberts's modification of Caslick's operation，克斯利克氏手术罗伯特改良法
Rodentia，啮齿目
Rodents，啮齿类动物
Rose Bengal plate test，虎红平板试验
Rottweiler，罗特韦尔犬
Rumen degradable protein（RDP），瘤胃可降解蛋白
Ruminal tympany，瘤胃臌胀
Ruminants，反刍动物

S

Saanen，萨能奶山羊
Salpingitis，输卵管炎
Salvage operation，抢救性手术
Sarcomata，肉瘤
Sacrosciatic ligaments，骶骨坐骨韧带
Sacrococcygeal articulation，荐尾关节
Sacrococcygeal space，荐尾间隙
Saline，盐水
Salmonella abortus ovis，绵羊流产沙门氏菌
Salmonella brandenburg，勃兰登堡沙门氏菌
Salmonella dublin，都柏林沙门氏菌
Salmonella montevideo，蒙得维的亚沙门氏菌
Salmonella typhimurium，鼠伤寒沙门氏菌
Salmonellosis，沙门氏菌病
Salpingitis，输卵管炎
Saphenous vein sampling，隐静脉采样
Sarcocystis infections，囊孢体感染
Scent gland，臭腺
Schistosoma reflexus，裂腹畸形
Sciuromorpha，松鼠型亚目
Scottie cramp，苏格兰痉挛
Scottish Blackface，苏格兰黑面羊
Scottish half-breeds Mules，苏格兰混血杂种羊
Scrotum，阴囊
Scrotal fascia，阴囊筋膜
Sealyham，锡利哈姆犬
Seasonal infertility，季节性不育
Seasonally polycyclic，季节性多次发情
Second cleansing，二次清除
Second-litter syndrome，（猪）第二胎综合征，
Second stage of labour，第二产程
Secondary corpora lutea，次级黄体
Secondary uterine inertia，继发性宫缩乏力
Secondary waves，次级卵泡波
Sector transducers，扇形传感器
Sedation，镇静
Segmental aplasia of the paramesonephric ducts，中肾旁管节段性发生不全
Selenium，硒
Semen abnormalities，精液异常
Semen diluents，精液稀释
Seminal plasma，精清
Seminal vesicles，精囊腺，见Vesicular glands
Seminal vesiculitis，精囊腺炎
Seminiferous epithelium，曲细精管上皮
Seminiferous tubules，曲细精管
Seminomata，精原细胞瘤
Sendai virus infection，仙台病毒感染
Sepsis，脓毒血症
Septicaemia，败血症
Serological tests 血清学检验
Serotonin，色胺
Serous cystadenomas，浆液性囊腺瘤
Sertoli cells，睾丸支持细胞
Serum agglutination test（SAT），血清凝集试验
Serum proteins，血清蛋白
Service，配种
Serving capacity test，交配能力测定
Services per conception，每次受胎的配种次数
Service testing，配种试验
Serving capacity test，配种能力测试
Sex chromosome，性染色体
Sex-cord tumours，性索肿瘤
Sex determination（sexing），性别决定
Sex-determining gene（*sry* gene），性别决定基因
Sexing，性别鉴定
Sex reversal，性逆转
Sexually active group（SAG）of cows，母牛性活跃群
Shorthorn cattle，短角牛
Shourt tailed opossum，短尾负鼠
Short-tailed opossum，短尾负鼠，见possum，short-tailed
Shoulder flexion posture，肩部屈曲胎势
Shoulder presentation，肩部前置
Shriever's wire introducer，Shriever氏线锯绳导
Sialomucin，黏液素
Silage，青贮饲料
Silage disease，青贮病
Silent heat（suboestrus），安静发情
Silent ovulations，安静排卵
Simple interrupted horizontal mattress，单纯间断水平褥式缝合
Single-pup syndrome，单仔综合征
Sires，公畜
Skimmed milk semen diluents，脱脂奶精液稀释液
Skin preparation，备皮
Smegma，阴垢
Smooth muscle relaxants，平滑肌松驰药物
Snare forceps，绳套钳
Snare introducer，绳导
Snares，绳套
Soft calculi，软性结石
Somatic cell nuclear transfer（SCNT），体细胞核移植
Somatotropin，生长激素
Spasmolytics，痉挛性麻痹
Spastic paresis，痉挛性轻瘫
Spectinomycin，大观霉素
Spermadhesin protein，精子黏附蛋白
Spermatic artery，精索动脉
Spermatic cord，精索
Spermatic sac，精索囊
Spermatids，精子细胞
Spermatogenesis，精子生成
Spermatogonia，精原细胞
Spermiation，排精
Spermicidal factors，杀精子因子
Spermiogenesis，精子形成
Spheroid lysosomal disease，球形溶酶体病
Sphingomyelinosis，神经鞘髓磷脂代谢障碍

Sperm（atozoa），精子
Sperm granuloma，精子肉芽肿
Sperm-mediated gene transfer，精子介导的基因移植
Spina bifida，脊柱裂
Spinal fractures，脊柱骨折
spinal anaesthesia，脊柱麻醉
Spinal muscular atrophy，脊髓性肌萎缩
Splanchnoptosis，内脏下垂
Split eyelid，眼睑分裂
Split oestrus syndrome，断续发情综合征
Spring（vernal）transition，（母马）春季围产期
Squamous cell carcinoma，鳞状细胞癌
Sry gene，*Sry* 基因
St Bernard，圣伯纳犬
Staphylococcus aureus，金黄色葡萄球菌
Stratum compactum，致密层
Stratum spongiosum compactum，子宫海绵层
Streptococcus acidominimus，少酸链球菌
Stallion，公马
Stallion-like behaviour，（母马的）公马样行为
Staphylococci，葡萄球菌
Staphylococcus aureus，金黄色葡萄球菌
Staphylococcus epidermidis，表皮葡萄球菌
Starch test，淀粉试验
Stellate cells，星状细胞
Sterile cow，绝育牛
Sterilization，绝育
Stilboestrol，己烯雌酚
Stillbirths，死产
Straining，努责，见Abdominal contractions
Streptococcus zooepidemicus，兽疫链球菌
Streptomycin，链霉素
Stress，应激
Subfertility，低育，见不育/低育，Infertility/subfertility
Suboestrus，亚发情
Subordinate follicle，亚优势卵泡
Submission rate first-service，第一次配种的配种率
Suboestrus，亚发情，见安静发情，Silent heat
Submucous fibromata，黏膜下纤维瘤
Suckling，吮乳
Sugar glider，蜜袋鼯
Sulphonamides，磺胺类药物
Superfecundation，同期复孕
Superfetation，异期复孕
Superovulation，超数排卵
Supramammary lymph nodes，乳腺上淋巴结
Surge system，峰值分泌系统
Surfactant，表面活性剂
Superfamily Muroidae，鼠超科
Suture materials，缝合材料
Suturing techniques，缝合法
Swamp buffalo，沼泽水牛
Swedish Highland cattle，瑞典高地牛
Swine fever virus，猪瘟病毒
Synchorial tubes，同绒毛膜管
Syncytial plaques，合胞体斑
Syncytium placenta，合胞体胎盘
Syndactyly，并指（趾）
Strong multifilament wire，强力复丝线锯
Synepithelialchorial placenta，上皮结缔绒毛膜型胎盘

T

Tachycardia，心动过速
Tachypnoea，呼吸急促
Tail painting，尾巴涂以颜色（发情鉴定）
Tail-stump defect，（精子）断尾畸形
Tail vein sampling，尾静脉采样
Tangential division，外围分裂
Taylorella equigenitalis，马生殖道泰氏菌
Teaser males，试情公畜
Teratogens，致畸因子
Teratomas，畸胎瘤
Terminally coiled tails，（精子）尾端卷曲畸形
Termination of pregnancy，终止妊娠
Testis（复数为Testes），睾丸
Testicular degeneration，睾丸退化
Testicular feminization，睾丸雌性化综合征
Testicular tone，睾丸紧张度
Testosterone，睾酮
Tetanus，破伤风
Tetraploidy，四倍性
Thawing，解冻
Thecomas，壁细胞瘤
Theriogenology，兽医产科学
Thermoregulation，体温调节
Third stage of labour，第三产程
Thorax amputation，胸部截除术
Thrombocytopenia，血小板减少症
Thoroughbreds，全血马
Thyroxine，甲状腺素
Tibial hemimelia，胫骨半肢畸形
Tick-borne fever，蜱传热
α-tocopherol，α-生育酚
Toggenburg，吐根堡山羊
Tolazoline，苄唑啉，苯甲唑啉
Tom cat，公猫
Torticollis，斜颈
Tortoiseshell cats，花斑家猫
Toxaemia of pregnancy，妊娠毒血症
Toxins，毒素
Toxoplasma gondii，刚地弓形体
Toxoplasmosis，弓形体病
Traction bars，牵引棒
Traction delivery，牵引分娩
Traction ratio（TR），牵引率
Transfixing ligature，贯穿结扎
Transforming growth factor-β（TGF-β）family，转化生长因子家族
Transgenic animals，转基因动物
Transitional phase，围产期
Transmissible genital fibropapillomas，传染性生殖道纤维乳头瘤
Transmissible venereal tumour（TVT），传播性性病肿瘤
Transrectal palpation，直肠触诊
Transverse bicornual pregnancy，横向双角妊娠
Transvaginal ultrasound- guided allantocentesis，阴道内超声引导的尿囊膜穿刺术
Transverse presentations，横向
Trenbolone acetate，醋酸去甲雄三烯醇酮
Treponema cuniculi，兔密螺旋体
Trichomoniasis（*Tritrichomonas fetus* infections），滴虫病
Trichostatin，曲古柳菌素
Trichothecene，新月毒素
Triiodothyronine，三碘甲状腺原氨酸
Triple-X syndrome，X三体综合征，见XXX genotype
Triploidy，三倍性

Tris diluents，Tris稀释液
Trisodium orthophosphate buffer，磷酸三钠缓冲液
Trisomy，三体
Tritrichomonas fetus，胎儿三毛滴虫
Trophectoderm，滋养外胚层
Trophoblast，滋养层
Trophoblast protein，滋养层蛋白
True hermaphroditism，真两性畸形
Trypanosoma equiperdum，马媾疫锥虫
Tuberculosis，结核病
Tuberculous oophoritis，结核性卵巢炎
Tubular genitalia，管状生殖器官
Tubulocervical contractions，从输卵管向子宫颈的收缩
Tumour necrosis factor（TNF），肿瘤坏死因子
Tunica albuginea，白膜
Tunica dartos，肉膜
Tunica vaginalis propria，总鞘膜
Tunica vaginalis reflexa，腹膜鞘状突
Turner's syndrome，特纳氏综合征
Twin lamb disease，双羔疾病
Twin ovulation，排双卵
Twin pregnancy，双胎妊娠
Twins，孪生

U

Udder hypoplasia，乳腺发育不全
Ultrasonic amplitude depth analyser，超声波振幅深度分析仪
Ultrasonic fetal pulse detector（Doppler），超声胎儿脉搏测定仪（多普勒）
Ultrasonography，超声扫描
Umbilicus，脐带
Umbilical hernia，脐疝
Undegradable dietary protein（UDP），可降解日粮蛋白
Urea，尿素
Ureaplasma diversum，差异脲原体
Ureaplasmosis（*Ureaplasma* infections），脲原体病（脲原体感染）
Ureteric occlusion，输尿管阻塞
Urethral calculi，尿道结石
Urethralis muscle，尿道肌
Urethropexy，尿道固定术
Urethrostomy，尿道造口术
Urinary incontinence，尿失禁
Urinary tract infections，尿路感染
Urogenital ridge，尿生殖嵴
Urogenital diaphragm，尿生殖道横隔
Urovagina，尿膣，阴道积尿
Uterine adhesions，子宫粘连
Uterine arteries，子宫动脉
Uterine biopsy，子宫活组织检查
Uterine caruncles detachment of placentome，胎盘突与子宫肉阜分离
Uterine clearance，子宫清除机制，见Persistent mating-induced endometritis
Uterine contractions，子宫收缩，宫缩，见Myometrial contractions
Uterine cysts，子宫囊肿
Uterine displacement，子宫变位
Uterine drainage，子宫引流
Uterine eversion，子宫外翻
Uterine fluid，子宫液，Intrauterine fluid
Uterine horns，子宫角
Uterine incisions，子宫切开
Uterine inertia，宫缩乏力
Uterine infections，子宫感染
Uterine involution，子宫复旧
Uterine lavage，子宫灌洗
Uterine milk，子宫乳
Uterine oedema，子宫水肿
Uterine prolapse，子宫脱出
Uterine rupture，子宫破裂
Uterine splanchnoptosis，子宫内脏下垂
Uterine strangulation，子宫绞窄
Uterine tone，子宫张力
Uterine torsion，子宫扭转
Uterine tubes，输卵管
Uterine tumours，子宫肿瘤
Uteroverdine，胆绿素
Uterus，子宫
Uterus didelphys，双子宫颈
Uterus unicornis，单子宫角

V

Vaccination，免疫接种
Vaccines，疫苗
Vagina，阴道
Vaginal aplasia，阴道发育不全，阴道成形不全
Vaginal atresia，阴道闭锁
Vaginal cystocele，阴道膀胱膨出
Vaginal cytology（smears），阴道细胞学（涂片）
Vaginal delivery，阴道分娩
Vaginal discharge，阴道分泌物
Vaginal examination，阴道检查
Vaginal fibrosis，阴道纤维化
Vaginal fluids，阴道液
Vaginal hyperplasia，阴道增生
Vaginal hysterotomy，阴道子宫切开术
Vaginal injuries（lacerations and contusions），阴道损伤
Vaginal leiomyomata，阴道肌瘤
Vaginal mucous agglutination test，阴道黏液凝集试验
Vaginal neoplasia，阴道肿瘤
Vaginal pH，阴道pH
Vaginal plug，阴道栓
Vaginal prolapse，阴道脱出
Vaginal rupture，阴道破裂
Vaginal smears，阴道涂片
Vaginal urine pooling，阴道尿池
Vaginal wash samples，阴道冲洗样品
Vaginitis epivag，阴道炎
Vaginoplasty，阴道成形术
Vaginoscopy，阴道镜检查
Vaginovestibular fold（or sphincter），阴道前庭褶
Varicocele，精索静脉曲张
Varicose veins，静脉曲张
Vas deferens，输精管
Vasa efferentia，输出管
Vasectomy，输精管切除术
Vasoactive intestinal peptide（VIP），舒血管肠肽
Venereal disease，性病
Ventral flexion of neck，颈部下弯
Ventral hernia，腹壁疝
Ventral midline coeliotomy，腹中线剖宫术
Ventral midline incision，剖宫产腹中线切开法
Ventral position，腹位
Ventrolateral incision，剖宫产腹外侧切开法

Ventrotransverse presentation，腹横向
Ventrovertical presentations，腹竖向
Veratrum californicum，加州藜芦
Vernal transition，春季围产期
Vermiform appendage，蚓状突
Vertebral fractures，脊椎骨折
Vertex posture（butt presentation），枕部前置胎势
Vertical presentations，竖向
Vesicovaginal reflux，膀胱阴道逆流
Vesicular glands，精囊腺
Vesiculitis（seminal vesiculitis），精囊腺炎
Vestibule，前庭
Vestibulo-vaginal abnormalities，前庭阴道异常
Vestibulovaginal hypoplasia，阴道前庭发育不全
Vestibulo-vulvar hypoplasia，前庭-外阴发育不全
Vetrabutine hydrochloride，盐酸维曲布汀
Vicugna，骆马属
Vicugna vicugna，Vicugna，骆马
Video recordings，视频记录系统
Vincristine，长春新碱
Viral epididymovaginitis，病毒性附睾阴道炎
Viral infections，病毒感染
Virilism，雄性化
Vitamin A，维生素 A
Vitamin B_{12}，维生素B_{12}
Vitamin C deficiency，维生素C缺乏
Vitamin E，维生素E
Vitelline duct，卵黄管
Vitrification，玻璃化
Von Willebrand's disease，遗传性假血友病
Voluntary waiting period（VWP），主动休配期
Vulnerability，易损性
vulsellum retraction forceps，双爪钳
Vulva，阴门
Vulvar atresia，阴门闭锁
Vulvar discharge syndrome，阴门分泌物综合征
Vulvar hypoplasia，阴门发育不全
Vulvar neoplasms，阴门肿瘤
Vulvar pruritus，外阴瘙痒
Vulvoplasty，阴门整形术，见 Caslick's vulvoplasty operation
Vulvovaginitis，阴门阴道炎
Vulvove-stibular stricture，阴门–前庭狭窄

W

Waddlia chondrophila，类衣原体
Wart-like tumours 疣状肿瘤，见纤维状乳头瘤，Fibropapillomas
Water-bag，水囊
Weaning，断奶
Weaning-to-oestrus interval，（猪）断奶至发情间隔时间
Welsh Mountain，威尔士山地羊
Welsh Springer Spaniel，威尔士激飞猎犬
Wesselbron virus，威塞尔斯布隆病毒
West Highland White Terrier，西部高地白色小猎犬
Whelping，（犬）产仔
Whelping rate，（犬）产仔率
White heifer disease，白犊病
White foal syndrome，白驹综合征
Whole-herd synchrony techniques，全群同期发情技术
Windsucker test，吸气试验
Windsucking，吸气，见气膣，Pneumovagina
Winter anoestrus，冬季乏情
Wire，线锯，见截胎术线锯（Fetotomy wire）
Wolffian ducts，吴尔夫氏管，见Mesonephric ducts
World Organisation for Animal Health，世界动物卫生组织（见 Office International des Epizooties）
Wound dehiscence，（手术后）伤口裂开
Wryneck，先天性歪颈

X

X chromosome aneuploidy，X染色体非整倍性
Xenotransplantation，异种（器官）移植
Xiphisternum，剑状软骨
XO genotype（Turner's syndrome），XO基因型
XX male pseudohermaphroditism，XX雄性假两性畸形
XXY genotype，XXX基因型，参见Klinefelter syndrome
Xylazine，甲苯噻嗪
XY sex reversal， XY型性别反转

Y

Yersinia pseudotuberculosis，伪结核耶尔森氏菌
Yolk sac，卵黄囊

Z

Zearalenone，玉米赤霉烯酮
Zinc，锌
Zona pellucida，透明带
Zonary placenta，带状胎盘
Zoonotic risks，人畜共患风险
Zorlesco diluent，Zorlesco 稀释液
Zorpva diluent，Zorpva 稀释液
Zygomycetes，接合菌
Zygote，合子

参考文献

第1章

Abrams RM, Thatcher WW, Chenault JF, Wilcox CJ 1975 J Dairy Sci 58: 1528

Adams GP 1994 Theriogenology 41: 25

Adams GP 1999 J Reprod Fertil Suppl 54: 17

Aherne FX, Kirkwood RN 1985 J Reprod Fertil Suppl 33: 169

Ahima RS, Dushay J, Flier SN et al 1997 J Clin Invest 99: 391

Allen WE 1974 Equine Vet J 6: 25

Allen WE, Alexiev M 1979 Equine Vet J 12: 27

Allen WR 1978 In: DB Crighton (ed) Control of ovulation. Butterworth, London, p 453

Allen WR, Rowson LEA 1973 J Reprod Fertil 33: 539

Amstalden M, Garcia MR, Williams SW et al 2000 Biol Reprod 63: 127

Anderson LL, Dyck CW, Mori H et al 1967 Am J Physiol 212: 1188

Arendt J, Symons AM, Laud CA, Pryde SJ 1983 J Endocrinol 97: 395

Arthur GH 1958 Vet Rec 70: 682

Baird DT, Campbell BK, Mann GE, McNeilly AS 1991 J Reprod Fertil Suppl 43: 125

Baird DT, Land RB 1973 J Reprod Fertil 33: 393

Bane A, Rajakoski E 1961 Cornell Vet 51: 77

Barash IA, Cheung CC, Weigle DS et al 1996 Endocrinology 137:3144

Barb CR, Kraeling RR 2004 Anim Reprod Sci 155: 82–83

Barb CR, Barrett JB, Kraeling RR, Rampacek GB 2001 Domest Anim Endocrinol 20: 47

Barr HL 1975 J Dairy Sci 58: 246

Bartlewski PM, Beard AP, Rawlings NC 1995 J Reprod Fertil Abstract Series 15: 14

Bazer FW, Geisert RD, Thatcher WW, Roberts RM 1982 In: Prostaglandins in animal reproduction II. Elsevier Science, Amsterdam, p 115

Bhanot R, Wilkinson M 1983 Endocrinology 113: 596

Bittman EL, Dempsey RJ, Karsch FJ 1983 Endocrinology 113: 2275

Bland KP, Horton EW, Poyser NL 1971 Life Sci 10: 509

Bo GA, Baruselli PS, Martinez MF 2003 Anim Reprod Sci 78: 307

Bobbett RE, Koelle AR, Landt JA, Depp SW 1977 Progress Report LA 6812 PR. Los Alamos Scientific Laboaratory, University of California, Los Alamos, CA

Boyd JS, Omran SN 1991 In Pract 13: 109

Brinkley HJ, Willfinger WW, Young EO 1973 J Anim Sci 37: 333

Brooks AN, Lamming GE, Lees PD, Hayes NB 1986 J Reprod Fertil 76: 693

Burger JF 1952 Onderstepoort J Vet Sci Anim Indust 6: 465

Burkhardt J 1948 Vet Rec 60: 243

Caldwell AK, Moor RM, Wilmut I et al 1969 J Reprod Fertil 18: 107

Christian RE, Casida LE 1948 J Anim Sci 7: 540

Christie DW, Bell ET 1971 J Small Anim Pract 12: 159

Claus R, Weiler U 1985 J Reprod Fertil Suppl 33: 185

Cole HH 1930 Am J Anat 48: 261

Concannon PW, Hansel W, Visek WJ 1975 Biol Reprod 13: 112

Concannon PW, Hansel W, McEntee K 1977 Biol Reprod 17: 604

Concannon PW, Hodgson B, Lein D 1980 Biol Reprod 23: 111

Coudert SP, Phillips GD, Faimin C et al 1974 J Reprod Fertil 36: 319

Coulson A, Noakes DE, Cockrill T, Harmer J 1979 Vet Rec 105: 440

Coulson A, Noakes DE, Cockrill T, Harmer J 1980 Vet Rec 107: 108

Cumming IA, McPhee SR, Chamley WA et al 1982 Aust Vet J 59: 14

Dailey RA, Clark JR, First NL et al 1972 J Anim Sci 35: 1210

Day FT 1939 Vet Rec 51: 581

De Gier J, Kooiisytra HS, Djajadiningrat-Laanen SC et al 2006 Theriogenology 65: 1346

Denamur R, Martinet J, Short RV 1966 Acta Endocrinol Copenh 52: 72

Dobson H 1978 J Reprod Fertil 52: 51

Driancourt MA 2001 Theriogenology 55: 1211

Du Mesnil du Buisson F 1961 Ann Biol Anim Biochem Biophys 1: 105

Dyer CJ, Simmons JM, Matteri RL, Keisler DH 1997 Domest Anim Endocrinol 14: 119

Dzuik PJ 1977 In: Cole HH, Cupps PT (eds) Reproduction in domestic animals, 3rd edn. Academic Press, London, p 456

Elhay M, Newbold A, Britton A et al 2007 Aust Vet J 85: 39

Ellendorff F 1978 In: DB Crighton (ed) Control of ovulation. Butterworth, London, p 7

England GCW 1998 In: Simpson GM, England GCW, Harvey M (eds) BSAVA manual of small animal reproduction and neonatology. British Small Animal Veterinary Association, Cheltenham, Glos, ch 16

England GCW, Allen WE 1989a J Reprod Fertil Suppl 39: 91

England GCW, Allen WE 1989b Vet Rec 125: 555

Esslemont RJ, Bryant MJ 1974 ADAS Q Rev 12: 175

Esslemont RJ, Bryant MJ 1976 Vet Rec 99: 47

Evans ACO 2003 Reprod Domest Anim 38: 240

Evans ACO, Adams GP, Rawlings NC 1994a J Reprod Fertil 100: 187

Evans ACO, Adams GP, Rawlings NC 1994b J Reprod Fertil 102: 463

Evans MJ, Irvine GHG 1975 J Reprod Fertil Suppl 23: 193

Flint APF, Stewart HJ, Lamming GE, Payne JH 1992 J Reprod Fertil Suppl 45: 53

Folman Y, McPhee SR, Cummings IA et al 1983 Aust Vet J 60: 44

Foote RH 1975 J Dairy Sci 58: 248

Fortune JE 1994 Biol Reprod 50: 225

Fortune JE, Sirois J, Quirk SM 1988 Theriogenology 29: 95
Fortune JE, Sirois J, Turzillo AM, Lavoir M 1991 J Reprod Fertil Suppl 43: 187
Fortune JE, Rivera GM, Evanns ACO, Turzillo AM 2001 Biol Reprod 65: 648
Foxcroft GR, Hunter MG 1985 J Reprod Fertil Suppl 33: 3
Frisch RE 1984 Biol Rev 59: 161
Garcia A, van der Weijden GC, Colenbrander B, Bevers MM 1999 Vet Rec 145: 334
Garcia MR, Amstalden M, Williams SW et al 2002 J Anim Sci 80: 2158
Geiger R, Konig W, Wissman H et al 1971 Biochem Biophys Res Comm 45: 767
Ginther OJ 1974 J Anim Sci 39: 550
Ginther OJ 1986 Ultrasonic imaging and reproductive events in the mare. Equiservices, Cross Plains, WI, pp 142–145, 158–163
Ginther OJ 1993 J Equine Vet Sci 13: 18
Ginther OJ, Bergfelt DR 1992 J Equine Vet Sci 12: 349
Ginther OJ, First NL 1971 Am J Vet Res 32: 1687
Ginther OJ, Kastelic JP, Knopf L 1989 Anim Reprod Sci 20: 187
Glencross RG, Munro IB, Senior BE, Pope GS 1973 Acta Endocrinol 3: 374
Grant R 1934 Trans R Soc Edin 58: 1
Griffiths WFB, Amoroso EC 1939 Vet Rec 51: 1279
Grubaugh W, Sharp DC, Berglund LA et al 1982 J Reprod Fertil Suppl 32: 293
Gruffydd-Jones T 1982 PhD Thesis, University of Bristol
Guthrie HD, Cooper BS 1996 Biol Reprod 55: 543
Guthrie HD, Polge C 1976 J Reprod Fertil 48: 423
Hammond J 1927 Physiology of reproduction in the cow. Cambridge University Press, Cambridge
Hammond J 1938 J Yorks Agric Soc 95: 11
Hancock JL, Rowlands IW 1949 Vet Rec 61: 771
Harding RB, Hardy PRD, Joby R 1984 Vet Rec 115: 601
Haresign W, Acritopolou SA 1978 Livestock Prod Sci 5: 313
Hayer P, Gunzel-Apel AR, Luerssen D, Hopper HO 1993 J Reprod Fertil Suppl 47: 93
Heape W 1900 Q J Microsc Soc 44: 1
Henderson D 1985 In Pract 7: 118
Henry BA, Goding JW, Tilbrook AJ et al 2001 J Endocrinol 168: 67
Horrell RI, Kilgour R, Macmillan KL, Bremner K 1984 Vet Rec 114: 36
Horton EW, Poyser NL 1976 Physiol Rev 56: 595
Hunter MG, Picton HM 1999 J Anim Breeding 3: 54
Hurnik JF, King CJ, Robertson HA 1975 Appl Anim Ethol 2: 55
Ireland JJ, Roche JF 1983 Endocrinology 112: 150
Jablonka-Shariff A, Granzul-Bilska AT, Redmer DA, Reynolds LP 1993 Endocrinology 133: 1871
Jaroszewki J, Hansel W 2000 Proc Soc Exp Biol Med 224: 50
Jeffcoate IA, Lindsay FEF 1989 J Reprod Fertil Suppl 39: 277
Jemmett JE, Evans JM 1977 J Small Anim Pract 18: 21
Jöchle W, Andersen AC 1977 Theriogenology 7: 113
Johnson LM, Gay VL 1981 Endocrinology 109: 240
Karsch FJ 1984 The hormonal control of reproduction. Cambridge University Press, Cambridge, pp 10–19
Karsch FJ, Legan SJ, Ryan D, Fostre DL 1978 In: Crighton DB (ed) Control of ovulation. Butterworth, London, p 29
Kennaway DJ, Dunstan EA, Gilmore TA, Seamark RF 1983 Anim Reprod Sci 5: 587
Kenney RM, Gamjam VK, Bergman SJ 1975 Vet Scope 19
Kiddy CA 1977 J Dairy Sci 60: 235
Kilmer DM, Sharp DC, Berglund LA et al 1982 J Reprod Fertil Suppl 32: 303
Kinsel ML, Marsh WE, Ruegg PL, Etherington WG 1998 J Dairy Sci 81: 989
Lamming GE, Bulman DC 1976 Br Vet J 132: 507
Lamming GE, Foster JP, Bulman DC 1979 Vet Rec 104: 156
Lasley JF 1968 In: Hafez ESE (ed) Reproduction in farm animals. Lea & Febiger, Philadelphia, p 81
Lawler DF, Johnston SD, Hegstad RL et al 1993 J Reprod Fertil Suppl 47: 57
Lawrence JB, Oxvig C, Overgaard MT, Weyer K et al 1999 Cited by Mazerbourg et al 2003 Reprod Dom Anim 38: 247
Lees JL 1969 Outlook Agric 6: 82
Lees JL, Weatherhead M 1970 Anim Prod 12: 173
Lewis GS, Newman SK 1984 J Dairy Sci 67: 146
Leyva H, Addiego L, Stabenfeldt G 1985 Endocrinology 115: 1729
Leyva H, Madley T, Stabenfeldt GH 1989 J Reprod Fertil Suppl 39: 125
Leyva V, Walton JS, Buckrell BC et al 1995 J Anim Sci 73(suppl 1): 226
Lin J, Barb CJ, Matteri RL et al 2000 Domest Anim Endocrinol 19: 53
Lincoln GA 1985 In: Austin CR, Short RV (eds) Hormonal control of reproduction. Cambridge University Press, Cambridge, p 52–75
Llewelyn CA, Perrie J, Luckins AG, Munro CD 1993 Br Vet J 149: 171
Loeb L 1923 Proc Soc Exp Biol Med 20: 441
Lopes FL, Arnold DR, Williams J et al 2000 J Dairy Sci 83(suppl 1): 216
Lucy MC, Bilby CR, Kirby CJ et al 1999 J Reprod Fertil Suppl 54: 49
Maatje R 1976 Livestock Prod Sci 3: 85
McIntosh DAD, Lewis JA, Hammond D 1984 Vet Rec 115: 129
Mann GE, Lamming GE 1995 Biol Reprod 52(suppl 1): 197
Martinat-Botté F, Bariteau F, Badouard B, Terqui M 1985 J Reprod Fertil Suppl 33: 211
Matsuo H, Baba Y, Nair RMG, Schally AV 1971 Biochem Biophys Res Comm 43: 1334
Matton P, Adelakoun V, Couture Y, Dufour JJ 1983 J Anim Sci 52: 813
Mawhinney I, Biggadike H, Drew B 1999 Vet Rec 145: 551
Mazerbourg S, Bondy CA, Zhou J, Monget P 2003 Reprod Dom Anim 38: 247
Meidan R, Milvae RA, Weiss S et al 1999 J Reprod Fertil Suppl 54: 217
Moise NS, Reimers TJ 1983 J Am Vet Med Assoc 182: 158
Morrison CD, Daniel JA, Hampton JH et al 2001 J Endocrinol 168: 317
Morrow DA, Roberts SJ, McEntee K 1969 Cornell Vet 59: 134
Nebel RL, Jobst SM, Dransfield MBG et al 1997 J Dairy Sci 80(suppl 1): 151
Noel B, Bister JL, Paquay R 1993 J Reprod Fertil 99: 695
Nogueira GP, Ginther OJ 2000 Equine Vet J 32: 482
Odde KG 1990 J Anim Sci 68: 817
Øen EO 1977 Nord Vet Med 29: 287
Okkens AC, Kooistra HS 2006 Reprod Domest Anim 41: 291
Paape SR, Shille VM, Seto H, Stabenfeldt GH 1975 Biol Reprod 13: 470
Peters AR 1985a Br Vet J 141: 564
Peters AR 1985b Vet Rec 115: 164
Peters AR, Ball PJH 1994 In: Reproduction in cattle, 2nd edn. Blackwell Science, Oxford
Peters AR, Mawhinney SB, Drew SB et al 1999 Vet Rec 145: 516
Phemister RD, Holst PA, Spano JS, Hopwood ML 1973 Biol Reprod 8: 74
Pierson RA, Ginther OJ 1984 Theriogenology 21: 495
Pierson RA, Ginther OJ 1987 Theriogenology 28: 929
Pierson RA, Ginther OJ 1988 Anim Reprod Sci 16: 81
Pursley JR, Mee MO, Wiltbank MC 1995 Theriogenology 44: 915

Qian H, Barb CR, Compton MM et al 1999 Domest Anim Endocrinol 16: 135
Reynolds LP, Redmer DA 1999 J Reprod Fertil Suppl 54: 181
Ritar AJ, Salamon S, Ball PD, O'May PJ 1989 Small Rumin Res 4: 29
Rivera GM, Fortune JR 2003 Endocrinology 144: 437
Rivera H, Lopez H, Fricke PM 2004 J Dairy Sci 87: 2051
Roche JF, Ireland JJ 1981 J Anim Sci 52: 580
Rodgers RJ, O'Shea JD, Bruce NW 1984 J Anat 138: 757
Rose JD 1978 Exp Neurol 61: 231
Roux LL 1936 Onderstepoort J Vet Sci Anim Indust 6: 465
Rowson LEA, Moor RM 1967 J Reprod Fertil 13: 511
Rozel JF 1975 Vet Scope 19: 3
Sartori R, Haughian JM, Shaver RD et al 2004 J Dairy Sci 87: 905
Sato E, Ishibashi T, Iritani A 1982 J Anim Sci 55: 873
Savio JD, Keenan L, Boland MP and Roche JF 1988 J Reprod Fertil 83: 663
Savio JD, Boland MP, Roche JF 1990 J Reprod Fertil 88: 581
Scaramuzzi RJ, Geldard H, Beels CM et al 1983 Wool Technol Sheep Breeding 31: 87
Schilling E, Zust J 1968 J Reprod Fertil 15: 307
Schmitt EJP, Diaz T, Drost M, Thatcher WW 1996 J Anim Sci 74: 1084
Schutte AP 1967 J Small Anim Pract 8: 301
Scott PP 1970 In: Hafez ESE (ed) Reproduction and breeding techniques for laboratory animals. Lea & Febiger, Philadelphia, p 192
Selgrath JP, Ebert KM 1993 Theriogenology 39: 306
Shille VM, Stabenfeldt GH 1979 Biol Reprod 21: 1217
Shille VM, Lundström K, Stabenfeldt GH 1979 Biol Reprod 21: 953
Shille VM, Munro C, Farmer SW et al 1983 J Reprod Fertil 69: 29
Signoret JP 1971 Vet Rec 88: 34
Simplicio AA, Machado R 1991 Cited by Gordon I 1997 In: Controlled reproduction in sheep and goats. CAB International, Wallingford, Oxon, p 380
Sirois J, Fortune JE 1988 Biol Reprod 39: 308
Skarzynski D, Jaroszewski J, Bah M et al 2003 Biol Reprod 68: 1674
Sokolowski JH, Stover DG, Van Ravenswaay F 1977 J Am Vet Med Assoc 171: 271
Stevenson JS, Tiffany SM 2004 J Dairy Sci 87: 3658
Stout TAE, Colenbrander B 2004 Anim Reprod Sci 82–83: 633
Tenhagen BA, Drillich R, Surholt R, Heuwieser W 2004 J Dairy Sci 87: 85
Townson DH, Tsang PC, Butler WR et al 2002 J Anim Sci 80: 1053
Tsutsui T, Shimizu T 1975 Jpn J Anim Reprod 21: 65
Tsutsui T, Stabenfeldt GH 1993 J Reprod Fertil Suppl 47: 29
Van de Wiel DFH, Erkens J, Koops W et al 1981 Biol Reprod 24: 223
Van Niekerk CH 1973 Cited by Allen 1978 Van Niekerk CH, Gernaeke WH 1966 Onderstepoort J Vet Res 25(suppl 2)
Webb R, Campbell BK, Garverick HA et al 1999 J Reprod Fertil Suppl 54: 33
Webel SK 1975 J Anim Sci 44: 385
Webel SK 1978 In: DB Crighton (ed) Control of ovulation. Butterworth, London, p 421
Weems CW, Weems YS, Randel RD 2006 Vet J 171: 206
Wildt DE, Chakraborty PK, Banks WB, Seager SWJ 1977 Proceedings of the Xth Annual Meeting of the Society for the Study of Reproduction, Abstr 110
Wildt DE, Seager SWJ, Chakraborty PK 1980 Endocrinology 107: 1212
Williamson NB, Morris RS, Blood DC, Cannon CM 1972 Vet Rec 91: 50
Wishart DF 1972 Vet Rec 90: 595
Wishart DF, Young IM 1974 Vet Rec 95: 503
Wood PDP 1976 Anim Prod 22: 275
Wray S, Hoffman-Small G 1986 Neuroendocrinol 45: 413
Wuttke W, Pitzel L, Knoke I, Jarry H 1995 Biol Reprod 52(suppl 1): 64

第2章

Aiumlamai S, Fredriksson G, Nilsfors L 1992 Vet Rec 131: 560
Allen WR 1982 J Reprod Fertil Supp 31: 57
Allen WR, Stewart F 2001 Reprod Fertil Dev 13: 623
Amoroso EC 1952 Placentation. In: Parkes AS (ed) Marshall's physiology of reproduction, vol 2. Longman, Green & Co, London
Arthur GH 1956 J Comp Pathol 66: 345
Arthur GH 1959 Vet Rec 71: 345
Arthur GH 1969 J Reprod Fertil Suppl 9: 45
Brace RA, Vermin ML, Huijssoon E 2004 Am J Obstet Gynecol 191: 837
Cloete JHL 1939 Onderstepoort J Vet Sci Anim Indust 13: 418
Crombie PR (1972 J Reprod Fertil 29: 127
Evans HE 1983 In: Proceedings of the XIIth World Veterinary Congress, Perth, p 27
Flood PF 1973 J Reprod Fertil 32: 539
Grosser O 1909 Eihaute und der Placenta. Braumuller, Vienna
Kahn W, Kahn B, Richter A et al 1992 Dtsch Tierarztl Wochenschr 99: 449
King GJ, Atkinson BA, Robertson HA 1979 J Reprod Fertil 55: 173
Knight JW, Bazer F, Thatcher WW et al 1977 J Anim Sci 44: 620
Leith GS, Ginther OJ 1984 In: Proceedings of the 10th International Congress on Animal Reproduction and AI, vol 1, p 118
Lillie FR 1917 J Exp Zool 23: 371
McDonald AA, Chavatte P, Fowden AL 2000 Placenta 21: 565
Malan AP, Curson HH 1937 Onderstepoort J Vet Sci Anim Indust 8: 417
Marrable AW 1969 Vet Rec 84: 598
Medan M, Watanabe G, Absy G et al 2004 J Reprod Dev 50: 391
Messervy A 1958 Personal communication to G H Arthur Miglino MA, Ambrosio CE, Martins DS et al 2006 Theriogenology 66: 1699
Patten BM 1948 Embryology of the pig. Blakiston, Toronto
Perry JS 1981 J Reprod Fertil 62: 321
Richardson C 1980 Personal communication to G H Arthur
Richardson C, Herbert CN, Terlecki S 1976 Vet Rec 99: 22
Richter J, Götze R 1960 Tiergeburtschilfe. Paul Parey, Berlin
Samuel CA, Jack PM, Nathanielsz PW 1975 J Reprod Fertil 45: 9
Steven DH 1982 J Reprod Fertil Suppl 31: 41
Steyn C, Hawkins P, Saito T et al 2001 Eur J Obstet Gynaecol Reprod Biol 98: 165
Van Niekerk CH, Gernaeke WH 1966 Onderstepoort J Vet Res 23(suppl 2): 3
Vandeplassche M 1957 Vlaams Diergeneesk Tijdschr 26: 60
Vandeplassche M, Podliachouk L, Beaud R 1970 Can J Comp Med 34: 318
Vatnick I, Schoknecht PA, Darrigrand R, Bell AW 1991 J Dev Physiol 15: 351
Vonnahme KA, Hess BW, Nijland MJ et al 2006 J Anim Sci 84: 3451
Vonnahme KA, Wilson ME, Ford SP 2002 J Anim Sci 80: 1311
Williams WL 1939 Diseases of the genital organs of domestic animals. Williams & Wilkins, Baltimore
Wilson ME, Biensen NJ, Youngs CR, Ford SP 1998 Biol Reprod 58: 905
Wooding FBP 1992 Placenta 13: 101
Zietzschmann O 1924 Lehrbuch der Entwicklungsgeschichte der Haustiere. Paul Parey, Berlin

第3章

Adams CS, Jardon PW 1999 Bovine Proc 32: 240
Allen WE 1971 Vet Rec 88: 508
Allen WE 1975 J Reprod Fertil Suppl 23: 425
Allen WR 2005 Anim Reprod 2: 209
Allen WE, Meredith MJ 1981 J Small Anim Pract 22: 609
Allen WE, Newcombe JR 1981 Equine Vet J 13: 51
Arthur GH 1956 J Comp Pathol 66: 345
Atkinson S, Buddle JR, Williamson P et al 1986 Theriogenology 26: 483
Baan M, Taverne MAM, de Gier J et al 2008 Theriogenology 69: 399
Ball L, Carroll EJ 1963 J Am Vet Med Assoc 143: 373
Banks DR, Paape SR, Stabenfeldt GH 1983 Biol Reprod 28: 923
Bartol FF, Roberts RM, Bazer FW et al 1985 Biol Reprod 32: 681
Bassett JM, Oxborrow TJ, Smith ID, Thorburn G 1969 J Endocrinol 45: 449
Bazer FW, Marengo SR, Geisert RD, Thatcher WW 1984 Anim Reprod Sci 7: 115
Bazer FW, Thatcher WW, Hansen PJ et al 1991 J Reprod Fertil Suppl 43: 39
Berg SL, Ginther OJ 1978 J Anim Sci 47: 203
Berglund LA, Sharp DC, Vernon MW, Thatcher WW 1982 J Reprod Fertil Suppl 32: 335
Bertolini M, Anderson GB 2002 Theriogenology 57: 181
Bolander FF, Ulberg LC, Fellows RE 1976 Endocrinology 99: 1273
Bollwein H, Baumgartner U, Stolla R 2002 Theriogenology 57: 2053
Bondestam S, Karkkainer M, Alitalo T, Forss M 1984 Acta Vet Scand 25: 327
Boscos CM, Samartzi FC, Lymberopoulos AG et al 2003 Reprod Domest Anim 38: 170
Boyd JS, Omran SN 1991 In Pract 13: 109
Boyd JS, Omran SW, Ayliffe TR 1988 Vet Rec 123: 8
Breukelman SP, Reinders JMC, Jonker FH et al 2004 Theriogenology 61: 867
Breukelman SP, Perényi Z, de Ruigh L et al 2005a Theriogenology 63: 1378
Breukelman SP, Szenci O, Beckers JF et al 2005b Theriogenology 64: 917
Buckrell BC, Bonnett BN, Johnson WH 1986 Theriogenology 25: 665
Butterfield RM, Mathews RG 1979 J Reprod Fertil 27: 447
Cameron RDA 1977 Aust Vet J 53: 432
Cencic A, la Bonnadière C 2002 Vet Res 33: 139
Challis JRG 1971 Nature (Lond) 229: 208
Challis JRG, Linzell JL 1971 J Reprod Fertil 26: 401
Chaplin VM, Holdsworth RJ 1982 Vet Rec 111: 224
Chavatte-Palmer P, De Sousa N, Laigre P et al 2006 Theriogenology 66: 829
Choi HS, Kiesenhofer E, Gantner H et al 1987 Anim Reprod Sci 15: 209
Concannon PW, Hansel W, Visek WJ 1975 Biol Reprod 13: 112
Concannon PW, Hodgson B, Lein D 1980 Biol Reprod 23: 111
Concannon PW, Whaley S, Lein D, Wissler R 1983 Am J Vet Res 44: 1819
Concannon PW, Yeager A, Frank D, Iyampillai A 1990 J Reprod Fertil 88: 99
Cordoba MC, Sartori R, Fricke PM 2001 Dairy Sci 84: 1884
Costine BA, Inskeep EK, Blemeings KP et al 2007 Domest Anim Endocrinol 32: 106
Cowie AT 1948 Pregnancy diagnosis tests: a review, no 13. Commonwealth Agricultural Bureau, Edinburgh
Cox JE 1975 Reprod Fertil 23: 463
Cox JE, Galina CS 1970 Vet Rec 86: 97
Cross JC, Roberts RM 1989 Biol Reprod 40: 1109
Cuboni E 1937 Clin Vet Milan 60: 375 (abstr Vet Rec 1938; 50: 791)
Curran S 1992 Theriogenology 37: 17
Curran S, Ginther OJ 1989 J Equine Vet Sci 9: 77
Curran S, Kastelic JP, Ginther OJ 1989 Anim Reprod Sci 19: 217
Daels PF, Albrecht BA, Mohammed HO 1998 Biol Reprod 59: 1062
Davidson AP, Nyland TG, Tsutsui T 1986 Vet Radiol 27: 109
Davis SL, Reichert LE 1971 Biol Reprod 4: 145
Deas DW 1977 Vet Rec 101: 113
De Coster R, Beckers JF, Beerens D, De May J 1983 Acta Endocrinol Copenh 103: 473
De Haas van Dorsser FJ, Swanson WF, Lasano S, Steinetz BG 2006 Biol Reprod 74: 1090
Dobson H, Rowan TG, Kippax IS, Humblot P 1993 Theriogenology 40: 421
Douglas RH, Ginther OJ 1976 Prostaglandins 11: 251
Dufty JH 1973 Aust Vet J 49: 177
Eckersall PD, Harvey MJA, Ferguson JM et al 1993 J Reprod Fertil Suppl 47: 159
Eilts BE, Davidson AP, Hosgood G et al 2005 Theriogenology 64: 242
Ellendorff F, Meyer JN, Elsaesser F 1976 Br Vet J 132: 543
Ellicott AR, Dzuik PJ 1973 Biol Reprod 9: 300
Emady M, Hadley JC, Noakes DE, Arthur GH 1974 Vet Rec 95: 168
England GCW, Russo M 2006 Theriogenology 66: 1694
Erdheim M 1942 J Am Vet Med Assoc 100: 343
Farin PW, Stockburger EM, Rodriguez KF et al 2000 Theriogenology 55: 320
Feo JCSA 1980 Vet Rec 106: 368
Fieni F, Marnet PG, Martal J et al 2001 J Reprod Fertil 57(suppl): 243
Fieni F, Martal J, Marnet PG et al 2006 Theriogenology 66: 1721
Fincher MG 1943 Cornell Vet 33: 257
Fischer HE, Bazer FW, Fields MJ 1985 J Reprod Fertil 75: 69
Forsyth IA 1986 J Dairy Sci 69: 886
Fowler DG, Wilkins JF 1984 Livestock Prod Sci 11: 437
Fraser AF, Robertson JG 1968 Br Vet J 124: 239
Fraunholz J, Kähn W, Leidl W 1989 Mh Vet Med 44: 425
Galac S, Kooistra H, Butinar J et al 2000 Theriogenology 53: 941
Garcia A, Neary MK, Kelly GR, Pierson RA 1993 Theriogenology 39: 847
Geisert RD, Zavy MT, Moffatt RJ et al 1990 J Reprod Fertil Suppl 40: 293
Gentry PA, Liptrap RM 1981 J Small Anim Pract 22: 185
Ginther OJ 1986 Ultrasonic imaging and reproductive events in the mare. Equiservices, Cross Plains, WI
Ginther OJ 1998 Ultrasonic imaging and animal reproduction: cattle. Equiservices, Cross Plains, WI
Ginther OJ, Kot K, Kulik LJ et al 1996 J Reprod Fertil108: 271
Gnatek GG, Smith LD, Duby RT, Godkin JD 1989 Biol Reprod 41: 655
Godkin JD, Lifsey GJ, Gillespie BE 1988 Biol Reprod 38: 703
Gonzalez F, Cabrera F, Batista M et al 2004 Theriogenology 62: 1108
Gruffydd-Jones TJ 1982 PhD Thesis, University of Bristol
Gunzel-Apel AR, Zabel S, Bunck CF et al 2006 Theriogenology 66: 1431
Hammond J 1927 Physiology of reproduction in the cow. Cambridge University Press, Cambridge
Hamon M, Fleet IR, Holdsworth RJ, Heap RB 1981 Br Vet J 137: 71

Haney DR, Levy JK, Newell SM et al 2003 J Am Vet Med Assoc 223: 1614

Harney JP, Bazer FW 1989 Biol Reprod 41: 277

Hatzidakis G, Katrakili K, Krambovitis E 1993 J Reprod Fertil 98: 235

Heap RB, Linzell JL, Slotin CR 1969 J Physiol (Lond) 200: 38

Heap RB, Gwyn M, Laing JA, Walters DE 1973 81: 151

Heap RB, Holdsworth RJ, Gadsby JE et al 1976 Br Vet J 132: 445

Heap RB, Flint APF, Hartmann PE et al 1981 J Endocrinol 89: 77

Helper LC 1970 J Am Vet Med Assoc 156: 60

Herron MA, Sis RF 1974 Am J Vet Res 35: 1277

Hershman L, Douglas RH 1979 J Reprod Fertil Suppl 27: 395

Hesselink JW, Taverne MAM 1994 Vet Q 16: 41

Hoffmann B, Günzler O, Hamburger R, Schmidt W 1976 Br Vet J 132: 469

Holdsworth RJ, Davies J 1979 Vet Rec 105: 535

Holtan DW, Nett TM, Estergreen VL 1975 J Reprod Fertil Suppl 23: 419

Holtan DW, Squire EL, Lapin DR, Ginther OJ 1979 J Reprod Fertil Suppl 27: 457

Holtz W 2005 Small Rumin Res 60: 95

Hulet CV 1968 J Anim Sci 27: 1104

Humblot P, Camous S, Martal J et al 1988 J Reprod Fertil 83: 215

Humblot P, De Montigny G, Jeanguyot N et al 1990 J Reprod Fertil 89: 205

Hunt B, Lein DH, Foote RH 1978 J Am Vet Med Assoc 172: 1298

Inabe T, Nakazima Y, Matsui N 1983 Theriogenology 20: 97

Isobe N, Akita M, Nakao T et al 2005 Anim Reprod Sci 90: 211

Jackson GH 1980 Vet Rec 119: 90

Jaeger LA, Johnson GA, Ka H et al 2001 Reproduction Suppl 58: 191

Johansson I 1968 Genetics and Animal Breeding. Published by Freeman, San Francisco

Jöchle W 1997 Reprod Domest Anim 32: 183

Kähn W, Volkmann D, Kenney RM 1994 Veterinary Reproductive Ultrasonography. Published by Mosby-Wolfe, London

Kann G, Denamur R 1974 J Reprod Fertil 39: 473

Karen A, Kovacs P, Beckers J F, Szenci O 2001 Acta Vet Brno 70: 115

Karen A, Beckers JF, Sulon J et al 2003 Theriogenology 59: 1941

Karen A, Szabados K, Reiczigel J et al 2004 Theriogenology 61: 1291

Karen A, El Amiri B, Beckers JF et al 2006 Theriogenology 66: 314

Kidder HE, Casida LE, Grummer RH 1955 J Anim Sci 14: 470

Kindahl H, Knudsen O, Madej A, Edquist LE 1982 J Reprod Fertil Suppl 32: 353

Klonisch T, Hombach-Klonisch S, Froehlich C et al 1999 Biol Reprod 60: 305

Koegood-Johnsen HH, Christiansen J 1977 Annu Rep R Vet Agric Univ Copenh: 67

Kornalijnslijper JE, Bevers MM, van Oord HA, Taverne MAM 1997 Anim Reprod Sci 46: 109

Kutzler MA, Mohammed HO, Lamb SV, Meyers-Wallen VN 2003b Theriogenology 60: 1187

La Bonnardière C 1993 J Reprod Fertil Suppl 48: 157

Laing JA, Heap RB 1971 Br Vet J 127: 19

Lavoir MC, Taverne MAM 1989 In: Taverne MAM, Willemse AH (eds) Diagnostic ultrasound and animal reproduction. Current Topics in Veterinary Medicine and Animal Science 51. Kluwer, Dordrecht: 89–96

Lein DH, Concannon PW, Hornbuckle WE et al 1989 J Reprod Fertil Suppl 39: 231

Lindahl IL 1971 J Anim Sci 32: 922

Lindahl IL, Totsch JP, Martin PA, Dziuk PJ 1975 J Anim Sci 40: 220

Linde-Forsberg C, Kindahl H, Madej A 1992 J Small Anim Pract 33: 331

Linzell JL, Heap RB 1968 J Endocrinol 41: 433

Lopes Júnior ES, Cruz JF, Teixeira DIA et al 2004 Vet Res Commun 28: 119

López-Gatius F, Hunter RHF 2005 Theriogenology 63: 118

Luvoni GC, Beccaglia M 2006 Reprod Domest Anim 41: 27

McCann JP, Temple M, Concannon PW 1988 Cited by Concannon PW, McCann JP, Temple M 1989 J Reprod Fertil Suppl 39: 3

McCaughey WJ 1979 Vet Rec 104: 255

McDowell KJ, Sharp DC, Fazleabas A et al 1982 J Reprod Fertil Suppl 32: 329

McDowell KJ, Sharp DC, Grubaugh W et al 1988 Biol Reprod 39: 340

Mailhac JM, Chaffaux S, Legrand JJ et al 1980 Rec Med Vet Ec Alfort 156: 899

Malassine A, Ferre F 1979 Biol Reprod 21: 965

Martal J, Djiane J 1977 Cell Tissue Res 184: 427

Martal J, Lacroix MC, Lourdes C et al 1979 J Reprod Fertil 56: 63

Martinat-Botté F, Bariteau F, Badouard B, Terqui M 2000 J Reprod Fertil Suppl 33: 211

Mayer RE, Vernon MM, Zavy MT et al 1977 In: Proceedings of the 69th Annual Meeting of the Society for Animal Science, University of Wisconsin, no 466

Meadows CE, Lush JL 1957 J Dairy Sci 40: 1430

Meredith MJ 1976 In: Proceedings of the IVth International Pig Veterinary Society Congress, Ames, IO, p D3

Monk EL, Erb RE 1974 J Anim Sci 39: 366

Moor RM 1968 J Anim Sci 27: 97

Moor RM, Allen WR, Hamilton DW 1975 J Reprod Fertil Suppl 23: 391

Morton H Hegh V, Clunie GJA 1974 Nature 249: 459

Nett TM, Holtan DW, Estergreen VL 1975 J Reprod Fertil Suppl 23: 457

Nielen M, Schukken YH, Scholl DT et al 1989 Theriogenology 32: 845

Northey DL, French LR 1980 J Anim Sci 50: 298

Okkens AC, Dieleman SJ, Bevers MM, Willemse AH 1985 Vet Q 7: 169

Okkens AC, Bevers MM, Dieleman SJ, Willemse AH 1990 Vet Q 12: 193

Okkens AC, Teunissen JM, Van Osch W et al 2001 J Reprod Fertil Suppl 57: 193

Onclin K, Silva LDMM, Donnay I, Verstegen JP 1993 J Reprod Fertil Suppl 47: 403

Onclin K, Verstegen JP 1997 J Reprod Fertil Suppl 51: 259

Onclin K, Verstegen JP, Concannon PW 2000 J Reprod Fertil 118: 417

Paisley LG, Mickelsen WD, Frost OL 1978 Theriogenology 9: 481

Patel OV, Domeki I, Sasaki N et al 1995 Theriogenology 44: 827

Pierson RA, Ginther OJ 1984 Theriogenology 22: 225

Pieterse MC, Taverne MAM 1986 Theriogenology 26: 813

Pieterse MC, Szenci O, Willemse AH et al 1990 Theriogenology 33: 397

Pimentel M, Pimentel CA, Weston PG et al 1986 Am J Vet Res 47: 1967

Plante C, Hansen PJ, Martinod S et al 1989 J Dairy Sci 72: 1859

Prescott CW 1973 Aust Vet J 49: 126

Reed HCB 1969 Br Vet J 125: 272

Reimers TJ, Sasser RG, Ruder CA 1985 Biol Reprod 32 (suppl 65): abstr

Richardson C 1972 Vet Rec 90: 264

Riznar S, Mahek Z 1978 Anim Breeding Abstr 46: abstr 5183

Robertson HA, King GJ 1974 J Reprod Fertil 40: 133

Robertson HA, Sarda IR 1971 J Endocrinol 49: 407

Robertson HA, King GJ, Dyck GW 1978 J Reprod Fertil 52: 337

Robinson RS, Mann GE, Lamming GE, Wathes DC 1998 J Endocrinol 160: 21

Romagnoli SE, Camillo F, Cela M 1993 J Reprod Fertil Suppl 47: 425

Romano JE, Thompson JA, Forrest DWE et al 2006 Theriogenology 66: 1034
Romano JE, Thompson JA, Kraemer DC et al 2007 Theriogenology 67: 486
Root Kustritz MV 2006a Theriogenology 66: 145
Root Kustritz MV 2006b Theriogenology 66: 267
Rowson LEA, Dott HM 1963 Vet Rec 75: 865
Rowson LEA, Lawson RAS, Moor RM 1971 J Reprod Fertil 25: 261
Royal L, Ferneg J, Tainturier D 1979 Rev Med Vet 130: 859
Ruder CA, Stellflug JN, Dahmen JJ, Sasser RG 1988 Theriogenology 29: 905
Rüsse M 1968 Arch Exp Vet Med 19: 963
Russell AJF 1989 In: Taverne MAM, Willemse AH (eds) Diagnostic ultrasound and animal reproduction. Current Topics in Veterinary Medicine and Animal Science 51. Kluwer, Dordrecht: 73–87
Sasser RG, Ruder CA 1987 J Reprod Fertil Suppl 34: 261
Scott PP 1970 In: Hafez ESE (ed) Techniques for laboratory animals. Lea & Febiger, Philadelphia, p 192–208
Senger PL 2005 Pathways to pregnancy and parturition, 2nd edn. Current Conceptions, Pullman, WA
Settergren I, Galloway DB 1965 Nord Vet Med 17: 9
Sheldon IM, Noakes DE 2002 In Pract 24: 310
Short RV 1957 J Endocrinol 15: 1
Short RV 1969 Implantation and the maternal recognition of pregnancy in foetal autonomy. J & A Churchill, London
Smith DH, Kirk GR 1975 J Am Anim Hosp Assoc 11: 201
Sokolowski JH 1971 J Anim Sci 21: 696
Son CH, Jeong KA, Kim JH et al 2001 J Vet Med 63: 715
Sousa NM, Fiqueiredo JR, Beckers JF 2001 In: Renaville R, Burny A (ed) Biotechnology in animal husbandry. Kluwer Academic, Dordrecht, Netherlands, p 179–208
Spencer TE, Bazer FW 2004 Reprod Biol Endocrinol 2: 49
Squire EL, Ginther OJ 1975 J Reprod Fertil Suppl 23: 429
Squire EL, Douglas RH, Steffenhager WP, Ginther OJ 1974 J Anim Sci 38: 330
Stabenfeldt GH 1974 J Am Vet Med Assoc 164: 311
Steinetz BG, Goldsmith LT, Lust G 1987 Biol Reprod 37: 719
Steinetz BG, Goldsmith LT, Harvey HJ, Lust G 1989 Am J Vet Res 50: 68
Stewart DR, Stabenfeldt GH 1985 Biol Reprod 32: 848
Stout TAE, Allen WR 2001 Reproduction 121: 771
Stroud BK 1996 Vet Med 91: 663
Szenci O, Palme R, Taverne MAM et al 1997 Theriogenology 48: 873
Szenci O, Beckers JF, Humblot P et al 1998 Theriogenology 50: 77
Szenci O, Humblot P, Beckers JF et al 2000 Vet J 159: 287
Szenci O, Beckers JF, Sulon J et al 2003 Vet J 165: 307
Tainturier D, Moysan F 1984 Rev Med Vet 135: 525
Taverne MAM 1984 Tijdschr Diergeneesk 109: 494
Taverne MAM, Willemse AH 1989 Diagnostic ultrasound and animal reproduction. Kluwer, Dordrecht
Taverne MAM, Oving L, Van Lieshout M, Willemse AH 1985a Vet Q 7: 271
Taverne MAM, Lavoir MC, Van Oord R, Van der Weijden GC 1985b Vet Q 7: 256
Taverne MAM, Okkens AC, Van Oord R 1985c Vet Q 7: 249
Taverne MAM, Van der Weijden GC, Van Oord HA 1989 In: Christiansen IJ (ed) Symposium on reproduction in the dog. Royal Veterinary and Agricultural University, Copenhagen, p 71–88
Taverne MAM, Breeveld-Dwarkasing VNA, van Dissel-Emiliani FMF et al 2002 Domest Anim Endocrinol 23: 329
Taverne MAM, Regeling JI, Sulon J, Beckers JF 2006 Reprod Domest Anim 41: 310
Terqui M, Palmer E 1979 J Reprod Fertil Suppl 27: 441
Thatcher WW, Lewis GS, Eley RM et al 1980 In: Proceedings of the IXth International Congress on Animal Reproduction and Artificial Insemination, Madrid
Thatcher WW, Meyer MD, Danet-Desnoyers G 1995 J Reprod Fertil Suppl 49: 15
Thayer KM, Zalesky D, Knabe DA, Forrest DW 1985 J Ultrasound Med Suppl 4: 186
Threlfall WR 1994 Theriogenology 41: 317
Threlfall WR, Bilderbeck GM 1999 In: Proceedings of the 32nd Annual Conference of the American Association of Bovine Practitioners, Sept 1999
Tierney TJ 1983 Aust Vet J 60: 250
Vandaele L, Verberckmoes S, El Amiri B et al 2005 Theriogenology 63: 1914
Vandeplassche M 1957 Vlaams Diergeneesk Tijdschr 26: 60
Vannucchi CI, Mirandola RM, Oliveira CM 2002 Anim Reprod Sci 74: 87
Verhage HG, Beamer NB, Brenner RM 1976 Biol Reprod 14: 579
Verstegen JP, Onclin K, Silva LDM et al 1993a J Reprod Fertil Suppl 47: 165
Verstegen JP, Onclin K, Silva LDM, Donnay I 1993b J Reprod Fertil Suppl 47: 411
Vos PL, Pieterse MC, van der Weyden GC, Taverne MA 1990 Vet Rec 127: 502
Vos EA, Van Oord R, Taverne MAM, Kruip ThAM 1999 Theriogenology 51: 829
Ward JW, Wooding FBP, Fowden AL 2002 Placenta 23: 451
Watt BR, Andreson GA, Campell IP 1984 Aust Vet J 61: 377
Weems CW, Weems YS, Randel RD 2006 Vet J 171: 206
White IR, Russel AJF, Fowler OG 1984 Vet Rec 115: 140
White IR, Russel AJF, Wright IA, Whyte TK 1985 Vet Rec 117: 5
Winters LM, Green WW, Comstock RE 1942 Univ Minn Tech Bull: 151
Zambelli D, Castagnetti C, Belluzi S, Bassi S 2002 Theriogenology 57: 1981
Zambelli D, Castagnetti C, Belluzi S, Paladini C 2004 Theriogenology 62: 1430
Zarco L, Stabenfeldt GH, Kindahl H et al 1984 Anim Reprod Sci 7: 245
Zarco L, Stabenfeldt GH, Basu S et al 1988 J Reprod Fertil 83: 527
Zavy MT, Mayer R, Vernon MW et al 1979 J Reprod Fertil Suppl 27: 403
Zemjanis R 1971 Diagnostic and therapeutic techniques in animal reproduction. Williams & Wilkins, Baltimore
Ziecik AJ 2002 Domest Anim Reprod 23: 265
Zoli AP, Guilbault LA, Delahaut P et al 1992a Biol Reprod 46: 83
Zoli AP, Demez P, Beckers JF et al 1992b Biol Reprod 46: 623

第4章

Anamthawat-Jonsson K, Long SE, Basrur PK, Adalstéinsson S 1992 Res Vet Sci 52: 367
Arthur GH 1957 Br Vet J 113: 17
Ayalon N 1981 Zuchthygiene 16: 97
Ball BA 1993 In: McKinnon AO, Voss JL (ed) Equine reproduction. Lea & Febiger, Philadelphia, p 517
Barth AD 1986 In: Morrow DA (ed) Current therapy in theriogenology 2. WB Saunders, Philadelphia, p 205

Baucus KL, Ralston SL, Nockels CF et al 1990 J Anim Sci 68: 345

Bowling A, Ruvinsky A 2000 The genetics of the horse. CAB International, Cambridge

Cribiu EP, Popescu CP 1982 In: Proceedings of the 5th European Colloquium on Cytogenetics of Domestic Animals, Milano-Gargnano, p 215

Dennis SM 1993 Vet Clin N Am Food Anim Pract 9: 203

Dunn HO, McEntee K, Hall CE et al 1979 J Reprod Fertil 57: 21

Edey TN 1969 Anim Breeding Abstr 37: 43

Fries R, Ruvinsky A 1999 The genetics of cattle. CAB International, Cambridge

Ginther OJ 1985 Equine Vet J Suppl 3: 41

Ginther OJ, Garcia MC, Bergfeldt DR 1985 Theriogenology 24: 409

Glahn-Luft B, Wassmuth R 1980 In: Proceedings of the 31st Annual Meeting of the European Association for Animal Production

Gorse M 1979 Vet Bull 49: 349 (abstr 2729)

Gustavsson I 1977 Ann Genet Sel Anim 9: 531

Jaszczak K, Parada R, Boryczko Z et al 1988 Genet Pol 29: 369

King WA 1990 Adv Vet Sci Comp Med 34: 229

Klunder LR, McFeely RA, Beech J, McClune W 1989 Equine Vet J 21: 69

Lauritsen JG, Jonasson J, Therkelsen AJ et al 1972 Hereditas 71: 160

Leaman T, Rowland R, Long SE 1999 Vet Rec 144: 9–12

Leipold HN, Dennis SM 1986 In: Proceedings of the 14th World Congress on Diseases of Cattle, Dublin, p 63

Logan EF 1973 Vet Rec 93: 252

Long SE 1990 In Pract 12: 208

Long SE 1996 Cytogenet Cell Genet 72: 162

Long SE, Smith KC, Parkinson TJ 1996 Arch Zootec 45: 185–189

McDowell KJ, Sharp DC, Peck LS 1985 Equine Vet J Suppl 3: 23

McFeely RA 1990 Adv Vet Sci Comp Med 34

Nie GJ, Momont HW, Buoen L 1993 J Equine Vet Sci 13: 456–459

Oberst RD 1993 Vet Clin N Am Food Anim Pract 9: 23

Perry JS, Rowell JC 1969 J Reprod Fertil 19: 527

Piper L, Ruvinsky A 1997 The genetics of sheep. CAB International, Cambridge

Power MM 1987 Cytogenet Cell Genet 45: 163

Power MM 1990 Adv Vet Sci Comp Med 34: 131–167

Quirke JF, Hanrahan JP 1977 J Reprod Fertil 51: 487

Robinson R 1990 Genetics for dog breeders. Pergamon, Oxford

Robinson R 1991 Genetics for cat breeders. Pergamon, Oxford

Scofield AM 1976 Vet Annu 15: 91

Stockman M 1982 In Pract 4: 170

Stockman M 1983a In Pract 5: 103

Stockman M 1983b In Pract 5: 202

Switonski M, Lechniak D, Landzwojczak D 1991 Genet Pol 32: 227

Thatcher WW, Collier RJ 1986 In: Morrow DA (ed) Current therapy in theriogenology 2. WB Saunders, Philadelphia, p 301

Vandeplassche M, Vandevelde A, Delanote M, Ghekiere P 1968 Tijdschr Diergeneesk 93, 19

Varley MA, Cole DJA 1976 Anim Prod 22: 79

Wilmut I, Sales DI, Ashworth CJ 1986 J Reprod Fertil 76: 851

Woollen NE 1993 Vet Clin N Am Food Anim Pract 9: 163

第5章

Alan M, Cetin Y, Sendag S, Eski F 2007 Anim Reprod Sci 100: 411

Ayen E, Noakes DE 1997 Vet Rec 141: 59

Ayen E, Noakes DE 1998 Vet J 155: 213

Ayen E, Noakes DE, Baker SJ 1998 Vet J 156: 133

Bennetts HW 1944 J Agric West Aust 21: 104

Bossé P, Grimard B, Mialot JP 1989 Rec Med Vet Ec Alfort 165: 355

Bühner F 1958 Tierärztl Umsch 13: 183

Cox JE 1987 In: Surgery of the reproductive tract of large animals, 3rd edn. Liverpool University Press, Liverpool, p 129–132

Edgar DG 1952 Vet Rec 64: 852

Farquharson J 1949 Rep 14th Int Vet Congr 3: 264

Fowler NG, Evans DA 1957 Vet Rec 69: 501

Hosie BD 1989 In Pract 11: 215

Jackson SR, Avery NC, Tarlton JF et al 1996 Lancet 317: 1658

Jackson S, James M, Abrams P 2002 Br J Obstet Gynaecol 109: 339

Jones BV 1958 Vet Rec 70: 362

Kloss S, Wehrend A, Failing K, Bostedt H 2002 Berl Münch Tierärztl Wochenschr 115: 247

Knottenbelt DC 1988 Vet Rec 122: 653

Koen JS, Smith HC 1945 Vet Med 40: 131

Low JC, Sutherland HK 1987 Vet Rec 120: 571

McErlean BA 1952 Vet Rec 64: 539

McLean JW 1956 NZ Vet J 4: 38

McLean JW, Claxton JH 1960 NZ Vet J 8: 51

McNamara PS, Harvey HJ, Dykes N 1997 J Am Anim Hosp Assoc 33: 533

Memon MA, Pavletic MM, Kumar MSA 1993 J Am Vet Med Assoc 202: 295

Moalli PA, Shand SH, Zyczynski HM et al 2005 Obstet Gynecol 106: 953

Mosdol Q 1999 Vet Rec 144: 38

Noakes DE 1999 CPD Vet Med 2: 47

Roberts SJ 1949 Cornell Vet 39: 434

Scott PR, Gessert ME 1998 Vet J 155: 323

Stubbings DP 1971 Vet Rec 122: 296

White JB 1961 Vet Rec 73: 281

Winkler JK 1966 J Am Vet Med Assoc 149: 768

Woodward RR, Queensberry JR 1956 J Anim Sci 15: 119

第6章

Abusineina MEA 1963 Thesis, University of London

Adams WM 1969 J Am Vet Med Assoc 154: 261

Alexander G 1970 In: Phillipson AT (ed) Physiology of digestion and metabolism in the ruminant. Oriel, Newcastle, p 1199

Allen WE, Chard T, Forsling ML 1973 J Endocrinol 57: 175

Alm CC, Sullivan JJ, First NL 1975 J Reprod Fertil 23: 637

Alonso-Spilsbury M, Mota-Rojas D, Martinez-Burnes J et al 2004 Anim Reprod Sci 84: 157

Antolovich GA, McMillen IO, Perry RA 1988 In: Jones CT (ed) Research in perinatal medicine. Perinatal Press, New York, p 243

Aoki M, Kimura K, Suzuki O 2005 Anim Reprod Sci 86: 1

Ash RW, Heap RB 1973 J Agr Sci 81: 383

Aurich JE, Besognet B, Daels PF 1996 Theriogenology 46: 387

Baan M, Taverne MAM, Kooistra HS et al 2006 Theriogenology 63: 1958

Baan M, Taverne MAM, de Gier J et al 2008 Theriogenology 69: 399

Bailey LF, Lennan HW, McLean DM et al 1973 Aust Vet J 49: 567

Ballarini G, Belluzi G, Brisighella C et al 1980 Tierärztl Umschau 35: 504

Barnes RJ, Nathanielsz PW, Rossdale PD et al 1975 J Reprod Fertil Suppl 23: 617

Bathgate RAD, Hsueh AJW, Sherwood OD 2006 In: Neill JD (ed) Knobil and Neill's physiology of reproduction, 3rd ed. Elsevier Academic Press, London, vol 1, p 679
Beal WE, Graves NW, Dunn TG, Kaltenbach CC 1976 J Anim Sci 42: 1564
Bergström A, Fransson B, Lagerstedt AS, Olsson K 2006 J Small Anim Pract 47: 456
Bichard M, Stork MG, Rikatson S, Pese AHR 1976 Proc Br Soc Anim Prod, March
Björkman N, Sollen P 1960 Acta Vet Scand 1: 347
Boland MP, Craig J, Kelleher DL 1979 Irish Vet J 33: 45
Bonte P, Coryn M, Vandeplassche M 1981 In: Proceedings of the International Pig Veterinary Society Congress
Bosc MJ 1972 J Reprod Fertil 28: 347
Bosc MJ, DeLouis C, Terqui M 1977 In: Management of reproduction in sheep and goats. University of Wisconsin, Madison, WI, p 89
Bostedt H, Rudolf PR 1983 Theriogenology 20: 191
Breeveld-Dwarkasing VNA, Struijk PC, Eijskoot F et al 2002 Theriogenology 57: 1989
Breeveld-Dwarkasing VNA, Struijk PC, Lotgering FK et al 2003a Biol Reprod 68: 536
Breeveld-Dwarkasing VNA, de Boer-Brouwer M, te Koppele JM et al 2003b Biol Reprod 69: 1600
Britton JW 1972 In: Proceedings of the 18th Annual Convention of the American Association of Equine Practitioners, p 116
Brooks AN, Challis JRG 1988 J Endocrinol 119: 389
Burbach JPH, Young LJ, Russell JA 2006 In: Neill JD (ed) Knobil and Neill's physiology of reproduction, 3rd ed. Elsevier Academic Press, London, vol 2, ch 58
Burton MJ, Dziuk HE, Fahninig ML, Zemjanis R 1987 Am J Vet Res 48: 37
Cahill LP, Knee BW, Lawson RAS 1976 Theriogenology 5: 289
Card CE, Hillman RB 1993 In: McKinnon AO, Voss JL (ed) Equine reproduction. Lea & Febiger, Philadelphia, p 567–573
Challis JRG, Lye SJ 1994 In: Knobil E, Neill JD (ed) The physiology of reproduction, 2nd edn. Raven Press, New York, p 1018
Chantaraprateep P, Lohachit C, Poomsuwan P, Kunavongkrit A 1986 Aust Vet J 63: 254
Chard T, Boyd NRH, Forsling ML et al 1970 J Endocrinol 48: 223
Chavatte-Palmer P, Arnaud G, Duvaux-Ponter C et al 2002 Theriogenology 58: 837
Chernick V, Faridy EE, Pagtakhan RD 1969 Proc Amer Soc Exp Biol Med 28: 439
Collins K, Hardebeck H, Sommer H 1980 Berl Münch Tierärztl Wschr 93: 310
Comline RS, Silver M 1971 J Physiol (Lond) 216: 659
Concannon PW, Hansel W, Visek WJ 1975 Biol Reprod 13: 112
Concannon PW, Powers ME, Holder W, Hansel W 1977 Biol Reprod 16: 517
Concannon PW, McCann JP, Temple M 1989 J Reprod Fertil Suppl 39: 3
Csapo AI 1977 In: Knight J, O'Connor M (ed) The fetus and birth. Ciba Foundation Symposium 47. Elsevier/North Holland, Amsterdam, p 159
Csapo AI, Takeda H, Wood C 1963 Am J Obstet Gynecol 85: 813
Cudd TA, Le Blanc M, Silver M et al 1995 J Endocrinol 144: 271
Currie WB, Thorburn GD 1973 Prostaglandins 4: 201
Currie WB, Thorburn GD 1977 In: Knight J, O'Connor M (ed) The fetus and birth. Ciba Foundation Symposium 47. Elsevier/North Holland, Amsterdam, p 49
Davies Morel MCG, Newcombe JR, Holland SJ 2002 Anim Reprod Sci 74: 175
Dawes GS 1968 Fetal and neonatal physiology. Year Book, Chicago
Day AM 1977 NZ Vet J 25: 136
Day AM 1978 NZ Vet J 27: 22
Devaskar UP, Devaskar SU, Voina S et al 1981 Nature 290: 404
Dial GD, Almond GW, Hilley HD et al 1987 Am J Vet Res 48: 966
Diehl JR, Godke RA, Killian DB, Day BN 1974 J Anim Sci 38: 1229
Dobson H 1988 Oxford Rev Reprod Biol 10: 491
Dziuk PJ, Harmon BG 1969 Am J Vet Sci 30: 419
Edwards SA 1979 J Agr Sci Camb 93: 359
Einarsson S, Fischier M, Karlberg K 1981 Nord Vet Med 33: 354
Ellendorff F, Taverne M, Elsaesser F et al 1979 Anim Reprod Sci 2: 323
Elmore RG, Martin CE, Riley JL, Littledyke T 1979 J Am Vet Med Assoc 174: 620
Ewbank R 1963 Vet Rec 75: 367
Fieni F, Marnet PG, Martal J et al 2001 J Reprod Fertil Suppl 57: 237
First NL 1979 J Anim Sci 48: 1407
First NL, Alm CC 1977 J Anim Sci 44: 1072
Fitzpatrick RJ 1961 Oxytocin. Proceedings of an International Symposium. Pergamon, Oxford
Fitzpatrick RJ 1977 Ann Réch Vet 8: 438
Fitzpatrick RJ, Dobson H 1979 Anim Reprod Sci 2: 209
Fitzgerald JA, Jacobson MQ 1992 Proc ICAR, The Hague 4: 2051
Flint APF, Kingston EJ, Robinson JS, Thorburn GD 1978 J Endocrinol 78: 367
Ford MM, Young IR, Caddy DJ, Thorburn GD 1998 Biol Reprod 58: 1065
Forsling ML, MacDonald AA, Ellendorff F 1979a Anim Reprod Sci 2: 3
Forsling ML, Taverne MAM, Parvizi N et al 1979b J Endocrinol 82: 61
Fowden AL 1995 Reprod Fertil Dev 7: 351
Fowden AL, Forhead AJ, Ousey JC 2008 Exp Clin Endocrinol, 116: 392
Fuchs A-R, Helmer H, Behrens O et al 1992 Biol Reprod 47: 937
Gazal OS, Li Y, Schwabe C, Anderson LL 1993 J Reprod Fertil 97: 233
George JM 1969 J Agr Sci Camb 73: 295
Gibb W, Leye StJ, Challis JRG 2006 Parturition. In: Neill JD (ed) Knobil and Neill's physiology of reproduction, 3rd ed. Elsevier Academic Press, London, vol 2, ch 55
Gilbert CL 2001 Reprod Suppl 58: 263
Gilbert CL, Goode JA, McGrath TJ 1994 J Physiol 475: 129
Gillette DD, Holm L 1963 Am J Physiol 204: 115
Glatz TH, Weitzman RE, Eliot RJ et al 1981 Endocrinology 108: 1328
Gleeson DE, O'Brien B, Mee JF 2007 Irish Vet J 60: 667
Glickman JA, Challis JRG 1980 Endocrinology 106: 1371
Grove-White DH 2000 In Practice 22: 17
Grunert E 1984 In: Proceedings of the 10th International Conference on Animal Reproduction and Artificial Insemination 9: 17
Gunnik JW 1984 Vet Q 6: 49
Guthrie HD 1995 J Reprod Fertil Suppl 3: 229
Hann VKM, Lu F, Bassett N 1992 Endocrinology 131: 3100
Hendricks DM, Dawlings NC, Ellicott AR et al 1977 J Anim Sci 44: 438
Hillman RB 1975 J Reprod Fertil Suppl 23: 641
Hindson JC, Schofield BM 1969 J Reprod Fertil 18: 355
Hindson JC, Schofield B, Turner CB 1965 J Physiol 195: 19
Hindson JC, Schofield BM, Turner CB 1968 J Physiol (Lond) 195: 19
Holyoake PK, Dial GD, Trigg T, King VL 1995 J Anim Sci 73: 3543
Hooper SB 1995 Reprod Fertil Dev 7: 527
Humphreys PW, Normand ICS, Reynolds EOR, Strang LB 1967 J Physiol (Lond) 193: 1

Hydbring E, Madej A, MacDonald E et al 1999 J Endocrinol 160: 75

Irving G, Jones DE, Knifton A 1972 Res Vet Sci 13: 301

Jones JET 1966 Br Vet J 122 47: 420

Jonker FH, van der Weijden GC, Taverne MAM 1991 Vet Rec 129: 423

Jonker FH, van Geijn HP, Chan WW et al 1996 Am J Vet Res 57:1373

Jost A, Dupouy JP, Monchamp A 1966 C R Hebd Séances Acad Sci Paris D 262: 147

Jotsch O, Flach D, Finger KH 1981 Tierärztl Umschau 36: 118

Keelan JA, Blumenstein M, Helliwell RJA et al 2003 Placenta 24: Suppl A, Trophoblast Research 17: S33

Kelly RW 2002 J Reprod Immunol 57: 217

Kendrick JW, Kennedy PC, Stormont C 1957 Cornell Vet 47: 160

Kertiles LP, Anderson LL 1979 Biol Reprod 21: 57

Kindahl H, Alonso R, Cort N, Einarsson S 1982 Z Vet Med 29: 504

Kirkwood RN, Thacker PA 1995 Anim Sci 60: 481

Klarenbeek A, Okkens AC, Mol JA et al 2007 Theriogenology 68: 1169

Königsson K, Kask K, Gustafsson H et al 2001 Acta Vet Scand 42: 151

Kordts E, Jöchle W 1975 Theriogenology 3: 171

Kovenic I, Avakumovic DJ 1978 In: Proceedings of the 5th World Congress of Hyology and Hyoiatrics, Zagreb

Kumarasamy V, Mitchell MD, Bloomfield FH et al 2005 Am J Physiol Regul Integr Comp Physiol 288: R67

Lawrence AB, Petherick JC, McLean K et al 1992 Physiol Behav 52: 917

Ledger WL, Webster M, Harrison CP et al 1985 Am J Obstet Gynecol 151: 397

Leenhouwers JI, van der Lende T, Knol EF 1999 Livestock Prod Sci 57: 243

Leman AD, Hurtgen JP, Hilley HD 1979 J Anim Sci 49: 221

Ley WB, Hoffman JL Crisman MV et al 1989 J Equine Vet Sci 9: 95

Lickliter RE 1984 Appl Anim Behav Sci 13: 335

Liggins GC 1978 Seminars Perin 2: 261

Liggins GC 1982 In: Austin CR, Short RV (ed) Reproduction in mammals 2. Cambridge University Press: Cambridge, p 126–141

Liggins GC, Kitterman JA, Forster CS 1979 Anim Reprod Sci 2: 193

Lindell GO 1981 Thesis, Swedish University of Agricultural Sciences, Uppsala

Lundin-Schiller S, Kreider DL, Rorie RW et al 1996 Biol Reprod 55: 575

McDonald LE, McNutt SH, Nichols LE 1953 Am J Vet Res 14: 539

McGladdery A 2001 In Pract 74

McGlothlin JO, Lester GD, Hansen PJ et al 2004 Reproduction 127: 57

MacKenzie LW, Word RA, Casey ML, Stull JT 1990 Am J Physiol 258: 92

Mansell PD, Cameron AR, Taylor DP, Malmo J 2006 Aust Vet J 84: 312

Maule Walker FM 1983 Res Vet Sci 34: 280

Mee JF 1991 Irish Vet J 44: 80

Mee JF 1993 Vet Rec 133: 555

Meniscier F, Foulley JL 1979 In: Hoffman B, Mason IC, Schmidt J (ed) Calving problems and early viability of the calf. Martinus Nijhoff, The Hague, p 30

Mota-Rojas D, Martinez-Burnes J, Trujillo-Ortega ME et al 2002 Am J Vet Res 63: 1571

Murray RD, Nutter WT, Wilman S, Harker DB 1982 Vet Rec 111: 363

Musah AI, Schwabe C, Willham RL, Anderson LL 1986 Endocrinology 118: 1476

Musah AI, Schwabe C, Willham RL, Anderson LL 1987 Biol Reprod 37: 797

Naaktgeboren C, Taverne MA, van der Weijden GC 2002 De geboorte bij de hond [Parturition in the dog]. Strengholt's Publishers, Naarden, Netherlands

Nakao T 2001 Arch Anim Breeding 44: 145

Ngiam TT 1977 Singapore Vet J 1: 13

O'Day-Bowman MB, Winn RJ, Dzuik PJ et al 1991 Endocrinology 129 1967

O'Farrell KJ 1979 In: Hoffman B, Mason IC, Schmidt J (ed) Calving problems and early viability of the calf. Martinus Nijhoff, The Hague, p 325

O'Farrell KJ, Crowley JP 1974 Vet Rec 94: 364

Olsson K, Bergström A, Kindahl H, Lagerstedt AS 2003 Acta Physiol Scand 179: 281

Omini V, Folco GC, Pasargiklian R, Fano M, Berti F 1979 Prostaglandins 17: 113

Ousey JC 2004 Reprod Domest Anim 39: 222

Ousey JC, Dudan F, Rossdale PD 1984 Equine Vet J 16: 264

Owens JL, Edey TN, Bindon BM, Piper LN 1984 Appl Anim Biol Sci 13: 32

Parkinson TJ 1993 In Pract: 135

Pashen RL 1980 Equine Vet J 12: 85

Pashen RL, Allen WR 1979 Anim Reprod Sci 2: 271

Patterson D, Bellows R, Burfening P 1987 Theriogenology 28: 557

Pejsak S, Tereszczuk S 1981 In: Proceedings of the International Pig Veterinary Society Congress

Penning PD, Gibb MJ 1977 Vet Rec 100: 491

Perry JS 1954 Vet Rec 66: 706

Porter DG 1975 In: Finn CA (ed) The uterus. Elek, London, p 133

Purvis AD 1972 In: Proceedings of the 18th Annual Convention of the American Association of Equine Practitioners, p 113

Rac VE, Small C, Scott CA et al 2006 Am J Obstet Gynecol 195: 528

Randall GCB 1972 Vet Rec 84: 178

Randall GCB 1983 Biol Reprod 29: 1077

Randall GCB 1990 Vet Rec 126: 61

Randall GCB, Penny RHC 1970 Br Vet J 126: 593

Randall GCB, Taverne MAM, Challis JRG et al 1986 Anim Reprod Sci 11: 283

Randall GCB, Kendall JZ, Tsang BK, Taverne MAM 1990 Anim Reprod Sci 23: 109

Reynolds EOR, Strang LB 1966 Br Med Bull 22: 79

Rigby S, Love C, Carpenter K et al 1998 Theriogenology 50: 897

Robertson HA, King GJ, Elliott JI 1974 Can J Comp Med 42: 32

Roche PJ, Crawford RJ, Tregear GW 1993 Mol Cell Endocrinol 91: 21

Romagnoli S, de Souza FF, Rota A, Vannozi I 2004 J Small Anim Pract 45: 249

Rossdale PD 1967 Br Vet J 123: 470

Rossdale PD, Jeffcoat LB 1975 Vet Rec 97: 371

Rossdale PD, Silver M 1982 J Reprod Fertil Suppl 32: 507

Rossdale PD, Jeffcoat LB, Allen WR 1976 Vet Rec 99: 26

Schams D, Prokopp S 1979 Anim Reprod Sci 2: 267

Schmidt R 1937 Cited by Taverne MAM 1979 Thesis, University of Utrecht

Schmidt PM, Chakraborty PK, Wildt DE 1983 Biol Reprod 28: 657

Schuijt G, Taverne MAM 1994 Vet Rec 135: 111

Sevinga M, Barkema HW, Stryhn H, Hesselink JW 2004 Theriogenology 61: 851

Sherwood OD, Nara BS, Welk FA et al 1981 Biol Reprod 25: 65

Silver M 1988 J Reprod Fertil 82: 457

Silver M 1990 Exp Physiol 75: 285

Silver M 1992 Anim Reprod Sci 28: 441

Silver M, Barnes RJ, Comline RS et al 1979 Anim Reprod Sci 2: 305

Sovjanski B, Milosovljevic S, Miljkovic V et al 1972 Acta Vet Belgrade 22: 77

Sprecher DJ, Leman AD, Dzuik PJ et al 1974 J Am Vet Med Assoc 165: 698
Steven DH 1982 J Reprod Fertil Suppl 31: 579
Stewart DR, Stabenfeldt GH 1985 Biol Reprod 32: 848
Stewart DR, Addiego LA, Pascoe DR et al 1992 Biol Reprod 46: 648
Stryker JL, Dziuk PJ 1975 J Anim Sci 40: 282
Szcenci O 1985 Acta Vet Hung 33: 205
Taverne MAM 1982 In: Cole DJA, Foxcroft GR (ed) Control of pig reproduction. Butterworths, London, p 419
Taverne MAM, van der Weyden GC, Fontijne P et al 1977 Am J Vet Res 38: 1761
Taverne MAM, Naaktgeboren C, Elsaesser F et al 1979a Biol Reprod 21: 1125
Taverne MAM, Naaktgeboren C, van der Weyden GC 1979b Anim Reprod Sci 2: 117
Taverne MAM, van der Weijden GC, Fontijne P 1979c Curr Top Vet Med Anim Sci 4: 297
Taverne MAM, Bevers M, Bradshaw JMC et al 1982 J Reprod Fertil 65: 85
Taverne MAM, Breeveld-Dwarkasing VNA, van Dissel-Emiliani FMF et al 2002 Domestic Animal Endocrinology 23: 329
Toombs RE, Wikse SE, Kasari TR 1994 Vet Clin North Am Food Anim Pract 10: 137
Van der Weijden GC, Taverne MAM, Okkens AC, Fontijne P 1981 J Small Anim Pract 22: 503
Van der Weyden GC, Taverne MAM, Dieleman SJ et al 1989 J Reprod Fertil Suppl 39: 211
Van Dijk AJ, Van Rens BTTM, Van der Lende T, Taverne MAM 2005 Theriogenology 64: 1573
Van Dijk AJ, Van der Lende T, Taverne MAM 2006 Theriogenology 66: 1824
Van Engelen E, Taverne MAM, Everts ME et al 2007 Theriogenology 67: 1158
Van Rensburg SJ 1967 J Endocrinol 38: 83
Van Werven T, Schukken YH, Lloyd J et al 1992 Theriogenology 37: 1191
Verhage HG, Beamer NB, Brenner RM 1976 Biol Reprod 14: 570
Vivrette SL, Kinfdahl H, Munro CJ et al 2000 J Reprod Fertil 119: 347
Wagner WC, Willham RL, Evans LE 1971 Proc Am Soc Anim Sci 33: 1164
Wallace LR 1949 Proc 9th Ann Conf NZ Soc Anim Prod 85
Ward WR 1968 PhD Thesis, University of Liverpool
Wathes DC, King GJ, Porter DG, Wathes CM 1989 J Reprod Fertil 87: 383
Wathes DC, Smith HF, Leung ST 1996 J Reprod Fertil 106: 23
Welch RAS, Newling P, Anderson D 1973 NZ Vet J 21: 103
Welch RAS, Crawford JE, Duganzich DM 1977 NZ Vet J 25: 111
Whittle WL, Holloway AC, Lye SJ et al 2000 Endocrinology 141: 3783
Widowski TM, Curtis SE, Dzuik PJ et al 1990 Biol Reprod 43: 290
Willemse AH, Taverne MAM, Roppe LJJA, Adams WM 1979 Vet Q 1: 145
Williams WF, Margolis MJ, Manspeaker JE et al 1987 Theriogenology 28: 213
Wilson ME, Edgerton LA, Cromwell GL, Stahly TS 1979 J Anim Sci 49(suppl 1): 24
Winn RJ, O'Day-Bowman MB, Sherwood OD 1993 Endocrinology 133: 121
Woicke J, Schoon HA, Heuwieser W et al 1986 J Vet Med A 33: 660
Wood CE 1999 J Reprod Fertil Suppl 54: 115
Yarney TA, Rahnefield GW, Kon G 1979 Rep Can Soc Anim Sci Alberta, 836
Young IM, Harvey MJA 1984 Vet Rec 115: 539
Zarro E, Mandarino P, Kennett DL 1990 Rev Suinicolt 31: 97
Zerobin K 1981 In: Proceedings of the International Pig Veterinary Society Congress
Zerobin K, Spörri H 1972 Adv Vet Sci Comp Sci 16: 303
Zerobin K, Jöchle W, Steingruber CH 1973 Prostaglandins 4: 891

第7章

Adams GP 1999 J Reprod Fertil Suppl 54: 17
Alsemgeest SP, Taverne MA, Boosman R et al 1993 Am J Vet Res 54: 164
Andrews FN, McKenzie FF 1941 Res Bull Univ Missouri 329
Baumann H, Gauldie J 1994 Immunol Today 15: 74
Bridges PJ, Taft R, Lewis PE et al 2000 J Anim Sci 78: 2172
Britt JH, Armstrong JD, Cox NM, Esbenshade KL 1985 J Reprod Fertil Suppl 33: 37
Buch NC, Tyler WJ, Casida LE 1955 J Dairy Sci 38: 73
Bulman DC, Wood PDP 1980 Anim Prod 30: 177
Crowe MA 2000 Personal communication
Da Rosa GO, Wagner WC 1981 J Anim Sci 52: 1098
Edquist LE, Kindahl H, Stabenfelt G 1978 Prostaglandins 16: 111
Edquist LE, Lindell JO, Kindahl H 1980 In: Proceedings of the 9th International Congress on Animal Reproduction and Artificial Insemination, Madrid
Edwards S, Foxcroft GR 1983 J Reprod Fertil 67: 163
Eley DS, Thatcher WW, Head HH et al 1981 J Dairy Sci 64: 312
Elliott K, McMahon KJ, Gier HT, Marion GB 1968 Am J Vet Res 29: 77
Foldi J, Kilcsar M, Pecsi A et al 2006 Anim Reprod Sci 96: 265
Foote WC, Call JW 1969 J Anim Sci 29: 190
Gier WC, Marion GB 1968 Am J Vet Res 29: 83
Gomez-Cuetara C, Flores JM, Sanchez J et al 1995 Anat Histol Embryol 24: 19
Graves WE, Lauderdale JW, Kirkpatrick RL et al 1967 J Anim Sci 26: 365
Gray CA, Stewart MD, Johnson GA, Spencer TE 2003 Reproduction 125: 185
Griffin JFT, Hartigan PJ, Nunn WR 1974 Theriogenology 1: 91
Gygax AP, Ganjam VK, Kennedy RM 1979 J Reprod Fertil Suppl 27: 571
Hafez ESE 1952 J Agr Sci Camb 42: 189
Hunter DL, Erb RE, Randel RD et al 1968 J Dairy Sci 52: 904
Johanns CJ, Clark TL, Herrick JB 1967 J Am Vet Med Assoc 151: 1692
Kaidi RS, Brown PJ, David JSE et al 1991 Matrix 11: 101
Kindahl H, Edqvist LE, Larsson K, Malmqvist A 1982 In: Karg H, Schallenberger E (ed) Factors influencing fertility in the postpartum cow. Martinus Nijhoff, The Hague, p 173–196
King GJ, Hurnik JF, Robertson HA 1976 J Anim Sci 42: 688
Kyle SD, Callahan CJ, Allrich RD 1992 J Dairy Sci 75: 1456
Lamming GE, Darwash AO 1998 Anim Reprod Sci 52: 175
Lamming GE, Foster JP, Bulman DC 1979 Vet Rec 104: 156
Liptrap RM, McNally PJ 1976 Am J Vet Res 37: 369
Maizon DO, Oltenacu PA, Grohn YT et al 2004 Prev Med Vet 66: 113
Mateus L, da Costa LL, Bernardo F, Robalo Silva J 2002 Reprod Domest Anim 37: 31
Moller K 1970 NZ Vet J 18: 83
Morrow DA, Roberts SI, McEntee K 1969 Cornell Vet 59: 134, 190
Nation DP, Burke CR, Rhodes FM, MacMillan KL 1999 Anim Reprod Sci 56: 169

Noakes DE, Wallace L, Smith GE 1991 Vet Rec 128: 440
Okanu A, Tomizuka T 1987 Theriogenology 27: 369
Olson JD, Ball L, Mortimer RG et al 1984 Am J Vet Res 45: 2251
Palmer WMH, Teague HS, Venzke WG 1965 J Anim Sci 24: 541
Peters AR, Riley GM 1982 Anim Prod 34: 145
Peters AR, Lamming GE 1990 In: Milligan SR (ed) Oxford reviews of reproductive biology, vol 12. Oxford University Press, Oxford, p 245–288
Rasbech NO 1950 Nord Vet Med 2: 655
Regassa F, Noakes DE 1999 Vet Rec 144: 502
Risco CA, Drost M, Thatcher WW et al 1994 Theriogenology 42: 183
Roche JF 2006 Anim Reprod Sci 96: 282
Ruder CA, Sasser RG, Williams RJ et al 1981 Theriogenology 15: 573
Savio JD, Boland MP, Hymes N, Roche JF 1990 J Reprod Fertil 88: 569
Schallenberger E, Oerterer U, Hutterer G 1982 In: Karg H, Schallenberger E (ed) Factors influencing fertility in the postpartum cow. Martinus Nijhoff, The Hague, p 123–146
Schams D 1976 Hormonal control of lactation. In: Breast feeding and the mother. Ciba Foundation 45. Elsevier, Amsterdam, p 27–48
Schmidt PM, Chakraborty PK, Wildt DE 1983 Biol Reprod 28: 657
Sharpe PH, Gifford DR, Flavel PF et al 1986 Theriogenology 26: 621
Sheldon IM 2004 Vet Clin Food Anim 20: 569
Sheldon IM, Dobson H 2004 Anim Reprod Sci 295: 82–83
Sheldon IM, Noakes DE, Dobson H 2000 Theriogenology 54: 409
Sheldon IM, Noakes DE, Rycroft A, Dobson H 2001 Vet Rec 148: 172
Sheldon IM, Noakes DE, Rycroft AN et al 2002 Reproduction 123: 837
Svajgr AJ, Hays VW, Cromwell GLL, Dutt RH 1974 J Anim Sci 38: 100
Tennant B, Peddicord RG 1968 Cornell Vet 58: 185
Terqui M, Chupin D, Gauthier D et al 1982 In: Karg H, Schallenberger E (ed) Factors influencing fertility in the postpartum cow. Martinus Nijhoff, The Hague, p 384–408
Thatcher WW 1986 Cited by Peters AR, Lamming GE 1986 Vet Rec 118: 236
Tian W, Noakes DE 1991a Vet Rec 128: 566
Tian W, Noakes DE 1991b Vet Rec 129: 463
Uren AW 1935 Mich State Coll Agric Exp Stn Tech Bull 144
Van Wyk LC, Van Niekerk CH, Belonje PC 1972 J S Afr Vet Assoc 43 13: 29
Wagner WC, Oxenreider SL 1972 J Anim Sci 34: 360
Williams CY, Harris TJ, Battaglia DF et al 2001 Endocrinolgy 142: 1915
Wright PJ, Geytenbeek PE, Clarke IJ, Findlay JK 1981 J Reprod Fertil 61: 97

第8章

Azzam SM, Kinder JE, Nielsen MK et al 1993 J Anim Sci 71: 282
Berger PJ, Cubas AC, Koehler KJ, Healey MH 1992 J Anim Sci 70: 1775
Blackmore DK 1960 Vet Rec 72: 631
Byron CR, Embertson RM, Bernard WV et al 2003 Equine Vet J 35: 82
Carr J 1998 In: Garth Pig Stockmanship Standards. 5M, Sheffield, p 4
Cawlikowski J 1993 Zesz Naukowe Akad Rolnicza Szczecin Zootech 29: 52
Collery P, Bradley J, Fagan J et al 1996 Irish Vet J 49: 491
Dematawewa CMB, Berger PJ 1997 J Dairy Sci 80: 754
Dennis SM, Nairn ME 1970 Aust Vet J 46: 272
Deutscher GH 1995 Agri-practice 16: 751
Edwards SA 1979 J Agr Sci Camb 93: 359
Ekstrand C, Linde-Forsberg C 1994 J Small Anim Pract 35: 459
Ellis TH 1958 Vet Rec 70: 952
Framstad T, Krovel A, Okkenhaug H et al 1989 Norsk Vet Tidsskrift 101: 579
Gaines JD, Peschel D, Kauffman RC et al 1993 Theriogenology 40: 33
George JM 1975 Aust Vet J 51: 262
George JM 1976 Aust Vet J 52: 519
Ginther OJ, Williams D 1996 J Equine Vet Sci 16: 159
Grommers FJ 1977 Tijdschr Diergeneeskd 92: 222
Gunn RG 1968 Anim Prod 10: 213
Gunn-Moore DA, Thrusfield MV 1995 Vet Rec 136: 350
Haas SD, Bristol F, Card CF 1996 Can Vet J 37: 91
Hanzen C, Laurent Y, Ward WR 1994 Theriogenology 41: 1099
Hight GK, Jury KE 1969 NZ Soc Anim Prod 29: 219
Jackson PGG 1972 Dystocia in the sow. Fellowship thesis, Royal College of Veterinary Surgeons, London
Jackson PGG 1995 In: Handbook of veterinary obstetrics. WB Saunders, London, p 105
Jöchle W, Esparza P, Gimenez T, Hidalgo MA 1972 J Reprod Fertil 28: 407
Johanson JM, Berger PJ 2003 J Dairy Sci 86: 3745
Jones JET 1966 Br Vet J 122: 420
Kloss S, Wehrend A, Failing K, Bostedt H 2002 Berl Münch Tierärztl 115: 247
Knight RP 1996 Aust Vet J 73: 105
Kossaibati MA, Esslemont RJ 1995 Daisy – the Dairy Information System, report 4. University of Reading, Reading
Laing ADMG 1949 NZ J Agric 79: 11
Leidl W, Stolla R, Schmid G 1993 Tierärztl Umschau 48: 408
McDermott JJ, Allen OB, Martin SW, Alves DM 1992 Can J Vet Res 56: 47
McEarlane D 1961 Aust Vet J 37: 105
McGuirk BJ, Forsyth R, Dobson H 2007 Vet Rec 161: 685
McSporran KD, Buchanan R, Fielden ED 1977 NZ Vet J 25: 247
Meyer CL, Berger PJ, Thompson JR, Sattler CG 2001 J Dairy Sci 84: 1246
Miller GY, Dorn CR 1990 Prev Vet Med 8: 171
Moule GR 1954 Aust Vet J 30: 153
Murray RD, Cartwright TA, Downham DY, Murray MA 1999 Anim Sci 69: 105
Murray RD, Cartwright TA, Downham DY et al 2002 Reprod Dom Anim 37: 1
Randall GCB 1972 Vet Rec 90: 178
Salman MD, King ME, Odde KG, Mortimer RG 1991 J Am Vet Med Assoc 198: 1739
Sauerer G, Averdunk G, Matzke P, Bogner H 1988 Bayer Landwirtschaftl Jahrb 65: 969
Schulz S, Bostedt S 1995 Tierärztl Praxis 23: 139
Sloss V, Dufty JH 1980 Handbook of bovine obstetrics. Williams & Wilkins, Baltimore
Sloss V, Johnston DE 1967 Aust Vet J 43: 13
Sobiraj A 1994 Dtsch Tierärztl Wochenschr 101: 471
Thomas JO 1990 Vet Rec 127: 574
Vandeplassche M 1993 in Equine Reproduction. Philadelphia: Lea and Febiger
Van Donkersgoed J, Ribble CS, Booker CW et al 1993 Can J Vet Res 57: 170
Van Soom A, Mijten P, Van Vlaenderen I et al 1994 Theriogenology 41: 855
Walett-Darvelid A, Linde-Forsberg C 1994 J Small Anim Pract 35: 402

Wallace LR 1949 Proc NZ Soc Anim Prod 85
Welmer G, Wooliams C, Macleod NSM 1983 J Agric Sci Camb 100: 539
Whitelaw A, Watchorn P 1975 Vet Rec 97: 489
Wilsmore AJ 1986 Br Vet J 142: 233
Wittum TE, Salman MD, King ME et al 1994 Prev Vet Med 19: 1
Wooliams C, Welmer G, Macleod NSM 1983 J Agric Sci Camb 100: 553

第9章

Jackson PGG 1996 In: Handbook of veterinary obstetrics. WB Saunders, London
Robbins MA, Mullen HS 1994 Vet Surg 23: 48
Vandeplassche M 1972 Equine Vet J 4: 105
Vandeplassche M 1980 Equine Vet J 12: 45

第10章

Auld WC 1947 Vet Rec 59: 287
Bark H, Sekeles B, Marcus R 1980 Feline Pract 10: 44
Blackmore DK 1960 Vet Rec 72: 631
Boswood B 1963 Vet Rec 75: 1044
Caufield W 1960 Vet Rec 72: 673
Challis JRG, Lye SJ 1994 In: Knobil E, Neill JD (ed), Physiology of reproduction, 2nd edn. Raven Press, New York, p 1018
Day FT 1972 Equine Vet J 4: 131
Doyle AJ, Freeman DE, Sauberli DS et al 2002 J Am Vet Med Assoc 220: 349
Farman RS 1965 Vet Rec 77: 610
Framstad T, Krovel A, Okkenhaug H et al 1989 Norsk Vet Tidsskrift 101: 579
Frazer GS, Perkins NR, Constable PD 1996 Theriogenology 46: 739
Freak MJ 1962 Vet Rec 74: 1323
Ginther OJ, Williams D 1996 J Equine Sci 16: 159
Hindson JC 1961 Vet Rec 73: 85
Hindson JC, Schofield BM, Turner CB 1967 Res Vet Sci 8: 353
Hindson JC, Turner CB 1972 Vet Rec 90: 100
Jackson PGG 1972 Personal communication
Kloss S, Wehrend A, Failing K, Bostedt H 2002 Berl Munch Tierärztl 115: 247
Kraus A, Schwab A 1990 Tierärztl Praxis 18: 641
Leidl W, Stolla R, Schmid G 1993 Tierärztl Umschau 48: 408
Linde-Forsberg C, Eneroth A 1998 In: England G, Harvey M (ed) Manual of small animal reproduction and neonatology. British Small Animal Veterinary Association, Cheltenham, Glos, p 132
Menard L 1994 Can Vet J 35: 289
Mitchell MD, Flint APE 1978 Endocrinology 76: 108
Morton DH, Cox JE 1968 Vet Rec 82: 530
Murray RD, Cartwright TA, Downham DY et al 2002 Reprod Domest Anim 37: 71
Pearson H 1971 Vet Rec 89: 597
Roberts SJ 1972 Veterinary obstetrics and genital diseases. Roberts, Woodstock, VT
Schäfer W 1946 Schweiz Arch Tierheilk 88: 44
Schulz S, Bøstedt H 1995 Tierärztl Praxis 23: 139
Sell F, Eulenberger K, Schulz J 1990 Monatsh Veterinärmed 45: 413
Skjerven O 1965 Nord Vet Med 17: 377
Sobiraj A 1994 Dtsch Tierärztl Wochenschr 101: 471
Thomas JO 1990 Vet Rec 127: 574
Tutt JB 1944 Vet J 100: 182
Vandeplassche M 1980 Equine Vet J 12: 45
Vandeplassche M, Spincemaille J, Bouters R, Bonte P 1972 Equine Vet J 4: 105
Walett-Darvelid A, Linde-Forsberg C 1994 J Small Anim Pract 35: 402
Wichtel JJ, Reinertson EL, Clark TL 1988 J Am Vet Med Assoc 193: 337
Williams WL 1943 Veterinary Obstetrics New York: Williams & Wilkins
Wright JG 1958 Vet Rec 70: 347
Young RO, Hiscock RH 1963 Vet Rec 75: 872

第11章

Abusineina MEA 1963 Thesis, University of London
Adams JWE, Bishop GHR 1963 J S Afr Vet Med Assoc 34: 91
Anderson WJ, Pleasants AB, Barton RA 1981 NZ J Agric Res 24: 269
Behboodi E, Anderson GB, Bondurant RH et al 1995 Theriogenology 44: 227
Ben-David B 1961 Refuah Vet 19: 152
Berger PJ, Cubas AC, Koehler KJ, Healey HH 1992 J Anim Sci 70: 1775
Black JL 1983 Growth and development of lambs. In: Haresign W (ed) Sheep production. Easter School Proceedings, Nottingham 35: 21
Colburn DJ, Deutscher GH, Nielson MK, Adams DC 1997 J Anim Sci 75: 1452
Crow GH, Indetie D 1994 In: Proceedings of 5th World Congress on Genetics applied to Livestock Production, Guelph, Ontario, Canada, vol 17, p 206
Derivaux J, Fagot V, Huet R 1964 Ann Med Vet 108: 335
Deutscher GH 1985 Agri-Practice 16: 751
Dickenson AG, Hancock JL, Hovell GJR et al 1962 Anim Prod 5: 87
Drennan MJ 1979 In: Hoffman B, Mason H, Schmidt J (ed) Calving problems and early viability of the calf. Martinus Nijhoff, The Hague, p 429–443
Drew B 1986–1987 Proc BCVA: 143
Eckles CH 1919 Cited by Holland MD, Odde KG 1992 Theriogenology 38: 769
Eley RM, Thatcher WM, Bazer et al 1978 J Dairy Sci 61: 467
Eneroth A, Linde-Forsberg C, Uhlhorn M, Hall M 1999 J Small Anim Pract 40: 257
Eriksson S, Nasholm A, Johansson K, Philipsson J 2004 J Anim Sci 82: 375
Faichney GJ 1981 Proc Nutr Soc Aust 6: 48
Farin CE, Farin PW, Piedrahita JA 2004 J Anim Sci 82(Suppl): E53
Farin PW, Piedrahita JA, Farin CE 2006 Theriogenology 65: 178
Freak MJ 1962 Vet Rec 74: 1323
Freak MJ 1975 Vet Rec 96: 303
Gerlaugh P, Kunkle LE, Rife DC 1951 Ohio Agric Exp Stn Res Bull 703
Hickson RE, Morris ST, Kenyon PR, Lopez-Villalobos N 2006 NZ Vet J 54: 256
Hilder RA, Fohrman MH 1949 J Agr Res 78: 457
Hindson JC 1978 Vet Rec 102: 327
Holland MD, Speer NC, LaFevre DG et al 1993 Theriogenology 39: 899
Hunter GL 1957 J Agr Sci Camb 48: 36
Jöchle W, Esparza H, Gimenez T, Hidalgo MA 1972 J Reprod Fertil 28: 407
Johnson SK, Deutscher GH, Parkhurst A 1988 J Anim Sci 66: 1081
Joubert DM, Hammond J 1958 J Agr Sci Camb 51: 325
Khadem AA, Morris ST, Purchas RW et al 1996 NZ J Agric Res 39: 271
Kriese LA, van Vleck LD, Gregory KE et al 1994 J Anim Sci 72: 1954
Kruip TAM, den Daas JHC 1997 Theriogenology 47: 43
Larsen E 1946 Maanedsskr Dyrlaeg 53: 471 (abstr)

Laster DB 1974 J Anim Sci 38: 496
Laster DB, Glimp HA, Cundiff LV, Gregory KE 1973 J Anim Sci 36: 695
Legault CR, Touchberry RW 1962 J Dairy Sci 45: 1226
Lindhé B 1966 World Rev Anim Prod 2: 53
MacKellar JC 1960 Vet Rec 72: 507
McGuirk BJ, Going I, Gilmour AR 1998a Anim Sci 66: 35
McGuirk BJ, Going I, Gilmour AR 1998b Anim Sci 66: 47
McGuirk BJ, Going I, Gilmour AR 1999 Anim Sci 68: 413
McSporran KD, Fielden ED 1979 NZ Vet J 27: 75
McSporran KD, Wyburn RS 1979 NZ Vet J 27: 64
McSporran KD, Buchanan R, Fielden ED 1977 NZ Vet J 25: 247
Mason IL 1963 Vet Rec 76: 28
Meijering A 1984 Livestock Prod Sci 11: 143
Morrison DG, Humes PE, Keith NK, Godke RA 1985 Anim Sci 60: 608
Nugent RA, Notter DR, Beal WE 1991 J Anim Sci 69: 2413
Penny CD, Lowman BG, Scott NA et al 1995 Vet Rec 163: 506
Pike IH, Boaz TG 1972 Anim Prod 15: 147
Prior RL, Laster DB 1979 J Anim Sci 48: 1456
Rice LE 1994 Vet Clin North Am Food Anim Pract 10: 53
Rice LE, Wiltbank JN 1972 J Am Vet Med Assoc 161: 1348
Robalo Silva J, Noakes DE 1984 Vet Rec 115: 242
Russel AJF, Foot JZ, White IR, Davies GJ 1981 J Agric Sci Camb 97: 723
Sieber M, Freeman AE, Kelley DH 1989 J Dairy Sci 72: 2402
Spitzer JC, Morrison DG, Wettemann RP, Faulkner LC 1995 J Anim Sci 73: 1251
Starke JS, Smith JB, Joubert DM 1958 Sci Bull Dept Agric For Un S Afr 382
Steyn C, Hawkins P, Saito T et al 2001 Eur J Obstet Gynaecol Reprod Biol 98: 165
Takahashi M, Goto T, Tsuchiya H et al 2005 J Vet Med Sci 67: 807
Tudor GD 1972 Aust J Agr Res 23: 389
Uwland J 1976 Tijdschr Diergeneesk 101: 421
Van Donkersgoed J, Ribble CS, Townsend HGG, Jansen ED 1990 Can Vet J 31 190
Van Wagtendonk de Leeuw AM, Aerts BJG, den Daas JHG 1998 Theriogenology 49: 883
Vandeplassche M 1957 Bijr Vlaams Diergeneesk Tijdschr 26: 68
Williams WL 1940 Veterinary obstetrics. Williams & Wilkins, New York
Wiltbank JN 1961 Neb Exp Stn Q, Summer
Wiltbank JN, Remmenga EE 1982 Theriogenology 17: 587
Withers FW 1953 Br Vet J 109: 122
Woodward RR, Clark RT 1959 J Anim Sci 18: 85

第12章

Benesch F 1927 Cornell Vet 14: 227
Hindson JC 1978 Vet Rec 102: 327
McGladdery A 2001 In Pract 23: 74
Sargison ND, Scott PR 1994 Proc Sheep Vet Soc 103–106
Skarda RT 1996 In: Thurmon JC, Tranquilli WJ, Benson GJ (ed) Veterinary anaesthesia. Williams & Wilkins, Baltimore, p 426–515

第13章

Freak MJ 1948 Vet Rec 60: 295

第14章

Freiermuth GJ 1948 J Am Vet Med Assoc 113: 231
Graham JA 1979 J Am Vet Med Assoc 174: 169
Hindson JC 1978 Vet Rec 102: 327
Murray RD, Cartwright TA, Downham DY et al 2002 Reprod Domest Anim 37: 1
Takahashi M, Goto T, Tsuchiya H, Kawahata K 2005 J Vet Med Sci 67: 807
Van Donkersgoed J, Ribbel CS, Townsend HGG, Jansen ED 1990 Can Vet J 31: 190

第15章

Graham JA 1979 J Am Vet Med Assoc 174: 169

第16章

Anderson GB, Cupps PT, Drost M et al 1978 J Anim Sci 46: 449
Vandeplassche M, Podliachouk L, Beaud R 1970 Can J Comp Med 34: 281

第17章

Aanes WA 1964 J Am Vet Med Assoc 144: 485
Brunsdon JE 1961 Vet Rec 73: 437
Götze R 1938 Deutsch Tierärztl Wschr 49: 163
Hopkins AR, Amor OF 1964 Vet Rec 76: 904
Knottenbelt DC 1988 Vet Rec 122 653
McGladdery A 2001 In Pract 23: 74
Mosdol Q 1999 Vet Rec 144: 38
O'Neill AR 1961 Vet Rec 73: 1041
Pearson H, Denny HR 1975 Vet Rec 97: 240
Rooney EF 1964 Cornell Vet 54: 11
White JB 1961 Vet Rec 73: 281, 330

第18章

Ellerby F, Jochumsen P, Veirupl S 1969 Kgl Vet Landbohöjsk Årsskr 77: 154
Gardner IA, Reynolds JP, Risco CA, Hird DW 1990 J Am Vet Med Assoc 197: 1021
Jubb TF, Malmo J, Brightling P, Davis GM 1990 Aust Vet J 67: 22
Murphy AM, Dobson H 2002 Vet Rec 151: 733
Noakes DE 1997 Fertility and obstetrics in cattle, 2nd edn. Blackwell Science, Oxford
Oakley GE 1992 NZ Vet J 40: 120
Odegaard SA 1977 Acta Vet Scand Suppl 63: 1
Patterson DJ, Bellows RA, Burfening PJ et al 1979 J Anim Sci 49 (suppl 1): 325
Penny RHC, Arthur GH 1954 Vet Rec 66: 162
Plenderleith RW 1986 In Pract 8: 14
Raleigh PJ 1977 Vet Rec 100: 89
Rasbech NO, Jochumsen P, Christiansen IJ 1967 Kgl Vet Landbohöjsk Årsskr: 265
Roine K, Soloniemi H 1978 Acta Vet Scand 19: 341
Vandeplassche M, Spincemaille J 1963 Berl Münch Tierärztl Wochenschr 76: 324

第19章

Bezek DM, Frazer GS 1994 Comp Cont Educ Pract Vet 16: 1393
Frazer GS 1998 In: Proceedings of the 31st Annual Convention of the American Association of Bovine Practitioners, p 97
Graham JA 1979 J Am Vet Med Assoc 174: 169
Mortimer RG, Toombes RE 1993 Vet Clin North Am Food Prod Anim 9: 323
Paiba GA 1995 Vet Rec 136: 492

第20章

Anderson DE 1998 In: Proceedings of the 31st Annual Convention of the American Association of Bovine Practitioners, p 101
Arthur GH 1975 Veterinary reproduction and obstetrics, 4th edn. Baillière Tindall, London
Barkema HW, Schukken YH, Guard CL et al 1992 Theriogenology 38: 589
Belling TH 1961 J Am Vet Med Assoc 138: 670
Bieberly F, Bieberly S 1973 Vet Med Small Anim Clin 68: 1086
Boucoumont D, Lecuyer B, Rosenthiehl D et al 1978 Point Vet 8: 15
Brodbelt DC, Taylor PM 1999 Vet Rec 145: 283
Brounts SH, Hawkins JF, Baird AN, Glickman LT 2004 J Am Vet Med Assoc 224: 275
Campbell ME, Fubini SL 1990 Comp Cont Educ 12: 285
Cattel JH, Dobson H 1990 Vet Rec 127: 395
Caulkett N, Cribb PH, Duke T 1993 Can Vet J 34: 674
Clutton RE, Blissitt KJ, Bradley AA, Camburn MA 1997 Vet Rec 141: 140
Cox JE 1987 Surgery of the reproductive tract in large animals, 3rd edn. Liverpool University Press, Liverpool, p 145–169
Dawson JC, Murray R 1992 Vet Rec 131: 525
Dehghani SN, Ferguson JG 1982 Comp Cont Educ 4: S387
Freeman DE, Hungerford LL, Schaeffer D et al 1999a Equine Vet J 31: 203
Freeman DE, Johnston JK, Hungerford LL, Lock TF 1999b Equine Vet J 31: 208
Green M, Butterworth S, Husband J 1999 In Pract 21: 240
Jöchle W, Gimenezi T, Esparza H, Hidalgo MA 1973 Vet Med Small Anim Clin 68: 395
Juzwiak JS, Slone DE, Santschi EM, Moll HD 1990 Vet Surg 19: 50
Neal PA 1956 Vet Rec 68: 89
Parish SM, Tyler JW, Ginsky JV 1995 J Am Vet Med Assoc 207: 751
Parkinson JD 1974 Vet Rec 95: 508
Pearson H 1971 Vet Rec 89: 597
Pearson H 1978 Vet Annu 18: 80
Pearson H 1996 The caesarean operation. In: Arthur GH, Noakes DE, Pearson H, Parkinson TJ (ed) Veterinary reproduction and obstetrics, 7th edn. WB Saunders, London
Pearson H, Arthur GH, Rosevink B, Kakati B 1980 Vet Rec 107: 285
Pineda MH, Reimers JJ, Hopwood ML, Seidel G 1977 Am J Vet Res 38: 831
Renard A, St-Pierre H, Lamothe P, Couture Y 1980 Méd Vét Québec 10: 6
Rommel W 1961 Mh Vet Med 16: 19
Schuijt G, Van der Weijden GC 2000 Cattle Pract 8: 367
Sloss V, Dufty JH 1977 Aust Vet J 53: 420
Stashak TS, Vandeplassche M 1993 Caesarean section. In: McKinnon AO, Voss JL (ed) Equine reproduction. Lea & Febiger, Philadelphia
Straub OC, Kendrick JW 1965 J Am Vet Med Assoc 147: 373
Vandeplassche M 1963 Schweiz Arch Tierheilk 105: 21
Vandeplassche M 1973 The veterinary annual. John Wright, Bristol, p 73
Vandeplassche M 1980 Equine Vet J 12: 45
Vandeplassche M, Bouters R, Spincemaille J, Herman J 1968 Zuchthygiene 3: 62
Vandeplassche M, Spincemaille J, Bouters R 1971 Equine Vet J 3: 144
Vandeplassche M, Bouters R, Spincemaille J, Bonte P 1977 In: Proceedings of the 23rd Annual Convention of the American Association of Bovine Practitioners, p 75

第21章

Arnold S 1993 J Reprod Fertil Suppl 47: 542
Arnold S, Hubler M, Casal M et al 1988 Schweiz Arch Tierheilkd 130: 369
Austin B, Lanz OI, Hamilton SM et al 2003 J Am Anim Hosp Assoc 39: 391
Bergstrom A, Frasson B, Lagerstedt AS, Olsson K 2006a J Small Anim Pract 47: 456
Bergstrom A, Nodtvedt A, Lagerstedt AS, Egenvall A 2006b Vet Surg 35: 786
Burrow R, Batchelor D, Cripps P 2005 Vet Rec 157: 829
Davidson A, Eilts B 2006 J Am Anim Hosp Assoc 42: 10
Davidson EB, Moll DH, Peyton ME 2004 Vet Surg 33: 62
Dorn AS, Swist RA 1977 J Am Anim Hosp Assoc 13: 720
England GCW 1997 Vet Rec 141: 309
England GCW, Verstegen JP 1996 Vet Rec 139: 496
Freak M 1975 Vet Rec 96: 303
Funkquist B, Lagerstedt A-S, Linde C, Obel N 1983 Zentbl Vet Med A 30: 72
Funkquist PM, Nyman GC, Lofgren AJ, Fahlbrink EM 1997 J Am Vet Med Assoc 211: 313
Gilroy BA, De Young DJ 1986 Vet Clin North Am Small Anim Pract 16: 483
Hagman R, Kindahl H, Lagerstedt A 2006 Acta Vet Scand 47: 55
Holt PE 1985 J Small Anim Pract 26: 181
Howe LM 2006 Theriogenology 66: 500
Joshua JP 1979 Cat owner's encyclopaedia of veterinary medicine. TEM Publications, London
Krzyzanowski J, Malinowski E, Wojciech S 1975 Med Wet 31: 373
Kutzler MA, Mohammed HO, Lamb SV, Meyers-Wallen VN 2003 Theriogenology 60: 1187
Kydd DM, Burnie AG 1986 J Small Anim Pract 27: 255
Lagersted A-S, Obel N, Stravenborn M 1987 J Small Anim Pract 28: 215
Le Roux PH, Van der Walt LA 1977 J S Afr Vet Med Assoc 48: 117
Luna SP, Cassu RN, Castro GB et al 2004 Vet Rec 154: 387
Mayhew PD, Brown DC 2007 Vet Surg 36: 541
Mitchell B 1966 Vet Rec 79: 252
Moon PF, Erb HN, Ludders JW et al 1998 J Am Vet Med Assoc 213: 365
Pearson H 1973 J Small Anim Pract 14: 257
Robbins MA, Mullen HS 1994 Vet Surg 23: 48
Ruckstuhl B 1978 Schweiz Arch Tierheilkd 120: 143
Salmeri KR, Bloomberg MS, Scruggs SL, Shille V 1991 J Am Vet Med Assoc 198: 1193
Schaefers-Okkens AC, Kooistra HS 2002 Tijdschr Diergeneeskd 127: 590
Schneider R, Dorn CR, Taylor DON 1969 J Natl Cancer Inst 43: 1249
Smith FO 2007 Theriogenology 68: 348

Sontas BH, Gurbulak K, Ekici H 2007 Arch Med Vet 39: 2
Thrusfield MV 1985 Vet Rec 116: 695
Van Goethem B, Schaefers-Okkens AC, Kirpensteinjn J 2006 Vet Surg 35: 136
Verstegen JP, Silva LDM, Onclin K, Donnay I 1993 J Reprod Fertil Suppl 47: 175
Waterman AE 1975 Vet Rec 96: 308
White RN 1998 Manual of small animal reproduction and neonatology. BSAVA, Cheltenham, p 184
White RN 2001 J Small Anim Pract 42: 481

第22章

Afiefy MM, Abu-Fadle W, Zaki W 1973 Zentbl Vet 20A: 256
Agthe D, Kolm HP 1975 J Reprod Fertil 43: 163
Alawneh JI, Williamson NB, Bailey D 2006 NZ Vet J 54: 73
Albright JL 1994 Proc Nat Reprod Symp 27: 171
Albright JL, Arave CW 1997 The behaviour of cattle. CAB International, Wallingford, Oxon
Al-Dahash SYA, David JSE 1977a Vet Rec 101: 296
Al-Dahash SYA, David JSE 1977b Vet Rec 101: 323
Al-Dahash SYA, David JSE 1977c Vet Rec 101: 342
Alderman G 1970 Vet Rec 70: 35
Alderman G, Stranks MH 1967 J Sci Food Agric 18: 151
Allison RD, Laven RA 2000 Vet Rec 147: 703
Almedia AP, Ayalon N, Faingold S, Marcus S, Lewis I 1984 In: Proceedings of the 10th International Congress of Animal Reproduction and Artificial Insemination 3: 438
Alnimer M, Lubbadeh W 2003 Asian–Aust J Anim Sci 16: 1268
Ambrose DJ, Schmitt EJP, Lopes FL et al 2004 Can Vet J 45: 931
Amyot E, Hurnik JF 1987 Can J Anim Sci 67: 605
Anderson GW, Barton B 1987 New England Feed Dealers Conference, cited by Ferguson & Chalupa 1989
Anderson WA, Davis CL 1958 In: Gassner FX (ed) Reproduction and infertility, 3rd Symposium. Pergamon Press, New York
Anderson GB, Cupps PT, Drost M et al 1978 J Anim Sci 46: 449
Anderson PD, Dalir-Naghadeh B, Parkinson TJ 2007 Proc NZ Soc Anim Prod 67: 248
Andriamanga S, Steffan J, Thibier M 1984 Ann Rech Vet 15: 503
Anttila J, Roine K 1972 Suom Elainlaakarilehti 78: 562
Appleyard WT, Cook B 1976 Vet Rec 99: 253
Archibald LF, Norman SN, Tran C, Lyle S, Thomas PGA 1991 Vet Med US 86: 1037
Arechiga CF, Staples CR, McDowell LR, Hansen PJ 1998 J Dairy Sci 81: 390
Arendonk JAM, van Hovenir R, de Boer W 1989 Livestock Prod Sci 21: 1
Armstrong JD, Goodall EA, Gordon FJ et al 1990 Anim Prod 50: 1
Armstrong DG, Gong JG, Gardner JO et al 2002 Reproduction 123: 371
Arthur GH 1959 Vet Rec 71: 598
Arthur GH 1975 Veterinary reproduction and obstetrics, 4th edn. Baillière Tindall, London
Arthur GH, Abdel-Rahim AT 1984 In: Proceedings of the 13th World Congress on Diseases of Cattle, Durban, South Africa 2: 809
Arthur GH, Bee D 1996 In: Arthur GH, Noakes DE, Pearson H, Parkinson TJ (eds) Veterinary reproduction and obstetrics, 7th edn. WB Saunders, London
Ashmawy AA, Vogt DW, Garverick HA, Youngquist RS 1992 J Anim Breed Genet 109: 129
Ayalon N 1978 J Reprod Fertil 54: 483
Ayalon N 1984 In: Proceedings of the 10th International Congress of Animal Reproduction and Artificial Insemination 4: III41
Ayalon N, Weis Y, Lewis I 1968 In: Proceedings of the 6th International Congress of Animal Reproduction and Artificial Insemination 1: 393
Ayliffe TR 1979 PhD thesis, University of London
Ayliffe TR, Noakes DE 1978 Vet Rec 102: 215
Bage R 2003 Reprod Domest Anim 38: 199
Bage R, Gustafsson H, Larsson B et al 2002a Theriogenology 57: 2257
Bage R, Masironi B, Sahlin L, Rodriguez-Martinez H 2002b Reprod Fertil Dev 14: 461
Bage R, Petyim S, Larsson B et al 2003 Reprod Fertil Dev 15: 115
Bagnato A 2004 Prax Vet (Milan) 25: 10–12
Bane A 1964 Br Vet J 120: 431
Banos G, Brotherstone S, Coffey MP 2004 J Dairy Sci 87: 2669
Barker R, Risco C, Donovan GA 1994 Comp Cont Educ Pract Vet 16: 801
Barrett DC, Boyd H, Mihm M 2004 In: Andrews AH (ed) Bovine medicine, 2nd edn. Blackwell Science, Oxford, p 552–577
Bartlett PC, Ngategize PK, Kaneene JB et al 1986 Prev Vet Med 4: 33
Bauman DE, Currie WB 1980 J Dairy Sci 63: 1514
Beam SW, Butler WR 1999 J Reprod Fertil Suppl 54: 411
Beever DE, Hattan A, Reynolds CK, Cammell SB 2001 In: Diskin MG (ed) Fertility in the high-producing dairy cow. British Society of Animal Science Occasional Publication 26. British Society of Animal Science, Penicuik, Midlothian, p 119–131
Beever DE, Wathes DC, Taylor VJ 2004 Cattle Pract 12: 31
Bellows RA, Short RE, Staigmiller RB 1994 J Anim Sci 72: 1667
Ben-David B 1962 Refuah Vet 19: 16
Bendixen PH, Vilson B, Ekesbo I, Astrand DB 1987 Prev Vet Med 4: 377
Benesch F 1930 Veterinary obstetrics. Baillière Tindall, London
Berry MJ, Banu L, Larsen PR 1991 Nature 349: 438
Berry DP, Buckley F, Dillon P, Evans RD, Rath M, Veerkamp RF 2003 J Dairy Sci 86: 2193
Berry DP, Buckley F, Dillon P et al 2004 Irish J Agric Food Res 43: 161
Bertchtold MP, Brummer H 1968 Berl Munch Tierarztl Wochenschr 81: 238
Bertchtold MP, Rusch P, Thun R, King S 1980 Zuchthygiene 15: 126
Bhupender S, Saravia F, Bage R, Rodriguez-Martinez H 2005 Acta Vet Scand 46: 1
Bicalho RC, Cheong SH, Warnick LD, Guard CL 2007 J Dairy Sci 90: 1193
Bierschwal CJ 1966 J Am Vet Med Assoc 149 1951
Biggers JD, McFeely RA 1966 Adv Reprod Physiol 1: 29
Biggers BG, Buchanan DS, Wettemann RP 1986 Animal science research report – Agricultural Experiment Station, Oklahoma State University. MP-118: 303
Bindas EM, Gwazdauskas FC, Aiello RJ CE 1983 J Dairy Sci 67: 1249
Bjorkman N, Sollen P 1960 Acta Vet Scand 2: 157
Blauwiekel R, Kincaid RL, Reeves JJ 1986 J Dairy Sci 69: 439
Blazquez NB, Long SE, Mayhew TM et al 1994 Res Vet Sci 57: 277
Bloch A, Folman Y, Kaim M et al 2006 J Dairy Sci 89: 4694
Bloomfield GA, Morant SV, Ducker MJ 1986 Anim Prod 42: 1
Bo GA, Cutaia LE, Souza AH, Baruselli PS 2007a In: Proc Soc Dairy Cattle Vet NZVA 24: 155–168
Bo GA, Cutaia LE, Peres LC et al 2007b In: Juengel JF, Murray JF, Smith MF (eds) Reproduction in domestic ruminants. Nottingham University Press, Nottingham, vol VI, p 223–236

Boichard D 1990 Livestock Prod Sci 24: 187
Boichard D, Manfredi E 1994 Acta Agric Scand 44: 138
Bolinder A, Seguin B, Kindhal H et al 1988 Theriogenology 30: 45
Bondurant RH 1999 J Anim Sci 77: 101
Boos A, Kohtes J, Stelljes A et al 2000 J Reprod Fertil 120: 351
Boos A, Stelljes A, Kohtes J 2003 Cells Tissues Organs 174: 170
Booth JM 1988 Vet Rec 123: 437
Borsberry S, Dobson H 1989a Vet Rec 125: 103
Borsberry S, Dobson H 1989b Vet Rec 124: 217
Bosu WTK, Peter AT 1987 Theriogenology 28: 725
Bourne N, Laven R, Wathes DC et al 2007 Theriogenology 67: 494
Bousquet D, Bouchard E, DuTremblay D 2004 Med Vet Quebec 34: 59
Bouters R, Vanderplassche M 1977 J S Afr Vet Med Assoc 42: 237
Boyd H, Reid HCB 1961 Agriculture 68: 346
Bozworth RW, Ward G, Call EP, Bonewitz ER 1972 J Dairy Sci 55: 334
Brandley PJ, Migaki G 1963 Ann NY Acad Sci 108: 872
Breden KR, Odegaard SA 1994 In: Proceedings of the 18th World Buiatrics Congress, Bologna, Italy, vol. 2, p 1095
Breen KM, Stackpole CA, Clarke IJ et al 2004 Endocrinology 145: 2739
Breen KM, Billings HJ, Wagenmaker ER et al 2005 Endocrinology 146: 2107
Breier BH 1999 Domest Anim Endocrinol 17: 209
Bretzlaff KN 1988 Bovine Proc 20: 71
Bretzlaff KN, Whitmore HL, Spahr SL, Ott RS 1982 Theriogenology 17: 527
Britt JH 1980 In: Morrow DA (ed) Current therapy in theriogenology. WB Saunders, Philadelphia
Britt JH, Scott RG, Armstrong JD, Whitacre M 1986 J Dairy Sci 69: 2195
Brooks J, Sheng C, Tortonese DJ, McNeilly AS 1999 Reprod Domest Anim 34: 133
Brown JL, Schoenemann HM, Reeves JJ 1986 Theriogenology 17: 689
Brown CJ, Buddenberg B, Peterson HP, Brown AH 1991 Arkansas Agric Exper Stn Spec Rep 147: 15
Brus DHJ 1954 PhD Thesis, University of Utrecht Brzezinska-Slebodzinska E 2003 Med Wet 59: 382
Buckley F, O'Sullivan K, Mee JF, Evans RD, Dillon P 2003 J Dairy Sci 86: 2308
Bulman DC, Lamming GE 1978 J Reprod Fertil 54: 447
Burton L, Harris B 1999 Dairyfarm Annu 51: 59
Butler WR 1998 J Dairy Sci 81: 2533
Butler WR 2000 Anim Reprod Sci 60–61: 449
Butler WR 2005 Cattle Pract 13: 13
Butler WR, Smith RD 1989 J Dairy Sci 72: 767
Byers JH, Jones JR, Bone JF 1956 J Dairy Sci 39: 1556
Calder MD, Salfen BE, Bao B et al 1999 J Anim Sci 77: 3037
Calder MD, Manikkam M, Salfen BE et al 2001 Biol Reprod 65: 471
Carpenter CM, Williams WW, Gilman HL 1921 J Am Vet Med Assoc 59: 173
Carroll DJ, Pierson RA, Hauser ER et al 1990 Theriogenology 34: 349
Carstairs JA, Morrow DA, Emery RS 1980 J Anim Sci 51: 1122
Casetta JJ 1991 Bovine Pract 26: 4
Casida LE, Chapman AB 1951 J Dairy Sci 34: 1200
Cavaleri J, Eagles VE, Ryan M, Macmillan KL 2000a Proc Soc Dairy Cattle Vet NZVA 17: 145
Cavaleri J, Eagles VE, Ryan M, Macmillan KL 2000b Proc Soc Dairy Cattle Vet NZVA 17: 161
Cavestany D, Foote RH 1985 Cornell Vet 75: 441
Cavestany D, Cibils J, Freire A et al 2003 Anim Reprod Sci 77: 141
Chapa AM, McCormick ME, Fernandez JM et al 2001 J Dairy Sci 84: 908
Chebel RC, Santos JEP, Cerri RLA et al 2006 J Dairy Sci 89: 4205
Chenault JR, McAllister JF, Chester ST et al 2004 J Am Vet Med Assoc 224: 1634
Chew BP, Keller HF, Erb RE, Malvern PV 1977 J Anim Sci 44: 1055
Chew BP, Erb RE, Fessler JF et al 1979 J Dairy Sci 62: 557
Cohen RHD 1975 Aust Meat Res Committee Rev23: 1. Cited in McClure 1994
Cohen RO, Bernstein M, Ziv G 1995 Theriogenology 43: 1389–1397
Cook DL, Smith CA, Parfet JR et al 1990 J Reprod Fertil 90: 37
Cook DL, Parfet JR, Smith CA et al 1991 J Reprod Fertil 91: 19
Cooke BC 1978 Anim Prod Abstr 26: 356
Corah L 1996 Anim Feed Sci Technol 59: 6l
Corah LR, Ives S 1991 Vet Clin North Am Food Anim Pract 7: 41
Coulson A 1978 Vet Rec 103: 359
Curtis CR, Erb HN, Sniffen CJ, Smith RD et al 1983 J Am Vet Med Assoc 183: 559
David JSE 1965 PhD Thesis, University of Bristol
David JSE, Long SM, Eddy RG 1976 Vet Rec 98: 417
Davies CJ, Hill JR, Edwards JL, Schrick FN et al 2004 Anim Reprod Sci 82/83: 267
Dawson FLM 1963 J Reprod Fertil 5: 397
Dawuda PM, Scaramuzzi RJ, Leese HJ et al 2002 Theriogenology 58: 1443–1455
Day N 1991 Vet Med 86: 753
De Silva M, Reeves JJ 1988 Biol Reprod 38: 264
De Vries A, Crane MB, Bartolome JA et al 2006 J Dairy Sci 89: 3028
Deas DW, Melrose DR, Reed HCB et al 1979 In: Laing JA (ed) Fertility and infertility in domestic animals. Baillière Tindall, London, p 137
DeBois CHW 1982 In: Karg H, Schallenberger E (eds) Factors affecting fertility in the post-partum cow. Martinus Nijhoff, The Hague
DeBois CHW, Manspeaker VMD 1986 In: Morrow DA (ed) Current therapy in theriogenology, 2nd edn. WB Saunders, Philadelphia, p 424
Debus N, Breen KM, Barrell GK et al 2002 Endocrinology 143: 3748
Dechow CD, Rogers GW, Klei L et al 2004 J Dairy Sci 87: 3534
DeKruif A 1976 Bovine Pract 11: 6
Delwiche M, Tang X, BonDurant R, Munro C 2001 Trans ASAE 44: 1997–2002, 2003–2008
Dematawewa CMB, Berger PJ 1998 J Dairy Sci 81: 2700
Dijkhuizen AA, Stelwagen J, Renkema JA 1985 Prev Vet Med 3: 251, 265
Dillon P, Buckley F 1998 Proc Rurakura Farm Conf 50: 50
Dillon P, Snijders S, Buckley F et al 2003 Livestock Prod Sci 83: 35
Diskin MG, Sreenan JM 1986 In: Sreenan JM, Diskin MG (eds) Embryonic mortality in farm animals. Martinus Nijhoff, Dordrecht
Dobson H, Rankin JEE, Ward WR 1977 Vet Rec 101: 459
Dobson H, Ribadu AY, Noble KM et al 2000 J Reprod Fertil 120: 405
Dohmen MJW, Lohuis JACM, Huszenicza G, Nagy P, Gacs M 1995 Theriogenology 43: 1379–1388
Dohoo IR, Martin SW, Meek AH, Sandals WCD 1983 Prev Vet Med 1: 321
Dosogne H, Burvenich C, Lohuis JACM 1999 Theriogenology 51: 867–874
Douthwaite R, Dobson H 2000 Vet Rec 247: 355
Dransfield MBG, Nebel RL, Pearson RE, Warnick LD 1998 J Dairy Sci 81: 1874
Drew B 2004 In: Andrews AH (ed) Bovine medicine, 2nd edn. Blackwell Science, Oxford, p 54–67

Drillich M, Wittke M, Tenhagen BA, Unsicker C, Heuwieser W 2005 Tierarztl Prax G 33: 404–410

Drillich M, Arlt S et al 2006 J Dairy Sci 89: 3431

Dubois PR, Williams DJ 1980 In Proceedings of the XIth International Congress on Diseases of Cattle, Tel Aviv, p 988–993

Ducker MJ, Yarrow NH, Bloomfield GA, Edwards-Webb JD 1984 Anim Prod 39: 9

Ducker MJ, Haggett RA, Fisher WJ, Morant SV 1985 Anim Prod 41: 1

Duncansson GR 1980 In: Proceedings of the British Cattle Veterinary Association, p 58–62

Dunlap SE, Vincent CK 1971 J Anim Sci 32: 1216

Dyer RG 1985 Oxford Rev Reprod Biol 7: 223

Ealy AD, Drost M, Hansen PJ 1993 J Dairy Sci 76: 2899

Eddy RG 1994 Cattle Pract 2: 39

Edwards MJ 1961 Thesis, University of Liverpool

Edwards JS, Bartley EE, Dayton AD 1980 J Dairy Sci 63: 243

Eiler H, Hopkins FM 1993 J Am Vet Med Assoc 203: 436

Eiler H, Fecteau KA 2007 In: Youngquist RS, Threlfall WR (eds) Current therapy in large animal theriogenology, 2nd edn. Saunders-Elsevier, St Louis, MO, p 345–354

Elmore RG, Bierschwal CJ, Youngquist RS, Cantley TC et al 1975 Vet Med Small Anim Clin 70: 1346

Elrod CC 1992 Cited in Lean et al1998

Elrod CC, Butler WR 1993 J Anim Sci 71: 694

El-Zarkouny SZ, Cartmill JA, Hensley BA, Stevenson JS 2004 J Dairy Sci 87: 1024

Emmanuelson U, Bendixen PH 1991 Prev Vet Med 10: 261

Eradus WJ, Braake HAB 1993 Artificial intelligence for agriculture and food. p 265

Erb RE, Gaverick HA, Randel RD, Brown BL, Callahan CJ 1976 Theriogenology 5: 227

Erb HN, Martin SW, Ison N, Swaminathan S 1981 J Dairy Sci 64: 272

Eriksson K 1943 Cited in: McEntee 1990

Esslemont RJ 1973 PhD Thesis, University of Reading

Esslemont RJ 1974 ADAS Q Rev 12: 175

Esslemont RJ 1992 Daisy Dairy Information System. Report no 1. University of Reading, Reading

Esslemont RJ 2003 Cattle Pract 11: 237–250

Esslemont RJ, Bryant 1976 Vet Rec 99: 472

Esslemont RJ, Kossaibati MA 1996 Vet Rec 139: 486

Esslemont RJ, Kossaibati MA 1997 Vet Rec 140: 36

Esslemont RJ, Peeler E 1993 Br Vet J 149: 537

Esslemont RJ, Spincer I 1992 The prevalence and costs of diseases in dairy herds. Report No 2, The Dairy Information System (DAISY). University of Reading, Reading

Esslemont RJ, Glencross RG, Bryant MJ, Pope GS 1980 Appl Anim Ethol 6: 1

Eyestone WH, Ax RL 1984 Theriogenology 22: 109

Fahey J, McNamara S, Murphy JJ et al 2005 Vet Rec 156: 505

Fallon GR 1962 Br Vet J 118: 327

Farin PW, Estill CT 1993 Vet Clin North Am 9: 291

Farin PW, Youngquist RS, Parfet JR, Gaverick HA 1992 J Am Vet Med Assoc 200: 1085

Faye B, Fayet J-C, Brochard M et al 1986 Ann Rech Vet 17: 257

Fekete S, Huszenicza G, Kellems RO et al 1996 Acta Vet Hung 44: 309

Ferguson JD 1990 Cited in Lean et al1998

Ferguson JD, Chalupa W 1989 J Dairy Sci 72: 746

Fettman MJ 1991 Comp Cont Educ Pract Vet 13: 1079

Fincher MG 1946 Trans Am Soc Study Steril 1: 17

Fincher MG, Williams WL 1926 Cornell Vet 16: 1

Firk R, Stamer E, Junge W, Krieter J 2002 Arch Tierz 45: 213

Flamenbaum I, Wolfenson D, Berman A 1988 In: Proceedings of the 11th International Congress of Animal Reproduction and Artificial Insemination 4: 530

Flint APF 2006 Cattle Pract 14: 29–32

Foldager J, Sejrsen K 1982 World Congress on Diseases of Cattle, Netherlands, vol 1, p 45

Folman Y, Ascarelli I, Herz Z et al 1979 Br J Nutr 41: 353

Fonseca FA, Britt JH, McDaniel BT et al 1983 J Dairy Sci 66: 1128

Foote RH, Oltenacu EAB, Mellinger NR et al 1979 J Dairy Sci 62: 69

Forbes DJ 2000 Cattle Pract 8: 305–310

Frank T, Anderson KL, Smith AR et al 1983 Theriogenology 20: 103

Frazer GS 2005 Vet Clin North Am Food Anim Pract 21: 523–568

Frerking H 2003 Tierarztl Umsch 58: 352–354

Fujimoto Y 1956 Jpn J Vet Res 4: 129

Funston RN, Roberts AJ, Hixon DL et al 1995 Biol Reprod 52: 1179

Garcia A, Barthe AD, Mapletoft RJ 1992 Can Vet J 33: 175

Gardner IA, Hird DW, Utterback WW et al 1990 Prev Vet Med 8: 157

Garm O 1949 Acta Endocrinol 11(Suppl 3): 1

Garnsworthy P 2006 Cattle Pract 14: 13–15

Garverick HA 1997 J Dairy Sci 80: 995

Garverick HA 2007 In: Youngquist RS, Threlfall WR (eds) Current therapy in large animal theriogenology, 2nd edn. Saunders-Elsevier, St Louis, MO, p 379–383

Garverick HA, Erb RE, Randel RD, Cunningham MD 1972 J Dairy Sci 54: 1669

Gearhart MA, Curtis CR, Erb HN, Smith RD 1990 J Dairy Sci 3132

Gerloff BJ, Morrow DA 1986 In: Morrow DA (ed) Current therapy in theriogenology, 2nd edn. WB Saunders, Philadelphia

Glencross RG, Esslemont RJ, Bryant MJ, Pope GS 1981 App Anim Ethol 7: 141

Gonzalez HE 1984 Thesis, University of Athens, Georgia. Cited from: Dissertation Abstracts International B 45: 1073

Gossen N, Hoedemaker M 2005 Berl Munch Tierarztl Wochenschr 118: 326–333

Goshen T, Shpigel NY 2006 Theriogenology 66: 2210–2218

Gossen N, Fietze S, Mosenfechtel S, Hoedemaker M 2006 Deutsch Tierarztl Wochenschr 113: 171–177

Gracey JF 1960 Survey of livestock diseases. HMSO, Belfast

Gregory SJ, Townsend J, McNeilly AS, Tortonese DJ 2004 Biol Reprod 70: 1299

Greve T, Lehn-Jensen H 1982 Theriogenology 17: 91

Griffin JFT, Hartigan PJ, Nunn WR 1974 Theriogenology 1: 91–106

Grimard B, Freret S, Chevallier A et al 2006 Anim Reprod Sci 9: 31

Grohn YT, Erb HN, McCulloch CE, Saloniemi HS 1990 Prev Vet Med 8: 25

Gross TS 1988 Cited in Peters & Laven 1996

Gross TS, Williams WF 1988 Biol Reprod 38: 1027

Gross TS, Williams WF, Manspeaker JE 1985 Biol Reprod Suppl 1: 32: 154

Gross TS, Williams WF, Moreland TW 1986 Theriogenology 26: 365

Gross TS, Williams WF, Manspeaker JE et al 1987 Prostaglandins 34: 903

Grunert E 1984 In: Proceedings of the 10th International Congress of Animal Reproduction and Artificial Insemination 4: 17

Grunert E 1986 In: Morrow DA (ed) Current therapy in theriogenology, 2nd edn. WB Saunders, Philadelphia

Grunert E, Grunert D 1990 Tierarztl Prax 18: 473

Gümen A, Wiltbank MC 2002 Biol Reprod 66: 1689

Gümen A, Wiltbank MC 2005 Theriogenology 63: 202–218
Gümen A, Sartori R, Costa FMJ, Wiltbank MC 2002 J Dairy Sci 85: 43
Gümen A, Guenther JN, Wiltbank MC 2003 J Dairy Sci 86: 3184–3194
Gundelach Y, Hoedemaker M 2007 Tierarztl Umsch 62: 291–299
Gunnink JW 1984 Vet Quarterly 6: 49
Gupta S, Gupta HK, Soni J 2005 Theriogenology 64: 1273–1286
Gustafsson H 1985 Theriogenology 23: 487
Gustafsson B, Backstrom G, Edquist LE 1976 Theriogenology 6: 45
Gwazdauskas FC, Bibb TL, McGilliard ML, Lineweaver JA 1979 J Dairy Sci 62: 678
Gwazdauskas FC, Lineweaver JA, McGilliard ML 1983 J Dairy Sci 66: 1510
Hamilton SA, Gaverick HA, Keisler DH et al 1995 Biol Reprod 53: 890
Hampton JH, Salfen BE, Bader JF et al 2003 J Dairy Sci 86: 1963
Hansel W 1981 J Reprod Fertil Suppl 30: 231
Hansel W, Spalding RW, Larson LL et al 1976 J Dairy Sci 59: 751
Hansen PJ 2007 In: Youngquist RS, Threlfall WR (eds) Current therapy in large animal theriogenology, 2nd edn. Saunders-Elsevier, St Louis, MO, p 431–441
Hardie AR, Ax RL 1981 J Dairy Sci 64 Suppl 1: 149
Harrison JH, Hancock DD, Conrad HR 1986a J Dairy Sci 69: 421
Harrison JH, Hancock DD, St Pierre N et al 1986b J Dairy Sci 69: 421
Hart B, Mitchell GL 1965 Aust Vet J 41: 305
Hartigan PJ 1978 Vet Sci Comm 1: 307
Hartigan PJ, Murphy JA, Nunn WR, Griffin JFT 1972 Irish Vet J 26: 225
Hartigan PJ, Griffin JHT, Nunn WR 1974a Theriogenology 1: 153
Hartigan RJ, Nunn WR, Griffin JFT 1974b Br Vet J 130: 160
Hattan AJ, Beever DE, Cammell SB, Sutton JD 2001 In: Chwalibog A, Jakobsen K (eds) Energy metabolism in animals. EAAP Publication No 103. Wageningen Press, Wageningen, p 325–328
Heres L, Dieleman SJ, van Eerdenburg FJCM 2000 Vet Quarterly 22: 50–55
Hernandez J, Risco CA, Elliott JB 1999 J Am Vet Med Assoc 215: 72
Herschler RC, Lawrence JR 1984 Vet Med 79: 822
Heuweiser W, Grunert E 1987 Theriogenology 27: 907
Hignett SL, Hignett PG 1951 Vet Rec 63: 603
Hixon DL, Fahey GC, Kesler DJ, Neumann AL 1982 Theriogenology 17: 515–525
Hodel F, Moll J, Kuenzi N 1995 Livestock Prod Sci 41: 95
Hoekstra J, van der Lugt AW, van der Werf JHJ, Ouweltjes W 1994 Livestock Prod Sci 40: 225
Hoffmann B, Hamburger R, Gunzler O et al 1974 Theriogenology 2: 21
Hong JS, Li CH, Burgess JR et al 1989 J Biol Chem 246: 13793
Hooijer GA, Lubbers RBF, Ducro BJ et al 2001 J Dairy Sci 84: 286
Hopkins FM 1983 Cited in Peters & Laven 1996
Hossain KM 1993 Thesis, University of Queensland
Hudson RS 1972 Bovine Pract 7: 34
Hudson RS 1986 In: Morrow DA (ed) Current therapy in theriogenology, 2nd edn. WB Saunders, Philadelphia
Hull FE, Dimock WW, Ely F, Morrison HR 1940 Bull KY Agric Exp Stn 462
Hurley WL, Doane RM 1989 J Dairy Sci 72: 784
Hurnik JF, King GJ, Robertson HA 1975 Appl Anim Ethol 2: 55
Ijaz A, Fahning ML, Zemjanis R 1987 Br Vet J 143: 226
Ikeda S, Kitagawa M, Imai H, Yamada M 2005 The roles of vitamin A for cytoplasmic maturation of bovine oocytes. J Reprod Dev 51: 23
Ill-Hwa K, Gook-Hyun S 2003 Theriogenology 60: 1445
Ill-Hwa K, Gook-Hyun S, DongSoo S 2003 Theriogenology 60: 809–817
InCalf 2000 The 'InCalf' Project: Progress Report No 2. At: http://www.incalf.com.au/mediaLibrary/files/InCalf_ progress_reports/AdviserS.pdf(accessed 17–8–07)
Jackson PGG 1981 Vet Annu 21: 255
Jackson PS, Johnson CT, Bulman DC, Holdsworth RJ 1979 Br Vet J 135: 578
Jeffcoate IA, Ayliffe TR 1995 Vet Rec 136: 406
Joorritsma R, Joorritsma H, Schukken YH, Wentink GH 2000 Theriogenology 54: 1065
Joosten I, Hensen EJ 1992 Anim Reprod Sci 28: 451
Joosten I, Stelwagen J, Dijkhuizen AA 1988 Vet Rec 123: 53
Jordan WJ 1952 J Comp Pathol 62: 54
Jordan ER, Swanson LV 1979 J Dairy Sci 62: 58
Jordan ER, Chapman TE, Holtan DW, Swanson LV 1983 J Dairy Sci 66: 1854
Jou P, Buckell BC, Liptrap RM et al 1999 Theriogenology 52: 923–937
Jubb TF, Abhayaratne D, Malmo J, Anderson GA 1990 Aust Vet J 67: 359
Julien WE, Conrad HR, Jones JE, Moxon A 1976a J Dairy Sci 59 1954
Julien WE, Conrad HR, Jones JE, Moxon A 1976b J Dairy Sci 59 1960
Kadarmideen HN, Wegmann S 2003 J Dairy Sci 86: 3685
Kaneene JB, Hurd HS 1990 Prev Vet Med 8: 103
Kaneene JB, Miller R 1995 Prev Vet Med 23: 183
Kankofer M, Guz L 2003 Domest Anim Endocrinol 25: 61
Kankofer M, Maj JG 1997 Deutsch Tierarztl Wochenschr 104: 13–14
Kankofer M, Hoedemaker M, Schoon HA, Grunert E 1994 Theriogenology 42: 1311–22
Kankofer M, Wiercinski J, Zerbe H 2000 Reprod Domest Anim 35: 97
Karg H, Schams D 1974 J Reprod Fertil 39: 463
Kasimanickam R, Duffield TF, Foster RA et al 2005 Theriogenology 63: 818–830
Kawate N, Itami T, Choushi T et al 2004 Theriogenology 61: 399–406
Kelton DF, Leslie KE, Etherington WG et al 1991 Can Vet J 32: 286
Kendall NR, Bone P 2006 Cattle Pract 14: 17–22
Kerbrat S, Disenhaus C 2004 App Anim Behaviour Sci 87: 223
Kerr OM, McCaughey WJ 1984 Vet Rec 114: 605
Kesler DJ, Garverick HA 1982 J Anim Sci 55: 1147
Kesler DJ, Garverick HA, Caudle AB et al 1978 J Anim Sci 46: 719
Kesler DJ, Elmore RG, Brown EM, Garverick HA 1981 Theriogenology 16: 207
Kessy BM 1978 PhD Thesis, University of London
Kessy BM, Noakes DE 1979a Vet Rec 105: 414
Kessy BM, Noakes DE 1979b Vet Rec 105: 489
Kiddy CA 1977 J Dairy Sci 60: 235
Kilgour R, Dalton C 1984 In: Livestock behaviour – a practical guide. Boulder, Colorado: Westview Press
Kimura K, Goff JP, Kehrli ME Jr, Reinhardt TA 2002 J Dairy Sci 85: 544
King GJ, Hurnick JF, Robertson HA 1976 J Anim Sci 42: 688
Kirk JH, Huffman EM, Lane M 1982 J Am Vet Med Assoc 181: 474
Kittock RH, Britt JH, Convey EM 1973 J Anim Sci 37: 985
Kitwood SE, Phillips CJC, Weise M 1993 Theriogenology 40: 559
Kolver ES, Roche JR, Aspin PW 2006 Proc NZ Soc Anim Prod 66: 403–408
Kossaibati MA, Esslemont RJ 1997 Vet J 154: 41
Kothari B, Renton JP, Munro CD, Macfarlane J 1978 Vet Rec 103: 229
Kruip TAM, Meijer GAL, Rukkwamsuk T, Wensing T 1998 In: Production diseases in farm animals: 10th international conference. Wageningen Press, Wageningen, Netherlands, p 183
Kruip TAM, Wensing T, Vos PLAM 2001 In: Diskin MG (ed) Fertility in the high-producing dairy cow. British Society of Animal Science

Occasional Publication 26. British Society of Animal Science, Penicuik, Midlothian, p 63–79
Kuhlman AH, Gallup WD 1942 J Dairy Sci 25: 688
Kulasekar K, Saravanan D, Kumar GS et al 2004 Indian J Anim Reprod 25: 154
Kung L, Huber JT 1983 J Dairy Sci 66: 227
Lafi SQ, Kaneene JB 1988 Vet Bull 58: 88
Lagerlöf N 1939 In: Proceedings of the 5th International Veterinary Congress, Copenhagen, p 609
Lagerlöf N, Boyd H 1953 Cornell Vet 43: 52
Lamb RC, Barker BO, Anderson MJ, Wallers JL 1979 J Dairy Sci 62: 1791
Lamming GE, Bulman DC 1976 Br Vet J 132: 507
Lamming GE, Foster JP, Bulman DC 1979 Vet Rec 104: 156
Lamming GE, Wathes DC, Peters AR 1981 J Reprod Fertil Suppl 30: 155
Lamming GE, Darwash AO, Back HL 1989 J Reprod Fertil Suppl 37: 245
Laporte HM, Hogeveen H, Schukken YH, Noordhuizen JP 1994 Livestock Prod Sci 38: 191
Larson LL, Marbruck HS, Lowry SR 1980 J Dairy Sci 63: 283
Larson SF, Butler WR, Currie WB 1997 J Dairy Sci 80: 1288
Laven RA 1995 Cattle Pract 3: 267
Laven RA 2003 Cattle Pract 11: 263–270
Laven RA, Livesey CT 2005 Cattle Pract 13: 55–60
Laven RA, Peters AR 1996 Vet Rec 139: 465
Laven RA, Leung ST, Cheng Z 1998 Cattle Pract 6: 291–296
Laven RA, Scaramuzzi RJ, Wathes DC et al 2007 Vet Rec 160: 359
Lean IJ 1987 Nutrition of dairy cattle. University of Sydney, Sydney, New South Wales
Lean IJ, Westwood CT, Rabjee AR, Curtis MA 1998 In: Proc Soc Dairy Cattle Vet NZVA 15: 87
Lean IJ, Rabiee AR, Stevenson MA 2003 Proc Soc Dairy Cattle Vet NZVA 20: 327–351
LeBlanc SJ, Duffield TF, Leslie KE et al 2002a J Dairy Sci 85: 2223
LeBlanc SJ, Duffield TF, Leslie KE et al 2002b J Dairy Sci 85: 2237
Lee CN 1993 Vet Clin North Am 9: 263
Lee CN, Ax RL, Pennington JA 1981 J Dairy Sci 64(Suppl 1): Abstr 163
Leech FB, Davies ME, Macral WD, Withers FW 1960 Disease, wastage and husbandry in British dairy herds. London, HMSO
Leidl W, Bostedt H, Lamprecht W et al 1979 Tierarztl Umsch 34: 546
Leslie KE, Bosu WTK 1983 Can Vet J 24: 352
Levine HD 1999 Bovine Pract 33: 97
Lewis GS, Aizinbud E, Lehrer AR 1989 Anim Reprod Sci 18: 183
Ley SJ, Waterman AE, Livingston A, Parkinson TJ 1994 Res Vet Sci 57: 332
Liebermann J, Schams D, Miyamoto A 1996 Reprod Fertil Dev 8: 1003
Lillie FR 1916 Science NY 43: 611
Liptrap RM, McNally PJ 1976 Am J Vet Res 37: 369
Littlejohn A, Lewis G 1960 Vet Rec 72: 1137
Logan EF, Smyth JA, Kennedy DG et al 1991 Vet Rec 129: 99
Long SE 1990 In Pract 12: 208
Lopez H, Satter LD, Wiltbank MC 2004 Anim Reprod Sci 81: 209
Lotthammer KH 1979 Feedstuffs 51: 16
Lotthammer KH, Schams D, Scholz H 1978 Zuchthygiene 13: 76
Lu SY, Yang TW, Lee KH et al 1992 J Chin Soc Anim Sci 21: 369
Lucey S, Rowlands GJ, Russell AM 1986 Vet Rec 118: 628
Lucy MC 2001 J Dairy Sci 84: 1277
Lucy M 2006 Cattle Pract 14: 23–27
Lucy MC, Crooker BA 2001 In: Diskin MG (ed) Fertility in the high-producing dairy cow. British Society of Animal Science Occasional Publication 26. British Society of Animal Science, Penicuik, Midlothian, p 223–236
Lucy MC, Jiang H, Kobayahsi Y 2001 J Dairy Sci 84(E Suppl): E113–E119
Lukaszewska J, Hansel W 1980 J Reprod Fertil 59: 485
Lymio ZC, Nielen M, Ouweltjes W et al 2000 Theriogenology 53: 1783–1795
Maatje K, Loeffler SH, Engel B 1997 J Dairy Sci 80: 1098–1105
McClure TJ 1975 Cited by Lean et al1998
McClure TJ 1994 Nutritional and metabolic infertility in the cow. CAB International, Wallingford, Oxon
McClure TJ, Eamens GJ, Healy PJ 1986 Aust Vet J 63: 144
McConaha MP, Senger PL, O'Connor ML et al 1994 J Dairy Sci 77(Suppl 1): 67
MacDiarmid B 1999 Proc Soc Dairy Cattle Vet NZVA 16: 79
McDonald LE 1954 In: Proceedings of the 91st Annual Congress of the American Veterinary Medicine Association, Seattle, Washington
McDonald LE 1980 Veterinary Endocrinology and Reproduction, 3rd edn. Lea & Febiger, Philadelphia
McDonald LE, Pineda MH 1989 Veterinary endocrinology and reproduction, 4th edn. Lea & Febiger, Philadelphia
McDougall S 2001 NZ Vet J 49: 60
McDougall S, Murray S 2000 Proc Soc Dairy Cattle Vet NZVA 17: 109
McDougall S, Rhodes F 2007 Treatment of cows not detected in oestrus. Available on line at: http://www.dcv.co.nz/members_section/technical_information/info_on_ oestradiol_alternatives/ Accessed 2 October 2007
McDougall S, Cullum AA, Annis FM, Rhodes FM 2001 N Z Vet J 49: 168
McEntee K 1990 Reproductive pathology of domestic mammals. Academic Press, San Diego, CA
McEvoy TG, Sinclair KD, Staines ME, Robinson JJ 1997 J Reprod Fertil Abstract Series
McGowan MR, Veerkamp RF, Anderson L 1996 Livestock Prod Sci 46: 33
McGuire MA, Vicini JL, Bauman DE, Veenhuizen JJ 1992 J Anim Sci 70: 2901–2910
Macmillan KL, Curnow RJ 1977 NZ J Exp Agr 5: 357
Macmillan KL, Pickering JGE 1988 In: Proceedings of the 11th International Congress of Animal Reproduction and Artificial Insemination: Abstr 442
Macmillan KL, Taufa VK, Day AM 1986 Anim Reprod Sci 11: 1
McNamara S, Murphy JJ, Rath M, O'Mara FP 2003 Livestock Prod Sci 84: 195
McNeil J, Moss N, Schouten BW 2003 Proc Soc Dairy Cattle Vet NZVA 20: 89–99
MacPherson A, Kelly EF, Chalmers JS, Roberts DJ 1987 In: Hemphill DD (ed) Trace substances in environmental health – XXI. University of Missouri, St Louis, MO Madan ML, Johnson HD 1973 J Dairy Sci 56: 1420
Madsen LL, Davis RE 1949 J Anim Sci 8: 625
Maiero S, Renaville B, Comin A et al 2006 J Anim Vet Adv 5: 1062–1066
Malik SZ, Chaudhry MA, Ahmad N, Rehman N 1987 Pakistan Vet J 7: 60
Malmo J, Beggs D 2000 Proc Soc Dairy Cattle Vet NZVA 17: 229
Mann GE 2004 Cattle Pract 12: 57–60
Mann GE, Keatinge R, Hunter M et al 1998 Cattle Pract 6: 383
Mann GE, Fray MD, Lamming GE 2006 Vet J 171: 500
Mansell PD, Cameron AR, Taylor DP, Malmo J 2006 Aust Vet J 84: 312

Mantysaari E, van Vleck LD 1989 J Dairy Sci 72: 2375
Marai IFM, El-Darawany AA, Nasr AS et al 1998 In: 1st International Conference on Animal Production and Health in Semi-arid Areas. Suez Canal University, El Arish, Egypt, p 159
Marcek JM, Apell LH, Hoffman CL et al 1985 J Dairy Sci 68: 71
Marion GB, Gier HT 1968 J Anim Sci 27: 1621
Markusfeld O 1984 Vet Rec 114: 539
Markusfeld O 1985 Vet Rec 116: 489
Marr AL, Piepenbrink MS, Overton TR et al 2002 J Dairy Sci 85(Suppl 1): 66
Martin LR, Williams WF, Russek E, Gross TS 1981 Theriogenology 15: 513
Martinez J, Thibier M 1984 Theriogenology 21: 583
Martinez MF, Kastelic JP, Adams GP, Mapletoft RJ 2002 J Anim Sci 80: 1746
Masera J, Gustafsson BK, Afiefy MM et al 1980 J Am Vet Med Assoc 176: 1099
Maurer RR, Echternkamp SE 1985 J Anim Sci 61: 642
Maurice E, Ax RL, Brown MD 1982 J Dairy Sci 65(Suppl 1): Abstr 179
Mayne CS 2007 Cattle Pract 15: 47–51
Mee JF 1991 Vet Rec 129: 201
Mee JF 2004 Cattle Pract 12: 95–108
Meier S 2000 Proc N Z Soc Anim Prod 60: 297
Melendez P, Donovan GA, Risco CA et al 2003 Theriogenology 60: 843–854
Melendez P, Gonzalez G, Aguilar E et al 2006 J Dairy Sci 89: 4567
Milian-Suazo F, Erb HN, Smith RD 1988 Prev Vet Med 6: 243
Miller GY, Dorn CR 1990 Prev Vet Med 8: 171
Miller BJ, Lodge JR 1984 Theriogenology 22: 385
Miyoshi M, Sawamukai Y, Iwanaga T 2002 Reprod Domest Anim 37: 53
Moller K, Shannon P 1972 NZ Vet J 20: 47
Moller K, Newling PE, Robson HJ et al 1967 NZ Vet J 15: 111
Montes AJ, Pugh DG 1993 Comp Cont Educ Pract Vet 15: 1131–1137
Morgan WF, Lean IJ 1993 Aust Vet J 70: 205
Morris RS 1976 Diagnosis of infertility in larger dairy herds. Proc no 28. Refresher Course for Veterinarians, Sydney
Morris CA, Cullen NG 1998 NZ J Agric Res 31: 395
Morrison RA, Erb RE 1957 Washington Agric Exp Stn Bull 25
Morrow DA 1969 Cited in: Lean 1998
Morrow DA, Roberts SJ, McEntee K, Gray HF 1966 Cornell Vet 59: 173
Morton J 2000a Proc Soc Dairy Cattle Vet NZVA 17: 5, 43
Morton J 2000b The InCalf Project, Progress Report No. 2, Dairy Research and Development Corporation, Australia, p 42
Moss N, Lean IJ, Reid SWJ, Hodgson DR 2002 Prev Vet Med 54: 91
Muller LD, Owens MH 1974 J Dairy Sci 57: 725
Muller C, Ladewig J, Schlichting MC et al 1986 KTBL-Schrift, Kuratorium für Technik und Bauwesen in der Landwirtschaft e V., Darmstadt, Germany 311: 37
Mulvehill P, Sreenan JM 1977 J Reprod Fertil 50: 323
Murugavel K, Yaniz JL, Santolaria P et al 2003 Theriogenology 60: 583–593
Nakao T, Narita S, Tanaka K et al 1983 Theriogenology 20: 11
Nanda AS, Dobson H 1990 Res Vet Sci 49: 25
Nanda AS, Ward WR, Williams PCW, Dobson H 1988 Vet Rec 122: 155
Nanda AS, Ward WR, Dobson H 1989 Vet Bull 7: 537
Nanda AS, Ward WR, Dobson H 1991 Res Vet Sci 51: 180
Nation DP, Rhodes FM, Day AM, Macmillan KL 1998 Proc NZ Soc Anim Prod 58: 88
Nebel RL, McGilliard ML 1993 J Dairy Sci 76: 3257
Nebel RL, Walker WL, McGilliard ML et al 1994 J Dairy Sci 77: 3185–3191
Nebel RL, Walker WL, Kosek CL 1995 J Dairy Sci 78 (Suppl 1):225
Nebel RL, Dransfield MG, Jobst SM, Bame JH 2000 Anim Reprod Sci 60: 713
Nielson F 1949 In: Proceedings of the 14th International Veterinary Congress, London, Sect 4(c), p 105
Noakes DE, Wallace L, Smith GR 1991 Vet Rec 128: 440
Norris HJ, Taylor HB, Garner FM 1969 Pathol Vet 6: 45
Nunez-Dominguez R, Cundiff LV, Dickerson GE et al 1991 J Anim Sci 69: 3467
O'Brien T, Stott GH 1977 J Dairy Sci 60: 249
O'Connor ML 2007 Estrus detection. In: Youngquist RS, Threlfall WR (eds) Current therapy in large animal theriogenology, 2nd edn. Saunders-Elsevier, St Louis, MO, p 270–278
Odore R, Re G, Badino P et al 1999 Pharmacol Res 39: 297
O'Farrell KJ 1998 Cattle Pract 6: 387
O'Farrell KJ, Crilly J, Sreenan JM, Diskin M 1997 Proceedings of the National Dairy Conference, Fermoy, Co Cork, Irish Republic, p 84–102
Ohgi T, Kamimura S, Minezaki Y, Takahashi M 2005 Anim Sci J 76: 549–557
Olson JD, Ball L, Mortimer RG et al 1984 Am J Vet Res 45: 2251
Omar EA, Kirrella AK, Fawzy SA, El-Keraby F 1996 Alexandria J Agric Res 41: 71
O'Rourke PK, Doogan VJ, Robertson DJ, Cooke D 1991 Aust J Exp Agric 31: 9
Oxenreider SL, Wagner WC 1971 J Anim Sci 33: 1026
Paisley LG, Mickelsen WD, Anderson PB 1986 Theriogenology 25: 353
Palmer CC 1932 J Am Vet Med Assoc 80: 59
Pandit RK, Shukla SP, Parekh HK 1981 Indian J Anim Sci 51: 505
Parker BNJ, Blowey RW 1976 Vet Rec 98: 394
Parkinson TJ, Lamming GE 1990 J Reprod Fertil 90: 221
Parkinson TJ, Vermunt JJ, Malmo J 2007 Proc Soc Dairy Cattle Vet NZVA 24: 139
Parkinson TJ, Vermunt JJ, Malmo J 2008 Diseases of cattle in australasia. VetLearn, Palmerston North, New Zealand
Patton RS, Sorenson CE, Hippen AR 2004 J Dairy Sci 87: 2122
Patton J, Kenny DA, McNamara S et al 2007 J Dairy Sci 90: 649
Payne JM, Dew SM, Manston R, Faulks M 1970 Vet Rec 87: 150
Pecsok SR, McGilliard ML, Nebel RL 1994a J Dairy Sci 77: 3008
Pecsok SR, McGilliard ML, Nebel RL 1994b J Dairy Sci 77: 30016
Penavin V, Locvanic H, Mutevelic A 1975 Veterinaria 24 209
Pennington JA, Albright JL, Callahan CJ 1985 J Dairy Sci 68: 3023
Pennington JA, Albright JL, Callahan CJ 1986 J Dairy Sci 69: 2925
Pepper RT 1984 Thesis, University of Liverpool
Perez CC, Rodriguez I, Espana F et al 2003 Vet Med 48: 1–8
Peter AT 2004 Reprod Domest Anim 39: 1
Peters AJ, Laven RA 1996a Vet Rec 139: 535
Peters AJ, Laven RA 1996b Vet Rec 139: 465
Peters AR 2005 Anim Reprod Sci 88: 155
Peters AR, Lamming GE 1990 In: Milligan SR (ed) Oxford reviews of reproductive biology, vol 12. Oxford University Press, Oxford
Phatak A, Touchberry RW 1988 J Dairy Sci 71(Suppl 1): 136
Phillippo M 1983 In: Suttle NF (ed) Trace elements in animal production and veterinary practice. British Society for Animal Production, Milton Keynes, p 51
Phillippo M, Humphries WR, Lawrence CB, Price J 1982 J Agr Sci Camb 99: 359

Phillippo M, Humphries WR, Atkinson T et al 1987 J Agric Sci Camb 109: 321

Phogat JB, Smith RF, Dobson H 1999 Anim Reprod Sci 55: 193

Pickering JP 1975 Vet Rec 97: 295

Pinney DO, Pope LS, Van Cotthem C, Urban K 1962 Cited by Young JS 1974 Proc Aust Soc Anim Prod 10: 45

Pitts WJ, Millers WJ, Fosgate OT et al 1966 J Dairy Sci 49: 995

Platen M, Lindemann E, Munnich A 1995 Tierarztl Umsch 50: 41

Pursley JR, Silcox RW, Wiltbank MC 1998 J Dairy Sci 81: 2139

Putney DJ, Drost M, Thatcher WW 1989 Theriogenology 31: 765

Radford HN, Nancarrow CD, Mattner PE 1978 J Reprod Fertil 54: 49

Raheja KL, Nadarajah K, Burnside EB 1989 J Dairy Sci 72: 2679

Rajaoski E, Hafez ESE 1963 Anat Rec 147: 457

Ramakrishna KV 1996 Indian J Anim Reprod 17: 30

Refsal KR, Jarrin-Maldonado JH, Nachreiner RF 1987 Theriogenology 28: 871–889

Reid IM 1984 In: Eddy RG, Ducker MJ (eds) Dairy cow fertility. British Veterinary Association, London

Reid IM, Roberts CJ, Manston R 1979 Vet Rec 104: 75

Rezac P, Olic I, Poschl M 1991 Sci Agric Bohemoslovaca 23: 231

Rhoads ML Gilbert RO, Lucy MC, Butler WR 2004 J Dairy Sci 87: 2896

Rhodes FM, McDougall S, Verkerk G et al 2000 Proc Soc Dairy Cattle Vet NZVA 17: 125–134

Ribadu AY, Dobson H, Ward WR 1994 Br Vet J 150: 489

Ribeiro AC, McAllister AJ, de Queiroz SA 2003 Rev Bras Zootec 32(6, Suppl 1) 1737–1746

Rind MI, Phillips CJC 1998 Anim Sci 68: 589

Risco CA, Youngquist RS, Shore MD 2007 In: Youngquist RS, Threlfall WR (eds) Current therapy in large animal theriogenology, 2nd edn. Saunders-Elsevier, St Louis, MO, p 339–344

Rivera H, Lopez H, Fricke PM 2005 J Dairy Sci 88: 957

Roberts SJ 1955 Cornell Vet 45: 497

Roberts SJ 1971 Veterinary obstetrics and genital diseases. Published by the author, Woodstock, VT

Roberts SJ 1986 Veterinary obstetrics and genital diseases, 3rd edn. Published by the author, Woodstock, VT

Robinson TJ 1979 In: Cole HH, Cupps PT (eds) Reproduction in domestic animals, 3rd edn. Academic Press, New York, p 433

Robinson JJ, McEvoy TG 1996 Cited in: Webb et al 1997

Roche JF 2006 Anim Reprod Sci 96: 282

Roche JR, Berry DP, Kolver ES 2006 J Dairy Sci 89: 3532

Roche JR, Macdonald KA, Burke CR et al 2007 J Dairy Sci 90: 376

Roelofs JB, van Eerdenburg FJCM, Soede NM, Kemp B 2005 Theriogenology 63: 1366

Roine K 1973 Nord Vet 25: 242

Roman-Ponce H, Thatcher WW, Wilcox CJ 1981 Theriogenology 16: 139

Rowson LEA, Lamming GE, Fry RM 1953 Vet Rec 65: 335

Roy JHB, Perfitt MW, Glencross RG, Turvey A 1985 Vet Rec 116: 370

Royal MD, Flint APF 2004 Cattle Pract 12: 21–29

Royal MD, Pryce JE, Woolliams JA, Flint APF 2002 J Dairy Sci 85: 3071

Ruder CA, Sasser RG, Williams RJ et al 1981 Theriogenology 15: 573

Sagartz JW, Hardenbrook HG 1971 J Am Vet Med Assoc 158: 619

Sakaguchi M, Sasamoto Y, Suzuki T et al 2006 Vet Rec 159: 197

Sakase M, Kawate N, Nakagawa C et al 2007 Vet J 173: 691

Salvetti NR, Acosta JC, Gimeno EJ et al 2007 Vet Pathol 44: 373

Samarutel J, Ling K, Jaakson H et al 2006 Vet Zootec 36: 69–74

Sandals WCD, Curtic RA, Cote JF, Martin SW 1979 Can Vet J 20: 131

Sangsritavong S, Combs DK, Sartori R et al 2002 J Dairy Sci 85: 2831

Sarges J, Heuwieser W, Schluns J, Drewes B 1998 J Vet Med A 45: 1–10

Schels HF, Mostafawi D 1978 Vet Rec 103: 31

Schmidt-Adamopolou B 1978 Deutsch Tierartzl Wochenschr 83: 553

Schofield SA 1990 Thesis, University of Wales

Scholl DT, BonDurant RH, Farver TB 1990 Am J Vet Res 51: 314

Schouten BW 2003 Proc Soc Dairy Cattle Vet NZVA 20: 101

Segerson EC, Riviere GJ, Bullock TR et al 1980 Biol Reprod 23: 1020

Seguin BE, Morrow DA, Louis TH 1974 Am J Vet Res 35: 57

Sheehy GJ 1946 Nature (Lond) 157: 442

Sheldon IM 1997 Cattle Pract 5: 339

Sheldon IM, Dobson H 1993 Vet Rec 133: 160

Sheldon IM, Dobson H 2003 Reproduction Suppl 61: 1–13

Sheldon IM, Lewis GS, LeBlanc S, Gilbert RO 2006 Theriogenology 65: 1516

Short RV, Smith J, Mann T et al 1969 Cytogenetics 8: 369

Silva LAF, Silva EB, Silva LM 2004 Rev Bras Saude ProdAnim 5: 9–17

Simpson RB, Chase CC, Spicer LJ et al 1994 J Reprod Fertil 102: 483

Singleton GH, Dobson H 1995 Vet Rec 136: 162

Slama H, Vaillancort D, Goff AK 1993 Can J Vet Res 57: 293

Slama H, Vaillancourt D, Goff AR 1994 Domest Anim Endocrinol 11: 175

Smith HA 1965 Pathol Vet 2: 68

Smith AK 2004 In: Andrews AH (ed) Bovine medicine, 2nd edn. Blackwell Science, Oxford, p 634–651

Smith GW 2005 Vet Clin North Am Food Anim Pract 21: 595

Smith RF, Dobson H 2002 Domest Anim Endocrinol 23: 75

Smith BI, Donovan GA, Risco C et al 1998 J Dairy Sci 81: 1555

Smith RF, Ghuman SPS, Evans NP et al 2003 Reproduction Suppl 61: 267–282

Snijders SEM, Dillon P, O'Callaghan D, Boland MP 2000 Theriogenology 53: 981–989

Spain JN, Lucy MD, Hardin DK 2007 Effects of nutrition on reproduction in dairy cattle. In: Youngquist RS, Threlfall WR (ed) Current therapy in large animal theriogenology, 2nd edn. Saunders-Elsevier, St Louis, MO, p 442–450

Spallholz JE, Boylan ML, Larsen HS 1990 Annals N Y Acad Sci 587: 123

Speck G 1948 Amer J Obstet Gynecol 55: 1048

Spielman AA, Peterson WE, Filch JB, Pomeroy BS 1945 J Dairy Sci 28: 329

Spitzer JC 1986 In: Morrow DA (ed) Current therapy in theriogenology, 2nd edn. WB Saunders, Philadelphia

Sreenan JM, Diskin MG 1983 Vet Rec 112: 517

Sreenan JM, Diskin MG 1986 The extent and timing of embryonic mortality in cattle. In: Sreenan JM, Diskin MG (ed) Embryonic mortality in farm animals. Martinus Nijhoff, Dordrecht, p 1–11

Staples CR, Burke JM, Thatcher WW 1998a J Dairy Sci 81: 856

Staples CR, Mattos R, Risco CA, Thatcher WW 1998b Feedstuffs 70: 12

Starbuck GR Darwash AO, Lamming GE 1999 Cattle Pract 7: 397–399

Steffan J, Adriamanga S, Thibier M 1984 Am J Vet Res 45: 1090

Stevens J, Burton L, Rendel J 2000 Proc Soc Dairy Cattle Vet 17: 79

Stevens RD, Dinsmore RP 1997 J Am Vet Med Assoc 211: 1280

Stevenson JS, Schmidt MK, Callow EP 1984 J Dairy Sci 67: 140

Stevenson JS, Kobayashi Y, Shipa MP, Rauchholz KC 1996 J Dairy Sci 79: 402

Stevenson JS, Kobayashi Y, Thompson KE 1999 J Dairy Sci 82: 506

Stevenson JS, Pursley JR, Garverick HA et al 2006 J Dairy Sci 89: 2567

Stoebel DP, Moberg GP 1982 J Dairy Sci 65: 92
Stott GH, Rheinhard EJ 1978 J Dairy Sci 61: 1457
Studer E, Holtan A 1986 Bovine Practitioner 21: 159
Studer E, Morrow DA 1978 J Am Vet Med Assoc 172: 489
Summers PM 1974 Aust Vet J 50: 403
Suttle NF 1994 Recent advances in animal nutrition - 1994 173–187
Suttle NF 2002 Cattle Pract 10: 275
Suttle NF 2004 Trace element disorders. In: Andrews AH (ed) Bovine medicine, 2nd edn. Blackwell Science, Oxford, p 294–308
Suurmaa A, Jarv P, Kaart T 2001 Trans Estonian Acad Agric Soc 15: 93
Tanabe TY, Almquist JO 1960 Cited in: Albright & Arave 1997
Tanabe TY, Hawk HW, Hasler JF 1985 Theriogenology 23: 687
Tassell R 1967 Br Vet J 123: 459
Taylor RF, Puls R, McDonald KR 1979 Proc Am Assoc Vet Lab Diag 22: 77
Tennant B, Peddicord RG 1968 Cornell Vet 58: 185
Thatcher WW, Collier RJ 1986 In: Morrow DA (ed) Current therapy in theriogenology, 2nd edn. WB Saunders, Philadelphia
Thatcher WW, delaSota RL, Schmitt EJP et al 1996 Reprod Fertil Dev 8: 203
Thun R, Kaufmann C, Binder H et al 1996 Reprod Domest Anim 31: 571
Todoroki J, Kaneko H 2006 J Reprod Dev 52: 1
Todoroki J, Yamakuchi H, Mizoshita K et al 2001 Theriogenology 55: 1919–1932
Trimberger GW 1948 Nebr Univ Agric Exp Stn Res Bull: 120
Trinder NR, Hall RJ, Renton CP 1973 Vet Rec 93: 641
Tuñon G, Parkinson TJ, Holmes CW, Chagas LM 2006 Rev Vet 17: 11–19
Ullah G, Fuquay JW, Keawkhong T et al 1996 J Dairy Sci 79 1950
Underwood EJ, Suttle NF 1999 Cobalt. In: The Mineral Nutrition of Livestock, 3rd edn. CABI Publishing, Wallingford, Oxon, p 251–282
Vailes LD, Britt JH 1990 J Anim Sci 68: 2333
Vandeplassche M, Bouters R 1982 In: Karg H, Schallenberger E (ed) Current topics in veterinary medicine and animal science. Martinus Nijhoff, The Hague
Van Eerdenburg FJCM, Karthaus D, Taverne MAM et al 2002 J Dairy Sci 85: 1150
Van Giessen RC 1991 Tijdschr Diergeneeskd 106: 881–883
Vanholder T, Opsomer G, de Kruif A 2005 Reprod Nutr Dev 46: 105
Van Vliet JH, van Eerdenburg FJCM 1996 Appl Anim Behav Sci 50: 57
Varner M, Maatje K, Nieles M, Rossing W 1994 In: Proceedings of the 3rd International Dairy Housing Conference, Ontario, p 434
Venable J, McDonald LE 1958 Am J Vet Res 19: 308
Verkerk G 2000 Proc Soc Dairy Cattle Vet NZVA 17: 63
Vermeulen GTJ 1988 National dairy cattle performance and progeny testing scheme. Republic of South Africa. Annual report 7: 79
Vos P 1999 Cattle Pract 7: 1–4
Waiblinger S, Menke C 1999 Anthrozoos 12: 240–247
Walker WL, Nebel RL, McGillard ML 1995 J Dairy Sci 78(Suppl 1): 307
Wall E, Brotherstone S, Kearney JF et al 2005 J Dairy Sci 88: 376
Walsh RB, LeBlanc SJ, Duffield TF et al 2007 Theriogenology 67: 948–956
Wang Y, Eleswarapu S, Beal WE et al 2003 J Nutr 133: 2555
Warnick AC, Kirst RC, Burns WC, Kroger M 1967 J Anim Sci 26: 231
Warren WC, Spitzer JC, Burns GL 1988 Theriogenology 29: 997
Washburn SP, Silvia WJ, Brown CH et al 2002 J Dairy Sci 85: 244
Wathes DC, Taylor VJ, Cheng Z, Mann GE 2003 Reproduction Suppl 61: 219–237
Wathes DC, Cheng Z, Bourne N 2007 Domest Anim Endocrinol 33: 203
Watson A 1988 In: Laing JA, Morgan WJB, Morgan WC (ed) Fertility and infertility in veterinary practice. Baillière Tindall, London
Watson CL 1996 Cattle Pract 4: 277
Watson CL 1998 Cattle Pract 6: 311–315
Watson CL, Cliff AJ 1996 In: Proceedings of the 19th World Buiatrics Conference, 2: 345
Webb R, Garnsworthy PC, Gong JG, Logue D et al 1997 Cattle Pract 5: 361
Wehrend A, Reinle T, Herfen K, Bostedt H 2002 Deutsch Tierarztl Wochenschr 109: 56–61
Weiss B 1994 Feedstuffs 66: 14–16
Weller JI 1989 J Dairy Sci 72: 2644
Whitmore HL, Tyler WJ, Casida LE 1974 J Am Vet Med Assoc 165: 693
Whitmore HL, Hurtgen JP, Mather EC, Seguin BE 1979 J Am Vet Med Assoc 174: 979
Whittaker DA 1980 Br Vet J 136: 214
Whittaker DA 1997 Cattle Pract 5: 57–60
Whittaker DA 2004 Metabolic profiles. In: Andrews AH (ed) Bovine medicine, 2nd edn. Blackwell Science, Oxford, p 804–818
Wichtel JJ 1998a NZ Vet J 46: 47
Wichtel JJ 1998b NZ Vet J 46: 54
Wichtel JJ, Craigie AL, Freeman DA et al 1996 J Dairy Sci 79: 1865
Wijeratne WVS, Munro IB, Wilkes PR 1977 Vet Rec 100: 333
Wilde D 2006 Anim Reprod Sci 96: 240
Wilkes PR, Wijeratne WVS, Munro IB 1981 Vet Rec 108: 349
Williams RJ, Stott GH 1966 J Dairy Sci 49: 1262
Williamson NB, Morris RS, Blood DC, Cannon CM 1972 Vet Rec 91: 50
Wischral A, Nishiyama-Naruke A, Curi R, Barnabe RC 2001a Prostaglandins Other Lipid Mediat 65: 117
Wischral A, Verreschi ITN, Lima SB et al 2001b Anim Reprod Sci 67: 181
Wise ME, Rodriguez RE, Armstrong DV et al 1988 Theriogenology 29: 1027
Wolfe DW 1986 In: Morrow DA (ed) Current therapy in theriogenology, 2nd edn. WB Saunders, Philadelphia
Wolfenson D, Flamenbaum I, Berman A 1988 J Dairy Sci 71: 809
Wood PDP 1976 Anim Prod 22: 275
Xu ZZ, Burton LJ 2000 Proc Soc Dairy Cattle Vet NZVA 17: 23
Yaeger MJ, Holler LD 2007 Bacterial causes of bovine infertility and abortion. In: Youngquist RS, Threlfall WR (eds) Current therapy in large animal theriogenology, 2nd edn. Saunders-Elsevier, St Louis, MO, p 389–399
Youngquist RS 1986 In: Morrow DA (ed) Current therapy in theriogenology, 2nd edn. WB Saunders, Philadelphia
Zaaijer D, Noordhuizen JPTM 2001 Cattle Pract 9: 205–210
Zaied AA, Garverick HA, Bierschwal CJ et al 1980 J Anim Sci 50: 508
Zaied AA, Garverick HA, Kesler DJ et al 1981 Theriogenology 16: 349
Zaiem N, Tainturier D, Abdelghaffar T, Chemil J 1994 Rev Med Vet 145: 455
Zavy MT, Giesert RD 1994 Embryonic mortality in domestic species. CRC Press, Boca Raton, FL
Zerobin K, Sporri I 1972 Adv Vet Sci Comp Med 16: 303
Zulu VC, Penny C 1998 J Reprod Dev 44: 191
Zulu VC, Sawamukai Y, Nakada K et al 2002a J Vet Med Sci 64: 879
Zulu VC, Nakao T, Sawamukai Y 2002b J Vet Med Sci 64: 657
Zwald NR, Weigel KA, Chang YM et al 2004a J Dairy Sci 87: 4287
Zwald NR, Weigel KA, Chang YM et al 2004b J Dairy Sci 87: 4295

第23章

Abbitt B, Rae DO 2007 In: Youngquist RS, Threlfall WR (eds) Current therapy in large animal theriogenology, 2nd edn. Saunders-Elsevier, St Louis, MO, p 409–413

Adler H 1956 In: Proceedings of the 3rd International Congress on Animal Reproduction and Artificial Insemination, Cambridge, vol 2, p 5–7

Afshar A, Stuart P, Huck RA 1966 Vet Rec 78: 512

Aitken ID 1983 In: Martin WB (ed) Diseases of sheep. Blackwell Scientific Publications, Oxford, p 119–123

Aitken ID, Longbottom D 2004 In: World Organisation for Animal Health (OIE) Manual of diagnostic tests and vaccines for terrestrial animals. OIE, Paris, p 635–641

Alves D, McEwen B, Hazlett M et al 1996 Can Vet J 37: 287

Andersen AA 2004 In: Coetzer JAW, Tustin RC (eds) Infectious diseases of livestock. Oxford University Press, Oxford, p 550–564

Anderson ML, Palmer CW, Thurmond MC et al 1995 J Am Vet Med Assoc 207: 1206

Anderson ML, Reynolds JP, Rowe JD et al 1997 J Am Vet Med Assoc 210: 1169

Anderson ML, Andrianarivo AG, Conrad PA 2000 Anim Reprod Sci 417: 60–61

Anon 1979 (Epidemiology Unit, Central Veterinary Laboratory, Weybridge, Surrey.) Vet Rec 105: 3

Anon 1992 Guideline for the diagnosis and control of *Leptospira hardjo* infection in cattle. British Cattle Veterinary Association, Frampton-on-Severn, Gloucestershire

Anon 1997 National Center for Infectious Diseases Centers for Disease Control and Prevention, Atlanta. Available online at: www.cdc.gov/ncidod/EID/vol3no2/corbel.html. Accessed 21 May 1997

Anon 2007 The genus *Chlamydophilia*. Available online at: www.chlamydiae.com/docs/Chlamydiales/genus_chlamydophila.asp. Accessed 15 October 2007

Antony A, Williamson NB 2003 NZ Vet J 51: 232

Arthur GH 1975 Veterinary reproduction and obstetrics, 5th edn. Baillière Tindall, London Austwick PKC 1968 Vet Rec 82: 236

Avery B, Greve T, Ronsholt L, Botner A 1993 Vet Rec 132: 660

Ayling RD, Bashiruddin SE, Nicholas RA 2004 Vet Rec 155: 413

Babuik TA, Van Drunen Littel-van den Hurk S, Tikoo SK 2004 In: Coetzer JAW, Tustin RC (eds) Infectious diseases of livestock. Oxford University Press, Oxford, p 875–886

Ball HJ, Neill SD, Ellis WA, O'Brien JJ, Ferguson HW 1978 Br Vet J 134: 584

Barber JA, Momont H, Tibary A, Sedgwick GP 1994 Theriogenology 41: 353

Barlow RH, Nettleton PF, Gardiner AC et al 1986 Vet Rec 118: 321

Barr BC, Anderson ML 1993 Vet Clin North Am Food Anim Pract 9: 343–368 1993

Barr BC, Conrad PA, Breitmeyer R et al 1993 J Am Vet Med Assoc 202: 113

Bartels CJM, Wouda W, Schukken YH 1999 Theriogenology 52: 247

Bartlett DE 1948 Am J Vet Res 9: 33

Benquet N, Parkinson TJ, West DM, Heuer C 2005 Proc Soc Sheep Beef Cattle Vet NZVA 35: 43

Berry SL, Kirk JH, Thurmond M 2000 Available on line at: www.vetmed.ucdavis. edu/vetext/INF-DA_Neospora.html. Accessed 25 June 2000

Bier PJ, Hall CE, Duncan JR, Winter AJ 1977 Vet Microbiol 2: 13

Bispig W, Kirpal G, Sonnenschein B 1981 Tierarztl Umsch 36: 667–674

Blackmore DK 1979 ACC Rep: 4: 34

Bolin SR 1990a Vet Med 85: 1124

Bolin SR 1990b In: Kirkbride CA (ed) Laboratory diagnosis of livestock abortion, 3rd edn. Iowa State University Press, Ames, IA

BonDurant RH 1997 Vet Clin North Am Food Anim Pract 13: 345

BonDurant RH, Anderson ML, Blanchard P et al 1990 J Am Vet Med Assoc 196: 1590

BonDurant RH, Anderson ML, Stott JL, Kennedy PC 2007 In: Youngquist RS, Threlfall WR (eds) Current therapy in large animal theriogenology, 2nd edn. Saunders-Elsevier, St Louis, MO, p 413–416

Borchardt KA, Norman BB, Thomas MW, Harmon WM 1992 Vet Med 87: 104

Borel N, Thoma R, Spaeni P et al 2006 Vet Pathol 43: 702

Boughton E, Hopper SA, Gayford PJ 1983 Vet Rec 112: 87

Bowen RA, Howard TH 1984 Am J Vet Res 45: 1386

Bouters R, Vandeplassche M, Florent A 1964 Vlaams Diergeneesk Tijdschr 33: 405

Bowen RA, Spears P, Stotz J, Deidel GE 1978 J Infect Dis 138: 95

Bowen RA, Elsden RP, Seidel GE 1985 Am J Vet Res 46: 783

Brinley Morgan WJ, Richards RA 1974 Vet Rec 94: 510

Brinley Morgan WJ, MacKinnon DJ 1979 In: Laing JA (ed) Fertility and infertility in domestic animals, 3rd edn. Baillière Tindall, London, p 171–198

Brownlie J 2005 In: Proceedings of the BVDV Symposium. VetLearn, Palmerston North, New Zealand, p 1–19

Bulgin MS 1983 J Am Vet Med Assoc 182: 116

Caldow G, Gray D 2004 In: Andrews AH (ed) Bovine medicine, 2nd edn. Blackwell Science Oxford, p 577–593

Campero CM, Anderson ML, Conosciuto G et al 1998 Vet Rec 143: 228

Chen CI, King DP, Blanchard MT et al 2007 Vet Microbiol 120: 320

Choromanski L, Block W 2000 Parasitol Res 86: 851–853

Christensen HR, Clark BL, Parsonson IM 1977 Aust Vet J 53: 132–134

Clark RG, Fenwick SG, Nicol CM et al 2004 NZ Vet J 52: 26

Clarke BL 1971 Aust Vet J 47: 103

Clarke BL, Parsonson IM, Dufty JH 1974 Aust Vet J 50: 189

Clarke BL, Dufty JH, Parsonson IM 1983a Aust Vet J 60: 178

Clarke BL, Dufty JH, Parsonson IM 1983b Aust Vet J 60: 71–74

Copeland S, Clarke S, Krohn G et al 1994 Can Vet J 35: 388

Corbel MJ, Brewer RA, Smith RA 1986 Vet Rec 118: 695

Cortese VS 1999a Proc Am Assoc Bovine Pract 32: 167

Cortese VS 1999b Bovine Proc 32: 167

Counter DE 1984–1985 In: Proceedings of the British Cattle Veterinary Association, p 269

DEFRA 2007 About bluetongue. Available online at: www.defra.gov.uk/animalh/diseases/notifiable/bluetongue/about/index.htm. Accessed 21 October 2007

DeGraves FJ, Gao D, Hehnen H-R et al 2003 J Clin Microbiol 41: 1726

DeGraves FJ, Kim T, Jee J et al 2004 Infect Immun 72: 2538

Dekeyser J 1984 In: Butzler J-P (ed) *Campylobacter* infection in man and animals. CRC Press Boca Raton, FL, p 181–192

Dekeyser PJ 1986 In: Morrow DA (ed) Current therapy in theriogenology, 2nd edn. WB Saunders, Philadelphia, p 263–266

Dennett DP, Reece RL, Barasa JO, Johnson RH 1974 Aust Vet J 50: 427

De Vargas AC, Costa MM, Vainstein MH et al 2002 Curr Microbiol 45: 111

Diamond LS 1983 In: Jensen JB (ed) In vitro cultivation of protozoan parasites. CRC Press, Boca Raton, FL, p 65–109

Doig PA, Ruhnke HL, Palmer NC et al 1979 Can J Comp Med 44: 252
Dubey JP 2005 Vet Clin North Am 21: 473
Dubey JP, Lindsay DS 1996 J Vet Parasitol 10: 99
Dubey JP, Carpenter JL, Speer CA et al 1988 J Am Vet Med Assoc 192: 1269–1285
Dufernez F, Walker RL, Noel C et al 2007 J Eukaryot Microbiol 54: 161
Dufty JH 1967 Aust Vet J 43: 433
Dufty JH, Clarke BL, Monsborough MJ 1975 Aust Vet J 51: 294–297
Eaglesome MD, Garcia MM 1992 Vet Bull 62: 743
Eaglesome MD, Garcia MM, Hawkins CF, Alexander FCM 1986 Vet Rec 119: 299
Ellis WA 1984 Prev Vet Med 2: 411
Ellis WA 1984–1985 In: Proceedings of the British Cattle Veterinary Association, p 267–268
Ellis WA, Michna SW 1976 Vet Rec 99: 430
Ellis WA, O'Brien JJ, Neill SD, Hanna J 1982 Vet Rec 110: 178
Ellis WA, Songer JG, Montgomery J, Cassells JA 1986 Vet Rec 118: 11
Estes PC, Bryner JH, O'Berry PA 1966 Cornell Vet 55: 610
Farstad W, Krogenaes A, Friis NF 1996 Norsk Veterinaertidsskr 108: 159
Felleisen RSJ, Lambelet N, Bachmann P et al 1998 J Clin Microbiol 36: 513–519
Fish NA, Rosendahl S, Miller RB 1985 Can Vet J 26: 13
Fox EW, Hobbs D, Stinson J, Rogers GM 1995 Bovine Pract 29: 153–155
Frank AH, Bryner JH 1953 Proc US Livestock Sanitary Assoc 57: 165
Frank AH, Bryner JH, O'Berry PA 1964 Am J Vet Res 25: 988
Gall D, Nielsen K 2004 Rev Sci Tec Off Int Epizoot 23: 989
Garcia MM, Lutze-Wallace CL, Denes AS 1995 J Bacteriol 177: 1976
Garcia-Yoldi D, Marin CM, de Miguel MJ et al 2006 Clin Chem 52: 779
Gilbert RO, Oettle EE 1990 J S Afr Vet Assoc 61: 41
Grahn RA, BonDurant RH, van Hoosear KA et al 2005 Vet Parasitol 127: 33
Grooms DL 2004 Vet Clin North Am Food Anim Pract 20: 5
Grooms DL, Bolin CA 2005 Vet Clin North Am Food Anim Pract 21: 463
Grooms DL, Brock KV, Pate JL, Day ML 1998 Theriogenology 49: 595
Grotelueschen DM, Cheney J, Hudson DB 1994 Theriogenology 42: 165
Hall GA, Jones PW 1977 J Comp Pathol 87: 53
Hall MR, Kvasnicka WG, Hanks D et al 1993 Agri-Practice 14: 29
Hassan NI, Dokhan KZ 2004 Assiut Vet Med J 50: 148
Hellstrom JS 1978 Thesis, Massey University
Henderson JP, Ball HJ 1999 Vet Rec 145: 374
Higgins RJ, Harbourne JF, Little TWA et al 1980 Vet Rec 107: 307
Hill FI, Reichel MP, McCoy RJ, Tisdall DJ 2007 NZ Vet J 55: 45
Hinton MH 1973 Vet Rec 93: 162
Ho MSY, Conrad PA, Conrad PJ et al 1994 J Clin Microbiol 32: 98
Hoerlein AB 1980 In: Morrow DA (ed) Current therapy in theriogenology, 2nd edn. WB Saunders, Philadelphia, p 479–482
Houe H 1992 Res Vet Sci 53: 320–323
Houe H, Pedersen KM, Meyling A 1993 Prev Vet Med 15: 117
Howard TH 1986 In: Morrow DA (ed) Current therapy in theriogenology, 2nd edn. WB Saunders, Philadelphia, p 258
Hubbert WT, Booth GD, Bolton WD et al 1973 Cornell Vet 63: 291
Huck RA, Lamont PH 1979 In: Fertility and infertility in domestic animals. Baillière Tindall London, p 160
Hudson DB, Ball L et al 1993a Theriogenology 39: 929
Hudson DB, Ball L et al 1993b Theriogenology 39: 937
Hudson JR 1949 Proc 14th Int Vet Cong 2(3): 487
Hum S 1996 In: Newell DG, Ketley JM, Feldman RA (eds) Campylobacters, helicobacters and related organisms. Plenum Press, New York, p 355–358
Hum S, Stephens LR, Quinn A 1991 Aust Vet J 68: 272
Hum S, Brunner J, Gardiner B 1993 Aust Vet J 70: 386
Hum S, Quinn A, Kennedy D 1994 Aust Vet J 71: 140
Hum S, Quinn K, Brunner J, On SLW 1997 Aust Vet J 75: 827
Hum S, Kessell A, Djordjevic S et al 2000 Aust Vet J 78: 744
Irons PC, Trichard CJV, Schutte AP 2004 In: Coetzer JAW, Tustin RC (eds) Infectious diseases of livestock. Oxford University Press, Oxford, p 2076–2082
Janzen ED, Cates WF, Barth A et al 1981 Can Vet J 22: 361
Jardine JE, Last RD 1995 Onderstepoort J Vet Res 62 207
Jesus VLT, Pereira MJS, Alves PAM, Fonseca AH 2003 Rev Bras Reprod Anim 27: 547–548
Jones GE, Donn A, Machell J et al 1998 In: Proceedings of the Ninth International Symposium on Human Chlamydial Infection, p 446–449
Jubb KVF, Kennedy PC, Palmer N 1993 Pathology of domestic animals, 4th edn. Academic Press, San Diego, CA, vol 3
Kaneene JB, Coe PH, Gibson CD et al 1987 Theriogenology 27: 737
Kapoor PK, Garg DN, Mahajan SK 1989 Theriogenology 32: 683–691
Kelling CL 2007 In: Youngquist RS, Threlfall WR (eds) Current therapy in large animal theriogenology, 2nd edn. Saunders-Elsevier, St Louis, MO, p 399–408
Kelling CL, Schipper IA, Strum GE et al 1973 Cornell Vet 63: 383
Kendrick JW 1971 J Am Vet Med Assoc 163: 852
Kendrick JW 1975 In: Proceedings of the American Association of Veterinary Laboratory Diagnosticians, p 331
Kendrick JW, McEntee K 1967 Cornell Vet 57: 3
Kennedy PC, Miller RB 1993 In: Jubb KVF, Kennedy PC, Palmer N (eds) Pathology of domestic animals, 4th edn. Academic Press, San Diego, p 349–444
Khars RF 1986 In: Morrow DA (ed) Current therapy in theriogenology, 2nd edn. WB Saunders, Philadelphia, p 250
King S 1991 Aust Vet J: 68: 307
King DP, Chen CI, Blanchard MT et al 2005 J Clin Microbiol 43: 604
Kirk JH, Glenn K, Ruiz L, Smith E 1997 J Am Vet Med Assoc 211: 1036
Kirkbride CA 1987 Vet Clin North Am Food Anim Pract 3: 575
Kirkbride CA 1990a In: Kirkbride CA (ed) Laboratory diagnosis of livestock abortion, 3rd edn. Iowa State University Press, Ames, IA, p 91
Kirkbride CA 1990b In: Kirkbride CA (ed) Laboratory diagnosis of livestock abortion, 3rd edn. Iowa State University Press, Ames, IA, p 17
Kirkbride CA 1990c In: Kirkbride CA (ed) Laboratory diagnosis of livestock abortion, 3rd edn. Iowa State University Press, Ames, IA, p 136
Kirkbride CA 1992 J Vet Diagn Invest 4: 175
Kirkbride CA, Bicknell EJ, Reed DE et al 1973 J Am Vet Med Assoc 162: 556
Kirkland PD, Richards SG, Rothwell JT, Stanley DF 1991 Vet Rec 128: 587
Kirschner L, McGuire T 1957 Cited in Oertley 1999
Kiupel H, Prehn I 1986 Arch Exp Vet Med 40: 164
Knudtson WU, Kirkbride CA 1992 J Vet Diagn Invest 4: 181
Kvasnicka WG, Taylor REL, Huang J-C et al 1989 Theriogenology 31: 936
Lander KP 1990 Br Vet J 146: 334
Langford EV 1975 Can J Comp Med 39: 133
Laven RA, Fountain D, Chianini F 2003 Cattle Pract 11: 401
Levett PN 2001 Clin Microbiol Rev 14: 296

Livingston M, Longbottom D 2006 Vet J 172: 3

Maan AR, Samuel NS, Maan H et al 2005 Vet Italia 40: 489

McAllister MM, Dubey JP, Lindsay DS et al 1998 Int J Parasitol 28: 1473

McAllister MM, Bjorkman C, Anderson-Sprecher R et al 2000 J Am Vet Med Assoc 217: 881

McClurkin AW, Littledike ET, Cudlip RC et al 1984 Can J Comp Med Vet Sci 48: 156

McEntee K 1990 Reproductive pathology of domestic mammals. Academic Press, San Diego, CA

McFadden A, Heuer C, Jackson R et al 2004 NZ Vet J 53: 45

McGowan MR, Kirkland PD, Richards SG, Littlejohns IR 1993 Vet Rec 133: 39

McInnes LM, Ryan UM, O'Handley R et al 2006 Vet Parasitol 142: 207

MacLaren APC, Agumbah GJP 1988 Br Vet J 144: 29

MacLaren APC, Wright CL 1977 Vet Rec 101: 463

McMillen L, Lew AE 2006 Vet Parasitol 141 204

McMillen L, Fordyce G, Doogan VJ, Lew AE 2006 J Clin Microbiol 44: 938

Makaya PV, Munjeri N, Pfukenyi D 2002 Zimbabwe Vet J 33: 1

Markus MB, van der Lugt JJ, Dubey JP 2004 In: Coetzer JAW, Tustin RC (ed) Infectious diseases of livestock. Oxford University Press, Oxford, p 360–375

Marshall RB, Chereshsky A 1996 Surveillance (Wellington) 23: 27

Menard A, Clerc M, Subtil A et al 2006 J Med Microbiol 55: 471

Mertens PPC, Mellor PS 2003 State Vet J 13: 18

Meyling A, Jensen AM 1988 Vet Microbiol 17: 97

Miller JM 1991 Vet Med 86: 95

Miller JM, van der Maaten MJ 1984 Am J Vet Res 45: 790

Miller JM, van der Maaten MJ 1986 Am J Vet Res 47: 223

Miller JM, van der Maaten MJ 1987 Am J Vet Res 48: 1555

Miller JM, Whetstone CA, van der Maaten MJ 1991 Am J Vet Res 52: 458

Ministry of Agriculture, Fisheries and Food 1986 Manual of veterinary parasitological techniques, Reference Book 418. HMSO, London

Moennig V, Leiss B 1995 Vet Clin North Am Food Anim Pract 11: 477

Moorthy ARS 1985 Vet Rec 116: 159

Moskwa B, Pastusiak K, Bien J, Cabaj W 2007 Parasitol Res 100: 633

Mukhufhi N, Irons PC, Michel A, Peta F 2003 Theriogenology 60: 1269

Murray RD 1990 Vet Rec 127: 543

Murray RD 1992 Vet Annu 32: 259

Nakamura RM, Walt ML, Bennett RH 1977 Theriogenology 7: 351

Nettleton PF 1986 Vet Ann 26: 90

Newell DG, Duim B, van Bergen MAP et al 2000 Cattle Pract 8: 411

Nicholas RA, Ayling RD 2003 Res Vet Sci 74: 105

Nicoletti P 1986 In: Morrow DA (ed) Current therapy in theriogenology, 2nd edn. WB Saunders, Philadelphia, p 271–274

Nielsen K, Cherwonogrodzky JW, Duncan JR, Bundle DR 1989 Am J Vet Res 50: 5

Nielsen K, Kelly L, Gall D et al 1996 Prev Vet Med 26: 17–32

Obendorf DL, Murray N, Veldhuis G et al 1995 Aust Vet J 72: 117

Ocampo-Sosa AA, Aguero-Balbin J, Garcia-Lobo JM 2005 Vet Microbiol 110: 41

Oertley D 1999 Newsl Soc Dairy Cattle Vet (NZVA) 16: 3, 17: 5

OIE 2004 Manual of diagnostic tests and vaccines for terrestrial animals 2004. OIE, Paris, Ch 2.3.6

O'Leary S, Sheahan M, Sweeney T 2006 Res Vet Sci 81: 170

Oosthuizen R 1999 Proc Soc Sheep Beef Vet NZVA 30: 167–170

Osburn BI 1994 Vet Clin North Am Food Anim Pract 10: 547

Osburn BI, McGowan B, Heron B et al 1981 Am J Vet Res 42: 884

Otoguro K, Oiwa R, Iwai Y et al 1988 J Antibiot: 41: 461

Parker S, Lun Z-R, Gajadhar A 2001 J Vet Diagn Invest 13: 508

Parsonson IM, Snowdon WA 1975 Aust Vet J 51: 365

Parsonson IM, Clark BL, Dufty JH 1976 J Comp Pathol 86: 59–66

Patterson RM, Hill JF, Shiel MJ, Humphrey JD 1984 Aust Vet J 61: 301

Pepin GA 1983 Vet Annu 23: 79

Peter D 1997 In: Youngquist RS, Threlfall WR (eds) Current therapy in large animal theriogenology, 2nd edn. Saunders-Elsevier, St Louis, MO, p 355–363

Pfeiffer DU, Wichtel JW, Reichel MP et al 1998 Proc Soc Dairy Cattle Vet NZVA 15: 279

Philpott M 1968a Vet Rec 82: 458

Philpott M 1968b Vet Rec 82: 424

Pillars RB, Grooms DL 2002 Am J Vet Res 63: 499–505

Plastridge WN, Stula EF, Williams LF 1964 Am J Vet Res 25: 710

Prescott JF, Nicholson VM 1988 Can J Vet Res 52: 286

Pritchard GC 2001 In Pract 23: 542–549

Pritchard GC 2006 Cattle Pract 14: 175–179

Radostits OM, Gay CC, Hinchcliff KW, Constable PD 2007 Veterinary medicine, 10th edn. WB Saunders, Oxford

Radwan GS, Brock KV, Hogan JS et al 1995 Vet Microbiol 44: 77–91

Rae DO, Crews J 2006 Vet Clin North Am Food Anim Pract 22: 595

Rae DO, Chenoweth PJ, Brown MB et al 1993 Theriogenology 40: 497

Rae DO, Crews JE, Greiner EC, Donovan GA 2004 Theriogenology 61: 605

Reichel MP, Ellis JT 2002 NZ Vet J 50: 86

Reitt K, Hilbe M, Voegtlin A et al 2007 J Vet Med A 54: 15

Renshaw RW, Ray R, Dubovi EJ 2000 J Vet Diagn Invest 12: 184

Revell SG, Chasey D, Drew TW, Edwards S 1988 Vet Rec 123: 122

Riedmuller L 1928 Zentralbl Bakteriol (Orig A) 108: 103

Roberts SJ 1971 Bovine obstetrics and genital diseases, 2nd edn. Published by the author, Woodstock, VT

Roberts SJ 1986 Bovine obstetrics and genital diseases, 3rd edn. Published by the author, Ithaca, NY

Robinson A 2003 Guidelines for coordinated human and animal brucellosis surveillance. FAO Agriculture Department, Rome

Rocha A, Mackinnon D, Mandlhate F 1986 Theriogenology 25: 305

Roeder PL, Jeffrey M, Cranwell MP 1986 Vet Rec 118: 24

Romero JJ, Perez E, Frankena K 2004 Vet Parasitol 123: 149

Rowe RF, Smithies LK 1978 Bovine Pract 10: 102

Ruegg PL, Marteniuk JV, Kaneene JB 1988 J Am Vet Med Assoc 193: 941

Saed OM, Al-Aubaidi JM 1983 Cornell Vet 73: 125

Samuelson JD, Winter AJ 1977 J Infect Dis 116: 581

Schnackel JA, Wallace BL et al 1990 Agri-Practice 10: 11

Schonmann MJ, BonDurant RH et al 1994 Vet Rec 134: 620

Schulze F, Bagon A, Muller W, Hotzel H 2006 J Clin Microbiol 44 2019

Schurig GG, Duncan JR, Winter AJ 1978 J Infect Dis 138: 463

Schutte AP 1969 Thesis, University of Ghent. Cited in Dekeyser 1986

Schweighardt H, Kaltenbock B, Lauermann E, Pechan P 1985 Wien Tierarztl Monatsschr 72: 209–214

Shewen PG 1986 In: Morrow DA (ed) Current therapy in theriogenology, 2nd edn. WB Saunders, Philadelphia, p 279

Shin SJ, Lein DH, Patten VH, Ruhnke HL 1988 Theriogenology 29: 577

Skirrow SZ 1987 J Am Vet Med Assoc 191: 553

Skirrow SZ, BonDurant RH 1988 Vet Bull 58: 591

Skirrow SZ, BonDurant RH 1990 J Am Vet Med Assoc 196: 885

Skirrow SZ, BonDurant RH, Farley J et al 1985 J Am Vet Med Assoc 187: 405

Slee KJ, Stephens LR 1985 Vet Rec 116: 215
Smith RE 1990 In: Kirkbride CA (ed) Laboratory diagnosis of livestock abortion, 3rd edn. Iowa State University Press, Ames, IA, p 66–69
Ssentongo YK, Johnson RH, Smith JR 1980 Aust Vet J 56: 272
Stalheim OH, Hubbert WT, Foley JW 1974 Am J Vet Res 37: 879
Stephens LR, Slee KJ, Poulton P et al 1986 Aust Vet J 63: 182
Stoessel FR, Haberkorn SEM 1978 Gac Vet 40: 330
Storz J 1971 In: Chlamydia and chlamydia-induced diseases. Charles C Thomas, Springfield, IL, p 146–154
Storz J, McKercher DG 1962 Zbl Vet Med 9: 411, 520
Storz J, Carroll EJ, Ball L, Faulkner LC 1968 Am J Vet Res 29: 549
Storz J, Carroll EJ, Stephenson EH et al 1976 Am J Vet Res 37: 517
Straub OC, Böhm HO 1964 Arch Ges Virusforsch 14: 272–275
Stuart FA, Corbel MJ, Richardson C et al 1990 Br Vet J 146: 57
Szalay D, Hajtos I, Glavits R, Takacs J 1994 Magy Allatorv Lapja 49: 149
Tanyi J, Bajmocy E, Fazekas B, Kaszanyitzky EJ 1983 Acta Vet Hung 31: 135
Taylor MA, Marshall RN, Stack M 1994 Br Vet J 150: 73
Tenter AM, Shirley MW 1999 Int J Parasitol 29: 1189
Theodoridis A 1978 Onderstepoort J Vet Res 45: 187
Thiermann AB 1982 Am J Vet Res 43: 780
Thobokwe G, Heuer C, Hayes DP 2004 NZ Vet J 52: 394
Thompson SA, Blaser MJ 2000 In: Nachamkin I, Blaser MJ (eds) Campylobacter, 2nd edn. American Society for Microbiology, Washington, DC, p 321–347
Thornton R 1992 Surveillance (Wellington) 19: 24
Thornton R, Thompson EJ, Dubey JP 1991 NZ Vet J 39: 129
Trees AJ, Williams DJL 2003 J Parasitol 89: S198–201
Trichard CJ, Jacobsz EP 1985 Onderstepoort J Vet Res 52: 105
Van Rensburg SW 1953 Br Vet J 109: 226
Vandeplassche M, Florent A, Bouters R et al 1963 C R Rech Inst Encour Rech Sci Indust Agric 29: 1–90
Vasques LA, Ball L, Bennett BW et al 1983 Am J Vet Res 44: 1553
Veterinary Diagnosis Information Service 1977–2006 Annual report booklets (1977–1998). Available online at: www.defra.gov.uk/vla/reports/docs/rep_vida_cattle95_02.pdf and www.defra.gov.uk/vla/reports/docs/rep_vida_cattle99_06.pdf
Veterinary Laboratories Agency 2006 Veterinary Surveillance Report – VIDA. Available on line at: www.defra.gov.uk/corporate/vla/science/documents/science-vida-cattle-2006.pdf. Accessed 24 October 2007
VIDA 2005 Veterinary Investigation Surveillance Report for 2005. Veterinary Laboratory Agency, Weybridge, Surrey
Villar JA, Spina EM 1982 Gac Vet 44: 647
Virakula P, Fagbubgm ML, Joo HS, Meyling A 1993 Theriogenology 29: 441
Wagner WC, Dunn HO, VanVleck LD 1965 Cornell Vet 55 209
Walker RL 2007 In: Youngquist RS, Threlfall WR (ed) Current therapy in large animal theriogenology, 2nd edn. Saunders-Elsevier, St Louis, MO, p 417–419
Wapenaar W, Jenkins MC, O'Handley RM et al 2006 J Parasitol 92: 1270
Ward GM, Roberts SJ, McEntee K, Gillespie JH 1969 Cornell Vet 59: 525–538
Ward ACS, Jaworski MD, Eddow JM, Corbeil LB 1995 Can J Vet Res 59: 173
Wells BH 1996 Zimbabwe Vet J 27: 9
Weston JF 2008 In: ParkinsonTJ, VermuntJJ, MalmoJ (ed) Diseases of cattle in Australasia, VetLearn, Palmerston North, New Zealand
Wilesmith JW 1978 Vet Rec 103: 149
Williams BM, Shreeve BJ, Herbert CN 1977 Vet Rec 100: 382
Winter AJ, Samuelson JD, Elkana MA 1967 J Am Vet Med Assoc 150: 499
Wittenbrink MM, Schoon HA, Bisping W, Binder A 1993a Reprod Domest Anim 28: 129
Wittenbrink MM, Schoon HA, Schoon D et al 1993b Zentralbl Veterinärmed B 40: 437–450
Wouda W, Dijkstra Th, Kramer AMH et al 1999 Int J Parasitol 29: 1677
Wright PF Nilsson E, Van Rooij EMA et al 1993 Rev Sci Tec Off Int Epizoot 12: 435–450
Yaeger MJ, Holler LD 2007 In: Youngquist RS Threlfall WR (eds) Current therapy in large animal theriogenology, 2nd edn. Saunders-Elsevier, St Louis, MO, p 389–399

第24章

Anon 1984 In: Dairy herd fertility, Reference Book 259. HMSO: London, p 13, 15, 20
Ayalon N 1972 In: Proceedings of the VIIth International Congress on Reproduction and Artificial Insemination, Munich, vol 1, p 741
Ayalon N 1973 Annual Report of Research no 2. Kimron Veterinary Institute, Beit Dagan, Israel
Ayalon N 1978 J Reprod Fertil 54: 483
Barrett GR, Casida LE, Lloyd CA 1948 J Dairy Sci 31: 682
Bearden HJ, Hansel W, Bratton RW 1956 J Dairy Sci 39: 312
Bishop MWH 1964 J Reprod Fertil 7: 383
Borsberry S 2005 In Pract 27: 536
Boyd H 1965 Vet Bull 35: 251
Boyd H, Bacsich P, Young A, McCracken JA 1969 Br Vet J 125: 87
Bradford G 1969 Genetics 61: 905
Brightling P, Larcome MT, Malmo J 1990 In: Brightling P, Larcome MT, Malmo J (ed) Investigating shortfalls in reproductive performance in dairy herds. Dairy Research Council, Melbourne, Victoria, p 3
Burke CR, McDougall S, Macmillan KL 1995 Proc NZ Soc Anim Prod 55: 76
Cabell E 2007 In Pract 29: 455
Clark DA, Penno JW 1996 In: Proceedings of the 48th Ruakura Farmers' Conference, p 20
Clark DA, Carter W, Walsh B, Clarkson FH, Waugh CD 1994 Proc NZ Grassland Assoc 56: 55
Clark DA, Howse SW, Johnson RJ et al 1996 Proc NZ Grassland Assoc 57: 145
Corner GW 1923 Amer J Anat 31: 523
De Kruif A 1975 Tijdschr Diergeneesk 100: 1089
Delwiche M, Tang X, BonDurant R, Munro C 2001 Trans Am Soc Agric Engin 44 1997
Drew B 1986 In Pract 8: 17
Drew B 2004 In: Andrews AH, Blowey RW Boyd H, Eddy RG (ed) Bovine medicine: diseases and husbandry of cattle, 2nd edn. Blackwell, Oxford, p 54
Eddy RG 1980 In Pract 2: 25
Eddy RG, Clark PJ 1987 Vet Rec 120: 31
Esslemont RJ 2003 Cattle Pract 11: 237
Esslemont RJ, Eddy RG 1977 Br Vet J 133: 346
Esslemont RJ, Ellis PR 1974 Vet Rec 95: 319
Esslemont RJ, Kossaibati MA 1997 Vet Rec 140: 36
Esslemont RJ, Baillie JH, Cooper MJ1985 Fertility management of dairy cattle. Collins, London, p 71, 85

Fielden ED, Macmillan KL, Moller K 1977 Bovine Pract 11: 10
Gayerie de Abreu F, Lamming GE, Shaw RC 1984 In: Proceedings of the 10th International Congress on Animal Reproduction and Artificial Insemination, vol II, p 82
Gould CM 1974 Cited by Eddy RG 1980
Grace ND 1983 The mineral requirements of grazing ruminants. New Zealand Society of Animal Production, Hamilton, New Zealand
Grainger C, McGowan AA 1982 In: Macmillan KL, Taufa VK (ed) Dairy production from pasture. New Zealand Society for Animal Production, Hamilton, New Zealand, p 134
Grosshans T, Xu ZZ, Burton LJ 1996 Proc NZ Soc Anim Prod 56: 27
Gustafsson H, Larsson K, Gustavsson I 1985 Acta Vet Scand 26: 1
Hamerton JL 1971 Human cytogenetics. Cited in King WA 1985
Hanly S 1961 J Reprod Fertil 2: 182
Hayes DP 1998 Proc Soc Dairy Cattle Vet 15: 189
Holmes CW 1996 Dairy Farm Annu 48: 28
Holmes CW, Wilson GF, Mackenzie DDS et al 1984 Milk production from pasture. Butterworths, Wellington, New Zealand
Johnson CT, Lupson GR, Lawrence KE 1994 Vet Rec 134: 263
King WA 1985 Theriogenology 23: 161
Land RB, Atkins KD, Roberts RC 1983 In: Haresign W (ed) Sheep production. Butterworth, London, p 515
Lean IJ, Westwood CT, Rabiee AR, Curtis MA 1998 Proc Soc Dairy Cattle Vet 15: 87
MacDiarmid SC 1983 Anim Breeding Abs 51: 403
McDougall S, Burke CR, Williamson NB et al 1995 Proc NZ Soc Anim Prod 55: 236
McFeely RA, Rajakoski E 1968 In: Proceedings of the International Congress on Animal Reproduction and Artificial Insemination, Paris, vol II, p 905
McGowan AA 1981 Proc NZ Soc Anim Prod 41: 34
McGuirk B 2004 In Pract 26: 272
McKay B 1994 Proc Soc Dairy Cattle Vet 11: 89
McKay B 1998 Proc Soc Dairy Cattle Vet 15: 61
Macmillan KL 1995 In: Proceedingsof the 47th Ruakura Dairy Farmers' Conference, p 36
Macmillan KL 1998 In: Fielden ED, Smith JF (ed) Reproductive management of grazing ruminants in New Zealand. New Zealand Society of Animal Production, Hamilton, New Zealand
Macmillan KL, Clayton DG1980 Proc NZ Soc Anim Prod 40: 238
Macmillan KL, Curnow RJ 1977 NZ J Exp Agric 5: 357
Macmillan KL, Watson JD 1973 NZ J Exp Agric 1: 309
Macmillan KL, Watson JD 1975 Anim Prod 21: 243
Macmillan KL, Fielden ED, Watson JD 1975 NZ Vet J 23: 1
Malmo J 1993 Pro Soc Dairy Cattle Vet 10: 225
Moller K, MacDiarmid SC 1981 Proc NZ Soc Anim Prod 41: 71
Nebel RL, McGilliard ML 1993 J Dairy Sci 76: 3257
Norton JH, Campbell RSF 1990 Vet Bull 60: 1137
O'Farrell KJ, Crilly J 1999 Cattle Pract 7: 287
Penno JW 1997 In: Proceedings of the 49th Ruakura Dairy Farmers' Conference, p 72
Penny C 1998 In Pract 20: 351
Pope GS, Hodgeson-Jones LS 1975 Vet Rec 96: 154
Pritchard G 1993 Cattle Pract 1: 115
Rhodes FM, Clark BA, Nation DP et al 1998 Proc NZ Soc Anim Prod 58: 79
Roche JF, Ireland JJ, Boland MP, McGeady TM 1985 Vet Rec 116: 153
Royal MD, Flint APF 2004 Cattle Pract 12: 21
Royal MD, Darwash AO, Flint APF et al 2000 Anim Sci 70: 487
Simpson JL 1980 Fertil Steril 33: 107
Smith JF, Macmillan KL 1980 In: 9th International Congress on Animal Reproduction and Artificial Insemination, Madrid, vol III, p 41
Sreenan JM, Diskin MG 1983 Vet Rec 112: 517
Sreenan JM, Diskin MG 1986 In: Sreenan JM, Diskin MG (eds) Embryonic mortality in farm animals. Martinus Nijhoff, Dordrecht, p 1–11
Starbuck GR, Darwash AO, Lamming GE 1999 Cattle Pract 7: 397
Studer E, Morrow DA 1978 J Am Vet Med Assoc 172: 489
Tanabe TY, Almquist JO 1953 J Dairy Sci 36: 586
Tanabe TY, Casida LE 1949 J Dairy Sci 32: 237
Thomas GW, Mathews GL, Wilson DG 1985 Proc Aust Soc Anim Prod, p 333
Thomet P, Thomet-Thoutberger E 1999 Rev Suisse Agric 31: 127
Thomson NA, Barnes ML, Prestidge R 1991 Proc NZ Soc Anim Prod 51: 277
Wang C, Beede DK, Donovan GA et al 1991 J Dairy Sci 74(Suppl 1): 275
Welch RAS, Kaltenbach CC 1977 Proc NZ Soc Anim Prod 37: 52
Williamson NB, Quinton FW, Anderson GA 1980 Aust Vet J 56: 477
Wilmut I, Sales DI, Ashworth CJ 1985 Theriogenology 23: 107
Wilson GF 1998 Proc Soc Dairy Cattle Vet 15: 31
Wiltbank MC 1998 Cattle Pract 6: 261
Xu ZZ, Burton LJ 1996 Proc NZ Soc Anim Prod 56: 34

第25章

Acland HM, Gard GP, Plant JW 1972 Aust Vet J 48: 70
Aitken ID 1986 In Pract 8: 236
Aitken ID, Clarkson MJ, Linklater K 1990 Vet Rec 126: 136
Appleyard WT, Aitken ID, Anderson IE 1985 Vet Rec 116: 535
Baker JE, Faull WB, Rankin JEF 1971 Vet Rec 88: 270
Ball HJ, McCaughey WJ, Irwin D 1984 Br Vet J 140: 347
Barlow BA, Dickinson AG 1965 Res Vet Sci 6: 230
Barlow RM, Gardiner AC 1983 In: Martin WB (ed) Diseases of sheep. Blackwell Scientific, Oxford, p 129–133
Baxendell SA 1985 Proceedings of Refresher Course No 73. University of Sydney Postgraduate Committee in Veterinary Science, Sydney, New South Wales, p 355–362
Bennetts HW, Underwood EJ, Shier FL 1946 Aust Vet J 22: 2
Beverley JKA, Watson WA, Payne IM 1971 Vet Rec 88: 124
Blewett DA, Watson WA 1983 Br Vet J 139: 546
Blewett DA, Gisemba F, Miller JK et al 1982 Vet Rec 111: 499
Bruere AN, West DR 1993 The sheep. Veterinary Continuing Education, Massey University, Palmerston North, New Zealand
Buxton D 1983 In: Martin WB (ed) Diseases of sheep. Blackwell Scientific, Oxford, p 124–128
Buxton D 1986 Vet Rec 118: 510
Buxton D 1989 In Pract 11: 9
Buxton D 1998 Vet Res 29: 289
Buxton D, Barlow RM, Finlayson J et al 1990 J Comp Pathol 102: 221
Buxton D, Blewett DA, Trees AJ et al 1988 J Comp Pathol 98: 225
Buxton D, Brebner J, Wright S et al 1996 Vet Rec 138: 434
Buxton D, Gilmour JS, Angus KW et al 1981 Res Vet Sci 32: 170
Buxton D, Rodger SM, Maley S et al 2006 Small Rumin Res 46: 43
Buxton D, Thomson KM, Maley S et al 1991 Vet Rec 129: 89
Buxton D, Thomson KM, Maley S et al 1993 Vet Rec 133: 310
Carlsson U 1991 Vet Rec 128: 145
Chaffaux St, Metejka M, Cribiu EP et al 1987 Rec Med Vet 163: 15

Cousins DV, Ellis TM, Parkinson J, McGlashan CH 1989 Vet Rec 124: 123
Cribiu EP, Durand V, Chaffaux St 1990 Rec Med Vet 166: 919
Dain A 1971 J Reprod Fertil 24: 91
Davis GH, McEwen JC, Fenessy PF et al 1992 Biol Reprod 46: 636
Dennis SM 1991 In: Kirkbride CA (ed) Laboratory diagnosis of livestock abortion, 3rd edn. Iowa State University Press, Ames, IA, p 82–85
Doig PA, Ruhnke HL 1977 Vet Rec 100: 179
Dubey JP 1980 J Am Vet Med Assoc 178: 661
Dubey JP 1982 J Am Vet Med Assoc 180: 1220
Dubey JP, Sharma SP 1980 Am J Vet Res 41: 794
Dubey JP, Sharma SP, Lopes CWG 1980 Am J Vet Res 41: 1072
Duncanson P, Terry RS, Smith JE, Hide G 2001 Int J Parasitol 31: 1699
Dutt RH 1954 Anim Sci 13: 464
Eales A, Small J 1986 Guide to veterinary care at lambing. Longman, Harlow, Essex
East NE 1986 In: Morrow DA (ed) Current therapy in theriogenology. WB Saunders, Philadelphia, p 603–604
Elliott H 2007 Vet Goat Soc J 23: 31
Ellis WA 1992 In: Martin WB (ed) Diseases of sheep, 2nd edn. Blackwell Scientific, Oxford, p 78–80
Emady M, Noakes DE, Arthur GH 1975 Vet Rec 96: 261
Fenlon DR 1985 J Appl Bacteriol 59: 537
Fraser A, Stamp JT 1987 Sheep husbandry and diseases, 6th edn. Collins Technical & Professional, London
Frayer-Hosken RA, Huber TL et al 1992 J Am Vet Med Assoc 200: 1528
Frenkel JK 1973 Cited in: Buxton D 1983 In: Martin WB (ed) Diseases of sheep. Blackwell Scientific, Oxford, p 125
Greig A 1996 Proceedings of a Seminar of Flock Health
Griffiths DE, Johnston AM, Martinez T, Khalid M 2006 Goat Vet Soc J 22: 59
Gronstol H 1980 Acta Vet Scand 21: 1
Gumbrell RC, Saville DJ, Graham CF 1966 NZ Vet J 44: 61
Hartley WJ 1966 NZ Vet J 44: 106
Hartley WJ, Jebson JL, McFarlane D 1954 NZ Vet J 32: 80
Harwood D 2007 Goat Vet Soc J 23: 40
Hathaway SC, Little TWA, Stevens AE 1982 Vet Rec 110: 99
Heape W 1899 J Roy Agric Soc 111, 10: 217
Hesselink JW 1993a Vet Rec 132: 110
Hesselink JW 1993b Vet Rec 133: 186
Hughes LE, Kershaw GF, Shaw IG 1959 Vet Rec 71: 313
Hunter AG, Coigall W, Mathieson AO 1976 Vet Rec 98: 126
Jack EJ 1968 Vet Rec 82: 558
Jackson P 2004 Goat Vet Soc J 20: 9
Johnston WS 1988 Vet Rec 122: 283
Linklater K 1983 Proc Sheep Vet Soc 7: 16
Livingstone CW, Gauer BB, Shelton M 1978 Am J Vet Res 39: 1699
Loken T, Bjerkas I, Hyllseth B 1982 Res Vet Sci 33: 130
Long SE 1980 Vet Rec 106: 175
Low C, Linklater K 1985 In Pract 7: 96
Low JC, Renton CP 1985 Vet Rec 116: 147
Lyngset O 1968 Acta Vet Scand 9: 364
Marmion BP, Watson WA 1961 J Comp Pathol 71: 360
Martin WB, Aitken ID 2000 Diseases of sheep, 3rd edn. Blackwell Scientific, Oxford, p 225
Mathews J 2007 Diseases of the goat, 2nd edn. Blackwell Science, Oxford, p 24–28
Maund B, Jones R 1986 RASE Unit Newsletter, no 8, Dec
McCaughey WJ, Ball HJ 1981 Vet Rec 109: 472
McKelvey WAC 1999 In Pract 21 190
McKeown JD, Ellis WA 1986 Vet Rec 118: 482
Mialot JP, Saboureau L, Gueraud JM et al 1991 Rec Med Vet 167: 383
Miller RB, Palmer NC, Kierstad M 1986 In: Morrow DA (ed) Current therapy in theriogenology, 2nd edn. WB Saunders, Philadelphia, p 607–609
MLC 1984, 1988a Sheep year books. Meat and Livestock Commission, Milton Keynes, Buckinghamshire
MLC 1988b Feeding the ewe. Meat and Livestock Commission, Milton Keynes, Buckinghamshire
Nettleton PF 1990 Rev Sci Tech Off Int Epiz 9: 131
O'Connell E, Wilkins WF, Te Punga WA 1988 NZ Vet J 36: 1
Polydorou K 1981 Br Vet J 137: 411
Regassa F, Noakes DE 1999 Vet Rec 144: 502
Ridler AL 2002 PhD Thesis, Massey University, New Zealand
Shelton MC 1986 In: Morrow DA (ed) Current therapy in theriogenology, 2nd edn. WB Saunders, Philadelphia, p 610–612
Skinner L, Timpereley AC, Wightman D et al 1990 Scand J Infect Dis 22: 359
Smith KC 1991 Dissertation, Diploma in Sheep Health and Production. Royal College of Veterinary Surgeons, London
Smith KC 1996 PhD thesis, University of Bristol
Smith KC, Long SE, Parkinson TJ 1996 Vet Rec 138: 497
Smith MC 1986 In: Morrow DA (ed) Current therapy in theriogenology, 2nd edn. WB Saunders, Philadelphia, p 575–629
Smith MC, Dunn HO 1981 J Am Vet Med Assn 178: 735
Smith RE, Reynolds IM, Harris JC 1968 Cornell Vet 58: 389
Spence JB, Beattie CP, Faulkner J et al 1978 Vet Rec 102: 38
Stamp JT, Watt JA, Nisbuet DI 1950 Vet Rec 62: 251
Sweasey D, Patterson DSP, Richardson C et al 1979 Vet Rec 104: 447
Van der Hoeden J 1953 J Comp Pathol 63: 101
Vaughan EK, Long SE, Parkinson TJ et al 1997 Vet Rec 140: 100
Wallace JM, Ashworth CJ 1990 Proc Sheep Vet Soc 14: 134
Watson WA 1964 Vet Rec 76: 1131
Watson WA 1973 Br Vet J 129: 309
Watson WA, Broadhead GD, Kilpatrick R 1962 Vet Rec 74: 506
Wenzel D, Le Roux MM, Botha LJJ 1976 Agro Anim 8: 59
White IR, Russel AJF, Fowler OG 1984 Vet Rec 115: 140
Wilmut I, Sales DI, Ashworth CJ 1985 Theriogenology 23: 107

第26章

Acland HM 1993 In: McKinnon AO, Voss JL (ed) Equine reproduction. Lea & Febiger, Philadelphia, p 554
Allen WR 1993 Equine Vet J 25: 90
Allen WE, Pycock JF 1988 Vet Rec 122: 489
Allen WE, Pycock JF 1989 Vet Rec 125: 298
Asbury AC 1988 In: Proceedings of the Society for Theriogenology (1988), p 306
Ball BA 1988 Vet Clin North Am Equine Pract 4: 263
Ball BA, Little TV, Weber JA et al 1989 J Reprod Fertil 85: 187
Ball BA, Brinsko SP, Schlafer DH 1997 Pferdeheilkunde 13: 548
Baucus KL, Ralston SL, Nockels CF et al 1990 J Anim Sci 68: 345
Bergfelt DR, Woods JA, Ginther OJ 1992 J Reprod Fertil 95: 339
Bracher V, Mathias S, Stocker M et al 1990 In: Proceedings of the 2nd International Conference on Veterinary Perinatology, p 37
Bracher V, Allen WR, McGladdery AJ et al 1991 In: Proceedings of an International Workshop: Disturbances in Equine Fetal Maturation: Comparative Aspects, p 34

Cadario ME, Thatcher MJD, LeBlanc MM 1995 Biol Reprod Monographs 1: 495
Carnevale EM, Ginther OJ 1995 Biol Reprod Monographs 1: 209
Carnevale EM, Griffin PG, Ginther OJ 1993 Equine Vet J Suppl 15: 31
Caslick EA 1937 Cornell Vet 27: 178
Cole JR, Hall RF, Gosser HS et al 1986 J Am Vet Med Assoc 189: 769
Cottrill CM, Jeffers-Lo J, Ousey JC et al 1991 J Reprod Fertil Suppl 44: 591
Cross DT, Ginther OJ 1987 Domest Anim Endocrinol 4: 271
Daels PF, Stabenfeldt GH, Kindahl H et al 1989 Equine Vet J Suppl 8: 29
David JS 1975 J Reprod Fertil Suppl 23: 513
De Lille AJAE, Silvers ML Cadario ME et al 2000 J Reprod Fertil Suppl 56: 373
Dybdal NO, Daels PF, Couto MA et al 1991 J Reprod Fertil Suppl 44: 697
Eilts BE, Scholl DT, Paccamonti DL et al 1995 Biol Reprod Monographs 1 Equine Reproduction VI, p 527
Evans MJ, Hamer JM, Gason LM et al 1986 Theriogenology 26: 37
Evans MJ, Hamer JM, Gason LM et al 1987 J Reprod Fertil Suppl 35: 327
Foss RR, Wirth NR, Kutz RR 1994 Proc Am Assoc Equine Pract 40: 11
Gentry LR, Thompson DLJ, Gentry GTJ et al 2002 J Anim Sci 80: 2695
Gibbs HM, Troedsson MHT 1995 Biol Reprod Monographs 1: 489
Ginther OJ 1989a Am J Vet Res 50: 45
Ginther OJ 1989b Equine Vet J 21: 171
Ginther OJ 1990 Equine Vet J 22: 152
Ginther OJ, Bergfelt DR 1990 J Reprod Fertil 88: 119
Ginther OJ, Pierson RA 1984 Theriogenology 21: 505
Ginther OJ, Bergfelt DR, Leith GS et al 1985 Theriogenology 24: 73
Goetz TE, Ogilvie GK, Keegan KG et al 1990 J Am Vet Med Assoc 196: 449
Gruninger B, Schoon HA, Schoon D et al 1998 J Comp Pathol 119: 293
Gutjahr S, Paccamonti DL, Pycock JF et al 2000 Theriogenology 54: 447
Haffner JC, Fecteau KA, Heid JP et al 1998 Theriogenology 49: 711
Harrison LA, Squires EL, Nett TM et al 1990 J Anim Sci 68: 690
Hearn P 1999 In: Samper JC (ed) Equine breeding management and artificial insemination. WB Saunders, Philadelphia
Hess MB, Parker NA, Purswell BJ et al 2002 J Am Vet Med Assoc 221: 266
Hinrichs K, Cummings MR, Sertich PL et al 1988 J Am Vet Med Assoc 193: 72
Hinrichs K, Frazer GS, deGannes RV et al 1989 J Am Vet Med Assoc 194: 381
Hudson NP, Prince DP, Mayhew IG et al 2005 Vet Rec 157: 85
Hughes JP, Loy RG 1969 Proc Am Assoc Equine Pract 15: 289
Hughes JP, Stabenfeldt GH, Kindahl H et al 1979 J Reprod Fertil Suppl 27: 321
Hyland JH, Wright PJ, Clarke IJ et al 1987 J Reprod Fertil Suppl 35: 211
Irvine CHG, McKeough VL, Turner JE et al 2002 Equine Vet J 34: 191
Iuliano MF, Squires EL 1986 Theriogenology 26: 291
Katila T 2001 Anim Reprod Sci 68: 267
Katz JB, Evans LE, Hutto DL et al 2000 J Am Vet Med Assoc 216: 1945
Kenney RM 1978 J Am Vet Med Assoc 172: 241
Kenney RM, Doig PA 1986 In: Morrow DA (ed) Current therapy in theriogenology, 2nd edn. WB Saunders, Philadelphia, p 723
Kenney RM, Ganjam VK 1975 J Reprod Fertil Suppl 23: 335
Klump A, Aljarrah A, Sansinena M et al 2003 Pferdeheilkunde 19: 609
Knutti B, Pycock JF, Paccamonti D et al 1997 Pferdeheilkunde 13: 545
Knutti B, Pycock JF, van der Weijden GC et al 2000 Equine Vet Educ 12: 267
Koskinen E, Lindeberg H, Kuntsi H et al 1990 Zentralbl Veterinärmed A 37: 77
Kotilainen T, Huhtinen M, Katila T 1994 Theriogenology 41: 629
LeBlanc MM 1997 Pferdeheilkunde 13: 483
LeBlanc MM, Neuwirth L, Asbury AC et al 1994 Equine Vet J 26: 109
LeBlanc M, Johnson RD, Calderwood-Mays MB et al 1995 Biol Reprod Monographs 1: 501
LeBlanc MM, Neuwirth L, Jones L et al 1998 Theriogenology 50: 49
LeBlanc MM, Magsig J, Stromberg AJ 2007 Theriogenology 68: 403
Liu IKM, Lantz KC, Schlafke S et al 1990 Proc Am Assoc Equine Pract 37: 41
Liu IKM, Rakestraw P, Coit C et al 1997 Pferdeheilkunde 13: 557
Love CC 2003 Proc Soc Theriogenology 68
McCue PM 1992 Proc Am Assoc Equine Pract 38: 587
McCue PM 1998 Vet Clin North Am Equine Pract 14: 505
McKinnon AO, Vasey JR, Lescun TB et al 1997 Equine Vet J 29: 153
McKinnon AO, Lescun TB, Walker JH et al 2000 Equine Vet J 32: 83
Malschitzky E, Trein CR, Bustamante Filho IC et al 2006 Pferdeheilkunde 22: 201
Meyers PJ, Bowman T, Blodgett G et al 1997 Vet Rec 140: 249
Miller CD, Embertson RM, Smith S 1996 Proc Am Assoc Equine Pract 42: 154
Mitchell D, Allen WR 1975 J Reprod Fertil Suppl 23: 531
Monin T 1972 Proc Am Assoc Equine Pract 18: 99
Nelson EM, Kiefer BL, Roser JF et al 1985 Theriogenology 23: 241
Neu SM, Timoney PJ, Lowry SR 1992 Theriogenology 37: 407
Newcombe JR 1997 Pferdeheilkunde 13: 545
Oxender WD, Noden PA, Bolenbaugh DL et al 1975 Am J Vet Res 36: 1145
Paccamonti DL, Pycock JF, Taverne MAM et al 1999 Equine Vet J 31: 285
Palmer E, Driancourt MA 1981 In: Photoperiodism and reproduction in vertebrates: international colloquium, Nouzilly, France, 24-25 September, p 67
Pascoe RR 1979 J Reprod Fertil Suppl 27: 229
Pouret EJ 1982 Equine Vet J 14: 249
Provencher R, Threlfall WR, Murdick PW et al 1988 Can Vet J 29: 903
Pycock JF 1993 In: Proceedings of JP Hughes International Workshop on Equine Endometritis, summarized by Allen WR 1992 Equine Vet J 25: 191
Pycock JF, Allen WE 1990 Equine Vet J 22: 422
Pycock JF, Newcombe JR 1996 Equine Pract 18: 19
Pycock JF, Paccamonti D, Jonker H et al 1997 Pferdeheilkunde 13: 553
Rambags BPB, Krijtenburg PJ, VanDrie HF et al 2005 Mol Reprod Dev 72: 77
Ramirez S, Sedrish S, Paccamonti DL et al 1998 Vet Radiol Ultrasound 39: 165
Reef VB, Vaala WE, Worth LT et al 1996 Equine Vet J 28 200
Renaudin CD, Troedsson MHT, Gillis CL 1999 Equine Vet Educ 11: 75
Ricketts SW 2003 Pferdeheilkunde 19: 633
Ricketts SW, Alonso S 1991 Equine Vet J 23: 189
Ricketts SW, Mackintosh ME 1987 J Reprod Fertil Suppl 35: 343
Riddle WT 2003 In: Proceedings of the Society for Theriogenology, p 85
Rogan D, Fumuso E, Rodriguez E et al 2007 J Equine Vet Sci 27: 112
Santschi EM, Slone DE 1994 J Am Vet Med Assoc 205: 1180
Schlafer DH 2004 Proc Am Assoc Equine Pract 50: 144
Schumacher J, Schumacher J, Blanchard T 1992 J Am Vet Med Assoc 200: 1336

Sedrish SA, McClure JR, Pinto C et al 1997 J Am Vet Med Assoc 211: 1152
Sevinga M, Hesselink JW, Barkema HW 2002a Theriogenology 57: 923
Sevinga M, Barkema HW, Hesselink JW 2002b Theriogenology 57: 941
Sevinga M, Barkema HW, Stryhn H et al 2004a Theriogenology 61: 851
Sevinga M, Vrijenhoek T, Hesselinks JW et al 2004b J Anim Sci 82: 982
Sharp DC 1980 Vet Clin North Am Large Anim Pract 2: 207
Sharp DC, Davis SD 1993 In: McKinnon AO, Voss JL (ed) Equine reproduction. Lea & Febiger, Philadelphia, p 133
Sharp DC, McDowell KJ, Weithenauer J et al 1989 J Reprod Fertil Suppl 37: 101
Smith KC, Blunden AS, Whitwell KE et al 2003 Equine Vet J 35: 496
Stabenfeldt GH, Hughes JP 1987 Comp Cont Educ Pract Vet 9: 678
Stone R, Bracher V, Mathias S 1991 Equine Vet Educ 3: 181
Stout TAE, Allen WR 2002 Reproduction 123: 261
Studdert MJ 1974 Cornell Vet 64: 94
Threlfall WR 1993 In: McKinnon AO, Voss JL (ed) Equine reproduction. Lea & Febiger, Philadelphia, p 614
Timoney PJ, Powell DG 1988 J Equine Vet Sci 8: 42
Troedsson MHT, Liu IKM 1991 J Reprod Fertil Suppl 44: 283
Troedsson MHT, Wistrom AOG, Liu IKM et al 1993 J Reprod Fertil 99: 299
Troedsson MHT, Scott MA, Liu IKM 1995 Am J Vet Res 56: 468
Troedsson MHT, Spensley MS, Fahning L 1997 In: Robinson NE (ed) Current therapy in equine medicine. WB Saunders, Philadelphia, p 560
Troedsson MHT, Loset K, Alghamdi AM et al 2001 Anim Reprod Sci 68: 273
Trotter GW, McKinnon AO 1988 Vet Clin North Am Equine Pract 4: 389
Vandeplassche M, Henry M 1977 Proc Am Assoc Equine Pract 23: 123
Vandeplassche M, Spincemaille J, Bouters R 1971 Equine Vet J 3:105
Vandeplassche M, Spincemaille J, Bouters R 1972 Equine Vet J 4: 105, 144
Vanderkolk JH, Geelen SNJ, Jonker FH et al 1998 Vet Rec 143: 172
Vanderwall DK, Woods GL, Weber JA et al 1993 Theriogenology 40: 13
Van Niekerk CH 1965 J S Afr Vet Med Assoc 36: 61
Van Niekerk FE, van Niekerk CH 1998 J S Afr Vet Assoc 69: 150
Vogelsang MM, Vogelsang SG, Lindsey BR et al 1989 Theriogenology 32: 95
Vogelsang SG, Vogelsang MM 1989 Equine Vet J Suppl8: 71
VonReitzenstein M, Callahan MA, Hansen PJ et al 2002 Theriogenology 58: 887
Waller CA, Thompson J, Cartmill JA et al 2006 Theriogenology 66: 923
Watson ED 1999 In: Mair T, Love S, Schumacker J, Watson ED (ed) Equine medicine surgery and reproduction. WB Saunders, London, p 295
Watson ED, Sertich PL 1992 J Am Vet Med Assoc 201: 438
Wolfsdorf KE, Rodgerson D, Holder R 2005 Proc Am Assoc Equine Pract 51: 284
Woods GL, Baker CB, Baldwin JL et al 1987 J Reprod Fertil Suppl 35: 455

第27章

Almond GW, Flowers WL, Batista L, D'Allaire S 2006 In: Straw B, Zimmermann JJ, D'Allaire S, Taylor DJ (ed) Diseases of swine, 9th edn. Blackwell Publishing, Oxford, p 113–147
Castagna CD, Peixoto CH, Bortolozzo FP et al 2004 Anim Reprod Sci 81: 115
Chae C 2005 Vet J 169: 326
Clowes EJ, Aherne FX, Foxcroft GR 1994 J Anim Sci 72: 283
Clowes EJ, Aherne FX, Schaefer AL et al 2003 J Anim Sci 81: 1517
Everts H, Block MC, Kemp B et al 1994 Requirements for pregnant pigs. CVB Documentation Report 9. CVB Leystad, Netherlands, p 51–51
Friendship RM 2006 In: Giguere S, Prescott JF, Baggot JD et al (ed) Antimicrobial therapy in veterinary medicine, 4th edn. Blackwell Publishing, Oxford, p 535–543
Kauffold J, Althouse GC 2007 Theriogenology 67: 901
Kauffold J, Rautenberg T, Gutjahr S et al 2004a Theriogenology 61: 1407
Kauffold J, Rautenberg T, Richter A et al 2004b Theriogenology 61: 1635
Klopfenstein C, Farmer C, Martineau GP 2006 In: Straw B, Zimmermann JJ, D'Allaire S, Taylor DJ (ed) Diseases of swine, 9th edn. Blackwell Publishing, Oxford, p 57–85
Koketsu Y, Dial GD, Pettigrew JE, King VL 1996a J Anim Sci 74: 2875
Koketsu Y, Dial GD, Pettigrew JE et al 1996b J Anim Sci 74: 1202
Koutsotheodoros F, Hughes PE, Parr RA et al 1998 Anim Reprod Sci 52: 71
Kuller WI, Soede NM, van Beers-Schreurs HM et al 2004 J Anim Sci 82: 405
Lager KM, Halbur PG 1996 J Vet Diagn Invest 8: 275
Maes D, Dewulf J, Vanderhaeghe C et al 2006 Reprod Domest Anim 41: 438
Maldonado J, Segales J, Martinez-Puig D et al 2005 Vet J 169: 454
Martinat-Botté F 2003 Reprod Nutr Dev 43: 225
Matte JJ, Pomar C, Close WH 1992 Livestock Prod Sci 30 195
Mauget R 1982 In: Foxcroft J, Cole R (ed) Control of pig reproduction. Butterworths, London, p 509
Menard J, Batista L, D'Allaire SD 2007 In: PMWS, PRRS and Swine influenza associated diseases, 5th International Symposium on Emerging and Re-emerging pig diseases, Krakow, Poland 24–27 June 2007, vol 1, p 170
Morrow WEM, Leman AD, Williamson NB et al 1992 Prev Vet Med 12: 15
Oravainen J, Hakala M, Rautiainen E et al 2006a Reprod Domest Anim 41: 91
Oravainen J, Heinonen M, Seppa-Lassila L et al 2006b Reprod Domest Anim 41: 549
Oravainen J, Heinonen M, Tast A et al 2008 Vulvar discharge syndrome in loosely housed Finnish pigs: prevalence and evaluation of vaginoscopy, bacteriology and cytology. Reprod Domest Anim 43: 42
Osweiler GD 2006 In: Straw B, Zimmermann JJ, D'Allaire S, Taylor DJ (ed) Diseases of swine, 9th edn. Blackwell Publishing, Oxford, p 915–929
Pearce GP 1992 Vet Rec 130: 318
Peltoniemi OA, Virolainen JV 2006 Reprod Fertil Suppl 62: 205
Peltoniemi OAT, Pyörälä S, Rantala M et al 2003 Recommendations for use of antimicrobial agents in the treatment of the most significant infectious diseases in animals. Ministry of Agriculture and Forestry, Helsinki
Pere MC, Dourmad JY, Etienne M 1997 J Anim Sci 75: 1337
Segales J, Larsen L, Wallgren P et al 2007 In: PMWS, PRRS and Swine influenza associated diseases, 5th International Symposium on Emerging and Re-emerging pig diseases, Krakow, Poland 24–27 June 2007, vol 1, p 35–37
Soede NM, Kemp B 1993 Theriogenology 39: 1043

Soede NM, Bouwman EG, van Langendijk P et al 2007 Reprod Domest Anim 42: 329
Sterning M, Rydhmer L, Eliasson L et al 1990 Acta Vet Scand 31: 227
Tast A, Hälli O, Alhström S et al 2001 Seasonal alterations in circadian melatonin rhythms of the European wild boar and domestic gilt, 2001. J Pineal Res 30: 43
Tast A, Halli O, Virolainen JV et al 2005 Vet Rec 156: 702
Yang H, Eastham PR, Phillips P, Whittemore CT 1989 Anim Prod 48: 181
Zak LJ, Cosgrove JR, Aherne FX, Foxcroft GR 1997a J Anim Sci 75 208
Zak LJ, Xu X, Hardin RT, Foxcroft GR 1997b J Reprod Fertil 110: 99
Zwierzchowski W, Przybylowicz M, Obremski K et al 2005 Pol J Vet Sci 8: 209

第28章

Allen WE 1985 J Small Anim Pract 26: 343
Allen WE, Dagnall GRJ 1982 J Small Anim Pract 23: 325
Allen WE, Renton JP 1982 Br Vet J 138: 188
Andersen AC 1970 The beagle as an experimental dog. Iowa State University Press, Ames, IA, p 31
Andersen K 1980 In: Morrow DA (ed) Current therapy in theriogenology. WB Saunders, Philadelphia, p 661
Andersen AC, Simpson ME 1973 The ovary and reproductive cycle of the dog (beagle). Geron-X, Los Angeles, CA
Andersen AC, Wooten E 1959 In: Cole HH (ed) Reproduction in domestic animals. Academic Press, New York, p 359
Anderson RK, Gilmore CE, Schnelle GB 1965 J Am Vet Med Assoc 146: 1311
Arbeiter K 1993 J Reprod Fertil Suppl 47: 453
Arbeiter K, Brass W, Ballabio R, Jöchle W 1988 J Small Anim Pract 29: 781
Arnold S, Arnold P, Concannon PW et al 1989 J Reprod Fertil Suppl 39: 115
Arthur GH, Noakes DE, Pearson H 1989 Veterinary reproduction and obstetrics, 6th edn. Baillière Tindall, London, p 488
Asheim A 1964 Acta Vet Scand 5: 88
Austad R 1952 Nord Vet Med 14: 67
Baba E, Hata H, Fukata T 1983 Am J Vet Res 44: 606
Baker TG 1982 Reproduction in Mammals I. Germ Cells and Fertilization, p 17. Cambridge: Cambridge University Press
Banks DR 1986 In: Morrow DA (ed) Current therapy in theriogenology. WB Saunders, Philadelphia, p 795
Banks DH, Stabenfeldt GH 1982 Biol Reprod 16: 603
Barrett RE, Theilen GH 1977 In: Kirk RW (ed) Current veterinary therapy: small animal practice, 6th edn. WB Saunders, Philadelphia, p 1179
Barta M, Archibald LF, Godke RA 1982 Theriogenology 18: 541
Barton CL 1977 Vet Clin North Am Small Anim 7: 705
Beale KM, Bloomberg MS, Gilder JV et al 1992 J Am Anim Hosp Assoc 28: 263
Bell ET, Christie DW 1971 Vet Rec 88: 536
Benesch F, Pommer A 1930 Wien Tierärtzl Monatsschr 17: 1
Bigliardi E, Parmigiani E, Caviranis S et al 2004 Reprod Domest Anim 39: 136
Bjurstrom L, Linde-Forsberg C 1992 Am J Vet Res 53: 665
Bloom F 1944 North Am Vet 25: 483
Blythe SA, England GCW 1993 J Reprod Fertil Suppl 47: 549
Booth MJ 1994 J Small Anim Pract 35: 39
Bouchard G, Youngquist RS, Vaillancourt D et al 1991 Theriogenology 36: 41
Bouchard G, Malugani N, Youngquist RS et al 1993 J Reprod Fertil Suppl 47: 517
Breitkopf M, Hoffmann B, Bostedt H 1997 J Reprod Fertil Suppl 51: 327
Brodey RS 1968 In: Kirk RW (ed) Current veterinary therapy: small animal practice, 3ed edn. WB Saunders, Philadelphia, p 652
Brodey RS, Roszel JF 1967 J Am Vet Med Assoc 149: 1047
Bruchim A, Lutsky I, Rosendal S 1978 Res Vet Sci 25: 243
Burke TJ (ed) 1986 Small animal reproduction and infertility. Lea & Febiger, Philadelphia
Calvert C, Leifer CE, MacEwen EG 1982 J Am Vet Med Assoc 183: 987
Carmichael LE 1970 J Am Vet Med Assoc 156: 1714
Carmichael LE, Kenny RM 1968 J Am Vet Med Assoc 152: 605
Centerwall WR, Benirschke K 1975 Am J Vet Res 26: 1275
Chaffaux S, Thibier M 1978 Ann Rech Vet 9: 587
Choi W, Kawata K 1975 Jpn J Vet Res 23: 141
Christiansen IbJ 1984 Reproduction in the dog and cat. Baillière Tindall, London
Christie DW, Bell ET 1971 J Small Anim Pract 12: 159
Christie DW, Bell ET, Parkes MF et al 1972 Vet Rec 90: 704
Cline EM, Jennings LL, Sojka NJ 1980 Lab Anim Sci 30: 1003
Cline EM, Jennings LL, Sojka NJ 1981 Feline Pract 11: 10
Cohen D 1974 Transplant 17: 8
Colby ED 1970 Lab Anim Care 20: 1075
Colby ED 1980 In: Morrow DA (ed) Current therapy in theriogenology. WB Saunders, Philadelphia, p 869
Cole CR, Sanger VL, Farrell RL, Kornder JD 1954 North Am Vet 35: 265
Colombo G, Baccani D, Masi I et al 1982 Clin Vet (Milan) 105: 196
Concannon PW 1986 In: Burke TJ (ed) Small animal reproduction and infertility. Lea & Febiger, Philadelphia, p 23
Concannon PW 1989 J Reprod Fertil Suppl 39: 149
Concannon PW 1991 In: Cupps PT (ed) Reproduction in domestic animals, 4th edn. Academic Press, New York, p 517
Concannon PW 1993 J Reprod Fertil Suppl 47: 3
Concannon PW, Hansel W 1977 Prostaglandins 13: 533
Concannon PW, Rendano V 1983 Am J Vet Res 44: 1506
Concannon PW, Hansel W, Visek WJ 1975 Biol Reprod 13: 112
Concannon PW, Hodson B, Lein D 1980 Biol Reprod 23: 111
Concannon PW, McCann JP, Temple M 1989 J Reprod Fertil Suppl 39: 3
Concannon PW, Temple M, Montanez A, Frank D 1993 J Reprod Fertil Suppl 47: 522
Concannon PW, Gimpel T, Newton L, Castracane VD 1996 Am J Vet Res 57: 1382
Cornwell HJC 1984 In: Chandler EA, Sutton JB, Thompson DJ for the British Small Animal Veterinary Association (ed) Canine medicine and therapeutics, 2nd edn. Blackwell Scientific, Oxford, p 340
Cotchin E 1961 Res Vet Sci 2: 133
Cowie RS, Muir RW 1957 Vet Rec 69: 772
Curtis EM, Grant RP 1964 J Am Vet Med Assoc 144: 395
Davidson AP, Feldman EC, Nelson RW 1992 J Amer Vet Med Assn 200: 825
De Coster R, D'Ieteren G, Josse M et al 1979 Ann Med Vet 123: 233
Dhaliwal GK, England GCW, Noakes DE 1997 Reprod Fertil Suppl 51: 167
Dhaliwal GK, England GCW, Noakes DE 1999 Anim Reprod Sci 56: 259

Dietrich E, Moller R 1993 J Reprod Fertil Suppl 47: 524
Doak RL, Hall A, Dale HE 1967 J Reprod Fertil 13: 51
Doig PA 1981 Can J Comp Med 45: 233
Dow C 1958 Vet Rec 70: 1102
Dow C 1959a J Comp Pathol 69: 237
Dow C 1959b J Pathol Bacteriol 78: 267
Dow C 1960 J Comp Pathol 70: 59
Dow C 1962a J Comp Pathol 72: 303
Dow C 1962b Vet Rec 74: 141
Durrant BS, Ravida N, Spady T, Cheng A 2006 Theriogenology 66: 1729
Eckersall PD, Harvey MJA 1987 Vet Rec 120: 5
Eckersall PD, Harvey MJA, Ferguson JM et al 1993 J Reprod Fertil Suppl 47: 159
England GCW 1991 Vet Rec 129: 221
England GCW 1992 J Small Anim Pract 33: 577
England GCW 1993 J Reprod Fertil Suppl 47: 551
England GCW 1994 Vet Annu 34: 189
England GCW, Allen WE 1989a J Reprod Fertil Suppl 39: 91
England GCW, Allen WE 1989b Vet Rec 125: 555
England GCW, Allen WE 1989c J Reprod Fertil 86: 335
England GCW, Anderton DJ 1992 Vet Rec 130: 143
England GCW, Russo M 2006a Theriogenology 66: 1694
England GCW, Russo M 2006b In Pract 28: 588
England GCW, Yeager AE 1993 J Reprod Fertil Suppl 47: 107
England GCW, Allen WE, Blythe SA 1989 Vet Rec 125: 624
England GCW, Freeman SL, Russo M 2007 Vet Rec 160: 293
Engle JB 1940 North Am Vet 21: 358
Evans HM, Cole HH 1931 Mem Univ Calif 9: 65
Ewald BH 1961 Small Anim Clinic 4: 383
Fayrer-Hosken RA, Durham DH, Allen S et al 1992 J Am Vet Med Assoc 201: 107
Feeney DA, Johnston GJ 1986 In: Thrall DE (ed) Textbook of veterinary diagnostic radiology. WB Saunders, London, p 467
Feldman EC, Nelson RW 1987a In: Canine and feline endocrinology and reproduction. WB Saunders, Philadelphia, p 399
Feldman EC, Nelson RW 1987b In: Canine and feline endocrinology and reproduction. WB Saunders, Philadelphia, p 525
Felts J 1982 J Am Vet Med Assoc 181: 925
Fethers G 1943 Aust Vet J 19: 30
Fidler IJ, Brodey RS, Howson AE, Cohen D 1966 J Am Vet Med Assoc 149: 1043
Fieni F, Decouvelaere E, Bruyas JF, Tainturier D 1993 J Reprod Fertil Suppl 47: 529
Foster MA, Hisaw FL 1935 Anat Rec 62: 75
Fougner JA 1989 J Reprod Fertil Suppl 39: 317
Fowler EH, Feldman MK, Loeb WF 1971 Am J Vet Res 32: 327
Frost RC 1963 Vet Rec 75: 653
Funkquist B, Lagerstedt AS, Linde C, Obel N 1983 Zbl Vet Med 30: 72
Gannon J 1976 Racing Greyhound 1: 12
Gaskell RM 1985 In: Chandler EA, Hilbery ADR (ed) Feline medicine and therapeutics. Blackwell Scientific, Oxford, p 251
Gilbert RO, Nothling JO, Oettle EE 1989 J Reprod Fertil Suppl 39: 225
Gillespie JH, Scott FW 1973 Adv Vet Sci Comp Med 17: 164
Glenney WC 1954 Vet Med 49: 535
Glover TE, Watson PF, Bonney RC 1985 J Reprod Fertil 75: 145
Gobello C 2006 Theriogenology 66: 1560
Goodrowe KL, Howard JG, Schmidt PM, Wildt DE 1989 J Reprod Fertil Suppl 39: 73
Goodwin J-K, Hager D, Phillips L, Lyman R 1990 Vet Radiol 31: 265
Gourley IM 1975 In: Bojrab MJ (ed) Current techniques in small animal surgery. Lea & Febiger, Philadelphia, p 244
Greulich WW 1934 Anat Rec 58: 217
Grindlay M, Renton JP, Ramsay DH 1973 Res Vet Sci 14: 75
Gruffydd-Jones TJ 1990 In: Hutchinson M (ed) Manual of small animal endocrinology. British Small Animal Veterinary Association, Cheltenham, p 143
Gunzel A, Koivisto P, Fougner JA 1986 Theriogenology 25: 559
Gunzel-Apel A-R, Zabel S, Bunck CF et al 2006 Theriogenology 66: 1431
Guy JS 1986 Vet Clin North Am Small Anim 16: 1145
Hadley JC 1975a Vet Rec 96: 545
Hadley JC 1975b J Small Anim Pract 16: 249
Hall EJ 1992 J Am Vet Med Assoc 200: 814
Hancock JL, Rowlands IW 1949 Vet Rec 61: 771
Handaja Kusuma PS, Tainturier D 1993 J Reprod Fertil Suppl 47: 363
Hardy WD 1981 J Am Anim Hosp Assoc 17: 941
Hardy RM, Osborne CA 1974 J Am Anim Hosp Assoc 10: 245
Hare T, Fry RM 1938 Vet Rec 50: 1540
Hashimoto A, Hirai K 1986 In: Morrow DA (ed) Current therapy in theriogenology. WB Saunders, Philadelphia, p 516
Hashimoto A, Hirai K, Okada K, Fujimoto Y 1979 Am J Vet Res 40:1236
Hashimoto A, Hirai K, Fukushi H, Fujimoto Y 1983 Jpn J Vet Sci 45:123
Hawe RS, Loeb WF 1984 J Am Anim Hosp Assoc 20: 123
Hay MA, King WA, Gartley CJ, Goodrowe KL 2000 Can J Vet Res 64: 59
Hayes A, Harvey HJ 1979 J Am Vet Med Assoc 174: 1304
Henderson RT 1984 Aust Vet J 61: 317
Herron MA 1986 In: Morrow DA (ed) Current therapy in theriogenology. WB Saunders, Philadelphia, p 829
Herron MA, Boehringer BT 1972 Feline Pract 5: 30
Hirsch DC, Wiger N 1977 J Small Anim Pract 18: 25
Holst PA, Phemister RD 1974 Am J Vet Res 35: 401
Holt PE, Sayle B 1981 J Small Anim Pract 22: 67
Hoover EA, Griesemer RA 1971 Am J Pathol 65: 173
Hornby RB 1943 Vet Rec 55: 6
Inaba T, Matsui N, Shimizu R, Imori T 1984 Vet Rec 115: 267
Jackson PGG 1979 Vet Rec 131: 105
Jarrett JO 1985 In: Chandler EA, Hilbery ADR (ed) Feline medicine and therapeutics. Blackwell Scientific, Oxford, p 271
Jeffcoate IA, England GCW 1997 J Reprod Fertil Suppl 51: 267
Jeffcoate IA, Lindsay FEF 1989 J Reprod Fertil Suppl 39: 277
Jergins AE, Shaw DP 1987 Comp Cont Educ 9: 489
Jöchle W, Arbeiter K, Post K et al 1989 J Reprod Fertil Suppl 39 199
Johnston SD 1988 In: Laing JA, Brinley Morgan WJ, Wagner WC (eds) Fertility and infertility in veterinary practice. Baillière Tindall, London, p 160
Johnston SD 1989 J Reprod Fertil Suppl 39: 65
Johnston SD 1991 Vet Clin North Am Small Anim 21: 421
Johnston CA, Bennett M, Jensen RK, Schirmer R 1982 J Am Vet Med Assoc 180: 1330
Johnston SD, Buoen LC, Madl JE 1983 J Am Vet Med Assoc 182: 986
Johnston SD, Buon LC, Weber AF, Madl JE 1985 Theriogenology 24: 597
Jones DE, Joshua JO 1982 Reproductive clinical problems in the dog. John Wright, Bristol Joshua JO 1971 Vet Rec 88: 511
Khuen EC, Park SE, Adler AE 1940 North Am Vet 21: 666
Klotzer I 1974 Kleintierpraxis 19: 125
Krakowka S, Hoover EA, Koestner A 1977 Am J Vet Res 38: 919
Lagerstedt A-S 1993 Thesis, Veterinarmedicinska Faculteten, University of Uppsala

Lagerstedt A-S, Obel N, Stavenborn M 1987 J Small Anim Pract 28: 215
Lawler DF, Bebiak DM 1986 Vet Clin North Am Small Anim 16: 495
Lawler DF, Evans RH, Reimers TJ et al 1991 Am J Vet Res 52: 1747
Lawler DF, Johnston SD, Hegstad RL et al 1993 J Reprod Fertil Suppl 47: 57
Lein DH 1986 In: Kirk RW (ed) Current veterinary therapy: small animal practice, 9th edn. WB Saunders, Philadelphia, p 1240
Lein DH, Concannon PW 1983 In: Kirk RW (ed) Current veterinary therapy: small animal practice, 8th edn. WB Saunders, Philadelphia, p 936
Lesbouyries G, Lagneau F 1950 Rec Med Vet 126 19
Linde NN 1966 Mod Vet Pract 47: 79
Linde-Forsberg C, Wallen A 1992 J Small Anim Pract 33: 67
Lindsay FEF 1983a J Small Anim Pract 24: 1
Lindsay FEF 1983b In: Kirk RW (ed) Current veterinary therapy: small animal practice, 8th edn. WB Saunders, Philadelphia, p 912
Lindsay FEF, Jeffcoate IA, Concannon PW 1988 In: Proceedings of the 11th International Congress of Animal Reproduction and Artificial Insemination, Dublin, Vol 4, abstr 565
Lyngset A, Lyngset O 1970 Nord Vet Med 22: 186
Manning PJ 1979 Am J Vet Res 40: 820
Mara JL 1971 In: Kirk RW (ed) Current veterinary therapy: small animal practice, 4th edn. WB Saunders, Philadelphia, p 762
Maurel MC, Mondain-Monval M, Farstad W, Smith AJ 1993 J Reprod Fertil Suppl 47: 121
Mellin TN, Orczyk GP, Hichens M, Behrman HR 1976 Theriogenology 5: 175
Memon MA, Pavletic MM, Kumar MSA 1993 J Am Vet Med Assoc 202: 295
Meunier PC, Glickman LT, Appel MJG 1981 Cornell Vet 71: 96
Meyers-Wallen VN 1993 J Reprod Fertil Suppl 47: 441
Meyers-Wallen VN 2006 Theriogenology 66: 1655
Meyers-Wallen VN, Patterson DF 1988 Hum Genet 80: 23
Meyers-Wallen VN, Patterson DF 1989 J Reprod Fertil Suppl 39: 57
Moore JA, Bennet M 1967 Vet Rec 80: 604
Moore JA, Gupta BN 1970 J Am Vet Med Assoc 156: 1737
Morris ML, Allison JB, White JI 1942 Am J Vet Res 3: 100
Mosier JE 1975 Mod Vet Pract 56: 699
Moulton JE 1961 Tumors of domestic animals. University of California Press, Berkeley, CA
Muller K, Arbeiter K 1993 J Reprod Fertil Suppl 47: 558
Neilsen SW 1963 J Am Vet Anim Hosp Assoc 19: 13
Nelson RW, Feldman EC 1986 Vet Clin North Am Small Anim 16: 561
Nelson RW, Feldman EC, Stabenfeldt GH 1982 J Am Vet Med Assoc 181: 889
Nickel RF, Okkens AC, van der Gaag I, van Haaften B 1991 Vet Rec 128: 333
Norsworthy GD 1974 Feline Pract 4: 34
Norsworthy GD 1979 Feline Pract 9: 57
Okkens AC, Bevers M, Dieleman S, Willemse S 1985 Vet Q 7: 173
Olson PNS, Mather EC 1978 J Am Vet Med Assoc 172: 708
Olson PN, Moulton C 1993 J Reprod Fertil Suppl 47: 433
Olson PNS, Jones RL, Mather EC 1986 In: Morrow DA (ed) Current therapy in theriogenology, 2nd edn. WB Saunders, Philadelphia, p 469
Onclin K, Verstegen JP 1999 Vet Rec 144: 416
Onclin K, Silva LDM, Donnay I, Verstegen JP 1993 J Reprod Fertil Suppl 47: 403
Percy DH, Carmichael LE, Albert DM 1970 Vet Pathol 8: 37
Phemister RD, Holst PA, Spano IS, Hopwood ML 1973 Biol Reprod 8: 74
Pope CE, Keller GL, Dresser BL 1993 J Reprod Fertil Suppl 47: 189
Post G, King N 1971 Vet Rec 88: 229
Purswell BJ 1991 J Am Vet Med Assoc 199: 902
Reimers TJ, Phemister RD, Niswender GD 1978 Biol Reprod 19: 673
Renton JP, Boyd JS, Harvey MJA 1993 J Reprod Fertil Suppl 47: 465
Reynaud K, Fontbonne A, Marseloo N et al 2006 Theriogenology 66: 1685
Robinson R 1973 Vet Rec 92: 221
Robinson R, Cox HW 1970 Lab Anim 4: 99
Robinson BL, Sawyer CH 1987 Brain Res 418: 41
Rogers AL, Templeton JW, Stewart AP 1970 Lab Anim Care 20: 1133
Rowlands IW 1950 Proc Soc Study Fertil 2: 40
Rowson LEA, Lamming GE, Fry RM 1953 Vet Rec 65: 335
Sandholm M, Vaseius H, Kvisto A-K 1975 J Am Vet Med Assoc 167: 1006
Saperstein G, Harris S, Leipold HW 1976 Feline Pract 6: 18
Schmidt PM 1986 Vet Clin North Am Small Anim 16: 435
Schnelle GB 1940 North Am Vet 21: 349
Schutte, AP 1967a J Small Anim Pract 8: 313
Schutte, AP 1967b J Small Anim Pract 8: 301
Scott FW, Weiss RC, Post JE 1979 Feline Pract 9: 44
Sheridan V 1979 Vet Rec 104: 417
Shille VM, Lundstrom KE, Stabenfeldt GH 1979 Biol Reprod 21: 953
Siim JC, Biering-Sorenson U, Moller T 1963 Adv Vet Sci: 335
Soderberg SF 1986 Vet Clin North Am Small Anim 16: 543
Sokolowski JH 1980 J Am Anim Hosp Assoc 16: 119
Spalding RH 1923 J Am Vet Med Assoc 64: 338
Spalding VT, Rudd HK, Langman BA, Rogers SE 1964 Vet Rec 76: 1402
Stabenfeldt GH, Shille VM 1977 In: Cole HH, Cupps PT (ed) Reproduction in domestic animals, 3rd edn. Academic Press, New York, p 499
Stafseth HJ, Thompson NW, Neu L 1937 J Am Vet Med Assoc 90: 769
Stephenson HC, Milks HJ 1934 Cornell Vet 24: 132
Strasser H, Schumacher W 1968 J Small Anim Pract 9: 603
Strom B, Linde-Forsberg C 1993 Am J Vet Res 54: 891
Swift GA, Brown RH, Nuttall JE 1979 Vet Rec 105: 64
Taylor D, Renton JP, McGregor A 1975 Vet Rec 96: 428
Teunissen GHB 1952 Acta Endocrinol 9: 407
Thomas KW 1980 Vet Rec 107: 452
Thrall DE 1982 Vet Radiol 23: 217
Troy GC, Herron MA 1986a In: Burke TJ (ed) Small animal reproduction and infertility. Lea & Febiger, Philadelphia, p 258
Troy GC, Herron MA 1986b In: Morrow DA (ed) Current therapy in theriogenology, 2nd edn. WB Saunders, Philadelphia, p 834
Tsutsui T 1975 Jpn J Anim Reprod 21: 37
Tsutsui T 1989 J Reprod Fertil Suppl 39: 269
Tsutsui T, Stabenfeldt GH 1993 J Reprod Fertil Suppl 47: 29
Vaden P 1978 Vet Med Small Anim Clin 73: 1160
Van der Holst W, Best AP 1976 Tijdschr Diergeneesk 19: 125
Vanderlip SL, Wing AE, Felt P et al 1987 Lab Anim Sci 37: 459
Van Duijkeren E 1992 Vet Rec 131: 367
Van Haaften B, Dieleman SJ, Okkens AC et al 1989 J Reprod Fertil Suppl 39: 330
Vasseur PB, Feldman EC 1982 J Am Anim Hosp Assoc 18: 870
Verhage HG, Beamer NB, Brenner RM 1976 Biol Reprod 14: 579
Verstegen JP, Onclin K, Silva LDM et al 1993a J Reprod Fertil Suppl 47: 165

Verstegen JP, Onclin K, Silva LDM, Donnay I 1993b J Reprod Fertil Suppl 47: 411
Verstegen JP, Onclin K, Silva LD, Concannon PW 1999 Theriogenology 51: 597
Vogel F, van der Holst W 1973 Tijdschr Diergeneesk 98: 75
Volkmann DH, Kutzler MA, Wheeler R et al 2006 Theriogenology 66: 1502
Von Durr A 1975 Schweiz Arch Tierheilkd 117: 349
Von Schulze W 1955 Dtsch Tierärztl Wochenschr 62: 504
Wadas B, Kuhn I, Lagerstedt A-S, Jonsson P 1996 Vet Microbiol 52: 293
Wadsworth PF, Hall JC, Prentice DE 1978 Lab Anim 12: 165
Walker RG 1965 J Small Anim Pract 6: 437
Wallace SS, Mahaffey MB, Miller DM, Thompson FN 1989 J Reprod Fertil Suppl 39: 331
Wallace SS, Mahaffey MB, Miller DM et al 1992 Am J Vet Res 53: 209
Wanke MM, Delpino MV, Baldi PC 2006 Theriogenology 66: 1573
Watson M 1942 Vet Rec 54: 489
Watson M 1957 Vet Rec 69: 774
Wheaton LG, Barbee DD 1993 Theriogenology 40: 111
Whitney JC 1967 J Small Anim Pract 8: 247
Wildt DE, Seager SWJ 1978 Horm Res 9: 144
Wildt DE, Chakraborty PK, Panko WB, Seager SWJ 1978a Biol Reprod 18: 561
Wildt DE, Kinney GM, Seager SWJ 1978b Lab Anim Sci 28: 301
Wildt DE, Seager SWJ, Chakraborty PK 1980 Endocrinology 107: 1212
Wildt DE, Chan S, Seager SWJ, Chakraborty PK 1981 Biol Reprod 25: 15
Wildt DE, Bush M, Howard JG et al 1983 Biol Reprod 29: 1019
Willis JM, Gruffydd-Jones TJ, Richmond SJ, Paul ID 1984 Vet Rec 114: 344
Withrow SJ, Susaneck SJ 1986 In: Morrow DA (ed) Current therapy in theriogenology, 2nd edn. WB Saunders, Philadelphia, p 521
Wright PJ 1990 J Small Anim Pract 31: 335
Wright NG, Cornwell HJC 1970a J Small Anim Pract 10: 669
Wright NG, Cornwell HJC 1970b Res Vet Sci 11: 221
Yeager AE, Concannon PW 1990 Theriogenology 34: 655

第29章

Abo-Elmaksoud A, Sinowatz F 2005 Anat Histol Embryol 34: 319–334
Amann RP 1987 J Reprod Fertil Suppl 34: 115
Amann RP 1993 In: McKinnon AO, Voss JL (ed) Equine reproduction. Lea & Febiger, Philadelphia, p 645–657
Amann RP, Schanbacher BD 1983 J Anim Sci 57(Suppl 2): 380
Andersson KE 2003 J Urol 170: S6–S13
Andersson KE, Wagner G 1995 Physiol Rev 75: 191
Argiolas A, Melis MR 2005 Prog Neurobiol 76: 1
Ashdown RR 1970 J Anat 106: 403
Ashdown RR, Gilanpour H 1974 J Anat 117: 159
Ashdown RR, Smith JA 1969 J Anat 104: 153
Baird DT, Campbell BK, Mann GE, McNeilly AS 1991 J Reprod Fertil Suppl 43: 125
Ballester J, Munoz MC, Dominguez J et al 2004 J Androl 25: 706
Bardin CW, Cheng CY, Mustow NA, Gunsalus GL 1994 In: Knobil E, Neill J (ed) The physiology of reproduction, 2nd edn. Raven Press, New York, vol 1, p 1291–1334
Baron R, Janig W 1991 J Comp Neurol 314: 429
Bartels JE, Beckett SD, Brown BG 1984 Am J Vet Res 45: 1464
Beckett SD, Walker DF, Hudson RS et al 1974 Am J Vet Res 35: 761
Beckett SD, Hudson RS, Walker DF, Purhoit RC 1978 J Am Vet Med Assoc 173: 838
Bedford JM, Hoskins DD 1990 In: Lamming GE (ed) Marshall's physiology of reproduction. Churchill Livingstone, Edinburgh, vol 2, p 379–568
Behringer RR, Finegold MJ, Cate RL 1994 Cell 79: 415
Bornstein SR, Rutkowsk H, Vrezas I 2004 Mol Cell Endocrinol 215: 135
Boursnell JC, Butler EJ 1973 J Reprod Fertil 34: 457
Boursnell JC, Hartree EF, Briggs PA 1970 Biochem J 117: 981
Brennan J, Tilmann C, Capel B 2003 Gen Dev 17: 800
Brooks DE 1990 In: Lamming GE (ed) Marshall's physiology of reproduction. Churchill Livingstone, Edinburgh, vol 2, p 569–690
Buehr M, Gu S, McLaren A 1993 Development 117: 273
Burgoyne PS 1988 Phil Trans R Soc Lond B 322: 63
Capel B, Albrecht KH, Washburn LL, Eicher EM 1999 Mech Dev 84:127
Carati CJ, Creed KE, Keogh EJ 1988 J Physiol 400: 75
Chenoweth PJ 1981 Theriogenology 16: 155
Colon E, Svechnikov KV, Carlsson-Skwirut C et al 2005 Endocrinology 146: 221
Cooper TG 1998 J Reprod Fertil Suppl 53: 119
Courot M, Ortavant R 1981 J Reprod Fertil Suppl 30: 47
Courot M, Hochereau de Reviers MT, Ortavant R 1970 In: Johnson AD, Gomes WR, VanDemark NL (ed) The testis. Academic Press New York, vol 1, p 339–432
Courtens JL 1979 Ann Biol Anim Biochim Biophys 19: 989
Cox JE 1982 Surgery of the reproductive tract in large animals, 2nd edn. Liverpool University Press, Liverpool
Dacheux J-L, Gatti JL, Dacheux F 2003 Microsc Res Tech 61: 1
De Kretser DM, Kerr JB 1994 In: Knobil E, Neill J (ed) The physiology of reproduction, 2nd edn. Raven Press, New York, vol 1, p 1177–1290
De Kretser DM, Buzzard JJ, Okuma Y et al 2004 Mol Cell Endocrinol 225: 57
De Tejada IS, Angulo J, Cellek S et al 2004 J Sex Med 1: 254
D'Occhio MJ, Schanbacher BD, Kinder JE 1982a Endocrinology 110: 1547
D'Occhio MJ, Kinder JE, Schanbacher BD 1982b Biol Reprod 26: 249
Eddy EM, O'Brien DA 1994 In: Knobil E, Neill J (ed) The physiology of reproduction, 2nd edn. Raven Press, New York, vol 1, p 30–77
Evans HE, deLahunta A 1988 Guide to the dissection of the dog. WB Saunders, Philadelphia
Fawcett DW 1970 Biol Reprod Suppl 2: 90
Fawcett DW 1973 Adv Biosci 10: 83
Fawcett DW, Phillips DM 1969 Anat Rec 165: 163
Fawcett DW, Anderson WA, Phillips DM 1971 Dev Biol 26: 220
Foote RH, Munkenbeck N, Green WA 1976 J Dairy Sci 59: 2011
Foresta C, Caretta N, Rossato M et al 2004 J Urol 171: 2358
Fouquet JP 1974 J Microsc 19: 161
George FW, Wilson JD 1994 In: Knobil E, Neill J (ed) The physiology of reproduction, 2nd edn. Raven Press, New York, vol 1, p 3–28
Gier HT, Marion GB 1970 In: Johnson AD, Gomes WR, VanDemark NL (ed) The testis. Academic Press, New York, vol 1, p 1–46
Giuliano F, Clement P 2005 Annu Rev Sex Res 16: 190
Griswold MD 1998 Semin Cell Dev Biol 9: 411
Gunsalus GL, Larrea F, Musto NA et al 1981 J Steroid Biochem 15: 291
Hall PF 1994 In: Knobil E, Neill J (ed) The physiology of reproduction, 2nd edn. Raven Press, New York, vol 1, p 1335–1362
Hammerstedt RH, Parkes JE 1987 J Reprod Fertil Suppl 34: 133
Harper MJK 1994 In: Knobil E, Neill J (ed) The physiology of reproduction, 2nd edn. Raven Press, New York, vol 2, p 123–187

Harrison RAP 1977 In: Greep RO, Koblinsky MA (ed) Frontiers in reproduction and fertility control. MIT Press, Cambridge, MA, p 379–401
Harrison RAP, Roldan ERS 1990 J Reprod Fertil Suppl 42: 51
Heckert LL, Griswold MD 2002 Rec Prog Horm Res 57: 129
Hees H, Leiser R, Kohler T, Wrobel KH 1984 Cell Tissue Res 237: 31
Hemeida NA, Sack WO, McKentee K 1978 Am J Vet Res 39: 1892–1900
Hochereau-de-Reviers MT 1976 Andrologia 8: 137
Hochereau-de-Reviers MT, Perreau C, Lincoln GA 1985 J Reprod Fertil 74: 329
Hochereau-de-Reviers MT, Monet-Kuntz C, Courot M 1987 J Reprod Fertil Suppl 34: 101
Hochereau-de-Reviers MT, Coutens JL, Courot M, de Reviers M 1990 In: Lamming GE (ed) Marshall's physiology of reproduction. Churchill Livingstone, Edinburgh, vol 2, p 106–182
Hochereau-de-Reviers MT, Perreau C, Pisselet C et al 1995 J Reprod Fertil 103: 41
Hodson H 1970 In: Johnson AD, Gomes WR, VanDemark NL (ed) The testis. Academic Press New York, vol 1, p 47–100
Holdcraft RW, Braun RE 2004 Int J Androl 27: 335
Hsieh CH, Wang CJ, Hsu GL et al 2005 Int J Androl 28: 88
Huggins C 1945 Phys Rev 25: 281
Hull EM, Du J, Lorrain DS, Matuszewich L 1995 J Neurosci 15: 7465
Hunter RFH 1980 Physiology and technology of reproduction in female domestic animals. Academic Press, London, p 104–144
Itman C, Mendis S, Baraket B, Loveland KL 2006 Reproduction 132: 233
Johnson L, Thompson DL 1983 Biol Reprod 29: 777
Johnson RD, Halata Z 1991 J Comp Neurol 312: 299
Jones RC 1998a J Reprod Fertil Suppl 53: 163
Jones R 1998b J Reprod Fertil Suppl 53: 73
Jost A 1953 Rec Prog Horm Res 8: 379
Kierszenbaum AL, Tres LL 1974 J Cell Biol 63: 923
Kilgour RJ, Pisselet C, Dubois MP, Courot M 1998 Rep Nutr Dev 38: 539
Kitamura K, Yanazawa M, Sugiyama N et al 2002 Nat Genet 32: 359
Kunelius P, Hakkinen J, Lukkarinen O 1997 Urology 49: 441–444
Laing JA, Morgan WJB, Wagner WC1988 Fertility and infertility in veterinary practice. Baillière Tindall, London
Lee KH, Hess RA, Bahr JM et al 2000 Biol Rep 63: 1873
Lei ZM, Mishra S, Zou W et al 2001 Mol Endocrinol 15: 184
McLaren A 1988 Trends Genet 4: 153
McLaren A 1995 Phil Trans R Soc Lond B 350: 229
McNatty KP, Juengel JL, Wilson T et al 2003 Reproduction Suppl 61: 339
McNeilly AS, Souza CJH, Baird DT et al 2002 Reproduction 123: 827
Maddocks S, Setchell BP 1988 J Physiol 407: 363
Mann T 1954 Proc R Soc Lond B 142: 21
Mann T, Davies DV, Humphrey GF 1949 J Endocrinol 6: 75
Mann T, Leone E, Polge C 1956 J Endocrinol 13: 279
Marley PB, Morris SR, White IG 1977 Theriogenology 8: 33
Meisel R, Sachs B 1994 In: Knobil E, Neill J (ed) The physiology of reproduction, 2nd edn. Raven Press, New York, vol 2, p 3–105
Melis MR, Succu S, Mascia MS et al 2004 Eur J Neurosci 19: 2569
Merchant-Larios H, Moreno-Mendoza N, Buehr M 1993 Int J Dev Biol 37: 407
Mikhail N 2006 Am J Med 119: 373
Monesi V 1971 J Reprod Fertil Suppl 13: 1
Morelli A, Filippi S, Zhang X-H et al 2005 Int J Androl 28(Suppl 2): 23
Morton DB 1977 In: Edidin M, Johnson MH (ed) Immunobiology of gametes. Cambridge University Press, Cambridge, p 115–155
Nickel R, Schummer A, Sieferle E 1973 The viscera of the domestic animals. Paul Parey, Berlin
Ninomiya H, Nakamura T, Niizuma I, Tsuchiya T 1989 Jpn J Vet Sci 51: 765
O'Shaughhnessy PJ, Baker PJ, Heikkila MM et al 2000 Endocrinology 141: 2631
O'Shaughhnessy PJ, Baker PJ, Johnson H 2005 Ann NY Acad Sci 1061: 109
O'Shaughhnessy PJ, Baker PJ, Johnson H 2006 Int J Androl 29: 90
Parkinson TJ, Smith KC, Long SE et al 2001 Reproduction 122: 397
Phillips DJ 2005 Domest Anim Endocrinol 28: 1
Roberts LM, Visser JA, Ingraham HA 2002 Development 129: 1487
Robinson JE, Birch RA, Grindrod JAE et al 2003 Reproduction Suppl 61: 299
Russell LD 1977 Am J Anat 148: 313
Russell LD 1978 Anat Rec 90: 99
Salisbury GW, VanDemark NL, Lodge JR 1978 Physiology of reproduction and artificial insemination of cattle. Freeman, San Francisco, CA, ch 23
Satir P, Wais-Steder J, Lebduska S et al 1981 Cell Motil 1: 303
Setchell BP 1970 In: Johnson AD, Gomes WR, VanDemark NL (ed) The testis. Academic Press, New York, vol 1, p 101–240
Setchell BP, Laurie MS, Flint APF, Heap RB 1983 J Endocrinol 96: 127
Setchell BP, Maddocks S, Brooks DE 1994 In: Knobil E, Neill J (ed) The physiology of reproduction, 2nd edn. Raven Press, New York, vol 1, p 1063–1175
Sharpe RM 1994 In: Knobil E, Neill J (ed) The physiology of reproduction, 2nd edn. Raven Press, New York, vol 1, p 1363–1434
Shille VM, Munro C, Farmer SW, Papkoff H 1983 J Reprod Fertil 69: 29
Simonsen U, Garcia-Sacristan A, Prieto D 2002 Penile arteries and erection. J Vasc Res 39: 283
Sinclair AH, Berta P, Palmer MS, Hawkins JR et al 1990 Nature 346: 240–244
Swanson LW, Sawchenko P 1983 Annu Rev Neurosci 6: 269
Tilbrook AJ, de Kretser DM, Clarke IJ 1993 J Endocrinol 138: 181
Tilbrook AJ, Clarke IJ, de Kretser DM 1995 Biol Reprod 53: 1353
Tilmann C, Capel B 1999 Development 126: 2883
Tsutsui T, Stabenfeldt GH 1993 J Reprod Fertil Suppl 47: 29
Tulsiani DRP, Orgebin-Crist M-C, Skudlarek MD 1998 J Reprod Fertil Suppl 53: 85
Udelson D, L'Esperance J, Morales AM et al 2000 Int J Impot Res 12: 315
Vanhatalo S, Parkkisenniemi UM, Steinbusch HWM et al 2000 J Chem Neuroanat 19: 81
Verma-Kurvari S, Serge N, Parada LF 2005 Ann NY Acad Sci 1061: 1
Waites GMH, Moule GR 1960 J Reprod Fertil 1: 223
Waldinger MD, Olivier B 2004 Curr Opin Invest Drugs 5: 743
Walker WH, Cheng J 2005 Reproduction 130: 15–28
Wassarman PM 1990 J Reprod Fertil Suppl 42: 79
Wilhelm D, Palmer S, Koopman P 2007 Physiol Rev 87: 1
Wodzicka-Tomaszewska M, Kilgour R, Ryan M 1981 Appl Anim Ethol 7: 203
Yanagimachi R 1981 In: Biggers JD, Mastroianni L (ed) In vitro fertilization and embryo transfer. Academic Press, New York, p 65–100
Yanagimachi R 1994 In: Knobil E, Neill J (ed) The physiology of reproduction, 2nd edn. Raven Press, New York, vol 1, p 190–317
Yao HH, Whoriskey W, Capel B 2002 Genes Dev 16: 1433

Yao HH, di Napoli L, Capel B 2003 Development 130: 5895
Yoshinaga K, Toshimori K 2003 Microsc Res Tech 61: 39
Zirkin BR 1971 Mikroskopie 27: 10

第30章

Aalseth EP, Saacke RG 1985 J Reprod Fertil 74: 473
Adeniran GA, Akpavie SO, Okoro HO 1992 Vet Rec 131: 395
Ader PL, Hobson HP 1978 J Am Anim Hosp Assoc 14: 721
Al-Aubaidi JM, McEntee K, Lein DH, Roberts SJ 1972 Cornell Vet 62: 581
Al-Katib WA, Dennis SM 2005 Vet Rec 57: 143
Allen WE 1992 Fertility and obstetrics in the dog. Blackwell Scientific, Oxford
Alm K, Taponen J, Dahlbom M et al 2001 Theriogenology 56: 677
Almquist JO, Thomson RG 1977 J Am Vet Med Assoc 163: 163
Alsenosy AM, Dennis SM 1985 Aust Vet J 62: 234
Althouse GC 2007 In: Youngquist RS, Threlfall WR (ed) Current therapy in large animal theriogenology, 2nd edn. Saunders-Elsevier, St Louis, MO, p 731–737
Amann RP 1988 Proc Am Assoc Equine Pract 453
Amann RP, Seidel GE, Mortimer RG 2000 Theriogenology 54: 1499–1515
Ardalani G, Ashdown RR 1988 Res Vet Sci 45: 174
Arteaga A, Baracaldo M, Barth AD 2001 Can Vet J 42: 783
Arthur GH 1961 Vet Rec 73: 385
Arthur GH, Noakes DE, Pearson H 1989 Veterinary reproduction and obstetrics, 6th edn. Baillière Tindall, London
Ashdown RR 1962 Vet Rec 74: 1464
Ashdown RR 2006 CAB Rev 1(021)
Ashdown RR, Coombs MA 1967 Vet Rec 80: 737
Ashdown RR, Coombs MA 1968 Vet Rec 81: 126
Ashdown RR, Majeed ZZ 1978 Vet Rec 103: 12
Ashdown RR, Pearson H 1971 Res Vet Sci 12: 183
Ashdown RR, Pearson H 1973a Vet Rec 93: 30
Ashdown RR, Pearson H 1973b Res Vet Sci 15: 13
Ashdown RR, Ricketts SW, Wardley RC 1968 J Anat 103: 567
Ashdown RR, David JSE, Gibbs C 1979a, Vet Rec 104: 423
Ashdown RR, David JSE, Gibbs C 1979b, Vet Rec 104: 589
Ashdown RR, Barnett SW, Ardalani G 1982, Vet Rec 110: 349
Ax RL, Lenz RW 1987 J Dairy Sci 70: 1477
Bagley CV, Paskett ME, Matthews NJ, Stenquist NJ 1985 J Am Vet Med Assoc 186: 798
Bagshaw PA, Ladds PW 1974 Vet Bull 44: 343
Bane A, Hansen HJ 1962 Cornell Vet 52: 362
Barr FJ 1990 Diagnostic ultrasound in the dog and cat. Blackwell Scientific, Oxford
Barsanti JA, Finco DR 1986 In: Morrow DA (ed) Current therapy in theriogenology, 2nd edn. WB Saunders, Philadelphia, p 553–560
Barth AD 1989 Can Vet J 30: 656
Barth AD 1997 In: Youngquist RS (ed) Current therapy in large animal theriogenology. WB Saunders, Philadelphia, p 222–236
Barth AD, Oko RJ 1989 Abnormal morphology of bovine spermatozoa. Iowa State University, Ames, IA
Baskin LS 2000 J Urol 163: 951
Beckett SD, Reynolds TM, Walker DF et al 1974 Am J Vet Res 35: 761
Beckett SD, Purhoit RC, Reynolds TM 1975 Biol Reprod 12: 289
Bellenger CR 1971 Res Vet Sci 12: 299
Bellin ME, Hawkins HE, Ax RL 1994 J Anim Sci 72: 2441
Bellin ME, Hawkins HE, Oyarzo JN et al 1996 J Anim Sci 74: 173
Bellin ME, Oyarzo JN, Hawkins HE et al 1998 J Anim Sci 76 2032
Bertram JD, Fordyce G, McGowan MR et al 2002 Anim Reprod Sci 71: 51
Birkner JE, Garcia Vinent JC, Alberio RH, Butler H 1984 Rev Argent Prod Anim 4: 1149
Bishop MHW 1970 J Reprod Fertil Suppl 15: 65
Bishop MHW, David JSE, Messervey A 1966 Proc R Soc Med 59: 769
Blanchard TL, Varner DD, Hurtgen JP et al 1988 J Am Vet Med Assoc 192: 525
Blockey MAdeB 1976a Theriogenology 6: 387
Blockey MAdeB 1976b Theriogenology 6: 393
Blockey MAdeB 1978 J Anim Sci 46: 589
Blockey MAdeB 1989 Aust Vet J 66: 348
Blockey MAdeB, Taylor EG 1984 Aust Vet J 61: 141
Blom E 1950 Fertil Steril 1: 223
Blom E 1966 Nature 209: 739
Blom E 1977a Nord Vet Med 29: 119
Blom E 1977b Sperm morphology with reference to bull infertility. First All-India Symposium on Animal Reproduction, Ludhiana, p 61–81. Cited in Barth & Oko 1989
Blom E 1979 Nord Vet Med 31: 241
Blom E 1983 Nord Vet Med 35: 105
Blom E, Birch-Anderson A 1970 J Reprod Fertil 23: 67
Blom E, Birch-Anderson A 1980 Acta Pathol Microbiol Scand A 88: 397
Blom E, Christensen NO 1947 Skand Vet Tidskr 37: 1
Blom E, Christensen NO 1951 K Vet Hojsk Arsskr 1
Bloom F, Paff GH, Noback CR 1951 Am J Pathol 27: 119
Bowen JM 1987 In: Robinson NE (ed) Current therapy in equine medicine, 2nd edn. WB Saunders, Philadelphia, p 567–570
Boyd GW, Corah LR 1988 Theriogenology 29: 779
Boyd CL, Henskelka DV 1972 J Am Vet Med Assoc 161: 275
Boyd GW, Healy VM, Mortimer RG, Piotrowski JR 1991 Theriogenology 36: 1015
Brahmkshtri BP, Edwin MJ, John MC et al 1999 Anim Reprod Sci 54: 159
Breeuwsma AJ 1968 Reprod Fertil 16: 119
Brinsko SP 1998 Vet Clin North Am Equine Pract 14: 517
Bruere AN 1986 In: Morrow DA (ed) Current therapy in theriogenology, 2nd edn. WB Saunders, Philadelphia, p 874–880
Bruere AN, West DM 1993 The sheep: health, disease and production. NZVA Foundation for Continuing Education, Palmerston North, New Zealand
Bruere AN, Marshall RB, Ward DJP 1969 J Reprod Fertil 19: 103–108
Budworth PR, Amann RP, Chapman PL 1988 J Androl 9: 41
Burke TJ 1986 Small animal reproduction and infertility. Lea & Febiger, Philadelphia
Carpenter BB, Forrest DW, Sprott LR et al 1992 J Anim Sci 70: 1795
Carrol EJ, Aanes WA, Ball L 1964 J Am Vet Med Assn 144: 747
Casarett GW 1953 Stain Tech 28: 125
Centerwall WR, Benirschke K 1975 Am J Vet Res 36: 1275
Chaffee VW, Knecht CD 1975 Vet Med Small Anim Clin 70: 1418
Chenoweth PJ 1986 In: Morrow DA (ed) Current therapy in theriogenology, 2nd edn. WB Saunders, Philadelphia, p 136–142
Chenoweth PJ 1997 Vet Clin North Am Food Anim Pract 13: 331
Chenoweth PJ, Brinks JS, Nett TM 1979 Theriogenology 12: 223
Chenoweth PJ, Farin PW, Mateos ER et al 1984 Theriogenology 22: 341
Chenoweth PJ, Farin PW, Mateos ER et al 1988 Theriogenology 30: 227
Choi YK, Kim C 2002 J Vet Sci 3: 285

Clarke IJ, Tilbrook AJ 1992 Anim Reprod Sci 28: 219
Claxton JH, Yeates NTM 1972 J Hered 63: 141
Clough E, Pyle RL, Hare WCD et al 1970 Cytogenetics 9: 71
Cohen D 1985 Adv Cancer Res 43: 75
Corbel MJ, Brewer RA, Smith RA 1986 Vet Rec 118: 695
Corrada Y, Arias D, Rodriguez R et al 2004 Theriogenology 61: 1327–1341
Coulter GH 1980 In: Proceedings of the 8th Technical Conference on Artificial Insemination and Reproduction, p 160 (Abstr)
Coulter GH, Kozub GC 1989 J Anim Sci 67: 1757
Couto MA, Hughes JP 1993 In: McKinnon AO, Voss JL (ed) Equine reproduction. Lea & Febiger, Philadelphia, p 845–854
Cox JE 1975 Equine Vet J 7: 179
Cox JE 1982 Surgery of the reproductive tract in large animals. Liverpool University Press, Liverpool
Cox JE, Williams JH, Rowe PH, Smith JA 1973 Equine Vet J 5: 85
Cox JE, Edwards GB, Neal PA 1979 Equine Vet J 11: 113
Crabo BG 1986 In: Morrow DA (ed) Current therapy in theriogenology, 2nd edn. WB Saunders, Philadelphia, p 975–978
Crichton JS, Lishman AW, Lesche SF 1987 S Afr J Anim Sci 17: 27
DeGroot R, Numans SR 1946 Tijdschr Diergeneesk 71: 732
Delbes G, Levacher C, Habert R 2006 Reproduction 132: 527–538
Dennis SM 1979 Vet Rec 105: 94
Desmet P, De Moor A, Bouters R, Meurichy W 1974 Vlaams Diergeneesk Tijdschr 43: 357
De Vries PJ 1993 In: McKinnon AO, Voss JL (ed) Equine reproduction. Lea & Febiger, Philadelphia, p 878–884
Elmore RG 1981 Vet Med Small Anim Clin 76: 701
Entwistle K, Fordyce G 2003 Evaluating and reporting bull fertility. Australian Association of Cattle Veterinarians, Indooroopilly, Queensland
Ericsson SA, Garner DL, Redelman D, Ahmad K 1989 Gamete Res 22: 355
Eriksson K 1950 Nord Vet Med 2: 943
Evans ACO, Davies FJ, Nasser LF et al 1995 Theriogenology 43: 569–578
Evenson DP 1999 Reprod Fertil Dev 11: 1
Falcon C, Warnick AC, Larsen RE, Burns WC 1981 Mem Assoc Latinoam Prod Anim 16: 132
Farid A, Makarechian M, Price MA, Berg RT 1987 Anim Reprod Sci 14: 21
Farin PW, Chenowith PJ, Tomky DF et al 1989 Theriogenology 32: 717
Faulkner LC, Hopwood ML, Masken JF et al 1967 J Am Vet Med Assoc 151: 602
Fortier LA, MacHarg MA 1994 J Am Vet Med Assoc 205: 1183
Foster RA, Ladds PW, Hoffman D, Briggs GD 1989 Aust Vet J 66: 262
Foster G, Collins MD, Lawson PA et al 1999 Vet Rec 144: 479
Freestone JF, Paccamonti DL, Eilts BE et al 1993 J Am Vet Med Assoc 203: 556
Garner DL, Pinkel D, Johnson LA, Pace MM 1986 Biol Reprod 34: 127
Gassner FX, Hill HJ 1955 Fertil Steril 6: 290
Greenough PR, Weaver AD 1997 Lameness in cattle, 3rd edn. WB Saunders, Philadelphia
Greig A 2000 In: Martin WB, Aitken ID (ed) Diseases of sheep, 3rd edn. Blackwell Scientific Publications, Oxford, p 65–70
Gunn RMC, Sanders RN, Granger W 1942 Bull CISRO: 148
Hartley WJ, Jebson JL, McFarlane D 1955 NZ Vet J 3: 5
Hattangady SR, Wadia DS, George PO 1968 Vet Rec 82: 666
Hawkins DE, Carpenter BB, Forrest DW et al 1989 In: Beef Cattle Research in Texas 1988. Texas Agricultural Experiment Station, College Station, TX, p 19–21
Hayes HM 1986 Equine Vet J 18: 467
Hayes HM, Wilson GP 1986 Vet Rec 118: 605
Hobday FTG 1903 The castration of cryptorchid horses. W & AK Johnston, Edinburgh
Hobday FTG 1914 Castration including cryptorchids and caponing and ovariectomy. W & AK Johnson, Edinburgh
Holst SJ 1949 Nord Vet Med 1: 87
Hopkins FM, Spitzer JC 1997 Vet Clin North Am Food Anim Pract 13: 283
Hughes PL, Oswald AWR 2007 Proc Soc Sheep Beef Cattle Vet NZVA 37: 99–108
Hulet CV, El-Sheikh AS, Pope AL, Casida LE 1956 J Anim Sci 15: 617
Humphrey JD, Ladds PW 1975 Vet Bull 45: 787
Huston R, Saperstein G, Schoneweis D, Leipold HW 1978 Vet Bull 48: 645
Janardhana K, Krishnamacharyulu E, Rao BR, Rao DS 1995 Livestock Adviser 10: 40
Jaskowski L, Walkowski L, Korycki S 1961 In: Proceedings of the 4th International Congress on Reproduction, The Hague, vol 2, p 801
Jebson JL, Hartley WJ, McFarlane D 1954 NZ Vet J 2: 85
Johnson WH 1997 Vet Clin North Am Food Anim Pract 13: 255
Johnson KR, Dewey CE, Bobo JK et al 1998 J Am Vet Med Assoc 213: 1468
Johnston SD 1986 In: Morrow DA (ed) Current therapy in theriogenology, 2nd edn. WB Saunders, Philadelphia, p 549–551
Johnston SD, Root Kustritz MV, Olson PNS 2001 Canine and feline theriogenology. WB Saunders, Philadelphia
Jones DE, Joshua JO 1982 Reproductive clinical problems in the dog. John Wright, Bristol
Joshua JO 1962 Vet Rec 74: 1550
Jubb KVF, Kennedy PC, Palmer N 1993 Pathology of the domestic animals, 3rd edn, vol 3. Academic Press, San Diego, CA
Kangasniemi M, McNichols RJ, Bankson JA et al 2004 Lasers Surg Med 35: 41
Kenney RM 1970 In: Proceedings of the VIth Annual Conference on Cattle Diseases, Oklahoma, p 295
King GJ, Johnson EH 2000 J Small Anim Pract 41: 508
King GJ, McPherson JW 1969 J Dairy Sci 52: 1837
Knudsen O 1954 Acta Path Microbiol Scand Suppl 101: 12
Konig H, Weber W, Kupferschmeid H 1972 Schweiz Arch Tierheilk 114: 73
Kott RW, Halver GC, Firehammer B, Thomas VM 1988 Theriogenology 29: 961
Krawiec DR, Heflin D 1992 J Am Vet Med Assoc 200: 1119
Krook L, Lutwak L, McEntee K 1969 Am J Clin Nutr 22: 115
LaFaunce NA, McEntee K 1982 Cornell Vet 72: 150
Lagerlof N 1936 Vet Rec 48: 1159
Lagerlof N 1951 Fertil Steril 2: 230
Lagos F, Fitzhugh HA 1970 J Anim Sci 30: 949
Lane SM, Kiracofe GH, Craig JV, Schalles RR 1983 J Anim Sci 57: 1084
Langpap A 1962 Deutsch Tierarztl Wochenschr 69: 218
Larsen LH, Bellenger CR 1971 Aust Vet J 47: 349
Lasley JF, Easley GI, McKenzie FF 1942 Anat Rec 82: 167
Lees VW, Meek AH, Rosendal S 1990 Can J Vet Res 54: 331
Lenz RW, Martin JL, Bellin ME, Ax RL 1988 J Dairy Sci 71: 1073
Levis DG 1992 Vet Clin North Am Food Anim Pract 8: 517

Levy E, Mylonakis ME, Saridomichelakis MN et al 2006 Vet Clin Pathol 35:115
Ley WB, Slusher SH 2007 In: Youngquist RS, Threlfall WR (ed) Current therapy in large animal theriogenology, 2nd edn.
Saunders-Elsevier, St Louis, MO, p 23–36
Logue DN, Harvey MJA, Munro CD, Lennox B 1979 Vet Rec 104: 500
Long SE 1969 Vet Rec 84: 495
Long SE, Hignett PG 1970 Vet Rec 86: 165
Long SE, Hignett PG, Lee R 1970 Vet Rec 86: 192
Long SE, Gruffydd-Jones TJ, David M 1981 Res Vet Sci 30: 274
Love CC 2007 In: Youngquist RS, Threlfall WR (ed) Current therapy in large animal theriogenology, 2nd edn.
Saunders-Elsevier, St Louis, MO, p 10–14
Low JC, Somerville D, Mylne MJA, McKelvey WAC 1995 Vet Rec 136: 268
Lucke JN, Sansom J 1979 Vet Rec 105: 21
McDowell SWJ, Cassidy JP, McConnell W 1994 Vet Rec 134: 504
McEntee K 1962 In: Proceedings of the 66th Annual Meeting of the US Livestock Sanitary Association, Washington, DC, p 160
McEntee K 1990 Reproductive pathology of domestic animals. Academic Press, San Diego, CA
McFarland LZ 1958 J Am Vet Med Assoc 133: 81
Mair TS, Walmsley JP, Phillips TJ 2000 Equine Vet J 32: 406
Makarechian M, Farid A 1985 Theriogenology 23: 887
Marcos R, Santos M, Marrinhas C, Rocha E 2006 Vet Clin Pathol 35:106
Marquant-Le Guienne B, Humblot P, Thibier M, Thibault C 1990 Reprod Nutr Dev 30: 259
Melrose DR, O'Hagen C 1959 In: Proceedings of the 6th International Congress on Animal Reproduction, The Hague, vol 4, p 855
Merkies K, Larsson B, Kjellen L et al 2000 Theriogenology 54: 1249–1258
Metcalfe FL 1965 J Am Vet Med Assoc 147: 1319
Meyer RA, Barth AD 2001 Effect of acrosomal defects on fertility of bulls used in artificial insemination and natural breeding. Can Vet J 42: 627
Milne FJ 1954 J Am Vet Med Assoc 124: 6
Mixner JP, Saroff J 1954 J Dairy Sci 37: 1094
Morgan G 2007 In: Youngquist RS, Threlfall WR (ed) Current therapy in large animal theriogenology, 2nd edn. Saunders-Elsevier, St Louis, MO, p 243
Morrow DA 1986 In: Morrow DA (ed) Current therapy in theriogenology, 2nd edn. WB Saunders, Philadelphia, p 1084
Mossman DH 1983 NZ Vet J 31: 123
Murase T, Okuda K, Sato K 1990 Theriogenology 34: 801–812
Noordsy JL, Trotter DM, Carnham DL, VestWeber JG 1970 Proc Ann Conf Cattle Dis, Oklahoma, p 333
Nothling JO, Arndt EP 1995 J S Afr Vet Assoc 66: 74
Ostermeier GC, Sargeant GA, Yandell BS et al 2001 J Androl 22: 595
Ott RS, Heath EH, Bane A 1982 Am J Vet Res 43: 241
Padrik P, Jaakma U 2002 Agraarteadus 13: 243–256 (Cited from CAB abstracts 2003
Pant HC Mittal AK, Patel SH et al 2002 Ind J Anim Sci 72: 314
Parkinson TJ 1991 In Pract 13: 3
Parkinson TJ 2004 Vet J 168: 215
Parkinson TJ, Bruere 2007 Evaluation of bulls for breeding soundness. VetLearn, Palmerston North, New Zealand
Parkinson TJ, Brown PJ, Crea PR 1993 Vet Rec 132: 509
Patterson DF 1977 In: Kirk RW (ed) Current veterinary therapy. WB Saunders Philadelphia, vol 6, p 73–89
Pattridge PD 1953 Southwest Vet 7: 31
Pearson H 1972 Vet Rec 91: 498
Pearson H 1977 Vet Annu 17: 40
Pearson H, Ashdown RR 1976 In: Proceedings of the 9th International Congress on Diseases of Cattle, Paris, vol 1, p 89
Pearson H, Kelly DF 1975 Vet Rec 97 200
Pearson H, Weaver BMQ 1978 Equine Vet J 10: 85
Pendergass TW, Hayes HM 1975 Teratology 12: 51
Plagemann O, Mutters R 1991 Tierarztl Umschau 46: 355
Plant JW, Claxton D, Jakovljevic D, deSaram W 1976 Aust Vet J 52: 17
Plaut A, Kohn-Speyer AC 1947 Science 105: 391
Priester WA, Glass AG, Waggoner NS 1970 Am J Vet Res 31: 1871
Rajankutty K, Balagopalan TP, Amma TS, Varkey CA 1994 J Vet Anim Sci 25: 172
Rhodes AP 1976 Aust Vet J 52: 250
Riddler AL 2002 NZ Vet J 50(Suppl): 96
Riddler AL, West DM, Stafford KJ et al 2000 NZ Vet J 49: 57
Roberts SJ 1956 Veterinary obstetrics and genital diseases. Self-published, Ithaca, NY
Roberts SJ 1986 Veterinary obstetrics and genital diseases, 3rd edn. Self-published, Ithaca, NY
Robles CA, Uzal FA, Olaechea FV, Low C 1998 Vet Res Comm 22: 435
Root Kustritz MV 2001 Vet Clin North Am Small Anim Pract 31: 247
Saacke RG, Nebel DS, Karabinus JH 1988 In: Proceeding of the 12th Technical Conference on Artificial Insemination and Reproduction, p 7
Saacke RG, Nadir S, Dalton J 1995 Proc Soc Theriogenol: 73
Saacke RG, Dalton JC, Nadir S et al 2000 Anim Reprod Sci 60/61: 663
Sahay PM, Dass LL, Khan AA 1986 Indian Vet J 63: 682
Salisbury GW, Beck GH, Elliott I, Willett EL 1943 J Dairy Sci 26: 69
Salisbury GW, VanDemark NL, Lodge JR 1978 Physiology of reproduction and artificial insemination of cattle, 2nd edn. Freeman, San Francisco, CA
Saunders PJ, Ladds PW 1978 Aust Vet J 54: 10
Saunders VF, Reddacliff LA, Berg T, Hornitzky M 2007 Aust Vet J 85: 72
Schumacher J, Varner DD 1993 In: McKinnon AO, Voss JL (ed) Equine reproduction. Lea & Febiger, Philadelphia, p 871–877
Schumacher J, Varner DD 2007 In: Youngquist RS, Threlfall WR (ed) Current therapy in large animal theriogenology, 2nd edn. Saunders-Elsevier, St Louis, MO, p 23–14
Scicchitano S, Spinelli R, Campero CM, Crenovich H 2006 Vet Argent 23: 574
Seidel GE, Foote RH 1967 J Dairy Sci 50: 970
Seidel GE, Foote RH 1969 J Reprod Fertil 20: 313
Shemesh M, Shore LS 1994 In: Fields MJ, Sand RS (eds) Factors affecting calf crop. CRC Press, Boca Raton, FL, p 287–297
Silbersiepe E Berl Münch Tierärztl Wochenschr 53: 432
Siliart B, Fontbonne A, Badinand F 1993 J Reprod Fertil Suppl 47: 560
Silva-Mena C, Ake-Lopez R, Delgado-Leon R 2002 Theriogenology 53: 991–1002
Singh J, Rana JS, Sood N et al 1996 Vet Res Comm 20: 71
Sittal Dev, Pangawkar GR, Sharma RK 1996 Indian J Anim Sci 66: 1021
Smith MC 1986 In: Morrow DA (ed) Current therapy in theriogenology, 2nd edn. WB Saunders, Philadelphia, p 544–550
Smith HA, Jones TC 1966 Veterinary pathology, 3rd edn. Lea & Febiger, Philadelphia
Smith KC, Brown P, Parkinson TJ 2006 Vet Rec 158: 789
Soderberg SF 1986 In: Morrow DA (ed) Current therapy in theriogenology, 2nd edn. WB Saunders, Philadelphia, p 544–550

Soderquist L, Janson L, Larsson K, Einarsson S 1991 J Vet Med 38: 534
Soderquist L, Janson L, Haard M, Einarsson S 1996 Anim Reprod Sci 44: 91
Somerville ME, Anderson SM 2001 J Am Anim Hosp Assoc 37: 397
Stanic MN 1960 Mod Vet Pract 41: 30
Stick JA 1981 Vet Med Small Anim Clin 76: 410
Stickle RL, Fessler JF 1978 J Am Vet Med Assoc 172: 343
Studdert MH, Barker CAV, Savan M 1964 Am J Vet Res 25: 303
Swanson EW, Bearden HJ 1951 J Anim Sci 10: 981
Tattersfield G, Heuer C, West DM 2007 Proc Soc Sheep Beef Cattle Vet NZVA 36: 123–126
Threlfall WR, Lopate C 1993 In: McKinnon AO, Voss JL (ed) Equine reproduction. Lea & Febiger, Philadelphia, p 943–949
Thundathil J, Meyer R, Palasz AT et al 2000 Theriogenology 54: 921–934
Vandeplassche M, Bouckaert JH, Oyaert W, Bouters R 1963 In: Proceedings of the XVIIth World Veterinary Congress, Hanover, vol 2, p 1135
Varner DD, Taylor TS, Blanchard TL 1993 In: McKinnon AO, Voss JL (ed) Equine reproduction. Lea & Febiger, Philadelphia, p 861–863
Vaughan JT 1993 In: McKinnon AO, Voss JL (ed) Equine reproduction. Lea & Febiger, Philadelphia, p 885–894
Verberckmoes S, van Soom A, de Pauw I et al 2002 Theriogenology 58: 1027
Walker DF 1966 Arburn Vet 22: 56
Walker DF 1970 In: Proceedings of the VIth Annual Conference on Cattle Diseases, Oklahoma, p 322
Walker RL, LeaMaster BR 1986 Am J Vet Res 47: 1928
Walker DF, Vaughan JT 1980 Bovine and equine urogenital surgery. Lea & Febiger, Philadelphia
Walker RL, LeaMaster BR, Stellflug JN, Biberstein EL 1986 J Am Vet Med Assoc 188: 393
Walker RL, LeaMaster R, Biberstein EL, Stellflug JN 1988 Am J Vet Res 49: 208
Ward F, Rizos D, Corridan D et al 2001 Mol Reprod Dev 60: 47
Warwick BL 1961 J Anim Sci 20: 10
Watson JW 1964 Nature 204: 95
Watson PF 1990 In: Lamming GE (ed) Marshall's physiology of reproduction. Churchill Livingstone, Edinburgh, vol 2, p 747–869
Webster WM 1932 Aust Vet J 8: 199
Wells ME, Awa OA 1970 J Dairy Sci 53: 227
Welsh TH, Randell RD, Johnson BH 1981 Arch Androl 6: 141
West DM 2004 In: Coetzer JAW, Tustin RC (ed) Infectious diseases of livestock, 2nd edn. Oxford University Press, Oxford, vol 3, p 1655–1660
West DM, Stafford KJ, Sargison ND et al 1999 Proc NZ Soc Anim Prod 59: 134
Wheat JD 1951 J Am Vet Med Assoc 118: 295
Wheat JD 1961 Vet Med 56: 477
Whitfield CH, Parkinson TJ 1992 Theriogenology 38: 11–20
Whitfield CH, Parkinson TJ 1995 Theriogenology 44: 413–422
Williams WL 1943 Diseases of the genital organs of domestic animals, 3rd edn. Self-published, Ithaca, NY
Williams J, Niles J 1999 In Pract 21: 558–575
Williams WW, Savage A 1925 Cornell Vet 15: 353
Willis RA, Rudduck HB 1943 J Pathol Bacteriol 55: 165
Wittrow SJ, Susaneck SJ 1986 In: Morrow DA (ed) Current therapy in theriogenology, 2nd edn. WB Saunders, Philadelphia, p 521–528
Wright JG 1963 Vet Rec 75: 1352
Wright RW 1982 Mod Vet Pract 63: 955
Yamada G, SatohY, Baskin LS, Cunha GR 2003 Res Biol Divers 71: 445
Yates D, Hayes G, Heffernan N, Beynon R 2003 Vet Rec 152: 502
Young ACB 1979 J Small Anim Pract 20: 229
Young SA, Hudson RS, Walker DF 1977 J Am Vet Med Assoc 171: 643
Zharkin VV 1982 Sb Tr Belorusskii Nauchnoissled Inst Zhivotnovodstva 22: 38
Zraly Z, Bendova J, Diblikova I et al 2002 Acta Vet Brno 71: 303

第31章

Adamec V, Cassell BG, Smith EP, Pearson RE 2006 J Dairy Sci 89: 307
Almond G, Britt J, Flowers B et al 1998 The swine AI book, 2nd edn. Morgan Morrow, Raleigh, NC
Almquist JO: Zaugg NL 1974 J Dairy Sci 57: 1211
Althouse GC 2007 In: Youngquist RS, Threlfall WR (ed) Current therapy in large animal theriogenology, 2nd edn. Saunders-Elsevier, St Louis, MO, p 731–738
Amann RP 1984 In: Proceedings of the 10th International Congress on Animal Reproduction and Artificial Insemination, Urbana vol 4, II, p 28
Arav A, Yavin S, Zeron Y et al 2002 Mol Cell Endocrinol 187: 7
Asbury AC 1986 In: Morrow DA (ed) Current therapy in theriogenology, 2nd edn. WB Saunders, Philadelphia, p 718–722
Ball BA 2006 Ippologia 17: 25
Barlow RM, Nettleton PF, Gardiner A et al 1986 Vet Rec 118: 321
Batellier F, la Duchamp G, Vidament M et al 1998 Theriogenology 50: 229–236
Batellier F, Vidament M, Fauquant J et al 2001 Anim Reprod Sci 68: 181
Bedford JM, Hoskins DD 1990 In: Lamming GE (ed) Marshall's physiology of reproduction. Churchill Livingstone, Edinburgh, vol 2, p 379
Bergeron A, Manjunath P 2006 Mol Reprod Dev 73, 1338
Biffani S, Samore AB, Canavesi F 2002 In: Proceedings of the 7th World Congress on Genetics Applied to Livestock Production, Montpellier, France, Session 9, 0–4
Blackshaw AW 1954 Aust J Biol Sci 7: 573
Blackshaw AW, Salisbury GW 1957 J Dairy Sci 40: 1099
Blanchard TL, Varner DD, Schumacher J et al 2003 Manual of equine reproduction, 2nd edn. Mosby, St Louis, MO
Bochenek M, Herjan T, Okolski A, Smorag Z 2006 In: Havemeyer Foundation Monograph Series 18, p 13–14
Bortolozzo FP, Uemoto DA, Bennemann PE et al 2005 Theriogenology 64: 1956
Bouchard GF, Morris JK, Sikes JD, Youngquist RS 1990 Theriogenology 34: 147
Bowen RA, Howard TH 1984 Am J Vet Res 45: 1386
Brinsko SP 2006 Theriogenology 66: 543
Brinsko SP, Varner DD 1993 In: McKinnon AO, Voss JL (eds) Equine reproduction. Lea & Febiger, Philadelphia, p 790
Burke TJ 1986 Small animal reproduction and infertility. Lea & Febiger, Philadelphia
Callis JJ, McKercher PD 1980 Bovine Pract 15: 170
Campbell JW, Harvey TG, McDonald MF, Sparksman RI 1996 Theriogenology 45: 1535
Cassou R 1964 In: Proceedings of the 5th International Congress on Animal Reproduction and Artificial Insemination, Trento, p 540
Chapman MS, Lucas MH, Herbert CN, Goodey RG 1979 Vet Sci Commun 3: 137
Chemineau P, Cagine Y, Guerin Y et al 1991 Training manual on artificial insemination in sheep and goats. FAO Animal Production and

Health Paper 83. Food and Agriculture Organization of the United Nations, Rome
Cheng WTK 1988 J Chin Soc Vet Sci 14: 339
Christensen P, Whitfield CH, Parkinson TJ 1996 Theriogenology 45: 1201
Clay CM, Squires EL, Amman RP, Pickett BW 1984 In: Proceedings of the 10th International Congress on Animal Reproduction and Artificial Insemination, Urbana, vol 2, p 187
Cochran JD, Amann RP, Froman DP, Pickett BW 1984 Theriogenology 22: 25
Colas G 1979 Livestock Prod Sci 6: 153
Colleau JJ, Moureaux S 2006 INRA Prod Anim 19: 13–14
Corteel JM 1974 Ann Biol Anim Biochim Biophys 14: 741
Corteel JM 1981 In: Gall C (ed) Goat production. Academic Press, London, p 171–191
Corteel JM, Baril G, Leboeuf B, Nunes JF 1984 In: Courot M (ed) The male in farm animal reproduction. Martinus Nijhoff, Boston, MA, p 237–256
Croquet C, Mayeres P, Gillon A et al 2006 J Dairy Sci 89: 2257
Curry MR 2000 Rev Reprod 5: 46
Cutler R 1986 In: Morrow DA (ed) Current therapy in theriogenology, 2nd edn. WB Saunders, Philadelphia, p 957
Dalton JC, Nadir S, Bame JH, Saacke RG 1999 Theriogenology 51: 883
Davis IF, Kerton DJ, McPhee SR et al 1984 In: Lindsay DR, Pearce DT (ed) Reproduction in sheep. Cambridge University Press, Cambridge, p 304–305
Davis IS, Bratton RW, Foote RH 1963 J Dairy Sci 46: 333
De Baer C, Bilkei G 2004 Reprod Domest Anim 39: 293
De Leeuw FE, Colenbrander B, Verkleij AJ 1990 Reprod Domest Anim Suppl 1: 95
De Rensis F, Benedetti S, Silva P, Kirkwood RN 2003 Anim Reprod Sci 76: 245
Douglas-Hamilton DH, Osol R, Osol G et al 1984 Theriogenology 22: 291
Durrant BS, Ravida N, Spady T, Cheng A 2006 Theriogenology 66: 1729
England GCW 1993 J Reprod Fertil Suppl 47: 243
England GCW, Lofstedt R 2000 Canine reproduction seminar, Atlantic Veterinary College. Available on line at: http://icsb-mobile.com/documents/canada.pdf. Accessed 9 November 2007
England GCW, Ponzio P 1996 Theriogenology 46: 1233
Eriksson BM, Rodriguez-Martinez H 2000a Anim Reprod Sci 63: 205
Eriksson BM, Rodriguez-Martinez H 2000b Zbl Vet Med A 47: 89–97
Evans LE, McKenna DJ 1986 In: Morrow DA (ed) Current therapy in theriogenology, 2nd edn. WB Saunders, Philadelphia, p 946
Evans G, Maxwell WMC 1987 Salamon's artificial insemination of sheep and goats. Butterworth, Sydney, NSW
Farrant J 1980 In: Ashwood-Smith MJ, Farrant J (ed) Low temperature preservation in medicine and biology. Pitman Medical, Tunbridge Wells, Kent, p 1–17
Faustini M, Torre ML, Stacchezzini S et al 2004 Theriogenology 61: 173
Feredean T, Barbulescu I, Popovici 1967 Lucr Stiint Inst Cerc Zooteh 459–470. Cited by Salamon & Maxwell 2000
Fiser PS, Fairfull RW 1984 Cryobiology 21: 542
Fiser PS, Fairfull RW 1986 Cryobiology 23: 18
Flipsse RJ, Patton S, Almquist JO 1954 J Dairy Sci 37: 1205
Foote RH 1969 In: Cole HH, Cupps PT (ed) Reproduction in domestic animals, 2nd edn. Academic Press, New York, p 313–353
Foote RH 1970 J Dairy Sci 53: 1478
Foote RH 1979 J Dairy Sci 62: 355
Foote RH, Gray LC, Young DC, Dunn HO 1960 J Dairy Sci 43: 1330
Foulkes JA 1977 J Reprod Fertil 49: 277
Foulkes JA, Sweasey D, Goodey RG 1980 J Reprod Fertil 60: 165
Francl AT, Amann RP, Squires EL, Pickett BW 1987 Theriogenology 27: 517
Gacitua H, Arav A 2005 Theriogenology 63: 931
Gao DY, Ashworth E, Watson PF et al 1993 Biol Reprod 49: 112
Gao DY, Liu J, Liu C et al 1995 Hum Reprod 10: 1109
Garcia JC, Abad M, Kirkwood RN 2007 Anim Reprod Sci 100: 397
Garner DL 2006 Theriogenology 65: 943
Glover TE, Watson PF 1987 Anim Reprod Sci 13: 229
Godet G, Mercat MJ, Runavot JP 1996 Reprod Domest Anim 31: 313
Goss J 2004 Achieving results using AI: could you do better? Available on line at: http://www.thepigsite.com/articles/2/ai-genetics-reproduction/1465/achieving-results-using-ai-could-you-do-better. Accessed 1 November 2007
Gottardi L, Brunel L, Zanelli L 1980 In: Proceedings of the 9th International Congress on Animal Reproduction and Artificial Insemination, Madrid, vol 5, p 49
Grahn TC, Fahning ML, Zemjanis R 1984 J Am Vet Med Assoc 185: 429
Haeger O, Mackle N 1971 Dtsch Tierärztl Wochenschr 78: 395
Haibel GK 1986 In: Morrow DA (ed) Current therapy in theriogenology, 2nd edn. WB Saunders, Philadelphia, p 624
Haile-Mariam M, Bowman PJ, Goddard ME 2007 Genet Sel Evol 39: 369
Haresign W 1992 J Reprod Fertil Suppl 45: 127
Haresign W, Curnock RM, Reed HCB 1986 Anim Prod 43: 553
Harrop AE 1962 In: Maule JP (ed) The semen of animals and artificial insemination. Commonwealth Agricultural Bureau, Farnham Royal, Buckinghamshire, p 304–315
Hawk HW, Tanabe TY 1986 J Anim Sci 63: 551
Heitland AV, Jasko DJ, Squires EL et al 1996 Equine Vet J 28: 47
Hellander JC 1992a Acta Vet Scand Suppl 88: 67
Hemberg E, Lundeheim N, Einarsson S 2006 Reprod Domest Anim 41: 535
Holt WV 2000 Anim Reprod Sci 62: 3
Householder DD, Pickett BW, Voss JL, Olar TT 1981 J Equine Vet Sci 1: 9
Humphrey JD, Little PB, Stephens LR 1982 Am J Vet Res 43: 791
Hunter RHF 2000 Rev Med Vet 151: 187
Iguer-Ouada M, Verstegen JP 2001 Theriogenology 55: 671
Iritani A 1980 In: Proceedings of the 9th International Congress on Animal Reproduction and Artificial Insemination, Madrid, vol 1, p 115
Iritani A, Nishikawa Y 1964 Jpn J Anim Reprod 10: 44
Isachenko E, Isachenko V, Katkov II et al 2004 Hum Reprod 19: 932
Jasko DJ, Hathaway JA, Schaltenbrand VL et al 1992 Theriogenology 37: 1241
Jeffcoate IA, Lindsay FEF 1989 J Reprod Fertil Suppl 39: 277
Johnson LA, Welch GR 1999 Theriogenology 52: 1323
Johnson LA, Flook JP, Look MV 1987 Gamete Res 17: 203
Johnson LA, Weitze KF, Fiser P, Maxwell WMC 2000 Anim Reprod Sci 62: 143
Jondet R 1964 In: Proceedings of the 5th International Congress on Animal Reproduction and Artificial Insemination, Trento, p 463
Kahrs RF, Gibbs EPJ, Larsen RJ 1980 Theriogenology 14: 151
Katila T 1997 Thenogenology 48: 1217
Katila T, Kareskoski M, Akcay E et al 2005 In: Havemeyer Foundation Monograph Series 18, p 3–5

Kauffold J, Beckjunker J, Kanora A, Zaremba W 2007 Anim Reprod Sci 97: 84

Kearney JF, Wall E, Villanueva B, Coffey MP 2004 J Dairy Sci 87: 3503

Keith JR 1981 Vet Med Small Anim Clin 76: 1043

Kenney RM, Bergman RV, Cooper WL, Morse GW 1975 In: Proceedings of the 21st Annual Convention of the American Association of Equine Practitioners, p 327–336

Killeen ID, Caffery GJ 1982 Aust Vet J 59: 95

Klug E, Sieme H 1992 Acta Vet Scand Suppl 88: 73

Koenig S, Simianer H 2006 Livestock Sci 103: 40

Kutzler MA 2005 Theriogenology 64: 747

Landa CA, Almquist JO 1979 J Anim Sci 49: 1190

Langford GA, Marcus GJ 1982 J Reprod Fertil 65: 325

Leboeuf B, Restall B, Salamon S 2000 Anim Reprod Sci 62: 113

Leboeuf B, Guillouet P, Batellier F 2003 Theriogenology 60: 867

Linde-Forsberg C, Forsberg M 1989 J Reprod Fertil Suppl 39: 299

Linde-Forsberg C, Forsberg M 1993 J Reprod Fertil Suppl 47: 313

Linde-Forsberg C, Strom Holst B, Govette G 1999 Theriogenology 52:11

Lindsey AC, Bruemmer JE, Squires EL 2001 Anim Reprod Sci 68: 279

Loomis PR 2001 Anim Reprod Sci 68: 191

Loomis PR 2006 Vet Clin North Am Equine Pract 22: 663

Loomis PR, Squires EL 2005 Theriogenology 64: 480

Lopez-Gatius F 2000 Theriogenology 53: 1407

Lopez-Gatius F, Camon-Urge IJ 1988 Theriogenology 29: 1099

Luvoni GC, Kalchschmidt E, Leoni S, Ruggiero C 2003a J Feline Med Surg 5: 203

Luvoni GC, Kalchschmidt E, Marinoni G 2003b J Feline Med Surg 5: 257

McKenna T, Lenz RW, Fenton SE, Ax RL 1990 J Dairy Sci 73: 1779

McParland S, Kearney JF, Rath M, Berry DP 2007a J Dairy Sci 90: 4411

McParland S, Kearney JF, Rath M, Berry DP 2007b J Anim Sci 85: 322

Mann T 1964 The biochemistry of semen and the male reproductive tract, 2nd edn. Methuen, London

Mara L, Dattena M, Pilichi S 2007 Anim Reprod Sci 102: 152

Marlowe TJ 1964 J Anim Sci 23: 454

Masuda H, Nanasaki S, Chiba Y 2004 J Equine Sci 15: 1

Maxwell WMC, Salamon S 1993 Reprod Fertil Dev 5: 613

Maxwell WMC, Nebel RL, Lewis GS 1996 Reprod Domest Anim 31: 665

Maxwell WMC, de Graaf SP, Ghaoui RE-H, Evans G 2007 In: Reproduction in domestic ruminants VI, p 13–38

Melrose DR 1956 In: Proceedings of the 3rd International Congress on Animal Reproduction and Artificial Insemination, Cambridge, vol 3, p 68

Melrose DR 1962 In: Maule JP (ed) The semen of animals and artificial insemination. Commonwealth Agricultural Bureau Farnham Royal, Buckinghamshire, p 1–181

Melrose DR, O'Hagen C 1959 In: Proceedings of the 6th International Congress on Animal Reproduction, The Hague, vol 4, p 855

Melrose DR, Reed HCB, Pratt JH 1968 In: Proceedings of the 6th International Congress on Animal Reproduction and Artificial Insemination, Paris, p 181 (abstr)

Mengeling WL 1986 In: Morrow DA (ed) Current therapy in theriogenology, 2nd edn. WB Saunders, Philadelphia, p 949

Metcalf ES 1998 In: Proceedings of the 44th Annual Convention of American Association on Equine Practice, Baltimore, MD, p 16–18

Milk Marketing Board 1967 Report of breeding and production organisation 1966–1967, no 17, p 123

Miller SJ 1986 In: Morrow DA (ed) Current therapy in theriogenology, 2nd edn. WB Saunders, Philadelphia, p 884

Momont HW, Seguin BE, Singh G, Stasiukynas E 1989 Theriogenology 32: 19

Morgan WJB, Melrose DR, Stewart DL 1959 J Comp Pathol 69: 257

Morrell JM, Geraghty RM 2006 Equine Vet J 38: 224

Morris LHA 2004 Anim Reprod Sci 82/83: 625

Morris LHA 2006b Vet Clin North Am Equine Pract 22: 693

Morris LHA 2006a Vet Clin North Am Equine Pract 22: 693

Morris LHA, Tiplady C, Allen WR 2003 Equine Vet J 35: 197

Morton J 2000 Proc Soc Dairy Cattle Vet NZVA 17: 5, 43

Morton DB, Bruce SG 1989 J Reprod Fertil Suppl 39: 311

Nebel RL 2007 In: Youngquist RS, Threlfall WR (ed) Current therapy in large animal theriogenology, 2nd edn. Saunders-Elsevier, St Louis, MO, p 253–258

Nebel RL, Bame JH, Saacke RG, Lim F 1985 J Anim Sci 60: 1631

Nebel RL, Vishwanath R, McMillan WH, Saacke RG 1993 Reprod Fertil Dev 5: 701

Neild DM, Brouwers JFHM, Colenbrander B et al 2005 Mol Reprod Dev 72: 230

Newcombe JR, Lichtwark S, Wilson MC 2005 J Equine Vet Sci 25: 525

Nianski W 2006 Theriogenology 66: 470

Nianski W, Dubiel A, Bielas W, Dejneka GJ 2001 J Reprod Fertil Suppl 37: 365

Nissen AK, Soede NM, Hyttel P et al 1997 Theriogenology 47: 1571

Nunes JF, Corteel JM, Combarnous Y, Baril G 1982 Reprod Nutr Dev 22: 611

Nuti L 2007 In: Youngquist RS, Threlfall WR (ed) Current therapy in large animal theriogenology, 2nd edn. Saunders-Elsevier, St Louis, MO, p 529–534

OIE 2008 Terrestrial animal health code 2008 Vol 1, Sect 4, Ch 4.5, 4.6

Olds D, Sheath DM 1954 In: Kentucky Agricultural Experimental Station Bulletin, p 605

Pace MM, Sullivan JJ 1975 J Reprod Fertil Suppl 23: 115

Pagl R, Aurich JE, Muller-Schlosser F et al 2006 Theriogenology 66: 1115

Pallares A, Zavos PM, Hemken RW 1986 Theriogenology 26: 709

Paquignon M 1984 In: Courot M (ed) The male in farm animal reproduction. Martinus Nijhoff, Dordrecht, p 202–218

Paquignon M 1985 In: LA Johnson, K Larson(ed) Deep freezing of boar semen. Swedish University of Agricultural Sciences, Uppsala, p 129–145

Parkinson TJ, Whitfield CH 1987 Theriogenology 27: 781

Paulenza H, Soltun K, Adnøy T et al 2005 Small Rumin Res 59: 89

Pellicer-Rubio MT, Combarnous Y 1998 J Reprod Fertil 112: 95

Pellicer-Rubio MT, Magallon T, Combarnous Y 1997 Biol Reprod 57: 1023

Pena FJ, Nunez-Martinez I, Moran JM 2006 Reprod Dom Anim 41(suppl 2): 21

Pickett BW 1980 In: Morrow DA (ed) Current therapy in theriogenology, 2nd edn. WB Saunders, Philadelphia, p 692

Pickett BW, Amann RP 1993 In: McKinnon AO, Voss JL (ed) Equine reproduction. Lea & Febiger, Philadelphia, p 769

Pickett BW, Fowler AK, Cowen WA 1961 J Dairy Sci 43: 281

Polge C 1953 Vet Rec 65: 557

Polge C, Smith AU, Parkes AS 1949 Nature 164: 666

Purdy PH 2006 Small Rum Res 63: 215

Pursel VG, Johnson LA 1975 J Anim Sci 40: 99

Quinn PJ, Chow PYW, White IG 1980 J Reprod Fertil 60: 403

Radostits OM, Gay CC, Hinchcliff KW, Constable PD 2007 Veterinary medicine, 10th edn. WB Saunders, Oxford

Reed HCB 1982 In: Cole DJA, Foxcroft GR (ed) Control of pig reproduction. Butterworth, London, p 65–90
Revell SG, Glossop CE 1989 Anim Prod 48: 579
Ricker JV, Linfor JJ, Delfino WJ 2006 Biol Reprod 74: 359
Rigby SL, Brinsko SP, Cochran M et al 2001 Anim Reprod Sci 68: 171
Ritar AJ, Salamon S 1982 Aust J Biol Sci 35: 305
Ritar AJ, Salamon S 1983 Aust J Biol Sci 36: 49–59
Roberts SJ 1986 Veterinary obstetrics and genital diseases, 3rd edn. Self-published, Ithaca, NY
Robertson L, Watson PF 1986 J Reprod Fertil 77: 177
Roca J, Vazquez JM, Gil MA et al 2006a Reprod Domest Anim 41(suppl 2): 43
Roca J, Rodriguez-Martinez H, Vazquez JM 2006b In: Control of pig reproduction VII. Nottingham University Press, Nottingham, p 261–275
Romagnoli S 2002 Proceedings of the Veterinary Sciences Congress, Oeiras, p 167–170
Rota A, Linde-Forsberg C, Vannozzi J et al 1998 Reprod Domest Anim 33: 355
Rowson LEA 1962 In: Maule JP (ed) The semen of animals and artificial insemination. Commonwealth Agricultural Bureau Farnham Royal, Buckinghamshire, p 263–280
Saacke RG, Dalton JC, Nadir S et al 2000 Anim Reprod Sci 60–61: 663
Salamon S 1971 Aust J Biol Sci 24: 183
Salamon S, Maxwell WMC 1995 Anim Reprod Sci 37: 185
Salamon S, Maxwell WMC 2000 Anim Reprod Sci 62: 77
Salamon S, Ritar AJ 1982 Aust J Biol Sci 35: 295
Salamon S, Robinson TJ 1962 Aust J Agric Res 13: 271
Salamon S, Visser D 1972 Aust J Biol Sci 25: 605
Salisbury GW, VanDemark NL 1961 Physiology of reproduction and artificial insemination. Freeman, San Francisco, CA
Salisbury GW, VanDemark NL, Lodge JR 1978 Physiology of reproduction and artificial insemination of cattle, 2nd edn. Freeman, San Francisco, CA
Salvador I, Viudes-de-Castro MP, Bernacer J et al 2005 Reprod Domest Anim 40: 526
Samper J 1992 Acta Vet Scand Suppl 88: 59
Samper JC 2001 Anim Reprod Sci 68: 219
Samper JC 2007 In: Youngquist RS, Threlfall WR (ed) Current therapy in large animal theriogenology, 2nd edn. Saunders-Elsevier, St Louis, MO, p 37–42
Sanchez R, Gomes I, Ramos H et al 2005 In: Havemeyer Foundation Monograph Series 14, p 103–104
Saravia F, Wallgren M, Nagy S et al 2005 Theriogenology 63: 1320
Schenk JL, Seidel GE 2007 In: Reproduction in domestic ruminants VI. Nottingham University Press, Nottingham, p 165–178
Seidel GE 2007 Theriogenology 68: 443
Seidel GE, Garner DL 2002 Reproduction 124: 733
Senger PL, Becker WC, Davidge ST et al 1988 J Anim Sci 66: 3010
Serret CG, Alvarenga MVF, Coria ALP et al 2005 Anim Reprod (Belo Horizonte) 2: 250
Sewalem A, Kistemaker GJ, Miglior F, van Doormaal BJ 2006 J Dairy Sci 89: 2210
Shamsuddin M, Amiri Y, Bhuiyan MMU 2000 Reprod Domest Anim 35: 53
Shannon P 1965 J Dairy Sci 48: 1357
Shannon P 1972 In: VIIth International Congress on Animal Reproduction and Artificial Insemination, Munich 1972, Summaries, p 279–280
Shannon P, Curson B 1982 J Reprod Fertil 64: 463
Shannon P, Curson B, Rhodes AP 1984 NZ J Agric Res 27: 35
Shipley CFB, Buckrell BC, Mylne MJA et al 2007 In: Youngquist RS, Threlfall WR (ed) Current therapy in large animal theriogenology, 2nd edn. Saunders-Elsevier, St Louis, MO, p 629–641
Sieme H, Bonk A, Ratjen J et al 2003 Pferdeheilkunde 19: 677
Sieme H, Bonk A, Hamann H et al 2004 Theriogenology 62: 915
Sieme H, Knop K, Rath D 2006 Anim Reprod Sci 94: 99
Silva AR, Cardoso RCS, Uchoa DC, Silva LDM 2003 Theriogenology 59: 821
Slaweta R, Laskowska T 1987 Anim Reprod Sci 13: 249
Soede NM, Hazeleger W, Kenp B 1998 Reprod Domest Anim 33: 239
Sohnrey B, Holtz W 2005 J Anim Sci 83: 1543
Sorensen AC, Sorensen MK, Berg P 2005 J Dairy Sci 88: 1865
Souza MIL, Luz SLN, Goncalves PBD, Neves JP 1994 Ciencia Rural 24: 597
Squires EL, Barbacini S, Necchi D et al 2003 In: Proceedings of the 49th Annual Convention of the American Association of Equine Practitioners, p 353–356
Stewart DL 1964 In: Proceedings of the 5th International Congress on Animal Reproduction and Artificial Insemination, Trento, p 617
Sullivan JJ, Elliott FI 1968 In: Proceedings of the 6th International Congress on Animal Reproduction and Artificial Insemination, Paris, 2, 1307
Sumransap P, Tummaruk P, Kunavongkrit A 2007 Reprod Domest Anim 42: 113
Suter D, Chow PYW, Martin ICA 1979 Biol Reprod 20: 505
Thibier M, Guerin B 2000 Anim Reprod Sci 62: 233
Thomas AD, Meyers SA, Ball BA 2006 Theriogenology 65: 1531
Thomassen R, Sanson G, Krogenaes A et al 2006 Theriogenology 66: 1645
Tischner M 1992 Acta Vet Scand Suppl 88: 111
Torre ML, Faustini M, Attilio KEA, Vigo D 2007 Rec Patents Drug Delivery Form 1: 81–85
Tsutsui T 2006 Theriogenology 66: 122
Unal MB, Berndtson WE, Picketts BW 1978 J Dairy Sci 61: 83
Usboko Y 1995 MAgricSci thesis, Massey University, Auckland, New Zealand
Vajto G 2000 Anim Reprod Sci 60–61: 357
Vazquez JM, Martinez EA, Parrilla I et al 2006 Reprod Domest Anim 41: 298
Vidament M 2005 Anim Reprod Sci 89: 115
Vishwanath R, Shannon P 2000 Anim Reprod Sci 62: 23
Vishwanath R, Shannon P, Curson B 1992 Anim Reprod Sci 29: 185
Vishwanath R, Nebel RL, McMillan WH et al 1997 Theriogenology 48: 369
Watson PF 1975 J Reprod Fertil 42: 105
Watson PF 1976 J Therm Biol 1: 137
Watson PF 1979 Oxford Rev Reprod Biol 1: 283
Watson PF 1981 J Reprod Fertil 62: 483
Watson PF 1990 In: Lamming GE (ed) Marshall's physiology of reproduction. Churchill Livingstone, Edinburgh, vol 2, p 747
Webb G, Humes R 2006 Anim Reprod Sci 94: 135
Weitze KF 1990 Pig News Information 11: 23
Wheeler MB, Rutledge JJ, Fischer-Brown A et al 2006 Theriogenology 65: 219
Willett EL, Salisbury GW 1942 In: Memoirs of Cornell University Agricultural Experimental Station, p 249
Wilmut I, Polge C 1974 J Reprod Fertil 38: 105
Woelders H 1997 Vet Q 19: 135

Wrathall AE 1997 Rev Sci Tech OIE 16: 240–264
Yaeger MJ, Prieve T, Collins J 1993 Swine Health Prod 1: 7–9
Zambelli D, Cunto M 2006 Theriogenology 66: 159

第32章

Aboul-Fadle WS, Al-Eknah MM, Bolbol AE et al 1993 In: 2nd Scientific Congress of the Egyptian Society for Cattle Diseases, Assiut, Egypt, 5–7 December 1993, p 90–97
Agarwal SP 1995 Int J Anim Sci 10: 365–370
Al-Eknah MM 2000 Anim Reprod Sci 60–61: 583–592
Al-Eknah MM, Ali AM 2001 Emirates J Agric Sci 13: 52–56
Al-Eknah MM, Homeida AM, Al-Bishr BE 1997 Pakistan Vet J 17: 91–93
Al-Eknah M, Hemeida N, Al-Haider A 2001 J Camel Pract Res 2: 127–130
Ali AMA, El-Sanousi SM, Al-Eknah MM et al 1992 Rev Elev Med Pays Trop 45: 243–253
Bravo PW, Fowler ME, Stabenefeldt GH, Lasely BL 1990 Biol Reprod 43: 579–585
Bravo PW, Skidmore JA, Zhaho XX 2000 Anim Reprod Sci 62: 173–193
Bustinza AV, Burfening PJ, Blackwell RL 1988 J Anim Sci 66: 1139
Chen BX, Yuen ZX 1979 In: Cockerill WR (ed) The camelid: an all purpose animal. Scandinavian Institute of African Studies, Uppsala, vol. 1, p 364
Djellouli MS, Saint-Martin G 1992 In: Proceedings of the 1st International Camel Conference, Dubai, United Arab Emirates, p209–212
El-Hassanein E 2003 In: Skidmore L, Adams G (ed) Recent advances in camelid reproduction. International Veterinary Information Service. Ithaca, NY, p 1–9
El-Wishy AB, Hemeida NA 1984 Vet Med J 32: 295
Enany M, Hanafi M, El-Ged F et al 1990 J Egypt Vet Med Assoc 50: 229
Gidlewski T, Cheville N, Rhyan J et al 2000 Vet Pathol 37: 77
Gordon I 1997 In: Gordon I (ed) Controlled reproduction in horses, deer and Camelidae. CAB International, Wallingford, Oxon, p 189–208
Hafez ESE, Hafez B (eds) Reproduction in farm animals. Lippincott Williams & Wilkins, Philadelphia Ismail ST 1988 Theriogenology 29: 1407
Ismail ST, Al-Eknah MM, Al-Busadah KA 2008 Sci J King Faisal Univ Basic Appl Sci 9: 103
Larson J, Ho J 2004 Information Resources on Old World Camels: Arabian and Bactrian 1941–2004. Animal Welfare Information Center. Beltsville, USA
Lichtenwalner AB, Woods GL, Weber JA 1996 Theriogenology 46: 293
Musa BE, Abusineina ME 1978 Vet Rec 102: 7
Pan G, Chen Z, Lui D et al 2001 Theriogenology 55: 1863
Skidmore JA 2003 Reprod Rumin VI (Reproduction Suppl) 61: 37
Skidmore L, Adams G 2000 Recent advances in camelid reproduction. International Veterinary Information Service, Itheca, NY
Skidmore JA, Billah M, Allen WR 1996 J Reprod Fertil 106: 185
Skidmore JA, Billah M, Short RV, Allen WR 2001 Reprod Fertil Dev 13: 647
Sumar J 2000 In: Hafez ESE, Hafez B (ed) Reproduction in farm animals. Lippincott Williams & Wilkins, Philadelphia, p 218–236
Tibary A, Anouassi A 1997 Theriogenology in Camelidae. Abu-Dhabi Printing and Publishing Co, Abu-Dhabi
Tibary A, Anouassi A 2000 In: Skidmore L, Adams GP (ed) Recent advances in camelid reproduction. International Veterinary Information Service, Ithaca, NY, p 1–13
Tibary A, Memon MA 1999 J Camel Pract Res 6: 235
Wilson RT 1986 Anim Prod 42: 375–380
Zhao XX, Huang YM, Chen BX 1994 J Arid Environ 26: 61

第33章

Ahmad M, Latif M, Ahmad M et al 1984 Theriogenology 22: 651
Ahmad M, Ahmad N, Anzar M et al 1988 Vet Rec 122: 229
Anwar M, Ullah N 1998 Theriogenology 49: 1187
Anzar M, Ahmad M, Khan IH et al 1988 Buffalo J 4: 149
Arora RC, Pandey RS 1982 Gen Comp Endocrinol 48: 43
Baruselli PS, Muccioli R, Visintin GA et al 1997 Theriogenology 47: 1531
Batra SK, Pandey RS 1982 Biol Reprod 27: 1055
Bongso TA, Hilmi A, Basrur PK 1983 Res Vet Sci 35: 253
Chohan KR, Chaudhry RA, Awan MA, Naz NA 1992 Asian Aust J Anim Sci 5: 583
Cockrill WR 1974 In: Cockrill WR (ed) The husbandry and health of the domestic buffalo. FAO, Rome, p 48–56
De Rensis F, López-Gatius F 2007 Theriogenology 67: 209
Drost M, Wright JM Jr, Cripe WS, Richter AR 1983 Theriogenology 20: 579
FAO 2000 Food and Agriculture Organisation of United Nations. Livestock Production Statistics, Rome, Italy
Fischer H 1987 In: Proceedings of the International Symposium on Milk Buffalo Reproduction, Islamabad, Pakistan, vol 1, p 139
Jadon RS, Dhaliwal GS, Jand SK 2005 Anim Reprod Sci 88: 215
Jainudeen MR 1984 In: Proceedings of the 10th International Congress on Animal Reproduction and Artificial Insemination, p xiv-42
Jainudeen MR, Hafez ESE 1987 In: Hafez ESE (ed) Reproduction in farm animals, 5th edn. Lea and Febiger, Philadelphia, vol 4, p 297
Jainudeen MR, Bongso TA, Tan HS 1983a Anim Reprod Sci 5: 181
Jainudeen MR, Sharifuddin W, Bashir Ahmad F 1983b Vet Rec 113: 369
Jainudeen MR, Sharifuddin W, Yap KC, Abu Bakar D 1984 FAO/IAEA Division of Isotopes, Vienna
Janakiraman K, Desai MC, Amin DR et al 1980 Indian J Anim Sci 50: 601
Kaker ML, Razdan MN, Galhotra MM 1980 J Reprod Fertil 60: 419
Madan ML, Prakash BS 2007 Soc Reprod Fertil Suppl 64: 261
Madan M L, Singla SK, Jailkhani S, Ambrose D 1991 World Buffalo Congress, Varma, Bulgaria, vol 2, p 11–17. Cited by Madan & Prakash 2007 Mondal S, Prakash BS, Palta P 2003 Indian J Anim Sci 73: 405
Nandi S, Raghu HM, Ravindranatha BM, Chauham MS 2002 Reprod Domest Anim 37: 65
Ohashi OM 1994 Buffalo J 10: 61
Oswin Perera BM 1999 J Reprod Fertil Suppl 54: 157
Palta P, Jailkhani S, Prakash BS et al 1996 Indian J Anim Sci 66: 126
Palta P, Mondal S, Prakash BS, Madan ML 1997 Theriogenology 47: 989
Perera BM 1980 J Reprod Fertil Suppl 54, 157. Cited by Oswin Perera B M 1999
Perera BM, Abeygunawardena H, Thamotheram A et al 1981 Theriogenology 15: 463
Prakash BS 2002 In: National Workshop on Animal Climate Interaction, Izatnagor, India, p 33–47. Cited by Madan & Prakash 2007
Prakash BS, Madan ML 1984 Theriogenology 22: 241
Prakash BS, Madan M L 1985 Theriogenology 23: 325
Qureshi MS, Samad HA, Habib G et al 1999 Asian Aust J Anim Sci 12: 1019
Rajamahendran R, Jayatilaba KN, Dharmawardena J, Thamotheram M 1980 Anim Reprod Sci 3: 107

Rao AR 1984 In: Proceedings of the 10th International Congress on Animal Reproduction and Artificial Insemination, vol 4, p xiv-34
Rao LV, Pandey R S 1982 J Reprod Fertil 66: 57
Rao LW, Pandey RS 1983 J Endocrinol 98: 251
Rao AV, Sreemannarayanan O 1982 Theriogenology 18: 403
Saeed A, Chaudhry RA, Khan IH, Khan NU 1989 Buffalo J 5: 99
Saeed MA, Aleem M, Chaudhry RA, Bashir IN 1995 Buffalo J 11: 295
Samad HA 1999 Final project report. Department of Animal Reproduction, University of Agriculture Faisalabad, Faisalabad, Pakistan
Samad HA, Nasseri AA 1979 In: Proceedings of the FAO/SIDA International Postgraduate Course on Animal Reproduction, Uppsala, Sweden
Samad HA, Abbas SK, Rehman NU 1981 Pak Vet J 1: 117
Samad HA, Ali CS, Ahmad KM, Rehman NU 1984 In: Proceedings of the 10th International Congress on Animal Reproduction and Artificial Insemination, vol 4, p xiv-37
Samad HA, Khan IQ, Rehman NU, Ahmad N 1998 Asian Aust J Anim Sci 11, 491
Sharma AK, Gupta RC 1980 Anim Reprod Sci 3: 217
Shimizu H 1987 In: Proceedings of the International Symposium on Milk Buffalo Reproduction, Islamabad, Pakistan, vol 1, p 166
Singh J 1990 PhD thesis, National Dairy Research Institute, Deemed University, Karmal, India. Cited by Madan & Prakash 2007
Usmani RH 1992 Buffalo J 8: 265

第34章

Adams CE 1970 J Reprod Fertil Suppl 12: 1
Adkins RM, Gelke EL, Rowe D et al 2001 Mol Biol Evol 18: 777–791
Bartos L, Sedlacek J 1977 Lab Anim 11: 57
Bekyurek T, Liman N, Bayram G 2002 Lab Anim 36: 51
Bishop CR 2002 Vet Clin Exotic Anim Pract 5(3): 507–535
Brain PF 1999 In: Poole TB (ed) The UFAW handbook on the care and management of laboratory gerbils, 7th edn. Blackwell Science, Oxford, p 345–355
Cao Y, Adachi J, Yano TA et al 1994 Mol Biol Evol 11: 593–604
Elliott JA 1976 Fed Proc 35: 2339
Fadem BH, Trupin GL, Maliniak E et al 1982 Lab Anim Sci 32: 405
Festing M 1970 Z Versuchstierkund 12: 89
Froberg MK, Fitzgerald TJ, Hamilton TR et al 1993 Infect Immun 61: 4743–4749
Gaston S, Menaker M 1967 Science 158(803): 925–928
Graur D, Hide WA, Li WH 1991 Nature 351: 649–652
Greene HSN 1941 J Exp Med 73: 273
Griffin PC, Bienen L, Gillin CM et al 2003 Wildl Soc Bull 31: 1066
Hoffman RA 1982 Prog Clin Biol Res 92: 153
Ingalls TH, Adams WM, Lurie MB et al 1964 J Natl Cancer Inst 33: 799
Keller LS, Griffith JW, Lang CM 1987 Vet Pathol 24: 335
Norris ML, Adams CE 1972 J Reprod Fertil 31: 447
Saito K, Hasegawa A 2004 J Vet Med Sci 66(10): 1247–1249
Segura P, Martinez J, Peres B et al 2007 Vet Rec 160: 869
Theau-Clement M 2007 World Rabbit Sci 15: 61
Ueda H, Kosaka T, Takahashi KW 1998 Exp Anim 47: 271
Van den Broek FAR, Klompmaker H, Bakker R et al 1995 Anim Welfare 4: 119
Weir BJ 1973 J Reprod Fertil 33: 61
Wiedenmayer C 1997a Anim Behav 53: 461
Wiedenmayer C 1997b Anim Welfare 6: 273
Yamini B, Stein S 1989 J Am Vet Med Assoc 194: 561

第35章

Adams GP 1994 Theriogenology 42: 19
Agerholm JS, Bendixen C, Andersen O et al 2001 J Vet Diagn Invest 13: 283
Allen WR, Rowson LEA 1975 J Reprod Fertil Suppl 23: 525
Alvarenga MA, McCue PM, Bruemmer JE et al 2001 Theriogenology 56: 879
Amiridis GS, Robertson L, Jeffcoate IA et al 2000 Acta Vet Hung 48: 193
Amiridis GS, Tsiligianna T, Vainas E 2006 Reprod Domest Anim 41: 402
Armstrong DT, Evans GL, 1983 Theriogenology 19: 31
Avery BM 2006 Doctoral dissertation, Royal Veterinary and Agricultural University, Copenhagen
Avery B, Greve T 1995 In: Enne G, Greppi GF, Lauria A (ed) Proceedings of the 30th International Symposium of the Società Italiana per il Progresso della Zootecnica, Milan, 11–13 September 1995, p 171
Avery B, Schmidt M 1989 Acta Vet Scand 30: 155
Avery B, Jørgensen CB, Madison V et al 1992 Mol Reprod Dev 32: 265
Baguisi A, Behboody E, Melican DT et al 1999 Nat Biotechnol 17: 456
Bak A, Callesen H, Meyling A et al 1992 Vet Rec 131: 37
Ball BA 1988 Vet Clin North Am Equine Pract 4: 263
Baril G, Traldi AL, Cognié Y et al 2001 Theriogenology 56: 299
Bass LD, Denniston DJ, Maclellan LJ et al 2004 Theriogenology 62: 1153
Beebe D, Wheeler M, Zeringue H et al 2002 Theriogenology 57: 125
Behboody I, Anderson RH, BonDurant RH et al 1995 Theriogenology 44: 227
Bergfelt DR, Adams GP 2000 J Reprod Fertil Suppl 56: 257
Bergfelt DR, Bo GA, Mapletoft RJ et al 1997 Anim Reprod Sci 49: 1
Berthelot F, Martinat-Botté F, Locatelli A et al 2000 Cryobiology 41: 116
Bertolini M, Beam SW, Shim H et al 2002a Mol Reprod Dev 63: 318
Bertolini M, Mason JB, Beam SW et al 2002b Theriogenology 58: 973
Besenfelder U 2006 In: Proceedings of the 22nd Scientific Meeting of the European Embryo Transfer Association, Zug, Switzerland, 8–9 September 2006, p 77
Besenfelder U, Zinovieva N, Dietrich E et al 1994 Vet Rec 135: 480
Besenfelder U, Mödl J, Müller M et al 1997 Theriogenology 47: 1051
Betteridge KJ, Mitchell D 1974 J Reprod Fertil 39: 145
Betteridge KJ, Eaglesome MD, Mitchell D et al 1982 J Anat 135: 191
Bézard J, Magistrini M, Battut I et al 1992 Rec Med Vet 168: 993
Bielanski A 2007 Theriogenology 68: 1
Biggers JD, Whittingham DG, Dinahue RP 1967 Proc Natl Acad Sci USA 58: 560
Bo G, Barusilli PS, Chesta PM et al 2006 Theriogenology 65: 89
Bøgh IB 2003 Doctor of Veterinary Science Thesis, DSR-Forlag, p 1–97
Bøgh IB, Bézard J, Duchamp G et al 2002 Theriogenology 57: 1765
Bøgh IB, Brink P, Jensen HE et al 2003a Equine Vet J 35: 575
Bøgh IB, Jensen HE, Lehn-Jensen H et al 2003b In: Proceedings of the 3rd Meeting of the EuropeanGamete Group, Havemeyer Monograph Series, p 32
Bols PJ, Van Soom A, Ysebaert MT et al 1996 Theriogenology 45: 1001
Bols PEJ, Ysebaert MT, Van Soom A et al 1997 Theriogenology 47: 1221
Boni R, Roelofsen MWM, Pieterse MC et al 1997 Theriogenology 48: 277

Boone WR, Dickey JF, Luszcz LJ et al 1978 J Anim Sci 47: 908

Booth P, Vajta G, Høj A et al 1998 Theriogenology 51: 999

Booth PJ, Viuff D, Thomsen PD et al 2000 Cloning Stem Cells 2: 638

Booth P, Holm P, Vajta G et al 2001a Mol Reprod Dev 60: 377

Booth P, Tan SJ, Holm P et al 2001b Cloning Stem Cells 3: 191

Booth P, Viuff D, Tan S et al 2003 Biol Reprod 68: 922

Boyle MS, Allen WR, Tischner M et al 1985 Equine Vet J Suppl 3: 36

Bracher V, Parleviet J, Fazeli AR et al 1993 Equine Vet J Suppl 15: 75

Brackett BG, Bousquet D, Boice ML et al 1982 Biol Reprod 27: 147

Bredbacka P, Huhtinen M, Aalto J et al 1992 Theriogenology 38: 107

Bredbacka P, Kankaanpää A, Peippo J 1995 Theriogenology 44: 167

Brem G, Kühholzer B 2002 Cloning Stem Cells 4: 57

Brem G, Tenhumberg H, Kräusslich H 1984 Theriogenology 22: 609

Breukelman SP, Reinders JMC, Jonker FH et al 2004 Theriogenology 61: 867

Brinsko SP, Ball BA, Ellington JE 1995 Theriogenology 44: 461

Brinster RL 1967 Exp Cell Res 47: 634

Broadbent PJ, Dolman DF, Watt RG et al 1997 Theriogenology 47: 1027

Brück I, Greve T 1996 Fertilität 12: 224

Brück I, Hyland JH 1991 J Reprod Fertil Suppl 44: 419

Brück I, Raun K, Synnestvedt B et al 1992 Equine Vet J 24: 58

Brück I, Larsen SB, Greve T 1995 Pferdeheilkunde 11: 387

Brück I, Anderson G, Hyland JH 1997a Theriogenology 47: 441

Brück I, Lehn-Jensen H, Yde G 1997b Equine Vet J Suppl 25: 63

Brück I, Synnestvedt B, Greve T 1997c Theriogenology 47: 1157

Brück I, Bézard J, Baltsen M 2000a J Reprod Fertil 118: 351

Brück IB, Høier R, Synnestvedt B et al 2000b Theriogenology 54: 877

Bruyas JF, Marchand P, Fiéni F et al 1997 Theriogenology 47: 387

Butler JE, Anderson GB, Bon Durant RH et al 1987 J Anim Sci 65: 317

Callesen H 1995 Doctoral dissertation, Royal Veterinary and Agricultural University, Copenhagen, Denmark

Callesen H, Greve T 2002 Management of reproduction in cattle and buffaloes – embryo transfer and associated techniques. CAB International, Wallingford, Oxon

Callesen H, Greve T, Hyttel P 1986 Theriogenology 25: 71

Callesen H, Greve T, Christensen F 1987 Theriogenology 27: 217

Callesen H, Greve T, Bak A 1992 Theriogenology 38: 959

Callesen H, Liboriussen T, Greve T 1996 Anim Reprod Sci 42: 215

Cameron RDA, Beebe LFS, Blackshaw AW et al 2004 Theriogenology 61: 1533

Campbell KHS, McWhir J, Ritchie WA et al 1996 Nature 380: 64

Campbell KHS, Fisher P, Chen WC et al 2007 Theriogenology 68(suppl 1): S214–S231

Caracciolo di Brienza V, Squires EL, Zicarelli L 2004 Reprod Fertil Dev 16: 165

Carnevale EM, Ginther OJ 1995 Biol Reprod Monogr 1: 209–214

Carnevale EM, Bergfelt DR, Ginther OJ 1993 Anim Reprod Sci 31: 287

Carnevale EM, Maclellan LJ, Coutinho S et al 2000 Theriogenology 54: 981

Carnevale EM, Maclellan LJ, Coutinho da Silva MA et al 2003 J Am Vet Med Assoc 222: 60

Catt SL, Catt W, Gomez MC et al 1996 Vet Rec 139: 494

Chang MC 1959 Nature 184: 466

Chastant-Maillard S, Quinton H, Lauffenburger J et al 2003 Reproduction 125: 555

Chavatte-Palmer P, Heyman Y, Monget R 2002 Biol Reprod 66: 1596

Chavatte-Palmer P, de Sousa N, Laigre P 2006 Theriogenology 66: 829

Chen SH, Seidel GE Jr 1997 Theriogenology 48: 1265

Cheng WTK, Moor RM, Polge C 1986 Theriogenology 25: 146

Chesne P, Adenot PG, Viglietta C et al 2002 Nat Biotechnol 20: 366

Choi YH, Love CC, Chung YG et al 2002 Biol Reprod 67: 561

Choi YH, Love CC, Varner DD et al 2003 Theriogenology 59: 1219

Choi YH, Roasa LM, Love CC et al 2004 Biol Reprod 70: 1231

Choi YH, Love CC, Varner DD et al 2006 Theriogenology 65: 808

Christensen LG 1991 Theriogenology 35: 141

Cibelli JB, Stice SL, Golueke PJ 1998 Science 28: 1256

Clark SG, Walters M, Beebe DJ et al 2003 Theriogenology 59: 441

Cochran R, Meintjes M, Reggio B et al 1998 J Equine Vet Sci 18: 736

Cochran R, Meintjes M, Reggio B 2000 J Reprod Fertil Suppl 56: 503

Cognié Y 1999 Theriogenology 51: 105

Cognié Y, Baril G, Poulin N et al 2003 Theriogenology 59: 171

Cook NL, Squires EL, Ray BS 1992 J Equine Vet Sci 12: 204

Cook NL, Squires EL, Ray BS et al 1993 Equine Vet J Suppl 15: 71

Cran DG, Johnson LA, Miller NGA et al 1993 Vet Rec 132: 40

Czlonkowska M, Boyle MS, Allen WR 1985 J Reprod Fertil 75: 485

Day FT 1940 J Agric Sci Camb 30: 244

Day BN 1979 Theriogenology 11: 27

Dellenbach P, Nisand I, Moreau L et al 1984 Lancet 1: 1467

De Sousa PA, King T, Harkness L 2001 Biol Reprod 65: 23

Dieleman SJ, Bevers MM 1987 J Reprod Fertil 81: 533

Dinnýes A, De Sousa P, King T et al 2002 Cloning Stem Cells 4: 81

Dobrinsky JR, Pursel VG, Long CR et al 1998 Theriogenology 49: 166

Donnay I 2002 In: Van Soom A, Boerjan M (ed) Assessment of mammalian embryo quality: Invasive and non-invasive techniques. Kluwer Academic, Dordrecht, p 57

Donnay I, Auquier Ph, Kaidi S et al 1998 Anim Reprod Sci 52: 93

Douglas RH, Nuti L, Ginther OJ 1974 Theriogenology 2: 133

Drost M, Brand A, Aaarts MH 1976 Theriogenology 6: 503

Du Y, Li J, Kragh PM et al 2007a Cloning Stem Cells 9: 469

Du Y, Zhang Y, Li J et al 2007b Cryobiology 54: 181

Du Y, Kragh PM, Zhang Y et al 2007c Theriogenology 68: 1104

Duchamp G, Bézard J, Palmer E 1995 Biol Reprod Monogr 1: 233

Dzuik PJ, Polge C, Rowson LEA 1964 J Anim Sci 23: 37

Eldridge-Panuska V, Caracciolo di Brienza G, Seidel GE Jr et al 2005 Theriogenology 63: 1308

Elsden RP, Hasler JF, Seidel GE Jr 1976 Theriogenology 6: 523

Eyestone WH, First NL 1989 J Reprod Fertil 85: 715

Fair T, Hyttel P, Greve T 1995 Mol Reprod Dev 42: 437

Farin PW, Farin CE 1995 Biol Reprod 52: 676

Farin PW, Crosier AE, Farin CE 2001 Theriogenology 55: 151

Farin PW, Piedrahita JA, Farin CE 2006 Theriogenology 65: 178

Fehilly CB, Willadsen SM, Tucker EM 1984a Nature 307: 634

Fehilly CB, Willadsen SM, Tucker EM 1984b J Reprod Fertil 70: 347

Fitzgerald BP, Peterson KD, Silvia PJ 1993 Am J Vet Res 54: 1746

Fortune JE, Kimmich TL 1993 Equine Vet J Suppl 15: 95

Freeman DA, Weber JA, Geary RT et al 1991 Theriogenology 36: 823

Fry RC, Niall EM, Simpson TL et al 1997 Theriogenology 47: 977

Galli C, Crotti G, Turini P et al 2002 Theriogenology 58: 705

Galli C, Vassiliev I, Crotti G et al 2003 Nature 424: 635

Garcia A, Salaheddine M 1998 Theriogenology 50: 575

Garry JE, Adams R, McCann JP et al 1996 Theriogenology 45: 141

Gastal EL, Gastal MO, Bergfelt DR et al 1997 Biol Reprod 57: 1320

Georges M 2001 Theriogenology 55: 15

Gibbons JR, Beal WE, Krishner RL et al 1994 Theriogenology 42: 405

Gil MA, Abeydeera LR, Day BN et al 2003 Theriogenology 60: 767

Gilrichst RB, Ritter LJ, Armstrong DT 2004 Anim Reprod Sci 431: 82–83

Ginther OJ, Bergfelt DR 1990 J Reprod Fertil 88: 119

Ginther OJ, Wiltbank MC, Fricke PM et al 1996 Biol Reprod 55: 1187
Givens MD, Gard JA, Stringfellow DA 2007 Theriogenology 68: 298
Gjørret JO, Knijn HM, Dieleman SJ et al 2003 Biol Reprod 69: 1193
Gleicher N, Friberg J, Fullan N et al 1983 Lancet 2: 508
Gomez MC, Catt JW, Evans G 1998 Theriogenology 49: 1143
Gong JG, Braemmli TA, Wilmut I et al 1993 Biol Reprod 48: 1141
Gordon I 1994 Laboratory production of cattle embryos. CAB International, Wallingford, Oxon
Gotfredsen P 1991 PhD thesis, Royal Veterinary and Agricultural University, Copenhagen
Goto K, Kinoshita A, Takuma Y et al 1990 Vet Rec 127: 517
Goto Y, Kaneyama K, Kobayashi S et al 1999 J Anim Sci 70: 243
Goudet G, Bézard J, Duchamp G et al 1997 Biol Reprod 57: 232
Goudet G, Leclercq L, Bézard J 1998 Biol Reprod 58: 760
Greve T 1981 Doctoral Dissertation, Royal Veterinary and Agricultural University, Copenhagen Greve T 1986 Br Vet J 142: 228
Greve T, Del Campo M 1986 In: Sreenan JM, Diskin MG (ed) Embryonic mortality in farm animals. Martinus Nijhoff, Dordrecht, p 179–194
Greve T, Lehn-Jensen H 1979 Acta Vet Scand 20: 135
Greve T, Lehn-Jensen H, Rasbech NO 1977 Theriogenology 7: 239
Greve T, Loskutoff NM, Buckrell BC et al 1992 In: 5ème Colloque Franco-Tchecoslovaque sur la Reproduction des Animaux Domestiques, Jouy-en-Josas, France, p 25
Hammer RE, Pursel G, Rexroad Jr CE 1985 Nature 315: 680
Hanada A, Enya Y, Suzuki T 1986 Jpn J Anim Reprod 32: 208
Hare WCD, Mitchell D, Betteridge KJ et al 1976 Theriogenology 5: 243
Hasler JF 1998 J Anim Sci Suppl 76: 52
Hasler JF 2006 In: Proceedings of the 22nd Scientific Meeting of the European Embryo Transfer Association, Zug, Switzerland, 8–9 September, 2006, p 95
Hasler JF, McCauly AD, Latthrop WF et al 1987 Theriogenology 27: 139
Hasler JF, Henderson WB, Hurtgen PJ et al 1995 Theriogenology 43: 141
Hasler JF, Cardey E, Stokes JE et al 2002 Theriogenology 58: 1457
Hasler JF, Bilby CR, Collier RJ et al 2003 Theriogenology 59: 1919
Hayashi S, Kobayashi K, Mizuno J et al 1989 Vet Rec 125: 43
Hazeleger W 1999 Dissertation, University of Wageningen Hazeleger W, Kemp B 1999 Theriogenology 51: 81
Hazeleger W, van der Meulen J, van der Lende T 1989 Theriogenology 32: 727
Heape W 1890 Proc R Soc (Lond) 48: 457
Herr CM, Reed CM 1991 Theriogenology 35: 45
Heyman Y, Chavatte-Palmer P, LeBourhis D et al 2002a Biol Reprod 66: 6
Hill JR, Cibelli JB, Roussel AJ et al 1999 Theriogenology 51: 1451
Hill JR, Winger QA, Long CR et al 2000 Biol Reprod 62: 1135
Hinrichs K, Kenney RM 1987 Theriogenology 27: 237
Hinrichs K, Riera FL 1990 Am J Vet Res 51: 451
Hinrichs K, Sertich PL, Palmer E et al 1987 J Reprod Fertil 80: 395
Hinrichs K, Provost PJ, Torello EM 2000 Theriogenology 54: 1285
Hinrichs K, Choi YH, Love LB et al 2005 Biol Reprod 72: 1142
Hinrichs K, Choi YH, Love CC et al 2006 Reproduction 131: 1063
Hinrichs K, Choi YH, Walckenaer BE et al 2007 Theriogenology 68: 521
Hiruma K, Ueda H, Saito H et al 2006 Reprod Fertil Dev 18: 157
Hochi S 2003 J Reprod Dev 49: 13
Hochi S, Fujimoto T, Braun J et al 1994 Theriogenology 42: 483
Hochi S, Fujimoto T, Oguri N 1995 Reprod Fertil Dev 7: 113
Hochi S, Maruyama K, Oguri N 1996 Theriogenology 46: 1217
Holm P, Shukri NN, Vajta G et al 1998 Theriogenology 50: 1285
Holm P, Vajta G, Macháty Z et al 1999a Cryo-Letters 20: 307
Holm P, Booth PJ, Schmidt MH et al 1999b Theriogenology 52: 683
Holm P, Booth PJ, Callesen H 2002 Reproduction 123: 553
Hong Q-H, Tian S-J, Zhu S-E et al 2007 Reprod Domest Anim 42: 34
Horiuchi T, Emuta C, Yamauchi Y et al 2002 Theriogenology 57: 1013
Hurtt AE, Landim-Alvarenga F, Seidel GE Jr et al 2000 Theriogenology 54: 119
Hyttel P, Xu KP, Smith S et al 1987 Anat Embryol (Berl) 176: 35
Hyttel P, Fair T, Callesen H et al 1997 Theriogenology 47: 23
Imel KJ, Squires EL, Elsden RP et al 1981 J Am Vet Med Assoc 179: 987
Irvine CHG 1981 Theriogenology 15: 85
Isachenko V, Alabart JL, Dattena M et al 2003 Theriogenology 59: 1209
Iuliano MF, Squires EL, Cook VM 1985 J Anim Sci 60: 258
Iwamatsu T, Chang MC 1969 Nature 224: 919
Jacobsen H 2001 PhD dissertation, Royal Veterinary and Agricultural University, Copenhagen
Jacobsen H, Schmidt M, Holm P 2000 Theriogenology 53: 1761
Jacobsen H, Holm P, Schmidt M et al 2003 Acta Vet Scand 44: 87
Johnson AL 1987 Biol Reprod 36: 1199
Kanitz W, Becker F, Alm H et al 1995 Biol Reprod Monogr 1: 225–231
Kanitz W, Alm H, Becker F 2000 J Reprod Fertil Suppl 56: 463
Keefer C, Younis AI, Brackette BG 1990 Mol Reprod Dev 25: 281
Keskintepe L, Brackett BG 2000 Theriogenology 53: 1041
Kikuchi K, Onishi A, Kashiwazaki N et al 2002 Biol Reprod 66: 1033
Kim IH, Son DS, Yeon SH et al 2001 Theriogenology 55: 937
King WA, Bézard J, Bousquet D 1987 Genome 29: 679
Kobayashi S, Goto M, Kano M et al 1998 Cryobiology 36: 20
Kolbe T, Holtz W 2000 Anim Reprod Sci 64: 97
Kruip TA, Den Daas JH 1997 Theriogenology 47: 43
Kruip ThAM, Boni R, Wurth YA et al 1994 Theriogenology 42: 675
Kühholzer B, Müller S, Treuer A et al 1997 Theriogenology 48: 545
Kurykin J, Majas L 1996 Acta Vet Balt Eston Vet Rev Suppl: 30–33
Kurykin, J Majas, L 2000 Acta Vet Balt Eston Vet Rev Suppl: 31–35
Kuwayama M 2007 Theriogenology 67: 73
Kuwayama M, Holm P, Jacobsen H et al 1997 Vet Rec 141: 365
Lacaze S, Ponsart C, Humblot P 2007 In: Proceedings of the 23rd Scientific Meeting of the European Embryo Transfer Association, Alghero, Sardinia, 7–8 September 1997, p 188
Lai L, Kolber-Simonds D, Park KW et al 2002 Science 295: 1089
Lambert RD, Sirard MA, Bernard C 1986 Theriogenology 25: 117
Landim-Alvarenga FC, Alvarenga MA, Meira C 1993 Equine Vet J Suppl 15: 67
Lane M, Forest KT, Lyons EA et al 1999 Theriogenology 51: 167
Lapin DR, Ginther OJ 1977 J Anim Sci 44: 834
Lascombes FA, Pashen RL 2000 In: Proceedings of the 5th International Symposium on Equine Embryo Transfer, Saari, Finland, Havemeyer Foundation Monograph Series 3, p 95
Lavitrano M, Camaioni A, Fazio V et al 1989 Cell 57: 717
Ledda S, Bogliolo L, Succu S et al 2007 Reprod Fertil Dev 19: 13
Lee BC, Kim MK, Jang G et al 2005 Nature 436: 641
Legrand E, Krawiecki JM, Tinturier D et al 2000 In: Proceedings of the 5th International Symposium on Equine Embryo Transfer, Saari, Finland, Havemeyer Foundation Monograph Series 3, p 62
Legrand E, Bencharif D, Barrier-Battut I et al 2002 Theriogenology 58: 721

Lehn-Jensen H 1986 Doctoral Dissertation, Royal Veterinary and Agricultural University, Copenhagen Lehn-Jensen H, Rall WF 1983 Theriogenology 19: 263
Leibo SP 1977 In: Elliott K, Whelan J (ed) The freezing of mammalian embryos. Ciba Foundation Symposium 52. Elsevier, Amsterdam, p 69
Leibo SP 1984 Theriogenology 21: 767
Leibo SP, Loskutoff NM 1993 Theriogenology 59: 81
Li LY, Meintjes M, Graff KJ et al 1995 Biol Reprod Monograph 1: 309–318
Li X, Morris LHA, Allen WR 2001 Reproduction 121: 925
Li R, Lai L, Wax D et al 2006 Biol Reprod 75: 226
Lindner GM, Anderson GB, BonDurant RH et al 1983 Theriogenology 20: 311
Lohuis MM 1995 Theriogenology 43: 51
Lonergan P, Khatir H, Piumi F et al 1999 J Reprod Fertil 117: 159
Lonergan P, Rizos D, Gutierrez-Adan A et al 2003a Reprod Domest Anim 38: 259
Lonergan P, Rizos D, Guiterrez-Adan A et al 2003b J Reprod Fertil 126: 337
Long CR, Dobrinsky JR, Johnson LA 1999 Theriogenology 51: 1375
Looney CR, Lindsey BR, Gonseth CL 1994 Theriogenology 41: 67
Lopes AS, de Sousa 2006 PhD Thesis, Royal Veterinary and Agricultural University, Copenhagen
Lopes AS, Larsen LH, Ramsing N et al 2005 Reproduction 130: 669
Lopes AS, Madsen SE, Ramsing N et al 2006a Hum Reprod 22: 558
Lopes AS, Wrenzycki C, Ramsing N et al 2006b Theriogenology 68:223
Lopes AS, Greve T, Callesen H 2007 Theriogenology 67: 21
Loy RG, Pemstein R, O'Canna D et al 1998 Theriogenology 15: 191
Lu KH, Polge C 1992 In: Proceedings of the12th International Congress on Animal Reproduction, The Hague, vol 3, p 1315
Lu KH, Gordon I, Gallagher M et al 1987 Vet Rec 121: 259
Lu KH, Gordon I, Chen HB et al 1988 Vet Rec 122: 539
Lu KH, Cran DG, Seidel GE Jr 1999 Theriogenology 52: 1393
McCauly TC, Mazza MR, Didion BA et al 2003 Theriogenology 60: 1569
McCue PM 1996 Vet Clinics North Am 12: 1
McCue PM, Carney NJ, Hughes JP et al 1992 Theriogenology 38: 823
McCue PM, Hughes JP, Lasley BL 1993 Equine Vet J Suppl 15: 103
McCue PM, LeBlanc MM, Squires EL 2007 Theriogenology 68: 429
McEvoy TG, Thompson H, Dolman DF et al 2002 Vet Rec 151: 653
McKinnon AO, Wheeler MB, Carnevale EM et al 1986 J Equine Vet Sci 6: 3069
McKinnon AO, Brown RW, Pashen RL et al 1992 Equine Vet J 24: 144
McKinnon AO, Lacham-Kaplan O, Trounson AO 2000 J Reprod Fertil Suppl 56: 513
Maclellan LJ, Carnevale EM, Coutinho da Silva MA et al 2002a Theriogenology 58: 717
Maclellan LJ, Carnecale EM, Coutinho da Silva CF et al 2002b Theriogenology 58: 911
Maddox-Hyttel P, Gjørret JO, Vajta G et al 2003 Reproduction 125: 607
Malcuit C, Maserati M, Takahashi Y et al 2006 Reprod Fertil Dev 18: 39
Mapletoft R 2006 In: IVIS Reviews in Veterinary Medicine. IVIS, Ithaca, NY, p 21
Martinez MF, Adams GP, Bergfelt D et al 1999 Anim Reprod Sci 57: 23
Martinez EA, Caamano JN, Gil MA et al 2004 Theriogenology 61: 137
Massip A, Van Der Zwalmen P, Scheffen B et al 1986 Cryo-Letters 7: 270
Mattioli M, Bacci ML, Galeati G et al 1989 Theriogenology 31: 1201
Meinecke-Tillmann S, Meinecke B 1984 Nature 307: 637
Meintjes M, Bellow MS, Paul JB 1995a Biol Reprod Monograph 1: 281
Meintjes M, Graff KJ, Paul JB et al 1995b Biol Reprod Monograph 1: 309
Meintjes M, Graff KJ, Paccamonti D et al 1996 Theriogenology 45: 304
Merton S 2007 In: 23rd Scientific Meeting of the European Embryo Transfer Association, Alghero, Sardinia, 7–8 September 2007, p 31
Merton JS, de Roos APW, Mullaart E et al 2003 Theriogenology 59: 651
Montovan SM, Daels PF, Rivier J et al 1990 Theriogenology 33: 1305
Moore NW 1982 In: Adams CE (ed) Mammalian egg transfer. CRC Press, Boca Raton, FL, p 119
Mutter LR, Gordon AP, Olds D 1964 AI Digest 12: 3
Nagai T 1996 Anim Reprod Sci 42: 153
Nagashima H, Kashiwasaki N, Ashman R et al 1995 Nature 394: 416
Newcomb R, Christie WB, Rowson LEA 1978 Vet Rec 102: 414
Niemann H, Kues WA 2000 Anim Reprod Sci 277: 60–61
Niemann H, Pryor JH, Bondioloi K 1987 Theriogenology 28: 675
Niemann H, Wrenzycki C, Lucas-Hahn A et al 2002 Cloning Stem Cells 4: 29
Niswender KD, Alvarenga MA, McCue PM et al 2003 J Equine Vet Sci 23: 497
Oback B, Wiersema AT, Gayor P et al 2003 Cloning Stem Cells 5: 3
OECD report 2003 In: Proceedings of a Workshop held at INRA, Jouy en Josas, France, p 1
Oguri N, Tsutsumi Y 1974 J Reprod Fertil 41: 313
Okado A, Yoshii K, Mizuochi Y et al 2002a J Reprod Dev 48: 189
Okado A, Wachi S, Iida K et al 2002b J Reprod Dev 48: 309
Overström EW 1996 Theriogenology 45: 3
Overström EW, Duby RT, Dobrinsky JR et al 1993 Theriogenology 39: 276
Ozil JP 1983 J Reprod Fertil 69: 463
Ozil JP, Heyman Y, Renard J-P 1982 Vet Rec 110: 126
Pace MP, Augestein ML, Betthauser JM et al 2002 Biol Reprod 67: 334
Palmer E, Duchamp G, Bezard J et al 1987 J Reprod Fertil Suppl 35: 689
Palmer E, Bezard J, Magistrini M et al 1991 J Reprod Fertil Suppl 44: 375
Parrish JJ, Foote RH 1987 J Androl 8: 259
Parrish JJ, Susko-Parrish J, Winer MA et al 1988 Biol Reprod 38: 1171
Parrish JJ, Susko-Parrish JL, First NL 1989 Biol Reprod 41: 683
Pashen RL, Willadsen SM, Anderson GB 1987 J Reprod Fertil Suppl 35: 693
Pedersen HG, Berrocal B, Thomson SRM et al 2002 Theriogenology 58: 465
Pedersen HG, Schmidt M, Sangild PT et al 2004 Mol Cell Endocrinol 234: 137
Peippo J, Kurkilahti M, Bredbacka P 2001 Zygote 9: 105
Peters JK, Milliken G, Davis DL 2001 J Anim Sci 79: 1578
Petersen MM, Hansen M, Avery B et al 2008 A method for chronological intravital imaging of bovine oocytes during in vitro maturation. Microscopy Microanalysis: in press
Petyim S, Båge R, Forsberg M et al 2000 J Vet Med 47: 627
Petyim S, Båge R, Forsberg M et al 2001 J Vet Med 48: 449
Petyim S, Båge R, Madej A et al 2002 PhD thesis, Swedish University of Agricultural Sciences
Peura TT 2003 Cloning Stem Cells 5: 13
Peura TT, Lewis IM, Trounson AO 1998 Mol Reprod Dev 50: 185
Pfaff R, Seidel GE, Squires EL et al 1993 Theriogenology 39: 284
Picard L, King WA, Betteridge KJ 1985 Vet Rec 117: 603
Picard L, Greve T, King WA et al 1986 Acta Vet Scand 27: 33
Pieterse MC, Kappen KA, Kruip TAM et al 1988 Theriogenology 30: 751

Pieterse MC, Vos PLAM, Kruip TAM et al 1991 Theriogenology 35: 19
Polejaeva IA, Chen SH, Vaught TD et al 2000 Nature 407: 86
Polge C 1977 In: Betteridge KJ (ed) Transfer in farm animals. Agriculture Canada, Monograph 16, p 45
Polge C 1982 In: Cole DJA, Foxcroft GR (ed) Control of pig reproduction. Butterworth, London, p 277
Polge C, Day BN 1968 Vet Rec 82: 712
Polzin VJ, Anderson DL, Anderson GB et al 1987 J Anim Sci 65: 325
Prather RS, Day BN 1998 Theriogenology 49: 21
Probst S, Rath D 2003 Theriogenology 59: 961
Pursel VG, Rexroad CE Jr 1993 Mol Reprod Dev 36: 251
Pursel VG, Bolt DJ, Miller KF et al 1990 J Reprod Fertil Suppl 40: 235
Purwantara B, Schmidt M, Greve T et al 1993 Theriogenology 40: 913
Raino V 1992 Doctoral Dissertation, University of Kuopio, Finland
Rall WF, Fahy GM 1985 Theriogenology 23: 320
Rangel Santos R 2007 In: Proceedings of the 23rd Scientific Meeting of the European Embryo Transfer Association, Alghero, Sardinia, 7–8 September 2007, p 218
Rathje TA, Rohrer GA, Johnson RK 1997 J Anim Sci 75: 1486
Reggio BC, James AN, Green HL et al 2001 Biol Reprod 65: 1528
Rieger D, Guay P 1988 J Reprod Fertil 83: 585
Rieger D, Palmer E, Lagneaux D et al 1989 Theriogenology 31: 249
Rieger D, Bruyas JF, Lagneaux D et al 1991 J Reprod Fertil Suppl 44:411
Rizos D, Ward F, Duffy P et al 2002 Mol Reprod Dev 61: 234
Robl JM, Wang P, Kasinathan P et al 2007 Theriogenology 67: 127
Saacke RG, Nadir S, Nebel RL 1994 Theriogenology 41: 45
Sangild PT, Schmidt M, Jacobsen H et al 2000 Biol Reprod 62: 1495
Schams DC, Menzer C, Schallenberger E 1978 In: JM (ed) Sreenan Control of reproduction in the cow. Martinus Nijhoff, Dordrecht, p 122
Schmidt M, Greve T, Avery B et al 1996 Theriogenology 46: 527
Schnieke AE, Kind AJ, Ritchie WA et al 1997 Science 278: 2130
Schröder A, Miller JR, Thomsen PD et al 1990 Anim Biotechnol 1: 1221
Scoggins CF, Meira C, McCue PM et al 2002 Theriogenology 58: 151
Seidel GE, Squires EL, McKinnon AO 1989 Equine Vet J Suppl 7: 87
Shaw DW, Good TE 2000 Theriogenology 53: 1521
Shiku H, Shiraishi T, Ohya H et al 2001 Anal Chem 73: 3751
Shin T, Kraemer D, Pryor J et al 2002 Nature 415: 859
Singh J, Dominguez M, Jaisval R et al 2004 Theriogenology 62: 227
Slade NP, Takeda T, Squires EL et al 1985 Theriogenology 24: 45
Slimane-Bureau WC, King WA 2002 Cloning Stem Cells 4: 319
Squires EL, McCue PM 2007 Anim Reprod Sci 99: 1
Squires EL, Iuliano MF, Shideler RK 1982 Theriogenology 17: 35
Squires EL, Garcia RH, Ginther OJ 1985a Equine Vet J Suppl 3: 92
Squires EL, Cook VM, Voss JL 1985b Collection and transfer of equine embryos. Animal Reproduction Laboratory Bulletin No.01. Animal Reproduction Laboratory, Colorado State University, Fort Collins, CO
Squires EL, Garcia RH, Ginther OJ et al 1986 Theriogenology 26: 661
Squires EL, Seidel GE, McKinnon AO 1989 Equine Vet J Suppl 8: 89
Squires EL, Wilson JM, Kato H et al 1996 Theriogenology 45: 306
Squires EL, McCue PM, Vanderwall D 1999 Theriogenology 51: 91
Squires EL, Carnevale EM, McCue PM et al 2003 Theriogenology 59: 151
Squirrel JM, Wokosin DL, White JG et al 1999 Nature Biol 17: 763
Sreenan JM, Beehan D 1976 J Reprod Fertil 48: 223
Steptoe PC, Edwards RG 1978 Lancet 2: 366
Stewart F, Allen WR 1979 J Reprod Fertil Suppl 27: 431
Stringfellow DA 1998 In: Stringfellow DA, Seidel S (ed) Manual of the International Embryo Transfer Society (IETS). IETS, Savoy, IL, p 79–84
Stringfellow DA, Givens M, Waldrop JG 2004 Reprod Fertil Dev 16: 93
Stroud B, Hasler J 2006 Theriogenology 65: 65
Sugie T 1965 J Reprod Fertil 10: 197
Suzuki M, Misumi K, Osawa M et al 2006 Theriogenology 65: 376
Tamassia M, Heyman Y, Lavergne Y et al 2003 Reproduction 126: 629
Tanghe S, Van Soom A, Nauwynck H et al 2002 Mol Reprod Dev 61: 414
Tanghe S, Van Soom A, Mehrzad J et al 2003 Theriogenology 60: 135
Tervit HR 1996 Anim Reprod Sci 42: 227
Tervit HR, Goold PG 1984 Theriogenology 21: 269
Tervit HR, Baker RL, Hoff-Jørgensen R et al 1986 In: Proc NZ Soc Anim Prod 46: 245
Tharasanit T, Colleoni S, Lazzari G et al 2006 Anim Reprod Sci 94: 291
Thibier M 2006 Data Retrieval Committee Annual Report. Embryo Transfer Newsl 24(4): 12–18
Thibier M, Nibart M 1995 Theriogenology 43: 71
Thompson JG, Partridge RJ, Houghton FD et al 1996 J Reprod Fertil 106: 299
Thouas GA, Jones GM, Trounson AO 2003 Reproduction 126: 161
Ushijima H, Yoskioka H, Esaki R et al 2004 J Reprod Dev 50: 481
Vajta G 1997 Doctoral Dissertation, Royal Veterinary and Agricultural University, Copenhagen
Vajta G, Holm P, Greve T 1997a Cryo-Letters 18: 191
Vajta G, Holm P, Greve T et al 1997b Acta Vet Scand 38: 349
Vajta G, Holm P, Kuwayama M et al 1998a Mol Reprod Dev 51: 53
Vajta G, Lewis IM, Kuwayama M et al 1998b Cryo-Letters 19: 389
Vajta G, Murphy CN, Macháty Z et al 1999 Vet Rec 144: 180
Vajta G, Peura TT, Holm P et al 2000 Mol Reprod Dev 49: 1
Vajta G, Lewis IM, Hyttel P et al 2001 Cloning 3: 89
Vajta G, Lewis IM, Trounson AO et al 2003 Biol Reprod 68: 571
Van Soom A 1996 Doctoral Thesis, University of Ghent, Belgium
Van Soom A, Ysebaert MT, De Kruif A 1997 Mol Reprod Dev 47: 47
Van Wagtendonk-de Leeuw AM 2006 Theriogenology 65: 914
Van Wagtendonk-de Leeuw AM, den Daas JH, Rall WF 1997 Theriogenology 48: 1071
Van Wagtendonk-de Leeuw AM, Aerts BJ, den Daas JH 1998 Theriogenology 49: 883
Van Wagtendonk-de Leeuw AM, Mullaart E, De Roos AP et al 2000 Theriogenology 53: 575
Viuff D, Avery B, Greve T et al 1998 Mol Reprod Dev 43: 171
Viuff D, Rickords L, Offenberg H et al 1999 Biol Reprod 60: 1273
Viuff D, Palsgaard A, Rickords L et al 2002 Mol Reprod Dev 62: 483
Voelkel SA, Hu YU 1992 Theriogenology 37: 23
Vogelsang SG, Sørensen AM, Potter GD et al 1979 J Reprod Fertil Suppl 27: 383
Vogelsang SG, Bondioli KR, Massey JM 1985 Equine Vet J Suppl 3: 89
Wachtel SS 1984 Theriogenology 21: 18
Wakayama T, Perry AC, Zucotti M et al 1998 Nature 394: 369
Walker SK, Hartwich KM, Seamark RF 1996 Theriogenology 45: 111
Wall RJ 1996 Theriogenology 45: 57
Walters EM, Clark SG, Roseman HM 2003 Theriogenology 59: 353
Warfield SJ, Seidel GE Jr, Elsden RP 1987 J Anim Sci 65: 756
Warwick BL, Berry RO 1949 J Hered 40: 297
Watson ED, Sertich PL, Hunt PR 1992 Theriogenology 37: 1075
Watson AJ, Westhusin ME, De Sousa PA et al 1999 Theriogenology 51: 117
Weber JA, Freeman DA, Vanderwall DK et al 1991 Biol Reprod 45: 540
Welch S, Denniston D, Hudson J et al 2006 J Equine Vet Sci 26: 262
Wells DN, Misica PM, Tervit HR 1999 Biol Reprod 60: 996

Whittingham DG, Leibo SP, Mazur P 1972 Science New York 178: 411
Wilkie PJ, Paszek AA, Beattie CW et al 1999 Mamm Genome 10: 573
Willadsen SM 1977 In: The freezing of mammalian embryos, Ciba Foundation Symposium 52. Elsevier, Amsterdam, p 175
Willadsen SM 1979 Nature 277: 298
Willadsen SM 1981 J Embryol Exp Morphol 65: 165
Willadsen SM 1986 Nature 320: 63
Willadsen SM, Godke RA 1984 Vet Rec 114: 240
Willadsen SM, Polge C 1981 Vet Rec 108: 211
Willadsen SM, Polge C, Rowson LEA 1978 J Reprod Fertil 52: 391
Willadsen SM, Lehn-Jensen H, Fehilly CB et al 1981 Theriogenology 15: 23
Willadsen SM, Janzen RE, Mcallister RJ et al 1991 Theriogenology 35: 161
Willett EL, Buckner PJ, Larson GL 1953 J Dairy Sci 36: 520
Williams TJ, Elsden RP, Seidel GE Jr 1984 Theriogenology 22: 521
Wilmut I, Rowson LEA 1973 Vet Rec 92: 686
Wilmut I, Sales DI 1981 J Reprod Fertil 61: 107
Wilmut I, Schnieke AE, McWhir J et al 1997 Nature 385: 810
Wilsher S, Allen WR 2003 Equine Vet J 35: 476
Wilsher S, Allen WR 2004 In: Proceedings of the 6th International Symposium on Equine Embryo Transfer, 4–6 August 2004, Rio de Janeiro, Brazil. Havemeyer Foundation Monograph series 14, p 110
Wilson JM, Williams JD, Bondioli KR et al 1995 Anim Reprod Sci 38: 73
Woods GL, Ginther OJ 1984 Theriogenology 21: 461
Wrathall AE, Sutmoller P 1998 In: Stringfellow DA, Seidel S (ed) et al Manual of the International Embryo Transfer Society. IETS, Savoy IL, p 17
Wrenzycki C, Niemann H 2002 In: Van Soom A, Boerjan M (ed) et al Assessment of mammalian embryo quality. Kluwer, Dordrecht, p 341
Wrenzycki C, Wells D, Herrmann D et al 2001 Biol Reprod 65: 309
Wrenzycki C, Lucas-Hahn A, Hermann D et al 2002 Biol Reprod 66: 127
Wrenzycki C, Hermann D, Lucas-Hahn A et al 2004 Anim Reprod Sci 593: 82–83
Wright JM 1981 Theriogenology 15: 43
Wurth YA, Reinders JMC, Rall WF et al 1994 Theriogenology 42: 1275
Xu KP, Greve T, Callesen H et al 1987 J Reprod Fertil 81: 501
Xu KP, Greve T, Callesen H, Hyttel P 1988 J Reprod Fertil Abstr Ser 1, abstr 18
Yamamoto Y, Oguri N, Tsutsumi Y et al 1982 J Reprod Fertil Supple 32: 399
Yanagimachi R, Chang MC 1963 Nature 200: 281
Yang BS, Leibo SP 1999 Theriogenology 51: 178
Young CA, Squires EL, Seidel GE et al 1997 Equine Vet J Suppl 25: 98
Zakhartchenko V, Durcova-Hills G, Stojkovic M 1999 J Reprod Fertil 115: 325
Zhang L, Jiang S, Wozniak PJ et al 1995 Mol Reprod Dev 40: 338
Zhang M, Lu KH, Seidel GE Jr 2003 Theriogenology 60: 1657
Zhou Q, Renard JP, Le Friec G et al 2003 Science 302: 1179

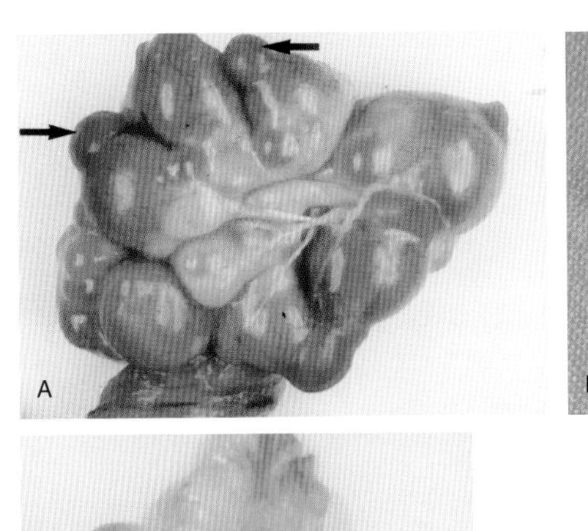

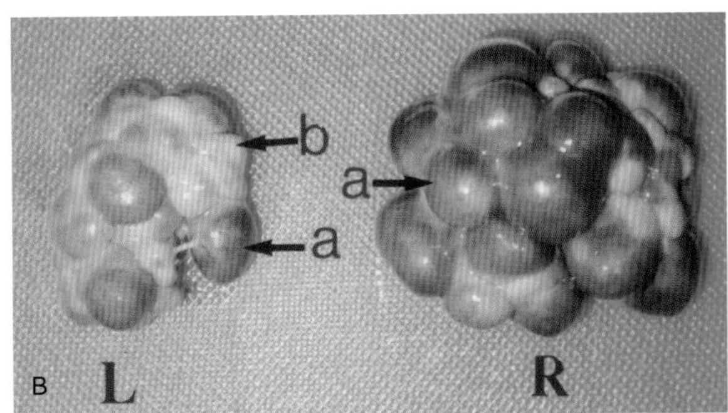

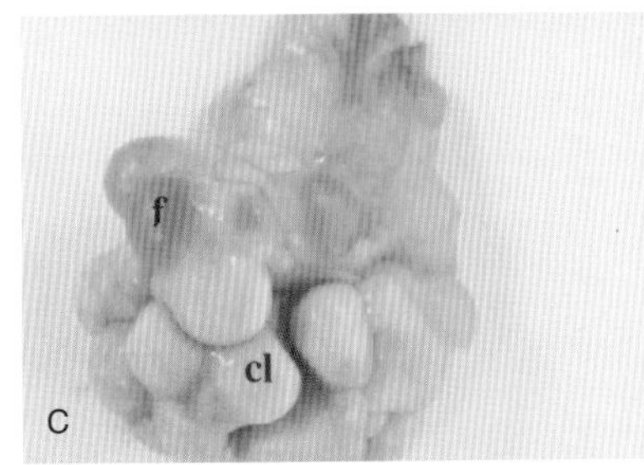

彩图1

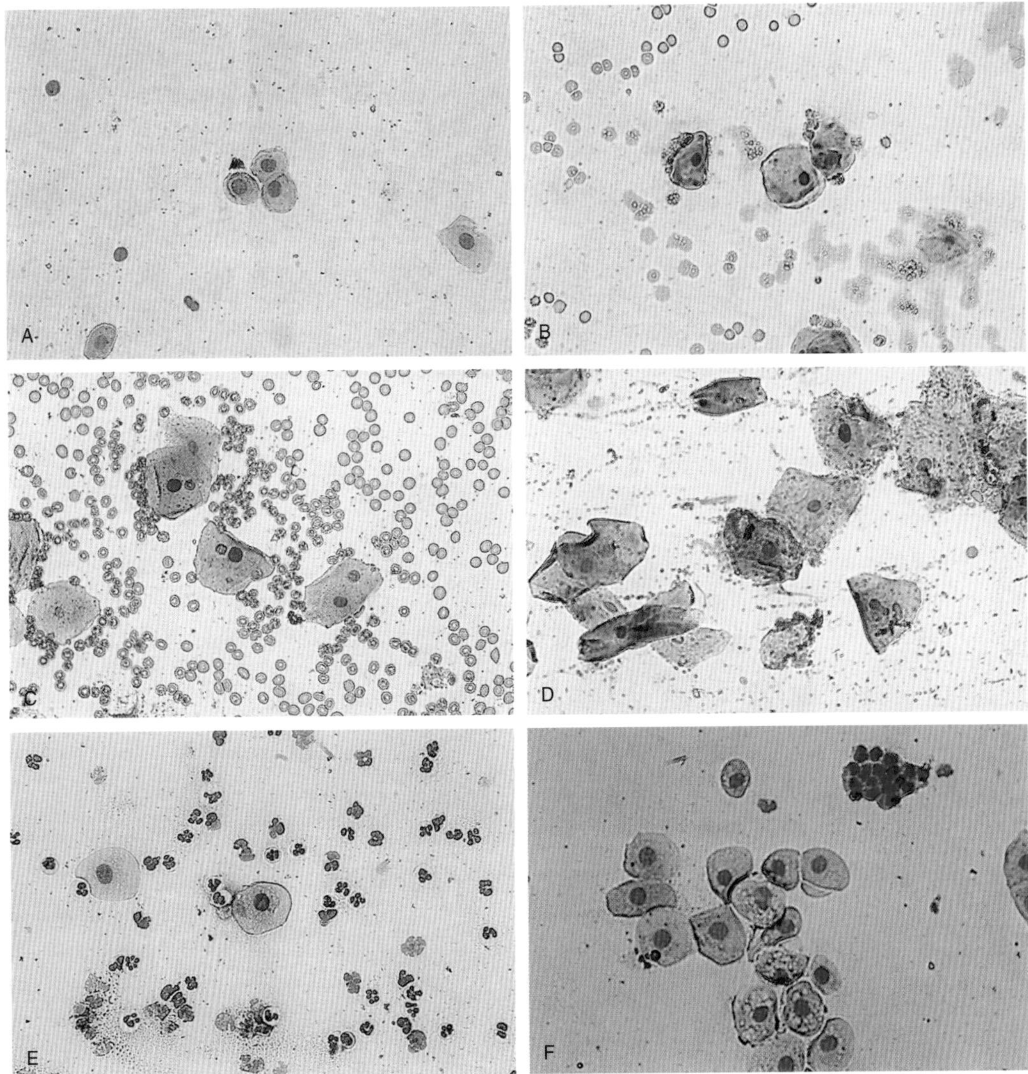

彩图2

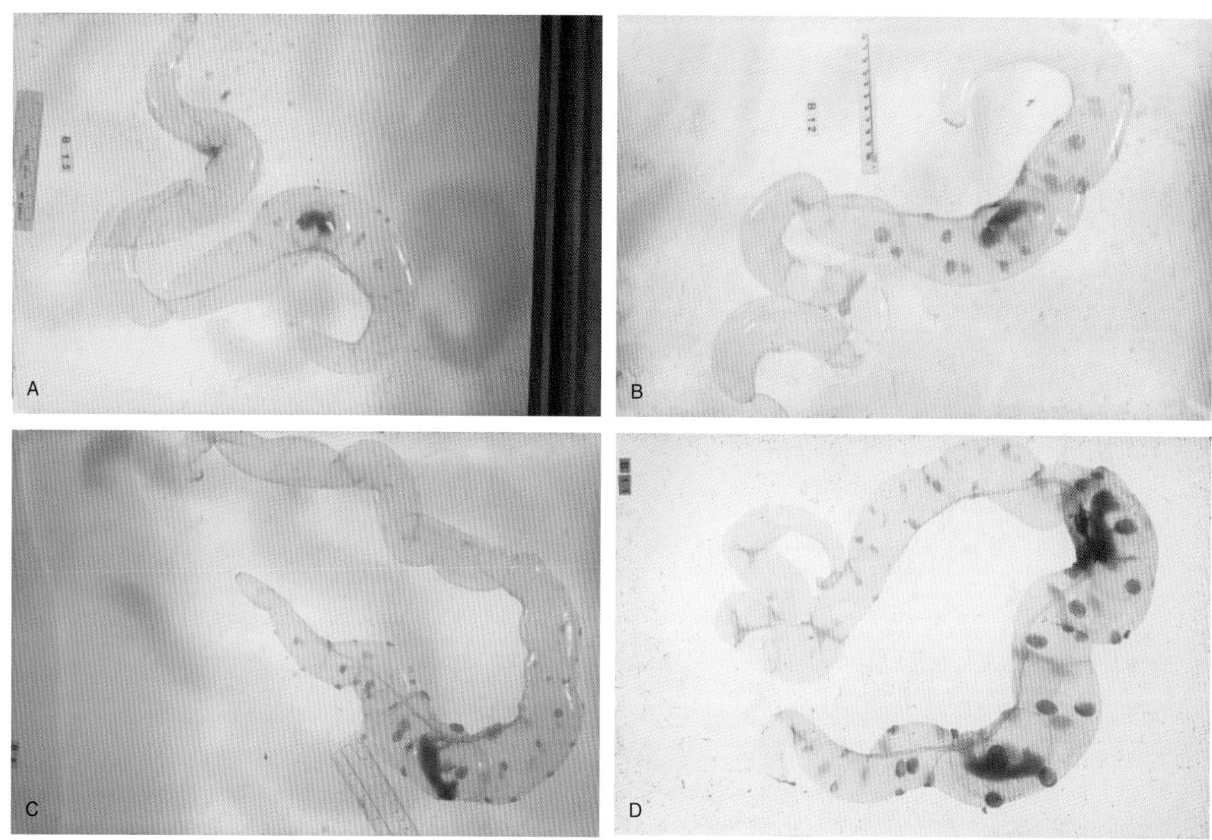

彩图3

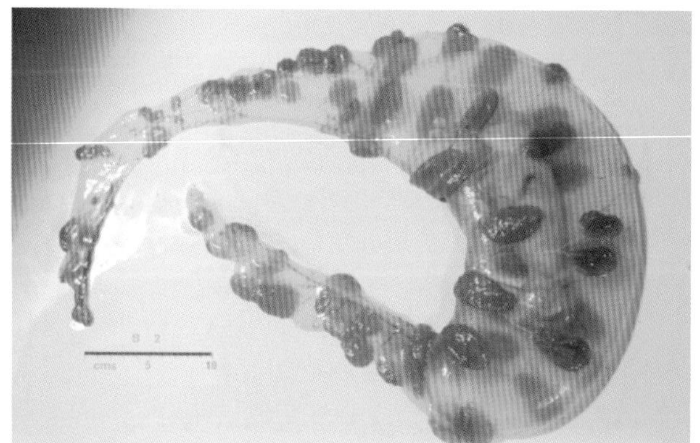

彩图4

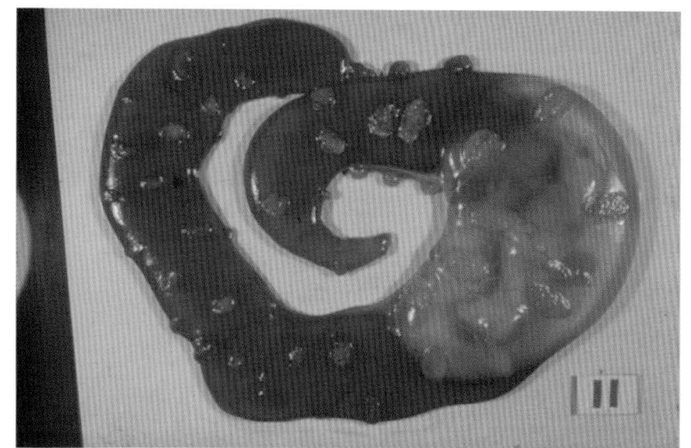

彩图5

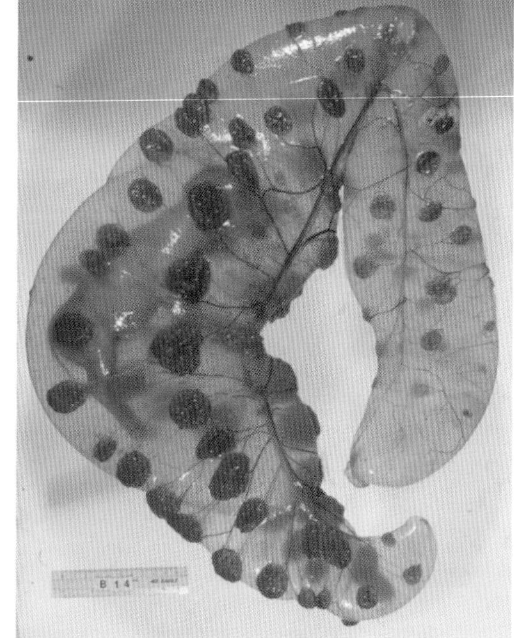

彩图6

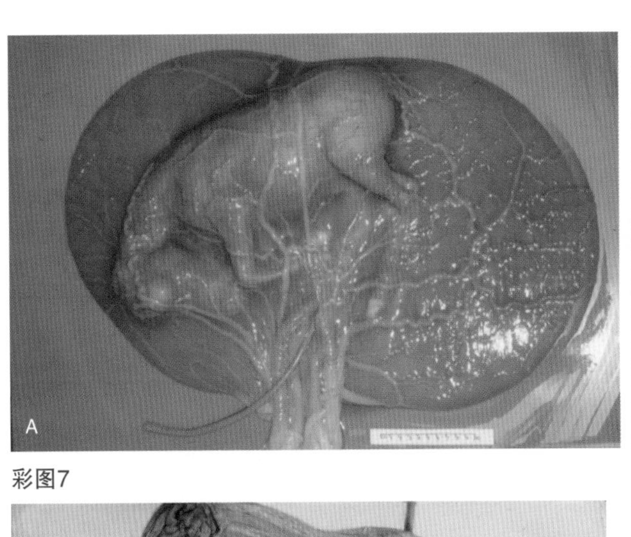

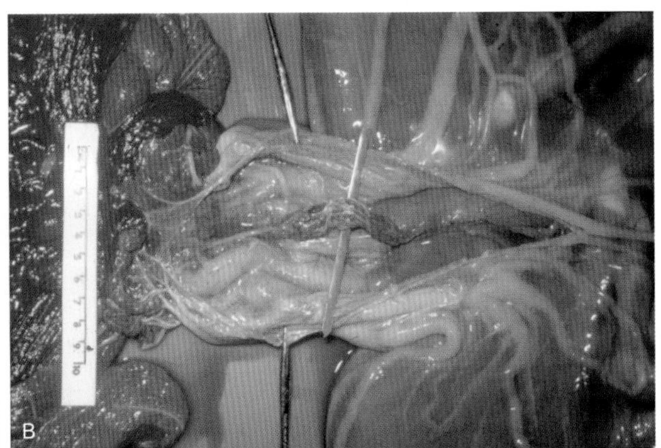

彩图7

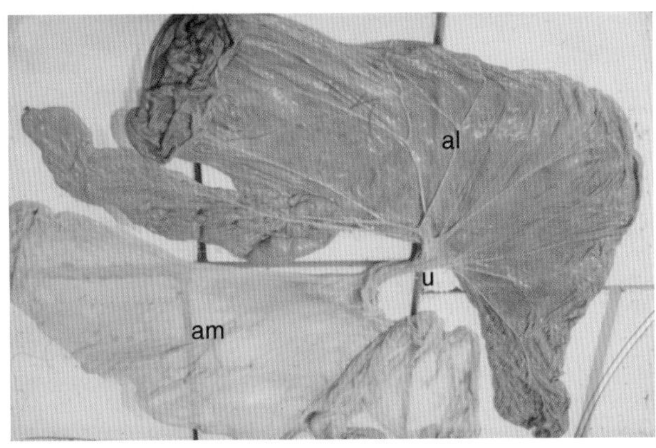

彩图8

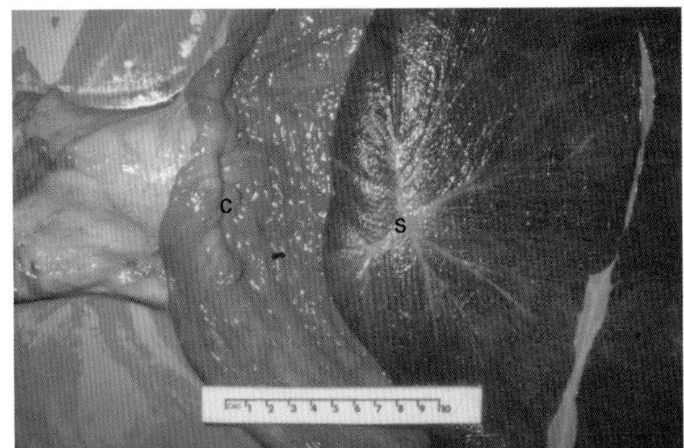

彩图9

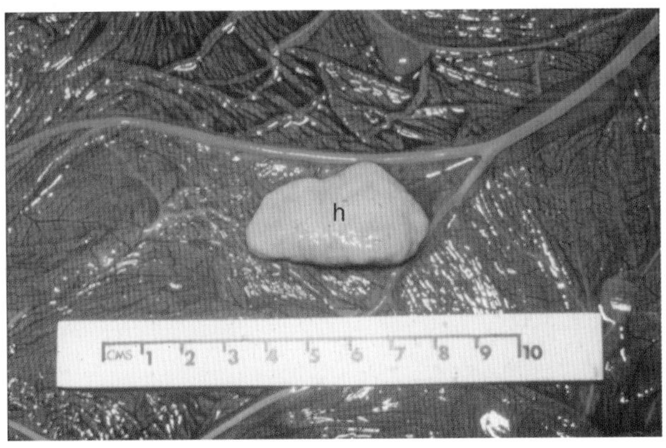

彩图10

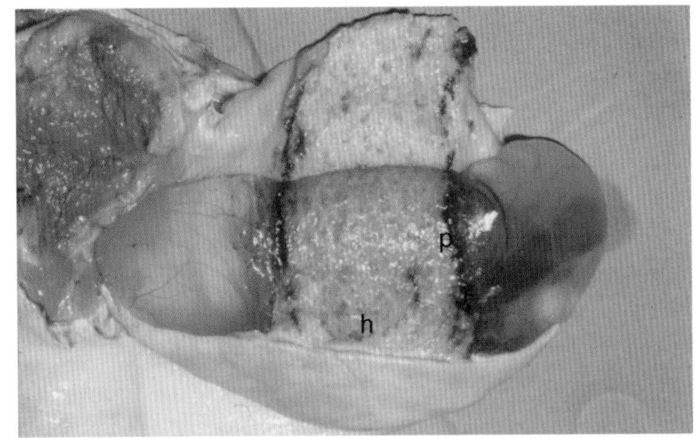

彩图11

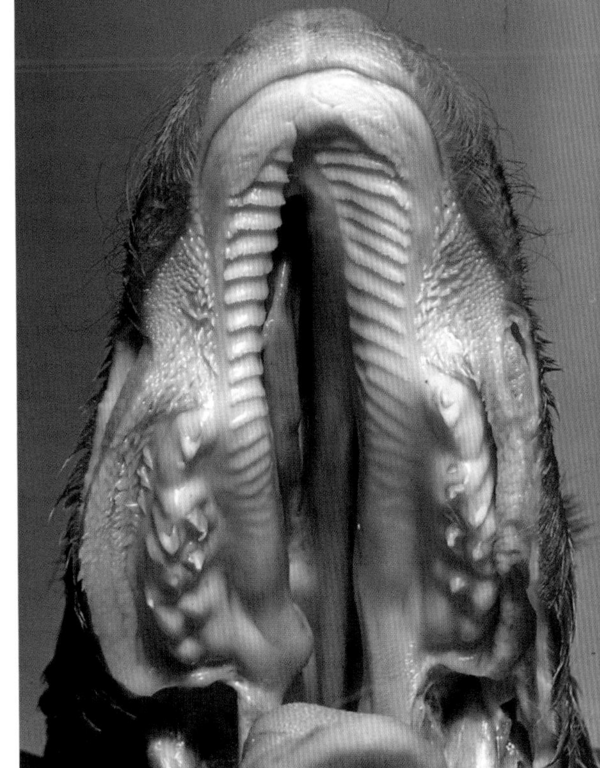

彩图12

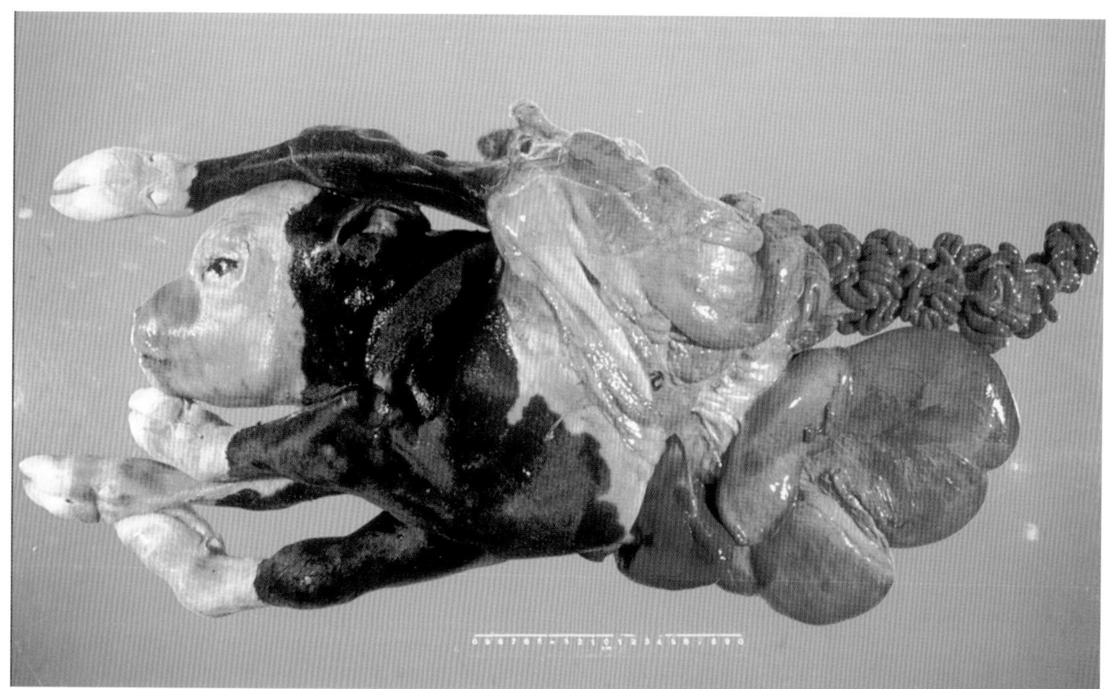

彩图13

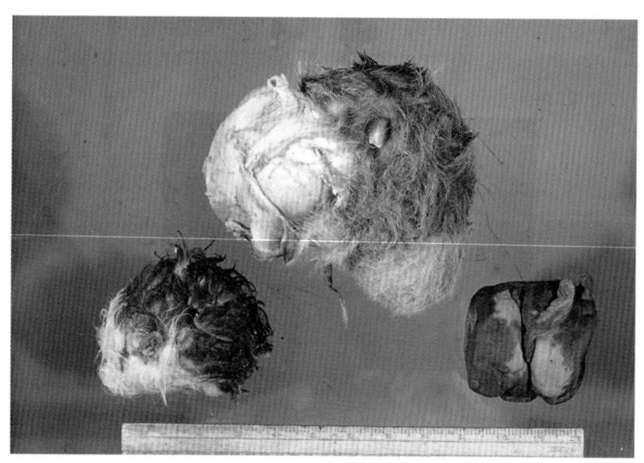

彩图14

彩图15

彩图16

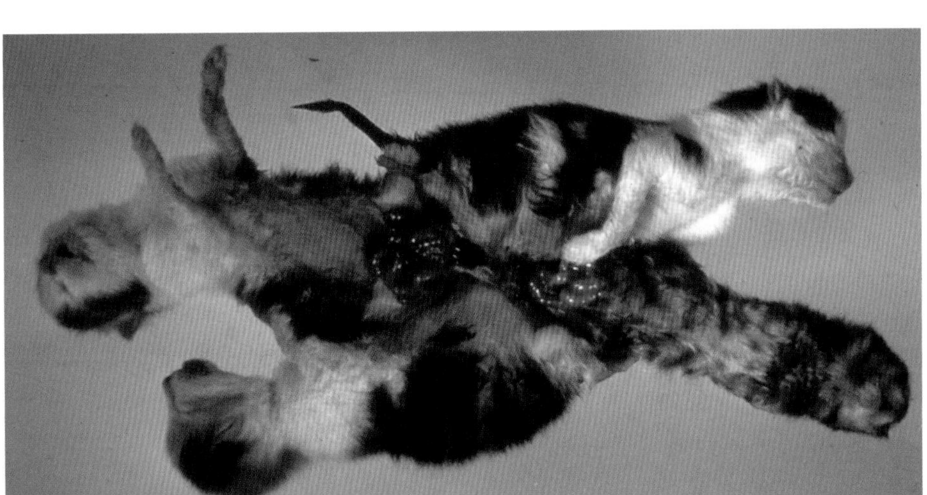

彩图17

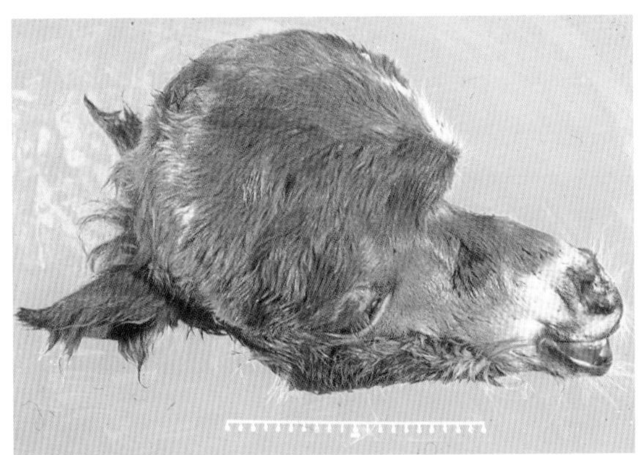

彩图18

彩图19

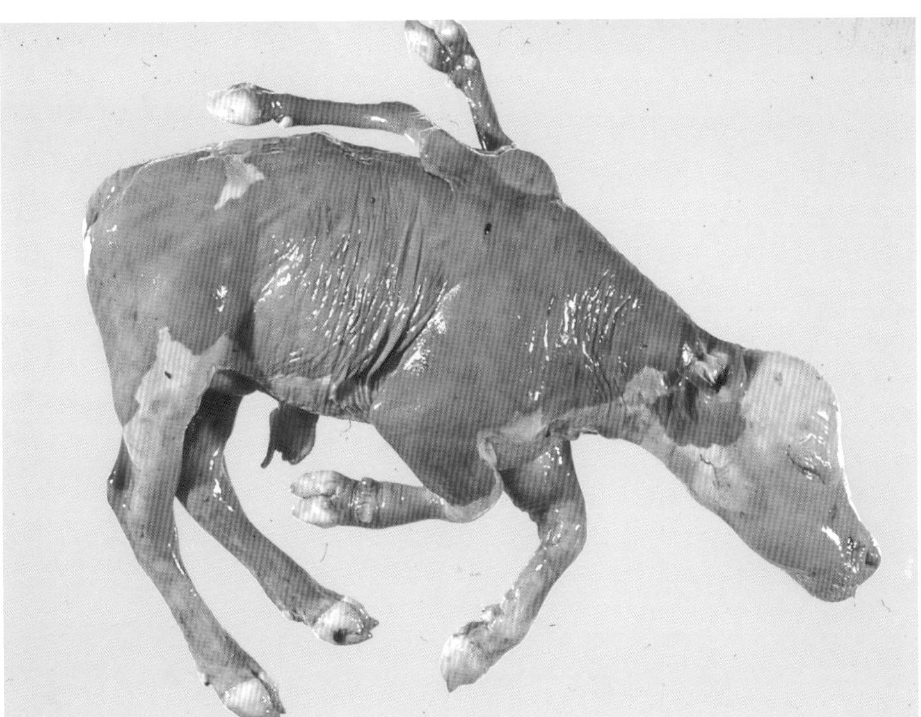

彩图20

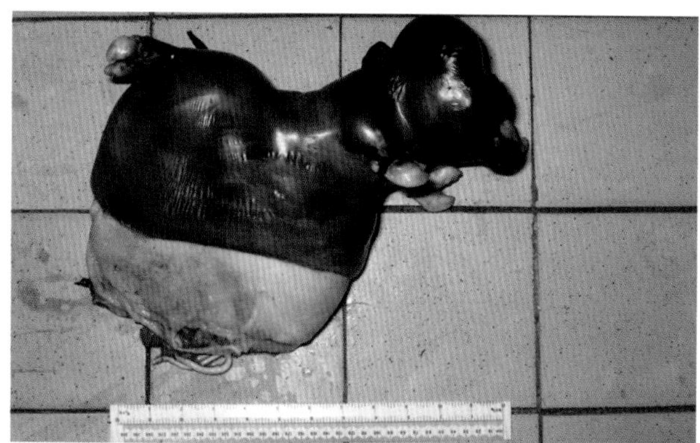

彩图21

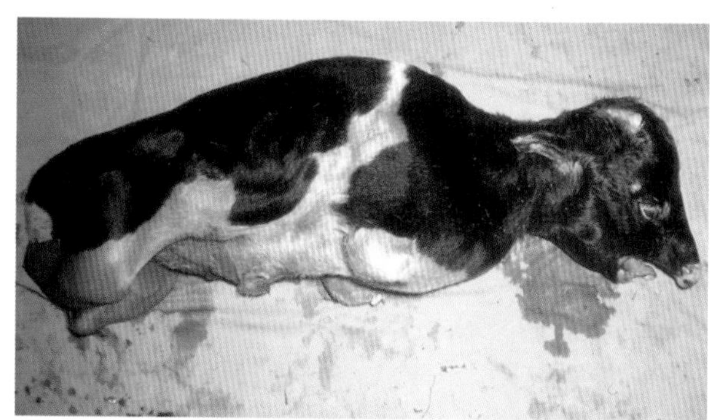

彩图22

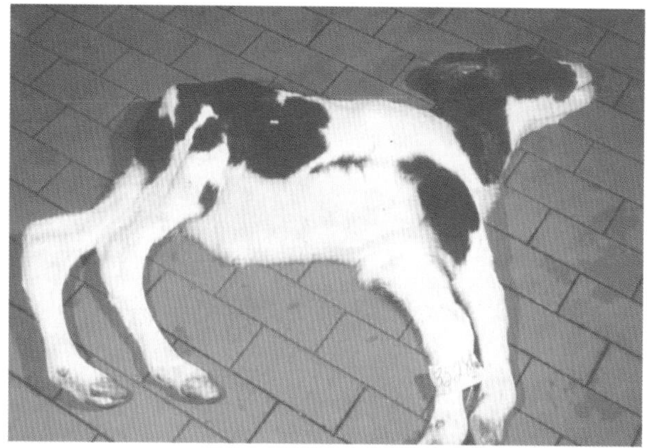

彩图23

彩图24

彩图25

彩图26

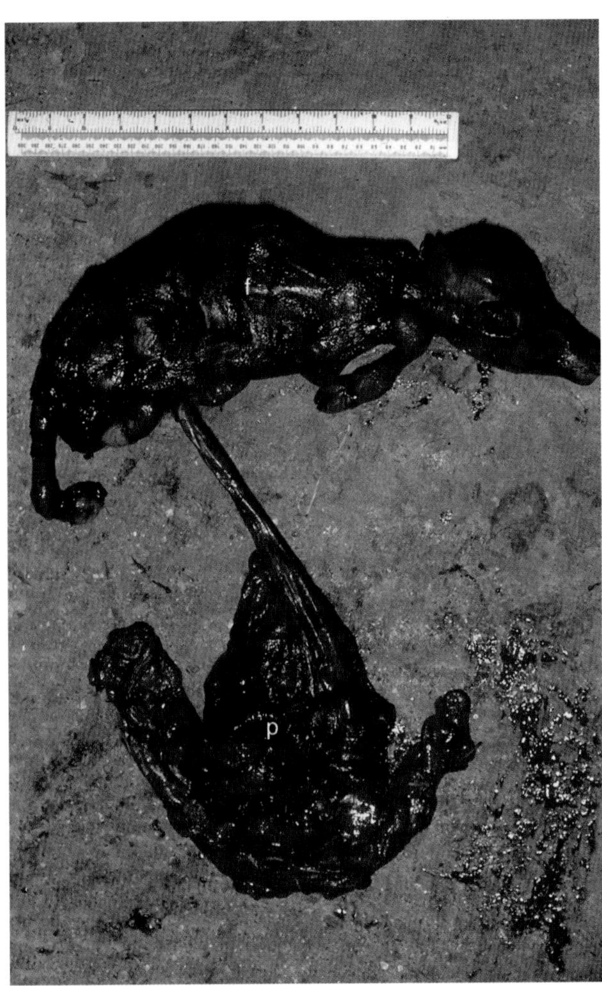

彩图27

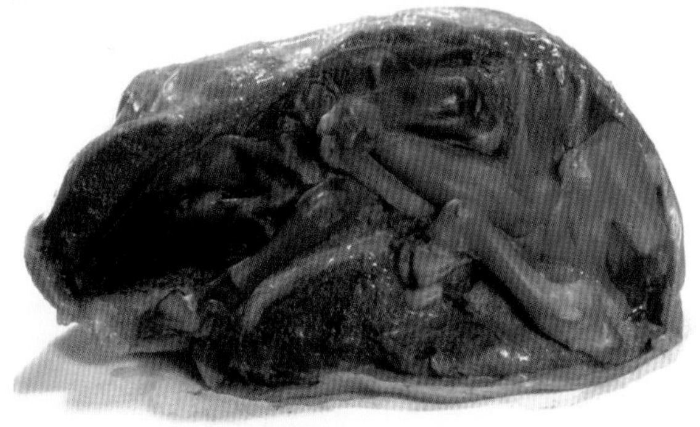
彩图28

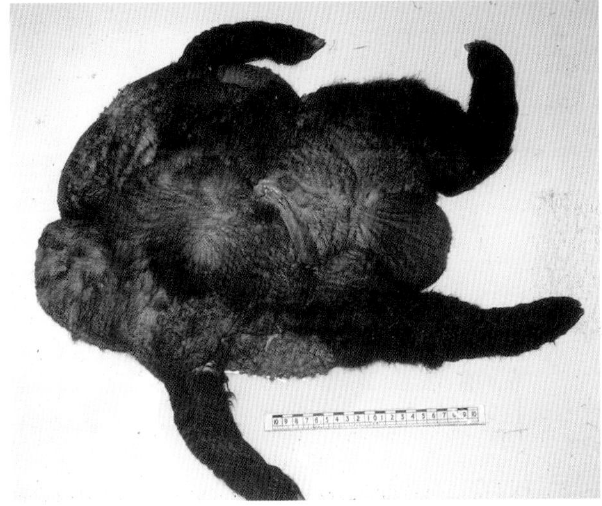
彩图29

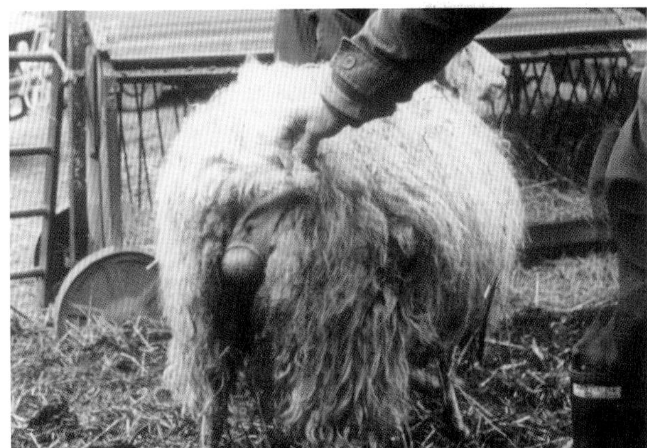
彩图30

彩图31

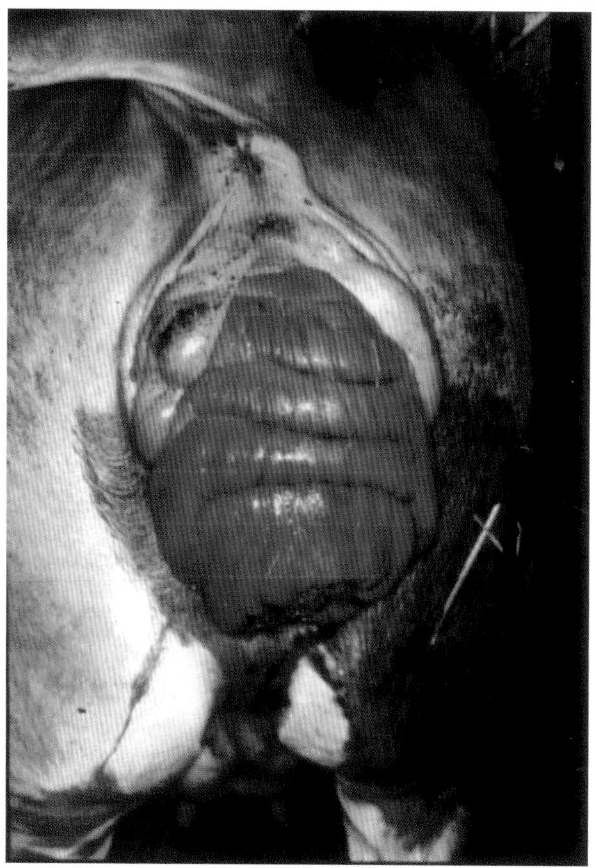
彩图32

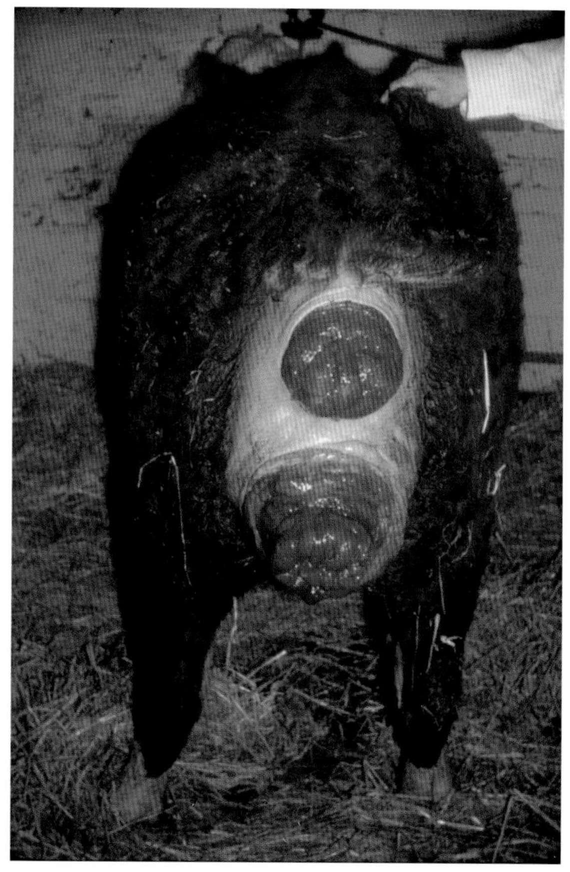
彩图33

彩图34

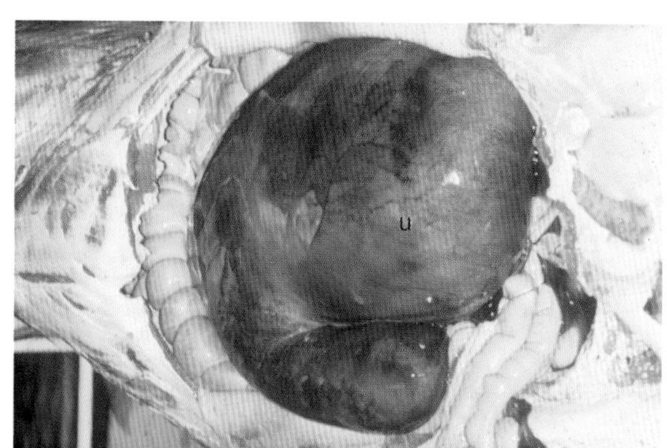

彩图35

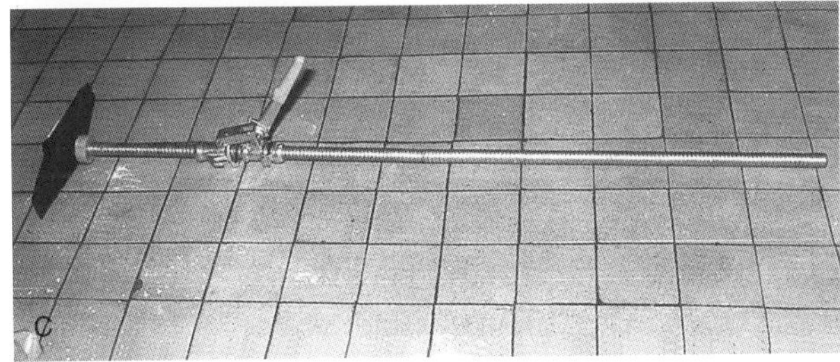

彩图36

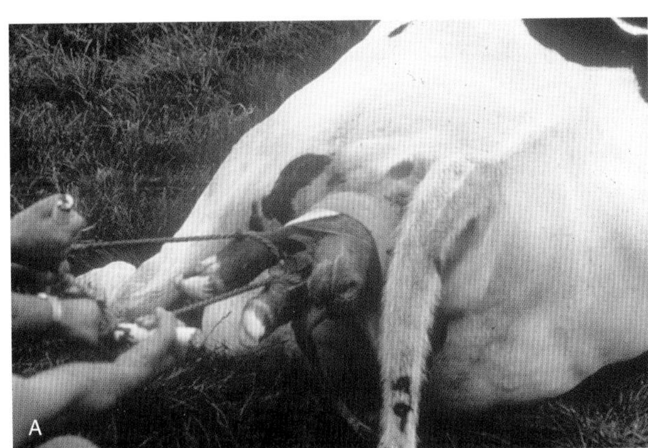
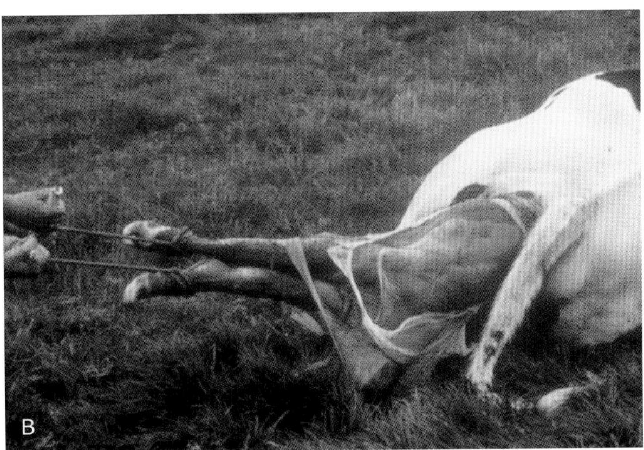

彩图37

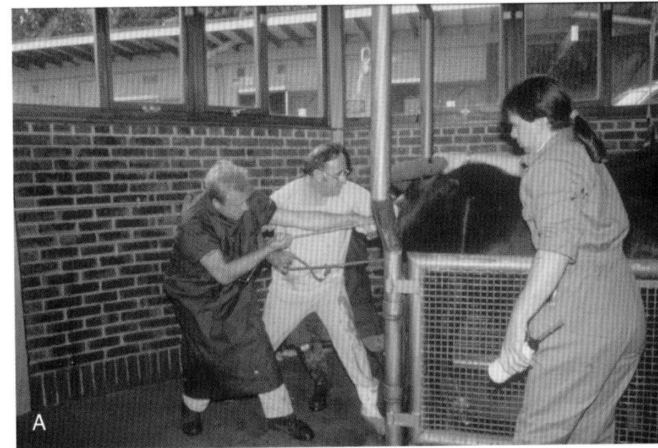
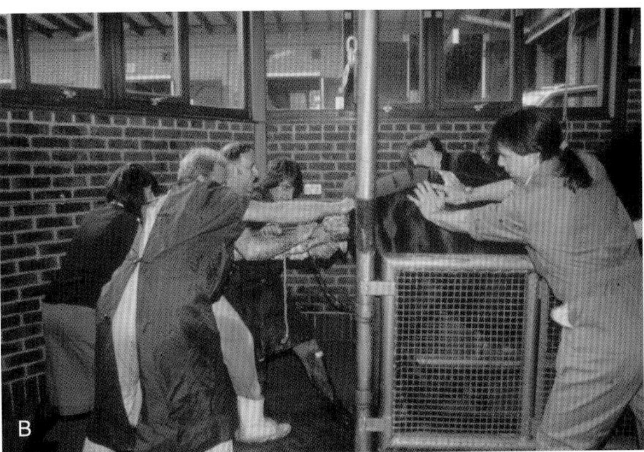

彩图38

彩图39

彩图40

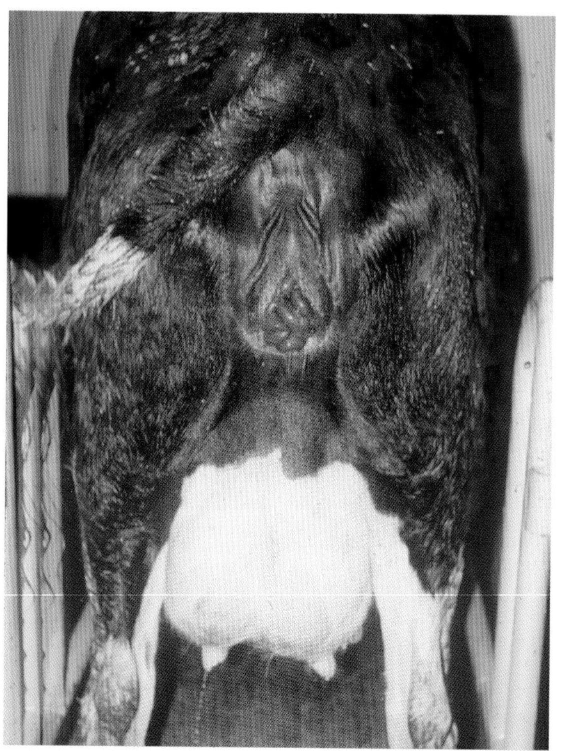
彩图41

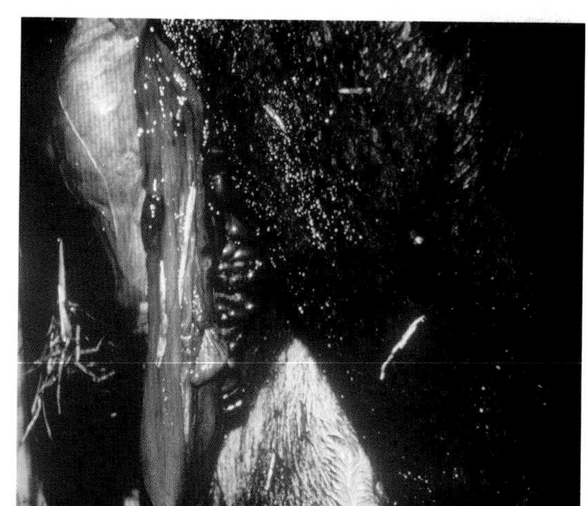
彩图42

彩图43

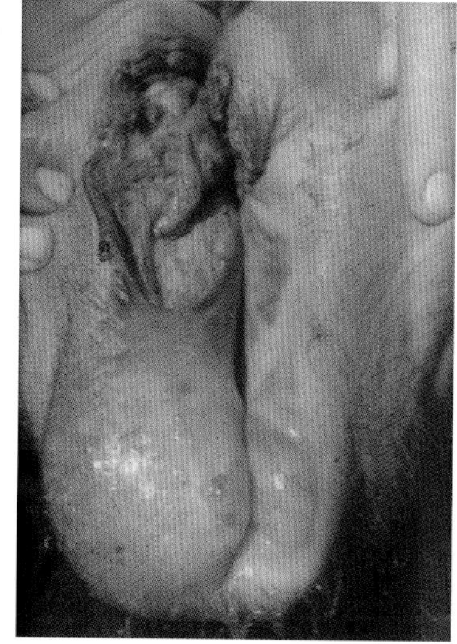
彩图44

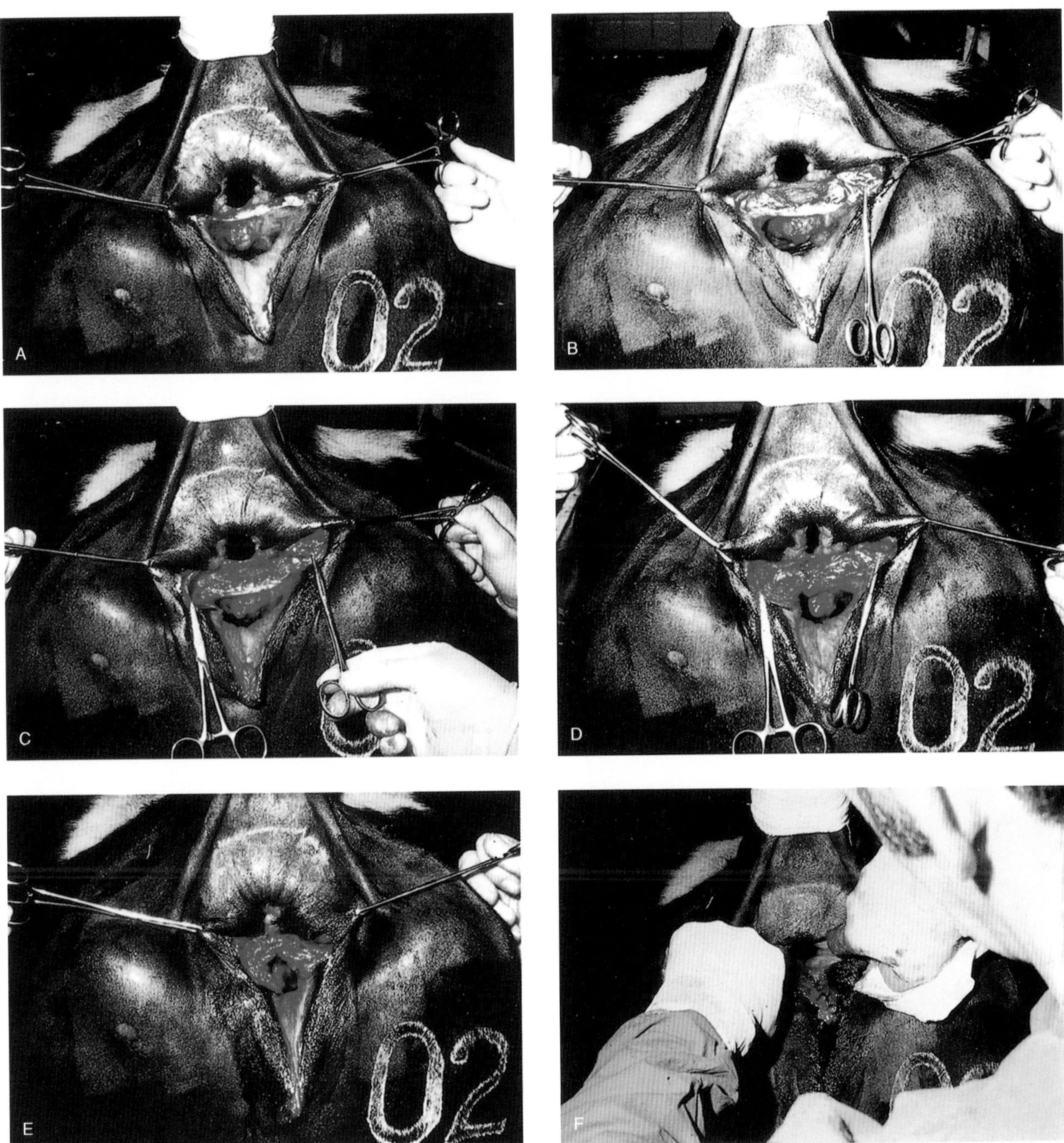

彩图45

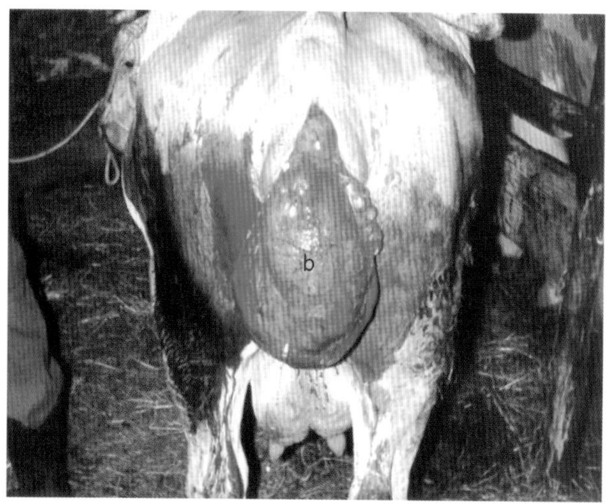

彩图46

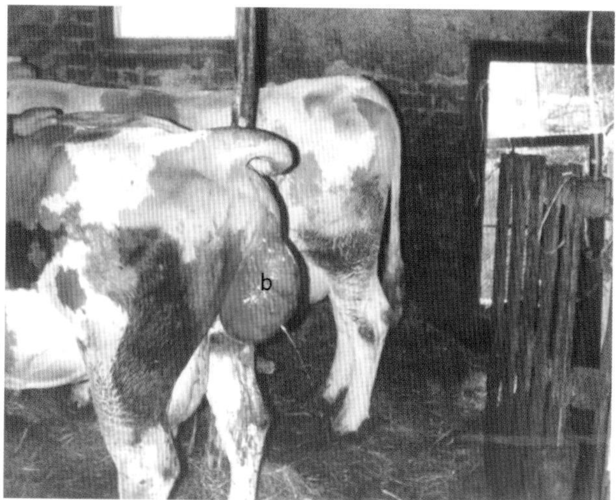

彩图47

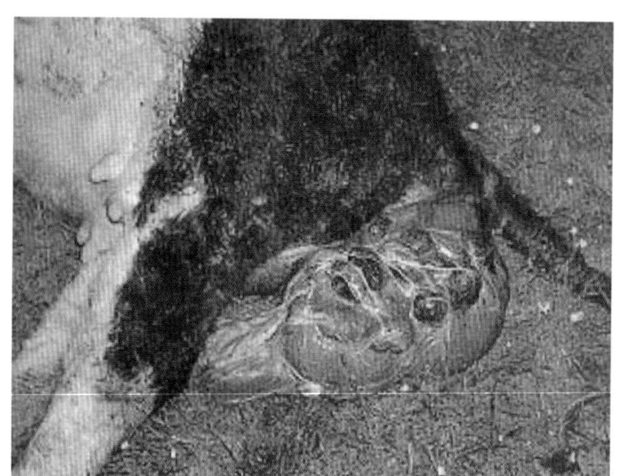
彩图48

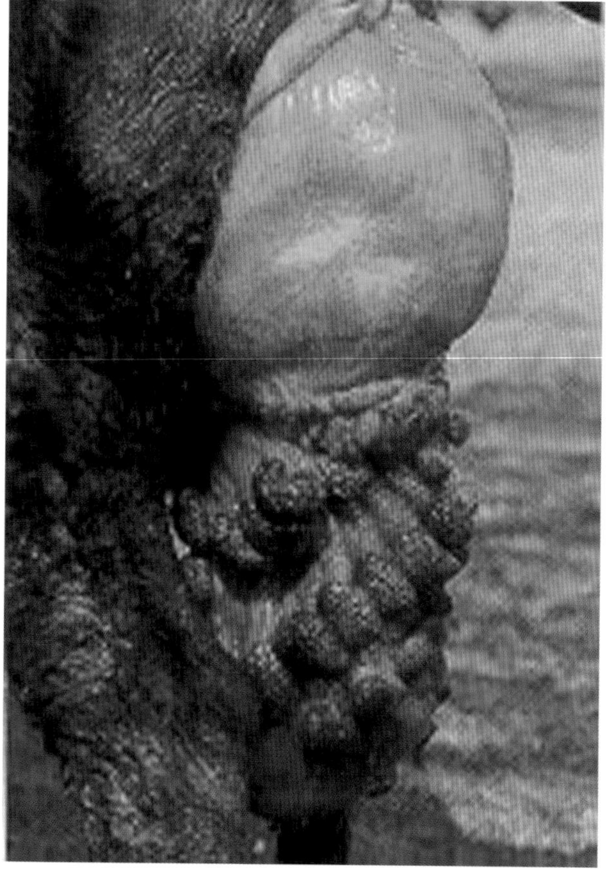
彩图49

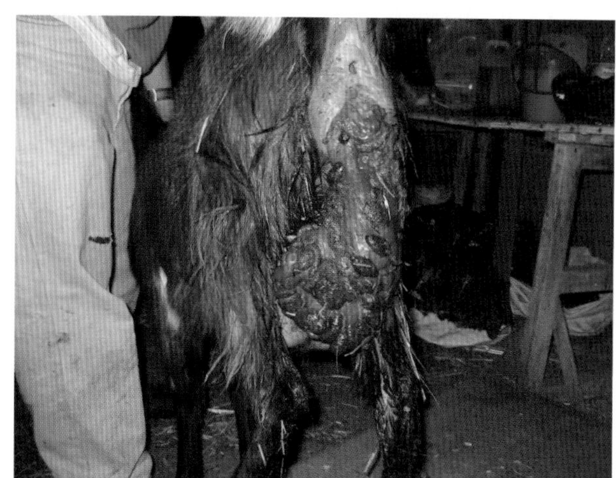
彩图50

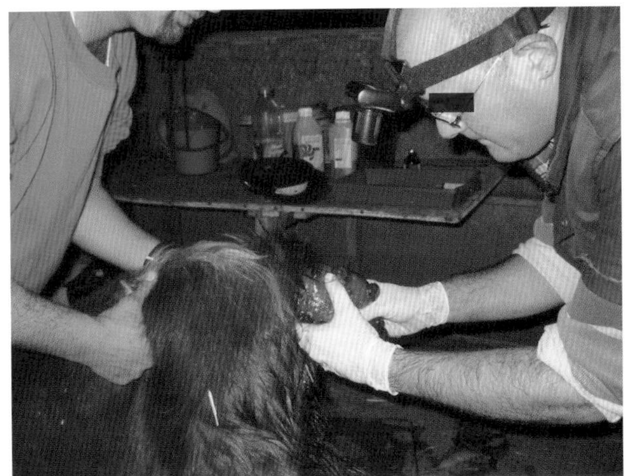

彩图51

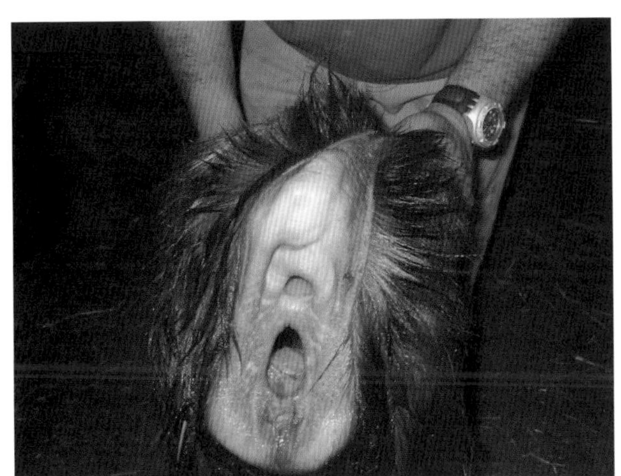

彩图52

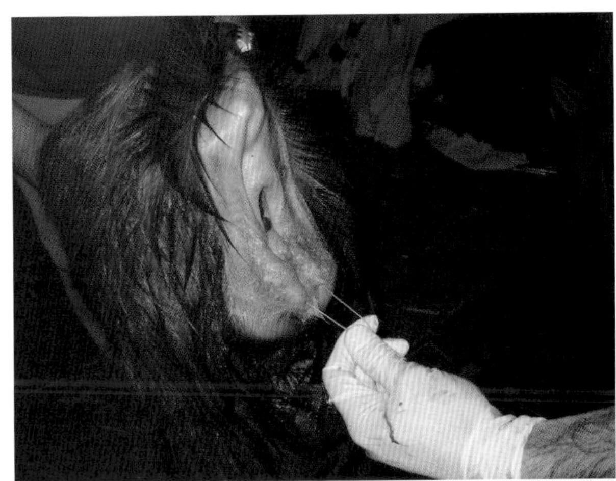

彩图53

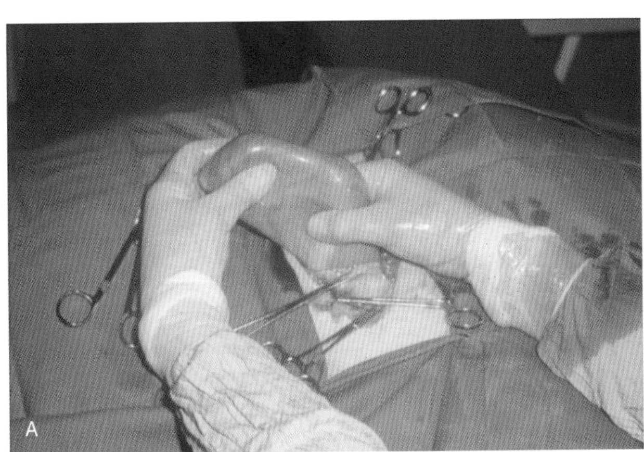

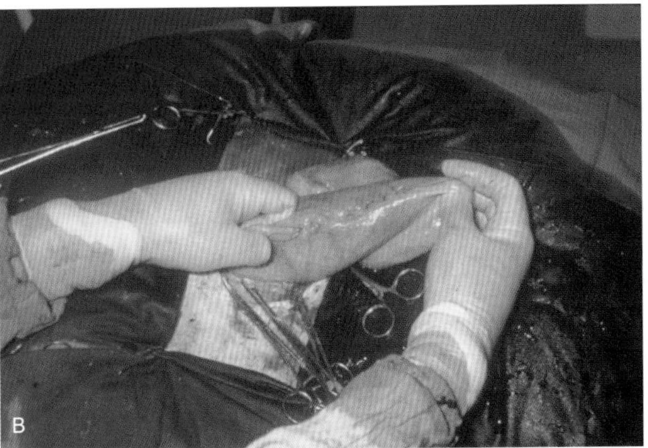

彩图54

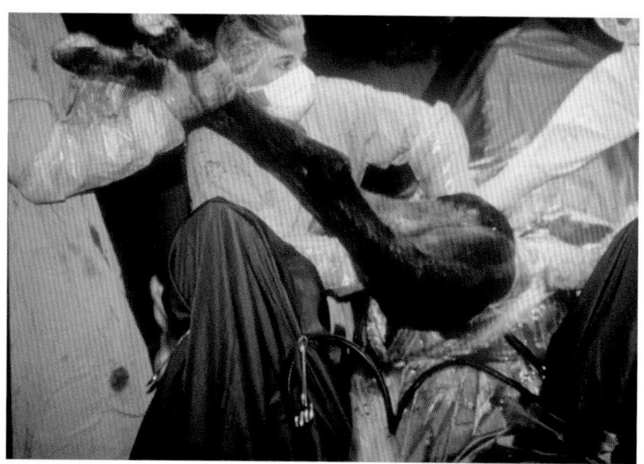
彩图55

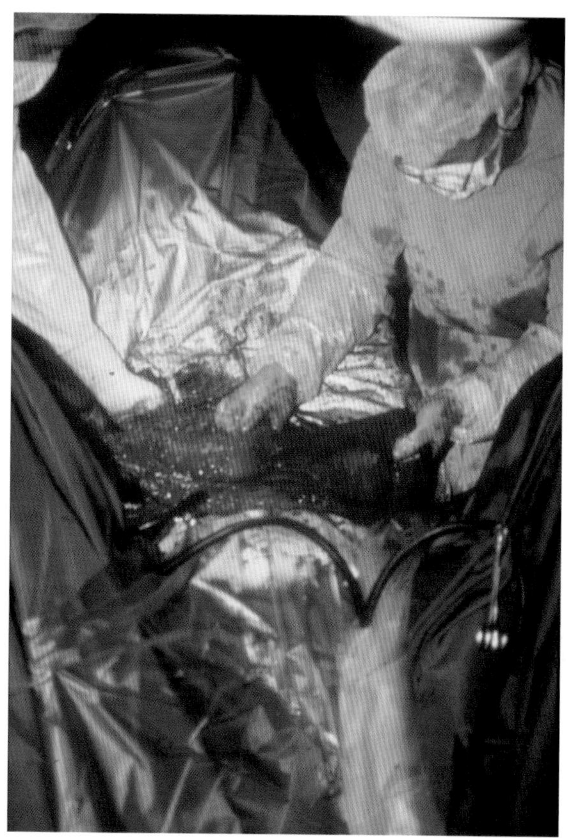
彩图56

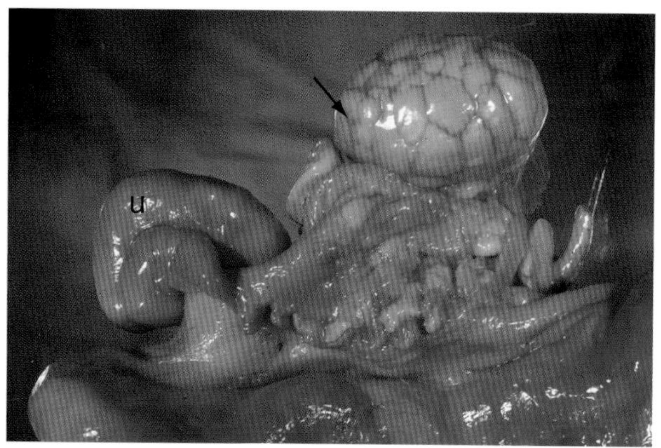

彩图57

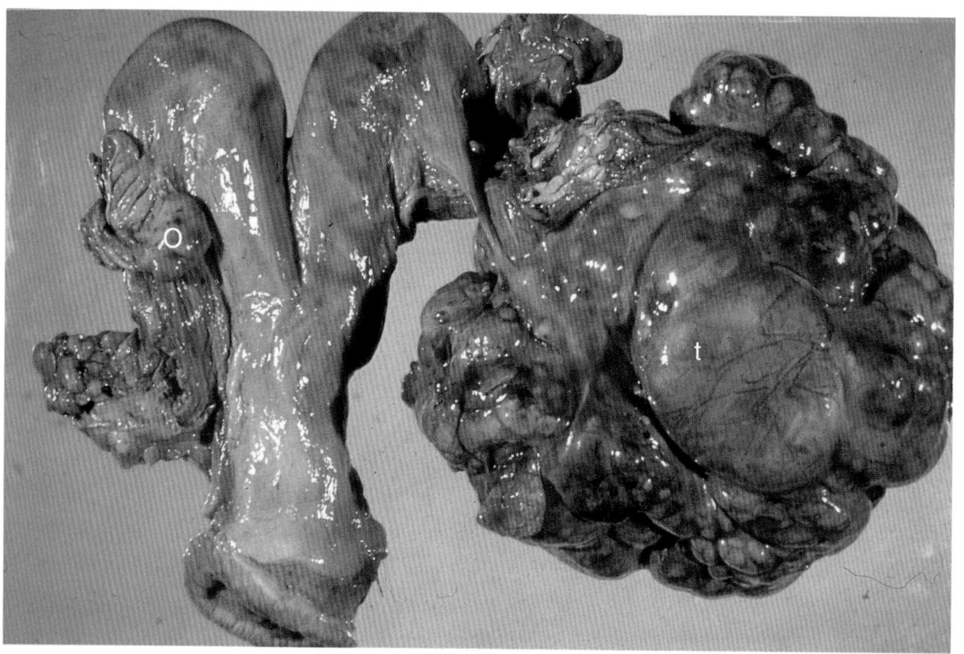

彩图58

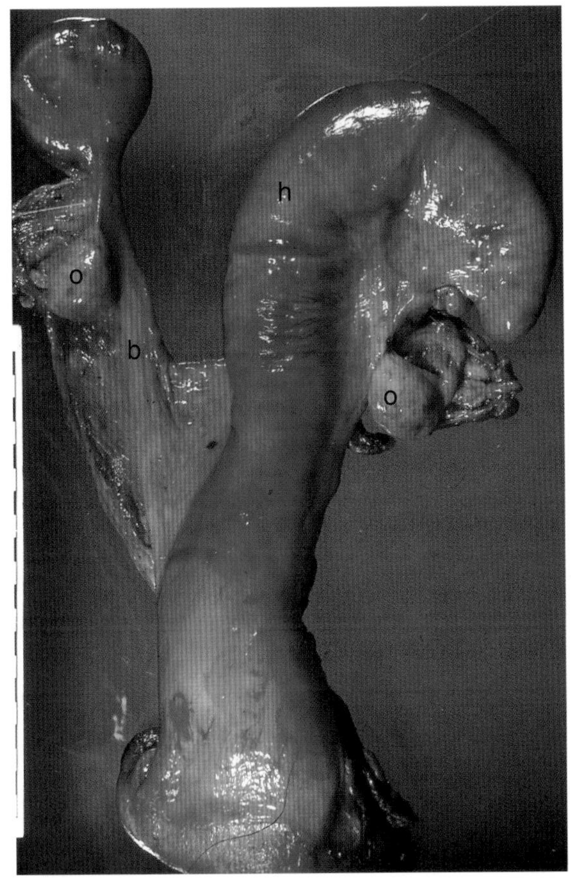

彩图59

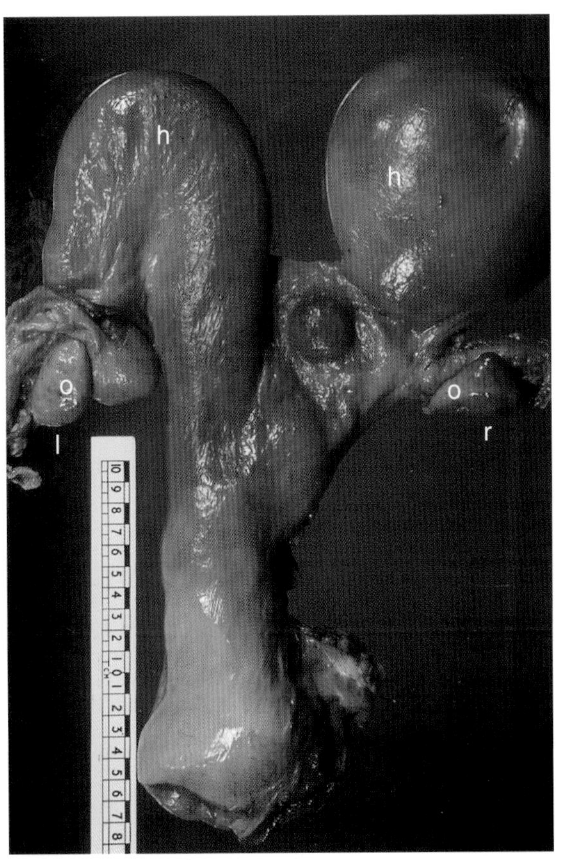

彩图60

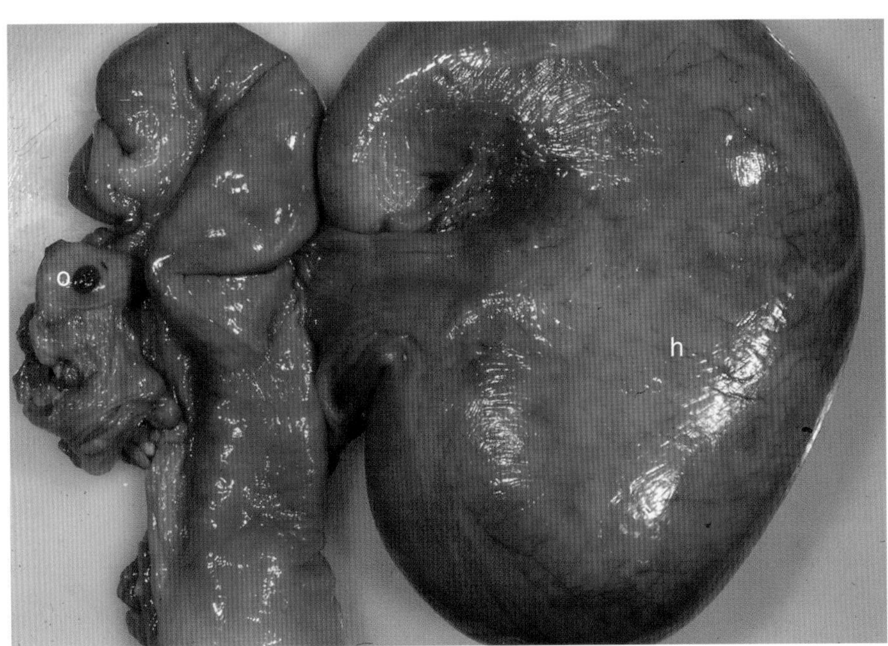

彩图61

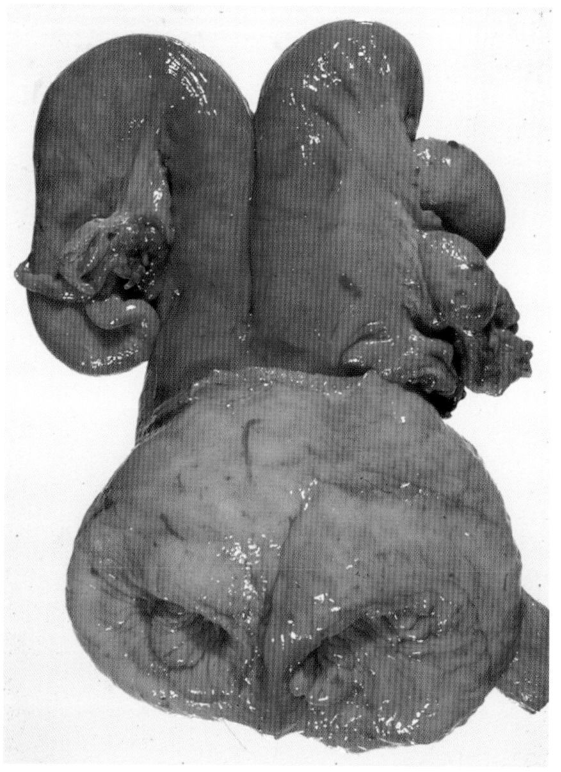

彩图62

彩图63

彩图64

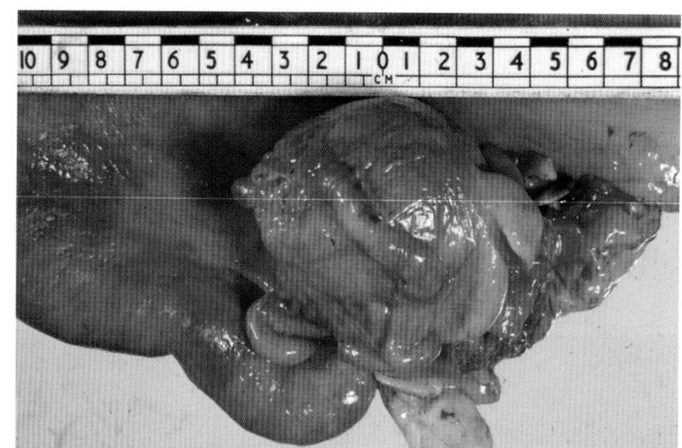

彩图65

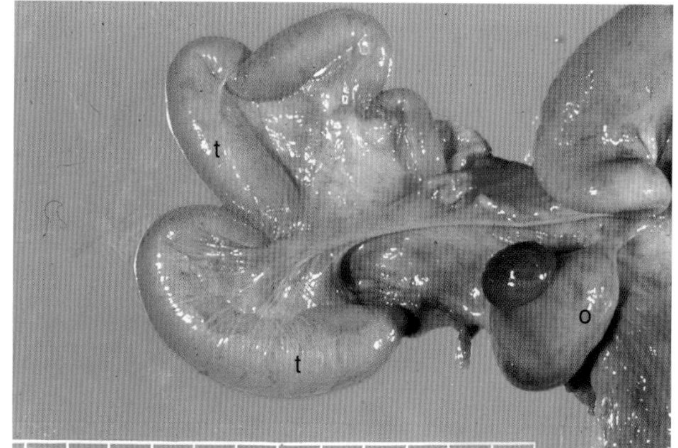

彩图66

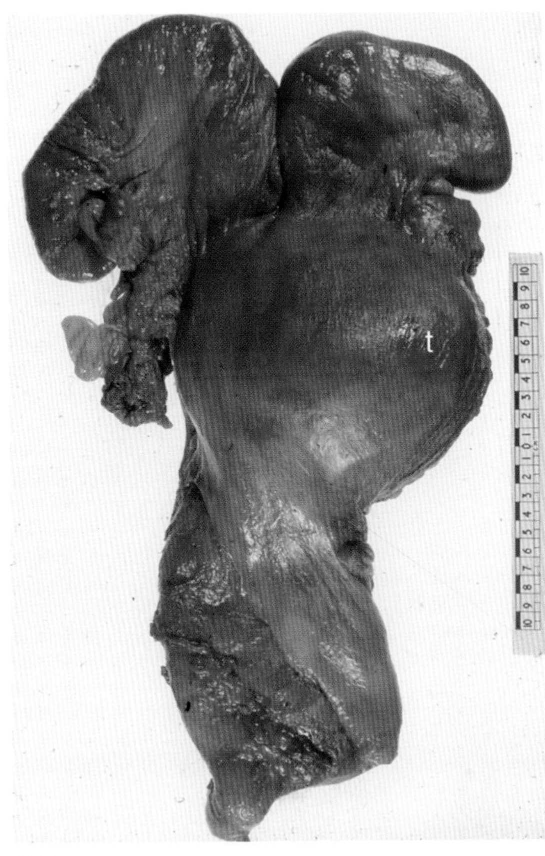

彩图68

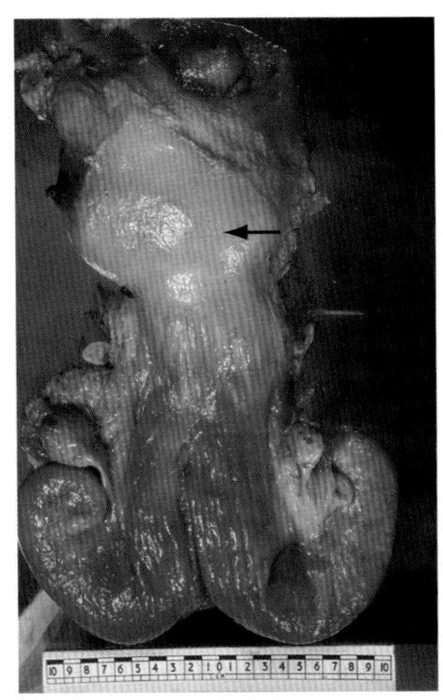

彩图68

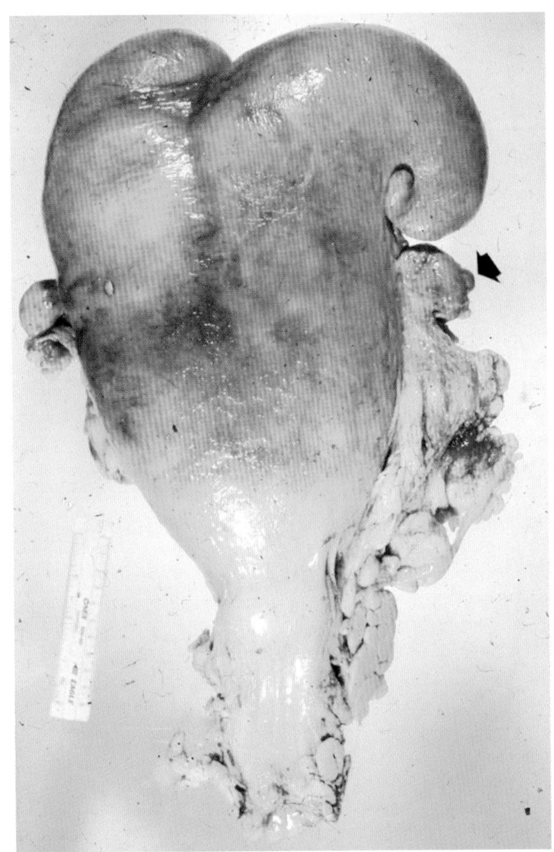

彩图69

彩图70

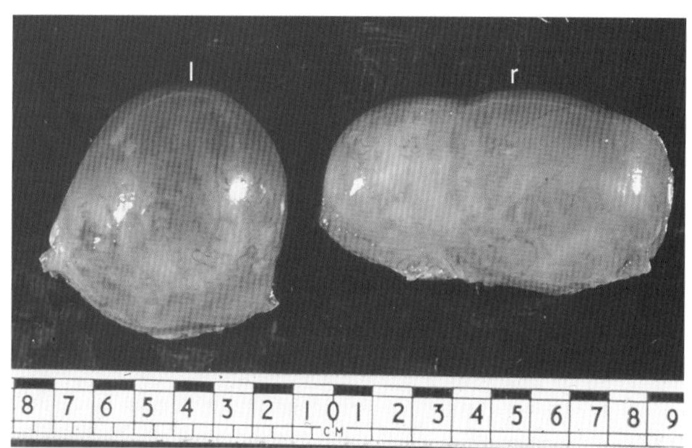

彩图71

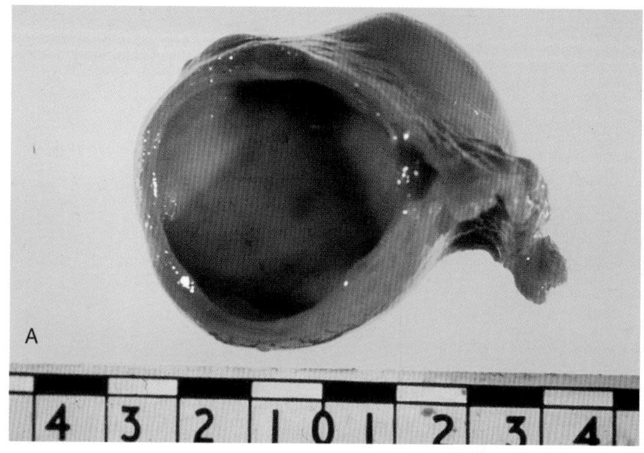

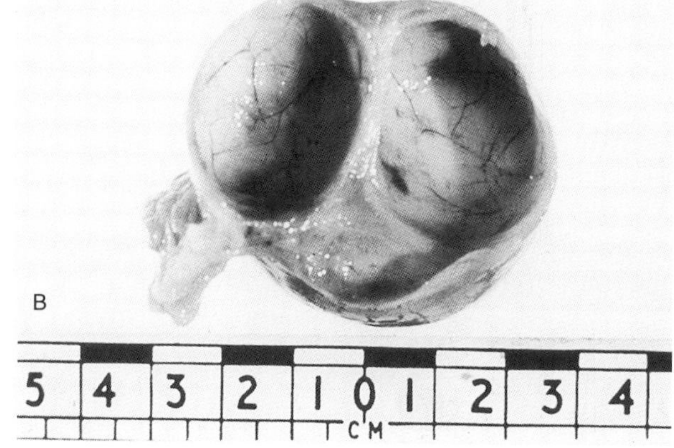

彩图72

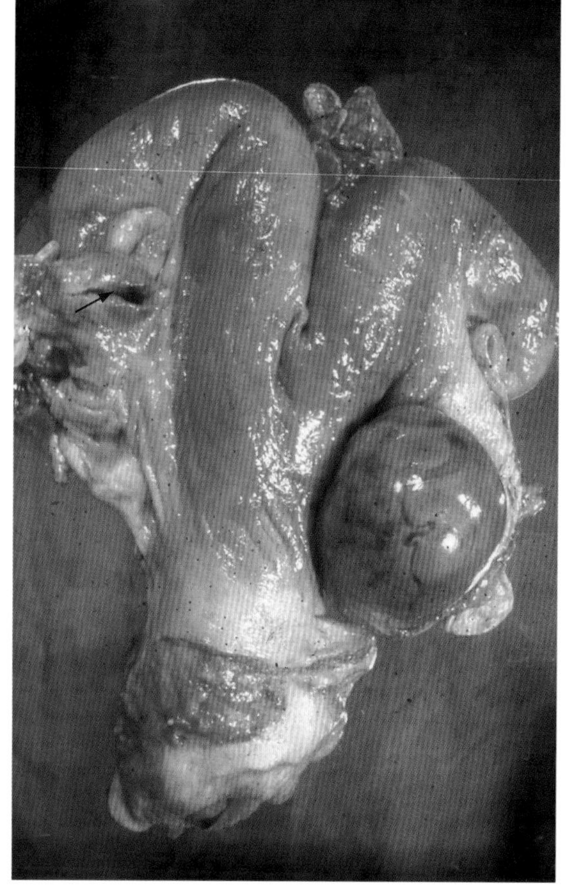

彩图73

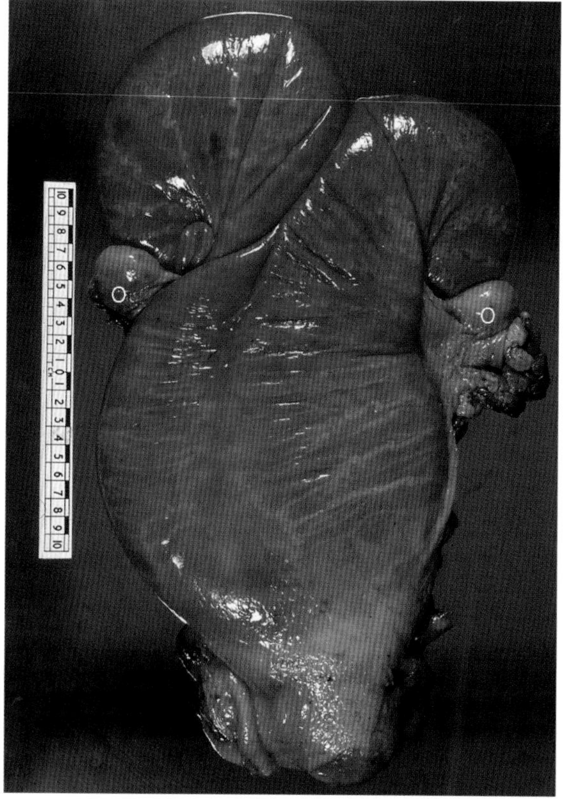

彩图74

2 | 227 | 1 | 2 | 2 | ZD0883/01217 | Fe:Br. Age . Parity 7. Last calved 28d ago. NH/Mi

Identity details | Parity data and events | Origin and movements | Parents and offspring | Performance statistics | Exit details

Parity record summary

N	Calving	First service	NS	Last service	Conception	Int.	Lact.	305-d.	Fat	Prot.	Lact.	SCC	Costs	No. Mast	No. Lame	No. Abort.	SCC high	Acc.milk	Milk/d	Acc.conc	Conc/Milk
0					06/09/2000									0	0	0	0			0	
1	13/06/2001	01/09/2001.....80	1	01/09/2001.....80	01/09/2001.....80	360	5,401	5,401						0	1	0	0	5,401	18.4	0	0.00
2	08/06/2002	05/08/2002.....58	1	05/08/2002.....58	05/08/2002.....58	376	7,595	7,595						0	0	0	0	7,595	26.8	0	0.00
3	19/06/2003	11/09/2003.....84	4	02/11/2003...136	02/11/2003...136	419	12,079	10,725						0	0	0	0	12,079	32.7	0	0.00
																0	0	12,326	33.4	0	0.00
																0	0	10,893	32.7	0	0.00
																0	0	12,067	33.4	0	0.00
																0	0	790	37.6	0	0.00

Event details for parity 3. Calved on 19/06/2003. Normal.

Date	Event	Result	Days	Categories	Sire	Cost	Operator	Remarks
11/09/2003.....84	SER	Normal		AI	RAMBO		GGB	
19/09/2003.....92	SER	Normal	8	AI	VALPED		GGB	
23/09/2003.....96	SER	Normal	4	AI	VALPED		GGB	
08/10/2003...111	SER	Normal	15	Natural	RICHARD			
10/10/2003...113	FTC	Cystic				5.recpt	VET	
02/11/2003...136	SER	Normal	25	AI	RAMBO		AGB	
13/02/2004...239	PD	Pos.	103		RAMBO		VET	
22/06/2004...369	DRY	Sheptoclox				4.scdc + 2.e		
22/06/2004...369	MKWST							
06/08/2004...414	MKWFH							
06/08/2004...414	MKWFH							
11/08/2004...419	CALV	Normal			RAMBO			

Event details | Offspring details | Weight recordings | Milk recordings | Graph

彩图75

Begin

Services between 01/07/2006 and 01/07/2007

☑ Parity 0
☑ Parity 1
☑ Parity 2
☑ Parity 3+

Days after previous service or heat	Total	0-5	6-11	12-17	18-25	26-32	33-36	37-48	49-54	55-72	73-96	97+
No. serves with interval	436	3	10	11	163	41	12	70	30	49	24	23
%	100%	1%	2%	3%	37%	9%	3%	16%	7%	11%	6%	5%
No return within 35 days	64%	67%	50%	36%	61%	66%	67%	67%	67%	69%	67%	70%
PD positive	38%	33%	30%	18%	39%	37%	33%	40%	30%	47%	25%	48%
Calved	28%	33%	10%	9%	31%	24%	25%	29%	20%	37%	8%	48%

A

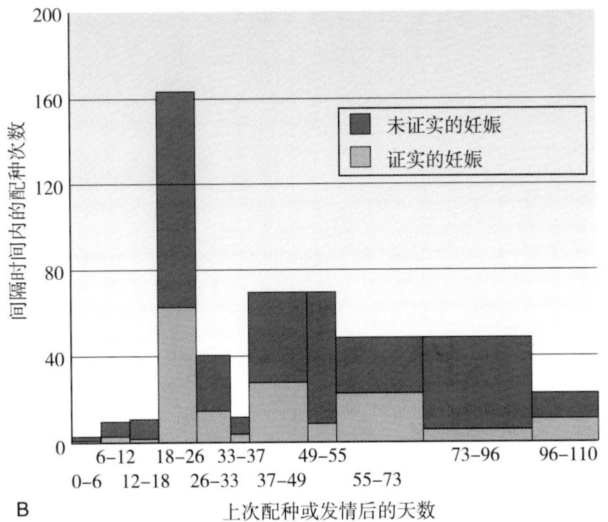

B

彩图76

Close

Services between 23/11/2000 and 01/05/2001

Parity 0
Parity 1
Parity 2
Parity 3+

Day of week

PD available for services before 01/10/2001

Begin

Class	No. services	Non-return within 35 days	PD positive	Calved	Gestation (days)
1. Sunday	75	57%	41%	29%	283
2. Monday	58	36%	31%	16%	280
3. Tuesday	53	58%	45%	13%	280
4. Wednesday	53	70%	53%	30%	282
5. Thursday	79	63%	49%	27%	280
6. Friday	67	66%	52%	33%	279
7. Saturday	56	63%	54%	20%	282
Overall	441	59%	46%	24%	281

A (i)

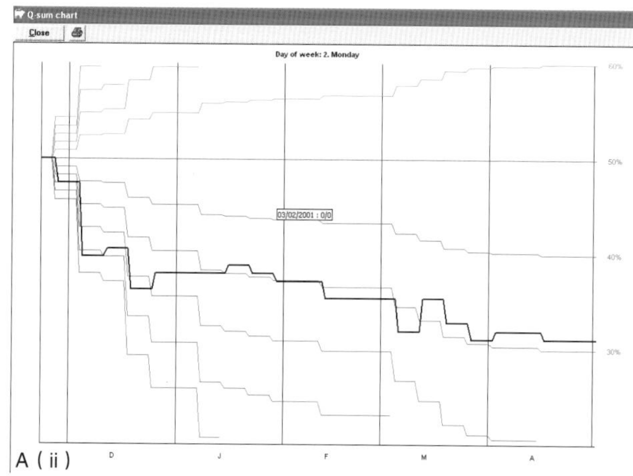

A (ii)

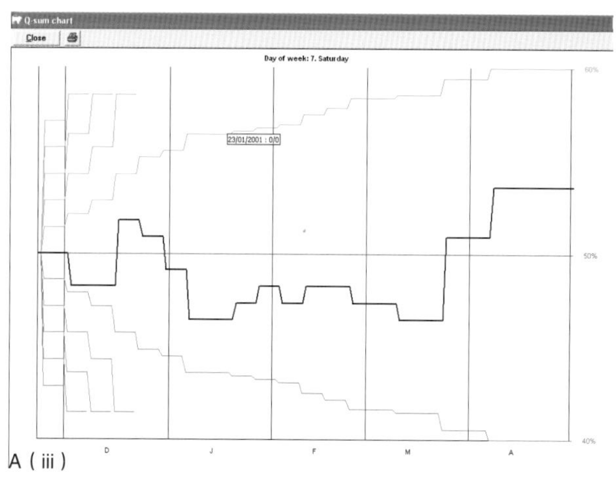

A (iii)

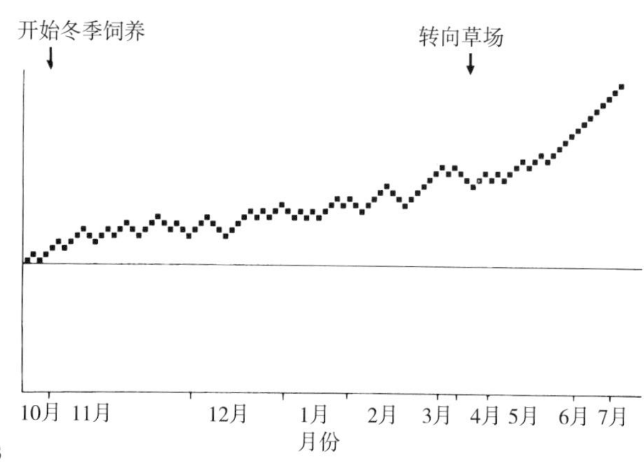

B

彩图77

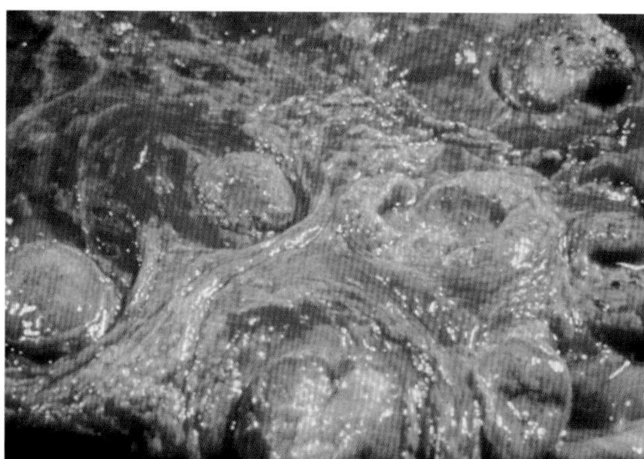

彩图78

彩图79

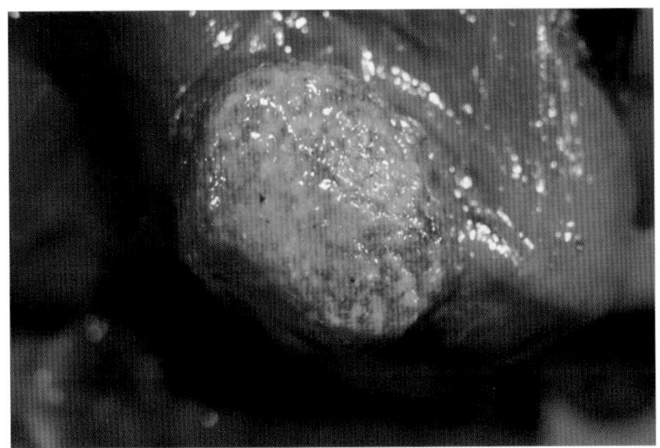

彩图80

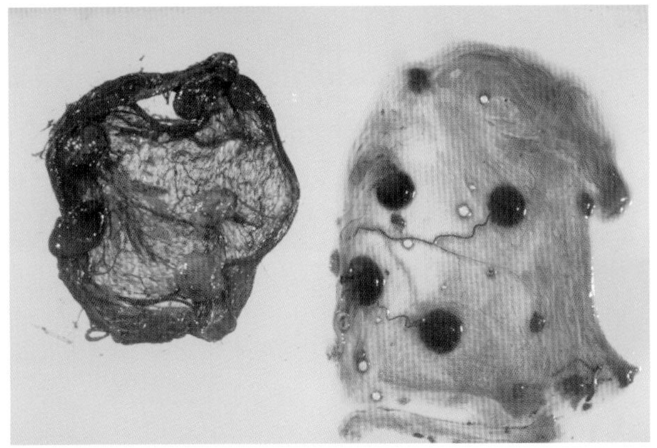

彩图81

彩图82

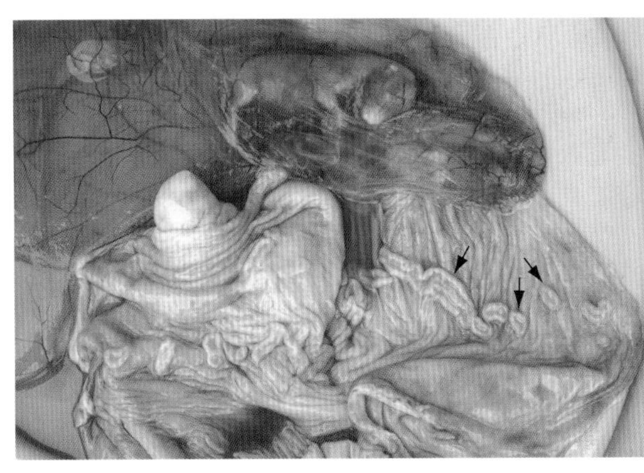

彩图83

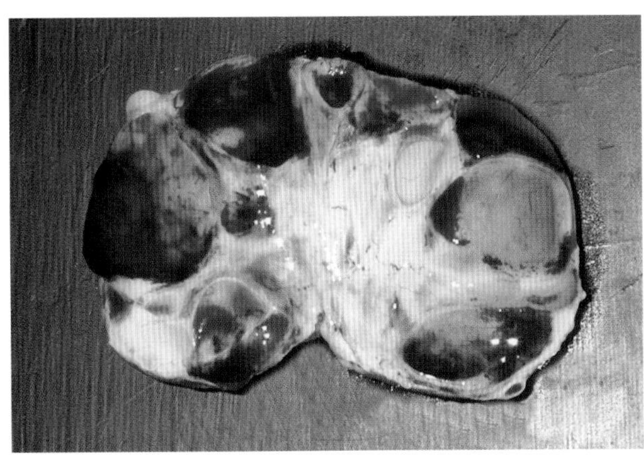

彩图84

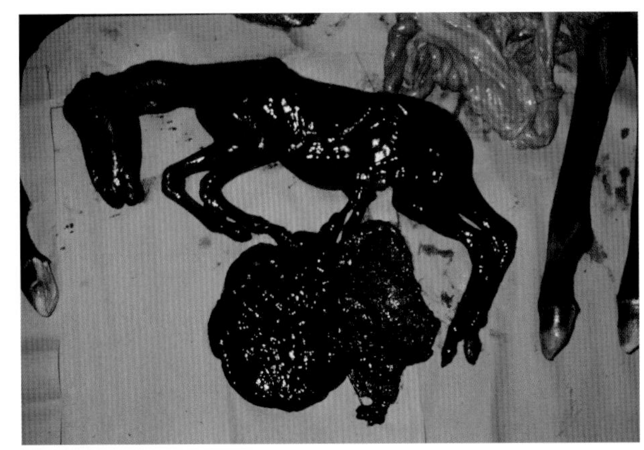

彩图85

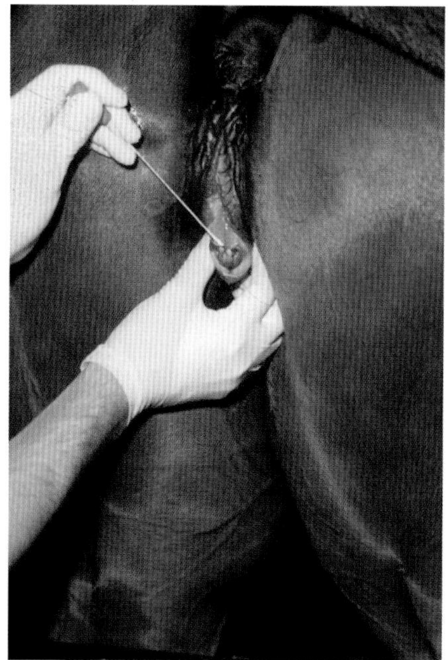

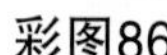
彩图86

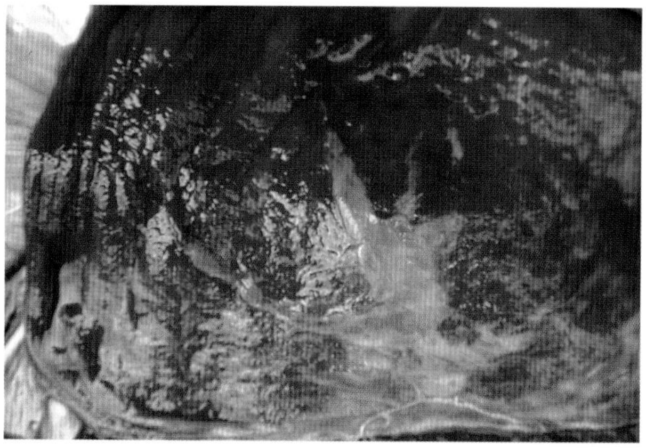

彩图87

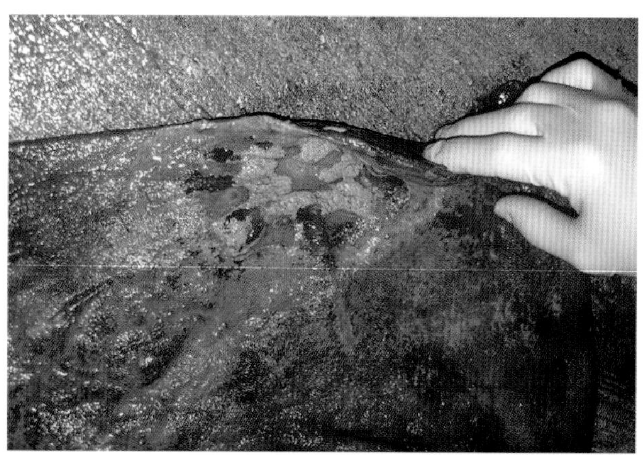

彩图88

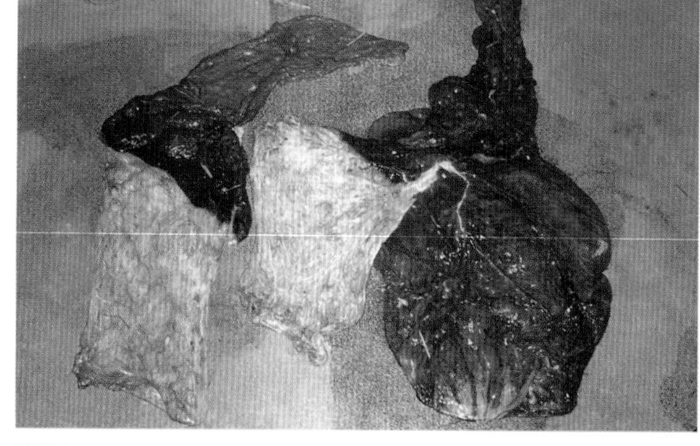

彩图89

彩图90

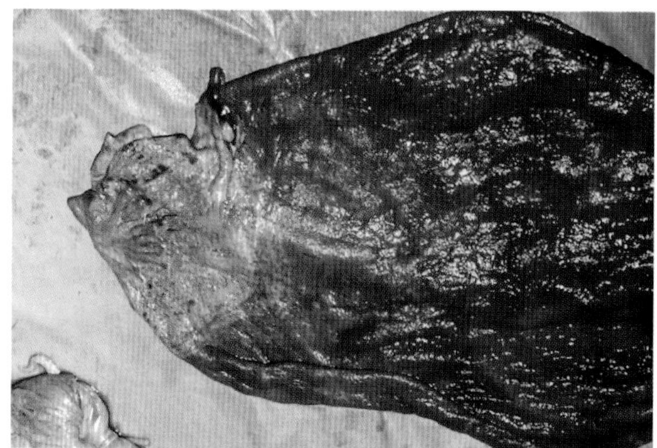

彩图91

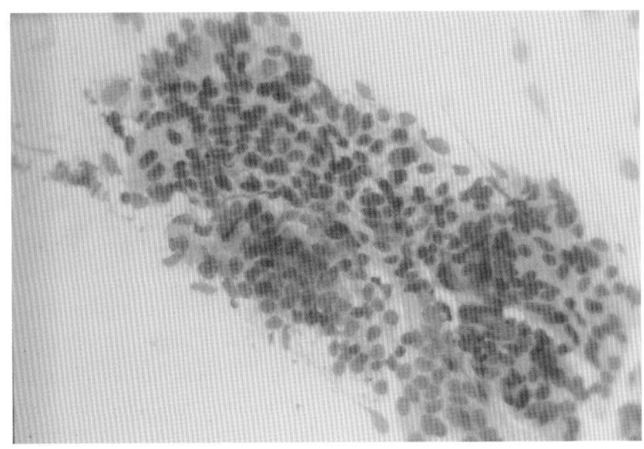
彩图92

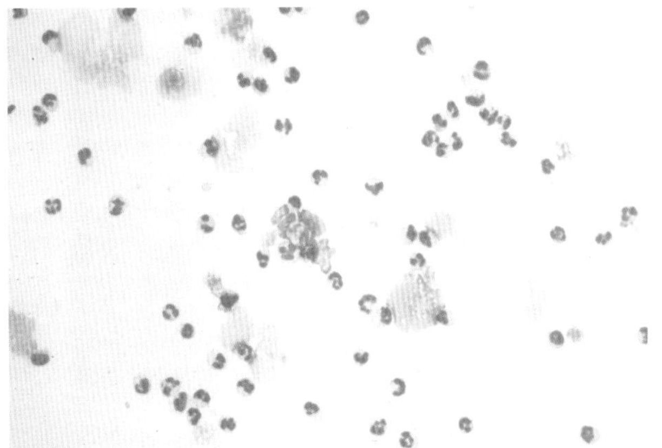
彩图93

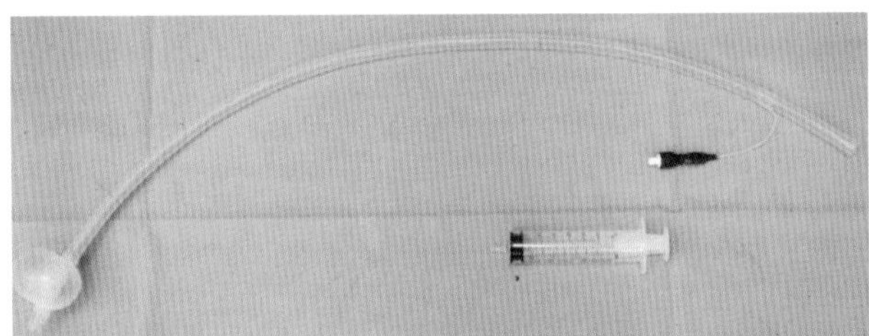
彩图94

彩图95

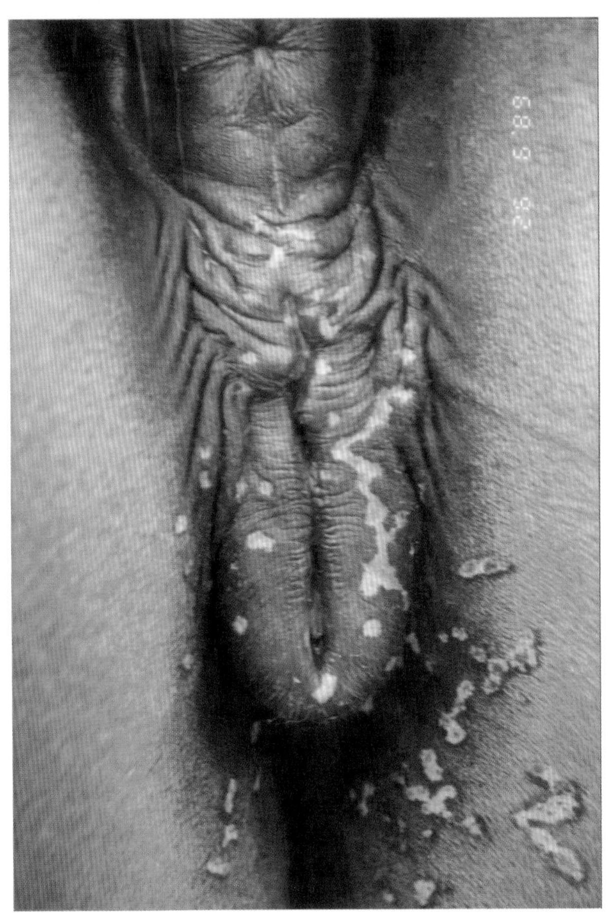
彩图96

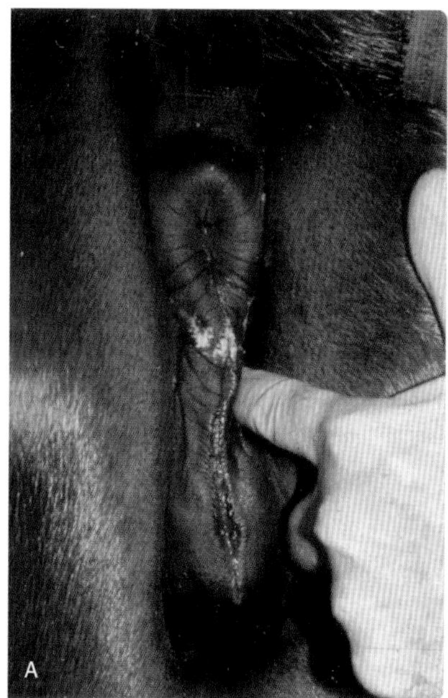

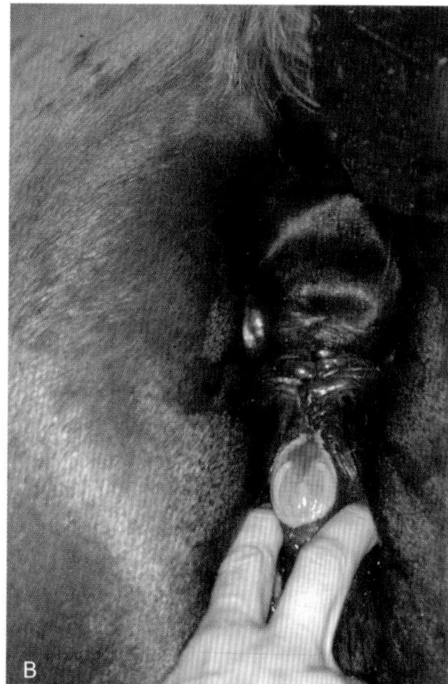

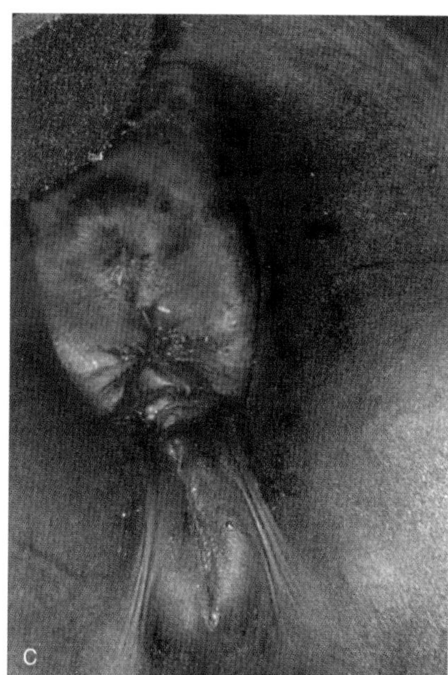

彩图97

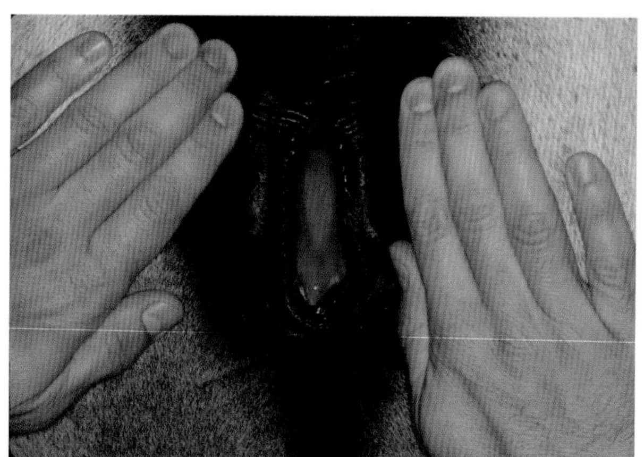

彩图98

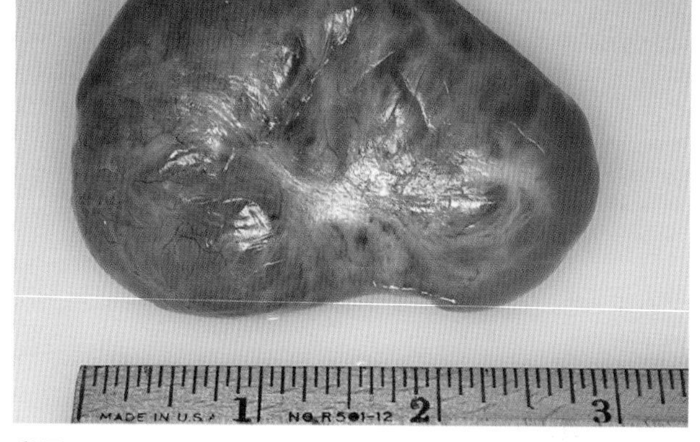

彩图99

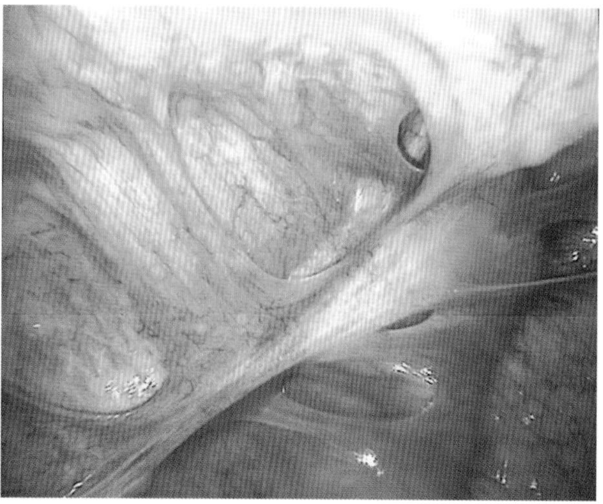

彩图100

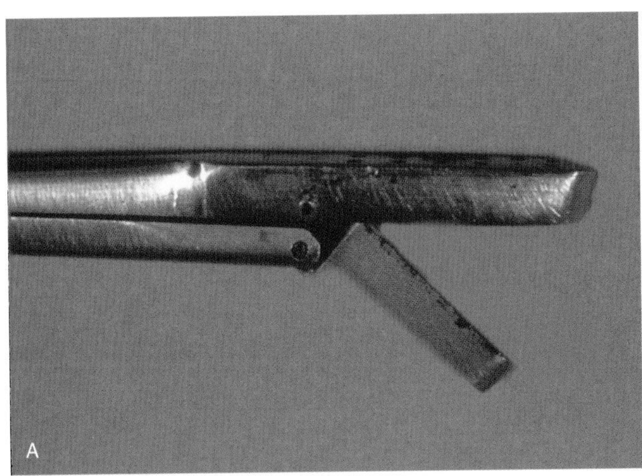

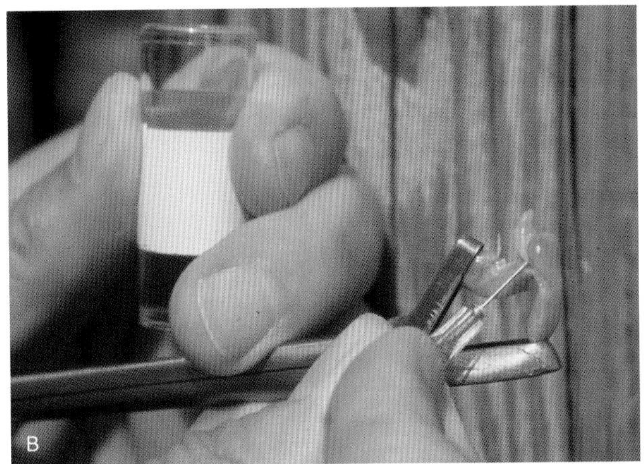

彩图101

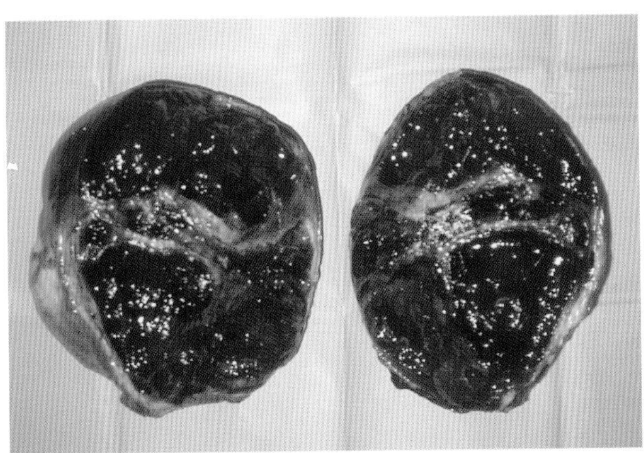

彩图102

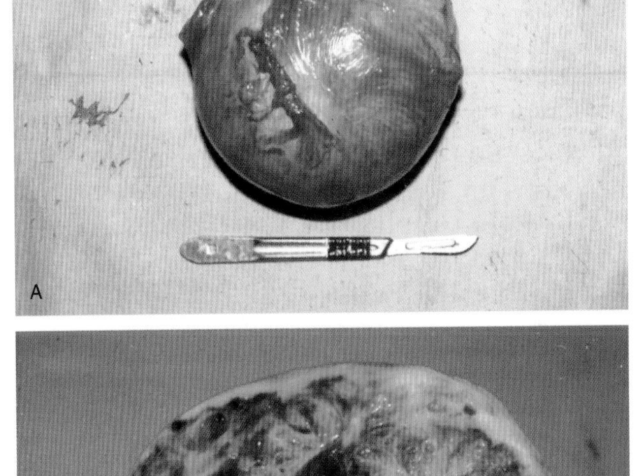

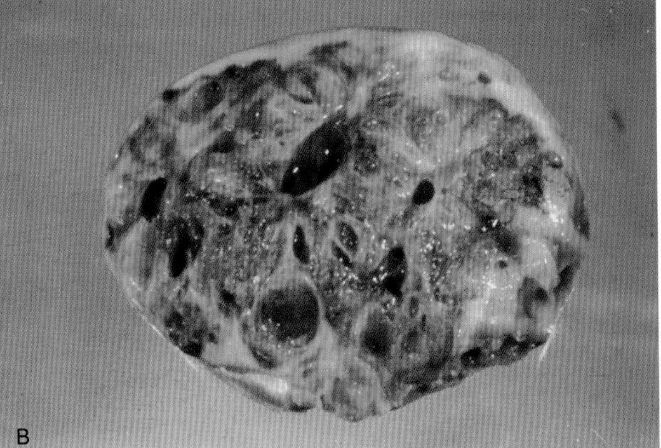

彩图103

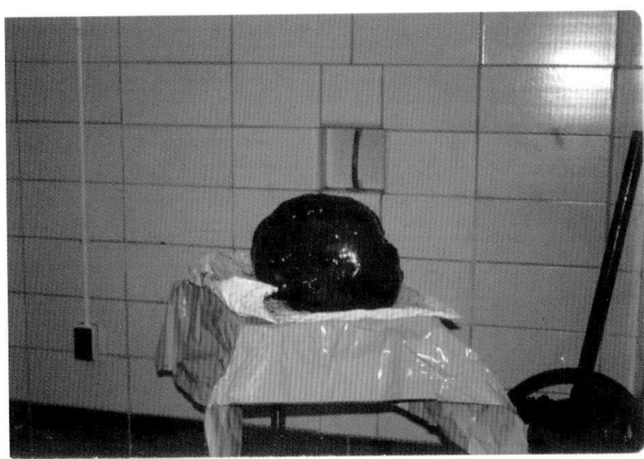

彩图104

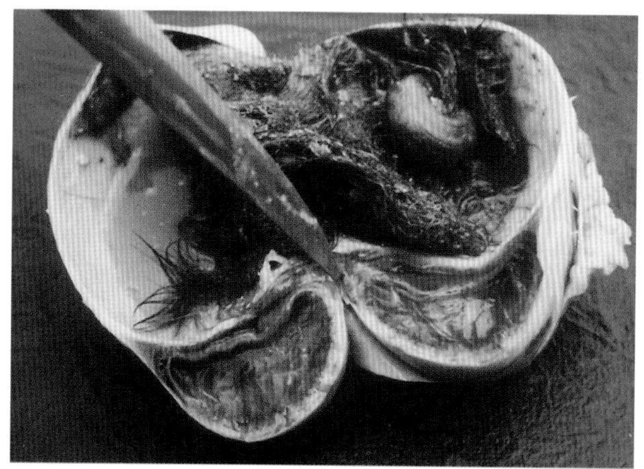

彩图105

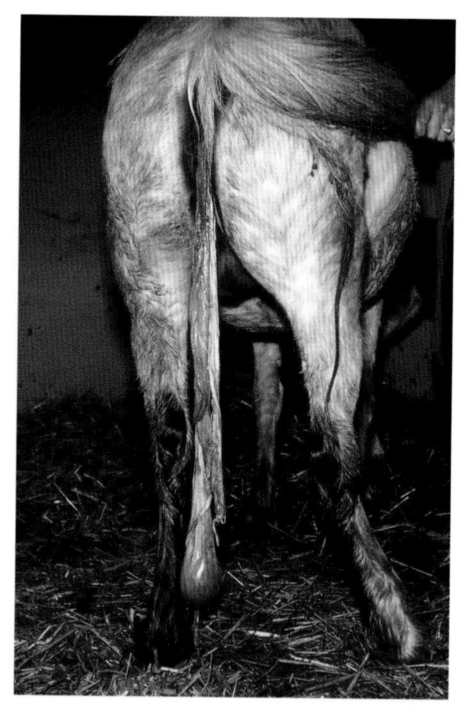

彩图106

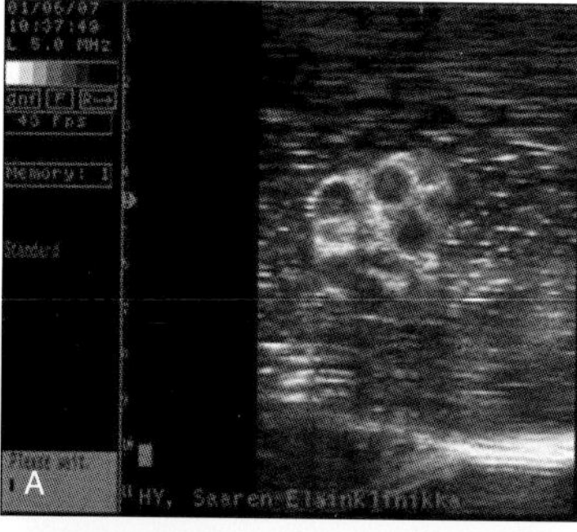

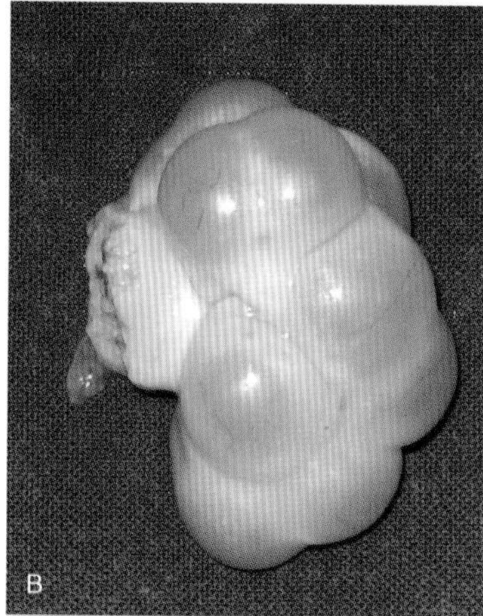

彩图107

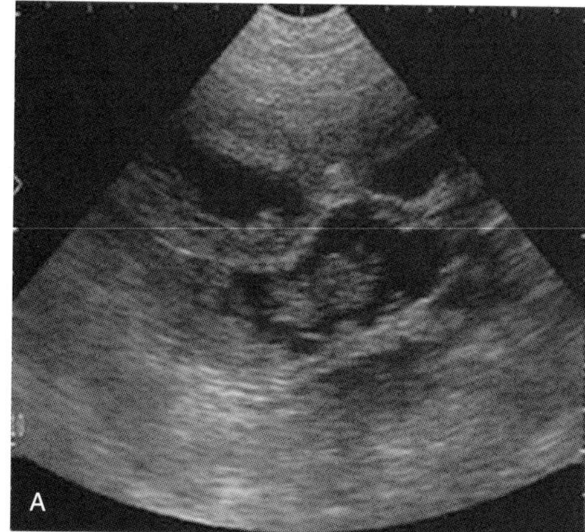

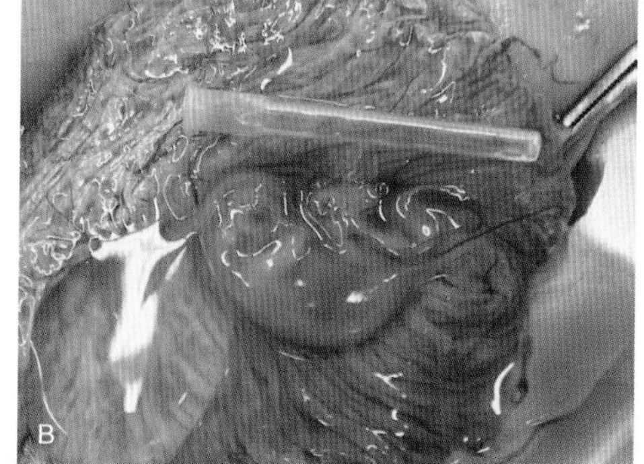

彩图108

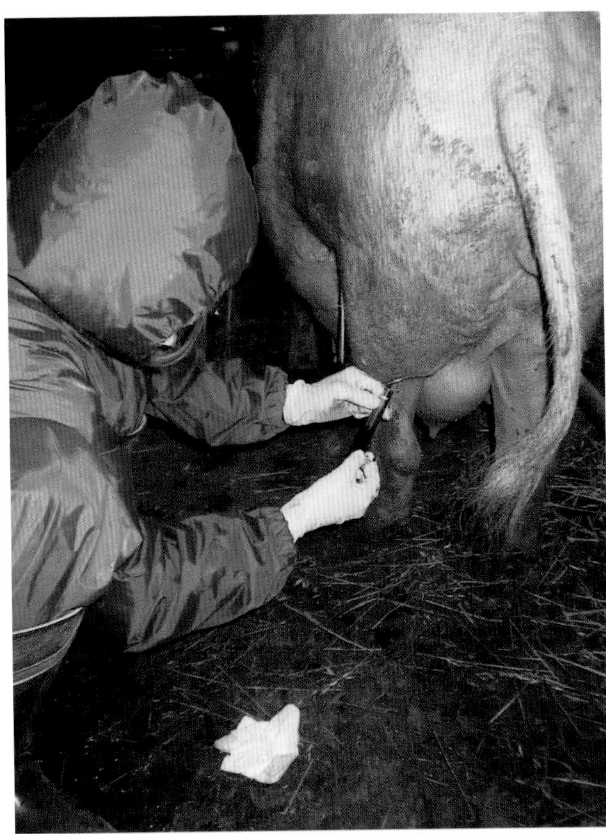

彩图109

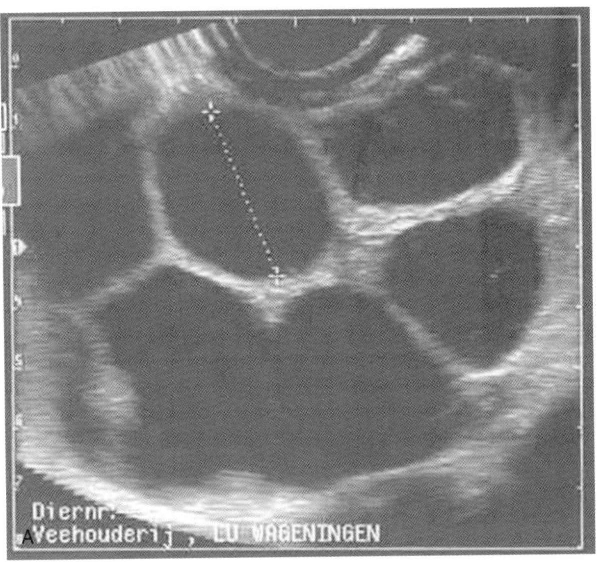

A

B

彩图110

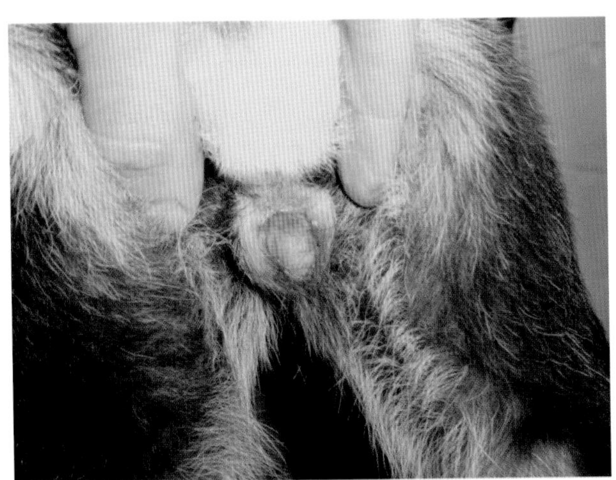

彩图111

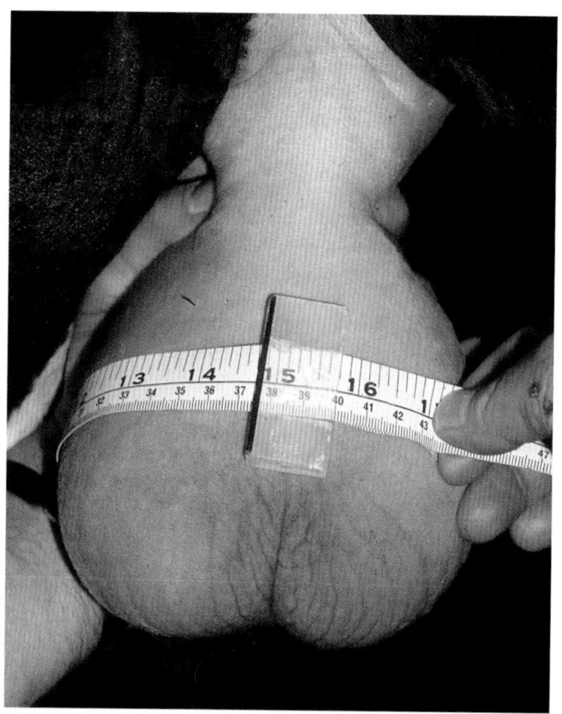

彩图112

彩图113

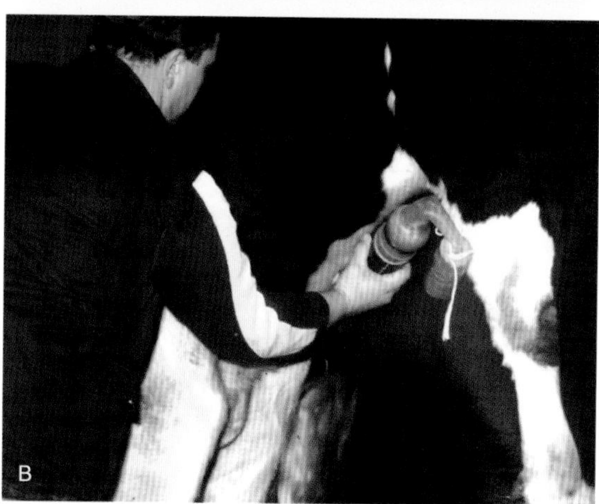

彩图114

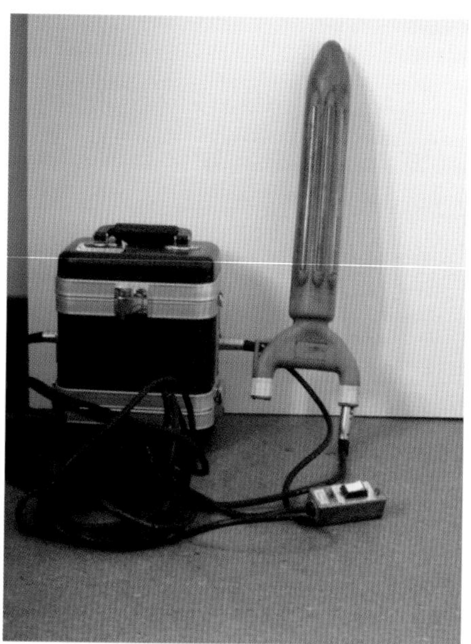
彩图115

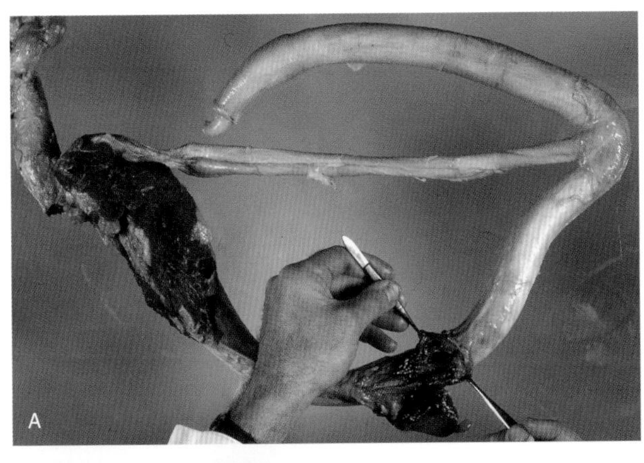

彩图116

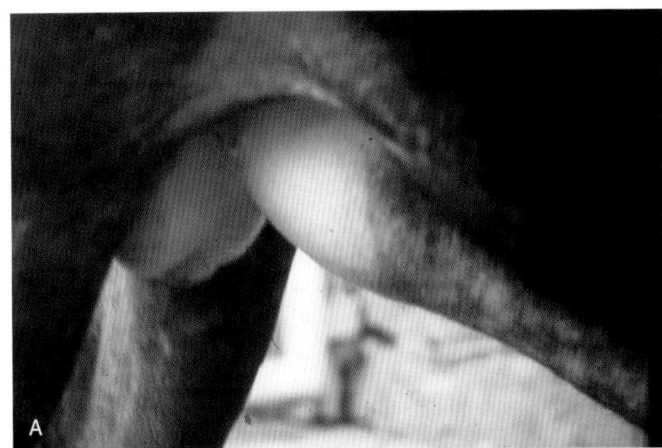

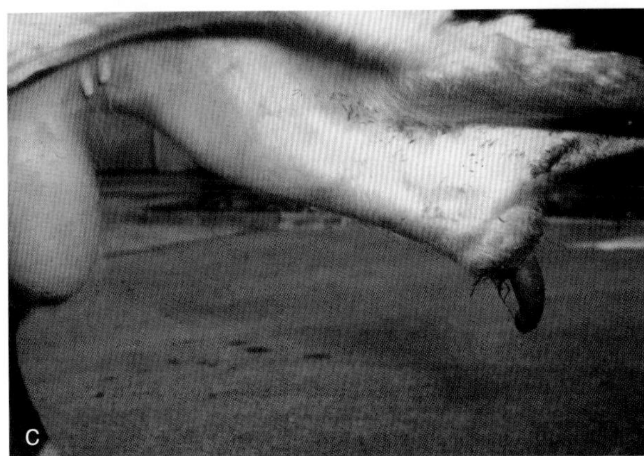

彩图117

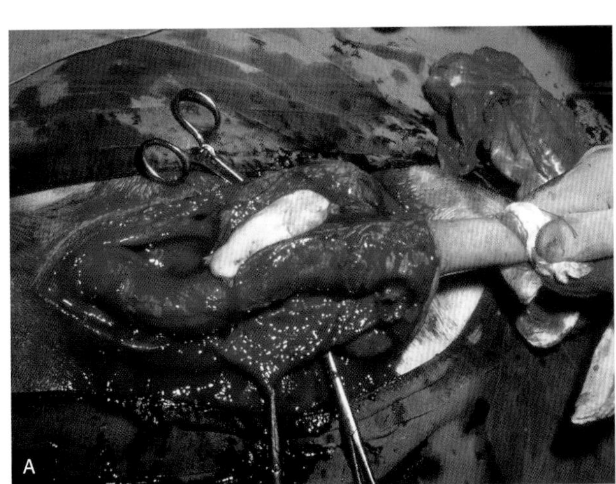

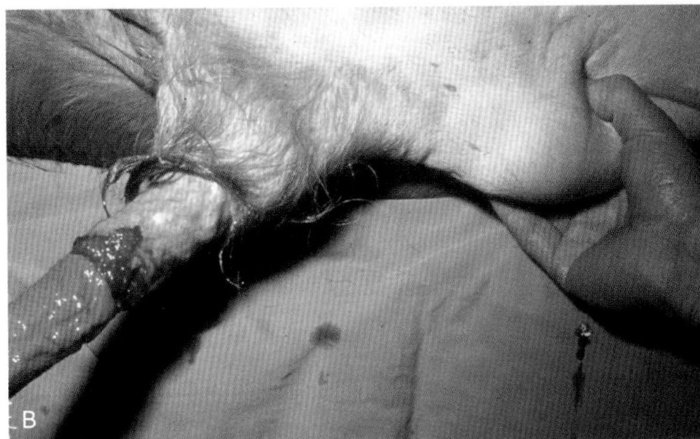

彩图118

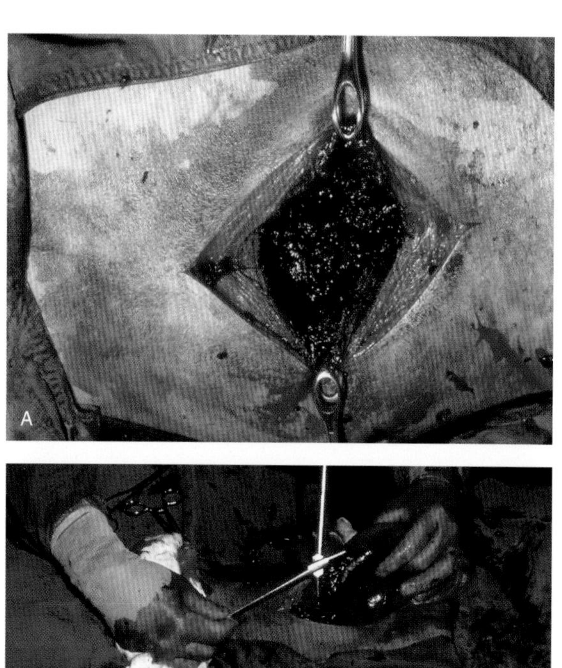

彩图119

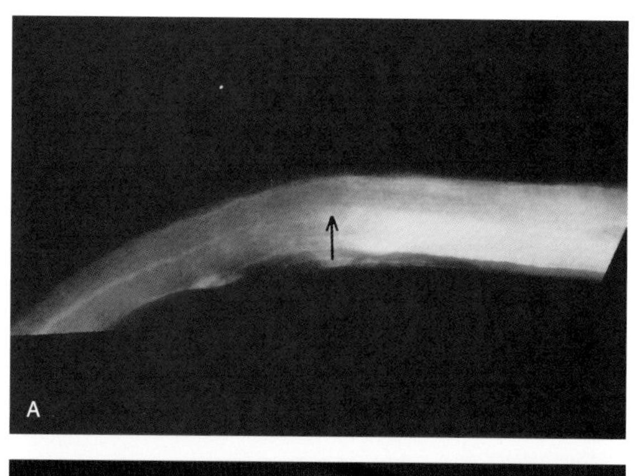

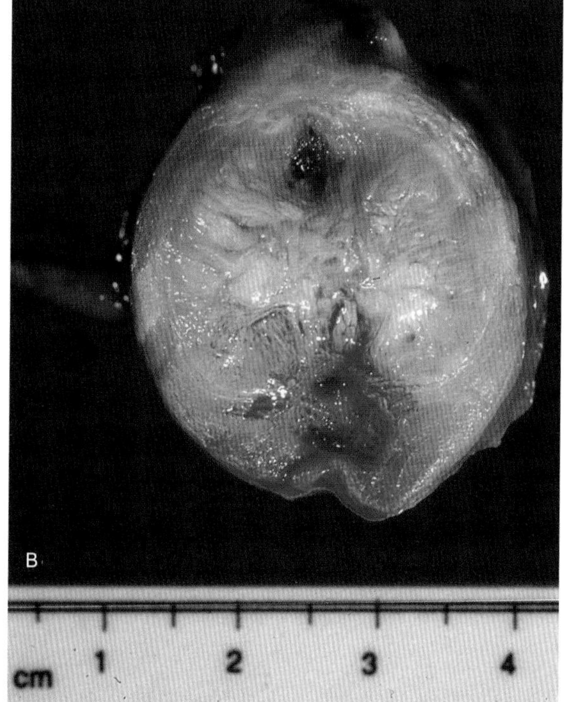

彩图120

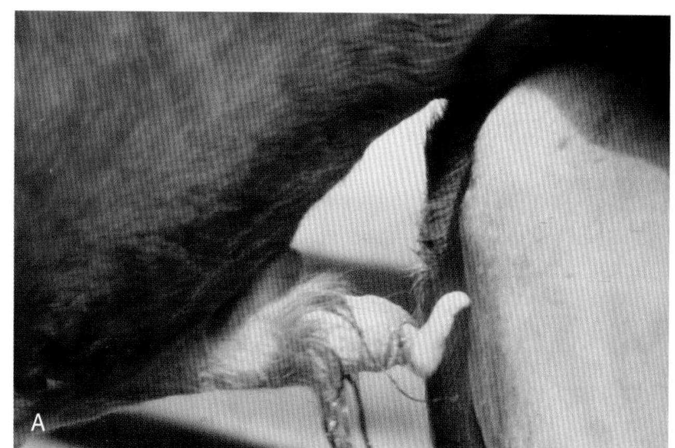

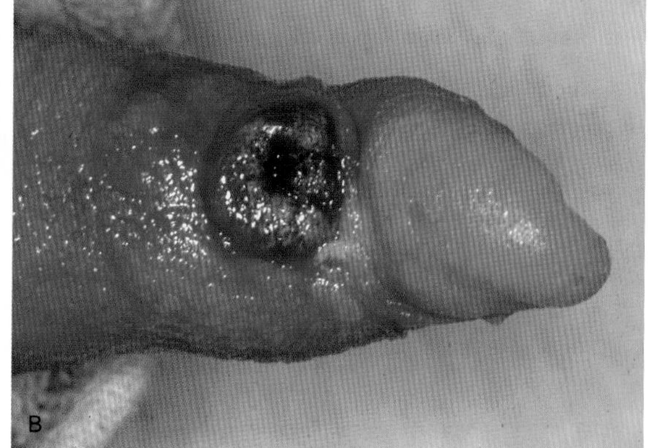

彩图121

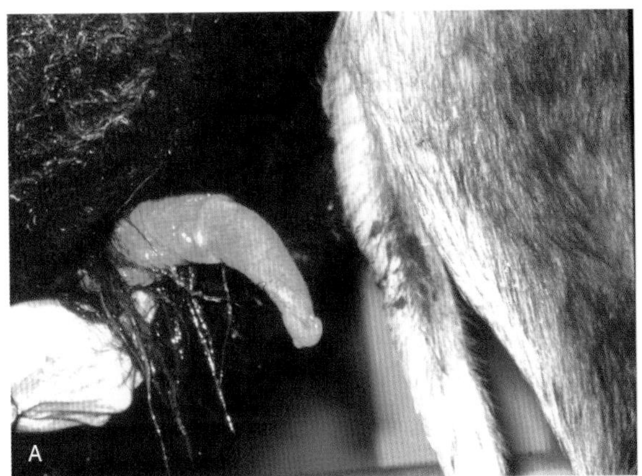

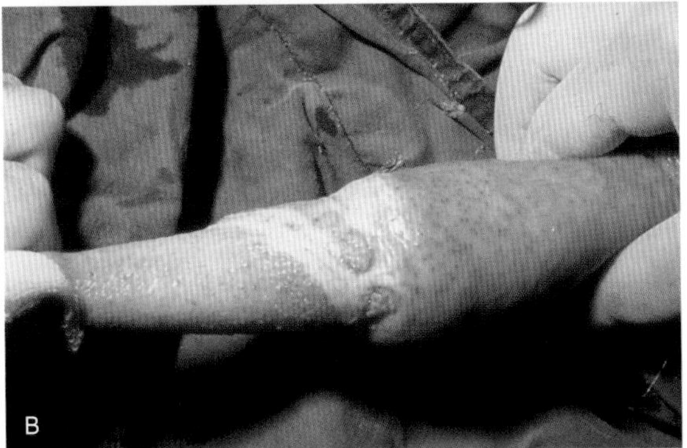

彩图122

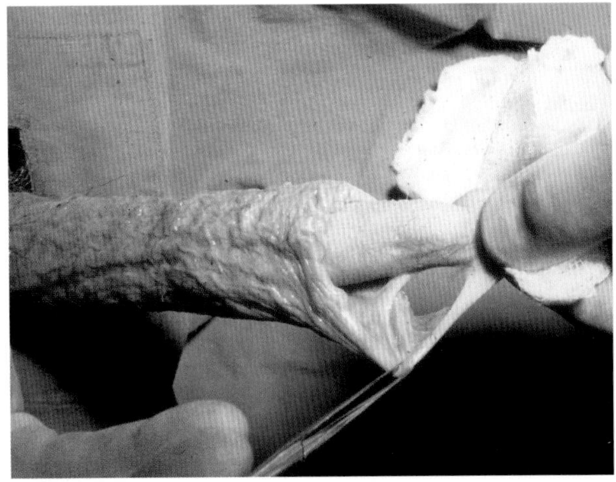

彩图123

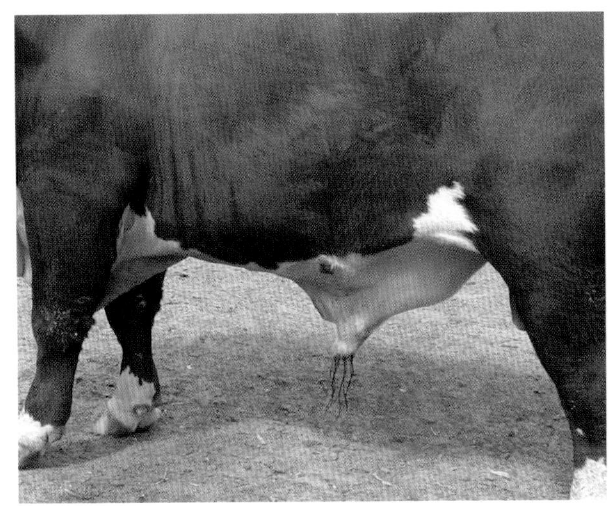

彩图124

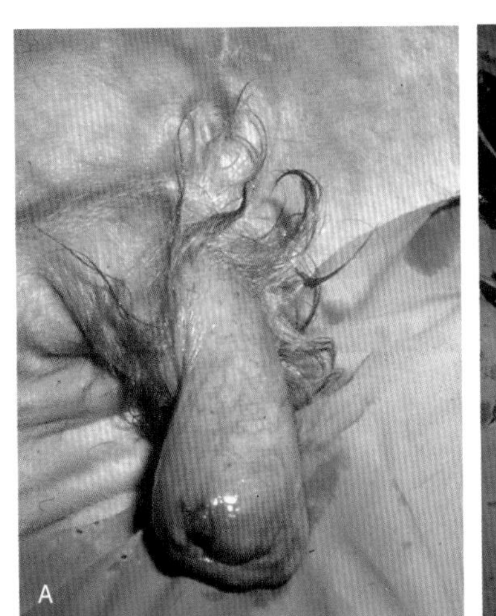

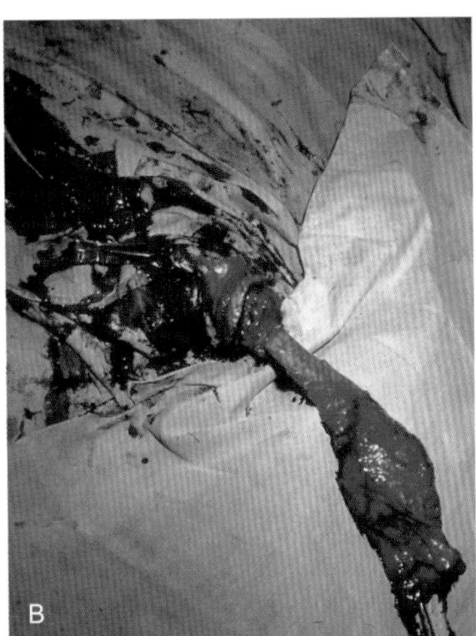

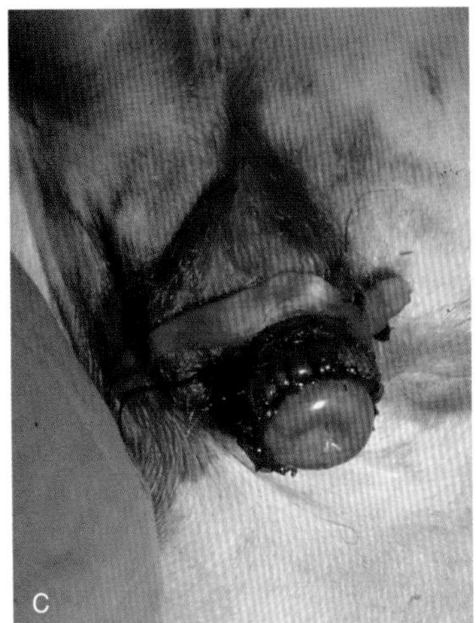

彩图125

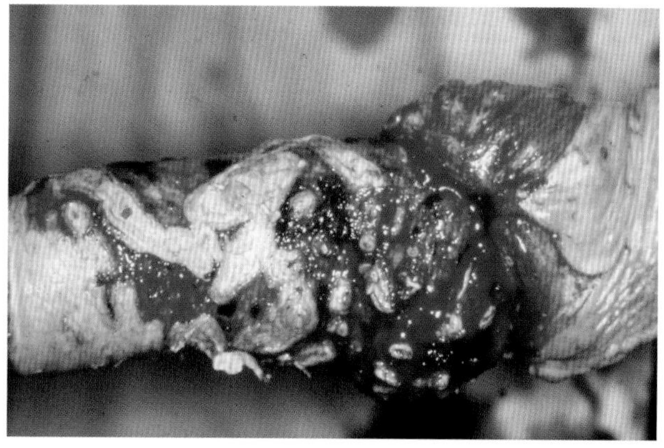

彩图126

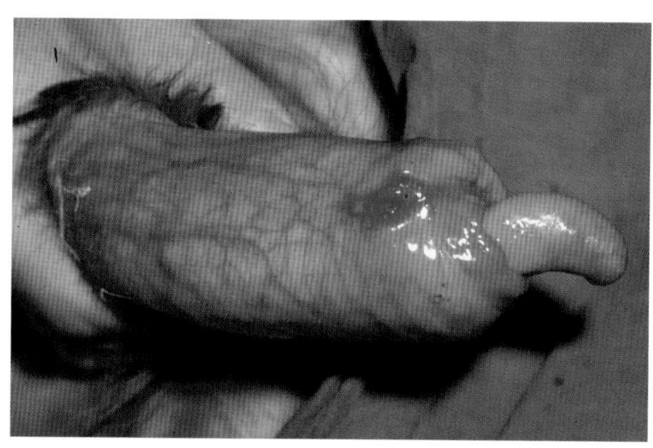

彩图127

彩图128

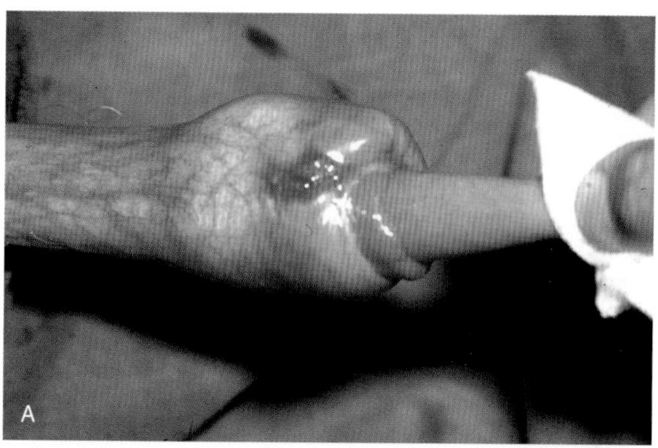

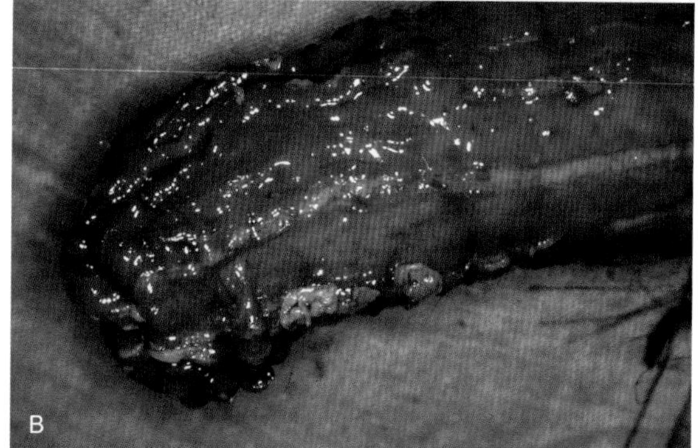

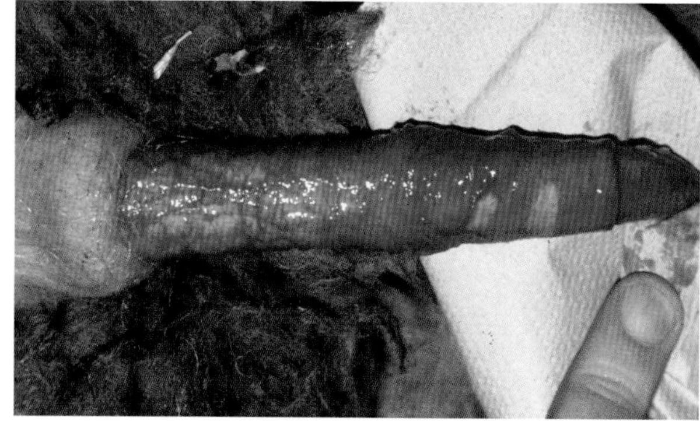

彩图129

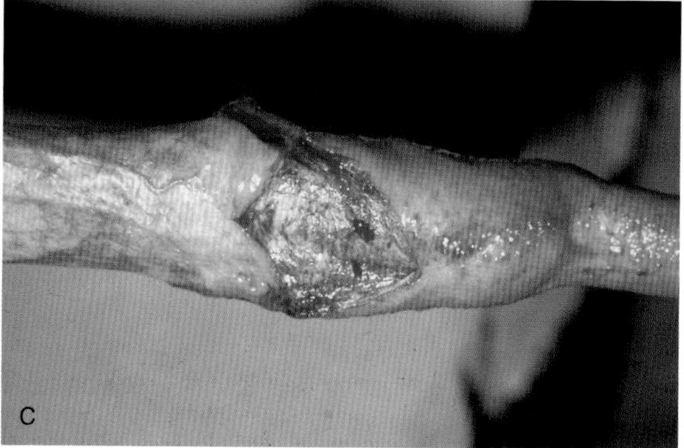

彩图130

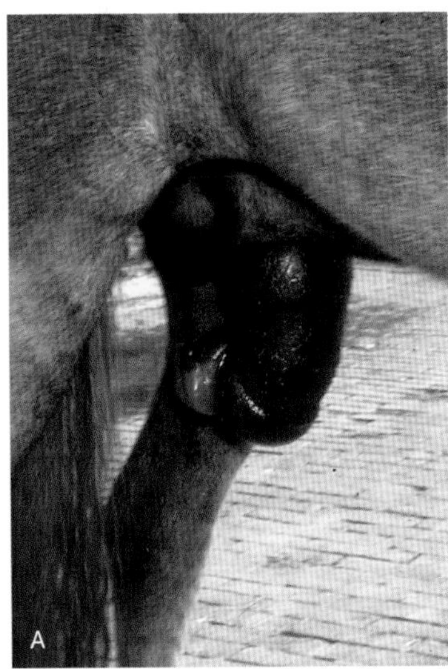

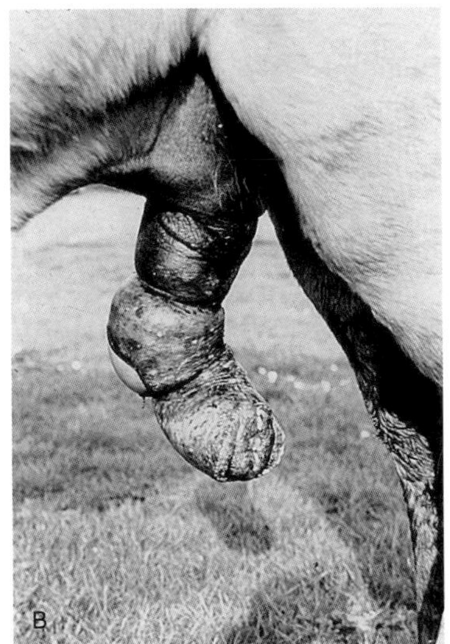

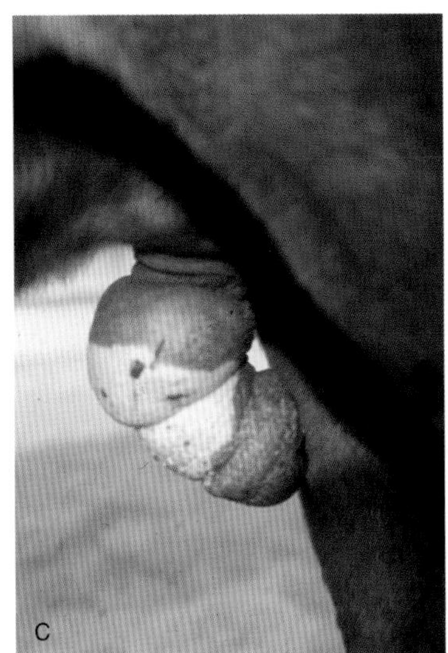

彩图131

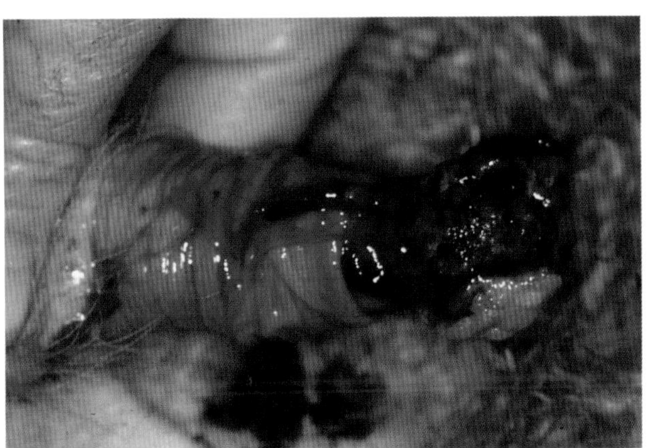

彩图132

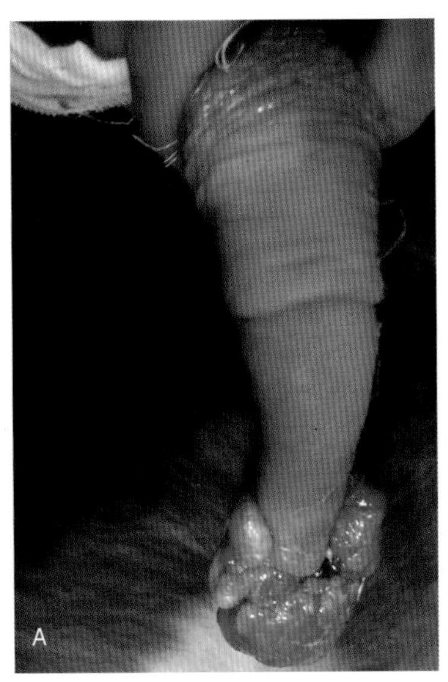

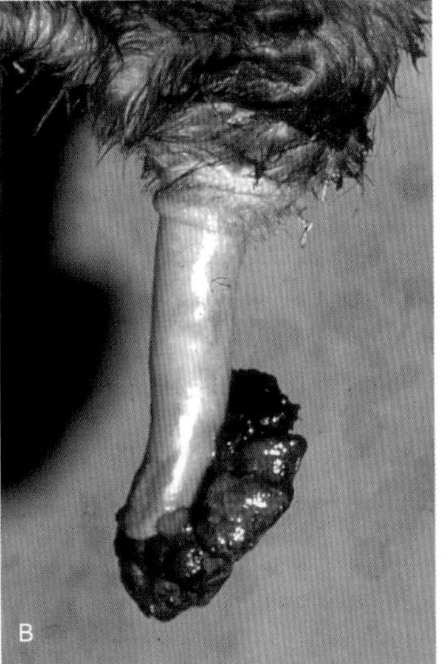

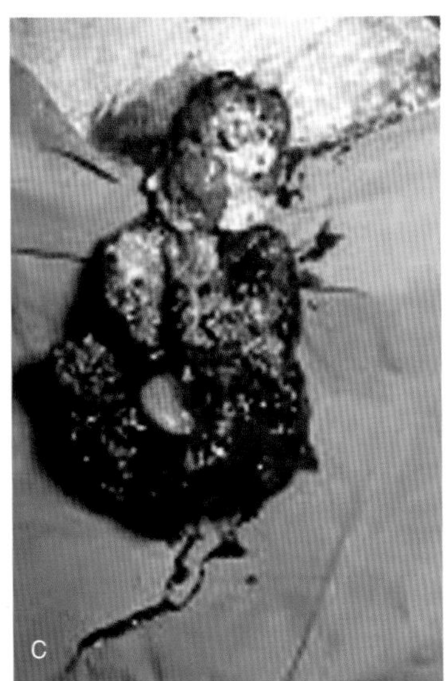

彩图133

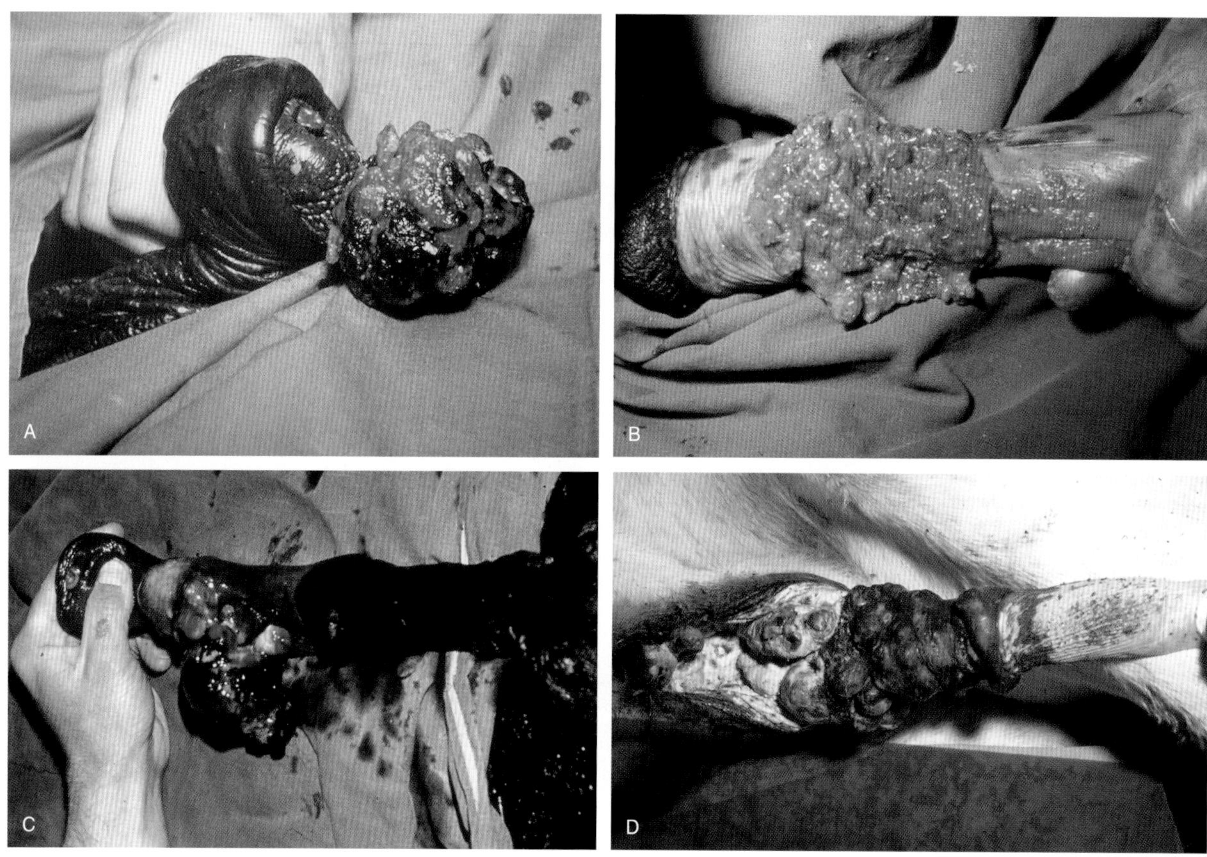

彩图134

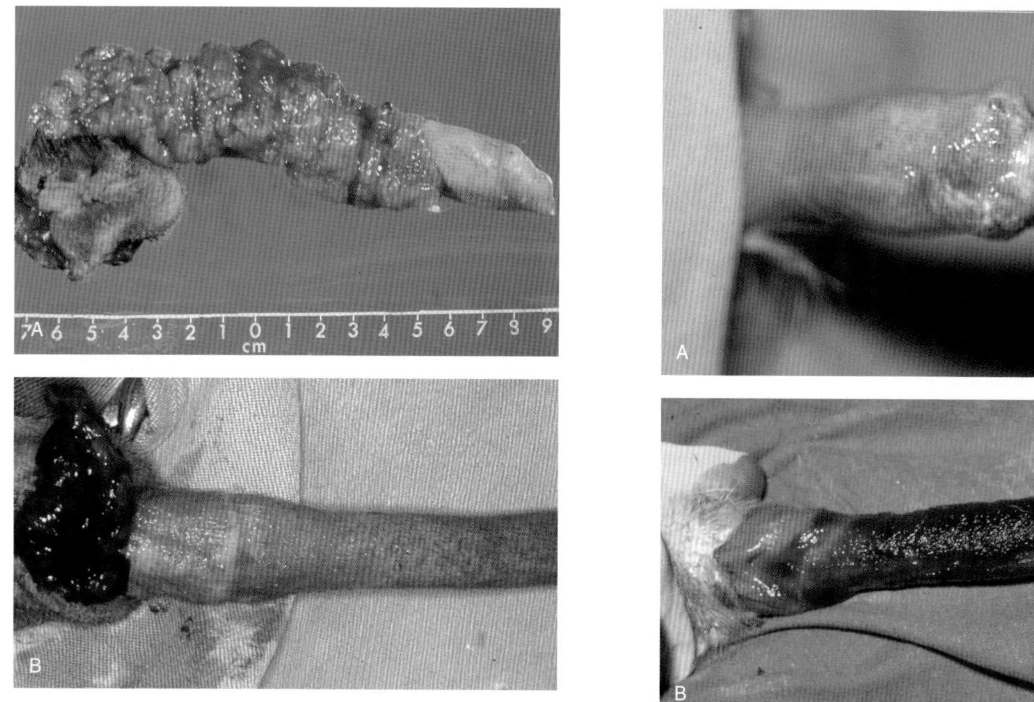

彩图135

彩图136

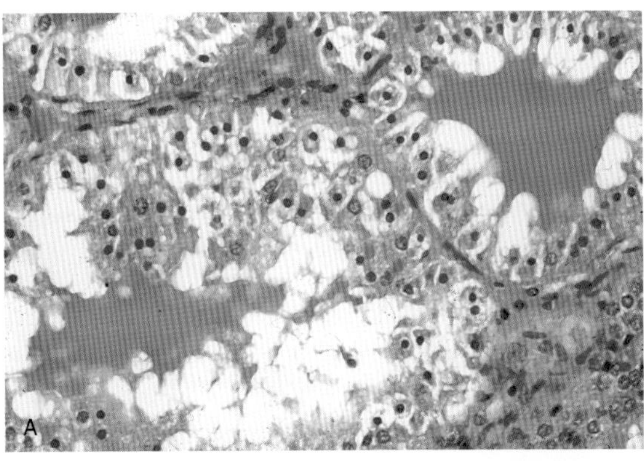

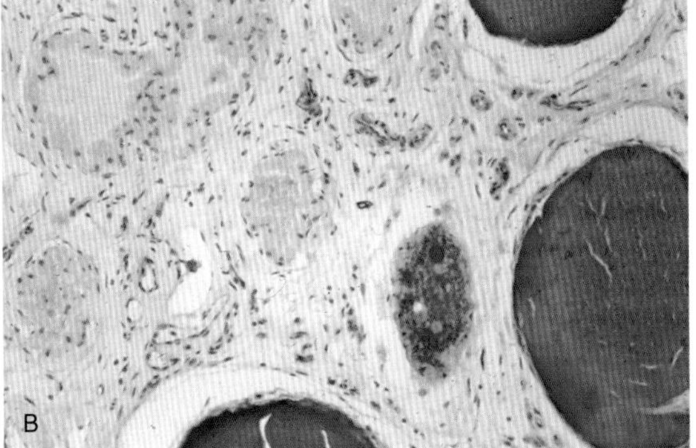

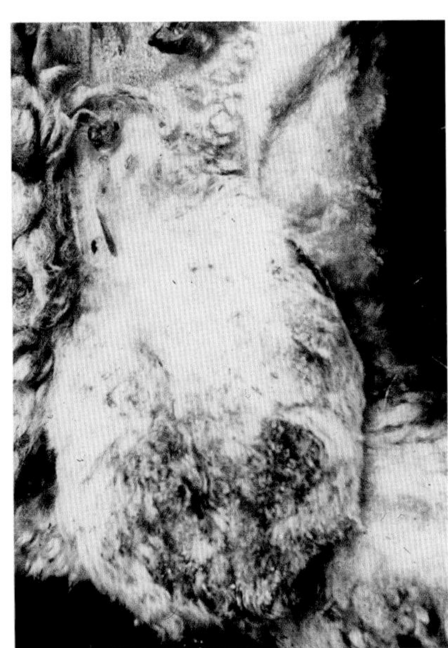

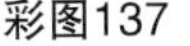

彩图137

彩图138

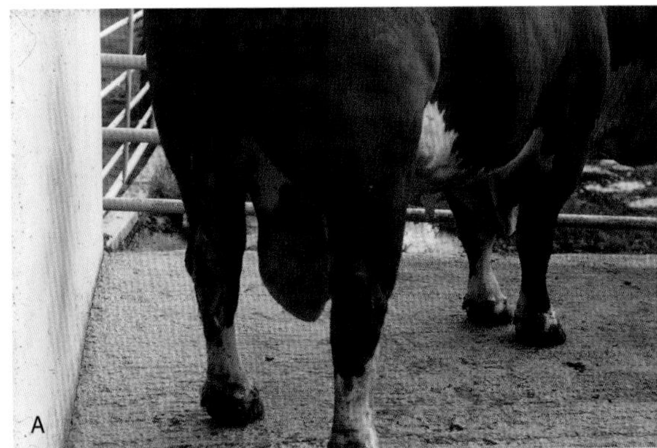

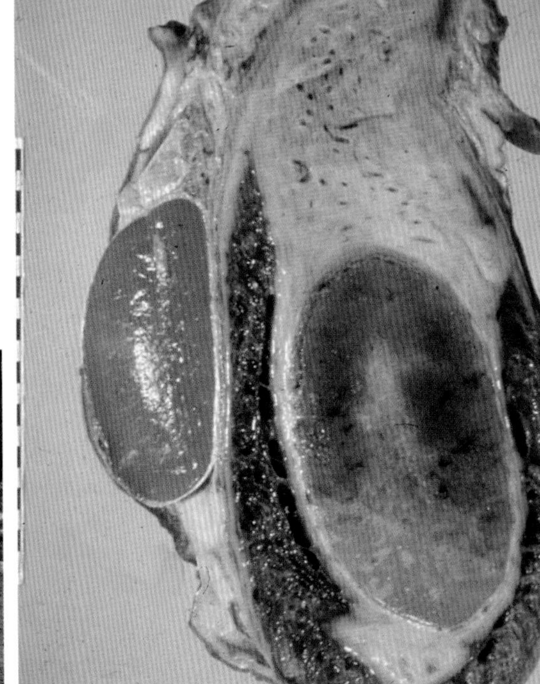

彩图139

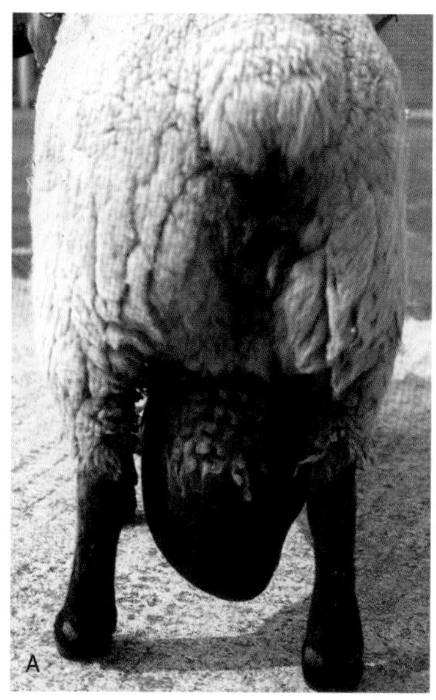

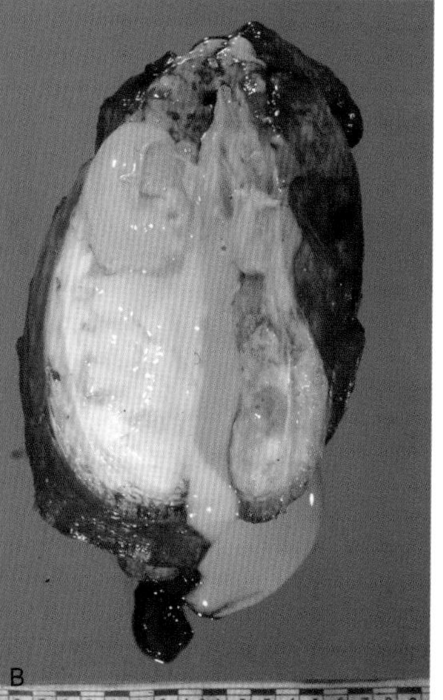

彩图140

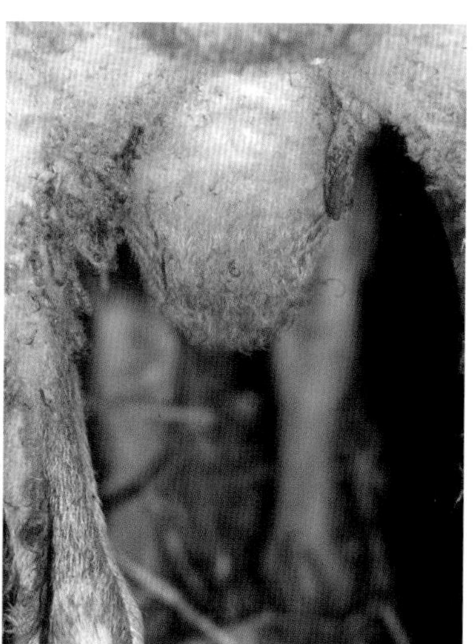

彩图141

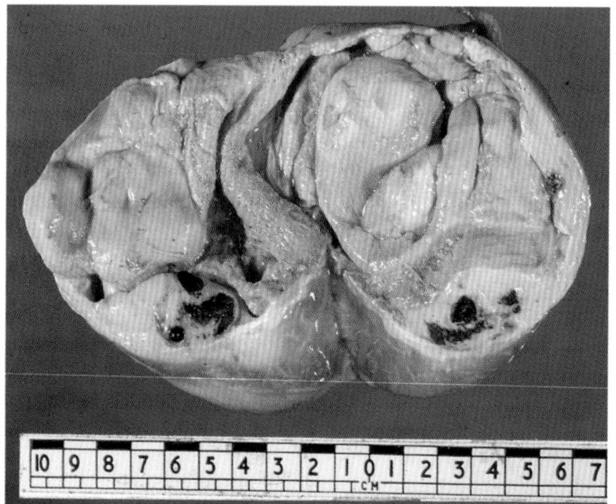

彩图142

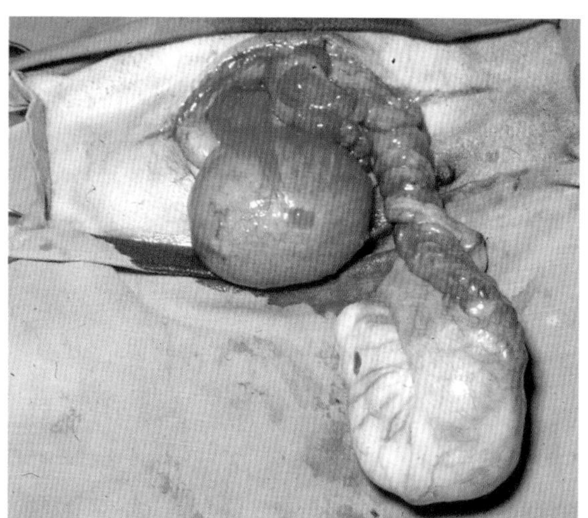

彩图143

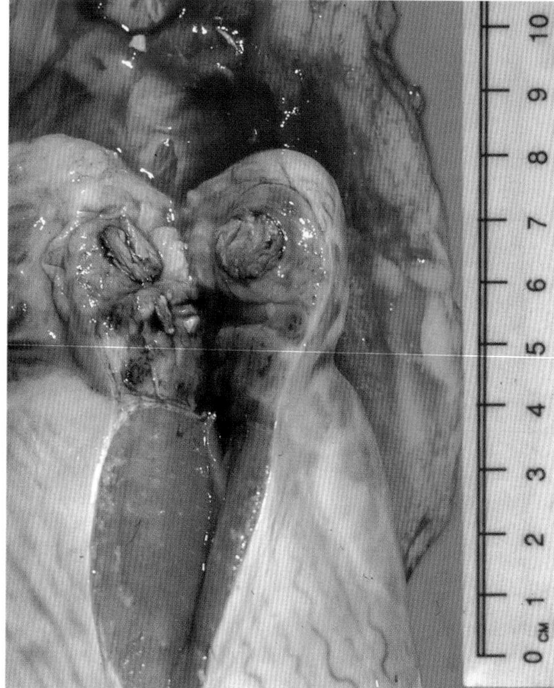

彩图144

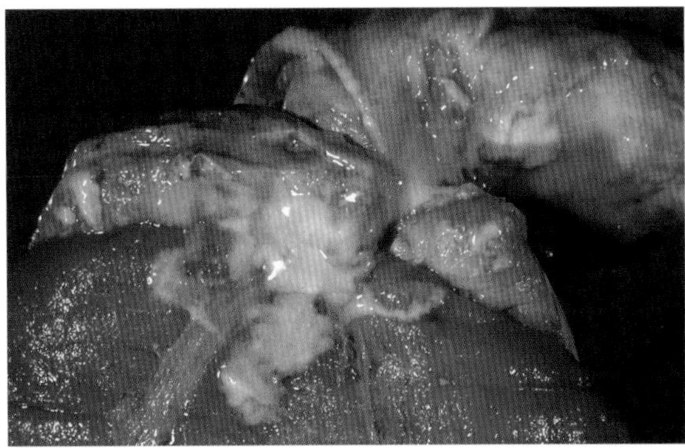

彩图145

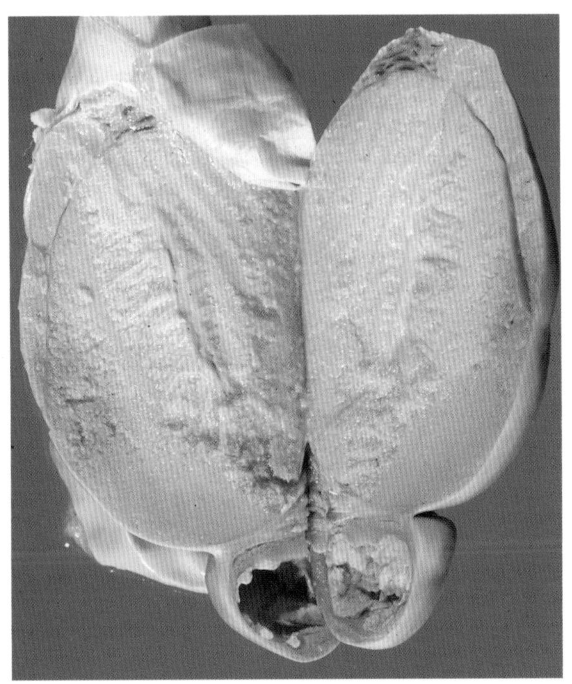

彩图146

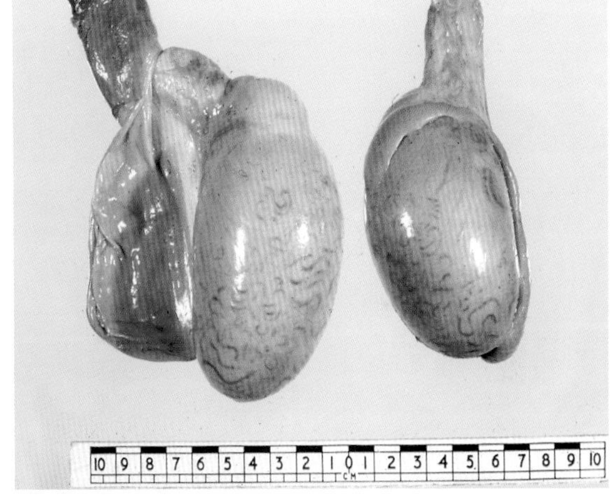

彩图147

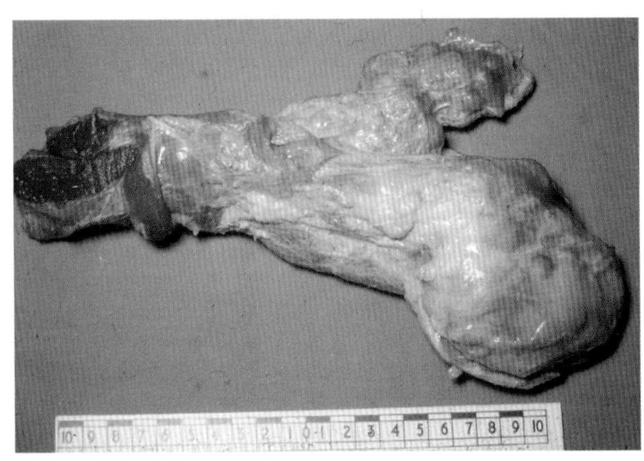

彩图148

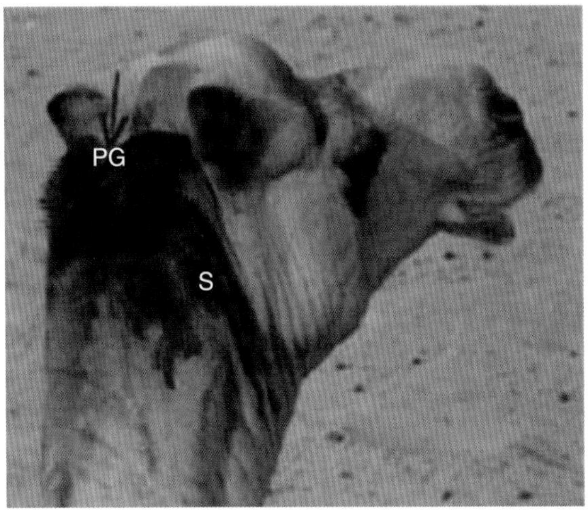

PG

S

彩图149

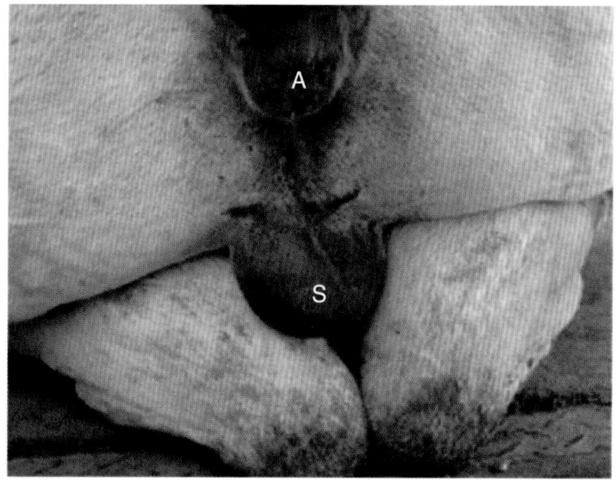

彩图150

彩图151

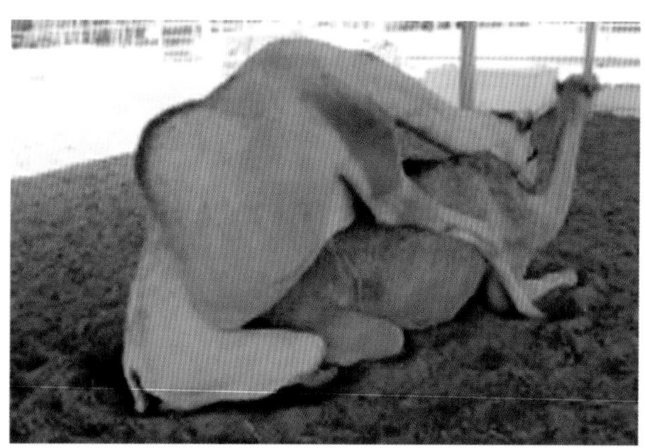

彩图152

彩图153

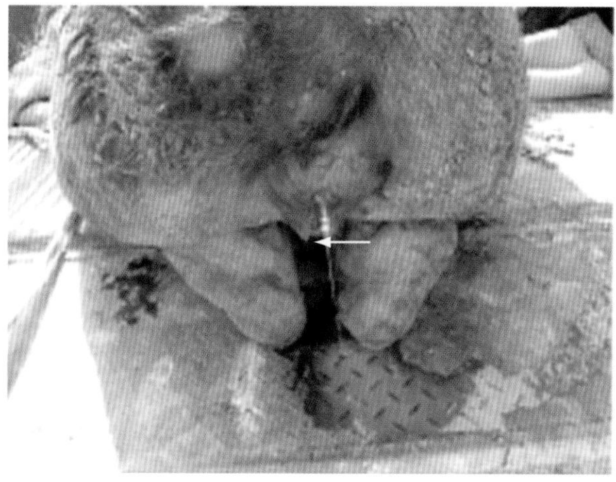

彩图154

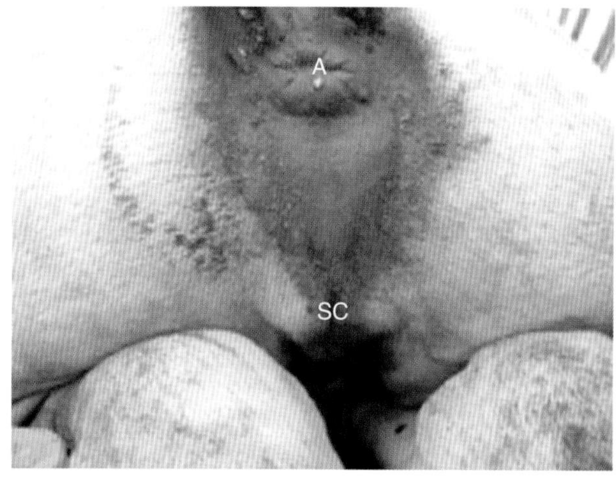

彩图155

彩图156

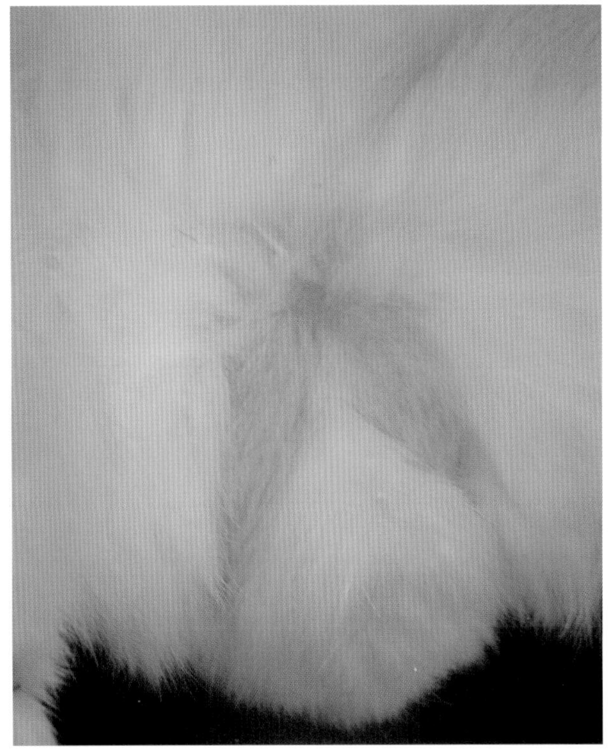
彩图157

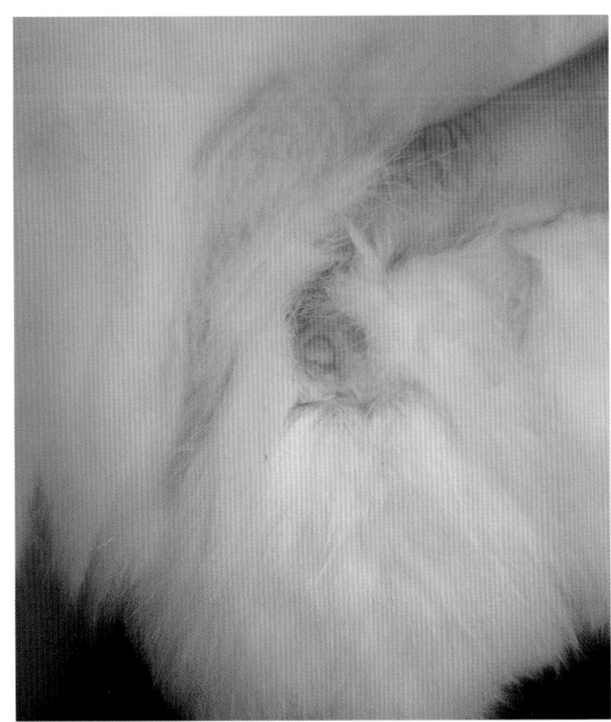
彩图158

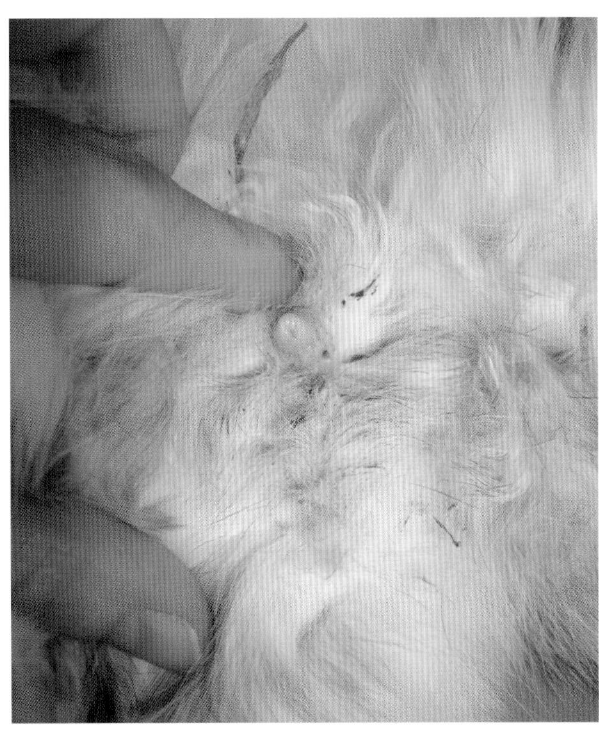
彩图160

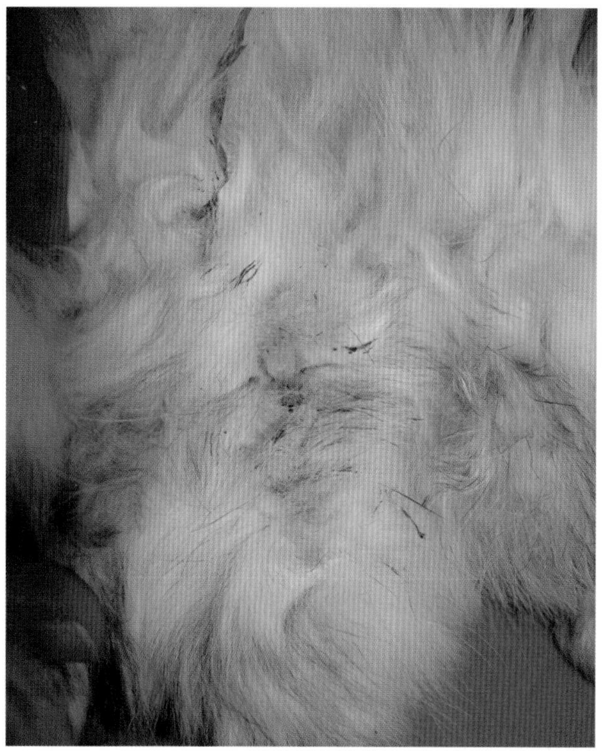

彩图159

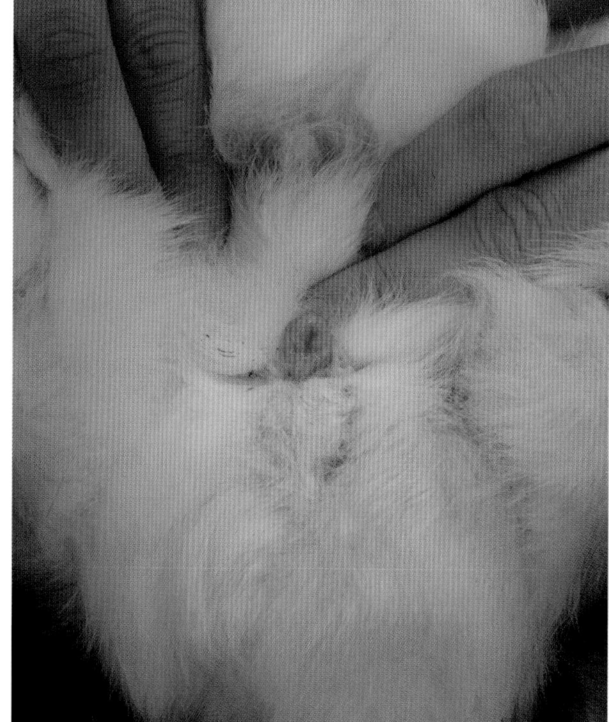

彩图161

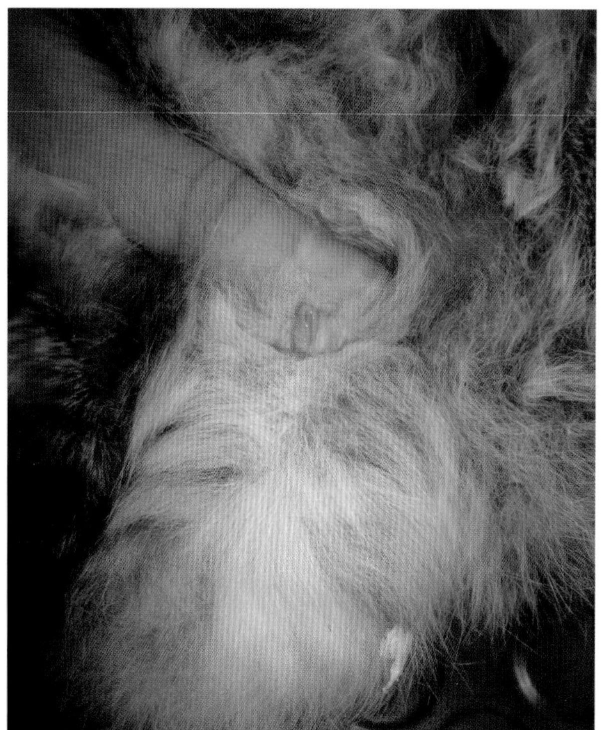
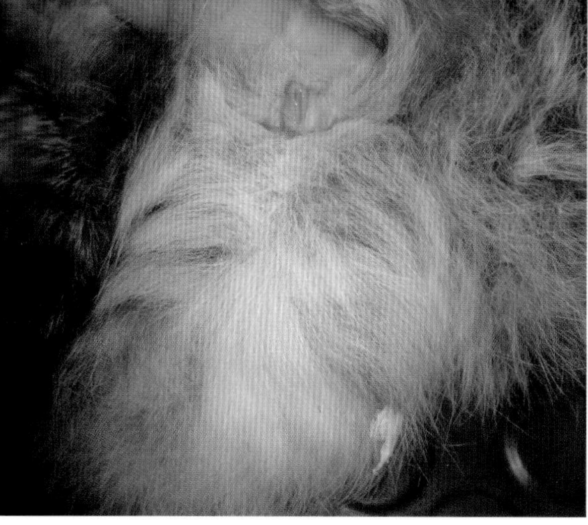

彩图162

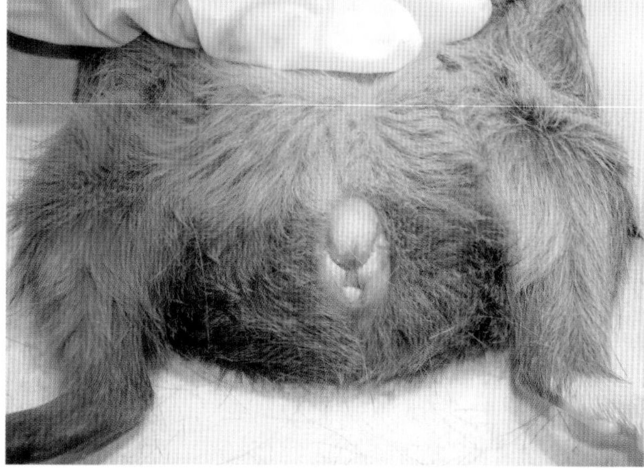

彩图163

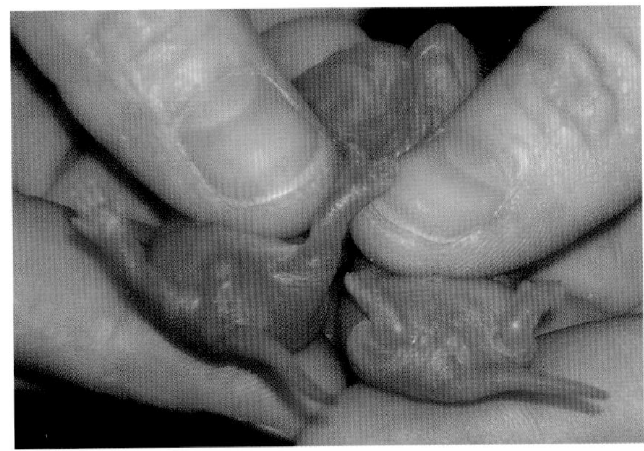

彩图164

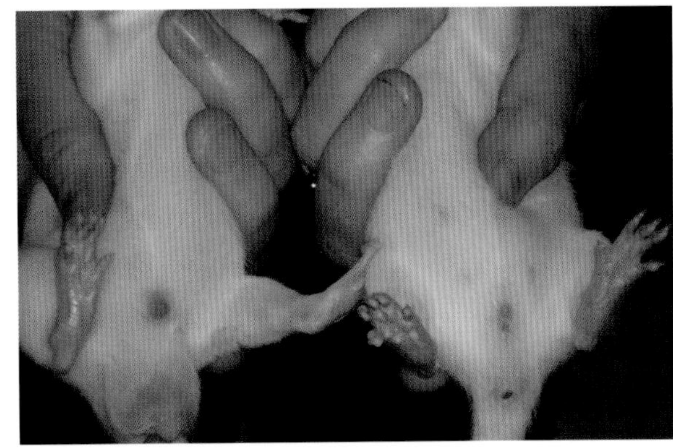

彩图165

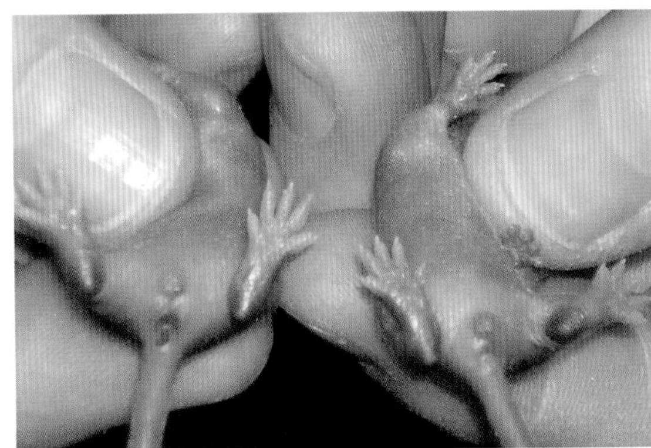

彩图166

彩图167

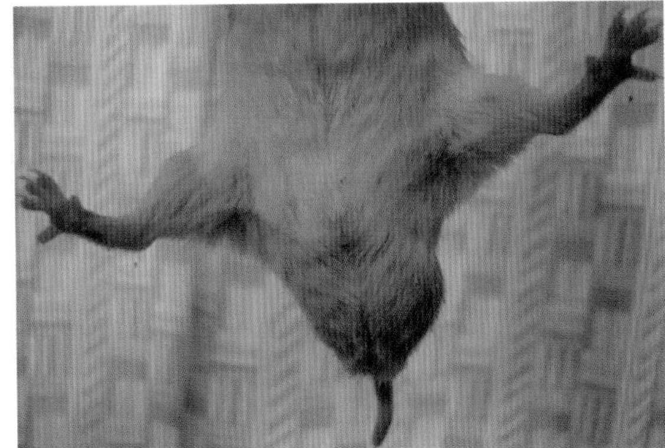

彩图168

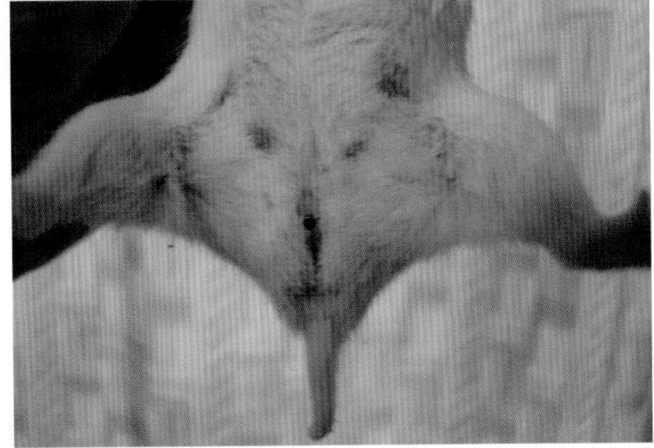

彩图169

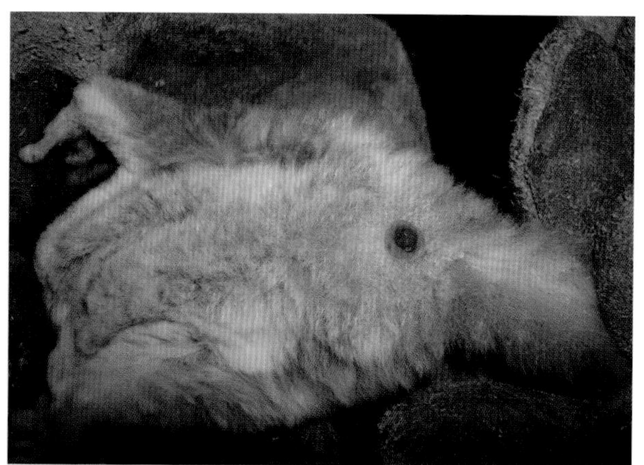
彩图170

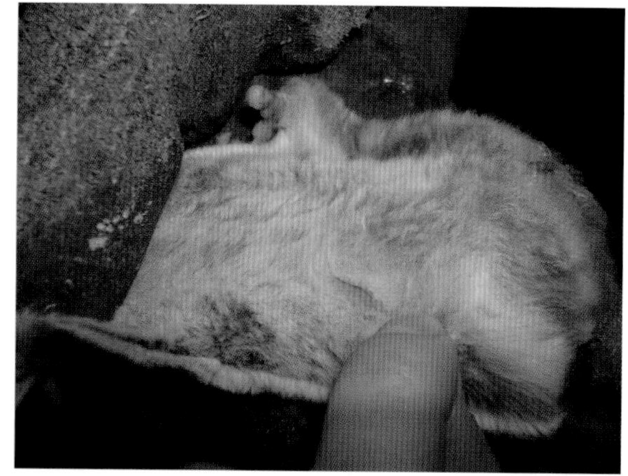
彩图171

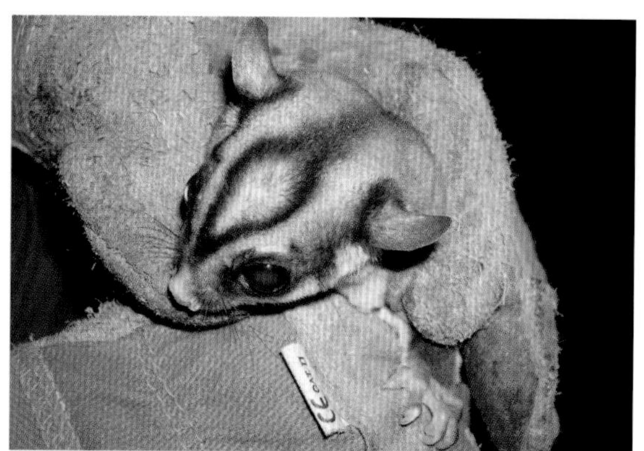
彩图172

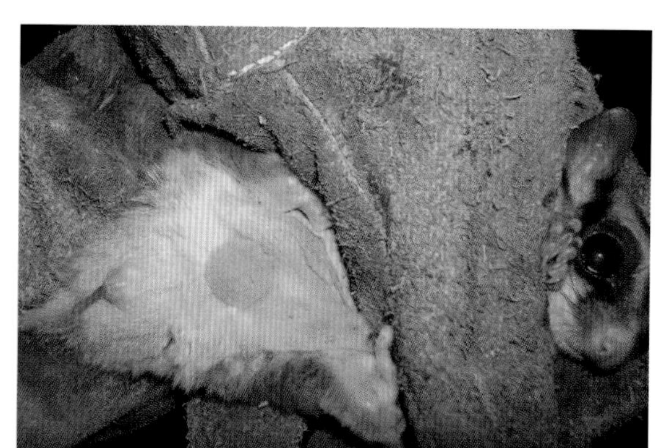
彩图173

彩图174

彩图175

彩图177

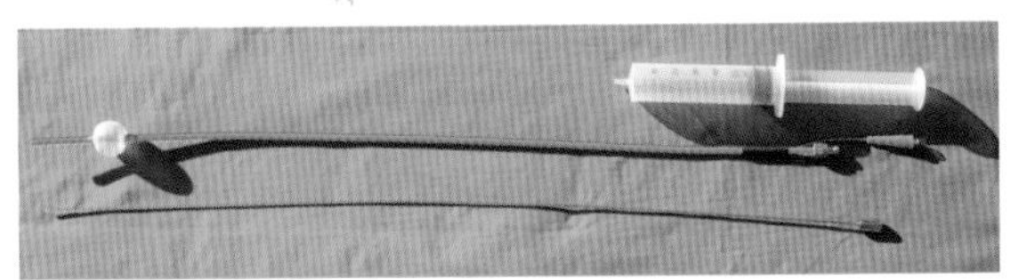
彩图176

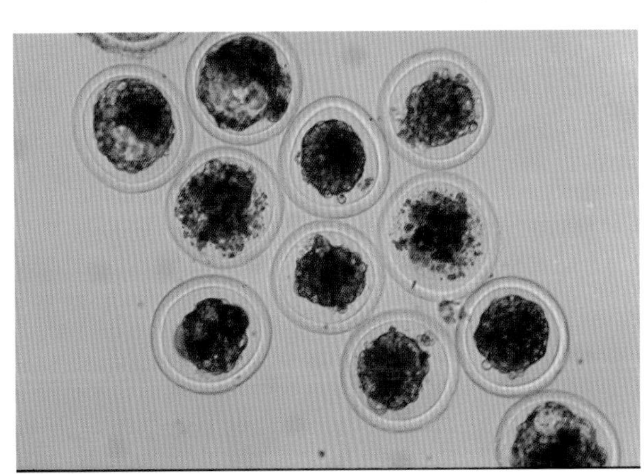
彩图178

彩图179

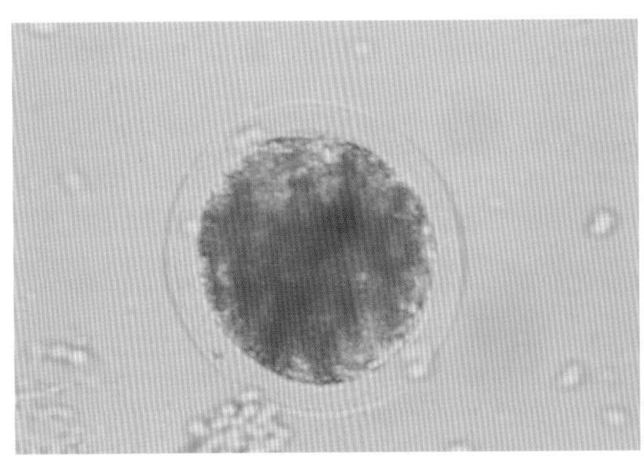
彩图180

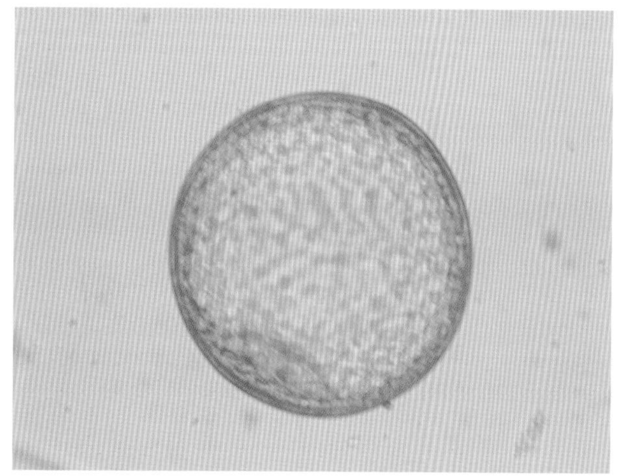
彩图181

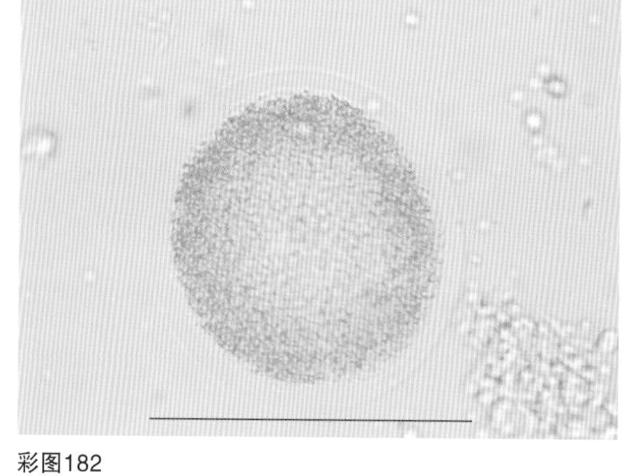
彩图182

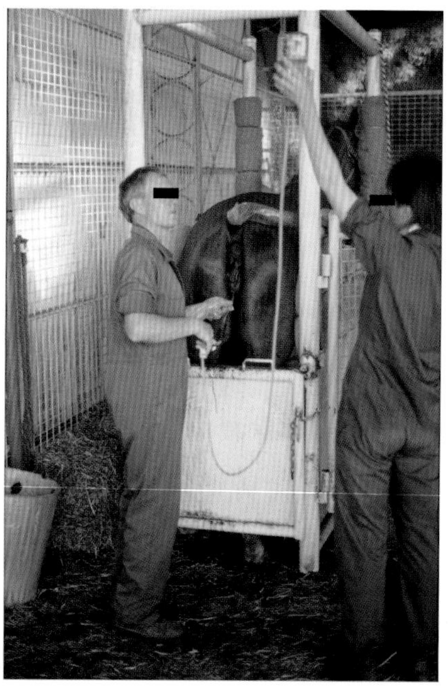
彩图183

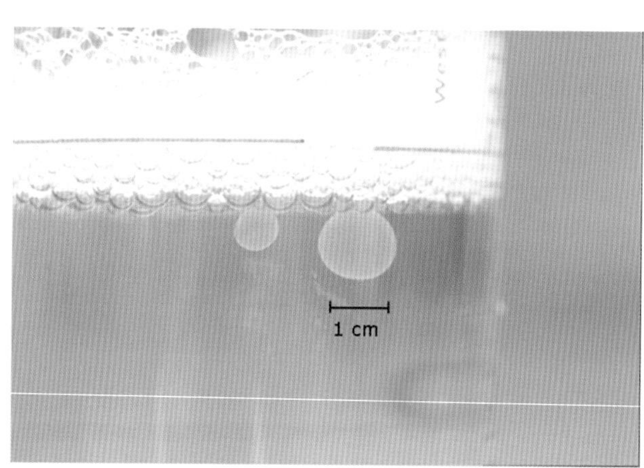

彩图184

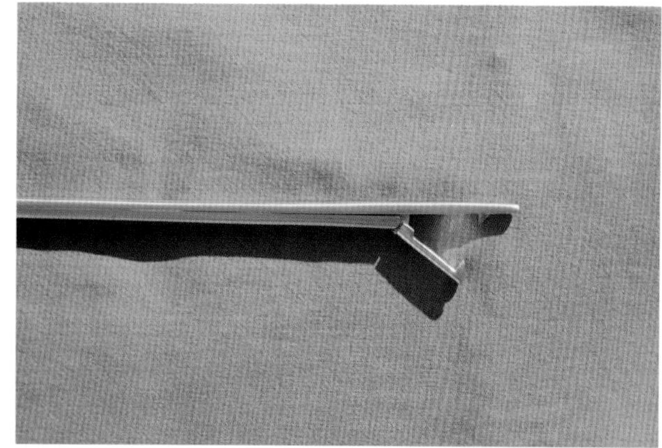
彩图185

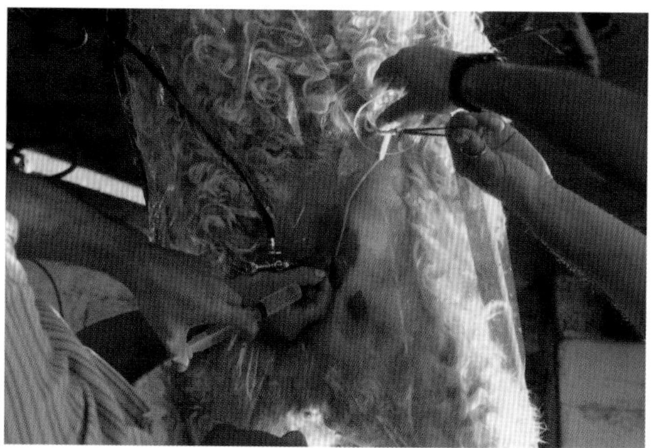
彩图186

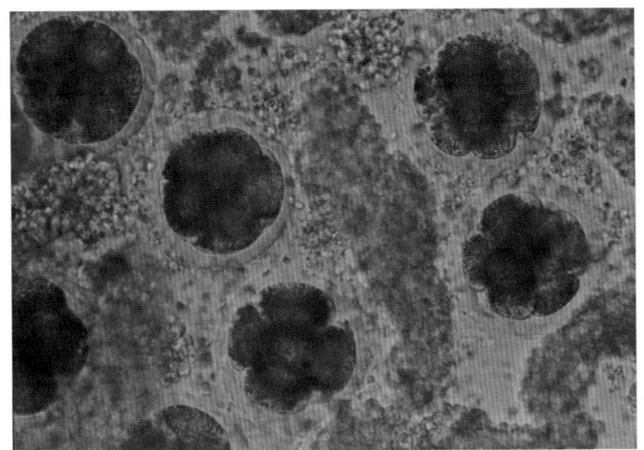

彩图187

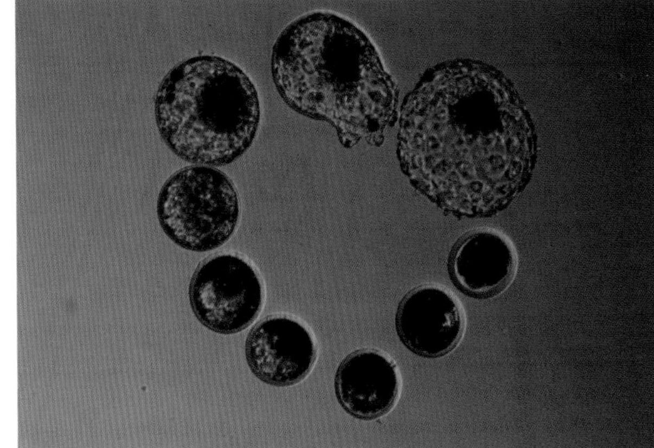

彩图188

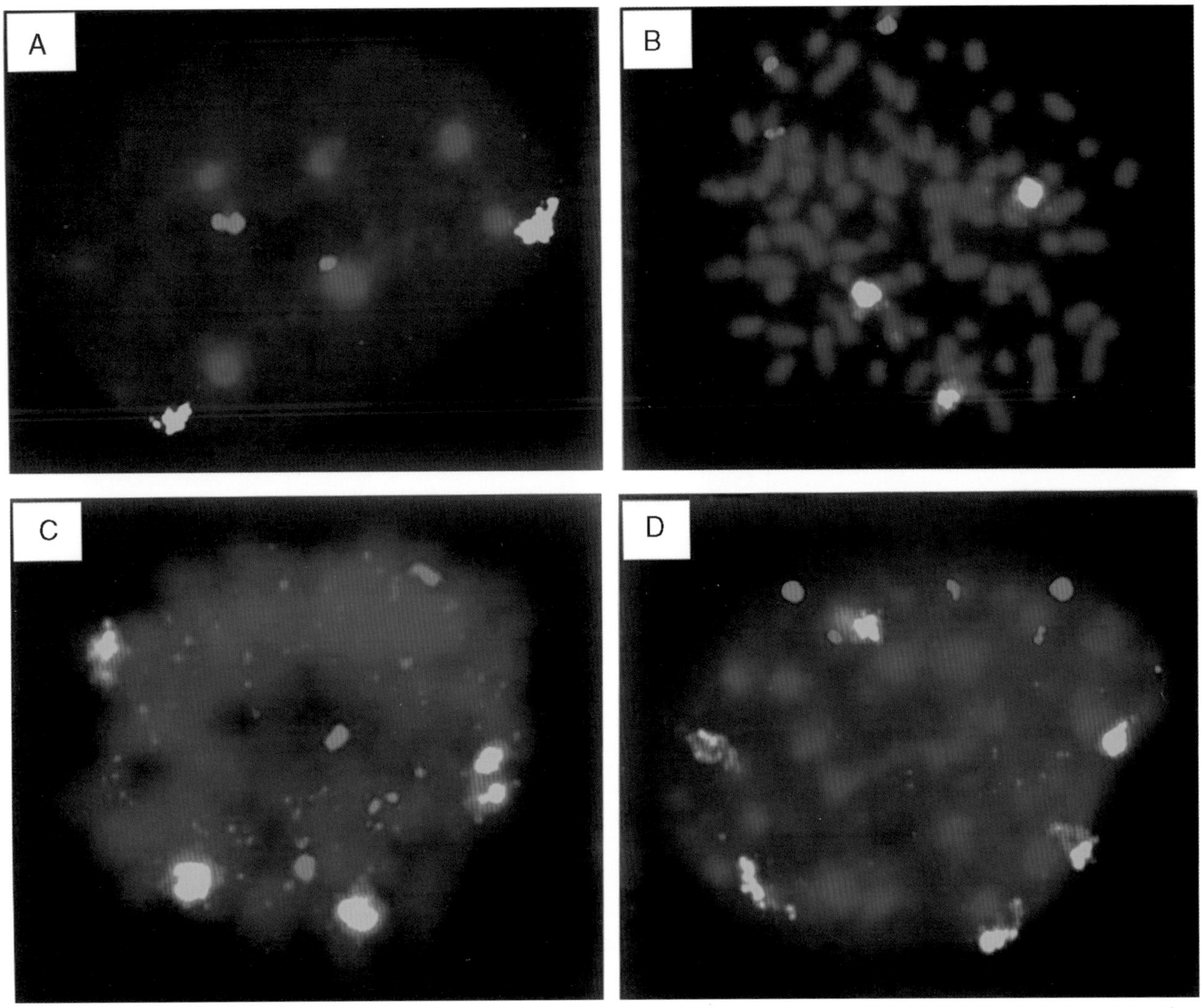

彩图189

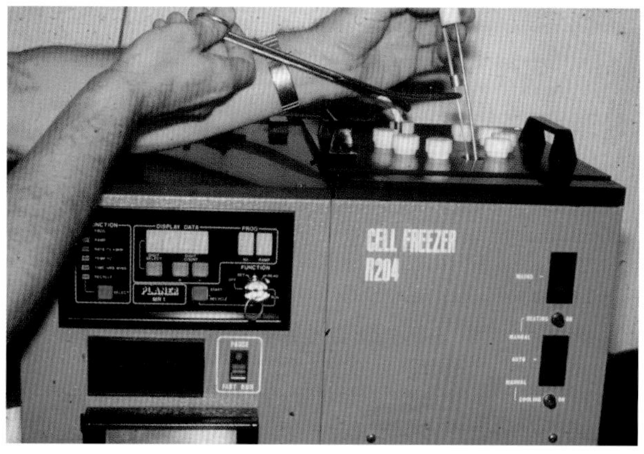

彩图190

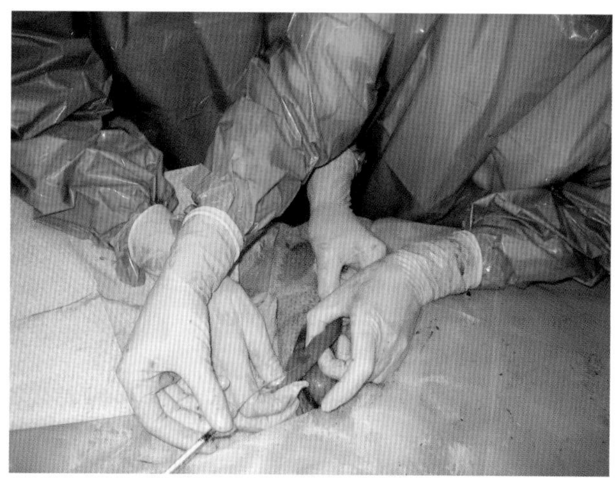
彩图191

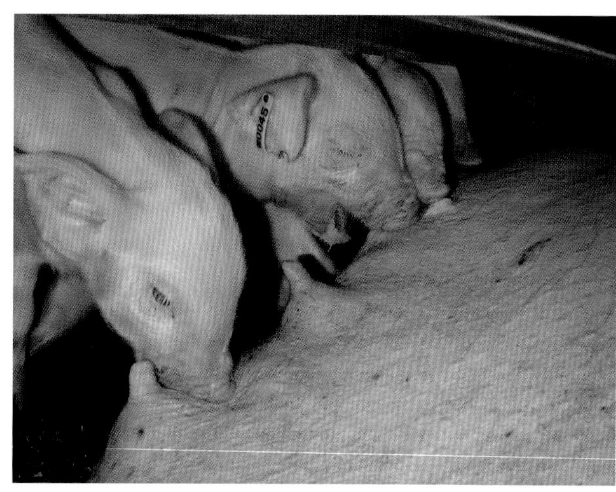
彩图192

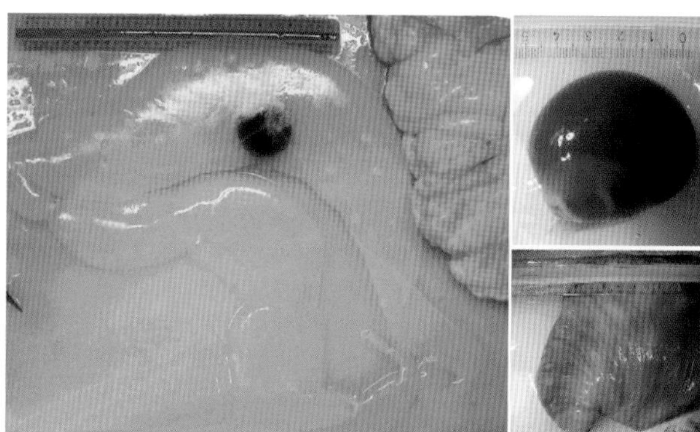
彩图193

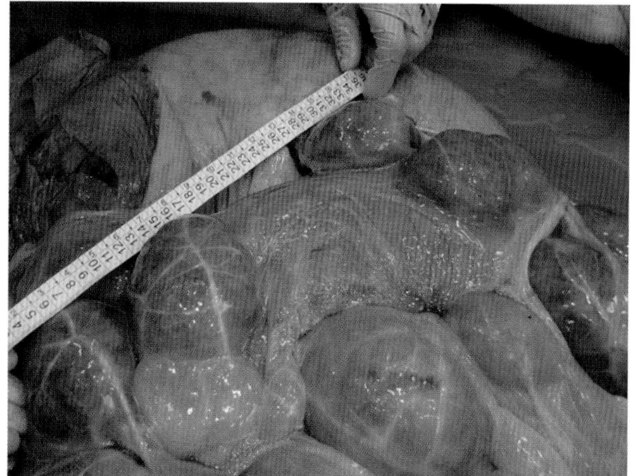
彩图194